Leitner – Plöckinger

Die Edelstahlerzeugung

Schmelzen, Gießen, Prüfen

Zweite, vollständig neubearbeitete
und erweiterte Auflage

Von

Erwin Plöckinger   und   **Harald Straube**

Dr. mont., Dipl.-Ing. mont., Dipl.-Ing. chem.
Dozent an der Montanistischen Hochschule Leoben,
Forschungsdirektor der Gebr. Böhler & Co. AG.,
Edelstahlwerk Kapfenberg

Dr.-Ing., Dipl.-Ing. phys.
Leiter der Schmelzmetallurgischen Abteilung
der Gebr. Böhler & Co. AG.,
Edelstahlwerk Kapfenberg

Mit 477 Abbildungen und 145 Tabellen
im Text und auf einer Ausschlagtafel

1965

Springer-Verlag Wien GmbH

ISBN 978-3-7091-8130-0   ISBN 978-3-7091-8129-4
DOI 10.1007/978-3-7091-8129-4

Titel-Nr. 8471

Vorwort

Seit dem Erscheinen der ersten Auflage im Jahre 1950 hat auf allen Gebieten der Stahlerzeugung eine stürmische Entwicklung eingesetzt. Sie ist durch die Einführung neuer Arbeitsverfahren, besonders der Sauerstoffmetallurgie, der Vakuumerschmelzung, des Stranggießens und des Vakuumgießens gekennzeichnet. Auch die Entwicklung von Sonderverfahren, von denen hier nur das Elektroschlacken-Umschmelzen, das Schmelzen und Gießen unter Schutzgas oder erhöhtem Druck sowie das Elektronenstrahlschmelzen genannt werden sollen, nimmt einen immer breiteren Raum in der Erzeugung von Sonderlegierungen und von Edelstählen höchsten Reinheitsgrades ein. Gleichermaßen haben auch die theoretischen Grundlagen der Stahlherstellungsprozesse eine wesentliche Vertiefung und Ausweitung erfahren. Sie ermöglichen heute in vielen Fällen eine ausreichend genaue Vorausberechnung metallurgischer Reaktionen und führten zur Aufklärung zahlreicher, früher nur empirisch erfaßbarer Vorgänge. Für die Neuauflage des vorliegenden Buches, das den gesamten Bereich der Edelstahlerzeugung darstellen soll, war daher eine vollständige Neubearbeitung notwendig.

Im Sinne der seinerzeitigen Aufgabenstellung, eine innige Verbindung zwischen den theoretischen Grundlagen und der Praxis der Edelstahlerzeugung herzustellen, wurde der schon bewährte Aufbau und die Gliederung in die drei Hauptabschnitte: Schmelzen, Gießen, Prüfen, beibehalten. Bei der Behandlung des umfangreichen Stoffes war es jedoch notwendig, dem Abschnitt über die metallurgischen Reaktionen der Stahlbegleit- und Legierungselemente auch eine kurze, zusammenfassende Darstellung der thermodynamischen Grundlagen der Eisenhüttenprozesse voranzustellen. Die Darstellung basiert einheitlich auf der Verwendung des Aktivitätsbegriffes.

Die Behandlung der konstruktiven Entwicklung der metallurgischen Apparate wurde wieder auf das zum Verständnis der Arbeitsverfahren notwendige Maß beschränkt; im übrigen wurde auf das Schrifttum verwiesen. Dies erschien im Sinne der Aufgabenstellung vertretbar, da auch die modernste technische Ausrüstung an sich noch nicht die Gewähr für das Erreichen einer besonderen Güte der Erzeugnisse bietet. Hingegen wurde die feuerfeste Zustellung ausführlich behandelt, da sie mit dem Reaktionsgeschehen in engem Zusammenhang steht.

Großer Wert wurde auf die Angabe eines möglichst umfangreichen Schrifttums gelegt. Dies ermöglichte eine straffere und kürzere Darstellung des Stoffes und gibt dem Leser Gelegenheit, sich an Hand der Originalarbeiten über weitere Einzelheiten zu informieren.

Für die Mitarbeit bei der Abfassung einzelner Abschnitte des Buches sind die Verfasser den Herren H. GRUBER und Dr. F. SPERNER (Vakuum-Lichtbogenofen), Dipl.-Ing. J. HEIMERL (Temperaturmessung und Brennstoffe), Dipl.-Ing. H. ROHN (Netzfrequenzofen und Graphitstabofen), Dr. O. WINKLER (Vakuum-Induktionsofen) und Dr. H. ZITTER (Gase im Stahl) zu großem Dank verpflichtet. Für wertvolle Hinweise, Anregungen und die Zurverfügungstellung von Unterlagen danken wir ferner den Herren Dr. K. BIERETT, Dr. G. BOUVIER, Dr.-Ing. habil. W. A.

FISCHER, Dr. L. HÜTTER, Ob.-Ing. F. KOHLBECK, Dipl.-Ing. F. KRALL, Dr. R. PLESSING, Dr. A. SCHÖBERL, Prof. Dr. E. SCHWARZ v. BERGKAMPF und Dr. A. WEGSCHEIDER; dem Springer-Verlag für die angenehme Zusammenarbeit und die sorgfältige Ausstattung des Buches.

Der Initiator und Mitverfasser der ersten Auflage, Prof. DDr. Dr. techn. h. c. FRANZ LEITNER, weilt nicht mehr unter uns. Möge die Herausgabe der zweiten Auflage unter Voranstellung seines Namens das Andenken an diesen hervorragenden Eisenhüttenmann wachhalten.

Kapfenberg, im Dezember 1964

E. Plöckinger   **H. Straube**

Inhaltsverzeichnis

Das Schmelzen

Seite

Das Gießen

Das Prüfen

Für die im Schrifttum berücksichtigten Zeitschriften verwendete Abkürzungen

Acta metallurg., New York	Acta Metallurgica, New York/N. Y.
Amer. Ceram. Soc. Bull.	The American Ceramic Society Bulletin, Columbus/Ohio
Amer. Journ. Sci.	American Journal of Science
Arch. Eisenhüttenwes.	Archiv für das Eisenhüttenwesen, Düsseldorf
Berg- u. hüttenm. Mh.	Berg- und hüttenmännische Monatshefte, Wien
Blast Furn. Steel Plant	Blast Furnace and Steel Plant, Pittsburgh/Pa.
Bull. Bur. Mines	Bulletin of the Bureau of Mines, Washington/D. C.
Chem. Rev.	Chemical Review
Chem. Zbl.	Chemisches Zentralblatt, Berlin (Ost) und Weinheim/Bergstraße
C. R. hebd. Séances Acad. Sci.	Comptes Rendus Hebdomadaires des Séances de l'Académie des Sciences, Paris
Elektrowärme	Elektrowärme, Essen
Fizika metallov i metallovedenie	Fizika metallov i metallovedenie, Sverdlovsk (Physik der Metalle und Metallkunde), Sverdlovsk
Gießerei	Gießerei, Düsseldorf
Gießerei, techn.-wiss. Beih.	Gießerei, Technisch-Wissenschaftliche Beihefte, Düsseldorf
Härterei-techn. Mitt.	Härterei-Technische Mitteilungen, Freiburg
Ind. Engng. Chem.	Industrial and Engineering Chemistry (IEC), Washington/D. C.
Iron Age	The Iron Age, Philadelphia/Pa.
Iron and Steel	Iron and Steel, London
Iron Steel Eng.	Iron and Steel Engineer, Pittsburgh/Pa.
Izvestija Akademii Nauk SSSR, O.T.N., Metallurgija i Toplivo	Izvestija Akademii Nauk SSSR, Otdelenie techničeskich Nauk, Metallurgija i Toplivo (Nachrichten der Akademie der Wissenschaften der UdSSR, Abteilung technische Wissenschaften; Metallurgie und Brennstoffe)
Izvestija Vysšich Učebnych Zavedeni Černaja Metallurgija	Izvestija Vysšich Učebnych Zavedeni Černaja Metallurgija Stalinsk (UdSSR) (Nachrichten der Hochschulabteilung für Eisenhüttenwesen)
Jernkont. Ann.	Jernkontorets Annaler, Stockholm
J. Amer. Ceram. Soc.	Journal of the American Ceramic Society, Columbus/Ohio
J. Amer. Chem. Soc.	Journal of the American Chemical Society, Washington/D.C.
J. Chim. Phys.	Journal de chimie physique, Paris
J. Electrochem. Soc.	Journal of the Electrochemical Society, New York/N. Y.
J. Inst. Metals	Journal of the Institute of Metals with the Bulletin and Metallurgical Abstracts, London
J. Iron Steel Inst.	Journal of the Iron and Steel Institute, London
J. Metals Trans.	Journal of Metals, Transactions of the American Institute of Mining and Metallurgical Engineers (Beilage zu Journal of Metals), New York/N. Y.
J. Phys. Chem.	Journal of Physical Chemistry, Easton/Pa.
J. Res. Nat. Bur. Stand.	Journal of Research of the National Bureau of Standards
Journ. Roy. Techn. Coll.	Journal of the Royal Technical College, Glasgow
Journ. Soc. of Glass Technology	Journal of the Society of Glass Technology

Mater. Res. Stand.	Materials Research & Standards, Philadelphia/Pa.
Mém. Sci. Rev. Métallurg.	Les Mémoires scientifiques de la Revue de Metallurgie, Paris
Metall	Metall, Berlin-Grunewald (West)
Metallurg. Ital.	La Metallurgia Italiana, Milano
Metallurg. Rev.	Metallurgical Reviews, London
Metallwirtschaft	Die Metallwirtschaft
Metal Progr.	Metal Progress, Novelty/Ohio
Mitt. K.-Wilh.-Inst. Eisenforsch.	Mitteilungen des Kaiser-Wilhelm-Instituts für Eisenforschung, Düsseldorf
Murex-Rev.	Murex-Review, Rainham/Essex (Großbritannien)
Neue Hütte	Neue Hütte, Leipzig
Proc. Phys. Soc.	Proceedings of the Physical Society, London
Proc. Roy. Soc.	Proceedings of the Royal Society, London
Radex-Rdsch.	Radex-Rundschau, Radenthein
Rev. Métallurg.	Revue de Métallurgie, Paris
Sci. Rep. Res. Inst. Tôhoku Univ. Ser. A	The Science Reports of the Research Institutes Tôhoku University, Series A: Physics, Chemistry and Metallurgy, Sendai (Japan)
Stahl u. Eisen	Stahl und Eisen, Düsseldorf
Stal in Deutsch	Stal in Deutsch, Berlin (Ost)
Stal in Engl.	Stal in English, London
Techn. Mitt. Krupp	Technische Mitteilungen Krupp, Essen
Tetsu to Hagané	Tetsu to Hagané. The Journal of the Iron and Steel Institute of Japan, Tokyo
Tetsu to Hagané, Overseas	Dasselbe, englische Ausgabe
Trans. AIME	Transactions of the Metallurgical Society of the American Institute of Mining, Metallurgical and Petroleum Engineers, New York/N. Y.
Trans. Amer. Soc. Metals	Transactions of American Society for Metals, Novelty/Ohio
Trans. Electrochem. Soc.	Transactions of the Electrochemical Society
Trans. Farad. Soc.	Transactions of the Faraday Society, Aberdeen
Veröff. auf d. Gebiet Eisen u. Stahl der UdSSR	Veröffentlichungen auf dem Gebiet Eisen und Stahl der UdSSR, Hannover
Z. anorg. allg. Chem.	Zeitschrift für anorganische und allgemeine Chemie, Leipzig
Z. Elektrochem.	Zeitschrift für Elektrochemie, Berichte der Bunsengesellschaft für physikalische Chemie, Weinheim/Bergstraße
Z. Erzbergbau Metallhüttenwes.	Zeitschrift für Erzbergbau und Metallhüttenwesen, Stuttgart
Z. Metallkde	Zeitschrift für Metallkunde, Stuttgart
Z. Naturforschg.	Zeitschrift für Naturforschung, Tübingen
Z. physik. Chem.	Zeitschrift für physikalische Chemie
Zement	Zement
Žurnal fizičeskoi Chimii	Žurnal fizičeskoi Chimii, Moskva (UdSSR)

Das Schmelzen

1. Die Metallurgie der Edelstahlerzeugung

Die Stahlherstellungsverfahren werden in zunehmendem Maße von den Erkenntnissen wissenschaftlicher Forschung beeinflußt, sowohl hinsichtlich der Arbeitsmethoden als auch der Konstruktion der metallurgischen Apparate.

Die Stahlherstellungsprozesse sind gegenüber anderen chemisch-technischen Arbeitsverfahren verhältnismäßig spät einer wissenschaftlichen Behandlung zugänglich gemacht worden. Die Ursache dieser späten Entwicklung der Metallurgie liegt in der Schwierigkeit der Untersuchungen im Gebiete der hohen Temperaturen und in der Vielfalt der Einflußgrößen, die den Ablauf jeder einzelnen Reaktion bestimmen.

Die Forschungsergebnisse der letzten Jahre brachten mit der Klärung des Ablaufs einer Reihe metallurgischer Reaktionen auch die grundsätzlichen Erkenntnisse der Grenzen ihrer Beeinflußbarkeit. Vor allem hat sich gezeigt, daß der prinzipielle Ablauf der metallurgischen Umsetzungen durch wenige Grundgesetze darstellbar ist, die sich durch nichts in ihrem gesetzmäßigen Ablauf von denen anderer chemisch-technischer Prozesse unterscheiden. So gelten z. B. für die Reaktionen des Schwefels mit den Metallen stets dieselben chemisch-physikalischen Gesetzmäßigkeiten, ob nun ihr Ablauf im Hochofen, im Roheisenmischer, im Stahlofen oder in den Öfen der Metallhüttenprozesse vor sich geht. Die quantitativen Ergebnisse der Umsetzungen richten sich in jedem Falle nach den besonderen Konzentrationsverhältnissen, Temperaturen und insbesondere auch nach den Reaktionsmöglichkeiten, die den genannten Einheiten eigentümlich sind.

Eine zusammenfassende Darstellung metallurgischer Arbeitsverfahren darf daher nicht mehr darauf verzichten, die chemisch-physikalischen Grundlagen ihren Ausführungen voranzustellen.

1.1 Die physikalisch-chemischen Gesetzmäßigkeiten der metallurgischen Reaktionen

1.11 Grundlagen

Jede Zustandsänderung eines Stoffes — gleichgültig ob es sich um einen reinen Grundstoff, um eine chemische Verbindung oder um ein Gemenge handelt — oder eines Stoffsystems ist mit einer wohldefinierten Energieänderung verbunden, da jeder Zustand eines Körpers mit einem ganz bestimmten, diesem Zustand des Körpers zugeordneten Energiebetrag verknüpft ist. Umgekehrt muß eine Energieänderung, z. B. durch Erhöhung oder Erniedrigung der Temperatur zu einer

Zustandsänderung des betrachteten Stoffes oder Stoffsystems führen. Die Erfassung der energetischen Änderungen eines Körpers muß demnach Aussagen bezüglich der damit verbundenen Zustandsänderungen physikalischer oder chemischer Natur ermöglichen. Die Klärung dieser Zusammenhänge ist die Hauptaufgabe der Thermodynamik und die Kenntnis ihrer wesentlichsten Grundgesetze ist daher Voraussetzung für das Verständnis der Eisenhüttenprozesse.

1.111 Beschreibung des stofflichen Zustandes, Zustandsgleichung

Der Zustand eines Stoffes wird durch die gegebenen physikalischen Bedingungen bestimmt. Bei einer bestimmten Temperatur T und bei bestimmtem Druck P kann z. B. ein Stoff kein beliebiges, sondern nur ein durch die Größen T und P festgelegtes Volumen einnehmen. Es besteht also eine Abhängigkeit des Volumens von Druck und Temperatur, die ganz allgemein durch die Beziehung

$$V = f(P, T)$$

angegeben wird. Die Form dieser Gleichung ist nicht nur von Stoff zu Stoff verschieden, sondern hängt darüber hinaus auch von der Aggregatform des Stoffes ab. Für eine gegebene Aggregatform eines Stoffes ist der Zusammenhang zwischen den Größen V, P und T eindeutig. Die obige Gleichung beschreibt demnach den Zustand eines Stoffes in allgemeiner Weise und wird als *thermische Zustandsgleichung* bezeichnet. Es ist klar, daß das Volumen auch noch von anderen Größen als Druck und Temperatur abhängen kann, doch müßten zur genauen Beschreibung alle in Frage kommenden Eigenschaften festgelegt werden, was praktisch unmöglich ist. Die angegebene allgemeine Form der thermischen Zustandsgleichung reicht aber für die hier anzustellenden Überlegungen aus, d. h. daß eine der drei darin aufscheinenden Größen durch die beiden anderen bestimmt ist und daß der Zustand eines Körpers durch zwei dieser Größen hinreichend definiert wird.

Das Verhalten eines Stoffes hängt wesentlich von seinem Aggregatzustand — gasförmig, flüssig oder fest — ab. Die in der Natur vorhandene Materie tritt stets in einer Form auf, die zwischen den beiden Grenzzuständen ideales Gas und idealer Festkörper liegt.

Gase haben die Eigenschaft, ein vorgegebenes Volumen gleichmäßig zu erfüllen, die einzelnen Moleküle bewegen sich ohne große gegenseitige Beeinflussung fast unabhängig voneinander. Die Wechselwirkung zwischen den einzelnen Teilchen ist um so geringer, je geringer der Gasdruck ist. Der Grenzzustand des *idealen* Gases wird dann erreicht, wenn keinerlei gegenseitige Beeinflussung der Moleküle vorhanden ist. Bei sehr niedrigen Drücken und ausreichend hoher Temperatur nähern sich *reale* Gase in ihrem Verhalten dem der idealen Gase[1]. Durch Erniedrigung der Temperatur oder Erhöhung des Druckes entfernt sich ein Gas immer mehr vom Idealzustand, bis es schließlich verflüssigt wird.

Flüssigkeiten sind wesentlich dichter als Gase und weit weniger zusammendrückbar. In einem geschlossenen Gefäß stellt sich ein Gleichgewichtszustand zwischen einer Flüssigkeit und dem aus ihr entweichenden Dampf ein. Den Druck der im Gleichgewichtsfall über der Flüssigkeit in dem ursprünglich leeren Raum sich bildenden Gasphase nennt man *Dampfdruck*. Dieser Dampfdruck ist temperatur-

---

[1] Bei realen Gasen ist unter Atmosphärendruck und bei 0 °C der Abstand der Moleküle voneinander etwa 10mal so groß wie ihr Durchmesser.

abhängig in dem Sinne, daß er mit steigender Temperatur größer wird. Überschreitet der Dampfdruck einer Flüssigkeit den atmosphärischen Außendruck, so beginnt die Flüssigkeit zu sieden. Da die Flüssigkeiten von beiden idealen Grenzzuständen weit entfernt sind, ist ihr Verhalten in energetischer Hinsicht weit undurchsichtiger als das der Gase und festen Körper und dementsprechend in geringerem Maße geklärt. Wesentliche kennzeichnende Größen für eine Flüssigkeit sind ihre Viskosität und Oberflächenspannung.

Feste Körper haben eine selbständige, vorgegebene Form im Gegensatz zu den Flüssigkeiten und Gasen, deren Gestalt durch das sie enthaltende Gefäß festgelegt ist. Die Teilchen sind regulär angeordnet, und beim idealen Festkörper ist ihre Lage vollständig durch die der benachbarten bestimmt. Ein fester Körper hat also *kristallinischen* Aufbau. Amorphe, d. h. nichtkristallisierte Körper, die man allgemein als fest bezeichnet, wie z. B. Gläser und Schlacken, zählen demnach im strengen Sinne nicht zu den Festkörpern, sondern sind als Flüssigkeiten extrem hoher Viskosität aufzufassen. Die meisten Festkörper sind anisotrop, d. h., daß einige ihrer stofflichen Eigenschaften, z. B. der lineare Wärmeausdehnungskoeffizient, richtungsabhängig sind. Dagegen sind Gase und die meisten Flüssigkeiten isotrop.

Beim Schmelzpunkt stehen flüssige und feste Phase eines Stoffes miteinander im Gleichgewicht. So wie beim Siedepunkt zur Verdampfung einer Flüssigkeit die Verdampfungswärme zugeführt werden muß, ist zur Verflüssigung eines festen Stoffes eine bestimmte, stoffabhängige Wärmemenge, die *Schmelzwärme*, erforderlich. Auch die Umwandlungen im festen Zustand, wie Änderung des Kristallgitters, sind mit einer bestimmten Wärmetönung, der *Umwandlungswärme*, verbunden.

Die Annäherung eines Stoffes an den idealen Festkörper ist weitaus schwieriger als umgekehrt an den idealen Gaszustand. Sie erfolgt durch Erniedrigung der Temperatur und Erhöhung des Druckes, wobei der Temperaturerniedrigung die vorzügliche Bedeutung zukommt, denn nahe dem absoluten Nullpunkt wird der Übergang zum idealen Grenzzustand schon bei niedrigen Drücken erreicht. Der ideale Festkörper ist durch die Temperaturunabhängigkeit seiner Eigenschaften in der Nähe des absoluten Nullpunktes ausgezeichnet.

1.112 Das ideale Gasgesetz; Mischung idealer Gase

Nach dem Gesetz von Avogadro enthalten bei gegebenem Druck P und gegebener absoluter Temperatur T gleiche Volumina verschiedener idealer Gase die gleiche Anzahl von Molekülen. Demnach werden sich die Gewichte gleicher Gasvolumina so verhalten wie die Molekulargewichte der Gase. Versteht man unter 1 Grammatom oder 1 Grammolekül bzw. abgekürzt 1 Mol eines Stoffes so viele Gramm wie das Atomgewicht oder das Molekulargewicht dieses Stoffes beträgt, so müssen jeweils in 1 Mol der idealen Gase die gleiche Anzahl von Molekülen enthalten sein.

Die allgemeine Zustandsgleichung der idealen Gase

$$P \cdot V = n \cdot R \cdot T \tag{1}$$

sagt aus, daß der von n Molen eines idealen Gases auf die Wandung des umschließenden Gefäßes mit dem Volumen V ausgeübte Druck P direkt proportional der absoluten Temperatur und umgekehrt proportional dem Volumen V ist. Aus dem Molvolumen eines idealen Gases, das für 0°C und einen Druck von $P = 1$ atm.

22,415 Liter beträgt, ergibt sich der Wert der allgemeinen molaren Gaskonstanten R zu

$$R = \frac{1 \cdot 22,415}{1 \cdot 273,16} = 0,08206 \frac{\text{l} \cdot \text{atm.}}{\text{grad} \cdot \text{Mol}} = 1,987 \frac{\text{cal}}{\text{grad} \cdot \text{Mol}}$$

Die Zustandsgleichung idealer Gase stellt auch für reale Gase bis zu einem Druck von 1 atm. eine gute Annäherung dar. Das Molvolumen realer Gase unterscheidet sich nur um Bruchteile eines Prozentes von dem angegebenen Wert für ideale Gase.

Werden mehrere ideale Gase bei einer bestimmten Temperatur T und bestimmtem Druck P miteinander gemischt und sind unter diesen Bedingungen V_1, V_2 usw. die Volumenanteile jedes der Mischungsteilnehmer, so ist das Gesamtvolumen der Gasmischung gleich der Summe dieser Partialvolumina. Es gilt also

$$V = \sum_i V_i \tag{2}$$

Ist n_i die Zahl der Mole des an der Mischung beteiligten Gases i, so lautet die Zustandsgleichung für die ideale Gasmischung

$$P \cdot V = \sum_i n_i \cdot R \cdot T = R \cdot T \cdot \sum_i n_i \tag{3}$$

Versteht man unter dem *Partialdruck* oder Teildruck P_i eines Gases i jenen Druck, den dieses Gas auf die Wandung des Behälters mit dem Gesamtvolumen V in Abwesenheit aller anderen in der Mischung enthaltenen Gase ausüben würde, so ergibt sich nach Gl. (1):

$$P_i = n_i \frac{R \cdot T}{V} \tag{4}$$

und der Gesamtdruck der idealen Gasmischung ist gleich der Summe der Partialdrücke aller beteiligten Mischungskomponenten:

$$P = \sum_i P_i \tag{5}$$

Ein nicht nur für Gase wichtiger Konzentrationsmaßstab ist der *Molenbruch N*, der als das Verhältnis aus der Zahl der Mole eines Stoffes k zur Gesamtzahl aller vorhandenen Mole definiert ist:

$$N_k = \frac{n_k}{\sum_i n_i} \tag{6}$$

Damit kann der Zusammenhang zwischen Partialdruck und Gesamtdruck in einem Gemisch idealer Gase auch dargestellt werden durch

$$P_i = N_i \cdot P \tag{7}$$

und analog gilt für die Volumina

$$V_i = N_i \cdot V \tag{8}$$

Aus diesen beiden Beziehungen ergibt sich, daß für Gasgemische die Konzentrationsangaben in Molprozent ($= 100 \cdot N$) und in Volumenprozent einander gleich sein müssen und daß bei normalem atmosphärischem Druck der Molenbruch zahlenmäßig mit dem Partialdruck übereinstimmt.

Die angegebenen, für ideale Gase geltenden Gesetze bedürfen bei der Anwendung für schmelzmetallurgische Prozesse keiner Korrektur oder Abänderung, da sie bei den in Frage stehenden hohen Temperaturen mit guter Genauigkeit die bestehenden Zusammenhänge angeben. Ihre praktische Bedeutung wird noch durch die zwischen Gasen und Lösungen bestehenden später behandelten Zusammenhänge unterstrichen.

1.113 Der 1. Hauptsatz der Thermodynamik

Die allgemein bekannte, einfachste Formulierung des 1. Hauptsatzes stellt die Äquivalenz der verschiedenen Energieformen fest und sagt aus, daß die Summe aller Energien in einem System konstant bleibt, unabhängig davon, welche Veränderungen dieses System erfährt. Unter dem Begriff „System" ist dabei eine zwar beliebig gewählte, aber doch stets genau definierte Menge eines oder mehrerer Stoffe zu verstehen, deren Anordnung zueinander und zur Umgebung ebenfalls genau festgelegt ist. Es ist naheliegend, anzunehmen, daß die einem solchen zur Betrachtung ausgesuchten System innewohnende „*innere Energie*" durch den Zustand des Systems, also z. B. durch die Angabe von Druck und Temperatur, festgelegt ist. Wenn diese Abhängigkeit der inneren Energie eines Systems von dessen Zustand gegeben ist, dann muß aber auch umgekehrt jede Änderung einer der den Zustand bestimmenden Größen und damit des Zustandes selbst eine Änderung der dem betrachteten System eigenen inneren Energie zur Folge haben. Die innere Energie eines Systems setzt sich aus vielen Einzelkomponenten zusammen, die zumeist zahlenmäßig nicht angegeben werden können. Es ist daher leicht verständlich, daß der Wert der inneren Energie selbst nicht mathematisch beschrieben werden kann. Ebenso ist die experimentelle Bestimmung ihrer Größe nicht möglich. Was jedoch durch geeignete Methoden gemessen werden kann, ist die *Änderung* der inneren Energie bei einer Zustandsänderung. Die Äquivalenz aller Energieformen ist bekannt. Aus Zweckmäßigkeitsgründen soll hier nur zwischen Wärme und Arbeit unterschieden werden, wobei unter dieser nicht nur mechanische Arbeit verstanden werden soll. Aus dem Satz der Erhaltung der Energie ergibt sich dann die Änderung der inneren Energie eines Systems im Falle einer Zustandsänderung zu

$$\Delta U = Q + A \tag{9}$$

wenn Q die vom betrachteten System bei der Zustandsänderung aufgenommene oder abgegebene Wärmemenge und A die dabei von ihm oder an ihm geleistete Arbeit bedeuten.

Die heute übliche altruistische Vorzeichenfestlegung, die rein willkürlich ist, sieht vor, daß die dem System zugeführte Wärme und die an ihm geleistete Arbeit positiv, abgegebene Wärme und vom System geleistete Arbeit negativ bezeichnet werden. Die innere Energie ist eine Zustandsfunktion, da sie nur vom Zustand eines Körpers oder Systems abhängig ist; sie erfährt durch Austausch von Arbeit und Wärme mit der Umgebung eine Veränderung, da sich dabei der Zustand des Systems ändert.

1.113.1 Folgerungen aus dem 1. Hauptsatz

Unter *spezifischer Wärme c* ist die Wärmemenge zu verstehen, die erforderlich ist, um die Einheit eines Stoffes um 1°C zu erwärmen. Sie ist davon abhängig, ob der Druck oder das Volumen des zu erwärmenden Stoffes konstant gehalten wird, so daß zwischen der spezifischen Wärme bei konstantem Druck c_P bzw. bei konstantem Volumen c_V unterschieden werden muß. Wegen der Einfachheit der damit erhaltenen Beziehungen wird als Masseneinheit zweckmäßig das Mol gewählt, und dementsprechend findet oft die Bezeichnung *Molwärme* Verwendung. Die Einheit der Wärmemenge ist eine Kalorie (1 cal), die jene Wärmemenge darstellt, die notwendig ist, um 1 Gramm Wasser von 14,5 auf 15,5 °C zu erwärmen. Die Angabe der Temperatur ist deshalb notwendig, da die spezifische Wärme erfahrungsgemäß temperaturabhängig ist[1].

Die zur Temperatursteigerung eines aus n Molen eines Stoffes bestehenden Systems benötigte Wärmemenge wird *Wärmekapazität* genannt. Sie ist, ebenso wie die spezifische Wärme, sowohl von der Temperatur als auch von den physikalischen Bedingungen des Systems — konstanter Druck *oder* konstantes Volumen — abhängig. Aus der Definition der Wärmekapazität ergibt sich ihr Zusammenhang mit der spezifischen Wärme zu

$$C_P = n \cdot c_P \qquad \text{bzw.} \qquad C_V = n \cdot c_V \tag{10}$$

Ein ideales Gas leistet bei Erwärmung unter konstant gehaltenem Druck die Volumenarbeit $dA = P \cdot dV$, während bei konstant gehaltenem Volumen keine Arbeit geleistet wird. Betrachtet man die Erwärmung von 1 Mol eines Gases um 1 °C, so wird

$$c_P - c_V = P \cdot dV$$

Da nach Gl. (1): $P \cdot dV = n \cdot R \cdot dT$

und für den vorliegenden Fall $n = 1$ und $dT = 1$ ist, ergibt sich für ideale Gase der Zusammenhang

$$c_P - c_V = R \tag{11}$$

Da der weitaus überwiegende Teil der Vorgänge bei den Stahlerzeugungsprozessen bei atmosphärischem, also konstantem Druck abläuft, ist die spezifische Wärme bzw. die Wärmekapazität bei konstantem Druck wichtiger als die Werte bei konstantem Volumen. Einschränkend muß allerdings darauf hingewiesen werden, daß es sich zumeist um Vorgänge in der flüssigen und festen Phase handelt, bei denen fast keine Volumenarbeit geleistet wird, so daß die Beziehung

$$c_P \doteq c_V$$

näherungsweise Gültigkeit hat.

Für jedes beliebige System ist der bei konstantem Volumen durch eine Temperaturänderung bedingte Energieumsatz leicht zu beschreiben. Da bei unveränderlichem Volumen keine Arbeit an oder von dem betrachteten System geleistet wird, folgt aus dem 1. Hauptsatz gemäß Gl. (9), daß die Änderung der inneren Energie gleich sein muß dem Betrag der mit der Umgebung ausgetauschten Wärme. Ändert sich die Temperatur von T_1 bis T_2, so ist die Änderung der inneren Energie

$$\Delta U = U_{T_2} - U_{T_1} = Q_V \tag{12}$$

---

[1] Seit 1948 ist das absolute Joule als Einheit der Wärmemenge eingeführt. Demnach kann die Kalorie auch als 4,1854 Joule definiert werden.

wobei der Index V die Volumenkonstanz andeutet. Betrachtet man die Masseneinheit eines Stoffes, also ein Mol, so wird bei einer Temperaturänderung um dT
ein Wärmeaustausch mit der Umgebung im Ausmaß von

$$dQ = c_V \cdot dT$$

stattfinden. Daher ist der Energieumsatz, also die Änderung der inneren Energie,
von 1 Mol eines Stoffes infolge der Temperaturänderung durch

$$\Delta U = U \Big|_{T_1}^{T_2} = Q_V \Big|_{T_1}^{T_2} = \int\limits_{T_1}^{T_2} c_V \cdot dT \tag{13}$$

gegeben. Für kleine Temperaturänderungen oder für den Fall der Temperaturunabhängigkeit der spezifischen Wärme innerhalb des betrachteten Bereiches
vereinfacht sich dieser Ausdruck zu

$$\Delta U = U \Big|_{T_1}^{T_2} = Q_V \Big|_{T_1}^{T_2} = c_V (T_2 - T_1) \tag{14}$$

Ganz analog erfolgt die Berechnung des Energieaustausches von 1 Mol eines
beliebigen Stoffes mit seiner Umgebung infolge Temperaturänderung bei konstantem Druck. In diesem technisch
wichtigen Fall wird von oder an dem
System noch zusätzlich Volumenarbeit geleistet. Durch Einführung der
Enthalpie H, die durch

$$H = U + P \cdot V \tag{15}$$

definiert ist, wird die Darstellung
des Energieumsatzes bei konstantem
Druck in der gleichen Form ermöglicht, wie dies in Gl. (13) für konstant
gehaltenes Volumen erfolgte:

$$\Delta H = H \Big|_{T_1}^{T_2} = Q_P \Big|_{T_1}^{T_2} = \int\limits_{T_1}^{T_2} c_P \cdot dT \tag{16}$$

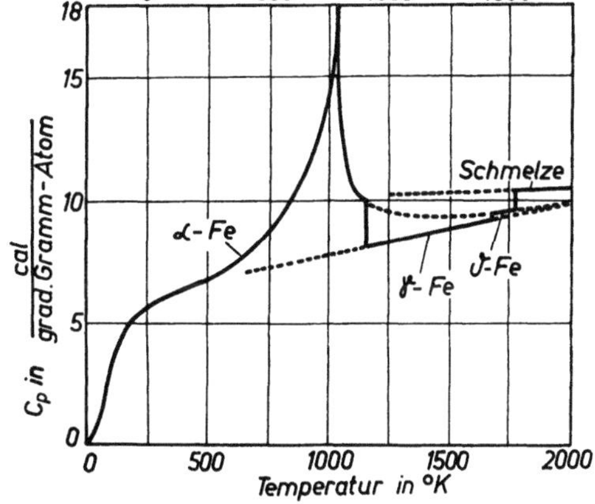

Abb. 1. Abhängigkeit der molaren spezifischen Wärme
reinen Eisens von der Temperatur
(nach S. Darken und P. Smith)

Aus der Definitionsgleichung (15) folgt,
daß die Enthalpie, ebenso wie die in-
nere Energie, nur bis auf eine additive Konstante bestimmbar ist. Sie ist eine Zustandsfunktion, da sie vom Zustand des Systems abhängt.

Mit Kenntnis der spezifischen Molwärme bei konstantem Druck c_P kann die
Enthalpiedifferenz für jeden beliebigen Temperaturbereich berechnet werden. Der
Kenntnis von c_P kommt daher große Bedeutung zu. Abb. 1 zeigt die Abhängigkeit
der molaren spezifischen Wärme des reinen Eisens von der Temperatur nach
S. Darken und P. Smith [1]. Ausgehend vom Wert 0 beim absoluten Nullpunkt,
steigt die c_P-Kurve des α-Eisens bis zum Curie-Punkt stetig an, erreicht bei diesem
ein scharf ausgeprägtes Maximum, um dann mit steigender Temperatur rasch zu
niedrigeren Werten abzunehmen. Innerhalb der Temperaturbereiche für γ- und

δ-Eisen, sowie nach Überschreiten der Schmelztemperatur ist der Kurvenverlauf geradlinig. Die Abbildung läßt sehr deutlich die allgemeingültige Tatsache erkennen, daß der Kurvenverlauf der spezifischen Wärme nicht nur bei Änderung des Aggregatzustandes, sondern auch bei jeder Umwandlung durch Änderung des Kristallgitters eine Unstetigkeit durch endlichen Sprung aufweist. Die dafür verantwortlichen Umwandlungswärmen zählen nicht zur spezifischen Wärme; diese würde sonst bei jedem dieser Umwandlungspunkte den Wert ∞ erreichen.

Zur Berechnung der Enthalpiedifferenzen ist die Kenntnis der funktionellen Abhängigkeit der spezifischen Wärme von der Temperatur erforderlich. Der aus Messungen festgestellte Zusammenhang zwischen Temperatur und molarer spezifischer Wärme wird meist in Gleichungen der Form

$$c_P = a + b \cdot T - c \cdot T^{-2} \tag{17}$$

wiedergegeben. Für einige wichtige Elemente und Verbindungen sind in Tab. 1 die Werte der Konstanten a, b und c angeführt.

Alle hier angestellten Überlegungen sind darauf gerichtet, durch Erfassung von Energieänderungen eines Stoffes oder Stoffsystems Rückschlüsse auf den Ablauf von Vorgängen zu erhalten. Einleitend wurde bereits darauf hingewiesen, daß jedem Zustand ein bestimmter Energieinhalt entspricht und daß jede Zustandsänderung und damit auch die hier besonders interessierenden chemischen Reaktionen zu einer Veränderung der inneren Energie des Stoffsystems führt. Der Energieaustausch, z. B. während des Ablaufs einer chemischen Umsetzung, kann in einem Kalorimeter gemessen werden, wobei eigentlich der Wärmeverlust oder die Wärmeaufnahme der Umgebung die Meßgröße darstellt. Diese ist nach dem 1. Hauptsatz zahlenmäßig gleich der Energieänderung des untersuchten Systems. Da bei der Kalorimetermessung auch die Volumenarbeit des Systems gegen den atmosphärischen Druck miterfaßt wird, gibt sie nicht die Änderung der inneren Energie, sondern die Änderung der Enthalpie an. Diese Reaktionsenthalpie und die Änderung der inneren Energie bei Ablauf einer chemischen Reaktion sind demnach durch die Beziehung

$$\Delta H = \Delta U + \Delta (P \cdot V) \tag{18}$$

miteinander verbunden.

Aus der Definitionsgleichung (16) für die Enthalpie folgt, daß die Enthalpiedifferenz bei der Temperaturänderung eines Körpers betragsmäßig durch die zwischen der Abszisse und der c_P-Kurve befindliche Fläche gegeben ist.

Es wurde bereits darauf hingewiesen, daß die Enthalpie selbst nicht bestimmbar ist, sondern nur Enthalpieänderungen. Als Bezugsgröße wurde eine willkürliche Bezugstemperatur, in der Regel 25 °C, festgelegt, auf die die Enthalpien bei jeder anderen beliebigen Temperatur bezogen werden. H_{298}^T bedeutet dann die auf 298 °K ($= 25$ °C) bezogene Enthalpie bei T °K oder, anders ausgedrückt, die Enthalpiedifferenz zwischen 298 und T °K:

$$H_{298}^T = H_T - H_{298}$$

Natürlich kann auch, wie in Abb. 1 für reines Eisen, der absolute Nullpunkt als Bezugsbasis gewählt werden, doch wird dies wegen der Schwierigkeiten bei der experimentellen Bestimmung der Enthalpie bzw. der spezifischen Wärme bei sehr niedrigen Temperaturen gerne vermieden. Aus Gl. (16) ergibt sich sofort der Zusammenhang zwischen den Enthalpien, bezogen auf zwei verschiedene Tem-

Tabelle 1. *Konstanten zur Berechnung der spezifischen Wärme*

$$c_P = a + bT - c \cdot T^{-2} \; \frac{\text{cal}}{\text{grad} \cdot \text{Mol}}$$

Stoff	a	$b \cdot 10^3$	$c \cdot 10^{-5}$	Anwendungsbereich °K	Quelle
Al, fest	4,94	2,96	0	298— 933	[2]
Al, flüssig	7,00	0	0	933—1273	[2]
Al_2O_3, fest	27,43	3,06	8,47	298—1700	[2]
Be, fest	3,40	2,90	0	298—1557	[2]
C, fest (Graphit)	4,10	1,02	2,10	298—2300	[2]
CO, Gas	6,79	0,98	0,11	298—2500	[2]
CO_2, Gas	10,55	2,16	2,04	298—2500	[2]
CH_4, Gas	5,65	11,44	0,46	298—1500	[2]
CaO, fest	11,86	1,08	1,66	298—1177	[3]
CaS, fest	10,20	3,80	0	273—1000	[2]
$CaCO_3$, fest	24,98	5,24	6,20	298—1200	[2]
Ce, fest	4,40	6,00	0	298— 800	[2]
α-Co, fest	5,11	3,42	0,21	440— 650	[2]
β-Co, fest	3,30	5,86	0	718—1400	[2]
γ-Co, fest	9,60	0	0	1400—1768	[2]
Co, flüssig	8,30	0	0	1768—1900	[2]
Cr, fest	5,84	2,36	0,88	298—2163	[2]
Cr, flüssig	9,40	0	0	2163—2300	[2]
Cr_2O_3, fest	28,53	2,20	3,74	350—1800	[2]
Cu, fest	5,41	1,50	0	298—1356	[2]
Cu, flüssig	7,50	0	0	1356—1600	[2]
α-Fe, fest	4,18	5,92	0	273—1033	[4]
β-Fe, fest	18,0	0	0	1033—1183	[1]
γ-Fe, fest	5,8	1,98	0	1183—1673	[1]
δ-Fe, fest	9,5	0	0	1674—1792	[4]
Fe, flüssig	10,55	0	0	1792—2000	[1]
FeO, fest	11,66	2,00	0,67	298—1651	[5]
FeO, flüssig	16,30	0	0	1651—1800	[5]
Fe_2O_3, fest	31,70	1,76	0	1050—1750	[5]
Fe_3O_4, fest	48,0	0	0	900—1800	[5]
α-FeS, fest	5,19	26,40	0	298— 411	[6]
β-FeS, fest	17,40	0	0	411— 598	[6]
γ-FeS, fest	12,20	2,38	0	598—1468	[6]
FeS, flüssig	17,0	0	0	1468—1500	[6]
$FeO \cdot Cr_2O_3$, fest	38,96	5,34	7,62	298—1800	[2]
Fe_2N, fest	14,91	6,09	0	273—1000	[2]
Fe_4N, fest	26,84	8,16	0	273—1000	[2]
$2\,FeO \cdot SiO_2$, fest	36,51	9,36	6,70	298—1490	[7]
$2\,FeO \cdot SiO_2$, flüssig	57,5	0	0	1490—1724	[7]
FeSi, fest	10,72	4,30	0	298— 900	[2]
$FeO \cdot TiO_2$, fest	27,87	4,36	4,79	298—1640	[2]
$FeO \cdot TiO_2$, flüssig	47,60	0	0	1640—1800	[2]

Tabelle 1 (Fortsetzung)

Stoff	a	$b \cdot 10^3$	$c \cdot 10^{-5}$	Anwendungsbereich °K	Quelle
H_2, Gas	6,52	0,78	−0,12	298−3000	[2]
H_2O, flüssig	18,03	0	0	273− 373	[2]
H_2O, Gas	7,17	2,56	0,08	298−2500	[2]
H_2S, Gas	7,02	3,68	0	298−1800	[2]
La, fest	6,17	1,60	0	298− 800	[2]
Mg, fest	5,33	2,45	0,103	293− 923	[4]
Mg, flüssig	8,10	0	0	923−1130	[4]
MgO, fest	10,18	1,74	1,48	298−2100	[2]
$MgO \cdot SiO_2$, fest	24,55	4,74	6,28	298−1600	[2]
$MgO \cdot Al_2O_3$, fest	36,80	6,40	9,78	298−1800	[8]
α-Mn, fest	5,16	3,81	0	298−1000	[2]
β-Mn, fest	8,33	0,66	0	1000−1374	[2]
γ-Mn, fest	10,70	0	0	1374−1410	[2]
δ-Mn, fest	11,30	0	0	1410−1517	[2]
Mn, flüssig	11,00	0	0	1517−2368	[2]
MnO, fest	11,11	1,94	0,88	298−1800	[2]
MnS, fest	11,40	1,80	0	298−1803	[6]
Mo, fest	5,48	1,30	0	298−1800	[2]
N_2, Gas	6,66	1,02	0	298−2500	[2]
NH_3, Gas	7,11	6,00	0,37	298−1800	[2]
Nb, fest	5,66	0,96	0	298−1900	[2]
α-Ni, fest	6,10	−2,49	0	300− 615	[4]
β-Ni, fest	5,90	2,05	0	670−1728	[4]
Ni, flüssig	9,20	0	0	1728−1900	[2]
O_2, Gas	7,16	1,00	0,40	298−3000	[2]
Pb, fest	5,63	2,33	0	298− 600	[9]
Pb, flüssig	7,75	−0,74	0	600−1200	[9]
Pt, fest	5,74	1,34	0,10	298−1800	[2]
S_2, Gas	8,54	0,28	0,79	298−2000	[2]
SO_2, Gas	10,38	2,54	1,42	298−1800	[2]
Si, fest	5,55	0,88	0,91	298−1200	[2]
Si, flüssig	7,4	0	0	1703−1900	[2]
SiO_2 (α-Quarz), fest	11,22	8,20	2,70	298− 848	[2]
SiO_2 (β-Quarz), fest	14,41	1,94	0	848−2000	[2]
SiO_2 (α-Kristobalit), fest	4,28	21,06	0	298− 523	[2]
SiO_2 (β-Kristobalit), fest	14,40	2,04	0	523−2000	[2]
SiC, fest	8,93	3,00	3,07	298−1700	[2]
Ta, fest	5,82	0,78	0	298−1900	[2]

Tabelle 1 (Fortsetzung)

Stoff	a	$b \cdot 10^3$	$c \cdot 10^{-5}$	Anwendungsbereich °K	Quelle
Ti, fest	5,25	2,52	0	298—1150	[2]
TiO_2, fest	17,97	0,28	4,35	298—1800	[2]
TiC, fest	11,83	0,80	3,58	298—1800	[2]
V, fest	5,40	2,00	0	298—1900	[2]
V_2O_3, fest	29,35	4,76	5,42	298—1800	[2]
W, fest	5,74	0,76	0	298—2000	[2]
WC, fest	7,98	2,17	0	298—3000	—
α-Zr, fest	6,83	1,12	0,91	298—1135	[10]
β-Zr, fest	7,27	0	0	1135—1400	[10]

Weitere Zahlenwerte finden sich in der Tabellensammlung von O. KUBASCHEWSKI und E. LL. EVANS [11].

peraturen. Zum Beispiel ist die Enthalpie von 1 Mol eines Stoffes bei 25 °C mit der beim absoluten Nullpunkt verbunden durch

$$H_{298} = H_0 + \int\limits_0^{298} c_P \cdot dT$$

Da nur die Enthalpiedifferenzen bei Zustandsänderungen gemessen werden können und diese allein von praktischer Bedeutung sind, wird die Enthalpie der Elemente bei Bezugstemperatur, also bei 25 °C, gleich Null gesetzt.

Ebenso wie die Kurve der spezifischen Wärme zeigt die Enthalpie-Kurve bei Umwandlungspunkten endliche Sprünge, und zwar ist deren Höhe gleich der entsprechenden molaren Umwandlungswärme, z. B. der Schmelz- oder Verdampfungswärme. Soll die Enthalpie für eine beliebige Temperatur T, bezogen auf den Standardzustand 25 °C, aus der spezifischen Wärme berechnet werden, so sind alle Umwandlungswärmen zwischen 25 °C und T hinzuzuzählen. Die Enthalpie flüssigen reinen Eisens bei 1600 °C, bezogen auf 25 °C, ist z. B. gegeben durch

$$H_{298}^{1873} = \int\limits_{298}^{1033} c_{P,\alpha-Fe} \cdot dT + \int\limits_{1033}^{1183} c_{P,\beta-Fe} \cdot dT + \Delta H_{\beta-\gamma} + \int\limits_{1183}^{1673} c_{P,\gamma-Fe} \cdot dT + \Delta H_{\gamma-\delta}$$

$$+ \int\limits_{1673}^{1812} c_{P,\delta-Fe} \cdot dT + \Delta H_s + \int\limits_{1812}^{1873} c_{P,\ Fe-fl} \cdot dT$$

Darin bedeuten $\Delta H_{\beta-\gamma}$ und $\Delta H_{\gamma-\delta}$ die molaren Umwandlungswärmen für die $\beta-\gamma$- bzw. die $\gamma-\delta$-Umwandlung und ΔH_S die molare Schmelzwärme des Eisens.

Allgemein gilt, wenn T_U eine Umwandlungstemperatur und ΔH_U die entsprechende Umwandlungswärme bezeichnen, die Beziehung

$$H_{298}^T = \int\limits_{298}^{T_U} c_P \cdot dT + \Delta H_U + \int\limits_{T_U}^{T} c_P \cdot dT \tag{19}$$

In Tab. 2 sind die Umwandlungs-, Schmelz- und Verdampfungswärmen einiger wichtiger Stoffe enthalten.

Tabelle 2. *Umwandlungs-, Schmelz- und Verdampfungswärmen*

T_U... Umwandlungstemperatur, °K T_S... Schmelzpunkt, °K

ΔH_U... Umwandlungswärme, kcal/Mol ΔH_S... Schmelzwärme, kcal/Mol

T_D... Siedepunkt, °K

ΔH_D... Verdampfungswärme, kcal/Mol

Stoff	T_U	ΔH_U	Quelle	T_S	ΔH_S	Quelle	T_D	ΔH_D	Quelle
Al				932	$2,5 \pm 0,3$	[12]	2773	$69,6 \pm 4,0$	[13]
Al_2O_3	(1273)	(20,6)		2303	(26,0)	[14]	(3573)		
C				(4973)	(33,0)				
Ca	713	$0,24 \pm 0,04$	[12]	1123	$2,07 \pm 0,1$	[12]	1693	$41,0 \pm 2,5$	[15]
CaF_2	1424	$1,14 \pm 0,2$		1691	$7,1 \pm 0,1$	[16]	(2273)	$55,0 \pm 8,0$	[17]
CaO				2873	(19,0)		(3500)		
$CaSO_4$	1466				(6,7)	[14]			
$CaCO_3$	50	$0,045 \pm 0,02$	[18]						
$CaO \cdot SiO_2$	1463	(1,3)		1813	$19,8 \pm 2,0$	[14]			
$2\,CaO \cdot SiO_2$	948	1,06	[19]	2403					
	1693	0,78	[19]						
Cd				594	$1,53 \pm 0,04$	[12]	1038	$23,9 \pm 0,3$	[20]
Co	713	0,06	[12]	1768	$3,75 \pm 0,3$	[12]	(3200)		
	1393	0,07	[12]						
Cr				(2173)	$4,6 \pm 0,6$		2773		
Cu				1356	$3,1 \pm 0,1$	[12]	2843	$73,3 \pm 1,5$	
Fe	1033	0,66	[4]	1812	3,67	[21]	3008	$81,3 \pm 3$	[20]
	1183	0,22	[4]						
	1673	0,16	[21]						
FeO				1651	$7,4 \pm 0,2$	[5]			
Fe_2O_3	(953)	0,16	[5]						
Fe_3O_4				1870	$33,0 \pm 2,0$	[22]			
FeS	411	0,57	[6]	1468	$7,73 \pm 0,2$	[6]			
	598	0,12							
Fe_3C	463	0,18	[2]	1500	$12,3 \pm 1,0$	[2]			
$2\,FeO \cdot SiO_2$				1493	$22,0 \pm 1,0$	[7]			
$FeO \cdot TiO_2$				1643	$21,7 \pm 0,5$	[2]			
H_2O				273	$1,436 \pm$ ⎫ $\pm 0,003$ ⎭	[16]	373	$9,82 \pm 0,01$	[16]
H_2S	103	0,37	[16]	188	$0,586 \pm 0,01$		213	$4,46 \pm 0,05$	[16]
	126	0,11	[16]						
La	< 623			1153	$2,5 \pm 0,3$		~ 3000	~ 80	[23]
Mg				923	$2,1 \pm 0,1$	[12]	1378	$30,5 \pm 1,5$	[13]
MgO				3073	$\sim 18,5$	[14]			

Tabelle 2 (Fortsetzung)

Stoff	T_U	ΔH_U	Quelle	T_S	ΔH_S	Quelle	T_D	ΔH_D	Quelle
Mn	993	0,48	[12]	1517	$\sim$ 3,2	[12]	2368	53,7 $\pm$ 6,0	[2]
	1373	0,55	[12]						
	1409	0,43	[12]						
MnO				2148		[24]			
Mn$_3$O$_4$	1445	5,0 $\pm$ 0,3	[2]	1833					
MnS				1803	$\sim$ 6,3	[6]			
Mo				2873	6,6 $\pm$ 0,7		5823	121,0 $\pm$ 9,0	
N$_2$	36	0,0547	[16]	63	0,172	[16]	77	1,333 $\pm$ 0,01	[16]
NH$_3$				195	1,352 $\pm$ 0,01	[16]	240	5,58 $\pm$ 0,02	[16]
Ni	$\sim$ 630	0,14 $\pm$ 0,02	[12]	1728	4,22 $\pm$ 0,08	[12]	3183	89,4 $\pm$ 5,0	[20]
Pb				600	1,15 $\pm$ 0,03	[12]	2013	42,5 $\pm$ 0,5	[25]
Pt				2042	5,2 $\pm$ 0,5	[22]	4373	1,12 $\pm$ 7,0	[13]
S$_2$					0,6		898	25,4 $\pm$ 1,0	[26]
Si				1703	11,1 $\pm$ 0,4	[12]	$\sim$ 2870	$\sim$ 72,5	[13]
SiO$_2$ (Quarz)	848	$\sim$ 0,15	[22]						
SiO$_2$ (Kristo-balit)	523	0,31 $\pm$ 0,05	[27]		3,6 $\pm$ 0,5				
Sn	286	0,5 $\pm$ 0,03	[12]	505	1,69 $\pm$ 0,03	[12]	3023	64,7 $\pm$ 0,6	[28]
Ta				3253	5,9 $\pm$ 0,7				
Ti	1155	0,83 $\pm$ 0,1	[29]	1933	4,5 $\pm$ 0,5	[30]	3533		[31]
TiO$_2$				2113	15,5 $\pm$ 2,5				
V				2133					
V$_2$O$_5$				943	15,6 $\pm$ 0,4	[2]			
W				3653	$\pm$ 7,64		$\sim$ 5670	$\sim$ 183	[23]
Zn				693	1,74 $\pm$ 0,03	[12]	1180	27,3 $\pm$ 0,4	[20]
Zr	1125	0,92 $\pm$ 0,1	[10]	2133	4,6 $\pm$ 0,7		$\sim$ 5020	$\sim$ 128	[32]
ZrO$_2$	1473	1,42 $\pm$ 0,1	[10]	2973			$\sim$ 4600		[33]

Weitere Zahlenwerte finden sich in den Tabellen von O. KUBASCHEWSKI und E. LL. EVANS [11].

1.113.2 Reaktionswärme

Wie bereits erwähnt, ist jede chemische Reaktion von einer bestimmten Energieänderung begleitet. Die besonders interessierende Größe ist, da der Messung am besten zugänglich, die Enthalpiedifferenz oder Reaktionswärme. (Für feste Stoffe ist diese gleich der Änderung der inneren Energie, da hierfür $c_P = c_V$.) Unter Reaktionswärme versteht man allgemein die bei vollständigem Ablauf einer Reaktion von allen Reaktionsteilnehmern verbrauchte oder von diesen entwickelte Wärme. Im ersten Fall wird sie positiv gerechnet, da sie dem System zugeführt wird, im zweiten Fall erhält sie das negative Vorzeichen, um den Energieverlust des Systems zu kennzeichnen. Im besonderen wird als *Bildungswärme* oder Bildungsenthalpie einer Verbindung die zur Bildung von 1 Mol dieser Verbindung aus den Grundstoffen erforderliche Wärme bezeichnet. Reaktionswärme und Bildungswärme sind temperaturabhängig. Der Bildungswärme der Grundstoffe wird für eine bestimmte Bezugstemperatur, die in der Regel mit 25 °C festgesetzt wird, der Wert 0 zugeschrieben, was statthaft ist, da ja nur Enthalpiedifferenzen gemessen werden können und auch in die Rechnungen eingehen. Die Bildungswärmen einiger für die Behandlung der Stahlerzeugungsprozesse wichtiger Verbindungen sind in Tab. 3 zusammengefaßt.

Der Zusammenhang zwischen den Bildungsenthalpien bei einer beliebigen Temperatur T bzw. der Bezugstemperatur von 25 °C ist durch

$$\Delta H_T = \Delta H_{298} + \int\limits_{298}^{T} c_P \cdot dT \tag{20}$$

gegeben, wobei c_P wieder die spezifische Wärme der betrachteten Substanz darstellt. Für reine Grundstoffe ist definitionsgemäß $\Delta H_{298} = 0$, so daß sich die Gl. (20) zu

$$\Delta H_T = \int\limits_{298}^{T} c_P \cdot dT$$

vereinfacht, d. h., daß die Bildungswärme der Elemente für eine andere als die Bezugstemperatur einen endlichen Wert hat.

Die Reaktionswärme eines chemischen Umsatzes ist leicht zu bestimmen, wenn die Bildungsenthalpien aller Reaktionsteilnehmer, d. h. aller Reaktanten und Produkte, bekannt sind. Sie ist gleich der Summe der Bildungswärmen der Produkte, vermindert um die Summe der Bildungswärmen der Ausgangsstoffe. Für die Reduktion von Eisen(III)-oxyd durch Kohlenstoff gemäß

$$Fe_2O_3 + 3C = 2Fe + 3CO$$

errechnet man aus den Bildungsenthalpien bei 25 °C

$$\Delta H_{Fe_2O_3} = -\ 197 \text{ kcal/Mol}$$

$$\Delta H_C\quad = 0\quad \text{und}\quad \Delta H_{Fe} = 0 \text{ (definitionsgemäß)}$$

und $\quad\quad\quad\Delta H_{CO}\quad = -\ 26{,}4 \text{ kcal/Mol}$

die Reaktionswärme zu $\Delta H = -\ 3 \cdot 26{,}4 - (-\ 197) = 117{,}8 \text{ kcal/Mol}$.

Tabelle 3. *Bildungswärmen bezogen auf 25 °C in* kcal/Mol

Stoff	$-\Delta H_{298}$	Quelle	Stoff	$-\Delta H_{298}$	Quelle
Al_2O_3, fest	$400{,}0 \pm 1{,}5$	[35]	H_2O, flüssig	$68{,}32 \pm 0{,}01$	[22]
AlN, fest	$60{,}0 \pm 5{,}0$	[36,37]	H_2O, Gas	$57{,}80 \pm 0{,}01$	[22]
Al_4C_3, fest	$46{,}7 \pm 10{,}0$	[38]	H_2S, Gas	$4{,}8 \pm 0{,}1$	[22]
B_2O_3, fest	$306{,}1 \pm 4{,}5$	[22,39]	MgO, fest	$143{,}7 \pm 0{,}2$	[39]
BaO, fest	$133{,}0 \pm 2{,}5$	[39]	MgS, fest	$83{,}0 \pm 2{,}0$	[22]
BaS, fest	$106{,}0 \pm 5{,}0$	[22]	$MgO \cdot SiO_2$	$8{,}7 \pm 0{,}7$	[41]
BeO, fest	$143{,}1 \pm 3{,}0$	[39]	$2\,MgO \cdot SiO_2$	$15{,}1 \pm 1{,}0$	[41]
CH_4, Gas	$17{,}89 \pm 0{,}1$	[22]	MnO, fest	$92{,}0 \pm 0{,}5$	[39]
CO, Gas	$26{,}4 \pm 0{,}03$	[22]	Mn_3O_4, fest	$331{,}4 \pm 1{,}0$	[39]
CO_2, Gas	$94{,}05 \pm 0{,}01$	[22]	Mn_2O_3, fest	$229{,}4 \pm 1{,}5$	[39]
CaO, fest	$151{,}9 \pm 0{,}5$	[22]	MnO_2, fest	$124{,}3 \pm 0{,}5$	[39]
CaS, fest	$110{,}0 \pm 2{,}5$	[11]	MnS, fest	$49{,}0 \pm 0{,}5$	[36,46]
$CaSO_4$, fest	$342{,}4 \pm 3{,}5$	[22]	Mn_4N, fest	$31{,}2 \pm 3{,}0$	[46]
$CaCO_3$, fest	$288{,}4 \pm 0{,}7$	[22]	Mn_3C, fest	$3{,}6 \pm 3{,}0$	[36]
CaSi, fest	$36{,}0 \pm 2{,}0$	[40]	$MnO \cdot SiO_2$, fest	$5{,}9 \pm 0{,}4$	[46]
$CaO \cdot SiO_2$, fest	$21{,}5 \pm 0{,}3$	[41]	$2\,MnO \cdot SiO_2$, fest	$11{,}8 \pm 0{,}7$	[47]
$2\,CaO \cdot SiO_2$, fest	$30{,}2 \pm 1{,}5$	[41]	MoO_2, fest	$139{,}5 \pm 3{,}0$	[46]
$3\,CaO \cdot SiO_2$, fest	$27{,}0 \pm 1{,}5$	[41]	MoO_3, fest	$178{,}2 \pm 1{,}5$	[48,49]
$3\,CaO \cdot Al_2O_3$, fest	$1{,}5 \pm 7{,}0$	[41]	NH_3, Gas	$11{,}0 \pm 0{,}2$	[22]
CoO, fest	$57{,}2 \pm 0{,}5$	[22,39]	NiO, fest	$57{,}5 \pm 0{,}5$	[46]
Cr_2O_3, fest	$270{,}0 \pm 2{,}5$	[22,39]	NiS, fest	$22{,}2 \pm 1{,}4$	[36]
CrN, fest	$29{,}0 \pm 2{,}5$	[11]	P_2O_5, fest	$370{,}0 \pm 6{,}0$	[39]
Cr_4C, fest	$16{,}4 \pm 1{,}5$	[22]	S_2, Gas	$-31{,}0 \pm 1{,}0$	[42,50]
Cr_3C_2, fest	$21{,}0 \pm 2{,}0$	[22]	SO_2, Gas	$70{,}95 \pm 0{,}1$	[22]
Cu_2O, fest	$40{,}0 \pm 0{,}7$	[22,39]	SO_3, Gas	$94{,}4 \pm 0{,}3$	[22]
CuO, fest	$37{,}1 \pm 0{,}8$	[22,39]	SiO_2 (α-Quarz), fest	$210{,}2 \pm 0{,}7$	[22]
CuS, fest	$12{,}1 \pm 0{,}5$	[26,36,42]	SiO_2 (β-Kristobalit)	$209{,}3 \pm 0{,}7$	[22]
FeO, fest	$63{,}5 \pm 0{,}3$	[22,33]	SiC, fest	$12{,}4 \pm 3{,}0$	[43]
Fe_3O_4, fest	$268{,}0 \pm 1{,}0$	[39]	TiO_2, fest	$225{,}5 \pm 1{,}0$	[22,39]
Fe_2O_3, fest	$197{,}0 \pm 0{,}7$	[39]	TiN, fest	$80{,}4 \pm 0{,}8$	[36]
FeS, fest	$22{,}8 \pm 0{,}3$	[36]	TiC, fest	$43{,}9 \pm 1{,}5$	[51]
Fe_4N, fest	$2{,}6 \pm 2{,}0$	[43]	V_2O_3, fest	$299{,}4 \pm 7{,}0$	[52]
Fe_3C, fest	$-5{,}4 \pm 1{,}5$	[36,43,44]	V_2O_5, fest	$380{,}6 \pm 8{,}5$	[52]
FeSi, fest	$19{,}2 \pm 1{,}5$	[36]	WO_3, fest	$200{,}0 \pm 0{,}5$	[39]
FeTi, fest	$9{,}7 \pm 0{,}4$	[45]	WC, fest	$9{,}1 \pm 2{,}5$	[22]
$FeO \cdot Cr_2O_3$, fest	$(1{,}3 \pm 2{,}5)$	[11]	ZrO_2, fest	$259{,}5 \pm 1{,}2$	[22,39]

Weitere Zahlenwerte finden sich in der Tabellensammlung von O. KUBASCHEWSKI und E. LL. EVANS [11].

Die obige Reaktion verläuft demnach endotherm, also unter Wärmeaufwand. Die errechnete Wärmemenge ist also zuzuführen, um die Reaktionstemperatur aufrechtzuerhalten und eine Abkühlung zu vermeiden.

Umgekehrt kann die Bildungswärme eines Stoffes aus der meßbaren Reaktionswärme eines chemischen Umsatzes und den Bildungswärmen der anderen Reaktionsteilnehmer bestimmt werden.

Soll für eine chemische Umsetzung, z. B. der allgemeinen Form

$$A + B = C + D,$$

die Reaktionswärme für eine Temperatur T_2 bestimmt werden, so ist für ihren Wert der angenommene Reaktionsweg ohne Einfluß. Das Ergebnis muß immer dasselbe sein, da die Enthalpie eine Zustandsgröße ist, deren Änderung nur vom Anfangs- und Endzustand, aber nicht vom Weg des Ablaufes eines Vorganges abhängt. Es ist also gleichgültig, ob der chemische Umsatz bei niedriger Temperatur T_1, z. B. der Bezugstemperatur für die Bildungsenthalpie, 25°C, erfolgt und die Reaktionsteilnehmer dann auf die höhere Temperatur T_2 aufgeheizt werden, oder ob umgekehrt zuerst auf T_2 aufgeheizt wird und erst nach Erreichen dieser Temperatur die chemische Reaktion abläuft. Sind ΔH_{T_1} und ΔH_{T_2} die Reaktionswärmen bei den Temperaturen T_1 und T_2 und bezeichnen c_P' und c_P'' die den Reaktanten bzw. den Produkten zugehörigen spezifischen Wärmen, so muß wegen der Gleichheit der Enthalpien für die beiden genannten Reaktionswege die Beziehung:

$$\Delta H_{T_1} + \int\limits_{T_1}^{T_2} c_P' \cdot dT = \Delta H_{T_2} + \int\limits_{T_1}^{T_2} c_P'' \cdot dT$$

erfüllt sein. Unter Verwendung des Ausdrucks

$$c_P'' - c_P' = \Delta c_P$$

wird:

$$\Delta H_{T_2} - \Delta H_{T_1} = \int\limits_{T_1}^{T_2} \Delta c_P \cdot dT$$

Diese Gleichung nach T differenziert, liefert das *Kirchhoffsche Gesetz*:

$$\left(\frac{\partial \Delta H}{\partial T}\right)_P = \Delta c_P \tag{21}$$

d. h. die Änderung der Reaktionswärme je Grad Temperaturanstieg bei konstantem Druck ist gleich der Differenz zwischen den spezifischen Wärmen von Reaktionsprodukten und Ausgangsstoffen oder der durch den Ablauf der Reaktion verursachten Änderung der spezifischen Wärmen.

Die symbolisch für die spezifischen Wärmen der Reaktanten und Produkte geschriebenen Größen c_P' und c_P'' wären bei Temperaturunabhängigkeit der spezifischen Wärmen aller Reaktionsteilnehmer leicht zu berechnen. Für den als Beispiel gewählten Umsatz $A + B = C + D$ wäre dann

$$c_P' = c_A + c_B \qquad \text{und} \qquad c_P'' = c_C + c_D \qquad \text{und damit}$$

$$\Delta c_P = c_C + c_D - c_A - c_B$$

Ist die Temperaturabhängigkeit der spezifischen Wärmen jeweils durch eine Reihe gemäß Gl. (17) ausgedrückt, dann wird

$$\Delta c_P = \Delta a + \Delta b \cdot T - \frac{\Delta c}{T^2} \qquad (22)$$

wobei die Konstanten Δa, Δb und Δc als Summe der jeweiligen Konstanten der Produkte, vermindert um die Summe der entsprechenden Konstanten der Ausgangsstoffe gegeben sind. Zum Beispiel: $\Delta a = \sum a_{\text{Prod}} - \sum a_{\text{Ausg}}$.

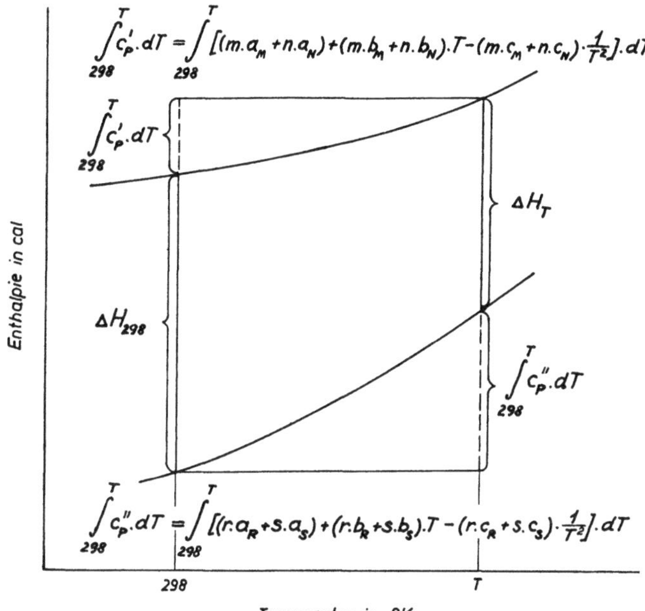

Abb. 2. Abhängigkeit der Reaktionswärme von der Temperatur

Ist für eine chemische Umsetzung der allgemeinen Form

$$m \cdot M + n \cdot N = r \cdot R + s \cdot S$$

die Reaktionswärme ΔH_{298} für 25 °C bekannt, dann ist für die Temperatur T:

$$\Delta H_T = \Delta H_{298} + \int_{298}^{T} \Delta c_P \cdot dT = \Delta H_{298} + \int_{298}^{T} \left(\Delta a + \Delta b \cdot T - \frac{\Delta c}{T^2} \right) \cdot dT =$$

$$= \Delta H_{298} + (r \cdot a_R + s \cdot a_S - m \cdot a_M - n \cdot a_N) \cdot (T - 298) +$$

$$+ \frac{1}{2} (r \cdot b_R + s \cdot b_S - m \cdot b_M - n \cdot b_N) \cdot (T^2 - 298^2) +$$

$$+ (r \cdot c_R + s \cdot c_S - m \cdot c_M - n \cdot c_N) \cdot \left(\frac{1}{T} - \frac{1}{298} \right)$$

Die Abhängigkeit der Reaktionsenthalpie von der Temperatur wird für dieses allgemeine Beispiel von Abb. 2 veranschaulicht. Die beiden eingezeichneten

Kurven geben die Wärmeinhalte der Ausgangsstoffe bzw. der Produkte der betrachteten Reaktion wieder. Es ist offenkundig, daß die Beziehung

$$\Delta H_{298} + \int\limits_{298}^{T} c_P' \cdot dT = \Delta H_T + \int\limits_{298}^{T} c_P'' \cdot dT$$

erfüllt sein muß, aus der sich die Reaktionsenthalpie für die beliebige Temperatur T, wie angegeben, errechnen läßt, wenn man für $c_P'' - c_P'$ den Wert Δc_P substituiert.

Beim Auftreten von Umwandlungen im Temperaturbereich zwischen 298 und $T\,^{\circ}\mathrm{K}$ sind noch die entsprechenden Umwandlungswärmen bei der Berechnung der Reaktionswärme ΔH_T zu berücksichtigen.

1.113.3 Das Heßsche Gesetz

Es wurde schon mehrfach betont, daß die durch eine Zustandsänderung bedingte Enthalpiedifferenz nur durch den Ausgangs- und Endzustand gegeben und wegunabhängig ist. Diese Unabhängigkeit vom Weg der Zustandsänderung gilt ganz allgemein und demnach auch für den Reaktionsablauf chemischer Umsetzungen, d. h. daß die Reaktionswärme unbeeinflußt davon ist, ob der Umsatz direkt von den Ausgangsstoffen zu den Endprodukten führt, oder ob der Reaktionsweg über die Bildung von Zwischenprodukten verläuft. So muß zum Beispiel die Reaktionswärme bei der Bildung von Eisen(III)-oxyd aus Eisen und gasförmigem Sauerstoff in einer direkten Umsetzung nach

$$2\,\mathrm{Fe} + \frac{3}{2}\,\mathrm{O_2} = \mathrm{Fe_2O_3} \tag{A}$$

genau so groß sein wie die gesamte Reaktionswärme, die bei der Bildung von Eisen(III)-oxyd in zwei getrennten Reaktionsstufen nach den Umsetzungsgleichungen

$$2\,\mathrm{Fe} + \frac{4}{3}\,\mathrm{O_2} = \frac{2}{3}\,\mathrm{Fe_3O_4} \tag{B}$$

$$\frac{2}{3}\,\mathrm{Fe_3O_4} + \frac{1}{6}\,\mathrm{O_2} = \mathrm{Fe_2O_3} \tag{C}$$

auftritt, wenn also zunächst Eisen(II, III)-oxyd gebildet wird, das seinerseits erst zu $\mathrm{Fe_2O_3}$ weiteroxydiert wird. So wie die Summe der Umsetzungsgleichungen (B) und (C) den Gesamtumsatz nach Gl. (A) ergibt, genau so ist die Summe ihrer Reaktionsenthalpien gleich der Reaktionsenthalpie des Umsatzes (A).

Die allgemeine Fassung dieser Feststellung wird in dem Satz der konstanten Wärmesummen, auch HESSsches Gesetz genannt, folgendermaßen ausgedrückt: Die Summe der Reaktionsenthalpien der Teilreaktionen ist gleich der Reaktionsenthalpie der Gesamtreaktion. Mit anderen Worten heißt dies, daß sich die Reaktionsenthalpien genau so summieren wie die Reaktionsgleichungen selbst.

Auf diesem Gesetz fußt eine oft angewandte Methode der Bestimmung von Reaktionswärmen aus Teilumsetzungen mit bekannten Reaktionsenthalpien.

Soll für eine Temperatur von 25 °C die Reaktionswärme für die Umsetzung

$$\mathrm{FeO} + \mathrm{Mn} = \mathrm{MnO} + \mathrm{Fe} \tag{A}$$

angegeben werden, so werden die Reaktionsgleichungen für die Bildung von Eisen-(II)-oxyd und Mangan(II)-oxyd, deren Reaktionswärmen aus Tab. 3 entnommen werden können, verwendet:

$$Fe + \frac{1}{2} O_2 = FeO, \quad \Delta H_B = -63,5 \text{ kcal} \tag{B}$$

$$Mn + \frac{1}{2} O_2 = MnO, \quad \Delta H_C = -92 \text{ kcal} \tag{C}$$

Da sich die Gl. (A) aus der Subtraktion der Gl. (B) von Gl. (C) ergibt, gilt für ihre Reaktionswärme

$$\Delta H_A = \Delta H_C - \Delta H_B = -92 + 63,5 = -28,5 \text{ kcal}$$

Zu beachten ist, daß für die Anwendung des Hessschen Gesetzes die Addierbarkeit der Einzelreaktionsgleichungen unbedingt gegeben sein muß, d. h. daß eine in den Gleichungen mehrmals aufscheinende Substanz sich stets im selben Zustand (Druck, Temperatur, Aggregatzustand) befinden muß.

1.114 Der 2. Hauptsatz der Thermodynamik

Mit Hilfe der bisher behandelten Grundlagen, dem 1. Hauptsatz und den sich daraus ergebenden Schlußfolgerungen, ist es nur möglich, die energetischen Veränderungen bei der Zustandsänderung eines Systems, z. B. bei einer Temperaturänderung oder beim Ablauf einer chemischen Reaktion zu bestimmen. Es kann also der Energiehaushalt erfaßt und angegeben werden, doch ist es damit nicht möglich, eine Aussage über die Richtung einer Zustandsänderung zu machen. Dies ist erst mit Kenntnis des zweiten Wärmehauptsatzes möglich.

Bereits eingangs wurde darauf hingewiesen, daß der Energieinhalt eines Systems sich aus den verschiedensten Energieformen zusammensetzt. So wird in einem System ein recht beachtlicher Teil der Gesamtenergie z. B. als Bewegungsenergie der Moleküle vorhanden sein, und es ist durchaus einleuchtend, daß nicht der gesamte Energieinhalt des Systems zur Arbeitsleistung zur Verfügung steht, sondern daß ein gewisser Betrag dem System verhaftet bleibt, beispielsweise als temperaturabhängige Bewegungsenergie. Eine wesentliche Aussage des zweiten Hauptsatzes der Thermodynamik ist die Angabe des unter idealen Bedingungen zur Arbeitsleistung verfügbaren Energieanteiles.

Durchläuft ein System einen CARNOTschen, also einen idealisierten *reversiblen* Kreisprozeß und wird bei der Temperatur T_1 infolge einer isothermen Zustandsänderung die Arbeit A_1 an die Umgebung abgegeben, so muß die dieser Arbeit äquivalente Wärmemenge Q_1 von der Umgebung dem System zugeführt werden. In Weiterführung des Prozesses sei die bei der niedrigeren adiabatisch erreichten Temperatur T_2 an dem System geleistete Arbeit A_2 und die diesem Betrag äquivalente vom System an die Umgebung abgegebene Wärmemenge Q_2. Nach diesem zweiten Teilschritt sei der Ausgangzustand wieder erreicht. Die insgesamt während des Kreisprozesses vom System geleistete Arbeit ist dann

$$A = Q_1 - Q_2$$

und der *maximale* in Arbeit umsetzbare Energieanteil wird dann ausgedrückt durch den Wirkungsgrad

$$\eta = \frac{A}{Q_1} = \frac{Q_1 - Q_2}{Q_1} = \frac{T_1 - T_2}{T_1} \tag{23}$$

Diese Gleichung ist eine mathematische Formulierung des zweiten Wärmehauptsatzes. Sie sagt aus, daß auch unter den idealsten Bedingungen Wärme nicht vollständig in Arbeit umgesetzt werden kann, sondern äußerstenfalls nur in dem durch den Wirkungsgrad gekennzeichneten Ausmaß. Der Wirkungsgrad ist dabei durch die Temperaturen festgelegt. Der zweite Hauptsatz lehrt weiter, daß Wärme nur von einem Körper höherer Temperatur zu einem mit niedrigerer Temperatur übergehen kann und nicht umgekehrt.

Aus Gl. (23) folgt durch einfache Umformung:

$$\frac{Q_1}{T_1} = \frac{Q_2}{T_2}$$

Da Q_1 voraussetzungsgemäß die dem betrachteten System zugeführte und Q_2 die von ihm abgegebene, also nicht in Arbeit umgesetzte Wärmemenge darstellt, ist, entsprechend den Vereinbarungen über die Vorzeichengebung, Q_2 negativ und daher

$$\frac{Q_1}{T_1} + \frac{Q_2}{T_2} = 0 \tag{24}$$

oder, wenn der reversible Kreisprozeß in mehreren Schritten abläuft,

$$\Sigma \frac{Q_{\text{rev}}}{T} = 0 \quad \text{bzw.} \quad \oint \frac{dQ_{\text{rev}}}{T} = 0 \tag{25}$$

Für einen reversiblen Kreisprozeß ist demnach die Summe der *reduzierten Wärmemengen* $\frac{Q_i}{T_i}$ gleich Null.

1.114.1 Die Entropie

Bei Besprechung des 1. Hauptsatzes wurde gezeigt, daß die innere Energie U eine allein vom Zustand des Systems abhängige Größe ist und daß demnach bei jedem beliebigen Kreisprozeß eine Änderung der inneren Energie nicht erfolgt, da ja der ursprüngliche Ausgangszustand wieder erreicht wird. Für einen Kreisprozeß gilt also

$$\Delta U = 0 \tag{26}$$

Die Analogie zwischen den Gl. (25) und (26) berechtigt zu der Annahme, daß eine Zustandsfunktion existiert, die für einen reversiblen Kreisprozeß verschwindet, genau so wie die innere Energie bei einem beliebigen Kreisprozeß keine Änderung erfährt. Diese nach CLAUSIUS als *Entropie S* bezeichnete Zustandsfunktion muß für einen reversiblen Übergang eines Systems von einem Zustand 1 in einen Zustand 2 ihren Wert um einen konstanten, d. h. wegunabhängigen Betrag ändern. Es gilt folglich:

$$\Delta S = S \Big|_1^2 = S_2 - S_1 = \int_1^2 \frac{dQ_{\text{rev}}}{T} \tag{27}$$

und für einen reversiblen Kreisprozeß ist

$$\Delta S = 0 \tag{28}$$

Verläuft ein Kreisprozeß irreversibel, so wird die Gl. (24) nicht mehr befriedigt, da entweder die aus der Umgebung aufgenommene Wärme Q_1 kleiner oder die an sie abgegebene Wärme Q_2 größer ist als im reversiblen Fall. Für einen irreversiblen Kreisprozeß ist daher

$$\left|\frac{Q_1}{T_1}\right| < \left|\frac{Q_2}{T_2}\right|$$

und

$$\frac{Q_1}{T_1} + \frac{Q_2}{T_2} < 0 \quad \text{bzw.} \quad \oint \frac{dQ_{\text{irr.}}}{T} < 0 \tag{29}$$

Diese Überlegungen lassen zunächst noch keinen praktischen Wert erkennen. Im folgenden soll jedoch eine Aussage abgeleitet werden, die auch für die Beurteilung eines Reaktionsablaufes von größter Wichtigkeit ist. Betrachtet wird ein Kreisprozeß, bei dem die Zustandsänderung vom Ausgangspunkt 1 bis zu einem beliebigen Punkt 2 irreversibel, d. h. nicht umkehrbar erfolgt. Dagegen sei der zur Schließung des Kreisprozesses erforderliche Vorgang entlang des Weges von 2 bis 1 reversibel. Dann ist der gesamte Kreisprozeß wegen der Irreversibilität entlang des Weges vom Zustand 1 bis zum Zustand 2 ebenfalls irreversibel und demnach muß gemäß Gl. (29) die Beziehung

$$\oint \frac{dQ_{\text{irr}}}{T} = \int_1^2 \frac{dQ_{\text{irr}}}{T} + \int_2^1 \frac{dQ_{\text{rev}}}{T} < 0$$

gelten. Es ist jedoch:

$$\int_2^1 \frac{dQ_{\text{rev}}}{T} = S_1 - S_2$$

und daher gilt auch

$$\int_1^2 \frac{dQ_{\text{irr}}}{T} + S_1 - S_2 < 0 \quad \text{und} \quad S_2 - S_1 > \int_1^2 \frac{dQ_{\text{irr}}}{T}$$

Wird diese letzte Beziehung auf ein *abgeschlossenes System* angewendet, bei dem definitionsgemäß kein Wärmeaustausch mit der Umgebung erfolgt, bei dem daher stets $dQ = 0$ ist, so erhält man dafür die fundamentale Gleichung:

$$S_2 - S_1 > 0 \tag{30}$$

In einem abgeschlossenen System verlaufen demnach alle nicht umkehrbaren Vorgänge stets in der Richtung, die durch eine Entropiezunahme des Systems ausgezeichnet ist. Das heißt mit anderen Worten, daß in einem derartigen System die Entropie nur zunehmen kann. Mit Hilfe dieses Satzes ist nunmehr auch die Möglichkeit gegeben, Aussagen über die Richtung des Ablaufs eines Vorganges zu machen. Die einleitend aufgestellte Behauptung, daß der 2. Hauptsatz der Thermodynamik die Ablaufrichtung einer Zustandsänderung zu bestimmen gestattet, ist damit bestätigt. Die große Bedeutung, die der Entropie als Zustandsfunktion zukommt, geht aus diesen Überlegungen ohne weiteres hervor, doch bleibt noch die Aufgabe offen, für eine Deutung dieser Größe im Sinne der Anschaulichkeit zu sorgen.

Jede Energie, gleichgültig in welcher Form, kann als Produkt aus einer Potentialgröße und einem Mengenfaktor angesehen werden. So ist die Bewegungsenergie eines Körpers gegeben durch den Ausdruck $\frac{m}{2} \cdot v^2$. Dabei ist $\frac{m}{2}$ das Mengenmaß und das Quadrat der Geschwindigkeit die Potentialgröße. Die elektrische Energie ist das Produkt aus der Strommenge in Amperesekunden und der Spannung in Volt. Ganz Analoges gilt für die Energieform Wärme. Aus Gl. (27) folgt

$$dQ_{\text{rev}} = T \cdot dS \tag{31}$$

und die Analogie zeigt, daß, so wie die Spannung die Potentialgröße für die elektrische Energie, dies die Temperatur für die Wärme ist, wogegen die Entropie die Mengengröße darstellt.

Eine noch größere Anschaulichkeit als durch diese vergleichende Gegenüberstellung erhält die Entropie durch den Satz von L. BOLTZMANN. Es wurde gezeigt, daß die Entropie bei einem freiwillig ablaufenden Vorgang in einem abgeschlossenen System nur größer werden kann. Daraus folgt zunächst, daß der Endzustand, bei dem ja das Gleichgewicht erreicht ist, durch einen Höchstwert der Entropie ausgezeichnet sein muß. Weiteres ergibt sich aus der Tatsache, daß alle freiwilligen Prozesse in der Richtung zu einem Zustand größerer Wahrscheinlichkeit ablaufen, ein Zusammenhang zwischen der Entropie und der Wahrscheinlichkeit eines Zustandes.

L. BOLTZMANN fand 1866 die einfache, in ihrer Bedeutung jedoch weitreichende Beziehung

$$S = k \cdot \ln W \tag{32}$$

in der W die Wahrscheinlichkeit und k eine Konstante bedeutet. Diese Gleichung sagt aus, daß die Entropie ein direktes Maß für die Wahrscheinlichkeit eines Zustandes darstellt. Der zunächst nur mathematisch formulierte Entropiebegriff hat damit also eine anschauliche und prägnante Deutung erhalten.

Mit Hilfe der Gl. (32) läßt sich der 2. Wärmehauptsatz auch folgendermaßen formulieren, wobei der wesentliche Kern erst richtig erfaßt wird: Jeder freiwillige Vorgang in der Natur führt aus einem unwahrscheinlicheren in den wahrscheinlicheren Zustand. Die Bedeutung dieser Aussage ist sofort zu ermessen, wenn man bedenkt, daß der wahrscheinlichste Zustand stets der völliger Unordnung ist, in dem keinerlei richtende Größen, wie Konzentrations-, Temperatur- oder Druckdifferenzen, vorhanden sind.

1.115 Der 3. Hauptsatz der Thermodynamik

Bei Ableitung des Entropiebegriffes (S. 20) wurde gezeigt, daß es sich dabei, genau wie z. B. bei der inneren Energie oder der Enthalpie, um eine Zustandsfunktion handelt. Bei einer Zustandsänderung sind, wie dies schon mehrfach betont wurde, allein die Änderungen der Zustandsgrößen die entscheidenden Faktoren und darüber hinaus auch der Messung zugänglich. Da es aber nur auf die Änderung der Zustandsgrößen ankommt, war es z. B. für die Enthalpie möglich, einen beliebigen Bezugspunkt, nämlich 25 °C, für die Größenangabe dieser Zustandsfunktion zu wählen, womit jeder Zustand durch einen relativen Zahlenwert gekennzeichnet ist.

Auch die einem bestimmten Zustand entsprechende Entropie könnte auf einen beliebigen Standard bezogen werden, der als Nullpunkt des Entropiemaßstabes fungiert. Von dieser Möglichkeit wird jedoch nicht Gebrauch gemacht, da die Deutung der Entropie und ihr Zusammenhang mit der Wahrscheinlichkeit eines Zustandes festzustellen erlaubt, ob und wann sie den Wert Null erreicht. Es wurde gezeigt, daß bei einem freiwilligen Vorgang die Entropie nur größer werden kann oder im Extremfall unverändert bleibt und daß jeder freiwillige Vorgang in Richtung zu einem Zustand größerer Wahrscheinlichkeit und damit zunehmender Unordnung verläuft. Daraus leitet sich die berechtigte Annahme ab, daß die Entropie dann verschwindet, wenn ein Zustand völliger Ordnung erreicht ist. Tatsächlich konnte zunächst W. NERNST (1906) nachweisen, daß für alle Vorgänge in kondensierten Stoffen die Entropiedifferenz beim absoluten Nullpunkt verschwindet, d. h. daß

$$\lim_{T \to 0} \Delta S = 0 \tag{33}$$

erfüllt ist.

Dieses NERNSTsche Theorem wird am leichtesten dann verständlich, wenn angenommen wird, daß auch die Entropie eines kristallisierten Körpers selbst beim absoluten Nullpunkt verschwindet, daß also

$$\lim_{T \to 0} S = 0 \tag{34}$$

gilt. Diese von MAX PLANCK stammende erweiterte Fassung des NERNSTschen Theorems ist der Inhalt des 3. Hauptsatzes der Thermodynamik. Dieser Hauptsatz gewinnt sofort große Anschaulichkeit, wenn berücksichtigt wird, daß beim absoluten Nullpunkt der Zustand des idealen Festkörpers erreicht wird, wenn jede Bewegung der Bausteine der Materie zum Stillstand kommt und eine Gleichrichtung der Moleküle vorhanden ist. Diese Bedingungen entsprechen einem Zustand völliger Ordnung, und daher nimmt die Entropie den Wert Null an. Es muß sich aber um reine Stoffe handeln, die sich im inneren Gleichgewicht befinden. Bei Stoffen, die bei der Abkühlung auf den absoluten Nullpunkt eine kristalline Umwandlung übersprungen haben, können zwar alle Bausteine in Ruhe befindlich sein, sind aber nicht gleichgerichtet. Es besteht dann kein Zustand völliger Ordnung und die Entropie hat einen endlichen Wert. Das gleiche gilt für die Entropie von Mischkristallen. Ebenso ist die Entropie von Schlacken und Gläsern, die sich beim absoluten Nullpunkt nicht im inneren Gleichgewicht befinden, von Null verschieden.

Für reine, kristallisierte Stoffe ist jedoch die absolute Größe der Entropie für jede Temperatur berechenbar, da sie beim absoluten Nullpunkt verschwindet.

Aus Gl. (27) folgt:

$$dS = \frac{dQ_{\mathrm{rev}}}{T} = \frac{c_P \cdot dT}{T} \tag{35}$$

und daraus durch Integration

$$S_T = \int_0^T \frac{c_P}{T} \cdot dT \tag{36}$$

Bei Auftreten von Umwandlungen im betrachteten Temperaturbereich, wobei darunter auch Schmelz- und Verdampfungsvorgänge zu verstehen sind, müssen die entsprechenden Umwandlungswärmen berücksichtigt werden. Sind T_{U_1} und T_{U_2} die Umwandlungstemperaturen und bezeichnet man die zugehörigen

Umwandlungswärmen mit ΔH_{U_1} und ΔH_{U_2}, so errechnen sich die Entropien bei der Temperatur T zu:

$$S_T = \int\limits_0^{T_{U_1}} \frac{c_P}{T} \cdot dT + \frac{\Delta H_{U_1}}{T_{U_1}} + \int\limits_{T_{U_1}}^{T_{U_2}} \frac{c_P}{T} \cdot dT + \frac{\Delta H_{U_2}}{T_{U_2}} + \int\limits_{T_{U_2}}^{T} \frac{c_P}{T} \cdot dT \qquad (37)$$

Mit Kenntnis der Umwandlungswärmen und der spezifischen Wärme ist demnach eine Berechnung der absoluten Entropiewerte möglich, womit noch einmal mehr die Bedeutung der spezifischen Wärme unterstrichen wird.

In Tab. 4 sind die Entropien einiger für die Stahlerzeugungsprozesse wichtiger Elemente und Verbindungen für eine Temperatur von $T = 298\,°K$ $(= 25\,°C)$ angegeben. Für eine beliebige Temperatur T kann daraus die Entropie S_T mit Hilfe der Gleichung

$$S_T = S_{298} + \int\limits_{298}^{T} \frac{c_P}{T} \cdot dT \qquad (38)$$

leicht berechnet werden. Selbstverständlich muß bei Auftreten von Umwandlungen zwischen 298 und $T\,°K$ dieser Ausdruck analog der Gl. (37) ergänzt werden. Die Werte der Tab. 4 beziehen sich auf die Mengeneinheit 1 Mol, stellen also die molare Entropie dar. Die Einheit der Entropie ist 1 cal/°K = 1 Clausius.

Auch die Berechnung der beim Ablauf einer chemischen Umsetzung erfolgenden Entropiezunahme macht grundsätzlich keine Schwierigkeiten. Sie erfolgt in gleicher Weise wie die Berechnung der Reaktionsenthalpien. Die Summe der Entropien der Reaktionsprodukte, vermindert um die Summe der Entropien der Ausgangsstoffe, ergibt die Reaktionsentropie. Für den Umsatz

$$A + B = C + D$$

ist demnach die Entropiezunahme:

$$\Delta S = S_C + S_D - (S_A + S_B)$$

1.116 Affinität der Stoffe bei chemischen Reaktionen

Die aus dem 1. und 2. Hauptsatz der Thermodynamik gewonnenen Folgerungen gestatten zwar, die energetischen Veränderungen und den Richtungsablauf einer chemischen Reaktion anzugeben, doch ist damit keine wie immer geartete Aussage über die Triebkraft dieser Reaktion möglich. Der oft verwendete Ausdruck *Affinität* gestattet keinerlei quantitative Angabe, sondern ist ein ganz grober qualitativer Begriff, der lediglich zum Ausdruck bringen kann, ob die Neigung zum Stattfinden einer Reaktion groß oder klein ist. Über das Ausmaß einer Reaktion und ihren Endpunkt wird damit so gut wie nichts gesagt. Es darf auch nicht unberücksichtigt bleiben, daß Triebkraft und Reaktionsgeschwindigkeit nicht einfach miteinander verbunden sind. Die Reaktionsgeschwindigkeit wird nämlich nicht nur von der Triebkraft allein bestimmt und demnach ist ein Maß der Triebkraft nicht notwendigerweise auch ein Maßstab für die Reaktionsgeschwindigkeit.

Bei der Suche nach einem quantitativen Maß für die Triebkraft einer chemischen Reaktion glaubten J. THOMSON und M. BERTHELOT, dies in der Wärmetönung der Reaktion gefunden zu haben. Das von ihnen angegebene Prinzip sagt aus, daß von den in Frage kommenden Reaktionen diejenigen bevorzugt ablaufen werden,

Tabelle 4. *Molare Entropien bezogen auf 25°C in* cal/°K · Mol

Stoff	S_{298}	Quelle	Stoff	S_{298}	Quelle
Al, fest	$6,77 \pm 0,05$	[16]	Fe_3O_4, fest	$35,0 \pm 0,6$	[16]
Al_2O_3, fest	$12,2 \pm 0,1$	[16]	Fe_2O_3, fest	$21,5 \pm 0,5$	[16]
AlN, fest	$5,0 \pm 1,0$	[42]	FeS, fest	$16,1 \pm 0,3$	[16]
Al_4C_3, fest	$31,3 \pm 2,5$		Fe_3S, fest	$24,2 \pm 1,2$	[16]
			$FeO \cdot Cr_2O_3$, fest	$34,9 \pm 0,5$	[16]
As, fest	$8,4 \pm 0,2$	[16]	H_2, Gas	$31,21 \pm 0,02$	[16]
As_2O_3, fest	$25,6 \pm 0,5$	[16]	H_2O, flüssig	$16,75 \pm 0,03$	[16]
			H_2O, Gas	$45,13 \pm 0,03$	[16]
B, fest	$1,4 \pm 0,05$	[53]	H_2S, Gas	$49,1 \pm 0,1$	
B_2O_3, fest	$12,9 \pm 0,1$	[54]	Mg, fest	$7,77 \pm 0,1$	[16]
			MgO, fest	$6,55 \pm 0,15$	[16]
Ba, fest	$16,2 \pm 1,0$	[55]	MgS, fest	$10,2 \pm 1,0$	
BaO, fest	$23,0 \pm 0,1$	[16]	$MgO \cdot SiO_2$, fest	$22,75 \pm 0,2$	[16]
BaS, fest	$16,8 \pm 0,3$	[56]	$2MgO \cdot SiO_2$, fest	$16,2 \pm 0,2$	[16]
C, Graphit	$1,361 \pm 0,005$	[16]	Mn, fest	$7,6 \pm 0,1$	[16]
CH_4, Gas	$44,5 \pm 0,1$	[16]	MnO, fest	$14,3 \pm 0,2$	[16]
CO, Gas	$47,3 \pm 0,05$	[16]	Mn_3O_4, fest	$35,5 \pm 1,0$	[16]
CO_2, Gas	$51,1 \pm 0,01$	[16]	Mn_2O_3, fest	$26,4 \pm 0,5$	[62]
			MnO_2, fest	$12,7 \pm 0,1$	[16]
			MnS, fest	$18,7 \pm 0,3$	[16]
Ca, fest	$9,95 \pm 0,1$	[16]	Mn_3C, fest	$23,6 \pm 0,3$	[16]
CaF_2, fest	$16,45 \pm 0,1$	[16]	$MnO \cdot SiO_2$, fest	$21,3 \pm 0,2$	[16]
CaO, fest	$9,5 \pm 0,2$	[16]			
CaS, fest	$13,5 \pm 0,3$	[16]	Mo, fest	$6,83 \pm 0,1$	[16]
$CaSO_4$, fest	$25,5 \pm 0,4$	[16]	MoO_2, fest	$13,6 \pm 2,0$	[45]
CaC_2, fest	$16,8 \pm 0,5$	[16]	MoO_3, fest	$18,7 \pm 0,3$	[16]
$CaCO_3$, fest	$21,2 \pm 0,3$	[16]			
$CaO \cdot SiO_2$, fest	$19,6 \pm 0,3$	[16]	N_2, Gas	$45,77 \pm 0,02$	[16]
$2CaO \cdot SiO_2$, fest	$30,5 \pm 0,2$	[57]	NH_3, Gas	$45,97 \pm 0,02$	[16]
$3CaO \cdot SiO_2$, fest	$40,3 \pm 0,3$	[57]			
$3CaO \cdot Al_2O_3$, fest	$49,1 \pm 0,3$	[58]	Ni, fest	$7,12 \pm 0,05$	[16]
			NiO, fest	$9,2 \pm 0,2$	[16]
Co, fest	$7,18 \pm 0,1$	[59]	NiS, fest	$16,1 \pm 1,2$	[63]
CoO, fest	$12,0 \pm 1,2$	[60]			
			O_2, Gas	$49,02 \pm 0,01$	[16]
Cr, fest	$5,68 \pm 0,05$	[16]			
Cr_2O_3, fest	$19,4 \pm 0,2$	[16]	Pb, fest	$15,5 \pm 0,05$	[16]
Cr_4C, fest	$25,3 \pm 0,3$	[16]			
Cr_3C_2, fest	$20,4 \pm 0,2$	[16]	S, fest (rhomb.)	$7,62 \pm 0,05$	[16]
			S_2, Gas	$54,4 \pm 0,1$	[16]
Cu, fest	$7,97 \pm 0,05$	[16]	SO_2, Gas	$59,25 \pm 0,1$	[16]
Cu_2O, fest	$22,45 \pm 0,1$	[61]	SO_3, Gas	$61,2 \pm 0,2$	[16]
CuO, fest	$10,2 \pm 0,05$	[16]			
Cu_2S, fest	$28,5 \pm 0,5$	[16]	Si, fest	$4,5 \pm 0,05$	[16]
CuS, fest	$15,9 \pm 0,5$	[16]	SiO_2, fest (Quarz)	$10,0 \pm 0,1$	[16]
			SiO_2, fest (Kristobalit)	$10,2 \pm 0,2$	[16]
Fe, fest	$6,49 \pm 0,03$	[16]			
FeO, fest	$14,2 \pm 0,3$	[16]	SiC, fest	$3,95 \pm 0,05$	[16]

Tabelle 4 (Fortsetzung)

Stoff	S_{298}	Quelle	Stoff	S_{298}	Quelle
Ti, fest	7,3 $\pm$ 0,05	[16]	W, fest	8,0 $\pm$ 0,2	[16]
TiO$_2$, fest	12,0 $\pm$ 0,05	[16]	WC, fest	$\sim$8,5 $\pm$ 1,5	
TiN, fest	7,24 $\pm$ 0,1	[16]			
TiC, fest	5,8 $\pm$ 0,2	[16]			
V, fest	7,0 $\pm$ 0,1	[16]	Zr, fest	9,3 $\pm$ 0,1	[16]
V$_2$O$_3$, fest	23,5 $\pm$ 0,3	[16]	ZrO$_2$, fest	12,1 $\pm$ 0,1	[16]

Weitere Zahlenwerte finden sich in der Tabellensammlung von O. KUBASCHEWSKI und E. LL. EVANS [11].

bei denen die größte Wärmeentwicklung auftritt, die also die betragsmäßig größte negative Reaktionswärme aufweisen.

Die Unhaltbarkeit dieses Prinzips ist sofort aus der großen Anzahl von Reaktionen, die unter Verbrauch von Wärme freiwillig ablaufen, abzuleiten. So sind z. B. Lösungs-, Schmelz- und Verdampfungsvorgänge endotherme, d. h. wärmeverbrauchende Reaktionen, die nach dem Prinzip von THOMSON und BERTHELOT nicht freiwillig ablaufen dürften.

Die Reaktionswärme kommt demnach als Maß für die Triebkraft einer Reaktion nicht in Betracht, dagegen ist eine andere Größe, nämlich die maximale, also reversible Arbeit, geeignet, als Affinitätsmaß verwendet zu werden.

Nach Gl. (9) ist die Änderung der inneren Energie bei einer Zustandsänderung gegeben durch

$$\Delta U = Q + A$$

worin A die *gesamte* vom oder am System geleistete Arbeit bedeutet.

Zunächst sei eine Zustandsänderung bei konstant gehaltenem Volumen betrachtet. In diesem Fall wird keine Volumenarbeit geleistet, und wenn die Zustandsänderung eine chemische Reaktion ist, ist unter A im wesentlichen nur elektrische Arbeit zu verstehen. Für einen reversibel geführten Prozeß gilt die Gl. (35):

$$dQ_{\mathrm{rev}} = T \cdot dS$$

so daß unter Verwendung der Differentialschreibweise die Gl. (9) übergeht in:

$$dU = dA + T \cdot dS \tag{39}$$

Von den beiden Summanden, aus denen sich die Änderung der inneren Energie zusammensetzt, bedeutet dA die vom System bei der Zustandsänderung geleistete, d. h. die nach außen hin in Erscheinung tretende und meßbare Arbeit und ist demnach nichts anderes als die freie Energie. Der Ausdruck $T \cdot dS$ stellt dagegen die Änderung der an das System gebundenen Energie dar. Da es sich voraussetzungsgemäß um einen reversibel geführten Prozeß handelt, ist dA die maximale Arbeit, die bei Ablauf der Reaktion auftreten kann und um anzudeuten, daß sie die freie Energie darstellt, wird an Stelle von A das Symbol F verwendet. Damit geht die Gl. (39) über in

$$dF = dU - T \cdot dS \tag{40}$$

bzw.
$$F = U - T \cdot S \tag{41}$$

Diese von HELMHOLTZ eingeführte *freie Energie F* ist, da die innere Energie und die Entropie Zustandsgrößen sind, ebenfalls eine Zustandsgröße und daher nur vom Ausgangs- und Endpunkt der Zustandsänderung und nicht vom Weg, entlang dessen dieser Vorgang erfolgt, abhängig.

Mit Kenntnis dieser neuen Zustandsfunktion steht, wie sich rein überlegungsmäßig ergibt, tatsächlich ein Maß für die Triebkraft einer chemischen Reaktion zur Verfügung. Eine Zustandsänderung, z. B. eine chemische Umsetzung, läuft dann freiwillig ab, wenn dazu keine äußere Arbeit aufgewendet werden muß, d. h. unter Berücksichtigung der eingeführten altruistischen Vorzeichenfestlegung, wenn

$$dF < 0 \tag{42a}$$

ist.

Ist aber

$$dF > 0 \tag{42b}$$

so kann die Zustandsänderung nur unter Aufwendung äußerer Arbeit erfolgen. Für den Gleichgewichtsfall ergibt sich daraus notwendigerweise:

$$dF = 0 \tag{42c}$$

Noch größere Bedeutung als diese für Volumenkonstanz während der Zustandsänderung abgeleiteten Beziehungen haben die analogen Überlegungen für Vorgänge, die unter konstantem Druck ablaufen, wie dies für die weitaus meisten der metallurgischen Reaktionen bei den Stahlherstellungsprozessen der Fall ist. Die dabei auftretende maximale Arbeit unterscheidet sich gegenüber dem zuvor behandelten Fall noch um die Volumenarbeit $P \cdot dV$, ist also analog Gl. (40) betragsmäßig gegeben durch den Ausdruck $dU + P \cdot dV - T \cdot dS$.

Wegen Gl. (15) gilt auch

$$dU + P \cdot dV - T \cdot dS = dH - T \cdot dS$$

Mit Einführung der GIBBSschen *freien Enthalpie G*, die definitionsgemäß gegeben ist durch:

$$G = F + P \cdot V = H - T \cdot S \tag{43}$$

ergibt sich als Gleichgewichtsbedingung für eine isotherme Zustandsänderung bei konstantem Druck analog der Beziehung (42c)

$$dG = dH - T \cdot dS = 0 \tag{44}$$

Ebenso wie die Änderung der freien Energie die maximale Nutzarbeit einer isothermen Zustandsänderung bei konstant gehaltenem Volumen darstellt, ist die Änderung der freien Enthalpie nichts anderes als die maximale Arbeit bei konstantem Druck. Dementsprechend stellt die freie Enthalpie die wichtigste Zustandsfunktion dar, da sie nicht nur die Gleichgewichtsbedingung angibt, sondern auch ein Maß für die Triebkraft chemischer Reaktionen ist. In der angloamerikanischen Literatur wird die freie Enthalpie als GIBBSsche freie Energie oder als freie Energie schlechthin („free energy") bezeichnet und dafür meist das Symbol F verwendet, während die hier abgeleitete freie Energie als HELMHOLTZsche freie Energie aufscheint.

Wie für die innere Energie U und die Enthalpie H, können auch für die freie Energie und die freie Enthalpie keine Absolutbeträge angegeben werden, sondern stets nur die Änderung dieser Zustandsgrößen im Verlaufe eines Prozesses. Ist die betrachtete Zustandsänderung eine chemische Reaktion, so ist — ähnlich wie bei der Bestimmung der Reaktionswärme — die Änderung der freien Enthalpie gleich der Summe der freien Enthalpien der Reaktionsprodukte, vermindert um die Summe der freien Enthalpien der Ausgangsstoffe. Wird für die den Reaktionsprodukten zugehörigen Symbole der Index 2 verwendet und für die der Ausgangsstoffe der Index 1, so ist die freie Enthalpie einer chemischen Reaktion bei konstanter Temperatur gegeben durch

$$\Delta G = G_2 - G_1 = (H_2 - T \cdot S_2) - (H_1 - T \cdot S_1) = (H_2 - H_1) - T \cdot (S_2 - S_1)$$
$$= \Delta H - T \cdot \Delta S \tag{45}$$

Ist diese freie Reaktionsenthalpie ΔG positiv, so muß Arbeit aufgewendet werden, damit die Reaktion stattfindet. Bei negativem Wert von ΔG wird dagegen während des Ablaufs der Reaktion Arbeit geleistet, d. h. die Reaktion findet freiwillig statt. Für $\Delta G = 0$ ist der Fall des Gleichgewichtes gegeben.

Mit Kenntnis der freien Reaktionsenthalpie können demnach die wichtigsten Aussagen über den Ablauf einer Reaktion gemacht werden. Sie gibt an, ob eine Reaktion stattfinden kann und wie weit sie abläuft, bis unter den gegebenen Bedingungen der Gleichgewichtszustand erreicht wird. Je negativer der Wert von ΔG ist, um so größer ist die Tendenz für den Ablauf einer Reaktion. Ebenso ist von den möglichen Modifikationen eines Stoffes stets die mit der negativeren freien Enthalpie unter den herrschenden Verhältnissen die stabilere.

Die Differentiation der Gl. (45) nach der Temperatur liefert einen Ausdruck für die Temperaturabhängigkeit der freien Reaktionsenthalpie, der eine wichtige Aussage ergibt. Es gilt allgemein:

$$\frac{\partial (\Delta G)}{\partial T} = - \Delta S \tag{46}$$

Mit dieser als GIBBS-HELMHOLTZsche Gleichung bezeichneten Beziehung kann die freie Enthalpie bei einer beliebigen Temperatur aus der bei einer anderen Temperatur berechnet werden. Außerdem erfaßt sie den Einfluß von Temperaturänderungen auf chemische Reaktionen. Bei Reaktionen, die mit einer Entropiezunahme verknüpft sind, wird durch Erhöhung der Temperatur die freie Enthalpie negativere Werte annehmen, die Temperatursteigerung führt also zu einer Begünstigung der Reaktion.

Aus der Beziehung (45) wird aber auch verständlich, wie es zu der nicht immer zutreffenden Aussage des Prinzips von THOMSON und BERTHELOT kommen konnte. Bei hohen Temperaturen wird unter der Voraussetzung eines endlich großen Wertes ΔS die Größe der freien Enthalpie im wesentlichen durch den zweiten Summanden $T \cdot \Delta S$ bestimmt, d. h. der Ablauf der Reaktion wird in erster Linie durch die Entropiezunahme, also in Richtung größerer Unordnung bestimmt. Bei niedrigen Temperaturen ist dagegen der erste Summand für die Größe von ΔG ausschlaggebend und der Ablauf der Reaktion ist dann begünstigt, wenn die Reaktionsenthalpie ΔH stark negativ, d. h. die Reaktion stark exotherm ist.

Die freie Enthalpie stellt also tatsächlich ein genaues Maß für die Triebkraft einer Reaktion dar, die rein sprachlich durch den Begriff Affinität ausgedrückt wird. Die einleitend unterstellte Möglichkeit der Bestimmung von Zustandsänderungen aus Energiegrößen ist damit bewiesen; allerdings ist damit noch keine Aussage über die Reaktionsgeschwindigkeit möglich.

1.117 Lösungen

Bei allen bisherigen Überlegungen, die die Berechnung der energetischen Verhältnisse bei einer Zustandsänderung und die Angabe von Richtung und Umfang einer Reaktion gestatten, wurden immer nur reine Stoffe, wie Elemente oder Verbindungen, erwähnt, deren thermodynamische Zustandsfunktionen bekannt oder aus bekannten Größen berechenbar sind. Es gibt jedoch auch andere *homogene*, also in allen Teilen gleichartige Körper, die durch eine sehr weitgehende Vermischung zweier oder mehrerer reiner Substanzen entstanden sind, wobei die Mengenverhältnisse der beteiligten Stoffe zwischen mehr oder minder weiten Grenzen schwanken können. Üblicherweise spricht man von einer *Mischung*, wenn die Mengen der sie bildenden Substanzen größenordnungsmäßig gleich sind, und von *Lösungen*, wenn eine der Substanzen mengenmäßig wesentlich stärker vertreten ist als die anderen.

Als Beispiel für Mischungen wurden bereits die Gase genannt, die in allen Verhältnissen mischbar sind. Beispiele für Lösungen im festen Zustand sind die Mischkristalle, die vor allem bei Metallen häufig anzutreffen sind. Vor allem aber ist der flüssige Stahl nichts anderes als eine Lösung, in der das Eisen das Lösungsmittel und die beabsichtigten oder unerwünschten Eisenbegleiter die gelösten Stoffe darstellen.

Tab. 5 gibt einen Überblick über die Löslichkeit verschiedener Elemente in flüssigem Eisen.

Tabelle 5. *Löslichkeit von Elementen in flüssigem Eisen bei Stahlerzeugungstemperaturen (1600 bis 1700°C)* (nach J. CHIPMAN [64])

Vollständig lösliche Metalle	teilweise lösliche		praktisch unlösliche Metalle	bei Stahlerzeugungstemperaturen verdampfende Metalle
	Metalle	Nichtmetalle		
Al	Cr	C	Pb	Na
Cu	V	S	Ag	Li
Mn	Mo	P	Bi	Mg
Ni	W	O		Ca
Co	Sn	H		Zn
Si	Pt	N		Cd
Sb	Ti	As		Hg
Ce	Zr	Se		
Au		B		
Pd				

Das Studium der Gesetzmäßigkeiten der Lösungen stellt eine für das Verständnis der Vorgänge bei den Stahlerzeugungsverfahren unerläßliche Grundlage dar. Vor allem sind die *verdünnten* Lösungen von besonderer Bedeutung. Sie sind, wie die Bezeichnung schon ausdrückt, durch eine besonders hohe Konzentration des Lösungsmittels gekennzeichnet, so daß die einzelnen Moleküle des gelösten Stoffes praktisch nur von Molekülen des Lösungsmittels umgeben sind und eine gegenseitige Beeinflussung gelöster Teilchen unterbleibt.

Zur Angabe der Zusammensetzung von Mischphasen bzw. Lösungen hat sich eine Reihe von Konzentrationsmaßen eingebürgert. Das einfachste und allgemein bekannte Maß ist die Gewichtskonzentration. Bezeichnet man mit m_k die Menge eines Stoffes k in einer Lösung oder Mischung, dann ist dessen Konzentration in *Gewichtsprozenten* g_k gegeben durch

$$g_k = \frac{100 \cdot m_k}{\sum_i m_i} \tag{47}$$

Wird statt des Gramms das Mol als Mengeneinheit verwendet, so gelangt man zu der bei Besprechung der idealen Gase bereits bekanntgewordenen Konzentrationsangabe in Form des *Molenbruchs*

$$N_k = \frac{n_k}{\sum\limits_i n_i} \tag{6}$$

Da die Zahl der Mole n gegeben ist durch

$$n = \frac{m}{M},$$

wenn M das Molekulargewicht bedeutet, besteht folgender Zusammenhang zwischen dem Molenbruch und der Konzentration in Gewichtsprozent:

$$N_k = \frac{\dfrac{g_k}{M_k}}{\sum\limits_i \dfrac{g_i}{M_i}} \tag{48}$$

Beispielsweise ist in einer Legierung aus 90 Gewichtsprozenten Eisen und 10 Gewichtsprozenten Aluminium der Molenbruch des Eisenanteils:

$$N_{\mathrm{Fe}} = \frac{\dfrac{90}{56}}{\dfrac{90}{56} + \dfrac{10}{27}} = 0{,}812$$

und der des Aluminiums:

$$N_{\mathrm{Al}} = \frac{\dfrac{10}{27}}{\dfrac{90}{56} + \dfrac{10}{27}} = 0{,}188$$

Der Zusammenhang zwischen dem Molenbruch, sowie dem bei Gasen ebenfalls als Konzentrationsmaßstab verwendbaren Partialdruck und dem Partialvolumen wurde bereits besprochen (S. 4). Andere Konzentrationsmaße sind die Angabe der Molanzahl des gelösten Stoffes je Liter Lösung (englisch: molarity) oder je Kilogramm Lösungsmittel (englisch: molality).

1.117.1 Partielle Eigenschaften der Lösungskomponenten

Bekanntlich kann die Masse oder das Gewicht einer Lösung durch einfache Addition der entsprechenden Größen der Mischungsteilnehmer bestimmt werden. Auch das Volumen einer Mischung oder Lösung ist unter Umständen durch Summierung der Einzelvolumina bestimmbar, wie z. B. bei idealen Gasen. Daß dies nicht notwendigerweise immer der Fall sein muß, lehrt das einfache Beispiel der Mischung zweier Flüssigkeiten. Erzeugt man etwa eine Mischung aus Alkohol und Wasser, so ist das Gesamtvolumen dieser Mischung *nicht* gleich der Summe der Einzelvolumina der beiden Mischungsteilnehmer vor der Mischung. Dieses recht anschauliche Beispiel zeigt, daß, obwohl die Volumina der reinen Mischungsteilnehmer experimentell bestimmbar und dementsprechend bekannt sind, die auf das Wasser bzw. den Alkohol entfallenden Volumenanteile innerhalb der Mischung nicht ohne weiteres angegeben werden können. Der Anteil, den jede der Mischungskomponenten am Gesamtvolumen der fertigen Mischung hat, kann jedoch durch das sogenannte Partialvolumen ausgedrückt werden.

Diese Überlegungen sind deshalb von großer Bedeutung, da sie nicht auf das Volumen von Lösungen oder Mischungen beschränkt sind, sondern für eine ganze Reihe von Eigenschaften der Mischungssubstanzen gelten. Solche *partielle Eigenschaften* beziehen sich immer auf *extensive*, d. h. mengenproportionale Größen, wie innere Energie, Enthalpie, Entropie, freie Energie und freie Enthalpie, also die wichtigsten Zustandsfunktionen. Dagegen sind z. B. Druck und Temperatur nicht mengenabhängig und daher keine extensiven Größen.

Partielle Größen sind, wie leicht einzusehen ist, konzentrationsabhängig und können experimentell aus der meßbaren Änderung ihres Wertes bei Konzentrationsänderung bestimmt werden. Neben den partiellen Größen schlechthin kommt den *partiellen molaren Größen*, also den auf 1 Mol der betrachteten Komponente in der Lösung entfallenden Betrag besondere Bedeutung zu. Diese stellen die Änderung der betrachteten Eigenschaft — Volumen, innere Energie, Entropie oder Enthalpie — *in* der Mischung dar, wenn in einer großen Menge der Mischung die Konzentration des entsprechenden Stoffes um 1 Mol geändert wird.

An Hand des bereits angeführten Beispiels der Mischung zweier Flüssigkeiten soll nun die Bestimmung der Partialgrößen erläutert werden. Aus n_1 Molen des Stoffes 1 und n_2-Molen des Stoffes 2 werde eine Mischung gebildet. Bezeichnen V_1 und V_2 die Partialvolumina der Stoffe 1 und 2 in der Mischung (oder Lösung), dann ist das Gesamtvolumen der Mischung

$$V' = V_1 + V_2$$

Ist V das totale molare Volumen der Lösung und sind $\overline{V}_1$ bzw. $\overline{V}_2$ die partiellen molaren Volumina der Stoffe 1 und 2 in der Lösung, so gilt:

$$V' = (n_1 + n_2) \cdot V = n_1 \cdot \overline{V}_1 + n_2 \cdot \overline{V}_2 \tag{49}$$

Daraus ergibt sich

$$V = N_1 \cdot \overline{V}_1 + N_2 \cdot \overline{V}_2 \tag{50}$$

Bezeichnet man mit E' irgendeine extensive Größe einer beliebigen Menge einer Mischung und mit E die auf 1 Mol der gleichen Mischung oder Lösung bezogene, so gilt

$$E = \frac{E'}{\sum\limits_i n_i} \tag{51}$$

Bei Veränderung der Mischungszusammensetzung durch Änderung der Molzahl des Stoffes 1 um dn_1 unter Beibehaltung der Mengen bzw. Molzahlen der anderen Stoffe ändert sich auch der Wert der betrachteten extensiven Größe E'. Bei Verwendung des Symbols dE' für die Änderung von E' ist die partielle molare Größe definiert durch

$$\overline{E}_i = \left(\frac{\partial E'}{\partial n_i} \right)_{P,\, T,\, n_k \,=\, \text{const},\, i \,\neq\, k} \tag{52}$$

Es läßt sich nun zeigen, daß notwendigerweise

$$E' = \sum\limits_i n_i \cdot \overline{E}_i \tag{53}$$

ist und daß ferner für konstanten Druck und konstante Temperatur die Beziehung

$$\sum_i N_i \cdot d\overline{E}_i = 0 \tag{54}$$

erfüllt sein muß. Diese letzte Formel wird GIBBS-DUHEMsche Gleichung genannt und ist von grundlegender Bedeutung für Mischungen bzw. Lösungen. Ist die extensive Größe z. B. die freie Enthalpie G und betrachtet man eine Mischung aus zwei Komponenten, so gilt

$$N_1 \cdot d\overline{G}_1 + N_2 \cdot d\overline{G}_2 = 0 \tag{55}$$

worin $\overline{G}_1$ und $\overline{G}_2$ die partiellen molaren freien Enthalpien sind.

1.117.2 Das Raoultsche und das Henrysche Gesetz

So wie jeder reine feste oder flüssige Stoff bei jeder Temperatur einen dieser zugeordneten Dampfdruck aufweist, hat auch jede Komponente einer Mischung oder Lösung das Bestreben, in einem gewissen Ausmaß zu verdampfen. Befindet sich eine Lösung in einem abgeschlossenen, evakuierten Raum, so stellt sich ein Gleichgewichtszustand zwischen der Lösung und dem aus ihr entwichenen Dampf ein. Der Partialdruck der Komponente in der Dampfphase ist dann gleich ihrem Dampfdruck in der Lösung. Damit ist auch bereits ein Verfahren für die Dampfdruckbestimmung skizziert. Die flüchtigere Komponente der Lösung, d. h. die mit höherem Dampfdruck, wird sich in der Dampfphase anreichern. Der Dampfdruck eines Stoffes ist in erster Linie von der Temperatur abhängig, und bei gegebener Temperatur ist er eine Funktion der Konzentration der betrachteten Komponente in der Lösung, und zwar ist er immer kleiner als der Dampfdruck der reinen Komponente unter gleichen Bedingungen.

RAOULT (1886) fand einen einfachen Zusammenhang zwischen der Konzentration und dem Dampfdruck eines in Lösung befindlichen Stoffes. Ist p_i^0 der Dampfdruck des reinen Stoffes i, dann erhält man den Dampfdruck p_i dieses in einer Lösung mit der Konzentration N_i vertretenen Stoffes durch die Beziehung

$$p_i = N_i \cdot p_i^0 \tag{56}$$

Dieses Gesetz der direkten Proportionalität zwischen Dampfdruck und Molenbruch-Konzentration gilt für ideale Lösungen über dem gesamten Konzentrationsbereich unter der Voraussetzung weitgehender physikalischer Ähnlichkeit zwischen den Mischungsteilnehmern. In diesem Fall wird bei dem Lösungs- bzw. Mischungsvorgang weder eine Volumenänderung noch ein Wärmeeffekt (Mischungswärme) auftreten. Derartige ideale Mischungen fester und flüssiger Stoffe kommen in der Natur, abgesehen von den Isotopen, jedoch nur selten vor, so daß mit mehr oder weniger großen Abweichungen von diesem Gesetz zu rechnen ist. Seine Gültigkeit ist zumeist auf einen engen, den sogenannten *Raoultschen Bereich*, beschränkt, der bei hohen Konzentrationen des betrachteten Stoffes liegt. Das RAOULTsche Gesetz bezieht sich also auf das Lösungsmittel. Die Abweichungen werden um so größer, je unterschiedlicher die Mischungsteilnehmer in chemischer oder physikalischer Hinsicht sind. Sie sind am größten, wenn die Komponenten zur Entmischung neigen oder garnicht mischbar sind, wenn also das System eine Mischungslücke aufweist. Ebenso sind große Abweichungen vorhanden, wenn es zu einer chemischen Verbindung zwischen den Mischungsteilnehmern kommt.

Abb. 3 zeigt als Beispiel die Dampfdruckkurve von Zink in flüssigen Kupfer-Zink-Legierungen bei einer Temperatur von 1065°C nach Ergebnissen von J. CHIPMAN [73]. Die gemessenen Dampfdrücke weichen von der strichliert eingezeichneten RAOULTschen Geraden, die die Gl. (56) wiedergibt, im größten Teil des Konzentrationsbereiches ab. Nur bei sehr hohem Zinkanteil in der Legierung deckt sich die Dampfdruckkurve mit der RAOULTschen Geraden. Der Abb. 3 ist jedoch ferner zu entnehmen, daß bei sehr niedrigen Zinkkonzentrationen, also für den Fall, daß das Kupfer das Lösungsmittel und das Zink die gelöste Substanz darstellt, doch eine Proportionalität zwischen dem Zinkdampfdruck und dem Molenbruch besteht. Diese Proportionalität gilt ganz allgemein für den Dampfdruck des ge-

lösten Stoffes in nichtidealen Lösungen und findet Ausdruck im *Henryschen Gesetz*:

$$p_i = k' \cdot N_i = k \cdot p_i^0 \cdot N_i \quad (57)$$

Diese Gleichung besagt, daß der Dampfdruck eines gelösten Stoffes in einer verdünnten Lösung der Molenbruch-Konzentration proportional ist. Da bei niedrigen Konzentrationen auch eine direkte Proportionalität zwischen dem Molenbruch und anderen Konzentrationsmaßen, z.B. der Konzentration in Gewichtsprozenten, besteht, ist der gleiche

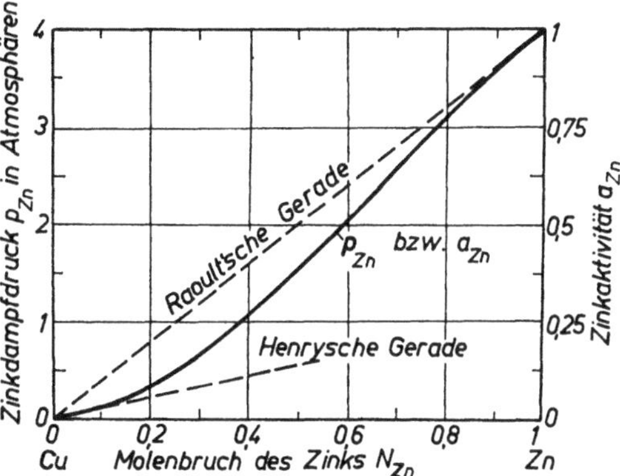

Abb. 3. Dampfdruck von Zink über flüssigen Cu–Zn-Legierungen bei 1065 °C (nach J. CHIPMAN)

einfache Zusammenhang auch mit diesen gegeben, allerdings mit anderen Proportionalitätsfaktoren. Das HENRYsche Gesetz gilt exakt für eine unendlich verdünnte Lösung eines Stoffes, der in der Lösung und in der Dampfphase die gleiche Molekülart aufweist. Es ist unabhängig von der Größe der Abweichung vom Idealverhalten und gilt demnach auch für Stoffe, deren Dampfdruckkurve sehr stark von der RAOULTschen Geraden abweicht, wenn nur ihre Konzentration hinlänglich klein ist.

Zu beachten ist, daß ein stetiger Verlauf der Dampfdruckkurve wie in Abb. 3 nur bei völliger gegenseitiger Löslichkeit der beiden Mischungsteilnehmer möglich ist, denn nur im Konzentrationsbereich der Homogenität ändert sich der Dampfdruck eines gelösten Stoffes gleichsinnig mit seiner Konzentration. Die Verhältnisse außerhalb dieses homogenen Bereiches werden in dem Abschnitt über Aktivitäten diskutiert (S. 35).

Diese sowie die folgenden Überlegungen sind deshalb von großer Wichtigkeit, da sie die thermodynamische Erfassung der technisch so bedeutsamen Lösungen in einfacher Weise ermöglichen. Die Aufgabe der Thermodynamik ist aber letzten Endes die Entwicklung und Anwendung von Beziehungen zwischen den meßbaren Größen, wie Temperatur, Druck usw., und den Zusammensetzungen der im Gleichgewichtsfall nebeneinander existenten Phasen eines Systems. Diese Aufgabe kann im speziellen nur dann gelöst werden, wenn außer den allgemeinen Beziehungen auch noch spezielle, das Verhalten der betrachteten Stoffe beschreibende Funktionen bekannt sind, wie dies z. B. im Fall der idealen Gase die Zustandsgleichung tut. Für feste und flüssige Stoffe besteht keine derartige einfache Gesetzmäßigkeit, doch können bei Lösungen die gleichen einfachen thermodynamischen Gesetze wie für ideale Gase verwendet werden, wenn man die Dampfdrücke in

Rechnung setzt. Dies ist möglich, da ja Dampfphase und Lösung miteinander im Gleichgewicht stehen. Die Angabe einer Beziehung, die bei einer Lösung die Abweichung vom Idealverhalten beschreibt, ist also gleichbedeutend mit der Kenntnis der Zustandsgleichung für ideale Gase.

1.117.3 Aktivität

Der Dampfdruck einer Lösungskomponente ist nicht nur entscheidend für die Verflüchtigung der Substanz aus der Lösung; seine hervorragende Bedeutung liegt in dem engen gegebenen Zusammenhang mit der Reaktionsfähigkeit dieser Substanz gegenüber anderen Stoffen, also ihrer physikalisch-chemischen Wirksamkeit oder, kurz gesagt, ihrer *Aktivität*. Wenn eine Substanz in reiner Form ein bestimmtes Reaktionsvermögen aufweist, so wird dieses bei Verringerung der Konzentration der Substanz durch Mischung oder Lösung mit bzw. in einem anderen Stoff verkleinert, und zwar im gleichen Ausmaß, wie dies der Verlauf der Dampfdruckkurve angibt. Wenn gemäß Abb. 3 bei einer Zinkkonzentration von $N_{Zn} = 0{,}59$ der Dampfdruck des Zinks in einer Kupfer-Zink-Legierung die Hälfte des Wertes von reinem Zink beträgt, so ist auch die Reaktionsfähigkeit des gelösten Zinks gegenüber anderen Stoffen ebenfalls auf die Hälfte der des reinen Zinks gesunken.

Zur zahlenmäßigen Beschreibung des Reaktionsvermögens wurde der Begriff Aktivität eingeführt. Ist p_i der Dampfdruck eines gelösten Stoffes i und p_i^0 der Dampfdruck des unverdünnten, reinen Stoffes oder eines anderen zum Vergleich gewählten *Standardzustandes*, dann ist die Aktivität des betrachteten Stoffes i in der Lösung

$$a_i = \frac{p_i}{p_i^0} \tag{58}$$

Bei exakter Darstellungsweise müßten an Stelle der Dampfdrücke die hier nicht näher besprochenen *Fugazitäten* stehen. Da aber für ein ideales Gas die Fugazität dem Partialdruck gleich ist und bei den Gegebenheiten der Stahlerzeugungsverfahren alle Gase angenähert ideales Verhalten zeigen, gilt die gegebene Definition mit sehr guter Genauigkeit.

Nach dieser Definition ist die Aktivität der reinen Substanz bzw. im als Standard gewählten Zustand gleich 1. Die Aktivität eines gelösten Stoffes ist proportional seinem Dampfdruck, wie dies auch aus den beiden Ordinatenskalen in Abb. 3 hervorgeht. Bei idealer Lösung fiele die Dampfdruckkurve mit der RAOULTschen Geraden zusammen und die Aktivität wäre zahlenmäßig gleich dem Molenbruch. Dieser Zusammenhang unterstreicht die Wichtigkeit des Molenbruchs als Konzentrationsmaß. Tatsächlich ist aber in dem gewählten Beispiel die Aktivität geringer als die Molenbruchkonzentration des Zinks. Diese negative Abweichung von der RAOULTschen Geraden ist auf eine gewisse Neigung zur Verbindungsbildung zurückzuführen; je größer diese in einem gegebenen System ist, um so stärker ist die negative Abweichung. Andererseits wird eine positive Abweichung vom RAOULTschen Gesetz in um so stärkerem Maße auftreten, je stärker die Neigung zur Entmischung der in der Lösung enthaltenen Stoffe ist. Bei vollständiger gegenseitiger Mischbarkeit ist bei geringer gegenseitiger Beeinflussung ein nahezu idealer Verlauf der Aktivitätskurve zu erwarten. Wie bei Besprechung der Dampfdrücke schon angegeben wurde, gibt es auch bei nichtidealen Lösungen einen Bereich, in dem die Dampfdruckkurve des Lösungsmittels mit der RAOULTschen Geraden übereinstimmt. Innerhalb dieses Bereiches, der bei den höchstmöglichen Konzentrationen liegt, ist die Aktivität jedenfalls gleich dem Molenbruch:

$$a_i = N_i \qquad (59)$$

In Abb. 4 sind die Aktivitäten von Zweistoffsystemen bei drei verschiedenen Temperaturen unter der Annahme des Vorliegens idealer Lösungen schematisch wiedergegeben [74]. Wegen der gemachten Voraussetzung idealer Löslichkeit sind die Aktivitätskurven zugleich auch die Dampfdruckkurven der entsprechenden Komponenten. Die einzelnen Teilbilder lassen die Konstanz der Aktivität

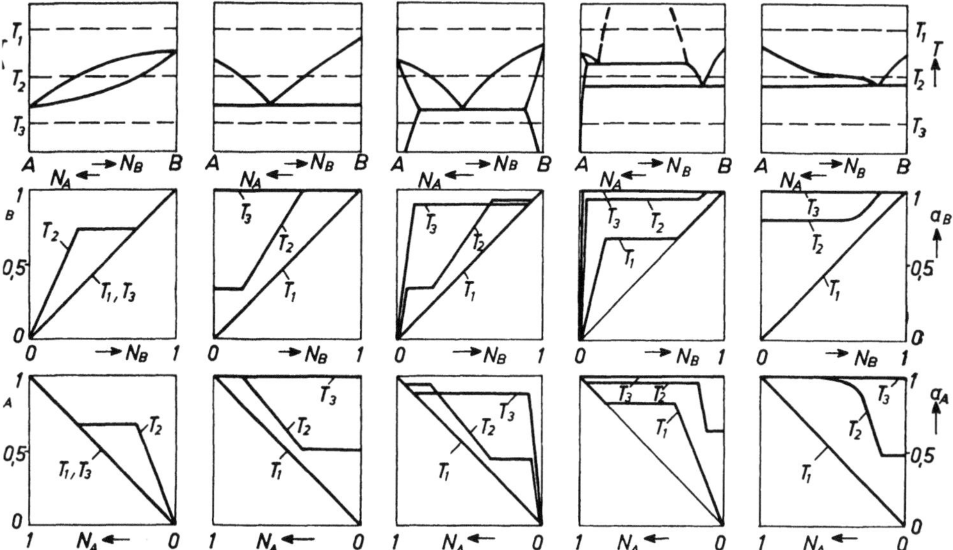

Abb. 4. Aktivitätskurven binärer Systeme unter Voraussetzung idealen Lösungsverhaltens
(zum Teil nach F. NEUMANN, H. SCHENCK und W. PATTERSON)

innerhalb der heterogenen Bereiche erkennen, die darauf zurückzuführen ist, daß innerhalb dieser die Zusammensetzung der anwesenden Phasen unverändert bleibt; was sich ändert, sind lediglich die mengenmäßigen Anteile der einzelnen Phasen innerhalb des heterogenen Bereiches. Den Bildern ist zu entnehmen, daß ein Zusammenhang zwischen dem Aktivitätsverlauf und dem Zustandsdiagramm gegeben ist.

Es wurde bereits gezeigt, daß für verdünnte Lösungen eine Proportionalität zwischen dem Dampfdruck des gelösten Stoffes und seiner Konzentration besteht (S. 33). Aus der Definitionsgleichung der Aktivität folgt damit, daß innerhalb des HENRYschen Bereiches auch Aktivität und Konzentration einander proportional sein müssen.

Aus der Tatsache, daß die Aktivität eines Stoffes seine Reaktionsfähigkeit mit anderen Stoffen innerhalb eines bestimmten Systems zahlenmäßig beschreibt und daß andererseits die GIBBSsche freie Enthalpie ein Maß für die Triebkraft einer Reaktion ist, muß zwangsläufig auf einen engen Zusammenhang zwischen Aktivität und freier Enthalpie geschlossen werden. Dieser Zusammenhang ist — wie später noch bewiesen wird (S. 46) — tatsächlich gegeben und wenn die freie Enthalpie als eine der wichtigsten thermodynamischen Funktionen bei der Berechnung von Gleichgewichtszuständen bezeichnet wurde, so gilt das gleiche von der Aktivität.

Bei Besprechung von Abb. 3 wurde darauf hingewiesen, daß nur im Idealfall bei Fehlen gegenseitiger Beeinflussung und bei völliger gegenseitiger Löslichkeit zweier Stoffe, die Aktivität dem Molenbruch gleich ist und daß die Größe der Abweichung der Dampfdruck- bzw. Aktivitätskurven von der RAOULTschen Geraden ein Maß für die Nichtidealität der betrachteten Lösung darstellt. Die Abweichung vom Idealverhalten kann zahlenmäßig durch Angabe des *Aktivitätskoeffizienten* ausgedrückt werden, der als Quotient aus Aktivität und Molenbruch definiert ist:

$$\gamma_i = \frac{a_i}{N_i} \tag{60}$$

Aktivität und Molenbruch sind demnach auf einfachste Weise miteinander verbunden und die für ideale Systeme abgeleiteten und gültigen Gesetzmäßigkeiten können auch für nichtideale Systeme angewendet werden, wenn an Stelle des Molenbruchs die Aktivität eines Stoffes in Rechnung gesetzt wird. Dies gilt für das noch zu beschreibende Massenwirkungsgesetz, für die Beschreibung von Lösungsgleichgewichten, die Arbeit von Lösungsreaktionen usw. Der Aktivitätskoeffizient nimmt für den gesamten Konzentrationsbereich den Wert 1 an, wenn sich das System ideal verhält, die Aktivität ist dann gleich dem Molenbruch. Diese Verhältnisse sind zum Beispiel in den Systemen Eisen-Mangan, Eisen-Chrom, Eisen-Nickel und Eisen-Kobalt gegeben [75]. Bei negativer Abweichung von der RAOULTschen Geraden, d. h. wenn der Wert der Aktivität kleiner ist als der Molen

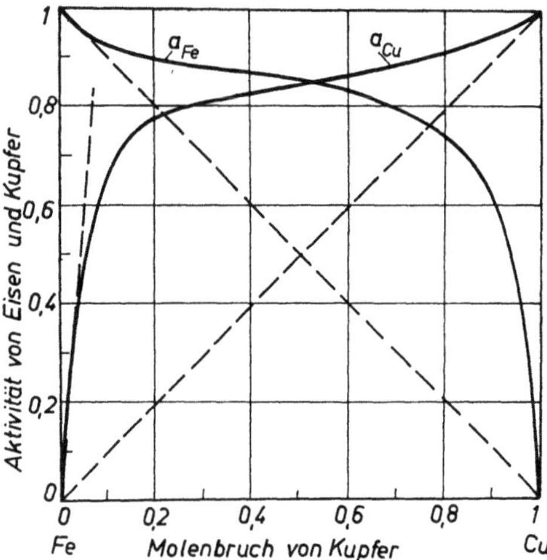

Abb. 5. Aktivitaten von Eisen und Kupfer im binären System Fe–Cu bei 1600 °C (nach J. CHIPMAN)

bruch, wie dies in Abb. 3 für Zink in flüssigen Kupfer-Zink-Legierungen gezeigt wird, ist der Aktivitätskoeffizient kleiner als eins. Ein weiteres Beispiel ist mit dem System Eisen-Silizium gegeben [76]. Schließlich ist der Aktivitätskoeffizient größer als eins im Fall einer positiven Abweichung vom RAOULTschen Gesetz, wenn also die Aktivitätskurve oberhalb der für ideale Lösungen geltenden RAOULTschen Geraden liegt. Diese Verhältnisse sind in den Zweistoffsystemen Eisen-Eisensulfid [77] und Eisen-Kupfer [77] vorhanden. Abb. 5 zeigt die Aktivitäten im System Eisen-Kupfer bei 1600 °C nach J. CHIPMAN [77]. Es wurde schon darauf hingewiesen, daß die Aktivitäts- bzw. Dampfdruckkurven dann unterhalb der RAOULTschen Geraden liegen, wenn eine gewisse Neigung zur Verbindungsbildung besteht, d. h. wenn die vorhandenen Bindungskräfte eine stärkere Erniedrigung des Dampfdruckes bewirken. Durch die anziehende Wirkung der Lösungspartner aufeinander wird also ihr Entweichen vermindert. Umgekehrt ist bei einer Neigung zur Entmischung der beiden die Lösung bildenden Substanzen eine positive Abweichung von der RAOULTschen Geraden gegeben. Dies kann dadurch erklärt werden, daß zwischen den beiden Stoffen abstoßende Kräfte zur Wirkung gelangen, durch die der Dampfdruck höher ist, als es der durch den Molenbruch ausgedrückten Verdünnung entspricht. Die abstoßenden Kräfte zwischen den Lösungspartnern fördern gegenseitig deren Verdrängung aus der Lösung. Natürlich kann es auch vorkommen, daß bei Überwiegen des einen der beiden Mischungsteilnehmer Verbindungsbildung oder zumindestens Neigung dazu vorhanden ist, während bei Überwiegen der anderen Komponente entmischende Tendenzen bestehen. In solchen Fällen ist dann auf der einen Seite des Konzentrations-Aktivitätsdiagrammes eine negative, auf der anderen eine positive Abweichung der Aktivitätskurve von der RAOULTschen Geraden vorhanden, wie dies in Abb. 6 für die Aktivität des Aluminiums im System Silber-Aluminium bei 1000 °C gezeigt wird [77].

Aus der Definitionsgleichung (60) für den Aktivitätskoeffizienten ist zu folgern, daß dieser nur dann konzentrationsunabhängig ist, wenn die Aktivität dem Molenbruch proportional, d. h. wenn die Aktivitätskurve über dem Molenbruch eine Gerade ist. Diese Verhältnisse sind auch für den Fall verdünnter Lösungen im HENRYschen Bereich gegeben. Außerhalb des Proportionalitätsbereiches von Aktivität und Molenbruch ist der Aktivitätskoeffizient eine Funktion der Konzentration.

Die Aktivität und damit auch der Aktivitätskoeffizient sind temperaturabhängig, und zwar in dem Sinne, daß steigende Temperaturen eine Annäherung an das ideale Verhalten bewirken, d. h., daß mit steigender Temperatur die Aktivitätskoeffizienten sich dem Wert 1 nähern, unabhängig davon, ob eine positive oder negative Abweichung vom RAOULTschen Gesetz vorhanden ist. Dies

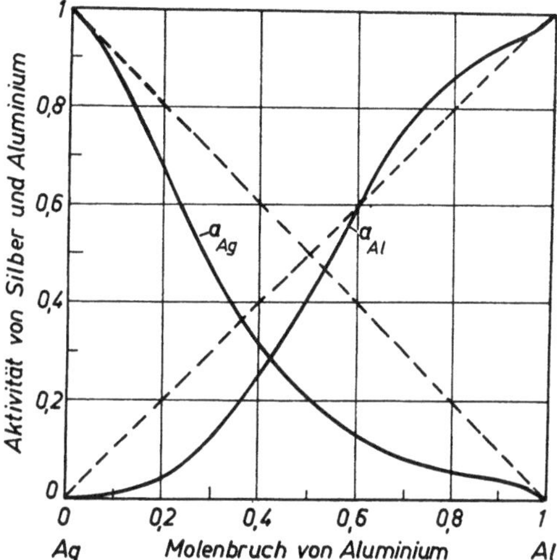

Abb. 6. Aktivitäten von Aluminium und Silber im binären System Al–Ag bei 1000 °C (nach J. CHIPMAN)

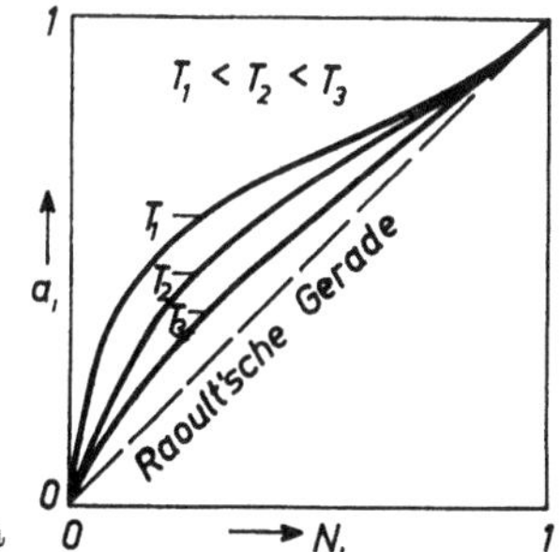

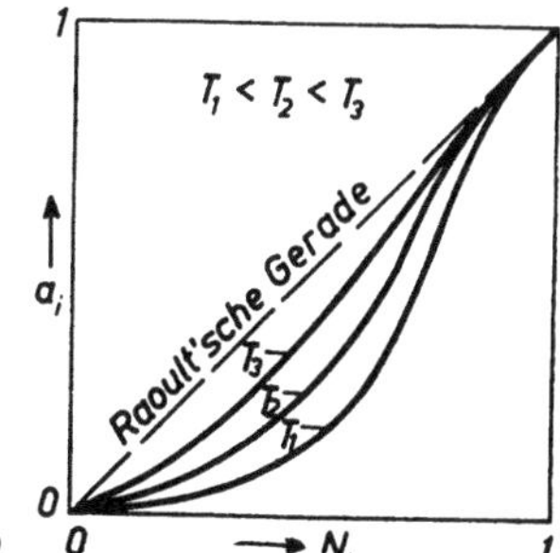

Abb. 7. Schematische Darstellung des Temperatureinflusses auf den Aktivitätsverlauf nichtidealer Lösungen
a) bei positiver Abweichung von der RAOULTschen Geraden
b) bei negativer Abweichung von der RAOULTschen Geraden

kann damit erklärt werden, daß die durch die Temperaturerhöhung verstärkte Bewegung der Materieteilchen den ursprünglich vorhandenen Wechselwirkungen entgegenwirkt. Abb. 7 zeigt schematisch den Einfluß der Temperatur auf die Aktivität in nichtidealen Lösungen sowohl bei positiver als auch bei negativer Abweichung von der RAOULTschen Geraden.

Bei der Ableitung des Aktivitätsbegriffes (s. Gl. (58)) wurde bereits darauf hingewiesen, daß als Bezugsstandard nicht notwendigerweise die reine unverdünnte Substanz gewählt werden muß. Im Falle verdünnter Lösungen, bei denen die eine Komponente weitaus überwiegt, wie z. B. bei einer sehr großen Anzahl von Stählen das Eisen, ist der Dampfdruck der anderen vorhandenen Komponenten wegen ihrer starken Verdünnung ganz wesentlich geringer als der der unverdünnten reinen Substanz. Hier wäre es unvorteilhaft, den reinen Stoff als Bezugszustand zu wählen, da die für die verdünnten Lösungen erhaltenen Aktivitäten sehr kleine Werte ergäben. In solchen Fällen bezieht man die Aktivität auf eine hinreichend verdünnte Lösung, für die das HENRYsche Gesetz Gültigkeit hat. Abb. 8 erläutert den auf die HENRYsche Gerade bezogenen Aktivitätsverlauf und den Zusammenhang zwischen der auf die reine Substanz bezogenen Aktivität und der Aktivität, deren Bezugssystem die verdünnte Lösung ist. Der Schnittpunkt der verlängerten HENRYschen Geraden mit der Ordinate bei $N_i = 1$, also beim reinen Stoff i, liefert die Einheit der Aktivität bei Bezugnahme auf die verdünnte Lösung. Man ersetzt also beim Übergang zur verdünnten Lösung die RAOULTsche Gerade durch die HENRYsche und betrachtet bei der Festlegung der neuen Aktivitätseinheit somit einen fiktiven Stoff, der sich über den gesamten Konzentrationsbereich so verhält wie der Stoff i in der verdünnten Lösung. Analog der Kennzeichnung der Aktivitätsabweichung im unverdünnten System von der RAOULTschen Geraden durch den Aktivitätskoeffizienten $\gamma_i = \dfrac{a_i^{(R)}}{N_i}$ ist für das neue Bezugssystem, nämlich die verdünnte Lösung als Standardzustand, die relative Abweichung von der HENRYschen Geraden gegeben durch den Aktivitätskoeffizienten

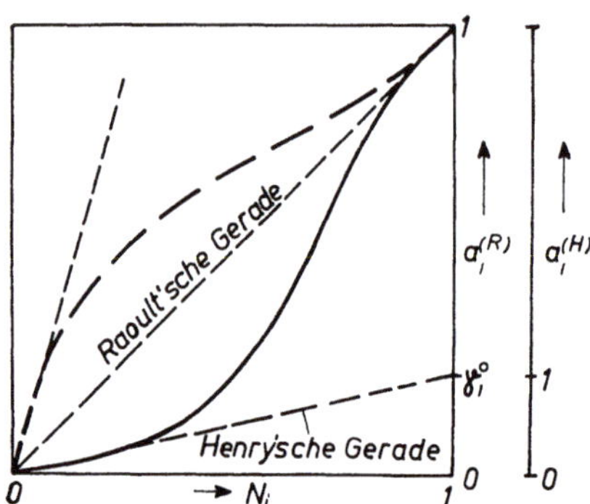

Abb. 8. Zusammenhang der Aktivitäten in den beiden Bezugssystemen „reine Substanz" und „unendlich verdünnte Lösung"

$$f_i^* = \frac{a_i^{(H)}}{N_i} \tag{61}$$

wobei zu beachten ist, daß sich der Wert $a_i^{(H)}$ auf den neuen Standardzustand bezieht. Die voll ausgezogenen Linien in Abb. 8 zeigen, daß einer negativen Abweichung vom Idealverhalten im RAOULTschen System eine positive Abweichung im HENRYschen System entspricht; die Aktivitätskurve verläuft *unter* der RAOULTschen Geraden, jedoch *über* der HENRYschen Geraden. Dagegen ist einer positiven Abweichung im RAOULTschen System eine negative im HENRYschen System zugeordnet, wie aus der strichliert eingezeichneten Aktivitätskurve und zugehörigen HENRYschen Geraden zu entnehmen ist.

Während bei Wahl des reinen Stoffes als Standard die Aktivität nur Werte zwischen 0 und 1 annehmen kann, sind, wie Abb. 8 zeigt, für das verdünnte System als Standardzustand auch Aktivitätswerte möglich, die größer als 1 sind.

So wie der Aktivitätskoeffizient im RAOULTschen System gleich 1 wird, wenn sich der betrachtete Stoff ideal verhält, d. h. wenn $a_i^{(R)} = N_i$ erfüllt ist, wird der Aktivitätskoeffizient im HENRYschen System gleich 1, wenn die Konzentration des bezüglichen Stoffes hinreichend klein ist, so daß das HENRYsche Gesetz erfüllt ist. Für den Bereich der Gültigkeit des HENRYschen Gesetzes ist demnach

$$f_i^* = 1 \quad \text{und} \quad a_i^{(H)} = N_i \tag{62}$$

so daß bei geringer Konzentration eines Stoffes in einer Lösung seine Aktivität durch den Molenbruch ersetzt werden kann und dies auch dann, wenn die Aktivitätskurve merklich von der RAOULTschen Geraden abweicht. Nach Abb. 8 entspricht die Aktivitätseinheit im HENRYschen einer Aktivität γ_i^0 im RAOULTschen System, γ_i^0 ist dabei der konstante Aktivitätskoeffizient des HENRYschen Bereiches, bezogen auf die unverdünnte Lösung. Bezeichnen die bereits eingeführten Symbole $a_i^{(R)}$ und $a_i^{(H)}$ die Aktivitäten des Stoffes i bei einer Molenbruch-Konzentration N_i im unverdünnten RAOULTschen bzw. im verdünnten HENRYschen Bezugssystem, so folgt aus der Gegenüberstellung der beiden Aktivitätsmaßstäbe:

$$a_i^{(R)} = \gamma_i^0, \text{ wenn } a_i^{(H)} = 1$$

sofort die Beziehung

$$\frac{a_i^{(R)}}{a_i^{(H)}} = \frac{\gamma_i^0}{1}$$

Der Zusammenhang zwischen den Aktivitäten in den beiden Bezugssystemen ist demnach durch die einfache Gleichung

$$a_i^{(R)} = a_i^{(H)} \cdot \gamma_i^0 \tag{63}$$

gegeben.

Da im Bereich verdünnter Lösungen eine direkte Proportionalität zwischen dem Molenbruch und der Konzentration in Gewichtsprozenten besteht, wird in der Regel diese als Konzentrationsmaßstab gewählt. Dabei wird also der Konzentrationsmaßstab verändert und dementsprechend ändert sich auch der Aktivitätskoeffizient. Wird der neue, dem Konzentrationsmaß Gewichtsprozent zugeordnete, auf die unendlich verdünnte Lösung bezogene Aktivitätskoeffizient mit f bezeichnet, so gilt

$$f_i = \frac{a_i^{(H)}}{g_i} \tag{64}$$

Aus der Beziehung

$$a_i^{(H)} = f_i \cdot g_i = f_i^* \cdot N_i \tag{65}$$

geht der Zusammenhang der beiden Aktivitätskoeffizienten hervor. Für die Konzentrationsangabe in Gewichtsprozent wird der Standardzustand so festgelegt, daß innerhalb des HENRYschen Bereiches die Beziehung $a_i^{(H)} = g_i$ erfüllt ist. Der Zusammenhang mit der RAOULTschen Aktivität ergibt sich dann durch analoge Überlegungen, wie sie bei der Ableitung der Gl. (63) angewandt wurden.

Die Aktivitätskoeffizienten f_i und f_i^* geben die Abweichung der Aktivitätskurve von der HENRYschen Geraden an, genau so wie der Aktivitätskoeffizient γ die Abweichung vom RAOULTschen Gesetz beschreibt. Wenn ein Zusammenhang zwischen den Aktivitäten in den verschiedenen Bezugssystemen besteht, dann muß auch eine entsprechende Beziehung zwischen den Aktivitätskoeffizienten existieren. Der auf die RAOULTsche Gerade bezogene Aktivitätskoeffizient γ_i ist mit dem HENRYschen Aktivitätskoeffizienten f_i^* durch den Proportionalitätsfaktor γ_i^0 verbunden:

$$\gamma_i = \gamma_i^0 \cdot f_i^* \tag{66}$$

Analoge Überlegungen wie für die Ableitung der Gl. (63) führen zur Berechnung der auf die RAOULTsche Gerade bezogenen Aktivität $a_i^{(R)}$ bei beliebiger Konzentration auch dann, wenn der Wert γ_i^0 nicht bekannt ist. Ist $a_i^{(H)}$ wiederum die auf die HENRYsche Gerade bezogene Aktivität des Stoffes i und $a_{is}^{(H)}$ die ebenfalls auf die HENRYsche Gerade bezogene Aktivität des reinen Stoffes i oder die Aktivität bei der Sättigungskonzentration, so gilt

$$a_i^{(R)} = \frac{a_i^{(H)}}{a_{is}^{(H)}} \tag{67}$$

Die dem Aktivitätsbegriff hier gewidmete Ausführlichkeit soll die ihm zuzuschreibende Bedeutung unterstreichen. Da ein ideales Verhalten nur in den wenigsten Fällen gegeben ist, können durch die Anwendung der Aktivitäten an Stelle der Konzentrationen die für ideale Systeme abgeleiteten Gesetze auch für nichtideale Systeme angewendet werden. Dies wäre, wie gezeigt wurde, auch durch Inrechnungsetzen der Dampfdrücke möglich, doch ist deren Bestimmung gerade bei den besonders interessanten großen Verdünnungen oft außerordentlich schwierig, während für die Aktivitätsbestimmung eine ganze Reihe von Methoden zur Verfügung steht. Damit erfährt die Aktivität eine weitere, sehr anschauliche Deutung. Sie ist nichts anderes als die Konzentration eines Stoffes, die an Stelle der tatsächlichen in einem nichtidealen System vorhandenen in Rechnung gesetzt werden müßte, wenn sich das System ideal verhielte. Die nur empirisch mögliche Bestimmung der Aktivitäten und Aktivitätskoeffizienten ist somit eine der wichtigsten Aufgaben der einschlägigen Grundlagenforschung.

1.117.4 Aktivitäten in Mehrstofflösungen

Im vorangegangenen Abschnitt wurde gezeigt, daß in einem Zweistoffsytem zwischen dem Verlauf der Aktivitätskurven und somit auch der einer bestimmten Konzentration entsprechenden Aktivität einerseits und dem Zustandsschaubild andererseits ein Zusammenhang besteht. Da die Bindungskräfte und das Zustandsschaubild eines binären Systems durch Zusatz von Drittelementen Veränderungen erfahren, ist eine Beeinflussung des Aktivitätsverlaufes durch diese Drittstoffe zu erwarten. Die Bestimmung von Aktivitäten in Mehrstoffsystemen ist von großer praktischer Bedeutung, da alle technischen Eisenlegierungen Vielstofflösungen darstellen. Grundsätzlich sind die für Zweistoffsysteme bereits entwickelten Gesetzmäßigkeiten auch für Drei- und Mehrstoffsysteme anwendbar, nur daß durch den Zusatz von weiteren Stoffen zu binären Systemen die Aktivitäten gewisse Veränderungen erfahren, die durch einen zusätzlichen Faktor berücksichtigt werden müssen. Dieser Faktor gestattet also die direkte Anwendung der für Zweistofflösungen abgeleiteten Beziehungen auch auf Mehrstoffsysteme, ähnlich wie durch Einführung des Aktivitätskoeffizienten die Übertragbarkeit der für ideale Systeme geltenden Zusammenhänge auch auf nichtideale binäre Lösungen möglich wurde.

J. CHIPMAN [65] verwendete zur Erfassung des Einflusses von Drittelementen auf die Aktivität eines gelösten Stoffes als erster einen zusätzlichen Koeffizienten, den Wirkungskoeffizienten. Um diesen Wert zu deuten, sei im folgenden unter Stoff 1 das Lösungsmittel verstanden, während der Stoff 2 den gelösten Stoff darstellt, dessen Aktivität durch Zusatz weiterer Stoffe 3, 4 ... i eine Veränderung erfahre. In Abb. 9 sind nach einer Darstellung von H. SCHENCK und Mitarbeitern [66] schematisch zwei Aktivitätskurven eingezeichnet, Kurve I für das reine Zweistoffsystem 1−2 und Kurve II für das Dreistoffsystem 1−2−i. Das Bild ist ein Beispiel für eine Aktivitätserhöhung durch ein Zusatzelement. Bei der Konzentration N_2 ist die Aktivität im reinen Zweistoffsystem

$$a_2 = N_2 \cdot \gamma_2 \tag{68}$$

Durch Zusatz des Stoffes i in einer bestimmten Konzentration wird die Aktivität des Stoffes 2 in der Lösung auf den Wert $a_{2(i)}$ erhöht. Diese Abweichung von der ursprünglich für das binäre System geltenden Aktivität wird durch den Faktor $\gamma_2^{(i)}$ ausgedrückt, der als *Wirkungskoeffizient* bezeichnet wird. Es ist dann

$$a_{2(i)} = a_2 \cdot \gamma_2^{(i)} = N_2 \cdot \gamma_2 \cdot \gamma_2^{(i)} = N_2 \cdot \gamma_2^{(\Sigma)} \tag{69}$$

Die Abweichung vom Zweistoffsystem wird also durch den Wirkungskoeffizienten in ganz analoger Weise ausgedrückt wie das Ausmaß der Abweichung vom idealen Verhalten bei binären Lösungen durch den Aktivitätskoeffizienten gekennzeichnet wurde. Nach Gl. (69) ist der Wirkungskoeffizient definiert als Quotient aus der Aktivität im Dreistoffsystem und der Aktivität im Zweistoffsystem bzw. als Quotient aus den entsprechenden Aktivitätskoeffizienten

$$\gamma_2^{(i)} = \frac{a_{2(i)}}{a_2} = \frac{\gamma_2^{(\Sigma)}}{\gamma_2} \tag{70}$$

Der in den Gl. (69) und (70) aufscheinende Summenaktivitätskoeffizient $\gamma_2^{(\Sigma)}$ beschreibt nach dem Vorgesagten die Abweichung der Aktivität im Dreistoffsystem vom *idealen* Zweistoffsystem, bei dem die Aktivität zahlenmäßig gleich dem Molenbruch wäre. Die beschriebene Definition des Wirkungskoeffizienten ist, wie Abb. 9 zeigt, auf konstante Konzentration des Stoffes

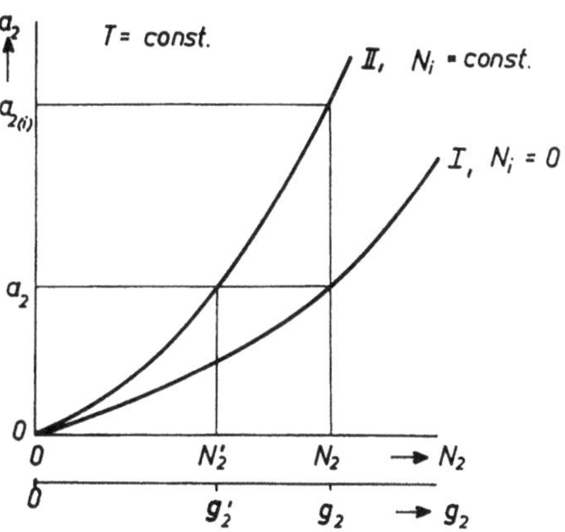

Abb. 9. Schematische Darstellung der Aktivitätsänderung durch Drittelemente (zum Teil nach H. SCHENCK, M. G. FROHBERG und E. STEINMETZ)

2 bezogen, d. h. es wird die Aktivitätsänderung des Stoffes 2 durch das Zusatzelement i betrachtet, wenn die Konzentration des Stoffes 2 unverändert bleibt.

Eine andere Möglichkeit der Beschreibung des Wirkungskoeffizienten bezieht sich auf konstante Aktivität. Dabei wird gemäß Abb. 9 die Konzentration N_2' des Stoffes 2 in dem Dreistoffsystem $1-2-i$ angegeben, der die gleiche Aktivität a_2 zukommt wie der Konzentration N_2 in der binären Lösung $1-2$. Für das Zweistoffsystem gilt wieder die Gl. (68):

$$a_2 = N_2 \cdot \gamma_2$$

Analog besteht für die Dreistoff-Lösung die Beziehung:

$$a_2 = N_2' \cdot \gamma_2^{(\Sigma)\bullet} \tag{71}$$

Der darin aufscheinende, mit $\gamma_2^{(\Sigma)'}$ bezeichnete Aktivitätskoeffizient des Stoffes 2 in dem Dreistoffsystem kann wiederum in zwei Faktoren zerlegt werden, nämlich den Aktivitätskoeffizienten γ_2, der die Abweichung des Aktivitätsverlaufes in der Zweistofflösung von der RAOULTschen Geraden angibt, und den Wirkungskoeffizienten des Zusatzelementes i, der mit $\gamma_2^{(i)'}$ bezeichnet wird. Dieser erfaßt wieder die Abweichung der Aktivitätskurve des Systems $1-2-i$ von der des Systems $1-2$, nunmehr allerdings bezüglich der Konzentration des Stoffes 2. Es ist somit

$$\gamma_2^{(\Sigma)'} = \gamma_2 \cdot \gamma_2^{(i)'} \tag{72}$$

Eingesetzt in Gl. (71) ergibt dies:

$$a_2 = N_2' \cdot \gamma_2 \cdot \gamma_2^{(i)'} \tag{73}$$

Durch Division der Gl. (68) und (73) erhält man:

$$\gamma_2^{(i)'} = \frac{N_2}{N_2'} \tag{74}$$

Diese Definition des Wirkungskoeffizienten ist ebenso anschaulich wie die für konstante Konzentration, hat aber darüber hinaus jedoch noch den Vorteil, daß sie, wie Gl. (74) zeigt, einfach aus der Kenntnis der Löslichkeitsveränderung des Stoffes 2 durch den Zusatzstoff i bestimmt werden kann.

Die schematische Abb. 9 läßt erkennen, daß im Falle einer Verminderung der Löslichkeit des gelösten Stoffes 2 durch einen Zusatzstoff i seine Aktivität größer wird. Es ist daher $\gamma_2^{(i)} > 1$, und da $N_2 > N_2'$, ist auch $\gamma_2^{(i)'} > 1$. Umgekehrt wird bei der Erhöhung der Löslichkeit durch eine dritte Substanz der Wirkungskoeffizient stets kleiner als eins sein.

Bei verdünnten Zweistofflösungen besteht eine direkte Proportionalität der Aktivität des gelösten Stoffes 2 zu seiner Konzentration in Gewichtsprozenten, wobei der Proportionalitätsfaktor durch den Aktivitätskoeffizienten f gegeben ist. Nach Gl. (65) ist somit

$$a_2 = f_2 \cdot g_2 \tag{75}$$

Analog den bereits abgeleiteten Beziehungen (69) und (70) lassen sich für den Zusatz von Drittstoffen zu *verdünnten* binären Lösungen unter Voraussetzung unveränderter Konzentration des Stoffes 2 in der Lösung folgende Gleichungen entwickeln:

$$a_{2(i)} = a_2 \cdot f_2^{(i)} = g_2 \cdot f_2 \cdot f_2^{(i)} = g_2 \cdot f_2^{(\Sigma)} \tag{76}$$

$$f_2^{(i)} = \frac{a_{2(i)}}{a_2} = \frac{f_2^{(\Sigma)}}{f_2} \tag{77}$$

Bei Voraussetzung gleicher Aktivität in den verdünnten Zwei- und Dreistofflösungen erhält man analog zu den Gl. (72) bis (74)

$$f_2^{(\Sigma)'} = f_2 \cdot f_2^{(i)'} \tag{78}$$

$$a_2 = g_2 \cdot f_2 \cdot f_2^{(i)'} \tag{79}$$

und
$$f_2^{(i)'} = \frac{g_2}{g_2'} = \frac{f_2^{(\Sigma)'}}{f_2} \tag{80}$$

Die gleichen Beziehungen gelten natürlich auch dann, wenn in den verdünnten Lösungen die Konzentrationen statt in Gewichtsprozenten durch den Molenbruch ausgedrückt werden, nur daß in diesem Fall die Aktivitäts- und Wirkungskoeffizienten in den Gl. (75) bis (80) mit dem Symbol „*" zu versehen sind.

Da im Bereich *verdünnter* Lösungen das HENRYsche Gesetz gilt und demnach die Aktivitätskurven geradlinig verlaufen, muß, wie man sich leicht überzeugen kann, die Identität

$$f_2^{(i)'} = f_2^{(i)} \qquad \text{bzw.} \qquad {}^*f_2^{(i)'} = {}^*f_2^{(i)} \tag{81}$$

erfüllt sein. Daraus folgt aber auch, daß die Beziehungen

$$f_2^{(\Sigma)'} = f_2^{(\Sigma)}$$

und
$$\frac{a_{2\,(i)}}{a_2} = \frac{g_2}{g_2'} \tag{82}$$

gelten müssen.

Außerhalb des Gültigkeitsbereiches des HENRYschen Gesetzes ist dies jedoch nicht der Fall, so daß bei unverdünnten Lösungen die Ungleichung:

$$\gamma_2^{(i)'} \neq \gamma_2^{(i)} \tag{83}$$

zu beachten ist.

Im Fall von Vielstofflösungen, bei denen die Aktivität des Stoffes 2 durch mehrere Zusatzelemente beeinflußt wird, entspricht die rechnerische Behandlung genau der für Dreistoffsysteme abgeleiteten und unterscheidet sich von dieser nur dadurch, daß die Wirkungskoeffizienten *aller* Zusatzstoffe berücksichtigt werden müssen. Der in Gl. (69) aufscheinende Proportionalitätsfaktor $\gamma_2^{(\Sigma)}$ zwischen Aktivität und Molenbruch setzt sich jetzt aus dem Produkt des Aktivitätskoeffizienten γ_2 und sämtlichen Wirkungskoeffizienten $\gamma_2^{(i)}$ zusammen. Der Aktivitätskoeffizient, bezogen auf konstante Konzentration des Stoffes 2 im Vielstoffsystem, ist dann

$$\gamma_2^{(\Sigma)} = \gamma_2 \cdot \gamma_2^{(3)} \cdot \gamma_2^{(4)} \cdots \gamma_2^{(i)} \tag{84}$$

Für gegenüber der binären Lösung unveränderte Aktivität des Stoffes 2 in der Vielstofflösung wird der Aktivitätskoeffizient analog der Gl. (72):

$$\gamma_2^{(\Sigma)'} = \gamma_2 \cdot \gamma_2^{(3)'} \cdot \gamma_2^{(4)'} \cdots \gamma_2^{(i)'} \tag{85}$$

Für verdünnte Vielstoffsysteme gilt entsprechend den Gl. (76) und (78)

$$f_2^{(\Sigma)} = f_2 \cdot f_2^{(3)} \cdot f_2^{(4)} \cdots f_2^{(i)} \tag{86}$$

und
$$f_2^{(\Sigma)'} = f_2 \cdot f_2^{(3)'} \cdot f_2^{(4)'} \cdots f_2^{(i)'} \tag{87}$$

Wegen der einfacheren Handhabung werden diese Gleichungen auch oft in logarithmischer Darstellung wiedergegeben und die praktische Darstellung der Wirkungskoeffizienten, die ja konzentrationsabhängige Größen sind, geschieht in der Form, daß ihre Logarithmen als Funktion ihrer Konzentration aufgetragen werden.

Auf Grund einer Reihenentwicklung stellte C. WAGNER [67] die Beziehung

$$\ln \gamma_2^{(\Sigma)} = \ln \gamma_2 + \sum_{i=3}^{n} N_i \frac{\partial \ln \gamma_2^{(\Sigma)}}{\partial N_i} \tag{88}$$

auf. Für die partiellen Ableitungen in diesen Gleichungen hat sich die Bezeichnung *Wirkungsparameter* eingebürgert, wobei verschiedene Symbole verwendet werden, je nachdem, ob die Betrachtungen für konstante Aktivität oder konstante Konzentration des Stoffes 2 in der Vielstofflösung gelten und je nachdem, ob als Konzentrationsmaß der Molenbruch oder die Gewichtskonzentration verwendet werden. Wird die Konzentration des Stoffes 2 als konstant betrachtet und in

Form des Molenbruchs ausgedrückt, dann ist der Wirkungsparameter gegeben durch:

$$\varepsilon_2^{(i)} = \frac{\partial \ln \gamma_2^{(\Sigma)}}{\partial N_i} \tag{89}$$

Bei verdünnten Lösungen wählt man die Konzentrationsangabe in Gewichtsprozent und verwendet dekadische Logarithmen, so daß der Wirkungsparameter durch die Definitionsgleichung

$$e_2^{(i)} = \frac{\partial \lg f_2^{(\Sigma)}}{\partial g_i} \tag{90}$$

gegeben ist. In beiden Fällen ist vorausgesetzt, daß die Konzentration des gelösten Stoffes 2 hinreichend klein ist, so daß das HENRYsche Gesetz Gültigkeit hat, d. h. daß die Aktivitätskurve des Stoffes 2 eine Gerade ist. Unter Verwendung dieser neuen Symbole erhält die Gl. (88) die Form

$$\ln \gamma_2^{(\Sigma)} = \ln \gamma_2 + \sum_{i=3}^{n} N_i \cdot \varepsilon_2^{(i)} \tag{91}$$

Analog gilt auch für verdünnte Lösungen

$$\lg f_2^{(\Sigma)} = \lg f_2 + \sum_{i=3}^{n} g_i \cdot e_2^{(i)} \tag{92}$$

Durch Vergleich der Gl. (84) und (91) ergibt sich sofort der Zusammenhang zwischen Wirkungskoeffizient und Wirkungsparameter:

$$\ln \gamma_2^{(i)} = N_i \cdot \varepsilon_2^{(i)} \tag{93}$$

Ebenso erhält man durch Vergleich der Gl. (86) und (92) die Beziehung

$$\lg f_2^{(i)} = g_i \cdot e_2^{(i)} \tag{94}$$

Diese beiden letzten Gleichungen ermöglichen eine Deutung des Wirkungsparameters. Da die Wirkungskoeffizienten konzentrationsabhängige Größen sind, werden sie üblicherweise als Funktion der Konzentration des Stoffes i graphisch dargestellt. Der Wirkungsparameter ist dann die Steigung dieser Kurve.

Für bezüglich der Stoffe 2 und i hinreichend verdünnte Lösungen gilt nach C. WAGNER [67] die Umrechnungsbeziehung

$$\varepsilon_2^{(i)} = \varepsilon_i^{(2)} \tag{95}$$

Diese Beziehung wurde von H. SCHENCK, M. G. FROHBERG und E. STEINMETZ [66] auf anderem Wege bestätigt. J. CHIPMAN [78] fand für die auf Gewichtskonzentration bezogenen Wirkungsparameter die Umrechnungsgleichung

$$e_2^{(i)} = e_i^{(2)} \cdot \frac{M_2}{M_i} \tag{96}$$

worin M_2 und M_i die Atomgewichte der entsprechenden Stoffe darstellen. Diese Beziehung ist die vereinfachte Form eines längeren Ausdrucks und gilt unter der

Tabelle 6. *Thermodynamische Wirkungsgrößen in Zwei- und Mehrstoffsystemen*

	Begriff		RAOULTsches System			HENRYsches System		
			Angabe der Konzentration in	Symbol	Definitionsgleichung	Angabe der Konzentration in	Symbol	Definitionsgleichung
Zweistoffsystem 1-i	Aktivität		Molenbruch	$a_i^{(R)}$	$a_i^{(R)} = \dfrac{p_i}{p_i^0}$ (58)[1]	Molenbruch oder Gewichtsprozent	$a_i^{(H)}$	$a_i^{(H)} = \dfrac{p_i}{p_i^0}$ (58)[2]
	Aktivitätskoeffizient		Molenbruch	γ_i	$\gamma_i = \dfrac{a_i^{(R)}}{N_i}$ (60)	Molenbruch	f_i^*	$f_i^* = \dfrac{a_i^{(H)}}{N_i}$ (61)
						Gewichtsprozent	f_i	$f_i = \dfrac{a_i^{(H)}}{g_i}$ (64)
	Aktivitätskoeffizient des HENRYschen Bereichs		(Molenbruch)	γ_i^0				
Drei- oder Mehrstoffsystem 1,2,…i	Wirkungskoeffizient des Stoffes i auf den Stoff 2;	Konzentr = const	Molenbruch	$\gamma_2^{(i)}$	$\gamma_2^{(i)} = \dfrac{a_{2(i)}}{a_2}$ (70)[3]	Gewichtsprozent	$f_2^{(i)}$	$f_2^{(i)} = \dfrac{a_{2(i)}}{a_2}$ (77)[3]
		a_2 = const	Molenbruch	$\gamma_2^{(i)'}$	$\gamma_2^{(i)'} = \dfrac{N_2}{N_2'}$ (74)[4]	Gewichtsprozent	$f_2^{(i)'}$	$f_2^{(i)'} = \dfrac{g_2}{g_2'}$ (80)[4]
	Aktivitätskoeffizient des Stoffes 2	Konzentr = const	Molenbruch	$\gamma_2^{(\Sigma)}$	$\gamma_2^{(\Sigma)} = \gamma_2 \cdot \gamma_2^{(3)} \cdot \gamma_2^{(4)}\ldots$ (84)	Gewichtsprozent	$f_2^{(\Sigma)}$	$f_2^{(\Sigma)} = f_2 \cdot f_2^{(3)} \cdot f_2^{(4)}\ldots$ (86)
		a_2 = const	Molenbruch	$\gamma_2^{(\Sigma)'}$	$\gamma_2^{(\Sigma)'} = \gamma_2 \cdot \gamma_2^{(3)'} \cdot \gamma_2^{(4)'}\ldots$ (85)	Gewichtsprozent	$f_2^{(\Sigma)'}$	$f_2^{(\Sigma)'} = f_2 \cdot f_2^{(3)'} \cdot f_2^{(4)'}\ldots$ (87)
	Wirkungsparameter des Stoffes i auf den Stoff 2	Konzentr = const	Molenbruch	$\varepsilon_2^{(i)}$	$\varepsilon_2^{(i)} = \dfrac{\partial \ln \gamma_2^{(\Sigma)}}{\partial N_i}$ (89)	Gewichtsprozent	$e_2^{(i)}$	$e_2^{(i)} = \dfrac{\partial \lg f_2^{(\Sigma)}}{\partial g_i}$ (90)
		a_2 = const	Molenbruch	$\omega_2^{(i)}$	$\omega_2^{(i)} = \dfrac{\partial \ln \gamma_2^{(\Sigma)'}}{\partial N_i}$ (97)	Gewichtsprozent	$o_2^{(i)}$	$o_2^{(i)} = \dfrac{\partial \lg f_2^{(\Sigma)'}}{\partial g_i}$ (98)
	Zusammenhang zwischen Wirkungskoeffizient und Wirkungsparameter	Konzentr = const	Molenbruch		$\ln \gamma_2^{(i)} = N_i \cdot \varepsilon_2^{(i)}$ 93)	Gewichtsprozent		$\lg f_2^{(i)} = g_i \cdot e_2^{(i)}$ (94)
		a_2 = const	Molenbruch		$\ln \gamma_2^{(i)'} = N_i \cdot \omega_2^{(i)}$	Gewichtsprozent		$\lg f_2^{(i)'} = g_i \cdot o_2^{(i)}$

Erläuterungen: [1] p_i^0… Dampfdruck des reinen Stoffes i

[2] $p_i^0 =$ Dampfdruck des Stoffes i im Standardzustand

[3] $a_{2(i)}$… Aktivität des Stoffes 2 im Vielstoffsystem $1-2-i$, a_2… Aktivität des Stoffes 2 im binären System $1-2$; der Hinweis auf das RAOULTsche oder HENRYsche System bei der Aktivitätsangabe kann entfallen, da das System aus der Schreibweise hervorgeht

[4] N_2' bzw. g_2'… Molenbruch bzw. Gewichtsprozent von Stoff 2 im System $1-2-i$, wobei $a_{2(i)} = a_2$

Voraussetzung, daß die darin aufscheinenden Molekulargewichte der Stoffe 2 und i nur wenig voneinander verschieden sind.

Wird vorausgesetzt, daß an Stelle der Konzentration die Aktivität des Stoffes 2 in der Vielstofflösung gleich der im binären System ist, so ist für den Fall der Konzentrationsangabe in Form des Molenbruchs der Wirkungsparameter durch die Definitionsgleichung

$$\omega_2^{(i)} = \frac{\partial \ln \gamma_2^{(\Sigma)'}}{\partial N_i} \tag{97}$$

gegeben. Bezogen auf die Gewichtskonzentration gilt entsprechend:

$$o_2^{(i)} = \frac{\partial \lg f_2^{(\Sigma)'}}{\partial g_i} \tag{98}$$

Die Definition des Wirkungsparameters nach Gl. (89) setzt voraus, daß die Konzentration des Stoffes 2 in der Lösung hinreichend gering ist. Für bezüglich aller gelösten Stoffe unendlich verdünnte Lösungen läßt sich nachweisen [66, 71, 72], daß die Identitäten

$$\varepsilon_2^{(i)} = \omega_2^{(i)} \tag{99}$$

und

$$e_2^{(i)} = o_2^{(i)} \tag{100}$$

erfüllt sind.

Das Verständnis der hier wiedergegebenen Beziehungen ist nicht nur für das Studium des modernen einschlägigen Schrifttums von Bedeutung, sondern vor allem auch deshalb, weil die in jüngster Zeit bekanntgewordenen Arbeiten, besonders von H. Schenck und Mitarbeitern [68 bis 71, 74], einen Zusammenhang zwischen dem Wirkungsparameter und der Stellung eines Zusatzelementes im periodischen System andeuten.

Zur Verbesserung der Übersicht sind in Tab. 6 die abgeleiteten thermodynamischen Wirkungsgrößen noch einmal zusammenfassend wiedergegeben.

1.117.5 Aktivität und freie Enthalpie

Es konnte bereits abgeleitet werden, daß die freie Enthalpie ein quantitatives Maß für die Triebkraft einer Reaktion darstellt. Andererseits wurde bei Besprechung der physikalisch-chemischen Wirksamkeit eines Stoffes, d. h. seiner Aktivität, bereits ein Zusammenhang zwischen dieser und der freien Enthalpie angedeutet. Dieser Zusammenhang soll im folgenden näher untersucht werden.

Aus den Gl. (43) $G = H - T \cdot S$

und (15) $H = U + P \cdot V$

folgt: $G = U + P \cdot V - T \cdot S$

Das Differential dieses Ausdruckes ist gegeben durch

$$dG = dU + P \cdot dV + V \cdot dP - T \cdot dS - S \cdot dT$$

Für die innere Energie dU gilt die Gl. (39):

$$dU = dA + T \cdot dS$$

in der, unter der Voraussetzung, daß die Volumenarbeit die einzige geleistete Arbeit darstellt, der erste Summand durch $dA = - P \cdot dV$ gegeben ist. Damit ist das Differential der freien Enthalpie durch

$$dG = - P \cdot dV + T \cdot dS + P \cdot dV + V \cdot dP - T \cdot dS - S \cdot dT =$$
$$= V \cdot dP - S \cdot dT$$

darstellbar. Für einen isothermen Vorgang, also bei $T = \text{const}$ ist somit

$$dG = V \cdot dP \tag{101}$$

Betrachtet man 1 Mol eines idealen Gases, so gilt dafür unter Berücksichtigung des aus der Gl. (1) folgenden Zusammenhanges $V = \dfrac{R \cdot T}{P}$ die Beziehung:

$$dG = \frac{R \cdot T}{P} \cdot dP = R \cdot T \cdot d \ln P \tag{102}$$

Da G eine extensive Größe ist, wird bei Betrachtung von einem Mol eines bestimmten Gases i in einer Gasmischung die freie Enthalpie dieses einen Moles durch die partielle molare Enthalpie ausgedrückt. Diese ist, wie schon erklärt wurde, die Änderung der freien Enthalpie der Mischung, wenn die Molzahl der Komponente i in einer großen Menge der Mischung um 1 geändert wird. Da der Druck des Gases i in der Mischung durch den Partialdruck P_i gegeben ist, gilt die Beziehung

$$d\overline{G}_i = R \cdot T \cdot d\ln P_i \tag{103}$$

Die Gl. (102) gibt den Zusammenhang zwischen den Änderungen von freier Enthalpie und Druck eines reinen Stoffes an, während die Gl. (103) sich auf Mischungen oder Lösungen bezieht. Da sich kondensierte reine Stoffe oder Lösungen mit ihrer Dampfphase im Gleichgewichtszustand befinden, sind die obigen Gleichungen auch auf diese anwendbar.

Die Subtraktion der Gl. (102) von Gl. (103) führt unter Berücksichtigung der Definitionsgleichung (58) für die Aktivität zu dem Ausdruck

$$d\overline{G}_i - dG = R \cdot T \cdot d \ln \frac{P_i}{P} = R \cdot T \cdot d\ln a_i$$

oder

$$d(\overline{G}_i - G) = R \cdot T \cdot d\ln a_i$$

Da die Aktivität nicht grundsätzlich auf die reine Substanz bezogen sein muß, sondern allgemein auf einen beliebigen, aber wohldefinierten, Standardzustand, werden alle sich auf diesen beziehende Größen durch den hochgestellten Zeiger „0" gekennzeichnet. Die sich auf den Standardzustand des Stoffes i beziehende freie Enthalpie, die *freie Standardenthalpie*, erhält somit das Symbol G_i^0 und die letzte Beziehung erhält die Form:

$$d(\overline{G}_i - G_i^0) = R \cdot T \cdot d\ln a_i \tag{104}$$

bzw. integriert:

$$\Delta \overline{G}_i = \overline{G}_i - G_i^0 = R \cdot T \cdot \ln a_i = 4{,}575 \cdot T \cdot \lg a_i \tag{105}$$

In dieser fundamentalen Gleichung, die den Zusammenhang zwischen Aktivität und freier Enthalpie ausdrückt, beziehen sich die aufscheinenden Energiegrößen auf 1 Mol, sind also molare Größen. Es bedeutet $\overline{G}_i$ die partielle molare freie Enthalpie des gelösten Stoffes i in der Lösung. Diese wird oft auch mit dem Symbol μ_i bezeichnet und das *chemische Potential* des gelösten Stoffes i genannt. G_i^0 ist die molare freie Enthalpie des Stoffes i, bzw. sein chemisches Potential μ_i^0, in seinem Standardzustand.

Da die Aktivität a_i das Maß für die physikalisch-chemische Wirksamkeit darstellt und die Triebkraft ihrerseits durch die freie Enthalpie quantitativ beschrieben wird, kann die Gl. (105) auch als Definitionsgleichung für die Aktivität im thermodynamischen Sinne angesehen werden. Dabei muß im Auge behalten werden, daß nach Gl. (52) die partielle molare freie Enthalpie gegeben ist durch

$$\overline{G}_i = \left(\frac{\partial G'}{\partial n_i}\right)_{P,\,T,\,n_k\,=\,\text{const},\,k\,\neq\,i} \tag{106}$$

wenn G' die auf eine *beliebige* Menge bezogene freie Enthalpie darstellt.

1.118 Das Massenwirkungsgesetz

So wie jeder Vorgang in der Natur eine bestimmte antreibende Kraft zur Ursache hat, setzt auch das Zustandekommen einer chemischen Reaktion das Vorhandensein einer Triebkraft voraus, die die entgegengesetzt wirkenden Kräfte zu überwinden imstande ist. Die Reaktion kommt zum Stillstand, sobald die Antriebs- und Gegenkräfte einander aufheben. Es wurde bereits gezeigt, daß das Maß für die Triebkraft einer chemischen Reaktion durch die freie Reaktionsenthalpie gegeben ist und der Gleichgewichtszustand, d. h. der Stillstand der Reaktion, dann erreicht wird, wenn bei konstantem Druck und konstanter Temperatur die Gleichgewichtsbedingung

$$\Delta G = 0 \tag{44}$$

erfüllt ist. Die Gleichgewichtslage ist nicht nur durch diese energetische Bedingung ausgezeichnet, sondern auch dadurch, daß ihr ein wohldefiniertes Aktivitätsverhältnis von Ausgangsstoffen und Reaktionsprodukten zugeordnet ist.

Zur Erfassung der Gleichgewichtsverhältnisse werde eine bei konstantem Druck und konstanter Temperatur ablaufende Reaktion der allgemeinen Form

$$\alpha \cdot A + \beta \cdot B + \cdots = \gamma \cdot C + \delta \cdot D + \cdots \tag{107}$$

betrachtet, in der die kleinen griechischen Buchstaben die Molanzahl der an der Reaktion beteiligten Stoffe (Elemente oder Verbindungen) A, B, C, D usw. bezeichnen. Nach Gl. (45) ist die freie Reaktionsenthalpie gegeben durch die Summe der freien Enthalpien der Reaktionsprodukte, vermindert um die Summe der freien Enthalpien der Ausgangsstoffe. Die Reaktionsteilnehmer können, je nach den gegebenen Bedingungen, in einer beliebigen Form auftreten, z. B. als reine Substanz oder als gelöster Stoff in einem Lösungsmittel, das auch aus den anderen Reaktionsteilnehmern bestehen kann. Die freie Reaktionsenthalpie ist dann die algebraische Summe aller aus der jeweiligen Molanzahl und der partiellen molaren freien Enthalpie gebildeten Produkte, wobei die den Ausgangsstoffen zugehörigen Summanden mit negativem Vorzeichen in Rechnung gesetzt werden. Für die

betrachtete allgemeine Reaktion gemäß der Umsetzungsgleichung (107) gilt
dann:

$$\Delta G = \gamma \cdot \overline{G}_C + \delta \cdot \overline{G}_D + \cdots - (\alpha \cdot \overline{G}_A + \beta \cdot \overline{G}_B + \cdots) \tag{108}$$

Nun wird die gleiche Reaktion für den Sonderfall betrachtet, daß *alle* an ihr
beteiligten Stoffe in ihrem Standardzustand vorliegen, wobei unter Standardzustand nicht nur die reine Substanz zu verstehen ist, sondern allgemein der
Zustand, in dem die Aktivität des entsprechenden Stoffes gleich 1 ist. Dann gilt
analog der letzten Beziehung:

$$\Delta G^0 = \gamma \cdot G_C^0 + \delta \cdot G_D^0 + \cdots - (\alpha \cdot G_A^0 + \beta \cdot G_B^0 + \cdots) \tag{109}$$

Durch Subtraktion der Gl. (109) von Gl. (108) erhält man

$$\Delta G - \Delta G^0 = \gamma \cdot (\overline{G}_C - G_C^0) + \delta \cdot (\overline{G}_D - G_D^0) + \cdots$$
$$- \alpha (\overline{G}_A - G_A^0) - \beta (\overline{G}_B - G_B^0) - \cdots$$

Für die in dieser Beziehung aufscheinenden Klammerausdrücke gilt nach Gl. (105):

$$\overline{G}_i - G_i^0 = R \cdot T \cdot \ln a_i$$

Damit wird

$$\Delta G - \Delta G^0 = \gamma \cdot R \cdot T \cdot \ln a_C + \delta \cdot R \cdot T \cdot \ln a_D + \cdots$$
$$- \alpha \cdot R \cdot T \cdot \ln a_A - \beta \cdot R \cdot T \cdot \ln a_B - \cdots$$

und

$$\Delta G - \Delta G^0 = R \cdot T \cdot \ln \frac{a_C^\gamma \cdot a_D^\delta \cdots}{a_A^\alpha \cdot a_B^\beta \cdots}$$

Für den Gleichgewichtsfall ist nach Gl. (44) $\Delta G = 0$ und daher

$$\Delta G^0 = - R \cdot T \cdot \ln K \tag{110}$$

worin

$$K = \frac{a_C^\gamma \cdot a_D^\delta \cdots}{a_A^\alpha \cdot a_B^\beta \cdots} \tag{111}$$

ist.

Die Gl. (110) und (111) sind die exakte Darstellung des Massenwirkungsgesetzes. Für ihre Ableitung war vorausgesetzt worden, daß die freie Reaktionsenthalpie im Gleichgewichtszustand verschwindet und die Aktivität jedes beteiligten Stoffes in seinem Standardzustand gleich 1 wird. Die in der Gl. (110)
aufscheinende Größe ΔG^0 ist die freie Enthalpie einer gedachten und nicht tatsächlich auftretenden Reaktion gemäß der Umsetzungsgleichung (107), bei der alle
Reaktionsteilnehmer in ihrem Standardzustand zur Reaktion gebracht werden
und alle Produkte in ihrem Standardzustand anfallen. Die Gl. (110) und (111)
beziehen sich voraussetzungsgemäß auf den Gleichgewichtszustand und demgemäß wird die Größe K als *Gleichgewichtskonstante* bezeichnet. Da die sie defini-
renden Aktivitäten praktisch als Konzentrationsgrößen aufgefaßt werden können,
ist die Gleichgewichtskonstante ein Konzentrationsverhältnis. Dieses Gleich-
gewichtskonzentrationsverhältnis kann mittels Gl. (110) aus thermodynamischen

Daten berechnet werden. Die Größe ΔG^0 ist eine Funktion der Temperatur und dementsprechend ist auch die Gleichgewichtskonstante temperaturabhängig. Bei gegebener Temperatur ist die Gleichgewichtskonstante für eine bestimmte Reaktion tatsächlich eine Konstante im strengsten Sinne, wenn die gegebene Definition als Aktivitätsverhältnis eingehalten ist.

Eine wichtige Frage ist die nach der Definitionsgleichung für die Gleichgewichtskonstante bei Verwendung anderer Konzentrationsmaße an Stelle der Aktivitäten. Bei Vorliegen der an einer Reaktion beteiligten Stoffe im gasförmigen Zustand können die Aktivitäten dieser Stoffe nach Gl. (58) durch ihre Partialdrücke ersetzt werden, da besonders bei den hohen Stahlerzeugungstemperaturen sich alle Gase nahezu ideal verhalten. Ebenso können innerhalb des Gültigkeitsbereiches der Lösungsgesetze die Aktivitäten durch andere Konzentrationsgrößen ausgetauscht werden. Bei Vorliegen idealer Lösungen kann demnach an Stelle der Aktivität der Molenbruch verwendet werden und innerhalb des Gültigkeitsbereiches des HENRYschen Gesetzes die Gewichtsprozent-Konzentration. Voraussetzung ist jedoch immer, daß die Lösungsgesetze erfüllt sind. In diesem Falle, wenn also eine Proportionalität zwischen der Aktivität und der entsprechenden verwendeten Konzentrationsgröße besteht, bleibt K auch dann eine ausschließlich von der Temperatur abhängige Größe, wenn diese anderen Konzentrationsmaße in die Definitionsgleichung (111) eingeführt werden. Besteht die geforderte Proportionalität nicht, dann dürfen zur Beschreibung der Gleichgewichtskonstante nur die Aktivitäten verwendet werden, da die Größe K im anderen Falle auch konzentrationsabhängig ist und nicht als Gleichgewichtskonstante, sondern nur mehr als *Gleichgewichtskennzahl* angesehen werden kann.

Zum Beispiel gilt für die Verschlackung des Mangans im Frischprozeß gemäß

$$(FeO) + [Mn] = (MnO) + Fe$$

die Gleichgewichtskonstante

$$K_{Mn} = \frac{a_{(MnO)} \cdot a_{Fe}}{a_{(FeO)} \cdot a_{[Mn]}}$$

Die in diesen Gleichungen verwendete Bezeichnungsweise folgt dem heute üblichen Brauch, wonach in der Metallphase *gelöste* Stoffe in eckiger und in der Schlackenphase *gelöste* Stoffe in runder Klammer geschrieben werden. Gasförmige Stoffe werden in geschwungenen Klammern geschrieben. Im angloamerikanischen Schrifttum wird die Phase, in welcher ein Stoff auftritt, durch entsprechende Indizes und im Metall gelöste Elemente werden durch Unterstreichen des Symbols in der Umsetzungsgleichung gekennzeichnet. Da bei der obigen Reaktion nur fast reine Eisenschmelzen betrachtet werden, kann ohne allzu großen Fehler $a_{Fe} = 1$ gesetzt werden. Ferner ist zu berücksichtigen, daß sich das Mangan in flüssigen Eisenschmelzen so gut wie ideal verhält und daß auch das Verhalten von FeO-MnO-Schlacken innerhalb des in Frage kommenden Bereichs als ideal angesehen werden kann. Die Gleichgewichtskonstante kann dann ausgedrückt werden durch:

$$K_{Mn} = \frac{(MnO)}{(FeO) \cdot [\% \, Mn]} = \frac{(\% \, MnO)}{(\% \, FeO) \cdot [\% \, Mn]}$$

Darin sind zum Beispiel (MnO) und (FeO) die Molenbruchkonzentrationen von Mangan(II)-oxyd und Eisen(II)-oxyd in der Schlackenphase und [% Mn] die Mangankonzentration in Gewichtsprozent im flüssigen Eisen. Für die Schlackenphase konnte die Gewichtskonzentration an Stelle des Molenbruchs gewählt werden, da die Atomgewichte von Mangan und Eisen und daher auch die Molekulargewichte von MnO und FeO einander fast gleich sind.

Dagegen ist für die Verschlackung des Siliziums im Frischprozeß nach der Umsetzungsgleichung

$$[Si] + 2\,(FeO) = (SiO_2) + 2\,Fe$$

die Gleichgewichtskonstante durch den Ausdruck

$$K_{Si} = \frac{a_{(SiO_2)}}{a_{[Si]} \cdot a_{(FeO)}^2}$$

gegeben und der davon abweichende, häufig verwendete Wert

$$K'_{Si} = \frac{1}{[\%\,Si] \cdot (FeO)^2}$$

stellt lediglich eine konzentrationsabhängige Gleichgewichtskennzahl dar, die nur für kieselsäuregesättigte Schlacken, für die $a_{(SiO_2)} = 1$ gesetzt werden kann, gültig ist. Außerdem ist die Siliziumaktivität in flüssigem Eisen stark konzentrationsabhängig, so daß also nur für sehr kleine Siliziumgehalte eine Proportionalität zwischen der Aktivität und der Gewichtskonzentration des Siliziums gegeben ist.

Bei der Angabe einer Gleichgewichtskonstante ist jedoch auch die Verwendung unterschiedlicher Konzentrationsmaße für die einzelnen an der Reaktion beteiligten Stoffe statthaft, sofern nur in jedem Fall die Proportionalität mit der Aktivität gegeben ist. Zum Beispiel ist für die Reaktion

$$[C] + (MnO) = [Mn] + \{CO\}$$

die Gleichgewichtskonstante darstellbar durch

$$K = \frac{p_{CO} \cdot [\%\,Mn]}{[\%\,C] \cdot (MnO)}$$

Da für die Definition einer Gleichgewichtskonstante mit Hilfe verschiedener Konzentrationsmaße notwendigerweise nur eine Proportionalität zwischen diesen vorauszusetzen und eine Gleichheit nicht erforderlich ist, erhält man, je nach Wahl der jeweiligen Konzentrationsmaße, unterschiedliche Zahlenwerte für die Gleichgewichtskonstante. Der Umrechnungsfaktor ergibt sich aus den entsprechenden Proportionalitätsfaktoren der Konzentrationsmaße.

1.118.1 Die Temperaturabhängigkeit der Gleichgewichtskonstante

Wie die Gl. (110)

$$\Delta G^0 = -R \cdot T \cdot \ln K$$

zeigt, kann bei Kenntnis der freien Standardenthalpiedifferenz die Größe der einer bestimmten Temperatur zugeordneten Gleichgewichtskonstante sofort angegeben werden. Die Bestimmung von ΔG^0, z. B. über die Messung der elektromotorischen Kraft in einer Zelle, in der die Reaktion abläuft, ist damit eine der Möglichkeiten der Ermittlung der Gleichgewichtskonstante. Ein anderer direkter Weg ist die chemische Analyse aller Reaktionsteilnehmer, nachdem das System den Gleichgewichtszustand erreicht hat.

Die Gleichgewichtskonstante ist, wie der Gl. (110) entnommen werden kann, eine temperaturabhängige Größe, und der Bestimmung dieser Temperaturabhängigkeit kommt insofern Bedeutung zu, als damit der Einfluß der Temperatur auf die Gleichgewichtslage einer Reaktion erfaßbar wird.

Aus den Gl. (45) und (46) erhält man

$$\frac{\partial\,(\varDelta G^0)}{\partial T} = \frac{\varDelta G^0 - \varDelta H^0}{T} \tag{112}$$

Nach der Differentiationskettenregel ist

$$\frac{d\left(\dfrac{y}{x}\right)}{d x} = \frac{1}{x}\cdot\frac{d y}{d x} - \frac{y}{x^2}$$

und daher kann der obige Ausdruck umgeformt werden zu:

$$\frac{\partial\left(\dfrac{\varDelta G^0}{T}\right)}{\partial T} = -\frac{\varDelta H^0}{T^2}$$

Unter Berücksichtigung der Identität

$$d\left(\frac{1}{x}\right) = -\frac{1}{x^2}\cdot d x$$

ergibt sich:

$$\frac{\partial\left(\dfrac{\varDelta G^0}{T}\right)}{\partial\left(\dfrac{1}{T}\right)} = \varDelta H^0 \tag{113}$$

In Verbindung mit Gl. (110) erhält man daraus die Gleichung der VAN'T HOFF-schen *Reaktionsisobare*:

$$\frac{d\ln K}{d T} = \frac{\varDelta H^0}{R\cdot T^2} \tag{114}$$

bzw.

$$\frac{d\ln K}{d\left(\dfrac{1}{T}\right)} = -\frac{\varDelta H^0}{R} \tag{115}$$

Diese Gleichungen geben die Temperaturabhängigkeit der Gleichgewichtskonstante an. Sie können integriert werden, wenn $\varDelta H^0$ als Funktion der Temperatur darstellbar und bekannt ist, wie dies z. B. durch Gl. (19) ausgedrückt wird. Statt dem Symbol $\varDelta H^0$ wird vereinfacht oft nur $\varDelta H$ geschrieben, was insofern statthaft ist, als die Daten für die spezifische Wärme, aus denen die Reaktionsenthalpie berechnet wird, in der Regel für den Standardzustand angegeben sind.

In der Definitionsgleichung (111) für die Gleichgewichtskonstante scheinen die Aktivitäten der Produkte im Zähler und die der Reaktanten im Nenner auf. Diese Schreibweise wird, obwohl rein willkürlich, allgemein verwendet. Ein großer Wert der Gleichgewichtskonstante bedeutet demnach eine große Ausbeute an Reaktionsprodukten, d. h. die Reaktion wird weitgehend von links nach rechts verlaufen.

Unter Beachtung dieser Festlegung gestattet die Gl. (114) die Erfassung des Temperatureinflusses auf die Gleichgewichtskonstante und die Gleichgewichtslage. Mit steigender Temperatur wird die Gleichgewichtskonstante größer und der Reaktionsablauf von links nach rechts begünstigt, wenn ΔH^0 positiv ist, d. h. wenn der Reaktionsablauf in dieser Richtung unter Wärmeverbrauch, also endotherm, erfolgt. Umgekehrt wird bei negativem Wert von ΔH^0, also bei allen exothermen Reaktionen, eine Temperatursteigerung die Reaktion in entgegengesetzter Richtung unterstützen. Diese Tatsache, daß durch Temperaturerhöhung die endothermen Reaktionen begünstigt und die exothermen zurückgedrängt werden, ist eine Teilaussage des von LE CHATELIER (1884) gefundenen „*Prinzip des kleinsten Zwanges*". Das Prinzip von LE CHATELIER besagt, daß jede Veränderung der das Gleichgewicht beeinflussenden äußeren Bedingungen in einem sich im Gleichgewichtszustand befindlichen System eine derartige Veränderung der Gleichgewichtslage zur Folge hat, daß die dadurch bedingte Reaktion dem auferlegten äußeren Zwang entgegenwirkt bzw. daß die Veränderung des betreffenden Faktors verringert wird. Zum Beispiel wird durch Erhöhung des Druckes in einem System die Gleichgewichtslage so verändert, daß die Druckerhöhung gemildert wird, d. h. das Volumen wird verringert. In einem aus einem flüssigen Stoff und seinem Dampf bestehenden System wird durch Temperaturerhöhung, also Wärmezufuhr, eine endotherme Reaktion ausgelöst, es wird also bei konstantem Volumen ein Teil der Flüssigkeit verdampfen. Allgemein wird für den Fall einer chemischen Reaktion die Gleichgewichtslage durch Temperaturerhöhung so verändert, daß ein Teil der Reaktionsenthalpie verbraucht wird. Das System verbraucht dann bei erhöhter Temperatur mehr Wärme und wirkt damit der Temperatursteigerung entgegen. Verbindungen, deren Enthalpie kleiner ist als die Summe der Enthalpien ihrer Komponenten, also Verbindungen, die durch eine exotherme Reaktion entstanden sind, werden demnach um so mehr zur Dissoziation neigen, je höher die Temperatur ist. Ihre Gleichgewichtskonzentration wird mit zunehmender Temperatur immer kleiner, während die der Komponenten größer wird. Umgekehrt ist bei Verbindungen, die durch endotherme Reaktionen entstanden sind, die Dissoziation um so größer, je niedriger die Temperatur ist.

Aus Gl. (110) erhält man:

$$\ln K = -\frac{\Delta G^\circ}{R \cdot T}$$

Der einfacheren Handhabung wegen wird dieser Ausdruck meist auf dekadische Logarithmen umgerechnet, wobei in den konstanten Umrechnungsfaktor gleichzeitig die Gaskonstante R einbezogen wird. Damit wird

$$\lg K = -\frac{\Delta G^\circ}{4{,}575 \cdot T} \tag{116}$$

und in Verbindung mit Gl. (45) erhält man die Beziehung

$$\lg K = -\frac{\Delta H^\circ}{4{,}575 \cdot T} + \frac{\Delta S^\circ}{4{,}575} \tag{117}$$

Obwohl ΔH^0 und ΔS° temperaturabhängige Größen sind, können sie innerhalb kleinerer Temperaturbereiche als konstant angesehen werden und, da sich besonders bei so hohen wie den Stahlerzeugungstemperaturen die Werte von ΔH° und ΔS° nur wenig mit der Temperatur ändern, kann die Gl. (117) innerhalb nicht allzu großer Temperaturbereiche zur Darstellung der Temperaturabhängigkeit der Gleichgewichtskonstante verwendet werden.

Trägt man, wie dies die Abb. 10 schematisch zeigt, den Logarithmus der Gleichgewichtskonstante gegen den Reziprokwert der absoluten Temperatur auf, so erhält man eine Gerade, deren Steigung gleich ist dem Wert $-\dfrac{\varDelta H^\circ}{4{,}575 \cdot T}$, wobei der Wert der Standardreaktionsenthalpie in cal anzugeben ist. Da für die meisten Stahlerzeugungsreaktionen die Reaktionsenthalpie so gut wie unbeeinflußt von den auftretenden Konzentrations- bzw. Druckänderungen ist, kann statt $\varDelta H^\circ$ auch einfach $\varDelta H$ geschrieben werden. Ein wie in Abb. 10 gezeigter Verlauf der Geraden bedeutet eine Zunahme der Gleichgewichtskonstante mit kleiner werdender Temperatur, entspricht also gemäß den bei der Diskussion der VAN'T HOFF-schen Reaktionsisobare abgeleiteten Schlüssen einem exothermen Ablauf der Reaktion. Bei endothermen Reaktionen verläuft unter Beibehaltung der graphischen Darstellungsweise die Gerade von links oben nach rechts unten.

In Gl. (117) kann der Wert des konstanten zweiten Gliedes bei Kenntnis der Standardentropiedifferenz sofort angegeben oder aus dem bekannten Wert der Gleichgewichtskonstante bei einer beliebigen Temperatur berechnet werden. Solange innerhalb eines Temperaturbereiches der Wert von $\varDelta S^\circ$ als konstant angesehen werden kann, besteht für die Gleichgewichtskonstanten für zwei verschiedene, innerhalb dieses Bereiches liegende Temperaturen T_1 und T_2 der Zusammenhang

$$\lg K_{T_2} - \lg K_{T_1} = \frac{\varDelta H^\circ}{4{,}575} \cdot \frac{T_2 - T_1}{T_1 \cdot T_2} \quad (118)$$

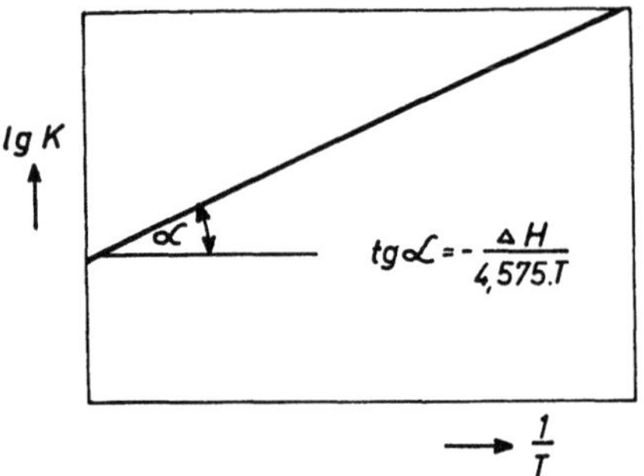

Abb. 10. Darstellung der Gleichgewichtskonstante als Funktion der Temperatur

Diese Gleichung gestattet die Berechnung der Gleichgewichtskonstante für eine Temperatur T_2, wenn ihr Wert für die Temperatur T_1 bekannt ist.

Außer durch die bereits aufgezeigten Möglichkeiten ist die Bestimmung der Gleichgewichtskonstante auch indirekt über die getrennte Ermittlung der Standardenthalpie- und Entropiedifferenz und Anwendung der Gl. (117) möglich.

Eine andere, sehr häufig angewandte Methode ist die Bestimmung der Gleichgewichtskonstante oder der freien Standardenthalpie einer Reaktion durch algebraische Addition von Reaktionsgleichungen, deren entsprechende thermodynamische Größen bekannt sind. Der Vorgang ist dabei der gleiche wie bei der Bestimmung der Reaktionswärme nach dem Satz von HESS über die Kombination mehrerer Reaktionsgleichungen. Die Anwendung dieser Methode sei am Beispiel der freien Standardbildungsenthalpie für die Reaktion

$$Mn_{\text{flüss}} + \frac{1}{2}\{O_2\} = MnO_{\text{flüss}} \quad (I)$$

illustriert.

Für die Umsetzung gemäß

$$(FeO) + [Mn] = (MnO) + Fe \quad (II)$$

fanden W. A. FISCHER und H. J. FLEISCHER [24] folgende Temperaturabhängigkeit der Gleichgewichtskonstante:

$$\lg K_{\text{Mn}} = \frac{7110}{T} - 3{,}375$$

Daraus berechneten sie die freie Standardreaktionsenthalpie zu

$$\Delta G^{\circ}_{\mathrm{II}} = -\,32\,550 + 15{,}43 \cdot T \tag{IIa}$$

Für die Lösung von flüssigem Mangan in flüssigem Eisen gemäß

$$\mathrm{Mn}_{\mathrm{flüss}} = [\%\ \mathrm{Mn}] \tag{III}$$

ist nach J. Chipman [79]:

$$\Delta \overline{G}_{\mathrm{III}} = -\,9{,}11 \cdot T \tag{IIIa}$$

Für die Reaktion

$$\mathrm{FeO}_{\mathrm{flüss}} = \mathrm{Fe}_{\mathrm{flüss}} + \frac{1}{2}\{\mathrm{O_2}\} \tag{IV}$$

gaben M. N. Dastur und J. Chipman [80] die freie Bildungsenthalpie mit

$$\Delta G^{\circ}_{\mathrm{IV}} = 56\,830 - 11{,}94 \cdot T \tag{IVa}$$

an. Da durch Subtraktion der Reaktionsgleichung (IV) von der Summe der beiden Gl. (II) und (III) die Umsetzungsgleichung (I) entsteht, gilt für die freie Standardbildungsenthalpie des Umsatzes (I):

$$\Delta G^{\circ}_{\mathrm{I}} = \Delta G^{\circ}_{\mathrm{II}} + \Delta \overline{G}_{\mathrm{III}} - \Delta G^{\circ}_{\mathrm{IV}} = -\,89\,380 + 18{,}26 \cdot T \tag{Ia}$$

Zu beachten ist jedoch, daß die Gleichgewichtskonstante einer Summenreaktion nicht durch algebraische Addition der Gleichgewichtskonstanten der Teilreaktionen, sondern durch deren Multiplikation oder Division gebildet wird, je nachdem, ob die Umsetzungsgleichungen der Teilreaktionen addiert oder subtrahiert wurden. Bildet man von den beiden allgemeinen Reaktionen

$$A + B = AB \tag{I}$$

$$\text{und} \qquad C + B = CB \tag{II}$$

die Differenz

$$A + CB = C + AB \tag{III}$$

so ist

$$\Delta G^{\circ}_{\mathrm{III}} = \Delta G^{\circ}_{\mathrm{I}} - \Delta G^{\circ}_{\mathrm{II}} \quad \text{und} \quad K_{\mathrm{III}} = \frac{K_{\mathrm{I}}}{K_{\mathrm{II}}}$$

Bei Besprechung der Aussagekraft der freien Enthalpie wurde bereits darauf hingewiesen, daß eine Verbindung um so stabiler ist, je negativer ihre freie Bildungsenthalpie ist. Der Reaktionsgleichung für die Bildung einer stabilen Verbindung aus ihren Elementen ist demnach eine stark negative freie Reaktionsenthalpie zugeordnet, und diese freie Bildungsenthalpie kann als Maß für die Stabilität einer Verbindung angesehen werden, wobei unter Stabilität der Widerstand gegen den Zerfall in die die Verbindung bildenden Elemente zu verstehen ist. Wird bei der Zerlegung einer Verbindung ein Gas entwickelt, wie etwa bei Oxyden, Sulfiden usw., so kann wegen des engen Zusammenhanges zwischen freier Standardreaktionsenthalpie und Gleichgewichtskonstante gemäß Gl. (110) der Dissoziationsdruck als Stabilitätsmaß verwendet werden. Diese Tatsache benutzten F. D. Richardson und Mitarbeiter [81, 40, 41, 43] zur Aufstellung sehr

aufschlußreicher und einfach zu handhabender Diagramme für Oxyd-, Sulfid-
und Karbidsysteme.

Die Bildung eines Oxyds kann durch die allgemeine Reaktionsgleichung

$$x \cdot \mathrm{M_{fest}} + \{O_2\} = \mathrm{M}_x\mathrm{O}_{2\,\mathrm{fest}}$$

beschrieben werden. Die Gleichgewichtskonstante dieser Reaktion ist gegeben
durch

$$K = \frac{a_{\mathrm{M}_x\mathrm{O}_2}}{a_{\mathrm{M}}^x \cdot p_{\mathrm{O}_2}}$$

Unter der Voraussetzung, daß das Element M und das Oxyd $\mathrm{M}_x\mathrm{O}_2$ in reinem
Zustand vorliegen, sich also in ihrem Standardzustand befinden, sind ihre Aktivitäten gleich 1 und die Gleichgewichtskonstante vereinfacht sich zu

$$K = \frac{1}{p_{\mathrm{O}_2}}$$

In Verbindung mit Gl. (110) ergibt sich sofort der einfache Zusammenhang
zwischen dem Sauerstoffpartialdruck und der freien Standardreaktionsenthalpie:

$$\Delta G^\circ = R \cdot T \cdot \ln p_{\mathrm{O}_2} = 4{,}575 \cdot T \cdot \lg p_{\mathrm{O}_2}$$

Abb. 11 zeigt die freie Standardbildungsenthalpie der wichtigsten Metalloxyde
als Funktion der Temperatur in der von RICHARDSON und JEFFES [81] eingeführten
und von M. OLETTE und M. F. ANCEY-MORET [82] erneuerten Darstellungsweise.
Der dafür zugrunde gelegte Standardzustand des Gases bezieht sich auf 1 Atmo-
sphäre Druck. Da die Beziehung $\Delta G^\circ = \Delta H^\circ - T \cdot \Delta S^\circ$ besteht und die Größen
ΔH° und ΔS° sich nur verhältnismäßig wenig mit der Temperatur verändern,
ergibt sich in den meisten Fällen ein geradliniger Verlauf der Kurven, deren Steigung den Wert von ΔS° aufweist und deren Ordinatenabschnitt bei $T = 0\,^\circ\mathrm{K}$
dem Wert ΔH° entspricht. Alle Umwandlungspunkte sind durch eine diskonti-
nuierliche Veränderung der Kurvensteilheit ausgezeichnet. Diese Änderung der
Steigung der Geraden ist auf die merkliche Entropieänderung bei allen Umwandlungstemperaturen zurückzuführen. Die Schmelzentropie z. B. ist immer positiv
und daher wird beim Erreichen des Schmelzpunktes eines Metalles die Kurve
steiler werden und beim Schmelzpunkt eines Oxyds flacher. Obwohl diesem Diagramm infolge der verwendeten Maßstäbe keine große Genauigkeit zu eigen ist,
gestattet es doch sehr wesentliche Aussagen. So kann wegen der direkten Proportionalität zwischen ΔG° und dem Logarithmus des Sauerstoffpartialdruckes für
jede praktisch interessierende Temperatur der Sauerstoffdissoziationsdruck eines
Metalloxyds an der äußersten Randskala abgelesen werden. Dies geschieht so,
daß eine Gerade vom Punkt „0" auf der Nullpunkt-Ordinate über den Schnittpunkt der ΔG°-Kurve des in Frage stehenden Oxydsystems mit der entsprechenden Temperaturordinate bis zur äußersten Randskala gezogen wird, wo sofort der
Sauerstoff-Dissoziationsdruck abgelesen werden kann. Außerdem sind in Abb. 11
zwei weitere Skalen angegeben, welche es gestatten, die dem jeweiligen Sauerstoffpartialdruck zugehörigen CO/CO_2- bzw. H_2/H_2O-Verhältnisse gemäß den Gas-
gleichgewichten

$$2\,\mathrm{CO} + \mathrm{O}_2 = 2\,\mathrm{CO}_2, \qquad K_1 = \frac{p_{\mathrm{CO}_2}^2}{p_{\mathrm{CO}}^2 \cdot p_{\mathrm{O}_2}}, \qquad p_{\mathrm{O}_2} = \frac{1}{K_1} \cdot \frac{p_{\mathrm{CO}_2}^2}{p_{\mathrm{CO}}^2}$$

$$2\,\mathrm{H}_2 + \mathrm{O}_2 = 2\,\mathrm{H}_2\mathrm{O}, \qquad K_2 = \frac{p_{\mathrm{H}_2\mathrm{O}}^2}{p_{\mathrm{H}_2}^2 \cdot p_{\mathrm{O}_2}}, \qquad p_{\mathrm{O}_2} = \frac{1}{K_2} \cdot \frac{p_{\mathrm{H}_2\mathrm{O}}^2}{p_{\mathrm{H}_2}^2}$$

zu bestimmen. Diese Werte sind deshalb von Bedeutung, da die Sauerstoffdissoziationsdrücke sehr klein und schwerlich der Messung zugänglich sind, weshalb die Untersuchungen oft unter CO/CO_2- bzw. H_2/H_2O-Atmosphäre durchgeführt

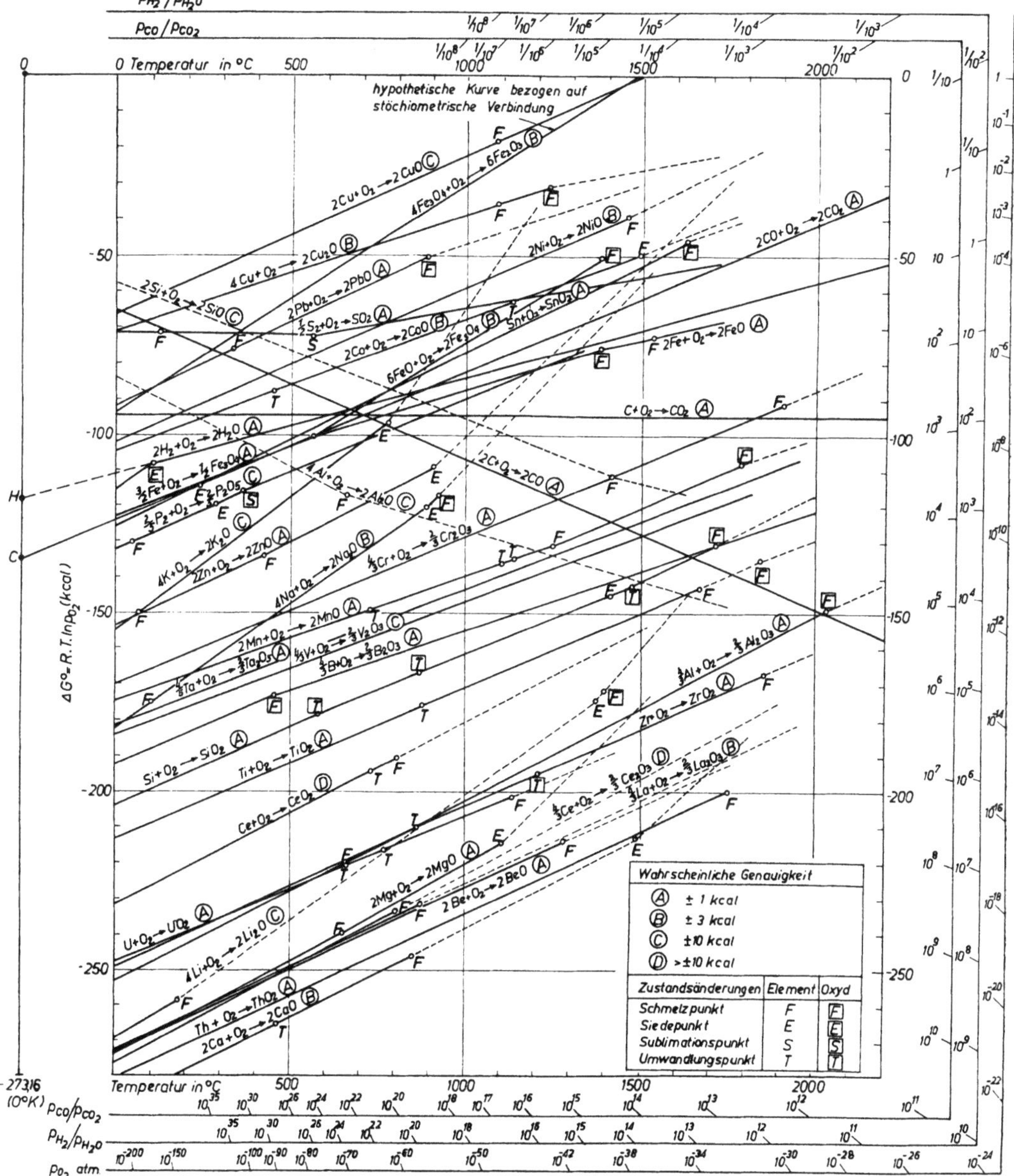

Abb. 11. Die Temperaturabhängigkeit der freien Standardbildungsenthalpie von Metalloxyden
(nach M. Olette und M. F. Ancey-Moret)

werden. Die Zusammensetzungen dieser Gasgemische stellen ein Maß für den Sauerstoffdissoziationsdruck dar. Diese Gasverhältnisse werden aus Abb. 11 in gleicher Weise bestimmt wie der Sauerstoffpartialdruck, nur daß an Stelle des

Punktes „0" auf der Nullpunktordinate die mit „C" bzw. „H" bezeichneten Punkte verwendet werden müssen.

Da eine Verbindung um so stabiler ist, je negativer ihre freie Standardbildungsenthalpie ist, liegen die Kurven der stabilsten Oxyde am tiefsten. Ein

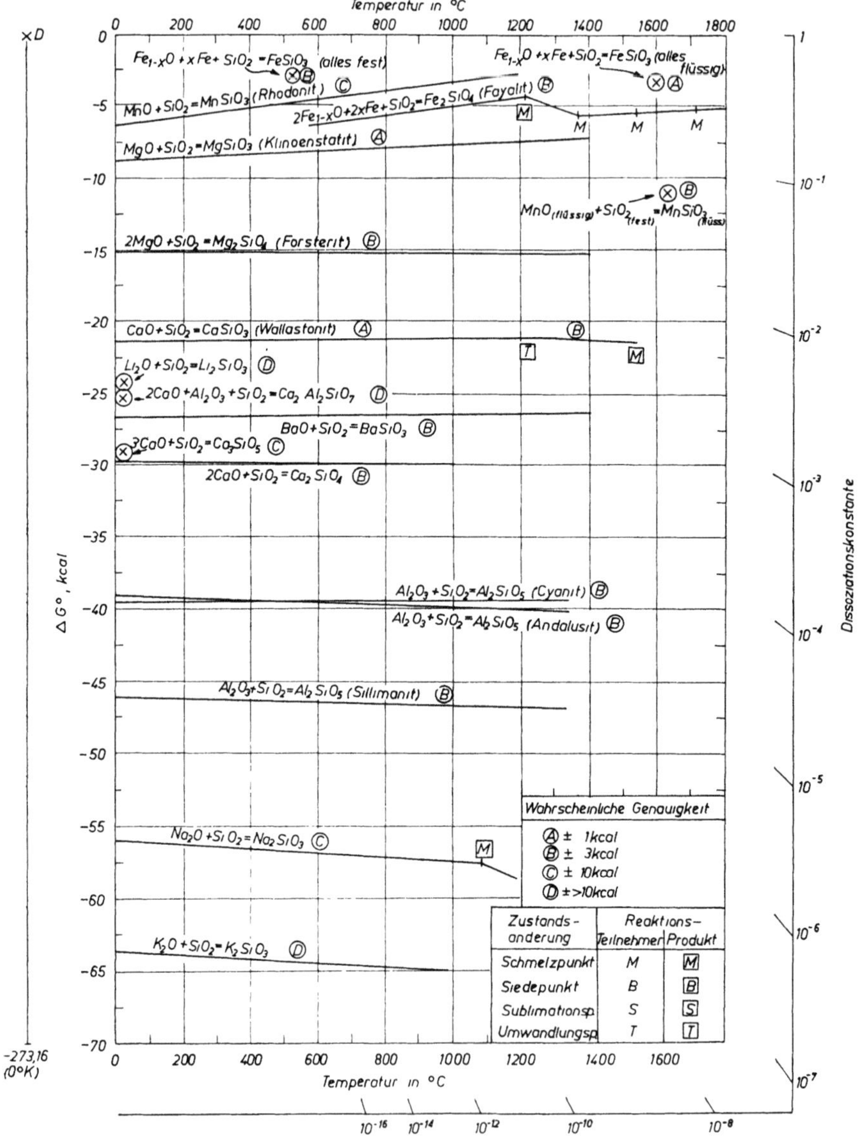

Abb. 12. Freie Standardbildungsenthalpien von Silikaten
(nach F. D. RICHARDSON, J. H. E. JEFFES und G. WITHERS)

Metalloxyd kann demnach grundsätzlich durch jedes Element reduziert werden, dessen $\Delta G°$-Kurve tiefer liegt, und zwar um so eher, je größer der Abstand der beiden Kurven bzw. der bei gegebener Temperatur auf den Kurven liegenden Punkte voneinander ist. Um z. B. festzustellen, ob metallisches Silizium imstande ist, Eisen(II)-oxyd zu reduzieren, bildet man die Differenz der beiden Reaktions-gleichungen:

$$Si_{fest} + \{O_2\} = SiO_{2\,fest} \tag{A}$$

$$2\,Fe_{fest} + \{O_2\} = 2\,FeO_{fest} \tag{B}$$

$$Si_{fest} + 2\,FeO_{fest} = SiO_{2\,fest} + 2\,Fe_{fest} \tag{C}$$

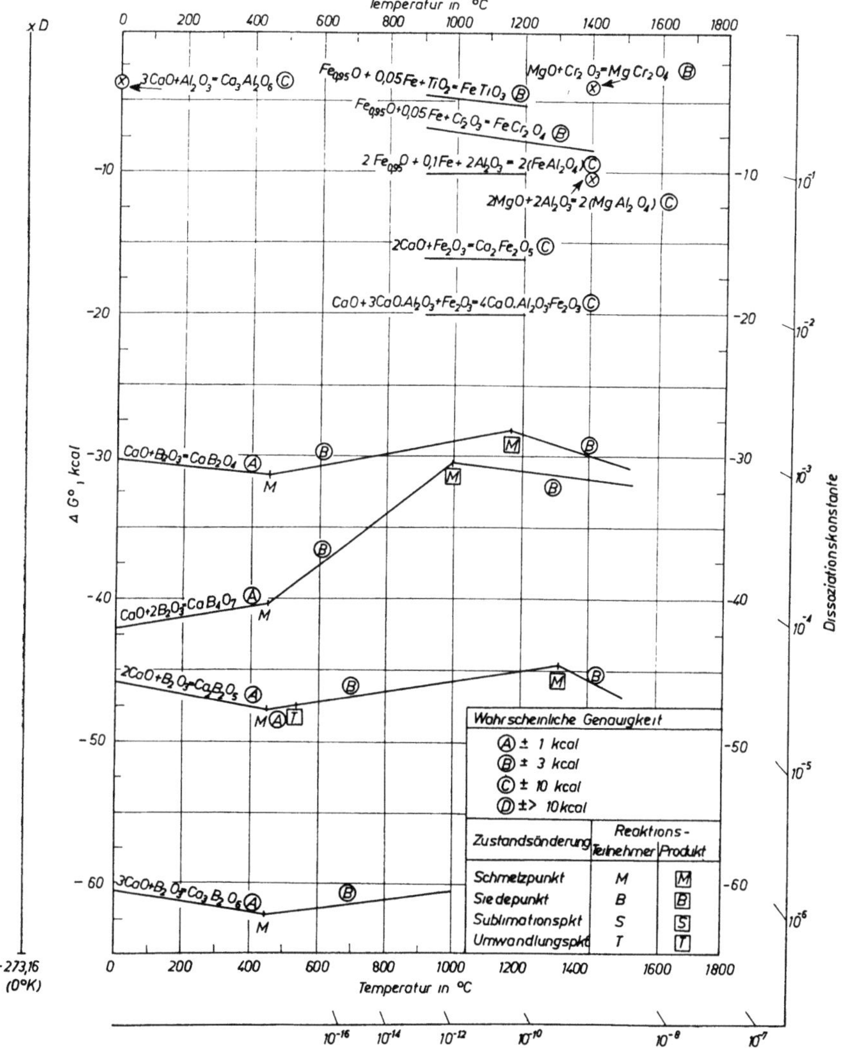

Abb. 13. Freie Standardbildungsenthalpien verschiedener Oxydverbindungen
(nach F. D. RICHARDSON, J. H. E. JEFFES und G. WITHERS)

Ist die freie Standardreaktionsenthalpie der Summenreaktion (C) $\Delta G_C^{\circ} = \Delta G_A^{\circ} - \Delta G_B^{\circ}$ negativ, dann wird die Reaktion (C) freiwillig von links nach rechts ablaufen. Dies ist dann der Fall, wenn der Sauerstoff-Dissoziationsdruck der Reaktion (B) größer ist als der von Reaktion (A). Im vorliegenden Beispiel ist dies für den gesamten in Frage kommenden Temperaturbereich der Fall.

So ist auch zu erwarten, daß Eisen am besten mit den Elementen Kalzium Magnesium und Aluminium, die sehr stabile Oxyde bilden, desoxydiert werden kann, während z. B. Vanadin, Mangan und Chrom nur schwache und Nickel und Kupfer überhaupt keine desoxydierende Wirkung gegenüber sauerstoffhaltigen Eisenschmelzen haben.

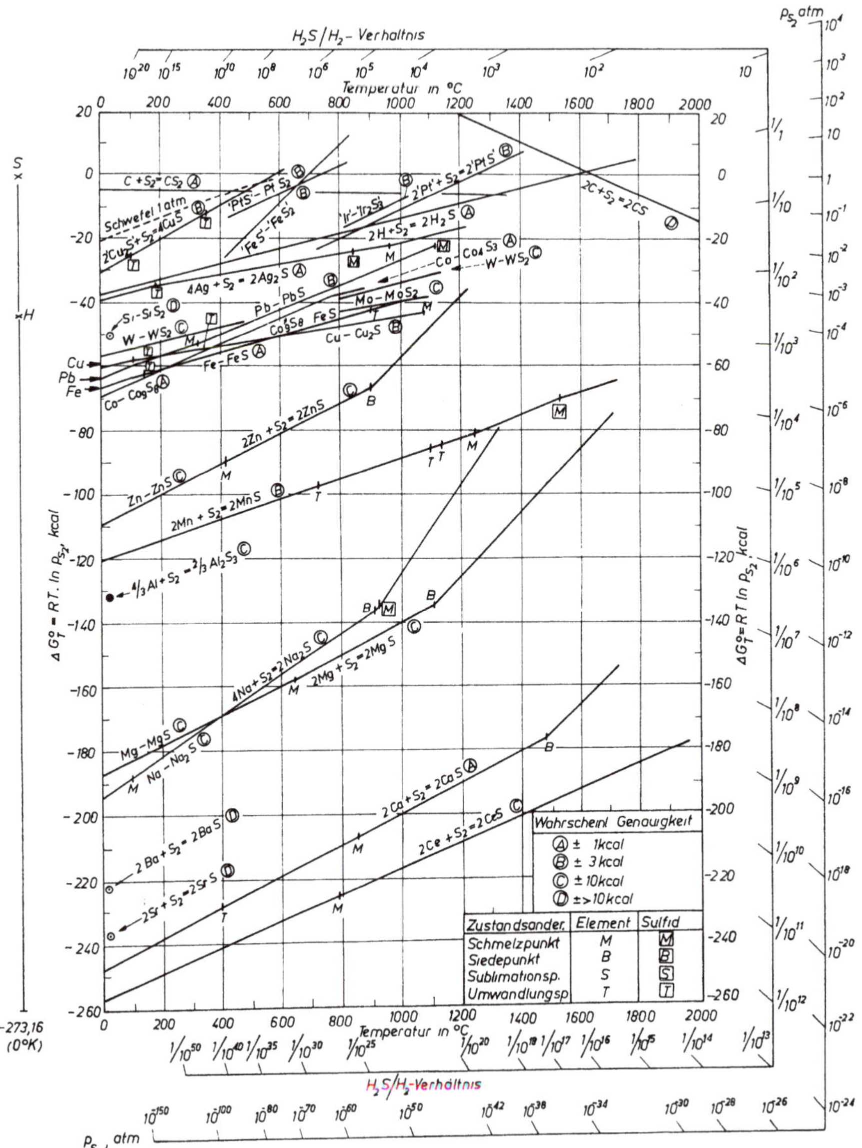

Abb. 14. Freie Standardbildungsenthalpien von Metallsulfiden (nach F. D. Richardson und J. H. E. Jeffes)

Durch Vergleich der Kurven der verschiedenen Oxyde mit den Linien $C + O_2 = CO_2$ und $2C + O_2 = 2CO$ lassen sich die Möglichkeiten der Reduktion eines Oxyds mit Kohlenstoff erfassen und auch die Zusammensetzung des mit den 3 Stoffen Kohlenstoff, Metall und Metalloxyd im Gleichgewicht befindlichen Gases angeben.

Das Diagramm gibt also die Möglichkeiten und die Triebkraft chemischer Reaktionen an, es gestattet aber natürlich keine Aussage über die Geschwindigkeit eines Reaktionsablaufes, weil diese von anderen als thermodynamischen Faktoren bestimmt wird. Sind die an einer Reaktion beteiligten Stoffe nicht im

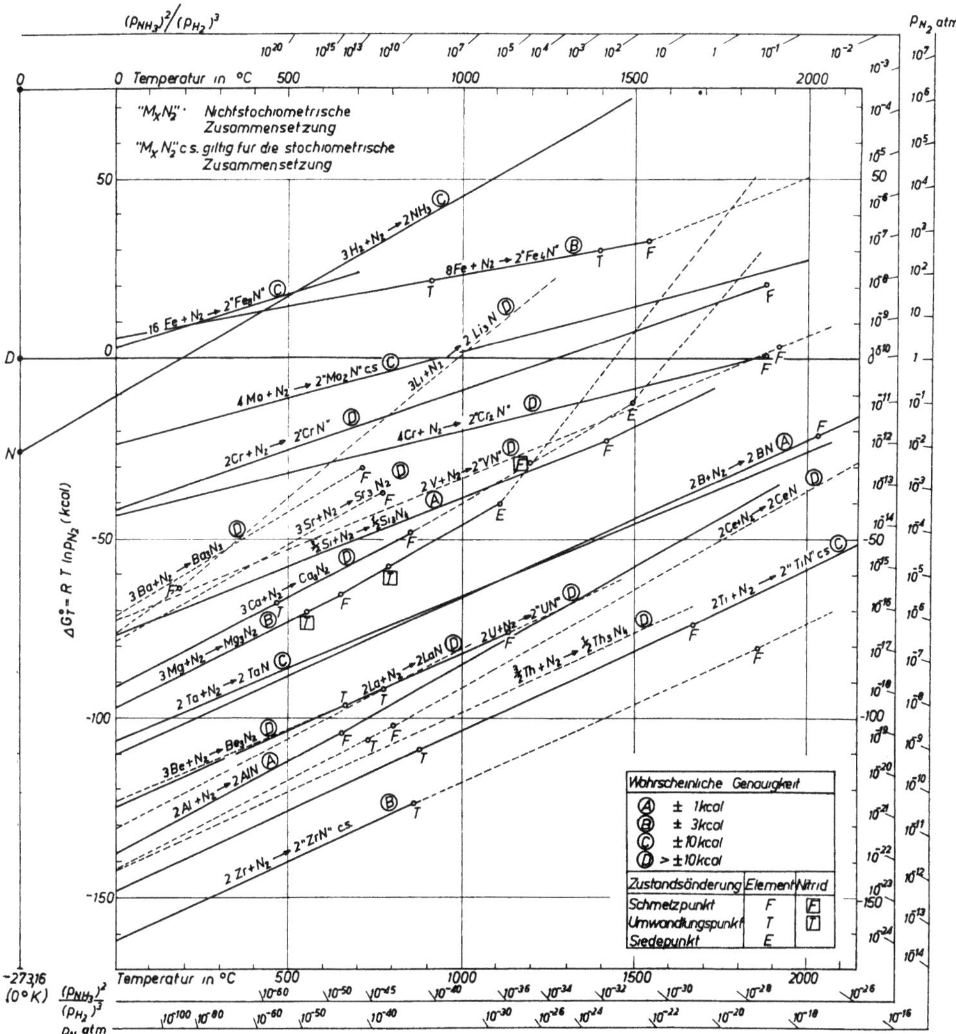

Abb. 15. Freie Standardbildungsenthalpien von Metallnitriden (nach M. OLETTE und M. F. ANCEY-MORET)

reinen Zustand vorhanden, dann sind ihre Aktivitäten nicht gleich 1, und dementsprechend hat man sich für diesen Fall die Ordinate mit $\Delta G^\circ = -R \cdot T \cdot \ln K$ beschriftet vorzustellen.

Zu beachten ist, daß im Falle des Vorliegens flüchtiger Stoffe der Gleichgewichtsdruck in dem betrachteten Metall-Metalloxydsystem gleich ist der Summe aller Partialdrücke der in der Gasphase enthaltenen Stoffe.

Die Abb. 12 und 13 zeigen die von F. D. RICHARDSON, J. H. E. JEFFES und G. WITHERS [40] aufgestellten Diagramme für Verbindungen von Oxyden. Diese

Bilder bedürfen keiner weiteren Erklärung, da für sie die bereits angegebenen
Überlegungen sinngemäß anzuwenden sind.

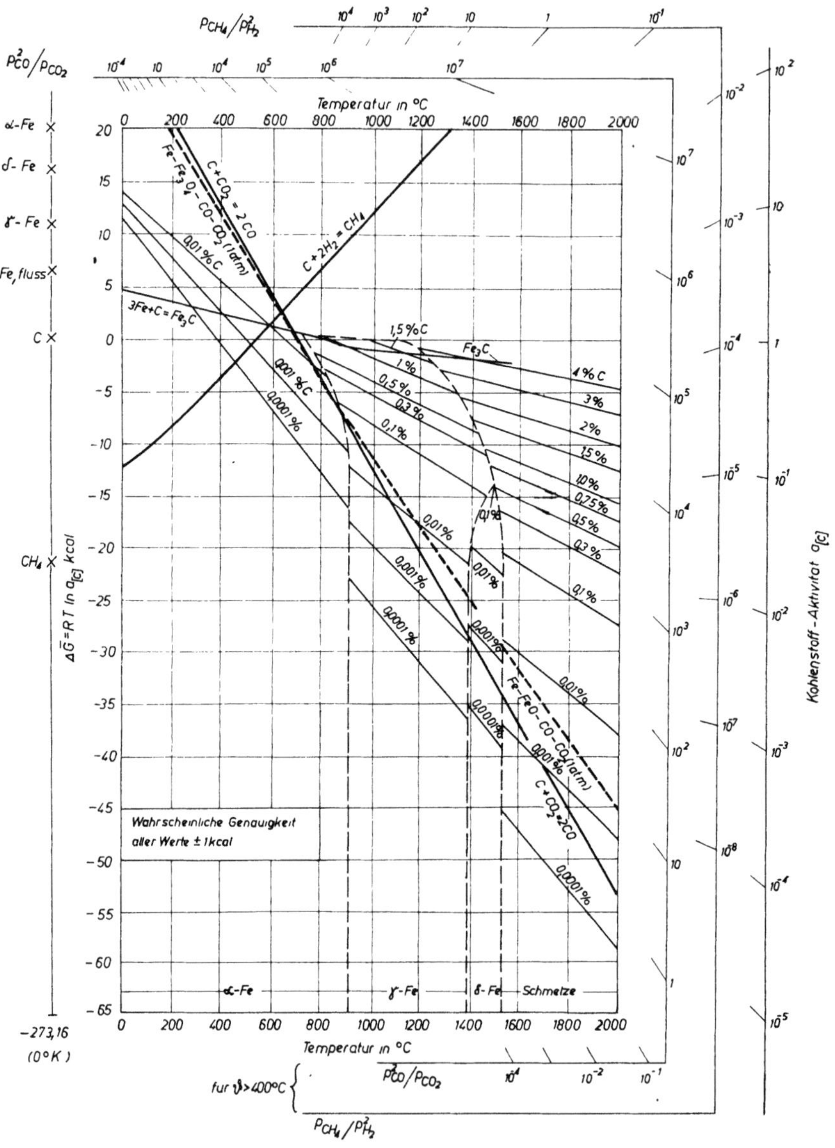

Abb. 16. Die Temperaturabhängigkeit des chemischen Potentials von in Eisen gelöstem Kohlenstoff
(nach F. D. RICHARDSON)

Analog der verallgemeinerten Reaktionsgleichung für die Bildung von Oxyden
gilt für Sulfide:

$$x\,M_{fest} + \{S_2\} = M_x S_{2\,fest}$$

Die Gleichgewichtskonstante dieser Reaktion ist unter der Voraussetzung, daß sowohl Metall als auch Sulfid in reinem Zustand vorliegen und demnach ihre Aktivität gleich 1 ist, gegeben durch:

$$K = \frac{1}{p_{S_2}}$$

Ebenso gilt für die Nitridbildung

$$x\,\mathrm{M}_{\mathrm{fest}} + \{\mathrm{N}_2\} = \mathrm{M}_x\mathrm{N}_{2\,\mathrm{fest}}, \qquad K = \frac{1}{p_{N_2}}$$

Es lassen sich demnach auch für Metall-Metallsulfid- bzw. Metall-Metallnitrid-Systeme Diagramme aufstellen, die in ihrem Aufbau und ihrer Aussagekraft der für Oxydsysteme geltenden Abb. 11 gleichen. Diese Diagramme, deren Handhabung der der Abb. 11 völlig entspricht, sind in Abb. 14 nach F. D. RICHARDSON und J. H. E. JEFFES [41] für Sulfide und in Abb. 15 nach M. OLETTE und M. F. ANCEY-MORET [82] für Nitride wiedergegeben.

In Abb. 16 sind die Werte der freien Standardbildungsenthalpie für die Lösung von Kohlenstoff in Eisen nach F. D. RICHARDSON [43] wiedergegeben. Dieses Diagramm gestattet die Bestimmung des chemischen Potentials, also der molaren freien Standardreaktionsenthalpie und der Aktivität des gelösten Kohlenstoffs im Eisen in Abhängigkeit von der Temperatur und der Konzentration. Weiter kann daraus die Löslichkeit von Kohlenstoff im Eisen als Funktion der Temperatur abgelesen werden und mit Hilfe der Randskalen sind die CH_4/H_2- und CO/CO_2-Verhältnisse der Gasatmosphäre bestimmbar, mit denen das Eisen bis zu einem vorgegebenen Kohlenstoffgehalt aufgekohlt werden kann. Bei der Aufstellung des Diagramms ist die Kohlenstoffaktivität auf die Sättigungs-konzentration bezogen, d. h. daß für Kohlenstoffsättigung $a_{[C]} = 1$ ist. Für die Gasphase wurde ein Gesamtdruck von 1 at zugrunde gelegt.

Das Kohlenstoffpotential wird durch den Schnittpunkt der dem gewünschten Kohlenstoffgehalt entsprechenden voll ausgezogenen Linie mit der Ordinate der in Frage stehenden Temperatur direkt angegeben. Durch Verlängerung der durch diesen Schnittpunkt und den auf der Nullpunktordinate liegenden Punkt „C" gezogenen Geraden bis zur äußersten rechten Randskala erhält man die Kohlen-stoffaktivität. Analog ergibt sich unter Verwendung des Punktes „CH_4" auf der Nullpunktordinate das CH_4/H_2-Verhältnis der Gasphase. Die Schnittpunkte der strichliert eingezeichneten Gleichgewichtskurven für Eisenoxyde mit den $\Delta\overline{G}$-Linien für Kohlenstoff im Eisen zeigen die Grenze der Entkohlung von Eisen durch Oxydation bei 1 at Gesamtdruck.

Die Tab. 7 enthält die zur Berechnung der freien Standardreaktionsenthalpien erforderlichen Reaktionswärmen und Entropieänderungen einiger wichtiger Re-aktionen für 1600°C nach J. CHIPMAN [83].

1.118.2 Änderung der Energie bei Lösungsvorgängen

Wie bei Besprechung des Massenwirkungsgesetzes gezeigt wurde, ist der Gleich-gewichtszustand, dem eine chemische Reaktion zustrebt, dadurch ausgezeichnet, daß die freie Standardreaktionsenthalpie durch die Beziehung (110)

$$\Delta G° = -\,R \cdot T \cdot \ln K$$

Tabelle 7. *Reaktionswärmen und Entropieänderungen zur Berechnung der freien Standard-reaktionsenthalpien bei* 1600 °C: $\Delta G° = \Delta H° - T \cdot \Delta S°$ (nach J. CHIPMAN)

	Reaktion	$\Delta H°$ cal/Mol	$\Delta S°$ cal/Mol · °K
Gase	$\{H_2\} + \frac{1}{2}\{O_2\} = \{H_2O\}$	-60180	$-13,93$
	$\{CO\} + \frac{1}{2}\{O_2\} = \{CO_2\}$	-66560	$-20,15$
	$C_{graph} + \frac{1}{2}\{O_2\} = \{CO\}$	-28100	$+20,20$
	$C_{graph} + \{O_2\} = \{CO_2\}$	-94640	$+0,05$
	$\{H_2\} + \{CO_2\} = \{H_2O\} + \{CO\}$	$+6380$	$+6,22$
	$C_{graph} + \{CO_2\} = 2\{CO\}$	$+38460$	$+40,35$
	$\{H_2\} + \frac{1}{2}\{S_2\} = \{H_2S\}$	-21680	$-11,81$
	$\frac{1}{2}\{S_2\} + \{O_2\} = \{SO_2\}$	-86380	$-17,30$
	$\frac{1}{2}\{S_2\} + \frac{1}{2}\{O_2\} = \{SO\}$	-6720	$+1,25$
	$C_{graph} + \{S_2\} = \{CS_2\}$	-3600	$+1,44$
	$C_{graph} + 2\{H_2\} = \{CH_4\}$	-21960	$-26,61$
	$2C_{graph} + \{H_2\} = \{C_2H_2\}$	$+53200$	$+12,66$
	$\{H_2\} = 2\{H\}$	$+108300$	$+28,80$
Oxyde	$Fe_{fl} + \frac{1}{2}\{O_2\} = FeO_{fl}$	-56830	$-11,94$
	$Mn_{fl} + \frac{1}{2}\{O_2\} = MnO_{fest}$	-97000	$-21,4$
	$MnO_{fest} = MnO_{fl}$	$+10700$	$+5,2$
	$Ni_{fl} + \frac{1}{2}\{O_2\} = NiO_{fest}$	-60750	$-25,1$
	$Co_{fl} + \frac{1}{2}\{O_2\} = CoO_{fest}$	-60530	$-19,6$
	$Be_{fl} + \frac{1}{2}\{O_2\} = BeO_{fest}$	-146730	$-22,1$
	$\{Mg\} + \frac{1}{2}\{O_2\} = MgO_{fest}$	-176500	$-47,5$
	$\{Ca\} + \frac{1}{2}\{O_2\} = CaO_{fest}$	-192000	$-49,1$
	$2Al_{fl} + \frac{3}{2}\{O_2\} = Al_2O_{3\,fest}$	-400000	$-76,6$
	$2Cr_{fest} + \frac{3}{2}\{O_2\} = Cr_2O_{3\,fest}$	-265050	$-60,4$
	$2V_{fest} + \frac{3}{2}\{O_2\} = V_2O_{3\,fest}$	-287300	$-54,3$
	$Si_{fl} + \{O_2\} = SiO_{2\,fest}$	-214300	$-47,0$
	$Ti_{fest} + \{O_2\} = TiO_{2\,fest}$	-217600	$-41,9$
	$Zr_{fest} + \{O_2\} = ZrO_{2\,fest}$	-256000	$-44,0$
	$Mo_{fest} + \{O_2\} = MoO_{2\,fest}$	-137000	$-39,4$
	$W_{fest} + \{O_2\} = WO_{2\,fest}$	-139150	$-41,7$

Tabelle 7 (Fortsetzung)

	Reaktion	$\Delta H°$ cal/Mol	$\Delta S°$ cal/Mol. °K
Sulfide	$Fe_{fl} + \frac{1}{2}\{S_2\} = FeS_{fl}$	$-34\,000$	$-10,4$
	$Mn_{fl} + \frac{1}{2}\{S_2\} = MnS_{fest}$	$-68\,700$	$-19,1$
	$\{Mg\} + \frac{1}{2}\{S_2\} = MgS_{fest}$	$-132\,300$	$-45,7$
	$\{Ca\} + \frac{1}{2}\{S_2\} = CaS_{fest}$	$-169\,600$	$-47,4$
	$2\,Cu_{fl} + \frac{1}{2}\{S_2\} = Cu_2S_{fl}$	$-29\,300$	$-6,2$
	$Mo_{fest} + \{S_2\} = MoS_{2\,fest}$	$-76\,300$	$-33,3$
	$W_{fest} + \{S_2\} = WS_{2\,fest}$	$-69\,800$	$-32,9$
	$Si_{fl} + \{S_2\} = SiS_{2\,fest}$	$-73\,200$	$-44,0$
	$2\,Al_{fl} + \frac{3}{2}\{S_2\} = Al_2S_{3\,fest}$	$-164\,400$	$-69,0$
Nitride	$3\,Be_{fl} + \{N_2\} = Be_3N_{2\,fest}$	$-133\,500$	$-40,6$
	$B_{fest} + \frac{1}{2}\{N_2\} = BN_{fest}$	$-27\,700$	$-10,4$
	$Al_{fl} + \frac{1}{2}\{N_2\} = AlN_{fest}$	$-62\,300$	$-30,1$
	$Ti_{fest} + \frac{1}{2}\{N_2\} = TiN_{fest}$	$-80\,300$	$-21,0$
	$V_{fest} + \frac{1}{2}\{N_2\} = VN_{fest}$	$-43\,000$	$-21,4$
	$Zr_{fest} + \frac{1}{2}\{N_2\} = ZrN_{fest}$	$-82\,200$	$-22,0$
	$3\,Si_{fl} + 2\{N_2\} = Si_3N_{4\,fest}$	$-208\,600$	$-97,2$
Karbide	$\{Ca\} + 2\,C_{graph} = CaC_{2\,fest}$	$-59\,800$	$-21,6$
	$4\,Al_{fl} + 3\,C_{graph} = Al_4C_{3\,fest}$	$-35\,700$	$-28,1$
	$3\,Cr_{fest} + 2\,C_{graph} = Cr_3C_{2\,fest}$	$-8\,550$	$+5,0$
	$Si_{fl} + C_{graph} = SiC_{fest}$	$-38\,400$	$-8,5$
	$Ti_{fest} + C_{graph} = TiC_{fest}$	$-57\,300$	$-2,5$
	$2\,Mo_{fest} + C_{graph} = Mo_2C_{fest}$	$+4\,200$	$+4,8$

mit der Gleichgewichtskonstante verbunden ist. Die Gleichgewichtskonstante war dabei in der durch die Gl. (111) gegebenen Form als Quotient der Aktivitätsprodukte der entstandenen und der Ausgangsstoffe definiert.

Die Lösung eines Stoffes in einem Lösungsmittel ist in thermodynamischer Hinsicht genau so eine Reaktion wie z. B. die Bildung einer chemischen Verbindung aus ihren Elementen, und die Erfassung der damit verbundenen Energieänderungen ist insofern von Interesse, als alle Legierungselemente im Eisen mehr oder minder löslich sind und die technischen Stähle als feste oder flüssige Lösungen zu betrachten sind.

Der Lösungsvorgang eines flüssigen Stoffes in einem Lösungsmittel, z. B. in flüssigem Eisen, kann durch die Reaktionsgleichung

$$Me_{fl} = [Me] \tag{119}$$

beschrieben werden. Darin bezeichnet die Fußnote des Ausgangsproduktes dessen Zustand und die eckige Klammer deutet den gelösten Zustand des Stoffes Me an. Die diesem Lösungsvorgang eigene freie Standardenthalpiedifferenz sei $\Delta \overline{G}_A$.

Wenn nun z. B. die freie Standardreaktionsenthalpie für die Oxydation eines reinen flüssigen Metalls nach der allgemeinen Reaktionsgleichung

$$\mathrm{Me_{fl}} + \{O_2\} = \mathrm{MeO_{2\,fest}} \qquad (120)$$

bekannt ist, so kann aus ihrem Wert, der ΔG_B° sei, noch keine Aussage bezüglich der Oxydation des in einem Lösungsmittel, z. B. flüssigem Eisen, gelösten Metalls Me gemacht werden. Die Verbindung der beiden Umsetzungsgleichungen (119) und (120) durch Subtraktion liefert die Reaktionsgleichung für die Oxydation des gelösten Metalls Me zu:

$$[\mathrm{Me}] + \{O_2\} = \mathrm{MeO_{2\,fest}} \qquad (121)$$

und erst die freie Standardreaktionsenthalpie ΔG_C° dieser Umsetzung, die sich aus

$$\Delta G_C^\circ = \Delta G_B^\circ - \Delta \overline{G}_A \qquad (122)$$

berechnen läßt, gibt die Triebkraft für die Verschlackung des in der Eisenschmelze gelösten Metalls Me an.

Für die freie Standardenthalpiedifferenz des Lösungsvorganges (119) gilt nach den Gl. (45), (110) und (111):

$$\Delta \overline{G}_A = G_{[\mathrm{Me}]}^\circ - G_{\mathrm{Me_{fl}}}^\circ = - R \cdot T \cdot \ln \frac{a_{[\mathrm{Me}]}}{a_{\mathrm{Me_{fl}}}}$$

Die in dieser Beziehung aufscheinenden Aktivitäten sind die des Stoffes Me im gelösten bzw. im ungelösten flüssigen Zustand, wobei sich die Aktivität $a_{[\mathrm{Me}]}$ auf das verdünnte HENRYsche System und $a_{\mathrm{Me_{fl}}}$ auf das RAOULTsche System beziehen. $a_{[\mathrm{Me}]}$ entspricht dabei der HENRYschen Aktivität $a_{\mathrm{Me}}^{(H)}$ und $a_{\mathrm{Me_{fl}}}$ der RAOULTschen Aktivität $a_{\mathrm{Me}}^{(R)}$ des Stoffes Me. Nach Gl. (63) besteht für diese beiden Größen der Zusammenhang

$$a_{\mathrm{Me}}^{(R)} = \gamma_{\mathrm{Me}}^\circ \cdot a_{\mathrm{Me}}^{(H)}$$

wobei $\gamma_{\mathrm{Me}}^\circ$ den auf den gelösten Stoff in reinem Zustand bezogenen, temperaturabhängigen Aktivitätskoeffizienten des HENRYschen Bereiches darstellt.

Damit wird die freie Standardenthalpiedifferenz für die Lösung von 1 Mol des Stoffes Me

$$\Delta \overline{G}_A = R \cdot T \cdot \ln \frac{a_{\mathrm{Me}}^{(R)}}{a_{\mathrm{Me}}^{(H)}} = R \cdot T \cdot \ln \gamma_{\mathrm{Me}}^\circ \qquad (123)$$

und für die Oxydation des gelösten Stoffes Me nach Gl. (121) wird die freie Standardreaktionsenthalpie

$$\Delta G_C^\circ = \Delta G_B^\circ - R \cdot T \cdot \ln \gamma_{\mathrm{Me}}^\circ \qquad (124)$$

Nach Gl. (110) ist die Gleichgewichtskonstante für den Lösungsvorgang (119) durch

$$K_A = - \gamma_{\mathrm{Me}}^\circ$$

gegeben, und daher ist die Gleichgewichtskonstante für die Oxydation des gelösten Stoffes Me nach Gl. (121) durch

$$K_C = K_B \cdot \gamma^\circ_{\text{Me}}$$

gegeben, wenn K_B die Gleichgewichtskonstante des Umsatzes (120) darstellt.

In die Gleichung für K_B muß unabhängig von der Konzentration des Stoffes Me der Wert seiner Aktivität $a_{\text{Me}_{fl}}$ eingesetzt werden, während für die Berechnung von K_C bei niedrigen Konzentrationen von Me an Stelle der Aktivität der Molenbruch verwendet werden kann, was eine vorteilhafte Vereinfachung bedeutet.

Bei idealen Lösungen, wie z. B. bei den Systemen Eisen-Nickel, Eisen-Chrom, Eisen-Mangan und Eisen-Kobalt ist $\gamma^\circ_{\text{Me}} = 1$ und daher $\Delta \overline{G}_A = 0$, so daß $a_{\text{Me}_{fl}} = a_{\text{[Me]}} = N_{\text{Me}}$ wird, d. h. daß die Gleichgewichtskonstanten K_B und K_C einander gleich sind und. zu ihrer beider Berechnung der Molenbruch N_{Me} herangezogen werden kann.

Da die Konzentrationsangabe mit Hilfe des Molenbruchs für die Praxis nicht sehr geeignet ist, verwendet man gern die Gewichtskonzentration. Dies erfordert aber die Wahl eines anderen Standardzustandes, und zwar derart, daß die Aktivität mit der Konzentrationsangabe in Gewichtsprozent zahlenmäßig übereinstimmt. Voraussetzung dafür ist, daß die Konzentration von Me gering ist. Wird der Übergang von 1 Mol des *gelösten* Stoffes Me in den neuen Standardzustand durch die Reaktionsgleichung

$$[\text{Me}] = [\% \text{ Me}] \tag{125}$$

gekennzeichnet, dann ist die zugehörige freie Standardenthalpiedifferenz $\Delta \overline{G}_D$ durch

$$\Delta \overline{G}_D = \overline{G}_{[\% \text{ Me}]} - \overline{G}^\circ_{[\text{Me}]} = R \cdot T \cdot \ln \frac{a_{[\text{Me}]}}{a_{[\% \text{ Me}]}} \tag{126}$$

gegeben.

Für die sich durch Subtraktion der Reaktionsgleichungen (121) und (125) ergebende Umsetzung

$$[\% \text{ Me}] + \{O_2\} = \text{MeO}_{2\,\text{fest}} \tag{127}$$

ergibt sich somit die freie Standardreaktionsenthalpie durch Zusammenfassung der Gl. (124) und (126) zu:

$$\Delta G^\circ_E = \Delta G^\circ_B - R \cdot T \cdot \ln \gamma^\circ_{\text{Me}} - R \cdot T \cdot \ln \frac{a_{[\text{Me}]}}{a_{[\% \text{ Me}]}} =$$

$$= \Delta G^\circ_B - R \cdot T \cdot \ln \left(\gamma^\circ_{\text{Me}} \frac{a_{[\text{Me}]}}{a_{[\% \text{ Me}]}} \right) \tag{128}$$

Wenn, wie vorausgesetzt wurde, die Konzentration von Me gering ist, dann kann als Standardzustand z. B. die einprozentige Lösung gewählt werden. Für das auf den neuen Standardzustand bezogene System sind Gewichtskonzentration und Aktivität des Stoffes Me einander gleich, es gilt also

$$a_{[\% \text{ Me}]} = g_{\text{Me}},$$

wenn g_{Me} die Gewichtskonzentration von Me in der Lösung bedeutet[1]. Da $a_{[Me]}$ den Wert der Aktivität des Stoffes Me, bezogen auf die Molenbruch-Skala, darstellt und bei idealer Lösung zahlenmäßig mit dem Molenbruch N_{Me} übereinstimmt, muß die Relation

$$\frac{a_{[Me]}}{a_{[\%\,Me]}} = \frac{N_{Me}}{g_{Me}}$$

Gültigkeit haben. Unter Anwendung von Gl. (48) ergibt sich für Eisen als Lösungsmittel

$$\frac{a_{[Me]}}{a_{[\%\,Me]}} = \frac{\dfrac{g_{Me}}{M_{Me}}}{\left(\dfrac{g_{Me}}{M_{Me}} + \dfrac{100 - g_{Me}}{M_{Fe}}\right) \cdot g_{Me}} = \frac{M_{Fe}}{g_{Me} \cdot M_{Fe} + (100 - g_{Me}) \cdot M_{Me}}$$

Bei geringer Konzentration von Me kann dieser Ausdruck angenähert durch

$$\frac{a_{[Me]}}{a_{[\%\,Me]}} = \frac{M_{Fe}}{100 \cdot M_{Me}} = \frac{0{,}5585}{M_{Me}}$$

dargestellt werden. Damit erhält man für die Gl. (126) die vereinfachte Form

$$\Delta G_D = R \cdot T \cdot \ln \frac{0{,}5585}{M_{Me}} = 4{,}575 \cdot T \cdot \lg \frac{0{,}5585}{M_{Me}} \tag{129}$$

und die Gl. (128) für die freie Standardreaktionsenthalpie der Umsetzung (127) vereinfacht sich zu

$$\Delta G_E^\circ = \Delta G_B^\circ - 4{,}575 \cdot T \cdot \lg \frac{0{,}5585 \cdot \gamma_{Me}^\circ}{M_{Me}} \tag{130}$$

Die Lösung eines flüssigen Metalls in flüssigem Eisen nach der Umsetzungsgleichung

$$Me_{fl} = [\%\,Me] \tag{131}$$

die durch Kombination der Gl. (119) und (125) erhalten wird, ist demnach mit einer freien Standardenthalpiedifferenz

$$\Delta \overline{G}_F = 4{,}575 \cdot T \cdot \lg \frac{0{,}5585 \cdot \gamma_{Me}^\circ}{M_{Me}} \tag{132}$$

verbunden, die bei idealer Lösung mit dem durch Gl. (129) gegebenen Ausdruck übereinstimmt.

Es ist zu beachten, daß alle Gleichungen, die den Ausdruck γ_{Me}° enthalten, nur für eine ganz bestimmte Temperatur gelten, da γ_{Me}° temperaturabhängig ist. Aus dem für eine bestimmte Temperatur berechneten $\Delta \overline{G}$-Wert kann in Verbindung mit der z. B. aus Messungen bekannten Lösungswärme $\Delta \overline{H}$ eine Temperatur-

---

[1] Im Schrifttum wird statt der hier eingeführten Bezeichnung g_{Me} für die Konzentration des Stoffes Me in Gewichtsprozenten meist das Symbol % Me von den Umsetzungsgleichungen für die thermodynamischen Berechnungen übernommen. Dies erscheint jedoch wenig zweckmäßig und es kann nicht eingesehen werden, warum nicht eine mathematisch-formalistisch sinnvollere Bezeichnung, die noch den Vorteil der Analogie zur Angabe der Konzentration in Form des Molenbruchs hat, Anwendung finden soll.

funktion für die freie Standardlösungsenthalpie angegeben werden. Wenn die Lösungswärme $\Delta \overline{H}$ nicht bekannt ist, kann eine sehr grobe Annäherung dadurch gefunden werden, daß die Gl. (132) in der Form

$$\Delta \overline{G}_F = 4{,}575 \cdot T \cdot \lg \gamma^{\circ}_{Me} + 4{,}575 \cdot T \cdot \lg \frac{0{,}5585}{M_{Me}}$$

geschrieben und entsprechend der allgemeinen Gl. (45) der erste Summand als $\Delta \overline{H}$ bezeichnet wird.

Ist das gelöste Metall bei der in Betrachtung genommenen Lösungstemperatur in seinem reinen Zustand fest, so ist noch die freie Schmelzenthalpie zu berücksichtigen. Die diesen Umsatz beschreibende Reaktionsgleichung

$$Me_{fest} = [\% \ Me] \tag{133}$$

entsteht durch Addition der Gl. (131) mit

$$Me_{fest} = Me_{fl}$$

Bezeichnet man die freie Schmelzenthalpie mit ΔG°_S, so wird die freie Standardreaktionsenthalpie für die Auflösung eines bei Stahlerzeugungstemperaturen festen Metalls bei geringer Konzentration in einer Eisenschmelze um diesen Betrag höher sein als $\Delta \overline{G}_F$ und ist somit:

$$\Delta G^{\circ}_G = \Delta G^{\circ}_S + 4{,}575 \cdot T \cdot \lg \frac{0{,}5585 \cdot \gamma^{\circ}_{Me}}{M_{Me}} \tag{134}$$

Analog gilt für den Umsatz

$$Me_{fest} = [Me] \tag{135}$$

$$\Delta G^{\circ} = \Delta G^{\circ}_S + 4{,}575 \cdot T \cdot \lg \gamma^{\circ}_{Me} \tag{136}$$

Als Beispiel sei die Lösung von Molybdän in geringer Konzentration in einer Eisenschmelze betrachtet. Aus Tab. 2 ist der Wert der Schmelzwärme zu $\Delta H^{\circ}_S = 6600$ cal/Mol zu entnehmen. Daraus errechnet sich der Wert der Schmelzentropie zu

$$\Delta S^{\circ}_S = \frac{\Delta H^{\circ}_S}{T_S} = \frac{6600}{2873} = 2{,}30 \ \frac{cal}{grad \cdot Mol} \left(= 2{,}3 \ \frac{Clausius}{Mol} \right)$$

Für die Umsetzung

$$Mo_{fest} = Mo_{fl}$$

ist somit die freie Standardenthalpiedifferenz

$$\Delta G^{\circ}_S = 6600 - 2{,}30 \cdot T$$

Obwohl für Molybdän eine geringe negative Abweichung vom RAOULTschen Gesetz zu erwarten ist, sei angenommen, daß es mit Eisen eine ideale Lösung bildet. Dann ist für die Reaktion

$$Mo_{fl} = [\% \ Mo]$$

die freie Standardreaktionsenthalpie nach Gl. (132)

$$\Delta \overline{G}^{\circ} = 4{,}575 \cdot T \cdot \lg \frac{0{,}5585}{95{,}95} = -10{,}22 \cdot T$$

Tabelle 8. *Freie Standardenthalpiedifferenzen bei Lösungsvorgängen*

Reaktionsgleichung		ΔG°		ΔG° bei verdünnter Lösung in flüssigem Eisen	
$Me_{fl} + \{O_2\} = MeO_{2\,fest}$	(120)	ΔG_B^0			
$Me_{fl} = [Me]$	(119)	$\Delta \bar{G} = R \cdot T \cdot \ln \gamma_{Me}^0$	(123)		
$[Me] + \{O_2\} = MeO_{2\,fest}$	(121)	$\Delta G^0 = \Delta G_B^0 - R \cdot T \cdot \ln \gamma_{Me}^0$	(124)		
$[Me] = [\% \, Me]$	(125)	$\Delta \bar{G} = R \cdot T \cdot \ln \left(\dfrac{a_{[Me]}}{a_{[\% \, Me]}} \right)$	(126)	$\Delta \bar{G} = 4{,}575 \cdot T \cdot \lg \dfrac{0{,}5585}{M_{Me}}$	(129)
$[\% \, Me] + \{O_2\} = MeO_{2\,fest}$	(127)	$\Delta G^0 = \Delta G_B^0 - R \cdot T \cdot \ln \left(\gamma_{Me}^0 \cdot \dfrac{a_{[Me]}}{a_{[\% \, Me]}} \right)$	(128)	$\Delta G^0 = \Delta G_B^0 - 4{,}575 \cdot T \cdot \lg \dfrac{0{,}5585 \, \gamma_{Me}^0}{M_{Me}}$	(130)
$Me_{fl} = [\% \, Me]$	(131)	$\Delta \bar{G} = R \cdot T \cdot \ln \left(\gamma_{Me}^0 \cdot \dfrac{a_{[Me]}}{a_{[\% \, Me]}} \right)$		$\Delta \bar{G} = 4{,}575 \cdot T \cdot \lg \dfrac{0{,}5585 \cdot \gamma_{Me}^0}{M_{Me}}$	(132)
$Me_{fest} = Me_{fl}$		ΔG_S^0			
$Me_{fest} = [Me]$	(135)	$\Delta \bar{G} = \Delta G_S^0 + R \cdot T \cdot \ln \gamma_{Me}^0$	(136)		
$Me_{fest} = [\% \, Me]$	(133)	$\Delta \bar{G} = \Delta G_S^0 + R \cdot T \cdot \ln \left(\gamma_{Me}^0 \cdot \dfrac{a_{[Me]}}{a_{[\% \, Me]}} \right)$		$\Delta \bar{G} = \Delta G_S^0 + 4{,}575 \cdot T \cdot \lg \dfrac{0{,}5585 \cdot \gamma_{Me}^0}{M_{Me}}$	(134)

Für die Gesamtreaktion

$$Mo_{fest} = [\%\ Mo]$$

wird dann

$$\Delta \overline{G}^\circ = 6600 - 12{,}52 \cdot T$$

Zur besseren Übersicht sind die abgeleiteten Formeln für die freien Standardenthalpiedifferenzen bei Lösungsvorgängen den zugehörigen Reaktionsgleichungen in Tab. 8 gegenübergestellt.

In Tab. 9 sind die freien Standardlösungsenthalpien von für die Stahlerzeugung wichtigen Elementen zusammengefaßt. Die Werte sind einer Arbeit von J. CHIPMAN [79] entnommen, wobei lediglich die Angaben für Chrom und Molybdän eine geringfügige Korrektur erfuhren.

Tabelle 9. *Freie Standardenthalpiedifferenzen für die Lösung verschiedener Elemente in flüssigem Eisen* (nach J. CHIPMAN)

Element	Reaktion	$\gamma^0_{Me,\,1873}$	$\Delta \overline{G}$
Ni	$Ni_{fl} = [\%\ Ni]$	1	$-\ 9{,}21 \cdot T$
Mn	$Mn_{fl} = [\%\ Mn]$	1	$-\ 9{,}11 \cdot T$
Co	$Co_{fl} = [\%\ Co]$	1	$-\ 9{,}26 \cdot T$
Cr	$Cr_{fest} = [\%\ Cr]$	1	$+\ 4600 - 11{,}13 \cdot T$
Mo	$Mo_{fest} = [\%\ Mo]$	1	$+\ 6600 - 12{,}52 \cdot T$
W	$W_{fest} = [\%\ W]$	1	$+\ 7640 - 13{,}62 \cdot T$
Si	$Si_{fl} = [\%\ Si]$	0,0174	$-29000 -\ 0{,}30 \cdot T$
Cu	$Cu_{fl} = [\%\ Cu]$	12	$+\ 9300 -\ 9{,}4\ \cdot T$
V	$V_{fest} = [\%\ V]$	0,12	$-\ 3900 - 11{,}07 \cdot T$
Al	$Al_{fl} = [\%\ Al]$	0,043	$-11700 -\ 7{,}7\ \cdot T$
Ti	$Ti_{fest} = [\%\ Ti]$	(0,05)	$-\ 7000 - 11{,}0\ \cdot T$
Zr	$Zr_{fest} = [\%\ Zr]$	(0,05)	$-\ 7000 - 12{,}2\ \cdot T$
C	$C_{graph.} = [\%\ C]$		$+\ 8900 - 12{,}1\ \cdot T$
N	$\frac{1}{2}\{N_2\} = [\%\ N]$		$+\ 2580 +\ 5{,}02 \cdot T$
H	$\frac{1}{2}\{H_2\} = [\%\ H]$		$+\ 7640 +\ 7{,}68 \cdot T$
O	$\frac{1}{2}\{O_2\} = [\%\ O]$		$-27930 -\ 0{,}57 \cdot T$
O	$FeO_{fl} = [\%\ O] + Fe$		$+28900 - 12{,}51 \cdot T$
S	$\frac{1}{2}\{S_2\} = [\%\ S]$		$-31520 +\ 5{,}27 \cdot T$

1.119 Weitere Gesetze des thermischen Gleichgewichts

1.119.1 Der Nernstsche Verteilungssatz

Wenn jede von zwei (oder mehreren) miteinander nicht mischbaren Phasen die Fähigkeit besitzt, einen dritten Stoff zu lösen, dann stehen im Gleichgewichtsfall die Konzentrationen dieses gelösten Stoffes in den beiden Phasen in einem ganz bestimmten Verhältnis zueinander. Ein in den beiden miteinander nicht mischbaren Lösungsmitteln 1 und 2 gelöster Stoff werde mit i bezeichnet. Sein Dampfdruck in den beiden Phasen 1 und 2 betrage $p_{i,1}$ und $p_{i,2}$ und die entsprechenden Aktivitäten seien $a_{i,1}$ und $a_{i,2}$. Im Gleichgewichtsfall sind die Dampfdrücke des gelösten Stoffes in beiden Phasen gleich groß, d. h. daß die Beziehung

$$p_{i,1} = p_{i,2}$$

erfüllt ist. Werden die Dampfdrücke des jeweiligen Standardzustands des Stoffes i in den Lösungsmitteln 1 und 2 mit $p_{i,1}^\circ$ und $p_{i,2}^\circ$ bezeichnet, so ergibt sich unter Verwendung der Gl. (58) aus der Gleichheit der Dampfdrücke in den beiden Phasen die Identität

$$a_{i,1} \cdot p_{i,1}^\circ = a_{i,2} \cdot p_{i,2}^\circ$$

Das Verhältnis der Aktivitäten des Stoffes i in den beiden Phasen 1 und 2 ist somit durch

$$\frac{a_{i,1}}{a_{i,2}} = \frac{p_{i,2}^\circ}{p_{i,1}^\circ} = \text{const} \tag{137}$$

gegeben. Diese Gleichung ist die exakte Darstellung des NERNSTschen Verteilungssatzes, der folgendermaßen formuliert werden kann: Ein in zwei miteinander nicht mischbaren Phasen gelöster Stoff ist im Gleichgewicht unabhängig von der Gesamtmenge der einzelnen Stoffe so auf die beiden Phasen verteilt, daß seine Aktivitäten ein konstantes Verhältnis bilden.

Wird für beide Phasen der reine Stoff i als Standardzustand gewählt, so ist

$$p_{i,1}^\circ = p_{i,2}^\circ$$

und somit sind auch die Aktivitäten des gelösten Stoffes i in beiden Phasen einander gleich.

Die gleichen Aussagen können durch Anwendung der Gleichgewichtsbedingung (44) auf die Gl. (104) abgeleitet werden.

Der NERNSTsche Verteilungssatz bietet nicht nur die Möglichkeit, die Aktivität eines Stoffes in einer Phase zu bestimmen, wenn sie in einer anderen Phase bekannt ist, sondern er hat vor allem für die Behandlung von Metall-Schlacken-Gleichgewichten große praktische Bedeutung.

Bei gegebener Proportionalität zwischen Aktivität und anderen Konzentrationsmaßen können auch diese zur Beschreibung des Verteilungssatzes herangezogen werden. So wird beispielsweise unter Verwendung der Molenbrüche:

$$\frac{N_{i,1}}{N_{i,2}} = L_i \tag{138}$$

Dies ist die gebräuchlichste Form des NERNSTschen Verteilungssatzes. Die das konstante Aktivitäts- oder Konzentrationsverhältnis beschreibende Größe L wird *Verteilungskonstante oder Verteilungskoeffizient* genannt.

Der Verteilungssatz ist immer nur auf eine ganz bestimmte Molekülart anwendbar, da ja die Gleichheit der Dampfdrücke dieser bestimmten Komponente in beiden Phasen Voraussetzung ist.

Für die Verteilung des Schwefels zwischen Stahlbad und Schlacke in Form von FeS ergibt sich nach Gl. (137) der Schwefelverteilungskoeffizient zu

$$L'_{\text{FeS}} = \frac{a_{(\text{FeS})}}{a_{[\text{FeS}]}}$$

Unter der Voraussetzung, daß die Aktivität des Eisensulfids in der Schlacke durch den Molenbruch und die im Stahl durch die Gewichtskonzentration ersetzt werden kann, erhält man als Schwefelverteilungskoeffizienten:

$$L_{\text{FeS}} = \frac{N_{(\text{FeS})}}{g_{[\text{FeS}]}} = \frac{(\text{FeS})}{[\% \text{ FeS}]}$$

Zum gleichen Ergebnis gelangt man durch Anwendung des Massenwirkungsgesetzes auf die Umsetzungsgleichung

$$[\% \text{ FeS}] = (\text{FeS})$$

deren Gleichgewichtskonstante durch

$$K = \frac{a_{(\text{FeS})}}{a_{[\% \text{ FeS}]}}$$

gegeben ist. Der NERNSTsche Verteilungskoeffizient ist also demnach auch eine Gleichgewichtskonstante.

1.119.2 Das Phasengesetz

Für ideale Gase ist die thermische Zustandsgleichung bekannt und durch die Formel (1) gegeben. Ebenso ist die Zustandsgleichung für alle aus einem einzigen Stoff bestehenden homogenen Systeme, wenn auch nicht zahlenmäßig, so doch durch die allgemeine Funktion

$$f(P, V, T) = O$$

festgelegt.

Unter dem Begriff *Phase* seien alle mit gleichen Eigenschaften behafteten homogenen Teile eines Systems verstanden. So stellt z. B. eine bestimmte Kristallart in einer Legierung eine Phase dar und Gase bilden immer eine einzige Phase, weil sie stets homogen mischbar sind. Dagegen ist ein aus einer Schmelze und zwei verschiedenen Kristallarten sowie der stets vorhandenen Gasphase bestehendes System heterogen und weist vier Phasen auf.

Bei jedem homogenen, also einphasigen System, sind nach Aussage der Zustandsgleichung zwei von den Größen P, V und T beliebig und unabhängig voneinander veränderlich und nur die dritte Größe ist nicht mehr unabhängig, sondern durch die beiden anderen bestimmt. Beispielsweise kann in einem Gas bei gegebenem Volumen die Temperatur beliebig verändert werden, und der Druck wird sich gemäß der Zustandsgleichung einstellen. Es sind also zwei Größen, Volumen und Temperatur, unabhängig und nur die dritte Größe, der Druck, ist dadurch bereits festgelegt. Ein homogenes, aus einem Stoff bestehendes System hat demnach zwei Freiheitsgrade.

Betrachtet man ein aus einem Stoff, aber zwei Phasen, etwa aus flüssigem und festem Eisen, bestehendes System, so stehen die beiden Phasen — Schmelze und festes Eisen — beim Schmelzpunkt miteinander im Gleichgewicht. Wird der Druck verändert, so verändert sich notwendigerweise auch der Schmelzpunkt. Es ist also bei diesem zweiphasigen Einstoffsystem jedem Druck eine bestimmte Temperatur zugeordnet, wenn die Existenz beider Phasen aufrechterhalten werden soll. Der Gesamtzustand der vorhandenen Phasen ist durch eine einzige Größe festgelegt, das System hat nur einen Freiheitsgrad.

Ein System kann aber auch aus mehreren Stoffen und mehreren Phasen bestehen, wie z. B. eine aus Eisen und Chrom gebildete Schmelze, die bei einem beliebig gegebenen Druck nicht nur bei einer, sondern durchaus bei verschiedenen Temperaturen mit der festen Phase im Gleichgewicht stehen kann, nur daß sich ihre Zusammensetzung entsprechend der Temperatur ändern wird. Es sind zwei unabhängige Größen, Druck und Temperatur, vorhanden und nur eine, die Konzentration, ist damit vorbestimmt. Das System hat zwei Freiheitsgrade.

Aus diesen Beispielen ist zu schließen, daß die Zahl der Freiheitsgrade eines Systems offenbar von der Anzahl der im System vorhandenen Phasen und Stoffe abhängt. Der Zusammenhang zwischen diesen Größen wurde von W. Gibbs mit dem *Phasengesetz* beschrieben. Ist F die Zahl der Freiheitsgrade, P die Anzahl der vorhandenen Phasen und N die Zahl der Komponenten des Systems, so gilt

$$F = N + 2 - P \tag{139}$$

Dieses sich auf den Gleichgewichtszustand beziehende Gesetz ist maßgebend für die Konstruktion von Zustandsdiagrammen. Es gestattet z. B. die Bestimmung der Phasenanzahl, die bei verschiedenen Bedingungen für den Gleichgewichtsfall vorhanden ist.

Ist, wie bei den meisten Stahlerzeugungsprozessen, der Druck konstant, so vermindert sich die Zahl der Freiheitsgrade um 1 und man erhält

$$F = N + 1 - P \tag{140}$$

Trotz des einfachen Aufbaus des Phasengesetzes ergeben sich bei seiner Anwendung mitunter Schwierigkeiten. Es ist stets notwendig, sich die genaue Bedeutung der darin aufscheinenden Größen vor Augen zu halten.

Die Zahl der Freiheitsgrade F gibt die Anzahl der Größen an, die zur vollständigen Beschreibung des Systems notwendig sind.

Bei der Phasenzahl P ist zu beachten, daß die Gesamtheit *aller* Teile gleicher Eigenschaften in einem System als Phase betrachtet wird.

Schließlich ist unter der Anzahl der Komponenten N eines Systems die *Mindestzahl der unabhängigen* Bestandteile, also der zum Aufbau der Phasen eines Systems notwendigen Bestandteile, zu verstehen. N ergibt sich aus der Gesamtzahl der in einem System vorhandenen Molekülarten, vermindert um die Zahl der Reaktionsgleichungen, die einen Zusammenhang zwischen den Konzentrationen der Molekülarten innerhalb *einer* der Phasen angeben.

Verwendete Formelzeichen

Bei der Zusammenstellung der thermodynamischen Grundlagen wurde eine knappe Fassung bei möglichst weitgehender Wahrung leichter Verständlichkeit und exakter Darstellung angestrebt. Für ein ausführlicheres Studium der Grund-

Tabelle 10. *Von verschiedenen Verfassern verwendete Formelzeichen*

	Vorliegendes Buch	A. Eucken, E. Wicke [85]	G. Kortüm [87]	H. Ulich, W. Jost [91]	F. Daniels, R. A. Alberty [92]	G. N. Lewis, M. Randall [93]	J. Rose [94]	J. Chipman [64,73]	L. S. Darken, R. W. Gurry [21]	O. Kubaschewski und E. Ll. Evans [11]	P. Vallet [99]
Absolute Temperatur	T	T	T	T	T	T	T	T	T	T	T
Allgemeine Gaskonstante	R	R	R	R	R	R	R	R	R	R	R
Aktivität	a	—	a	a	a	a	a	a	a	a	a
Aktivitätskoeffizient (Raoult)	γ	—	f	f	γ	γ	γ	γ	γ	γ	γ
Aktivitätskoeffizient (Henry)	f	—	—	—	—	—	f	f	—	f	γ'
Arbeit	A	A	A	A	A	A	W	—	w	—	—
Bildungswärme	ΔH	$\Delta_B H$	ΔH^B	ΔH	ΔH_f	ΔH	ΔH	ΔH	ΔH	ΔH	—
Chemisches Potential	$\mu, \bar{G}$	—	μ	μ	μ	$\mu, \bar{F}$	$\mu, \bar{G}$	F	$\bar{F}$	$\mu, \bar{G}$	$\mu, \bar{G}$
Dampfdruck	p	p_S	p_S	P_i	p	p	p	p	p	p	p
Enthalpie	H	H	H	H	H	H	H	H	H	H	H
Entropie	S	S	S	S	S	S	S	S	S	S	S
Freie Energie (Helmholtz)	F	F	F	F	—	A	A	—	A	F	—
Freie Enthalpie (Gibbs)	G	G	G	G	F	F	F	F	F	G	G
Gesamtdruck	P	p	p	P	p	P	P	P	P	p	P
Gewichtsprozentkonzentration	g	—	—	g	—	c	—	$\%\,i$	$\%\,i$	c	$\%de\,i$
Gleichgewichtskonstante	K	K	K	K	K	K	K	K	K	K	K
Innere Energie	U	U	U	U	E	E	U	E	E	U	U
Masse	m	m	m	m	—	—	—	—	—	m	—
Molekulargewicht	M	M	M	M	M	M	M	M	M	M	M
Molenbruch	N	γ	x	x	N	x	x	N	N	N	x
Molzahl	n	n	n	n	n	n	n	n	n	n	n
Partialdruck	P_i	p_i	p_i	P_i	p_i	p	p_i	p_i	p_i	p_i	p_i
Reaktionswärme	ΔH	$\Delta_R H$	ΔH	ΔH	ΔH	ΔH	ΔH	ΔH	ΔH	ΔH	ΔH
Spezifische Wärme	c	c	c	c	C	C	C	C	C	C	—
Volumen	V	V	V	V	v	V	V	v	V	V	V
Wärmekapazität	C	c	C	C	—	—	—	—	—	c	—
Wärmemenge	Q	Q	Q	Q	q	q	q	Q	q	—	—
Wirkungsparameter bezogen auf gleiche Molenbruchkonzentration	ε	—	—	—	—	—	—	—	—	—	—
Wirkungsparameter bezogen auf gleiche Gewichtsprozentkonzentration	e	—	—	—	—	—	—	—	—	—	—
Wirkungsparameter bezogen auf gleiche Aktivität; Konzentrationsangabe in Molenbruch	ω	—	—	—	—	—	—	—	—	—	—
Wirkungsparameter bezogen auf gleiche Aktivität; Konzentrationsangabe in Gewichtsprozenten	υ	—	—	—	—	—	—	—	—	—	—

lagen der physikalischen Chemie steht eine große Zahl ausgezeichneter Fachbücher zur Verfügung, von denen in der Schrifttumsübersicht eine kleine Auswahl angeführt ist [84—97]. Für den Eisenhüttenmann sind vor allem die einschlägigen metallurgischen Werke empfehlenswert [11, 21, 64, 73, 98—100].

Da im internationalen Schrifttum für die einzelnen physikalischen Größen keine einheitlichen Symbole Verwendung finden, ist in Tab. 10 eine Gegenüberstellung der von verschiedenen Verfassern verwendeten Formelzeichen gegeben.

Schrifttum

zu Abschnitt 1.11

1. DARKEN, L. S., und R. P. SMITH: Thermodynamic Functions of Iron. Ind. Engng. Chem. 43 (1951), S. 1815/20.
2. KELLEY, K. K.: Contributions to the Data on Theoretical Metallurgy. X. High Temperature Heat-Content, Heat-Capacity and Entropy Data for Inorganic Compounds. Bull. Bur. Mines Nr. 476 (1949).
3. LANDER, J. J.: Experimental Heat Contents of SrO, BaO, CaO, $BaCO_3$ and $SrCO_3$ at High Temperatures. Dissociation Pressures of $BaCO_3$ and $SrCO_3$. J. Amer. Chem. Soc. 73 (1951), S. 5794/97.
4. KUBASCHEWSKI, O.: Die Atomwärmen einiger Metalle. Z. Metallkde 41 (1950), S. 445/51.
5. COUGHLIN, J. P., E. G. KING und K. R. BONNICKSON: High Temperature Heat Contents of Ferrous Oxide, Magnetite and Ferric Oxide. J. Amer. Chem. Soc. 73 (1951), S. 3891/93.
6. COUGHLIN, J. P.: High Temperature Heat Contents of Manganous Sulfide, Ferrous Sulfide and Pyrite. J. Amer. Chem. Soc. 72 (1950), S. 5445/47.
7. ORR, R. L.: High Temperature Heat Contents of Magnesium Orthosilicate and Ferrous Orthosilicate. J. Amer. Chem. Soc. 75 (1953), S. 528/29.
8. BONNICKSON, K. R.: High Temperature Heat Contents of Aluminates of Calcium and Magnesium. J. Phys. Chem. 59 (1955), S. 220/21.
9. DOUGLAS, T. B., und J. L. DEVER: Heat Content of Lead from 0 to 900° and the Heat of Fusion. J. Amer. Chem. Soc. 76 (1954), S. 4824/26.
10. COUGHLIN, J. P., und E. G. KING: High Temperature Heat Contents of Some Zirconium Containing Substances. J. Amer. Chem. Soc. 72 (1950), S. 2262/65.
11. KUBASCHEWSKI, O., und E. LL. EVANS: Metallurgical Thermochemistry. Pergamon Press Ltd., London 1955.
12. KUBASCHEWSKI, O.: Die Schmelz- und Umwandlungswärmen der Metalle. Z. Elektrochem. 54 (1950), S. 275/88.
13. EUCKEN, A.: Über Metalldampfdrücke. Ein kritischer Überblick über die bisher vorliegenden Ergebnisse. Metallwirtschaft 15 (1936), S. 27/32 und S. 63/68.
14. KELLEY, K. K.: Contributions to the Data on Theoretical Metallurgy. V. Heats of Fusion of Inorganic Substances. Bull. Bur. Mines Nr. 393 (1936).
15. DOUGLAS, P. E.: The Vapour Pressure of Calcium. Proc. Phys. Soc. 67 (1954), S. 783/86.
16. KELLEY, K. K.: Contributions to the Data on Theoretical Metallurgy. XI. Entropies of Inorganic Substances. Revision (1948) of Data and Methods of Calculations. Bull. Bur. Mines Nr. 477 (1950).
17. BREWER, L.: The Fusion and Vaporization Data of the Halides. Natl. Nucl. Energy Ser., Div. IV, Vol. 19 B: The Chemistry and Metallurgy of Miscellaneous Materials: Thermodynamics, McGraw-Hill Book Comp., Inc., New York 1950, S. 193/275.
18. KELLEY, K. K., und C. T. ANDERSON: Contributions to the Data on Theoretical Metallurgy. IV. Correlation of Thermochemical Data of Metal Carbonates. Bull. Bur. Mines Nr. 384 (1935).
19. WASSENIN, F. I.: Die Umwandlungswärme polymorpher Formen des Calziumorthosilikates ineinander. Chem. Zbl. 1948, II, S. 1042.

20. KELLEY, K. K.: Contributions to the Data on Theoretical Metallurgy. III. The Free Energies of Vaporization and Vapour Pressures of Inorganic Substances. Bull. Bur. Mines Nr. 383 (1932).

21. DARKEN, L. S., und R. W. GURRY: Physical Chemistry of Metals. McGraw-Hill Book Comp. Inc., New York, Toronto, London 1953, S. 397.

22. ROSSINI, F. D., D. D. WAGMAN, W. H. EVANS, S. LEVINE und I. JAFFEE: Selected Values of Chemical Thermodynamic Properties. U. S. Bur. Standards, Circ. 500 (1952).

23. BREWER, L.: The Thermodynamic and Physical Properties of the Elements. Wie unter 17., S. 13/19.

24. FISCHER, W. A., und H. J. FLEISCHER: Die Manganverteilung zwischen Eisenschmelzen und Eisen(II)-oxydschlacken im MnO-Tiegel bei 1520 bis 1770 °C. Arch. Eisenhüttenwes. 32 (1961), S. 1/10.

25. GROSS, P., C. S. CAMPBELL, P. J. C. KENT und D. L. LEVI: On Some Equilibria Involving Aluminum Monohalides. Disc. Farad. Soc. 4 (1948), S. 206/15.

26. KELLEY, K. K.: Contributions to the Data on Theoretical Metallurgy. VII. The Thermodynamic Properties of Sulphur and Its Inorganic Compounds. Bull. Bur. Mines Nr. 406 (1937).

27. MOSESMANN, M. A., und K. S. PFITZER: Thermodynamic Properties of the Crystalline Forms of Silica. J. Amer. Chem. Soc. 63 (1941), S. 2348/56.

28. SEARCY, A. W., und R. D. FREEMAN: Determination of Molecular Weights of Vapors at High Temperatures. I. The Vapor Pressure of Tin and the Molecular Weight of Tin Vapor. J. Amer. Chem. Soc. 76 (1954), S. 5229.

29. McQUILLAN, A. D.: An Experimental and Thermodynamic Investigation of the Hydrogen-Titanium System. Proc. Roy. Soc. 204 (1950), S. 309/23.

30. SCHOFIELD, T. H., und A. E. BACON: The Melting Point of Titanium. J. Inst. Metals 82 (1953), S. 167/69.

31. BLOCHER, J. M., und I. E. CAMPBELL: The Vapour Pressure of Liquid Titanium Tetraiodide. J. Amer. Chem. Soc. 69 (1947), S. 2100/01.

32. SKINNER, G. B., J. W. EDWARDS und H. L. JOHNSTON: The Vapour Pressure of Inorganic Substances. V. Zirconium between 1949 and 2054 °K. J. Amer. Chem. Soc. 73 (1951), S. 174/76.

33. HOCH, M., M. NAKATA und H. L. JOHNSTON: Vapour Pressures of Inorganic Substances. XII. Zirconium Dioxide. J. Amer. Chem. Soc. 76 (1954), S. 2651/52.

34. SCHNEIDER, A., und G. GATTOW: Die Bildungswärme von Selendioxyd. Z. anorg. allg. Chem. 277 (1954), S. 37/40.

35. WEIBKE, F., und O. KUBASCHEWSKI: Thermochemie der Legierungen. Springer-Verlag, Berlin/Göttingen/Heidelberg 1943.

36. BREWER, L., L. A. BROMLEY, P. W. GILLES und N. L. LOFGREN: Thermodynamic and Physical Properties of Nitrides, Carbides, Sulfides, Silicides and Phosphides. Wie unter 17., S. 40/59.

37. ROTH, W. A.: Bildungswärmen. I. Verbindungen von Nichtmetallen. II. Metallverbindungen. FIAT Reports of German Science 1939—1946. Inorganic Chemistry IV., 1948, S. 214/34.

38. BREWER, L.: The Thermodynamic Properties of the Oxides and their Vaporization Processes. Chem. Rev. 52 (1953), S. 1/75.

39. KUBASCHEWSKI, O., und H. VILLA: Bildungswärmen Zintlscher Erdalkaliverbindungen. Z. Elektrochem. 53 (1949), S. 32/40.

40. RICHARDSON, F. D., J. H. E. JEFFES und G. WITHERS: The Thermodynamics of Substances of Interest in Iron and Steel Making. II. Compounds between Oxides. J. Iron Steel Inst. 166 (1950), S. 213/34 und 245.

41. RICHARDSON, F. D., und J. H. E. JEFFES: The Thermodynamics of Substances of Interest in Iron and Steel Making. III. Sulphides. J. Iron Steel Inst. 171 (1952), S. 165/75.

42. KELLEY, K. K.: Contributions to the Data on Theoretical Metallurgy. VIII. The Thermodynamic Properties of Metal Carbides and Nitrides. Bull. Bur. Mines Nr. 407 (1937).

43. RICHARDSON, F. D.: The Thermodynamics of Metallurgical Carbides and of Carbon in Iron. J. Iron Steel Inst. 175 (1953), S. 33/51, vgl. Stahl u. Eisen 74 (1954), S. 1602/06.

44. KUBASCHEWSKI, O., und W. A. DENCH: The Heats of Formation in the Systems Titanium-Aluminium and Titanium-Iron. Acta metallurg. New York 3 (1955), S. 339/46.

45. KUBASCHEWSKI, O., und J. A. CATTERALL: Thermochemical Data of Alloys. Pergamon Press, Ltd., London 1956.

46. KING, E. G.: Heats of Formation of Crystalline Calcium Orthosilicate, Tricalcium Silicate and Zinc Orthosilicate. J. Amer. Chem. Soc. 73 (1951), S. 656/58. — Heats of Formation of Manganous Metasilicate (Rhodonite) and Ferrous Orthosilicate (Fayalite). J. Amer. Chem. Soc. 74 (1952), S. 4446/48.

47. JEFFES, J. H. E., F. D. RICHARDSON und J. PEARSON: The Heats of Formation of Manganous Orthosilicate and Manganous Sulphide. Trans. Farad. Soc. 50 (1954), S. 364/70.

48. STASKIEWICZ, B. A., J. R. TUCKER und P. E. SNYDER: The Heat of Formation of Molybdenum Dioxide and Molybdenum Trioxide. J. Amer. Chem. Soc. 77 (1955), S. 2987/89.

49. NEUMANN, B., C. KRÖGER und H. KUNZ: Die Bildungswärmen der Nitride. V. Die Verbrennungswärmen einiger Metalle und Metallnitride. Z. anorg. allg. Chem. 218 (1934), S. 379/401.

50. BREWER, L.: The Thermodynamic Properties of Common Gases. Wie unter 17., S. 60/75.

51. HUMPHREY, G. L.: The Heats of Combustion and Formation of Titanium Nitride (TiN) and Titanium Carbide (TiC). J. Amer. Chem. Soc. 73 (1951), S. 2261/63.

52. ALLEN, N. P., O. KUBASCHEWSKI und O. VON GOLDBECK: The Free Energy Diagram of the Vanadium-Oxygen System. J. Electrochem. Soc. 98 (1951), S. 417/24.

53. JOHNSTON, H. L., H. N. HERSH und E. C. KERR: Low Temperature Heat Capacities of Inorganic Solids. V. The Heat Capacity of Pure Elementary Boron in Both Amorphous and Crystalline Conditions between 13 and 305 °K. Some Free Energies of Formations. J. Amer. Chem. Soc. 73 (1951), S. 1112/17.

54. KERR, E. C., H. N. HERSH und H. L. JOHNSTON: Low Temperature Heat Capacities of Inorganic Solids. II. The Heat Capacity of Crystalline Boric Oxide from 17 to 300 °K. J. Amer. Chem. Soc. 72 (1950), S. 4738/40.

55. KIREEV, V. A.: Die Entropie chemischer Elemente und das Periodische Gesetz. Žurnal fizičeskoi chimii 20 (1946), S. 339/43, vgl. Chem. Abstr. 40 (1946), S. 5611/12.

56. LATIMER, W. M.: Methods of Estimating the Entropies of Solid Compounds. J. Amer. Chem. Soc. 73 (1951), S. 1480/82.

57. TODD, S. S.: Low Temperature Heat Capacities and Entropies at 298,16 °K of Crystalline Calcium Orthosilicate, Zinc Orthosilicate and Tricalciumsilicate. J. Amer. Chem. Soc. 73 (1951), S. 3277/78.

58. KING, E. G.: Heat Capacities at Low Temperatures and Entropies at 298,16 °K of Crystalline Calcium and Magnesium Aluminates. J. Phys. Chem. 59 (1955), S. 218/19.

59. CLUSIUS, K., und L. SCHACHINGER: Ergebnisse der Tieftemperaturforschung. III. Elektronenwärme des Palladiums. Z. Naturforschg. 2a (1947), S. 90/97.

60. SHIBATA, Z., und I. MORI: Das Reduktionsgleichgewicht zwischen Metalloxyd und Wasserstoff. I. Mitteilung: Die Messung von $CoO + H_2 = Co + H_2O$ nach neuem Meßverfahren. Z. anorg. allg. Chem. 212 (1933), S. 305/16.

61. HU, J. H., und H. L. JOHNSTON: Low Temperature Heat Capacities of Inorganic Solids. IX. Heat Capacity and Thermodynamic Properties of Cuprous Oxide from 14 to 300 °K. J. Amer. Chem. Soc. 73 (1951), S. 4550/51.

62. KING, E. G.: Low Temperature Heat Capacities and Entropies at 298,16 °K of Manganese Sesquioxide and Niobium Pentoxide. J. Amer. Chem. Soc. 76 (1954), S. 3289/91.

63. ROSENQVIST, T.: A Thermodynamic Study of the Iron, Cobalt and Nickel Sulphides. J. Iron Steel Inst. 176 (1954), S. 37/57.

64. CHIPMAN, J.: The Physical Chemistry of Liquid Steel. In: Basic Open Hearth Steelmaking, 2. Auflage, New York 1951, S. 621/90, s. bes. S. 623.

65. CHIPMAN, J.: Wie unter 64., S. 678/81.

66. SCHENCK, H., M. G. FROHBERG und E. STEINMETZ: Ableitungen zur Begriffsbestimmung thermodynamischer Wirkungsgrößen in Mehrstoffsystemen. Arch. Eisenhüttenwes. 31 (1960), S. 671/76.

67. WAGNER, C.: Thermodynamics of Alloys. Addison-Wesley Press, Inc., Cambridge 42, Mass., S. 51.

68. SCHENCK, H.: L'influence d'additions sur l'activité du carbone dans les alliages de fer liquides. Rev. Métallurg. 57 (1960), S. 3/11.

69. NEUMANN, F., und H. SCHENCK: Über den Einfluß von Zusatzelementen auf das Verhalten des Kohlenstoffs in flüssigen Eisenlegierungen und die Beziehung zu ihrer Stellung im Periodischen System. Gießerei, Techn.-Wiss. Beih. 14 (1962), S. 21/29.

70. SCHENCK, H., M. G. FROHBERG, E. STEINMETZ und B. RUTENBERG: Beitrag zur Kenntnis der Aktivität des Kohlenstoffes in flüssigen Eisenlegierungen. I. Der Einfluß von Zusatzelementen der zweiten Gruppe des Periodischen Systems. Arch. Eisenhüttenwes. 33 (1962), S. 223/227.

71. FUWA, T., und J. CHIPMAN: Activity of Carbon in Liquid Iron Alloys. Trans. AIME 215 (1959), S. 708/16.

72. MORI, T., K. AKITA, H. ONO und H. SUGITA: Effect of Molybdenum, Wolfram and Copper on Solubility of Graphite in Molten Iron. Tetsu to Hagané 45 (1959), S. 929/30.

73. CHIPMAN, J.: The Physical Chemistry of High Temperature Reactions. In: Basic Open Hearth Steelmaking, 2. Auflage, New York 1951, S. 531/91, s. bes. S. 556.

74. NEUMANN, F., H. SCHENCK und W. PATTERSON: Eisen-Kohlenstoff-Legierungen in thermodynamischer Betrachtung. Gießerei, Techn.-Wiss. Beih. 11 (1959), S. 1217/46.

75. SANBONGI, K., und M. OHTANI: On the Activities of Coexisting Elements in Molten Iron. III. The Activity of Mn in Molten Fe-Mn-Alloy. Sci. Rep. Res. Inst. Tôhoku Univ., Ser. A 7 (1955), S. 204/09.

76. CHIPMAN, J.: Wie unter 64., S. 639.

77. CHIPMAN, J.: Activities in Liquid Metallic Solutions. Disc. Faraday Soc. 4 (1948), S. 23/49.

78. CHIPMAN, J.: Atomic Interaction in Molten Alloy Steels. J. Iron Steel Inst. 180 (1955), S. 97/106.

79. CHIPMAN, J.: Wie unter 64., S. 638.

80. DASTUR, M. N., und J. CHIPMAN: Equilibrium in the Reaction of Hydrogen with Oxygen in Liquid Iron. J. Metals Trans. 1 (1949), S. 441/45.

81. RICHARDSON, F. D., und J. H. E. JEFFES: The Thermodynamics of Substances of Interest in Iron and Steel Making from 0−2400°C. I. Oxides. J. Iron Steel Inst. 160 (1948), S. 261/70, 161 (1949), S. 229 und 163 (1949), S. 147/53.

82. OLETTE, M., und M. F. ANCEY-MORET: Variation de l'énergie libre de formation des oxydes et des nitrides avec la température. Rev. Métallurg. 60 (1963), S. 569/81.

83. CHIPMAN, J.: Wie unter 73., S. 571 und 573.

84. EGGERT, J.: Lehrbuch der physikalischen Chemie, 8. Auflage. S. Hirzel, Stuttgart 1960.

85. EUCKEN, A., und E. WICKE: Grundriß der physikalischen Chemie, 10. Auflage. Akadem. Verlagsges. Geest und Portig, K. G., Leipzig 1959.

86. HAASE, R.: Thermodynamik der Mischphasen. Springer-Verlag, Berlin/Göttingen/Heidelberg 1956.

87. KORTÜM, G.: Einführung in die chemische Thermodynamik, 3. Auflage. Verlag Chemie, G.m.b.H., Weinheim/Bergstr. 1960.

88. NERNST, W.: Theoretische Chemie, 11.−15. Auflage. F. Enke, Stuttgart 1926.

89. PLANCK, M.: Vorlesungen über Thermodynamik, 9. Auflage. Walter de Gruyter & Co., Berlin und Leipzig 1930.

90. SCHOTTKY, W., H. ULICH und C. WAGNER: Thermodynamik. Springer-Verlag, Berlin 1929.

91. ULICH, H., und W. JOST: Kurzes Lehrbuch der physikalischen Chemie, 9. Auflage. Dr. Steinkopff, Darmstadt 1956.

92. DANIELS, F., und R. A. ALBERTY: Physical Chemistry, 6. Auflage. J. Wiley & Sons, Inc., New York 1959.

93. LEWIS, G. N., und M. RANDALL: Thermodynamics, 2. Auflage. McGraw-Hill Book Comp. Inc., New York, Toronto, London 1961.

94. ROSE, J.: Dynamic Physical Chemistry. Sir Isaac Pitman & Sons Ltd., London 1961.

95. ROSSINI, F. D.: Chemical Thermodynamics. John Wiley & Sons, Inc., New York 1950.

96. PRIGOGINE, J., und R. DEFAY: Thermodynamique chimique, 2. Auflage. Maison Desoer Edition, Liège 1950.

97. PRIGOGINE, J., und R. DEFAY: Chemical Thermodynamics (Übers. v. D. H. EVERETT). Longmans, Green & Co., New York 1954.
98. SCHENCK, H.: Einführung in die physikalische Chemie der Eisenhüttenprozesse. Springer-Verlag, Berlin 1932/34.
99. VALLET, P.: Chimie Physique appliquée à la sidérurgie. Cahiers du CESSID, Nr. 8, Metz 1954.
100. GIVAUDON, J.: Thermodynamique appliquée aux opérations de la sidérurgie. Cahiers du CESSID, Nr. 1, Metz 1952.

1.12 Aufbau und physikalische Eigenschaften des Stahlbades und der Schlacke

Während die Endlage einer chemischen Umsetzung durch die Gesetze der Thermodynamik genau beschrieben werden kann, ist damit über den *Ablauf* der Reaktion noch keinerlei Aussage gemacht. Dieser hängt weitgehend von den herrschenden physikalischen Bedingungen und den physikalischen Eigenschaften der Reaktionspartner ab.

Die am Reaktionsgeschehen bei der Stahlerzeugung beteiligten Phasen sind das Stahlbad, die Schlacke, die feuerfeste Zustellung und die Gasphase. Für die Gasatmosphäre genügt die Angabe ihrer Zusammensetzung und ihres Druckes als kennzeichnende Größen, um sie bezüglich ihres Einflusses auf die Metallschmelze hinreichend zu beschreiben, da sich für den in Betracht kommenden Bereich der Stahlerzeugungstemperaturen alle Gase so gut wie ideal verhalten. Unabhängig davon, ob die Einwirkung der Gasphase auf die Stahlschmelze direkt, wie z. B. beim Ein- oder Aufblasen von oxydierenden Gasen, oder mittelbar über die Schlacke erfolgt, bedarf es keiner anderen als der erwähnten Angaben, um ihre Reaktionsmöglichkeiten mit der Schmelze auszudrücken.

Die Wechselwirkungen zwischen Schmelze und feuerfester Zustellung sind keineswegs vernachlässigbar, doch handelt es sich stets um zwangsläufige Reaktionen, die gemäß den durch anderweitige Erfordernisse diktierten Verhältnissen erfolgen. Diese unvermeidlichen Vorgänge sind zwar von der Art der feuerfesten Zustellung, der Zusammensetzung der Schmelze und den physikalischen Verhältnissen abhängig, jedoch erfolgt die Führung der schmelzmetallurgischen Prozesse nicht im Hinblick auf diese Reaktionen, so daß sich an dieser Stelle eine Besprechung der physikalischen Eigenschaften der feuerfesten Zustellung bezüglich des Reaktionsgeschehens erübrigt.

So sind es die physikalischen Eigenschaften des Stahles und der Schlacke, die als maßgebliche Einflußgrößen für den Ablauf der metallurgischen Vorgänge einer näheren Betrachtung zugeführt werden müssen.

Die technischen Stähle und Schlacken sind Vielstoffsysteme, und entsprechend der großen Zahl der beteiligten Stoffe mit gegenseitiger Beeinflussung ihres Reaktionsvermögens ist eine zahlenmäßige Beschreibung der Vorgänge durch eine einheitliche, gesetzmäßige Beziehung nicht möglich. Vielmehr können derartige Gesetzmäßigkeiten nur durch die genaue Untersuchung von wesentlich einfacheren Zwei- oder Dreistoffsystemen unter idealisierten Laboratoriumsbedingungen festgestellt werden, deren sinngemäße Anwendung eine zumindest näherungsweise Erfassung der technischen Vorgänge ermöglicht.

Die Eigenschaften von Stahl und Schlacke hängen weitgehend von ihrer chemischen Zusammensetzung ab. Dabei ist es nicht gleichgültig, ob die in ihnen enthaltenen Stoffe homogen oder kolloidal, in Form von Suspensionen oder Emulsionen, gelöst sind. Da die heterogenen, also zwischen zwei oder mehreren Phasen, z. B. zwischen Schmelze und Schlacke, stattfindenden Umsetzungen auf die Phasengrenzflächen beschränkt sind und der Konzentrationsausgleich innerhalb einer Phase durch Diffusion erfolgt, können in einer Phase beträchtliche Konzentrationsunterschiede auftreten, die eine völlige Heterogenität bedingen. In solchen Fällen ist eine zahlenmäßige Beschreibung einer bestimmten Eigenschaft noch weiter erschwert und durch eine einzige Kenngröße nicht mehr möglich.

1.121 Das Stahlbad

Stahlschmelzen sind reale Mehrstofflösungen, bei denen das Eisen als Lösungsmittel und die verschiedenen Eisenbegleitelemente als gelöste Stoffe aufscheinen. Die Stahlbegleiter können dabei atomar oder molekular echt gelöst sein, das heißt also in sehr feiner Verteilung atomarer und molekularer Dimension vorliegen, oder auch in Form von Suspensionen kolloid-disperse Lösungen bilden.

Vollständig in *atomar gelöster* Form sind nur solche Elemente enthalten, die weder mit dem Eisen noch mit anderen im Stahlbad vorhandenen Begleitelementen beständige Verbindungen ergeben. Diese Voraussetzung ist z. B. für den Wasserstoff gegeben, von dem keine im Stahlbad beständige Verbindung bekannt ist. Aber auch für viele Metalle trifft dies zu, vor allem für solche, die ideale Lösungen bilden, die also keine Neigung zur Verbindungsbildung mit dem Eisen haben, wie z. B. Mangan, Chrom und Nickel.

Eine *molekulare* Lösung kann bei den löslichen Oxyden vor allem für das Eisen(II)-oxyd angenommen werden. In höherlegierten Stählen dürfte das gleiche auch für die Oxyde der entsprechenden Legierungselemente zutreffen, wie auch Nickel und Kupfer ein gewisses Lösungsvermögen für ihre eigenen Oxyde NiO und Cu_2O besitzen.

Die *kolloidalen Dispersionen* im Stahl sind flüssige und feste Stoffe, also Emulsionen oder Suspensionen, die entweder durch chemische Umsetzungen in der Schmelze entstehen oder durch mechanische Beimengung in diese gelangen. Dazu gehören die Desoxydationsprodukte bzw. Oxyde, die durch Erosion aus der feuerfesten Zustellung herausgelöst wurden. Sie sind im strengeren Sinne als eigene feste oder flüssige Phase anzusehen. Ihre besonderen Gesetzmäßigkeiten und Abscheidungsbedingungen werden in einem eigenen Abschnitt behandelt.

Die im Stahl gelösten Stoffe sind bestimmten Bindungskräften unterworfen, die im Falle einer Verbindungsbildung oder einer Neigung hierzu besonders groß sind. Andererseits sind diese Kräfte sehr gering oder gar negativ, wenn eine Tendenz zur Entmischung besteht. Dementsprechend werden die Aktivitäten, die letztlich kennzeichnend für das Verhalten der Stoffe bei chemischen Umsetzungen sind, beeinflußt. Die Besprechung dieser für die Reaktionsfähigkeit entscheidenden Verhältnisse ist dem Abschnitt 1.13, der die Reaktionen der Stahlbegleitelemente behandelt, vorbehalten.

1.121.1 Dichte

Die Angaben über die Dichte flüssigen Stahles weisen zum Teil recht beträchtliche Abweichungen auf. C. BENEDICKS, N. ERICSSON und G. ERICSON [1] untersuchten die spezifischen Volumina bzw. die Dichte von flüssigem Eisen, Nickel und Eisenlegierungen. Die von ihnen gefundenen Werte sind in den Tab. 11 und 12 zusammengefaßt. Das Verfahren, dessen sich BENEDICKS und Mitarbeiter bedienten, beruht auf der Messung des Niveauunterschiedes des Badspiegels in den zwei Schenkeln eines U-Rohres bei entsprechenden Druckunterschieden. In einer neueren Arbeit gaben V. H. STOTT und J. H. RENDALL [2] die Dichte reinen, flüssigen Eisens bei 1564 °C mit 7,00 g/cm³ an. Dieser Wert stimmt gut mit einem Ergebnis von C. H. Desch und B. S. Smith [3] überein, wenn man den Einfluß des Kohlenstoffgehaltes des dabei verwendeten Eisens in dem gleichen Ausmaß berücksichtigt, wie dies aus der Arbeit von Benedicks [1] hervorgeht. Die Differenzen der verschiedenen Arbeiten ergeben sich aus den unterschiedlichen Unter-

Tabelle 11. *Dichte von Eisen und Eisenlegierungen bei 1600 °C*
(nach C. Benedicks und Mitarbeitern)

Dichte von Eisen-Kohlenstoff-Legierungen		Dichte binärer Eisenlegierungen ohne Kohlenstoff und andere Beimengungen	
% C	γ in g/cm³	Legierungselement	γ in g/cm³
0,0	7,158	8,5 % Mn	7,122
0,1	7,061	18,4 % Mn	7,097
0,2	7,003	13,7 % Cr	7,042
0,3	6,963	4,32% P	6,953
0,4		5,35% P	6,906
0,6	6,905	2,01% W	7,251
0,8	6,877	3,60% Si	6,920
1,0	6,844	9,05% Si	6,527
1,5	6,798	9,67% Si	6,510
2,0	6,725	10,03% Si	6,473
3,0	6,587	1,15% Al	7,032

Tabelle 12. *Dichte von Eisen-Nickel-Legierungen mit 0,2% C bei 1500 °C*
(nach C. Benedicks und Mitarbeitern)

% Ni	γ in g/cm³	% Ni	γ in g/cm³
9,44	7,178	43,3	7,300
26,0	7,273	60,0	7,391
36,0	7,173	80,0	7,565
40,0	7,214	99,8	7,764

suchungsverfahren. Der von V. H. Stott und J. H. Rendall bestimmte Wert wurde in jüngster Zeit durch Untersuchungen von L. D. Lucas [4] sowie A. D. Kirshenbaum und J. A. Cahill [5] bestätigt. L. D. Lucas gab für die Temperaturabhängigkeit des spezifischen Volumens von reinem Eisen die Gleichung

$$v = 0,1421 + 30,7 \cdot 10^{-6} \cdot (T - 1809) \tag{141}$$

an. Für 1564 °C ergibt diese Gleichung ein spezifisches Volumen von 0,14296 cm³/g, was einer Dichte von 6,995 g/cm³ entspricht. Dieser Wert stimmt ganz ausgezeichnet mit dem von V. H. Stott und J. H. Rendall angegebenen überein.

A. D. KIRSHENBAUM und J. A. CAHILL [5] untersuchten die Dichte reinen Eisens im Temperaturbereich vom Schmelzpunkt bis 2500°K und stellten eine Temperaturabhängigkeit fest, die durch die Gleichung

$$\gamma = 8{,}523 - 8{,}358 \cdot 10^{-4} \cdot T \qquad (142)$$

ausgedrückt werden kann; darin ist γ die Dichte in g/cm³ und T die absolute Temperatur. Nach dieser Formel hat reines Eisen bei 1564°C eine Dichte von 6,988 g/cm³. Die hervorragende Übereinstimmung mit dem von STOTT und RENDALL angegebenen sowie nach der Gleichung von LUCAS berechneten Wert ist offenkundig. Abb. 17 zeigt die von KIRSHENBAUM und CAHILL bei verschiedenen Temperaturen bestimmten Dichten in Gegenüberstellung zu anderen Untersuchungen.

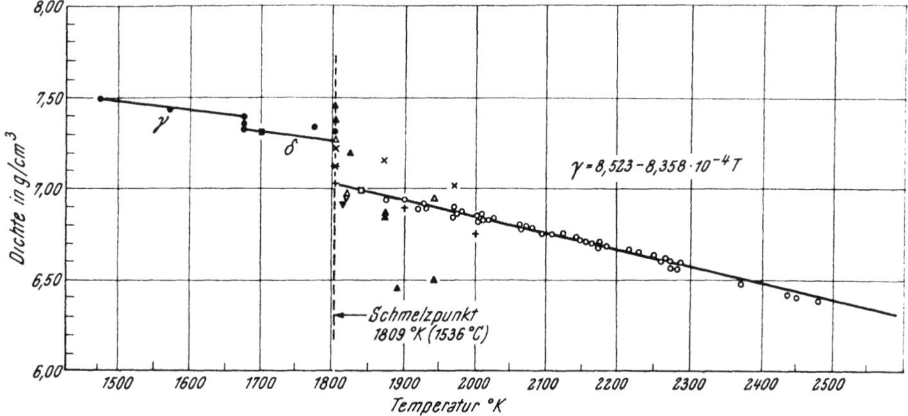

Abb. 17. Die Dichte von reinem Eisen in Abhängigkeit von der Temperatur
(nach A. D. KIRSHENBAUM und J. A. CAHILL)

Im Temperaturbereich zwischen Schmelzpunkt und 1600°C stimmen die neuesten von L. D. LUCAS [97] angegebenen Werte mit denen von KIRSHENBAUM und CAHILL [5] gut überein, wobei jedoch eine stärkere Temperaturabhängigkeit festgestellt wurde. LUCAS bestimmte auch die Dichte von Kobalt, Nickel und anderen Metallen, sowie von Fe–C-, Fe–P-, Fe–Si- und Fe–C–P-Legierungen. Danach ist die Dichte von Fe–C-Legierungen nicht so stark vom Kohlenstoffgehalt abhängig, wie dies in Tab. 11 zum Ausdruck kommt.

1.121.2 Viskosität

Die Viskosität oder Zähflüssigkeit ist eine kennzeichnende Größe jeder Flüssigkeit und damit auch jeder Schmelze. Ihre Kenntnis ist für die Kinetik metallurgischer Umsetzungen von Bedeutung, da diese Umsetzungskinetik in weitem Ausmaß von Diffusionsvorgängen bestimmt wird, wobei die Diffusionsgeschwindigkeit ihrerseits auch eine Funktion der Viskositäten der an der Reaktion beteiligten flüssigen Systeme ist. Dabei muß jedoch berücksichtigt werden, daß die Kenntnis der Viskosität allein fehlende Angaben über die Diffusionsgeschwindigkeit nicht ersetzen kann. Da die Bestimmung der Diffusionsgeschwindigkeiten sehr schwierig und aufwendig ist, hat es nicht an Bemühungen gefehlt, andere physikalische und chemische Größen zur Beschreibung von Reaktionsvorgängen heranzuziehen. So hat man auch versucht, die Verschlackung der feuerfesten Zustellung unter Einwirkung von Schmelzen durch deren Viskosität zu kennzeichnen, wobei diesem Versuch ein einfacher Zusammenhang zwischen Diffusion und Viskosität als Leitgedanke zugrunde lag. K. H. KARSCH [6] kam jedoch auf Grund theoretischer thermodynamischer Betrachtungen und durch Auswertung verschiedener experimenteller Untersuchungen zu dem Schluß, daß der Schlackenangriff einer Schmelze auf eine feuerfeste Wand quantitativ nicht durch ihre Viskosität beschrieben werden kann.

Die Viskosität ist aber vor allem für den Ablauf aller Gießvorgänge eine entscheidende Größe und damit auch für die Erstarrung von Blöcken und Gußstücken von unmittelbarer praktischer Bedeutung.

Physikalisch ist die Viskosität einer Flüssigkeit als der Widerstand, den sie einer gleichförmig wirkenden Verformung durch eine Schubspannung entgegensetzt, definiert. Wird eine von zwei parallelen Flüssigkeitsschichten der Schubkraft K ausgesetzt und ist F die Fläche der unter der Krafteinwirkung stehenden Flüssigkeitsschicht, dann ist die Größe der Schubspannung $\tau = K/F$. Beträgt die Entfernung der beiden Flüssigkeitsschichten ds und ist dv die infolge der Wirksamkeit der Schubspannung auftretende Geschwindigkeitsdifferenz der beiden Schichten, dann gilt das NEWTONsche Reibungsgesetz

$$\tau = \frac{K}{F} = \eta \cdot \frac{dv}{ds} \qquad (143)$$

Die in dieser Gleichung aufscheinende Größe η ist der Viskositätskoeffizient der Flüssigkeit. Er ist eine Stoffkonstante und kennzeichnet die Zähigkeit des Stoffes. Wird die Schubspannung in dyn/cm^2 und der Geschwindigkeitsgradient in $cm \cdot s^{-1}/cm = s^{-1}$ angegeben, so ergibt sich als Dimension für die Viskositätskonstante $dyn \cdot s/cm^2$, die nach dem Physiker POISEUILLE abgekürzt Poise genannt wird. Als kleinere Einheit wird das Centipoise (cP) als hundertster Teil eines Poise verwendet.

Die Bestimmung der Viskositätskonstante setzt demnach die Messung einer Schubspannung und der zugeordneten Geschwindigkeitsdifferenz voraus. Hierfür wurde eine Reihe von Verfahren entwickelt, von denen für hohe Temperaturen praktisch nur das Schwingungsverfahren in Frage kommt. Dabei schwingt entweder ein Tauchkörper in der zu messenden Flüssigkeit oder der diese Schmelze enthaltende Tiegel jeweils frei um die eigene Achse. Aus der Schwingungsdämpfung kann unter bestimmten Vereinfachungen auf die Viskosität geschlossen werden.

In Abb. 18 sind die neuesten Meßergebnisse über die Viskosität reinen Eisens von H. SCHENCK, M. G. FROHBERG und K. HOFFMANN [7] anderen Untersuchungen gegenübergestellt. Dabei fällt vor allem die ganz hervorragende Übereinstimmung der Ergebnisse von H. SCHENCK und Mitarbeitern mit jenen von G. CAVALIER [8] auf. Auch die von A. M. SAMARIN [9] und M. THIELE [10] angegebenen Werte zeigen nur geringfügige Abweichungen. Dagegen kommt den von R. N. BARFIELD und J. A. KITCHENER [11] bestimmten Viskositäten geringere Wahrscheinlichkeit zu, da ihnen die zu hohen Werte der Dichte nach C. BENEDICKS [1] zugrunde gelegt sind. Aus allen diesen Untersuchungen geht jedoch eine nahezu gleiche Temperaturabhängigkeit der Viskosität hervor. Der von L. LOSANA [12] festgestellte starke Temperatureinfluß auf die Viskosität ist vermutlich durch die Meßapparatur bedingt. Aus dem Vergleich dieser einzelnen Untersuchungen ergibt sich, daß den Ergebnissen von H. SCHENCK und Mitarbeitern [7] die größte Wahrscheinlichkeit zukommt.

R. N. Barfield und J. A. Kitchener [11] untersuchten auch den Einfluß des Kohlenstoffgehaltes auf die Viskosität von Eisenschmelzen bei verschiedenen Temperaturen. Da die von ihnen gemachten Zahlenangaben für die Viskosität, wie bereits erwähnt, vermutlich zu hoch liegen, sollen ihre Feststellungen nur

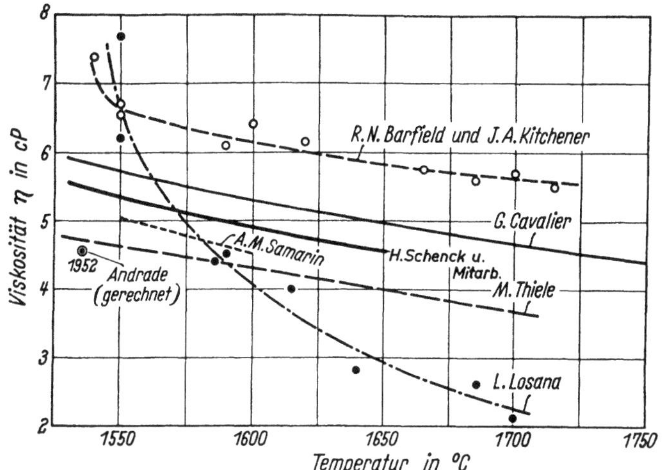

Abb. 18. Die Viskosität reinen Eisens in Abhängigkeit von der Temperatur
(nach H. Schenck, M. G. Frohberg und K. Hoffmann)

qualitativ wiedergegeben werden. Demnach nimmt die Viskosität bei 1600 °C von 0 bis etwa 0,7%C ab, bleibt bei einer Weitererhöhung des Kohlenstoffgehaltes bis 2,5% konstant und erfährt erst wieder bei weiterer Steigerung der Kohlenstoffkonzentration eine lineare Abnahme, wobei diese etwa 12% des im Bereich von 0,7 bis 2,5% C vorhandenen Viskositätswertes beträgt.

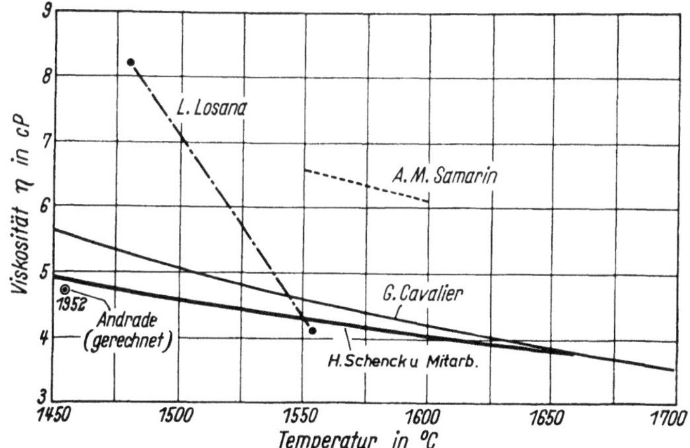

Abb. 19. Abhängigkeit der Viskosität reinen Nickels von der Temperatur
(nach H. Schenck, M. G. Frohberg und K. Hoffmann)

Die von H. Schenck und Mitarbeitern [7] festgestellte Viskosität von reinem Nickel in Abhängigkeit von der Temperatur ist in Abb. 19 wiedergegeben. Auch hier fällt wieder die gute Übereinstimmung mit den Untersuchungen von G. Cavalier [8] auf.

Tabelle 13. *Viskosität von Eisen, Nickel und Kobalt*

Temperatur in °C	Viskosität in cP						
	Eisen				Nickel		Kobalt
	H. SCHENCK und Mitarbeiter	M. THIELE	G. CAVALIER	Mittelwert	H. SCHENCK und Mitarbeiter	G. CAVALIER	G. CAVALIER
1400						5,4[1]	
1450		5,5[1]	5,7[1]		4,9[1]	5,1[1]	4,5[1]
1500		5,0[1]	5,3[1]		4,6	4,8	4,1
1550	5,3	4,6	4,9	5,0	4,3	4,5	3,9
1600	4,9	4,2	4,5	4,6	4,0	4,2	3,6
1650	4,5	3,9	4,3	4,3	3,8	4,0	3,4
1700		3,7	4,1			3,8	3,2
1750		3,4	3,9				3,0

[1] Unterkühlte Schmelze.

In Tab. 13 sind die Werte der Viskosität für Eisen, Nickel und Kobalt enthalten, wie sie von G. CAVALIER, L. D. LUCAS, G. URBAIN und P. KOZAKEVITCH [13] nach verschiedenen Untersuchungen zusammengestellt wurden.

Die Viskosität hängt sehr stark von der chemischen Zusammensetzung ab. Die bisher vorliegenden Untersuchungen gestatten jedoch noch keine quantitative Beschreibung dieser Zusammenhänge. Die hier zitierten Arbeiten lassen erkennen, daß selbst für Reinststoffe genaue Angaben erst durch die in neuester Zeit erfolgten Veröffentlichungen möglich sind. Nach den praktischen Erfahrungen wird die Viskosität von Eisen vor allem durch Kohlenstoff, Silizium und Mangan herabgesetzt, während sie durch Chrom, Wolfram, Vanadin und Sauerstoff erhöht wird. Es muß jedoch hervorgehoben werden, daß bei gleicher chemischer Zusammensetzung die Viskosität in weitem Maße von dem Gehalt an nichtmetallischen Verunreinigungen abhängt, deren Wirkung nicht nur eine Funktion der Menge, sondern auch der Teilchengröße und Ausbildungsform ist. So muß auch die oft beobachtete Wirkung eines kleinen Aluminiumzusatzes, welcher den Stahl zähflüssiger macht, auf die Bildung von Suspensionen zurückgeführt werden, während eine Desoxydation mit Kalzium durch die Entfernung von nichtmetallischen Verunreinigungen die Viskosität der Stahlschmelzen erniedrigt.

Für Roheisen, das wesentlich dünnflüssiger als reines Eisen oder Stahl ist, kann bei

1400°C mit einer Viskosität von etwa 1 bis 2 cP gerechnet werden. Zum Vergleich sei noch erwähnt, daß Wasser bei Raumtemperatur eine Viskosität von 0,9 cP hat. Für Glycerin beträgt die Zähflüssigkeitskonstante bei 20 °C $\eta = 12$ cP, für Quecksilber ist bei 20 °C $\eta = 1,55$ cP.

1.121.3 Oberflächenspannung

Da jede Reaktion zwischen zwei Phasen, gleichgültig ob es sich um eine chemische Umsetzung oder einen physikalischen Vorgang, wie z. B. einen Konzentrationsausgleich, handelt, von den miteinander in Berührung stehenden Phasengrenzflächen ausgeht, kommt der Beschreibung dieser Grenzflächen besondere Bedeutung zu. Wohl die wichtigste kennzeichnende Größe für die Oberfläche einer Flüssigkeit ist die Oberflächenspannung.

Es ist leicht einzusehen, daß die Oberfläche einer Flüssigkeit andere Eigenschaften aufweist als deren innere Schichten. Jedes Molekül, das sich im Inneren einer homogenen Flüssigkeit befindet, ist allseitig einem gleichen Umgebungseinfluß unterworfen, während ein Molekül an der Oberfläche nur teilweise unter dieser Krafteinwirkung steht. Infolge der anziehenden zwischenmolekularen Kräfte einer Flüssigkeit wird auf die Oberflächenschicht einer von einem Vakuum oder verdünntem Gas umgebenen Flüssigkeit eine ins Innere gerichtete Kraft wirksam sein. Diese Kraft hat das Bestreben, die Oberfläche der Flüssigkeit auf ein Minimum zu reduzieren, würde also im Idealfall die Flüssigkeit Kugelform annehmen lassen, wie dies bei kleinen Mengen auch der Fall ist. Es sind jedoch noch immer andere äußere Kräfte, z. B. die Schwerkraft, wirksam, die den Einfluß der Oberflächenkräfte überlagern. Die ins Flüssigkeitsinnere gerichtete Kräft kann man sich auch durch eine in Richtung der Flüssigkeitsoberfläche wirkende Spannung, die Oberflächenspannung, ersetzt denken. Diese Oberflächenspannung ist die Kraft in dyn, mit welcher ein gedachter 1 cm breiter Streifen einer Oberfläche sich in der Längsrichtung zusammenzuziehen bestrebt ist. Aus dieser Definition ergibt sich auch sofort die Dimension der Oberflächenspannung zu dyn/cm.

Diese kurzen Überlegungen gestatten bereits Hinweise auf die Vorgänge, für die die Oberflächenspannung eine maßgebliche Größe darstellt. So hängt die Größe von in einer Flüssigkeit entwickelten Gasblasen unmittelbar mit der Oberflächenspannung zusammen und die Tropfenbildung ist ebenfalls eine ihrer direkten Folgen. Ebenso hängt die Abscheidung von Suspensionen oder Emulsionen von der Oberflächenspannung der Flüssigkeit ab, und die Benetzungsfähigkeit einer Flüssigkeit ist ihrerseits eine Funktion der Oberflächenspannung. Damit ist auch bereits ein für den Ablauf aller Reaktionen sehr wichtiger Punkt berührt. Die Reaktionskinetik wird maßgeblich durch die gegenseitige Benetzung der an der Reaktion beteiligten Phasen beeinflußt. Es ist jedoch zu berücksichtigen, daß die Benetzung z. B. einer Tiegelwand durch eine Schmelze von zwei Größen bestimmt wird, nämlich der Benetzbarkeit der Wand und der Benetzungsfähigkeit der Schmelze. Die Benetzung schlechthin hängt also von den Eigenschaften beider Substanzen ab, die in der *Grenzflächenspannung* ausgedrückt werden. Darunter versteht man die Oberflächenspannung an der Grenzfläche zweier Substanzen, während die Oberflächenspannung sich stets auf eine einzige Substanz bezieht und gegen deren gesättigten Dampf bzw. gegen Vakuum oder neutrales Gas bestimmt wird.

Wegen der weitgehenden Bedeutung der Oberflächeneigenschaften für die metallurgischen Vorgänge haben zahlreiche Forscher versucht, die bestehenden Zusammenhänge zu klären. Bei der gegebenen Zielsetzung kann es aber nicht Aufgabe dieses Buches sein, über diese Arbeiten im einzelnen zu berichten. Für ein eingehendes Studium sei z. B. auf das sehr ausführliche Werk von V. K. SEMENCHENKO [14] verwiesen.

In der großen Anzahl von Untersuchungen über die Oberflächenspannung bestehen zum Teil recht beträchtliche Abweichungen für die gefundenen Werte von reinen Metallen. Diese Unsicherheiten resultieren aus der starken Beeinflussung der Oberflächenspannung schon bereits durch geringste Verunreinigungen und den sich daraus ergebenden großen Schwierigkeiten bei der Versuchsdurchführung. So haben z. B. G. BECKER, F. HARDERS und H. KORNFELD [15] den Wert von 1370 dyn/cm für die Oberflächenspannung reinen Eisens angegeben, während F. A. HALDEN und W. KINGERY [16] diese zu 1720 dyn/cm bestimmten.

Sehr ausführliche Untersuchungen zur Bestimmung der Oberflächenspannung von Metallschmelzen wurden von P. KOZAKEVITCH und G. URBAIN [17, 18] durchgeführt. Mit Hilfe der Methode des liegenden Tropfens, bei der durch Bestimmung der genauen Tropfenabmessungen auf die Oberflächenspannung geschlossen werden kann, fanden sie für reines Eisen bei 1550°C den Wert von 1835 dyn/cm [17]. Dabei legten sie der Berechnung der Oberflächenspannung eine Dichte des Eisens von 7,2 g/cm^3 zugrunde, wie sie sich aus den Untersuchungen von BENEDICKS und Mitarbeitern [1] ergibt. Als Unterlagen für die flüssigen Metalltropfen wurden Tonerde, Kalk, Berylliumoxyd, Thoriumoxyd oder Zirkonoxyd verwendet. Die Prüfung erfolgte unter besonders gereinigtem Argon oder Wasserstoff.

Unter Zugrundelegung des wahrscheinlicheren Wertes von 7,01 g/cm^3 für die Dichte bei 1550°C [2, 4] fanden KOZAKEVITCH und URBAIN [18] eine Oberflächenspannung des reinen Eisens von 1788 dyn/cm. Das für die Untersuchung verwendete Eisen war praktisch schwefelfrei und hatte einen Sauerstoffgehalt von weniger als 0,001%.

Für reines Kobalt und reines Nickel wurden unter den gleichen Bedingungen bei 1550°C Oberflächenspannungen von 1836 bzw. 1934 dyn/cm festgestellt [18], wobei auch hier durch die Verwendung wahrscheinlicherer Werte für die Dichte Abweichungen gegenüber früheren Daten der gleichen Verfasser [17] vorhanden sind.

KOZAKEVITCH und URBAIN [18] untersuchten auch den Einfluß von Zusatzelementen auf die Oberflächenspannung von Eisen und konnten in Übereinstimmung mit W. VOR DEM ESCHE und O. PETER [19] nachweisen, daß Schwefel und Sauerstoff die Oberflächenspannung verringern. Gleiche Wirkung ist nach ihren Untersuchungen auch den Elementen Selen und Tellur zuzuschreiben. Die Abb. 20 zeigt die Abhängigkeit der Oberflächenspannung des Eisens bei 1550°C als Funktion der Sauerstoff-, Schwefel- und Selen-Gehalte. Der starke Einfluß dieser Elemente ist daraus deutlich erkennbar. Demgegenüber wird die Oberflächenspannung durch die Metalle Chrom, Wolfram, Kupfer, Kobalt und Nickel nur unwesentlich verändert, wenn die Konzentration dieser Elemente nur einige Prozent beträgt.

Aus der Veränderung der Oberflächenspannung durch Zusatzelemente können wichtige Schlüsse gezogen werden. In reinen Eisenschmelzen sind alle Oberflächen und damit auch alle Grenzflächen ausschließlich mit Eisenatomen besetzt. Bei Zutritt einer oberflächenaktiven Substanz, z. B. Sauerstoff, wird diese nicht homogen in der Schmelze verteilt, sondern wird vielmehr bevorzugt an der Oberfläche auftreten. Es tritt also eine Anreicherung von oberflächenaktiven Atomen an der Oberfläche ein. Dadurch können andere Vorgänge wesentlich beeinflußt werden. So ist es möglich, daß die Stickstoffaufnahme in Eisenschmelzen, die die oberflächenaktiven Elemente Sauerstoff oder Schwefel enthalten, durch die Anwesenheit eben dieser Elemente verzögert wird.

W. VOR DEM ESCHE und O. PETER [19] erklären den wiederholt gefundenen Temperatureinfluß auf die Oberflächenspannung flüssigen Eisens mit den unterschiedlichen Desoxydationsverhältnissen bei den untersuchten Proben. Sie konnten nachweisen, daß die Oberflächenspannung siliziumhaltigen Eisens erst dann eine merkliche Abnahme erfährt, wenn sich Eisen(II)-oxyd oder eisen(II)-oxydhaltige Verbindungen bilden. Auch bei technischen Roheisensorten konnten sie den stark oberflächenspannungsvermindernden Einfluß flüssiger Schlackenbestandteile feststellen.

W. TSIN-TAN, R. A. KARASEW und A. M. SAMARIN [20] fanden ebenfalls einen beträchtlichen verringernd wirkenden Einfluß des Sauerstoffes auf die Oberflächenspannung von Eisen und stellten auch fest, daß der Kohlenstoff im gleichen Sinne, wenn auch wesentlich schwächer, wirkt.

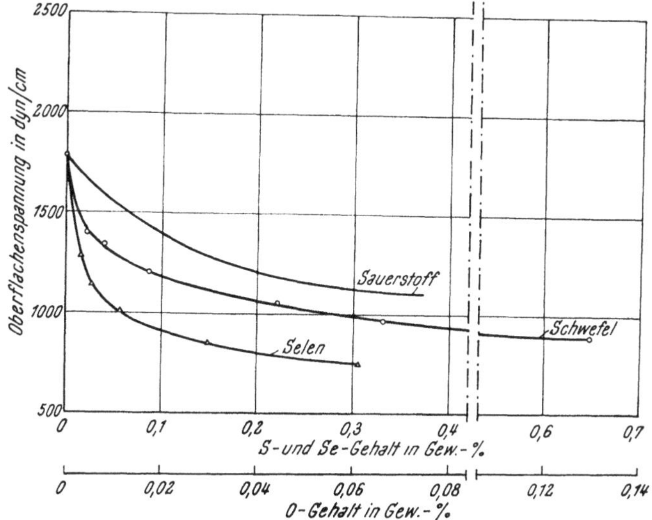

Abb. 20. Die Oberflächenspannung von Eisen bei 1550 °C in Abhängigkeit vom Sauerstoff-, Schwefel- und Selengehalt (nach P. P. KOZAKEVITCH und G. URBAIN)

Die von B. F. DYSON [96] festgestellten Oberflächenspannungen von reinem Eisen und Eisen—Schwefel-Legierungen stimmen sehr gut mit den Ergebnissen von KOZAKEWITCH und URBAIN [18] überein. DYSON untersuchte auch den Einfluß von Zinn, Phosphor und Kupfer auf die Oberflächenspannung flüssigen Eisens und fand, daß Zinn und Kupfer weniger oberflächenaktiv sind als Schwefel, während dem Phosphor überhaupt keine oberflächenaktive Wirkung zukommt. Die von DYSON beobachtete Verringerung der Oberflächenspannung von schwefelhaltigen Eisenschmelzen durch einen Zusatz von 1% Kohlenstoff zeigt, daß die thermodynamische Aktivität des Schwefels in flüssigem Eisen durch Kohlenstoff erhöht wird.

W. TSIN-TAN, R. A. KARASEW, A. M. SAMARIN und A. G. ŠALIMOW [21] untersuchten auch die Oberflächenspannung von ternären Fe—S—C-, Fe—Mn—S- und Fe—Mn—C-Schmelzen. Nach ihren Beobachtungen wird die Oberflächenspannung von Fe—S-Schmelzen durch den Zusatz von Kohlenstoff noch weiter gesenkt. Dies steht in gutem Einklang mit der Erhöhung der Schwefelaktivität durch den Kohlenstoff. Ebenso wird die Oberflächenspannung durch Zusatz von Mangan zu Eisen-Schwefel- und Eisen-Kohlenstoff-Legierungen noch weiter herabgesetzt.

Nach den Messungen von A. F. VISHKAREV, Y. V. KRYAKOVSKII, S. A. BLIZNYUKOV und V. I. YAVOISKII [22] vermindern auch Cer und Lanthan die Oberflächenspannung von Eisen. Das Ausmaß der Verminderung ist bei 0,1% Cer etwa 80 dyn/cm und bei 0,3% Cer etwa 130 dyn/cm. 0,1% Lanthan im Eisen senkt die Oberflächenspannung um ebenfalls etwa 80 dyn/cm.

K. I. WASCHTSCHENKO und A. P. RUDOI [23] untersuchten synthetische Gußeisensorten und fanden, daß in untereutektischem Gußeisen die Oberflächenspannung durch steigenden Kohlenstoffgehalt herabgesetzt wird, und zwar entspricht 1% C einer Verminderung von 50 dyn/cm. Dagegen wirkt der Kohlenstoff in übereutektischem Gußeisen in entgegengesetzter Richtung, d. h. die Oberflächenspannung wird mit steigendem Kohlenstoffgehalt erhöht, wobei die Veränderung auch vom Siliziumgehalt abhängt. Je höher der Siliziumgehalt, um so stärker ist der Anstieg der Oberflächenspannung. Der Einfluß des Siliziums allein ist relativ schwach. Zwischen 1 und 2,5% Si wird die Oberflächenspannung von Gußeisen nur um etwa 12 dyn/cm verringert, wenn der Siliziumgehalt um 1% steigt. Nach den Beobachtungen von WASCHTSCHENKO wird die Oberflächenspannung mit steigender Temperatur größer. Ferner weist Gußeisen eutektischer Zusammensetzung ein Minimum der Oberflächenspannung auf.

Die Oberflächenspannung einer Schmelze ist unabhängig von der Gasatmosphäre, von der die Schmelze umgeben wird. Nur wenn eine Wechselwirkung zwischen Gas und Schmelze, z. B. Lösung des Gases in der Schmelze, eintritt, kann die Oberflächenspannung von der Atmosphäre beeinflußt werden. In solchen Fällen spricht man von oberflächenaktiven Gasen. Da dem Wasserstoff in der Eisenmetallurgie Bedeutung zukommt, untersuchten B. A. BAUM, K. T. KUROČKIN und P. V. UMRICHIN [24] den Einfluß des Wasserstoffes auf die Oberflächenspannung von reinem Eisen. Aus der Gleichheit der Ergebnisse für die Messung unter reinem Helium und reinem Wasserstoff schlossen sie, daß der Wasserstoff in reinem Eisen keine oberflächenaktive Komponente darstellt.

1.121.4 Sonstige Eigenschaften

So wie jeder reine Stoff und jede chemische Verbindung, hat das Eisen einen genau definierten Schmelzpunkt (1536°C). Durch Zusatz eines oder mehrerer anderer Elemente verändert sich das Verhalten insofern grundsätzlich, als die Erstarrung einer derartigen Legierung nicht mehr bei einer einzigen Temperatur erfolgt, sondern innerhalb eines mehr oder weniger weiten Temperaturbereiches. Der Beginn der Erstarrung wird durch die Liquidustemperatur, das Ende durch die Solidustemperatur bestimmt. Der Beginn der Erstarrung in einem Zweistoffsystem erfolgt stets bei einer Temperatur, die kleiner ist als die Schmelztemperatur des höherschmelzenden der beiden Stoffe, und man spricht daher von einer Schmelzpunkterniedrigung durch das Zusatzelement. Diese Bezeichnung ist sachlich nicht völlig richtig, da ja bei der Legierung kein Schmelzpunkt, sondern ein Schmelzintervall vorhanden ist. Sie kann jedoch beibehalten werden, wenn man unter „Schmelzpunkt" des Mehrstoffsystems die Liquidustemperatur versteht.

Die Schmelzpunkterniedrigung hängt im wesentlichen von der Konzentration des Zusatzelementes, seinem Atomgewicht und seiner Verteilung zwischen flüssiger und fester Phase während des Erstarrens bzw. Schmelzens ab. Für Zweistoffsysteme kann die Abhängigkeit des Erstarrungsbereiches von der Zusammensetzung aus den jeweiligen Zustandsschaubildern entnommen werden. Eine sehr umfangreiche Zusammenstellung derartiger binärer Zustandsschaubilder wurde von M. HANSEN [25] durchgeführt. Da die Schmelzpunkterniedrigung im wesentlichen für die Vorgänge bei der Erstarrung von Interesse ist, ist eine genaue Besprechung dem das Gießen behandelnden 2. Teil vorbehalten.

Die Angaben über den *Siedepunkt* reinen Eisens weichen zum Teil stark voneinander ab, doch dürfte er höher als bei 3000°C liegen. Die für die Vakuum-Metallurgie wichtigen Dampfdrücke der Eisenbegleiter werden detailliert in dem entsprechenden Abschnitt 1.17 angegeben.

Über die elektrische und Wärmeleitfähigkeit soll hier der Hinweis genügen, daß sie stark von der chemischen Zusammensetzung und der Temperatur abhängen.

Die *Schmelzwärmen und spezifischen Wärmen* können den Tab. 1 und 2 entnommen werden.

1.122 Die Schlacke

Ebenso wie die Stahlschmelze, stellt jede praktisch vorkommende Schlacke ein Vielstoffsystem dar. Wegen der Vielzahl der möglichen Verbindungsbildungen zwischen den einzelnen Schlackenbestandteilen ist der Aufbau der Schlacken noch weitaus komplexer als der des Stahlbades und dementsprechend ist auch ein Zurückführen dieser Systeme auf einfache, noch übersichtliche Zwei- oder Dreistoffsysteme mit größeren Schwierigkeiten verbunden. Durch die zahlreichen möglichen Reaktionen zwischen den Schlackenkomponenten wird auch die Übersicht über den Verlauf des Gesamtumsatzes zwischen Stahl- und Schlackenphase beeinträchtigt. Da es im wesentlichen jedoch stets dieser zwischen Stahlbad und Schlacke stattfindende Umsatz ist, der die Zusammensetzung und Qualität des Endproduktes bestimmt, hat das besondere Augenmerk dem Aufbau und den physikalischen Eigenschaften der Schlacke zu gelten.

Die Aufgaben der Schlacken sind vielseitigster Art: Während des Frischens, bei dem die oxydierbaren Verunreinigungen aus dem Stahlbad entfernt werden, übernimmt die Schlacke die Rolle des Sauerstofflieferanten. Sie wird also so beschaffen sein müssen, daß sie über ein möglichst hohes Sauerstoffpotential verfügt, das heißt, daß die Aktivität des Eisen(II)-oxyds möglichst hoch ist. Neben Eisen(II)-oxyd enthält die Schlacke aber auch noch andere Bestandteile, wie z. B. Kieselsäure, Kalk, Mangan(II)-oxyd, Magnesia usw., und zwar soll die Schlackenzusammensetzung so abgestimmt sein, daß die Oxyde der verschlackten Elemente eine möglichst geringe Aktivität haben.

Während der Entschwefelung ist dagegen u. a. auf eine möglichst geringe FeO-Aktivität der Schlacke zu achten. Die Anforderungen an die Schlacke ändern sich also während des Ablaufes eines technischen Verfahrens ganz entscheidend. Man trifft daher oft auch eine Unterteilung in Frisch- und Feinungsschlacken.

Die Aktivität eines Bestandteiles selbst hängt nicht nur von seiner Konzentration in der Schlacke ab, sondern vor allem auch von seinen Bindungen gegenüber anderen Schlackenkomponenten. Diese Einflüsse wurden früher durch die „freien Gehalte" zum Ausdruck gebracht. Damit gewinnen aber auch die Zustandsschaubilder der verschiedenen Schlackensysteme — über ihren Einfluß auf die rein physikalischen Eigenschaften hinausgehend — noch besondere Bedeutung in thermodynamischer Hinsicht.

Die Geschwindigkeit des Ablaufes einer Reaktion hängt jedoch von den physikalischen Eigenschaften der Reaktionspartner ab. Der Kenntnis der entsprechenden Größen, wie Viskosität, Oberflächenspannung, elektrische und Wärmeleitfähigkeit usw., für die verschiedenen Schlacken ist somit mindestens die gleiche Bedeutung zuzuschreiben wie bei der Stahlschmelze, doch ist ihre Bestimmung wegen des so komplexen Aufbaues der Schlacke noch weitaus schwieriger. Diese physikalischen Eigenschaften hängen weitgehend von Zusammensetzung und Temperatur ab, und die Kenntnis der Zustandsdiagramme der Schlacken vermag hierfür Aussagen zu liefern. Da die physikalischen Eigenschaften der Schlacke für den Ablauf der Umsetzungen mitentscheidend sind, macht man oft von der Möglichkeit Gebrauch, sie durch entsprechende Zusätze, die selbst nicht am Reaktionsgeschehen teilnehmen, zu beeinflussen. Als Beispiel seien die viskositätsverringernden Flußmittelzusätze genannt.

Analog dem Aufbau des Stahlbades sind in den flüssigen Schlacken die einzelnen Komponenten ebenfalls als atomar bzw. molekular gelöste Stoffe anzusehen. Fallweise muß auch in den Schlacken mit der Anwesenheit von Suspensionen gerechnet werden. Während im Stahlbad die Einstellung der Gleichgewichte zwischen den Komponenten, welche zu Verbindungen zusammentreten können, verhältnismäßig schnell und vollständig vor sich geht, ist dies bei den Schlacken nicht immer der Fall.

Die wesentlichen Bestandteile der Schlacken der Eisenhüttenprozesse sind Oxyde, die, je nach ihrem chemischen Verhalten, als basische, saure und amphotere Oxyde bezeichnet werden können. Die wichtigsten basischen Oxyde sind

$$CaO, \; MgO, \; MnO, \; FeO, \; CrO, \; Na_2O \; \text{und} \; K_2O,$$

die bedeutendsten sauren

$$SiO_2, \; TiO_2, \; P_2O_5, \; V_2O_5, \; WO_3, \; MoO_3,$$

während

$$Al_2O_3, \; Fe_2O_3 \; \text{und} \; Cr_2O_3$$

als amphotere Oxyde anzusehen sind.

Außer den Oxyden können Schlacken bestimmter Zusammensetzung größere Mengen von Sulfiden enthalten. Karbidische Feinungsschlacken des Lichtbogenofens enthalten Kalziumkarbid, das durch Umsetzung mit dem suspendierten Kohlenstoff entsteht. Weiter ist in Schlacken mit hohen Anteilen an basischen Oxyden auch Kalziumfluorid als Flußmittel enthalten. Auch Gase, wie Stickstoff, Wasserstoff und Wasserdampf, besitzen ein zum Teil beträchtliches Lösungsvermögen in flüssigen Schlacken. Besonders die Eigenschaft von Schlacken bestimmter Zusammensetzung, größere Mengen an Wasserdampf aufzunehmen, ist eine der Hauptursachen für die Wasserstoffaufnahme des Stahlbades.

Je nach dem Überwiegen der sauren oder basischen Oxyde pflegt man die Schlacken als sauer oder basisch zu bezeichnen. Zur Begriffsbestimmung und Abgrenzung der sauren und basischen Schlacken wird zumeist das Verhältnis

$$\frac{\sum \text{aller basischen Bestandteile}}{\sum \text{aller sauren Bestandteile}}$$

herangezogen. Wird die Tonerde als neutrale Komponente gezählt, so ist dieses Verhältnis bei sauren Schlacken kleiner als 1 und bei basischen Schlacken in der Regel größer als 1,3. Zum Beispiel hat das Verhältnis

$$B = \frac{(\% \, CaO)}{(\% \, SiO_2)} \; \text{oder} \; B' = \frac{(\% \, CaO)'}{(\% \, SiO_2)}$$

als einfachste Form des *Basizitätsgrades* weite Verbreitung gefunden. Die Größe $(\% \, CaO)'$ stellt dabei den nicht an P_2O_5 gebundenen Anteil des Kalkes dar. Diese

Definition des Basizitätsgrades vernachlässigt die anderen in der Schlacke enthaltenen Bestandteile vollständig. Je nach Berücksichtigung dieser anderen Oxyde haben sich verschiedene Varianten des Basizitätsgrades eingebürgert, so z. B. für den Siemens-Martin-Prozeß das Verhältnis

$$\frac{(\% \, CaO)}{(\% \, SiO_2) + (\% \, P_2O_5)}$$

Es muß jedoch darauf hingewiesen werden, daß diese auf der Theorie des molekularen Aufbaues der Schlacken basierende Definitionen des Basizitätsgrades, streng gesehen, nicht exakt sind, doch haben sie sich gerade bei der vereinfachenden Beschreibung quantitativer Zusammenhänge in der Praxis recht gut bewährt.

Der Begriff Basizitätsgrad fußt auf der auch heute noch allgemein verwendeten Hypothese des molekularen Aufbaues der Schlacken. Danach bestehen die flüssigen Schlacken aus mehr oder weniger dissoziierten Verbindungen. Der von H. Schenck [26] aus dieser Theorie abgeleitete Begriff der freien Gehalte stellt letzten Endes nichts anderes als eine Art der Beschreibung des moderneren und wohl auch zweckmäßigeren Aktivitätsbegriffes dar. Mit zunehmender Kenntnis über die Vielzahl der möglichen Verbindungen ging die ursprüngliche Einfachheit der Molekulartheorie immer weiter verloren, so daß in den letzten Jahren neue Anschauungen über den Aufbau der Schlacken entwickelt wurden. Demnach sind die Schlacken vollständig elektrolytisch dissoziiert, ähnlich wie geschmolzene Salze, und bestehen aus einer relativ beschränkten Zahl von Ionen. Nach dem gegenwärtigen Stand des Wissens besteht diese Anschauung mit sehr großer Wahrscheinlichkeit zu Recht. Sie ermöglicht auch ein weitgehendes Verständnis über den Aufbau basischer Schlacken. Eine erfolgreiche Anwendung dieser Theorie auf saure Schlacken ist bisher jedoch noch nicht möglich gewesen. Die Einführung der Ionentheorie zur Erklärung des Aufbaues metallurgischer Schlacken wurde vor allem von P. Herasymenko [27], M. Temkin [28], A. Samarin, M. Temkin und L. Schwartzman [29], P. Herasymenko und G. E. Speight [30] sowie H. Flood, K. Grjotheim und T. Forland [31, 32] vorgenommen. Demnach sind als Dissoziationsprodukte in den Schlacken nichtmetallische Anionen, wie Sauerstoff, Schwefel und Fluor, leicht bewegliche metallische Kationen sowie Anionen-Komplexe, die, je nach Art und Größe, schwer beweglich sind, vorhanden. Diese Ionen treten ihrerseits in Wechselwirkung miteinander. Eine Schlacke, die aus den Oxyden CaO, MgO und FeO besteht, enthält somit die Kationen Ca^{++}, Mg^{++} und Fe^{++} sowie die freien Sauerstoff-Anionen O^{--}. Zur rechnerischen Erfassung der *Ionenanteile* wurde als Konzentrationsmaß, analog dem Molenbruch, der Ionenbruch eingeführt. Ebenso findet — in völliger Analogie zu der bereits bekannten Aktivität — der Begriff der *Ionenaktivität* Verwendung. Diese Hinweise lassen erkennen, daß der Formalismus bei der Berechnung von Gleichgewichtszuständen metallurgischer Reaktionen völlig dem bisher üblichen entspricht, jedoch sind nach der Ionentheorie als „Konzentrationsmaße" die Ionenbrüche und Ionenaktivitäten zu verwenden, da die Verwendung der Molenbrüche oder Gewichtsprozente einen molekularen Aufbau der Schlacke voraussetzt, was nach der Ionentheorie nicht zutrifft.

Zwar ist es mit Hilfe der Ionentheorie gelungen, die Vorstellungen über die Vorgänge bei metallurgischen Reaktionen zu verfeinern und weiter aufzuklären, doch ist es bisher nur in wenigen Einzelfällen möglich, die zu ihrer Anwendung erforderlichen Aktivitäten der Ionen zahlenmäßig anzugeben. Es wird daher auch noch weiterhin die bisherige Betrachtungsweise des molekularen Aufbaues der

Schlacken den Gleichgewichtsbeziehungen zugrunde gelegt. Dies erscheint um so eher gerechtfertigt, als der weitaus überwiegende Teil aller einschlägigen Untersuchungen auf dieser Anschauung basiert, die sich in den meisten Fällen bewährt hat.

1.122.1 Schlackenbestandteile

Die Eisenoxyde

Von den Eisenoxyden ist nur das FeO für die Oxydationsfähigkeit der im folgenden behandelten Schlacken als wirksam anzusehen. Höhere Oxyde sind in einer mit dem flüssigen Stahl in Berührung stehenden Schlacke nicht beständig, da sie durch das flüssige Eisen z. B. nach der Umsetzungsgleichung

$$(Fe_3O_4) + Fe = 4\,(FeO)$$

praktisch vollständig zu FeO reduziert werden. Dagegen können Frischreaktionen in Anwesenheit von flüssigem Eisen, z. B. im Puddelprozeß, auch über die bei diesen Temperaturen noch teilweise beständigen höheren Eisenoxyde verlaufen. Höhere Eisenoxyde, die in Form einer Verbindung, z. B. als Kalziumferrit $CaO \cdot Fe_2O_3$ vorliegen, sind allerdings auch bei den Stahlerzeugungstemperaturen beständig.

In *kalkfreien, sauren* Schlacken besteht für das Eisen(II)-oxyd nur die Bindungsmöglichkeit mit der Kieselsäure. Als stabile Bindungsform kommt wahrscheinlich nur der Fayalit $2\,FeO \cdot SiO_2$ in Frage.

In *basischen* Schlacken tritt als Verbindungskomponente für die Eisenoxyde noch der Kalk hinzu, der mit ihnen Ferrite etwa nach der Formel $CaO \cdot Fe_2O_3$ bildet. Da sich die Kieselsäure mit Kalk zu Kalksilikat verbindet, ist in kalkhaltigen Silikatschlacken die Möglichkeit zur Bildung von Fayalit, Kalkferrit und Kalksilikat gegeben. Je nach der von der Zusammensetzung und Temperatur abhängigen Bindung des Eisen(II)-oxyds an andere Oxyde ergeben sich unterschiedliche Werte für die FeO-Aktivität.

Neben den genannten Verbindungen können die des FeO mit MgO, Al_2O_3 und P_2O_5 unter den Bedingungen der Herdfrischprozesse als praktisch vollständig dissoziiert angesehen werden.

Die Manganoxyde

In einer mit dem Stahlbad in Berührung stehenden Schlacke ist von den Manganoxyden nur das Mangan(II)-oxyd beständig. Höhere Manganoxyde werden so gut wie vollständig zu MnO reduziert, das sowohl in den sauren als auch in den basischen Schlacken praktisch nur als Silikat gebunden vorliegt.

Die Kieselsäure

In *sauren*, kalkfreien Schlacken über manganhaltigen Stahlbädern ist die Kieselsäure außer an das Eisen(II)-oxyd zum Teil nach der Gleichung

$$2\,MnO + SiO_2 = 2\,MnO \cdot SiO_2$$

an das Mangan(II)-oxyd gebunden. Diese Bindungen der Kieselsäure an andere Oxyde bedingen eine entsprechende Aktivitätsverminderung.

In den *basischen* Schlacken ist, wie schon erwähnt, der Kalk der wesentlichste Reaktionspartner der Kieselsäure. Neben dem $CaO \cdot SiO_2$ muß in hochbasischen

Schlacken vor allem auch mit dem Auftreten von $2\,CaO \cdot SiO_2$ gerechnet werden. Die Aktivität der Kieselsäure in basischen Schlacken sowie in kalkhaltigen Silikatschlacken wird somit durch ihre Bindungsmöglichkeiten an FeO, MnO und CaO wesentlich beeinflußt.

Die in den üblichen Schlacken enthaltenen geringen Mengen an MgO und Al_2O_3 sind praktisch ohne Einfluß. In MgO- und Al_2O_3-reichen Schlacken treten aber auch diese als basische Komponenten mit der Kieselsäure in Reaktion.

Kalk und Phosphorsäure

In *sauren* Schlacken ist der Kalk üblicherweise nur in geringen Konzentrationen ($< 12\%$) enthalten und muß als praktisch vollständig an die Kieselsäure gebunden angesehen werden, so daß er auf die Reaktionen des Phosphors keinen Einfluß nehmen kann. Dementsprechend ist in sauren Schlacken keine Phosphorsäure enthalten, da ihr unter den gegebenen Bedingungen jede Bindungsmöglichkeit fehlt und flüssiges Eisen reduzierend auf die Phosphorsäure wirkt.

In den *basischen* Schlacken tritt als Reaktionspartner für den Kalk außer dem bereits besprochenen Eisen(II)-oxyd und der Kieselsäure noch die Phosphorsäure hinzu. Die in basischen Schlacken enthaltene Phosphorsäure ist praktisch vollkommen an Kalk gebunden, wobei jedoch die Bindungsform noch nicht geklärt ist. Es ist sowohl die Bildung von Kalziumtriphosphat $3\,CaO \cdot P_2O_5$ als auch von Tetraphosphat $4\,CaO \cdot P_2O_5$ möglich. Die Kalkaktivität wird stark von den vorhandenen Bindungen des Kalks an andere Oxyde, wie SiO_2 und FeO, abhängen. Tonerde in den üblichen Konzentrationen bis zu etwa 7% hat keinen merkbaren Einfluß auf die Bindungen von Kalk und Phosphorsäure und die sich daraus ergebenden Gleichgewichtsbeziehungen. Die in den basischen Schlacken mit den anderen Komponenten möglichen Verbindungen der Phosphorsäure müssen als weitgehend dissoziiert betrachtet werden, so daß ihre Anwesenheit vernachlässigt werden kann.

Die Oxyde der Legierungselemente und ihre Verbindungen

Für die Oxyde der Legierungselemente gelten die gleichen Überlegungen wie für die bisher besprochenen oxydischen Schlackenkomponenten. Die Reaktionen der Oxyde des Chroms, Vanadins, Wolframs, Molybdäns, Titans usw. mit den vorhin genannten Schlackenbaustoffen addieren sich zu jenen der einfachen sauren und basischen Schlacken je nach der Reaktionsfähigkeit der einzelnen Oxyde. Die zahlenmäßige Erfassung der Gleichgewichte in den Schlacken gestaltet sich im Vergleich zu denen des Eisen(II)-oxyds oder Mangan(II)-oxyds deshalb so schwierig, weil fast alle diese Elemente, je nach der Schlackenzusammensetzung, verschiedene saure oder basische Oxyde bilden können. Soweit über das Verhalten der einzelnen Oxyde Untersuchungen vorliegen, werden sie im Zusammenhang mit den Reaktionen der Legierungselemente in Abschnitt 1.137 behandelt.

Die Oxyde der schwerer als das Eisen oxydierbaren Legierungselemente spielen in den Schlacken der Eisenhüttenprozesse keine Rolle. Infolge der größeren Stabilität des Eisen(II)-oxyds würden sie sofort nach der Gleichung

$$(MeO) + Fe = (FeO) + [Me]$$

in das Bad reduziert. Eine nennenswerte Verschlackung durch Oxydation erfolgt daher nicht, solange die Konzentration des Eisens im Stahlbad überwiegt.

Der Schwefel

In der Schlacke liegt der gesamte Schwefel in Form von Sulfiden vor. Die durch Schlackenkomponenten eingebrachten Sulfate, z. B. $CaSO_4$ (Gips), werden durch den flüssigen Stahl zu Sulfid reduziert. Das Lösungsvermögen der Schlacke für die einzelnen Sulfide hängt weitgehend von ihrer Zusammensetzung und der Temperatur ab.

In *sauren* Schlacken, auch solchen mit geringen Kalkgehalten, sind nur sehr geringe Mengen an Metallsulfid löslich. Bei hohen Temperaturen besteht die Möglichkeit der Bildung von flüchtigem Siliziummonosulfid durch Reaktion der Metallsulfide mit der Kieselsäure. Alkalireiche Schlacken sind dagegen in der Lage, durch Na_2S-Bildung aus Umsetzungen mit den Metallsulfiden größere Mengen an Schwefel aufzunehmen.

In *basischen* Schlacken sind die Metallsulfide in wesentlich höherem Maße löslich. Außerdem tritt durch Umsetzungen mit dem Kalk Kalziumsulfid auf, das mit dem gelösten Mangansulfid die Hauptmenge des Schwefels der Schlacke enthält. Wird in besonderen Fällen, z. B. in den Schlacken des Roheisenmischers, das Lösungsvermögen der Schlacke für Sulfide überschritten, so kann sich eine zweite flüssige Schlackenphase, ein sogenannter Stein, aus Mangan- und Eisensulfid bilden, dessen Zusammensetzung dann für das Verteilungsgleichgewicht des Schwefels zwischen Metall und Schlacke maßgebend ist.

Die Suspensionen

Außer den gelösten Stoffen können die Schlacken auch Suspensionen enthalten. Von diesen ist praktisch nur der Kohlenstoff von Bedeutung. Er tritt in den später noch zu behandelnden karbidischen Feinungsschlacken auf. In diesen wird er unter Einwirkung des elektrischen Lichtbogens teilweise zu Kalziumkarbid gebunden. Der in feiner Form in der Schlacke enthaltene Kohlenstoff kann bei der Berührung mit dem Stahlbad von diesem herausgelöst werden.

1.122.2 Schlackensysteme

Wie bereits erwähnt wurde, ist eine Darstellung des Verhaltens der sehr komplex aufgebauten technischen Schlacken in Form von Zustandsschaubildern nicht möglich, und es muß daher getrachtet werden, diese technischen Schlacken auf einfache Zwei- und Dreistoffsysteme zurückzuführen, für die derartige Diagramme in übersichtlicher Form angegeben werden können. Aus den Zustandsschaubildern der aus den wichtigsten Schlackenkomponenten gebildeten binären und ternären Systeme läßt sich eine Reihe wichtiger Aussagen entnehmen, die in gewissem Umfang auch auf die technischen Vielstoffsysteme übertragbar sind. So sind Aussagen über das Schmelzverhalten und damit über die Zähflüssigkeit, welche für die Geschwindigkeit der Umsetzung mitentscheidend ist, aus diesen Zustandsdiagrammen möglich. Da die Aktivitäten der einzelnen Schlackenkomponenten in ursächlichem Zusammenhang mit dem Zustandsdiagramm stehen, kann aus diesem auch auf das Reaktionsverhalten der Schlackenbestandteile geschlossen werden. In besonderem Maße gilt dies für den Fall eventueller Verbindungsbildungen oder Entmischungserscheinungen.

Allgemein ist zu beachten, daß sich diese Zustandsschaubilder auf den Gleichgewichtszustand beziehen und daß daher die aus ihnen abgeleiteten Aussagen nur dann gelten, wenn sich die entsprechenden Gleichgewichte für die Gesamtheit der Schlackenkomponenten eingestellt haben. Wenn also für ein binäres System bestimmter Zusammensetzung ein hoher Liquiduspunkt von z. B. 2000°C aus dem Zustandsschaubild entnommen wird, so wird ein feinkörniges Gemenge der beiden Schlackenbestandteile tatsächlich erst bei dieser Temperatur vollständig verflüssigt sein. Liegen die Schlackenkomponenten jedoch in grobstückiger Form vor, so können sich während des Erhitzens daraus schon bei wesentlich niedrigeren Temperaturen flüssige Schlacken bilden, die infolge der ungleichen Auflösung der beiden Schlackenkomponenten eine andere, eben niedriger schmelzende Zusammensetzung haben.

Im folgenden werden zunächst die für die Stahlerzeugung wichtigsten Zweistoffsysteme besprochen, im Anschluß daran erfolgt die Wiedergabe technisch bedeutsamer ternärer Schlackensysteme.

FeO−SiO₂

Abb. 21 zeigt die von H. Schenck und G. Wiesner [33] angegebene verbesserte Form des Zustandsschaubildes FeO−SiO₂ nach N. L. Bowen und J. F. Schairer [34]. Jede der beiden Systemkomponenten erfährt eine starke Schmelzpunktänderung durch die andere. Das System enthält die stabile Verbindung Fayalit (2 FeO·SiO₂), die einen Schmelzpunkt von 1205°C hat. Zwischen dieser Verbindung und den beiden reinen Komponenten liegen zwei Eutektika bei 23 und 38% SiO₂, die Schmelzpunkte von 1175 und 1180°C aufweisen.

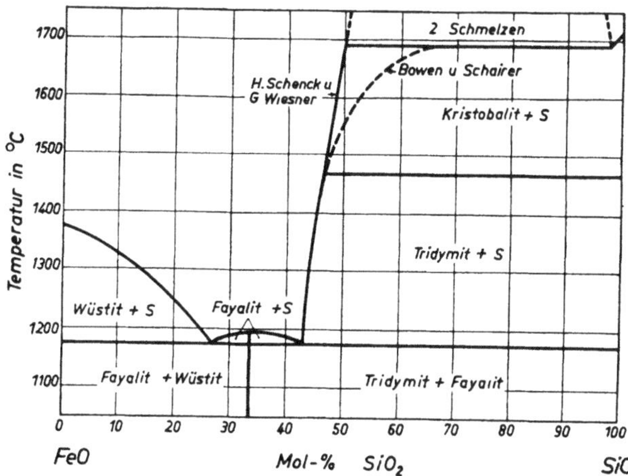

Abb. 21. Das Zustandsschaubild FeO–SiO₂ (nach N. L. Bowen und J. F. Schairer sowie H. Schenck und G. Wiesner)

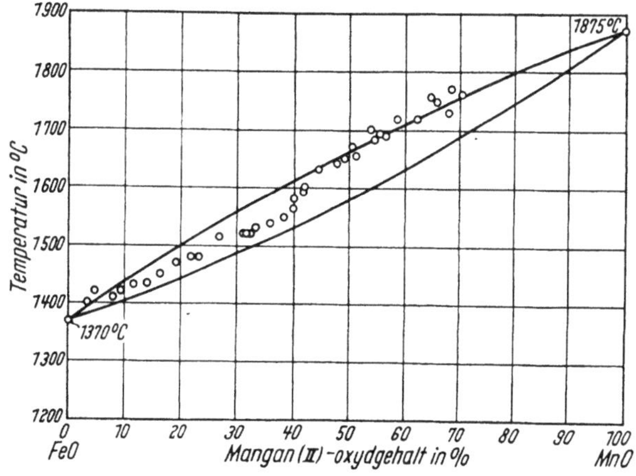

Abb. 22. Das Zustandsschaubild FeO–MnO (nach W. A. Fischer und H. J. Fleischer)

FeO−MnO

Dieses System zeigt sowohl im flüssigen als auch im festen Zustand eine lückenlose Mischbarkeit. Das Zustandsschaubild ist in Abb. 22 nach den Ergebnissen von W. A. Fischer und H. J. Fleischer [35] wiedergegeben, die den Schmelzpunkt des MnO zu 1875°C bestimmten.

FeO−MgO

Nach den Untersuchungen von N. L. Bowen und J. F. Schairer [36] sind Eisen(II)-oxyd und Magnesia auch im festen Zustand lückenlos mischbar. Das in Abb. 23 enthaltene Zustandsschaubild nach H. SCHENCK und W. PFAFF [93] gleicht also grundsätzlich dem des Systems FeO—MnO.

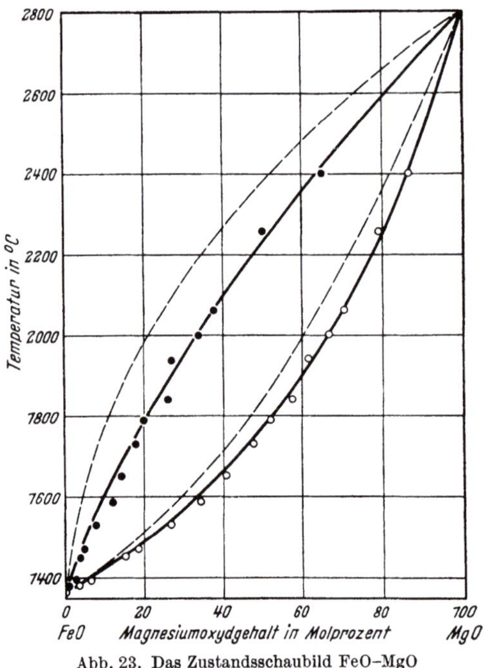

Abb. 23. Das Zustandsschaubild FeO–MgO
(nach H. SCHENCK und W. PFAFF)

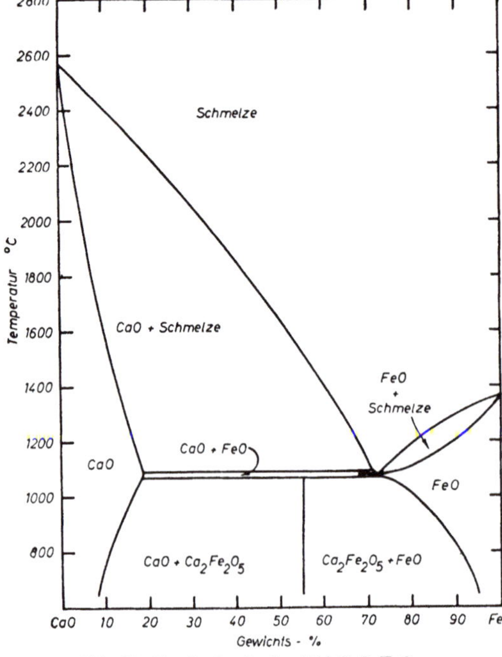

Abb. 24. Das Zustandsschaubild CaO–FeO
(nach A. MUAN und E. F. OSBORN)

FeO—CaO

Dieses Zweistoffsystem kann nicht über den gesamten Konzentrationsbereich mit Sicherheit angegeben werden. Das nach verschiedenen Untersuchungen wahrscheinlichste Zustandsschaubild wurde von A. MUAN und E. F. OSBORN [37] angegeben und ist in Abb. 24 enthalten. Danach besitzt Wüstit eine ziemlich große Löslichkeit für Kalk. Die Schmelztemperatur des FeO wird durch Kalkzusätze zunächst erniedrigt und erst nach Überschreiten der eutektischen Konzentration steigt sie mit zunehmender Kalkkonzentration stark an. Zu beachten ist, daß in Gegenwart von Eisen auch stets höhere Eisenoxyde vorhanden sind.

FeO—Al₂O₃

In Abb. 25 ist das von W. A. FISCHER und A. HOFFMANN [38] entworfene Zustandsdiagramm des Systems Wüstit—Tonerde wiedergegeben. Demnach erniedrigen geringe Zusätze von Al_2O_3 den Schmelzpunkt des Wüstits. Bei höherer als eutektischer Al_2O_3-Konzentration wird primär der Spinell $FeO \cdot Al_2O_3$ ausgeschieden, der einen kongruenten Schmelzpunkt von 1780°C hat und eine begrenzte Löslichkeit für Tonerde aufweist.

FeO—CaF₂

Obwohl dem Flußspat als eigentlicher Reaktionsteilnehmer bei metallurgischen Umsetzungen keine Bedeutung zukommt, spielt er als Flußmittel eine wichtige Rolle. Vor allem bei kalkreichen, hochbasischen Schlacken ersetzt der Flußspat das FeO als Flußmittel, so daß auch diese basischen FeO-armen Schlacken bei relativ geringen Temperaturen

gut flüssig sind. Das besondere Verhalten des Flußspates kann aus dem Zustandsdiagramm FeO—CaF$_2$ abgelesen werden. Nach W. OELSEN und H. MAETZ
[39] weist dieses System, wie Abb. 26 zeigt, eine ausgedehnte Mischungslücke auf. Die gegenseitige Mischbarkeit der beiden Komponenten beträgt

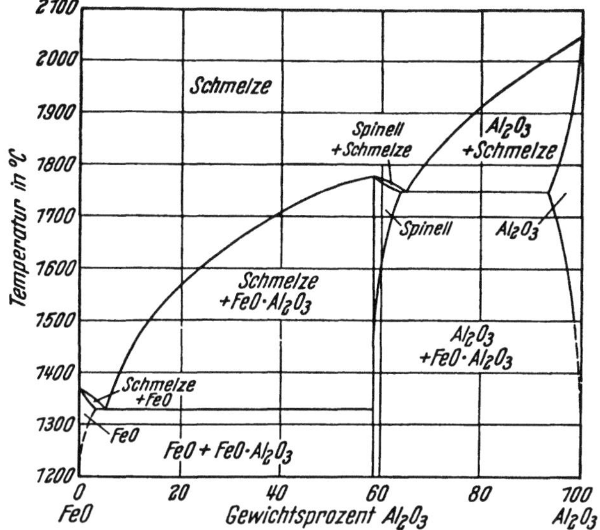

Abb. 25. Das Zustandsschaubild FeO–Al$_2$O$_3$ (nach W. A. FISCHER und A. HOFFMANN)

im flüssigen Zustand nur etwa je 2% und bei Gesamtkonzentrationen, die
innerhalb des durch die beiden Löslichkeitskurven angegebenen Bereiches
liegen, stehen entsprechende Mengen der beiden Schmelzen S_1 und S_2 miteinander im Gleichgewicht. Dies bedeutet aber, daß auch Flußspatschlacken

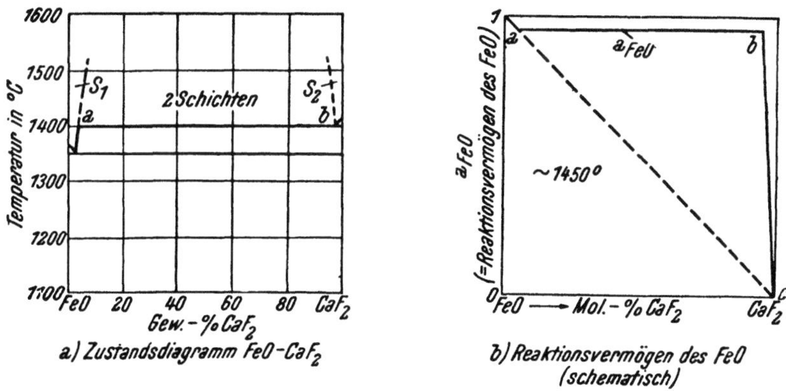

Abb. 26. Das Zustandsschaubild FeO — CaF$_2$ und die FeO-Aktivität von FeO — CaF$_2$-Schlacken
(nach W. OELSEN und H. MAETZ)

mit so geringen FeO-Gehalten, wie etwa 2%, die gleiche FeO-Aktivität besitzen
wie fast reine FeO-Schlacken, wie dies aus Abb. 26 b hervorgeht. Da ähnliche
Verhältnisse auch dann vorliegen, wenn die Schlacke noch andere Bestandteile,
wie Kalk oder Kalksilikat, enthält, läßt sich daraus für die Praxis ableiten, daß
niedrigschmelzende Flußspatschlacken nicht dazu geeignet sind, die FeO-Aktivität

etwa durch Verdünnung einer vorhandenen Schlacke zu verringern. Wenn also der Flußspat auch nicht direkt an den Umsetzungen teilnimmt, so ist ihm doch gerade für die basischen Schlacken große Bedeutung zuzuschreiben, die einmal auf seiner verflüssigenden Wirkung beruht und zum anderen darauf, daß das Reaktionsvermögen des in der Schlacke enthaltenen FeO erhöht wird.

CaO — SiO$_2$

Kalk und Kieselsäure stellen die stärksten basischen bzw. sauren Oxyde in den Schlacken der Eisenhüttenprozesse dar und bestimmen somit weitgehend den Schlackencharakter. So wie auch mit anderen, wenn auch nur schwach sauren Oxyden, bildet der Kalk mit Kieselsäure stabile Verbindungen, nämlich das Silikat CaO·SiO$_2$ und das Orthosilikat 2CaO·SiO$_2$. Wie dem durch J. W. GREIG [40] sowie E. F. OSBORN und J. F. SCHAIRER [41] ergänzten und verbesserten Zustandsdiagramm von G. A. RANKIN und F. E. WRIGHT [42] in Abb. 27 entnommen werden kann, besteht bei kieselsäurereichen Schlakken bei Temperaturen über etwa 1700°C eine weite Mischungslücke. Aus dem Diagramm kann eine stärkere Dissoziierung des CaO·SiO$_2$ bei hohen Temperaturen vermutet werden, während das Orthosilikat nur geringfügig dissoziiert sein sollte.

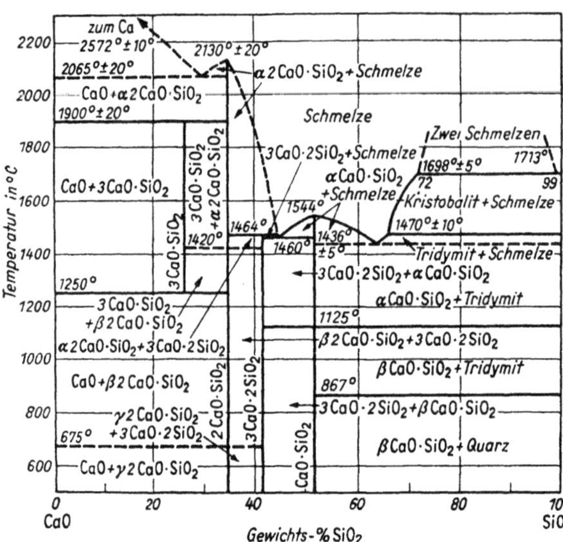

Abb. 27. Das Zustandsschaubild CaO−SiO$_2$ (nach G. A. RANKIN und F. E. WRIGHT, verbessert durch J. W. GREIG sowie E. F. OSBORN und J. F. SCHAIRER; entnommen aus Eisenhütte, 5. Aufl., 1961)

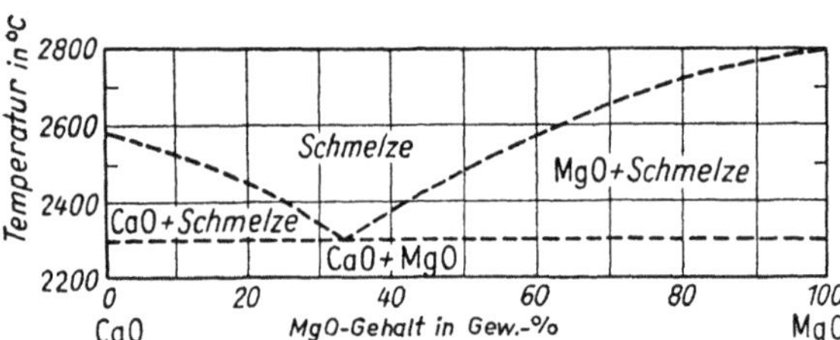

Abb. 28. Das Zustandsschaubild CaO−MgO (nach G. A. RANKIN und H. E. MERWIN; entnommen aus Eisenhütte, 5. Aufl., 1961)

Entsprechend den eingangs gemachten Bemerkungen wird ein aus grobstückigen Teilen bestehendes Gemenge mit einer Gesamtzusammensetzung, die z. B. dem Orthosilikat entspricht, nicht erst bei dessen Schmelztemperatur verflüssigt, sondern es bildet sich zunächst eine SiO$_2$-reichere niedrigschmelzende Phase, die allmählich weiter festen Kalk auflöst, wobei die Schlacke stets flüssig bleibt. Wird die Schlacke jedoch wieder von hoher Temperatur abgekühlt, so scheiden sich aus den flüssigen Anteilen die Kristalle des Orthosilikats ab, wodurch die Gesamtmenge der Schlacke zähflüssiger wird. Aus diesem Verhalten der basischen Kalk-Kieselsäure-Schlacken, die mit festem Kalk in Berührung stehen, kann die technisch wichtige Folgerung gezogen werden, daß ihr Fließverhalten stark von den Entstehungsbedingungen abhängig ist. Für ihr Fließvermögen ist also nicht nur der Bereich der völlig flüssigen Schlacken maßgebend, vielmehr können auch feste Phasen enthaltende Schlacken verschiedene Viskositäten aufweisen. Es kommt nur darauf an, in welcher Menge und Verteilungsform die festen Bestandteile mit den flüssigen Anteilen vermengt sind.

Die Vorgänge beim Abkühlen gelten im wesentlichen für basische Schlacken, deren Komponenten und Verbindungen im allgemeinen ohne nennenswerte Unterkühlungen kristallisieren. Die sauren Schlacken lassen sich, wenn sie einmal aufgeschmolzen sind, sehr weit unterkühlen, so daß sie im Gegensatz zu den basischen Schlacken auch bei der Abkühlung über größere Bereiche flüssiger erscheinen können, als es ihrem Zustandsschaubild entspricht.

Einen wichtigen Begriff stellt die *Sättigung* dar. Eine Lösung ist an einem Stoff dann gesättigt, wenn dieser im gelösten Zustand die gleiche Aktivität, also das gleiche Reaktionsvermögen hat wie im reinen Zustand bei der gleichen Temperatur. Dies ist im Sinne der Gleichgewichtslehre dann der Fall, wenn sich der betrachtete Stoff nicht nur bis zu diesem Gehalt in der Schmelze aufgelöst hat, sondern sich auch als solcher aus der übersättigten Lösung, z. B. bei der Abkühlung, wieder abscheidet.

Im vorliegenden Fall von $CaO-SiO_2$-Schlacken kann z. B. eine Sättigung an Kalk zur Bildung einer hochbasischen Schlacke nicht einfach dadurch erreicht

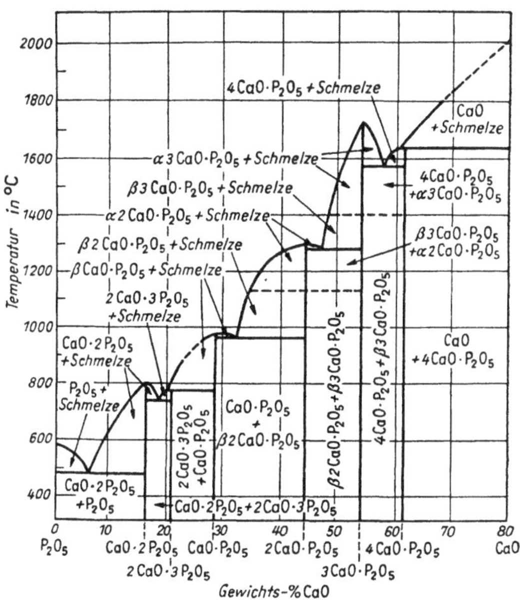

Abb. 29. Das Zustandsschaubild $CaO-P_2O_5$ (nach G. Trömel sowie W. L. Hill, G. T. Faust und D. S. Reynolds; entnommen aus Eisenhütte, 5. Aufl., 1961)

werden, daß man mit einer niedrigschmelzenden Schlacke des mittleren Konzentrationsbereiches so lange festen Kalk zusetzt, bis sie an diesem „gesättigt" ist. Vielmehr können flüssige $CaO-SiO_2$-Schlacken bei 1600 °C überhaupt nicht an Kalk gesättigt sein, sondern nur an Kristallen des Orthosilikats. Dementsprechend kann auch bei 1600 °C die Aktivität des in diesen Schlacken gelösten Kalks nie höher sein, als es die Eigenschaften des Orthosilikats erlauben, unabhängig davon, wie groß das Kalkangebot sein mag. Eine höhere Kalkaktivität könnte nur durch entsprechende Temperatursteigerung erreicht werden.

CaO—MgO

Wie das in Abb. 28 wiedergegebene, von G. A. Rankin und H. E. Merwin [43] stammende Zustandsschaubild zeigt, bilden die beiden basischen Oxyde Kalk und Magnesia keine Verbindung miteinander. Sie erniedrigen gegenseitig ihre Schmelzpunkte, bis beim eutektischen Punkt eine Schmelztemperatur von ungefähr 2300 °C erreicht ist.

CaO—P₂O₅

Dieses in Abb. 29 gezeigte System wurde für den Bereich von 0 bis 23% CaO nach den Untersuchungen von W. L. Hill, G. T. Faust und D. S. Reynolds [44] und für höhere Kalkgehalte nach den Ergebnissen von G. TRÖMEL [45] entworfen. Die wichtigste Verbindung dieses Systems ist das Trikalziumphosphat $3\,CaO\cdot P_2O_5$, in dem sowohl der Kalk als auch die Phosphorsäure sehr fest gebunden sind. Ähnlich wie $CaO-SiO_2$-Schlacken sind auch die $CaO-P_2O_5$-Schlacken bei 1600°C nicht an Kalk zu sättigen. Bei dieser Temperatur ist nur eine Sättigung an Ortho- oder Tetraphosphat möglich.

$CaO-Al_2O_3$

Das in Abb. 30 nach den Untersuchungen von G. A. RANKIN und F. E. WRIGHT [42] gezeigte Zustandsschaubild dieses Systems veranschaulicht die gegenseitige sehr starke Schmelzpunkterniedrigung der beiden hochschmelzenden Oxyde CaO und Al_2O_3. Dem Bild kann weiter entnommen werden, daß 4 Verbindungen zwischen diesen Komponenten bekannt sind, die sämtlich gegenüber den reinen Oxyden vergleichsweise niedrige Schmelzpunkte aufweisen. Wegen der starken Schmelzpunkterniedrigung in binären $CaO-Al_2O_3$-Gemischen kann im Gegensatz zu $CaO-SiO_2$-Schlacken schon bei relativ niedrigen Temperaturen eine Sättigung an festem Kalk erreicht werden. Bei Anwesenheit eines Überschusses an festem Kalk kann der gelöste Kalk in diesen Schlacken, z. B. bei 1600°C, die gleiche Aktivität wie reiner, fester Kalk haben. Dabei ist es gleichgültig, wie hoch der Gesamtkalkgehalt der Schlacke bei dieser Temperatur ist. Der Mengenumsatz allerdings ist sehr wohl von der Menge

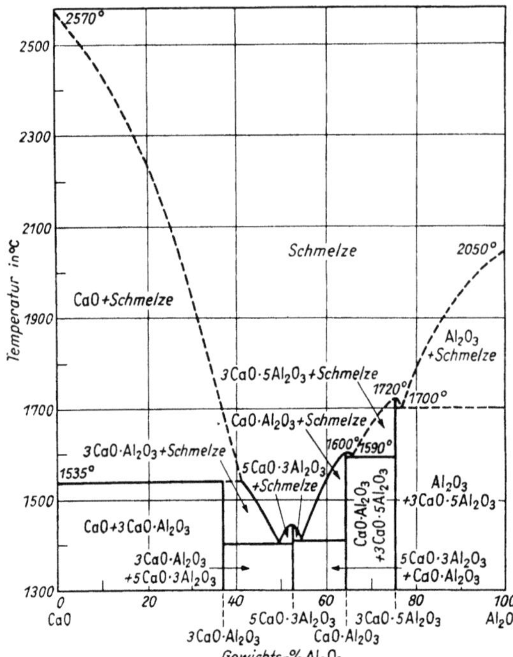

Abb. 30. Das Zustandsschaubild $CaO-Al_2O_3$ (nach G. A. RANKIN und F. E. WRIGHT; entnommen aus Eisenhütte, 5. Aufl., 1961)

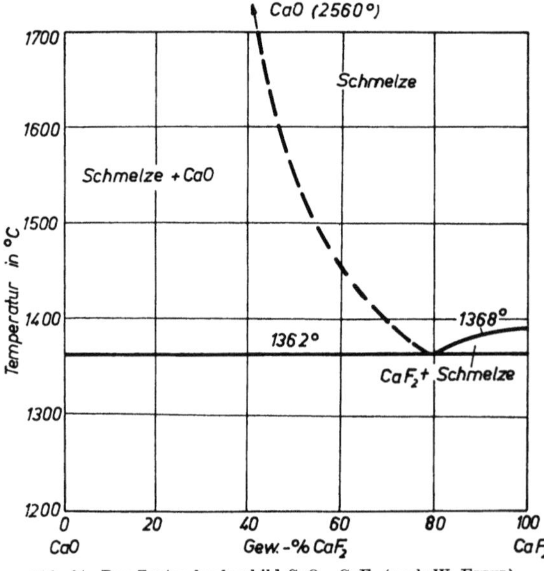

Abb. 31. Das Zustandsschaubild $CaO-CaF_2$ (nach W. EITEL)

des gelösten Kalks abhängig. Sehr ähnliche Verhältnisse herrschen auch bei den binären $FeO-CaO$ und $CaO-CaF_2$-Schlacken, die ebenfalls ein grundlegend anderes Verhalten bezüglich der Kalksättigung zeigen als das System $CaO-SiO_2$.

$CaO-CaF_2$

Dieses von W. Eitel [46] untersuchte System ist, wie Abb. 31 zeigt, durch die sehr starke Schmelzpunkterniedrigung als Folge des Flußspatzusatzes zum Kalk ausgezeichnet, die die Verwendung des Flußspates als Flußmittel begründet.

$MgO-SiO_2$

Das Zustandsdiagramm dieses Systems ist in Abb. 32 nach den Untersuchungen von N. L. Bowen und O. Andersen [47] sowie J. W. Greig [40] enthalten. Auf der kieselsäurereichen Seite tritt oberhalb von 1695°C eine ausgedehnte Mischungs-

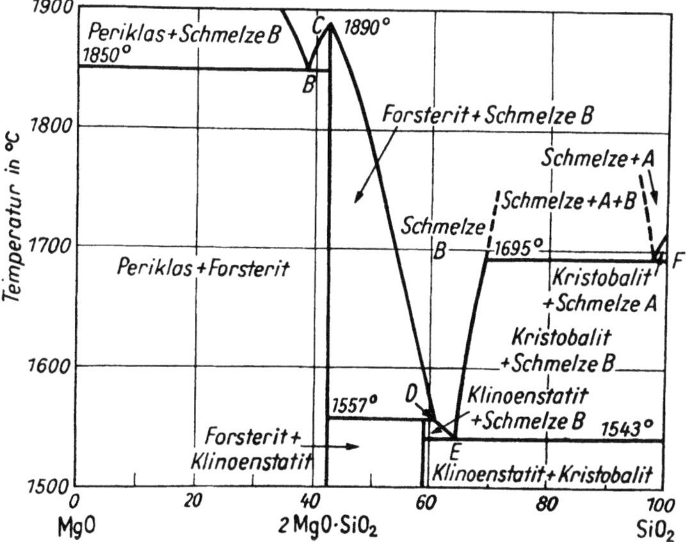

Abb. 32. Das Zustandsschaubild $MgO-SiO_2$ (nach N. L. Bowen und O. Andersen sowie J. W. Greig; entnommen aus Eisenhütte, 5. Aufl., 1961)

lücke auf. Der Schmelzpunkt von reiner Magnesia (Periklas) liegt bei 2800°C. Es treten zwei Verbindungen auf, nämlich das Metasilikat $MgO \cdot SiO_2$ (Klinoenstatit) und das Orthosilikat $2MgO \cdot SiO_2$ (Forsterit). Der Forsterit kann wegen seines hohen Schmelzpunktes und seiner sonstigen Eigenschaften als feuerfester Baustoff verwendet werden.

$MnO-SiO_2$

Das in Abb. 33 wiedergegebene Zustandsschaubild beruht im wesentlichen auf den Untersuchungen von J. White, D. D. Horvat und R. Hay [48], allerdings unter Berücksichtigung des von W. A. Fischer und H. J. Fleischer [35] festgestellten höheren Schmelzpunktes für MnO. Auf der kieselsäurereichen Seite existiert bei höheren Temperaturen eine ausgedehnte Mischungslücke. Die beiden möglichen Silikate $2MnO \cdot SiO_2$ (Tephroit) und $MnO \cdot SiO_2$ (Rhodonit) schmelzen inkongruent.

Aus den Zustandsschaubildern der binären Systeme ergeben sich bereits wesentliche Aussagen über das grundsätzliche Reaktionsverhalten der einzelnen

Komponenten. So können Kieselsäure und Phosphorsäure im Temperaturbereich der Stahlerzeugungsprozesse zwar größere Mengen Kalk verflüssigen, jedoch bewirken sie eine weitgehende Aktivitätsverminderung durch Bildung von chemischen Verbindungen. Dagegen können Al_2O_3, FeO und CaF_2 hinsichtlich ihrer Wirkung auf den Kalk als echte Flußmittel bezeichnet werden, da sie Schlacken mit dem unverminderten Reaktionsvermögen des reinen Kalks ergeben. Ein grundsätzlich gleiches Verhalten gegenüber Kalk zeigt die Magnesia, nur daß sie wegen ihres hohen Schmelzpunktes eine Sonderstellung einnimmt.

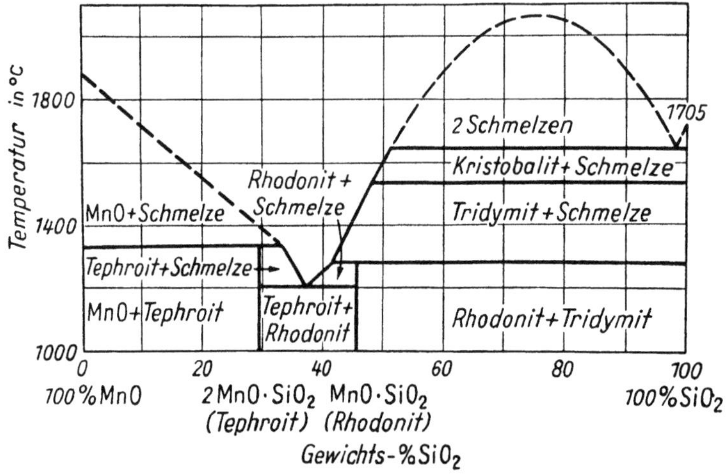

Abb. 33. Das Zustandsschaubild MnO—SiO₂ (nach J. WHITE, D. D. HOWAT und R. HAY, verbessert nach W. A. FISCHER und H. J. FLEISCHER; teilweise entnommen aus Eisenhütte, 5. Aufl., 1961)

Die Schmelzpunktmaxima der Silikat- und Phosphatverbindungen, die in den $CaO-SiO_2$- bzw. $CaO-P_2O_5$-Schlacken der Sättigung an Kalk bei den üblichen Badtemperaturen unlegierter Stähle von etwa 1600°C entgegenstehen, können durch Zusatz von Flußmitteln umgangen werden. Diese ermöglichen es, die Kalksättigung schon bei wesentlich tieferen Temperaturen zu erzielen. Über die Wirkung der verschiedenen Flußmittel auf den Kalk in technischen Schlacken, besonders in den Kalk- und Kieselsäureschlacken, geben die Dreistoffsysteme in Abb. 34 Aufschluß, welche die Löslichkeitsverhältnisse für etwa 1600°C nach F. KÖRBER und W. OELSEN [49] darstellen.

Die Systeme $CaO-Al_2O_3-SiO_2$, $CaO-FeO-SiO_2$ und $CaO-CaF_2-SiO_2$ sind dadurch besonders ausgezeichnet, daß man schon bei 1600°C auf eine Grenzkurve (cd) gelangt, wo die Schlacken, wie die Konoden zeigen, an festem Kalk gesättigt sind. Der Kalk besitzt daher in diesem Bereich sein höchstmögliches Reaktionsvermögen. Im System $CaO-MgO-SiO_2$ liegen die Verhältnisse anders. Hier wird der Bereich der flüssigen Schlacke nur durch das Kurvenstück a—b von der Löslichkeitslinie des Orthosilikats begrenzt, an die sich die Löslichkeitslinie des MgO anschließt. Das in der flüssigen Schlacke gelöste MgO verhindert so, daß man bei 1600°C Schlacken erzielen kann, die an flüssigem Kalk gesättigt sind und damit wirklich als hochbasische Schlacken angesehen werden können. Das Reaktionsvermögen des Kalks bleibt mit dem des Orthosilikats begrenzt.

Aus diesen Systemen läßt sich auch erkennen, wie man bei etwa 1600°C zu möglichst hochbasischen, flüssigen Schlacken gelangt, deren Zusammensetzung möglichst auf der Linie $c-d$ oder wenigstens nahe dem Punkt c liegt. Eine Kalkzugabe allein zu irgendeiner Schlacke des mittleren flüssigen Bereiches genügt nicht. Es kommt vielmehr darauf an, wie hoch die Verhältnisse $\dfrac{Al_2O_3}{SiO_2}$, $\dfrac{FeO}{SiO_2}$ oder $\dfrac{CaF_2}{SiO_2}$ in der Ausgangsschlacke sind. Für zwei Schlackenzusammensetzungen A und B ist der Konzentrationsweg bei der Auflösung von Kalk in den Diagrammen der Abb. 34 eingezeichnet. Eine Schlacke wird demnach durch

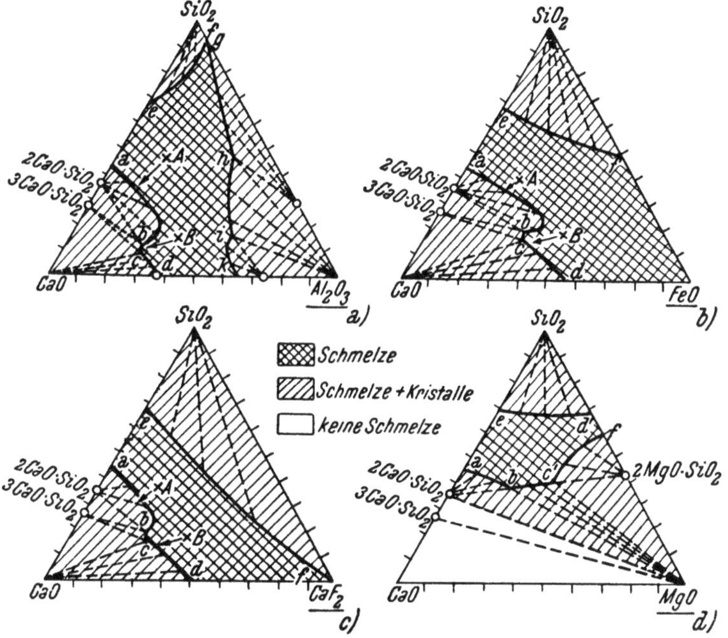

Abb. 34. Die Löslichkeitsverhältnisse in einigen Silikatsystemen bei 1600 °C (nach F. KÖRBER und W. OELSEN)

Auflösung von Kalk um so basischer, je mehr Flußmittel im Vergleich zur Kieselsäure enthalten sind. Das MgO bringt aber nach anfänglicher geringer Steigerung der Basizität bis zum Punkt b die umgekehrte Wirkung hervor, wenn dieser Gehalt überschritten wird. Bei höheren Temperaturen rücken die Löslichkeitslinien immer mehr in die Kalkecke hinein, wobei der Abschnitt $c-d$ auf Kosten der anderen wächst.

Die Erzeugung hochbasischer Schlacken wird also mit zunehmender Temperatur immer leichter, wobei auch immer weniger Flußmittel, also FeO, Al_2O_3 oder CaF_2, notwendig werden. Von dieser Möglichkeit kann vor allem im basischen Lichtbogenofen Gebrauch gemacht werden, in dem sich bekanntlich hochbasische Kalkschlacken mit nur geringen Flußmittelzusätzen erzielen lassen.

Im folgenden werden noch die bei der Stahlerzeugung wichtigsten ternären Schlackensysteme zusammengefaßt, wobei eine nähere Beschreibung von Einzelheiten im Zusammenhang mit der Besprechung der jeweiligen Vorgänge späteren Abschnitten vorbehalten bleibt.

$$FeO-MnO-SiO_2$$

Schlacken dieser Zusammensetzung haben Bedeutung bei den sauren Stahlherstellungsprozessen sowie für die Desoxydation mit Mangan und Silizium. Das

von F. Körber und W. Oelsen [50] stammende, in Abb. 35 wiedergegebene
ternäre Zustandsschaubild zeigt, daß die Löslichkeit der Kieselsäure in FeO—
MnO—SiO$_2$-Schlacken nur wenig temperaturabhängig ist.

$$CaO-FeO-SiO_2$$

Dieses System ist für eine Vielzahl von Eisenhüttenprozessen sehr wichtig.
Sein in Abb. 36 gezeigtes Zustandsschaubild beruht im wesentlichen auf Untersuchungen von N. L. Bowen, J. F. Schairer und E. Posnjak [51] sowie W. C.

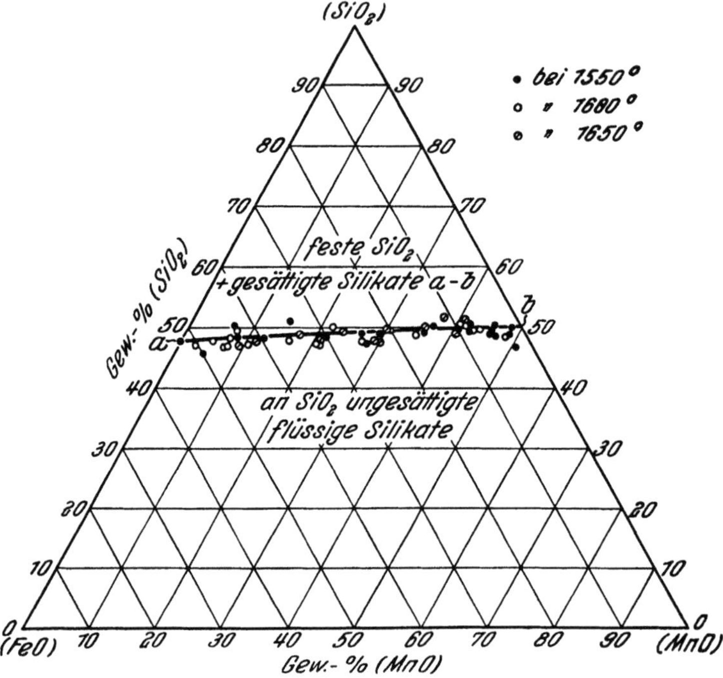

Abb. 35. Die Löslichkeit fester Kieselsäure in Eisen—Mangan—Oxydul-Silikaten in Gegenwart von flüssigem
Eisen (Löslichkeitsgrenze fester Kieselsäure) (nach F. Körber und W. Oelsen)

Allen und R. B. Snow [52]. Aus Abb. 36 ist zu entnehmen, daß etwa in der Mitte
des Systems liegende Schlacken sehr niedrige Schmelzpunkte haben, die ungefähr
bei 1200°C liegen, d. h. daß FeO und Mischungen aus FeO und SiO$_2$ als sehr wirkungsvolle Flußmittel angesehen werden können. Von praktischer Bedeutung ist
der Bereich flüssiger Schlacken. Dieser kann für 1600°C aus Abb. 34b abgelesen
werden. Schlacken, deren Zusammensetzung längs der Kalk-Sättigungslinie liegen,
sind recht dünnflüssig. Dies aber nur, wenn sie keine festen Bestandteile enthalten.
Ihre Viskosität ist somit sehr stark temperaturabhängig. Kieselsäuregesättigte
Schlacken haben eine mittlere Viskosität, die aber ebenfalls stark zunimmt, sobald
eine Übersättigung auftritt.

$$MgO-FeO-SiO_2$$

Das von N. L. Bowen und J. F. Schairer [36] aufgestellte Zustandsschaubild
ist in Abb. 37 wiedergegeben. Darin sind die Zusammensetzungen der bei den
jeweiligen Temperaturen mit den verschiedenen festen Phasen im Gleichgewicht

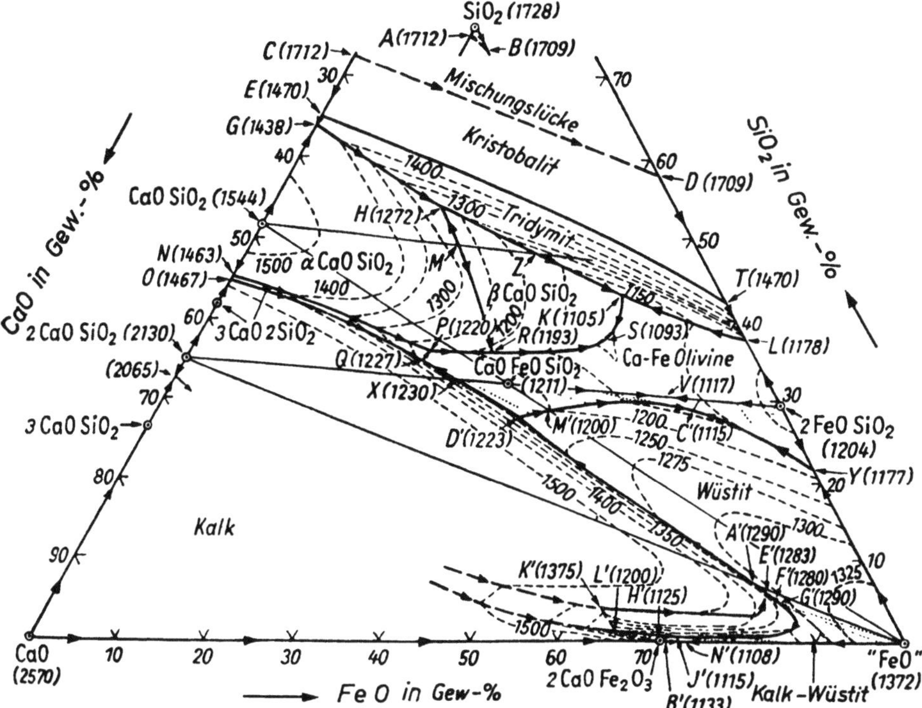

Abb. 36. Das Zustandsschaubild CaO−FeO−SiO₂ (nach N. L. Bowen, J. F. Schairer und E. Posnjak sowie W. C. Allan und R. B. Snow; entnommen aus Eisenhütte, 5. Aufl., 1961)

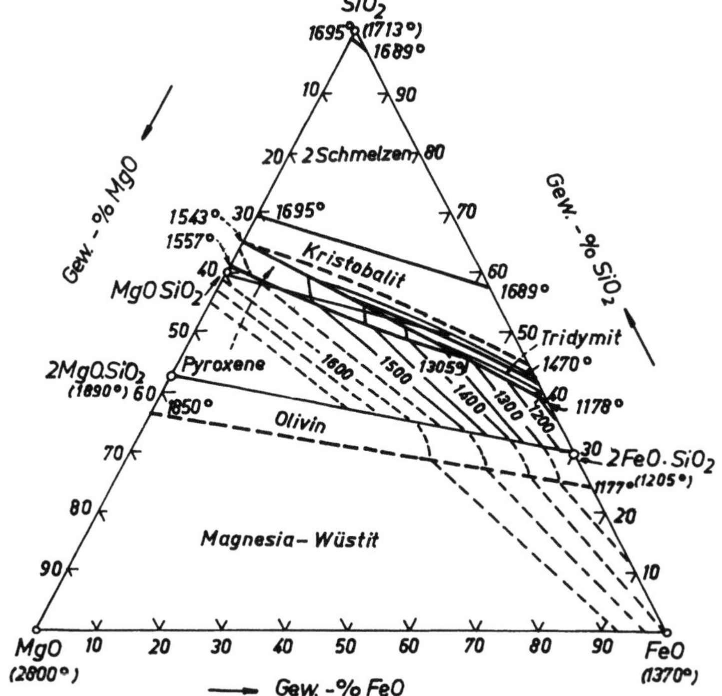

Abb. 37. Das Zustandsschaubild MgO−FeO−SiO₂ (nach N. L. Bowen und J. F. Schairer)

stehenden Schlacken angegeben. Die Gegenüberstellung zu dem Zustandsschaubild CaO—FeO—SiO$_2$ (Abb. 36) zeigt das unterschiedliche Verhalten des MgO im Vergleich zu Kalk. MgO-haltige Schlacken haben meist einen höheren Schmelzpunkt als die kalkhaltigen, d. h. daß zur Bildung flüssiger Schlacken höhere Temperaturen erforderlich sind. Dies stellt gegenüber den Kalkschlacken einen wesentlichen Nachteil dar. Andererseits erklärt der geringe Angriff sowohl von kieselsäure- als auch vor allem von FeO-haltigen Schlacken gegenüber MgO zum Teil die guten Eigenschaften gebrannter Magnesia als feuerfester Baustoff.

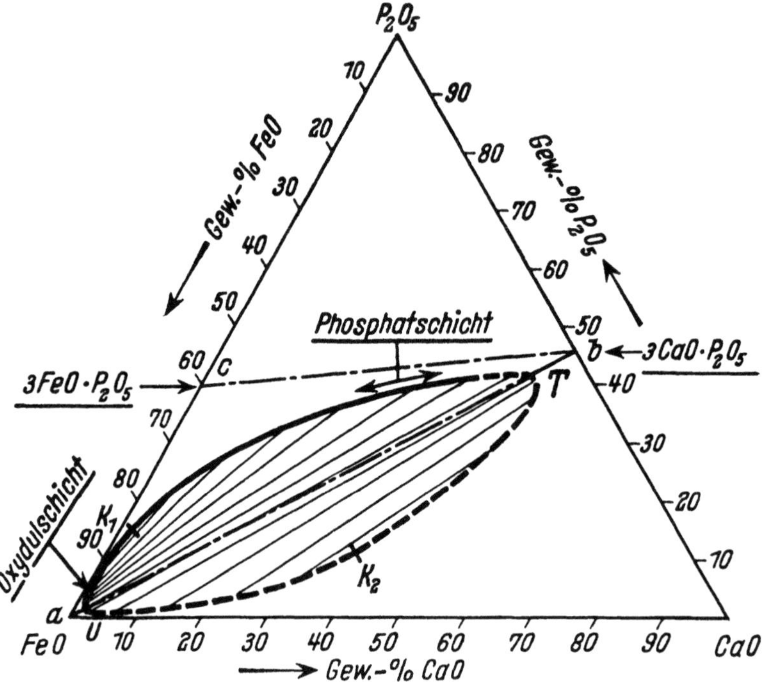

Abb. 38. Das Zustandsschaubild FeO — CaO — P$_2$O$_5$ (nach W. OELSEN und H. MAETZ)

FeO—CaO—P$_2$O$_5$

Dieses System ist vor allem für das Thomas-Verfahren und die Sauerstoffaufblas-Verfahren bei Verwendung phosphorreicher Roheisensorten wichtig. Obwohl die drei Randsysteme FeO—CaO, CaO—P$_2$O$_5$ und FeO—P$_2$O$_5$ eine völlige Mischbarkeit der Komponenten aufweisen, ist in dem ternären System eine ausgedehnte Mischungslücke vorhanden, die erstmalig von W. OELSEN und H. MAETZ [39, 53] festgestellt und bezüglich ihrer metallurgischen Bedeutung untersucht wurde.

Dem Zustandsschaubild in Abb. 38 ist zu entnehmen, daß Schlacken mit einer innerhalb der Mischungslücke liegenden Gesamtzusammensetzung nicht existent sind, sondern aus einer oxydularmen Phosphatschicht und einer phosphatarmen Oxydulschicht bestehen. Dies bedeutet aber, daß auch Schlacken mit nur geringen FeO-Gehalten eine genau so starke Oxydationskraft auf das Bad ausüben können wie fast reine FeO-Schlacken, da ihre FeO-Aktivität sehr groß ist. Auf diese Verhältnisse deuten die in Abb. 38 eingezeichneten Konoden hin, die

die miteinander im Gleichgewicht stehenden und daher gleiche Aktivitäten aufweisenden Schlacken verbinden.

Die Abb. 38 gibt die experimentell bestimmte Ausdehnung der Mischungslücke bei 1400°C wieder, doch ist die Entmischung im nahezu gleichen Ausmaß auch noch bei 1600°C vorhanden. Die Mischungslücke wird jedoch durch Kieselsäure in der Schlacke verengt, bis sie bei etwa 15% SiO_2 völlig verschwindet. Bei gleichzeitiger Anwesenheit anderer Oxyde befinden sich MnO, MgO, Cr_2O_3, Al_2O_3 und TiO_2 überwiegend in der Oxydulschicht und V_2O_5 in der Phosphatschicht.

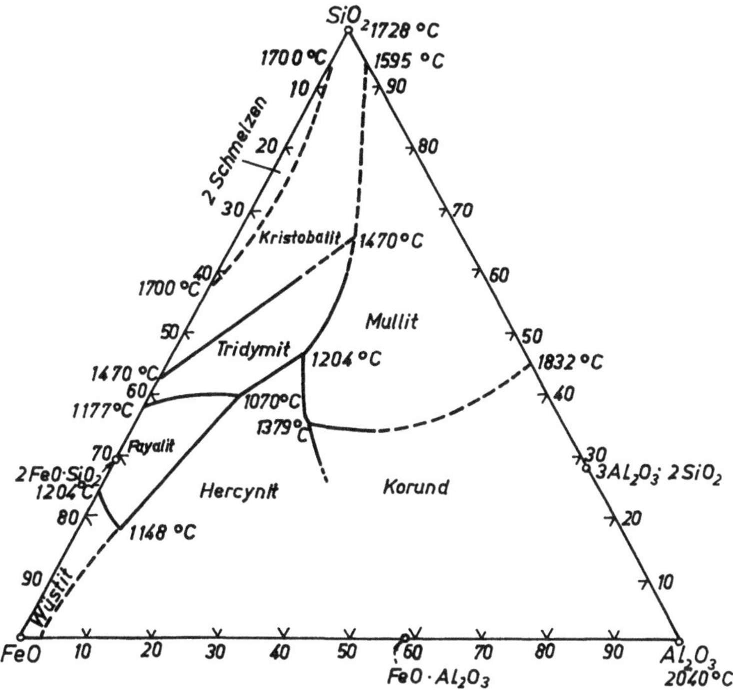

Abb. 39. Das Zustandsschaubild FeO–Al₂O₃–SiO₂ (nach R. B. SNOW und W. I. McCAUGHEY sowie J. F. SCHAIRER)

$$FeO-Al_2O_3-SiO_2$$

Bei der Stahlherstellung hat dieses System vor allem für die Beurteilung der sich bei der Desoxydation mit Aluminium und Silizium ergebenden Einschlüsse Bedeutung. Das System ist bisher nur teilweise untersucht worden. Das in Abb. 39 enthaltene Zustandsschaubild beruht auf Ergebnissen von R. B. SNOW und W. J. McCAUGHEY [54] sowie J. F. SCHAIRER [55]. Die im System $FeO-SiO_2$ bestehende Mischungslücke wird bereits durch sehr geringe Tonerdegehalte zum Verschwinden gebracht. Die bei hohen FeO-Gehalten aufscheinenden Schmelzpunkte sind weitaus niedriger als bei Systemen, die im wesentlichen aus SiO_2 und Al_2O_3 bestehen, d. h. daß das Eisen(II)-oxyd für diese Schlacken ein sehr wirksames Flußmittel darstellt. Schamotte kommt daher als feuerfester Baustoff nicht in Frage, wenn eine ständige Berührung mit FeO-Schlacken möglich ist.

$$CaO-Al_2O_3-SiO_2$$

Aus Abb. 34a kann der Bereich flüssiger Schlacken in diesem System bei 1600°C abgelesen werden. Der Flüssigkeitsbereich für die Temperaturen 1500,

1400 und 1300 °C ist dem von J. W. Greig [40] sowie G. A. Rankin und F. E. Wright [42] entworfenen Zustandsschaubild in Abb. 40 zu entnehmen. Die Einengung und schließliche Aufspaltung des Flüssigkeitsbereiches mit abnehmender Temperatur ist daraus deutlich erkennbar. Über grundlegende Aussagen, die sich aus der Temperaturabhängigkeit der Löslichkeitsverhältnisse in diesem für den Hochofenprozeß wichtigsten Schlackensystem ergeben, berichteten F. Körber und W. Oelsen [49].

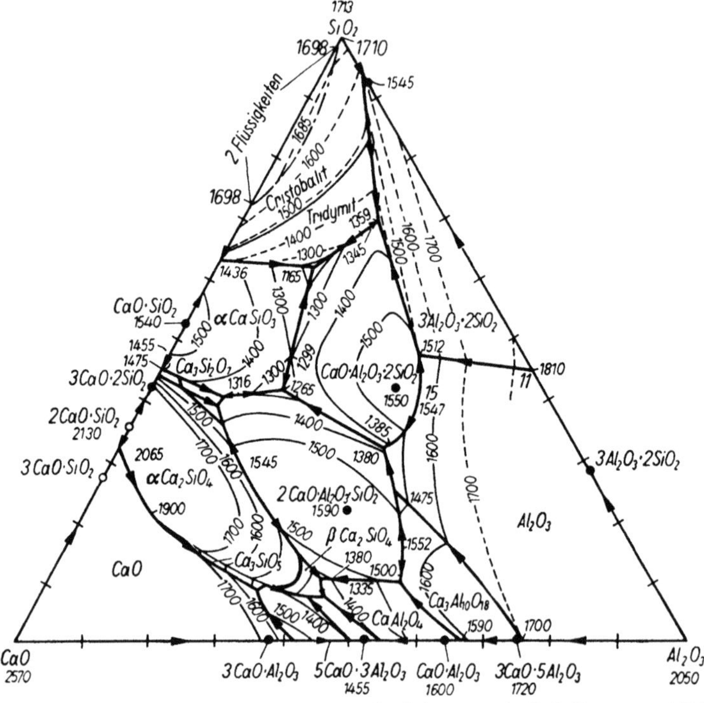

Abb. 40. Das Zustandsschaubild $CaO-Al_2O_3-SiO_2$ (nach J. W. Greig sowie G. A. Rankin und F. E. Wright)

$MgO-Al_2O_3-SiO_2$

Das in Abb. 41 enthaltene Zustandsdiagramm dieses Systems wurde von G. A. Rankin und H. E. Merwin [43] sowie J. W. Greig [40] angegeben. Da die Schmelzpunkterniedrigung im binären System $MgO-Al_2O_3$ nicht so stark ausgeprägt ist wie im System $CaO-SiO_2$ (vgl. Abb. 27), hat das vorliegende ternäre System bei gleichen Temperaturen auch kleinere Bereiche flüssiger Schlacken als das vorhergehend behandelte System $CaO-Al_2O_3-SiO_2$. MgO-reiche Schlacken können bei den üblichen Stahlerschmelzungstemperaturen nicht erreicht werden.

$CaO-MgO-SiO_2$

Dieses Zustandsschaubild wurde von J. B. Ferguson und H. E. Merwin [56] sowie E. F. Osborn und R. W. Ricker [57, 58] untersucht. (Abb. 42). Seine Bedeutung für die Stahlerzeugung ist vor allem dadurch gegeben, daß es Aussagen über das Verhalten der wichtigsten basischen Ofenzustellungen gegenüber den üblichen Schlacken gestattet. Wesentlich ist u. a. die Erniedrigung der Kalklöslichkeit durch MgO.

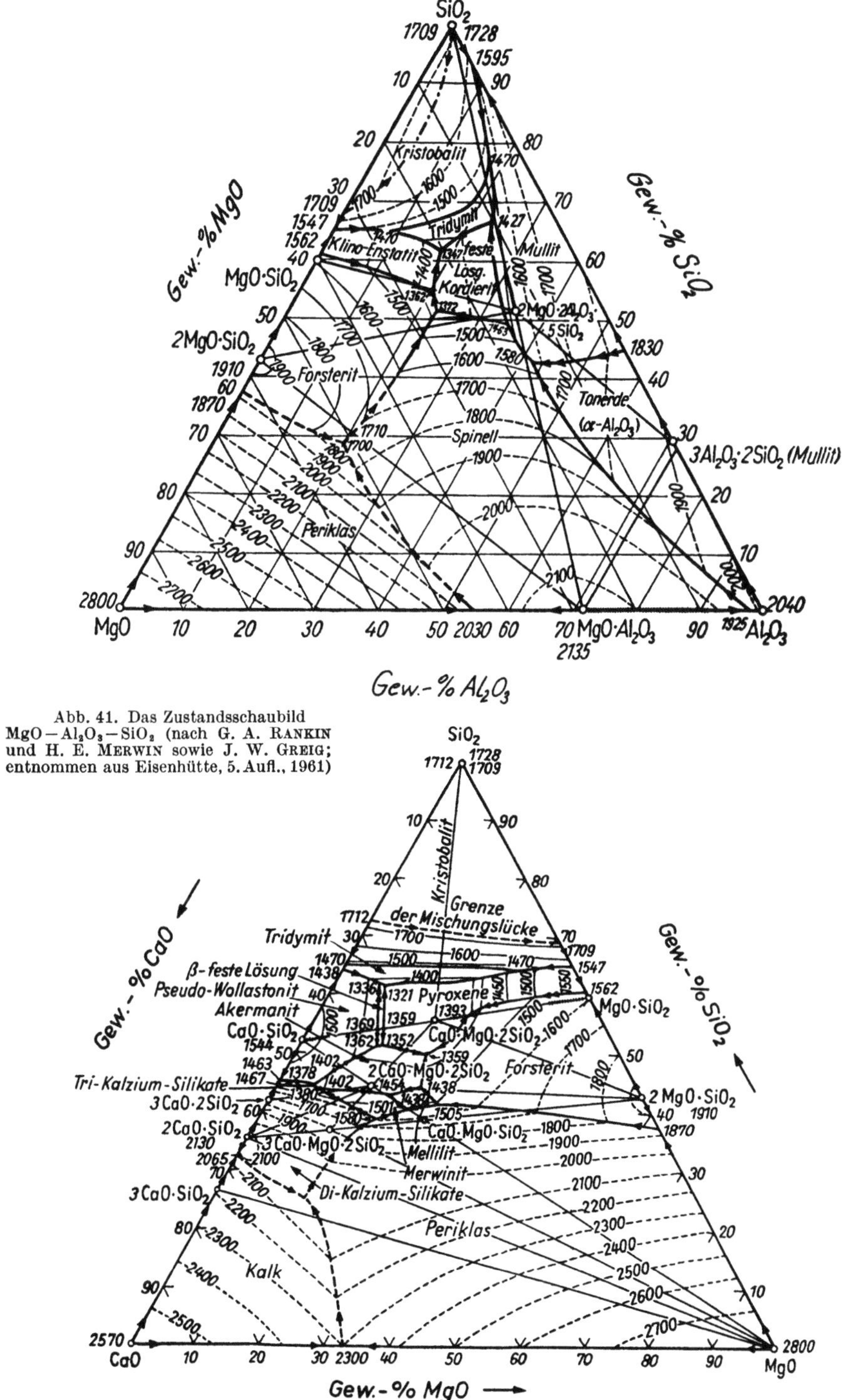

Abb. 41. Das Zustandsschaubild
MgO—Al₂O₃—SiO₂ (nach G. A. RANKIN
und H. E. MERWIN sowie J. W. GREIG;
entnommen aus Eisenhütte, 5. Aufl., 1961)

Abb. 42. Das Zustandsschaubild CaO—MgO—SiO₂ (nach J. B. FERGUSON und H. E. MERWIN sowie E. F. OSBORN
und R. W. RICKER; entnommen aus Eisenhütte, 5. Aufl., 1961)

Die Aussagen der Zustandsschaubilder lassen hinsichtlich der Umsetzungen mit dem Stahlbad erkennen, in welch starkem Maß die Aktivität der einzelnen Komponenten von der Gesamtzusammensetzung der Schlacke und der Schlackentemperatur abhängt. Die zahlenmäßige Angabe der Aktivitätswerte erfolgt in dem anschließenden Abschnitt 1.13 über die Reaktionen der Stahlbegleitelemente, jedoch liegen erst für sehr wenige Systeme Untersuchungen über die Aktivitäten der einzelnen Komponenten vor.

1.122.3 Physikalische Eigenschaften

Wegen der Vielfalt der Schlackenkomponenten und ihrer zahlreichen Verbindungsmöglichkeiten ist die Abhängigkeit der physikalischen Eigenschaften der technischen Schlacken von der chemischen Zusammensetzung noch stärker ausgeprägt als bei den Stahlschmelzen. Während die Liquidus-Temperaturen der verschiedenen Schlacken den jeweiligen Zustandsschaubildern entnommen werden können, gestatten diese nur grobe qualitative Aussagen über die anderen physikalischen Eigenschaften, wie Dichte, Viskosität, Oberflächenspannung usw., die ganz wesentlich auch noch von der Temperatur beeinflußt werden. Wegen der sehr komplexen Zusammensetzung der technischen Schlacken beziehen sich die meisten untersuchten physikalischen Eigenschaften auf synthetische, vergleichsweise einfach aufgebaute Schlackensysteme.

Die *Dichte* der Schlacken ist für die Vorgänge bei der Stahlerzeugung kaum von Bedeutung. Über die Dichte von basischen Siemens-Martin-Schlacken berichtete I. GOFF [59], der aus dem Wert der Dichte eine grobe Abschätzung der Schlackenzusammensetzung versuchte. Die Dichte flüssiger $FeO-SiO_2$-Schlacken in Gegenwart von Eisen wurde von J. HENDERSON, R. G. HUDSON, R. G. WARD und G. DERGE [60] als Funktion der chemischen Zusammensetzung und der Temperatur untersucht. Bei 1410 °C beträgt danach die Dichte einer reinen FeO-Schlacke etwa 4,5 g/cm³. Mit zunehmendem Kieselsäuregehalt nimmt die Dichte ab und beträgt bei 15% SiO_2 etwa 4,1 und bei 30% SiO_2 ungefähr 3,7 g/cm³.

Über die *Viskosität* von Schlacken wurden zahlreiche Einzeluntersuchungen durchgeführt. Wenn die Ergebnisse dieser Arbeiten zum Teil stark voneinander abweichen, so ist dies darauf zurückzuführen, daß die Viskositätsbestimmung von Schlacken schon wegen der erforderlichen hohen Temperaturen sehr schwierig ist und daß die Frage nach dem günstigsten der möglichen Verfahren noch nicht eindeutig beantwortet werden kann. So sind z. B. die Anforderungen an die mit den zu untersuchenden Schlacken in Berührung stehenden Teile der Meßeinrichtung sehr hoch, und die Wahl geeigneter Werkstoffe muß entsprechend beachtet werden. Jedem Verfahren und darüber hinaus jeder Meßapparatur sind spezifische Fehlerquellen zugeordnet, die zu dementsprechenden Abweichungen zwischen den verschiedenen Untersuchungen führen.

So wie bei allen Flüssigkeiten bei Erhöhung der Temperatur eine Viskositätsabnahme wegen der damit verbundenen verminderten Anziehungskräfte zwischen den Molekülen vorhanden ist, stellten auch T. SAITÔ und Y. KAWAI [61] einen funktionellen Zusammenhang zwischen Viskosität und Temperatur fest. Bei den von ihnen untersuchten synthetischen Schlacken des Systems $CaO-MgO-SiO_2-Al_2O_3$ besteht demnach eine Proportionalität zwischen dem Logarithmus der Viskosität und dem Kehrwert der absoluten Temperatur. Die Schlacken verhalten sich oberhalb der Liquidus-Temperatur wie reine Flüssigkeiten, unabhängig davon, ob es sich um basische oder saure Schlacken handelt.

Bei Temperaturabnahme ist mit Unterschreiten der Liquidus-Temperatur ein grundsätzlich unterschiedliches Verhalten der sauren und basischen Schlacken gegeben. Saure Schlacken verhalten sich sehr ähnlich wie Gläser, d. h. daß auch unterhalb der Liquidus-Temperatur ein gewisser funktioneller Zusammenhang zwischen Viskosität und Temperatur besteht. Die Schlacken gehen allmählich in einen glasigen Zustand über, d. h. sie werden mit abnehmender Temperatur immer zähflüssiger. Demgegenüber nimmt die Viskosität basischer Schlacken nach Unterschreiten der Liquidus-Temperatur nahezu sprunghaft zu, während im rein flüssigen Gebiet nur eine sehr geringe Abhängigkeit der Viskosität von der Temperatur besteht. Bei den basischen Schlacken bleibt also das zähflüssige Verhalten bei Temperaturabnahme nur in einem viel kleineren Temperaturbereich erhalten, als dies bei den sauren, glasigen Schlacken der Fall ist.

Die Erhöhung der Viskosität nach Unterschreiten der Liquidus-Temperatur ist mit der Ausscheidung fester Teilchen in der Schmelze zu erklären, d. h. daß es sich dann um keine echten Lösungen, sondern um Suspensionen handelt, bei denen noch andere Einflüsse als chemische Zusammensetzung und Temperatur für die Viskosität maßgeblich sind. So sind z. B. Art, Größe und Benetzbarkeit der ausgeschiedenen Kristalle sehr wesentlich für die Viskositätszunahme nach Unterschreiten der Liquidus-Temperatur. Jedenfalls werden alle Schlacken wesentlich zähflüssiger, sobald die Temperatur kleiner wird als die Liquidus-Temperatur. Dieses Verhalten ist so deutlich ausgeprägt, daß P. KOZAKEVITCH [62, 63] sogar versuchte, die Liquidus-Temperatur aus den Viskositätseigenschaften einer Schlacke zu bestimmen.

Die Viskosität reinen, flüssigen Eisen(II)-oxyds im Temperaturbereich zwischen 1380 und 1490°C wurde von H. SCHENCK, M. G. FROHBERG und W. ROHDE [64]
untersucht. Sie fanden einen Zusammenhang zwischen Viskositätskoeffizienten und Temperatur, der durch die Gleichung

$$\lg \eta = \frac{5900}{T} - 3{,}873 \quad (144)$$

ausgedrückt werden kann. Daraus ergibt sich für 1500°C ein Viskositätskoeffizient von etwa 0,28 Poise und für 1400°C von 0,44 P.

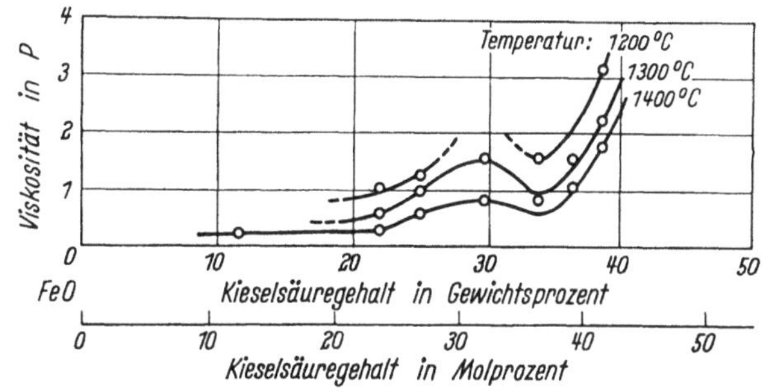

Abb. 43. Der Viskositätskoeffizient von FeO−SiO$_2$-Schlacke in Abhängigkeit vom SiO$_2$-Gehalt und von der Temperatur (nach G. URBAIN)

Die Ergebnisse der von G. URBAIN [65] durchgeführten Viskositätsmessungen an FeO−SiO$_2$-Schlacken werden von Abb. 43 wiedergegeben. Beim Vergleich mit dem in Abb. 21 enthaltenen Zustandsschaubild FeO−SiO$_2$ wird der Zusammenhang zwischen Liquidus-Temperatur und Viskosität der Schlacken offenkundig.

Ein nennenswerter Anteil aller Schlackenviskositätsuntersuchungen bezieht sich auf Hochofenschlacken, da deren Viskosität für die Führung des Hochofenprozesses eine sehr entscheidende Größe darstellt. Andererseits sind die experimentellen Schwierigkeiten bei der Untersuchung dieser FeO- und MnO-armen Schlacken wegen ihrer geringeren Aggressivität gegenüber den Bauteilen der Meßapparatur kleiner als bei den Schlacken der Stahlerzeugungsverfahren. Da auch diese Arbeiten, zumindest verfahrenstechnisch, von Interesse sind, seien an dieser Stelle die Untersuchungen von P. KOZAKEVITCH [62, 63], M. P. VOLAROVIČ und A. A. LEONTJEVA [66], T. SAITÔ und Y. KAWAI [61], J. R. RAIT und R. HAY [67] sowie K. ENDELL und R. KLEY [68] genannt. In einer sehr ausführlichen Arbeit über Schlacken des quarternären Systems $CaO-MgO-Al_2O_3-SiO_2$ wurde von E. F. OSBORN, R. C. DE VRIES, K. H. GEE und H. M. KRANER [69] diejenige Zusammensetzung von Hochofenschlacken als optimal festgestellt, bei der ein maximales Entschwefelungspotential bei gleichzeitig geringster Viskosität vorhanden ist. Ergänzend hierzu wurde von B. G. BALDWIN [70] nachgewiesen, daß die Viskosität derartiger Schlacken stark vom Basizitätsgrad beeinflußt wird und bei basischen Schlacken wesentlich kleiner ist als bei sauren. E. E. HOFMANN [71] beobachtete bei der Untersuchung des zusätzlichen Einflusses von Bariumoxyd auf diese Schlacken, daß die Zähflüssigkeit durch Bariumoxyd erhöht wird.

Wenn über das Zähflüssigkeitsverhalten von Hochofenschlacken bereits brauchbare Ergebnisse vorliegen, so trifft dies für die im praktischen Betrieb anfallenden Frischschlacken der Stahlerzeugungsverfahren nicht zu. Der Grund hierfür liegt in der ausgesprochen großen Angriffsfreudigkeit dieser FeO- und MnO-reichen Schlacken gegenüber allen bekannten Tiegelwerkstoffen. Derzeit ist noch kein Material bekannt, das den zu stellenden Anforderungen bei Viskositätsuntersuchungen dieser Schlacken, wie Widerstandsfähigkeit gegenüber dem Schlackenangriff, hoher Erweichungspunkt, gute Temperaturwechselbeständigkeit und kleiner Wärmeausdehnungskoeffizient, gerecht wird. Die vorliegenden Meßergebnisse können daher nur qualitative Aussagen liefern.

K. ENDELL, G. HEIDTKAMP und L. HAX [72] untersuchten neben dem Temperatureinfluß auf die Viskosität von $CaO-SiO_2$- und $CaO-Fe_2O_3$-Schlacken sowie der Auswirkung von steigenden Kieselsäuregehalten auf das Fließvermögen von Kalkferrit auch die Zähflüssigkeit von Siemens-Martin-Schlacken. Dabei zeigte sich, daß Siemens-Martin-Schlacken mit dem geringsten Kieselsäuregehalt am dünnflüssigsten waren. Die Viskosität nahm in allen Fällen durch Temperatursteigerung von 1450 auf 1625°C erheblich ab, betrug etwa nur ein Zehntel der Viskosität von Hochofenschlacken und lag zwischen den Werten für Kalksilikat $CaO \cdot SiO_2$ und Kalkferrit $CaO \cdot Fe_2O_3$. Weitere Viskositätsmessungen an FeO- und MnO-reichen Thomas- und Siemens-Martin-Schlacken wurden von T. MATSUKAWA [73], C. H. HERTY jr., F. A. HARTGEN, G. L. FREAR und M. B. ROYER [74] sowie J. WHITE, D. D. HOWAT und R. HAY [48] durchgeführt.

Bei der Messung der Viskosität saurer Siemens-Martin-Schlacken stellten S. W. STENGELMEIER und G. S. JERSCHOW [75] fest, daß diese im Bereich der üblichen Temperaturen im Siemens-Martin-Ofen um etwa eine Größenordnung höher ist als die von basischen Siemens-Martin-Schlacken. Weiter wird mit Zunahme des Verhältnisses $\dfrac{SiO_2}{FeO + MnO}$ von 0,88 bis auf 1,93 bei 1600°C die Viskosität auf den 20fachen Wert gesteigert, während eine Erhöhung des Kalkgehaltes in der sauren Siemens-Martin-Schlacke von 4,3 bis auf 14,6% eine Abnahme der Schlackenviskosität auf ein Drittel des ursprünglichen Wertes bedingt.

Eine weitere erwähnenswerte Untersuchung von H. SCHENCK und M. G. FROHBERG [76] befaßte sich mit der Viskositätsmessung von Schlacken des Systems $CaO-SiO_2-TiO_2$. Dabei ergab sich, daß zwischen 1300 und 1600°C Zusätze von Titanoxyd zu Kalk-Kieselsäure-Schlacken im gesamten flüssigen Bereich die Zähflüssigkeit herabsetzen.

Die Arbeiten von E. E. HOFMANN [77] sowie E. E. HOFMANN und N. K. DAS [78] seien vor allem wegen der Nennung der zu überwindenden experimentellen Schwierigkeiten bei der Schlackenviskositätsmessung angeführt.

Auf die Möglichkeit einer indirekten Bestimmung der Schlacken-Viskosität über die Messung der elektrischen Leitfähigkeit wurde von K.-F. LÜDEMANN [79] hingewiesen.

Obwohl die Zähflüssigkeit der Schlacken große Bedeutung für den Ablauf der metallurgischen Umsetzungen hat und obwohl bereits zahlreiche einschlägige Arbeiten vorliegen, fehlt es noch immer an einem einheitlich anwendbaren Verfahren und somit ist auch ein Vergleich der verschiedenen Einzelergebnisse nur beschränkt möglich. Hier sind noch umfangreiche Arbeiten zu leisten, und es ist noch nicht abzusehen, ob ein betriebsmäßig anwendbares Bestimmungsverfahren entwickelt werden kann, mit dem Viskositätsmessungen so schnell möglich sind, daß die Zähflüssigkeit der Schlacken während des Schmelzverlaufes auf Grund der Meßergebnisse entsprechend beeinflußt werden kann.

Wenn die *Oberflächenspannung* für Metallschmelzen als wichtige physikalische Eigenschaft bezeichnet wurde, so gilt dies in noch verstärktem Maße für Schlacken. Aus ihrer Kenntnis können Aussagen über die Struktur der Schlacke, die Adsorption von Gasen, die Benetzbarkeit von Metallschmelzen durch die Schlacke u. a. m. abgeleitet werden. Auch hier gelten die schon einleitend gemachten Bemerkungen

über die weitgehende Abhängigkeit von der Vielzahl der in den metallurgischen Schlacken anwesenden Stoffe, woraus sich die Tatsache ergibt, daß quantitative Bestimmungen meist nur für übersichtliche, einfache Zwei- und Dreistoffsysteme sinnvoll sind.

Die Oberflächenspannung von reinem Eisen(II)-oxyd bei 1400 °C wurde von P. KOZAKEVITCH [62] zu 584 dyn/cm bestimmt. H. v. WARTENBURG, G. WEHNER und E. SARAN [80] fanden

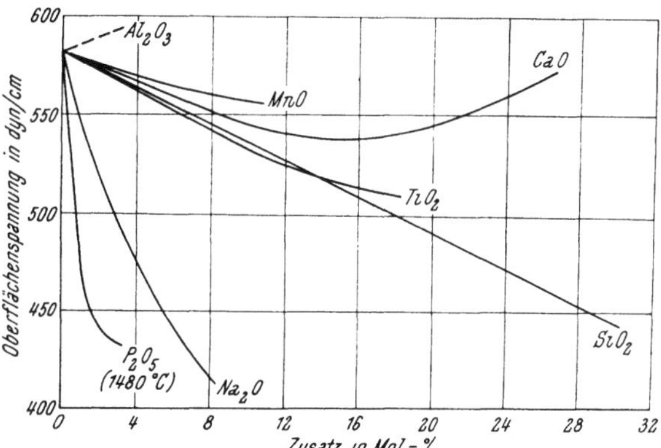

Abb. 44. Einfluß verschiedener Zusätze auf die Oberflächenspannung von Eisen(II)-oxyd bei 1400 °C (nach P. KOZAKEVITCH)

für die Oberflächenspannung von reiner Tonerde bei 2050 °C den Wert 580 dyn/cm, und nach T. B. KING [81] betragen die Werte für die Silikate $MnO \cdot SiO_2$ und $CaO \cdot SiO_2$ bei 1570 °C 415 bzw. 400 dyn/cm. Die Oberflächenspannungen aller dieser Oxyde sind also wesentlich kleiner als die für reines Eisen und Nickel.

In Abb. 44 sind die Oberflächenspannungen binärer FeO-haltiger Schlackensysteme bei 1400 °C nach den Untersuchungen von P. KOZAKEVITCH [62] enthalten. Er zog aus seinen Untersuchungen an Silikaten den Schluß, daß Siemens-Martin-Schlacken reich an adsorbierter Kieselsäure sein müssen, da die Kieselsäure in den in Frage stehenden Konzentrationen oberflächenaktiv ist. Da die Kieselsäure auch die Schlackenviskosität erhöht, müßte die Oberfläche der Schlackenschicht sehr zähflüssig sein und dies würde nach P. KOZAKEVITCH die große Stabilität der schaumigen Schlacke während der Entkohlung im Siemens-Martin-Ofen erklären.

Wie die in Abb. 45 wiedergegebenen Ergebnisse von T. B. KING [81] zeigen, wird nicht nur die Oberflächenspannung von FeO, sondern auch von den basischen Oxyden CaO, MgO und MnO durch Kieselsäurezusatz merklich herabgesetzt.

Im Gegensatz zu den Metallen, bei denen keine stärkere Abhängigkeit der Oberflächenspannung von der umgebenden Gasatmosphäre vorhanden ist, wird die Oberflächenspannung von Schlacken weitgehend von der Art des umgebenden Gases beeinflußt. So ist die Oberflächenspannung von Gläsern und Silikaten unter Stickstoff, Wasserstoff, Wasserdampf oder Ammoniak ganz wesentlich geringer als unter Luft, was mit der hohen Löslichkeit der Gase in den Schlacken erklärt werden kann. Am wirkungsvollsten scheint der Wasserstoff zu sein. Wasserstoffhaltige Schlacken haben also eine vergleichsweise kleine Oberflächenspannung und damit ist die Benetzbarkeit gegenüber den feuerfesten Baustoffen erhöht, wodurch der Verschleiß von Tiegelwänden usw. vergrößert wird.

Über weitere Auswirkungen der Oberflächenspannung von Schlacken, insbesondere von Silikaten, berichteten R. E. BONI und G. DERGE [82, 83].

Die Oberflächenspannungen sowohl des Metalles als auch der Schlacke werden benötigt, um die für die gegenseitige Benetzbarkeit von Metall und Schlacke maßgebliche *Grenzflächenspannung* zu bestimmen. Bezeichnet man mit σ_M die Oberflächenspannung der Metallschmelze und mit σ_S die der Schlacke und ist α der Grenzwinkel, den eine Schlackenoberfläche mit einer ebenen Metalloberfläche einschließt, so ist die Grenzflächenspannung zwischen Metall und Schlacke durch die Beziehung

$$\sigma_{M-S} = \sigma_M^2 + \sigma_S^2 - 2\,\sigma_M \cdot \sigma_S \cdot \cos\alpha \tag{145}$$

gegeben.

So konnte M. GÖHLER [84] feststellen, daß Weicheisenschmelzen durch Kalk-Kieselsäure-Flußspat-Schlacken stärker benetzt werden als Wälzlagerstahlschmelzen mit etwa 1,1% C und 1,6% Cr. Weiter verringert sich die Benetzbarkeit mit steigender Basizität der verwendeten Schlacken, während die Erhöhung ihres Kalziumkarbidgehaltes ohne merklichen Einfluß bleibt. Durch Erhöhung des Gehaltes an suspendiertem Kohlenstoff in der Feinungsschlacke wird eine starke Abnahme der Grenzflächenspannung beobachtet. In der gleichen Richtung wirkt eine Temperatursteigerung. M. GÖHLER zog daraus den für die Praxis wichtigen Schluß, daß hohe Kohlenstoffgehalte in der Schlacke in Verbindung mit hohen Abstichtemperaturen zu vermeiden sind, wenn der Gehalt an oxydischen Einschlüssen möglichst klein sein soll.

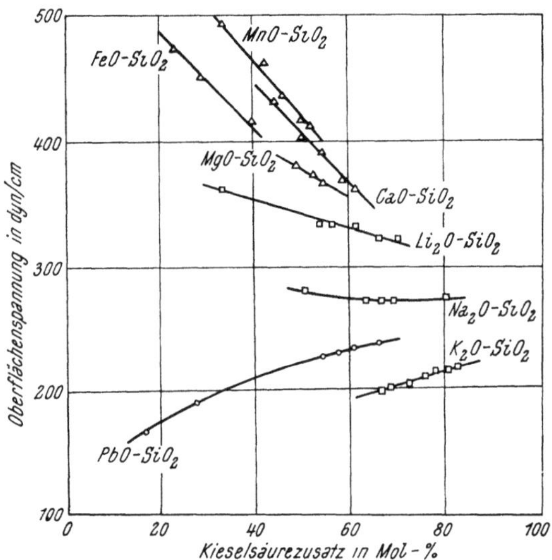

Abb. 45. Einfluß von Kieselsäure-Zusätzen auf die Oberflächenspannung von basischen Oxyden bei 1570 °C (nach T. B. KING)

S. I. POPEL und Mitarbeiter [94] bestimmten die Grenzflächenspannung zwischen reinem sowie kohlenstoffhaltigem Eisen einerseits und Fertigschlacken bzw. Karbidschlacken andererseits. Aus der gemessenen Größe der Oberflächenspannung an den Phasengrenzen wurde die Adhäsion zwischen den Phasen berechnet, wobei sich bei 1560 °C für die Fertigschlacke ein Wert von 760 dyn/cm und für die Karbidschlacke mit 3,3% CaC₂ ein Wert von 1160 dyn/cm ergab. Diese höhere Adhäsion der Karbidschlacke am Metall, verbunden mit relativ geringer Kohäsion erklärt ihre im Vergleich zur Fertigschlacke schlechtere Abscheidbarkeit aus dem Stahl.

Umfangreiche Untersuchungen über die Benetzbarkeit von Aluminiumoxyd gegenüber verschiedenen Metallen und Metalloxyden wurden von I. TANGERMANN [85] durchgeführt. Danach ist technisch reine Tonerde durch Metalloxyde vollständig benetzbar. Während bei Chrom, Mangan, Ferrochrom und Ferromangan in allen Atmosphären eine teilweise Benetzbarkeit gegeben ist, benetzen Eisen, Kupfer und Kobalt nur in oxydierender Atmosphäre und Nickel nur im Vakuum. Titanzusätze wirkten sich stets günstig auf die Benetzbarkeit durch die Metalle aus. Die Benetzbarkeit von Karbiden durch Metalle ist nach diesen Untersuchungen weitaus besser als die von Tonerde.

Eine weitere wichtige kennzeichnende Größe der Schlacken ist ihre *elektrische Leitfähigkeit*. Diese ist nicht nur, z. B. bei der Stahlherstellung im direkten Lichtbogenofen, von praktischem Interesse, sondern vor allem bezüglich ihrer Aussagemöglichkeiten im Hinblick auf die Konstitution der Schlacken. So untersuchten J. O. M. BOCKRIS, J. A. KITCHENER, S. IGNATOWICZ und J. W. TOMLINSON [86] die Leitfähigkeit der binären Systeme $CaO-SiO_2$, $Al_2O_3-SiO_2$ und $MnO-SiO_2$. Die von ihnen gefundenen Werte für die Leitfähigkeit dieser flüssigen Schlacken hatten die gleiche Größenordnung wie die Leitfähigkeit von geschmolzenen Salzen, so daß sich daraus der Schluß auf eine weitgehende elektrolytische Dissoziation der Schlacken ergab. Die von W. A. FISCHER und H. VOM ENDE [87] in dem weiten Temperaturbereich von 200 bis 1400 °C durchgeführten Messungen an Wüstit, Flußspat und Schlacken der Systeme $FeO-SiO_2$, $FeO-SiO_2-CaO$ und $FeO-CaO-Al_2O_3$ zeigten, daß der elektrische Widerstand aller dieser untersuchten Schlacken im schmelzflüssigen Zustand sehr gering ist und daß keine nennenswerten Unterschiede zwischen ihren Leitfähigkeiten bestehen. Bei Temperaturen unterhalb des Schmelzpunktes treten jedoch kennzeichnende Unterschiede zwischen den elektrischen Leitfähigkeiten der einzelnen Schlacken hervor. So ist die Leitfähigkeit von Wüstit vergleichsweise groß und diese Halbleitereigenschaft müßte auf eine überwiegende Elektronenleitung zurückzuführen sein. Diese Eigenschaft des Wüstits ist so stark ausgeprägt, daß sie bei Schlacken hohen FeO-Gehaltes ebenfalls in Erscheinung tritt. Dagegen zeigten Schlacken mit geringem FeO-Gehalt stets die für Ionenleitung charakteristischen negativen Temperaturkoeffizienten des elektrischen Widerstandes.

In Weiterführung ihrer Untersuchungen bestimmten W. A. FISCHER und H. VOM ENDE [88] die spezifische elektrische Leitfähigkeit des Wüstits bei 1400 °C zu $\varkappa = 7,85\ \Omega^{-1} \cdot cm^{-1}$. Zusätze von Kieselsäure verringern die spezifische Leitfähigkeit bis bei 41 Mol% SiO_2 ein Wert von $\varkappa = 0,98\ \Omega^{-1} \cdot cm^{-1}$ erreicht ist. Bei $FeO-CaO-Al_2O_3$-Schlacken mit einem gleichbleibenden Verhältnis von $\frac{(\%\ CaO)}{(\%\ Al_2O_3)} \approx 1$ beträgt die spezifische Leitfähigkeit bei 1400°C und 11 Mol% FeO $\varkappa = 0,266\ \Omega^{-1} \cdot cm^{-1}$ und nimmt bei Erhöhung des FeO-Anteiles zu. Bei 31,5 Mol% FeO ist ihr Wert $0,94\ \Omega^{-1} \cdot cm^{-1}$. Ganz ähnlich verhalten sich $FeO-CaO-SiO_2$-Schlacken mit einem Verhältnis von $\frac{(\%\ CaO)}{(\%\ SiO_2)} \approx 1,6$. Auch bei diesen erhöhen steigende FeO-Gehalte die spezifische Leitfähigkeit. Bei gleichen FeO-Gehalten und Temperaturen ist die Leitfähigkeit der basischen Schlacken etwas besser als die der sauren.

Auch H. HOFMANN und B. MARINČEK [89] fanden eine mit steigender Temperatur und steigendem FeO-Gehalt verbesserte elektrische Leitfähigkeit. Die von ihnen untersuchten Schlacken hatten konstante Al_2O_3-Gehalte von etwa 11,5%. Der FeO-Gehalt lag zwischen 0,14 und 2,8% und das $\frac{CaO}{SiO_2}$-Verhältnis betrug 0,8, 1,0 und 1,2. Bei steigendem Kieselsäuregehalt der Schlacke wurde eine Verminderung der Leitfähigkeit beobachtet.

Durch Vergleich mit anderen Messungen kann aus der elektrischen Leitfähigkeit auf die Art der in der Schlacke vorhandenen Ionen sowie den Ionisationsgrad geschlossen werden. Schon 1934 stellte A. WEJNARTH [90] auf Grund seiner Messungen an $CaO-FeO-SiO_2$-Schlacken fest, daß diese Schlacken im flüssigen Zustand Halbleitereigenschaften haben. Obwohl nur wenige Untersuchungen vorliegen, sprechen doch alle derzeit bekannten Arbeiten dafür, daß die Schlacken zu einem beträchtlichen Teil ionisiert sind.

1.123 Die Beziehungen zwischen Stahl- und Schlackenphase

Die durch die Gesetze der Thermodynamik angegebenen Beziehungen gelten stets für den Gleichgewichtszustand eines Systems, bei dem alle Reaktionen vollständig abgelaufen und bereits zum Stillstand gekommen sind. Während des Ablaufes einer Reaktion ist natürlich ein derartiger Gleichgewichtszustand nicht vorhanden, vielmehr ist stets ein Ungleichgewicht die primäre Voraussetzung für das Stattfinden einer Reaktion. Dabei genügen oft äußerst geringfügige Abweichungen vom Gleichgewicht, z. B. dann, wenn das System mit sehr großen Reaktionsgeschwindigkeiten einer durch ständige Veränderung der äußeren Bedingungen verschobenen Gleichgewichtslage nachzufolgen bestrebt ist. In sehr vielen Fällen sind die Reaktionsgeschwindigkeiten bei den Stahlherstellungsprozessen wegen der vorhandenen hohen Temperaturen so groß, daß ein gleichgewichtsnaher Zustand sehr bald erreicht ist, doch gibt es auch Reaktionen, die so langsam ablaufen, daß ein Gleichgewichtszustand im technischen Betrieb nicht einmal angenähert erreicht werden kann. Mit der Kenntnis der Gleichgewichtslage einer Reaktion ist eine Fülle von Aussagen möglich. Sie dient zur Beurteilung des im technischen Betrieb tatsächlich erreichten Endzustandes und gestattet festzustellen, ob durch verfahrenstechnische Änderungen, wie z. B. Beschleunigung des Prozesses und Vergrößerung der Reaktionsflächen, Vorteile zu erwarten sind. Darüber hinaus ist es jedoch auch von großem praktischen Wert, die Vorgänge zu erfassen, die *während des Ablaufes* einer Reaktion stattfinden.

Solange der Gleichgewichtszustand nicht erreicht ist, müssen innerhalb jeder der beteiligten Phasen Aktivitäts- bzw. Konzentrationsunterschiede bestehen, da der Ausgleich dieser Unterschiede im wesentlichen durch Diffusion erfolgt, wobei wegen der manchmal großen Wege beträchtliche Zeiten für den Abbau dieser Aktivitätsgradienten notwendig sein können. Selbstverständlich werden auch Temperaturdifferenzen in den Phasen vorhanden sein, da ja jede Reaktion mit entsprechenden energetischen Veränderungen verbunden ist. Die dadurch bedingten Temperaturveränderungen müssen ebenfalls erst ausgeglichen werden. Nur im Falle des Gleichgewichts verschwinden alle diese phaseninternen Unterschiede. Während des Reaktionsablaufs sind stets derartige Gradienten vorhanden, und die Reaktionsgeschwindigkeit hängt weitgehend von den physikalischen Größen ab, die den An- und Abtransport der Reaktanten und Produkte zu und von der Reaktionsfläche beherrschen. Somit wird jede Durchwirbelung der beiden miteinander reagierenden Phasen Stahlbad und Schlacke eine Vergrößerung der Reaktionsgeschwindigkeit mit sich bringen, hauptsächlich wegen der dadurch bedingten Verkürzung der Diffusionswege, aber auch wegen der Vergrößerung der Phasengrenzfläche. Auch die Temperaturverteilung innerhalb einer Phase wird bei entsprechender Durchrührung gleichmäßiger, weil der Temperaturausgleich durch Konvektion wesentlich rascher erfolgt als durch Wärmeleitung.

Die über das gesamte Metall-Schlacken-System reichende Temperaturverteilung kann, je nach Verfahren, sehr unterschiedlich sein. Bei den bodenblasenden Konvertern z. B. kann wegen der starken Durchwirbelung von Metallbad und Schlacke mit einer praktisch völligen Temperaturkonstanz gerechnet werden.

Dagegen sind beim Siemens-Martin-Prozeß während der Kohlenstoffverbrennung infolge der starken Badbewegung zwar konstante Temperaturen innerhalb des Stahlbades und der Schlacke zu erwarten, jedoch wird die der Heizflamme nähere Schlacke eine höhere Temperatur haben als das Metallbad. Die Temperaturdifferenz zwischen Metall und Schlacke kann etwa 60 bis 100 °C betragen. Daraus ergibt sich, daß die Phasengrenzfläche durch ein starkes Temperaturgefälle ausgezeichnet sein muß, und es erhebt sich die Frage, welche Temperatur für die in dieser Grenzfläche erfolgenden Umsetzungen maßgeblich und bei thermodynamischen Berechnungen zu verwenden ist. Stellt man sich die Phasengrenzfläche aus einer Metall- und einer Schlackenschicht zusammengesetzt vor, so läßt sich zeigen, daß der überwiegende Anteil der Temperaturdifferenz auf die Schlackengrenzschicht entfällt, so daß also stets die Temperatur der Schmelze entscheidend ist.

Dementsprechend wird auch stets die Stahltemperatur gemessen und angegeben.

Von besonderem Interesse sind die Verteilung der Stahlbegleitelemente zwischen der Metall- und der Schlackenphase und darüber hinaus natürlich auch die Möglichkeiten ihrer Beeinflussung. Die Verteilung eines Stoffes zwischen zwei Phasen wird im Gleichgewichtsfall durch den NERNSTschen Verteilungssatz [Gl. (137) und (138)] beschrieben.

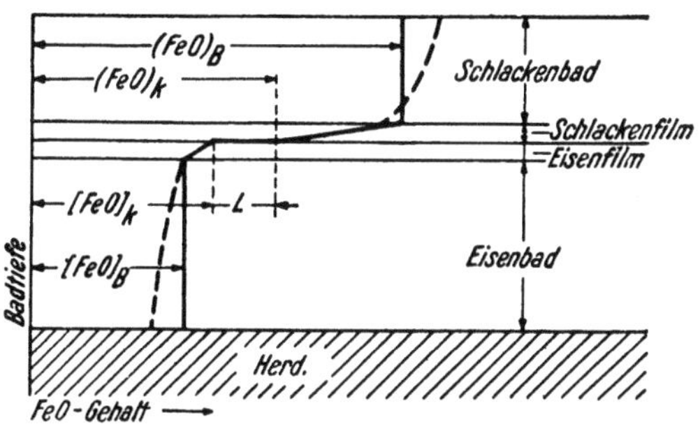

Abb. 46. Schematische Darstellung der Eisen(II)-oxydverteilung zwischen Stahlbad und Schlacke (nach A. L. FEILD)

Wenn während des Ablaufes technischer Prozesse das Gleichgewicht noch nicht erreicht ist, herrschen bezüglich des Verlaufes der Aktivitäten bzw. der Konzentrationen ähnliche Verhältnisse wie beim Temperaturverlauf. In schematischer Form werden diese Verhältnisse für den Fall der FeO-Verteilung zwischen Metallbad und Schlacke nach einer Darstellung von A. L. FEILD [91] in Abb. 46 wiedergegeben.

Unter der Voraussetzung einer ausreichenden Bewegung jeder der beiden Phasen kann der Eisen(II)-oxyd-Gehalt sowohl im Eisen als auch in der Schlacke als konstant angesehen werden. Nur innerhalb der der eigentlichen Phasengrenzfläche unmittelbar benachbarten dünnen Schichten besteht ein stärkerer Konzentrationsgradient und an der Berührungsfläche zwischen Bad und Schlacke, also in der Phasengrenzfläche, besteht ein echter Konzentrationssprung entsprechend dem Verteilungskoeffizienten $L = \dfrac{(\text{FeO})_K}{[\text{FeO}]_K}$. Für diesen Fall eines praktisch völligen Konzentrationsausgleiches innerhalb der einzelnen Phasen wird der Verlauf der FeO-Konzentration über die gesamte Höhe des Ofeninhaltes durch die in Abb. 46 voll ausgezogene Linie dargestellt. Kann ein Konzentrationsausgleich in den Phasen, z. B. wegen fehlender oder zu schwacher Kochreaktion, nicht vorausgesetzt werden, so werden auch innerhalb des Eisenbades und der Schlacke Konzentrations- bzw. Aktivitätsgradienten wirksam sein und der Konzentrationsverlauf wird etwa der strichliert eingezeichneten Linie in Abb. 46 folgen.

Die Geschwindigkeit des Ablaufes einer Reaktion wird stets durch den langsamsten Teilschritt bestimmt. Eine heterogene Umsetzung, wie sie bei allen Metall-Schlacken-Reaktionen gegeben ist, besteht im wesentlichen aus dem Antransport der Reaktanten an die Phasengrenzfläche, der in der Phasengrenzfläche stattfindenden eigentlichen Umsetzung und dem Abtransport der Reaktionsprodukte. Dabei sind die Transportvorgänge in den Grenzschichten von denen im Inneren der Phasen zu unterscheiden. Jedoch kann mit den gegenwärtigen Kenntnissen nicht entschieden werden, welcher dieser einzelnen Transportvorgänge der langsamste und damit der geschwindigkeitsbestimmende ist, da die erforderlichen Diffusionskonstanten noch nicht zur Verfügung stehen. Es wird aber heute allgemein angenommen, daß die Diffusionsvorgänge für die Geschwindigkeit des Reaktionsablaufes maßgebend sind und nicht die eigentliche Umsetzung. Die theoretischen Grundlagen über die Gesetzmäßigkeiten des Stoffaustausches durch Diffusion hat C. Wagner [92] zusammengefaßt.

Die hier angegebenen rein qualitativen Überlegungen können durch die von H. Schenck, E. Steinmetz und M. G. Frohberg [95] angegebenen Ansätze und Ableitungen auch zahlenmäßig zum Ausdruck gebracht werden. Von primärem Interesse ist die durch eine Reaktion verursachte Konzentrationsänderung eines Stoffes. Der Erfolg der Reaktion kann durch den *betriebstechnischen Wirkungsgrad*

$w = \dfrac{[X]_0}{[X]}$ beschrieben werden, worin $[X]_0$ und $[X]$ die Konzentrationen zu Beginn und am Ende des betrachteten Prozeßabschnittes darstellen. Der oft verwendete prozentuale Wirkungsgrad

$$W = \frac{[X]_0 - [X]}{[X]_0} \cdot 100$$

ist mit w durch die einfache Beziehung $w = \dfrac{100}{100 - W}$ verbunden.

Mit dem *physikalisch-chemischen Verteilungswert*, der als Verhältnis der Konzentrationen des Stoffes X in den beiden am Umsatz teilnehmenden Phasen, z. B. Metall und Schlacke, definiert ist: $\eta_x = \dfrac{(X)}{[X]}$ ist eine weitere wichtige Größe gegeben. Dieser Verteilungswert steht im Gleichgewichtsfall mit der Gleichgewichtskonstante K in einfachem funktionellem Zusammenhang.

Der den Reaktionserfolg ausdrückende betriebstechnische Wirkungsgrad ist seinerseits von dem durch die thermodynamischen und kinetischen Eigenheiten der Umsetzung bestimmten physikalisch-chemischen Verteilungswert abhängig sowie von der relativen Schlackenmenge (die als Verhältnis der Schlackenmenge zur Metallmenge definiert ist) und letzten Endes auch von der Verfahrensweise, mit der die beiden Phasen miteinander in Berührung gebracht werden.

Die von H. Schenck und Mitarbeitern [95] angegebenen Gleichungen ermöglichen die Berechnung des Wertes w für die verschiedenen hüttenmännischen Verfahrensweisen, wie z. B. die mit permanentem Phasenkontakt, vollkommenem oder unvollkommenem Schlackenwechsel und nach dem Gegenstromprinzip arbeitenden Verfahren.

Als wichtigste praktische Schlußfolgerung ist die Beschleunigungswirkung einer guten Durchmischung für den Ablauf aller Metall-Schlacken-Reaktionen sowie die Begünstigung durch Vergrößerung der Phasengrenzfläche festzuhalten.

Schrifttum

zu Abschnitt 1.12

1. Benedicks, C., N. Ericsson und G. Ericson: Bestimmung des spezifischen Volumens von Eisen, Nickel und Eisenlegierungen im geschmolzenen Zustand. Arch. Eisenhüttenwes. 3 (1929/30), S. 473/86.
2. Stott, V. H., und J. H. Rendall: The Density of Molten Iron. J. Iron Steel Inst. 175 (1953), S. 374/78.

3. DESCH, C. H., und B. S. SMITH: Interim Report on the Density of Molten Steel. J. Iron Steel Inst. 119 (1929), S. 358/63.

4. LUCAS, L. D.: Densité du fer, du nickel et du cobalt à l'état liquide. C. R. hebd. Séances Acad. Sci. 250 (1960), S. 1850/52.

5. KIRSHENBAUM, A. D., und J. A. CAHILL: The Density of Liquid Iron from the Melting Point to 2500°K. Trans. AIME 224 (1962), S. 816/19.

6. KARSCH, K. H.: Über die Bedeutung der Viskosität und Oberflächenspannung einer Schmelze für den Verschlackungsvorgang. Arch. Eisenhüttenwes. 33 (1962), S. 805/08.

7. SCHENCK, H., M. G. FROHBERG und K. HOFFMANN: Beitrag zur Messung der Viskosität metallischer Schmelzen bei hohen Temperaturen. Arch. Eisenhüttenwes. 34 (1963), S. 93/100.

8. CAVALIER, G.: Measurements of the Viscosity of Undercooled Molten Metals. Proc. Nat. Phys. Lab. Symp., Nr. 9, Bd. 2, London 1959.

9. SAMARIN, A. M.: Some Properties of Liquid Alloys. J. Iron Steel Inst. 200 (1962), S.95/101.

10. THIELE, M.: Über das Viskositätsverhalten von nichtdesoxydierten und desoxydierten Eisenschmelzen. Dr.-Ing.-Dissertation Berlin 1958, Techn. Universität.

11. BARFIELD, R. N., und J. A. KITCHENER: The Viscosity of Liquid Iron and Iron-Carbon Alloys. J. Iron Steel Inst. 180 (1955), S. 324/29.

12. LOSANA, L.: Viscosità dell'acciaio fuso. Metallurg. Ital. 34 (1942), S. 133/40.

13. CAVALIER, G., L. D. LUCAS, G. URBAIN und P. KOZAKEVITCH: Diskussionsbeitrag zu 7. Arch. Eisenhüttenwes. 34 (1963), S. 99/100.

14. SEMENCHENKO, V. K.: Surface Phenomena in Metals and Alloys. Pergamon Press, Oxford 1961.

15. BECKER, G., F. HARDERS und H. KORNFELD: Ermittlung der Oberflächenspannung geschmolzener Metalle aus der Form ruhender Tropfen. Arch. Eisenhüttenwes. 20 (1949), S. 363/67.

16. HALDEN, F. A., und W. D. KINGERY: Surface Tension at Elevated Temperatures. II. Effect of C, N, O and S on Liquid Iron Surface Tension and Interfacial Energy with Al_2O_3. J. Phys. Chem. 59 (1955), S. 557/59.

17. KOZAKEVITCH, P., und G. URBAIN: Surface Tension of Pure Liquid Iron, Cobalt and Nickel at 1550°C. J. Iron Steel Inst. 186 (1957), S. 167/73.

18. KOZAKEVITCH, P. P., und G. URBAIN: Tension superficielle du fer liquide et de ses alliages. Mém. sci. Rev. Métallurg. 58 (1961), S. 401/13 und S. 517/34.

19. ESCHE, W. VOR DEM, und O. PETER: Bestimmung der Oberflächenspannung an reinem und legiertem Eisen. Arch. Eisenhüttenwes. 27 (1956), S. 355/66.

20. TSIN-TAN, W., R. A. KARASEW und A. M. SAMARIN: Einfluß von Kohlenstoff und Sauerstoff auf die Oberflächenspannung von flüssigem Eisen. Izvestija Akademii Nauk, SSSR, O. T. N. Metallurgija i Toplivo 1960, Nr. 1, S. 30/35, vgl. Metallurg. Fuels 1960, Nr. 1, S. 21/27.

21. TSIN-TAN, W., R. A. KARASEW, A. M. SAMARIN und A. G. ŠALIMOW: Oberflächenspannungen von Fe—S—C, Fe—Mn—S und Fe—Mn—C-Schmelzen. Izvestija Akademii Nauk SSSR, O. T. N. Metallurgija i Toplivo 1961, Nr. 1, S. 15/19.

22. VISHKAREV, A. F., Y. V. KRYAKOVSKII, S. A. BLIZNYUKOV und V. I. YAVOISKII: Einfluß von Seltene-Erden-Elementen auf die Oberflächenspannung von flüssigem Eisen. Izvestija Vysšich Učebnych Zavedeni, Černaja Metallurgija 1962, Nr. 3, S. 60/66, vgl. Brutcher-Transl. Nr. 5600.

23. WASCHTSCHENKO, K. I., und A. P. RUDOI: Einfluß von Kohlenstoff und Silizium auf die Oberflächenspannung des Gußeisens. Izvestija Vysšich Učebnych Zavedeni, Černaja Metallurgija 1961, Nr. 3, S. 11/15, vgl. Veröffentlichungen auf dem Gebiet Eisen und Stahl der UdSSR 2 (1961), Nr. 6, S. 57/63.

24. BAUM, B. A., K. T. KUROČKIN und P. V. UMRICHIN: Über die Oberflächenspannung des flüssigen Stahls mit Wasserstoff. Fizika metallov i metallovedenie, Bd. 11, Ausgabe 6, Juni 1961, S. 960/61, vgl. Veröffentlichungen auf dem Gebiet Eisen und Stahl der UdSSR 2 (1961), Nr. 10, S. 86/88.

25. HANSEN, M., und K. ANDERKO: Constitution of Binary Alloys. McGraw-Hill Book Comp. Inc., New York, Toronto, London 1958, 2. Auflage.

26. SCHENCK, H.: Einführung in die physikalische Chemie der Eisenhüttenprozesse. Springer-Verlag, Berlin 1932 und 1934.

27. HERASYMENKO, P.: Electrochemical Theory of Slag-Metal Equilibria. Trans. Farad. Soc. 34. 2 (1938), S. 1245/57.

28. TEMKIN, M.: Mischungen gelöster Salze als Ionenlösungen. Acta physicochimica URSS 20 (1945), S. 411/20.

29. SAMARIN, A., M. TEMKIN und L. SCHWARTZMAN: Verteilung des Schwefels zwischen Metall und Schlacke vom Gesichtspunkt der Ionennatur der Schlacke. Acta physicochimica URSS 20 (1945), S. 421/40.

30. HERASYMENKO, P., und G. E. SPEIGHT: Ionic Theorie of Slag-Metal Equilibria. J. Iron Steel Inst. 166 (1950), S. 169/83 und S. 289/303.

31. FLOOD, H., und K. GRJOTHEIM: Thermodynamic Calculation of Slag Equilibria. J. Iron Steel Inst. 171 (1952), S. 64/70.

32. FLOOD, H., T. FORLAND und K. GRJOTHEIM: Über den Zusammenhang zwischen Konzentrationen und Aktivitäten in geschmolzenen Salzmischungen. Z. anorg. allg. Chem. 276 (1954), S. 289/315.

33. SCHENCK, H., und G. WIESNER: Untersuchungen über Reaktionsgleichgewichte zwischen flüssigem Eisen und kieselsäuregesättigten Schlacken. Arch. Eisenhüttenwes. 27 (1956), S. 1/11.

34. BOWEN, N. L., und J. F. SCHAIRER: The System $FeO-SiO_2$. Amer. Journ. Sci. 5. Ser. 24 (1932), S. 177/213.

35. FISCHER, W. A., und H. J. FLEISCHER: Die Manganverteilung zwischen Eisenschmelzen und Eisen(II)-oxyd-Schlacken im MnO-Tiegel bei 1520 bis 1770 °C. Arch. Eisenhüttenwes. 32 (1961), S. 1/10.

36. BOWEN, N. L., und J. F. SCHAIRER: The System $MgO-FeO-SiO_2$. Amer. Journ. Sci. 5. Ser. 29 (1935), S. 151/217.

37. MUAN, A., und E. F. OSBORN: Phase Equilibria as a Guide in Refractory Technology. Amer. Ceram. Soc. Bull. 41 (1962), S. 450/55.

38. FISCHER, W. A., und A. HOFFMANN: Das Zustandsschaubild Eisenoxydul—Aluminiumoxyd. Arch. Eisenhüttenwes. 27 (1956), S. 343/46.

39. OELSEN, W., und H. MAETZ: Das Verhalten des Flußspates und der Kalziumphosphate gegenüber dem Eisenoxydul im Schmelzfluß und seine metallurgische Bedeutung. Mitt. K.-Wilh.-Inst. Eisenforsch. 23 (1941), S. 195/245.

40. GREIG, J. W.: Immiscibility in Silicate Melts. Amer. Journ. Sci. 5. Ser. 13 (1927), S. 1/44 und 133/54.

41. OSBORN, E. F., und J. F. SCHAIRER: The Ternary System Pseudowollastonite-Akermanite-Gehlenite. Amer. Journ. Sci. 239 (1941), S. 715/63.

42. RANKIN, G. A., und F. E. WRIGHT: The Ternary System $CaO-Al_2O_3-SiO_2$. Amer. Journ. Sci. 4. Ser. 39 (1951), S. 1/79.

43. RANKIN, G. A., und H. E. MERWIN: The Ternary System $CaO-Al_2O_3-MgO$. J. Amer. Chem. Soc. 38 (1916), S. 568/88.

44. HILL, W. L., G. T. FAUST und D. S. REYNOLDS: The Binary System $P_2O_5-2\,CaO\cdot P_2O_5$. Amer. Journ. Sci. 242 (1944), S. 457/77 und S. 542/62.

45. TRÖMEL, G.: Untersuchungen im Dreistoffsystem $CaO-P_2O_5-SiO_2$ und ihre Bedeutung für die Erzeugung von Thomasschlacken. Stahl u. Eisen 63 (1943), S. 21/30.

46. EITEL, W.: Die Wirkung der Fluoride als Mineralisatoren beim Klinkerbrand. Zement 27 (1938), S. 455/59 und 469/72.

47. BOWEN, N. L., und O. ANDERSEN: The Binary System $MgO-SiO_2$. Amer. Journ. Sci. 37 (1914), 4. Ser. S. 487/500.

48. WHITE, J., D. D. HOWAT und R. HAY: The Binary System $MnO-SiO_2$. Journ. Roy. Techn. Coll., Glasgow 3 (1934), S. 231/40, vgl. Chem. Zbl. 105 (1934), I. S. 3699.

49. KÖRBER, F., und W. OELSEN: Die Schlackenkunde als Grundlage der Metallurgie der Eisenerzeugung. Stahl u. Eisen 60 (1940), S. 921/29 und 948/55.

50. KÖRBER, F., und W. OELSEN: Die Grundlagen der Desoxydation mit Mangan und Silizium. Mitt. K.-Wilh.-Inst. Eisenforsch. 15 (1933), S. 271/309.

51. BOWEN, N. L., J. F. SCHAIRER und E. POSNJAK: The System $CaO-FeO-SiO_2$. Amer. Journ. Sci. 5. Ser. 26 (1933), S. 193/284.

52. ALLEN, W. C., und R. B. SNOW: The Orthosilicate Iron Oxide Portion of the System $CaO-FeO-SiO_2$. J. Amer. Ceram. Soc. 38 (1955), S. 264/80.

53. OELSEN, W., und H. MAETZ: Zur Metallurgie des Thomasverfahrens. Arch. Eisenhüttenwes. 19 (1948), S. 111/17.

54. SNOW, R. B., und W. J. McCAUGHEY: Equilibrium Studies in the System $FeO-Al_2O_3-SiO_2$. J. Amer. Ceram. Soc. 25 (1942), S. 151/60.

55. SCHAIRER, J. F.: The System $CaO-FeO-Al_2O_3-SiO_2$: I. Results of Quenching Experiments on Five Joins. J. Amer. Ceram. Soc. 25 (1942), S. 241/74.

56. FERGUSON, J. B., und H. E. MERWIN: The Ternary System $CaO-MgO-SiO_2$. Amer. Journ. Sci. 4. Ser. 48 (1919), S. 81/123.

57. OSBORN, E. F.: The Compound Merwinite ($3\,CaO \cdot MgO \cdot 2\,SiO_2$) and its Stability Relations within the System $CaO-MgO-SiO_2$. J. Amer. Ceram. Soc. 26 (1943), S. 321/32.

58. RICKER, R. W., und E. F. OSBORN: Additional Phase Equilibrium Data for the System $CaO-MgO-SiO_2$. J. Amer. Ceram. Soc. 37 (1954), S. 133/39.

59. GOFF, I.: Estimating Open-Hearth Slag Composition. Blast Furn. Steel Plant 22 (1934), S. 640/41, 656, 693/94.

60. HENDERSON, J., R. G. HUDSON, R. G. WARD und G. DERGE: Density of Liquid Iron Silicates. Trans. AIME 221 (1961), S. 807/11.

61. SAITÔ, T., und Y. KAWAI: On the Viscosity of Molten Slags. I. Viscosity of $CaO-SiO_2-Al_2O_3$-Slags. Sci. Rep. Res. Inst. Tôhoku Univ., Ser. A, 3 (1951), S. 491/501.

62. KOZAKEVITCH, P.: Tension superficielle et viscosité de scories synthétiques. Rev. Métallurg. Mém. 46 (1949), S. 505/16 und 572/82.

63. KOZAKEVITCH, P.: Sur la viscosité des laitiers de hauts fourneaux. Rev. Métallurg. Mém. 51 (1954), S. 569/87.

64. SCHENCK, H., M. G. FROHBERG und W. ROHDE: Viskosität reinen flüssigen Eisenoxyduls im Temperaturbereich zwischen 1380 und 1490 °C. Arch. Eisenhüttenwes. 32 (1961), S. 521/23.

65. URBAIN, G.: Mesure de viscosité de laitiers synthétiques riches en oxyde ferreux. J. Chim. Phys. 49 (1952), S. 316/22.

66. WOLAROWITSCH, M. P., und A. A. LEONTJEWA: Über die Fallgeschwindigkeit flüssiger Tropfen in Schmelzen. Acta physicochimica URSS 11 (1939), S. 251/56, vgl. Chem. Zbl. 111 (1940), I, S. 1632.

67. RAIT, J. R., und R. HAY: Viskositätsbestimmung von Schlackensystemen. Journ. Roy. Techn. Coll., Glasgow, 4 (1938), S. 252/75, vgl. Chem. Zbl. 110 (1939), I, S. 1522.

68. ENDELL, K., und R. KLEY: Über die Abhängigkeit der Temperatur-Zähigkeits-Beziehungen saurer Hochofenschlacken von der chemischen Zusammensetzung. Stahl u. Eisen 59 (1939), S. 677/85.

69. OSBORN, E. F., R. C. DeVRIES, K. H. GEE und H. M. KRANER: Optimum Composition of Blast Furnace Slag as Deduced from Liquidus Data for the Quaternary System $CaO-MgO-Al_2O_3-SiO_2$. J. Metals, Trans. 6 (1954), S. 33/45.

70. BALDWIN, B. G.: The Liquidus and High-Temperature Properties of Blast-Furnace Slags. J. Iron Steel Inst. 186 (1957), S. 388/95.

71. HOFMANN, E. E.: Viskositätsverhalten von synthetischen Schlacken in Abhängigkeit von der Zusammensetzung und der Temperatur. Stahl u. Eisen 79 (1959), S. 846/54.

72. ENDELL, K., G. HEIDTKAMP und L. HAX: Über den Flüssigkeitsgrad von Kalksilikaten, Kalkferriten und basischen Siemens-Martin-Schlacken bis 1650 °C. Arch. Eisenhüttenwes. 10 (1936/37), S. 85/90.

73. MATSUKAWA, T.: On the Viscosity of Acid and Basic Open Hearth and Cupola Furnace Slags in Molten State. Publ. by the Taniguchi Foundation for the Promotion of Industrial Progress. Osaka (Japan), 1935.

74. HERTY jr., C. H., F. A. HARTGEN, G. L. FREAR und M. B. ROYER: Temperature-Viscosity Measurements in the System $CaO-SiO_2$ and $CaO-SiO_2-CaF_2$. U. S. Bur. Mines, Rep. Invest. Nr. 3232, 1934, 31 S.

75. ŠTENGELMEIER, S. V., und G. S. ERŠOV: Über die Zähflüssigkeit der sauren Siemens-Martin-Schlacken. Izvestija Vysšich Učebnych Zavedeni, Černaja Metallurgija 1961, Nr. 7, S. 72/77, vgl. Technik der UdSSR Nr. 9, 1961.

76. SCHENCK, H., und M. G. FROHBERG: Viskositätsmessungen an flüssigen Schlacken des Systems $CaO-SiO_2-TiO_2$ im Temperaturbereich von 1300 bis 1600 °C. Arch. Eisenhüttenwes. 33 (1962), S. 421/25.

77. Hofmann, E. E.: Die Bedeutung eines Betriebsviskosimeters mit Temperaturanzeige für die Überwachung von Schmelzvorgängen. Berg- u. hüttenm. Mh. 106 (1961), S. 397/407.

78. Hofmann, E. E., und N. K. Das: Grundlagen für die Entwicklung eines Betriebsviskosimeters. Arch. Eisenhüttenwes. 32 (1961), S. 199/208.

79. Lüdemann, K.-F.: Diskussionsbeitrag zu 77. Berg- u. hüttenm. Mh. 106 (1961), S. 407.

80. Wartenberg, H. von, G. Wehner und E. Saran: Nachr. v. d. königl. Ges. der Wissenschaften zu Göttingen; Mathem.-Physik. Klasse, Folge II N. F. 2 (1936), S. 65.

81. King, T. B.: Surface Tension and Structure of Silicate Slags. Journ. Soc. of Glass Technology 35 (1951), S. 241/59.

82. Boni, R. E., und G. Derge: Surface Tensions of Silicates. J. Metals Trans. 8 (1956), S. 53/59.

83. Boni, R. E., und G. Derge: Surface Structure of Nonoxidizing Slags Containing Sulphur. J. Metals Trans. 8 (1956), S. 59/64.

84. Göhler, M.: Benetzung von Wälzlagerstahlschmelzen durch Kalk-Kieselsäure-Flußspat-Schlacken. Neue Hütte 7 (1962), S. 212/16.

85. Tangermann, I.: Beitrag zur Benetzbarkeit in Oxyd- und Karbidsystemen. Neue Hütte 6 (1961), S. 767/71.

86. Bockris, J. O. M., J. A. Kitchener, S. Ignatowicz und J. W. Tomlinson: The Electrical Conductivity of Silicate Melts: Systems Containing Ca, Mn and Al. Disc. Farad. Soc. 4 (1948), S. 265/81.

87. Fischer, W. A., und H. vom Ende: Das elektrische Leitvermögen von Schlacken im flüssigen und festen Zustand. Arch. Eisenhüttenwes. 21 (1950), S. 217/24.

88. Fischer, W. A., und H. vom Ende: Das spezifische elektrische Leitvermögen von eisenoxydulhaltigen Schlacken. Arch. Eisenhüttenwes. 22 (1951), S. 417/23.

89. Hofmann, H., und B. Marinček: Die elektrische Leitfähigkeit der Schlacken im festen und flüssigen Zustand. Arch. Eisenhüttenwes. 25 (1954), S. 523/26.

90. Wejnarth, A.: The Current-Conducting Properties of Slags in Electric Furnaces. Trans. Electrochem. Soc. 65 (1934), S. 329/43.

91. Feild, A. L.: Entkohlungsgeschwindigkeit und Oxydationsgrad des Metallbades bei basischen Herdfrischverfahren. Iron and Steel Technology in 1928. Published by the AIME, vgl. Stahl u. Eisen 48 (1928), S. 1341/44.

92. Wagner, C.: Kinetic Problems in Steelmaking. In: The Physical Chemistry of Steelmaking. Chapman and Hall, Ltd., London 1958.

93. Schenck, H., und W. Pfaff: Das System Eisen(II)-oxyd—Magnesiumoxyd und seine Verteilungsgleichgewichte mit flüssigem Eisen bei 1520 bis 1750 °C. Arch. Eisenhüttenwes. 32 (1961), S. 741/51.

94. Popel, S. I., O. A. Esin und N. K. Džemilev: Adhäsion von Eisen—Kohlenstoff-Legierungen an Schlacken. Izvestija Vysšich Učebnych Zavedeni, Černaja Metallurgija 6 (1963), Nr. 6, S. 5/10; vgl. Veröffentlichungen auf dem Gebiete Eisen und Stahl der UdSSR 4 (1963), Nr. 10, S. 987.

95. Schenck, H., E. Steinmetz und M. G. Frohberg: Ableitungen zum Ausmaß chemischer Umsetzungen zwischen flüssigen Phasen in ruhendem und bewegtem Zustand. Arch. Eisenhüttenwes. 34 (1963), S. 659/72.

96. Dyson, B. F.: The Surface Tension of Iron and Some Iron Alloys. Trans. AIME 227 (1963), Nr. 5, S. 1098/102.

97. Lucas, L. D.: Volume spécifique de métaux et alliages liquides à haufes températures. Mém. Sci. Rev. Métallurg. 61 (1964), S. 1/24 und 97/116.

1.13 Die Reaktionen der Stahlbegleitelemente

Die chemischen Umsetzungen bei den Stahlherstellungsverfahren sind zum überwiegenden Teil Oxydations- und Reduktionsreaktionen, mit deren Hilfe unerwünschte Elemente aus dem flüssigen Stahl entfernt oder erwünschte Legierungselemente in das Stahlbad reduziert werden. Von diesen Reaktionen werden auch die Umsetzungen des Schwefels beeinflußt und bis zu einem gewissen Grad auch die Lösungsreaktionen der wichtigen Gase Stickstoff und Wasserstoff.

Am Reaktionsgeschehen selbst sind nicht nur die Metall- und Schlackenphase, sondern auch die Gasphase und unter bestimmten Voraussetzungen selbst die feuerfeste Zustellung in nennenswertem Ausmaß beteiligt. Die Darstellung des Gesamtreaktionsgeschehens ist oft schwierig, weil unter gegebenen äußeren Bedingungen meist mehrere Vorgänge gleichzeitig ablaufen und sich gegenseitig beeinflussen. Alle Umsetzungen streben einem Gleichgewichtszustand zu, bei dem die Reaktion zum Stillstand kommt. Diese Gleichgewichte, die sich natürlich für die betrachtete Reaktion zwischen allen miteinander in Berührung stehenden Phasen einstellen müssen, stellen die Endzustände der Umsetzung dar. Sie werden allerdings in den zur Verfügung stehenden Reaktionszeiten niemals ganz erreicht, doch liegen die praktisch erreichbaren Endzustände, wie später noch gezeigt wird, in vielen Fällen sehr nahe am Gleichgewicht.

In den folgenden Abschnitten sollen die Reaktionen der wichtigsten Stahlbegleitelemente zunächst unter normalem Druck von einer Atmosphäre behandelt werden. Ein besonderer Abschnitt (1.17) ist sodann dem Reaktionsgeschehen bei niedrigem Druck gewidmet, das heute für die verschiedenen Vakuumverfahren großtechnische Bedeutung erlangt hat.

1.131 Sauerstoff

Die Umsetzung des Sauerstoffes mit dem flüssigen Eisen und den darin gelösten Begleitelementen wird als *Frischreaktion* bezeichnet. Der Sauerstoffgehalt und die Menge des Sauerstoffs, die das Stahlbad je Zeiteinheit aufnehmen kann, bestimmen das Ausmaß und den Zeitaufwand für diese Oxydationsreaktionen. Sie dienen im wesentlichen dazu, den überschüssigen Kohlenstoff und Phosphor, das Silizium und manchmal auch Teile des Mangans oder anderer Legierungselemente zu entfernen. Da für diese Umsetzungen ein Überschuß an Sauerstoff notwendig und der Sauerstoff selbst im festen Stahl immer ein unerwünschtes Begleitelement ist, muß er — wenn man vom Abguß unberuhigter Stahlgüten absieht — durch geeignete Maßnahmen vor der Erstarrung aus dem flüssigen Stahl wieder entfernt werden. Diese für die Edelstahlerzeugung so wichtigen Desoxydationsreaktionen werden in einem eigenen Abschnitt (1.16) behandelt.

1.131.1 Die Sauerstoffaufnahme des Stahles

Grundsätzlich kann jede sauerstoffhaltige Substanz ihren Sauerstoff an das Eisen abgeben, wenn dieser ungebunden oder unter den herrschenden Bedingungen weniger fest gebunden ist als an das Eisen. Bei den technischen Stahlherstellungsprozessen dienen als Sauerstoffquellen:

1. gasförmiger, reiner Sauerstoff
2. sauerstoffhaltige Gase
3. gasförmige Sauerstoffverbindungen
4. oxydische Schlacken
5. Oxyde in feuerfesten Stoffen.

Wird der Sauerstoff vom Eisen direkt aus reinem, gasförmigem Sauerstoff oder aus sauerstoffhaltigen Gasen aufgenommen, wie z. B. aus Luft, Sauerstoff-Wasserdampfgemischen u. a., so spricht man von *direkter* Oxydation. Diese Vorgänge sind kennzeichnend für den Bessemer- und Thomasprozeß, sowie für die meisten Sauerstoffblasverfahren und für die Sauerstoffanwendung im Siemens-Martin- und Lichtbogenofen, wenn die Sauerstoffzufuhr direkt in das Bad erfolgt.

Auch die Sauerstoffaufnahme aus gasförmigen Sauerstoffverbindungen, vornehmlich Kohlendioxyd und Wasserdampf, fällt unter den Begriff der direkten Oxydation. Beide sind in den Verbrennungsgasen des Siemens-Martin-Ofens enthalten. Ebenso kommt das flüssige Eisen mit dem Kohlendioxyd in Berührung, das z. B. aus den Karbonaten der schlackenbildenden Zuschlagstoffe in Freiheit gesetzt wird sowie mit dem Wasserdampf, der den feuchten Zuschlägen entstammt.

Eine direkte Oxydation tritt im normalen Frischprozeß auch dadurch ein, daß bei lebhafter Kochbewegung des Stahlbades Eisentröpfchen in den immer oxydierende Gase enthaltenden Gasraum über dem Bad geschleudert werden. Diese Sauerstoffaufnahme ist für einen raschen Ablauf der Frischperiode nicht ohne Bedeutung.

Die Sauerstoffaufnahme aus Oxyden wird allgemein als *indirekte* Oxydation bezeichnet. Sie erfolgt immer dann, wenn das Stahlbad mit schwermetalloxydhaltigen Schlacken in Berührung steht. Unter bestimmten Voraussetzungen kann der flüssige Stahl auch aus den Oxyden der feuerfesten Zustellung Sauerstoff aufnehmen (aus infiltrierten Oxyden oder durch direkte Umsetzung mit feuerfesten Oxyden im sauren Verfahren oder unter vermindertem Druck). Neben dem Sauerstofffrischen hat die Sauerstoffzufuhr über oxydische Schlacken im Frischprozeß die größte technische Bedeutung.

Eisenoxydulhaltige Schlacken, die als Sauerstoffüberträger an das Stahlbad dienen, entstehen nicht nur durch Aufgabe von Erz und Schlackenbildnern, sondern auch ganz unabhängig vom Ursprung des Sauerstoffs. Gasförmiger Sauerstoff oxydiert das flüssige Eisen unter Bildung von Eisen(II)-oxyd, und bei reinem Eisen bildet sich unter einer sauerstoffhaltigen Atmosphäre eine Schlacke, die aus reinem (FeO) besteht. Sie wird in Berührung mit den feuerfesten Oxyden der Zustellung Teile derselben auflösen und sich damit verdünnen.

Bei der Zugabe von Eisenoxyden zur Schlacke wird ebenfalls Eisen(II)-oxyd gebildet, indem die höheren Oxyde (Fe_3O_4, Fe_2O_3) durch das flüssige Eisen reduziert werden. Diese (FeO)-haltigen Schlacken besitzen ein bestimmtes Sauerstoffpotential, das dem Stahlbad einen dem Verteilungsgleichgewicht entsprechenden Sauerstoffgehalt aufdrückt. In gleicher Weise wirken auch Legierungsoxyde (z. B. Mn_3O_4, MoO_2, NiO u. a.), die durch flüssiges Eisen reduzierbar sind, als Oxydationsmittel, wobei sie den Eisenoxydulgehalt des Bades und der Schlacke erhöhen.

Steht die eisen(II)-oxydhaltige Schlacke mit einer sauerstoffhaltigen Atmosphäre in Berührung, so werden in der Schlacke laufend höhere Oxyde gebildet, die wiederum vom flüssigen Eisen zu Eisenoxydul reduziert werden. Auf dieser indirekten Oxydation beruht im wesentlichen die Frischwirkung der Flammengase im Siemens-Martin-Ofen und die Vorgänge, die beim Sauerstoffaufblasen auf die Frischschlacke, z. B. zur Vorverlegung der Entphosphorung und anderen Schlackenreaktionen ausgenutzt werden.

Ein wesentlicher Unterschied zwischen den Vorgängen der direkten Oxydation mit gasförmigem Sauerstoff und den Vorgängen der indirekten Oxydation, z. B. über Oxyde, die vom flüssigen Eisen reduziert werden, besteht darin, daß im ersten Falle die Gesamtreaktion unter Wärmeabgabe, im zweiten Fall jedoch unter Wärmeverbrauch vor sich geht. Dieser Unterschied beeinflußt weitgehend den technischen Ablauf der verschiedenen Frischverfahren. Bei der Bildung von einem Mol flüssigen Eisen(II)-oxyd von 1600 °C aus flüssigem Eisen und gasförmigem Sauerstoff

$$Fe + \frac{1}{2}\{O_2\} = FeO$$

werden rund 58 kcal verfügbar, die unmittelbar der Temperaturerhöhung des Systems zugutekommen. Ein solcher Frischprozeß kann, unterstützt durch den Wärmegewinn aus den übrigen Oxydationsreaktionen, durch Umsetzung des gebildeten Eisenoxyduls mit den oxydierbaren Stahlbegleitelementen selbst bei relativ hohen Wärmeverlusten (Abgasverluste, Strahlungsverluste usw.) ohne zusätzliche Energiezufuhr ausgeführt werden (Thomasverfahren, Sauerstoffblasverfahren). Erfolgt dagegen die Bildung des Eisen(II)-oxyds durch Reduktion von kalt aufgegebenen höheren Eisenoxyden durch flüssiges Eisen bei 1600 °C, z. B. gemäß

$$Fe + Fe_2O_3 = 3\,FeO$$

so müssen je Mol entstehendes Eisen(II)-oxyd 7,9 kcal an Wärme zugeführt werden, um die Temperatur des Systems aufrechtzuerhalten. Der Wärmegewinn aus den folgenden Frischreaktionen ist nicht in der Lage, diesen Wärmebedarf und die unvermeidbaren Temperaturverluste zu decken. Der Frischprozeß kann in diesem Falle nur unter zusätzlicher Wärmezufuhr ausgeführt werden (Siemens-Martin- und Lichtbogenofen-Verfahren).

Für die Sauerstoffaufnahme des flüssigen Eisens kann zusammenfassend festgestellt werden, daß sich bei Einwirkung von Sauerstoff in jedem Fall eine eisen(II)-oxydhaltige Schlacke bildet. Die Sauerstoffaktivität dieser Schlacke ist über das Verteilungsgleichgewicht gemäß Gl. (137) für den Sauerstoffgehalt des Stahlbades maßgebend.

1.131.2 Löslichkeit des Sauerstoffs in reinem, flüssigem Eisen unter reiner FeO-Schlacke

Über die auch zur Beurteilung technischer Vorgänge wichtige Größe der Sauerstofflöslichkeit in reinem Eisen liegen zahlreiche Untersuchungsergebnisse vor. Dank der ständig verbesserten Experimentiertechnik und genauerer Analysenmethoden besteht heute über die Löslichkeitsgrenze im flüssigen Zustand weitgehende Übereinstimmung.

Nach L. S. DARKEN und R. W. GURRY [1] bildet sich über flüssigem Eisen schon bei sehr niedrigen Sauerstoffpartialdrücken eine Phase aus flüssigem Eisenoxyd. Nach Abb. 47 beträgt dieser Sauerstoffdruck bei 1600 °C etwa 10^{-8} Atmosphären, ist also so niedrig, daß praktisch in allen Fällen mit der Anwesenheit einer Eisenoxydul-Schlacke über flüssigem Eisen zu rechnen ist. Da demnach flüssiges, reines Eisen im Gleichgewicht mit flüssigem Eisen(II)-oxyd, FeO, steht, ist es sinnvoll anzunehmen, daß der Sauerstoff nicht atomar, sondern molekular als [FeO] im Eisen gelöst ist. Der Erste, der diese Vermutung äußerte, war A. LEDEBUR [2]. Seitdem wurde diese Ansicht durch viele Untersuchungen bestätigt und ist heute allgemein gültig.

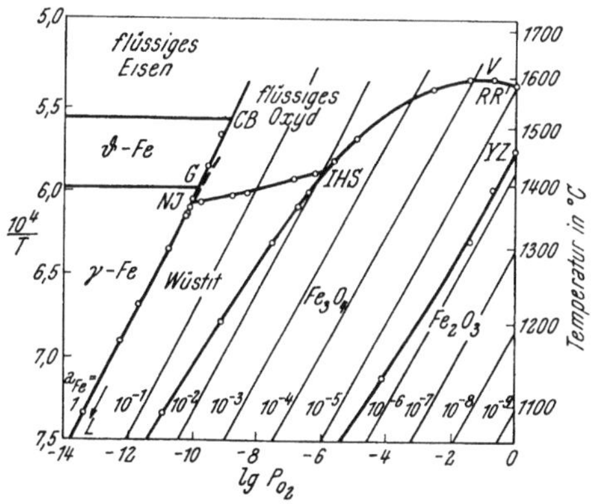

Abb. 47. Sauerstoffdrücke über Eisen und seinen Oxyden in Abhängigkeit von der Temperatur (nach L. S. DARKEN und R. W. GURRY)

Wie das in Abb. 48 wiedergegebene Zustandsschaubild Eisen-Sauerstoff [3] zeigt, sind die höheren Oxyde des Eisens, Fe_3O_4 (Eisen(II, III)-oxyd, Magnetit) und Fe_2O_3 (Eisen(III)-oxyd, Hämatit) bei tiefen Temperaturen beständig und bilden in weiten Konzentrationsbereichen feste Lösungen. Dagegen ist das niedere Oxyd FeO (Eisen(II)-oxyd, Wüstit, Eisenoxydul) nur bei Temperaturen über

560°C beständig. Bei tieferen Temperaturen zerfällt es in Fe_3O_4 und metallisches Eisen. Welches der Oxyde im Einzelfall entsteht, hängt nach Abb. 47 vom jeweiligen Sauerstoffpartialdruck in der mit dem Eisen reagierenden Gasphase ab.

Von besonderem Interesse ist der linke obere Teilausschnitt des Zustandsschaubildes Eisen-Sauerstoff. Durch die Linie $B—B'$ in Abb. 48 wird die Sauer-

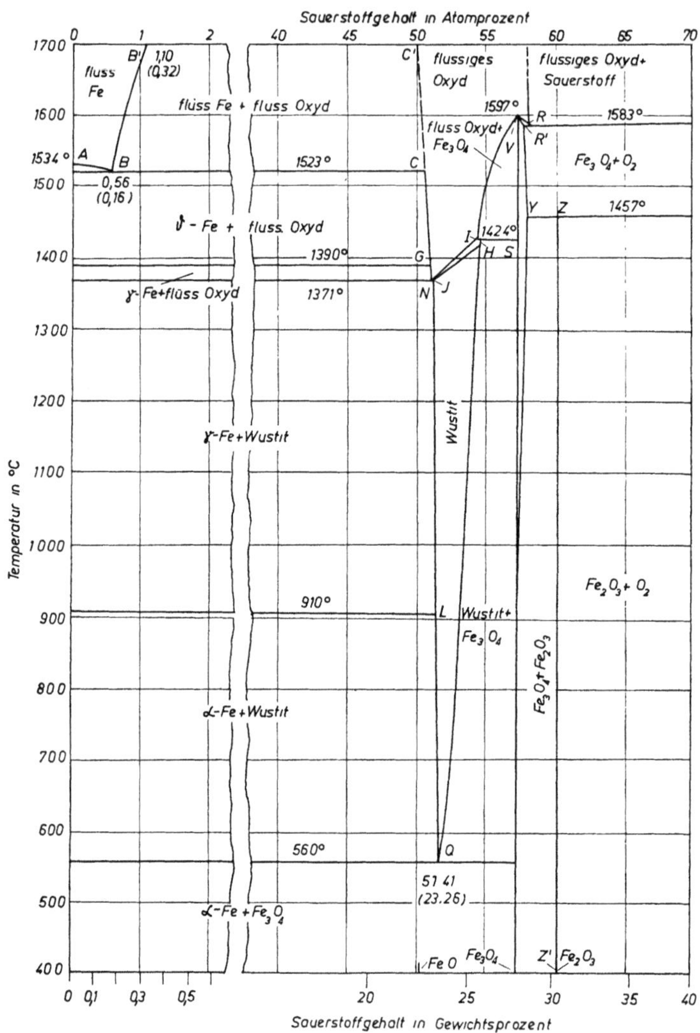

Abb. 48. Zustandsschaubild Eisen-Sauerstoff (nach M. HANSEN)

stofflöslichkeit in reinem, flüssigem Eisen angegeben, d.h., daß entlang dieser Linie die Eisenschmelze an Eisen(II)-oxyd gesättigt ist. Dieses Eisen(II)-oxyd hat jedoch keine konstante Zusammensetzung. Sie ändert sich mit der Temperatur längs der Linie $C—C'$. Das mit dem reinen Eisen im Gleichgewicht stehende Oxyd ist eine Mischung aus FeO und Fe_2O_3, wobei der Anteil des Eisen-(III)-oxyds mit zunehmender Temperatur geringer wird. Erst bei etwa 1700 °C hat die flüssige Oxydphase eine Zusammensetzung, die stöchiometrisch der Formel (FeO) mit 22,3 % Sauerstoff entspricht.

Über die Sauerstofflöslichkeit in reinem Eisen, also über den Kurvenverlauf von $B-B'$ im Zustandsdiagramm Eisen—Sauerstoff, liegen viele Untersuchungen vor. Eine Zusammenfassung dieser Arbeiten bringt M. HANSEN [3]. Diese Ergebnisse weichen zum Teil beträchtlich voneinander ab, wobei die Unterschiede nur teilweise durch eine Verunreinigung der Schlackenphase erklärt werden können. Zwischen Schlacke und Metallbad stellt sich ein Verteilungsgleichgewicht derart ein, daß die Sauerstoffaktivitäten der beiden Phasen ein konstantes, nur von der Temperatur abhängiges Verhältnis bilden und demnach die Gl. (137)

$$\frac{a_{(FeO)}}{a_{[FeO]}} = \text{const}$$

erfüllen. Da Sättigung mit maximaler Löslichkeit gleichbedeutend ist, setzt sie das Vorhandensein maximaler FeO-Aktivität der Schlacke und damit eine nicht verunreinigte FeO-Schlacke voraus. Flüssiges Eisen(II)-oxyd hat aber für alle bekannten keramischen Stoffe, die als Tiegelwerkstoffe in Frage kommen, eine sehr hohe Lösungsfähigkeit. Es ist daher experimentell äußerst schwierig, die Forderung nach einer reinen FeO-Schlackenphase einzuhalten, weil die Versuchstiegel von der Oxydulschlacke angegriffen und MgO, SiO_2, Al_2O_3 usw. herausgelöst werden. Für solche verunreinigte Schlacken ist aber $a_{(FeO)} < 1$. Je größer die Verunreinigung der Schlacke ist, um so kleiner wird $a_{(FeO)}$ und damit auch der Sauerstoffgehalt im Eisen. Um den Einfluß dieser Verunreinigungen auszuschalten, verwendeten C. R. TAYLOR und J. CHIPMAN [4] einen rotierenden Hochfrequenzofen, bei dem das schwere Metall infolge der Fliehkraftwirkung nach außen gedrückt wurde und die leichtere Schlacke in der achsennahen Zone des zylindrischen Tiegels verblieb. Auf diese Weise wurde eine direkte Berührung von Schlacke und Tiegelwand verhindert und damit auch eine Verunreinigung der Eisen(II)-oxyd-Schlacke durch den Tiegelwerkstoff ausgeschaltet. Die maximalen, allein von der Temperatur abhängigen Sauerstoffgehalte werden nach diesen Untersuchungen durch die Gleichung

$$\lg [\% \ O] = -\frac{6320}{T} + 2{,}734 \tag{146}$$

wiedergegeben. Diese Beziehung wird heute allgemein als genaueste Beschreibung der Sauerstofflöslichkeit in reinem, flüssigem Eisen anerkannt. Die Werte stimmen mit den Ergebnissen einer früheren Arbeit von J. CHIPMAN und K. L. FETTERS [5] gut überein.

Mit viel einfacheren Mitteln im Vergleich zu diesen unter Schutzgas oder Vakuum im rotierenden Hochfrequenzofen durchgeführten Versuchen gelang es W. A. FISCHER und H. VOM ENDE [6] die Gültigkeit der Beziehung (146) für die Sauerstofflöslichkeit auch für kleine Verunreinigungen der FeO-Schlacke nachzuweisen. Bei Versuchen im normalen Mittelfrequenzofen unter Luft atmosphärischen Außendrucks konnten sie feststellen, daß eine Verunreinigung der Schlackenphase mit Magnesia bis zu 4,7% und Kieselsäure bis zu 3% bzw. eine Schwankung des FeO-Gehaltes der Schlacke zwischen 90 und 96% ohne merkbaren Einfluß auf die Sauerstofflöslichkeit in reinem Eisen ist und daß sich dabei die gleichen Sauerstoffgehalte in Abhängigkeit von der Temperatur einstellen, wie sie von R. C. TAYLOR und J. CHIPMAN [4] angegeben wurden.

Die Löslichkeitsgrenze von Sauerstoff bzw. von Eisen(II)-oxyd in *reinem* Eisen ist also nur von der Temperatur abhängig, wobei deren Einfluß allerdings sehr deutlich ausgeprägt ist. So stellt sich nach Gl. (146) unter oxydierender

Atmosphäre bei 1600°C in Reineisen ein Sauerstoffgehalt von 0,23% ein, während bei 1700°C bereits 0,34% Sauerstoff im Eisen löslich sind. Aus diesen Werten erkennt man auch die große Bedeutung, die einer exakten Temperaturmessung bei solchen Versuchen zukommt.

Soll die Sauerstofflöslichkeit durch die FeO-Konzentration im Metall ausgedrückt werden, wie dies der Annahme einer molekularen Lösung als [FeO] entspricht, so ist die rechte Seite der Gl. (146) um den Betrag

$$\lg \frac{M_{\mathrm{FeO}}}{M_{\mathrm{O}}} = \lg \frac{71,85}{16} = 0,652$$

zu vermehren. Es ist somit

$$\lg [\% \, \mathrm{FeO}] = -\frac{6320}{T} + 3,386 \tag{147}$$

Diese Gleichung ist nichts anderes als der Ausdruck für die Temperaturabhängigkeit der Gleichgewichtskonstante der Umsetzungsgleichung

$$(\mathrm{FeO}) = [\% \, \mathrm{FeO}]$$

die definitionsgemäß durch

$$K = \frac{a_{[\% \, \mathrm{FeO}]}}{a_{(\mathrm{FeO})}}$$

gegeben ist. Da es sich voraussetzungsgemäß um eine reine FeO-Schlacke handelt, ist der Molenbruch des FeO und auch dessen Aktivität $a_{(\mathrm{FeO})}$ gleich 1. Unter Annahme der Gültigkeit des HENRYschen Gesetzes bis zur maximalen Sauerstoff- bzw. FeO-Löslichkeit ist die Aktivität des gelösten Sauerstoffs bzw. Eisen(II)-oxyds $a_{[\% \, \mathrm{FeO}]}$ proportional seiner in Gewichtsprozenten ausgedrückten Konzentration und somit wird

$$K = [\% \, \mathrm{FeO}]$$

Ebenso kann die Gl. (146) als Gleichgewichtskonstante der Reaktion

$$(\mathrm{FeO}) = [\% \, \mathrm{O}] + \mathrm{Fe}$$

aufgefaßt werden. Für diese Umsetzung ergibt die Anwendung des Massenwirkungsgesetzes

$$K = \frac{a_{[\% \, \mathrm{O}]}}{a_{(\mathrm{FeO})}}$$

Wenn es sich um völlig reine FeO-Schlacke handelt, wird $a_{(\mathrm{FeO})} = 1$, und unter der Annahme einer ideal verdünnten Lösung des Sauerstoffs in reinem Eisen kann die Aktivität des Sauerstoffs wiederum durch die Konzentration ersetzt werden, so daß also

$$K = [\% \, \mathrm{O}]$$

geschrieben werden kann.

1.131.3 Die Sauerstoffgehalte flüssigen Eisens unter technischen Schlacken

Bei der Besprechung der Löslichkeit des Sauerstoffs in reinem Eisen wurde das Vorhandensein einer reinen oder nur geringfügig verunreinigten Eisenoxydulschlacke vorausgesetzt, deren FeO-Aktivität $a_{(\mathrm{FeO})} = 1$ ist. Da der Sauerstoffgehalt in der Schmelze von der Oxydationskraft der Schlacke abhängt, muß der

Sauerstoffgehalt unter einer Schlacke mit der maximal möglichen Eisenoxydul-Aktivität ebenfalls ein Maximum sein. Die Aktivität des Eisenoxyduls in einer Schlacke ist daher ausschlaggebend für den sich im Gleichgewicht einstellenden Sauerstoffgehalt im Bad und ist damit eine der wichtigsten kennzeichnenden Größen der Schlackenzusammensetzung. Als Maß für die Oxydationskraft der Schlacke könnte auch ihr Sauerstoffdruck gewählt werden, doch ist dieser so klein, daß seine Verwendung als Maßgröße unvorteilhaft ist. Es besteht jedoch nach Gl. (58) ein direkter Zusammenhang zwischen dem Sauerstoffdruck und der Sauerstoffaktivität, so daß letztere auch als Maß für den Sauerstoffdruck aufgefaßt werden kann. Ist $p^\circ_{O_2}$ der Sauerstoffdruck von sauerstoffgesättigtem reinem Eisen bzw. des damit bei der betrachteten Temperatur im Gleichgewicht stehenden Oxyds, so ist die Aktivität des Eisenoxyduls einer *beliebigen* Schlacke durch den Ausdruck

$$a_{(FeO)} = \frac{p_{O_2}}{p^\circ_{O_2}}$$

gegeben, wenn p_{O_2} den Sauerstoffdruck dieser Schlacke bezeichnet. Damit wird auch verständlich, weshalb unter reiner FeO-Schlacke die maximalen Sauerstoffgehalte auftreten. Diese Tatsache beruht darauf, daß das Eisenoxyd einen wesentlich höheren Sauerstoffdruck aufweist als alle anderen Schlackenbestandteile.

Die technischen Frischschlacken bestehen jedoch nicht aus reinem FeO, sondern enthalten etwa 60 bis 95% andere Metalloxyde, Flußmittel usw., die für den Ablauf der metallurgischen Umsetzungen (Entphosphorung, Entschwefelung usw.) notwendig sind oder die unbeabsichtigt aus der Zustellung stammen. Der sich im Eisen unter solchen Schlacken einstellende Gleichgewichts-Sauerstoffgehalt kann naturgemäß nicht mehr durch Anwendung der Gl. (146) berechnet werden. Entsprechend dem kleineren FeO-Gehalt dieser Schlacken und ihrer dadurch bedingten geringeren Oxydationswirkung ist auch ein niedrigerer Sauerstoffgehalt in der Eisenschmelze zu erwarten.

Die technischen Schlacken können aber nicht als Mehrstoffsysteme aufgefaßt werden, in denen das Eisen(II)-oxyd ideal gelöst ist, und demnach kann dessen Aktivität auch nicht durch den Molenbruch oder gar die FeO-Konzentration in Gewichtsprozenten ausgedrückt werden. Alle von Gl. (137) abweichenden Definitionen der Verteilungskonstante gelten daher nur für eng begrenzte Bereiche und sind als *Verteilungskennzahlen* aufzufassen.

Die früher gebräuchliche, von H. SCHENCK [7] eingeführte Erfassung der tatsächlichen Wirksamkeit von Schlackenkomponenten durch Angabe der „*freien Gehalte*" kommt ihrem Wesen nach der Beschreibung durch die Aktivität sehr nahe. Dabei wird von der Vorstellung ausgegangen, daß z. B. im Falle des FeO nur das „freie", also nicht an andere Moleküle gebundene Eisen(II)-oxyd an der Reaktion beteiligt ist und der Eisenschmelze Sauerstoff aufzudrücken vermag. Dagegen ist das an Kalk, Kieselsäure usw. gebundene FeO auf die Sauerstoffverteilung zwischen Schlacke und Bad ohne Einfluß. Bei Verwendung des Aktivitätsbegriffes wird der aktive, also wirksame Anteil in nichtidealen Lösungen durch den Aktivitätskoeffizienten zahlenmäßig angegeben. Die freien Gehalte dagegen werden durch Subtraktion der gebundenen Anteile vom Gesamtgehalt berechnet. Die Ähnlichkeit der beiden Begriffe ist offenkundig.

Zur Bestimmung der Sauerstoffgehalte unter den verschiedenen Schlacken ist also die Kenntnis der Eisenoxydul-Aktivität Voraussetzung. Da die nach Gl. (137) definierte Verteilungskonstante unabhängig von der Schlacken- und Metallzusammensetzung und nur temperaturabhängig ist, kann aus dem Vergleich des

Sauerstoffgehaltes unter einer reinen FeO-Schlacke mit dem unter irgendeiner Schlacke anderer Zusammensetzung auf deren (FeO)-Aktivität geschlossen werden.

Bei konstanter Temperatur muß der Ausdruck

$$\frac{a_{(FeO)}}{a_{[\% O]}} = \frac{a_{(FeO)}}{f_0 \cdot [\% O]}$$

sowohl für reine FeO- als auch für jede beliebige andere Schlacke denselben Wert annehmen. Unter reiner FeO-Schlacke ist $a_{(FeO)} = 1$, und der Sauerstoffgehalt reinen Eisens unter dieser Schlacke ist der maximal mögliche Sättigungsgehalt. Bezeichnet man diesen mit $[\% O]_s$ und nimmt an, daß die infolge der im Eisen vorhandenen Sauerstoffgehalte von eins abweichenden Aktivitätskoeffizienten f_0 unabhängig vom Schlackentyp gleich groß sind (vgl. Gl. (158)), so gilt:

$$\frac{1}{[\% O]_s} = \frac{a_{(FeO)}}{[\% O]}$$

wobei $a_{(FeO)}$ die Aktivität des Eisen(II)-oxyds in der in Betracht gezogenen Schlacke und $[\% O]$ den sich unter eben dieser Schlacke in reinem Eisen einstellenden Gleichgewichtssauerstoffgehalt bedeuten. Dann ist aber die FeO-Aktivität durch die Beziehung

$$a_{(FeO)} = \frac{[\% O]}{[\% O]_s} \tag{148}$$

gegeben. Da $[\% O]_s$ aus Gl. (146) berechnet werden kann, kennzeichnet die obige Beziehung ein relativ einfaches und oft angewendetes Verfahren der Ermittlung der (FeO)-Aktivität von Schlacken durch Bestimmung der zugehörigen Sauerstoffgehalte im Eisen.

Die wichtigsten Schlackenkomponenten bei den Stahlherstellungsprozessen sind neben dem Eisenoxydul der Kalk und die Kieselsäure. Aus der Kenntnis der Eisenoxydulaktivität in den zugehörigen Zwei- und Dreistoffsystemen kann deren Oxydationsfähigkeit abgeschätzt und der sich in reinen Eisenschmelzen einstellende Sauerstoffgehalt berechnet werden. Für die Bedürfnisse der Praxis können die üblichen kleinen Gehalte an Verunreinigungen (meist 20% oder weniger) in ihrem chemischen Verhalten zu der Wirkung der drei Hauptkomponenten addiert oder aber als neutrale Verdünnungsmittel betrachtet werden. In letzterem Falle kann man z. B. die Summe $(CaO)' + (FeO)' + (SiO_2)' = 100\%$ setzen und alle Werte auf dieses quasiternäre System beziehen (vgl. Abschnitt 3.421).

Für die Sauerstofflöslichkeit in reinem Eisen unter *kieselsäuregesättigten Eisenoxydulschlacken* fanden H. SCHENCK und G. WIESNER [8] die in Abb. 49 gezeigte Abhängigkeit von der Temperatur. Die von ihnen festgestellten Werte stimmen bei Temperaturen von mehr als 1600°C sehr gut mit den Ergebnissen anderer Bearbeiter [6, 9, 10] überein und sind durch die Gleichung

$$\lg [\% O] = -\frac{6120}{T} + 2{,}212 \tag{149}$$

darstellbar. Durch Subtraktion der Gl. (146) von Gl. (149) erhält man unter Berücksichtigung von Gl. (148) die Beziehung

$$\lg \frac{[\% O]}{[\% O]_s} = \lg a_{(FeO)} = \frac{200}{T} - 0{,}522 \tag{150}$$

die die in Abb. 50 gezeigte Temperaturabhängigkeit der (FeO)-Aktivität in reinen
kieselsäuregesättigten Eisenoxydul-Schlacken wiedergibt. Man erkennt, daß der
Temperatureinfluß sehr gering ist und die (FeO)-Aktivität über den gesamten
untersuchten Temperaturbereich einen nahezu konstanten Wert aufweist.

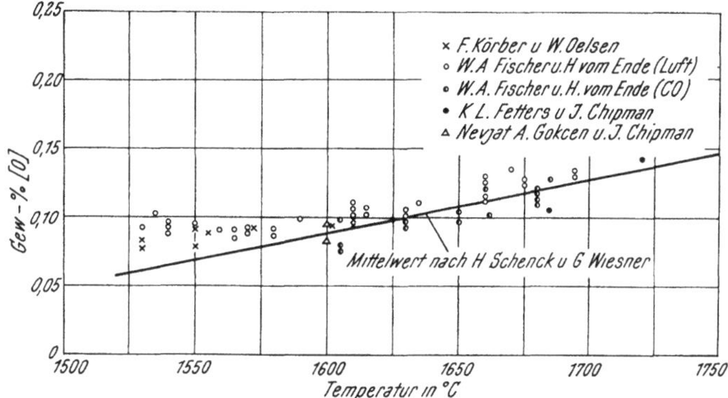

Abb. 49. Sauerstoffgehalte von Reineisenschmelzen unter reinen kieselsäuregesättigten Eisenoxydulschlacken
(nach H. SCHENCK und G. WIESNER)

Für *ungesättigte* Eisenoxydul-Kieselsäure-Schlacken gaben H. SCHENCK und
G. WIESNER [8] den in Abb. 51 gezeigten Verlauf in Abhängigkeit von der Kieselsäurekonzentration der Schlacke an. Der Verlauf der Aktivitätskurve wurde durch
Kombination der für gesättigte Schlacken bei 1530 und 1680°C gemessenen Werte
mit den von R. SCHUHMANN und P. J. ENSIO [11] bei niedrigeren Temperaturen
festgestellten gewonnen. Die in Abb. 51 ebenfalls enthaltene Kurve der Kieselsäureaktivität wurde aus der $a_{(FeO)}$-Kurve mit Hilfe der integrierten GIBBS-DUHEM-
schen Gleichung (vgl. Gl. (55)) berechnet.

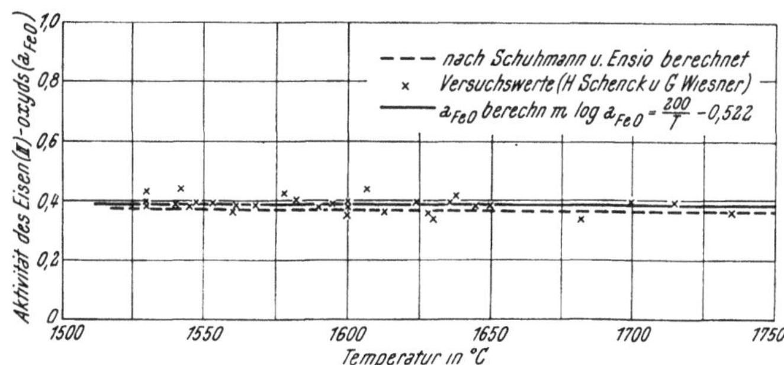

Abb. 50. Abhängigkeit der FeO-Aktivität in reinen kieselsäuregesättigten Eisenoxydulschlacken von der
Temperatur (nach H. SCHENCK und G. WIESNER)

Die Sauerstofflöslichkeit unter *kalkgesättigten Eisenoxydulschlacken* wurde in
neuerer Zeit von W. A. FISCHER und H. VOM ENDE [6], sowie H. L. BISHOP jr.,
N. J. GRANT und J. CHIPMAN [12] untersucht. Die Gleichgewichtssauerstoffgehalte
reinen Eisens unter diesen Schlacken werden nach H. L. BISHOP und Mitarbeitern
durch die Beziehung

$$\lg [\% \text{ O}] = -\frac{5200}{T} + 1,742 \tag{151}$$

wiedergegeben. Sie zeigen eine gute Übereinstimmung mit den schon früher von W. A. Fischer und H. vom Ende [6] angegebenen Werten, wobei vor allem im Temperaturbereich von 1600 bis 1650 °C eine praktisch vollkommene Gleichheit der beiden Untersuchungsergebnisse besteht. Analog der Bestimmung der (FeO)-

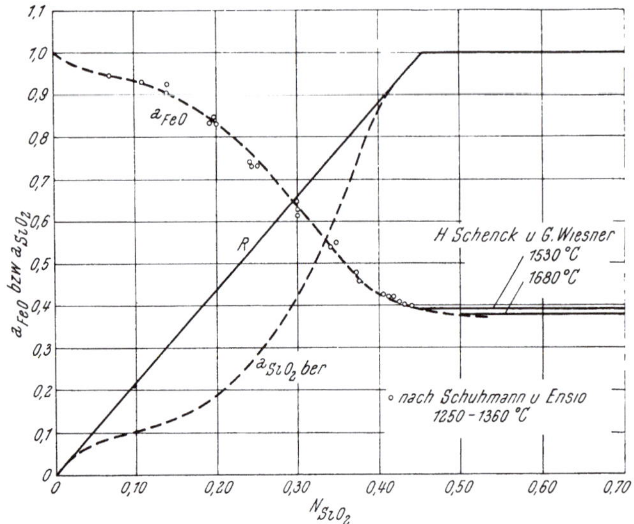

Abb. 51. Die Aktivitäten von Eisen(II)-oxyd und Kieselsäure in binären Silikatschlacken
(nach H. Schenck und G. Wiesner)

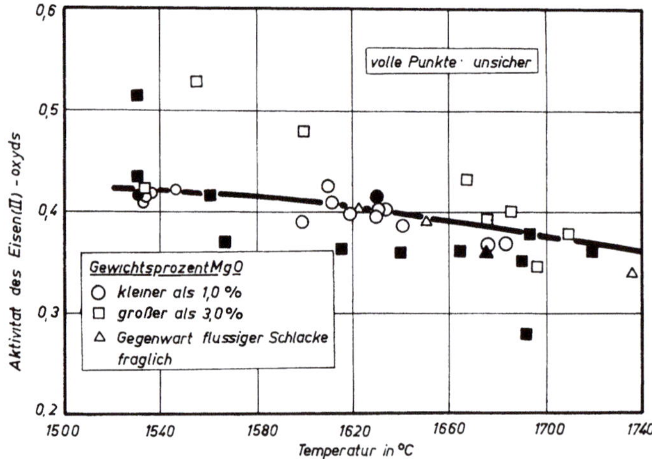

Abb. 52. Eisen(II)-oxyd-Aktivitäten in kalkgesättigten FeO — CaO-Schlacken in Abhängigkeit von der Temperatur
(nach H. L. Bishop, N. J. Grant und J. Chipman)

Aktivität in kieselsäuregesättigten Schlacken ergibt sich aus den Gl. (146) und (151) für die Temperaturabhängigkeit der Aktivität des Eisen(II)-oxyds in kalkgesättigten (FeO)—(CaO)-Schlacken der Ausdruck

$$\lg a_{(\mathrm{FeO})} = +\frac{1120}{T} - 0{,}992 \tag{152}$$

In Abb. 52 sind die von H. L. Bishop und Mitarbeitern [12] festgestellten Werte als Funktion der Temperatur aufgetragen. Die (FeO)-Aktivität nimmt mit steigender Temperatur ab; dies ist durch die Abnahme der FeO-Konzentration in den gesättigten Schlacken bei zunehmender Temperatur begründet. Aus der Temperaturabhängigkeit von $a_{(FeO)}$ ist aber auch zu schließen, daß das Eisenoxydul in diesen Schlacken nicht ideal gelöst ist (vgl. S. 37).

Unter *dolomitgesättigten Eisenoxydulschlacken* stellt sich in reinen Eisenschmelzen ein Gleichgewichtssauerstoffgehalt ein, der nach W. A. FISCHER und H. SPITZER [13] durch die Gleichung

$$\lg [\% \, O] = -\frac{3333}{T} + 0{,}833 \tag{153}$$

gegeben ist. Ein Einfluß von Kieselsäure- und Tonerdeverunreinigungen in der Höhe von 2 bis 7% konnte dabei nicht festgestellt werden. Aus Abb. 53 ist zu

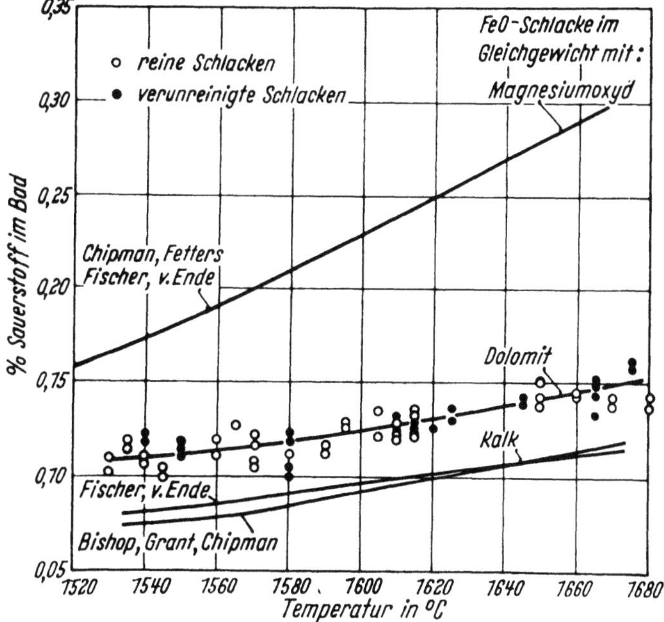

Abb. 53. Sauerstofflöslichkeit unter verschiedenen Eisen(II)-oxydschlacken in Abhängigkeit von der Temperatur (nach W. A. FISCHER und H. SPITZER)

entnehmen, daß die Sauerstofflöslichkeit im Eisen unter dolomitgesättigten Schlacken durchwegs größer ist als unter kalkgesättigten, aber eine ähnliche Temperaturabhängigkeit aufweist.

Die (FeO)-Aktivitäten in dolomitgesättigten Schlacken liegen, wie Abb. 54 zeigt, über denen der kalkgesättigten Schlacken, d. h. daß bei Dolomitsättigung eine geringere Abweichung vom Idealverhalten vorliegt. Dies ist auf die Wirkung der Magnesia in den Dolomitschlacken zurückzuführen. Unter MgO-haltigen Schlacken fanden W. A. FISCHER und H. VOM ENDE [6] nämlich die gleichen Sauerstofflöslichkeiten, wie sie unter reinen FeO-Schlacken von C. R. TAYLOR und J. CHIPMAN [4] festgestellt wurden, woraus geschlossen werden kann, daß die (FeO)-Aktivität durch MgO in der Schlacke nicht verringert wird.

Ebenso wie bei den binären Schlackensytemen kann auch bei den ternären nur der experimentelle Weg Aufschluß über die Eisenoxydulaktivität und den zugehörigen Sauerstoffgehalt in der Eisenschmelze geben. Wie bereits erwähnt, enthalten diese Schlacken neben Eisen(II)-oxyd, Kalk und Kieselsäure, fast immer geringe Mengen an MnO, MgO, Al_2O_3 und P_2O_5. Auf Grund der umfangreichen experimentellen Ergebnisse von C. R. TAYLOR und J. CHIPMAN [4], sowie T. B. WINKLER und J. CHIPMAN [14] berechneten E. T. TURKDOGAN und J. PEARSON [15] die Aktivität des Eisen(II)-oxyds im quasiternären System (CaO + MgO + MnO)—$(SiO_2 + P_2O_5)$ — (FeO). Die in diesem Diagramm enthaltenen Linienzüge geben die Schlacken jeweils gleicher Eisen(II)-oxyd-Aktivität an, sind demnach Isoaktivitätslinien. Es ist dies die nach dem heutigen Stand des Wissens allgemeinste und umfassendste Darstellung der FeO-Aktivität in technischen Schlacken.

Zu einem grundsätzlich ähnlichen Schaubild gelangten F. ELLIOTT [16] und C. BODWORTH [17], indem sie den aus dem Gesamteisengehalt berechneten FeO-Gehalt der Schlacke als maßgebliche Konzentrationsgröße verwendeten.

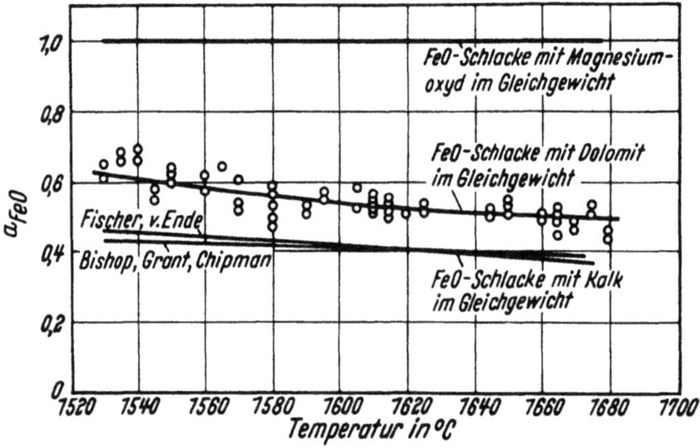

Abb. 54. Abhängigkeit der Eisen(II)-oxyd-Aktivität in verschiedenen Schlacken von der Temperatur (nach W. A. FISCHER und H. SPITZER)

Der in Abb. 55 gezeigte Verlauf der Isoaktivitätslinien wurde für 1600 °C ermittelt, kann aber auch für die anderen bei den Stahlherstellungsprozessen üblichen Temperaturen als gültig betrachtet werden, da nur ein geringer Temperatureinfluß auf die (FeO)-Aktivität vorhanden ist. Nur nahe der Begrenzungslinie $(SiO_2 + P_2O_5)$—(FeO) gilt das Diagramm, streng genommen, nur für 1600 °C, da bei diesen binären Schlacken eine merkliche Temperaturabhängigkeit der (FeO)-Aktivität gegeben ist.

Entlang der rechten Begrenzung des Diagrammes, also für die $(SiO_2 + P_2O_5)$ —(FeO)-Schlacken ist eine teilweise positive und teilweise negative Abweichung vom Idealverhalten festzustellen, d. h. die (FeO)-Aktivität ist größer oder kleiner, als dies bei idealer Lösung durch den Molenbruch von (FeO) ausgedrückt wird. Längs der unteren Begrenzung, d. h. für das System (FeO)—(CaO + MnO + MgO) ist die Abweichung der (FeO)-Aktivität durchwegs schwach negativ. Obwohl in diesen beiden binären Systemen nur sehr geringe Abweichungen vom Idealverhalten vorhanden sind, zeigt der stark gekrümmte Verlauf der Isoaktivitätslinien eine sehr starke Abweichung vom idealen Lösungsverhalten an. Bei idealer Lösung des FeO verliefen die Isoaktivitätslinien parallel der Begrenzungslinie (CaO + MnO + MgO)—$(SiO_2 + P_2O_5)$. Die starken Ausbuchtungen der Kurven, deren Umkehrpunkte etwa auf der strichliert eingezeichneten Linie *e—f* liegen, lassen in den komplexen Schlacken eine stark ausgeprägte positive Abweichung vom Idealverhalten erkennen, d. h., daß die Aktivität $a_{(FeO)}$ wesentlich größer ist als der Molenbruch $N_{(FeO)}$.

Für einen gegebenen Eisenoxydulgehalt der Schlacke liegt der Höchstwert der (FeO)-Aktivität auf der Linie $e-f$. Schlacken, deren Zusammensetzungen nahe dieser Linie liegen, haben eine sehr große Oxydationswirkung, die weit stärker ist,

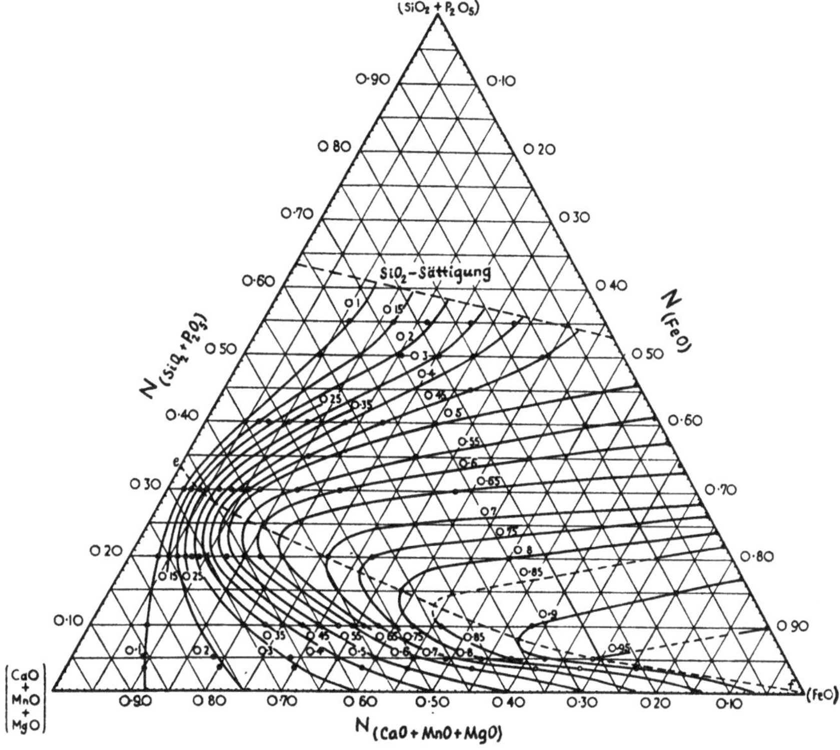

Abb. 55. Aktivität von Eisen(II)-oxyd in komplexen Schlacken bei 1600 °C (nach E. T. TURKDOGAN und J. PEARSON)

als dies bei idealer Lösung des FeO der Fall wäre. Die starke Abweichung vom Idealverhalten deutet auf eine starke Bindung der Oxyde CaO, MnO und MgO an SiO_2 und P_2O_5 hin. Wenn diese Oxyde in Konzentrationen vorliegen, die dem Orthosilikat-Verhältnis entsprechen, ist das Eisen(II)-oxyd nur sehr lose in der Schlacke gebunden und hat somit die Möglichkeit, mit dem Bad in Wechselwirkung zu treten und diesem einen hohen Sauerstoffgehalt aufzudrücken. Schlacken dieser Zusammensetzung sind die wirksamsten Frischschlacken.

1.131.4 Die Aktivität des Sauerstoffs in flüssigem Eisen

Die Anwendung der thermodynamischen Gesetzmäßigkeiten auf die Frisch- und Desoxydationsvorgänge setzt die Kenntnis der Aktivität des Sauerstoffs im flüssigen Eisen voraus. Zu ihrer Bestimmung könnte grundsätzlich die Umsetzungsgleichung

$$[\% \, O] = \frac{1}{2} \, \{O_2\} \tag{154}$$

dienen, deren Gleichgewichtskonstante durch den Ausdruck

$$K = \frac{p_{O_2}}{a_{[\% O]}}$$

gegeben ist. Aus dem Sauerstoffdruck, der sich im Gleichgewicht mit einer sauerstoffhaltigen Eisenschmelze in der zugehörigen Gasatmosphäre einstellt, könnte die Aktivität direkt errechnet werden. Dieser Sauerstoffdruck ist jedoch zu klein, um direkt auf experimentellem Wege bestimmt werden zu können. Man verwendet daher oxydierende Gasgemische, deren Zusammensetzung leicht bestimmbar ist und die damit ein indirektes Maß für den Sauerstoffdruck darstellen. Bei Verwendung von Wasserdampf-Wasserstoff-Gemischen ist das H_2O/H_2- bzw. p_{H_2O}/p_{H_2}-Verhältnis das Maß für die Oxydationswirkung der Atmosphäre. Man untersucht also die Reduktion sauerstoffhaltigen Eisens durch Wasserstoff nach der Gleichung

$$\{H_2\} + [\% O] = \{H_2O\} \tag{155}$$

Für diese Reaktion ist die Gleichgewichtskonstante durch den Ausdruck

$$K = \frac{p_{H_2O}}{p_{H_2}} \cdot \frac{1}{a_{[\% O]}} = \frac{p_{H_2O}}{p_{H_2}} \cdot \frac{1}{[\% O] \cdot f_O} \tag{156}$$

gegeben. Aus dem Verlauf der Sauerstoffgehalte in Abhängigkeit vom Partialdruckverhältnis der Mischungskomponenten in der Gasphase kann auf den Sauerstoffaktivitätskoeffizienten f_O und damit auf die Aktivität des Sauerstoffs geschlossen werden.

M. G. FONTANA und J. CHIPMAN [18] stellten bei 1600 °C die in Abb. 56 wiedergegebene lineare Abhängigkeit des Sauerstoffgehaltes vom H_2O/H_2-Verhältnis bis zur Löslichkeitsgrenze fest und schlossen daraus, daß der Aktivitätskoeffizient des Sauerstoffs in reinem Eisen unabhängig von der Sauerstoffkonzentration konstant sei und den Wert 1 habe. Diese Aussage bedeutet, daß der Sauerstoff in flüssigem Eisen bis zur Sättigung dem HENRYschen Gesetz folgt und daß die Gleichgewichtskonstante

$$K = \frac{p_{H_2O}}{p_{H_2}} \cdot \frac{1}{a_{[\% O]}}$$

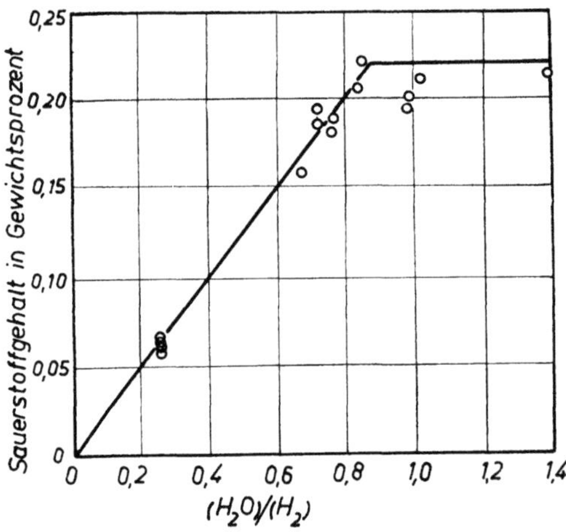

Abb. 56. Gleichgewichts-Sauerstoffgehalte in flüssigem Eisen bei 1600 °C unter Wasserdampf-Wasserstoff-Gemischen in Abhängigkeit vom H_2O/H_2-Verhältnis (nach M. G. FONTANA und J. CHIPMAN)

mit der Gleichgewichtskennzahl

$$K' = \frac{p_{H_2O}}{p_{H_2}} \cdot \frac{1}{[\% O]}$$

zahlenmäßig übereinstimmt.

Demgegenüber hatte J. CHIPMAN [19] in einer früheren Arbeit eine sogar recht deutliche Abhängigkeit der Gleichgewichtskennzahl K' vom Sauerstoffgehalt festgestellt

In späteren Untersuchungen von J. CHIPMAN und A. M. SAMARIN [20], M. N. DASTUR und J. CHIPMAN [21], N. A. GOKCEN und J. CHIPMAN [9], sowie N. A. GOKCEN [22] wurde diese Konzentrationsabhängigkeit der Gleichgewichtskennzahl nicht mehr gefunden und damit die diesbezüglichen Ergebnisse von M. G. FONTANA und J. CHIPMAN [18] scheinbar bestätigt. Allerdings wurden diese Arbeiten durchwegs bei geringen Sauerstoffgehalten des Eisens durchgeführt, und da eine Abweichung vom HENRYschen Gesetz vornehmlich bei höheren Sauerstoffkonzentrationen merkbar werden sollte, ist die Übereinstimmung dieser Ergebnisse bezüglich des Idealverhaltens des Sauerstoffs in Eisen von eingeschränkter Aussagekraft.

Erst in einer neueren Arbeit, bei der auch der Bereich hoher Sauerstoffgehalte im Eisen bis zur Sättigung erfaßt wurde, konnten W. W. AWERIN, A. J. POLJAKOW und A. M. SAMARIN [23] den Nachweis erbringen, daß der Ausdruck

$$\frac{p_{H_2O}}{p_{H_2}} \cdot \frac{1}{[\% \, O]}$$

doch von der Sauerstoffkonzentration abhängt und demnach keine Gleichgewichtskonstante, sondern nur eine Gleichgewichtskennzahl darstellt. Damit wurden die seinerzeitigen Beobachtungen von J. CHIPMAN [19] bestätigt, denen zufolge der in reinem Eisen gelöste Sauerstoff nicht im gesamten bis zur Sättigungskonzentration erstreckten Bereich das HENRYsche Gesetz befolgt und der Aktivitätskoeffizient des Sauerstoffs in flüssigem Eisen konzentrationsabhängig ist. AWERIN und Mitarbeiter stellten für die Berechnung des Sauerstoff-Aktivitätskoeffizienten f_O in Abhängigkeit von der Temperatur und der Zusammensetzung der oxydierenden Gasphase die Beziehung

$$f_0 = 1 - (2{,}51 - 1{,}19 \cdot 10^{-3} \cdot T) \cdot \left(\frac{p_{H_2O}}{p_{H_2}}\right)^2 \tag{157}$$

auf, worin T die absolute Temperatur des Eisens bedeutet. Diese Funktion läßt auch die bei Besprechung der allgemeinen Grundlagen (S. 37/38) zum Ausdruck gebrachte Verringerung der Abweichung vom HENRYschen Gesetz mit zunehmender Temperatur erkennen.

Die unterschiedlichen Resultate der verschiedenen Bearbeiter veranlaßten T. P. FLORIDIS und J. CHIPMAN [24], die thermodynamischen Eigenschaften des in flüssigem Eisen gelösten Sauerstoffs erneut zu untersuchen. Dabei wurden alle möglichen Fehlerquellen weitgehend ausgeschaltet und besonders auf Reinheit der Gasatmosphäre, gute Mischung der Gaskomponenten Wasserstoff und Wasserdampf, sowie größtmögliche Vermeidung von Thermodiffusion der Gasmischung geachtet. Bei den sowohl im Induktions- als auch im Widerstandsofen durchgeführten Versuchsschmelzen wurde festgestellt, daß zwischen dem H_2O/H_2-Verhältnis und dem Sauerstoffgehalt des Eisens die in Abb. 57 gezeigte *nicht* lineare Beziehung besteht. Diese Nichtlinearität bedeutet aber die Inkonstanz des Sauerstoffaktivitätskoeffizienten und seine Abhängigkeit vom Sauerstoffgehalt des Eisens. Die von J. CHIPMAN [19] erstmals gefundene und von W. W. AWERIN und Mitarbeitern [23] bestätigte Abweichung vom HENRYschen Gesetz für höhere Sauerstoffgehalte wird damit neuerlich untermauert. Dies beweist aber auch die Abhängigkeit der Gleichgewichtskennzahl

$$K' = \frac{p_{H_2O}}{p_{H_2}} \cdot \frac{1}{[\% \, O]}$$

von der Sauerstoffkonzentration im Eisen.

Die Gegenüberstellung der von T. P. FLORIDIS und J. CHIPMAN [24] gefundenen Werte für diese Gleichgewichtskennzahl in Abhängigkeit vom Sauerstoffgehalt des Eisens zu den Ergebnissen anderer Bearbeiter in Abb. 58 zeigt für geringe Sauerstoffkonzentrationen eine recht gute Übereinstimmung mit den Ergebnissen von M. G. FONTANA und J. CHIPMAN [18], M. N. DASTUR und J. CHIPMAN [21], sowie W. W. AWERIN und Mitarbeitern [23]. Bemerkenswert ist die auffallend gute Übereinstimmung mit den von L. S. DARKEN und R. W. GURRY [1] berechneten Werten der Gleichgewichtskennzahl K' bei den höchsten Sauerstoffgehalten. Bei der Betrachtung von Abb. 58 ist zu beachten, daß die in dieser Darstellung groß erscheinenden Abweichungen zwischen den verschiedenen Untersuchungsergebnissen auf den gewählten Ordinatenmaßstab zurückzuführen sind.

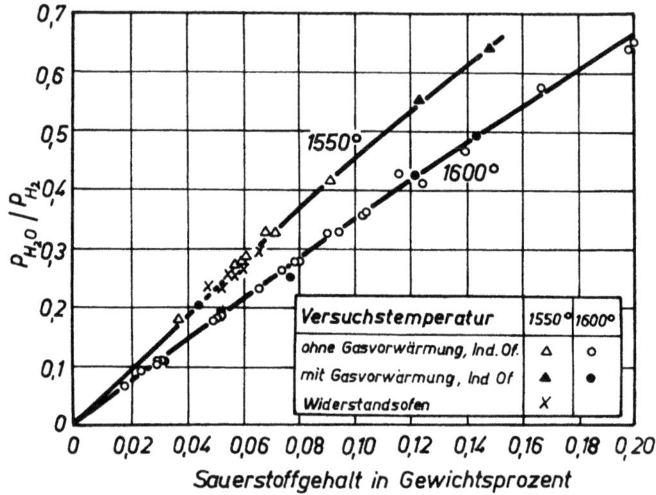

Abb. 57. Abhängigkeit des Verhältnisses p_{H_2O}/p_{H_2} der im Gleichgewicht mit flüssigem sauerstoffhaltigem Eisen stehenden Gasphase vom Sauerstoffgehalt des Eisens (nach T. P. FLORIDIS und J. CHIPMAN)

Aus den Versuchsergebnissen von T. P. FLORIDIS und J. CHIPMAN [24] für Temperaturen von 1550 und 1600 °C ergibt sich eine Abnahme des Sauerstoffaktivitätskoeffizienten mit zunehmendem Sauerstoffgehalt, die durch die Gleichung

$$\lg f_0 = -0{,}20 \cdot [\% \text{ O}] \tag{158}$$

ausgedrückt werden kann.

Die durch Gl. (156) definierte Gleichgewichtskonstante K der Reaktion (155) ergibt sich aus Abb. 58 als Ordinatenabschnitt bei einer Sauerstoffkonzentration von null Prozent. Dabei ist als Standardzustand die unendlich verdünnte Lösung festgelegt.

Nach T. P. FLORIDIS und J. CHIPMAN wird die Temperaturabhängigkeit der Gleichgewichtskonstante am besten durch die Gleichung

$$\lg K = \frac{7050}{T} - 3{,}20 \tag{159}$$

wiedergegeben, woraus sich für die freie Standardreaktionsenthalpie der Umsetzung nach Gl. (155) der Ausdruck

$$\Delta G° = -32\,200 + 14{,}63 \cdot T \tag{160}$$

ergibt. Die durch Anwendung der Gl. (160) erhaltenen Werte stimmen recht gut mit den nach der Formel von W. W. Awerin und Mitarbeitern [23] berechneten überein, wobei besonders bei tieferen Temperaturen (1550°C) nur sehr geringfügige Abweichungen festzustellen sind.

Sowohl die von W. W. Awerin und Mitarbeitern [23] genannte Gl. (157) als auch die von T. P. Floridis und J. Chipman [24] angegebene Gl. (158) lassen eine den allgemeinen Gesetzmäßigkeiten folgende Abhängigkeit des Sauerstoffaktivi-

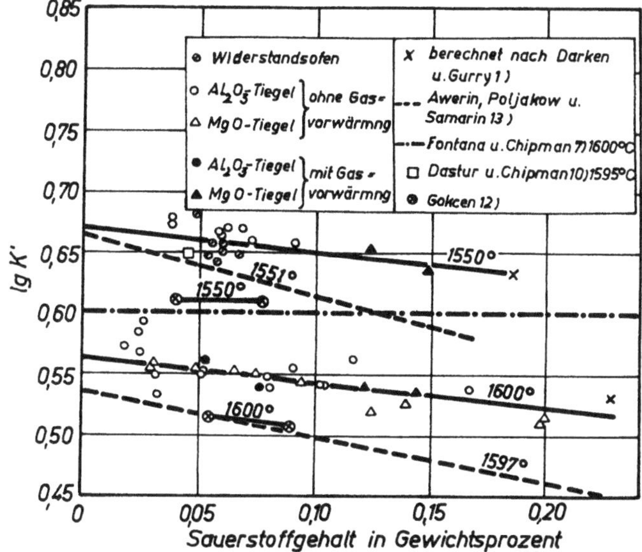

Abb. 58. Einfluß des Sauerstoffgehaltes im flüssigen Eisen auf die Gleichgewichtskennzahl

$$K' = \frac{p_{H_2O}}{p_{H_2} \cdot [\% \, O]}$$

(nach T. P. Floridis und J. Chipman)

tätskoeffizienten von der Sauerstoffkonzentration im Eisen erkennen: Bei sehr geringen Sauerstoffgehalten ist die Lösung praktisch ideal verdünnt, der Aktivitätskoeffizient des Sauerstoffs hat den Wert 1, das Henrysche Gesetz ist erfüllt. Mit steigender Sauerstoffkonzentration erfolgt eine zunehmende Abweichung vom Henryschen Gesetz und der Sauerstoffaktivitätskoeffizient wird kleiner. Unter Aufrechterhaltung der allgemein gebräuchlichen Annahme der Lösung des Sauerstoffs im Eisen in Form von FeO kann dies dadurch erklärt werden, daß sich bei niedrigen Sauerstoffkonzentrationen nur Eisen(II)-oxyd bildet, das volle chemische Wirksamkeit hat, also ganz gelöst ist, wogegen mit steigendem Sauerstoffgehalt in zunehmendem Maße auch Eisen(III-)oxyd gebildet wird, das verhältnismäßig mehr Sauerstoff bindet als FeO, so daß die Aktivität des Sauerstoffs geringer ist, als es bei idealem Verhalten der Konzentration entspräche.

Jede der Gl. (157) und (158) hat ihre Vor- und Nachteile bei der Anwendung. Gl. (158) hat den Vorteil der sehr einfachen Anwendbarkeit, gilt aber, streng genommen, nur für 1550 und 1600°C. Demgegenüber erfaßt die Gl. (157) auch den Temperatureinfluß, ist aber für die praktische Anwendung weniger geeignet da das Oxydationspotential durch das H₂O/H₂-Verhältnis ausgedrückt wird. Die Anwendung der genaueren Gl. (157) wird daher besonders auf Laboratoriumsverhältnisse beschränkt sein.

1.131.5 Der Einfluß von Drittelementen auf die Aktivität des Sauerstoffs in flüssigem Eisen

Durch gleichzeitige Anwesenheit von Drittelementen in sauerstoffhaltigen Eisenschmelzen wird die Sauerstoffaktivität merklich beeinflußt. Nach der allgemeinen Gl. (86) ergibt sich der Aktivitätskoeffizient des Sauerstoffs in einer Vielstofflösung $f_0^{(\Sigma)}$ als Produkt aus dem Sauerstoffaktivitätskoeffizienten des Zweistoffsystems Eisen-Sauerstoff f_0 und allen Wechselwirkungskoeffizienten $f_0^{(i)}$. In logarithmischer Darstellung ist der Summenaktivitätskoeffizient des Sauerstoffs durch die Gleichung

$$\lg f_0^{(\Sigma)} = \lg f_0 + \sum_{i=3}^{n} \lg f_0^{(i)} \tag{161}$$

gegeben, wobei die Wirkungskoeffizienten $f_0^{(i)}$ den Einfluß des jeweiligen Zusatzelementes i auf die Sauerstoffaktivität im Eisen ausdrücken.

Mit Hilfe der durch Gl. (90) definierten Wechselwirkungsparameter $e_0^{(i)}$ können die Wirkungskoeffizienten des Sauerstoffs in der sowohl bezüglich des Sauerstoffs als auch der Zusatzelemente i verdünnten Lösung durch die Beziehung (94)

$$\lg f_0^{(i)} = g_i \cdot e_0^{(i)} \tag{162}$$

dargestellt werden. Darin bedeutet g_i die Konzentration des jeweiligen Zusatzelementes in Gewichtsprozent. Diese Darstellung des Wirkungskoeffizienten als Produkt aus Konzentration des Zusatzelementes und Wirkungsparameter kann auch für unverdünnte Lösungen angewendet werden, wenn zwischen dem Wirkungskoeffizienten des Sauerstoffs und der Konzentration des Zusatzelementes eine lineare Beziehung besteht.

Für bezüglich des Zusatzelementes i unverdünnte Lösungen erhält man den Sauerstoffaktivitätskoeffizienten ganz analog. Durch Anwendung der Gl. (91) ergibt sich

$$\ln \gamma_0^{(\Sigma)} = \ln \gamma_0 + \sum_{i=3}^{n} N_i \cdot \varepsilon_0^{(i)} \tag{163}$$

worin die Wirkungsparameter $\varepsilon_0^{(i)}$ nach Gl. (89) durch

$$\varepsilon_0^{(i)} = \frac{\partial \ln \gamma_0^{(\Sigma)}}{\partial N_i} \tag{164}$$

definiert sind.

Mit Kenntnis der Wirkungsparameter können somit die zu einer bestimmten Konzentration eines Zusatzelementes gehörigen Wirkungskoeffizienten berechnet werden. Diese gestatten wiederum die Berechnung des Aktivitätskoeffizienten des Sauerstoffs in der ein oder mehrere Zusatzelemente enthaltenden Eisenschmelze.

In Tab. 14 sind die Werte der Wirkungsparameter in ternären Fe—O—i-Legierungen nach verschiedenen Bearbeitern [24—31] enthalten. Wenn in der entsprechenden Spalte kein Gültigkeitsbereich angegeben ist, gelten die angegebenen Werte nur für geringe Konzentrationen des Zusatzelementes.

In Abb. 59 sind die Werte der Wirkungskoeffizienten verschiedener Legierungselemente auf die Sauerstoffaktivität in flüssigem Eisen nach T. P. FLORIDIS und J. CHIPMAN [24] wiedergegeben. Die darin enthaltene Kurve für Chrom wurde nach Ergebnissen von J. CHIPMAN und Mitarbeitern [28—30] eingezeichnet. Im Bereich des linearen Verlaufs der Kurven gelten die in Tab. 14 angegebenen

Werte der Wirkungsparameter. Wie der Abb. 59 entnommen werden kann, sind die meisten Wirkungskoeffizienten $f_0^{(i)}$ sehr stark von der Konzentration des Zusatzelementes i abhängig, dagegen werden sie vom Sauerstoffgehalt praktisch nicht beeinflußt.

Die Veränderung der Sauerstoffaktivität im flüssigen Eisen durch den Einfluß von Drittelementen ist sowohl für den Ablauf der Frischreaktion, als auch für die Desoxydation des Stahles von Bedeutung. Auf letztere wird im Abschnitt 1.15 noch näher eingegangen. In unlegierten Stählen übt in der Frischperiode allerdings nur der Kohlenstoff einen nennenswerten Einfluß aus, der einen großen

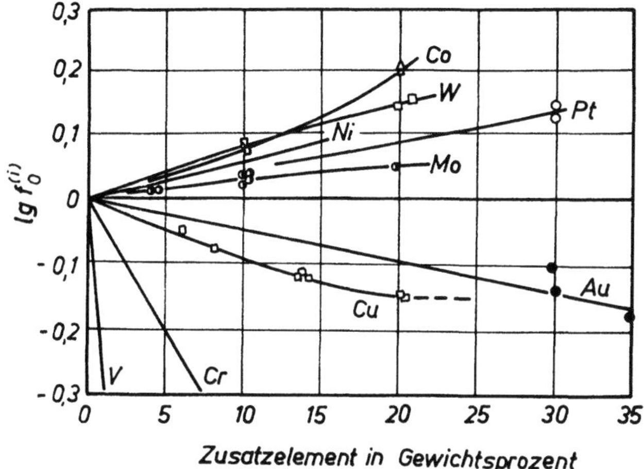

Abb. 59. Einfluß von Zusatzelementen auf den HENRYschen Aktivitätskoeffizienten des Sauerstoffs in flüssigem Eisen bei 1560 °C (nach T. P. FLORIDIS und J. CHIPMAN)

Wechselwirkungsparameter gegenüber dem Sauerstoff im Eisen aufweist. Mangan ist ohne Einfluß und gegebenenfalls im Einsatz vorhandene Desoxydationselemente werden rasch verschlackt. Anders liegen die Verhältnisse jedoch, wenn größere Mengen an Legierungselementen in der Schmelze anwesend sind, wie z. B. bei Sauerstoff-Umschmelzchargen im basischen Lichtbogenofen. Der große Einfluß der Legierungselemente soll an einem Beispiel kurz aufgezeigt werden.

Die Sauerstoffaktivität eines Stahles ist nach Gl. (76) durch

$$a_{[\% \, O]} = f_0^{(\Sigma)} \cdot g_0 \tag{165}$$

gegeben, worin g_0 die Konzentration des Sauerstoffs in Gewichtsprozent bedeutet. Der Sauerstoffaktivitätskoeffizient, der den Einfluß der Stahlzusammensetzung auf die Aktivität zum Ausdruck bringt, ist durch Gl. (161) gegeben, wobei die Wirkungskoeffizienten wiederum durch die Gl. (162) darstellbar sind.

Für einen titanstabilisierten rost- und säurebeständigen Stahl mit einer Zusammensetzung von 0,03% C, 0,6% Si, 1,2% Mn, 18% Cr, 9% Ni und 0,4% Ti läßt sich der Sauerstoffaktivitätskoeffizient wie folgt berechnen:

$$\lg f_0^{(\Sigma)} = \lg f_0 + g_C \cdot e_0^{(C)} + g_{Si} \cdot e_0^{(Si)} + g_{Mn} \cdot e_0^{(Mn)} + g_{Cr} \cdot e_0^{(Cr)} + g_{Ni} \cdot e_0^{(Ni)} + g_{Ti} \cdot e_0^{(Ti)}$$

Bei dem zu erwartenden geringen Sauerstoffgehalt wäre im reinen Zweistoffsystem Eisen-Sauerstoff die Aktivität des Sauerstoffs gleich 1. Es ist daher

Tabelle 14. *Wechselwirkungsparameter* $e_O^{(i)}$ *und* $\varepsilon_O^{(i)}$ *in flüssigen* Fe—O—i-*Legierungen bei 1560°C*

Element i	$e_O^{(i)}$	Gültigkeitsbereich bis	Quelle	$\varepsilon_O^{(i)}$	Quelle
C	−0,13	3,0% C	[25]		
Si	−0,02		[26]	(−2)	[26]
Mn	0	100% Mn	[26]	0	[26]
P	+0,07		[27]	(−100)	[26]
S	+1,0 −0,091		[26] [27]	+130	[26]
Cr	−0,041 −0,035	13% Cr 16,5—20% Cr	[28] [27]	−8,8	[28]
Ni	+0,006	25% Ni	[30]	+1,4	[30]
Mo	+0,0035	etwa 10% Mo	[24]	+1,4	[24]
V	−0,27		[29]	−57	[29]
W	+0,0085	10% W	[24]	+6,4	[24]
Cu	−0,0095	10% Cu	[24]	−2,5	[24]
Co	+0,007	etwa 10% Co	[24]	+1,7	[24]
Ti	−0,187		[27]		
Al	(−1,0) (1600°) (−0,35)		[31] [27]	(−110)	[31]
N	−0,057		[27]		
Au	−0,005	35% Au	[24]	−3,0	[24]
Pt	+0,0045	etwa 30% Pt	[24]	+3,6	[24]

$\lg f_O = 0$, und unter Verwendung der in Tab. 14 enthaltenen Wirkungsparameter wird für die angegebene Stahlzusammensetzung der Sauerstoffaktivitätskoeffizient:

$$\lg f_O^{(\Sigma)} = 0,03 \cdot (-0,13) + 0,6 \cdot (-0,02) + 1,2 \cdot 0 + 18 \cdot (-0,035) +$$
$$+ 9 \cdot 0,006 + 0,4 \cdot (-0,187) = -0,6583$$
$$f_O^{(\Sigma)} = 0,2195.$$

Die Aktivität des Sauerstoffs in einem Stahl dieser Zusammensetzung beträgt also etwa nur ein Fünftel der eines unlegierten Stahles mit gleichem Sauerstoffgehalt, bei dem der Aktivitätskoeffizient gleich eins wäre. Die Hauptlast der Aktivitätsverminderung trägt in diesem Fall der hohe Chromgehalt.

Die Anwesenheit von Drittelementen im flüssigen Eisen übt auch einen zum Teil entscheidenden Einfluß auf die *Löslichkeit* des Sauerstoffes aus. Diese Begleitelemente bestimmen letzten Endes sowohl im Frischprozeß als auch bei der Desoxydation des Stahles den jeweiligen Sauerstoffgehalt der Schmelze. Die Besprechung dieser Einflußgrößen erfolgt in den Abschnitten über die einzelnen Stahlbegleit- und Legierungselemente (1.13) sowie im Abschnitt über die Desoxydation des Stahles (1.15).

1.132 Kohlenstoff

Der Kohlenstoff ist einer der wichtigsten Reaktionspartner bei den Stahlherstellungsverfahren. Seine Umsetzung mit dem in der Schmelze gelösten Sauerstoff wird allgemein als Kohlenstoffreaktion, im Schmelzbetrieb auch als Frisch- oder Kochreaktion bezeichnet. Die Bedeutung dieser Umsetzung resultiert nicht nur aus dem großen Einfluß des Kohlenstoffgehaltes im fertigen Stahl auf dessen technologische Eigenschaften, sondern auch aus dem Einfluß der Frischreaktion auf den Ablauf der anderen metallurgischen Umsetzungen, auf die Entgasung und Reinigung der Stahlschmelze. Ebenso ist die entscheidende Beeinflussung des Badsauerstoffgehaltes besonders bei höheren Kohlenstoffkonzentrationen von Wichtigkeit. Die Druckabhängigkeit der Kohlenstoffreaktion bewirkt ihre Bedeutung als Desoxydationsreaktion bei den Vakuumprozessen (vgl. Abschnitt 1.17).

1.132.1 Die Löslichkeit des Kohlenstoffs in flüssigem Eisen

Wie aus dem in Abb. 60 gezeigten, von F. NEUMANN, H. SCHENCK und W. PATTERSON [32] angegebenen Zustandsschaubild Eisen-Kohlenstoff zu ent-

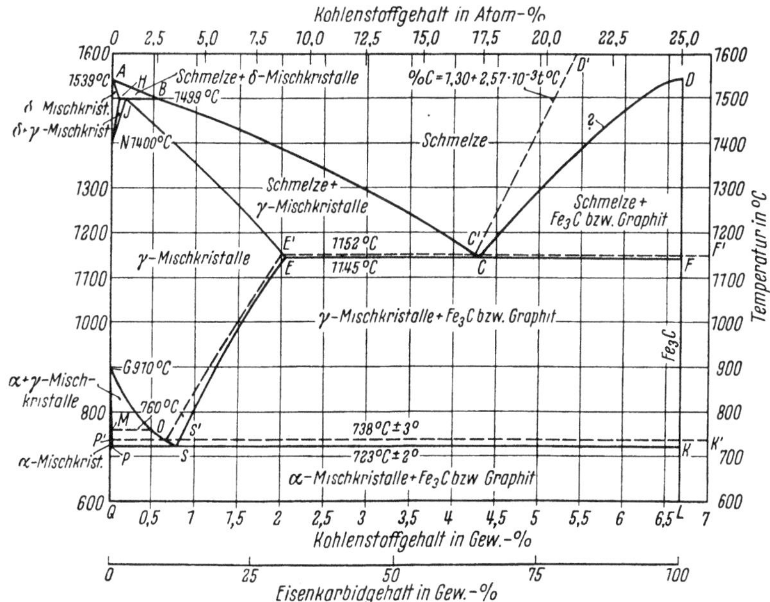

Abb. 60. Das Zustandsschaubild Eisen-Kohlenstoff (nach F. NEUMANN, H. SCHENCK und W. PATTERSON)

nehmen ist, hat flüssiges Eisen eine begrenzte, stark temperaturabhängige Lösungsfähigkeit für Kohlenstoff. Die Lage der Löslichkeitslinie $C' - D'$ ist durch zahlreiche Untersuchungen gut bekannt, und die Ergebnisse der verschiedenen

Forscher stimmen gut überein. Die Abb. 61 zeigt die Abhängigkeit von der Temperatur. Die aus den darin enthaltenen Ergebnissen abzulesenden geringen Abweichungen zwischen den neueren Arbeiten von F. NEUMANN und H. SCHENCK [33], J. A. KITCHENER, J. O. M. BOCKRIS und D. A. SPRATT [34], sowie J. CHIPMAN und Mitarbeitern [35] einerseits und den älteren Untersuchungen von R. RUER und J. BIREN [36], sowie K. SCHICHTEL und E. PIWOWARSKY [37] andererseits sind offenkundig.

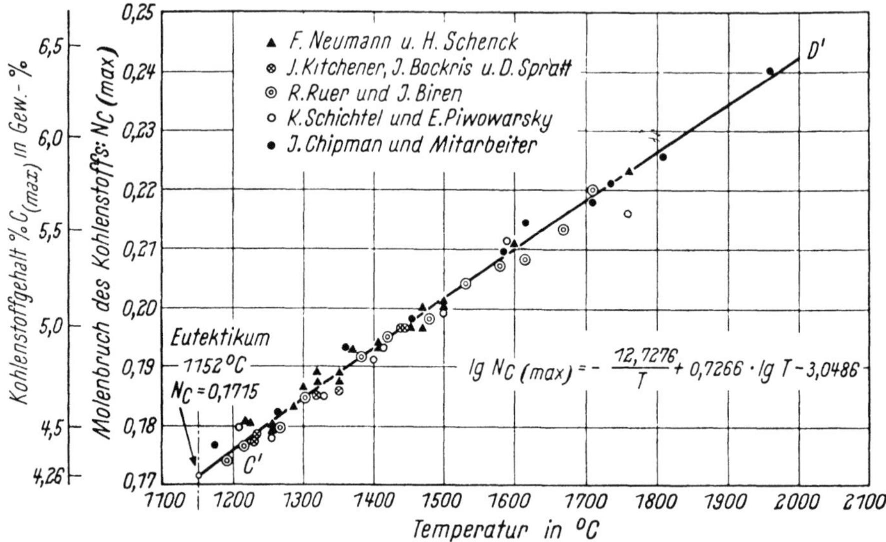

Abb. 61. Die Löslichkeit des Kohlenstoffs in flüssigen Eisen-Kohlenstoff-Legierungen nach verschiedenen Untersuchungen (nach F. NEUMANN und H. SCHENCK)

Nach diesen Ergebnissen kann die Löslichkeit des Kohlenstoffs in flüssigem Eisen als Funktion der Temperatur durch die Gleichung

$$lg\ N_{C(max)} = -\frac{12,7276}{T} + 0,7266 \cdot lg\ T - 3,0486 \qquad (166)$$

angegeben werden. In dieser zwischen 1425 und 2300 °K geltenden Beziehung ist die Sättigungskonzentration des Kohlenstoffs in Form des Molenbruchs $N_{C(max)}$ angegeben.

Für die praktische Anwendung ist jedoch die folgende Gleichung besser geeignet:

$$[\% \ C]_{max} = 1,30 + 2,57 \cdot 10^{-3} \cdot t \qquad (167)$$

Darin bedeutet $[\% \ C]_{max}$ die Sättigungskonzentration des Kohlenstoffs in Gewichtsprozent und t die Temperatur in °C. Diese einfache Beziehung ist für den Temperaturbereich zwischen 1152 und 2000 °C anwendbar. Für die Temperatur des eutektischen Punktes ergibt sich daraus eine Sättigungskonzentration von 4,258% C.

1.132.2 Die Aktivität des Kohlenstoffs in flüssigen Eisen-Kohlenstoff-Legierungen

Die Erfassung des physikalisch-chemischen Verhaltens von kohlenstoffhaltigen Eisenschmelzen setzt die Kenntnis der Kohlenstoffaktivität in diesen Lösungen voraus. Bei den grundlegenden in dieser Richtung durchgeführten Arbeiten, von denen besonders die von S. MARSHALL und J. CHIPMAN [38], F. D. RICHARDSON und W. DENNIS [39], sowie A. RIST und J. CHIPMAN [40] zu erwähnen sind, wurde die Kohlenstoffaktivität aus dem CO/CO_2-Verhältnis in der Gasphase über kohlenstoffhaltigen Eisenschmelzen bestimmt. Somit dient die Reaktion

$$[C] + \{CO_2\} = 2\{CO\} \tag{168}$$

als Grundlage dieser Untersuchungen, aus deren Gleichgewichtskonstante

$$K = \frac{p_{CO}^2}{p_{CO_2} \cdot a_{[C]}} \tag{169}$$

die Kohlenstoffaktivität berechnet werden kann, wenn die zugehörige Gaszusammensetzung bekannt ist.

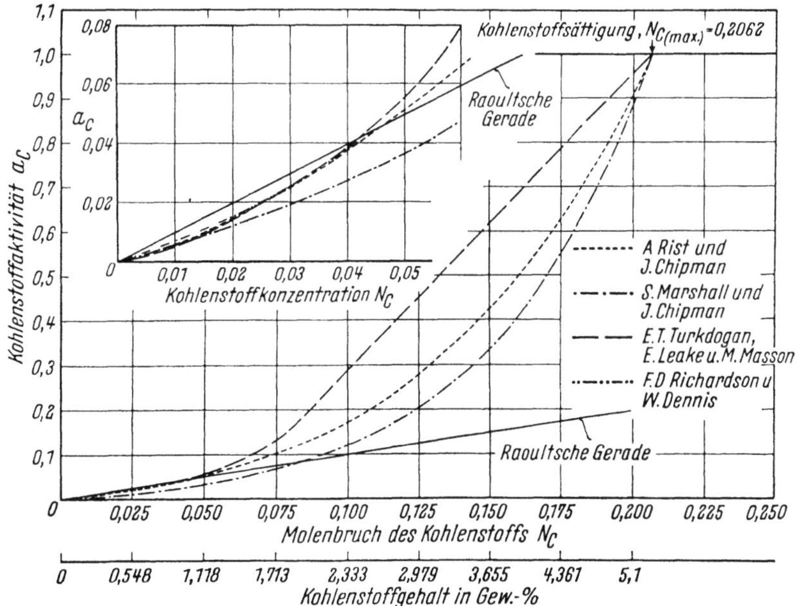

Abb. 62. Die Kohlenstoff-Aktivität in Eisen-Kohlenstoff-Schmelzen bei 1550 °C, bezogen auf Graphit als Standardzustand (nach F. NEUMANN, H. SCHENCK und W. PATTERSON)

Die Abb. 62 zeigt die Gegenüberstellung der Ergebnisse der genannten Bearbeiter [38—40] zu denen von E. T. TURKDOGAN, E. LEAKE und C. R. MASSON [41], welch letztere ihre Versuche allerdings unter Methan-Wasserstoff-Gemischen durchführten. Abgesehen von den schon älteren Untersuchungen von MARSHALL und CHIPMAN [38] sind bei niedrigeren Kohlenstoffkonzentrationen, bis etwa 1% C, keine nennenswerten Abweichungen zwischen den einzelnen Arbeiten festzustellen. Auffallend sind jedoch die starken Unterschiede bei höheren Kohlenstoffgehalten

zwischen den Kurvenzügen nach A. RIST und J. CHIPMAN [40], sowie E. T. TURK
DOGAN und Mitarbeitern [41]. Der Grund für diese Abweichungen ist in den verschiedenen bei diesen Arbeiten verwendeten Gasgemischen zu suchen. Bei höheren
Kohlenstoffgehalten der Schmelze — über etwa 1% C — ist das CO_2/CO-Verhältnis
der Gasatmosphäre sehr klein und seine experimentelle Bestimmung dementsprechend stark fehlerbehaftet. Umgekehrt ist bei kleiner Kohlenstoffkonzentration das Methan-Wasserstoff-Verhältnis so klein, daß seine exakte Messung kaum

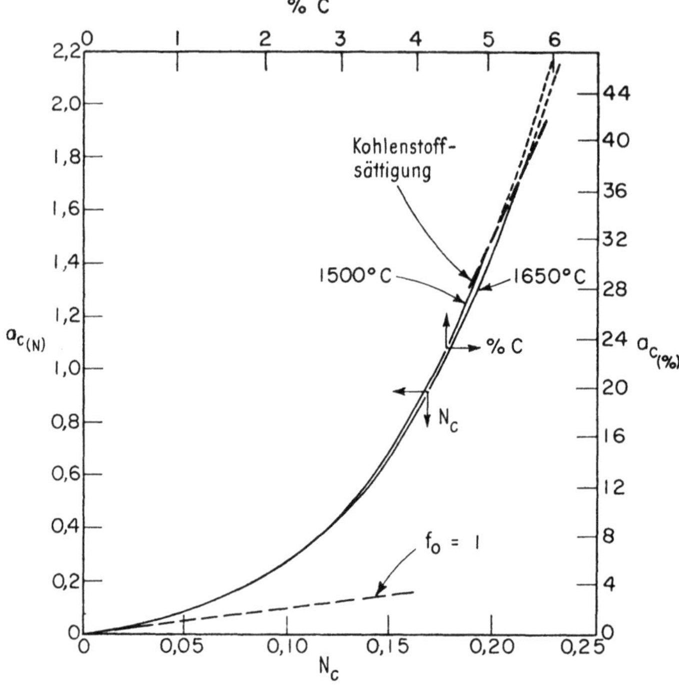

Abb. 63. Die Aktivität des Kohlenstoffs in flüssigen Eisen-Kohlenstoff-Legierungen, bezogen auf die unendlich
verdünnte Lösung (nach J. F. ELLIOTT)

möglich ist. Es kommt daher für niedrige Kohlenstoffgehalte den Ergebnissen von
A. RIST und J. CHIPMAN [40] und für höhere Kohlenstoffkonzentrationen den
Werten von E. T. TURKDOGAN und Mitarbeitern [41] die größere Wahrscheinlichkeit zu.

A. RIST und J. CHIPMAN [40] gaben für den Aktivitätskoeffizienten des Kohlenstoffs in Eisen-Kohlenstoff-Schmelzen folgende empirisch gefundene Beziehung
an, die dessen Abhängigkeit von Konzentration und Temperatur zum Ausdruck
bringt:

$$\lg f_C^* = \frac{4350}{T} [1 + 4 \cdot 10^{-4} \cdot (T - 1770)] \cdot (1 - N_{Fe}^2) \qquad (170)$$

Dabei bezieht sich der Aktivitätskoeffizient f_C^* auf die unendlich verdünnte Lösung
als Standardzustand, also das HENRYsche System, und ist durch Gl. (61) definiert.
J. F. ELLIOTT [42] berechnete die Aktivität des Kohlenstoffs in kohlenstoffhaltigen
Eisenschmelzen nach dieser Gleichung und fand den in Abb. 63 gezeigten Verlauf
als Funktion der Kohlenstoffkonzentration. Bemerkenswert ist der geringe Temperatureinfluß zwischen 1500 und 1650°C. Das Diagramm enthält zwei Koordi-

natensysteme: Dem unteren Konzentrationsmaßstab, der den Kohlenstoffgehalt in Form des Molenbruchs angibt, ist die linke Aktivitätsskala zugeordnet; die an der rechten Umrandung angegebenen Aktivitäten beziehen sich auf die an der oberen Begrenzungslinie des Diagramms angegebenen Kohlenstoffkonzentrationen in Gewichtsprozent. Der konstante Umrechnungsfaktor der beiden Aktivitätsskalen beträgt 21,4.

Die in Abb. 62 gezeigten Aktivitätskurven beziehen sich demgegenüber auf einen anderen Standardzustand, nämlich reinen Graphit. Der auf dieses System bezogene Aktivitätskoeffizient errechnet sich aus

$$\lg \gamma_{\mathrm{C}} = \lg f_{\mathrm{C}}^{*} + \frac{1180}{T} - 0{,}87 \qquad (171)$$

Die Gl. (170) und (171) ermöglichen zwar eine weitgehend genaue Berechnung des Aktivitätskoeffizienten des Kohlenstoffs, sind jedoch für den praktischen Gebrauch weniger gut geeignet. Den Bedürfnissen der Praxis entspricht weit eher die von J. CHIPMAN [26] für 1560 °C aus Gl. (170) entwickelte einfache Beziehung

$$\lg f_{\mathrm{C}} = 0{,}195 \cdot [\% \ \mathrm{C}] \qquad (172)$$

die sich, ebenso wie Gl. (170), auf die unendlich verdünnte Lösung als Standardzustand bezieht, aber die Konzentration in Gewichtsprozent enthält. Diese Gleichung stimmt recht gut mit der von F. D. RICHARDSON und W. E. DENNIS [43] schon früher empirisch gefundenen Beziehung

$$\lg f_{\mathrm{C}} = 0{,}23 \cdot [\% \ \mathrm{C}] \qquad (173)$$

überein.

1.132.3 Der Einfluß von Drittelementen auf die Löslichkeit und Aktivität des Kohlenstoffs in flüssigem Eisen

Durch den Zusatz weiterer Elemente zu kohlenstoffhaltigen Eisenschmelzen wird deren Lösungsvermögen für Kohlenstoff verändert. Mit dieser Veränderung der Löslichkeit ist auch eine Beeinflussung der Kohlenstoffaktivität verbunden. Die Kohlenstofflöslichkeit wird allgemein durch karbidbildende Elemente, wie z. B. Chrom, Mangan, Tantal, Wolfram und Vanadin, erhöht.

Bezeichnet $N_{\mathrm{C(max)}}$ bzw. $\% \ \mathrm{C_{(max)}}$ die Kohlenstofflöslichkeit in der binären Eisen-Kohlenstoff-Legierung in Form des Molenbruchs bzw. in Gewichtsprozenten und sind $N_{\mathrm{C(max)}}^{(\mathrm{X})}$ bzw. $\% \ \mathrm{C_{(max)}^{(X)}}$ die entsprechenden Kohlenstoff-Sättigungsgehalte in einer Fe—C—X-Legierung, dann ist die Veränderung der Sättigungslöslichkeit durch das Zusatzelement X durch die Beziehungen

$$\varDelta N_{\mathrm{C}}^{(\mathrm{X})} = N_{\mathrm{C\,(max)}}^{(\mathrm{X})} - N_{\mathrm{C\,(max)}} = m \cdot N_{\mathrm{X}} \qquad (174)$$

bzw.

$$\varDelta \% \ \mathrm{C}^{(\mathrm{X})} = \% \ \mathrm{C_{(max)}^{(X)}} - \% \ \mathrm{C_{(max)}} = m' \cdot \% \ \mathrm{X} \qquad (175)$$

gegeben. Positive Werte von $\varDelta N_{\mathrm{C}}^{(\mathrm{X})}$ bzw. $\varDelta \% \mathrm{C}^{(\mathrm{X})}$ bedeuten demnach eine Erhöhung der Sättigungskonzentration des Kohlenstoffs durch das Zusatzelement X. Das gleiche gilt für die konstanten Faktoren m und m'.

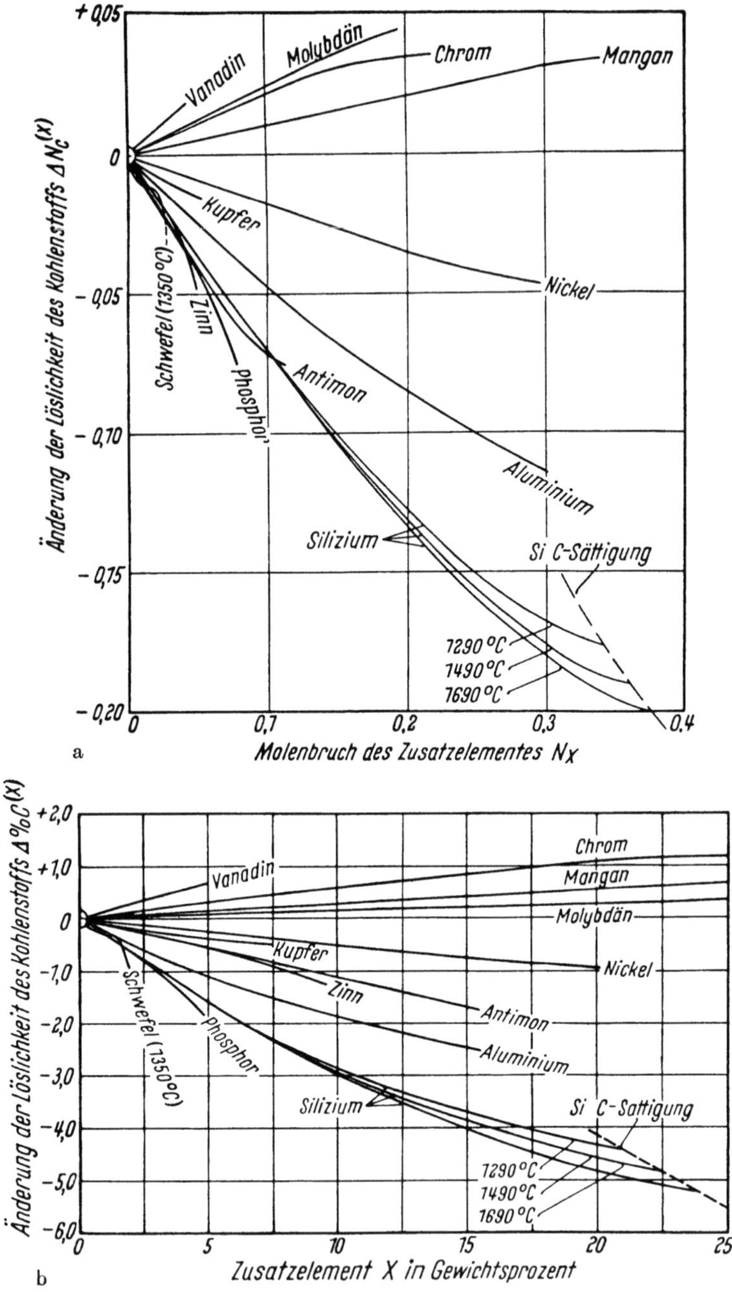

Abb. 64. Änderung der Löslichkeit des Kohlenstoffs in flüssigen Fe—C—X-Legierungen in Abhängigkeit von der Konzentration des Zusatzelementes X

a) Konzentrationsmaß: Molenbruch; b) Konzentrationsmaß: Gewichtsprozent

In Abb. 64 sind die experimentell bestimmten Löslichkeitsänderungen des Kohlenstoffs bei Zusatz von Drittelementen nach einer Darstellung von F. NEUMANN und H. SCHENCK [33] wiedergegeben. Aus beiden Teilbildern ist zu entnehmen, daß die die Löslichkeitsänderung beschreibenden Kurven für die meisten Zusatzelemente X bis zu höheren Konzentrationen geradlinig verlaufen, d. h., daß die linearen Gl. (174) und (175) angewendet werden können. Die Faktoren m und m' sind dann die Steigungen dieser Geraden. Größere Abweichungen vom geradlinigen Verlauf treten bei den Elementen Silizium und Schwefel auf.

Wird die kohlenstoffgesättigte Lösung als Standardzustand gewählt, so ist dafür $a_C = 1$, und durch Anwendung der Gl. (60) erhält man für den Aktivitätskoeffizienten des Kohlenstoffs im Zweistoffsystem Fe—C:

$$\gamma_C = \frac{1}{N_{C(max)}} \tag{176}$$

Analog ist der Aktivitätskoeffizient im Dreistoffsystem Fe—C—X unter Einbeziehung der Gl. (84) durch

$$\gamma_C^{(\Sigma)} = \frac{1}{N_{C(max)}^{(X)}} = \gamma_C \cdot \gamma_C^{(X)} \tag{177}$$

gegeben, worin $\gamma_C^{(X)}$ den Wirkungskoeffizienten des Zusatzelementes X bezüglich des Kohlenstoffs darstellt. Für diesen erhält man aus den Gl. (174), (176) und (177) die Beziehung

$$\gamma_C^{(X)} = \frac{N_{C(max)}}{N_{C(max)}^{(X)}} = \frac{N_{C(max)}}{N_{C(max)} + m \cdot N_X} \tag{178}$$

die seinen Zusammenhang mit den Sättigungskonzentrationen wiedergibt.

Für die Konzentrationsangabe in Gewichtsprozent erhält man auf gleiche Weise den Wirkungskoeffizienten aus den Sättigungskohlenstoffgehalten im Zwei- und Dreistoffsystem und der Konzentration des Zusatzelementes durch die Gleichung

$$f_C^{(X)} = \frac{\% \, C_{(max)}}{\% \, C_{(max)}^{(X)}} = \frac{\% \, C_{(max)}}{\% \, C_{(max)} + m' \cdot \% \, X} \tag{179}$$

Aus Gl. (177) und der Definitionsgleichung (89) für den Wirkungsparameter ergibt sich für diesen

$$\varepsilon_C^{(X)} = - \frac{\partial \ln N_{C(max)}^{(X)}}{\partial N_X} \tag{180}$$

Mit dieser Beziehung kann der Wirkungsparameter aus der Kohlenstofflöslichkeit im Dreistoffsystem Fe—C—X und der Konzentration des Zusatzelementes berechnet werden.

Nach F. NEUMANN und H. SCHENCK [33] ergibt sich für 1550 °C der in Abb. 65 gezeigte systematische Zusammenhang zwischen den Wirkungsparametern $\varepsilon_C^{(X)}$ der Zusatzelemente und deren Ordnungszahl im Periodischen System der Elemente. Die experimentelle Untersuchung erstreckt sich, wie die Abb. 65 zeigt, im wesentlichen auf Zusatzelemente niedriger Ordnungszahl. Inwieweit die durchgeführte Erweiterung der aus den vorhandenen Ergebnissen sich andeutenden Systematik auf das gesamte Periodische System tatsächlich zutrifft, wird wohl erst nach Vorliegen weiterer Untersuchungen entschieden werden können.

Die Tab. 15 enthält die von den gleichen Verfassern vorgenommene Zusammenstellung der kennzeichnenden Faktoren m und m' der Gl. (174) und (175), sowie die Werte der Wirkungsparameter. Diese Übersicht zeigt, daß nur ein kleiner Teil der darin enthaltenen Werte experimentell bestimmt worden ist. Die als theoretisch ermittelt angegebenen Werte sind aus Abb. 65 entnommen.

Aus den Werten der Tab. 15 geht hervor, daß einer Erhöhung der Kohlenstoff-löslichkeit durch ein Zusatzelement ein negativer Wirkungsparameter zugeordnet ist, d. h. daß ihr eine Aktivitätsverminderung entspricht. Dies steht durchaus in Einklang mit den in Abschnitt 1.11 getroffenen Feststellungen (vgl. S. 42).

Für den praktischen Gebrauch sind in Abb. 66 die Wirkungskoeffizienten der Zusatzelemente X als Funktion ihrer Konzentration nach F. Neumann und H. Schenck [33] wiedergegeben.

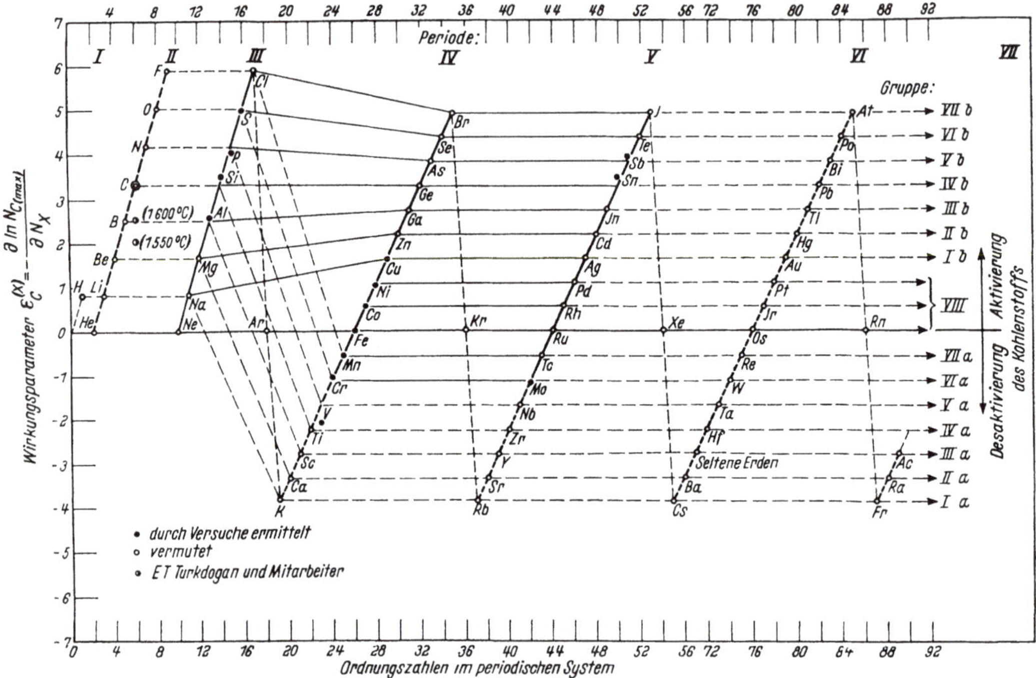

Abb. 65. Zusammenhang zwischen dem Wirkungsparameter $\varepsilon_C^{(X)}$ der Zusatzelemente X in flüssigen Fe–C–X-Legierungen und der Ordnungszahl der Zusatzelemente im periodischen System (nach F. Neumann und H. Schenck)

Das nachfolgende Beispiel soll die Anwendung dieser Unterlagen bei der Bestimmung der Kohlenstoffaktivität in Vielstofflegierungen veranschaulichen. Zu bestimmen sei die Kohlenstoffaktivität in einem Manganhartstahl mit einer chemischen Zusammensetzung von 1,1% C, 0,5 %Si, 12% Mn und 1% Cr bei einer Temperatur von 1550 °C.

Die Sättigungskonzentration des Kohlenstoffs im Zweistoffsystem Eisen-Kohlenstoff errechnet sich durch Anwendung der Gl. (167) für 1550°C zu % $C_{(max)}$ = 5,28%.

Aus der Gl. (179) und den Werten der Tab. 15 erhält man für die einzelnen Wirkungskoeffizienten:

$$f_C^{(Si)} = \frac{5,28}{5,28 - 0,31 \cdot 0,5} = 1,029$$

$$f_C^{(Mn)} = \frac{5,28}{5,28 + 0,027 \cdot 12} = 0,942$$

$$f_C^{(Cr)} = \frac{5,28}{5,28 + 0,063 \cdot 1,1} = 0,987$$

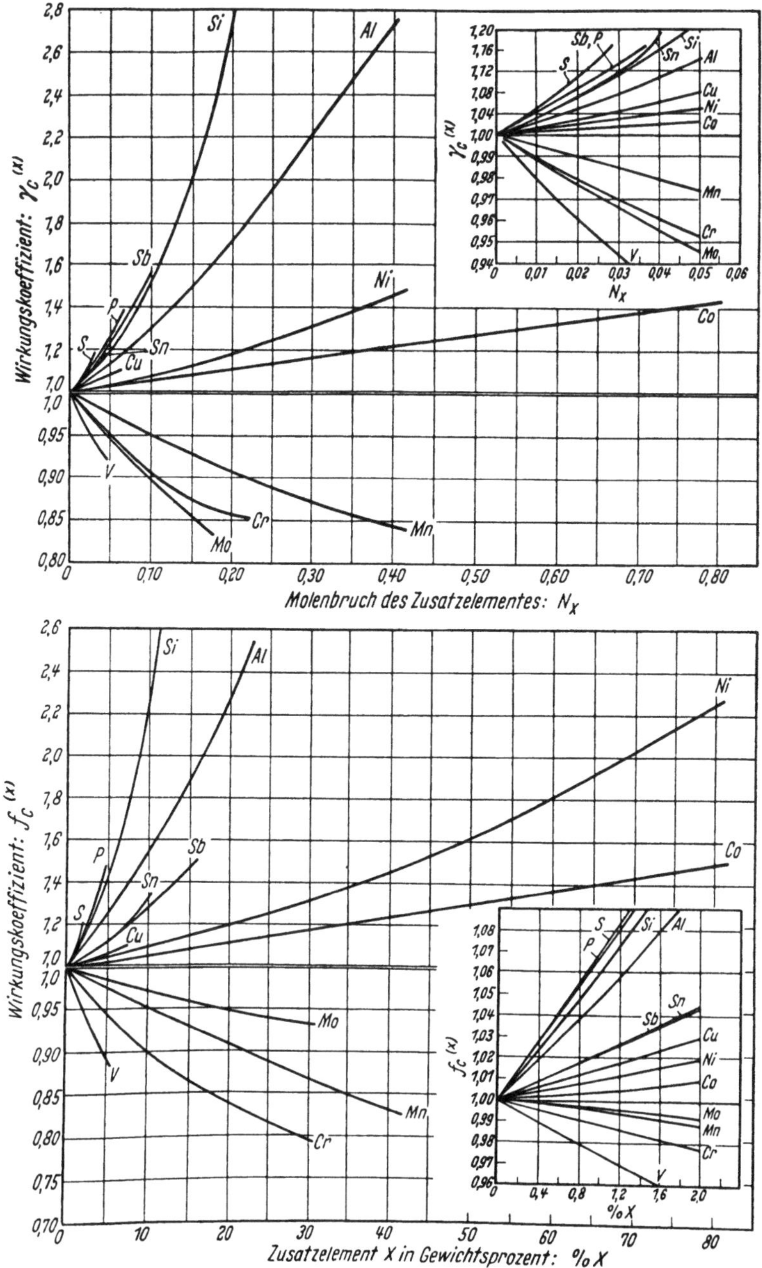

Abb. 66. Die Wirkungskoeffizienten $\gamma_C^{(X)}$ und $f_C^{(X)}$ in Abhängigkeit von der Konzentration des Zusatzelementes X für Kohlenstoffsättigung bei 1550 °C (nach F. Neumann und H. Schenck)

Das Produkt aus diesen Wirkungskoeffizienten ist

$$f_C^{(Si)} \cdot f_C^{(Mn)} \cdot f_C^{(Cr)} = 0{,}957$$

d. h., daß die physikalisch-chemische Wirksamkeit des Kohlenstoffs in einem Stahl der gegebenen chemischen Zusammensetzung gleich groß ist wie in einer

Tabelle 15. *Experimentell und theoretisch ermittelte Werte für die Faktoren m und m′ der Gl. (174) und (175) sowie für die Wirkungsparameter verschiedener Zusatzelemente* (nach F. Neumann und H. Schenck)*

Stellung des Zusatzelementes im Periodischen System		$\Delta N_C^{(X)} = m \cdot N_X$			$\varepsilon_C^{(X)} = -\dfrac{\partial \ln N_{C(max)}}{\partial N_X}$		$\Delta \% C^{(X)} = m' \cdot \% X$				$e_C^{(X)} = -\dfrac{\partial \lg \% C_{(max)}}{\partial \% X}$	
Periode	Ord-nungs-zahl	Zusatz-element X	$m_{exp.}$	$m_{theor.}$	Gültigkeits-bereich	$\varepsilon_{exp.}$	$\varepsilon_{theor.}$	Zusatz-element X	$m'_{exp.}$	$m'_{theor.}$	Gültigkeits-bereich	$e_{exp.}$	$e_{theor.}$
I	1	H	—	$-0,17$	—	—	$+0,842$	H	—	$+0,23$	—	—	$-0,019$
	2	He	—	$0,0$	—	—	$0,0$	He	—	$+0,62$	—	—	$-0,051$
	3	Li	—	$-0,17$	—	—	$+0,842$	Li	—	$-0,007$	—	—	$0,000$
	4	Be	—	$-0,34$	—	—	$+1,685$	Be	—	$-0,28$	—	—	$+0,023$
	5	B	—	$-0,51$	—	—	$+2,526$	B	—	$-0,465$	—	—	$+0,038$
II	6	C	—	$-0,68$	—	—	$+3,369$	C	—	$-0,62$	—	—	$+0,051$
	7	N	—	$-0,85$	—	—	$+4,213$	N	—	$-0,71$	—	—	$+0,058$
	8	O	—	$-1,02$	—	—	$+5,054$	O	—	$-0,78$	—	—	$+0,064$
	9	F	—	$-1,19$	—	—	$+5,898$	F	—	$-0,79$	—	—	$+0,065$
	10	Ne	—	$0,0$	—	—	$0,0$	Ne	—	$+0,08$	—	—	$-0,007$
	11	Na	—	$-0,17$	—	—	$+0,842$	Na	—	$-0,035$	—	—	$+0,003$
	12	Mg	—	$-0,34$	—	—	$+1,685$	Mg	—	$-0,13$	—	—	$+0,011$
III	13	Al	$-0,52$	$-0,51$	$N_{Al} < 0,05$	$+2,577$	$+2,526$	Al	$-0,22$	$-0,215$	$\%Al < 2,0$	$+0,018$	$+0,018$
	14	Si	$-0,71$	$-0,68$	$N_{Si} < 0,07$	$+3,517$	$+3,369$	Si	$-0,31$	$-0,29$	$\%Si < 5,5$	$+0,025$	$+0,024$
	15	P	$-0,81$	$-0,85$	$N_P < 0,048$	$+4,015$	$+4,213$	P	$-0,33$	$-0,345$	$\%P < 3,0$	$+0,027$	$+0,028$
	16	S	$-1,00$	$-1,02$	$N_S < 0,004$	$+4,955$	$+5,054$	S	$-0,40$	$-0,41$	$\%S < 0,4$	$+0,030$	$+0,034$
	17	Cl	—	$-1,19$	—	—	$+5,898$	Cl	—	$-0,445$	—	—	$+0,036$
	18	Ar	—	$0,0$	—	—	$0,0$	Ar	—	$+0,02$	—	—	$-0,002$
	19	K	—	$+0,77$	—	—	$-3,814$	K	—	$+0,30$	—	—	$-0,025$
	20	Ca	—	$+0,66$	—	—	$-3,270$	Ca	—	$+0,25$	—	—	$-0,021$
	21	Sc	—	$+0,55$	—	—	$-2,725$	Sc	—	$+0,18$	—	—	$-0,015$
IV	22	Ti	—	$+0,44$	—	—	$-2,181$	Ti	—	$+0,14$	—	—	$-0,012$
	23	V	$+0,42$	$+0,33$	$N_V < 0,045$	$-2,082$	$-1,636$	V	$+0,135$	$+0,095$	$\%V < 3,4$	$-0,011$	$-0,007$
	24	Cr	$+0,215$	$+0,22$	$N_{Cr} < 0,13$	$-1,067$	$-1,091$	Cr	$+0,063$	$+0,06$	$\%Cr < 9,0$	$-0,005$	$-0,005$
	25	Mn	$+0,105$	$+0,11$	$N_{Mn} < 0,30$	$-0,520$	$-0,545$	Mn	$+0,027$	$+0,03$	$\%Mn < 25,0$	$-0,002$	$-0,002$
	26	Fe	$0,0$	$0,0$	—	$0,0$	$0,0$	Fe	$0,0$	$0,0$	—	$0,0$	$0,0$
	27	Co	$-0,10$	$-0,11$	$N_{Co} < 0,20$	$+0,520$	$+0,545$	Co	$-0,026$	$-0,03$	$\%Co < 40,0$	$+0,002$	$+0,002$

IV	28	Ni	$-0,20$	$-0,22$	$N_{Ni}<0,10$	$+0,990$	$+1,089$	Ni	$-0,053$	$-0,05$	%Ni $< 8,0$	$+0,004$	$+0,004$
	29	Cu	$-0,313$	$-0,33$	$N_{Cu}<0,02$	$+1,550$	$+1,634$	Cu	$-0,074$	$-0,075$	%Cu $< 3,8$	$+0,006$	$+0,006$
	30	Zn	—	$-0,44$	—	—	$+2,187$	Zn	—	$-0,10$	—	—	$+0,008$
	31	Ga	—	$-0,55$	—	—	$+2,725$	Ca	—	$-0,12$	—	—	$+0,010$
	32	Ge	—	$-0,66$	—	—	$+3,270$	Ge	—	$-0,14$	—	—	$+0,012$
	33	As	—	$-0,77$	—	—	$+3,816$	As	—	$-0,16$	—	—	$+0,013$
	34	Se	—	$-0,88$	—	—	$+4,361$	Se	—	$-0,17$	—	—	$+0,014$
	35	Br	—	$-0,99$	—	—	$+4,906$	Br	—	$-0,19$	—	—	$+0,016$
V	36	Kr	—	$0,0$	—	—	$0,0$	Kr	—	$-0,015$	—	—	$+0,001$
	37	Rb	—	$+0,77$	—	—	$-3,814$	Rb	—	$+0,110$	—	—	$-0,009$
	38	Sr	—	$+0,66$	—	—	$-3,270$	Sr	—	$+0,085$	—	—	$-0,007$
	39	Y	—	$+0,55$	—	—	$-2,725$	Y	—	$+0,065$	—	—	$-0,005$
	40	Zr	—	$+0,44$	—	—	$-2,181$	Zr	—	$+0,045$	—	—	$-0,003$
	41	Nb	—	$+0,33$	—	—	$-1,636$	Nb	—	$+0,03$	—	—	$-0,002$
	42	Mo	$+0,24$	$+0,22$	$N_{Mo}<0,14$	$-1,190$	$-1,091$	Mo	$+0,015$	$+0,012$	%Mo $< 2,0$	$-0,001$	$-0,001$
	43	Tc	—	$+0,11$	—	—	$-0,545$	Tc	—	$-0,005$	—	—	$+0,001$
	44	Ru	—	$0,0$	—	—	$0,0$	Ru	—	$-0,02$	—	—	$+0,002$
	45	Rh	—	$-0,11$	—	—	$+0,545$	Rh	—	$-0,04$	—	—	$+0,003$
	46	Pd	—	$-0,22$	—	—	$+1,089$	Pd	—	$-0,05$	—	—	$+0,004$
	47	Ag	—	$-0,33$	—	—	$+1,634$	Ag	—	$-0,065$	—	—	$+0,005$
	48	Cd	—	$-0,44$	—	—	$+2,187$	Cd	—	$-0,08$	—	—	$+0,007$
	49	In	—	$-0,55$	—	—	$+2,725$	In	—	$-0,09$	—	—	$+0,007$
	50	Sn	$-0,70$	$-0,66$	$N_{Sn}<0,02$	$+3,468$	$+3,270$	Sn	$-0,11$	$-0,10$	%Sn $< 4,5$	$+0,009$	$+0,008$
	51	Sb	$-0,79$	$-0,77$	$N_{Sb}<0,05$	$+3,916$	$+3,816$	Sb	$-0,117$	$-0,115$	%Sb $<15,0$	$+0,010$	$+0,009$
	52	Te	—	$-0,88$	—	—	$+4,361$	Te	—	$-0,12$	—	—	$+0,010$
	53	J	—	$-0,99$	—	—	$+4,906$	J	—	$-0,13$	—	—	$+0,011$
VI	54	Xe	—	$0,0$	—	—	$0,0$	Xe	—	$-0,025$	—	—	$+0,002$
	55	Cs	—	$+0,77$	—	—	$-3,814$	Cs	—	$+0,05$	—	—	$-0,004$
	56	Ba	—	$+0,66$	—	—	$-3,270$	Ba	—	$+0,035$	—	—	$-0,002$
	57/71	SE	—	$+0,55$	—	—	$-3,725$	SE	—	$+0,02$	—	—	$-0,002$
	72	Hf	—	$+0,44$	—	—	$-2,181$	Hf	—	$+0,001$	—	—	$0,000$
	73	Ta	—	$+0,33$	—	—	$-1,636$	Ta	—	$-0,005$	—	—	$0,000$
	74	W	—	$+0,22$	—	—	$-1,091$	W	—	$-0,015$	—	—	$+0,001$
	75	Re	—	$+0,11$	—	—	$-0,545$	Re	—	$-0,02$	—	—	$+0,002$
	76	Os	—	$0,0$	—	—	$0,0$	Os	—	$-0,03$	—	—	$+0,003$
	77	Ir	—	$-0,11$	—	—	$+0,545$	Ir	—	$-0,04$	—	—	$+0,003$
	78	Pt	—	$-0,22$	—	—	$+1,089$	Pt	—	$-0,05$	—	—	$+0,004$

Tabelle 15 (Fortsetzung)

Stellung des Zusatzelementes im Periodischen System		$\Delta N_C^{(X)} = m \cdot N_X$				$\varepsilon_C^{(X)} = -\dfrac{\partial \ln N_{C(max)}}{\partial N_X}$		$\Delta \% \, C^{(X)} = m' \cdot \% \, X$				$e_C^{(X)} = -\dfrac{\partial \lg \% C_{(max)}}{\partial \% X}$	
Periode	Ord-nungs-zahl	Zusatz-element X	$m_{exp.}$	$m_{theor.}$	Gültigkeits-bereich	$\varepsilon_{exp.}$	ε_{theor}	Zusatz-element X	$m'_{exp.}$	$m'_{theor.}$	Gültigkeits-bereich	$e_{exp.}$	$e_{theor.}$
VI	79	Au	—	—0,33	—	—	+1,634	Au	—	—0,06	—	—	+0,005
	80	Hg	—	—0,44	—	—	+2,187	Hg	—	—0,065	—	—	+0,005
	81	Tl	—	—0,55	—	—	+2,725	Tl	—	—0,07	—	—	+0,006
	82	Pb	—	—0,66	—	—	+3,270	Pb	—	—0,08	—	—	+0,007
	83	Bi	—	—0,77	—	—	+3,816	Bi	—	—0,085	—	—	+0,007
	84	Po	—	—0,88	—	—	+4,361	Po	—	—0,09	—	—	+0,007
	85	At	—	—0,99	—	—	+4,906	At	—	—0,10	—	—	+0,008
VII	86	Rn	—	0,0	—	—	0,0	Rn	—	—0,035	—	—	+0,003
	87	Fr	—	+0,77	—	—	—3,814	Fr	—	+0,01	—	—	—0,001
	88	Ra	—	+0,66	—	—	—3,270	Ra	—	+0,005	—	—	0,000
	89	Ac	—	+0,55	—	—	—2,725	Ac	—	—0,002	—	—	0,000

* $m_{exp.}$, $m'_{exp.}$, $e_{exp.}$ und $\varepsilon_{exp.}$ sind durch Versuche ermittelte Werte; $m_{theor.}$, $m'_{theor.}$, $e_{theor.}$ und $\varepsilon_{theor.}$ sind theoretisch ermittelte Werte.

Eisen-Kohlenstoffschmelze mit $1{,}1 \cdot 0{,}957 = 1{,}05\%$ C ohne sonstige Zusatzelemente. Für diesen Kohlenstoffgehalt ergibt sich, bezogen auf Kohlenstoffsättigung als Standardzustand ($a_\text{C} = 1$), nach der für niedrige Kohlenstoffkonzentrationen wahrscheinlichsten Aktivitätskurve von A. RIST und J. CHIPMAN [40] in Abb. 62 eine Kohlenstoffaktivität von $a_\text{C} = 0{,}05$.

Soll die Aktivität des Kohlenstoffs, bezogen auf die unendlich verdünnte Lösung, bestimmt werden, erfolgt die Rechnung in der gleichen vorbeschriebenen Art, nur daß an Stelle der Kurve in Abb. 62 die Aktivitätskurve der Abb. 63 verwendet wird. Man erhält so $a_\text{C} = 1{,}6$ für die Gewichtsprozent-Darstellung und $a_\text{C} = 0{,}075$ für die Konzentrationsangabe in Form des Molenbruchs.

Die Bestimmung der Kohlenstoffaktivität ist mit den gegebenen Unterlagen, aber auch auf rein rechnerischem Weg möglich. So wird für das vorliegende Beispiel — bezogen auf das unendlich verdünnte System — der Aktivitätskoeffizient in der reinen Eisen-Kohlenstoff-Schmelze bei $1550\,^\circ\text{C}$ nach Gl. (170):

und

$$\lg f_\text{C}^* = \frac{4350}{1823}\left(1 + \frac{4 \cdot 53}{10^4}\right) \cdot (1 - 0{,}952^2) = 0{,}226$$

$$f_\text{C}^* = 1{,}684$$

In Verbindung mit den bereits berechneten Wirkungskoeffizienten wird der Aktivitätskoeffizient im Mehrstoffsystem:

$$f_\text{C}^{(\Sigma)} = f_\text{C}^* \cdot f_\text{C}^{(\text{Si})} \cdot f_\text{C}^{(\text{Mn})} \cdot f_\text{C}^{(\text{Cr})} = 1{,}61$$

Daraus erhält man in der Molenbruch-Darstellung:

$$a_\text{C} = f_\text{C}^{(\Sigma)} \cdot N_C = 0{,}077$$

und für die Gewichtsprozent-Darstellung:

$$a_\text{C} = f_\text{C}^{(\Sigma)} \cdot \% \text{ C} = 1{,}77$$

An Stelle der etwas unhandlichen Gl. (170) hätte für die Berechnung des Aktivitätskoeffizienten in der binären Eisen-Kohlenstoffschmelze auch die einfachere Gl. (172) verwendet werden können, aus der sich ein nur geringfügig abweichender Wert von

$$f_\text{C}^* = 1{,}64$$

ergibt.

Diese berechneten Werte sind naturgemäß zuverlässiger als die mit Hilfe der Diagramme bestimmten, da die Ablesegenauigkeit namentlich bei geringeren Kohlenstoffkonzentrationen nicht allzu groß ist.

Aus diesem Beispiel geht vor allem klar hervor, welche Bedeutung dem der Berechnung zugrunde gelegten Standardzustand zukommt. Die Wirkungskoeffizienten selbst sind unabhängig von der Wahl des Standardzustandes, da die Wirkungsparameter als konstant angesehen werden können und die Wirkungskoeffizienten mit diesen durch die lineare Beziehung (94) verbunden sind.

Einen guten Überblick über die derzeitigen Erkenntnisse bezüglich der Kohlenstoffaktivität in Eisenschmelzen vermittelt auch, unter Berücksichtigung besonders des russischen Schrifttums, eine neue Arbeit von B. P. BURYLEV [44].

1.132.4 Die Umsetzung des Kohlenstoffs mit dem Sauerstoff in flüssigem Eisen

Da flüssiges Eisen ein gewisses Lösungsvermögen sowohl für Kohlenstoff als auch für Sauerstoff hat, tritt auf Grund ihrer physikalisch-chemischen Wirksamkeit eine Reaktion ein, die durch die Gleichung

$$[C] + [O] = \{CO\} \tag{181}$$

ausgedrückt werden kann. Diese Umsetzungsgleichung besagt, daß sich die im Bad gelösten Elemente Kohlenstoff und Sauerstoff zu gasförmigem Kohlenoxyd verbinden, das aus der Schmelze entweicht. Umgekehrt wird reines Eisen unter einer CO-Atmosphäre Kohlenstoff und Sauerstoff in einem Ausmaß aufnehmen, das durch die Gleichgewichtskonstante

$$K = \frac{p_{CO}}{a_{[C]} \cdot a_{[O]}} = \frac{p_{CO}}{f_C^{(\Sigma)} \cdot [\%C] \cdot f_O^{(\Sigma)} \cdot [\%O]} \tag{182}$$

beschrieben wird.

Diese Umsetzung ist dadurch ausgezeichnet, daß ein gasförmiges Reaktionsprodukt entsteht, wodurch ihre Gleichgewichtslage, wie dies auch Gl. (182) zum Ausdruck bringt, druckabhängig ist, und zwar in dem Sinn, daß mit kleiner werdendem Druck auch der Nenner kleiner werden muß. Da die Aktivitätskoeffizienten $f_C^{(\Sigma)}$ und $f_O^{(\Sigma)}$ bei sonst gleichen physikalischen Bedingungen im wesentlichen eine Funktion der chemischen Zusammensetzung der Schmelze sind, heißt dies, daß mit abnehmendem CO-Druck der Gasatmosphäre auch das Produkt aus den Gehalten des in der Schmelze gelösten Sauerstoffs und Kohlenstoffs verringert wird.

Die Umsetzung nach Gl. (181) ist die Summe der beiden Teilreaktionen

$$[C] + \{CO_2\} = 2\{CO\}, \quad K_1 = \frac{p_{CO}^2}{a_{[C]} \cdot p_{CO_2}} \tag{183}$$

und

$$[O] + \{CO\} = \{CO_2\}, \quad K_2 = \frac{p_{CO_2}}{a_{[O]} \cdot p_{CO}} \tag{184}$$

Für die Temperaturabhängigkeit der Gleichgewichtskonstante K_1 fanden A. RIST und J. CHIPMAN [40] die Beziehung

$$\lg K_1 = -\frac{7280}{T} + 6{,}65 \tag{185}$$

Nach den neuesten Untersuchungen von T. FUWA und J. CHIPMAN [25] gilt für K_2:

$$\lg K_2 = \frac{8448}{T} - 4{,}58 \tag{186}$$

Aus diesen beiden letzten Gleichungen erhält man für die Gleichgewichtskonstante der Umsetzung von in Eisen gelöstem Kohlenstoff und Sauerstoff gemäß Gl. (181) die Beziehung:

$$\lg K = \frac{1168}{T} + 2{,}07 \tag{187}$$

Dieser Ausdruck stimmt gut mit den in früheren Arbeiten von E. T. TURKDOGAN, L. S. DAVIS, L. E. LEAKE und C. G. STEVENS [45], sowie von G. H. J. BEN-

NETT, H. T. PROTHEROE und R. G. WARD [46] genannten Ergebnissen überein. Aber auch gegenüber älteren Arbeiten, z. B. von S. MARSHALL und J. CHIPMAN [38] sind die Abweichungen, zumindest für den Bereich der Stahlerzeugungstemperaturen, nur gering.

Wie die Gl. (187) erkennen läßt, ist der Einfluß der Temperatur auf die Gleichgewichtskonstante und damit auf die Konzentrationen der Reaktionsteilnehmer im Gleichgewicht nur gering und wird daher bei praktischen näherungsweisen Berechnungen auch oft vernachlässigt. Für niedrige Kohlenstoffgehalte bis etwa 0,2% rechnet man auch heute noch mit der von H. C. VACHER und E. H. HAMILTON [47] angegebenen einfachen Beziehung

$$[\% \text{ C}] \cdot [\% \text{ O}] = 2{,}5 \cdot 10^{-3} \cdot p_{\text{CO}} \tag{188}$$

die sich unter der Annahme der Gleichheit der Gewichtsprozentkonzentrationen und der Aktivitäten von Kohlenstoff und Sauerstoff aus der Gleichgewichtskennzahl

$$K' = \frac{p_{\text{CO}}}{[\%\,\text{C}] \cdot [\%\,\text{O}]}$$

der Umsetzung (181) errechnet. Der Faktor $2{,}5 \cdot 10^{-3}$ ist demnach nichts anderes als der Kehrwert der Gleichgewichtskennzahl und wird in der angloamerikanischen Literatur fallweise mit m bezeichnet.

Die angegebene Gl. (188) vernachlässigt die Abhängigkeit der physikalischchemischen Wirksamkeit eines Stoffes sowohl von seiner eigenen Konzentration, als auch von der anderer Stoffe, unabhängig davon, ob diese direkt an der Reaktion beteiligt sind. Die Gl. (188) ist daher konzentrationsabhängig.

Unter Berücksichtigung der gegenseitigen Beeinflussung der Aktivitäten der an der Reaktion (181) teilnehmenden Elemente Kohlenstoff und Sauerstoff im System Fe—C—O erhält man aus Gl. (182)

$$\lg \frac{[\%\,\text{C}] \cdot [\%\,\text{O}]}{p_{\text{CO}}} = -\lg K - \lg f_{\text{C}}^{(\Sigma)} - \lg f_{\text{O}}^{(\Sigma)} \tag{189}$$

Die in dieser Gleichung aufscheinenden Aktivitätskoeffizienten sind für das System Fe—C—O nach der Beziehung (86) wie folgt gegeben:

$$\lg f_{\text{C}}^{(\Sigma)} = \lg f_{\text{C}} + \lg f_{\text{C}}^{(\text{O})}$$

und

$$\lg f_{\text{O}}^{(\Sigma)} = \lg f_{\text{O}} + \lg f_{\text{O}}^{(\text{C})}$$

Der Aktivitätskoeffizient des Kohlenstoffs in einer binären Eisen-Kohlenstoff-Legierung ist durch die Gl. (172)

$$\lg f_{\text{C}} = 0{,}195 \cdot [\%\ \text{C}]$$

festgelegt, und für den Wirkungskoeffizienten $f_{\text{C}}^{(\text{O})}$ errechnete J. F. ELLIOTT [42] die Beziehung

$$\lg f_{\text{C}}^{(\text{O})} = -0{,}315 \cdot [\%\ \text{O}] \tag{190}$$

Nach Gl. (158) ist

$$\lg f_{\text{O}} = -0{,}20 \cdot [\%\ \text{O}]$$

und unter Benutzung der Tab. 14 erhält man:

$$\lg f_O^{(C)} = -0{,}13 \cdot [\%\,C] \tag{191}$$

Durch Substitution dieser Ausdrücke für die Aktivitäts- bzw. Wirkungskoeffizienten in Gl. (189) ergibt sich die Beziehung

$$\lg \frac{[\%\,C] \cdot [\%\,O]}{p_{CO}} = -\lg K - 0{,}065 \cdot [\%\,C] + 0{,}515 \cdot [\%\,O]$$

aus der sich die den verschiedenen Kohlenstoffkonzentrationen zugeordneten Sauerstoffgehalte berechnen lassen. Der Wert für die Gleichgewichtskonstante K ist dabei durch die Gl. (187) gegeben. In Abb. 67 sind die sich bei 1600 °C einstellenden Sauerstoffgehalte in kohlenstoffhaltigen Eisenschmelzen als Funktion des Kohlenstoffgehalts wiedergegeben.

Die Abbildung enthält 2 Kurven: Die Kurve I veranschaulicht die nach den genannten Unterlagen berechneten Sauerstoffgehalte, während Kurve II von J. F. Elliott [42] berechnet wurde. Dieser verwendete zwar einen geringfügig von dem hier genannten abweichenden K-Wert, doch ist der Grund für die bei höheren Kohlenstoffgehalten merkbar werdenden Abweichungen im wesentlichen durch die Wahl eines anderen Wirkungskoeffizienten gegeben. Für diesen fanden die einzelnen Bearbeiter sehr unterschiedliche Abhängigkeiten vom Kohlenstoffgehalt. Nach J. Chipman [26] ist

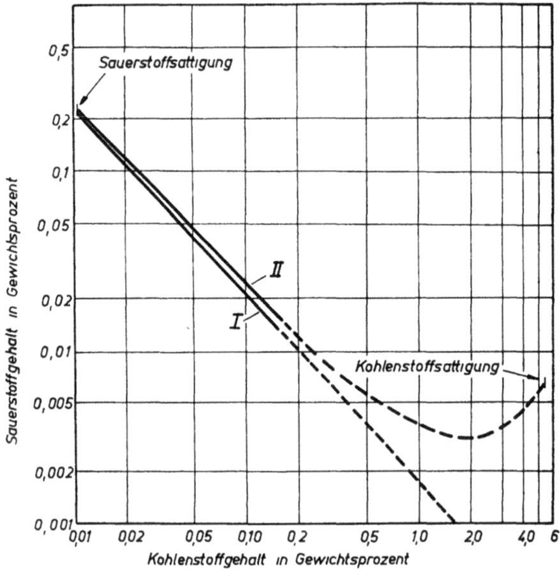

Abb. 67. Die Sauerstoffgehalte in flüssigen Fe−C−O-Legierungen bei 1600 °C in Abhängigkeit vom Kohlenstoffgehalt für $p_{CO} + p_{CO_2} = 1$ atm

$$\lg f_O^{(C)} = -0{,}41 \cdot [\%\,C] \tag{192}$$

während E. T. Turkdogan und Mitarbeiter [41] die sehr ähnliche Gleichung

$$\lg f_O^{(C)} = -0{,}49 \cdot [\%\,C] \tag{193}$$

feststellten.

Alle diese Werte weichen stark von der hier verwendeten Funktion (191) ab, die nach den neuesten Untersuchungen von T. Fuwa und J. Chipman [25] als maßgebend für die Berechnung der Kurve I angenommen wurde. Nach diesen jüngsten Ergebnissen ist der Einfluß des Kohlenstoffs auf den Aktivitätskoeffizienten des Sauerstoffs weit geringer, als dies in den früheren Arbeiten festgestellt worden war. Alle Arbeiten stimmen jedoch dahingehend überein, daß stets eine

Verringerung des Sauerstoffaktivitätskoeffizienten durch zunehmende Kohlenstoffgehalte angezeigt wird. J. F. Elliott [42] verwendete für die Berechnung der Kurve II die sich aus Gl. (192) ergebenden Wirkungskoeffizienten $f_O^{(C)}$ und berücksichtigte auch nicht die Veränderung des Sauerstoffaktivitätskoeffizienten durch den Sauerstoffgehalt selbst, doch macht sich diese letztere Vereinfachung nur bei geringen Kohlenstoffgehalten und selbst da nur unbedeutend bemerkbar.

Im Bereich niedriger Kohlenstoffgehalte stimmen die beiden Kurven der Abb. 67 praktisch miteinander überein, darüber hinaus sind bis zu etwa 0,5% C nur geringe Abweichungen von den sich aus der Vacher-Hamiltonschen Beziehung (188) berechneten Sauerstoffgehalten vorhanden. Für viele praktische Fälle kann also mit dieser handlichen Gleichung das Auslangen gefunden werden. Der voll ausgezogene Teil der Kurven bis etwa 0,2% C ist experimentell belegt, während der strichliert gezeichnete Verlauf rein rechnerisch gefunden wurde. Aus den Unterschieden bei höheren Kohlenstoffgehalten ist der Einfluß der Wahl der verschiedenen Wirkungskoeffizienten $f_O^{(C)}$ abzulesen. Es darf dabei jedoch nicht übersehen werden, daß das doppeltlogarithmische Koordinatensystem diese Abweichungen überbetont. Jedenfalls sind bei den höheren Kohlenstoffkonzentrationen die Sauerstoffgehalte so gering, daß eine eindeutige Bestätigung des einen oder anderen Kurvenverlaufes mit den derzeitigen experimentellen Möglichkeiten sehr schwierig sein dürfte.

Sämtliche der genannten Beziehungen geben die Sauerstoff- und Kohlenstoffgehalte von Eisenschmelzen nach Erreichen

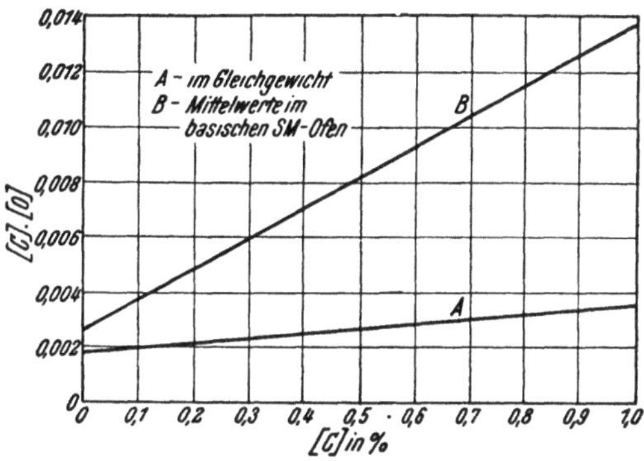

Abb. 68. Das $[\% \text{C}] \cdot [\% \text{O}]$-Produkt in Abhängigkeit vom Kohlenstoffgehalt bei einem Druck von 1 atm (nach J. Chipman), A im Gleichgewicht, B Mittelwerte in basischen Siemens-Martin-Öfen

des Gleichgewichts an, gelten also für einen Zustand, bei dem die Umsetzung bereits zum Stillstand gekommen ist. Die für die Stahlerzeugungsverfahren so wichtige Entkohlung tritt jedoch erst ein, wenn der Sauerstoffgehalt der Schmelze höher ist, als dies durch die Gleichgewichtsbeziehung angegeben wird. Abb. 68 zeigt in Gegenüberstellung die von J. Chipman [48] angegebenen Kohlenstoff-Sauerstoff-Produkte im Gleichgewichtsfall zu den im basischen Siemens-Martin-Ofen in der Frischperiode beobachteten.

1.132.5 Der Entkohlungsvorgang

Obwohl eine Reihe grundlegender Arbeiten über den Reaktionsmechanismus vorliegt, kann heute noch keine vollkommene Beschreibung des Ablaufs der Entkohlungsreaktion gegeben werden. Dank der Untersuchungen z. B. von H. Schenck, W. Riess und E. O. Brüggemann [49], F. Körber und Mitarbeitern [50, 51] sowie S. Fornander [52] besteht zumindest Klarheit über die wichtigsten Teilvorgänge. Dabei ist zu beachten, daß der Mechanismus des Entkohlungsvorganges bei den verschiedenen technischen Verfahren in einzelnen Teilstufen gewisse verfahrensbedingte Eigenheiten aufweisen kann und daß daher eine einheitliche Darstellung des Entkohlungsvorganges für alle Verfahren nur schwerlich möglich ist.

So sind die großen Unterschiede der Entkohlungsgeschwindigkeiten bei den pneumatischen und den Herdfrischverfahren bemerkenswert. Während z. B. im basischen Siemens-Martin-Ofen die Entkohlungsgeschwindigkeit wesentlich kleiner als 1% C/h ist, erreicht der bodenblasende Thomaskonverter etwa 20% C/h, d. h. die Kohlenstoffverbrennung erfolgt in diesem um etwa 2 Größenordnungen schneller. Da andererseits durch Sauerstoffeinblasen bei den Herdfrischverfahren eine starke Beschleunigung der Entkohlungsreaktion erzielt werden kann, ist daraus zu schließen, daß bei den Blasverfahren ein verzögernder Teilschritt des Gesamtvorganges entfällt.

Der Umsetzungsgleichung für die Entkohlungsreaktion ist zu entnehmen, daß eine Entkohlung nur dann eintritt, wenn die Bildung von gasförmigem Kohlenmonoxyd möglich ist. Die Annahme, daß diese Gasbildung im Inneren des Bades selbst erfolgt, würde, besonders unter der Voraussetzung molekularer Gasblasen, sehr hohe Kohlenoxydteildrücke in den Gasblasen und damit ein so hohes $[C] \cdot [O]$-Produkt erfordern, wie es praktisch niemals auftritt. Der Fall der CO-Entwicklung im Bad selbst kann also aus den Betrachtungen ausgeschlossen werden. Für die Bildung gasförmigen Kohlenmonoxyds können demnach nur die Phasengrenzflächen Metall-gasförmiges Frischmittel, Metall-Schlacke und Metall-Herdzustellung in Frage kommen. Für die Herdfrischverfahren ist eine der beiden letztgenannten in Betracht zu ziehen, wobei der Herdoberfläche die entscheidende Bedeutung zukommt.

Die Entstehung der CO-Gasblasen stellt man sich so vor, daß in kleinen oberflächlichen Vertiefungen der Zustellung, wie z. B. Rissen, Löchern, Poren usw., die wegen ihrer Kleinheit nicht von der Schmelze ausgefüllt werden können, das darin eingeschlossene Gas als Keim für die Gasblasenbildung wirkt. Demnach absorbieren diese kleinen gaserfüllten Hohlräume das an der Phasengrenzfläche entstehende Kohlenoxyd, wodurch ihr Volumen ständig größer wird, bis sich schließlich die CO-Blasen von der Herdwand ablösen und aufsteigen. Je größer der CO-Partialdruck ist, um so größer ist die Vielfalt der bezüglich ihres Durchmessers in Frage kommenden keimbildenden Hohlräume. Mit anderen Worten heißt dies, daß die Kohlenstoffverbrennung um so rascher erfolgt, je größer das $[C] \cdot [O]$-Produkt ist.

Nach dieser Darstellung muß die Beschaffenheit der Oberfläche der feuerfesten Auskleidung von maßgebendem Einfluß auf die Entkohlungsgeschwindigkeit sein. F. KÖRBER und W. OELSEN [50] konnten dies nachweisen, indem sie kohlenstoff- und sauerstoffreiche Eisenschmelzen in Sandtiegeln beobachteten. Die Kohlenoxydentwicklung unterblieb auch bei stärkstem Sauerstoffangebot, wenn der Tiegel mit einer glasartigen Eisenmangansilikat-Schlacke überzogen war. Nach ihren Ergebnissen wird die CO-Entwicklung durch feuerfeste Zustellungen begünstigt, die von der Schmelze möglichst wenig benetzt werden.

Demgegenüber erfolgt die Bildung des gasförmigen Kohlenoxyds bei den pneumatischen Stahlerzeugungsprozessen im wesentlichen an der Phasengrenzfläche Metall-Frischgas. An dieser Phasengrenzfläche kommt es zu einer nennenswerten Bildung von Eisen(II)-oxyd, das der Eisenschmelze höhere Sauerstoffgehalte aufdrückt, als es dem $C-O$-Gleichgewicht entspricht. Dieser Sauerstoffüberschuß im Metall wird durch die Entkohlungsreaktion wieder abgebaut und seine Größe hängt also davon ab, wie rasch der im Bad gelöste Kohlenstoff und Sauerstoff an die Phasengrenzfläche gelangen, wo die Reaktion stattfinden kann. Da besonders bei den bodenblasenden Konvertern sehr große Berührungsflächen zwischen dem Metall und dem Frischgas vorhanden sind, sind auch die Transportwege sehr gering und der Sauerstoffüberschuß im Bad dementsprechend klein.

Da die Kohlenstoffoxydation einen in vielerlei Hinsicht wichtigen Vorgang darstellt, kommt dem geschwindigkeitsbestimmenden Teilschritt dieser Reaktion besondere Bedeutung zu. Aus den Ergebnissen von H. SCHENCK und Mitarbeitern [49] ist eine Proportionalität zwischen der Entkohlungsgeschwindigkeit und dem Abstand des $[C] \cdot [O]$-Produktes vom Gleichgewichtswert festzustellen. Die Arbeiten von F. KÖRBER und W. OELSEN [50], sowie die Betriebsversuche von S. FORNANDER [52] besagen, daß auch die Gaskeimbildung von großem Einfluß ist. Daraus und aus eigenen Versuchen schlossen L. v. BOGDANDY, W. DICK und I. N. STRANSKI [53], daß die Entkohlung, wie schon von KÖRBER und OELSEN festgestellt, nicht im Inneren der Schmelze, sondern nur an der Phasengrenzfläche stattfinden kann, daß aber die Gaskeimbildung nicht als geschwindigkeitsbestimmender Teilschritt in Frage kommt. Maßgebend für die Geschwindigkeit der Gesamtumsetzung ist demnach die Geschwindigkeit der Sauerstoffnachlieferung aus der Gasphase an das Metall. Daraus erklärt sich auch der starke Einfluß des Sauerstoffblasens bei den Herdfrischverfahren.

Für die Geschwindigkeit der Kohlenstoffverbrennung sind Diffusionsvorgänge ausschlaggebend, für deren Geschwindigkeit wiederum der Abstand des $[C] \cdot [O]$-Produktes von den Gleichgewichtswerten entscheidend ist.

Zusammenfassend berichtet über die Kinetik der Entkohlungsreaktion und die Vorgänge bei den verschiedenen Stahlerzeugungsverfahren eine Arbeit von L. v. BOGDANDY [54], in welcher auch eine umfassende Schrifttumsübersicht zu finden ist.

1.133 Mangan

1.133.1 Die Manganverteilung zwischen reinen FeO—MnO-Schlacken und manganhaltigen Eisenschmelzen

Die Reaktion manganhaltiger Eisenschmelzen mit Eisenoxydulschlacken kann durch die Umsetzungsgleichung

$$(FeO) + [Mn] = (MnO) + Fe \tag{194}$$

beschrieben werden. Diese Gleichung drückt aus, daß entsprechend den vorherrschenden Bedingungen das im Eisen gelöste Mangan verschlackt wird, oder aber, daß aus der MnO-haltigen Schlacke Mangan in die Schmelze reduziert wird. Dieser Vorgang dauert an, bis die Konzentrationen der einzelnen Reaktionsteilnehmer so groß sind, daß die Aktivitäten die allein von der Temperatur abhängige Gleichgewichtskonstante

$$K_{Mn} = \frac{a_{(MnO)} \cdot a_{Fe}}{a_{(FeO)} \cdot a_{[Mn]}}$$

ergeben.

Nach Untersuchungen von K. SANBONGI und M. OHTANI [55] ist das Mangan im flüssigen Eisen ideal gelöst und gehorcht demnach dem RAOULTschen Gesetz. Die Abb. 69 zeigt die Ergebnisse dieser Aktivitätsbestimmungen, die mittels EMK-Messungen erhalten wurden.

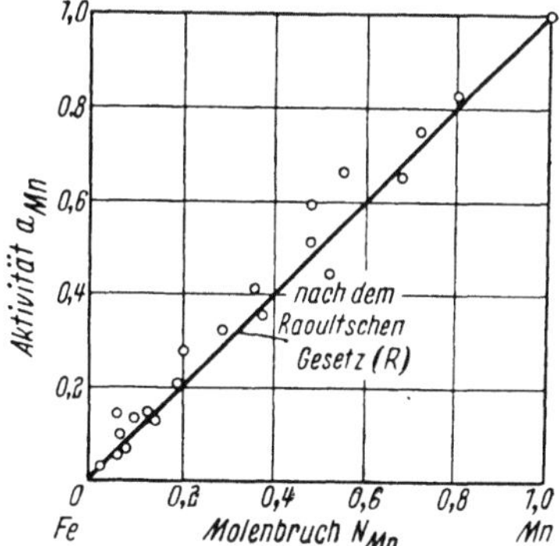

Abb. 69. Die Aktivität des Mangans in Eisen–Mangan-Schmelzen bei 1590 °C (nach K. SANBONGI und M. OHTANI)

Wegen der Befolgung des RAOULTschen Gesetzes hat der Aktivitätskoeffizient des Mangans γ_{Mn} über den gesamten Konzentrationsbereich den Wert 1.

Für die Bildung der 1%igen Manganlösung ergibt sich analog der Gl. (125) die Umsetzungsgleichung

$$[Mn] = [\% \, Mn]$$

Da Mangan und Eisen eine ideale Lösung bilden, ergibt sich die freie Bildungsenthalpie der 1%igen Lösung aus der Gl. (129) zu:

$$\Delta \overline{G}^\circ = 4{,}575 \cdot T \cdot \lg \frac{0{,}5585}{54{,}93} = -9{,}12 \cdot T$$

Auf Grund des in Abb. 22 gezeigten Zustandsschaubildes FeO—MnO ist mit großer Wahrscheinlichkeit anzunehmen, daß auch die beiden Schlackenkomponenten FeO und MnO über den gesamten Konzentrationsbereich ideale Lösungen bilden, so daß in der Gleichung für die Gleichgewichtskonstante der Manganreaktion an Stelle der Aktivitäten von MnO und FeO ihre Konzentrationen in Form des Molenbruches eingesetzt werden können. Da weiter die Molekulargewichte von MnO und FeO fast gleich groß sind, ist sogar die Verwendung der Gewichtsprozente als Konzentrationsmaß möglich und somit kann die Gleichgewichtskonstante der Umsetzung (194) durch die Beziehung

$$K_{Mn} = \frac{(\% \, MnO)}{(\% \, FeO) \cdot [\% \, Mn]} \quad (195)$$

ausgedrückt werden. Darin ist vorausgesetzt, daß es sich um verdünnte Lösungen handelt, so daß die Aktivität des Eisens den Wert 1 hat.

Für den Temperaturbereich von 1520 bis 1770°C untersuchten W. A. FISCHER und H. J. FLEISCHER [56]

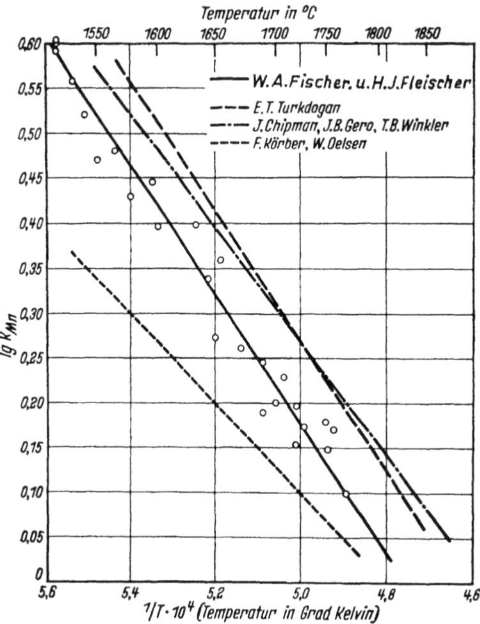

Abb. 70. Abhängigkeit der Gleichgewichtskonstante K_{Mn} von der Temperatur (nach W. A. FISCHER und H. J. FLEISCHER)

die Temperaturabhängigkeit dieser Gleichgewichtskonstante und fanden dafür die Beziehung

$$\lg K_{Mn} = \frac{7110}{T} - 3{,}375 \quad (196)$$

Die Abb. 70 zeigt diese von FISCHER und FLEISCHER festgestellte Temperaturabhängigkeit von K_{Mn} in Gegenüberstellung zu den in den älteren Arbeiten von F. KÖRBER und W. OELSEN [57], J. CHIPMAN, J. B. GERO und T. B. WINKLER [58] sowie E. T. TURKDOGAN und J. PEARSON [59] genannten Ergebnissen. Die von FISCHER und FLEISCHER im MnO-Tiegel ermittelten Werte liegen zwischen denen der anderen Bearbeiter; auf Grund der gewählten Arbeitsweise kommt ihnen die größte Wahrscheinlichkeit zu.

Aus Gl. (196) ergibt sich unter Anwendung der allgemein gültigen Beziehung (110) die freie Standardreaktionsenthalpie für die Umsetzung nach Gl. (194) zu:

$$\Delta G^\circ = -32\,550 + 15{,}43 \cdot T \quad (197)$$

Die Gl. (196) läßt auch den starken Temperatureinfluß auf die Gleichgewichtslage der Manganreaktion erkennen. Für 1550 °C errechnet man danach einen Wert für die Gleichgewichtskonstante von $K_{Mn,1550} = 3,327$ und für 1700 °C ist $K_{Mn,1700} = 1,693$. Unter einer *reinen* FeO—MnO-Schlacke stellt sich in der Eisenschmelze ein Mangangehalt ein, der vom $\frac{MnO}{FeO}$-Verhältnis in der Schlacke und der Temperatur abhängig ist. Er ist gegeben durch

$$[\% \, Mn] = \frac{1}{K_{Mn}} \cdot \frac{(\% \, MnO)}{(\% \, FeO)} \tag{198}$$

Bei konstantem $\frac{MnO}{FeO}$-Verhältnis wird der Mangangehalt der Eisenschmelze nur von der Temperatur bestimmt, und zwar ergibt die Rechnung für das gewählte Beispiel:

$$[\% \, Mn]_{1700} = \frac{K_{Mn,1550}}{K_{Mn,1700}} \cdot [\% \, Mn]_{1550} = \frac{3,327}{1,693} \cdot [\% \, Mn]_{1550} = 1,97 \cdot [\% \, Mn]_{1550}$$

Die Rechnung zeigt demnach, daß unter einer reinen FeO—MnO-Schlacke konstanter Zusammensetzung der Mangangehalt der Schmelze bei 1700 °C etwa doppelt so groß ist wie bei 1550 °C. Hohe Temperaturen begünstigen also die Manganreduktion aus der Schlacke in das Bad, während bei niedrigen Temperaturen die Verschlackung des in der Eisenschmelze gelösten Mangans gefördert wird.

Da der FeO-Gehalt der Schlacke über eine Verteilungskonstante gemäß Gl. (137) mit dem Sauerstoffgehalt des Eisens verbunden ist, ist die Temperatur auch auf diesen von Einfluß. Diese Zusammenhänge werden bei der Besprechung der Desoxydation in Abschnitt 1.15 näher untersucht. Die beherrschende Wirkung der Temperatur auf die Mangan- und Sauerstoffgehalte von Eisenschmelzen unter Oxydulschlacken kann am besten aus den Arbeiten von W. A. FISCHER und H. STRAUBE [60, 61] entnommen werden. Ihnen gelang dank einer kontinuierlichen thermoelektrischen Temperaturmessung eine weitgehende Klärung der komplexen Zusammenhänge zwischen dem Temperaturverlauf sowie der Mangan- und Sauerstoffbewegung in der Eisenschmelze des Thomaskonverters während des Blasens. Während des größten Teiles der Blasezeit, nämlich bis zur raschen, erst gegen Blasende eintretenden Kalkauflösung ist die Zusammensetzung der Schmelze nämlich durch Oxydulschlacken bestimmt. Die in diesen Arbeiten gefundenen Ergebnisse können auch auf andere Verhältnisse übertragen werden.

Aus der Definitionsgleichung für die Gleichgewichtskonstante, oder noch besser aus Gl. (198), geht ferner hervor, daß eine Erhöhung des Eisen(II)-oxydanteiles in einer Oxydulschlacke zu einer Verminderung des Mangangehaltes in der Eisenschmelze, d. h. zu einer erhöhten Manganverschlackung führt. Umgekehrt ist eine Erhöhung des MnO-Anteiles in der Schlacke, z. B. durch Zusatz von Manganerz mit einer Manganreduktion verbunden, d. h., daß der Mangangehalt in der Schmelze steigt. Dabei ist jedoch zu berücksichtigen, daß das Mangan(III)-oxyd durch das flüssige Eisen unter Bildung von FeO zu MnO reduziert wird und das so entstandene Eisen(II)-oxyd die Manganreduktion in das Bad abschwächt.

1.133.2 Die Manganverteilung zwischen technischen Schlacken und manganhaltigen Eisenschmelzen

Das vorhergehend besprochene Verhalten des Mangans in Eisenschmelzen unter reinen FeO—MnO-Schlacken ist neben seiner Bedeutung für die Mangandesoxydation auch die Grundlage für das Studium der Manganverteilung unter technischen Schlacken.

Die bei den *sauren* Stahlherstellungsverfahren anfallenden Schlacken bestehen im wesentlichen aus Eisen(II)-oxyd, Mangan(II)-oxyd und Kieselsäure, die nur durch geringe Gehalte an Magnesia, Kalk und Tonerde verunreinigt sind. Nach den Untersuchungen von F. Körber und W. Oelsen [10] beträgt die Löslichkeit der Kieselsäure in reinen $FeO-MnO-SiO_2$-Schlacken zwischen 1550 und 1650 °C ziemlich genau 50 Gew.% und ist unabhängig vom $\frac{MnO}{FeO}$-Verhältnis. In dem angegebenen Temperaturbereich ist auch keine Temperaturabhängigkeit festzustellen. Durch die Anwesenheit der genannten Verunreinigungen wird die Löslichkeit dieser Schlacken für die Kieselsäure noch etwas erhöht, so daß in den technischen sauren Schlacken mit Kieselsäuregehalten von etwa 55% gerechnet werden kann.

Bei derartigen Schlacken kann ein ideales Verhalten von FeO und MnO jedoch nicht mehr angenommen werden, so daß das Ersetzen der Aktivitäten in der Gleichung für die Gleichgewichtskonstante durch die Konzentrationen nicht mehr zulässig ist und der durch die Gl. (195) gegebene Ausdruck somit nunmehr eine konzentrationsabhängige Gleichgewichtskennzahl darstellt. Die Anwendung dieser Kennzahl ist deshalb von großem praktischen Interesse, da ihre experimentelle Bestimmung durch Ermittlung der Schlackenzusammensetzung und des Mangangehaltes im Bad leicht möglich ist.

Für kieselsäuregesättigte $FeO-MnO$-Schlacken fanden F. Körber und W. Oelsen [10] eine Temperaturabhängigkeit der in Gl. (195) definierten Gleichgewichtskennzahl für die Manganreaktion, die durch die Beziehung

$$\lg K'_{Mn} = \frac{7940}{T} - 3{,}172 \tag{199}$$

wiedergegeben wird. Die daraus berechneten Werte sind wesentlich größer als die für die jeweils gleiche Temperatur berechneten Werte der Gleichgewichtskonstante für die Manganreaktion unter reinen $FeO-MnO$-Schlacken. Dies bedeutet, daß unter sonst gleichen Bedingungen die Mangangehalte von Eisenschmelzen unter kieselsäuregesättigten $FeO-MnO$-Schlacken deutlich geringer sind als unter reinen Oxydulschlacken.

Die starken Unterschiede zwischen den nach den Gl. (196) und (199) berechneten Werten der Gleichgewichtskonstante für reine $FeO-MnO$-Schlacken bzw. der Gleichgewichtskennzahl für die kieselsäuregesättigten Schlacken gehen anschaulich aus Abb. 71 hervor. In dieser Gegenüberstellung sind auch die Werte der Gleichgewichtskonstanten für fast reine $FeO-MnO$-Schlacken nach den älteren Untersuchungen von F. Körber und W. Oelsen [57] enthalten. Ebenso enthält sie die Gleichgewichtskennzahlen für tonerdegesättigte Oxydulschlacken, deren Temperaturabhängigkeit nach W. Oelsen und G. Heynert [62] durch die Beziehung

$$\lg K'_{Mn} = \frac{6432}{T} - 2{,}7352 \tag{200}$$

ausgedrückt wird.

Die verschiedenen Gleichgewichtskennzahlen gelten immer nur für ganz bestimmte Schlackensysteme und sind, da konzentrationsabhängig, nur in engen Konzentrationsbereichen anwendbar. Dagegen gilt die die Aktivitäten als „Konzentrationsmaß" enthaltende Gleichgewichtskonstante ganz allgemein für alle Schlackensysteme. Wenn die Annahme der idealen Löslichkeit des Mangans in der Eisenschmelze beibehalten wird — und dies trifft mit Ausnahme von Eisenschmelzen hoher Kohlenstoffgehalte zu — kann diese Gleichgewichtskonstante auch in der Form

$$K_{\mathrm{Mn}} = \frac{\gamma_{\mathrm{MnO}} \cdot (\%\,\mathrm{MnO})}{\gamma_{\mathrm{FeO}} \cdot (\%\,\mathrm{FeO}) \cdot [\%\,\mathrm{Mn}]}$$

geschrieben werden. Dabei wird vorausgesetzt, daß $f_{\mathrm{Mn}} = 1$ und $a_{\mathrm{Fe}} = 1$ sind. In dieser Gleichung müßten die Konzentrationen der Schlackenbestandteile FeO

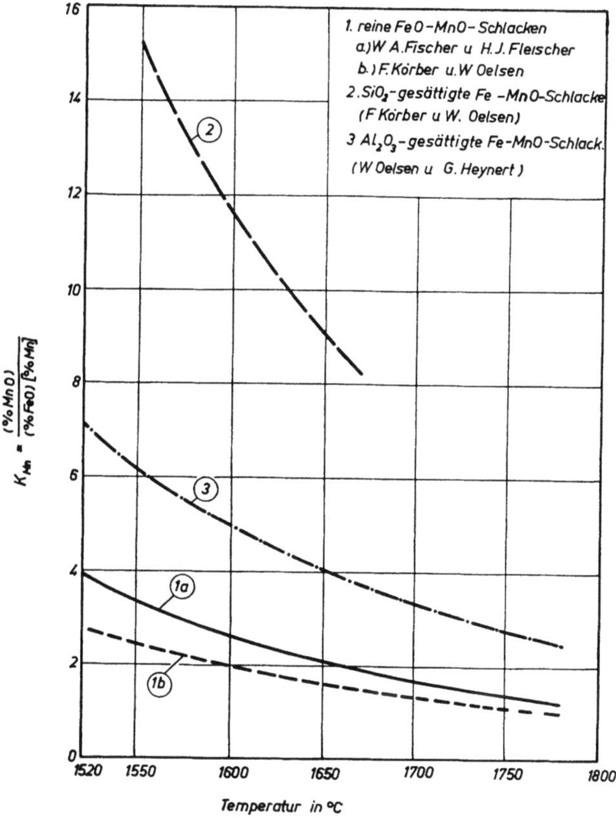

Abb. 71. Temperaturabhängigkeit des K_{Mn}-Wertes bei verschiedenen Oxydulschlacken

und MnO durch die Molenbrüche angegeben werden, doch können diese in dem vorliegenden besonderen Fall durch die Gewichtsprozente ersetzt werden, da die Molekulargewichte von MnO und FeO nahezu gleich groß sind. Wie der Vergleich dieser letzten Beziehung mit Gl. (195) zeigt, ist der Zusammenhang zwischen der Gleichgewichtskonstante und der konzentrationsabhängigen Gleichgewichtskennzahl durch die Gleichung

$$K'_{\mathrm{Mn}} = K_{\mathrm{Mn}} \cdot \frac{\gamma_{\mathrm{FeO}}}{\gamma_{\mathrm{MnO}}}$$

gegeben.

Die technischen Schlacken stellen in den meisten Fällen keine idealen Lösungen dar. Die Abweichung vom Idealverhalten wird durch die Aktivitätskoeffizienten

γ_{FeO} und γ_{MnO} ausgedrückt. Je nach Art des vorliegenden Schlackensystems werden diese Aktivitätskoeffizienten sehr unterschiedliche Werte annehmen können. Wie groß der Spielraum ist, innerhalb dessen sie variieren können, deuten die stark voneinander abweichenden K_{Mn}-Werte in der Abb. 71 an. Da die Abweichung vom Idealverhalten sich mit der Schlackenzusammensetzung ändert, müssen bei verschiedenen Schlacken auch verschieden große Aktivitätskoeffizienten γ_{FeO} und γ_{MnO} vorhanden sein, und dementsprechend wird der Wert der Gleichgewichtskennzahl ganz wesentlich von der Schlackenart bestimmt. So treten vor allem für basische und saure Schlacken sehr unterschiedliche Werte der Gleichgewichtskennzahlen auf, wie dies die Abb. 72 nach den Ergebnissen von G. TAMMANN und W. OELSEN [63] zeigt. Die für basische Schlacken wesentlich kleineren Gleichgewichtskennzahlen sagen aus, daß unter sonst gleichen Bedingungen bei basischen Schlacken höhere Gleichgewichtsmangangehalte in der Eisenschmelze vorhanden sind als unter sauren Schlacken.

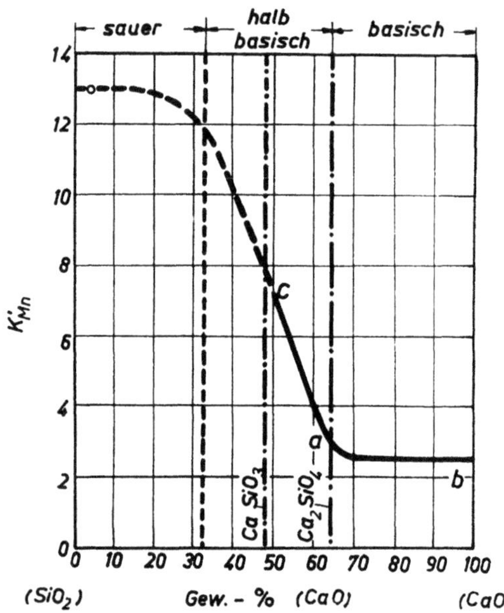

Abb. 72. Gleichgewichtskennzahl K'_{Mn} in Abhängigkeit vom (CaO)-Gehalt für saure und basische Schlacken (nach G. TAMMANN und W. OELSEN)

Einen zu dem in Abb. 72 gezeigten ähnlichen Verlauf der Gleichgewichtskennzahlen K'_{Mn} in Abhängigkeit vom Kieselsäuregehalt der Schlacke fanden H. B. BELL, A. B. MURAD und P. T. CARTER [64] für an Kieselsäure ungesättigte FeO—MnO—SiO₂-Schlacken. BELL und Mitarbeiter bestimmten auch die Aktivität der Oxyde in den binären Schlackensystemen FeO—SiO₂, MnO—SiO₂ und CaO—SiO₂.

In einer neueren Arbeit untersuchte H. B. BELL [65] das Gleichgewicht zwischen Schlacken, die aus FeO, MnO, MgO und SiO₂ bestehen, und flüssigem Eisen. Nach den dabei gewonnenen Erkenntnissen hängt auch für diese Schlacken die Gleichgewichtskennzahl der Umsetzungsgleichung (194) vom Kieselsäuregehalt der Schlacke ab. Für kieselsäuregesättigte FeO—MnO—SiO₂-Schlacken fand BELL bei 1550 °C einen Wert für die Gleichgewichtskennzahl K'_{Mn}, der gut mit dem von KÖRBER und OELSEN [10, 57] angegebenen Wert übereinstimmt. Durch Auswertung seiner Versuchsergebnisse konnte BELL auch die Isoaktivitätslinien für (FeO), (MnO) und (SiO₂) in dem entsprechenden Schlackensystem angeben, die in Abb. 73 wiedergegeben sind.

Die Bestrebungen sind dahin gerichtet, die Manganverteilung zwischen Eisenschmelze und Schlacke durch die allgemein gültige Gleichgewichtskonstante zu beschreiben, wozu die Kenntnis der entsprechenden Aktivitäten a_{FeO} und a_{MnO} erforderlich ist. Obwohl in dieser Richtung schon einige grundlegende Arbeiten durchgeführt wurden, ist der derzeitige Stand des Wissens noch zu gering, um die Anwendung dieser Ergebnisse in der Praxis zu gestatten. Da sie jedoch von grundsätzlichem Interesse sind, wurden die wesentlichen Aussagen der bisherigen Arbeiten beschrieben.

Unter Berücksichtigung der idealen Löslichkeit des Mangans in Eisenschmelzen kann für verdünnte Lösungen, also für geringe Mangangehalte im Bad, die Gleichgewichtskonstante der Manganreaktion durch die Gleichung

$$K_{\mathrm{Mn}} = \frac{a_{(\mathrm{MnO})}}{a_{(\mathrm{FeO})} \cdot [\%\,\mathrm{Mn}]} = \frac{\gamma_{\mathrm{MnO}} \cdot N_{\mathrm{MnO}} \cdot [\%\,\mathrm{O}]_{\mathrm{s}}}{[\%\,\mathrm{O}] \cdot [\%\,\mathrm{Mn}]}$$

dargestellt werden. Darin wurde die Aktivität des Eisen(II)-oxyds in der Schlacke gemäß Gl. (148) durch das Verhältnis $\dfrac{[\%\,\mathrm{O}]}{[\%\,\mathrm{O}]_{\mathrm{s}}}$ ausgedrückt. Da der Wert für

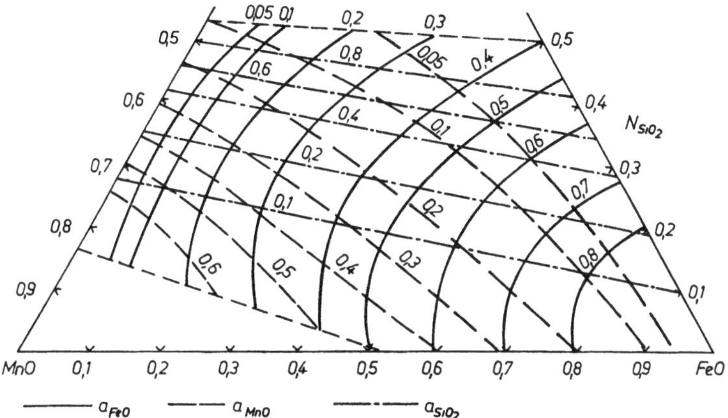

Abb. 73. Isoaktivitätslinien von FeO, MnO und SiO₂ bei 1550 °C (nach H. B. BELL)

die Gleichgewichtskonstante durch Gl. (196) und der Sättigungssauerstoffgehalt durch Gl. (146) gegeben sind, kann durch Bestimmung des Mangan- und des Sauerstoffgehaltes im Bad sowie der MnO-Konzentration in der zugehörigen Schlacke der Aktivitätskoeffizient γ_{MnO} für eben diese Schlacke berechnet werden. Derartige Versuche wurden von H. L. BISHOP jr., N. J. GRANT und J. CHIPMAN [66] für synthetische Schlacken, die in ihrer Zusammensetzung den basischen Siemens-Martin-Schlacken nahekommen, durchgeführt. Die danach berechneten Aktivitätskoeffizienten des Mangan(II)-oxyds zeigt die Abb. 74 in Abhängigkeit von der Schlackenzusammensetzung. In dieser Darstellung sind die Schlacken mit gleichem Aktivitätskoeffizienten des Mangan(II)-oxyds miteinander verbunden. Die dabei vorausgesetzte gleiche Wirkung sowohl von FeO als auch von MnO auf den Aktivitätskoeffizienten γ_{MnO} erscheint statthaft, da Eisenoxydul und Manganoxydul ideale Lösungen bilden. Die Abb. 74 läßt erkennen, daß bei konstant gehaltenem (FeO + MnO)-Anteil der Aktivitätskoeffizient des MnO mit steigender Basizität zunimmt, bis ein Maximalwert von $\gamma_{\mathrm{MnO}} = 2{,}3$ erreicht ist. Mit noch weiter erhöhter Basizität wird der Aktivitätskoeffizient des MnO wieder kleiner. Dieser Befund steht in guter Übereinstimmung mit Ergebnissen von J. F. ELLIOTT und F. W. LUERSSEN [67].

Mit Kenntnis der Werte von γ_{MnO} und N_{MnO} kann man die Aktivität des Manganoxyduls berechnen und mit Hilfe der anderen Daten läßt sich die Manganverteilung unter komplexen Schlacken bestimmen.

Für *basische* Schlacken, in denen das Mangan(II)-oxyd gewöhnlich nur in geringen Konzentrationen vorhanden ist, untersuchten E. T. TURKDOGAN und J. PEARSON [59] die Aktivität des MnO. Ihre Ergebnisse sind in Abb. 75 in Form

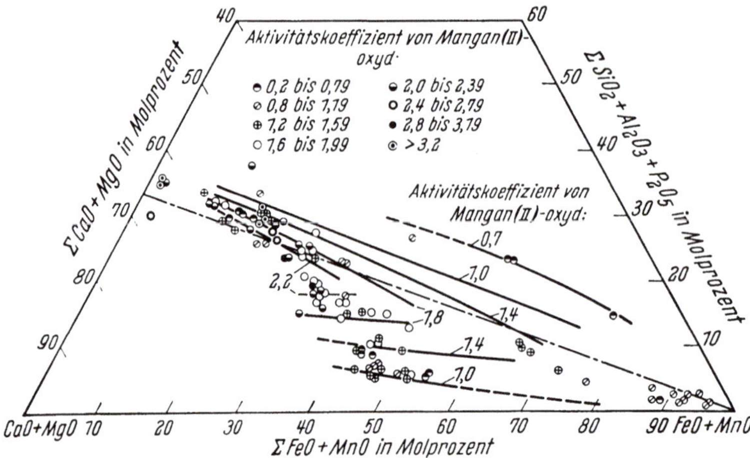

Abb. 74. Linien gleicher Aktivitätskoeffizienten von MnO in Siemens-Martin-Schlacken im Gleichgewicht mit kohlenstofffreien Eisenschmelzen bei 1530 bis 1700°C (nach H. L. Bishop, N. J. Grant und J. Chipman)

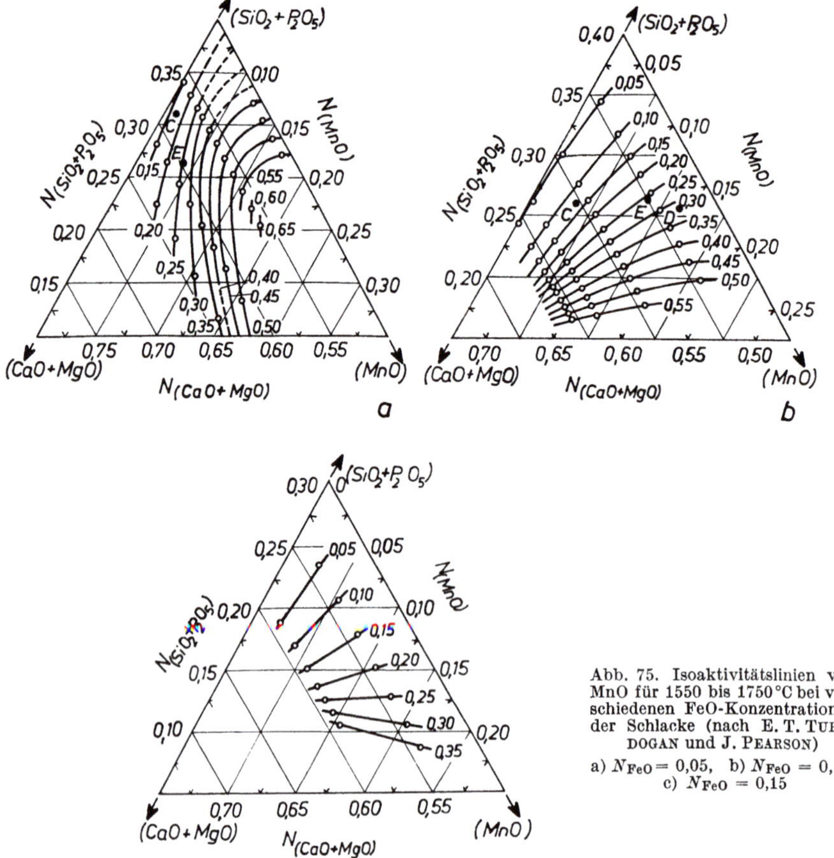

Abb. 75. Isoaktivitätslinien von MnO für 1550 bis 1750°C bei verschiedenen FeO-Konzentrationen der Schlacke (nach E. T. Turkdogan und J. Pearson)

a) $N_{FeO} = 0{,}05$, b) $N_{FeO} = 0{,}10$, c) $N_{FeO} = 0{,}15$

von Isoaktivitätslinien des MnO als Funktion der Schlackenzusammensetzung enthalten. Aus der Größe des angegebenen Temperaturbereiches von 1550 bis 1750°C, für den diese Darstellung Gültigkeit hat, geht der geringe Einfluß der Temperatur hervor. Die einzelnen Teilbilder sind Ausschnitte aus dem Vierstoffsystem $(CaO + MgO)-(MnO)-(SiO_2)-(FeO)$ bei verschiedenen FeO-Konzentrationen. Die für $N_{FeO} = 0{,}05$, $0{,}10$ und $0{,}15$ durchgeführte Berechnung der MnO-Aktivität zeigt, daß in allen Fällen eine positive Abweichung vom Idealverhalten vorhanden ist, da die Aktivität des Manganoxydes stets größer ist als der Wert seines Molenbruches. Dies bedeutet, daß die Manganrückgewinnung aus der Schlacke stärker ist, als dies bei idealem Verhalten der Fall wäre.

Mit Hilfe der Aktivität des MnO, der aus Abb. 55 bekannten FeO-Aktivität sowie der Gleichgewichtskonstante K_{Mn} aus Gl. (196) kann der Mangangehalt von Eisenschmelzen im Gleichgewicht mit den jeweiligen Schlacken berechnet werden. Es ist jedoch darauf zu achten, daß die Aktivitätsbestimmung, z. B. nach den Abb. 55 und 75, nur angenäherte Werte ergibt und daß vor allem in den Fällen, wo die verschiedenen Isoaktivitätslinien sehr nahe beieinander verlaufen, und dies gilt wieder besonders für die Isoaktivitätslinien des MnO, bereits kleine Unterschiede in der Schlackenzusammensetzung zu großen Änderungen der Aktivitäten führen.

Zusammenfassend kann festgehalten werden, daß die Manganverteilung unter allen Schlacken von einer einheitlichen Gesetzmäßigkeit beherrscht wird, jedoch sind die derzeit verfügbaren Unterlagen über die Aktivitäten, besonders von MnO, in technischen Schlacken noch nicht ausreichend, um eine allgemeine quantitative Darstellung zu ermöglichen. Der Temperatureinfluß ist bei allen Schlacken qualitativ gleich in dem Sinne, daß eine Temperaturerhöhung bei unveränderten Schlackenzusammensetzungen eine verstärkte Manganreduktion in der Eisenschmelze bedingt.

1.133.3 Die Aktivität von Mangan in Eisenschmelzen

Wie bereits in Abb. 69 gezeigt wurde, stellen reine Eisen-Mangan-Schmelzen ideale Lösungen dar. Die Aktivitätskoeffizienten beider Elemente haben daher über den gesamten Konzentrationsbereich den Wert 1, und die Aktivität ist gleich dem Molenbruch. Mit Ausnahme von Kohlenstoff ist kein Element bekannt, das dieses Verhalten des Mangans in Eisen-Mangan-Schmelzen verändert, so daß also auch für kohlenstofffreie Drei- und Mehrstofflegierungen eine ideale Lösung des Mangans angenommen werden kann. Demgegenüber wird die Manganaktivität durch Kohlenstoff merklich beeinflußt. H. SCHENCK und F. NEUMANN [68] untersuchten die durch den Kohlenstoff verursachte Veränderung der Manganaktivität in Eisenschmelzen mit Hilfe von Verteilungsgleichgewichten. Das Ergebnis dieser Arbeit ist in der Abb. 76 wiedergegeben, in der die Manganaktivität, bezogen auf reines Mangan als Standardzustand in Abhängigkeit von der Mangan* konzentration, für verschiedene Kohlenstoffzusätze eingetragen ist. Die mit steigender Kohlenstoffkonzentration zunehmende negative Abweichung vom Idealverhalten ist deutlich zu erkennen.

M. OHTANI [69] untersuchte ebenfalls die Beeinflussung der Aktivität durch den Kohlenstoff, kam jedoch zu nicht nur quantitativ, sondern bezüglich des Einflusses des Mangangehaltes auf den Aktivitätskoeffizienten des Mangans bei konstantem Kohlenstoffgehalt sogar zu qualitativ anderen Ergebnissen als H. SCHENCK und F. NEUMANN [68]. Diese Abweichungen sind auf die unterschiedlichen Versuchsmethoden bei den beiden Arbeiten zurückzuführen. M. OHTANI verwendete EMK-Messungen zur Bestimmung der Aktivitätskoeffizienten. Die Durchführung derartiger Messungen bereitet zumeist große Schwierigkeiten und schließt die

Möglichkeit des Ablaufes von Nebenreaktionen nicht aus. Daher kommt wohl den Werten von SCHENCK und NEUMANN die größere Wahrscheinlichkeit zu. Die Abb. 77 zeigt die Gegenüberstellung der in diesen beiden Untersuchungen festgestellten Wirkungskoeffizienten $\gamma_{\mathrm{Mn}}^{(C)}$. Da der Aktivitätskoeffizient des Mangans

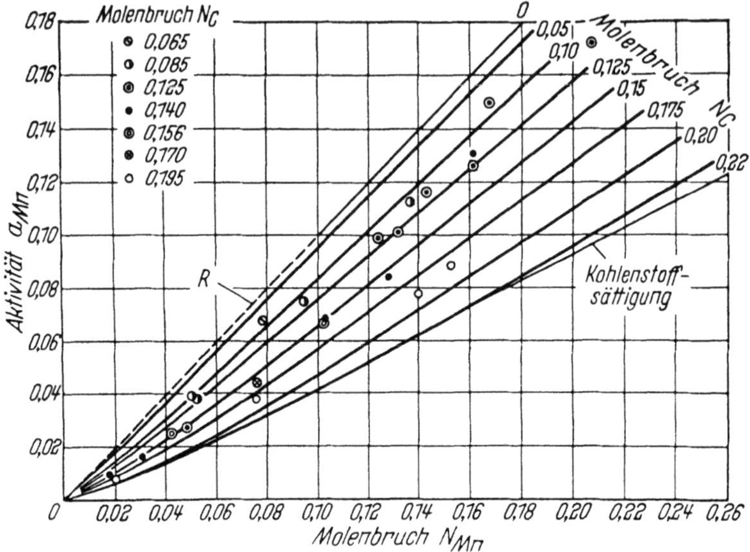

Abb. 76. Einfluß des Kohlenstoffs auf die Aktivität des Mangans in Eisen-Mangan-Kohlenstoff-Schmelzen bei 1500 °C (nach H. SCHENCK und F. NEUMANN)

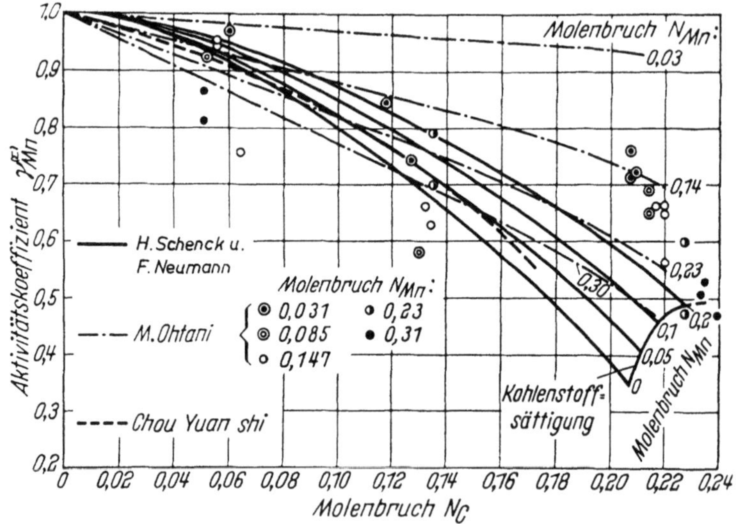

Abb. 77. Vergleich der Aktivitätskoeffizienten des Mangans in Eisen-Mangan-Kohlenstoff-Schmelzen bei 1540 °C nach verschiedenen Beobachtungen (nach H. SCHENCK und F. NEUMANN)

im binären System Eisen—Mangan den Wert 1 hat, stimmen diese Wirkungskoeffizienten zahlenmäßig mit dem Aktivitätskoeffizienten $\gamma_{\mathrm{Mn}}^{(\Sigma)}$ im Dreistoffsystem Eisen—Mangan—Kohlenstoff überein, so daß dieser aus Zweckmäßigkeitsgründen als Ordinatenbeschreibung gewählt werden konnte.

Für den Bereich verdünnter Eisen—Mangan—Kohlenstoff-Schmelzen kann zur Berechnung der Manganaktivität die von J. CHIPMAN, J. C. FULTON, N. A. GOKCEN und G. R. CASKEY jr. [70] angegebene Beziehung für den Wirkungskoeffizienten

$$\lg \gamma_{\mathrm{Mn}}^{(\mathrm{C})} = -0{,}2 \cdot N_{\mathrm{C}} \tag{201}$$

mit hinreichender Genauigkeit verwendet werden.

1.134 Silizium

Das in nahezu allen Roheisensorten enthaltene Silizium wird bei der Stahlerzeugung durch die Einwirkung von Sauerstoffträgern zu der sehr stabilen Kieselsäure verschlackt. Die Kieselsäure ist das wichtigste saure Metalloxyd in der Schlacke und damit bestimmend für deren Basizitätsgrad. Die Einteilung in basische und saure Stahlerzeugungsverfahren beruht im wesentlichen auf dem Kieselsäuregehalt der Ofenzustellung sowie der Schlacke, und auf Grund ihrer stets vorhandenen Wechselwirkung mit dem Stahlbad ist das Verhalten des Siliziums von kennzeichnender Bedeutung. Während bei den sauren Stahlherstellungsprozessen ein gewisser Mindestsiliziumgehalt des Einsatzes erwünscht ist, um eine übermäßige Siliziumreduktion aus dem Futter und damit dessen großen Verschleiß zu vermeiden, wird bei den basischen Verfahren ein möglichst geringer Siliziumgehalt des Einsatzes angestrebt, um mit möglichst geringen Kalkmengen einen hohen Basizitätsgrad der Schlacke zu erreichen. Daraus zeigt sich schon, daß das Verhalten des Siliziums besonders für die sauren Stahlerzeugungsprozesse sehr wichtig ist.

1.134.1 Löslichkeit und Aktivität von Silizium in Eisenschmelzen

Im Gegensatz zu Mangan, das sowohl im flüssigen als auch im festen Zustand unbeschränkt mit Eisen mischbar ist und mit diesem ideale Lösungen bildet, verbindet sich Eisen mit Silizium zu dem im festen Zustand beständigen Eisensilizid FeSi. Silizium ist in flüssigem Eisen vollständig löslich, doch sind diese Lösungen weit vom idealen Verhalten entfernt, und zwar sind, wie die Aktivitätskurve des Siliziums nach J. CHIPMAN [71] in Abb. 78 zeigt, starke negative Abweichungen vom RAOULTschen Gesetz vorhanden, wie dies einer Neigung zur Verbindungsbildung entspricht. Der sich durch die Verlängerung der HENRYschen Geraden bei $N_{\mathrm{Si}} = 1$ ergebende Ordinatenabschnitt ist der konstante Aktivitätskoeffizient des HENRYschen Bereiches, bezogen auf reines Silizium, und erhält nach Gl. (63) die Bezeichnung $\gamma_{\mathrm{Si}}^{\circ}$.

J. CHIPMAN und Mitarbeiter [70] fanden für die Lösung von flüssigem Silizium in flüssigem Eisen gemäß

$$\mathrm{Si}_{\mathrm{flüss}} = [\mathrm{Si}] \tag{202}$$

die freie Standardlösungsenthalpie

$$\Delta \overline{G}^{\circ} = -28000 + 5{,}54 \cdot T \tag{203}$$

Die Auflösung von flüssigem Silizium in einer Eisenschmelze ist also eine stark exotherme Reaktion.

Aus Gl. (203) berechneten J. CHIPMAN und Mitarbeiter [70] unter Anwendung der Gl. (123) die Temperaturabhängigkeit des Aktivitätskoeffizienten $\gamma_{\mathrm{Si}}^{\circ}$ zu

$$\lg \gamma_{\mathrm{Si}}^{\circ} = -\frac{6100}{T} + 1{,}21 \tag{204}$$

Für 1600°C ergibt sich somit ein Wert von $\gamma_{\mathrm{Si}}^{\circ} = 7{,}2 \cdot 10^{-3}$.

Die einzelnen Ergebnisse über den Aktivitätsverlauf des Siliziums in Eisen—
Silizium-Legierungen weichen stark voneinander ab. Während z. B. K. SANBONGI
und M. OHTANI [72] eine Befolgung des HENRYschen Gesetzes bis ungefähr 10% Si
angeben, stellten N. A. GOKCEN und J. CHIPMAN [9, 73] schon bei sehr niedrigen
Siliziumgehalten Abweichungen vom HENRYschen Gesetz fest. Diese Abweichung
der Siliziumaktivitätskurve von der HENRYschen Geraden, selbst bei geringen
Siliziumgehalten, wurde auch in den neueren Arbeiten von S. MATOBA, K. GUNJI

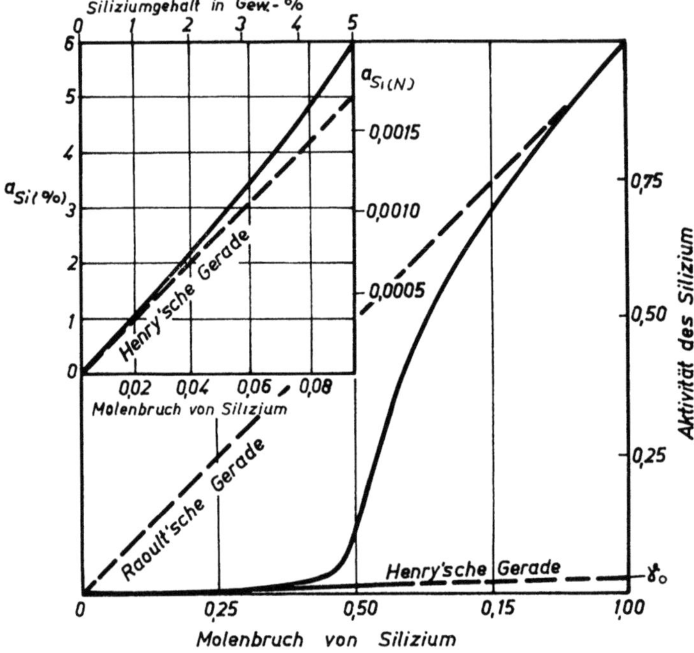

Abb. 78. Aktivität des Siliziums in flüssigem Eisen bei 1600 °C (nach J. CHIPMAN)

und T. KUWANA [74] sowie S. TSEN-TSI, A. J. POLJAKOW und A. M. SAMARIN [75]
beobachtet. Letztere geben für niedrige Siliziumgehalte eine einfache Gleichung
zur Bestimmung des HENRYschen Aktivitätskoeffizienten an:

$$\lg f_{Si} = 0{,}15 \cdot [\% \, Si] \tag{205}$$

Dieser Ausdruck ergibt im Bereich der Stahlerzeugungstemperaturen wesentlich kleinere Aktivitätskoeffizienten und damit eine noch stärkere Abweichung
vom HENRYschen Gesetz als nach der von MATOBA und Mitarbeitern [74] genannten Formel:

$$\lg f_{Si} = \left(\frac{3910}{T} - 1{,}77\right) \cdot [\% \, Si] \tag{206}$$

die in dem untersuchten Temperaturbereich von 1570 bis 1670°C eine deutliche
Temperaturabhängigkeit des Aktivitätskoeffizienten f_{Si} zum Ausdruck bringt.

Die Unterschiede zwischen den Ergebnissen dieser Arbeiten zeigen, daß über
die Aktivität des Siliziums in Eisen—Silizium-Legierungen nur qualitative Übereinstimmung besteht. Stets wurden stark negative Abweichungen vom RAOULT-
schen Gesetz beobachtet. Über den Gültigkeitsbereich des HENRYschen Gesetzes

und über den genauen zahlenmäßigen Wert der Siliziumaktivität können aber derzeit noch keine verläßlichen Angaben gemacht werden. Die Unterschiede zwischen den einzelnen Zahlenangaben sind auf die verschiedenen verwendeten Untersuchungsmethoden und ihre Fehlermöglichkeiten zurückzuführen.

Über den Einfluß von Drittelementen auf die Aktivität des Siliziums in Eisenschmelzen liegen nur wenige Untersuchungen vor. J. CHIPMAN [76] berechnete die Wirkungsparameter einiger Zusatzelemente auf das Silizium aus den Gleichgewichtsuntersuchungen von F. KÖRBER [77] sowie F. KÖRBER und W. OELSEN [78]. Diese stellten eine Unabhängigkeit der Manganaktivität von der Siliziumkonzentration in den untersuchten Eisenschmelzen für die Reaktion

$$SiO_2 + 2[Mn] = [Si] + 2(MnO)$$

fest, und da die Aktivitäten von SiO_2 und MnO gegeben sind, können als Ursache für die Veränderung des Siliziumgehaltes in der Eisenschmelze durch Zusatzelemente nur deren Auswirkungen auf die Siliziumaktivität in Frage kommen. Zusammenfassend gab J. CHIPMAN [26] die in Tab. 16 enthaltenen Werte für die Wechselwirkungsparameter $e_{Si}^{(i)}$ und $\varepsilon_{Si}^{(i)}$ an.

Tabelle 16. *Wechselwirkungsparameter $e_{Si}^{(i)}$ und $\varepsilon_{Si}^{(i)}$ in flüssigen $Fe—Si—i$-Legierungen* (nach J. CHIPMAN)

Zusatzelement i	$e_{Si}^{(i)}$	$\varepsilon_{Si}^{(i)}$
C	+0,20	+10
P	+0,085	+11
Mn	0	0
Ni	+0,005	+ 1,2

1.134.2 *Die Umsetzung zwischen siliziumhaltigen Eisenschmelzen und kieselsäuregesättigten Schlacken*

Die hauptsächlich interessierende Umsetzung des Siliziums bei der Stahlerzeugung ist die Verschlackungsreaktion. Diese kann durch die Umsetzungsgleichung

$$[Si] + 2(FeO) = SiO_{2\,fest} + 2Fe \tag{207}$$

oder, da der FeO-Gehalt der Schlacke mit dem Sauerstoffgehalt der Eisenschmelze durch ein Verteilungsgleichgewicht verbunden ist, durch

$$[Si] + 2[O] = SiO_{2\,fest} \tag{208}$$

dargestellt werden.

Die Gleichgewichtskonstante der Umsetzung (208) ist definitionsgemäß durch

$$K_{Si} = \frac{a_{SiO_2}}{a_{[Si]} \cdot a_{[O]}^2} = \frac{a_{SiO_2}}{[\%\,Si] \cdot f_{Si} \cdot [\%\,O]^2 \cdot f_O^2} \tag{209}$$

gegeben. Eine formelmäßige Beschreibung dieser wahren Gleichgewichtskonstante ist nicht möglich, da jede der darin aufscheinenden Aktivitäten stark konzentrationsabhängig ist. Die Beschreibung der Gleichgewichtslage erfolgt daher vorteilhaft mit Hilfe der konzentrationsabhängigen Gleichgewichtskennzahl. Unter Verwendung des Ausdruckes

$$K'_{Si} = \frac{1}{K_{Si} \cdot f_{Si} \cdot f_O^2}$$

erhält man

$$[\% \ Si] \cdot [\% \ O]^2 = K'_{Si} \cdot a_{SiO_2} \tag{210}$$

Für reine kieselsäuregesättigte FeO—SiO$_2$-Schlacken, deren Kieselsäureaktivität den Wert 1 hat, bestimmten H. SCHENCK und G. WIESNER [8] die Temperaturabhängigkeit der Gleichgewichtskennzahl zu

$$\lg K'_{Si} = \lg ([\% \ Si] \cdot [\% \ O]^2) = -\frac{19050}{T} + 5{,}750 \tag{211}$$

Wie die Abb. 79 zeigt, stimmen diese Ergebnisse gut mit denen aus einer älteren Arbeit von F. KÖRBER und W. OELSEN [10] überein.

Nach Gl. (211) sind die Sauerstoff- und Silizium-Gehalte der Eisenschmelze durch die Gleichgewichtskennzahl K'_{Si} miteinander verbunden. Da unter kieselsäuregesättigten Schlacken der Sauerstoffgehalt der Metallschmelze nach Gl. (149) nur von der Temperatur abhängt, muß der Siliziumgehalt ebenfalls eine reine Temperaturfunktion sein. Durch Verbindung der Gl. (149) und (211) erhält man

$$\lg [\% \ Si] = -\frac{6810}{T} + 1{,}326 \tag{212}$$

Der sich unter einer solchen kieselsäuregesättigten Schlacke bei 1600°C einstellende Gleichgewichts-Siliziumgehalt der Schmelze beträgt demnach 0,005%

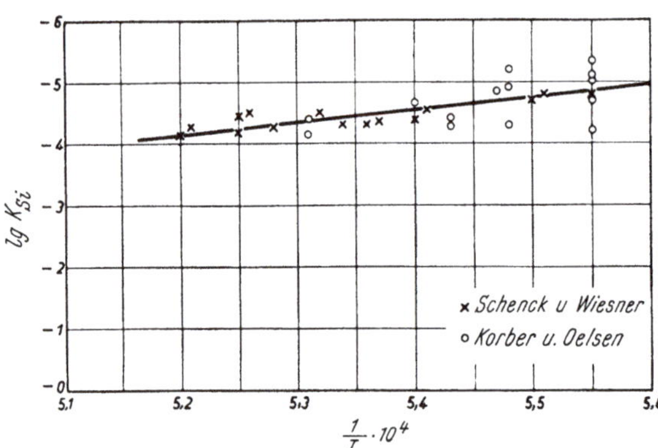

Abb. 79. Die Gleichgewichtskennzahl K'_{Si} = [% Si] · [% O]² für kieselsäuregesättigte FeO–SiO$_2$-Schlacken in Abhängigkeit von der Temperatur (nach H. SCHENCK und G. WIESNER)

und dies ist zugleich der Siliziumgehalt, der aus dem sauren Tiegel in reines, kohlenstofffreies Eisen reduziert wird. Er stellt den Höchstwert dar, bei dem das Eisen sich mit flüssigen FeO—SiO$_2$-Schlacken im Gleichgewicht zu befinden vermag.

Die Gl. (211) zeigt aber auch, daß die desoxydierende Wirkung des Siliziums mit steigender Temperatur geringer wird.

H. SCHENCK und G. WIESNER [8] konnten experimentell nachweisen, daß auch ein Zusatz von Kalk bzw. Tonerde bis jeweils etwa 25% keinen Einfluß auf die Größe der Gleichgewichtskennzahl ausübt. Die Abb. 80 zeigt die von ihnen festgestellte Gleichgewichtskennzahl K'_{Si} in Abhängigkeit vom CaO- bzw. Al$_2$O$_3$-Zusatz und läßt die Konstanz dieses Wertes gut erkennen. Diese Beobachtung stimmt völlig mit den theoretischen Überlegungen überein: Solange die Zusätze von anderen Oxyden die Sättigung der Schlacke an Kieselsäure nicht aufhebt, behält die Kieselsäure den Aktivitätswert 1 bei. Wenn weiter keine Veränderung der Aktivitätskoeffizienten f_O und f_{Si} durch Zusatz anderer Elemente zur Eisenschmelze erfolgt, sind nach Gl. (210) die gleichen Werte für K_{Si} zu erwarten wie für Schlacken ohne Zusatz anderer Oxyde.

Im Gegensatz zu den Kalk- oder Tonerdezusätzen zu kieselsäuregesättigten FeO—SiO$_2$-Schlacken wurde eine starke Abnahme der Gleichgewichtskennzahl mit zunehmenden MnO-Gehalten in der Schlacke festgestellt [8, 10]. Es konnte jedoch noch nicht geklärt werden, welche der in Frage kommenden Ursachen dafür tatsächlich verantwortlich ist.

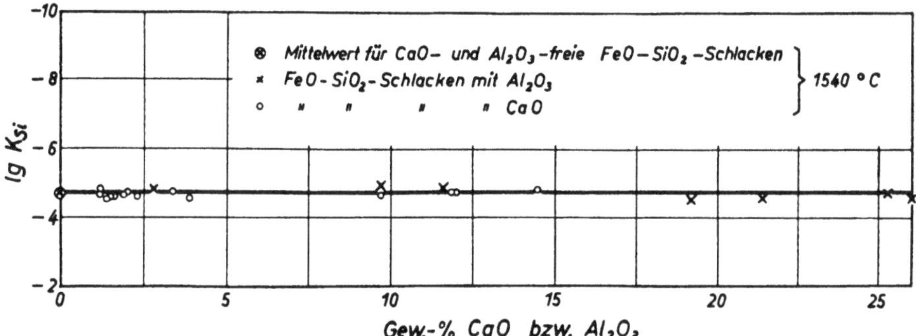

Abb. 80. Die Gleichgewichtskennzahl K_{Si}' unter kieselsäuregesättigten Schlacken bei Zusatz von CaO oder Al$_2$O$_3$ (nach H. Schenck und G. Wiesner)

Für an Kieselsäure ungesättigte saure Schlacken kann der sich im Gleichgewicht in der Eisenschmelze einstellende Siliziumgehalt ebenfalls aus Gl. (210) bestimmt werden. Aus dieser Beziehung erhält man

$$[\% \text{ Si}] = K_{Si}' \cdot \frac{a_{SiO_2}}{[\% \text{ O}]^2} \tag{213}$$

Für kieselsäureungesättigte Schlacken ist der Wert für die SiO$_2$-Aktivität kleiner als 1 und je weiter die Schlacke von der Kieselsäuresättigung entfernt ist, um so kleiner wird die Aktivität der Kieselsäure und damit — unter sonst gleichen Bedingungen — auch der Siliziumgehalt der Eisenschmelze. Der Einfluß der Temperatur für die ungesättigten Schlacken ist gleich wie bei den gesättigten: Mit zunehmender Temperatur steigt der Siliziumgehalt in der Eisenschmelze.

1.134.3 Die Siliziumreaktion von kohlenstoffhaltigen Eisenschmelzen

Der aus Gl. (212) errechnete Gleichgewichts-Siliziumgehalt von 0,005% für Eisenschmelzen unter kieselsäuregesättigten Schlacken bei 1600°C ist so gering, daß ihm kaum eine praktische Bedeutung zuzuschreiben ist. Demgegenüber sind jedoch aus der Praxis der sauren Stahlerzeugungsverfahren wesentlich höhere Siliziumgehalte bekannt, die durch Reduktion aus der Schlacke oder der Ofenauskleidung in das Bad gelangen. Diese Tatsache einer weitaus stärkeren Siliziumreduktion ist auf den in den Betriebsschmelzen stets vorhandenen Kohlenstoff zurückzuführen.

Die als „Tiegelreaktion" bekannte Siliziumreduktion aus der Ofenzustellung oder der kieselsäuregesättigten Schlacke durch den Kohlenstoff der Schmelze erfolgt nach der Reaktionsgleichung

$$2\,[\text{C}] + \text{SiO}_{2\,\text{fest}} = [\text{Si}] + 2\,\{\text{CO}\} \tag{214}$$

deren Gleichgewichtskennzahl durch formale Anwendung des Massenwirkungsgesetzes

$$K'_{Si,C} = \frac{p_{CO}^2 \cdot [\%\,Si]}{[\%\,C]^2 \cdot a_{SiO_2}} \tag{215}$$

erhalten wird. Aus den Gleichgewichtskennzahlen der Kohlenstoff- und Siliziumreaktion

$$K'_C = \frac{p_{CO}}{[\%\,C] \cdot [\%\,O]} \quad \text{und} \quad K'_{Si} = \frac{[\%\,Si] \cdot [\%\,O]^2}{a_{SiO_2}}$$

ergibt sich

$$\frac{p_{CO}^2}{[\%\,C]^2} = K'^2_C \cdot [\%\,O]^2 = \frac{[\%\,O]^2}{m^2} \quad \text{und} \quad \frac{[\%\,Si]}{a_{SiO_2}} = \frac{K'_{Si}}{[\%\,O]^2}$$

so daß man daraus den Zusammenhang zwischen den drei Gleichgewichtskennzahlen

$$K'_{Si,C} = K'^2_C \cdot K'_{Si} = \frac{K'_{Si}}{m^2} \tag{216}$$

ableiten kann.

F. KÖRBER und W. OELSEN [50] berechneten danach für $p_{CO} = 1$ atm und kieselsäuregesättigte Schlacken, für die sich die Gleichgewichtskennzahl der Umsetzung nach Gl. (214) zu

$$K'_{Si,C} = \frac{[\%\,Si]}{[\%\,C]^2}$$

vereinfacht, die Siliziumgehalte in Abhängigkeit vom Kohlenstoff der Eisenschmelze. Die so berechneten Werte stimmen gut mit den Versuchsergebnissen von W. GELLER [79] über das Reduktionsvermögen von Kohlenstoff gegenüber fester Kieselsäure überein. GELLER fand für $p_{CO} = 1$ atm und kieselsäuregesättigte Schlacken folgende Beziehung für die Temperaturabhängigkeit der Gleichgewichtskennzahl:

$$\lg K'_{Si,C} = -\frac{26\,630}{T} + 14{,}99 \tag{217}$$

Die nach den neuesten Untersuchungen von W. OELSEN und E. SCHÜRMANN [80] festgestellte Siliziumreduktion durch Kohlenstoff aus fester Kieselsäure in Abhängigkeit von der Temperatur ist in Abb. 81 wiedergegeben. Darin sind auch die von KÖRBER und OELSEN [50] berechneten Siliziumgehalte als Funktion des Kohlenstoffgehaltes eingetragen. Es ist gut erkennbar, daß bei geringen Kohlenstoffgehalten auch zwischen diesen Berechnungen und den experimentellen Untersuchungen nur unwesentliche Abweichungen bestehen.

Die starke Reduktionswirkung technischer Eisenschmelzen gegenüber sauren Schlacken und der feuerfesten Zustellung ist also im wesentlichen auf die Anwesenheit von Kohlenstoff zurückzuführen, während, wie schon gezeigt wurde, reine Eisenschmelzen im Gleichgewichtsfall nur sehr geringe Siliziumgehalte aufzunehmen vermögen.

1.134.4 Die Siliziumreaktion von manganhaltigen Eisenschmelzen

Neben Silizium wird über die Einsatzstoffe auch eine mehr oder minder große Menge an Mangan mit in die Schmelze eingebracht, so daß für das Studium der bei den technischen Verfahren auftretenden Vorgänge das Verhalten von Silizium in Gegenwart von Mangan von besonderem Interesse ist. Die sauren Stahlerzeugungsschlacken bestehen demnach im wesentlichen aus FeO, MnO und SiO_2.

Durch die gleichzeitige Anwesenheit von Silizium und Mangan laufen die Verschlackungsvorgänge dieser beiden Elemente gleichzeitig nebeneinander ab. Dementsprechend kommt es zu einer gegenseitigen Beeinflussung dieser Einzelumsetzungen bzw. zu ihrer Verkoppelung.

Unter kieselsäuregesättigter Schlacke kann man die Mangan- bzw. die Siliziumverschlackung als durch die Gl. (194) und (207) darstellbar betrachten, deren Verbindung die Umsetzungsgleichung der Gesamtreaktion zu

$$2\,[\mathrm{Mn}] + (\mathrm{SiO_2}) = 2\,(\mathrm{MnO}) + [\mathrm{Si}] \tag{218}$$

ergibt. Wenn schon bei den einzelnen Reaktionen die Bestimmung einer wahren Gleichgewichtskonstante schwierig oder, wie im Falle des Siliziums, überhaupt nicht möglich war, gilt dies wegen der gegenseitigen Beeinflussung des Lösungsverhaltens der beiden Einzelsysteme für die Summenreaktion um so mehr. Die Gleichgewichtsverhältnisse lassen sich also nur durch die konzentrationsabhängigen Gleichgewichtskennzahlen ausdrücken, wie dies von F. KÖRBER und W. OELSEN [10] erfolgte. Unter formaler Anwendung des Massenwirkungsgesetzes erhält man für kieselsäuregesättigte FeO—MnO—SiO$_2$-Schlacken die Gleichgewichtskennzahl

$$K'_{\mathrm{Mn,\,Si}} = \frac{(\%\,\mathrm{MnO})^2 \cdot [\%\,\mathrm{Si}]}{[\%\,\mathrm{Mn}]^2} \tag{219}$$

Für diese Gleichgewichtskennzahl gilt nach KÖRBER und OELSEN [10] die Temperaturabhängigkeit

$$\lg K'_{\mathrm{Mn,\,Si}} = -\frac{3177}{T} + 4{,}757 \tag{220}$$

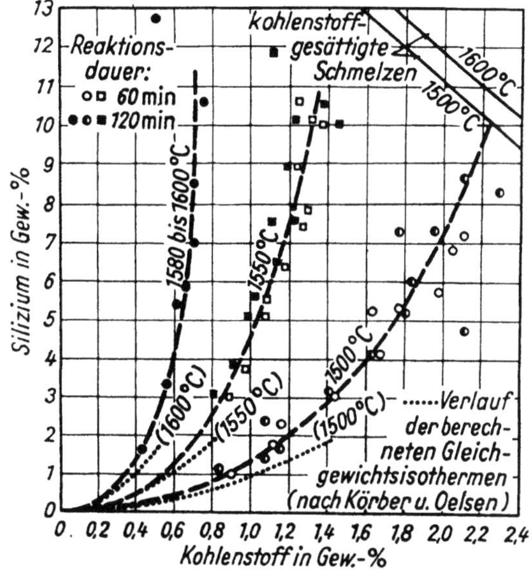

Abb. 81. Reduktion des Siliziums durch Kohlenstoff aus fester Kieselsäure bei verschiedenen Temperaturen (nach W. OELSEN und E. SCHÜRMANN; entnommen aus Eisenhütte, 5. Aufl., 1961)

Wegen der starken Streuung der Versuchsergebnisse gibt diese Gleichung allerdings nur annähernde Werte an. Da das Verhältnis $\dfrac{(\mathrm{MnO})}{[\mathrm{Mn}]}$ durch die Gleichgewichtskonstante bzw. die Gleichgewichtskennzahl mit dem Eisen(II)-oxydgehalt der Schlacke verbunden ist, ist daher auch ein Zusammenhang mit dem Sauerstoffgehalt der Eisenschmelze gegeben. Die Zusammensetzung der Schlacke, also ihre FeO- und MnO-Gehalte, sowie die Silizium-, Mangan- und Sauerstoffgehalte der Schmelze stehen demnach in gegenseitiger Abhängigkeit voneinander, d. h., daß durch eine dieser Größen alle anderen gegeben sind. Abb. 82 zeigt diesen Zusammenhang zwischen den einzelnen Konzentrationsgrößen in der von F. KÖRBER und W. OELSEN [10] angegebenen Darstellung. Daraus können die bei den sauren Stahlerzeugungsverfahren zu erwartenden Silizium-, Mangan- und Sauerstoffgehalte der Eisenschmelze im Gleichgewicht mit kieselsäuregesättigten Oxydulschlacken abgelesen werden, wobei besonders die untere Hälfte des Schaubildes interessiert, da der MnO-Gehalt bei den meisten sauren Schlacken den Wert von 20% nicht übersteigt.

Das für Siliziumgehalte von 1,2% und Mangangehalte bis 1,5% geltende Diagramm in Abb. 82 wurde unter der vereinfachenden Annahme aufgestellt, daß der Kieselsäuregehalt der gesättigten Schlacke 50% betrage. Diese Annahme ist zwar nicht ganz zutreffend, wird jedoch mit recht guter Annäherung erreicht

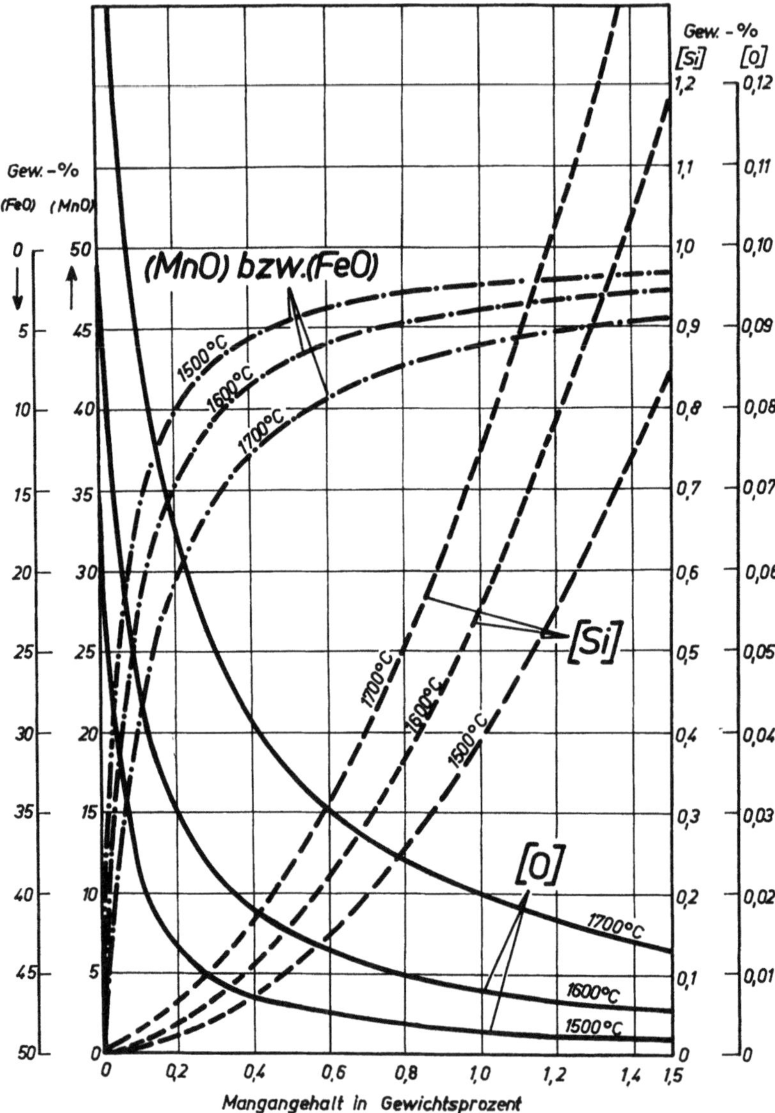

Abb. 82. Mangan-. Silizium- und Sauerstoffgehalte von Eisenschmelzen im Gleichgewicht mit kieselsäuregesättigten FeO − MnO − SiO$_2$-Schlacken bei verschiedenen Temperaturen (nach F. KÖRBER und W. OELSEN)

[8, 10]. Bei höheren Mangangehalten herrschen wegen der dann vorhandenen Mangansilizid-Bildung andere Verhältnisse vor [78]. Abb. 82 zeigt, daß bei gleichbleibender Schlackenzusammensetzung die Sauerstoff-, Mangan- und Silizium-Gehalte des Eisens um so größer sind, je höher die Temperatur ist. Obwohl diese von F. KÖRBER und W. OELSEN stammende Darstellung bereits vor 30 Jahren

veröffentlicht wurde, stellt sie nach wie vor die allgemeinste Aussage über die Gleichgewichtsbeziehungen zwischen flüssigem Eisen und kieselsäuregesättigten FeO—MnO—SiO₂-Schlacken dar, doch ist zu beachten, daß die darin angegebenen Sauerstoffgehalte zu hoch sind und den wahren Wert um etwa 40% überschreiten.

Durch die gleichzeitige Anwesenheit von Kohlenstoff in mangan- und siliziumhaltigen Eisenschmelzen wird die Reduktion von Silizium aus den kieselsäuregesättigten Schlacken verstärkt. Die Reduktionsfähigkeit des Kohlenstoffs ist bei Stahlerzeugungstemperaturen stärker als die des Mangans und wird durch Zunahme der Temperatur noch erhöht. So sind bei den praktischen Stahlerzeugungsverfahren die Siliziumgehalte meist größer als in Abb. 82 angegeben, da infolge des vorhandenen Kohlenstoffgehaltes die Sauerstoffgehalte sehr klein sind und die Schmelze Silizium aus der Schlacke und der Zustellung in verstärktem Maße reduziert. Ebenso wird

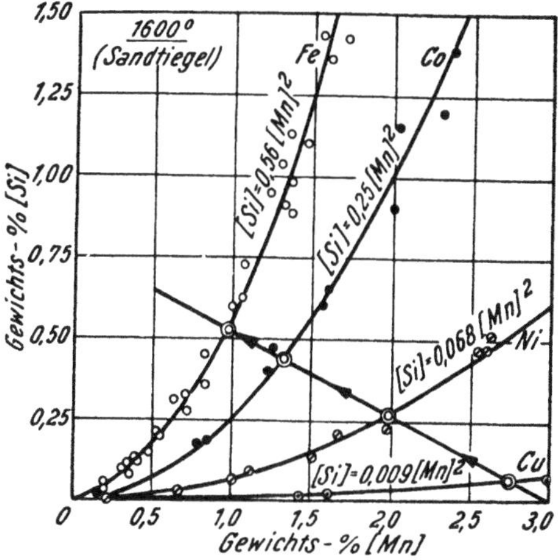

Abb. 83. Siliziumgehalte in verschiedenen manganhaltigen Metallschmelzen im sauren Tiegel bei 1600 °C in Abhängigkeit vom Mangangehalt (nach W. OELSEN)

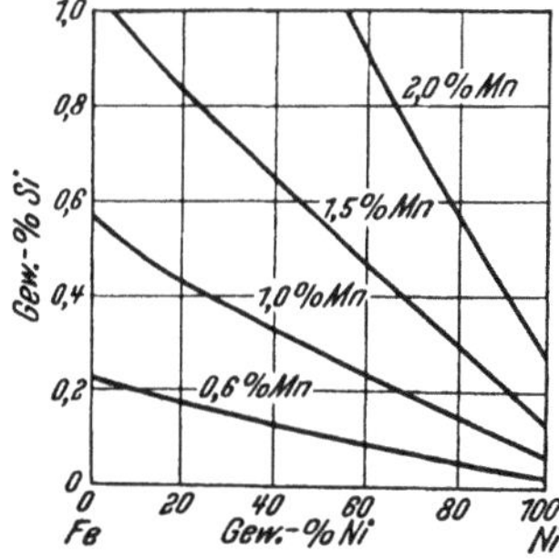

Abb. 84. Die Gleichgewichts-Siliziumgehalte flüssiger Eisen—Nickel-Legierungen unter kieselsäuregesättigter Schlacke in Abhängigkeit von der Metallzusammensetzung (nach W. OELSEN und G. KREMER)

durch Anwesenheit von Phosphor in der Eisenschmelze die Siliziumreduktion verstärkt [78].

Tritt an Stelle des Eisens ein anderes Grundmetall, das heißt also, wenn die Reduktion von Silizium aus kieselsäuregesättigten Oxydulschlacken bzw. aus fester Kieselsäure in mangan- und siliziumhaltigen Metallschmelzen betrachtet wird, sind natürlich andere Gleichgewichtskonzentrationen von Mangan und Silizium in diesen Metallschmelzen vorhanden wie bei Eisen. Die Abb. 83 zeigt die Abhängigkeit der Gleichgewichtsgehalte des Siliziums vom Mangangehalt bei verschiedenen Metallschmelzen in einer Darstellung von W. OELSEN [81]. Danach sind bei 1600 °C unter sonst gleichen Bedingungen die Siliziumgehalte von Kobalt-, Nickel- bzw. Kupferschmelzen im Sandtiegel kleiner als die von Eisenschmelzen, wobei die Siliziumreduktion in Kobaltschmelzen der in Eisenschmelzen am nächsten kommt. In Kupferschmelzen ist die Siliziumreduktion am geringsten.

Für Eisen—Nickel-Legierungen liegen die Kurven für die Siliziumgehalte als Funktion des Mangangehaltes zwischen den Kurven der Abb. 83 für reines Eisen und reines Nickel. Die Abb. 84 gibt die von W. OELSEN und G. KREMER [82] festgestellten Siliziumgehalte in Nickel—Eisen-Schmelzen bei 1600 °C unter kieselsäuregesättigter Schlacke in Abhängigkeit von der Schmelzenzusammensetzung wieder.

Im entgegengesetzten Sinne wie Kobalt, Nickel und Kupfer wirken Chromzusätze zu Eisenschmelzen. F. KÖRBER und W. OELSEN [83] stellten eine Zunahme der Siliziumreduktion aus der Zustellung durch die Schmelze bei steigendem Chromgehalt fest.

Obwohl die Umsetzung unabhängig vom Grundmetall stets durch die Gl. (218) beschrieben wird, sind die Gleichgewichtskonzentrationen vom Grundmetall abhängig, wobei die Ursache dieser Abhängigkeit in der Beeinflussung der in Frage stehenden Aktivitäten durch die verschiedenen Begleitelemente des jeweils betrachteten Systems liegt.

1.134.5 Die Aktivität der Kieselsäure in technischen Schlacken

Beim bisherigen Studium der Siliziumreaktion nach den Gl. (207) und (208) wurde stets das Vorhandensein einer kieselsäuregesättigten Schlacke vorausgesetzt, und die gesamten auf dieser Voraussetzung aufgebauten Beziehungen und Überlegungen gelten für die sauren Stahlerzeugungsverfahren. Die durch Gl. (209)

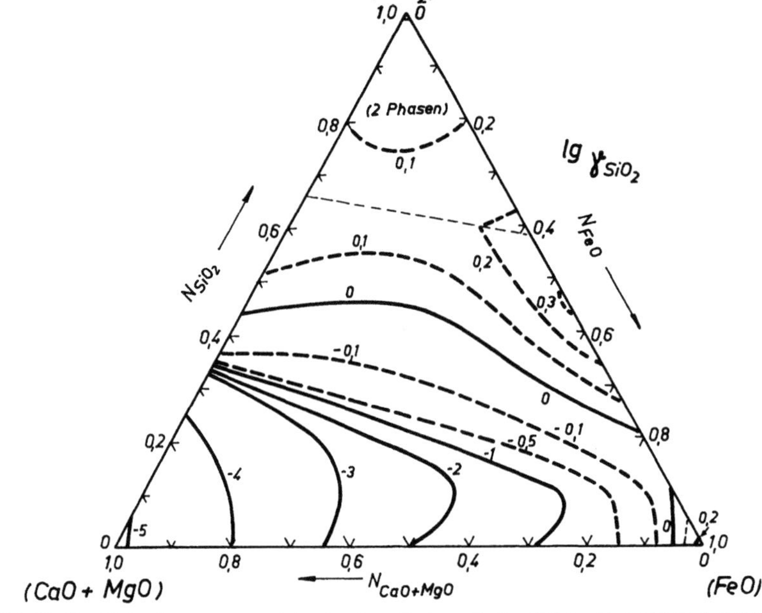

Abb. 85. Die Linien lg γ_{SiO_2} = const im ternären System (FeO)−(SiO₂)−(CaO+MgO) bei 1600 °C
(nach J. F. ELLIOTT)

zum Ausdruck gebrachte Gleichgewichtskonstante gilt jedoch nicht nur für saure, kieselsäuregesättigte Schlacken, sondern ganz allgemein für ungesättigte und ebenso für die basischen Schlacken, nur daß für diese die physikalisch-chemische Wirksamkeit der Kieselsäure geringer ist, da hier nicht mehr wie für die kieselsäuregesättigten Schlacken die Kieselsäureaktivität den Wert 1 hat.

Bei den Schlacken der basischen Frischprozesse ist die Aktivität der Kieselsäure sehr gering. Dies beruht weniger auf einem geringen Kieselsäuregehalt der Schlacke als vielmehr darauf, daß die Kieselsäure weitgehend durch andere Metalloxyde abgebunden wird, so daß die Schlacke nur geringe Anteile an „freier" Kieselsäure enthält. Wie aus der allgemeinen Gleichung für die Gleichgewichtskonstante zu ersehen ist, bedingt eine geringe Kieselsäureaktivität der Schlacke kleine Siliziumgehalte des Bades. Die sich bei den basischen Verfahren am Ende der Frischperiode einstellenden Siliziumgehalte sind tatsächlich sehr gering und liegen gewöhnlich unter 0,01%, so daß sie für die praktischen Verhältnisse überhaupt vernachlässigt werden können.

Für die technisch bedeutsamsten Schlacken kann das Gleichgewicht der Siliziumreaktion mit hinreichender Genauigkeit beschrieben werden. Über die Verhältnisse unter sauren kieselsäuregesättigten Schlacken liegen sehr eingehende und umfangreiche Untersuchungen vor, während die Siliziumgehalte unter basischen Frischschlacken vernachlässigbar klein sind. Über das weite Gebiet der außerhalb dieser beiden technischen Schlackenarten befindlichen Schlackenzusammensetzungen liegen jedoch ebenfalls Untersuchungen vor.

Die Kieselsäureaktivität als Funktion der Schlackenzusammensetzung in binären $FeO-SiO_2$-Schlacken kann aus Abb. 51 abgelesen werden. Der Verlauf der dort angegebenen Kurven für die Aktivitäten von FeO und SiO_2 wurde im wesentlichen in einer neueren Arbeit von E. T. TURKDOGAN [84] bestätigt. Darin gab TURKDOGAN auch den berechneten Verlauf der Isoaktivitätslinien von SiO_2, FeO und Fe_2O_3 im ternären System $SiO_2-FeO-Fe_2O_3$ bei 1550°C an.

Für Schlacken innerhalb des ternären Systems $(FeO)-(CaO + MgO)-(SiO_2)$ geben die von J. F. ELLIOTT [16] durchgeführten Berechnungen Aufschluß über die Größe der Kieselsäureaktivität. Abb. 85 zeigt den von ELLIOTT gefundenen Verlauf der Linien konstanter Aktivitätskoeffizienten für Kieselsäure bei 1600°C. Die Kieselsäureaktivität kann aus den daraus abgelesenen Werten und der Konzentration der Kieselsäure, ausgedrückt durch den Molenbruch, nach Gl. (60) bestimmt werden.

1.135 Phosphor

Abgesehen von z. B. den Fällen, wo relativ hohe Phosphorgehalte von größenmäßig 0,1% zur Erzielung guter spanabhebender Bearbeitbarkeit angestrebt werden, stellt der Phosphor ein in der Regel unerwünschtes Stahlbegleitelement dar. Da dementsprechend niedrige Endphosphorgehalte einzuhalten sind, ist man bereits bei der Roheisenerzeugung bemüht, geringe Phosphorgehalte zu erreichen, wenn es sich nicht um Roheisensorten für die Thomasstahlerzeugung handelt, für die hohe Phosphorgehalte die grundlegende Voraussetzung sind. Im Gegensatz zum Schwefel bleibt die Entsphosphorung allein den Stahlerzeugungsverfahren vorbehalten, da im Hochofen unter reduzierenden Bedingungen und den sauren Hochofenschlacken praktisch keinerlei Entphosphorung eintritt. Ein nicht unbeträchtlicher Teil der durchgeführten Arbeiten auf dem Gebiet der Entphosphorung befaßt sich mit den Vorgängen bei der Verwendung phosphorreicher Einsatzstoffe, da das Entphosphorungsproblem naturgemäß bei den Verfahren, die auf der Verwendung stark phosphorhaltiger Roheisensorten beruhen, von noch größerer Bedeutung ist. Auf diese Untersuchungen, die in erster Linie für den Thomasstahlwerker von Interesse sind, soll in diesem Rahmen nicht näher eingegangen werden, da bei der Edelstahlerzeugung die Verwendung phosphorreicher Ausgangsstoffe in größerem Umfang nicht in Frage kommt.

1.135.1 *Löslichkeit und Aktivität von Phosphor in flüssigem Eisen*

Die Löslichkeit des Phosphors in flüssigem Eisen ist nur durch seinen hohen Dampfdruck beschränkt, da der niedrige Siedepunkt des Phosphors bei phosphorreichen Eisen−Phosphor-Schmelzen zu einer raschen Verflüchtigung des Phosphors führt. Die im festen Zustand stabilen Eisen−Phosphor-Verbindungen Fe_2P

und Fe$_3$P lassen aber erwarten, daß auch in flüssigen Legierungen zwischen den beiden Elementen Wechselwirkungen vorhanden sind, die eine betont negative Abweichung vom Idealverhalten bedingen. So zeigten die von A. A. GRANOWSKAJA und A. P. LJUBIMOW [85] durchgeführten Messungen der Partialdampfdrücke von Eisen und Phosphor über phosphorhaltigen Eisenschmelzen, daß bei Phosphorgehalten unter 1% zwischen 1540 und 1620°C der Dampfdruck der beiden Elemente ihrer molaren Konzentration proportional ist. Damit muß in diesen Schmelzen auch eine Proportionalität zwischen dem Molenbruch und der Aktivität bestehen, d. h., daß das HENRYsche Gesetz befolgt wird. Nach diesen Untersuchungen beträgt der Partialdampfdruck des Phosphors innerhalb des untersuchten Temperatur- und Konzentrationsbereiches nur etwa $\frac{1}{1000}$ des Eisendampfdruckes, so daß in solchen Schmelzen das Eisen bevorzugt vor dem Phosphor verdampft, wenn nicht die Verdampfungsgeschwindigkeit des Phosphors wesentlich größer ist als die des Eisens.

Über die Aktivität des Phosphors in flüssigen Eisen—Phosphor-Legierungen liegen Arbeiten von G. URBAIN [86, 87] vor. Diese Untersuchungen gelten auf Grund der gewählten Arbeitsmethode für höhere Phosphorgehalte ab etwa 6% P im Eisen. Während für niedrige Phosphorgehalte bis etwa 1% P nach GRANOWSKAJA und LJUBIMOW [85] sowie J. B. BOOKEY, F. D. RICHARDSON und A. J. E. WELCH [88] mit einer Befolgung des HENRYschen Gesetzes zu rechnen ist, ergaben sich nach URBAIN [86, 87] für höhere Phosphorgehalte stark positive Abweichungen von der HENRYschen Geraden. Abb. 86 zeigt die von G. URBAIN [87] festgestellte Abhängigkeit des Phosphor-Aktivitätskoeffizienten von der Phosphorkonzentration in der Schmelze und der Temperatur. Als Standardzustand wurde die unendlich verdünnte Lösung gewählt. Die in der Abbildung festzustellende positive Abweichung von der HENRYschen Geraden entspricht einer negativen Abweichung vom RAOULTschen Gesetz, wie dies bei der vorhandenen Neigung zur Verbindungsbildung auch zu erwarten ist.

Bei Eisen—Phosphor-Legierungen mit 4 und 6% P ist nach URBAIN [86] kein Einfluß von gleichzeitig vorhandenem Kohlenstoff auf den Phosphor-Aktivitätskoeffizienten festzustellen, was jedoch noch nicht besagt, daß ein derartiger Einfluß bei geringen Phosphorgehalten nicht vorhanden ist.

Aus Untersuchungen von W. A. FISCHER und A. HOFFMANN [89, 90] geht hervor, daß das Verhalten des Phosphors in Eisenschmelzen unter Hochvakuum

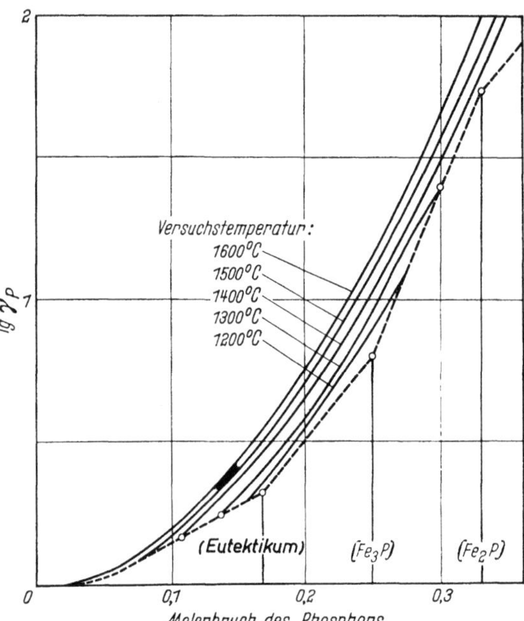

Abb. 86. Abhängigkeit des Aktivitätskoeffizienten des Phosphors in flüssigem Eisen von der Phosphorkonzentration und der Temperatur (nach G. URBAIN)

ganz wesentlich vom Sauerstoffgehalt der Schmelzen beeinflußt wird. Unabhängig davon, ob die Entphosphorung nur durch Verdampfung oder durch Verdampfung *und* eine Tiegelreaktion erfolgte, war stets ein gewisser Mindestsauerstoffgehalt der Eisenschmelzen notwendig, damit die Entphosphorung stattfindet. Bei der reinen Verdampfung lag die kritische Grenze des Sauerstoffgehaltes bei 0,030%, bei der Entphosphorung über Verdampfung und Tiegelreaktion bei 0,025%. Bei Sauerstoffgehalten unter 0,015% in dem einen bzw. 0,009% in dem anderen Fall war stets eine Zunahme der Phosphorgehalte in der Schmelze festzustellen, während in den Zwischenbereichen kein eindeutiges Verhalten zu beobachten war.

Diese Untersuchungen, die unter gänzlich anderen Bedingungen bei halbtechnischen Versuchen von W. A. FISCHER und H. STRAUBE [60, 61] bestätigt wurden, scheinen von grundlegender Bedeutung zu sein. Demnach ist für eine gute und rasche Entphosphorung das Vorhandensein eines bestimmten Mindestsauerstoffgehaltes der Eisenschmelze die primäre Voraussetzung, weil dadurch der Dampfdruck und damit die Aktivität des in der Schmelze gelösten Phosphors wesentlich erhöht werden [60]. Diese Beobachtungen stehen im Gegensatz zu Untersuchungen von J. PEARSON und E. T. TURKDOGAN [91] sowie J. B. BOOKEY [88]. PEARSON und TURKDOGAN stellten nämlich einen gegenseitig aktivitätsvermindernden Einfluß von Phosphor und Sauerstoff in Eisenschmelzen fest und gaben für die Wirkungsparameter negative Werte an. Entgegen diesen letztgenannten Befunden sowie den Beobachtungen von N. P. LEWENETZ und A. M. SAMARIN [92] ergaben die neuesten Untersuchungen von D. DUTILLOY und J. CHIPMAN [93] einen positiven Wert für den Wirkungsparameter $e_O^{(P)}$, aus dem sich nach Gl. (96) ebenfalls ein positiver Wert für $e_P^{(O)}$ ergibt. Demnach wirken also steigende Sauerstoffgehalte im Sinne einer Vergrößerung der Phosphoraktivität, was die Beobachtungen von W. A. FISCHER und Mitarbeitern [60, 61, 89, 90] bestätigt.

Zusammenfassend kann festgestellt werden, daß die wenigen vorhandenen Schrifttumsangaben über die Beeinflussung der Phosphoraktivität durch Drittelemente zum Teil stark voneinander abweichen, so daß für eine zahlenmäßige Beschreibung durch Angabe der Wirkungskoeffizienten oder Wirkungsparameter gegenwärtig noch nicht genügend Kenntnisse bestehen. Rein qualitativ ist mit einem starken Einfluß des Sauerstoffgehalts auf die Phosphoraktivität in dem Sinne zu rechnen, daß diese durch hohe Sauerstoffgehalte vergrößert wird.

1.135.2 Die Entphosphorungsreaktion

Die Oxydation des in Stahlschmelzen enthaltenen Phosphors kann durch die Reaktionsgleichungen

$$2\,[P] + 5\,[O] = (P_2O_5) \tag{221}$$

oder

$$2\,[P] + 5\,(FeO) = (P_2O_5) + 5\,Fe \tag{222}$$

beschrieben werden, je nachdem, ob man seine Umsetzung mit dem in der Schmelze gelösten Sauerstoff oder mit dem in der Schlacke enthaltenen Eisen(II)-oxyd als maßgebend ansieht. Die Gleichgewichtskonstanten dieser Umsetzungen

$$K_P = \frac{a_{(P_2O_5)}}{a_{[P]}^2 \cdot a_{[O]}^5} \tag{223}$$

bzw.

$$K_P = \frac{a_{(P_2O_5)}}{a_{[P]}^2 \cdot a_{(FeO)}^5} \tag{224}$$

können nach dem derzeitigen Stand des Wissens zahlenmäßig nicht angegeben werden, da die Aktivitätswerte der in der Schlacke enthaltenen Phosphorsäure nicht bekannt sind. Wenngleich die Angabe einer Bestimmungsgleichung für die Gleichgewichtskonstanten noch nicht möglich ist, können aus den allgemeinen Definitionsgleichungen (223) und (224) doch die Bedingungen für eine gute Entphosphorung von Stahlschmelzen abgelesen werden.

Nach den Ausführungen des vorangegangenen Abschnittes 1.135.1 kann für die bei den meisten Stahlerzeugungsverfahren in Frage kommenden phosphorarmen Einsätze mit einer Proportionalität zwischen der Aktivität und der Konzentration des Phosphors gerechnet werden, so daß bei sonst gleichen Bedingungen der Phosphorgehalt der Schmelze um so geringer sein wird, je größer die Aktivität des in der Schmelze gelösten Sauerstoffes bzw. des Eisen(II)-oxyds in der Schlacke und je geringer die Aktivität der Phosphorsäure in der Schlacke sind. Daraus ergibt sich für eine weitgehende Entphosphorung der Stahlschmelze die Forderung nach hohen Sauerstoffgehalten des Stahles, die allerdings wegen der Bindungsart des FeO in der Schlacke nicht notwendigerweise hohe FeO-Gehalte der Schlacke bedeuten müssen, und nach einer möglichst starken Bindung der durch die Oxydation des Phosphors entstandenen Phosphorsäure durch andere Schlackenbestandteile.

Die Abbindung der Phosphorsäure erfolgt am wirkungsvollsten durch basische Metalloxyde, in erster Linie Oxyde der Alkalien und Erdalkalien, von denen aus Wirtschaftlichkeitsgründen der Kalk eine dominierende Stellung einnimmt.

Der für die technischen Verfahren ausschlaggebende Entphosphorungsvorgang besteht demnach aus zwei Teilreaktionen: erstens der Oxydation des im Eisen gelösten Phosphors und zweitens der Abbindung der gebildeten Phosphorsäure an Kalk. Trotz zahlreicher und sehr eingehender Untersuchungen ist dabei noch ungeklärt, in welcher Form der Phosphor sowohl in der Eisenschmelze als auch in der Schlacke aufscheint. Nach den heute bestehenden Auffassungen kann die Entphosphorung durch kalkhaltige Phosphatschlacken sowohl mit der Bildung von Trikalziumphosphat $3\,CaO \cdot P_2O_5$ als auch von Tetrakalziumphosphat $4\,CaO \cdot P_2O_5$ erklärt werden, so daß sie allgemein durch die Umsetzungsgleichung

$$5\,(FeO) + 2\,[P] + n\,(CaO) = (n\,CaO \cdot P_2O_5) + 5\,Fe \qquad (225)$$

beschrieben werden kann, worin n den Wert 3 oder 4 hat. Jedenfalls sind die dabei entstehenden Kalziumphosphate sehr stabil und bedingen eine sehr kleine Aktivität der Phosphorsäure.

Die seinerzeitige von H. SCHENCK und W. RIESS [94] aufgestellte, auf der Annahme „freier" und „gebundener" Schlackenbestandteile beruhende Gleichgewichtsbeziehung der Entphosphorungsreaktion stellte eine starke Temperaturabhängigkeit in dem Sinne fest, daß mit steigender Temperatur die Phosphorverteilung ungünstiger, d. h. der Phosphorgehalt des Bades größer wird.

T. B. WINKLER und J. CHIPMAN [14] fanden, daß Flußspatzusätze keinen erkennbaren Einfluß auf die Entphosphorungswirkung basischer Schlacken ausüben. Auch sie konnten die günstigen Einflüsse hoher (FeO)-Gehalte und hoher Basizität der Schlacke sowie niedriger Temperaturen auf die Entphosphorung bestätigen.

K. BALAJIVA und Mitarbeiter [95, 96] gaben eine lineare Abhängigkeit des Ausdruckes $\dfrac{(P_2O_5)}{[P]^2 \cdot (FeO)^5}$ vom Kalkgehalt der Schlacke an.

Die grundlegenden Versuche über die Phosphorverteilung zwischen Eisenschmelzen und den technisch wichtigen kalkgesättigten Schlacken stammen von

W. A. Fischer und H. vom Ende [97]. Diese untersuchten für den Temperaturbereich von 1530 bis 1700°C die Phosphorverschlackung aus Eisenschmelzen unter kalkgesättigten FeO-Schlacken. Die in Abb. 87 in Abhängigkeit vom Phosphorgehalt der Schmelze aufgetragenen P_2O_5-Gehalte der Schlacke zeigen, daß höheren Temperaturen auch höhere Phosphorgehalte im Eisen zugeordnet sind. Besonders charakteristisch für die Phosphorverteilung ist jedoch, daß für den weiten Bereich von etwa 5 bis 30% P_2O_5 kaum eine Änderung der Phosphorgehalte in der Schmelze auftritt. Erst unterhalb 5 und über 30% P_2O_5 ist eine

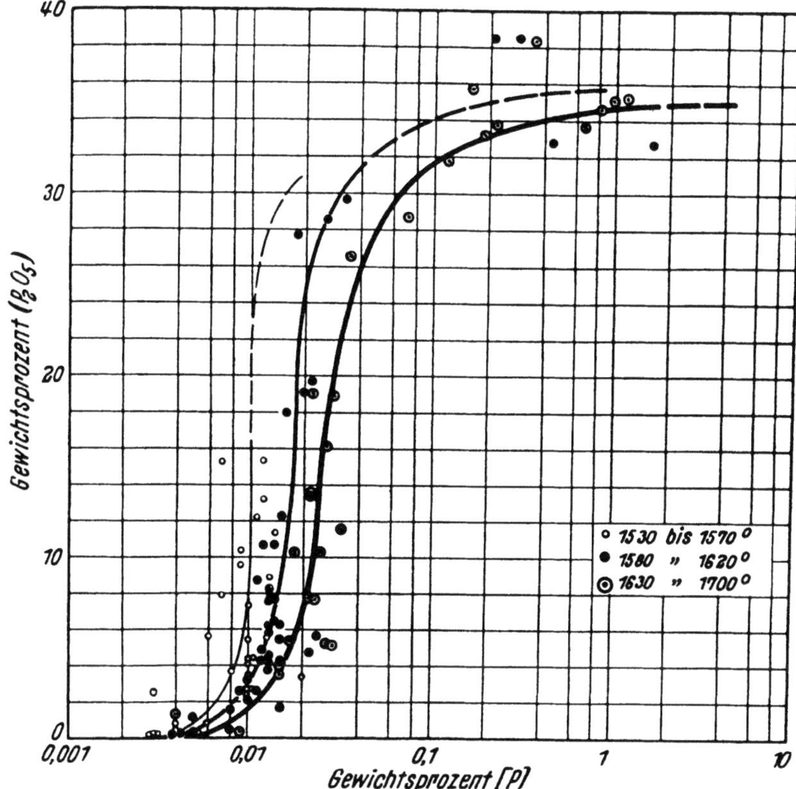

Abb. 87. Die Phosphor-Verteilung zwischen Eisenschmelzen und kalkgesättigten FeO-Schlacken für Temperaturen von 1530 bis 1700°C (nach W. A. Fischer und H. vom Ende)

Zunahme des Phosphorgehaltes im Bad mit dem Phosphorsäuregehalt der Schlacke festzustellen. Einen ganz ähnlichen Verlauf der Phosphorverteilung stellten H. Schackmann und W. Krings [98] sowie W. Oelsen und H. Maetz [99] zwischen Eisenschmelzen und FeO-Schlacken fest, nur daß dabei die Phosphorgehalte des Eisens wesentlich höher lagen. In beiden Fällen ist dieser Verlauf der Phosphorverteilung durch die Neigung der phosphorhaltigen FeO-Schlacken zur Entmischung in eine phosphorsäurearme FeO-Schlacke und eine eisenoxydularme Phosphatschlacke begründet. Die von W. Oelsen und H. Maetz [99] entdeckte ausgedehnte Mischungslücke flüssiger $CaO-P_2O_5-FeO$-Schlacken bedingt, daß die Aktivitätskoeffizienten des Kalkes, der Phosphorsäure und des Eisen(II)-oxyds über sehr weite Bereiche dieses ternären Systems stark vom Wert 1 abweichen, was auf die Gleichgewichtsverhältnisse beim Vorhandensein phosphorsäurereicher Schlacken, besonders in Abwesenheit von Kieselsäure, von großem Einfluß ist. Durch höhere Kieselsäuregehalte der Schlacke wird die Mischungslücke eingeengt. So bedeutungsvoll diese Entmischungserscheinungen und die damit verbundenen Aussagen für das gesamte metallurgische Geschehen beim Frischen phosphorreicher Roheisensorten sind, bleiben die Entphosphorungsvorgänge bei der Edelstahlerzeugung davon jedoch unbetroffen, da hier dieses Schlackensystem nicht in Betracht kommt.

W. A. Fischer und H. vom Ende [97] gaben eine Gleichgewichtsbeziehung für die Entphosphorungsreaktion an, wobei sie von der Umsetzungsgleichung

$$2\,[\text{P}] + 5\,[\text{O}] + 3\,(\text{CaO}) = (3\,\text{CaO}\cdot\text{P}_2\text{O}_5) \tag{226}$$

ausgingen. Unter der Annahme, daß die Aktivitäten des Trikalziumphosphats und des Kalkes den Wert 1 haben und an Stelle der Aktivitäten des Phosphors und

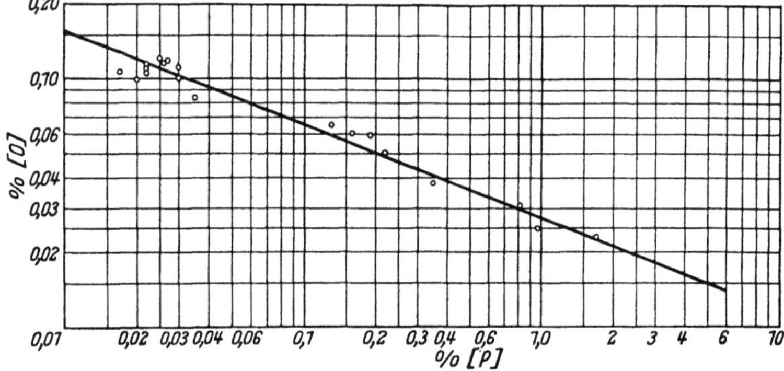

Abb. 88. Zusammenhang zwischen den Phosphor- und Sauerstoffgehalten von Eisenschmelzen unter kalkgesättigten phosphorsäurehaltigen Eisen(II)-oxydschlacken bei 1650 °C (nach W. A. Fischer und H. vom Ende)

Sauerstoffes wegen der geringen Konzentrationen deren Gewichtsprozente verwendet werden können, vereinfachten sie die Gleichgewichtskonstante in dieser Umsetzung zu

$$K'_\text{P} = \frac{1}{[\%\,\text{P}]^2\cdot[\%\,\text{O}]^5} \tag{227}$$

Die Tatsache, daß für die konstante Versuchstemperatur von 1650 °C die in Abb. 88 wiedergegebene Darstellung der Logarithmen der Sauerstoffgehalte als Funktion von den lg P-Werten eine Gerade mit der Steigung — 0,4 ergab, wurde als Bestätigung der getroffenen Annahmen gewertet. Für die Temperaturabhängigkeit der Kennzahl K'_P fanden Fischer und vom Ende [97] den in Abb. 89 gezeigten Verlauf. Die Mittelwertskurve läßt sich danach durch die Beziehung

$$\lg K'_\text{P} = \frac{5300}{T} - 19{,}4 \tag{228}$$

ausdrücken.

Die Beschreibung der Entphosphorungsreaktion durch die einfache Gleichgewichtsbeziehung (227) kann aber kaum für den gesamten Bereich kalkgesättigter Schlacken zutreffen. Für höhere Phosphorgehalte im Eisen ab etwa 0,02 % P sind nämlich die P_2O_5-Gehalte der Schlacke so hoch, daß dafür eher eine Sättigung an Tetrakalziumphosphat als an CaO anzunehmen ist. Für diese Schlacken ist

aber die Aktivität der Phosphorsäure annähernd konstant, so daß die Gleichgewichtskonstante ohnedies die in Gl. (227) zum Ausdruck gebrachte Form erhält.
In neuerer Zeit wurden die Ergebnisse von W. A. FISCHER und H. VOM ENDE
durch H. L. BISHOP jr. und Mitarbeiter [12] bestätigt. H. KNÜPPEL und Mitarbeiter [100, 101] untersuchten neuerlich das Phosphor—Sauerstoff-Gleichgewicht
zwischen flüssigem Eisen und kalkgesättigten Phosphatschlacken und stellten

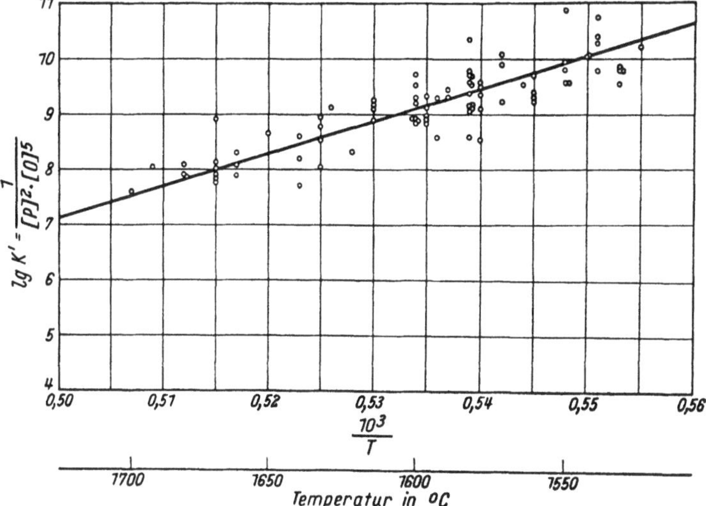

Abb. 89. Die Temperaturabhängigkeit der Konstante $K' = \dfrac{1}{[\% \, P]^2 \cdot [\% \, O]^5}$
(nach W. A. FISCHER und H. VOM ENDE)

etwas niedrigere Sauerstoffgehalte als FISCHER und VOM ENDE fest. Sie untersuchten auch den Einfluß verschiedener Schlackenverunreinigungen auf das
Phosphor—Sauerstoff-Gleichgewicht und die Lage der Kalksättigungslinie.

Trotz dieser sehr eingehenden Arbeiten und der umfangreichen Untersuchungen
von W. OELSEN und Mitarbeitern [99, 102 bis 104] sowie G. TRÖMEL und Mitarbeitern [105 bis 110] ist jedoch eine zahlenmäßige Beschreibung der Entphosphorungsreaktion, beispielsweise wie bei der Manganverschlackung, nicht möglich.
Die meisten dieser Arbeiten zielen auf die Klärung der Verhältnisse beim Thomas-
verfahren hin, da bei diesem der Entphosphorung naturgemäß eine noch größere
Bedeutung zukommt.

Eine Entphosphorung durch Oxydation des Phosphors innerhalb der Schmelze
zu P_2O_5 und deren anschließende Verdampfung ist nicht denkbar, da der im
Eisen gelöste Phosphor nur geringe Aktivität hat, d. h., daß ihn starke Bindungskräfte im Eisen festhalten, während das Oxyd P_2O_5 weniger stabil ist als das
Eisen(II)-oxyd.

Zusammenfassend ergibt sich folgender Stand der Kenntnisse über die Entphosphorung: *Saure* Schlacken haben selbst bei Kalkgehalten bis zu etwa 10%
keine entphosphorende Wirkung.

Unter *reinen FeO-Schlacken* ist zwar eine Entphosphorung grundsätzlich möglich, da das Eisen(II)-oxyd gegenüber der Phosphorsäure als schwache Base wirkt.
Da die Phosphorsäure in diesen Schlacken jedoch sehr schwach gebunden ist,
erfolgt eine Entphosphorung nur solange die P_2O_5-Gehalte in der Schlacke sehr

gering sind und die Schlacke nicht durch saure Oxyde, besonders SiO_2, verunreinigt ist. Die Entphosphorung durch diese Schlacken ist für die Praxis so gut wie bedeutungslos.

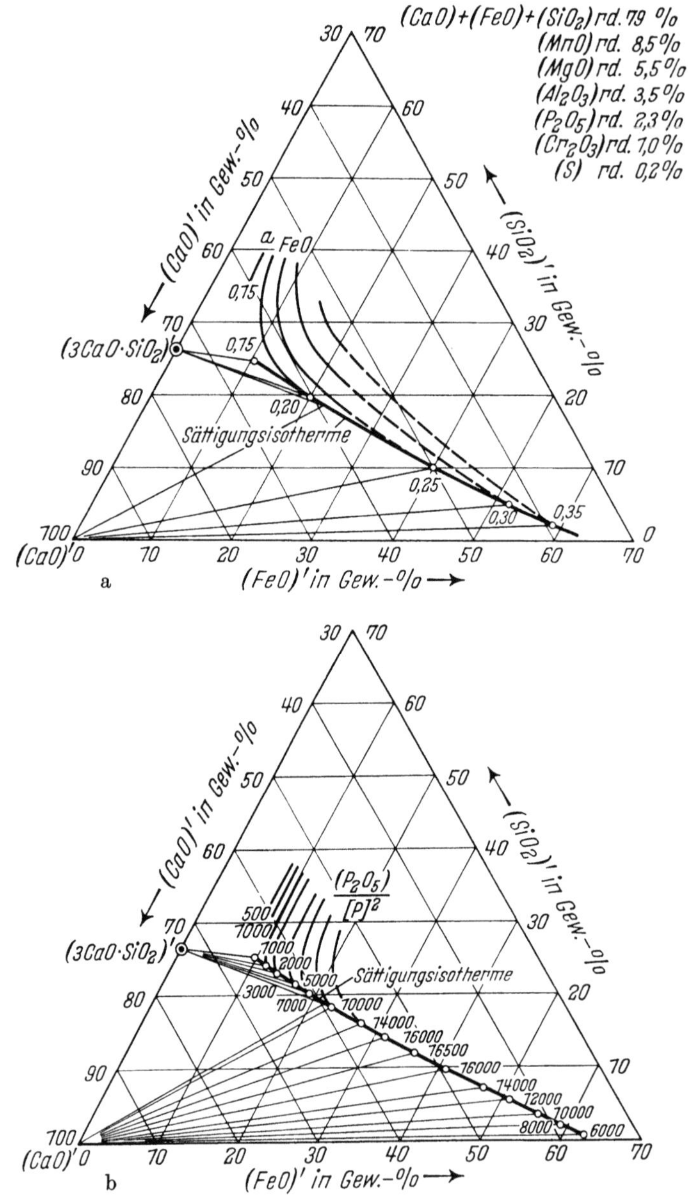

Abb. 90. Einfluß der Zusammensetzung technischer Siemens-Martin-Schlacken bei 1650 °C
a) auf die FeO-Aktivität, b) auf das Verschlackungsverhältnis des Phosphors
(nach H. VOM ENDE, F. BARDENHEUER und E. SCHÜRMANN)

Die basischen FeO- und CaO-haltigen Schlacken sind die technisch wichtigsten Entphosphorungsschlacken. Dabei dient der Kalk zur Abbindung der durch Oxydation entstandenen Phosphorsäure in Form von $3\,CaO·P_2O_5$ oder $4\,CaO·P_2O_5$, während das FeO als Oxydationsmittel wirkt. Entscheidend ist nicht der Gehalt der Schlacke an FeO, sondern dessen Aktivität, so daß der von OELSEN und MAETZ [99] entdeckten Mischungslücke besondere Bedeutung zukommt. Schlacken, deren Zusammensetzung im ternären System $FeO-CaO-P_2O_5$ im Bereich zwischen der Kalksättigung und der Begrenzungslinie der Mischungslücke liegen, sind besonders gut für die Entphosphorung geeignet, da sie sowohl hohe Kalkgehalte als auch große FeO-Aktivität aufweisen. Gleichzeitig in der Schlacke vorhandene Kieselsäure wirkt ungünstig auf die Entphosphorung, da sie sowohl durch Bildung von Kalksilikaten die Wirkung des Kalkes abschwächt und infolge der durch sie bedingten Verengung der Mischungslücke die FeO-Aktivität verringert.

Zur Erzielung einer weitgehenden Entphosphorung sind demnach die Forderungen nach hoher Schlackenbasizität und hoher FeO-Aktivität zu erfüllen, wobei für Schmelzen mit höheren Kohlenstoffgehalten die Basizität noch stärker ins Gewicht fällt, da bei niedriggekohlten Schmelzen die Schlacken höhere FeO-Gehalte aufweisen. Der beherrschende Einfluß der FeO-Aktivität bzw. des Sauerstoffgehaltes des Bades geht aus den Definitionsgleichungen der Gleichgewichtskonstanten hervor, in denen diese Größen in der 5. Potenz aufscheinen. Daß diese Tatsache sich auch praktisch auswirkt, zeigten die Untersuchungen von H. VOM ENDE, F. BARDENHEUER und E. SCHÜRMANN [111]. Dabei wurde festgestellt, daß die Phosphorverteilung zwischen basischen Siemens-Martin-Schlacken und fast kohlenstofffreiem Eisen, ausgedrückt durch das Verhältnis $\dfrac{(\% P_2O_5)}{[\% P]^2}$ bei gleichbleibendem FeO-Gehalt der Schlacke mit zunehmender Schlackenbasizität kleiner wird, d. h., daß die Entphosphorung verschlechtert wird. Dies ist darauf zurückzuführen, daß bei konstantem FeO-Gehalt die FeO-Aktivität mit Annäherung an die Kalksättigungslinie kleiner wird. Die Linien konstanten Phosphorverschlackungsverhältnisses folgen in ihrem Verlauf den Isoaktivitätslinien des FeO, wie dies aus Abb. 90 hervorgeht.

1.136 Schwefel

Das Element Schwefel hat für die Stahlherstellung entscheidende technische und wirtschaftliche Bedeutung. Die Forderung, den Schwefelgehalt nahezu aller Stähle, besonders aber der Edelstähle, unter einem niedrigen Grenzwert zu halten, der unter Umständen unter 0,005% liegen muß, macht es erforderlich, die Prozeßführung dieser Notwendigkeit anzupassen, was einen erheblichen Zeit-, Arbeits- und Materialaufwand erfordern kann. Die Eigenart der Entschwefelungsreaktion kann es zweckmäßig erscheinen lassen, Arbeitsverfahren zum alleinigen Zwecke der Schwefelentfernung in den Arbeitsprozeß einzuschalten, wenn z. B. im Frischprozeß eine Entschwefelung nicht im ausreichenden Maße möglich ist. Mit der Kenntnis der Reaktionsmöglichkeiten des Schwefels läßt sich im Einzelfall der günstigste und wirtschaftlichste Weg ermitteln.

Der Schwefel ist im flüssigen Eisen in den hier in Betracht kommenden Konzentrationen als Eisensulfid, FeS, gelöst. Um ihn aus der flüssigen Lösung zu entfernen, ist die Zugabe eines Stoffes notwendig, der in der Lage ist, mit dem Schwefel ein im Eisen unlösliches Sulfid zu bilden, das in eine zweite feste, flüssige oder gasförmige Phase übergeht. Dieser Vorgang läßt sich ganz allgemein durch die Reaktionsgleichung

$$[S] + M = MS \tag{229}$$

darstellen. Der Stoff „M" kann ein im Eisen lösliches Element sein oder aber ein Element oder eine Verbindung, deren Löslichkeit im Eisen praktisch Null ist.

Im ersten Falle kommt es, wenn eine Entschwefelung eintreten soll, bei einer bestimmten Konzentration und Temperatur zur Bildung einer eigenen, schwefelreichen Phase „MS", die sich aus dem flüssigen Eisen abscheidet.

Im zweiten Falle stellt sich bei der Berührung des schwefelhaltigen Eisens mit der zweiten Phase ein Verteilungsgleichgewicht ein, das im Sinne des Massenwirkungsgesetzes ebenfalls konzentrations-, temperatur- und druckabhängig ist.

Die erreichbaren Endzustände werden für beide Fälle durch die Gleichgewichtskonstante

$$K_S = \frac{a_{MS}}{a_{[S]} \cdot a_M} \tag{230}$$

beschrieben. Die Entschwefelung ist um so vollständiger, je kleiner die Aktivität des gebildeten Sulfids im Vergleich zu den Aktivitäten der reagierenden Stoffe ist.

Wie im Abschnitt 1.11 dargelegt wurde, zeigt ein Vergleich der freien Standardbildungsenthalpien der verschiedenen Sulfide sofort, welche Elemente für eine Entschwefelung in erster Linie in Frage kommen. In gleicher Weise können natürlich auch die Schwefeldampfdrücke p_{S_2} zur Kennzeichnung des Reaktionsverhaltens der Sulfide herangezogen werden. Wie Abb. 14 zeigt, sind Cer und Kalzium die wirksamsten Entschwefelungsmittel. Mit abnehmender Wirksamkeit folgen Magnesium, Natrium und Mangan als die technisch wichtigsten Elemente.

Für den erstgenannten Fall der Entschwefelung mit einem im flüssigen Eisen löslichen Metall sind von den angeführten Elementen nur Cer und Mangan von Interesse, da die übrigen bei Roheisen- und Stahlherstellungsbedingungen bereits dampfförmig und im flüssigen Eisen kaum löslich sind. Dagegen hat ein Zusatz von Elementen, deren Sulfide einen höheren Dampfdruck als das Eisensulfid haben, wie z. B. Nickel, Kobalt, Wolfram, Molybdän, Kupfer u. a. keine entschwefelnde Wirkung.

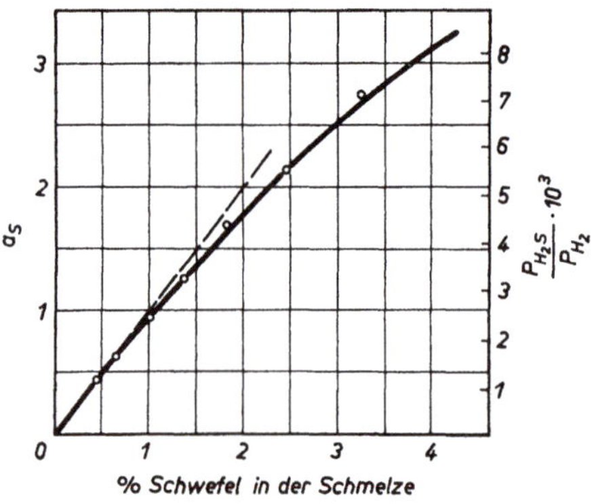

Abb. 91. Die Aktivität des Schwefels im System Fe–S
(nach C. W. SHERMAN, H. J. ELVANDER und J. CHIPMAN)

Wie aus Gl. (230) zu erkennen ist, bewirkt jede Änderung der Aktivität der reagierenden Stoffe auch eine Änderung der Reaktionsendlage. Im reinen Eisen weicht die Schwefelaktivität, wie die Ergebnisse von C. W. SHERMAN, H. J. ELVANDER und J. CHIPMAN [112] in Abb. 91 zeigen, nur wenig von der HENRYschen Geraden ab. Im Bereich bis etwa 0,5% S können die Schwefelgehalte im Eisen unmittelbar in die Gleichgewichtskonstante eingeführt werden.

Durch die Anwesenheit dritter Elemente im flüssigen Eisen, wie das in der Praxis meist der Fall ist, wird die Schwefelaktivität stark verändert. Die für eine Reihe wichtiger Elemente von C. W. SHERMAN und J. CHIPMAN [113] gefundenen Werte zeigt Abb. 92. Hier sind die Wirkungskoeffizienten $f_S^{(X)}$ in Abhängigkeit von der Konzentration der Zusatzelemente dargestellt. Für den Aktivitätskoeffizienten $f_S^{(\Sigma)}$ in Mehrstoffsystemen gilt entsprechend der Gl. (77):

$$f_S^{(\Sigma)} = f_S \cdot f_S^{(C)} \cdot f_S^{(Mn)} \cdots f_S^{(X)} \tag{231}$$

worin f_S den Aktivitätskoeffizienten im Zweistoffsystem Fe–S bedeutet.

Die stärkste Erhöhung der Schwefelaktivität bewirkt der Kohlenstoff, gefolgt von Silizium, Aluminium und Phosphor. Dagegen haben Kupfer, Mangan und auch Chrom einen negativen Einfluß. Die Abhängigkeit der Aktivitätskoeffizienten von der chemischen Zusammensetzung kann aus Tab. 17 für verschiedene Roheisensorten entnommen werden. In einem manganreichen Stahlroheisen ist die Aktivität des Schwefels rund dreimal so hoch wie im reinen Eisen, in einem Thomasroheisen üblicher Zusammensetzung etwa 3,6mal und in einem Gießereiroheisen nahezu 5mal so groß. Ein Roheisen kann also unter sonst gleichen Bedingungen viel weitgehender entschwefelt werden als z. B. ein weicher Stahl und auch zwischen verschiedenen Roheisensorten bestehen graduelle Unterschiede, die den Erfahrungen der Praxis entsprechen.

Aus Gl. (230) ist weiter ersichtlich, daß auch eine Änderung der Aktivität des Zusatzelementes „M" im gleichen Sinne wirkt. Für die in Frage

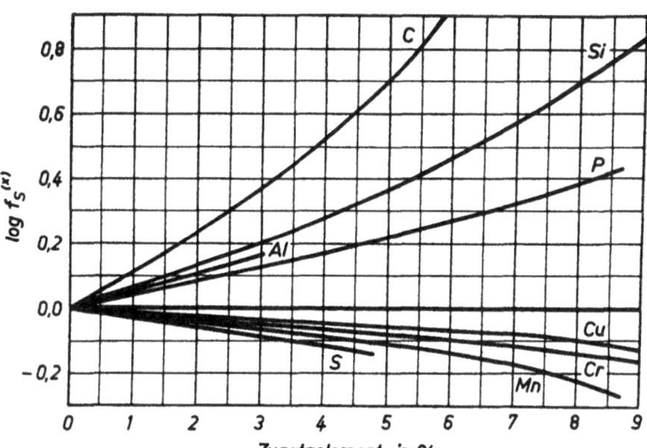

Abb. 92. Einfluß verschiedener Legierungselemente auf den Aktivitätskoeffizienten des Schwefels im System Fe − X (nach C. W. Sherman und J. Chipman sowie Griffin und Healy)

kommenden Bereiche kann die Aktivität des Zusatzelementes, z. B. des Mangans, in erster Näherung durch seine Konzentration im flüssigen Eisen ersetzt werden, so daß mit steigendem Gehalt die Entschwefelung verbessert wird.

Tabelle 17. *Aktivitätskoeffizienten des Schwefels in verschiedenen Roheisensorten*

	Thomas-Roheisen		Stahlroheisen		Gießerei-Roheisen	
	%	$\lg f_S^{(X)}$	%	$\lg f_S^{(X)}$	%	$\lg f_S^{(X)}$
C	3,7	0,46	4,0	0,52	4,0	0,52
Si	0,4	0,02	0,6	0,03	2,5	0,16
Mn	0,7	− 0,01	2,5	− 0,06	0,7	− 0,01
P	2,0	0,09	0,15	0,00	0,5	0,002
S	0,05	0,00	0,04	0,00	0,04	0,00
$\lg f_S^{(\Sigma)}$		0,56		0,49		0,69
$f_S^{(\Sigma)}$		3,63		3,08		4,9

Im Gegensatz dazu soll, wie oben erwähnt, die Aktivität des Reaktionsproduktes möglichst klein sein. Für den Fall der Entschwefelung durch Zusatz eines im Eisen löslichen Metalles unter Ausscheidung einer *reinen* Sulfidphase ist die Aktivität a_{MS} jeweils 1, so daß eine Beeinflussung der Entschwefelung auf diesem Wege praktisch nicht möglich ist.

Die technisch wichtigste Anwendung dieser Reaktion ist die Entschwefelung mit Mangan. Demgegenüber ist die Verwendung von Cer (Mischmetall) auf Sonderfälle beschränkt. Auf die Behandlung von Roheisen- und Stahlschmelzen mit bei Reaktionstemperatur dampfförmigen Metallen, wie Kalzium und Magnesium, soll hier nicht näher eingegangen werden.

Von wesentlich größerer technischer Bedeutung für die Stahlherstellung sind aber die Umsetzungen des im Eisen gelösten Schwefels mit einer *Schlackenphase*, die durch ihre chemische Zusammensetzung ein möglichst hohes Aufnahmevermögen für Schwefel besitzt. Dabei kommt es im Endzustand zur Ausbildung eines Verteilungsgleichgewichtes des Schwefels zwischen Metall und Schlacke. Die allgemeine Reaktionsgleichung (229) erhält dann die Form

$$[FeS] + (MeO) = (MeS) + (FeO) \tag{232}$$

und die Gleichgewichtskonstante

$$K_S = \frac{a_{(MeS)} \cdot a_{(FeO)}}{a_{[FeS]} \cdot a_{(MeO)}} \tag{233}$$

Auch hier ist die Entschwefelung um so besser, je größer der Wert von K_S ist. Eine hohe Aktivität des Schwefels im Eisen begünstigt also die Entschwefelung. Auch der schwefelbindende Stoff, in diesem Fall ein Metalloxyd der Schlackenphase, soll eine möglichst hohe Aktivität aufweisen. Die Aktivität des entstehenden Sulfids soll dagegen gering sein. Bei dieser Reaktion ist die Möglichkeit gegeben, durch Verdünnung eine Aktivitätsverminderung des Sulfids in der Schlackenphase und damit eine Verbesserung der Entschwefelung zu erreichen.

Bei der Verwendung eines Metalloxyds als schwefelbindender Stoff tritt in Gl. (233) ein neuer Faktor auf, nämlich die Aktivität des Eisen(II)-oxyds $a_{(FeO)}$. Dieser Größe kommt entscheidende Bedeutung zu. Aus Gl. (233) kann sofort gefolgert werden, daß nur bei geringer Sauerstoffaktivität, also unter reduzierenden Bedingungen, eine weitgehende Entschwefelung möglich ist. Wieweit diesen Bedingungen bei den verschiedenen Roheisenbehandlungs- und Stahlherstellungsverfahren entsprochen werden kann, soll in den folgenden Abschnitten behandelt werden.

1.136.1 Die Entschwefelung des Roheisens

Für die hüttenmännische Praxis sind zwei Entschwefelungsverfahren von Bedeutung:

a) die Manganentschwefelung und
b) die Schlackenentschwefelung mit Soda, Kalk oder Kalziumverbindungen.

Die Entschwefelung mit Mangan wird dort ausgenützt, wo ein Roheisen mit ausreichend hohem Mangangehalt anfällt und läuft praktisch von selbst ab. Die Schlackenentschwefelung dagegen erfordert zusätzliche Maßnahmen, sie hat aber den Vorteil, daß der Schwefel im Roheisen bis auf geringste Restgehalte entfernt werden kann.

Die Manganentschwefelung

Die entschwefelnde Wirkung des Mangans beruht auf der Mangansulfidbildung aus dem als Eisensulfid gelösten Schwefel nach der Gleichung

$$[FeS] + [Mn] = (MnS) + Fe \tag{234}$$

sobald bei geeigneter Zusammensetzung und Temperatur die Mischungslücke im System Fe—Mn—S erreicht wird.

Die Bedingungen für die Mangansulfidausscheidung lassen sich an Hand des Zustandsschaubildes Eisen—Mangan—Schwefel gut übersehen. Bei etwa 1600 °C bildet sich die in Abb. 93 gezeigte Mischungslücke aus [114 bis 116]. Die metallreichen Schmelzen des Bereiches CD stehen, wie die Konoden zeigen, mit den sulfid- und manganreichen Schmelzen des Bereiches FeS—MnS im Gleichgewicht.

Reicht das vorhandene Mangan aus, um allen Schwefel in Mangansulfid überzuführen, also im Bereich rechts von der Diagonale Fe—MnS, so bestehen die Schlakken aus fast reinem FeS. Im kohlenstofffreien System Fe—Mn—S liegen die Ent-
mischungsbedingungen, wie der vergrößerte Teilausschnitt der Eisenecke des
Systems in Abb. 94 zeigt [114 bis 116], so ungünstig, daß eine Manganentschwefe-

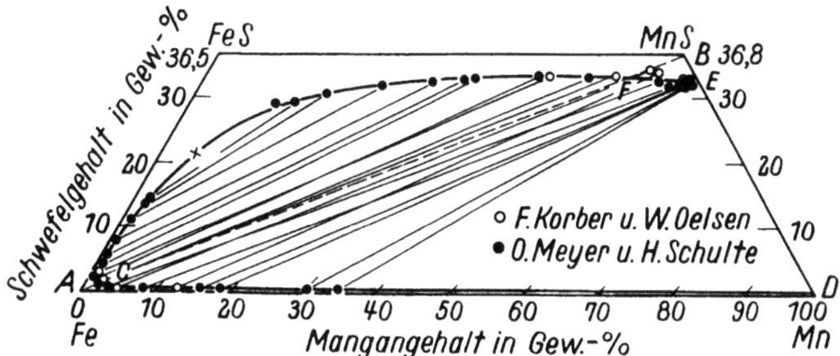

Abb. 93. Die Mischungslücke im System Fe—Mn—S bei etwa 1600 °C. Die Sulfide enthalten kleine Oxydmengen
(nach E. SCHÜRMANN)

lung bei den praktisch in Frage kommenden Schwefel- und Mangankonzentrationen
nicht wirksam wird. Die erreichbaren Schwefelkonzentrationen liegen noch zwei
Zehnerpotenzen über den im Stahl anzustrebenden Endgehalten.

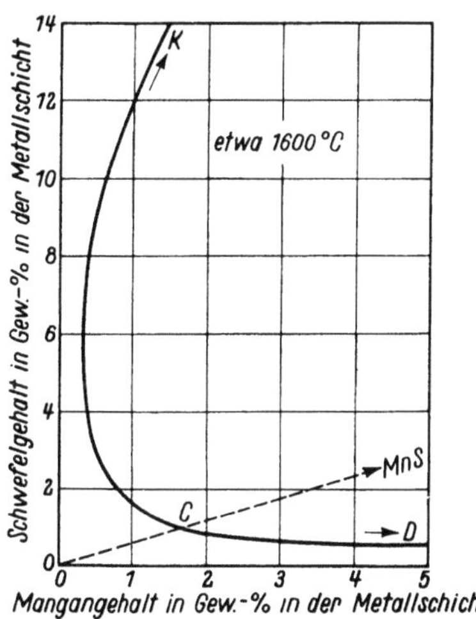

Abb. 94. Der Verlauf der Mischungslücke in der
eisenreichen Ecke des Systems Fe—Mn—S bei
etwa 1600 °C (nach E. SCHÜRMANN)

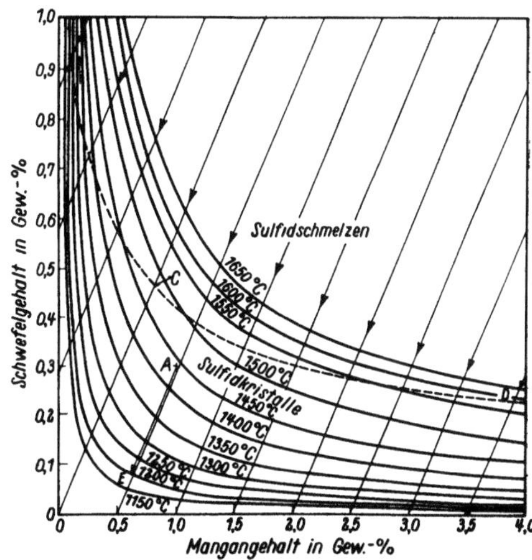

Abb. 95. Die Abhängigkeit des Schwefelgehaltes hoch-
kohlenstoffhaltiger Eisenschmelzen vom Mangangehalt bei
verschiedenen Temperaturen (nach E. SCHÜRMANN)

Bei gleichzeitiger Anwesenheit höherer Kohlenstoffgehalte, also im *Roheisen*, wird die Mischungslücke stark in die Eisenecke des Systems verschoben,
so daß nunmehr eine wirksame Manganentschwefelung möglich ist. Ausschlaggebend ist dabei auch die starke Temperaturabhängigkeit der Lage der Mischungslücke, die in Abb. 95 dargestellt ist [116 bis 118]. Aus den Untersuchungen von
W. OELSEN [118] geht weiter hervor, daß durch die zusätzliche Wirkung anderer
Legierungselemente des Roheisens, also des Siliziums und Phosphors, keine wesentliche Verschiebung der für den Temperaturbereich von 1150 bis 1650 °C angegebenen Kurven verursacht wird. Dieses Diagramm kann somit dazu dienen,
die Vorgänge der Manganentschwefelung des Roheisens *quantitativ* zu beschreiben:

Im Bereich oberhalb der strichlierten Kurve CD kommt es zur Ausscheidung des Schwefels als flüssige FeS—MnS-Schmelze, die rechts der Linie OC zum überwiegenden Teil aus Mangansulfid besteht. Unterhalb der Linie CD erfolgt die Entmischung durch Ausscheidung von FeS—MnS-Mischkristallen.

Aus der Kenntnis der Isothermen und der in Abb. 95 eingezeichneten Richtung der Konzentrationsänderung kann z. B. entnommen werden, daß in einem Roheisen mit 1% Mn und 0,3% S erst bei einer Abkühlung auf eine Temperatur knapp unter 1450°C (Punkt A) die Ausscheidung von Sulfidmischkristallen beginnt. Mit fallender Temperatur ändert sich die Zusammensetzung des Roheisens nach der Linie AE, so daß z. B. bei 1200 °C ein Roheisen mit etwa 0,6% Mn und 0,08% S erhalten wird. Das Diagramm läßt weiter noch erkennen, daß ausreichend niedrige Schwefelgehalte nur mit relativ hohen Mangankonzentrationen erreichbar sind.

Im Zusammenhang mit der Manganentschwefelung sei noch darauf hingewiesen, daß die Ausseigerung der Sulfid-Mischkristalle aus der Roheisenschmelze und damit der Entschwefelungserfolg stark von physikalischen Bedingungen abhängt. Eine Bewegung des Roheisenbades oder ein Rütteln der Schmelze, z. B. beim Transport vom Hochofen zum Stahlwerk, fördert die rasche Abscheidung. Als echter Seigervorgang wird die Manganentschwefelung auch durch die Anwesenheit von Pfannen- oder Mischerschlacke kaum beeinträchtigt.

Die Sodaentschwefelung

Die Schlackenentschwefelung des Roheisens mit Soda verläuft nach der Umsetzungsgleichung

$$[\text{FeS}] + (\text{Na}_2\text{O}) = (\text{Na}_2\text{S}) + (\text{FeO}) \tag{235}$$

wobei das technisch meist verwendete Natriumkarbonat (Na_2CO_3) oder Natriumhydroxyd (NaOH) vom flüssigen Eisen primär unter CO_2- bzw. H_2O-Abgabe in endothermer Reaktion zu Natriumoxyd, Na_2O, zersetzt wird. Das entstehende Natriumsulfid ist bei Temperaturen über 900°C flüssig. Das entstehende Eisenoxydul wird vom Kohlenstoff des Metallbades reduziert. Enthält das Roheisen auch Silizium, so kann das Eisenoxydul dieses zu Kieselsäure oxydieren, die von der Sulfidschlacke unter Natriumsilikatbildung aufgenommen wird:

$$x\,\text{SiO}_2 + y\,\text{Na}_2\text{O} = y\,\text{Na}_2\text{O} \cdot x\,\text{SiO}_2 \tag{236}$$

In gleicher Weise reagiert auch der Kieselsäureanteil gegebenenfalls anwesender Schlackenreste. Diese Natriumsilikatbildung bewirkt eine Verminderung der Aktivität des Na_2O und behindert damit die Entschwefelung im Sinne der Gl. (235).

Die Natriumsulfidschlacke selbst vermag auch erhebliche Mengen an Eisensulfid zu lösen

$$[\text{FeS}] = (\text{FeS}) \tag{237}$$

wodurch unter Umständen wesentlich mehr Schwefel aus dem Roheisen herausgelöst wird, als zu Natriumsulfid gebunden wird.

Auch innerhalb der Schlacke geht eine Umsetzung zwischen FeS und Na_2O vor sich:

$$(\text{FeS}) + (\text{Na}_2\text{O}) = (\text{Na}_2\text{S}) + (\text{FeO}) \tag{238}$$

Auch dieses Eisenoxydul wird vom Kohlenstoff bzw. Silizium des Roheisens reduziert. Die Sodaentschwefelungsschlacken bestehen aus meist dünnflüssigen Gemischen von Na_2S, FeS und Natriumsilikaten, wobei auch das Auftreten von

Doppelsulfiden nicht ausgeschlossen ist. Auch den Natriumsilikaten selbst kommt noch eine erhebliche entschwefelnde Wirkung zu, die z. B. durch Kalkzusätze noch gesteigert werden kann.

Die Vorgänge bei der Sodaentschwefelung des Roheisens sind wegen ihres komplexen Charakters und der Unkenntnis der Bindungsverhältnisse in der Schlacke einer exakten Berechnung bisher nicht zugänglich. Die Entschwefelungswirkung kann aber aus den Ergebnissen experimenteller Untersuchungen [119 bis 121] gut abgeschätzt werden. Abb. 96 gibt die je Gramm Na_2CO_3 entfernte Schwefelmenge in g an, die aus Roheisensorten verschiedenen Schwefelgehaltes abgeschieden werden können. Die oberste Kurve mit maximaler Entschwefelung gilt für reine Sodaschlakken, die darunter liegenden gelten für Natriumsilikatschlacken unterschiedlichen Kieselsäuregehaltes. Mit steigendem SiO_2-Gehalt nimmt die entfernbare Schwefelmenge ab. Bei allen Schlackenzusammensetzungen wird um so mehr Schwefel je Sodaeinheit entfernt, je höher der Endschwefelgehalt im Roheisen bleibt. Zum Erreichen sehr niedriger Endschwefelgehalte sind also sehr hohe Sodazusätze erforderlich. Die eingezeichneten Geraden vom Punkt A (= 0,2% S im Roheisen) geben beispielsweise die Entschwefelungsmöglichkeiten mit verschiedenen Sodamengen (0,25 bis 5%) bei verschiedenen Schlackenzusammensetzungen an. Bei sehr großen Sodazusätzen fällt die Gerade fast mit der Abszisse zusammen, d. h. der Schwefel wird auf alle Fälle prak-

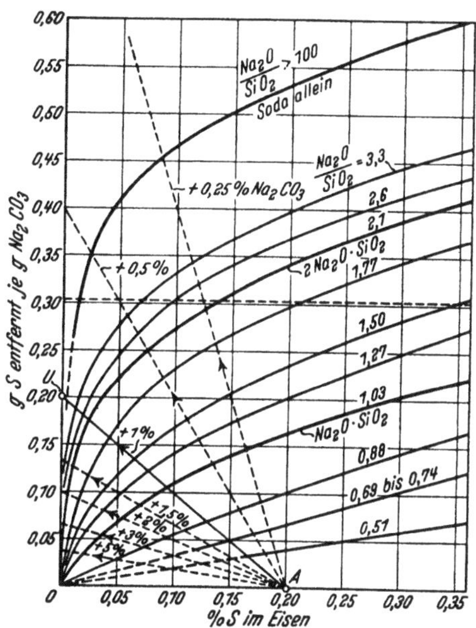

Abb. 96. Beziehungen zwischen Anfangsschwefelgehalt, Sodazusatz und Endschwefelgehalt für verschiedene Verhältnisse $Na_2O:SiO_2$ in der Schlacke (nach W. OELSEN und W. MIDDEL)

tisch vollständig entfernt, gleichgültig, wie hoch der SiO_2-Gehalt der Schlacke ist.

Die Sodaentschwefelung ist stark temperaturabhängig. Der Endschwefelgehalt des Roheisens ist z. B. bei gleicher Ausgangskonzentration und gleichem Sodazusatz bei 1500 °C etwa doppelt so hoch wie bei 1200 °C. Der ungünstige Einfluß der höheren Temperatur beruht zum Teil auf einer ungünstigen Veränderung der Schlackenzusammensetzung durch Erhöhung des an Natrium gebundenen Schwefelanteils unter Eisenreduktion und höherer Aktivität der Kieselsäure. Dazu kommt in der Praxis noch die Verminderung der Schlackenmenge durch Verdampfungsverluste und die Anreicherung der Schlacke aus Kieselsäure durch stärkeren Angriff der Pfannenzustellung.

Wie bei der Manganentschwefelung ist auch beim Arbeiten mit Soda den physikalischen Reaktionsmöglichkeiten Beachtung zu schenken. Technische Einzelheiten einschließlich des Arbeitens mit Schlackenteilmengen werden im Abschnitt 3.231 (S. 445) behandelt.

Die Kalkentschwefelung

Die Bindung des Schwefels an Kalk erfolgt nach der Gleichung

$$[FeS] + (CaO) = (CaS) + (FeO) \tag{239}$$

doch ist diese Umsetzung nur auf eine dünne Oberflächenschicht der Kalkteilchen beschränkt; da die Temperatur bei der Roheisenentschwefelung nicht ausreicht, eine Kalkschlacke zu bilden. Dementsprechend ist die Kalkentschwefelung, die im Abschnitt 3.232 (S. 447) in ihrem technischen Ablauf behandelt wird, weitgehend von den rein physikalischen Arbeitsbedingungen abhängig.

Um die Entschwefelungsreaktion nach Gl. (239) weitgehend nach rechts, d. h. zu sehr niedrigen Endschwefelgehalten ablaufen zu lassen, ist es notwendig, die Aktivität des entstehenden Eisen(II)-oxyds niedrig zu halten. Als Reduktionsmittel für den Sauerstoff dient der Kohlenstoff des Roheisens, so daß die Gesamtreaktion die Form

$$[FeS] + (CaO) + [C] = (CaS) + Fe + \{CO\} \qquad (240)$$

annimmt. Aus der Gleichgewichtskonstante dieser Entschwefelungsreaktion

$$K_S = \frac{a_{(CaS)} \cdot p_{CO}}{a_{[S]} \cdot a_{(CaO)} \cdot a_{[C]}} \qquad (241)$$

kann der theoretisch erreichbare Endschwefelgehalt errechnet werden. Nach den Berechnungen von B. TRENTINI, L. WAHL und M. ALLARD [122] ergibt sich für die Reaktion (240) $\Delta G° = 27\,050 - 27{,}55\,T$. Bei einer Reaktionstemperatur von 1300°C bildet das entstehende CaS mit dem CaO keine feste Lösung, so daß die Aktivitäten a_{CaS} und a_{CaO} gleich eins sind. Ebenso ist in einem kohlenstoffgesättigten Eisen die Aktivität des Kohlenstoffs $a_C = 1$. Unter der Annahme eines CO-Partialdruckes von $p_{CO} = 1$ wird

$$K_S = \frac{1}{a_{[S]}} \qquad (242)$$

was für 1300°C einen Wert von $K_S = 183$ ergibt. Da in einem Roheisen die Aktivität des Schwefels etwa 5mal so groß ist wie im System Fe—S (vgl. Tab. 17), so ergibt sich im Gleichgewicht ein Endschwefelgehalt von

$$[S] = \frac{1}{915} \text{ oder rund } 0{,}001\%$$

Die Entschwefelung mit festem Kalk kann also zu sehr niedrigen Schwefelgehalten führen, besonders wenn man berücksichtigt, daß der Partialdruck des Kohlenoxyds sicher immer kleiner als eins ist, wodurch die Gleichgewichtslage noch mehr nach rechts verschoben wird.

Da das Roheisen stets gewisse Siliziumgehalte aufweist, kann angenommen werden, daß anstelle des Kohlenstoffes in Gl. (240) auch das Silizium als Reduktionsmittel auftritt:

$$2\,[S] + [Si] + 2\,(CaO) = 2\,(CaS) + (SiO_2) \qquad (243)$$

Die entstehende Kieselsäure setzt sich mit dem im Überschuß vorhandenen Kalk zu Dikalziumsilikat $2\,CaO \cdot SiO_2$ um. Unter der Annahme, daß die entstehenden Reaktionsprodukte, CaS und $2\,CaO \cdot SiO_2$, bei 1300°C mit dem CaO und untereinander keine festen Lösungen bilden, errechnete S. EKETORP [123] als theoretisch erreichbaren Endschwefelgehalt

$$[S] = 2{,}5 \times 10^{-5}\%$$

für ein Thomasroheisen mit 3,4% C, 0,3% Si, 0,8% Mn und 1,8% P bei einer Reaktionstemperatur von 1300°C.

Wenn auch im technischen Ablauf der Kalkentschwefelung diese extrem niedrigen Werte nicht erreicht werden, so zeigen doch die Ergebnisse verschiedener Verfahren, daß das Roheisen in kurzer Zeit auf Schwefelgehalte von etwa 0,01% und weniger entschwefelt werden kann. Abb. 97 zeigt die Änderung der chemischen Zusammensetzung eines Roheisens mit etwa 0,09% S, das während $4^1/_2$ Minuten durch *Einblasen* von etwa 2% Pulverkalk (Korngröße 0,5 mm) mit technisch reinem Stickstoff (0,5% O_2) behandelt wurde [122]. Schon nach 3 Minuten ist ein Endwert unter 0,004% S erreicht. Die Abnahme von Kohlenstoff und Silizium ist unbedeutend. Es ist klar, daß im Sinne der Gl. (239) der Kalk möglichst frei von SiO_2, $CaCO_3$ und Feuchtigkeit sein soll. Ebenso erhöht die Zugabe starker Desoxydationsmittel, wie Aluminium- oder Magnesiumpulver, die Wirksamkeit.

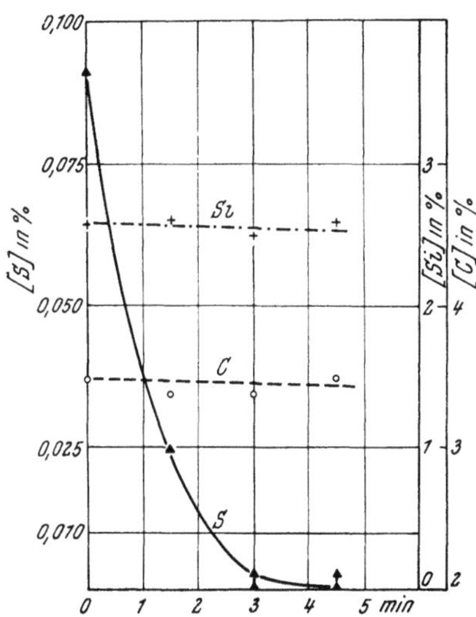

Abb. 97. Entschwefelung von Roheisen durch Einblasen von Feinkalk mit Stickstoff als Trägergas (nach B. Trentini, L. Wahl und M. Allard)

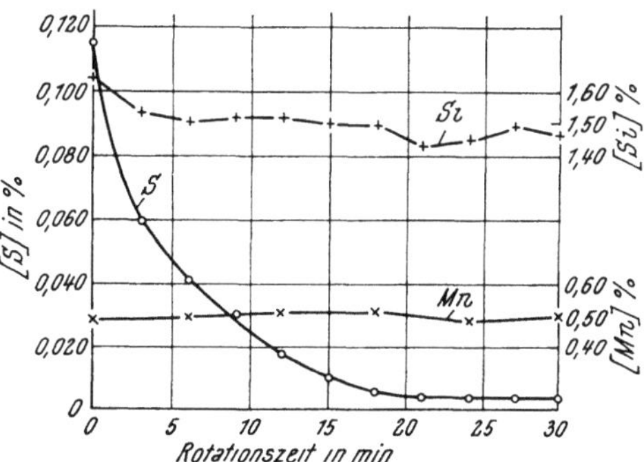

Abb. 98. Entschwefelung mit Feinkalk in der rotierenden Trommel (nach S. Fornander)

Der von B. Kalling und Mitarbeitern [124, 125] entwickelte Prozeß verwendet anstelle des Einblasens mit einem Trägergas die mechanische Mischung des flüssigen Roheisens mit Feinkalk (1,5 mm) in einer rotierenden Trommel oder in einer Schüttelpfanne. Das Ergebnis dieser Entschwefelung zeigt Abb. 98 bei Verwendung von etwa 1,5% CaO. In 20 bis 30 Minuten sind Endschwefelgehalte von weniger als 0,01% erreichbar. Der Erfolg hängt maßgeblich von der Aufrechterhaltung einer reduzierenden Atmosphäre ab, wozu neben Luftabschluß auch der Zusatz von etwa 0,5% Feinkoks dient. Der Kokszusatz verhindert auch ein Zusammensintern des Kalkes, wodurch die notwendige große Reaktionsfläche erhalten bleibt.

Statt oder in Verbindung mit gebranntem Kalk können auch Kalziumkarbid und Kalziumcyanamid (CaC_2 bzw. $CaCN_2$) verwendet werden, die den Schwefel ebenfalls als CaS abbinden [126, 127]. Diese Verfahren ergaben jedoch bisher keine so großen technischen Vorteile, daß die höheren Kosten gegenüber dem Kalk gerechtfertigt wären.

1.136.2 Die Entschwefelung bei den Stahlherstellungsverfahren

Eine wirksame Schlackenentschwefelung ist bei *allen* Stahlherstellungsverfahren gemäß der Umsetzungsgleichung (232)

$$[FeS] + (MeO) = (MeS) + (FeO)$$

nur dann möglich, wenn die Schlacke ein relativ hohes Aufnahmevermögen für das entstehende Sulfid (MeS) und das sulfidbildende Oxyd (MeO) in der Schlacke eine möglichst hohe Aktivität besitzt. Durch sekundäre Reaktionen, die die FeO-Aktivität vermindern, wird der Ablauf der Reaktion nach rechts ebenfalls entscheidend begünstigt. Daraus ergeben sich sofort für die verschiedenen Stahlherstellungsverfahren, die im wesentlichen durch die verwendeten Schlackensysteme gekennzeichnet sind, Aussagen über das mögliche Ausmaß einer Entschwefelung.

Bei allen *sauren* Stahlherstellungsverfahren [128], die mit metalloxydulhaltigen Silikatschlacken arbeiten, ist eine wirksame Entschwefelung unmöglich. Diese Schlacken haben selbst bei Anwesenheit gewisser Mengen an CaO und MnO nur ein sehr begrenztes Aufnahmevermögen für Metallsulfide (z. B. FeS), so daß im günstigen Fall Entschwefelungsgrade von kaum mehr als 10% beobachtet werden [129]. Im sauren Lichtbogenofen kann unter bestimmten Voraussetzungen eine geringe Schwefelabnahme durch Bildung von flüchtigem SiS festgestellt werden. Die entschwefelnde Wirkung von Na_2O-haltigen Silikatschlacken kann bei den Stahlherstellungsverfahren im Gegensatz zur Roheisenbehandlung nicht ausgenützt werden, weil bei den notwendigen hohen Temperaturen starke Verdampfungsverluste auftreten und die saure Zustellung zu stark angegriffen wird.

Beim sauren Verfahren muß also bereits im Einsatz darauf geachtet werden, daß der Schwefelgehalt den verlangten Endwert nicht überschreitet. Allerdings besteht die Möglichkeit einer entschwefelnden Nachbehandlung des fertigen sauren Stahles, auf die bei Besprechung der Schlackenreaktionsverfahren noch zurückgekommen wird (vgl. Abschnitt 1.184 und 3.91, S. 328 und 674).

Bei *basischen* Stahlherstellungsverfahren ist dagegen die Möglichkeit gegeben, kalkreiche Schlacken zu benutzen, die ein hohes Aufnahmevermögen für das entstehende CaS besitzen. Das Ausmaß der möglichen Entschwefelung wird außer von der CaO-Aktivität im wesentlichen von der Sauerstoffaktivität bestimmt. Eisenoxydulreiche basische Schlacken lassen im Mittel eine 50 bis 60%ige Entschwefelung zu, während FeO-arme basische Feinungsschlacken nahezu beliebig tiefe Endschwefelgehalte erreichen lassen.

Die Entschwefelung im basischen Siemens-Martin-Ofen

Die Entschwefelung im basischen Siemens-Martin-Ofen kann als eine Folge von Reaktionen aufgefaßt werden, die sich in einem dreiphasigen System, bestehend aus Metallbad, Schlacke und Gasatmosphäre, abspielen. Genauere Vorstellungen über die Bindungsverhältnisse und damit über den Chemismus aller Reaktionen bestehen nur für die Metall- und Gasphase.

Im *Metallbad* ist der Schwefel, wie bereits früher ausgeführt, als FeS gelöst. Die Aktivität des Schwefels kann nach den dort gegebenen Unterlagen bestimmt werden.

In der *Gasatmosphäre* im Siemens-Martin-Ofen ist der Schwefel, der mit dem Brennstoff eingebracht wird, bei oxydierender, aber auch bei sogenannter ,,reduzierender'' Fahrweise als SO_2 vorhanden [125]. Dies steht in Übereinstimmung mit den Angaben von W. HEILIGENSTAEDT [131], wonach sich sowohl oxydierende als auch reduzierende Gaszusammensetzungen im Siemens-Martin-Ofen gegenüber metallischem Eisen bei Temperaturen um 1600°C immer oxydierend verhalten, so daß eine Existenz von H_2S unwahrscheinlich ist.

Eine Schwefelaufnahme des Stahlbades aus der Gasatmosphäre tritt schon bei sehr geringen SO_2-Gehalten ein. Für die Reaktion

$$[S] + [O] = \{SO_2\} \qquad (244)$$

wird von J. Chipman [132] die freie Reaktionsenthalpie

$$\Delta G^\circ = 1340 + 12{,}81 \cdot T \qquad (245)$$

angegeben. Daraus ergibt sich für 1600°C der Wert der Gleichgewichtskonstante zu $K = 0{,}001$.

Für ein Stahlbad mit 0,05% S und 0,02% O errechnet sich der zugehörige Partialdruck des Schwefeldioxyds zu $p_{SO_2} = 2.10^{-8}$ at. Dies bedeutet, daß die Schmelze bereits Schwefel aus der Gasphase aufnimmt, wenn deren SO_2-Gehalt $2 \cdot 10^{-6}$ Vol.% übersteigt.

Diese Schwefelaufnahme tritt vorzugsweise in der Einschmelzperiode auf, solange der metallische Einsatz mit den Flammengasen direkt in Berührung steht. Abb. 99 zeigt die Veränderung des Schwefelgehaltes während des Einschmelzens in Abhängigkeit vom Schwefelgehalt der Heizgase und des Einsatzes nach den Untersuchungsergebnissen von F. Harders, W. Grewe und W. Oelsen [130].

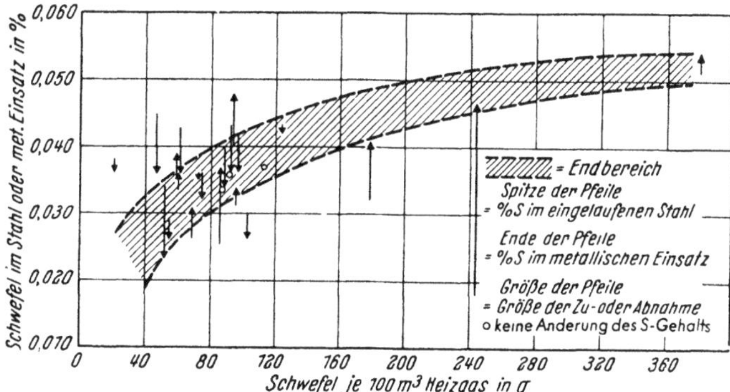

Abb. 99. Schwefelauf- oder -abnahme während des Einschmelzens im basischen Siemens-Martin-Ofen in Abhängigkeit vom Schwefelgehalt der Heizgase und des Einsatzes (nach F. Harders, W. Grewe und W. Oelsen)

Die Bindungsverhältnisse des Schwefels in *basischen Schlacken* sind noch nicht klargestellt, da diese komplexen Vielstoffsysteme schwer zu überblicken sind. In kalkreichen Schlacken des Systems $CaO—SiO_2—FeO$ ist der Schwefel nach den heutigen Vorstellungen im wesentlichen als Kalziumsulfid, CaS, gelöst [133]. Kalkärmere Schlacken, besonders bei hohen Manganoxydulgehalten, besitzen ein gewisses Lösungsvermögen für Eisensulfid, wobei das FeS auch mit anderen Metalloxyden, z. B. dem MnO, unter Sulfidbildung reagieren kann.

In *kalkreichen* Schlacken, wie sie für das Ende der Frischperiode kennzeichnend sind und damit das Ausmaß der Entschwefelung bestimmen, kann die Gültigkeit der Reaktionsgleichung (239)

$$[FeS] + (CaO) = (CaS) + (FeO)$$

vorausgesetzt werden. Ihre Gleichgewichtskonstante

$$K_S = \frac{a_{(CaS)} \cdot a_{(FeO)}}{a_{[FeS]} \cdot a_{(CaO)}} \qquad (246)$$

läßt die Voraussetzungen für eine gute Entschwefelung sofort angeben: Es muß die Aktivität der Stoffe im Nenner möglichst groß, diejenige der Stoffe im Zähler möglichst klein sein.

Die Aktivität des *Eisensulfids* im Stahlbad kann im Siemens-Martin-Ofen nicht
willkürlich verändert werden. Die Abnahme des Kohlenstoffgehaltes im Frischprozeß bewirkt, wie aus Abb. 92 entnommen werden kann, auch eine Erniedrigung der Schwefelaktivität, doch ist diese Änderung im Vergleich zur Aktivitätsänderung der anderen Komponenten unbedeutend.

Den größten Einfluß auf die Entschwefelung im Frischprozeß hat die *Aktivität
des Kalkes* in der Schlacke. Sie nimmt in den üblichen basischen Siemens-Martin-
Schlacken mit steigender Kalkauflösung zu und erreicht ihren Höchstwert im
Augenblick der *Kalksättigung*. In diesem Zeitpunkt steht die flüssige Schlacke mit
dem noch ungelösten Kalk im Gleichgewicht, so daß die Aktivität des gelösten

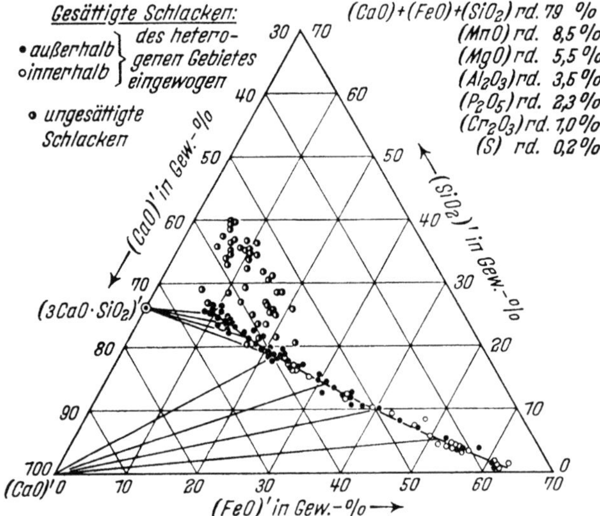

Abb. 100. Kalksättigung der Siemens-Martin-Schlacken bei 1650 °C
(nach H. VOM ENDE, F. BARDENHEUER und E. SCHÜRMANN)

(CaO) gleich der des festen Kalkes sein muß. In technischen Systemen mit ver-
unreinigtem Kalk wird dabei zwar niemals der Wert $a_{(CaO)} = 1$ des *reinen* Systems
erreicht, wie aus den Untersuchungen von W. A. FISCHER und H. SPITZER [134]
geschlossen werden kann; doch erreicht auch hier die Kalkaktivität den unter
gegebenen Verhältnissen möglichen Maximalwert. Diese wichtige *Kalksättigungslinie* im System $CaO-SiO_2-FeO$ ist mehrfach experimentell bestimmt worden
[135, 136]. Ihr Verlauf wurde in einer neueren Arbeit von H. VOM ENDE, F. BAR-
DENHEUER und E. SCHÜRMANN [111] bestätigt. Das Diagramm in Abb. 100 zeigt
den Verlauf der Kalksättigungslinie für Siemens-Martin-Schlacken mit (CaO)
+ (FeO) + $(SiO_2) \approx 79\%$ bei 1650 °C.

In der Praxis sind die optimalen Entschwefelungsschlacken im basischen
Siemens-Martin-Ofen solche mit einem Kalk-Kieselsäure-Verhältnis von etwa 4,
die entlang der in Abb. 100 eingezeichneten Grenzkurve liegen. Sie sind durch entsprechende Maßnahmen, wie rechtzeitige Zugabe des notwendigen Zuschlag-
kalkes, Zugabe von Flußmitteln und Temperatursteigerung, einstellbar.

Als praktisches Maß für die Kalkaktivität wird meist die *Basizität* verwendet.
Die Verwendung dieses Maßstabes ist aber nur so lange sinnvoll, als die Kalksättigung der Schlacke noch nicht erreicht ist, weil dann $a_{(CaO)}$ seinen Maximalwert
erreicht. Bei reaktionsfähigen, flüssigen Schlacken nähert sich die Schwefelverteilung rasch ihrem Gleichgewicht.

Eine weitere Voraussetzung für eine gute Entschwefelung ist eine möglichst niedrige Aktivität des (FeO). Diese Bedingung ist jedoch einer gewissen Einschränkung unterworfen, da zur Aufrechterhaltung des Kochvorganges eine bestimmte Sauerstoffaktivität der Schlacken erhalten bleiben muß. Mit abnehmendem Kohlenstoffgehalt der Schmelze muß sich daher die Schlackenzusammensetzung in Richtung auf die (FeO)-Ecke des Systems verschieben.

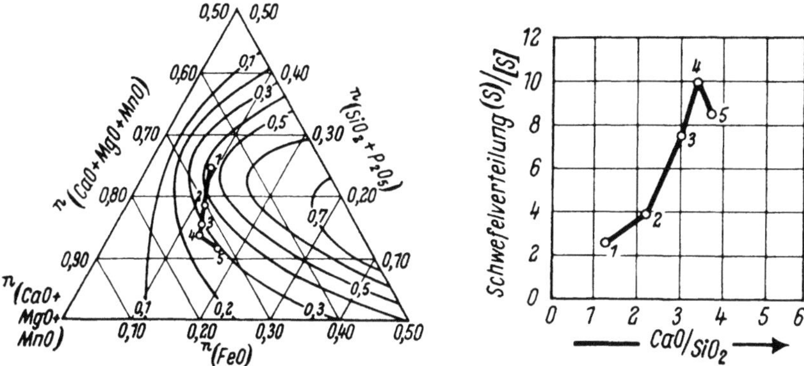

Abb. 101. Beziehung zwischen dem Konzentrationsweg der Schlacke und der Aktivität des Eisenoxyduls und der Einfluß auf die Schwefelverteilung in Siemens-Martin-Schlacken bei etwa 1600 °C (nach K. G. SPEITH, H. VOM ENDE, F. BARDENHEUER und G. MAHN)

Die Aktivität des (FeO) für technische Schlacken des Systems CaO—FeO—SiO$_2$ mit kleineren Gehalten an MgO, MnO und P$_2$O$_5$ kann aus Abb. 55 entnommen werden.

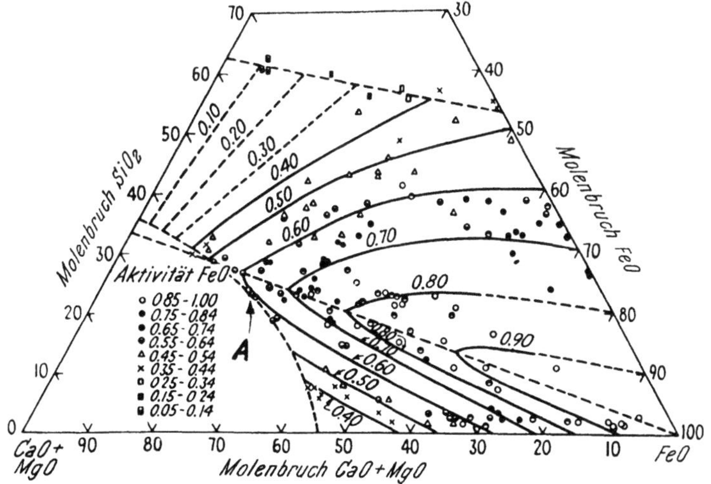

Abb. 102. Die Aktivität des Eisen(II)-Oxyds in basischen Schlacken (nach R. C. TAYLOR und J. CHIPMAN)

Während der Auflösung des Kalkes ändert sich die Schlackenzusammensetzung in Richtung auf das System CaO—FeO, bis die Kalksättigung erreicht ist [136]. Dabei nimmt die (FeO)-Aktivität, wie die Projektion des Schlackenweges in das Aktivitätsdiagramm in Abb. 101a zeigt, zunächst ab und, wie bereits früher ausgeführt, die CaO-Aktivität zu. Die Änderung beider Größen ist also für die Entschwefelung günstig. Im vorliegenden Fall steigt die Eisenoxydul-aktivität in der Nähe der Kalksättigung wieder an. Dementsprechend ändert sich die Schwefelverteilung $\frac{(S)}{[S]}$ in der in Abb. 101b gezeigten Art.

Mit dem Erreichen der Kalksättigung wird die Aktivität des Kalkes konstant, und bei einer Veränderung der Schlackenzusammensetzung längs dieser Linie kann nur mehr die (FeO)-Aktivität für die Schwefelverteilung maßgebend sein. Die zu erwartenden Verhältnisse lassen sich gut übersehen, wenn man in das Diagramm der Isoaktivitätslinien des (FeO) die Kalksättigungslinie einträgt. Bereits aus den Untersuchungen von R. C. TAYLOR und J. CHIPMAN [4] ergeben sich die in Abb. 102 dargestellten Zusammenhänge. Wird die Kalksättigung bei niedrigen (FeO)-Gehalten, also links vom Punkt A erreicht, so führt eine Erhöhung der (FeO)-Konzentration — unter der Voraussetzung, daß durch gleichzeitige Kalkauflösung die Kalksättigung aufrechterhalten bleibt — zunächst zu höheren Werten für a_{FeO}. Dementsprechend muß die Schwefelverteilung schlechter werden, wie dies bereits in den Abb. 101a und 101b zum Ausdruck kam.

Führt diese Veränderung der Schlackenzusammensetzung längs der Kalksättigungslinie über den Punkt A hinaus, so sinkt die Aktivität des (FeO) trotz steigender Eisenoxydulkonzentration in der

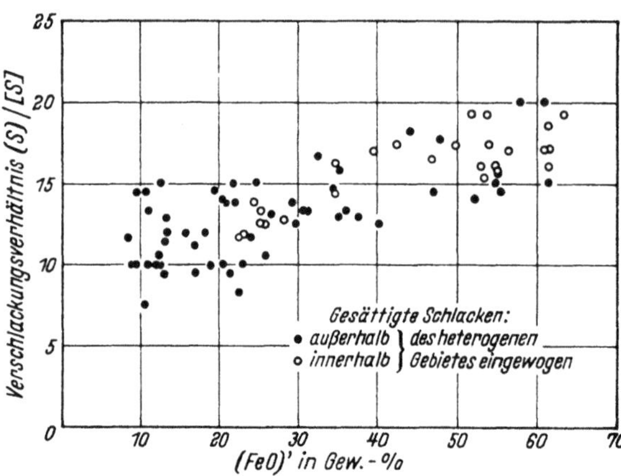

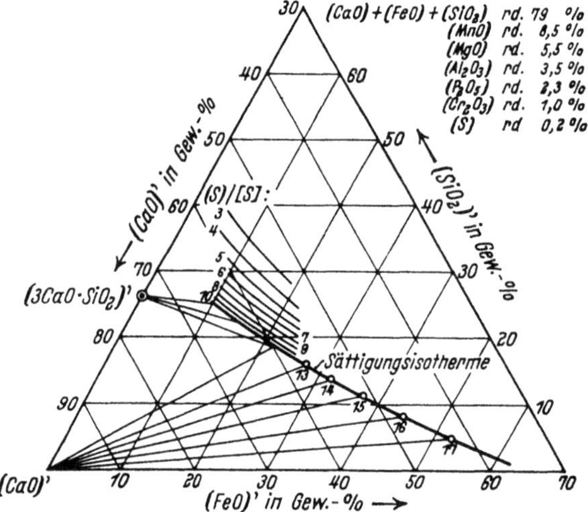

Abb. 103. Einfluß der Schlackenzusammensetzung auf das Verschlackungsverhältnis des Schwefels bei 1650 °C (nach H. VOM ENDE, F. BARDENHEUER und E. SCHURMANN)

Schlacke. Die Folge davon muß eine Verbesserung der Entschwefelung sein. Dies steht in Übereinstimmung mit dem Ergebnis neuerer Untersuchungen von H. VOM ENDE, F. BARDENHEUER und E. SCHÜRMANN [111]. Wie die Abb. 103 zeigt, nimmt das Verhältnis $\frac{(S)}{[S]}$ im Bereich üblicher Eisenoxydulgehalte (etwa 15%) bis zum Erreichen der Kalksättigung und auch längs der Sättigungslinie mit steigender (FeO)-Konzentration in der Schlacke zu. Die Entschwefelung wird begünstigt.

Im Bereich der ungesättigten Schlacken führt jedoch ein zunehmender Eisen-(II)-oxydgehalt zu ungünstigeren Entschwefelungswerten.

Für den Einfluß der Temperatur auf die Schwefelreaktion unter kalkgesättigten Siemens-Martin-Schlacken konnten H. vom Ende und Mitarbeiter [111] die in Abb. 104 dargestellte Abhängigkeit des Verteilungsverhältnisses $\frac{(S)}{[S]}$ bestimmen, die durch die Beziehung

$$\lg \frac{(S)}{[S]} = -\frac{4300}{T} + \text{const} \tag{247}$$

ausgedrückt werden kann. Dieser Temperatureinfluß, der mit der Verschiebung der Kalksättigungslinie mit steigender Temperatur in den Bereich geringerer (FeO)-Aktivitäten erklärt werden kann, ist nahezu unabhängig vom Eisen(II)-oxydgehalt der kalkgesättigten Schlacke. Der Temperatureinfluß ist zahlenmäßig jedoch nur gering, so daß er beim Siemens-Martin-Verfahren experimentell kaum nachzuweisen ist.

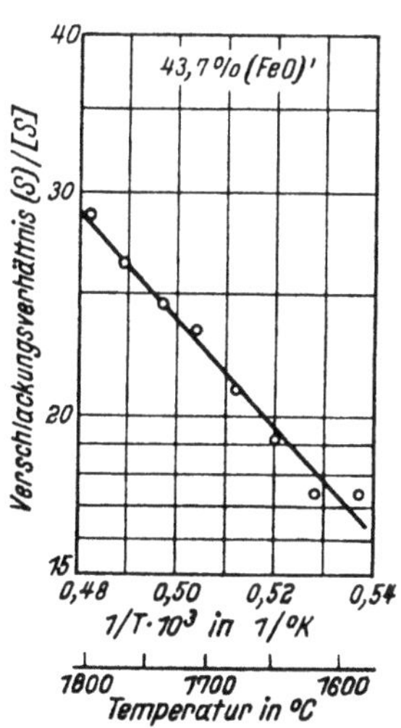

Abb. 104. Temperaturabhängigkeit der Schwefelverteilung zwischen kalkgesättigten Siemens-Martin-Schlacken und Eisenschmelzen (nach H. vom Ende, F. Bardenheuer und E. Schürmann)

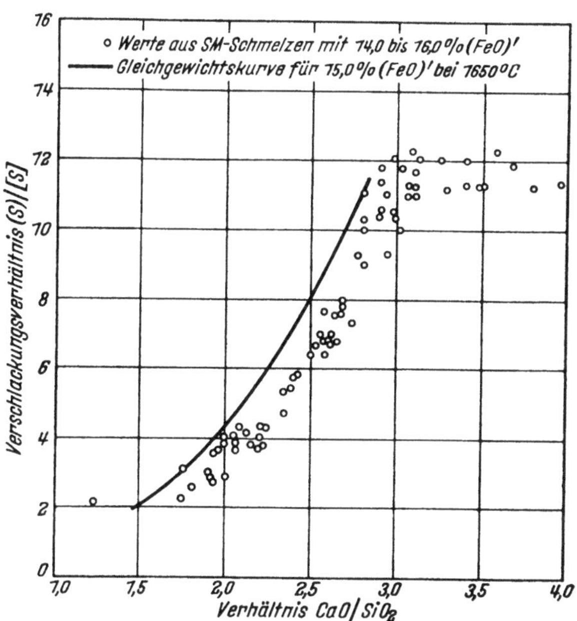

Abb. 105. Lage des Verschlackungsverhältnisses des Schwefels im Siemens-Martin-Ofen zum Gleichgewicht während des Frischens (nach H. vom Ende, F. Bardenheuer und E. Schürmann)

Beim Vergleich der Schwefelverschlackung im Siemens-Martin-Ofen mit den Gleichgewichtswerten für 1650 °C und 15 % (FeO)' in Abb. 105 zeigte sich [111], daß die Betriebswerte im Verlauf des Frischvorganges dicht unterhalb der Gleichgewichtskurve liegen und daß sich nach dem Erreichen der Kalksättigung das Gleichgewicht einstellt. Die *Geschwindigkeit* der Entschwefelung ist daher praktisch nur davon abhängig, wie rasch eine für die Entschwefelung günstige Schlacke gebildet wird. Bis zum Erreichen der Kalksättigung ist sie also im wesentlichen durch die Auflösungsgeschwindigkeit des Kalkes bestimmt.

Als weitere Einflußgröße für die Entschwefelung ist in Gl. (246) noch die Aktivität des Kalziumsulfids $a_{(CaS)}$ enthalten. Unter der Annahme, daß für die in Frage kommenden Schwefelkonzentrationen der Schlacke diese der Aktivität des

Kalziumsulfids proportional sind, muß sich eine Vergrößerung der Schlacken-menge, also eine Verdünnung, günstig auf die Entschwefelung auswirken. Dies gilt sowohl für an Kalk ungesättigte als auch für an Kalk gesättigte Schlacken. Die praktische Bedeutung der Konzentrationsveränderung des (CaS) in der Schlacke geht aus dem von K. G. Speith, H. vom Ende, F. Bardenheuer und

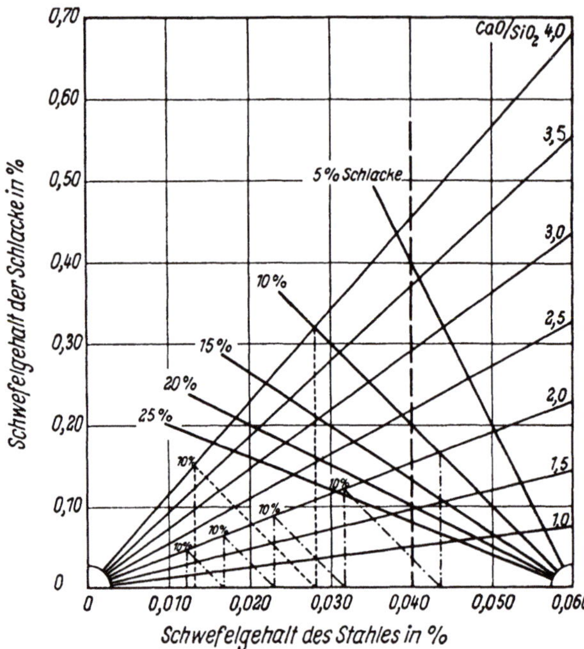

Abb. 106. Der Schwefelgehalt in Bad und Schlacke bei verschiedenen Kalk-Kieselsäure-Verhältnissen unter unterschiedlichen Schlacken-mengen bei 0,060% Schwefel im System (nach K. G. Speith, H. vom Ende, F. Bardenheuer und G. Mahn)

G. Mahn [136] entworfenen Diagramm in Abb. 106 hervor, das für einen Gesamt-schwefelinhalt im System von 0,06% errechnet wurde. Die eingezeichneten Geraden für unterschiedliche Kalk-Kieselsäureverhält-nisse und Schlackenmengen lassen z.B. entnehmen, daß ein Endschwefelgehalt von 0,04% mit einer Schlacken-menge von 20% bei einer Basizität von 1,5 oder aber mit nur 4% Schlacke bei einem Kalk-Kieselsäurever-hältnis von 4 erreicht wer-den kann.

Die Entschwefelung bei den Sauerstoffblasverfahren

Die Reaktionen des Schwefels bei den Sauer-stoffaufblas-Verfahren zwi-schen der Metall- und Schlackenphase sind die gleichen wie im basischen Siemens-Martin-Ofen. Ein Unterschied im Gesamtreaktionsablauf besteht nur darin, daß kein Schwefel aus der Gasphase aufgenommen werden kann und daß unter bestimmten Voraussetzungen eine teilweise Entschwefelung über die Gas-phase möglich ist.

Als Beispiel für den gleichartigen Reaktionsablauf und die Anwendbarkeit der im vorhergehenden Abschnitt aufgezeigten Gesetzmäßigkeiten soll in Abb. 107 der Ablauf der Entschwefelung an einer Schmelze nach dem LD-Verfahren mit Erzkühlung betrachtet werden [129]. Kennzeichnend ist die zu Anfang des Fri-schens eintretende Entschwefelung von etwa 10 bis 15% unter einer noch relativ sauren, (FeO)- und (MnO)-reichen Schlacke. Eine solche Schlacke mit 20 bis 25% (MnO) besitzt ein relativ hohes Lösungsvermögen für Eisensulfid, wobei mit Rücksicht auf die heftige Badbewegung mit ihrer Vermischung von Stahl und Schlacke eine starke Annäherung an das Verteilungsgleichgewicht angenommen werden kann. Über den größten Teil der Frischperiode bleibt sodann der Schwefel-gehalt des Bades konstant. Die bei zunehmender Schlackenmenge zu erwartende Verbesserung der Schwefelverteilung $\frac{(S)}{[S]}$ wird trotz zunehmender Basizität zu-nächst durch den gleichzeitig ansteigenden Eisenoxydulgehalt der Schlacke und die damit verbundene Erhöhung der Aktivität $a_{(FeO)}$ behindert. Erst mit weiterer Kalkauflösung, und sobald die Basizität den Wert 2 überschreitet, sind die Voraussetzungen für eine gute Entschwefelung gegeben. In gleicher Richtung wirkt auch die Abnahme der Konzentration und Aktivität des Eisen(II)-oxyds.

Die Entschwefelung beim LD-Verfahren wird also, genau wie beim basischen Siemens-Martin-Verfahren, durch die Umsetzungen mit der Schlacke bestimmt. Je früher also eine möglichst kalkreiche Schlacke erreicht wird, um so eher kann die Entschwefelung eintreten. Auch relativ hohe Eisenoxydulgehalte stören so lange nicht, als sich die Zusammensetzung der Frischschlacke längs der Kalksättigungslinie bewegt.

In einer umfangreichen statistischen Auswertung konnten E. PLÖCKINGER und M. WAHLSTER [129] anhand von Schwefelbilanzen zahlreicher LD-Schmelzen im Gegensatz zu früheren Anschauungen [137, 138] nachweisen, daß beim üblichen Arbeitsverfahren bis herab zu Endkohlenstoffgehalten von etwa 0,05% keine ins Gewicht fallende Entschwefelung über die Gasphase eintritt. Erst wenn die Entkohlungsreaktion praktisch zum Stillstand gekommen ist, können in der Schwefelbilanz erhebliche Schwefelverluste festgestellt werden. Bei hohen Schwefelgehalten in der Schlacke ist dann in den Abgasen Schwefeldioxyd nachweisbar.

Die Möglichkeiten einer Entschwefelung von Stahl über die Gasphase beim Frischen mit gasförmigem Sauerstoff wurden in zwei neueren Arbeiten von H. NEUHAUS, H. J. LANGHAMMER, H. KOSMIDER und H. SCHENCK [139, 140] untersucht. Sie stellten fest, daß unter geeigneten Arbeitsbedingungen eine solche

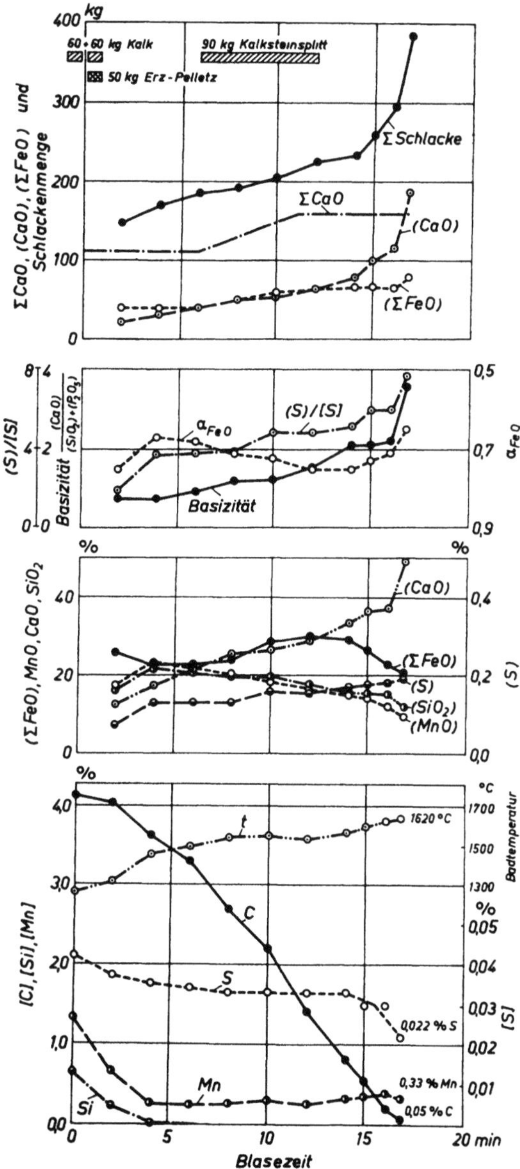

Abb. 107. Entschwefelung bei einer 3-t-LD-Schmelze mit Erzkühlung (nach E. PLÖCKINGER und M. WAHLSTER)

möglich ist und dabei bis zu 40% des insgesamt in das System eingebrachten Schwefels über die Gasphase entfernt werden können. Dabei kann eine Oxydation des Schwefels in der Schlacke zu Sulfat als erster Teilschritt der Gesamtreaktion angesehen werden. Als zweiter Teilschritt wird das entstandene Kalziumsulfat bei genügend hoher Temperatur entweder zersetzt oder es reagiert mit anderen Schlackenoxyden. In beiden Fällen wird Schwefeldioxyd frei, das aus dem System entweicht. Diese Arbeitsbedingungen sind jedoch den bisher im Frischprozeß als günstig erkannten zum Teil gegenläufig. Die *Schwefeloxydation* wird durch niedrige Basizität und steigendes Oxydationspotential in der Schlacken- und Gasphase gefördert. Beide Vorgänge können nur dann gleichzeitig zu einer wirkungsvollen Gesamtentschwefelung ausgenützt werden, wenn sich im System ein möglichst starkes Ungleichgewicht mit hohem Potentialgefälle zwischen Gas- und Metallphase ausgebildet hat.

Danach erreichen von den derzeit üblichen Verfahren das Schlackenpuffer-, Kaldo- und Rotorverfahren bei höchster Schwefeloxydation die besten Entschwefelungsgrade (bis etwa 80%). Dies ist einerseits auf die stark oxydierende Atmosphäre im Arbeitsraum und andererseits auf die relativ langen Reaktionszeiten zurückzuführen. Diese Voraussetzungen treffen jedoch für das LD-Verfahren erst nach Ende des Frischvorganges zu.

Auch im Siemens-Martin-Ofen kann die Entschwefelung zusätzlich über die Gasphase verbessert werden, wenn durch Sauerstofflanzen eine günstige Ofenatmosphäre aufrechterhalten wird. So kann z. B. eine 42%ige Entschwefelung unter gegebenen Bedingungen durch Sauerstofffrischen auf etwa 60% verbessert werden.

Die gleichen Gesetzmäßigkeiten der Schlackenentschwefelung können, soweit bisher Untersuchungsergebnisse vorliegen, auch für die Sauerstoffaufblas-Verfahren im Kaldo-Ofen und im Rotor angenommen werden (vgl. Abschnitte 3.32 und 3.33, S. 479 und 483). Man erreicht unter optimalen Bedingungen (ohne Berücksichtigung einer Entschwefelung über die Gasphase) eine etwa 50 bis 60%ige Entschwefelung mit basischen Frischschlacken, die bei Arbeitsverfahren mit Schlackenwechsel noch gesteigert werden kann.

Die Entschwefelung im basischen Lichtbogenofen

Auch für den Ablauf der Entschwefelung in der *Frischperiode* im basischen Lichtbogenofen ergeben sich gegenüber dem bisher Gesagten keine neuen Gesichtspunkte. Die Schwefelverteilung zwischen Metallbad und Schlacke folgt den gleichen Gesetzmäßigkeiten wie im basischen Siemens-Martin-Ofen, jedoch ohne die Schwefelaufnahme aus der Gasphase.

Besonders günstige Entschwefelungsbedingungen sind jedoch in der *Feinungsperiode* mit reduzierenden Schlacken gegeben. Die Umsetzung nach Gl. (239) kann weitgehend nach rechts ablaufen, da entsprechend den Bedingungen der Gleichgewichtskonstante (246) die Aktivität des Kalkes in der üblichen Feinungsschlacke ihren Maximalwert erreicht, während gleichzeitig die Eisenoxydul-Aktivität sehr stark herabgesetzt ist. Die üblichen Reduktionsmittel, wie Kohlenstoff oder Kalziumkarbid, aber auch Ferrosilizium, Kalziumsilizium oder Aluminium, die zur Schlackenarbeit verwendet werden, setzen sich mit dem (FeO) um, so daß der Eisen(II)-oxydgehalt der Feinungsschlacke auf etwa 1% erniedrigt werden kann. Mit üblichen Schlackenmengen von 3 bis 4% kann bei Anfangs-Schwefelgehalten von etwa 0,04% ohne Schwierigkeit eine Entschwefelung bis unter 0,01% S erzielt werden.

Da der Phasenübergang und der Diffusionsausgleich der Schwefelkonzentration in Bad und Schlacke die Entschwefelungsgeschwindigkeit und damit oft die Dauer der Feinungsperiode bestimmt, wirken sich alle Maßnahmen zur Badbewegung im Lichtbogenofen umsetzungsfördernd aus (vgl. Abschnitt 3.51, S. 563).

Im allgemeinen ist das Aufnahmevermögen (FeO)-armer Feinungsschlacken für Schwefel am Ende der Feinungsperiode nicht erschöpft, d. h. das Gleichgewicht der Reaktion wird nicht erreicht. Dies gibt die Möglichkeit, beim Abkippen des Stahles in die Pfanne durch Vorlaufenlassen der Schlacke ein Schlackenreaktionsverfahren auszuführen, wodurch Endwerte um 0,005% S erreichbar sind.

Aus der Entschwefelungsgleichung ist auch abzuleiten, daß Feinungsschlacken mit hohem Kieselsäuregehalt weniger wirksam sind als reine Kalk-Flußspat-Schlacken mit höchster Kalkaktivität.

Besondere Entschwefelungsverfahren

Unter die Reaktionen, die zu einer Entschwefelung des Stahlbades führen, zählen auch die Umsetzungen mit *Kalziummetall* und *Cer* bzw. *Mischmetall*.

Untersuchungen über das System Fe—S—Ca sind schwer durchführbar, weil das Kalzium bei Stahlherstellungstemperaturen dampfförmig und in flüssiges Eisen schwer einzubringen ist. Es wird daher dem Stahl auch nur als Legierung mit niedrigem Dampfdruck, z. B. als Kalziumsilizium, zugesetzt. Das in der Schmelze verdampfende Kalzium setzt sich außer mit dem Sauerstoff auch teilweise mit dem Eisensulfid zu Kalziumsulfid um, das rasch abgeschieden wird. Wahrscheinlich nimmt auch das gebildete (CaO) an der Entschwefelungsreaktion teil. Soweit bisher Meßergebnisse vorliegen, kann bei der üblichen Desoxydation mit Kalziumsilizium (Zusätze von etwa 1 bis 1,5 kg/t Stahl) mit einer Schwefelabnahme von 0,004 bis 0,006% in Siemens-Martin-Stählen mittleren Schwefelgehaltes gerechnet werden.

Genauere Unterlagen liegen dagegen über die Entschwefelungsreaktion mit Cer vor:

$$[S] + [Ce] = CeS_{fest} \tag{248}$$

die bei Stahlherstellungstemperaturen zur Ausscheidung von festem Cersulfid führt. C. F. LANGENBERG und J. CHIPMAN [141] untersuchten das Reaktionsgleichgewicht in flüssigem Eisen bei 1600°C und fanden, wie Abb. 108 zeigt, für das Produkt

$$[\% \, Ce] \cdot [\% \, S] = (1,5 \pm 0,5) \cdot 10^{-3} \tag{249}$$

Cer ist demnach, wie schon aus der freien Enthalpie seines Sulfids gegenüber dem Eisensulfid geschlossen werden kann (vgl. Abb. 14, S. 60) ein starkes Entschwefelungsmittel.

Der Zusatz von Cer, meist in Form von Mischmetall, ist z. B. bei der Erzeugung rostbeständiger Stähle üblich, um den Einschlußgehalt günstig zu beeinflussen und damit die Warmverformbarkeit zu verbessern. Die entschwefelnde Wirkung wird durch die gleichzeitige Verwendung starker Desoxydationsmittel gefördert. Das entstehende Cersulfid scheidet sich rasch ab.

Weitere Möglichkeiten der Entschwefelung bieten noch die sogenannten Schlackenreaktionsverfahren und das Einblasen von Entschwefelungsmitteln mit einem Trägergas in die Schmelze (vgl. Abschnitt 3.91, S. 674). Die für diese Reaktionen günstigen Schlackenzusammensetzungen müssen den für die Entschwefelungsreaktion (240) geforderten Bedingungen entsprechen. In allen Fällen haben sich nur Schlacken hoher Kalkaktivität und niedrigen Eisenoxydulgehaltes (maximal 1 bis 2% FeO) bewährt. Trotz hoher Reaktionsgeschwindigkeit ist bei diesen Verfahren mit einer Gleichgewichtseinstellung nicht zu rechnen, so daß mit relativ großen Schlackenmengen — bezogen auf ihr Schwefelaufnahmevermögen —

gearbeitet werden muß. Der Entschwefelungserfolg hängt stark von den jeweiligen physikalischen Reaktionsbedingungen ab.

Bezüglich der Entschwefelung unter Vakuum sei auf den Abschnitt 1.17, S. 320, verwiesen.

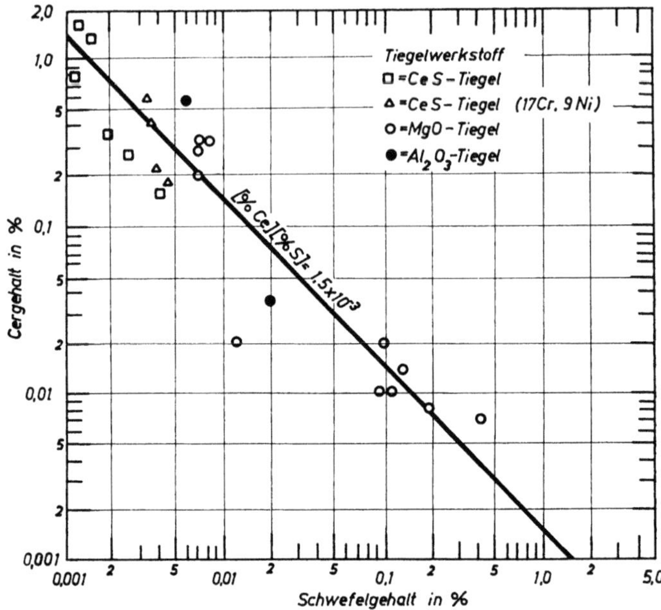

Abb. 108. Gleichgewicht zwischen Cer und Schwefel in flüssigem Eisen bei 1600 °C
(nach F. C. LANGENBERG und J. CHIPMAN)

1.137 Die Reaktionen der wichtigsten Legierungselemente

Die Kenntnis des bisher behandelten Verhaltens der stets vorhandenen Eisenbegleitelemente bedarf für die Edelstahlerzeugung noch einer Ergänzung durch das Studium der thermodynamischen Eigenschaften der verschiedenen Legierungselemente und ihrer Wechselwirkungen sowohl mit dem Eisen als auch gegenüber anderen Legierungsstoffen. Grundsätzlich ist zu unterscheiden, ob ein Legierungselement stabilere oder weniger stabile Oxyde bildet als das Eisen. Aus dem dadurch zum Ausdruck gebrachten Verbindungsbestreben mit dem Sauerstoff ergibt sich eine zumindest qualitative Einteilung. Stoffe, deren Oxyde bei Stahlerzeugungstemperaturen weniger stabil sind als das Eisen(II)-oxyd werden demnach in geringerem Ausmaß verschlacken als das Eisen, d. h., man wird einen scheinbaren „Zubrand" feststellen. Stoffe mit stabileren Oxyden werden aus der Schmelze um so weitgehender entfernt, je größer der Absolutwert der negativen freien Bildungsenthalpie ihrer Oxyde ist. Wie aus Abb. 11 entnommen werden kann, zählen zu der ersten Gruppe außer dem Phosphor, dessen Verhalten bereits besprochen wurde, die wichtigen Legierungselemente Kupfer, Nickel und Kobalt. Auch das Molybdän ist zu diesen Stoffen zu rechnen. Ebenfalls aus Abb. 11 können neben Mangan und Silizium als unedlere Legierungselemente Chrom, Vanadin, Titan und Aluminium abgelesen werden, zu denen sich noch Wolfram, Tantal, Niob und Zirkon als häufiger verwendete Metalle gesellen.

Allgemein läßt sich die Oxydationsreaktion eines im flüssigen Eisen gelösten Metalles Me durch die Umsetzungsgleichung

$$x[\text{Me}] + y(\text{FeO}) = (\text{Me}_x\text{O}_y) + y\,\text{Fe} \tag{250}$$

darstellen. Die Reaktion wird um so mehr bestrebt sein, von links nach rechts abzulaufen, je stabiler das gebildete Metalloxyd ist; sie verläuft von rechts nach links, wenn das Metalloxyd eine zahlenmäßig kleinere freie Bildungsenthalpie aufweist als das FeO, also bei den edleren Elementen.

Die derzeit im einzelnen für die verschiedenen Legierungselemente bekannten Gleichgewichtsuntersuchungen sind selbst für idealisierte Bedingungen, besonders das Ausschalten von Nebenreaktionen durch andere Elemente, größtenteils recht unvollständig und ermöglichen in den meisten Fällen keine zahlenmäßige Beschreibung der Gleichgewichtslage. Dies ist im wesentlichen darauf zurückzuführen, daß über die Art der aufscheinenden Oxyde noch nicht genügend Klarheit besteht und daher auch die Angabe der Aktivitäten nicht möglich ist.

Aber auch die Beeinflussung der Aktivitäten der Metalle durch andere Stoffe muß berücksichtigt werden. So wird vor allem bei den karbidbildenden Elementen, wie z. B. Chrom, Vanadin, Wolfram und Niob, der Kohlenstoff eine nicht zu vernachlässigende Rolle spielen. Durch die Abbindung eines Legierungselementes in Form eines stabilen Karbides wird der Oxydationsverlust durch Einwirkung z. B. einer Frischschlacke vermindert.

Bei der sehr komplexen Zusammensetzung, vor allem höherlegierter Stahlbäder, ist somit eine quantitative Beschreibung des Reaktionsgeschehens nicht in allgemeiner Form möglich. Der Großteil der bekanntgewordenen Untersuchungen hat die Erfassung der Umsetzung gemäß Gl. (250) zum Ziel.

1.137.1 Chrom

Das Chrom findet als Legierungselement des Stahles eine sehr weitgehende Verwendung, so daß das Studium seines Verhaltens während der Erschmelzung gerade bei der Edelstahlerzeugung von großem Interesse ist. Aus dem Zustandsschaubild Eisen-Chrom [142] kann geschlossen werden, daß flüssige Eisen-Chrom-Legierungen als ideale Lösungen zu betrachten sind, so wie dies auch bei Eisen-Mangan-Schmelzen der Fall ist. Auf Grund des Vorliegens idealer Löslichkeit kann die freie Bildungsenthalpie einer 1%igen Chromlösung, die durch die Reaktionsgleichung

$$\text{Cr}_{\text{flüss}} = [\%\,\text{Cr}] \tag{251}$$

beschrieben wird, durch Anwendung von Gl. (132) bestimmt werden. Da $\gamma_{\text{Cr}}^{\circ} = 1$ ist, nimmt die Gl. (132) die Form der Beziehung (129) an, und es ist

$$\Delta\overline{G}^{\circ} = 4{,}575 \cdot T \cdot \lg \frac{0{,}5585}{52{,}01} = -\,9{,}01 \cdot T \tag{252}$$

Da das Chrom einen sehr hohen Schmelzpunkt hat, wird in vielen Fällen das Entstehen einer 1%igen Chromlösung nicht durch die Gl. (251), sondern vielmehr durch

$$\text{Cr}_{\text{fest}} = [\%\,\text{Cr}] \tag{253}$$

beschrieben. Für diese Umsetzung ist die freie Reaktionsenthalpie durch Gl. (134)

$$\Delta\overline{G}^{\circ} = \Delta G_{\text{s}}^{\circ} + 4{,}575 \cdot T \cdot \lg \frac{0{,}5585 \cdot \gamma_{\text{Cr}}^{\circ}}{M_{\text{Cr}}}$$

gegeben, wobei der zweite Summand bereits durch Gl. (252) bestimmt ist. Aus den Werten von Tab. 2 errechnet man die freie Schmelzenthalpie des Chroms zu

$$\Delta G_\mathrm{s}^\circ = \Delta H_\mathrm{s}^\circ - T \cdot \Delta S_\mathrm{s}^\circ = 4600 - 2{,}12 \cdot T \tag{254}$$

worin der Wert für die Schmelzentropie aus der Schmelzenthalpie und der Temperatur des Schmelzpunktes berechnet wurde.

Die freie Reaktionsenthalpie der Umsetzung nach Gl. (253) ergibt sich somit durch Summation der Gl. (252) und (254) zu:

$$\Delta \bar{G}^\circ = 4600 - 11{,}13 \cdot T \tag{255}$$

Obwohl die Aktivität des Chroms in flüssigen binären Eisen-Chrom-Legierungen bekannt ist, da das System bis mindestens 25% Cr dem RAOULTschen Gesetz gehorcht, sind über den Einfluß von Drittelementen auf die Chromaktivität in Eisenschmelzen nur zwei Arbeiten veröffentlicht worden, die sich beide mit den praktisch sehr wichtigen Wechselwirkungen zwischen Chrom und Kohlenstoff in Eisenschmelzen befassen. M. OHTANI [143] gelang es, durch Potentialmessungen den gegenseitigen Einfluß der Elemente Chrom und Kohlenstoff auf ihre Aktivitäten in Eisenschmelzen zu bestimmen und für die eisenreiche Ecke des Systems Fe—Cr—C ein Aktivitätsdiagramm anzugeben. Nach den Untersuchungen von OHTANI ist der Wirkungskoeffizient $\gamma_\mathrm{Cr}^{(\mathrm{C})}$, der den Einfluß des Kohlenstoffes auf die Chromaktivität zum Ausdruck bringt, sowohl von der Konzentration des Kohlenstoffes als auch des Chroms abhängig und kann durch die Gleichung

$$\lg \gamma_\mathrm{Cr}^{(\mathrm{C})} = - \frac{9 \cdot N_\mathrm{Cr} \cdot N_\mathrm{C}}{(1 - N_\mathrm{C})^2} \tag{256}$$

ausgedrückt werden. Die Aktivität des Chroms in Eisen-Chrom-Kohlenstoff-Schmelzen ergibt sich dann zu:

$$\lg a_\mathrm{Cr} = \lg N_\mathrm{Cr} - \frac{9 \cdot N_\mathrm{Cr} \cdot N_\mathrm{C}}{(1 - N_\mathrm{C})^2} \tag{257}$$

Für kleine Kohlenstoffgehalte vereinfacht sich dieser Ausdruck zu:

$$\lg a_\mathrm{Cr} = \lg N_\mathrm{Cr} - 9 \cdot N_\mathrm{Cr} \cdot N_\mathrm{C}$$

Wie die in Abb. 109 für verschiedene Kohlenstoffkonzentrationen wiedergegebenen Aktivitätskurven zeigen, wird die Abweichung vom Idealverhalten reiner Eisen-Chrom-Legierungen durch steigende Kohlenstoffzusätze immer größer.

Die von F. D. RICHARDSON und W. E. DENNIS [39] festgestellte Beeinflussung der Kohlenstoffaktivität durch die Anwesenheit von Chrom kann durch die Beziehung

$$\lg \gamma_\mathrm{C}^{(\mathrm{Cr})} = - 5{,}5 \lg \frac{1 + 0{,}8 \cdot N_\mathrm{Cr}}{1 - N_\mathrm{C}} \tag{258}$$

beschrieben werden.

Mit Hilfe dieser Wirkungskoeffizienten berechnete M. OHTANI [143] den Verlauf der Isoaktivitätslinien für Chrom und Kohlenstoff im ternären System Fe—Cr—C und gelangte zu der in Abb. 110 gezeigten Darstellung. Daraus ist zu entnehmen, daß die Kohlenstoffaktivität mit steigenden Chromgehalten verringert wird, was darauf schließen läßt, daß die Bindungskräfte zwischen Chrom und Kohlenstoff größer sind als zwischen Eisen und Kohlenstoff. Diese Tatsache ist, wie später noch gezeigt wird, von Bedeutung bei der Erschmelzung chromlegierter Stähle.

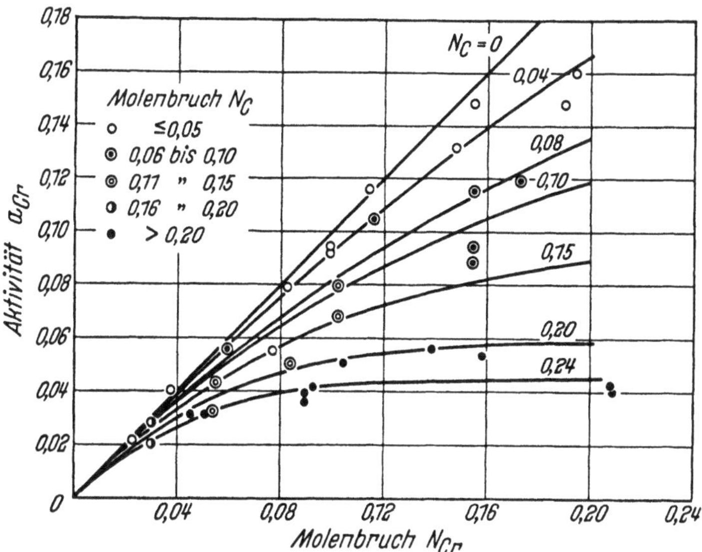

Abb. 109. Die Aktivität des Chroms in flüssigen Eisen-Chrom-Kohlenstoff-Legierungen bei 1540 °C (nach M. Ohtani)

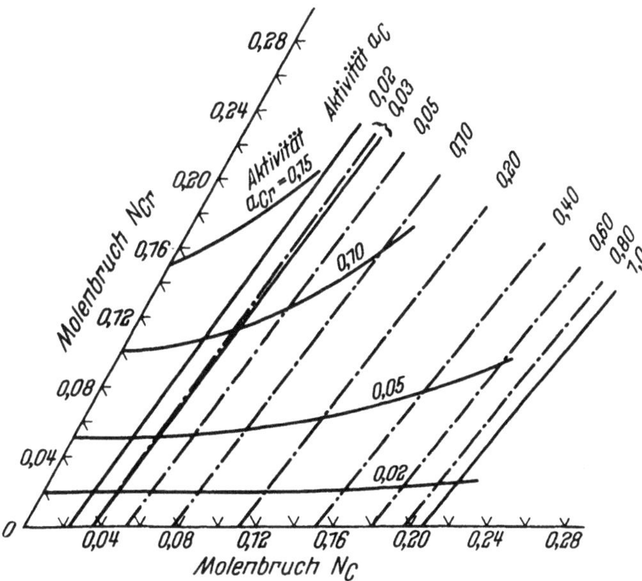

Abb. 110. Isoaktivitätslinien für Chrom und Kohlenstoff in flüssigen Eisen-Chrom-Kohlenstoff-Legierungen bei 1540 °C (nach M. Ohtani)

Zunächst soll jedoch die Chromverschlackung in reinen Eisen-Chrom-Schmelzen besprochen werden. Die sich über chromhaltigen Eisenschmelzen unter oxydierenden Bedingungen bildenden Schlacken sind entscheidend vom Chromgehalt der Schmelze abhängig. So sind z. B. die flüssigen FeO—Cr$_2$O$_3$-Gemische mit großer Wahrscheinlichkeit auf so kleine Chromgehalte des Bades beschränkt, daß sie für die meisten Fälle der Praxis unberücksichtigt bleiben können.

H. M. CHEN und J. CHIPMAN [28] geben an, daß für Chromgehalte der Eisenschmelze von mehr als 7% das Chromoxyd Cr$_2$O$_3$ auftritt, während für Chromgehalte in der Schmelze unter 4,5% der Spinell FeO · Cr$_2$O$_3$ vorhanden ist. Dagegen stellten D. C. HILTY, W. D. FORGENG und R. L. FOLKMAN [144] fest, daß für Chromgehalte von 0,06 bis 3% der Spinell auftritt, während für höhere Chromgehalte bis dahin noch nicht beobachtete Oxyde in Erscheinung treten, die sie für mittlere Chromgehalte von 3 bis 9% als entarteten Spinell und für Chromgehalte über etwa 9% als feste Lösung von Cr$_3$O$_4$ mit etwas Eisenoxyd angaben.

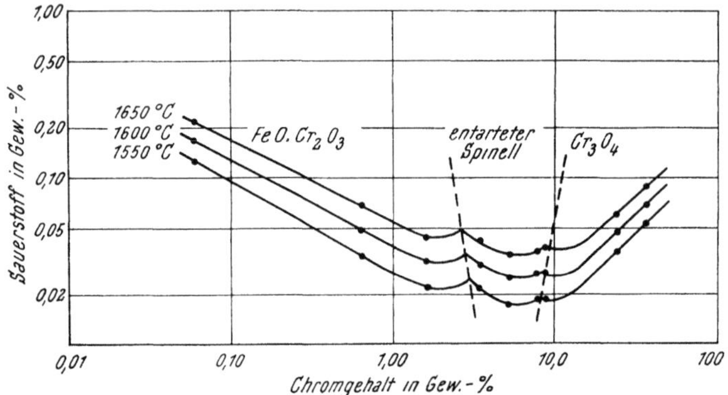

Abb. 111. Abhängigkeit des Sauerstoffgehaltes in Eisen-Chrom-Schmelzen vom Chromgehalt
(nach D. C. HILTY, W. D. FORGENG und R. C. FOLKMAN)

Erst ab 25% Cr in der Eisenschmelze trat nach diesen Untersuchungen das Chromoxyd Cr$_2$O$_3$ in der Schlacke auf. Die Möglichkeit des Auftretens von Chrom(II, III)-oxyd ist nach Untersuchungen von G. SIEBERT und E. PLÖCKINGER [145] grundsätzlich gegeben.

HILTY und Mitarbeiter [144] stellten die in Abb. 111 wiedergegebene Abhängigkeit der Sauerstoffgehalte in Eisen-Chrom-Schmelzen vom Chromgehalt fest. Das charakteristische Wiederansteigen der Sauerstoffgehalte bei sehr hohen Legierungsgehalten wurde auch von anderen Bearbeitern bestätigt, so z. B. von B. W. LINSCHEWSKI und A. M. SAMARIN [146], sowie E. T. TURKDOGAN [147]. Es kann damit erklärt werden, daß sich bei diesen hohen Legierungsanteilen die niedrigen Oxyde der Legierungselemente in der flüssigen Schmelze zu lösen vermögen, so wie z. B. FeO in Eisen löslich ist.

Auf Grund seiner eigenen Versuche sowie der Verwendung bereits vorhandener Ergebnisse errechnete TURKDOGAN [147] folgende thermodynamische Daten:

$$2\,\mathrm{Cr_{fest}} + \frac{3}{2}\{O_2\} = \mathrm{Cr_2O_{3\,fest}}, \quad \varDelta G^\circ = -246000 + 48,0 \cdot T, \quad (1700-2100\,^\circ\mathrm{K})$$

$$2[\mathrm{Cr}] + 3[\mathrm{O}] = \mathrm{Cr_2O_{3\,fest}}, \quad \varDelta G^\circ = -169210 + 70,95 \cdot T, \quad K = \frac{1}{[\%\mathrm{Cr}]^2 \cdot a_{[\mathrm{O}]}^3}$$

$$\lg K = \frac{36980}{T} - 15,508$$

Die von TURKDOGAN genannten Werte für die Wirkungsparameter $e_O^{(Cr)} = -0,064$ und $e_{Cr}^{(O)} = -0,208$ weichen von den in Tab. 14 genannten ab, jedoch ist die Verwendung der Tabellenwerte zu empfehlen.

Bereits die wenigen angeführten Arbeiten lassen erkennen, daß die Frage nach der Art der bei der oxydierenden Behandlung chromhaltiger Eisenschmelzen entstehenden Oxyde nicht mit Sicherheit beantwortet werden kann. Festzustehen scheint jedenfalls die Tatsache, daß die Zusammensetzung der gebildeten Oxyde vom Chromgehalt der Metallschmelze abhängig ist. Die Kenntnis der Oxyde ist aber die Grundvoraussetzung für die Anwendung der thermodynamischen Gesetze. Solange diese Voraussetzungen fehlen, wird eine exakte Beschreibung der Vorgänge bei der Oxydation chromhaltiger Schmelzen nicht möglich sein. Jedoch gestatten auch die bereits vorhandenen Gleichgewichtsuntersuchungen wertvolle Aussagen.

Nach F. KÖRBER und W. OELSEN [83] erfolgt die Oxydation des in Eisenschmelzen gelösten Chroms unter *sauren* Schlacken nach der Umsetzungsgleichung

$$[Cr] + (FeO) = (CrO) + Fe \tag{259}$$

Es wird also im wesentlichen das basische Chrom(II)-oxyd gebildet, während die Chrom(III)-oxydbildung unter flüssigen sauren Schlacken gemäß

$$2(CrO) + (FeO) = (Cr_2O_3) + Fe \tag{260}$$

stark zurückgedrängt ist.

Unter formaler Anwendung des Massenwirkungsgesetzes definierten KÖRBER und OELSEN den Ausdruck

$$K'_{Cr} = \frac{(\Sigma\,\%\,Cr) \cdot [\%\,Fe]}{[\%\,Cr] \cdot (\%\,FeO)} \tag{261}$$

als Gleichgewichtskennzahl der Chromverschlackung und fanden für kleine Chrom- und FeO-Gehalte (FeO < 20%) dafür den Wert 34 innerhalb des Temperaturbereiches von 1600 bis 1640°C. Mit steigendem FeO-Gehalt nimmt auch die Gleichgewichtskennzahl zu und erreicht bei 50% FeO den Wert 58.

Die Gl. (261) besagt, daß die Chromverteilung $\dfrac{(\Sigma\,Cr)}{[Cr]}$ zwischen Bad und Schlacke der Eisenverteilung $\dfrac{(\%\,FeO)}{[Fe]}$ proportional sein muß und daß bei eisenreichen Schmelzen sogar eine Proportionalität zum FeO-Gehalt der Schlacke besteht. Die Abb. 112 zeigt diese Abhängigkeit der Chromverteilung vom FeO-Gehalt der Schlacke. Die Krümmung der Kurve ist darauf zurückzuführen, daß mit steigendem FeO-Gehalt der Schlacke der Anteil an Cr_2O_3 gemäß Gl. (260) zunimmt.

Die in Abb. 112 zum Vergleich miteingezeichnete Kurve der Manganverschlackung läßt erkennen, daß das Chrom ein sehr schwaches Reduktionsmittel im Vergleich zu Mangan darstellt.

So wie bei niedrigen Chromgehalten eine Umsetzung des Chroms mit dem FeO der Schlacke erfolgt, findet bei höheren Chromkonzentrationen auch eine merkliche Reduktion der in der Schlacke vorhandenen Oxyde MnO und SiO_2 entsprechend den Gleichungen

$$[Cr] + (MnO) = (CrO) + [Mn] \tag{262}$$

$$2\,[Cr] + (SiO_2) = 2\,(CrO) + [Si] \tag{263}$$

statt. Die wiederum durch formale Anwendung des Massenwirkungsgesetzes erhaltenen Gleichgewichtskennzahlen dieser Umsetzungen können durch die entsprechenden Kennzahlen der Chrom-, Mangan- und Siliziumverschlackung K'_{Cr}, K'_{Mn} und K'_{Si} ausgedrückt werden. Die Chromoxydation hängt also neben dem Sauerstoffangebot auch von dem Mangan- und Siliziumgehalt der Schmelze ab. Mit zunehmender Mangan- und Siliziumkonzentration wird die Chromoxydation geringer, wie dies aus Abb. 113 hervorgeht.

Die Chromverschlackung ist um so geringer, je höher die Temperatur ist, d. h., daß sich diesbezüglich das Chrom ähnlich verhält wie das Mangan.

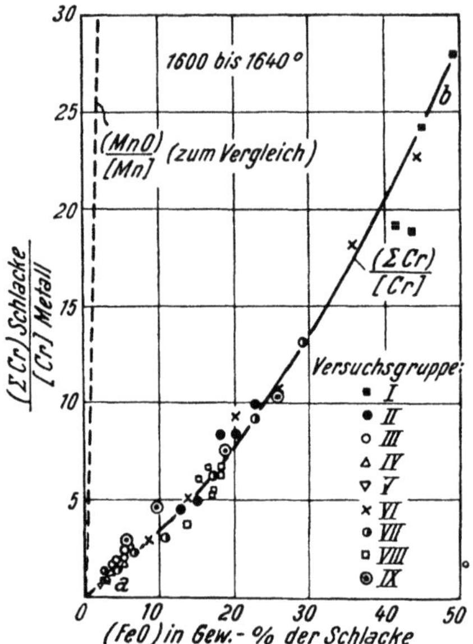

Abb. 112. Das Verschlackungsverhältnis des Chroms in Abhängigkeit vom FeO-Gehalt der Silikatschlacke bei eisenreichen Schmelzen (nach F. KÖRBER und W. OELSEN)

In *basischen* Schlacken ist die ohnedies nur in geringer Konzentration vorhandene Kieselsäure weitgehend an Kalk gebunden, so daß die Kieselsäureaktivität in derartigen Schlacken äußerst gering ist. Da aus der Gleichgewichtskennzahl der Umsetzungsgleichung (263) die Chromverteilung zwischen Bad und Schlacke durch

$$\frac{a^2_{(CrO)}}{a^2_{[Cr]}} = K'_{Cr} \cdot \frac{a_{(SiO_2)}}{a_{[Si]}}$$

ausgedrückt werden kann, ergibt sich demnach, daß der Chromgehalt basischer Schlacken bis auf sehr kleine Werte abgesenkt werden kann. Das Fehlen freier Kieselsäure in der basischen Schlacke verhindert eine Abbindung des Chrom(II)-oxyds in Form von Silikaten, so daß die Bildung von Cr_2O_3 nicht mehr beschränkt ist. Das nach Untersuchungen von N. J. GRANT, E. C. ROBERTS und J. CHIPMAN [148] sich in basischen Schlacken basisch verhaltende Oxyd Cr_2O_3 wird von diesen Schlacken gelöst. Eine Bindung an Kalk kann als weitgehend ausgeschlossen betrachtet werden.

Die Verschlackung des Chroms unter basischen Schlacken kann somit durch die Umsetzungsgleichung

$$2\,[Cr] + 3\,(FeO) = (Cr_2O_3) + 3\,Fe \qquad (264)$$

dargestellt werden. Für Chromgehalte des Bades bis zu etwa 5% ergibt sich für diese Reaktion die Gleichgewichtskennzahl

$$K'_{Cr} = \frac{(\Sigma\,\%\,Cr_2O_3) \cdot 10^6}{[\%\,Cr]^2 \cdot (\%\,FeO)^3} \qquad (265)$$

die nach dem Vorgesagten von der Schlackenbasizität abhängig sein muß. Die Abb. 114 zeigt diese Abhängigkeit der Gleichgewichtskennzahl der Chromverschlackung von der Basizität nach Untersuchungen von E. PLÖCKINGER [149].

Die Gegenüberstellung zu der Gleichgewichtskonstante der Manganreaktion läßt ein grundsätzlich gleiches Verhalten der Elemente Mangan und Chrom erkennen. Für Schlacken, deren Kalk-Kieselsäureverhältnis $\dfrac{(CaO)}{(SiO_2)} > 2$ ist, ist der Basizitätsgrad ohne Einfluß auf die Gleichgewichtskennzahl. E. PLÖCKINGER [149] fand

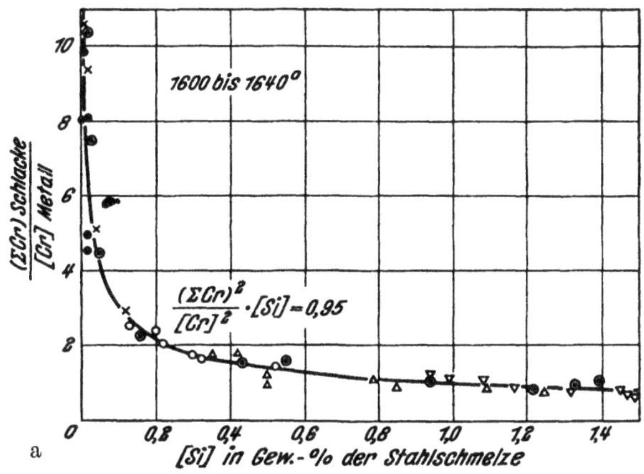

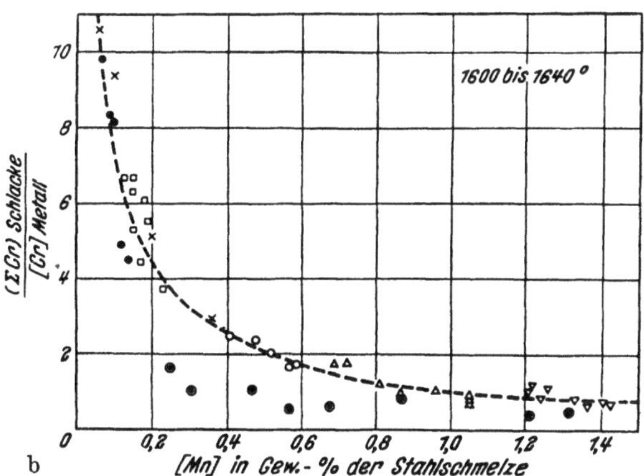

Abb. 113. Chrom-Verteilung zwischen Silikatschlacken und Eisenschmelzen in Abhängigkeit
a) vom Siliziumgehalt der Schmelze, b) vom Mangangehalt der Schmelze
(nach F. KÖRBER und W. OELSEN)

für derartige Schlacken eine Temperaturabhängigkeit der Gleichgewichtskennzahl von

$$\lg K'_{Cr} = \frac{14\,500}{T} - 3{,}57 \tag{266}$$

die den sehr starken Temperatureinfluß deutlich werden läßt. Die Chromverschlackung wird um so geringer, je höher die Temperatur ist. Ebenso bedingen ganz analog dem Verhalten des Mangans niedrige FeO-Gehalte der Schlacke bzw. geringe FeO-Aktivität eine hohe Chromausbeute.

Wie der Gl. (265) entnommen werden kann, ist unter basischen Schlacken das Verhältnis des Chromgehaltes in der Schlacke zum Chromgehalt in der Schmelze auch noch von dieser Chromkonzentration im Eisen abhängig. Die Chromverschlackung wird um so stärker, je höher der Chromgehalt des Bades ist, d. h. also, daß hohe Chromgehalte zu einem schlechten Chromausbringen führen. In Abb. 115 sind die Verschlackungsverhältnisse des Chroms für saure und basische Stahlherstellungsverfahren denen des Mangans gegenübergestellt. Dieser Abbildung ist zu entnehmen, daß bei den basischen Verfahren die Chromverschlackung nur dann günstiger ist als bei den sauren, wenn geringe Chromgehalte in der Schmelze und geringe (FeO)-Gehalte der Schlacke vorliegen. Ist die FeO-Konzentration in der Schlacke gering, so erfolgt bei den basischen Verfahren eine weitgehendere Chromreduktion aus der Schlacke als bei den sauren. Eine quantitative Übertragung dieser für 1600°C geltenden Verhältnisse auf andere Temperaturen ist wegen der mangelnden Kenntnisse über den Temperatureinfluß auf die Chromreaktion unter sauren Schlacken nicht möglich, doch dürften sich qualitativ die gleichen Gesetzmäßigkeiten einstellen, da eine Temperaturerhöhung in jedem Falle die Chromverschlackung verringert.

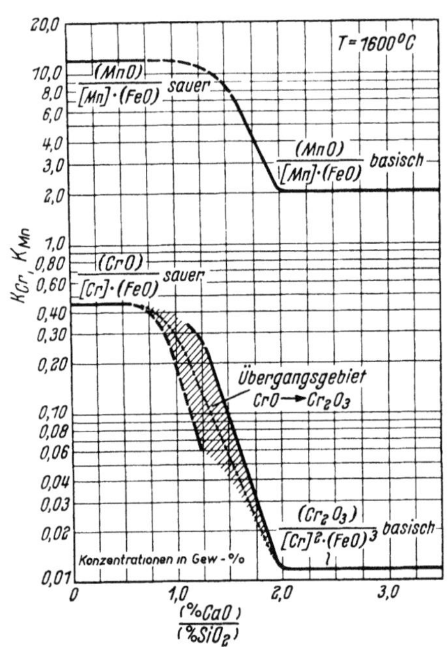

Abb. 114. Die Abhängigkeit der Gleichgewichtskennzahl der Chromreaktion vom Kalk-Kieselsäure-Verhältnis in der Schlacke bei etwa 1600 °C (nach E. PLÖCKINGER)

Diese an Hand von praktischen Stahlwerksschmelzen von E. PLÖCKINGER [149] gefundenen Ergebnisse werden durch Laboratoriumsuntersuchungen von GRANT, ROBERTS und CHIPMAN [148] für Schmelzen mit Chromgehalten unter 1% ergänzt.

GRANT und Mitarbeiter beschrieben die Oxydationsreaktion des Chroms in Eisenschmelzen unter basischen Schlacken durch die Umsetzungsgleichung

$$\mathrm{Fe} + 2[\mathrm{Cr}] + 4[\mathrm{O}] = \mathrm{FeO \cdot Cr_2O_{3\,fest}} \tag{267}$$

deren Gleichgewichtslage sie durch die Kennzahl

$$K'_{\mathrm{Cr}} = [\%\ \mathrm{Cr}]^2 \cdot [\%\ \mathrm{O}]^4 \tag{268}$$

ausdrücken, wobei die Temperaturabhängigkeit dieser Kennzahl durch

$$\lg K'_{\mathrm{Cr}} = -\frac{49\,000}{T} + 20{,}6 \tag{269}$$

bestimmt ist. Weiterhin wurde bei diesen Versuchen festgestellt, daß bei hohen (FeO)-Gehalten der Schlacke von mehr als 30% die Temperatur von ausschlaggebender Bedeutung für die Chromverschlackung unter chromitgesättigten Schlacken ist, während der Einfluß des (FeO)-Gehaltes demgegenüber vernachlässigbar ist. Bei kleineren (FeO)-Gehalten in der Schlacke ist dieser selbst von übergeordneter Bedeutung.

Zur Festlegung der für ein günstiges Chromausbringen erforderlichen Bedingungen muß beachtet werden, daß alle der genannten Untersuchungen die Erfassung der Gleichgewichtslage zum Ziel hatten, daß aber für die praktischen Gegebenheiten auch die Bedingungen für die chemische Umsetzung mitentscheidend sind. So beruht das bei hoher Schlackenbasizität beobachtete schlechte Chromausbringen auf der Reaktionsträgheit dieser steifen Schlacken, d. h., daß dafür rein physikalische Bedingungen ausschlaggebend sind. Demgegenüber sind Schlacken mit geringeren Basizitätsgraden wenig viskos, und die Gleichgewichtseinstellung erfolgt dementsprechend rascher.

Allgemein führen geringe Schlackenmengen, hohe Temperaturen, möglichst geringe FeO-Gehalte und hohe Basizitätsgrade der Schlacke zu den günstigsten Werten der Chromausbeute.

Von besonderem Interesse ist das Verhalten des Chroms bei *gleichzeitiger Anwesenheit von Kohlenstoff im Stahl.* Wenn schon bei reinen Eisen-Chrom-Legierungen die Aufstellung quantitativer Gesetzmäßigkeiten auf Schwierigkeiten stößt, weil vor allem die in der Schlacke aufscheinende Oxydstufe des Chroms nicht eindeutig angegeben werden kann, so gilt dies in noch verstärkterem Maße für kohlenstoffhaltige Eisen-Chrom-Legierungen.

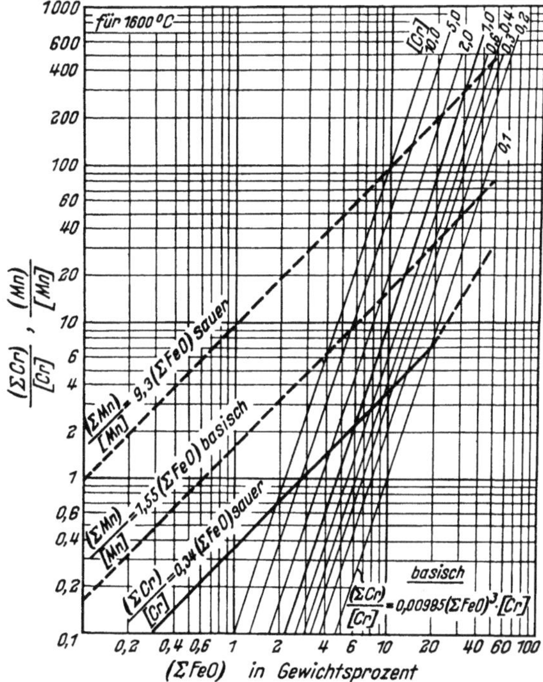

Abb. 115. Die Verschlackungsverhältnisse des Chroms und Mangans bei 1600 °C für die basischen und sauren Stahlherstellungsverfahren (nach E. PLÖCKINGER)

D. C. HILTY [150] vereinigte die Umsetzungsgleichungen für die Oxydation des Chroms und des Kohlenstoffes zu

$$(CrO) + [C] = [Cr] + \{CO\} \qquad (270)$$

Die Gleichgewichtskonstante dieser Reaktion ist durch

$$K = \frac{a_{[Cr]} \cdot p_{CO}}{a_{[C]} \cdot a_{(CrO)}} \qquad (271)$$

gegeben, die HILTY unter der Annahme einer CrO-Sättigung der Schlacke, konstanten CO-Partialdruckes und einer Proportionalität zwischen den Aktivitäten und den Gewichtsprozenten von Chrom und Kohlenstoff zu

$$K' = \frac{[\%Cr]}{[\%C]}$$

vereinfachte. Die Temperaturabhängigkeit dieser Kennzahl wurde von D. C. HILTY, H. P. RASSBACH und W. CRAFTS [151] mit

$$\lg K' = -\frac{13\,800}{T} + 8{,}76 \qquad (272)$$

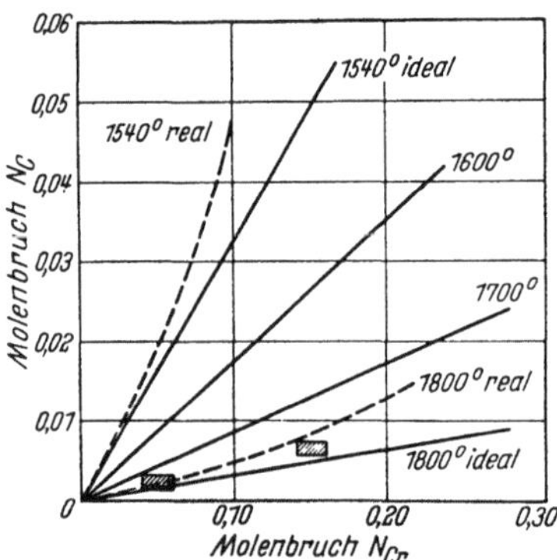

Abb. 116. Entkohlungsgrenzen bei Eisen-Chrom-Kohlenstoff-Schmelzen für einen Kohlenstoffoxyddruck von 1 atm (nach M. OHTANI)

angegeben. Die von diesen Verfassern genannten Temperaturabhängigkeiten der Gleichgewichtskennzahl für die verschiedenen Oxydationsstufen des Chroms haben sämtlich zur Voraussetzung, daß der Quotient aus den Aktivitätskoeffizienten von Kohlenstoff und Chrom $\dfrac{\gamma_C}{\gamma_{Cr}} = 1$ ist. Nach den Untersuchungen von M. OHTANI [143] sowie F. D. RICHARDSON und W. E. DENNIS [39] ist dies jedoch nicht der Fall, so daß damit der Widerspruch zwischen dem von HILTY und Mitarbeitern [151] angegebenen Zusammenhang zwischen Chrom- und Kohlenstoffgehalten sowie der Temperatur zu den Beobachtungen bei Betriebsschmelzen erklärlich ist. Unter Berücksichtigung der gegenseitigen Beeinflussung der Aktivitäten von Chrom und Kohlenstoff gelangte M. OHTANI zu den in Abb. 116 wiedergegebenen Entkohlungsgrenzen von Eisen-Chrom-Kohlenstoff-Schmelzen bei $p_{CO} = 1$ atm. Diese Darstellung zeigt merkliche Abweichungen von den strichliert eingezeichneten, von HILTY und Mitarbeitern [151] angegebenen Isothermen, stimmt jedoch mit den Ergebnissen praktischer Versuche (schraffierte Flächen) recht gut überein.

Eine ähnliche Darstellung, jedoch unter Verwendung von Gewichtsprozenten als Konzentrationsmaßstab gaben W. E. DENNIS und F. D. RICHARDSON [152]. Die Abb. 117 zeigt die Kohlenstoffgehalte von Eisen-Kohlenstoff-Chrom-Schmelzen in Abhängigkeit von deren Chromgehalt. So wie in Abb. 116 sind die durch die eingezeichneten Isothermen gegebenen Kohlenstoffgehalte die niedrigsten, ohne daß eine gleichzeitige Verschlackung des Chroms bei der entsprechenden Temperatur eintritt.

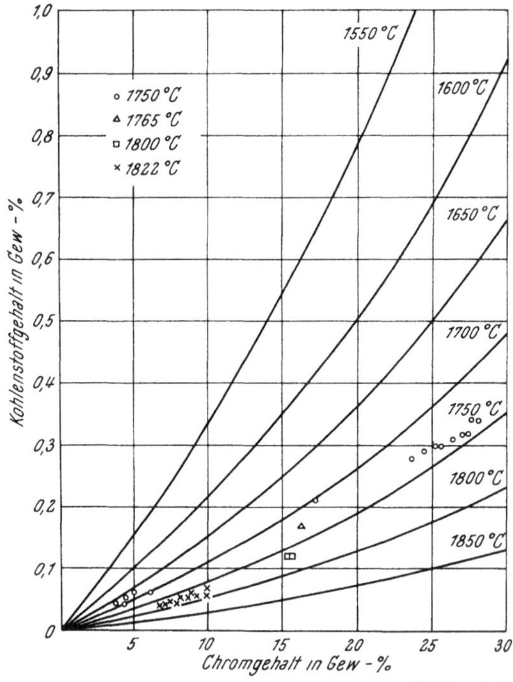

Abb. 117. Kohlenstoffgehalte von Eisen-Chrom-Kohlenstoff-Schmelzen im Gleichgewicht mit reinem Chrom(III)-oxyd bei verschiedenen Temperaturen in Abhängigkeit vom Chromgehalt (nach W. E. DENNIS und F. D. RICHARDSON)

Die Darstellung bezieht sich auf einen CO-Druck von 1 atm. Man erkennt sehr deutlich den beherrschenden Einfluß der Temperatur. Bei einem Chromgehalt von 20% kann demnach bei 1600°C der Kohlenstoffgehalt nur bis zu 0,5%, bei 1800°C jedoch bis zu etwa 0,13% abgesenkt werden, ohne daß zugleich Chrom verschlackt wird. Die eingezeichneten Punkte geben die von D. C. HILTY [150] beim Sauerstoffblasen kleiner Versuchsschmelzen erreichten Werte an.

Für die sich beim Sauerstofffrischen im basischen Lichtbogenofen einstellenden Gleichgewichte zwischen Kohlenstoff, Sauerstoff und Chrom führte K. TESCHE [153] umfangreiche Untersuchungen durch. In Abb. 118 ist der bei Betriebsschmelzen festgestellte Zusammenhang zwischen dem Chromgehalt vor und nach dem Sauerstofffrischen in Abhängigkeit vom Kohlenstoffgehalt nach dem Frischen dargestellt.

Bei der Erzeugung chromhaltiger Stähle ist darauf zu achten, daß bei geringer Badbewegung starke Konzentrationsunterschiede innerhalb der Schmelze auftreten können, die auf die geringe Diffusionsgeschwindigkeit des Chroms im flüssigen Stahl zurückzuführen sind. Chrom hat auch einen starken Einfluß auf die Viskosität der Schmelze. Auch kleine Gehalte bedingen eine merkliche Steigerung der Zähflüssigkeit.

1.137.2 Wolfram

Über das Verhalten des Wolframs in Eisenschmelzen lassen sich derzeit nur qualitative Angaben machen. Wegen seines hohen Schmelzpunktes ist die Löslichkeit von Wolfram in Eisenschmelzen beschränkt, und da im festen Zustand die bis zu etwa 1640°C beständige intermetallische Verbindung Fe_3W_2 existiert,

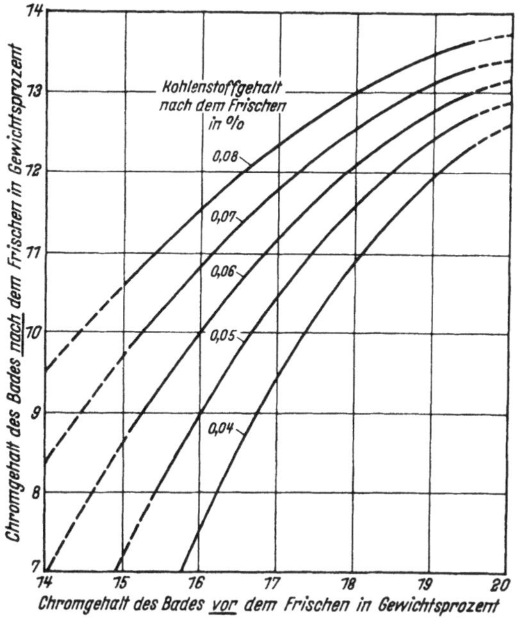

Abb. 118. Zusammenhang zwischen den Chromgehalten vor und nach dem Sauerstofffrischen in Abhängigkeit vom Kohlenstoffgehalt nach dem Frischen (nach K. TESCHE)

kann mit entsprechenden Abweichungen der Wolframaktivität vom Idealverhalten in flüssigen Eisen-Wolfram-Legierungen gerechnet werden. Die Abhängigkeit der Wolframaktivität von der Zusammensetzung binärer Eisen-Wolfram-Schmelzen wurde jedoch noch nicht untersucht, und um so weniger können zuverlässige Angaben über die Wolframaktivität in flüssigen Mehrstofflegierungen gemacht werden. Der Einfluß des Wolframs auf die Aktivität des Sauerstoffes in Stahlschmelzen ist nicht unbeträchtlich und kann aus Abb. 59 entnommen werden. Demnach wird die Aktivität des Sauerstoffes im flüssigen Eisen durch Wolframzusätze erhöht. Da das Element Wolfram stabile Karbide bildet, muß auch mit einer dementsprechenden Beeinflussung der Kohlenstoffaktivität durch Wolframzusätze gerechnet werden. Obwohl auch hierüber noch keine experimentellen Ergebnisse bekannt geworden sind, kann auf Grund der Untersuchungen von F. NEUMANN und H. SCHENCK [33] (vgl. Abb. 65) eine etwa gleich große Wirkung des Wolframs auf die Kohlenstoffaktivität angenommen werden, wie sie durch Chrom und Molybdän (Abb. 66) hervorgerufen wird. Die freien Standardbildungsenthalpien der möglichen Oxyde des Wolframs für höhere

Temperaturen wurden erst in neuester Zeit von J. F. ELLIOTT und M. GLEISER [154] abgeschätzt. Aus diesen Näherungswerten sollte der Schluß zu ziehen sein, daß das Wolfram bei Stahlerzeugungstemperaturen etwas edler als das Eisen ist und daß dementsprechend seine Oxydation geringer ist als die des Eisens. Dies stimmt mit der aus der Stahlwerkspraxis bekannten Beobachtung einer im Vergleich zum Mangan und Chrom geringeren Verschlackung des Wolframs überein. Wegen der Bildung verhältnismäßig stabiler Karbide wird durch die gleichzeitige Anwesenheit von Kohlenstoff das „edlere" Verhalten des Wolframs weiter verstärkt. Im Siemens-Martin-Ofen wird beim Einschmelzen von wolframhaltigem Schrott in kohlenstoffreichen Schmelzen ein Wolframausbringen bis 90% erreicht, wenn auf die Einhaltung kleiner Schlackenmengen geachtet wird. Beim Frischen auf Kohlenstoffgehalte unter 0,1% wird jedoch auch das Wolfram bis auf geringe Restgehalte von weniger als 0,1% aus dem Stahlbad entfernt.

Bei diesem scheinbaren Widerspruch zu den genannten thermodynamischen Daten [154] ist jedoch zu berücksichtigen, daß das Oxyd WO_3 bei Stahlerzeugungstemperaturen einen hohen Dampfdruck aufweist. Infolge der Entfernung des WO_3 aus dem Bad-Schlacken-System durch Verdampfung wird die Wolframoxydation entsprechend den Aussagen des Massenwirkungsgesetzes gefördert, so daß entsprechende Verdampfungsverluste auftreten können. Dieser Tatsache kommt bei den örtlich hohen Temperaturen im elektrischen Lichtbogenofen besondere Bedeutung zu.

Unter basischen Frischschlacken ist die Bildung des sauren Oxydes WO_3 wahrscheinlich. Inwieweit eine Bindung an basische Oxyde, in erster Linie CaO, erfolgt, ist noch ungeklärt. Bekannt ist, daß das WO_3 von basischen Schlacken in größerem Umfang aufgenommen wird als von sauren.

Mit zunehmendem Wolframgehalt wird die Viskosität von Eisenschmelzen erhöht. Da jedoch hochlegierte Wolframstähle zugleich höhere Kohlenstoffgehalte aufweisen, wird die Gießbarkeit nicht beeinträchtigt.

1.137.3 Vanadin

Aus den in Abb. 11 wiedergegebenen freien Standardbildungsenthalpien kann geschlossen werden, daß unter oxydierenden Bedingungen das Vanadin aus Eisenschmelzen weitgehend verschlackt wird. Diese Neigung zur Oxydbildung besteht trotz der Fähigkeit des Vanadins, verhältnismäßig stabile Karbide, wie V_4C_3, V_2C und VC, zu bilden, jedoch unterstützt das Frischen auf niedrige Kohlenstoffgehalte die Oxydation des Vanadins. In thermodynamischer Hinsicht ist seine stark aktivitätsvermindernde Wirkung gegenüber dem Sauerstoff in Eisenschmelzen, wie aus Abb. 59 abgelesen werden kann, bemerkenswert.

Eine wesentliche Voraussetzung für die Beschreibung der Gleichgewichtsverhältnisse im Dreistoffsystem Eisen—Vanadin—Sauerstoff ist, genau wie bei der Verschlackung der anderen Stahlbegleitelemente, die Kenntnis des sich bildenden Oxydes. J. CHIPMAN und M. N. DASTUR [29] stellten bei der Untersuchung des Vanadin-Sauerstoff-Gleichgewichtes in flüssigem Eisen fest, daß die Art des sich bildenden Oxydes im wesentlichen vom Vanadingehalt der Eisenschmelze bestimmt wird, daß also bei flüssigen Eisen-Vanadin-Legierungen ganz analoge Verhältnisse herrschen wie für chromhaltige Eisenschmelzen. Nach CHIPMAN und DASTUR bildet sich für kleine Vanadingehalte der Schmelze bis zu etwa 0,17% V unter oxydierenden Bedingungen der Spinell $FeO \cdot V_2O_3$, während für höhere Vanadingehalte das Vanadinoxyd V_2O_3 als Oxydphase entsteht. Auch R. A. KARASEW, A. J. POLJAKOW und A. M. SAMARIN [155] stellten, je nach

Vanadin- und Sauerstoffgehalt der Eisenschmelze, verschiedene Oxydformen des Vanadins fest, und zwar beobachteten sie bei kleineren Vanadin- und hohen Sauerstoffgehalten die Bildung von Vanadin(II)-oxyd, während bei hohen Vanadin- und kleinen Sauerstoffgehalten das Vanadin(III)-oxyd auftrat. Neben diesen Oxyden wurde auch das Auftreten des Spinells nachgewiesen. Zufolge den Ergebnissen von CHIPMAN und DASTUR wird die Verschlackung des Vanadins je nach seiner Konzentration in der Schmelze und der Art des entstehenden Oxydes durch die Umsetzungsgleichungen

$$2\,[\text{V}] + 3\,[\text{O}] = \text{V}_2\text{O}_{3\,\text{fest}} \tag{273}$$

und

$$\text{Fe} + 2\,[\text{V}] + 4\,[\text{O}] = \text{FeO}\cdot\text{V}_2\text{O}_{3\,\text{fest}} \tag{274}$$

beschrieben. Die für 1600°C angegebene freie Standardbildungenthalpie des Vanadinoxydes beträgt $\Delta G^\circ = -49\,300$ cal und die des Spinells, ebenfalls für 1600°C, $\Delta G^\circ = -61\,200$ cal. CHIPMAN und DASTUR bestimmten diese Enthalpiewerte nur für die von ihnen gewählte konstante Versuchstemperatur, und der Einfluß der Temperatur auf die Vanadinverschlackung wurde von ihnen auf rein rechnerischem Wege ermittelt. Für die Gleichgewichtskonstante der Umsetzungsgleichung (273), die durch den Ausdruck

$$K_\text{V} = \frac{1}{a_{[\text{V}]}^2 \cdot a_{[\text{O}]}^3} = \frac{1}{f_\text{V}^2 \cdot [\%\,\text{V}]^2 \cdot f_\text{O}^3 \cdot [\%\,\text{O}]^3} \tag{275}$$

gegeben ist, ergab die Rechnung eine Temperaturabhängigkeit der Form

$$\lg K_\text{V} = \frac{42\,800}{T} - 17,10 \tag{276}$$

Auf die starke Einflußnahme des Vanadins auf die Sauerstoffaktivität wurde bereits hingewiesen. Diese Wirkung des Vanadins ist noch stärker ausgeprägt als die des Chroms. Demgegenüber ist eine merkliche Beeinflussung der Vanadinaktivität durch die zumeist niedrige Sauerstoffkonzentration im Eisen nicht zu erwarten.

Das gemäß der Umsetzungsgleichung (273) gebildete Vanadinoxyd hat in sauren Schlacken basischen Charakter. Wegen seiner Bindung an Kieselsäure ist die Aktivität des Vanadinoxydes in sauren Schlacken sehr gering und dementsprechend wird Vanadin unter solchen Frischschlacken weitgehender verschlackt als unter basischen. Wie aus den Gl. (273) und (275) zu folgern ist, fördern auch hohe Sauerstoffgehalte des Bades bzw. große FeO-Aktivität der Schlacke die Vanadinverschlackung.

Über die Bindungsverhältnisse des Vanadins in der Schlacke können keine genaueren Angaben gemacht werden. Aus der Abb. 11 ist zu schließen, daß das Silizium vor dem Vanadin verschlackt wird, daß aber die Vanadinverschlackung bevorzugt vor der des Mangans erfolgt. Für basische Schlacken stimmt diese Aussage in vollem Umfange. Unter sauren Schlacken wird wegen der stärkeren Bindungskräfte zwischen SiO_2 und MnO das Mangan leichter verschlackt als das Vanadin. Wegen der starken Bindung der Kieselsäure an MnO und der damit verbundenen Verringerung des Aufnahmevermögens der Schlacke für die basischen Vanadinoxyde führen hohe Mangangehalte im Eisen zu einer Verminderung der Vanadinverschlackung.

Die in Abb. 119 nach einer Darstellung von F. KÖRBER [115] wiedergegebene Gegenüberstellung der Verschlackungsverhältnisse von Mangan und Vanadin läßt den Einfluß des FeO-Gehaltes der Schlacke erkennen. Darüber hinaus zeigt die Abb. 119 den Einfluß der Schlackenart auf die Verschlackungsverhältnisse. Das unterschiedliche Verhalten des Vanadins im Vergleich zum Mangan unter sauren bzw. basischen Schlacken geht daraus sehr anschaulich hervor.

Die Abnahme der Vanadinverschlackung sowohl unter basischen als auch unter sauren Schlacken durch steigende Mangangehalte der Schmelze kann aus Abb. 120 abgelesen werden. Dabei handelt es sich jedoch nicht um die Wiedergabe von Gleichgewichtskurven, da die Vanadinverschlackung auch vom Mangan(II)-oxyd-Gehalt der Schlacke abhängig ist.

Unter basischen Frischschlacken ist mit der Bildung des sauren Oxydes V_2O_5 und dessen Bindung an Kalk zu

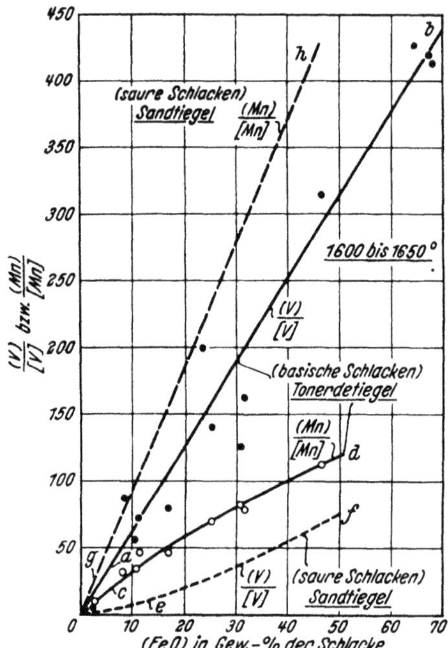

Abb. 119. Die Verschlackungsverhältnisse von Vanadin und Mangan für saure sowie tonerdehaltige FeO — MnO-Schlacken (nach F. KÖRBER)

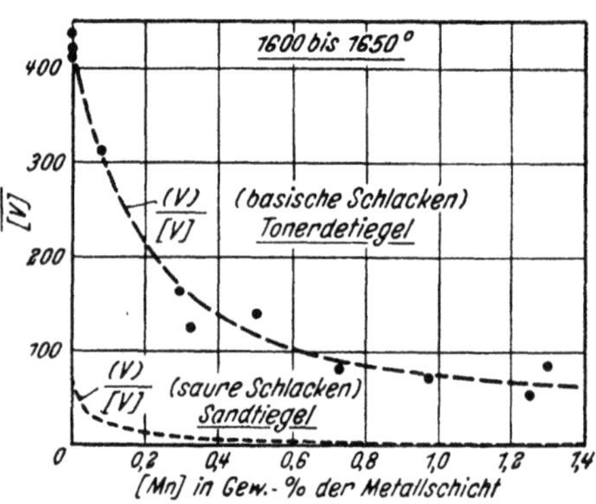

Abb. 120. Das Verschlackungsverhältnis des Vanadins unter sauren und basischen Schlacken in Abhängigkeit vom Mangangehalt der Eisenschmelze (nach F. KÖRBER)

rechnen. In Schlacken hohen Kalkgehaltes sollte die Weiteroxydation primär entstandener Vanadinoxyde und damit die Entfernung des Vanadins aus dem Stahlbad begünstigt werden.

So wie Wolfram erhöht auch Vanadin die Viskosität von Eisenschmelzen, doch ist dies aus den gleichen, bereits besprochenen Gründen für die Stahlwerkspraxis von keiner großen Bedeutung. Jedoch macht sich, ähnlich wie beim Chrom, die Bildung fester Oxydhäute durch Luftoxydation beim Gießen vanadinhaltiger Stähle störend bemerkbar.

1.137.4 Nickel, Kobalt, Molybdän und Kupfer

Die Elemente Nickel, Kobalt, Molybdän und Kupfer sind die wichtigsten edleren Legierungselemente des Eisens. Ihre Oxyde spielen in den metallurgischen Schlacken bei der Stahlherstellung keine Rolle, da sie durch das Eisen reduziert werden, so wie dies die Umsetzungsgleichung (250) beschreibt. Eine Entfernung dieser Elemente aus den Stahlbädern über eine Verschlackungsreaktion ist somit nicht möglich; ein Abbrand erfolgt nicht. So vorteilhaft diese Tatsache bezüglich des Legierungsausbringens ist, führt die dadurch bedingte stete Anreicherung des Schrottes an diesen Elementen zu Schwierigkeiten, wenn die Einhaltung von geringen Nickel-, Kobalt- und Kupfer-Gehalten gefordert wird. Bei hohen Konzentrationen wird jedoch auch bei diesen edleren Legierungselementen ihre Oxydation in Stahlschmelzen nicht mehr zu vernachlässigen sein.

Nickel. Da das Nickel im festen Zustand mit γ-Eisen eine lückenlose Mischkristallreihe bildet, sind für flüssige Eisen-Nickel-Legierungen keine stärkeren Abweichungen der Aktivitäten vom RAOULTschen Gesetz zu erwarten; Eisen und Nickel bilden im flüssigen Zustand nahezu ideale Lösungen. Diese Erwartung wird durch Untersuchungen von R. SPEISER, A. J. JACOBS und J. W. SPRETNAK [156] vollauf bestätigt. SPEISER und Mitarbeiter stellten den in Abb. 121 gezeigten Verlauf der Aktivitäten von Eisen und Nickel in flüssigen Eisen-Nickel-Legierungen fest. Besonders die Eisenaktivität weicht nur wenig von der RAOULTschen Geraden ab. Die mit steigender Temperatur geringer werdenden Abweichungen sind deutlich erkennbar. Diese Ergebnisse decken sich weitgehend mit jenen von G. R. ZELLARS, S. L. PAYNE, J. P. MORRIS und R. L. KIPP [157]. In beiden Fällen wurde die Aktivitätsbestimmung über die Messung des Dampfdruckes von Eisen und Nickel durchgeführt. ZELLARS und Mitarbeiter gaben für 1600 °C sehr ähnliche Aktivitätskurven an. Danach zeigt Nickel über den gesamten Konzentrationsbereich eine leicht negative Abweichung vom Idealverhalten, und das Eisen verhält sich bis herunter zu etwa 70 Mol% ideal und weist erst bei noch kleineren Konzentrationen schwach negative

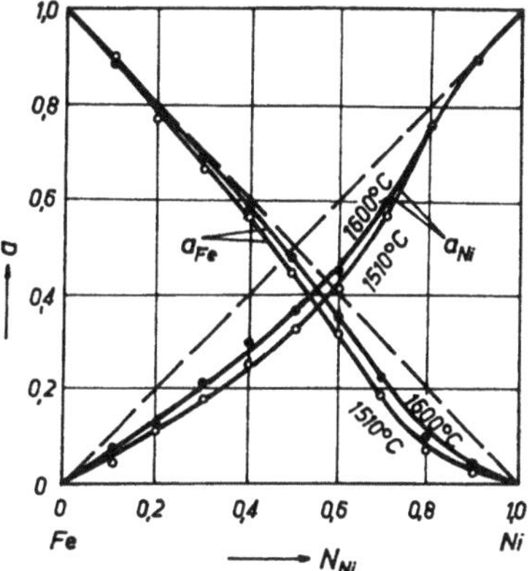

Abb. 121. Die Aktivitäten von Eisen und Nickel in Eisen-Nickel-Schmelzen bei 1510 und 1600 °C (nach R. SPEISER, A. J. JACOBS und J. W. SPRETNAK)

Abweichungen von der RAOULTschen Geraden auf. Nach den gleichen Untersuchungen hat in unendlich verdünnten Lösungen bei 1600°C der Aktivitätskoeffizient des Eisens den Wert 0,4 und der des Nickels den Wert 0,66.

Bei sehr hohen Nickelkonzentrationen, also besonders dann, wenn Nickel das Grundmetall einer Legierung darstellt, ist ebenfalls all den Vorgängen und Eigenschaften Beachtung zu schenken, die auch bei Eisenlegierungen von ausschlaggebender Bedeutung sind. Es sind also Gaslöslichkeit, Oxydationsbestreben und Energieänderungen bei Reaktionen für die Metallurgie von Nickel und seinen Legierungen genau so wichtig wie im Falle des Stahles.

Die Löslichkeit von Sauerstoff bzw. des Nickeloxydes in reinen Nickelschmelzen wurde mehrfach untersucht. Bereits W. OELSEN und G. KREMER [82] stellten in flüssigem Nickel von 1600°C eine wesentlich höhere Sauerstofflöslichkeit fest als in Eisen von gleicher Temperatur. Nach den neuesten Untersuchungen von J. E. BOWERS [158] läßt sich die Temperaturabhängigkeit der Sättigungssauerstoffgehalte in reinem Nickel durch die Gleichung

$$\lg\,[\%\mathrm{O}]_{\mathrm{Ni}} = -\frac{12830}{T} + 6{,}90 \tag{277}$$

darstellen. Die danach z. B. für 1600 und 1700 °C berechneten Werte betragen 1,12 bzw. 2,5% Sauerstoff, sind also ganz wesentlich größer als die Sättigungssauerstoffgehalte in reinem Eisen.

BOWERS stellte weiters fest, daß die Sauerstofflöslichkeit in Eisen-Nickel-Schmelzen höher ist, als nach den Löslichkeiten für reines Eisen und reines Nickel zu erwarten wäre.

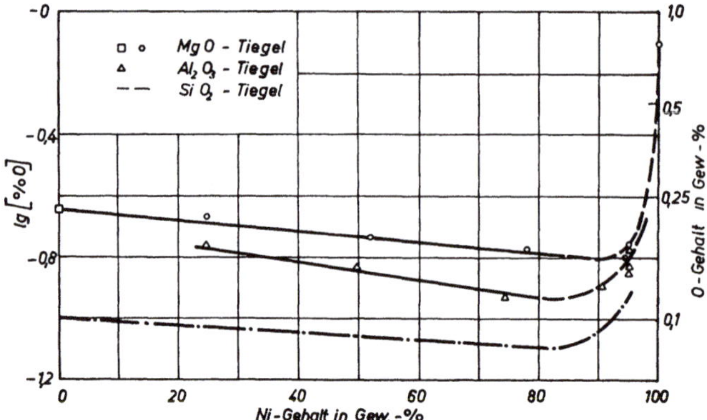

Abb. 122. Sauerstofflöslichkeit von Eisen-Nickel-Legierungen bei 1594°C (nach H. A. WRIEDT und J. CHIPMAN)

H. A. WRIEDT und J. CHIPMAN [159] beobachteten geringere Sauerstoffgehalte als BOWERS. Dies ist darauf zurückzuführen, daß die von ihnen verwendeten Tiegelmaterialien eine Verunreinigung der NiO-Schlacke verursachten. Die Abb. 122 zeigt die von WRIEDT und CHIPMAN angegebenen Gleichgewichtssauerstoffgehalte von Eisen-Nickel-Legierungen bei 1594°C. Der Verlauf der Kurve läßt klar erkennen, daß Eisen gegenüber Nickel eine gewisse Desoxydationsfähigkeit besitzt.

Die Löslichkeit von Sauerstoff in Nickel-Chrom- und Eisen-Nickel-Chrom-Schmelzen wurde von S. W. BESOBRASOW und A. M. SAMARIN [160] untersucht. Aus ihren in Abb. 123 wiedergegebenen Ergebnissen geht hervor, daß der Gleichgewichtssauerstoffgehalt in Nickel-Chrom-Schmelzen bei 1520 und 1650°C mit zunehmendem

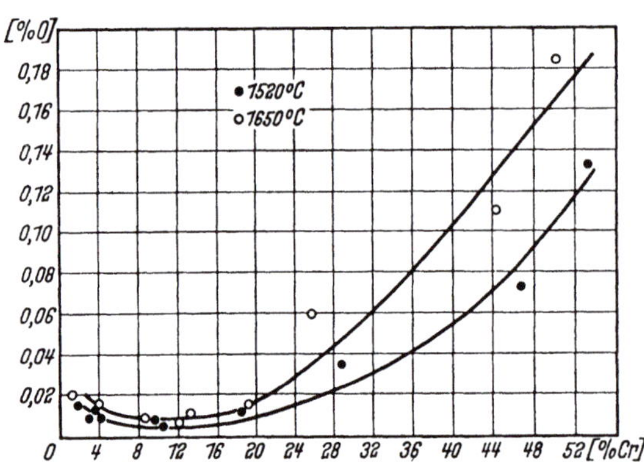

Abb. 123.   Die Löslichkeit von Nickel-Chrom-Schmelzen bei 1520 und 1650°C (nach S. W. BESOBRASOW und A. M. SAMARIN)

Chromgehalt bis zu 12% Cr abnimmt. Mit einer weiteren Erhöhung der Chromkonzentration steigen auch die Sauerstoffgehalte wieder an. BESOBRASOW und SAMARIN erklären den Wiederanstieg der Sauerstoffkurve bei höheren Chromgehalten mit der Bildung eines in der Schmelze löslichen Chromoxydes. Die in der gleichen Arbeit mitgeteilten und in Abb. 124 wiedergegebenen Gleichgewichtswerte für Eisen-Nickel-Chrom-Schmelzen zeigen, daß die Sauerstofflöslichkeit solcher Schmelzen mit größer werdendem $\frac{\%\,\mathrm{Fe}}{\%\,\mathrm{Ni}}$-Verhältnis zunehmen und für 30% Cr wesentlich höher liegen als für 20% Cr.

Da Nickellegierungen mit Nickel als Grundmetall eine hohe Aufnahmefähigkeit für Sauerstoff besitzen, der Sauerstoff aber für diese Werkstoffe ein schädliches Begleitelement darstellt, sind Maßnahmen erforderlich, um die Sauerstoffgehalte wieder abzusenken. Nickel und Nickellegierungen müssen ebenso desoxydiert werden wie Stahl, da das gelöste Nickeloxyd vor allem bei der Warmverformung ganz ähnliche Schwierigkeiten bedingt wie zu hohe Sauerstoffgehalte im Eisen. Die Desoxydation von Nickel erfolgt am wirksamsten mit Magnesium. Wenn es die Zusammensetzung der Legierungen zuläßt, kann eine Vordesoxydation mit Mangan vorgenommen werden. Das Mangan hat gegenüber Nickel eine stärker desoxydierende Wirkung als gegenüber dem Eisen (vgl. Abb. 11).

W. W. AWERIN, P. A. BERKASOW und A. M. SAMARIN [200] untersuchten die desoxydierende Wirkung verschiedener Elemente gegenüber flüssigem Nickel.

Bezüglich der Sauerstofflöslichkeit in Eisen-Nickel-Schmelzen bestätigten sie im wesentlichen die Aussagen der Abb. 122. Ähnlich wie Eisen wirkt auch Kobalt vermindernd auf die Sauerstofflöslichkeit von Nickel-Schmelzen, jedoch ist die Abnahme des Sauerstoffgehaltes mit steigendem Kobaltzusatz geringer als bei Zusatz von Eisen. Auch Chrom, Mangan, Vanadin, Silizium, Kohlenstoff, Titan und Aluminium erniedrigen die Sauerstofflöslichkeit in Nickel-Schmelzen. Obwohl reine Nickel-Schmelzen wesentlich mehr Sauerstoff zu lösen vermögen als reines flüssiges Eisen, sind die Sauerstoffgehalte der untersuchten binären Ni—X-Schmelzen wesentlich geringer als die der entsprechenden Fe—X-Schmelzen

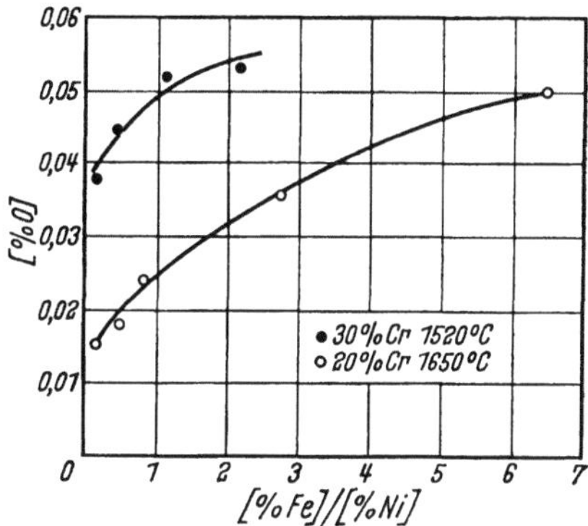

Abb. 124. Die Löslichkeit von Sauerstoff in Eisen-Nickel-Chrom-Schmelzen bei 1520 und 1650°C (nach S. W. BESOBRASOW und A. M. SAMARIN)

bei gleichem Gehalt des Zusatzelementes X. So wie in Nickel-Chrom-Schmelzen der Sauerstoffgehalt wieder ansteigt, wenn ein bestimmter Chrom-Gehalt überschritten wird, nehmen auch die Gleichgewichtssauerstoffgehalte von mit Mangan, Vanadin oder Silizium legierten Nickel-Schmelzen oberhalb eines bestimmten Gehaltes an dem Legierungselement wieder zu. Die geringsten Sauerstoffgehalte werden bei etwa 1% Mn (0,002% O), 0,6% V (0,003% O) und 5% Si (<0,001% O) erreicht. Titan und Aluminium wirken auf Nickel-Schmelzen sehr stark desoxydierend. Schon bei Gehalten von 0,08% Ti oder 0,016% Al liegen die Sauerstoffgehalte bei 0,001%, also an der Bestimmbarkeitsgrenze.

AWERIN und Mitarbeiter [200] konnten weiter feststellen, daß, wie in Eisenschmelzen, Mangan auch in flüssigem Nickel nahezu ideal gelöst ist. Zur Beschreibung des Einflusses der Desoxydationselemente auf die Sauerstoffaktivität in flüssigem Nickel gaben sie folgende Werte für die Wirkungsparameter an:

$$e_O^{(Fe)} = -0,03 \qquad e_O^{(V)} = -0,40$$

$$e_O^{(Cr)} = -0,25 \qquad e_O^{(Si)} = -0,137$$

$$e_O^{(Mn)} = -0,45$$

Die Aktivitäten von Kohlenstoff und Nickel in kohlenstoffhaltigen Nickelschmelzen wurden von V. P. PUPYNIN, S. TSEN-TSI, A. J. POLJAKOW und A. M. SAMARIN [161] durch die Messung der Nickelverdampfung unter Vakuum bestimmt. Zwischen 1500 und 1600°C zeigt die Kurve der Kohlenstoffaktivität bis zu 0,9% C eine schwach negative Abweichung von der RAOULTschen Geraden, die bei höheren Kohlenstoffkonzentrationen in eine stark positive Abweichung übergeht. Für 1500°C kann der Aktivitätskoeffizient des Kohlenstoffes in flüssigem Nickel durch die Gleichung

$$\lg \gamma_C = -0,5 + 11 \cdot N_C \tag{278}$$

als Funktion der Kohlenstoffkonzentration ausgedrückt werden, woraus sich eine höhere Kohlenstoffaktivität als im Eisen unter gleichen Bedingungen ergibt. Die Desoxydationsfähigkeit des Kohlenstoffes gegenüber Nickelschmelzen läßt sich nach den gleichen Untersuchungen bei 1600°C und geringen Kohlenstoffgehalten durch die einfache Beziehung

$$[\% \ C] \cdot [\% \ O] \approx 0,35 \cdot 10^{-4} \tag{279}$$

darstellen, die der Gl. (188) für Eisenschmelzen entspricht.

Über die Desoxydation von Reinstnickelschmelzen berichteten D. PUPKE und O. RATHMANN [162]. Beim Schmelzen an Luft im Sandtiegel stellten sie fest, daß die besten Ergebnisse mit Magnesium ohne sonstige Zusätze zu erreichen sind. Entgasung und Vordesoxydation werden vorteilhaft durch kurzzeitiges Eintauchen von Kohlestäben in die Schmelze vorgenommen.

Eine zusammenfassende Übersicht über den Einfluß der verschiedenen Begleitelemente, besonders auf die Warmverformbarkeit von Nickel und Nickellegierungen, gaben C. G. BIEBER und R. F. DECKER [163].

Auch der Entschwefelung von Nickelbasis-Legierungen kommt Bedeutung zu. J. A. CORDIER und J. CHIPMAN [164] konnten nachweisen, daß die von SHERMAN, ELVANDER und CHIPMAN [112] für schwefelhaltige Eisenschmelzen gefundenen Beziehungen auch für reines Nickel sowie Eisen-Nickel-Legierungen Gültigkeit haben. Demnach ist die freie Standardenthalpie des gelösten Schwefels im gesamten Konzentrationsbereich von 0 bis 100% Ni konstant, und in der unendlich verdünnten Lösung ist die Schwefelaktivität gleich der Schwefelkonzentration in Gewichtsprozent (vgl. Abb. 91). Darüber hinaus ist der Aktivitätskoeffizient des Schwefels, ebenfalls über den gesamten Konzentrationsbereich von Eisen-Nickel-Legierungen, in gleicher Weise vom Schwefelgehalt abhängig. Nach diesen Untersuchungen ist der Lösungsvorgang von Schwefel in Eisen, Nickel und Eisen-Nickel-Legierungen

$$\frac{1}{2}\{S_2\} = [S] \tag{280}$$

mit der freien Standardenthalpie

$$\Delta \bar{G}^\circ = -28180 + 3,44 \cdot T \tag{281}$$

verbunden und schließlich ist der Aktivitätskoeffizient des Schwefels bei 1600°C durch die einfache Beziehung

$$\lg f_S = -0,028 \cdot [\% \ S] \tag{282}$$

festgelegt, die seine Abhängigkeit von der Schwefelkonzentration zum Ausdruck bringt.

Aus diesen Ergebnissen ist zu schließen, daß sich der Schwefel beim Feinen von Nickel und Nickel-Eisen-Legierungen genau so verhält wie in reinem Eisen oder kohlenstoffarmem unlegiertem Stahl, doch ist zu berücksichtigen, daß bei

Nickel meist kleinere Endschwefelgehalte einzuhalten sind als bei Eisen. Von den Ergebnissen von CORDIER und CHIPMAN abweichende Angaben bezüglich der Abhängigkeit des Schwefel-Aktivitätskoeffizienten in Eisen-Nickel-Schmelzen machen C. B. ALCOCK und L. L. CHENG [165], doch können diese Abweichungen, zumindest teilweise, durch die geringere Versuchstemperatur (1540°C) und die Wahl eines anderen Standardzustandes begründet sein.

Das Verhalten von technischen Eisen-Nickel-Legierungen unter Silikatschlacken wurde ausführlich von W. OELSEN und G. KREMER [82] studiert. Ein Teil ihrer Ergebnisse wurde bereits bei Besprechung der Abb. 83 und 84 vorweggenommen. OELSEN und KREMER untersuchten die Hauptumsetzungen von mangan- und siliziumhaltigen Eisen-Nickel-Schmelzen mit der Silikatschlacke und fester Kieselsäure bei 1600 und 1650°C und konnten feststellen, daß die Gleichgewichtslagen dieser Umsetzungen bei kleinen Mangan- und Siliziumgehalten der Schmelzen sehr stark von deren Eisen- und Nickelgehalten abhängig sind und daß bei den kleinen, etwa unter 1% liegenden Mangan- und Siliziumkonzentrationen nur eine geringe Abhängigkeit besteht.

Bei der Herstellung von hochlegierten Chrom-Nickel-Stählen interessiert der Einfluß des Nickels auf die Beziehung zwischen Chrom und Kohlenstoff während des Frischens. Die von HILTY und Mitarbeitern [151] genannte Temperaturabhängigkeit der Gleichgewichtskennzahl (Gl. (272)) für die Oxydation von chrom- und kohlenstoffhaltigem Eisen gemäß Gl. (270) ist nach den Ergebnissen von A. SIMKOVICH und C. W. MCCOY [166] bei gleichzeitiger Anwesenheit von Nickel nicht mehr anwendbar. In diesen Fällen muß vielmehr mit einer modifizierten Gleichgewichtskennzahl gerechnet werden, die durch die Gleichung

$$\lg K' = \lg \frac{[\% \, \mathrm{Cr}]}{[\% \, \mathrm{C}]} = -\frac{13\,800}{T + 4{,}21 \cdot [\% \, \mathrm{Ni}]} + 8{,}76 \tag{283}$$

gegeben ist. Dieser Einfluß des Nickels auf die Gleichgewichtsbeziehung zwischen Chrom und Kohlenstoff ist durch die Abhängigkeit der Kohlenstoffaktivität vom Nickelgehalt begründet.

Kobalt. Da auch Kobalt mit dem Eisen im festen Zustand eine lückenlose Mischkristallreihe bildet und keine Eisen-Kobalt-Verbindung bekannt ist, kann auf ein weitgehend ideales Verhalten von flüssigen Eisen-Kobalt-Legierungen geschlossen werden. Die Sauerstofflöslichkeit in reinem flüssigem Kobalt ist nahezu gleich groß wie in flüssigem Eisen. Der sich im Gleichgewicht in Eisen-Kobalt-Schmelzen einstellende Sauerstoffgehalt ist jedoch sehr stark von der Zusammensetzung der Schmelze abhängig. Wie die einer Arbeit von A. M. SAMARIN [167] entnommene Abb. 125 zeigt, nimmt der Sauerstoffgehalt in Eisen-Kobalt-Schmelzen mit zunehmendem Kobaltgehalt linear ab, bis bei ungefähr 80% Co ein Minimum erreicht wird. Eine weitere Erhöhung des Kobaltgehaltes bedingt einen steilen Anstieg der Kurven der Gleichgewichtssauerstoffgehalte.

Kobalt erhöht die Sauerstoffaktivität in Eisenschmelzen, wie dies bereits durch die in Abb. 59 enthaltene Kurve für den Wirkungskoeffizienten $f_O^{(\mathrm{Co})}$ zum Ausdruck gebracht wurde. Dabei ist die Wirkung des Kobalts noch stärker als die des Nickels.

Gegenüber Schwefel ist das Verhalten des Kobalts sehr ähnlich wie das des Nickels. Der Einfluß der Metallzusammensetzung von Eisen-Kobalt-, Nickel-Kobalt- und Eisen-Nickel-Legierungen auf den Aktivitätskoeffizienten des Schwefels wurde von C. B. ALCOCK und L. L. CHENG [165] bei 1540°C untersucht. Die vorhandenen Ergebnisse reichen aber nicht aus, um eine zahlenmäßige Beschreibung zu ermöglichen. Für die Edelstahlerzeugung spielen jedoch die Sulfidreaktionen des Kobalt wegen der durchwegs niedrigen Schwefelgehalte keine ausschlaggebende Rolle.

Molybdän. Infolge seines hohen Schmelzpunktes ist Molybdän bei Stahlerzeugungstemperaturen nicht unbeschränkt in flüssigem Eisen löslich und bezüglich des Verlaufes der Aktivitätskurven in diesem Zweistoffsystem ergeben sich daher die in Abb. 4 zum Ausdruck gebrachten Folgerungen. Innerhalb des bei der Edelstahlerzeugung in Frage kommenden Konzentrationsbereiches von einigen Gewichtsprozenten Molybdän sind jedoch keine Schwierigkeiten bezüglich der Auflösungsfähigkeit dieses hochschmelzenden Metalles zu erwarten, da das Zweistoffsystem Eisen-Molybdän durch ein vergleichsweise niedrigschmelzendes Eutektikum (etwa 1440 °C) bei etwa 35% Mo ausgezeichnet ist.

Der Einfluß von Molybdän in Eisenschmelzen auf die Aktivitäten von Sauerstoff und Kohlenstoff wurde bereits in den Abb. 59 und 66 wiedergegeben: Der Aktivitätskoeffizient des Sauerstoffes wird geringfügig erhöht, der des Kohlenstoffes etwas erniedrigt.

Da das Molybdän edler als Eisen ist und das Eisen bevorzugt verschlackt wird, treten Molybdänverluste durch Oxydation nicht auf. Vielmehr kann ein begrenzter Molybdänzusatz zu Eisenschmelzen auch in Form von Molybdänoxyd oder „Kalziummolybdat" erfolgen, da diese gemäß der allgemeinen Gl. (250) reduziert werden.

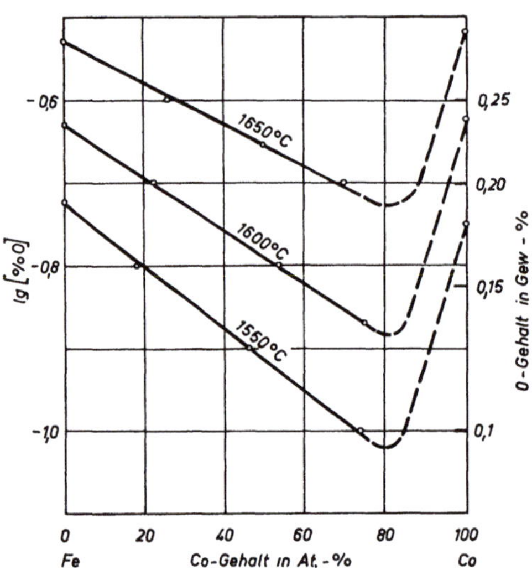

Abb. 125. Die Sauerstofflöslichkeit in Eisen-Kobalt-Schmelzen bei 1550, 1600 und 1650 °C (nach A. M. Samarin)

Auch Molybdän-Schwefel-Verbindungen verhalten sich in metallurgischer Hinsicht ähnlich wie die Molybdän-Sauerstoff-Verbindungen. Sie werden vom flüssigen Eisen unter Bildung von Eisensulfid teilweise zu Molybdän reduziert. Diese Tatsache wird technisch ausgenützt bei der Herstellung rostbeständiger Chrom-Molybdän-Automatenstähle höheren Schwefelgehaltes.

Beim Einschmelzen hochlegierten Molybdänschrottes können besonders im Lichtbogenofen höhere Molybdänverluste durch Verdampfen eintreten. Dies ist auf den sehr niedrigen Siedepunkt des Molybdänoxydes MoO_3 (1280°C) zurückzuführen. In diesem Falle kommt es zur Bildung des charakteristischen Molybdänrauches.

Kupfer. Nach den Untersuchungen von R. Vogel und W. Dannöhl [168] weist das Zweistoffsystem Eisen—Kupfer im flüssigen Zustand eine sich über einen weiten Konzentrationsbereich erstreckende Mischungslücke auf, wodurch die Löslichkeit des Kupfers in flüssigem Eisen weitgehend eingeengt ist. Nach den Ergebnissen anderer Bearbeiter [169] tritt eine Entmischung von Eisen-Kupfer-Schmelzen bis zu 1600°C zwar nicht auf, doch kann auch daraus auf stark abstoßende Kräfte zwischen den Eisen- und Kupferatomen, also eine Entmischungsneigung, geschlossen werden. Jedenfalls ist bereits auf Grund des Zustandssystemes Eisen-Kupfer ein stark positives Abweichen der Kupfer- und Eisen-Aktivitäten in diesen flüssigen Zweistofflegierungen vom Raoultschen Gesetz zu erwarten, so wie dies die Abb. 5 nach Ergebnissen von J. Chipman [76] zeigt. Chipman berechnete aus diesen Untersuchungen den konstanten, auf das Raoultsche System bezogenen Kupfer-Aktivitätskoeffizienten des HENRYschen Bereiches für 1600°C zu $\gamma_{Cu}^{\circ} = 12$ (vgl. Tab. 9). In neueren Arbeiten von F. C. LANGEN-BERG [170] wird für diesen Aktivitätskoeffizienten bei 1600°C der Wert 8,8 und von P. J. KOROS und J. CHIPMAN [171] der Wert 8,0 angegeben. KOROS und CHIP-MAN gaben zur Berechnung des Aktivitätskoeffizienten von Kupfer in Eisen-Kupfer-Legierungen bei 1600°C die Beziehung

$$\gamma_{Cu} = 0,9 - 2,4 \cdot N_{Cu} \tag{284}$$

an, die bis zu Kupferkonzentrationen von 3 Atomprozent Cu Gültigkeit hat. Der Einfluß des Kohlenstoffgehaltes ist nach den Ergebnissen dieser Verfasser sehr beträchtlich und wird durch den Wirkungskoeffizienten

$$\gamma_{Cu}^{(C)} = 1,8 \cdot N_{C} \tag{285}$$

zum Ausdruck gebracht, der für alle Kohlenstoffgehalte bis zur Sättigung gilt. Dagegen ist ein Einfluß des Siliziums auf die Kupferaktivität in Eisen-Kupfer-Silizium-Schmelzen bis zu etwa 11 Atomprozent Si nicht vorhanden, es ist also $\gamma_{Cu}^{(Si)} = 1$. Demnach erhält man die Wirkungsparameter

$$\varepsilon_{Cu}^{(C)} = + 4,2 \tag{286}$$

und

$$\varepsilon_{Cu}^{(Si)} = 0 \tag{287}$$

Sämtliche der hier genannten Zahlenwerte und Gleichungen beziehen sich auf das unverdünnte System.

Der Temperatureinfluß auf die Aktivität des Kupfers in Eisen-Kupfer-Schmelzen wurde von J. P. MORRIS und G. R. ZELLARS [172] durch Dampfdruck-messungen des Kupfers bei 1465, 1550 und 1600°C untersucht. Entsprechend den bei der Diskussion von Abb. 7 abgeleiteten allgemein gültigen Gesetzmäßigkeiten nimmt die Abweichung von der RAOULTschen Geraden mit steigender Temperatur ab. MORRIS und ZELLARS fanden bei 1600°C eine etwas geringere positive Ab-weichung vom Idealverhalten, als dies in Abb. 5 angegeben wurde. Für γ_{Cu}° er-rechneten sie für 1550°C den Wert 10,1 und für 1600°C den Wert 8,6, der mit den Ergebnissen der anderen neueren Untersuchungen [170, 171] gut übereinstimmt.

Der Einfluß von Kupferzusätzen zu Stahlschmelzen auf die Aktivitäten von Sauerstoff und Kohlenstoff geht aus den Abb. 59 und 66 hervor. Die Sauerstoff-aktivität wird verringert, die Kohlenstoffaktivität erhöht.

Für die Praxis der Edelstahlerzeugung interessiert besonders das Verhalten des Kupfers gegenüber Sauerstoff und Schwefel. Die Bildung von Cu_2O in hoch-kupferhaltigen Legierungen ist für die Edelstahlerzeugung praktisch bedeutungs-los. Kupfer weist im Vergleich zu Eisen eine stärkere Neigung zur Verbindungs-bildung mit Schwefel auf (vgl. Abb. 14). Es reagiert daher mit dem im Stahlbad gelösten FeS unter Bildung von Cu_2S. Diese Umsetzung spielt zwar wegen der zumeist geringen Schwefelgehalte bei der Edelstahlerzeugung nur eine geringe Rolle, doch kann andererseits das im Metallbad vorhandene Kupfer aus den Heiz-gasen bei hohen Temperaturen den Schwefel ebenfalls in Form von Cu_2S abbinden, d. h., daß der Schwefelgehalt des Bades mit steigenden Kupfergehalten des Ein-satzes zunehmen müßte. Bei den im praktischen Betrieb vorkommenden kupfer-unlegierten Schmelzen, für die das Kupfer nur als Verunreinigung zu betrachten ist, können allerdings keine Schwierigkeiten bezüglich der Entschwefelung festgestellt werden [173]. Während also die hohe Affinität des Kupfers zum Schwefel in schmelzmetallurgischer Hinsicht zumeist vernachlässigt werden kann, können Anreicherungen von Cu_2S an den Korngrenzen im festen Zustand des Stahles sehr schädlich sein.

1.137.5 Aluminium, Titan, Zirkon, Bor, Tantal und Niob

Diese Elemente bilden sehr stabile Oxyde und zum Teil auch Nitride, Karbide und Sulfide. Ihre Verwendung z. B. als Desoxydationsmittel oder Karbidbildner steht daher im Vordergrund der Betrachtung.

Die hohe Affinität der Elemente Zirkon, Titan, Aluminium, Tantal und Niob zum Stickstoff ermöglicht auch ihre Anwendung zur Abbindung des Stickstoffs in Form von Nitriden. Dabei ist jedoch für ihre Anwendbarkeit im einzelnen auch ihre Karbidbildung zu berücksichtigen. Dies ist die Grundlage der Anwendung von Titan, Niob, Tantal und Zirkon zur Abbindung geringer Kohlenstoffgehalte, z. B. in austenitischen Chrom-Nickel-Stählen, zur Vermeidung interkristalliner Korrosion. Niob hat als karbidbildendes Element wegen seiner im Vergleich zu den anderen hier genannten Elementen geringen Sauerstoffaffininität besondere Bedeutung. Es oxydiert daher auch beim Schweißen weniger als Tantal und Titan, so daß es zur Kohlenstoffabbindung, vor allem in Schweißdrähten aus rostbeständigem Stahl, vorteilhaft anzuwenden ist.

Die Möglichkeit der Bildung von stabilen Titan- und Zirkonsulfiden wird bei der Erschmelzung von schwefelhaltigen Stählen, besonders bei hochlegierten Automatenstählen (rostbeständige Chrom- und Chrom-Nickel-Stähle), ausgenutzt. Die Titan- und Zirkonsulfide besitzen einen höheren Schmelzpunkt als das FeS, wodurch die Rotbruchgefahr beseitigt wird. Auch Niob ist zur Sulfidbildung im ähnlichen Sinne befähigt wie Titan und Zirkon.

Allgemein ist bei der Verwendung dieser Elemente zu beachten, daß eine Aufnahme des Legierungselementes erst dann erfolgt, wenn die sehr niedrigen Gleichgewichtssauerstoffgehalte erreicht sind. Diese allgemein gültige Tatsache ist deshalb von Bedeutung, weil in ungenügend vordesoxydierten Stahlbädern durch die hohe Affinität dieser Elemente zum Sauerstoff unerwünscht große Mengen an schwer abscheidbaren Reaktionsprodukten auftreten können. Die Aufnahme als Legierungselement ist ferner mit einer Nitridbildung und bei Titan, Tantal, Niob und Zirkon auch mit einer Bildung von Karbiden verbunden.

Aluminium. Durch Untersuchung der Aluminiumverteilung zwischen geschmolzenem Eisen und Silber gelang es J. CHIPMAN und T. P. FLORIDIS [174], den Aktivitätskoeffizienten des Aluminiums in Eisen-Aluminium-Schmelzen bei 1600°C bis zu einer Aluminiumkonzentration von 40 Atomprozent zu bestimmen, der in diesen binären Legierungen der Gleichung

$$\lg \gamma_{Al} = -1{,}51 + 2{,}60 \cdot N_{Al} \tag{288}$$

gehorcht. CHIPMAN und FLORIDIS konnten auch nachweisen, daß der Aktivitätskoeffizient des Aluminiums in kohlenstoffgesättigten Eisenschmelzen wesentlich größere Werte aufweist als in kohlenstofffreien Eisenbädern. Daraus ergibt sich, daß der Wirkungskoeffizient $\gamma_{Al}^{(C)}$ stets größer als eins sein muß. Ebenso wirken Siliziumzusätze in Eisenschmelzen im Sinne einer Erhöhung des Aktivitätskoeffizienten und damit auch der Aktivität des Aluminiums. Die erhaltenen

Ergebnisse ermöglichten auch eine Berechnung der Wirkungsparameter, für die die Werte

$$\varepsilon_{Al}^{(C)} = 6{,}7 \qquad \text{und}$$

$$\varepsilon_{Al}^{(Si)} = 6{,}9$$

angegeben wurden. Für γ_{Al}° wurde bei 1600°C der Wert 0,031 gefunden, der von dem in Tab. 9 genannten, aus einer älteren Arbeit stammenden Wert abweicht. Die von CHIPMAN und FLORIDIS experimentell gefundene Abhängigkeit des Aluminium-Aktivitätskoeffizienten von der Aluminiumkonzentration wurde rein rechnerisch von H. SCHENCK und Mitarbeitern [175] bestätigt.

Der Verlauf der Aktivitätskurven von Eisen und Aluminium in Eisen-Aluminium-Legierungen bei 1600°C wurde von R. D. PEHLKE [176] unter der Annahme der Existenz der intermetallischen Verbindung Fe_2Al_5 im festen Zustand berechnet. In Abb. 126 ist das Ergebnis dieser Berechnung wiedergegeben. Beide Aktivitätskurven sind durch ein stark negatives Abweichen von der RAOULTschen Geraden gekennzeichnet. Für den Eisenaktivitätskoeffizienten des HENRYschen Bereiches, bezogen auf das RAOULTsche System, berechnete PEHLKE den Wert $\gamma_{Fe}^{\circ} = 0{,}05$.

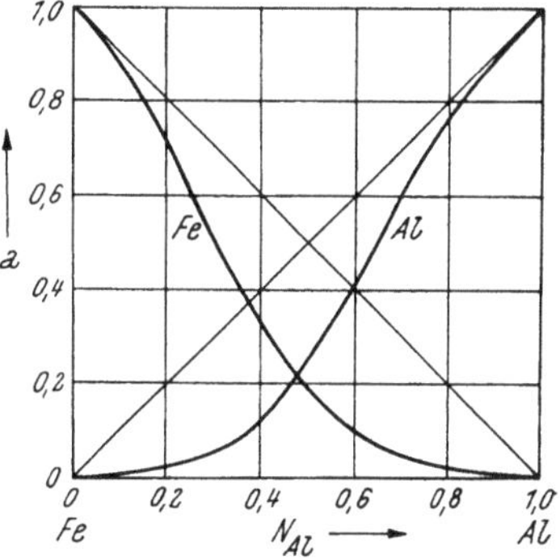

Abb. 126. Die Aktivität von Eisen und Aluminium in Eisen-Aluminium-Schmelzen bei 1600 °C (nach R. D. PEHLKE)

Das Hauptaugenmerk gilt naturgemäß dem Aluminium-Sauerstoff-Gleichgewicht in Eisenschmelzen, dessen Besprechung jedoch aus naheliegenden Gründen erst in dem die Desoxydation beinhaltenden Abschnitt 1.153.4 erfolgt.

N. A. GOKCEN und J. CHIPMAN [177] wiesen nach, daß das Aluminium den Aktivitätskoeffizienten von Sauerstoff stärker verringert als irgendein anderes Element. Aus neueren Untersuchungen von J. C. D'ENTREMONT, D. L. GUERNSEY und J. CHIPMAN [31], die die Gleichgewichtssauerstoffgehalte in aluminiumhaltigen Eisenschmelzen erstmalig bis zu *höheren* Aluminiumgehalten bestimmten, ergab sich eine wesentlich geringere Beeinflussung der Sauerstoffaktivität durch Aluminium. Die von ihnen mitgeteilten Wirkungsparameter betragen für 1740°C: $e_O^{(Al)} = -0{,}92$ und $\varepsilon_O^{(Al)} = -102$ und für 1910°C: $e_O^{(Al)} = -0{,}76$ und $\varepsilon_O^{(Al)} = -85$. Durch Extrapolation erhielten sie für 1600°C die Werte $e_O^{(Al)} = -1$ und $\varepsilon_O^{(Al)} = -110$.

Der von GOKCEN und CHIPMAN [177] für 1600°C festgestellte Wirkungsparameter betrug dagegen $e_O^{(Al)} = -12$. Es sind also äußerst starke Unterschiede vorhanden, die ihre Ursache nicht zuletzt in den großen Schwierigkeiten bei der Bestimmung kleinster Sauerstoff- und Aluminiumgehalte im Eisen haben.

V. F. ZACKAY und W. A. GOERING [178] beschreiben ein Schmelzverfahren zur Herstellung einschlußarmer und gut verformbarer Eisen-Aluminium-Legierungen, das besonders für hochaluminiumlegierte Eisenschmelzen gute Ergebnisse liefert.

Obwohl Aluminium eine hohe Affinität zu Stickstoff aufweist, kommt es bei Stahlerzeugungstemperaturen und den üblichen Aluminiumkonzentrationen in der Schmelze nicht zur Ausscheidung von Aluminiumnitrid als eigene Phase. Das Aluminiumnitrid wird erst bei niedrigeren Temperaturen im festen Stahl ausgeschieden.

Titan. Die Gleichgewichtsverhältnisse zwischen Titan und Sauerstoff in Eisenschmelzen werden in Abschnitt 1.153.5 besprochen.

So wie z. B. bei Chrom herrscht auch bei der Umsetzung des Titans mit Sauerstoff über die entstehenden Oxyde keine Klarheit und so ist eine genaue zahlenmäßige Beschreibung der Gleichgewichtslage oder Gleichgewichtskennzahl derzeit noch nicht möglich. R. L. HADLEY und G. DERGE [179] zeigten, daß bei Darstellung des Sauerstoffgehaltes der Eisenschmelze in Abhängigkeit von ihrem Titangehalt zwischen 0,1 und 1% Ti ein Minimum der Sauerstofflöslichkeit erreicht wird. In diesem Bereich konnte als Oxydphase im wesentlichen TiO_2 nachgewiesen werden, während für hohe Titangehalte in der Größenordnung von einigen Gewichtsprozenten das Auftreten von TiO beobachtet wurde. Aus diesen Ergebnissen sowie den Werten der freien Bildungsenthalpie der Titanoxyde berechnete J. CHIPMAN [180] die die Wechselwirkung zwischen Titan und Sauerstoff in thermodynamischer Hinsicht beschreibenden Konstanten. Demnach beträgt der Aktivitätskoeffizient des Titans bei unendlich verdünnter Lösung im Eisen $\gamma^\circ_{Ti} = 0,011$, wobei die Bezugstemperatur 1900°K beträgt. Dieser Wert ist wesentlich kleiner als der in Tab. 9 angegebene, der allerdings nur geschätzt wurde und daher keinerlei Anspruch auf gute Genauigkeit hat. Der Einfluß des Titans auf die Aktivität des Sauerstoffes ist sehr groß und etwa dem Einfluß des Vanadins vergleichbar. Die Abb. 127 zeigt die Abhängigkeit des Sauerstoff-Aktivitätskoeffizienten von der Titankonzentration.

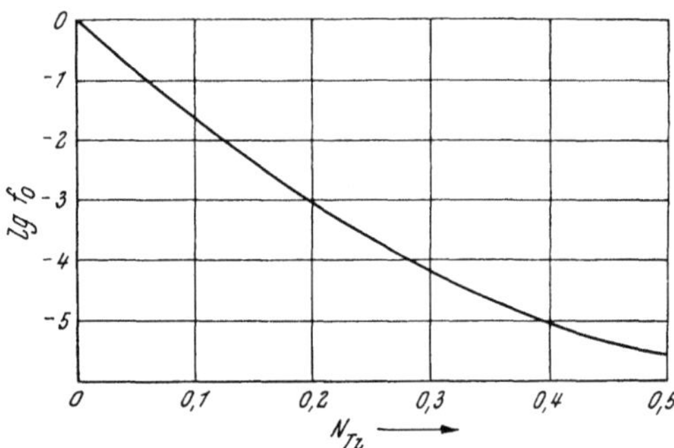

Abb. 127. Die Abhängigkeit des Sauerstoff-Aktivitätskoeffizienten von der Titankonzentration in Eisenschmelzen bei 1627 °C (nach J. CHIPMAN)

Die Steigung der Kurve bei niedrigen Titangehalten entspricht dem Wirkungsparameter $\varepsilon_0^{(Ti)} = -0,37$ bzw. für die Konzentrationsangabe in Gewichtsprozenten $e_0^{(Ti)} = -0,187$. Für die Umsetzung

$$TiO_{2\,\text{fest}} = [Ti] + 2\,[O] \tag{289}$$

errechnete J. CHIPMAN [180] für 1900°K den Wert der Gleichgewichtskonstante zu

$$\lg K_{Ti} = \lg (a_{[Ti]} \cdot a_{[O]}^2) = -5,89 \tag{290}$$

Versuche zur Feststellung der Titanverschlackung aus Stahlschmelzen unter sauren und basischen Schlacken wurden von P. BARDENHEUER und W. A. FISCHER [181] durchgeführt. Dabei zeigte sich, daß sich das Titan der Eisenschmelze im sauren Ofen bei niedrigen Kohlenstoffgehalten und hohen Temperaturen sehr schnell mit der Kieselsäure umsetzt, wogegen hohe Kohlenstoffgehalte, verbunden mit niedrigen Temperaturen, den Umsatz so verlangsamen, daß eine Erschmelzung derartiger Stähle auch im sauren Ofen möglich erscheint. Auch bei stark basischen Schlacken fand eine weitgehende Reduktion der Kieselsäure durch das in der Schmelze enthaltene Titan statt. Durch die titansäurehaltigen basischen Schlacken wurde ein extrem starker Verschleiß des Magnesitfutters verursacht. Durch Aluminiumzugabe vor dem Titanzusatz gelang eine ganz wesentliche Herabsetzung des Titanabbrandes. BARDENHEUER und FISCHER schlugen daher die Verwendung einer Kalk-Korund-Schlacke vor und gaben Hinweise für deren Anwendung im Lichtbogen- und Siemens-Martin-Ofen.

Allgemein kann festgehalten werden, daß es bei richtiger Vordesoxydation ohne Schwierigkeiten gelingt, höhere Titangehalte mit guter Treffsicherheit in den Stahl zu legieren.

J. G. Gurewitsch [182] stellte bei kleinen Laboratoriumsschmelzen fest, daß eine Denitrierung von Schmelzen aus rostbeständigen Chrom-Nickel-Stählen mit Titan möglich ist, wenn niedrige Temperaturen (< 1550°C) eingehalten werden und eine ausreichende Vordesoxydation erfolgt. In diesen Fällen beobachtete er eine Abscheidung der Nitride, die mit der Abscheidung von Desoxydationsprodukten vergleichbar ist. Dabei ist aber zu beachten, daß Titan höhere Stickstoffgehalte an den Stahl bindet und daß eine Stickstoffentfernung aus der Schmelze durch Titanzusätze nur bei vergleichsweise hohen Stickstoffgehalten möglich ist. Die Nitride des Titans sind im festen Stahl unlöslich und bilden ebenso wie die Oxyde Einschlüsse. In stickstoff- und kohlenstoffhaltigen Stählen treten Karbonitride auf, das sind sehr komplex aufgebaute Titan-Kohlenstoff-Stickstoff-Verbindungen.

Zirkon. Über das Verhalten von Zirkon gegenüber Sauerstoff in Eisenschmelzen wird in Abschnitt 1.153.6 berichtet. Die dort gemachten Angaben können aber auch nur als grobe Näherungen betrachtet werden, da experimentelle Unterlagen nicht zur Verfügung stehen. Wegen seiner hohen Sauerstoffaffinität verschlackt das mit dem Einsatz eingebrachte Zirkon während des Frischens zur Gänze.

Zirkon bildet so wie Titan äußerst stabile Nitride (vgl. Abb. 15) und wird daher verwendet, um den allenfalls schädlichen, im Stahl gelösten Stickstoff abzubinden.

Da Zirkon ähnlich dem Titan auch ein Karbidbildner ist, kann es in rostbeständigen Chrom-Nickel-Stählen auch zur Stabilisierung gegen interkristalline Korrosion verwendet werden.

Der Zirkonzusatz erfolgt meist in Form von Zirkon-Silizium- oder Aluminium-Silizium-Zirkon-Legierungen.

Bor. Die Mangelhaftigkeit der Kenntnisse über die Gleichgewichtsbeziehungen zwischen Bor und Sauerstoff in Eisenschmelzen beruht auf der Unsicherheit des Wertes für die Bildungsenthalpie des Boroxydes B_2O_3. Da sich aus den rechnerischen und experimentellen Untersuchungen eine starke Bindungsfreudigkeit des Bors mit dem Sauerstoff und damit eine stark desoxydierende Wirkung ableiten läßt, erfolgt die Besprechung des Bor-Sauerstoff-Gleichgewichtes in flüssigem Eisen in Abschnitt 1.153.6. Über den Aktivitätskoeffizienten und damit die Aktivität des Bors in flüssigem Eisen und Stahl können derzeit noch keine Zahlenangaben gemacht werden. Es besteht nicht einmal die Möglichkeit einer näherungsweisen Abschätzung.

Bor bildet auch sehr stabile Nitride. Obwohl keine ausreichenden thermodynamischen Daten zur Verfügung stehen, die eine exakte Erfassung der Endlage der Umsetzungen des Bors mit Stickstoff und Sauerstoff ermöglichen, kann festgehalten werden, daß bei Stählen, die einen genau vorgegebenen Borgehalt von einigen 1000stel Prozent aufweisen sollen, der Borzusatz erst nach vorangegangener Desoxydation mit starken Desoxydationsmitteln, wie Aluminium oder Titan, sowie nach Abbindung des in der Schmelze gelösten Stickstoffes durch starke Nitridbildner (Titan oder Zirkon) erfolgen darf. Geschieht dies nicht, wird ein Teil des Bors zur Oxyd- und Nitridbildung verbraucht und damit die Treffsicherheit bei der Erzielung besonders kleiner Borgehalte stark herabgesetzt, wenn nicht überhaupt in Frage gestellt.

Derartig geringe Borzusätze erfolgen vorzugsweise in die Pfanne, wobei man vor allem Borlegierungen mit vergleichsweise geringem Borgehalt verwendet.

Wegen seiner hohen Sauerstoffaffinität wird mit dem Schrott eingebrachtes Bor unter normalen Frischschlacken zur Gänze verschlackt.

Praktische Hinweise über die Herstellung von Stählen mit geringem Borgehalt enthält u. a. eine Arbeit von L. J. ROHL [183]. G. E. SPEIGHT [184] konnte nachweisen, daß Borgehalte im Stahl von einigen 1000stel Prozent auch durch Reduktion einer borathaltigen Schlacke grundsätzlich erreicht werden können, doch wird in der Praxis der Zusatz von Borlegierungen vorgezogen.

Niob und Tantal. Die Elemente Niob und Tantal verhalten sich gegenüber Eisen sehr ähnlich, und die Zustandsdiagramme der Zweistoffsysteme Eisen-Niob und Eisen-Tantal sind nahezu einander gleich. Niob und Tantal sind vor allem durch ihre Fähigkeit, sehr stabile Karbide zu bilden, ausgezeichnet und werden daher gern bei der Herstellung austenitischer Chrom-Nickel-Stähle zur Abbindung des Kohlenstoffes verwendet, um die Anfälligkeit gegenüber interkristalliner Korrosion herabzusetzen. Als mögliche Niobkarbide werden sowohl Nb_4C_3 als auch NbC angegeben. Bei der Stabilisierung austenitischer rostbeständiger Stähle mit Niob oder Tantal ist zu beachten, daß entsprechend den höheren Atomgewichten dieser Elemente gegenüber z. B. Titan auch höhere Zusätze als im Falle einer Titanstabilisierung erforderlich sind. So soll der Niobgehalt im fertigen Stahl etwa das 10fache und der Tantalgehalt das etwa 16fache des Kohlenstoffgehaltes betragen, um dessen völlige Abbindung zu gewährleisten, d. h., daß der Niobgehalt ungefähr 4mal so groß ist wie der zur Erreichung der gleichen Wirkung erforderliche Titangehalt.

Der Vorteil von Niob und Tantal gegenüber Titan ist ihre wesentlich kleinere Sauerstoffaffinität, wobei das Niob dem Tantal noch weiter überlegen ist. Niob wird daher besonders bei der Herstellung austenitischer Schweißzusatzwerkstoffe verwendet, da es keinen starken Abbrand erleidet. Obwohl Niob und Tantal weit weniger stabile Oxyde als z. B. Titan bilden, ist ihnen doch eine deutliche Desoxydationswirkung zuzuschreiben. Ihre Verbindungsneigung gegenüber Sauerstoff ist jedenfalls so groß, daß mit dem Einsatz eingebrachte Gehalte während des Frischens praktisch vollständig verschlacken. Über das Niob-Sauerstoff-Gleichgewicht in Eisenschmelzen liegt eine Arbeit von M. ELLE und J. CHIPMAN [185] vor. Nach den darin mitgeteilten Ergebnissen wird die Sauerstoffaktivität in flüssigem Eisen durch die gleichzeitige Anwesenheit von Niob sehr stark herabgesetzt, was durch die Größe der Wirkungsparameter $e_0^{(Nb)} = -0,14$ und $\varepsilon_0^{(Nb)} = -54$ zum Ausdruck kommt. Diese Wirkungsparameter zeigen, obwohl ihrem Wert keine allzu große Sicherheit zuzuschreiben ist, daß das Niob einen etwa gleich großen Einfluß auf die Sauerstoffaktivität ausübt wie Vanadin.

ELLE und CHIPMAN geben für den Konzentrationsbereich von 0,75 bis 1,6% Nb als entstehendes Oxyd das NbO_2 an und fanden für die Umsetzungsgleichung

$$NbO_2 = [Nb] + 2[O] \tag{291}$$

eine freie Standard-Reaktionsenthalpie von

$$\Delta G^\circ = 131\,600 - 54,1 \cdot T \tag{292}$$

Unter der gemachten Annahme idealen Verhaltens des Niobs in der Eisenschmelze wird der Aktivitätskoeffizient des Niobs gleich eins und die Gleichgewichtskonstante der Umsetzung (291) ist durch

$$K_{Nb} = [\% \ Nb] \cdot a_{[O]}^2 = [\% \ Nb] \cdot [\% \ O]^2 \cdot f_O^2 \tag{293}$$

gegeben, für die nach ELLE und CHIPMAN die Temperaturabhängigkeit

$$\lg K_{\mathrm{Nb}} = -\frac{28\,780}{T} + 11{,}83 \tag{294}$$

besteht.

Für den Wert $\gamma^\circ_{\mathrm{Nb}}$ wurde, ebenfalls unter Zugrundelegung einer Temperatur von 1600 °C, ein Wert von $-0{,}20$ berechnet, und für die Lösung flüssigen Niobs in Eisenschmelzen gemäß

$$\mathrm{Nb_{fl\ddot{u}ss}} = [\%\,\mathrm{Nb}] \tag{295}$$

wurde die freie Standard-Lösungsenthalpie

$$\Delta\overline{G}^\circ = -5900 - 10{,}16 \cdot T \tag{296}$$

bestimmt.

Aus der Beziehung (292) ergibt sich bei 1600 °C für die Umsetzung gemäß Gl. (291) ein Wert der Gleichgewichtskonstante von $K_{\mathrm{Nb}} = 2{,}9 \cdot 10^{-4}$, aus dem zu erkennen ist, daß Niob eine vergleichsweise gleich große Desoxydationskraft hat wie Vanadin.

Bedingt durch die Fehlermöglichkeiten bei der Versuchsdurchführung gelten alle gemachten Zahlenangaben mit entsprechenden Einschränkungen.

1.138 Das metallurgische Verhalten seltener Stahlbegleit- und Legierungselemente

Seltene Erden. Zu den seltenen Erdmetallen zählen die 15 Elemente mit den Ordnungszahlen 57 bis 71, doch stehen hier die Elemente Cer und Lanthan im Vordergrund der Betrachtung. Diese stellen die Hauptbestandteile des bekannten Mischmetalles dar, das aber auch noch andere Elemente der Gruppe der seltenen Erden enthält.

Während die Tatsache der Erhöhung der Lebensdauer von Heizleiterwerkstoffen bereits durch so geringe Cergehalte wie 0,05 bis 0,15% schon seit längerem bekannt ist, wurden die günstigen Auswirkungen eines Zusatzes von seltenen Erden auf eine Reihe anderer Eigenschaften der Stähle erst in den letzten Jahren bekannt. Die einzelnen Elemente haben unterschiedlich starke Wirkungen; am stärksten dürfte die Wirkung von Lanthan sein, weshalb man sich gern eines Lanthan-angereicherten Mischmetalles (etwa 50% Ce, 30% La, Rest andere seltene Erden) bedient.

Durch Zusatz seltener Erden wird, wie z. B. C. B. POST, D. G. SCHOFFSTALL und H. O. BEAVER [186] mitteilten, die Warmverformbarkeit von austenitischen rostbeständigen Stählen ganz wesentlich verbessert. R. H. HENKE und R. A. LULA [187] bestätigten diese günstige Beeinflussung der Warmverformbarkeit austenitischer Stähle auch für den Fall der Zugabe der seltenen Erden in Form ihrer Oxyde. Allgemein ist die Feststellung einer geringeren Kantenrißbildung und einer günstigen Beeinflussung der Form und Verteilung nichtmetallischer Einschlüsse.

Auf die stark entschwefelnde Wirkung von Cer wurde in Abschnitt 1.136 (vgl. besonders die Gl. (248) und (249)) hingewiesen. Die praktisch erreichten Schwefelabnahmen durch Zusätze von seltenen Erden bei unlegierten niedriggekohlten Stählen beschrieb J. V. RUSSEL [188]. Durch die Bildung des sehr stabilen und im Gegensatz zu FeS und MnS im flüssigen Eisen unlöslichen und sehr hochschmelzenden (etwa 2450 °C) Cersulfids bildet sich eine eigene Sulfidschlacke. Es herrschen dabei also ähnliche Verhältnisse vor wie bei der Abscheidung von Desoxydationsprodukten. Die Entschwefelungswirkung war um so besser, je kleiner der Ausgangsschwefelgehalt des Stahles war. Bei Zugabe der seltenen Erden in Form von Oxyden beobachtete RUSSEL keine Entschwefelung.

Auch bei Stahlschmelzen mit 25% Cr und 20% Ni tritt, wie R. H. GAUTSCHI und F. C. LANGENBERG [189] bei kleineren Schmelzgewichten feststellten, eine Entschwefelung bis auf Endgehalte von 0,015% S ein, wenn der Zusatz an seltenen Erden höher als 0,1% ist. Dabei erfolgt in den ersten Minuten nach dem Zusatz eine sehr rasche Abnahme des Gehaltes an seltenen Erden in der Schmelze. Dieser rasche Abbrand weist auf die hohe Sauerstoffaffinität von Cer und Lanthan hin, und ihre Zugabe wird daher vorteilhaft erst in der Pfanne nach vorangegangener Desoxydation erfolgen. Bei gemeinsamer Verwendung von Aluminium und seltenen Erden kann nach RUSSEL [188] in unlegierten weichen Stählen jedoch die Gefahr der Rotbrüchigkeit vergrößert werden. Nach A. P. GULJAJEW und E. E. ULJANIN [190] ist der Abbrand von Cer und Lanthan gleich groß.

Die beschriebenen günstigen Auswirkungen von Zusätzen seltener Erden wurden nur bei basisch erschmolzenen Stählen beobachtet. Bei sauer erschmolzenen Stählen waren nur Verbesserungen zu erzielen, wenn in der Pfanne eine stark basische Schlacke auf die Schmelze aufgegeben wurde, wobei aber auch dann die erreichte Wirkung sehr gering war.

Über die Ursache der günstigen Auswirkungen von seltenen Erden auf die Stahleigenschaften können keine näheren Angaben gemacht werden. Nach W. E. KNAPP und W. T. BOLKCOM [191] sollen die Sulfide der seltenen Erden über ein großes Lösungsvermögen für Stickstoff verfügen, so daß die dadurch bedingte Abbindung des Stickstoffes und seine Entfernung aus der Schmelze für die Verbesserung der Eigenschaften maßgeblich sei. KNAPP und BOLKCOM geben auch eine Zusammenstellung über die Bildungswärme und die Schmelzpunkte von Oxyden und Sulfiden des Cers und Lanthans an. Demnach liegen die Schmelzpunkte von CeO_2 bei 2600 °C, von Ce_2O_3 bei 1690 °C und von La_2O_3 bei 2330 °C. Auch die Sulfide weisen sehr hohe Schmelzpunkte auf. Zum Beispiel schmilzt CeS bei etwa 2450, Ce_2S_3 bei 1900 und La_2S_3 bei 2150 °C.

Sehr bemerkenswert ist das Verhalten der seltenen Erden gegenüber Wasserstoff. Die hohe Löslichkeit von Wasserstoff in seltenen Erden wird mit abnehmender Temperatur noch weiter erhöht. So ist die Löslichkeit von Wasserstoff in seltenen Erden bei 1100 °C etwa 100mal, bei 800 °C etwa 6000mal und bei 400 °C mehr als 60 000mal so groß wie in Eisen [192]. Die von J. E. GOLDSTEIN und Mitarbeitern [192] festgestellte Vermeidung der Flockenanfälligkeit von Chrom-Nickel-Stählen bei einem Zusatz von 0,5 bis 0,6% Ce kann somit durch die Abbindung des bei der Erstarrung des Stahles freiwerdenden Wasserstoffes in Form stabiler Hydride erklärt werden.

Die Beschreibung der Gleichgewichte zwischen Cer und Lanthan mit Sauerstoff bzw. mit Schwefel in flüssigem Eisen ist, wenigstens näherungsweise, nach den Untersuchungen von J. RICHERD [193] möglich. Die Gleichgewichtslage der Umsetzung

$$2\,[\mathrm{La}] + 3\,[\mathrm{O}] = \mathrm{La_2O_{3\,fest}} \tag{297}$$

kann durch die Konstante

$$K''_{\mathrm{La}} = [\%\,\mathrm{La}]^2 \cdot [\%\,\mathrm{O}]^3 \tag{298}$$

beschrieben werden. (Dieser Wert ist die Desoxydationskonstante und stellt den Kehrwert der sich aus dem Massenwirkungsgesetz ergebenden Gleichgewichtskennzahl dar, wird dieser aber aus Zweckmäßigkeitsgründen hier vorgezogen.) Unter der weiteren Annahme, daß $\gamma^\circ_{\mathrm{La}} = 1$ ist, beträgt der Wert dieser Konstante bei 1600 °C: $K''_{\text{La}} = 4 \cdot 10^{-20}$. Demnach ist dem Lanthan eine überragende Desoxydationskraft zuzuschreiben.

Cer bildet zwei verschiedene Oxydstufen, nämlich das Ce_2O_3 und das CeO_2, von denen das erstere bei 1600°C die wesentlich stabilere Verbindung darstellt. Für die Beschreibung des Gleichgewichtes der Bildung von reinem Ce_2O_3 aus dem in Eisen gelösten Sauerstoff und Cer nach der Umsetzungsgleichung

$$2[Ce] + 3[O] = Ce_2O_{3\,\text{fest}} \tag{299}$$

wird die Konstante

$$K''_{\text{Ce}} = [\%\,Ce]^2 \cdot [\%\,O]^3 \tag{300}$$

herangezogen, für die sich unter der Annahme des Aktivitätskoeffizienten $\gamma^{\circ}_{\text{Ce}} = 4 \cdot 10^{-3}$ für eine Temperatur von 1600 °C der Wert $K''_{\text{Ce}} \approx 10^{-14}$ ergibt. Dieser Wert bringt die ebenfalls sehr starke Desoxydationswirkung des Cers zum Ausdruck. So wäre z. B. der sich bei 0,003% Ce in flüssigem Eisen von 1600°C einstellende Gleichgewichtssauerstoffgehalt 0,001% O.

Zinn. Zinn ist im flüssigen Eisen bis zu Gehalten von etwa 25% löslich. Da es um ein geringes edler als Eisen ist, kann eine Entfernung durch Oxydation nicht erfolgen, so daß auf eine entsprechende Auswahl des Schrottes zu achten ist. Zinn ist als schädliches Stahlbegleitelement zu betrachten, da bereits ab Gehalten von 0,05% Sn die Rotbrüchigkeit verstärkt wird und dies besonders dann, wenn zugleich Kupferverunreinigungen vorhanden sind. Besonders bei Feinblechen können dadurch Fehler verursacht werden, weshalb in den USA für solche Stähle maximale Zinngehalte von 0,025% vorgeschrieben sind. Die Gefahren durch Zinnverunreinigungen werden noch dadurch verstärkt, daß bei Gehalten von mehr als 0,10% infolge der starken Seigerung des Zinns hohe örtliche Anreicherungen im Gußblock auftreten können.

Im allgemeinen dürften Zinngehalte bis 0,04% auf die Verarbeitbarkeit und die technologischen Werte praktisch ohne Einfluß sein. H. KRAINER und F. RAIDL [194] schlugen Zinn als Legierungselement für Chrom-Magnetstähle vor, weil dadurch eine bedeutende Verbesserung der magnetischen Werte erreicht werden soll.

Zink. Obwohl Zink in Eisen löslich ist und das Zinkoxyd ZnO bei Stahlerzeugungstemperaturen weniger stabil ist als FeO, eine Verschlackung des Zinks also ausgeschlossen erscheint, werden mit dem Einsatz eingebrachte Zinkmengen bereits während der Einschmelzperiode durch Verdampfung entfernt. Der Siedepunkt reinen Zinks liegt bei 906°C.

Größere Mengen an Zinkoxyden, die mit den Abgasen in die Kammern des Siemens-Martin-Ofens gelangen, können zu Betriebsstörungen Anlaß geben.

Blei. Das Bleioxyd ist wesentlich weniger stabil als FeO (vgl. Abb. 11), so daß eine Verschlackung von Blei bei der Stahlerzeugung nicht erfolgt. Wegen des bei hohen Temperaturen vergleichsweise großen Dampfdruckes von Blei und Bleioxyd ist beim Frischen mit reinem Sauerstoff eine zumindest teilweise Entfernung des z. B. über bleihaltigen Schrott in die Schmelze eingebrachten Bleis möglich. Zu beachten ist, daß flüssiges Eisen eine nur sehr eng begrenzte Löslichkeit für Blei besitzt, während im festen Zustand die beiden Metalle miteinander praktisch unlöslich sind. Wenn es trotzdem gelingt, Stähle mit geringen Bleigehalten zu erzeugen, so ist dies darauf zurückzuführen, daß infolge des hohen Bleidampfdruckes bei Stahlerzeugungstemperaturen dampfförmiges Blei von der Schmelze aufgenommen wird, das im festen Zustand fein verteilte Suspensionen bildet.

Nach H. BECKER und H. HOFF [195] weisen bleihaltige Automatenstähle in Verbindung mit ihren Schwefelgehalten eine gute Zerspanbarkeit auf bei gleichzeitiger Verbesserung der Standzeit der Werkzeuge. Bleigehalte von 0,1 bis 0,3% können demnach durchaus von technischem Interesse sein.

Der Zusatz von Blei zum Stahl erfolgt, um die Verdampfungsverluste gering zu halten, nicht in den Ofen, sondern später in den Gießstrahl oder in die Kokille, wobei man gern eine feinkörnige Form wählt, um eine gute Verteilung zu erreichen. Es können sowohl metallisches Blei als auch Bleiverbindungen, wie z. B. Bleioxyde verwendet werden. Bei Zusatz von Bleiglanz erfolgt eine gleichzeitige Aufschwefelung des Stahles. Stets ist auf gute Abführung der giftigen Bleidämpfe zu achten.

Gelangen größere Bleimengen in den Ofen, so wird sich das Blei, da es im Eisen kaum löslich ist, am Herdboden ansammeln.

Antimon. Antimon wirkt in Stählen ähnlich wie Kupfer, ist also für die meisten Stähle ein schädliches Begleitelement. Seine Anwendung beschränkt sich im wesentlichen auf die Erzeugung von korrosionsbeständigen Legierungen, wo es in höheren Konzentrationen (1,5 bis 5%) die Beständigkeit gegenüber Salzsäure und Schwefelsäure erhöht. Obwohl keine näheren Daten bekannt sind, dürfte das Antimon in seinem metallurgischen Verhalten dem Arsen ähnlich sein. Die mit dem Schrott in die Schmelze gelangenden Antimongehalte dürften größtenteils erhalten bleiben.

Wismut. Da das Zustandsschaubild Eisen-Wismut eine sich auch bei Stahlerzeugungstemperaturen über den gesamten Konzentrationsbereich erstreckende Mischungslücke aufweist, Eisen und Wismut also unabhängig von der Temperatur ineinander unlöslich sind, kommt Wismut als Legierungselement für Eisenwerkstoffe nicht in Frage. Wegen des relativ niedrigen Siedepunktes des Wismuts (634 °C) und des damit verbundenen hohen Dampfdruckes bei Stahlerzeugungstemperaturen wurde vorgeschlagen, den flüssigen Stahl beim Gießen durch das Austreten von Wismutdämpfen vor der Oxydation und damit der Oxydhautbildung zu schützen [196]. Dieses Verfahren hat jedoch keine praktische Bedeutung erlangt.

Arsen. Dieses Element ist ein ähnlich schädlicher Stahlbegleiter wie Phosphor. Zwar wird die Warmverformbarkeit durch Arsengehalte bis zu 1% nicht beeinflußt, doch werden die Zähigkeitswerte des Stahles verschlechtert. Arsen neigt, ähnlich wie Phosphor, in unberuhigten Stählen stark zur Seigerung, die durch eine Diffusionsglühung jedoch wesentlich schwieriger beseitigt werden kann als die Phosphorseigerung. In unlegierten Stählen wirken sich Arsengehalte bis zu etwa 0,2% As noch nicht entscheidend aus, doch wird bei legierten Stählen, besonders solchen höherer Festigkeit, darauf zu achten sein, daß der Arsengehalt etwa 0,1% nicht übersteigt.

Das durch die Erze in den Hochofen eingebrachte Arsen bleibt zu etwa 94% im Roheisen, und da wegen der im Vergleich zu Eisen geringen Sauerstoffaffinität des Arsens eine Entfernung über einen Oxydationsvorgang nicht möglich ist, bleibt es auch während des Frischens und bei den sonstigen üblichen metallurgischen Vorgängen im Stahl erhalten. Es wird also eine allmähliche Zunahme der Arsengehalte im Stahl eintreten, da Arsen ein relativ häufig in den Erzen enthaltenes Element darstellt. Auch durch Einwirkung von Sodaschlacken kann das Arsen nicht aus dem Stahl entfernt werden, jedoch soll durch Einwirkung von metallischem Kalzium oder einer Kalzium-Aluminium-Silizium-Legierung eine Abscheidung als unlösliches Kalziumarsenid (Ca_3As_2) möglich sein [197]. Ebenso soll die Möglichkeit der Entfernung des Arsens über flüchtige Schwefelverbindungen zu Beginn des Frischvorganges bei etwa 1% C im Bad bestehen [198]. Bezüglich der Reinigung der Stahlschmelzen von Arsen durch Vakuumbehandlung wird auf Abschnitt 1.17 verwiesen.

Kalzium und Magnesium. Ihr hoher Dampfdruck verhindert unter Stahlerzeugungsbedingungen die Aufnahme dieser desoxydationsstarken (vgl. Abschnitt 1.15) Elemente in der Schmelze. Die Löslichkeit von Ca in Reineisen beträgt bei 1607°C 0,032% (unter $p_{Ca} = 1$ at) und wird durch Al, C, Ni und besonders Si noch erhöht [202].

Lithium. Dieses Element hat bei Atmosphärendruck einen Siedepunkt von 1370°C, ist also, so wie Kalzium und Magnesium, bei Stahlerzeugungstemperaturen dampfförmig. Da das Lithiumoxyd Li_2O stabiler als das Eisen(II)-oxyd und sehr wahrscheinlich in flüssigem Eisen unlöslich ist, kann Lithium als Desoxydationsmittel angesprochen werden. Voraussetzung hierfür ist, daß ein technisch anwendbares Verfahren für den Zusatz in die Schmelze gefunden wird.

C. E. BEAULIEU, A. CHAILLOU und M. OLETTE [201] konnten die desoxydierende Wirkung von Lithium gegenüber Eisenschmelzen experimentell nachweisen. Durch Zusatz von 0,35 bis 0,55% Lithium wurde flüssiges Eisen mit einem Anfangssauerstoffgehalt von 0,10% bis auf Restgehalte von 0,001 bis 0,003% O desoxydiert. BEAULIEU und Mitarbeiter gaben für die Bildung des Lithiumoxydes gemäß

$$2\{Li\} + [O] = Li_2O_{fest}$$

für 1600°C eine freie Standardenthalpie von $\Delta G° = -49250$ kcal an. Daraus läßt sich zur Berechnung der Gleichgewichtssauerstoffgehalte die Gleichung

$$\lg [\% \ O]_{1600°C} = -5,7 - 2\lg p_{Li}$$

ableiten.

Die Desoxydationskraft des Lithiums erscheint insofern bemerkenswert, als die gebildeten Oxyde ein geringes spezifisches Gewicht aufweisen und leicht abgeschieden werden. Das Lithiumoxyd hat bei 1600°C einen Dampfdruck von 6 Torr, so daß seine Verdampfung aus der Schmelze durch Vakuumbehandlung möglich ist.

Neben seiner desoxydierenden Wirkung ist Lithium auch ein starkes Entschwefelungsmittel. So stellten BEAULIEU und Mitarbeiter [201] bei Eisenschmelzen mit einem Schwefelgehalt von 0,05% durch Zusatz von 0,2% Lithium eine etwa fünfzigprozentige Entschwefelung und durch Zusatz von 0,4 bis 0,5% Lithium eine Abnahme des Schwefelgehaltes in der Schmelze bis auf etwa 0,010% S fest.

Kadmium. Auch Kadmium hat einen sehr niedrigen Siedepunkt, so daß allenfalls durch kadmiumplattierte Metalle im Einsatz miteingebrachtes Kadmium wegen des hohen Dampfdruckes bei höheren Temperaturen schon zu Beginn der Einschmelzperiode verdampft.

Beryllium. Beryllium ist durch seine hohe Affinität gegenüber Sauerstoff und Schwefel ausgezeichnet. Es wirkt daher stark desoxydierend und auch entschwefelnd, da seine Sulfide im flüssigen Eisen unlöslich sind und infolge ihres geringen spezifischen Gewichtes an die Badoberfläche aufsteigen. Die im Bad verbleibenden Sulfideinschlüsse sind, so wie das MnS, gut verformbar, so daß die Neigung zum Rotbruch bei höheren Schwefelgehalten verringert wird. Bei höheren Kohlenstoffgehalten besteht auch die Neigung zur Bildung des Karbides Be_2C. Eine technische Verwendung in größerem Umfang erscheint wegen des hohen Preises dieses Legierungselementes für die Stahlherstellung vorläufig ausgeschlossen.

Selen und Tellur. Das metallurgische Verhalten von Selen und Tellur in Eisenschmelzen kann mangels Kenntnis der thermodynamischen Daten nicht genau beschrieben werden. Da beide Elemente derselben Gruppe des Periodischen Systems wie Schwefel angehören, ist jedoch anzunehmen, daß eine gewisse Ähnlichkeit bezüglich ihrer Eigenschaften im Stahl vorhanden ist. So wurde die Verwendung von Selen als Zusatz zu Automatenstählen an Stelle von Schwefel zwecks Verbesserung der Bearbeitbarkeit vorgeschlagen. Selengehalte von 0,05 bis 0,1% sollen in legierten Vergütungsstählen eine Verbesserung der Einschnürung und Bruchdehnung ergeben. Auch bei Warmgesenkstählen wurde eine Verbesserung der Verarbeitbarkeit durch Selenzusätze festgestellt [199].

Thorium. Auch das Verhalten des Thoriums kann wegen Fehlens thermodynamischer Daten nicht näher beschrieben werden. Bekannt ist nur, daß es eine hohe Affinität zum Sauerstoff besitzt und auch ein stabiles Karbid bildet. Es wurde, so wie Cer und Kalzium, als desoxydierendes Zusatzelement bei der Erschmelzung von Heizleiterwerkstoffen vorgeschlagen.

Schrifttum

zu Abschnitt 1.13

1. DARKEN, L. S., und R. W. GURRY: The System Iron-Oxygen. II. Equilibrium and Thermodynamics of Liquid Iron Oxide and Other Phases. J. Amer. Chem. Soc. 68 (1946), S. 798 bis 816.

2. LEDEBUR, A.: Das „Verbrennen" des Eisens und Stahles. Stahl u. Eisen 3 (1883), S. 502 bis 509.

3. HANSEN, M., und K. ANDERKO: Constitution of Binary Alloys. McGraw-Hill Book Comp. Inc., New York, Toronto, London 1958, 2. Aufl., S. 684/91.

4. TAYLOR, C. R., und J. CHIPMAN: Equilibria of Liquid Iron and Simple Basic and Acid Slags in a Rotating Induction Furnace. Trans. AIME 154 (1943), S. 228/47.

5. CHIPMAN, J., und K. L. FETTERS: The Solubility of Iron Oxide in Liquid Iron. Trans. Amer. Soc. Metals 29 (1941), S. 953/67.

6. FISCHER, W. A., und H. VOM ENDE: Die Löslichkeit von Sauerstoff in Eisenschmelzen unter eisenoxydul-, kieselsäure- und kalkgesättigten Eisenoxydulschlacken für Temperaturen von 1530 bis 1700 °C. Arch. Eisenhüttenwes. 23 (1952), S. 21/33.

7. SCHENCK, H.: Einführung in die Physikalische Chemie der Eisenhüttenprozesse. Bd. II. Springer-Verlag, Berlin/Göttingen/Heidelberg 1934.

8. SCHENCK, H., und G. WIESNER: Untersuchungen über Reaktionsgleichgewichte zwischen flüssigem Eisen und kieselsäuregesättigten Schlacken. Arch. Eisenhüttenwes. 27 (1956), S. 1/11.

9. GOKCEN, N. A., und J. CHIPMAN: Silicon-Oxygen Equilibrium in Liquid Iron. J. Metals Trans. 4 (1952), S. 171/81.

10. KÖRBER, F., und W. OELSEN: Die Grundlagen der Desoxydation mit Mangan und Silizium. Mitt. K.-Wilh.-Inst. Eisenforsch. 15 (1933), S. 271/309, vgl. Stahl u. Eisen 54 (1934), S. 297/98.

11. SCHUHMANN jr., R., und P. J. ENSIO: Thermodynamics of Iron-Silicate Slags; Slags Saturated with Gamma Iron. J. Metals Trans. 3 (1951), S. 401/11.

12. BISHOP jr., H. L., N. J. GRANT und J. CHIPMAN: Equilibria of Molten Iron and Liquid Slags of the System $CaO-SiO_2-(FeO)_t$. Trans. AIME 212 (1958), S. 185/92.

13. FISCHER, W. A., und H. SPITZER: Gleichgewichtsuntersuchungen zwischen Dolomit, Eisen(II)-oxydschlacken und Eisenschmelzen. Arch. Eisenhüttenwes. 29 (1958), S. 611 bis 617.

14. WINKLER, T. B., und J. CHIPMAN: An Equilibrium Study of the Distribution of Phosphorus between Liquid Iron and Basic Slags. Trans. AIME 167 (1946), S. 111/33.

15. TURKDOGAN, E. T., und J. PEARSON: Activities of Constituents of Iron and Steelmaking Slags. Part I. Iron Oxide. J. Iron Steel Inst. 173 (1953), S. 217/23.

16. ELLIOTT, J. F.: Activities in the Iron Oxide-Silica-Lime System. J. Metals Trans. 7 (1955), S. 485/88.
17. BODSWORTH, C.: The Activity of Ferrous-Oxide in Silicate Melts. J. Iron Steel Inst. 193 (1959), S. 13/24.
18. FONTANA, M. G., und J. CHIPMAN: Equilibrium in the Reaction of Hydrogen with Ferrous Oxide in Liquid Iron at 1600 °C. Trans. Amer. Soc. Metals 24 (1936), S. 313/36, vgl. Stahl u. Eisen 56 (1936), S. 847/48.
19. CHIPMAN, J.: Equilibrium in the Oxidation of Liquid Iron by Steam and the Free Energy of Ferrous Oxide in Liquid Steel. J. Amer. Chem. Soc. 55 (1933), S. 3131/39.
20. CHIPMAN, J., und A. M. SAMARIN: Effect of Temperature upon Interaction of Gases with Liquid Steel. Trans. AIME 125 (1937), S. 331/51.
21. DASTUR, M. N., und J. CHIPMAN: Equilibrium in the Reaction of Hydrogen with Oxygen in Liquid Iron. J. Metals Trans. 1 (1949), S. 441/45.
22. GOKCEN, N. A.: Equilibria in Reactions of Hydrogen and Carbon Monoxide with Dissolved Oxygen in Liquid Iron; Equilibrium in Reduction of Ferrous Oxide with Hydrogen, and Solubility of Oxygen in Liquid Iron. J. Metals Trans. 8 (1956), S. 1558/67.
23. AWERIN, W. W., A. J. POLJAKOW und A. M. SAMARIN: Die Aktivität von Sauerstoff in flüssigem Eisen. Izwestija Akademii Nauk, SSSR, OTN, Metallurgija i Toplivo, 1955, Nr. 3, S. 90/107; vgl. Freib. Forsch.-H., Reihe B, Nr. 9, 1956, S. 5/27.
24. FLORIDIS, T. P., und J. CHIPMAN: Activity of Oxygen in Liquid Iron Alloys. Trans. AIME 212 (1958), S. 549/53.
25. FUWA, T., und J. CHIPMAN: The Carbon-Oxygen Equilibria in Liquid Iron. Trans. AIME 218 (1960), S. 887/91.
26. CHIPMAN, J.: Atomic Interaction in Molten Alloy Steels. J. Iron Steel Inst. 180 (1955), S. 97/106.
27. RAMACHANDRAN, S., R. A. WALSH und J. C. FULTON: Calculating Oxygen Contents in Molten Stainless Steels. J. Metals 13 (1961), S. 912/17.
28. CHEN, H. M., und J. CHIPMAN: The Chromium-Oxygen Equilibrium in Liquid Iron. Trans. Amer. Soc. Metals 38 (1947), S. 70/116.
29. CHIPMAN, J., und M. N. DASTUR: Vanadium-Oxygen Equilibrium in Liquid Iron. J. Metals Trans. 3 (1951), S. 111/15.
30. WRIEDT, H. A., und J. CHIPMAN: Oxygen in Liquid Iron-Nickel-Alloys. J. Metals Trans. 8 (1956), S. 1195/99.
31. D'ENTREMONT, J. C., D. L. GUERNSEY und J. CHIPMAN: Aluminum-Oxygen Interaction in Liquid Iron. Trans. AIME 227 (1963), S. 14/17.
32. NEUMANN, F., H. SCHENCK und W. PATTERSON: Eisen-Kohlenstoff-Legierungen in thermodynamischer Betrachtung. Gießerei, Techn.-wiss. Beih. 11 (1959), S. 1217/46.
33. NEUMANN, F., und H. SCHENCK: Die durch Zusatzelemente bewirkte Aktivitätsänderung von Kohlenstoff in flüssigen Eisenlösungen nahe der Kohlenstoffsättigung. Arch. Eisenhüttenwes. 30 (1959), S. 477/83.
34. KITCHENER, J. A., J. O. M. BOCKRIS und D. A. SPRATT: Solutions in Liquid Iron. Part 2. The Influence of Sulphur on the Solubility and Activity Coefficient of Carbon. Trans. Farad. Soc. 48 (1952), S. 608/17.
35. CHIPMAN, J., R. ALFRED, L. GOTT, R. SMALL, D. WILSON, C. THOMSON, D. GUERNSEY und C. FULTON: The Solubility of Carbon in Molten Iron and in Iron-Silicon and Iron-Manganese Alloys. Trans. Amer. Soc. Metals 44 (1952), S. 1215/30.
36. RUER, R., und J. BIREN: Über die Löslichkeit des Graphits in geschmolzenem Eisen. Z. anorg. allg. Chem. 113 (1920), S. 98/112.
37. SCHICHTEL, K., und E. PIWOWARSKY: Über den Einfluß der Legierungselemente Phosphor, Silizium und Nickel auf die Löslichkeit des Kohlenstoffs im flüssigen Eisen. Arch. Eisenhüttenwes. 3 (1929/30), S. 139/47.
38. MARSHALL, S., und J. CHIPMAN: The Carbon-Oxygen Equilibrium in Liquid Iron. Trans. Amer. Soc. Metals 30 (1942), S. 695/746.
39. RICHARDSON, F. D., und W. E. DENNIS: Effect of Chromium on the Thermodynamic Activity of Carbon in Liquid Iron. J. Iron Steel Inst. 175 (1953), S. 257/63.
40. RIST, A., und J. CHIPMAN: Activity of Carbon in Liquid Iron-Carbon Solutions. In: The Physical Chemistry of Steelmaking. J. Wiley & Sons, Inc., New York 1958, S. 3/12.

41. TURKDOGAN, E. T., L. E. LEAKE und C. R. MASSON: Thermodynamics of Iron-Carbon Melts. Acta metallurg., New York 4 (1956), S. 396/406.

42. ELLIOTT, J. F.: The Carbon Oxygen Equilibria in Liquid Iron. In: The Physical Chemistry of Steelmaking. J. Wiley & Sons, Inc., New York 1958, S. 37/41.

43. RICHARDSON, F. D., und W. E. DENNIS: Thermodynamic Study of Dilute Solutions of Carbon in Molten Iron. Trans. Farad. Soc. 49 (1953), S. 171/79.

44. BURYLEV, B. P.: Aktivität der Elemente in flüssigen Eisen-Kohlenstoff-Legierungen. Izvestija Vysšich Učebnych Zavedeni Černaja Metallurgija 4 (1961), Nr. 10, S. 5/9; vgl. Veröff. a. d. Geb. Eisen u. Stahl d. UdSSR 1962, Nr. 2, S. 147/53.

45. TURKDOGAN, E. T., L. S. DAVIS, L. E. LEAKE und C. G. STEVENS: The Reaction of Carbon and Oxygen in Molten Iron. J. Iron Steel Inst. 181 (1955), S. 123/28.

46. BENNETT, G. H. J., H. T. PROTHEROE und R. G. WARD: The Role of Carbon as a Deoxidizing Agent in the Production of Vacuum-Melted Steel. J. Iron Steel Inst. 195 (1960), S. 174/80.

47. VACHER, H. C., und E. H. HAMILTON: The Carbon-Oxygen Equilibrium in Liquid Iron. Trans. AIME 95 (1931), S. 124/40; vgl. Stahl u. Eisen 51 (1931), S. 1033/34.

48. CHIPMAN, J.: Physical Chemistry of Liquid Steel. In: Basic Open Hearth Steelmaking, 2. Aufl., New York 1951, S. 652.

49. SCHENCK, H., W. RIESS und E. O. BRÜGGEMANN: Über die Geschwindigkeit und die Gleichgewichtskonstanten bei der Erzeugung flüssigen Stahls. Z. Elektrochem. 38 (1932), S. 562/68.

50. KÖRBER, F., und W. OELSEN: Die Wirkung des Kohlenstoffs als Reduktionsmittel auf die Reaktionen der Stahlerzeugungsverfahren mit saurer Schlacke. Mitt. K.-Wilh.-Inst. Eisenforsch. 17 (1935), S. 39/61.

51. KÖRBER, F., W. OELSEN, G. THANHEISER und P. BARDENHEUER: Über den Einfluß des Kohlenstoffs auf den Ablauf der Stahlerzeugungsverfahren. Stahl u. Eisen 56 (1936), S. 181/208.

52. FORNANDER, S.: The Behaviour of Oxygen in Liquid Steel During the Refining Period in the Basic Open Hearth Furnace. Disc. Farad. Soc. 4 (1948), S. 296/307.

53. BOGDANDY, L. VON, W. DICK und I. N. STRANSKI: Zur Kinetik der Stahlherstellung. Arch. Eisenhüttenwes. 29 (1958), S. 329/37.

54. BOGDANDY, L. VON: Überlegungen über die Kinetik eisenhüttentechnischer Reaktionen. Teil II. Verdampfen und Frischen. Arch. Eisenhüttenwes. 32 (1961), S. 287/96.

55. SANBONGI, K., und M. OHTANI: On the Activities of Coexisting Elements in Molten Iron. III. The Activity of Manganese in Fe-Mn Alloy. Sci. Rep. Res. Inst. Tôhoku Univ., Ser. A, 7 (1955), S. 204/09.

56. FISCHER, W. A., und H. J. FLEISCHER: Die Manganverteilung zwischen Eisenschmelzen und Eisen(II)-oxydschlacken im MnO-Tiegel bei 1520 bis 1770°C. Arch. Eisenhüttenwes. 32 (1961), S. 1/10.

57. KÖRBER, F., und W. OELSEN: Über die Beziehungen zwischen manganhaltigem Eisen und Schlacken, die fast nur aus Manganoxydul und Eisenoxydul bestehen. Mitt. K.-Wilh.-Inst. Eisenforsch. 14 (1932), S. 181/204; vgl. Stahl u. Eisen 53 (1933), S. 46/47.

58. CHIPMAN, J., J. B. GERO und T. B. WINKLER: The Manganese Equilibrium under Simple Oxide Slags. J. Metals Trans. 2 (1950), S. 341/45.

59. TURKDOGAN, E. T., und J. PEARSON: Activities of Constituents of Iron and Steelmaking Slags. Part II. Manganous Oxide. J. Iron Steel Inst. 175 (1953), S. 393/401.

60. FISCHER, W. A., und H. STRAUBE: Die Sauerstoffbewegung im Thomaskonverter während des Blasens. Stahl. u. Eisen 80 (1960), S. 1194/1206.

61. FISCHER, W. A., und H. STRAUBE: Einfluß von Temperatur und Schmelzführung auf das Reaktionsgeschehen im Thomaskonverter. Arch. Eisenhüttenwes. 35 (1964), S. 183/92 und 317/23.

62. OELSEN, W., und G. HEYNERT: Die Reaktionen zwischen Eisen-Mangan-Schmelzen und den Schmelzen ihrer Aluminate. Arch. Eisenhüttenwes. 26 (1955), S. 567/75.

63. TAMMANN, G., und W. OELSEN: Die Verteilung der Eisenbegleiter zwischen Stahlbad und Schlacke bei der Stahlerzeugung. Arch. Eisenhüttenwes. 5 (1931/32), S. 75/80.

64. BELL, H. B., A. B. MURAD und P. T. CARTER: Distribution of Manganese and Oxygen between Molten Iron and FeO—MnO—SiO$_2$—Slags. J. Metals Trans. 4 (1952), S. 718/22 und 1172/74.

65. Bell, H. B.: Equilibrium between FeO−MnO−MgO−SiO$_2$ Slags and Molten Iron at 1550°C. J. Iron Steel Inst. 201 (1963), S. 116/21.

66. Bishop jr., H. L., N. J. Grant und J. Chipman: The Activity Coefficients of MnO and FeO in Open Hearth Slags. Trans. AIME 212 (1958), S. 890/92.

67. Elliott, J. F., und F. W. Luerssen: Oxidation of Phosphorus and Manganese During and After Flushing in the Basic Open Hearth. Proc. Nat. Open Hearth. Comm. AIME Vol. 37 (1954), S. 193/211.

68. Schenck, H., und F. Neumann: Aktivität des Mangans in flüssigen Eisen-Mangan-Kohlenstoff-Lösungen. Arch. Eisenhüttenwes. 29 (1958), S. 263/67.

69. Ohtani, M.: Activities of Manganese and Carbon in Fe−C−Mn-Melts. Sci. Rep. Res. Inst. Tôhoku Univ., Ser. A, 9 (1957), S. 426/33.

70. Chipman, J., J. C. Fulton, N. A. Gokcen und G. R. Caskey jr.: Activity of Silicon in Liquid Fe−Si and Fe−C−Si Alloys. Acta metallurg., New York 2 (1954), S. 439/50.

71. Chipman, J.: Wie unter 48., S. 639.

72. Sanbongi, K., und M. Ohtani: Über das Gleichgewicht zwischen Silizium und Wasserstoff-Wasserdampf-Gemischen in flüssigem Eisen und flüssiger Schlacke. Tetsu to Hagané 36 (1950), S. 175/80.

73. Chipman, J., und N. A. Gokcen: Silicon-Oxygen Equilibrium in Liquid Iron − a Revision. J. Metals Trans. 5 (1953), S. 1017/18.

74. Matoba, S., K. Gunji und T. Kuwana: Silicon-Oxygen Equilibrium in Liquid Iron. Tetsu to Hagané 45 (1959), S. 1328/34.

75. Tsen-Tsi, S., A. J. Poljakow und A. M. Samarin: Untersuchung der Aktivität der Komponenten in flüssigen Zweistofflegierungen des Systems Eisen-Silizium. Izvestija Vyssich Učebnych Zavedeni, Černaja Metallurgija 1961, Nr. 1, S. 12/20; vgl. VDEh Ü.-S. B. 61.25.

76. Chipman, J.: Activities in Liquid Metallic Solutions. Disc. Farad. Soc. 4 (1948), S. 23/49.

77. Körber, F.: Der Einfluß der Beimengungen auf die Reaktionen zwischen Eisenschmelzen, Eisen-Mangan-Silikaten und fester Kieselsäure. Stahl u. Eisen 57 (1937), S. 1349/55.

78. Körber, F., und W. Oelsen: Die Auswirkung der Silizid-Phosphid- und Karbidbildung in Eisenschmelzen auf ihre Gleichgewichte mit Oxyden. Mitt. K.-Wilh.-Inst. Eisenforsch. 18 (1936), S. 109/30.

79. Geller, W.: Die Reduktion von Kieselsäure durch flüssigen Stahl. Arch. Eisenhüttenwes. 15 (1941/42), S. 479/90.

80. Oelsen, W., und E. Schürmann: Das Problem der Reduktion der Kieselsäure durch Kohlenstoff in Eisenschmelzen und seine Bedeutung für Gußeisen. Gießerei, Techn.-wiss. Beih. 19 (1958), S. 989/94.

81. Oelsen, W.: Der Einfluß des Grundmetalls auf die Gleichgewichte metallurgischer Reaktionen. Z. Elektrochem. 41 (1936), S. 557/61.

82. Oelsen, W., und G. Kremer: Das Verhalten der Schmelzen von Eisen, Nickel und Mangan gegen ihre flüssigen Silikate und feste Kieselsäure bei 1600°C. Mitt. K.-Wilh.-Inst. Eisenforsch. 18 (1936), S. 89/108.

83. Körber, F., und W. Oelsen: Die Reaktionen des Chroms mit sauren Schlacken. Mitt. K.-Wilh.-Inst. Eisenforsch. 17 (1935), S. 231/45.

84. Turkdogan, E. T.: Activities of Oxides in SiO$_2$−FeO−Fe$_2$O$_3$-Melts. Trans. AIME 224 (1962), S. 294/98.

85. Granowskaja, A. A., und A. P. Ljubimow: Dampfdruck von Phosphor und Eisen über phosphorhaltigen Eisenschmelzen. Žurnal fizičeskoi Chimii 27 (1953), S. 1443/45.

86. Urbain, G.: Activité thermodynamique du phosphor dans les alliages fer-phosphor liquides à 1600°C. C. R. hebd. Séances Acad. Sci. 244 (1957), S. 1036/39; vgl. Stahl u. Eisen 77 (1957), S. 1329.

87. Urbain, G.: Activité du phosphore dissous dans le fer liquide. Mém. sci. Rev. Métallurg. 56 (1959), S. 529/44; vgl. Stahl u. Eisen 80 (1960), S. 623/24.

88. Bookey, J. B., F. D. Richardson und A. J. E. Welch: Phosphorus-Oxygen Equilibria in Liquid Iron. J. Iron Steel Inst. 171 (1952), S. 404/12.

89. Fischer, W. A., und A. Hoffmann: Das Verhalten von phosphor- und arsenhaltigen Eisenschmelzen im Hochvakuum. Arch. Eisenhüttenwes. 30 (1959), S. 199/204.

90. FISCHER, W. A., und A. HOFFMANN: Einfluß von Kohlenstoff und Sauerstoff auf das Verhalten einiger Begleitelemente in Eisenschmelzen unter Hochvakuum. Arch. Eisenhüttenwes. 31 (1960), S. 411/17.

91. PEARSON, J., und E. T. TURKDOGAN: Activity Coefficients of Oxygen and Phosphorus in Iron-Oxygen-Phosphorus Melts. J. Iron Steel Inst. 176 (1954), S. 19/23.

92. LEWENETZ, N. P., und A. M. SAMARIN: Oxydation von in flüssigem Eisen gelöstem Phosphor. Physik.-chemische Grundlagen der Stahlherstellung, Moskau 1957, S. 226/44; vgl. Stahl u. Eisen 79 (1959), S. 1663/65 und 1751.

93. DUTILLOY, D., und J. CHIPMAN: Activity of Oxygen in Liquid Iron-Phosphorus Alloys. Trans. AIME 218 (1960), S. 428/30.

94. SCHENCK, H., und W. RIESS: Untersuchungen über die Chemie der basischen Stahlerzeugungsverfahren. Arch. Eisenhüttenwes. 9 (1935/36), S. 589/600.

95. BALAJIVA, K., A. G. QUARRELL und P. VAJRAGUPTA: A Laboratory Investigation of the Phosphorus Reaction in the Basic Steelmaking Process. J. Iron Steel Inst. 153 (1946), S. 115/50.

96. BALAJIVA, K., und P. VAJRAGUPTA: The Effect of Temperature on the Phosphorus Reaction in the Basic Steelmaking Process. J. Iron Steel Inst. 155 (1947), S. 563/67.

97. FISCHER, W. A., und H. VOM ENDE: Die Verteilung des Phosphors zwischen Eisenschmelzen und kalkgesättigten Schlacken für Temperaturen von 1530 bis 1700°C. Stahl u. Eisen 72 (1952), S. 1398/408.

98. SCHACKMANN, H., und W. KRINGS: Über Gleichgewichte zwischen Metallen und Schlacken im Schmelzfluß. IV. Das Gleichgewicht $5\,FeO + 2\,P = P_2O_5 + 5\,Fe$. Z. anorg. allg. Chem. 213 (1933), S. 161/79; vgl. Stahl u. Eisen 54 (1934), S. 111/12.

99. OELSEN, W., und H. MAETZ: Das Verhalten des Flußspates und der Kalziumphosphate gegenüber dem Eisenoxydul im Schmelzfluß und seine metallurgische Bedeutung. Mitt. K.-Wilh.-Inst. Eisenforsch. 23 (1941), S. 195/245; vgl. Stahl u. Eisen 62 (1942), S. 123 bis 124.

100. KNÜPPEL, H., F. OETERS und H. GRUSS: Das Phosphor-Sauerstoff-Gleichgewicht zwischen flüssigem Eisen und kalkgesättigten Phosphatschlacken. Arch. Eisenhüttenwes. 30 (1959), S. 253/65.

101. KNÜPPEL, H., und F. OETERS: Das Phosphor-Sauerstoff-Gleichgewicht zwischen flüssigem Eisen und kalkgesättigten Phosphatschlacken. Stahl u. Eisen 81 (1961), S. 1437 bis 1449.

102. OELSEN, W., und H. MAETZ: Zur Metallurgie des Thomasverfahrens. Arch. Eisenhüttenwes. 19 (1947/48), S. 111/17.

103. OELSEN, W., und H. WIEMER: Entmischungserscheinungen in Eisenoxydul-Natriumphosphat-Schlacken. Mitt. K.-Wilh.-Inst. Eisenforsch. 24 (1942), S. 167/210.

104. PETER, O., W. VOR DEM ESCHE und W. OELSEN: Reaktionen zwischen Eisenbad und Phosphatschlacke. Arch. Eisenhüttenwes. 27 (1956), S. 219/30.

105. TRÖMEL, G., und W. OELSEN: Schmelztiegel aus Kalziumphosphat (Zur Metallurgie des Thomasverfahrens). Arch. Eisenhüttenwes. 23 (1952), S. 17/20.

106. TRÖMEL, G., und W. OELSEN: Die Grenzen der Entphosphorung des Eisens mit Kalk. Arch. Eisenhüttenwes. 26 (1955), S. 497/506.

107. TRÖMEL, G., und H. W. FRITZE: Weitere Untersuchungen über die Entphosphorung des Eisens mit kalkreichen Schlacken. Arch. Eisenhüttenwes. 28 (1957), S. 489/95.

108. TRÖMEL, G., und H. W. FRITZE: Gleichgewichte zwischen Eisen und kalkhaltigen Phosphatschlacken. Arch. Eisenhüttenwes. 30 (1959), S. 461/72.

109. TRÖMEL, G., W. FIX und H. W. FRITZE: Zusammenfassende Darstellung der Gleichgewichte zwischen Eisen und kalkhaltigen Phosphatschlacken. Arch. Eisenhüttenwes. 32 (1961), S. 353/59.

110. TRÖMEL, G., und W. FIX: Die Gleichgewichte zwischen Eisenschmelzen und kalkhaltigen Phosphatschlacken bei Gegenwart von Kieselsäure und Manganoxyd. Arch. Eisenhüttenwes. 33 (1962), S. 745/55.

111. ENDE, H. VOM, F. BARDENHEUER und E. SCHÜRMANN: Gleichgewichte zwischen Siemens-Martin-Schlacken und Eisenschmelzen. Stahl u. Eisen 82 (1962), S. 1027/35.

112. SHERMAN, C. W., H. J. ELVANDER und J. CHIPMAN: Sulphur in Molten Iron-Sulphur Alloys. J. Metals Trans. 2 (1950), S. 334/40.

113. SHERMAN, C. W., und J. CHIPMAN: Activity of Sulphur in Liquid Iron and Steel. J. Metals Trans. 4 (1952), S. 597/602.

114. MEYER, O., und F. SCHULTE: Das Gleichgewicht FeS + Mn = MnS + Fe bei hohen Temperaturen. Arch. Eisenhüttenwes. 8 (1934/35), S. 187/95.

115. KÖRBER, F.: Zur Metallurgie der Eisenbegleiter. Stahl u. Eisen 56 (1936), S. 433/44.

116. SCHÜRMANN, E.: Die Manganentschwefelung bei Gußeisen. Gießerei 48 (1961), S. 481 bis 487.

117. OELSEN, W., und H. MAETZ: Die Umsetzung des Eisensulfids mit Oxyden, Karbonaten, Silikaten und Phosphaten in Gegenwart von Kohlenstoff bei der Erhitzung der pulverförmigen Gemenge. Mitt. K.-Wilh.-Inst. Eisenforsch. 21 (1939), S. 335/51.

118. OELSEN, W.: Unveröffentlichte Untersuchungen. Vgl. 116., bes. S. 485.

119. KÖRBER, F., und W. OELSEN: Die Grundlagen der Entschwefelung des Roheisens mit Soda und Natriumsilikaten. Stahl u. Eisen 58 (1938), S. 905/14.

120. OELSEN, W.: Beiträge zur Entschwefelung des Roheisens. Stahl u. Eisen 58 (1938), S. 1212/17.

121. OELSEN, W., und W. MIDDEL: Die Entschwefelung des Roheisens mit Alkalien. I. Die Umsetzungen schwefelhaltiger, silizium- und manganarmer Roheisenschmelzen mit Soda und Natriumsilikaten. Mitt. K.-Wilh.-Inst. Eisenforsch. 21 (1939), S. 27/55.

122. TRENTINI, B., L. WAHL und M. ALLARD: An Efficient Method of Desulphurizing Liquid Pig Iron. J. Metals Trans. 9 (1957), S. 1133/39.

123. EKETORP, S.: Desulfuration par la chaux solide. Rev. Métallurg. 58 (1955), S. 718/24.

124. KALLING, B., C. DANIELSSON und O. DRAGGE: Desulphurization of Pig Iron with Pulverized Lime. J. Metals Trans. 3 (1951), S. 732/38.

125. FORNANDER, S.: Kalling-Domnarfvet Process at Surahammar Works. J. Metals Trans 3 (1951), S. 739/41.

126. BAUMER, S. D., und P. M. HULME: Desulphurizing Molten Iron with Calcium Carbide. J. Metals Trans. 3 (1951), S. 313/18.

127. HORNAK, J. N., und E. J. WHITTENBERGER: The Desulphurization of Molten Iron. J. Metals Trans. 8 (1956), S. 425/29.

128. ERNE, H. G.: Die Entschwefelung des Roheisens mit sauren Schlacken. Dissertation an der Eidgen. Techn. Hochschule Zürich, 1952, Promotion Nr. 1995.

129. PLÖCKINGER, E., und M. WAHLSTER: Die Entschwefelung beim LD-Verfahren. Techn. Mitt. Krupp 19 (1961), S. 40/50.

130. HARDERS, F., H. GREWE und W. OELSEN: Über die Grundlagen der Entschwefelungsvorgänge bei der Herstellung von basischen Siemens-Martin-Stählen. Stahl u. Eisen 71 (1951), S. 973/86.

131. HEILIGENSTAEDT, W.: Sonderfragen von Ofenbetrieb und Ofenbau. 4. Verwendung von Schutzgas. Wärmetechnische Rechnungen, 2. Aufl. Verlag Stahleisen, Düsseldorf 1941, S. 208.

132. CHIPMAN, J.: Wie unter 48., S. 681.

133. RICHARDSON, F. D., und C. J. B. FINCHAM: Sulphur in Silicate and Aluminate Slags. J. Iron Steel Inst. 178 (1954), S. 4/15.

134. FISCHER, W. A., und H. SPITZER: Die Entschwefelung von Eisenschmelzen mit festem Kalk und Dolomit. Arch. Eisenhüttenwes. 29 (1958), S. 535/42.

135. KÖRBER, F., und W. OELSEN: Die Schlackenkunde als Grundlage der Metallurgie der Eisenerzeugung. Stahl u. Eisen 60 (1940), S. 921/29 und 948/55.

136. SPEITH, K. G., H. VOM ENDE, F. BARDENHEUER und G. MAHN: Die physikalisch-chemischen Grundlagen der Entschwefelung im basischen Siemens-Martin-Ofen. Stahl u. Eisen 79 (1959), S. 926/33.

137. HAUTTMANN, H.: Die Eigenschaften der unberuhigten und beruhigten LD-Stähle. Drei Jahre LD-Stahl VÖEST 1953—1956, Linz 1956, S. 29/53.

138. RÖSNER, K., und A. WEGSCHEIDER: Erzeugung von Stählen höherer Festigkeit im Blasstahlkonverter. Stahl u. Eisen 76 (1956), S. 1337/43.

139. NEUHAUS, H., H.-J. LANGHAMMER, H. KOSMIDER und H. SCHENCK: Entschwefelung über die Gasphase bei Sauerstofffrischverfahren. Arch. Eisenhüttenwes. 33 (1962), S. 505/16.

140. NEUHAUS, H., H.-J. LANGHAMMER, H. KOSMIDER und H. SCHENCK: Möglichkeiten zur Entschwefelung von Stahl über die Gasphase beim Frischen mit Sauerstoff. Stahl u. Eisen 82 (1962), S. 1279/87.

141. LANGENBERG, F. C., und J. CHIPMAN: Equilibrium between Cerium and Sulphur in Liquid Iron. J. Metals Trans. 10 (1958), S. 290/93.

142. HANSEN, M., und K. ANDERKO: Wie unter 3., S. 525/32.

143. OHTANI, M.: On the Activities of Chromium and Carbon in Molten Fe−C−Cr-Alloys. Sci. Rep. Res. Inst. Tôhoku Univ., Ser. A, 8 (1956), S. 337/51.

144. HILTY, D. C., W. D. FORGENG und R. L. FOLKMAN: Oxygen-Solubility and Oxide Phases in the Fe−Cr−O-System. J. Metals Trans. 7 (1955), S. 253/68.

145. SIEBERT, G., und E. PLÖCKINGER: Die oxydischen Einschlüsse im Ferrochrom. Techn. Mitt. Krupp 18 (1960), S. 44/53.

146. LINSCHEWSKI, B. W., und A. M. SAMARIN: Die Löslichkeit des Sauerstoffs in Eisen-Chrom- und Eisen-Chrom-Nickelschmelzen. Izvestija Akademii Nauk SSSR, OTN, Metallurgija i Toplivo 1953, Nr. 5, S. 691/704.

147. TURKDOGAN, E. T.: Chromium-Oxygen Equilibrium in Liquid Iron. J. Iron Steel Inst. 178 (1954), S. 278/83.

148. GRANT, N. J., E. C. ROBERTS und J. CHIPMAN: Chromium Distribution between Liquid Iron and Molten Basic Slags. J. Metals Trans. 6 (1954), S. 145/49; vgl. Stahl u. Eisen 74 (1954), S. 1170/71.

149. PLÖCKINGER, E.: Beitrag zur Metallurgie des Chroms bei den basischen Stahlherstellungs-verfahren. Arch. Eisenhüttenwes. 22 (1951), S. 283/93.

150. HILTY, D. C.: Relation Between Chromium and Carbon in Chromium Steel Refining. J. Metals Trans. 1 (1949), S. 91/95 und 832/33.

151. HILTY, D. C., H. P. RASSBACH und W. CRAFTS: Observations of Stainless Steel Melting Practice. J. Iron Steel Inst. 180 (1955), S. 116/28.

152. DENNIS, W. E., und F. D. RICHARDSON: The Equilibrium Controlling the Decarburiza-tion of Iron-Chromium-Carbon Melts. J. Iron Steel Inst. 175 (1953), S. 264/66.

153. TESCHE, K.: Gleichgewichte zwischen Kohlenstoff, Sauerstoff und den Metallen Chrom sowie Mangan in Abhängigkeit von der Temperatur beim Frischen mit Sauerstoff im basischen Lichtbogenofen. Arch. Eisenhüttenwes. 32 (1961), S. 437/50.

154. ELLIOTT, J. F., und M. GLEISER: Thermochemistry for Steelmaking. Vol. I. Addison-Wesley Publishing Comp. Inc., Reading, Mass., und London 1960.

155. KARASEW, R. A., A. J. POLJAKOW und A. M. SAMARIN: Die Desoxydationsfähigkeit von Vanadin. Izvestija Akademii Nauk SSSR, OTN, Metallurgija i Toplivo 1952, Nr. 12.

156. SPEISER, R., A. J. JACOBS und J. W. SPRETNAK: Activities of Iron and Nickel in Liquid Iron-Nickel-Solutions. Trans. AIME 215 (1959), S. 185/92.

157. ZELLARS, G. R., S. L. PAYNE, J. P. MORRIS und R. L. KIPP: The Activities of Iron and Nickel in Liquid Fe−Ni-Alloys. Trans. AIME 215 (1959), S. 181/85.

158. BOWERS, J. E.: The Equilibrium between Oxygen and Molten Nickel and Nickel-Iron Alloys. J. Inst. Metals 90 (1961/62), S. 321/28.

159. WRIEDT, H. A., und J. CHIPMAN: Solubility of Oxygen in Liquid Nickel and Fe−Ni Alloys. J. Metals Trans. 7 (1955), S. 477/79.

160. BESOBRASOW, S. W., und A. M. SAMARIN: Die Sauerstofflöslichkeit in geschmolzenem Eisen, Chrom und Nickel. Izvestija Akademii Nauk SSSR, OTN, Metallurgija i Toplivo 1953, Nr. 12, S. 1790/96; vgl. Stahl u. Eisen 75 (1955), S. 1269/70.

161. PUPYNIN, V. P., S. TSEN-TSI, A. J. POLJAKOW und A. M. SAMARIN: Untersuchung der Aktivität der Komponenten in flüssigen Zweistofflegierungen des Systems Nickel-Kohlenstoff. Metallurgija, metallovedenie, fiziko-chimičeskie metody issledovanija, Moskau 1962, S. 155/61; vgl. Veröff. auf d. Geb. Eisen u. Stahl der UdSSR 4 (1963), S. 362/70.

162. PUPKE, G., und O. RATHMANN: Desoxydationsversuche mit Magnesium, Kohlenstoff, Aluminium und Mangan beim Erschmelzen von Reinstnickel. Neue Hütte 7 (1962), S. 334/40.

163. BIEBER, C. G., und R. F. DECKER: The Melting of Malleable Nickel and Nickel Alloys. Trans. AIME 221 (1961), S. 629/36.

164. CORDIER, J. A., und J. CHIPMAN: Activity of Sulphur in Liquid Fe—Ni Alloys. J. Metals Trans. 7(1955), S. 905/07.
165. ALCOCK, C. B., und L. L. CHENG: A Thermodynamic Study of Dilute Solutions of Sulphur in Liquid Iron, Cobalt, and Nickel, and Binary Alloys between these Metals. J. Iron Steel Inst. 195 (1960), S. 169/73.
166. SIMKOVICH, A., und C. W. McCOY: The Effect of Nickel on the Chromium and Carbon Relationship in Stainless Steel Refining. Trans. AIME 221 (1961), S. 416/17.
167. SAMARIN, A. M.: Some Properties of Liquid Alloys. J. Iron Steel Inst. 200 (1962), S. 95/101.
168. VOGEL, R., und W. DANNÖHL: Die Zweistoffsysteme Eisen—Kupfer und Eisen—Antimon. Arch. Eisenhüttenwes. 8 (1934/35), S. 39/40.
169. HANSEN, M., und K. ANDERKO: Wie unter 3., S. 580/82.
170. LANGENBERG, F. C.: Activity Coefficient of Copper in Liquid Iron at 1600°C. J. Metals Trans. 8 (1956), S. 1024/25.
171. KOROS, P. J., und J. CHIPMAN: Activity Coefficient of Copper in Liquid Iron, Fe—C, and Fe—C—Si Alloys at 1600°C. J. Metals Trans. 8 (1956), S. 1102/04.
172. MORRIS, J. P., und G. R. ZELLARS: Vapor Pressure of Liquid Copper and Activities in Liquid Fe—Cu-Alloys. J. Metals Trans. 8 (1956), S. 1086/90.
173. COX, E. M., M. C. BACHELDER, N. H. NACHTRIEB und A. S. SKAPSKI: The Influence of Temperature on the Affinity of Sulphur for Copper, Manganese and Iron. J. Metals Trans. 1 (1949), S. 27/31; vgl. Stahl u. Eisen 70 (1950), S. 235/36 und 1224/25.
174. CHIPMAN, J., und T. P. FLORIDIS: Activity of Aluminum in Liquid Ag—Al, Fe—Al, Fe—Al—C and Fe—Al—C—Si Alloys. Acta metallurg., New York 3 (1955), S. 456/59.
175. SCHENCK, H., M. G. FROHBERG, E. DREWES und B. RUTENBERG: Beitrag zur Kenntnis der Aktivität des Kohlenstoffs in flüssigen Eisenlegierungen. II. Die Berechnung der Aluminium- und Kohlenstoffaktivitäten im Dreistoffsystem Eisen-Kohlenstoff-Aluminium bei 1600°C unter Einsatz eines Digitalrechners. Arch. Eisenhüttenwes. 33 (1962), S. 229/32.
176. PEHLKE, R. D.: The Activities of Aluminum and Iron in Iron-Aluminum Melts at 1600°C. Trans. AIME 212 (1958), S. 486/87.
177. GOKCEN, N. A., und J. CHIPMAN: The Aluminum-Oxygen Equilibrium in Liquid Iron. J. Metals Trans. 5 (1953), S. 173/78.
178. ZACKAY, V. F., und W. A. GOERING: The Air Melting of Iron-Aluminum Alloys. Trans. AIME 212 (1958), S. 203/04.
179. HADLEY, R. L., und G. DERGE: Equilibrium between Titanium in Liquid Iron and Titanium Oxides. J. Metals Trans. 7 (1955), S. 55/60.
180. CHIPMAN, J.: The Deoxidation Equilibrium of Titanium in Liquid Steel. Trans. AIME 218 (1960), S. 767/68.
181. BARDENHEUER, P., und W. A. FISCHER: Verschlacken von Titan aus Stahlschmelzen im sauren und basischen Hochfrequenzofen unter verschiedenen Schlacken. Arch. Eisenhüttenwes. 25 (1954), S. 515/21.
182. GUREWITSCH, J. G.: Untersuchung der Denitrierung von flüssigem Chrom-Nickel-Stahl mit Titan. Izvestija Vysšich Učebnych Zavedeni, Černaja Metallurgija 4 (1961), Nr. 1, S. 21/30.
183. ROHL, L. J.: The Manufacture and Use of Boron Steels in the USA. J. Iron Steel Inst. 176 (1954), S. 173/87.
184. SPEIGHT, G. E.: Addition of Boron to Steel by Reduction from Boron Oxide. J. Iron Steel Inst. 171 (1952), S. 147/53.
185. ELLE, M., und J. CHIPMAN: The Columbium-Oxygen Equilibrium in Liquid Iron. Trans. AIME 221 (1961), S. 701/03.
186. POST, C. B., D. G. SCHOFFSTALL und H. O. BEAVER: Hot Workability of Stainless Steel Improved by Adding Cerium and Lanthanum. J. Metals 3 (1951), S. 973/77 B.
187. HENKE, R. H., und R. A. LULA: Rare Earths Counteract Hot Rolling Defects in Stainless Steel. J. Metals 6 (1954), S. 883/88.
188. RUSSEL, J. V.: Rare Earth Additions Affect Surface Quality of Low Carbon Steels. J. Metals 6 (1954), S. 438/42.
189. GAUTSCHI, R. H., und F. C. LANGENBERG: Effect of Rare Earth Additions on Some Stainless Steel Melting Variables. Trans. AIME 218 (1960), S. 128/32.

190. GULJAJEW, A. P., und E. E. ULJANIN: Der Einfluß geringer Zusätze von seltenen Erden und Bor auf die Eigenschaften von Vergütungsstahl mit 1% Chrom. Metallowedenije i Termičeskaja Obrabotka Metallow 1961, Nr. 10, S. 50/55.
191. KNAPP, W. E., und W. T. BOLKCOM: Rare Earth Improve Properties of Many Ferrous Metals. Iron Age, April 1952, S. 129/34.
192. GOLDSTEIN, JA. E., V. I. SELDOWITSCH, N. V. KEJS, L. D. KOSSOVSKIJ, O. JA. VAJNSTEIN und K. S. SMATKO: Der Einfluß der Behandlung mit Zer auf die Erstarrungsbedingungen von Chrom-Nickel-Stahl. Stal in Deutsch 2 (1962), S. 875/79.
193. RICHERD, J.: Le rôle du lanthane et du cérium dans la purification du fer. Mém. Sci. Rev. Métallurg. 59 (1962), S. 527/48 und 597/615.
194. KRAINER, H., und F. RAIDL: Einfluß verschiedener Legierungszusätze auf die Eigenschaften chromhaltiger Dauermagnetstähle. Arch. Eisenhüttenwes. 16 (1942/43), S. 253 bis 260.
195. BECKER, H., und H. HOFF: Einfluß des Mangan- und Bleigehaltes auf die Zerspanbarkeit von unberuhigtem Automatenstahl. Stahl u. Eisen 77 (1957), S. 1215/20.
196. BEITTER, F.: Die Fehler im Gußblock und ihre Beziehungen zur Gießtemperatur und Gießgeschwindigkeit. Stahl u. Eisen 69 (1949), S. 585/600.
197. KÖRBER, F., und G. HAUPT: Einfluß des Arsens auf die Eigenschaften von Stahl und Gußeisen. Arch. Eisenhüttenwes. 12 (1938/39), S. 81/89.
198. ROSE, A.: Arsen, Kupfer und andere Spurenelemente im Erz, Roheisen und Stahl (Tagungsbericht). Stahl u. Eisen 79 (1959), S. 1495/96.
199. Anonymus: Selenzusatz verbessert Chromstahl. Metall 17 (1963), S. 140.
200. AWERIN, W. W., P. A. BERKASOW und A. M. SAMARIN: Desoxydation von Nickellegierungen. Trudy Institute Metallurgii Imeni Baikowa, Metallurgija i Metallovedenije 11 (1962), S. 36/53.
201. BEAULIEU, C. E., A. CHAILLOU und M. OLETTE: Contribution à l'ètude de la désoxydation et de la désulfuration du fer liquide par le lithium. Rev. Métallurg. 60 (1963), S. 845/49.
202. SPONSELLER, D. L., und R. A. FLINN: The Solubility of Calcium in Liquid Iron and Third-Element Interaction Effects. Trans. AIME 230 (1964), S. 876/88.

1.14 Die Gase im Stahl

Außer mit dem Sauerstoff, dessen Reaktionen mit dem flüssigen Stahl in den vorhergehenden Abschnitten bereits behandelt wurden, kommt das Stahlbad im Verlauf der Stahlherstellung auch mit anderen löslichen oder unlöslichen Gasen in Berührung, die für die Prozeßführung von Bedeutung sind.

Zu den wichtigsten im festen und flüssigen Stahl *löslichen* Gasen zählen der Wasserstoff und der Stickstoff. Beide Gase gelangen in der Regel aus der Atmosphäre in den Stahl. Wasserstoff wird auch aus Wasserdampf, Kohlenwasserstoffen (Methan u. a.) oder aus feuchten bzw. hydratisierten Zuschlagstoffen und auch Legierungen aufgenommen. Daneben kann aus der Ofenatmosphäre auch Schwefel (aus H_2S unter reduzierenden Bedingungen) in die Schmelze gelangen.

Die technisch wichtigsten *unlöslichen* Gase sind das Kohlenmonoxyd, das im Frischprozeß entsteht, und die Edelgase, vornehmlich Argon und Helium, die als Spül- und Schutzgase eine gewisse Bedeutung erlangt haben.

Die löslichen Gase, Wasserstoff und Stickstoff, dargestellt durch das Symbol G, werden nach der Umsetzungsgleichung

$$\frac{1}{2}\{G_2\} = [G] \tag{301}$$

vom flüssigen Stahl atomar gelöst, wobei sich zwischen der Metall- und Gasphase ein Gleichgewichtszustand einzustellen versucht, dessen Gleichgewichtskonstante nach Gl. (111) durch den Ausdruck

$$K_G = \frac{a_{[G]}}{\sqrt{p_{G_2}}}$$

gegeben ist. Da die Aktivität nach Gl. (64) als Produkt des Aktivitätskoeffizienten und der Konzentration in Gewichtsprozent darstellbar ist, erhält man durch einfache Umformung die Beziehung

$$[\% \, G] = K'_G \cdot \sqrt{p_{G_2}} \qquad (302)$$

Bei gegebener Temperatur ist demnach die Löslichkeit der Quadratwurzel des Partialdruckes in der Gasphase proportional. Diese Beziehung wird auch „SIEVERTSsches *Quadratwurzelgesetz*" genannt.

Die einfache Beziehung nach Gl. (302) ist bei Stahlherstellungstemperaturen für die Löslichkeit von Wasserstoff und Stickstoff in reinem Eisen weitgehend erfüllt, d. h. diese Gase werden von der Schmelze atomar gelöst. Bei Anwesenheit von Zusatzelementen erfahren die Aktivitäten von Wasserstoff und Stickstoff zum Teil wesentliche Änderungen, so daß in

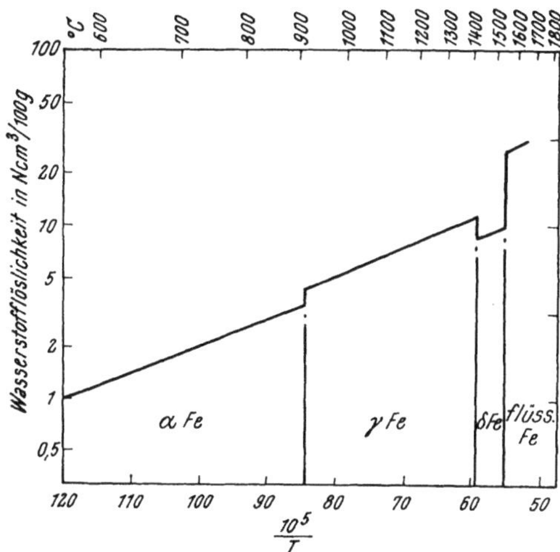

Abb. 128. Wasserstofflöslichkeit in festem und flüssigem Eisen bei $p_{H_2} = 1$ at (nach R. G. WARD)

Gl. (302) anstelle der Gewichtskonzentrationen die Aktivitäten einzusetzen sind. In der Vakuum-Schmelzmetallurgie ist noch zu berücksichtigen, daß im Bereich niedriger Drücke eine merkliche Dissoziation der Gasmoleküle eintritt, wodurch die Gleichgewichtsbeziehungen eine grundlegende Änderung erfahren (vgl. Abschnitt 1.17).

1.141 Wasserstoff

Die Löslichkeit von Wasserstoff im festen und flüssigen Eisen bei einem Wasserstoffpartialdruck in der Gasphase von $p_{H_2} = 1$ atm zeigt Abb. 128 [1]. Sie ist durch einen großen Löslichkeitssprung beim Übergang vom festen in den flüssigen Zustand gekennzeichnet. Die Löslichkeit nimmt auch im flüssigen Bereich mit steigender Temperatur zu. Abb. 129 zeigt die Ergebnisse neuerer Untersuchungen, wobei H. SCHENCK und H. WÜNSCH [2]

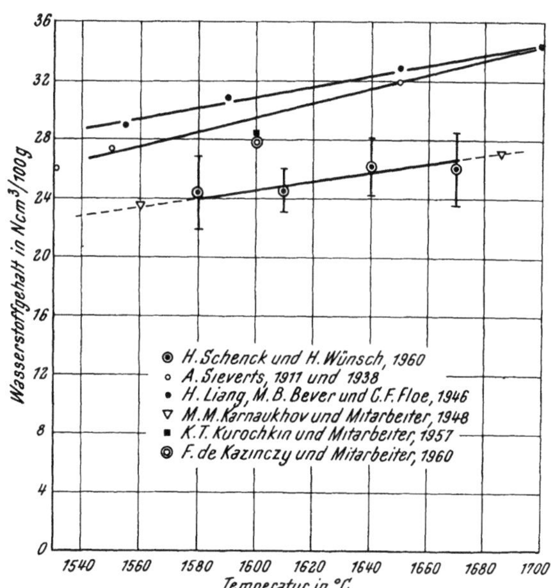

Abb. 129. Wasserstofflöslichkeit in flüssigem Eisen bei $p_{H_2} = 1$ at (nach H. SCHENCK und H. WÜNSCH)

die problematische Heißvolumeneichung bei der Wasserstoffbestimmung durch die Probenahme nach dem Pipettenverfahren umgehen.

Wie bereits ausgeführt, erfolgt die Wasserstoffaufnahme des flüssigen Eisens aus der Gasphase nach der Umsetzungsgleichung (301)

$$\frac{1}{2}\{H_2\} = [H]$$

deren Gleichgewichtskonstante wegen der geringen im Eisen gelösten Wasserstoffmengen durch den Ausdruck

$$K_H = \frac{[\%H]}{\sqrt{p_{H_2}}} \qquad (303)$$

angegeben werden kann. Da sich die in Abb. 129 in Abhängigkeit von der Temperatur angegebenen Wasserstoffgehalte auf einen Wasserstoffpartialdruck von einer Atmosphäre beziehen, kann die Gleichgewichtskonstante dieser Reaktion unter Berücksichtigung des Konzentrationsmaßes direkt aus dem Diagramm abgelesen werden[1].

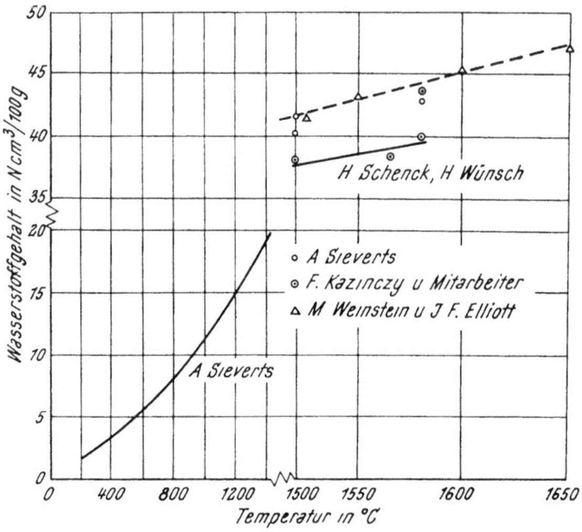

Abb. 130. Wasserstofflöslichkeit in festem und flüssigem Nickel bei $p_{H_2} = 1$ at (nach verschiedenen Verfassern)

Nach den älteren Werten von H. LIANG und Mitarbeitern [3] beträgt die Wasserstofflöslichkeit beim Schmelzpunkt des reinen Eisens 0,0025% und bei einer Temperatur von 1700°C bereits 0,0030%.

Unter Anwendung der Gl. (105) ergibt sich daraus die freie Enthalpie der Reaktion (301) bei diesen Temperaturen zu

$$\Delta G^\circ_{1813} = -4{,}575 \cdot 1813 \cdot \lg 0{,}0025$$

$$\text{bzw.} \quad \Delta G^\circ_{1973} = -4{,}575 \cdot 1973 \cdot \lg 0{,}0030$$

und ihre Temperaturabhängigkeit in diesem Bereich:

$$\Delta G^\circ = 7640 + 7{,}68 \cdot T \qquad (304)$$

Durch Einsetzen in die Gl. (116) erhält man für die Gleichgewichtskonstante den Ausdruck

$$\lg K_H = -\frac{1670}{T} - 1{,}68 \qquad (305)$$

Benutzt man dagegen die neueren Werte von H. SCHENCK und H. WÜNSCH [2], so erhält man für die Temperaturabhängigkeit der freien Enthalpie

$$\Delta G^\circ = 8460 + 7{,}65 \cdot T \qquad (306)$$

---

[1] Die Umrechnung in Gewichtsprozent erfolgt nach: 1 Ncm³/100 g $\triangleq$ 0,9 · 10⁻⁴ Gew.-%.

bzw. für die Gleichgewichtskonstante K_H den Ausdruck

$$\lg K_H = -\frac{1850}{T} - 1{,}67 \tag{307}$$

Eine wesentlich höhere Wasserstofflöslichkeit als das Eisen besitzt das Nickel [2, 4, 5]. Sie steigt, wie Abb. 130 zeigt, beim Schmelzpunkt von 0,0017% auf 0,0034% an. Die Löslichkeitszunahme mit steigender Temperatur ist jedoch nur unbedeutend. Für Kobalt [5, 6] liegt die Löslichkeit im flüssigen Zustand bei 0,0021%.

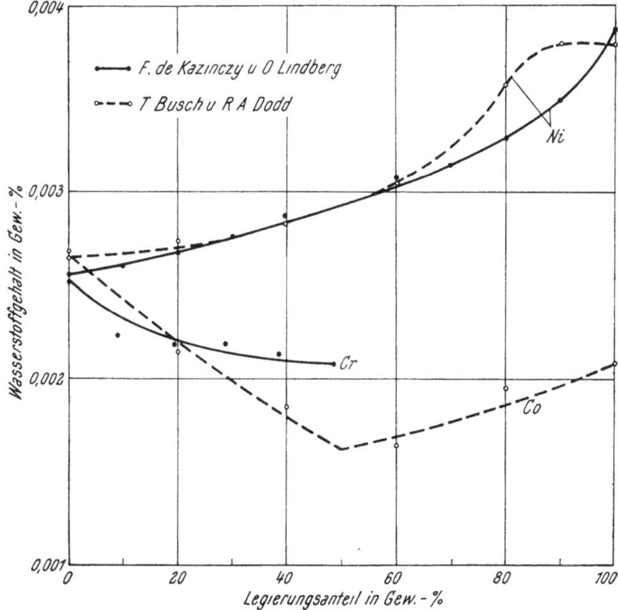

Abb. 131. Änderung der Wasserstofflöslichkeit in flüssigem Eisen bei $p_{H_2} = 1$ at und 1600 °C durch Zusatz von Chrom, Nickel und Kobalt (nach T. Busch und R. A. Dodd sowie F. de Kazinczy und O. Lindberg)

Einen Überblick über die Veränderung der Wasserstofflöslichkeit im flüssigen Eisen durch einige Legierungselemente geben die Abb. 131 [6, 7] und 132 [8]. Bezüglich der Wirkung des Chroms ergeben die beiden Abbildungen verschiedene Aussagen, doch ist jedenfalls der Einfluß von Chromzusätzen gering. Die Löslichkeit von Wasserstoff in Eisenschmelzen wird durch Titan und Tantal sehr stark erhöht [1], doch ist diese Tatsache für die Stahlerzeugung im offenen Ofen ohne Bedeutung. Der Einfluß von Silizium ist ähnlich dem in Abb. 132 gezeigten des Aluminiums.

Es muß jedoch darauf hingewiesen werden, daß sich alle angeführten Werte auf den Gleichgewichtszustand mit einer reinen Wasserstoffatmosphäre beziehen und daß sie daher bei der Stahlherstellung praktisch nie erreicht werden. Entgegen den aus Abb. 131 zu folgernden Verhältnissen können, da im Stahlwerksbetrieb ein Gleichgewicht kaum erreicht wird, z. B. chromlegierte Schmelzen einen höheren Wasserstoffgehalt aufweisen als unlegierte Stähle, wenn durch feuchte oder wasserstoffhaltige Ferrolegierungen größere Wasserstoffmengen in das Bad eingebracht werden.

Weitere Untersuchungsergebnisse liegen auch für den Einfluß des Sauerstoffgehaltes der Schmelze auf die Wasserstofflöslichkeit im Eisen vor. Nach

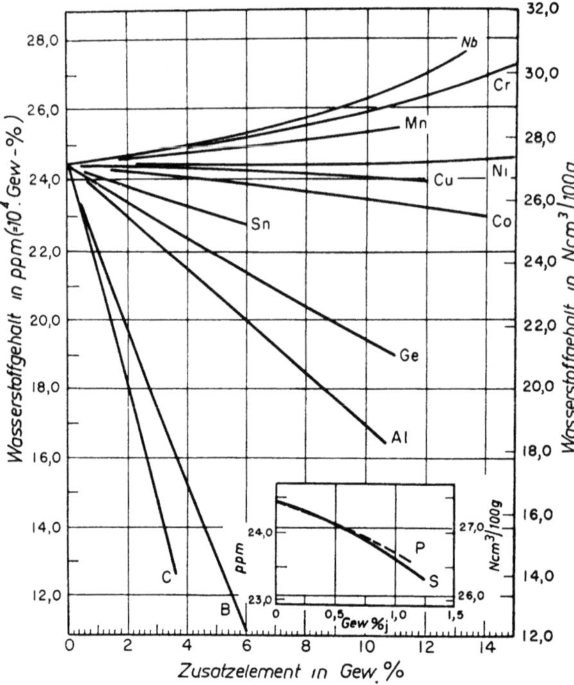

Abb. 132. Wasserstofflöslichkeit bei 1 at in binären Eisenlegierungen bei 1592 °C
(nach M. WEINSTEIN und J. F. ELLIOTT)

H. SCHENCK und H. WÜNSCH [2] wird, wie Abb. 133 zeigt, die Aufnahmefähigkeit von Eisenschmelzen für Wasserstoff mit steigendem Sauerstoffgehalt herabgesetzt. Unter der Annahme, daß 'diese für einen Wasserstoffpartialdruck von einer Atmosphäre geltenden Verhältnisse auch auf geringere Wasserstoffdrücke übertragbar sind, kann die wichtige Schlußfolgerung gezogen werden, daß bei den Stahlherstellungsverfahren der Wasserstoffgehalt der Schmelze maßgeblich von der Höhe des Sauerstoffgehaltes abhängt.

Der Einfluß von Legierungselementen auf den Aktivitätskoeffizienten des Wasserstoffs kann aus Abb. 134 abgelesen werden [8]. Die Tab. 18 enthält einige Wirkungsparameter für 1600 °C und $p_{H_2} = 1$ at.

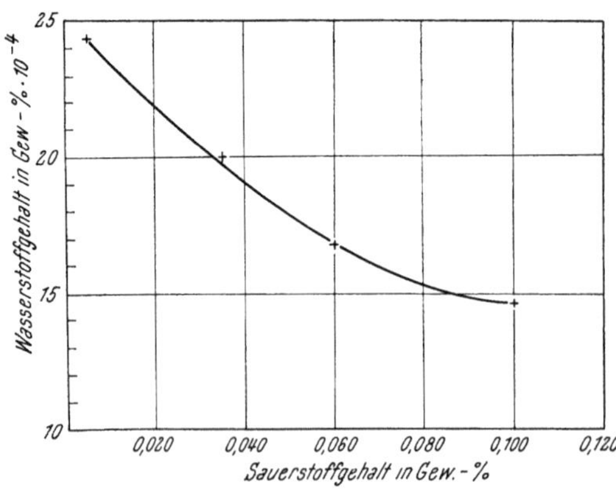

Abb. 133. Einfluß des Sauerstoffgehaltes auf die Löslichkeit von Wasserstoff im flüssigen Eisen bei $p_{H_2} = 1$ at und 1600 °C
(nach Werten von H. SCHENCK und H. WÜNSCH)

Die starke Abnahme der Wasserstofflöslichkeit beim Übergang vom flüssigen in den festen Zustand und ihre weitere Verminderung bei der Abkühlung kann bei unlegierten und legierten Stählen zum Überschreiten der Löslichkeitsgrenze führen. Wird die Löslichkeitsgrenze bereits im flüssigen Zustand erreicht, so kommt es zur Blasenbildung und bei hohen Wasserstoffgehalten in der Schmelze zum sogenannten Wasserstofftreiben.

Aber auch im erstarrten Stahl kann der Entwicklungsdruck des Wasserstoffs so hohe Werte erreichen, daß die Trennfestigkeit des Stahles überschritten wird. Die dadurch entstehenden Innenfehler werden als *Flocken* bezeichnet. Sie können in jedem Stahl mit entsprechend hohem Wasserstoffgehalt auftreten und werden durch Gefügeinhomogenitäten sowie thermische Spannungen und Umwandlungsspannungen begünstigt. Das Auftreten von Flocken kann durch genügend langsame Abkühlung der Gußblöcke oder des verformten Stahles verhindert werden, weil der im festen Stahl gelöste Wasserstoff durch Diffusion entweichen kann. In der Praxis wird diese Behandlung bei flockenanfälligen Stählen vorsorglich ange-

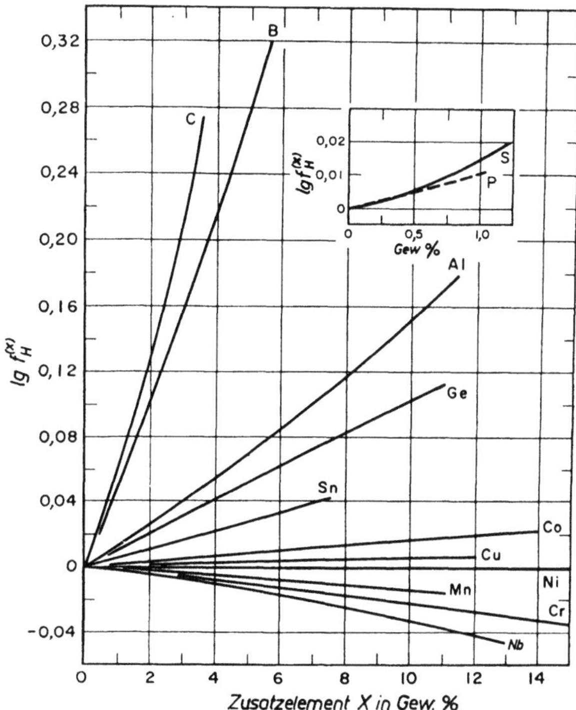

Abb. 134. Abhängigkeit des Wirkungskoeffizienten $f_H^{(X)}$ von der Zusammensetzung binärer Eisenlegierungen bei 1592 °C (nach M. WEINSTEIN und J. F. ELLIOTT)

wendet, wenn ihr Wasserstoffgehalt über etwa 3 Ncm³/100 g liegt. Bei großen Abmessungen sind zur Wasserstoffentfernung im festen Zustand jedoch Diffusionszeiten notwendig, die eine solche Glühbehandlung unwirtschaftlich machen

Tabelle 18. *Wirkungsparameter für den Einfluß von Legierungselementen auf die Wasserstofflöslichkeit im flüssigen Eisen bei* $p_{H_2} = 1$ *at und 1600°C (nach R. G. WARD)*

Legierungselement, X	C[1]	Si	Cr	Co	Ni	Nb	Ti	Ta
Wirkungsparameter $e_H^{(X)}$	+0,045	+0,027	+0,0049	+0,0042	−0,0005 −0,0013	−0,02	−0,22	−0,26

[1] Bestimmt aus der Löslichkeit bei 1550°C, gültig bis 1 Gew.-Prozent Kohlenstoff

können. So benötigt man nach den Versuchsergebnissen von J. D. HOBSON [9] zur Verminderung des Wasserstoffgehaltes im Inneren eines Zylinders von 1 m Durchmesser bei 750°C auf ein Drittel des ursprünglichen Wertes etwa 1000 Stunden.

Sehr hohe Wasserstoffgehalte in unlegierten Stählen mit Kohlenstoffgehalten unter 0,6% machen den Stahl heiß- bzw. rotbrüchig. Dieser Fehler kann jedoch durch eine Wärmebehandlung beseitigt werden [10].

Da bis heute kein Mittel bekannt ist, den Wasserstoffgehalt des flüssigen Stahles durch eine „Dehydrierung" (ähnlich der Desoxydation) unschädlich zu machen, muß das Augenmerk des Stahlwerkers darauf gerichtet sein, die Wasserstoffaufnahme nach Möglichkeit zu verhindern oder in unschädlichen Grenzen zu halten bzw. den im Schmelzprozeß aufgenommenen Wasserstoff vor dem Erstarren der Schmelze bis unter die kritische Grenze abzuscheiden. Auf die Gasausscheidung im Kochvorgang und mittels neutraler Spülgase wird im Abschnitt 1.143 näher eingegangen.

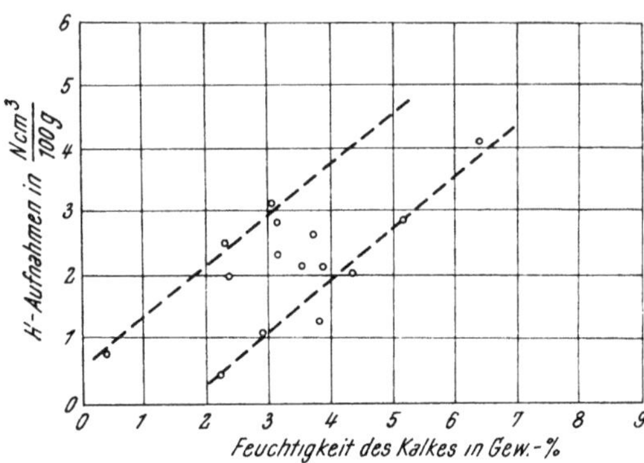

Abb. 135. Wasserstoffaufnahme zu Beginn der Feinungszeit im basischen Lichtbogenofen in Abhängigkeit vom Feuchtigkeitsgehalt des zugesetzten Kalkes (nach K. G. SPEITH, H. VOM ENDE und R. SPECHT)

Die *Wasserstoffaufnahme* des Stahles beginnt bereits in der Einschmelzperiode, wobei durch verrostete, aber auch durch ölhaltige Einsatzstoffe beträchtliche Wasserstoffmengen in das Stahlbad eingebracht werden können. Ebenso wird Wasserstoff durch Berührung des Schrottes mit wasserdampfhaltigen Flammengasen aufgenommen [11]. Eine weitere wesentliche Quelle für den Wasserstoffgehalt des Stahlbades bilden feuchte Zuschlagstoffe und feuchte oder wasserstoffhaltige Legierungen.

Von den Zusatzstoffen enthält vor allem gebrannter Kalk chemisch gebundenes Wasser, das selbst bei Rotglut nur langsam abgegeben wird, während die übrigen Zusatzstoffe vorwiegend adsorptiv gebundene Feuchtigkeit enthalten. Dadurch ist in allen Schlacken ein relativ hoher Wasserstoffgehalt vorhanden, der nach H. WENTRUP und Mitarbeitern [12] in basischen Schlacken hauptsächlich als H_2O gebunden, in sauren Schlacken dagegen vorwiegend als Wasserstoff gelöst vorliegen soll (vgl. Tab. 19). Die Auswirkung der Feuchtigkeit des Kalkes auf die Wasserstoffaufnahme des Stahles zeigt Abb. 135 nach den Untersuchungen von K. G. SPEITH und Mitarbeitern [13].

Tabelle 19. *Wasserstoffgehalte von Siemens-Martin-Schlacken*
(nach H. WENTRUP, H. FUCKE und O. REIF)

	Enthalten als Wasserstoff Ncm³/100 g	Enthalten als Wasser, auf Wasserstoff umgerechnet Ncm³/100 g	Summe Ncm³/100 g
Saure Schlacken	25—60	5— 40	30—100
Basische Schlacken	10—30	30—175	40—205

Die Löslichkeit und Beweglichkeit von Wasserstoff in Schlacken ermöglicht auch den Transport dieses Elementes von der Ofenatmosphäre durch die Schlacke in das Bad, der entweder in Form von H_2O [14] oder von OH′-Ionen [15] erfolgt. Saure Schlacken sind im allgemeinen weniger durchlässig für Wasserstoff, da die Diffusionsgeschwindigkeit und die Löslichkeit [16] geringer, die Viskosität hingegen höher ist. Über den Einfluß der Luftfeuchtigkeit auf den Wasserstoffgehalt des Stahles liegt eine Reihe von Meßergebnissen vor [17, 18, 23], die in Abb. 136 zusammengestellt sind. Sie können jedoch nur als Richtwerte angesehen werden, die eine deutlich steigende Tendenz mit zunehmender Luftfeuchtigkeit aufweisen. Dabei ist zu berücksichtigen, daß die relative Luftfeuchtigkeit sich nicht nur direkt auswirkt, sondern auch den Feuchtigkeitsgehalt der Zuschlagstoffe, besonders des gebrannten Kalkes, beeinflußt.

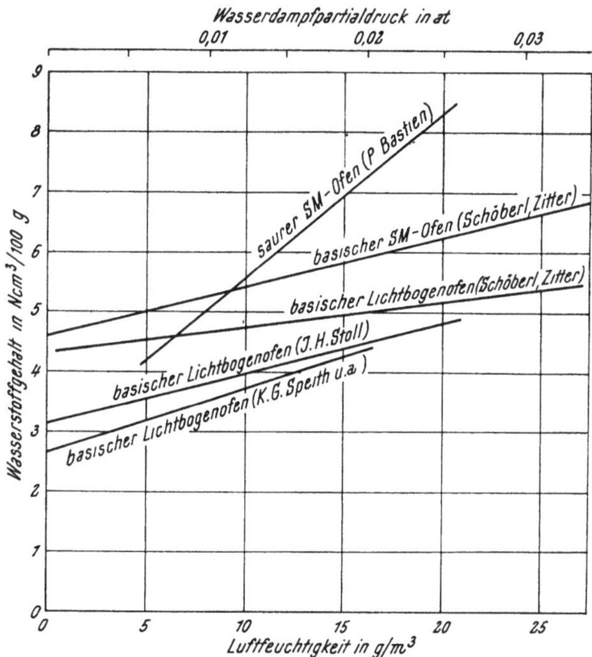

Abb. 136. Wasserstoffgehalt von Gußproben in Abhängigkeit von der Luftfeuchtigkeit
(nach verschiedenen Verfassern)

Auch mit den Legierungselementen können, je nach deren Herstellungsart und Lagerung, größere Wasserstoffmengen in die Schmelze gelangen (vgl. auch Abschnitt 3.14), was besonders für Chrom, Nickel und Mangan gilt. An der Oberfläche der unedleren Ferrolegierungen und Desoxydationsmittel wird beim Lagern Wasser in erheblichen Mengen chemisch oder adsorptiv gebunden, das ebenfalls Wasserstoff an die Schmelze abgibt. Bei der Bestimmung des Wasserstoffgehaltes in den Ferrolegierungen ist es sehr schwierig, den gelösten Wasserstoff von dem in Form von Wasser an der Oberfläche haftenden oder gebundenen Wasserstoff zu trennen. Die Angaben des Schrifttums sind daher sehr unterschiedlich und hängen stark von der Lagerzeit und Korngröße ab [19 bis 21].

Nicht nur während des Schmelzvorganges im Ofen, sondern auch nach dem Abstechen kann der Stahl noch erhebliche Wasserstoffmengen aufnehmen. Sie werden aus feuchten Rinnen, Pfannen, schlecht getrockneten Trichtern und Gießwannen, sowie aus Trichterrohren und Kanalsteinen abgegeben. Ebenso geben ungeeignete oder feuchte Kokillenanstriche Wasserstoff an den flüssigen Stahl ab. Diese Wasserstoffaufnahme kann unter Umständen erheblich größer sein als die Wasserstoffaufnahme im Ofen selbst [22]. Besonders das Ausheizen der Pfanne hat einen großen Einfluß auf den Wasserstoffgehalt des Stahles [23].

Tab. 20 gibt einen Überblick über die Höhe des Wasserstoffgehaltes verschieden erzeugter Stähle nach den Angaben verschiedener Forscher [12, 14, 23 bis 28]. Danach sind die niedrigsten Werte bei saurem Siemens-Martin-Stahl zu erwarten, während der basische Siemens-Martin-Ofen Stähle mit dem höchsten Wasserstoffgehalt ergibt. Die Schwankungen der Werte bei einem Schmelzverfahren sind nicht nur auf unterschiedliche Arbeitsbedingungen, sondern zum Teil auch auf die verschiedenen Arten der Probenahme und Bestimmungsverfahren zurückzuführen.

Tabelle 20. *Mittlere Wasserstoffgehalte in Ncm³/100 g von unlegierten und niedriglegierten Stählen unterschiedlicher Herstellungsart* (nach verschiedenen Berichterstattern)

Saurer SM-Ofen [1]	basischer SM-Ofen [1]	basischer Lichtbogenofen [1]	LD-Verfahren	Quelle	Art der Probenahme
5,9 (10)	8,5 (19)	8,1 (8)	—	[12]	Saugprobe in Quarz
3,8 (11)	—	5,6 (14)	—	[24]	Stäbchenprobe in Cu-Kokille
2,2 (2)	3,4 (7)	2,6 (4)	—	[25]	Stäbchenprobe in Cu-Kokille
—	5,9 (23)	5,5 (5)	—	[26]	Saugprobe in Quarz
3,7 (40)	—	4,1 (40)	—	[27]	Saugprobe in Kupfer
3,8 (4)	5,6 (3)	4,4 (7)	—	[14]	Stäbchenprobe in Cu-Kokoille
—	5,2 (100)	4,5 (250)	—	[23]	Stäbchenprobe in Cu-Kokille
—	6,5		1,5 (bis 3,0)	[28]	—

[1] Zahl der ausgewerteten Schmelzen in Klammer.

1.142 Stickstoff

Der Stickstoff wird vom flüssigen Eisen, wie bereits einleitend erwähnt, atomar gelöst, wobei für die Stickstoffaufnahme im wesentlichen das Gleichgewicht zwischen Metall- und Gasphase maßgebend ist:

$$\frac{1}{2}\{N_2\} = [N]$$

Die Gleichgewichtskonstante dieser Reaktion wird durch den Ausdruck

$$K_N = \frac{a_{[N]}}{\sqrt{p_{N_2}}} \tag{308}$$

beschrieben[1]. Die Aktivität des Stickstoffs in der Schmelze wird durch Drittelemente stark beeinflußt, worauf im folgenden noch näher eingegangen wird.

Die Schlacke, welche bei der Wasserstoffaufnahme eine wesentliche Rolle spielt, ist als Stickstoffüberträger von untergeordneter Bedeutung. Untersuchungen über den Zusammenhang des Stickstoffgehaltes von Stahl und Schlacke ergaben

---

[1] Über die Temperaturabhängigkeit der Gleichgewichtskonstante wird im Abschnitt 1.171 berichtet.

keine Gesetzmäßigkeiten [29], während ähnliche Versuche an Roheisen eher eine
Abnahme des Stickstoffgehaltes verschiedener Eisensorten mit steigendem Stick-

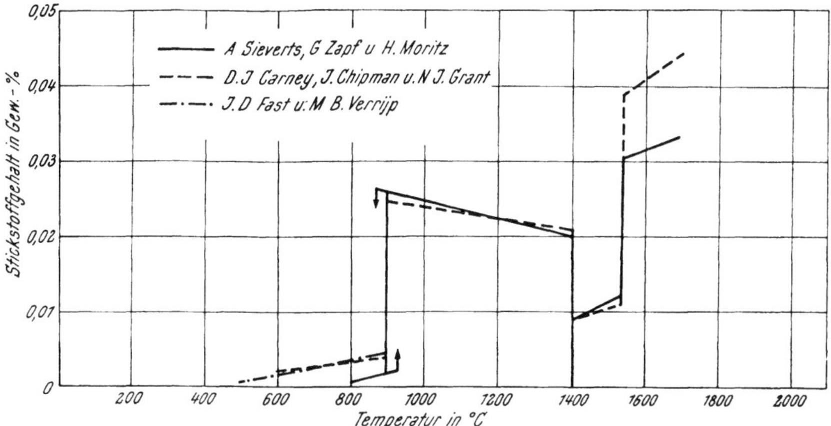

Abb. 137. Stickstofflöslichkeit in reinem Eisen bei $p_{N_2} = 1$ at in Abhängigkeit von der Temperatur
(nach verschiedenen Verfassern)

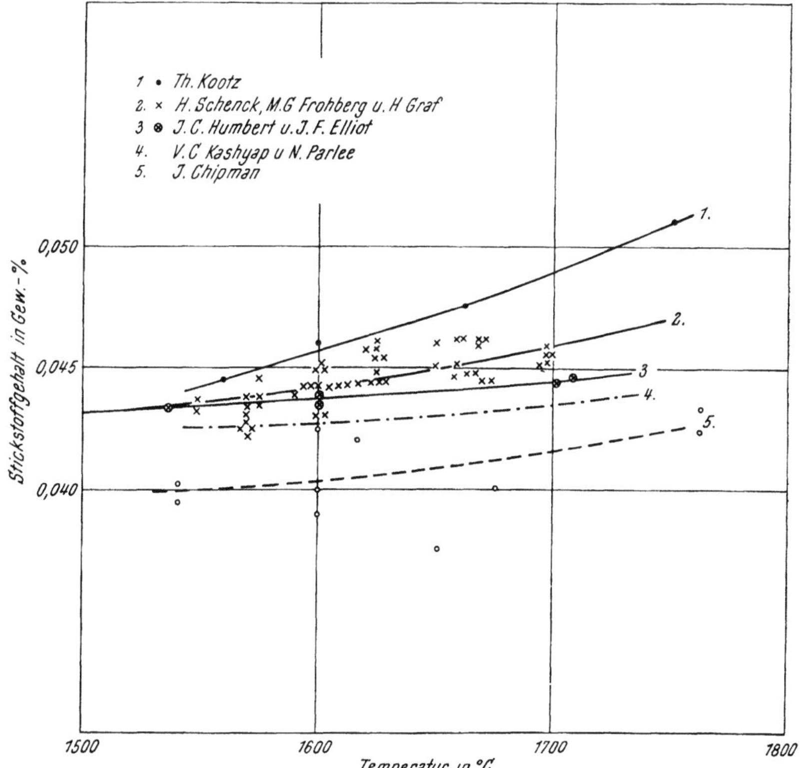

Abb. 138. Löslichkeit von Stickstoff in reinem, flüssigem Eisen in Abhängigkeit von der Temperatur
(nach verschiedenen Verfassern)

stoffgehalt der Schlacke erkennen lassen [30], wobei ein wesentlicher Einfluß des
Siliziumgehaltes der Metallschmelze vorzuliegen scheint [31]. Im allgemeinen ist

unter basischen Schlacken eine stärkere Stickstoffaufnahme festzustellen als unter sauren [32], was vermutlich darauf zurückzuführen ist, daß saure Schlacken den direkten Kontakt der Schmelze mit der Gasatmosphäre stärker behindern als basische.

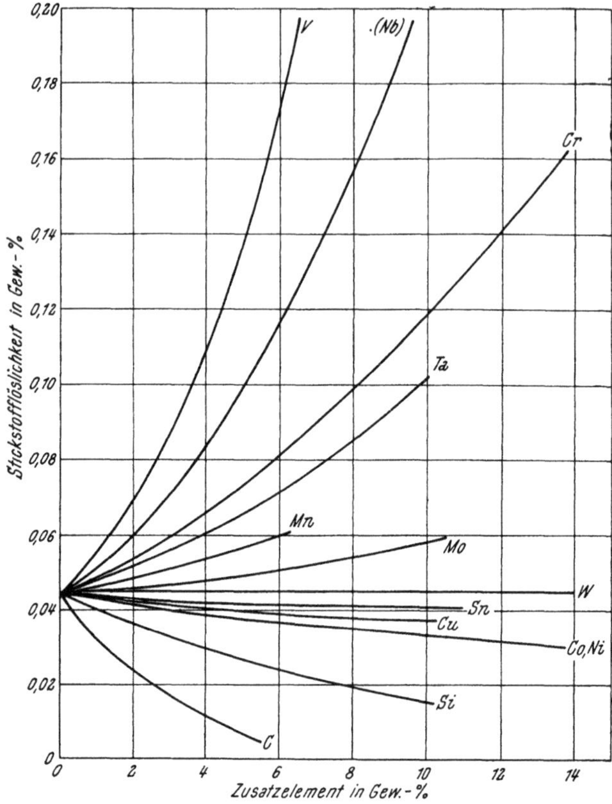

Abb. 139. Stickstofflöslichkeit in binären Eisenschmelzen bei 1600 °C in Abhängigkeit von der Konzentration des Zusatzelementes (nach R. D. Pehlke und J. F. Elliott)

Die Löslichkeit von Stickstoff in reinem Eisen ist, wie Abb. 137 erkennen läßt, durch einen großen Löslichkeitssprung beim Übergang vom flüssigen in den festen Zustand gekennzeichnet [32 bis 34]. Im flüssigen Zustand nimmt die

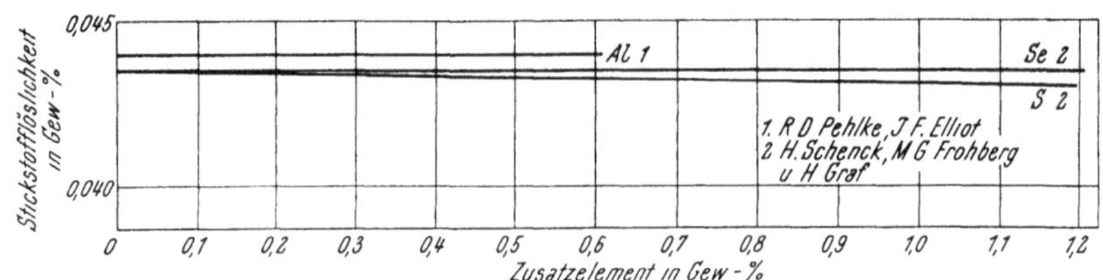

Abb. 140. Stickstofflöslichkeit in Fe—Al-, Fe—Se- und Fe—S-Schmelzen bei 1600 °C in Abhängigkeit von der Konzentration des Zusatzelementes (nach verschiedenen Verfassern)

Löslichkeit mit steigender Temperatur zu. Die von verschiedenen Bearbeitern [35 bis 39] ermittelten Daten weichen, wie Abb. 138 zeigt, nicht unerheblich voneinander ab. Diese Unsicherheit ist jedoch für die Praxis von untergeordneter

Bedeutung, da zur Vermeidung einer Gasblasenbildung bei der Erstarrung unlegierter Stähle, je nachdem, ob die Kristallisation im δ- oder γ-Gebiet erfolgt, ein Stickstoffgehalt von etwa 0,01 bis 0,02% nicht überschritten werden darf.

Durch den Zusatz von Legierungselementen ändert sich die Löslichkeit des Stickstoffs in Stahlschmelzen in weiten Bereichen, wie dies die Abb. 139 bis 142 erkennen lassen [6, 35, 36, 40 bis 42]. Der Zusatz von Elementen mit höherer Stickstoffaffinität, besonders von Vanadin, Niob, Chrom, Tantal, Mangan und Molybdän, setzen die Löslichkeit zum Teil erheblich hinauf, während die Elemente Kobalt, Nickel, Silizium, Kohlenstoff u. a. löslichkeitsvermindernd wirken. Ein Vergleich mit Abb. 64 zeigt, daß die Löslichkeit des Stickstoffs in ähnlicher Art beeinflußt wird wie die des Kohlenstoffs durch verschiedene Legierungselemente. Dies führte zur Aufstellung ähnlicher Beziehungen zwischen dem Wirkungsparameter $\varepsilon_N^{(X)}$ und der Ordnungszahl der Legierungselemente durch K. SANBONGI und M. OHTANI [43], wie sie von F. NEUMANN und H. SCHENCK [44] für den Kohlenstoff angegeben wurden.

Dagegen wird die Sättigungskonzentration flüssigen Eisens an Stickstoff durch gleichzeitig gelösten Sauerstoff nicht beeinflußt. Wohl aber zeigte sich ein deutlicher Einfluß auf die Aufstickungsgeschwindigkeit, die, wie W. A. FISCHER und A. HOFFMANN [45] zeigen konnten, durch Sauerstoff stark herabgesetzt wird.

Die Druckabhängigkeit der Löslichkeit des Stickstoffs im reinen Eisen folgt, wie Untersuchungen von Y. KASAMATU und Mitarbeitern [46, 47] zeigen, nicht exakt dem SIEVERTSschen Quadratwurzelgesetz (Abb. 143). Die Abweichung vom Idealverhalten ist jedoch so gering, daß sie in der Praxis für Atmosphärendruck nicht berücksichtigt werden muß. Für höhere Drücke und für legierte Stahlschmelzen liegen im Schrifttum bisher nur Messungen an austenitischen Chrom-Nickel-Molybdänstählen für den Druckbereich bis 10 atm vor. Nach den Untersuchungen von M. OKAMOTO und Mitarbeitern [48] gilt im untersuchten Bereich bei 1550°C das SIEVERTSsche Quadratwurzelgesetz, wobei sie für die genannte Stahlgruppe (17% Cr, 12% Ni, 2% Mo) die Beziehung

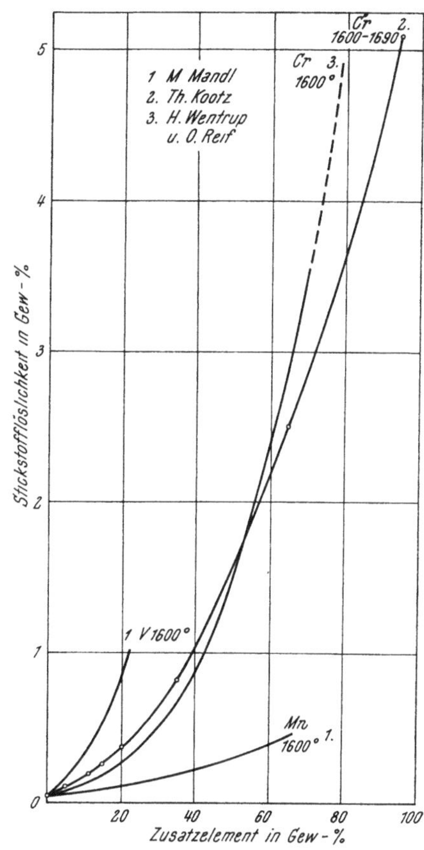

Abb. 141. Stickstofflöslichkeit in binären Eisenschmelzen bei 1600 bis 1690°C in Abhängigkeit von der Legierungszusammensetzung (nach verschiedenen Verfassern)

$$[\% \, N] = 0{,}183 \cdot \sqrt{p_{N_2}} \qquad (309)$$

fanden.

Bei den Stahlherstellungsverfahren wird die dem Partialdruck entsprechende Stickstoffaufnahme bzw. -abgabe nur bei jenen Verfahren erreicht, wo eine innige Berührung des flüssigen Metalles mit der Atmosphäre eintritt, wie z. B.

bei den Windfrischverfahren. Bei hohem Sauerstoffüberschuß wird die Aufnahme von Stickstoff stark verlangsamt, was G. NAESER und W. SCHOLZ [49] auf eine

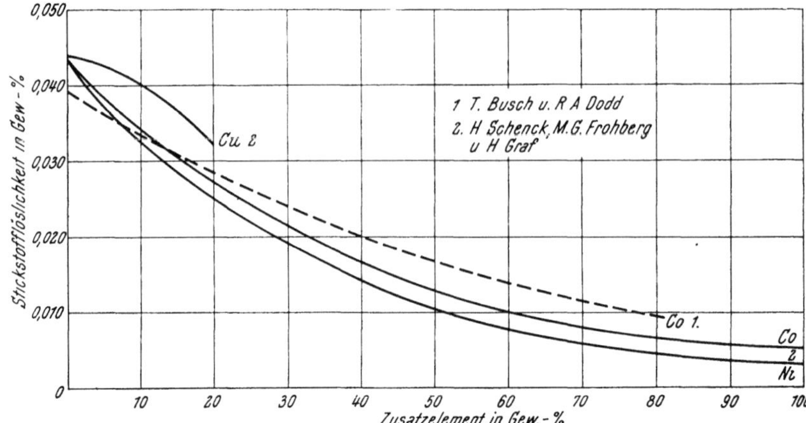

Abb. 142. Stickstofflöslichkeit in binären Eisenschmelzen bei 1600 °C in Abhängigkeit von der Legierungszusammensetzung (nach verschiedenen Verfassern)

Herabsetzung der Oberflächenspannung des Eisens durch Sauerstoff zurückführen. Bei allen Herdfrischverfahren wird die Stickstoffaufnahme durch die Schlacke behindert, so daß die nach diesen Verfahren hergestellten Stähle meist niedrigere Stickstoffgehalte aufweisen. Bei den Sauerstoffblasprozessen hängt der Stickstoffgehalt im wesentlichen vom Reinheitsgrad des Sauerstoffes ab. Einen Überblick über die Stickstoffgehalte verschiedener Roheisen- und Stahlsorten gibt Tab. 21 [29], wobei sich die höheren Werte beim Elektrostahl auf legierte Stahlsorten beziehen. Beim Elektroschweißen kann der Stahl jedoch noch wesentlich höhere Stickstoffgehalte aufnehmen, weil die Stickstoffaufnahme durch die Ionisation im Lichtbogen wesentlich beschleunigt wird.

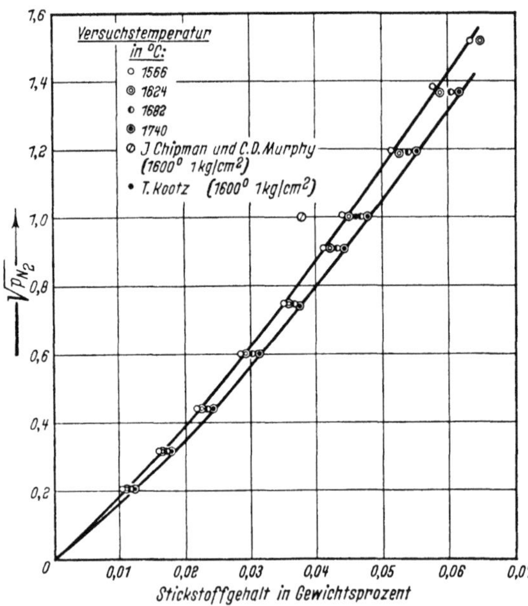

Abb. 143. Abhängigkeit der Stickstofflöslichkeit in reinen Eisenschmelzen vom Partialdruck p_{N_2} in der Gasphase (nach Y. KASAMATU)

Der im unlegierten Stahl gelöste Stickstoff kann durch das im Frischprozeß entweichende Kohlenoxyd teilweise aus dem Stahlbad entfernt werden. Beim Legieren des Stahles sowie beim Abstechen und Gießen tritt in der Regel eine Erhöhung des Stickstoffgehaltes ein. Größere Stickstoffmengen können außer mit verschiedenen Legierungsmetallen auch mit Aufkohlungsmitteln, z. B. mit

Anthrazit, in den Stahl gelangen. Beim Abstechen und Gießen ist es die Berührung des blanken Stahles mit der Luft, die zur Stickstoffaufnahme führt. W. GELLER [50] konnte für basischen Siemens-Martin-Stahl beim Abstich eine Zunahme von

Tabelle 21. *Stickstoffgehalte in Roheisen und Stahl*
(nach W. EILENDER und O. MEYER)

Werkstoff	Stickstoffgehalt in %
Roheisen	0,001—0,006
Gußeisen	0,001—0,010
Thomasstahl	0,006—0,030
Bessemerstahl	0,006—0,030
Saurer Siemens-Martin-Stahl	0,001—0,008
Basischer Siemens-Martin-Stahl	0,001—0,008
Elektrostahl	0,006—0,040
Tiegelstahl	0,001—0,008

0,0013% N feststellen, ein Wert, der mit den neueren Untersuchungsergebnissen von J. BERVE und H. GRAVENHORST [51] gut übereinstimmt. Im Lichtbogenofen wird der erreichbare Endgehalt auch durch den Einfluß der Elektroden begrenzt, welche die Stickstoffaufnahme aus der Ofenatmosphäre begünstigen. Erfahrungsgemäß sind Endgehalte unter 0,004% N kaum einhaltbar. Der Stickstoffgehalt erreicht jedoch, außer bei den Windfrischverfahren, auch unter ungünstigen Arbeitsbedingungen niemals so hohe Werte, daß allein durch den Löslichkeitssprung bei der Erstarrung Blockfehler durch Gasblasenbildung entstehen. Die Verschlechterung der technologischen Eigenschaften (Alterung) kann aber sehr bedeutend sein, wenn nicht durch Zugabe von stickstoffbindenden Elementen für eine stabile Bindung im festen Zustand gesorgt wird.

Die Löslichkeitserhöhung für Stickstoff durch Zusatzelemente, wie sie schon Abb. 139 zeigte, ist die Grundlage für die Anwendung des Stickstoffs als Legierungselement. Er wird in solchen Fällen meist mit stickstoffhaltigen Ferrolegierungen, wie Ferrochrom und Ferromangan, zugeführt (vgl. Abschnitt 3.144). Selbstverständlich ist auch hier der Stickstoffgehalt im Stahl mit jener Menge begrenzt, die bei Kristallisationstemperatur noch in Lösung gehalten werden kann, da sonst blasige Blöcke entstehen oder gar ein ,,Treiben'' der Blöcke auftritt. Eine weitere Möglichkeit des Legierens mit Stickstoff ist in der Druckerschmelzung gegeben, die aber noch nicht in technischem Maßstab angewendet wird (s. Abschnitt 3.94).

Stickstofflegierte Stähle, in denen der Stickstoff als Legierungselement, z. B. als Austenitbildner, wirksam sein soll, dürfen zum Abbinden des Kohlenstoffes nicht mit Titan legiert werden, da dieses infolge seiner hohen Stickstoffaffinität den Stickstoff vor dem Kohlenstoff zu TiN bzw. Ti (N,C) abbinden würde. Bei der Stabilisierung mit Niob oder Tantal liegen die Affinitätsverhältnisse günstiger.

1.143 Kohlenoxyd und Spülgase

Kohlenoxyd und die fallweise im technischen Maßstab angewendeten Spülgase sind im flüssigen Stahl praktisch unlöslich. Sie wirken gegenüber den im Stahl gelösten Gasen infolge des bei der Entstehung oder im Augenblick des Einleitens vorhandenen extrem niedrigen Partialdruckes an diesen Gasen ähnlich wie ein Vakuum. Die im Stahl gelösten Gase sind bestrebt, sich mit der Gasphase in den Gasblasen ins Gleichgewicht zu setzen. Für die Gleichgewichtslage gelten die bereits abgeleiteten Gesetzmäßigkeiten (Gl. (301) und (302)). Für den Fall vollständiger Gleichgewichtseinstellung zwischen Gasphase und Lösung lassen sich theoretisch die maximal möglichen Gasabgaben eines Metallbades bei vorgegebener Spülgasmenge berechnen [52]. Diese Werte werden jedoch in der Praxis bei weitem nicht erreicht, da die Reaktionszeit auch unter günstigsten Bedingungen zu kurz ist und mit steigender Blasengröße das Verhältnis von Oberfläche zu Volumen immer ungünstiger wird.

Für eine teilweise Entgasung des Stahlbades, d. h. für die Entfernung von Wasserstoff und Stickstoff, während des Schmelzprozesses kommt in erster Linie das im Frischprozeß entstehende *Kohlenmonoxyd* in Frage. Der Wirkungsgrad wird dabei von der Intensität der Frischreaktion maßgeblich beeinflußt. Der auf dem geringen Wasserstoff- und Stickstoffpartialdruck der Gasblasen beruhenden Entgasungswirkung der Frischreaktion wirkt in offenen Öfen die Gasaufnahme aus der umgebenden Atmosphäre entgegen.

Die Entgasungsgeschwindigkeit, sowohl für Wasserstoff als auch für Stickstoff, wurde eingehend untersucht. Für *Wasserstoff* liegen theoretische Ableitungen [14, 53] und eine Reihe von praktischen Untersuchungsergebnissen vor [13, 54, 55], die versuchen, den Vorgang der Entgasung und der Wasserstoffaufnahme zu trennen. Die unvermeidbare starke Wasserstoffaufnahme aus der Ofenatmosphäre und aus der Schlacke bewirken bei den üblichen Herdfrischprozessen, daß eine Senkung des Wasserstoffgehaltes nur bei hohen Entkohlungsgeschwindigkeiten möglich ist. Die Grenzgeschwindigkeit der Entkohlung, bei der der Wasserstoffgehalt des Stahlbades unverändert bleibt, wird für mittlere Wasserdampfpartialdrücke in der Ofenatmosphäre übereinstimmend mit 0,3% C/h angegeben [11, 13] (vgl. Abschnitt 3.421, Abb. 292).

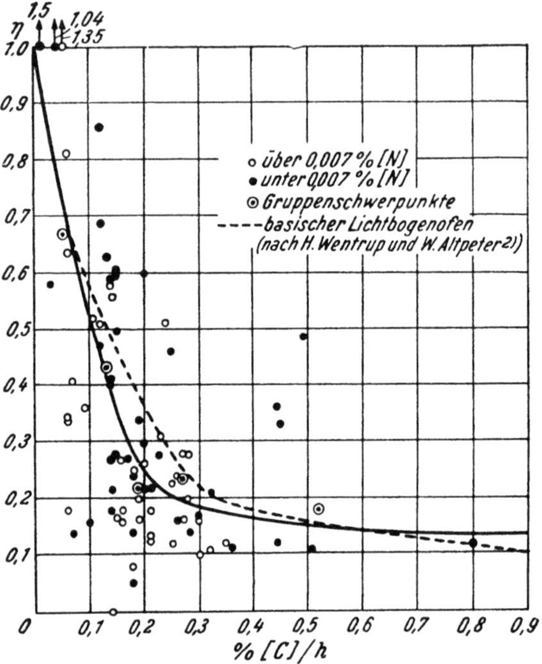

Abb. 144. Wirkungsgrad der Entstickung im basischen Siemens-Martin-Ofen von Probe zu Probe in Abhängigkeit von der Frischgeschwindigkeit (nach W. GELLER)

Die *Stickstoffabgabe* des Stahlbades im Frischprozeß verläuft analog der Wasserstoffentfernung durch das entstehende Kohlenoxyd. Ihr Wirkungsgrad ist jedoch wesentlich höher, da die Stickstoffaufnahme langsamer verläuft als die Wasserstoffaufnahme. Für die Verhältnisse bei den Herdfrischverfahren liegen Untersuchungsergebnisse von H. WENTRUP und A. ALTPETER [56] sowie von W. GELLER [50] vor (vgl. Abschnitt 3.421, Abb. 290). Zum Unterschied vom Wasserstoff ist hier der Wirkungsgrad, wie Abb. 144 zeigt, bei geringer Entkohlungsgeschwindigkeit höher, da in diesem Bereich kleinere Kohlenoxydblasen aufsteigen, die eine bessere Einstellung des Gleichgewichtes ermöglichen. In nahezu stickstofffreien Atmosphären, wie z. B. im Sauerstofftiegel beim Blasen mit Rein-Sauerstoff, reicht auch der schlechte Wirkungsgrad bei sehr hoher Frischgeschwindigkeit aus, um zu niedrigsten Stickstoffgehalten zu gelangen (vgl. Abschnitt 3.312).

Außer Kohlenmonoxyd können auch andere neutrale Gase, vorzugsweise *Argon* und *Helium*, zur Entgasung von Stahlbädern im Ofen oder in der Pfanne verwendet werden. Der Ablauf des Entgasungsvorganges ist der gleiche wie beim Kohlenoxyd, nur ist der Wirkungsgrad im allgemeinen geringer, da es nur schwer gelingt, Gasblasen genügend kleinen Durchmessers zu erzeugen. Hier besteht allerdings die Möglichkeit, die Entgasungsgeschwindigkeit durch Erhöhung des Gasdurchsatzes erheblich zu steigern [57], was jedoch das Verfahren sehr verteuert. Außerdem fällt dabei der unvermeidbare Temperaturverlust stark ins Gewicht.

Über den Wirkungsgrad des Spülens mit Edelgasen unter Betriebsbedingungen liegen sehr unterschiedliche Angaben vor. Für basische Lichtbogen- und Siemens-Martin-Öfen werden 30 bis 40% angegeben [58], während bei Versuchen in Induktionsöfen wesentlich ungünstigere Verhältnisse ermittelt wurden [59]. Ebenso konnten K. G. SPEITH und O. STEINHAUER [60] beim Spülen von Stahlschmelzen mit Argon in der Gießpfanne nur eine unbedeutende Wasserstoffabnahme feststellen, die günstigstenfalls 0,3 Ncm³/100 g bei sehr langen Spülzeiten erreichte.

Dagegen hat sich das Spülen mit Edelgasen als Hilfsmittel bei der Vakuumentgasung von Stahlschmelzen bewährt (vgl. Abschnitt „Gießen", 2.3). Neben der direkten Entgasung wirkt sich hier die durch das Spülgas hervorgerufene Badbewegung günstig auf den Entgasungsvorgang aus. In diesem Zusammenhang sei auch darauf hingewiesen, daß auch durch Aufblasen von reinen Edelgasen

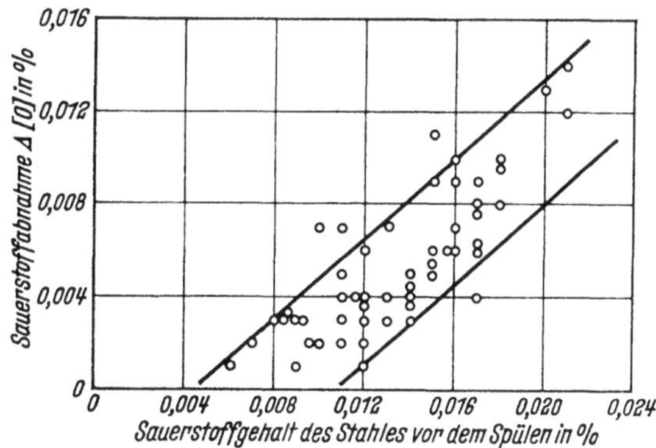

Abb. 145. Sauerstoffabnahme bei der Spülgasbehandlung beruhigter Siemens-Martin-Schmelzen in Abhängigkeit vom Sauerstoffausgangsgehalt (nach K. G. SPEITH und O. STEINHAUER)

auf eine blanke Stahlbadoberfläche eine erhebliche Gasabnahme erzielt werden kann, vorausgesetzt, daß durch eine Badbewegung laufend gasreicherer Stahl an die Phasengrenzfläche gelangt [61].

Auch feste Stoffe, die sich bei Stahlherstellungstemperaturen unter Abgabe eines unlöslichen Gases zersetzen, können zur Entgasung verwendet werden. So soll mit Kohlenoxyd abgebenden Mitteln eine Abnahme des Wasserstoffgehaltes von durchschnittlich 1 Ncm³/100 g erreichbar sein, während mit Polytetrafluoraethylen bisher keine wesentliche Senkung des Wasserstoffgehaltes erzielt wurde. Unterlagen über die technische Anwendung liegen jedoch bisher nicht vor.

Außer zur Entgasung dienen die Spülgase auch zur Entfernung von Suspensionen aus dem flüssigen Stahl. Seit langem bekannt ist die günstige reinigende Wirkung eines lebhaften Frischvorganges (vgl. Abschnitt 1.163), wobei die Oxydteilchen entweder von den Gasblasen selbst an die Stahloberfläche befördert oder indirekt durch die Badbewegung an die Phasengrenzfläche gelangen. Auch bei der Spülgasbehandlung beruhigter Schmelzen aus dem Siemens-Martin-Ofen in der Gießpfanne konnten K. G. SPEITH und O. STEINHAUER [60] an Hand der Abnahme des Gesamtsauerstoffgehaltes eine Abscheidung von suspendierten Desoxydationsprodukten nachweisen, wie Abb. 145 zeigt. Die Abnahme ist um so stärker, je höher der Ausgangsgehalt ist. Auch für die Abscheidung von Einschlüssen während der Erstarrung großer Blöcke wurde die Spülgasbehandlung bereits in Vorschlag gebracht.

Schließlich werden Spülgase auch zur Badbewegung und Durchmischung von Stahlbädern verwendet, um einen rascheren Konzentrationsausgleich zu erzielen oder um Metall-Schlacken-Reaktionen, wie z. B. bei der Sodaentschwefelung des Roheisens, zu beschleunigen und ihren Wirkungsgrad zu verbessern (vgl. Abschnitte 3.23 und 3.511.5).

Schrifttum

zu Abschnitt 1.14

1. WARD, R. G.: The Physical Chemistry of Iron and Steelmaking. E. Arnold Ltd., London 1962, S. 185.
2. SCHENCK, H., und H. WÜNSCH: Über die Gleichgewichtslöslichkeit des Wasserstoffs im flüssigen reinen Nickel und Eisen und die Beeinflussung im Eisen durch Sauerstoff. Arch. Eisenhüttenwes. 32 (1961), S. 779/90.
3. LIANG, H., M. B. BEVER und C. F. FLOE: The Solubility of Hydrogen in Molten Iron-Silicon Alloys. Trans. AIME 167 (1940), S. 395/403.
4. SIEVERTS, A.: Die Aufnahme von Gasen durch Metalle. Z. Metallkde 21 (1929), S. 37/46.
5. WEINSTEIN, M., und J. F. ELLIOTT: The Solubility of Hydrogen in Liquid Pure Metals Co, Cr, Cu and Ni. Trans. AIME 227 (1963), S. 285/86.
6. BUSCH, T., und R. A. DODD: The Solubility of Hydrogen and Nitrogen in Liquid Alloys of Iron, Nickel and Cobalt. Trans. AIME 218 (1960), S. 488/90.
7. DE KAZINCZY, F., und O. LINDBERG: Solubility of Hydrogen in Fe—Ni and Fe—Cr—Alloys at 1400° and 1600°C. Jernkont. Ann. 144 (1960), S. 288/96.
8. WEINSTEIN, M., und J. F. ELLIOTT: Solubility of Hydrogen in Liquid Iron Alloys. Trans. AIME 227 (1963), S. 382/93.
9. HOBSON, J. D.: The Removal of Hydrogen by Diffusion from Large Masses of Steel. J. Iron Steel Inst. 191 (1959), S. 342/52.
10. BARDENHEUER, P., und E. H. KELLER: Über den Einfluß des beim Schmelzen aufgenommenen Wasserstoffs auf den Stahl. Mitt. K.-Wilh.-Inst. Eisenforsch. 18 (1936), S. 227/37.
11. NAM, B. P., G. N. OIKS, V. A. KUDRIN und J. M. NEČKIN: Verhalten des Wasserstoffs in der Schmelze beim Heizen von Martin-Öfen mit Erdgas. Izvestija Vysšich Učebnych Zavedeni, Černaja Metallurgija 4 (1961), Nr. 1. S. 56/64.
12. WENTRUP, H., H. FUCKE und O. REIF: Wasserstoffgehalte flüssigen Stahles verschiedener Herstellung. Stahl u. Eisen 69 (1949), S. 117/22.
13. SPEITH, K. G., H. VOM ENDE und R. SPECHT: Die Wasserstoffgehalte flüssiger Elektro-, Siemens-Martin-, Thomas- und Sauerstoffaufblasstähle. Stahl u. Eisen 82 (1962), S. 808/25.
14. EPSTEIN, H., J. CHIPMAN und N. J. GRANT: Hydrogen in Steelmaking Practice. J. Metals Trans. 9 (1957), S. 597/608.
15. JERSCHOW, G. S., P. W. UMRICHIN und K. T. KUROTSCHKIN: Die Wasserstoffdurchlässigkeit flüssiger Martinofenschlacken. Izvestija Vysšich Učebnych Zavedeni, Černaja Metallurgija 4 (1961), Nr. 1, S. 65/72.
16. NOVOCHATSKIJ, J. A., O. A. ESIN und S. K. ČUČMAREV: Löslichkeit des Wasserstoffs in geschmolzenen Schlacken. Izvestija Vysšich Učebnych Zavedeni, Černaja Metallurgija 4 (1961), Nr. 11, S. 22/29.
17. BASTIEN, P.: Verhalten des Wasserstoffs im Stahlformguß. Vortrag bei der 27. Internationalen Gießereitagung, Zürich 1960.
18. STOLL, J. H.: Vacuum Pouring of Ingots for Heavy Forgings. J. Iron Steel Inst. 191 (1959), S. 67/80.
19. CHRISTENSEN, N., und K. GJERMUNDSEN: Hydrogen in Ferrosilicon. J. Iron Steel Inst. 190 (1958), S. 248/54.
20. LIMPACH, R., und B. MARINČEK: Gase in Ferrolegierungen. Arch. Eisenhüttenwes. 31 (1960), S. 639/43.
21. HERASYMENKO, P., und P. DOMBROWSKI: Wasserstoffgleichgewichte bei der Stahlerzeugung. Arch. Eisenhüttenwes. 14 (1940/41), S. 109/15.

22. HOFSTEIN, S. VON, B. KALLING, F. JOHANSSON und O. KNOES: Aufnahme und Abgabe von Wasserstoff bei der Stahlerzeugung. Jernkont. Ann. 123 (1939), S. 485/526.

23. SCHÖBERL, A., und H. ZITTER: Die Wasserstoffbestimmung und ihre Nutzanwendung für den Schmelzbetrieb. Radex-Rdsch. (1960), S. 39/51.

24. SYKES, C., H. H. BURTON und C. C. GEGG: Hydrogen in Steel Manufacture. J. Iron Steel Inst. 156 (1947), S. 155/80.

25. SIMS, C. E., G. A. MOORE und D. W. WILLIAMS: A Quantitative Experimental Investigation of the Hydrogen and Nitrogen Contents of Steel During Commercial Melting. Trans. AIME 176 (1948), S. 260/78.

26. PIPER, E., H. HAGEDORN und H. BACKES: Das Verhalten des Wasserstoffs bei der Stahlerzeugung. Stahl u. Eisen 73 (1953), S. 817/28.

27. BARRACLOUGH, K. C.: The Significance of Hydrogen in Steel Manufacture. Murex Rev. 13 (1954), S. 305/48.

28. GRÜNBERG, K., W. SCHLEICHER und R. KUNZ: Die Stahlherstellung nach dem LD-Verfahren mit Kühlung durch Erz. Stahl u. Eisen 80 (1960), S. 277/81.

29. EILENDER, W., und O. MEYER: Schlacken als Stickstoffträger. Stahl u. Eisen 55 (1935), S. 491/93.

30. KOOTZ, TH., und W. HOLTMANN: Über den Stickstoffgehalt von Roheisen. Stahl u. Eisen 68 (1948), S. 378/83.

31. EDNERAL, F. P.: Änderung des Stickstoffgehaltes im Stahlbad eines Lichtbogenofens unter Schlacken verschiedener Zusammensetzung. Stal 15 (1955), S. 994/1000; vgl. J. Iron Steel Inst. 184 (1956), S. 470.

32. SIEVERTS, A., G. ZAPF und H. MORITZ: Löslichkeit von Wasserstoff, Deuterium und Stickstoff im Eisen. Z. Physik. Chem. 1938, A 138, S. 19/37.

33. CARNEY, D. J., J. CHIPMAN und N. J. GRANT: An Introduction to Gases in Steel. Proc. Electric Furnace Steel Conf. 1948, S. 34/45.

34. FAST, J. D., und M. B. VERRIJP: Solubility of Nitrogen in Alpha-Iron. J. Iron Steel Inst. 180 (1955), S. 337/43.

35. KOOTZ, TH.: Beitrag zur Untersuchung der Stickstoffaufnahme von reinem schmelzflüssigem Eisen und der Legierungen Fe—C, Fe—P, Fe—Cr. Arch. Eisenhüttenwes. 15 (1941/42), S. 77/82.

36. SCHENCK, H., M. G. FROHBERG und H. GRAF: Untersuchung über die Beeinflussung der Gleichgewichte von Stickstoff mit flüssigen Eisenlösungen durch den Zusatz weiterer Elemente. Arch. Eisenhüttenwes. 29 (1958), S. 673/76 und 30 (1959), S. 533/37.

37. HUMBERT, J. C., und J. F. ELLIOTT: The Solubility of Nitrogen in Liquid Fe—Cr—Ni Alloys. Trans. AIME 218 (1960), S. 1076/88.

38. KASHYAP, V. C., und N. PARLEE: Solubility of Nitrogen in Liquid Iron and Iron Alloys. Trans. AIME 212 (1958), S. 86/91.

39. CHIPMAN, J.: Physical Chemistry of Liquid Steel. In: Basic Open Hearth Steelmaking, 2. Aufl. New York 1951, S. 678/81.

40. PEHLKE, R. D., und J. F. ELLIOTT: Solubility of Nitrogen in Liquid Iron Alloys. 1. Thermodynamics. Trans. AIME 218 (1960), S. 1088/1101.

41. MANDL, M.: La possibilité d'emploi de l'azote comme élément d'alliage. Mém. Sci. Rev. Métallurg. 57 (1960), S. 643/48.

42. WENTRUP, H., und O. REIF: Über die Löslichkeit von Stickstoff in Eisenschmelzen mit Chrom-, Mangan- und Nickelzusätzen. Arch. Eisenhüttenwes. 20 (1949), S. 359/62.

43. SANBONGI, K., und M. OHTANI: Interaction Parameters of Carbon and Nitrogen Dissolved in Molten Iron. Tetsu to Hagané Overseas 2 (1962), S. 63/71.

44. NEUMANN, F., und H. SCHENCK: Die durch Zusatzelemente bewirkte Aktivitätsänderung von Kohlenstoff in flüssigen Eisenlösungen nahe der Kohlenstoffsättigung. Arch. Eisenhüttenwes. 30 (1959), S. 477/83.

45. FISCHER, W. A., und A. HOFFMANN: Aufnahmegeschwindigkeit und Löslichkeit von Stickstoff in flüssigem Eisen in Abhängigkeit vom gelösten Sauerstoff. Arch. Eisenhüttenwes. 31 (1960), S. 215/19.

46. KASAMATU, Y.: Activity of Nitrogen in Liquid Iron. Tetsu to Hagané 43 (1957), S. 925/26; vgl. Stahl u. Eisen 78 (1958), S. 240/41.

47. KASAMATU, Y., und S. MATOBA: Activity of Nitrogen in High Purity Liquid Iron. Tetsu to Hagané 45 (1959), S. 100/05.

48. Okamoto, M., R. Tanaka, T. Naito und R. Fujimoto: On the Manufacture of High Chromium Steels in High-Pressure Nitrogen Atmosphere and Heat-Resisting Properties of 316 L Type Steels. Tetsu to Hagané Overseas 2 (1962), S. 25/37.
49. Naeser, G., und W. Scholz: Zur Frage der Stickstoffaufnahme beim Windfrischen. Stahl u. Eisen 79 (1959), S. 137/41.
50. Geller, W.: Entstickung des Stahles im basischen Siemens-Martin-Ofen. Stahl u. Eisen 64 (1944), S. 10/13.
51. Berve, J., und H. Gravenhorst: Die Sauerstoff- und Stickstoffbewegung beim Vergießen von Stahl an Luft, unter Schutzgas und im Vakuum. Stahl u. Eisen 82 (1962), S. 1036/44.
52. Geller, W.: Zur Theorie der Entgasung flüssiger Metallbäder durch Spülgas. Z. Metallkde 35 (1943), S. 213/17.
53. Veroe, J. A.: Trennung der Entgasung und Begasung des Stahles im Siemens-Martin-Ofen. Neue Hütte 2 (1957), S. 605/06.
54. Kerlie, W. L., und J. H. Richards: Origin and Elimination of Hydrogen in Basic Open-Hearth Steels. J. Metals 9 (1957), S. 1541/48.
55. Zorin, O. D.: Effect of Type of Carbon-Elimination Kinetics on Gas-Content in Steel. Izvestija Vyssich Učebnych Zavedeni, Černaja Metallurgija 2 (1959), Nr. 11, S. 39/41; vgl. Brutcher Transl. Nr. 4876.
56. Wentrup, H., und W. Altpeter: Entstickung und Aufstickung von Stahlbädern im basischen Lichtbogenofen. Techn. Mitt. Krupp, Forsch. Ber. 5 (1942), S. 273/96; vgl. Stahl u. Eisen 62 (1942), S. 997/1001.
57. Baum, A. B., K. T. Kuročkin und P. W. Umrichin: Entfernung des Wasserstoffes aus flüssigem Stahl beim Durchblasen von Gasen. Izvestija Vyssich Učebnych Zavedeni, Černaja Metallurgija 4 (1961), Nr. 2, S. 22/31.
58. Imai, M., T. Nakajama und H. Ol: Industrial-Scale-Trials of Injection of Argon into Steel-Heats. Tetsu to Hagané 41 (1955), Nr. 9, S. 1033/34; vgl. Brutcher Transl. Nr. 3827.
59. Chuiko, N. M., und A. G. Rabinovich: Method of Reducing Hydrogen in the Melt by Argon Blowing. Izvestija Vyssich Učebnych Zavedeni, Černaja Metallurgija 3 (1960), Nr. 5, S. 49/54; vgl. Brutcher Transl. Nr. 4882.
60. Speith, K. G., und O. Steinhauer: Verfahren zur Spülgasbehandlung von Roheisen und Stahl in der Pfanne. Stahl u. Eisen 83 (1963), S. 75/80.
61. Hoyle, G.: Molten Steel Degassing Research at BISRA. J. Iron Steel Inst. 200 (1962), S. 605/10.

1.15 Die Desoxydation

Unter Desoxydation versteht man die Verminderung des im flüssigen Stahl gelösten Sauerstoffes; sie wird in der Praxis der Stahlherstellung entweder zur Einstellung eines bestimmten Sauerstoffgehaltes (unberuhigte Stähle) oder zur so weitgehenden Entfernung des Sauerstoffes angewendet, daß die Kristallisation ohne Gasblasenbildung vor sich geht (beruhigte Stähle). Sofern dabei feste oder flüssige Desoxydationsprodukte entstehen, müssen diese vor der Erstarrung der Schmelze möglichst vollständig abgeschieden werden. Es sind daher beim technischen Ablauf der Desoxydation zwei Vorgänge zu unterscheiden: Die zur Verminderung des gelösten Sauerstoffes notwendige chemische Umsetzung mit einem Desoxydationsmittel und die physikalischen Vorgänge, die bei der Bildung der Oxydteilchen wirksam sind und ihre Abscheidung beeinflussen.

Aber auch bei der Erstarrung unberuhigter Schmelzen tritt eine Ausscheidung von Oxyden ein, also eine Art „Selbstdesoxydation", da das feste Eisen nur eine sehr geringe Sauerstofflöslichkeit besitzt. Sie führt immer zu einer Verunreinigung des Stahles, da diese Desoxydationsprodukte niemals vollständig abgeschieden werden können.

Die Entfernung des im Stahlbad gelösten Eisenoxyduls kann auf verschiedenen Wegen erfolgen:

1. durch Diffusion aus dem Stahlbad in eine Schlacke mit entsprechend niedrigem Eisenoxydulgehalt: Diffusionsdesoxydation. Die praktische Durchführung erfolgt im Feinungsprozeß mit Reduktionsschlacken oder mit Hilfe eines Schlackenreaktionsverfahrens.

2. durch direkten Umsatz mit Elementen, die eine höhere Affinität zum Sauerstoff besitzen als das Eisen. Diese Reaktionen führen entweder zur Bildung flüssiger bzw. fester Reaktionsprodukte (Fällungsdesoxydation) oder zur Bildung eines gasförmigen Reaktionsproduktes ohne Verunreinigung des Stahlbades (Kohlenstoffdesoxydation).

1.151 Die Diffusionsdesoxydation

Die Grundlage der Diffusionsdesoxydation ist die Einstellung eines Verteilungsgleichgewichtes des Sauerstoffes zwischen der Metall- und Schlackenphase gemäß Gl. (138)

$$[\text{FeO}] = (\text{FeO})$$

Die Gleichgewichtskonstante

$$L_{\text{FeO}} = \frac{a_{(\text{FeO})}}{a_{[\text{O}]}}$$

beschreibt die quantitativen Zusammenhänge. Die Desoxydationswirkung einer Schlacke ist bei gegebener Stahlzusammensetzung ($a_{[\text{O}]} = \text{const}$) allein von der FeO-Aktivität der Schlacke abhängig. Die zahlenmäßigen Zusammenhänge wurden bereits im Abschnitt 1.131 eingehend behandelt, so daß in diesem Zusammenhang darauf verwiesen sei.

Die praktische Anwendung einer reinen Verteilungsreaktion zur Desoxydation erfolgt bei den Schlackenreaktionsverfahren sowohl mit sauren als auch basischen Schlacken (vgl. Abschnitt 3.91), deren Anfangs-(FeO)-Gehalt unter 1% liegen muß, damit sie bei der relativ kurzen Berührungszeit mit dem flüssigen Stahl genügend Eisenoxydul aufnehmen können. Das Verteilungsgleichgewicht wird dabei *nicht* erreicht.

Auf den gleichen Vorgängen beruht auch die Verminderung des Sauerstoffgehaltes im Metallbad durch mehrmaligen Schlackenwechsel ohne Zugabe von Desoxydationsmitteln in sauren und basischen Induktionsöfen.

Die Diffusionsdesoxydation ist um so wirksamer, je niedriger die Konzentration des Eisenoxyduls in der Schlacke ist, streng genommen, je kleiner seine Aktivität ist. Dies kann am einfachsten durch den Zusatz von Reduktionsmitteln erreicht werden. Die Diffusionsdesoxydation wird in dieser Form im basischen Lichtbogenofen ausgeführt. Als Reduktionsmittel werden Kohlenstoff, Ferrosilizium, Aluminium, Kalziumsilizium, Kalziumkarbid u. a. verwendet. Auch das unter Einwirkung des elektrischen Lichtbogens aus Kalk und Kohlenstoff in der basischen Feinungsschlacke entstehende Kalziumkarbid setzt sich nach der Gleichung

$$(\text{CaC}_2) + 3\,(\text{FeO}) = 3\,\text{Fe} + (\text{CaO}) + 2\,\{\text{CO}\} \tag{310}$$

mit dem Eisenoxydul um. Das Auftreten von CaC_2 kann wegen des raschen und weitgehenden Ablaufes der Reaktion nach rechts als Indikator für eine genügend eisenoxydulfreie Schlacke dienen.

Das Erreichen eines Gleichgewichtszustandes zwischen Stahlbad und Schlacke bei der Diffusionsdesoxydation wird durch das Mitreagieren des Herdfutters erschwert. Dieses nimmt in der vorhergehenden Oxydationsperiode Metalloxyde aus dem Stahlbad auf, die bei der Desoxydation in dem Maße in das flüssige Metall zurückdiffundieren, wie dessen Sauerstoffkonzentration abnimmt. Ein durch Diffusionsdesoxydation desoxydierter Stahl ist also erst dann zu erwarten, wenn auch die Herdauskleidung vom Eisenoxydul befreit ist.

Der zeitliche Ablauf des Desoxydationsvorganges wird durch die Diffusionsgeschwindigkeit des Eisenoxyduls bestimmt, da der Vorgang nur an der Phasengrenzfläche Stahlbad—Schlacke vor sich geht. Wenn das Stahlbad in der Feinungsperiode fast unbeweglich im Ofen liegt, dauert der Konzentrationsausgleich, besonders bei niedrigen Eisenoxydulkonzentrationen, sehr lange Zeit. Im allgemeinen muß man mit Feinungszeiten von 1 bis 2 Stunden rechnen. Eine wesentlich raschere Gleichgewichtseinstellung kann durch eine Badbewegung, z. B. durch die Anwendung des elektroinduktiven Wirblers, erreicht werden (vgl. Abschnitt 3.515).

Heute wird die Diffusionsdesoxydation im basischen Lichtbogenofen meist durch eine Vordesoxydation des Bades zu Beginn der Feinungsperiode unterstützt. Diese kann jedoch bei unsachgemäßer Durchführung durch Entstehung schwer abscheidbarer Desoxydationsprodukte zu einer Gefährdung der Stahlreinheit führen. Die Reduktionsmittelzugabe zur Schlacke übernimmt dann nur die Aufgabe, das Bad vor weiterer Sauerstoffaufnahme zu schützen und den Desoxydationszustand des Bades bis zum Abstich aufrechtzuerhalten.

Die Diffusionsdesoxydation reicht in der Praxis niemals aus, um zu einem beruhigt erstarrenden Stahl zu gelangen. Sie muß daher immer durch eine Fällungsdesoxydation oder durch eine Kohlenstoffdesoxydation im Vakuum ergänzt werden.

1.152 Die Desoxydation mit Kohlenstoff

Eine Desoxydation mit Kohlenstoff führt unter normalem Druck bis zu dem durch die Gleichgewichtskonstante (182)

$$K = \frac{p_{CO}}{a_{[C]} \cdot a_{[O]}}$$

bestimmten Sauerstoffgehalt der Schmelze. Unabhängig von der Höhe des Kohlenstoff- und Sauerstoffgehaltes werden bei der Erstarrung der Schmelze mit sinkender Temperatur kohlenstoff- und sauerstoffarme Mischkristalle ausgeschieden, wodurch sich die Restschmelze an beiden Elementen anreichert und ihre Lösungsfähigkeit überschritten wird. Hat das gebildete Kohlenoxyd keine Möglichkeit mehr, aus dem Stahl zu entweichen, so kommt es zur Bildung der bekannten Gasblasen in unberuhigt erstarrten Gußblöcken.

Die Kohlenstoffdesoxydation, die ohne Einschlußbildung vor sich geht und daher im Hinblick auf die Stahlreinheit ein ideales Desoxydationsverfahren darstellt, kann also unter normalem Atmosphärendruck technisch nicht zur Erzeugung vollberuhigter Stähle ausgenützt werden. Sie dient lediglich dazu, den Sauerstoffüberschuß am Ende der Frischperiode auf den Gleichgewichtswert zu erniedrigen, wie das z. B. im basischen Lichtbogenofen durch Aufkohlen des Bades nach dem Abschlacken und vor der Aufgabe der Feinungsschlacke ausgeführt wird. Ein wichtiges Anwendungsgebiet erhielt die Kohlenstoffdesoxydation dagegen in der *Vakuummetallurgie*. Hier gelingt es, den Partialdruck des Desoxydationsproduktes {CO} so klein zu halten, daß auch der Restsauerstoffgehalt der Schmelze auf ausreichend niedrige Gehalte gesenkt werden kann. Die unter vermindertem Druck ablaufenden Vorgänge werden im Abschnitt 1.17 behandelt.

1.153 Die Fällungsdesoxydation

Der chemische Umsatz bei der Desoxydation durch Zusatz eines Elementes mit höherer Sauerstoffaffinität als der des Eisens nach der allgemeinen Umsetzungsgleichung

$$[O] + [Me] = (MeO) \tag{311}$$

führt bis zu einem Gleichgewichtszustand, der durch die Gleichgewichtskonstante

$$\lg K = \lg \frac{a_{(MeO)}}{a_{[O]} \cdot a_{[Me]}} = -\frac{\Delta G^\circ}{4{,}575 \cdot T} \tag{312}$$

gekennzeichnet ist. Die Desoxydationswirkung eines Elementes hängt also maßgeblich von der freien Enthalpie ΔG° des gebildeten Oxyds ab, die damit zu einem quantitativen Maß für die Sauerstoffaffinität wird. Die Gegenüberstellung der ΔG°-Werte in Abb. 11 läßt daher sofort erkennen, welche Elemente in der Lage sind, mit dem im Eisen gelösten Sauerstoff zu reagieren. Als Desoxydationsmittel für Eisen kommen alle Elemente in Frage, deren ΔG°-Kurven der Oxyde bei gegebener Reaktionstemperatur unter der des Eisen(II)-oxyds liegen. Das gleiche gilt analog für die Desoxydation von Nickel und anderen Metallen, die als Basis-Metalle für Sonderlegierungen Verwendung finden.

Die wirksamsten Desoxydationsmittel für Eisen und Eisenlegierungen sind demnach Kalzium, Magnesium, Aluminium, Titan und Silizium, um nur die wichtigsten zu nennen. Aber auch Vanadin, Chrom und Mangan haben ein nicht unbeträchtliches Desoxydationsvermögen gegenüber sauerstoffhaltigen Eisenschmelzen. Vom technischen und wirtschaftlichen Standpunkt aus werden Stähle in der Regel mit Silizium und/oder Aluminium desoxydiert, wobei gelegentlich auch Titan, Kalzium und Zirkon als weitere Desoxydationszusätze Verwendung finden. Chrom, Vanadin u. a. sind in der Regel als Legierungselemente vorgegeben und können nicht als eigentliche Desoxydationsmittel betrachtet werden. Eine Ausnahme bildet das Mangan, dessen Desoxydationswirkung in den üblichen Konzentrationen, wie sie durch die technologischen Gütewerte der Schmelzen vorgeschrieben sind, nicht ausreicht, um eine vollberuhigte Erstarrung des Stahles zu gewährleisten. Es unterstützt jedoch in erheblichem Ausmaß die Wirkung anderer Desoxydationsmittel wie die des Siliziums und Aluminiums und begünstigt die Abscheidung der Desoxydationsprodukte.

Der *Temperaturabhängigkeit* der Standardbildungsenthalpien in Abb. 11 ist weiterhin zu entnehmen, daß die Bindung des Sauerstoffes an das Desoxydationselement mit sinkender Temperatur vollständiger wird. Es muß daher auch nach Gleichgewichtseinstellung mit abnehmender Stahltemperatur zur Bildung und Ausscheidung weiterer Desoxydationsprodukte kommen, ein Vorgang, der für den Reinheitsgrad des Stahles von entscheidender Bedeutung sein kann (vgl. Abschnitt 1.16).

Bei der Desoxydation des Stahles nach der rein formal aufzufassenden Gl. (311) können, wie bereits erwähnt, feste oder flüssige Desoxydationsprodukte entstehen. Dabei kommt es nur unter bestimmten Voraussetzungen zur Ausscheidung *reiner* Oxyde der Desoxydationselemente. Im allgemeinen besitzen diese Oxyde ein mehr oder weniger hohes Lösungsvermögen für Eisen(II)-oxyd, wodurch Oxydverbindungen des Typs $FeO \cdot MeO$ oder $FeO-MeO$-*Mischphasen* verschiedener Zusammensetzung entstehen. Bei Anwesenheit anderer sauerstoffaffiner Elemente beteiligen sich auch deren Oxyde an dieser Mischphasenbildung. Dies hat zur Folge, daß ein größerer Teil des Sauerstoffes der Schmelze entfernt wird, als der Gleichgewichtsbedingung der Desoxydationsreaktion unter Bildung eines reinen Oxydes entspricht. Es müssen also bei der Fällungsdesoxydation grundsätzlich folgende drei Umsetzungsarten unterschieden werden:

1. Bei der Bildung *reiner* fester oder flüssiger Oxyde gilt die Reaktionsgleichung

$$y[\mathrm{O}] + x[\mathrm{Me}] = (\mathrm{Me}_x\mathrm{O}_y) \tag{313}$$

deren Gleichgewichtskonstante durch

$$K = \frac{a_{(\mathrm{Me}_x\mathrm{O}_y)}}{a_{[\mathrm{O}]}^y \cdot a_{[\mathrm{Me}]}^x} \tag{314}$$

gegeben ist. Da die Aktivität des reinen Oxyds gleich 1 gesetzt werden kann, erhält die Gleichgewichtskonstante (314) den Wert:

$$K = \frac{1}{a_{[\mathrm{O}]}^y \cdot a_{[\mathrm{Me}]}^x} \tag{315}$$

Die Desoxydation ist also um so vollständiger, je höher die Aktivität des Sauerstoffes und des Desoxydationsmittels in der Schmelze ist. In diesem Zusammenhang sei nochmals darauf hingewiesen, daß die Aktivität des Sauerstoffes in der Schmelze durch die Anwesenheit anderer Elemente, also auch durch die gelösten Desoxydationsmittel selbst, starken Änderungen unterliegen kann. Die bisher bekannten Zusammenhänge wurden im Abschnitt 1.131 behandelt, wo auch die Zahlenunterlagen für die Berechnung von Desoxydationsgleichgewichten entnommen werden können.

Wenn die Aktivitäten der reagierenden Stoffe im betrachteten System unbekannt sind, verwendet man zur Kennzeichnung des Desoxydationsgleichwichtes unter formaler Anwendung des Massenwirkungsgesetzes an Stelle der Aktivitäten die Konzentrationen in Gewichtsprozenten. Man erhält dann eine *Gleichgewichtskennzahl*

$$K' = \frac{1}{[\%\mathrm{O}]^y \cdot [\%\mathrm{Me}]^x} \tag{316}$$

die aber von allen Einflußgrößen abhängig ist, die die Aktivität der reagierenden Stoffe verändern, da ja die Aktivität mit der Konzentration durch die Beziehung

$$a_x = f_x \cdot [\%X] \tag{317}$$

verbunden ist.

Der Reziprokwert der Gleichgewichtskennzahl

$$K'' = \frac{1}{K'} = [\%\mathrm{O}]^y \cdot [\%\mathrm{Me}]^x \tag{318}$$

wird allgemein als *Desoxydationskonstante* bezeichnet. Sie ist ein praktisch oft verwendetes, anschauliches Maß zur Kennzeichnung des Desoxydationsvermögens eines Zusatzelementes. Mit ihrer Hilfe kann für einen verlangten Endsauerstoffgehalt sofort die notwendige Konzentration des Desoxydationselementes in der Schmelze berechnet werden.

2. Entsteht bei der Desoxydation an Stelle des reinen Oxyds eine *Oxydverbindung*, FeO · $\mathrm{Me}_x\mathrm{O}_y$, so gilt für die Umsetzung analog der Gl. (313)

$$\mathrm{Fe} + y[\mathrm{O}] + x[\mathrm{Me}] = (\mathrm{FeO} \cdot \mathrm{Me}_x\mathrm{O}_{y-1}) \tag{319}$$

und die Gleichgewichtskonstante erhält die gleiche Form wie Gl. (315), da sowohl die Aktivität des Desoxydationsproduktes als reine Phase als auch die des Eisens gleich eins gesetzt werden kann:

$$K = \frac{a_{(\text{FeO} \cdot \text{Me}_x\text{O}_{y-1})}}{a_{\text{Fe}} \cdot a_{[\text{O}]}^y \cdot a_{[\text{Me}]}^x} = \frac{1}{a_{[\text{O}]}^y \cdot a_{[\text{Me}]}^x} \tag{320}$$

Auch in diesem Falle kann bei Unkenntnis der Aktivitäten mit Hilfe der Konzentrationen in Gewichtsprozenten eine Gleichgewichtskennzahl und eine Desoxydationskonstante in gleicher Art wie im Fall 1. abgeleitet und verwendet werden.

3. Wenn als Desoxydationsprodukt jedoch eine *Mischphase* aus Eisen(II)-oxyd und dem Oxyd des Desoxydationselementes entsteht, so ist zu beachten, daß in diesem Falle *zwei* Reaktionen nebeneinander ablaufen, und zwar die Desoxydationsreaktion nach Gl. (313):

$$y[\text{FeO}] + x[\text{Me}] = (\text{Me}_x\text{O}_y) + y\text{Fe} \tag{321}$$

und die Einstellung eines Verteilungsgleichgewichtes des Sauerstoffes zwischen der Metallphase und der durch die Desoxydation entstehenden Schlackenphase

$$[\text{FeO}] = (\text{FeO}) \tag{322}$$

Die Zusammensetzung der so entstehenden Mischphase ist nicht konstant, sondern im Bereich der Lösungsfähigkeit des Oxyds (Me_xO_y) für (FeO) veränderlich.

Das Gesamtergebnis dieser Umsetzungen erhält man durch Subtraktion der beiden Gl. (321) und (322) zu

$$x[\text{Me}] + y(\text{FeO}) = (\text{Me}_x\text{O}_y) + y\text{Fe} \tag{323}$$

so daß die Gleichgewichtskonstante den Wert

$$K = \frac{a_{(\text{Me}_x\text{O}_y)}}{a_{(\text{FeO})}^y \cdot a_{[\text{Me}]}^x} \tag{324}$$

erhält, wenn die Aktivität des Eisens konstant und gleich eins gesetzt wird.

In gleicher Weise führt die formale Anwendung des Massenwirkungsgesetzes unter Verwendung der Konzentrationen der reagierenden Stoffe in Gewichtsprozent an Stelle der Aktivitäten zur Gleichgewichtskennzahl dieser Umsetzungen

$$K' = \frac{(\% \text{Me}_x\text{O}_y)}{(\% \text{FeO})^y \cdot [\% \text{Me}]^x} \tag{325}$$

Weder die Gleichgewichtskonstante (324) noch die Gleichgewichtskennzahl (325) geben Aufschluß über den in der Schmelze verbleibenden Restsauerstoffgehalt in Abhängigkeit von der Aktivität bzw. der Konzentration des gelösten Desoxydationsmittels Me. Aus beiden Gleichungen ist lediglich das Verhältnis der Oxydkonzentrationen bzw. der Aktivitäten im Desoxydationsprodukt $\frac{(\text{Me}_x\text{O}_y)}{(\text{FeO})}$ bzw. $\frac{a_{(\text{Me}_x\text{O}_y)}}{a_{(\text{FeO})}}$ als Funktion von [% Me] bzw. $a_{[\text{Me}]}$ abzulesen. Erst bei Kenntnis des Verteilungsgleichgewichtes des Eisenoxyduls zwischen der Stahlschmelze und der entstandenen Oxydphase (Me_xO_y) kann eine Beziehung zum Restsauerstoffgehalt der Schmelze hergestellt werden. Da für das Verteilungsgleichgewicht

$$L_{\text{FeO}} = \frac{[\%\,\text{O}]}{(\%\,\text{FeO})} \tag{326}$$

gilt, kann die Gl. (325) zu

$$K' = \frac{(\%\,Me_xO_y) \cdot L_{\text{FeO}}^y}{[\%\,\text{O}]^y \cdot [\%\,\text{Me}]^x} \tag{327}$$

umgeformt werden. Unter Einbeziehung des Verteilungskoeffizienten L_{FeO} in die Gleichgewichtskennzahl ergibt sich dann

$$K'' = \frac{K'}{L_{\text{FeO}}^y} = \frac{(\%\,Me_xO_y)}{[\%\,\text{O}]^y \cdot [\%\,\text{Me}]^x} \tag{328}$$

woraus auch in diesem Falle die direkte Beziehung zwischen dem Restsauerstoffgehalt und der Konzentration an gelöstem Desoxydationsmittel abgelesen werden kann.

Die Desoxydation mit *mehr als einem* Desoxydationselement führt praktisch immer zur Entstehung von Mischphasen wechselnder Zusammensetzung, deren Gesetzmäßigkeiten erst für wenige Fälle exakt darstellbar sind. Diese Desoxydationsart stellt den allgemeinen Fall in der Praxis der Stahlherstellung dar, da nahezu alle Stähle und Legierungen bestimmte Mindestgehalte von Mangan aufweisen, das sich an den Desoxydationsreaktionen unter MnO-Bildung beteiligt, so daß die entstehenden Schlackenphasen im einfachsten Fall $FeO-MnO-Me_xO_y$-Dreistoffsysteme sind.

Eine weitere Schwierigkeit bei der Untersuchung dieser Vorgänge besteht darin, daß die unmittelbar nach dem Zusatz der Desoxydationsmittel in der Schmelze entstehenden Oxydphasen zum Teil noch vor dem Erreichen ihrer Gleichgewichtskonzentration, bezogen auf das Gesamtsystem, aus der Schmelze abgeschieden werden. Auch der mit abnehmender Temperatur erschwerte Diffusionsausgleich bewirkt, ähnlich wie bei der Kristallisation des Stahles selbst, daß im festen, desoxydierten Stahl immer Desoxydationsprodukte unterschiedlicher Zusammensetzung auftreten, von denen ein großer Teil nicht die dem Endzustand entsprechende chemische Zusammensetzung aufweist.

1.153.1 Die Desoxydation mit Mangan

Wie bereits aus Abb. 11 zu entnehmen war, ist das Mangan befähigt, mit dem Sauerstoff ein stabileres Oxyd zu bilden als das Eisen, so daß beim Zusatz von Mangan zu sauerstoffhaltigen Eisenschmelzen eine Desoxydation unter Bildung von Mangan(II)-oxyd zu erwarten ist. Das entstehende und im Stahlbad praktisch unlösliche MnO wird dabei mit dem Eisen(II)-oxyd der Eisenschmelze in Wechselwirkung treten. Wie das Zustandsschaubild des Systems FeO–MnO in Abb. 22 zeigt [1], bilden die beiden Oxyde sowohl im flüssigen als auch im festen Zustand eine lückenlose Mischungsreihe. Dies hat zur Folge, daß es im gesamten Konzentrationsbereich zur Ausscheidung einer FeO–MnO-*Mischphase* kommt.

Die Zusammensetzung des Desoxydationsproduktes, also das Verhältnis von (MnO) zu (FeO) wird vom Mangangehalt der Schmelze bestimmt, wie dies im vorhergehenden Abschnitt abgeleitet wurde (s. Gl. (321) bis (328)). Bei gegebener Reaktionstemperatur erhält man, je nach dem Mangangehalt der Schmelze, flüssige FeO–MnO-Schlacken oder feste FeO–MnO-Mischkristalle bzw. ein

Gemenge aus MnO-reichen Mischkristallen und FeO-reichen flüssigen Schlacken.

Die Desoxydation einer Eisenschmelze mit Mangan, die durch die Summenreaktion (194)

$$(FeO) + [Mn] = [MnO) + Fe$$

analog der Gl. (323) dargestellt werden kann, ist durch die Gleichgewichtskonstante (195)

$$K_{Mn} = \frac{(\% MnO)}{(\% FeO) \cdot [\% Mn]}$$

gekennzeichnet.

Die von W. A. FISCHER und H. J. FLEISCHER [1] bestimmte Temperaturabhängigkeit dieser Gleichgewichtskonstante wird durch die Gl. (196) wiedergegeben. Ihre Gegenüberstellung zu den Ergebnissen früherer Untersuchungen [2 bis 4] zeigt die Abb. 70.

Mit Hilfe der Gleichgewichtskonstante und dem Verteilungskoeffizienten des Sauerstoffes kann der einem jeweiligen Mangangehalt zugehörige Gleichgewichtssauerstoffgehalt der Schmelze berechnet werden:

Aus Gl. (195) folgt:

$$\frac{(\% MnO)}{(\% FeO)} = K_{Mn} \cdot [\% Mn] \tag{329}$$

Unter der gemachten Voraussetzung der Entstehung einer reinen FeO—MnO-Schlacke ist

$$(\% FeO) + (\% MnO) = 100$$

so daß sich aus Gl. (329) und dem Sauerstoffverteilungskoeffizienten

$$L_{FeO} = \frac{(FeO)}{[\% O]}$$

der Gleichgewichtssauerstoffgehalt zu

$$[\% O] = \frac{100}{L_{FeO} \cdot (1 + K_{Mn} \cdot [\% Mn])} \tag{330}$$

ergibt. Der Wert von L_{FeO} errechnet sich aus der von C. R. TAYLOR und J. CHIPMAN [5] angegebenen und W. A. FISCHER und H. VOM ENDE [6] bestätigten Gl. (146) zu

$$L_{FeO} = \frac{6320}{T} - 2,734 \tag{331}$$

Dabei wird die Gültigkeit des für reine FeO-Schlacken bestimmten $L_{FeO} = \frac{1}{[\% O]}$ auch für die FeO—MnO-Schlacken vorausgesetzt.

Die auf die beschriebene Art berechneten $\frac{(MnO)}{(FeO)}$-Verhältnisse im Desoxydationsprodukt und die zugehörigen Sauerstoffgehalte im Eisen bei verschiedenen Temperaturen zeigt Abb. 146 in der Darstellung von F. KÖRBER und W. OELSEN [2]. Dabei ist jedoch zu beachten, daß die angegebenen Kurven nur qualitative Gültigkeit haben, weil sie noch unter Verwendung älterer Werte für K_{Mn} und L_{FeO} berechnet wurden. Sie beziehen sich außerdem nur auf flüssige Desoxydationsprodukte. Da aber in größeren Konzentrations- und Temperaturbereichen mit dem Auftreten fester FeO—MnO-Mischkristalle zu rechnen ist (vgl. Abb. 22), muß diesem Umstand bei der Berechnung des vollständigen Desoxydationsschaubildes Rechnung getragen werden. Diese Berechnung erfolgt in ganz analoger

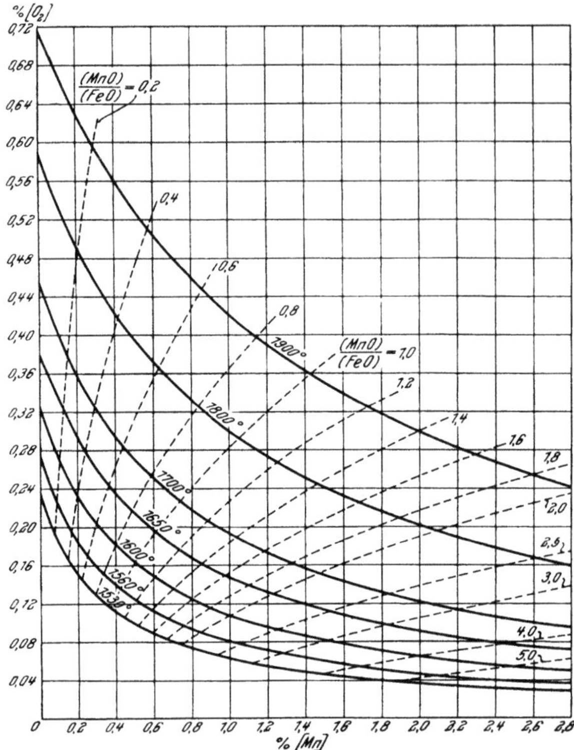

Abb. 146. Desoxydationsschaubild des Mangans für reine flüssige Oxydulschlacken (nach F. Körber und W. Oelsen)

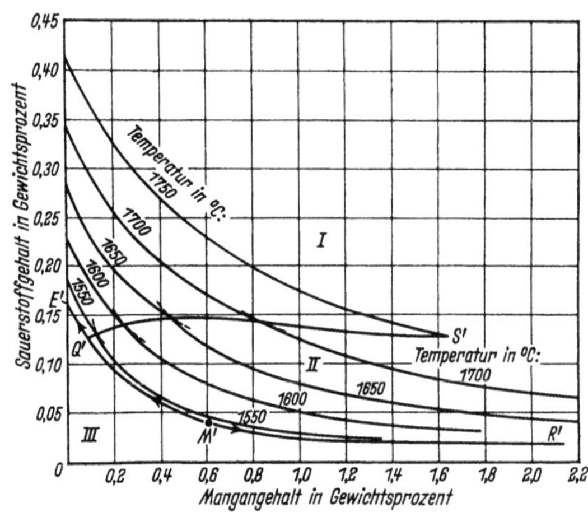

Abb. 147. Desoxydationsschaubild des Mangans (nach W. A. Fischer und H. J. Fleischer)

Form unter Berücksichtigung der Tatsache, daß die Stahlschmelze gleichzeitig mit den flüssigen Schlacken der Liquiduslinie des Systems FeO—MnO und den zugehörigen FeO—MnO-Mischkristallen der Soliduslinie im Gleichgewicht steht.

Das von W. A. Fischer und H. J. Fleischer [1] neu berechnete Desoxydationsschaubild *kohlenstofffreier* Eisenschmelzen mit Mangan gibt Abb. 147 wieder. Es zeigt, daß die Desoxydationswirkung des Mangans allein sehr gering ist und ihr demnach keine praktische Bedeutung bei Stahlherstellungstemperaturen zukommt. Erst bei hohen Sauerstoff- und Mangangehalten wird im Feld I die Sättigung an flüssigen FeO—MnO-Schlacken und im Feld II an FeO—MnO-Mischkristallen erreicht. Die Desoxydation mit Mangan wird unter Stahlherstellungsbedingungen also erst bei der Erstarrung wirksam. Die dabei ablaufenden Vorgänge können ebenfalls an diesem Schaubild abgelesen werden:

Bei der Abkühlung einer Schmelze, deren Zusammensetzung im Bereich I liegt, wird Mangan und Sauerstoff verbraucht und die flüssige Schlacke an (MnO) angereichert. Dies geschieht so lange, bis die Linie $E' Q' S'$ erreicht ist. Wird diese Linie rechts von Q' überschritten, so scheiden sich feste MnO-reiche Eisenoxydul-Manganoxydul-Mischkristalle aus. Unter der Linie $Q' S'$ verliert das flüssige Eisen Mangan durch Ausscheidung fester, MnO-reicher Mischkristalle.

Vom Punkt Q' an scheidet sich, der eutektischen Rinne in Pfeilrichtung nach E' folgend, ein Eisenmischkristall aus, wobei die Restschmelze ständig an Sauerstoff angereichert wird.

Schmelzen, deren Zusammensetzungen im Feld II liegen, scheiden zuerst FeO—MnO-Mischkristalle aus und bei weiterer Abkühlung Metallmischkristalle. Dabei reichert sich die Restschmelze entweder an Mangan oder an Sauerstoff an, je nachdem, ob die eutektische Rinne rechts oder links des Punktes M' erreicht wird.

Der für technische Stähle wichtigste Teil des Desoxydationsdiagrammes ist das Feld III, der Bereich primärer Ausscheidung von Eisenkristallen. F. KÖRBER und W. OELSEN [2] vermuteten, daß sich dabei die Restschmelze gleichmäßig an Sauerstoff und Mangan anreichert. Das würde bedeuten, daß sie ihre Zusammensetzung längs einer Geraden durch den Nullpunkt des Koordinatensystems und den Punkt der Ausgangszusammensetzung in Richtung auf die Linie $E'Q'M'R'$ verändert. Links von Q' würden sich dann flüssige Schlacken, rechts davon aber feste FeO—MnO-Mischkristalle ausscheiden. Demgegenüber stellten jedoch W. A. FISCHER und H. J. FLEISCHER [1] fest, daß entsprechend den in der Zwischenzeit ermittelten sehr unterschiedlichen Seigerungskoeffizienten von Mangan und Sauerstoff der Sauerstoff in der Restschmelze viel stärker angereichert wird als das Mangan.

1.153.2 Die Desoxydation mit Silizium

Die Desoxydation mit Silizium *allein* ist für die Stahlherstellung nur dann von Interesse, wenn praktisch mangan- und legierungsfreie Schmelzen mit Silizium beruhigt werden. Bei Anwesenheit von bereits geringen Mangangehalten gelten dagegen die Gesetzmäßigkeiten der Desoxydation mit Silizium und Mangan gemeinsam, die im folgenden Abschnitt 1.153.3 behandelt werden. Für das Verständnis dieser Vorgänge ist jedoch die Kenntnis des reinen Systems Fe—Si—O Voraussetzung.

Für das Gleichgewicht zwischen Sauerstoff und Silizium in reinen Eisenschmelzen, die nach der Umsetzungsgleichung (208)

$$[\text{Si}] + 2\,[\text{O}] = (\text{SiO}_2)$$

miteinander reagieren, gilt die Gleichgewichtskennzahl (210)

$$K'_{\text{Si}} = \frac{[\%\,\text{Si}]\cdot[\%\,\text{O}]^2}{a_{(\text{SiO}_2)}}$$

deren Temperaturabhängigkeit für reine kieselsäuregesättigte FeO—SiO$_2$-Schlacken durch Gl. (211)

$$\lg K'_{\text{Si}} = \lg ([\%\,\text{Si}]\cdot[\%\,\text{O}]^2) = -\frac{19050}{T} + 5{,}75$$

errechnet werden kann (vgl. Abb. 79), wobei gute Übereinstimmung zu anderen Untersuchungen besteht [7—10]. Das Si—O-Gleichgewicht in Eisenschmelzen ist stark temperaturabhängig, wobei die Desoxydationswirkung mit fallender Temperatur zunimmt.

In Abhängigkeit von der Siliziumkonzentration entstehen in sauerstoffhaltigen Eisenschmelzen entweder reine feste Kieselsäure oder flüssige Eisensilikate. Bei Temperaturen über 1690 °C kann auch flüssige Kieselsäure entstehen, wie dem von N. L. BOWEN und J. E. SCHAIRER [11] aufgestellten und von H. SCHENCK

und G. WIESNER [8] verbesserten Zustandsschaubild FeO—SiO$_2$ in Abb. 21 entnommen werden kann. Bei der Ausscheidung flüssiger Eisensilikate, die im Bereich
sehr niedriger Siliziumgehalte der Eisenschmelze entstehen, liegt der allgemeine
Fall eines Desoxydationsgleichgewichtes unter Bildung einer FeO—SiO$_2$-Misch-
phase vor.

Das Gleichgewicht zwischen flüssigem, sauerstoffhaltigem Eisen und reiner
Kieselsäure wurde von F. KÖRBER und W. OELSEN [7] untersucht und zur Berechnung eines Desoxydationsschaubildes verwendet. Dieses in Abb. 148 wieder-

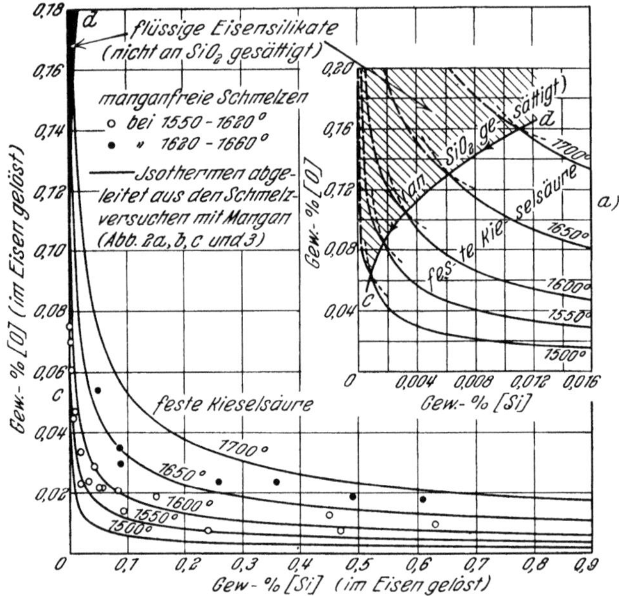

Abb. 148. Das Desoxydationsdiagramm des Siliziums ohne Mangan und Kohlenstoff
(nach F. KÖRBER und W. OELSEN)

gegebene Diagramm gilt für praktisch kohlenstoff- und manganfreie Schmelzen.
Die eingezeichneten Isothermen beziehen sich auf das Gleichgewicht mit *fester*
Kieselsäure und geben die Löslichkeit von Sauerstoff und Silizium in der Eisenschmelze wieder. Der Bereich für das Auftreten flüssiger Eisensilikate ist äußerst
schmal und fällt praktisch mit der Ordinatenachse zusammen. Eine experimentelle Untersuchung war deshalb auch bisher nicht möglich. Das Ergebnis einer
Berechnung dieses Bereiches ist in dem eingezeichneten Teilbild wiedergegeben.

Bei einem Zusatz von Silizium zu sauerstoffhaltigen Eisenschmelzen nimmt
der Sauerstoff längs einer nahezu senkrecht verlaufenden Linie (strichlierte Linien
in Abb. 148) unter Ausscheidung von fester Kieselsäure so lange ab, bis die entsprechende Isotherme erreicht ist. Die Neigung dieser Linien entspricht dem Verbrauch des Siliziums zur SiO$_2$-Bildung. In diesem Punkt entspricht der Silizium-
und Sauerstoffgehalt der Schmelze dem Löslichkeitsprodukt der Kieselsäure. Für
hohe Sauerstoffgehalte und geringe Siliziumzusätze ist also der erreichte Endsauerstoffgehalt der Schmelze aus dem Diagramm nicht ablesbar. Umgekehrt
fällt für höhere Siliziumzusätze über etwa 0,2% und kleine Ausgangssauerstoff-
gehalte der zur SiO$_2$-Bildung verbrauchte Anteil des Siliziums nicht ins Gewicht,
so daß die Isothermen recht gut den Restsauerstoffgehalt der Schmelze angeben.

Sobald sich die durch die Isothermen angegebenen Silizium- und Sauerstoffgehalte eingestellt haben, tritt eine weitere Desoxydation erst mit Abkühlung der Schmelze ein, wobei weiter feste Kieselsäure ausgeschieden wird. Der Bereich flüssiger Eisensilikate beschränkt sich auf hohe Anfangssauerstoffgehalte. Nur bei solchen und gleichzeitig niedrigen Siliziumgehalten können Eisensilikate entstehen. Sie werden bei der Abkühlung um so früher zu fester Kieselsäure reduziert, je höher der Siliziumzusatz ist.

Die Ermittlung der nach erfolgter Desoxydation im Stahl gelöst verbleibenden Silizium- und Sauerstoffgehalte in Abhängigkeit vom Siliziumzusatz und dem Anfangssauerstoffgehalt ist aus dem von F. KÖRBER und W. OELSEN [7] für 1600 °C berechneten Diagramm in Abb. 149 möglich. Bei Anfangssauerstoffgehalten über 0,105% werden nach Siliziumzusatz zunächst an Kieselsäure ungesättigte, flüssige Eisensilikate ausgeschieden (Teil *UV* der Linie 1). Der Rest des zugesetzten Siliziums geht in Lösung. Durch Erhöhung des Siliziumzusatzes werden bei unveränderten Silizium- und Sauerstoffgehalten der

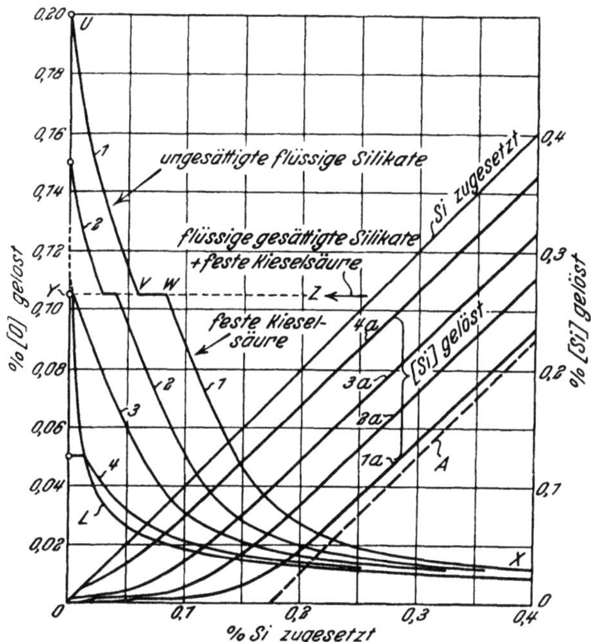

Abb. 149. Die Wirkung steigender Siliziumzusätze auf flüssiges Eisen mit verschiedenem Anfangssauerstoffgehalt bei 1600 °C ohne Mangan (nach F. KÖRBER und W. OELSEN)

Schmelze die gebildeten Eisensilikate reduziert (Teil *VW* der Linie 1). Erst bei weiterem Siliziumzusatz und nachdem die Silikate vollständig reduziert sind, geht die Desoxydation weiter, wobei als Reaktionsprodukt feste Kieselsäure entsteht. Mit abnehmendem Sauerstoffgehalt nimmt der Siliziumgehalt der Schmelze entsprechend den Gleichgewichtsisothermen zu (Linie 1a).

Für den Fall, daß der Ausgangssauerstoffgehalt der Schmelze weniger als 0,105% beträgt, wird beim Zusatz von Silizium zunächst so viel Silizium von der Schmelze gelöst, bis die Siliziumsättigung entsprechend der Gleichgewichtsisotherme erreicht ist. Erst dann beginnt der Abbau des Sauerstoffes unter Ausscheidung fester Kieselsäure. Der Sauerstoffgehalt nimmt mit steigendem Siliziumgehalt der Schmelze ab. Das Diagramm zeigt also deutlich, daß die Desoxydationswirkung des Siliziums mit steigendem Ausgangssauerstoffgehalt zunimmt.

Beim Vergleich mit dem Desoxydationsschaubild des Mangans ergibt sich, daß die Desoxydation des Eisens mit Silizium weitaus wirkungsvoller ist als die mit Mangan. Schon relativ geringe Siliziumzusätze ergeben bei Stahlherstellungstemperaturen (1600 °C) geringe Endsauerstoffgehalte im Stahlbad. Es darf jedoch nicht übersehen werden, daß die Bildung fester Kieselsäure, die bei der Desoxydation mit Silizium allein vor allem im Bereich tiefer Temperaturen vor sich geht, einen erheblichen Nachteil für den Reinheitsgrad des erstarrten Materiales darstellt. In technischen Stahlschmelzen liegen die Verhältnisse jedoch günstiger, weil die üblicherweise vorhandenen Mangangehalte einen günstigen Einfluß ausüben.

Eine vollständige Beruhigung des Stahlbades ist mit einer Konzentration von etwa 0,2 bis 0,25% Si zu erzielen. Ferrosilizium ist im Stahl leicht löslich, wodurch die Desoxydation in kurzer Zeit beendet ist. Die rasche Auflösung von hochprozentigem Ferrosilizium wird noch durch die erhebliche Lösungswärme unterstützt (vgl. Abschnitt 3.142).

1.153.3 Die Desoxydation mit Mangan und Silizium gemeinsam

Die Desoxydation technischer Eisenschmelzen mit Silizium, die neben Eisen und Sauerstoff immer Mangan in Konzentrationen von etwa 0,2% und mehr ent-

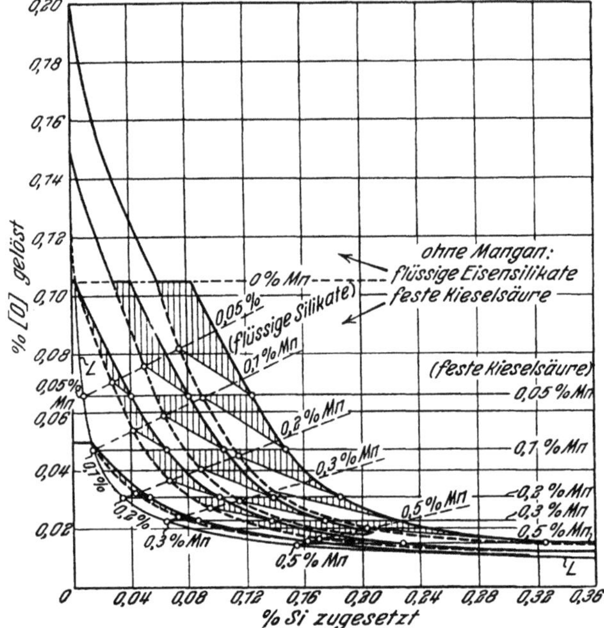

Abb. 150. Die Verschiebung des Bereiches heterogener Schlackenausscheidungen mit dem Anfangssauerstoffgehalt und dem Mangangehalt des mit Silizium zu desoxydierenden flüssigen Eisens bei 1600°C (nach F. KÖRBER und W. OELSEN)

halten, stellt den einfachsten Fall der Desoxydation mit zwei Desoxydationsmitteln gemeinsam, nämlich Mangan und Silizium, dar. Diese Desoxydationsgleichgewichte, die nach wie vor die größte praktische Bedeutung besitzen, wurden von F. KÖRBER und W. OELSEN [7] untersucht und eingehend beschrieben.

Abb. 150 zeigt das Ergebnis ihrer Berechnungen für eine Temperatur von 1600°C. Dieses Bild baut auf dem Diagramm in Abb.149 auf. Der wesentliche Unterschied zur reinen Siliziumdesoxydation besteht darin, daß mit zunehmenden Mangangehalten im Stahl der Ausscheidungsbeginn der festen Kieselsäure zu immer niedrigeren Sauerstoffgehalten verschoben wird. Durch den Manganzusatz wird also der Bereich flüssiger Silikate erweitert. Während in einer manganfreien Schmelze mit hohem Sauerstoffgehalt, etwa 0,15% O, bereits dann feste Kieselsäure als Desoxydationsprodukt entsteht, wenn der Sauerstoffgehalt bis auf 0,105% abgebaut wurde, tritt bei einem Mangangehalt von z. B. 0,2% erst dann feste Kieselsäure auf, wenn der Sauerstoffgehalt der Schmelze auf etwa 0,03% erniedrigt wurde. Es werden also als Desoxydationsprodukte zuerst Eisenmangansilikate gebildet, die wegen ihres niedrigen Schmelzpunktes bei Stahlherstellungstemperaturen sehr dünnflüssig sind.

Im Gegensatz zu manganfreien Schmelzen wird hier die Desoxydation bei Beginn der Reduktion der Silikate durch steigenden Siliziumzusatz nicht unterbrochen. Dies kann so erklärt werden, daß zur Bildung der Kieselsäure nach der Reaktionsgleichung

$$[Si] + 2\,(MnO) = (SiO_2) + 2\,[Mn] \qquad (332)$$

Manganoxydul verbraucht wird. Dieses muß, da es sich hier um den Fall der Kieselsäuresättigung handelt, durch FeO ersetzt werden, so daß der Schmelze weiterhin Sauerstoff entzogen wird und auch im Bereich heterogener Desoxydationsprodukte eine Desoxydation stattfindet. Nach Beenigung der Reduktion der Silikate, also nach Überführung des gesamten, ursprünglich in den Desoxydationsprodukten enthaltenen Mangans in das Bad, erfolgt die weitere Desoxydation nur mehr durch das wesentlich desoxydationsstärkere Silizium; das Mangan nimmt dann an der Desoxydationsreaktion überhaupt nicht mehr teil.

In Abb. 151 ist die Projektion der von F. Körber und W. Oelsen [7] angegebenen eisenreichen Ecke des Vierstoffsystems Fe—Mn—Si—O

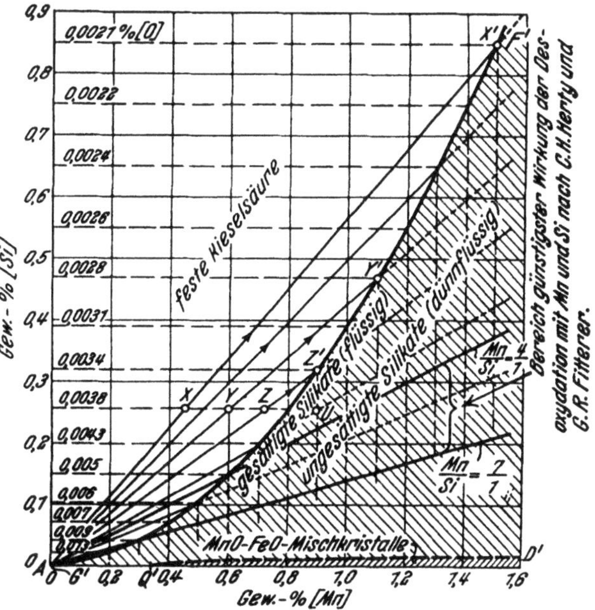

Abb. 151. Grundriß des Desoxydationsdiagrammes für 1500 bis 1520 °C zur Kennzeichnung der Erstarrungsvorgänge (nach F. Körber und W. Oelsen)

für eine Temperatur von 1500 bis 1520 °C dargestellt. Sauerstoffgehalte, die die Sättigungswerte der Eisenschmelze unter den entsprechenden Schlacken übersteigen, werden durch Mangan- und Siliziumzusätze unter Bildung entweder von fester Kieselsäure, flüssigen, gesättigten Silikaten oder dünnflüssigen, ungesättigten Silikaten oder aber von FeO—MnO-Mischkristallen abgebaut. Sind die Sauerstoffgehalte jedoch niedriger als die Sättigungswerte, so wirken bei konstanter Temperatur weder Mangan noch Silizium desoxydierend. Erst bei einer Temperaturerniedrigung, also z. B. im Erstarrungsbereich, tritt eine Umsetzung mit dem Sauerstoff ein. In diesem Fall reichert sich die Restschmelze an Mangan, Silizium und Sauerstoff an, und die Desoxydationskraft von Mangan und Silizium nimmt ständig zu. Nach F. Körber und W. Oelsen werden die Mangan-, Silizium- und Sauerstoffgehalte der Restschmelze längs einer Geraden angereichert, deren Projektion auf die Silizium-Mangan-Fläche in Abb. 151 eingezeichnet ist. Für Schmelzen der Zusammensetzung X, Y, Z mit einem Sauerstoffgehalt über dem links eingetragenen Sättigungswert wird also zuerst feste Kieselsäure abgeschieden und flüssige Eisen-Mangan-Silikate werden erst gebildet, wenn sich die Restschmelze längs der die

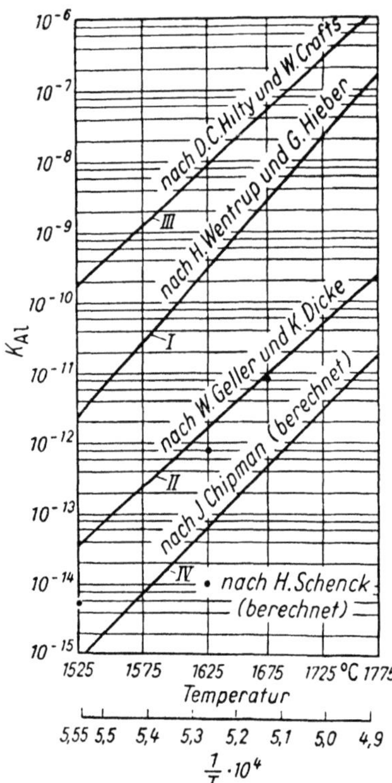

Abb. 152. Die Temperaturabhängigkeit des Aluminium-Sauerstoff-Gleichgewichtes im flüssigen Eisen (nach W. OELSEN und E. SCHÜRMANN)

Ausscheidung andeutenden Geraden bis auf Mangan- und Siliziumgehalte angereichert hat, die durch die Linie AF' angegeben werden. Da die Bildung fester Kieselsäure weitgehend vermieden werden soll, liefert dieses Diagramm die technisch wichtige Aussage, daß eine Desoxydation mit Mangan und Silizium bevorzugt dann *flüssige* Desoxydationsprodukte ergibt, wenn ein hohes Mangan-Silizium-Verhältnis gegeben ist.

Praktische Anwendung finden diese Schlußfolgerungen im Gebrauch von Mangan-Silizium zur Ausfällung flüssiger, leicht koagulierbarer Desoxydationsprodukte. Obwohl damit günstige Voraussetzungen für die Bildung großer und daher leicht abscheidbarer Einschlüsse gegeben sind, läßt sich aus den angegebenen Diagrammen auch entnehmen, daß bei den üblichen Konzentrationen an Mangan und Silizium erhebliche Einschlußmengen erst bei tiefen Temperaturen und im Erstarrungsbereich des Stahles entstehen und somit nicht mehr abgeschieden werden können. Einschlußarme Stähle sind daher mit dieser Desoxydationsart nur dann herstellbar, wenn der Ausgangssauerstoffgehalt bei entsprechend niedrigen Werten liegt, wie er z. B. durch eine vorausgehende Kohlenstoffdesoxydation im Vakuum erreichbar ist.

1.153.4 Die Desoxydation mit Aluminium

Das Aluminium ist eines der stärksten unter den in der Praxis angewendeten Desoxydationsmitteln für Eisenschmelzen. Für seine chemische Umsetzung mit dem Sauerstoff

$$3[O] + 2[Al] = (Al_2O_3) \tag{333}$$

wurde die Gleichgewichtskennzahl

$$K'_{Al} = \frac{(\% \, Al_2O_3)}{[\% \, O]^3 \cdot [\% \, Al]^2} \tag{334}$$

verschiedentlich berechnet [12] und experimentell untersucht [13 bis 16]. Die von den verschiedenen Verfassern gefundenen Werte weichen zum Teil stark voneinander ab, wie Abb. 152 zeigt. Die Differenzen sind einmal auf die Schwierigkeiten bei der analytischen Bestimmung kleinster Aluminium- und Sauerstoffgehalte zurückzuführen und zum anderen wohl auch darauf, daß nicht, wie bei den thermodynamischen Berechnungen angenommen, als Reaktionsprodukt nur feste, reine Tonerde entsteht.

Ebenso wie bei der Desoxydation mit Mangan oder Silizium muß aus den Zustandsschaubildern der Systeme $FeO-Al_2O_3$ [18] und $MnO-Al_2O_3$ [19] gefolgert
werden, daß in Abhängigkeit von der Aluminiumkonzentration außer fester Tonerde auch flüssige $FeO-Al_2O_3$- bzw. $FeO-MnO-Al_2O_3$-Schlacken entstehen (vgl.
Abb. 25 und 153). Die Bildung dieser Mischphasen wurde bei niedrigen Aluminium

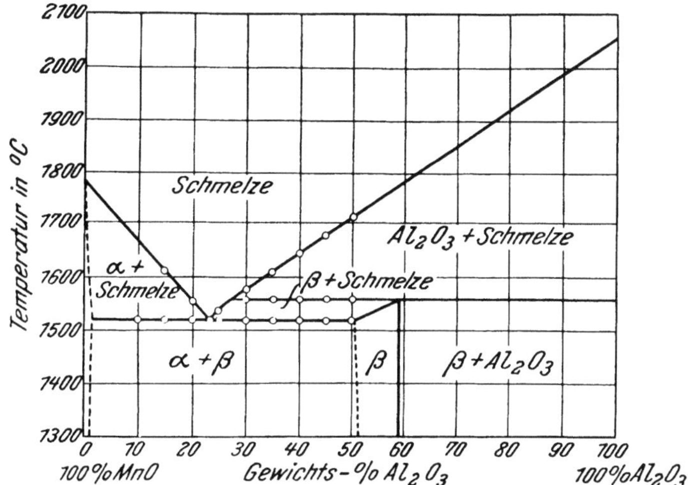

Abb. 153. Das Zustandsschaubild $MnO-Al_2O_3$ (nach R. HAY, J. WHITE und A. B. McINTOSH)

zusätzen beobachtet und kann auch bei höheren Zusätzen in den primären Desoxydationsprodukten nachgewiesen werden [17] (vgl. auch Abschnitt 1.16).

Beim Vergleich der experimentellen Untersuchungsergebnisse der älteren
Arbeiten dürfte den Unterlagen von D. C. HILTY und W. CRAFTS [15] die größte
Wahrscheinlichkeit zukommen, da sie auch mit den Ergebnissen neuerer Arbeiten
über die Desoxydation technischer Stahlschmelzen mit Aluminium gut übereinstimmen [20, 21].

Für das reine System Fe—Al—O fanden D. C. HILTY und W. CRAFTS [15] die
in Abb. 154 wiedergegebenen Beziehungen zwischen dem Aluminiumgehalt der
Eisenschmelze und dem Restsauerstoffgehalt, der mit dem gelösten Aluminium
im Gleichgewicht steht. Die eingezeichneten Kurven lassen sich angenähert durch
die Gleichung

$$\lg K'_{Al} = \lg [\% \ Al]^2 \cdot [\% \ O]^3 = -\frac{58\,600}{T} + 22{,}75 \tag{335}$$

wiedergegeben und zeigen eine relativ starke Temperaturabhängigkeit.

Demgegenüber fanden N. A. GOKCEN und J. CHIPMAN [22] für die Desoxydationskonstante

$$K_{Al} = a^2_{[Al]} \cdot a^3_{[O]} \tag{336}$$

die Temperaturabhängigkeit

$$\lg K_{Al} = -\frac{64\,000}{T} + 20{,}48 \tag{337}$$

Dabei wird die gegenseitige Aktivitätsbeeinflussung von Aluminium und Sauerstoff
berücksichtigt. Diese Beziehung wurde von J. CHIPMAN und F. C. LANGENBERG
[23] für 1600 °C bestätigt. Diese stellten für 1600 °C einen Wert von $K_{Al} = 3{,}6 \cdot 10^{-4}$

fest, der mit dem nach Gl. (337) errechneten gut übereinstimmt. Auch die neuesten von J. C. D'ENTREMONT, D. L. GUERNSEY und J. CHIPMAN [24] stammenden Ergebnisse bestätigen die von GOKCEN und CHIPMAN [22] angegebene Temperaturabhängigkeit der Gleichgewichtskonstante. Aus allen Untersuchungen geht aber die Verringerung der Desoxydationskraft des Aluminiums mit steigender Temperatur hervor.

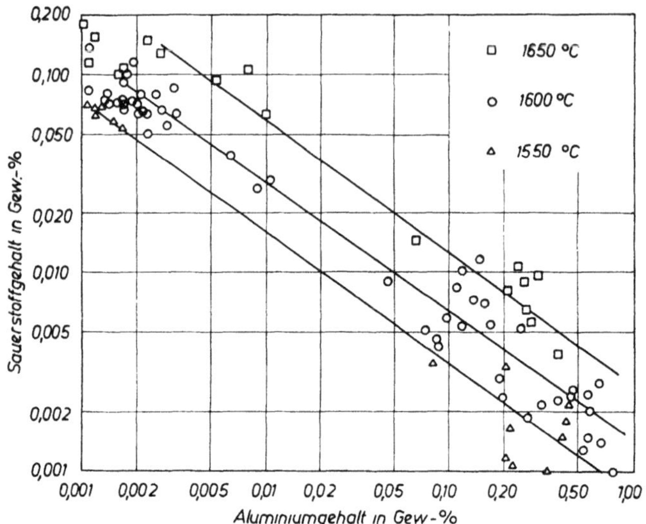

Abb. 154. Die Löslichkeit von Sauerstoff in flüssigem Eisen in Gegenwart von Aluminium (nach D. C. HILTY und W. CRAFTS)

Von technischem Interesse ist, wie beim Silizium, auch beim Aluminium nur die Desoxydation *manganhaltiger* Stahlschmelzen mit Aluminium allein oder gemeinsam mit Silizium. Beide Reaktionen wurden experimentell ebenfalls von

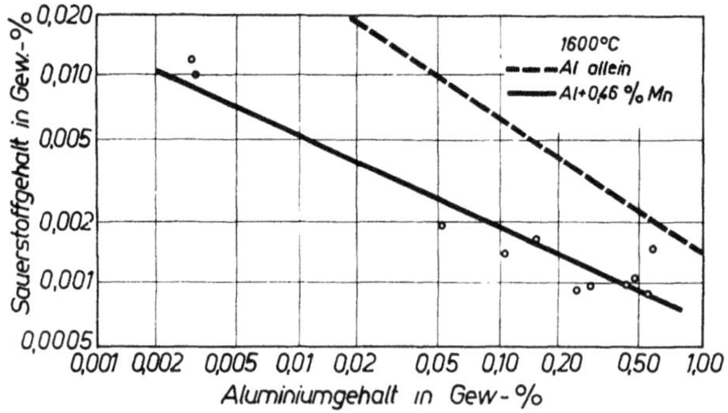

Abb. 155. Einfluß von 0,46% Mangan auf die Löslichkeit von Sauerstoff in flüssigem Eisen in Gegenwart von Aluminium bei 1600°C (nach D. C. HILTY und W. CRAFTS)

D. C. HILTY und W. CRAFTS [15] genauer untersucht. Abb. 155 zeigt die Löslichkeit von Sauerstoff in flüssigem Eisen mit 0,46% Mn bei 1600 °C und gleichzeitiger Anwesenheit unterschiedlicher Aluminiumgehalte. Zum Vergleich ist auch die Kurve für manganfreie Schmelzen mit gleichen Aluminiumgehalten eingezeichnet. Die Desoxydationswirkung des Aluminiums wird also im Bereich von 0,02 bis 0,1% durch den geringen Mangangehalt mindestens verdoppelt.

Noch stärker wirkt sich die gleichzeitige Anwesenheit von etwa 0,66% Mn und 0,27% Si auf die Desoxydationskraft von Aluminium aus. Die unter diesen Bedingungen mit unterschiedlichen Aluminiumgehalten bei 1600 °C im Gleichgewicht stehenden Sauerstoffkonzentrationen zeigt Abb. 156 [15]. Da ein Siliziumzusatz zum System Fe—O—Al keinen Einfluß erkennen ließ, dürfte die Verschie-

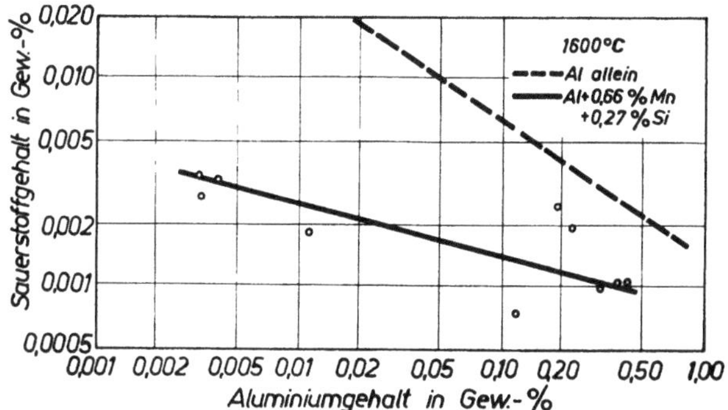

Abb. 156. Einfluß von 0,66% Mn und 0,27% Si auf die Sauerstofflöslichkeit in flüssigem Eisen in Gegenwart von Aluminium (nach D. C. HILTY und W. CRAFTS)

bung der Kurve zu niedrigen Sauerstoffgehalten im wesentlichen auf die Wirkung des höheren Mangangehaltes zurückzuführen sein.

Bei Annahme etwa gleicher Temperaturabhängigkeit wie im reinen System Fe—O—Al (vgl. Abb. 154) werden schon durch geringe Aluminiumzusätze noch vor dem Erreichen der Liquidustemperatur sehr niedrige Sauerstoffgehalte in der Stahlschmelze erreicht. Wenn also bei der kombinierten Desoxydation mit Mangan, Silizium und Aluminium im Temperaturbereich über Liquidus günstige Abscheidungsbedingungen eingehalten werden, kann bei der Kristallisation des Stahles keine ins Gewicht fallende Verunreinigung durch Bildung sekundärer Desoxydationsprodukte eintreten. Näheres über diese Vorgänge bringt Abschnitt 1.16.

Einen Vergleich der Desoxydationswirkung des Aluminiums mit der des Mangans und Siliziums gibt Abb. 157 [16]. In Stählen mit etwa 0,5% Mn weist also das Aluminium eine 4- bis 5fach stärkere Wirkung auf.

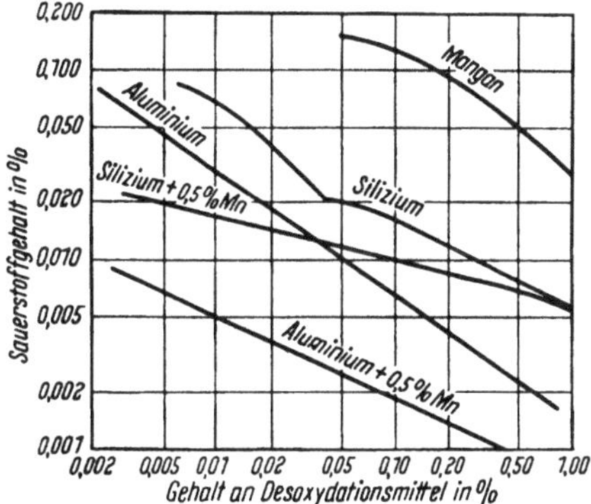

Abb. 157. Vergleich der Desoxydationswirkung verschiedener Stoffe und Stoffpaarungen bei 1600 °C (nach D. C. HILTY und W. CRAFTS)

1.153.5 Die Desoxydation mit Titan

Auf Grund der thermodynamischen Daten besitzt das Titan eine fast gleich große Desoxydationskraft wie das Aluminium. Die Untersuchung der Gleichgewichte der Umsetzung des Titans mit dem im flüssigen Eisen gelösten Sauerstoff stößt jedoch auf Schwierigkeiten, da über die Zusammensetzung der entstehenden Oxydphasen noch keine Klarheit besteht. Von verschiedenen Beobachtern [25 bis 27] wurde außer dem Oxyd TiO_2 auch das Auftreten von Ti_2O_3, TiO und $FeO \cdot TiO_2$ festgestellt. Der Spinell $FeO \cdot TiO_2$ tritt bei niedrigen Titankonzentrationen in der Schmelze auf, während bei hohen Titangehalten die Existenz niedrigerer Oxyde wie Ti_2O_3 und TiO wahrscheinlich ist. In technischen Stahlschmelzen wird, analog wie beim Aluminium, das Auftreten FeO- und MnO-reicher Titanoxydmischphasen beobachtet [17].

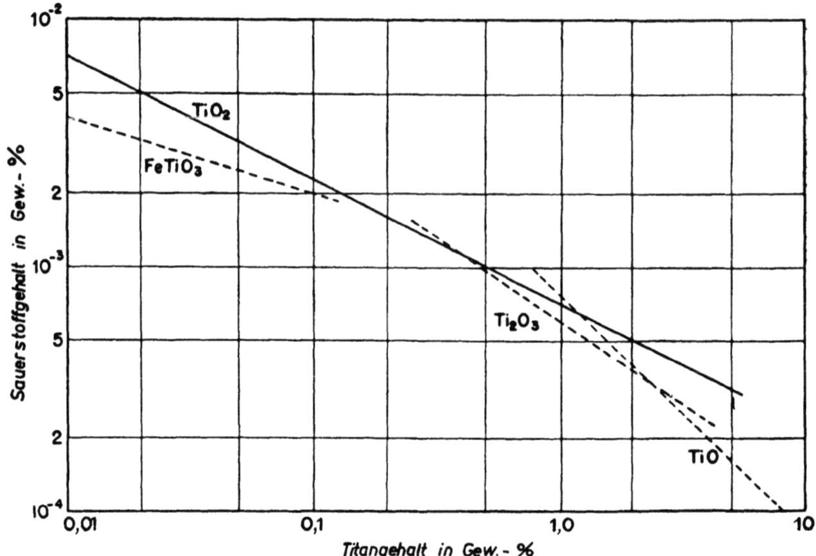

Abb. 158. Die Löslichkeit von Sauerstoff in flüssigem Eisen in Gegenwart von Titan (nach den Berechnungen von J. CHIPMAN für verschiedene Desoxydationsprodukte)

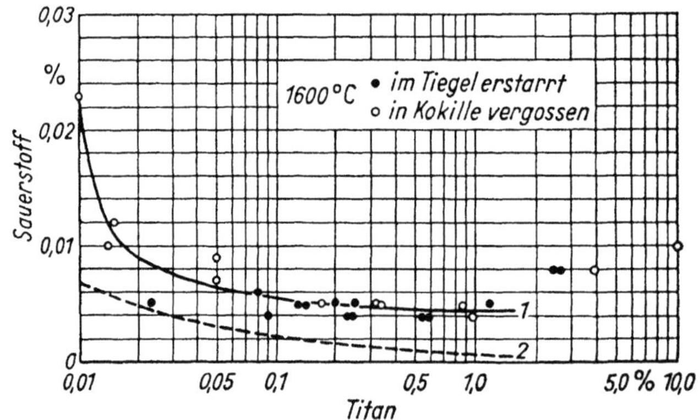

Abb. 159. Sauerstoffgehalte in Eisenschmelzen in Abhängigkeit vom Titangehalt (1 nach H. WENTRUP und G. HIEBER, 2 nach J. CHIPMAN)

Die von J. CHIPMAN [28, 29] berechneten Sauerstoffgehalte, die bei verschiedenen Titangehalten mit den zugehörigen Oxydphasen bei 1600 °C im Gleichgewicht sind, zeigt Abb. 158. Die experimentellen Untersuchungen ergaben dagegen meist höhere Sauerstoffgehalte. Abb. 159 gibt die von H. WENTRUP und G. HIEBER [25] gefundenen Werte im Vergleich zu den von J. CHIPMAN errechneten wieder. Der Verlauf der Kurve nach H. WENTRUP und G. HIEBER konnte in einer neueren Arbeit von R. L. HADLEY und G. DERGE [27] bestätigt werden. Im reinen System Fe—Ti—O können also mit Titangehalten von 0,1 bis 1,0%

Restsauerstoffgehalte von etwa 0,005% bei 1600 °C erreicht werden. Die Reaktion dürfte wenig temperaturabhängig sein. Bemerkenswert ist noch, daß bei der Ti—O-Reaktion in Eisenschmelzen mit höheren Titangehalten (über etwa 2%) die Gleichgewichtssauerstoffkonzentration stark zunimmt [27].

Im Vergleich zum Aluminium können in sauerstoffhaltigen Eisenschmelzen mit niedrigen Titanzusätzen nahezu die gleichen Endsauerstoffgehalte erreicht werden. Bei höheren Desoxydationsmittelzusätzen ist jedoch das Aluminium dem Titan überlegen. Für die Desoxydation manganhaltiger Eisenschmelzen mit Titan und über die Auswirkung des gleichzeitigen Zusatzes anderer Desoxydationsmittel liegen bisher keine quantitativen Untersuchungsergebnisse vor.

1.153.6 Die Desoxydation mit Kalzium, Magnesium, Bor, Zirkon und komplexen Desoxydationslegierungen

Kalzium und Magnesium müßten auf Grund ihrer stark negativen freien Enthalpie bei der Bildung stabiler Oxyde die wirksamsten Desoxydationsmittel für Eisenschmelzen sein. Ihre praktische Anwendung wird jedoch dadurch stark erschwert, daß beide Elemente bei Stahlerzeugungstemperaturen bereits dampfförmig sind und hohe Dampfdrücke aufweisen. Der Dampfdruck des Kalziums bei 1600 °C beträgt nach experimentellen Ergebnissen 6 bis 8 atm [30]. Für Magnesium liegen noch keine Messungen für diesen Temperaturbereich vor. Der Zusatz zu Stahlschmelzen erfolgt daher mit Legierungen, die diese Elemente in relativ niedriger Konzentration und nach Möglichkeit als intermetallische Verbindung mit niedrigem Dampfdruck enthalten.

Thermodynamische Daten für die Wechselwirkung dieser Elemente mit dem im Stahlbad gelösten Sauerstoff stehen nicht zur Verfügung. Aus experimentellen Untersuchungen und den Ergebnissen der Anwendung im Stahlwerksbetrieb sind jedoch Unterlagen vorhanden, die ihre Wirksamkeit als Desoxydationsmittel abschätzen lassen.

Kalzium kann in Verbindung mit Silizium, z. B. als Kalziumsilizium mit etwa 30% Ca, die Desoxydationswirkung des Siliziums so weit verstärken, daß eine vollberuhigte Erstarrung des Stahles schon bei Siliziumgehalten von 0,12 bis 0,15% eintritt. Die Verwendung von Kalzium in dieser Form ermöglicht z. B. die Herstellung niedrigsilizierter, beruhigter Stähle, die keinen Zusatz anderer starker Desoxydationsmittel, wie Aluminium, erhalten dürfen. Daß trotz der kurzen Berührungszeit des verdampfenden Kalziums eine Umsetzung mit dem im Stahl gelösten Sauerstoff eintritt, zeigt auch das Auftreten von Kalksilikateinschlüssen in so behandelten Stählen [31, 32].

Über den Anteil des Kalziums an der Desoxydationswirkung von Kalziumaluminium liegen keine quantitativen Aussagen vor. Ein Einfluß auf die Ausbildungsform der primären Desoxydationsprodukte wurde von E. PLÖCKINGER und M. WAHLSTER [31] sowie von M. WAHLSTER und M. FELDHAUS [33] festgestellt.

Magnesium wird in Sonderfällen als Nickelmagnesiumlegierung [34] zur Desoxydation hochlegierter Nickel- und Nickel-Chrom-Stähle verwendet, wobei Magnesiumgehalte von 0,05% zur Beruhigung ausreichen sollen.

Eine ausgeprägte Desoxydationswirkung in Eisenschmelzen zeigt auch das *Bor*, das als Desoxydationsprodukt im wesentlichen B_2O_3 ergibt. Da weder die Bildungswärmen noch die Aktivitäten für diese Reaktion bekannt sind, kann das Desoxydationsgleichgewicht nur aus den Ergebnissen der experimentellen Unter-

suchungen von G. Derge [35] abgeleitet werden. Daraus ergibt sich für die Desoxydationskonstante bei 1600 °C der Wert

$$K_B'' = [\% \text{ B}]^2 \cdot [\% \text{ O}]^3 = 4 \cdot 10^{-9} \qquad (338)$$

Die bei Borgehalten bis 0,11 % in Eisenschmelzen sich einstellenden Sauerstoff-gehalte zeigt Abb. 160. Bor ist demnach ein etwa gleich starkes Desoxydationsmittel wie Silizium.

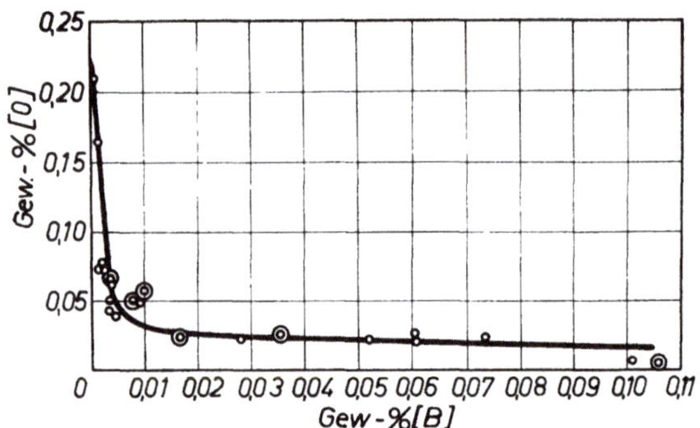

Abb. 160. Die Löslichkeit von Sauerstoff in flüssigem Eisen in Gegenwart von Bor (nach G. Derge)

Beim Zusatz von *Zirkon* zu sauerstoffhaltigen Eisenschmelzen bildet sich das stabile Oxyd ZrO_2, wobei allerdings auch hier das Auftreten primärer Desoxydationsprodukte zu erwarten ist, die gewisse Gehalte an Eisen- und Manganoxydul aufweisen.

J. Chipman [36] berechnete für die Reaktion

$$[\text{Zr}] + 2[\text{O}] = (\text{ZrO}_2) \qquad (339)$$

die Temperaturabhängigkeit ihrer Desoxydationskonstante zu:

$$\lg K_{Zr}'' = \lg ([\% \text{ Zr}] \cdot [\% \text{ O}]^2) = -\frac{41\,340}{T} + 12{,}07 \qquad (340)$$

Für 1600 °C ergibt sich daraus ein Wert von 10^{-10}, d. h., daß der einem Zirkon-gehalt von 0,01 % zugeordnete Gleichgewichtssauerstoffgehalt 0,0001 % beträgt. Obwohl keinerlei experimentelle Untersuchungsergebnisse vorliegen, mit denen diese berechneten Werte verglichen werden können, läßt sich daraus ableiten, daß die Desoxydationskraft des Zirkons noch stärker als die des Aluminiums sein müßte.

Da das bei der Desoxydation entstehende ZrO_2 einen Schmelzpunkt von etwa 2700 °C hat, wird, um die Abscheidungsbedingungen günstig zu beeinflussen, das Zirkon fast ausschließlich als Zr—Fe—Si-Legierung verwendet. Nach C. E. Sims und C. W. Briggs [37] ist dabei neben ZrO_2 auch die Entstehung von Zir-konsilikaten zu erwarten.

Außer der Verwendung einzelner Desoxydationselemente hat sich in der Stahl-werkspraxis der Gebrauch verschiedenartigster *komplexer Desoxydationslegie-rungen* eingebürgert. Bisher ist es jedoch noch nicht möglich, auf Grund theore-tischer oder experimenteller Unterlagen Aussagen über die Wirksamkeit oder die optimale Zusammensetzung zu machen. Auch in den Fällen, wo eindeutige praktische Erfolge vorliegen, ist eine befriedigende theoretische Deutung der Vor-gänge noch nicht möglich.

Schrifttum

zu Abschnitt 1.15

1. Fischer, W. A., und H. J. Fleischer: Die Manganverteilung zwischen Eisenschmelzen und Eisen(II)-oxydschlacken im MnO-Tiegel bei 1520 bis 1770 °C. Arch. Eisenhüttenwes. 32 (1961), S. 1/10.

2. Körber, F., und W. Oelsen: Über die Beziehungen zwischen manganhaltigem Eisen und Schlacken, die fast nur aus Manganoxydul und Eisenoxydul bestehen. Mitt. K.-Wilh.-Inst. Eisenforsch. 14 (1932), S. 181/204.

3. Chipman, J., J. B. Gero und T. B. Winkler: The Manganese Equilibrium under Simple Oxide Slags. J. Metals Trans. 2 (1950), S. 341/45.

4. Turkdogan, E. T., und J. Pearson: Activities of Constituents of Iron and Steelmaking Slags. J. Iron Steel Inst. 175 (1953), S. 393/401.

5. Taylor, C. R., und J. Chipman: Equilibria of Liquid Iron and Simple Basic and Acid Slags in a Rotating Induction Furnace. Trans. AIME 154 (1943), S. 228/45.

6. Fischer, W. A., und H. vom Ende: Die Löslichkeit von Sauerstoff in Eisenschmelzen und eisenoxydul-, kieselsäure- und kalkgesättigten Eisenoxydulschlacken für Temperaturen von 1530° bis 1700°C. Arch. Eisenhüttenwes. 23 (1952), S. 21/33.

7. Körber, F., und W. Oelsen: Die Grundlagen der Desoxydation mit Mangan und Silizium. Mitt. K.-Wilh.-Inst. Eisenforsch. 15 (1933), S. 271/309.

8. Schenck, H., und G. Wiesner: Untersuchungen über Reaktionsgleichgewichte zwischen flüssigem Eisen und kieselsäuregesättigten Schlacken. Arch. Eisenhüttenwes. 27 (1956), S. 1/11.

9. Gokcen, N. A., und J. Chipman: Silicon-Oxygen Equilibrium in Liquid Iron. J. Metals Trans. 4 (1952), S. 171/81.

10. Fischer, W. A., und M. Wahlster: Untersuchungen über die Abscheidungsgeschwindigkeit primärer Desoxydationsprodukte aus Eisenschmelzen. Arch. Eisenhüttenwes. 28 (1957), S. 601/09.

11. Bowen, N. L., und J. F. Schairer: The System $FeO-SiO_2$. Amer. Journ. Sci. 5th Ser. 24 (1932), S. 177/213.

12. Chipman, J.: Application of Thermodynamics to the Deoxidation of Liquid Steel. Trans. Amer. Soc. Metals 22 (1934), S. 385/446.

13. Wentrup, H., und G. Hieber: Umsetzungen zwischen Aluminium und Sauerstoff in Eisenschmelzen. Arch. Eisenhüttenwes. 13 (1939), S. 15/20.

14. Geller, W., und K. Dicke: Gleichgewichte der Desoxydation von flüssigem Stahl mit Aluminium sowie Aluminium und Silizium gemeinsam. Arch. Eisenhüttenwes. 16 (1942/43), S. 431/36.

15. Hilty, D. C., und W. Crafts: The Solubility of Oxygen in Liquid Iron Containing Aluminum. J. Metals Trans. 2 (1950), S. 414/24.

16. Hilty, D. C., und W. Crafts: The Solubility of Oxygen in Liquid Iron Containing Silicon and Manganese. J. Metals Trans. 2 (1950), S. 425/36.

17. Plöckinger, E., und H. Straube: Unveröffentlichte Untersuchungen. Edelstahlwerk Gebr. Böhler & Co., AG., Forschungsanstalt Kapfenberg.

18. Fischer, W. A., und A. Hoffmann: Das Zustandsschaubild Eisenoxydul-Aluminiumoxyd. Arch. Eisenhüttenwes. 27 (1956), S. 343/46.

19. Hay, R., J. White und A. B. McIntosh: Zustandsschaubilder von Oxydmischungen. Iron Coal Trad. Rev. 131 (1935), S. 200/01; vgl. Stahl u. Eisen 56 (1936), S. 955/56.

20. Plöckinger, E.: Menge und Art oxydischer Einschlüsse in Chrom-Mangan-Einsatzstählen vom Erschmelzen im basischen Siemens-Martin-Ofen bis zum Erstarren. Stahl u. Eisen 76 (1956), S. 810/24.

21. Plöckinger, E., und R. Rosegger: Desoxydation und technologische Eigenschaften beruhigter Thomasstähle. Stahl u. Eisen 77 (1957), S. 701/14 und 798/804.

22. Gokcen, N. A., und J. Chipman: The Aluminum-Oxygen Equilibrium in Liquid Iron. J. Metals Trans. 5 (1953), S. 173/78.

23. Chipman, J., und F. C. Langenberg: The Alumina-Graphite Reaction in Liquid Iron and the Aluminum Deoxidation Constant in Steelmaking. In: The Physical Chemistry of Steelmaking. J. Wiley & Sons, Inc., New York 1958, S. 46/50.

24. d'Entremont, J. C., P. L. Guernsey und J. Chipman: Aluminum-Oxygen Interaction in Liquid Iron. Trans. AIME 227 (1963), S. 14/17.

25. Wentrup, H., und G. Hieber: Über das Gleichgewicht zwischen Sauerstoff und Titan in Eisenschmelzen. Arch. Eisenhüttenwes. 13 (1939/40), S. 69/72.

26. Evans, E. L., und H. A. Sloman: Studies in the Deoxidation of Iron, Deoxidation by Titanium. J. Iron Steel Inst. 174 (1953), S. 318/24.

27. HADLEY, R. L., und G. DERGE: Equilibrium between Titanium in Liquid Iron and Titanium Oxides. J. Metals Trans. 7 (1955), S. 55/60.
28. CHIPMAN, J.: Physical Chemistry of Liquid Steel. In: Basic Open Hearth Steelmaking. New York 1951, S. 669.
29. CHIPMAN, J.: The Deoxidation Equilibrium of Titanium in Liquid Steel. Trans. AIME 218 (1960), S. 767/68.
30. SHORTSLEEVE, F. J., und D. C. HILTY: In: Boron, Calcium, Columbium and Zirconium in Iron and Steel. J. Wiley & Sons, Inc., New York 1957, S. 63.
31. PLÖCKINGER, E., und M. WAHLSTER: Untersuchungen über die Bildung und Abscheidung von Desoxydationsprodukten. Stahl u. Eisen 80 (1960), S. 659/69 und Techn. Mitt. Krupp 18 (1960), S. 64/80.
32. KOCH, W.: Analytische Untersuchungen über die beim Zusatz kalziumhaltiger Desoxydationslegierungen zu Eisenschmelzen auftretenden Reaktionen. Stahl u. Eisen 81 (1961), S. 1592/98.
33. WAHLSTER, M., und W. FELDHAUS: Beitrag zur Desoxydation des Stahles mit technischen Kalzium-Silizium-Aluminium-Legierungen. Stahl u. Eisen 82 (1962), S. 193/206.
34. VOGEL, R., und TH. HEUMANN: Die Verwendung von Magnesium als Desoxydationsmittel. Stahl u. Eisen 61 (1941), S. 295/96.
35. DERGE, G.: The Boron-Oxygen Equilibrium in Liquid Iron. Trans. AIME 167 (1946), S. 93/110.
36. CHIPMAN, J.: Physical Chemistry of Liquid Steel. In: Basic Open Hearth Steelmaking. New York 1951, S. 671.
37. SIMS, C. E., und C. W. BRIGGS: A Primer on Deoxidation. J. Metals 11 (1959), S. 815/22.

1.16 Die Abscheidung der Suspensionen aus dem Stahlbad

Außer den atomar und molekular gelösten Stoffen enthält das Stahlbad eine Reihe von Bestandteilen kolloidaler bis makroskopischer Größe, die als Emulsion oder Suspension darin verteilt sind. Ihre Anwesenheit ist im allgemeinen unerwünscht bis auf einen Anteil bestimmter, als Kristallisationskeime wirkender Substanzen, die auch später im festen Stahl die primären und sekundären Kristallisationsvorgänge günstig beeinflussen (vgl. Abschnitt „Gießen" 1.12 und 1.14). Nichtmetallische Einschlüsse mikroskopischer und makroskopischer Größenordnung sind, wenn man von den Einschlüssen in Automatenstählen absieht, für die Eigenschaften des Fertigproduktes immer schädlich, so daß die Verhinderung ihrer Entstehung beziehungsweise ihre Abscheidung vor der Kristallisation des Stahles mit zu den wichtigsten Aufgaben der Stahlherstellung gehört.

Je nach dem Zeitpunkt ihres Auftretens oder ihrer Entstehung im flüssigen Stahl unterscheidet man

1. Verunreinigungen, die mit dem metallischen Einsatz in das Stahlbad gelangen;

2. Reaktionsprodukte der Stahlbegleit- und Legierungselemente, die in der Oxydationsperiode entstehen;

3. Verunreinigungen aus unreinen Legierungszusätzen;

4. Desoxydationsprodukte;

5. Oxydationsprodukte durch Berührung des fertigen Stahles mit der Luft und

6. Verunreinigungen, die aus den feuerfesten Baustoffen des Ofens, der Gießpfanne oder dem feuerfesten Material der Gießgrube, teils durch chemische Umsetzung, teils durch mechanische Loslösung in den Stahl gelangen.

Bei allen diesen Verunreinigungen handelt es sich um Oxyde, wobei den Desoxydationsprodukten die weitaus größte Bedeutung für den Reinheitsgrad des Stahles zukommt. Verunreinigungen aus dem Einsatz und den Oxydationsreaktionen können erfahrungsgemäß bei allen Erzeugungsverfahren mit Frischperiode relativ leicht abgeschieden werden. Die Verunreinigungen in Legierungen sind bei höheren Zusätzen von Bedeutung. Der Oxydation beim Gießen kann durch Gießen unter Schutzgas oder im Vakuum vorgebeugt werden. Der Aufnahme von Verunreinigungen aus den feuerfesten Baustoffen muß durch entsprechende Werkstoffauswahl und Abstimmung auf das chemische Verhalten des Stahles und durch Verminderung der mechanischen Erosion begegnet werden.

Darüber hinaus werden bei der Kristallisation des Stahles oder zum Teil erst im erstarrten Zustand nichtmetallische Phasen, wie Sulfide, Nitride, Karbide u. a., ausgeschieden. Ihre Menge und Zusammensetzung hängt von der chemischen Zusammensetzung des flüssigen Stahles ab und kann nur durch Änderung derselben beeinflußt werden.

Alle im flüssigen Stahl enthaltenen oder entstehenden unlöslichen Verunreinigungen haben ein niedrigeres spezifisches Gewicht als der flüssige Stahl, so daß ihnen unter bestimmten Voraussetzungen die Möglichkeit gegeben ist, im Stahlbad aufzusteigen und sich aus dem Stahl abzuscheiden. Tab. 22 gibt einige Zahlenwerte für eine Reihe wichtiger Einschlußarten nach C. BENEDICKS und H. LÖFQUIST [1].

Tabelle 22. *Spezifisches Gewicht verschiedener Oxyde und Unterschied gegenüber flüssigem Eisen*
(nach BENEDICKS, ERICSSON und ERICSON)

Teilchen aus	Spezifisches Gewicht s_1	$s_2 - s_1$ (Eisen $s_2 = 7,1$)
SiO_2	2,3	4,8
$FeO \cdot SiO_2$	3,0	4,1
$MnO \cdot SiO_2$	3,6	3,5
Al_2O_3	3,9	3,2
MnS	4,0	3,1
$2\,MnO \cdot SiO_2$	4,1	3,0
$2\,FeO \cdot SiO_2$	4,3	2,8
FeS	4,6	2,5
MnO	5,5	1,6
FeO	5,9	1,2

Die Bedingungen für die Abscheidung der nichtmetallischen Einschlüsse, gleich welcher Entstehungsart, sind eng mit ihren chemischen und physikalischen Eigenschaften verknüpft sowie vom Zustand des Stahlbades selbst abhängig. Sie lassen sich daher kaum vorausberechnen oder durch allgemein gültige Gesetzmäßigkeiten darstellen. Wohl aber kann man aus der Betrachtung bestimmter physikalischer Eigenschaften die Einflußgrößen abschätzen, die eine rasche Abscheidung begünstigen müssen.

So versuchten bereits F. HARTMANN [2] und G. RANQUE [3] den zeitlichen Ablauf der Abscheidung von Einschlüssen aus Stahlbädern auf Grund des STOKESschen Gesetzes vorauszusagen. Danach ergibt sich für die Aufstiegsgeschwindigkeit von *kugelförmigen Teilchen* in einer *ruhenden* Flüssigkeit im Bereich *laminarer* Bewegung:

$$v = \frac{2\,r^2 \cdot (s_1 - s_2) \cdot g}{9\,\eta} \; [\mathrm{cm} \cdot \mathrm{sec}^{-1}] \tag{341}$$

wenn r der Radius der Teilchen in cm, $s_1 - s_2$ die Differenz der spezifischen Gewichte von Stahl und Einschlußteilchen, η die Viskosität der Flüssigkeit und g die Erdbeschleunigung ist. Qualitativ läßt sich daraus folgern, daß die Aufstiegsgeschwindigkeit um so größer ist, je dünnflüssiger der Stahl, je niedriger das spezifische Gewicht der Teilchen und je größer ihr Durchmesser ist. Berechnet man unter den gemachten Voraussetzungen die Aufstiegsgeschwindigkeit von Teilchen, deren spezifisches Gewicht im Mittel um 2,9 niedriger ist als das des flüssigen

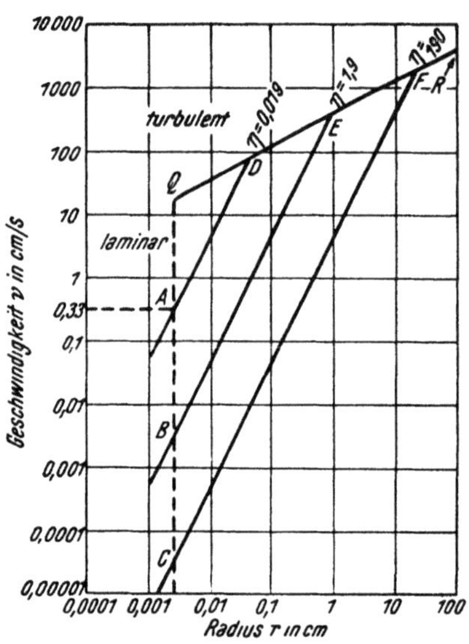

Abb. 161. Aufstiegsgeschwindigkeit verschieden großer Teilchen im Stahl unter den Bedingungen des STOKESschen Gesetzes (nach F. HARTMANN)

Stahles, so ergeben sich für drei verschiedene Viskositäten die in Abb. 161 dargestellten Werte. Der Wert $\eta = 0,019$ [g · cm^{-1} · sec^{-1}] entspricht nach den Messungen von H. THIELEMANN und A. WIMMER [4] der Viskosität eines Stahles mit 0,3 bis 0,5% C bei 1570 bis 1590 °C. Die strichlierte Linie, die die Viskositätsgeraden in A, B und C schneidet, gibt beispielsweise die Geschwindigkeit eines Teilchens von 0,06 mm Durchmesser bei den drei Viskositäten an. Die Gerade DEF bezeichnet die Grenze der Anwendbarkeit des Gesetzes von STOKES. Bei höheren Geschwindigkeiten geht die laminare Bewegung in eine turbulente über. Dies würde für das betrachtete Teilchen im Punkte Q eintreten.

Da die Viskosität des Stahles bei gegebener chemischer Zusammensetzung und das spezifische Gewicht der Oxydteilchen nur in engen Grenzen willkürlich veränderlich sind, ist man z. B. bei der Fällungsdesoxydation immer bestrebt, nur flüssige, leicht koagulierbare Einschlüsse zu erhalten, die beim Erreichen ausreichender Teilchengrößen eine hohe Aufstiegsgeschwindigkeit besitzen müssen.

Experimentelle Untersuchungen der Abscheidungsvorgänge zeigten jedoch, daß die Verhältnisse keineswegs so einfach liegen und daß vor allem die Bedingungen des STOKESschen Gesetzes hinsichtlich einer laminaren Bewegung in einem ruhenden Bad praktisch niemals zutreffen. Somit bestehen in der Praxis keine so einfachen Gesetzmäßigkeiten zwischen der Größe und der Aufstiegsgeschwindigkeit der Teilchen. Rein qualitativ ergeben sich aber die wichtigen Schlußfolgerungen, daß eine hohe Stahltemperatur (niedrige Viskosität) und ein großer Teilchendurchmesser die Reinigung des Stahlbades erleichtern.

In den folgenden Abschnitten sollen nunmehr die Entstehungsbedingungen und die Eigenschaften der nichtmetallischen oxydischen Verunreinigungen näher behandelt und die bisherigen Kenntnisse über ihre Abscheidbarkeit aus dem flüssigen Stahl aufgezeigt werden.

1.161 Die Entstehung der Einschlüsse; primäre und sekundäre Desoxydationsprodukte

Die in flüssigem Stahl über Liquidustemperatur enthaltenen Einschlüsse sind, wenn man von einigen Ausnahmen, wie z. B. von hochschmelzenden Nitriden oder von Sulfiden im Bereich der Mischungslücke, absieht, *Oxyde*. Je nach ihrem Schmelzpunkt sind sie in fester oder flüssiger Form vorhanden, wobei durch Änderung ihrer Zusammensetzung auch eine Aggregatform in die andere übergehen kann.

Schon in den Einsatzstoffen sind gewisse Oxydmengen enthalten, die beim Einschmelzen in das Stahlbad gelangen. Weitere entstehen durch Oxydation von Eisenbegleitelementen höherer Sauerstoffaffinität im Frischprozeß und später dann beim Zusatz von Legierungs- und Desoxydationselementen. Allen diesen Oxydeinschlüssen gemeinsam ist ihre Entstehung auf chemischem Wege *im* Stahlbad durch Umsetzung verschiedener Elemente mit dem gelösten Sauerstoff. Sie werden als *endogene* Einschlüsse bezeichnet. Als *exogene* Einschlüsse dagegen bezeichnet man Oxydteilchen, die als mechanische Beimengungen von außen in den flüssigen Stahl gelangen, also z. B. als Verunreinigungen der Legierungselemente oder mechanischer Abrieb vom feuerfesten Material der Gießgrube. Diese Teilchen werden, sofern die Reaktionsmöglichkeit gegeben ist, sich mit den übrigen im Stahl enthaltenen Komponenten umsetzen, bis der entsprechende Gleichgewichtszustand, zumindest an der Teilchenoberfläche, erreicht ist.

Nach den bisherigen Untersuchungsergebnissen sind mehr als 80%, meist sogar über 95%, der im fertigen Stahl enthaltenen mikroskopischen Einschlüsse endogener Natur, d. h. sie sind durch chemischen Umsatz mit dem im flüssigen Stahl gelösten Sauerstoff entstanden. Als Entstehungsursache sind in erster Linie die Desoxydationsvorgänge zu nennen. Da aber auch die sonstigen zur Ausfällung von Oxyden in der Schmelze führenden Reaktionen nach den gleichen Gesetzmäßigkeiten ablaufen und in jedem Falle für die entstehenden Oxydteilchen die gleichen Gesetzmäßigkeiten gelten, sollen im folgenden alle Vorgänge am Beispiel der Fällungsdesoxydation behandelt werden.

Die Gesamtmenge der bei der Desoxydation des Stahles entstehenden Desoxydationsprodukte ist, wenn man von einer zusätzlichen Sauerstoffaufnahme beim Gießen, z. B. aus der Luft, absieht (vgl. Abschnitt 1.18), dem Ausgangssauerstoffgehalt proportional, da bis zur beendeten Erstarrung praktisch der gesamte Sauerstoff aus der metallischen Phase ausgeschieden wird. Bei der Desoxydationstemperatur dagegen ist die ausgeschiedene Oxydmenge abhängig von der Konzentration der reagierenden Stoffe im Sinne des Massenwirkungsgesetzes. Sie kann, soweit bisher quantitative Unterlagen vorliegen, aus den im Abschnitt 1.15 besprochenen Gleichgewichtsdaten errechnet werden. Die bei der Desoxydation bis zum Erreichen des Gleichgewichtszustandes bei konstanter Temperatur gebildeten Oxyde werden als „*primäre*" *Desoxydationsprodukte* bezeichnet.

Wie sofort aus der Temperaturabhängigkeit der Desoxydationsreaktionen gefolgert werden kann, werden in allen Fällen mit sinkender Temperatur bis zur beendeten Erstarrung weitere Oxyde gebildet, die „*sekundäre*" *Desoxydationsprodukte* genannt werden. Ihre Menge ist dem Gleichgewichtssauerstoffgehalt der Schmelze nach dem Zusatz des Desoxydationsmittels proportional. Der Einfluß der Temperaturabhängigkeit der Desoxydationsreaktion auf die zusätzliche Verunreinigung des Stahles beim Abkühlen durch Sekundäreinschlußbildung ist also um so geringer, je vollständiger die Bindung des Sauerstoffs beim Zusatz des Desoxydationsmittels, d. h. im allgemeinen, je stärker das Desoxydationsmittel ist.

Für die Abscheidungsmöglichkeit der Einschlüsse unter vergleichbaren Bedingungen folgt daraus, daß alle Desoxydationsmittel und alle Desoxydationsbedingungen, die erst bei tiefen Temperaturen des Stahles oder erst im Bereich zwischen Liquidus- und Solidustemperatur größere Mengen an Desoxydationsprodukten entstehen lassen, zu hohen Einschlußgehalten im Stahl führen müssen.

Die eben geschilderten Vorgänge lassen sich an Hand des Prinzipschaubildes in Abb. 162 [5] gut überblicken. Ihm liegt als Modellfall die Desoxydation einer Siemens-Martin-Schmelze in der Gießpfanne zugrunde. Am Ende der Frisch- und

Feinungsperiode soll sich ein *Gesamt*sauerstoffgehalt im flüssigen Stahl von 0,042%
eingestellt haben. Er setzt sich aus einem im flüssigen Stahl *gelösten* Anteil von
0,040% [O] und dem geringen Anteil an Sauerstoff zusammen, der noch in Form
suspendierter Oxyde in der Schmelze vorhanden ist. Er soll im vorliegenden Fall
den Wert 0,002% O besitzen.

Durch den Zusatz von 0,25% Silizium wird bei 1600°C, der hier angenommenen
Temperatur des Stahles in der Gießpfanne, ein Gleichgewichtssauerstoffgehalt
von 0,012% erreicht. Diese Gleichgewichtseinstellung ist bei den hohen Reaktionsgeschwindigkeiten bei Stahlher-
stellungstemperaturen in Verein
mit der turbulenten Badbewegung in der Gießpfanne in kurzer
Zeit erreicht. Dieser Wert von
0,012% [O] vermindert sich geringfügig mit sinkender Stahltemperatur in der Gießpfanne entsprechend der Veränderung des
K_{Si}-Wertes. Beim Übergang vom
flüssigen in den festen Zustand
nimmt der im Stahl gelöste Sauerstoff weiter ab. Der Endwert liegt
bei nahezu null Prozent gelöstem
Sauerstoff im erstarrten Stahl.

Im vorliegenden Beispiel entstehen beim Zusatz des Desoxydationsmittels unlösliche Oxyde,
deren Menge durch die strichlierte
Kurve in Abb. 162 angedeutet
ist. Wie aus einer Reihe von experimentellen Untersuchungen
hervorgeht [6 bis 9], kann ein
großer Teil dieser primären Desoxydationsprodukte schon in wenigen Minuten ausgeschieden wer-

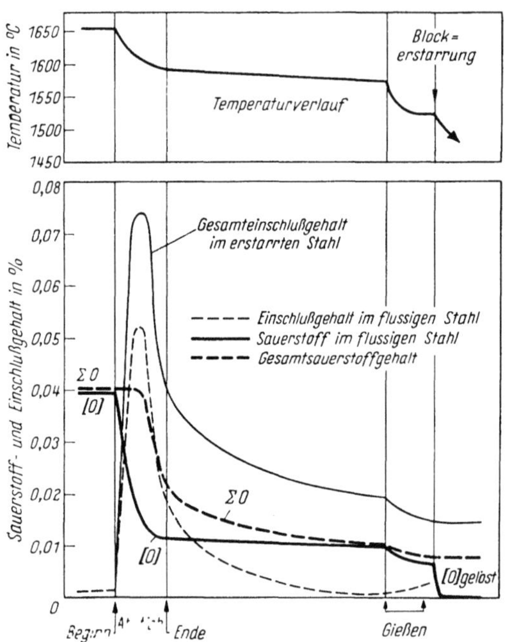

Abb. 162. Schematische Darstellung der Vorgänge bei der Fällungsdesoxydation (nach E. PLÖCKINGER und M. WAHLSTER)

den. Hier wurde angenommen, daß auch die Restmengen noch bis zum Gießbeginn abgeschieden wurden. In diesem Fall ist der experimentell bestimmbare Gesamtsauerstoffgehalt des Stahles gleich dem Gleichgewichtssauerstoffgehalt der
Desoxydationsreaktion (hier 0,012% O). Mit der Temperaturabnahme des Stahles
beim Gießen und Erstarren tritt wieder eine Zunahme des Einschlußgehaltes
ein, wobei die jetzt gebildeten sekundären Desoxydationsprodukte sicher nicht
mehr vollständig abgeschieden werden können.

Da die im flüssigen Stahl zum jeweiligen Zeitpunkt vorhandene Einschlußmenge der direkten Messung nicht zugänglich ist, ist in Abb. 162 auch die Veränderung des meßbaren Gesamtsauerstoff- und Gesamteinschlußgehaltes eingezeichnet, die bei den beschriebenen Vorgängen an Stahlproben ermittelt werden können.

Aus diesem allgemeinen Reaktionsschema ergeben sich für die Herstellung
einschlußarmer Stähle folgende Schlußfolgerungen:

1. Die Abscheidung der primären Desoxydationsprodukte soll bis Gießbeginn
   so gut wie beendet sein.

2. Der flüssige Stahl in der Gießpfanne soll vor Gießbeginn einen möglichst
   geringen Gleichgewichtssauerstoffgehalt haben, um die Menge der bis zur

Erstarrung entstehenden sekundären, verhältnismäßig schlecht abscheidbaren Desoxydationsprodukte gering zu halten.

Wie unterschiedlich die Bedingungen zu Punkt 2 obiger Schlußfolgerungen bei Verwendung verschiedener Desoxydationsmittel sein können, zeigt Abb. 163. Hier ist an vier Beispielen die Änderung der Gleichgewichts-Sauerstoffkonzentration berechnet, die sich nach dem Zusatz von unterschiedlichen Silizium- und Aluminiummengen zu einer Stahlschmelze ergeben, wenn nach der Umsetzung die genannten Restgehalte an [Si] und [Al] im Stahl verbleiben [8]. Bemerkenswert

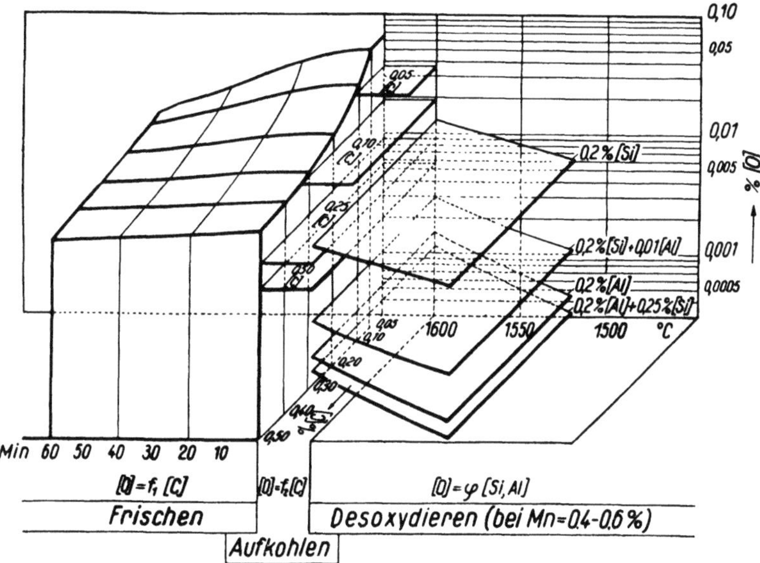

Abb. 163. Die Sauerstoffkonzentrationen im flüssigen Siemens-Martin-Stahl beim Frischen, Aufkohlen und Desoxydieren (nach E. PLÖCKINGER und A. RANDAK)

ist dabei auch die Tatsache, daß z. B. beim Zusatz von 0,2% Silizium zu hochgekohlten Stählen mit etwa 0,5% C, die nach einem Aufkohlen praktisch den Gleichgewichtszustand der C—O-Reaktion erreicht haben [10], zunächst keine Einschlußbildung eintritt. Unter den angenommenen Bedingungen von Konzentration und Temperatur liegt der Gleichgewichtssauerstoffgehalt der Siliziumreaktion höher als der des Kohlenstoff-Sauerstoff-Gleichgewichtes. Hier kommt es bei der alleinigen Verwendung von Silizium als Desoxydationsmittel nur zur Bildung sekundärer Einschlüsse bei der Abkühlung und Erstarrung der Schmelze.

Über den zeitlichen Ablauf der Umsetzungen bei der Fällungsdesoxydation liegen nur wenige Untersuchungsergebnisse vor. Aus den Ergebnissen der Arbeit von W. A. FISCHER und M. WAHLSTER [11] kann geschlossen werden, daß die Desoxydation mit Silizium in kleinen Induktionsöfen von 4 bis 300 kg innerhalb der für die Auflösung des Siliziums benötigten Zeit von maximal 30 Sekunden beendet ist. E. PLÖCKINGER und A. RANDAK [8] verfolgten den Ablauf der Desoxydation einer 60-t-Siemens-Martin-Schmelze mit Silizium und Aluminium in der Gießpfanne durch laufende Probenahme. Wie aus Abb. 164 entnommen werden kann, ist acht Minuten nach Abstichbeginn in den isolierten Einschlüssen praktisch kein Eisenoxydul mehr nachweisbar. Von diesem Zeitpunkt an scheiden sich nur mehr Einschlüsse praktisch konstanter Zusammensetzung ab. In einer neueren

Arbeit beschäftigen sich L. v. BOGDANDY, W. MEYER und I. N. STRANSKI [12] mit der Analyse der nacheinander ablaufenden Teilvorgänge bei der Einschlußbildung durch Fällungsdesoxydation, wobei sie sich aus versuchstechnischen Gründen zunächst auf Ferrozirkon als Desoxydationsmittel beschränken mußten.

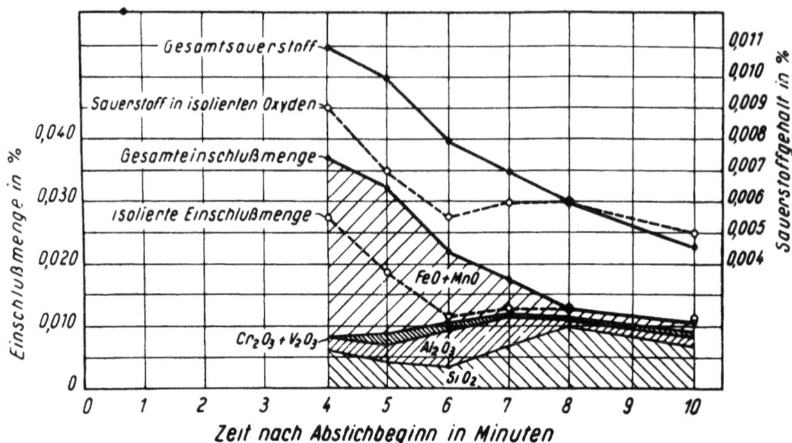

Abb. 164. Zeitlicher Ablauf der Fällungsdesoxydation in der Gießpfanne nach Zusatz von Silizium und Aluminium (nach E. PLÖCKINGER und A. RANDAK)

1.162 Aufbau und Eigenschaften der Oxydeinschlüsse

Der Aufbau und die Eigenschaften der Oxydeinschlüsse, die im flüssigen Stahl entstehen, sind außerordentlich komplex. Wie aus den theoretischen Grundlagen der Desoxydationsreaktionen (vgl. Abschnitt 1.15) hervorgeht, können auch beim Zusatz nur eines Desoxydationsmittels je nach Konzentration und Zusammensetzung der Schmelze unterschiedliche Oxydphasen entstehen. Dies gilt natürlich auch umgekehrt für die Oxydation von Stahlschmelzen unterschiedlicher Zusammensetzung und für die dabei entstehenden Oxyde. Man wird daher in einer festen Stahlprobe immer mit der Anwesenheit verschiedener Oxydphasen nebeneinander rechnen müssen, deren Mengenverhältnis darüber hinaus noch durch die unterschiedliche Abscheidungsgeschwindigkeit beeinflußt ist.

Über die Größe, den Aufbau und die Teilchenform der bei der Fällungsdesoxydation entstehenden Oxyde wurden in den vergangenen Jahren neue Erkenntnisse gewonnen. Nach den Untersuchungsergebnissen von W. A. FISCHER und M. WAHLSTER [11], sowie von E. PLÖCKINGER und M. WAHLSTER [5] bilden sich nach dem Zusatz der Desoxydationsmittel zu sauerstoffhaltigen Stahlschmelzen als primäre Desoxydationsprodukte Oxydphasen, die zumindest kurz nach ihrer Entstehung befähigt sind, zu größeren Teilchen zu *koagulieren*. Die Koagulationsfähigkeit hängt auch von der Schmelztemperatur der Oxyde und damit auch von der Reaktionstemperatur selbst ab. Wie aus Abb. 165 zu ersehen ist [5], gibt es offenbar für jedes Desoxydationsmittel in Abhängigkeit von der Zeit nach der Zugabe eine „kennzeichnende Teilchengröße". Die hier beobachtete mittlere Größe der Oxydteilchen in den dem flüssigen Stahl entnommenen Proben bezieht sich auf Schmelzen niedrigen Kohlenstoffgehaltes mit Mangangehalten von etwa 0,25 bis 0,30% und einem Ausgangssauerstoffgehalt von 0,08 bis 0,10% nach dem Zusatz von etwa 0,3% an Desoxydationsmitteln. Die Reaktionstemperatur lag zwischen 1600 und 1650 °C.

In mit *Silizium* desoxydierten Schmelzen entstehen, wie Abb. 166 zeigt, sofort nach dem Desoxydationszusatz flüssige, gut koagulierende Gläser, die sowohl homogen als auch aus verschiedenen Phasen aufgebaut sein können. Das Zusammenfließen kann an einzelnen Teilchen gut beobachtet werden.

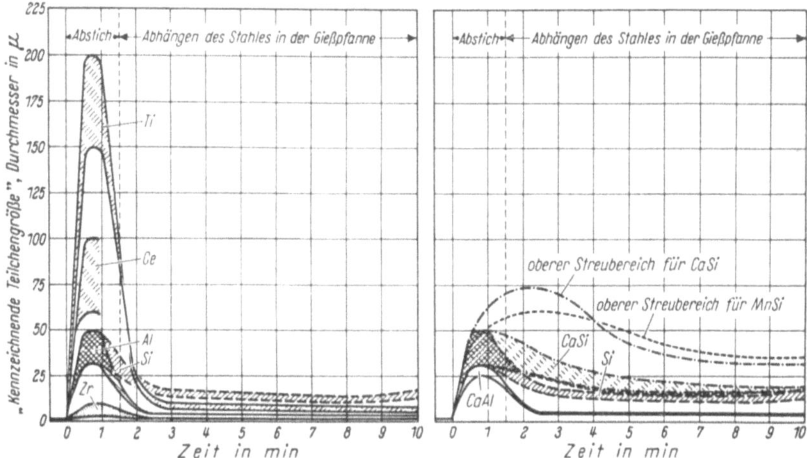

Abb. 165. „Kennzeichnende Teilchengröße" der Desoxydationsprodukte vom Abstich bis zum Gießen (nach E. PLÖCKINGER und M. WAHLSTER)

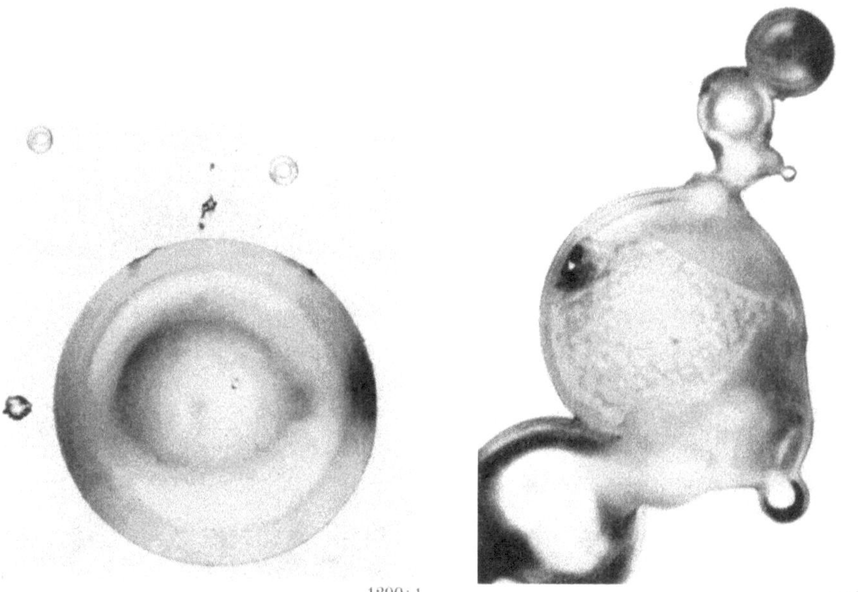

Abb. 166. Primäreinschlüsse nach Desoxydation mit Silizium; 10 bis 20 s nach dem Zusatz (nach E. PLÖCKINGER und M. WAHLSTER)

Bei der Desoxydation mit *Titan* bilden sich nur in einem kurzen Zeitraum, während der Auflösung des Titans im flüssigen Eisen, große Einschlüsse. Wie Abb. 167 zeigt, ist ihr Aufbau uneinheitlich. Sie bestehen offenbar aus verschiedenen Titanoxyden, die sich aus einem flüssigen Oxydgemisch ausgeschieden haben, das vorher zu großen Kugeln koagulieren konnte.

Primäre Desoxydationsprodukte ähnlicher äußerer Erscheinungsform entstehen auch nach dem Zusatz von *Aluminium* und *Cer*, wie die Abb. 168 und 169 zeigen. Auch hier ist das Zusammenfließen der ursprünglich flüssigen Oxydmischphasen deutlich zu erkennen. Nur bei der Desoxydation mit *Zirkon*, dessen

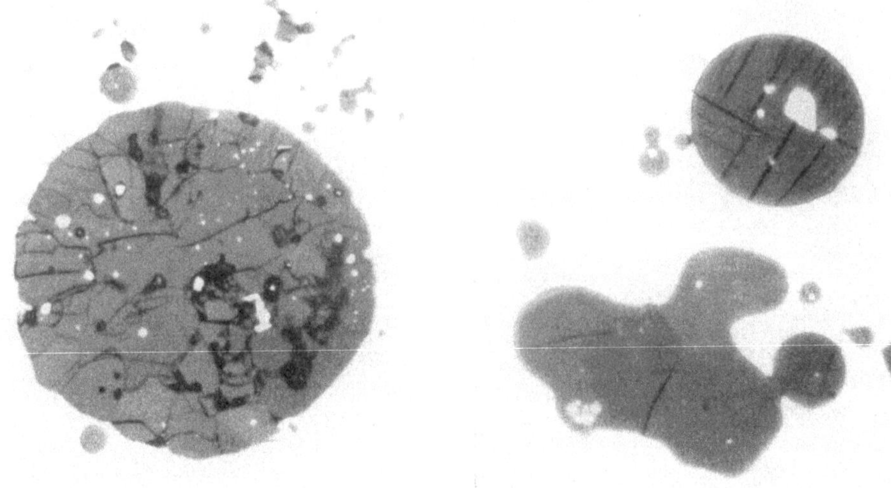

Abb. 167. Primäreinschlüsse nach Desoxydation mit Titan; 10 bis 20 s nach dem Zusatz
(nach E. PLOCKINGER und M. WAHLSTER)

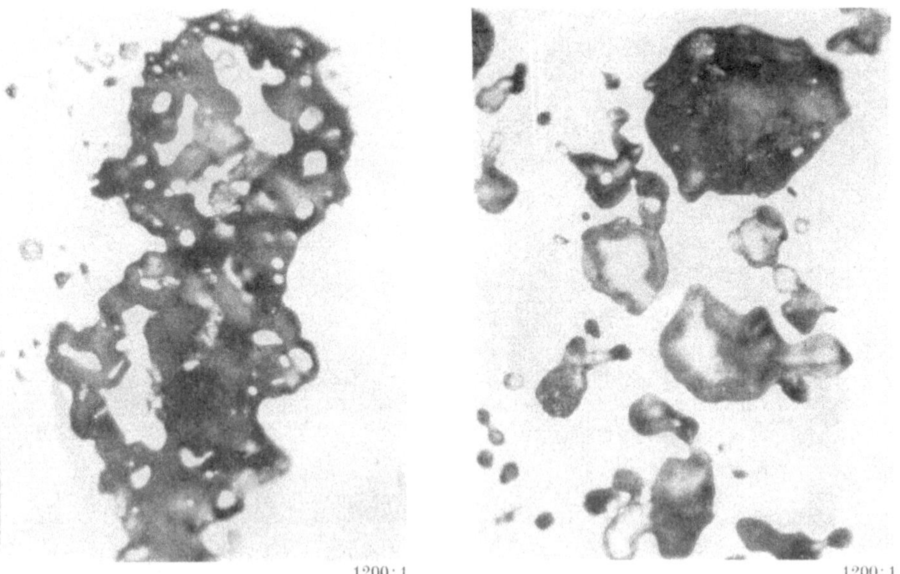

Abb. 168. Primäreinschlüsse nach Desoxydation mit Aluminium; 10 bis 20 s nach dem Zusatz
(nach E. PLOCKINGER und M. WAHLSTER)

Oxyd ZrO_2 einen Schmelzpunkt von 2700 °C aufweist, können sich unter den vorliegenden Arbeitsbedingungen fast keine flüssigen Oxydphasen bilden. Die primären Desoxydationsprodukte sind außerordentlich klein, wie aus Abb. 170 entnommen werden kann.

Die Koagulation der ebenfalls zum Zeitpunkt der Entstehung gut flüssigen kalkhaltigen Silikate nach einem Zusatz von *Kalziumsilizium* führt zu den in Abb. 171 wiedergegebenen Einschlußformen. Kennzeichnend gegenüber den

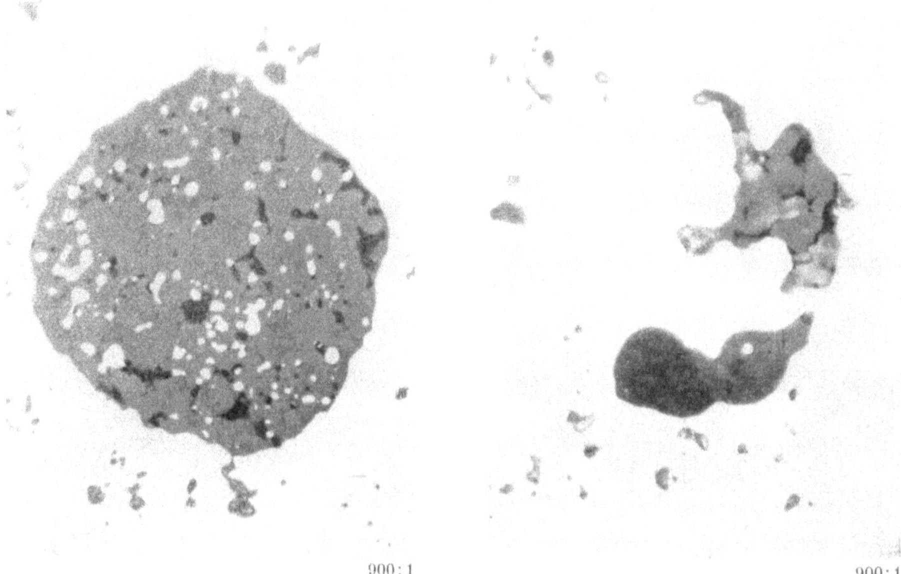

Abb. 169. Primäreinschlüsse nach Desoxydation mit Cer; 10 bis 20 s nach dem Zusatz
(nach E. PLÖCKINGER und M. WAHLSTER)

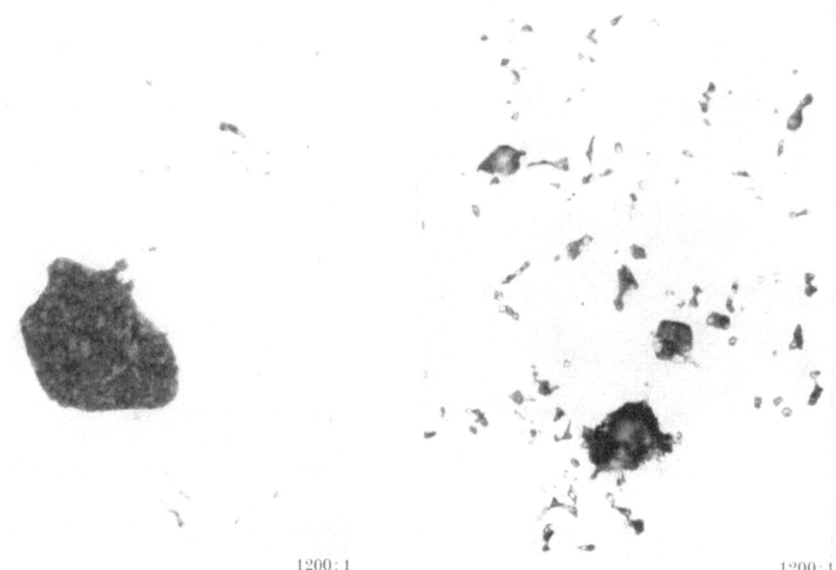

Abb. 170. Primäreinschlüsse nach Desoxydation mit Zirkon; 10 bis 20 s nach dem Zusatz
(nach E. PLÖCKINGER und M. WAHLSTER)

reinen Kieselgläsern ist das häufige Auftreten einer zweiten, zum Teil kristallisierten Phase im Innern der Einschlüsse. Das Koagulieren kann, ebenso wie bei den nach Zusatz von *Mangansilizium* entstehenden flüssigen Mangansilikaten über einen langen Zeitraum beobachtet werden. Diese Erscheinung ist durch den oberen Streubereich in Abb. 165 angedeutet. Das *Kalziumaluminium* unterscheidet sich in seinem Verhalten nur wenig vom Reinaluminium. Die Primäroxyde zeigen, wie Abb. 172 erkennen läßt, einen relativ homogenen Aufbau,

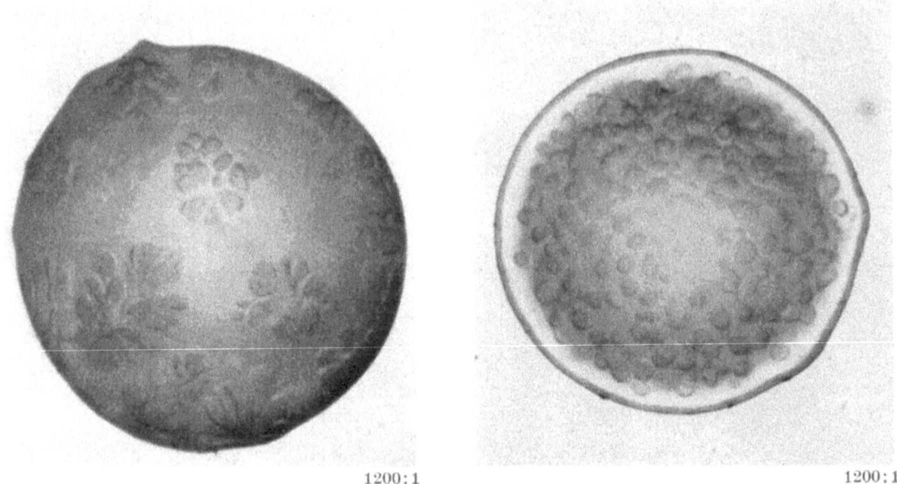

Abb. 171. Primäreinschlüsse nach Desoxydation mit Kalzium-Silizium; 10 bis 20 s nach dem Zusatz
(nach E. PLÓCKINGER und M. WAHLSTER)

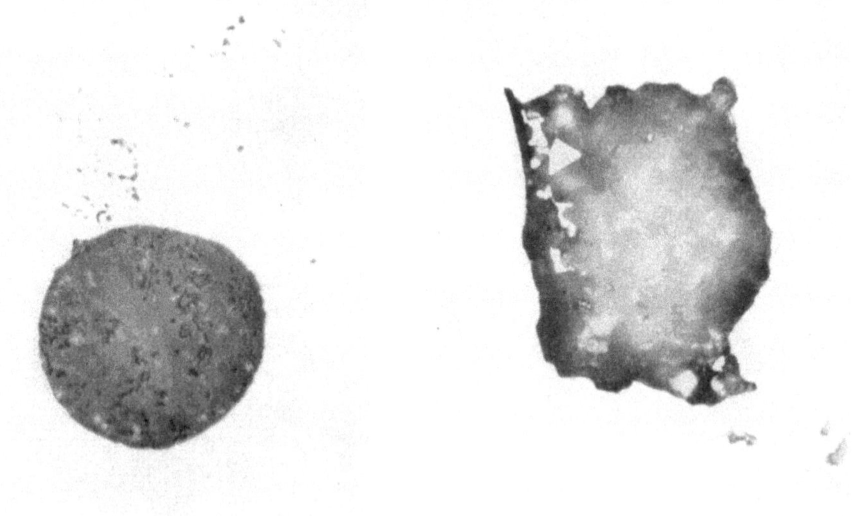

Abb. 172. Primäreinschlüsse nach Desoxydation mit Kalzium-Aluminium; 10 bis 20 s nach dem Zusatz
(nach E. PLÖCKINGER und M. WAHLSTER)

woraus auf eine niedrigere Schmelztemperatur gegenüber den primären Oxydphasen der Aluminiumdesoxydation geschlossen werden kann. Sie enthalten einige Prozent Kalziumoxyd.

Wie aus diesen Beobachtungen entnommen werden kann, ist das Auftreten großer, koagulierter Einschlüsse von der Zusammensetzung der primär entstehenden Oxydphasen und ihrem Schmelzverhalten abhängig. Dazu kommt noch, daß die in den Mischphasen ursprünglich enthaltenen Anteile an Eisen- und Manganoxydul durch das im Überschuß anwesende Desoxydationsmittel bis auf geringe Reste reduziert werden können. Wie weit dieser Vorgang jeweils abläuft, hängt von der Verweilzeit der Primärteilchen in der Schmelze, vom Überschuß an Desoxydationsmitteln und von der Diffusionsgeschwindigkeit der reagierenden Stoffe im Oxydeinschluß ab. Wenn dabei, wie im Falle des Siliziums, Aluminiums, Titans, Cers oder Zirkons, hochschmelzende Oxyde entstehen, so werden die primären Oxydeinschlüsse bald fest und verlieren im flüssigen Stahl die Fähigkeit,

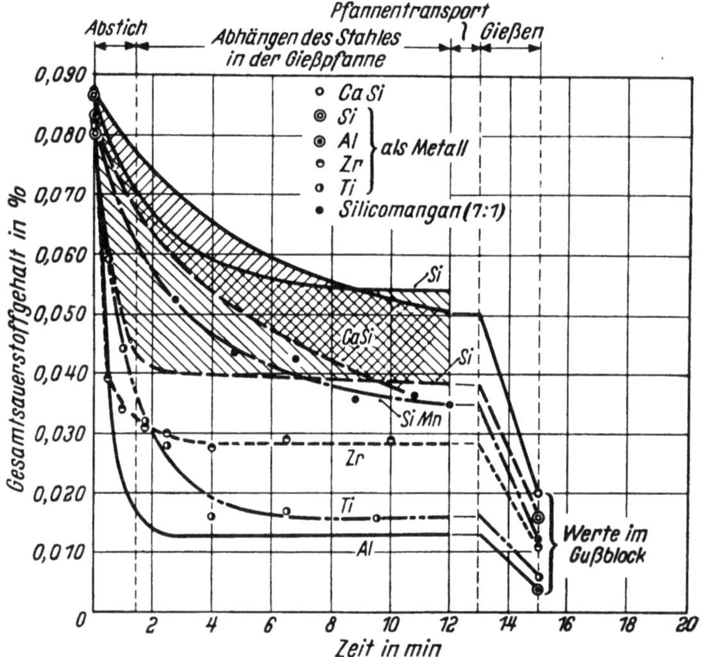

Abb. 173. Abscheidungsgeschwindigkeit verschiedener Desoxydationsprodukte bei der Fällungsdesoxydation in der Gießpfanne, gemessen an der Abnahme des Gesamtsauerstoffgehaltes; 3-t-Schmelzen (nach E. PLÖCKINGER und M. WAHLSTER)

zu größeren Teilchen zu koagulieren. Nur beim Kalziumsilizium und Mangansilizium reicht die Schmelzpunkterniedrigung durch selbst kleine Gehalte an (FeO), (MnO) oder (CaO) aus, um die Einschlüsse bei Stahlherstellungstemperatur längere Zeit flüssig zu halten. Hier kann, wie bereits erwähnt, die Koagulation zu größeren Einschlüssen über einen längeren Zeitraum beobachtet werden. Im ersten Fall sind die beschriebenen Umsetzungen nach ein bis zwei Minuten beendet.

Die Teilchengrößen von etwa 5 bis $200\,\mu$ stehen in guter Übereinstimmung mit den theoretisch zu erwartenden Wachstumsgrößen von Desoxydationsprodukten [12].

1.163 Die Abscheidungsvorgänge

Nach den Beziehungen des STOKESschen Gesetzes sollte die Abscheidungsgeschwindigkeit der Oxydteilchen unter sonst gleichen Bedingungen ihrer Teilchengröße verhältnisgleich sein. Vergleicht man zu diesem Zweck die „kennzeichnende Teilchengröße" in Abb. 165 mit dem experimentell festgestellten Abscheidungsverhalten der gleichen Desoxydationsprodukte in Abb. 173, so zeigt sich, daß diese Proportionalität nicht gegeben ist [5]. Danach scheiden sich die sehr kleinen Zirkonoxydeinschlüsse in den ersten drei Minuten zum Teil ebenso rasch ab wie die bis etwa zwei Zehnerpotenzen größeren Titanoxyd-Einschlüsse. Auch Teilchen gleichen Durchmessers, wie Tonerdeeinschlüsse und Kieselgläser, zeigen in ihrem Abscheidungsverhalten auffallende Unterschiede.

Vergleicht man die Abscheidungsgeschwindigkeit verschiedener Desoxydationsprodukte bei den Vorgängen der *Fällungsdesoxydation* bis zum Abgießen des Stahles, wie dies in Abb. 173 an Hand der Änderung des Gesamtsauerstoffgehaltes nach dem Desoxydationsmittelzusatz dargestellt ist, so kann man drei Gruppen unterscheiden:

1. Desoxydationsmittel, die in den ersten Minuten nur eine verhältnismäßig geringe Sauerstofferniedrigung bewirken, bei denen aber ein Abhängenlassen des Stahles vor dem Vergießen noch eine Verbesserung der Abscheidung erbringt. Zu ihnen zählen das Silizium sowie die siliziumhaltigen technischen Desoxydationslegierungen Silikomangan und Kalziumsilizium.

2. Desoxydationsmittel, die unmittelbar nach ihrer Auflösung im Stahl den überwiegenden Teil des gelösten Sauerstoffs abbinden und in Form von rasch abscheidbaren Primäroxyden aus dem Stahl entfernen. Ein längeres Abhängenlassen führt hier zu keinem Erfolg. Zu dieser Gruppe gehören das Aluminium und das Titan sowie aluminiumhaltige Desoxydationslegierungen, wie Ferroaluminium und Kalziumaluminium.

3. Desoxydationsmittel, die trotz einer anfänglich raschen Abscheidung eines Teiles der primären Reaktionsprodukte und der weitgehenden Erniedrigung des Gleichgewichtssauerstoffgehaltes so ungünstige physikalische Eigenschaften der Oxyde aufweisen, daß auch bei langem Abhängen noch ein hoher Gesamtsauerstoff- oder Einschlußgehalt erhalten bleibt. Als Vertreter dieser Gruppe wurde das Zirkon festgestellt.

In allen Fällen aber kann man, wie aus dem rechten Teil des Diagrammes in Abb. 173 hervorgeht, beim Gießen selbst noch eine starke Verminderung des Einschlußgehaltes feststellen. Die Ergebnisse dieser Untersuchungen führen somit zu folgenden Anschauungen über die Abscheidungsvorgänge der im Stahl suspendierten Oxyde:

Die Abscheidung der Oxydeinschlüsse nach einer Fällungsdesoxydation in der Gießpfanne erfolgt in vier zeitlich aufeinanderfolgenden Abschnitten, die durch bestimmte physikalische Größen sowohl hinsichtlich des flüssigen Stahles als auch der Einschlüsse gekennzeichnet werden können, und zwar:

1. im Verlauf des Abstiches unmittelbar nach der Zugabe des Desoxydationsmittels;
2. beim Abhängenlassen des Stahles in der Gießpfanne;
3. beim Abgießen des Stahles in die Kokille;
4. im Gußblock bis zur beendeten Erstarrung.

In den einzelnen Abschnitten können folgende Vorgänge als maßgebend angesehen werden:

Während des Abstichs befindet sich die Schmelze in der Gießpfanne in *turbulenter Bewegung*, verbunden mit starken gerichteten Strömungen, die durch das Einfließen des Stahles verursacht werden. In diesem Zeitabschnitt ist in allen Fällen die stärkste Verminderung des Einschlußgehaltes zu beobachten. Der günstige Einfluß der turbulenten Bewegung kommt ebenfalls darin zum Ausdruck, daß auch beim Abgießen in die Kokille eine zum Teil starke Verminderung des Einschlußgehaltes eintritt. Dies steht in Übereinstimmung mit Untersuchungs-

ergebnissen an Betriebsschmelzen eines Thomasstahlwerkes, die mit unterschiedlichen Aluminiummengen desoxydiert wurden [6]. Hier wurden, wie Abb. 174
zeigt, noch etwa 50% der im flüssigen Stahl der Gießpfanne enthaltenen Einschlüsse
beim Gießen und in der Kokille ausgeschieden.

Im zweiten Abschnitt, also während des Abhängens des Stahles in der Gießpfanne, hat die turbulente Bewegung aufgehört. Der flüssige Stahl ist nur noch
in langsamer Bewegung, die durch thermische Konvektionsströmungen hervorgerufen wird. Unter diesen Bedingungen entscheidet praktisch nur mehr die
Teilchengröße darüber, ob eine Abscheidung erfolgt oder nicht. Nach den
vorliegenden Ergebnissen gibt es offenbar eine „kritische" Teilchengröße (hier
etwa $10\,\mu$ Durchmesser), unterhalb welcher keine
Abscheidung mehr erfolgt. Sie ist vom Bewegungs-
zustand des Bades abhängig. Eine Abscheidung
kann also nur eintreten, wenn die Teilchengröße
durch Koagulation so groß werden kann, daß sie
die thermische Bewegung des Stahles durch eine
hohe Aufstiegsgeschwindigkeit überwindet.

Eine Abscheidung im dritten Abschnitt, also
beim Gießen, kann natürlich nur eintreten, wenn
der Stahl noch Oxyde suspendiert enthält. Unter
günstigen Abscheidungsbedingungen kann, wie
später noch gezeigt wird (vgl. Abschnitt 1.18), in
der Gießpfanne tatsächlich eine praktisch vollständige Abscheidung erfolgen. Im erstarrenden
Gußblock ist die Abscheidungsmöglichkeit relativ
gering, da der Stahl bei Liquidustemperatur eine
hohe Viskosität besitzt.

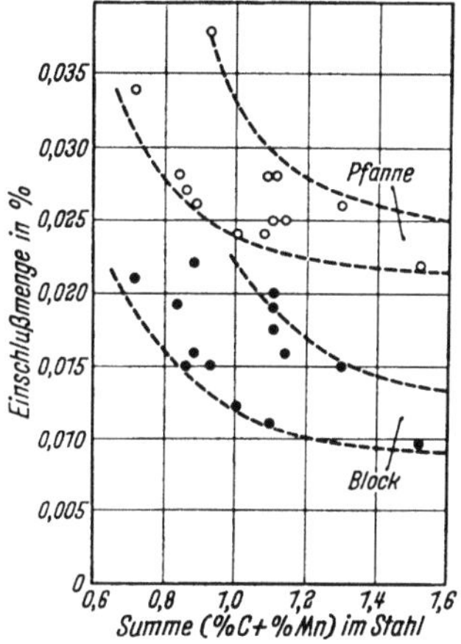

Abb. 174. Verminderung des Einschlußgehaltes in mit Aluminium desoxydierenden Thomasstählen unterschiedlicher
Zusammensetzung beim Gießen
(nach E. PLÖCKINGER und R. ROSEGGER)

Das vielfach beobachtete unterschiedliche Abscheidungsverhalten von Einschlüssen verschiedener chemischer Zusammensetzung unter sonst
gleichen äußeren Bedingungen und gleicher Teil-
chengröße führt weiterhin zu dem Schluß, daß auch den Grenzflächeneigenschaften
der Oxydteilchen große Bedeutung zukommt. Tonerde und Zirkonoxyd z. B. werden vom flüssigen Stahl so gut wie nicht benetzt, während Kieselgläser und kieselsäurereiche Silikate mit ihren freien Valenzkräften an der Phasengrenzfläche
über eine gute Benetzbarkeit verfügen [13]. Dieser Einfluß wird weiterhin verstärkt durch den wesentlich höheren Gehalt an gelöstem Sauerstoff nach der Desoxydation mit Silizium, der eine geringere Oberflächenspannung im Stahlbad [14,
15] und damit auch eine geringere Grenzflächenspannung gegenüber den Oxydeinschlüssen ergibt als beispielsweise der niedrige Sauerstoffgehalt des flüssigen
Eisens nach der Desoxydation mit Aluminium, Zirkon oder Titan.

Die bei der Desoxydation beobachteten Abscheidungsvorgänge von suspendierten Oxyden gelten grundsätzlich auch für alle Oxydteilchen anderen Ur-
sprungs und für die Reinigung von Stahlbädern im Ofen, z. B. in der Frischperiode.
So konnten K. BORN und H. WITTSTRUCK [16] nachweisen, daß eine intensive
Badbewegung im Siemens-Martin-Ofen zu niedrigsten Einschlußgehalten führt.
Die Abscheidung der Suspensionen beginnt, wie aus Abb. 175 entnommen werden
kann, bereits während des Niederschmelzens und ist in der Regel so zeitgerecht
beendet, daß aus diesem Titel keine ins Gewicht fallende Verunreinigung des
fertigen Stahles zu befürchten ist. Auch die Vordesoxydation im Ofen folgt den
bei der Fällungsdesoxydation in der Gießpfanne festgestellten Gesetzmäßigkeiten.
Wie Abb. 176 zeigt [17], ist die Reihenfolge der Abscheidung der Desoxydations-

produkte im Stahlbad des Ofens die gleiche wie in Abb. 173. Die Silikate scheiden sich wesentlich langsamer ab als tonerdereiche Oxydphasen.

Der Einfluß der Badbewegung auf die Abscheidungsgeschwindigkeit konnte auch für den Induktionsofen nachgewiesen werden [18]. Dabei stellte sich weiter heraus, daß auch die Tiegelzustellung von Einfluß ist. Bei sonst gleichen Versuchsbedingungen verläuft die Abscheidung von Silikaten in Kalk-Flußspat-Tiegeln etwa zehnmal so rasch wie im Kieselsäuretiegel.

Die bisherigen Kenntnisse über das Abscheidungsverhalten oxydischer Suspensionen aus Stahlbädern lassen sich kurz wie folgt zusammenfassen:

Die Abscheidbarkeit oxydischer Einschlüsse wird ausschließlich durch deren physikalischen Eigenschaften, die wieder von der chemischen Zusammensetzung abhängen, bestimmt, wenn man gleiche Eigenschaften des Stahlbades voraussetzt. Eine starke Turbulenz des Bades begünstigt stets die Abscheidung, wobei sogar kleinste, feste Oxyde rasch abgeschieden werden. In bewegten Stahlbädern ist die Abscheidungsgeschwindigkeit tonerdehaltiger Oxydteilchen immer höher als die von Silikaten, auch wenn letztere flüssig sind und daher leichter koagulieren

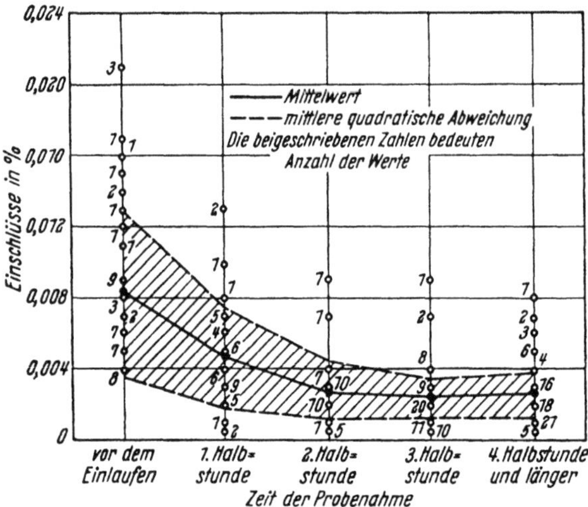

Abb. 175. Abnahme des Einschlußgehaltes im Siemens-Martin-Stahl während des Frischens (nach K. Born und H. Wittstruck)

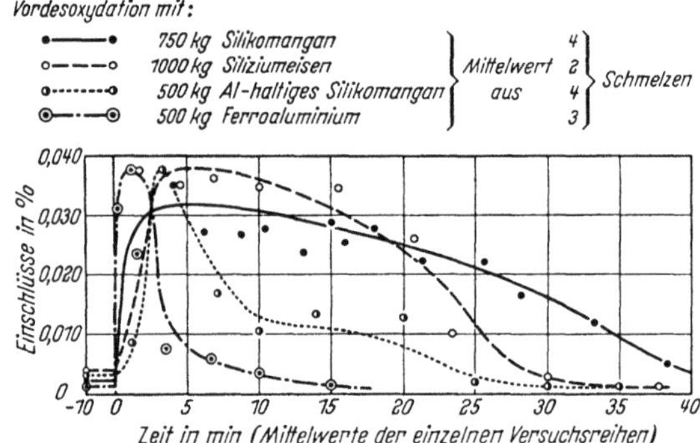

Abb. 176. Einschlußmenge in Abhängigkeit von der Zeit der Zugabe von vier verschiedenen Desoxydationsmitteln im basischen Siemens-Martin-Ofen (nach K. Born)

können. In einer ruhenden oder nur schwach bewegten Schmelze ist der Einfluß der chemischen Zusammensetzung und der Oberflächeneigenschaften geringer. Hier können auch flüssige Silikate leichter abgeschieden werden, wenn die Bedingungen zur Bildung von Teilchen großen Durchmessers günstig sind.

Schrifttum

zu Abschnitt 1.16

1. Benedicks, C., und H. Löfquist: Nonmetallic Inclusions in Iron and Steel. Verlag Chapman & Hall, London 1930, S. 215.
2. Hartmann, F.: Die Bewegung von Schlackenteilchen im flüssigen Stahl. Stahl u. Eisen 65 (1945), S. 29/36.

3. RANQUE, G.: Un procédé rationnel d'élaboration d'acier sans inclusions. Rev. Métallurg. Mém. Extr. 39 (1942), S. 331/44, S. 360/69 und 40 (1943), S. 25/29.

4. THIELMANN, H., und A. WIMMER: Über die innere Reibung von flüssigem Roheisen. Stahl u. Eisen 47 (1927), S. 389/99.

5. PLÖCKINGER, E., und M. WAHLSTER: Untersuchungen über die Bildung und Abscheidung von Desoxydationsprodukten. Stahl u. Eisen 80 (1960), S. 659/69.

6. PLÖCKINGER, E., und R. ROSEGGER: Desoxydation und technologische Eigenschaften beruhigter Thomasstähle. Stahl u. Eisen 77 (1957), S. 701/14 und 798/804.

7. MÜLLER, C. A., und E. PLÖCKINGER: Untersuchungen metallurgischer Vorgänge durch Rückstandsisolierung. Radex-Rdsch. 1957, S. 738/53.

8. PLÖCKINGER, E., und A. RANDAK: Untersuchungen über die Desoxydation höhergekohlter Siemens-Martin-Stähle mit Ferrosilizium, Aluminium und Kalziumsilizium. Radex-Rdsch. 1957, S. 754/70.

9. BARDENHEUER, P., und G. THANHEISER: Über den Desoxydationsverlauf bei der Herstellung von Transformatorenstahl. Mitt. K.-Wilh.-Inst. Eisenforsch. 14 (1932), S. 221/27.

10. SPEITH, K. G., und H. VOM ENDE: Die Sauerstoffgehalte flüssiger Thomas-, Siemens-Martin- und Elektrostähle. Stahl u. Eisen 74 (1954), S. 509/25.

11. FISCHER, W. A., und M. WAHLSTER: Untersuchungen über die Einschlußbildung bei der Desoxydation mit Silizium. Arch. Eisenhüttenwes. 29 (1958), S. 1/9.

12. BOGDANDY, L. VON, W. MEYER und I. N. STRANSKI: Beiträge zur Kinetik der Desoxydation flüssigen Eisens. Arch. Eisenhüttenwes. 32 (1961), S. 451/460.

13. KOZAKEVITCH, P., und P. LEROY: Étude des échantillons de laitiers prélevés au convertisseur Thomas sur charges soufflées sans addition de chaux. Rev. Métallurg. Mém. 51 (1954), S. 203/09.

14. BECKER, G., F. HARDERS und H. KORNFELD: Ermittlung der Oberflächenspannung geschmolzener Metalle aus der Form ruhender Tropfen. Arch. Eisenhüttenwes. 20 (1949), S. 363/67.

15. ESCHE, W. VOR DEM, und O. PETER: Bestimmung der Oberflächenspannung an reinem und legiertem Eisen. Arch. Eisenhüttenwes. 27 (1956), S. 355/66.

16. BORN, K., und H. WITTSTRUCK: Menge und Art der im basischen Siemens-Martin-Stahl während des Schmelzverlaufes schwebenden Oxydteilchen. Stahl u. Eisen 78 (1958), S. 1514/25.

17. BORN, K.: Erörterungsbeitrag zu 5. Stahl u. Eisen 80 (1960), S. 669.

18. FISCHER, W. A., und M. WAHLSTER: Untersuchungen über die Abscheidungsgeschwindigkeit primärer Desoxydationsprodukte aus Eisenschmelzen. Arch. Eisenhüttenwes. 28 (1957), S. 601/09.

1.17 Die metallurgischen Vorgänge bei der Vakuumbehandlung des Stahles

Da der überwiegende Teil der schädlichen Stahlverunreinigungen direkt oder indirekt auf die Wechselwirkung der Schmelze mit der umgebenden Gasatmosphäre zurückzuführen ist, liegt es nahe, diese ungünstigen Auswirkungen durch Schmelzen und Gießen unter Vakuum oder Schutzgas auszuschalten. Nach Schaffung der technischen Voraussetzungen, besonders der Entwicklung entsprechend leistungsfähiger Vakuumpumpen, hat das Schmelzen unter vermindertem Druck sowie die Vakuumbehandlung von offen erschmolzenem Stahl in den letzten Jahren weite Verbreitung, vor allem in der Edelstahlerzeugung, gefunden.

Der technisch angewandte Druckbereich für die Vakuumbehandlung liegt etwa zwischen 10^{-4} und 10 Torr, während bei höheren Drücken zwischen etwa 10 Torr und Atmosphärendruck das Schmelzen unter Schutzgas von technischem Interesse ist. Die in erster Linie ausschlaggebende Größe für den Erfolg einer Vakuumbehandlung ist, wie aus den anschließenden Betrachtungen zu entnehmen ist, der Druck. Darüber hinaus ist aber auch, so wie bei allen anderen Verfahren, die Temperatur und die zur Vakuumbehandlung zur Verfügung stehende Zeit von maßgebendem Einfluß. Gerade in dieser Hinsicht bestehen zwischen den einzelnen Verfahren große Unterschiede. So sind bei den verschiedenen Vakuum-gießverfahren die für die Unterdruckbehandlung ausnutzbaren Zeiten sehr beschränkt und auch beim Schmelzen mit dem Vakuum-Lichtbogenofen ist die Reaktionszeit vergleichsweise kurz. Dagegen stellt das Schmelzen im Vakuum-Induktionsofen ein Verfahren dar, bei dem praktisch beliebig lange Reaktions-zeiten zur Verfügung stehen, die in Verbindung mit den möglichen niedrigen Drücken sehr gute Ergebnisse erwarten lassen. Dieser Vorteil des Vakuum-Induktionsofens wird jedoch teilweise durch die unvermeidlichen Umsetzungen zwischen Schmelze und Tiegelwerkstoff aufgehoben, da dadurch gewisse Verunreinigungen der Schmelze entstehen können. Eine Vereinigung der Vorteile des Vakuum-Induktions- und Lichtbogenofens, also lange Reaktionszeiten und Vermeidung von Verunreinigungen durch den Tiegel, ist durch den Elektronen-strahlschmelzofen (vgl. Abschnitt 3.73) möglich.

Für die Vakuummetallurgie gelten grundsätzlich die gleichen Gesetzmäßig-keiten wie für das Schmelzen unter normalem Atmosphärendruck, doch ergibt sich durch die Druckverringerung in der Gasphase eine Beeinflussung aller Reak-tionen, bei denen gasförmige Reaktanten oder Reaktionsprodukte auftreten. Es sind dies:

1. die Lösung der Gase Wasserstoff und Stickstoff im Stahl;
2. die Umsetzung des Kohlenstoffes mit dem Sauerstoff;
3. die Reaktionen des Kohlenstoffes mit den im Stahl suspendierten Oxyden und den Oxyden der Tiegelzustellung;
4. die Verdampfung von Stoffen mit hohem Dampfdruck.

Ebenso wie beim Arbeiten unter Atmosphärendruck ist auch in der Vakuum-metallurgie die Annäherung an die Gleichgewichtslage weitgehend von den Reak-tionsbedingungen abhängig, so daß der Reaktionskinetik auch hier große Bedeu-tung zukommt.

1.171 Die Entgasungsvorgänge

Die weiteste Anwendung der Vakuumverfahren gilt der Absenkung des Gas-gehaltes der Stähle. Neben dem Schmelzen unter Vakuum, bei dem eine Gas-aufnahme weitgehend hintangehalten und unter anderem auch eine Verminderung bereits vorhandener Wasserstoff- und Stickstoffgehalte erreicht wird, ist es die Vakuumbehandlung offen erschmolzener Stähle, deren wichtigstes Ziel die Ent-gasung des Stahles ist. Hierzu zählen die zahlreichen, in letzter Zeit entwickelten Vakuum-Gießverfahren, wobei hierunter auch die Vakuumbehandlung in der Gieß-pfanne zu verstehen ist.

Die in Frage stehenden Gase Wasserstoff und Stickstoff befolgen das Sie-vertssche Gesetz (vgl. Gl. (302)), wonach die im Gleichgewicht in der Schmelze vorhandenen Gasgehalte proportional der Quadratwurzel des Partialdruckes des entsprechenden Gases sind. Dieses Gesetz gilt nicht nur für Eisen, sondern auch für alle anderen Metalle, in denen das Gas atomar gelöst ist, wobei jedoch unter-schiedliche Proportionalitätsfaktoren auftreten. Durch Zusatz von Legierungs-elementen wird die Löslichkeit unter vermindertem Druck im gleichen Verhältnis verändert wie unter normalem Atmosphärendruck. Das Sievertssche Gesetz ver-liert seine Gültigkeit, wenn das Gas nicht mehr atomar gelöst ist, sondern in Form einer Verbindung, so wie z. B. der Sauerstoff als FeO im Eisen, und wird erst wieder nach Dissoziation dieser Verbindung anwendbar.

Gerade für Metalloxyde ist dieser Dissoziationsvorgang jedoch ohne praktische Bedeutung, da deren Dissoziationsdrücke um viele Größenordnungen kleiner sind als die kleinsten technisch erreichbaren Drücke, so daß eine Dissoziation dieser Oxyde ausgeschlossen ist (vgl. Abb. 11). Bei den weniger stabilen Nitriden (vgl. Abb. 15) oder Hydriden sind die Dissoziationsdrücke jedoch im Bereich der technisch erzielbaren Vakua, und eine Dissoziation ist durchaus möglich.

Die durch das SIEVERTSsche Gesetz beschriebenen Gasgehalte gelten für den Gleichgewichtszustand, und die tatsächlich erreichten Gehalte werden je nach den Reaktionsbedingungen mehr oder minder davon abweichen. So wird die bei den Vakuum-Gießverfahren zur Verfügung stehende kurze Zeit eine Gleichgewichtseinstellung kaum ermöglichen, doch wird sich andererseits die Schaffung großer Oberflächen, z. B. durch Zersprühen des Gießstrahles sowie eine gute Badbewegung, günstig auswirken. Beim Vakuum-Induktionsofen können grundsätzlich beliebig lange Schmelzzeiten gewählt werden, so daß eine Gleichgewichtseinstellung möglich ist. Dabei ist jedoch auf eine gute Badumwälzung zu achten, da im gegenteiligen Falle bei ruhendem oder zu schwach bewegtem Bad nur die oberen Schichten entgast werden, während in den unteren Lagen eine weitgehende Entgasung durch den ferrostatischen Druck der Schmelze praktisch verhindert wird.

Die Gültigkeit des SIEVERTSschen Quadratwurzelgesetzes ist auch durch die Dissoziation der Gase begrenzt. Bei der Ableitung des SIEVERTSschen Gesetzes wurde vorausgesetzt, daß das Gas in einem molekularen zweiatomigen Zustand vorliegt, weshalb der Lösungsvorgang des Gases in der Schmelze durch die Reaktionsgleichung (301)

$$\frac{1}{2}\{G_2\} = [G]$$

zum Ausdruck gebracht wurde. Dabei steht das Symbol G stellvertretend für eines der Gase Stickstoff oder Wasserstoff. Aus der Gleichgewichtskennzahl dieses Lösungsvorganges ergab sich das SIEVERTSsche Gesetz:

$$[\% \ G] = K'_G \cdot \sqrt{p_{G_2}}$$

Es ist nun zu berücksichtigen, daß stets eine Dissoziation des molekularen Gases nach

$$\{G_2\} = 2\{G\} \tag{342}$$

erfolgt. Bei nicht allzu hohen Temperaturen und normalen technisch erreichbaren Unterdrücken ist das Ausmaß dieser Dissoziation so gering, daß sie ohne weiteres vernachlässigt werden kann. Mit zunehmender Temperatur und Verringerung des Druckes wird jedoch der Ablauf der Reaktion (342) von links nach rechts begünstigt [1], bis bei sehr hohen Temperaturen und extremem Unterdruck das Gas in überwiegend einatomigem Zustand vorhanden ist. Für diesen Fall wird die Lösung des Gases in der Schmelze nicht mehr durch die Gl. (301), sondern durch

$$\{G\} = [G] \tag{343}$$

beschrieben, deren Gleichgewichtskennzahl durch

$$K'' = \frac{[\% \ G]}{p_G} \tag{344}$$

gegeben ist. Der Zusammenhang zwischen dem Gehalt des in der Schmelze gelösten Gases und dem Gas-Partialdruck ist dann nicht mehr durch das SIEVERTS-sche Quadratwurzelgesetz bestimmt, sondern durch die lineare Beziehung

$$[\% \, G] = K'' \cdot p_G \tag{345}$$

Die Abb. 177 zeigt die Abhängigkeit des in der Schmelze löslichen Wasserstoffgehaltes vom Gesamtwasserstoffdruck der Gasatmosphäre bei zwei verschiedenen Temperaturen nach einer Darstellung von O. WINKLER [2]. Aus den in Abb. 177 wiedergegebenen Beziehungen ist zu entnehmen, daß bei üblichen Stahlerzeugungstemperaturen und den technisch angewendeten Unterdrücken die Dissoziation des Wasserstoffes vernachlässigt werden kann. Dies wird für das Schmelzen im Vakuum-Induktionsofen und für die Vakuum-Gießverfahren zutreffen. Bei sehr hohen Temperaturen, wie sie z. B. beim elektrischen Lichtbogen auftreten, ist jedoch ein beträchtlicher Teil des Gases schon im Bereich der technischen Unterdrücke dissoziiert, und die quadratische Abhängigkeit zwischen Wasserstoffgehalt in der Schmelze und Wasserstoffgesamtdruck geht in eine lineare Beziehung über.

Die Entfernung des Wasserstoffes, auf die wegen ihrer Bedeutung bei großen Schmiedestücken und flockenempfindlichen Stählen in vielen Fällen das Hauptaugenmerk bei der Entgasung gerichtet ist, geht vergleichsweise sehr schnell vor sich. Bei den Vakuum-Schmelzverfahren werden die Gleichgewichtswasserstoffgehalte erreicht, d. h., daß bei den üblichen Unterdrücken eine Befreiung der Schmelze von Wasserstoff bis zu praktisch vernachlässigbaren Gehalten erfolgt. Wenn die Entfernung des Wasserstoffes allein das Ziel einer Vakuumbehandlung ist, wird die Anwendung eines Vakuum-Gießverfahrens ausreichen, um zu genügend tiefen Wasserstoffgehalten zu gelangen. Mit den heute üblichen Verfahren

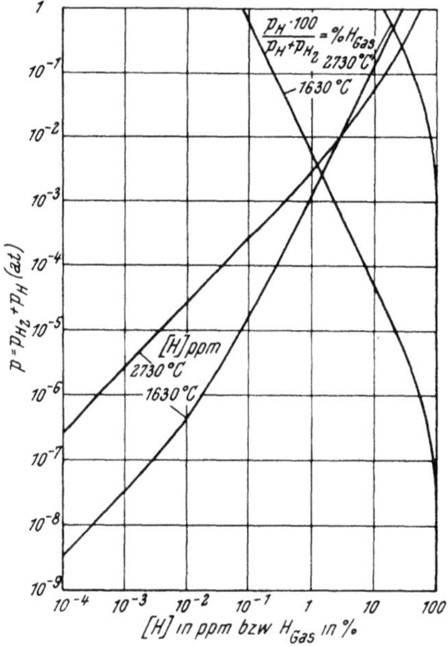

Abb. 177. Der Wasserstoffgehalt flüssigen Eisens und die Dissoziation des Wasserstoffes in Abhängigkeit vom Gesamtwasserstoffdruck $p = p_{H_2} + p_H$ bei 1630 und 2730 °C (nach O. WINKLER)

und Einrichtungen wird eine Absenkung des Wasserstoffgehaltes im Stahl um 30 bis 70% des ursprünglichen Wertes erreicht. Der Erfolg der Wasserstoffentfernung hängt dabei natürlich von der Größe des Unterdruckes ab. Eine gleichzeitige Kohlenoxydentwicklung wird durch den damit verbundenen Spüleffekt und die Badbewegung die Geschwindigkeit der Wasserstoffentfernung erhöhen. Die Abb. 178 gibt die bei den einzelnen Vakuumbehandlungsverfahren erreichten Wasserstoffgehalte in Gegenüberstellung zu der SIEVERTSschen Gleichgewichtskurve in einer Darstellung von K. G. SPEITH, H. vom ENDE und A. PFEIFFER [3] an. Die darin mitangeführten Wasserstoffbestimmungsverfahren sollen die sehr beschränkte Vergleichbarkeit der von den einzelnen Bearbeitern angegebenen Wasserstoffgehalte andeuten. Die festgestellten Wasserstoffgehalte sind nämlich stark von Probenahme und Bestimmungsverfahren abhängig.

Die Abhängigkeit der Wasserstoffentfernung von der CO-Entwicklung und dem Wasserstoff-Ausgangsgehalt bei der Vakuumbehandlung in der Gießpfanne ist aus der einer Arbeit von K. G. Speith, H. vom Ende und R. Specht [4] entnommenen Abb. 179 ersichtlich. Es wird um so mehr Wasserstoff aus der Schmelze entfernt, je höher der Ausgangsgehalt ist, und bei den stärker kochenden, teilberuhigten Schmelzen ist die Wasserstoffabnahme auf etwa 50% des Ausgangsgehaltes weitaus stärker als bei den vollberuhigten Schmelzen, bei denen sie nur 25 bis 30% beträgt.

Die Entfernung des Stickstoffes aus Eisenschmelzen durch eine Vakuumbehandlung wird zwar von den grundsätzlich gleichen Gesetzmäßigkeiten beherrscht wie die Wasserstoffabnahme, doch ergeben sich wegen des weitaus langsameren Ablaufes der Entstickung wesentliche Abweichungen.

Die Lösung von Stickstoff wird ebenfalls durch die Gl. (301) beschrieben, wobei die Temperaturabhängigkeit der Gleichgewichtskonstante dieser Reaktion aus der freien Standardenthalpiedifferenz in Tab. 9 zu

$$\lg K_N = -\frac{564}{T} - 1,10 \quad (346)$$

errechnet wird. Nach neueren Untersuchungen von Y. Kasamatu und S. Matoba [5] ist das Sievertssche Quadratwurzelgesetz nicht genau erfüllt, da die Konzentrationsabhängigkeit des Stickstoff-Aktivitätskoeffizienten nicht unberücksichtigt bleiben darf. Unter Zugrundelegung der unendlich ver-

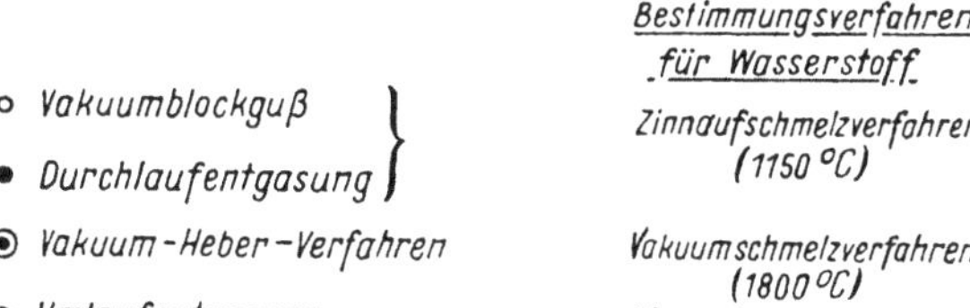

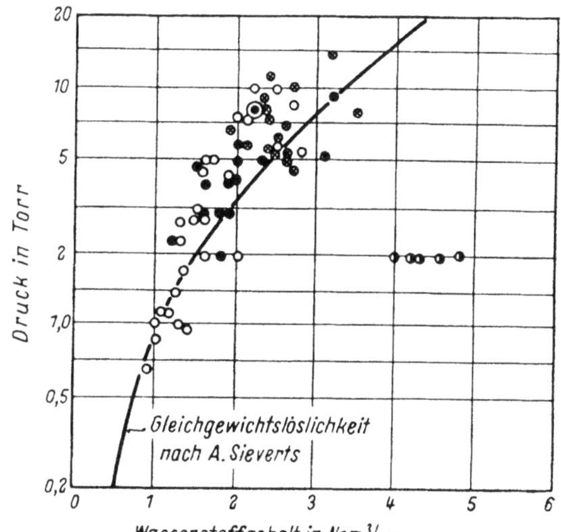

Abb. 178. Vergleich der Endwasserstoffgehalte bei verschiedenen Entgasungsverfahren
(nach K. G. Speith, H. vom Ende und A. Pfeiffer)

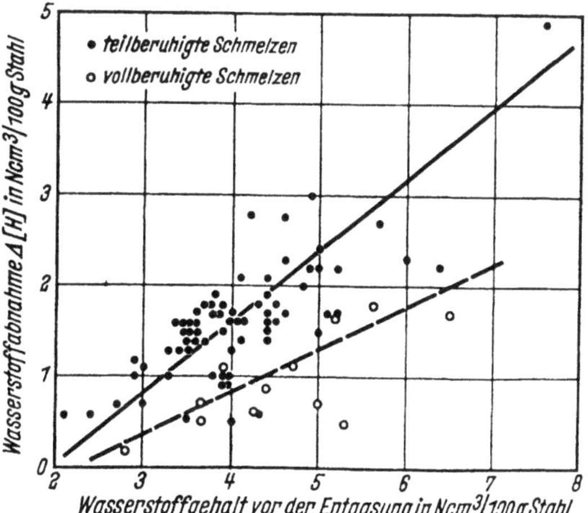

Abb. 179. Wasserstoffabnahme in Abhängigkeit von der Höhe des Ausgangsgehaltes vor der Entgasung
(nach K. G. Speith, H. vom Ende und R. Specht)

dünnten Lösung als Standardzustand geben KASAMATU und MATOBA für den Druckbereich von $p_{N_2} = 0,04$ bis 2,3 at und den Temperaturbereich von 1566 bis 1740 °C die Abhängigkeit des Stickstoff-Aktivitätskoeffizienten mit

$$\lg f_N = 1,97 \cdot [\% \, N] \tag{347}$$

an. Nach ihren Untersuchungen wird die wahre Gleichgewichtskonstante der Reaktion (301)

$$K_N = \frac{f_N \cdot [\% N]}{\sqrt{p_{N_2}}}$$

in Abhängigkeit von der Temperatur durch die Gleichung

$$\lg K_N = -\frac{815}{T} - 0,819 \tag{348}$$

bestimmt. Danach ist also nicht der Stickstoffgehalt der Eisenschmelzen, sondern die Stickstoffaktivität der Quadratwurzel des Stickstoff-Partialdruckes proportional, doch ist die Abweichung vom SIEVERTSschen Gesetz sehr gering, so daß also auch die Stickstofflöslichkeit im Eisen in erster Linie eine Funktion des Stickstoff-Partialdruckes in der Gasatmosphäre ist. Durch eine Vakuumbehandlung des Stahles kann also grundsätzlich eine Entstickung erreicht werden. Die Entstickungsgeschwindigkeit ist aber so gering, daß eine merkliche Stickstoffabnahme bei den Vakuum-Gießverfahren nicht erfolgt, so daß die Entstickung im wesentlichen auf die Vakuum-Schmelzverfahren beschränkt bleibt.

So wie bei der Entfernung des Wasserstoffes, wird auch beim Stickstoff die Entgasungsgeschwindigkeit außer von Partialdruck und Temperatur auch noch von anderen Einflußgrößen abhängen. Alle Maßnahmen zur Schaffung großer Reaktionsoberflächen und kleiner Diffusionswege werden daher die Entstickungsgeschwindigkeit erhöhen, da ja die Entgasung nur an der Schmelzenoberfläche erfolgen kann, worunter allerdings auch alle Oberflächen von Gasblasen im Inneren der Schmelze, z. B. der CO-Blasen einer Kochreaktion oder die Blasen von Spülgasen, zu verstehen sind.

Darüber hinaus konnte in letzter Zeit jedoch noch eine weitere sehr wichtige Einflußgröße für die Geschwindigkeit der Entstickung festgestellt werden. W. A. FISCHER und A. HOFFMANN [6] konnten nachweisen, daß der Entstickungsvorgang ganz wesentlich vom Sauerstoffgehalt der Eisenschmelze abhängt. Wie aus Abb. 180 entnommen werden kann, erfolgt die Stickstoffabnahme sauerstoffarmer Schmelzen um sehr vieles rascher als in sauerstoffreichen Schmelzen. W. A. FISCHER und A. HOFFMANN [7] gelang auch der Nachweis, daß auch die Stickstoffaufnahme in Eisenschmelzen um so rascher vor sich geht, je niedriger der Sauerstoffgehalt ist. Während bei den von ihnen untersuchten Kleinschmelzen unter Stickstoff-Partialdrücken von 50 und 200 Torr die maximalen Stickstoffgehalte bereits nach etwa 20 bis 30 Minuten erreicht waren, wenn der Sauerstoffgehalt der Schmelze zwischen 0,001 und 0,02 % lag, betrug die Zeit für die Einstellung des unter diesen Drücken maximal löslichen Stickstoffgehaltes in sauerstoffreichen Schmelzen mit 0,15 bis 0,24 % O etwa 3 Stunden.

Bei den Vakuum-Schmelzverfahren ist zwischen den reinen Umschmelzverfahren, etwa im Vakuum-Lichtbogenofen, bei denen eine sinnvolle Steuerung des Verfahrens in weiten Grenzen zur Verbesserung der Entgasungsbedingungen nicht möglich ist, und den Verfahren zu unterscheiden, die eine den Erfordernissen angepaßte Arbeitsweise ermöglichen. Zu diesen letzteren Schmelzverfahren zählt in erster Linie der Vakuum-Induktionsofen. Bei diesem wird man zweckmäßigerweise zuerst eine weitgehende Entgasung der Basislegierung durchführen und erst dann eine Zulegierung von stickstoff- und auch sauerstoffaffinen Elementen vornehmen. Auf diese Weise wird die Bildung von nichtmetallischen Einschlüssen in der Schmelze, wie Oxyden und Nitriden, im Rahmen des Möglichen hintangehalten.

1.172 Die Kohlenstoffdesoxydation

In den vorangegangenen Abschnitten 1.15 und 1.16 wurde darauf hingewiesen, daß zwar starke Desoxydationsmittel zur Verfügung stehen, die eine weitgehende Absenkung des im Eisen oder Stahl gelösten Sauerstoffes gestatten, daß aber andererseits die Erzielung einschluß-

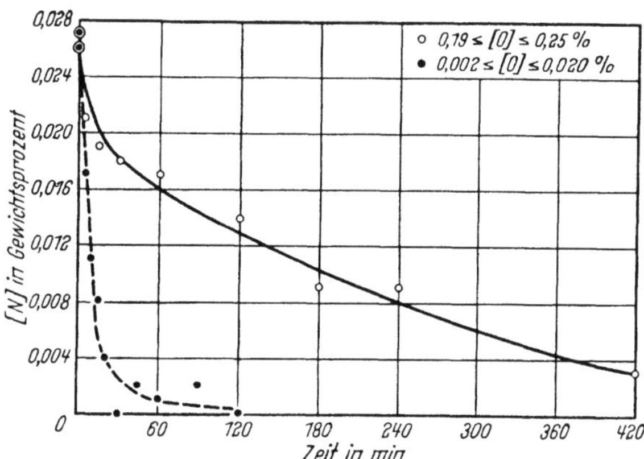

Abb. 180. Entstickung von Eisenschmelzen mit unterschiedlichem Sauerstoffgehalt bei 1600 °C und weniger als 10⁻³ Torr (nach W. A. FISCHER und A. HOFFMANN)

freier Stähle mit den üblichen Mitteln nicht möglich ist, da eine vollständige Abscheidung der gebildeten Oxyde nicht erreicht und die Bildung sekundärer Desoxydationsprodukte nicht verhindert werden kann. Die Vermeidung nichtmetallischer Einschlüsse ist grundätzlich dann möglich, wenn ein gasförmiges, im Metall unlösliches Desoxydationsprodukt entsteht. Diese Voraussetzungen treffen zwar für die Kohlenstoffdesoxydation zu, doch treten dabei Blasen im Block auf, es kommt zu einer unberuhigten Erstarrung. Erst mit Hilfe der Vakuummetallurgie gelingt es, poren- und einschlußfreie Blöcke niedrigsten Sauerstoff- und auch Kohlenstoffgehaltes zu erzeugen.

Bevor auf die Kohlenstoffdesoxydation näher eingegangen wird, soll noch einmal darauf hingewiesen werden, daß die Entfernung von Desoxydationsprodukten aus der Schmelze durch ihre Dissoziation unter vermindertem Druck praktisch unmöglich ist, da die Dissoziationsdrücke dieser sehr stabilen Oxyde um sehr viele Größenordnungen unter den technisch erreichbaren niedrigsten Drücken liegen. Die in der Schmelze vorhandenen Oxyde können nur durch einen Reduktionsvorgang, also eine chemische Reaktion, entfernt werden. So wie bei der Desoxydation von Eisenschmelzen unter weitgehender Vermeidung von nichtmetallischen Einschlüssen bietet sich auch für die Reduktion von in der Schmelze suspendierten Oxyden die Kohlenstoffreaktion unter Vakuum an, da hierbei das entstehende Reaktionsprodukt laufend abgepumpt wird, wodurch der Reduktionsvorgang beschleunigt wird.

Die Umsetzung von im flüssigen Eisen gelöstem Sauerstoff und Kohlenstoff erfolgt nach Gl. (181)

$$[C] + [O] = \{CO\}$$

deren Gleichgewichtskonstante (182)

$$K = \frac{p_{CO}}{a_{[C]} \cdot a_{[O]}}$$

in ihrer Temperaturabhängigkeit durch die Beziehung (187)

$$\lg K = \frac{1168}{T} + 2{,}07$$

festgelegt ist. Der Temperatureinfluß auf die Größe der Gleichgewichtskonstante ist sehr gering, und da bei niedrigen Gehalten für praktische Berechnungen die Aktivitäten durch die Gewichtsprozente ersetzt werden können, wird die einfache VACHER-HAMILTONsche Beziehung (188)

$$[\% \ C] \cdot [\% \ O] = 2{,}5 \cdot 10^{-3} \cdot p_{CO}$$

als Ausgangspunkt der Betrachtung gewählt.

Die Gleichgewichtslage der Umsetzung nach Gl. (182) ist also druckabhärgig, und der Ablauf der Reaktion von links nach rechts wird durch geringe CO-Partialdrücke begünstigt, mit anderen Worten das Produkt aus dem Kohlenstoff- und Sauerstoffgehalt der Schmelze ist um so geringer, je kleiner der CO-Druck über der Schmelze ist. Die Desoxydationskraft des Kohlenstoffes steigt mit kleiner werdendem Druck.

Die Desoxydation einer Stahlschmelze mit Kohlenstoff unter normalem atmosphärischem Druck führt stets zu einer unberuhigten Erstarrung, da mit abnehmender Temperatur zuerst kohlenstoff- und sauerstoffarme Eisenmischkristalle ausgeschieden werden, wodurch sich die Restschmelze an Kohlenstoff und Sauerstoff anreichert, bis schließlich die Lösungsfähigkeit überschritten und CO gebildet wird. Dieses kann nur aus dem noch flüssigen Stahl entweichen. Ist eine Möglichkeit zum Entweichen nicht vorhanden, kommt es zur Bildung der bekannten Gasblasen. Durch den niedrigen Gesamt- und daher auch geringen CO-Partialdruck gelingt es in der Vakuummetallurgie, ein sehr kleines $[\% \ C] \cdot [\% \ O]$-Produkt einzustellen, so daß selbst bei geringen Kohlenstoffkonzentrationen so kleine Sauerstoffgehalte in der Schmelze erreicht werden können, daß bei der Erstarrung die Löslichkeitsgrenze nicht überschritten wird und die Schmelze blasenfrei erstarren kann. Die mit Hilfe der Kohlenstoffdesoxydation im Vakuum mögliche Herstellung von einschluß- und porenfreien Blöcken hat größte technische Bedeutung.

Die tatsächlich erreichten Sauerstoffgehalte ergeben jedoch Werte für das $[\% \ C] \cdot [\% \ O]$-Produkt, die weit über den nach Gl. (188) berechneten liegen. Die nach den vorhandenen Schrifttumsangaben [8 bis 16] bei Drücken unter 10^{-2} Torr erreichten Kohlenstoff- und Sauerstoffgehalte von jeweils einigen tausendstel Prozent ergeben Werte des $[\% \ C] \cdot [\% \ O]$-Produktes zwischen $1 \cdot 10^{-6}$ und $20 \cdot 10^{-6}$. Diese Werte entsprechen bei 1600°C nach Gl. (188) CO-Partialdrücken in der Größe von einigen Torr, die also um mehrere Größenordnungen über den tatsächlich vorhanden gewesenen Gesamtdrücken liegen. Da auch unter niedrigstem Druck bei Verlängerung der Schmelzzeiten bis zu mehreren Stunden eine weitere Absenkung der Kohlenstoff- und Sauerstoffgehalte nicht mehr möglich war, zogen W. A. FISCHER und A. HOFFMANN [8] aus dieser Tatsache den Schluß, daß bei Drücken unter 10^{-2} Torr keine Gleichgewichtseinstellung erfolgt und daß umgekehrt aus den Kohlenstoff- und Sauerstoffgehalten der Schmelze eine Abschätzung des CO-Partialdruckes nicht möglich ist.

Die gleiche Beobachtung erklärte A. M. SAMARIN [17] damit, daß der gemessene und im Rezipienten vorhandene Druck nur für das $[\% \ C] \cdot [\% \ O]$-Produkt an der Oberfläche der Schmelze verantwortlich ist, während für den CO-Partialdruck im Inneren der Schmelze auch noch der ferrostatische Druck der Schmelze sowie die Oberflächenspannungskräfte der entstehenden Gasblasen maßgebend sind. Demnach ist also die C–O-Reaktion stark vom physikalischen Zustand der Schmelze abhängig. Diese Erklärung macht ohne weiteres verständlich, daß eine weitere Absenkung des Druckes von 10^{-2} auf 10^{-5} Torr keine merkliche Verbesserung der Desoxydationskraft des Kohlenstoffes mit sich bringt.

Wenn auch die sich nach Gl. (188) ergebenden Werte des $[\% \text{ C}] \cdot [\% \text{ O}]$-Produktes nicht erreicht werden können, so sind die tatsächlich durch die Kohlenstoff-desoxydation unter vermindertem Druck erzielten Sauerstoffgehalte doch von großer technischer Bedeutung. Dies gilt nicht nur für das Schmelzen im Hochvakuum, sondern auch für die Vakuumbehandlung offen erschmolzener Stähle vor oder während des Gießens. Bei Drükken unter 5 Torr wird die Qualität unberuhigter Stähle entscheidend verbessert. Bei beruhigt zu vergießenden Stählen ergeben sich durch die Vakuumbehandlung Vorteile bezüglich des geringeren Bedarfes an Desoxydations-

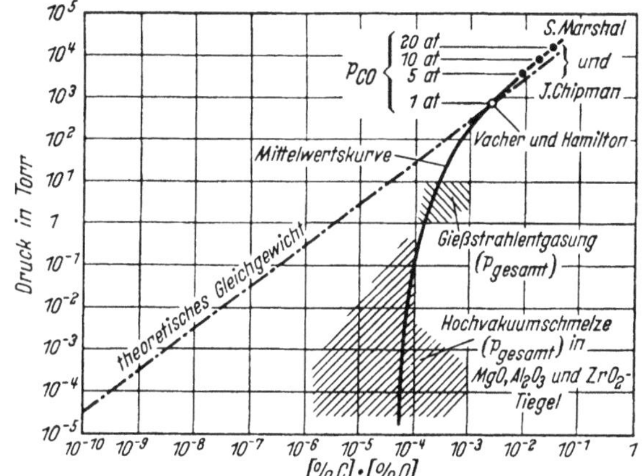

Abb. 181. Die Druckabhängigkeit des $[\% \text{ C}] \cdot [\% \text{ O}]$-Produktes bei 1600 °C (nach A. Tix, G. Bandel, W. Coupette und A. Sickbert)

mitteln und besonders der Verringerung der Menge an Desoxydationsprodukten.

Abb. 181 zeigt die Gegenüberstellung der bei den Vakuumverfahren erreichbaren $[\% \text{ C}] \cdot [\% \text{ O}]$-Produkte zu den theoretischen Gleichgewichtswerten nach einer Darstellung von A. Tix und Mitarbeitern [18]. Die starken Abweichungen im Bereich niedrigster Drücke sind zum Teil durch die Wechselwirkung der Schmelze mit dem Tiegelwerkstoff und der dadurch möglichen Sauerstoffaufnahme der Schmelze bedingt.

1.173 Umsetzungen zwischen Schmelze und Tiegelwerkstoff

So wie für die offene Erschmelzung unter Atmosphärendruck sind auch für die Vakuum-Schmelzmetallurgie die Reaktionen zwischen der Tiegelzustellung und der Metallschmelze von besonderer Wichtigkeit. Enthält die Schmelze Stoffe mit großen Bindungskräften gegenüber dem Sauerstoff, so werden die Oxyde der Tiegelzustellung teilweise reduziert und es kommt zu einer Sauerstoff- und Metallzufuhr vom Tiegel an die Schmelze. Die Schmelze löst den Sauerstoff und im Falle einer gegebenen Löslichkeit des entsprechenden Metalles auch dieses. Diese Vorgänge werden um so stärker sein, je weniger stabil die Oxyde der Tiegelzustellung sind und je stärker die Reduktionswirkung der Schmelze ist, so daß ihrem Kohlenstoffgehalt bei diesen Betrachtungen eine besondere Stellung einzuräumen ist, da die Kohlenstoffreduktion infolge des ständigen Abpumpens des Kohlenoxydes begünstigt wird.

Die bei der Besprechung der Reduktionswirkung technischer Eisenschmelzen gegenüber der Ofenzustellung bei den sauren Stahlherstellungsverfahren (Abschnitt 1.134.3) gemachten Feststellungen, wonach die Reduktion fast ausschließlich auf den in der Schmelze gelösten Kohlenstoff zurückzuführen ist, gilt

also auch hier in allgemeiner Form. Es wird also grundsätzlich zwischen kohlenstofffreien und kohlenstoffhaltigen Schmelzen zu unterscheiden sein.

Auch bei den Tiegelwerkstoffen ist zu unterscheiden, ob das aus ihnen reduzierte Metall bei Stahlerzeugungstemperaturen einen sehr hohen Dampfdruck hat
und kaum in der Schmelze löslich ist, oder ob sein Dampfdruck nicht allzu sehr
von dem des Eisens verschieden ist und eine Löslichkeit in der Schmelze besteht.
Zu der ersten Gruppe gehören z. B. die Oxyde MgO und CaO, zur zweiten Al_2O_3,
SiO_2 und ZrO_2.

Allgemein kann die Reduktion eines Oxydes Me_xO_y des Tiegelwerkstoffes
durch *kohlenstofffreie* Schmelzen durch die Umsetzungsgleichung

$$y\,\text{Fe} + Me_xO_y = y\,[\text{FeO}] + x\,[\text{Me}] \tag{349}$$

dargestellt werden, deren Gleichgewichtskonstante durch

$$K = a_{[\text{O}]}^{y} \cdot a_{[\text{Me}]}^{x} \tag{350}$$

gegeben ist. Bei geringem Dampfdruck des reduzierten Metalles Me und gegebener
Löslichkeit in der Eisenschmelze besteht keine Druckabhängigkeit der Gleichgewichtslage, und die für normalen Druck festgestellten Gleichgewichtskonstanten
oder -kennzahlen

$$K' = [\%\ \text{O}]^{y} \cdot [\%\ \text{Me}]^{x} \tag{351}$$

können in Rechnung gesetzt werden.

Für kohlenstofffreie Eisenschmelzen im Tonerdetiegel ist somit das Gleichgewicht der Umsetzung

$$Al_2O_{3\,\text{fest}} = 2\,[\text{Al}] + 3\,[\text{O}] \tag{352}$$

entscheidend, für deren Gleichgewichtskonstante (336)

$$K_{\text{Al}} = a_{[\text{Al}]}^{2} \cdot a_{[\text{O}]}^{3}$$

sich nach Gl. (337) ein Wert von $K_{\text{Al}} \approx 2 \cdot 10^{-14}$ ergibt. Die von W. A. FISCHER
und A. HOFFMANN [8, 9] in Reinsteisenschmelzen nach siebenstündiger Schmelz-
zeit unter einem Druck von 10^{-4} bis 10^{-3} Torr festgestellten Aluminium- und Sauerstoffgehalte ergaben für die Gleichgewichtskonstante K_{Al} Werte zwischen $2 \cdot 10^{-14}$
und $9 \cdot 10^{-12}$, die in guter Übereinstimmung mit dem theoretisch errechneten Wert
stehen. Auch die von ihnen festgestellten Zirkon- und Sauerstoff-Gehalte beim
Schmelzen im Tiegel aus stabilisiertem Zirkonoxyd ergaben eine befriedigende
Übereinstimmung mit den berechneten Werten [9].

Die Reaktion reiner, d. h. kohlenstoff- und sauerstofffreier Eisenschmelzen
mit reinen MgO-Tiegeln erfolgt nach der Umsetzungsgleichung

$$\text{Fe} + \text{MgO}_{\text{fest}} = [\text{FeO}] + \{\text{Mg}\} \tag{353}$$

deren Gleichgewichtskonstante durch

$$K = p_{\text{Mg}} \cdot a_{[\text{O}]} \tag{354}$$

gegeben ist. Da das bei Stahlerzeugungstemperaturen dampfförmige und im Eisen
nicht lösliche Magnesium abgepumpt wird, sind die durch diese Reaktion sich

in der Schmelze einstellenden Sauerstoffgehalte um so höher, je niedriger der Druck ist. Es sind also ungünstigere Bedingungen vorhanden als beim Schmelzen unter Atmosphärendruck. Nach Berechnungen von J. CHIPMAN [19] wird bei einem Magnesium-Partialdruck über der Schmelze von 10^{-3} Torr und bei $1600\,°C$ eine Sauerstoffaufnahme bis zu Gehalten von $0,11\%$ erreicht. Die von FISCHER und HOFFMANN [9] durchgeführten Versuche ergeben eine qualitative Bestätigung dieser Voraussagen. Beim Schmelzen von kohlenstoff- und sauerstofffreiem Reinsteisen erhöhte sich der Sauerstoffgehalt von ursprünglich $0,002\%$ in etwa 7 Stunden auf $0,025\%$. Der Druck bei diesen Versuchen betrug 10^{-3} bis 10^{-4} Torr. Die Sauerstoffaufnahme erfolgte zunächst recht langsam, bis nach 3 Stunden $0,005\%$ O erreicht war und nachher nahezu linear bis zu dem angegebenen Endwert.

Nickelschmelzen verhalten sich im MgO-Tiegel ähnlich wie Eisenschmelzen im Al_2O_3-Tiegel, da Magnesium in flüssigem Nickel trotz seines hohen Dampfdruckes löslich ist.

Für Kalktiegel ergeben sich zwar ganz ähnliche Voraussagen wie für MgO-Tiegel, doch konnten FISCHER und HOFFMANN [9] auch bei Schmelzzeiten bis zu 6 Stunden keine Zunahme des Sauerstoffgehaltes feststellen, dieser blieb vielmehr während der gesamten Schmelzdauer bei dem extrem niedrigen Wert von $0,001\%$.

Andere Verhältnisse ergeben sich für *kohlenstoffhaltige* Schmelzen, da der Kohlenstoff ein sehr starkes Reduktionsmittel für die Oxyde der Tiegelwerkstoffe darstellt. Die Reaktion

$$y[C] + Me_xO_{y\,\text{fest}} = x[Me] + y\{CO\} \qquad (355)$$

läuft wegen der ständigen Entfernung des CO aus dem System praktisch vollständig von links nach rechts ab. FISCHER und HOFFMANN [9] untersuchten das Verhalten von Eisenschmelzen unterschiedlichen Kohlenstoff- und Sauerstoffgehaltes in verschiedenen Tiegeln unter Hochvakuum. Bei Kohlenstoffgehalten der Eisenschmelzen zwischen 0,1 und $3,5\%$ stellten sie bei Drücken von 10^{-4} bis 10^{-3} Torr in Tiegeln aus Elektrokorund, stabilisiertem Zirkonoxyd und Kalziumzirkonat eine Aluminium- bzw. Zirkonanreicherung in der Schmelze fest. Die Aluminiumgehalte nahmen von ursprünglich 0,002 bis $0,02\%$ bei Schmelzzeiten von 6 bis 7 Stunden auf 0,1 bis $0,2\%$ zu. Die Zirkongehalte stiegen von Werten unter 0,0001 auf 0,1 bis 1% an.

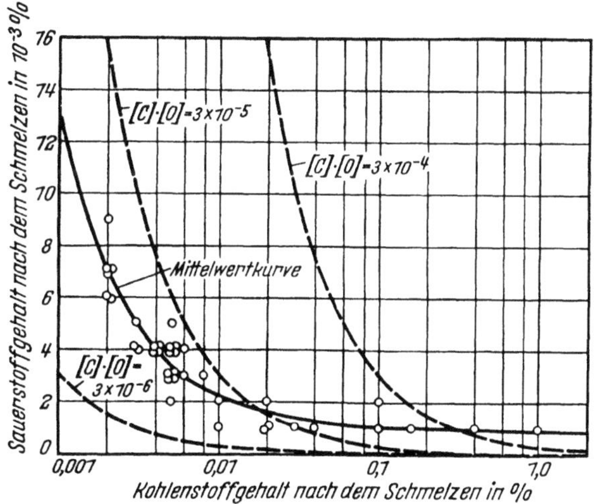

Abb. 182. Zusammenhang zwischen Kohlenstoff- und Sauerstoffgehalten von Reineisenschmelzen im MgO-Tiegel unter Hochvakuum (nach K. BUNGARDT und H. VOLLMER)

Im Gegensatz dazu war in MgO-, CaO- oder Dolomit-Tiegeln, selbst nach Schmelzzeiten von mehr als 20 Stunden, unter Hochvakuum keine Metallanreicherung in der Schmelze festzustellen. Die Magnesium- und Kalziumgehalte der Schmelzen lagen auch dann stets bei $0,001\%$, also an der Bestimmbarkeitsgrenze.

Bei der Kohlenstoffdesoxydation von Eisenschmelzen im MgO-Tiegel unter Hochvakuum wird demnach nicht der gesamte eingebrachte Kohlenstoff für die Desoxydation zur Verfügung stehen, sondern ein Teil wird für die MgO-Reduktion verbraucht. K. BUNGARDT und H. VOLLMER [20] versuchten daher den für die Desoxydation wirksamen Anteil des Gesamtkohlenstoffes zu bestimmen und fanden für ihre im 25-kg-Vakuum-Induktionsofen durchgeführten Versuche die Beziehung

$$C_W = 38{,}4 \cdot \lg \, [\% \; O]_E + 93{,}3 \tag{356}$$

Darin bedeutet C_W die Kohlenstoffwirksamkeit in Prozent, gibt also den für die Desoxydation verfügbaren Kohlenstoffanteil an, und $[\% \; O]_E$ ist der Einlaufsauerstoffgehalt der Schmelze.

Die Abb. 182 zeigt den von BUNGARDT und VOLLMER festgestellten Zusammenhang zwischen den Kohlenstoff- und Sauerstoff-Gehalten von Reineisenschmelzen im MgO-Tiegel in Gegenüberstellung zu verschiedenen $[\% \; C] \cdot [\% \; O]$-Produkten. Die Angabe einer Gleichgewichtskennzahl ist nicht möglich, da sich wegen der ständigen Sauerstoffnachlieferung durch den Tiegel kein Gleichgewicht einstellen kann.

1.174 Die Verdampfung aus Schmelzen unter Hochvakuum

Die Besprechung der Entgasungs- und Desoxydationsvorgänge bei den Vakuumbehandlungsverfahren hat bereits wesentliche Unterschiede gegenüber dem Verhalten der Schmelzen unter normalem Atmosphärendruck aufgezeigt. Ein weiteres wichtiges Merkmal der Vakuummetallurgie besteht darin, daß alle Oxydationsvorgänge praktisch völlig ausgeschaltet werden. Es treten demnach keine Verschlackungsverluste auf, selbst nicht von sehr sauerstoffaffinen Elementen. So vorteilhaft diese Tatsache für die Einhaltung genau vorgegebener Zusammensetzungen von Schmelzen ist, ergibt sich daraus andererseits die Unmöglichkeit der Reinigung der Schmelzen von unerwünschten oxydierbaren Stahlbegleitelementen. Mit Hilfe der Vakuummetallurgie können jedoch Stoffe mit hohem Dampfdruck aus der Schmelze entfernt werden, so daß dadurch eine weitere Reinigungsmöglichkeit gegeben ist, die vor allem für die Entfernung von Stoffen mit wenig stabilen Oxyden Bedeutung hat. Umgekehrt sind die dadurch bedingten Verdampfungsverluste erwünschter Begleitelemente zu berücksichtigen.

Ein Stoff verdampft, wenn sein Dampfdruck größer ist als der Partialdruck des Stoffes in der umgebenden Gasphase. Die Dampfdrücke reiner Stoffe sind allein von der Temperatur abhängig und für die meisten Elemente bekannt. Die Abb. 183 zeigt diese Temperaturabhängigkeit des Dampfdruckes von Elementen nach einer Darstellung von J. F. ELLIOTT und M. GLEISER [21]. Danach beträgt der Dampfdruck reinen flüssigen Eisens bei 1600°C etwa 10^{-1} Torr, und das Eisen wird verdampfen, sobald der Eisenpartialdruck über der Schmelze diesen Wert unterschreitet. Aus der Dampfdruckkurve des Mangans kann z. B. entnommen werden, daß Mangan im Bereich der technisch erreichbaren Unterdrücke etwa bei 10^{-1} bis 10^{-3} Torr schon bei Temperaturen von 750 bis 850°C, also im festen Zustand, verdampft. Für reine Stoffe liegen also die Verhältnisse sehr einfach. Die Dampfdruckkurven lassen genau erkennen, bei welchen Drücken und Temperaturen die Verdampfung erfolgt.

Weniger übersichtlich sind die Verhältnisse bereits in Zweistoffsystemen. Der Dampfdruck eines Stoffes i in einem Zweistoffsystem ist um so geringer, je kleiner die Konzentration des Stoffes i ist. Für ideale Lösungen besteht ein einfacher

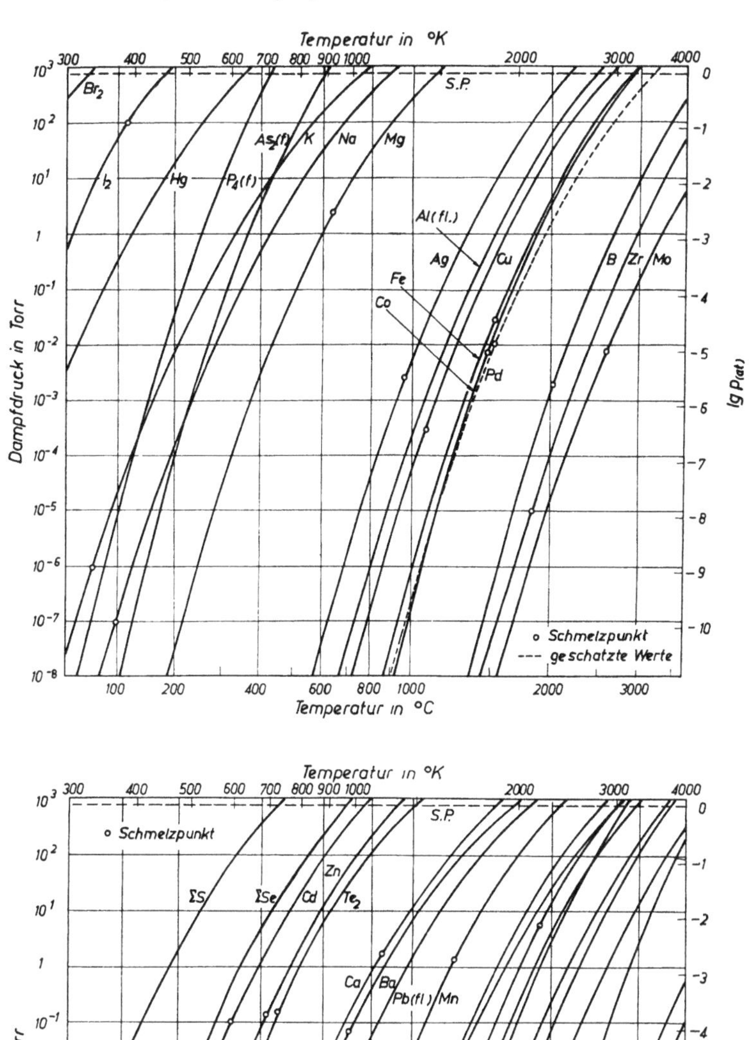

Abb. 183. Die Abhängigkeit des Dampfdruckes häufig vorkommender Elemente von der Temperatur
(nach J. F. ELLIOTT und M. GLEISER)

linearer Zusammenhang zwischen dem Dampfdruck des gelösten Stoffes i und dem Dampfdruck des reinen Stoffes i bei der gleichen Temperatur, der durch die Gl. (56)

$$p_i = N_i \cdot p_i^0$$

zum Ausdruck gebracht wird. Bei Zweistofflösungen, die dem RAOULTschen Gesetz gehorchen, ist also die Bestimmung des Dampfdruckes jeder Komponente bei der vorliegenden Konzentration ohne weiteres möglich. Damit kann aber auch beurteilt werden, ob unter den gegebenen Bedingungen, wie Außendruck und Temperatur, eine Verdampfung erfolgen wird oder nicht. Da bei den meisten Zweistoffsystemen aber mehr oder minder große Abweichungen vom Idealverhalten bestehen, kann der Dampfdruck einer gelösten Komponente nicht mehr durch die Gl. (56) beschrieben werden, sondern es ist dafür die Kenntnis der Aktivität notwendig. Nach den Gl. (58) und (60) gilt der folgende Zusammenhang zwischen dem Dampfdruck der gelösten Komponente und dem Dampfdruck des reinen Stoffes:

$$p_i = a_i \cdot p_i^0 = \gamma_i \cdot N_i \cdot p_i^0$$

Mit Hilfe der Aktivität bzw. des Aktivitätskoeffizienten der betrachteten Komponente in der Lösung kann der zugehörige Dampfdruck somit aus dem Dampfdruck des reinen Stoffes berechnet werden.

Bei Vorhandensein von Drittelementen ist deren Einfluß auf die Aktivität bzw. den Aktivitätskoeffizienten zu berücksichtigen.

Da der Verlauf der Aktivitätskurven nur für wenige Systeme bekannt ist, kann eine Abschätzung des Dampfdruckes einer Komponente unter Voraussetzung der Gültigkeit des RAOULTschen Gesetzes erhalten werden. Es darf jedoch nicht übersehen werden, daß es sich dabei wirklich nur um eine sehr grobe Näherung handelt. Bei starken Abweichungen der Aktivitätskurve vom RAOULTschen Gesetz können sich nämlich gänzlich andere Verhältnisse ergeben, als sie durch diese Abschätzung zum Ausdruck gebracht werden. So wird bei negativen Abweichungen vom Idealverhalten, wie z. B. bei Silizium (Abb. 78), Aluminium (Abb. 126), Titan, Zirkon und Bor in Eisenschmelzen der Dampfdruck geringer sein, als dies durch Gl. (56) für die jeweilige Konzentration zum Ausdruck gebracht wird.

Umgekehrt ergeben sich höhere Dampfdrücke, als es dem Idealverhalten entspricht, wenn positive Abweichungen vom RAOULTschen Gesetz vorhanden sind, wie z. B. im System Eisen-Kupfer (Abb. 5).

Die Entfernung eines Stoffes aus einem System durch Verdampfung ist nicht unbegrenzt. Aus dem Vorgesagten ist zu entnehmen, daß die Verdampfung dann zum Stillstand kommt, wenn der Dampfdruck der betrachteten Komponente in der Schmelze dem Partialdruck in der Gasphase gleich ist. Obwohl der Dampfdruck selbst mitentscheidend für die Geschwindigkeit des Verdampfungsvorganges ist, hängt diese auch noch weitgehend von den physikalischen Bedingungen ab.

Außer den Elementen können selbstverständlich auch chemische Verbindungen verdampfen, wenn ihr Dampfdruck genügend groß ist. So haben z. B. einige Metalloxyde wesentlich höhere Dampfdrücke als das entsprechende Metall. Durch Verdampfen dieser Oxyde ist somit eine Desoxydation möglich [22].

Über die Verdampfung metallischer Elemente aus Eisenschmelzen unter vermindertem Druck liegen zahlreiche Untersuchungen vor, von denen hier nur einige genannt seien. W. A. FISCHER [23] leitete einen Verteilungskoeffizienten ab, der experimentell bestimmt werden kann und der das Verteilungsverhältnis eines im Eisen gelösten Stoffes zwischen der Schmelze und der Gasphase beschreibt. H. Schenck und H. H. Domalski [24] untersuchten die Verdampfung von Mangan, Kupfer und Zinn aus binären Eisenschmelzen sowie von Mangan aus kohlenstoffhaltigen Eisenschmelzen bei Drücken von 0,001 bis 40 Torr. Sie stellten bei dem von ihnen verwendeten Vakuum-Induktionsofen eine exponentielle Abhängigkeit zwischen der verdampften Menge des Begleitmetalles und der Versuchsdauer fest und bestimmten für Kupfer, Mangan und Zinn Destillationskennzahlen, die eine Vorausberechnung der Abnahme dieser Legierungsstoffe in der Schmelze gestatten.

M. Olette [25] nannte einen Verdampfungskoeffizienten, der als Maßstab für die Verdampfungsgeschwindigkeit der Eisenbegleitelemente verwendet werden kann. R. G. Ward [26] stellte fest, daß die Mangan-, Kupfer- oder Chrom-Verdampfung aus Stahlschmelzen mit 0,25% C in erster Linie vom Druck der Dampfphase bestimmt wird und daß die Mangan-Verdampfung nur unter Schutzgas mit einem Druck nahe 1 at verhindert werden kann. Dabei war Argon wirksamer bezüglich der Verhinderung der Mangan-Verdampfung als Wasserstoff.

Zur Bestimmung des Verdampfungsverlustes verschiedener Stahlbegleitelemente untersuchten G. M. Gill, E. Ineson und G. Wesley [27] Kleinstschmelzen hochreiner binärer Legierungen bei 1600 °C unter einem Druck von 10^{-3} Torr. Ein Teil ihrer Ergebnisse ist in Abb. 184 wiedergegeben. Neben Kupfer und Blei können auch Mangan, Zinn und Zink praktisch vollständig aus der Schmelze

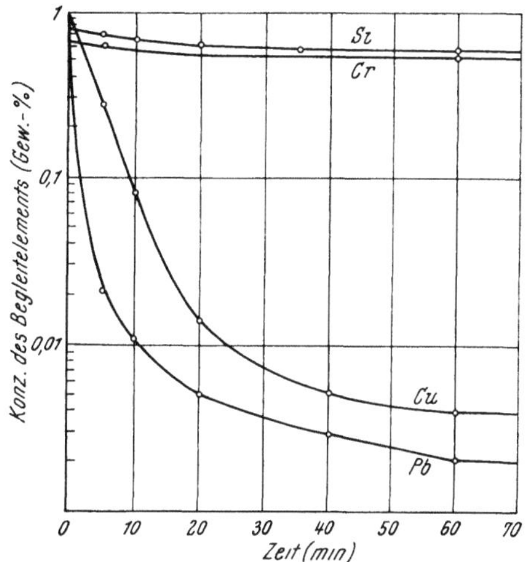

Abb. 184. Veränderung der Konzentration der Eisenbegleitelemente in hochreinen binären Eisenlegierungen bei 1600 °C unter einem Druck von 10^{-3} Torr (nach G. M. Gill, E. Ineson und G. Wesley)

entfernt werden, wobei die Verdampfung der letztgenannten Elemente noch viel rascher erfolgt als die von Blei. Bereits nach 5 Minuten Schmelzdauer waren in den kleinen Versuchsschmelzen die Mangan- und Zink-Gehalte von ursprünglich 0,6% und der Zinn-Gehalt von 0,8% auf Werte <0,01% abgesunken. Die Chrom-, Silizium-, Arsen- und Schwefelgehalte änderten sich nur wenig und dies auch nur während der ersten Minuten. Bei Nickel, Molybdän und Phosphor konnte keine Änderung der Gehalte während des Schmelzverlaufes beobachtet werden.

1.175 Veränderung der Zusammensetzung von Eisenlegierungen während des Schmelzens unter Hochvakuum

Die Entgasungsvorgänge, die Umsetzung des Kohlenstoffes mit dem in der Eisenschmelze gelösten Sauerstoff sowie die Reaktionen des Bades mit den Oxyden des Schmelztiegels wurden bereits in den vorangegangenen Abschnitten besprochen. Die Umsetzungen mit der feuerfesten Zustellung sind im wesentlichen auf das Schmelzen im Vakuum-Induktionsofen beschränkt, denn obwohl die grundsätzliche Möglichkeit hierzu auch bei den Vakuumbehandlungsverfahren in der Gießpfanne besteht, sind die dort angewendeten Drücke zu hoch, um eine merkliche Veränderung der Stahlzusammensetzung zu ergeben. Als Folge der

Verdampfungsvorgänge erleiden flüssige Eisenlegierungen unter Hochvakuum auch bezüglich der anderen noch nicht genannten Begleitelemente Konzentrationsveränderungen, auf die hier kurz hingewiesen sei.

Silizium. Nach Abb. 183 ist der Dampfdruck reinen Siliziums im Bereich der Stahlerzeugungstemperaturen etwa gleich groß wie der des Eisens. In binären Eisen-Silizium-Legierungen wird jedoch der Silizium-Dampfdruck wegen der stark negativen Abweichung der Aktivitätskurve von der RAOULTschen Geraden wesentlich geringer sein, als es der Siliziumkonzentration bei idealem Verhalten entspräche. Eine vor dem Eisen bevorzugte Siliziumverdampfung ist demnach nicht anzunehmen. Die im Schrifttum mitgeteilten experimentellen Ergebnisse weichen zum Teil stark voneinander ab. Während O. WINKLER [28] unter 10^{-3} Torr bei Schmelzzeiten bis zu 15 Minuten keine Siliziumabnahme in der Schmelze feststellen konnte, wurden in den meisten Arbeiten [8, 9, 13, 25] bei längeren Schmelzzeiten und Drücken von 10^{-5} bis 10^{-2} Torr bei Eisenschmelzen mit kleinem Kohlenstoffgehalt ($<0,1\%$ C) Verringerungen der Silizium-Konzentration angegeben. Da fast alle Tiegelwerkstoffe Kieselsäure enthalten, kommt es zu einer je nach Art des Tiegelmaterials unterschiedlichen Siliziumreduktion, die ein Maß für die Bindung der Kieselsäure an die anderen Oxyde darstellt [23]. Den Einfluß des Kohlenstoffes auf das Verhalten des Siliziums in Eisenschmelzen beschrieben W. A. FISCHER und A. HOFFMANN [8].

Mangan. Da Mangan in Eisenschmelzen ideal gelöst ist, kann bereits aus dem hohen Dampfdruck reinen Mangans (vgl. Abb. 183) auf seine weitgehende Entfernung beim Schmelzen unter Hochvakuum geschlossen werden. Wie die in Abschnitt 1.74 mitgeteilten Ergebnisse und andere Untersuchungen [9, 13, 25, 28] zeigen, erfolgt tatsächlich eine sehr rasche und praktisch vollkommene Verdampfung von Mangan aus Eisenschmelzen.

Phosphor. Das Verhalten des Phosphors in Eisenschmelzen unter Hochvakuum entspricht nicht den aus seinem Dampfdruck abzuleitenden Erwartungen. Da der Phosphor bereits bei 282°C einen Dampfdruck von 1 at aufweist, sollte seine weitgehende Verdampfung aus Eisenschmelzen stattfinden, was jedoch nicht der Fall ist. Eingehendere Untersuchungen wurden von W. A. FISCHER und A. HOFFMANN [6, 8] durchgeführt. Aus diesen Arbeiten geht der bestimmende Einfluß des in der Schmelze gelösten Sauerstoffes auf das Verhalten des Phosphors hervor, worauf bereits in Abschnitt 1.135 näher eingegangen wurde.

Schwefel. Über die Entschwefelung von Eisenschmelzen unter Hochvakuum liegen mehrere ausführliche Untersuchungen vor, von denen hier die Arbeiten von W. A. FISCHER und A. HOFFMANN [9] sowie W. JÄNICHE und H. BECK [12] erwähnt seien. Diesen Beobachtungen ist die Feststellung einer stattfindenden Entschwefelung gemeinsam. W. A. FISCHER [23] wertete vorhandene Unterlagen [9] aus und konnte den starken Einfluß des Kohlenstoffgehaltes auf die Entschwefelungsgeschwindigkeit nachweisen. Abb. 185 zeigt die Veränderung des Schwefelgehaltes bei kohlenstofffreien und kohlenstoffhaltigen Eisenschmelzen in Abhängigkeit von der Schmelzzeit nach einer Darstellung von W. A. FISCHER [23]. Grundsätzlich ist der Ablauf der Entschwefelung über die Verdampfung von Schwefel-Kohlenstoff-Verbindungen und Sulfiden vorstellbar. FISCHER und HOFFMANN beobachteten daneben im Dolomittiegel auch eine Entschwefelung über eine Umsetzung des im Eisen enthaltenen Schwefels mit dem Tiegelwerkstoff.

Chrom. Der Dampfdruck des Chroms bei 1600°C ist um etwa eine Größenordnung höher als der des Eisens, so daß bei hohen Chromkonzentrationen eine bevorzugte Chromverdampfung zu erwarten ist. Dementsprechend stellten K. BUNGARDT und H. SYCHROVSKY [13] eine Abnahme des Chromgehaltes in Eisen-

Chrom-Schmelzen von 12,6 auf 11,6% bei einem Druck von 10^{-3} Torr fest. Bei niedrigen Chromgehalten wird der Chrom-Dampfdruck so gering sein, daß unter den technisch üblichen Vakua keine Chromabnahme eintritt, so wie dies in Abb. 184 zum Ausdruck kommt.

Nickel. Der Dampfdruck des Nickels ist bei 1600°C etwas geringer als der des Eisens. Verbunden mit der Tatsache einer schwach negativen Abweichung der Nickel-Aktivitätskurve von der RAOULTschen Geraden (vgl. Abb. 121), ist mit einer bevorzugten Eisenverdampfung aus Eisen-Nickel-Schmelzen unter Hochvakuum zu rechnen. Das Nickel wird sich also in der Schmelze anreichern.

Kobalt. Über das Verhalten von Kobalt in Eisenschmelzen unter Hochvakuum liegen noch keine Untersuchungen vor. Da die beiden Dampfdruckkurven von Kobalt und Eisen sehr nahe aneinander liegen (vgl. Abb. 183a) und die Eisen-Kobalt-Legierungen sich ideal verhalten, wird die Verdampfungsrate im wesentlichen von der Zusammensetzung der Schmelze bestimmt sein.

Kupfer und Zinn. Aus Abb. 183a ist zu entnehmen, daß Kupfer bei 1600°C einen etwa 10fach höheren Dampfdruck aufweist als Eisen. Da in Eisen-Kupfer-Legierungen sehr stark positive Abweichungen der Aktivitäts- bzw. Dampfdruckkurven vom RAOULTschen Gesetz vorhanden sind (vgl. Abb. 5), wobei vor allem schon niedrigen Kupfer-Konzentrationen hohe Kupferdampfdrücke zugeordnet sind, ist eine weitgehende Verdampfung des Kupfers aus Eisenschmelzen zu erwarten, wie dies auch von K. BUNGARDT und H. SYCHROVSKY [13] sowie F. WEVER und Mitarbeitern [10] festgestellt wurde.

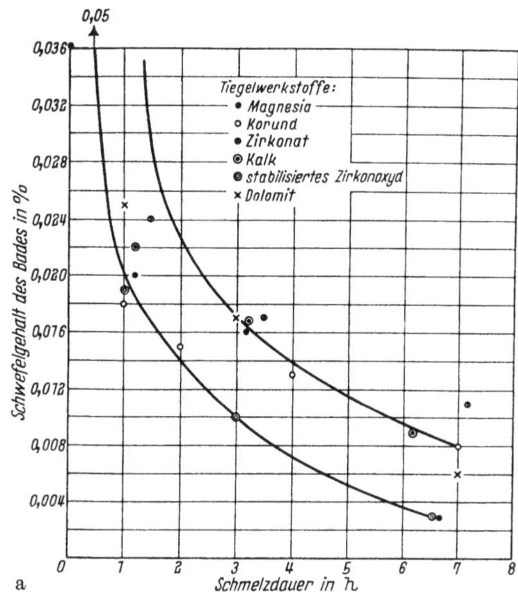

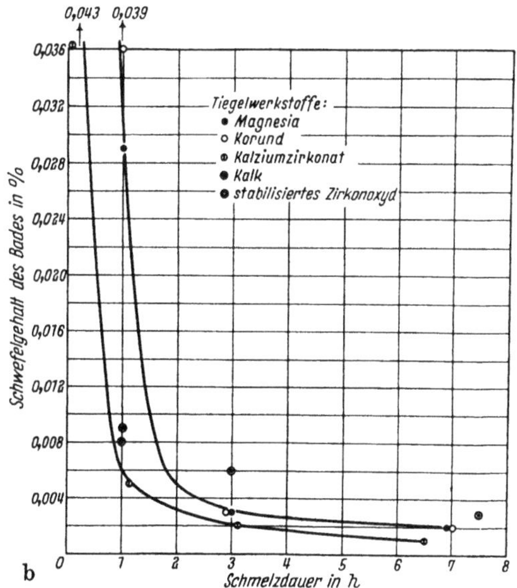

Abb. 185. Entschwefelung von Eisenschmelzen unter Hochvakuum
a) kohlenstofffreie Schmelzen (C < 0,005%)
b) hochkohlenstoffhaltige Schmelzen (C = 2,5 bis 3,5%)
(nach W. A. FISCHER)

Zinn hat bei Stahlerzeugungstemperaturen ebenfalls einen weit höheren. Dampfdruck als Eisen (Abb. 183). In Übereinstimmung mit der sich daraus ergebenden Erwartung beobachteten W. JÄNICHE und H. BECK [12] eine praktisch vollkommene Entzinnung von Eisenschmelzen unter Hochvakuum.

Arsen. Über das Verhalten des Arsens liegen Untersuchungen von W. A. FISCHER und A. HOFFMANN [6, 8, 9] sowie von M. OLETTE [25] vor. Demnach wird der Arsengehalt von Eisenschmelzen unabhängig von ihren Kohlenstoff- und Sauerstoffgehalten unter Hochvakuum verringert. Bei Anfangsgehalten von 0,06 bis 0,2% As betrug die Abnahme des Arsengehaltes nach einer Schmelzzeit von 1 Stunde etwa 8%, nach 3 Stunden etwa 30% und nach 7 Stunden etwa 60% des Ausgangsgehaltes. Auch bei sehr kleinen Ausgangsgehalten (As < 0,01%) konnte noch eine Abnahme während des Schmelzens unter Vakuum festgestellt werden.

Hochschmelzende Metalle. Die Dampfdrücke der Metalle Wolfram, Molybdän, Titan und Tantal sind bei Stahlerzeugungstemperaturen wesentlich kleiner als der des Eisens, so daß beim Vakuumschmelzen eine bevorzugte Eisenverdampfung und damit eine Anreicherung dieser Elemente in der Schmelze erfolgt. Da die Oxyde von Molybdän und Wolfram vergleichsweise hohe Dampfdrücke aufweisen, können Verdampfungsverluste eintreten, wenn höhere Sauerstoffgehalte, z. B. bedingt durch das Einsatzmaterial, vorhanden sind.

Es wurde bereits darauf hingewiesen, daß die Vorgänge bei der Vakuumbehandlung von Schmelzen weitgehend von der Reaktionskinetik beherrscht werden. Da mit den hier gemachten Angaben die Möglichkeiten der Vakuummetallurgie recht genau beschrieben sind und andererseits eine Ableitung der Gesetzmäßigkeiten der Reaktionskinetik den Rahmen dieses Buches sprengen würde, sei diesbezüglich auf die einschlägige Fachliteratur verwiesen. So befindet sich eine kurze Zusammenfassung über die Kinetik des Entgasungsvorganges in der bereits zitierten Arbeit von O. WINKLER [2]; eingehendere Untersuchungen wurden in jüngster Zeit von H. KNÜPPEL und F. OETERS [29] durchgeführt. Über die Kinetik des Verdampfungsvorganges unterrichten z. B. die Arbeiten von O. WINKLER [2] und M. OLETTE [25].

Schrifttum

zu Abschnitt 1.17

1. ROSSIN, P. C.: Thermodynamics and Kinetics in Vacuum Arc Melting. Vacuum Metallurgy, ed. by R. F. BUNSHAH. Reinhold Publishing Corp., New York 1958, S. 79/97.
2. WINKLER, O.: The Theory and Practice of Vacuum Melting. Metallurg. Rev. 5 (1960), S. 1/117.
3. SPEITH, K. G., H. VOM ENDE und A. PFEIFFER: Die Vakuumbehandlung von Stählen in der Gießpfanne. Stahl u. Eisen 80 (1960), S. 737/44.
4. SPEITH, K. G., H. VOM ENDE und R. SPECHT: Vakuumbehandlung von Stählen in der Gießpfanne. Stahl u. Eisen 81 (1961), S. 1449/56.
5. KASAMATU, Y., und S. MATOBA: Aktivität des Stickstoffs in flüssigem Eisen. Technol. Rep. Tôhoku Univ., Sendai 22 (1957), S. 109/19.
6. FISCHER, W. A., und A. HOFFMANN: Einfluß von Kohlenstoff und Sauerstoff auf das Verhalten einiger Begleitelemente in Eisenschmelzen unter Hochvakuum. Arch. Eisenhüttenwes. 31 (1960), S. 411/17.
7. FISCHER, W. A., und A. HOFFMANN: Aufnahmegeschwindigkeit und Löslichkeit von Stickstoff in flüssigem Eisen in Abhängigkeit vom gelösten Sauerstoff. Arch. Eisenhüttenwes. 31 (1960), S. 215/19.
8. FISCHER, W. A., und A. HOFFMANN: Das Verhalten von phosphor- und arsenhaltigen Eisenschmelzen im Hochvakuum. Arch. Eisenhüttenwes. 30 (1959), S. 199/204.
9. FISCHER, W. A., und A. HOFFMANN: Verhalten von Eisen- und Stahlschmelzen im Hochvakuum. Arch. Eisenhüttenwes. 29 (1958), S. 339/49.
10. WEVER, F., W. A. FISCHER und H. ENGELBRECHT: Versuche zum Erschmelzen von reinem Eisen im Hochvakuum. Stahl u. Eisen 74 (1954), S. 1515/21.

11. FISCHER, W. A., H. TREPPSCHUH und K. H. KÖTHEMANN: Erschmelzung von Reinsteisen nach dem Kohlenstoffreduktions-Verfahren und Kerbschlagzähigkeit-Temperatur-Kurven dieses Eisens. Arch. Eisenhüttenwes. 27 (1956), S. 567/72.

12. JÄNICHE, W., und H. BECK: Zur Entschwefelung und Desoxydation von Reinsteisen beim Vakuumschmelzverfahren. Arch. Eisenhüttenwes. 29 (1958), S. 631/42.

13. BUNGARDT, K., und H. SYCHROVSKY: Eigenschaften unter vermindertem Druck erschmolzener hochwarmfester austenitischer Stähle. Stahl u. Eisen 76 (1956), S. 1040/49.

14. SCHEIBE, W.: Über einige Ergebnisse hochvakuumtechnischer Verfahren in der Metallurgie. Z. Metallkde 48 (1957), S. 91/100.

15. BOGDANDY, L. VON, R. SCHMOLKE und G. WINZER: Bedingungen für das Erschmelzen von Reineisen. Arch. Eisenhüttenwes. 29 (1958), S. 231/34.

16. TURKDOGAN, E. T., L. E. LEAKE und C. R. MASSON: Thermodynamics of Iron-Carbon Melts. Acta Metallurg. 4 (1956), S. 396/406.

17. SAMARIN, A. M.: Vacuum Steelmaking. J. Iron Steel Inst. 198 (1961), S. 131/41.

18. TIX, A., G. BANDEL, W. COUPETTE und A. SICKBERT: Erfahrungen bei der Entgasung von Stahl nach dem Vakuumgießstrahlverfahren. Stahl u. Eisen 79 (1959), S. 472/77.

19. CHIPMAN, J.: Physical Chemistry of Liquid Steel. In: Basic Open Hearth Steelmaking, 2. Aufl., New York 1951, S. 638.

20. BUNGARDT, K., und H. VOLLMER: Beitrag zur Erschmelzung von Stählen und Legierungen im Induktions- und im Lichtbogen-Vakuumofen. Stahl u. Eisen 82 (1962), S. 401/19.

21. ELLIOTT, J. F., und M. GLEISER: Thermochemistry for Steelmaking. Addison-Wesley Publishing Comp., Inc., Reading, Mass., u. London 1960, S. 269/70.

22. SMITH, jr., H. R.: Electron Bombardment Melting Techniques. Wie unter 1., S. 221/35.

23. FISCHER, W. A.: Die Metallurgie des Eisens im Hochvakuum. Arch. Eisenhüttenwes. 31 (1960), S. 1/9.

24. SCHENCK, H., und H. H. DOMALSKI: Untersuchungen über die Destillation metallischer Elemente aus flüssigem Eisen unter vermindertem Druck. Arch. Eisenhüttenwes. 32 (1961), S. 753/60.

25. OLETTE, M.: Vacuum Distillation of Minor Elements from Liquid Ferrous Alloys. In: Physical Chemistry of Process Metallurgy, Part 2, ed. by G. R. ST. PIERRE, New York, London 1961, S. 1065/87.

26. WARD, R. G.: Evaporative Losses during Vacuum Induction Melting of Steel. J. Iron Steel Inst. 201 (1963), S. 11/15.

27. GILL, G. M., E. INESON und G. WESLEY: The Behaviour of Various Elements in Vacuum Steelmaking. J. Iron Steel Inst. 191 (1959), S. 172/75.

28. WINKLER, O.: Die Technik des Schmelzens und Gießens unter Hochvakuum. Stahl u. Eisen 73 (1953), S. 1261/68.

29. KNÜPPEL, H., und F. OETERS: Zur Kinetik der Entgasung von Stahlschmelzen unter vermindertem Druck. Arch. Eisenhüttenwes. 33 (1962), S. 729/43.

30. CLAIR, H. W. ST.: Distillation of Metals under Reduced Pressures. Wie unter 1., S. 295/305.

1.18 Die metallurgischen Vorgänge im flüssigen Stahl vom Abstich bis zum Gießen

Bei allen Stahlerzeugungsverfahren in offenen Öfen, bei denen der Stahl in eine Gießpfanne abgestochen wird, unterliegt er auf seinem Wege vom Ofen bis in die Kokille oder Gußform noch gewissen Veränderungen. Die Ursachen dafür sind im wesentlichen die Temperaturverluste, die Berührung mit der Atmosphäre und die Wechselwirkungen mit der Pfannenschlacke und den feuerfesten Baustoffen. Dabei soll hier auf die Vorgänge bei der Pfannendesoxydation und die Abscheidung der Desoxydationsprodukte nicht mehr eingegangen werden, da diese bereits in den Abschnitten 1.15 und 1.16 behandelt wurden.

1.181 Die Temperaturverluste

Die Temperaturverluste des Stahles vom Abstich bis zur Kokille entstehen durch die Berührung mit der Abstichrinne, durch Strahlungsverluste beim Einfließen in die Gießpfanne, durch die Wärmeaufnahme der feuerfesten Auskleidung der Gießpfanne, durch die Wärmeabgabe der Stahloberfläche in der Pfanne und die Strahlungsverluste der gefüllten Pfanne während der Abhänge- und Gießzeit, sowie durch die Strahlungsverluste des Gießstrahles und beim Unterguß noch durch die Wärmeabgabe an das feuerfeste Untergußmaterial. Die absolute Höhe der Temperaturverluste ist, außer von der Vorwärmung der Rinne und Pfanne, noch von der abgegossenen Stahlmenge, dem jeweiligen Verhältnis von Oberfläche zu Volumen des Gießstrahles, der Abstich-, Abhänge- und Gießzeit, sowie von der Höhe der Abstichtemperatur selbst abhängig. Die Vielzahl der Einflußgrößen bedingt, daß diese Temperaturverluste für jeden Fall im Betrieb experimentell bestimmt werden müssen. Aus den bisher veröffentlichten Untersuchungsergebnissen für Schmelzgewichte von etwa 10 bis 200 t ergeben sich folgende Anhaltswerte [1 bis 3]:

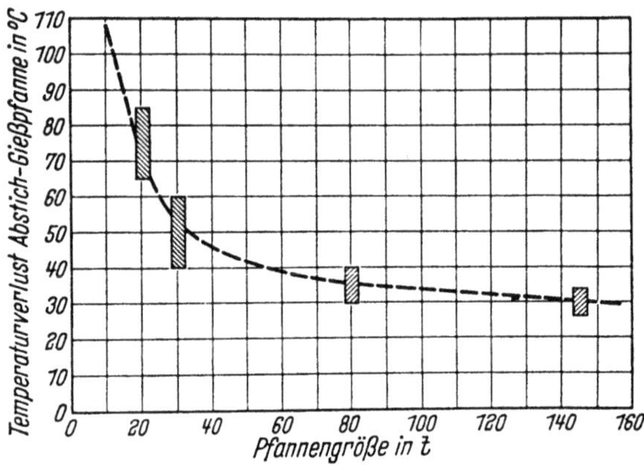

Abb. 186. Temperaturverluste beim Abstich in verschieden große Gießpfannen (nach H. VOM ENDE)

Die Temperaturverluste beim Abstich in verschieden große Gießpfannen nehmen, wie Abb. 186 zeigt, mit steigender Pfannengröße rasch ab und vermindern sich bei Pfanneninhalten über etwa 80 t nur mehr unbedeutend. Die eingezeichneten Streubereiche sind auf unterschiedliche Abstich- und Pfannentemperaturen zurückzuführen.

In der Gießpfanne sind die Temperaturverluste des Stahles bei guter Abdeckung nur mehr gering. Die bisher gemessenen Werte liegen zwischen 2 und 0,3°C/min für Pfannengrößen von 65 bis 300 t.

Der die Gießpfanne verlassende Stahl zeigt jedoch keinen konstanten Temperaturabfall über die Gießzeit. Beim Angießen ist der Stahl aus den unteren Pfannenschichten zunächst kälter, was auf eine Temperaturschichtung in der Gießpfanne hindeutet. Dann steigt die Temperatur im Gießstrahl an (dieser Anstieg kann bis zu 25°C betragen) und nimmt von da an entsprechend der Abkühlung in der Gießpfanne bis Gießende ab. Meist wird unmittelbar vor Gießende ein etwas rascherer Temperaturabfall beobachtet.

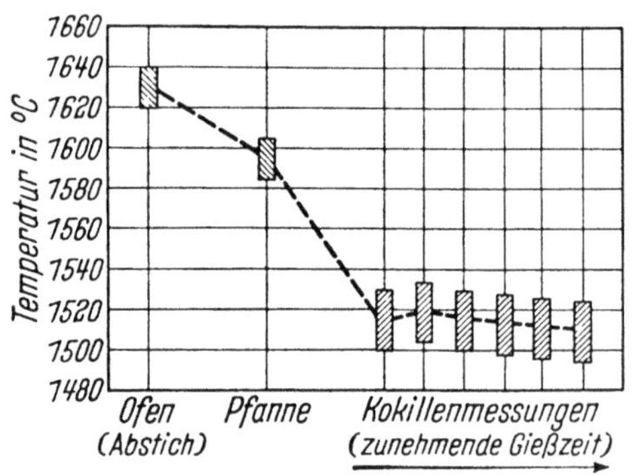

Abb. 187. Temperaturverluste vom Abstich bis in die Kokille bei 80-t-Siemens-Martin-Schmelzen (nach H. VOM ENDE)

Beim Gespannguß ist der Temperaturverlust von der Pfanne bis in die Kokille durch die verhältnismäßig langen Gießwege und die Wärmeableitung durch die kalten Kokillen in der Regel so groß, daß der in der Kokille aufsteigende Stahl nur mehr eine sehr geringe, oft kaum meßbare Überhitzung über seinem Liquiduspunkt aufweist. Messungen an 80-t-Schmelzen eines beruhigten, weichen Siemens-Martin-Stahles ergaben die in Abb. 187 wiedergegebenen Temperaturwerte. Der Abguß erfolgte zu 5-t-Walzblöcken. Auch hier ist deutlich der Temperaturanstieg beim zweiten Gespann zu sehen, sobald der wärmere Stahl die Gießpfanne verläßt. Dieser Temperaturanstieg ist um so größer, je höher die Überhitzung des Stahles beim Abstich ist. Die Abhängigkeit der Wärmeverluste von der Temperatur bedingt jedoch, daß

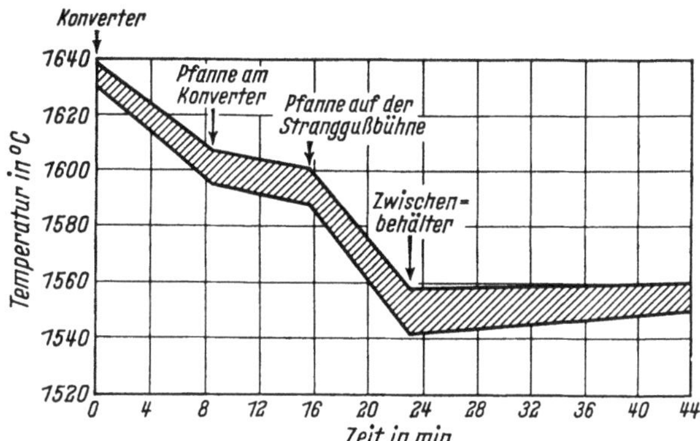

Abb. 188. Temperaturverluste beim Stranggießen vom OLP-Konverter bis in den Zwischenbehälter (nach W. Gerling und K.-H. Bauer)

eine auch nur geringe Temperaturerhöhung des flüssigen Stahles in der Kokille eine wesentlich stärkere Erhöhung der Abstichtemperatur zur Voraussetzung hat (vgl. auch Abschnitt „Gießen" 2.115.2, Abb. 413 und 414).

Ähnliche Verhältnisse liegen auch beim Strangguß vor [4, 5]. Wie die Meßwerte in Abb. 188 und 189 zeigen, gelangt der flüssige Stahl trotz hoher Überhitzung beim Abstich mit so niedriger Temperatur in die Kokille, daß die Messungen am Gießspiegel keine Überhitzung über den Liquiduspunkt erkennen lassen.

Eine Verringerung der Wärmeverluste kann bis zu einem gewissen Ausmaß durch Vorwärmen der Abstichrinne, durch gute und möglichst hohe Pfannenvorwärmung und Abdecken des flüssigen Stahles in der Pfanne erreicht werden. Beim basischen Lichtbogenofen wirkt die relativ heiße Feinungsschlacke den Temperaturverlusten entgegen, während bei allen Arbeitsverfahren mit Pfannendesoxy-

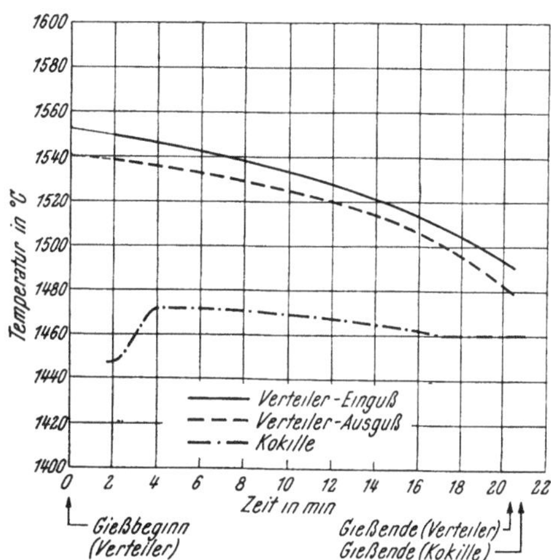

Abb. 189. Temperaturverlauf beim Stranggießen eines Werkzeugstahles mit 0,9% C und 1% W (kontinuierlich gemessen) (nach H. Straube und B. Tarmann)

dation die Ofenschlacke zurückgehalten und die Pfanne mit einem künstlichen Schlackengemisch abgedeckt werden muß. Ebenso sind möglichst kurze Abstichzeiten anzustreben. Eine Vorausberechnung der Temperaturverluste in der Gießpfanne für Schmelzen von 1 bis 100 t Gewicht wurde von J. G. Henzel jr. und J. Keverian ausgeführt [6]. Die in einer Anzahl von Diagrammen für verschiedene Arbeitsbedingungen angegebenen berechneten Werte zeigen gute Übereinstimmung mit der Praxis.

1.182 Die Luftoxydation

Eine Oxydation des flüssigen Stahles tritt immer ein, wenn er mit der Luft in Berührung kommt. Das entstehende Eisenoxydul setzt sich mit den im Stahl enthaltenen Legierungselementen, vorwiegend mit den Desoxydationsmitteln nach Maßgabe der Reaktionsgleichgewichte, zu unlöslichen Oxyden um. Es kommt daher in erster Linie zur Ausfällung von MnO, SiO_2, Al_2O_3, TiO_2 usw. Diese Vorgänge wurden erstmals von J. BERVE und H. GRAVENHORST [7] quantitativ untersucht.

Sie benutzten dazu eine mit Silizium und Aluminium desoxydierte 40-t-Schmelze eines Chrom-Nickel-Molybdän-Baustahles aus dem basischen Licht-bogenofen, die sie aus einer Pfanne durch den Stopfen in eine zweite Pfanne umgossen. Die Proben wurden aus den Pfannen sowie aus dem Gießstrahl einmal unmittelbar unter dem Ausguß und einmal 2,5 m tiefer genommen. Das Umgießen dauerte 6 Minuten. Durch die Sauerstoffaufnahme aus der Luft sind die in Abb. 190 dargestellten Veränderungen eingetreten. Die stärkste Abnahme zeigen die Silizium- und Aluminiumgehalte, wobei die ebenfalls eingezeichneten, aus dem Abbrand errechneten Oxydmengen entstehen.

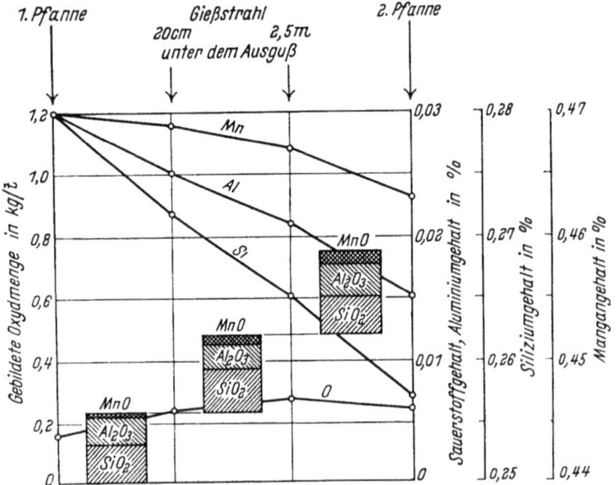

Abb. 190. Oxydation des Stahles beim Umgießen einer 40-t-Chrom-Nickel-Molybdän-Stahlschmelze aus einer Pfanne in eine zweite (nach J. BERVE und H. GRAVENHORST)

Die entstandenen Oxyde haben sich jedoch so rasch abgeschieden, daß nur eine sehr geringe Zunahme des Sauerstoffgehaltes zu beobachten war. Diese Zunahme entspricht etwa der Zunahme der Gleichgewichts-Sauerstofflöslichkeit beim Abbrand des Aluminiums von 0,030 auf 0,015% [8]. Die Gesamtsauerstoffaufnahme des flüssigen Stahles bei diesem Versuch betrug rund 0,032%.

Unter der Voraussetzung, daß sich die bei der Luftoxydation gebildeten Oxyde rasch abscheiden und den Gehalt des flüssigen Stahles an suspendierten Oxydteilchen nicht merkbar erhöhen, wird die Berührung des Gießstrahles mit der Luft um so eher zu einer Erhöhung des Sauerstoffgehaltes im Stahl führen, je schwächer der Stahl desoxydiert ist. Entsprechend diesem gelösten Sauerstoff scheiden sich dann bei weiterem Temperaturabfall und bei der Erstarrung äquivalente Oxydmengen ab, die bei ungünstigen Abscheidungsbedingungen zu einer stärkeren Verunreinigung des Stahles führen können.

Die nebeneinander ablaufenden Vorgänge der Sauerstoffaufnahme als Funktion des Verhältnisses von Oberfläche zu Volumen des Stahles und der Berührungszeit mit der Luft, der Oxydbildung und Abscheidung als Funktion der Art und Menge der vorhandenen Desoxydationsmittel und die Oxydbildung durch die temperaturabhängige Verschiebung der Desoxydationsgleichgewichtslagen machen es kaum möglich, den Einfluß der Luftoxydation vorauszubestimmen. Auch die üblichen Bestimmungen des Gesamtsauerstoff- und Einschlußgehaltes in der Pfanne und im Block geben nur das Summenergebnis dieser Vorgänge wieder.

Die dabei in den meisten Fällen beobachtete Zunahme des Sauerstoff- und Einschlußgehaltes hat zur Anwendung des Gießens unter Schutzgas bzw. im Vakuum geführt (vgl. Abschnitt „Gießen", 2.2 und 2.3).

Die Oxydbildung kann beim Gießen von chrom-, titan- und aluminiumlegierten Stählen gut beobachtet werden („Chromhautbildung"). Die auf der Oberfläche des Gießstrahles schwimmenden Oxydfilme werden bis in die Kokille gespült, wo sie sich mit dem Gießschaum abscheiden, der außerdem noch mitgerissene Teile der feuerfesten Zustellung enthalten kann. Oxydhäute aus hochschmelzenden Oxyden (Cr_2O_3, TiO_2, Al_2O_3) können, wenn sie an die Kokillenwand gespült werden, die Ursache von Blockoberflächenfehlern werden. Ein Teil dieser Oxydhäute, besonders bei aluminiumberuhigten Stählen, lagert sich bei kommunizierendem Guß in den Gießkanälen ab und schützt damit diese vor dem direkten Angriff des flüssigen Stahles [9].

In Richtung einer Verminderung der Luftoxydation beim Gießen an Luft wirken kurze Abstich- und Gießzeiten, Schlackenabdeckung der Pfanne und Gießen in abgedeckte Kokillen („Blindguß"). Nach den Untersuchungen von F. BEITTER [10] soll die Oxydhautbildung durch den Zusatz geringer Mengen von Schwermetallen mit hohem Dampfdruck, wie z. B. 0,025% Wismut oder Antimon, vermindert werden können. Derartige Zusätze haben sich jedoch in der Praxis nicht eingeführt.

1.183 Gasaufnahme und -abgabe

Außer mit dem Sauerstoff kommt der flüssige Stahl, sobald er an Luft abgestochen oder abgegossen wird, auch mit Stickstoff und vor allem mit dem Wasserdampf der Atmosphäre in Berührung. Die *Stickstoffaufnahme* aus der Luft ($p_{N_2} = 0,8$ at) ist nach den bisherigen Beobachtungen nur unbedeutend, selbst wenn der Stahl stickstoffaffine Elemente enthält. So wurde z. B. beim Gießen von Chrom-Nickel-Molybdän-Stählen an Luft im Mittel eine Stickstoffzunahme um 0,001% und unter reinem Stickstoff eine solche von 0,0015% beobachtet [7]. Sie ist naturgemäß auch abhängig von der Berührungszeit des flüssigen Stahles mit der Gasphase. Unter technischen Bedingungen kann daher an Stelle von Argon oder Helium auch reiner Stickstoff als Schutzgas für das Gießen selbst hochlegierter Stähle Anwendung finden (vgl. auch Abschnitt „Gießen", 2.2).

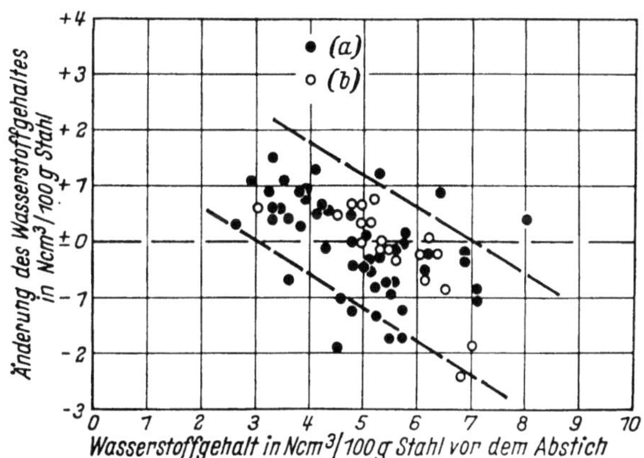

Abb. 191. Änderung des Wasserstoffgehaltes während des Vergießens in Abhängigkeit vom Wasserstoffgehalt vor dem Abstich: *a* basischer Siemens-Martin-Ofen, Pfannendesoxydation, *b* basischer Lichtbogenofen, weiße Feinungsschlacke
(nach K. G. SPEITH, H. VOM ENDE und R. SPECHT)

Anders verhält es sich jedoch mit dem Einfluß des Wasserdampfes in der Atmosphäre. Dieser wird in Berührung mit dem flüssigen Stahl zu Wasserstoff und Sauerstoff aufgespalten, so daß neben einer Oxydation auch eine merkbare *Wasserstoffaufnahme* des Stahles eintreten kann. Bei hohen Wasserstoffgehalten im Stahl tritt jedoch auch eine Wasserstoffabgabe an die Atmosphäre ein, so daß die beobachtete Änderung der Wasserstoffkonzentration immer vom Ausgangsgehalt abhängig ist. Dies kommt deutlich in den Meßwerten in Abb. 191 zum Ausdruck [11]. Bei Wasserstoffgehalten von mehr als 5 bis 6 Ncm³/100 g Stahl vor dem Abstich wird Wasserstoff ausgeschieden, bei niedrigeren Gehalten ist eine Wasserstoffaufnahme zu beobachten. Auch beim Oberguß schwerer Schmiedeblöcke wurde eine Wasserstoffabgabe beobachtet [12].

Noch gefährlicher als der Wasserdampf der Luft ist ein Feuchtigkeitsgehalt der feuerfesten Baustoffe der Pfanne und Gießgrube. Für flockenempfindliche Stähle dürfen daher Gießpfannen erst nach 5 bis 10 Abgüssen verwendet werden, bis die Feuchtigkeit aus dem Mauerwerk restlos entfernt ist. Bei neuen Pfannen kann die Erhöhung des Wasserstoffgehaltes im Stahl mehrere Kubikzentimeter je 100 g betragen. Ebenso führt feuchter Kokillenlack zu einer Erhöhung des Wasserstoffgehaltes im Stahl.

1.184 Reaktionen mit der Pfannenschlacke

Die chemischen Umsetzungen zwischen Stahl und Schlacke in der Gießpfanne sind auf eine Temperaturabnahme und beim Legieren und Desoxydieren auf die damit verbundenen Konzentrationsänderungen zurückzuführen. Während die Wirkung der Temperaturabnahme nur gering ist und mit sinkender Temperatur auch eine Abnahme der Reaktionsgeschwindigkeit parallel geht, kann hingegen eine Konzentrationsänderung in einer der beiden Phasen zu merkbaren Umsetzungen führen.

Die Pfannenauskleidung, die in der Regel aus Schamottesteinen besteht, wird von *basischen Frischschlacken* unter Herauslösen von Kieselsäure angegriffen. Eine Erhöhung der Kieselsäurekonzentration in der Schlacke kann einerseits zu einer Erhöhung der Sauerstoffaktivität und damit zu einer Sauerstoffabgabe an den Stahl und andererseits durch die Verminderung des freien Kalks zu einer Rückphosphorung führen. Desgleichen kann auch eine Rückschwefelung eintreten. Bei der Herstellung beruhigter Stähle, die in der Gießpfanne desoxydiert werden, werden die geschilderten Vorgänge noch dadurch unterstützt, daß das nunmehr weitgehend sauerstofffreie Stahlbad auf die Frischschlacke reduzierend wirkt und die Sauerstoff- und Phosphorabgabe der Schlacke begünstigt. Der aufgenommene Sauerstoff wird dabei, solange Desoxydationsmittel im Überschuß vorhanden sind, zu Oxyden umgesetzt, die somit eine Anreicherung in der oberen Stahlschicht erfahren können. Bei MnO-reichen Schlacken kann auch eine Erhöhung des Mangangehaltes im Stahl beobachtet werden. Im extremen Fall kann es sogar zu einer teilweise unberuhigten Erstarrung des Stahles in der Kokille kommen.

Bei allen Stählen, die in der Pfanne desoxydiert werden, muß daher die Frischschlacke sorgfältig ferngehalten und der Stahl in der Pfanne mit einem künstlichen Schlackengemisch abgedeckt werden. Dieses bewirkt auch ein Absteifen geringer Reste von Frischschlacke, die damit reaktionsträge gemacht werden. Bei sorgfältiger Arbeitsweise bleiben die Analysenunterschiede zwischen Gießanfang und Gießende jedoch in tragbaren Grenzen.

Basische Reduktionsschlacken, z. B. aus dem Lichtbogenofen, bewirken dagegen, selbst bei Kieselsäureaufnahme aus dem Pfannenfutter, keine merkbare Veränderung der Stahlzusammensetzung. Das gleiche gilt auch für *saure* Schlacken, deren Angriff auf das Schamottemauerwerk an sich gering ist. Schließlich sei noch auf die Möglichkeit hingewiesen, daß stark viskose Schlacken, z. B. CaC_2-reiche Karbidschlacken, zur Emulsionsbildung mit dem flüssigen Stahl beim Abstich neigen, wodurch der Stahl in den oberen Pfannenschichten stark verunreinigt werden kann.

1.185 Die Reaktionen mit den feuerfesten Baustoffen

Die intensive Berührung des flüssigen Stahles mit dem feuerfesten Steinmaterial in der Gießpfanne, im Zwischentrichter, sowie mit den Kanalsteinen beim Guß von unten führt zu chemischen Umsetzungen und zu mechanischen Loslösungen von Teilchen der feuerfesten Baustoffe, die eine Gefahr für die Stahlreinheit bilden können. Der chemische Angriff erfolgt in erster Linie durch das im Stahl gelöste Eisenoxydul und ist daher bei unberuhigten Schmelzen am stärksten. Beim Abguß vollberuhigter Schmelzen wurde die Bedeutung dieser Reaktionen lange Zeit überschätzt. Wie neuere Untersuchungen mit Hilfe radioaktiver Leitelemente gezeigt haben [13 bis 15], sind die Reaktionsprodukte dieser Umsetzungen meist nur zu 2 bis 5% am Gesamtgehalt an mikroskopischen Einschlüssen des Stahlblockes beteiligt. Die losgelösten Teile der feuerfesten Baustoffe gehen im wesentlichen in den Blockschaum über. Nur unter ungünstigen Bedingungen können sie zu Blockoberflächenfehlern führen, oder es können vereinzelte, losgelöste Teilchen als exogene Einschlüsse im Block verbleiben.

Stähle, die bei der Desoxydation zusätzlich so viel Aluminium erhalten haben, daß ein geringer Überschuß in metallischer Form gelöst verbleibt, zeigen durch Ablagerung von Tonerde an den feuerfesten Baustoffen, z. B. am Ausguß oder in den Kanalsteinen [9], einen sehr geringen Angriff. Auf diese Weise können auch höher manganlegierte Stähle, die sonst einen starken Verschleiß des Pfannenausgusses und Stopfens hervorrufen, ohne Verwendung von Magnesit- oder Schamotte-Graphit-Ausgüssen und -stopfen mit dem üblichen Schamottematerial abgegossen werden.

Schrifttum

zu Abschnitt 1.18

1. Boos, G., und J. Willems: Temperaturmessungen im Siemens-Martin-Stahlwerk. Stahl u. Eisen 75 (1955), S. 900/06.
2. Neuhaus, H., H.-J. Kirschning und W. Münstermann: Die Temperaturverluste des Stahles nach dem Abstich. Stahl u. Eisen 77 (1957), S. 1660/66 sowie Erörterungsbeiträge von H. vom Ende und H. Beck.
3. Samways, N. L., und T. E. Dancy: Factors Affecting Temperature Drop between Tapping and Teeming. J. Metals 12 (1960), S. 331/37.
4. Gerling, W., und K.-H. Bauer: Betriebserfahrungen beim Strangguß von Brammen aus kohlenstoffarmen Stählen. Stahl u. Eisen 82 (1962), S. 1349/56.
5. Straube, H., und B. Tarmann: Unveröffentlichte Untersuchungen im Edelstahlwerk Gebr. Böhler & Co., Aktiengesellschaft, Kapfenberg.
6. Henzel, jr., J. G. und J. Keverian: Ladle Temperature Loss. Electric Furnace Proc., AIME 19 (1961), S. 434/50.
7. Berve, J., und H. Gravenhorst: Die Sauerstoff- und Stickstoffbewegung beim Vergießen von Stahl an Luft, unter Schutzgas und im Vakuum. Stahl u. Eisen 82 (1962), S. 1036/44.
8. Hilty, D. C., und W. Crafts: The Solubility of Oxygen in Liquid Iron Containing Aluminum. J. Metals, Trans. 2 (1950), S. 414/24.
9. Speith, K. G., H. vom Ende und H.-J. Seelisch: Nichtmetallische Abscheidungen auf den Gießknochen, sowie Kanalsteinverschleiß bei beruhigten Siemens-Martin-Stählen. Stahl u. Eisen 76 (1956), S. 1426/41.
10. Beitter, F.: Fehler im Gußblock und ihre Beziehungen zur Gießtemperatur und Gießgeschwindigkeit. Stahl u. Eisen 69 (1949), S. 585/600.
11. Speith, K. G., H. vom Ende und R. Specht: Die Wasserstoffgehalte flüssiger Elektro-, Siemens-Martin-, Thomas- und Sauerstoffaufblas-Stähle. Stahl u. Eisen 82 (1962), S. 808/25.

12. Schürmann, E., M. Hater und A. Fricke: Untersuchung der Gasaufnahme und -abgabe des fallenden Strahles beim Vergießen schwerer Schmiedeblöcke. Stahl u. Eisen 81 (1961), S. 172/83.
13. Richardson, H. M.: The Use of Radioisotopes to Trace the Origin of Oxide Inclusions in Steel. In: Clean Steel. Iron and Steel Inst., Special Report Nr. 77, S. 57/63.
14. Treppschuh, H., E. Pachaly, K. Sauerwein und R. Schröter: Untersuchungen mit radioaktiven Leitisotopen über den Verschleiß feuerfester Gießsteine und dessen Einfluß auf den Reinheitsgrad legierten Baustahles. Stahl u. Eisen 80 (1960), S. 878/82.
15. Danilow, P. M., und L. N. Karačenceva: Einfluß der Abstichschlacke auf die Verunreinigung des Stahles durch nichtmetallische Einschlüsse. Izvestija Vysšich Učebnych Zavedeni, Černaja Metallurgija 4 (1961), Nr. 4, S. 59/66.

2. Die Überwachung des Ablaufes der metallurgischen Umsetzungen

Die Hilfsmittel und Methoden, die zur Überwachung des Ablaufes der metallurgischen Reaktionen zur Verfügung stehen, sind äußerst zahlreich. Sie wurden zunächst rein empirisch aus Beobachtungen herausgebildet und sind als technologische Proben ein wertvolles Hilfsmittel in der Hand des erfahrenen Praktikers. Ihre Anwendbarkeit wird jedoch bei den heutigen umfangreichen Schmelz- und Erzeugungsprogrammen dadurch stark eingeschränkt, daß sie vielfach nur unter eng begrenzten Bedingungen vergleichbare Werte ergeben und nur selten zum Vergleich verschiedener Stahlsorten herangezogen werden können. Es werden daher in der Stahlerzeugung, besonders auf dem Gebiet der Edelstähle, in zunehmendem Maße Prüfmethoden angewendet, die eine exakte Ermittlung von zahlenmäßigen Meßergebnissen, z. B. von Temperaturwerten, Analysenwerten, Viskositätsvergleichszahlen usw., gestatten. Die Bestimmung dieser Werte in Schnellprüfverfahren ermöglicht es, viele für den Ablauf der metallurgischen Reaktionen maßgebende Größen zu ermitteln, solange sich die Schmelze noch im Ofen befindet. Damit ist die Möglichkeit gegeben, regelnd in den Schmelzverlauf einzugreifen und die Umsetzungen rechtzeitig in die gewünschten Bahnen zu lenken. Die Bestimmung der genannten Meß- und Vergleichswerte, mit Ausnahme der Temperaturmessung, erfolgt an Proben, die aus dem Ofen entnommen werden.

Eine wertvolle Ergänzung für die Untersuchung von metallurgischen Vorgängen im Stahlwerk bildet die radioaktive Markierungstechnik [1], die mit Hilfe von radioaktiven Isotopen den Atom- und Molekülaustausch, Diffusionsvorgänge, Kristallisationsvorgänge u. a. qualitativ und quantitativ zu erfassen gestattet. In ähnlicher Weise stellt auch die Aktivierungsanalyse [2] heute ein wichtiges Hilfsmittel für den analytischen Chemiker dar.

2.1 Die Probenahme

Die wichtigste Voraussetzung für jede chemische Analyse ist eine einwandfreie Probenahme. Darunter ist ganz allgemein zu verstehen, daß das dem Stahlbad, der Schlacke, der Gasphase oder den Zuschlagstoffen und Legierungen entnommene Probematerial für die gewünschte Aussage repräsentativ sein muß. In der Regel wird es sich im Schmelzbetrieb darum handeln, möglichst einwandfreie Mittel- oder Durchschnittswerte zu erhalten. Für technische oder wissenschaftliche Untersuchungen kann aber auch die Aufgabe gestellt sein, gerade die Unterschiede und Ungleichmäßigkeiten durch geeignete Probenahme zu erfassen, um daraus Aussagen über den Ablauf des Prozesses zu gewinnen. Für diesen Fall lassen sich kaum allgemeine Richtlinien aufstellen; hier muß die Probenahme der jeweiligen Aufgabenstellung genauestens angepaßt werden [3].

In den folgenden Abschnitten sollen die wichtigsten Arten der Probenahme für die Überwachung des Ablaufes der metallurgischen Umsetzungen im Stahlwerksbetrieb besprochen und auf ihre Aussage- und Fehlermöglichkeiten hingewiesen werden.

2.11 Probenahme aus dem Stahlbad

Die übliche Form der Probenahme aus metallurgischen Öfen oder Gefäßen zur Kontrolle der chemischen Zusammensetzung und damit des Schmelzverlaufes ist die *Schöpfprobe*. Mit einem gut eingeschlackten eisernen Probelöffel wird, möglichst aus der Ofenmitte und nicht zu knapp unter der Schlackendecke, flüssiges Metall entnommen und in eine Probenform schlackenfrei abgegossen.

Um einen verläßlichen Durchschnittswert zu erhalten, muß vor der Probenahme dafür gesorgt werden, daß das Stahlbad eine gleichmäßige Zusammensetzung aufweist. Dies kann in der Frischperiode mit lebhaftem Kochvorgang praktisch in allen Öfen vorausgesetzt werden. Im Siemens-Martin-Ofen entnimmt man die Probe durch die mittlere Ofentüre, im Lichtbogenofen aus dem Raum zwischen der Ofentür und den Elektroden. Die Einlaufprobe, also unmittelbar nach dem Einschmelzen, gibt, außer im Induktionsofen mit seiner starken, vom Frischvorgang unabhängigen Badbewegung, naturgemäß die unsichersten Werte.

Besondere Vorsicht ist bei jeder Probenahme in der Reduktions- und Feinungsperiode bzw. nach Konzentrationsänderungen durch Legierungszusätze angebracht. In jedem Fall ist zunächst für eine gute Durchmischung des Stahlbades zu sorgen. Welche Zeit für die Auflösung von Legierungselementen, z. B. in einem großen Lichtbogenofen, notwendig ist, geht aus Abb. 218 (S. 403) hervor. Selbst bei Anwendung des elektroinduktiven Rührers ist in größeren Lichtbogenöfen kaum vor 10 Minuten nach dem Zusatz eine gleichmäßige Verteilung zu erwarten. In Zweifelsfällen müssen in entsprechenden Zeitabständen zwei oder mehrere Proben entnommen werden, bis ein konstanter Wert erreicht ist.

Bei der Verwendung von Schöpfproben für metallurgische Untersuchungen ist weiter zu beachten, daß sich durch Nachreaktionen zwischen Stahl und Schlacke im Probelöffel Konzentrationsverschiebungen ergeben können, die vor allem durch den unvermeidbaren Temperaturabfall verursacht werden. Auch bei der oft ausgeführten Beruhigung der Probe im Probelöffel mit Aluminium können zusätzliche Reaktionen mit der Schlacke, z. B. eine Rückphosphorung, eintreten.

Die Form des Probeblöckchens, das aus dem Probelöffel zur weiteren Untersuchung abgegossen wird, richtet sich nach den Bedürfnissen des chemischen Laboratoriums. Meist sind dies Blöckchen von 0,5 bis 2 kg Gewicht, die im Gußzustand oder nach dem Ausschmieden an das Laboratorium geliefert werden. Auch gegossene Probestäbchen für spektralchemische Untersuchungen sind üblich. Letztere werden auch dann verwendet, wenn die Legierung spröde, hart und nicht verformbar ist, um durch Mörsern pulverförmiges Probegut zu erhalten.

Zur Entnahme kleiner Metallmengen für die Überwachung des Schmelzverlaufes kann man sich auch der *Schlag-* [4] oder *Rutenprobe* bedienen. Der flüssige Stahl wird, wie Abb. 192 zeigt, in dünnem Strahl aus dem Probelöffel ausgegossen und dabei eine Schaufel rasch durch den Gießstrahl bewegt. An ihr bleibt eine dünne Metallschicht hängen, die nach dem Abschrecken in Wasser leicht für die chemische Analyse zerkleinert werden kann.

Abb. 192. Schlag- oder Klatschprobe (nach Handbuch für das Eisenhüttenlaboratorium, Düsseldorf 1956)

Bei der *Rutenprobe*, die besonders für kleine Öfen (Induktionsöfen, Graphitstaböfen oder Laboratoriumsschmelzöfen) geeignet ist, wird ein 5 bis 10 mm starker, blanker Eisenstab rasch durch die möglichst schlackenfreie Oberfläche in

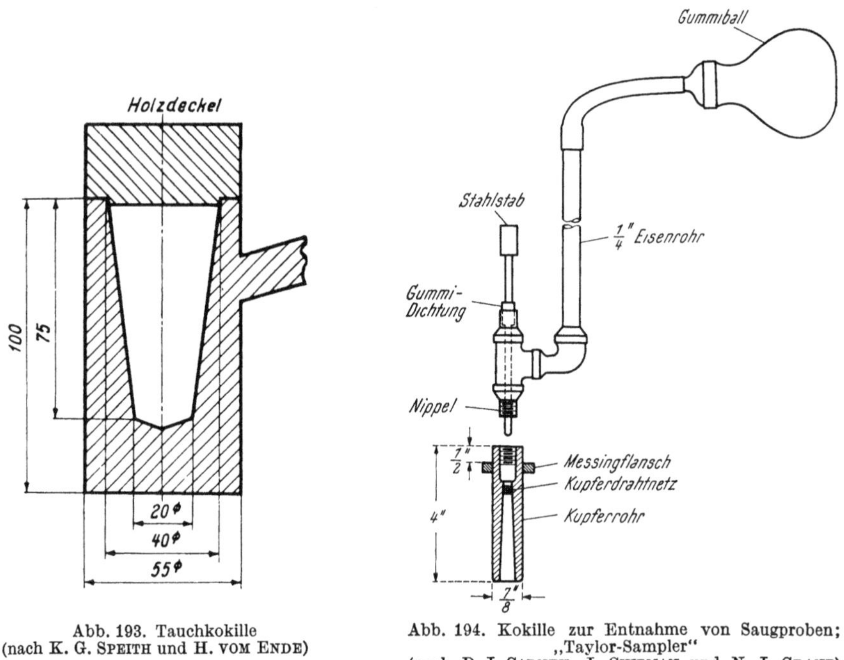

Abb. 193. Tauchkokille
(nach K. G. SPEITH und H. VOM ENDE)

Abb. 194. Kokille zur Entnahme von Saugproben;
„Taylor-Sampler"
(nach D. J. CARNEY, J. CHIPMAN und N. J. GRANT)

das Stahlbad eingetaucht und herausgezogen. Dabei bleibt eine kleine, am Stab erstarrte Metallmenge haften, die nach dem Ablöschen in Wasser abgelöst und analysiert werden kann.

Für die Bestimmung des Gasgehaltes in Metallschmelzen und für wissenschaftliche Untersuchungen bedient man sich einer Tauchkokille oder einer Saugprobe.

Beide Arten der Probenahme haben den Vorteil, daß man Probematerial an beliebigen Stellen des Stahlbades ohne Berührung mit der Schlacke entnehmen kann.

Eine bewährte Ausführungsform der *Tauchkokille* [5] zeigt Abb. 193. Sie besteht aus Weicheisen und ist an einer Eisenstange befestigt. Sie wird, mit einem Holz- oder Metalldeckel verschlossen, mit der Öffnung nach unten durch die Schlackendecke in das Bad eingestoßen und dann um 180 Grad gewendet. Nach wenigen Sekunden schmilzt der Befestigungsdraht des Holzdeckels. Dieser steigt rasch auf und gibt die Kokille frei, die sich mit Stahl füllt. In diese Probenkokille kann auch ein Aluminiumdraht zur Entnahme beruhigter Proben, z. B. für die Sauerstoffbestimmung, eingelegt werden.

Die älteste Form der *Saugprobe* gibt der sogenannte „Taylor-Sampler" [6], Abb. 194. Er besteht im wesentlichen aus einer Kupferkokille, die mit einem Stahlrohr an einen Gummisaugball angeschlossen ist. Nach dem Eintauchen der Kokille in das Bad wird flüssiger Stahl angesaugt, der in der Kupferkokille rasch erstarrt und bei nachfolgendem Herausschlagen der Probe in Wasser eine blanke, nicht verzunderte Oberfläche aufweist.

Eine Abwandlung dieser Art der Probenahme ist die von H. FEICHTINGER entwickelte *Vakuumkokille*, die vor allem zur Entnahme von Proben für Gas- und Einschlußuntersuchungen dient [7], Abb. 195. Die Kokille, die noch zusätzlich durch feste Kohlensäure gekühlt werden kann, ist am Eintauchende durch ein dünnes Hütchen aus gasarmem Weicheisen verschlossen und evakuiert. Sie kann durch die Schlackenschicht in das Bad gestoßen werden, wo die Öffnung aufschmilzt und flüssiger Stahl in die Kokille gesaugt wird. Die Proben bleiben durch die rasche Abkühlung blank und können ohne weitere Vorbereitung direkt analysiert werden.

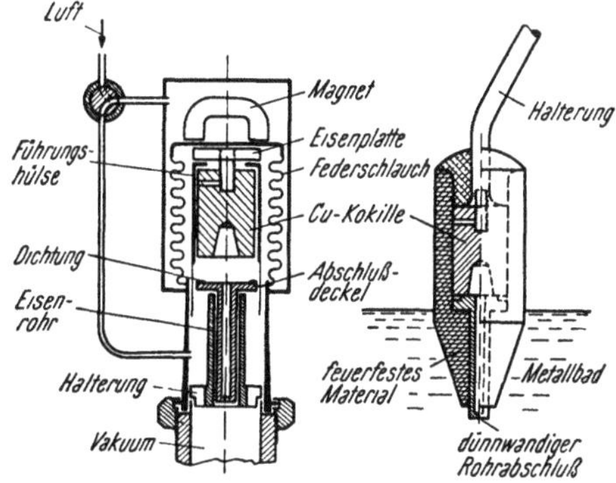

Abb. 195. Vakuumkokille (nach H. FEICHTINGER). Links Evakuierungsvorrichtung, rechts Vakuumkokille in Gebrauch

Für Laboratoriumsuntersuchungen hat sich das Aufsaugen von Stahlproben in *Quarzröhrchen* bewährt. Auch hier erhält man nach Abschrecken in Wasser blanke Proben. Weitere Hinweise über ihre Anwendung enthalten die Arbeiten von W. A. FISCHER und M. WAHLSTER [8], sowie E. PLÖCKINGER und M. WAHLSTER [9].

Die Probenahme mit der Tauchkokille, besonders aber mit Saugproben, hat den Vorteil, daß Nachreaktionen durch das rasche Erstarren des Stahles weitgehend vermieden werden und man so einen guten Einblick in das Reaktionsgeschehen erhält.

Für die exakte Bestimmung des Sauerstoffgehaltes genügen die Proben aus der Tauchkokille [5, 10] und die beschriebenen Saugproben. Der Stickstoffgehalt kann fast immer mit ausreichender Genauigkeit aus Probespänen des normalen Analysenmaterials ermittelt werden. Für die *Wasserstoffbestimmung* sind jedoch zusätzliche Maßnahmen erforderlich.

Der im Stahl gelöste Wasserstoff kann sowohl aus der Schmelze als auch aus der erstarrten Probe durch Diffusion zur Oberfläche entweichen, und beim Gießen einer Probe in feuchter Luft kann umgekehrt eine meßbare Menge Wasserstoff aufgenommen werden. Die vom „Internationalen Ausschuß für die Untersuchung und Rationalisierung der Gasbestimmung in Stahl und Roheisen" vorgeschlagene Probenahme [11] sieht eine teilbare Kokille aus Kupfer vor (Abb. 196), in die beruhigter Stahl abgegossen und die stäbchenförmige Probe von 12 mm Durch-

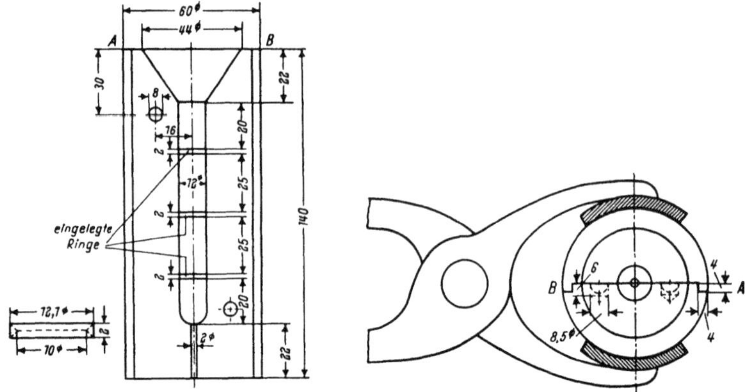

Abb. 196. Teilbare Kupferkokille für die Entnahme von Proben für die Wasserstoffbestimmung
(Stahleisenprüfblatt 1710—61, 1. Ausgabe, Dezember 1961)

messer sogleich in Wasser und Tiefkühlmittel abgeschreckt wird. Auch mit dem „Taylor-Sampler" [6], dem Quarz-Saugrohr und vor allem der Vakuumtauchkokille [7] können Proben für die Wasserstoffbestimmung entnommen werden.

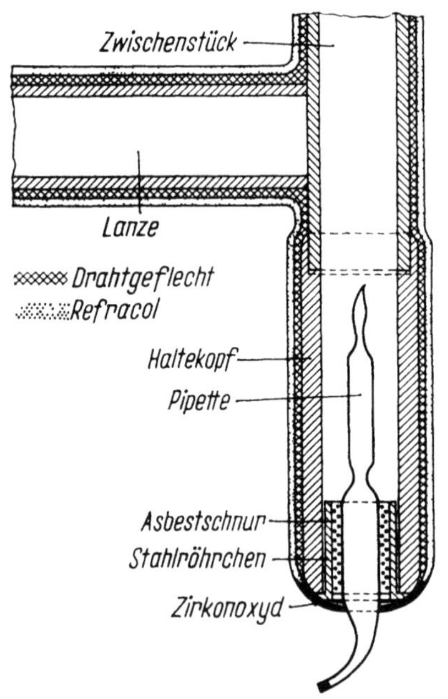

Abb. 197. Quarzpipette zur Probenahme für die Wasserstoffbestimmung
(nach H. Schenck, H. Taxhet u. K. G. Schmitz)

In allen Fällen muß dafür gesorgt werden, daß die Proben bis zur Analyse auf Temperaturen von —70°C oder weniger gehalten werden, bei denen die Diffusionsgeschwindigkeit des Wasserstoffs vernachlässigbar klein ist.

Eine Abwandlung der Saugprobe, die in jüngster Zeit zu gut auswertbaren Analysenergebnissen geführt hat, ist das Aufsaugen von Stahl in evakuierte *Quarzpipetten*, die in verschiedener Form im Handel erhältlich sind. Eine bewährte Ausführungsform zeigt Abb. 197 nach H. Schenck, H. Taxhet und K. G. Schmitz [12].

Über die Entnahme der Fertigproben beim Gießen s. Abschnitt „Prüfen", 1.11.

2.12 Entnahme von Schlackenproben

Die Entnahme von Schlackenproben gestaltet sich im allgemeinen einfacher als die von Stahl- oder Gasproben. Hier ist im wesentlichen nur darauf zu achten, daß bei der chemischen Analyse nur der wirklich geschmolzene, homogene, reaktionsfähige Anteil analysiert wird, wenn das Analysenergebnis zur Beurteilung metallurgischer Reaktionen dienen soll. Ebenso muß bei der Probenahme vermieden werden, daß Metallteilchen in die Schlackenprobe gelangen. Ist dies, wie bei Schlacken der Blasprozesse, nicht zu vermeiden, so muß eine entsprechende Aufbereitung, z. B. durch Magnetscheidung, der Analyse vorausgehen. Ebenso wie bei Stahlproben ist es auch hier meist erwünscht, die Schlackenproben rasch zu kühlen, um Nachreaktionen zu vermeiden, die z. B. durch Sauerstoffaufnahme, durch Umwandlung niedrigerer in höhere Oxydstufen bei einzelnen Metalloxyden oder durch Wasseraufnahme aus der Luft eintreten können.

Schlackenproben werden meist mit dem Probelöffel dem Ofen entnommen und in eine flache metallene Schlackentasse abgegossen. Dem erstarrten Schlackenkuchen, der im übrigen dem Praktiker bereits wertvolle Hinweise auf die Zusammensetzung und Beschaffenheit der Schlacke gibt, wird das Probematerial für die Analyse entnommen.

Ausreichende Schlackenmengen gewinnt man auch durch Eintauchen eines blanken Metallstabes in die Schlacke. Diese Methode bewährt sich oft bei Probenahmen aus Schlacken, die neben ihrem flüssigen, reaktionsfähigen Anteil noch ungelöste Stoffe, z. B. Kalk, im Überschuß, enthalten. Am Stab bleibt meist nur die flüssige Schlacke haften, so daß sich eine oft schwer auszuführende Trennung vor der Analyse erübrigt.

Die erstarrte Schlackenprobe soll nach dem Erkalten möglichst unter Luftabschluß bis zur Analyse aufbewahrt werden. Dies gilt besonders dann, wenn auch der Gasgehalt der Schlacke bestimmt werden soll.

2.13 Entnahme von Gasproben

Die Entnahme von Proben aus dem Gasraum metallurgischer Öfen ist, mit Ausnahme der Abgasanalysen beim Siemens-Martin-Ofen, im normalen Schmelzbetrieb nicht üblich. Die Gasanalyse ist jedoch für metallurgische Untersuchungen von großem Wert, so daß auch dafür einige Hinweise gegeben werden sollen.

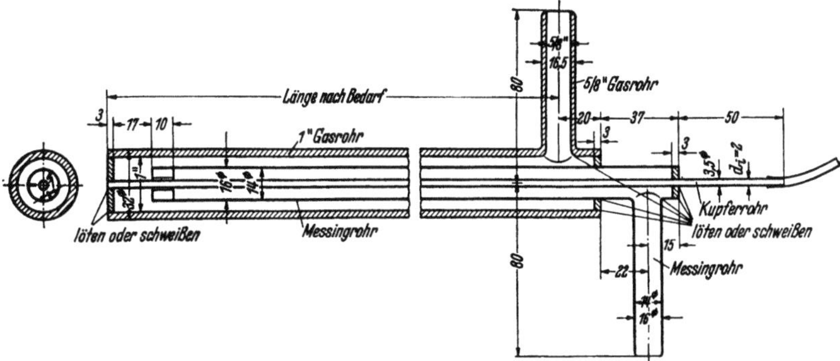

Abb. 198. Gasentnahmerohr mit Kühlung (nach Handbuch für das Eisenhüttenlaboratorium, Düsseldorf 1956)

Die bei der Probenahme auftretenden Schwierigkeiten sind zweierlei Art: Zunächst ist die Gasatmosphäre im Reaktionsraum in den wenigsten Fällen homogen zusammengesetzt. Man wird sich daher nur durch gleichzeitige Probenahme an mehreren Stellen ein Bild von ihrer wahren Zusammensetzung machen können. Andererseits ist zu berücksichtigen, daß die meisten Gasgleichgewichte stark temperaturabhängig sind und besonders im Bereich der hohen Temperaturen das Bestreben haben, einer Temperaturänderung rasch zu folgen. Man muß daher beim Absaugen von Gas bei der Probenahme dafür sorgen, daß der jeweils herrschende Zustand (Gleichgewicht oder Ungleichgewicht) erhalten bleibt. Man verwendet zum Absaugen wassergekühlte Rohre (Abb. 198), wodurch meist ein

„Einfrieren" des zu beobachtenden Zustandes gelingt. Bezüglich weiterer Einzelheiten sei auf das einschlägige Schrifttum verwiesen [4].

In der Gasphase enthaltene Suspensionen können durch Absaugen gemessener Gasmengen über Filter gewonnen und der Analyse und Untersuchung zugeführt werden.

2.2 Die Ermittlung der chemischen Zusammensetzung

Die Durchführung der analytischen Arbeiten im chemischen Laboratorium soll grundsätzlich in laufender und guter Abstimmung mit dem Schmelzbetrieb erfolgen. Dies ist nicht nur notwendig, um dem Stahlwerker das Analysenergebnis so kurzfristig zu übermitteln, daß er in der Lage ist, ohne Zeitverlust die notwendigen Maßnahmen durchzuführen, sondern auch um das jeweils geeignetste Probenahmeverfahren zu wählen, das mit ausreichender Genauigkeit das gewünschte Ergebnis mit geringstem Aufwand zu ermitteln gestattet. Dies wird sofort verständlich, wenn man berücksichtigt, daß die exakteste Analysenmethode kein genaueres Ergebnis bringen kann als das, das durch die Probenahme von vornherein festgelegt ist. Umgekehrt muß auch der Stahlwerker die Möglichkeiten des analytischen Chemikers kennen, um die Genauigkeit der ermittelten Werte abschätzen und die richtigen Schlußfolgerungen für den Schmelzbetrieb ziehen zu können.

2.21 Die Aufbereitung des Probenmaterials

Das im Stahlwerk anfallende Probenmaterial muß, mit Ausnahme von Gasproben, vor der analytischen Untersuchung in den meisten Fällen einer weiteren Aufbereitung unterworfen werden. Die zunehmende Differenzierung der analytisch chemischen Methoden brachte eine entsprechende Erweiterung auf dem Gebiet der Form des Probenmaterials.

Für naßchemische Untersuchungen werden gerade bei der Schnellbestimmung zur raschen Auflösung (oder Verbrennung) möglichst kleine Teile benötigt. Manche Differenzen in den Analysenzeiten verschiedener Schnellaboratorien sind gerade auf diesen Umstand zurückzuführen. Die Entnahme von Bohr- oder Drehspänen kann bei den meisten Qualitäten sowohl aus einer gegossenen, als auch aus einer überschmiedeten Probe erfolgen. Bei vielen legierten Stählen, die schon an Luft härten, kann man durch Ablöschen von Schmiedetemperatur und einseitiges Erhitzen des Probestabes mit nachfolgendem Abschrecken in Wasser an einer Stelle des Stabes ein weiches Anlaßgefüge erzielen, aus dem die Probesubstanz entnommen werden kann. In manchen Fällen, z. B. bei Schnelldrehstählen, ist es, wie bereits bei der Probenahme erwähnt, zweckmäßiger, Proben durch Eintauchen eines blanken Metallstabes zu entnehmen, weil sich die dünne, am Stab anhaftende Metallschicht ebenso wie ein ausgeschmiedetes, gehärtetes Plättchen in einem Mörser pulverisieren läßt. Bezüglich der Einzelheiten und Vorsichtsmaßnahmen bei der Entnahme von Probespänen sei auf das Schrifttum verwiesen [4].

Als Proben für die Spektralanalyse und Röntgenfluoreszenzanalyse werden sowohl gegossene Proben, als auch geschmiedete Probestäbe verwendet. Sie werden geteilt und an der zu analysierenden Fläche geschliffen. Auch gegossene Elektrodenstäbchen haben sich in der Spektralanalyse vielfach eingeführt. Für die Spektralanalyse von Schlacken werden aus der pulverisierten Probe Pastillen gepreßt oder die Substanz als Lösung der Elektrode zugeführt, während für die Röntgenfluoreszenzanalyse auch lockeres Pulver verwendet werden kann.

Bei der Probenvorbereitung zur Bestimmung von Sauerstoff oder Stickstoff in Metallen müssen besondere Vorsichtsmaßnahmen beachtet werden. Die Proben dürfen, soweit sie einer mechanischen Bearbeitung vor der Analyse unterzogen werden müssen, keinerlei Gasauf- oder -abnahme an der Oberfläche ausgesetzt sein. Eine Probenbearbeitung von Wasserstoffproben darf z. B. nur im tiefgekühlten Zustand vorgenommen werden [11].

Für die Bestimmung von Einschlüssen oder Metall- und Karbidphasen auf chemischem Wege werden massive Proben unterschiedlicher Abmessungen verwendet [13], wobei man oft wegen der geringen Rückstandsmengen nach der elektrochemischen Aufbereitung relativ großer Substanzmengen bedarf. Nur bei der Untersuchung mit der elektronischen Mikrosonde können selbst kleinste Proben und Probenteilchen einer quantitativen Einschlußuntersuchung zugeführt werden.

Es ist klar, daß auch bei der Probenaufbereitung auf die Fragestellung an den Analytiker Rücksicht genommen werden muß. Bei der üblichen Ermittlung von Durchschnittsanalysen muß darauf gesehen werden, auch aus dem vom Stahlwerk angelieferten Probenmaterial die Analysenspäne so zu entnehmen, daß sich die unvermeidbaren Seigerungen und Entmischungen, die selbst in rasch erstarrten Kleinproben auftreten, nicht in einer Verfälschung der Analysenwerte auswirken.

2.22 Die Bestimmungsverfahren

Grundsätzlich können zur Ermittlung der Stahl- und Schlackenzusammensetzung alle in der analytischen Chemie üblichen Analysenmethoden Anwendung finden. Für die Überwachung des metallurgischen Geschehens während des Schmelzprozesses muß jedoch die Forderung gestellt werden, daß sie mit genügender Genauigkeit in kürzester Zeit durchführbar sein muß. Diese Forderung führte dazu, daß sich die chemischen Untersuchungsverfahren durch Anwendung physikalisch-chemischer und physikalischer Meßmethoden immer mehr von den klassischen Arbeitsverfahren entfernten. Einzelheiten der nachfolgend kurz skizzierten Analysenverfahren können dem Schrifttum entnommen werden [4].

2.221 Naßanalyse

Die klassischen Verfahren der analytischen Chemie in wässerigen Lösungen wurden vor allem in der Indikation durch neue, raschere und verläßlichere Verfahren ergänzt. Die elektrometrische Titration und die Photometrie haben langwierige Trennungen und subjektive Messungen durch differenzierte elektrochemische Bedingungen, Anfärbungsverfahren und Maskierungen überflüssig gemacht.

Ein wesentlicher Nachteil aller naßchemischen Verfahren ist die zeitraubende Herstellung und das Lösen der Stahlspäne. Besonders die hochlegierten Stähle lösen sich in einfachen Säuren nur sehr langsam auf, während Säuregemische mitunter eine weitere Bestimmung stören und erst abgetrennt werden müssen, was wiederum die Analysendauer belastet. Ähnlich liegen die Verhältnisse bei Schlacken, wo durch Pulvern, Sieben und Aufschließen wertvolle Zeit verlorengeht.

2.222 Spektralanalyse

In modernen Laboratorien wird ein großer Teil der Stahl-, Schlacken- und Rohstoffanalysen auf spektralanalytischem Wege durchgeführt [14]. Dafür stehen im einfachsten Falle Spektrographen mit entsprechendem Photometer zur Messung der Schwärzungsintensität zur Verfügung. Dieses Verfahren beinhaltet den Umweg über die photographische Platte, wogegen bei den direktanzeigenden Geräten die im Spektrographen zerlegte Strahlung unmittelbar in elektrische Impulse verwandelt wird. Nach diesem Prinzip arbeitende Geräte sind für die Stahlanalyse allgemein als Analysenautomaten ausgebaut, die entsprechend den zu bestimmenden Elementen und Konzentrationsbereichen eine Reihe fest eingebauter „Kanäle" besitzen. Durch Verwendung von Vakuumspektrographen [15] ist auch die Bestimmung leichter Elemente, wie Kohlenstoff, Schwefel und Phosphor, auf diesem Wege möglich. In einem Edelstahlwerk bedürfen solche Geräte umfangreicher Eicharbeiten, bevor sie voll einsatzfähig sind.

2.223 Röntgenfluoreszenzanalyse

Ähnlich liegen die Verhältnisse bei der Röntgenfluoreszenzanalyse, die sich für hochlegierte Stähle und Legierungen besonders eignet. Die Auswertung der Fluoreszenzspektren erfolgt hier über Zählrohre, die entweder entlang des ROW-LAND-Kreises verschoben werden oder innerhalb desselben fest montiert sind. Das letztere Verfahren ist, je nach der Anzahl der Zählrohre, entsprechend teurer, bei der Bestimmung mehrerer Elemente jedoch auch rascher.

Für die Analyse von Schlacken können, ähnlich wie bei der Spektralanalyse, Preßlinge oder mit gepulvertem Probematerial gleichmäßig belegte Flächen verwendet werden.

Röntgenfluoreszenzanalysen von kleinen Bereichen können nach örtlich begrenzter Anregung mittels gebündeltem Elektronenstrahl durch entsprechend angeordnete spektrale Zerlegung und Auswertung über Zählrohre ausgeführt werden. Solche Geräte werden als elektronische *Mikrosonden* bezeichnet und können Bereiche bis herab zu $1\ \mu^3$ analysieren [16, 17]. Dadurch ist man in der Lage, einzelne Gefügebestandteile und Einschlüsse chemisch zu identifizieren. Durch Abtasten der Probe (Scanning) können Konzentrationsunterschiede infolge von Seigerungen, Diffusionszonen und anderen Inhomogenitäten topographisch erfaßt werden.

2.224 Gasanalyse

Zur Bestimmung von Gasen in Stahl steht heute eine Reihe von mehr oder weniger automatisierten Geräten zur Verfügung, die zum Teil zur Bestimmung eines einzelnen Gases, teils aber auch zur Ermittlung von Sauerstoff, Wasserstoff und Stickstoff gebaut sind.

Während die Analyse der äußerst geringen Gasmengen mit Wärmeleitfähigkeitsmessung, Gaschromatographen, Ultrarotabsorption und anderen Verfahren weder zeitlich noch bezüglich der Genauigkeit besondere Schwierigkeiten bereitet, müssen die günstigsten Extraktionsbedingungen im Vakuum oder unter Schutzgas für das zu untersuchende Material oft erst ermittelt werden.

Für die Bestimmung des Wasserstoffes im Stahl genügt allgemein eine Auslagerung der Stahlproben bei Temperaturen unter dem Schmelzpunkt, während zur Reduktion der oxydischen Einschlüsse mit einer kohlenstoffreichen Schmelze oft Temperaturen bis weit über den Schmelzpunkt des Stahles notwendig sind.

Für den Stahlwerksbetrieb ist wesentlich, daß die Geräte mit Probenschleusen versehen sind, die eine schnelle Gasbestimmung noch während des Ablaufes der metallurgischen Reaktionen ermöglichen.

Die chemische Untersuchung von technischen Gasen kann entweder mit den klassischen Geräten, Orsat-Gerät usw., vorgenommen werden, oder man bedient sich auch dafür der gleichen Geräte, die für die Analyse der aus Metallen extrahierten Gase üblich geworden sind.

2.225 Rückstandsanalyse

Auf chemischem und elektrochemischem Wege lassen sich bestimmte Gefügebestandteile des Stahles und seiner Legierungen sowie nichtmetallische Verunreinigungen, besonders chemisch widerstandsfähige Oxyde, isolieren [18 bis 20]. Für die Stahlherstellungsprozesse ergibt sich daraus die Möglichkeit, die einschlußbildenden Reaktionen quantitativ zu erfassen. Bei der Rückstandsisolierung fällt meist ein Gemisch an, das zum Großteil aus Karbiden besteht und auch die oxydischen Einschlüsse enthält. Zur Abtrennung der Oxyde ist eine Halogenierung des Rückstandes notwendig, bei der die Karbide zersetzt und verflüchtigt werden. Die chemische Zusammensetzung der Oxyde wird mit Hilfe der bekannten Methoden der Mikroanalyse bestimmt. Man erhält auf diese Weise neben der Gesamteinschlußmenge auch ihre *Durchschnittszusammensetzung*. Mit Hilfe der Röntgenstrukturanalyse oder durch Feinbereichsbeugung können weitere Aufschlüsse über die im Oxydgemisch enthaltenen Phasen gewonnen werden. Die Untersuchung *einzelner* Einschlüsse oder bestimmter Gefügebestandteile kann mit der elektronischen Mikrosonde [16, 17] ausgeführt werden, die auch eine topographische Analyse „in situ" ermöglicht.

2.23 Zeitaufwand und Genauigkeit der Bestimmungsverfahren

Höhere Anforderungen an die Stahlqualität bedingen eine genauere und raschere Kontrolle der Erzeugung. Innerhalb der klassischen Analysenverfahren war eine Abkürzung der Analysendauer oft nur auf Kosten der Genauigkeit und ohne wesentlichen Gewinn an Kapazität möglich. Eine ausschlaggebende Erhöhung der Kapazität bei gleichzeitiger Abkürzung der Analysendauer und Erhöhung der Genauigkeit wurde durch Analysenautomaten erzielt, die erst in den letzten Jahren Eingang in die Stahllaboratorien gefunden haben. Die Leistungsgrenze dieser neuen Geräte ist sicherlich noch nicht erreicht. Es zeigt sich aber schon bei ihrer derzeitigen Leistung, daß die gesamte Probenvorbereitung gut geplant werden muß, um die Geräte optimal ausnützen zu können.

Unter *Zeitbedarf* einer chemischen Bestimmung versteht man die Zeit von der Übergabe der zur entsprechenden Bestimmung vorbereiteten Probe bis zum Vorliegen des Resultates. Nicht enthalten ist darin die Probenahme, die Probenvorbereitung, der Transport und die Übermittlung der Ergebnisse, die oft mehr Zeit in Anspruch nehmen als die Analyse selbst.

Voraussetzung zur Einhaltung der vom Chemiker angegebenen Zeit ist, daß bei Einlangen der Probe sowohl ein Laborant als auch das notwendige Gerät ausschließlich für die betreffende Bestimmung zur Verfügung stehen. Gerade diese Voraussetzung würde, konsequent durchgeführt, den Laboratoriumsaufwand immens erhöhen, weshalb man bei Stoßzeiten zu einem Kompromiß gezwungen ist.

Die Analysenzeiten, welche innerhalb der letzten Jahre durch ständige Verbesserung der klassischen Verfahren herabgesetzt wurden, haben durch die Einführung der Spektral- und Röntgenfluoreszenzanalyse noch eine erhebliche Verminderung erfahren. In Tab. 23 sind einige für Schnellproben kennzeichnende Zeiten wiedergegeben. In dieser Zusammenstellung erkennt man die sprunghafte Verbesserung durch die neuen Verfahren. Auch Abb. 199 läßt für die Bestimmung des Kohlenstoffs, Siliziums und Sauerstoffs die Entwicklung der Analysenzeiten in den letzten 40 Jahren erkennen [21].

Tabelle 23. *Zeitaufwand für die Schnellbestimmung der wichtigsten Elemente in niedriglegiertem Stahl*

Element	Bestimmungsverfahren	Zeit in min	Bemerkungen
Kohlenstoff	gasvolumetrisch	5	
	elektrometrisch	5	
Silizium	gravimetrisch	20	
Mangan	Arsenitverfahren	15	
Phosphor	photometrisch	20	
Schwefel	naßanalytisch	5	
Chrom	potentiometrisch	30	
Molybdän	photometrisch	30	
Nickel	photometrisch	20	
Vanadin	potentiometrisch	25	
Wolfram	photometrisch	40	
Stickstoff	naßanalytisch	30	
	Schmelzextraktion	20	
Sauerstoff	Schmelzextraktion	6	
Wasserstoff	Schmelzextraktion	6	
	Warmauslagerung	30	
Metallische Elemente	Spektralanalyse		Zeitdauer zur Bestimmung eines weiteren Elementes
	a) über photometrische Auswertung	10	1 Minute
	b) mit Direktanzeige	3	1 Minute
	Röntgenfluoreszenzanalyse		
	a) mit beweglichem Zählrohr	3	2 Minuten
	b) mit fixeingestellten Zählrohren	3	1 Minute

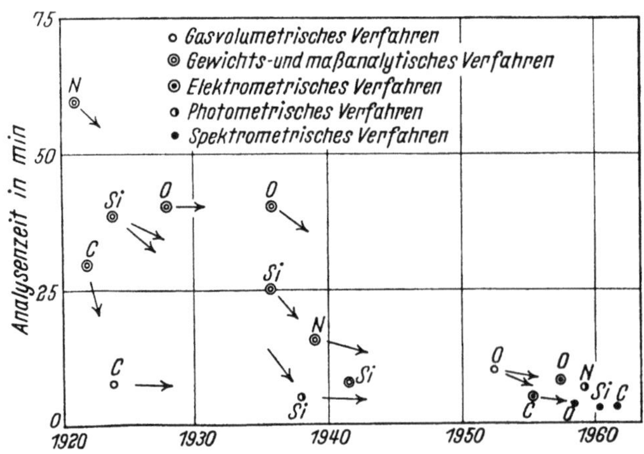

Abb. 199. Entwicklung der Analysenzeiten für Kohlenstoff, Silizium, Sauerstoff und Stickstoff (nach W. KOCH)

2.24 Die Ausrüstung des chemischen Laboratoriums in einem Edelstahlwerk

Den Forderungen eines modernen Edelstahlwerkes nach erhöhtem Analysenumfang, erhöhter Genauigkeit und geringerer Analysendauer kann mit den Mitteln eines klassischen Laboratoriums nicht mehr entsprochen werden. Es ist dazu eine Reihe von physikalischen und physikalisch-chemischen Geräten notwendig, deren Programm und Arbeitsumfang gut aufeinander abgestimmt sein muß. Nach dem heutigen Stand kann für einen mittleren Schmelzbetrieb mit ausgesprochenem Edelstahlprogramm folgende Ausrüstung als zweckentsprechend angesehen werden:

Ein nach den klassischen Verfahren arbeitendes, sehr gut besetztes chemisches Laboratorium bleibt für alle Kontroll- und Eicharbeiten sowie für Sonderaufgaben der Grundstein des Edelstahllaboratoriums. Für den Stahlwerksbetrieb werden zwei automatische Emissionsgeräte benötigt, von denen mindestens eines als Vakuumgerät zur Bestimmung von Kohlenstoff, Schwefel und Phosphor geeignet sein soll. In einem Röntgenfluoreszenzgerät werden höchstlegierte Stähle und Legierungen, Vorlegierungen, Schlacken und Erze untersucht.

Für die schnelle Bestimmung von Gasen im Stahl kommen nur Schmelzextraktionsgeräte mit einfacher Probenschleuse und automatischem Analysensystem in Betracht.

Zur Bestimmung von Einschlüssen, Karbiden und anderen Gefügebestandteilen, dienen Einrichtungen zur Isolierung und Rückstandsbestimmung, die deren Menge und Durchschnittszusammensetzung zu ermitteln gestatten. Die Identifizierung einzelner Gefügebestandteile erfolgt zweckmäßig durch eine elektronische Mikrosonde.

Mit den hier angegebenen Einrichtungen wird ein Laboratorium in der Lage sein, den Schmelzbetrieb rasch und genau zu bedienen und alle für höchste Qualitätsansprüche geforderten Untersuchungen durchzuführen.

2.3 Technologische Proben

Außer exakten analytischen Untersuchungsmethoden steht dem Praktiker im Betrieb noch eine Reihe technologischer Proben und Bestimmungsverfahren zur Verfügung, die es ihm gestatten, im beschränkten Umfang die chemische Zusammensetzung und einige physikalische Eigenschaften des Stahlbades und der Schlacken abzuschätzen. Sie können, richtig angewendet, die analytischen Methoden wertvoll ergänzen und ergeben in manchen Fällen Aussagen über die Beschaffenheit von Stahl und Schlacke, die auf anderem Wege in der zur Verfügung stehenden Zeit nicht gewonnen werden können. Ihrem meist empirischen Charakter entsprechend, ist ihr Anwendungsbereich beschränkt und vergleichbare Ergebnisse können nur in engen Grenzen der chemischen Zusammensetzung erwartet werden. Die Anwendung der meisten technologischen Proben beruht weitgehend auf praktischer Erfahrung und setzt eine entsprechende Übung voraus.

2.31 Proben zur Beurteilung des Stahlbades

Bereits beim Ausgießen einer Stahlprobe aus dem Probelöffel können unter sonst vergleichbaren Bedingungen Rückschlüsse auf die chemische Zusammensetzung gezogen werden. Bei unlegiertem Stahl üblichen Mangangehaltes (etwa 0,2 bis 0,4%) läßt die Anzahl und Ausbildungsform der Funken Rückschlüsse auf den Kohlenstoffgehalt zu. Besonders im Bereich unter 0,2% C kann das geübte Auge den Kohlenstoffgehalt auf einige hundertstel Prozent genau schätzen. Auch die Biegefestigkeit von Schlagproben (vgl. Abschnitt 2.1) läßt Rückschlüsse auf den Kohlenstoffgehalt des Stahlbades zu.

Der in der Probekokille erstarrende Stahl gibt ebenfalls verschiedene Aufschlüsse über seine Zusammensetzung. An dem Grad des Kochens bzw. an dem Verhalten bei der Erstarrung kann der Oxydationsgrad der Schmelze abgeschätzt werden. Proben aus der Feinungsperiode im Elektroofen oder überhaupt solche nach einem Zusatz von Desoxydationsmitteln zeigen an der Lunkerausbildung, wie weit die Desoxydation fortgeschritten ist. Bei wasserstoffreichen Schmelzen kann bei ausreichendem Zusatz von Desoxydationsmitteln ein Wasserstofftreiben am Ende der Erstarrung beobachtet werden.

Läßt man die Stahlprobe, nachdem man die Schlackendecke im Probelöffel entfernt hat, im Löffel selbst erstarren, so kann die Oxydhautbildung gut beobachtet werden („Stehprobe"). Auf diese Weise läßt sich auch in legierten Stählen die Höhe des Siliziumgehaltes abschätzen. Auch andere Desoxydationsmittel, wie z. B. Aluminium, verändern das Aussehen der Oxydfilme, die sich auf dem flüssigen Stahl in der Luft bilden. Die von G. RANQUE [22] aus systematischen Beobachtungen abgeleiteten Richtlinien zur Beurteilung des Desoxydationsgrades und Reinheitsgrades haben jedoch keine praktische Anwendung gefunden.

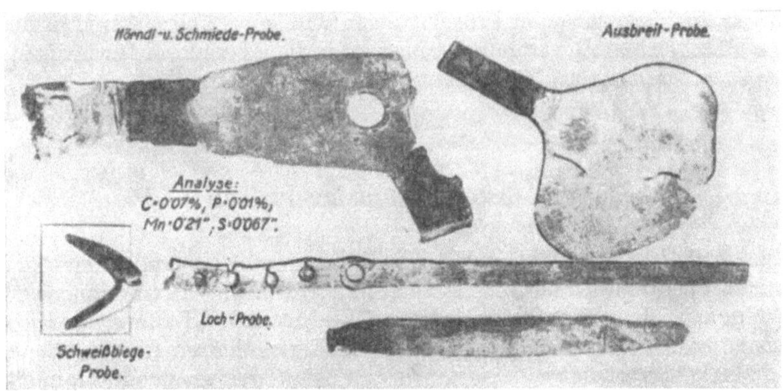

Abb. 200. Ausführungsbeispiele für technologische Rotbruchproben (nach P. OBERHOFFER)

Zur raschen technologischen Kohlenstoffbestimmung für unlegierte Stähle im Stahlwerk dient auch die Härtebruchprobe. Das Probeblöckchen wird auf einen Stab von etwa 10×10 mm Querschnitt oder bei niedrigen Kohlenstoffgehalten auf ein Plättchen von etwa 2 mm Stärke ausgeschmiedet, in Wasser gehärtet und gebrochen. Die Stäbe werden meist warm mit dem Hammer eingekerbt. Bruchaussehen und Einhärtetiefe, die bei sonst gleicher Zusammensetzung stark vom Kohlenstoffgehalt abhängen, bilden eine gute Beurteilungsgrundlage. Diese Probe versagt jedoch bereits bei der Anwesenheit kleiner Mengen an Legierungselementen und hat daher für Edelstahlwerke nur eine geringe Anwendungsmöglichkeit.

Das gleiche gilt auch für die Kohlenstoff-Schnellbestimmung auf physikalischem Wege. Bei allen Schmelzverfahren, die von reinem, unlegiertem Einsatz ausgehen, z. B. den Sauerstoffblas-Verfahren mit hohem Roheiseneinsatz, hat sich jedoch das Karbometer zur raschen Überwachung des Entkohlungsverlaufes bei Fangschmelzen bewährt. Eine ähnlich rasche Kohlenstoffanalyse ist sonst nur mit einem Vakuumspektrographen möglich.

Eine der geläufigsten Proben, um das Ergebnis des Frischvorganges und die spätere Verarbeitbarkeit, z. B. des unberuhigt vergossenen Stahles, zu beurteilen, ist die Rotbruchprobe. Sie beruht darauf, daß ein Stahl hohen Sauerstoff- und niedrigen Mangangehaltes durch FeO-reiche, niedrigschmelzende Ausscheidungen an den Primärkorngrenzen beim Schmieden im Rotbruchgebiet aufreißt. Ähnliche Erscheinungen (Heißbruch) können auch bei zu hohem Schwefelgehalt (und wenig Mangan) und, besonders bei legierten Stählen, durch Abscheidung von Sulfiden bzw. Oxyden verursacht werden.

Die Rotbruchprobe wird, wie Abb. 200 zeigt, in verschiedener Form ausgeführt, wobei das Probeblöckchen auf eine der gezeigten Formen ausgeschmiedet und im Rotbruchgebiet verformt wird. Durch Einkerben oder Lochen an der Verformungsstelle kann die Prüfbedingung verschärft werden.

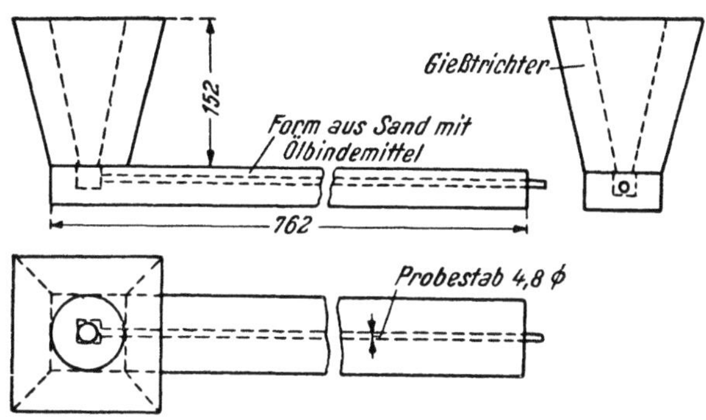

Abb. 201. Vorrichtung für die Gießprobe (nach W. Ruff)

Ähnliche Aufschlüsse gibt auch die Stauchprobe, die vorzugsweise bei hochlegierten Stählen angewendet wird (vgl. Abschnitt „Prüfen", 1.3).

Zahlreich waren auch die Bemühungen, die Temperatur des Stahles an Hand technologischer Proben zu bestimmen. Sie sind jedoch heute nach der allgemeinen Einführung der Tauchthermoelementmessung bedeutungslos geworden. Einzelne Proben werden, zum Teil in abgewandelter Form, noch dazu benutzt, um Aussagen über die Viskosität und die Vergießbarkeit einer Schmelze zu erhalten. Für beide Bestimmungsgrößen stehen bis heute noch keine theoretisch einwandfreien und einfach durchzuführenden Methoden zur Verfügung.

Die bisher in Anwendung stehenden Verfahren zur Bestimmung relativer Zähigkeitswerte von Stahlbädern haben den Zweck, das Verhalten des Stahles beim Gießen vorauszubestimmen und werden vorwiegend in Stahlgießereien benützt. Dabei ist zu beachten, daß nach den Untersuchungsergebnissen von J. C. Armbruster, P. Azou und P. Bastien [23], in Übereinstimmung mit früheren Arbeiten, die Vergießbarkeit des Stahles von der Viskosität nur geringfügig beeinflußt wird. Als Haupteinflußgrößen wurden die Art der Erstarrung und die Enthalpieänderung bei der Erstarrung erkannt.

Die gebräuchlichsten Bestimmungsverfahren wurden von W. Ruff, T. R. Walker sowie von I. H. Andrew, R. T. Percival und G. I. C. Bottomley entwickelt [24]. Abb. 201 zeigt eine von W. Ruff entwickelte Vorrichtung zur Ausführung der Gießprobe. Die Untersuchungsergebnisse an Eisen-Kohlenstoff-Legierungen nach zwei verschiedenen Verfahren sind in Abb. 202 wiedergegeben. Danach fällt das Fließvermögen zunächst mit steigendem Kohlenstoffgehalt bis etwa 0,1% C rasch ab und erreicht nach einem kurzen Wiederanstieg bei 0,5 bis 0,8% C einen Tiefstwert beim ersten Auftreten des Eutektikums (1,7 bis 1,8% C). Der in gleicher Weise untersuchte Einfluß einiger Legierungslemente läßt erkennen, daß Zusätze von Aluminium bis 0,3%, Silizium bis 1,0% und Mangan bis 1,0% das Fließvermögen von niedrig gekohlten Stählen erhöhen, wobei allerdings dem Desoxydationsgrad der Schmelze ein bestimmender Einfluß zukommt.

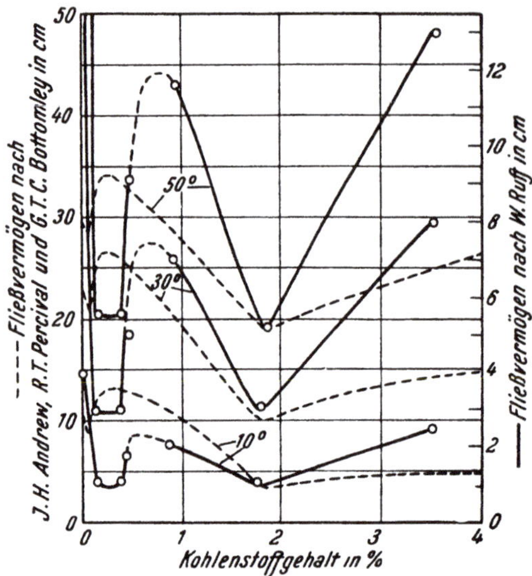

Abb. 202. Fließvermögen von Eisen-Kohlenstoff-Schmelzen bei Temperaturen von 10, 30 und 50° über dem Schmelzpunkt (nach W. Ruff)

2.32 Proben zur Schlackenbeurteilung

Die laufende Beurteilung der Schlackenbeschaffenheit ist nach wie vor ein wesentliches Hilfsmittel der Schmelzführung.

In der Frischperiode, besonders im Siemens-Martin- und Lichtbogenofen, wird eine mit dem Probelöffel entnommene Schlackenprobe in eine Schlackentasse oder auch auf eine Eisenplatte ausgegossen und nach ihrem Erstarrungsverhalten, nach dem Aussehen der Oberfläche, nach ihrer Farbe und dem Aussehen der Bruchfläche im erkalteten Zustand beurteilt. Die Beurteilungsmöglichkeit basischer Frischschlacken erstreckt sich auf ihren Basizitätsgrad, den Eisenoxydulgehalt und fallweise auch auf den Gehalt an Legierungsoxyden, wie z. B. Cr_2O_3. Auch der Homogenitätsgrad kann gut beurteilt werden. Eine ausführliche Darstellung des Probenaussehens in Abhängigkeit von der chemischen Zusammensetzung bringen W.O. Philbrook und F.M. Washburn [25] sowie R. Back [26].

Basische Reduktionsschlacken lassen an ihrer Färbung die Anwesenheit bestimmter Mengen an Metalloxyden erkennen. Auch der Gehalt an Reduktionskohlenstoff kann abgeschätzt werden (weiße und graue Karbidschlacken). Durch Benetzen der Karbidschlacken mit Wasser kann die Anwesenheit von Kalziumkarbid am Azetylengeruch leicht erkannt werden. Auch der Grad des Zerfallens bei langsamer Abkühlung an Luft gibt Hinweise auf ihre Zusammensetzung.

In sauren Schlacken gibt die Färbung Anhaltspunkte für den Gehalt an Eisenoxydul und anderen Metalloxyden, wodurch besonders der Übergang von der Oxydations- zur Reduktionsschlacke erkannt werden kann. Bei Anwesenheit größerer Mengen stark färbender Oxyde, z. B. von FeO oder Chromoxyd, kann die Färbung anderer, z. B. des MnO, vollständig überdeckt werden.

Eine genauere Beurteilung des *Basizitätsgrades*, der vor allem für die Entschwefelung im Siemens-Martin-Ofen wichtig ist, kann durch eine zusätzliche Untersuchung der Schlackenprobe rasch und mit ausreichender Genauigkeit ausgeführt werden, wie H. vom Ende und F. Bardenheuer [27] zeigen konnten. Sie messen den elektrischen Widerstand einer wässerigen Suspension von Schlackenpulver unter festgelegten Versuchsbedingungen. Man erhält auf diesem Wege das Analysenergebnis in etwa 6 Minuten nach Probeneingang. Unter der Voraussetzung, daß die Schlackenproben frei von ungelöstem Kalk oder Dolomit sind, die Zerkleinerung der Schlacke im Stahlmörser mit dem Handhammer erfolgt und Korngrößen unter 0,075 mm abgesiebt werden, erhält man nach Aufschlämmen von 0,5 g Schlacke in 250 cm³ destilliertem Wasser von 80°C nach 2 Minuten die in Abb. 203 wiedergegebenen Zusammenhänge zwischen der spezifischen Leitfähigkeit $\varkappa$ der Schlackensuspension und der Basizität. Für die Basizität definiert durch

$$B = \frac{(\% \, \mathrm{CaO})}{(\% \, \mathrm{SiO_2}) + (\% \, \mathrm{P_2O_5})}$$

ergibt sich die Beziehung

$$\lg B = 0{,}46661 \cdot (4 + \lg \varkappa) - 0{,}0148 \tag{357}$$

Sie gilt bis zu Eisenoxydulgehalten von rund 20%. Erst darüber ist mit einem größeren Einfluß des Eisenoxyduls zu rechnen. Ebenso konnte kein Einfluß des Phosphorsäuregehaltes zwischen 0,5 und 5% nachgewiesen werden.

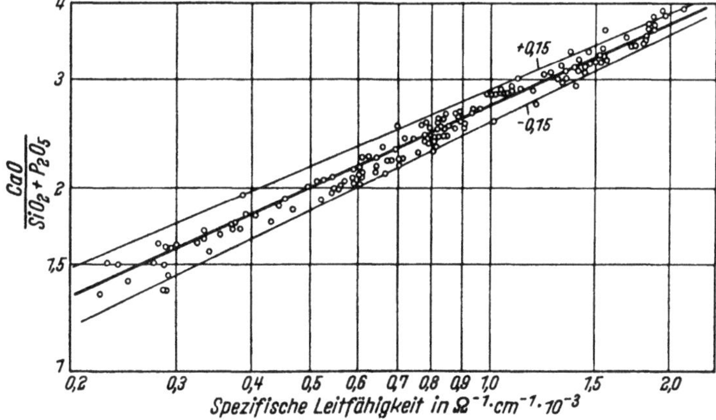

Abb. 203. Beziehung zwischen dem Verhältnis CaO/SiO₂ + P₂O₅ und der spezifischen Leitfähigkeit der Schlackensuspensionen (nach H. VOM ENDE und F. BARDENHEUER)

Zur Bestimmung von Relativwerten der *Zähigkeit* von metallurgischen Schlakken wurde eine Reihe von Verfahren ausgearbeitet. So entwickelte C. H. HERTY jr. [28] ein Plan-Viskosimeter, welches die Dicke eines Schlackenfadens bestimmt, der durch eine auf einer 30 Grad geneigten Metallplatte herabfließende Schlacke entsteht. Nach einem abgeänderten Verfahren [29] wird die Schlacke in einen Metallblock mit enger Bohrung gegossen, in welche die Schlacke, je nach ihrer Viskosität, verschieden tief hineinfließt. Über die theoretischen Grundlagen derartiger Messungen und den Bereich ihrer Anwendbarkeit sind die Ansichten geteilt. An der Entwicklung eines brauchbaren Betriebsviskosimeters wird noch gearbeitet [30, 31].

Für den praktischen Schmelzbetrieb begnügt man sich meist mit der qualitativen Beurteilung, und der erfahrene Stahlwerker ist fast immer in der Lage, den günstigsten Flüssigkeitsgrad der Schlacke durch visuelle Beobachtung des Schlackenbades und der Schlackenprobe den jeweiligen Bedürfnissen anzupassen.

2.4 Die Temperaturmessung

Eine der wichtigsten Voraussetzungen für die Beurteilung des Reaktionsgeschehens und für die Kontrolle der metallurgischen Prozesse ist die genaue Kenntnis der Reaktionstemperatur. Die Temperaturmessung an Stahlbädern hat in den vergangenen Jahren große Fortschritte gemacht, was nicht zuletzt auf die Entwicklung betriebssicherer thermoelektrischer Meßverfahren zurückzuführen ist. Sie haben die optische Temperaturmessung im Bereich der Stahlherstellungstemperaturen weitgehend ersetzt. Die gleichen Meßverfahren lassen sich auch zur Ermittlung von Flammentemperaturen verwenden. Sie werden für die Temperaturmessung an festen Stoffen, wie z. B. an feuerfesten Steinen, Blöcken und Kokillen, durch Temperaturmeßverfahren mit Meßfarben (Thermocolore) und Meßstiften (Thermochrome) ergänzt, welche sich chemischer Farbreaktionen bedienen. Die Zusammenstellung in Tab. 24 gibt einen Überblick über die Wahl des geeigneten Temperaturmeßverfahrens und der Meßgeräte im Stahlwerksbetrieb mit Hinweisen auf die fallweise notwendigen Temperaturberichtigungen.

Darüber hinaus ist der erfahrene Praktiker auch in der Lage, aus dem äußeren Erscheinungsbild des flüssigen Stahles und der Schlacke unter vergleichbaren Bedingungen das Erreichen der notwendigen Temperatur mit einiger Genauigkeit abzuschätzen.

2.41 Optische Meßverfahren

Im Bereich der hohen Temperaturen kommt der optischen Temperaturmessung immer noch Bedeutung zu. Sie beruht auf dem Zusammenhang der Temperatur mit den Eigenschaften der von einem festen oder flüssigen Körper ausgesandten Strahlung, wie Intensität bei einer bestimmten Wellenlänge, Farbe und Intensität der Gesamtstrahlung.

Die haupsächlich verwendeten optischen Pyrometer sind *Teilstrahlungspyrometer*, bei denen die Leuchtdichte möglichst einfarbigen, vom untersuchten Körper ausgesandten Lichtes mit der Leuchtdichte eines Vergleichsstrahlers im gleichen Spektralbereich verglichen wird. Da als Vergleichsstrahler der elektrisch geheizte Glühfaden einer Pyrometerlampe dient, spricht man auch von Glühfadenpyrometern. Das zur Messung notwendige *einfarbige* Licht wird durch ein vor das Okular des Pyrometers gesetztes Filter — meist Jenaer Rotglas RG 2 für die Wellenlänge $\lambda = 0{,}65\mu$ — ausgefiltert. Durch Veränderung des Heizstromes des Glühfadens wird letzterer auf die gleiche Leuchtdichte wie der Strahler gebracht; der Strom ist ein Maß für die Temperatur, die direkt in °C abgelesen werden kann. Das Erreichen der gleichen Leuchtdichte oder Helligkeit der Glühfadenspitze im Vergleich zu dem geprüften Gegenstand kann gut beobachtet werden und läßt eine Genauigkeit der Ablesung von ± 5 °C zu. Die Genauigkeit der Messung selbst ist von der Leuchtdichte-Empfindlichkeit des menschlichen Auges, der Güteklasse des Anzeigegerätes und der Eichart des Gerätes abhängig und beträgt für Betriebspyrometer, falls an einem Schwarzen Körper geeicht wurde, ± 18°.

Die mit derartigen Pyrometern erhaltenen Werte geben nur für sogenannte „Schwarze Strahler", deren Emissionsvermögen $\varepsilon = 1$ ist, die wahren Temperaturen an. Für die üblichen Messungen an Stahl und Schlacke bedürfen sie einer Korrektur, die, je nach dem Emissionsvermögen des strahlenden Körpers, in weiten Grenzen schwanken kann. Die Werte für ε sind immer kleiner als eins. Die allgemeinen Zusammenhänge zwischen der wahren Temperatur und der mit dem

Glühfadenpyrometer gemessenen „schwarzen" Temperatur einerseits und dem Strahlungsvermögen andererseits zeigt Abb. 204 [32]. Für zwei Temperaturen (1200° und 1400 °C), die als „schwarze" Temperaturen mit dem Glühfadenpyrometer gemessen wurden, ist für die Strahlungszahlen von 0,1 bis 1 die Höhe der

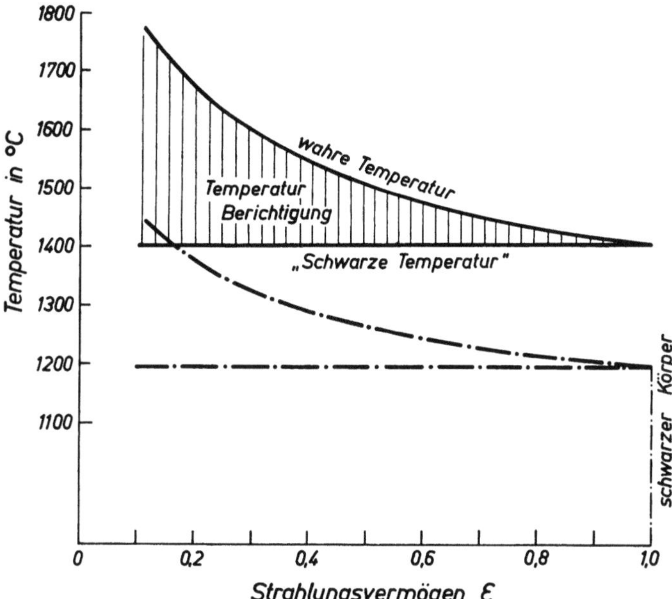

Abb. 204. Zusammenhänge zwischen wahrer Temperatur, „schwarzer" Temperatur und Strahlungsvermögen (nach K. Guthmann)

Temperaturberichtigung und die hieraus errechnete wahre Temperatur eingetragen. Bei einem Strahlungsvermögen $\varepsilon = 1$ liegt Strahlung des Schwarzen Körpers vor; hier ist die Temperaturberichtigung gleich Null, d. h. die „schwarze" Temperatur fällt mit der wahren Temperatur zusammen.

Die Ermittlung der wahren Temperaturen mit Hilfe der Teilstrahlungspyrometer setzt also die Kenntnis des Strahlungsvermögens des zu messenden Körpers voraus. Für flüssige Stähle ist die Strahlungszahl ε in erster Linie von der chemischen Zusammensetzung abhängig. Bei der Messung an Luft wird das Strahlungsvermögen der Badoberfläche noch von der Oxydhautbildung stark beeinflußt. In welchem weiten Bereich die Werte für ε bei den üblichen Stahlzusammensetzungen schwanken können, kann aus Tab. 25 entnommen werden [33]. Die Werte der Emissionskoeffizienten sind für Messungen mit dem Licht der Wellenlänge $\lambda = 0{,}65\,\mu$ ermittelt, wie es für die Glühfadenpyrometer üblich ist. Die sich daraus für verschiedene Strahlungszahlen ergebenden Temperaturberichtigungen $\varDelta t$ können aus Abb. 205 abgelesen werden.

Praktische Beobachtungen und Vergleiche mit thermoelektrischen Messungen an Stahlbädern haben ergeben, daß die Strahlungszahlen weniger durch den Kohlenstoffgehalt, als durch die Anwesenheit von Legierungselementen und Desoxydationselementen beeinflußt werden und durch sie starke und oft unstetige Veränderungen erfahren. Eine Beurteilung des Ablaufes der metallurgischen Umsetzung durch Messen der Änderung der Strahlungszahl z. B. in der Feinungsperiode, wie sie aus den Untersuchungsergebnissen von Takeshi Sugeno [34] abgeleitet werden konnte, hat jedoch keine Bedeutung erlangt.

Tabelle 24. *Wahl des geeigneten Temperaturmeßverfahrens und -gerätes in Stahlwerksbetrieben*

	Meßgegenstand	Temperaturbereich °C	Meßverfahren	Meßfühler und Meßgerät	Temperaturberichtigung	Höhe der zum Meßwert zuzuzählenden Berichtigung in °C
1	Eisen- und Stahlschmelzen, Schlacken (z. B. im Schmelzofen, beim Abstich, beim Gießen)	bis etwa 1800	a) thermoelektrisch	a) Thermoelement: Pt + 10%Rh/Pt oder Pt + 13%Rh/Pt (in USA gebräuchlich) oder Pt + 30%Rh/Pt + 6% Rh (= PtRh 18 Degussa) u. ä. in Verbindung mit anzeigendem, meist auch schreibendem Spannungsmesser	bei Abweichung der Vergleichs- (= Kaltenden-)temperatur t_v von der der Justierung zugrunde gelegten Bezugstemperatur t_B (z. B. + 20°C), sofern keine automatische Vergleichstemperaturkompensation vorhanden ist	über 1000°C $0,5 \cdot (t_v - t_B)$
			b) optisch	b) Teilstrahlungs-, insbes. Glühfadenpyrometer (anzeigend); Gesamtstrahlungspyrometer mit anzeigendem und/oder schreibendem Spannungsmesser; Farbpyrometer (anzeigend)[1]	ja keine, wenn Grauer Strahler vorliegt	je nach den Legierungsbestandteilen, dem Oxydationsgrad der Oberfläche, der Höhe der Temperatur usw. bis zu 160° (Strahlungsvermögen 0,3 bis 0,8)
2	Flammen	bis etwa 1800	a) thermoelektrisch	a) Thermoelement wie unter 1a als Durchflußthermoelement	wie unter 1a	wie unter 1a, bei größerer Differenz: $(t_v - t_B)$
		bis etwa 2200	b) optisch	b) Glühfadenpyrometer (für Näherungsmessung); Farbpyrometer[1][2]	ja ja	je nach Dicke der leuchtenden Flammenschichte

3	Feste Werkstoffe, Innenmessung, (ff.-Steine, Stahl oder Eisen), z. B. Ermittlung der Durchweichung von Blöcken, des Temperaturverlaufes in Ofenwänden und dgl.	bis etwa 1450	thermoelektrisch	Thermoelement Pt + 10% Rh/Pt oder Pt + 13% Rh/Pt, NiCr/Ni (bis 1000°C), seltener Eisen/Konstantan (bis 700°C) in Verbindung mit anzeigendem, manchmal auch schreibendem Spannungsmesser	wie unter 1a	bei PtRh/Pt über 1000°C...0,5 $(t_v - t_B)$, bei NiCr/Ni und Eisen/Konstantan ... $(t_v - t_B)$
4	Feste Werkstoffe, Außenmessung, (ff. -Steine, Stahl oder Eisen), z. B. in Öfen, an Walzenstraßen, beim Oberflächenhärten usw.	bis etwa 1450	a) thermoelektrisch b) optisch	a) wie unter 3 b) Teilstrahlungs- oder Farbpyrometer, Gesamtstrahlungspyrometer (in Sonderausführung auch für niedrige Temperaturen)	wie unter 1a bei Abweichung von Schwarzer Strahlung	wie unter 3 wie unter 1b
5	Ofenarmierung	bis etwa 650	thermochemisch	c) Thermocolore (Anstrich), Thermochromstifte	nein	
6	Abgas (Rauchgas), Heißluft, Heißgas	bis etwa 1250 bis etwa 750³	a) thermoelektrisch b) elektrischer Widerstand	a) wie unter 2a bzw. 3 b) Widerstandsthermometer in Verbindung mit anzeigendem, oft auch schreibendem Meßgerät	wie unter 1a nein	wie unter 3
7	Gewölbe bei Schmelzöfen, Winderhitzerkuppeln, Regenerativkammern	bis etwa 1750 bis etwa 1450	a) optisch b) thermoelektrisch	a) Teilstrahlungs- und Gesamtstrahlungspyrometer wie unter 1b, letztere eventuell mit geschlossenem Glührohr b) Thermoelemente wie unter 1a	bei Abweichung von Schwarzer Strahlung wie unter 1a	wie unter 1b wie unter 3

[1] J. EULER und R. LUDWIG: Arbeitsmethoden der optischen Pyrometrie. Verlag Braun, Karlsruhe 1960, S. 104—115
[2] W. PEPPERHOFF: Temperaturstrahlung. Verlag Steinkopff, Darmstadt 1956, S. 211—218
[3] VDI-Temperaturmeßregeln DIN 1953, Abschnitt 3.211, Tab. 5

Eine einigermaßen zufriedenstellende Ermittlung der Strahlungszahlen für flüssige Stahloberflächen zur Umrechnung der optisch gemessenen Temperaturen auf wahre Stahltemperaturen ist nach den heute vorliegenden Untersuchungsergebnissen nicht möglich. Die Oxydhautbildung ist nämlich nicht nur von der chemischen Zusammensetzung, sondern auch von der Temperatur selbst abhängig.

Tabelle 25. *Emissionsvermögen von Metall und Schlacke* (nach E. SCHRÖDER[1])

Stoff (flüssig)	Temperatur-bereich °C	Oberflächen-beschaffenheit	ε $\lambda = 0{,}65\,\mu$	Beobachter
Eisen mit 0,66—3,5% C	1350—1550	blank	0,35—0,38	NAESER
Eisen	—	,,	0,35—0,37	LE CHATELIER
,,	—	,,	0,40	BURGESS, LE CHATELIER
,,	—	,,	0,40	WENSEL und ROESER
,,	—	,,	0,37	FOOTE und Mitarbeiter
Stahl	—	,,	0,40	GREENWOOD
Gußeisen	> 1375	,,	0,40—0.45	WENSEL und ROESER
,,	1100—1600	,,	0,45	FRY
Eisen mit 3,1% C	1250—1600	,,	0,43—0,45	HASE
Stahl	—	,,	0,50	SCHRÖDER
Gußeisen	< 1375	oxydiert	0,70	WENSEL und ROESER
,,	1270—1370	,,	0,90—0,95	WENZL und MORAWE
,,	1270—1280	oxydiertes Häutchen	0,90—0,95	FRY
Eisen mit 3,1% C	1250—1580	oxydiert	0,90—0,95	HASE
Siemens-Martin-Schlacke	—	—	0,55—0,75	BURGESS
,,	—	—	0,56	GREENWOOD
,,	—	—	0,65	FOOTE
,,	—	—	0,63—0,67	LE CHATELIER
,,	—	—	0,65	Wärmestelle VDEh
,,	—	—	0,612	NAESER
,	—	—	0,90	FRY
,,	—	—	0,90	WENZL
,,	—	—	0,60	SCHRÖDER

[1] Stahl u. Eisen 53 (1933), S. 873/78.

Ein Beispiel dafür gibt Abb. 206. Mit steigendem Aluminiumzusatz wird die Temperaturdifferenz zwischen wahrer und optisch gemessener Temperatur kleiner, doch ist die Streuung der Werte, verursacht durch den unterschiedlichen Aluminiumabbrand, so groß, daß sie für eine exakte Temperaturmessung nicht ausreicht [35]. Auch ein Zusammenhang mit dem Reinheitsgrad der Schmelzen [36] konnte nicht bestätigt werden. Bei hochlegierten Chromstählen kann sogar der Fall eintreten, daß mit sinkender Stahltemperatur die Oxydhautbildung so stark zunimmt, daß mit dem Teilstrahlungspyrometer bei niedriger Temperatur höhere scheinbare (unkorrigierte) Temperaturen gemessen werden als bei hoher Stahltemperatur [37]. Es ist daher verständlich, daß auch unkorrigierte Meßwerte, z. B. zum Vergleich „gleicher" Stahlsorten, nur mit Vorbehalt verwendet werden dürfen.

Die optische Temperaturmessung hat jedoch durch die Einführung der *Farbpyrometer* eine wertvolle Ergänzung erfahren. Durch eine gleichzeitige Messung von Farbe und Helligkeit des strahlenden Körpers wird die Unsicherheit der Bestimmung der jeweiligen Strahlungszahl ausgeschaltet.

Die Entwicklung des Farbpyrometers geht auf Arbeiten von G. NAESER in den Jahren 1930 bis 1936 zurück [38], die in der Nachkriegszeit zusammen mit W. PEPPERHOFF [39] fortgeführt wurden. Die danach in den Handel gelangten Farbpyrometer („Bioptix" bzw. „Tricolor") haben weite Verbreitung und zahlreiche Anwendungsmöglichkeiten, insbesondere in der Stahlindustrie [40] gefunden. Das „Bioptix"-Gerät sondert durch einen bichromatischen Farbkeil aus der Strahlung des Körpers zwei Farben (rot und grün) aus, die als *eine* Mischfarbe sichtbar werden. Diese Mischfarbe wird auf die Farbe einer bei konstanter Temperatur brennenden Vergleichslampe, die ebenso durch ein Filter in der Mischfarbe der gleichen Spektralfarben sichtbar gemacht wird, abgeglichen. Zur Abgleichung wird der bichromatische Filterkeil, der mit zunehmender Dicke den Grünanteil der Strahlung in höherem Maße absorbiert als den Rotanteil, so lange verschoben, bis Farbgleichheit herrscht. Die Stellung des Farbkeiles ist ein Maß für die Farbtemperatur des Strah-

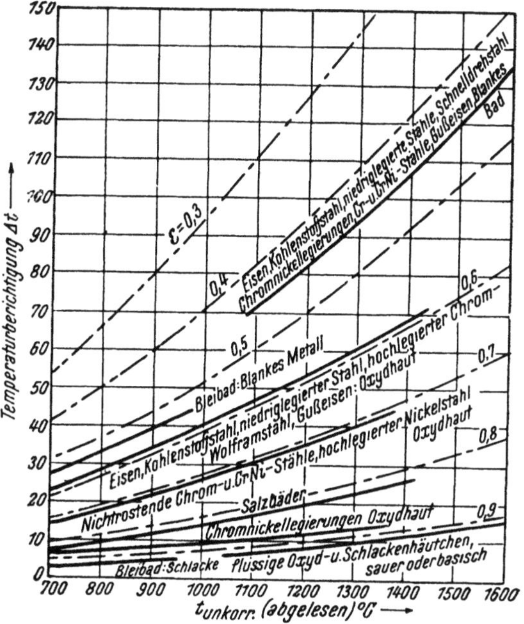

Abb. 205. Temperaturberichtigung für verschiedene Emissionskoeffizienten ε bei der Messung durch Rotfilter, $\lambda = 0{,}65\,\mu$ (nach H. SCHENCK, Phys. Chemie d. Eisenhüttenprozesse (1934), Bd. II, S. 13; ausgezogene Kurven nach A. FREY)

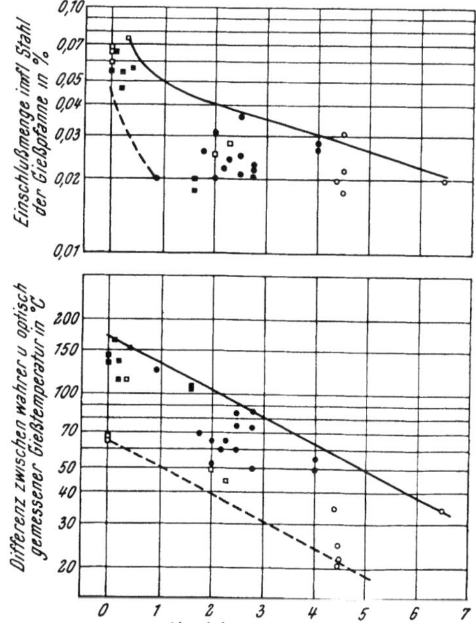

Abb. 206. Änderung der Temperaturdifferenz zwischen wahrer und optisch gemessener Temperatur in Abhängigkeit vom Aluminiumzusatz bei Thomasstählen und Beziehung zum Einschlußgehalt des Stahles (nach C. A. MÜLLER und E. PLÖCKINGER)

lers. Um die Farben vergleichen zu können, müssen sie auch auf gleiche Leuchtdichte abgestimmt werden. Dies geschieht durch Verschieben eines Graukeiles im Strahlengang zwischen Strahler und Beobachter. Die Stellung des Graukeiles gibt dann gleichzeitig die Schwarze Temperatur des Strahlers für die Mischwellenlänge des Farbfilters an. Die Fehlergrenze beträgt bei farbtüchtigen Beobachtern $\pm$ 10°. J. Euler und R. Ludwig [41] geben eine sehr ausführliche Übersicht über den internationalen, neuesten Stand der Farbpyrometrie.

Bei der Verwendung der Farbpyrometer kann, wie bereits erwähnt, die Emissionszahl unberücksichtigt bleiben; die Messung der Temperatur ist also von der jeweiligen Oberflächenbeschaffenheit des Strahlers unabhängig. Die so gemessene „Farbtemperatur" ist theoretisch etwas höher als die „wahre Temperatur" des Strahlers; für Graue Strahler aber, wie sie in den Eisen- und Stahlschmelzen mit großer Annäherung vorliegen, kann die Farbtemperatur hinreichend genau der wahren Temperatur gleichgesetzt werden. Der Gebrauch von Farbpyrometern setzt allerdings große Geschicklichkeit und vor allem ein genügend hohes Farbunterscheidungsvermögen des Messenden voraus. Längere Zeit hindurch konnten mit Hilfe der optischen Meßverfahren gute Ergebnisse bei der Kontrolle des Schmelzverlaufes erzielt werden, wobei überwiegend, der reinen Oberfläche wegen, die Löffelprobe zur Messung herangezogen wurde. Der unvermeidbare Temperaturverlust, der bei gut eingeschlacktem Probelöffel im Mittel 25 °C betragen soll, stellt allerdings einen gewissen Unsicherheitsfaktor dar.

Die optische Temperaturmessung an Stahl und Schlacke wird im Siemens-Martin-Ofen durch die leuchtende Flamme und durch Rückstrahlung des feuerfesten Steinmateriales gestört; im Lichtbogenofen beeinträchtigt die Strahlung der glühenden Elektroden auch bei ausgeschaltetem Strom die Messung. Zur Vermeidung dieser Störungen bei der direkten Messung in den Schmelzöfen war man auch dazu übergegangen, ein langes, außen entsprechend geschütztes Meßrohr in das Stahlbad einzutauchen, wobei Druckluft oder Stickstoff eingeleitet wird, die das eingetauchte, offene Ende von flüssigem Stahl und Schlacke freihalten. An dem dem Beobachter zugewandten Ende wird ein optisches Pyrometer angebaut, dessen Meßwert fallweise auf einem Schnellschreiber aufgezeichnet werden kann. Die Messung mit einem solchen Blaspyrometer dauert höchstens 10 Sekunden, wird aber durch das einzublasende Medium etwas gestört und ist bezüglich des optischen Geräteteils störungsanfällig. Deshalb setzten seit dem Ende des zweiten Weltkrieges, anschließend an frühere Arbeiten aus den dreißiger Jahren, verstärkte Bemühungen ein, das PtRh/Pt-Thermoelement in Verbindung mit einem Tauchrohr zur Messung von Stahlbadtemperaturen heranzuziehen [42]. Seitdem hat diese Methode alle optischen Meßverfahren aus dem Schmelzbetrieb praktisch verdrängt, zumal die elektronisch selbstabgleichenden Kompensationsschreibgeräte mit ihrer außerordentlich hohen Genauigkeit die Meßfehler weit unter die von K. Guthmann [43] angegebenen Werte gesenkt haben.

2.42 Thermoelektrische Meßverfahren

Den thermoelektrischen Temperaturmeßverfahren liegt die Tatsache zugrunde, daß zwischen den Verbindungsstellen zweier verschiedener Metalle, z. B. Platin und Platinrhodium, eine sogenannte „Thermospannung" entsteht, wenn man die Verbindungen verschiedenen Temperaturen aussetzt. Diese Spannung ist abhängig vom Temperaturunterschied der beiden Verbindungsstellen; sie kann zur Temperaturmessung benützt werden, wenn die eine der Temperaturen bekannt ist und möglichst konstant gehalten wird. In der Anwendung auf die Messung von Stahlbadtemperaturen stand die Frage der Schutzröhrchen für die „heiße Lötstelle" des Thermoelementes im Vordergrund. Als gut geeignet erwiesen sich 85 mm lange Röhrchen von 5 mm Innendurchmesser und einer Wandstärke von rund 1 mm aus reinstem Quarz, die in ein Tauchmundstück — einen graphitummantelten Stahlkörper — gesteckt werden. Durch eingepreßte Asbestfasern wird das Quarzröhrchen vor dem Herausfallen gesichert. Die meist 0,5 mm starken Thermodrähte werden durch Isolierröhrchen aus reiner Tonerde voneinander isoliert

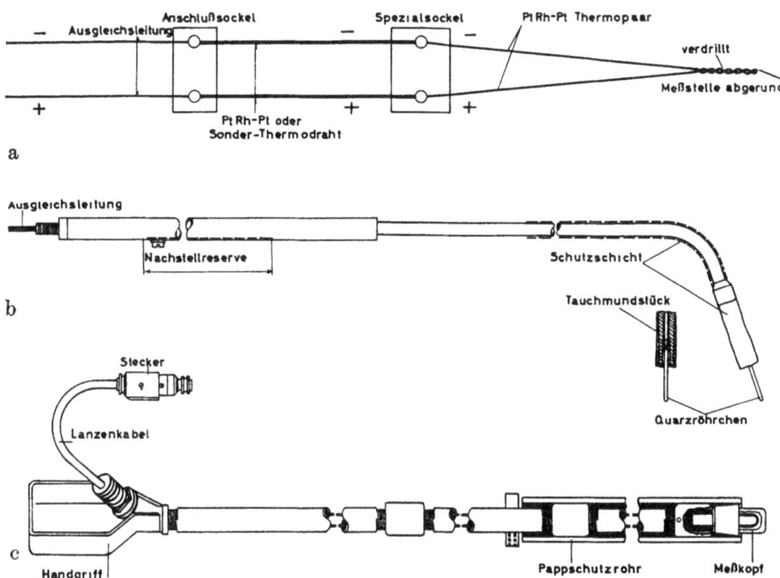

Abb. 20 7. Tauchthermoelemente: a) Prinzipschaltung, b) Tauch-Element mit Quarz-Schutzröhrchen, c) Tauch-Element mit auswechselbarem Meßkopf

Eine Messung dauert etwa 15 Sekunden und erfordert jeweils ein Quarzrohr. Nach einigen Messungen müssen die allmählich versprödenden Enden des Thermoelementes um einige Zentimeter gekürzt werden. Durch Verdrillen wird eine neue Heißlötstelle hergestellt.

Für die Badtemperaturmessung in Schmelzöfen oder in der Pfanne werden Tauchlanzen verwendet, deren schematischer Aufbau in Abb. 207 dargestellt ist. Anstelle tragbarer Geräte sind für größere Schmelzöfen auch Lanzen in Verwendung, die auf zweirädrigen Wagen montiert und mit einem Schutzschild versehen sind. Das Tauchmundstück mit dem Quarzröhrchen sitzt in einem gebogenen, metallischen Schutzrohr, das durch Ummanteln mit feuerfester Masse gegen Abbrand geschützt ist (Ausführung b). Um Fehlmessungen zu vermeiden, muß das Lanzeninnere, z. B. durch Ausheizen mittels der Thermodrähte, sorgfältig getrocknet werden.

Eine seit mehreren Jahren in den USA bewährte weitere Verbesserung der Temperaturmessung mit dem Tauchthermoelement schaltet Fehler durch Alterung der „Heißlötstelle" oder durch Feuchtigkeitseinflüsse in der Lanze aus, indem für jede Messung ein in eine Papphülse eingepreßter keramischer Meßkopf („Tip") auf die Lanze aufgesteckt wird [44] (Ausführung c in Abb. 207). Diese neueste Meßmethode findet immer mehr auch in Europa Eingang und kommt kostenmäßig durch die Einsparung aller Arbeiten für die Lanzenzustellung und durch den Wegfall der teuren Mundstücke und Isolierröhrchen etwa der Messung mit den früheren Tauchlanzen gleich. Die „heiße Lötstelle" des Thermolementes befindet sich hierbei in einem halbkreisförmigen kleinen Bügel aus Quarzglas; die Thermodrähte haben einen Durchmesser von 0,18 mm bei einer Gesamtlänge von einigen Zentimetern. Die Papphülse verhindert jede nennenswerte Erwärmung der Lanze, so daß vom Steckkontakt des Meßkopfes weg Ausgleichsdrähte aus unedlem Metall zum Schnellschreiber führen. Eine Messung dauert etwa 6 Sekunden. Die Tauchlanze ist durch einfaches Aufstecken einer neuen Papphülse jederzeit betriebsfertig.

Die Kosten einer Tauchthermoelementmessung liegen wesentlich über den Kosten einer Messung mit dem Glühfaden- oder Farbpyrometer. Sie werden aber durch die Vorteile einer größeren Meßsicherheit, einer einwandfreien, objektiven Temperaturaufzeichnung und bei der Verwendung von Meßtips auch durch die Einfachheit der Handhabung wettgemacht.

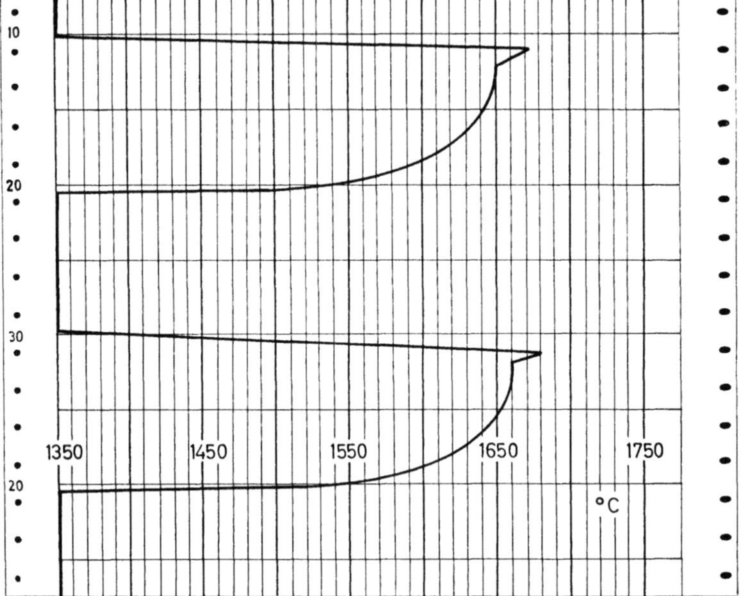

Abb. 208. Meßstreifen von Tauch-Thermoelement-Messungen mit Temperaturkurven

Die Temperaturangabe erfolgt entweder durch Leuchtzahlen, z. B. am Ofenmeßstand, oder durch Temperaturschreiber. Abb. 208 zeigt einen solchen Meßstreifen, auf dem die untere Kurve eine Temperatur von 1660 °C, die obere eine solche von 1650 °C anzeigt. Die Temperaturspitzen am Ende der Messung sind beim Durchgang der Heißlötstelle durch die wärmere Schlackenschicht während des Herausziehens des Meßkopfes entstanden.

Die zulässigen Temperaturabweichungen (Toleranzen) von Platin-Platinrhodium-Thermoelementen betragen nach DIN 43710 im Bereich von 1000 bis 1600 °C etwa ± 5°. Bei der Messung selbst können noch weitere Fehler entstehen, so daß im allgemeinen mit dem in Tab. 26 angegebenen Abweichungen von der tatsächlichen wahren Stahltemperatur gerechnet werden muß [45].

Die Entwicklung metallkeramischer Schutzröhrchen (Cermets) [46] öffnete den Weg für Langzeitmessungen in Schmelzen, wie sie u. a. von E. PLÖCKINGER und M. WAHLSTER [47], sowie von W. A. FISCHER [48] an Laboratoriumsöfen durchgeführt und für die Messung an Thomaskonvertern und LD-Tiegeln weiterentwickelt wurden. Diese Schutzröhrchen bestehen entweder aus Molybdänmetall und Tonerde („Heratherm"-Schutzrohre, Bauart Heraeus) oder aus einer keramischen Masse, deren Hauptbestandteil Chromoxyd ist („Kromet"-Schutzrohre) [48]. Die thermische und chemische Widerstandsfähigkeit der letztgenannten

Tabelle 26. *Fehler bei Bad- und Tauchtemperaturmessungen an Schmelzöfen*
(Abweichungen von der tatsächlichen, d. h. wahren Stahlbadtemperatur)

Empfindlichkeit eines guten Potentiometers	$\pm$ 1°
Fehler bei Verwendung des gleichen Thermoelementes	$\pm$ 2°
Fehler bei Verwendung verschiedener Thermoelemente	$\pm$ 4°
Fehler gegenüber einem nach der Internationalen Temperaturskala geeichten Original-Thermoelement	$\pm$ 5°
Fehler bei Ermittlung der Badtemperatur während der Kochperiode	$\pm$ 5°
Fehler während des Fertigmachens der Schmelze vor dem Abstich bei Einzelmessung im Bad	$\pm$ 10°
Fehler bei Durchführung mehrerer Messungen an verschiedenen Meßstellen im Bad unter ungünstigen Schmelz- und Meßbedingungen	$\pm$ 10°
Fehler unter ungünstigen Schmelz- und Meßbedingungen bei Einzelmessung im Bad	$\pm$ 20°

Schutzröhrchen ist so groß, daß im Thomaskonverter fünf, bei Sauerstoffanreicherung im Wind drei Schmelzen kontinuierlich gemessen werden können. Auch bei kontinuierlichen Temperaturmessungen im Sauerstoff-Tiegel (LD-AC-Verfahren) konnten trotz der stärkeren Beanspruchung Haltbarkeiten von zwei Schmelzen erreicht werden. Im Hinblick auf die große Bedeutung der Temperatur-

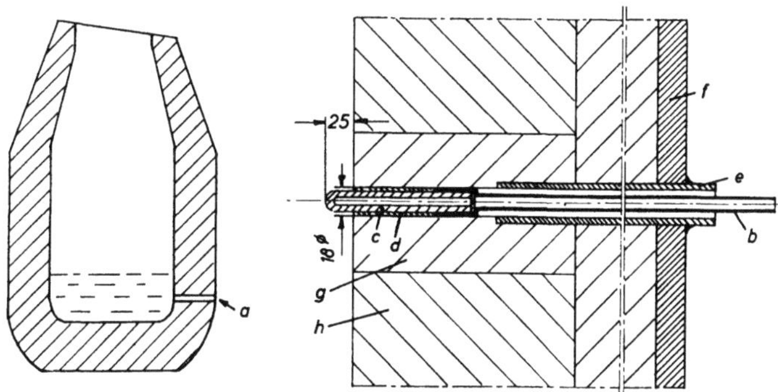

Abb. 209. Meßanordnung für kontinuierliche thermoelektrische Temperaturmessung am LD-AC-Konverter
(nach W. A. Fischer)

messung bei den Sauerstoffaufblasverfahren ist in Abb. 209 die grundsätzliche Meßanordnung in einem LD-AC-Betriebskonverter nach W. A. Fischer wiedergegeben. Die Einbaustelle im Konverter muß so gewählt werden, daß das Thermoelement die tatsächliche mittlere Badtemperatur anzeigen kann. In Sauerstofftiegeln liegt die Meßstelle bei etwa 40% der gesamten Badhöhe. Das Auswechseln der Meßlanze zwischen zwei Schmelzen erfolgt so, daß das Thermoelement aus der Lanze herausgezogen und die Lanze selbst in den Konverter hineingestoßen wird. Dann wird eine neue Meßlanze eingeführt und mit keramischer Masse vergossen. Die Erhärtung des Stopfens im heißen Mauerwerk benötigt etwa 3 Minuten, so daß der gesamte Austauschvorgang etwa 5 bis 6 Minuten in Anspruch nimmt. Beispiele für derart aufgenommene Temperaturkurven sind in Abschnitt 3.312 wiedergegeben.

Das thermoelektrische Meßverfahren findet auch im *Strahlungspyrometer* eine weitverbreitete Anwendung. Hier wird auf die „heiße Lötstelle" eines Thermoelementes oder meistens auf die „heißen Lötstellen" von mehreren sternförmig angeordneten und in Serie geschalteten Thermoelementen („Thermokette") mit einem Linsen- oder Hohlspiegelsystem die gesamte Strahlung des Körpers konzentriert, dessen Temperatur gemessen werden soll. Die dabei entstehende Thermospannung ist ein Maß für die Intensität der Gesamtstrahlung und damit für die Temperatur des Strahlers („Gesamtstrahlungstemperatur"). Auch die so gemessene Temperatur liegt unter der wahren Temperatur, jedoch ist die vorzunehmende Korrektur dem Betrage nach von jener, die beim Gebrauch des Glühfadenpyrometers erforderlich ist, verschieden [49]. Bevorzugt angewendet wird das Strahlungspyrometer zur Messung der Temperatur des Gewölbes am Schmelzofen, der Gitterkammern und zur Temperaturüberwachung von Walzwerks- und Schmiedeöfen. Um Verunreinigungen des Linsensystems zu vermeiden, wird dieses meist druckdicht mit einem geschlossenen keramischen Glührohr zusammengebaut, in welches Druckluft eingeleitet wird. Bei richtiger Bemessung desselben sind dann die Bedingungen des „Schwarzen Körpers" für den Meßort erfüllt. Die bei Anwendung moderner Spannungsmesser nicht allzu große Anzeigeverzögerung kann gegenüber dem Vorteil des Fortfalles störender Flammengase und der Verschmutzungsgefahr ohne weiteres in Kauf genommen werden. Durch Sonderentwicklungen in optischer Hinsicht dehnt sich der Anwendungsbereich des Strahlungspyrometers bereits auf das Gebiet niedriger Temperaturen bis + 100 °C aus. Insbesondere sind mit solchen Geräten Relativmessungen an bewegten Objekten (auf Walzstraßen usw.) möglich. Wie bei den Thermoelementen ist auch beim Strahlungspyrometer die Möglichkeit der gleichzeitigen Anzeige und Registrierung, aber auch der automatischen Regelung der Temperaturen sehr vorteilhaft.

Außer den besprochenen Platin-Platinrhodium-Thermoelementen finden im Bereich tieferer Temperaturen auch andere Thermopaare, wie z. B. NiCr/Ni und Eisen/Konstantan, in den Warmverarbeitungs- und Wärmebehandlungsbetrieben der Stahlwerke Verwendung. Die Grundwerte für die Thermospannungen und Angaben über die zulässigen Toleranzen können der DIN 43710 entnommen werden, während DIN 43720 und DIN 43724 die zugehörigen metallischen und keramischen Schutzrohre für Thermoelemente behandeln. Für die Messung von Temperaturen bis über 2000 °C wurden u. a. Wolfram-Rhenium-Elemente entwickelt [50, 51].

2.43 Andere Temperaturmeßverfahren

Zur Messung von Temperaturen bis etwa 700 °C dient auch das sogenannte *Widerstandsthermometer*. Die ihm zugrunde liegende Meßmethode beruht auf der Änderung des elektrischen Widerstandes der Metalle (z. B. Platin, Nickel), der mit steigender Temperatur zunimmt. Durch Messung des Widerstandes kann die Temperatur sehr genau ermittelt werden, doch ist ihre Anwendung durch den relativ großen gerätetechnischen Aufwand und den geringen Temperaturbereich nur begrenzt möglich.

Für nicht allzu genaue Messungen zwischen 40° und etwa 650 °C, wie sie manchmal an Blöcken und Kokillen sowie an feuerfestem Mauerwerk oder Außenteilen von Öfen und Pfannen vorgenommen werden, kann man sich mit Vorteil der *Temperaturmeßfarben* [52] in Form von Anstrichen oder Meßstiften (Thermocolore oder Thermochrome) bedienen. Diese enthalten Farbstoffe, die bei genau bekannten Temperaturen einen Farbumschlag zeigen. Die Temperatur kann durch eine entsprechende Auswahl der Meßfarben in engen Grenzen abgeschätzt werden.

2.44 Technologische Proben

Zur vergleichsweisen Temperaturbestimmung an flüssigem Stahl ohne Angabe von Temperaturwerten bedient man sich in der Praxis der Stahlherstellung auch empirischer, technologischer Proben. So gibt bereits das Verhalten einer Stahlprobe beim Ausgießen aus dem Probelöffel einen Hinweis auf die Höhe der Badtemperatur. Bei weichen, unlegierten Kohlenstoffstählen ist es z. B. im Siemens-Martin-Betrieb vielfach üblich, das Erreichen der richtigen Abstichtemperatur dadurch zu beurteilen, daß man eine Stahlprobe in dünnem Strahl auf eine Stahlgußplatte fließen läßt. Der Grad des Anschweißens gibt ein Maß für die Stahltemperatur.

In ähnlicher Art wird auch die sogenannte *Stehprobe* zur Temperaturbeurteilung herangezogen. Die Durchführung erfolgt in der Weise, daß man eine Stahlprobe mit einem gut eingeschlackten Probelöffel dem Ofen entnimmt, die Schlackendecke abstreift und die Zeit bis zum beginnenden Erstarren des Stahles im abgestellten Probelöffel mißt. Ein kleiner, im Löffel zurückbleibender Stahlrest nach raschem Auskippen des Löffelinhaltes zeigt den Beginn des Erstarrungsvorganges an.

Im Schmelzbetrieb mit Induktionsöfen oder Widerstandsöfen ist die *Rutenprobe* in Verwendung. Hier dient die Auflösungsgeschwindigkeit eines Weicheisenstabes bestimmten Durchmessers und stets gleichbleibender Zusammensetzung als Maß für die Temperatur der Schmelze. Da die Auflösungszeit auch von der chemischen Zusammensetzung des Stahlbades und der Stärke der Badbewegung abhängig ist, muß die günstigste Auflösungszeit für jede Stahlsorte und Ofeneinstellung empirisch ermittelt werden. Richtig angewendet, gestattet diese Probe eine relativ genaue Einstellung der Gießtemperatur.

Schrifttum
zu Abschnitt 2

1. PRÖPSTL, G. H.: Radioaktive Markierungstechnik zur Untersuchung von metallurgischen Vorgängen im Stahlwerk. Stahl u. Eisen 80 (1960), S. 863/77.
2. CLESS-BERNERT, T.: Aktivierungsanalyse mit langsamen und schnellen Neutronen. Radex-Rdsch. 1963, S. 433/37.
3. OELSEN, W.: Zur Probenahme bei metallurgischen Untersuchungen. Stahl u. Eisen 73 (1953), S. 495/98.
4. Handbuch für das Eisenhüttenlaboratorium, Bd. 1 u. 2. Verlag Stahleisen, Düsseldorf 1941.
5. SPEITH, K. G., und H. VOM ENDE: Die Entnahme von Sauerstoffproben aus Stahlbädern. Stahl u. Eisen 72 (1952), S. 1521/23.
6. BAIN, E. C.: Eighth Hatfield Memorial Lecture. J. Iron Steel Inst. 181 (1955), S. 193/212.
7. FEICHTINGER, H., J. GREMMINGER, H. BÄCHTOLD und D. MANDERSON: Gase in Stahl und Eisenlegierungen (mit umfangreicher Schrifttumsübersicht). Berg- u. hüttenm. Mh. 102 (1957), S. 257/71.
8. FISCHER, W. A., und M. WAHLSTER: Untersuchungen über die Einschlußbildung bei der Desoxydation mit Silizium. Arch. Eisenhüttenwes. 29 (1958), S. 1/9.
9. PLÖCKINGER, E., und M. WAHLSTER: Untersuchungen über die Bildung und Abscheidung von Desoxydationsprodukten. Stahl u. Eisen 80 (1960), S. 659/69.

10. Gilbert, S., und G. R. Bailey: Sampling Liquid Steel for Oxygen Content: A Further Evaluation of the Bomb Technique. J. Metals Trans. 6 (1954), S. 1383/85.

11. Stahl-Eisen-Prüfblatt 1710—61, Ausgabe Dez. 1961.

12. Schenck, H., H. Taxhet und K. G. Schmitz: Erfahrungen über die Probenahme von flüssigem Stahl mit der Vakuumpipette aus dem Elektroofen und der Kokille im Stahlwerk. Stahl u. Eisen 81 (1961), S. 1643/49.

13. Piper, E., H. Hagedorn, H. Kren und J. Ingeln: Die Freilegung und Bestimmung der oxydischen Einschlüsse in hochchromhaltigen Stählen und Versuche zur Isolierung der Oxyde in 18/8-Stählen. Radex-Rdsch. 1957, S. 776/83.

14. Hartleif, G.: Überblick über den Stand der spektrometrischen Stahlanalyse. Stahl u. Eisen 77 (1957), S. 1497/99.

15. Winchester, Ch. L.: Vacuum Spectroscopy Gives Rapid Steel Analysis. J. Metals 10 (1958), S. 735/37.

16. Kiessling, R.: Elektronenmikrosonde, ein wichtiges mikroanalytisches Hilfsmittel. Jernkont. Ann. 144 (1960), S. 847/54.

17. Swoboda, K., R. Blöch und E. Plöckinger: Über die Castaingsche Mikrosonde und ihren Einsatz im Edelstahlwerk. Berg- u. hüttenm. Mh. 108 (1963), S. 391/401.

18. Klinger, P., und W. Koch: Beiträge zur metallkundlichen Analyse. Verlag Stahleisen, Düsseldorf 1949.

19. Lukaševič-Duvanova, J. T.: Schlackeneinschlüsse in Eisen und Stahl. VEB Verlag Technik, Berlin 1955.

20. Isolierung von Gefügebestandteilen in metallischen Werkstoffen. Ref. in Stahl u. Eisen 78 (1958), S. 530/33.

21. Koch, W.: Entwicklungslinien der analytischen Chemie von Eisen und Stahl. Stahl u. Eisen 82 (1962), S. 1057/59.

22. Ranque, G.: Ein wirtschaftliches Verfahren zur Herstellung von einschlußfreien Stählen. Rev. Métallurg. 39 (1942), S. 331/44 und S. 360/69; 40 (1943), S. 25/29, vgl. Stahl u. Eisen 64 (1944), S. 459 und 473.

23. Armbruster, J. C., P. Azou und P. Bastien: Viscosité et coulabilité des systèmes binaires métalliques, ioniques et organiques. Mém. Sci. Rev. Métallurg. 18 (1961), S. 107/16.

24. Ruff, W.: Die Prüfung der Fließeigenschaften von Stahlschmelzen. Stahl u. Eisen 59 (1939), S. 166.

25. Philbrook, W. O., und F. M. Washburn: Slag Control. In: Basic Open Hearth Steelmaking, 2. Aufl. New York 1951, S. 190/254.

26. Back, R.: Die Schlackenprobe beim Siemens-Martin-Verfahren. Stahl u. Eisen 54 (1934), S. 945/54.

27. Ende, H. vom, und F. Bardenheuer: Schnellverfahren zur Bestimmung der Basizität von Siemens-Martin-Schlacken. Arch. Eisenhüttenwes. 30 (1959), S. 391/96.

28. Herty, C. H.: Die Diffusion des Eisenoxyduls von der Schlacke in das Metall im (basischen) Siemens-Martin-Ofen. Trans. AIME 1929, S. 184, vgl. Stahl u. Eisen 50 (1930), S. 51/54.

29. Herty, C. H.: Schlackenführung und Schlackenüberwachung. Trans. AIME 1929, S. 284/89, vgl. Stahl u. Eisen 54 (1934), S. 610/12.

30. Koenig, H.: Viskositätsprüfung von Eisenhüttenschlacken. Stahl u. Eisen 72 (1952), S. 375/76.

31. Hofmann, E. E., und N. K. Das: Grundlagen für die Entwicklung eines Betriebsviskosimeters. Arch. Eisenhüttenwes. 32 (1961), S. 199/208.

32. Guthmann, K.: Vergleichende Temperaturmessungen an Roheisen-, Gußeisen- und Stahlschmelzen. Stahl u. Eisen 57 (1937), S. 1245/48 und 1269/79.

33. Schröder, E.: Über Stahl- und Schlackentemperaturen bei basischen Siemens-Martin-Schmelzungen. Stahl u. Eisen 53 (1933), S. 873/84.

34. Takeshi Sugeno: Strahlungsvermögen und Güteeigenschaften von flüssigem Stahl. Tetsu to Hagané 27 (1941), S. 59/77, vgl. Stahl u. Eisen 63 (1943), S. 114/17.

35. Müller, C. A., und E. Plöckinger: Untersuchung metallurgischer Vorgänge durch Rückstandsisolierung. Radex-Rdsch. (1957), S. 738/53.

36. Guthmann, K.: Stand der Temperaturüberwachung von Stahlschmelzen und beim Gießen. Stahl u. Eisen 75 (1955), S. 1317/24.

37. Plöckinger, E., und G. Schnürch: Unveröffentlichte Untersuchungen.

38. NAESER, G.: Zur Farbpyrometrie. Mitt. K.-Wilh.-Inst. Eisenforsch. 12 (1930), S. 299/316 und 365/72 und 18 (1936), S. 21/25.
39. NAESER, G., und W. PEPPERHOFF: Die Strahlungseigenschaften von feuerfesten Steinen und Schlacken und deren Einfluß auf den Wärmeübergang. Stahl u. Eisen 69 (1949) S. 325/28 und 70 (1950), S. 22/24; Arch. Eisenhüttenwes. 21 (1950), S. 293/95 und 22 (1951), S. 9/14.
40. NAESER, G.: Ausschußverminderung durch Strahlungsmessungen in Schmelzbetrieben mit dem Farb-Helligkeits-Pyrometer „Bioptix". Stahl u. Eisen 59 (1939), S. 592/98.
41. EULER, J., und R. LUDWIG: Arbeitsmethoden der optischen Pyrometrie. Verlag G. Braun, Karlsruhe 1960, S. 104/28.
42. GUTHMANN, K.: Stand der Tauch-Temperaturmessung in Schmelzbetrieben. Stahl u. Eisen 73 (1953), S. 1693/1705.
43. GUTHMANN, K.: Toleranzen und Fehler bei der Temperaturmessung mit Thermoelementen. Arch. Eisenhüttenwes. 25 (1954), S. 535/62.
44. BINGHAM, C. R.: Trends in Temperature Measurement of Open Hearth and Electric Furnace Molten Iron and Steel. Electric Furnace Proc. AIME 19 (1961), S. 454/60.
45. Anhaltszahlen für die Wärmewirtschaft in Eisenhüttenwerken. Verlag Stahleisen. Düsseldorf 1957, 5. Aufl., S. 412 und 414.
46. EICHERT, G.: Erfahrungen mit Thermoelementen. Stahl u. Eisen 74 (1954), S. 95/98.
47. PLÖCKINGER, E., und M. WAHLSTER: Beitrag zur Metallurgie des LD-Verfahrens. Stahl u. Eisen 80 (1960), S. 407/16 und Techn. Mitt. Krupp 17 (1959), S. 295/305.
48. FISCHER, W. A.: Die kontinuierliche thermoelektrische Messung des Temperaturablaufes der Eisenschmelze bei den Blasstahlverfahren. Stahl u. Eisen 82 (1962), S. 797/808.
49. EULER, J., und R. LUDWIG: Arbeitsmethoden der optischen Pyrometrie. Verlag G. Braun, Karlsruhe 1960, S. 43/44.
50. ADABASCHJAN, A. K.: Temperaturmessung flüssigen Stahles mit Hilfe von Thermoelementen aus Wolfram-Molybdän, Wolfram-Molybdän-Aluminium und Wolfram-Rhenium. Neue Hütte 4 (1959), S. 252/53.
51. LACHMAN, J. C.: Thermocouples for Ultrahigh Temperatures. Metal Progr. 80 (1961), Nr. 7, S. 73/76.
52. GUTHMANN, K.: Farbanstriche und Farbstifte zur Messung von Temperaturen zwischen 40 und 650°. Stahl u. Eisen 62 (1942), S. 477/82.

3. Die Praxis der Edelstahlerzeugung

Die Stahlherstellungsverfahren werden in metallurgischen Aggregaten, d. h. Öfen oder Reaktionsgefäßen ausgeführt, die mit den notwendigen Hilfseinrichtungen im Stahlwerk des Hüttenwerkes zu einer Betriebseinheit zusammengefaßt sind. Die qualitative und quantitative Seite der Erzeugungsprogramme stellt eine große Zahl spezieller Anforderungen an die Art der Durchführung der Arbeitsprozesse und an die Ausführungsform und Größe der Betriebseinrichtungen.

Die Erschmelzung von Edelstahl ist heute nicht mehr ausschließlich an wenige Erzeugungsanlagen gebunden, wie ursprünglich z. B. an den Tiegelofen oder Elektroofen, sondern ist — dank der Weiterentwicklung alter oder der Einführung neuer Arbeitsverfahren — bis zu einem gewissen Grade in fast allen Erzeugungseinheiten des Stahlwerksbetriebes möglich. Selbst die klassischen Blasverfahren sind in den Arbeitsbereich der Edelstahlerzeugung einbezogen, soweit sie zum Erzeugen von flüssigem Vormetall verwendet werden. Selbstverständlich ergibt sich aber, je nach den Arbeitsverfahren und den Erzeugungseinheiten, eine gütemäßige Einstufung bei Stahlsorten praktisch gleicher chemischer Zusammensetzung und damit auch häufig die bevorzugte Anwendung einer Herstellungsart für einen bestimmten Verwendungszweck.

Die Voraussetzung für ein qualitativ hochwertiges Ergebnis des Schmelzprozesses im metallurgischen Ofen liegt bereits in den Rohstoffen, also im Roheisen und im Schrott, sowie in den Legierungs- und Zuschlagstoffen und in ihrer Vorbereitung für den Schmelzbetrieb. In den metallurgischen Öfen selbst ist es die feuerfeste Zustellung und die Art des Ofensystems, die das Arbeitsverfahren und die Grenzen des metallurgischen Arbeitsbereiches bestimmen. Die chemischen Eigenschaften des feuerfesten Materials und seine chemische Widerstandsfähigkeit begrenzen die Möglichkeiten der zur Anwendung gelangenden Schlackenzusammensetzungen und damit den Konzentrationsbereich der chemischen Wechselwirkungen zwischen dem Stahlbad und der Schlacke. Die physikalischen Eigenschaften der feuerfesten Stoffe begrenzen dieses Reaktionsgeschehen in bestimmten Temperaturbereichen.

Die Einsatzstoffe können mannigfacher Art sein und geben im Edelstahlbetrieb die Möglichkeit, diese nach dem gewünschten Ergebnis in beliebigen Variationen zusammenzustellen. Mit der Auswahl der richtigen und zweckmäßigen metallurgischen Arbeitsverfahren kann man dadurch auf verschiedenen Wegen zu einem guten Ergebnis gelangen. Jede Behandlung dieser Fragen kann daher nur charakteristische Beispiele bringen, ohne damit alle Möglichkeiten auch nur annähernd auszuschöpfen. Eine beschränkte zwangsläufige Auswahl ist nur hinsichtlich der Durchführbarkeit bestimmter metallurgischer Verfahren gegeben. So kann für die basischen Prozesse praktisch jeder Einsatz Verwendung finden, während für die sauren Verfahren der Gehalt an Phosphor und Schwefel der Einsatzstoffe den angestrebten Endgehalt nicht überschreiten darf.

Die Legierungs- und Zuschlagstoffe, die dem Stahlbad und der Schlacke erst im Verlauf des metallurgischen Prozesses zugeführt werden, müssen wesentlich strengeren Anforderungen genügen als die, welche bereits mit dem Einsatz in den Ofen gelangen. Dies gilt besonders dann, wenn sie erst am Ende des Schmelzprozesses zugesetzt werden. In diesem Fall kann durch ungeeignete Zusammensetzung oder ungenügenden Reinheitsgrad, z. B. bei Anwesenheit nichtmetallischer Verunreinigungen in Legierungen und Desoxydationsmitteln, der Erfolg einer einwandfreien metallurgischen Prozeßführung zunichte gemacht werden. Auch die Art des Zusatzes, ob vorgewärmt oder kalt dem Stahlbad und der Schlacke zugeführt, die Stückigkeit, der Zeitpunkt und die Reihenfolge des Zusetzens in den Ofen oder in die Pfanne und endlich auch, ob der Zusatz direkt in das Bad oder durch Reduktion aus der Schlacke erfolgt, kann für die Qualität des Enderzeugnisses ausschlaggebend sein.

Die Anwendbarkeit metallurgischer Arbeitsverfahren wird durch das Ofensystem bestimmt, bei gegebenem Reaktionsgefäß aber durch die Art der Zustellung. Die Erzeugung eines Stahles im Sauerstofftiegel, im Siemens-Martin-Ofen, im Lichtbogenofen oder im Induktionsofen stellt noch keinen allgemein gültigen Wertmaßstab für die Güte des Erzeugnisses dar. So wird für eine Reihe von Verwendungszwecken ein Stahl aus dem Sauerstofftiegel oder aus dem basischen Siemens-Martin-Ofen einem sauren Elektrostahl vorgezogen. Stähle aus dem Lichtbogenofen können gegenüber jenen aus dem Induktionsofen für bestimmte Verwendungszwecke geeigneter sein. Eine Sonderstellung nehmen die in den letzten Jahren entwickelten Vakuumschmelzverfahren, wie das Schmelzen im Lichtbogenofen mit selbstverzehrender Elektrode, im Vakuum-Induktionsofen oder gar im Elektronenstrahlschmelzofen, ein. Sie ergeben in allen Fällen durch die besonderen, nur im Vakuum erreichbaren Reaktionsmöglichkeiten Stähle höheren Reinheitsgrades, als dies bei offener Erschmelzung unter normalem atmosphärischem Druck möglich ist. Für die Praxis ist aber in allen Fällen entscheidend, daß die geforderten Gütewerte der Erzeugnisse in dem gewählten Ofensystem mit Sicherheit erreicht werden.

Die Durchführung aller Arbeitsverfahren wird durch Messung und Prüfung überwacht. Die hierfür in Anwendung stehenden Methoden sind für alle Verfahren die gleichen. Sie umfassen die Prüfung der chemischen Zusammensetzung von Stahl und Schlacke, die Feststellung bestimmter physikalischer Werte im flüssigen und festen Zustand sowie die Temperaturmessung.

Die Führung des metallurgischen Ofens und die Chargenüberwachung richtet sich während des ganzen Schmelzprozesses vollkommen nach den Erfordernissen des gewünschten Schmelzverlaufes. Für den Schmelzbetrieb ergeben sich um so mehr metallurgische Möglichkeiten, je mehr die Ofenführung den jeweiligen Erfordernissen angepaßt werden kann. Die Grenzen der Anwendbarkeit eines Ofensystems sind für jede Ofeneinheit durch ihre Bauart, durch die Art der Zustellung und die Eigenschaften des feuerfesten Steinmateriales, bei den Siemens-Martin-Öfen im besonderen auch durch die zur Verfügung stehenden Brennstoffe, gegeben. Die praktische Auswertung aller theoretisch gegebenen Möglichkeiten wird durch die Wirtschaftlichkeit begrenzt. Ein gegebenes Ofensystem hat andererseits schon durch die Größe des Ofeninhaltes einen bevorzugten Anwendungsbereich für die Herstellung bestimmter Qualitäten. Die gegebene Ofeneinheit selbst ergibt für sich in einem bestimmten Zeitabschnitt der Ofenreise optimale Werte, sowohl hinsichtlich der Qualität als auch der Wirtschaftlichkeit.

Ein Schmelzofen, der den verschiedenen Forderungen in jeder Hinsicht gerecht wird, wird vom Praktiker mit dem Sammelbegriff „gutgehender Ofen" bezeichnet. Er versteht darunter nicht nur einen Ofen, der hinsichtlich seiner Konstruktion und seines Bauzustandes voll leistungsfähig ist, sondern der auch für die Herstellung bestimmter Qualitäten eine gute Eignung aufweist. Die Bezeichnung „gutgehender Ofen" ist daher sehr stark von den an ihn gestellten Anforderungen abhängig, so daß z. B. im Siemens-Martin-Ofenbetrieb darunter sowohl Öfen mit hoher als auch solche mit niedriger Frischgeschwindigkeit verstanden werden können. Selbstverständlich ergeben sich auch zwischen sauer und basisch zugestellten Öfen unterschiedliche Bewertungsgrundlagen.

Die Begrenzung der Reaktionsmöglichkeiten durch Zustellung und Konstruktion der metallurgischen Aggregate führte dazu, verschiedene Arbeitsverfahren zu kombinieren. Die Möglichkeiten, die sich hieraus für die Erzeugungsverfahren von Edelstählen ergeben, sind mannigfaltigster Art. So kann der Schmelzprozeß in zeitlich hintereinanderliegende Abschnitte unterteilt werden, von denen jeder für sich in einem bestimmten Ofensystem und nach einem besonderen Arbeitsverfahren ausgeführt wird, wobei die wesentlichen Eigenschaften dem Stahl durch das letzte Arbeitsverfahren vermittelt werden. Aber auch eine Aufteilung in zwei zeitlich nebeneinander laufende Prozesse ist möglich, wobei das Endprodukt diejenigen Eigenschaften aufweisen wird, die sich aus den Eigenschaften der Einzelverfahren unter Berücksichtigung des Mischungsverhältnisses ergeben. Berücksichtigt man ferner die zusätzlichen Reaktionsmöglichkeiten durch die Anwendung der Schlackenreaktionsverfahren, so kann man daraus ersehen, welche Fülle von Möglichkeiten an metallurgischen Arbeitsverfahren für die Herstellung von Edelstählen gegeben sind. Diese Kombination mehrerer Schmelzaggregate ist jedoch nur beschränkt wirtschaftlich. Sie wird dann mit Erfolg angewendet, wenn es gilt, bei vorgegebener Schmelzkapazität die Erzeugung z. B. in einem höherwertigen Aggregat ohne Neuinvestition zu steigern.

Das Endprodukt der metallurgischen Schmelzprozesse, der flüssige Stahl in der gewünschten Zusammensetzung, wird durch Gießen in eine für seine Weiterverarbeitung bzw. Verwendung geeignete Form gebracht. Der Gießvorgang zeigt bei einwandfreier Prozeßführung nur eine geringe Abhängigkeit von der Art des Herstellungsverfahrens.

Die Beeinflussungsmöglichkeiten des Erstarrungsvorganges durch die Art der Schmelzführung sind in der Praxis beschränkt. Durch Änderung des Keimzustandes (Impfen), der Gießtemperatur und der Gießgeschwindigkeit ist eine gewisse Änderung des Primärgefüges möglich. Erfolgversprechender ist eine Beeinflussung durch Ultraschall oder bewegte elektromagnetische Felder. Von Einfluß sind weiter die Erstarrungsbedingungen selbst, die von Größe und Richtung des Wärmeflusses abhängen, der seinerseits durch Größe und Form des Gußkörpers und durch die Eigenschaften des Kokillenwerkstoffes bestimmt ist.

Die im üblichen Blockgießverfahren gegebenen Möglichkeiten sind in neuester Zeit durch den Vakuumguß und nicht zuletzt auch durch den kontinuierlichen Strangguß erfolgreich erweitert worden.

Bezüglich der Verbrauchszahlen für Energie, feuerfeste Stoffe und Hilfsstoffe bei den einzelnen Schmelzverfahren sei in Ergänzung zu den in den späteren Abschnitten genannten Zahlen auf die vom Verein Deutscher Eisenhüttenleute herausgegebenen Unterlagen verwiesen [1].

Schrifttum

zu Abschnitt 3

1. Anhaltszahlen für die Wärmewirtschaft in Eisenhüttenwerken, 5. Auflage. Verlag Stahleisen, Düsseldorf 1957.

3.1 Die Grundstoffe der Stahlherstellungsprozesse

3.11 Die feuerfesten Baustoffe

Mit wenigen Ausnahmen werden alle Schmelzprozesse in Öfen oder metallurgischen Gefäßen ausgeführt, die mit einer Auskleidung aus feuerfesten Stoffen versehen sind. Diese Auskleidung steht zum Teil mit dem flüssigen Stahl und der Schlacke in Berührung oder ist der Einwirkung von Gasen und Dämpfen bei hohen Temperaturen ausgesetzt. Die Anforderungen, die an diese Baustoffe gestellt werden müssen, lassen sich etwa in folgenden Punkten zusammenfassen:

1. möglichst hohe Feuerfestigkeit bei gleichzeitiger möglichst hoher Druckerweichung,
2. gute Raumbeständigkeit und Temperaturwechselbeständigkeit,
3. hohe Widerstandsfähigkeit gegen mechanische und chemische Beanspruchung,
4. geeignete Wärmeleitfähigkeit,
5. fallweise auch geeigneter elektrischer Widerstand.

Die in verschiedenem Ausmaß auftretenden Anforderungen können naturgemäß nicht mit einem einzigen Stoff erfüllt werden, woraus sich die Vielzahl der feuerfesten Steine und Massen ergibt, die im Bereich der Stahlerzeugung verwendet werden. Neben einer genügenden Feuerfestigkeit, welche zu den primären Voraussetzungen der Verwendbarkeit zählt, findet man eine oder auch mehrere der genannten Eigenschaften im besonderen Maße entwickelt, so daß der Stahlwerker unter den gegebenen Möglichkeiten seine Auswahl treffen kann. Im folgenden soll ein kurzer Überblick über die heute zur Verfügung stehenden feuerfesten Stoffe und ihre Eigenschaften gegeben werden, während bezüglich der Einzelheiten, besonders des Aufbaues der Oxydsysteme, auf das einschlägige Schrifttum verwiesen sei [1, 2, 12].

In der praktischen Anwendung unterscheidet man ungeformte feuerfeste Massen (Mörtel) und Steine. Ihr wahlweiser Einsatz im Betrieb richtet sich nach der Konstruktion der Öfen und Gefäße und wird nicht zuletzt auch durch wirtschaftliche Überlegungen beeinflußt.

3.111 Eigenschaften feuerfester Stoffe und ihre Prüfung

Die Grundstoffe für die feuerfesten Erzeugnisse sind zum überwiegenden Teil Metalloxyde mit hohem Schmelzpunkt. Nur in Sonderfällen werden kohlenstoffhaltige Steine und Stampfmassen verwendet. Nach ihrer chemischen Reaktionsfähigkeit unterscheidet man zwischen sauren, basischen und neutralen feuerfesten Stoffen.

Die Schmelzpunkte der reinen Grundstoffe für feuerfeste Massen und Steine liegen durchweg genügend hoch, so daß ihre *Feuerfestigkeit* an sich gegeben ist. In den technischen Systemen sind diese wohldefinierten Verbindungen stets mit mehr oder weniger hohen Anteilen an natürlichen oder künstlichen Beimengungen versehen, die ihren Schmelzpunkt herabsetzen. Diese Schmelzpunkterniedrigung ist eine Voraussetzung für ihre technische Anwendbarkeit, da sie das Sintern der Oxydteilchen zu einem mechanisch widerstandsfähigen Körper und damit die Herstellung feuerfester Steine erleichtert, wenn man von den wenigen Ausnahmen absieht, wo geschmolzene und in Formen gegossene Oxyde verwendet werden. Im gleichen Sinne wirken auch die häufig angewendeten Mischungen zweier oder mehrerer Komponenten zum Aufbau von Steinen mit bestimmten technologischen Eigenschaften. Im allgemeinen bezeichnet man einen Stoff als feuerfest, wenn er über 1580 °C (Segerkegel 26) und als hochfeuerfest, wenn er über 1770 °C (Segerkegel 35) schmilzt.

Beim Erhitzen oxydkeramischer Baustoffe tritt bereits vor dem Erreichen des Schmelzpunktes ein Erweichen ein, wodurch ihre Verwendung als Bauelement auf zum Teil wesentlich niedrigere Temperaturen eingeschränkt wird. Dies gilt besonders für Werkstoffe, die bei hohen Temperaturen aus Kristallen und einer Schmelze oder Glas bestehen, wobei das Erweichen im wesentlichen eine Funktion der Viskosität des geschmolzenen oder glasigen Anteils ist.

Die Prüfung dieses Werkstoffverhaltens erfolgt im allgemeinen mit der Bestimmung der *Druckfeuerbeständigkeit*. Sie ist jene Temperatur, bei der der feuerfeste Baustoff unter konstanter Last (z. B. 2 kp/cm²) zu fließen beginnt. Bei Werkstoffen mit wenig Schmelzphasen, z. B. basischen Ofenbaustoffen, tritt bei hohen Temperaturen kein Erweichen, sondern Bruch der Probe ein. Um reproduzierbare Werte zu erhalten, müssen die Prüfbedingungen genau festgelegt sein. In Deutschland erfolgt die Prüfung nach DIN 1064. Diese konventionellen Werte sind jedoch mit den Ergebnissen anderer Prüfvorschriften (Afnor B 49—105 oder ASTM C 16—41) nicht vergleichbar.

Die *Raumbeständigkeit* und *Temperaturwechselbeständigkeit* sind Erfordernisse, die in einem mehr oder minder ausgeprägten Maße bei jedem feuerfesten Baustoff vorhanden sein müssen. Sie können sowohl durch Änderung des chemischen als auch des physikalischen Aufbaues beeinflußt werden. Zu starkes Schwinden führt zum Auftreten von klaffenden Fugen im Mauerwerk und damit zur Erhöhung des thermischen und chemischen Angriffs. Auch zu starkes Wachsen kann unerwünscht sein. Es erfordert breite Dehnfugen und kann die Ursache eines ungleichmäßigen

Steigens von Gewölben sein. Nur bei basischen Massen für Induktionsöfen ist ein Wachstum bei höheren Temperaturen erwünscht.

Zur Prüfung der Raumbeständigkeit, d. h. der bleibenden Volumen- bzw. Längenänderung wird ein Probekörper eine bestimmte Zeit auf die in Frage kommende Temperatur erhitzt. Die entsprechenden Prüfvorschriften sind in DIN 1066, 1069, 1087 und 1088 enthalten; über die in den USA üblichen Bestimmungen gibt ASTM C 113 bis 46 Auskunft.

Außer den bleibenden Längenänderungen, die bei Temperaturen über 1400 bis 1700°C durch Sinterschwindung, Erweichen u. a. eintreten, sind auch die reversiblen Längenänderungen, also die *Wärmeausdehnung*, für die Verwendung von Wichtigkeit. Abb. 210 gibt einen Überblick über das lineare Wärmeausdehnungsverhalten verschiedener feuerfester Steine. In Tab. 27 ist außerdem noch die Raumbeständigkeit einzelner Steinsorten angeführt.

Die Kenntnis des Ausdehnungskoeffizienten ist für die Bemessung der *Dehnfugen* beim Vermauern der Steine von Bedeutung. Im allgemeinen rechnet man für die Breite der Dehnfugen mit der halben Wärmeausdehnung von Raumtemperatur auf Betriebstemperatur. Tab. 28 gibt einen Überblick über die Werte für gebräuchliche feuerfeste Steine.

Tabelle 27. *Raumbeständigkeit verschiedener Steinsorten* (nach K. KONOPICKY)

Stein	Raumbeständigkeit bis °C	$\alpha \cdot 10^6$ 25°—1200 °C	$\alpha \cdot 10^6$ 300—700 °C
Silika	1550	10—13	80—100
Schamotte	1200—1300	4,5—5,3	8,0 (20,0) (nach Quarzgehalt)
Kaolin	etwa 1400	5,3	7,3
Mullit	über 1700	5,3	8,2
Mullit, geschmolzen		6,0	8,7
Korund	1550	7,7	8,2
Korund, geschmolzen		8,1	8,8
MgO rein	über 1700	14,2	15,1
Magnesit	1500	14,7	18,0
Forsterit		12,5	
Chrommagnesit		9,2	
Chromerz	1500	8—10,0	10—12,5
CaO		13,8	14,5
Graphit		7,8	
Kohlenstoff		(1,5)—5,5	
SiC	über 1700	4,5	4,8
Spinell		8,5	
Zirkonsilikat	1500	4,9	9,2
ZrO_2	1600	5,0	8,7
ThO_2		9,5	
$ZrO_2 \cdot Cr_2O_3$		5,4	

Im Betrieb der meisten metallurgischen Öfen ist das feuerfeste Mauerwerk beträchtlichen Temperaturschwankungen, besonders nach dem Abstich und beim Einsetzen, ausgesetzt. Die Haltbarkeit der Zustellung hängt daher wesentlich von der Unempfindlichkeit der Steine gegen Temperaturschwankungen, also von der *Temperaturwechselbeständigkeit* ab. Wie die meisten Prüfwerte, wird auch sie nach vereinbarten Prüfbedingungen gemessen, die nicht für alle Werkstoffe gleiche Aussagekraft besitzen. So ist die Prüfvorschrift nach DIN 1068 (Abschrecken in Wasser) für Dolomit und Magnesit nicht anwendbar. In diesem Falle hat sich das „österreichische Verfahren" [3] bewährt, bei dem ganze Steine auf 950 °C erhitzt, zur raschen Abkühlung auf eine Eisenplatte gelegt und mit kalter Luft von 1 atü aus einem Mündungsquerschnitt von 1 cm² angeblasen werden. Abschreckzahlen über 30 Zyklen bis zur Zerstörung des Steines sind als gut zu bezeichnen.

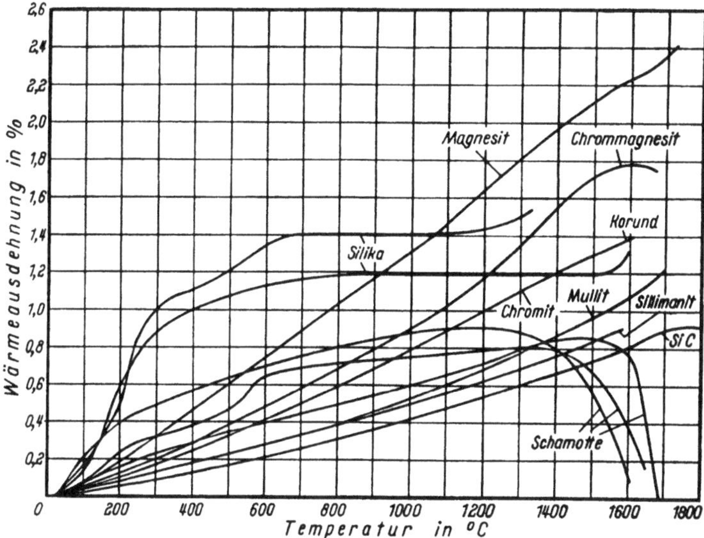

Abb. 210. Lineare Wärmeausdehnung verschiedener feuerfester Steine (nach KOPPERS)

Die Temperaturwechselbeständigkeit ist vom Kornaufbau des Steines abhängig. Gute Werte lassen sich meist durch einen Aufbau aus 50 bis 70% Grobkorn, Rest Feinkorn, erzielen. Im allgemeinen sind dichtgebrannte Steine hoher Festigkeit und hoher Abriebfestigkeit empfindlicher als Steine mit höherem Porenvolumen.

Tabelle 28. *Dehnfugen für das Vermauern feuerfester Steine*
(nach K. KONOPICKY)

Schamotte-Steine	0,5%
hochtonerdehaltige Steine	0,7%
99% Tonerde-Steine	1,0%
SiC-Steine	0,5%
Magnesit-Steine	1,5%
Chrommagnesit-Steine	1,0%
chemisch gebundene Chrommagnesit-Steine	1,2%
Forsterit-Steine	1,2%

Die *Abriebfestigkeit* feuerfester Steine hat für den Schmelzbetrieb im Stahlwerk nur untergeordnete Bedeutung. Dagegen kommt der Widerstandsfähigkeit gegen chemischen Angriff entscheidende Bedeutung zu, da der überwiegende Anteil der Zerstörung des feuerfesten Futters auf *Verschlackung* zurückzuführen ist. Obwohl sich aus dem chemischen Verhalten des flüssigen Stahles und besonders der metallurgischen Schlacken bereits ein ungefähres Bild der Beständigkeit einzelner Steinsorten gewinnen läßt, ist die Ermittlung exakter Meßwerte im Hinblick auf die Vielfalt der Einflußgrößen im Betrieb nahezu unmöglich. Dementsprechend kommt auch den genormten Prüfverfahren (z. B. DIN 1069, Schmelzen von Schlacken in tiegelförmigen Gefäßen) nur eine beschränkte Aussagekraft zu. Die chemische Widerstandsfähigkeit eines feuerfesten Stoffes gegen Schlackenangriff, Flugstaub und Dämpfe hängt, außer von der chemischen Zusammensetzung des Steines und der Reaktionstemperatur, auch vom Gefügeaufbau ab. Dichte Steine und Massen sind im allgemeinen widerstandsfähiger als solche mit höherem Porenvolumen. Darüber hinaus ist auch noch die Dauer des chemischen Angriffs zu beachten, da beim Einwirken der genannten Stoffe in den meisten Fällen Veränderungen in den Oberflächenzonen der Steine eintreten.

Eine volle Beständigkeit gegen den chemischen Angriff von flüssigem Stahl und flüssiger Schlacken ist nicht erreichbar. In extremen Beanspruchungsfällen kann eine befriedigende Haltbarkeit nur durch Kühlung der feuerfesten Zustellung erreicht werden, wodurch der chemische Angriff zum Stillstand kommt.

Die *Wärmeleitfähigkeit* der feuerfesten Baustoffe ist für den Wärmehaushalt der metallurgischen Öfen von Bedeutung. Sie soll in diesem Falle möglichst gering sein, um die Wärmeverluste auf ein Minimum zu begrenzen. Da die Wärmeleitfähigkeit, wie Abb. 211 zeigt, für handelsübliche feuerfeste Baustoffe in einer relativ geringen Schwankungsbreite vorgegeben ist, behilft man sich vielfach mit einem zweischichtigen Aufbau des Mauerwerkes unter Zuhilfenahme von Isolierstoffen.

Die Wärmeleitung ist primär eine Materialeigenschaft, die durch

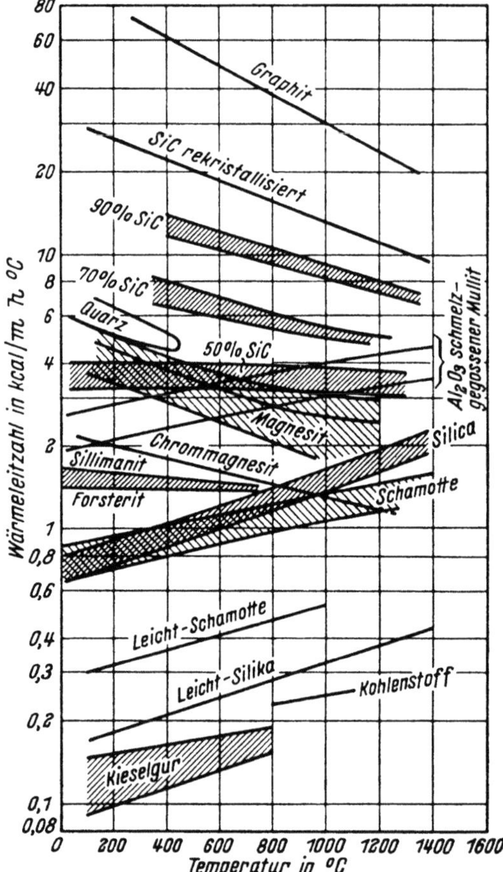

Abb. 211. Wärmeleitfähigkeit feuerfester Steine
(nach K. KONOPICKY)

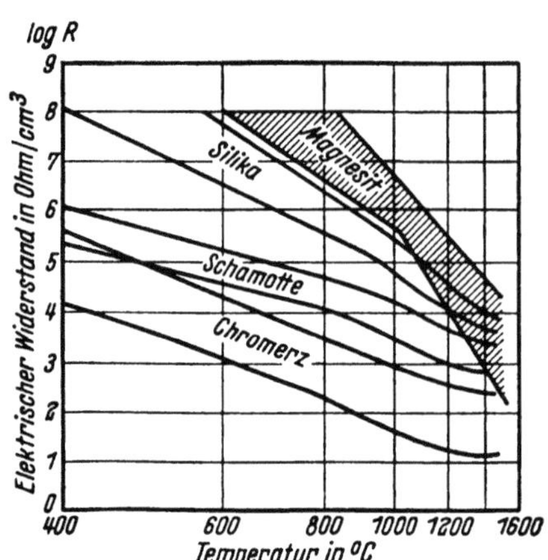

Abb. 212. Elektrischer Widerstand feuerfester Steine
(nach K. KONOPICKY)

die chemische Zusammensetzung gegeben ist. Bei feuerfesten Stoffen wird sie stark vom Porenvolumen beeinflußt. Hohe Porosität wirkt bei tiefen Temperaturen vermindernd auf die Wärmeleitzahl. Bei hohen Temperaturen dagegen kann eine Wärmedämmung nur durch dichte Massen erzielt werden.

Die *elektrische Leitfähigkeit* spielt bei der Isolierung elektrischer Öfen eine gewisse Rolle. Sie ist bei oxydkeramischen Stoffen bei Raumtemperatur meist sehr gering und nimmt mit steigender Temperatur zu. Einen Überblick über das Verhalten einiger feuerfester Stoffe gibt Abb. 212.

3.112 Feuerfeste Erzeugnisse

3.112.1 Silika

Unter den feuerfesten Oxyden nimmt die Kieselsäure eine hervorragende Stelle ein. Der hohe Schmelzpunkt und die Fähigkeit, schon bei Anwesenheit kleiner Beimengungen leicht zu sintern, und nicht zuletzt die Preiswürdigkeit bedingt die Anwendung überall dort, wo eine saure Zustellung aus metallurgischen Gründen möglich oder erforderlich ist. Der überwiegende Teil des Silikamaterials wird als *Silikastein*, der Rest für Stampfmassen und Mörtel verwendet.

Die Rohstoffe für die Silikasteinherstellung sind Findlings- und Feldquarzite mit geeigneter Umwandlungsfähigkeit in Cristobalit, wobei gewisse Verunreinigungen als Mineralisatoren wirken. Kristallquarzite sind ungeeignet; sie erfordern lange Brennzeiten und sind meist durch ein starkes Wachsen im Betrieb gekennzeichnet. Die Feuerfestigkeit ist im hohen Maße von der Menge an Verunreinigungen und dem verwendeten Bindemittel abhängig. Als günstigstes Zuschlagmaterial zum Sintern der Silikasteine hat sich Kalkhydrat erwiesen. Daneben kommt auch dem Eisenoxydzusatz eine gewisse Bedeutung zu. Das Brennen erfolgt bei Segerkegel 16 bis 17 (1460 bis 1480 °C).

Die Eigenschaften der Silikasteine hängen auch in starkem Maße von ihrem Kornaufbau ab, der durch Aufbereitung der Rohstoffe dem Verwendungszweck angepaßt wird. Die physikalischen Werte üblicher Silkasteine können der Tab. 29 entnommen werden. Die gute Druckfestigkeit (die Druckerweichung tritt erst knapp unter dem Schmelzpunkt ein) und die gute Temperaturwechselbeständigkeit über etwa 800 °C begünstigen ihre Verwendung als tragendes Bauelement z. B. für Gewölbe. In der Bundesrepublik Deutschland haben der Verein Deutscher Eisenhüttenleute und der Fachverband Feuerfeste Industrie Richtwerte für die Eigenschaften von Silikasteinen für Hüttenwerke vereinbart, die in Tab. 30 wiedergegeben sind und die zugleich einen Überblick über die Anwendungsbereiche dieses feuerfesten Stoffes geben [4].

Den naturbedingten unregelmäßigen Ausdehnungsänderungen der Silikasteine beim Erwärmen und Abkühlen muß im Gebrauch Rechnung getragen werden. Der Grundstoff des Silikasteines, die polymorphe Kieselsäure, geht beim Brennen der Steine größtenteils in eine stabile Modifikation, den Cristobalit, über. Der gebrannte Stein besteht somit hauptsächlich aus einer Mischung von Cristobalit, Tridymit und Quarz. Das Umwandlungsschema der kristallinen und glasigen SiO_2-Formen in Abb. 213 zeigt auch die Größe der dabei auftretenden Volumenänderungen.

Wesentlich ist die reversible Umwandlung des Cristobalits bei 230 °C. Bei jedem Durchgang durch diese Temperatur, beim Aufheizen oder Abkühlen, ändert sich das Volumen um etwa 3 %. Steine, die noch größere Anteile nicht umgewandelten Quarzes enthalten, können eine etwas geringere Ausdehnungsanomalie bei 575 °C zeigen (vgl. Abb. 214). Über etwa 700 °C findet keine wesentliche Volumenände-

Tabelle 30. *Richtwerte für die Eigenschaften von Silikasteinen für Hüttenwerke* (nach F. HARDERS und S. KIENOW)

Stein-sorte	Al_2O_3 höchstens %	TiO_2 %	Fe_2O_3 %	CaO höchstens %	$(K_2O + Na_2O)$ höchstens %	Seger-kegel mindestens SK	Druck-feuer-beständigkeit mindestens t_a °C	Bleibende Längen-änderung nach 2 h bei 1500 °C höchstens %	Spezifisches Gewicht (Reinwichte)[4] g/cm³	Gesamt-porigkeit[4] Vol.-%	Gas-durch-lässig-keit[2] nPm	Kalt-druck-festig-keit[4] mindestens kg/cm²	Verwendungszweck
		Chemische Eigenschaften						Physikalische Eigenschaften[3]					
A	1,5	üblicherweise 0,5 bis 1,5	üblicherweise 0,5 bis 1,5	2,5	0,4	32/33	1660	2	$n^3 < 2,40$	20 bis 24	>15	250	Siemens-Martin-Unteröfen Siemens-Martin-Gitter-werke, Walzwerksöfen, Kupolöfen
									h^3 2,40 bis 2,45	18 bis 22			
B[1]	1,0			2,0	0,3	33	1690		$n^3 < 2,40$	17 bis 22			Siemens-Martin-Oberöfen, einschließlich Gewölbe
									h^3 2, 40 bis 2,45	16 bis 19			
C[1]	0,6			2,0	0,3	34	1700		$n^3 < 2,40$	17 bis 22			Gewölbe für Siemens-Martin-Öfen
									h^3 2,40 bis 2,45				
D[1]	0,6		1 bis 3	1,5	0,2	34	1700		$n^3 < 2,40$	17 bis 22			
									h^3 2,40 bis 2,45				
KO	2,5	SiO_2 mindestens 93		3,5			1580	nach 2 h bei 1450 °C[5] 80% < 0,8	95% $\leq$ 2,38	70% <27 kein Wert > 28		200	Wände für Koksöfen, zum Teil auch für Walz-werksöfen
								kein Wert > 1,0	kein Wert > 2,40	70% <28 kein Wert > 30		170	Ober- und Unterbau für Koksöfen, zum Teil auch für Walzwerksöfen

Die quer gestellten Zahlen dienen nur zur Unterrichtung, nicht zur Sortenunterscheidung

[1] Für die Steinsorten B, C und D werden besondere Rohstoffe und Herstellungsverfahren verwendet. — [2] Über die Gasdurchlässigkeit liegen nur Ergebnisse aus Studienversuchen vor. — [3] n = Steine mit niedrigem spezifischem Gewicht und hohem Umwandlungsgrad; h = Steine mit hohem spezifischem Gewicht und niedrigem Umwandlungsgrad. — [4] Heißreparatur- und Elektrodeckelsteine unterscheiden sich von den Steinsorten A und B nach Rohstoff, Körnung und Brandführung. Für Heißreparatursteine beträgt die Kaltdruckfestigkeit mindestens 100 kg/cm², für Elektroofendeckelsteine mindestens 200 kg/cm². Die in dieser Tabelle angegebenen Werte für das spezifische Gewicht, für die Kalt-druckfestigkeit und für die Porigkeit gelten für diese Steinsorten nicht. — [5] Vorübergehende Wärmedehnung am heißen Stein 1,3% bei 1000 °C.

Werkstoff		Silika		AO	A I spez.
			SM-Ofenst.		
1. Kennzeichnende chemische Zusammensetzung in %	SiO_2	> 93	$94-96$		
	Al_2O_3	ohne TiO_2	$+ TiO_2$	$+ TiO_2$	$42-44$
	CaO	$< 2,5$	$< 2,5$	> 44	
	MgO	$< 3,5$	$1,5-2,5$		
	Sonstige			$Fe_2O_3 < 3,0$	$< 2,5$
				$K_2O + Na_2O < 25$	$< 2,5$
2. Wahre Dichte	t/m^3	$80\% < 2,38$ kein Wert	$2,32-2,45$		
Scheinbare Dichte	t/m^3	$> 2,4$	$1,75-2,05$		
3. Mechanische Festigkeit Kaltdruckprobe	kg/cm^2	> 200 > 170	$200-500$	$100-200$	$130-200$
4. Druckfeuerbeständigkeit bei 2 kg/cm² (DIN 1064)	ta °C	< 1580	$1660-1700$	$1400-1450$	$1370-1420$
5. Feuerfestigkeit (Schmelzpunkt)	°C / SK		$1730-1750$ $33-34$	34 bis 25	$35-34$ bis 30
6. Obere Verwendungsgrenztemperatur	°C		≈ 1700	1400	$1350-1460$
7. Temperatur-Wechselbeständigkeit		sehr gut oberhalb Rotglut		befriedigend	
8. Verhalten gegen chemische Einflüsse bei 1000 bis 1600°C					
Basische — Flußmittel		stark angegriffen v. alkal. Schmelzen, widerstandsfähig gegen alkal. Dämpfe		w…	
Saure — Flußmittel		widersteht gut, außer gegen Fluorverbindungen		wird s…	
Oxydierende — Atmosphäre		wird nicht angegriffen		wird…	
Reduzierende — Atmosphäre		widersteht gut, Karbidbildungen oberhalb 1600 °C in Berührung mit Kohlenstoff		widersteht gu…	
Geschmolzene Metalle		widersteht Sn und Zn gut		oberhalb 13…	

[1] Aus „Anhaltszahlen für die Wärmewirtschaft in Eisenhüttenwerken", 5. Auflage, Verlag Stahleisen, …

Tabelle 29. *Physikalische Kennzahlen, Temperaturbeständigkeit und chemisches Verhalten feuerfester S*

	A II	A III	Sillimanit normal	Sillimanit Hochtemp.	Korund tonhaltig	Korund tonfrei	Magnesit Fe-reich	Magnesit Fe-arm	a
			≈ 33	≈ 26			$3-1$	$2-4$	
	$35-39$	$32-35$	≈ 65	72	$80-90$	bis 99	$2-1$ $5-2$ $85-88$	$1-2$ $2-3$ ≈ 92	
	$< 2,5$ $< 3,0$	$< 3,0$ $< 3,5$	Fe_2O_3 < 1	Fe_2O_3 1			Fe_2O_3 $8-4$	Fe_2O_3 $0,5-2$	
0			$3,0-3,25$	$3,2-3,6$	$3,5-3,7$	$3,9-4,0$		$3,5-3,65$	
5			$2,2-2,6$	$2,2-2,6$	$2,6-2,9$	$3,3-3,5$		$2,6-2,95$	
)	$130-250$	$150-350$	$600-1000$	$300-500$	$300-400$	$600-1000$	$500-900$	$250-350$	25
30	$1300-1350$	$1280-1330$	$1620-1630$	> 1700	$1400-1600$ (nach Güte u. Tonanteil)	1730	> 1600	$1550-1630$	
	32	$30-31$	1850 38	39	$1825-1880$ $37-39$	≈ 2000 42	> 2000	> 2000	$\approx$
	$24-28$	$23-28$							
50	$1250-1300$	$1230-1250$	≥ 1650	1800	$1400-1600$	$1950-2000$	$1600 - 1700$	≥ 1700	>
	mittel bis gut		gut bis sehr gut		mittel bis gut		gering	ziemlich geri	
ffen			widersteht befriedigend alkalischen Schmelzen, besonders gut alkalischen Dämpfen		wird bei steigender Basizität stärker angegriffen		widersteht sehr gut		
gegriffen			widersteht gut		wird wenig angegriffen		wird angegriffen; reagiert mit und mit Silikasteinen bei 1600°		
griffen			wird nicht angegriffen		wird nicht angegriffen		wird nicht angegriffen		
1350 bis 1400 °C			widersteht gut		widersteht gut, Karbidbildung oberhalb 800 °C in Berührung mit Kohlenstoff		widersteht bis $\approx 1500°$; bei Temperaturen Reduktion zu Me		
zu empfehlen			widersteht gut		widersteht gut		widersteht gut; Angriff durch von Fe, Ni, Cr		

1957, S. 372—375.

53

44
0,12
0,50
0,7

2,5

1,0

> 65

60

rung mehr statt, und die Steine widerstehen in diesem Bereich Temperaturänderungen besser als jeder andere feuerfeste Baustoff. Bei dem über 1400 °C einset-

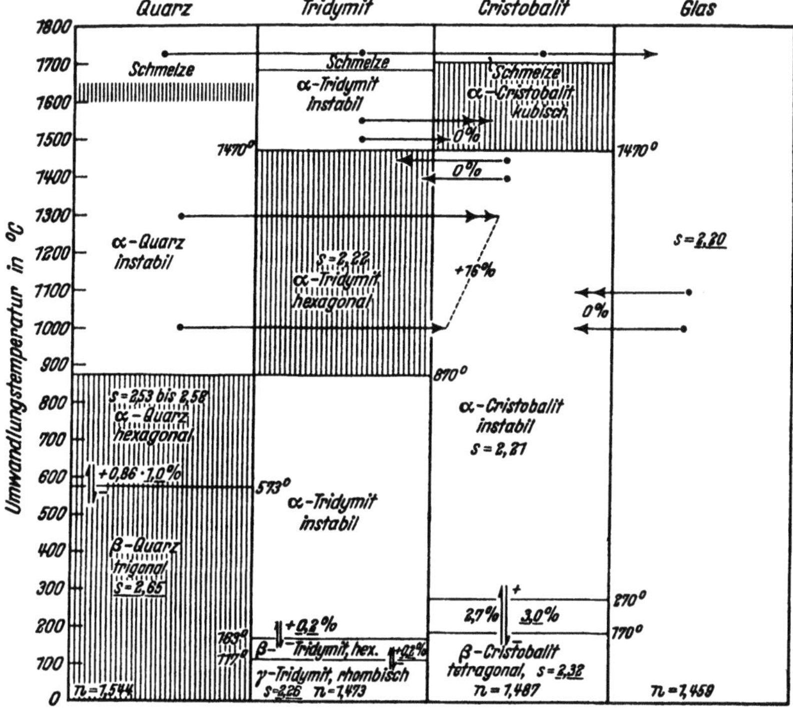

Abb. 213. Die Umwandlung der kristallinen und glasigen SiO$_2$-Formen und ihre Volumenänderungen
(nach K. Konopicky)

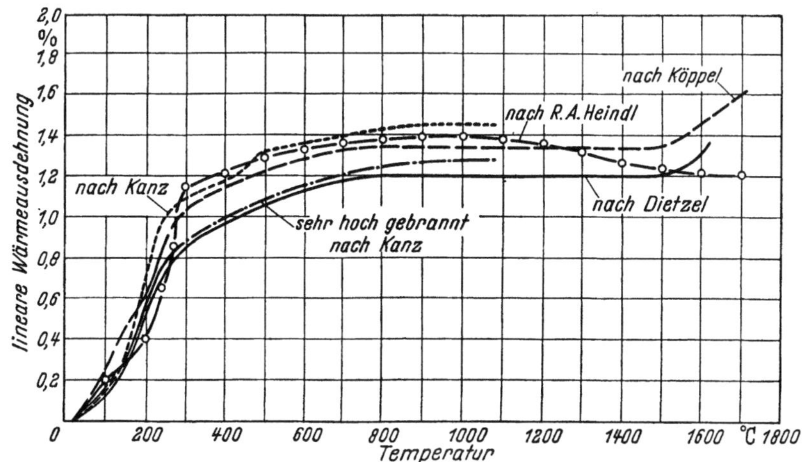

Abb. 214. Lineare Wärmeausdehnung gut gebrannter Silikasteine (nach F. Harders und S. Kienow)

zenden Nachwachsen der Steine handelt es sich um einen nicht umkehrbaren
Vorgang, der im wesentlichen durch den Anteil an nicht umgewandelten α-Quarz
bestimmt wird.

Aus diesem Verhalten ergeben sich wichtige Folgerungen für den Betrieb. Das Aufheizen durch den Umwandlungsbereich bei 230 °C bis etwa 500 °C muß sehr langsam erfolgen. Besonders beim Aufheizen von Gewölben aus Silikasteinen hängt die spätere Haltbarkeit vielfach von der Sorgfalt ab, die auf ein sachgemäßes Aufheizen verwendet wurde. Beispiele für erprobte Arbeitsweisen werden in Abschnitt 3.41 gegeben.

Silikasteine (und ebenso die noch zu besprechenden sauren Massen) unterliegen in Herdzustellungen saurer Öfen in erster Linie der Abnutzung durch den chemischen Angriff des Stahlbades und der Schlacken. Dabei reagiert die Kieselsäure als saure Komponente sowohl mit den basischen Schwermetalloxyden und basischen Schlackenkomponenten als auch direkt mit dem Stahlbad unter Siliziumreduktion. Eine Infiltration von Metalloxyden kann durch die damit verbundene Schmelzpunkterniedrigung zum Angriff durch Abschmelzen führen.

Die Zerstörung des Silikasteines im Ofengewölbe tritt demgegenüber bevorzugt durch Überschreiten des Schmelzpunktes ein. Begünstigt wird diese Zerstörung durch isolierende Staubschichten (Wärmestau) und durch die unvermeidbare Infiltration von Metalloxyden und von basischen Schlackenkomponenten, die durch Rauch und Verstaubung an die Gewölbeinnenseite gelangen. Dabei ist allerdings darauf hinzuweisen, daß bei der Einwirkung von Eisenoxydul auf Kieselsäure erst dann eine Schädigung des Steines in größerem Ausmaß eintritt, wenn der Bereich der Mischungslücke für die beiden entstehenden flüssigen Phasen im System $FeO-SiO_2$ bei etwa 45% FeO überschritten wird [5]. Kalziumoxyd bildet niedrigschmelzende Kalksilikate, Flußspat greift auch unter Bildung flüchtiger Siliziumfluoride an.

Zu den zerstörenden thermischen Einflüssen zählt auch noch ein schroffer Temperaturwechsel, wie er z. B. bei Elektroofendeckeln nicht ganz zu vermeiden ist. Alle Maßnahmen, die zur Beschleunigung des Einsetzens führen, werden sich daher auf die Deckelhaltbarkeit günstig auswirken.

Auch der Art der Vermauerung kommt für die Haltbarkeit der Silikasteine große Bedeutung zu. Zum Ausgleich der Volumenzunahme beim Aufheizen auf Betriebstemperatur werden Dehnfugen vorgesehen (vgl. Tab. 28) oder die Steine werden, besonders in der Gewölbezustellung, mit Zwischenlagen aus Holz oder Pappe vermauert, die beim Aufheizen herausbrennen und so den Steinen ein ungehindertes Ausdehnen ermöglichen. Durch entsprechende Konstruktion der Gewölbewiderlager, zweckmäßige Gewölbeform und Auswahl der Steinformate hat man ein Mittel an der Hand, die beim „Wachsen" des Gewölbes auftretenden Druckkräfte gleichmäßig über den ganzen Steinquerschnitt zu verteilen, um ein örtliches Absplittern zu verhindern.

Zur Herdzustellung saurer Öfen sowie zur Tiegelherstellung für kernlose Induktionsöfen verwendet man feuerfeste *saure Massen*, z. B. scharfkantige Quarzitsande mit etwa 98% SiO_2, 1% Al_2O_3 und 1% Fe_2O_3. Diesen können noch geringe Mengen an Sintermitteln (Ton, Borsäure u. a.) beigemischt werden. Ein Zusatz von Wasser ist auf das mindeste einzuschränken. Bei sauren Lichtbogenöfen brennt man diese Sande unter Beimischung von Silikasteinbruch ein (vgl. die Abschnitte 3.412, 3.513 und 3.6). Für geringe Beanspruchungen können auch sogenannte Klebsande ohne Zusatz von Frittmitteln verwendet werden. Ihre mittlere chemische Zusammensetzung liegt bei 85 bis 90% SiO_2, 8 bis 14% Al_2O_3 und 1 bis 2% Fe_2O_3.

Zum Vermauern der Silikasteine werden *Silika-Mörtel* hergestellt, deren Zusammensetzung den verschiedenen Anforderungen angepaßt werden muß. Eine gute Übersicht über die verschiedenen Eigenschaften und Zusammensetzungen geben F. HARDERS und S. KIENOW [2].

3.112.2 Schamotte

Schamotte wird als feuerfester Baustoff fast ausnahmslos in Form von Schamottesteinen verwendet, die mit einem Mörtel gleicher Zusammensetzung vermauert werden. Sie finden überall da Verwendung, wo die hochwertigen Eigenschaften der Silikasteine nicht benötigt werden, so z. B. im Gießbetrieb für Pfannenzustellungen und als Verschleißmaterial in der Gießgrube. Insgesamt liegt der Schamottesteinverbrauch in der Stahlindustrie bei etwa 75% der Gesamtmenge des Bedarfes an feuerfesten Stoffen.

Schamottesteine werden aus Gemischen wechselnder Mengen von feuerfesten Tonen (Alumosilikate mit unterschiedlichen Gehalten an Al_2O_3 und H_2O) unter Zusatz von Magerungsmitteln (Schamotteabfälle) und fallweise auch unter Zusatz von Quarz hergestellt. Der Zusatz von Magerungsmitteln ist notwendig, um die beim Brennen über 1200 °C eintretende Schwindung, die bei reinen Tonen über 10% beträgt, auf ein erträgliches Maß einzuschränken.

Beim Brennen der Steine geht die reine Tonsubstanz ($Al_2O_3 \cdot SiO_2 \cdot 2H_2O$) in die wasserfreie Verbindung über, die bei weiterer Temperatursteigerung in Al_2O_3 und SiO_2 zerfällt. Schließlich bildet sich als stabile Verbindung der Mullit $3Al_2O_3 \cdot 2SiO_2$. Die Menge und Ausbildungsform des Mullits, welcher für die Güteeigenschaften des Schamottesteines entscheidend ist, ist von der zur Verfügung stehenden Menge an Tonerde, von der Brenntemperatur und von katalytisch wirkenden Verunreinigungen, insbesondere Alkalien, abhängig.

Nach der Höhe des Tonerdegehaltes erfolgt auch die praktische Einteilung der Schamottesteine für verschiedene Verwendungszwecke. Die Tab. 31 und 32 enthalten Richtwerte für die Eigenschaften in Abhängigkeit von der Zusammensetzung und Hinweise für die Verwendung nach den Richtlinien des Vereins Deutscher Eisenhüttenleute [4]. Kennzeichnend für die Steinqualität ist die Schmelztemperatur (Segerkegel) und das Erweichen unter Last nach DIN 1064 (Ausgabe Juli 1930). Weitere Beispiele für die Eigenschaften sind auch in Tab. 29 enthalten. Für die beste Qualität (super duty fire-clay brick) werden nach ASTM C 27—41 eine Feuerfestigkeit über 1740 °C, ein Nachschwinden von weniger als 1% bei 1600°C und eine gute Temperaturwechselbeständigkeit verlangt.

Die Schamottesteine werden mit Schamottemörtel nahezu gleicher Zusammensetzung, jedoch feinerer Körnung, vermauert. Ihr Kegelfallpunkt soll etwa 2 Segerkegel unter dem der zu vermauernden Steine liegen. Für die Vermauerung gelten grundsätzlich die gleichen Überlegungen wie für Silikasteine, besonders auch für das Anbringen von Dehnfugen.

Die Zerstörung der Schamottesteine im Betrieb erfolgt durch chemischen Angriff, wobei die angreifenden Medien sowohl mit der Tonerde als auch mit der Kieselsäure reagieren können und zum Teil durch thermische Beanspruchung. Obwohl das Stahlwerkverschleißmaterial nur einer einmaligen Beanspruchung ausgesetzt wird, ist besonders im Edelstahlwerk der Einsatz ausgewählter, hochwertiger Steine und Massen erforderlich, um die Betriebssicherheit zu gewährleisten und eine Verunreinigung des Stahles zu verhindern.

3.112.3 Tonerdereiche Baustoffe

Die Erkenntnis, daß der Anteil an Mullit ($3Al_2O_3 \cdot 2SiO_2$) für die Widerstandsfähigkeit von Schamottesteinen entscheidend ist, führte zur Entwicklung von Sondererzeugnissen, die den Mullit künstlich angereichert und in bestimmter Korngröße enthalten. Trotz zum Teil besonders günstiger Eigenschaften (vgl. Tab. 29) ist ihr Einsatz im Stahlwerksbetrieb wegen des relativ hohen Preises nur beschränkt möglich.

Tabelle 31. *Richtwerte für die Eigenschaften von Schamottesteinen für Roheisen- und Stahlpfannen* (nach F. HARDERS und S. KIENOW)

Steinsorte	Chemische Zusammensetzung			Physikalische Eigenschaften							
	$(Al_2O_3 + TiO_2)$	Fe_2O_3	$(K_2O + Na_2O)$	Segerkegel	Druckfeuerbeständigkeit[1] t_a °C	Spezifisches Gewicht (Reinwichte)	Raumgewicht (Rohwichte)	Gesamtporigkeit	Druckfestigkeit bei Raumtemperatur[2] kg/cm²	Temperaturwechselbeständigkeit[2]	Zulässige Maßabweichung
	%	höchst.	%	S K	mindest.	g/cm³	g/cm³	%	mindest.		%
Pf 1 A	< 28	2,5	2 bis 3[4]	27 bis 30	1250	2,50 bis 2,65	> 2,2	12 bis 16	600	> 5	± 2
Pf 1 B	28 bis 32			28 bis 31							
Pf 1 C	> 32			≧ 30							
Pf 2 A	< 28			27 bis 30			2,0 bis 2,2	16 bis 22	350	> 10	± 2 bei p[3]
Pf 2 B	28 bis 32			28 bis 31							± 1 bei h
Pf 2 C	> 32			≧ 30							oder t[3]
Pf 3 A	< 28			27 bis 30			1,9 bis 2,1	18 bis 24	350	> 10	± 2
Pf 3 B	28 bis 32			28 bis 31							
Pf 3 C	> 32			≧ 30							

Die quer gestellten Zahlen dienen nur zur Unterrichtung, nicht zur Sortenunterscheidung

[1] Die angegebenen Werte der Druckfeuerbeständigkeit sind nach dem derzeitigen Verfahren nach DIN 1064 (Ausgabe Juli 1930) gültig. Nach Neuherausgabe von DIN 1064 sind die Werte zu überprüfen. Für den vorliegenden Zweck ist die Druckfeuerbeständigkeit kein eindeutiges Merkmal. — [2] Nach Zylinderverfahren DIN 1068 B. — [3] p = plastisch geformt (früher: Standardsorte nach dem plastischen Verfahren), h = halbtrocken geformt (früher: handelsübliche Sorte „Sonderklasse"), t = trocken geformt (früher: Hartschamotte-Sorte). — [4] Bei den tonerdereichen Sorten der Gruppe C kann der Alkaligehalt noch höher liegen.

Tabelle 32. *Richtwerte für die Eigenschaften von Schamottesteinen der Klasse A (bis 45% Al_2O_3)* (nach F. HARDERS und S. KIENOW)

Stein-sorte	Seger-kegel mindestens SK	Chemische Zusammensetzung				Physikalische Eigenschaften [1]							Verwendungsbeispiele
		($Al_2O_3 + TiO_2$) %	Fe_2O_3 höchstens %	(CaO +MgO) %	(K_2O + Na_2O) höchstens %	Spezifisches Gewicht (Reinwichte) g/cm³	Raumgewicht (Rohwichte) g/cm³	Gesamtporigkeit [2] %	Druckfestigkeit bei Raumtemperatur kg/cm²	Temperaturwechselbeständigkeit	Druckfeuerbeständigkeit [2][3] mindestens t_a °C | t_e °C	Ungefährer ob. Temp.-Bereich der Anwendung ohne chemische Beeinflussung [4] °C	
A0 p A0 h A0 t	34	>44	3,0	etwa 0,5 bis 1,0	2,5	2,5 bis 2,7	p:1,8 bis 2,0; h:1,9 bis 2,1; t:2,0 bis 2,2	25—30 21—25 18—24	100—200 150—250 >250	Im Anlieferungszustand im allgemeinen bei den Sorten A 0 bis A I besser als bei den Sorten A II bis A III, desgleichen bei den trocken geformten besser als bei den halbtrocken und plastisch geformten Sorten	1400 1430 1450	1400	innere Ofenmauerwerke, Brenner, Kesselfeuerungen, hochbeanspruchte Siemens-Martin-Gitterwerke
A IS p A IS h A IS t	33/34	42 bis 44	2,5		2,8			25—30 21—25 18—24	130—250 200—300 >300		1370 1400 1420	1350—1400	
A I p A I h A I t	33	39 bis 42	2,5		3,0			25—30 21—25 18—24	130—250 200—300 >300		1350 1380 1400	1300—1350	innere Ofenmauerwerke, Feuerzonen, Unteröfen und Gitterwerke im Siemens-Martin-Ofen, Wärmöfen, Kesselfeuerungen
A II p A II h A II t	32	35 bis 39	2,5		3,0			23—30 20—24 18—24	130—250 200—300 >300		1330 1350 1370	1250—1300	Unteröfen und Gitterwerke im Siemens-Martin-Ofen, Wärm- und Glühöfen, Kesselfeuerungen
A III p A III h A III t	30	32 bis 35	3,0		3,0			22—30 20—24 18—24	150—400 250—400 >300		1300 1320 1340	1200—1250	weniger beanspruchte Feuerungsteile, Rauchgaskanäle, Gitterwerke im Siemens-Martin-Ofen

Für alle Sorten etwa 200° höher als t_a

Die quer gestellten Zahlen dienen nur zur Unterrichtung, nicht zur Sortenunterscheidung

p = plastisch geformt
  (früher: Standardsorte nach dem plastischen Verfahren)
h = halbtrocken geformt
  (früher: Handelsübliche Sorte „Sonderklasse")
t = trocken geformt
  (früher: Hartschamotte-Sorte)

Kennzeichen:
  zulässige Maßabweichung ± 2 %, jedoch nicht geringer als ± 2 mm,
Kennzeichen:
  zulässige Maßabweichung ± 1%, jedoch nicht geringer als ± 1,5 mm
Kennzeichen:
  zulässige Maßabweichung ± 0,75%, jedoch nicht geringer als ± 1,25 mm

Durchbiegung:
  bis zu 1,5 % des größten Maßes
Durchbiegung:
  bis zu 1,0 % des größten Maßes
Durchbiegung:
  bis zu 0,75% des größten Maßes

[1] Über die Raumbeständigkeit liegen nur Ergebnisse aus Studienversuchen vor. — [2] Für Steine in Hängedeckengüte (Steine mit besonders guter Temperaturwechselbeständigkeit) gelten Sonderwerte. — [3] Die in dieser Liste angegebenen Werte der Druckfeuerbeständigkeit sind für das derzeitige Verfahren nach DIN 1064 (Ausgabe Juli 1930) gültig. Nach Neuherausgabe von DIN 1064 sind die Werte zu überprüfen. — [4] Diese Werte hängen vom Temperaturgefälle im Mauerwerk ab und können z. B. bei allseitiger Erhitzung bis zu 200°C niedriger liegen.

Aus den Mineralen der Sillimanitgruppe, $Al_2O_3 \cdot SiO_2$, werden, gegebenenfalls unter Zumischung von Tonerde, die *Sillimanitsteine* hergestellt. Sie enthalten etwa 65 bis 80% Tonerde und sind durch niedrige Porosität, hohe Festigkeit und gute Dauerstandfestigkeit ausgezeichnet. Die Verschlackungsverluste nehmen mit steigendem Tonerdegehalt merklich ab.

Sillimanitsteine sind grundsätzlich für Gewölbe von Lichtbogenöfen geeignet. Sie lassen sich rasch aufheizen und abkühlen. Die Temperaturwechselbeständigkeit ist etwa 10mal größer als die von Silikasteinen.

In diesem Zusammenhang sind auch die *Korundsteine* zu erwähnen, die eine hohe Beständigkeit gegenüber basischen Schlacken besitzen. Sie enthalten etwa 70 bis über 90% Al_2O_3 und werden durch Brennen von Sinter- oder Schmelzkorund mit einem Bindemittel bei 1500 °C hergestellt. Verwendet man reine Tonerde als Bindemittel, so kommt man auf Al_2O_3-Gehalte von etwa 99% (Brenntemperatur 1700 °C). Diese Steine besitzen hohe Festigkeit und Schlackenbeständigkeit, aber nur eine geringe Temperaturwechselbeständigkeit. Sie sind bis zu Temperaturen von 2000 °C verwendbar.

Zur Vermeidung der bei keramischer Herstellung auftretenden Mängel werden auch schmelzgegossene *Mullitsteine* hergestellt. Ein solcher Stein, mit etwa 70 bis 75% Al_2O_3, ist unter dem Namen „Corhartstein" bekannt geworden. Er wird durch Schmelzen im elektrischen Ofen und Vergießen in Sandformen hergestellt. Bezüglich der Eigenschaften siehe Tab. 29.

3.112.4 Baustoffe auf Magnesia-Basis

3.112.41 Magnesit

Die Ausgangsstoffe für die Herstellung von Sintermagnesit und Magnesitsteinen bildet vorwiegend das in der Natur kristallin oder amorph vorkommende Magnesiumkarbonat $MgCO_3$. Es enthält meist genügende Mengen sinterungsfördernder Stoffe, wie Fe_2O_3, CaO und SiO_2. Daneben hat auch die Gewinnung von Magnesia aus anderen Stoffen, z.B. aus dem Meerwasser (Seewassermagnesit), zunehmende Bedeutung erlangt. Diesen synthetisch hergestellten Magnesiten werden meist Zusätze von Eisen oder SiO_2 zur besseren Sinterung zugegeben.

Aus dem Rohmagnesit wird durch Brennen in Schacht- oder Drehrohröfen ein Sinter erzeugt. Je nach der Weiterverwendung unterscheidet man Stahlwerkssinter und Sinter zur Herstellung feuerfester Steine. Der erstgenannte soll größere Mengen an Flußmitteln besitzen, damit er in metallurgischen Öfen ausreichend festsintert, für Magnesitsteine muß er jedoch möglichst flußmittelarm sein. Stahlwerkssinter enthält im allgemeinen 4 bis 8% Fe_2O_3, 4 bis 8% CaO und bis zu 6% SiO_2, Steinsinter dagegen bei 3 bis 8 % Fe_2O_3 nur 2 bis 3,5 % CaO und 0,5 bis 3 % SiO_2. In beiden Fällen soll der Glühverlust unter 0,3, die Wasseraufnahme unter 3% liegen.

Die Korngröße für *Stahlwerkssinter* beträgt maximal 10 mm. Über die Verwendung bei Zustellungs- und Reparaturarbeiten in Stahlwerksöfen vgl. die Abschnitte 3.411 und 3.511. Hier sei darauf hingewiesen, daß dem Sintermagnesit vor der Verarbeitung in der Regel ein Bindemittel zugesetzt wird, das der Masse vor dem Sintern eine gewisse Formbeständigkeit gibt. Vorzugsweise wird hierfür wasserfreier Teer in Mengen von 8 bis 12% verwendet. Er verbrennt beim Festbrennen der Magnesitmasse. Aber auch Wasserglas ist als Bindemittel geeignet. Nach vorsichtigem Trocknen bei niedriger Temperatur wird die Masse hart und gewährleistet eine gleich gute Haltbarkeit wie Stampfmassen mit Teerzusatz. Für Ausbesserungsarbeiten an Ofenwänden wird durch Vermischen mit etwas gelöschtem Kalk eine gewisse Plastizität erreicht und das Festsintern gefördert. Beim Arbeiten mit trockenen Massen wird zum leichteren Festsintern gemahlene Siemens-Martin-Ofenschlacke oder Thomasschlacke, aber auch Eisenoxyde in Form von Zunder (bis 10%) zugesetzt. Auch das Aufstampfen von Herden aus Sintermagnesit bestimmter Korngrößenverteilung ohne wesentlichen Zusatz von Flußmitteln ist möglich.

Spritzmassen auf Sintermagnesitbasis unterscheiden sich von den Stampfmassen durch ein feineres Korn und durch höheren Flußmittelzusatz, da sie in sehr kurzer Zeit festsintern müssen.

Zur Herstellung von *Magnesitsteinen* wird Sinter bestimmter, auf den Verwendungszweck abgestimmter Korngrößenverteilung, mit oder ohne Bindemitteln, zu Formsteinen gepreßt und bei Temperaturen von 1500 °C und darüber gebrannt (keramisch gebundene Steine). Die Temperaturwechselbeständigkeit der Steine ist besonders stark vom Kornaufbau abhängig, wobei sich Mischungen aus Grobkorn und Feinkorn besonders günstig verhalten. Chemische Zusammensetzung und Eigenschaften können der Tab. 33 entnommen werden.

Gegen basische Stoffe ist der Magnesitstein unempfindlich. Er kann jedoch durch Silizium, Aluminium und Titan bei hohen Temperaturen reduziert werden. Die Druckfeuerbeständigkeit liegt über 1650 °C, die Raumbeständigkeit ist sehr gut, die Wärmeleitfähigkeit relativ hoch.

Durch Verpressen des Sintermagnesits unter Zusatz von $MgCl_2$ bzw. $MgSO_4$ oder anderer Bindemittel lassen sich *chemisch gebundene Steine* ohne Brennen herstellen. Ihr Einsatz erfolgt vorwiegend dort, wo sich der Angriff auf Eisenoxyde beschränkt (z. B. Wände und Pfeiler von Siemens-Martin-Öfen). Sie werden aber in zunehmendem Maße von den blechummantelten Steinen verdrängt. Bei Verwendung von Teer als Bindemittel erhält man *Teermagnesitsteine*, die sich für Seitenwände in Lichtbogenöfen und für Konverterzustellung gut eignen.

Eine Sonderausführung stellen die *blechummantelten* (steelklad-) Steine dar, bei denen Sintermagnesit in etwa 1 mm starke Blechhüllen gepreßt wird. Die sogenannten *Metalcase*-Steine dagegen bestehen aus fertigen, chemisch gebundenen oder auch gebrannten Steinen, die in eine Blechform eingelegt werden. Der Blechmantel dieser Steine verzundert im Ofen und das entstehende Eisenoxyd fördert das Versintern zu einer monolithischen Masse, deren Fugen dicht geschlossen sind.

Eine Weiterentwicklung der Steelkladsteine sind die Zellensteine und die Compoundsteine. *Zellensteine* sind blechummantelte Steine, bei denen in die Preßmasse ein oder zwei Blechstege in Richtung des zu erwartenden Temperaturgefälles eingepreßt werden. Dadurch wird die Steinfeuerseite unterteilt und die Temperaturwechselbeständigkeit erhöht.

Compoundsteine sind ebenfalls Zellensteine, deren Zellen jedoch vor dem Pressen mit Massen unterschiedlicher Zusammensetzung gefüllt werden. Die verschiedenen Steinteile besitzen unterschiedliche Dehnungs- und Schwindungseigenschaften, so daß sie sich bei Gebrauch gegenseitig abstützen. Die verschiedene Wärmeleitfähigkeit sorgt dafür, daß sich die Infiltrationszonen in ungleichem Abstand von der Feuerseite ausbilden.

Das Vermauern der Magnesitsteine ohne Blechumhüllung kann mit und ohne Mörtel erfolgen. Bei Herdzustellung werden die Fugen mit feingemahlenem Sintermagnesit, dem auch etwas Siemens-Martin-Ofenschlacke zugesetzt werden kann, ausgefüllt. Im übrigen kann das Versintern der Steine durch Einlegen dünner Bleche oder Drahtgeflechte begünstigt werden. Ihre Stärke soll zweckmäßigerweise den notwendigen Dehnfugen entsprechen.

Zur nassen Vermauerung von Magnesit- (und auch Chrommagnesit-) Steinen dienen Mörtelmassen, die aus Sintermagnesitmehl bestehen, das mit Wasserglas

Tabelle 33. *Chemische Zusammensetzungen und Eigenschaften von Magnesit-, Chrommagnesit- und anderen basischen bzw. neutralen Steinen* (nach F. HARDERS und S. KIENOW)

		SiO_2	Al_2O_3	Fe_2O_3	Cr_2O_3	CaO	MgO	Mn_3O_4	MnO	DFB	Spez. Gew.	Raum-gew.	Ges.-poren	TWB Zahl der Abschr.	Verschlackung mit Mischerschlacke bei 1500°C Gewichts-änderung	Volumen-änderung	KDF	SK
		%	%	%	%	%	%	%	%	°C			Vol.-%	950°/Luft	%	%	kg/cm²	
1	Handelsüblicher Magnesiastein	0,9	0,1	5,5	—	2,5	90,2	—	0,6	$ta>1730$ $te>1730$	3,74	2,98	20,3	9/>50	+ 7	— 2	710	>42
2	Handelsüblicher Magnesiastein	1,2	0,7	6,1	—	2,8	88,1	—	—	ta 1720 te 1730	3,70	2,87	22,3	5/>50	+ 7	— 2	580	—
3	Mischerstein	1,9	0,8	6,1	—	4,0	86,2	—	—	$ta>1650$ te 1720	3,66	2,86	21,8	31/>50	+ 7	— 4	770	—
4	Mischerstein	1,1	0,6	6,3	—	3,8	87,6	—	—	$ta>1730$ $te>1730$	3,77	2,89	23,4	10/>50	+ 10	— 3	500	—
5	Magnesiastein aus Seewasser-magnesia	2,49	1,36	1,50	—	2,64	91,66	0,29	—	ta 1610 $te>1720$	3,59	2,92	18,8	>50	—	—	557 718	>40
6	Ankritstein Veitsch	1,82	0,41	8,16	—	2,74	85,4	—	0,6	ta 1700 te 1765	3,65	2,83	23	>50	geringer Angriff		350	>40
7	Radex-A-Stein	2,1	5,8	4,5	—	0,7	86,4	—	—	ta 1670 te 1710	3,56	2,92	18	>70	+ 10	— 1	—	>40
8	Ankralstein	2,03	1,84	8,35	5,01	3,05	76,47	—	0,61	ta 1570 te 1620	3,69	2,91	21,2	>50	+ 6	— 6	~300	>40
9	Chrommagnesitstein	4,2	10,2	10,4	22,4	1,0	50,7	—	0,4	ta 1600 tb 1660	3,89	2,98	23,3	6/>50	Verschlackung mit Fe_2O_3 Bursting 1,4%		250	>42
10	Ankromstein	3,2	9,6	10,9	21,4	1,9	52,3	—	0,5	ta 1660 tb 1730	3,89	3,07	21,0	41/>50	Bursting 1,6%		240	—
11	Furnalstein	4,3	19,7	15,3	39,7	1,4	19,5	—	—	ta 1600 tb 1630	4,03	3,29	20,3	4/10	—		590	—
12	Forsteritstein	32,9	8,3	6,8	—	0,8	57,8	—	—	ta 1660 $te>1730$	3,33	2,79	16,4	4/>50	kein Angriff		320	—
13	Serpexstein	22,7	4,1	8,8	9,3	1,1	53,5	—	—	ta 1670 te 1700	3,50	2,70	22,6	5/>50	kein Angriff		400	—

oder Bittersalzlösung angerührt wird. Beim Vermauern muß jedoch darauf Rücksicht genommen werden, daß der Magnesit durch Wasser bei erhöhter Temperatur (etwa 90 °C) hydratisiert. Jeder Überschuß an Wasser ist daher zu vermeiden und der kritische Temperaturbereich beim Aufheizen möglichst rasch zu durchschreiten.

Schmelzmagnesit und Steine, hergestellt aus gekörntem, geschmolzenem Magnesit, haben bisher wegen der hohen Herstellkosten kaum Anwendung im Stahlwerksbetrieb gefunden. Eine Ausnahme bildet die Verwendung für die Zustellung kernloser Induktionsöfen (vgl. Abschnitt 3.622) und in kleinen Mengen in besonders hochbeanspruchten Ofenteilen.

3.112.42 Chrommagnesit

Die Eigenschaften von Steinen aus Sintermagnesit können durch Beimischung von etwa 20 bis 70% Chromerz (FeO · Cr$_2$O$_3$) wesentlich verbessert werden. Die chemische Zusammensetzung und ihre Eigenschaften können der Tab. 33 entnommen werden. Sie werden, ebenso wie die Magnesitsteine, als gebrannte, chemisch gebundene oder blechummantelte Steine mit und ohne Zellen hergestellt. Von den physikalischen Eigenschaften der Chrommagnesitsteine ($>50\%$ Chromerzzusatz) und Magnesit-Chromerz-Steine ($<50\%$ Chromerzzusatz), die unter verschiedensten Firmennamen im Handel sind, ist die gute Temperaturwechselbeständigkeit und die hohe Schlackenbeständigkeit hervorzuheben. Chrommagnesitsteine sind auch sehr raumbeständig. Trotz ihrer relativ niedrigen Druckfeuerbeständigkeit können sie bis zu Temperaturen von über 1700 °C verwendet werden, so daß sie sich einen breiten Anwendungsbereich im Siemens-Martin-Ofenbau in thermisch hochbeanspruchten Teilen, z. B. Gewölben, gesichert haben. Ihre Wärmeleitfähigkeit beträgt nur ein Drittel bis zur Hälfte derjenigen von reinen Magnesitsteinen, was einen ebenfalls nicht unbeträchtlichen Vorteil darstellt.

Trotz ihrer ausgezeichneten Eigenschaften unterliegt ihre Verwendung in Edelstahlwerken gewissen Einschränkungen. Die durch chemischen und mechanischen Angriff in die Schlacke gelangenden Chromoxyde können in Öfen, in denen Reduktionsreaktionen durchgeführt werden, zu einer unerwünschten Chromaufnahme des Stahlbades führen. Darüber hinaus darf nicht übersehen werden, daß auch der Angriff von Eisenoxyden zu einer Zerstörung der Chrommagnesitsteine führen kann. Die Ursache dafür liegt in einer FeO-Aufnahme der im Chromerz enthaltenen Spinelle, die mit einer Volumenvergrößerung verbunden ist und zu einem Auftreiben der Steinoberfläche führt. Diese Erscheinung, unter dem Namen „Bursting" bekannt, ist auch die Ursache für die Zerstörung von Chrommagnesitgewölben bei unsachgemäßer Durchführung des Sauerstoffblasens.

Für die Vermauerung der Chrommagnesitsteine gelten im wesentlichen die gleichen Bedingungen wie für Magnesitsteine. Auch im Chrommagnesitstein kann der Magnesit bei höheren Temperaturen durch Wasser unter Hydratisierung zerstört werden.

Einen gewissen Anwendungsbereich in hochbeanspruchten Ofenteilen besitzen die *Corhart 104*-Steine. Es sind dies schmelzgegossene Chromerz-Magnesitblöcke, deren Herstellung ähnlich wie die der schmelzgegossenen Mullitsteine erfolgt.

3.112.43 Magnesiumsilikat-Baustoffe

Aus Olivingesteinen, Serpentin oder Talk werden durch Brennen der aufbereiteten Rohstoffe Steine hergestellt, die überwiegend aus *Forsterit*, 2MgO · SiO$_2$, bestehen und auch Zusätze von MgO und/oder Chromerz erhalten.

Die Temperatur- und Druckfeuerbeständigkeit ist gut, doch ist ihre chemische Beständigkeit, besonders auch gegenüber basischen Schlacken, gering. Die Temperaturwechselbeständigkeit ist bei günstigem Kornaufbau besser als von Magnesit, so daß sie erfolgreich für die Zustellung von Hochfrequenzöfen herangezogen wurden [6]. Die Tiegel neigen nicht zum Reißen, die Kieselsäure wird aus der Zustellung weder durch Chrom, noch durch Mangan reduziert.

Die übrigen physikalischen Eigenschaften können der Tab. 33 entnommen werden, wobei zusätzlich die niedrige Wärmeleitfähigkeit zu erwähnen ist.

3.112.5 Baustoffe auf CaO-Basis

3.112.51 Dolomit

Dolomit ist einer der wichtigsten basischen Ofenbaustoffe für den Herd und die Wände des Lichtbogenofens, aber auch für die Herde von Siemens-Martin-Öfen und die Zustellung von Konvertern. Die Verwendung von gebranntem Dolomit wird durch die starke Neigung zur Hydration des in ihm enthaltenen Kalkes erschwert, besonders wenn es darum geht, ihn als Formstein zu verwenden. Durch geeignete Zusätze gelingt es jedoch, eine teilweise oder vollständige Stabilisierung zu erreichen. Man unterscheidet demnach folgende Dolomiterzeugnisse:

1. Sinterdolomit für Stampfmassen;
2. reine Sinterdolomitsteine ohne Zusätze;
3. teergeschützte Sinterdolomitsteine, die nach dem Brennen in Teer getaucht werden und eine beschränkte Lagerfähigkeit besitzen;
4. halbstabilisierte Dolomitsteine mit durch 4 bis 10% SiO_2 teilweise abgebundenem CaO;
5. stabilisierte Dolomitsteine mit vollständig abgebundenem CaO (durch 11 bis 16% SiO_2).

Die teergeschützten Dolomiterzeugnisse sind vor allem in Mitteleuropa, die stabilisierten vorzugsweise in England in Verwendung.

Ähnlich wie Magnesit ist auch reiner Dolomit, das Kalzium-Magnesium-Karbonat $CaMg(CO_3)_2$, wegen seines schlechten Sintervermögens als feuerfester Baustoff unbrauchbar. Erst geringe Mengen an Verunreinigungen setzen die Sintertemperatur herab. Für hochwertige Stahlwerksdolomite werden folgende Grenzen der chemischen Zusammensetzung als günstig angesehen: 32 bis 40% MgO, 50 bis 60% CaO, 3 bis 6% SiO_2 und 1 bis 3% $Fe_2O_3 + Al_2O_3$.

Der Rohdolomit wird in Schacht- oder Drehrohröfen zu Sinter gebrannt. Drehrohrofen-Dolomit ist im allgemeinen gleichmäßiger und neigt weniger zur Hydration. Der Sinterdolomit wird, ohne vollständig abzukühlen, gebrochen, gekörnt und in die entsprechende Kornzusammensetzung gebracht.

Zur direkten Verwendung von Sinterdolomit im Stahlwerk werden vielfach Zusätze zum leichteren Sintern, wie z. B. 5% feingemahlene Siemens-Martin-Ofenschlacke oder etwa 10% wasserfreier Stahlwerksteer, beigemischt. Näheres über die Verwendung s. Abschnitte 3.411 und 3.511.

Für die Steinherstellung wird der frisch gebrannte Sinter auf hydraulischen Pressen trocken geformt. Die bei 1500 bis 1600 °C gebrannten Steine werden entweder direkt verwendet oder zur Verbesserung der Lagerfähigkeit (bis zu mehreren Monaten) in Teer getränkt. Beim Einbrennen der Zustellung aus solchen Steinen (und aus Teer-Dolomit-Massen) verkrakt der Teer und der zurückbleibende Kohlenstoff bildet ein Skelett zwischen den Dolomitkörnern, welches die mechanische Festigkeit erhöht.

Reine oder teergeschützte Dolomitsteine werden für Herde von Siemens-Martin-Öfen, für Rückwände von Siemens-Martin- bzw. für die Ringwände von Lichtbogenöfen und zum Teil auch für Konverterauskleidungen verwendet.

Zur Herstellung von mit SiO_2 halb oder ganz stabilisierten Dolomitsteinen wird entweder von SiO_2-reicheren Dolomiten ausgegangen oder dem Rohdolomit bzw. dem Sinterdolomit werden die entsprechenden Zusätze gegeben. Die Zusammensetzung und die physikalischen Eigenschaften verschiedener Dolomitsteine zeigt Tab. 34.

Der zerstörende Angriff im Betrieb konzentriert sich zunächst auf den Kalk des Sinterdolomits, so daß sich durch Anreicherung von MgO in der Randzone eine Schutzschicht gegen weiteren Angriff bilden kann. FeO-reiche Schmelzen greifen Dolomitherde relativ stark an. Auch beteiligt sich der Kalk des Dolomits an der Entphosphorungsreaktion. Gegen kieselsäurearme Schlacken, z. B. in Lichtbogenöfen, besitzt Dolomit eine sehr hohe Beständigkeit. In Siemens-Martin-Öfen dagegen ist bei Verwendung in der Schlackenzone Vorsicht geboten. In diesem Zusammenhang sei noch darauf hingewiesen, daß sich besonders die stabilisierten Dolomitsteine für Pfannenzustellungen gut bewährt haben, die zur Roheisenentschwefelung mit Soda benützt werden.

3.112.52 CaO-haltige Sonderbaustoffe

Zu diesen zählt ein Dolomit mit erhöhtem MgO-Anteil und für Sonderzwecke reiner Kalk als Tiegelwerkstoff für Induktionsöfen.

Dolomitsteine mit erhöhtem MgO-Gehalt, also Magnesit-Dolomit-Steine, besitzen eine relativ hohe Temperaturwechselbeständigkeit bei hoher Druckfeuerbeständigkeit, guter chemischer Widerstandsfähigkeit und geringer Porosität. MgO-reiche Teerdolomitsteine haben in neuerer Zeit ein bevorzugtes Anwendungsgebiet zur Auskleidung von Tiegeln für das Sauerstoffaufblas-Verfah-

Tabelle 34. *Zusammensetzungen und Eigenschaften verschiedener Dolomitsteine (nach F. Harders und S. Kienow)*

Nr.		SiO_2 %	Al_2O_3 %	Fe_2O_3 %	CaO %	MgO %	Glühverl. %	Druckfeuerbeständigkeit		Spez. Gewicht	Raumgewicht	Gesamtporen Vol.-%	Kaltdruckfestigkeit kg/cm²
								ta °C	te °C				
1	Reiner Sinterdolomitstein von Halden	1,5	0,7	0,8	58,6	37,3	1,0	1730	> 1730	3,38	2,68	20,8	680
2	Englischer halbstabilisierter Dolomitstein	9,17	4,02	0,99	52,5	33,2	n. b.	n. b.	n. b.	3,27	2,52	22,8	—
3	Englischer halbstabilisierter Dolomitstein	5,33	2,09	1,07	54,5	32,7	3,7	1510	1660	—	—	—	—
4	Englischer stabilisierter Dolomitstein *Dolofer*	15,2	1,3	3,4	39,5	40,0	0,3	1650	> 1730	3,53	2,67	24,3	650
5	Deutscher stabilisierter Dolomitstein	14,8	1,7	3,4	40,3	39,1	0,2	1660	> 1730	3,48	2,94	15,6	830

ren gefunden [7]. Dieser auch „Magnit" genannte feuerfeste Baustoff hat etwa nachstehende chemische Zusammensetzung:

65 bis 85% MgO, 10 bis 25% CaO, 2 bis 5% SiO_2 und 4 bis 6% Fe_2O_3.

Reiner Kalk hat für Laboratoriumszwecke als Tiegelwerkstoff für kleine Induktionsöfen Verwendung gefunden [8] und dürfte auch als „Kristallkalk" für die Zustellung von Mittelfrequenztiegelöfen bis etwa 1 t Fassungsraum geeignet sein [9].

3.112.6 Sonderbaustoffe

3.112.61 Chromit-Baustoffe

Chromerz (im wesentlichen $FeO \cdot Cr_2O_3$) wird als feuerfester Baustoff im ungebrannten Zustand als Stampfmasse, z. B. als Bodenschicht in Lichtbogenöfen und Siemens-Martin-Öfen mit Dolomit- oder Magnesitherd, verwendet oder zu Formsteinen verarbeitet.

Die Herstellung von Chromitsteinen (Chromerzsteinen) erfolgt ähnlich wie diejenige der Magnesit- und Chrommagnesitsteine. Das aufbereitete Chromerz wird mit einem Bindemittel in Formen gepreßt und gebrannt. Im allgemeinen besitzen sie etwa nachstehende Zusammensetzung: 35 bis 44% Cr_2O_3, 12 bis 17% Fe_2O_3, 10 bis 25% Al_2O_3, 4 bis 6% SiO_2, maximal 2% CaO, 10 bis 25% MgO. Ihre physikalischen Werte sind in Tab. 33 enthalten.

Chromit verhält sich auch bei hohen Temperaturen neutral und kann daher als Trennschicht zwischen saurem und basischem feuerfestem Material verwendet werden. Auch sie werden durch Eisenoxyd unter „Bursting" angegriffen.

3.112.62 Zirkonhaltige Baustoffe

Zirkondioxyd, ZrO_2, ist eines der Oxyde mit der höchsten Feuerfestigkeit (Schmelzpunkt etwa 2700 °C). Es gewinnt als feuerfester Baustoff in der Edelstahlindustrie bei besonders hohen thermischen Beanspruchungen Bedeutung, wobei es entweder als Zirkonerde (ZrO_2) oder Zirkonsilikat ($ZrO_2 \cdot SiO_2$) verwendet wird. Reines ZrO_2 unterliegt zwei Phasenumwandlungen bei 1100 und 2200 °C. Die zirkonhaltigen Baustoffe weisen auch eine sehr hohe Beständigkeit gegen Schlackenangriffe auf. Ihr relativ hoher Preis steht jedoch einer ausgedehnteren Verwendung entgegen.

Für die keramische Steinherstellung wird fast nur Zirkonsilikat verwendet. Das aufbereitete, zum Teil kalzinierte Material wird, meist unter Zumischung von Klebestoffen, zum Teil auch von Quarzgut, zu Steinen gepreßt und gesintert. Die Zusammensetzung und Eigenschaften zweier Zirkonsteine können der Tab. 35 entnommen werden. Die Temperaturwechselbeständigkeit des reinen Zirkonsteines ist entsprechend der niedrigen Wärmeausdehnung sehr gut.

Zirkonsteine bewähren sich für die Zustellung von Ofenteilen, die nicht unmittelbar mit flüssiger, FeO-reicher Schlacke in Berührung kommen. Sie sind, ebenso wie die Zirkon-Quarzgutsteine, für Deckel von Lichtbogenöfen gut geeignet. Ebenso finden zirkonhaltige Stoffe für Ausgüsse in Verteilern von Stranggußanlagen wegen ihres geringen Verschleißes Anwendung. Bei der Herstellung von Tiegeln für basische kernlose Induktionsöfen hat sich Zirkonoxyd als Zusatz zu Magnesia gut bewährt.

Auch schmelzgegossene Steine, wie z. B. der sogenannte Corhart-ZAC-Stein mit etwa 33% ZrO_2, werden hergestellt.

Tabelle 35. *Zusammensetzung und Eigenschaften zweier Zirkonsteine*
(nach F. HARDERS und S. KIENOW)

Stein Nr.	Steinart	SiO_2 %	$Al_2O_3 + TiO_2$ %	Fe_2O_3 %	CaO %	MgO %	ZrO_2 %	S K
1	Reiner Zirkonstein (1954)	30,48	1,00	0,48	0,35	6,65	60,51	
2	Zirkonstein mit Quarzgut (1956)	50,68	0,15	0,45	0,14	Spur	47,86	> 41

b) Technologische Eigenschaften

	Spezifisches Gewicht	Offene Poren Vol.-%	Gesamtporen Vol.-%	DFB		TWB 950°/ Wasser	KDF kg/cm²	Verschlackung mit Fe_2O_3 bei 1500°C	
				ta °C	te °C			% Vol.- Änderung	% Gew.- Änderung
1	4,500	22,2	22,6	1460	1490	> 50	580	— 3	— 8
2	3,645	26,4	27,5	1700	> 1730	11	320	—	—

3.112.7 Kohlenstoffhaltige Baustoffe

Feuerfeste Baustoffe auf Kohlenstoff- oder Karbidbasis haben — außer auf dem Gebiet der Roheisenerzeugung — für die Stahlindustrie nur geringe Bedeutung. Dagegen hat sich Graphit als Beimengung zu feuerfesten Oxyden für eine Reihe von Verwendungszwecken eingebürgert.

3.112.71 Kohlenstoffsteine und -massen

Als Ausgangsmaterial dient Gießerei- oder Petrolkoks geringen Aschegehaltes. Die Kokse werden entweder nach Vermischen mit Stahlwerksteer (etwa 20%) als Kohlenstoff-Stampfmassen verwendet oder nach dem Pressen und Formen zu Steinen gebrannt. Sie finden im Stahlwerksbetrieb Verwendung für die Zustellung von Schlackenschmelzöfen, sind jedoch in oxydierender Atmosphäre nicht verwendbar. Gelegentlich wurden sie auch für Ofengewölbe kleiner, saurer Lichtbogenöfen in Stahlgießereien verwendet [10].

3.112.72 Graphithaltige Erzeugnisse

Ihr Hauptanwendungsgebiet bei der Stahlherstellung sind stark beanspruchte Verschleißteile im Gießgrubenbetrieb, wie Stopfen und Ausgüsse. Wie Tab. 36 zeigt, werden der Schamotte etwa 2 bis 20% Graphit beigemischt. Das Brennen muß unter Luftabschluß in Muffeln oder Kapseln erfolgen. Die durch den Graphitzusatz verbesserte Widerstandsfähigkeit gegen Verschlackung durch FeO und MnO ist eine der wesentlichen Ursachen ihrer Bewährung im Gießbetrieb. Dazu kommt noch die höhere Temperaturwechselbeständigkeit, die etwa das 6- bis 7fache normaler Schamotteerzeugnisse beträgt.

Ähnliche Verbesserungen der Eigenschaften von Schamotteteilen können auch durch Tränken mit Teer und anschließende Verschwelung erreicht werden [11], doch hat sich dieses Verfahren nicht im größeren Umfang einführen können.

3.112.73 Siliziumkarbid

Siliziumkarbidsteine, die meist aus gekörntem Siliziumkarbid mit 5 bis 10% Ton hergestellt werden oder 50%ige Siliziumkarbidsteine mit entsprechendem Schamotteanteil konnten sich trotz einer Reihe ausgezeichneter Eigenschaften

Tabelle 36. *Zusammensetzungen und Eigenschaften von Graphitstopfen im Vergleich zu einem Schamotteausguß (nach F. HARDERS)*

Nr.	Chemische Analyse				Spez. Gew.	Raumgew.	Gesamtporen Vol.-%	SK		DFB		Verschlackung mit MnO bei 1400 °C	
	SiO_2 %	Al_2O_3 %	Fe_2O_3 %	C %				Tammannofen	Kohlegrießofen	ta °C	te °C	Gewichtsverlust %	Volumenverlust %
1	55,7	39,6	2,7	—	2,61	1,99	24	32/33	32	1390	1625	39	45
2	54,9	38,7	2,9	2,1	2,57	2,06	20	32/33	32/33	1475	1645	23	20
3	50,5	34,8	2,7	9,7	2,54	1,93	24	34	—	1500	1730	2	2
4	50,9	33,6	2,4	11,3	2,54	1,92	24	34/35	—	1460	1660	1	1
5	49,4	32,7	2,5	13,9	2,52	1,92	24	34	32	1425	1635	2	1
6	51,1	28,3	2,3	17,2	2,50	1,84	26	35/36	> 33	1430	1695	3	3

Zeile 1: Schamotteausguß; Zeilen 2–6: Graphitstopfen.

im Bau metallurgischer Öfen nicht einführen. Sie haben eine ungewöhnlich hohe Widerstandsfähigkeit gegen Temperaturwechsel und hohe Feuerfestigkeit und Druckfeuerbeständigkeit, sind aber gegen Wasserdampf, eisenoxydreiche Schlacken und die meisten geschmolzenen Metalle so empfindlich, daß sie schon bei Temperaturen von 1000 bis 1200 °C zerstört werden. Gut beständig sind sie nur gegen Kieselsäure und saure Schlacken.

3.112.8 Isolierstoffe

Zur Verminderung der Wärmeverluste bei metallurgischen Öfen und Behältern für flüssiges Roheisen und Stahl werden beim Bau Isolierstoffe in Form von Isoliermassen oder Isoliersteinen verwendet. Die Isolierfähigkeit hängt, außer bei sehr hohen Temperaturen, in erster Linie vom Porenvolumen und erst in zweiter Linie von der Wärmeleitfähigkeit des Baustoffes ab (vgl. Abb. 211). Abb. 215 zeigt die Temperaturabhängigkeit der Wärmeleitfähigkeit für eine Reihe verschiedener Feuerleicht und Isoliersteine [2].

Die gebräuchlichsten Rohstoffe für wärmeisolierende Erzeugnisse sind Vermikulit, Asbest und Kieselgur. Daneben werden aber auch aus den Ausgangsstoffen für andere feuerfeste Steine durch Beimischung von Ausbrennstoffen (z. B. Sägemehl) oder durch Zumischung verdampfender und gasentwickelter Stoffe (Schaumstoffe) wärmeisolierende Leichtsteine hergestellt.

Nach der Verwendung unterscheidet man Isoliersteine für Hintermauerung bis zu Temperaturen von etwa 1100 °C und feuerfeste Isoliersteine (Feuerleichtsteine), die bei höheren Temperaturen verwendet werden.

Zu der ersten Gruppe zählen die Asbestisoliersteine, die Diatomitsteine (Kieselgursteine) und Vermiculitsteine. Auch Mischungen aus Asbest und MgO gehören zu ihnen. Als Isoliermassen dienen auch Steinwolle, Glas- und Schlackenwolle sowie lose Diatomeenerde.

Feuerleichtsteine für höhere Temperatur auf Ton-Schamottebasis (Schamotte-Isoliersteine) können bis 1200 °C verwendet werden. Tonerdereiche Isoliersteine bestehen aus Tonerde, Korund oder Mineralien der Sillimanitgruppe und Bindemitteln mit entsprechendem

Porenraum. Silika- und Zirkon-Leichtsteine sind für Verwendungstemperaturen bis 1500 bzw. über 2000°C bestimmt.

Werden Feuerleichtsteine zu lange hohen Temperaturen ausgesetzt, so schwinden sie stark, ein Vorgang, der auch bei hoher Feuerfestigkeit durch Druckbeanspruchung eintreten kann.

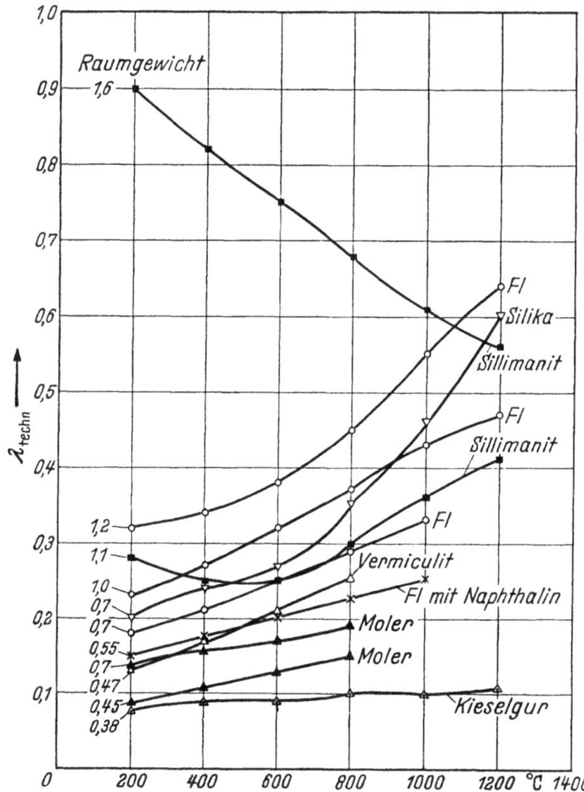

Abb. 215. Temperaturabhängigkeit der Wärmeleitfähigkeit verschiedener Feuerleicht- und Isoliersteine (nach F. HARDERS und S. KIENOW)

Schrifttum

zu Abschnitt 3.11

1. KONOPICKY, K.: Feuerfeste Baustoffe. Stahleisen-Bücher Bd. 14. Verlag Stahleisen, Düsseldorf 1957.
2. HARDERS, F., und S. KIENOW: Feuerfestkunde. Springer-Verlag, Berlin/Göttingen/Heidelberg 1960.
3. KONOPICKY, K.: Feuerfeste Baustoffe. Stahleisen-Bücher Bd. 14. Verlag Stahleisen, Düsseldorf 1957, S. 84.
4. Eigenschaften der derzeit gängigen feuerfesten Steine. Stahl u. Eisen 78 (1958), S. 1754/55.
5. BOWEN, N. L., und J. F. SCHAIRER: System Eisenoxydul-Kieselsäure. Amer. Journ. Sci., Ser. 5, 24 (1932), S. 177/213.
6. STÜTZEL, H.: Forsterit als „basisches" Futter für große Hochfrequenzöfen. Stahl u. Eisen 69 (1949), S. 403/05.
7. RINESCH, R.: Drei Jahre LD-Stahl. Eigenverlag der Vereinigten Österr. Eisen- und Stahlwerke AG., Linz, 1956, S. 17/22.

8. FISCHER, W. A., und T. COHNEN: Der Einfluß des Kohlenstoffgehaltes auf die Entschwefelung von Eisenschmelzen durch einen Kalk-Flußspat-Tiegel im Hochfrequenzofen. Arch. Eisenhüttenwes. 21 (1950), S. 355/66.

9. ETTERICH, O.: Unveröffentlichte Untersuchungen im Edelstahlwerk Düsseldorf der Gebr. Böhler u. Co. AG.

10. ZSÁK, V.: Kohlenstoff-Gewölbe für Elektrostahlöfen. Stahl u. Eisen 53 (1933), S. 92/93.

11. HARTMANN, F., und F. HARDERS: DRP 692652 (1940).

12. CHESTERS, J. H.: Steelplant Refractories, 2nd edition 1963. The United Steel Comp. Ltd., Sheffield, England.

3.12 Die Brennstoffe

Die zum Stahlschmelzen notwendige Wärme kann aus einer Reihe verschiedener Energieträger gewonnen werden. Es sind dies sowohl gasförmige, flüssige und feste Brennstoffe als auch elektrische Energie. Mit der Anwendung von gasförmigem Sauerstoff zum Stahlfrischen wird auch die chemische Wärme der Oxydationsreaktionen des Eisens und seiner Begleitelemente zu einer wesentlichen oder alleinigen Wärmequelle für metallurgische Prozesse.

Die Verwendung von Brennstoffen setzt einen geeigneten Verbrennungsvorgang im Ofen voraus, wobei die Wärme der Flammengase durch Leitung, Konvektion und Strahlung auf Schlacke und Stahl übertragen wird. Dies gilt vor allem für die Siemens-Martin-Öfen, aber auch für einen großen Teil der Hilfsöfen im Stahlwerksbetrieb, wie Vorwärmöfen, Schlackenschmelzöfen für die Schlackenreaktionsverfahren und die Vorwärmeinrichtungen in der Gießhalle.

Die zweite Beheizungsmöglichkeit besteht in der Umwandlung elektrischer Energie in Wärmeenergie. Diese Umwandlung kann entweder durch den elektrischen Lichtbogen, wie in den Lichtbogenöfen, oder durch induktive Erwärmung, wie in den Induktionsöfen, vorgenommen werden. Die elektrische Energie findet auf dem Gebiet der Edelstahlerzeugung ein immer größer werdendes Anwendungsgebiet, wobei als neueste Entwicklung auch das Schmelzen mit Elektronenstrahlen versuchsmäßig angewendet wird.

Die technische Anwendbarkeit der Brennstoffe für das Schmelzen von Stahl im Herdofen wird von der erreichbaren *Heizwirkung* der Flamme bestimmt. Diese ist sowohl bei gasförmigen Brennstoffen, wie Generatorgas, Koksofengas und Erdgas als auch bei flüssigen und festen Brennstoffen, wie Öl und Kohlenstaub, ausreichend [1]. Die Heizwirkung der Flamme ist abhängig vom Heizwert der Brennstoffe, vom Wärmeinhalt des Gases und der Verbrennungsluft und damit also von der erreichbaren Flammentemperatur und schließlich von der Wärmeübertragung der Flammengase auf den Einsatz bzw. das Stahlbad.

Der *Heizwert* der Brennstoffe ist durch ihre chemische Zusammensetzung gegeben. Der Wärmeinhalt im Augenblick der Verbrennung ist abhängig von der Vorwärmung. Die Vorwärmung von Brennstoff und Verbrennungsluft kann den Energieinhalt von Brennstoffen, selbst verhältnismäßig niedrigen Heizwertes, so weit erhöhen, daß die zum Schmelzen des Eisens erforderliche Flammentemperatur erreicht wird.

Die *Wärmeübertragung* ist eine Funktion des Verbrennungsvorganges. Jede Verbrennung besitzt ein Optimum der Heizwirkung, bei welchem Flammentemperatur und Strahlungsvermögen die günstigsten Werte aufweisen. Dieses Optimum ist nicht gleichbedeutend mit einer möglichst raschen und vollkommenen Verbrennung, da diese eine kurze, nichtleuchtende Flamme ergibt. Im anderen Fall erhält man bei einer zu langsamen Verbrennung wohl eine leuchtende Flamme, jedoch sinkt die Flammentemperatur und damit das wirksame Temperaturgefälle, so daß die Wärmeübertragung verschlechtert wird. Die Verbrennung muß vielmehr so eingestellt werden, daß die Flamme hell leuchtet. Das Leuchten der Flamme wird durch entsprechende Zusammensetzung, Vorwärmung und Mischung des Gases mit der Verbrennungsluft erreicht. Gase, welche organische Verbindungen enthalten, bilden durch thermische Spaltung Kohlenstoffskelette, welche durch den Verbrennungsvorgang erhitzt und zum Strahlen gebracht werden. Teerarmes Generatorgas oder Koksofengas wird daher vielfach karburiert, d. h. es werden Kohlenstoffträger in Form von Ölen, Teer- oder Pechprodukten in fein zerstäubter Form zugeführt. Auch die Karburierung mit Kohlenstaub wird ab und zu noch angewendet.

Die Forderung nach einer leuchtenden Flamme ist darin begründet, daß die Wärmeübertragung im Bereiche hoher Temperaturen (über 700°C) vorwiegend durch Strahlung erfolgt. Der bessere Wärmeübergang von der Flamme auf das Stahlbad muß zum Teil auch auf das höhere Absorptionsvermögen der Schlacke bzw. auf das höhere Reflexionsvermögen der feuerfesten Baustoffe für die Strahlung der leuchtenden Flamme zurückgeführt werden, welche, außer im Ultrarot, auch noch im sichtbaren Licht und nahem Ultrarot strahlt. Untersuchungen von G. NAESER und W. PEPPERHOFF [2] führten zu dem Ergebnis, daß das Spiegelungsvermögen von basischen Siemens-Martin-Schlacken beim Übergang von einer nichtleuchtenden zu einer leuchtenden Flamme fast um ein Drittel absinkt, während das Reflexionsvermögen von Silika um rund 150% ansteigt. Das Spiegelungsvermögen von Magnesit bleibt beim Übergang zur leuchtenden Flamme praktisch gleich, während es beim Chrommagnesit um etwa 20% kleiner wird. Es liegt jedoch auch dann noch über dem der Silikasteine. Der Anteil der Rückstrahlung von der Ofenzustellung an der Gesamtwärmeübertragung ist daher bei basischen Gewölben am größten. Dazu kommt noch ihre höhere thermische Belastbarkeit gegenüber sauren Gewölben, die die Anwendung höherer Flammentemperaturen gestattet.

Welche Brennstoffe bei Erfüllung aller Voraussetzungen im Einzelfall zur Verwendung gelangen, ist eine Frage der Wirtschaftlichkeit. Seit dem Kriegsende hat sich gerade auf dem Gebiete der Brennstoffwirtschaft aus diesem Grunde ein großer Wandel vollzogen. Eine Übersicht über die Zusammensetzung, den Heizwert und weitere wichtige physikalische und technologische Daten der üblichsten gasförmigen Brennstoffe gibt Tab. 37.

3.121 Gasförmige Brennstoffe

3.121.1 Generatorgas

Das Generatorgas bildete lange Zeit den Normalbrennstoff für den Siemens-Martin-Ofen und bestimmte dessen Bauart als Vierkammerofen. Mit dem Vordringen anderer Brennstoffe hat es seit etwa 1930 und ganz besonders seit dem letzten Krieg an Bedeutung stark verloren. Ein ausschließlich mit Generatorgas geheizter Schmelzofen stellt gegenwärtig schon einen Sonderfall dar. Es wird noch zusammen mit Koksofengas (Mischgas) oder zusätzlich noch mit Hochofengas (Dreigas) verwendet, aber in neuester Zeit durch Heizöl und auch durch Erdgas (Naturgas) immer mehr verdrängt. Dies hat zu einem starken Überwiegen der Zweikammer-Bauart geführt.

Heizwert und Zusammensetzung des Generatorgases schwanken in weiten Grenzen je nach dem vergasten Material und der Betriebsart der Generatoren [3]. Zur Vergasung gelangen alle Arten von Kohlen (Steinkohle, Braunkohle, Lignit) und Koks. Die Vergasung erfolgt unter Dampfzusatz zur Erhöhung des Wasser-

stoffgehaltes im Gas und um die Schlackenbildung im Generator günstig zu beeinflussen. Die Dampfmenge liegt, je nach dem Mengenanteil und dem Erweichungs-
beginn der Asche, bei 250 bis 400 kg/t Kohle, bei 400 bis 700 kg/t Koks und bei
maximal 200 kg/t Briketts [4]. Um ein Verbrennen mit leuchtender Flamme zu
gewährleisten, strebt man ein Gas mit einem hohen Gehalt an Kohlenwasserstoffen
bzw. Teer an. Der Wasserdampfgehalt soll selbstverständlich möglichst niedrig
sein.

Tabelle 37. *Kennzahlen verschiedener gasförmiger Brennstoffe*

	Generatorgas aus		Koksofengas	Hochofengas	Erdgas[2]
	Gasflammkohle	Braunkohlen-briketts			
1. Gaszusammensetzg.					
CO_2 %	3—4	3,5—4,5	1,5—2,4	6—12	0,2
schwere Kohlen-wasserstoffe %	0,2	0,2	1,8—2,5	—	1,5—2,3
O_2 %	—	—	0,3—0,6	ca. 25—31	bis 0,2
CO %	28—30′	30—32	4,7—6,7	28—33	bis 0,2
H_2 %	12—14	12—14	52—62	1—3	—
CH_4 %	1,8—2,5	2,5	24—27	Spuren	96—97
N_2 %	49—51	49—50	5—12	55—60	0,5—1,3
2. Teergehalt g/Nm³	10—25	20—30	—	—	—
3. Heizwert (Hu) kcal/Nm³	1400—1450[1]	1400—1500[1]	4000—4400	800—1000	8600—8700
4. Dichte kg/Nm³	1,25	1,2	0,4—0,5	1,26—1,30	0,75
5. Feuchtigkeits-gehalt g/Nm³	30—60	100—120	10—25	bis 150	—
6. theoretischer Luftbedarf je 1000 kcal Nm³	1,4—1,6	1,5	4,0—4,3	0,65—0,85	9,5
7. theoretische Abgasmenge feucht Nm³/Nm³	2,3—2,5	2,4	4,6—5,0	1,45—1,7	10,5
8. theoretischer Luftbedarf je 1000 kcal Nm³	1,0—1,1	1,03	0,98—1,0	0,81—0,85	1,1
9. theoretische Abgasmenge feucht je 1000 kcal Nm³	1,64—1,72	1,66	1,14—1,15	1,7—1,8	1,2

[1] Einschließlich fühlbarer Wärme und Teer (Rohgas): 1650 bis 1750 kcal/Nm³.

[2] Mittelwerte für österreichisches und italienisches Erdgas (letzteres s. COREA, T. und
C. STOCCHI: La Metallurgia Italiana 44 (1952), S. 259/66).

Die Zersetzung des Teers und die Aufspaltung in Kohlenstoffskelett-Gebilde
erreicht bei Vorwärmtemperaturen von 900 bis 1000 °C ihren Bestwert. Die ausgeschiedenen Kohlenstoffteilchen reagieren mit dem im Gas enthaltenen Wasserdampf unter Bildung von CO, CO_2 und H_2. Diese unter dem Namen „Wassergasreaktion" bekannte Umsetzung vermindert den durch thermische Spaltung der
Kohlenwasserstoffverbindungen entstandenen Anteil an Leuchtstoffen im Gas.
Das Optimum dieser Reaktion liegt bei 1200 bis 1250 °C. Ein Feuchtigkeitsgehalt
von über 100 g/Nm³ vermag unter Umständen eine Generatorgasflamme bereits
stark zu entleuchten.

Wird Generatorgas aus Koks erzeugt, so erhält man naturgemäß ein Gas, welches praktisch frei von Kohlenwasserstoffen ist und zur Verbesserung der Wärmeübertragung der Flamme karburiert werden muß.

An schädlichen Bestandteilen kann das Generatorgas Schwefelverbindungen enthalten, deren Menge im allgemeinen 3 g/Nm³ nicht überschreiten soll. Der zulässige Grenzgehalt wird von manchen Edelstahlwerken schon mit maximal 1 g/Nm³ angegeben. Der Schwefelgehalt ist von der verwendeten Kohlensorte abhängig und kann durch Kalkzusatz in den Generatoren in geringem Umfang herabgesetzt werden.

3.121.2 Koksofengas

Das Koksofengas besitzt gegenüber dem Generatorgas eine Reihe von stark abweichenden Eigenschaften (s. Tab. 37).

Aus den Arbeiten von K. RUMMEL [5] muß gefolgert werden, daß die Vorwärmung des Koksofengases im Regenerativofen nicht genügend beherrschbar ist. Deshalb mußte man bald auf die Kaltgas-Betriebsweise übergehen, womit sich durch den Wegfall der Gaskammern die Bauform des Siemens-Martin-Ofens vereinfachte. Dabei ergibt sich jedoch eine ungenügende Wärmeübertragung der nichtleuchtenden Flamme, so daß daher bei der Verwendung von kaltem Koksofengas, besonders von Ferngas[1], eine Karburierung erforderlich ist, die z. B. mit Teerölen, Steinkohlenteerpech oder in neuester Zeit bevorzugt mit schwerem Heizöl (Masut) [6, 7] vorgenommen wird.

Der Bedarf an Leuchtkraftträgern für ein günstiges Strahlungsvermögen der Flamme läßt sich aus dem Vergleich der Kohlenstoffmenge des teerreichen Generatorgases mit derjenigen des Koksofengases nur in erster Annäherung ermitteln, weil außer der Menge auch die durch die Aufspaltung der Kohlenwasserstoffe in der Flamme entstehenden Arten von Kohlenstoffgebilden — Kohlenwasserstoff-Restskelette oder atomarer Kohlenstoff — in ihren jeweiligen Anteilen für die Leuchtkraft von größter Bedeutung sind: ein höherer Anteil von Kohlenwasserstoff-Restskeletten ergibt eine weißleuchtende Flamme (Rußbildung) mit guten Wärmeübertragungseigenschaften, wohingegen eine völlige Aufspaltung in Kohlenstoff und Wasserstoff nur ein rötliches Leuchten, von der Verbrennung der zu fester Form sublimierten Kohlenstoffmoleküle herstammend, liefert. Gegenüber einem Anteil an spaltbarem Kohlenstoff von 10 bis 15 g/1000 kcal im Generatorgas müssen dem Koksofengas mit seinem eigenen spaltbaren Kohlenstoffanteil von etwa 7,5 g/1000 kcal (Methan) noch weitere 15 g Kohlenstoff/1000 kcal in Form von Teerölen oder gar 33,5 g Kohlenstoff/1000 kcal in Form von Braunkohlenstaub zugeführt werden [1].

An schädlichen Bestandteilen enthält das Koksofengas, je nach den verkokten Kohlen, manchmal erhebliche Schwefelmengen. Der Schwefelgehalt je Nm³ liegt durchschnittlich höher als bei Generatorgas, führt aber wegen des, auf die Wärmeeinheit bezogen, geringeren Gasvolumens zu keinen Schwierigkeiten in der Führung des Siemens-Martin-Prozesses. Reines Koksofengas wird heute nur mehr in der chemischen Industrie und für die Versorgung der Städte eingesetzt. Für die Beheizung von Siemens-Martin-Öfen findet es nur unter Beimischung von minderwertigen Heizgasen (Hochofengas) Verwendung.

---

[1] Bei Ferngas wird der Anteil an Benzol und Naphthalin des Rohgases auf < 2 g Benzol/Nm³ bzw. < 5 g/100 Nm³ (bei 1 ata) verringert, wodurch die Leuchtkraft noch mehr absinkt (s. Koppers-Handbuch, Heinrich Koppers Ges. m. b. H., Essen, 2. Auflage 1937, S. 282).

3.121.3 Hochofengas

Hochofengas oder Gichtgas normaler Kokshochöfen kann für sich allein als Brennstoff für Stahlschmelzöfen nicht verwendet werden. Bei dem geringen Heizwert von 750 bis 1050 kcal/Nm³ [8] reicht sein Energieinhalt auch bei hoher Vorwärmung nicht aus, um die notwendigen Flammentemperaturen zu erreichen. Außerdem ist die Wärmeübertragung ungenügend, da es mit nichtleuchtender Flamme verbrennt. Dagegen wird es als Beimengung zu anderen hochwertigen Gasen, vor allem zu Koksofengas, zur Beheizung von Siemens-Martin-Öfen immer noch herangezogen.

Gichtgas von Elektro-Niederschachtöfen [9, 10] läßt mit seinem Heizwert von etwa 2500 kcal/Nm³ die erforderliche Flammentemperatur erreichen. Durch eine Karburierung mit Teer, Kohlenstaub oder schwerem Heizöl kann die Wärmeübertragung der Flamme so verbessert werden, daß sie für den Betrieb von Siemens-Martin-Öfen geeignet ist. Die in seltenen Fällen gegebenen Voraussetzungen für solche Öfen — billiger Strom und schlechte oder nichtverkokungsfähige Kohle — machen aber diese Art eines kohlenoxydreichen Gichtgases (z. B. 71% CO, 8% H_2, 19% CO_2, 2% CH_4) zu einem Ausnahmefall.

3.121.4 Naturgas

Naturgas, in diesem Zusammenhang besser mit *Erdgas* bezeichnet, hat seit dem Ende des zweiten Weltkrieges auch als Brennstoff für die stahlerzeugende Industrie eine große Bedeutung erlangt. Wie der Tab. 38 entnommen werden kann, ist seine Zusammensetzung sehr unterschiedlich.

Tabelle 38. *Kennzahlen verschiedener Naturgas-Sorten*

Vorkommen:	% CH_4	% C_mH_n	% CO_2	% N_2	% H_2S	Hu kcal/Nm³
USA — Pittsburgh[1]	83,4	16,6	—	—	—	9090
USSR — Shebelinsk[2]	90,0	4,3	0,3	5,4	—	8300
Italien — Cortemaggiore[1]	90,3	9,2	—	0,5	—	9250
Frankreich — Lacq[3]						
Rohgas	69,6	5,5	9,6	—	15,2	7780
Reingas	96,5	3,5	—	—	—	8850
Frankreich — Sahara[4]						
Hassi R'mel	77,6	22,2	0,2	—	—	
Deutschland — Rehden[1]	76,0	—	17,0	7,0	—	6250
Österreich — Zwerndorf[5]	97,8	1,5	0,2	0,5	—	8620

[1] Anhaltszahlen für die Wärmewirtschaft, Wärmestelle Düsseldorf, Verlag Stahleisen, Düsseldorf, 5. Auflage (1957), S. 12.

[2] KUROCHKIN, B. N., u. a.: Stal 5 engl. (1959), S. 348.

[3] SIGMUND, K.: Gas-Wasser-Wärme 15 (1961), S. 45.

[4] LAURIEN, H. u. G. WEDEKIND: Erdöl und Kohle 14 (1960), S. 224/25.

[5] Montan-Handbuch, Montan-Verlag, Wien 1960, S. 110.

Die Verfeuerung im Förderzustand, wie sie in früheren Jahrzehnten in den USA üblich war, unterbleibt immer mehr, man ist vielmehr bestrebt, vorher den größten Teil der höheren Kohlenwasserstoffe abzuscheiden. Dies führt zu einer relativen Anreicherung von Methan. Die Verbrennung eines solchen Erdgases ergibt im allgemeinen eine nichtleuchtende Flamme. Um die Wärmeübertragung durch Strah-

lung im Schmelzofen zu erhöhen, läßt man durch entsprechende Zusammen-
führung von Erdgas und vorgewärmter Luft eine teilweise thermische Spaltung
des Methans eintreten [11 bis 13]. In neuester Zeit wendet man statt dieser Selbst-
karburierung bevorzugt die Fremdkarburierung an, indem man schweres Heizöl,
Rohöl oder Steinkohlenteer in einem Ausmaß von 25 bis 35%, bezogen auf den
Kalorienanteil, zuführt. Die Zerstäubung des Öles erfolgt hierbei entweder durch
Druckluft, Wasserdampf oder Erdgas mit höherem Druck. Dies hat vor allem in
Europa zu komplizierten Brennertypen geführt [16], bei denen durch oft zwei-
stufige Zerstäubung das Hauptaugenmerk auf eine innige Durchmischung der
Ölpartikelchen mit den Gas- und Luftteilchen gerichtet ist. In den USA, auf die
allein 80% des Weltverbrauches von Erdgas entfallen (1959 … 325 Mrd. m³), sind
hingegen wegen des immer noch relativ größeren Anteiles von höheren Kohlenwasserstoffen im Erdgas sowohl die Brenner wie auch die Ofenköpfe vorwiegend
von einfacherer Bauart. Hier ist die Verwendung von Erdgas im Schmelzofen
überwiegend auf einen Zusatz zum Hauptbrennstoff Öl beschränkt [15]. Da Erdgas nicht vorgewärmt wird, können die Siemens-Martin-Öfen als Einkammeröfen
gebaut werden, es sei denn, daß beim Umbau von Generatorgas-Öfen aus Gründen
der Kosteneinsparung beide Kammern beibehalten werden und zur Vorwärmung
der ohnedies um rund 25% größeren Luftmenge, bezogen auf die einzubringende
Wärmemenge, dienen [16]. Wegen der höheren Flammentemperatur ist die Ausmauerung der Öfen einer weit stärkeren Beanspruchung ausgesetzt, wodurch insbesondere bei sauer zugestellten Öfen die Haltbarkeit der Zustellung stark absinkt.

3.121.5 Mischgas

Am häufigsten wird Mischgas aus Hochofengas und Koksofengas mit einem
mittleren Heizwert von 2000 bis 2500 kcal/Nm³ verwendet. Der Mischgasbetrieb
erfordert Vierkammeröfen. Sie sind in der Bundesrepublik Deutschland im Jahre
1959 noch mit 44% bei 204 erfaßten Siemens-Martin-Öfen vertreten (1943:
84%, 1953: 70%) [17]. Das Mischgas ermöglicht es, durch Änderung des Mischungsverhältnisses, je nach den Erfordernissen des Schmelzverlaufes, mit mehr oder
weniger heizkräftigem Gas zu arbeiten. Man kann z. B. mit heizkräftigem Gas
einschmelzen und mit heizärmerem Gas fertigmachen.

Zur Verbesserung der Wärmeübertragung empfiehlt es sich, die Vorwärmung
des Gases sehr hoch zu treiben, höher als seinerzeit beim generatorgasbeheizten
Siemens-Marin-Ofen, oder, wie erwähnt, zu karburieren. Die Spaltung des Methans
zu Kohlenwasserstoff-Restskeletten beginnt bei Temperaturen um 1000 °C [18]
und erreicht bei verdünntem Methan, als welches Mischgas wie Koksofengas anzusehen ist, bei um so höherer Temperatur ihr Optimum, je stärker die Verdünnung
ist. Sie liegt dann bei etwa 1200 °C. Bei noch höherer Temperatur tritt die völlige
Aufspaltung des Methans in Kohlenstoff und Wasserstoff ein, was einem Rückgang
der Leuchtkraft gleichkommt. Da man dann auch in den optimalen Bereich der
Wassergasreaktion eintritt, macht sich zusätzlich die starke Entleuchtungswir-
kung durch die Verbrennungsprodukte Wasserdampf und Kohlensäure bemerkbar. Das Mischgas muß außerdem vor dem Eintritt in die Anlage ausreichend
gekühlt werden, um den primären Wassergehalt möglichst niedrig zu halten. Feuch-
tigkeitsgehalte von 70 g/Nm³, entsprechend einer Sättigungstemperatur des
Gases von 40 °C, können beim Mischgas schon zur vollkommenen Entleuchtung
der Flamme führen.

Mischgas aus Hochofen- und Generatorgas, aus Koksofen und Generatorgas
oder aus allen drei Komponenten (Dreigas) haben wegen des allmählichen Ver-

schwindens des Generatorgases aus dem Schmelzofenbetrieb keine praktische
Bedeutung mehr. Die so sehr erwünschte Leuchtkraft der Flamme wird wesentlich bequemer durch den Zusatz von Heizöl oder mancherorts auch von Rohöl
oder Teerölen erzielt.

3.122 Flüssige Brennstoffe

Die seit dem Kriege ins Vielfache gesteigerte Ölförderung, das oft schwan-
kende Angebot an Ferngas sowie ein allmählich bemerkbar werdender Mangel an
vergasungsfähiger Kohle haben dem Heizöl eine beherrschende Stellung als Brennstoff in der Stahlerzeugung gesichert. Die Entwicklungstendenz in den Brennstoff-
sorten geht aus Abb. 216 für den Bereich der Bundesrepublik Deutschland hervor
und ist beispielhaft für viele Industriestaaten. Das nach der deutschen Norm
als „Heizöl *S*" bezeichnete Rückstandsprodukt aus der Erdölverarbeitung — auch

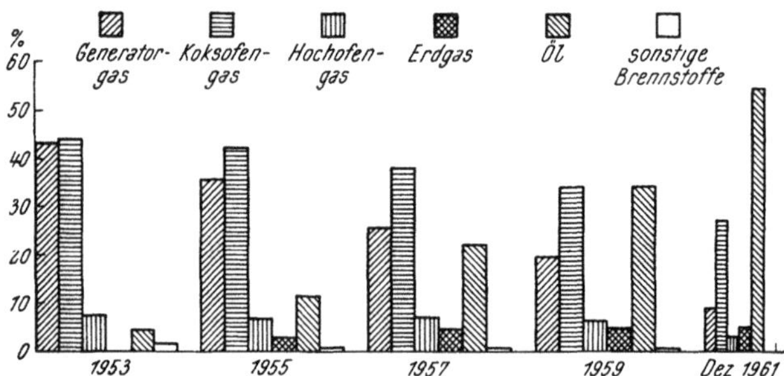

Abb. 216. Brennstoffsorten-Anteile in Siemens-Martin-Werken der Bundesrepublik Deutschland

als Bunker-C-Öl und als Masut bekannt — ist eine zähflüssige, dunkle Masse mit
einer Viskosität von etwa 60 Englergraden bei 50 °C und einem Heizwert von
9800 bis 10 100 kcal/kg. Heizöl S muß vor dem Brenner auf 90 bis 110 °C erwärmt
werden, damit eine gute Zerstäubung und eine optimale Verbrennung erreicht
wird.

Die anfangs verhältnismäßig einfach gebauten Brenner sind in der Ausführung
allmählich durch verfeinerte Konstruktionen ersetzt worden [14]. Diese sind gut
regelbar und gestatten eine weitgehende Anpassung der Flammenführung an den
Schmelzbetrieb. Als Zerstäubungsmedium wird Wasserdampf oder Preßluft, in
gemischten Feuerungen vereinzelt auch Erdgas mit höherem Druck (bis 8 atü), verwendet [16]. Der ölgefeuerte Siemens-Martin-Ofen ist durch den Wegfall der Gaskammern von einfacher Bauart. Die Verwendung von Heizöl als Karburierungsmittel ist weit verbreitet und wurde in den früheren Abschnitten bereits erwähnt.

Der Schwefelgehalt des Heizöls kann, je nach Herkunft, hohe Werte annehmen
und ist mit 1800 bis 3700 g/10⁶ kcal wesentlich höher als jener des Braunkohlen-
Generatorgases (etwa 800 g/10⁶ kcal) oder gar des Ferngases (250 g/10⁶ kcal). In
Gewichtsprozenten soll er nach der deutschen Norm 3,8% nicht überschreiten [19];
ein Heizöl S mit 1,7% Schwefel wird schon als schwefelarm beurteilt, das österreichische Heizöl S ist mit 0,3% Schwefel von außerordentlich guter Qualität.

An anderen flüssigen Brennstoffen sind Teeröle und Steinkohlenpech erwäh-
nenswert, vowiegend allerdings nur als Karburierungsmittel. In seltenen Fällen
oder in ausgesprochenen Notzeiten können sie durchaus die Aufgabe eines Heiz-
mittels übernehmen [20]. Starke Verschlackung bis in die Gitterung hinein ist
eine nachteilige Begleiterscheinung dieser Feuerungsart.

3.123 Feste Brennstoffe

Als fester Brennstoff zur direkten Beheizung von Siemens-Martin-Öfen wurde Steinkohlenstaub längere Zeit versuchsmäßig verwendet [21 bis 23]. Der Nachteil dieser technisch einfachen Beheizungsart liegt in der Zerstörung der Kammer-Gitterung durch die aus der Kohlenasche entstehende Schlacke, so daß sie sich nicht einführen konnte. Aus dem gleichen Grunde ist auch Kohlenstaub als Karburierungsmittel kaum mehr in Verwendung.

3.124 Sauerstoff

Im Zusammenhang mit dem Einsatz verschiedener Brennstoffe für den Siemens-Martin-Ofenbetrieb und im Hinblick auf die Sauerstoff-Schmelzverfahren muß hier auch die Verwendung gasförmigen Sauerstoffes behandelt werden. Dabei sind grundsätzlich vier verschiedene Anwendungsmöglichkeiten zu unterscheiden:

1. Zusatz von Sauerstoff in den Gasgeneratoren;

2. der Zusatz von Sauerstoff in den Brenner des Siemens-Martin-Ofens;

3. die Verwendung von Öl-Sauerstoff- oder Gas-Sauerstoffbrennern zum Einschmelzen von Schrott, z. B. im Lichtbogenofen oder im Sauerstofftiegel;

4. das Frischen mit reinem Sauerstoff, wobei die aus den Oxydationsreaktionen entstehende Wärme allein oder zusätzlich zur Deckung der Wärmeverluste und zum Aufheizen des Stahlbades auf Abstichtemperatur dient.

In diesem Abschnitt soll nur auf die Anwendungsarten 1 und 2 näher eingegangen werden, während die Anwendungsfälle 3 und 4 in den Abschnitten 3.312, 3.42 und 3.53 behandelt werden.

Der Sauerstoffzusatz in den *Gaserzeugern* führt zu einer Erhöhung des Heizwertes durch Verminderung des Stickstoffbalastes im Generatorgas. Tab. 39 zeigt die Betriebsverhältnisse eines Generators ohne und mit Sauerstoffanreicherung nach den Untersuchungsergebnissen von W. GERLING und K.-O. ZIMMER [24]. Die Höhe der Sauerstoffanreicherung ist zum Teil auch von der vergasten Kohle abhängig, da ein zu starkes Zusammenschweißen der Asche vermieden werden muß. Die Verfasser konnten an einem mit 60% Mischgas und 40% Generatorgas beheizten Siemens-Martin-Ofen auf diese Art die Schmelzleistung um rund 10% steigern und den Wärmeverbrauch um 11% senken.

Auch beim Zusatz von Sauerstoff in die *Verbrennungsluft* tritt eine Erhöhung der Schmelzleistung des Siemens-Martin-Ofens durch eine entsprechende Steigerung der Flammentemperatur ein. Außerdem wird das Abgasvolumen nach der Verbrennung vermindert. Dieser Sauerstoffzusatz kann bereits in den Kammern erfolgen oder bei Kaltgasöfen oder öl- bzw. teergefeuerten Öfen in den Brenner. Mit dieser Arbeitsweise gelingt es auch, die Schmelzleistung über die gesamte Ofenreise annähernd konstant zu halten. Während der Zeit der Sauerstoffzugabe wird die Verbrennungsluftmenge entsprechend erniedrigt und meist ist auch eine Verringerung der Brennstoffmenge erforderlich, um die feuerfeste Zustellung zu schonen. Die volle Ausnützung der Vorteile des Sauerstoffzusatzes zur Verbrennungsluft kann nur in Öfen mit basischem Gewölbe erreicht werden. Die Erhöhung der Schmelzleistung wird, je nach Schmelzverfahren und Sauerstoffanreicherung, mit etwa 8 bis 20% und die Verminderung des Brennstoffverbrauches mit etwa 5 bis 15% angegeben [24, 25].

Tabelle 39. *Betriebsverhältnisse eines Gaserzeugers ohne und mit Sauerstoffanreicherung* (nach W. GERLING und K. O. ZIMMER)

		Wind nicht angereichert	Wind mit Sauerstoff angereichert
Kohlendurchsatz	kg/h	450	500
Windmenge	Nm³/h	1200	1135
Sauerstoffmenge 99% O_2	Nm³/h	—	64
Sauerstoffgehalt im Wind (analysiert)	%	20,8	25,5
Dampfzusatz/kg Kohle	kg/kg	0,32	0,35
Temperatur Dampf-Luft-Gemisch	°C	49	53
Gasausbeute	Nm³/kg Kohle	3,82	3,68
Gastemperatur	°C	700	700
Chemische Zusammensetzung			
CO_2	%	4,4	5,2
Schwere Kohlenwasserstoffe	%	1,0	1,0
O_2	%	0,0	0,2
CO	%	25,2	29.2
CH_4	%	3,2	3,2
H_2	%	13,5	15,3
N_2	%	52,7	45,9
Unterer Heizwert Hu	kcal/Nm³	1560	1728
Thermischer Wirkungsgrad $\dfrac{\text{Nutzwärme}}{\text{Wärmeeinnahme}}$	%	88	91
Vergasungswirkungsgrad $\dfrac{\text{Gasmenge x Hu}}{\text{Kohlenstoffmenge x Hu}}$	%	84	91

Schrifttum

zu Abschnitt 3.12

1. WESEMANN, F.: Die Beheizung von Siemens-Martin-Öfen in deutschen Stahlwerken. Stahl u. Eisen 56 (1936), S. 1074/90.
2. NAESER, G., und W. PEPPERHOFF: Die Strahlungseigenschaften von feuerfesten Steinen und Schlacken und deren Einfluß auf den Wärmeübergang. Stahl u. Eisen 69 (1949), S. 325/28.
3. Zur Berechnung von Heizwert und Zusammensetzung von Generatorgas vgl. E. SCHWARZ-BERGKAMPF, Radex-Rdsch. 1948, S. 41/48. Über die praktische Bewertung der zur Vergasung gelangenden festen Brennstoffe auf Grund der C—H—O-Darstellung nach H. APFELBECK, siehe R. MITSCHE, Radex-Rdsch. 1949, S. 105/09.
4. KOPPERS-Handbuch, II. Auflage, S. 412.
5. RUMMEL, K.: Vom Wesen der Flamme. Stahl u. Eisen 61 (1941), S. 364/71.
6. GNIDA, E.: Betriebsergebnisse eines Siemens-Martin-Ofens mit Koksofengasbeheizung (Kaltgasbetrieb). Stahl u. Eisen 62 (1942), S. 612/14.
7. CLEES, H.: Teeröl-Zusatzbeheizung bei Siemens-Martin-Öfen zur Einsparung von Ferngas. Stahl u. Eisen 71 (1951), S. 673/78.
8. HEYNERT, G., P. ISCHEBECK und W. v. SPEE: Möllervorbereitung und ihre Auswirkung auf die Betriebsergebnisse am Hochofen. Stahl u. Eisen 81 (1961), S. 1/12.
9. WALDE, H.: Neue Erkenntnisse bei der Erzeugung von Roheisen im Elektro-Niederschachtofen. Stahl u. Eisen 73 (1953), S. 1441/46.
10. SCHWEISGUT, G.: Stoff- und Energiebilanzen einer Rohstahlerzeugungsanlage, bestehend aus Elektro-Niederschachtöfen und Lichtbogen-Stahlöfen. Stahl u. Eisen 78 (1958), S. 407/12.

11. VAILL, R.: Naturgas in Siemens-Martin-Öfen. Iron Age 141 (1938), Nr. 9, S. 34/36.
12. BARTU, F.: Die Beheizung der SM-Öfen mit Erdgas. Radex-Rdsch. 1953, S. 110/16.
13. VACEK, A.: Das Methan in der Schwerindustrie. Gas/Wasser/Wärme 9 (1955), S. 9/12.
14. FETTWEISS, K.: Brenner-Bauarten für die Beheizung von Siemens-Martin-Öfen ausschließlich mit Öl und Teer. Stahl u. Eisen 75 (1955), S. 1553/57.
15. BARTU, F.: Hundert Jahre Regenerativfeuerung — Der Werdegang des Siemens-Martin-Ofens. Stahl u. Eisen 78 (1958), S. 713/33.
16. PINK, E., O. KRIFKA und A. SCHÖBERL: Die Umstellung der 30-t-Siemens-Martin-Öfen von Generatorgas- auf Erdgas-Ölbeheizung. Radex-Rdsch. 1961, S. 647/56.
17. KAHNIS, W., und H. WÜBBENHORST: Die Entwicklung der westdeutschen Siemens-Martin-Stahlerzeugung nach dem Jahre 1950 und der gegenwärtige Leistungs- und Kostenstand. Stahl u. Eisen 80 (1960), S. 721/33.
18. RUMMEL, K., und P. O. VEH: Die Strahlung leuchtender Flammen. Arch. Eisenhüttenwes. 14 (1941), S. 489/99.
19. DIN 51603 (März 1960): Heizöle, Mindestanforderungen.
20. GERLING, W., und K. O. ZIMMER: Erfahrungen mit Steinkohlenrohteer-Beheizung von Siemens-Martin-Öfen. Stahl u. Eisen 77 (1957), S. 1075/80.
21. GUTHMANN, K.: Karburierung und Beheizung von Siemens-Martin-Öfen mit Steinkohlenstaub. Stahl u. Eisen 66/67 (1947), S. 116/22.
22. KREUTZER, C.: Betrieb koksofengasgefeuerter Siemens-Martin-Öfen mit erhöhtem Braunkohlenstaubzusatz. Stahl u. Eisen 57 (1937), S. 1397/1404.
23. WULFFERT, E.: Das Karburieren mit Braunkohlenstaub im koksofengasbeheizten basischen Siemens-Martin-Ofen. Stahl u. Eisen 57 (1937), S. 1165/71.
24. GERLING, W., und K. O. ZIMMER: Anwendung von Sauerstoff in einem Siemens-Martin-Stahlwerk. Stahl u. Eisen 78 (1958), S. 156/60.
25. MYSSOVSKI: Oxygen Open-Hearth Practice in the USSR. J. Metals 11 (1959), S. 520/22.

3.13 Die metallischen Einsatzstoffe

Die zur Verfügung stehenden metallischen Einsatzstoffe bestimmen in der Regel die in einem Industriegebiet zur Anwendung gelangenden Stahlherstellungsverfahren. Dies gilt heute auch für die Edelstahlerzeugung, nachdem die Einführung der Sauerstoffmetallurgie den Anwendungsbereich aller Prozesse auf eine so breite Ebene gestellt hat, daß mit nahezu allen Arbeitsverfahren wenigstens ein Teil der als Edelstähle bezeichneten Stahlgüten hergestellt werden kann. Nur für die Erzeugung hochlegierter Edelstähle ist die Standortfrage im Hinblick auf die örtlich verfügbaren Rohstoffe noch immer von sekundärer Bedeutung, sofern nur die zur Erschmelzung und Weiterverarbeitung benötigte Energie zu vertretbaren Kosten zur Verfügung steht.

Die Edelstahlwerke verarbeiten heute noch immer im überwiegenden Maße Schrott, wobei dem Eigenschrottanfall, dem sogenannten Umlaufschrott, besondere Bedeutung zukommt. Die Verwendung von Roheisen beschränkt sich im wesentlichen auf die Edelstahlerzeugung nach den Sauerstoffaufblas-Verfahren, auf den Siemens-Martin-Ofen-Prozeß und die fallweise noch verwendeten Duplexverfahren. In der Elektrostahlerzeugung beträgt dagegen mit wenigen Ausnahmen der Roheisenanteil kaum mehr als 5% des metallischen Einsatzes. Zunehmende Bedeutung gewinnen jedoch verschiedene Erzreduktionsprodukte, wie Eisenschwamm und Rennluppen, die anstelle des Schrottes im Einsatz verwendet werden.

3.131 Das Roheisen

Der Roheisenauswahl für die basischen Prozesse sind verhältnismäßig weite Grenzen gesetzt. Dies gilt besonders bei der Anwendung der Sauerstoffblas-Verfahren, bei denen der Frischprozeß nahezu beliebig beschleunigt werden kann und die Anwesenheit von Wärmeträgern im Roheisen nicht mehr von so ausschlaggebender Bedeutung ist. Dennoch wird man bestrebt sein, die metallurgische Arbeit durch entsprechende Auswahl der chemischen Zusammensetzung des Roheisens zu erleichtern. Dies gilt sowohl für die Begrenzung des Phosphor- und Schwefelgehaltes als auch für die Höhe des Silizium- und Mangangehaltes. Erstere ist in der für Edelstahl selbstverständlichen Forderung nach hoher Reinheit bezüglich Phosphor und Schwefel begründet, die bei hohen Anfangsgehalten nur durch eine entsprechend zeitraubende und damit meist unwirtschaftliche Arbeitsweise zu erzielen ist. Die Mangan- und Siliziumgehalte müssen dem jeweiligen metallurgischen Verfahren angepaßt werden, wobei dem Silizium in bestimmten Fällen eine gewisse Bedeutung für den Wärmehaushalt des Prozesses zukommt.

In Edelstahlwerken ist daher die Verarbeitung von phosphorreichen Roheisensorten mit mehr als etwa 0,2% P und von Thomasroheisen auf Ausnahmefälle beschränkt. Noch wichtiger als die Begrenzung des Phosphorgehaltes ist für eine Reihe metallurgischer Prozesse die Höhe des Schwefelgehaltes im Roheisen. Dies trifft für alle Verfahren zu, die ohne Entschwefelungsschlacke arbeiten und bei denen meist nur eine etwa 50%ige Entschwefelung erreichbar ist. Auf die zur Entschwefelung des Roheisens entwickelten Verfahren wird im Abschnitt 3.22 noch näher eingegangen. Ein niedriger Phosphor- und Schwefelgehalt wird auch für Roheisensorten gefordert, die für Umschmelzchargen als Kohlenstoffträger verwendet werden oder die zum Aufkohlen des gefrischten Bades dienen.

Für die Verwendung im *sauren* Prozeß ist eine hohe Reinheit des Roheisens an Phosphor und Schwefel die primäre Voraussetzung, da ihre Entfernung im Schmelzprozeß nicht möglich ist. Der zulässige Maximalgehalt liegt bei je 0,03%. Der Mangangehalt soll mindestens 1,5% betragen, während Silizium in Gehalten von etwa 1%, fallweise auch in höheren Gehalten, anwesend sein kann. Diese Bedingungen wurden früher vom Holzkohlenroheisen erfüllt und können heute bei der Roheisenerzeugung im elektrischen Niederschachtofen eingehalten werden. Darüber hinaus sind auch sauerstoffverblasene Roheisensorten am Markt, die sich durch hohe Reinheit bei allerdings niedrigen Mangan- und Siliziumgehalten auszeichnen.

Für bestimmte Verwendungszwecke ist noch eine Reihe von Sonderroheisensorten verfügbar, die geringe Gehalte an Legierungselementen, wie Kupfer, Nickel, Chrom, Vanadin und Titan, enthalten. Tab. 40 gibt eine Übersicht über die übliche Zusammensetzung normaler und Sonderroheisensorten für die Verwendung bei basischen und sauren Stahlherstellungsverfahren.

3.132 Der Schrott

Der Schrott bildet mengenmäßig den größten Anteil des metallischen Einsatzes bei der Edelstahlerzeugung. Seine Qualität ist daher in vielen Fällen von entscheidender Bedeutung für den Ablauf der metallurgischen Prozesse sowie für die Qualität und die Eigenschaften des fertigen Stahles. Seine Bewertung als Einsatzmaterial für die Edelstahlerzeugung richtet sich einerseits nach seiner äußeren Beschaffenheit (Schwerschrott, Mittelschrott, Leichtschrott, schaufelbarer Schrott, lose Späne, paketierte Späne, paketierte oder gebündelte Abfälle, Draht usw.) und seiner Oberflächenbeschaffenheit (Verrostungsgrad, Art und Menge von Anstrichen und Überzügen, wie Emaille, Zinn, Zink usw.), sowie andererseits nach seiner chemischen Zusammensetzung.

Man unterscheidet im Stahlwerksbetrieb zwischen Eigenschrott und Fremdschrott. Der werkseigene Schrottanfall hat gegenüber dem Fremdschrott den Vor-

Tabelle 40. *Chemische Zusammensetzung verschiedener Roheisensorten*

Roheisensorte	C %	Si %	Mn %	P %	S %	V %	Ti %
Stahlroheisen (Österreich)	3,6—4,0 3,8—4,2	∼ 0,5 0,5—1,0	2,5—3,5 1,5—2,0	∼ 0,1 0,12—0,14	∼ 0,07 ∼ 0,05	— —	— —
Sonder-Stahlroheisen (Deutschland)	4,0—5,0	bis 1,0	2,0—6,0	bis 0,1	bis 0,04	—	—
Holzkohlenroheisen (Schweden)	4,4 3,6—3,9	1,4 max. 0,2	1,5 max. 0,2	< 0,025 < 0,025	< 0,02 < 0,02	— —	— —
Stahlroheisen aus dem elektrischen Niederschachtofen	3,8—4,2	0,5—1,0	4,0—5,0	0,07—0,1	0,005—0,02	—	—
Stürzelberger Roheisen	2,5—4,8	0,015	0,2—0,4	0,01—0,03	< 0,025	—	—
Vanadiumroheisen (Christiana Spigerverk AS)	bis 4,0	bis 3,5	bis 0,3	< 0,025	< 0,025	bis 0,7	bis 0,5
Vanadiumroheisen aus dem elektrischen Niederschachtofen	etwa 4,0	0,5—2,0	< 0,2	< 0,025	< 0,025	min. 0,5	etwa 0,5
Sauerstoff-verblasenes Roheisen (OB-Roheisen, Bremager Smeltverk, Oslo)	etwa 3,6	bis 0,10	bis 0,05	< 0,025	< 0,025	—	—

teil, daß seine Herkunft und seine Zusammensetzung genau bekannt sind. Dadurch ist eine genaue Sortierung und zweckmäßige Lagerung am Schrottplatz möglich sowie auch eine genaue Errechnung der Einschmelzanalyse. Auch ist er frei von schädlichen Beimengungen, wie Nichteisenmetallen und Überzügen. Demgegenüber darf jedoch nicht übersehen werden, daß durch den mitverwendeten Fremdschrott eine gewisse Anreicherung an Legierungselementen, wie Kupfer und Nickel, aber auch von Chrom, Molybdän, Zinn usw., im Schrottkreislauf eintritt. Die für die Vorkriegszeit von J. D. SULLIVAN [1] angegebenen Durchschnittanalysen für den Gehalt an Begleitelementen im amerikanischen Schrott (vgl. Abb. 217) haben heute insoweit eine Verschiebung erfahren, als man, zumindest für europäische Verhältnisse, mit Kupfergehalten bis zu 0,25 % und mit Nickelgehalten im Mittel von 0,1 % rechnen muß. Die Edelstahlwerke sind daher gezwungen, für eine Reihe von Stahlqualitäten in zunehmendem Maße Erzreduktionsprodukte mit niedrigen Gehalten an unerwünschten Begleitelementen als Schrottersatz zu verwenden. Auch der Eigenschrottanfall in Werken, die nach dem Roheisen-Erz-Prozeß arbeiten oder

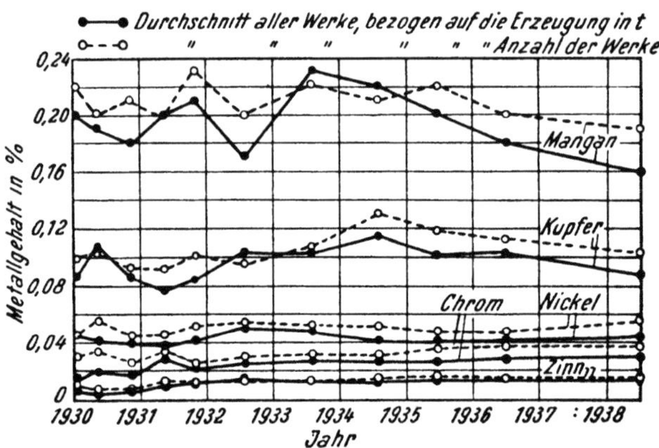

Abb. 217. Durchschnittsanalysen amerikanischen Schrotts (nach J. D. SULLIVAN)

Stahl nach einem Sauerstoffblasprozeß erzeugen, bildet ein wertvolles Ausgangsprodukt für die Edelstahlerzeugung.

Die Auswahl des Fremdschrottes hinsichtlich seiner Zusammensetzung und bei legiertem Schrott auch hinsichtlich seines Legierungsgehaltes richtet sich nach dem Erzeugungsprogramm der Schmelzbetriebe. Neben der analysengerechten Anlieferung muß auf eine mögliche Verunreinigung durch Nichteisenmetalle geachtet werden (Zinn, Zink, Messing, Bronze, Leichtmetall usw.). Eine sorgfältige Überwachung in dieser Richtung ist unerläßlich. Vermischter Schrott unbekannter Zusammensetzung wird bei der Verwendung in größeren Mengen immer zu Schwierigkeiten im Schmelzbetrieb führen.

Verrosteter Schrott muß keine hohen Sauerstoffgehalte der Schmelze zur Folge haben, sofern der Frischprozeß normal durchgeführt wird. Sein Nachteil liegt vielmehr darin, daß er ein niedrigeres Eisenausbringen ergibt und zusätzliche Reduktionsarbeit (z. B. höheren Roheisensatz) erfordert und somit kostenverteuernd wirkt. Das im Rost zum Teil chemisch gebundene Wasser erhöht den Wasserstoffgehalt des Stahles. Im Einsatz für saure Öfen muß stärker verrosteter Schrott unbedingt vermieden werden, da die Eisenoxyde die saure Zustellung unter Bildung von Eisensilikaten stark angreifen und zu einem hohen Verschleiß des Herdfutters führen. In diesem Zusammenhang sei auf die in manchen Werken übliche Lagerung des Schrottes auf gedeckten Lagerplätzen hingewiesen.

Ein gewisses Problem bildet die Wiederverwendung des Schrottes, der in Form von Drehspänen anfällt und vielfach wertvolle Legierungselemente enthält. Späne aus austenitischen Stählen, die bei Umschmelzchargen niedriggekohlter Qualitäten z. B. im Induktionsofen verwendet werden sollen, müssen ölfrei sein, um eine Aufkohlung des Bades zu vermeiden. Für sauerstoffgefrischte Umschmelzen im Lichtbogenofen ist dies jedoch nicht erforderlich.

Bei der Mitverwendung größerer Mengen von Spänen im Einsatz können Schwierigkeiten auftreten, die durch das geringe Raumgewicht und durch den höheren Abbrand bedingt sind. Vielfach werden die Späne gebrochen, um zu einem höheren Raumgewicht zu gelangen und die Handhabung zu erleichtern. Die Verwendung von Spänebrennöfen [2] oder das Pressen und Sintern von Spänen [3] hat sich nicht durchsetzen können. Unangenehm wirkt sich auch die schlechte Wärmeleitfähigkeit aus, die bei einem Raumgewicht von 2000 bis 3000 kg/m³ nur etwa $\lambda = 0,7$ bis 1,3 kcal/m·h·°C, d. h. etwa 1/40 der des kompakten Eisens beträgt. In allen Elektrostahlwerken mit Korbchargierung ist jedoch die Verwendung eines bestimmten Spänezusatzes zur Verminderung der Erschütterungen des Ofens beim Chargieren vorteilhaft.

3.133 Erzreduktionsprodukte

Die unter Ausschaltung des Hochofens gewonnenen Erzreduktionsprodukte sind in der Regel durch einen niedrigen Kohlenstoffgehalt gekennzeichnet, wodurch sie schrottähnlichen Charakter erhalten. Sie enthalten jedoch meist einen gewissen Anteil an nichtreduzierten Eisenoxyden und an Gangart oder Schlacke, auf die bei der Prozeßführung Rücksicht genommen werden muß. Durch entsprechende Erzauswahl kann ihr Gehalt an Phosphor, an unerwünschten Legierungselementen und vielfach auch an Schwefel so niedrig gehalten werden, daß sie als „jungfräulicher Einsatz" ein wertvolles Rohprodukt für die Edelstahlerzeugung bilden. Vom wirtschaftlichen Standpunkt aus gesehen, wird ihr Einsatz oft durch einen auf die Eiseneinheit bezogenen höheren Preis behindert.

Die zur Gewinnung der Erzreduktionsprodukte heute angewendeten Verfahren lassen sich in zwei Gruppen einteilen:

1. Verfahren, die mit festen Brennstoffen, und

2. Verfahren, die mit gasförmigen Reduktionsmitteln arbeiten.

Zu der ersten Gruppe zählen als wichtigste das *Krupp-Rennverfahren* [5], das *RN-Verfahren* [6] und das *Höganäs-Verfahren* [7]. Von der zweiten Gruppe hat bisher nur das *Wiberg-Verfahren* [8] praktische Bedeutung erlangt. Bezüglich der übrigen Prozesse, die sich noch im Versuchsstadium befinden, sei auf die Darstellung von J. WILLEMS [4] verwiesen.

Die erzeugten Produkte sind einerseits Rennluppen und andererseits ein Schwammeisen, das beim RN-Verfahren zu Preßlingen mit einer Dichte von 5 bis 6 kg/dm³ und einem Gewicht von 10 bis 15 kg verarbeitet wird. Rennluppen und Eisenschwamm besitzen, ähnlich wie gebrochene Späne, den Nachteil eines geringen Raumgewichtes und dementsprechend niedriger Wärmeleitfähigkeit. Sie müssen daher im Einsatz gut verteilt werden. Bei Rennluppen ist es auf diese Weise möglich, ohne Verlängerung der Schmelzzeit oder Erhöhung des Stromverbrauches 30 bis 45% Luppen im metallischen Einsatz von Großraumlichtbogenöfen zu verwenden.

Die chemische Zusammensetzung verschiedener Erzreduktionsprodukte ist in Tab. 41 wiedergegeben. Bei den Rennluppen, die mit Brennstoffen üblichen Schwefelgehaltes gewonnen werden, macht sich der relativ hohe Schwefelgehalt störend bemerkbar, wodurch ihr Anteil im Einsatz für die Edelstahlerzeugung begrenzt ist. Lediglich beim Arbeiten mit synthetischem Roheisen aus Schrott und Rennluppen, z. B. aus dem Heißwindkupolofen [9] oder Sauerstoff-Niederschachtofen [10] können hohe Luppenanteile (bis 100%) zu einem schwefelarmen

Tabelle 41. *Zusammensetzungen verschiedener Erzreduktionsprodukte*

Sorte	Zusammensetzung in %										
	Fe_{gesamt}	Fe_{met}	FeO	P	S	Gangart[1]	O	C	Mn	TiO_2	V_2O_5
Högänas-Schwamm	95,5—97,5			etwa 0,015	etwa 0,015	1—1,5	0,8—1,4	0,1—0,2	Spur	etwa 0,25	etwa 0,20
Wiberg-Schwamm[2]	90	82		0,010	0,010	etwa 5		0,9			
Kugelsinter[3]	96,47	89,71	8,71			1,59	1,94	< 0,1			
Krupp-Rennluppen[4]											
a) Salzgitter	94,2			1,03	0,44	3,71		0,62			
b) Essen-Borbeck	95,1			0,14	0,30	3,65		0,71			
RN-Pellets[5]	90,0	86,0		0,04	0,03	5,6			0,08		

[1] Im wesentlichen SiO_2, bei Rennluppen saure Schlacke.
[2] Nach J. L. STÅLHED, J. Metals 9 (1957), S. 246/49, Raumgewicht 1,5 bis 1,75 t/m³ [11].
[3] Nach M. TIGERSCHIÖLD, Jernkont. Tagung Stockholm, 31. Mai 1947.
[4] Nach E. PLÖCKINGER, H. G. ERNE und K. BOROWSKI, Techn. Mitt. Krupp 19 (1961), S. 196/207 [10].
[5] Nach A. STEWARD und H. K. WORK, J. Metals 10 (1958), S. 460/64 [6].

Roheisen verarbeitet werden. Ebenso ist bei der Schlackenführung auf den sauren Schlackenanhang Rücksicht zu nehmen.

Die Verwendung geringer Mengen an Eisenschwamm, der, wie Tab. 41 zeigt, meist einen hohen Reinheitsgrad aufweist, macht keine besonderen Vorkehrungen notwendig. Der relativ hohe Sauerstoffgehalt erleichtert den Beginn des Kochvorganges und verringert bzw. erübrigt einen Erzzusatz. Bei Verwendung großer Mengen von Eisenschwamm, wie dies vor allem in schwedischen Werken üblich ist [11], muß entweder der Roheisenanteil erhöht werden, wenn der Kohlenstoffgehalt der Schmelze beim Einlaufen gleichbleiben soll, oder es müssen entsprechende Mengen anderer Kohlenstoffträger miteingesetzt werden. Dem zerstörenden Einfluß des Eisenoxyduls auf die saure Ofenzustellung kann durch eine geeignete Reihenfolge beim Einsetzen begegnet werden (Eisenschwamm erst nach dem Roheisen oder Schrott). Die saure Gangart braucht nur beim basischen Verfahren durch einen höheren Kalksatz ausgeglichen werden.

<h3 style="text-align:center">Schrifttum</h3>

zu Abschnitt 3.13

1. EISERMANN, F.: Neuerungen im amerikanischen Siemens-Martin-Betrieb. Stahl u. Eisen 60 (1940), S. 15/16.
2. KÖHLER, F.: Zerkleinern von wolligen Stahlspänen in einem Brennofen. Stahl u. Eisen 62 (1942), S. 921/22.
3. IBANKOW, N. A.: Foundry Trade J. 76 (1945), Nr. 1508, S. 221/22; vgl. H. W. HOFFMANN: Sinter- und Heißpreßverfahren für Späne. Stahl u. Eisen 66/67 (1947), S. 59/60.
4. WILLEMS, J.: Verfahren zur Gewinnung von Eisen außerhalb des Hochofens. Stahl u. Eisen 79 (1959), S. 74/80.
5. FASTJE, D.: Wiederaufbau und erste Betriebsergebnisse der Krupp-Rennanlage in Salzgitter-Watenstedt. Stahl u. Eisen 78 (1958), S. 784/92.
6. STEWARD, A., und H. K. WORK: R-N Direct Reduction Process. J. Metals 10 (1958), S. 460/64.
7. TIGERSCHIÖLD, M.: Möglichkeiten zur Herabsetzung des Koksverbrauches bei der Erzeugung von Eisen und Stahl. Stahl u. Eisen 70 (1950), S. 397/403.
8. STÅLHED, J.: Die Herstellung von Eisenschwamm nach dem Wiberg-Söderforsverfahren. Stahl u. Eisen 72 (1952), S. 459/66.
9. RICHTER, A., G. COHNEN und P. JACOBI: Der basische Heißwind-Kupolofen, das Siemens-Martin-Stahlwerk und der LD-Tiegel als Verbundeinrichtung. Stahl u. Eisen 78 (1958), S. 273/84.
10. PLÖCKINGER, E., H. G. ERNE und K. BOROWSKI: Die Verarbeitung von Rennluppen im Sauerstoffniederschachtofen. Techn. Mitt. Krupp 19 (1961), S. 196/207.
11. STÅLHED, J.: Sponge Iron in Electric Arc Furnaces. J. Metals 9 (1957), S. 246/49.

3.14 Die Legierungsmetalle

Zum Legieren, Desoxydieren und Denitrieren werden dem Stahl verschiedene Elemente in Form von Ferrolegierungen, reinen Metallen oder eisenfreien Legierungen sowie als chemische Verbindungen dieser Elemente zugesetzt. Ferrolegierungen sind Stoffe, die im wesentlichen aus Eisen und einem oder mehreren der gewünschten Elemente bestehen. Daneben enthalten sie, wie das technische Eisen, Verunreinigungen, die ihre Verwendbarkeit beeinflussen können. Die Ferrolegierungen bilden die Hauptmenge der Legierungsträger. Die Verwendung reiner Metalle und eisenfreier Legierungen ist auf wenige Elemente beschränkt. Für die Wahl zwischen beiden sind außer qualitativen auch wirtschaftliche Gesichtspunkte maßgebend. Die Anwendung chemischer Verbindungen der Legierungselemente als Legierungsträger, z. B. von Oxyden des Molybdäns, Chroms, Wolframs und Vanadins, erfordert eine Reduktionsarbeit im Ofen, um die Metalle in das Stahlbad überzuführen. Diese Arbeitsweise hat daher eine begrenzte Anwendungsmöglichkeit.

Unter Legierungselementen im strengen Sinne versteht man nur Elemente, die im flüssigen Stahl *löslich* sind. Darüber hinaus werden dem Stahl aber auch unlösliche Stoffe zugesetzt, die während ihrer meist kurzen Verweilzeit im flüssigen Stahlbad mit bestimmten, darin gelösten Stoffen reagieren (z. B. Kalzium) oder die als Suspensionen dem festen Stahl bestimmte Eigenschaften verleihen sollen (z. B. Blei).

3.141 Anforderungen an die Legierungsträger

Die Anforderungen, die an die Legierungsträger und an die Legierungselemente gestellt werden, sind mannigfacher Art. Sie beziehen sich im wesentlichen auf ihre chemische Zusammensetzung, auf ihren Gehalt an Verunreinigungen und auf ihre physikalischen Eigenschaften. Je höher die Anforderungen an die Güteeigenschaften des Stahles sind, um so höher sind im allgemeinen auch die Ansprüche an die Qualität der zur Verwendung gelangenden Legierungen.

Die chemische Zusammensetzung der Legierungen kann bei den heute üblichen Herstellungsverfahren weitgehend den Bedürfnissen des Stahlwerkes angepaßt werden. Einzelheiten werden in der nachfolgenden Beschreibung der einzelnen Legierungselemente behandelt. Eine besondere Beachtung verdient dabei der Reinheitsgrad. Je nach den Rohstoffen und den Herstellungsverfahren [1, 2] enthalten sie wechselnde Mengen an Verunreinigungen, wie Phosphor, Schwefel und andere Stahlschädlinge, weiter Gase, Oxyde und Schlacken. Die Gehalte an Phosphor und Schwefel der handelsüblichen Legierungen sind je nach dem Herstellungsverfahren verschieden hoch. Danach richtet sich auch ihre Verwendungsmöglichkeit. Das gleiche gilt auch für andere Stahlschädlinge, wie z. B. Zinn, Arsen und Antimon. Für die Erschmelzung von Sonderlegierungen und für Werkstoffe mit besonders hohen Ansprüchen an die Güteeigenschaften können bestimmte Gehalte an Verunreinigungen, sogenannte Spurenelemente, die entweder bereits in den Rohstoffen enthalten waren oder durch ein bestimmtes Herstellungsverfahren in die Legierungen gelangt sind, einen merkbaren Einfluß auf die erreichbaren Güteeigenschaften ausüben [3, 4]. Solche Einflüsse können z. B. bei der Verwendung bestimmter Sorten von Manganmetall oder Kobalt in hochlegierten Stählen oder hochwarmfesten Legierungen beobachtet werden. Sie äußern sich meist in einer Verschlechterung der Warmverformbarkeit und gelegentlich auch in ungenügenden technologischen Gütewerten.

Von besonderer Bedeutung sind die Gase, Oxyde und Schlacken [5], die bei höheren Gehalten im Legierungsträger und bei großen Zusatzmengen die Qualität der Fertigerzeugnisse stark verschlechtern können. Da die meisten Legierungen am Ende des Stahlherstellungsprozesses zugesetzt werden, ist es in der Regel unmöglich, die mit ihnen in das Stahlbad eingebrachten Gase und nichtmetallischen Verunreinigungen bis zum Gießen wieder vollständig abzuscheiden. Unreine Legierungen können auf diese Weise den Erfolg der Feinungsarbeit zunichte machen. Die Überprüfung des Reinheitsgrades der Legierungen kann nur bei groben Verunreinigungen nach dem äußeren Aussehen erfolgen. Gute Legierungen sollen dicht, blasenfrei und frei von anhaftenden Oxyden und Schlacken sein. Die Blasenfreiheit hat in diesem Zusammenhang insofern Bedeutung, als sich in derartigen Hohlräumen neben Gasen verschiedene Reaktionsprodukte abscheiden. Feine Suspensionen können naturgemäß nur durch mikroskopische Untersuchungen festgestellt werden. In nahezu allen Edelstahlwerken ist es daher üblich, die Ferrolegierungen einer Eingangskontrolle zu unterziehen. Sie umfaßt in der Regel die Überprüfung der chemischen Zusammensetzung, des Reinheitsgrades und gegebenenfalls auch des Gasgehaltes [6, 7].

Höhere Gasgehalte, besonders an Wasserstoff, sind jedoch nur bei hohen Legierungszusätzen von Bedeutung [8]. Manche Werke sind in diesem Falle, z. B. bei Ferrochrom, dazu übergegangen, den Wasserstoffgehalt durch eine Glühbehandlung vor dem Zusatz in das Stahlbad zu erniedrigen. Quantitative Messungen über den Erfolg dieser Maßnahme liegen jedoch bisher nicht vor. Andererseits werden von den Legierungserzeugern auch vakuumentgaste Legierungen und Legierungsmetalle angeboten. Zu beachten ist auch, daß der Gasgehalt im allgemeinen mit abnehmender Korngröße stark ansteigt [6]. Nähere Angaben sind in der folgenden Besprechung der einzelnen Legierungselemente zu finden.

3.142 Vorgänge bei der Auflösung der Legierungen im Stahlbad

Im physikalisch-chemischen Reaktionsgeschehen der Stahlherstellungsprozesse ist das Legieren ein Lösungsvorgang, welcher meist mit einer Schmelzpunkterniedrigung und einer positiven oder negativen Wärmetönung verbunden ist. Sofern es sich nicht um sehr hohe Zusätze an hochschmelzenden Legierungen handelt, wird der Schmelzpunkt des Stahles durch alle Zusätze herabgesetzt. Dieser Vorgang, welcher besonders beim Zusatz niedrigschmelzender Elemente gut beobachtet werden kann, erleichtert die Auflösung und Verteilung der Legierungen und vermindert die dem Stahlbad zuzuführende Wärmemenge, die zum Erreichen der Gießtemperatur notwendig ist.

Die Auflösung einer Legierung im Stahlbad ist eine Reaktion, die mit einer bestimmten Wärmetönung, meist einem Wärmebedarf, verbunden ist (vgl. Abschnitt 1.118.2). Dieser Wärmebedarf muß in der Regel aus dem Wärmeinhalt des Stahlbades gedeckt werden und kann bei größeren Zusätzen zu einer starken Abkühlung führen.

Ein gewisser Anteil des Wärmebedarfes zum Schmelzen der Legierung kann auch durch die Lösungswärme geliefert werden. Diese ist besonders hoch, wenn zwischen dem Grundmetall und dem Zusatzelement intermetallische Verbindungen existieren, wie dies für die Silizide und die Aluminiumverbindungen des Eisens, Nickels und Kobalts der Fall ist. Diese Wärmemengen führen bei einzelnen Elementen zu örtlich starken Temperatursteigerungen, die den Konzentrationsausgleich beschleunigen. Sie sind ein Grund dafür, daß z. B. die Auflösung von kaltem Silizium oder Aluminium wesentlich schneller erfolgt als die von kaltem Chrom oder Mangan. Eine weitere, jedoch untergeordnete Wärmequelle sind die Oxydationswärmen der Legierungsmetalle, die bei den Umsetzungen mit dem im Stahl gelösten Eisenoxydul auftreten. Sie können auch bei den Desoxydationsmitteln gegenüber den Wärmetönungen bei der Bildung von intermetallischen Verbindungen vernachlässigt werden, wie sich durch Rechnung leicht nachweisen läßt.

Die Temperatursteigerung ist bereits bei kleinen Zusätzen von Silizium und Aluminium nicht zu vernachlässigen und naturgemäß bei der Herstellung von legierten Stählen, z. B. von Transformatorenstahl, oder bei den Nickel-Aluminium-Magnetlegierungen in der Temperaturführung der Schmelze und der Wärmebilanz zu berücksichtigen [9]. So ergibt ein Zusatz von einem Gewichtsprozent Silizium (97 bis 98% Si) von Raumtemperatur zu einer Eisenschmelze von 1600 °C eine Temperatursteigerung der gesamten Schmelze von etwa 12 °C, trotz des hohen

Wärmebedarfes des Siliziums zum Schmelzen und Erhitzen auf die Temperatur des flüssigen Stahles, der beim Fehlen dieser Reaktionswärme zu einer Temperaturerniedrigung der ganzen Schmelze um etwa 40 °C führen müßte. Diese Werte erhöhen sich noch beträchtlich bei Anwesenheit größerer Mengen an Nickel oder Kobalt, weil ihre Reaktionswärmen mit dem Silizium noch größer sind als die zwischen Silizium und Eisen. Für den Zusatz von einem Gewichtsprozent Silizium zu Nickel unter gleichen Bedingungen tritt eine Temperaturerhöhung von etwa 40 °C ein. Beim Zusatz von einem Gewichtsprozent Aluminium zum Eisen ist die freiwerdende Wärmemenge geringer und ergibt eine Temperaturabnahme von etwa 4 °C bei der Auflösung in flüssigem Eisen gegenüber einer Temperaturerniedrigung von etwa 28 °C, die beim Fehlen dieser Reaktionswärme in Kauf genommen werden müßte. Für die Auflösung von einem Gewichtsprozent kalten Aluminiums in flüssigem Nickel von 1600 °C ergibt sich demgegenüber bereits eine Temperaturzunahme der Schmelze von rund 40 °C.

Alle diese Werte gelten nur für den Zusatz der reinen Metalle. Bei der Verwendung von Ferrolegierungen ist bereits ein Teil der Lösungs- und Reaktionswärme schon bei der Herstellung der Legierung verbraucht worden. Andererseits muß außer dem Legierungselement eine erhebliche Eisenmenge in der Ferrolegierung miterhitzt werden. Bei dem oben angeführten Beispiel des Zusatzes von einem Gewichtsprozent Silizium zu einer Eisenschmelze von 1600 °C würde bei der Verwendung von 75%igem kaltem Ferrosilizium die Wärmetönung gerade ausreichen, um den Zusatz auf 1600 °C zu erhitzen, d. h. die Temperatur der Schmelze würde konstant bleiben. Bei der Verwendung von 50%igem Ferrosilizium reicht jedoch die Reaktionswärme auch dazu nicht mehr aus, so daß sich je Gewichtsprozent an zugesetztem Silizium eine Temperaturerniedrigung der Schmelze von etwa 20 °C ergibt.

In allen Fällen, in denen die Lösungswärmen zum Schmelzen der Zusätze nicht ausreichen, kann man den unerwünschten Temperaturverlust des Bades durch entsprechendes Vorwärmen der Legierungen auf ein erträgliches Maß herabsetzen. Das Vorwärmen soll auf möglichst hohe Temperaturen erfolgen. Um Veränderungen an den Legierungen durch Oxydation, Kohlung oder Gasaufnahme zu vermeiden, wird die Erwärmung häufig in geschlossenen Behältern vorgenommen. Auch der Zusatz von vorgeschmolzenen Legierungen, vor allem in die Pfanne, wird angewendet. Er verhindert eine Abkühlung der Schmelze, besonders bei großen Legierungsmengen. Dieses Verfahren muß aus schmelztechnischen Gründen auch dann Anwendung finden, wenn der Zusatz im Ofen nicht möglich ist, wie z. B. bei der Herstellung höher manganlegierter Stähle im sauren Ofen oder bei der Erzeugung höher aluminiumhaltiger Stähle (Nitrierstähle) oder Sonderlegierungen. Wie groß der Wärmegewinn durch Vorwärmen bzw. Vorschmelzen sein kann, geht aus einem Vergleich mit den oben angeführten Werten für den Zusatz von kaltem Aluminium hervor. Danach ergibt ein Zusatz an geschmolzenem Aluminium von 850 °C eine Temperatursteigerung von etwa 10 °C gegenüber einer Erniedrigung von 4 °C bei kaltem Zusatz für jedes Gewichtsprozent an zugesetztem Aluminium.

Die Auflösungsgeschwindigkeit der Legierungen wird außer von der Höhe des zusätzlichen Wärmebedarfes auch von den physikalischen Bedingungen beeinflußt. Eine große Oberfläche, d. h. kleine Stückgröße, erleichtert die Auflösung, doch muß bei feinkörnigen Legierungen durch geeignete Maßnahmen (s. Abschnitt 3.143) dafür gesorgt werden, daß dann die Verluste durch Oxydation, Verschlackung und Verstaubung nicht zu groß werden.

Der Konzentrationsausgleich nach dem Legierungszusatz und damit auch die Auflösungsgeschwindigkeit wird durch eine Badbewegung beschleunigt. In Induktionsöfen erreicht man daher die maximalen Auflösungsgeschwindigkeiten. Bei großen Lichtbogenöfen hat sich der elektrische Wirbler gut bewährt (vgl. Abschnitt 3.515). Abb. 218a und 218b zeigen den Zeitbedarf für die homogene Verteilung von Ferrochrom in einem 30-t-Lichtbogenofen mit und ohne induktive Badbewegung nach den Untersuchungsergebnissen von A. SCHÖBERL und E. HORST [10]. Ähnliche Verhältnisse gelten auch für andere Legierungen, z. B. für Ferrowolfram, bei dem auch der Einfluß der Stückgröße besonders deutlich zum Ausdruck kommt.

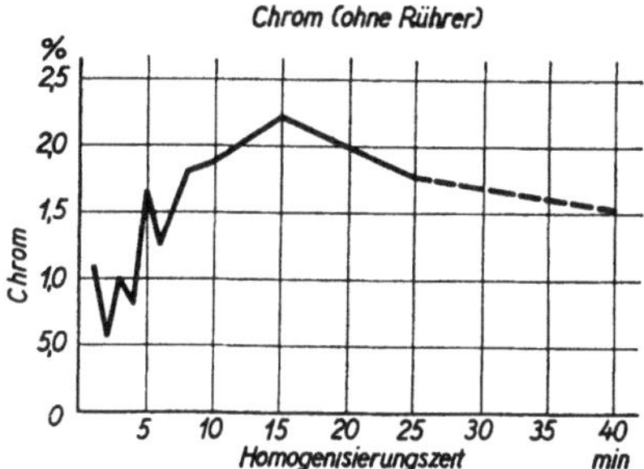

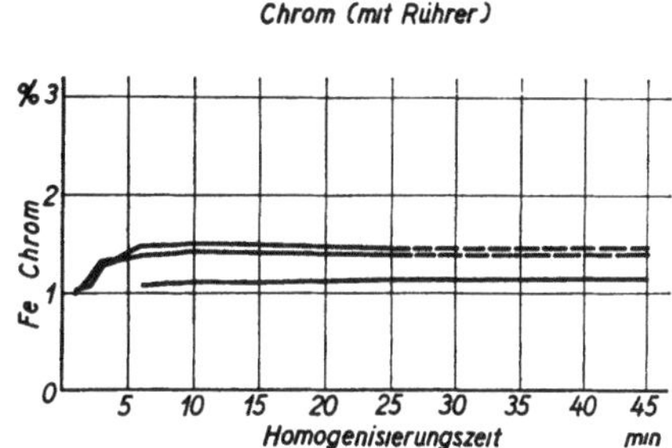

Abb. 218. Zeitbedarf für das Lösen von Ferrochrom in dem Bad eines 30-t-Lichtbogenofens ohne und mit Rührer (nach A. SCHÖBERL und E. HORST)

Unter vergleichbaren Bedingungen ist für die Auflösungsgeschwindigkeit von Ferrolegierungen auch das Verhältnis vom Kohlenstoffgehalt des Stahlbades zum Kohlenstoffgehalt der Ferrolegierung maßgebend. Für die Auflösung von Ferrochrom unterschiedlichen Kohlenstoffgehaltes bzw. von reinem Chromkarbid Cr_7C_3 fanden K. BLANKENSTEIN und E. PLÖCKINGER [11] die in Abb. 219 wiedergegebenen Abhängigkeiten. Hochgekohlte Sorten werden demnach von niedriggekohlten Stahlbädern wesentlich rascher gelöst als von hochgekohlten. Gleichzeitig konnten die Verfasser, zumindest für das Ferrochrom, nachweisen, daß selbst sehr stabile Karbide der Legierungselemente sich bei den üblichen Überhitzungstemperaturen

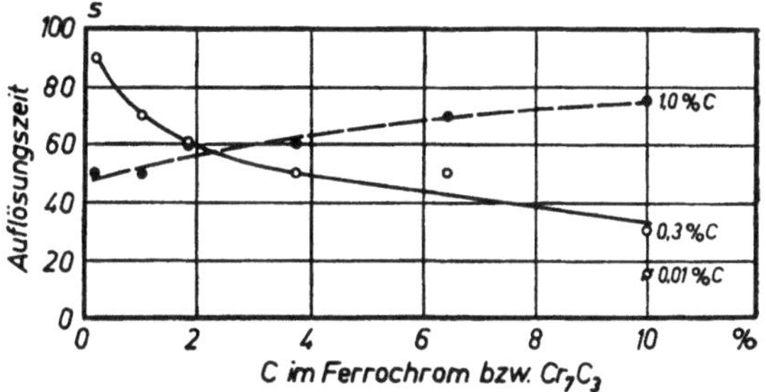

Abb. 219. Auflösungszeit von Chromlegierungen unterschiedlichen Kohlenstoffgehaltes in ruhenden Stahlbädern mit 0,01, 0,3 und 1,0% C (nach K. BLANKENSTEIN und E. PLÖCKINGER)

des Stahles so rasch auflösen, daß keinerlei Beeinflussung der Karbidausscheidung bei der Kristallisation des Stahles beobachtet werden kann. Die Verwendung hochgekohlter, meist billigerer Ferrolegierungen ist daher aus qualitativen Gründen unbedenklich.

Beim Zusatz jeder Art von Legierung wird auch die Viskosität des Stahlbades verändert. Solange die Legierung noch nicht gleichmäßig verteilt ist, tritt meist im Zusammenhang mit einer Schlierenbildung eine Zähigkeitszunahme ein. Erst mit homogener Verteilung stellt sich jener Viskositätsgrad ein, der der chemischen Zusammensetzung, dem Reinheitsgrad und der Temperatur der Schmelze entspricht.

3.143 Legierungstechnik

Alle Legierungselemente mit geringerer Sauerstoffaffinität als das Eisen können dem Stahlbad praktisch zu jedem beliebigen Zeitpunkt zugesetzt werden. Ein möglichst frühzeitiger Zusatz, entweder schon im Einsatz oder zu Beginn der Frischperiode, erleichtert im allgemeinen die metallurgische Arbeit. Beim Frischen mit gasförmigem Sauerstoff können auch oxydierbare Elemente, wie Chrom oder Wolfram, im Einsatz verwendet werden, sofern eine Reduktion der Frischschlacke durchgeführt wird. Im allgemeinen setzt man jedoch die Elemente mit höherer Sauerstoffaffinität als das Eisen nach dem Frischen und der Vordesoxydation in der Feinungsperiode, bei Schmelzprozessen ohne Feinungsperiode kurz vor dem Abstich der Schmelze oder erst in der Pfanne zu. Für den letzteren Fall werden zur Erleichterung der Auflösung exotherme Legierungsgemische angeboten.

Besondere Vorsichtsmaßnahmen beim Legieren und Desoxydieren sind bei Zusätzen notwendig, die ein geringeres spezifisches Gewicht als der flüssige Stahl besitzen oder die im Stahl unlöslich sind. Werden derartige Legierungen in den Ofen zugesetzt, so behilft man sich dadurch, daß man sie — eventuell nach dem Verpacken in Blechbüchsen — an einer Eisenstange befestigt und rasch in das Bad einstößt. Sehr leichte Legierungen können dabei zweckmäßig mit spezifisch schwereren gemischt werden. Zu diesen leichten Legierungen zählen vor allem Aluminium und Aluminiumlegierungen, Ferrotitanlegierungen u. a. Ihr Zusatz erfolgt daher meist in die Pfanne, in der sie beim Einwerfen in den Gießstrahl in das Stahlbad gespült werden.

Zur Erhöhung der Treffsicherheit der Analyse ist manchmal auch ein Zusatz in flüssiger Form, z. B. von Aluminium bei der Herstellung von Nitrierstählen, üblich. Diese Arbeitsmethode hat sich auch bei der Erschmelzung von aluminiumberuhigten Stählen oder aluminiumhaltigen Feinkornstählen bewährt.

Eine neuerdings vorgeschlagene Arbeitsweise ist auch das Einblasen von pulverförmigen Legierungen mit neutralen Trägergasen (Stickstoff, Argon) in das Bad oder in den Gießstrahl beim Abstich, wodurch eine höhere Treffsicherheit der Analyse oder auch ein höheres Legierungsausbringen (z. B. an Titan bei Ti-stabilisierten austenitischen Stählen) erreicht werden soll.

Bezüglich weiterer Einzelheiten der Legierungstechnik bei den verschiedenen Schmelzverfahren sei auf die zugehörigen Abschnitte verwiesen.

3.144 Eigenschaften der Legierungsmetalle und Legierungsträger

In den folgenden Abschnitten sind die Ansprüche und Anforderungen zusammengestellt, die vom Standpunkt der Edelstahlerzeugung an die Eigenschaften der Legierungsmetalle und Legierungsträger gestellt werden müssen. Die Analysenbeispiele geben die üblichen Zusammensetzungen an, ohne jedoch alle im Handel befindlichen Sorten nennen zu können, die vielfach nur auf die Bedürfnisse einzelner Werke abgestimmt sind. Für besondere Verwendungszwecke können naturgemäß sowohl hinsichtlich der chemischen Zusammensetzung als auch bezüglich des Reinheitsgrades strengere Anforderungen durchaus vertretbar sein.

3.144.01 Aluminium

Aluminium wird vorwiegend als Reinaluminium H (Hüttenaluminium), weniger als Umschmelzaluminium, zum Legieren und Desoxydieren verwendet. Obwohl es in der Regel einen sehr reinen Einsatzstoff darstellt (vgl. Tab. 42), kann vor allem Umschmelzaluminium bei unsachgemäßer Herstellung neben

Aluminiumoxyd (Al_2O_3) beträchtliche Gasgehalte, besonders an Wasserstoff, aufweisen. Es wird meist in Form von Barrenaluminium für den Ofen- und Pfannenzusatz verwendet. Zur Schlackenreduktion dient kleinstückiges und gekörntes Aluminium. Der Schmelzpunkt von Reinaluminium liegt bei 655 bis 660 °C.

Tabelle 42. *Zusammensetzung von handelsüblichem Aluminium*

Sorte	Zusammensetzung in %				
	Al	Fe + Si	Ti	Cu + Zn	sonstige Beimengungen
Reinaluminium *H*[1] (Hüttenaluminium)	99,7	< 0,3	< 0,03	max. 0,03	in handelsüblichen Grenzen
	99,5	< 0,5	< 0,03	max. 0,05	in handelsüblichen Grenzen
	99	< 1	< 0,03	max. 0,1	in handelsüblichen Grenzen
Reinaluminium *U*[1] (Umschmelz- aluminium)	99,5	< 0,5	< 0,03	max. 0,05	in handelsüblichen Grenzen
	99	< 1	< 0,03	max. 0,1	in handelsüblichen Grenzen
	98/99	max. 2	< 0,05	max. 0,1	außer Mn höchstens 0,1
Handelsübliches Aluminium Analysenbeispiel[2]	99,1	Fe: 0,42 Si: 0,45	—	Cu: 0,004	Mn: 0,008 Mg: Spur

[1] Nach DIN 1712, Blatt 1 und 2.
[2] Nach MATUSCHKA, B. und F. CLESS, Stahl u. Eisen 56 (1936), S. 763.

Der Gebrauch von Ferroaluminium ist auf Einzelfälle beschränkt. Für Sonderlegierungen sind technische und hochreine Sorten, vakuumentgast, erhältlich. Sie enthalten entweder 50 oder 15 bis 20% Al, Rest Eisen und Spuren bis etwa 0,1% an C, Mn, Si, P und S.

Für Desoxydationszwecke wird eine große Reihe von Legierungen in den Handel gebracht, die neben Aluminium eines oder mehrere Elemente enthalten, welche die Desoxydation unterstützen und die Abscheidung der Desoxydationsprodukte erleichtern sollen. Eine Übersicht über gebräuchliche Legierungen dieser Art gibt Tab. 43.

3.144.02 Beryllium

Beryllium hat als Legierungselement für Stahl bisher keine nennenswerte Verwendung gefunden. Vor allem ist es sein hoher Preis, welcher mit der erreichbaren Wirkung als Legierungselement nicht in Einklang zu bringen ist. Das im Handel befindliche Metall und seine Legierungen werden in der Metallindustrie verwendet.

3.144.03 Blei

Obwohl Blei im Stahl unlöslich ist und daher als Legierungselement im eigentlichen Sinne ausscheidet, findet es doch als Zusatzelement in suspendierter Form in Automatenstählen Anwendung. Der Zusatz kann in Form von metallischem Blei oder in Form von Bleiverbindungen, z. B. Bleioxyd, erfolgen. Die handelsüblichen Reinheitsgrade genügen vollauf für diesen Verwendungszweck. Der Zusatz ist insofern mit Schwierigkeiten verbunden, als das Blei bei der Temperatur des flüssigen Stahles bereits einen erheblichen Dampfdruck besitzt, der auch beim Zusatz in die Kokille Verluste bis zu 50% ergibt. Die entstehenden giftigen Bleidämpfe müssen sorgfältig abgesaugt werden, um die Grubenmannschaft nicht zu gefärden (Schmelzpunkt: 325 °C). Das hohe spezifische Gewicht kann zu ungleichmäßiger Verteilung im Stahl führen.

3.144.04 Bor

Bor hat in den vergangenen Jahren nicht nur als Zusatz zu Baustählen (in Mengen von einigen tausendstel Prozent), sondern auch in Konzentrationen von etwa 1 bis 5% in ferritischen und austenitischen Stählen Bedeutung erlangt, die einen hohen Einfangquerschnitt für thermische Neutronen aufweisen sollen (Regelstäbe u. a. in Atomreaktoren).

Tabelle 43. *Zusammensetzung verschiedener Aluminium-Desoxydationslegierungen*

Legierung	Zusammensetzung in %							
	Al	Si	Mn	Ca	Ti	V	Zr	Fe
Ferroaluminium	15—20	max. 0,2	max. 0,2					Rest
	45—50	max. 0,2	max. 0,2					Rest
Aluminium-Silizium	48—50	35—37	etwa 0,3	etwa 0,9	2—2,5			Rest
Silical[1]	8	86						Rest
Silicoaluminium[2]	18—22	45—50						
Simanal[3]	18—22	18—22	18—22	etwa 0,2	1,2—1,4			Rest
Feralsit[1]	8—10	∼ 20			1—2			Rest
	35—40	∼ 35			1—2			Rest
Kalzium-Aluminium[4]	∼ 70	max. 1		27—29				etwa 1
	∼ 70	max. 0,3		etwa 30				max. 0,3
Silvaz-Legierung[5]	7	45				7	7	Rest

[1] Nach DURRER, R.: Die Metallurgie des Eisens, 1943, S. 773.
[2] J. Four électr. Ind. électrochim. 42 (1933), S. 25.
[3] Ferrolegeringar AS, Stockholm/Trollhättan.
[4] Süddeutsche Kalkstickstoff-Werke A.-G., Trostberg/Obb.
[5] Steel 102 (1938), S. 58.

Für den Zusatz von Bor sind Legierungen mit meist 10 bis 20% Bor im Handel, deren chemische Zusammensetzungen nach der amerikanischen Norm ASTM A 323—52 [12] in Tab. 44 angegeben sind, die außerdem zwei Beispiele für europäische Sorten enthält.

Ferrobor hat einen Schmelzbereich von etwa 1400 bis 1540 °C. Um ein gutes Ausbringen zu erzielen, ist eine sorgfältige Desoxydation des Stahles mit Aluminium oder Titan notwendig, sofern das Bor nicht nur als Denitrierungsmittel wirken soll.

Für borlegierte, nickelhaltige Stähle steht auch eine Nickel-Bor-Legierung mit etwa 83 bis 85% Ni, 14 bis 15% B, maximal 1,5% Fe, maximal 1% Si, maximal 1% Al und maximal 0,1% C zur Verfügung. Für Sonderzwecke (Atomstähle) kann ihr Kobaltgehalt mit maximal 0,05% begrenzt werden. An borhaltigen Desoxydationslegierungen seien Ferro-Bor-Vanadin (40 bis 45% V, 7 bis 9% B, 2 bis 2,5% Al) und Ferro-Bor-Vanadin-Titan (40 bis 45% V, 7 bis 9% B, 4 bis 6% Ti und 2 bis 2,5% Al) genannt.

Nach einem Vorschlag von G. E. Speight [13] ist es auch möglich, die für borhaltige Baustähle notwendigen Borgehalte von etwa 0,002 bis 0,003% aus einer etwa 0,5% B_2O_3-haltigen Schlacke in das Stahlbad zu reduzieren, wenn dieses mit mindestens 0,5 kg Al/t desoxydiert ist. Der Borzusatz in die Schlacke erfolgt durch Boroxyde, z. B. $4\,CaO \cdot 2\,SiO_2 \cdot 5\,B_2O_3 \cdot 5\,H_2O$. In diesem Zusammenhang sei auch darauf hingewiesen, daß Tiegelzustellungen, die Borax als Sintermittel enthalten, ebenfalls geringe Bormengen an das Stahlbad abgeben können.

Tabelle 44. *Zusammensetzung von Ferrobor nach ASTM-Standard A 323-52 und europäischer Sorten (GFE)*

	Sorte	Bor in % min.	Bor in % max.	C %	Si %	Al %	Mn %	Co %	P %	S %
USA	A	10,0	14,0	max. 2,0	max. 4,0	max. 0,50				
	B	14,0	19,0	max. 2,0	max. 4,0	max. 0,50				
	C	19,0		max. 2,0	max. 4,0	max. 0,50				
	D	17,5		max. 0,50	max. 1,5	max. 0,50				
Europa	I	15—17		0,03 bis 0,1	0,5 bis 1	0,8 bis 2	0,2 bis 0,5	0,003 bis 0,005	0,003 bis 0,005	0,001
	II	17—20		0,03 bis 0,1	0,8 bis 2	1 bis 4	0,2 bis 0,4	0,003 bis 0,005	0,003 bis 0,005	0,001

3.144.05 Cer

Cer ist üblicherweise als sogenanntes *Mischmetall* im Handel, welches neben 45 bis 55% Cer noch eine Reihe weiterer seltener Erdmetalle enthält, die bei seiner Gewinnung nicht abgetrennt werden. Der Gesamtinhalt seltener Erdmetalle beträgt etwa 99,8%. Die handelsübliche chemische Zusammensetzung ist:

Cer	52 bis 55%	Fe	maximal 0,1%
Neodym	15 bis 17%	Si	0,01 bis 0,03%
Praseodym	4,5 bis 5,5%	P	0,01%
Samarium	0,1%	C	maximal 0,1%
Europium	0,1%	Mn	0,05%
Lanthan	Rest	Mg	0,1 %

Der Schmelzbereich liegt zwischen 765 und 835°C.

Außer dem *Mischmetall* werden in der Edelstahlerzeugung auch Mischungen seltener Erdmetalloxyde mit Kalziumsilizium bzw. Kalziumborid und Natriumnitrat, sogenannte „Rare-Met-Compounds", verwendet. Sie enthalten neben den exothermen Reduktionsmitteln 70 bis 75% Erdmetalloxyde. Die pulverförmige Mischung wird in Blechdosen verpackt geliefert und in dieser Form verwendet.

Cer wird wegen seiner hohen Affinität zum Schwefel als Zusatz zur Verbesserung der Warmverformbarkeit austenitischer Stähle empfohlen [14]. Es wird üblicherweise in die Gießpfanne zugesetzt.

3.144.06 Chrom

Hauptlegierungsträger für Chrom sind Ferrochromlegierungen mit meist 60 bis 75% Cr und unterschiedlichem Kohlenstoffgehalt. Die Sorten mit 6 bis 10% C werden meist durch direkte Reduktion der Chromerze mit Koks im Lichtbogenofen hergestellt. Kohlenstoffgehalte zwischen 1 und 6% werden in der Regel in einem zweistufigen Verfahren durch Reaktion des hochgekohlten Ferrochroms mit Chromerz im Elektroofen gewonnen. Ferrochrom mit weniger als 1% C wird entweder, ausgehend von einem hochgekohlten Ferrochrom, über ein Silikochrom (etwa 35 bis 40% Cr und 40 bis 50% Si) durch Umsetzung mit Chromerz gewonnen oder nach dem Perrin-Prozeß hergestellt. Die chemische Zusammensetzung der in Europa üblichen Ferrochromsorten und der in den USA genormten Qualitäten zeigt Tab. 45. Seit einigen Jahren ist auch ein Ferrochrom mit extrem niedrigem Kohlenstoffgehalt („Simplex-Ferrochrom") im Handel, das durch Oxydation des Kohlenstoffes in hochgekohltem Ferrochrom mit Kieselsäure oder Chromoxyd im festen Zustand unter Vakuum erzeugt wird [15] (Tab. 46).

Tabelle 45. *Zusammensetzung der üblichen Ferrochrom-Sorten in Europa und den USA* [12]

Legierung		Zusammensetzung in %					
		Cr	C	Si	P	S	N
Europa	a) hochgekohlt	60—75	4— 6 6— 8 8—10	max. 0,5 und bis 3,0	$\leqq$ 0,03	$\leqq$ 0,10	$\leqq$ 0,10
	b) mittelgekohlt (affiné)	65—75	0,5—1,0 1 —2 2 —4	max. 0,5 und bis 3	0,03	0,02	0,10
	c) niedrig-gekohlt (suraffiné)	65—75	0,02—0,03; 0,05; 0,06; 0,1; 0,2; 0,5	max. 0,5 oder 1—2	0,03	0,01	
USA ASTM A 101—50	a) hochgekohlt	60—75	4—8	max. 3,0			
	b) niedrig-gekohlt	65—75	max. 2,0 oder 1,0; 0,5; 0,2; 0,15; 0,10; 0,06; 0,04	max. 1,5			

Tabelle 46. *Chemische Zusammensetzung von „Simplex"-Ferrochrom*

Sorte	Zusammensetzung in %		
	Cr	C	Si
1	63—66	max. 0,01 oder max. 0,02	5—7
4	68—71	max. 0,01 oder max. 0,02	1—2

Die physikalischen Eigenschaften sind im wesentlichen vom Kohlenstoffgehalt abhängig. Hochgekohltes Ferrochrom ist spröde und häufig porös. Die niedriger gekohlten Sorten haben dichtes, meist grobkristallines Gefüge mit hoher Zähigkeit.

Die Temperatur des beginnenden Schmelzens liegt bei hohem Kohlenstoffgehalt zwischen 1350 und 1450 °C und bei niedrigem Kohlenstoffgehalt zwischen etwa 1580 und 1650 °C.

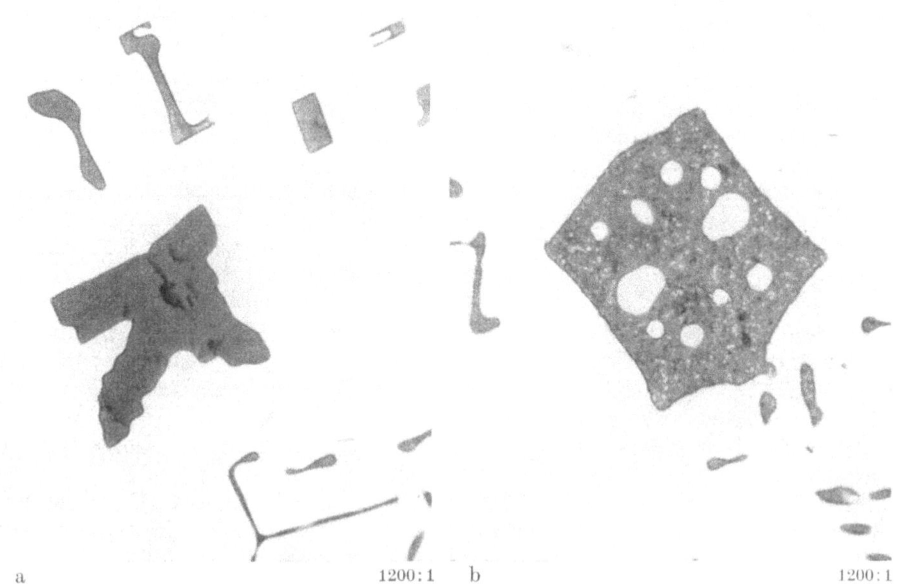

Abb. 220. Kennzeichnende Einschlüsse im Ferrochrom mit Si = 0,10%
a) rasch abgekühlt: Cr_3O_4
b) langsam abgekühlt: Cr_2O_3 + Cr (nach G. SIEBERT und E. PLÖCKINGER)

Die Gehalte an Begleitelementen sind, wie auch Tab. 45 zeigt, im allgemeinen ausreichend niedrig. Der Mangangehalt liegt meist unter 0,5%. Der Gehalt an Gasen, besonders an Wasserstoff, kann in weiten Grenzen schwanken. Neuerdings wird auch vakuumbehandeltes Ferrochrom mit einem durchschnittlichen Wasserstoffgehalt von 1,5 Ncm³/100 g angeboten.

Hochgekohltes Ferrochrom ist meist oxyd- und schlackenreiner als die weichen Sorten. Der Einschlußgehalt kann bei der Herstellung durch eine Schlackenbehandlung oder durch Umschmelzen gesenkt werden. Die Form und chemische Zusammensetzung der Einschlüsse, die sich bei der Erstarrung des Ferrochroms aus der Schmelze ausscheiden, sind im wesentlichen vom Siliziumgehalt abhängig (vgl. Abb. 220 und Abb. 221). Bei Siliziumgehalten unter etwa 0,5% scheiden sich aus der Ferrochromschmelze primär Cr_3O_4-Kristalle mit niedrigem FeO-Gehalt (kleiner als 2,5%) aus,

450:1

Abb. 221. Entmischter Einschluß aus Cr_2O_3 + SiO_2 + Cr-Metall in einem Ferrochrom mit 1% Si (nach G. SIEBERT und E. PLÖCKINGER)

die bei langsamer Abkühlung oder bei einer Glühbehandlung durch eine Disproportionierungsreaktion in das stabile Chrom(III)-oxyd (Cr_2O_3) und Chrommetall zerfallen. In siliziumreichen Sorten scheidet sich der Sauerstoff primär als Chrom(II, III)-oxyd und Kieselsäure mit geringen FeO-Gehalten aus. Bei der Abkühlung der zunächst flüssigen Desoxydationsprodukte findet eine Entmischung statt, wobei sich die Kieselsäure in der in Abb. 221 erkennbaren kennzeichnenden „kristallisierten" Form abscheidet. Das Cr_3O_4 verhält sich bei der Abkühlung genau so wie das aus siliziumfreien Schmelzen ausgeschiedene, d. h. es hat das Bestreben, in das stabile Cr_2O_3 unter Abscheidung von metallischem Chrom überzugehen [16]. Da den Chromoxyd-Kieselsäure-Einschlüssen eine schlechte Abscheidbarkeit aus dem Stahlbad zugeschrieben wird (exakte Meßergebnisse liegen nicht vor), verlangt man vielfach einen Siliziumgehalt beim Ferrochrom von maximal 0,5%.

Für besondere Verwendungszwecke wird auch Chrommetall hergestellt, und zwar entweder auf aluminothermischem Wege oder durch Elektrolyse. Ersteres enthält neben mindestens 99% Cr etwa 0,03% C, 0,10% Si, $< 0,3\%$ Al und Spuren von Mangan und Eisen. Der Schmelzpunkt liegt bei 1830 °C.

Das elektrolytisch erzeugte Chrommetall enthält etwa 99,2% Cr, 0,01% Si, 0,15 bis 0,2% Fe, 0,002% P, 0,025% S, 0,015% C, 0,04% N, 0,5% O und 8 bis 10 Ncm^3H_2/100 g. Daneben ist auch hochreines, praktisch Al- und Si-freies Chrommetall mit 99,9 bis 99,99% Cr erhältlich. Der Wasserstoffgehalt kann durch eine Vakuumglühung vermindert werden.

Für die Herstellung von Reaktorstählen wird kobaltarmes Ferrochrom geliefert.

Zur Schlackenreduktion im Lichtbogenofen nach dem Sauerstofffrischen höher chromlegierter Stahlbäder wird vielfach das bereits erwähnte Silikochrom verwendet. Seine chemische Zusammensetzung beträgt im Mittel

35 bis 40% Cr, 40 bis 50% Si, 0,02 bis 0,1% C, Rest Fe,   oder

50 bis 55% Cr, 25 bis 30% Si, 0,02 bis 0,5% C, Rest Fe.

Für den Pfannenzusatz sind exotherme Ferrochrom-Briketts am Markt mit einer Zusammensetzung von etwa 50% Cr, 2,5 bis 3% Si und 4 bis 4,6% C.

Außer den Metallen können auch Chromerze direkt als Legierungsträger dienen. Der erforderliche hohe Aufwand für die Reduktionsarbeit im Stahlofen macht diese Arbeitsweise unwirtschaftlich.

Chrom kommt gelegentlich auch als kombinierte Ferrolegierung in den Handel, z. B. als Chrom-Nickel-Legierung oder Ferrochrom-Molybdän mit etwa 30% Cr und 50% Mo. Über Ferrochrom mit hohem Stickstoffgehalt vgl. Abschnitt 3.145.21.

3.144.07 Kalzium

Ein Zusatz des reinen Metalles zu Stahlschmelzen ist praktisch unmöglich, weil das Kalzium wegen des bei den üblichen Stahlherstellungstemperaturen bereits sehr hohen Dampfdruckes praktisch vollkommen verdampft. Man verwendet es daher durchwegs in Legierungen, die das Kalzium in Mengen bis zu etwa 30% enthalten. Die bekanntesten Desoxydationslegierungen sind das bereits genannte Kalzium-Aluminium (Abschnitt 3.145.01) und das Kalzium-Silizium. Letzteres wird meist nach dem BOZEL-Verfahren aus Kalziumkarbid, Quarz und Kohlenstoff im Lichtbogenofen erschmolzen. Der Schmelzpunkt liegt bei 1020 °C, das spezifische Gewicht beträgt etwa 2,5 g/cm³. Im handelsüblichen Kalziumsilizium mit etwa 30% Ca liegt im Gleichgewicht die Verbindung $CaSi_2$ neben Siliziummetall vor. Die chemische Zusammensetzung einer Reihe gebräuchlicher kalzium-, aluminium- und siliziumhaltiger Legierungen zeigt Tab. 47. Für die

Tabelle 47. *Zusammensetzung gebräuchlicher kalziumhaltiger Legierungen*
(Süddeutsche Kalkstickstoffwerke A.-G., Trostberg/Obb.)

Legierung	Zusammensetzung in %									
	Ca	Si	Al	Mn	C	P	S	Zr	Ti	Fe
Kalzium-Silizium	29—31	59—61	1,3—1,8		max. 1,0	max. 0,05	max. 0,10			4— 6
	20—22	62—63	1,2—1,5		max. 1,0	max. 0,05	max. 0,10			12—15
Kalzium-Silizium-Aluminium:										
Alcasil 10	18—22	60—62	10—20	0,02	0,2—0,3	max. 0,03	max. 0,05		0,1—0,2	4— 5
Alcasil 20	18—22	49—51	19—21	0,02	0,2—0,3	max. 0,03	max. 0,07		0,1—0,2	4— 5
Alcasil 30	20—22	43—45	30—32	0,02	0,2—0,3	max. 0,03	max. 0,06		0,1—0,2	4— 5
Alcasil 55	7—9	24—26	53—56	0,02	0,2—0,3	max. 0,02	max. 0,05		0,1—0,2	10—12
Kalzium-Silizium-Mangan	16—20	47—55		14—20						Rest
	20—22	49—51	6—8	8—10						Rest
	13—15	40—42	10—12	10—12						Rest
Kalziumhaltige Sonder-legierungen	8—12	60—70						10—20		Rest
	8	63							16	Rest

Desoxydation von Nickelbasislegierungen steht auch eine Kalzium-Nickel-Legierung zur Verfügung.

Kalziumsilizium hat metallisches Aussehen und muß gegen Einwirkung von Feuchtigkeit geschützt werden. Beim Brechen und Mahlen besteht Explosionsgefahr. Die Feuchtigkeitsaufnahme aus der Luft ist auch die Ursache für das rasche Ansteigen des Gasgehaltes mit abnehmender Korngröße, wie dies aus Abb. 222 hervorgeht [6]. Bei den üblichen Zusatzmengen von kaum mehr als 2 kg Legierung/t Stahl sind selbst Werte von 100 Ncm³/100 g noch unbedenklich, da sie nur 0,2 Ncm³ Wasserstoff je 100 g Stahl einbringen.

Kalziumsilizium wird besonders zur Desoxydation von Stählen verwendet, die bei voller Beruhigung einen niedrigen Siliziumgehalt aufweisen sollen und keine Aluminiumzusätze erhalten dürfen, wie z. B. Grobkornstähle für Seildrähte. Durch Zusatz von Kalziumsilizium kann bereits bei etwa 0,12% Si volle Beruhigung erreicht werden (gegenüber etwa 0,22% Si ohne Kalzium). Es besitzt auch eine geringe entschwefelnde Wirkung.

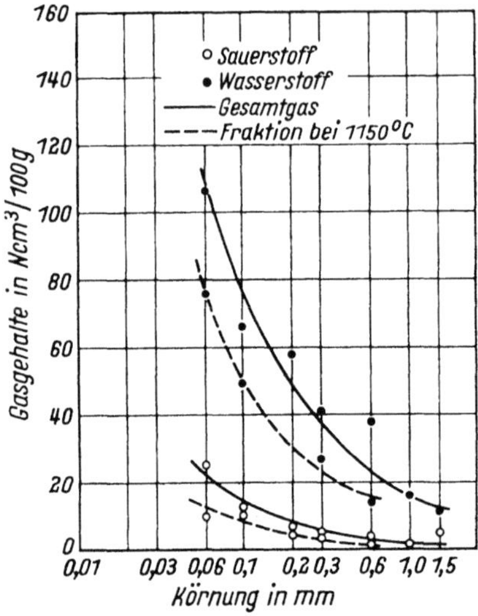

Abb. 222. Einfluß der Korngröße auf die Gasgehalte von Kalziumsilizium (nach R. LIMPACH und B. MARINČEK)

3.144.08 Kobalt

Kobalt wird für Legierungszwecke meist als Kobaltmetall verwendet. Die Herstellung erfolgt durch Reduktion des auf naßchemischem Wege aus den Erzen gewonnenen Oxyds [17]. Wesentlich für seine Verwendung in hochkobalthaltigen Legierungen ist die Abwesenheit schädlicher Begleitelemente. Auf Grund dieser Forderung wurde der Reinheitsgrad in den letzten Jahren wesentlich verbessert, so daß die seinerzeit von B. MATUSCHKA und F. CLESS [18] angegebenen Werte als überholt gelten können. Tab. 48 gibt zwei Analysenbeispiele für Katanga-Kobalt [17, 19].

Tabelle 48. *Analysen von Katanga-Kobalt*

Sorte	Co %	C %	Ni %	Fe %	S %	Zn %	Mn ppm	Cu ppm	Pb ppm
1	> 99	< 0,1	< 0,4	< 0,2	< 0,015				
2	99,80	0,015	0,1	0,0015	0,005	0,01	10	50	50

Kobaltmetall wird für die Stahlindustrie in Form kleiner Zylinder, Würfel, Kegel oder Granalien geliefert; Kobaltpulver höchsten Reinheitsgrades dient der Herstellung von Sinterwerkstoffen und Sinterhartmetallen.

Für Sonderzwecke sind auch Kobalt-Legierungen mit Zusätzen an Mangan, Chrom, Wolfram, Vanadin und Niob-Tantal im Handel.

3.144.09 Kupfer

Als Legierungszusatz für gekupferte Stähle ist Elektrolytkupfer geeignet. Fremde Beimengungen sind im allgemeinen nur in tausendstel Prozenten vorhanden, so daß der Kupfergehalt über 99,5% liegt. Allenfalls vorhandene geringe Oxydreste werden von Eisen unter Eisenoxydulbildung reduziert.

Die geringere Affinität des Kupfers zum Sauerstoff im Vergleich zum Eisen ermöglicht es, für die meist geringen Kupfergehalte gekupferter Stähle in erster Linie kupferhaltige Roheisensorten und kupferhaltigen Schrott heranzuziehen.

3.144.10 Lithium

Lithium wurde verschiedentlich zum Entgasen und Desoxydieren von Schmelzen rostbeständiger Stähle und hochwarmfester Legierungen verwendet [20]. Es kann dem Stahlbad als Lithium-Metall (99,8%), in Behältern verpackt, in den Ofen oder in die Pfanne zugesetzt werden. Auch Einblasen mit Argon ist möglich. Ebenso sind lithiumhaltige Desoxydationslegierungen, z. B. mit 5% Li, 75% Si, 17% Fe, 0,25% C, Rest Al erhältlich.

3.144.11 Magnesium

Magnesium ist im Stahl unlöslich und kommt nur als Desoxydationsmittel in Frage, wobei es entweder als Magnesiummetall oder in Form von Legierungen mit anderen Metallen oder als chemische Verbindung mit niedrigem Dampfdruck verwendet wird. Seine Anwendung für die Desoxydation wird durch seinen hohen Dampfdruck bei der Temperatur des flüssigen Stahles und durch seine Verbrennbarkeit stark behindert, die zu explosionsartigen Erscheinungen beim Zusetzen führen kann. Neben komplexen, magnesiumhaltigen Desoxydationslegierungen [21], von denen Tab. 49 einige Beispiele bringt, werden für die Desoxydation hochlegierter Nickelstähle auch Nickel-Magnesium-Legierungen verwendet, die 15 bis 50% Mg enthalten. Eine Magnesiumbehandlung des Stahles ist auch durch Einblasen von Magnesiumpulver, ähnlich wie bei der Herstellung von Sphäroguß, mit Stickstoff oder Argon als Trägergas möglich.

Tabelle 49. *Zusammensetzung magnesiumhaltiger Desoxydationslegierungen*

Sorte	Zusammensetzung in %			
	Mg	Si	Ca	Fe
Ferrosilizium-Magnesium I[1]	11,8	64		Rest
II	etwa 15	etwa 45		etwa 40
Kalzium-Silizium-Magnesium[2]	5— 6	48—56	24—29	Rest
	10—12	52—54	26—29	Rest
	8—10	56—60	4— 5	Rest

[1] Nach S. Proswirin und Mitarbeitern (Neue Hütte 2 (1957), S. 451/52).
[2] Wird auch mit etwa 30% Mg und etwa 0,2% Cer geliefert (Gesellschaft für Elektrometallurgie m.b.H., Düsseldorf).

3.144.12 Mangan

Dieses für die Stahlherstellung wichtige Element wird zum Legieren entweder als Ferrolegierung oder für Sonderzwecke als Manganmetall verwendet. Ferrolegierungen mit etwa 12 bis 25% Mn und etwa 5 bis 8% C werden Spiegeleisen genannt und bei gleichzeitig hohem Siliziumgehalt (10 bis 20%) und entsprechend niedrigerem Kohlenstoffgehalt Silicospiegel. Sorten mit 95% Mn und mehr werden als „Manganmetall" bezeichnet. Für die Bewertung von Ferromangan ist neben dem Kohlenstoffgehalt in erster Linie der Phosphor- und gegebenenfalls auch der Arsengehalt maßgebend.

Für die Edelstahlerzeugung werden bevorzugt im Elektroofen erschmolzene Ferromangansorten herangezogen, die sich gegenüber dem Hochofen-Ferromangan durch größere Reinheit und Gleichmäßigkeit auszeichnen. Elektroofenmangan ist praktisch frei von Manganoxyden, welche im Hochofenmangan höheren Mangangehaltes fast regelmäßig enthalten sind. An Verunreinigungen finden sich nur geringe Mengen an Mangansulfiden. Der Kohlenstoff liegt im wesentlichen als Mn_3C vor. Dieses besitzt einen niedrigen Schmelzpunkt (rund 1200 °C) und ist daher verhältnismäßig leicht löslich, so daß Ungleichmäßigkeiten bei der Verwendung hochgekohlten Ferromangans nicht zu erwarten sind. Der Schmelzpunkt der 78- bis 85%igen Ferromangansorten liegt etwa zwischen 1250 und 1300 °C. Der Schmelzpunkt des Spiegeleisens ist stark von der chemischen Zusammensetzung abhängig und kann zwischen 1065 und 1240 °C liegen.

Für kohlenstoffarme Stähle höheren Mangangehaltes werden auf elektrothermischem Wege in einem Zweistufenverfahren kohlenstoffarme Sorten, sogenanntes Ferromangan affiné und suraffiné, erschmolzen (vgl. Tab. 50). Mit sinkendem Kohlenstoffgehalt nimmt im allgemeinen der Einschlußgehalt zu, so daß im Mangan affiné neben den Mangansulfiden vielfach größere Mengen an Mangansilikaten beobachtet werden. Für hohe Ansprüche empfiehlt es sich, nur reinste Elektroofen-Manganlegierungen zu verwenden.

Die Herstellung von Manganmetall erfolgt meist auf metallothermischem Wege durch Reduktion des Manganoxyds. Es ist praktisch kohlenstofffrei und enthält nur geringe Mengen an Begleitelementen. Im Mittel kann mit nachstehender Zusammensetzung gerechnet werden:

Komponente: Mn   Fe   Si   P   S   C   Al   Cu
Gewichtsprozent: 95–97 0,8–2 0,8–1 0,05–0,1 0,02–0,1 0,03–0,1 max. 0,5 max 0,3

Hochreine, vakuumentgaste Sorten enthalten neben mindestens 99,8% Mn nur Spuren von C, Si, P, S, Al, Cu und Fe. Manganmetall schmilzt zwischen 1220 und 1240 °C.

Daneben wird auf elektrolytischem Wege ein Manganmetall besonders hoher Reinheit mit 99,9% erzeugt, das auch vakuumgast im Handel ist. Es enthält neben je maximal 0,01% C, Si, P und Fe nur maximal 0,04% S.

Manganmetall zerfällt unter Einwirkung von Wasser. Es bildet sich Mangandioxyd und Wasserstoff. Diese Reaktion kann auch hochprozentiges Ferromangan affiné zum Zerfall bringen. Derartige Legierungen müssen daher beim Transport und bei der Lagerung vor Feuchtigkeit geschützt werden.

Für das Legieren in der Pfanne ist, besonders in den USA, ein sogenanntes „exothermes Ferromangan" im Handel, das eine Mischung von feinkörnigem Ferromangan mit Aluminium oder Silizium und Natriumnitrat darstellt. Die exotherme Reaktion der Aluminium- bzw. Siliziumverbrennung soll die Auflösung erleichtern und ein höheres Manganausbringen ergeben [22]. Tab. 51 gibt die Zusammensetzung von zwei Sorten mit unterschiedlichem Kohlenstoffgehalt an.

Weitgehende Verwendung finden auch Legierungen, die neben Mangan größere Mengen Silizium enthalten. Ihre Reaktionsprodukte mit dem im Stahl gelösten Sauerstoff sind bei geeigneter Zusammensetzung flüssig, so daß ihnen lange Zeit eine besonders gute Abscheidbarkeit zugeschrieben wurde. Man unterscheidet

Tabelle 50. *Zusammensetzung der in Europa und den USA [12] üblichen Ferromangan-Sorten*

Legierung			Zusammensetzung in %				
			Mn	C	P	S	Si
Spiegeleisen	Europa		etwa 20	5,0	0,10	0,05	
	USA	A	16—19	6,5	max. 0,25	max. 0,05	nach Wunsch
	(ASTM A 98—50)	B	19—21	6,5	max. 0,25	max. 0,05	max. 1,0 bis 4,5
		C	25—28	6,0	max. 0,25	max. 0,05	
Ferromangan Europa	Mangan-Silicium		etwa 78	2	0,05	0,02	15
	Standard	a)	etwa 78	6—8	max. 0,30	max. 0,05	max. 1,0
		b)	etwa 78	6—8	max. 0,10	max. 0,05	max. 1,0
	affiné		80—85	1,5—2,5	max. 0,15	max. 0,02	etwa 1,5
	suraffiné		90—95	max. 0,02	max. 0,15	max. 0,02	etwa 1,0
Ferromangan USA (ASTM A 99)	Standard	A	78—82	7,5	max. 0,35	max. 0,05	max. 1,2
		B	76—78	7,5	max. 0,35	max. 0,05	max. 1,2
		C	74—76	7,5	max. 0,35	max. 0,05	max. 1,2
	mittelgekohlt	A	mind. 80	1,0—3,0 auf Wunsch	max. 0,35	max. 0,05	max. 1,2
		B	mind. 80		max. 0,35	max. 0,05	max. 1,5
		C	mind. 80		max. 0,35	max. 0,05	max. 2,5
	niedriggekohlt	A	mind. 80		max. 0,35	max. 0,05	max. 1,2
		B	mind. 80	max. 0,75	max. 0,35	max. 0,05	max. 7,0

zwei Qualitäten mit 15 bis 25% Si und 65 bis 75% Mn bzw. mit 30 bis 35% Si und 60 bis 70% Mn. Der Kohlenstoffgehalt liegt zwischen 0,5 und 2%. Auf andere manganhaltige Desoxydationslegierungen wurde bereits hingewiesen (Abschnitt 3.145.01).

Tabelle 51. *Zusammensetzung von „exothermem" Ferromangan* [17]

Sorte	Zusammensetzung in %					
	Mn	C	Al	$NaNO_3$	CaF_2	Gesamt-C
hochgekohlt	62,6	5,9	3,6	7,0	4,25	6,5
niedriggekohlt	69,0	1,10	3,7	7,0	4,25	2,1

3.144.13 Mischmetall

Über diese aus einem Gemisch seltener Erden bestehende Legierung s. Abschnitt Cer, 3.144.05.

3.144.14 Molybdän

Zum Einbringen von Molybdän in Stahlschmelzen und Sonderlegierungen stehen derzeit folgende Legierungsmittel zur Verfügung: Molybdänmetall-Schrott, Molybdänpellets (d. h. gepreßtes Molybdänpulver), Thermitmolybdän, Ferromolybdän, die eisenfreien Vorlegierungen Nickel-Molybdän (auch vakuumentgast) und Kobalt-Molybdän, Molybdänoxyd und sogenanntes Kalziummolybdat.

Für die Edelstahlerzeugung werden in den wichtigsten europäischen Ländern etwa 10 bis 25% Molybdänoxyd, der Rest im wesentlichen als Ferromolybdän verwendet. In den USA beträgt der Anteil an Molybdänoxyd heute rund 75% des Molybdänverbrauches, da Molybdän in Zusatzmengen bis zu etwa 3% Mo im Stahl wirtschaftlicher über das Oxyd zulegiert wird.

Molybdän wird beim Schmelzen von Stahl, selbst beim Frischen, nicht oxydiert. Es kann daher zur Gänze aus dem Schrott wiedergewonnen und aus dem Molybdänoxyd durch das flüssige Eisen reduziert werden. Ferromolybdän wird zweckmäßig nur zum Einstellen der genauen Endanalyse verwendet oder als Pfannenzusatz in Gießereien gebraucht.

Ferromolybdän wird heute meist metallothermisch durch Reduktion des Oxyds mit Aluminium und Ferrosilizium gewonnen, um den meist verlangten niedrigen Kohlenstoffgehalt einhalten zu können [23]. Ferromolybdän enthält, wie Tab. 52 zeigt, in den USA rund 60% Molybdän, in Europa etwa 60 bis 75% Mo. Das 60%ige Ferromolybdän ist leichter zu zerkleinern und hat einen niedrigeren Schmelzpunkt. Als Vorteil des 70%igen Ferromolybdäns wird oft seine höhere Reinheit angeführt. Ferromolybdän schmilzt je nach Molybdängehalt zwischen 1550 und 2000 °C.

Die im Ferromolybdän vorkommenden Einschlüsse wurden von R. Zoja und A. Masi [24] eingehend untersucht. Sie fanden eine Beziehung zwischen der chemischen Zusammensetzung und dem Einschlußtyp, wonach mit zunehmendem Kohlenstoff- und Siliziumgehalt (bzw. Aluminiumgehalt) der Anteil an kristallisierten Molybdänoxyden und Einschlüssen auf der Basis Silikat- und Aluminat-Einschlüssen zunimmt. Das Vorhandensein von Metallseigerungen innerhalb der kristallisierten Molybdänoxyde läßt annehmen, daß sich während der Abkühlung niedrige Oxyde in höhere Oxyde umwandeln. Die Abb. 223 und 224 zeigen zwei Schliffbilder von elektrothermisch bzw. silikothermisch hergestelltem Ferromolybdän.

Tabelle 52. *Zusammensetzung von Ferromolybdän-Sorten in Europa [18, 23] und den USA [12]*

Legierung		Zusammensetzung in %					
		Mo	C	Si	P	S	Cu
Europa[1]	elektrothermisch	65—75	2,0	1,0	0,05	0,05	
	metallothermisch	60—75	max. 0,1	max. 1,5	max. 0,1	max. 0,1	max. 0,5
USA[2] (ASTM A 132—61)	Sorte A	55—70	2—2,5	1,5	max. 0,1	max. 0,25	max. 1,0
	Sorte B	55—70	max. 0,25	1,5	max. 0,1	max. 0,25	max. 1,0

[1] Meist wird As maximal 0,05% gefordert.

[2] Von der Climax Molybdenum Company wird Ferromolybdän nach folgender Vorschrift geliefert: Mo 58 bis 64%, C maximal 0,1%, Si maximal 1,0%, P maximal 0,05%, S maximal 0,25%, Cu maximal 0,5%.

Tabelle 53. *Zusammensetzung handelsüblicher Molybdänoxyd-Sorten [12]*

Sorte	Zusammensetzung in %						
	Mo	C	P	S	Cu	CaO	SiO$_2$
Molybdänoxyd ASTM A 146—52	55—64	Spuren	max. 0,05	max. 0,25	max. 0,1		
Climax Molybdenum Company	53—64	—	max. 0,05	max. 0,25	max. 0,5		Rest
Molybdänoxyd-Briketts ASTM A 146—52	45—55	etwa 11	max. 0,05	max. 0,25	max. 1,0		
Climax Molybdenum Company	51,6	etwa 12	max. 0,05	max. 0,25	max. 0,5		Rest
„Kalzium-Molybdat"[1] ASTM A 146—52	40—50	Spuren	max. 0,10	max. 0,25	max. 1,0		
Climax Molybdenum Company	46,3—46,6	—	max. 0,05	max. 0,25	15—18		Rest

[1] Keine Verbindung, sondern eine Mischung aus Molybdänoxyd MoO_3 und Kalkstein $CaCO_3$.

Thermitmolybdän wird im Thermitprozeß hergestellt und enthält mehr als 95% Mo. Zusammen mit Molybdänmetall-Schrott, Molybdänpellets und den eisenfreien Vorlegierungen wird es hauptsächlich für die Herstellung eisenarmer Sonderlegierungen verwendet.

Molybdänoxyd wird üblicherweise als Pulver in Blechbüchsen verpackt oder in Papiersäcken geliefert. Eine weitere Handelsform sind Preßlinge, die unter Verwendung geeigneter teerartiger Bindemittel hergestellt werden. Die in den USA genormten Zusammensetzungen dieser Produkte zeigt Tab. 53. Das hier

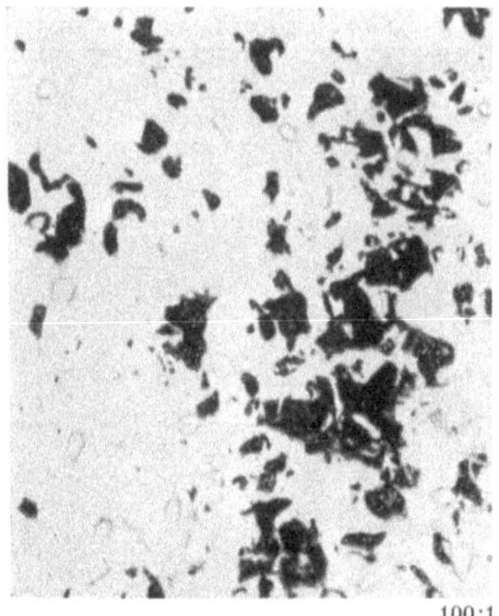
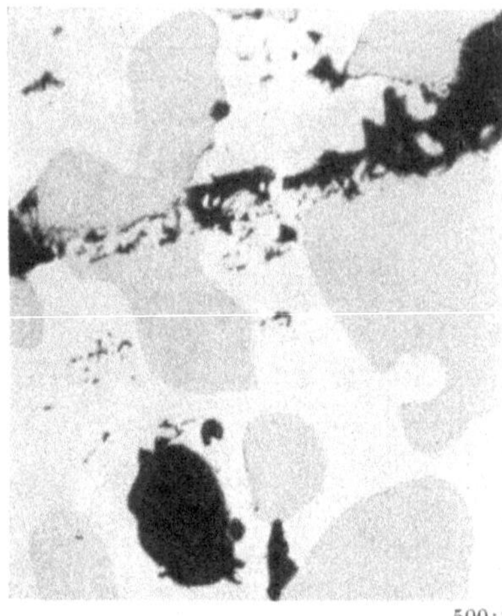

100:1   500:1

Abb. 223. Schliffbild von Ferromolybdän, elektrothermisch erzeugt (nach B. MATUSCHKA und F. CLESS)

Abb. 224. Schliffbild von Ferromolybdän, silikothermisch erzeugt (nach B. MATUSCHKA und F. CLESS)

ebenfalls angeführte Kalziummolybdat wurde seinerzeit entwickelt, um eine für die Reduktion des Molybdänoxydes günstige Basizität einzustellen. Es hat jedoch den Nachteil, hygroskopisch zu sein. Das heute erhältliche „Kalziummolybdat" besteht aus einer Mischung von Molybdänoxyd und Kalkstein und bietet gegenüber den anderen Molybdänträgern keinen besonderen Vorteil.

Reinmolybdän ist ein hellgrau glänzendes Metall, das bei hoher Reinheit verformbar ist und heute für Spezialverwendungszwecke zum Teil mit kleinen Legierungszusätzen (Titan, Zirkon) verarbeitet wird. Das spezifische Gewicht beträgt 10,2 g/cm³, der Schmelzpunkt 2622 °C.

Ein beschränktes Anwendungsgebiet als Legierungsmetall besitzt auch das Molybdänsulfid. Es wird zur Herstellung molybdänlegierter geschwefelter Stähle (rostbeständige Stähle, Schnelldrehstähle) verwendet und in den Ofen oder in die Pfanne zugesetzt. Das Verhältnis von Molybdän zu Schwefel beträgt rund 3:2.

3.144.15 Nickel

Nickel wird meist als reines Metall verwendet, wie es als Würfelnickel und Rondellennickel, als Mondnickel und als Kathodennickel in den Handel kommt. Dadurch, daß Nickel aus seinem Oxyd durch flüssiges Eisen auch in der Frischperiode zu Metall reduziert wird, kann auch Nickeloxyd mit Vorteil im Einsatz zugesetzt werden.

Die aus den Erzen stammenden Verunreinigungen an Fe, Cu, Si, S, P, As, Pb, Zn und Co sind durchwegs gering. Die handelsübliche Zusammensetzung verschiedener Nickelsorten zeigt Tab. 54. Der Reinheitsgrad bezüglich der Oxyde, der

Schlackeneinschlüsse und des Gasgehaltes ist stark vom Herstellungsverfahren abhängig. Der Schmelzpunkt liegt, je nach dem Reinheitsgrad, zwischen 1425 und 1455 °C.

Würfelnickel und Rondellennickel, welche durch Reduktion des Nickeloxyds mit Kohlenstoff gewonnen werden, enthalten immer gewisse Mengen an nicht-reduziertem Nickeloxyd, Schlacken und Kohlenstoff, da der Reduktionsvorgang niemals vollständig verläuft. Sie enthalten selten mehr als 99% Ni und meist etwa 0,2 bis 0,3% C. Die Oxyde und Schlacken sind in größeren Einschlüssen und

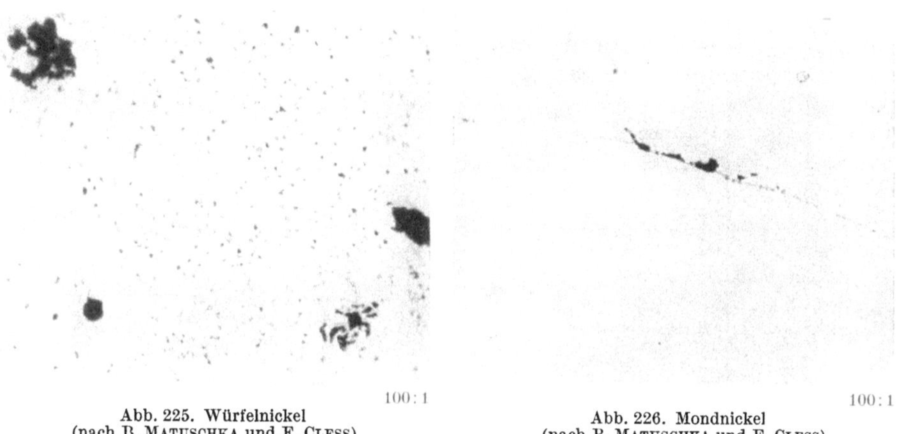

Abb. 225. Würfelnickel
(nach B. MATUSCHKA und F. CLESS)

Abb. 226. Mondnickel
(nach B. MATUSCHKA und F. CLESS)

in Form feiner Häutchen im Metall enthalten. Abb. 225 zeigt ein Schliffbild von Würfelnickel. Die mit dem Legierungsmetall in das Stahlbad gelangenden Nickel-oxyde werden vom flüssigen Eisen unter Bildung von Eisenoxydul reduziert. Der Zusatz von Würfel- und Rondellennickel soll daher bereits in der Frischperiode erfolgen, solange eine zusätzliche Oxydation des Bades unbedenklich ist. Auch die anderen oxydischen Einschlüsse können bei so frühem Zusatz noch weit-gehend abgeschieden werden.

Das Mondnickel, welches auf chemischem Wege über das gasförmige Nickel-carbonyl gewonnen wird, gewährleistet den höchsten Reinheitsgrad. Es enthält in der Regel über 99,5% Ni und etwa 0,1% C. Sonstige Begleitelemente sind nur in Spuren vorhanden. Dementsprechend zeigt das Gefüge einen hohen Reinheits-grad und nur vereinzelte Oxydhäutchen (vgl. Abb. 226). Der Gasgehalt ist vielfach niedrig. Ein derartiges Mondnickel kann ohne Beeinträchtigung der Stahlgüte auch in der Feinungsperiode zugesetzt werden.

Kathodennickel stellt ebenfalls einen sehr reinen Einsatzstoff dar. Durch die Elektrolyse gelangen nur Spuren fremder Elemente in die Kathoden. Der Nickel-gehalt liegt immer über 99,5%. Kathodennickel ist auch weitgehend frei von Oxyden und nichtmetallischen Verunreinigungen. Der Nachteil gegenüber dem Mondnickel mit etwa gleichem Reinheitsgrad liegt in seinem relativ hohen Wasser-stoffgehalt. Infolge der hohen Aufnahmefähigkeit des Nickels für Wasserstoff reichert sich dieser bei der elektrolytischen Abscheidung in den Nickelkathoden an. Nach dem Vakuumschmelzverfahren können Wasserstoffgehalte von 160 Ncm^3/ 100 g Metall und mehr festgestellt werden. Der Zusatz von Elektrolytnickel soll daher nicht in der Feinungsperiode, sondern möglichst früh erfolgen, um im Frisch-prozeß noch den Wasserstoffgehalt der Schmelze erniedrigen zu können. Für

Tabelle 54. *Zusammensetzung handelsüblicher Nickelsorten* [18]

Sorte	Zusammensetzung in %										
	Ni	Fe	Cu	C	Si	P	S	As	Co	Zn	Pb
Würfelnickel	rund 98,5	0,5	0,15	0,3	0,2	—	0,03	0,04	0,75	Spur	Spur
Mondnickel	rund 99,5	0,5	0,07	0,2	0,03—0,04	0,05	0,03	Spur	0,5	Spur	Spur
Kathodennickel	99,5	0,3	0,15	0,1	—	0,05	0,03	0,03	—	Spur	Spur
Ferronickel[1]	24—27[2]	Rest		0,021—0,029	0,023—0,028	0,019—0,024	0,021—0,024				
Ferronickel[3]	45,94	52,38	0,2	0,029	0,9	0,024	0,006		0,5	Cr 0,02	

[1] Nach THURNEYSSEN, C. G., und Mitarbeitern, J. Metals 12 (1960), S. 202/05.
[2] Summe Ni + Co.
[3] Nach COLEMAN, E. E., und D. N. VEDENSKY, J. Metals 12 (1960), S. 197/201.

Tabelle 55. *Zusammensetzung verschiedener Ferroniob-Sorten*
(nach Angaben der Gesellschaft für Elektrometallurgie, Düsseldorf)

Sorte	Zusammensetzung in %											
	Nb	Ta	Al	Si	Mn	Ti	Sn	W	P	S	C	Co
FeNbTa 10:1	60—65	5,8—6,6	0,6—2,0	0,4—1,5	1—2	0,3—2	0,1—0,3	0,2—0,8	0,05—0,2	0,05—0,1	0,03—0,1	
FeNb	etwa 65	max. 2,0	0,8—2,0	0,3—1,0	0,1—0,5	0,2—0,4	0,05—0,2	0,1—0,5	0,05—0,1	0,04—0,1	0,03—0,1	
für Reaktorstähle wie oben, jedoch:		max. 0,3—1,0										max. 0,004

Sonderzwecke und auch für das Vakuumschmelzen wird vakuumentgastes Nickel geliefert.

Für die Verwendung bei der Herstellung von Reaktorstählen muß auf einen möglichst geringen Kobaltgehalt gesehen werden, um die Aktivität des bestrahlten Werkstoffes (verursacht durch das entstehende Isotop Co⁶⁰) niedrig zu halten.

Außer den Reinnickelsorten werden in geringem Umfang auch Ferronickelsorten hergestellt und verwendet. Sie werden meist aus Nickelabfällen erschmolzen und enthalten demgemäß vielfach größere Mengen an Kohlenstoff, Silizium und auch Aluminium. Ebenso ist die Menge der oxydischen Verunreinigungen oft beträchtlich. Aus Nickelerzen hergestelltes Ferronickel hat heute einen hohen Reinheitsgrad, wie die Analysenbeispiele in Tab. 54 zeigen.

Die gleichfalls im Handel angebotenen kombinierten Legierungen, wie Ferrosiliconickel, Ferrochromnickel, Ferromangannickel, Ferrosilicomangannickel, Ferronickelmolybdän usw. mit wechselnder Zusammensetzung, werden nur in geringem Umfang verwendet.

3.144.16 Niob

Ferroniob (Ferrocolumbium) wird durch aluminothermische Reduktion des Oxyds hergestellt. Es enthält etwa 60 bis 65% Nb. In den handelsüblichen Sorten sind meist 5 bis 10% Tantal enthalten. Der Kohlenstoffgehalt liegt bei 1%.

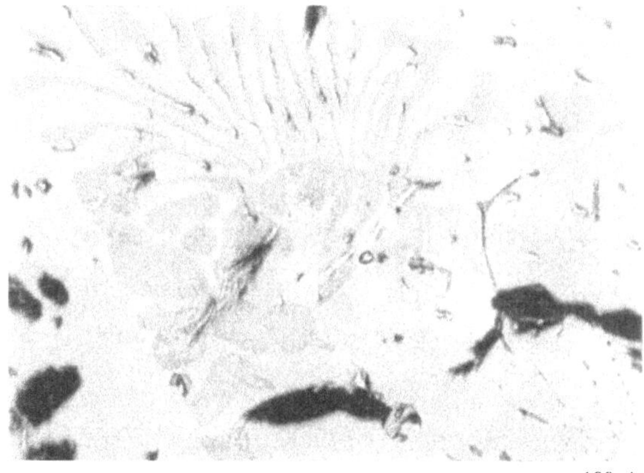

Abb. 227. Ferroniob (Nb = 68,43%, Ta = 0,44%) 100:1

Die physikalischen Eigenschaften sind jenen des Ferrowolframs ähnlich.

Für die Herstellung von Reaktorstählen muß das Niob weitgehend frei von Tantal (und Kobalt) sein, das unter Neutronenbestrahlung ein langlebiges Isotop bildet.

Tab. 55 zeigt die chemische Zusammensetzung verschiedener Ferroniobsorten, Abb. 227 das Schliffbild eines 68%igen Ferroniobs mit 0,44% Ta.

Um die Auflösung des Niobs im Stahlbad zu erleichtern und das Ausbringen zu erhöhen, sowie den Zusatz in der Pfanne zu ermöglichen, wird in den USA ein exothermes Ferroniob in den Handel gebracht [25]. Es besteht aus einer Mischung von feinkörnigem Ferroniob mit etwa 10% Natriumnitrat und 5% Ferrosilizium (75%ig) als Wärmespender. Das Ausbringen wird mit 92 bis 97% angegeben. Dem gleichen Zweck dient auch eine eutektische Nickel-Niob-Legierung mit einem Schmelzpunkt von 1150°C, die bei der Erzeugung niobstabilisierter 18/8-Stähle verwendet wird.

3.144.17 Phosphor

Die Verwendung des Phosphors als Legierungselement für Stahl ist nur beschränkt. Für den Legierungszusatz stehen Ferrophosphorlegierungen mit 15 bis 30% P zur Verfügung, sowie im Hochofen erschmolzene Phosphormanganlegierungen mit etwa 25% P und 64% Mn. Handelsübliche Sorten enthalten neben 20 bis 25% P und wahlweise maximal 1,0, maximal 5,0 oder maximal 10% Si sowie etwa 0,4 bis 0,7% Mn, 1 bis 2,5% Ti, 0,3 bis 0,5% Cr und 0,5 bis 1% V. Der Schmelzpunkt liegt bei 1050 bis 1100°C. Alle Phosphorlegierungen haben ein verhältnismäßig niedriges spezifisches Gewicht und zeigen am frischen Bruch metallisches Aussehen mit körnigem bis strahligem Gefüge.

3.144.18 Schwefel

Für die Herstellung von Automatenstählen wird dem Stahl Schwefel in Form von Reinschwefel, Schwefeleisen (FeS) oder Pyrit (FeS_2) zugesetzt. In molybdänlegierten Stählen dient das bereits erwähnte Molybdänsulfid als Schwefelträger. Besondere Anforderungen an diese Schwefellegierungen werden nicht gestellt.

3.144.19 Selen

Selen wurde in der letzten Zeit verschiedentlich als Zusatz zu Schwefel- oder Blei-Automatenstählen vorgeschlagen, da es ebenfalls die Zerspanbarkeit verbessert, ohne die übrigen technologischen Eigenschaften stärker zu beeinträchtigen.

3.144.20 Silizium

Von den handelsüblichen Ferrosiliziumsorten, deren durchschnittliche Zusammensetzung Tab. 56 zeigt, finden die Legierungen mit 45, 75 und 90% Si die meiste Verwendung. Außer den angeführten Begleitelementen können sie Aluminium bis 3%, sowie geringe Mengen an Mangan ($< 0,5\%$) enthalten. Das niedrigprozentige Ferrosilizium wird in der Regel im Hochofen, die Sorten höheren Siliziumgehaltes im elektrischen Ofen erschmolzen; Legierungen mit im Mittel etwa 98,5% und 99,7% Si sind als Reinsilizium oder Siliziummetall im Handel. Ferrosilizium gehört hinsichtlich der nichtmetallischen Verunreinigungen zu den reinsten Legierungselementen. Schlackeneinschlüsse kommen praktisch nicht vor. lediglich das 90%ige Ferrosilizium kann Schlieren von Eisensilikaten enthalten.

Tabelle 56. *Zusammensetzung des in Europa und in den USA [12] handelsüblichen Ferrosiliziums*

Sorte		Zusammensetzung in %			
		Si	C	P	S
Europa		90—92 75—77 45—57	max. 0,15 0,05—0,5 0,1 —0,15	Spuren etwa 0,04 max. 0,05	max. 0,05 0,01—0,02 max. 0,04
USA (ASTM A 100—50)	A	90—95	max. 0,15	max. 0,05	max. 0,04
	B	80—90	max. 0,15	max. 0,05	max. 0,04
	C	72—79	max. 0,15	max. 0,05	max. 0,04
	D	47—52	max. 0,15	max. 0,05	max. 0,04
	E	25—30	max. 0,50	max. 0,06	max. 0,04
	F	14—18	max. 1,5	max. 0,15	max. 0,6
	G	8—14	max. 1,5	max. 0,15	max. 0,6

Silizium-Metall mit rund 99,7% Si enthält neben Spuren von Phosphor und Schwefel maximal 0,05% C, maximal 0,03% Al, etwa 0,005% Fe und etwa 0,02% Ca. Ferrosilizium niedrigen Siliziumgehaltes, besonders 45%iges Ferrosilizium, kann verhältnismäßig gasreich sein. Hohe Gasgehalte sind an porösem Gefüge erkenntlich. Für hochsilizierten Stahl, z. B. für Dynamo- und Trafobleche, soll daher nur das hochprozentige Ferrosilizium verwendet werden.

Sorten mit 30 bis 70% Si, besonders jedoch im Bereich von 45 bis 50% Si, zerfallen bei der Lagerung an feuchter Luft. Der Zerfall ist mit einer Entwicklung giftiger und selbstentzündlicher Gase (Arsen- und Phosphorwasserstoffe) verbunden. Je reiner das Ferrosilizium ist, um so geringer ist seine Neigung zum Zerfall unter sonst gleichen Umständen. Ferrosilizium mit etwa 50% Si soll stets in gut gelüfteten Räumen lagern.

Mit steigendem Siliziumgehalt sinkt das spezifische Gewicht. Darauf ist beim Zusatz des Ferrosiliziums zum Stahlbad Rücksicht zu nehmen. Sorten mit 75% Si und mehr können auch in großen Mengen in die Pfanne zugesetzt werden, da die hohe Lösungswärme eine gute Verteilung im Stahl bewirkt. Die Temperatur des Schmelzbeginnes liegt bei allen Ferrosiliziumsorten von 20 bis 90% Si bei etwa 1200°C.

Ferrosilizium kann erhebliche Mengen von Wasserstoff enthalten [6, 26]. Auf sie ist jedoch aus den eingangs erwähnten Gründen nur bei der Herstellung höher siliziumlegierter Stähle Rücksicht zu nehmen.

3.144.21 Stickstoff

Das Legieren mit Stickstoff wird — außer im Druckofen — immer mit stickstoffreichen Ferrolegierungen vorgenommen. Der gebräuchlichste Stickstoffträger ist stickstoffhaltiges Ferrochrom. Es ist in zwei Sorten im Handel: Pellets aus feinkörnigem, in Ammoniak mit Stickstoff angereichertem Ferrochrom, die etwa 8% Stickstoff enthalten, und Ferrochrom, das durch Umschmelzen von aufgesticktem, feinkörnigem Ferrochrom gewonnen wird und etwa 3,5% Stickstoff enthält. Letzteres ergibt ein nahezu 100%iges Stickstoffausbringen, während man bei den erstgenannten Pellets nur mit etwa 60% Ausbringen rechnen kann. Auch „Simplex"-Ferrochrom (vgl. Abschnitt 3.144.06) ist mit etwa 2% und 5% Stickstoff im Handel.

Für höher manganlegierte, stickstoffreiche Stähle kann auch Ferromangan [27] mit 0,5 bis 1% N oder Elektrolyt-Manganmetall mit mindestens 92% Mn und etwa 5,5% N als Stickstoffträger verwendet werden.

3.144.22 Tantal

Ferrotantal, das ebenso wie das Niob durch aluminothermische Reduktion des Oxydes (meist eines Gemisches von Tantal- und Nioboxyd) gewonnen wird, enthält üblicherweise 50 bis 60% Ta und 10 bis 20% Nb. Es wurde jedoch fast vollständig durch den Gebrauch von Ferroniob verdrängt, da es einen wesentlich höheren Abbrand als Niob aufweist.

3.144.23 Titan

Kohlenstoffhaltiges Ferrotitan wird im Elektroofen, praktisch kohlenstofffreies aluminothermisch hergestellt. Wie Tab. 57 zeigt, enthalten alle niedrigprozentigen Sorten (14 bis 45% Ti) erhebliche Aluminium- bzw. Siliziumanteile; vor allem die großen Aluminiummengen, die damit in den Stahl gebracht werden, können sich beim Gießen titanstabilisierter austenitischer Stähle ungünstig auswirken. Für diesen Zweck sind nunmehr hochprozentige Ferrotitansorten erhältlich, die bei 60 bis 80% Ti und etwa 0,2% C weniger als 2% Al enthalten (vgl.

Tabelle 57. *Zusammensetzung verschiedener Ferrotitan-Sorten* [12]

Sorte		Zusammensetzung in %							
		Ti	C	Si	Al	Mn	P	S	Fe
Europa	hochgekohlt	15—20	5—10						Rest
	niedriggekohlt	28—32	max. 0,1	max. 4,0	max. 4,5	max. 2	max. 0,05	max. 0,03	Rest
		36—40	max. 0,1	max. 4,0	5,5—6,5	max. 2	max. 0,1	max. 0,03	Rest
		46—50	max. 0,1	max. 4,0	etwa 7	etwa 1	max. 0,1	max. 0,03	Rest
	vakuumentgast	65—75	max. 0,2	max. 0,25	max. 2,0	max. 1,5	etwa 0,04	etwa 0,03	Rest
		65—75	max. 0,2	max. 0,1	0,1—0,6		max. 0,03	max. 0,02	Rest
USA (ASTM A 324—52)	Sorte A	38—45	max. 0,1	max. 5,0	max. 9,0				Rest
	B	20—27	max. 0,1	max. 5,0	max. 6,0				Rest
	C	15—18	6—8	max. 3,0	max. 2,5				Rest
	D	15—25	max. 0,5	15—25	max. 1,0				Rest
	E	17—20	3—5	max. 3,0	max. 4,0				Rest
	F	25—31	max. 0,1	20—25	max. 1,5				Rest

Abb. 228). Auch der Siliziumgehalt liegt bei maximal 0,2%. Diese Sorten haben den weiteren Vorteil, daß sie in der Nähe der eutektischen Zusammensetzung liegen und ihr Schmelzpunkt mit etwa 1100 °C weit unter dem des Eisens liegt. Sie lösen sich daher rasch auf und geben bei hohem Ausbringen eine gute Treffsicherheit der Analyse des Stahles.

Beim Zusatz in den Ofen muß das Ferrotitan, das leichter als der flüssige Stahl ist, am besten in Blechbüchsen verpackt, in das Bad eingebracht werden.

Bei der Herstellung von eisenarmen oder eisenfreien Sonderlegierungen wird auch Titanmetall zum Legieren verwendet. Zur Desoxydation und Denitrierung stehen kombinierte Legierungen, von denen einige in Tab. 58 angeführt sind, zur Verfügung.

3.144.24 Uran

In dem Bestreben, Uran als Legierungselement für Stahl zu benutzen [28] wird als Legierungsträger Ferrouran wechselnden Urangehaltes und eine Uran-Aluminium-Legierung angeboten. Die Bedeutung des Urans als Stahllegierungselement ist jedoch bisher noch gering.

3.144.25 Vanadin

Ferrovanadin mit 30 bis 80% V wird sowohl auf

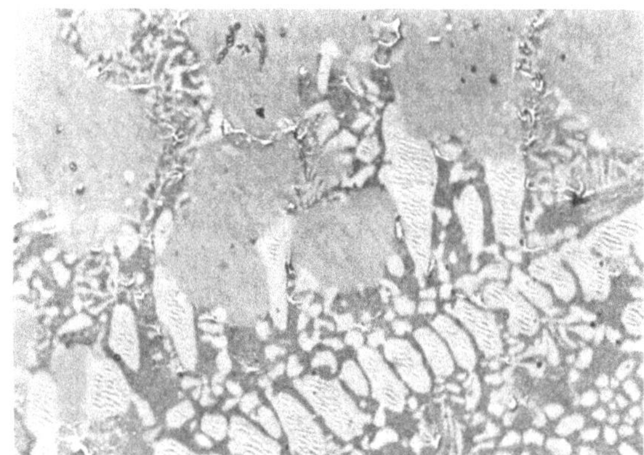

Abb. 228. Ferrotitan (Ti = 67,30%, C = 0,08%) 200:1

Abb. 229. Ferrovanadin, 80%ig (nach B. MATUSCHKA und F. CLESS) 500:1

Tabelle 58. *Zusammensetzung verschiedener Titanlegierungen*

Legierung	Zusammensetzung in %							
	Ti	Al	Si	Cr	Nb + Ta	V	B	Fe
Ti—Cr—Al	55—57	15—17		23—25				
Ti—Al—Nb——Ta	46—50	35—40			10—15			
Ti—V—B	4—6	2—2,5				40—45	7— 9	
Ti—Al	etwa 5	Rest	etwa 0,1					etwa 0,3
Ti—Al	etwa 10	Rest	max. 0,3					max. 0,5
Ti—Al	60—65	Rest	max. 0,5					max. 0,7

elektrothermischem Wege durch Reduktion mit Kohle als auch aluminothermisch hergestellt. Die niedrigprozentigen Sorten sind meist sehr rein und enthalten nur vereinzelte Vanadinoxydeinschlüsse und besitzen einen niedrigen Schmelzpunkt (etwa 1400 °C). Sie lösen sich leicht im Stahl auf. Mit zunehmendem Vanadingehalt wird die Legierung spezifisch leichter und schwerer schmelzbar. Dies scheint auch der Grund dafür zu sein, daß hochprozentige Ferrovanadinsorten oft größere Mengen Vanadinschlacken enthalten, die netzförmig angeordnet sind (vgl. Abb. 229). Alle Sorten sind, wie Tab. 59 zeigt, niedrig im Kohlenstoffgehalt, enthalten aber zum Teil höhere Aluminiumgehalte.

Ferrovanadin hat im Bruch lebhaften Metallglanz von silberweißer Farbe. Die Schmelztemperatur der niedriggekohlten Sorten steigt mit zunehmendem Vanadingehalt von etwa 1360 °C auf etwa 1670 °C bei 85% V an.

Die Verwendung von Vanadinsäure (V_2O_5) als Legierungsträger ist im Lichtbogenofen bis zu Gehalten von 0,5% V im Stahl wirtschaftlich. Durch Zugabe von Koks oder Ferrosilizium wird das Vanadin in das Stahlbad reduziert. Getrocknete Vanadinsäure enthält etwa 80 bis 90% V_2O_5 ($\triangleq$ 45 bis 50% V), 5 bis 7% Na_2O, 0,5 bis 1% Fe und einige hundertstel Prozent P, S und As.

Als weiterer Legierungsträger für Vanadin kommt Vanadinroheisen in Frage sowie Vanadinschlacken, die durch Verblasen vanadinhaltigen Roheisens gewonnen werden. Aus letzteren kann in der Feinungsperiode durch Zusatz von Reduktionsmitteln das Vanadin in das Stahlbad übergeführt werden. Das Einbringen höherer Vanadingehalte auf diesem Wege ist wegen der großen Schlackenmengen und der dadurch erschwerten Reduktionsarbeit wirtschaftlich nicht durchführbar.

Für Sonderzwecke wird Vanadin-Metall mit 99,4 bis 99,9% V hergestellt. Auch Speziallegierungen mit Titan, Aluminium, Bor und Chrom sind lieferbar.

3.144.26 Wolfram

Wolfram wird als Legierungsmetall in Form von Ferrowolfram mit 70 bis 85% W und fallweise auch als Wolframmetall verwendet. Das üblichste Herstellungsverfahren ist die elektrothermische Reduktion von Wolframoxyd mit Kohlenstoff im sogenannten Blockbetrieb, wodurch das Ferrowolfram etwa 1% C erhält. Durch metallothermische Reduktion mit Aluminium und Silizium im Tiegel wird ein Ferrowolfram mit maximal 0,1% C hergestellt. Die Reduktion mit Wasserstoff liefert technisches und reines Wolframmetall. Das Ferrowolfram enthält, je nach den zur Verfügung stehenden Erzen, immer geringe Verunreinigungen an Arsen, Antimon, Zinn, Phosphor und Schwefel, die in Summe 0,30% nicht überschreiten sollen. Die handelsüblichen Analysen zeigt Tab. 60.

Ferrowolfram soll gleichmäßig, dicht und porenfrei sein und keine Gase und nichtmetallischen Einschlüsse enthalten. Aluminothermisch gewonnenes Ferrowolfram hat meist einen schlechteren Reinheitsgrad als das aus dem elektrischen Ofen (vgl. Abb. 230). Neuere Untersuchungsergebnisse über die im Ferrowolfram auftretenden Oxydeinschlüsse liegen von R. ZOJA und M. T. GOTTARDI [29] vor. Das spezifische Gewicht liegt meist über 15 g/cm³. Werden größere Mengen auf einmal ohne genügende Vorwärmung in das Stahlbad eingebracht, können sich auf der Herdsohle Ansätze bilden, die nur schwer in Lösung gehen. 75- bis 85%iges Ferrowolfram hat einen Schmelzbereich von etwa 1650 bis 2100 °C.

Technisches Wolframmetall enthält 96 bis 98% W und ist praktisch kohlenstofffrei. Das als Pulver anfallende Produkt wird zum leichteren Zusetzen auch gesintert. Das reine Wolframmetall, das vor allem für die Sintermetallurgie Verwendung findet, enthält meist 99 bis 99,5% W.

Tabelle 59. *Zusammensetzung europäischer und amerikanischer Ferrovanadin-Sorten* [12]

Sorte		Zusammensetzung in %								
		V	C	Si	Al	P	S	Mn	Cu	As
Europa		40—50	0,03—0,1	0,3—1,0	1—2	0,03—0,05	0,02 —0,04	0,2—0,3	0,01—0,1	0,02—0,05
		etwa 60	0,03—0,1	0,3—1,0	1—2	0,02—0,05	0,015—0,03	0,2—0,3	0,01—0,1	0,02—0,05
		78—80	0,03—0,1	0,3—1,5	0,5—1,5	0,02—0,06	0,02 —0,04	0,2—0,4	0,01—0,1	0,02—0,06
USA (ASTM A 102—50)	Sorte A	30—40	max. 3,5	max. 13,0	max. 1,5	max. 0,25	max. 0,40			
	B	35—45	max. 0,5	max. 3,5	max. 1,5	max. 0,10	max. 0,40			
	C	35—45	max. 0,2	max. 1,2	max. 1,2	max. 0,10	max. 0,10			

Tabelle 60. *Zusammensetzung von Ferrowolfram in Euròpa und in den USA* [12]

Sorte		Zusammensetzung in %									
		W	C max.	Si	Mn	Al	P max.	S max.	Ce max.	As max.	Sb max.	Sn max.
Europa	elektrothermisch[1]	75—85	1,0	max. 0,7	max. 0,5	max. 0,1	0,1	0,1		0,1	0,1	0,1
	silikothermisch	80—85	0,1	1,5	0,6	1,5	0,025	0,050				0,05
USA (ASTM A 144—50)		70—80 nach Wunsch	0,6	max. 1,0	max. 0,75		0,06	0,06	0,10	0,10	0,08	0,10 in Summe max. 0,20

[1] Dazu noch maximal: 0,5% Mo, 0,1% Cu, 0,1% Ni, 0,04% Co, 0,3% Cr und 0,1% Ti.

Neuerdings wird, vor allem in der UdSSR, die Verwendung von Briketts aus Scheelit, Wolframkonzentrat oder Wolframoxyd zum Legieren im Ofen oder für kleine Pfannenzusätze vorgeschlagen, da Wolfram durch flüssiges Eisen relativ leicht aus seinem Oxyd reduziert wird.

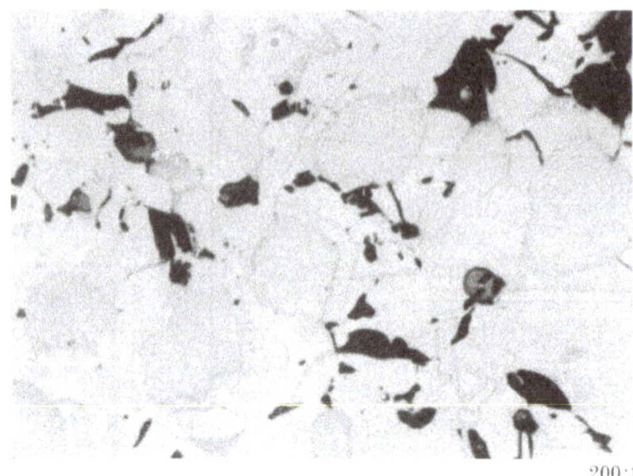

Abb. 230. Schlackeneinschlüsse in aluminothermisch hergestelltem Ferrowolfram (0,64% C, 84,9% W)

3.144.27 Zirkon

Die Ferrolegierungen des Zirkons werden durch Reduktion der Erze im Elektroofen hergestellt und enthalten meist größere Mengen an Silizium, Aluminium und gelegentlich auch an Titan. Die Durchschnittsgehalte liegen bei 35 bis 40% Zr, 10 bis 15% Si, 3 bis 5% Al und bis 4% Ti.

Zirkon wird auch als kombinierte Legierung, z. B. als Ferro-Zirkon-Silizium mit etwa 40% Zr, 50% Si, 9% Fe, etwa 1% Al und maximal 0,5% C, und in Verbindung mit Aluminium und Vanadin (s. Tab. 43) sowie mit Mangan verwendet. Zirkon-Silizium-Legierungen zeichnen sich gegenüber den oben angeführten Ferrolegierungen durch eine leichtere Legierbarkeit mit dem flüssigen Stahl aus, die zum Teil auf die starke Lösungswärme des Siliziums zurückgeführt wird.

Das spezifische Gewicht von Zirkon beträgt 3,5 und ist wesentlich geringer als das des flüssigen Eisens. Zirkon wird als Desoxydations- und Denitrierungsmittel üblicherweise beim Abstich in den Gießstrahl zugesetzt und dient als schwefelbindendes Element in chromlegierten rostfreien Automatenstählen.

Schrifttum
zu Abschnitt 3.14

1. Schmidt, L., und F. Harms: Ferrolegierungen. Radex-Rdsch. (1952), S. 20/32; S. 97/119; S. 283/92.

2. Volkert, G., und R. Durrer: Metallurgie der Ferrolegierungen (B). Springer-Verlag, Berlin/Göttingen/Heidelberg 1953.

3. deVries, R. P.: Importance of Ferroalloy Quality in Steelmaking. Electric Furnace Steel Proc., AIME 18 (1960), S. 114/25.

4. Dennis, P. B.: Effect of Ferroalloy Quality on Steel Quality. Electric Furnace Steel Proc., AIME 18 (1960), S. 125/33.

5. Saunders, E. R., W. D. Forgeng und J. W. Farrell: Formation of Nonmetallic Inclusions in Alloy Additives. Electric Furnace Steel Proc., AIME 18 (1960), S. 92/111.

6. Limpach, R., und B. Marinček: Gase in Ferrolegierungen. Arch. Eisenhüttenwes. 31 (1960), S. 639/43 (Chemikeraussch. 299).

7. FUCHS, A., und J. NIEBUHR: Gasgehalte und Bindungsform der Gase in Ferrolegierungen. Arch. Eisenhüttenwes. 31 (1960), S. 645/49 (Chemikeraussch. 300).

8. SAUNDERS, E. R., J. L. LAMONT und G. PORTER: Hydrogen in Alloy Additives. Electric Furnace Steel Proc., AIME 18 (1960), S. 76/91.

9. KÖRBER, F.: Die Beziehungen zwischen Bildungswärmen, Aufbau und Eigenschaften technisch wichtiger Legierungen. Stahl u. Eisen 56 (1936), S. 1401/11.

10. SCHÖBERL, A., und E. HORST: Der Einfluß einer induktiven Badbewegung auf den Schmelzablauf im 30-t-Lichtbogenofen. Berg- u. hüttenm. Mh. 106 (1961), S. 299/307.

11. BLANKENSTEIN, K., und E. PLÖCKINGER: Über die Auflösungsgeschwindigkeit verschiedener Ferrochromsorten in Stahlbädern und das Verhalten der Chromkarbide beim Lösungsvorgang. Techn. Mitt. Krupp 18 (1960), S. 37/43.

12. ASTM Book of Standards, American Society for Testing and Materials, Philadelphia, 1961.

13. SPEIGHT, G. E.: Addition of Boron to Steel by Reduction from Boron Oxide. J. Iron Steel Inst. 171 (1952), S. 147/53.

14. GAUTSCHI, R. H., und F. C. LANGENBERG: Effect of Rare-Earth Additions on Some Stainless Steel Melting Variables. Trans. AIME 218 (1960), S. 128/32

15. CHADWICK, C. G.: Manufacture of Simplex Ferrochrome by the Vacuum Process. J. Metals 13 (1961), S. 806/08.

16. SIEBERT, G., und E. PLÖCKINGER: Die oxydischen Einschlüsse im Ferrochrom. Techn. Mitt. Krupp 18 (1960), S. 44/53, dortselbst weitere Schrifttumsangaben.

17. Cobalt, A Report to Industry on a Strategic Metal, Discussing Sources, Use Limitations and Future Supply Possibilities. By the Staff of Journal of Metals. J. Metals Trans. 3 (1951), S. 17/24.

18. MATUSCHKA, B., und F. CLESS: Legierungen in der Edelstahlerzeugung. Stahl u. Eisen 56 (1936), S. 757/66.

19. BOUCHAT, M. A., und J. J. SAQUET: Electrolytic Cobalt in Katanga. J. Metals 12 (1960), S. 802/08.

20. Iron Steel Eng.: Jahresbericht 1959, Jan. 1960, sowie NIMETH, A. J.: Rare Earth Alloy and Lithium as Additives to Steel. Electric Furnace Steel Proc., AIME 17 (1959), S. 353 bis 354; vgl.: Stahl u. Eisen 82 (1962), S. 227.

21. DUNN jr., E. J.: Cast Steel Deoxidation to Vacuum Melted Levels without Vacuum Processing. Modern Castings, Dec. 1962, S. 57/62.

22. LEWIS, W. R., R. L. KIMBERLY, T. V. WAINWRIGHT und W. A. OLSEN: Exothermic Ferromanganese. J. Metals 10 (1958), S. 611/14.

23. HAAG, H.: Die Herstellung von Ferromolybdän und Molybdänmetall. Z. Erzbergbau Metallhüttenwes. 15 (1962), S. 229/34.

24. ZOJA, R., und A. MASI: Beitrag zur Untersuchung nichtmetallischer Einschlüsse in Ferrolegierungen. Die Einschlüsse im Ferromolybdän. Metallurg. Ital. 12 (1960), S. 855 bis 864.

25. MERRILL, T. W.: Savings Through Exothermic Ferrocolumbium. J. Metals 12 (1960), S. 405.

26. CHRISTENSEN, N., und K. GJERMUNDSEN: Hydrogen in Ferrosilicon. J. Iron Steel Inst. 190 (1958), S. 248/54.

27. RAPATZ, F.: Verwendungsmöglichkeiten von nichtrostenden und hitzebeständigen Stählen mit Stickstoffzusatz. Stahl u. Eisen 61 (1941), S. 1073/78.

28. HARRIS, G. T., und H. C. CHILD: Uranium in Heat Resisting Alloys. J. Iron Steel Inst. 179 (1955), S. 347/49.

29. ZOJA, R., und M. T. GOTTARDI: Beitrag zur Untersuchung nichtmetallischer Einschlüsse in Ferrolegierungen. Die Einschlüsse im Ferrowolfram. Metallurg. Itàl. 12 (1951), S. 526 bis 529.

3.15 Schrott- und Legierungswirtschaft

Das Arbeitsgebiet des Einwaagebetriebes umfaßt die Übernahme, Lagerung und Aufbereitung aller Einsatz-, Zuschlag- und Hilfsstoffe des Stahlwerksbetriebes sowie die Beistellung des Einsatzes nach den Vorschreibungen des Arbeitsvorbereitungsbüros des Stahlwerkes.

Die *Übernahme des Fremdschrottes* erfolgt nach der Menge, der Sorte (z. B. Schwerschrott, Mittelschrott, Leichtschrott, schaufelbarer Schrott, Späne usw.), der Zusammensetzung und dem Verrostungsgrad. Weiter ist auf schädliche Beimengungen, die in Form von metallischen Überzügen und Anstrichen vorhanden sein können, zu achten. Bei legiertem Schrott, welcher nach Analyse zur Übernahme gelangt, wird — eventuell nach besonderen Vereinbarungen mit der Lieferfirma — eine Durchschnittsprobe entnommen. Das gleiche gilt auch für die Übernahme der Legierungen und Desoxydationsmittel, von denen Übernahmeproben meist in Anwesenheit eines Vertreters der Lieferfirma oder durch einen beeideten Übernehmer entnommen werden. Die Prüfung der Legierungen erstreckt sich nicht nur auf ihre chemische Zusammensetzung, sondern auch auf Schlacken- und Oxydeinschlüsse und gegebenenfalls auch auf den Gasgehalt.

Ebenso wichtig ist die Übernahme und Kontrolle des *werkseigenen Schrottes*. Diese erstreckt sich sowohl auf eine Durchsicht durch ein entsprechend geübtes Organ des Schrottanfallplatzes und des Schrottplatzbetriebes, um grobe Verwechslungen und Vermischungen aus Bruchaussehen, Zunderbildung, Spanform usw. rechtzeitig festzustellen als auch auf laufend durchzuführende Kontrollanalysen, welche sich in vielen Fällen nur auf die Feststellung einzelner charakteristischer Bestandteile beschränken können. Für schnelle, stichprobenweise Überprüfungen leistet die Funkenprobe [1] oder für genauere Bestimmungen die Tüpfelanalyse [2, 3], welche ohne Probenahme an Ort und Stelle durchgeführt werden kann, wertvolle Dienste. Die heutige Ausrüstung der Stahlwerkslaboratorien mit Spektrographen und Quantometern ermöglicht die rasche Durchführung auch einer großen Anzahl quantitativer Analysen, wodurch das Überprüfen und Sortieren des wertvollen legierten Schrottes wesentlich erleichtert wird. Ebenso ist die Stempelung bzw. Farbmarkierung der Abfallstücke laufend auf ihre Richtigkeit zu überprüfen.

Die einzelnen Lagerplätze am Schrottplatz sind für jede Schrottsorte reichlich zu dimensionieren und übersichtlich zu bezeichnen. Als weitere Sicherungsmaßnahme werden ähnlichen Schrottgruppen nebeneinander liegende Lagerplätze zugewiesen. Es ist auch vorteilhaft, den Schrott für Erzeugungseinheiten, die für ein bestimmtes Erzeugungsprogramm vorgesehen sind, an nebeneinanderliegenden Plätzen zu lagern. Neben den arbeitstechnischen Vorteilen einer geringeren Kranarbeit beim Vorbereiten des Einsatzes bietet diese Anordnung auch einen gewissen Schutz vor Vermischungen und Verwechslungen.

Die Unterteilung des Schrottes nach Analysengruppen richtet sich nach den Bedürfnissen des Schmelzbetriebes. Sie muß auf jeden Fall so weitgehend durchgeführt werden, daß eine einwandfreie Errechnung der Einlaufanalyse möglich ist, besonders bei Schmelzen, die nach dem Umschmelzverfahren erschmolzen werden und bei welchen die Voranalyse bestimmter Legierungselemente bereits eine Verzögerung des Schmelzverlaufes bewirken würde.

Unlegierter Schrott wird nach dem Kohlenstoff-, Mangan-, Phosphor- und Schwefelgehalt in bestimmte Gruppen eingeteilt. Eine Unterteilung nach dem Kohlenstoffgehalt erfolgt gewöhnlich in drei Gruppen, und zwar: in niedriggekohltes Material von etwa 0,1 bis 0,5% C, in Material mittleren Kohlenstoffgehaltes von 0,5 bis 0,9% C und hochgekohltes Material über 0,9% C. In Werken mit großem eigenem Schrottanfall, besonders aus der Massenstahlerzeugung, ist es zweckmäßig, daneben eine besondere Gruppe aufzustellen, welche den Abfall von weichen Schmelzen (bis 0,1% C) besonderer Reinheit aufnimmt (niedriger P- und S-Gehalt). Dieser Schrott bildet, besonders wenn er dem Roheisen-Erz-Prozeß oder dem LD-Prozeß entstammt, wegen seiner meist höheren Reinheit und Freiheit von Legierungselementen, als „jungfräulicher Einsatz" ein wertvolles Einsatzmaterial für Werkzeugstähle und wird auch als Verdünnungsschrott bei Umschmelzchargen und besonders als Einsatz für sauer zugestellte Öfen herangezogen.

Für unlegierten Schrott aus dem Elektroofen empfiehlt es sich immer, eine engere Gruppeneinteilung nach dem Kohlenstoffgehalt vorzunehmen und dabei auch den Mangangehalt zu berücksichtigen. Getrennt erfaßt werden in der Regel Abfälle mit einem Mangangehalt bis zu maximal 0,25% und solche mit 0,25 bis 0,50% Mn.

Niedriglegierter Schrott wird nach den Legierungselementen und nach dem Kohlenstoffgehalt in Markengruppen zusammengefaßt. *Hochlegierte Abfälle* dagegen werden meist nach einzelnen Marken getrennt gelagert.

In den eisenverarbeitenden Werken wird oft der großen Bedeutung der Sortierung des legierten Schrottes noch zu wenig Beachtung geschenkt. Eine genaue Trennung des legierten Abfalles nach seiner Zusammensetzung erleichtert nicht nur dem Stahlwerk seine Arbeit wesentlich, sondern bringt auch den verarbeitenden Werken höhere Schrottpreise, die ihren erhöhten Aufwand bei der Sortierung und getrennten Lagerung rechtfertigen. Dies gilt sowohl für alle Sorten von Schrott als auch für Späne. Man kann selbst in den Hüttenwerken die Beobachtung machen, daß die Schrotterfassung noch zu wünschen übrigläßt. Eine betriebswirtschaftliche Berechnung würde sofort klarstellen, welche Vorteile sich bei einer einwandfreien Späne- und Abfallwirtschaft ergeben.

Zur Arbeit des Einwaagebetriebes zählt weiterhin auch die *Vorbereitung des Schrottes für den Einsatz*. Die einsatzgerechte Größe richtet sich nach den Erzeugungseinheiten und nach den Chargiereinrichtungen. Kleine Öfen, die von Hand aus beschickt werden, erfordern meist einen größeren Anteil an Schaufelware und an Schrott, welcher auch durch Rutschen eingebracht werden kann. Für die Muldenbeschickung kann zum größten Teil sogenannter chargierfähiger Schrott verwendet werden. Leichtschrott (Blechabfälle, Draht, Späne usw.) wird daher häufig zu Paketen gepreßt. Späne werden auch gebrochen, um das Chargiervolumen zu verkleinern. Bei der Korbchargierung von Elektroöfen ist eine große Freizügigkeit hinsichtlich der Größe und des Gewichtes des Einsatzgutes gewährleistet.

Neben der gewichtsmäßigen Begrenzung ist der Einsatz für jede Ofenart auch volumenmäßig begrenzt. Im Siemens-Martin-Ofen ist diese Begrenzung durch den freien Ofenraum gegeben, der für das Chargieren und für die richtige Flammenführung zur Verfügung stehen muß. Das erstere gilt auch für Elektroöfen mit Muldenchargierung. Die Korbchargierung bei Elektroöfen gestattet es dagegen, den gesamten Ofenraum voll auszunutzen.

Der Vorbereitung des Einsatzes für Chargiermulden und Chargierkörbe ist besonderes Augenmerk zuzuwenden. Eine sorgfältige und dichte Lagerung in den Mulden spart sowohl Betriebsmittel als auch Einsetzzeit. Bei der Lagerung des Schrottes im Chargierkorb muß auf die Erfordernisse Rücksicht genommen werden, die die Voraussetzung für ein ungestörtes Einschmelzen bilden. Eine zu lockere Lagerung ist oft die Ursache von starken Stromschwankungen beim Einschmelzen, die die elektrischen Einrichtungen des Ofens und das Netz starken Belastungen aussetzen. Ebenso können in der ersten Zeit der Einschmelzperiode schwere Schrottstücke bei unrichtiger Lagerung durch Abgleiten in den Schmelzsumpf zu Elektrodenbrüchen führen. Bei nicht drehbaren Öfen wird man bestrebt sein, unter den Elektroden Schwerschrott zu lagern, damit durch die Bildung eines ausreichenden Schmelzsumpfes Beschädigungen des Herdes durch örtliche Überhitzung vermieden werden. Zuschlagstoffe, insbesondere Kalk, müssen in den Chargierkorb so beigegeben werden, daß das Zünden des Lichtbogens nicht

behindert wird und die Schlackenbildung möglichst rasch vor sich geht. Zweckmäßigerweise bringt man als unterste Lage in den Chargierkorb Späne (5 bis 10%
vom Einsatzgewicht), um die Beanspruchung des Ofens beim Herabfallen des
Schrottes aus dem Korb gering zu halten.

Zur Vorbereitung des Einsatzes gehört auch die Anfertigung von Elektroden
für die Vakuumlichtbogenöfen mit selbstverzehrender Elektrode und von Ein-
satzblöcken für die Netzfrequenzöfen, die mit festem Einsatz betrieben werden.

Die genaue Einhaltung der Einsatzgewichte ist eine wesentliche Voraussetzung
für die Treffsicherheit der vorgeschriebenen Analyse. Es muß besonders hervorgehoben werden, daß eine einwandfreie Arbeit am Schrottplatz mit einer gut geführten Schrott- und Legierungswirtschaft die primäre Voraussetzung eines geregelten Schmelzbetriebes ist. Nur bei zeitgerechter Beistellung eines genau bekannten Einsatzes nach den Vorschreibungen des Arbeitsvorbereitungsbüros des
Stahlwerkes kann ein termingerechtes Arbeiten für die einzelnen Schmelzverfahren
gefordert und erreicht werden. Jede Unsicherheit in der Zusammensetzung des
Einsatzes kann zu nachteiligen Auswirkungen mannigfacher Art im Schmelzbetrieb führen. So z. B. kann zum Zeitpunkt, zu dem ein Fehler durch die Schnell-
analyse der Schmelze festgestellt wird, die Grubenarbeit schon beendet sein, so daß
etwa notwendig werdende Umstellungen zeitraubend und kostenverteuernd
wirken. Schwierigkeiten können sich auch bei Qualitäten ergeben, die als Rohblock
warm an das Walzwerk geliefert werden und die durch Ausfall oder Verzögerung
ihrer Anlieferung Produktionsstörungen verursachen.

Schrifttum

zu Abschnitt 3.15

1. Baukloh, W.: Funkenbilder der Elemente. Arch. Eisenhüttenwes. 13 (1939/40), S. 543
bis 547.
2. Thanheiser, G., und M. Waterkamp: Stahlanalyse durch Tüpfelreaktionen am Werkstück. Mitt. K.-Wilh.-Inst. Eisenforsch. 23 (1941), S. 81/96.
3. Fucke, H., und M. Möhrle: Die Anwendung der Tüpfelreaktionen auf Stähle. Arch.
Eisenhüttenwes. 18 (1944/45), S. 47/54.

3.16 Erze und Frischmittel

Die Auswahl der Erze für den Stahlwerksbetrieb erfolgt vor allem nach metallurgischen Gesichtspunkten. Die Oxydstufe der Erze ist praktisch ohne Einfluß
auf ihre metallurgische Wirksamkeit. Sie ist nur bestimmend für die aufzuwen-
dende Menge des Oxydationsmittels. Alle höheren Oxyde werden in Berührung
mit dem flüssigen Stahlbad z. B. nach der Reaktion

$$Fe_3O_4 + Fe = 4\,FeO$$

zu den Oxydulen abgebaut. Hingegen kann die Konzentration an Eisen im Erz
beispielsweise für die Wirtschaftlichkeit des Roheisen-Erz-Prozesses Bedeutung
besitzen.

Bestimmend für die Verwendbarkeit der Erze als Sauerstoffträger im basischen
oder im sauren Verfahren ist ihr Anteil an Gangart und an Verunreinigungen, vor
allem an Phosphor und Schwefel. Die jeweils noch zulässige Konzentration an
diesen Elementen für das *saure Verfahren* richtet sich nach dem vorgeschriebenen
Maximalgehalt des Endproduktes in Abstimmung mit dem Phosphor- und Schwe-

felgehalt des Einsatzes und der zur Verwendung gelangenden Erzmenge. Saure, kieselsäurereiche Gangart ist naturgemäß nicht von Nachteil. Aber auch basische, vor allem kalkreiche Gangart, kann für das saure Verfahren erwünscht sein, weil durch den Kalkgehalt eine zusätzliche Belebung des Frischvorganges und eine Verflüssigung der sauren Schlacke erreicht werden kann.

Für die *basischen Verfahren* muß ein hoher Gehalt an Gangart, sowohl an SiO_2 als auch an CaO, für die Schlackenzusammensetzung berücksichtigt werden. Vor allem erschweren stark saure Erze durch Erniedrigung der (CaO)-Konzentration die Entphosphorung und die Entschwefelung. Sie erfordern zur Aufrechterhaltung eines bestimmten Basizitätsgrades einen erhöhten Kalkzusatz, der zu großen Schlackenmengen führt. Sie erhöhen somit den Energieaufwand für das Schmelzen, erschweren die metallurgische Arbeit und vergrößern außerdem die Verluste an Eisen und Legierungselementen (wirtschaftlich gesehen, kommen in diesem Fall zu den Ausgaben für die Erze noch die Kosten für die erhöhten Zuschläge und eine Verminderung des Ausbringens an reduziertem Metall aus dem Erz). Die gleichen Überlegungen gelten auch für die gelegentlich verwendeten Manganerze. Eine Übersicht über die Analysen und physikalischen Werte verschiedener Erze gibt Tab. 61.

Die Unterschiede in der physikalischen Beschaffenheit der Erze sind, soweit sie Dichte und Porosität betreffen, ohne Einfluß auf die metallurgische Wirksamkeit. In allen Fällen erfolgt ein etwa gleich schneller Konzentrationsausgleich, sofern die Schlackenmenge das übliche Maß nicht überschreitet. Hingegen kommt der Stückgröße eine gewisse Bedeutung zu. Grobstückiges Erz sinkt in der Schlacke bis auf die Oberfläche des Metallbades ein und führt durch die direkte Berührung mit dem flüssigen Stahl zu einer örtlichen Anreicherung von Eisenoxydul und damit zu einer raschen Belebung des Frischvorganges, bis durch die Auflösung der Erzstücke der Konzentrationsausgleich in der Schlacke eintritt.

Auch aus Feinerzkonzentraten gewonnene *Pellets* sind als Frischmittel sehr geeignet. Sie sind leicht zu handhaben und sinken in der Schlacke bis auf das Metallbad ein. Sie zeichnen sich, wie Tab. 61 zeigt, durch einen hohen Reinheitsgrad und hohen Eisengehalt aus.

Als Sauerstoffträger für die Frischprozesse werden neben den Erzen noch oxydische Abfallprodukte verwendet, die bei der Warmformgebung des Stahles anfallen. *Walzzunder*, Sinter und Hammerschlag haben die gleiche metallurgische Wirksamkeit wie Erze. Sie sind meist billiger als diese und frei von Gangart. Allerdings können sie bei Verwendung schwefelreicher Brennstoffe in den Walzwerks- und Schmiedeöfen relativ hohe Schwefelgehalte aufweisen.

Bei ihrer Verwendung zum Frischen von unlegierten Stahlschmelzen, besonders für unlegierte Werkzeugstähle, ist auf völlige Abwesenheit von Legierungselementen zu achten. Oxydische Abfälle hochlegierter Stähle, besonders von Schnelldrehstählen, werden gesondert erfaßt und zur Wiedergewinnung der wertvollen Legierungselemente den Umschmelzchargen im Elektrostahlprozeß zugesetzt. Die dabei in die Einschmelzschlacke übergehenden Legierungsmetalle werden in das Stahlbad reduziert.

Bei der Herstellung legierter Stähle können auch *Oxyde* der *Legierungselemente* zugleich als Frischmittel und Legierungsträger verwendet werden. Ein Beispiel dafür ist der Zusatz von Nickeloxyd, das vom flüssigen Eisen praktisch vollständig zu Nickel reduziert wird und auch die Anwendung von Wolframoxyd bei Schnelldrehstahlschmelzen.

Schließlich muß unter den Frischmitteln auch der *gasförmige Sauerstoff* genannt werden. Er hat heute sowohl bei den Sauerstoffblas-Prozessen als auch als Frischmittel im Siemens-Martin- und Lichtbogenofen eine überragende Bedeu-

Tabelle 61. *Zusammensetzung verschiedener Erze*

	Erz		Fe %	Fe_2O_3 %	FeO %	Mn %	P %	S %	SiO_2 %	Al_2O_3 %	CaO %	MgO %	Cu %	$CO_2 + H_2O$ geb. %
Österreich	Rohspat Eisenerz basisch	f.	31,25	13,60	27,94	1,99	0,036	n. b.	6,04	3,22	11,88	4,06	n. b.	30,60
	Rohspat Eisenerz sauer	f.	32,70	16,64	27,07	2,18	0,038	n. b.	8,32	2,18	7,66	3,87	n. b.	31,16
	Rohspat Hüttenberg	f.	35,28	10,40	36,00	3,63	0,030	n. b.	7,29	2,66	4,68	3,59	n. b.	30,46
	Rösterz	f.	44,46	63,52	n. b.	3,26	0,041	n. b.	7,48	3,09	11,94	5,93	n. b.	3,26
Schweden	Kiruna A[1]	f.	66,99	63,77	28,89	0,2	0,018	0,030	2,18	0,99	2,08	1,19	n. b.	n. b.
	Kiruna D[1]	f.	59,26	58,93	23,27	0,2	1,87	0,059	2,96	1,12	6,41	1,18	n. b.	n. b.
	Malmberg-Pellets		68,65	n. b.	n. b.	0,06	0,01	n. b.	0,61	0,63	0,25	0,21	n. b.	n. b.
Frankreich[1] und Luxemburg[1]	Kalkminette Gireaumont	f.	32,33	34,35	10,72	0,36	0,68	0,036	6,07	4,64	11,07	1,60	n. b.	19,97
	Kalkminette St. Barbara	f.	27,36	29,07	9,06	0,30	0,58	0,028	6,37	3,93	19,49	1,36	n. b.	23,36
	kieselige Minette Lamadelaine	f.	31,7	40,7	4,07	0,26	0,78	n. b.	13,65	4,12	7,13	0,91	n. b.	15,24
Spanien[1]	Rubio Sagunto	f.	47,31	67,27	0,34	1,46	0,042	0,018	8,02	1,34	0,36	0,44	n. b.	10,84
	Bilbao Wambersie Rost	f.	53,28	71,27	4,44	0,98	0,010	0,45	12,19	1,47	2,46	4,62	0,0	n. b.
Afrika[1]	Quenza-Campanil	f.	50,62	72,16	0,29	1,72	0,005	0,076	4,69	2,3	4,88	0,48	0,057	8,82
	Marokko-Rif	f.	62,50	n. b.	n. b.	0,18	0,032	0,13	3,93	0,91	0,48	n. b.	n. b.	n. b.
Nordamerika[1]	Wabana	f.	48,51	58,19	10,09	0,2	0,91	0,039	14,47	5,18	2,93	0,68	n. b.	n. b.

n. b. = nicht bestimmt. — f. = feuchtes Erz.

[1] Entnommen aus: Anhaltszahlen für den Energieverbrauch in Eisenhüttenwerken, Verlag Stahleisen, Düsseldorf.

tung gewonnen. Für das Sauerstoffaufblas-Verfahren (LD-Prozeß) wird mit Rücksicht auf einen möglichst niedrigen Stickstoffgehalt im fertigen Stahl ein Reinheitsgrad von mindestens 99,5% gefordert, der mit den modernen Sauerstoffgewinnungsanlagen ohne weiteres einzuhalten ist. Für die übrigen Stahlherstellungsprozesse, bei denen der Sauerstoff nur als zusätzliches Frischmittel dient, genügen jedoch niedrigere Reinheitsgrade von etwa 95% oder auch weniger, die eine wesentliche Kostenersparnis bringen können.

3.17 Schlackenbildende Zuschlagstoffe

Als Zuschlagstoffe zur Schlackenbildung im Schmelzprozeß kommen in erster Linie Quarz, Kalk, Ton, Schamotte, Magnesit, Bauxit, Flußspat sowie Glas, Alkalien und eine Reihe von Stoffen in Frage, die zur Reduktion der Schlacke Verwendung finden. Ihre metallurgische Bewertung erfolgt nach ihrer chemischen Zusammensetzung und nach ihrer physikalischen Beschaffenheit.

Bei der Bewertung der chemischen Zusammensetzung ist der Gehalt an Phosphor und Schwefel von ausschlaggebender Bedeutung, besonders für ihre Verwendbarkeit bei den sauren Stahlherstellungsverfahren. Anhaltswerte über Schwefelgehalte in Zuschlagstoffen und in Stahlwerksdolomit gibt Tab. 62 [1]. Ein Gehalt an Eisenoxyden ist, soweit sie als Schlackenbildner für den Frischprozeß in Frage kommen, unbedenklich.

Tabelle 62. *Schwefelgehalte verschiedener Rohstoffe*

Rohstoff	% Schwefel
Kalkstein	0,03—0,20
Gebrannter Kalk	0,02—0,25
Rohdolomit	0,02—0,40
Einfach gebrannter Dolomit	0,02—0,25
Doppelt gebrannter Dolomit	0,01—0,20
Flußspat	0,10—2,0

Die physikalische Beschaffenheit der schlackenbildenden Zuschlagstoffe ist auf ihre metallurgische Wirksamkeit an sich ohne Einfluß. Wohl aber hängt von ihr in hohem Maße die Geschwindigkeit der metallurgischen Reaktionen ab. Man ist daher vielfach mit Erfolg dazu übergegangen, die Schlackenbildner in feinkörniger Form oder als Pulver mit einem Trägergas (Frischgas oder neutrale Gase) dem Stahlbad zuzuführen. Auf die Anwendung dieser Prozesse wird später noch näher eingegangen (Abschnitte 3.31, 3.532. 3 und 3.912).

Im allgemeinen verwendet man die Schlackenbildner in den basischen Prozessen in Stücken bis etwa Faustgröße, wobei sich beim Kalk die Verwendung von klassiertem Stückkalk einheitlicher Korngröße (möglichst ohne Feinanteil) gut bewährt. Stark staubende basische Schlackenstoffe greifen saure Ofengewölbe stark an.

Zur Vermeidung einer Wasserstoffaufnahme des Stahlbades aus der Schlacke sollen alle Zuschlagstoffe im gut getrockneten, am besten im vorgewärmten Zustand verwendet werden. Das Vorwärmen hat weiter den Vorteil einer geringeren Abkühlung des Bades und des Ofens. Bei gebranntem Kalk, der durch Lagern an feuchter Luft teilweise hydratisiert ist, kann das chemisch gebundene Wasser jedoch durch Trocknen nicht mehr entfernt werden. Dazu ist ein Erwärmen bis auf Rotglut erforderlich. Es muß jedoch darauf hingewiesen werden, daß es auch bei Einhaltung aller dieser Maßnahmen nicht möglich ist, eine Wasserstoffaufnahme des Bades im Ofen zu verhindern und im normalen Schmelzprozeß Wasserstoffgehalte von weniger als etwa 3 bis 4 $Ncm^3/100$ g zu erreichen.

Für die Bewertung der Zuschlagstoffe für die Edelstahlerzeugung können folgende Richtlinien dienen:

3.171 Quarz

Quarz wird im allgemeinen als gewöhnlicher Quarzsand verwendet, dessen SiO_2-Anteil meist 90 bis 98% beträgt. Der aus Verunreinigungen und Begleitstoffen (meist Tonsubstanzen) bestehende Rest ist für metallurgische Zwecke belanglos.

3.172 Kalk

Die Bewertung des Kalks als Zuschlagstoff ist für die Verwendung im sauren und im basischen Prozeß gleich. Er wird sowohl als Kalkstein, $CaCO_3$, als auch als gebrannter Kalk, CaO verwendet.

Rohkalk (Kalkstein, theoretisch mit 56% CaO) dient vielfach zum ersten Aufbau der Frischschlacke, wobei die freiwerdende Kohlensäure (CO_2) als Frischmittel wirkt. Er wird auch gerne als Kühlmittel der Frischschlacke im Siemens-Martin- und Lichtbogenofen sowie im LD-Prozeß zugesetzt.

Die weitaus größte Verwendung findet jedoch der gebrannte Kalk. Durch ihn wird die flüssige Schlacke weniger abgekühlt, da nur etwa das halbe Gewicht benötigt wird und der Wärmebedarf zum Austreiben der Kohlensäure wegfällt. Abgesehen von der Stückgröße, ist seine Reaktionsfähigkeit auch von der Herstellungsart abhängig [2].

Der Kalk soll in seiner chemischen Zusammensetzung möglichst wenig Kieselsäure und andere Beimengungen, wie Magnesia, Tonerde, Titansäure, Gips und Kalkphosphat, enthalten. Die Kieselsäure vermindert nicht nur den Anteil an CaO im Kalk, sondern vermindert diesen auch in der Schlacke noch weiter um den zur Bildung von Kalksilikat notwendigen Anteil. Die Kalkzuschläge für einen geforderten Basizitätsgrad steigen somit und führen unter Umständen zu großen Schlackenmengen. Sehr nachteilig wirken sich auch größere Mengen an Magnesiumoxyd aus, z. B. in Form dolomitischer Beimengungen, die nicht nur die verfügbare CaO-Menge vermindern, sondern die Schlacke dick und damit reaktionsträge machen. Noch schädlicher sind Beimischungen an Gips, $CaSO_4 \cdot 2H_2O$, oder Schwefelkies, FeS_2, und — allerdings selten vorkommend — an Phosphaten, welche einerseits die Entschwefelung und andererseits die Entphosphorung behindern. Guter Zuschlagkalk soll nicht über 3% SiO_2, weniger als 2% MgO, weniger als 2% $(Fe_2O_3 + Al_2O_3)$ und nicht über 0,1% SO_3 (und P_2O_5) enthalten.

Für die Verwendung von gebranntem Kalk gelten die gleichen Richtlinien. Dieser muß gut durchgebrannt sein (maximal 4,0% Glühverlust) und ist vor Feuchtigkeitseinwirkung sorgfältig zu schützen. Zerfallener Brandkalk ist ungeeignet. Das unter Einwirkung von Feuchtigkeit entstehende Kalziumhydroxyd, $Ca(OH)_2$, enthält das Wasser in chemischer Bindung, welches auch bei einer Vortrockung nicht mehr abgegeben wird, es sei denn, daß das Vorwärmen bis auf Rotglut — bis zur Zersetzungstemperatur des $Ca(OH)_2$ — vorgenommen wird. Das $Ca(OH)_2$ gibt in Berührung mit dem flüssigen Stahlbad unter Zerlegung des Wassers Wasserstoff und Sauerstoff an das Eisen ab.

3.173 Flußspat

Die Wirksamkeit von Flußspat als Flußmittel zur Erniedrigung des Schlackenschmelzpunktes hängt von seinem Gehalt an CaF_2 ab. Er beträgt normal 70 bis 85% und kann bei hochwertigen Produkten bis über 90% ansteigen, wobei der Kieselsäuregehalt unter 3% sinkt. Seine Bewertung erfolgt außerdem nach dem Schwefelgehalt, der in der Regel 0,5%, bei besonders hohen Anforderungen 0,2% nicht überschreiten soll.

3.174 Bauxit

Bauxit wird ebenfalls als Verflüssigungsmittel, allerdings nur für basische Frischschlacken, verwendet. Er besteht im wesentlichen aus Tonerde (Al_2O_3, 50 bis 60%) und Eisenoxyd (Fe_2O_3, 15 bis 30%) mit geringen Gehalten an TiO_2 (3 bis 4%), CaO und rund 5% SiO_2. Schädliche Bestandteile sind in nennenswerten Mengen fast nie vorhanden.

3.175 Ton und Schamotte

Ton ist nach seiner Zusammensetzung Alumo-Kieselsäure (wasserhaltiges Tonerdesilikat) mit wechselnden Anteilen an Al_2O_3, SiO_2 und H_2O in chemischer Bindung. An Beimengungen kommen Eisenoxyde, Kalk, Titansäure und in einzelnen Vorkommen auch Schwefel (Pyrite) und Phosphor (Phosphate) vor. Wegen des Wassergehaltes im Rohton werden zur Schlackenbildung in der Regel nur Tonsubstanzen verwendet, die bereits einen Brennvorgang durchgemacht haben, also im wesentlichen Schamotte und schamotteähnliche Produkte. Im basischen Frischprozeß ist an Stelle reiner Tonsubstanz auch die Verwendung von Ziegelbruch aus roten Lehmziegeln üblich, welcher jedoch unter Umständen einen höheren Schwefelgehalt aufweisen kann.

3.176 Glas und Alkalien

Glas und Alkalien sind als Schlackenbildner mit niedrigem Schmelzpunkt im sauren Induktionsofen nicht zu entbehren. Als Zuschlagstoffe kommen Abfälle von Natron- oder Kali-Kalksilikat-Gläsern in Frage, während Alkalien üblicherweise als kalzinierte Soda zugesetzt werden. Bei ihrer Verwendung ist jedoch Vorsicht geboten, weil sie die saure Zustellung am Schlackenstand, besonders bei starker Badbewegung, stark angreifen.

3.177 Sonstige Zuschlagstoffe

Unter die schlackenbildenden Zuschlagstoffe sind auch noch die Reduktionsmittel, wie Kalziumkarbid, CaC_2, Kalziumsilizium, Ferrosilizium, Aluminium u. a., zu zählen, die vorzugsweise den Reduktionsschlacken der Elektrostahlprozesse zugesetzt oder mit Trägergasen direkt in das Stahlbad eingeführt werden. In letzterem Falle werden ihnen meist Kalk und Flußmittel beigegeben, um die Schlackenbildung in kürzester Zeit zu ermöglichen.

Bei den basischen Verfahren ist in Sonderfällen auch der Zusatz von Magnesit üblich, wie z. B. im Graphitstabofen, um keine zu dünnflüssige Schlacke zu erhalten oder zum Aufbau von Quarz-Magnesit-Schlacken im basischen Lichtbogenofen. Für diese Zwecke wird üblicher gebrannter Magnesit, wie für die Ofenzustellung, verwendet.

Schrifttum

zu Abschnitt 3.17

1. BROWER, T. E., und B. M. LARSEN: A Survey of the Sulphur Problem through the Various Operations in the Steel Plant. J. Metals 3 (1951), S. 1163/71.
2. OBST, K.-H., W. KÖHLER, E. MEIER-CORTÉS und E. GÖRL: Verwendung verschiedener Kalksorten beim Siemens-Martin-Verfahren. Stahl u. Eisen 81 (1961), S. 1503/10.

3.18 Kohlungsmittel

Außer Roheisen (vgl. Abschnitt 3.131) werden als Kohlenstoffträger im Einsatz und als Aufkohlungsmittel noch verschiedene andere kohlenstoffhaltige Substanzen verwendet. Sie sollen weitgehend frei von schädlichen Verunreinigungen sein und müssen eine geringe Verbrennlichkeit aufweisen. Eine hohe Verbrennlichkeit führt sowohl bei der Zugabe als Kohlungsmittel im Einsatz (z. B. beim Schrott-Kohlungs-Verfahren) als auch beim Rückkohlen zu starken Abbrandverlusten und damit zu einem unsicheren Arbeiten.

Rohkohle wird nur in Form *hochwertiger Anthrazite* verwendet. Sie enthalten nur geringe Mengen organischer Kohlenwasserstoffe und besitzen meist einen genügend niedrigen Asche- und Schwefelgehalt. Dagegen kann ihr relativ hoher Stickstoffgehalt unter Umständen zu einer stärkeren Stickstoffaufnahme des Stahlbades führen.

Das üblichste Kohlungsmittel ist *Koks in Grießform*, sowohl aus der Steinkohlen- als auch aus der Braunkohlenverkokung. Er kann als Zusatz sowohl in den Ofen als auch in die Pfanne gegeben werden. Seinen Vorteilen der Schwerverbrennlichkeit, Gasfreiheit und Billigkeit stehen die Nachteile eines meist höheren Schwefel- und zum Teil auch höheren Phosphorgehaltes gegenüber. Die Leichtflüssigkeit der sauren Koksasche bedingt ein verhältnismäßig rasches Aufsteigen aus dem Stahl.

Für besonders hohe Ansprüche kommt an Stelle von Koks — besonders für Elektrostrahl — gemahlene *Elektrodenkohle* als Aufkohlungsmittel in Frage, wie sie aus Elektrodenabfällen in Elektrostahlwerken zur Verfügung steht. Auch *Holzkohle* wird wegen ihrer hohen Reinheit und ihres geringen Aschegehaltes gern verwendet.

Für das Aufkohlen im Ofen sowie als Kohlenstoffträger im Einsatz werden von einer Reihe von Firmen *Aufkohlungsmittel* in den Handel gebracht („Karburit"), die aus reinen Kohlenstoffsorten, z. B. aus Retortenkohle, bestehen, welche mit Eisenspänen als Beschwerungsmittel verpreßt werden. Sie besitzen den Vorteil, daß sie bis in das Stahlbad einsinken und sich daher sehr rasch und mit geringen Verlusten auflösen. Zum Rückkohlen legierter Stähle dienen Ferromangan, Ferrochrom usw., welche neben dem Legierungsmetall zugleich einen Teil des notwendigen Kohlenstoffes dem Stahlbad zuführen.

3.2 Hochofen- und Mischerbetrieb

Die Behandlung des Hochofen- und Mischerbetriebes fällt, streng genommen, nicht in den engeren Rahmen dieses Buches. Die Bedeutung aber, die dem metallischen Einsatz für die qualitativen Eigenschaften des Endproduktes, für den Ablauf der metallurgischen Reaktionen in den Stahlöfen und nicht zuletzt auch für die Wirtschaftlichkeit der Stahlherstellungsverfahren zukommt, rechtfertigt einen kurzen Überblick über die Herstellung und Vorbereitung des Roheisens für den Stahlwerksbetrieb. Dazu kommt noch, daß das Roheisen für die Edelstahlerzeugung durch die Einführung der Sauerstoffmetallurgie zunehmende Bedeutung erlangt und daß sein Einsatz im Edelstahlwerk geeignet ist, dem zunehmenden Mangel an reinem, von schädlichen oder unerwünschten Begleitelementen freiem Schrott abzuhelfen.

Wie bereits bei den Einsatzstoffen ausgeführt, werden an das flüssige oder feste Roheisen für die Edelstahlerzeugung die verschiedensten Ansprüche gestellt. Dies führte ursprünglich dazu, daß nur ausgewählte Sorten bestimmter Herstellungsart, wie z. B. Holzkohlenroheisen, als gut geeignet angesehen wurden. Mit der Entwicklung der metallurgischen Verfahren zur Vorbehandlung des Roheisens, wie der Entschwefelung, Entsilizierung und der Herstellung von vorgefrischtem Roheisen, sind aber nahezu alle Roheisensorten für die Qualitäts- und Edelstahlerzeugung verwendbar geworden. Andererseits konnten durch diese Verfahren auch die Roheisenöfen von den dort nur mit zusätzlichem Aufwand auszuführenden Reaktionen entlastet und die Produktion wirtschaftlicher gestaltet werden.

3.21 Die Roheisenerzeugung

Die Roheisenerzeugung für die Weiterverarbeitung im Stahlwerk erfolgt heute nahezu ausschließlich im

Kokshochofen,
Elektro-Niederschachtofen,
Holzkohlen-Hochofen,
Heißwindkupolofen und im
Sauerstoff-Niederschachtofen.

Andere Verfahren und Vorschläge zur Roheisengewinnung, wie z. B. das Stürzelberger Verfahren, elektrische Direkt-Reduktionsprozesse [1] u. a. haben bisher keine Bedeutung erlangt.

Alle Roheisenerzeugungsverfahren sind dadurch gekennzeichnet, daß von den in den Einsatzstoffen enthaltenen Begleitelementen der Phosphor und die Elemente mit niedrigerer Sauerstoffaffinität als das Eisen praktisch vollständig in das Roheisen übergehen. Der Gehalt an Mangan, Silizium und Schwefel, gegebenenfalls auch an Chrom, Vanadin u. a., kann bei gegebenen Rohstoffen in gewissen Grenzen durch die Art der Schmelzführung beeinflußt werden. Einen Überblick über die chemische Zusammensetzung verschiedener Roheisensorten gibt Abschnitt 3.131.

Der technischen und wirtschaftlichen Bedeutung nach steht der *Kokshochofen* an erster Stelle. Die Gewinnung von Stahlroheisen ist heute durch die Verwendung von aufbereiteten Erzen, Konzentraten und Erzsinter gekennzeichnet, die mit geringen Schlackenmengen und niedrigem Koksverbrauch reduziert werden können. Damit wird aber auch die Entschwefelung schlechter, die im Hochofen nur durch Kalkzuschläge, d. h. Vergrößerung der Schlackenmenge unter Erhöhung des Koksverbrauches gesteigert werden könnte. Es hat sich daher als wirtschaftlicher erwiesen, die Roheisenentschwefelung zwischen Hochofen und Stahlwerk auszuführen. Das gleiche gilt auch für die Erniedrigung des Siliziumgehaltes, die für manche Schmelzverfahren erwünscht sein kann.

Der *Elektro-Niederschachtofen* ist dort von Bedeutung, wo billige elektrische Energie verfügbar ist und wo es an Hochofenkoks mangelt. Die leichtere Führung einer hochbasischen Schlacke und der geringere Bedarf an schwefelhaltigen Kohlenstoffträgern ermöglicht es im allgemeinen, ein relativ schwefelarmes Roheisen zu erzeugen [2], das keiner Nachbehandlung vor seinem Einsatz im Stahlwerk bedarf.

Der *Holzkohlenhochofen* ist bei Verwendung reiner Erze in der Lage, ein Roheisen mit niedrigsten Phosphor- und Schwefelgehalten zu erzeugen, das vornehmlich als Einsatz für die sauren Verfahren große Bedeutung hatte. Heute ist der Betrieb von Holzkohlenhochöfen wegen des Mangels an Holzkohle und der hohen Rohstoffkosten auf wenige Länder beschränkt, die noch über einen genügenden Holzreichtum und billige Arbeitskräfte verfügen. Für die Edelstahlerzeugung ist das Holzkohlenroheisen bedeutungslos geworden.

Der *Heißwindkupolofen* dient im Gegensatz zu den vorgenannten Roheisenöfen zur Umwandlung von Schrott in Roheisen, d. h. er wird im wesentlichen als Vorschmelzaggregat im Stahlwerk eingesetzt [3]. Die Verwendung eines relativ niedrig gekohlten, mangan-, silizium- und schwefelarmen Roheisens aus Schrott kann unter bestimmten Voraussetzungen wirtschaftlicher sein als der direkte Schrotteinsatz, z. B. im Siemens-Martin-Ofen [4, 5]. Derartige Voraussetzungen sind z. B. in Gebieten mit großem Schrottanfall gegeben und auch dort, wo die Weiterverarbeitung zu Stahl nach dem Sauerstoffaufblas-Verfahren erfolgen soll [6 bis 8]. Eine weitgehende Entschwefelung kann entweder schon im Ofen durch Führung einer basischen Schlacke oder außerhalb des Ofens nach einem der üblichen Verfahren erfolgen. Der Heißwindkupolofen gestattet es auch, neben Schrott gewisse Mengen an Erzreduktionsprodukten und für Sonderzwecke selbst legierten Schrott zu verarbeiten.

Einen Sonderfall für die Roheisenerzeugung aus Schrott und Erzreduktionsprodukten (z. B. schwefelreichen Rennluppen) stellt der *Sauerstoff-Niederschachtofen* dar [9]. Auch hier gelingt es, durch geeignete Schmelzführung ein reines und physikalisch heißes Roheisen für das Stahlwerk zu erschmelzen. Die Wirtschaftlichkeit des Verfahrens ist aber ebenso wie die des Heißwindkupolofens stark von den örtlichen Verhältnissen abhängig.

Die Herstellung von Roheisen aus Schrott birgt immer die Gefahr in sich, daß aus dem metallischen Einsatz unerwünschte Legierungselemente in das Roheisen gelangen. Für gewisse Edelstahlsorten, vor allem unlegierte Werkzeugstähle, bleibt daher das aus reinen Erzen gewonnene Roheisen — oder ausgesuchter Schrott aus der Verarbeitung dieses Roheisens im Siemens-Martin-Ofen oder Sauerstoff-Konverter — das unbedingt notwendige Ausgangsmaterial.

Das nach einem der genannten Verfahren erzeugte Roheisen wird soweit wie möglich im flüssigen Zustand an das Stahlwerk angeliefert. Der Einsatz von festem Roheisen ist nur in Edelstahlwerken üblich, die über keine eigene Roheisenerzeugung verfügen und wo keine Möglichkeit besteht, flüssiges Roheisen von einem Hochofenwerk anzuliefern. Ebenso wird festes Roheisen dann verwendet, wenn nur kleine Mengen im Einsatz Verwendung finden, wie z. B. im Lichtbogenofen oder für Aufkohlungszwecke.

Die Verwendung flüssigen Roheisens im Stahlofen erfolgt nur in seltenen Fällen durch direkte Anlieferung vom Roheisenofen, sondern meist über einen zwischengeschalteten Sammler, den Roheisenmischer. Vielfach wird, wie bereits erwähnt, auch eine metallurgische Vorbehandlung vorgeschaltet.

Schrifttum
zu Abschnitt 3.21

1. DE SY, A.: Electric Direct-Reduction Process Produces Steel or Pig Iron. J. Metals 14 (1959), S. 265/69.
2. MARINČEK, B.: Entschwefelung des Roheisens im Elektroverhüttungsofen. Stahl u. Eisen 75 (1955), S. 1024/26.

3. Guthmann, K.: Der Heißwind-Kupolofen und seine metallurgischen Anwendungsmöglichkeiten. Stahl u. Eisen 72 (1952), S. 545/56.

4. Prieur, G.: Einfluß des Heißwind-Kupolofenbetriebes auf die Wirtschaftlichkeit der
Siemens-Martin-Rohstahlerzeugung. Stahl u. Eisen 72 (1952), S. 556/61.

5. Oberhofer, A. F.: Der Heißwind-Kupolofen im Siemens-Martin-Betrieb. Stahl u. Eisen
77 (1957), S. 643/51.

6. Richards, E. R.: Some Features of Basic Oxygen Steelmaking with Basic Hot Blast
Cupolas. Iron Steel Eng., 1960, Nr. 8, S. 174/76.

7. Richter, A., G. Cohnen und P. Jacobi: Der basische Heißwind-Kupolofen, das Siemens-
Martin-Stahlwerk und der LD-Tiegel als Verbundeinrichtung. Stahl u. Eisen 78 (1958),
S. 273/84.

8. Voigt, H.: Der basische Heißwind-Kupolofen im gemischten Hüttenwerk. Stahl u. Eisen
78 (1958), S. 284/91.

9. Plöckinger, E., H. G. Erne und K. Borowski: Die Verarbeitung von Rennluppen im
Sauerstoff-Niederschachtofen. Techn. Mitt. Krupp 19 (1961), S. 196/207.

3.22 Der Mischerbetrieb

Die Zwischenschaltung eines Mischers genügender Größe zwischen Roheisen-
und Stahlwerk ermöglicht einen erwünschten Temperatur- und Konzentrationsausgleich der einzelnen Roheisenabstiche. Das Stahlwerk erhält damit ein Roheisen, welches unabhängig von den unvermeidbaren Unregelmäßigkeiten des
Ofenganges in den für einen störungslosen Stahlwerksbetrieb notwendigen engen
Grenzen gehalten werden kann. Gleichzeitig werden damit die Schwierigkeiten
ausgeschaltet, die sich aus der unterschiedlichen Betriebsweise des Hochofens
gegenüber dem Stahlofen ergeben, da die Abstichzeiten des Hochofens mit den
Bedarfzeiten des Stahlwerkes nicht zusammenfallen.

Der *Transport* des flüssigen Roheisens vom Hochofen zum Stahlwerk erfolgt
mit Roheisenpfannen, die, besonders bei längeren Transportwegen, mit abheb-
baren Deckeln versehen sind, um die Wärmeverluste gering zu halten. Diese entstehen durch die Speicherungs- und Abstrahlungsverluste der Pfanne und durch die
Strahlungsverluste der Schlackendecke, wobei erstere die Hauptverlustquelle darstellen [1]. Die Temperaturverluste betragen, wie aus einer Reihe von Untersuchungen hervorgeht [1 bis 3], vom Abstich bis zur Roheisenpfanne etwa 50°C,
vom Eingießen des Roheisens in die Pfanne bis zum Einfüllen in den Mischer im
günstigsten Falle etwa 60 bis 100°C. Für einen speziellen Fall wurden von K. Guthmann [2] die in Abb. 231 wiedergegebenen Werte gemessen. Welchen wesentlichen
Anteil an diesen Verlusten die Transportzeiten haben, geht aus einer von
Th. Kootz [4] veröffentlichten Messung in Abb. 232 hervor. Sie zeigt auch, welche
Bedeutung der Schlackenabdeckung (bei offenen Pfannen) zukommt.

Aus den Roheisenpfannen wird das vom Hochofen kommende Roheisen unter
Zurückhalten oder nach vorherigem Abziehen der Pfannenschlacke eingefüllt.
Auf die in der Roheisenpfanne vor sich gehenden metallurgischen Veränderungen
des Roheisens und auf verschiedene Verfahren zur Vorbehandlung des Roheisens
wird im folgenden Abschnitt näher eingegangen.

Besondere Transporteinrichtungen stellen die sogenannten Torpedopfannen
mit einem Fassungsvermögen bis zu 200 t dar. Sie haben sich insbesondere in
Siemens-Martin-Stahlwerken bewährt, wo sie einen Mischer ersetzen können. Ihre
Bezeichnung als „fahrbare Mischer" ist jedoch irreführend, da sie jeweils nur
einen Hochofenabstich aufnehmen und daher keinen Konzentrations- und Temperaturausgleich mehrerer Abstiche herbeiführen. Dementsprechend sind sie auch
für Blas- und Sauerstoffstahlwerke zur direkten Roheisenverarbeitung schlecht

geeignet. Ihr Vorteil liegt in den relativ niedrigen Temperaturverlusten des Roheisens, wodurch auch ein Transport über weite Entfernungen möglich ist.

Der *Roheisenmischer* hat, wie bereits erwähnt, die Aufgabe, als Puffer zwischen Hochofen- und Stahlwerk das Roheisen, einschließlich des Sonntagseisens, aufzunehmen, zu speichern und den Stahlöfen nach Bedarf zur Verfügung zu stellen.

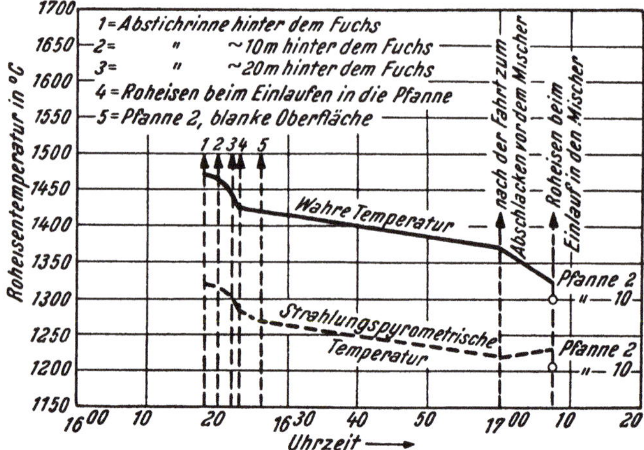

Abb. 231. Temperaturverlust des Roheisens vom Abstich bis zum Einfüllen in den Mischer (nach K. GUTHMANN)

Dabei soll ein möglichst guter Konzentrations- und Temperaturausgleich zwischen den einzelnen Hochofenabstichen erreicht werden. Dies ist nur möglich, wenn der Mischer ausreichend bemessen ist und immer über eine Füllung von etwa 60 bis 80% seines Fassungsvermögens verfügt.

Die üblichste Bauart ist der *Trommelmischer* mit einem Fassungsvermögen von etwa 300 bis 3000 t. Für kleine Roheisenmengen sind auch mit Netzfrequenzstrom beheizte Mischer in Gebrauch. Besonderes Augenmerk ist der feuerfesten Zustellung zu schenken, die im Bereich des Roheisens aus Magnesit- oder Dolomitsteinen bestehen kann, während für das Gewölbe Schamottesteine Verwendung finden können [5 bis 8]. Die Haltbarkeit der Zustellung hängt stark von der Betriebsweise des Mischers ab. Aggressive Schlacken, z. B. die Sodaschlacke von der Roheisenentschwefelung, müssen vor dem Einfüllen des Roheisens sorgfältig abgezogen werden.

Die Wärmeverluste des Roheisens im Mischer sind eine Funktion der Abstrahlungsverluste und der Aufenthaltsdauer. Eine gute Isolierung des Mischermauerwerks ist unerläßlich. Da die Abstrahlungsverluste bei schnellem Durchgang und geringer Füllung kleiner sind als bei einem zum erwünschten Konzentrationsausgleich anzustrebenden hohen Füllungsgrad bei vergleichsweise langer Durchsatzzeit, muß zwischen diesen beiden Möglichkeiten ein Kompromiß geschlossen werden. Die Abstrahlungsverluste können durch Heizung des Raumes über dem Roheisenbad ausgeglichen werden. Bei einer Durchsatzzeit von 10 bis

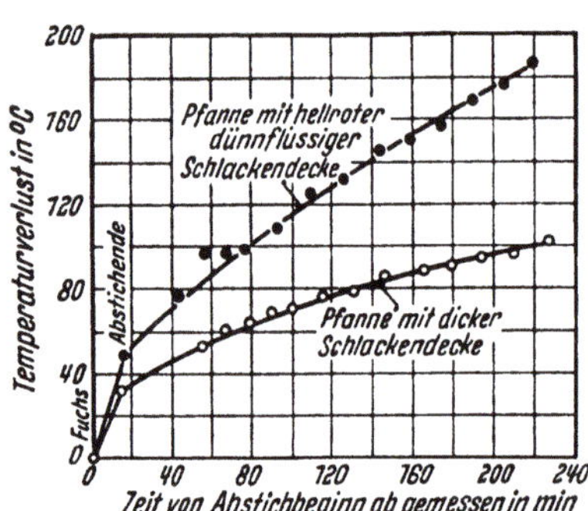

Abb. 232. Temperaturverlust der vollen Roheisenpfanne in Abhängigkeit von der Stehzeit (nach G. GILLE)

15 Stunden muß man in einem 1000-t-Mischer bei einem mittleren Füllgrad von 70% mit einem Temperaturverlust von etwa 15 °C rechnen.

Flachherdmischer oder „aktive" Mischer sind dann in Verwendung, wenn im Mischer bereits eine gewisse metallurgische Arbeit, z. B. Vorfrischen zum Entsilizieren, Entphosphoren oder Entschwefeln, ausgeführt werden soll. Sie sind großen kippbaren Siemens-Martin-Öfen ähnlich und können Badtiefen bis zu 2 m haben. Die hier notwendigen stärkeren Brenner gestatten ein Aufheizen des Roheisens und ermöglichen auch das Einschmelzen von festem Roheisen und Schrott, wodurch z. B. dem Siemens-Martin-Ofen ein Teil seiner Schmelzarbeit abgenommen wird.

Der Umfang der metallurgischen Reaktionen ist im normalen Roheisenmischer gering. Im wesentlichen tritt eine weitere Entschwefelung ein, sofern das Roheisen nicht mit sehr geringem Schwefelgehalt eingefüllt wird. Das Ausmaß der Entschwefelung hängt im wesentlichen vom Schwefel- und Mangangehalt ab und nimmt mit fallender Temperatur zu. Die Entschwefelung erfolgt, wie in der Roheisenpfanne, durch Ausseigern eines Mangansulfid-Eisensulfid-Gemisches, welches von der Mischerschlacke aufgenommen wird oder sich bei höherer Konzentration auch als eigene Phase, als flüssiger „Stein", abscheiden kann. Diese Mischerschlacke wird von Zeit zu Zeit abgezogen.

Die Entschwefelung kann, wie in der Roheisenpfanne, durch Aufgeben von gebranntem Kalk erleichtert werden. Die günstige Wirkung des Kalkes beruht weniger auf der Bildung von Kalziumsulfid als vielmehr auf der Bindung der Kieselsäure in der Mischerschlacke, die sonst mit dem Mangansulfid unter Bildung von Mangansilikat reagiert und so die Entschwefelung verschlechtert. Dementsprechend soll das Verhältnis von SiO_2:Mn in der Mischerschlacke möglichst klein sein. Die Zusammensetzung der Mischerschlacke schwankt, je nach der Zusammensetzung des Roheisens und den Betriebsbedingungen des Mischers, etwa in folgenden Grenzen:

SiO_2	Fe	Mn	CaO	MgO	S
30 bis 40%	8 bis 15%	15 bis 35%	2 bis 15% (30%)	0,5 bis 2,5%	0,3 bis 2,5%

Die Entschwefelung wird weiterhin durch eine oxydierende Atmosphäre begünstigt, wobei eine Verbrennung des Schwefels zu SO_2 eintritt.

Von den übrigen Begleitelementen des Roheisens geht ein Teil des Mangans als Sulfid und ein geringerer Anteil als Oxyd in die Schlacke. Ein Teil des Siliziums oxydiert zu Kieselsäure. Phosphor und Kohlenstoff bleiben praktisch unverändert. Die Gesamtverluste im Roheisenmischer sind gering und betragen im Mittel 0,5 bis 1% des Durchsatzes. Sie setzen sich zusammen aus den oben genannten Manganverlusten in der Höhe von etwa 12 bis 15% des Mangans, den Siliziumverlusten von etwa 8 bis 10% des Siliziums und aus Eisenverlusten in Form von FeS und FeO, die etwa 0,17% der Gesamteisenmenge betragen. Einen Überblick über die Änderungen der chemischen Zusammensetzung einer manganarmen, schwefelreichen Roheisensorte vom Hochofen bis zum Konverter geben die von R. S. McCaffery [9] veröffentlichten Zahlen:

	Si %	Mn %	S %
Roheisen am Hochofen	0,91	0,80	0,303
Roheisen vor dem Mischer	0,72	0,73	0,120
Roheisen hinter dem Mischer	0,64	0,71	0,091
Roheisen am Konverter	0,60	0,68	0,072

Die Entschwefelung in der Transportpfanne und im Mischer ist vor allem eine Funktion der jeweiligen Verweilzeit. Vergleichsweise ist jedoch der Anteil der Entschwefelung in der Pfanne durch die anfänglich höheren Konzentrationen an Mangan und Schwefel größer.

Die in der Roheisenpfanne beim Transport des Roheisens vom Mischer zum Ofen vor sich gehenden Umsetzungen sind gering. Auch der Temperaturverlust ist bei gut vorgewärmten Roheisenpfannen niedrig und liegt in der Größenordnung von 20 bis 30°C. Selbstverständlich ist beim Einfüllen des Roheisens in den Ofen darauf zu achten, daß etwa in die Pfanne gelangte Mischerschlacke sorgfältig zurückgehalten wird. Die Mischerschlacke enthält meist Eisengranalien und wird daher einer Eisenrückgewinnung zugeführt.

Schrifttum
zu Abschnitt 3.22

1. FRÖLICH, K.: Untersuchungen über den Wärmeverlust des Roheisens auf dem Wege vom Hochofenwerk zum Mischer. Stahl u. Eisen 56 (1936), S. 1473/79.
2. GUTHMANN, K.: Erörterung zur Arbeit: Untersuchungen über den Wärmeverlust des Roheisens auf dem Wege vom Hochofenwerk zum Mischer. Stahl u. Eisen 56 (1936), S. 1479/80.
3. WENTRUP, H.: Entschwefelung des Roheisens und die Gesetze der Entschwefelung. Carnegie Scholarship Mem. 24 (1935), S. 103/66, vgl. Stahl u. Eisen 56 (1936), S. 1480.
4. KOOTZ, TH.: Zur Temperaturmessung an Thomasroheisen. Stahl u. Eisen 70 (1950), S. 186/92.
5. BUCHHAUSEN, CH.: Auskleidung von Roheisenmischern. Stahl u. Eisen 73 (1953), S. 1453 bis 1457.
6. MAYER, K., F. GAREIS, S. KIENOW, H. KNÜPPEL und G. TRÖMEL: Die Zustellung eines 800-t-Roheisenmischers mit Dolomitsteinen. Stahl u. Eisen 73 (1953), S. 1457/62.
7. MAYER, K., und H. KNÜPPEL: Zustellung eines 800-t-Roheisen-Mischers mit chemisch gebundenen Magnesitsteinen. Stahl u. Eisen 73 (1953), S. 1463/68.
8. LATOUR, A.: Zur Frage der Mischerhaltbarkeit. Stahl u. Eisen 77 (1957), S. 1122/26.
9. McCAFFERY, R. S.: Verarbeitung von Northamptonshire-Erzen in Corby. Year Book Am. Iron Steel Inst. 1938, S. 189, vgl. Stahl u. Eisen 58 (1938), S. 1408/09.

3.23 Die Roheisenentschwefelung

Die Entschwefelung des Roheisens zwischen Hochofen und Mischer (oder Stahlofen), deren metallurgische Grundlagen bereits im Abschnitt 1.136 behandelt wurden, läuft entweder selbsttätig über die Mangansulfidausscheidung bis zu einem durch Konzentration und Temperatur gegebenen Endzustand ab oder wird durch zusätzliche metallurgische Maßnahmen eingeleitet.

Die *Mangansulfid-Entschwefelung*, die bei ausreichend hohem Mangangehalt durch Abscheidung einer Mangansulfid-Eisensulfid-Schlacke vor sich geht [1], wird durch die Erschütterung auf dem Transport vom Hochofen zum Stahlwerk beschleunigt, so daß sich ein längerer Transportweg in dieser Hinsicht günstig auswirkt. Vielfach kann auch auf diesem Wege eine bis zu 50%ige Schwefelabnahme erreicht werden [2].

Einen Überblick über praktische Ergebnisse der Manganentschwefelung gibt Abb. 233 nach den Untersuchungen verschiedener Forscher im Vergleich zu den Gleichgewichtskurven [3]. Da bei diesen Betriebsuntersuchungen die ausgeschiedenen Sulfide sicher mit der Pfannen- bzw. Mischerschlacke in Berührung standen, kann aus den Ergebnissen auch der Schluß gezogen werden, daß der Einfluß der Anwesenheit solcher Schlacken auf die entschwefelnde Wirkung des Mangans nur gering ist.

Bei hohen Anfangsschwefelgehalten und niedrigen Mangangehalten reicht jedoch diese Mangansulfid-Entschwefelung nicht aus, um bei den Stahlherstellungsprozessen mit begrenzter Entschwefelungsmöglichkeit einen ausreichend niedrigen Endschwefelgehalt im Stahl zu gewährleisten. Dies gilt besonders für die Erzeugung

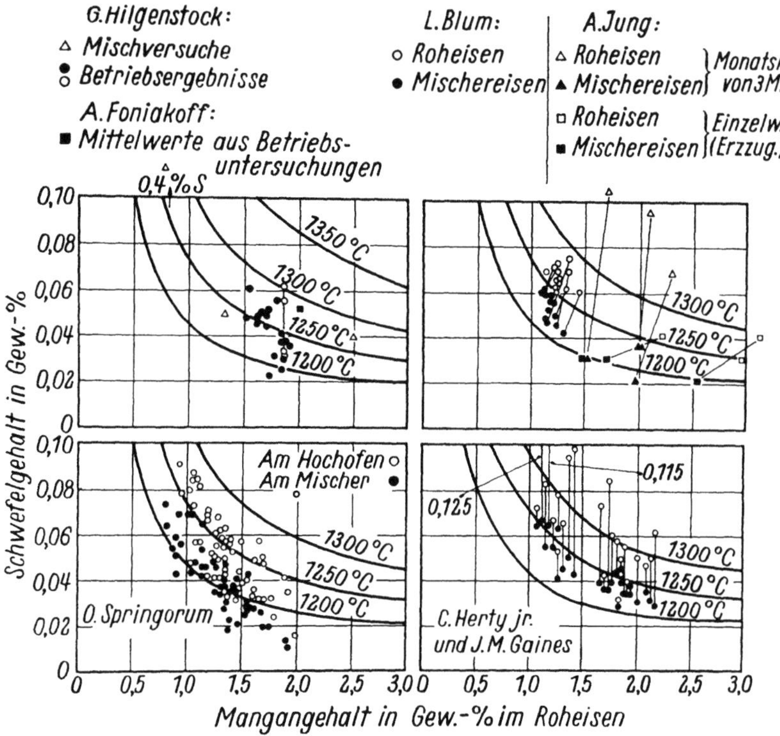

Abb. 233. Betriebsergebnisse über die Änderung des Schwefelgehaltes von Roheisenschmelzen vom Hochofen bis zum Mischer (nach E. Schürmann)

von Edelstählen, wo vielfach Schwefelwerte von maximal 0,025% und weniger verlangt werden. Aus diesem Grunde ist in den vergangenen Jahren eine Reihe von Entschwefelungsverfahren entwickelt worden, die entweder in der Roheisentransportpfanne selbst oder in rotierenden oder konverterähnlichen Gefäßen ausgeführt werden. Als Entschwefelungsmittel dient meist Soda oder gebrannter Kalk.

3.231 Die Sodaentschwefelung

Die Entschwefelung des Roheisens mit Soda, die unter Bildung einer Na_2S-reichen Schlacke erfolgt [4 bis 6] (vgl. Abschnitt 1.136), ist heute das wirtschaftlichste Verfahren, sofern nicht sehr niedrige Endschwefelgehalte, z. B. kleiner als 0,025%, gefordert werden.

Die Zugabe der Soda in fester, granulierter oder flüssiger Form erfolgt meist am Hochofen durch Einbringen in den Gießstrahl und gegebenenfalls auch nach dem Mischer. Damit wird eine gute Durchwirbelung mit dem Roheisen erreicht und der Ausnützungsgrad verbessert. Die Entschwefelung wird durch Mangan begünstigt und durch höhere Siliziumgehalte, die bei Berührung mit der Luft

Kieselsäure bilden, beeinträchtigt. Der Sodaverbrauch beträgt je nach den zu entfernenden Schwefelmengen 1 bis 4 kg Soda/t Roheisen und mehr. Im Mittel kann man damit rechnen, daß man etwa das Fünffache der Schwefelmenge im Roheisen an Soda zugeben muß. Eine nennenswerte Änderung der Kohlenstoff-, Mangan- und Siliziumgehalte im Roheisen tritt nicht ein, wie die von H. MAETZ [7] angegebenen Werte in Tab. 63 zeigen. Es sind dies Mittelwerte für eine Zugabe von 3,6 bis 4,8 kg Soda/t Roheisen.

Die Behandlung des Roheisens mit Soda, aber auch mit Kaliumkarbonat und anderen Alkaliverbindungen, bewirkt neben der Entschwefelung eine erhebliche Herabsetzung des Stickstoffgehaltes [8, 9]. Abb. 234 zeigt die Änderung des Stickstoffgehaltes in einem Thomasroheisen bei zweimaliger Sodabehandlung. Die Entstickung beträgt 40 bis 50 %. Die Entstickung unter Sodaschlacken wurde experimentell auch für siliziumarmes Stahlroheisen nachgewiesen, gleichgültig, ob dabei unter oxydierenden oder reduzierenden Bedingungen gearbeitet wird. Um die Soda für die Entschwefelung besser auszunützen oder den Wirkungsgrad zu erhöhen, bedient man sich auch spezieller Pfannen, z. B. der Siphonpfannen oder des Umgießens in mehrere Pfannen, der Kaskaden-Entschwefelung. Die Siphonpfanne besitzt einen mit Kohlenstoffstampfmasse ausgekleideten Einguß, in dem sich die flüssige Sodaschlacke befindet und durch die das Roheisen einfließt. Die Schlacke wird von Zeit zu Zeit ablaufen gelassen und durch neue Soda ergänzt. Diese Arbeitsweise hat auch den Vorteil, daß keine Sodaschlacke mit dem Roheisen mitlaufen kann.

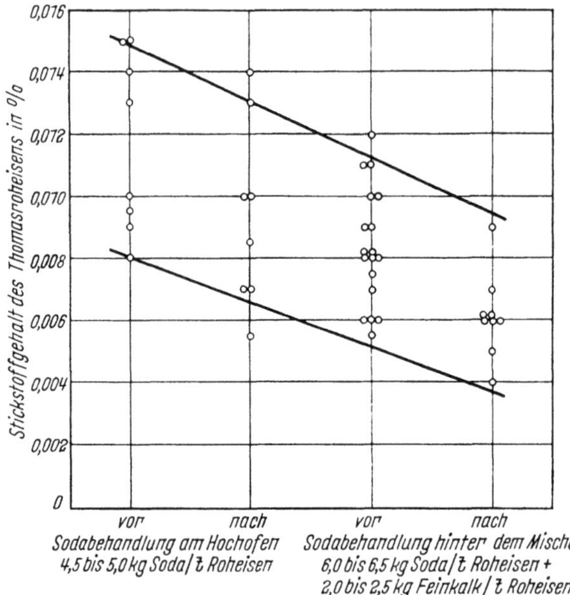

Abb. 234. Änderung des Stickstoffgehaltes im Thomasroheisen durch Sodabehandlung (nach G. MAHN)

Tabelle 63. *Veränderung der Roheisenzusammensetzung durch Sodaentschwefelung* (nach H. MAETZ)

Element	Anfangsgehalt %	Endgehalt %
S	0,0501	0,0287
Mn	1,667	1,641
Si	0,873	0,816
C (gesamt)	4,600	4,600
C als Graphit	3,610	3,560
C gebunden	0,990	1,040

Die Kaskadenentschwefelung gestattet es, den gleichen Entschwefelungseffekt mit einer geringeren Sodamenge zu erzielen wie bei einmaliger Sodabehandlung.

Diese vorteilhafte Wirkung wurde bereits von W. OELSEN und W. MIDDEL untersucht [6]. Abb. 235 zeigt die Wirkung einer Sodaschlacke mit einem Verhältnis von $Na_2O:SiO_2$ von etwa 1, wenn eine Gesamtmenge von 5% Na_2CO_3 auf einmal zur Reaktion gebracht wird oder wenn jeweils nur 1% Na_2CO_3 reagiert und nach dem Abziehen durch eine neue Menge von 1% ersetzt wird. Bei einem Ausgangsschwefelgehalt von 0,2% gelangt man im ersten Fall zu einem Endgehalt von 0,022% S (Punkt *E*). Gibt man jedoch die Soda in Teilmengen zu, so gelangt man bereits nach der dritten Teilreaktion, also mit insgesamt 3% Soda, zu einem *unter* 0,02% S liegenden Endgehalt im Roheisen. Da die Zweit- und Drittschlacke bei der Stufenentschwefelung noch ein beträchtliches Aufnahmevermögen an Schwefel bei höheren Schwefelgehalten des Roheisens besitzt, ist es technisch richtig, sie in der Entschwefelung in der ersten Stufe nochmals zuzusetzen, woraus sich in Summe eine weitere Sodaeinsparung ergibt.

Jede Art der Sodaentschwefelung bringt einen Temperaturverlust des Roheisens, so daß nicht beliebig viele Arbeitsstufen angewendet werden können.

Eine Abwandlung des Soda-Entschwefelungsverfahrens ist der sogenannte *Gazal*-Prozeß [10], bei dem die Reaktion der Soda mit dem flüssigen Roheisen durch Einblasen von Stickstoff oder Preßluft durch Bodendüsen in der Pfanne erleichtert wird. Mit 5 bis 10 kg Soda je Tonne Roheisen mit 0,1 bis 0,2% S sollen Entschwefelungsgrade bis zu 90% auf Endgehalte um 0,02% S erreichbar sein. Eine großtechnische Anwendung für die Entschwefelung des Stahleisens ist bisher nicht bekannt geworden.

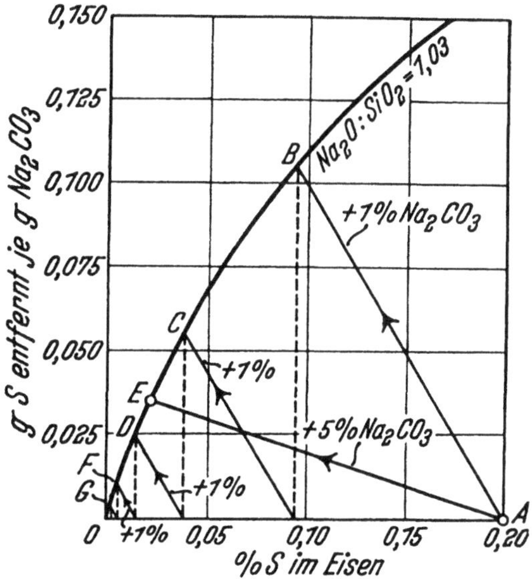

Abb. 235. Unterschied des Entschwefelungsgrades bei einmaliger oder mehrmaliger Aufgabe einer Sodaschlacke (nach W. OELSEN und W. MIDDEL)

3.232 Die Kalkentschwefelung

Die Kalkentschwefelung verläuft unter Bildung von Kalziumsulfid an der Phasengrenzfläche zwischen dem festen Kalk und dem flüssigen Roheisen (vgl. Abschnitt 1.136). Dementsprechend muß für eine große Berührungsfläche gesorgt werden. Technisch wird die Kalkentschwefelung daher mit Feinkalk oder Kalkstaub in rotierenden Gefäßen oder durch Einblasen des Kalkes mit einem Trägergas ausgeführt. Dabei muß die Bildung von geschmolzenen Schlackenanteilen vermieden werden. Die Entstehung des die Entschwefelung störenden (FeO) kann durch Zusatz von Reduktionsmitteln, wie z. B. Kohlenstaub oder Aluminiumpulver, verhindert werden.

Eine technische Verwirklichung fand die Kalkentschwefelung des Roheisens zunächst im sogenannten „Kalling-Domnarfvet-Prozeß" [11,12]. In einer mit

34 U/min rotierenden Trommel, wie sie Abb. 236 zeigt, wird die Entschwefelung mit etwa 2% feingemahlenem gebranntem Kalk und 0,5% Koksgrieß ausgeführt. Nach dem Füllen des Ofens werden die Öffnungen verschlossen und der Ofen in Drehung versetzt. Die Entschwefelung dauert etwa 20 bis 30 Minuten. Abb. 237 zeigt das Ergebnis von 300 Roheisenabstichen. Bei einem mittleren Schwefelgehalt von 0,095% wurde eine Entschwefelung von etwa 90% auf 0,009% S im Mittel erreicht. Der Temperaturverlust beträgt etwa 150°C vom Hochofen bis zum fertig entschwefelten Roheisen. Er soll durch direkten Abstich in die Trommel auf 70 bis 80°C gesenkt werden können.

Der verwendete Kalk muß so rein wie möglich sein. Der SiO_2-Gehalt soll 5% nicht übersteigen, oxydierende Beimengungen, wie $CaCO_3$ und Wasser, verschlechtern ebenfalls die Entschwefelung. Eine typische Körnung des Feinkalkes zeigt nachstehende Siebanalyse:

Korngröße, mm	>1,5	1,5 1,0	1,0 0,6	0,6 0,3	0,3 0,2	0,2 0,1	0,1 0,06	<0,06
%-Anteil	4,0	2,6	5,4	5,8	14,3	19,2	17,4	31,4

Die Zustellung der Trommel besteht aus Schamottesteinen, die auf Isoliersteinen verlegt sind. Nach jeder Behandlung setzt sich an der Wand eine dünne Schicht von Kalk- und Kokspulver ab, die Eisengranalien enthält und nach 50 bis 60 Chargen mit einem Ölbrenner ausgeschmolzen wird.

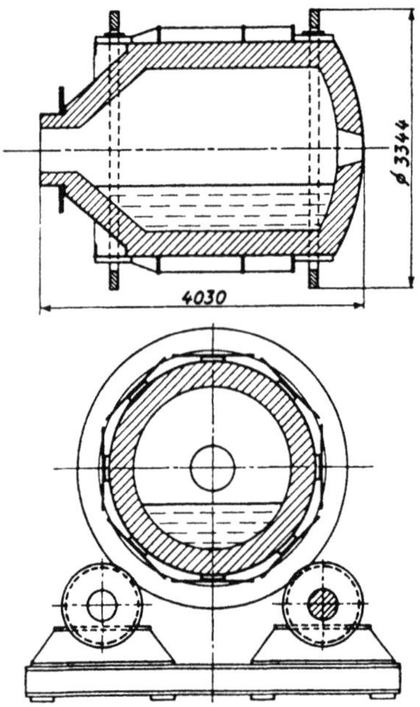

Eine Weiterentwicklung dieses Verfahrens ist die von S. EKETORP [13] vorgeschlagene Schüttelpfanne, die gegebenenfalls auch zum Vorfrischen von Roheisen mit Sauerstoff verwendet werden kann. Abb. 238 zeigt eine nach der Versuchseinrichtung entworfene Anlage, die die Verwendung üblicher Roheisenpfannen gestattet, die zusätzlich mit einem Hut versehen werden. Der Abschluß der Pfanne ist notwendig, um den Luftzutritt auszuschalten und ein Verspritzen von Roheisen zu verhindern. Die Pfanne kann bis zu $^2/_3$ gefüllt werden, der notwendige Reaktionsraum beträgt 0,25 bis 0,3 m³/t Roheisen gegenüber 1,5 bis 1,6 m³/t bei der Trommel. Bei gleichem Entschwefelungserfolg (etwa 95%) soll der Kalkverbrauch und der Temperaturverlust geringer sein (etwa 40°C) [14]. Durch Zugabe von geringen Mengen Soda soll das Anlegen von Kalkstaub an die Pfannenzustellung verhindert werden. Die Schüttelpfanne kann auch zum Aufkohlen und Legieren des Roheisens Verwendung finden.

Abb. 236. Rotierender Trommelofen zur Roheisenentschwefelung nach dem KALLING-DOMNARFVET-Verfahren (nach S. FORNANDER)

Eine wesentlich raschere Kalkentschwefelung kann mit dem von B. TRENTINI, L. WAHL und M. ALLARD [15] angegebenen Verfahren erreicht werden. Sie benutzen Feinkalk etwa gleicher Korngröße und Zusammensetzung wie B. KALLING [11, 12] und blasen diesen mit technisch reinem Stickstoff (< 0,5% O_2) in das Roheisen ein. Diese Entschwefelung kann in einem eigenen Konverter oder aber auch in der Roheisenpfanne selbst ausgeführt werden. Die Reaktionsdauer beträgt nur 3 min, um Schwefelgehalte von etwa 0,003% zu erreichen. Der Kalkverbrauch liegt bei etwa 2% vom Roheisengewicht, der Stickstoffverbrauch beträgt rund 0,5 m³/t Roheisen. Eine Zugabe

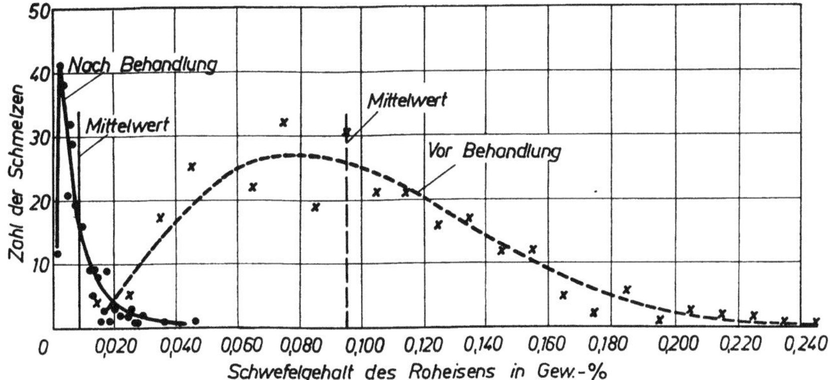

Abb. 237. Entschwefelungsgrad von 300 Schmelzen nach dem KALLING-DOMNARFVET-Verfahren
(nach S. FORNANDER)

von Kohlepulver ist nicht notwendig, wohl aber kann durch Zugabe von etwa 2% Aluminiumpulver (bezogen auf den Feinkalk) die Entschwefelung wesentlich beschleunigt und verbessert werden.

Die seither erfolgte großtechnische Erprobung der Roheisenentschwefelung durch Einblasen von Kalkstaub hat u. a. zu folgenden Ergebnissen geführt [16]: Als zweckmäßiges Entschwefelungsmittel hat sich ein Gemisch von Feinkalk mit 8 bis 12% Soda erwiesen, das mit einer feuerfest umkleideten Lanze mindestens 1 m tief in das Roheisen in der Pfanne eingeblasen wird. Als Trägergas dient getrocknete Preßluft, wobei etwa 3 bis 4 l je kg Feinkalk benötigt werden. Dabei ist die Frischwirkung so gering, daß auf die Verwendung von Stickstoff verzichtet werden kann. Die geringe Trägergasmenge bewirkt z. B. in 40-t-Pfannen einen

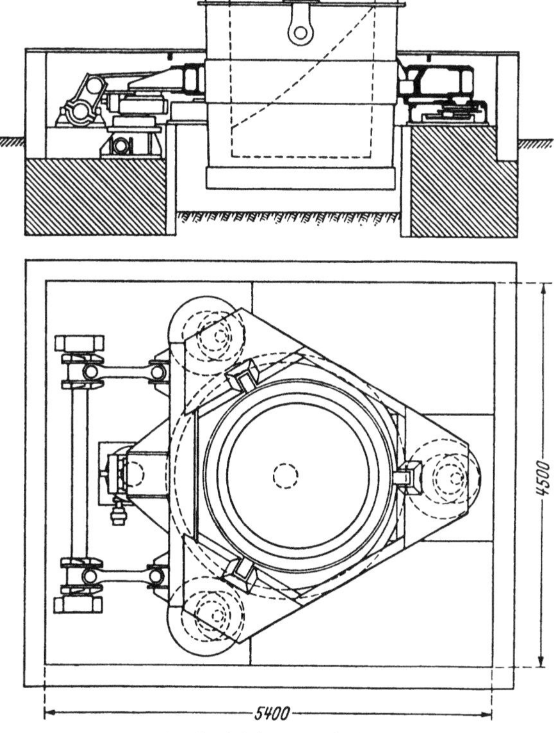

Abb. 238. 15-t-Schüttelpfanne nach einem Vorschlag der
Gesellschaft für Hüttenwerkstechnik

Temperaturverlust von nur rund 15 °C. Die Sodabeimischung zum Feinkalk ergibt eine krümelige, leicht abziehbare Schlacke, die nur Roheisenverluste von etwa

1,3 bis 1,5% verursacht und leicht aufbereitet werden kann. Mit einem Aufwand an Entschwefelungsmittel von 10,8 kg/t Stahlroheisen konnte z. B. eine Entschwefelung von 0,043% S auf 0,021% S im laufenden Betrieb erzielt werden.

An Stelle von Feinkalk kann zur Entschwefelung auch Kalziumkarbid oder Kalziumcyanamid verwendet werden [15, 17, 18], die in das Roheisen z. B. mit einem inerten Gas durch eine Graphitdüse eingeblasen werden. Auch in den vorher beschriebenen Einrichtungen können diese Stoffe anstatt oder zusammen mit Kalk zur Anwendung kommen. Sie bieten jedoch gegenüber Kalk keine so großen technischen Vorteile, daß der bisher vergleichsweise höhere Preis derselben ihre Verwendung rechtfertigen würde.

Zusammenfassend kann festgestellt werden, daß es mit den heute entwickelten Verfahren grundsätzlich möglich ist, dem Stahlwerk ein Roheisen mit niedrigstem Schwefelgehalt zur Verfügung zu stellen, wobei es durchaus wirtschaftlich sein kann, die Entschwefelung statt im Roheisenofen oder im Stahlofen in einer eigenen Zwischenoperation vorzunehmen, die außerdem die optimalen metallurgischen Voraussetzungen hierfür aufweist.

Schrifttum

zu Abschnitt 3.23

1. WENTRUP, H.: Die Entschwefelung des Roheisens durch Mangan. Arch. Eisenhüttenwes. 9 (1935/36), S. 535/42.
2. SPETZLER, E., und H. SPITZER: Über die Entschwefelung des Thomasroheisens. Stahl u. Eisen 52 (1932), S. 233/35.
3. SCHÜRMANN, E.: Die Manganentschwefelung bei Gußeisen. Gießerei 48 (1961), S. 481/87.
4. SENFTER, E.: Stoff- und Wärmeumsatz bei der Entschwefelung von Roheisen durch Stahl. Stahl u. Eisen 58 (1938), S. 13/14 und 62.
5. KÖRBER, F., und W. OELSEN: Die Grundlagen der Entschwefelung des Roheisens mit Soda und Natriumsilikaten. Stahl u. Eisen 58 (1938), S. 905/14 und 943/49.
6. OELSEN, W., und W. MIDDEL: Die Entschwefelung des Roheisens mit Alkalien. I. Die Umsetzungen schwefelhaltiger, silizium- und manganarmer Roheisenschmelzen mit Soda und Natriumsilikaten. Mitt. K.-Wilh.-Inst. Eisenforsch. 21 (1939), S. 27/57.
7. MAETZ, H.: Entschwefelung des Roheisens außerhalb des Hochofens. Stahl u. Eisen 62 (1942), S. 487/88.
8. MAHN, G.: Erörterungsbeitrag zu 9. Stahl u. Eisen 83 (1963), S. 210/11.
9. HAASTERT, H. P., E. KÖHLER und E. SCHÜRMANN: Entstickung, Entsilizierung und Entschwefelung beim Vorbehandeln von Thomasroheisen. Stahl u. Eisen 83 (1963), S. 204 bis 210.
10. Anonym: Gazal for Iron Desulphurization. J. Metals 12 (1960), S. 231; vgl. Stahl u. Eisen 75 (1955), S. 1508/10.
11. KALLING, B., C. DANIELSSON und O. DRAGGE: Desulphurization of Pig Iron with Pulverized Lime. J. Metals Trans. 3 (1951), S. 732/38.
12. FORNANDER, S.: Kalling-Domnarfvet Process at Surahammar Works. J. Metals Trans. 3 (1951), S. 739/41.
13. EKETORP, S.: The Mixing Ladle, a New Metallurgical Tool. J. Metals 12 (1960), S. 44/48, vgl. Stahl u. Eisen 80 (1960), S. 234/35.
14. SCHUMACHER, H.: Weiterentwicklung der Verhüttung des Salzgitter-Erzes. Stahl u. Eisen 80 (1960), S. 1458/68.
15. TRENTINI, B., L. WAHL und M. ALLARD: Desulphurization of Liquid Pig Iron by Blowing with Lime Powder. J. Iron Steel Inst. 183 (1956), S. 124/33, und J. Metals Trans. 9 (1957), S. 1133/39.
16. ESCHE, W. VOR DEM, M. HAUCKE, H. J. KOPINECK, W. WOLF und H. WYSOCKI: Entschwefeln von Roheisen mit Feinkalk außerhalb des Hochofens. Stahl u. Eisen 83 (1963), S. 270/79.

17. BAUMER, S. D., und P. M. HULME: Desulphurizing Molten Iron with Calcium Carbide. J. Metals Trans. 13 (1951), S. 313/18.
18. HORNAK, J. M., und E. J. WHITTENBERGER: The Desulphurization of Molten Iron. J. Metals 8 (1956), S. 425/29.

3.24 Das Vorfrischen des Roheisens

Das Vorfrischen des Roheisens wird aus verschiedenen Gründen ausgeführt. Man kann auf diesem Wege unerwünscht hohe Gehalte an Begleitelementen, wie z. B. Silizium, Mangan, Phosphor u. a., entfernen, um die Arbeit im Stahlofen zu erleichtern oder um wertvolle Legierungselemente, wie z. B. Vanadin, abzuscheiden. Auch das Vorfrischen zur Erniedrigung des Kohlenstoffgehaltes wird ausgeführt, um ohne Verlängerung der Frischzeit im Siemens-Martin-Ofen und besonders im Lichtbogenofen höhere Roheisensätze verarbeiten zu können.

Die Vorfrischarbeit wurde ursprünglich im Mischer durch Frischen mit Erz oder durch Verblasen mit Luft ausgeführt, während heute das Sauerstoffblas-Verfahren eine rasche und wirksame Roheisenbehandlung ermöglicht. Diese Arbeitsweisen sollen im folgenden an kennzeichnenden Beispielen erläutert werden [1].

Die metallurgischen Voraussetzungen für die Vorbehandlung des Roheisens sind heute im wesentlichen bekannt. Durch geeignete Temperatur- und Schlackenführung können nicht nur bestimmte Elemente aus dem Roheisen gefrischt, sondern auch die beim Sauerstofffrischen eintretende Temperaturerhöhung zum zusätzlichen Einschmelzen von Schrott ausgenützt werden. Die technische Durchführung selbst muß sich dagegen nach den Gegebenheiten des Betriebes richten, so daß für große Durchsatzmengen die Einrichtung eigener Blasstände notwendig erscheint.

Die für den Arbeitsablauf einfachste Arbeitsweise wäre die Roheisenbehandlung unmittelbar am Hochofen, wie sie u. a. von P. LEROY und R. SIMON [2] experimentell untersucht wurde. Durch Zugabe von Walzzunder und Einblasen von Sauerstoff in der dafür umgebauten Abstichrinne des Hochofens konnte der Siliziumgehalt des Roheisens kontinuierlich von etwa 0,70 bis 0,80% auf 0,45 bis 0,50% erniedrigt werden. Dabei tritt eine erwünschte Temperaturzunahme von 40 bis 65 °C ein, die Schlacke enthält nur 5 bis 6% Fe, die Eisenverluste betragen 1 bis 1,5%. Die Anwendung scheiterte jedoch bisher an der ungenügenden Haltbarkeit der Rinnenzustellung mit porösen Steinen für die Sauerstoffzufuhr.

Mit technischem Erfolg wird dagegen die Roheisenbehandlung zur Entsilizierung und teilweise auch zur Entphosphorung oder zur Entfernung von Chrom [3] aus dem Roheisen in der Pfanne ausgeführt. Bei den meisten Verfahren [4, 5] wird zusätzlich zum Sauerstoff, der mit normalen Eisenrohren oder mit wassergekühlten Düsen (ähnlich wie bei den Sauerstoffblas-Prozessen) in das Roheisen eingeblasen wird, auch Erz, Zunder und Kalk zugesetzt. Fallweise wird die Pfanne dabei mit einer Haube abgedeckt, um die Temperaturverluste zu verringern und den Rauch abzuführen.

Eine besondere Arbeitsweise wurde für das Vorfrischen von phosphorreichem Roheisen mit höherem Siliziumgehalt entwickelt, um dieses für die Verarbeitung im Lichtbogenofen vorzubereiten, die unter dem Namen „Brymbo"-Prozeß bekannt wurde [6]. Das Roheisen wird vor dem Einfüllen in den Lichtbogenofen in einem eigenen, kippbaren Vorfrischofen mit Sauerstoff- und Kalkstaub gefrischt. Abb. 239 zeigt einen Schnitt durch den mit Magnesitherd zugestellten 30-t-Ofen. Die Wände bestehen aus Dolomitsteinen. Der wie beim Sauerstoffblasverfahren

entstehende braune Rauch wird durch einen wassergekühlten Abzug gesaugt.
Die wassergekühlte Lanze für die Sauerstoff- und Kalkzufuhr wird schräg von
oben in Richtung der Kippachse eingeführt und beim Frischen in das Bad eingetaucht. Die Temperaturerhöhung des Bades wird zum Einschmelzen von Schrott
ausgenützt. Einen typischen Schmelzverlauf zeigt Tab. 64 nach den Angaben von
E. Davies [7]. Im Durchschnitt werden etwa 10 bis maximal 30%, meist hoch-

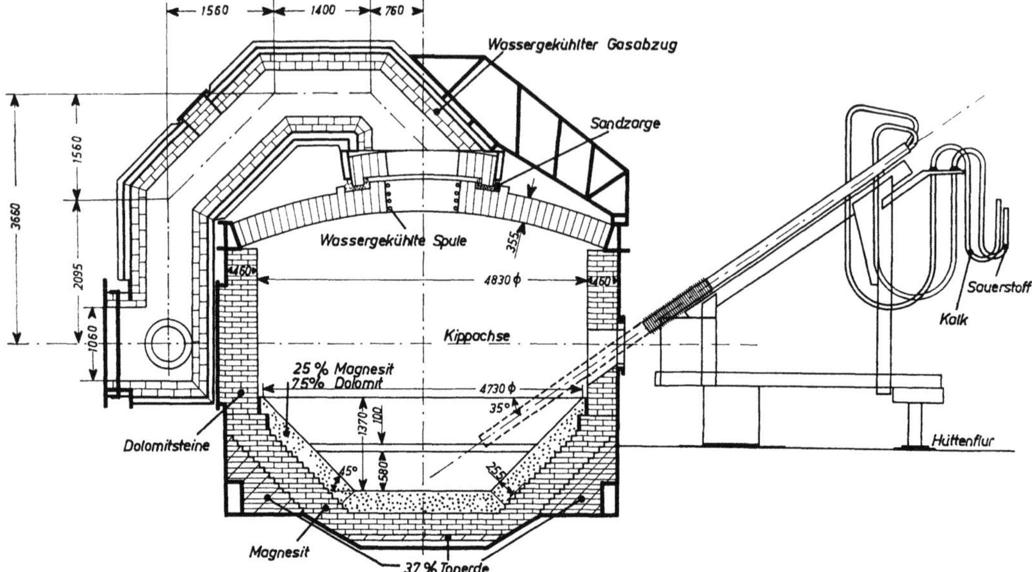

Abb. 239. Vorfrischofen für die Roheisenbehandlung nach dem „Brymbo“-Prozeß (nach E. Davies)

silizierter Schrott, umgeschmolzen. Zur Schlackenbildung werden etwa 1,2% Erz
und Zunder, sowie etwa 4% Kalk und etwas Flußspat verbraucht. Der Sauerstoffverbrauch liegt bei 25 Nm³/t. Tab. 65 gibt eine Zusammenstellung der übrigen
Kennziffern dieses Prozesses [7]. Man erhält damit ein flüssiges Vormaterial für
den basischen Lichtbogenofen, das zusammen mit Schrott im Verhältnis von
etwa 1:1 auf alle üblichen Elektrostahlqualitäten verarbeitet werden kann.
Schmelzbeispiele sind im Abschnitt 3.54 zu finden.

Tabelle 64. Vorfrischen von Roheisen nach dem „Brymbo“-Prozeß
(nach E. Davies)

Einsatz: flüssiges Roheisen vom Hochofen: 20 500 kg
       Walzwerksschrott mit 2% Si   2 550 „

                       Summe   23 050 kg.
Schmelzverlauf:

Zeit	Arbeitsgang
6.05	Einsetzen des Schrottes
6.20	Einfüllen des Roheisens
6.25	400 kg Kalk
6.30	14 Nm³ Sauerstoff mit Stahlrohr eingeblasen
6.35—6.55	550 Nm³ Sauerstoff mit der wassergekühlten Lanze eingeblasen (28 Nm³ O_2/min) zusammen mit 400 kg Kalk
7.00	Abschlacken
7.05	Abstechen

Chemische Zusammensetzung:

	% C	% Si	% Mn	%P	% S	Temperatur °C
Flüssiges Roheisen	3,91	0,93	0,72	0,40	0,060	1260
Vorfrisch-Metall	1,80	—	0,12	0,082	0,048	1565

Endschlacke: 16% SiO_2, 12,6% Fe, 40% CaO, 6,5% P_2O_5

Ausbringen: 21450 kg $\triangleq$ 93% Vorfrischmetall

Sauerstoffverbrauch: 26 Nm^3 O_2/t Vorfrischmetall

Schrottsatz: 11%.

Kalkverbrauch: 38 kg/t Vorfrischmetall

Tabelle 65. *Kennzahlen des Vorfrischens nach dem „Brymbo"-Prozeß*
(nach E. DAVIES)

	Chemische Zusammensetzung in %	
	flüssiges Roheisen	vorgefrischtes Metall
Kohlenstoff	3,8 —4,0	1,0 —2,5
Silizium	0,5 —1,5	Spuren—0,05
Mangan	0,7 —1,25	0,10 —0,20
Phosphor	0,4 —1,5	0,025—0,080
Schwefel	0,04—0,07	0,04 —0,05

Gesamtzeit von Chargieren bis Abstich: 45—60 min

Sauerstoffverbrauch je t Roheisen: max. 25 Nm^3

Schrottanteil: 25—max. 30%

Wirkungsgrad des Sauerstoffes: 100%

Gesamtausbringen an Vorfrischmetall: 93%

Temperatursteigerung: 200 °C

Schrifttum

zu Abschnitt 3.24

1. HARRISON, J. L.: Practical Aspects of Pretreatment Processes. J. Iron Steel Inst. 191 (1959), S. 328/36.
2. LEROY, P., und R. SIMON: Préaffinage continue de la fonte dans le chenal du haut-fourneau par soufflage d'oxygène pur à travers des dalles poreuses. Rev. Métallurg. 54 (1957), S. 793/812.
3. WOLF, W., W. VOR DEM ESCHE, O. STEINHAUER und H. WYSOCKI: Betriebsversuche zur Verhüttung von Conakry-Erz. II. Die Entchromung von Roheisen durch Pfannenfrischen mit reinem Sauerstoff. Stahl u. Eisen 78 (1958), S. 1100/07.
4. SITTARD, J.: Die Vorfrischanlage der Eisenwerk-Gesellschaft Maximilianshütte AG. in Sulzbach-Rosenberg. Stahl u. Eisen 76 (1956), S. 1554/61.
5. LEROY, P. S.: Silicon Content of Blast Furnace Iron Lowered by Oxygen Injection in Ladle. J. Metals 5 (1953), S. 896/400.
6. DAVIES, E.: Development of Active Mixer Practice at Appleby-Frodingham. J. Metals 13 (1961), S. 900/04, und J. Iron Steel Inst. 197 (1961), S. 271/82.
7. DAVIES, E.: Pre-Refining Process for Steelmaking. Electric Furnace Conf. Dec. 6—8, 1961, Pittsburgh, Pa.

3.3 Die Sauerstoff-Blasprozesse

Die im vergangenen Jahrzehnt entwickelten Sauerstoff-Blasprozesse haben bald nach ihrer Einführung in den großtechnischen Betrieb auch für die Edelstahlerzeugung Bedeutung erlangt. Sie ermöglichen nicht nur, das Erzeugungsprogramm des basischen Siemens-Martin-Ofens zu bewältigen, sondern können auch zur Erzeugung von Stahlsorten Verwendung finden, die bisher ausschließlich dem Lichtbogenofen vorbehalten waren. Kostenmäßig liegen die Sauerstoffaufblas-Verfahren meist zwischen den Siemens-Martin- und Lichtbogenofen-Verfahren. Unter Berücksichtigung der relativ niedrigen Investitionskosten können aber auch bei günstigen Einsatzverhältnissen (billigem Roheisen) und niedrigen Sauerstoffkosten die Sauerstoffaufblas-Verfahren mit dem Siemens-Martin-Verfahren in erfolgreichen Wettbewerb treten.

Die Möglichkeiten der Verarbeitung von Roheisen zu Stahl mit reinem, gasförmigem Sauerstoff ohne Zusatzbeheizung wurde bereits von H. BESSEMER erwähnt. C. V. SCHWARZ [1], R. DURRER und H. HELLBRÜGGE [2] griffen neben anderen Forschern dieses Problem wieder auf, bis zwei neue Ideen in die Praxis umgesetzt werden konnten. Eine von diesen, nämlich das Aufblasen von Sauerstoff auf die Badoberfläche, führte zum „LD"-Verfahren, die andere, und zwar das Arbeiten mit rotierendem Frischgefäß, zum Kaldo- und Rotor-Verfahren. Von diesen neuen Vorschlägen hat bis heute der „LD"-Prozeß die größte technische Bedeutung erlangt. Dies gilt auch für die Erzeugung von Edelstahl.

Allen Verfahren gemeinsam ist die Verwendung hoher Anteile flüssigen Roheisens und unterschiedlicher Mengen von Schrott oder Erz als Kühlmittel, je nach dem zur Verfügung stehenden Wärmeüberschuß aus der Verbrennungswärme der Eisenbegleitelemente und des beim Frischvorgang entstehenden Kohlenoxyds und dem Wärmebedarf für das Schmelzen von Legierungszusätzen und Schlackenbildnern. Beim LD-Verfahren sind erfolgversprechende Versuche im Gang, an Stelle des flüssigen Roheisens festen Schrott mit oder ohne Roheisenzusatz mittels eines Öl-Sauerstoff- oder Gas-Sauerstoffbrenners direkt im Tiegel einzuschmelzen und den so verflüssigten Einsatz mit reinem Sauerstoff fertigzublasen [3].

Schrifttum

zu Abschnitt 3.3

1. SCHWARZ, C. V.: Verblasen von Thomasroheisen mit der Freistrahldüse. Stahl u. Eisen 72 (1952), S. 1642/52; vgl. auch Radex-Rdsch. 1949, S. 33/53 und 73/87.
2. HELLBRÜGGE, H.: Die Umwandlung von Roheisen in Stahl im Konverter bei Verwendung von reinem Sauerstoff. Stahl u. Eisen 70 (1950), S. 1208/11.
3. RINESCH, F. R.: Controlled Heat Balance in the LD-Process. J. Metals 14 (1962), S. 497 bis 501.

3.31 Die LD-Verfahren

Die in Linz und Donawitz technisch entwickelten und daher mit „LD" benannten Verfahren werden je nach der Zusammensetzung des Roheisens in zwei verschiedenen Arbeitsweisen ausgeführt.

Phosphorarmes Roheisen (bis etwa 0,5% P) kann nach dem ursprünglichen Einschlackenverfahren verarbeitet werden, das allgemein als „LD"-Prozeß bezeichnet wird.

Phosphorreiche Roheisensorten erfordern ein Zweischlackenverfahren, bei welchem entweder mit Stückkalk oder mit Kalkstaub gearbeitet wird, dessen

Zuführung mit einer speziellen Einblasevorrichtung im Sauerstoffstrahl erfolgt. Letztere Arbeitsweise wird als „LD-AC"- (in Frankreich OLP-) Verfahren bezeichnet.

Für die Erzeugung von Edelstählen kommt bisher nur das LD-Verfahren unter Verwendung von möglichst phosphorarmem Roheisen (meist weniger als 0,15% P) in Frage, wenn man von den Duplex-Verfahren absieht, die natürlich auch mit Vormetall arbeiten können, das nach anderen Verfahren aus phosphorreichem Roheisen gewonnen wurde. Im Rahmen dieses Buches soll nur auf das erstgenannte Verfahren näher eingegangen werden. Bezüglich der anderen Prozesse sei auf das einschlägige Schrifttum verwiesen [1 bis 7].

3.311 Bau und Zustellung der LD-Tiegel

Obwohl die Entwicklung der LD-Stahlwerke und im besonderen der LD-Tiegel noch keineswegs abgeschlossen ist, lassen sich aus den bisher gewonnenen Betriebserfahrungen in Zusammenhang mit den metallurgischen Erfordernissen einige

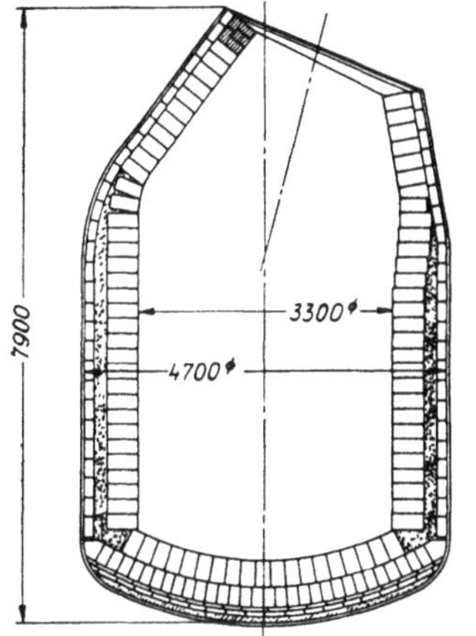

Abb. 240. Schema der Ausmauerung eines 50-t-LD-Tiegels mit Teerdolomit-(Magnit-)Steinen (nach H. Trenkler)

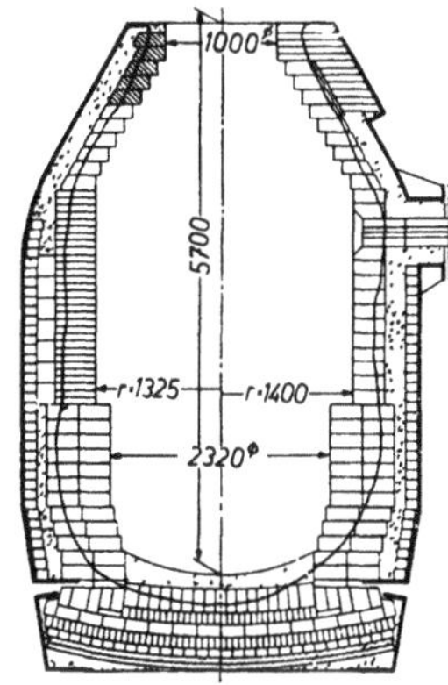

Abb. 241. Schema der Ausmauerung eines 30-t-LD-Tiegels mit Magnesitsteinen (nach O. Cuscoleca und K. Rösner)

kennzeichnende Bauformen und Entwicklungsrichtungen erkennen. Der LD-Tiegel wird in der Regel als zylindrisches Gefäß ausgeführt, wobei der dem zylindrischen Teil aufgesetzte Hut sowohl asymmetrisch, ähnlich wie beim Thomaskonverter, als auch symmetrisch ausgeführt wird (vgl. Abb. 240 bis 242). Die symmetrische Form hat den Vorteil, daß das Beschicken des Tiegels von der einen Seite und das Entleeren von der anderen Seite erfolgen kann, wodurch bei entsprechender Bauweise des Stahlwerkes ein besserer Materialfluß gegeben ist. Abschlacken und sonstige Operationen lassen sich von beiden Seiten gleich gut ausführen. Wesentlich war auch die Anordnung einer Abstichöffnung im Tiegelhut, die ein schlackenfreies Abkippen der fertigen Schmelze in die Pfanne gestattet.

Die Größe des Reaktionsraumes und das günstigste Verhältnis von Badtiefe zu Baddurchmesser ergaben sich aus der Art des Reaktionsablaufes. Man rechnet im Mittel mit einem Tiegelvolumen von 1 m³/t Einsatz, um ein Überschäumen des Tiegelinhaltes bei normalem Frischverlauf zu vermeiden. Das Verhältnis von Badtiefe und Baddurchmesser soll für normale Blasbedingungen mindestens 1:3

betragen. Das Fassungsvermögen des LD-Tiegels unterliegt kaum einer Beschränkung und hat heute etwa 300 t erreicht. Für die Erzeugung von Edelstahl, besonders legierten Stählen, wird man mit Rücksicht auf die Wärmeverluste eine Mindestgröße von etwa 20 t vorsehen. Das Kippen des Tiegels erfolgt durchweg mit elektrischem Antrieb, wobei auch mit zwei unterschiedlichen Geschwindigkeiten gearbeitet werden kann.

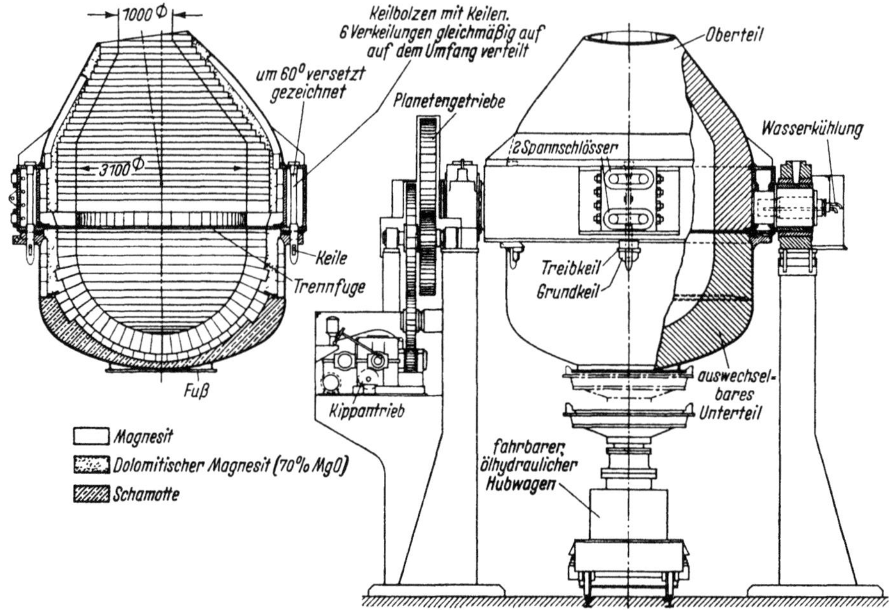

Abb. 242. Ansicht und Schnitt durch die 20-t-LD-Tiegelanlage des Gußstahlwerkes Witten für die Erzeugung von Edelstählen (nach A. RICHTER, G. COHNEN und P. JACOBI)

Für die Tiegelzustellung, die immer basisch erfolgt, bestehen die verschiedensten Möglichkeiten [7, 8]. Abb. 240 zeigt als Beispiel die Teerdolomitzustellung eines 50-t-Tiegels im LD-Stahlwerk der VÖEST [7]. Auf einem äußeren, aus Magnesitsteinen gemauerten Dauerfutter ist das aus Teerdolomitsteinen (eigentlich „Magnit"-Steinen mit etwa 70% MgO) bestehende Verschleißfutter aufgebaut. Mit 400 mm starken Steinen werden Haltbarkeiten von 330 bis 450 Schmelzen bei einer mittleren Chargendauer von etwa 35 Minuten von Abstich zu Abstich erreicht. Da die Futterhaltbarkeit genau wie bei anderen Stahlöfen im wesentlichen eine Funktion der Temperatur und der Verweilzeit der Schmelze im Ofen ist, muß bei der Herstellung legierter Stähle, die zum Teil wesentlich längere Chargenzeiten und höhere Schmelztemperaturen erfordern, mit entsprechend niedrigeren Futterhaltbarkeiten gerechnet werden. Die angeführten Haltbarkeitszahlen entsprechen, unter Berücksichtigung des wiederverwendbaren Anteiles einem Steinverbrauch von $3^1/_2$ bis $4^1/_2$ kg Magnit/t Stahl.

Den Aufbau der Zustellung eines 30-t-Tiegels mit abnehmbarem Boden aus Magnesitsteinen zeigt Abb. 241 [8]. Dieser symmetrische Tiegel ist mit einer Abstichöffnung versehen. Bei einer Haltbarkeit von 500 bis 600 Schmelzen beträgt der Verbrauch an gebrannten Magnesitsteinen etwa 4,6 kg/t Stahl. Die eingezeichnete Linie zeigt den Verschleiß der Zustellung am Ende einer Tiegelreise.

Eine etwas abweichende Bauart weist der von A. Richter, G. Cohnen und P. Jacobi [9] beschriebene Tiegel auf, der vorwiegend für die Herstellung von unlegierten und legierten Edelstählen benutzt wird. Abb. 242 zeigt einen Schnitt durch den in etwa halber Höhe geteilten Tiegel und eine Ansicht der Tiegelanlage mit Kippantrieb und fahrbarem Hubwagen für das Auswechseln des Bodenteiles. Ober- und Unterteil werden durch Bolzen und Keile zusammengehalten. Die Trennfuge befindet sich bei 20 t Einsatz und normaler Wandstärke etwa 1 m über dem Badspiegel. Als Vorteil dieser Bauweise wird eine rasche Abkühlung und damit verbunden eine Verkürzung der Zustellzeit genannt. Auch dieser Tiegel ist jetzt mit Abstichöffnungen im Oberteil, ähnlich wie dies Abb. 241 zeigt, ausgerüstet.

Die Ausmauerung besteht aus einer Isolierschicht von 120 bis 150 mm Schamotte im Bodenteil und aus einem 125 bis 250 mm dicken Magnesitstein-Dauerfutter, auf dem das Verschleißfutter aus Sinterdolomitsteinen ruht. Es ist im Bodenteil 375 und im Tiegeloberteil 450 mm stark. Die Zwischenräume werden mit einer Teerdolomitmischung hinterstampft. Der Bodenteil hat Kugel-

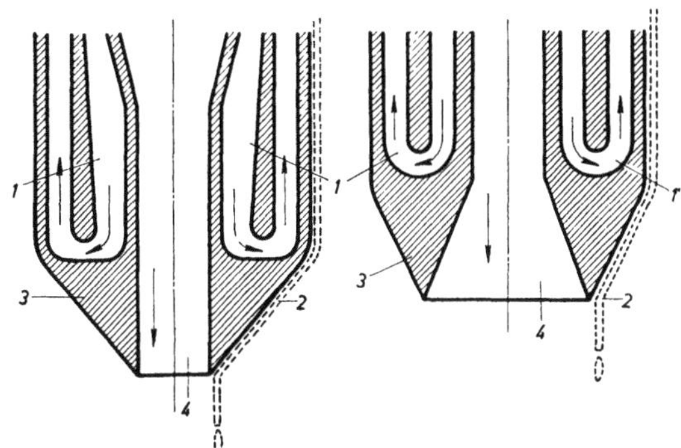

Abb. 243. Ausbildungsformen des Düsenkopfes von Sauerstofflanzen (nach R. Rinesch, H. Neudecker und J. Eibl) *1* Kühlwasser, *2* abtropfende Schlacke, *3* Düsenkopf aus Kupfer, *4* Düsenöffnung

form, um die Erosionswirkungen beim Blasen auf ein Mindestmaß zu beschränken. Die Haltbarkeit der Zustellung liegt bei dem Edelstahlschmelzprogramm zwischen etwa 120 und 250 Chargen, entsprechend einem Verbrauch von etwa 10 bis 20 kg Sinterdolomitstein/t Stahl.

Die Sauerstoffzufuhr erfolgt beim LD-Verfahren mit einer wassergekühlten Blasdüse, die im oberen Teil aus Stahlrohren und aus einem kupfernen Düsenblock besteht. Abb. 243 zeigt zwei heute übliche Ausführungsformen des Düsenkopfes [10]. Die Haltbarkeit der Düse kann bei richtiger Anfertigung und Handhabung im Betrieb mehrere tausend Schmelzen betragen. Wesentlich für die beste Ausnützung des Sauerstoffs und für die Schonung der Tiegelauskleidung ist, daß der Sauerstoff senkrecht auf die Mitte der Badoberfläche auftrifft. Dazu wird die Düse, wie dies Abb. 244 zeigt, durch eine Haltevorrichtung außerhalb des Kamins in Betriebsstellung fest eingespannt. Eine Winde sorgt für die Düsenbewegung; die Zuführungsleitungen für Sauerstoff und Wasser sind über flexible Schläuche angeschlossen. Die Abb. 244 zeigt weiterhin die Anordnung der notwendigen Armaturen, wie Regler, Schnellschlußventile, Anzeigegeräte usw., an einem Ausführungsbeispiel [9]. Als Sicherung für einen störungslosen Betrieb ist in der Regel eine betriebsbereit angeschlossene Reservelanze vorgesehen.

Der Düsendurchmesser richtet sich nach dem Sauerstoffbedarf, d. h. bei etwa gleichem Sauerstoffdruck und gleichbleibender Blasezeit nach dem Einsatzgewicht, und beträgt für Tiegelgrößen von 20 bis 60 t und Sauerstoffdrucke von 6 bis 10 atü etwa 30 bis 50 mm.

Die starke Rauchentwicklung beim Sauerstoffblasen macht es notwendig, alle Anlagen mit einer Feinentstaubung auszurüsten. Bezüglich der Einzelheiten der verschiedenen Systeme derartiger Anlagen, die den außerordentlich feinen Staub (etwa 80% unter 0,8 Mikron) abscheiden, sei auf das einschlägige Schrifttum verwiesen [7]. Dieses enthält auch Angaben über die Ausführung von LD-Stahlwerken.

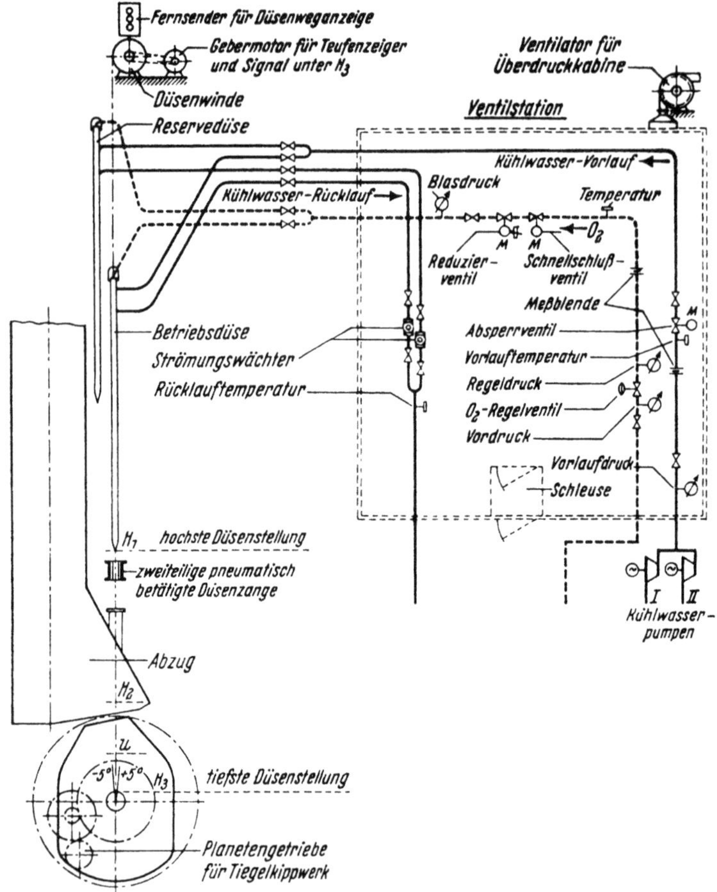

Abb. 244. Schema für die Düsenanordnung, Düsenbewegung, Sauerstoffzufuhr, den Kühlwasserumlauf und die Meß- und Regeleinrichtungen einer LD-Tiegelanlage (nach A. RICHTER, G. COHNEN und P. JACOBI)

3.312 Grundlagen des LD-Verfahrens

Auf Grund der metallurgischen und reaktionskinetischen Vorgänge kann das LD-Verfahren (und ebenso die anderen Sauerstoffaufblas-Verfahren) zwischen die Herdofen- und Windfrischverfahren eingereiht werden [11]. Es vereinigt in sich eine Reihe günstiger Eigenschaften der genannten Verfahren, und zwar

1. *Unmittelbare* Umsetzung des gasförmig zugeführten Sauerstoffes mit dem Metallbad, wodurch die Frischvorgänge proportional dem Sauerstoffangebot gesteuert werden und nahezu beliebig hohe Frischgeschwindigkeiten erreichbar sind.

2. Rasche Bildung einer *reaktionsfähigen Schlacke*, weil ein wesentlicher Teil der Wärmeentwicklung im „Brennfleck" und damit in unmittelbarer Nähe der aufgegebenen Schlackenbildner erfolgt, verbunden mit einem raschen Wärmeübergang vom Bad an die Schlacke als Folge der starken Frischreaktion. Die Schlackenbildungsgeschwindigkeit übertrifft daher sowohl die der Windfrisch- als auch die des Siemens-Martin-Verfahrens. Die Frischreaktionen können, ähnlich wie bei den Herdfrischverfahren, in weitgehender Annäherung an die metallurgischen Gleichgewichte zu Ende geführt werden.

3. Hoher *Wärmegewinn* aus den Frischreaktionen durch verhältnismäßig geringe Abgas- und Abstrahlungsverluste, der die Verarbeitung beliebig zusammengesetzter Roheisensorten ermöglicht oder zur Verarbeitung größerer Schrott- und/oder Erzmengen verwendet werden kann. Durch Zugabe von chemischen Wärmeträgern (z. B. FeSi) kann die Temperatur der Schmelze so weit erhöht werden, daß im Anschluß an die Frischreaktion *ohne* weitere Sauerstoff- oder Wärmezufuhr eine Feinungsperiode unter reduzierender Schlacke möglich ist.

4. Daneben werden auch einige ungünstige Eigenschaften der Wind- und Herdfrischverfahren ausgeschaltet, wie z. B. die Aufstickung beim Thomas-Verfahren oder die Aufnahme von Schwefel und Wasserstoff beim Siemens-Martin-Verfahren mit ihrem ungünstigen Einfluß auf den Arbeitsablauf selbst und auf die Güte des erzeugten Stahles.

Das Sauerstoffangebot je Zeiteinheit ist bestimmend für die Frischgeschwindigkeit. Da der aufgeblasene Sauerstoff quantitativ aufgenommen wird, ist die Gleichgewichtseinstellung der Metall-Schlacken-Reaktionen am Ende des Verfahrens für die Gesamtdauer des Prozesses maßgebend. Der Reaktionsablauf selbst wird durch den *Sauerstoffdruck* an der Düse und durch den *Düsenabstand* von der Badoberfläche gesteuert.

Abb. 245 zeigt die Form des Sauerstoffstrahles beim Austritt aus einer üblichen (LAVAL-ähnlichen) Düse und den Auftreffdruck des Sauerstoffes bei verschiedenem Düsenabstand von

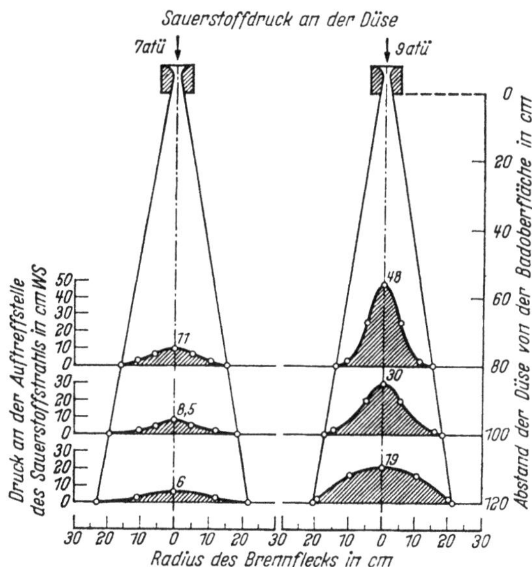

Abb. 245. Druckverteilung im Sauerstoffstrahl bei 7 und 9 atü Druck an der Düse und verschiedenem Abstand von der Badoberfläche (nach E. PLÖCKINGER und M. WAHLSTER)

der Badoberfläche für einen Druck von 7 bzw. 9 atü an der Düse. Man sieht, wie durch den Düsenabstand die Größe der Reaktionsfläche verändert werden kann, während bei gleichem Abstand der Sauerstoffdruck die Größe des „Brennfleckes" kaum beeinflußt. Dagegen ist der Sauerstoffdruck und der Düsenabstand für die Höhe des jeweiligen Auftreffdruckes maßgebend. Dieser aber bestimmt das Verhältnis der unmittelbaren Metall-Gas-Reaktionen zu den Metall-Schlacken-Reaktionen. Eine Vergrößerung des Düsenabstandes bei gleichbleibendem Sauerstoffdruck an der Düse begünstigt die über die Schlackenphase ablaufenden Reaktionen. Die in Abb. 245 dargestellten Verhältnisse gelten quantitativ nur für die hier untersuchte Düsenform; andere Düsen ergeben naturgemäß abweichende Zahlenwerte, ohne jedoch die Vorgänge prinzipiell zu ändern. Die aufgezeigten Einflußgrößen bleiben selbst bei voll einsetzendem Kochen mit seiner starken Durchwirbelung von Metall und Schlacke richtungsbestimmend für den Reaktionsablauf.

Der aus der Düse austretende Sauerstoffstrahl erleidet auf seinem Wege durch den Gasraum des Tiegels bis zur Badoberfläche eine Reihe von Veränderungen, die für die oben genannten Einflüsse auf den Reaktionsablauf verantwortlich sind [3]. Beim Aufblasen von Sauerstoff in einem LD-Tiegel bildet sich grundsätzlich die in Abb. 246 dargestellte Gasströmung aus, sobald die Frischreaktion in Gang gekommen ist. Dabei wird, wie durch die Pfeile der Stromfäden angedeutet, ein Teil des enstehenden Kohlenoxyds vom freien Gasstrahl angesaugt, der dadurch sein Volumen mit wachsendem Abstand von der Düse vergrößert und seine Strömungsgeschwindigkeit vermindert. Am oberen Konverterende wird ein Einfall von Kaltluft beobachtet [12], der jedoch bei genügender Höhe des Tiegels nicht bis zum Badspiegel reicht und keine Erhöhung des Stickstoffgehaltes im Stahl verursachen kann. Aus den von J. MAATSCH [3] ausgeführten Berechnungen und experimentellen Messungen ergibt sich für die Veränderungen im Sauerstoffstrahl während der Frischreaktion im Tiegel folgendes Bild:

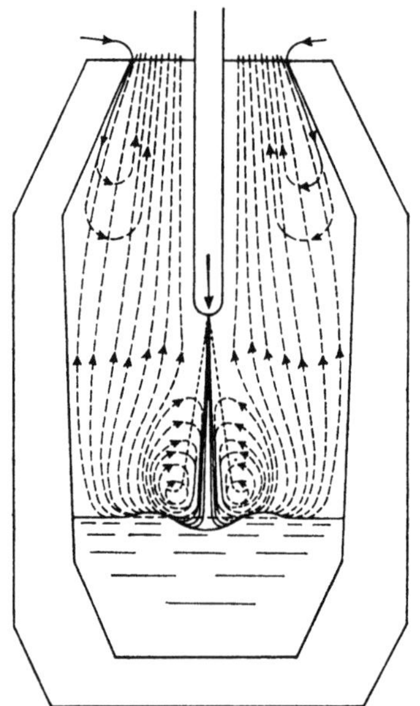

Abb. 246. Schema der Gasströmung in einem LD-Tiegel, ermittelt an einem 3-t-Versuchs-konverter (nach E. PLÖCKINGER und Mitarbeiter)

Bei sehr geringen Düsenabständen ist die auf das Bad auftreffende Gasmenge etwa gleich der Sauerstoffmenge, die die Düse verläßt. Die geringen, vom freien Gasstrahl angesaugten Mengen an Kohlenmonoxyd werden nahezu vollständig zu Kohlendioxyd verbrannt, wodurch sich das Gas bis auf etwa 1000 °C erwärmt. Die Sauerstoffkonzentration an der Auftreffstelle beträgt über 90%. Der freie Gasstrahl trifft mit sehr hohem Staudruck auf das Bad auf. Es ist zu erwarten, daß der Ablauf der Frischreaktion (in Abwesenheit von Stickstoff!) den Vorgängen im Thomaskonverter gleichen wird.

Wird der Abstand Düse-Bad größer gewählt, ergeben sich andere Verhältnisse, die durch einen wesentlich niedrigeren Staudruck an der Auftreffstelle gekennzeichnet sind. Dieser liegt z. B. bei 9 atü Vordruck etwa bei 100 bis 500×10^{-3} at. Trotz des wesentlich längeren Laufweges nimmt die Gasmenge nur mäßig zu, da das angesaugte Kohlenmonoxyd noch praktisch vollständig zu Kohlendioxyd verbrennt. Die von der Länge des Laufweges abhängende mittlere Temperatur des Gasstrahles liegt zwischen 1000 und 2000 °C. In diesem Bereich trifft ein sauerstoffreiches Frischgas auf den „Brennfleck" auf, das etwa 65 bis 90 Vol.% Sauerstoff, Rest CO_2, enthält.

Ein dritter kennzeichnender Bereich bildet sich bei sehr langen Laufwegen des Sauerstoffstrahles aus. Er wird bevorzugt bei der Verarbeitung phosphorreicher Roheisensorten angewendet, da er durch eine sehr hohe Schlackenbildungsgeschwindigkeit gekennzeichnet ist. Der Sauerstoffstrahl nimmt auf seinem freien Laufweg so viel Kohlenmonoxyd auf, daß der Sauerstoffanteil auf Werte bis unter 20 Vol.% absinkt, wobei ein Teil (bis etwa 5 Vol.%) in dissoziierter, atomarer Form vorliegt. Der Kohlendioxydanteil erreicht ein Maximum. Der Staudruck an der Auftreffstelle liegt nunmehr unter 100×10^{-3} at. Das am „Brennfleck" auftreffende Frischgas besteht also nicht mehr im wesentlichen aus Sauerstoff wie bei dem Verfahren mit kurzen Düsenabständen, sondern aus einem Gemisch von Sauerstoff, Kohlensäure und Kohlenmonoxyd, wobei das letztgenannte als Verdünnungsgas wirkt. Der Gasstrahl erreicht eine Höchsttemperatur von etwa 2800 °C.

Für die beim LD-Verfahren zur Anwendung gelangenden *schlackenbildenden Zusätze* gelten grundsätzlich die gleichen Überlegungen wie bei den Herdfrischverfahren, jedoch kommt der physikalischen Beschaffenheit und dem Zeitpunkt des Zusatzes erhöhte und z. B. beim Verarbeiten hoch phosphorhaltigen Roheisens sogar entscheidende Bedeutung zu.

Der Ablauf des Verfahrens wird außerdem noch von der Zusammensetzung und der Temperatur des *Roheisens* und von anderen *metallischen Einsatzstoffen* beeinflußt. Wenn man vom Kohlenstoff absieht, ist die Durchführbarkeit des Verfahrens im Gegensatz zu den Windfrischverfahren nicht an die Anwesenheit bestimmter Eisenbegleitelemente gebunden. Auch praktisch reine Eisen-Kohlen-

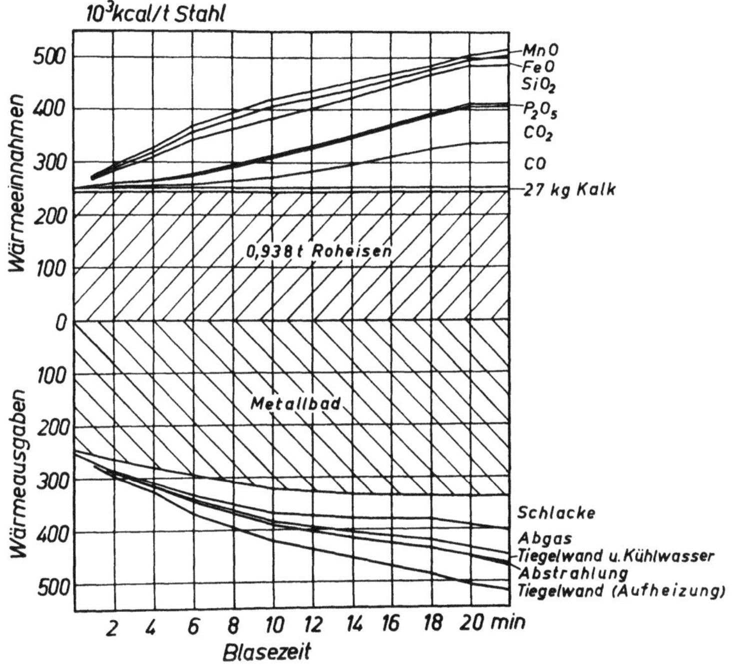

Abb. 247. Wärmebilanz einer LD-Schmelze mit Schrottkühlung (3-t-Tiegel) (nach J. MAATSCH, E. PLÖCKINGER und M. WAHLSTER)

stofflegierungen lassen sich mit reinem Sauerstoff verblasen. Alle Begleitelemente, die beim Frischen unter Wärmeabgabe oxydieren, verbessern jedoch den Wärmehaushalt und ermöglichen ein Verarbeiten entsprechender Erz- oder Schrottmengen bzw. den Zusatz höherer Legierungsmengen beim Fertigmachen der Schmelze. In gleicher Richtung wirkt eine höhere Roheisentemperatur. Im übrigen bestimmen die im metallischen Einsatz vorhandenen Begleitelemente in bekannter Art die Menge und Zusammensetzung der notwendigen Frischschlacke und damit auch ihr physikalisches Verhalten während des Blasens. Hier sei auf das Auftreten viskoser, schäumender Schlacken beim Verarbeiten siliziumreicher Roheisensorten hingewiesen sowie auf die Möglichkeit, dabei auftretende ungünstige Erscheinungen, wie Überlaufen des Tiegels, durch Änderung der Blasbedingungen zu beeinflussen.

Der Gesamtwärmeumsatz beim LD-Verfahren (mit Schrottkühlung) wurde von J. MAATSCH, E. PLÖCKINGER und M. WAHLSTER [12] in einem 3-t-Versuchstiegel untersucht, wobei die in Abb. 247 dargestellte *Wärmebilanz* über den gesamten Schmelzverlauf erhalten wurde. Die Summe aller Wärmeeinnahmen aus den Oxydationsreaktionen erreicht in diesem Fall am Ende des Prozesses den gleichen Betrag, der allein durch den Wärmeinhalt des flüssigen Roheisens eingebracht wurde. 60% der Wärmemenge, die im Frischprozeß entsteht, dienen zur Temperaturerhöhung der Schmelze, etwa 14% werden zur Deckung der Abgasverluste und der Rest zur Deckung von Abstrahlungsverlusten und der Tem-

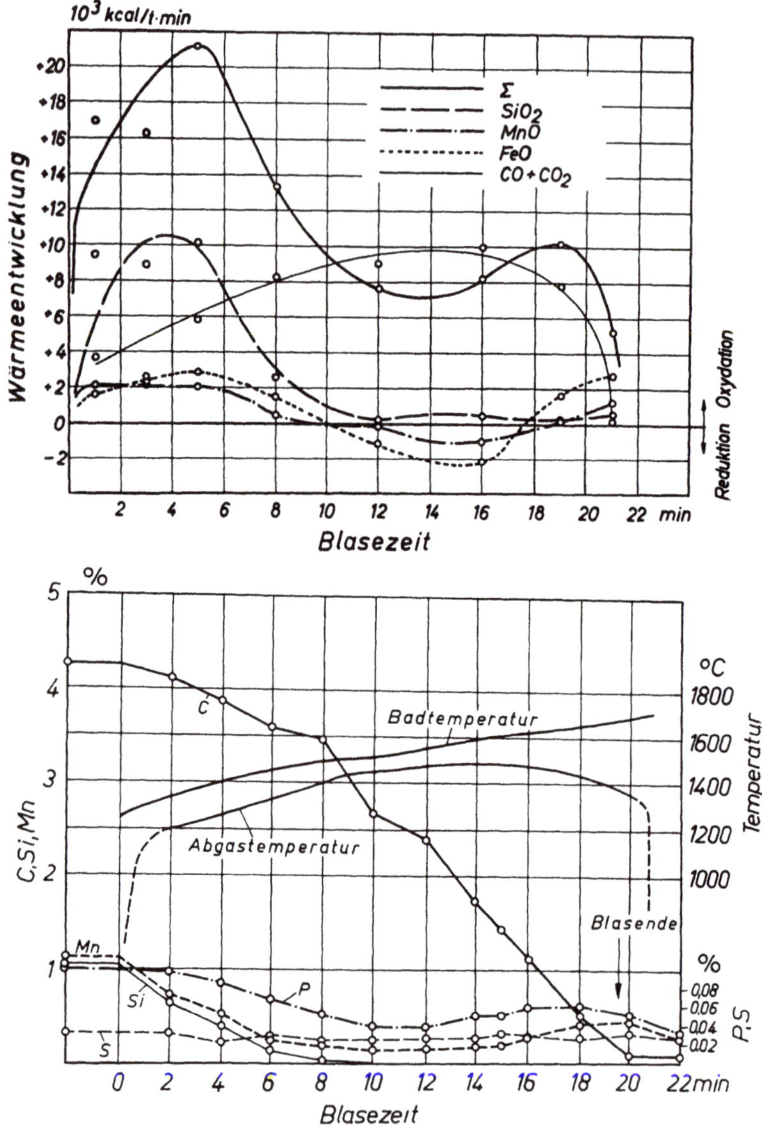

Abb. 248. Wärmeentwicklung und Wärmeverbrauch der metallurgischen Umsetzungen je Minute und Tonne Stahl (3-t-LD-Schmelze) (nach J. MAATSCH, E. PLÖCKINGER und M. WAHLSTER)

peraturaufnahme der feuerfesten Auskleidung sowie zur Deckung der geringen Kühlwasserverluste verbraucht. Die große, von der Zustellung aufgenommene Wärmemenge zeigt, welche Bedeutung dem kontinuierlichen Betrieb für den Wärmehaushalt des LD-Prozesses zukommt. Die Abstrahlungsverluste (Tiegel und Mündung) sind stark von der Tiegelgröße und der Zustellung abhängig. Sie betragen für eine Stahltemperatur von 1600 °C etwa 10 °C/min für 3 bis 5 t Tiegel und nehmen auf 4 bis 2 °C/min für Tiegelgrößen von 20 bis 50 t ab.

Die Gesamtwärmemengen, die bis zu einem beliebigen Zeitpunkt des Blasprozesses entstehen, setzen sich aus Teilbeträgen zusammen, die dem zeitlichen Ablauf der metallurgischen Reaktionen proportional sind. Für die der Wärmebilanz in Abb. 247 zugrunde liegende Schmelze ergab sich die in Abb. 248 dar-

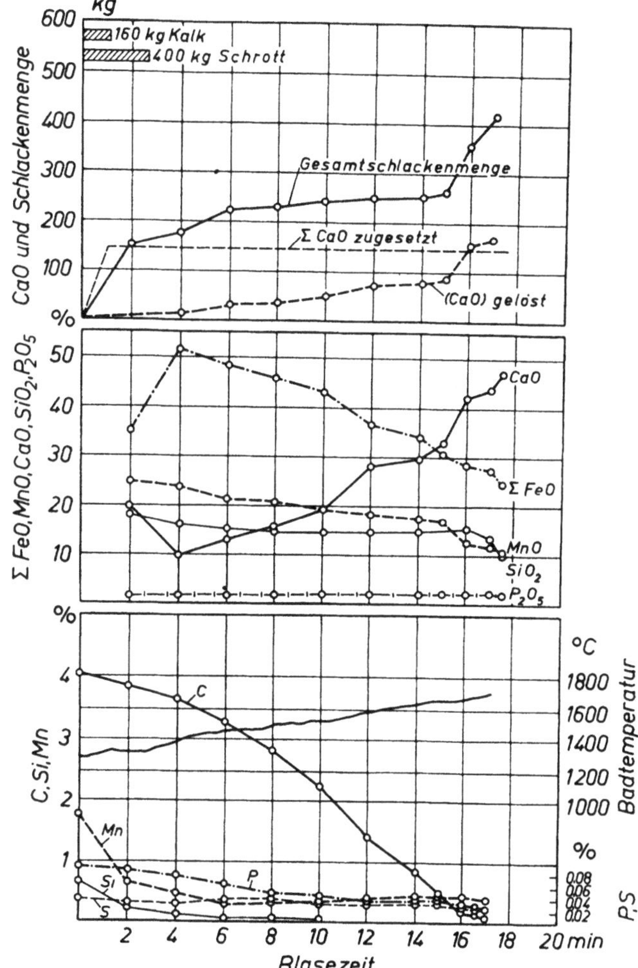

Abb. 249. Frischverlauf einer 3-t-LD-Schmelze mit Schrottkühlung (nach E. PLÖCKINGER und M. WAHLSTER)

gestellte Aufteilung je Minute und Tonne. Sie zeigt, daß die zu Beginn des Prozesses verfügbare Wärme zum überwiegenden Teil aus der Oxydation des Siliziums stammt. Der Wärmegewinn aus der Kohlenstoffverbrennung erreicht erst später ein Maximum, das in diesem Falle mit der Manganreduktion und der Verminderung des FeO-Gehaltes der Schlacke zusammenfällt. Der Wiederanstieg des Wärmeangebotes am Ende der Kohlenstoffverbrennung ist auf die zu diesem Zeitpunkt verstärkt einsetzende Eisenverschlackung zurückzuführen.

Die *metallurgischen Umsetzungen* beim LD-Verfahren wurden eingehend von
E. Plöckinger und M. Wahlster [11] an einem 3-t-Versuchstiegel untersucht
und in der Folgezeit durch eine Reihe von Arbeiten an Betriebsanlagen bestätigt
[13]. Die Eigenart des Sauerstoffaufblas-Verfahrens gestattet es, die Ergebnisse
von Kleinanlagen unter Beachtung der Ähnlichkeitsgesetze unmittelbar auf großtechnische Anlagen zu übertragen [3].

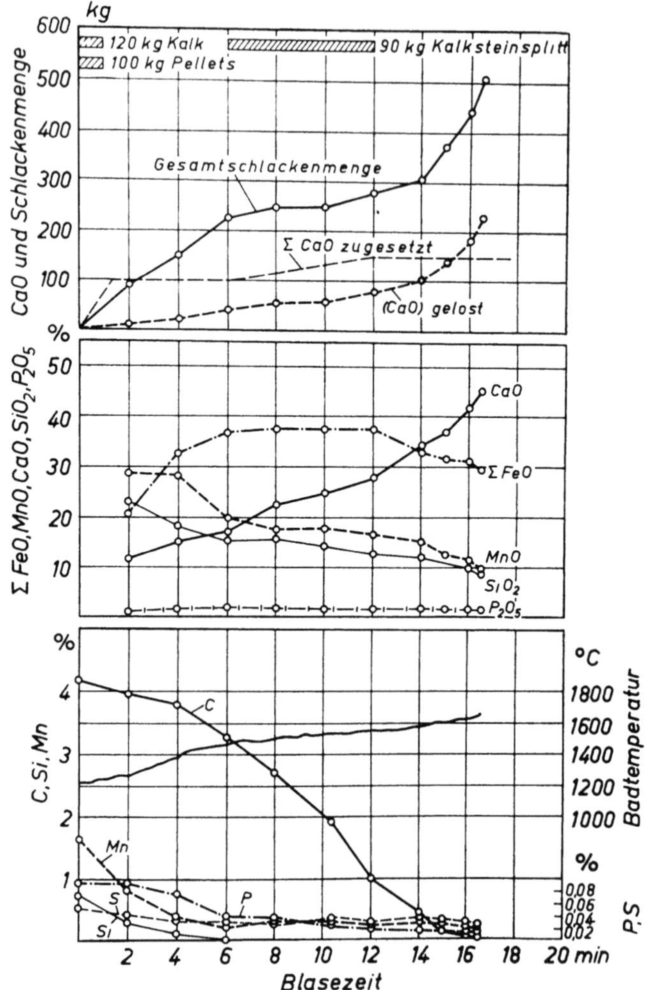

Abb. 250. Frischverlauf einer 3-t-LD-Schmelze mit Erz- und Kalksplitt-Kühlung
(nach E. Plöckinger und M. Wahlster)

Der Reaktionsablauf beim Frischen mit Schrottkühlung kann aus Abb. 249
ersehen werden. Der Einsatz bestand aus 2,7 t flüssigem Roheisen, dem unmittelbar nach dem Zünden des Sauerstoffs 160 kg gebrannter Kalk (= 5% vom metallischen Einsatz) und in den ersten 3 Blasminuten 400 kg Schrott zugesetzt wurden.
Als erstes oxydieren neben Eisen Silizium und Mangan, wodurch eine MnO-,
SiO_2- und FeO-reiche Schlacke entsteht. Nach der Siliziumverbrennung setzt die
Entkohlung mit voller Stärke ein. Gleichzeitig wird ein Teil des Eisenoxyduls

aus der Schlacke reduziert und der zugegebene Kalk aufgelöst. Diese Kalkauflösung ist in der 16. Blasminute beendet. Eine weitere Erhöhung der Schlackenmenge in der letzten Blasminute ist auf den Angriff der eisenoxydulreichen Frischschlacke auf die Zustellung (Dolomit) zurückzuführen. Die Entphosphorung setzt zugleich mit der stärkeren Entkohlung und die Entschwefelung nach dem Erreichen einer basischen Schlacke ein. In der 14. und 15. Blasminute ist eine schwache Manganreduktion zu erkennen. Der Temperaturverlauf, der kontinuierlich mit einem eingebauten Thermoelement gemessen wurde, läßt in den ersten Minuten deutlich die Kühlwirkung des Schrottes erkennen. Die gesamte Wärme aus der Silizium- und Manganoxdation wird zum Schmelzen des Schrottes verbraucht.

Der Frischverlauf bei Erzkühlung ist grundsätzlich ähnlich, wie Abb. 250 erkennen läßt. Hier wurden nach dem Zünden zuerst 120 kg gebrannter Kalk und 100 kg Erzpellets aufgegeben und der Rest des zur Schlakkenbildung notwendigen Kalkes in der 6. bis 12. Blasminute als Kalksteinsplitt und Kühlmittel zugegeben. Die Kühlwirkung ist deutlich an dem Verlauf der Temperaturkurve zu erkennen. Die Erzzugabe zu Frischbeginn äußert sich in einer etwas rascheren Silizium- und Manganoxydation (vgl. auch Abb. 254 und Abb. 255).

So wie die metallurgischen

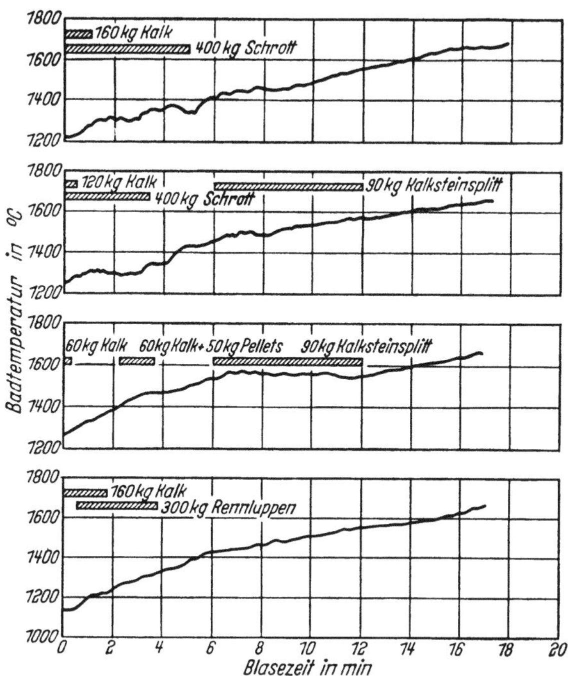

Abb. 251. Temperaturverlauf im 3-t-LD-Tiegel bei vier verschiedenen Arbeitsverfahren (nach E. PLÖCKINGER und M. WAHLSTER)

Umsetzungen in erster Linie von der Schlackenbildung und Zusammensetzung in den einzelnen Abschnitten des Frischprozesses abhängen, hat auch die Reaktionstemperatur entscheidenden Einfluß. Sie kann, wie Abb. 251 zeigt, je nach dem Zeitpunkt und der Art der Zugabe von Schlackenbildnern und Kühlmitteln beeinflußt werden. Dem Stahlwerker steht damit eine Reihe von Möglichkeiten offen, den Reaktionsverlauf in gewünschter Weise zu steuern.

Die metallurgischen Umsetzungen zwischen Stahlbad und Schlacke verlaufen trotz der hohen Frischgeschwindigkeit in gleicher Art wie z. B. im Siemens-Martin-Ofen oder Lichtbogenofen. Trotz anfänglich starker Ungleichgewichte werden zu Ende des Frischens die gleichen, durch Zusammensetzung von Bad und Schlacke sowie von der Temperatur bestimmten Endzustände erreicht. Abb. 252 zeigt die Änderung des Sauerstoffgehaltes im Bad bei den Arbeitsweisen mit Schrott- und Erzkühlung im Vergleich zur Mittelwertkurve für den basischen Siemens-Martin-Ofen und dem theoretischen C—O-Gleichgewicht. Trotz starker Übersättigung des Bades in den ersten Blasminuten nähern sich die Sauerstoffgehalte rasch den Werten des Siemens-Martin-Stahles. Die Ergebnisse zeigen in guter Übereinstimmung mit der Praxis, daß auch bei Anwendung reinen Sauer-

stoffes als Frischmittel in dem für Fangschmelzen bis zu etwa 1% C interessanten
Bereich keine anderen Verhältnisse vorliegen. Dazu kommt noch, daß nach Ab-
stellen der Sauerstoffzufuhr sich rasch ein Verteilungsgleichgewicht mit der
Schlacke einstellt, wodurch die Sauerstoffwerte des Bades etwa an die untere
Grenze des gefundenen Streubandes zu liegen kommen.

Als kennzeichnendes Beispiel für den Gleichgewichtsabstand der Reaktionen
der anderen Stahlbegleitelemente kann die Manganreaktion dienen. Abb. 253
zeigt die Änderung der Mangan-
verteilung während des Frischens
im Vergleich zu den aus Zusammensetzung und Temperatur zu
erwartenden Gleichgewichtswerten. Zu Beginn des Blasens ist
die Manganverteilung nahezu zwei
Zehnerpotenzen vom Gleichgewicht entfernt. Sie nähert sich
mit fortschreitendem Frischprozeß der Gleichgewichtskurve, um
dann in etwa gleichbleibendem
Abstand darüber zu liegen. Nach
Abstellen der Sauerstoffzufuhr
stellt sich in kürzester Zeit
das wahre Gleichgewicht ein und
der entsprechende K_{Mn}-Wert
(Punkt 12) liegt auf der Gleich-
gewichtslinie. Das gleiche Ergebnis erhält man natürlich auch
beim Unterbrechen des Frischprozesses bei höheren Kohlenstoffgehalten, z. B. bei der Herstellung von Fangschmelzen, vorausgesetzt, daß zu diesem Zeitpunkt eine reaktionsfähige, homogene Schlacke vorliegt.

Auch die Untersuchung der
Entschwefelungsvorgänge beim
LD-Verfahren [14] ergab, daß
diese im wesentlichen den gleichen physikalisch-chemischen Gesetzmäßigkeiten gehorchen wie
bei den übrigen Herdfrischver-

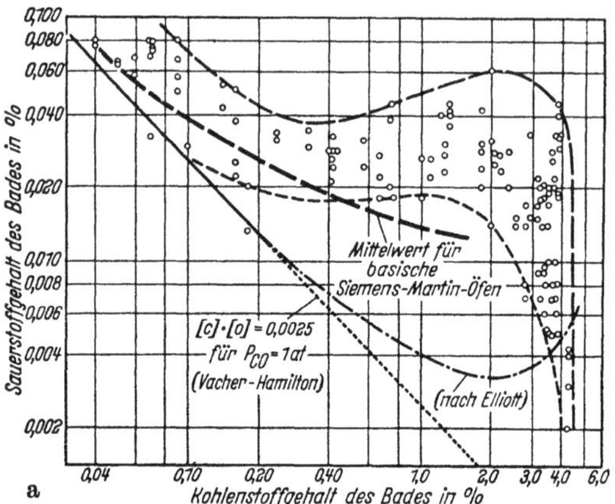
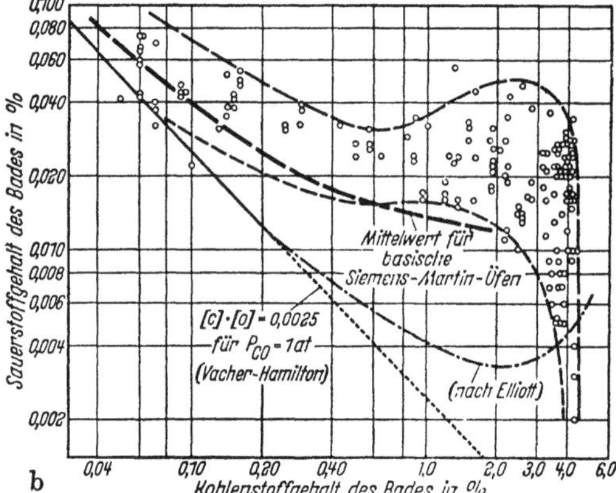

Abb. 252. Änderung des Sauerstoffgehaltes beim Frischen im
LD-Tiegel: a) bei Schrottkühlung, b) bei Erzkühlung
(nach E. PLÖCKINGER und M. WAHLSTER)

fahren unter eisenoxydulreichen Schlacken. Sie verlaufen jedoch wegen der guten
Durchmischung von Schlacke und Bad ungleich rascher. Das Ausmaß der Entschwefelung wird bei gegebenem Schwefelgehalt im Einsatz im wesentlichen von der
Schlackenbasizität und der Schlackenmenge bestimmt, während der (MnO)-Gehalt
von geringerem Einfluß ist. Der Einfluß der Aktivität des Eisenoxyduls in der Frischschlacke ist nur wenig ausgeprägt. Eine Temperaturabhängigkeit der Schwefelverteilung konnte nicht nachgewiesen werden. Die Schwefelbilanzen lassen
erkennen, daß unter den üblichen Arbeitsbedingungen des LD-Verfahrens eine
Entschwefelung über die Gasphase nur bei einem hohen Sauerstoffpotential in
der Schlacke eintritt, das praktisch erst nach beendeter Entkohlung erreicht wird
(vgl. auch Abschnitt 1.136).

Der lebhafte Frischprozeß im Sauerstofftiegel bewirkt auch eine weitgehende *Entgasung* des Stahlbades. Die Entstickung ist dabei abhängig vom Reinheitsgrad des Sauerstoffs, vorausgesetzt, daß kein Lufteinfall in den Tiegel erfolgt. Für Endstickstoffgehalte unter 0,006% ist ein Sauerstoffreinheitsgrad von mindestens 98% erforderlich. Mit den üblicherweise verwendeten 99,5- bis 99,7%-igem Sauerstoff werden Stickstoffgehalte am Ende der Frischperiode von 0,001 bis 0,003% mit Sicherheit erreicht (vgl. Abb. 257). Ebenso wird der Wasserstoff bis auf Restgehalte von 1,5 Ncm³/100 g Stahl und weniger entfernt (vgl. Abb. 258), so daß die nach diesem Verfahren hergestellten Stähle praktisch flockenfrei sind.

3.313 Schmelzführung

Die große Freizügigkeit in der Wahl der Einsatzstoffe, insbesondere der Zusammensetzung des flüssigen Roheisens, bedingt eine große Zahl verschiedener Schmelzverfahren, von denen für die Qualitäts- und Edelstahlerzeugung aus phosphorarmen Rohstoffen im wesentlichen die Arbeitsweisen mit Frischperiode und Schrott- bzw. Erz-

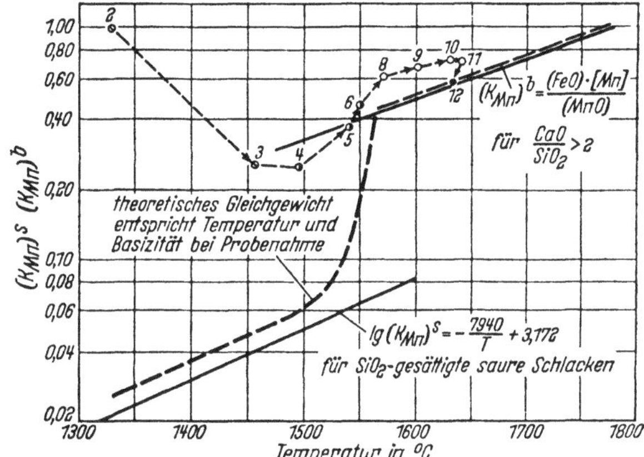

Abb. 253. Änderung der Manganverteilung beim LD-Verfahren; 3-t-Schmelze mit Schrottkühlung (nach E. PLÖCKINGER und M. WAHLSTER; zu beachten sind die hier anders definierten Gleichgewichtskennzahlen)

kühlung in Frage kommen, wenn es sich um unlegierte oder niedriglegierte Stähle handelt oder um Sonderverfahren mit Feinungsperiode, z. B. bei höher- und hochlegierten Stählen, die mit Rücksicht auf den hohen Wärmebedarf für das Legieren meist ohne Kühlmittel und gegebenenfalls sogar mit Zugabe von Wärmeträgern arbeiten.

3.313.1 Die Erzeugung unlegierter Stähle

Bei der Herstellung von Stählen niedrigen und mittleren Kohlenstoffgehaltes wird sowohl mit Schrott- als auch mit Erzkühlung gearbeitet. Die Diagramme in Abb. 254 und Abb. 255 zeigen den kennzeichnenden Schmelzverlauf beider Arbeitsweisen in einem 30-t-LD-Tiegel für die Herstellung von Röhrenstahlschmelzen nach DIN 1629 [15]. Sie stimmen weitgehend mit den Ergebnissen der metallurgischen Untersuchungen an einem 3-t-Versuchstiegel von E. PLÖKKINGER und M. WAHLSTER [11] überein.

Der Einsatz bestand aus einem Stahleisen, das mit einer Temperatur von etwa 1200 °C einem Mischer entnommen wurde und nachstehende mittlere Zusammensetzung aufwies: 4,3% C, 0,5 bis 1,0% Si, 1,0 bis 1,8% Mn, 0,10 bis 0,13% P und 0,025 bis 0,050% S.

Der Kühlschrott wird in vorausberechneter Menge in der Regel vor dem Einfüllen des Roheisens in den Tiegel gegeben, er kann jedoch auch teilweise oder ganz zu einem späteren Zeitpunkt zugesetzt werden. Das Chargieren erfolgt mit einer Rutsche durch den Chargierkran. Der Zuschlagkalk wird nach Blasbeginn meist in mehreren Teilpartien aus einem über dem Tiegel angeordneten Vorratsbehälter zugeführt. Die Verwendung klassierten Kalkes und eine kontinuierliche Zugabe (die aber nicht unbedingt erforderlich ist) erleichtern die Bildung einer reaktionsfähigen Schlacke. Die Verwendung von Kalkstein an Stelle von gebranntem Kalk ist möglich, doch ist zu bedenken, daß die Austreibung der Kohlensäure Wärme verbraucht („Kalksplitt-Kühlung"), die zum Schmelzen von Schrott verwendet werden könnte und daß auch die Schlackenbildung langsamer verläuft. Eine Zugabe von Erz zur Schlackenbildung ist nicht notwendig, wohl aber ist die Verwendung geringer Flußmittelzusätze, wie z. B. Bauxit, zweckmäßig. Die zur Schlackenbildung notwendige Kalkmenge hängt stark von der Roheisenzusammensetzung ab (besonders vom P- und Si-Gehalt) und beträgt etwa 3 bis 7 % bei phosphor- und schwefelarmem Einsatz.

Wie Abb. 254 zeigt, beginnt unmittelbar nach Blasbeginn eine rasche Oxydation des Siliziums und des Mangans, während die Kohlenstoff- und Phosphorverbrennung erst nach Bildung einer größeren Schlackenmenge ihre maximale Geschwindigkeit erreichen, sobald das Silizium praktisch vollständig oxydiert ist. Durch steigende Kalkauflösung wird die ursprünglich saure, MnO- und FeO-reiche Schlacke basisch und mit dem Erreichen einer höheren Badtemperatur tritt eine Manganreduktion aus der Schlacke ein. Der ebenfalls vorübergehend verminderte Eisenoxydulgehalt der Schlacke steigt

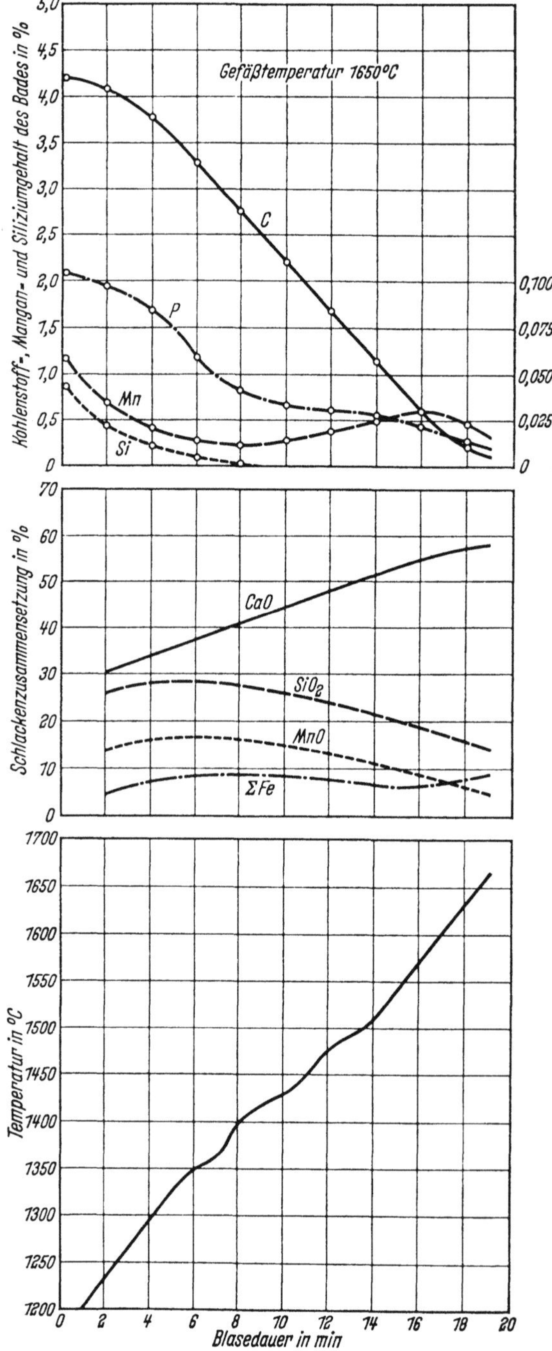

Abb. 254. Frischverlauf einer Röhrenstahlschmelze im 30-t-LD-Tiegel mit Schrottkühlung (nach K. G. GRÜNBERG, W. SCHLEICHER und R. KUNZ)

nach Abklingen der Kohlenstoffverbrennung wieder an. Die Knicke in der sonst stetig verlaufenden Temperaturkurve sind auf den Zusatz von Kühlmitteln während des Frischens zurückzuführen.

Abb. 255 zeigt zum Vergleich das Schmelzdiagramm für die gleiche Stahlqualität nach dem Verfahren mit Erzkühlung. Die Arbeitsweise mit Erzkühlung unterscheidet sich nicht wesentlich von der mit Schrottkühlung. Das Roheisen wird in den Tiegel eingefüllt, die Lanze eingefahren und die Sauerstoffzufuhr eingeschaltet. Nach dem „Zünden" wird Erz und gebrannter Kalk in zwei oder mehreren Teilmengen zugegeben. An Stelle von gebranntem Kalk kann auch mit Kalkstein gearbeitet werden, doch ist dies bei der Erzeugung kohlenstoffreicherer Fangschmelzen nicht zu empfehlen. Die Zugabe von Flußmitteln, wie Flußspat, Bauxit oder Walzzunder, ist bei der Erschmelzung niedriggekohlter Stähle meist nicht notwendig. Der Erzzusatz zu Beginn des Blasens reicht in der Regel aus, um rasch eine reaktionsfähige Schlacke zu erhalten.

Die Kühlwirkung des Erzes ist wesentlich höher als die des Schrottes; sie beträgt für pelletisiertes Erz das 3,5fache des Schrottes. In diesem Zusammenhang sei darauf hingewiesen, daß die Verwendung harter Pellets (z. B. Malmberget-Pellets) eine wesentlich größere Sicherheit in der Schmelzführung ergibt als die Verwendung von Fein- oder Stückerz bzw. weicher Pellets, die einen hohen Abrieb aufweisen.

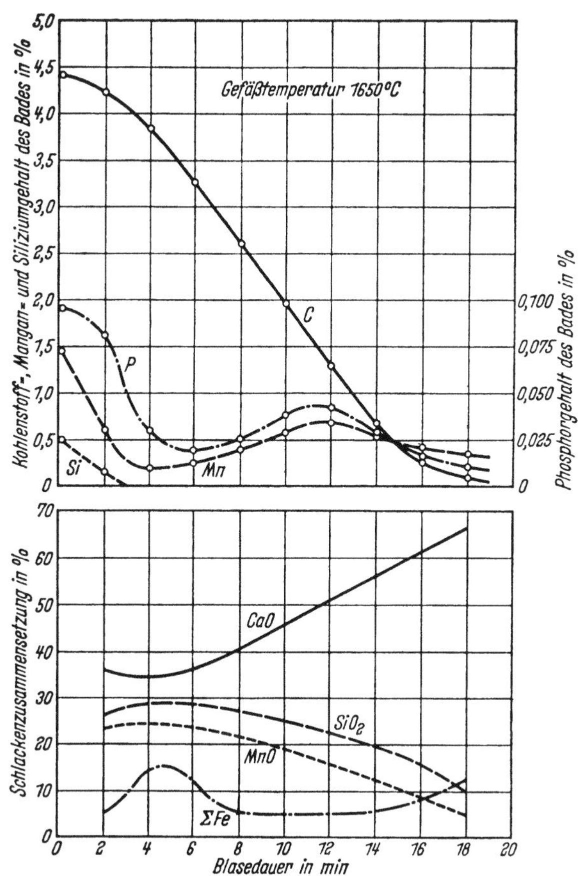

Abb. 255. Frischverlauf einer Röhrenstahlschmelze im 30-t-LD-Tiege mit Erzkühlung (nach K. GRÜNBERG, W. SCHLEICHER und R. KUNZ)

Der Frischverlauf in Abb. 255 zeigt gegenüber der Schmelze mit Schrottkühlung (Abb. 254) nur geringe Unterschiede. Die Silizium-, Mangan- und Phosphorverschlackung verläuft durch die raschere Schlackenbildung und das zusätzliche Sauerstoffangebot aus dem Erz rascher. Der hohe Eisengehalt der Schlacke in den ersten Blasminuten wird rasch abgebaut, sobald die Entkohlung ihren Maximalwert erreicht. Von da an entspricht die Schlackenzusammensetzung etwa der von Schmelzen mit Schrottkühlung.

In Übereinstimmung mit den metallurgischen Untersuchungen am Kleinkonverter liegt der *Sauerstoffgehalt* am Ende der Frischperiode mit Erzkühlung nicht höher als bei Schrottkühlung und sogar eher etwas niedriger als bei vergleichbaren Siemens-Martin-Schmelzen. Abb. 256 zeigt eine Gegenüberstellung der Häufigkeitswerte für das Produkt [C] × [O] nach den Untersuchungen von K. GRÜNBERG, W. SCHLEICHER und R. KUNZ [15]. Dieses Ergebnis wird durch die Abbrandzahlen für Mangan, Chrom, Silizium und Aluminium bestätigt, die denen des Siemens-Martin-Stahles entsprechen.

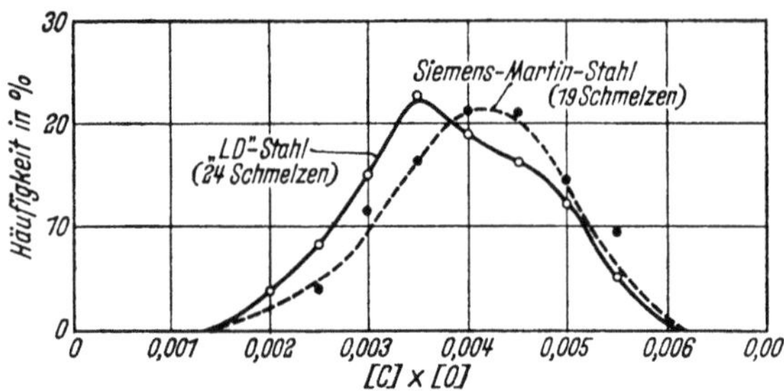

Abb. 256. Häufigkeit des Produktes [C] × [O] in weichen LD-Stählen mit Erzkühlung und Siemens-Martin-Stählen vor dem Abstich (nach K. GRUNBERG, W. SCHLEICHER und R. KUNZ.)

Der *Stickstoffgehalt* niedriggekohlter LD-Schmelzen ist in erster Linie vom Stickstoffgehalt des Sauerstoffs abhängig, wobei der Reinheitsgrad desselben mindestens 98% betragen soll, um ausreichend niedrige Werte zu gewährleisten. Für einen Frischsauerstoff mit 99,7% O_2 zeigt Abb. 257 die Stickstoffgehalte von 19 Schmelzen

mit 0,04 bis 0,07% C vor dem Abstich [15]. Das Häufigkeitsmaximum liegt bei 0,002% N_2 gegenüber vergleichbaren Siemens-Martin-Stählen mit Stickstoffgehalten von 0,004 bis 0,008%.

Wie bereits früher erwähnt (vgl. Abschnitt 3.312), ist auch der *Wasserstoffgehalt* von LD-Schmelzen meist wesentlich niedriger als bei allen anderen Stahl-

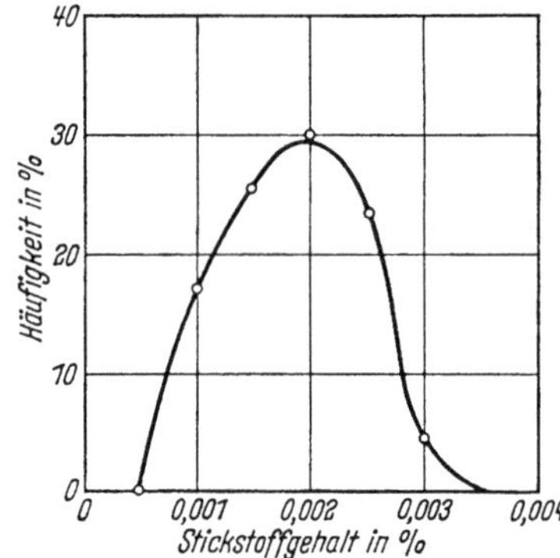

Abb. 257. Stickstoffgehalt weicher, mit Erzkühlung erschmolzener LD-Stähle vor dem Abstich (nach K. GRÜNBERG, W. SCHLEICHER und R. KUNZ)

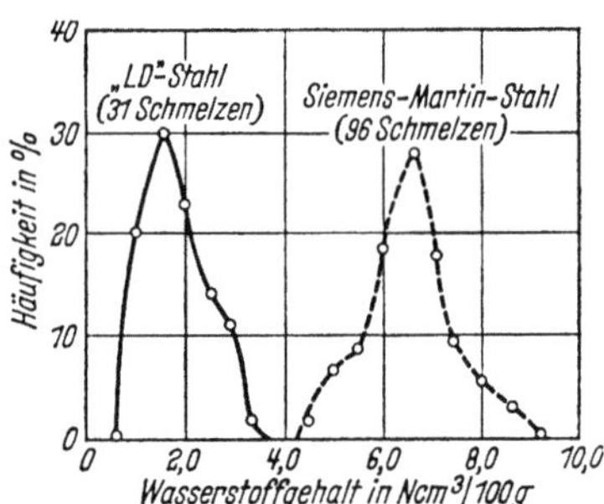

Abb. 258. Vergleich der Wasserstoffgehalte von LD-Stählen mit Erzkühlung und Siemens-Martin-Stählen verschiedener Kohlenstoffgehalte vor dem Abstich (nach K. GRÜNBERG, W. SCHLEICHER und R. KUNZ)

herstellungsverfahren. Dies dürfte auf die hohe Frischgeschwindigkeit, verbunden mit einer heftigen Kochperiode, zurückzuführen sein sowie auf die Tatsache, daß mit dem Frischmittel selbst kein Wasserdampf zugeführt wird und daß während des Frischprozesses die aus dem Tiegel entweichenden Gase den Zutritt feuchter Luft praktisch vollständig verhindern. Selbst die Zugabe von Erz zu Beginn des Blasens läßt, wie Abb. 258 zeigt [15], im Mittel Wasserstoffgehalte von 1,5 Ncm³/ 100 g Stahl erreichen. Die Siemens-Martin-Stähle des gleichen Stahlwerkes weisen demgegenüber etwa die dreifache Menge Wasserstoff auf. Der niedrige Wasserstoffgehalt der LD-Stähle, der auch für Fangschmelzen bis etwa 0,7% C gilt, ermöglicht wesentliche Einsparungen bei der Weiterverarbeitung sonst flockenempfindlicher Stähle, sowohl im Walzwerk als auch in der Schmiede.

Die Erzeugung *höhergekohlter* unlegierter Stähle im LD-Tiegel kann nach zwei verschiedenen Arbeitsverfahren erfolgen, und zwar:

1. durch Herstellen weicher Schmelzen und Aufkohlung derselben beim Fertigmachen oder
2. durch Herstellen von Fangschmelzen.

Die Arbeitsweise mit Aufkohlen ist für Qualitäts- und Edelstähle unvorteilhaft. Man hat zwar die Sicherheit eines bis auf niedrige Kohlenstoffgehalte (etwa 0,1 %) gefrischten und dementsprechend phosphor- und schwefelarmen Rohstahles, doch, besonders bei höheren Kohlenstoffgehalten, den Nachteil einer geringeren Treffsicherheit. Dazu kommen noch die Gefahren einer Rückphosphorung und der Verunreinigung durch nicht mehr vollständig abgeschiedene Desoxydationsprodukte. Außerdem ist der Sauerstoffverbrauch und der Zeitaufwand höher als bei der Herstellung von Fangschmelzen.

Das Aufkohlungsverfahren, wie es versuchsweise ausgeführt wurde [16], kann entweder durch Zugabe von Kohlungsmitteln oder hochgekohltem Ferromangan in der Pfanne ausgeführt werden oder aber durch Mischen mit einer entsprechenden Menge flüssigen Roheisens (Stahleisen mit niedrigem Phosphorgehalt).

Die Erzeugung höhergekohlter Stähle als *Fangschmelzen* ist dem üblichen Verfahren im basischen Siemens-Martin-Ofen ähnlich. Eine ausreichende Treffsicherheit hat jedoch beim LD-Prozess folgende Voraussetzungen:

Die Roheisenanalyse, die Roheisenmenge sowie das Gewicht der Kühlmittelzusätze müssen genau bekannt sein, um mit Hilfe der genau zu bemessenden Sauerstoffmenge den erforderlichen Endpunkt des Frischens (etwa 0,1 % C über dem Endwert) vorausberechnen zu können. Weiter muß durch die Art der Blasbedingungen und der Schlackenführung die Gewähr gegeben sein, daß zu Ende des Frischens, also bei noch hohem Kohlenstoffgehalt, der Phosphor- und Schwefelgehalt des Bades den erforderlichen Wert erreicht hat. Man wird dieses Verfahren für die Herstellung hochgekohlter Bau- und Werkzeugstähle also nur mit einem phosphor- und schwefelarmen Roheisen ausführen.

Das Frischen erfolgt mit der vorberechneten Sauerstoffmenge und unter Einschaltung einer Kohlenstoff- und Temperaturbestimmung knapp vor Erreichen des vorgesehenen Endkohlenstoffgehalts. Sodann erfolgt ein Korrekturblasen. Bei zu niedrigem Kohlenstoffgehalt kann, ähnlich wie beim Siemens-Martin-Verfahren, eine kleinere Korrektur durch Zugabe von Kohlungsmitteln in der Pfanne erfolgen. Desoxydationsmittel werden meist in die Pfanne zugesetzt. Ein schlakkenfreies Abstechen ist leicht mit Hilfe der eingangs beschriebenen Abstichöffnung möglich.

Die Verwendungsmöglichkeit von Kühlmitteln zum Erreichen der notwendigen Abstichtemperatur ist geringer als bei der Herstellung niedriggekohlter Stähle. Bei höheren Phosphorgehalten im Einsatz kann auch nach dem Zweischlackenverfahren gearbeitet werden, wobei eine Entphosphorung bei hohem Kohlenstoffgehalt in der ersten Blasperiode ausgeführt wird.

Zwei Schmelzbeispiele für die Erzeugung von Schienenstählen nach den Unterlagen von K. RÖSNER und A. WEGSCHEIDER [16] gibt Abb. 259. Die Schmelzen aus einem manganreichen Roheisen wurden nach 16 bzw. 17 Minuten Blasezeit abgefangen, in der Pfanne mit Ferromangan legiert, desoxydiert und mit einigen Kilogramm Koks auf den genauen Kohlenstoffendwert gebracht. Günstig ist die relativ kurze Chargenzeit und der niedrige Sauerstoffverbrauch bei hohem Ausbringen durch den niedrigen Eisengehalt der Schlacke. Die Zugabe von Flußmitteln zur raschen Schlackenbildung ist zweckmäßig.

3.313.2 Legierte Stähle

Die Erzeugung legierter Edelstähle nach dem LD-Verfahren stellt bestimmte Forderungen an den Einsatz und erfordert, je nach dem Legierungsgehalt, auch entsprechende Abänderungen des Schmelzprozesses. Die Forderung nach niedrigsten Schwefelgehalten kann durch eine Vorentschwefelung des Roheisens nach einem der üblichen Verfahren erreicht werden (vgl. Abschnitt 3.23), während die Einhaltung niedriger Phosphorwerte im Stahl meist dazu zwingt, nach einem Zweischlackenverfahren zu arbeiten. Die Auflösung größerer Legierungsmengen kann Badtemperaturen erforderlich machen, die allein durch eine höhere physikalische Wärme des Roheisens nicht mehr erreichbar sind. Man ist in diesem Falle gezwungen, die chemische Wärme der Oxydation von Legierungselementen auszunützen und benutzt dazu Zusätze an Ferrosilizium. Auf diese Weise gelingt es, auch hohe Legierungsgehalte in den Stahl zu bringen. Ebenso ist es möglich, mit legiertem Einsatz zu arbeiten. Soweit bekannt, werden auch schon hochlegierte Stähle, z. B. austenitische Manganstähle oder Stähle mit 18% Cr und 8% Ni, im LD-Tiegel hergestellt. Die Arbeitsmethoden dafür sind stark unterschiedlich und man rechnet damit, Stähle mit rund 30% Gesamtlegierungsanteil erzeugen zu können. Im folgenden sollen an Hand einiger Beispiele verschiedene Möglichkeiten der Schmelzführung aufgezeigt werden. Sie werden im Zuge der weiteren Entwicklung des LD-Verfahrens für die Erzeugung von Edelstählen sicher noch manche Abänderung erfahren. Die angegebenen Arbeitsmethoden führen jedoch bereits zu qualitativ hochwertigen Erzeugnissen [17, 18].

Niedriglegierte Stähle niedrigen oder mittleren Kohlenstoffgehaltes lassen sich bei geeigneter Roheisenzusammensetzung nach dem normalen Einschlackenverfahren für unlegierte Stähle herstellen, wobei die Legierungen und Desoxydationsmittel in der Pfanne zugesetzt werden. Die Abstichtemperaturen müssen aber entsprechend höher liegen, um den Wärmebedarf zum Auflösen der Pfannenzusätze decken zu können. Auch das Verfahren der Fangschmelze ist in gleicher

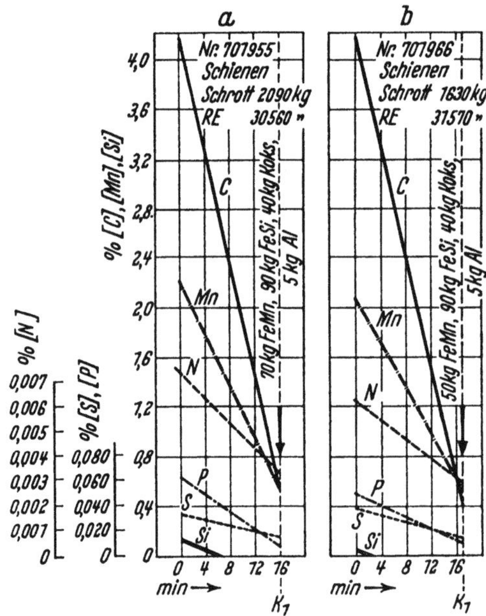

a

%	C	Mn	Si	P	S	N	Temperat. °C
RE	4,74	2,20	0,74	0,064	0,034	0,0074	
K_7	0,53	0,52	—	0,009	0,015	0,0033	1585
F	0,62	0,74	0,74	0,016	0,018	0,0037	

%	SiO_2	CaO	Fe	Mn	MgO		
S_7	7,70	48,72	10,58	12,40	7,86		

b

%	C	Mn	Si	P	S	N	Temperat. °C
RE	4,15	2,06	0,05	0,050	0,038	0,0062	
K_7	0,41	0,55		0,070	0,074	0,0029	1595
F	0,58	0,70	0,17	0,071	0,074	0,0045	

%	SiO_2	CaO	Fe	Mn	MgO		
S_7	10,00	54,21	10,53	10,87	7,78		

Abb. 259. Schmelzverlauf von zwei Fangschmelzen im 30-t-LD-Tiegel (nach K. Rösner und A. Wegscheider)

Art anwendbar. Der Anwendungsbereich entspricht dem des Herstellungsverfahrens legierter Stähle im basischen Siemens-Martin-Ofen durch Legierungszusatz in der Pfanne.

Höherlegierte Bau- und Werkzeugstähle werden zweckmäßig durch Legieren im Tiegel hergestellt. Diese Arbeitsweise erfordert in der Regel ein Zweischlackenverfahren, um eine Rückphosphorung zu vermeiden. Bei gleichzeitig höheren Kohlenstoffgehalten muß Ferrosilizium als zusätzlicher Wärmeträger verwendet werden.

Tab. 66 zeigt ein Schmelzbeispiel für die Erzeugung eines Chrom-Mangan-Einsatzstahles nach dem Einschlackenverfahren mit Legierungszusatz in den Tiegel [17]. Der Einsatz besteht aus einem Roheisen mit etwa 4,4% C, 2,2% Mn, 0,2% Si, 0,06% P und 0,03% S. Mit Rücksicht auf die erforderliche hohe Temperatur (1700 °C) vor dem Legieren wurden nur 8% Schrott als Kühlmittel zugesetzt. Zur Schlackenbildung wurden 5% gebrannter Kalk, 1,2% Sand und 0,9% Walzenzunder zugegeben. Nach einer Blasezeit von 20 Minuten war ein Kohlen-

Tabelle 66. *Erschmelzung eines Chrom-Mangan-Einsatzstahles im 30-t-LD-Tiegel*
(nach O. CUSCOLECA und K. RÖSNER)

	C	Si	Mn	P	S	Cr	N
Analysenvorschrift in %:	0,14	0,20	1,00	max.	max.	0,80	—
	0,19	0,35	1,30	0,025	0,025	1,10	
Fertiganalyse in %:	0,15	0,33	1,15	0,013	0,014	0,86	0,005

Zeit min	Arbeitsgang	Zusätze in kg	Analyse in % C	Si	Mn	Temperatur °C
0	Roheisen einfüllen	32 600	4,37	0,18	2,24	
	Schrott (unlegiert)	2 500				
	gebrannter Kalk	1 750				
	Sand	420				
	Walzenzunder	300				
6	Blasbeginn					
26	Sauerstoffzufuhr abgeschaltet, Probe, Badtemperatur Abschlacken[1]		0,08	—	0,39	1700
33	Legieren mit FeCr und FeMn					
38 40	Abstich					
	Desoxydation mit FeSi und Aluminium in der Pfanne					

[1] Schlackenanalyse in %: CaO 38,0, MgO 3,77, SiO$_2$ 10,0, Fe 15,44, Mn 12,44.

stoffgehalt von 0,08% und ein Mangangehalt von 0,39% bei einer Temperatur von 1700 °C erreicht. Nach der Probenahme wurde abgeschlackt und Ferromangan und Ferrochrom in den Tiegel zugegeben. Nach einer Wartezeit von 5 Minuten zur Auflösung der Ferrolegierungen wurde abgestochen und in der Pfanne mit Ferrosilizium und Aluminium desoxydiert. Die Gesamtchargenzeit liegt mit 40 Minuten etwa 25% über der unlegierter weicher Schmelzen.

In gleicher Art wurde auch die in Tab. 67 wiedergegebene Schmelze eines Chrom-Molybdän-Vergütungsstahles gefahren [17]. Die Roheisenzusammensetzung war die gleiche wie im vorhergehenden Beispiel, jedoch wurde kein Kühl-

schrott zugesetzt. Zur rascheren Schlackenbildung wurden zusätzlich 0,3% Flußspat aufgegeben. Nach 17 Blasminuten war der erforderliche Kohlenstoffgehalt
mit 0,29% C erreicht. Nach dem Abschlacken bei 1640°C wurde im Tiegel mit
Ferrochrom und Ferromolybdän legiert und nach einer Liegezeit von 5 Minuten
abgestochen. Die Desoxydation erfolgte wieder in der Pfanne mit Ferrosilizium
und Aluminium. Die Chargenzeit betrug nur 37 Minuten.

Tabelle 67. *Erschmelzung eines Chrom-Molybdän-Vergütungsstahles im 30-t-LD-Tiegel*
(nach O. CUSCOLECA und K. RÖSNER)

	C	Si	Mn	P	S	Cr	Mo	N
Analysenvorschrift in %:	0,38	0,15	0,50	max.	max.	0,90	0,15	—
	0,45	0,30	0,80	0,025	0,025	1,20	0,25	
Fertiganalyse in %:	0,42	0,24	0,60	0,015	0,020	1,06	0,25	0,005

Zeit min	Arbeitsgang	Zusätze in kg	Analyse in %			Temperatur °C
			C	Si	Mn	
0	Roheisen	35 200	4,26	0,10	1,88	
	Schrott	—				
	gebrannter Kalk	1 900				
	Sand	500				
	Flußspat	100				
	Walzenzunder	300				
4	Blasbeginn					
21	Sauerstoffzufuhr abgeschaltet, Probe, Temperatur		0,29	—	0,60	1640
	Abschlacken[1]					
28	Legieren mit FeCr und FeMn					
33 35	Abstich					
	Desoxydation mit FeSi und Al in der Pfanne					

[1] Schlackenanalyse in %: CaO 59,66, MgO 4,70, SiO_2 13,46, Fe 8,18, Mn 15,82.

Das nächste Schmelzbeispiel [17] in Tab. 68 zeigt die Erzeugung von Kugellagerstahl im LD-Tiegel aus dem gleichen manganreichen Roheisen ohne Schrott-
zusatz. Mit den üblichen Zuschlägen wurde zunächst 8 Minuten gefrischt, um
bei noch hohem Kohlenstoffgehalt den größten Teil des Mangans zu verschlacken.
Die Erstschlacke wurde abgezogen, und als neue Schlackenbildner wurden 4% gebrannter Kalk, 0,7% Sand und 0,3% Flußspat aufgegeben. Um die notwendige
Endtemperatur von etwa 1600°C vor dem Legieren zu erreichen, war ein Zusatz
von 200 kg Ferrosilizium (75%ig) notwendig. Nach weiteren 8 Minuten Blasezeit
war ein Kohlenstoffgehalt von 0,85% erreicht und der Mangangehalt auf 0,57%
gesunken. Die Temperatur betrug 1605°C. Nach dem Abschlacken wurde im
Tiegel mit Ferrochrom (hochgekohlt) legiert und die Schmelze wie bei den vorhergehenden Beispielen abgestochen und desoxydiert. Die Gesamtchargenzeit
betrug 44 Minuten.

Eine sorgfältige Entphosphorung sowie die Entfernung des Mangans und
gegebenenfalls anwesender Legierungselemente (Cr) bis auf niedrigste Gehalte ist
z. B. bei der Herstellung von hochgekohlten, unlegierten Werkzeugstählen not-

Tabelle 68. *Kugellagerstahlschmelze im 30-t-LD-Tiegel*
(nach O. CUSCOLECA und K. RÖSNER)

	C	Si	Mn	P	S	Cr	N
Analysenvorschrift in %:	0,98	0,25	0,40	max.	max.	1,40	
	1,08	0,35	0,60	0,02	0,02	1,65	
Fertiganalyse in %:	1,02	0,25	0,54	0,013	0,018	1,57	0,003

Zeit min	Arbeitsgang	Zusätze in kg	Analyse in %			Temperatur °C
			C	Si	Mn	
0	Roheisen	35400	4,29	0,33	2,30	
	Schrott	—				
	gebrannter Kalk	1400				
	Sand	200				
	Flußspat	100				
	Walzenzunder	600				
4	Blasbeginn					
12	Sauerstoff abgeschaltet					
	Probe, Abschlacken[1]		2,85	—	0,71	
	Neue Schlacke:					
	gebrannter Kalk	1400				
	Sand	250				
	Flußspat	100				
	Ferrosilizium ins Bad (75%ig)	200				
22	Sauerstoff eingeschaltet					
30	Sauerstoff abgeschaltet					
	Probe, Temperatur		0,85	—	0,57	1605
	Abgeschlackt[2]					
37	Legieren mit FeCr					
42 44	} Abstich					
	Desoxydation mit FeSi und Al in der Pfanne					

[1] Schlackenanalyse in %: CaO 33,60, MgO 2,00, SiO_2 18,20, Fe 9,52, Mn 20,80.
[2] Schlackenanalyse in %: CaO 49,55, MgO 5,08, SiO_2 16,50, Fe 7,56, Mn 7,52.

wendig. Abb. 260 gibt den Schmelzverlauf im 30-t-LD-Tiegel wieder [18]. Das Roheisen aus einem Heißwindkupolofen mit etwa 4,3% C, 0,6% Mn, 0,05% P, 0,02% S, 0,18% Si und 0,22% Cr wurde ohne Kühlschrottzusatz unter einer eisenoxydulreichen basischen Kalkschlacke auf etwa 3,5% C gefrischt. Zur Schlackenbildung wurden etwa 4% gebrannter Kalk, 2% Erz, 1,4% Flußspat und 0,6% Sand verwendet. Die rasche Schlackenbildung und damit gute Entphosphorung bei hohen Kohlenstoffgehalten konnte durch entsprechende Änderung der Blasbedingungen (höherer Lanzenabstand, Änderung des Sauerstoffdruckes zwischen 9 und 6 atü) erreicht werden. Nach 10 Minuten Blasezeit war der Phosphorgehalt unter 0,03% abgesunken, ebenso der Großteil des Mangans und etwa die Hälfte des Chroms verschlackt. Der Tiegel wurde langsam gekippt, die Schlacke ablaufen gelassen und der Rest nach Absteifen mit Kalk abgezogen. Die Badtemperatur sank dabei um 3 bis 4 °C/min. Auf das blanke Bad wurden 100 kg Ferrosilizium (75%ig) zur Temperatursteigerung im zweiten Blasabschnitt zugesetzt. Die Zweitschlacke wurde aus nur 1,5% gebranntem Kalk und 0,2% Flußspat gebildet. Bei höheren Ferrosiliziumzusätzen muß allerdings der Kalksatz erhöht werden, um eine Schlackenbasizität von mindestens 2,5 aufrechtzuerhalten. In der zweiten

Blasperiode wird bis auf den erforderlichen Kohlenstoffgehalt, im vorliegenden Fall etwa 1,4%, gefrischt und abgestochen. Die Desoxydation kann in der Pfanne erfolgen. Bei einer Chargenzeit von 52 Minuten betrug der Sauerstoffverbrauch rund 50 Nm³/t Rohstahl.

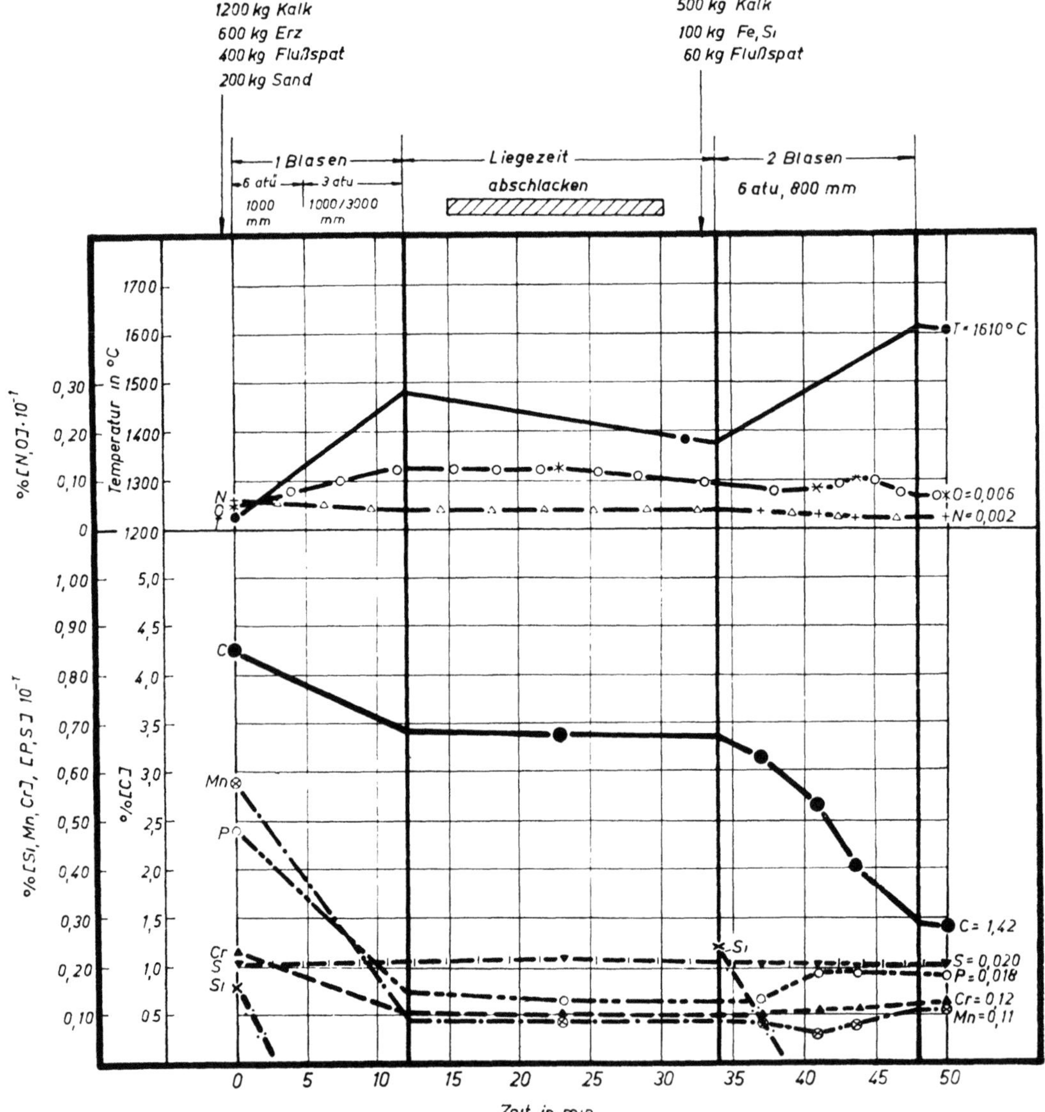

Abb. 260. Schmelzverlauf im 30-t-LD-Tiegel bei der Herstellung eines unlegierten Werkzeugstahles (nach H. DAUB)

Schließlich sei noch an einem Beispiel die Verwendung von legiertem Schrott im LD-Tiegel aufgezeigt [18] (Abb. 261). Der erste Teil des Blasprozesses unter Einsatz von Roheisen aus dem Heißwindkupolofen läuft in gleicher Weise ab wie im vorhergehenden Beispiel. Nach 10 Minuten wird bei 3% C das Blasen unterbrochen, abgeschlackt und sodann am blanken Bad mit legiertem Schrott sowie

dem restlichen Ferromangan und Nickel legiert. 350 kg Ferrosilizium dienen dem
Aufheizen des Bades in der zweiten Frischperiode. Der Kalkzusatz wird wieder
auf eine Basizität von 2 bis 2,5 eingestellt. Bei der nun vorherrschenden Kohlenstoffverbrennung bis auf den verlangten Endwert tritt noch eine geringe Phosphor-

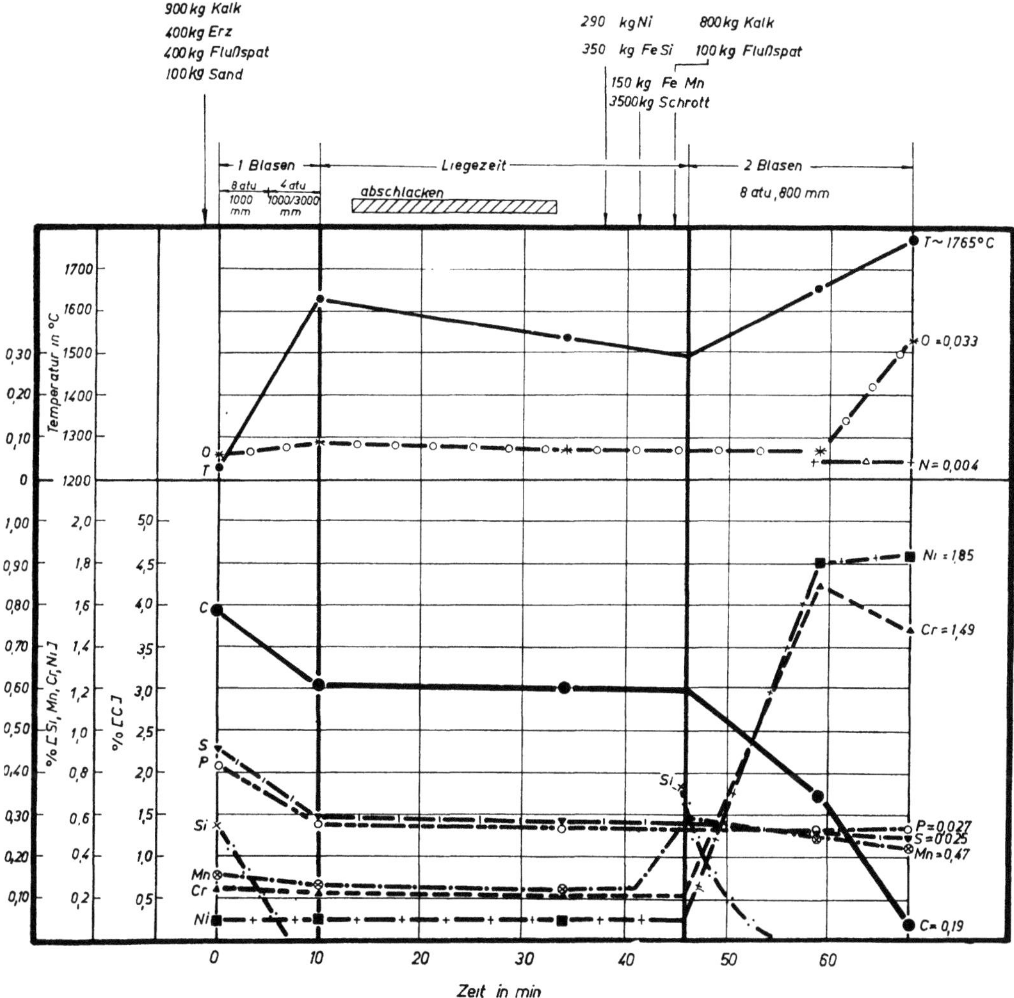

Abb. 261. Schmelzverlauf im 30-t-D-Tiegel bei der Herstellung eines Chrom-Nickel-Einsatzstahles
mit legiertem Schrott (nach H. DAUB)

und Schwefelabnahme ein. Nach etwa 10 Minuten ist die Schrottauflösung beendet. Mit abnehmendem Kohlenstoffgehalt tritt trotz rascher Temperatursteigerung bis auf rund 1765 °C eine geringe Verschlackung von Chrom und Mangan
ein. Nach dem Erreichen des gewünschten Kohlenstoffgehaltes wird die Sauerstoffzufuhr beendet und das Bad abgeschlackt. Die Badzusammensetzung in
diesem Zeitpunkt ist in Abb. 261 angeführt. Die hohe Endtemperatur gestattet
nach dem Abschlacken eine Vordesoxydation im Tiegel und nach dem Vorliegen
des Analysenergebnisses der Vorprobe den Zusatz der restlichen Legierungen,

nach deren Auflösung abgestochen wird. Die Schlußdesoxydation erfolgt in der Pfanne. Die Gesamtschmelzdauer bei dieser Arbeitsweise beträgt bis zu 100 Minuten, der Sauerstoffverbrauch rund 50 bis 55 Nm³/t Rohstahl. Für die Liegezeiten im Tiegel beim Abschlacken und Legieren ist mit Temperaturverlusten zwischen 1 und 4 °C/min zu rechnen.

Bei niedrigen Phosphorwerten nach dem ersten Blasen kann die Zweitschlacke zur Rückgewinnung von Legierungselementen nach beendetem Blasen z. B. mit Ferrosilizium und/oder Aluminium reduziert werden. Man erhält bei geeigneter Schmelzführung eine zerfallende, metalloxydularme Kalkschlacke, die ein relativ hohes Aufnahmevermögen für Schwefel besitzt, besonders wenn gleichzeitig eine Vordesoxydation des Bades ausgeführt wird. Ebenso wird bei dieser Arbeitsweise das Legierungsausbringen aus den Schlußzusätzen erhöht.

Obwohl diese Arbeitsweise zu qualitativ hochwertigen Stählen führt, darf nicht übersehen werden, daß sie relativ lange Chargenzeiten benötigt, und daß die erforderlichen sehr hohen Temperaturen, verbunden mit langen Liegezeiten, eine starke Verminderung der Tiegelhaltbarkeit verursachen.

Die Herstellung legierter Stähle im LD-Tiegel nach einer der geschilderten Arbeitsweisen ist bei günstigen Roheisenkosten billiger als das Verfahren im basischen Lichtbogenofen.

Schrifttum

zu Abschnitt 3.31

1. PLÖCKINGER, E., und M. WAHLSTER: Literaturübersicht zu den Sauerstoffaufblas-Verfahren 1950—1959. Techn. Mitt. Krupp 17 (1959), S. 306/09.
2. METZ, P., A. DECKER und J. NEPPER: Herstellung von Stahl aus phosphorreichem Roheisen durch Aufblasen von Sauerstoff zusammen mit Kalkstaub. Stahl u. Eisen 80 (1960), S. 20/27.
3. PLÖCKINGER, E., M. WAHLSTER, K. BOROWSKI, J. MAATSCH, A. SCHILDKÖTTER und V. SCHIEL: Zum Frischen von Thomasroheisen im Sauerstoffaufblas-Verfahren. Stahl u. Eisen 80 (1960), S. 1477/86, und Techn. Mitt. Krupp 18 (1960), S. 97/108.
4. SCHÜRMANN, E., K.-K. ASCHENDORFF, H. HÖFGES und E. KÖHLER: Zur Metallurgie des „Phönix-Lanzen"-Verfahrens. Stahl u. Eisen 81 (1961), S. 163/72.
5. COHEUR, P.: Pneumatic Processes for Converting High-Phosphorous Iron. J. Metals 12 (1960), S. 545/47.
6. TRENTINI, H., P. VAYSSIERE und C. ROEDERER: OLP-Steelmaking. J. Metals 13 (1961), S. 418/21.
7. TRENKLER, H.: Ein Jahrzehnt LD-Verfahren. Schriftenreihe des Bundeskanzleramtes, Verstaatlichte Unternehmungen (IV), Heft 2, 2. Auflage, Wien 1960.
8. Refractories for Oxygen Steelmaking, Special Report 79. The Iron and Steel Institute, London 1962.
9. RICHTER, A., G. COHNEN und P. JACOBI: Der basische Heißwindkupolofen, das Siemens-Martin-Stahlwerk und der LD-Tiegel als Verbundeinrichtung. Stahl u. Eisen 78 (1958), S. 273/84.
10. RINESCH, R., H. NEUDECKER und J. EIBL: Das LD-Verfahren in der Stahlgießerei. Gießerei 48 (1961), S. 533/40.
11. PLÖCKINGER, E., und M. WAHLSTER: Zur Metallurgie des Sauerstoffaufblas-Verfahrens. Stahl u. Eisen 80 (1960), S. 407/16, und Techn. Mitt. Krupp 17 (1959), S. 259/305.
12. MAATSCH, J., E. PLÖCKINGER und M. WAHLSTER: Stoffbilanz und Wärmeumsatz beim LD-Verfahren. Techn. Mitt. Krupp 17 (1959), S. 310/17.
13. DUKELOW, D. A., H. F. RAMSTAD und H. W. MEYER: Application of Equilibrium Concept to Basic Oxygen Steelmaking. Open Hearth Proc. AIME 45 (1962), S. 81/98.
14. PLÖCKINGER, E., und M. WAHLSTER: Die Entschwefelung beim LD-Verfahren. Techn. Mitt. Krupp 19 (1961), S. 40/50.
15. GRÜNBERG, K., W. SCHLEICHER und R. KUNZ: Die Stahlherstellung nach dem LD-Verfahren mit Kühlung durch Erz. Stahl u. Eisen 80 (1960), S. 277/81.

16. Rösner, K., und A. Wegscheider: Erzeugung von Stählen höherer Festigkeit im Blasstahlkonverter. Stahl u. Eisen 76 (1956), S. 1337/43.
17. Cuscoleca, O., und K. Rösner: LD Produces Alloy Steels in Austria. J. Metals 10 (1958), S. 673/78.
18. Daub, H.: Betriebsverfahren und metallurgische Reaktionen bei der Herstellung von Edelstahl im LD-Tiegel. Dr.-Ing.-Dissertation, Techn. Hochschule Aachen, 1960.

3.32 Das Kaldo-Verfahren

Das Kaldo-Verfahren [1 bis 3] wurde ursprünglich zur Verarbeitung von phosphorreichem Roheisen entwickelt mit dem Ziel, Stahl mit gleichen Güteeigenschaften wie im basischen Siemens-Martin-Ofen herzustellen. Durch geeignete Blasbedingungen gelang in einem rasch rotierenden Gefäß die Vorverlegung der Entphosphorung. Es wird heute in 30 bis 100-t-Konvertern auch für die Verarbeitung von Stahleisen mit niedrigem Phosphorgehalt angewendet. Da neben der Erzeugung von handelsüblichen Baustählen grundsätzlich auch die Möglichkeit gegeben ist, Baustähle in Edelstahlgüte herzustellen, soll im folgenden eine kurze Übersicht über das Verfahren gegeben werden.

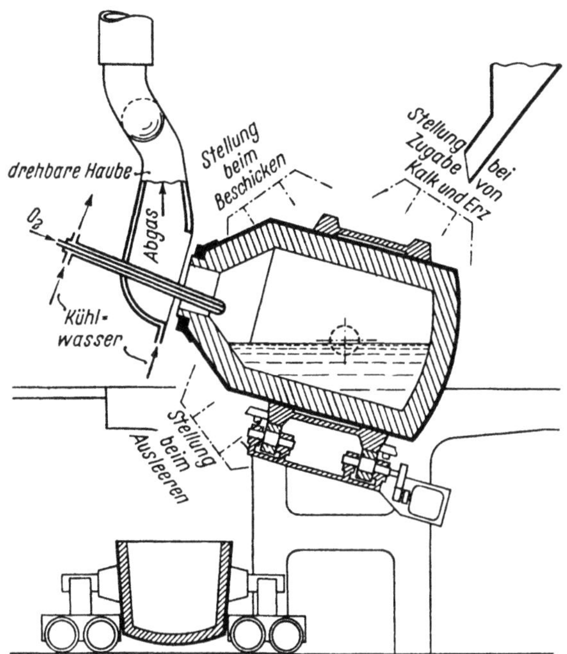

Abb. 262. Schematische Darstellung einer 30-t-Kaldo-Anlage (nach B. Kalling und F. Johansson)

3.321 Bau und Zustellung

Der Kaldo-Ofen besteht, wie Abb. 262 zeigt [1], aus einem drehbar gelagerten, konverterähnlichem Gefäß, das mit Geschwindigkeiten bis zu 30 U/min um seine Längsachse rotieren kann. Der Sauerstoff wird dem in Arbeitsstellung schräg liegenden Konverter durch eine wassergekühlte Lanze zugeführt, die durch eine schwenkbare Abzughaube in den Ofenraum hineinragt.

Die Zustellung des Ofengefäßes besteht, wie Abb. 263 erkennen läßt [2], aus Teer-Dolomit-Steinen in der Ofenwand, während der Boden und die Haubenöffnung aus Teer-Dolomit-Masse gestampft werden. Das Dauerfutter besteht aus Magnesitsteinen, die Zwischenlage aus Teerdolomitstampfmasse. Nach den bisherigen Erfahrungen haben sich Teerdolomitpreßsteine als am wirtschaftlichsten erwiesen [4], wobei eine deutliche Abhängigkeit der Haltbarkeit von der scheinbaren Dichte des gebrannten Dolomits besteht, die möglichst über 3 g/cm³ liegen soll. Bisher konnten Haltbarkeiten von etwa 100 Schmelzen erreicht werden, was einem Verbrauch an feuerfestem Material von 24 bis 28 kg/t Stahl entspricht.

Die bisher nur geringfügig höhere Haltbarkeit von Teer-Magnesit rechtfertigt nicht den höheren Kostenaufwand für seine Verwendung.

Man arbeitet zweckmäßig auf einer Anlage mit zwei Gefäßen, die in kurzer Zeit ausgetauscht werden können. Der entstehende braune Rauch muß abgesaugt und einer Reinigungsanlage zugeführt werden.

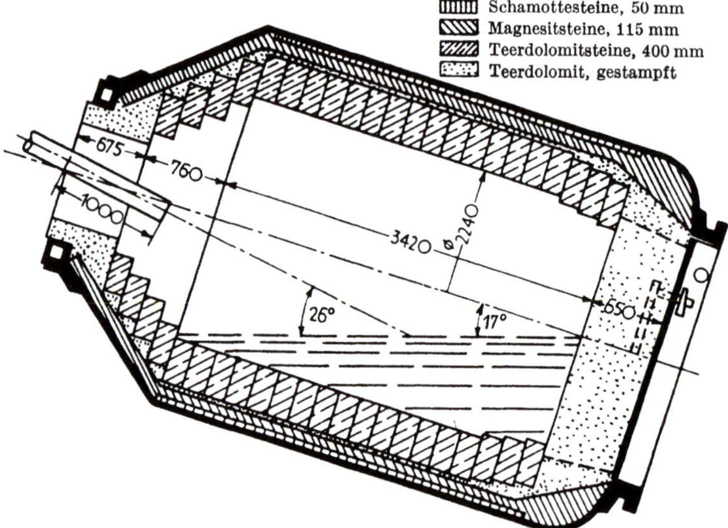

Abb. 263. Zustellung eines 30-t-Kaldo-Konverters (nach B. KALLING und F. JOHANSSON)

3.322 Metallurgische Grundlagen

Das Frischen mit Sauerstoff erfolgt beim Kaldo-Verfahren durch Schrägaufblasen mit relativ niedrigem Druck von etwa 3 atü hinter dem Regelventil. Ein Teil des Sauerstoffs dient der Verbrennung des im Frischprozeß entstehenden Kohlenoxyds, wodurch eine hohe Wärmeausnützung erzielt wird. Der Wärmeüberschuß kann wie beim LD-Verfahren zum Einschmelzen von Schrott (Schrottkühlung) oder zum Verarbeiten relativ hoher Erzsätze verwendet werden. Die Kühlmittelzusätze liegen, je nach dem Anteil des zu CO_2 verbrannten CO, wesentlich höher als beim LD-Verfahren und betragen bis über 400 kg/t. Die Frischzeit selbst wird meist um 50% länger gehalten als im LD-Tiegel. Die Zeit von Abstich zu Abstich beträgt etwa 90 Minuten.

Je nach dem Phosphoreinsatz arbeitet man, wie die Schmelzbeispiele im nächsten Abschnitt zeigen, mit zwei bis drei Schlacken. Die durch die Tiegeldrehung während des Frischens begünstigte Reaktion zwischen Metallbad und Schlacke erlaubt eine gute Einstellung eines niedrigen Eisengehaltes in der Schlacke, so daß die Eisenverluste auch beim Arbeiten mit mehreren Schlacken in tragbaren Grenzen bleiben. Die Schlußschlacke kann abgesteift und im Tiegel belassen werden, so daß sie nach einem Erzzusatz als primäre Frischschlacke bei der folgenden Schmelze dient.

Für die metallurgischen Reaktionen gelten die gleichen Gesetzmäßigkeiten wie beim LD- und Siemens-Martin-Verfahren [1, 3, 5], besonders auch hinsichtlich der Vorverlegung der Entphosphorung vor die Entkohlung. Die Kalkzuschläge richten sich nach der Höhe des Phosphorgehaltes und des Siliziumgehaltes im

Roheisen. Im allgemeinen wird beim Arbeiten mit mehreren Schlacken auch eine sehr gute Entschwefelung erzielt, die 75 bis 80% des Ausgangswertes betragen kann.

Mit Rücksicht auf den Stickstoffgehalt genügt nach den bisherigen Erfahrungen 95%iger Sauerstoff, wenn Endgehalte von 0,002 bis 0,004% N angestrebt werden.

Der Sauerstoffgehalt im fertig gefrischten Stahl entspricht den beim LD- und basischen Siemens-Martin-Stahl gewohnten Werten, so daß sich für das Fertigmachen der Schmelze, Legieren und Desoxydieren keine neuen Gesichtspunkte ergeben.

Die erforderlichen Abstichtemperaturen können durch Kühlmittelzugabe entsprechend der Einsatzzusammensetzung gut eingestellt werden.

3.323 Schmelzführung

Ein Beispiel für den Schmelzverlauf bei der Verarbeitung von *Thomaseisen* im 30-t-Kaldo-Ofen gibt Abb. 264 [1]. Nach dem Einfüllen des Roheisens wird die berechnete Menge an Kalk und Erz zugesetzt und mit dem Blasen begonnen. Bei etwa 1,5% C muß der Phosphor bis auf etwa 0,2 bis 0,3% oxydiert sein. Die nach Ablauf dieser ersten Blaseperiode abzuziehende Phosphatschlacke enthält dann neben etwa 3 bis 6% Fe 16 bis 18% P_2O_5 und kann als Düngeschlacke Verwendung finden. Nach Zugabe von etwas Kalk und Erz wird bis auf etwa 1% C gefrischt, wobei der Phosphorgehalt bis unter 0,1% erniedrigt wird. Auch diese Schlacke enthält noch etwa 15% P_2O_5 bei allerdings höheren Eisengehalten. Sodann wird unter einer dritten Kalk-Erz-Schlacke auf den verlangten Endkohlenstoffgehalt fertiggeblasen. Die Gesamtblasezeit betrug im vorliegenden Fall 39 Minuten, der Sauerstoffverbrauch 54,7 Nm³/t

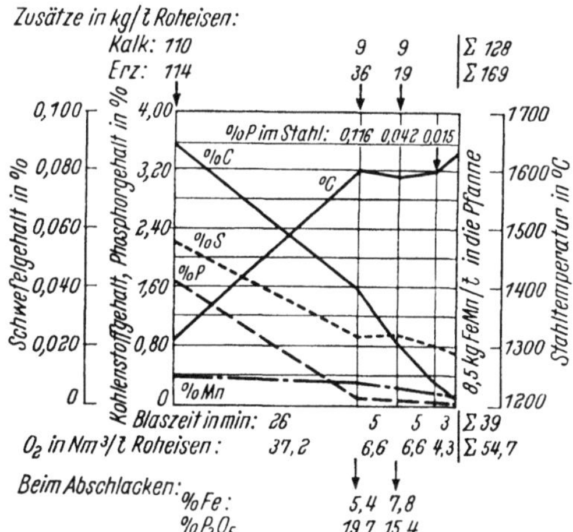

Abb. 264. Schmelzverlauf beim Frischen von Thomas-Roheisen nach dem Kaldo-Verfahren (nach B. KALLING und F. JOHANSSON)

Chemische Zusammensetzung in %:
Roheisen: 3,52 C, 0,09 Si, 0,41 Mn, 1,70 P, 0,056 S, 0,007 N
Stahl (Blöcke): 0,10 C, 0,66 Mn, 0,028 P, 0,014 S, 0,002 N

Roheisen. Zur genauen Einstellung des Kohlenstoffgehaltes und der Temperatur wird in der dritten Blasperiode meist nochmals kurz unterbrochen, wenn der Kohlenstoffgehalt etwa 0,1 bis 0,2% über dem verlangten Endwert liegt.

Bei der Herstellung höhergekohlter Stähle [3] muß nach dem ersten Abschlacken bei etwa 1,5% C darauf geachtet werden, daß in der nächsten Blasperiode durch Regelung der Blasbedingungen und geeignete Einstellung der Drehgeschwindigkeit des Konverters im wesentlichen nur eine Phosphoroxydation und keine nennenswerte Entkohlung erfolgt. Im dritten Blasabschnitt wird dann bis auf den verlangten Kohlenstoffendwert gefrischt und die Schmelze wie bei anderen Verfahren als Fangschmelze fertiggemacht.

Die Verarbeitung von *Stahleisen* mit niedrigem Phosphorgehalt wird entweder mit einem Schlackenwechsel, wie dies das Beispiel in Abb. 265 zeigt [1], ausgeführt oder bei sehr niedrigen Phosphorgehalten im Roheisen auch unter einer einzigen Schlacke vorgenommen [3]. Bei siliziumreichen Roheisensorten, wie im vorliegenden Beispiel, kann zunächst mit wenig Kalk und Erz eine schwach basische Schlacke (Basizität < 1,5) gefahren werden, die bei sehr niedrigem Eisengehalt gut flüssig ist und leicht abgezogen werden kann. Erst nach der Verschlackung des Siliziums wird unter einer kalkreichen, basischen Schlacke auf den Endkohlenstoffgehalt gefrischt. Wie die Endanalyse zeigt, können auch bei dieser Arbeitsweise gute Reinheitsgrade erreicht werden. Auch die Herstellung höhergekohlter Fangschmelzen bietet keine grundsätz-

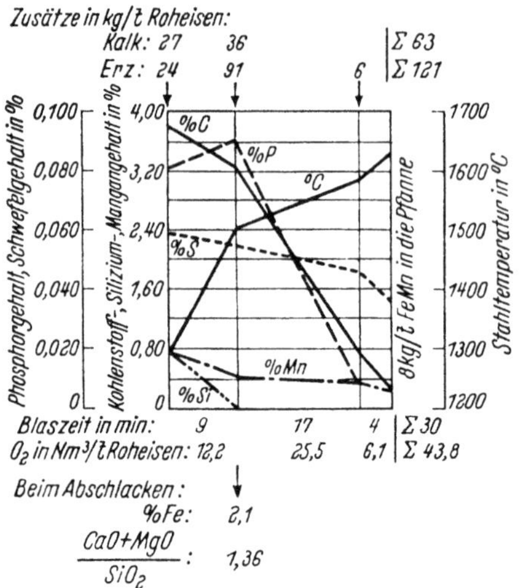

Abb. 265. Schmelzverlauf beim Frischen von Stahleisen nach dem Kaldo-Verfahren (nach B. KALLING und F. JOHANSSON)
Chemische Zusammensetzung in %:
Roheisen: 3,82 C, 0,75 Si, 0,76 Mn, 0,081 P, 0,059 S, n. b. N
Stahl (Blöcke): 0,15 C, 0,67 Mn, 0,015 P, 0,028 S, 0,002 N

lichen Schwierigkeiten. Man unterbricht dann aber auf jeden Fall das Blasen bei etwas höherem Kohlenstoffgehalt, um nach einer Kohlenstoffprobe (und der Temperaturmessung) die Sauerstoffmenge für das Schlußblasen genau einstellen zu können.

Schrifttum

zu Abschnitt 3.32

1. KALLING, B., und F. JOHANSSON: Frischen mit Sauerstoff im Drehofen nach dem Kaldo-Verfahren. Stahl u. Eisen 77 (1957), S. 1308/15 und 1885/87.
2. KALLING, B., und F. JOHANSSON: Further Experience with the Kaldo Process. J. Iron Steel Inst. 192 (1959), S. 330/38.
3. KALLING, B., F. JOHANSSON und E. BENGTSSON: Metallurgical Characteristics of the Kaldo Process. J. Metals 12 (1960), S. 558/63.
4. KALLING, B., Å. JOSEFSSON und ST. STRÖMSTAD: Lining Performance in the Kaldo Process, Special Report 74, Refractories for Oxygen Steelmaking. The Iron and Steel Institute, London 1962, S. 88/92.
5. ROCQUET, P., und J. ADAM-GIRONNE: Bath-Slag Reactions in the Kaldo Process. J. Metals 14 (1962), S. 502/04.

3.33 Das Rotor-Verfahren

Ein weiteres neues Schmelzverfahren zur Verarbeitung von Roheisensorten unterschiedlicher Zusammensetzung mittels gasförmigen Sauerstoffes ist das Rotor-Verfahren [1]. Phosphorarme und phosphorreiche Stahleisensorten können zu Rohstahl verblasen werden, der basischem Siemens-Martin-Stahl gleichwertig ist. Trotz bester metallurgischer Wirksamkeit konnte bis heute jedoch die Frage einer ausreichenden Haltbarkeit der feuerfesten Zustellung noch nicht zufriedenstellend gelöst werden.

3.331 Bau und Zustellung

Der Schmelzprozeß wird in einem Rotorgefäß, wie es Abb. 266 im Schnitt zeigt, ausgeführt. Es ruht auf Rollen einer Kippwiege und ist um die Längsachse drehbar. Die Gefäße selbst sind durch Kran auswechselbar, so daß die Zustellung z. B. senkrecht stehend in einem anderen Hallenteil vorgenommen werden kann. Zum Abstechen kann der Rotor in jede beliebige Lage gekippt werden. Die Kippwiege selbst ist horizontal drehbar angeordnet, so daß die Sauerstoffzufuhr wahlweise durch eine der beiden Öffnungen an der Stirnseite erfolgen kann. Diese Arbeitsweise führt zu einem gleichmäßigeren Verschleiß des Ofenfutters. Außerdem können alle übrigen Arbeitsoperationen von der Ofenbühne aus leichter erfolgen.

Die Zustellung besteht, wie in Abb. 266 angedeutet, aus einem Magnesitstein-Dauerfutter und dar-

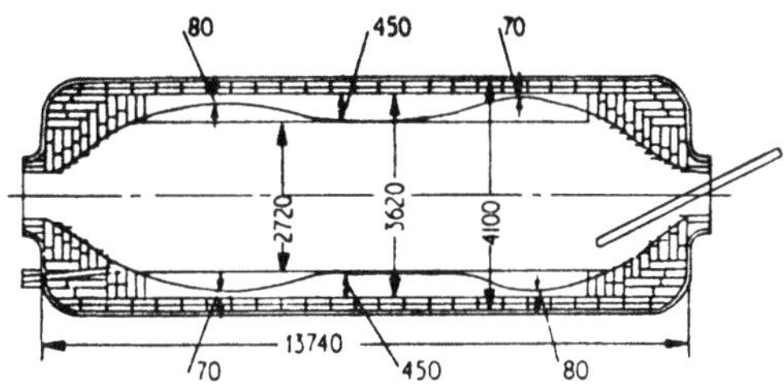

Abb. 266. Schnitt durch ein Rotorgefäß mit schematischer Darstellung der feuerfesten Zustellung und des Futterverschleißes (nach E. SPETZLER)

überliegendem Verschleißfutter. Dieses bestand ursprünglich aus Teerdolomitstampfmasse [1] und wurde nunmehr in einem anderen Werk durch eine Magnesitstampfmasse ersetzt, die für phosphorarmes Roheisen Haltbarkeiten bis 150 Schmelzen erreichen läßt [2]. Bei der Verarbeitung von Thomasroheisen liegt die Futterhaltbarkeit nur bei 70 bis 100 Schmelzen. Die besten Werte entsprechen einem Verbrauch von 13 bis 16 kg feuerfestem Material je Tonne Rohstahl, ein Wert, der noch das mehrfache von dem des LD-Verfahrens beträgt. Die Stirnwände sind mit Chromerz-Magnesit-Steinen ausgemauert und enthalten die Abstichöffnungen.

Die Sauerstoffzufuhr erfolgt von einem auf der Ofenbühne befindlichen Lanzenstand mit den notwendigen Einrichtungen zum Einstellen der Eintauchtiefe, des Sauerstoffdruckes und der Mengenregelung. Ebenso sind Vorrichtungen zum Einschleudern von Erz und Zuschlägen und zum Chargieren von Schrott notwendig.

Der beim Sauerstofffrischen entstehende braune Rauch wird abgesaugt und einer Abgasreinigungsanlage zugeführt. Die Entstaubung gelingt hier leichter als beim LD-Verfahren, weil die Korngröße der Teilchen etwa 6mal so groß ist.

3.332 Metallurgische Grundlagen

Im Gegensatz zu den anderen Sauerstoffblas-Verfahren wird beim Rotorverfahren mit zwei Sauerstofflanzen gearbeitet; die eine führt Sauerstoff mit einem Druck von etwa 4 atm so tief in das Bad ein, daß er praktisch 100%ig aufgenommen wird („Primärsauerstoff"), die zweite Sauerstofflanze mündet oberhalb des Bades und hat die Aufgabe, das im Frischprozeß entstehende Kohlenoxyd zu CO_2 zu verbrennen. Durch das Hochspritzen von Metall- und Schlackenteilchen wird auch ein Teil dieses „Sekundärsauerstoffes" für die Frischreaktion verbraucht. Abb. 267 zeigt diese Vorgänge in schematischer Darstellung [1, 3]. Die emulsionsartige Vermischung von Metall und Schlacke im Reaktionsbereich des Sauerstoffs führt zu einer raschen Schlackenbildung und zu einer hohen Reaktionsgeschwindigkeit.

Die Sauerstofflanzen sind wassergekühlt. Primärseitig wird ein Sauerstoff von etwa 95% O_2, sekundär für die Verbrennung im Ofenraum ein solcher von 70 bis 90% O_2 verwendet. Trotz des relativ niedrigen Reinheitsgrades liegt der Stickstoffgehalt im fertig gefrischten Stahl bei etwa 0,004%.

Der Gesamtsauerstoffverbrauch bei der Erzeugung von Stählen niedrigen Kohlenstoffgehaltes beträgt rund 90 Nm^3/t Stahl. Davon werden etwa 27 Nm^3 aus dem Erzzusatz gewonnen, während rund 70 Nm^3/t (bei etwa 90%iger Ausnützung) gasförmig zugeführt werden. Das Verhältnis von Primär- zu Sekundärsauerstoff liegt, je nach der Arbeitsweise, bei 1:4 oder weniger.

Ein weiteres Kennzeichen des Rotorverfahrens ist die langsame Drehung des Ofengefäßes. Die Schlacke ist um etwa 40°

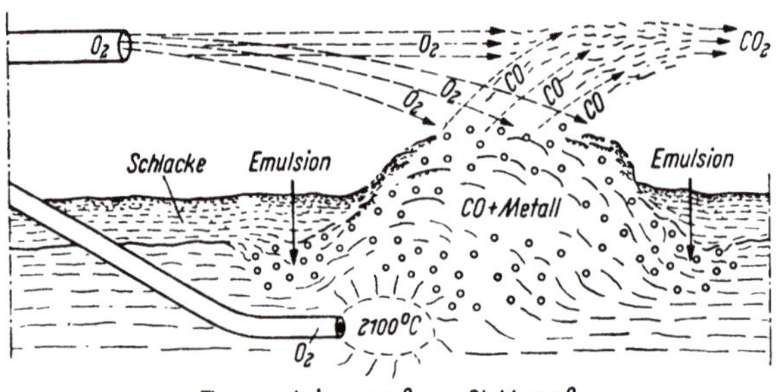

Abb. 267. Die Sauerstoffumsetzung im Rotor (nach R. GRAEF)

heißer als der Stahl, ähnlich wie beim Siemens-Martin-Verfahren. Von der Verbrennungswärme des Kohlenoxyds (mit Verbrennungstemperaturen bis 2000 °C) sollen bis zu 60% auf das Bad übertragen werden können.

Für die metallurgischen Umsetzungen gelten die gleichen Gesetzmäßigkeiten wie bei den anderen Sauerstoffblasverfahren. Ein Unterschied im Reaktionsablauf liegt nur in einer abweichenden Kinetik des Prozesses, die von L. VON BOGDANDY, W. DICK und I. N. STRANSKI [3] eingehend untersucht wurde. Bemerkenswert ist die gute Entschwefelung, die teilweise auf eine Schwefelverbrennung zu SO_2 zurückzuführen ist, sobald mit Sauerstoffüberschuß gearbeitet wird (vgl. auch Abschnitt 1.136). Sie kann Werte von über 60% erreichen.

Auch der Sauerstoffgehalt der Schmelze entspricht den beim LD- oder Siemens-Martin-Verfahren gewohnten Werten.

3.333 Schmelzführung

Bei *phosphorarmem* Roheisen wird mit einer Schlacke ähnlich wie im basischen Siemens-Martin-Ofen gearbeitet. Zunächst wird die berechnete Menge Kalk und Erz mit einer Schleudereinrichtung eingebracht und sodann das Roheisen eingefüllt. Der Rotor wird nun mit einer Öffnung vor den Düsenwagen gedreht, die Sauerstofflanzen werden eingefahren und die Sauerstoffzufuhr eingeschaltet. Die Frischgeschwindigkeit ist dem Sauerstoffangebot proportional, wobei alle Reaktionen durch die hohe Temperatur und die Drehung des Ofens begünstigt werden. Man muß jedoch darauf achten, daß der Eisengehalt der Schlacke nicht zu hoch ansteigt und die Zustellung gefährdet. Die üblichen Schmelzzeiten für niedriggekohlte Stähle im 60-t-Rotor betragen etwa 2 Stunden. Ein teilweises Abschlacken kann, wenn notwendig, leicht ausgeführt werden. Das Fertigmachen der Schmelze und die Führung von Fangschmelzen unterscheiden sich nicht von der Arbeitsweise im Siemens-Martin-Ofen. Wie bereits erwähnt, kann an Stelle von Erz auch eine entsprechende Menge Kühlschrott gesetzt werden.

Bei der Verarbeitung *phosphorreicher* Roheisensorten muß nach einem Zweischlackenverfahren gearbeitet werden. Zunächst wird unter Bedachtnahme auf eine rasche Schlackenbildung der Phosphor verschlackt, wobei bei Kohlenstoff-gehalten von etwa 2% Phosphorgehalte von 0,1 bis 0,2% angestrebt werden. Durch Regelung der Frischgeschwindigkeit kann eine eisenarme Schlacke (8 bis 10% Fe) mit 18 bis 20% P_2O_5 gewonnen werden. Sie wird abgezogen und der Frisch-prozeß unter einer Zweitschlacke wie üblich zu Ende geführt. Die Zweitschlacke wird zweckmäßig im Ofen belassen. Diese Arbeitsweise wird jedoch kaum für die Qualitäts- oder Edelstahlerzeugung verwendet, wohl aber kann sie mit Erfolg für die Gewinnung von Vormetall für das Duplexverfahren (mit Siemens-Martin- oder Lichtbogenofen) Anwendung finden.

Schrifttum
zu Abschnitt 3.33

1. GRAEF, R.: Grundlagen und Ergebnisse der Stahlerzeugung im Rotor. Stahl u. Eisen 77 (1957), S. 1/10.
2. SPETZLER, E.: The Life of Refractory Linings in the Rotor Process, Special Report 74, Refractories for Oxygen Steelmaking. The Iron and Steel Institute, London 1962, S. 93/97.
3. BOGDANDY, L. v., W. DICK und I. N. STRANSKI: Zur Kinetik der Stahlherstellung. Arch. Eisenhüttenwes. 29 (1958), S. 329/37, vgl. Stahl u. Eisen 78 (1958), S. 1077.

3.4 Der Siemens-Martin-Ofenbetrieb

Für die Stahlherstellung im Siemens-Martin-Ofen sind weitgehende Möglich-keiten bei der Wahl der erforderlichen Ausgangsprodukte gegeben. Nicht nur für die Massenstahl-, sondern auch für die Edelstahlerzeugung können die verschie-densten Schrott- und Roheisensorten verwendet werden. Auch hinsichtlich der Mengenverhältnisse zwischen Schrott und Roheisen ist der Siemens-Martin-Prozeß keinen Einschränkungen unterworfen, so daß er sich den örtlichen Gegebenheiten unter Berücksichtigung der Wirtschaftlichkeit voll anpassen kann [1].

Für den kennzeichnenden Ablauf des Stahlherstellungsprozesses im Siemens-Martin-Ofen ist es gleichgültig, welche Ofenkonstruktionen Verwendung finden. Wohl aber haben sich in den vergangenen Jahren bestimmte Ofentypen als be-sonders wirtschaftlich erwiesen, und auf dem Gebiet der Qualitäts- und Edel-stahlerzeugung hat sich der ganzbasisch zugestellte Ofen immer mehr durchgesetzt. Der saure Siemens-Martin-Ofen ist dagegen nur mehr vereinzelt in Verwendung. In der Beheizung hat sich die Anwendung von Öl und Erdgas an Stelle von Gene-ratorgas weitgehend eingeführt. Einen besonderen Fortschritt brachte die Anwen-dung von gasförmigem Sauerstoff, der wesentlich zur Verkürzung der Schmelzzeit und damit zur Leistungssteigerung beigetragen hat. Diese Entwicklung ist nicht zuletzt auf die rasche Verbreitung der Sauerstoffaufblas-Verfahren zurückzu-führen. Sie führte jedoch neben der Leistungssteigerung zu einer erhöhten Be-anspruchung der feuerfesten Ofenzustellung.

Je nach der Art der im Einzelfall zur Verwendung gelangenden Einsatzstoffe und ihrer Mengenverhältnisse unterscheidet man im wesentlichen drei Verfahrens-gruppen:

1. das Schrott-Roheisen-Verfahren, auch kurz Schrottverfahren genannt,
2. das Roheisen-Erz-Verfahren,
3. das Schrott-Kohlungs-Verfahren.

Der metallische Einsatz im Schrott-Roheisen-Verfahren besteht im wesent-lichen aus Schrott mit wechselnden Anteilen an Roheisen, dessen Menge etwa 15 bis 65%, vorzugsweise 30 bis 50% beträgt. Das Roheisen-Erz-Verfahren dient zur Umwandlung des Roheisens in Stahl, ohne daß dabei wesentliche Mengen an Schrott zugesetzt werden. Die große Menge der aus dem Roheisen zu entfernenden Stahlbegleitelemente erfordert hohe Erzzusätze, wobei das in diesen enthaltene Eisen direkt in Stahl umgewandelt wird. Das Schrott-Kohlungs-Verfahren endlich ermöglicht die Verarbeitung von Schrott ohne Roheisenzusatz. Als Kohlenstoffträger für den Frischprozeß wird eine entsprechende Menge an Kohlungsmitteln eingesetzt.

Bei allen Verfahren mit Roheisenzusatz kann das Roheisen, je nach den örtlichen Bedingungen, sowohl im basischen als auch im sauren Ofen in fester oder flüssiger Form beigegeben werden. Bei flüssigem Roheisenzusatz wird oft eine Vorbehandlung des Roheisens, z. B. zur Entschwefelung oder Entsilizierung, vorgenommen (vgl. Abschnitt 3.23). Ebenso ist heute bei allen drei Verfahren das Ein- oder Aufblasen von Sauerstoff üblich, woraus sich eine entsprechende Abwandlung der metallurgischen Arbeitsweise ergibt.

Für die *Edelstahlerzeugung* ist das Roheisen-Schrott-Verfahren sowohl im basischen als auch im sauren Ofen das weitaus wichtigste und fast ausschließlich angewendete Verfahren. Es ist nicht nur für die Herstellung unlegierter, sondern auch aller Arten legierter Stähle geeignet. Auf die gleiche Weise kann flüssiges Vormetall für die verschiedenen Duplex- und Mischverfahren erzeugt werden. Das Roheisen-Erz-Verfahren wird in beschränktem Umfang für die Erschmelzung unlegierter Qualitätsstähle im basischen Ofen verwendet. Im sauren Ofen scheidet es wegen des starken Angriffs der Eisenoxyde auf die saure Zustellung aus. Das Schrott-Kohlungs-Verfahren ist für die Edelstahlerzeugung bedeutungslos, da es aus qualitativen Gründen weder im basischen noch im sauren Ofen für diesen Zweck angewendet wird.

Die Wahl der Ofenzustellung (sauer oder basisch) und des Schmelzverfahrens richtet sich in erster Linie nach den qualitativen Ansprüchen und damit nach den jeweiligen metallurgischen Notwendigkeiten. Wirtschaftliche Überlegungen sind auf dem Gebiet der Edelstahlerzeugung nur dann für die Wahl des Schmelzverfahrens entscheidend, wenn die gleiche Stahlgüte auf mehreren Wegen erreicht werden kann. Man wird auch hier bestrebt sein, immer jenes Verfahren auszuwählen, welches die geforderte Qualität bei geringstem Aufwand noch sicher herzustellen gestattet. In diesem Zusammenhang sei auch auf die Kombinationsmöglichkeit mit anderen Arbeitsverfahren, wie Schlackenreaktionsverfahren, Vakuumbehandlung vor dem Gießen usw., hingewiesen.

In den folgenden Abschnitten soll zunächst ein kurzer Überblick über den Bau und die Zustellung neuzeitlicher Siemens-Martin-Öfen für die Edelstahlerzeugung gegeben werden; bezüglich weiterer Einzelheiten sei auf das einschlägige Schrifttum verwiesen [2]. Im Anschluß daran wird der basische Siemens-Martin-Prozeß eingehend behandelt und an Schmelzbeispielen der Edelstahlerzeugung erläutert. Abschließend wird auch der saure Prozeß, wie er heute z. B. für die Herstellung schwerer Schmiedeblöcke oder von Kugellagerstahl von einzelnen Werken noch bevorzugt wird, behandelt.

Schrifttum

zu Abschnitt 3.4

1. KAHNIS, W., und H. WÜBBENHORST: Die Entwicklung der westdeutschen Siemens-Martin-Stahlerzeugung nach dem Jahre 1950 und der gegenwärtige Leistungs- und Kostenstand. Stahl u. Eisen 80 (1960), S. 721/33.
2. Vortragstagung der „Eisenhütte Österreich": Fortschritte im Bau und Betrieb von Siemens-Martin-Öfen. Berg- u. hüttenm. Mh. 108 (1963), S. 93/233.

3.41 Bau und Zustellung

Die Zustellung des Siemens-Martin-Ofens besteht aus dem feuerfesten Mauerwerk des Unter- und Oberofens. Dabei war die Zustellung des Unterofens, d. h. der Kammern, Kammergewölbe und Gitterung, bis vor wenigen Jahren beim sauren und basischen Ofen nahezu gleich. Die Konstruktion und Bemessung ist eine Funktion der verwendeten Beheizungsart. Saurer und basischer Ofen unterscheiden sich also im wesentlichen in der Herd-, Wand- und Gewölbezustellung. In neuester Zeit haben sich beim ganzbasischen Ofen besondere konstruktive Merkmale entwickelt, um einerseits den Eigenschaften des feuerfesten Materials Rechnung zu tragen und um andererseits günstige Voraussetzungen wärmetechnischer und strömungstechnischer Art für neue Brennstoffe (Öl und Naturgas) und die Anwendung des Sauerstofffrischens zu schaffen. Kennzeichnende Einzelheiten können den folgenden Abschnitten entnommen werden.

3.411 Der basische Siemens-Martin-Ofen

In der Zeit seit dem zweiten Weltkrieg hat sich der ganzbasisch zugestellte Siemens-Martin-Ofen nahezu in allen Industrieländern durchgesetzt. Die heute besonders in der Edelstahlindustrie geforderte hohe Leistung und lange Lebensdauer der Zustellung können nur mehr mit basischen, also magnesitischen Baustoffen erreicht werden. Nur kleine Werke mit Sonderprogrammen, vor allem auch Stahlgießereien, die keine so hohen Temperaturen aus metallurgischen Gründen benötigen, arbeiten heute noch in basischen Öfen mit Silikagewölben.

Die Anwendung basischer Baustoffe erstreckt sich über nahezu den ganzen Bereich der Siemens-Martin-Ofenanlage [1]. Sie werden demnach nicht nur für den Oberofen, sondern auch für die Schächte, die Schachtmündungen in die Schlackenkammern, die Schlackenkammern selbst und bei manchen Öfen, die mit hohen Gitterwerkstemperaturen arbeiten, auch für die Gitterkammerdecken verwendet. Dementsprechend war auch eine Reihe konstruktiver Änderungen notwendig, um die Lebensdauer aller Ofenteile einschließlich der Gewölbe aufeinander abzustimmen und Betriebsunterbrechungen für Teilzustellungen nach Möglichkeit auszuschalten.

Aus Rationalisierungsgründen und bei der Umstellung auf immer größere Ofeneinheiten und höherwertige Brennstoffe und Sauerstoffanwendung mußte auch eine Umstellung in der Zustellungstechnik vorgenommen werden. Bei den heute üblichen hohen Temperaturen gewinnt der Angriff des Eisenoxyduls (hauptsächlich beim Sauerstofffrischen) auf den basischen Stein steigende Bedeutung, so daß besonders die chromerzreichen Steine wieder durch chromärmere Steine (max. 25% Cr_2O_3) teilweise verdrängt wurden. Ebenso hat die Verminderung der Steinformate Fortschritte gemacht, wodurch z. B. mit der Einführung der Hängedecken für die Gewölbezustellung nur mehr zwei Formate benötigt werden.

Bei der Auswahl der Qualität der zur Verwendung gelangenden feuerfesten Baustoffe liegt das Wesentliche in einer sinnvollen Abstimmung der Haltbarkeit aller Bauteile. Die Haltbarkeit selbst wird aber auch durch die Sorgfalt bei der Zustellungsarbeit beeinflußt. Beides erfordert ein hohes Maß von Erfahrung. Dazu kommt weiter die Behandlung im Betrieb selbst, wobei beim Anheizen des Ofens auf das thermische Ausdehnungsverhalten Rücksicht zu nehmen ist. Auch die zweckmäßige konstruktive Gestaltung des Ofens kann manche Gefährdung der Zustellung ausschalten.

3.411.1 Unterofen

Als Baustoffe für den Unterofen dienten ursprünglich im überwiegenden Maße Schamottesteine, die sowohl für den unteren Teil der Kammerwände als auch für das wärmespeichernde Mauerwerk (Gittersteine) verwendet wurden. Die gütemäßigen Ansprüche bei dieser Zustellungsart richten sich nach der Temperaturbelastung der Kammern. Demgemäß genügen für die unteren Lagen der Ausgitte-

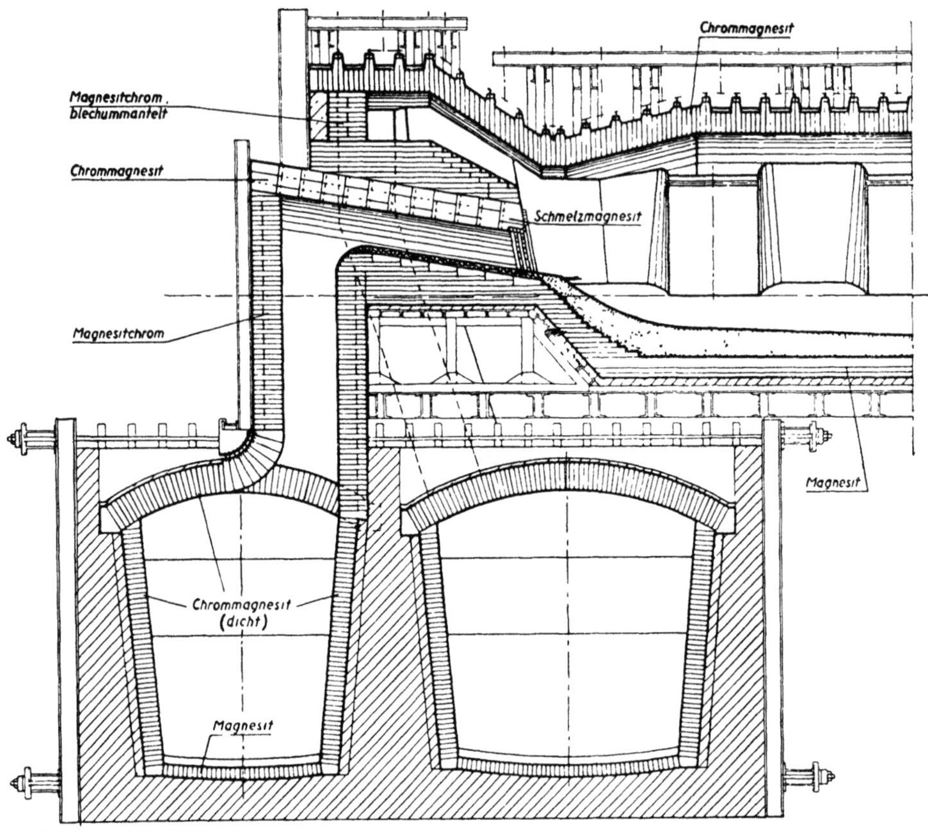

Abb. 268 a und b. Ganzbasische Zustellung des Unter- und Oberofens bei einem gasgefeuerten Siemens-Martin-Ofen (nach L. HÜTTER)

rung Schamottesteine, während für die oberen Lagen, die der Einwirkung der heißen Abgase in erster Linie ausgesetzt sind, nur hochwertigste Schamottesteine, gegebenenfalls auch Silikasteine Verwendung finden. Die Kammerwände werden im oberen Teil in der Regel mit Silikasteinen zugestellt, ebenso wie die Kammergewölbe. Die thermische Belastungsgrenze von Kammern, deren Gitterwerk aus Schamottesteinen besteht, liegt bei etwa 1400 °C. Die Haltbarkeit ist, je nach der Temperaturbelastung und Verstaubung, stark unterschiedlich. Im Mittel kann man mit etwa 500 bis 1000 Schmelzen rechnen. Eine kurze Lebensdauer wird vielfach durch Verlegen der freien Durchgangsquerschnitte mit Metalloxyden und Flugstaub oder durch Verschlackung verursacht.

In den Jahren von 1950 bis 1960 hat sich bei fast allen Ofensystemen, also koksofengas-, generatorgas-, öl- und erdgasbeheizten Öfen die Verwendung

basischer Steine für große Teile des Unterofens durchgesetzt. Abb. 268 [2] zeigt
an zwei Schnitten durch einen ganzbasisch zugestellten Siemens-Martin-Ofen diesen
Einsatz verschiedener Magnesitsteinsorten. Bei ganz in Magnesit zugestellten
Kammern werden auch die höchsttemperaturbeanspruchten Stellen des Gitterwerks, das sind in den meisten Fällen die obersten zehn Lagen der Gitterkammern,
mit magnesitischen Steinen ausgestattet. Mit ihrer höheren thermischen und chemischen Widerstandsfähigkeit und besseren Wärmeleitfähigkeit als Schamotte

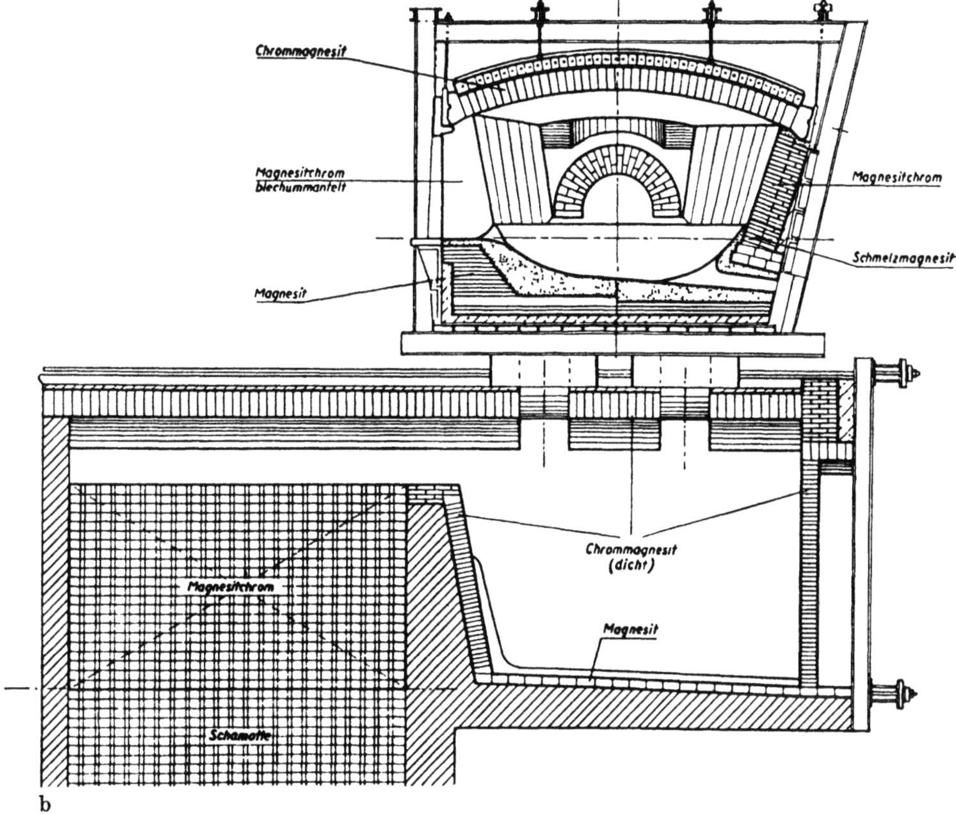

wurde erreicht, daß dieser reparaturanfällige Ofenteil wieder auf die optimale und der
Haltbarkeit der anderen Ofenteile entsprechende Lebensdauer gebracht werden
konnte. In diesem Zusammenhang war es auch notwendig, für den Übergang vom
Oberofen zu den Schlackenkammern neue Konstruktionen für die Kammerge-
wölbe und Schachtmündungen zu entwickeln. Abb. 269 zeigt ein Beispiel für eine
Hängedeckenkonstruktion mit einer trompetenartigen Luftschachtmündung in
die Schlackenkammer aus Steelkladsteinen für einen ganzbasischen Siemens-
Martin-Ofen mit Ölfeuerung.

3.411.2 Oberofen

Die feuerfeste Zustellung des Oberofens ist in eine eiserne Tragkonstruktion
eingebaut. Sie ruht bei feststehenden Öfen nicht auf der Deckenkonstruktion der
Kammern, sondern auf eigenen Fundamenten und ist bei Kippöfen auf die Kipp-

wiege aufgesetzt und mit dieser starr verbunden. Auf diese Weise bleibt in beiden
Fällen zwischen den Kammern und dem Herdboden ein freier Raum, so daß die
Unterseite des Herdes luftgekühlt ist. Die Tragkonstruktion ist so durchgebildet,
daß sie den beim Aufheizen des Ofens auftretenden thermischen Ausdehnungen
nachgeben kann. In diesem Zusammenhang soll auch auf die Segmentbauweise
beim MAERZ-BOELENS-Ofen [3] hingewiesen werden, wie sie Abb. 270 zeigt. Bei

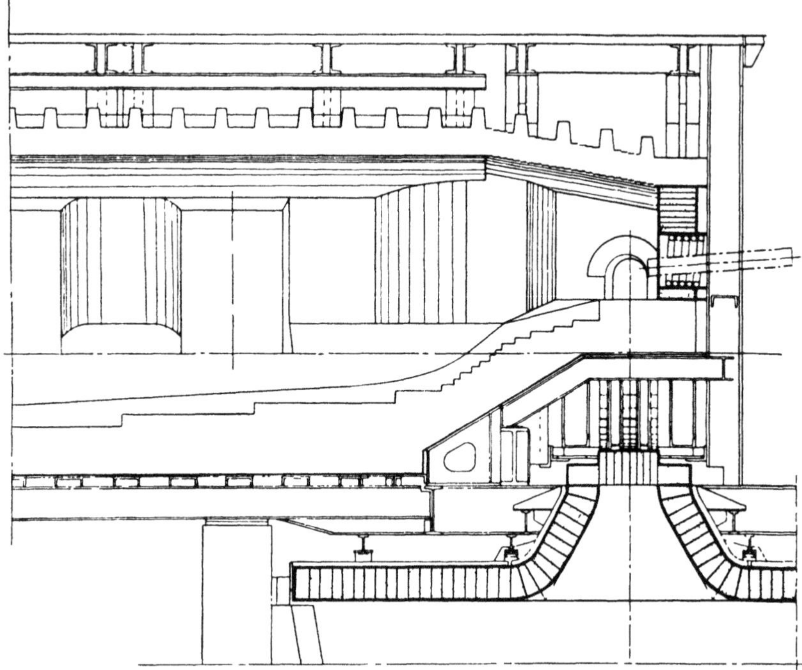

Abb. 269. Ausführung einer Hängedecke des Kammergewölbes in blechummantelten Magnesitsteinen
(Bauart Radenthein)

dieser Bauart bestehen Gewölbe, Türbögen und Oberofenwände aus abnehmbaren
Segmenten, die auch bei heißem Ofen rasch ausgewechselt werden können. Diese
Ofenkonstruktion führt zu einer Verkürzung der Reparaturzeiten und damit zu
einer wesentlichen Erhöhung des Ofenausnützungsgrades.

Die *Gas-* und *Luftschächte* zu den Brennern werden je nach Bauweise des Ofens
gemeinsam oder einzeln an den Stirnseiten des Ofens hochgezogen. Bei Öfen mit
Kaltgas-, Öl- oder Erdgasfeuerung entfallen die Gasschächte; die Öfen sind mit
entsprechenden Brennern ausgerüstet. Für die Zustellung der Brenner werden,
wie dies auch Abb. 268 zeigt, hochwertige basische Steine verwendet. Sie sind an
besonders beanspruchten Stellen mit einer Wasserkühlung versehen. Die Haltbarkeit liegt für Ofengrößen von 60 bis 30 t bei etwa 500 bis 1000 Schmelzen.

Die *Herdzustellung* besteht, wie Abb. 271 zeigt [4], in der Regel aus drei Schichten: einer Isolierschicht aus Schamottesteinen, einem Dauerfutter aus Magnesitsteinen, das aber auch durch eine gestampfte Auskleidung mit Chromerz oder
Kohlenstoff [5] ersetzt werden kann, und dem eigentlichen Verschleißfutter.
Dieses kann sowohl aus Magnesit als auch aus Dolomit bestehen.Die Wahl zwischen
Dolomit und Magnesit für die Herdzustellung ist eine Frage der Zustellungskosten
je Tonne Stahl und der Versorgungsmöglichkeit des Stahlwerkes mit dem nur be-

grenzt lagerfähigen Dolomit für die Herdpflege. Bezüglich der Dolomitherde sei noch darauf hingewiesen, daß die Eisenschmelze durch die Einwirkung von Eisenoxyd Kalk aus dem Dolomit herauslöst, womit die Beobachtung zu erklären wäre, daß die Entphosphorung auf Dolomitherden leichter vor sich geht als auf Magnesitherden. Dieser Umstand mag unter gewissen Voraussetzungen auch für die Wahl des Dolomits als Herdbaustoff sprechen.

Beim *Dolomitherd* normaler Ausführung trägt die Isolierschicht des Herdbodens zwei bis drei Lagen Magnesitsteine, deren Fugen versetzt und sorgfältig mit Magnesitmehl abgedichtet sind. Dies ist notwendig, um den Luftzutritt zu verhindern, der eine Verwitterung und Zerstörung des Dolomitherdes von unten her zur Folge haben würde. Als Zwischenschicht zwischen der Herdzustellung und der Isolierschicht kann aber auch eine Lage Chromerzsteine einge-

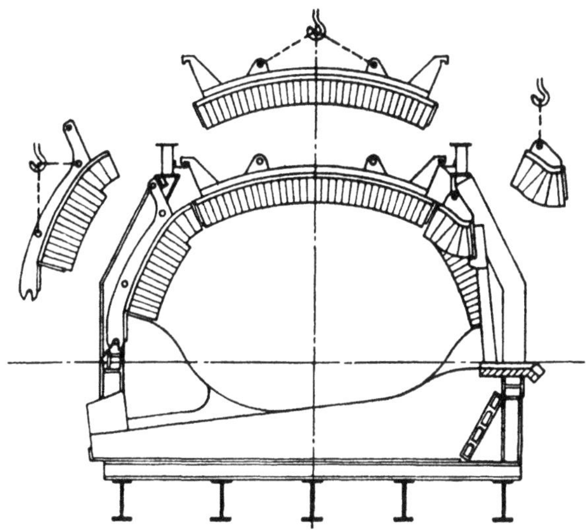

Abb. 270. Segmentbauweise bei einem Maerz-Boelens-Ofen (nach H. LEOPOLD)

baut werden, die mit einer plastischen Masse aus Chromeisenerz abgedeckt wird. Diese Zwischenschicht, deren Anwendung in den USA weit verbreitet ist, bildet zugleich eine gute Sicherung gegen Bodendurchbrüche.

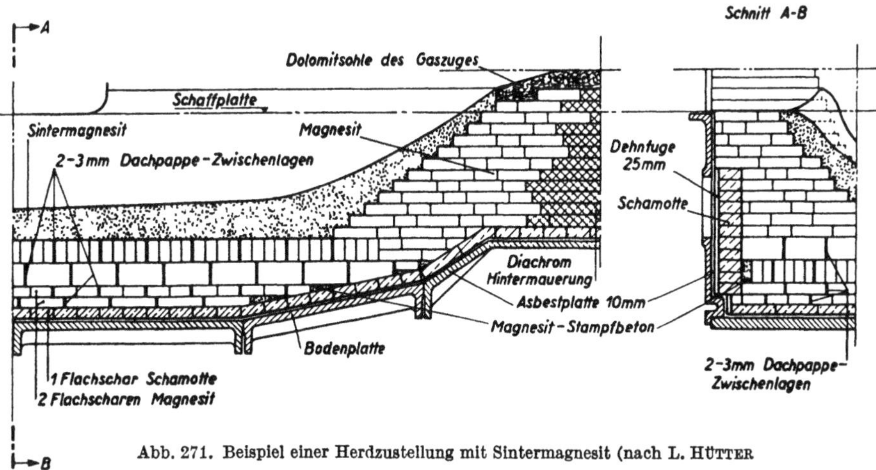

Abb. 271. Beispiel einer Herdzustellung mit Sintermagnesit (nach L. HÜTTER)

Die Neuzustellung des Herdes kann sowohl durch Einsintern als auch durch Einstampfen des Sinterdolomits erfolgen. Zum *Einsintern* wird Dolomit in dünnen Lagen von 2 bis 3 cm Stärke eingebracht, wobei zum Erleichtern des Frittens 5 bis 10% Siemens-Martin-Ofenschlacke zugemischt wird. Die Korngröße des

Dolomits soll zweckmäßig unter 10 mm liegen. Nach beendetem Aufsintern des Herdes wird als Abschluß häufig eine dünne Schicht Siemens-Martin-Schlacke aufgestreut, um die Oberfläche abzudichten und das Eindringen von Eisen in die Poren des Herdes zu verhindern. Zum *Einstampfen* des Herdes wird eine Teer-Dolomit-Mischung verwendet. Ihre Herstellung erfolgt am besten auf einem geheizten Kollergang, wobei dem Dolomit 8 bis 10% wasserfreier Teer beigemischt wird. Die Korngröße soll nicht über 10 mm liegen. Die fertige Mischung wird auf einer Unterlage aus Magnesitsteinen mit Preßluftstampfern dicht eingestampft und dann eingebrannt.

Daneben wird in den letzten Jahren ein Zustellungsverfahren mit trockenem Dolomit, das CRESPI-Verfahren zur Herstellung des sogenannten *Hartherdes* in zunehmendem Maß verwendet. An Stelle des schichtweise eingebrannten Dolomits wird feingemahlener Dolomit bestimmter Korngrößenverteilung, die eine besonders dichte Packung ergibt, ohne Zusatz von Bindemitteln im vorgewärmten Zustand schichtenweise eingestampft. Empfehlenswert ist es, den Hartherd bis etwas über die Schlackenzone zu stampfen. Diese von Hand bzw. auch mit Preßluftstampfern auszuführende Stampfarbeit nimmt etwa 24 bis 48 Stunden in Anspruch. Anschließend wird die Herdoberfläche gesintert. Die Stärke der gesinterten Schicht erreicht aber auch bei längerem Gebrauch nur eine Tiefe von 15 bis 20 cm. Dolomithartherde verhalten sich, was die Formbeständigkeit des Herdes und die Infiltration betrifft, günstiger als die gesinterten oder aus Teer-Dolomitstampfmasse aufgebauten Herde. Das Raumgewicht der Herdmasse liegt, je nach Sorgfalt der Stampfarbeit, zwischen 3,2 und 3,4, die Porosität beträgt nur 1 bis 6%. Die Infiltration von Stahl und Oxyden beschränkt sich meist auf eine dünne Oberflächenschicht von wenigen Zentimetern Stärke. Der Dolomithartherd ist jedoch ebenso wie der normale Dolomitherd wegen seines hohen Anteiles an freiem Kalk feuchtigkeitsempfindlich, worauf bei Ofenreparaturen Rücksicht zu nehmen ist.

Die Zustellung der *Magnesitherde* erfolgt nach den gleichen Arbeitsmethoden. Das schichtweise Einbrennen von Sintermagnesit mit 5 bis 10% Siemens-Martin-Schlacke ist ebenso üblich wie das Stampfen mit Teer-Magnesit-Mischungen. Die Zustellung des Herdes analog dem CRESPI-Verfahren ergibt den sogenannten Magnesithartherd. Eine weitere Möglichkeit besteht in der Ausmauerung mit Magnesitsteinen, die in Form eines umgekehrten Gewölbes verlegt und deren Fugen mit Magnesitmehl ausgefüllt werden. Diese Zustellungsart wird jedoch nur selten angewendet. Weitere Verbreitung haben dagegen die sogenannten monolithischen Magnesitböden gefunden. Sie werden aus angefeuchtetem Sintermagnesit, dem ein Bindemittel beigemengt ist (Wasserglas oder Ton), kalt eingestampft. Derartige Mischungen enthalten 60 bis 85% MgO. In manchen Werken wird als oberste Lage noch eine dünne Schicht Magnesit aufgesintert. Die Haltbarkeit von Magnesitböden ist bei guter Pflege im Mittel höher als die von Dolomitböden und kann bis zu mehreren tausend Schmelzen betragen.

Für die Zustellung der *Ofenwände* sind Dolomit-, Magnesit- und vorzugsweise Chrommagnesitsteine üblich. Zum Ausgleich der Wärmedehnung beim Anheizen werden Dehnfugen vorgesehen. Das Versintern der Dolomitsteine an der Ofeninnenseite erfolgt leichter als das der Magnesitsteine und erfordert keine Bindemittel. Bei Magnesitsteinen kann durch Vermauern mit Magnesit-Kalk-Mörtel, Wasserglasmörtel oder mit Zwischenlagen aus Blech, Bandeisen oder Drahtnetz das Sintern begünstigt werden. Vorteilhafter ist jedoch die Verwendung von blechummantelten Magnesit- bzw. Magnesitchromsteinen (vgl. Abb. 268). Bei kleineren Öfen ist die Zustellung der Rückwand auch durch Einstampfen von Teerdolomit hinter eine Schablone möglich. Bei Öfen mit einer Zwischenschicht aus Chromerzsteinen in der Herdzustellung wird diese häufig auch in der Rückwand hochgezogen.

Bei Ofenwänden aus Dolomitsteinen werden die besonders beanspruchten
Stellen, wie z. B. der Abstich (vgl. Abb. 272), in Magnesit zugestellt [4]. Magnesitchromsteine können grundsätzlich an allen hochbeanspruchten Teilen verwendet
werden, die mit dem Stahlbad und der Schlacke nicht in Berührung kommen.
Die Haltbarkeit der Rückwände wird durch Schrägstellung verbessert, wie dies
heute bei allen modernen Öfen üblich geworden ist.

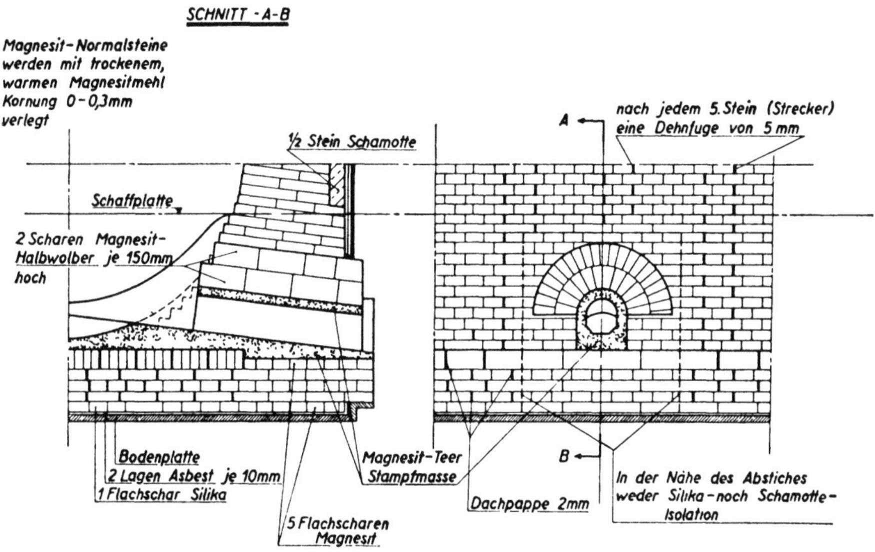

Abb. 272. Beispiel einer Zustellung der Abstichöffnung (nach L. HÜTTER)

Eine entscheidende technische Entwicklung weist die Zustellung des *Ofengewölbes* auf. Die früher übliche saure, aus Silikasteinen bestehende Ofendecke
ist für basische Siemens-Martin-Öfen der edelstahlerzeugenden Werke fast ausnahmslos durch basische Gewölbe aus Magnesitsteinen ersetzt worden. Mit Rücksicht auf die noch vereinzelt in Betrieb stehenden basischen Öfen mit saurem
Ofengewölbe und seine gleichartige Ausführung bei sauren Siemens-Martin-Öfen
(vgl. Abschnitt 3.412.1) soll diese Zustellungsart trotzdem kurz behandelt werden.

Das *saure Gewölbe* wird aus Silikasteinen in Form eines freitragenden Gewölbes
aufgebaut, welches sich gegen die Widerlager an den Ofenwänden verspannt. Die
Formsteine werden mit Silikamörtel unter Verwendung von Zwischenlagen aus
Pappe oder Holz über einer Schablone vermauert, welche vor dem Anheizen
entfernt wird. Dabei ist es zweckmäßig, Gerüstbögen mit dem Radius des heißen,
ausgedehnten Gewölbes zu wählen, damit die Steine im Betriebszustand (innen
etwa 1600 bis 1650°C, außen etwa 200 bis 400°C) mit den vollen Flächen aneinanderliegen. Die durch die stärkere Ausdehnung der Innenseite notwendigen
Fugen werden durch Holzkeile geschlossen, die beim Anheizen herausbrennen.
Bei dieser Bauweise können die Anker durch feste Streben ersetzt werden, wodurch die Panzerung des Ofens an Steifigkeit gewinnt.

Eine wesentliche Verbesserung der Haltbarkeit saurer Gewölbe konnte durch
die Einführung der Rippengewölbe [6] erzielt werden (Abb. 273). Sie haben sich
besonders bei Öfen großer Spannweite und bei Kippöfen bewährt. Die Rippen

geben dem Gewölbe eine hohe Tragfähigkeit auch bei weit fortgeschrittenem Verschleiß. Ein Verwerfen, welches bei normalem saurem Gewölbe zur raschen Zerstörung führt, ist daher nicht zu befürchten. An besonders beanspruchten Stellen kann beim Rippengewölbe der örtliche Verschleiß durch Einbau von Abdecksteinen ausgeglichen werden, wie sie Abb. 274 zeigt. Durch diese Maßnahme kann eine wesentliche Haltbarkeitssteigerung erzielt werden.

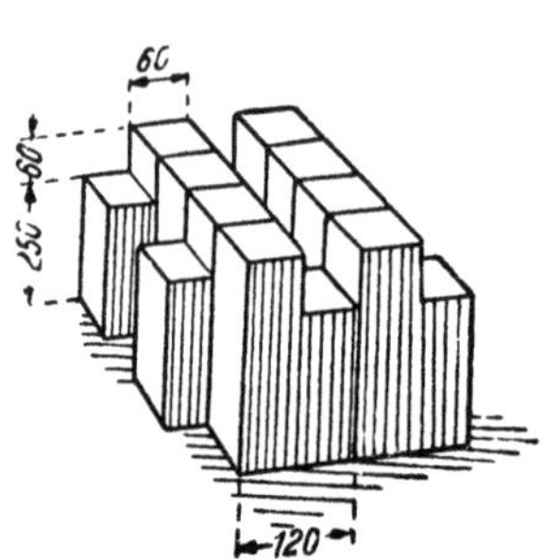

Abb. 273. Teilausschnitt eines Rippengewölbes aus Silikasteinen im Verband (nach R. KLESPER)

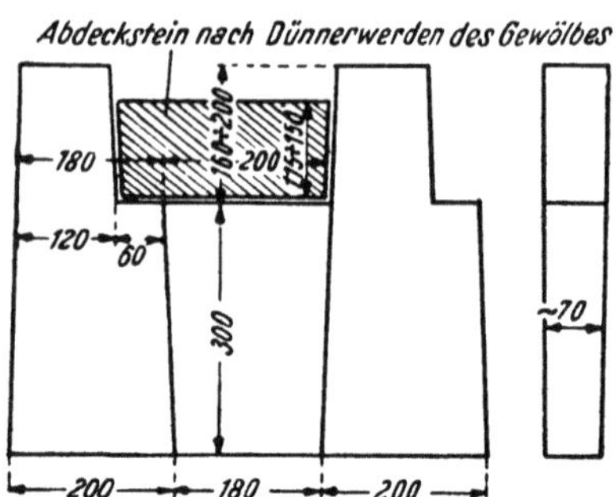

Abb. 274. Rippendeckensteine und Abdeckstein (nach R. KLESPER)

Das Anheizen saurer Gewölbe muß mit besonderer Vorsicht durchgeführt werden, um dem thermischen Ausdehnungsverhalten des Silikasteines Rechnung zu tragen (vgl. Abschnitt 3.112.1). Aus Sicherheitsgründen soll daher bis zu einer Temperatur von 300 bis 400 °C die Anheizgeschwindigkeit nicht mehr als

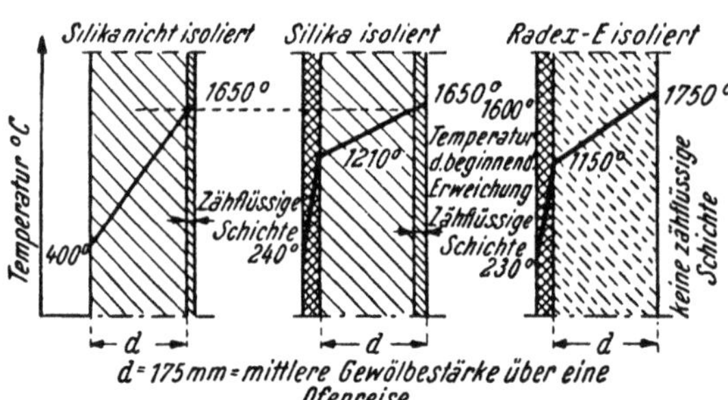

Abb. 275. Temperaturverlauf in nichtisolierten und isolierten Gewölbesteinen (nach L. HÜTTER)

10 bis 12 °C/h betragen. Darüber kann die Erwärmung rascher mit etwa 25 bis 50 °C/h erfolgen. In der Praxis wird das langsame Anheizen in der Weise erreicht, daß man den Ofen zunächst mit einem Holzfeuer austrocknet und dann mit einer Koks- oder Kohlenfeuerung vorwärmt, welche vor den Ofentüren angebracht wird. Auch ein Anheizen mit Gasbrennern, die über den ganzen Ofenraum verteilt sind,

wird ausgeführt. Erst bis der ganze Ofen auf die Zündtemperatur des Brennstoffes vorgewärmt ist, wird mit der normalen Ofenheizung begonnen.

Der Verschleiß des sauren Gewölbes ist über den Zeitraum einer Ofenreise ungleichmäßig verteilt. Die Abnützung geht bis etwa zur halben Steinstärke ziemlich rasch, um dann durch die Außenkühlung des dünner gewordenen Gewölbes abzunehmen. Die Haltbarkeit des Silikagewölbes hängt, außer von der Ofen- und Schmelzführung, auch von den Druck- und Temperaturverhältnissen im Gewölbe und von der Stärke des chemischen Angriffes ab. Besonders gefährlich sind Wärmestauungen durch isolierende Staubablagerungen auf der Gewölbeoberfläche. Wie sich eine Isolierung saurer Gewölbe im Vergleich zum Verhalten basischer Steine auswirkt, zeigt Abb. 275 [7]. Beim Silikastein führt die Wärmestauung bei gleicher Betriebstemperatur zum Breiterwerden der inneren zähflüssigen Schicht, wodurch der thermische Angriff verstärkt wird. Bei hochbeanspruchten Öfen leistet eine genaue Temperaturüberwachung, möglichst mit selbstregistrierenden Geräten, gute Dienste.

Den größten Anteil am Verschleiß des Silikagewölbes in basischen Öfen hat jedoch die Einwirkung von Staub und Dämpfen, die durch Infiltration und chemischen Angriff die thermische Widerstandsfähigkeit der Steine herabsetzt. Die Haltbarkeit saurer Gewölbe liegt bei Ofengrößen von 60 bis 30 t bei etwa 250 bis 800 Schmelzen und nimmt mit steigender Ofengröße ab.

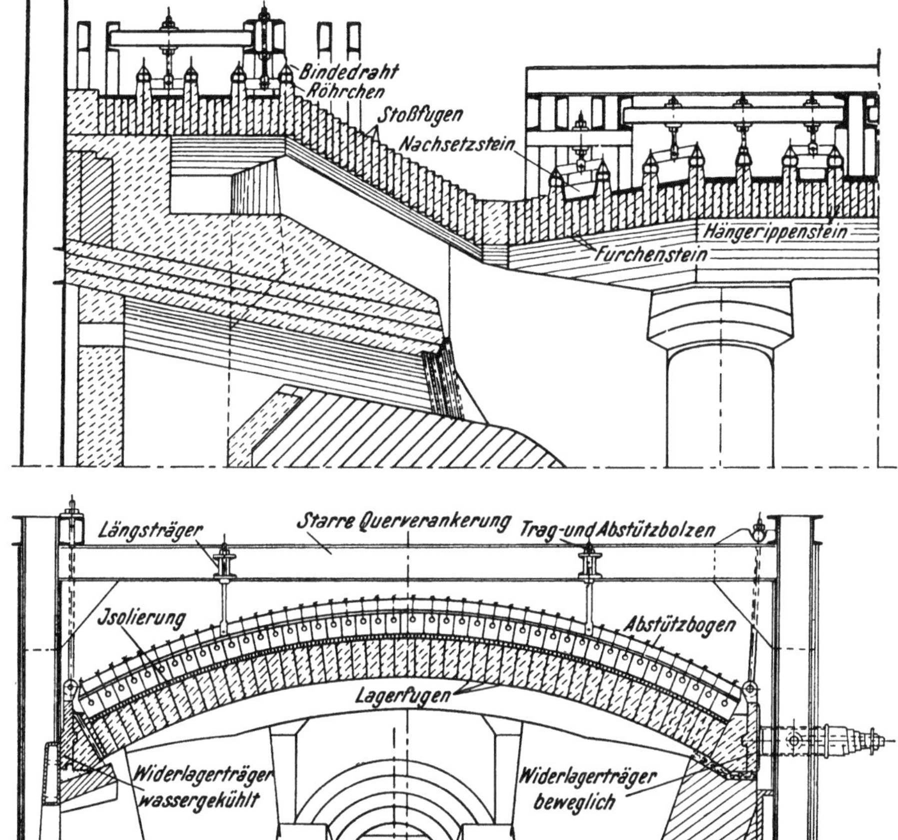

Abb. 276. Radentheiner Hängestützgewölbe in Längs- und Querschnitt (nach L. HÜTTER)

Die Einführung der *basischen Ofengewölbe* ist durch eine besondere konstruktive Entwicklung gekennzeichnet, die den spezifischen Eigenschaften des temperaturwechselbeständigen Chrommagnesit- und der nunmehr meist verwendeten Magnesitchromsteine Rechnung trägt [8 bis 11]. Dazu gehört die bei Betriebstemperatur (1650 bis 1750 °C) geringere Plastizität und das höhere spezifische Gewicht, das bei üblicher Gewölbekonstruktion zu einer stärkeren Druckbeanspruchung der Widerlager und der Steine selbst führt. Eine teilweise Entlastung wurde durch die *Hängestützgewölbe* [8] erreicht, wie sie Abb. 276 zeigt.

Sie bestehen aus einer abwechselnden Anordnung von Rippen und freitragenden Furchen. Die Rippen sind aufgehängt und abgestützt und bilden eine Versteifung des Gewölbes, so daß es weder steigen noch sinken kann. Die Flächenberührung zwischen den Steinen bleibt unabhängig von den Temperaturschwankungen im Ofen erhalten. Im gleichen Sinne wirken auch die durch Pufferfedern abgestützten Widerlager. Man erreicht so eine günstige Druckverteilung, ohne allerdings das Gewölbe gänzlich entlasten zu können.

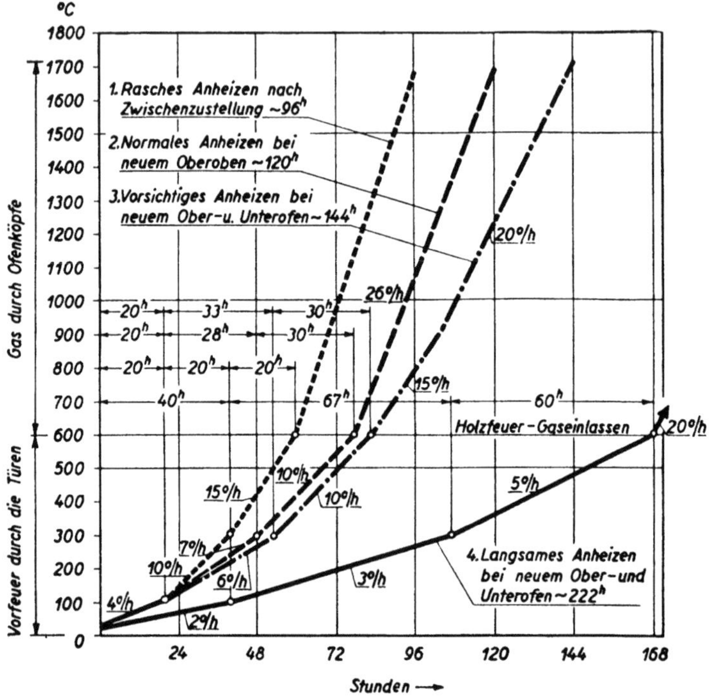

Abb. 277. Anheizdiagramm für basische Siemens-Martin-Öfen (nach L. Hütter)

Beim Bau des Gewölbes wird durch Verwendung von Blecheinlagen und Drahtnetzen als Fugenbaustoff bei gebrannten Steinen und durch die Mantelbleche der Steelkladsteine eine gute Verbindung und ein allmähliches Verfritten der Steine untereinander erreicht. Auch beim Anheizen dieser basischen Gewölbe ist eine möglichst stetig ansteigende Temperaturkurve einzuhalten. Abb. 277 zeigt Anheizdiagramme [12], wie sie bei Neuzustellungen und nach Zwischenzustellungen verwendet werden. Besondere Sorgfalt ist dabei auf das Nachlassen der Federn zu verwenden, um übermäßige Drücke und damit Schädigungen der Steine zu vermeiden. Mit fortschreitendem Gewölbeverschleiß und bei Stillständen, die mit einer Abkühlung verbunden sind, ist diese Einstellung der Pufferfedern besonders schwierig. Der Verschleiß ist meist ungleichmäßig. Hier bieten die Rippen die Möglichkeit, die Haltbarkeit des Gewölbes durch Einsetzen von Nachsetzsteinen zu verlängern.

Die schwierige Druckeinstellung führte in weiterer Folge vor einigen Jahren zum Bau von *Hängedecken*, bei denen jeder einzelne Stein aufgehängt ist. Abb. 278 zeigt Beispiele für die Konstruktion von Hängedecken und die zugehörige Steinaufhängung [9]. Aus Vereinfachungsgründen und zur Vermeidung von Druck-

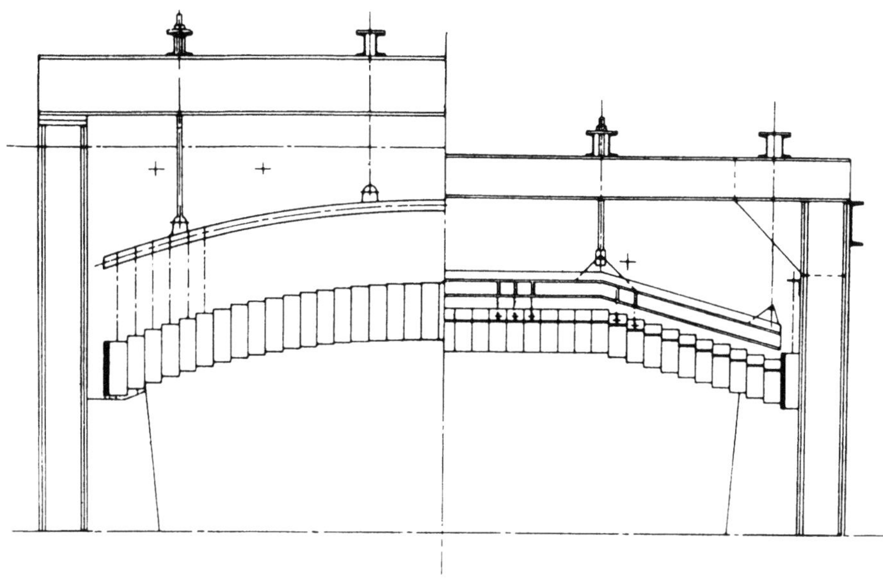

Abb. 278. Beispiele für die Steinaufhängung bei basischen Hängedecken (nach L. Hütter)

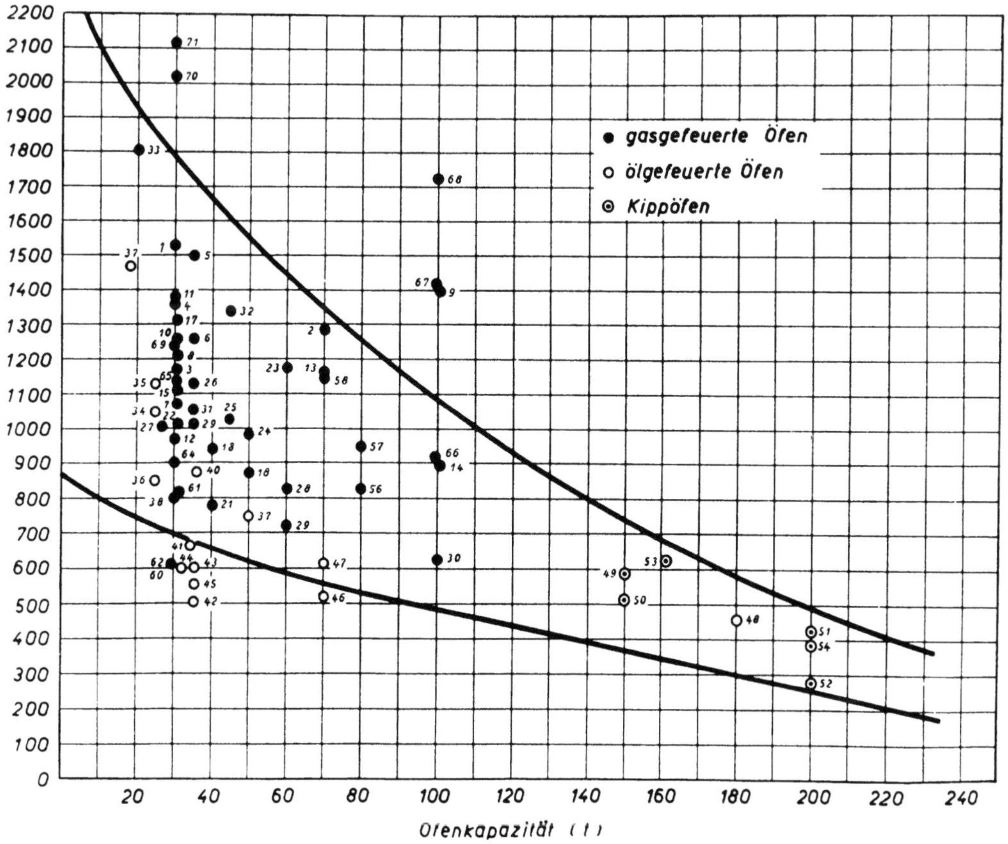

Abb. 279. Haltbarkeit basischer Gewölbe in Abhängigkeit von der Ofengröße (nach L. Hütter)

beanspruchungen werden nicht mehr konische Steine, sondern einfache Laschensteine, das sind blechummantelte Rechtecksteine, verwendet. Diese Steine enthalten nur mehr einen Chromerzzusatz von maximal 25% und werden als chemisch gebundene, ungebrannte und blechummantelte Steine eingesetzt. Die zur keramischen Bindung erforderliche Sinterung tritt erst im Siemens-Martin-Ofen beim Erreichen der Betriebstemperatur ein. Die Hängedecken werden vorteilhaft nicht mehr als radiale Gewölbe, sondern, so weit wie möglich, eben oder in abgetreppter Form ausgeführt, wodurch jeder Stein, senkrecht an der Armierung hängend, keiner Druckbeanspruchung mehr ausgesetzt ist.

Die Hängedecke ergibt nicht nur eine längere Lebensdauer, sondern auch Vorteile bei der Zustellung und Instandhaltung. Dies sind eine Verkürzung der Zustellzeit durch Wegfall des Lehrgerüstes, einfache Reparaturmöglichkeit auch bei heißem Ofen während des Betriebes, Beschränkung der Steinformate auf zwei Positionen (Grundformat und Reparaturstein), Verkürzung der Anheizzeit, da keine Gefahr unvorhergesehener Druckbeanspruchungen besteht, und ge-

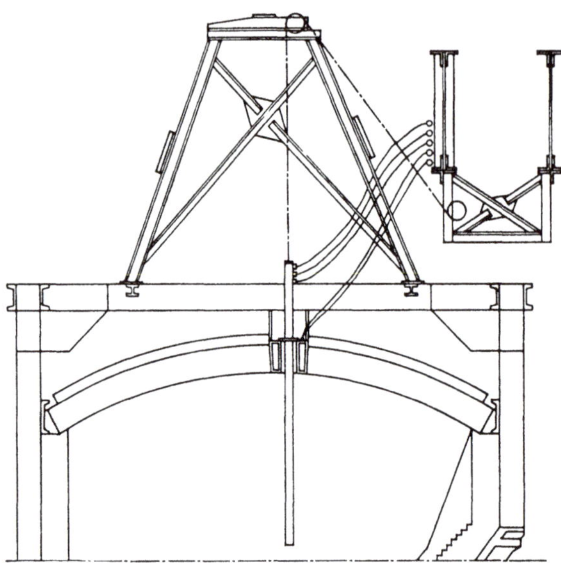

Abb. 280. Aufhängung der Gewölbelanze und Gewölbedurchführung mit Kühlkasten (nach L. HÜTTER)

ringer Aufwand für die Gewölbekontrolle während des Betriebes, da keine Federbehandlung wie bei den Hängestützgewölben notwendig ist.

In diesem Zusammenhang muß noch auf die Verwendung von innenarmierten Magnesitchromsteinen hingewiesen werden, die durch verschiedene Einlagen im Inneren des Steines eine zusätzliche Stabilität und damit eine höhere Haltbarkeit erreichen lassen. Sie werden, außer für basische Gewölbe, auch für Wände und Schächte angewandt, bevorzugt auch dann, wenn ein besonders starker Angriff durch Flugstaub, insbesondere Eisenoxydul, zu erwarten ist. Auch die sogenannten Compoundsteine — Magnesit- und Magnesitchromstein nebeneinander in einem Blechmantel — können zu einer höheren Gesamthaltbarkeit führen als die alleinige Verwendung einer einzigen Steinqualität.

Die *Haltbarkeit* basischer Gewölbe wird, außer von der Güte des Steinmaterials und der Ofen- und Schmelzführung, auch von der Ofenbauart und Ofengröße beeinflußt. Einen allgemeinen Überblick über die Gewölbehaltbarkeit in Abhängigkeit von der Ofengröße für gas- und ölgefeuerte Öfen sowie Kippöfen gibt Abb. 279 [13]. Der thermische und chemische Angriff ist im allgemeinen geringer als bei sauren Gewölben. Dagegen kann die Haltbarkeit durch die beim Sauerstoffblasen entstehenden Eisenoxyddämpfe stark vermindert werden. Hier bieten die innenarmierten Steine gewisse Vorteile.

Die hohe Temperaturbelastbarkeit der Magnesitchromsteine gestattet grundsätzlich eine Isolierung des Gewölbes zur Verminderung der Wärmeverluste des Ofens. Die Wirtschaftlichkeit einer Gewölbeisolierung ist jedoch umstritten, da durch den Wärmestau die Infiltration von Oxyden begünstigt wird und ein höherer Steinverschleiß die Folge sein kann.

Schließlich sei noch auf die konstruktive Lösung der Einführung von *Sauerstofflanzen* durch basische Gewölbe hingewiesen. Je nach Ofengröße sind zwei und mehr Sauerstofflanzen über die Ofenlänge verteilt. Wie Abb. 280 erkennen läßt, wird die oberhalb der Ofenkonstruktion aufgehängte Lanze durch einen Kühlkasten im Gewölbe in den Ofenraum eingeführt [10]. Dieser Kühlkasten, dessen Seitenlänge etwa vier Laschensteinen entspricht, ragt fast bis zur Gewölbeinnenfläche hinein und kühlt gleichzeitig das umliegende Gewölbe. Die Einführungsöffnung erlaubt ein gewisses Spiel der Lanze.

3.411.3 Ofenpflege und Reparaturarbeiten

Die sachgemäße und sorgfältige Pflege des Herdes, der Ofenwände, der Brenner und des Gewölbes ist nicht nur für die Haltbarkeit der Ofenzustellung, sondern auch für die metallurgische Arbeit im Ofen wesentlich. Bereits nach kurzer Betriebszeit eines neu zugestellten Ofens werden kleine Ausbesserungsarbeiten notwendig, deren Unterlassung zu schweren Schäden führen kann. In erster Linie betrifft dies die Herdzustellung bis zum Schlackenstand als dem am stärksten beanspruchten Teil des Ofens.

Bei der Ausführung von *Herdreparaturen* ist es wesentlich, daß vorher alle Stahl- und Schlackenreste vollständig entfernt werden, eine Arbeit, die besonders in feststehenden Öfen mit größeren Schäden erhebliche Schwierigkeiten bereiten kann. Man kann sich dabei durch Aufsaugen der Stahlreste mit gekörntem Dolomit behelfen, oder man kann sie nach dem Abkühlen und Teigigwerden mit Brechstangen aus dem Ofen entfernen. In die gereinigte Vertiefung des Herdes wird, je nach der Zustellung, Dolomit oder Magnesit, eventuell unter Zusatz von Bindemitteln, eingebracht. Größere Reparaturstellen werden mit gebranntem Kalk bestreut oder mit Blech abgedeckt. Erfahrungsgemäß ist dann auch ohne besonderes Einbrennen ein einwandfreies Festsintern des frisch aufgetragenen Dolomits oder Magnesits im Verlauf der folgenden Schmelze möglich.

Ansätze am Herd, deren Bildung durch unsachgemäße Lagerung der Zuschläge beim Einsetzen, durch Ausbesserungsarbeiten oder durch ungenügendes Reinigen des Bodens möglich ist, können durch vorsichtiges Aufgeben von Flußmitteln entfernt werden. Meist genügen jedoch kleine Zugaben von Erz oder Zunder bzw. das Einsetzen von stark verrostetem Schrott oder Spänen.

Ausbesserungen am *Schlackenstand* werden durch Anwerfen mit Dolomit oder Magnesit ausgeführt. Die Haftfähigkeit von gekörntem Magnesit kann durch Beimischen von gelöschtem Kalk oder Anfeuchten verbessert werden. Selbstverständlich können auch Teerdolomit und Teermagnesit verwendet werden. Diese plastischen Massen werden mit der Schaufel aufgetragen und durch Anpressen oder Schlagen verdichtet.

Ausbesserungen an den *Ofenwänden* werden durch Anwerfen mit feuerfestem Material ausgeführt, welches zur Verbesserung der Haftfähigkeit in gleicher Art vorbereitet werden kann. Die Flickmasse soll jedoch keine zu grobe Körnung (maximal 6 mm) und einen genügend hohen Anteil an Feinkorn aufweisen. Außerdem wird man scharfkantigem Material wegen seiner besseren Haftfähigkeit den Vorzug geben.

Bei Großöfen wird die händische Arbeit bei der Instandhaltung des Ofens weitgehend ausgeschaltet. Hier bedient man sich maschineller Vorrichtungen zum Einschleudern der trockenen Flickmassen (Dolomitschleuder) oder magnesitischer Schlämmassen.

Die Pflege des *Stichloches* ist bei feststehenden Öfen eine der wichtigsten Arbeiten zwischen zwei Schmelzen. Der Abstich muß so fest verschlossen sein, daß ein Durchbruch unter allen Umständen vermieden wird, während er andererseits auch leicht zu öffnen sein muß. Im einzelnen haben sich in allen Werken erprobte Arbeitsmethoden herausgebildet. So ist z. B. das Ausstampfen mit Dolomit (auch ungebranntem Dolomit) üblich. Ebenso können Mischungen von Magnesit mit Kalk oder Ton verwendet werden. Abstichreparaturen an der Innenseite des Ofens lassen sich durch Anwerfen der Rückwand über einem in den Abstich eingelegten Rundholz leicht ausführen. Dieses brennt noch vor dem Niederschmelzen des nächstfolgenden Einsatzes ab, während die aufgetragene Masse festsintert.

Gewölbereparaturen werden, wie bereits im vorhergehenden Abschnitt erwähnt, nur im beschränkten Umfang ausgeführt, z. B. wenn die Ofendecke an einer Stelle vorzeitig schadhaft geworden ist und eine vollkommene Erneuerung noch nicht wirtschaftlich erscheint. Bei der Reparatur können, je nach der Deckenkonstruktion, entweder einzelne Steine oder auch ganze Gurte ersetzt werden. In diesem Zusammenhang soll auch darauf hingewiesen werden, daß eine befriedigende Haltbarkeit des Gewölbes auch bei bestem Material nur durch eine sorgfältige Pflege und genaue Überwachung erzielt wird. Dazu gehört einerseits die regelmäßige Entfernung der isolierenden Staubablagerungen und andererseits bei sauren Gewölben die dauernde Beobachtung der Gewölbeinnenfläche, um Abschmelzerscheinungen sofort festzustellen. Außer der visuellen Beobachtung, die naturgemäß nur in bestimmten Zeitabschnitten vorgenommen wird, hat sich besonders die automatische Registrierung der Gewölbetemperatur bewährt [14].

Zur *Ofenpflege* gehört weiterhin das regelmäßige Entfernen der Asche- und Schlackenansätze am Boden der Brennerzüge, sowie die zeitweise Reinigung der Schlackentaschen und Schlackenkammern. Bei Kaltgasöfen erfordern die Düsen für die Karburierung ebensolche Pflege wie die Öl- oder Erdgasbrenner bei Öfen dieser Beheizungsart. Diese Brennerpflege ist für die Flammenführung und damit für die Ofenleistung von großer Bedeutung. Ein Entfernen der meist oxydischen Ablagerungen in den Kammern ist auf mechanischem Wege nicht durchführbar. Dagegen wurde das Einspritzen von Wasser in die Kammern wiederholt mit gutem Erfolg angewendet.

Ofenreparaturen und Ausbesserungsarbeiten, die nicht nach jeder Schmelze notwendig sind, werden bevorzugt während Sonntags- und Feiertagsstillständen ausgeführt. Die Erneuerung ganzer Ofenteile bei sonst noch gutem Ofenzustand erfordert meist längere Reparaturarbeiten, wobei der Oberofen örtlich abgemauert wird.

Auch wenn keine offenkundigen Schäden am Ofen auftreten, gehört doch eine Kontrolle des gesamten Ofens zwischen zwei Schmelzen zu den selbstverständlichen Erfordernissen aller mit der Führung des Ofens betrauten Personen. Das Entfernen aller Stahl- und Schlackenreste, die auch bei einwandfreiem Herd im Ofen zurückbleiben können, ist besonders bei stark wechselndem Erzeugungsprogramm wichtig, um die nachfolgende Schmelze nicht zu verunreinigen. Selbstverständlich wird auch der übrige Ofenzustand bei dieser Revision beurteilt. Der Zustand der Ofenwände und des Gewölbes, sowie der Kammern und der Brenner gibt Hinweise für den zweckmäßigen weiteren Einsatz des Ofens. Ebenso werden die Ofenkühlungen kontrolliert und allfällige Staubansammlungen vom Gewölbe entfernt. Daß in der nach dem Einsetzen folgenden Pause in der Ofenarbeit alle benutzten Gezähe und Hilfseinrichtungen in Ordnung gebracht und für die Wiederbenutzung vorbereitet werden, ist ein wohl selbstverständliches Erfordernis.

3.412 Der saure Siemens-Martin-Ofen

3.412.1 Ofenzustellung

Die Zustellung des *Unterofens* gleicht weitgehend dem basischen Siemens-Martin-Ofen, nur daß in diesem Fall keine basischen Steine Verwendung finden. Die üblichen Baustoffe sind hochwertige Schamottesteine und Silikasteine für die Kammergewölbe und Züge, sowie gegebenenfalls auch für die oberen Lagen des Gitterwerks.

Der *Oberofen* wird vollständig in Silikamaterial zugestellt. Bei der allgemein üblichen Art der *Herdzustellung* trägt die Bodenisolierschicht eine oder mehrere Lagen Silikasteine, auf welche die eigentliche Bodenmasse schichtenweise eingesintert wird. Sie besteht aus hochwertigem Quarzsand und Bindemitteln, die das Festbrennen erleichtern. Solche sind entweder die im Quarzsand enthaltenen natürlichen Verunreinigungen, wie Feldspat und Ton, oder künstliche Beimengungen von Tonmehl, Borsäure oder Wasserglas; auch Zusätze von 10% saurer Martinschlacke werden manchmal verwendet. Das Einbrennen des Herdes erfolgt in Schichten von 1 bis 2 cm Stärke. Jede eingeschweißte Schicht soll vor dem Aufbringen der folgenden eine spiegelnde Oberfläche aufweisen und vollkommen durchgesintert sein. Das Einschweißen einer Herdschicht von 300 bis 400 mm Stärke dauert zwei bis vier Tage. Mit stark tonigen Sanden werden keine guten Haltbarkeiten erzielt. Über die günstigste Korngröße sind die Ansichten geteilt. Je nach den Erfahrungen der Werke wird ganz feiner Sand mit einer maximalen Korngröße von 1 mm oder auch gröberer Sand bis maximal 15 mm verwendet [15].

Im Verlauf der Ofenreise unterliegt der saure Herd starken Veränderungen seiner Zusammensetzung durch Infiltration von Metalloxyden, die seine Haltbarkeit vermindern und seine metallurgische Wirksamkeit verschlechtern. Als Beispiel für die Veränderung der Herdzusammensetzung können die in Tab. 69 angegebenen Zahlen dienen. Sie zeigen, daß in erster Linie eine Anreicherung an Eisenoxydul eintritt. Die Wirkung des Manganoxyduls äußert sich bevorzugt in einer Auflösung und Abtragung, ohne daß der Gehalt im Herd selbst über 5 bis 7% ansteigt. Wegen der verminderten metallurgischen Wirksamkeit ist es daher vielfach üblich, die oberste Herdschicht laufend durch Auftragen von Quarzsand zu erneuern, wodurch auch die Haltbarkeit wesentlich verlängert wird. Die Haltbarkeit saurer Herde kann auf diese Weise bis zu tausend Schmelzen und mehr betragen.

Tabelle 69. *Veränderung der Herdzusammensetzung bei einem sauren 60-t-Ofen*[1]

Bestandteil	Neuer Herd[2]	Nach 12 Wochen	Nach 8 Jahren	Alter saurer Herd
	Zusammensetzung in %			
SiO_2	94,87	70,54	67,4	67,20
FeO	—	15,84	20,4	18,80
Fe_2O_3	0,86	5,51	3,96	0,30
Al_2O_3	2,60	2,29	1,06	2,80
MnO	—	5,28	5,06	6,60
CaO	0,44	0,08	2,10	2,20
MgO	0,19	0,72	0,44	0,04
Alkalien	0,28	—	—	—
TiO_2	—	—	—	1,20

[1] Stahl u. Eisen 40 (1920), S. 1129/35, 1165/70 und 1201/04; 41 (1921), S. 1074/75.
[2] Gewicht 24,25 t aus belgischem und Brown-Sand.

Die Ofenwände saurer Öfen bestehen ebenso wie die Brenner aus Silikasteinen. Die Haltbarkeit der Brenner wird durch den Einbau von Kühlrohren wesentlich gesteigert, was auch für die Flammenführung von Vorteil ist.

Für die Zustellung des *Ofengewölbes* gilt das bereits beim basischen Ofen Ausgeführte (Abschnitt 3.411.2). Die Silikasteine der Ofendecke unterliegen außer der thermischen Beanspruchung auch dem chemischen Angriff basischen Staubes. Ihre Haltbarkeit ist jedoch in der Regel doppelt so hoch wie in basischen Öfen.

3.412.2 Ofenpflege und Reparaturarbeiten

Bei der Ofenpflege und Reparatur saurer Siemens-Martin-Öfen sind außer den bereits beim basischen Ofen angeführten allgemeinen Erfordernissen noch einige Besonderheiten zu erwähnen (vgl. auch Abschnitt 3.411.3).

Als Flickmasse bei sauren *Herden* dient Quarzsand, dem zum leichteren Festbrennen Tonmehl beigemischt werden kann. Auch das Einschlagen von Silikasteinbruch hat sich gut bewährt, wobei die mit Metalloxyden angereicherten Steine abgerissener saurer Gewölbe ohne weiteren Zusatz an Bindemitteln leicht festsintern. In schwedischen Werken ist es allgemein üblich, nach jeder Schmelze eine dünne Schicht Quarzsand aufzusintern. Das Festbrennen erfolgt durch kurzes Heizen vor dem Neubeschicken des Ofens.

Schrifttum

zu Abschnitt 3.41

1. LEITNER, K.: Basische Zustellung des Siemens-Martin-Ober- und Unterofens. Berg- u. hüttenm. Mh. 108 (1963), S. 222/28.
2. HÜTTER, L.: Die Wertigkeit der Beanspruchungsarten bei der Beurteilung der Haltbarkeit basischer Ofenbaustoffe. Radex-Rdsch. 1953, S. 66/85.
3. LEOPOLD, H.: Überlegungen zur derzeitigen und künftigen Wirtschaftlichkeit des Siemens-Martin-Ofens. Berg- u. hüttenm. Mh. 108 (1963), S. 160/69.
4. HÜTTER, L.: Die Entwicklungslinie der Anwendung von Magnesiterzeugnissen in Siemens-Martin-Öfen. Radex-Rdsch. 1953, S. 503/37.
5. SMITH, J. E.: Progress Report on the Carbon Subhearth. Open Hearth Proc. AIME 43 (1960), S. 186/91.
6. KLESPER, R.: Rippendecken für Siemens-Martin-Öfen. Stahl u. Eisen 60 (1940), S. 161 bis 162.
7. HÜTTER, L.: Fortschritte im Bau von Elektro-Lichtbogenöfen. Radex-Rdsch. 1948, S. 15/26.
8. HÜTTER, L.: Die basischen Hängegewölbe. Radex-Rdsch. 1947, S. 16/23.
9. HÜTTER, L.: Basische Gewölbe und Decken metallurgischer Öfen. Radex-Rdsch. 1959, S. 629/39.
10. HÜTTER, L.: Entwicklung der Zustellungstechnik von Siemens-Martin-Öfen in Nordamerika. Stahl u. Eisen 80 (1960), S. 788/96.
11. NÖTZOLD, K., und O. PORKERT: Basische SM-Ofengewölbe. Berg- u. hüttenm. Mh. 108 (1963), S. 215/22.
12. HÜTTER, L.: Über den Betrieb und neuere Haltbarkeitsergebnisse basisch zugestellter Siemens-Martin-Öfen. Radex-Rdsch. 1954, S. 36/57.
13. HÜTTER, L.: Beanspruchung und Haltbarkeit. Ein Symposium über die neuesten Erkenntnisse bei Verwendung basischer Ofenbaustoffe in Hochtemperaturöfen. Radex-Rdsch. 1958, S. 135/45.
14. KIRSCHNING, H. J., E. HOCHSTRATE und H. RODRIAN: Beitrag zur Gewölbetemperaturmessung von Siemens-Martin-Öfen auf thermoelektrischem Wege. Arch. Eisenhüttenwes. 28 (1957), S. 611/14.
15. ABKER, H.: Über die Zustellung saurer Herde. Stahl u. Eisen 56 (1936), S. 818.

3.42 Ofen- und Schmelzführung beim basischen Siemens-Martin-Prozeß

Für die Schmelzführung im Siemens-Martin-Ofen ist der jeweilige Ofenzustand von ausschlaggebender Bedeutung. Bei keiner anderen Ofenart sind die einzelnen Zeitabschnitte — Anheizen des Ofens bis zum Erreichen der vollen Leistungsfähigkeit, Periode des volleinsatzfähigen, gut gehenden Ofens und die verminderte Leistungsfähigkeit am Ende der Ofenreise — so deutlich ausgeprägt. Neu zugestellte Öfen zeigen erst nach einer größeren Anzahl von Schmelzen ihre besten Leistungen. Meist wird der höchste Leistungsgrad des Ofens nach etwa 80 bis 120 Schmelzen erreicht. Dies hat seinen Grund darin, daß sich das Temperaturgleichgewicht in allen Teilen des Ofens erst nach längerer Zeit einstellt und daß die Formenausbildung des Ober- und Unterofens erst nach einiger Zeit am günstigsten wird. Mit zunehmendem Verschleiß der Ofenzustellung im Verlauf der Ofenreise tritt ein langsames Absinken der Leistung ein, welches sich in einer Zunahme der Schmelzdauer und vor allem in einem steigenden Energieverbrauch äußert. An dieser Verminderung der Leistungsfähigkeit ist vor allem das Dünnwerden des Ofengewölbes und bei generatorgas- oder ferngasbeheizten Öfen auch der Verschleiß der Brenner maßgeblich beteiligt; ersteres führt zu hohen Wärmeverlusten durch Abstrahlung, letzterer zu einer ungünstigen Beeinflussung der Flammenführung. Aber auch die Ansatzbildung und die Verschlackung in den Kammern wirken in der gleichen Richtung. Die qualitativen und wirtschaftlichen Forderungen, die jeweils an den Ofen gestellt werden, bestimmen den Zeitpunkt der Außerbetriebsetzung oder der teilweisen bzw. vollständigen Erneuerung der Zustellung.

Die Leistungsabhängigkeit vom Ofenalter ist heute bei Öfen mit Öl- oder Erdgasfeuerung und bei Anwendung von gasförmigem Sauerstoff, sei es als Flammenzusatz oder zum Frischen, nicht mehr so ausgeprägt, da die Flammenführung durch wassergekühlte Brenner gesteuert und zu jedem Zeitpunkt ausreichend hohe Energiemengen zugeführt werden können. Jedoch steigt auch hier mit zunehmendem Gewölbeverschleiß der Wärmeverbrauch je Tonne erzeugten Stahles.

Der Gesamtablauf der Schmelzführung im basischen Siemens-Martin-Ofen kann in folgende Abschnitte gegliedert werden:

a) Einsetzen
b) Niederschmelzen
c) Frischperiode
d) Periode geringer Frischwirkung oder Reduktionsperiode
e) Legieren, Abstechen und Desoxydieren der Schmelze.

Diese einzeln herausgehobenen Abschnitte des Schmelzverlaufes sind keineswegs als streng voneinander getrennte Arbeitsabschnitte aufzufassen. Sie überschneiden sich meist in ihrem zeitlichen Ablauf. So tritt bereits in der Einschmelzperiode eine teilweise Oxydation, also ein Frischvorgang ein, ebenso kann außer einer Schlußdesoxydation eine Vordesoxydation vor dem Legierungszusatz erfolgen. Auch die zeitliche Dauer der einzelnen Abschnitte kann in weiten Grenzen schwanken und richtet sich, wie die Schmelzbeispiele noch zeigen werden, im wesentlichen nach dem Schmelzverfahren und der zu erzeugenden Stahlqualität.

Der Gesamtschmelzverlauf soll in möglichst weiten Grenzen beeinflußbar sein, wozu alle im Abschnitt über die Ofenführung genannten Maßnahmen dienen. Dabei wird die Beobachtung des Schmelzverlaufes durch eine dauernde Meßüberwachung des Ofens und durch Entnahme von Einzelproben zur Ermittlung der Badzusammensetzung und der Schlackenbeschaffenheit ergänzt. Durch die heute allgemein eingeführte Tauchthermoelementmessung läßt sich auch der Temperaturverlauf gut unter Kontrolle halten.

Die Meßüberwachung neuzeitlicher Öfen gestattet, wie die Übersicht in Tab. 70 zeigt, die genaue Kontrolle der zugeführten Brennstoffe, des Mengenverhältnisses von Brennstoff zu Verbrennungsluft und Sauerstoff, eine Überwachung des Verbrennungsvorganges durch Messung der Abgaszusammensetzung, sowie der Temperatur- und Druckverhältnisse in allen Teilen des Ofens.

Einzelheiten der Schmelzführung werden nach der Besprechung der metallurgischen Grundlagen des Siemens-Martin-Verfahrens in den nachfolgenden Abschnitten behandelt.

3.421 Metallurgische Grundlagen

Die Schmelzverfahren im basischen Siemens-Martin-Ofen sind mit wenigen Ausnahmen ein Schmelzen unter oxydierenden Bedingungen, wobei in einem Frischprozeß, ausgehend von der Zusammensetzung des Bades beim Flüssigwerden des Einsatzes, der gewünschte Endkohlenstoffgehalt durch mehr oder weniger rasche Entkohlung unter einer eisenoxydreichen Schlacke eingestellt wird. Bei diesem Kohlenstoffgehalt wird die Schmelze „abgefangen" und durch Einstellen der übrigen chemischen Zusammensetzung fertiggemacht. Die Desoxydation erfolgt in der Regel in der Pfanne beim Abstich, wobei ein Mitlaufen der Frischschlacke verhindert werden muß.

Außer der Entkohlung wird im Frischprozeß auch die Entfernung anderer schädlicher oder unerwünschter Elemente, vornehmlich des Phosphors und Schwefels, angestrebt, deren Endgehalte für die Qualität des Stahles maßgebend sind. Die Analysenvorschriften der Edelstähle stellen dabei beachtliche Anforderungen an den Stahlwerker, die auch unter günstigen Voraussetzungen nicht immer erfüllbar sind. Sie begrenzen letzten Endes die Anwendbarkeit des Siemens-Martin-Verfahrens.

Der Umfang der metallurgischen Reaktionen im basischen Siemens-Martin-Ofen ist im wesentlichen auf die Wechselwirkung des Stahlbades mit der eisenoxydulreichen Schlacke während des Frischprozesses beschränkt. Dazu kommt noch in einem gewissen Umfang die Einwirkung der Ofenatmosphäre, die den Oxydationszustand der Schlacke beeinflußt und Schwefel und Wasserstoff an das Stahlbad abgeben kann.

Die *Frischschlacken* bestehen zu etwa 80% aus CaO, SiO_2 und FeO. Ihre durch die Aktivitäten gekennzeichnete metallurgische Wirksamkeit ist durch den jeweiligen Eisengehalt und durch ihre Basizität gegeben [1]. Die übrigen Bestandteile, in Summe etwa 20% $(MnO + MgO + Al_2O_3 + P_2O_5 + Cr_2O_3 + S)$, können für viele Betrachtungen als „neutrale Verdünnung" angesehen werden. Aus dieser Vereinfachung ergibt sich die Möglichkeit, den Beziehungen zwischen der Metall- und Schlackenphase das quasiternäre System $(CaO)' + (FeO)' + (SiO_2)' = 100\%$ zugrunde zu legen. Danach kann man für die technisch wichtigen Konzentrationsbereiche der Siemens-Martin-Schlacken zwei Bereiche unterscheiden (vgl. Abb. 100): die ungesättigten und die kalkgesättigten Schlacken. Der Bereich der kalkgesättigten Schlacken, die durch die maximale und konstante Aktivität des Kalkes gekennzeichnet sind, ist durch die Sättigungslinie im System $(CaO)'$ — $(FeO)'$ — $(SiO_2)'$ bestimmt. Er wird bei einer Basizität von etwa 2,6 oder größer erreicht.

Tabelle 70. *Meßtechnische Überwachung am Siemens-Martin-Ofen*

Nr.	Meßwert	Meßstelle	Art der Messung	Meßgerät
1	**Menge** a) Gasmenge [1] b) Ölmenge[1] c) Verbrennungsluft[1]	hinter Staubsack (bei Generatorgas) — hinter Ventilator	Durchflußmessung (Norm- oder Segmentblende) Durchflußmessung mit Normblende, Volumenmessung Durchflußmessung mit Normblende	Ringwaage, Transmitter[2] (elektrisch, pneumatisch) Quecksilber-Schwimmermesser[2] Volumenzähler[3]; Transmitter (elektrisch, pneumatisch)[2] Ringwaage, Transmitter[2] (elektrisch, pneumatiseh)
2	**Temperatur** a) Generatorgas b) Öl c) Ofenraum d) Kammer e) Abgas	 zwischen Blende und Gas- ventil — Gewölbe oberhalb Gitterwerk vor Kaminschieber	 thermoelektrisch flüssigkeitsthermometrisch elektrische Widerstandsmessung optisch (Strahlungspyrometer) thermoelektrisch; optisch (Strahlungspyrometer) thermoelektrisch	 Spannungsmeßgerät[2] Zeigerthermometer[3] elektrisches Drehspul- oder Quotientenmeßgerät[2] Spannungsmeßgerät[2] Spannungsmeßgerät[2] Spannungsmeßgerät[2]
3	**Druck** a) Herdraum b) Luftkammer c) Gaskammer d) Essenzug	 unter Gewölbe vor und hinter Kammer vor und hinter Kammer Abgaskanal		 Druckmeßgerät[2]
4	Stahltemperatur	Stahlbad Löffelprobe	thermoelektrisch oder optisch optisch	Wie unter 2a bzw. Teilstrahlungs- oder Farbpyrometer

[1] Häufig auch nach jeweiligem Wärmebedarf gemischgeregelt.
[2] Anzeigend und meist auch schreibend.   [3] Anzeigend.

Die *Oxydationsfähigkeit* der Schlacke ist durch ihr Sauerstoffpotential, ausgedrückt durch die Aktivität des Eisenoxyduls, gekennzeichnet. Abb. 281 zeigt den Einfluß der Schlackenzusammensetzung auf die Eisenoxydul-Aktivität bei 1650 °C nach den Untersuchungsergebnissen von H. vom Ende, F. Bardenheuer

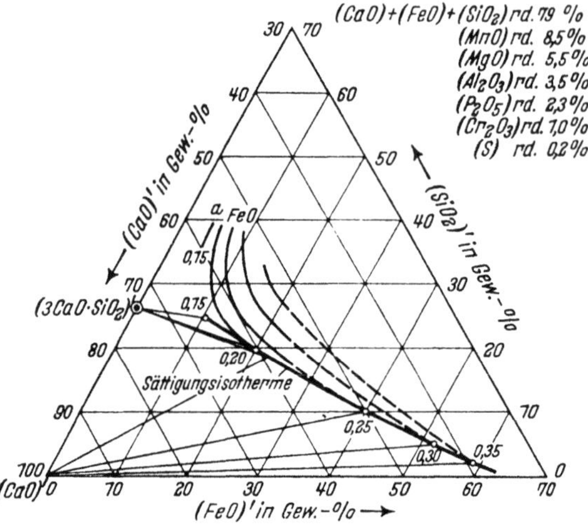

und E. Schürmann [2]. Die Linien gleicher Aktivität zeigen einen ähnlichen Verlauf, wie er von E. T. Turkdogan und J. Pearson [3] gefunden wurde (vgl. Abb. 55). Vergleicht man damit den Konzentrationsweg der Siemens-Martin-Schlacken [30], wie er sich im Ofen im Verlauf des Frischprozesses bei der Auflösung des zugesetzten Kalkes ergibt, Abb. 282, so erkennt man, daß bei gleichbleiben-

Abb. 281. Einfluß der Schlackenzusammensetzung auf die Aktivität des Eisen-(II)-oxyds bei 1650 °C im System (CaO)′ −(SiO₂)′−(FeO)′ (nach H. vom Ende, F. Bardenheuer und E. Schürmann)

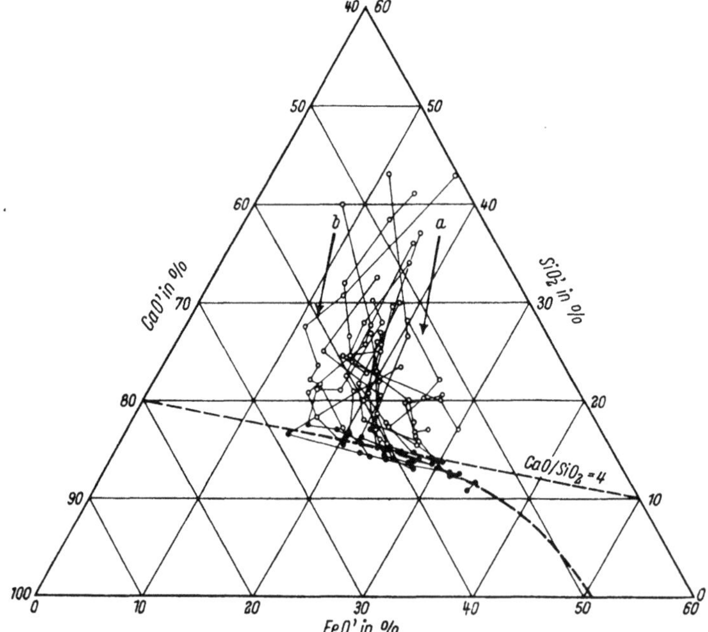

Abb. 282. Konzentrationsweg üblicher Siemens-Martin-Schlacken während des Frischens im quasiternären System (CaO)′ −(SiO₂)′ −(FeO)′ (nach K. G. Speith, H. vom Ende, F. Bardenheuer und G. Mahn)

dem Eisenoxydulgehalt die (FeO)-Aktivität mit steigender Basizität abnimmt. In ungesättigten und in kalkgesättigten Schlacken kann bei gleicher Basizität die Oxydationsfähigkeit nur durch Erhöhung des Eisenoxydulgehaltes gesteigert werden.

Der von der Frischschlacke gemäß ihrer Eisenoxydulaktivität an das Stahlbad abgegebene Sauerstoff bestimmt den Ablauf aller Frischreaktionen, wobei im Bereich der ungesättigten Schlacken noch die Aktivität des Kalkes (bzw. der Kieselsäure) die Endlage des Gleichgewichtes beeinflussen kann.

Die *Entkohlungsreaktion* wird also unter sonst gleichen Bedingungen um so rascher vor sich gehen, je größer das Sauerstoffpotential der Schlacke ist. Dagegen ist die Höhe des jeweils im Stahlbad *gelösten Sauerstoffes* (oder gelösten Eisenoxyduls) vom Kohlenstoffgehalt des Bades abhängig. Wie Abb. 283 zeigt [4], liegen die experimentell bestimmten Werte nur knapp über dem theoretischen [C]·[O]-Produkt, d. h. die Entkohlungsreaktion kommt bereits bei relativ geringer Übersättigung der Schmelze an Sauerstoff in Gang. Eine Frischschlacke wird also so lange entkoh-

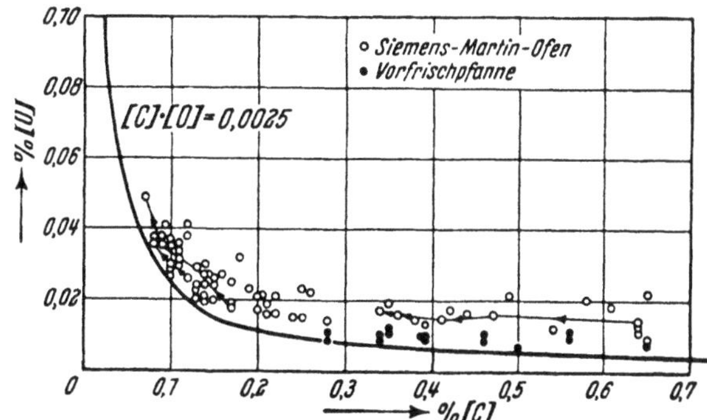

Abb. 283. Sauerstoffgehalte von Siemens-Martin-Schmelzen während des Frischens in Abhängigkeit vom Kohlenstoffgehalt (nach K. G. SPEITH und H. VOM ENDE)

lend wirken, als sie in der Lage ist, mit der ihr eigenen Sauerstoffaktivität dem Stahlbad einen höheren Sauerstoffgehalt aufzudrücken, als dem C—O-Gleichgewicht entspricht. Daraus ist rein qualitativ zu entnehmen, daß Schmelzen hohen Endkohlenstoffgehaltes unter relativ eisenarmen Schlacken fertiggefrischt werden können, während für Endkohlenstoffgehalte unter etwa 0,2% der erforderliche Eisengehalt der Schlacke rasch ansteigt, wie Abb. 284 zeigt.

Benützt man zur Kennzeichnung der *Manganreaktion* im basischen Siemens-Martin-Ofen die Gleichgewichtskennzahl

$$K'_{Mn} = \frac{(\% \, MnO) \cdot 100}{[\% \, Mn] \cdot (\% \, FeO)},$$

so ist diese, wie bereits in Abschnitt 1.133 erläutert, von der Änderung der Aktivität der reagierenden Stoffe abhängig. Sie wird also in ihrem Zahlenwert durch die Basizität und die Eisenoxydulaktivität der Schlacke beeinflußt. Wie die Abb. 285 erkennen läßt [2], verlaufen die Linien gleicher K'_{Mn}-Werte

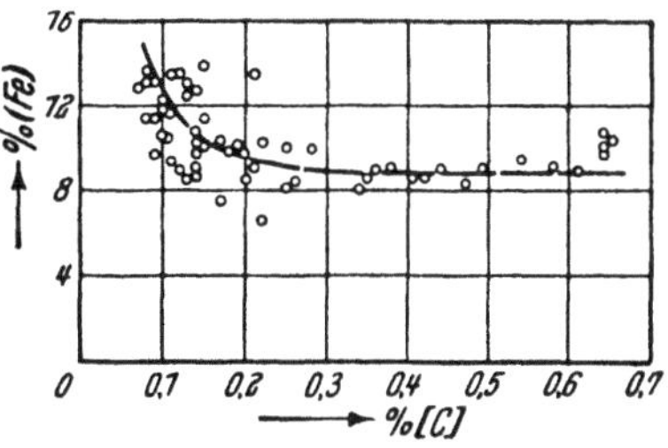

Abb. 284. Beziehungen zwischen dem Eisengehalt der Schlacke und dem Kohlenstoffgehalt basischer Siemens-Martin-Schmelzen (nach K. G. SPEITH und H. VOM ENDE)

im Bereich ungesättigter Schlacken annähernd parallel zur Kalksättigungslinie. Bei gleichbleibendem Eisenoxydulgehalt der Schlacke wird mit zunehmender Schlackenbasizität der Wert für K'_{Mn} kleiner. Dieses Verhalten entspricht der bereits in Abb. 72 gezeigten Abhängigkeit. Bei gleichem Basizitätsgrad wird jedoch der K'_{Mn}-Wert mit steigendem Eisenoxydulgehalt, entsprechend der zunehmenden Eisenoxydulaktivität, größer.

Zur Vereinfachung von Betriebsbeobachtungen ist es vielfach üblich, an Stelle der Gleichgewichtskennzahl K'_{Mn} nur das Verschlackungsverhältnis $\frac{(\% \, MnO)}{[\% \, Mn]}$ zur Kennzeichnung der Manganreaktion heranzuziehen. Durch den überragenden Einfluß der Aktivität des Eisenoxyduls auf das Mangangleichgewicht ergeben sich

dann, wie Abb. 286 zeigt [2], für das Verschlackungsverhältnis des Mangans
ähnliche Kurvenzüge wie für die Größe $a_{(FeO)}$ in Abb. 281. Bei gleichbleibendem
Eisengehalt der Schlacke wird das Mangan mit steigender Basizität aus der Schlak-
ke in das Bad reduziert. Bei gleicher Basizität und steigendem Eisenoxydulgehalt wird dagegen das Verschlackungsverhältnis größer, d. h. es tritt Manganverschlackung ein.

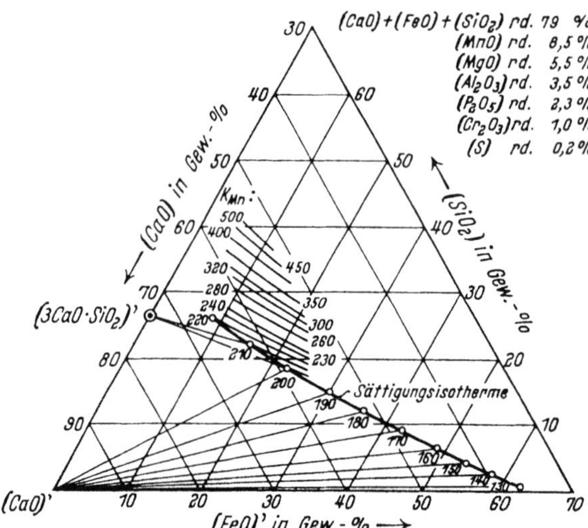

Abb. 285. Einfluß der Schlackenzusammensetzung auf den K'_{Mn}-Wert
bei 1650 °C im System $(CaO)' - (SiO_2)' - (FeO)'$
(nach H. VOM ENDE, F. BARDENHEUER und E. SCHÜRMANN)

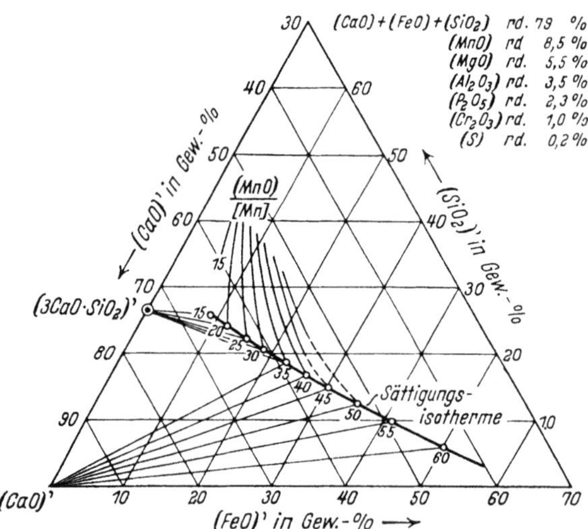

Abb. 286. Einfluß der Schlackenzusammensetzung auf das Verschlak-
kungsverhältnis des Mangans bei 1650 °C im System $(CaO)' - (SiO_2)'$
$-(FeO)'$ (nach H. VOM ENDE, F. BARDENHEUER und E. SCHÜRMANN)

Vergleicht man den tat-
sächlichen Ablauf der Manganreaktion im Siemens-
Martin-Ofen mit den jeweils
durch Temperatur und
Konzentrations- bzw. Ak-
tivitätsverhältnisse gegebenen Gleichgewichtszu-
ständen, so zeigt sich,
daß die Manganreaktion
sowohl unter ungesättigten
als auch unter kalkgesät-
tigten Schlacken praktisch
immer das Gleichgewicht
erreicht. Eine Auswertung
von Proben aus Siemens-
Martin-Schmelzen mit
$(FeO)'$-Gehalten von 14 bis
16% ergaben in Abhängig-
keit vom Basizitätsgrad
der Schlacke die in Abb. 287
dargestellte Punkteschar
[2]. Mit zunehmender Ba-
sizität wird das Verschlak-
kungsverhältnis kleiner und
erreicht bei Kalksättigung
$(CaO/SiO_2 \approx 2{,}6)$ einen
praktisch konstanten Wert.
Der Punkteverlauf wird
durch die aus Abb. 286 entnommene Gleichgewichts-
kurve für 1650 °C in guter
Übereinstimmung darge-
stellt. Die Abweichungen
bei niedrigen Basizitätsgra-
den in Richtung auf eine stärkere Manganverschlackung sind zwanglos durch die
zu diesem Zeitpunkt noch niedrigere Temperatur zu erklären.

Anders liegen die Verhältnisse bei der *Phosphorreaktion* im basischen Siemens-
Martin-Ofen. Auch hier ist grundsätzlich eine Abhängigkeit der Gleichgewichtskennzahl

$$K'_P = \frac{(\% \, P_2O_5) \cdot 100^5}{[\% \, P]^2 \cdot (\% \, FeO)^5}$$

vom Eisenoxydulgehalt der Schlacke und ihrer Basizität zu erwarten. Benützt man wieder zur Darstellung der Phosphorverschlackung das Verhältnis $\dfrac{(\%\,P_2O_5)}{[\%\,P]^2}$, so ergeben sich nach H. vom Ende und Mitarbeitern [2] die in Abb. 288 gezeigten Kurvenscharen. Der Einfluß der Eisenoxydulaktivität zeigt sich wieder in einem ähnlichen Verlauf der Verschlackungslinien der Phosphorreaktion (vgl. Abbildung 281). Vergleicht man jedoch die tatsächlich im Siemens-Martin-Ofen festgestellten Werte mit diesen Gleichgewichtskurven, so ergeben sich z. B. für Schlacken mit (FeO)'-Gehalten von 14 bis 16% die in Abb. 289 dargestellten Verhältnisse. Nach den Gleichgewichtsbedingungen müßte das Verschlackungsverhältnis in ungesättigten Schlacken mit steigender Basizität geringer werden, um dann längs der Kalksättigungslinie wieder anzusteigen. Demgegenüber liegen die tatsächlichen Werte (die mit Rücksicht auf die niedrigere Temperatur bei niedrigen Basizitäten noch weit über der hier eingezeichneten Gleichgewichtskurve liegen müßten) bei geringer Basizität unter dem Gleichgewicht, das also für die Phosphorreaktion erst bei Kalksättigung tatsächlich erreicht wird.

Die *Entschwefelungsreaktion* läuft, wie bereits in Abschnitt 1.136 ausgeführt, im Bereich der ungesättigten Schlacken knapp unter dem Gleichgewicht (vgl. Abb. 105) ab, um mit dem Erreichen der Kalksättigung auch ihren Gleichgewichtszustand zu erreichen. Die überragend starke Abhängigkeit des Verschlackungsverhältnisses des Schwefels von der Basizität erfordert im Siemens-Martin-Prozeß entsprechende Maßnahmen in der Schlackenführung. Je rascher eine für die Entschwefelung günstige Schlacke gebildet werden kann, um so höher ist die Entschwefelungsgeschwindigkeit. Sie ist also bis zum Erreichen der Kalksättigung im wesentlichen durch die Auflösungsgeschwindigkeit des Kalkes bestimmt. In diesem Zusammenhang sei auch auf die Wichtigkeit einer laufenden Kontrolle der Schlackenbasizität hingewiesen (vgl. Abschnitt 2.32).

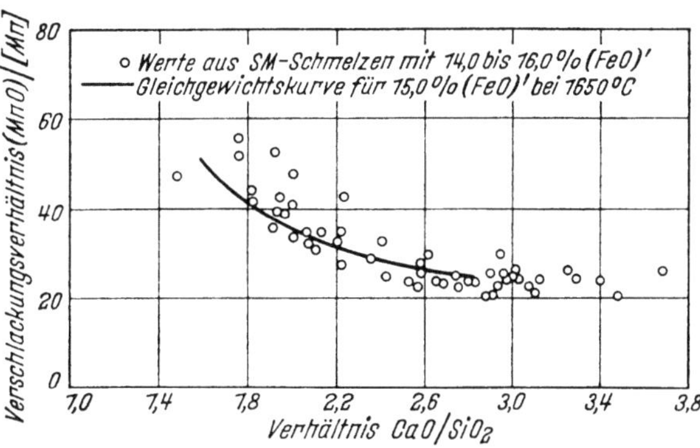

Abb. 287. Lage des Verschlackungsverhältnisses des Mangans im Siemens-Martin-Ofen während des Frischens zum Gleichgewicht bei 1650 °C (nach H. vom Ende, F. Bardenheuer und E. Schürmann)

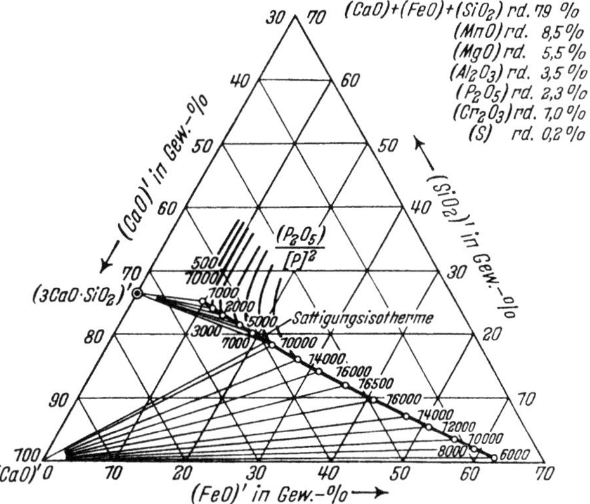

Abb. 288. Einfluß der Schlackenzusammensetzung auf das Verschlackungsverhältnis des Phosphors bei 1650 °C im System (CaO)' – (SiO₂)' – (FeO)' (nach H. vom Ende, F. Bardenheuer und E. Schürmann)

Von den *Legierungselementen* ist in Sonderfällen das Verhalten des Chroms von Interesse. Es verhält sich grundsätzlich wie das Mangan. Die Einzelheiten können dem Abschnitt 1.137 entnommen werden.

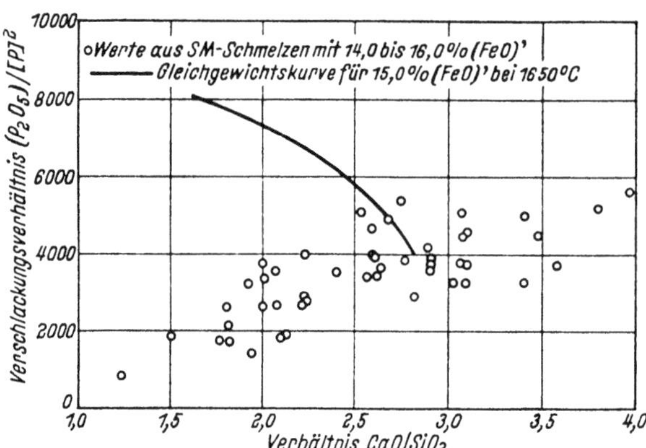

Abb. 289. Lage des Verschlackungsverhältnisses des Phosphors im Siemens-Martin-Ofen während des Frischens zum Gleichgewicht bei 1650 °C (nach H. vom Ende, F. Bardenheuer und E. Schürmann)

Von wesentlicher Bedeutung ist noch das Verhalten der *Gase* im basischen Siemens-Martin-Ofen. Aus den theoretischen Zusammenhängen (vgl. Abschnitt 1.14) ist ersichtlich, daß eine Partialdruckerniedrigung sowohl des Stickstoffs als auch des Wasserstoffs in der mit dem Stahlbad in Berührung stehenden Gasphase zu einer Erniedrigung ihrer Konzentration im flüssigen Stahl führen muß. Durch die CO-Entwicklung im Frischvorgang entsteht eine Gasphase, in der zunächst die anderen Gase den Partialdruck Null aufweisen. Bei ihrem Aufsteigen in der Schmelze können die Kohlenoxydblasen also Stickstoff und Wasserstoff aus der Schmelze aufnehmen.

Für den *Stickstoff* ergibt sich bereits bei den üblichen Entkohlungsgeschwindigkeiten eine laufende Abnahme bis zum Abstich, wobei, je nach dem Ausgangsgehalt, zum Teil sehr niedrige Endgehalte erreicht werden können. Abb. 290 gibt eine Reihe von Beispielen der Entstickung für Siemens-Martin-Schmelzen nach den Untersuchungen von W. Geller [5]. Die Stickstoffaufnahme aus der Ofenatmosphäre ist demgegenüber unbedeutend.

Beim *Wasserstoff* dagegen ist die Gasaufnahme aus den Ofengasen und aus feuchten Zuschlägen (Kalk) nicht zu vernachlässigen. Sie überwiegt bei niedrigen Frisch-

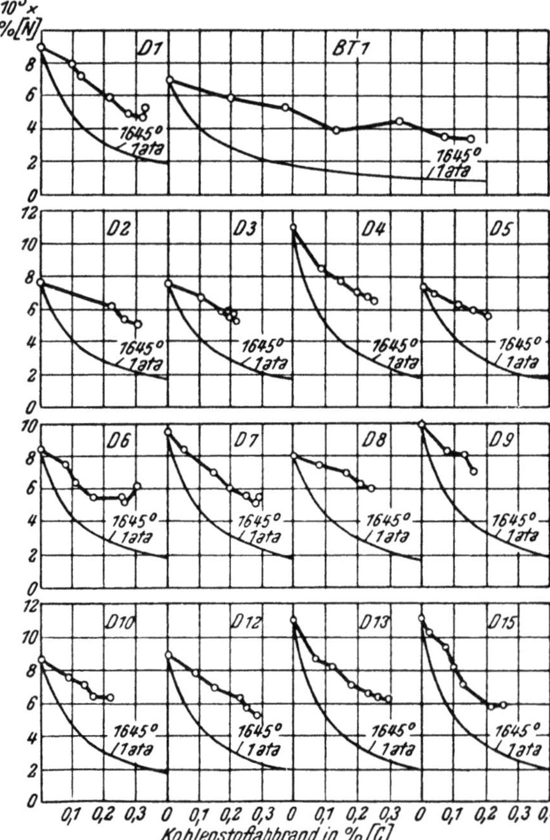

Abb. 290. Verlauf der Entstickung einiger Schmelzen im basischen Siemens-Martin-Ofen im Vergleich zum theoretischen Verlauf (nach W. Geller)

geschwindigkeiten gegenüber der Entgasung durch den Kochvorgang, so daß der Wasserstoffgehalt der Schmelze vom Einschmelzen bis zum Abstich leicht ansteigt [6] (vgl. Abb. 291). Erst wenn die Frischgeschwindigkeit z. B. durch Sauerstoffanwendung auf sehr hohe Werte gebracht wird, kann auch eine Wasser-

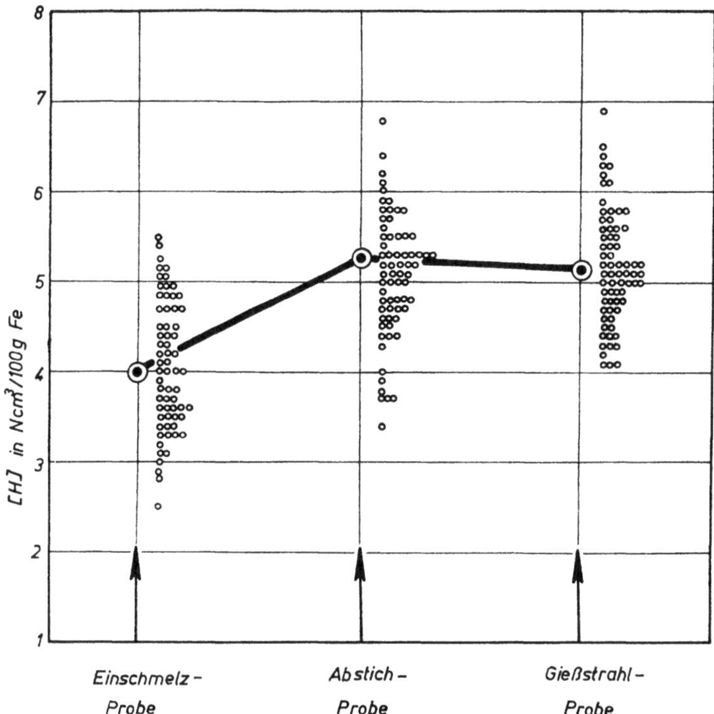

Abb. 291. Änderung des Wasserstoffgehaltes von unlegierten Siemens-Martin-Schmelzen vom Einschmelzen bis zum Gießen (nach A. Schöberl und E. Pink)

stoffabnahme festgestellt werden. Abb. 292 zeigt die Abhängigkeit der Wasserstoffaufnahme bzw. -abnahme in Abhängigkeit von der Frischgeschwindigkeit bei verschiedenem Wasserdampfpartialdruck in der Ofenatmosphäre [7].

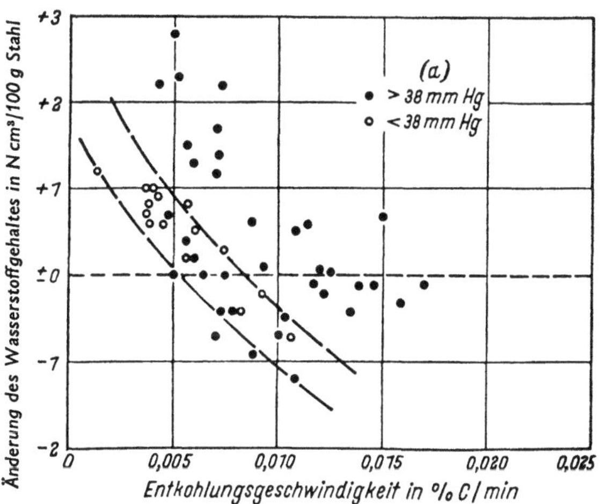

Abb. 292. Änderung der Wasserstoffgehalte im Siemens-Martin-Ofen in Abhängigkeit von der Entkohlungsgeschwindigkeit bei verschiedenem Wasserdampfpartialdruck in der Ofenatmosphäre (nach K. G. Speith, H. vom Ende und R. Specht)

3.422 Ofenführung

3.422.1 Einsetzen

Das Einsetzen im Siemens-Martin-Ofen erfolgt durchwegs maschinell. Die festen Einsatz- und Zuschlagstoffe werden mittels Chargiermaschinen oder Chargierkranen aus den Einsatzmulden in den Ofenraum eingefüllt. Die Größe und das Fassungsvermögen der Einsatzmulden richtet sich nach der Ofengröße und der Ofenbauart. Bei der Auswahl des Schrottes ist ein hoher Muldenfüllfaktor anzustreben, da die Chargierzeit die Stundenleistung des Ofens maßgeblich beeinflußt. Außerdem kühlt der Ofen einschließlich der Kammern während des Einsetzens infolge des Falschlufteintritts durch die geöffneten Ofentüren stärker ab, was einen zusätzlichen Wärmeaufwand beim nachfolgenden Einschmelzen bedeutet.

Es hat daher auch nicht an Versuchen gefehlt, das Einsetzen bei Siemens-Martin-Öfen durch konstruktive Änderungen am Ofen, z. B. offene Vorderwand [8], zu beschleunigen, doch haben sich diese Lösungen wegen anderer schwerwiegender Nachteile nicht einführen können.

Für ein rasches Einschmelzen und die Schonung von Herdzustellung und Gewölbe ist die Lagerung und die Reihenfolge der Einsatzstoffe wichtig. Wenn auch der metallische Einsatz in der Regel möglichst gleichmäßig über den Herd verteilt wird, so können die erfahrungsgemäß auftretenden Zonen hoher Temperaturen durch eine Häufung des Schrottes zum raschen Niederschmelzen ausgenützt werden. Zugleich mit dem metallischen Einsatz wird ein Teil der schlackenbildenden Zusatzstoffe, Kalk und Erz, eingesetzt.

Die Reihenfolge des Einsetzens wird so gewählt, daß einerseits der Herd nicht beschädigt oder angegriffen und andererseits das Einschmelzen durch möglichst frühzeitige Bildung eines flüssigen Sumpfes erleichtert wird. Oxydische Zuschläge — im weiteren Sinne zählen dazu auch stark verrosteter Kleinschrott und Späne sowie Eisenschwamm — werden nicht direkt auf den Herd gegeben, um ihrer auflösenden und damit abtragenden Wirkung zu begegnen. Auch vom metallurgischen Standpunkt aus ist es ungünstig, wenn der Herd durch Infiltration stark mit Oxyden angereichert wird. Andererseits kann ein Aufgeben von Kalk oder Kalkstein auf den Herd zum Anwachsen desselben führen. Von diesen normalerweise unerwünschten Einwirkungen kann natürlich bewußt Gebrauch gemacht werden, wenn es darum geht, abtragend oder erhöhend auf den Herd einzuwirken.

Die Lagerung der Einsatzstoffe bei *festem* Einsatz erfolgt in der Weise, daß zuerst ein Teil des Roheisens auf den Herdboden eingesetzt wird. Im Anschluß daran wird der Schrott und darüber das restliche Roheisen gelagert. Die Zuschlagstoffe werden zum Schluß aufgegeben. Beim Ersatz des Roheisens durch Kohlungsmittel beim Schrott-Kohlungs-Prozeß werden diese auf den Herdboden zugegeben. Dies ist notwendig, um sie vor der vorzeitigen Verbrennung in den oxydierenden Flammengasen zu schützen.

Beim Arbeiten mit *flüssigem* Roheisen wird der Schrotteinsatz mit einem Teil der Zuschläge bis zum beginnenden Schmelzen vorgewärmt und erst dann das flüssige Roheisen eingefüllt. Beim Zusatz des Roheisens tritt eine lebhafte Reaktion mit dem festen Einsatz ein, welche besonders bei zu langen Vorwärmzeiten zu einem „Überkochen" des Bades führen kann.

In einer Reihe von Stahlwerken, besonders in den USA, bevorzugt man beim Einsetzen eine andere Reihenfolge. Man bedeckt den Herdboden zunächst mit einer Lage Leichtschrott, bringt hierauf den gesamten Kalkbedarf in Form von Kalkstein ein und lagert darüber den Schrott und das restliche Roheisen. Auch beim Arbeiten mit flüssigem Roheisen wird diese Reihenfolge eingehalten. Bei dieser Arbeitsweise wird die entweichende Kohlensäure des Kalksteines zur Badbewegung ausgenützt („lime boil") und damit vorteilhaft für eine rasche Entphosphorung verwendet.

Die Mitverwendung feinkörniger Erzreduktionsprodukte im Einsatz, z. B. von Rennluppen u. a., erfordert eine gute Verteilung im Einsatz, da sich sonst leicht größere, zusammengesinterte Bereiche bilden, die wegen ihrer schlechten Wärmeleitfähigkeit nur schwer aufgeschmolzen werden können. Bei richtiger Verteilung im Schrott bieten jedoch Anteile bis zu etwa 25% im Einsatz keine Schwierigkeiten.

3.422.2 Einschmelzen

Nicht nur aus wirtschaftlichen, sondern auch aus metallurgischen Gründen trachtet man, die Einschmelzzeit so kurz wie möglich zu halten. Dies kann bei gegebenen Einsatzverhältnissen und Brennstoffen durch ein Arbeiten mit einer Flamme höchster Intensität erreicht werden. Trotz des hohen Luftüberschusses, der zur Erzeugung einer derartigen Flamme notwendig ist, bleibt der Abbrand durch Oxydation des Einschmelzgutes in mäßigen Grenzen und ist geringer als bei langen Einschmelzzeiten mit geringerem Luftüberschuß. Dazu kommt noch, daß bei langen Einschmelzzeiten eine stärkere Aufnahme von Schwefel und Wasserstoff aus den Heizgasen erfolgt. Die erforderlichen Maßnahmen sind in hohem Maße von den zur Verfügung stehenden Einsatzstoffen und der Arbeitsweise, insbesondere von der Verwendung festen oder flüssigen Roheisens, abhängig.

Eine wesentliche Verkürzung der Einschmelzzeit wird durch die Anwendung gasförmigen Sauerstoffes erreicht. Sie kann entweder durch Zusatz in den Brenner des Siemens-Martin-Ofens zur Erhöhung der Flammentemperatur erfolgen oder durch Aufblasen von Sauerstoff direkt auf den vorgewärmten Schrott. In beiden Fällen wird auch eine rasche Schlackenbildung durch das entstehende Eisenoxydul erreicht. Die Verkürzung der Einschmelzzeit soll im Mittel 20 bis 30% betragen, doch dürfen diese Zahlen nicht verallgemeinert werden.

Eine nicht zu unterschätzende Einflußgröße ist die Beschaffenheit des metallischen Einsatzes. Zu große Mengen leichten, lockeren Schrottes verzögern das Einsetzen und führen damit zu Wärmeverlusten, die eine Verlängerung der Einschmelz- und Gesamtschmelzzeit zur Folge haben. Bei ungünstiger Lagerung im Ofen kann außerdem die Flammenentwicklung erschwert werden und durch Ablenken der Flamme eine Schädigung des Gewölbes eintreten. Andererseits können auch schwere Schrottstücke, wie z. B. größere Abfallblöcke aus weichem Stahl, verhältnismäßig lange Zeit zum Einschmelzen benötigen. Sie können selbst nach Beginn des Frischvorganges als feste Ansätze am Herdboden noch einige Zeit erhalten bleiben. Der Einfluß der Schrottbeschaffenheit auf die Einschmelzzeit ist ganz allgemein darin begründet, daß der Wärmeübergang von den Flammengasen auf den Einsatz bei bestimmter Stückgröße des Schrottes einen optimalen Wert besitzt.

Unter sonst gleichen Einsatz- und Einschmelzbedingungen ist die chemische Zusammensetzung der Einsatzstoffe für die Geschwindigkeit des Einschmelzens maßgebend. Je höher der Kohlenstoffgehalt ist, um so schneller geht im allgemeinen die Verflüssigung vor sich. Da der größte Teil des Kohlenstoffes im Einsatz, außer beim Schrott-Kohlungs-Verfahren, mit dem Roheisen eingebracht wird, ergeben sich aus der Verkürzung der Einschmelzzeit mit steigendem Kohlenstoffgehalt und der mit der Höhe des Einlaufkohlenstoffgehaltes ansteigenden Frischzeit für verschiedene Stahlqualitäten Bestwerte, die unter Einhaltung der qualitativen Anforderungen die kürzest mögliche Gesamtschmelzzeit ergeben.

Außer dem Kohlenstoffgehalt kommt auch dem Silizium- und Mangangehalt im Einsatz ein Einfluß auf den Einschmelzvorgang zu. Der Wärmegewinn aus der Oxydation dieser Elemente fällt besonders bei der starken Wärmetönung der Siliziumverbrennung ins Gewicht. Diese bei älteren Öfen z. B. von W. J. REAGAN [9] festgestellte günstige Wirkung eines höheren Siliziumgehaltes im Roheisen ist heute nicht mehr von Bedeutung, da moderne Öfen über ausreichende Wärmereserven verfügen, um auch bei siliziumarmem Einsatz ausreichend warme Schmelzen zu geben. Außerdem darf nicht übersehen werden, daß mit zunehmendem Gehalt an Silizium die entstehende Menge an Kieselsäure zunimmt, wodurch hohe Kalksätze notwendig werden, um die erforderliche Schlackenbasizität zu erreichen. Dies kann wieder eine Verlängerung der Gesamtschmelzdauer zur Folge haben.

Eine wesentliche Verkürzung der Einschmelzzeit und damit eine Erhöhung der Ofenleistung läßt sich durch Verwendung von *flüssigem Roheisen* erreichen. Obwohl sich für die Leistungssteigerung keine allgemein gültigen Zahlenwerte angeben lassen, so können doch die grundsätzlichen Zusammenhänge z. B. aus den Auswertungen von R. J. SARJANT [10] über die Betriebsergebnisse in britischen Stahlwerken entnommen werden. Die in Abb. 293 angeführten Werte beziehen sich auf festen Einsatz im Vergleich zur Verwendung von flüssigem Roheisen in Anteilen von 18 bis 83%, wobei jedoch die hohen Anteile überwiegen. Aus den hier gezeigten Werten ergibt sich, daß bei Verwendung von flüssigem Roheisen im Mittel eine Erhöhung der Erzeugung um 30% bei gleichem

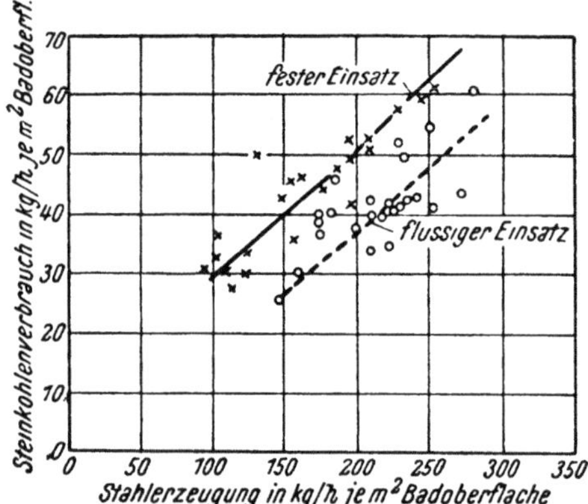

Abb. 293. Zusammenhang zwischen Ofenleistung, Brennstoffverbrauch und Einsatzverhältnissen im Siemens-Martin-Ofen (nach R. J. SARJANT)

Brennstoffverbrauch (als Generatorgas) oder eine Brennstoffersparnis von 20% bei gleichbleibender Erzeugung erreicht wird.

Der Vorteil des flüssigen Roheisens liegt in erster Linie in seinem physikalischen Wärmeinhalt, der ein rascheres Niederschmelzen des Schrottes zur Folge hat. Dabei ist jedoch zu beachten, daß die Steigerung der Einschmelzleistung keineswegs dem Anteil an flüssigem Roheisen proportional ist, da noch eine Reihe weiterer Einflüsse das Ergebnis im Einzelfall mitbestimmt [11]. Eine besondere Bedeutung kommt in diesem Zusammenhang dem Zeitpunkt des Zusatzes des flüssigen Roheisens zu.

Wie bereits ausgeführt, wird zunächst der Schrott und ein Teil der Zuschläge eingesetzt und bis zum oberflächlichen Schmelzen erhitzt. Dann erst wird das flüssige Roheisen eingefüllt. Ein Beispiel für die in einem schwedischen Hüttenwerk festgestellten Zusammenhänge zeigt Abb. 294. Für wechselnde Mengen von flüssigem Roheisen wurde das beste Ergebnis, also die kürzeste Zeit bis zum Erwärmen des Einsatzes bis auf 1400 °C, dann erreicht, wenn das Roheisen zwei bis drei Stunden nach Beginn des Einsetzens eingefüllt wurde. Die besondere Bedeutung des richtigen Zeitpunktes für den Roheisenzusatz macht es verständlich, daß das Arbeiten mit flüssigem Roheisen in der Regel über einen Mischer erfolgt, da nur dann alle Zeitvorteile voll ausgenützt werden können.

Außer dem Zeitpunkt des Zusatzes ist natürlich auch die Temperatur und die chemische Zusammensetzung des Roheisens von Bedeutung. Mit steigender Roheisentemperatur ergibt sich ebenfalls eine Verkürzung der Einschmelzzeit. Darüber

hinaus konnte noch beobachtet werden, daß sich verschiedene Roheisensorten praktisch gleicher Zusammensetzung und Temperatur hinsichtlich der Auflösungsgeschwindigkeit des Schrottes unterschiedlich verhalten. Diese in exakten Meßwerten nicht erfaßbaren Unterschiede können mit einer Abschmelz- oder Tauchprobe nachgewiesen werden [12]. Der Gewichtsverlust eines Eisenstabes nach einer bestimmten Eintauchzeit gibt ein relatives Maß für die zu erwartende Auflösungsgeschwindigkeit des Schrottes.

Da auch die chemische Zusammensetzung des flüssigen Roheisens sowohl auf die Einschmelz- als auch auf die Gesamtleistung des Siemens-Martin-Ofens von Einfluß ist und von ihr auch der optimale Anteil im Einsatz abhängt, kann durch eine Vorbehandlung des Roheisens eine so hohe Leistungssteige-

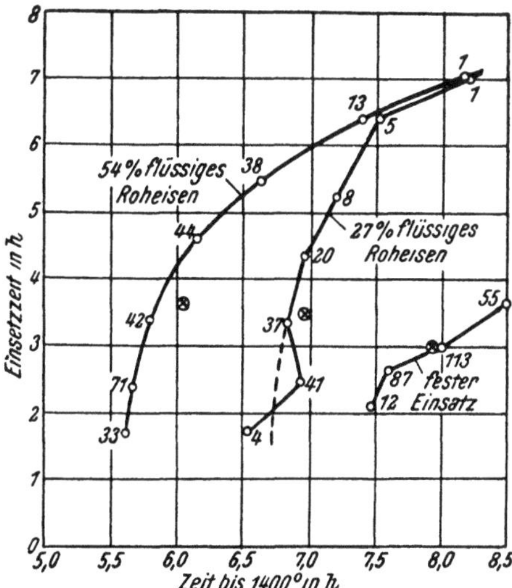

Abb. 294. Einfluß der Einsetzzeiten und Mengen flüssigen Roheisens auf die Erwärmungszeit bei 1400 °C (nach M. TIGERSCHIÖLD)

rung erzielt werden, daß die Kosten für das Vorfrischen leicht ausgeglichen werden können. Dieses Vorfrischen (vgl. Abschnitt 3.24) bezweckt in erster Linie die Erniedrigung des Siliziumgehaltes, in manchen Fällen aber auch eine Entphosphorung und eine teilweise Entkohlung bis auf etwa 1,5 bis 2,5% C. Beim Vorfrischen mit gasförmigem Sauerstoff wird zugleich eine erwünschte Temperaturzunahme erreicht. Auf diese Weise wird der Siemens-Martin-Ofen von einem Teil seiner metallurgischen Arbeit entlastet, und es können wesentlich höhere Anteile flüssigen Eisens bei gesteigerter Ofenleistung verarbeitet werden.

Mit dem Niederschmelzen des metallischen Einsatzes erfolgt gleichzeitig die Schlackenbildung aus den Zuschlägen, den Oxydationsprodukten der metallischen Einsatzstoffe und auch aus den Herdbaustoffen. Die rechtzeitige Bildung einer Schlacke schützt den metallischen Einsatz vor zu starker Oxydation durch die Flammengase und vor einer stärkeren Schwefel- und Gasaufnahme (vgl. Abschnitt 3.421). Die Schlackenzusammensetzung, ihre Temperatur und Viskosität ist für die Reaktionsfähigkeit und damit für die Einleitung des Frischvorganges wesentlich. Der Kalk, der im basischen Ofen für die Schlackenbildung benötigt wird, kann entweder als gebrannter Kalk oder als Kalkstein zugesetzt werden. Im allgemeinen gibt man dem gebrannten Kalk den Vorzug, weil sein Wärmebedarf für die Schlackenbildung geringer ist. Dagegen ist die Verwendung von Kalkstein bei höherem Phosphorgehalt im Einsatz und manchmal auch bei der Erzeugung von Stählen höheren Kohlenstoffgehaltes vorteilhaft [13]. Seine oxydierende Wirkung und die endotherme Reaktion bei der Schlackenbildung führen zu einer leichteren Entphosphorung der Schmelze bei hohen Kohlenstoffgehalten. Eine weitere Zugabe von Schlackenbildnern erfolgt in der Regel in der Frischperiode.

Auch die Frischvorgänge beginnen bereits während des Einschmelzens. Solange der Schrott und das Roheisen noch nicht von einer geschmolzenen Schlackenschicht bedeckt sind, tritt eine direkte Oxydation an den freien Oberflächen ein. Die gebildeten Eisenoxyde und geringe Mengen an bereits oxydierten Begleitelementen fördern ihrerseits die Kalkauflösung und Schlackenbildung. Das Ausmaß der direkten Oxydation und die Menge der entstehenden Eisenoxyde bestimmen auch das Ausmaß der Kohlenstoffoxydation während des Einschmelzens. Dabei wird der Kohlenstoff durch die Anwesenheit von Elementen mit höherer Sauerstoffaffinität, wie z. B. Silizium, Mangan u. a., „geschützt", d. h. es kann erst dann zu einer nennenswerten Kohlenstoffverbrennung kommen, wenn die Konzentration dieser Elemente so weit gesunken ist, daß die Eisenoxydulkonzentration bzw. -aktivität die Gleichgewichtskonzentration bezüglich des Kohlenstoffs überschreitet. Die Menge dieser Elemente im Einsatz soll so bemessen sein, daß die Kohlenstoffreaktion unmittelbar nach beendetem Einschmelzen voll in Gang kommt. Eine zu geringe Konzentration an Mangan und Silizium im Einsatz kann andererseits zu einer so weitgehenden Kohlenstoffverbrennung während des Einschmelzens führen, daß ein befriedigender Schmelzverlauf nur nach einem Aufkohlen des Bades erzielt werden kann.

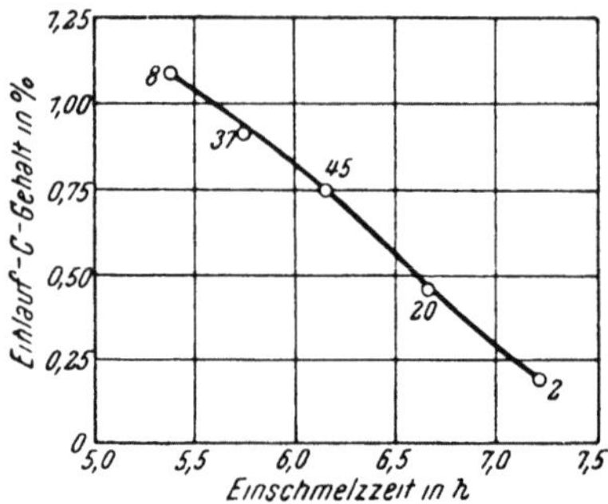

Abb. 295. Zusammenhang zwischen Einschmelzzeit und Einlaufkohlenstoffgehalt im basischen Siemens-Martin-Ofen (nach M. TIGERSCHIÓLD)

Das Ausmaß aller Oxydationsvorgänge während der Einschmelzperiode ist, wie bereits eingangs hervorgehoben wurde, in starkem Maße von der Einschmelzzeit abhängig. Abb. 295 zeigt an einem Beispiel, wie weit der Kohlenstoffgehalt unter sonst gleichen Verhältnissen mit verlängerter Einschmelzzeit abnehmen kann. Das Ausmaß der Oxydation ist naturgemäß bei Verwendung festen Roheisens wesentlich größer als bei flüssigem. Diese Vorgänge sind auch die Erklärung dafür, warum für die Einhaltung eines bestimmten Einlaufkohlenstoffgehaltes oft stark unterschiedliche Roheiseneinsätze benötigt werden.

3.422.3 Frischperiode

In der Praxis pflegt man erst dann von einer Frischperiode zu sprechen, wenn die Oxydation des Kohlenstoffes von einer sichtbaren Kohlenoxydentwicklung, dem sogenannten Kochen des Stahlbades, begleitet ist.

Das Einsetzen des Kochvorganges kann durch eine Reihe von Einflüssen verzögert werden. Innerhalb des Stahlbades und an der Berührungsfläche des Bades mit der Schlacke bilden sich Kohlenoxydblasen auch dann nur selten, wenn das [C]·[O]-Produkt größer ist als dies dem Gleichgewicht der Entkohlungsreaktion entspricht. Erst wenn der Sauerstoffgehalt der Schmelze einen kritischen Wert überschritten hat, kommt es zu einer Blasenbildung, bevorzugt an den Rauheiten der Herdoberfläche, von der die Entkohlungsreaktion normalerweise ihren Ausgang nimmt. Der Grund für diese Verzögerung des Kochvorganges ist in physikalischen Vorgängen zu suchen, welche, ähnlich wie bei der bekannten Erscheinung des Siedeverzuges, die Bildung von Gasblasen in einer flüssigen Phase behindern. Dadurch, daß die Gasblasenbildung bevorzugt an der Herdsohle stattfindet, kann es bei lebhaftem Frischvorgang kaum zu stärkeren Konzentrationsunterschieden in den verschiedenen Badtiefen kommen.

Die Frischperiode im basischen Siemens-Martin-Ofen wird nach den metallurgischen Erfordernissen des jeweiligen Schmelzverfahrens und der zu erzeugenden Stahlqualität geführt. Zur Beeinflussung des Reaktionsablaufes stehen dem Praktiker verschiedene Hilfsmittel zur Verfügung, wobei neben einer entsprechenden Schlackenführung der Schmelztemperatur große Bedeutung zukommt. Auch ist heute in der direkten Anwendung von gasförmigem Sauerstoff (beeinflußt durch die Entwicklung der Sauerstoffblas-Verfahren) ein einfaches Mittel gegeben, sowohl die Frischgeschwindigkeit als auch die Temperatur des Bades kurzfristig zu beeinflussen.

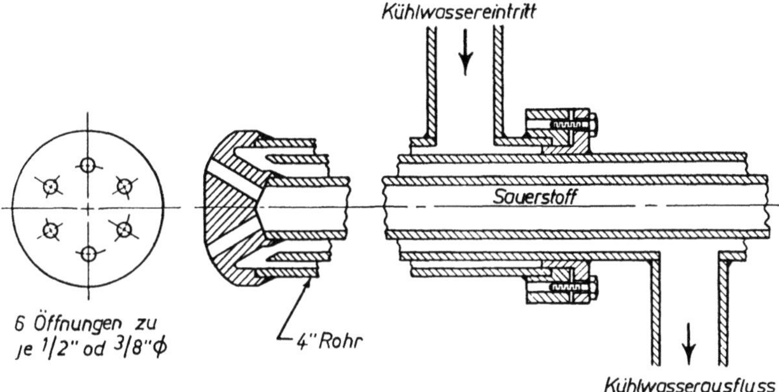

Abb. 296. Sauerstofflanze für die Sauerstoffzufuhr durch das Gewölbe; Gary Steel Works (nach O. O. HANIFORD)

Die zur Oxydation des Kohlenstoffes und der Eisenbegleitelemente notwendigen Mengen an Erz und/oder Sauerstoff lassen sich bei analysenmäßig bekanntem Einsatz an Hand der chemischen Umsetzungsgleichungen ziemlich genau ermitteln. Die durch die wechselnde Sauerstoffaufnahme aus dem Rost und den Flammengasen beim Einschmelzen gegebene Unsicherheit kann dadurch ausgeschaltet werden, daß man, je nach dem Verrostungsgrad des Schrottes, zunächst nur die Hälfte bis zwei Drittel der berechneten Menge zusetzt. Der Rest wird nach Bedarf im Laufe der Frischperiode zugegeben. Zugleich mit den Erzzusätzen wird auch die Schlacke durch Kalkzugaben auf den notwendigen Basizitätsgrad gebracht. Für die rasche Ermittlung des Basizitätsgrades stehen heute Schnellbestimmungsverfahren ausreichender Genauigkeit zur Verfügung [14] (vgl. Abschnitt 2.32). Flußmittelzusätze, wie Bauxit, Ton und seltener auch Flußspat, regeln den Flüssigkeitsgrad und erleichtern die Bildung einer reaktionsfähigen Schlacke. Die für die verschiedenen metallurgischen Umsetzungen notwendigen Schlackenzusammensetzungen wurden bereits in Abschnitt 3.421 behandelt.

Außer dem Erzsauerstoff wirken im Siemens-Martin-Ofen auch die oxydierenden Flammengase als Frischmittel. Sie können bei hochspritzenden Stahltröpfchen direkt oxydierend wirken. Ihre wesentliche Frischwirkung erfolgt aber über die Oxydation des in der Schlacke enthaltenen Eisenoxyduls zu höheren Eisenoxyden, die unter Sauerstoffabgabe vom Stahlbad wieder zu Eisenoxydul reduziert werden.

Darüber hinaus gewinnt, wie bereits erwähnt, die Verwendung reinen, gasförmigen Sauerstoffes zum Frischen im Siemens-Martin-Ofen steigende Bedeutung [15, 16]. An Stelle der ursprünglichen Sauerstoffzufuhr über Tauchrohre in das Stahlbad werden heute in den meisten Fällen wassergekühlte Lanzen verwendet [17], die durch die Ofenköpfe, das Gewölbe oder die Rückwand eingeführt werden [18, 19]. Abb. 296 gibt den Aufbau einer solchen Lanze wieder, die im kupfernen Lanzenkopf sechs symmetrisch angeordnete Austrittsöffnungen besitzt, um den Sauerstoff über eine größere Reaktionsfläche zu verteilen [20]. Eine Sonderentwicklung zum Verarbeiten von etwa 80% flüssigem phosphorreichem Roheisen mit Sauerstoff im Siemens-Martin-Ofen ist der sogenannte „Ajax"-Ofen, bei dem die Sauerstofflanze durch den Ofenkopf des Kippofens eingefahren wird. Hierüber berichtete A. JACKSON [21].

Durch die Anwendung des Sauerstofffrischens können erhebliche Leistungssteigerungen erzielt werden (bis zu etwa 25% und bis zu Stundenleistungen von 50 t/h und mehr). Die Beherrschung des metallurgischen Arbeitsablaufes ist nicht schwieriger als bei der normalen Arbeitsweise. Die Vorteile liegen in einer raschen Entkohlung, rascheren Temperaturzunahme und einer rascheren Bildung einer Entphosphorungs- und Entschwefelungsschlacke. Eine gute Temperaturkontrolle und analytische Überwachung des Prozesses ist jedoch notwendig. Dieses Verfahren wird bevorzugt zur Verarbeitung hoher Roheisensätze oder zum Frischen auf tiefste Kohlenstoffgehalte, die im normalen Siemens-Martin-Prozeß schwer erreichbar sind, angewendet.

Die mit dem Sauerstofffrischen verbundene hohe Temperaturbelastung des Ofens erfordert eine ganzbasische Zustellung und Vorkehrungen, um die Verlegung der Kammern durch Staub auszuschalten bzw. den „braunen Rauch" abzuscheiden.

Ein wesentlicher Punkt bei der Schlackenführung in der Frischperiode ist noch die Viskosität der Schlacke. Im basischen Ofen ist die Einschmelzschlacke durch die anfangs noch relativ niedrige Temperatur meist verhältnismäßig dickflüssig. Die zusätzliche Verwendung von Sauerstoff beim Einschmelzen gibt auch in dieser Richtung bessere Voraussetzungen. Beim Schrott-Kohlungsprozeß, aber auch beim Schrott-Roheisenverfahren unter Mitverwendung höherer Anteile von Grubenabfällen im Einsatz, kann sich nach dem Einschmelzen eine zähflüssige Schlacke bilden, die durch ein starkes Schäumen gekennzeichnet ist. Die Ursache sind Kohlenoxydblasen, die von der Schlacke festgehalten werden, wodurch sie schaumartig aufgebläht wird. Die Abkürzung dieser Schaumperiode kann durch Temperatursteigerung, durch Zusatz von Flußmitteln oder durch einen teilweisen Schlackenwechsel erreicht werden. Die Schaumbildung verzögert die Entkohlung und den Wärmeübergang an das Stahlbad.

Steife Schlacken, die durch Aufnahme von Magnesiumoxyd aus der Herdzustellung, z. B. durch Loslösen von Teilen der Zustellung, entstehen, werden teilweise abgezogen und durch neue Schlackenbildner ergänzt. Steife Schlacken können auch nach dem Einschmelzen von chromlegiertem Schrott auftreten. Derartige an Chromoxyd angereicherte Schlacken sind nur schwer zu verflüssigen und werden daher unter Verzicht auf eine Chromrückgewinnung abgezogen. Bei zu hoher Dünnflüssigkeit der Schlacke wird gebrannter Kalk nachgesetzt.

Für die Ofenführung hat die Viskosität der Schlacke auch noch aus einem anderen Grunde Bedeutung. Sehr dünnflüssige, sogenannte wässerige Schlacken, greifen die Herdzustellung am Schlackenstand stark an und bilden bei wenig bewegtem Bad eine spiegelnde Fläche, die eine starke Rückstrahlung an das Ofengewölbe zur Folge hat. Dies kann bei sauren Gewölben zu einem Abschmelzen führen, wobei durch die in die Schlacke abtropfende Kieselsäure die Schlackenbasizität erniedrigt wird. Derartige dünnflüssige Schlacken werden durch Kalkzugaben abgesteift. Die günstigste physikalische Beschaffenheit haben sämige (cremeartige) Schlacken, die auch die geringste Rückstrahlung auf das Ofengewölbe ausüben.

3.422.4 Periode geringer Frischwirkung oder Reduktionsperiode

An die Frischperiode mit lebhaftem Kochvorgang schließt sich eine Periode geringer Frischwirkung oder auch eine Reduktionsperiode an. Sie kann metallurgisch durch eine weitgehende Annäherung an die Metall-Schlacken-Gleichgewichte gekennzeichnet werden. Die Schmelze soll, wie der Praktiker zu sagen pflegt, durch „Auskochen" mit abnehmender Geschwindigkeit der Umsetzungen sich der gewünschten Endlage nähern. Dieser für die Qualität des Endproduktes wichtige Abschnitt wird sich um so eher erreichen und einhalten lassen, je ungestörter der gesamte Schmelzverlauf ist und je sorgfältiger die Überwachung vorgenommen wird.

Für die Erschmelzung von Qualitäts- und Edelstählen im basischen Siemens-Martin-Ofen hat man die Einhaltung einer optimalen Frischgeschwindigkeit vor dem Fertigmachen der Schmelze als günstig erkannt. Sie liegt etwa zwischen 0,2 und 0,3% C/h und beträgt nach den Untersuchungen von F. BEITTER [22] für unlegierte Baustähle etwa 0,22% C/h. Die Einhaltung dieser Frischgeschwindigkeit hat jedoch nur für den normalen Frischprozeß unter Verwendung von Erz als Frischmittel Bedeutung. Bei Anwendung von gasförmigem Sauerstoff bestehen in Übereinstimmung mit den Ergebnissen der Sauerstoffblas-Verfahren (vgl. Abschnitt 3.3) keine Bedenken, wesentlich höhere Frischgeschwindigkeiten ohne Beeinträchtigung der Stahlgüte zu verwenden. Die metallurgischen Umsetzungen verlaufen bei dem lebhaften Kochvorgang mit seiner innigen Durchmischung von Stahl und Schlacke mit so hoher Geschwindigkeit, daß die erstrebten Endlagen schon wenige Minuten nach Abschalten der Sauerstoffzufuhr erreicht werden.

Weist die Schlacke kurz vor dem Erreichen des gewünschten Endkohlenstoffgehaltes noch einen so hohen Eisenoxydulgehalt auf, daß ein langsames Abklingen der Frischreaktion nicht zu erwarten ist, so kann durch Kalkzugabe, aber noch wirksamer durch Zugabe von Roheisen oder Kohlungsmitteln (Karburit) ein Verbrauch des überschüssigen Sauerstoffes erreicht werden.

Der Eisenoxydulgehalt der Schlacke wird in vielen Werken durch Entnahme von Schlackenproben überwacht, die meist nur nach dem Aussehen beurteilt werden (vgl. Abschnitt 2.32). Die Endschlacken sollen einen ausreichenden Flüssigkeitsgrad aufweisen, ruhig fließen und blasenfrei mit glatter Oberfläche erstarren. Sie zeigen bei allen üblichen Eisenoxydulgehalten eine gleichmäßige, mehr oder minder dunkle Färbung.

Im basischen Siemens-Martin-Ofen wird eine *Reduktionsperiode*, z. B. zur Wiedergewinnung von Mangan in unlegierten Stählen oder zur Reduktion von Legierungselementen bei legiertem Einsatz, nur selten und dann nur in beschränktem Ausmaß ausgeführt. Die Reduktionsarbeit wird durch geringe Schlackenmengen erleichtert und ist in ihrem Ausmaße vom Phosphorgehalt abhängig, zu dessen Bindung in der Schlacke eine bestimmte Mindestkonzentration an Eisenoxydul aufrechterhalten bleiben muß. Von großem Einfluß ist auch der Kohlenstoffgehalt des Stahlbades, weil durch ihn der Eisenoxydulgehalt der Schlacke so weit gesenkt werden kann, daß die Gleichgewichtslagen der Reaktionen der Legierungselemente zugunsten einer höheren Konzentration im Stahlbad verschoben werden. In gleicher Richtung wirkt auch eine Temperatursteigerung. Gefördert wird die Reduktion durch Zugabe von Reduktionsmitteln, wie Ferrosilizium, Aluminium, Kalziumkarbid u. a., sie erreicht im Siemens-Martin-Ofen jedoch niemals das gleiche Ausmaß wie im basischen Lichtbogenofen. Im Abschnitt 3.423.1 wird diese Arbeitsweise an zwei Schmelzbeispielen erläutert.

3.422.5 Legieren, Abstechen und Desoxydieren

Das Legieren des Siemens-Martin-Stahles wird teils im Ofen, teils in der Pfanne vorgenommen. Starre Regeln für die eine oder andere Arbeitsweise lassen sich nicht aufstellen. Die zweckmäßigste Art des Zusatzes hängt vom metallurgischen Verhalten der Zusatzelemente, vom Oxydationszustand des Stahlbades und von der Menge ab, die als Zusatz in Frage kommt. Die Desoxydation dagegen erfolgt immer in der Pfanne. Lediglich eine Vordesoxydation wird in manchen Werken im Ofen vorgenommen, um das Legierungsausbringen und die Treffsicherheit der Analyse zu erhöhen. Jedoch besteht bei dieser Arbeitsweise die Gefahr der Rückphosphorung und einer Verunreinigung des Stahles.

Das *Legieren* im Ofen ist nur bei jenen Legierungselementen allgemein üblich, die praktisch keiner Verschlackung unterliegen. Es sind dies Nickel, Molybdän und Kupfer. In höhergekohlten Stahlbädern kann auch Wolfram im Ofen legiert werden, doch werden wolframlegierte Stähle heute fast ausnahmslos im elektrischen Schmelzofen erzeugt. Der Zusatz der anderen Elemente in den Ofen ergibt, je nach dem Oxydationszustand des Bades und der zur Auflösung notwendigen Liegezeit, verschieden hohe Verschlackungsverluste, von deren Ausmaß im Einzelfall die Zweckmäßigkeit des Ofenzusatzes abhängt.

Die nicht verschlackenden Legierungselemente werden bei der Herstellung legierter Stähle nach Möglichkeit mit dem metallischen Einsatz, vorzüglich in Form von legiertem Schrott, in den Ofen eingebracht. Die restlichen Mengen dieser Legierungselemente können im Verlauf der Frischperiode zugesetzt werden, sobald die Ergebnisse der Vorproben bekannt sind. Diese Elemente können außer als Legierungsmetalle auch als Oxyde, z. B. Nickeloxyd und Molybdänoxyd, zugegeben werden.

Der Zusatz aller übrigen Legierungen in den Ofen erfolgt frühestens in der Periode verringerter Frischwirkung bzw. unmittelbar vor dem Fertigmachen der Schmelze. Nach dem Zusatz der Legierungen wird die Schmelze nur noch so lange im Ofen belassen, wie dies zur Auflösung der Zusätze notwendig ist. Vielfach ist es üblich, vor dem Legieren einen Teil der Frischschlacke abzuziehen und den Rest im Ofen durch Zugabe von gebranntem Kalk abzusteifen. Auch durch eine Art Vordesoxydation mit Kohlenstoff- und Manganträgern (Roheisen und Spiegeleisen) können die Verschlackungsverluste beim Ofenzusatz vermindert werden. Verbleibt der legierte Stahl länger, als zur Auflösung der Legierungen notwendig ist, im Ofen, so treten durch die Einwirkung der eisenoxydulreichen Schlacke unkontrollierbare Verluste durch Oxydation ein.

Besonders in amerikanischen Stahlwerken wird das Legieren im Ofen durch eine Vordesoxydation mit Mangansilizium oder Ferrosilizium eingeleitet. Die Oxydationsverluste werden dadurch vermindert und die Treffsicherheit der Analyse erhöht. Diese Arbeitsweise setzt aber voraus, daß der Phosphorgehalt der Schlacke sehr niedrig ist oder daß diese vorher weitgehend abgezogen wird. Auch besteht immer die Gefahr einer Verunreinigung des Stahlbades durch Kieselsäuresuspensionen, die im Falle eines Wiederaufkochens des Bades zu unbrauchbaren Schmelzen führen können (vgl. Abschnitt 1.16).

Größere Legierungsmengen sollen im vorgewärmten Zustand in den Ofen zugesetzt werden. Nur auf diese Weise kann eine rasche und gleichmäßige Verteilung erzielt werden. Der unvermeidbare Temperaturverlust der Schmelze muß bei der Temperaturführung berücksichtigt werden. Als Anhaltszahl kann dienen, daß ein Zusatz von etwa 1,5% Ferrochrom einen Temperaturabfall von rund 30 bis 40 °C verursacht. Wenn es die Einrichtungen des Stahlwerkes zulassen, ist bei hohen Legierungszusätzen der flüssige Zusatz in der Pfanne vorzuziehen.

Der Zusatz von Legierungsmetallen in die Gießpfanne vermindert die Verschlackungsverluste erheblich. Es ist jedoch notwendig, die Schlacke im Ofen abzusteifen und zurückzuhalten bzw. sie von der Abstichrinne seitlich in den Schlackenkübel abfließen zu lassen. Beim Zusatz größerer Mengen fester Ferrolegierungen in die Pfanne kann es zur Schlierenbildung, d. h. zu ungleichmäßiger Verteilung im flüssigen Stahl, kommen, wodurch sich erhebliche Analysenabweichungen in einzelnen Blöcken oder Gespannen ergeben können. Dieser Gefahr wirkt die Verwendung exothermer Legierungen entgegen (vgl. Abschnitt 3.14).

Der notwendige Legierungszusatz kann rechnerisch mit großer Genauigkeit nur für die nicht verschlackenden Elemente bestimmt werden. Für den praktischen Betrieb können dafür graphische Hilfsmittel, z. B. in Form der in Abb. 297 wiedergegebenen Rechentafel dienen. Sie berücksichtigen bereits den Mehrbedarf durch die Vermehrung des Schmelzgewichtes durch den Legierungszusatz selbst. Für die einem gewissen Abbrand unterliegenden Elemente muß darüber hinaus noch ein entsprechender Zuschlag in Rechnung gestellt werden. Diese Zuschläge sind Erfahrungswerte, die nicht nur von der Stahlsorte und der Art des Zusatzes abhängen, sondern darüber hinaus auch noch Unterschiede von Ofen zu Ofen zeigen. Beispiele für derartige Werte sind im Abschnitt 4.2 über Ausbringen und Legierungsverluste angeführt.

Hat das Stahlbad die notwendige Temperatur erreicht und alle vorgesehenen Zusätze im Ofen erhalten, so erfolgt der *Abstich* der Schmelze. Bei feststehenden Öfen wird bereits kurze Zeit vor dem Fertigmachen das Abstichloch vorgebohrt, so daß das Öffnen selbst im geeigneten Augenblick ohne Verzögerung vor sich gehen kann. Eine unsachgemäß verschlossene Abstichöffnung und besonders, wenn im Verlauf des Schmelzprozesses flüssiger Stahl in den Abstich eingedrungen und dort erstarrt ist, muß mit Sauerstoff aufgebrannt werden. Eine wesentliche Erleichterung und Beschleunigung des Abstechens wurde durch die Einführung der Sprenglanzen erreicht, mit denen die Abstichöffnung aufgeschossen wird. Abb. 298 zeigt den Aufbau einer gebrauchsfertigen Sprenglanze (Abstichladung) [23]. Geschützt durch einen Isolierkörper aus Gips, ist in einem Kupferkegel eine Hohlladung untergebracht. Die Sprenglanze wird nach dem Vorbohren der Abstichöffnung dicht vor den roten Abstichstopfen in die Rinne gelegt, an die Zündmaschine angeschlossen und gezündet. Sie wird besonders bei großen Siemens-Martin-Öfen mit wirtschaftlichem Erfolg angewendet.

Der flüssige Stahl wird über die Abstichrinne in die Gießpfanne, die bei beendetem Abstich nachfließende Schlacke durch seitliches Ausschwenken der Rinne in den Schlackenkübel geleitet. Meist läßt man so viel Schlacke in die Pfanne mitfließen, daß die Stahloberfläche ausreichend bedeckt ist. Ist die Schlacke sehr dünnflüssig und aggressiv, so wird sie mit gebranntem Kalk oder Dolomit abgesteift. Durch diese Maßnahme wird der Angriff auf die Pfannenzustellung vermindert und die Reaktionsfähigkeit so weit herabgesetzt, daß nennenswerte Umsetzungen mit dem Stahl nicht mehr zu befürchten sind. Wenn es notwendig erscheint, kann die Ofenschlacke auch vollständig ferngehalten und der Stahl in der Pfanne durch Zugabe eines künstlichen Schlackengemisches abgedeckt werden. Während bei feststehenden Öfen ein Mitlaufen der Schlacke zu Beginn des Abstechens nicht zu befürchten ist, muß man bei kippbaren Öfen rasch ankippen, damit die Abstichöffnung unter den Schlackenspiegel zu liegen kommt.

Die *Schlußdesoxydation* des basischen Siemens-Martin-Stahles wird immer in der Gießpfanne vorgenommen. Die Desoxydationsmittel sind, da es sich um relativ geringe Zusatzmengen handelt, leicht zu einer vollständigen und homogenen Lösung bzw. Verteilung zu bringen. Allerdings muß darauf Rücksicht genommen werden, daß alle Desoxydationslegierungen ein geringeres spezifisches

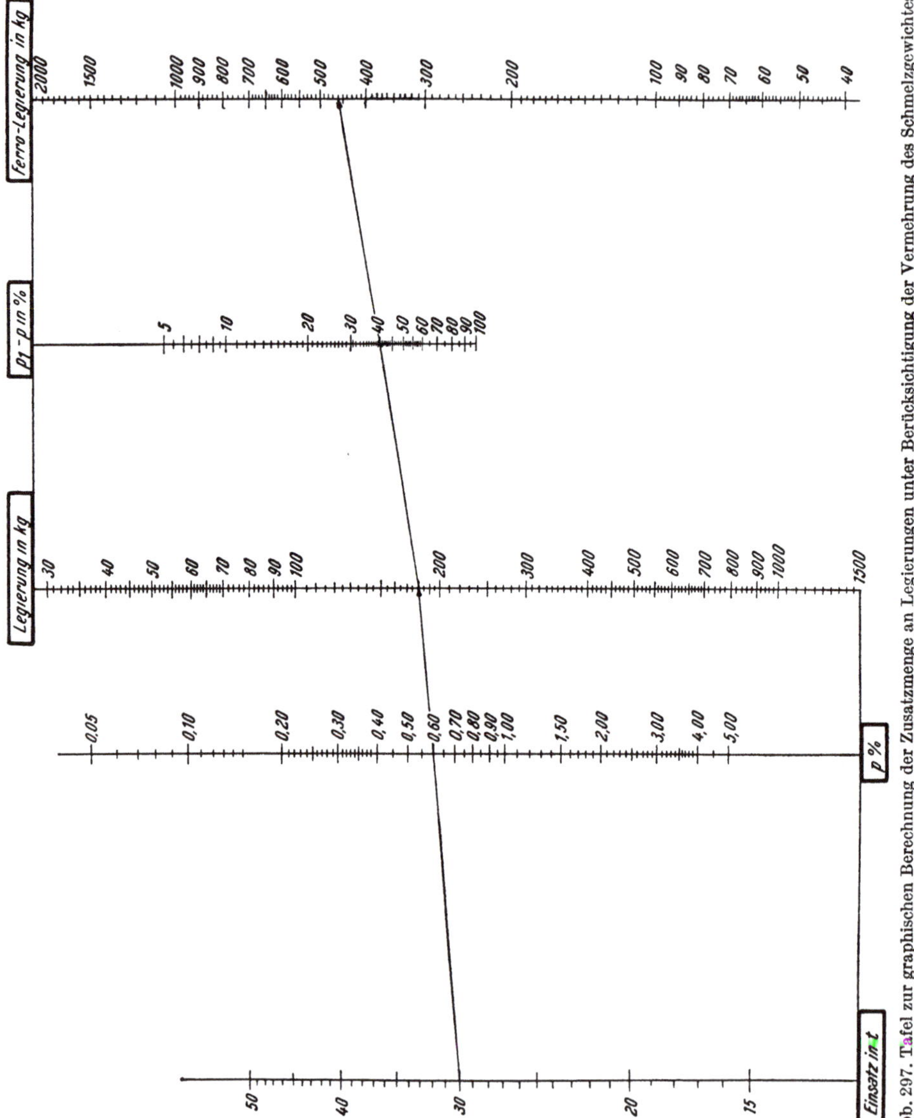

Abb. 297. Tafel zur graphischen Berechnung der Zusatzmenge an Legierungen unter Berücksichtigung der Vermehrung des Schmelzgewichtes; p benötigter Zusatz des Legierungselementes in Prozenten; p_1 Prozentgehalt der zuzusetzenden Legierung

Gewicht als der flüssige Stahl haben und daher so zugesetzt werden müssen, daß sie mit dem flüssigen Stahl ohne Berührung mit der Schlacke in das Stahlbad gespült werden. Dies kann z. B. durch kontinuierliche Zugabe aus einer Rutsche in den Gießstrahl erfolgen. Aluminium wird fallweise auch im vorgeschmolzenen Zustand während des Abstechens in die Pfanne zugegeben. Man erhält dadurch eine höhere Treffsicherheit bei der Herstellung von Feinkornstählen, die bestimmte

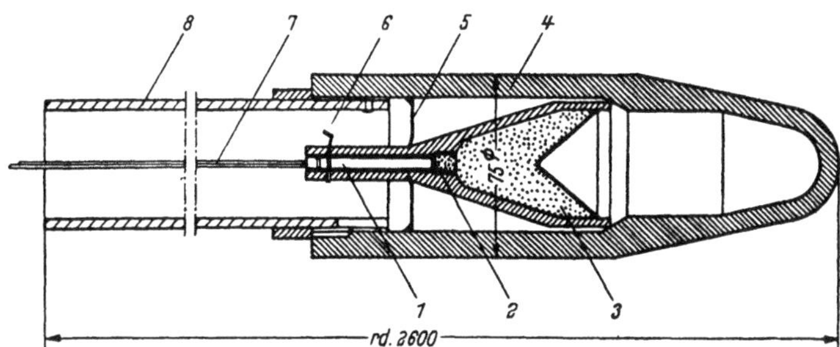

Abb. 298. Sprenglanze (Abstichladung) fertig zum Gebrauch
1 elektrischer Zünder; *2* Übertragungsladung; *3* Sprengladung mit Kunststoffhülse; *4* Isolierkörper; *5* Haltescheibe;
6 Haltefeder; *7* Zündleitung; *8* Papprohr (nach W. BURMEISTER)

Mindestaluminiumgehalte im fertigen Stahl (etwa zwischen 0,03 und 0,08% Al) enthalten müssen, und auch eine rasche Abscheidung der tonerdereichen, primären Desoxydationsprodukte.

Zur richtigen Bemessung der notwendigen Mengen an Desoxydationsmitteln ist die Kenntnis des Oxydationszustandes des Stahlbades am Ende der Schmelzung notwendig. In erster Linie ist für die Höhe des Sauerstoffgehaltes der Kohlenstoffgehalt maßgebend, so daß die Sauerstoffwerte aus dem $[C] \cdot [O]$-Produkt gut abgeschätzt werden können (vgl. auch Abb. 283). Da der Sauerstoffgehalt erst bei Kohlenstoffgehalten unter 0,2% stark ansteigt, ergeben sich für alle mittel- und hochgekohlten Schmelzen nahezu konstante Voraussetzungen. Für niedriggekohlte Schmelzen verfügen alle Werke über ausreichende Erfahrungswerte, um den Gehalt an Desoxydationselementen im fertigen Stahl treffsicher einhalten zu können.

Nach einer Pfannendesoxydation muß den Desoxydationsprodukten Gelegenheit gegeben werden, sich möglichst vollständig aus dem Stahl abzuscheiden. Erfahrungsgemäß genügen dazu Abhängezeiten vor dem Gießen von 8 bis 10 Minuten. Über die Vorgänge in der Gießpfanne vgl. Abschnitt 1.18.

3.422.6 Temperaturführung

Für den Schmelzverlauf im Siemens-Martin-Ofen ist, wie auch bei allen anderen Schmelzverfahren, die Temperaturführung von entscheidendem Einfluß. Sie muß vom Einschmelzen an bis zum Abstich den metallurgischen Erfordernissen angepaßt werden. Eine ausreichend hohe Temperatur nach dem Einschmelzen, die sich nach dem Kohlenstoffgehalt im Stahlbad richtet, ist die Voraussetzung für einen intensiven Kochvorgang, wie er zur Reinigung und Entgasung der Schmelze angestrebt werden muß. Eine hohe Temperatur erleichtert nicht nur die Führung einer geeigneten Schlacke hoher Basizität für eine gute Entschwefelung, sondern läßt auch den gewünschten Endkohlenstoffgehalt mit einer Schlacke geringeren Eisenoxydulgehaltes erreichen. Wie die Temperaturverhältnisse, der Kohlenstoffabbrand und der Eisengehalt der Schlacke bei gleichen Ausgangsbedingungen durch die Gasmengenregelung während der Frischperiode verändert werden können, zeigt Abb. 299.

Die Temperaturführung ist in den heute meist für die Edelstahlerzeugung verwendeten ganzbasischen Öfen mit Öl- oder Erdgasfeuerung unter gleichzeitiger Verwendung von gasförmigem Sauerstoff wesentlich einfacher. Man hat es durch entsprechende Energiezufuhr weitgehend in der Hand, das Stahlbad auch nach einer relativ kurzen Frischperiode auf die erforderliche Abstichtemperatur zu

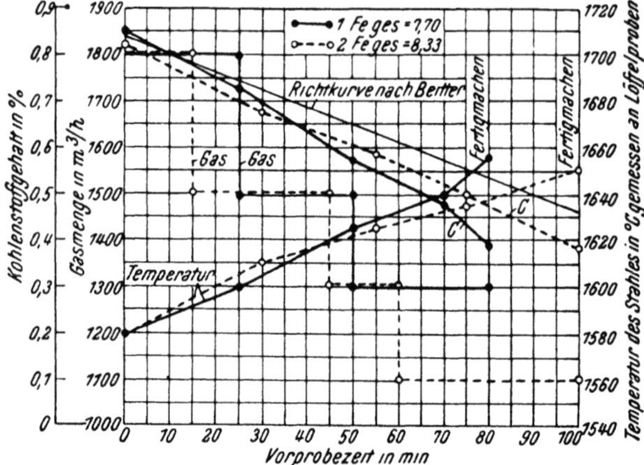

Abb. 299. Einfluß der Gasmengenregelung auf den Temperaturverlauf und die Frischgeschwindigkeit im Siemens-Martin-Ofen (nach E. WULFFERT)

bringen. Selbstverständlich muß bei der Bemessung der Endtemperatur im Ofen auch auf die unvermeidbaren Temperaturverluste durch den Zusatz von Legierungen und die von Schmelzgewicht und Gießzeit abhängigen Verluste Rücksicht genommen werden. Ausgehend von der jeweiligen Liquidustemperatur des Stahles kann bei Kenntnis dieser Temperaturverluste die erforderliche Abstichtemperatur errechnet werden. Weitere Einzelheiten enthält der Abschnitt 1.18 und das Kapitel „Gießen".

Zur Temperaturüberwachung dienen heute, wie bereits im Abschnitt 2.4 behandelt, durchwegs Tauchthermoelemente, die jederzeit eine genaue Temperaturkontrolle ermöglichen [24, 25].

3.423 Die Schmelzverfahren

3.423.1 Das Schrott-Roheisen-Verfahren

Unter den basischen Siemens-Martin-Ofen-Prozessen steht das Schrott-Roheisen-Verfahren an erster Stelle. Die Herstellung von unlegierten und legierten Stählen nach diesem Verfahren umfaßt mengenmäßig den größten Teil der Edelstahlerzeugung aus dem Siemens-Martin-Ofen. Qualitative Unterschiede in den Erzeugnissen sind bei wahlweiser Verwendung von festem oder flüssigem Roheisen nicht feststellbar. Der Anteil an Roheisen im Einsatz richtet sich so weit wie möglich nach der gewünschten Einlaufanalyse und wird maßgeblich von der Art des verwendeten Schrottes, der chemischen Zusammensetzung von Schrott und Roheisen, sowie von der Ofenführung in der Einschmelzperiode beeinflußt. Bei ungünstigen Schrottverhältnissen wird man zwangsläufig mit einem höheren

Roheisensatz arbeiten, um hohe qualitative Eigenschaften des Endproduktes sicherzustellen.

Wie schon in den vorhergehenden Abschnitten ausgeführt, ergeben sich für die Erzeugung der einzelnen Qualitätsgruppen optimale Werte für die Zusammensetzung des metallischen Einsatzes. Die Höhe des *Kohlenstoffgehaltes* wird so bemessen, daß er in der Einschmelzanalyse etwa 0,5 bis 0,6% über dem gewünschten Endgehalt liegt. Eine Entfernung dieser Kohlenstoffmenge im Frischprozeß genügt in der Regel zum Erzielen der notwendigen Abstichtemperatur auch ohne Sauerstoffanwendung und für eine ausreichende Schlackenarbeit. Ist man aus anderen Gründen gezwungen, höhere Roheisenanteile zu verarbeiten, so kann man durch Sauerstofffrischen den Kochvorgang beschleunigen. Diese Arbeitsweise ist auch dann anzuwenden, wenn die Einlaufanalyse unbeabsichtigt im Kohlenstoffgehalt zu hoch liegt und eine Umstellung im Schmelzprogramm nicht möglich ist.

Nicht minder wichtig erscheint auch das Einhalten eines genügend hohen *Manganeinsatzes.* Im Durchschnitt kann man bei der Erzeugung von Edelstählen niedrigen und mittleren Kohlenstoffgehaltes mit einem Mangangehalt im Einsatz von 1,2 bis 1,5% rechnen. Allerdings lassen sich durch entsprechende Schmelzführung auch bei niedrigen Manganeinsätzen noch qualitativ hochwertige Stähle erzeugen. Man kann dazu Manganträger in der Frischperiode zusetzen. Bei der Erzeugung von Werkzeugstählen mit niedriger Manganvorschrift muß der Mangangehalt im Einsatz ebenfalls oft unter den angegebenen Werten liegen, um einen Schlackenwechsel zu vermeiden. Bei hohem Kohlenstoffgehalt kommt jedoch der Höhe des Mangangehaltes nicht jene Bedeutung zu wie bei Stählen, die auf niedrige Kohlenstoffgehalte gefrischt werden. Eine Steigerung des Manganeinsatzes über etwa 1,5% bietet auch bei der Erschmelzung höhermanganlegierter Stähle keine metallurgischen Vorteile und ist wegen der mit steigender Mangankonzentration unverhältnismäßig stark zunehmenden Manganverluste unwirtschatlich.

Für die Erzeugung von Qualitätsstählen niedrigen und mittleren Kohlenstoffgehaltes hat sich ein *Siliziumgehalt* im Einsatz von etwa 0,2 bis 0,4% als zweckmäßig erwiesen. Bei der Erschmelzung von höhergekohlten Stählen, besonders aber bei Schmelzverfahren mit legiertem Schrott, kann es in Einzelfällen günstig sein, den Siliziumgehalt bis auf etwa 0,65% zu erhöhen. Darüber hinausgehende Siliziumgehalte im Einsatz führen jedoch zu den schon früher erwähntenNachteilen in der metallurgischen Schmelzführung. Dies ist auch der Grund, warum man unter Umständen das flüssige Roheisen einem Vorfrischen, z. B. mit Sauerstoff, unterwirft, um den Siliziumgehalt vor dem Einfüllen in den Siemens-Martin-Ofen zu senken (vgl. Abschnitt 3.24).

Die *Phosphor-* und *Schwefelgehalte* des Einsatzes werden für die Erzeugung von Edelstahl möglichst niedrig gehalten. Im allgemeinen wird man Werte von 0,1% P und 0,05% S als obere Grenze ansehen, mit denen das Erreichen der üblicherweise geforderten Endwerte im Stahl noch ohne besondere Schwierigkeiten möglich ist. Während der Phosphor von dem angegebenen Gehalt auch bei hochgekohlten Stählen leicht auf maximal 0,02% gesenkt werden kann, muß für hohe Ansprüche an die Schwefelfreiheit im Stahl entweder der Schwefelgehalt im Einsatz z. B. durch eine vorausgehende Roheisenentschwefelung noch weiter gesenkt werden oder man behandelt den fertigen Stahl beim Abstechen mit einem entschwefelnden Schlackenreaktionsverfahren (vgl. Abschnitt 3.91).

Weitere Einzelheiten der Prozeßführung können den folgenden Arbeitsbeispielen entnommen werden, die eine kennzeichnende Auswahl bringen, ohne natürlich alle bewährten Varianten zu berücksichtigen. Diese ergeben sich leicht aus der Anwendung der metallurgischen Gesetzmäßigkeiten unter Berücksichti-

gung der im basischen Siemens-Martin-Ofen gegebenen Möglichkeiten. Bei der
Auswahl der Schmelzen wurde darauf gesehen, nicht nur „Idealschmelzen" als
Beispiele heranzuziehen. Wohl aber wurden nur Chargen ausgewählt, deren End-
produkte qualitativ einwandfrei waren.

Tabelle 71. *Unlegierter Baustahl aus einem basischen 30-t-Siemens-Martin-Ofen
mit festem Einsatz*

Analysenvorschrift:	C	Si	Mn	P	S
%	0,35	0,20	0,40	max.	max.
%	0,40	0,40	0,60	0,030	0,035

Einsatz: Roheisen fest (4,08% C, 3,15% Mn, 0,48% Si, 0,08% P, 0,06% S) . . . 8 000 kg
Walzwerkabfälle (obiger Analyse) . . . . 4 800 „
Altschrott (etwa 0,1% C) . . . . 17 100 „
Paketierte Blech- und Drahtabfälle . . . . 2 500 „

Metallischer Einsatz. . . . . . . 32 400 kg

Zeit	Arbeitsgang	Zusätze in kg	Analyse in %				Tempe-ratur °C[1]	Verhalten der Proben	
			C	Mn	P	S		Stahl	Schlacke
0,00	Einsetzen: Beginn								
0,55	Einsetzen beendet:								
	festes Roheisen	8 000							
	Schrott	24 400							
	gebrannter Kalk	1 400							
3,55	eingeschmolzen								
	1. Probe		0,86	0,39	0,014	0,040		matt	flüssig, er-starrt blasig
	Schlackenkorrektur								
	gebrannter Kalk	150							
4,15	2. Probe		0,64						
4,30	3. Probe		0,51	0,37		0,034			sehr flüssig
4,35	Schlackenkorrektur:								
	gebrannter Kalk	100							
	gebrannter Kalk	50							
4,50	4. Probe		0,42	0,41		0,030		warm	sämig
5,00	Vordesoxydation								
	mit Spiegeleisen								
	(15% Mn)	100							
5,10	Schlußprobe		0,39	0,47					sämig
5,20	Abstich:						1640		
	Pfannenzusätze:								
	FeSi (75%)	170							
	Aluminium	4							

Fertiganalyse:	C	Si	Mn	P	S
%	0,38	0,27	0,47	0,015	0,030

Abgegossen: 7 Walzblöcke zu 4200 kg im kommunizierenden Guß. *Gießtemperatur:* 1560 °C (Bioptix-Messung).

[1] Tauchthermoelement-Messung.

a) Unlegierte Stähle

Als Beispiel für die Erschmelzung unlegierter *Baustähle* kann der Schmelzverlauf in Tab. 71 dienen. Der generatorgasbeheizte 30-t-Ofen war ganzbasisch
mit Magnesit zugestellt. Der Einsatz bestand aus 25% festem Roheisen und 75%

Schrott, im wesentlichen schwere Walzwerksabfälle, Altschrott und einer kleinen Menge paketierter Blech- und Drahtabfälle. Zur Schlackenbildung wurden 1400 kg gebrannter Kalk miteingesetzt. Das Einschmelzen war nach 3 Stunden 55 Minuten beendet. Die Schmelze zeigte ein lebhaftes Kochen unter einer für den Beginn der Frischperiode etwas zu flüssigen Schlacke, so daß gleich nach der Probenahme 150 kg gebrannter Kalk nachgesetzt wurde. Im weiteren Verlauf des Frischprozesses wurde die Schlackenbasizität durch laufende kleine Kalkgaben erhöht, um die Entschwefelung zu verbessern. Als nach der vierten Probe der Kohlenstoffgehalt nahezu erreicht war, wurde durch Zusatz von 100 kg Spiegeleisen vordesoxydiert. Die Temperaturzunahme des Bades konnte an den Stahlproben gut beobachtet werden und wurde durch Bioptix-Messungen überwacht. Unmittelbar vor dem Fertigmachen der Schmelze wurde mittels Tauchthermoelement eine Temperatur von 1640 °C gemessen. Nach dem Vorliegen des Analysenergebnisses der Schlußprobe wurde abgestochen und in der Pfanne mit Ferrosilizium und Aluminium desoxydiert. Die Schmelze wurde ohne Abhängenlassen in kommunizierendem Guß zu 7 Walzblöcken von je 4200 kg vergossen. Die Gießtemperatur betrug 1560 °C (Bioptix-Messung). Das Gesamtausbringen von 30 100 kg flüssigem Stahl entspricht 92,4 % des metallischen Einsatzes.

Der Schmelzverlauf bei der Erzeugung üblicher unlegierter Baustähle ist dem obengezeigten weitgehend ähnlich. Bei Einsatzstählen kann der Einlaufkohlenstoffgehalt niedriger, etwa 0,6 % C, gewählt werden, so daß mit einer etwa gleichlangen Frischperiode das Auslangen gefunden wird. Starre Regeln für die jeweiligen Einzelheiten des Schmelzverlaufes lassen sich jedoch nicht aufstellen. Aus den Gesamtbeobachtungen, den Ergebnissen der Zwischenproben und der Temperaturmessung muß der Praktiker jenes Maß von Zuschlägen finden, die den gewünschten Schmelzverlauf ergeben. Dies gilt besonders für eine ausreichende Entschwefelung, die das Einstellen einer kalkgesättigten Schlacke verlangt. Die Bemessung jeweils zu geringer Zusatzmengen kann eine unerwünschte Verlängerung der Schmelzzeit mit sich bringen, die zwar keinen qualitativen Nachteil haben muß, aber die Schmelzleistung des Ofens herabsetzt. Zu große Zusatzmengen dagegen verschlechtern entweder die Schlackenbeschaffenheit und können, z. B. wenn zu viel Erz zugesetzt wird, auch qualitative Nachteile mit sich bringen, weil dann die Schmelze unter Umständen aus einem zu starken Ungleichgewichtszustand abgefangen werden muß. Stets gleichbleibende Einsatzverhältnisse erleichtern die Ofenarbeit wesentlich.

Die Desoxydation in der Pfanne richtet sich ganz nach dem Verwendungszweck und den gewünschten qualitativen Eigenschaften des Stahles. So kann die übliche Silizium-Aluminiumdesoxydation, z. B. bei Grobkornstählen, nicht ausgeführt werden. Hier kann man bei gleichzeitig niedrigem Siliziumgehalt durch Verwendung von Kalziumsilizium eine Vollberuhigung erzielen. Alterungsbeständige Feinkornstähle erfordern dagegen so hohe Aluminiumzugaben, daß nach der Reaktion noch mindestens 0,025 bis über 0,05 % metallisches Aluminium im Stahl verbleiben. Nach der Pfannendesoxydation soll dem Stahl etwa 8 bis 10 Minuten Zeit zum Abhängen und Ausscheiden der Desoxydationprodukte gegeben werden. Meist ist dies ohnehin auf seinem Weg vom Ofen bis in die Gießgrube ohne zusätzliche Wartezeit möglich.

Für die Erzeugung unlegierter *Werkzeugstähle* aus dem basischen Siemens-Martin-Ofen kann das in Tab. 72 wiedergegebene Beispiel dienen. Dieser Werkzeugstahl (Sensenstahl) wurde in einem ganzbasisch zugestellten 30-t-Ofen unter Verwendung von flüssigem Mischerroheisen erschmolzen.

Der Einsatz bestand zu zwei Dritteln aus Schrott und zu einem Drittel aus Roheisen. Der feste Einsatz wurde zusammen mit dem Kalk im Ofen bis zum

Tabelle 72. *Unlegierter Werkzeugstahl aus einem basischen 30-t-Siemens-Martin-Ofen unter Verwendung von flüssigem Mischerroheisen*

Analysenvorschrift:	C	Mn	Si	P	S
%	0,75	0,28	0,15	max.	max.
%	0,77	0,36	0,20	0,015	0,035

Einsatz: Walzwerkabfälle (max. 0,5% C, max. 0,6% Mn) . . . . 15400 kg
Grubenabfälle (obiger Zusammensetzung) . . . . 1000 ,,
Altschrott . . . . 5900 ,,

Summe fester metallischer Einsatz . . . . 22300 kg

Mischerroheisen, flüssig (3,8% C, 2,64% Mn, 0,57% Si, 0,094% P, 0,046% S) . . . . 11000 kg

Summe metallischer Einsatz . . . 33300 kg

Zeit	Arbeitsgang	Zusätze in kg	Analyse in %				Temperatur °C[1]	Verhalten der Proben	
			C	Mn	P	S		Stahl	Schlacke
0,00	Einsetzen: Beginn								
0,40	Einsetzen, beendet:								
	Met. Einsatz, fest	22300							
	Kalkstein	2200							
2,00	flüssiges Roheisen eingefüllt	11000							
3,10	eingeschmolzen								
	1. Probe		1,34	0,31	0,012	0,032		matt	flüssig, blasig
3,20	Zuschläge:								
	schwedisches Erz	100							
	gebrannter Kalk	150							
	gebrannter Kalk	100							
4,10	2. Probe		0,90						dünnflüssig
4,15	Schlackenkorrektur:								
	gebrannter Kalk	150							
4,30	3. Probe		0,78	0,28		0,027		noch nicht genügend warm	sämig
4,50	4. Probe		0,73	0,32		0,024		warm	sämig
4,55	Vordesoxydation mit Roheisen (4% C, 3,5% Mn, 0,4% Si)	200					1580		
5,05	Abstich:								
	Pfannenzusätze:								
	Koks	15							
	FeSi (90% Si)	60							
	Alsimin	25							
	FeTi (30% Ti)	15							
	Aluminium	4							

Fertiganalyse:	C	Si	Mn	P	S
%	0,77	0,18	0,35	0,008	0,028

Abgegossen: kommunizierend zu 8 Walzblöcken   *Gießtemperatur:* 1500 °C
(600 mm ⬚) zu 3900 kg.   (Bioptix-Messung).

[1] Tauchthermoelement-Messung.

oberflächlichen Schmelzen erwärmt und das flüssige Roheisen 80 Minuten nach beendetem Einsetzen eingefüllt. Nach weiteren 70 Minuten konnte die erste Probe entnommen werden. Das Bad zeigte ein leichtes Kochen unter einer genügend flüssigen Schlacke. Zur Belebung des Kochvorganges wurden 100 kg schwedisches Magneteisenerz und in zwei kurz aufeinanderfolgenden Zeitabschnitten insgesamt 250 kg gebrannter Kalk zugesetzt. Mit dem Ansteigen der Temperatur wurde die Schlacke wieder dünnflüssig, so daß zur besseren Entschwefelung nochmals Kalk zugesetzt werden konnte. Beim Erreichen des geforderten Endkohlenstoffgehaltes (dritte Probe) war das Bad jedoch noch nicht genügend warm, so daß unter erhöhter Wärmezufuhr noch 20 Minuten weiter gefrischt wurde. Nach dem Vorliegen der Analysenergebnisse der letzten Probe wurde mit 200 kg manganreichem und siliziumarmem Roheisen vordesoxydiert und mit einer Temperatur von 1580 °C (Tauchthermoelementmessung) abgestochen. Die zu weit gehende Abnahme des Kohlenstoffgehaltes durch die verlängerte Frischperiode wurde durch Aufkohlen in der Pfanne mit Koksgrieß ausgeglichen. Zur Desoxydation wurde Ferrosilizium und Aluminium verwendet. Die Zusätze aus Ferrotitan und Aluminium dienten der Einstellung der Feinkörnigkeit und Überhitzungsunempfindlichkeit des Stahles. Nach einem Abhängenlassen von 5 Minuten wurden 8 Walzblöcke zu je 3900 kg Gewicht (600 mm ◻-Blöcke) abgegossen. Das Gesamtausbringen an flüssigem Stahl von 31 400 kg entspricht 93,9 % vom metallischen Einsatz. Der verhältnismäßig hohe Manganeinsatz machte einen Zusatz von Mangantragern überflüssig, wobei die Manganreduktion am Ende der Frischperiode fast die obere Analysengrenze für den Mangangehalt erreichen ließ.

Wie schon dieses Beispiel zeigt, ist beim Einschmelzen von höhergekohlten Stählen der Kohlenstoffeinsatz genügend hoch zu bemessen, damit eine ausreichende Frischperiode geführt werden kann. In diesem Zusammenhang sei nochmals darauf hingewiesen, daß auch das Verhältnis Gas:Luft einen wesentlichen Einfluß auf das Ausmaß der Oxydation in der Einschmelzperiode ausübt. Ein unzureichender Kochvorgang kann zusammen mit einem niedrigen Mangan-einsatz leicht zu einem unreinen und gasreichen Stahl führen. Läuft eine Schmelze mit einem zu geringen Kohlenstoffgehalt ein, so ist ein Aufkohlen mit Roheisen oder Karburit bzw. durch Einblasen von Kohlenstoff mit einem Trägergas durchaus möglich. Da diese Maßnahme zu einer Verlängerung der Schmelzzeit führt, wird man nur in Ausnahmefällen zu diesem Ausweg greifen. Meist zieht man es vor, eine solche Schmelze für die Erzeugung eines Stahles mit niedrigerem Kohlenstoffgehalt zu verwenden. Ist jedoch bei an sich genügend hohem Einlaufkohlenstoffgehalt die Frischgeschwindigkeit durch ein Überangebot von Eisenoxydul zu hoch, so daß die Schmelze bei hoher Frischgeschwindigkeit abgefangen werden müßte, so kann man den Entkohlungsvorgang durch Zugabe von Karburit verlangsamen. Auch diese Hilfsmaßnahme wird man aber nur in Notfällen anwenden, wenn eine Qualitätsumstellung nicht möglich ist.

Muß eine Schmelze, wie dies auch bei dem Beispiel in Tab. 72 der Fall war, mit zu niedrigem Kohlenstoffgehalt abgestochen werden, so können kleine Korrekturen von einigen hundertstel Prozent Kohlenstoff ohne Nachteil für die Qualität des Stahles durch Aufkohlen in der Pfanne vorgenommen werden. Sie werden mit Koksgrieß oder Elektrodenmehl, zweckmäßiger jedoch mit hochgekohltem Ferromangan, wenn dies die Analysenvorschrift zuläßt, ausgeführt. Dagegen ist bei der Erzeugung von Edelstählen aus dem Siemens-Martin-Ofen eine Entkohlung auf niedrige Gehalte mit anschließendem starkem Aufkohlen in der Pfanne, ähnlich der Erzeugung härterer Stähle aus der Thomasbirne, abzulehnen.

b) Legierte Stähle

Das Erschmelzen legierter Stähle im basischen Siemens-Martin-Ofen kann sowohl mit unlegiertem Einsatz als auch unter Verwendung eines teilweise legierten Einsatzes erfolgen.

Legierte Stähle mit *unlegiertem Einsatz* werden unter Berücksichtigung des gewünschten Endkohlenstoffgehaltes grundsätzlich gleich gefahren wie die entsprechenden unlegierten Qualitäten. Am Ende der Frischperiode werden die benötigten Legierungsmengen ganz oder teilweise in den Ofen zugesetzt und die Schmelze möglichst kurz danach, aber erst nach vollständiger Auflösung, abgestochen. Der Legierungszusatz soll möglichst in vorgewärmtem Zustand erfolgen, um die Temperaturverluste gering zu halten, die aber auf jeden Fall in der Temperaturführung berücksichtigt werden müssen. Nichtoxydierende Legierungselemente, wie Nickel und Molybdän, werden zweckmäßig schon zu Beginn des Frischens zugesetzt (als Metall oder Oxyd), wobei man noch den Vorteil hat, über eine Vorprobe das genaue Badgewicht ermitteln zu können, wodurch die Treffsicherheit der restlichen Legierungszusätze wesentlich erhöht wird. Die Schlußdesoxydation erfolgt in der Pfanne. Bei Stählen mit niedrigem Kohlenstoffgehalt wird vielfach vor der Legierungszugabe in den Ofen eine Vordesoxydation ausgeführt.

An Stelle eines Zusatzes der Legierungen in den Ofen können diese auch in die Pfanne zugegeben werden. Diese Zusatzmengen sind jedoch, auch bei Verwendung exothermer Legierungsmittel, beschränkt, um noch eine gute Auflösung und Verteilung zu gewährleisten, es sei denn, der Zusatz erfolgt in vorgeschmolzener Form. Der Vorteil dieser Arbeitsweisen liegt u. a. in dem höheren Legierungsausbringen. Andererseits werden z. B. Siliziumstähle immer durch Zugabe von festem Ferrosilizium in der Pfanne legiert.

Den üblichen Arbeitsgang bei der Erschmelzung legierter Stähle aus unlegiertem Einsatz zeigt das Beispiel in Tab. 73. Die Schmelze wurde in einem feststehenden 60-t-Ofen mit basischer Zustellung gefahren. Der metallische Einsatz bestand aus 20% Roheisen und 80% Schrott. Die Frischperiode zeigt gegenüber den vorher behandelten Beispielen keine Besonderheiten. Kurz vor dem Erreichen des Endkohlenstoffgehaltes, der wegen der beabsichtigten Verwendung von Ferrochrom mit 2% C unter 0,10% liegen mußte, wurde mit siliziumarmem, manganreichem Roheisen vordesoxydiert und im Anschluß daran das vorgewärmte Ferromangan und Ferrochrom zugesetzt. Nach dem Durchrühren der Schmelze zur rascheren Auflösung und Verteilung der Legierungselemente wurde abgestochen und in der Pfanne mit Ferrosilizium und Aluminium desoxydiert. Die Temperatur am Ende der Frischperiode betrug mit Rücksicht auf den hohen Legierungszusatz und die zur raschen Abscheidung der Desoxydationsprodukte hohe Aluminiumzugabe 1670 °C. Die Schmelze wurde 10 Minuten nach dem Abstich zu 600 mm ⬛-Walzblöcken (zu etwa 4200 kg) vergossen. Das Ausbringen an guten Blöcken betrug 63000 kg oder 93,0% vom metallischen Einsatz.

Bei der hier wiedergegebenen Schmelze hätte man durch Verwendung eines siliziumreicheren Ferrochroms oder auch durch Absteifen oder teilweises Abziehen der Schlacke ein besseres Chromausbringen erzielen können. Ebenso hätte die Zugabe von niedriggekohltem Ferrochrom unter gleichzeitiger Einstellung eines höheren Endkohlenstoffgehaltes (etwa 0,12 bis 0,15%) ein höheres Legierungsausbringen ergeben.

Die Arbeitsweise bei der Erzeugung aller übrigen legierten Stähle mit vollständigem Legierungszusatz im Ofen oder in der Pfanne weist gegenüber dem Schmelzbeispiel in Tab. 73 keine nennenswerten Unterschiede auf. Auch der

Zusatz von vorgewärmten oder vorgeschmolzenen Legierungen in die Pfanne bedingt keine Änderungen im Ablauf des Frischprozesses.

Besonders in einigen amerikanischen Stahlwerken ist auch eine etwas abgeänderte Arbeitsweise üblich. Der Frischprozeß verläuft im allgemeinen in gleicher Art bis zu einem „Durchwaschen" des Stahlbades durch Zusatz von 1 bis 2% Roheisen oder bei höher gekohlten Stählen durch Zugabe von synthetischem Roheisen mit niedrigem Mangangehalt. Nach Beendigung der durch den Zusatz

Tabelle 73. *Legierte Baustahlschmelze in einem basischen 60-t-Siemens-Martin-Ofen aus unlegiertem Einsatz*

Analysenvorschrift:	C	Si	Mn	Cr	P	S
%	0,18	0,20	1,20	1,20	max.	max.
%	0,23	0,40	1,50	1,50	0,030	0,035

Einsatz: festes Roheisen (3,8% C, 2,9% Mn, 0,6% Si, 0,09% P, 0,05% S) . . . . 13000 kg

Walzwerkabfälle (etwa 0,5% C, 0,4% Mn) . . . . 15500 „

Altschrott (etwa 0,1% C, 0,40% Mn) . . . . 31200 „

gebrochene Späne (obiger Analyse) . . . . 4100 „

Metallischer Einsatz: . . 63800 kg

Zeit	Arbeitsgang	Zusätze in kg	Analyse in %				Temperatur °C[1]	Verhalten der Proben	
			C	Mn	P	S		Stahl	Schlacke
0,00	Einsetzen: Beginn								
1,25	Einsetzen beendet:								
	Roheisen	13000							
	Schrott	50800							
	gebrannter Kalk	3600							
5,15	Eingeschmolzen								
5,25	1. Probe		0,55	0,26	0,013	0,032		matt	dunkel, un-
	Walzsinter	200							gleichmäßig
	gebrannter Kalk	300							
5,55	2. Probe		0,27	0,30		0,031			
6,15	3. Probe		0,16	0,32		0,030		warm	flüssig
	gebrannter Kalk	100							
6,30	4. Probe		0,11						
6,35	Vordesoxydation:								
	Roheisen	600							
6,50	Schlußprobe		0,09	0,30			1670	warm	sämig
7,00	Legieren:								
	FeMn (63%Mn, 3,5% C)	1400							
	FeCr (68%, 2% C)	1650							
7,10	Durchrühren								
7,20	Abstich:								
	Pfannenzusatz: FeSi (75%)	330							

Fertiganalyse:	C	Si	Mn	Cr	P	S
%	0,19	0,32	1,27	1,33	0,021	0,030

Abgegossen: 15 Walzblöcke zu 4200 kg.   *Gießtemperatur*: 1560°C.

[1] Tauchthermoelement-Messung.

ausgelösten lebhaften Kochreaktion wird das Stahlbad im Ofen durch Zusatz von 15%igem Ferrosilizium oder Mangansilizium desoxydiert. Die Zusatzmenge richtet sich nach dem Oxydationszustand des Bades, dem Oxydationsvermögen der Schlacke und der gewünschten Dauer der Beruhigung („Blockierung") des Stahlbades. Meist wird mit einem Zusatz von 0,10 bis 0,20% Si eine vollständige Beruhigung durch 20 bis 40 Minuten erzielt. Während dieser Zeit erfolgt das Legieren und nach vollständiger Auflösung der Zusätze das Abstechen. Legierungen mit hoher Sauerstoffaffinität, wie Silizium, Vanadin u. a., werden auch bei diesem Verfahren erst in der Pfanne zugesetzt.

Diese Arbeitsweise soll den Vorteil haben, daß die vorgeschriebene Analyse mit großer Genauigkeit eingehalten werden kann und daß die Legierungsverluste gering sind. Demgegenüber darf jedoch nicht übersehen werden, daß durch die Desoxydation im Ofen eine Rückphosphorung eintreten kann und daß sich die durch den Siliziumzusatz ausgeschiedenen Desoxydationsprodukte nur schlecht und langsam ausscheiden (vgl. Abschnitt 1.16). Für Stähle hohen Reinheitsgrades ist diese Arbeitsweise nicht zu empfehlen.

Besondere Maßnahmen beim Legieren sind bei der Erzeugung von Stählen für Dynamo- und Transformatorenbleche einzuhalten. Um die Bildung der schädlichen Kieselsäuresuspensionen weitgehend zu vermeiden, die sich in Berührung mit der oxydischen Schlacke auch noch in der Pfanne bilden können, wird z. B. die auf niedrige Kohlenstoff- und Mangangehalte (etwa 0,03 bis 0,04% C, 0,06 bis 0,10% Mn) gefrischte Schmelze nach einer Vordesoxydation mit Roheisen im Ofen in eine Stopfenpfanne abgestochen und dort zunächst mit Alsimin, Alsical, Kalziumaluminium oder auch Aluminium beruhigt. Der beruhigte Stahl wird durch den Stopfenausguß in eine zweite Stopfenpfanne einfließen gelassen, in welcher sich die benötigte Menge an Ferrosilizium befindet. Auf diese Weise wird auch die Berührung des fertigen Stahles mit Resten der Frischschlacke sicher vermieden. Die Verwendung von 90%igem Ferrosilizium bewirkt eine so starke Temperaturzunahme, daß die Wärmeverluste beim Abstich und Umfüllen in der Regel mehr als ausgeglichen werden und eine längere Abhängezeit der Schmelze erforderlich sein kann.

Andere Verhältnisse liegen jedoch für den Fall der *Wiederverwendung legierten Schrottes* im basischen Siemens-Martin-Ofen vor, sofern dieser Legierungselemente enthält, die einer Verschlackung im Frischprozeß unterliegen. Nickel- und molybdänhaltiger Schrott kann natürlich sofort mit dem Einsatz zugegeben werden, ohne daß Oxydationsverluste zu befürchten sind. Da wolfram- und vanadinlegierte Stähle praktisch kaum im Siemens-Martin-Ofen erzeugt werden, trifft diese Arbeitsweise im wesentlichen auf die Verwendung *chromlegierter Abfälle* zu. Eine Chromrückgewinnung ist an eine Reihe von Voraussetzungen gebunden, die nicht in allen Fällen einhaltbar ist. Alle in dieser Richtung entwickelten Schmelzverfahren sind daher nur für bestimmte Stahlsorten und unter Berücksichtigung der Schrott- und Legierungslage wirtschaftlich anwendbar.

Diese Voraussetzungen, die sich aus dem metallurgischen Verhalten der Legierungselemente ergeben, können im wesentlichen in folgenden Punkten zusammengefaßt werden: Führung einer basischen, reaktionsfähigen Schlacke bei hoher Temperatur mit möglichst niedrigem Eisenoxydulgehalt sowie möglichst geringe Schlackenmenge. Während die Forderung nach einer basischen, reaktionsfähigen Schlacke und hoher Reaktionstemperatur in den heute für die Edelstahlerzeugung bevorzugten Siemens-Martin-Öfen mit ganzbasischer Zustellung leicht erfüllt werden kann, ist die Höhe des Eisenoxydulgehaltes der Schlacke vom gewünschten Endkohlenstoffgehalt abhängig, sofern nicht am Ende des Schmelzprozesses eine ausgesprochene Reduktionsperiode geführt wird. Erfahrungsgemäß können relativ gute Reduktionswerte bis zu Endkohlenstoffgehalten von etwa 0,4% erreicht werden. Beim Frischen auf niedrigere Kohlenstoffgehalte steigt die Eisenoxydulkonzentration in der Schlacke und der Sauerstoffgehalt im Stahlbad so stark an, daß auch die in gutgehenden Öfen erreichbare Temperatur nicht mehr ausreicht, die Reaktionsgleichgewichte der Legierungselemente zu Gunsten einer hohen Konzentration im Metallbad zu verschieben. Die zur Verringerung der Verschlackungsverluste in allen Fällen notwendige geringe Schlackenmenge setzt außerdem voraus, daß der Einsatz phosphor- und schwefelarm sein muß, da besonders bei anschließender Reduktionsperiode eine Rückphosphorung aus der Schlacke nicht zu vermeiden ist.

Aus den zahlreichen vorgeschlagenen und besonders während des zweiten Weltkrieges ausgeführten Arbeitsweisen, die unter dem Namen „*Chromreduktionsverfahren*" bekannt geworden sind, sollen im folgenden zwei Beispiele herausgegriffen werden, um die Möglichkeiten kurz zu kennzeichnen, die im basischen Siemens-Martin-Ofen gegeben sind. In Tab. 74 und 75 sowie Abb. 300 ist der

Tabelle 74. *Stoffbilanz einer Chromreduktionsschmelze im Siemens-Martin-Ofen*
(nach BADENHEUER, HEISCHKEIL und MÜLLER)

		Einsatz		
	Menge	%	kg Cr	% Cr
Stammeisen flüssig	17000	19,5	—	
Ni-Schrott	14100	16,2		
Cr-Schrott 1,5% Cr	20000	23,0	300	
Cr-Schrott 2 % Cr	5000	5,7	100	
Cr-Mo-Schrott 1 % Cr	6000	6,9	60	
Cr-Mo-Schrott 2,5% Cr	10000	11,5	250	
Cr-Mo-Schrott 3 % Cr	10000	11,5	300	
Cr-Schrott 3 % Cr	1800	2,2	54	
Fe-Si 13%	3045	3,5	—	
	86945	100,0	1064	1,22
Kalk	1740	2,0		
Kohle	500	0,57		
Gesamtausbringen	85500			
Zuschläge	1930			
Im Ofen	83570 ≙ 96,5%			

Cr vor dem Zuschlag 1,05% = 880 kg

$$\eta_{\mathrm{Cr}} = \frac{800 \cdot 100}{1064} = 82,6\%$$

Schmelzverlauf einer Chromreduktionsschmelze in einem 80-t-Ofen nach einem von F. BADENHEUER, W. HEISCHKEIL und H. MÜLLER [26] veröffentlichten Bericht wiedergegeben. Der Einsatz bestand zu 77% aus legiertem Schrott mit einem mittleren Chromgehalt von 1,2% und aus 23% flüssigem, entschwefeltem Roheisen mit etwa 0,08% P und 0,01% S. Der Einsatz enthielt weiter 0,45% Si in Form von 13%igem Ferrosilizium. Dieser hohe Siliziumeinsatz ist notwendig, um das Chrom in der Einschmelzperiode vor der Oxydation zu schützen und die Bildung einer steifen, chromreichen Schlacke zu verhindern. Die hohe Oxydationswärme des Siliziums erleichtert gleichzeitig das rasche Erreichen einer hohen Temperatur der Schmelze. Die Schlackenmenge wurde sehr gering gehalten, was aus dem Zusatz von nur 2% Kalk im Einsatz hervorgeht. Die im Verlauf des

Frischprozesses nachgesetzten Kalkmengen betragen 1,8%. Die rasche Schlackenverflüssigung wurde durch relativ hohe Flußspatzusätze erleichtert. Wie der Schmelzverlauf zeigt, beträgt der Chromgehalt nach dem Einschmelzen 0,9%

Tabelle 75. *Chromreduktionsschmelze in einem basischen 80-t-Siemens-Martin-Ofen* (nach F. BADENHEUER, W. HEISCHKEIL und H. MÜLLER)

Zeit	Arbeitsgang		Zusätze in kg	Analyse in %					Anmerkung
				C	Mn	P	S	Cr	
0,15	Einsatzbeginn								
4,15	fester Schrott		69945						
4,45	flüssiges Roheisen		17000						
6,00	Flußspat		400						
7,00	Einschmelzprobe			1,40	0,24				
	Kalk		500						
7,30	Probe			1,32	0,26				
7,45	Erz		500						
8,45	Probe			1,19	0,26	0,018	0,021	0,88	
9,45	Probe,	Kalk	500	0,90	0,34				Schmelze heiß
		Erz	500						
10,15	Probe			0,79	0,32	0,010	0,017	0,93	Schmelze heiß
10,50	Abschlacken								
11,00	Probe			0,49	0,29				
11,15	Probe			0,43	0,35	0,012	0,014	1,05	
11,30	Probe,	Kalk	500	0,41	0,34				
12,00	Abstich								

und steigt während der Frischperiode trotz des durch Erzzusätze lebhaften Kochvorganges mit zunehmender Temperatur ständig an. Der Phosphorgehalt sinkt zunächst stark ab, um bis zum Abschlacken wieder leicht anzusteigen. Die Chromausnutzung der Schmelze beträgt bei einem Endgehalt von 1,05% Cr rund 82%, während von dem nach der ersten Probe im Stahlbad enthaltenen Phosphor von 0,018% noch 33% entfernt werden konnten. Nach dem Abziehen der Frischschlacke wurde die Schmelze fertiggemacht und abgestochen.

Wie diese Arbeitsweise zeigt, kann trotz hoher Schmelztemperatur und relativ geringer Schlakkenmenge noch eine ausreichende Entphosphorung erzielt werden. Bei höheren Chromgehalten im Einsatz sinkt jedoch das Chromausbringen stark ab. Es beträgt z. B. bei 1,36 bis ,65% Cr im Einsatz im Durchschnitt nur mehr 67%.

Ist eine so weitgehende Entphosphorung nicht notwendig, so kann ohne Schlackenwechsel ein gutes Ausbringen an Chrom und Mangan erzielt werden,

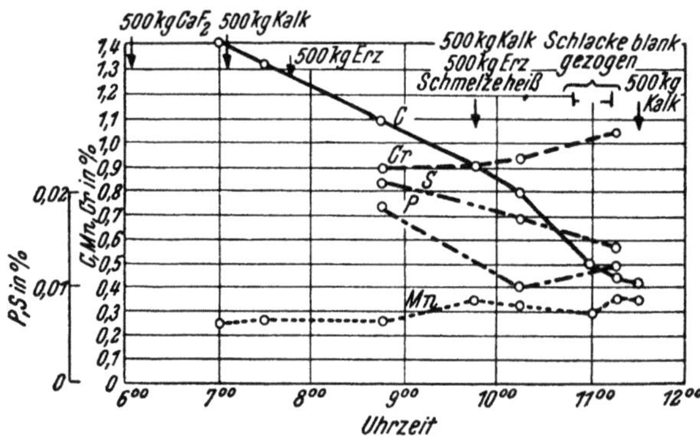

Abb. 300. Chromreduktionsschmelze in einem basischen 80-t-Siemens-Martin-Ofen (nach F. BADENHEUER, W. HEISCHKEIL und H. MÜLLER)

wie dies aus dem Schmelzdiagramm einer Chromreduktionsschmelze in einem 30-t-Siemens-Martin-Ofen in Abb. 301 hervorgeht [27]. Trotz des starken Ansteigens der Eisenoxydulkonzentration in der Schlacke, die zum Erreichen des gewünschten Endkohlenstoffgehaltes notwendig war, treten in der Frischperiode keine nennenswerten Verluste an Chrom und Mangan ein. Es gelingt sogar, den Phosphorgehalt auf 0,016% zu senken. Wie im vorhergehenden Beispiel wurde durch einen hohen Siliziumgehalt im Einsatz (0,6% Si) eine stärkere Verschlackung des Chroms beim Einschmelzen vermieden.

Die Folge davon war allerdings eine Schlacke relativ niedriger Basizität, die nur durch laufende Kalkzugaben auf ein Kalk-Kieselsäure-Verhältnis von 2,5 bis 2,6 gebracht werden konnte.

Bei der Bewertung dieser Arbeitsverfahren darf nicht übersehen werden, daß Reduktionsschmelzen in der angeführten Art ausgesprochene Grenzfälle der Anwendbarkeit des basischen Siemens-Martin-Ofens darstellen. Ihre Wirtschaftlichkeit ist unter normalen Bedingungen nicht gegeben. Dies gilt ebenso für Arbeitsweisen, die sogar die Führung einer Feinungsschlacke am Ende des Schmelzprozesses vorschlagen, wie z. B. das Grundhöfer-Verfahren u. a. [28, 29].

Im allgemeinen beschränkt sich die Wiederverwendung legierten Schrottes im basischen Siemens-Martin-Ofen, wie bereits einleitend erwähnt, auf nichtver-

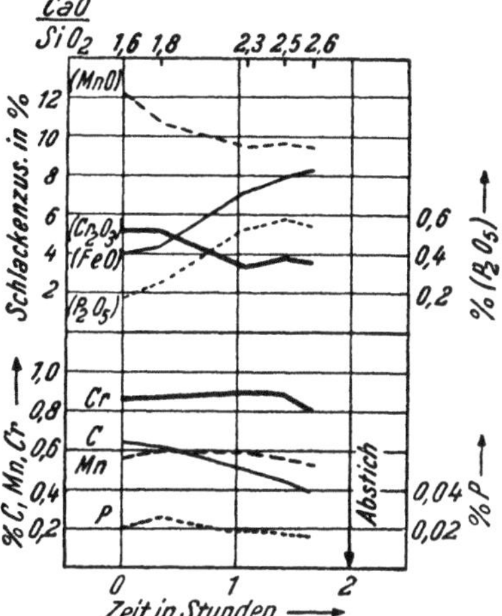

Abb. 301. Verlauf einer Chromreduktionsschmelze in einem basischen 30-t-Siemens-Martin-Ofen (nach E. PLÖCKINGER und V. VACEK)

schlackende Legierungselemente, wie Nickel und Molybdän, sowie auf geringe Chromgehalte, die in der Größenordnung von 0,2 bis 0,3% liegen. Daraus ergibt sich bei chromlegierten Stählen eine geringe Einsparung an Ferrochrom bei noch tragbaren Chromverlusten aus dem Schrott. Diese Arbeitsweise soll im folgenden an Hand zweier Beispiele näher erläutert werden. Beide Schmelzen wurden in einem ganzbasisch zugestellten 40-t-Siemens-Martin-Ofen mit Erdgasbeheizung erzeugt. Die thermische Fahrweise des Ofens wird durch die Angabe der Energiezufuhr in 10⁶ kcal/h und des Luftüberschusses in den einzelnen Schmelzabschnitten gekennzeichnet. Gleichzeitig wurden in beiden Beispielen durch laufende Probenahme kennzeichnende Daten für die Wasserstoffbewegung in erdgasgefeuerten Siemens-Martin-Öfen gewonnen.

Das Schmelzbeispiel in Tab. 76 gibt die Erzeugung eines Kugellagerstahles unter Verwendung von 15% chromlegierter Abfälle gleicher Analyse wieder. Zum Einhalten eines ausreichend hohen Einlaufkohlenstoffgehaltes wurden neben dem Roheisen noch 400 kg Elektrodenmehl eingesetzt. Die Einschmelzschlacke wurde teilweise abgezogen und der Frischprozeß durch Kalk- und Erzzugaben gesteuert. Dadurch war auch eine ausreichende Entschwefelung möglich. Dabei ist zu erwähnen, daß das Erdgas und das zur Karburierung verwendete Öl einen sehr niedrigen Schwefelgehalt aufwiesen. Der Wasserstoffgehalt nahm zu Beginn des Kochens ab, um gegen Schmelzende wieder bis auf den Anfangswert von 4,4 Ncm³/100 g Stahl anzusteigen. Beim Erreichen des gewünschten Endkohlenstoffgehaltes wurde die Schlacke im Ofen abgesteift und das Bad mit Chrom legiert. Die Desoxydation mit Ferromangan, Kalziumsilizium und Aluminium erfolgte beim Abstich in der Gießpfanne. Die Endanalyse entsprach der Vorschrift, wobei

Tabelle 76. *Kugellagerstahl aus einem basischen 40-t-Siemens-Martin-Ofen mit Erdgasbeheizung, ganzbasische Zustellung*

		C	Si	Mn	P	S	Cr	H
Analysenvorschrift:	%	0,95	0,20	0,25	< 0,025	< 0,020	1,40	—
	%	1,05	0,35	0,40			1,60	
Fertiganalyse:	%	1,00	0,27	0,29	0,009	0,014	1,50	4.3 Ncm³/100 g (Gießstrahlprobe)

Einsatz:
Stahlroheisen . . . . 15 100 kg
Kugellagerstahlabfälle . . . . 3 000 kg
Kugellagerstahlspäne . . . . 2 800 kg
Paket-Schrott . . . . 5 400 kg
Alteisen . . . . 12 500 kg
Metallischer Einsatz: . . . 38 800 kg

Zeit	Arbeitsgang	Zusätze in kg	Analyse in %						Temperatur °C[2]	Verhalten von Stahl und Schlacke	Energiezufuhr in 10⁶ kcal/h	Luftüberschuß in %
			C	Mn	P	S	Cr	[H][1]				
0,00 bis 0,50	Einsetzen: Roheisen	15 100										
	Schrott	23 700										
	gebrannter Kalk	1 400										
	Elektrodenmehl	400									9,0	30
2,45	teilweise abgeschlackt											
3,00	eingeschmolzen, 1. Probe		1,56	0,38	0,034	0,048	0,20	4,4	1510	Schlacke gut flüssig		
3,15	gebrannter Kalk	360									6,0	20
3,20	Erz	280								Schlacke schäumt über		
3,40	2. Probe		1,35	0,34	0,018	0,032		3,7	1550		5,0	15
3,45	Abschlacken											
3,50	gebrannter Kalk	120										
3,55	Erz	280										
4,05	3. Probe		1,13	0,27	0,014	0,026	0,16	3,6	1555	Schlacke gut flüssig, kocht leicht		
	gebrannter Kalk	70										
4,20	4. Probe		1,09	0,28		0,023		4,4	1575			
4,27	5. Probe		1,06	0,29		0,021		4,4	1580		4,0	15
	gebrannter Kalk	100										
4,32	6. Probe		1,03	0,32		0,019			1585			
4,40	gebrannter Kalk	50										
	7. Probe		0,97	0,32		0,019		4,4		Schlacke abgesteift		
4,50	Legieren: Ferrochrom (72%)	730										
4,55	Abstich											
	Pfannenzusatz FeMn 80%	30										
	CaSi (30/60)	160										
	Al	9										

[1] In Ncm³/100 g Stahl.　　　[2] Tauchthermoelement-Messung.

Tabelle 77. *Chrom-Nickel-Einsatzstahl aus einem basischen 40-t-Siemens-Martin-Ofen aus teilweise legiertem Einsatz, Erdgasbeheizung, ganzbasische Zustellung*

		C	Si	Mn	P	S	Cr	Ni	H
Analysenvorschrift:	%	0,10	0,20	0,30			0,60	3,20	—
	%	0,15	0,35	0,50	< 0,025	< 0,040	0,90	3,70	
Fertiganalyse:	%	0,13	0,26	0,43	0,016	0,016	0,72	3,46	7,6 Ncm³/100 g (Gießstrahlprobe)

Einsatz:
Stahlroheisen . . . . 8 500 kg
Hartmanganstahlabfälle . . . . 500 „
legierter Schrott (0,10 % C, 0,7 % Cr, 3,5 % Ni) . . . . 7 000 „
Chromstahlabfälle (0,3 % C, 1,5 % Cr) . . . . 4 000 „
Paketschrott . . . . 7 000 „
Späne . . . . 4 000 „
Alteisen . . . . 8 200 „

Metallischer Einsatz: . . . 39 200 kg

Zeit	Arbeitsgang	Zusätze in kg	Analyse in %							Temperatur °C [2]	Verhalten von Stahl und Schlacke	Energiezufuhr in 10⁶ kcal/h	Luftüberschuß in %
			C	Mn	P	S	Cr	Ni	[H] [1]				
0,00 bis 1,30	Einsetzen: Roheisen	8 500											
	Schrott	30 700											
	Nickel	762											
	gebrannter Kalk	1 500											
	Elektrodenmehl	400											
3,45	eingeschmolzen: 1. Probe		0,70	0,35	0,033	0,042	0,14	2,20	3,6	1530	Schlacke flüssig, schäumt leicht	8,0	30
4,05	gebrannter Kalk	380											
4,20	Erz	280										6,0	15
4,35	Erz	210											
4,50	2. Probe		0,41	0,38	0,021	0,023	0,17		4,7	1610	kocht gut	5,0	15
4,55	Abschlacken												
5,00	gebrannter Kalk	100											
5,05	Erz	140										4,5	15
5,10	Legieren: Mond-Ni	508											
	3. Probe		0,25	0,33	0,019	0,019	0,15		6,4	1615	kocht gut		
	gebrannter Kalk	100											
	4. Probe		0,20	0,29	0,018	0,019	0,14	3 48	5,9	1620			
5,37	5. Probe		0,17	0,28	0,018	0,018	0,14					4,5	15
	gebrannter Kalk	50										4,0	15
	6. Probe		0,14	0,26	0,015	0,018	0,13		5,9	1630			
	gebrannter Kalk	80											
5,50	7. Probe		0,12										
5,55	Legieren: FeCr (72%)	420											
6,00	Abstich:												
	Pfannenzusätze: FeMnSi	110											
	FeSi (76%)	60											
	CaSi (30/60%)	80											
	Al	16											

[1] In Ncm³/100 g Stahl.   [2] Tauchthermoelement-Messung.

durch den Kalziumsiliziumzusatz noch eine zusätzliche Entschwefelung erreicht wurde.

Ein Beispiel für die Verwendung chrom- und nickellegierter Abfälle im Ausmaß von 28% des metallischen Einsatzes unter gleichzeitigem Einsatz von Nickel gibt Tab. 77. Erzeugt wurde ein Chrom-Nickel-Einsatzstahl. Auch hier wurden 400 kg Elektrodenmehl neben Roheisen zum Aufkohlen des Einsatzes verwendet. Die Schmelze lief mit 0,70% C ein und wurde nach einem Zwischenabschlacken auf 0,12% C gefrischt. Das restliche Nickel wurde nach Eintreffen des Vorprobenergebnisses in der Frischperiode zugegeben, das Chrom kurz vor dem Abstechen als 72%iges, mittelgekohltes Ferrochrom zugesetzt. Die Desoxydation erfolgte in der Gießpfanne beim Abstich. Obwohl nach dem Einschmelzen ein relativ niedriger Wasserstoffgehalt vorlag, erhöhte sich dieser bis zum Abstich auf etwa 6 Ncm³/100 g Stahl und ergab durch das Legieren mit Ferrochrom und durch eine weitere Gasaufnahme beim Abstich einen Endwert von 7,6 Ncm³/100 g.

Für die Herstellung legierter Stähle im basischen Siemens-Martin-Ofen nach dem Schrott-Roheisen-Verfahren können heute etwa folgende maximale Legierungsgehalte angegeben werden: 2,5% Mn, 1,5 bis 2,5% Cr (in Abhängigkeit vom Endkohlenstoffgehalt), 5% Ni und 0,5 bis 1,0% Mo. In diesem Zusammenhang sei noch darauf hingewiesen, daß durch die Anwendung des Duplex- und Mischverfahrens und der Schlackenreaktionsverfahren weitere Möglichkeiten bestehen, die Erzeugung legierter Stähle aus dem basischen Siemens-Martin-Ofen einfacher und wirtschaftlicher zu gestalten.

3.423.2 Das Roheisen-Erz-Verfahren

Der Einsatz für das Roheisen-Erz-Verfahren besteht zu einem wesentlichen Teil aus Stahlroheisen. Der Schrotteinsatz beträgt meist 10 bis 20%. Die große Menge der zu entfernenden Stahlbegleitelemente des Roheisens erfordert eine viel stärkere Frischarbeit und eine größere Schlackenmenge als im Schrott-Roheisen-Verfahren. Der Roheisen-Erz-Prozeß wird praktisch nur mit flüssigem Roheiseneinsatz durchgeführt, wobei auch ein Teil der Frischarbeit in den Mischer verlegt werden kann, welcher in diesem Fall als Vorfrischofen arbeitet. Das zur Verwendung gelangende Roheisen soll einen niedrigen Siliziumgehalt aufweisen, um den Frischprozeß nicht zu verzögern und die Schlackenmenge nicht unnötig zu vergrößern. Der Mangangehalt kann niedriger sein als im Roheisen für das Schrott-Roheisen-Verfahren. Für die Erzeugung von Edelstahl nach dem Roheisen-Erz-Prozeß ist der Schwefelgehalt im Roheisen zweckmäßig mit etwa 0,07% zu begrenzen, um Schwefelgehalte von maximal 0,035% im Endprodukt einhalten zu können. Nötigenfalls muß eine zusätzliche Entschwefelung des Roheisens vor dem Einfüllen in den Mischer oder in den Siemens-Martin-Ofen ausgeführt werden. Bei Roheisen-Erz-Verfahren, die mit einem Schlackenwechsel verbunden sind, können naturgemäß auch höhere Gehalte zulässig sein.

Die Durchführung des Roheisen-Erz-Prozesses richtet sich im wesentlichen nach dem Phosphorgehalt des Roheisens. Für die Edelstahlerzeugung kommen praktisch nur phosphorärmere Sorten in Frage. Für Roheisensorten mit höheren Phosphorgehalten (bis etwa 1,7% P) bietet der Kippofen durch den leicht ausführbaren Schlackenwechsel die Möglichkeit, auch phosphorarme Stähle mit Phosphorgehalten herzustellen die bei Edelstählen gefordert werden.

Ein Beispiel für den Schmelzverlauf eines unlegierten Baustahles nach dem Roheisen-Erz-Verfahren ist in Tab. 78 wiedergegeben. Die Schmelze wurde in einem basischen 30-t-Siemens-Martin-Ofen gefahren. Der Einsatz bestand aus etwa 80% flüssigem Mischerroheisen und 20% Schrott. Der Schrott wurde zusammen mit dem Rösterz und dem Zuschlagkalk, dessen Menge 3,5% des metallischen Einsatzes betrug, im Ofen vorgewärmt und das flüssige Roheisen 1 Stunde 50 Minuten nach Beginn des Einsetzens eingefüllt. Nach 5 Stunden 5 Minuten war die Auflösung des Schrottes und des Erzes beendet; die Schmelze zeigte einen lebhaften Kochvorgang. Da jedoch der Einlaufkohlenstoffgehalt verhältnismäßig hoch lag, wurden noch weitere 600 kg Rösterz nachgesetzt. Kurz vor dem Erreichen des gewünschten Endkohlenstoffgehaltes (fünfte Probe) wurden 300 kg manganreiches Roheisen zugesetzt. Nach Beendigung der durch den Roheisenzusatz ausgelösten Reaktion wurde die Schlußprobe entnommen, welche das Erreichen der gewünschten Abstichtemperatur anzeigte. Der Kohlenstoffgehalt betrug 0,46%, der Mangangehalt lag nur knapp unter der Mindestgrenze, so daß

Tabelle 78. *Unlegierter Baustahl nach dem Roheisen-Erz-Verfahren in einem basischen 30-t-Siemens-Martin-Ofen*

Analysenvorschrift:	C	Si	Mn	P	S
%	0,40	0,20	0,50	max.	max.
%	0,48	0,35	0,70	0,020	0,035

Einsatz: Altschrott (rund 0,1% C, rund 0,4% Mn) . . . . 6700 kg

flüssiges Mischerroheisen (3,8% C, 2,26% Mn, 0,38% Si, 0,92 %P, 0,047% S) . . . . 28000 „

Metallischer Einsatz . . . . 34700 kg

Zeit	Arbeitsgang	Zusätze in kg	Analyse in %				Temperatur °C	Verhalten der Proben	
			C	Mn	P	S		Stahl	Schlacke
0,00	Einsetzen								
0,25	Einsetzen beendet:								
	Schrott	6700							
	geröstetes Spateisen-erz	6400							
	Kalkstein	2400							
1,50	flüssiges Roheisen eingefüllt	28000							
5,05	Eingeschmolzen								
	1. Probe		1,26		0,014	0,032		matt	ungleich-mäßig
	geröstetes Spateisen-erz	600							
5,40	2. Probe		0,82						
5,55	3. Probe		0,70						flüssig
	gebrannter Kalk	200							
6,15	4. Probe		0,56	0,47		0,028			
6,30	Roheisenzusatz	300							
6,45	Schlußprobe		0,46					warm	sämig
6,55	Abstich						1615 (korr.)		
	Pfannenzusätze:								
	FeMn (45%)	70							
	FeSi (45%)	250							
	Aluminium	3							

Fertiganalyse:	C	Si	Mn	P	S
%	0,45	0,26	0,58	0,017	0,025

Abgegossen: 4 Schmiedeblöcke von je 8500 kg.   *Gießtemperatur*: 1525°C (korrigiert).

etwa 0,1% Mn durch einen Ferromanganzusatz in die Pfanne legiert wurde. Zur Desoxydation wurde Ferrosilizium und Aluminium beim Abstechen in den Gießstrahl eingeworfen. Die Schmelze wurde ohne Abhängenlassen zu Schmiedeblöcken im Gewicht von 8500 kg vergossen. Das flüssige Ausbringen betrug 101% vom metallischen Einsatz.

In gleicher Weise verläuft der Schmelzprozeß bei der Erzeugung von Baustählen mit niedrigen Kohlenstoffgehalten, wobei es naturgemäß leichter ist, den gewünschten Endkohlenstoffgehalt, wie im obigen Beispiel, bei niedriger Frischgeschwindigkeit zu erreichen. Höhergekohlte Stähle sind bei der Eigenart dieses Verfahrens schwieriger zu erzeugen als mittel- und niedriggekohlte, da das Einhalten einer niedrigen Frischgeschwindigkeit bei hohen Kohlenstoffgehalten gegen Ende des Prozesses nicht immer mit Sicherheit erreicht werden kann. Auch die Gehalte an Phosphor und Schwefel liegen häufig zu hoch, wodurch eine ausreichende Entphosphorung und Entschwefelung in der normalen Schmelzzeit schwer zu erzielen ist. Eine Erzeugung höhergekohlter Stähle durch Frischen auf niedrige Kohlenstoffgehalte mit anschließendem Aufkohlen in der Pfanne ist aus den schon beim Schrott-Roheisen-Verfahren genannten Gründen für die Erzeugung von Edelstahl nicht zu empfehlen.

Die Erzeugung von legierten Stählen wird nach dem Roheisen-Erz-Prozeß nur in beschränktem Umfang und bei besonders guten Einsatzverhältnissen ausgeführt. Meist bedient man sich dann eines Kippofens, in welchem die Einschmelzschlacke abgezogen werden kann, so daß sich der weitere Verlauf derFrischperiode besser steuern läßt und ähnliche Verhältnisse erreicht werden wie beim Schrott-Roheisen-Verfahren. Das Legieren wird in diesem Fall in vollständig gleicher Art wie beim Schrott-Roheisen-Verfahren ausgeführt.

Der Roheisen-Erz-Prozeß hat aber indirekt für die Edelstahlerzeugung eine nicht zu unterschätzende Bedeutung. Der flüssige Stahl aus diesem Verfahren bildet einen wertvollen flüssigen Einsatz für die verschiedenen Duplex- und Mischverfahren. Das gleiche gilt naturgemäß auch für die Abfälle aus seiner Weiterverarbeitung in Form von Schrott für das Schrott-Roheisen-Verfahren im Siemens-Martin-Ofen und als Einsatz für die Elektrostahlverfahren.

3.423.3 Das Schrott-Kohlungs-Verfahren

Das Schrott-Kohlungs-Verfahren im Siemens-Martin-Ofen hat für die Edelstahlerzeugung nur untergeordnete Bedeutung. Es wurde bisher im nennenswerten Umfang nur zur Erzeugung von unlegierten Baustählen niedriger Festigkeit herangezogen. Die Erzeugung legierter Stähle mit unlegiertem oder teilweise legiertem Einsatz ist auf Einzelfälle beschränkt.

Das Schrott-Kohlungs-Verfahren unterscheidet sich vom Schrott-Roheisen-Verfahren dadurch, daß an Stelle von Roheisen nur Holzkohle, Koks oder andere Kohlungsmittel als Kohlenstoffträger im Einsatz verwendet werden. Dementsprechend ist der Einsatz durch niedrige Silizium- und Mangangehalte gekennzeichnet. Sie betragen, je nach dem verwendeten Schrott, im Mittel etwa 0,05 bis 0,20% Si und 0,25 bis 0,75% Mn. Es ist dabei für die Erzeugung von höherwertigen Stählen aus qualitativen Gründen von Vorteil, Manganträger miteinzusetzen, um zu Mangangehalten von 0,75 bis 1,0% im Einsatz zu gelangen. Die Phosphor- und Schwefelgehalte im metallischen Einsatz sind auch bei schlechten Schrottverhältnissen im Durchschnitt niedriger als bei den übrigen Verfahren.

Beim Einsetzen wird zunächst die errechnete Menge (wegen des starken Abbrandes muß etwa das 1,5fache der theoretisch notwendigen Kohlenstoffmenge eingesetzt werden) an Kohlungsmitteln auf den Herd gebracht und darauf Späne,

Leicht- und Schwerschrott sowie ein Teil der Zuschläge gelagert. Das Fehlen eines Roheisenbades zur Auflösung des Schrottes sowie der Ausfall eines Teiles der Oxydationswärme der Eisenbegleitelemente (Silizium und Mangan) ergeben eine längere Einschmelzzeit als beim Schrott-Roheisen-Prozeß. Nach dem Einschmelzen ist ein teilweises Abziehen der Schlacke zweckmäßig, weil die durch die Koksrückstände ungünstig veränderte Schlacke in der Regel zu einem starken Schäumen des Bades bei Beginn der Frischperiode führt. In seinem weiteren Verlauf gleicht der Frischprozeß weitgehend dem der bereits besprochenen Schmelzverfahren. Ebenso ergeben sich auch keine Unterschiede beim Legieren und Desoxydieren des Stahles.

Der Zuschlag an gebranntem Kalk beim Schrott-Kohlungs-Verfahren beträgt meist nur 3 bis 4% vom Schmelzgewicht. Der Basizitätsgrad der Schlacke, d. h. das Verhältnis von $CaO:SiO_2$, wird zweckmäßig bei 2,0 bis 2,2 gehalten. Die Schmelzen nach dem Schrott-Kohlungs-Prozeß werden meist heißer gefahren als bei den anderen Schmelzverfahren und gelangen daher bei dem niedrigen Schlackengewicht zu einem guten Manganausbringen. Die verhältnismäßig lange Einschmelzzeit kann bei schwefelreichem Gas zu einer starken Schwefelzunahme des Stahlbades führen. Man muß daher in solchen Fällen den Schwefeleinsatz im Schrott möglichst niedrig halten, um zu lange Schmelzzeiten mit größeren Schlackenmengen zur Entschwefelung zu vermeiden.

Schrifttum

zu Abschnitt 3.42

1. SPEITH, K. G.: Der derzeitige Stand der Metallurgie des SM-Verfahrens. Berg- u. hüttenm. Mh. 108 (1963), S. 94/102.
2. ENDE, H. VOM, F. BARDENHEUER und E. SCHÜRMANN: Gleichgewichte zwischen Siemens Martin-Schlacken und Eisenschmelzen. Stahl u. Eisen 82 (1962), S. 1027/35.
3. TURKDOGAN, E. T., und J. PEARSON: Activities of Constituents of Iron and Steelmaking Slags. J. Iron Steel Inst. 173 (1953), S. 217/23.
4. SPEITH, K. G., und H. VOM ENDE: Die Sauerstoffgehalte flüssiger Thomas-, Siemens-Martin- und Elektrostähle. Stahl u. Eisen 74 (1954), S. 509/25.
5. GELLER, W.: Entstickung des Stahles im basischen Siemens-Martin-Ofen. Stahl u. Eisen 64 (1944), S. 10/13.
6. SCHÖBERL, A., und E. PINK: Unveröffentlichte Untersuchungen im Edelstahlwerk Gebr. Böhler und Co., Aktiengesellschaft, Kapfenberg.
7. SPEITH, K. G., H. VOM ENDE und R. SPECHT: Die Wasserstoffgehalte flüssiger Elektro-, Siemens-Martin-, Thomas- und Sauerstoffaufblas-Stähle. Stahl u. Eisen 82 (1962), S. 808/22.
8. GUTHMANN, K.: Neue Siemens-Martin-Ofenbauarten in den Vereinigten Staaten. Stahl u. Eisen 60 (1940), S. 530/32.
9. REAGAN, W. J.: Fortschritte im Siemens-Martin-Verfahren. Blast Furn. 30 (1942), S. 48/51, 71 und 227/32; vgl. Stahl u. Eisen 63 (1943), S. 900/02.
10. SARJANT, R. J., und E. J. BARNES: Some Experiences in the Design and Control of Open-Hearth Furnaces. Spec. Rep. Iron Steel Inst., Nr. 22; Symp. Steelmaking, London 1938; vgl. Stahl u. Eisen 64 (1944), S. 110.
11. TIGERSCHIÖLD, M.: Unveröffentlichte Mitteilung; vgl. Stahl u. Eisen 64 (1944), S. 111.
12. SCHIFFER, K., und W. FELDMANN: Das Stahleisen und seine Beziehungen zum Schmelzverlauf im Stahlwerk. Stahl u. Eisen 58 (1938), S. 641/46.
13. LEITNER, F.: Erörterungsbeitrag in Stahl u. Eisen 52 (1932), S. 757.
14. ENDE, H. VOM, und F. BARDENHEUER: Schnellverfahren zur Bestimmung der Basizität von Siemens-Martin-Schlacken. Arch. Eisenhüttenwes. 30 (1959), S. 391/96.
15. GERLING, W., und K. O. ZIMMER: Anwendung von Sauerstoff in einem Siemens-Martin-Stahlwerk. Stahl u. Eisen 78 (1958), S. 156/60.
16. SOBEY, E. J.: Design Problems — Oxygen Roof Lances. Open Hearth Proc. AIME 43 (1960), S. 251/55.

17. Vgl. neuere Arbeiten in Bd. 45, Open Hearth Proc. AIME 1962.
18. KESTERTON, A. J.: The Use of Oxygen for Decarburization in the Open-Hearth Furnace. J. Iron Steel Inst. 189 (1958), S. 22/25.
19. PACHALY, E., und G. HENKE: Das Frischen mit Sauerstoff in Siemens-Martin-Stahlwerken. Stahl u. Eisen 80 (1960), S. 441/44.
20. HANIFORD, O. O.: Production Advantages from the Use of Oxygen Roof Lances. Proc. Open Hearth Steel Conf. 43 (1960), S. 236/39.
21. JACKSON, A.: The Use of Oxygen in a Modified Tilting Furnace. J. Iron Steel Inst. 191 (1959), S. 337/42; vgl. Stahl u. Eisen 80 (1960), S. 686/88.
22. BEITTER, F.: Die Abscheidung von Phosphor, Schwefel und Sauerstoff bei der Qualitätsstahlerzeugung im Siemens-Martin-Ofen. Stahl u. Eisen 53 (1933), S. 369/75 u. 398/404.
23. Abstichladungen zum Aufschießen von Siemens-Martin-Öfen: J. PRIOR: Aufbau und Wirkungsweise der Abstichladung. W. BURMEISTER: Aufschließen der Abstiche mit Sprenglanzen. Stahl u. Eisen 77 (1957), S. 562/67.
24. BOOS, G., und J. WILLEMS: Temperaturmessungen im Siemens-Martin-Stahlwerk. Stahl u. Eisen 75 (1955), S. 900/05.
25. NETTER, P., G. SEYFFARTH und H. JOHN: Aufbau und Funktion einer Temperaturmeßanlage in einem Siemens-Martin-Stahlwerk. Neue Hütte 6 (1961), S. 475/85.
26. BADENHEUER, F., W. HEISCHKEIL und H. MÜLLER: Die Herstellung chromhaltiger Stähle im basischen Siemens-Martin-Ofen und Lichtbogenofen. Aus der Facharbeit auf dem Gebiet des Eisenhüttenwesens in den Jahren 1939—1945 (Vertrauliche Berichte des VDEh), Verlag Stahleisen, Düsseldorf 1953, S. 211/217.
27. PLÖCKINGER, E.: Bericht auf der Eisenhüttentagung in Leoben am 17. 3. 1945.
28. HERZOG, E.: Erzeugung von Edelstahl nach dem Schlackenmischverfahren. Aus der Facharbeit auf dem Gebiet des Eisenhüttenwesens in den Jahren 1939—1945 (Vertrauliche Berichte des VDEh), Verlag Stahleisen, Düsseldorf 1953, S. 345/48.
29. SPETZLER, E.: Die Schlackenreaktionsverfahren bei der Stahlherstellung im Siemens-Martin-Werk. Arch. Eisenhüttenwes. 22 (1951), S. 197/204.
30. SPEITH, K. G., H. VOM ENDE, B. BARDENHEUER und G. MAHN: Die physikalisch-chemischen Grundlagen der Entschwefelung im basischen Siemens-Martin-Ofen. Stahl und Eisen 79 (1959), S. 926/33.

3.43 Ofen- und Schmelzführung beim sauren Siemens-Martin-Prozeß

Die Ofen- und Schmelzführung im sauren Siemens-Martin-Ofen zeigt gegenüber dem basischen Ofen kennzeichnende Unterschiede, die in der Natur der metallurgischen Vorgänge auf saurem Futter bzw. unter sauren Schlacken begründet sind. Als Arbeitsverfahren kommt praktisch nur der Schrott-Roheisen-Prozeß mit festem oder flüssigem Roheiseneinsatz in Frage. Der Arbeitsablauf kann, wie im basischen Ofen, in die Abschnitte Einsetzen, Niederschmelzen des Einsatzes, Frischperiode, Reduktionsperiode sowie Legieren, Desoxydieren und Abstechen der Schmelze gegliedert werden. Auch hier sind in der zeitlichen Reihenfolge Überschneidungen möglich.

3.431 Metallurgische Grundlagen

Das Schmelzen im sauren Siemens-Martin-Ofen erfolgt unter oxydierenden Bedingungen und wird in der Regel durch eine Siliziumreduktionsperiode abgeschlossen, die als kennzeichnendes Merkmal des sauren Schmelzprozesses überhaupt gelten kann. Im Gegensatz zum basischen Verfahren kann daher auch eine Desoxydation der Schmelze bereits im Ofen erfolgen. In der Reduktionsperiode wird die Schmelze bei dem gewünschten Kohlenstoffgehalt abgefangen und durch Einstellen der verlangten chemischen Zusammensetzung fertiggemacht.

Der Umfang der metallurgischen Reaktionen ist im sauren Ofen dadurch eingeschränkt, daß eine *Entphosphorung* und eine *Entschwefelung* des Stahlbades praktisch unmöglich ist. Dieser Umstand zwingt zu einer sorgfältigen Auswahl des Schrottes und des Roheisens. Der Schwefel- und Phosphorgehalt des Einsatzes muß so weit unter den geforderten Werten des Enderzeugnisses liegen, daß diese Werte auch durch die unvermeidbare Zunahme aus den Heizgasen, den Zuschlägen und Legierungen nicht überschritten werden.

Die *Frischreaktionen* werden, wie im basischen Ofen, durch das Sauerstoffangebot der Schlacke gesteuert (vgl. Abschnitt 1.122 und 1.131). Die relativ niedrige Aktivität des Eisen(II)-oxyds in sauren Schlacken erklärt die im Durchschnitt geringere Frischgeschwindigkeit, die meist nur bei 0,15% C/h liegt. Eine

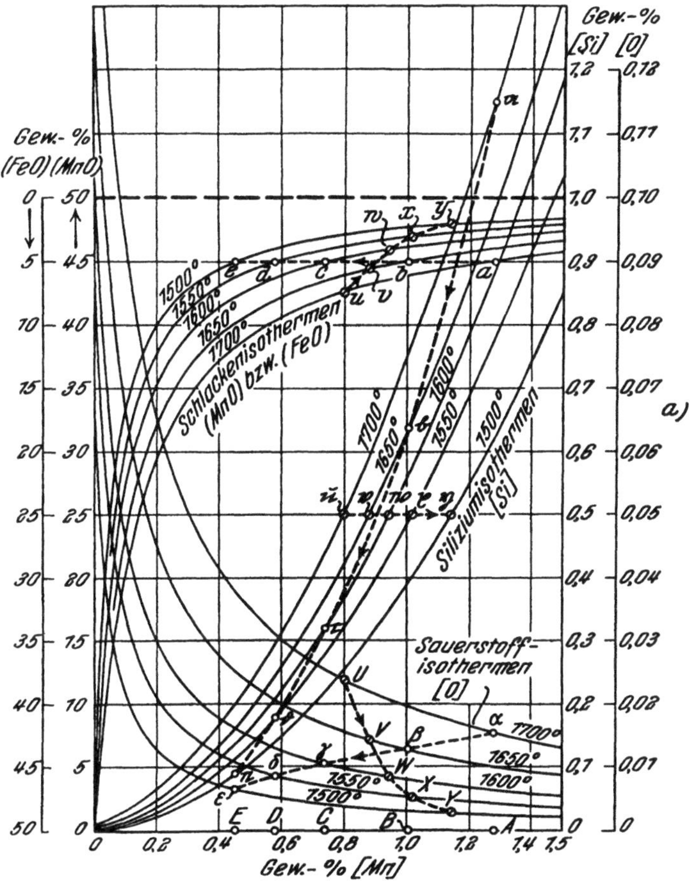

Abb. 302. Die Gleichgewichtsbeziehungen zwischen flüssigem Eisen und an Kieselsäure gesättigten Eisen-Manganoxydul-Silikaten; *a—e* Schnitt bei gleicher Schlackenzusammensetzung, *u—y* Schnitt bei gleichem Siliziumgehalt des Metallbades (nach F. Körber und W. Oelsen)

Erhöhung der Frischgeschwindigkeit ist auch hier durch Anwendung des Sauerstoffblasens möglich. Die metallurgischen Umsetzungen bei den sauren Stahlherstellungsverfahren wurden eingehend von F. Körber und W. Oelsen [1] untersucht, deren Ergebnisse auch heute noch grundlegende Bedeutung besitzen, wenngleich die absoluten Zahlenwerte durch neuere Untersuchungen geringe Abänderungen erfahren haben. Dies ist besonders bei den Diagrammen in den Abb. 302 bis 304 zu beachten.

Die Schlacken der sauren Prozesse sind im wesentlichen Eisenoxydul-Manganoxydul-Silikate mit geringen Beimengungen an CaO und gegebenenfalls an Legierungsoxyden, wobei die basische Oxyde bildenden Metalle einer wesentlich höheren Verschlackung unterliegen. Die Schlacke, gleichgültig welcher Ausgangszusammensetzung, stellt sich durch Aufnahme von Kieselsäure aus dem Ofenfutter und den sauren Zuschlägen *von selbst* auf eine chemische Zusammensetzung ein, die einer Kieselsäuresättigung

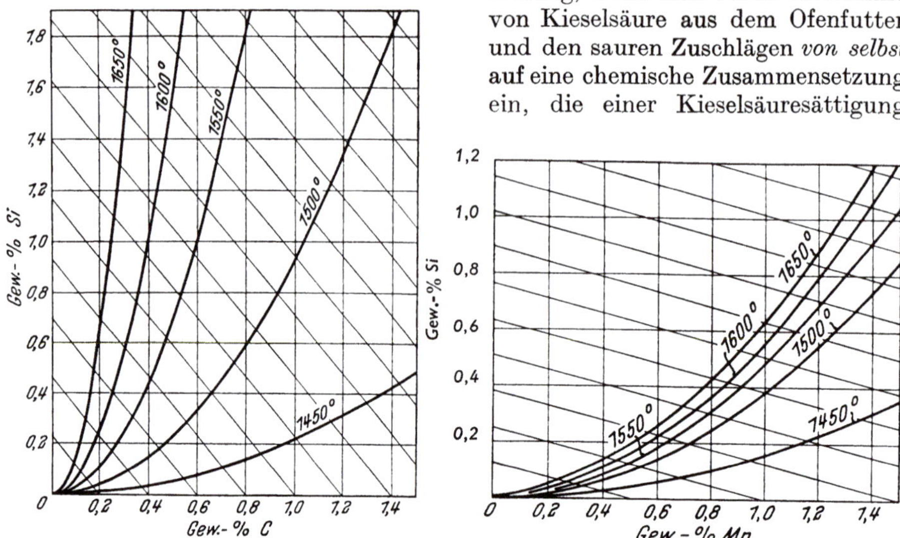

Abb. 303. Die Reduktion von Silizium aus fester Kieselsäure durch kohlenstoff- bzw. manganhaltiges Eisen in Abhängigkeit von der Temperatur. Die eingezeichneten Geraden geben die Konzentrationswege beim Umsatz an (nach F. Körber und W. Oelsen)

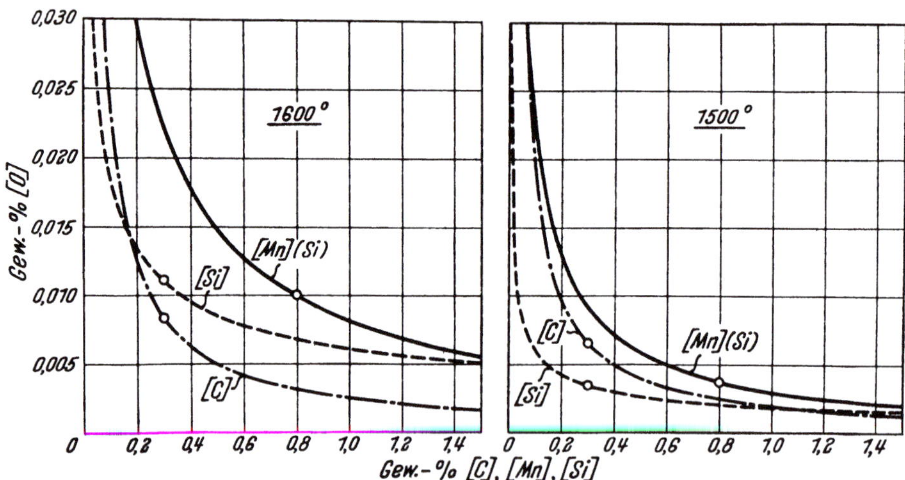

Abb. 304. Vergleich der reduzierenden Wirkung von Kohlenstoff, Silizium und Mangan in Gegenwart von Kieselsäure in Stahlbädern von 1500 und 1600 °C (nach F. Körber und W. Oelsen)

entspricht. Derartige gesättigte Silikatschlacken besitzen je nach Temperatur und Verunreinigung Kieselsäuregehalte von etwa 50 bis 60%. Eine Übersicht über die Zusammensetzung von Endschlacken im sauren Siemens-Martin-Ofen bei der Erzeugung weicher, mittelharter und harter Stahlsorten gibt Tab. 79 [2].

Die oxydierende Wirkung saurer Frischschlacken kann durch verschiedene Maßnahmen beeinflußt werden. Durch Zugabe von basischen Oxyden, besonders von CaO, wird, wie Abb. 55 zeigt, die Aktivität von FeO erhöht. Dies ist leicht verständlich, da durch die Kalkzugabe Kalksilikate gebildet und der „freie" Gehalt an FeO erhöht wird. Zugleich wird mit einem Kalkzusatz auch der Flüssigkeitsgrad erhöht. Die Aktivitätserhöhung des FeO führt zu einer Belebung des Frischprozesses und in weiterer Folge zu einer zusätzlichen Verminderung des Schwermetalloxydgehaltes, wobei die Schlacke rasch ihrer Kieselsäuresättigung zustrebt und steif wird („Brettschlacke"). Ebenso besteht bei zu niedrigem Eisenoxydulgehalt die Gefahr einer zu starken Siliziumreduktion.

Tabelle 79. *Schlackenzusammensetzung im sauren Siemens-Martin-Ofen [3]*

Angabe in Mol.-% ($CaO + FeO + MnO + SiO_2 = 100\%$).
Die übrigen Stoffe, die weniger als 5% der Gesamtschlackenmenge ausmachen, sind vernachlässigt.

Stahlart	SiO_2 %	FeO %	MnO %	CaO %
Weiche Stähle (0,15—0,19% C)	55,9—60,7	19,1—25,8	9,3—16,4	2,9— 6,1
Mittelharte Stähle (0,20—0,35% C)	57,4—61,9	15,7—20,8	8,4—18,7	3,6—14,9
Härtere Stähle (0,40—1,0% C)	60,9—63,7	11,5—18,1	8,4—18,4	4,0—16,0

Zu den schon vom basischen Verfahren her bekannten Umsetzungen zwischen Metallbad und Schlacke tritt beim sauren Verfahren noch die Reduktion der Kieselsäure durch Eisen und Mangan hinzu:

$$2\,Fe + (SiO_2) = 2\,(FeO) + [Si] \qquad bzw.$$
$$2\,Mn + (SiO_2) = 2\,(MnO) + [Si]$$

In reinen Eisenschmelzen ist das Ausmaß der Siliziumreduktion, wie bereits gezeigt wurde (s. Abschnitt 1.134), sehr gering. Bei Anwesenheit von Mangan und insbesondere von Kohlenstoff werden jedoch beträchtliche Siliziummengen in das Bad reduziert. Die Siliziumaufnahme des Bades entspricht bis zu einem gewissen Grade einer Desoxydation mit Silizium, wobei sich in Abhängigkeit von Konzentration und Temperatur auch ein bestimmter Sauerstoffgehalt im flüssigen Stahl einstellt.

Abb. 302 zeigt die Gleichgewichtsbeziehungen zwischen flüssigem reinem Eisen und gesättigten Eisen-Mangan-Silikatschlacken bei verschiedenen Temperaturen nach den Untersuchungen von F. Körber und W. Oelsen [2]. Daraus ist zu entnehmen, daß jeder Schlackenzusammensetzung auch ein mit der Temperatur veränderlicher Mangan-, Silizium- und Sauerstoffgehalt entspricht. Zum Vergleich sind Linien gleichen Siliziumgehaltes im Metallbad bzw. gleicher Schlackenzusammensetzung eingezeichnet. Bei der Beurteilung der Zusammenhänge darf nicht übersehen werden, daß eine durch Temperatursteigerung eintretende Siliziumreduktion mit einer gleichzeitigen Zunahme des Sauerstoffgehaltes in der Schmelze zwangsläufig verbunden ist. Dies ist für die Prozeßführung wichtig. Wird nämlich nur durch Temperaturerhöhung am Ende des Schmelzprozesses der Siliziumgehalt des Stahlbades auf den erforderlichen Wert gebracht, so kommt es bei der Abkühlung und Erstarrung des Stahles infolge des hohen Sauerstoffgehaltes zur Bildung größerer Mengen an Desoxydationsprodukten, als wenn bei niedrigerer

Temperatur eine Fällungsdesoxydation mit Silizium ausgeführt worden wäre. Auf diesen Umstand dürften manche unbefriedigende Ergebnisse saurer Schmelzprozesse bei niedriggekohlten Stählen zurückzuführen sein.

In den in der Praxis meist vorliegenden kohlenstoffhaltigen Systemen beteiligt sich der Kohlenstoff maßgebend am Reaktionsgeschehen. Seine Reduktionswirkung ist wesentlich größer als die des Mangans, wie Abb. 303 erkennen läßt [1]. Bei höheren Temperaturen können schon mit geringen Kohlenstoffgehalten beträchtliche Siliziummengen in das Bad reduziert werden, worauf bei der Schmelzführung Rücksicht zu nehmen ist. Unabhängig von der Kohlenstoffreaktion verläuft jedoch die Umsetzung des Mangans bis zu der angegebenen Gleichgewichtsverteilung.

Eine gute Übersicht über die zu erwartenden metallurgischen Vorgänge in kohlenstoff- und manganhaltigen Eisenschmelzen im sauren Ofen läßt sich aus den Gegenüberstellungen in Abb. 304 gewinnen [1]. Danach kann die Siliziumreduktion nur bei niedrigen Temperaturen und niedrigen Kohlenstoffgehalten zu einer Verminderung des Sauerstoffgehaltes in der Schmelze ausgenützt werden. Bei hohen Temperaturen dagegen ist nur der Kohlenstoff entsprechend dem C—O-Gleichgewicht maßgebend. Die Reduktionswirkung des Mangans ist demgegenüber immer geringer. Die Anwesenheit von höheren Kohlenstoffgehalten im sauren Ofen hat also den Vorteil, daß die in kohlenstofffreien (oder sehr niedriggekohlten) Schmelzen mit zunehmender Siliziumreduktion vor sich gehende Erhöhung des Sauerstoffgehaltes mit seinen nachteiligen Folgen für die Stahlreinheit nicht eintreten kann (vgl. Abb. 302).

Die *Gasaufnahme*, vor allem an Wasserstoff, ist im sauren Siemens-Martin-Ofen wesentlich geringer als im basischen (vgl. Abschnitt 1.141, Tab. 20). Bei günstigen Einsatz- und Schmelzbedingungen können Werte unter 3 Ncm³/100 g Stahl erreicht werden, woraus sich die geringe Flockenanfälligkeit des sauren Stahles und seine bevorzugte Verwendung für große Schmiedestücke ergibt.

3.432 Ofenführung

Für das *Einsetzen* im sauren Siemens-Martin-Ofen gelten grundsätzlich die gleichen Richtlinien wie im basischen Ofen (vgl. Abschnitt 3.422.1). Hier muß jedoch noch mehr darauf geachtet werden, daß der Herd möglichst wenig mit Eisenoxyden in Berührung kommt. Diese wirken einerseits stark abtragend und andererseits vermindert die Infiltration von Oxyden die im sauren Ofen erwünschte metallurgische Wirksamkeit (vgl. Tab. 69). Vielfach wird daher vor dem Einsetzen etwas Sand auf den Herd aufgebracht.

Das *Einschmelzen* geht unter sonst gleichen Bedingungen um so rascher vor sich, je höher der Kohlenstoffgehalt im Einsatz ist. Da die Frischgeschwindigkeit im sauren Ofen mit Rücksicht auf die Haltbarkeit der Zustellung nicht beliebig erhöht werden kann, wird der Einlaufkohlenstoffgehalt so gewählt, daß er nur 0,3 bis 0,5% über dem verlangten Endkohlenstoffgehalt liegt.

Auch die übrige Zusammensetzung und die Stückgröße des Schrottes sind beim sauren Ofen von großem Einfluß auf die Einschmelzzeit und die dabei vor sich gehenden metallurgischen Umsetzungen. Bei niedrigen Siliziumeinsätzen muß ein erhöhter Kieselsäure-(Sand-)Zuschlag gegeben werden, um den Angriff des Herdes durch Herauslösen von Kieselsäure zu vermindern. Aus diesem Grunde erfolgt auch ein Zusatz von Eisenschwamm, der immer einen höheren Sauerstoffgehalt aufweist, am besten erst nach dem Einschmelzen des Roheisens.

Beim Arbeiten mit flüssigem Roheisen wird der feste Einsatz wie beim basischen Verfahren zunächst vorgewärmt und anschließend das Roheisen eingefüllt.

Auch hier kann der Anteil flüssigen Eisens bis zu 75% vom metallischen Einsatz betragen. Die Verwendung von flüssigem Roheisen bringt eine durchschnittliche Verkürzung der Schmelzdauer von 10 bis 15%.

Eine Steigerung der Einschmelzleistung im sauren Ofen durch Erhöhen der Flammentemperatur mit Sauerstoff ist mit Rücksicht auf die niedrige Feuerfestigkeit der sauren Zustellung nicht möglich. Dagegen kann das Einschmelzen durch Sauerstoffblasen beschleunigt werden, wobei höhere Siliziumgehalte im Einsatz als direkte Wärmequelle ausgenützt werden können. Auf diese Weise wurde z. B. in einem schwedischen Werk [4] die Ofenleistung eines sauren 30-t-Siemens-Martin-Ofens bei der Erzeugung von Kugellagerstahl bis auf 7,4 t/h gesteigert.

Oxydische Zuschläge werden im sauren Ofen erst nach erfolgtem Einschmelzen zugegeben, um eine Beschädigung der feuerfesten Zustellung des Herdes zu vermeiden.

Die beim Einschmelzen eingeleitete Oxydation wird in der *Frischperiode* durch entsprechende Zuschläge an Erz und Schlackenbildnern dem gewünschten Verlauf angepaßt. Die Schlackenmenge beträgt im Durchschnitt 3 bis 8% vom Schmelzgewicht. Die Frischgeschwindigkeit kann außer durch Erzzugaben auch durch Kalkzuschläge erhöht werden, die eine Aktivitätserhöhung des Eisenoxyduls in der sauren Schlacke bewirken. Bei Verwendung sehr hoher Roheisensätze, wie dies zum Teil in den nordischen Ländern Europas der Fall ist, kann auch unter entsprechenden Vorsichtsmaßnahmen mit gasförmigem Sauerstoff gefrischt werden [4].

Die Erzzugabe in der Frischperiode muß im sauren Ofen in kleinen Teilmengen erfolgen. Dadurch werden diese Schlacken, die das Bestreben haben, durch Aufnahme von Kieselsäure ihre Zusammensetzung nach einer Grenzkonzentration zu verändern, wobei sie zähe und reaktionsträge werden, dauernd in günstiger Beschaffenheit gehalten. In gleicher Richtung wirken auch kleine Kalkzugaben.

In sauren Öfen ist die Gefahr einer Rückstrahlung der Schlacke an das Ofengewölbe geringer als in basischen. Die meist geringe Schlackenmenge ist schon beim schwachen Kochen genügend in Bewegung, um keine spiegelnden Flächen zu bilden. Außerdem wirken abtropfende Deckensteine bei sauren Schlacken zähigkeitssteigernd.

Die Frischarbeit wird im sauren Ofen in der Regel mit einer Silizium-*Reduktionsperiode* abgeschlossen. Die Siliziumreduktion wird bei höheren Kohlenstoffgehalten im Bad auch ohne Zusatz von Reduktionsmitteln erreicht. Der Verbrauch des Eisenoxyduls in der Schlacke wird durch einen Farbwechsel von dunkelbraun nach hellgelb deutlich angezeigt. Bei niedrigem Kohlenstoffgehalt und bei der Reduktion von Legierungselementen werden dagegen Reduktionsmittel, wie Ferrosilizium oder Aluminium, der Schlacke zugesetzt.

Bei der Herstellung von legierten Stählen kann auch mit legiertem Schrott gearbeitet werden. Zur Beschleunigung der Reduktion von verschlackten Legierungselementen, die basische Oxyde bilden, kann der Schlacke Kalk zugesetzt werden. Will man die Reduktion bei höheren Legierungsgehalten weitgehend durchführen, so besteht allerdings die Gefahr, daß die gleichzeitig einsetzende Siliziumreduktion zu unzulässig hohen Siliziumgehalten im Stahlbad führt.

Das *Legieren* kann, mit Ausnahme des Zusatzes größerer Manganmengen, im Ofen erfolgen. Bei Mangan ist der Pfannenzusatz vorzuziehen, um die Manganverluste in erträglichen Grenzen zu halten.

Die *Desoxydation* kann bei Schmelzen hohen Kohlenstoffgehaltes nahezu selbsttätig im Ofen erfolgen. Im Gegensatz zum basischen Verfahren können die notwendigen Zusätze an Ferrosilizium in den Ofen zugegeben werden. Nur Sonderdesoxydationsmittel, wie Aluminium u. a., werden auch hier in der Pfanne zugesetzt.

Die *Temperaturführung* im sauren Siemens-Martin-Ofen unterscheidet sich meist, wie Abb. 305 an einem Beispiel [5] zeigt, von der im basischen Ofen. Die Endtemperaturen können hier durch das Ausmaß der zulässigen Siliziumreduktion begrenzt sein. Fallweise ist es sogar üblich, in der Reduktionsperiode mit der

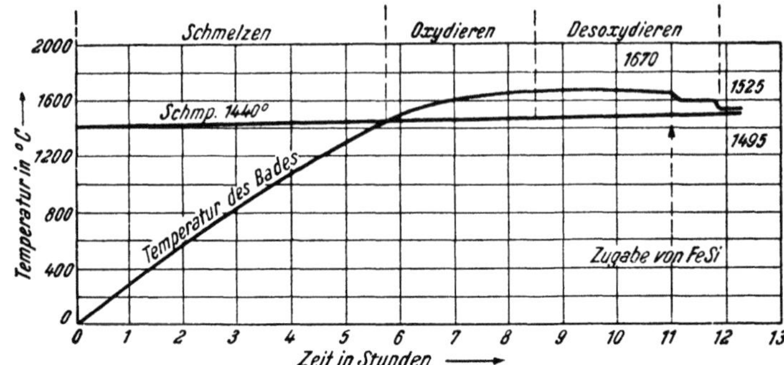

Abb. 305. Temperaturverlauf einer sauren Siemens-Martin-Schmelze (nach W. P. BARBA und H. M. HOWE)

Temperatur zurückzugehen, um vor allem den Siliziumgehalt besser einstellen zu können. Das Verhältnis von Abstich- zu Gießtemperatur ist beim sauren Stahl ähnlich wie beim basischen (vgl. Abschnitt 3.422.6), nur können die Gießtemperaturen wegen der besseren Vergießbarkeit saurer Stähle ohne Nachteil für die Beschaffenheit der Blockoberfläche niedriger gewählt werden als die basischer Stähle gleicher chemischer Zusammensetzung.

3.433 Schmelzverfahren

Das Schmelzverfahren im sauren Siemens-Martin-Ofen zeigt, je nach den örtlichen Erfahrungen, beträchtliche Unterschiede. In den nachstehenden Beispielen soll zuerst die Arbeitsweise näher behandelt werden, die in den mitteleuropäischen Stahlwerken ausgeführt wird. Sie weist eine kürzere Gesamtschmelzdauer auf als jene Arbeitsverfahren, die vor allem in den nordischen Ländern Europas üblich sind.

Tab. 80 gibt den Schmelzverlauf bei der Herstellung eines Wolfram-Magnetstahles wieder, der in einem sauren 6-t-Siemens-Martin-Ofen erschmolzen wurde. Der Einsatz bestand aus rund 40% schwedischem Roheisen mit niedrigem Phosphor- und Schwefelgehalt, 25% wolframlegiertem Schrott, 25% Weicheisen und etwa 10% unlegierten Stahlabfällen. Zu Beginn des Einsetzens wurden 100 kg Sand auf den Herdboden aufgegeben. Das Roheisen wurde zu zwei Drittel auf den Herd, der Rest über dem Schrott gelagert. Während des Einschmelzens wurden nach teilweiser Verflüssigung des Einsatzes 100 kg schwedisches Magneteisenerz zugegeben. Nach 3 Stunden 35 Minuten war das Einschmelzen beendet. Die Schmelze zeigte ein leichtes Kochen unter einer dunklen Schlacke. Zur Belebung des Frischvorganges wurden im Verlauf der Oxydationsperiode mehrfach Schwedenerz und Kalk zugesetzt. Nach dem Einlangen des Analysenergebnisses der Wolfram-Vorprobe wurden 433 kg vorgewärmtes Ferrowolfram (84%) zugegeben. Der weitgehende Verbrauch des Eisenoxyduls in der Schlacke gegen Ende der Frischperiode wird durch die Farbe deutlich angezeigt, welche über braun in gelbbraun übergeht. Die letzte Ofenprobe erstarrte in der Probekokille

Tabelle 80. *Wolfram-Magnetstahl aus einem sauren 6-t-Siemens-Martin-Ofen*

Analysenvorschrift:	C	Si	Mn	Cr	W	P	S
%	0,66	max.	0,25	etwa.	6,00	max.	max.
%	0,72	0,25	0,38	0,30	6,50	0,020	0,035

Einsatz: Schwedisches Holzkohlenroheisen (4,1% C, 1,5% Mn, 1,4% Si, P und S
je max. 0,025) . . . . 2400 kg
Wolframlegierter Schrott (etwa 1% C, 3% W) . . . . 1500 „
Weicheisen (etwa 0,06% C) . . . . 1500 „
Unlegierte Stahlabfälle (etwa 0,5% C). . . . . 700 „

Metallischer Einsatz . . 6100 kg

Zeit	Arbeitsgang	Zusätze in kg	Analyse in %				Tempe-ratur	Verhalten der Proben	
			C	Mn	Cr	W		Stahl	Schlacke
0,00	Einsetzen: Beginn								
	Sand	100							
0,30	Einsetzen beendet:								
	Roheisen	2400							
	Schrott	3700							
	während des Ein-								
	schmelzens Zugabe								
	von Schwedenerz	100							
3,35	Eingeschmolzen:								
	1. Probe		1,24	0,06	0,16	0,63		matt,	dunkel
	Schwedenerz	50						treibt	
	gebrannter Kalk	50							
4,05	2. Probe		1,04					treibt	dunkel
	Schwedenerz	50							
	gebrannter Kalk	30							
4,30	3. Probe		0,90					treibt	dunkel
	gebrannter Kalk	30							
4,45	4. Probe		0,82					treibt	dunkel
4,50	Legieren:								
	FeW (84%)	433							
5,15	5. Probe		0,68					ruhi-ger	braun
5,25	6. Probe, Stehprobe		0,66				Steh-probe 42″	fast ruhig	gelbbraun
5,35	Desoxydieren:								
	FeMn (78%, 7% C)	15							
5,40	Abstich:								
	Pfannenzusatz:								
	Aluminium	5							
	CaSi	3							

Fertiganalyse:	C	Si	Mn	Cr	W	P	S
%	0,68	0,20	0,32	0,21	6,40	0,018	0,032

Abgegossen: 190 mm ☐-Blöcke im
Gesamtgewicht von 6180 kg.

Gießtemperatur: 1390°C (unkorrigiert).

fast ruhig. Die Stehprobe zeigt mit 42 Sekunden das Erreichen der gewünschten
Abstichtemperatur an. Im Anschluß an die letzte Probe wurde die Schmelze durch
Zugabe von Ferromangan im Ofen fertiggemacht und abgestochen. 5 kg Alu-

minium, sowie 3 kg CaSi wurden beim Abstechen in die Pfanne zugesetzt. Das Ausbringen betrug 95%, bezogen auf den metallischen Einsatz.

Einen ähnlichen Schmelzverlauf zeigt auch die in Tab. 81 wiedergegebene Kugellagerstahlschmelze, welche in einem sauren 10-t-Siemens-Martin-Ofen er-

Tabelle 81. *Kugellagerstahl aus einem sauren 10-t-Siemens-Martin-Ofen*

Analysenvorschrift:	C	Si	Mn	Cr	Mo	P	S
%	1,00	0,15	0,25	1,00	etwa	max.	max.
%	1,10	0,25	0,35	1,20	0,15	0,020	0,030

Einsatz: Holzkohlenroheisen (4,1% C, 1,5% Mn, 1,4% Si, P und S je max. 0,025)   5 600 kg
Chromstahlabfälle (obiger Zusammensetzung) . . . . 2 200 „
Unlegierte Werkzeugstahlabfälle (etwa 1,0% C) . . . . 1 500 „
Weicheisenabfälle (etwa 0,06% C) . . . . 3 500 „

Metallischer Einsatz . . 12 800 kg

Zeit	Arbeitsgang	Zusätze in kg	Analyse in %			Tempe-ratur	Verhalten der Proben	
			C	Mn	Cr		Stahl	Schlacke
0,00	Einsetzen: Beginn Sand	100						
0,30	Einsetzen beendet:							
	Roheisen	5600						
	Schrott	7200						
	Schwedenerz	150						
2,45	Eingeschmolzen:							
	1. Probe		1,52	0,08	0,11		matt, treibt	dunkel
	Schwedenerz	100						
	gebrannter Kalk	80						
3.15	2. Probe		1,27				treibt	dunkel
	Schwedenerz	50						
	gebrannter Kalk	50						
3,40	3. Probe		1,09				treibt	dunkel
3,50	Legieren:							
	FeCr (65% Cr, 2% C)	260						
	Kalziummolybdat	50						
4,05	4. Probe		1,05				fast ruhig	gelbbraun
4,15	Desoxydieren:							
	FeMn (80%, 7% C)	30						
	FeSi (50%)	14						
4,20	Abstich:							
	Pfannenzusatz:							
	Aluminium	7						

Fertiganalyse:	C	Si	Mn	Cr	Mo	P	S
%	1,05	0,22	0,28	1,15	0,14	0,014	0,026

Abgegossen: 300 mm ▱-Walzblöcke.   *Gießtemperatur*: 1400 °C (unkorrigiert).

schmolzen wurde. Der Einsatz bestand aus rund 45% Roheisen und 65% Schrott. Der Anteil an legiertem Schrott war relativ gering und bestand aus Chromstahlabfällen gleicher Analyse. Das Einsetzen, Einschmelzen und Frischen zeigt gegenüber dem oben angeführten Beispiel keine Besonderheiten. Beim Erreichen des gewünschten Endkohlenstoffgehaltes wurde die Schmelze durch Zusatz von vorgewärmtem Ferrochrom legiert. Der geringe Molybdängehalt wurde aus Kalzium-molybdat reduziert, welches im Anschluß an die Ferrochromzugabe auf die Schlacke aufgegeben wurde. Nach der Schlußprobe, welche fast ruhig in der Kokille erstarrte, wurde die Schmelze mit Ferromangan und Ferrosilizium im Ofen desoxydiert und unmittelbar nach Auflösung dieser Zuschläge abgestochen. Der Pfannenzusatz betrug 7 kg Aluminium. Die Schmelze wurde zu 300 mm ▢-Blöcken vergossen. Die Gießtemperatur betrug 1400 °C, unkorrigiert.

Die Arbeitsweise in den schwedischen Stahlwerken ist vor allem durch eine wesentlich längere Gesamtschmelzdauer (9 bis 12 Stunden) gekennzeichnet, die in

Tabelle 82. *Unlegierter Werkzeugstahl aus einem sauren 20-t-Siemens-Martin-Ofen*

Einsatz:
Roheisen A (4,2% C, 0,40% Si, 1,10% Mn, 0,021% P, 0,013% S) . . . 7 000 kg
Roheisen B (4,3% C, 0,60% Si, 1,25% Mn, 0,021% P, 0,012% S) . . . 3 000 „
Roheisen D (4,4% C, 0,85% Si, 1,40% Mn, 0,023% P, 0,011% S) . . . 1 500 „
Roheisen E (4,2% C, 0,40% Si, 1,10% Mn, 0,021% P, 0,013% S) . . . 2 000 „
Schrott (0,45—1,20% C, 0,25% Si, 0,40% Mn, 0,022% P, 0,012% S) . . 5 300 „

Metallischer Einsatz . . 18 800 kg

Zeit	Arbeitsgang	Zusätze in kg	Stahlanalyse in %			Temperatur		Schlackenanalyse in %			
			C	Si	Mn	Ofen[1]	Stahl[2]	SiO_2	FeO	Fe_2O_3	MnO
0,00	Einsetzen: Beginn										
1,30	Einsetzen: Ende	18 800									
4,12	Eingeschmolzen:										
4,13	Temp.-Messung						1330				
4,51	1. Probe		2,93	0,03	0,09	1585		38,6	34,9	3,0	20,9
5,08	Erz (Magnetit)	100									
5,58	Schmelze kocht						1385				
6,03	2. Probe		2,51	0,024	0,05			47,0	28,7	4,0	19,2
6,40	Erz (Magnetit)	80									
	Mn-Erz	90									
6.51	Ofen-Temp.					1600					
6,54	3. Probe		2,07	0,038	0,09			49,6	27,6	1,0	20,1
6,57	Mn-Erz	40									
	Erz (Magnetit)	100									
7,19	Erz (Magnetit)	100									
7,43	4. Probe		1,50	0,076	0,10			52,8	21,6	0,6	19,4
7,44	Erz (Magnetit)	100									
8,00	Erz „	100									
8,09	Erz „	100									
8,18	Ofen-Temp.					1590					
8,21	5. Probe		1,12	0,038	0,09		1450	51,1	26,0	0,6	17,2
8,39	Erz (Magnetit)	50									
9,15	Temp.-Messung						1465				
9,16	6. Probe		0,78	0,094	0,09			54,0	23,5	1,7	16,7[3]
9,18	FeMn										
	(6,9% C, 79,5% Mn)	76									
9,33	Abstich										

Fertiganalyse:	C	Si	Mn
%	0,76	0,108	0,30

[1] Während des Umsteuerns am Gewölbe gemessen.
[2] Unkorrigierte Pyrometermessung.
[3] $Al_2O_3 = 2,03\%$ CaO = 0,95%   MgO = 1,49%.

erster Linie durch eine sehr ausgedehnte Frischperiode bedingt ist. Sie wird aber heute oft durch Sauerstoffblasen abgekürzt.

Zur Charakteristik dieser Arbeitsweise ist im folgenden der Schmelzverlauf bei der Erzeugung eines unlegierten Stahles aus einem sauren 20-t-Siemens-Martin-Ofen wiedergegeben, wie er in einer Arbeit von B. KALLING und N. RUDBERG [6] veröffentlicht wurde. Wie die Tab. 82 zeigt, bestand der Einsatz zu 72% aus Roheisen und zu 28% aus Schrott. Das Niederschmelzen war 3 Stunden 42 Minuten nach dem Einsetzen beendet. Um den Kochvorgang in Gang zu bringen, wurde etwa eine Stunde nach dem Einschmelzen mit dem Erzzusatz begonnen. Durch relativ hohe und rasch aufeinanderfolgende Erzzusätze (Magnetit und Manganerz) wurde ein lebhafter Frischprozeß mit einer hohen Entkohlungsgeschwindigkeit aufrechterhalten. Die Kohlenstoffabnahme zeigt bei 1,7% C einen Maximalwert von etwa 0,12 %C/10 min, um dann gegen Ende des Prozesses wieder abzunehmen. Die bei diesem Beispiel erzielte hohe Frischgeschwindigkeit liegt allerdings über dem sonst üblichen Durchschnitt. Nach dem Erreichen des gewünschten Endkohlenstoffgehaltes wurde mit Ferromangan legiert und abgestochen. Das Gesamtausbringen betrug 18130 kg, entsprechend 96% des metallischen Einsatzes. Die aus der Zusammensetzung errechnete Schlackenmenge betrug 1680 kg ($\triangleq$ 9%).

In der Schlackenführung strebt man gegen Ende des Prozesses eine dickflüssige und an Kieselsäure gesättigte Schlacke mit relativ niedrigem Eisenoxydulgehalt an. Dies führt zu einer erwünschten Erniedrigung der Frischgeschwindigkeit und zu einer Erleichterung der Kieselsäurereduktion aus der Herdzustellung. Außerdem besteht bei dickflüssigen Schlacken weniger die Gefahr einer Reaktion mit den Legierungszusätzen am Ende des Schmelzprozesses. Der Eisenoxydulgehalt der Schlacke kann ohne Beeinträchtigung der Frischwirkung naturgemäß dann sehr niedrig gehalten werden, wenn der Manganoxydulgehalt erhöht wird oder wenn ein Zusatz von Kalk zur Erhöhung der Aktivität des Eisenoxyduls erfolgt.

Schrifttum

zu Abschnitt 3.43

1. KÖRBER, F., und W. OELSEN: Die Wirkung des Kohlenstoffs als Reduktionsmittel auf die Reaktionen der Stahlerzeugungsverfahren mit saurer Schlacke. Mitt. K.-Wilh.-Inst. Eisenforsch. 17 (1935), S. 39/61.
2. KÖRBER, F., und W. OELSEN: Die Grundlagen der Desoxydation mit Mangan und Silizium. Mitt. K.-Wilh.-Inst. Eisenforsch. 15 (1933), S. 271/309.
3. GUTHMANN, K.: Die Anlagen in Glasgow und Lancashire. Stahl u. Eisen 58 (1938), S. 790/92.
4. TRYDEGARD, L.: Sauerstoffanwendung im sauren Siemens-Martin-Ofen. Berg- u. hüttenm. Mh. 108 (1963), S. 208/11.
5. BARBA, W. P., und H. M. HOWE: Das saure Siemens-Martin-Verfahren zur Erzeugung von Geschütz- und Edelstählen. Trans. Am. Inst. Min. Met. Eng. 67 (1922), S. 172/219, vgl. Stahl u. Eisen 43 (1923), S. 205/08.
6. KALLING, B., und N. RUDBERG: Der Frischverlauf bei den sauren Siemens-Martin-Verfahren. Jernkont. Ann. 121 (1937), S. 93/142, vgl. Stahl u. Eisen 57 (1937), S. 1329 bis 1330.

3.5 Der Lichtbogenofen-Betrieb

Schon bald nach der Einführung des elektrischen Lichtbogenofens zum Schmelzen von Stahl hat sich der Ofen mit direkter Lichtbogenheizung nach dem Prinzip des HÉROULT-Ofens als Dreiphasenofen allgemein durchgesetzt. Nur für Sonderzwecke, z. B. zum Vorschmelzen von Schlacken für das Schlackenreaktionsverfahren (vgl. Abschnitt 3.91), sind Einphasenöfen in Gebrauch. Die hohe Temperatur des elektrischen Lichtbogens, welcher Schlacke und Stahlbad erhitzt, sowie die gute und leichte Regelbarkeit verleihen dem Lichtbogenofen einen metallurgischen Arbeitsbereich, der den des Siemens-Martin-Ofens und auch der Induktionsöfen weit überschreitet. Der größere Temperaturbereich gibt die Möglichkeit, die Schlackenzusammensetzung in weiten Grenzen zu ändern und ihre Reaktionsmöglichkeiten weitgehend auszunutzen. Das Fehlen der Heizgase und die Möglichkeit, den Ofenraum gegen die Außenluft abzuschließen, sind die Voraussetzungen zur Führung einer Reduktions- und Desoxydationsperiode, welche für die Schmelzverfahren besonders im basischen Lichtbogenofen kennzeichnend ist.

Die Unterschiede in den Ofensystemen, den Ausführungsformen und den Hilfseinrichtungen der Lichtbogenöfen sind nur zum Teil durch besondere metallurgische Forderungen bedingt. Sie sind vielmehr der Ausdruck der fortschreitenden konstruktiven Entwicklung, die auch bei den Lichtbogenöfen für die Edelstahlerzeugung bei Einheiten von etwa 100 t Fassungsraum angelangt ist. Das ursprüngliche Chargieren von Hand oder mit Rutschen, das heute nur noch bei kleinen Öfen ausgeführt wird, ist bei modernen Öfen mit ausfahrbarem Herd bzw. schwenkbarem Deckel fast durchwegs durch die Korbchargierung ersetzt worden. Die Bedienung der Öfen wurde bereits weitgehend mechanisiert. Die Behandlung dieser technischen und konstruktiven Entwicklung würde den Rahmen dieses Buches weit überschreiten, weshalb auf das einschlägige Schrifttum verwiesen sei [1 bis 4].

Das Hauptanwendungsgebiet des Lichtbogenofens ist nach wie vor die Erzeugung von Edelstahl, wenn auch Großraumlichtbogenöfen bereits in erfolgreichem Wettbewerb mit Siemens-Martin-Öfen bei der Herstellung von Massenstählen eingesetzt sind. Sie arbeiten in diesem Falle nach dem Einschlackenverfahren (wie im Siemens-Martin-Ofen), das gegebenenfalls durch ein Schlackenreaktionsverfahren ergänzt wird.

Eine Abwandlung des Lichtbogenofens ist der Vakuumlichtbogenofen mit selbstverzehrender Elektrode und im Prinzip auch das Elektro-Schlacken-Umschmelzen nach dem HOPKINS-Prozeß. Diese Arbeitsverfahren werden in den Abschnitten 3.7 und 3.93 gesondert behandelt.

Schrifttum

zu Abschnitt 3.5

1. SOMMER, F., und E. PLÖCKINGER: Elektrostahlerzeugung, 2. Auflage. Verlag Stahleisen, Düsseldorf 1964.
2. Fortschritte im Bau und Betrieb von Lichtbogenöfen, Vortragstagung der Eisenhütte Östereich, 16. und 17. März 1961, Berg- u. hüttenm. Mh. 106 (1961), S. 261/351.
3. HARMS, F.: Beitrag zur Kenntnis des Lichtbogenofens unter besonderer Berücksichtigung des Großraumofens für die Stahlerzeugung. Stahl u. Eisen 83 (1963), S. 257/69.
4. Electric Furnace Steelmaking, Vol. 1., Design, Operation, and Practice. Herausgegeben von C. E. SIMS. Interscience Publishers, New York, London 1962.

3.51 Bau und Zustellung der Lichtbogenöfen

Für die feuerfeste Zustellung der Lichtbogenöfen gelten die gleichen allgemeinen Gesichtspunkte wie für die Zustellung der Siemens-Martin-Öfen. Die zweckentsprechende Auswahl der feuerfesten Baustoffe ist auch hier ausschlaggebend für die Haltbarkeit der Zustellung [1] und in gewissem Umfang auch für die Möglichkeiten der Ofenführung. Selbstverständlich sind auch die Art der Vermauerung, die konstruktive Durchbildung des gesamten Ofens und die elektrischen Verhältnisse von Einfluß. Dementsprechend vielfältig sind auch die Einzelheiten der

Zustellung von Ofenherd, Ofenwand und Gewölbe. In den folgenden Abschnitten können daher nur einzelne Beispiele bewährter Ausführungsformen gebracht werden.

3.511 Der basische Lichtbogenofen

Als feuerfeste Baustoffe für das Dauerfutter des Herdes basischer Lichtbogenöfen werden Schamotte, Magnesit, Chromerz oder Sinterdolomit verwendet. Das Verschleißfutter des Herdes und die Ofenwand werden in Ländern mit guten Dolomitvorkommen meist aus Dolomit, sonst aus Magnesit erstellt. Für die Ofendecken werden, mit Ausnahme kleinerer Öfen für Spezialerzeugnisse, noch immer Silikasteine oder tonerdereiche Spezialsteine bzw. Stampfmassen verwendet; dabei wird allerdings der äußere Ring bevorzugt in Magnesitsteinen zugestellt.

Die Zustellungsarbeit weicht in mancher Hinsicht von der des Siemens-Martin-Ofens ab. Das Fehlen einer Gasflamme und die Schwierigkeiten des Sinterns mit dem Lichtbogen bewirkt, daß das schichtenweise Einbrennen des Herdes nicht mehr ausgeführt wird. Die stark unterschiedliche Haltbarkeit der einzelnen Ofenbauteile macht es erforderlich, den Ofen so zu gestalten, daß der Ofendeckel rasch auswechselbar ist und auch die Ofenwand kurzfristig erneuert werden kann.

3.511.1 Herdzustellung

Der Aufbau der feuerfesten Zustellung des Herdes nach drei verschiedenen Bauweisen kann den Abb. 306 und 307 entnommen werden [2, 3]. Das *Dauerfutter* aus Magnesitsteinen ruht entweder direkt auf dem Kesselboden oder auf einer

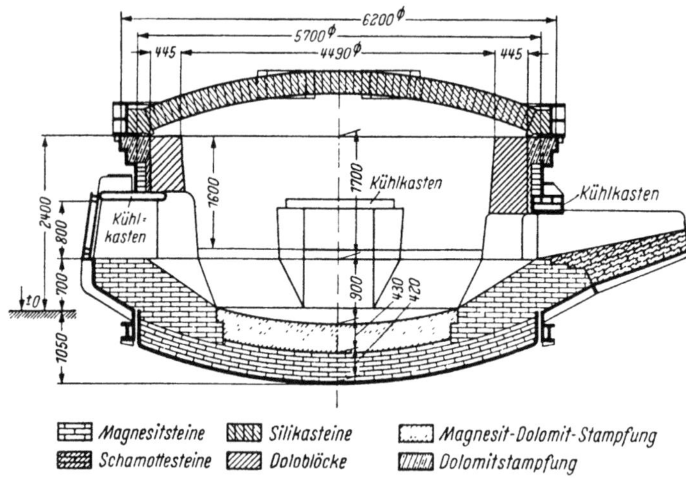

Abb. 306. Schnitt durch einen 70-t-Lichtbogenofen (nach E. Pakulla)

wärmeisolierenden Schamotteschicht wechselnder Stärke. Daneben werden als Isolierstoffe auch Asbest oder eine Kohlenstoffpaste verwendet. Außer aus Magnesitsteinen kann das Dauerfutter auch teilweise aus Chromitsteinen bestehen. Bei nicht isolierten Böden tritt eine erhöhte Wärmeableitung durch den Boden ein, die eine „Kühlung" der Herdzustellung bewirkt. Diese Zustellungsart soll sich in amerikanischen Elektrostahlwerken besonders bei der Erschmelzung nichtrostender Stähle mit Sauerstoffblasen bewährt haben. Das Dauerfutter hält bei pfleglicher Behandlung mehrere Jahre. Nur bei starken Beschädigungen des Herdes kann eine teilweise Erneuerung bei der Herdzustellung notwendig werden.

Das *Verschleißfutter* des Herdes wird heute bei der überwiegenden Zahl der
Öfen gestampft. Nur bei kleineren Öfen sind noch aus Magnesit- oder Dolomitsteinen gemauerte Herde in Verwendung. Als Herdzustellungsmassen werden
sowohl Dolomit als auch Magnesit und dolomitische Magnesitstampfmassen verwendet.

Ursprünglich wurde für die Zustellung der *gestampften Herde* Teerdolomit
oder Teermagnesit verwendet. Stampfherde aus Magnesit-Wasserglas-Mischungen
haben sich wegen relativ
geringer Haltbarkeit nicht
bewährt. Die *Teer-Dolomit-
mischung* wird am besten aus
Sinterdolomit mit etwa 50%
Grobkorn (6 bis 12 mm), 10%
Mittelkorn (3 bis 6 mm) und
40% Feinkorn unter Zu-
mischen von 8% wasserfreiem
Teer hergestellt. Das Mischen
erfolgt im vorgewärmten Zustand am besten in einer Misch-
trommel. Die Masse muß so
weit plastisch sein, daß sie sich
im warmen Zustand mit Preßluftstampfern gut verfestigen
läßt. Das Einstampfen erfolgt
in Lagen bis etwa 100 mm
Stärke, wobei die jeweils fest-
gestampfte Schicht vor dem
Aufbringen einer neuen Lage

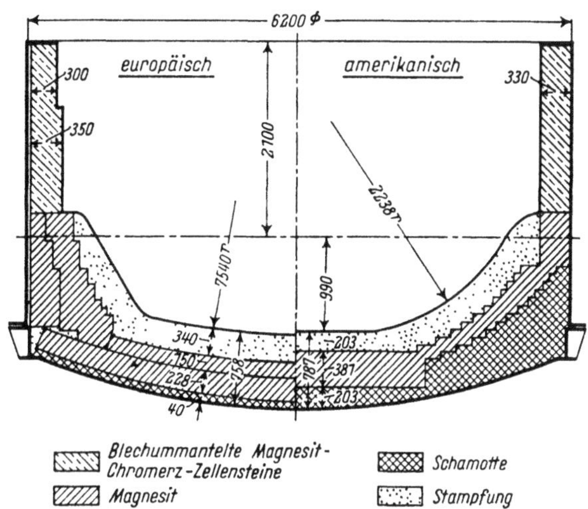

Abb. 307. Zustellung basischer Lichtbogenöfen nach europäischer
und amerikanischer Art (nach O. PORKERT)

aufgerauht wird. Die fertiggestampften Böden werden vor Inbetriebnahme
warmgefahren. Man erreicht mit diesen Mischungen eine Porigkeit von etwa
12%. Der Außenrand des gestampften Bodens wird meist über dem Schlackenstand hochgezogen.

Gestampfte *Teermagnesitherde* unterscheiden sich in der Zustellungstechnik
nicht von den Teerdolomitherden. Die Mischungen benötigen allerdings einen
etwas höheren Teerzusatz von 10 bis 12%.

Seit zwei Jahrzehnten wird in den europäischen Stahlwerken in zunehmendem
Maße der sogenannte *Dolomit-Hartherd* nach CRESPI verwendet, der neben guter
Haltbarkeit auch bei hohen Beanspruchungen wirtschaftliche Vorteile bringt. Die
Verschleißschicht besteht aus reinem Sinterdolomit, dessen Korngrößenverteilung
bei maximal 5 mm Korngröße der FULLER-Parabel entspricht. Diese Verteilung
stellt sich beim Mahlen auf dem Kollergang selbsttätig ein und gewährleistet die
dichteste Packung der gestampften Schicht. Das Aufstampfen des Hartherdes
erfolgt in einzelnen Schichten, wobei der trockene Dolomit mit Hand- und Preßluftstampfern so weit verdichtet wird, bis die Lage beim Stampfen zu klingen
beginnt. Sodann wird die Oberfläche aufgerauht und die nächste Lage eingestampft.
Wesentlich ist die Verwendung von Werkzeugen, die einen hohen Flächendruck
ergeben. Beim Feststampfen der einzelnen Lagen kann auf das Verdichten der
Oberfläche verzichtet werden, das dann erst bei der obersten Lage ausgeführt
wird. Ein besonderes Warmfahren vor dem ersten Einsetzen ist nicht notwendig.

Neben reinen Dolomit- oder Magnesit-Stampfherden sind, wie bereits erwähnt,
auch solche aus Sondermagnesit-Stampfmassen [3], die bestimmte chemische Zu-

sätze enthalten und Mischungen aus Dolomit und Magnesit [4] (z. B. im Verhältnis 70:30) in Verwendung.

Bei den *gemauerten Herden* werden Magnesit- oder stabilisierte Dolomitsteine in Form eines umgekehrten Gewölbes verlegt, wobei die Steinfugen in der in Abb. 308 gezeigten Art gegeneinander versetzt werden können [6]. Die Verwendung von Ring-Kugelwölber-Steinen an Stelle von Normalsteinen hat sich weniger gut bewährt [5]. Die Dehnungsfugen werden so an den Herdrand verlegt, daß sie unter die Ringmauer zu liegen kommen. Die Hohlräume und Fugen werden mit heißem Dolomit- oder Magnesitmehl ausgefüllt. Magnesitsteinherde können ohne Warmfahren in Betrieb genommen werden. Bei Dolomitsteinböden wird als oberste Herdschicht fallweise noch eine Lage Sinterdolomit eingebrannt. Die normalerweise üblichen Gesamtherdstärken, die bei Ofengrößen von 4 bis 20 t etwa 500 bis

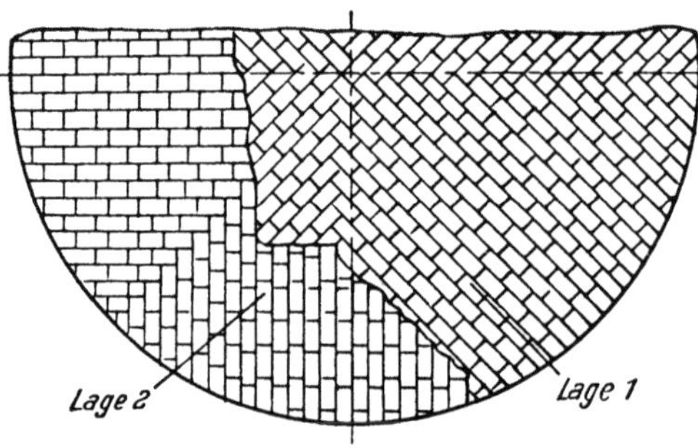

Abb. 308. Bodenzustellung eines gemauerten Herdes mit Normalsteinen (nach L. HÜTTER)

600 mm und bei Großraumöfen von 100 t bis zu 750 mm betragen, müssen bei der Verwendung der elektroinduktiven Wirbler wesentlich geringer gehalten werden (vgl. Abschnitt 3.511.5). Dabei hat sich zur Kontrolle des Herdes gegen Durchbrüche der Einbau von Thermoelementen gut bewährt. Sie können auch zur Kontrolle der Aufheizgeschwindigkeit bei neuzugestellten Herden mit Erfolg verwendet werden.

Die *Haltbarkeit* der Herde ist außer von der Qualität des feuerfesten Materials, der Sorgfalt der Zustellungsarbeit und der Herdpflege stark vom Schmelzprogramm abhängig. Auch durch laufendes Aufsintern, z. B. von Dolomit, lassen sich hohe Haltbarkeiten erzielen. Dies wird u. a. in vielen amerikanischen Werken geübt. Allgemeine Vergleichszahlen der Haltbarkeit können daher nicht angegeben werden. Größenordnungsmäßig schwanken die Zahlen zwischen 200 und 1000 Schmelzen, wobei die Haltbarkeit mit steigender Ofengröße abnimmt. Nach A. SCHÖBERL [7] können bei ausgesprochenem Edelstahlprogramm in Lichtbogenöfen bis 20 t Fassungsraum mit Teer-Dolomitherden etwa 500 Schmelzen erreicht werden, wobei nach etwa 100 Schmelzen der erste größere Verschleiß auftritt. Dolomithartherde erforderten unter gleichen Bedingungen erst nach 120 bis 150 Schmelzen die ersten Ausbesserungen. Für Dolomit-Magnesit-Stampfherde in 70-t-Öfen werden von E. PAKULLA [1] Haltbarkeiten von rund 250 Schmelzen genannt. Besonderen Beanspruchungen unterliegt die Herdzustellung bei sauerstoffgeblasenen, hochlegierten Schmelzen, wo die Badtemperatur bis auf 1900 °C ansteigen kann. Hier ist oft nur durch öfteres Aufsintern einer neuen Herdschicht eine ausreichende Haltbarkeit zu erzielen.

3.511.2 Ofenwände

Die Wand des basischen Lichtbogenofens, auch Ringmauer genannt, besteht ebenfalls aus Dolomit und Magnesit. Die *Dolomitzustellung* kann mit unstabilisierten Dolomitsteinen oder Teerdolomitsteinen erfolgen.

Beim Aufbau der Ringmauer müssen Dehnfugen in den einzelnen Steinscharen angebracht werden, um die starre Ofenwanne vor Beschädigung durch die thermische Ausdehnung der Steine zu schützen. Sie wird meist nicht senkrecht, sondern mit geringer Neigung hochgezogen, wodurch auch das Ausbessern der Ofenwand erleichtert wird. Dolomitsteine sintern leicht und können ohne Bindemittel verlegt werden. Die Ofenwand enthält vielfach eine Flachschar von Isoliersteinen, manchmal auch eine isolierende Zwischenschicht aus Asbestpappe oder Schlackenwolle. Man erzielt damit zwar geringere Wärmeverluste und einen niedrigeren Stromverbrauch, aber andererseits auch eine Verminderung der Wandhaltbarkeit. Die Zweckmäßigkeit derartiger Isolierschichten ist daher umstritten.

Für kleinere Öfen sind auch gestampfte Teerdolomitwände üblich. Man verwendet hierfür die gleiche Mischung wie für den Herd. Sie wird hinter einer Schablone eingestampft. Das Festbrennen bzw. Sintern erfolgt während der ersten Schmelze oder bei Neuzustellung des gesamten Ofens zugleich mit dem Herd.

In den vergangenen Jahren hat sich als vielfach wirtschaftlichste Arbeitsweise die Zustellung mit Dolomitblöcken (auch kurz „Doloblöcke" genannt) eingeführt [5, 7 bis 9]. Die Dolomitblöcke sind große Segmente von Hohlzylindern oder Hohlkegeln mit Stückgewichten von 500 bis 5000 kg, die der Ofenform angepaßt sind und einbaufertig geliefert werden. Sie bestehen aus einer Teerdolomitmischung geeigneter Korngrößenverteilung [9] mit etwa 6 bis 7% Teer, die in Blechformen gefüllt und durch Stampfen mit Preßlufthämmern oder durch Rütteln verdichtet wird. Die scheinbare Porosität beträgt etwa 15%, das Raumgewicht 2,65 bis 2,80. Sie besitzen im Inneren ein Stahlgerüst, um die zum Transport erforderliche Festigkeit zu erhalten. Dieses Gerüst erleichtert auch das Herausheben der Reste der Dolomitblöcke bei Neuzustellung. Durch Anstrich mit einem Teer-Pech-Gemisch oder durch Tauchen in ein solches werden die Blöcke einige Wochen vor dem Hydratisieren des Dolomits geschützt.

Bei der Zustellung der Ofenwand werden die Dolomitblöcke etwa in Höhe der Schaffplatte auf den Herdsockel bzw. bei CRESPI-Herden auch unmittelbar auf die Dolomitstampfung aufgesetzt. Bei kleinen Öfen besteht eine Wandzustellung, einschließlich der Blöcke, die die Aussparungen für die Tür- und Abstichöffnung enthalten, aus 6 bis 8, bei großen Öfen aus 10 bis 16 Blöcken. Die Einbauzeit beträgt etwa eine Stunde, so daß die Gesamtzustellungszeiten für die Ofenwände vom Abstich der letzten bis zum Wiederanfahren der ersten Schmelze 8 bis 10 Stunden bei kleinen und etwa 15 bis 20 Stunden bei großen Öfen betragen. Die erste Schmelze bedarf nur einer etwa doppelten Einschmelzzeit, um Abplatzungen zu vermeiden. Zwischen die Dolomitblöcke und die Ofenwand wird entweder eine dünne Schicht Dolomit oder Magnesit gemauert oder als Pulver eingefüllt.

Die Haltbarkeit der Wandzustellung mit Dolomitblöcken hängt stark vom Schmelzprogramm und der Fahrweise des Ofens ab. Die neuesten Veröffentlichungen [5, 7 bis 9] geben folgende mittlere Wandhaltbarkeiten an:

6 bis 8-t-Öfen	290 Schmelzen
10 bis 20-t-Öfen	150 Schmelzen
13-t-Öfen	172 Schmelzen
20-t-Öfen	109 Schmelzen
30 t-Öfen	81 Schmelzen
70 t-Öfen	45 bis 65 Schmelzen
120-t-Öfen	45 bis 57 Schmelzen.

Beim Schmelzen mit Sauerstofffrischen von unlegierten und niedriglegierten Stählen wird die Haltbarkeit erhöht. Bei der Bewertung der genannten Zahlen ist noch zu berücksichtigen, daß auch die Qualität des Dolomits einen großen Einfluß ausübt und daß die Haltbarkeit durch ungleichmäßige Temperaturbeaufschlagung (scharfe Phase) stark beeinträchtigt werden kann.

Die *Magnesitzustellung* der Ofenwand kann bei kleineren Öfen durch Stampfen mit Teermagnesit in gleicher Art erfolgen wie mit Teerdolomit. Für die Wände in größeren Öfen werden aber bei Magnesitzustellung immer Magnesitsteine verwendet, die eine Hinterfüllung mit trockenem Magnesitmehl erhalten. Magnesitsteine werden unter Verwendung eines Magnesitmörtels oder unter Ausfüllen der Fugen mit Magnesitmehl verlegt. Auch Zwischenlagen aus Blech werden verwendet.

Handelsübliche Magnesitsteine platzen jedoch bei korbbeschickten Öfen infolge des schroffen Temperaturwechsels beim Chargieren stark ab. Trotz des Vorteiles, den bereits die Steelkladsteine gebracht haben, geht man heute nach Möglichkeit zu blechumhüllten Magnesitchromsteinen über, die wesentlich bessere Haltbarkeiten ergeben. Sie können allerdings nur über der Schlackenzone verwendet werden. An Stellen des stärksten thermischen Angriffs (scharfe Phase) haben sich elektrisch geschmolzene Chrommagnesitsteine (Corhartsteine) gut bewährt [10]. Bei 70-t-Öfen konnte dadurch beispielsweise die Wandhaltbarkeit von 100 bis 110 Schmelzen auf 135 bis 145 Schmelzen erhöht werden.

In den letzten Jahren wurden gute Erfolge mit den neuentwickelten blechummantelten Chromerz-Magnesit-Zellensteinen und den ebenfalls blechummantelten Compoundsteinen erzielt. Letztere werden schachbrettartig verlegt. Die Haltbarkeit derartiger Ofenwände soll das Doppelte und mehr von Dolomitwänden betragen [11].

Auch bei Magnesitzustellung ist die Frage der Isolierung der Ofenwand umstritten. Die Erhöhung der Haltbarkeit bei guter Wärmeableitung überwiegt oft den Mehraufwand an elektrischer Energie.

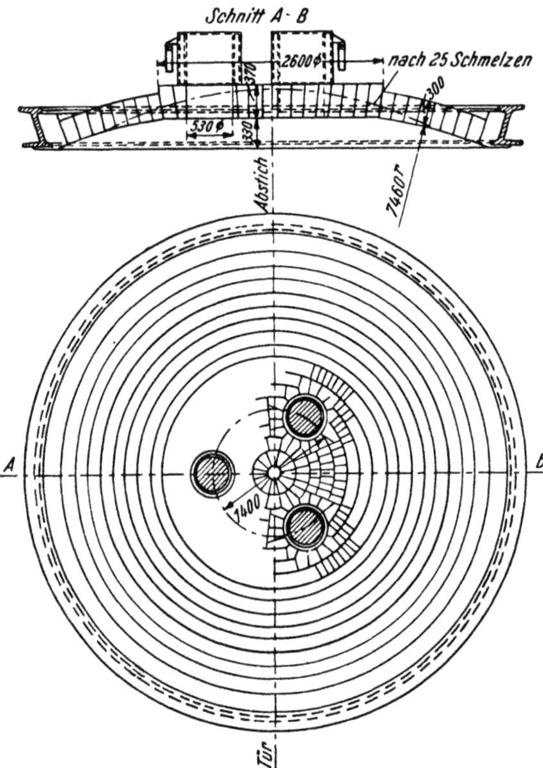

Abb. 309. Bauart und Verschleiß eines Lichtbogenofengewölbes aus Formsteinen mit aufgesetzten Kühlringen (nach H. MÜLLER)

Die *Türbogen* wurden früher aus Silikasteinen freitragend gemauert; sie sind heute durch wassergekühlte Metallrahmen ersetzt oder aus Magnesitsondersteinen (Magnesitchromsteinen) gemauert.

3.511.3 Gewölbezustellung

Als feuerfeste Gewölbesteine wurden am basischen Lichtbogenofen ursprünglich nur Silikasteine verwendet. In den vergangenen Jahren haben sich aber auch hochtonerdehaltige Sondersteine mit 70 bis 80% Al_2O_3 und ähnlich zusammengesetzte Stampfmassen bei Ofengrößen bis zu 120 t gut bewährt. Auch die neuere

Entwicklung auf dem Gebiet der Magnesitsteine läßt in Zukunft deren stärkeren, erfolgreichen Einsatz als Deckelsteine erwarten.

Das Ofengewölbe ist der am stärksten beanspruchte Bauteil des Lichtbogenofens. Es wird durchwegs als freitragendes Gewölbe ausgeführt, welches sich gegen das Widerlager im Deckelring verspannt. Das Gewölbe ist ein Kugelabschnitt, dessen Radius etwa dem ein- bis zweifachen Kesseldurchmesser entspricht. Es wird als selbständiger Konstruktionsteil auf eine Schablone gemauert. Die Ausmauerung kann auf verschiedene Art erfolgen.

Die älteste Ausführungsform ist das Mauern mit Formsteinen, wie es Abb. 309 zeigt [12]. Sie werden in konzentrischen Lagen vom Deckelring ausgehend unter Aussparung der Elektrodenöffnungen verlegt. Letztere werden durch einen Ring eigener Formsteine gebildet, welcher den Kühlringen eine ebene Auflagefläche bietet. Diese Bauweise ist wegen der Vielzahl der Steinformate für Gewölbe größerer Spannweite nicht mehr wirtschaftlich.

Seit 1943 haben sich daher Bauweisen unter Verwendung weniger, normalisierter Steinformate eingeführt. So werden z. B. die Elektrodenöffnungen in einem Gewölbestreifen vermauert, wie dies Abb. 310 zeigt [12]. Zu beiden Seiten dieses Gewölbestreifens werden zwei dazu senkrecht liegende Gewölbekappen verlegt. Eine noch bessere Spannungsverteilung erhält man durch Aufteilen der Gewölbefelder in vier gleiche Sektoren. An Stelle der Formsteine für die Elektrodenöffnungen wurden auch eingebaute, wassergekühlte Kühlringe verwendet. Eine wesentlich höhere Haltbarkeit läßt sich jedoch mit versenkten Kühlringen erzielen, die ihrerseits beweglich in einer Öffnung des Deckels untergebracht sind. Sie schützen das besonders gefährdete Herzstück des Deckels vor zu starkem thermischem Angriff.

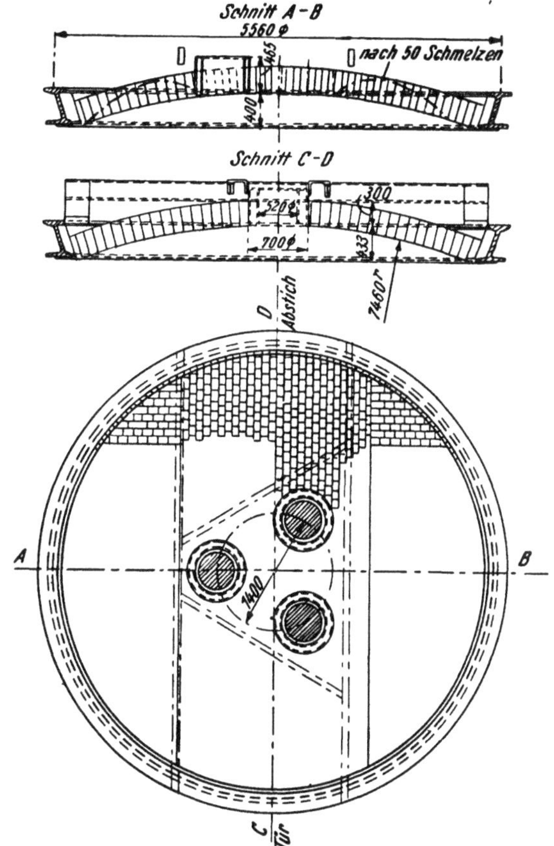

Abb. 310. Bauart und Verschleiß eines Lichtbogenofengewölbes aus Normalsteinen mit eingebauten Kühlringen (nach H. Müller)

Das Vermauern saurer Gewölbesteine erfolgt unter Verwendung von Beilagen aus Pappe oder Holz, um das bekannte Ausdehnungsverhalten der Silikasteine zu kompensieren. Diese Beilagen verbrennen während des Anheizens. Als Bindemittel dient dünner Silikamörtel. Eine allenfalls notwendige Bearbeitung der Steine muß sehr sorgfältig erfolgen. Zweckmäßiger ist es jedoch, die an Verschneidungen entstehenden Hohlräume mit artgleichen Massen auszustampfen. Das Anheizen des Silikagewölbes muß vor allem bis zu etwa 500 °C langsam und gleichmäßig durchgreifend erfolgen. Ein zu starkes Steigen kann bei mehrteiligen Deckelringen durch elastische Zwischenlagen vermieden werden.

Ein Nachteil der ganz aus Silikasteinen zugestellten Gewölbe ist der Angriff des abschmelzenden Silikamaterials auf die basische Wandzustellung. Man ist daher mit Erfolg dazu übergegangen, ein bis zwei Außenringe der Deckelzustellung in basischen Steinen zuzustellen, wofür neben unstabilisierten Dolomitsteinen vorzugsweise Magnesit- bzw. Magnesitchromsteine verwendet werden. Der basische Gewölbeteil hält mehrere Deckelreisen. Auch die Zustellung der Elektrodeneinfassungen und des hochbeanspruchten Herzstückes mit basischen Formsteinen hat sich bewährt.

Für kleinere Lichbogenöfen bis etwa 15 t Fassungsraum liegen erfolgreiche Ergebnisse mit Deckeln aus Compoundsteinen vor. Bei diesen Deckeln wird das Herzstück wegen der Gefahr eines Kurzschlusses aus eisenfreien Magnesitsteinen gemauert. Bei Öfen mit Schwenkdeckeln steht dieser Entwicklung allerdings das um etwa ein Drittel höhere Gewicht der Magnesitsteine hinderlich im Wege, weil die Tragarme der derzeitigen Ofenkonstruktionen für so hohe Gewichte zu schwach bemessen sind.

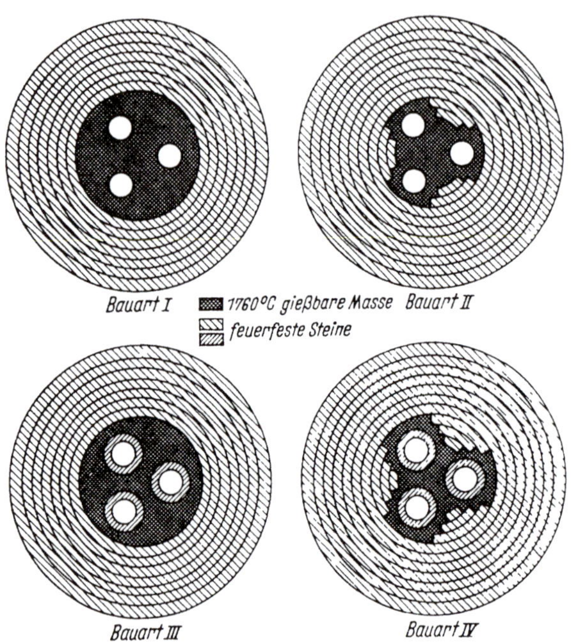

Abb. 311. Verschiedene Ausführungsformen des Herzstückes von Lichtbogenofendeckeln mit feuerfesten Massen (nach J. D. McCULLOUGH)

Eine weitere Entwicklung sind Elektroofendeckel, die ganz oder bei großen Spannweiten teilweise aus plastischen, stampfbaren oder gießbaren feuerfesten Massen hergestellt werden [13]. Diese hochtonerdehaltigen Massen haben eine Beständigkeit bis 1760°C. Abb. 311 zeigt solche Ausführungsformen. Die Elektrodenringe werden gemauert. Der Vorteil wird darin gesehen, daß man 20 bis 40% an Zustellungszeit spart und daß die Lebensdauer bis zu 30% höher liegen soll als die üblicher Silikadeckel.

Die Haltbarkeit der Elektroofengewölbe hängt außerdem von der Qualität des Zustellungsmaterials, der Art der Zustellung und der Ofenkonstruktion und auch von der Betriebsweise des Ofens ab. Die Arbeitstemperatur im Ofen liegt nur wenig unter dem Schmelzpunkt der Silikasteine. Knapp vor beendetem Einschmelzen und vor dem Fertigmachen der Schmelze besteht die größte Gefahr für das Abschmelzen des Gewölbes. Sie ist jedoch um so geringer, je größer der Abstand des Deckels vom Lichtbogen ist. Öfen mit großem Abstand vom Bad bis zum Deckel haben daher immer eine relativ höhere Deckelhaltbarkeit.

Die Höhe der thermischen Beanspruchung ist weiterhin vom Teilkreisdurchmesser der Elektroden und von der Symmetrie der elektrischen Belastung abhängig. In der Umgebung der scharfen Phase erfolgt der stärkste Angriff. Dazu kommt noch der relativ starke chemische Angriff durch den Staub basischer Zuschlagstoffe und der Metalloxyde, besonders beim Sauerstoffblasen. Allen diesen Beanspruchungen hält der saure Deckel nur dann stand, wenn die Oberfläche des Gewölbes zur Vermeidung von Wärmestauungen staubfrei gehalten wird. Eine Kühlung des Deckelmauerwerks mit Preßluft hat sich im allgemeinen aber als unwirtschaftlich erwiesen, obwohl eine bis zu 20% höhere Haltbarkeit erzielt werden kann. Sie wird jedoch als örtliche Kühlung angewendet, z. B. um einen vorzeitigen Verschleiß im Bereich der scharfen Phase zu vermindern.

Die *Haltbarkeit* von Silikagewölben basischer Lichtbogenöfen schwankt in weiten Grenzen und nimmt im allgemeinen mit steigendem Kesseldurchmesser stark ab. In Abhängigkeit vom Schmelzverfahren und der Ofengröße liegen die Haltbarkeitszahlen zwischen etwa 200 für kleine und etwa 50 Schmelzen für Großraumlichtbogenöfen. Eine Zusammenstellung von Werten eines Edelstahlwerkes gibt Tab. 83 [7].

Tabelle 83. *Deckenhaltbarkeit basischer Lichtbogenöfen mit Edelstahlprogramm*
(nach A. SCHÖBERL)

Ofengröße	Deckenzustellung	Haltbarkeit (Schmelzen)
6—8 t	basische Decke:	
	Steine auf Basis geschmolzener Magnesit	35
	Sondersteine mit Chromerz und Tonerde	40
	Sondersteine mit Chromerz	130
10—20 t	Silikadecke:	
	mit konzentrischen Ringen	50
	mit Parkettmauerung	60
	mit versenkten Keilringen	75
	mit basischen Widerlagersteinen	85

3.511.4 Ofenpflege und Reparaturarbeiten

Für die Ausführung von Instandhaltungsarbeiten und Zwischenreparaturen am Lichtbogenofen gilt grundsätzlich das bereits beim Siemens-Martin-Ofen Gesagte (vgl. Abschnitt 3.412.2). Beim Lichtbogenofen treten jedoch stärkere örtliche Beanspruchungen durch die Einwirkung des Lichtbogens und durch die höheren Temperaturen auf. Der Ofen selbst kühlt nach dem Abstechen der Schmelze relativ rasch aus, wodurch eine starke Beanspruchung der feuerfesten Zustellung unvermeidbar ist und Flickarbeiten sehr rasch ausgeführt werden müssen. Auch die Schlacken- und Stahlreste erstarren in kurzer Zeit und sind daher aus dem Lichtbogenofen meist schwieriger entfernbar als aus dem Siemens-Martin-Ofen. Die Anforderungen an die Qualität des Elektrostahles bedingen eine besonders sorgfältige Pflege der Zustellung und Wartung des Ofens. In erster Linie gilt dies für die Pflege des Herdes, dessen Zustand für den Erfolg der Feinungsarbeit ausschlaggebend ist. Erfahrungsgemäß ist die Herstellung von Stählen hohen Reinheitsgrades nur auf gut gepflegten Herden möglich.

Nach dem Abguß der Schmelze werden Stahl- und Schlackenreste sofort mit Ofenkrücken entfernt. Nach Beendigung dieser Arbeit ist der Ofen durch die Abkühlung bereits frei von Dämpfen, so daß eine genaue Kontrolle des Innenraumes möglich ist. Kleine Beschädigungen des Herdes werden durch Aufwerfen von Dolomit oder Magnesit behoben. Um das vollkommene Festsintern der Flickmasse bei größeren Reparaturen beim Niederschmelzen der folgenden Schmelze zu gewährleisten und Beschädigungen beim Einsetzen zu vermeiden, empfiehlt sich ein Abdecken der Reparaturstelle mit etwas gebranntem Kalk oder mit Blech und das Auflegen von Schwerschrottstücken beim Einsetzen. Bei großen Beschädigungen wird die Flickmasse mit einem Bindemittel versehen und eingestampft (Dolomit oder Magnesit mit 10% Stahlwerksteer). Bei Großraumlichtbogenöfen erfolgt das Einbringen der Flickmasse für den Herd mittels Chargiermaschinen oder anderer maschineller Einrichtungen.

Manchmal zeigt der Herd auch Ansätze, die mit Ofenkrücken nicht entfernt werden können. Durch Aufgeben von Erz, stark verrostetem Schrott oder von Eisenschwamm vor dem Einsetzen lassen sich solche Stellen bei der nachfolgenden Schmelze teilweise entfernen. Die Verwendung von Flußspat oder Ferrosilizium zum Ausschmelzen ist gefährlich, da ein Teil davon in den Herd einwandert und nach einigen Schmelzen die Ursache von stärkeren Zerstörungen sein kann. Auch durch Einschieben einer höherlegierten sauerstoffgefrischten Schmelze bei Verwendung eines siliziumreicheren Einsatzes kann man abtragend auf die Herdsohle einwirken. Über die amerikanische Arbeitsweise bei der Herdpflege berichtete E. FRANZEN [14].

Während Herdreparaturen bei guter Ofenpflege und normalem Schmelzgang nur fallweise notwendig sind, muß die Ofenwand in der Höhe des Schlackenstandes in der Regel nach jeder Schmelze ausgebessert werden. Für kleine Öfen verwendet man plastische Massen, z. B. Sintermagnesit, der mit etwa 10% gelöschtem Kalk feucht versetzt wird, die mit Schaufeln aufgetragen und festgedrückt werden. Eine gute Haftfähigkeit zeigt auch trockener Dolomit mit relativ feinem Korn, der gut festsintert. In großen Öfen verwendet man für Reparaturarbeiten am Schlackenstand und an der Ringmauer mit Vorteil die rotierende Dolomitflickmaschine (Dolomitschleuder) oder bei kleineren Reparaturen Dolomitspritzmaschinen, mit denen basische, meist mit Wasser versetzte Spritzmassen an die abgenützten Wandteile geschleudert werden. Eine sorgfältige Wandpflege kann die Haltbarkeit nicht unbeträchtlich erhöhen.

Bei Neuzustellung der gesamten Ofenwand muß der Ofen zunächst abkühlen. Sodann wird das Restmauerwerk bis auf die Auflage auf der Herdzustellung entfernt, wobei sich Einlagen aus weichem Baustahl gut bewährt haben, die das Herausreißen der Zustellungsreste erleichtern. Das Mauern der neuen Ofenwand bzw. das Einsetzen von Dolomitblöcken wird durch Anwendung einer wassergekühlten Plattform erleichtert, die mit dem Kran auf den noch warmen Herd aufgesetzt wird.

Als Zwischenreparatur an der Ofenwand muß fallweise auch eine Erneuerung der Türbogen sowie eine Reparatur der Abstichöffnung durchgeführt werden. Sie erfolgen in gleicher Art wie beim Siemens-Martin-Ofen. Die Abstichrinne wird nach jedem Abguß mit Schamottemasse ausgeschmiert und durch Ausheizen mit Holz oder Gas getrocknet. Bei offenem Abstich können auch die aus dem Ofen austretenden heißen Gase zum Trocknen und Vorwärmen der Abstichrinne ausgenützt werden.

Der Verschleiß des Ofengewölbes ist über den Arbeitstüren und über dem Abstich meist am geringsten, woraus sich eine sehr ungleichmäßige Abnützung ergeben kann. Dies kann bis zu einem gewissen Grad durch Nachdrehen des Gewölbes um 120° nach einer bestimmten Schmelzenzahl ausgeglichen werden. Die hohen Beanspruchungen des Gewölbes, besonders in der Feinungsperiode, machen eine dauernde Kontrolle notwendig. Eine Beobachtung der Gewölbeinnenseite während des Schmelzprozesses läßt ein beginnendes Abschmelzen leicht rechtzeitig erkennen.

Zur Pflege des Ofens gehört ferner auch die Revision des gesamten Ofens nach jedem Abstich. Diese umfaßt auch die Kontrolle der elektrischen und mechanischen

Einrichtungen. Weiter ist auch eine Kontrolle der Elektroden auf Anbrüche und auf die Haltbarkeit der Nippelverbindungen durchzuführen. Das Gewölbe und alle beweglichen Teile des Ofens müssen nach jeder Schmelze von Staubansammlungen befreit werden. Ordnung und Sauberkeit im gesamten Raum um den Lichtbogenofen sind selbstverständliche Forderungen in einem Edelstahlbetrieb. Das Entleeren der Schlackengrube, die Vorbereitung der Gezähe und der voraussichtlich benötigten Zuschlagstoffe und Legierungen sind Arbeiten, die nach dem Einsetzen und während des Einschmelzens, keineswegs aber erst nach erfolgter Verflüssigung des Einsatzes ausgeführt werden sollen.

3.511.5 Einrichtungen zur Badbewegung

Die Bewegung der Schmelze im Lichtbogenofen ist, außer in der Frischperiode, sehr gering. Die Folge davon sind mangelhafter Temperatur- und Konzentrationsausgleich im Stahlbad und in der Schlacke, sowie eine geringe Geschwindigkeit der metallurgischen Umsetzungen. Dieser Nachteil fällt vor allem bei großen Öfen für die Erzeugung von Edelstählen ins Gewicht, wo ein Durchrühren der Schmelze mit Stangen oder Krücken unzureichend ist und eine nicht zumutbare Belastung für das Bedienungspersonal darstellt.

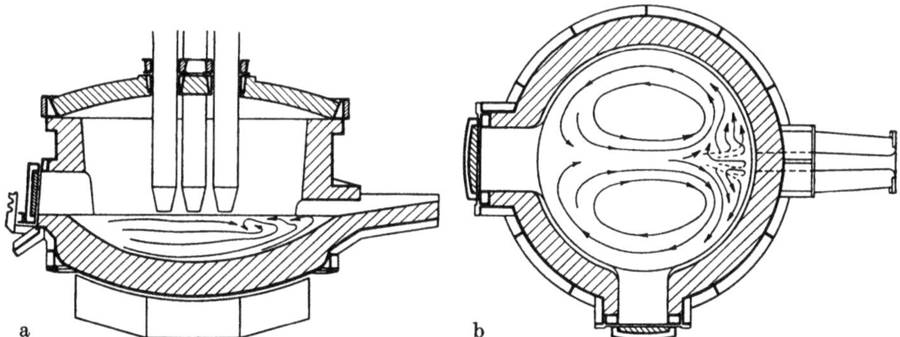

Abb. 312a und b. Badbewegung im Lichtbogenofen mit elektroinduktivem Rührer (nach B. Hanas)

Der einfachste und wirtschaftlichste Weg, um auch im Lichtbogenofen eine ausreichende Badbewegung zu erzielen, ist die Anwendung *elektromagnetischer Felder*, wie sie in den Induktionsöfen zu den bekannten Badströmungen führen (vgl. Abschnitt 3.6). Die erste Verwirklichung fand dieser Gedanke in dem vereinigten Lichtbogen-Niederfrequenzofen [16], in dem die Beheizung mit dem elektrischen Lichtbogen, die Badbewegung aber mit Hilfe von drei mit Drehstrom niedriger Frequenz gespeisten Tellerspulen erfolgte. In der Folgezeit wurde von der Allmänna Svenska Elektriska A. B. (ASEA) ein brauchbarer induktiver *Rührer* oder *Wirbler* entwickelt [17], der in Verbindung mit den üblichen Lichtbogenöfen verwendet werden kann.

Dieser Rührer oder Wirbler besteht aus Induktionsspulen, die unter dem Boden des Ofengefäßes angebracht sind. Sie können mit dem Stator eines großen Elektromotors verglichen werden, dessen Rotor die Schmelze bildet. Die Spulen sind meist zweiphasig ausgeführt und werden von einem eigenen Umformer gespeist. Durch Änderung der Generatorerregung und der Frequenz können verschiedene Rührstärken eingestellt werden. In der unteren Schicht des Bades werden durch Induktion tangential wirkende Kräfte solcher Intensität erzeugt, daß die Schmelze zu einer Bewegung gezwungen wird, wie sie Abb. 312 zeigt. Die Bewegungsrichtung kann durch Veränderung der Richtung des Stromes umgekehrt werden. Durch hohe Stromdichten kann die Rührgeschwindigkeit bis auf 0,6 m/sec und mehr gesteigert werden. Die Rührbewegung ist um so stärker, je näher die Spule an das Ofengefäß herangebracht werden kann und je schwächer die feuerfeste Zustellung des Herdes ist. Hier muß ein Kompromiß zwischen Herdhaltbarkeit und Wirkungsgrad des Wirblers gefunden werden. Die richtige Herdstärke wird am sichersten experimentell für jeden Ofen ermittelt. Für 30-t-Lichtbogenöfen liegt die Gesamtherdstärke bei 750 mm. Zur Vermeidung von Wirbelstromverlusten muß der Boden des Ofengefäßes aus einem unmagnetischen Werkstoff bestehen.

Ein Nachteil des elektroinduktiven Rührers ist der erhöhte Verschleiß des Herdes im Bereich der Strömung. Er kann jedoch bei richtiger Einstellung und Beschränkung der Rührbewegung auf die unbedingt erforderlichen Zeiten in tragbaren Grenzen gehalten werden. Bei Dolomithartherden ist etwa nach 60 Schmelzen eine Ausbesserung der Stampfschicht notwendig [18].

Die bisher mit der elektroinduktiven Badbewegung im basischen Lichtbogenofen erzielten Ergebnisse und gewonnenen Erfahrungen lassen sich wie folgt zusammenfassen [18 bis 20]:

Das Einschmelzen kann durch den Wirbler nicht beeinflußt werden.

Auch in der Frischperiode zeigt sich kein wesentlicher Einfluß. Nur bei niedrigen Kohlenstoffgehalten scheinen die Sauerstoffgehalte näher am Gleichgewicht zu liegen. Die Entschwefelung unter Oxydationsschlacken wird nicht beeinflußt.

Wesentliche Vorteile ergeben sich aus der gesteuerten Badbewegung beim Schlackenwechsel. Die Schlacke kann, ohne daß ein Absteifen der Restschlacke notwendig ist, zur Arbeitstüre bewegt und dort leicht sauber abgezogen werden. Ebenso geht das Aufkohlen, besonders bei höheren Zusätzen an Aufkohlungsmitteln, und die Verflüssigung der Feinungsschlacke rascher vor sich. A. SCHÖBERL und E. HORST [18] geben für die Zeitersparnis an einem 30-t-Ofen die in Tab. 84 angeführten Mittelwerte an. Der Zeitgewinn beträgt danach etwa 20 Minuten und rechtfertigt den Einsatz der Rührspule.

Tabelle 84. *Vergleich des Zeitbedarfes für das Abschlacken, Aufkohlen und Aufbringen und Lösen der Feinungsschlacke* (nach A. SCHÖBERL und E. HORST)

Art der Tätigkeit	mit Ruhrer min	ohne Ruhrer min
Flüssige Schlacke abziehen	10	12
Restschlacke ansteifen	—	5
Rein abschlacken	—	10
Aufkohlen (100 Cr 6)	4	5
Feinungsschlacke aufbringen und lösen	10	12
Summe	24	44

In der Feinungszeit werden alle Reaktionen zwischen dem Stahlbad und der Schlacke beschleunigt. Dies führt auch zu einer Verkürzung der Entschwefelungszeit und damit der gesamten Feinungsperiode. Wesentlich ist für die Herstellung legierter Stähle die bis zu 50% und mehr verkürzte Auflösungszeit der Ferrolegierungen (vgl. Abschnitt 3.142). So kann bei der Erzeugung hochlegierter Chromstähle bereits 20 Minuten nach dem Ferrochromzusatz ein homogenes Bad erhalten werden. Die mit dem Rührer erzielbare Homogenität der Badzusammensetzung erhöht auch die Treffsicherheit der Analysen, was praktisch einer Legierungsersparnis gleichkommt.

Schließlich muß noch der gute Temperaturausgleich in allen Zonen der Schmelze hervorgehoben werden. Der Temperaturgradient, der in Bädern von 500 bis 600 mm Tiefe 1 bis 2 °C/cm beträgt, kann mit dem Wirbler auf 0,2 bis 0,4 °C/cm herabgesetzt werden [18, 20]. Der Rührer ermöglicht daher die genaue Einhaltung der für jede Stahlsorte optimalen Abstich- und Gießtemperatur.

Eine Entgasung des Stahles im Lichtbogenofen kann mit dem Wirbler nicht erzielt werden. Dazu dient eine Badbewegung mit *inerten Gasen*, die gleichzeitig eine gute Durchmischung des Bades ergibt. Diese Vorgänge sind im Abschnitt 1.143 näher behandelt.

3.512 Der saure Lichtbogenofen

Zum Unterschied vom basischen Ofen ist die Zustellung des sauren Lichtbogenofens, soweit es den Herd betrifft, am metallurgischen Geschehen aktiv beteiligt. Daraus resultiert auch der wesentlich höhere Verschleiß und eine abweichende Art der Herd- und Ofenpflege. Als Zustellungsmaterial für den gesamten Ofen kommen nur Quarz bzw. Silikasteine in Frage. Öfen mit mehr als etwa 12 t Fassungsraum sind nicht in Betrieb, weil die Herdhaltbarkeit mit steigender Ofengröße zu stark abnimmt.

3.512.1 Ofenzustellung

Der saure *Herd* wird entweder aus Quarzsand gestampft oder aus Silika-

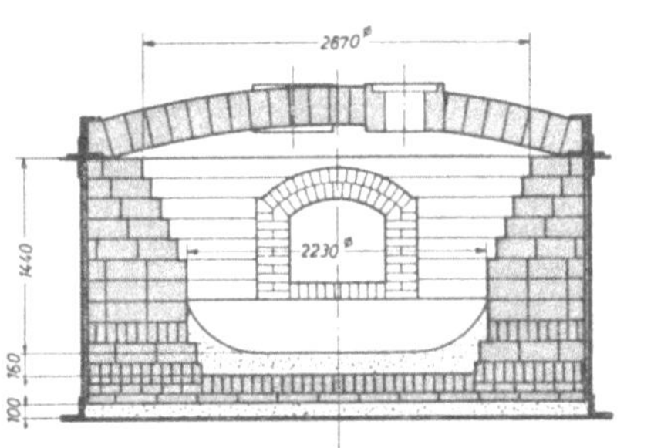

Abb. 313. Zustellung eines sauren 7,5-t-Lichtbogenofens (nach F. Dobrowsky)

steinen, ähnlich einem umgekehrten Gewölbe, gemauert, dessen Fugen mit feinem Quarzsand abgedichtet werden. Abb. 313 zeigt den Aufbau der Zustellung eines 7,5-t-Ofens [15]. Auf dem Boden der Ofenwanne befindet sich eine Schicht Quarzsand, auf der eine Rollschar Silikasteine verlegt wird. Der Quarzsand kann auch durch eine Flachschar Schamottesteine ersetzt werden. Darüber wird der Herd aus Quarzsand aufgestampft, der mit 4% Wasser angefeuchtet wird. Je nach den im Quarz enthaltenen Verunreinigungen wird in manchen Werken auch ein Sintermittel, wie z. B. Ton, Borsäure oder saure Schlacke, zugemischt.

Vor der Inbetriebnahme wird der Herd meist mit einem Koksfeuer, das zwischen den Elektroden gezündet wird, angeheizt. Mit Rücksicht auf die starke Wärmeausdehnung der sauren Zustellung muß auf einen langsamen, gleichmäßigen Temperaturanstieg geachtet werden. Als Richtwert kann eine Erhitzung auf helle Rotglut innerhalb 24 Stunden dienen.

Die Haltbarkeit des sauren Herdes ist durch seine Teilnahme an den chemischen Umsetzungen relativ gering. Er wird daher nach mehreren Schmelzen wieder ergänzt. Dies geschieht durch Einwerfen und Einschlagen einer 10 bis 20 cm starken Schicht aus Silikabrocken mit Sand und gegebenenfalls etwas Ton als Bindemittel. Auf diese Weise können in Summe Haltbarkeiten bis tausend Schmelzen und mehr erreicht werden.

Die *Ofenwände* bestehen, wie Abb. 313 zeigt, ebenfalls aus Silikasteinen. Sie werden mit entsprechenden Dehnfugen verlegt, um die etwa 2% betragende

Wärmeausdehnung der Silikasteine auffangen zu können. Aus dem gleichen Grund wird meist auch zwischen der Ofenwand und dem Blechmantel des Ofengefäßes ein Spielraum von 20 bis 30 mm belassen, der mit feinem Quarzsand gefüllt wird. Zum Vermauern werden, zumindest an den Pfeilern, am Türbogen und am Abstich, saure Mörtel verwendet. Die Haltbarkeit der Ofenwand beträgt, je nach Arbeitsweise, 500 und mehr Schmelzen und entspricht damit etwa der durchschnittlichen Gewölbehaltbarkeit.

Das *Ofengewölbe* saurer Lichtbogenöfen besteht immer aus Silikasteinen und unterscheidet sich nicht von dem basischer Öfen. Der Grund für die hohe Haltbarkeit im Vergleich zum basischen Ofen liegt einerseits im Fortfall des Angriffs basischer Dämpfe und zum anderen in der meist viel kürzeren Schmelzzeit.

3.512.2 Ofenpflege und Reparaturarbeiten

Hier ergeben sich keine anderen allgemeinen Gesichtspunkte wie für den basischen Lichtbogenofen (vgl. Abschnitt 3.511.4). In gleicher Weise wie das periodische Aufziehen der ganzen Herdsohle werden auch örtliche Fehlstellen durch Auftragen von Silikabruch und Quarzsand unter Zusatz von Bindemitteln ausgebessert.

Schrifttum

zu Abschnitt 3.51

1. GRIGSBY, C. E., und W. F. RAPPOLD: Electric Furnace Refractories. J. Metals 11 (1959), S. 844/45.
2. PAKULLA, E.: Bau und Betrieb von neuzeitlichen 70-t-Lichtbogen-Elektrostahlöfen. Stahl u. Eisen 77 (1957), S. 197/204.
3. PORKERT, O.: Betriebs- und Zustellungsfragen bei Großraum-Lichtbogenöfen. Stahl und Eisen 80 (1960), S. 1770/75.
4. PORKERT, O.: Heutiger Stand der Zustellungstechnik bei Großraum-Lichtbogenöfen in Amerika. Stahl u. Eisen 81 (1961), S. 1472/73.
5. SCHLAGER, W.: Zustellungsfragen an Lichtbogenöfen. Berg- u. hüttenm. Mh. 106 (1961), S. 322/27.
6. HÜTTER, L.: Fortschritte im Bau von Elektro-Lichtbogenöfen. Radex-Rdsch. 1948, S. 15/26.
7. SCHÖBERL, A.: Zustellungsfragen an Lichtbogenöfen. Berg- u. hüttenm. Mh. 106 (1961), S. 315/17.
8. PUNGARTNIK, K.: Erfahrungen mit den 120-t-Lichtbogenöfen des Hüttenwerkes Rheinhausen. Berg- u. hüttenm. Mh. 106 (1961), S. 286/96.
9. SCHUSTEK, R.: Herstellung und Verhalten von Dolomitblöcken als Wandzustellung von Lichtbogenöfen. Stahl u. Eisen 82 (1962), S. 1846/54.
10. WALKER, W. S., und T. H. HARRIS: Some Operational Details of a Large Electric Melting Shop. J. Iron Steel Inst. 198 (1961), S. 5/12.
11. HÖNIG, F.: Lichtbogenöfen-Zustellungsfragen, betrachtet von der Seite des Steinerzeugers. Berg- u. hüttenm. Mh. 106 (1961), S. 307/10.
12. MÜLLER, H.: Erfahrungen mit Lichtbogenofendeckeln aus Einheitssteinen beim Einbau von metallischen Kühlringen. Stahl u. Eisen 63 (1943), S. 217/21.
13. McCULLOUGH, J. D.: Castable Refractories in Electric-Arc Furnace Roofs. Progress Report, Elec. Furn. Steel Proc. AIME 17 (1959), S. 72/81; vgl. Stahl und Eisen 81 (1961), S. 1826/27.
14. FRANZEN, E.: Electric Furnace Bottoms and Their Maintenance. Elec. Furn. Steel Proc. AIME 18 (1960), S. 245/51.
15. DOBROWSKY, F.: Erfahrungen beim Betrieb eines sauer zugestellten 7,5-t-Elektro-Lichtbogenofens. Berg- u. hüttenm. Mh. 106 (1961), S. 327/35.
16. ROHLAND, W.: Die Entwicklung des Lichtbogen-Elektrostahlofens zum Großraumofen und seine metallurgische Anwendung. Stahl u. Eisen 61 (1941), S. 2/12.

17. Hanas, B.: Induktive Umrührung im Lichtbogenofen. Neue Hütte 6 (1960), S. 323/31.
18. Schöberl, A., und E. Horst: Der Einfluß einer induktiven Badbewegung auf den Schmelzverlauf im 30-t-Lichtbogenofen. Berg- u. hüttenm. Mh. 106 (1961), S. 299/306.
19. Speith, K. G., H. vom Ende und W. Schneider-Milo: Die Wirkung der elektroinduktiven Badbewegung auf die metallurgischen Reaktionen im Lichtbogenofen. Stahl u. Eisen 78 (1958), S. 215/20.
20. Gnučev, S. M., V. I. Trachimovič, A. F. Tregubenko, V. P. Francov und T. M. Bobkov: Das Schmelzen von Stahl im Lichtbogenofen mit elektromagnetischer Durchmischung des Bades. Stal in Deutsch 1 (1961), S. 990/93.

3.52 Elektroden

Die im Lichtbogenofen zum Schmelzen benötigte elektrische Energie wird mittels Elektroden zugeführt und in einem zwischen den Elektroden und dem Einsatz brennenden Lichtbogen in Wärme umgewandelt. Die Elektroden müssen eine hohe elektrische Leitfähigkeit besitzen, um die Widerstandsverluste gering zu halten und außerdem eine hohe Widerstandsfähigkeit gegenüber den im Lichtbogenofen herrschenden Temperaturen und eine hohe Temperaturwechselbeständigkeit aufweisen. Als Elektrodenmaterial kommt daher im wesentlichen nur Kohlenstoff in Frage. Die für Sonderzwecke vorgeschlagene Verwendung anderer Werkstoffe, z. B. von Ferrochrom-Elektroden zur Herstellung niedriggekohlter, hochlegierter Chromstähle, hat keine Bedeutung erlangt.

Der Kohlenstoff wurde ursprünglich in Form amorpher Kohleelektroden verwendet. Sie sind jedoch heute bei Lichtbogenöfen für die Stahlerzeugung kaum mehr anzutreffen. Die Forderung nach höheren Einschmelzleistungen, die hohe spezifische Strombelastungen der Elektroden zur Folge hatten, die Vergrößerung der Ofeneinheiten und die dafür notwendigen Elektroden großen Durchmessers mit ausreichender mechanischer Festigkeit, um den Biegebeanspruchungen beim Kippen des Ofens zu widerstehen, führten zur zunehmenden Verwendung von Graphitelektroden, die sich heute für alle Ofengrößen durchgesetzt haben. Der Gebrauch von selbstbrennenden Elektroden (Söderberg-Elektroden) ist auf die Elektro-Niederschachtöfen zur Roheisengewinnung und die Öfen der Ferrolegierungs- und Karbidindustrie beschränkt. Für die Stahlerzeugung wurden sie nur zeitweise als Ersatz für Kohle- und Graphitelektroden verwendet.

3.521 Kohleelektroden

Die amorphen Kohleelektroden werden aus hochwertigem Koks, Petrolkoks oder auch Anthrazit hergestellt. Als Bindemittel benützt man wasserfreien Steinkohlenteer. Die Asche- und Gasgehalte der Ausgangsstoffe müssen gering sein; zu gasreiche Rohstoffe werden vor der Verwendung durch Glühen unter Luftabschluß entgast. Die Korngrößenverteilung der aufbereiteten Rohstoffe wird der Elektrodengröße angepaßt. Nach dem Zusatz teerhaltiger Bindemittel wird die bildsame Masse auf hydraulischen Strangpressen unter hohem Druck verformt. Die „grünen" Elektroden, die beim Lagern erhärten, werden sodann in Ringöfen unter Luftabschluß bei 1200 bis 1300 °C gebrannt. Beim Brennen, das etwa 10 bis 14 Tage dauert, werden die Bindemittel verkokt; die flüchtigen Bestandteile entweichen. Die Abkühlung erfolgt langsam im Ofen.

Die gebrannten Elektroden werden von anhaftenden Packmitteln gesäubert, bearbeitet und mit Gewinden zum Anstücken versehen. Die Verbindung erfolgt heute meist durch konische Gewindezapfen und gleichartige Innengewinde am anderen Ende der Elektrode, die eine innige Berührung und damit einen geringen

Übergangswiderstand gewährleisten. Beim Bruch des Gewindezapfens muß allerdings die zugehörige Elektrode neu zugerichtet werden.

Die Kohleelektroden werden in Längen von etwa 2000 mm für die Durchmesser von 100 bis 250 mm und in Längen bis 3000 mm für 300 bis 600 mm Durchmesser hergestellt. Ihre Eigenschaften sind in Tab. 85 angeführt.

3.522 Graphitelektroden

Graphitelektroden unterscheiden sich von amorphen Kohleelektroden im wesentlichen dadurch, daß sie nach dem Brennen zusätzlich bei hohen Temperaturen graphitiert werden.

Als Rohstoffe dienen heute fast ausschließlich Petrolkoks, sowie Koks aus Steinkohlen- und Braunkohlen-Teerpechen, die gegenüber den Naturgraphiten, dem Anthrazit und dem Steinkohlenkoks einen wesentlich höheren Reinheitsgrad aufweisen. Ihr Aschegehalt liegt unter 1%. Die Rohstoffe müssen so aufeinander abgestimmt werden, daß bei der Graphitisierung ein Gefüge ausreichender Festigkeit bei gleichzeitig guter elektrischer Leitfähigkeit entsteht. Als Bindemittel kommt aus den angeführten Gründen nur Steinkohlenteerpech in Frage.

Einen Überblick über die Anforderungen an diese Rohstoffe und die Fertigung von Graphitelektroden gibt A. RAGOSS [1]. Danach werden die Kokse zunächst bei etwa 1200 °C totgebrannt, zerkleinert und in unterschiedliche Kornfraktionen aufbereitet, die dem herzustellenden Elektrodendurchmesser angepaßt werden. Die Formgebung der warmen, preßfertigen Mischung erfolgt mit hydraulischen Pressen. Die „grünen" Elektroden werden, ähnlich den Kohleelektroden, zunächst in Ringöfen gebrannt und anschließend bei Temperaturen von 2600 bis 3000 °C in eigenen Öfen graphitiert. Dieser Vorgang dauert etwa 12 Tage. Nach dem Prüfen erfolgt das Abdrehen der Mantel- und Stirnflächen sowie das Einschneiden der Gewinde.

Die physikalischen Eigenschaften der Graphitelektroden sind in Tab. 85 denen von amorphen Kohleelektroden gegenübergestellt. Die Überlegenheit der Graphitelektrode kommt besonders in der höheren elektrischen Leitfähigkeit, der besseren Wärmeleitfähigkeit, der geringeren Wärmeausdehnung und in der höheren mechanischen Festigkeit zum Ausdruck.

Der spezifische elektrische Widerstand der Graphitelektroden beträgt nur etwa $^1/_5$ des Widerstandes von Kohleelektroden und hängt, wie bei diesen, vom Elektrodendurchmesser ab. Da aus erzeugungstechnischen Gründen die Dichte der Elektroden mit steigendem Durchmesser abnimmt, ist der damit verbundene Anstieg des elektrischen Widerstandes erklärt. Darüber hinaus ist der elektrische Widerstand noch von der Temperatur abhängig. Er nimmt, wie Abb. 314 zeigt, zunächst mit steigender Temperatur ab und erreicht nach einem Minimum bei etwa 700 °C wiederum den Anfangswert bei etwa 1800 °C. Bei Kohleelektroden dagegen nimmt er mit steigender Temperatur linear ab.

Der bei Graphitelektroden mit hoher Temperatur ansteigende Widerstand hat eine Vermehrung der Jouleschen Verluste zur Folge. Die hohe Wärmeleitfähigkeit verhindert jedoch eine unzulässig starke Erwärmung der Elektrode, sofern die Normalbelastung nicht überschritten wird.

Bei Kohleelektroden bewirkt die wesentlich geringere Wärmeleitfähigkeit eine Erwärmung der Innenzonen, so daß bei zu großen Temperaturunterschieden die Gefahr des Reißens durch Wärmespannungen besteht. Die höhere Leitfähigkeit im Inneren der Kohleelektrode führt jedoch dazu, daß der Skineffekt praktisch vernachlässigt werden kann.

Tabelle 85. *Physikalische Eigenschaften von Kohle- und Graphitelektroden*
(Nach Angaben der SIGRI-Kohlefabrikate G. m. b. H., Meitingen b. Augsburg)

	Kohleelektroden	Graphitelektroden
Raumgewicht (scheinbares spez. Gewicht) in g/cm^3	1,50—1,60	1,55—1,70
Wahre Dichte (wirkliches spez. Gewicht) in g/cm^3	1,85—2,05	2,21—2,25
Spezifischer elektrischer Widerstand in Ohm · mm^2/m	30—65[1]	6—12
Linearer Ausdehnungskoeffizient für den Temperaturbereich von 20—1000°C	4,3—5,5 · 10^{-6}/°C	
„ „ „ „ 20—1300°C		1,4—5,0 · 10^{-6}/°C[2]
		3,5—7,5 · 10^{-6}/°C[3]
Mittlere spezifische Wärme bei 100°C in kcal/kg · °C	etwa 0,20	
für den Temperaturbereich von 20—1300°C kcal/kg · °C		etwa 0,30
Wärmeleitfähigkeit kcal/m · h · °C	5— 10	120—160[4]
Biegefestigkeit kg/cm^2	60—100	60—250
Druckfestigkeit kg/cm^2	300—500	200—450
Zugfestigkeit kg/cm^2	15— 30	35—175
Elastizitätsmodul kg/cm^2	6— 10 · 10^4	2,5—5,0 · 10^4
Aschegehalt %	3,5— 6	max. 0,3
Gesamtschwefelgehalt in %	etwa 1,2	max. 0,01
Oxydationsbeginn an der Luft in °C	400	oberhalb 500
Zulässige Stromdichte in A/cm^{-2}	5—20	15—50

[1] Elektroden bis 600 mm Durchmesser.
[2] In Preßrichtung.
[3] Senkrecht zur Preßrichtung.
[4] Bei 20°C.

Der geringe Wärmeausdehnungskoeffizient der Graphitelektroden gewährleistet zusammen mit der guten Wärmeleitfähigkeit eine praktisch vollkommene Temperaturwechselbeständigkeit.

Die mechanischen Festigkeitswerte sind, ebenso wie die Dichte und Leitfähigkeit, vom Querschnitt abhängig und werden mit steigendem Durchmesser ungünstiger. Der Oxydationsbeginn liegt bei Graphitelektroden etwa 150° über dem der Kohleelektroden.

Entscheidend für die Einführung der Graphitelektrode war auch die bedeutend höhere zulässige Stromdichte. Eine Übersicht über die normale Strombelastung gibt Tab. 86 [2]. Bei Überbelastung wird die Elektrode rotglühend, begünstigt durch den bei Wechselstrom auftretenden Skineffekt. Er verursacht eine Konzentration des Stromflusses in der Außenzone und tritt mit zunehmendem Querschnitt stärker in Erscheinung [3].

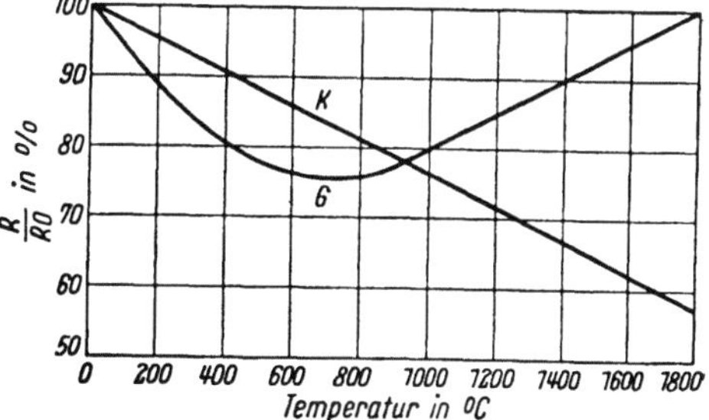

Abb. 314. Elektrischer Widerstand von Graphit- (*G*) und Kohleelektroden (*K*) in Abhängigkeit von der Temperatur; Kaltwiderstand = 100% (nach G. MOLL)

Von den verschiedenen, gelegentlich vorgeschlagenen Sonderformen von Graphitelektroden seien nur die Hohlelektroden erwähnt. Sie sollen gegenüber den Vollelektroden eine bessere Stabilisierung des Lichtbogens, besonders während des Einschmelzens, und damit einen ruhigeren Schmelzverlauf mit geringeren Stromstößen ergeben [4]. Nach den bisherigen Versuchsergebnissen ist jedoch bei Hohlelektroden mit einem höheren Verbrauch zu rechnen.

Tabelle 86. *Normale Strombelastung für Graphitelektroden* (nach G. MOLL)

Elektroden-Durchmesser		Belastung A	Strom-dichte A/cm²	Elektroden-Durchmesser		Belastung A	Strom-dichte A/cm²
mm	Zoll			mm	Zoll		
50	2	600—1000	31 bis 50	230	9¹/₈	6700—11200	16 bis 25
63	2¹/₂	800—1500	25 bis 48	250	10	7800—12000	16 bis 25
75	3	1200—2100	26 bis 47	300	12	11000—17000	16 bis 23
100	4	1800—3000	22 bis 37	350	14	15000—22000	16 bis 22
120	4³/₄	2100—3700	19 bis 33	400	16	20000—26000	15 bis 20
130	5¹/₈	2300—4100	17 bis 31	450	18	26000—31000	15 bis 19
150	6	3100—5400	17 bis 29	500	20	28000—35000	14 bis 17
180	7¹/₈	4300—7000	17 bis 28	550	22	29000—38000	12 bis 16
200	8	5500—9000	17 bis 28	600	24	34000—41500	12 bis 14,5

3.523 Selbstbrennende Elektroden

Die selbstbrennenden Elektroden, auch SÖDERBERG-Elektroden genannt, unterscheiden sich von den amorphen Kohleelektroden im wesentlichen dadurch, daß die Elektrodenmasse erst im Lichtbogenofen gebrannt wird.

Zu ihrer Herstellung dienen plastische Massen, ähnlich wie sie für die Kohleelektroden verwendet werden. Die auf etwa 130 bis 140 °C vorgewärmte Mischung wird in einen Blechzylinder eingegossen. Dieser besteht aus einem 1,2 bis 2 mm starken Blech und enthält im Inneren Blechrippen, denen die Aufgabe zukommt, den Strom in das Innere der noch ungebrannten Stampfmasse zu leiten. In dem Maße, als die Elektrodenmasse durch das Abbrennen der Elektrode in die heißen Ofenzonen gelangt, tritt ein Brennvorgang ein, durch welchen sie letzten Endes ein ähnliches Gefüge wie die Kohleelektrode erhält. Das Verlängern des Blechmantels und das Aufstampfen der Elektroden wird heute durchwegs am Ofen selbst vorgenommen.

Die SÖDERBERG-Elektrode besitzt ähnliche physikalische Eigenschaften wie die Kohleelektrode mit dem Unterschied, daß die vergleichbaren Werte erst in der gebrannten Zone ereicht werden. In der „grünen" Masse hat der elektrische Widerstand noch den etwa 300fachen Wert und nimmt mit zunehmender Verkokung auf den Endwert ab, der bei etwa 1000 °C erreicht ist. Die zulässige Strombelastung liegt, je nach Elektrodendurchmesser, zwischen 4,5 und 7 A/cm².

Durch das fortlaufende Aufschweißen des Blechmantels entfällt die störanfällige Nippelverbindung. Die relativ geringe Festigkeit bedingt jedoch eine gewisse Bruchgefahr. Von Nachteil ist auch die Rißanfälligkeit längs der Innenrippen und die Explosionsgefahr bei Elektrodenbrüchen.

3.524 Anstücken (Annippeln) der Elektroden

Kohle- und Graphitelektroden werden durch Verschrauben laufend aneinandergesetzt, eine Arbeit, die nach Möglichkeit am Ofen selbst vorgenommen wird. In manchen Werken nimmt man das Annippeln der

Elektroden auch auf Hüttenflur vor, wobei die Elektroden in Abstellgruben eingehängt werden, die sie vor stärkerer Luftoxydation und zu rascher Abkühlung schützen.

Ein störungsfreier Betrieb erfordert eine sorgfältige Ausführung des Anstükkens. Als Verbindungsart für Graphitelektroden hat sich in den vergangenen Jahren der Gebrauch von doppelkonischen Graphitnippeln allgemein durchgesetzt. Sie besitzen gegenüber den zylindrischen Nippeln eine Reihe von Vorteilen, wie geringere Bruchgefahr der Nippelschachtel und leichteres Verschrauben. Etwa zwei Umdrehungen genügen, um die Elektroden fest miteinander zu verbinden.

Die Nippel werden aus einem Graphit hoher elektrischer Leitfähigkeit und besonders hoher Festigkeit hergestellt. Der elektrische Widerstand der Verbindungsstelle liegt dann bei ordnungsgemäßer Elektrodenverbindung nur etwa 10% über dem der Graphitelektrode [5].

Das Lockerwerden der Nippelverbindung kann durch verschiedene Maßnahmen verhindert werden. Abb. 315 zeigt die Sicherung der konischen Nippel mit zwei Arretierstiften [2]. An ihrer Stelle kann auch ein Stift in die Stoßstelle zwischen den beiden Elektroden eingeführt werden. Auch die Verwendung von Hartpechstiften wurde vorgeschlagen, die bei der Verwendung der Elektroden flüssig werden, in die Gewindegänge eindringen und dort verkoken, wodurch ein fester Halt erzielt wird. Neuerdings wurde von der SIGRI-Kohlefabrikate G.m.b.H. ein Elek-

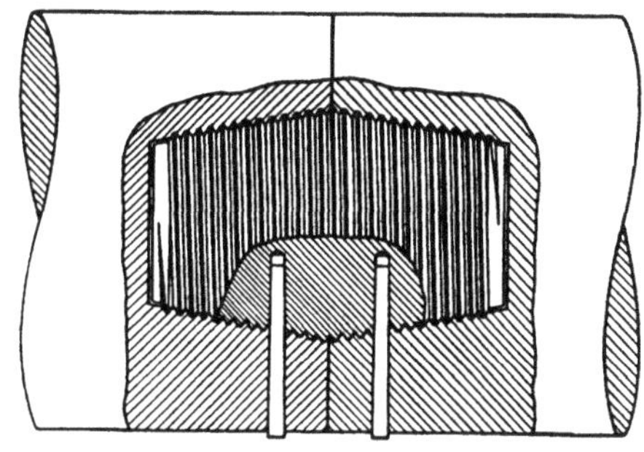

Abb. 315. Elektrodenverbindung mit konischem Nippel und Arretierstiften (nach G. MOLL)

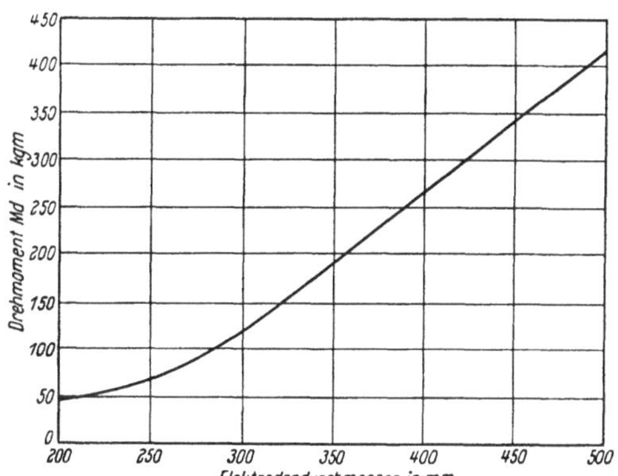

Abb. 316. Zulässige Drehmomente zum Annippeln von Graphitelektroden mit konischen Nippeln (nach G. MOLL)

trodenkitt entwickelt. Er wird, in Kunststoffbeutel abgefüllt, auf den Schachtelboden bzw. die Stirnfläche des eingeschraubten Nippels gelegt, der mit Längsrillen versehen ist. Beim Erwärmen der Elektrode wird der Kitt in die Gewindegänge gedrückt, wo er erhärtet und verkokt.

Beim Verschrauben von Elektroden ohne Elektrodenkitt ist das ordnungsgemäße Festziehen beim Annippeln von besonderer Bedeutung, wofür verschiedene Vorrichtungen in Gebrauch sind [2]. Die Anwendung eines Drehmomentenschlüssels verhindert die Überschreitung der Bruchfestigkeit, deren Maximalwerte dem Diagramm in Abb. 316 entnommen werden können. Die angegebenen Werte beziehen sich auf hochwertige Graphitelektroden und beinhalten eine etwa 3fache Sicherheit.

Bei unsachgemäßem Annippeln steigt der Übergangswiderstand, wie Abb. 317 zeigt [2], stark an, so daß Überhitzungen oder auch örtliche Lichtbogen an der Stoßstelle auftreten können. Auch beim Lockerwerden der Nippelverbindung kann eine Verdrehung von nur 4° ein Ansteigen des Widerstandes auf etwa den zehnfachen Wert verursachen.

Ähnliches gilt auch für den Übergangswiderstand in der Elektrodeneinspannung am Ofen. Die Einspannbacken der Elektrodenhalter müssen satt an den Elektroden anliegen und daher beim Wechsel der Elektroden gut gereinigt und immer sauber gehalten werden. Örtliche Überhitzungen an der Einspannstelle, die eine stärkere Oxydation zur Folge haben, sind eine häufige Ursache von Elektrodenbrüchen.

In diesem Zusammenhang sei auch darauf hingewiesen, daß die Elektroden beim Transport und bei der Lagerung pfleglich behandelt werden müssen. Die Aufbewahrung erfolgt zweckmäßig in warmen, trockenen und staubfreien Räumen, von wo aus sie mittels Kran und einer geeigneten Tragvorrichtung zum Ofen transportiert werden können.

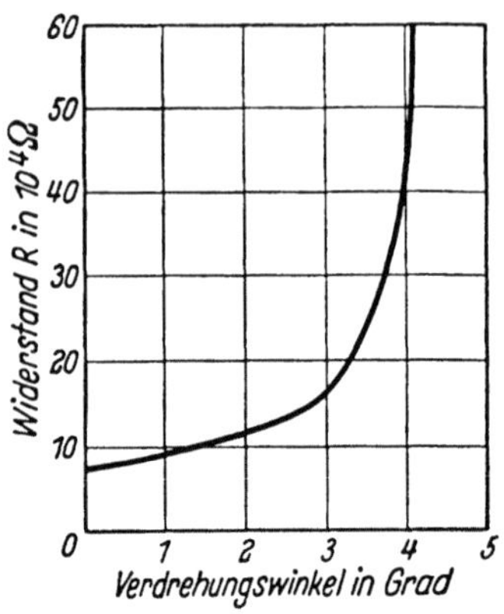

Abb. 317. Widerstandsverlauf in Abhängigkeit vom Verdrehungswinkel gegenüber größtmöglicher Anpressung bei 0 Winkelgraden (nach G. MOLL)

3.525 Elektrodenverbrauch

Der Elektrodenverbrauch ist sowohl von der Qualität der Elektroden als auch vom Schmelzverfahren abhängig, so daß sich allgemein gültige Zahlenwerte kaum angeben lassen. Im Mittel rechnet man bei den Schmelzverfahren mit festem Einsatz mit einem Verbrauch von 10 bis 16 kg Kohle- oder 5 bis 9 kg Graphitelektroden je Tonne Stahl. Kleine Lichtbogenöfen weisen bei festem Einsatz die höchsten Verbrauchsziffern auf. Bei flüssigem Einsatz können die oben genannten Werte wesentlich unterschritten werden.

Der Elektrodenverbrauch setzt sich im wesentlichen aus den Verlusten durch Verbrennung, Verdampfung, Auflösung im Stahlbad und dem Elektrodenbruch im Ofen und beim Transport zusammen. Davon entfallen allein etwa 75% auf die Oxydation der Elektroden im Ofen. Die starke Oxydation während der Chargier- und Flickzeit konnte durch die Einführung der Korbchargierung in ihrer Auswirkung auf den Elektrodenverbrauch verringert werden. Auch die Verkürzung der Schmelzzeit, z. B. durch das Sauerstoffblasen, trägt, trotz höheren Sauerstoffgehaltes in der Ofenatmosphäre, zur Verringerung des Elektrodenverbrauches bei.

Von den verschiedenen Maßnahmen, die zum Schutz der Elektroden gegen Oxydation vorgeschlagen wurden, hat sich nur die Blechummantelung gelegentlich bewährt. Sie schützt vor allem die aus dem Ofen herausragenden Elektrodenteile bei schlecht schließenden Elektrodenabdichtungen. Ihr Nachteil ist, daß sich der Blechmantel am abschmelzenden Ende meist zackig aufbeult, wodurch Schwierigkeiten beim Ausziehen der Elektroden entstehen.

Ein erhöhter Elektrodenverbrauch tritt auch dann ein, wenn die Elektroden in das Stahlbad eintauchen, was z. B. bei zu geringer Geschwindigkeit der Elektrodenregelung, besonders in der Einschmelzperiode, der Fall sein kann. Elektrodenbrüche können, außer durch Unachtsamkeit beim Kippen des Ofens oder beim Ausfahren der Wanne oder Schwenken des Deckels, auch beim Einschmelzen auftreten, wenn der Schrott im Ofen unsachgemäß gelagert ist.

Schrifttum
zu Abschnitt 3.52

1. Ragoss, A.: Die Herstellung von Graphitelektroden für Elektrostahlöfen. Arch. Eisenhüttenwes. 27 (1956), S. 681/88.
2. Moll, G.: Die Anwendung von Graphitelektroden in Lichtbogenöfen. Stahl u. Eisen 75 (1955), S. 1445/52.
3. Weitzer, H.: Vergleichende Untersuchungen über Kohle- und Graphitelektroden an Lichtbogenstahlöfen. Stahl u. Eisen 58 (1938), S. 542/46.
4. Schwabe, W. E.: Experimental Results with Hollow Electrodes in Electric Steel Furnace. Iron Steel Eng. 34 (1957), Nr. 6, S. 84/92; vgl. Stahl u. Eisen 78 (1958), S. 1341/42.
5. Mareth, W.: In „Die Metallurgie der Ferrolegierungen". Hrsg. Durrer, W., und G. Volkert, Berlin 1953, S. 175.

3.53 Ofen- und Schmelzführung beim basischen Lichtbogenofen-Prozeß

Die Ofen- und Schmelzführung im Lichtbogenofen ist einfacher, aber vielseitiger als im Siemens-Martin-Ofen. Die leichte Regelbarkeit des Ofens und die Möglichkeit, sowohl unter oxydierenden als auch unter reduzierenden Bedingungen zu schmelzen, ermöglicht es, eine Reihe verschiedener Schmelzverfahren auszuführen. Dazu kommt noch die Anwendung von gasförmigem Sauerstoff als Frischmittel, die mit der leichten und raschen Temperaturerhöhung der Schmelze neue metallurgische Möglichkeiten geschaffen hat.

Trotz der Mannigfaltigkeit der Verfahren, die im basischen Lichtbogenofen ausgeführt werden, können zwei Hauptgruppen unterschieden werden: Die eine Gruppe ist durch eine Oxydationsperiode mit gleichzeitiger Entphosphorung gekennzeichnet, an die sich nach einem Schlackenwechsel eine Reduktions- oder Feinungsperiode anschließen kann. Derartige Schmelzen werden Aufbauschmelzen genannt. Die zweite Gruppe der Schmelzverfahren schließt eine Entphosphorung aus, es erfolgt nur ein Umschmelzen des Einsatzes unter vorwiegend reduzierender Behandlung des Schmelzgutes. Man spricht in diesem Fall von Umschmelzen („Tiegelverfahren"). Innerhalb dieser beiden Verfahrensgruppen gibt es eine Reihe von Abwandlungen, die sich insbesondere durch das Ausmaß der reduzierenden und oxydierenden Zeitabschnitte unterscheiden. Nach diesen verschiedenen Arbeitsverfahren richtet sich auch die Zusammensetzung des metallischen Einsatzes.

Im einzelnen werden entweder alle oder ein Teil der nachstehend genannten Abschnitte des Gesamtschmelzablaufes ausgeführt:

1. Einsetzen,
2. Einschmelzen,
3. Oxydations- oder Frischperiode,
4. Reduktions- oder Feinungsperiode,
5. Legieren,
6. Desoxydieren,
7. Abstechen der Schmelze.

Diese verschiedenen Zeitabschnitte sind keineswegs immer streng voneinander getrennte Einzelabschnitte im Gesamtablauf. Sie können sich vielfach überschneiden. So erfolgt bereits beim Einschmelzen eine Oxydation des Einsatzes, die bei bestimmten Arbeitsverfahren die Führung einer eigenen Frischperiode erübrigen kann. Das Legieren wird, je nach dem chemischen Verhalten des Legierungselementes, zu den verschiedensten Zeiten während des Schmelzens vorgenommen. Ebenso wird die Desoxydation oft in mehreren Teilabschnitten ausgeführt. Weitere Änderungen in der Reihenfolge und im zeitlichen Ausmaß der genannten Arbeitsabschnitte ergeben sich vielfach dann, wenn der Schmelzprozeß im Lichtbogenofen mit einem Schlackenreaktionsverfahren oder Mischverfahren kombiniert wird (vgl. Abschnitt 3.9). Der Elektroofenbetrieb schließt es selbstverständlich nicht aus, auch ein Arbeitsverfahren mit nur einer oxydierenden Schlacke anzuwenden, das dem im basischen Siemens-Martin-Ofen weitgehend gleicht. Es kommt für die Edelstahlerzeugung jedoch nur unter besonderen Voraussetzungen zur Anwendung. Für die Massenstahlerzeugung aus Großraumlichtbogenöfen steht es jedoch heute bereits in erfolgreichem Wettbewerb mit dem Siemens-Martin-Verfahren.

Die Beeinflussung des Schmelzverlaufes durch das Ofenalter ist im Lichtbogenofen geringer als im Siemens-Martin-Ofen. Das Wärmegleichgewicht und damit der volle Leistungsgrad des Ofens wird schon nach 3 bis 5 Schmelzen erreicht. Mit zunehmendem Verschleiß der Ofenzustellung steigen zwar die Wärmeverluste an, doch wirkt sich dies in metallurgischer Hinsicht kaum aus, da es jederzeit möglich ist, dem Stahlbad die notwendigen Energiemengen zuzuführen.

3.531 Metallurgische Grundlagen

Die Oxydations- und Frischreaktionen im basischen Lichtbogenofen gleichen weitgehend denen im basischen Siemens-Martin-Ofen mit dem Unterschied, daß die Frischwirkung einer oxydierenden Flamme wegfällt und der zum Frischen benötigte Sauerstoff zur Gänze in Form von Oxyden oder gasförmigem Sauerstoff eingebracht werden muß. Die höheren Temperaturen des elektrischen Lichtbogens erleichtern die Schlackenführung. Dazu kommt noch, daß in die Frischschlacke übergegangene Legierungselemente durch Reduktion wiedergewonnen werden können. Die Reduktionsperiode bietet mit der Führung eisenoxydularmer Kalkschlacken eine weitgehende Entschwefelung und Desoxydation des Bades.

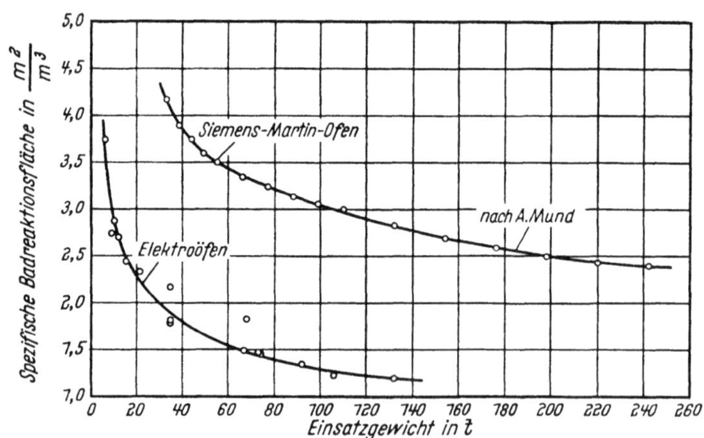

Abb. 318. Spezifische Badreaktionsfläche von Siemens-Martin- und Lichtbogenöfen (nach F. HARMS)

Beim Vergleich der metallurgischen Arbeitsweise mit der des Siemens-Martin-Ofens ist noch zu berücksichtigen, daß die Berührungsfläche Stahlbad-Schlacke im Lichtbogenofen wesentlich geringer ist, wie Abb. 318 zeigt [1]. Dies erfordert, vor allem in Großraumlichtbogenöfen, zusätzliche Maßnahmen, um die Metall-Schlacken-Reaktionen in möglichst kurzer Zeit durchzuführen. Dazu dient einerseits die Anwendung gasförmigen Sauerstoffes für die Frischvorgänge und andererseits der Einsatz von Spülgasen oder des elektrischen Rührers (vgl. Abschnitt 1.143 und 3.511.5).

Bezüglich der *Frischreaktionen* sei auf den Abschnitt 3.421 verwiesen. Die dort angegebenen Diagramme für die Sauerstoffaktivität der Schlacke und für die Umsetzungen des Mangans, Phosphors und Schwefels gelten sinngemäß auch für die Oxydationsperiode im basischen Lichtbogenofen.

In gleicher Weise wird auch der *Sauerstoffgehalt* des Stahlbades durch den Kohlenstoffgehalt bestimmt, solange keine desoxydierend wirkenden Legierungselemente anwesend sind. Die Sauerstoffwerte liegen bei lebhaftem Kochvorgang, wie Abb. 319 zeigt, nur wenig über der Gleichgewichtskonzentration [2]. Dies gilt sowohl für das Frischen mit Erz als auch mit Sauerstoff. Wenn das Stahlbad am Ende der Frischperiode in langsam abklingender Frischreaktion auskochen kann, nähern sich die Sauerstoffgehalte rasch dem Gleichgewicht, wie aus dem Diagramm in Abb. 320 entnommen werden kann. Das gleiche wird auch bei der Aufkohlung des Bades nach dem Abziehen der Frischschlacke erreicht. Eine weitergehende Desoxydation ist naturgemäß mit Kohlenstoff unter normalem Druck nicht erreichbar.

An Stelle einer langsamen Diffusionsdesoxydation in der Feinungsperiode wird heute fast allgemein die Feinung mit einer Fällungsdesoxydation eingeleitet, die den Sauerstoffgehalt des Bades weitgehend erniedrigt und die Führung einer Reduktionsschlacke erleichtert. Als wirksamstes Mittel hat sich eine Vordesoxydation mit Silizium und Aluminium oder mit Aluminium allein erwiesen. Bei üblichen Mangangehalten tritt zugleich eine sehr rasche Abscheidung der ausgefällten Desoxydationsprodukte ein. Abb. 321 zeigt die Erniedrigung des Gesamtsauerstoffgehaltes

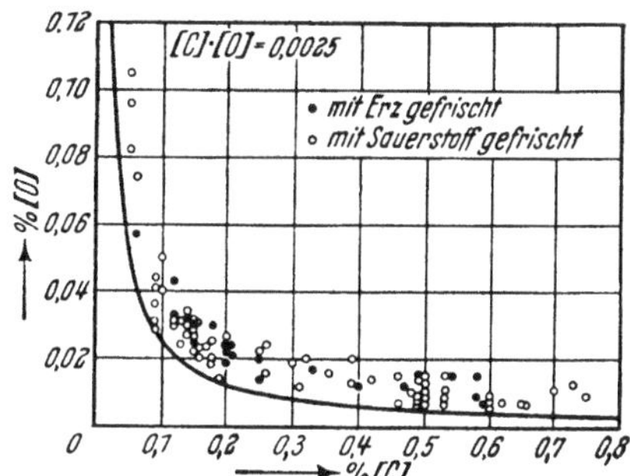

Abb. 319. Sauerstoffgehalte von Lichtbogenofen-Stählen während des Frischens in Abhängigkeit vom Kohlenstoffgehalt (nach K. G. Speith und H. vom Ende)

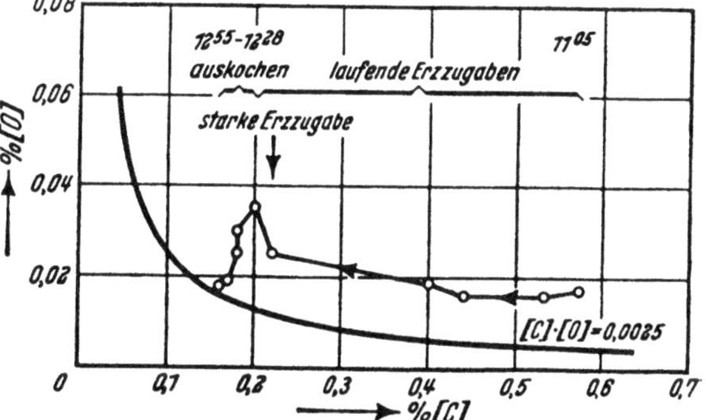

Abb. 320. Änderung der Sauerstoff- und Kohlenstoffgehalte während der Entkohlung einer erzgefrischten Schmelze im basischen Lichtbogenofen (nach K. G. Speith und H. vom Ende)

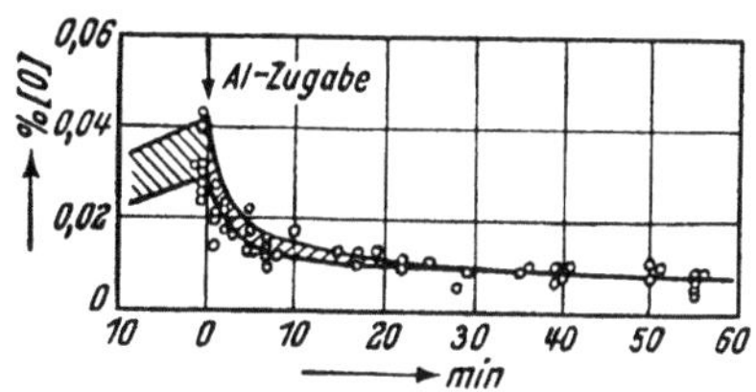

Abb. 321. Erniedrigung des Sauerstoffgehaltes in der Feinungszeit im Lichtbogenofen (nach K. G. Speith und H. vom Ende)

nach einer Vordesoxydation mit Aluminium in der Feinungsperiode [2]. Diese Ergebnisse wurden auch für die Vordesoxydation mit Silizium und Aluminium gemeinsam bestätigt [3]. Die Sauerstoff- und Einschlußgehalte nehmen nach dem Desoxydationsmittelzusatz rasch ab, so daß am Ende der Feinungsperiode ein praktisch einschlußfreier flüssiger Stahl erreicht wird. Dieser Zustand bleibt sowohl nach dem Zusatz des Aluminiums kurz vor dem Abstich als auch in der Gießpfanne erhalten (vgl. Abb. 322).

Das *Sauerstofffrischen* unlegierter und niedriglegierter Stähle im basischen Lichtbogenofen wird ausgeführt, um die Frischzeit zu verkürzen und die im Stahl gelösten Gase sowie die Suspensionen weitgehend abzuscheiden. Der zugeführte

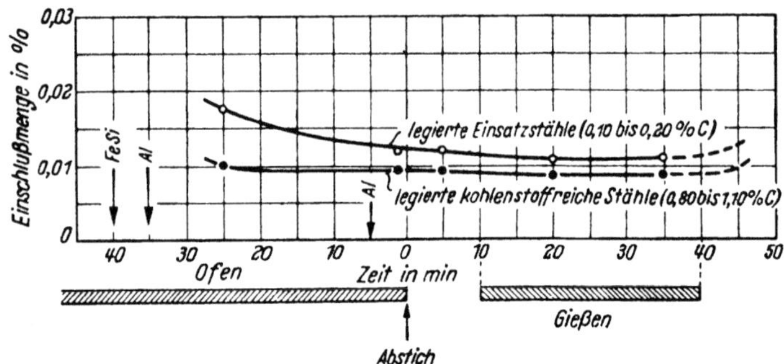

Abb. 322. Sauerstoff- und Einschlußgehalte bei der Herstellung verschiedener Stahlqualitäten im basischen 25-t-Lichtbogenofen (nach E. PLÖCKINGER)

gasförmige Sauerstoff wird nahezu quantitativ aufgenommen, so daß die Frischgeschwindigkeit dem Sauerstoffangebot je Zeiteinheit proportional ist. Wegen der raschen Temperatursteigerung im Stahlbad ist beim Sauerstoffblasen auf die Entphosphorung besonders zu achten. Unter Umständen ist ein mehrmaliger Schlackenwechsel notwendig, um trotz hoher Temperatur die für Edelstahl verlangten niedrigen Werte (meist $<0,015\%$) auch bei höherem Phosphoreinsatz einhalten zu können.

Beim Sauerstofffrischen höherlegierter Stähle kommt es in erster Linie darauf an, die Entkohlung trotz der Anwesenheit größerer Mengen an Legierungselementen auf den geforderten Endwert durchzuführen, wobei die Legierungen soweit wie möglich vor einer Oxydation bewahrt werden sollen. Die trotz hoher Reaktionstemperatur noch verschlackenden Elemente werden im Anschluß an das Sauerstofffrischen in das Bad reduziert. Dementsprechend ist bei dieser Arbeitsweise eine Entphosphorung *nicht* möglich. Wie aus dem Reaktionsverhalten der Legierungselemente abgeleitet werden kann (vgl. Abschnitt 1.13), ist der Legierungsabbrand nicht nur von der Temperatur, sondern auch vom Kohlenstoffgehalt des Bades abhängig. Auch die Zusammensetzung der Schlacke beeinflußt das Abbrandverhalten. Insgesamt ergeben sich daraus für die Praxis folgende Arbeitsbedingungen [4]:

1. Die Sauerstoffzufuhr je Zeiteinheit soll so groß wie möglich sein, um eine rasche Temperatursteigerung der Schmelze zu gewährleisten.

2. Die Entkohlung soll nur bis zu dem unbedingt notwendigen Ausmaß erfolgen.

3. Die Schlackenmenge soll möglichst gering sein.

4. Umsetzungen mit der Schlackenphase sollen möglichst ausgeschaltet, d. h. der Sauerstoff durch Tauchrohre direkt in das Bad eingeblasen werden.

Im üblichen Temperaturbereich dieser Frischreaktion zwischen 1600 und 1900 °C werden Aluminium und Titan zur Gänze, Silizium und Tantal weitgehend und Chrom, Mangan, Vanadin und Niob nur teilweise oxydiert. Das Verhalten des Wolframs wird sehr stark vom Kohlenstoffgehalt und den übrigen Legierungsgehalten des Bades beeinflußt. Bei hochlegierten Stählen höheren Kohlenstoffgehaltes tritt praktisch keine Verschlackung ein.

Um das Ausbringen der nur teilweise verschlackenden Legierungen zu verbessern, wird nach dem Sauerstofffrischen legierter Stähle eine teilweise Reduktion der Schlacke vorgenommen. Bei höhergekohlten Stählen kann dafür Koksgrieß

Tabelle 87. *Reduktion von Schwermetalloxyden aus der Sauerstofffrischschlacke eines 18/8-Cr-Ni-Stahles im 7-t-Lichtbogenofen mit Siliko-Chrom 46/39%* (nach R. PLESSING)

Je Schmelze zugegebenes Si—Cr,	Si aus Si—Cr bezogen auf das flüssige Metall	Si im Stahl nach Zugabe des Si—Cr	Reduzierter Anteil des Gesamtgehaltes je Metall der Oxydschlacke		
			Fe	Cr	Nb
kg	%	%	%	%	%
83	0,63	0,17	70	21	3
168	1,28	0,19	79	45	12
250	1,90	0,52	88	74	50

sonst aber muß Ferrosilizium oder Aluminium verwendet werden. Bei hochchromlegierten Schmelzen ist Siliko-Chrom das wirtschaftlichste Reduktionsmittel. In allen Fällen wird natürlich erst dann ein gutes Ergebnis erzielt, wenn auch das Stahlbad eine entsprechend hohe Konzentration an Reduktionsmitteln enthält. Beim Silizium ist ein Gehalt bis zu etwa 0,5% notwendig. Die Wirkung steigender Siliko-Chrom-Zusätze zu einer Schmelze eines austenitichen Chrom-Nickel-Stahles zeigt Tab. 87 [4]. Zu Beginn der Reduktion wird vorwiegend Eisen reduziert, so daß zu geringe Zugaben von Reduktionsmitteln unwirtschaftlich sind. Bei sinnvoller Arbeitsweise lassen sich für Chrom Ausbringenswerte in der Größenordnung von 90% und darüber erzielen. Das Manganausbringen beträgt etwa 50%, das des Niobs etwa 30%. Einen Überblick über das durchschnittliche Legierungsausbringen (Mittelwerte von je 20 Schmelzen) in Abhängigkeit von Legierungsgehalt im Einsatz und der Endanalyse gibt Tab. 88 nach R. PLESSING [4].

Bei der Erschmelzung von austenitischen Stählen mit extrem niedrigem Kohlenstoffgehalt (extra low carbon, C maximal 0,03%) in der Endanalyse ist jedoch die oben geschilderte Arbeitsweise nicht anwendbar. Hier ist ein Chromeinsatz von mehr als etwa 2% unwirtschaftlich. Bei diesen Stählen besteht das Hauptproblem in der Verhinderung einer Aufkohlung in der Feinungsperiode. Man muß mit einem langen Lichtbogen (niedrige Stromstärke bei hoher Spannung) und einer schwach basischen Schlacke arbeiten, in der sich praktisch kein Kalziumkarbid bildet.

Zu den kennzeichnenden Vorgängen in der *Feinungsperiode* gehört die Entschwefelung mit basischen, eisenoxydularmen Schlacken. Diese Vorgänge wurden bereits im Abschnitt 1.136 eingehend behandelt.

Sowohl in der Frischperiode als auch in der Feinungsperiode verdienen die Umsetzungen des Stahlbades mit den Gasen Wasserstoff und Stickstoff besondere Beachtung. Für den *Wasserstoffgehalt* ist außer der Frischgeschwindigkeit der Wasserstoff- bzw. Wasserdampfpartialdruck in der Ofenatmosphäre und die mit

Tabelle 88. *Durchschnittliches Legierungsausbringen aus dem Schrott beim Sauerstofffrischen verschiedener Stähle im 7-t-Lichtbogenofen; Mittelwerte aus je 20 Schmelzen; Frischbedingungen 3 Nm³ O₂/t. min und 10 atü (nach R. PLESSING)*

Stahlmarke	Mittlere Sollanalyse						Legierungsgehalt im Einsatz			Sauer-stoff-ver-brauch	C-Gehalt-Ende Frischen	Si-Zugaben als Reduktionsmittel	Mn-Ausbringung aus Schrott	Cr-Ausbringung aus Schrott	Nb-Ausbringung aus Schrott
	C	Si	Mn	Cr	Ni	Nb	Mn	Cr	Nb						
DIN-Norm	%	%	%	%	%	%	%	%	%	Nm³/t	%	kg/t	%	%	%
X 5 CrNi 18/9	max. 0,05	0,6	0,8	18,5	10,0			17,0		21—25	0,03—0,04	20,0		90,0	
X 10 CrNiNb 18/9	max. 0,06	1,0	1,1	19,0	8,5	1,1		17,0	0,4	20—24	0,04—0,05	20,0		91,3	30,0
X 12 CrNi 18/8	max. 0,12	0,6	0,8	18,0	8,5			16,0		14—20	0,07—0,11	16,0		91,8	
X 12 CrNi 18/8 mit 7% Mn	max. 0,12	0,9	7,0	19,0	8,5		7,0	17,0		26—34	0,07—0,11	17,0	53,0	97,0	
G X 25 MnCrNi 8/8/5	0,22	0,4	8,0	8,0	5,5		6,5	7,0		13—22	0,13—0,18	8,0	50,0	96,0	
X 15 CrNiSi 20/12	0,15	2,0	0,5	19,5	12,0			18,5		10—15	0,10—0,18	9,0		94,3	
X 15 CrNiSi 25/20	0,15	2,0	0,5	25,0	20,0			23,0		17—22	0,10—0,18	9,0		90,5	
X 20 CrNiSi 25/4	0,20	1,0	0,8	25,0	4,0			22,0		16—23	0,12—0,22	9.0		90,8	

den Zuschlagstoffen eingebrachte Wassermenge maßgebend. Abb. 323 zeigt die Änderung der Wasserstoffgehalte unlegierter Schmelzen im basischen Lichtbogenofen, die aus festem Einsatz erschmolzen wurden [5]. Nach dem Einschmelzen wurden unter den gegebenen Betriebsbedingungen 3 bis 4 Ncm³ H/100 g Stahl gefunden, die nach dem Erzfrischen auf 2,5 bis 3,5 Ncm³ H/100 g Stahl im Mittel abnahmen. Nach Aufgeben des Kalkes für die Feinungsschlacke steigt der Wasser-

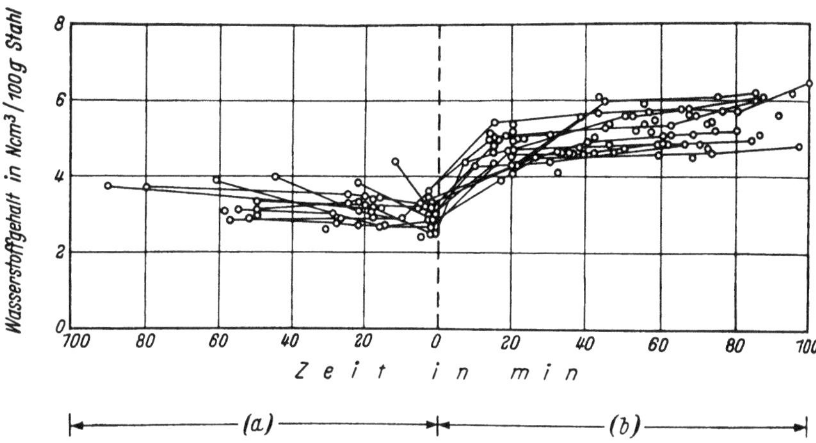

Abb. 323. Wasserstoffgehalte von Elektrostählen während der Erschmelzung; a vor Aufgabe der Feinungsschlacke, b nach Aufgabe der Feinungsschlacke (nach K. G. SPEITH, H. VOM ENDE und R. SPECHT)

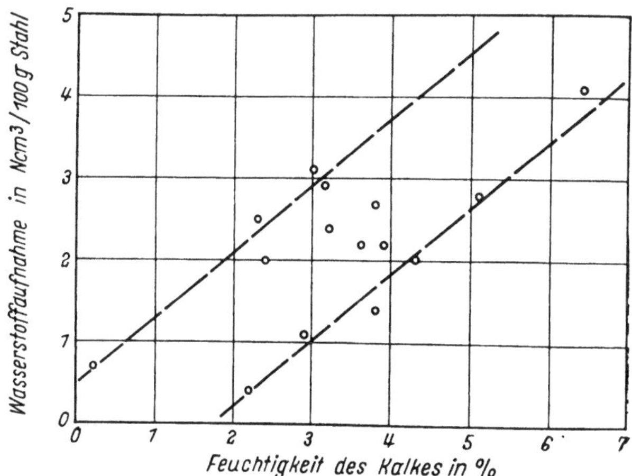

Abb. 324. Die Wasserstoffaufnahme zu Beginn der Feinungszeit in Abhängigkeit von der Feuchtigkeit des zugegebenen Kalkes (nach K. G. SPEITH, H. VOM ENDE und R. SPECHT)

stoffgehalt sprunghaft auf 4 bis 6 Ncm³/100 g Stahl an. Während der eigentlichen Feinungszeit ist die Zunahme nur mehr gering. Die Wasserstoffaufnahme ist daher in erster Linie auf den Feuchtigkeitsgehalt des Kalks zurückzuführen. Die Zusammenhänge zeigt Abb. 324 [5]. Nur 3% Feuchtigkeit im gebrannten Kalk führten bereits zu einer Wasserstoffaufnahme von rund 2,5 Ncm³/100 g Stahl. Die Abhängigkeit der Feuchtigkeitsaufnahme des Kalkes von der Luftfeuchtigkeit läßt auch die oft beobachteten Abhängigkeiten des Wasserstoffgehaltes im Stahl von der Luftfeuchtigkeit verständlich erscheinen. Ein Teil des im Kalk enthaltenen Wassers wird bei Berührung mit dem Stahlbad in Dampfform, ein anderer Teil als Wasserstoff abgegeben. Der sprunghafte Anstieg der Partialdrücke p_{H_2O} und p_{H_2} in der Ofenatmosphäre ist aus dem Diagramm in Abb. 325 zu entnehmen. Es zeigt zugleich, daß ein Zusatz von Kalkstein nur eine unwesentliche Menge Feuchtigkeit in den Ofen bringt.

Eine sichere Erniedrigung des Wasserstoffgehaltes in der Frischperiode im basischen Lichtbogenofen bei unlegierten und niedriglegierten Schmelzen kann nach den Ergebnissen eines anderen Werkes durch Sauerstofffrischen erreicht werden [4]. Abb. 326 zeigt die Wasserstoffabnahme bzw. -zunahme in Abhängigkeit von der Frischzeit beim Arbeiten mit Sauerstoff und Erz.

Der *Stickstoffgehalt* des Stahlbades wird bei unlegierten Stählen oder aus Stahlbädern mit nur geringen Legierungsgehalten durch das Frischen in gleicher Art erniedrigt wie im basischen Siemens-Martin-Ofen (vgl. Abb. 290). Die beste Entstickung wird wiederum durch Sauerstofffrischen erreicht [4]. Bei entsprechender Reinheit des Sauerstoffes können Endgehalte zwischen 0,003 und 0,005% sicher eingehalten werden. In der Feinungsperiode zeigt der Stickstoffgehalt (sofern keine stickstoffreichen Ferrolegierungen zugesetzt werden) eine viel geringere Zunahme als der Wasserstoff, obwohl der Stickstoffgehalt der Feinungsschlacke, vermutlich durch die aktivierende Wirkung des Lichtbogens, stark zunimmt. Abb. 327 läßt erkennen, daß zwischen beiden Größen offenbar kein Zusammenhang besteht [6].

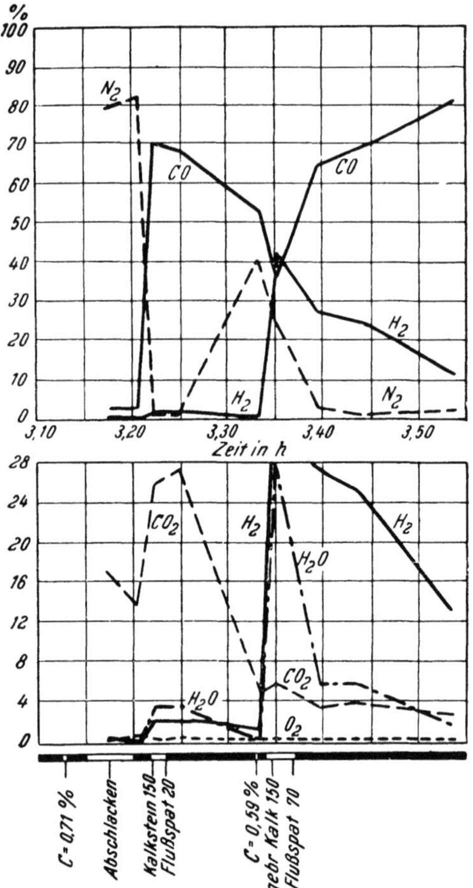

Abb. 325. Zusammensetzung der Ofenatmosphäre während der Schlackenbereitung mit Kalkstein und gebranntem Kalk in einem basischen 7-t-Lichtbogenofen (nach L. VILLNER und A. NORRÖ)

3.532 Ofenführung

3.532.1 Einsetzen

Das Einsetzen, auch Chargieren genannt, wird nur mehr bei kleinen Lichtbogenöfen von Hand aus oder mechanisch mittels Rutschen ausgeführt. Bei größeren Öfen ist heute durchwegs die Korbchargierung in Anwendung, wobei der Ofen entweder eine ausfahrbare Wanne besitzt oder bei feststehender Wanne mit einem Schwenkdeckel ausgerüstet ist. Der wesentliche Vorteil dieser Einsatzart besteht in der kurzen Einsetzzeit, wodurch die Ofenleistung erhöht wird und der

Ofen nur einer geringen Abkühlung unterliegt. In einer Reihe von Werken werden Öfen älterer Konstruktion auch mit Einsatzmulden beschickt, die von Einsetz-

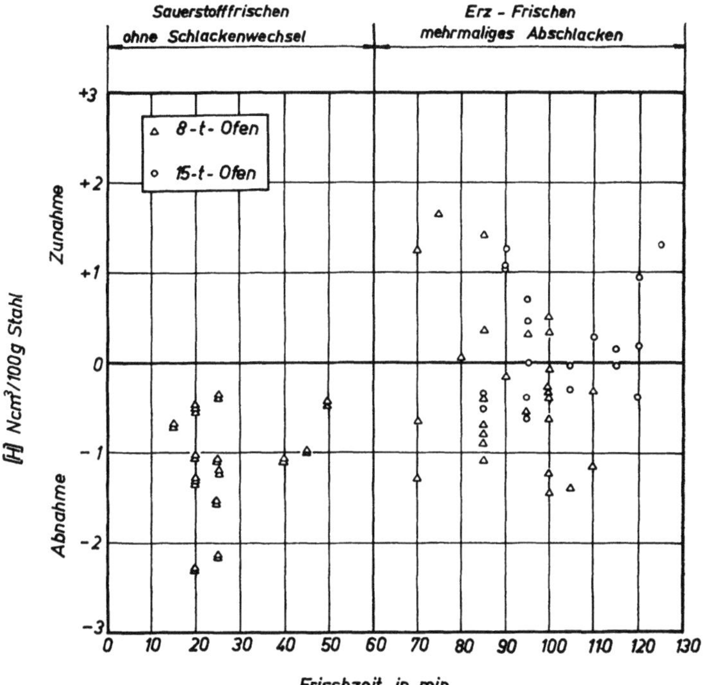

Abb. 326. Wasserstoffaufnahme und -abnahme während des Frischens im basischen Lichtbogenofen beim Frischen mit Sauerstoff oder Erz (nach R. PLESSING)

maschinen, ähnlich wie bei Siemens-Martin-Öfen, bedient werden. Die Einsetzmaschine kann ebenfalls zum Aufgeben der Schlackenbildner, sowie zum Zusetzen der Legierungen benützt werden. Bei Großöfen erfolgt ihr Zusatz fast durchwegs mit auf der Ofenbühne fahrbaren Manipulatoren.

Die Art der Lagerung des Einsatzes im Ofen ist für das Anfahren und Niederschmelzen, sowie für die Haltbarkeit und den Zustand des Herdes von großer Bedeutung. Der Schrott soll möglichst dicht lagern, wobei besonders unter den Elektroden Schwerschrott gesetzt wird, um den Herd vor der direkten Einwirkung des Lichtbogens zu schützen. Bei einem Einsatz, der überwiegend aus Leichtschrott besteht, arbeiten sich die Elektroden sehr rasch durch den Einsatz und können den Herd bei zu geringer Tiefe des Metallbades durch örtliche Überhitzung beschädigen. Man kann sich leicht so behelfen, daß man die Elektroden vor dem Anfahren so einstellt, daß die

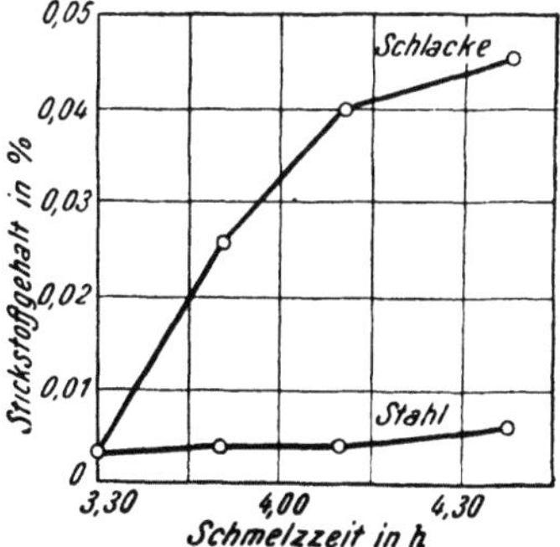

Abb. 327. Stickstoffgehalte von Schlacke und Stahl während des Feinens in einem basischen 7-t-Lichtbogenofen (nach L. VILLNER und A. NORRÖ)

Elektrodenspitze bei tiefster Einstellung etwa 5 bis 8 cm über dem Herdbogen stehen bleibt. Auf diese Weise kann das Einbrennen von Löchern in den Herd mit Sicherheit vermieden werden.

Im Lichtbogenofen ist die Verwendung eines bestimmten Späneanteiles im Einsatz erwünscht, um einen guten Füllungsgrad zu erreichen und das Anfahren zu erleichtern. Bei größeren Spänemengen ist ein hoher Ofenraum vorteilhaft, weil dann ein öfteres Nachsetzen vermieden und mit zwei, maximal drei Korbfüllungen je Schmelze das Auslangen gefunden werden kann. Obwohl die Verarbeitung von Spänen wirtschaftlicher im Lichtbogenofen als im Siemens-Martin-Ofen erfolgt, tritt doch bei höheren Anteilen als etwa 50% im Einsatz ein starker Leistungsabfall des Ofens ein, wie Abb. 328 zeigt [7]. Die Ursache dafür ist die schlechte Wärmeleitfähigkeit und das geringere Ausbringen. Letzteres ist z. B. bei 65% Spänen im Einsatz im Durchschnitt 5% geringer als bei normalem Einsatz mit schwerem Schrott. Ebenso können mit ölhaltigen Spänen beträchtliche Ölmengen in den Ofen gelangen, die Schwierigkeiten bei der Rauchabsaugung verursachen oder durch Flammenbildung den Ofenoberbau beschädigen können.

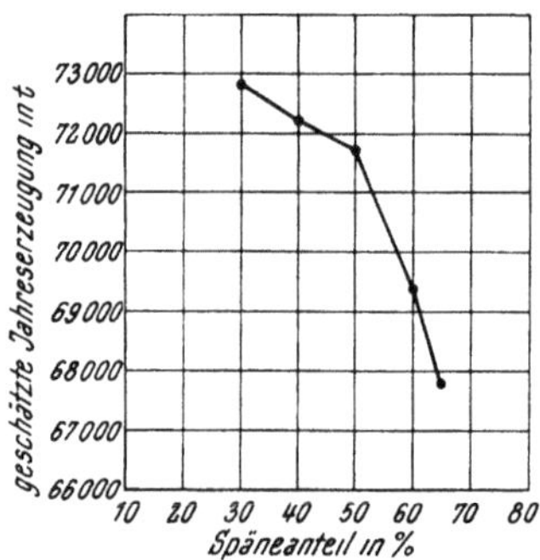

Abb. 328. Einfluß der Spänemenge im Einsatz auf die Produktion eines 65- bis 85-t-Ofens (nach W. S. Walker und T. H. Harris)

Auch die Verwendung größerer Mengen an Erzreduktionsprodukten, wie z. B. Rennluppen, erfordert eine sorgfältige Zusammenstellung des Einsatzes, um Anhäufungen dieser schlecht wärmeleitenden, feinkörnigen Stoffe zu vermeiden. Bei guter Verteilung im Einsatz können bis zu 45% Rennluppen ohne Verlängerung der Einschmelzzeit eingesetzt werden, besonders wenn sich diese Menge auf zwei bis drei Chargierkörbe verteilt. Bei der Verwendung von Eisenschwamm, der stets größere Mengen an Eisenoxyden enthält, ist es zweckmäßig, den Herd zunächst mit Roheisen und Schrott zu bedecken und erst darüber den Eisenschwamm zu lagern. Nach den Erfahrungen eines schwedischen Werkes soll das Chargieren von Eisenschwamm aus den Transportbehältern durch eine Öffnung im Ofengewölbe wesentliche arbeitstechnische Vorteile bringen [8].

Zur Einstellung des richtigen Einlaufkohlenstoffgehaltes werden dem Einsatz Roheisen oder andere Kohlungsmittel beigegeben, wenn es die Zusammensetzung des Schrottes erforderlich macht.

Die schlackenbildenden Zuschlagstoffe werden zum Teil bereits mit dem Einsatz in den Ofen gebracht. Ihre Menge richtet sich nach der Qualität des metallischen Einsatzes und nach dem vorgesehenen Schmelzverfahren. Im Durchschnitt rechnet man mit einer Menge von 2,5 bis 4% gebranntem Kalk. Die Verwendung von Kalkstein ist weniger üblich. Beim Einsatz von Hand oder mittels Chargiermaschinen gibt man den Kalk mit den obersten Schrottlagen auf, wobei ein Teil in die Nähe der Elektroden zu geben ist. Bei Korbchargierung wird der Kalk zu oberst gelagert, bei Verwendung mehrerer Körbe für eine Schmelze gibt man ihn meist im unteren Teil der zweiten Korbfüllung zu. Beim Einsatz stark verrosteten Schrottes wird ein Teil des Kalks zweckmäßig vor dem Einsetzen auf den Herd gegeben, um diesen vor einem Angriff zu schützen.

Bei Schmelzen mit Frischperiode wird auch ein Teil des Erzes miteingesetzt. Es ist jedoch darauf zu achten, daß es nicht direkt auf den Herdboden gelangt. Die Mitverwendung von Erz im Einsatz erleichtert die Frischarbeit und begünstigt die rasche Entphosphorung, doch muß der Kohlenstoffgehalt im Einsatz genau bekannt sein, um ein zu weiches Einlaufen mit Sicherheit zu vermeiden. Die jeweils erforderlichen Mengen lassen sich an Hand von Rechentafeln leicht ermitteln (s. Abb. 329).

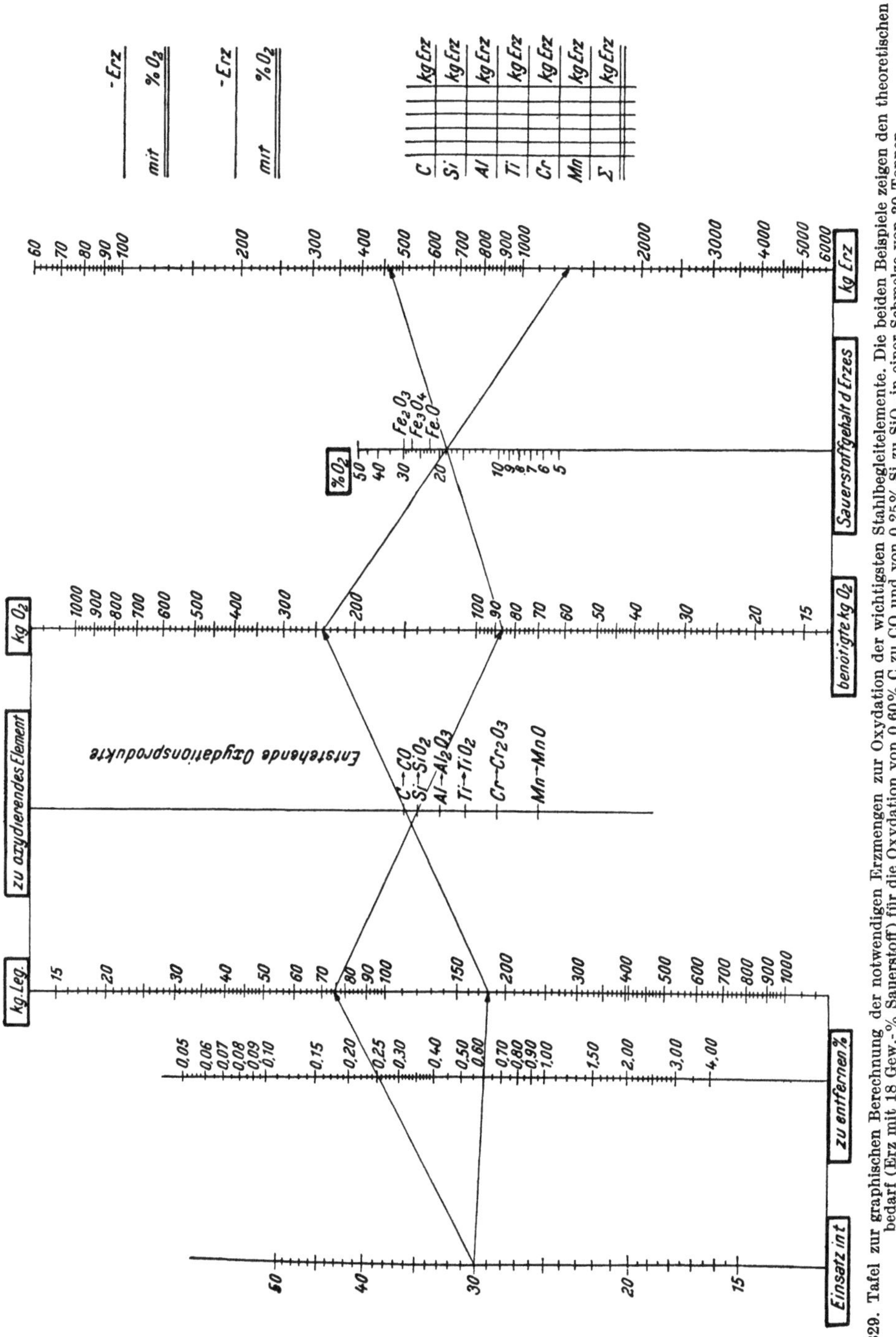

Abb. 329. Tafel zur graphischen Berechnung der notwendigen Erzmengen zur Oxydation der wichtigsten Stahlbegleitelemente. Die beiden Beispiele zeigen den theoretischen Erzbedarf (Erz mit 18 Gew.-% Sauerstoff) für die Oxydation von 0,60% C zu CO und von 0,25% Si zu SiO₂ in einer Schmelze von 30 Tonnen

Das Arbeiten mit flüssigem Einsatz im basischen Lichtbogenofen ist auf
Sonderfälle beschränkt. Zwei Arbeitsbeispiele für diese Verfahren mit flüssigem
Roheisen und mit Vorfrischeisen werden im Abschnitt 3.533 näher behandelt.

3.532.2 Einschmelzen

Bei sachgemäßer Lagerung des Schrottes bietet das Anfahren der Schmelze
im basischen Lichtbogenofen keinerlei Schwierigkeiten. Die bei modernen Öfen
zur Verfügung stehende automatische Elektrodenregelung gestattet ihre Verwendung vom Augenblick des Einschaltens an. Allerdings wird man in den ersten
Minuten noch nicht mit der vollen Ofenspannung fahren. Immerhin kann es auch
vorkommen, daß Schwierigkeiten beim Zünden des Lichtbogens auftreten. Die Ursachen sind dann meist Störungen durch nichtleitende Zuschlagstoffe oder durch
eine zu lockere Lagerung des Einsatzes. Vielfach ist es auch üblich, das Anfahren
durch Zugabe von feinem Koks oder Elektrodenmehl unter die Elektroden zu
erleichtern. Ein unvorsichtiges Aufsetzen der Elektroden beim Anfahren kann die
Ursache von Elektrodenbrüchen sein. Die Bruchstücke können besonders bei
Umschmelzchargen den Schmelzverlauf durch Aufkohlen stören, wenn sie nicht
rechtzeitig bemerkt und aus dem Ofen entfernt werden.

Bei gleichmäßiger dichter Lagerung des Schrottes bildet sich um jede Elektrode
ein Sumpf von flüssigem Stahl. Mit dem Fortgang des Niederschmelzens vereinigen
sich die einzelnen Schmelzsümpfe beim vollständigen Niedergehen der Elektroden
zu einem geschlossenen Metallbad. Vereinzelt stehengebliebene Schrottreste
können durch Einstoßen mit Eisenstangen zur raschen Auflösung gebracht werden.
In großen Öfen mit drehbarer Wanne wird das Niederschmelzen des Einsatzes
dadurch beschleunigt, daß man nach Bildung der ersten Schmelzkrater die Elektroden hochfährt und durch Nachdrehen der Wanne neuen Schrott unter die
Elektroden bringt. Wenn die Elektrodenführung und die elektrischen Verhältnisse des Ofens in Ordnung sind, verläuft der Einschmelzvorgang im allgemeinen
ohne Schwierigkeiten und das Auftreten von ungeschmolzenen Einsatzresten am
Herdboden ist nicht zu befürchten. Das vollständige Aufschmelzen kann vom
Schmelzer durch Abtasten des Herdbodens mit einer Eisenstange festgestellt
werden. Sofort nach beendetem Einschmelzen wird eine Stahlprobe entnommen,
um die Einlaufanalyse festzustellen. Zugleich erlaubt diese Probenahme Rückschlüsse auf die Höhe der Badtemperatur und die Beschaffenheit der Einschmelzschlacke.

Während des Einschmelzens wird im normalen Ofenbetrieb so lange mit der
höchsten zur Verfügung stehenden Sekundärspannung gefahren, als noch Schrott
im Ofen liegt, welcher das Gewölbe und die Ofenwand vor der vollen Lichtbogen-
strahlung schützt. Zu Beginn wird bei kleinen und mittleren Öfen die Drosselspule
bis zur vollständigen Beruhigung des Lichtbogens eingeschaltet. Kommt die
Strahlung des Lichtbogens bereits frei zur Entfaltung, so wird das Einschmelzen
meist mit drei Viertel der Maximalspannung beendet. Bei gleichbleibenden Einsatzverhältnissen ist es heute möglich, den gesamten Einschmelzvorgang voll-
automatisch zu steuern, wodurch der beste Ausnützungsgrad bei möglichster
Schonung der feuerfesten Zustellung erreicht wird.

Bei allen Schmelzverfahren mit Oxydationsperiode wird mit dem weiteren
Zusatz an Erz oder Sinter begonnen, sobald sich im Ofen ein flüssiges Bad gebildet hat. Bei nicht genau bekanntem Einsatz ist jedoch vor dem Erzzusatz unbedingt eine Temperatur- und Analysenkontrolle zu empfehlen. An Stelle von Erz
kann mit Vorteil gasförmiger Sauerstoff am Ende des Einschmelzvorganges angewendet werden, woraus sich neben seiner Frischwirkung auch eine rasche Tem-

peratursteigerung und damit eine Beschleunigung der restlichen Schrottauflösung ergibt. Man muß jedoch darauf achten, das Bad nicht örtlich zu überhitzen. Auch bei höherem Phosphorgehalt im Einsatz können durch zu rasche Temperatursteigerung Schwierigkeiten in der Entphosphorung auftreten. In diesem Fall ist es besser, mit Erz zu frischen und durch Zugabe weiterer Schlackenbildner eine gute Entphosphorungsschlacke bei noch niedriger Badtemperatur zu bilden, die vor dem weiteren Frischen abgezogen wird. Auch bei der Erzeugung manganarmer Stähle ist das Frischen bei tiefer Temperatur für die Manganverschlakkung mit nachfolgendem Schlackenwechsel vorteilhaft.

Die Gefahr einer Gasaufnahme in der Einschmelzperiode ist bei Verwendung trockener Einsatz- und Zuschlagstoffe verhältnismäßig gering. Lediglich die Stickstoffaufnahme beim Niederschmelzen chromlegierten Schrotts scheint durch die aktivierende Wirkung des Lichtbogens größer zu sein als in anderen Öfen. Die hohe Temperatur des elektrischen Lichtbogens führt zu merkbaren Metallverlusten. Für die anteilmäßige Höhe dieser Verluste ist nicht nur der Siedepunkt der betreffenden Elemente, sondern auch die Flüchtigkeit der Oxyde maßgebend. Über die dadurch verursachten Metallverluste s. Abschnitt 4.3.

In diesem Zusammenhang muß noch auf die Möglichkeit hingewiesen werden, das Einschmelzen im basischen Lichtbogenofen auch mit Öl-Sauerstoff- oder Gas-Sauerstoffbrennern [9] durchzuführen. Diese in Entwicklung befindliche Arbeitsweise hat Aussicht, das Schmelzen im Lichtbogenofen, besonders bei hohen Strompreisen, wirtschaftlicher zu gestalten.

3.532.3 Oxydations- oder Frischperiode

Das Ausmaß der Oxydationsvorgänge in der Einschmelzperiode ist im Lichtbogenofen wesentlich geringer als im Siemens-Martin-Ofen und im wesentlichen nur von der im Einsatz enthaltenen Oxydmenge und den oxydischen Zuschlägen abhängig. Bei wenig verrostetem Einsatz ohne Zugabe von Sauerstoffträgern tritt keine nennenswerte Oxydation ein, sofern mit normaler Einschmelzzeit gearbeitet wird und der Ofen dicht schließt. In diesem Fall kann der verflüssigte Einsatz bei Verwendung von Abfällen aus beruhigten Stählen sogar noch gewisse Siliziumgehalte aufweisen. Eine derartige Arbeitsweise ist jedoch mit Rücksicht auf die Verunreinigung des Stahles mit Kieselsäuresuspensionen nicht zu empfehlen.

Bei Aufbauschmelzen wird man, wie bereits erwähnt, bestrebt sein, sofort nach beendetem Niederschmelzen ein gut kochendes Bad zu erhalten. Ein lebhafter Kochvorgang, der mindestens 0,3 bis 0,4% C aus dem Bad entfernen soll, ist für die Entgasung und die Abscheidung der Suspensionen wesentlich. Gleichzeitig wirkt er sich auch auf die Ofenhaltbarkeit günstig aus, weil durch ihn die Rückstrahlung der Schlackenoberfläche an die Wand- und Deckelzustellung vermindert wird.

Die anzuwendenden Sekundärspannungen in der Frischperiode sind wesentlich niedriger als beim Einschmelzen. Sie richten sich im einzelnen nach der erforderlichen Badtemperatur. Sie soll am Ende der Frischperiode so hoch sein, daß die Temperaturverluste durch den Schlackenwechsel beim Übergang zur Feinungsperiode und die Temperaturverluste beim Zusatz der Schlackenbildner und Legierungszusätze ausgeglichen werden können. Auch aus qualitativen Gründen ist eine hohe Temperatur in der Frischperiode erwünscht. Sie erhöht die Aktivität des Sauerstoffs in der Schlacke und beschleunigt die Abscheidung der Oxydationsprodukte aus dem Stahlbad. Eine unrichtig geführte Oxydationsperiode ist eine der Hauptursachen für ein qualitativ unbefriedigendes Erzeugnis.

Wieweit die Oxydationsperiode jeweils geführt wird, hängt von der zu erzeugenden Stahlqualität und dem gewählten Schmelzverfahren ab. Bei Aufbauschmelzen wird in manchen Werken bis auf sehr niedrige Kohlenstoffgehalte und bis zum Auftreten des Rotbruchs in der Stahlprobe gefrischt. Aus qualitativen Gründen genügt jedoch ein Frischen bis auf einen etwas unter der erforderlichen Endanalyse liegenden Kohlenstoffgehalt. Die Vorgänge während der Oxydationsperiode werden durch Stahl- und Schlackenproben überwacht. Dies gilt vor allem für die Veränderung der Kohlenstoff-, Mangan- und Phosphorgehalte. Sind bei Aufbauschmelzen Legierungselemente im Stahlbad enthalten, so werden sie erst in der letzten Probe vor dem Schlackenwechsel bestimmt. Eine Ausnahme bildet die Kontrolle auf die Anwesenheit unerwünschter Legierungen, die möglichst schon in der Einschmelzprobe erkannt werden sollen, damit die Schmelze gegebenenfalls auf eine andere Stahlsorte umgestellt werden kann.

Unter Umständen kann unmittelbar nach dem Einschmelzen ein teilweiser oder vollständiger Schlackenwechsel notwendig sein. Dies ist der Fall, wenn die Schlackenmenge zu groß ist oder wenn die Schlacke durch ungeeignete Zusammensetzung dick und reaktionsträge ist. Die Ursache für die Bildung derartiger Schlacken sind entweder Verunreinigungen im Einsatz oder losgelöste Teile der Zustellung, besonders nach größeren Herd- oder Wandreparaturen. Auch höhere Gehalte an Chromoxyden machen die Schlacke steif und reaktionsträge. Ein Schlackenwechsel unmittelbar nach dem Einschmelzen kann aber auch aus metallurgischen Gründen notwendig sein, wenn es sich darum handelt, höhere Phosphor- und/oder Mangangehalte aus dem Stahlbad zu entfernen. Zum Erreichen tiefster Phosphorgehalte ist in der Regel ein mehrfacher teilweiser Schlackenwechsel notwendig. Ist die Einschmelzschlacke jedoch in Ordnung, so wird sofort Erz nachgegeben, weiterer Kalk zugesetzt und ein lebhafter Kochvorgang angestrebt.

Ein rasches Entfernen höherer Mangangehalte ist auch mit Schamotteschlacken möglich. Sie können durch ihren höheren Kieselsäuregehalt größere Mengen an Manganoxydul aufnehmen als kalkbasische Frischschlacken. Eine Entphosphorung ist mit diesen Schlacken allerdings nicht möglich. Wegen ihres geringen Aufnahmevermögens für andere Legierungselemente und ihrer geringeren Wasserstoffabgabe an das Bad werden sie manchmal auch als Einschmelzschlacken für Schmelzen mit beschränkter Oxydation herangezogen, bei welchen eine weitgehende Wiedergewinnung der Legierungselemente aus dem Einsatz angestrebt wird.

Trotz der metallurgischen Möglichkeiten, die ein Schlackenwechsel bietet, trachtet man im praktischen Betrieb, einen solchen durch entsprechende Auswahl der Einsatz- und Zuschlagstoffe soweit wie möglich zu vermeiden. Er bedingt immer einen erhöhten Arbeits-, Zeit- und Energieaufwand. In Sonderfällen kann jedoch die Aufgabe einer bestimmten Schlackenmenge in zwei Teilmengen, von Vorteil sein, wobei die erste abgezogen wird, weil auf diese Weise mit der gleichen Gesamtmenge ein höherer Anteil an Stahlbegleitelementen unter sonst gleichen Reaktionsbedingungen entfernt werden kann.

Für den Flüssigkeitsgrad der Schlacken und für die Überwachung durch Schlackenproben gilt das bereits beim Siemens-Martin-Ofen Gesagte. Im Lichtbogenofen können jedoch auch Schlacken höheren Basizitätsgrades eine genügende Dünnflüssigkeit und Reaktionsfähigkeit erreichen. Die üblicherweise angewendeten Gesamtschlackenmengen in der Frischperiode liegen zwischen 2,5 und 6% vom Schmelzgewicht.

Zur Schlackenbildung wird überwiegend Stückkalk hoher Güte verwendet, der eine enge Korngrößenverteilung aufweisen soll (klassierter Stückkalk). Stückgrößen unter etwa 40 mm sowie Abrieb werden meist verworfen, da sie durch Hydratation hohe Wassergehalte aufweisen können. Selbst bei einwandfreiem Stückkalk kann bei trockener Lagerung im Stahlwerk der Wassergehalt nach 4 bis 14tägiger Lagerung auf 3 bis 10% und mehr ansteigen. Man ist daher mit Erfolg dazu übergegangen, den zur Schlackenbereitung im Lichtbogenofen benötigten Kalk vom Kalkwerk· als Feinkalk mit einer Korngröße unter etwa 0,1 mm in geschlossenen Behältern zu beziehen und ihn mittels pneumatischer Förderung in den Ofen zu bringen [10]. Die Zugabe in den Ofen mit sehr geringen Trägergasmengen (etwa 3 bis 4 l getrockneter Preßluft für 1 kg Kalk) erfolgt nahezu staubfrei. Die Vorteile gegenüber der Verwendung von Stückkalk liegen in der Vermeidung der Wasseraufnahme des Feinkalkes, der in geschlossenen Behältern befördert und gelagert wird, in der guten Dosierungsmöglichkeit, der rascheren Auflösung in der Schlacke und nicht zuletzt in der Erleichterung der körperlichen Arbeit des Schmelzers.

Neben dem Frischen mit Erz hat das Frischen mit gasförmigem, reinem Sauerstoff weitgehend Eingang in die Stahlwerkspraxis gewonnen. Die Sauerstoffanwendung ermöglicht eine Verkürzung der Frischperiode und damit eine Leistungssteigerung bei gleichzeitiger Stromersparnis und ergibt metallurgische Vorteile, die sich einerseits in einer besseren Entgasung und Reinigung der Schmelze zeigen sowie andererseits die leichtere Rückgewinnung von Legierungselementen, vor allem von Chrom, ermöglichen.

Der gasförmige Sauerstoff wird dem Bad entweder mit einem in das Bad eintauchenden Stahlrohr oder mittels einer wassergekühlten Lanze zugeführt, die bei ausreichender Strömungsgeschwindigkeit ähnlich wie bei den Sauerstoffaufblas-Verfahren den Sauerstoff auf das Bad aufbläst. Das in das Bad eintauchende Stahlrohr kann entweder blank sein oder es wird mit einem dünnen Schamottemantel umgeben. Der beim Austritt expandierende Sauerstoff hat eine so starke Kühlwirkung auf das Rohr, daß der Rohrverbrauch bei geeignetem Sauerstoffdruck nur etwa 0,5 m je 100 Nm³ Sauerstoff beträgt. Die Sauerstoffanwendung setzt eine gute Ofenzustellung voraus. Wegen der dabei eintretenden starken Temperaturerhöhung muß eine gute Temperaturkontrolle vorgesehen werden, um die Zustellung nicht zu gefährden. Bei unlegierten und schwachlegierten Schmelzen hat sich die gleichzeitige Verwendung von Erz als zusätzliches Frisch- und Kühlmittel gut bewährt. Nach beendeter Sauerstoffzufuhr wird dem Bad Gelegenheit gegeben, sich mit der Schlacke weitgehend ins Gleichgewicht zu setzen und die Schlackenzusammensetzung und -beschaffenheit werden gegebenenfalls durch Zusätze korrigiert. Damit werden am Ende der Frischperiode hinsichtlich des Sauerstoffgehaltes im flüssigen Stahl die gleichen Verhältnisse eingestellt wie beim üblichen Erzfrischen.

Nach Beendigung der Frischperiode wird die Frischschlacke vollkommen blank abgezogen. Nur bei den Schmelzverfahren mit einer Schlacke, wie sie für die Erzeugung von Massenstählen aus dem basischen Lichtbogenofen üblich ist, wird die Schmelze ohne Schlackenwechsel fertiggemacht und abgestochen (vgl. Schmelzbeispiel in Abschnitt 3.533.3). Nach dem Abfließenlassen eines Teiles der Schlacke wird das Abziehen der Restmenge nach Ausschalten des Stromes bei hochgezogenen Elektroden ausgeführt. Man bedient sich dafür entweder wassergekühlter Krätzer oder man benützt Eisenstangen, an denen flache Holzklötze befestigt sind. Das Abziehen des Restes dünnflüssiger Schlacken wird durch Absteifen derselben mit Kalk oder Dolomit erleichtert. In großen Öfen wird das Abschlacken durch Eintauchen einer kalten Eisenstange durch den Abstich oder die Hilfstür erleichtert, weil das dabei eintretende lebhafte Aufwallen des Bades die Schlacke zur Arbeitstür hinbewegt. Eine wesentliche Arbeitserleichterung und Beschleunigung des Abschlackens wird durch den Einsatz des sogenannten elektromagnetischen Wirblers erzielt (vgl. Abschnitt 3.511.5).

Ein sorgfältiges Entfernen aller Schlackenreste muß dann angestrebt werden, wenn eine Reduktion von unerwünschten Eisenbegleitelementen, vor allem Phosphor oder auch von Mangan, unter allen Umständen vermieden werden muß. Bei Umschmelzchargen oder zur Wiedergewinnung von Legierungselementen wird die Frischschlacke reduziert und bei geeigneter Zusammensetzung ohne Abziehen in eine Feinungsschlacke übergeführt.

3.532.4 Reduktions- oder Feinungsperiode

Die Reduktions- oder Feinungsperiode im basischen Lichtbogenofen wird bei Aufbauschmelzen in der Regel mit einer Vordesoxydation des blanken Bades nach dem Abschlacken eingeleitet. Sodann werden neue Schlackenbildner aufgebracht, und die Schmelze wird unter reduzierenden Bedingungen entschwefelt, legiert, desoxydiert und abgestochen.

Für die *Vordesoxydation* kann außer Kohlenstoff auch jedes andere übliche Desoxydationsmittel verwendet werden, wobei auf eine leichte Abscheidbarkeit der entstehenden Desoxydationsprodukte zu achten ist. Kohlenstoff wird in Form von Koksgrieß, Graphit oder gemahlener Elektrodenkohle auf das blanke Bad aufgegeben. Die Maximalmenge an Kohlenstoff ist durch die Differenz zwischen dem Kohlenstoffgehalt des Bades und der vorgeschriebenen Endanalyse vorgegeben. Dabei ist noch zu berücksichtigen, daß man unter Umständen eine gewisse Kohlenstoffspanne für die Verwendung höhergekohlter Ferrolegierungen mitberücksichtigen muß. Durch das Aufkohlen des Bades kann der Sauerstoffgehalt selbstverständlich nur bis auf den Gleichgewichtswert gesenkt werden, woraus sich ableiten läßt, daß nur bei höhergekohlten Stählen auf diese Weise relativ niedrige Sauerstoffgehalte erreichbar sind (vgl. Abschnitt 1.132).

Bei Stählen niedrigen und mittleren Kohlenstoffgehaltes wird daher immer eine Fällungsdesoxydation als Vordesoxydation ausgeführt. Die gebräuchlichsten Desoxydationsmittel sind Mangansilizium und Ferrosilizium, letzteres meist in Verbindung mit einem Spiegeleisen- oder Ferromanganzusatz. Die zugesetzte Siliziummenge beträgt etwa 0,2 bis 0,25% Si. Bei dieser Arbeitsweise besteht jedoch trotz der Bildung flüssiger Reaktionsprodukte die Gefahr, daß infolge ihrer relativ schlechten Abscheidbarkeit unerwünschte Reste, besonders bei kurzer Feinungsperiode, im Stahl verbleiben können (vgl. Abschnitt 1.16). Für die Herstellung von Stählen höchsten Reinheitsgrades ist daher die zusätzliche Verwendung von Aluminium zur Vordesoxydation vorteilhaft, wodurch nicht nur eine rasche Abscheidung der Desoxydationsprodukte erreicht, sondern auch der Sauerstoff des Bades bis auf geringe Reste entfernt wird. Man setzt meist so viel Aluminium zu, wie zum Abbinden des Sauerstoffs notwendig ist, ohne daß in der Feinungsperiode ein Überschuß im Bad verbleibt.

Bei den Umschmelzverfahren ist es auch bei Einschaltung eines kurzen Oxydationsprozesses in der Regel nicht notwendig, eine gesonderte Vordesoxydation durchzuführen. Sie erfolgt praktisch zusammen mit der Reduktion der Frischschlacke, wobei immer auch Desoxydationsmittel in das Bad übergehen. Ein praktisches Beispiel wird im Abschnitt 3.533.2 gegeben.

Nach der Vordesoxydation des blanken Bades wird mit dem Aufgeben der Feinungsschlacke begonnen. Basische *Feinungsschlacken* sind Kalk- oder Kalk-Kieselsäure-Schlacken mit Zusätzen an Flußmitteln, die nach dem Verflüssigen durch Reduktionsmittel, wie Kohlenstoff, Ferrosilizium, Aluminium, Kalziumkarbid und anderen, weitgehend schwermetalloxydfrei gehalten werden. Je nach ihrem Gehalt an Kohlenstoff werden weiße Schlacken und graue oder Karbidschlacken unterschieden. Die Anteile der Schlackenbildner sind nach den Gepflogenheiten der Werke unterschiedlich, doch werden im Mittel folgende Mischungsverhältnisse verwendet:

$$\text{weiße Schlacke:} \quad CaO:CaF_2:C = 6:2:1$$
$$\text{Karbidschlacke:} \quad CaO:CaF_2:C = 6:4:2.$$

In beiden Fällen kann der Flußspat teilweise durch Sand (SiO_2) ersetzt werden, z. B. im Mischungsverhältnis von

$$CaO:CaF_2:SiO_2:C = 6:3:2:1.$$

Wenn eine sehr weitgehende Entschwefelung angestrebt wird, arbeitet man ohne Sandzusatz. Die Schlackenmenge beträgt in der Regel 2 bis 4% vom Einsatzgewicht.

Zur Schlackenbildung wird das vorbereitete Gemisch von gebranntem Kalk und Flußspat bzw. Sand in den Ofen gegeben und die Reduktionsmittel erst nach der Verflüssigung aufgestreut. Eine vorhergehende Zumischung von Koks ist zu vermeiden, da sonst eine unkontrollierbare Aufkohlung des Stahlbades stattfinden kann. Ist die Verflüssigung nach etwa 10 bis 20 Minuten beendet, so wird die Ofenspannung erniedrigt. Die weitere Energiezufuhr während der Feinungsperiode richtet sich nach dem Wärmebedarf der Schmelze für die Auflösung der Legierungszusätze und für das Erreichen der vorgesehenen Abstichtemperatur.

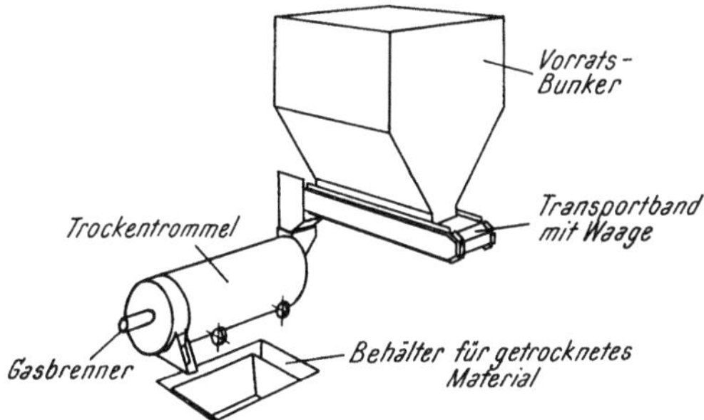

Abb. 330. Anordnung einer Trockentrommel für Zuschläge (nach W. S. WALKER und T. H. HARRIS)

Zur exakten Temperaturführung ist eine mehrmalige Temperaturkontrolle vom Schlackenwechsel bis zum Fertigmachen der Schmelze durch Tauchthermoelementmessung unerläßlich.

Mit Rücksicht auf die in der Feinungsperiode besonders leichte Wasserstoffaufnahme des Stahlbades sollen alle Zuschläge, vornehmlich der gebrannte Kalk und der Flußspat, trocken sein. In manchen Werken besteht die Möglichkeit, den frisch gebrannten Kalk in dichtschließenden Behältern zum Ofen anzuliefern. Andere Werke hingegen sind gezwungen, Kalk und Flußspat vorzutrocknen. Abb. 330 zeigt die Prinzipskizze einer solchen an den Vorratsbunker angeschlossenen Trockentrommel [7] für Kalk und Flußspat.

Die Schlackenbeschaffenheit wird laufend durch die Entnahme von Schlackenproben überprüft. Weiße Reduktionsschlacken sollen sämige Konsistenz aufweisen und beim Erkalten zu einem weißen Pulver zerfallen. Karbidische Schlacken zerfallen langsamer und ergeben, je nach ihrem Gehalt an suspendiertem Kohlenstoff, ein hell- bis dunkelgraues Pulver. Bei Einwirkung von Feuchtigkeit ist das darin enthaltene Kalziumkarbid durch den Azetylengeruch erkennbar. Stark karbidische Schlacken zeigen eine hohe Viskosität (schmierige Schlacken). Sie sind dunkelgrau und zerfallen beim Erkalten an Luft erst nach längerer Zeit. Werden solche Schlacken beim Abstechen der Schmelze nicht zurückgehalten, so besteht außer der Gefahr einer unkontrollierbaren Aufkohlung, auch die Möglichkeit einer Emulsionsbildung mit dem flüssigen Stahl, die zu einer Verunreinigung des Blockes führen kann.

Die richtige Schlackenkonsistenz wird durch Zugabe von gebranntem Kalk bzw. Flußspat aufrechterhalten. Der zur Schlackenbildung zugesetzte Kohlenstoff bzw. die Reduktionsmittel werden zur Reduktion des Eisenoxyduls und der übrigen Schwermetalloxyde der Schlacke verbraucht. Die richtige Zusammensetzung der Schlacke muß daher durch weitere Zugaben aufrechterhalten werden. Eine beschleunigte Schlackenbildung wird durch häufiges Durchrühren der Schlacke erreicht. In großen Öfen bedient man sich vorteilhaft des Wirblers, mit dessen Hilfe auch die Metall-Schlacken-Reaktionen, vorzugsweise die Entschwefelung beschleunigt werden können. Man erreicht damit eine nicht unwesentliche Verkürzung der Feinungsperiode [11].

Unter der Einwirkung des elektrischen Lichtbogens entsteht in der Feinungsschlacke Kalziumkarbid, dessen Menge bis zu 5% betragen kann. Der in der Schlacke suspendierte Kohlenstoff wirkt leicht aufkohlend auf das Bad. Im Durchschnitt ist unter leicht karbidischen Schlacken eine Kohlenstoffaufnahme von 0,02%C/h in Rechnung zu stellen.

Bei der Erschmelzung niedriggekohlter Stähle muß mit Rücksicht auf eine mögliche Aufkohlung mit einer weißen, kohlenstoff- und karbidfreien Feinungsschlacke gearbeitet werden. Die Schlacke wird in diesem Fall mit gepulvertem oder feinkörnigem Ferrosilizium, Aluminium, Kalziumsilizium, Feralsit u. a. reduzierend gehalten, die der Schlacke so zugesetzt werden, daß ihre Auflösung im Stahlbad vermieden wird. Der Zusatz von Silizium zur Schlacke wirkt durch die Bildung von Kieselsäure verflüssigend. Diese Wirkung kann durch Nachsetzen von Kalk ausgeglichen werden.

Weiße Reduktionsschlacken zeigen einen höheren Gehalt an Metalloxyden durch entsprechende Färbungen an. Die dadurch erkennbaren Oxydmengen sind verschieden. Die Schlacke kann bei 1% FeO und 1% MnO noch weiß sein, während 1% Cr_2O_3 der nicht zerfallenen Schlacke bereits eine grünliche Farbe gibt.

Eine wesentliche Aufgabe der Reduktions- und Feinungsschlacken ist die Entschwefelung, wobei der Schwefel im wesentlichen als Kalziumsulfid (CaS) gelöst wird. Obwohl die Sättigungskonzentration mit etwa 4 bis 5% CaS in kieselsäurearmen Schlacken praktisch nie erreicht wird, gelingt es mit den üblichen Schlackenmengen, etwa 0,03 bis 0,05% S aus dem Stahlbad zu entfernen. Bei großen Schwefelmengen im Einsatz kann es notwendig sein, auch mit zwei Entschwefelungsschlacken zu arbeiten. Auf die zusätzlichen Möglichkeiten der Entschwefelung durch ein Schlackenreaktionsverfahren wird später noch zurückgekommen (vgl. Abschnitte 3.532.7 und 3.91).

Außer den bisher genannten Reduktions- und Feinungsschlacken werden im basischen Lichtbogenofen vereinzelt auch Schamotte- und Quarz-Magnesit-Schlacken beim Fertigmachen der Schmelze verwendet. Sie werden aus gut vorgetrockneten Zuschlagstoffen bereitet und haben den Vorteil, daß sie nur zu einer geringen Wasserstoffaufnahme des Stahlbades führen. Wie bereits früher erwähnt (Abschnitt 3.531), ist mit ihnen eine Entschwefelung nicht möglich. Durch den hohen Kieselsäuregehalt tritt bei Zugabe von starken Reduktionsmitteln unter Umständen eine Siliziumreduktion in das Stahlbad ein.

In der Feinungsperiode treten, ebenso wie beim Einschmelzen und Frischen, Verluste durch Verdampfen ein. Während in den ersten Schmelzabschnitten der Anteil an Schwermetalloxyden in den entweichenden Dämpfen überwiegt, sind es in der Feinungsperiode vorzugsweise die Erdalkalien. Die Verluste sind relativ hoch und können bis zu 2% der zugesetzten Schlackenbildner betragen. Daneben verdampfen auch geringe Mengen an Legierungsoxyden sowie etwas Schwefel (vgl. Abschnitt 4.3).

Die laufende Kontrolle des Stahlbades und der Schlacke in der Feinungsperiode umfaßt neben der Temperaturmessung die analytische Bestimmung der Stahlzusammensetzung und die Prüfung von Schlackenproben. Auch der Oxydationsgrad des Bades kann mit Hilfe technologischer Proben grob abgeschätzt werden (vgl. Abschnitt 2.3). In neuester Zeit gewinnt auch die Schnellbestimmung von Gasen zunehmende Bedeutung, die eine exakte Schmelzüberwachung auch in dieser Richtung ermöglichen wird.

3.532.5 Legieren

Der Zeitpunkt des Legierungszusatzes richtet sich vor allem nach dem metallurgischen Verhalten der einzelnen Legierungselemente. Legierungselemente mit niedrigerer Sauerstoffaffinität als das Eisen können zu jedem beliebigen Zeitpunkt, also auch schon mit dem metallischen Einsatz, zugesetzt werden. Legierungen mit höherer Affinität zum Sauerstoff als das Eisen werden bei Aufbauschmelzen erst nach der Oxydationsperiode zugegeben. Beim Frischen mit gasförmigem Sauerstoff und bei den Umschmelzverfahren wird jedoch auch ein Teil dieser Elemente bereits mit dem Einsatz in den Ofen gebracht. Die durch Oxydation in die Schlacke übergegangenen Legierungen können in das Bad zurückreduziert werden. Bei niedriglegierten (Chrom-) Stählen ist eine Schlackenreduktion jedoch wegen ihres relativ hohen Zeit- und Reduktionsmittelaufwandes meist unwirtschaftlich. Sie lohnt aber bereits bei relativ niedrigen Vanadingehalten.

Legierungszusätze in die Pfanne beim Abstechen werden, außer beim Schmelzen mit einer Schlacke wie im Siemens-Martin-Ofen (für Massenstähle), nur in Ausnahmefällen vorgenommen, soweit es sich nicht um Desoxydationselemente, wie Aluminium, Titan u. a., handelt, bei denen ein Ofenzusatz zu untragbar hohen Abbrandverlusten führt.

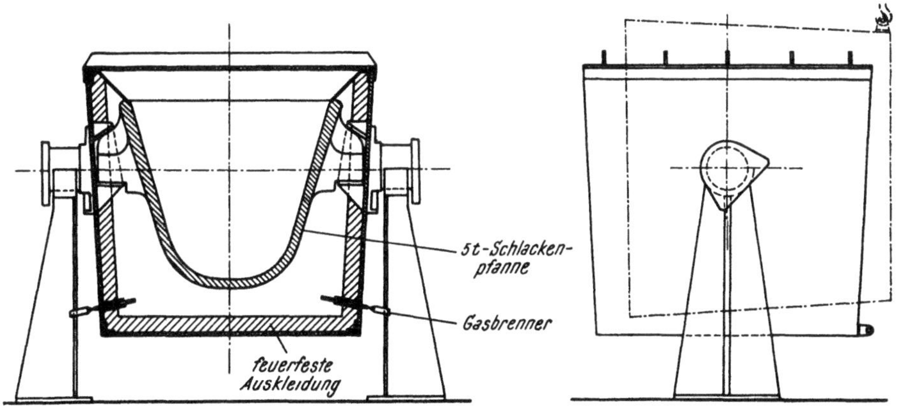

Abb. 331. Vorwärmvorrichtung für Ferrolegierungen (nach W. S. Walker und T. H. Harris)

Zur genauen Bemessung der Legierungsmengen ist die möglichst genaue Kenntnis des Schmelzgewichtes erforderlich sowie die Kenntnis der zu erwartenden Abbrandverluste (vgl. Abschnitt 4.3). Für die Berechnung selbst kann man sich einfacher graphischer Tafeln bedienen, wie sie bereits beim Siemens-Martin-Prozeß gezeigt wurden (vgl. Abb. 297).

Größere Legierungsmengen werden meist im vorgewärmten Zustand zugesetzt. Neben dem verminderten Wärmebedarf im Ofen wird auch eine geringere Wasserstoffaufnahme erreicht, da die adsorbierte Feuchtigkeit entfernt und unter Umständen auch eine Wasserstoffabgabe aus den Legierungen erzielt wird. Das Vorwärmen, das bis zu Temperaturen von etwa 700 bis 800 °C vorgenommen wird, soll unter Luftabschluß und ohne Berührung mit Flammengasen erfolgen. Aus den zahlreichen Möglichkeiten zeigt Abb. 331 eine einfache Vorrichtung zum Vorwärmen von Ferrolegierungen, wie sie in einem englischen Elektrostahlwerk verwendet wird [7]. Mit ihr soll z. B. der Wasserstoffgehalt von 75%igem Ferrosilizium von 10 bis 17 Ncm³/100 g durch dreistündiges Glühen bei 750 bis 800 °C auf etwa 2,5 Ncm³/100 g abnehmen.

Das Legieren mit Kohlenstoff

Als Kohlungsmittel finden bevorzugt aschenarmer Koks und Elektrodenkohle Anwendung. Anthrazit ist zum Aufkohlen eines bereits gefrischten Bades weniger zu empfehlen, da er durch seinen relativ hohen Gehalt an Stickstoff und Kohlenwasserstoffen eine Gasaufnahme des Stahlbades bewirkt. Kleinere Kohlenstoffmengen können dem Bad auch mit Roheisen oder höhergekohlten Ferrolegierungen zugeführt werden.

Das Aufkohlen von Aufbauschmelzen wird in der Regel durch Aufgeben von Kohlenstoff auf das blanke Bad nach dem Abziehen der Frischschlacke ausgeführt. Diese Kohlenstoffzugabe ist zugleich ein ausgezeichnetes Mittel zur Vordesoxydation der Schmelze. Der Kohlungsstoffgehalt des Bades soll nach dem Aufkohlen bei harten Schmelzen etwa 0,1%, bei weichen einige hundertstel Prozent unter der verlangten Endanalyse liegen. Dabei ist aber noch der Kohlenstoff zu berücksichtigen, der gegebenenfalls in der Feinungsperiode mit kohlenstoffreichen Ferrolegierungen in das Bad gebracht wird. Als Richtwert für die Bemessung der notwendigen Mengen an Aufkohlungsmitteln kann angenommen werden, daß bei höherem Kohlenstoffgehalt des Bades etwa 10 bis 15% des aufgegebenen Kokses oder der Elektrodenkohle verbrennen. Bei weichen Stählen sind die Verluste durch den relativ hohen Sauerstoffgehalt des Bades größer. Die Auflösung kleiner Kohlenstoffmengen erfolgt sehr rasch, während größere Mengen, z. B. zum Aufkohlen um mehrere zehntel Prozente, längere Zeit bis zur vollständigen Lösung benötigen und daher zweckmäßig in Teilmengen auf das Bad aufgegeben werden. Bei weichen, sauerstoffreichen Schmelzen muß die Kohlenstoffzugabe bei Beginn des Aufkohlens stets in kleinen Partien erfolgen, um bei der starken Gasentwicklung ein Überschäumen des Bades zu verhindern.

Bei Umschmelzen ohne Schlackenwechsel wird der Kohlenstoffgehalt bereits im Einsatz auf die erforderliche Höhe eingestellt. Ist trotzdem ein Aufkohlen notwendig, so kann dieses auch ohne gänzliches Abziehen der Schlacke erfolgen. Man steift die Schlacke mit Kalk ab, bis sie sich von einem Teil der Badoberfläche wegschieben läßt. Auf die blanke Fläche wird das Kohlungsmittel aufgegeben und eingeschlagen. Das Aufkohlen des mit Schlacke bedeckten Bades mit Elektrodenstücken oder Karburit, der durch die Schlackendecke in das Bad eintaucht, ist unsicher und führt leicht zu Fehlanalysen. Dagegen kann das Aufkohlen leicht und treffsicher durch Einblasen von Kohlenstoff mit einem Trägergas erfolgen. Ein Aufkohlen der Schmelze durch Eintauchen der stromlosen Elektroden ist aus wirtschaftlichen Gründen nicht zu vertreten.

Das Legieren mit Nickel, Kobalt, Kupfer und Molybdän

Die genannten Elemente besitzen eine geringere Sauerstoffaffinität als das Eisen und können daher grundsätzlich zu jedem beliebigem Zeitpunkt, vorzugsweise schon im Einsatz oder in der Frischperiode legiert werden. Diese Arbeitsweise hat auch den Vorteil, daß bei höheren Zusatzmengen keine Verlängerung der Gesamtschmelzzeit eintritt und daß allenfalls mit den Legierungen eingebrachte Gase und oxydische Verunreinigungen im Frischvorgang ausgeschieden werden. Im Einsatz sollen diese Elemente möglichst vor der direkten Einwirkung des Lichtbogens geschützt werden, um höhere Verdampfungsverluste zu vermeiden.

Nickel und Molybdän werden vielfach als Oxyde und damit auch als Sauerstoffträger verwendet. Sie werden durch das flüssige Eisen praktisch vollständig reduziert. Auch Kalziummolybdat kann zugleich als Schlackenbildner schon in der Frischperiode benutzt werden. Auch ein Zusatz von Ferromolybdän soll so frühzeitig wie möglich erfolgen, da es relativ schwer löslich ist.

In nickelreichen Schmelzen, z. B. Nickelbasislegierungen mit 80% Ni, soll Molybdän nicht mit eingesetzt werden, weil es dann zu merkbaren Verlusten kommen kann.

Das Legieren mit Mangan

Bei Umschmelzen können die üblicherweise benötigten Mangangehalte bereits mit dem Einsatz in den Ofen gelangen. Bei Schmelzprozessen mit Oxydationsperiode unterliegt das im Einsatz enthaltene Mangan allerdings einer teilweisen Verschlackung in Abhängigkeit von den Oxydationsbedingungen.

Der Legierungszusatz erfolgt entweder schon auf das blanke Bad beim Schlackenwechsel im Zusammenhang mit der Vordesoxydation oder erst in der Feinungsperiode. Größere Zusatzmengen, z. B. bei der Erzeugung von Manganhartstahl oder von austenitischen Chrom-Mangan-Stählen, werden möglichst vorgewärmt in der Feinungsperiode zugesetzt.

Das Legieren mit Chrom, Wolfram, Vanadin, Niob und Tantal

Der Zusatz dieser Elemente, meist in Form ihrer Ferrolegierungen, erfolgt bei Aufbauschmelzen erst in der Feinungsperiode. Größere Zusatzmengen sollen gut vorgewärmt werden. Eine frühzeitige Zugabe von Ferrowolfram und Ferroniob ist mit Rücksicht auf ihre schwere Löslichkeit notwendig. Zur rascheren Auflösung hat sich der Wirbler gut bewährt [11].

Bei Umschmelzchargen kann, auch wenn mit Sauerstoff gefrischt wird, der größte Teil des Chroms und Wolframs im Einsatz mitgenommen werden (als legierter Schrott oder als Ferrolegierung). Die in die Schlacke übergegangenen Oxyde können leicht reduziert werden. Dies gilt auch für Vanadinsäure, die daher als sehr wirtschaftlicher Legierungsträger gern verwendet wird, wenn höhergekohlte vanadinlegierte Stähle erzeugt werden.

Der Zusatz von Ferroniob und Ferrotantal erfolgt in der Feinungsperiode. Um ein gutes Legierungsausbringen zu erhalten, muß vor dem Zusatz eine Vordesoxydation des Bades mit Aluminium erfolgen. Bei Umschmelzchargen zeigt Tantal einen wesentlich höheren Abbrandverlust als Niob, von dem auch in sauerstoffgefrischten Umschmelzen erhebliche Anteile wiedergewonnen werden können.

Das Legieren mit anderen Elementen

Legierungselemente, wie Silizium, Aluminium, Titan, Zirkon, Bor u. a., werden wegen ihrer hohen Sauerstoffaffinität durchwegs erst am Ende des Schmelzprozesses entweder in den Ofen oder in die Pfanne zugesetzt. Während einige Prozent Silizium im Ofen legiert werden können, gibt man höhere Aluminiummengen immer in die Pfanne. Bei Nitrierstählen hat sich ein Zusatz von vorgeschmolzenem Aluminium gut bewährt. Es wird beim Abstechen zufließen gelassen und verteilt sich so rasch und gleichmäßig im Stahl. Beim Ofenzusatz kleinerer Aluminiummengen soll die Schlacke vorher abgesteift werden.

Titan und Zirkon erfordern bei ihrer Zugabe als Legierungselemente eine gute Vordesoxydation des Bades, am besten mit Aluminium. Titan kann bis zu 2% auch in der Pfanne zugegeben werden, wenn man eine niedrigschmelzende eutektische Ferrolegierung verwendet. Beim Ofenzusatz verpackt man das spezifisch leichte Ferrotitan in Blechbüchsen, die an einer Eisenstange in das Bad eingestoßen werden.

Bor wird bei kleinen Zusatzmengen in der Pfanne zulegiert. Größere Zusatzmengen werden auch im Ofen in einem gut vordesoxydierten Bad aufgelöst.

Das Legieren mit Stickstoff

Als Legierungsträger kommen praktisch nur stickstoffhaltiges Ferrochrom und Ferromangan in Frage, die in der Feinungsperiode zugesetzt werden. Die Aufnahmefähigkeit des Bades hängt dabei vom Chrom- bzw. Mangangehalt ab.

3.532.6 Desoxydieren

Außer der bereits behandelten Vordesoxydation und der Diffusionsdesoxydation in der Feinungsperiode wird am Ende des Schmelzprozesses die sogenannte Schlußdesoxydation im Ofen und/oder in der Pfanne ausgeführt.

Bei Schmelzverfahren im basischen Lichtbogenofen mit einer oxydischen Schlacke wird die Schlußdesoxydation in gleicher Art wie beim Siemens-Martin-Ofen ausgeführt (vgl. Abschnitt 3.422.5).

Bei Aufbauschmelzen und Umschmelzchargen setzt man die notwendigen Siliziummengen am Ende der Feinungsperiode einige Minuten vor dem Abstich zu. Das Ferrosilizium wird in Stücken auf die Schlacke geworfen und mit Eisenstangen in das Bad eingeschlagen. Die Auflösung und Verteilung erfolgt sehr rasch. Aluminium als Ofenzusatz wird in Form von Barrenaluminium, an Eisenstangen befestigt, in das Bad eingestoßen.

Der Pfannenzusatz von Aluminium, Titan, Zirkon, Kalzium und anderen Desoxydationslegierungen erfolgt durch Einwerfen in den Gießstrahl. Dabei ist darauf zu achten, daß die Legierungen nicht von Schlacke umhüllt werden und wirkungslos auf der Stahloberfläche oxydieren. Aluminium und Titan können auch mit einem Trägergas in den Gießstrahl eingeblasen werden. Ebenso ist in einigen Werken der Zusatz flüssigen Aluminiums in die Pfanne üblich.

Hochlegierte Nickelstähle werden fallweise mit Nickel-Magnesium desoxydiert. Es wird entweder in kleinen Partien in den Ofen oder in die Pfanne zugesetzt.

Die zur vollständigen Beruhigung des Stahlbades notwendigen Mengen an Desoxydationsmitteln lassen sich aus den bekannten Desoxydationsgleichgewichten berechnen, wobei auch der Sauerstoffgehalt der Schmelze und der sonstige Abbrand beim Zusatz in Rechnung zu stellen ist. Im allgemeinen genügen etwa 0,2% Si im Stahl. Werden niedrigere Siliziumgehalte gefordert, so muß entweder zusätzlich mit Aluminium oder einem anderen stärkeren Desoxydationsmittel gearbeitet werden. Durch die Verwendung von Kalziumsilizium lassen sich z. B. Grobkornstähle mit maximal 0,15 bis 0,17% Si vollberuhigt herstellen.

Nach dem Zusatz der Desoxydationsmittel in den Ofen wird ihre Wirkung an einer Schöpfprobe überprüft. Wenn eine vollkommene Beruhigung des Stahles erreicht wurde, erstarrt die in eine Probekokille gegossene Stahlmenge völlig ruhig und zeigt eine einwandfreie Lunkerbildung. Bei einer Gasentwicklung beim Erstarren müssen noch weitere Desoxydationsmittel nachgegeben werden. Allerdings muß dabei beachtet werden, daß ein Treiben der beruhigten Probe auch auf einem zu hohen Wasserstoff- oder Stickstoffgehalt beruhen kann. Ein derartiger Stahl ist infolge von Fehlern, die während des Schmelzvorganges gemacht wurden, ohne Entgasung vor dem Gießen unverwendbar, da er auf jeden Fall blasige Gußblöcke ergibt. Nur eine zwischengeschaltete Vakuumbehandlung vermag den Gasgehalt ausreichend zu erniedrigen.

3.532.7 Abstechen

Nach der Desoxydation im Ofen und nach der Kontrolle der Schlußprobe ist die Schmelze zum Abstechen fertig, wobei sie natürlich auch die verlangte Abstichtemperatur aufweisen muß. Auch die Schlackenbeschaffenheit muß kontrolliert und gegebenenfalls korrigiert werden. Gleichzeitig wird die Abstichrinne gesäubert, damit keine Verunreinigungen in die Pfanne und den Stahl gelangen.

Die fertiggemachte Schmelze wird durch Abkippen aus dem Ofen in die Gießpfanne entleert. Beim Arbeiten mit Feinungsschlacken ist ein Zurückhalten der Schlacke nicht notwendig. Nur stärker karbidische Schlacken können zu einem unerwünschten Aufkohlen des Stahlbades führen. Weiße Feinungsschlacken benutzt man dagegen gern zu einer Art Schlackenreaktionsverfahren. Man läßt einen Teil der Feinungsschlacke durch langsames Ankippen des Ofens in die Pfanne vorlaufen und füllt dann den flüssigen Stahl ein. Durch die innige Mischung von Stahl und Schlacke erhält man eine weitgehende Entschwefelung und kann auf diese Weise Stähle mit maximal 0,006% S betriebssicher herstellen.

Pfannenzusätze erfolgen, sobald die Pfanne etwa zu einem Viertel gefüllt ist. Die starke Durchwirbelung des Stahles in der Pfanne sorgt für eine rasche Auflösung und gute Verteilung.

Ein Abhängenlassen der Pfanne zur Abscheidung der Desoxydationsprodukte ist nur nach einer Fällungsdesoxydation in der Pfanne notwendig, wobei etwa 8 bis 10 Minuten ausreichen. Stähle mit einwandfreier Feinungsperiode und Ofendesoxydation enthalten nur mehr so geringe Einschlußmengen, daß auf ein Abhängenlassen verzichtet werden kann (vgl. Abschnitt 1.16 und 1.18).

3.532.8 Temperaturführung

Die hohe Temperatur des elektrischen Lichtbogens und seine leichte Regelbarkeit gestatten im Lichtbogenofen eine gute und exakte Temperaturführung. Dazu kommt noch die rasche Temperatursteigerung, die in der Frischperiode durch Sauerstoffblasen erreichbar ist. Besitzt der Ofen einen elektrischen Wirbler oder Rührer, so kann auch in der Feinungsperiode ein rascher Temperaturausgleich erzielt werden.

Sofern keine größeren Phosphormengen aus dem Bad zu entfernen sind, wird man die Oxydationsperiode bei möglichst hoher Temperatur ausführen. Auf jeden Fall muß vor dem Schlackenwechsel eine so hohe Temperatur erreicht sein, daß der Wärmebedarf für den Schlackenwechsel und den Legierungszusatz im wesentlichen aus dem Wärmeinhalt des Bades gedeckt werden kann.

Die Energiezufuhr in der Feinungsperiode richtet sich einerseits nach dem notwendigen Wärmebedarf für die Reduktions- und Feinungsarbeit und andererseits nach der notwendigen Abstichtemperatur. Allgemein gültige Richtlinien können schwer angegeben werden. Erfahrungsgemäß hat es sich sowohl für die Schmelzführung als auch für die Haltbarkeit der Ofenzustellung als richtig erwiesen, die Endtemperatur der Schmelze im Verlauf des Schmelzprozesses allmählich zu erreichen, keineswegs aber nur durch eine starke Energiezufuhr am Ende der Feinungsperiode. Die Höhe der notwendigen Abstichtemperatur läßt sich aus der Liquidustemperatur des Stahles unter Berücksichtigung aller Temperaturverluste vom Ofen bis zur Kokille und der je nach Gießverfahren unterschiedlichen Höhe der notwendigen Gießtemperatur errechnen. Nähere Einzelheiten können dem Abschnitt 1.18 und dem Kapitel „Gießen" entnommen werden.

Eine exakte Temperaturführung und besonders das Einstellen der optimalen Abstichtemperatur bereitet heute durch die Einführung der Tauchthermoelementmessung keine Schwierigkeiten. Voraussetzung ist allerdings, daß das Bad zum Zeitpunkt der Messung eine gleichmäßige Temperatur aufweist. Ein gutes Durchrühren — außer in der Frischperiode — ist vor jeder Messung unerläßlich.

3.533 Die Schmelzverfahren

Die Schmelzverfahren im basischen Lichtbogenofen lassen sich in großen Zügen in drei Hauptgruppen einteilen:

1. Aufbauschmelzen,
2. Umschmelzen,
3. Schmelzen nur mit oxydierender Schlacke,

Unter Aufbauschmelzen versteht man eine Arbeitsweise, bei der im wesentlichen ein unlegierter Einsatz (fest oder flüssig) gefrischt, gefeint und legiert wird. Beim Umschmelzen dient als Ausgangsstoff ein legierter Einsatz, wobei mit oder ohne Frischperiode eine weitgehende Wiedergewinnung der Legierungselemente angestrebt wird. Das Schmelzen mit einer einzigen oxydierenden Schlacke endlich ist ein Schmelzprozeß wie im Siemens-Martin-Ofen; er wird im ausgedehnten Maße für die Herstellung von Massenbaustählen angewendet, in Einzelfällen auch für niedriglegierte Qualitäts- und Edelstähle.

3.533.1 Aufbauschmelzen

Das Schmelzverfahren der Aufbauschmelzen ist für alle Edelstahlqualitäten geeignet. Es umfaßt eine Oxydationsperiode mit Kochvorgang unter gleichzeitiger Entphosphorung und eine anschließende Feinungsperiode zum Entschwefeln, Legieren und Desoxydieren. Der Frischprozeß kann zur Gänze in ein anderes Schmelzaggregat verlegt werden, so daß im Lichtbogenofen nur die Feinungsperiode ausgeführt wird. Diese Arbeitsverfahren werden im Abschnitt 3.92 behandelt. Außer mit festem Einsatz kann auch mit teilweise flüssigem Einsatz (Schrott und flüssiges Roheisen oder vorgefrischtes Roheisen) gearbeitet werden. Je nach den örtlichen Gegebenheiten, wird die eine oder andere Arbeitsweise bevorzugt angewendet.

Wird der Frischprozeß im Lichtbogenofen ausgeführt, so ist der *Kohlenstoffgehalt* im Einsatz so zu bemessen, daß nach dem Einschmelzen noch 0,2 bis 0,4% C gefrischt werden müssen, um auf den verlangten Endkohlenstoffgehalt vor dem Schlackenwechsel zu kommen. Der Mangangehalt soll zu diesem Zeitpunkt noch etwa 0,1 bis 0,2% betragen. Der *Phosphorgehalt* kann durch geeignete Schlacken- und Schmelzführung auf jeden gewünschten Wert gesenkt werden. Er liegt bei Qualitäts- und Edelstählen aus dem basischen Lichtbogenofen in der Regel unter 0,015%. Zur Erleichterung der Frischarbeit wird man den Phosphoreinsatz nach Möglichkeit unter 0,035% halten; man ist dann in der Lage, den genannten Endwert ohne zeitraubenden Schlackenwechsel mit einer Frischschlacke sicher zu erreichen. Für Sonderfälle wurden auch Schmelzverfahren (mit flüssigem Roh-

eiseneinsatz) entwickelt, die bis zu etwa 1% P im Einsatz zu verarbeiten gestatten [12].

Der *Schwefelgehalt* im Einsatz liegt nur in seltenen Fällen so hoch, daß Schwierigkeiten in der Feinungsperiode auftreten oder mit zwei Feinungsschlacken
gearbeitet werden muß. Schwefelgehalte im Einsatz bis zu etwa 0,06% können
bei den üblichen Schlackenmengen mit einer Schlacke entfernt werden. Die Endgehalte bei den normalen Elektrostahlqualitäten sollen unter 0,02% liegen. Für
besondere Verwendungszwecke lassen sich auch geringere Gehalte von weniger
als 0,01% mit Sicherheit erreichen.

Bei der Erzeugung einer Reihe von unlegierten Werkzeugstählen muß der
Restgehalt an *Legierungselementen* im Einsatz mit maximal 0,2% oder weniger
begrenzt werden. Ganz besonders hat sich in dieser Hinsicht die Verwendung
von „jungfräulichem" Einsatz in Form von reinen Erzreduktionsprodukten be-
währt. Bei der Verwendung größerer Mengen von Eisenschwamm, der etwa 5%
FeO enthält, ist es jedoch erforderlich, Kohlenstoff-, Mangan- und fallweise auch
Siliziumträger im Einsatz vorzusehen. Hochwertiger, vielfach legierungsfreier
Einsatz steht auch in gemischten Hüttenwerken zur Verfügung, die nach dem
Roheisen-Erz-Prozeß arbeiten oder Sauerstoff-Blasstahlwerke betreiben.

Die Verwendung von legiertem Schrott bei Aufbauschmelzen ist nur üblich,
wenn es sich um Legierungselemente handelt, die in der Frischperiode keiner
Oxydation unterliegen, also praktisch nur Nickel, Kobalt, Kupfer und Molybdän.
Chromlegierter Schrott darf nur soweit zugegeben werden, daß der Chromgehalt im
Einsatz nicht mehr als 0,5% beträgt, weil höhere Chromgehalte den Kochvorgang
und die Entphosphorung beim Erzfrischen stören. Sind Aufbauschmelzen mit
hohem Endkohlenstoffgehalt zu erschmelzen, die es ermöglichen, den Kohlenstoffgehalt nach ausreichender Frischperiode über etwa 0,4% C zu halten, so können
auch Wolframgehalte bis etwa 1% eingesetzt werden, ohne daß größere Verluste
durch Oxydation eintreten.

Als Sauerstoffträger werden außer Eisenerzen auch Walzzunder, Hammerschlag sowie Manganerze verwendet. Letztere werden insbesondere dann zugesetzt,
wenn man bei niedrigen Manganeinsätzen höhere Mangangehalte des Stahles am
Ende der Frischperiode anstrebt.

Die wahlweise Verwendung der verschiedenen Feinungs- und Reduktionsschlacken hängt im wesentlichen von der zu erzeugenden Stahlqualität ab.
Karbidische Feinungsschlacken können bei Kohlenstoffgehalten über 0,25% verwendet werden, bei tieferen Werten arbeitet man mit weißen Schlacken und
verwendet Silizium oder Silizium und Aluminium als Reduktionsmittel.

Der für Aufbauschmelzen kennzeichnende Schmelzverlauf soll im folgenden
an einigen Beispielen aus der Praxis wiedergegeben werden.

1. Unlegierter Werkzeugstahl als Aufbauschmelze
im basischen 15-t-Lichtbogenofen

Dieser Lichtbogenofen ist mit Magnesitherd zugestellt und mit Korbchargierung ausgerüstet. Die Transformatorenleistung beträgt 4000 kVA, die höchste
Sekundärspannung 190 Volt. Die Zusammensetzung des Einsatzes und der
Schmelzverlauf können der Tab. 89 entnommen werden. Der Kohlenstoffgehalt
im Einsatz wurde mit 0,36%, der Mangangehalt mit 0,38% errechnet. Das Frischen
sollte bis auf einen Endkohlenstoffgehalt von 0,1% vor dem Abschlacken ausgeführt werden. Daraus ergab sich für die Entfernung des Kohlenstoffes sowie
die Verschlackung von Mangan, Silizium und Phosphor ein theoretischer Bedarf von rund 300 kg Rösterz (ohne Berücksichtigung der mit dem Schrott zu-

Tabelle 89. *Unlegierter Werkzeugstahl als Aufbauschmelze im basischen 15-t-Lichtbogenofen*

Analysenvorschrift: % C 1,07 bis 1,15 P max. 0,015
% Si 0,10 bis 0,20 S max. 0,025
% Mn 0,15 bis 0,25

Einsatz: Schwere Walzwerkabfälle (C 0,45, Mn 0,40, P 0,025) . . . . 11 500 kg
(Altschrott C 0,10, Mn 0,30) . . . . 4 000 ,,
Gebrochene Späne (C etwa 0,5, Mn etwa 0,4) . . . . 1 000 ,,

Metallischer Einsatz . . 16 500 kg

Zeit	Arbeitsgang	Zusätze in kg	Analyse in %				Temperatur °C	Verhalten der Proben	
			C	Mn	P	S		Stahl	Schlacke
0	Einsetzen								
	Kalkstein am Boden	200							
	Schrott	16 500	0,36[1]	0,38[1]					
	gebrannter Kalk	100							
	Rösterz	100							
0,05	Anfahren mit 190 V								
1,40	Zurücknahme der Spannung auf 110 V								
2,10	Eingeschmolzen, 1. Probe		0,25	0,28	0,021	n. b.		matt	flüssig
	Bad kocht leicht								
2,15	Spannung zurück auf 90 V								
2,20	Zusatz an Rösterz	100							
	Zusatz an gebranntem Kalk	100							
2,45	2. Probe		0,12	0,14	0,012	n. b.		heiß, leichter Rotbruch	leicht-flüssig
2,55	Abschlacken (Schlacke mit gebranntem Kalk abgesteift)								
3,05	Aufkohlen:								
	Elektrodenmehl	160							
	Roheisen (Mn 0,3, P, S 0,03)	500							
3,10	Feinungsschlacke aufgegeben CaO	375							
	(CaO : CaF$_2$: SiO$_2$ = = 15 : 3 : 2)								
	CaF$_2$	75							
	SiO$_2$	50							
	Spannung 130 V								flüssig
3,35	Schlacke flüssig, Aufgabe von Koksgrieß								
	Spannung 110 V								

[1] Errechnete Durchschnittsanalyse.

Tabelle 89 (Fortsetzung)

Zeit	Arbeitsgang	Zusätze in kg	Analyse in %				Tempe-ratur °C	Verhalten der Proben	
			C	Mn	P	S		Stahl	Schlacke
3,50	Probe		1,01	0,16	n. b.	0,023		stark sprü-hend	ungleichm. gefärbt, nicht karbi-disch
4,05	Aufkohlen mit Kar-burit	15							
4,10	Aufgabe von gebrann-tem Kalk	70							
4,20	Probe (Stehprobe 30″)		1,08	0,17	0,013	0,014		schwach sprü-hend	leicht karbi-disch
4,25	Spannung 90 V, Aufgabe von Koks	15							
	Aufgabe von Kalk	25							
4,45	Probe (Stehprobe 38″) Spannung 10 Min. auf 120 V		1,09	0,17	n. b.	0,010		schwach sprü-hend	leicht karbi-disch
4,55	Desoxydation (50%) FeSi	40							
	Aluminium	3							
5,00	Schlußprobe						1545° (Bioptix)	leicht unru-hig am Ende der Er-star-rung	
5,05	Abstich								

Stahlanalyse: % C 1,10, Mn 0,17, Si 0,14, P 0,013, S 0,010.

Abgegossen: komm. in 300 mm ▱-Blöcken. *Gießtemperatur*: 1455 bis 1450 °C (Bioptix).

geführten Eisenoxyde), von welchen 100 kg zugleich mit dem Einsatz zugegeben wurden.

Nach dem Einschmelzen zeigte das Bad ein leichtes Kochen unter einer gut flüssigen Schlacke. Ein Schlackenwechsel war nicht notwendig. Der Stahl ist bei Entnahme der ersten Probe matt und treibt in der Probekokille. Durch Nachsetzen von 100 kg Rösterz und 100 kg Kalk wurde der Frischvorgang und die Entphosphorung beschleunigt. Die nach 25 Minuten entnommene zweite Probe zeigte bereits annähernd den gewünschten Kohlenstoffgehalt. Die Schmiedeprobe war leicht rotbrüchig. Nach dem Eintreffen der Analysenwerte aus dem Schnell-laboratorium wurde das Bad, dessen Kochen unterdessen abgenommen hatte, abgeschlackt. Nach dem Aufkohlen des blanken Bades und Verflüssigung der Feinungsschlacke wurde, wie aus dem Arbeitsgang ersichtlich, die Schlacke durch partienweises Aufgeben von Koksgrieß leicht karbidisch gehalten. Die Feinungs-schlacke war anfangs etwas zu dünnflüssig, so daß mehrmals gebrannter Kalk aufgegeben wurde. Die Vergrößerung der Schlackenmenge war auch im Hinblick auf den relativ hohen Schwefelgehalt erwünscht. Eine Korrektur des Kohlenstoff-gehaltes wurde mit Karburit vorgenommen. Zur Desoxydation wurde Ferrosilizium und Aluminium verwendet. Die Höhe des Ferrosiliziumzusatzes wurde auf Grund des Aussehens der letzten Proben mit 0,12% Si begrenzt. Die Schlußprobe zeigte an der Oberfläche bis zum Erstarren eine leichte Unruhe und das charakteristische Spritzen der hochgekohlten unlegierten Stähle. Das Aluminium wurde als Barrenaluminium, an einer Eisenstange befestigt, in das Bad eingestoßen. Die letzte Temperaturmessung ergab 1545 °C.

Das Abstechen erfolgte unter Zurückhalten der Schlacke. Pfannenzusätze erfolgten nicht. Die Schmelze wurde kommunizierend zu Quadratblöcken von 300 mm Seitenlänge vergossen. Das Gesamtausbringen errechnete sich zu 96,5% des metallischen Einsatzes, das Ausbringen an guten Blöcken betrug 15 500 kg. Der Stromverbrauch lag mit 760 kWh/t Ausbringen innerhalb der üblichen Grenzen, desgleichen auch die Gesamtschmelzzeit von 5 Stunden 5 Minuten vom Beginn des Einsetzens bis zum Abstich.

2. Legierter Vergütungsstahl als Aufbauschmelze
im basischen 30-t-Lichtbogenofen

Der Ofen ist mit einem Dolomithartherd zugestellt und wird mit Korb chargiert. Die Transformatorleistung beträgt 9500 kVA mit einer maximalen Sekundärspannung von 270 Volt.

Aus dem nickelhaltigen Altschrott gelangten, wie Tab. 90 zeigt, 0,35% Ni in den Einsatz. Infolge des hohen Verrostungsgrades des Altschrottes wurde die Erzmenge im Einsatz mit 300 kg begrenzt. Nach dem Einschmelzen zeigte das Stahlbad nur ein leichtes örtliches Kochen. Die zum Teil dick und breiartige Einschmelzschlacke wurde teilweise abgezogen. Zur Ergänzung der Schlacke und zur Belebung des Frischvorganges wurden 150 kg Erz und 300 kg Kalk nachgesetzt. In der Probe vor dem Abschlacken wurde neben Schwefel auch noch Chrom bestimmt. Aus dem Altschrott war als Legierungsrest 0,12% Cr vorhanden.

Die Feinungsschlacke wurde nur aus gebranntem Kalk und Flußspat im Verhältnis 3:1 bereitet, um einen möglichst niedrigen Schwefelgehalt zu erreichen. Der gebrannte Kalk war durchgreifend auf Rotglut vorgewärmt. In der Feinungsperiode wurde eine leicht karbidische, hellgraue Schlacke gefahren und die notwendigen Mengen Nickel, Mangan, Molybdän und Chrom legiert. Desoxydiert wurde im Ofen mit Ferrosilizium und Aluminium. Es wurde ohne Zurückhalten der Schlacke abgestochen, woraus sich eine gute zusätzliche Entschwefelung ergab, allerdings aber auch eine leichte Zunahme des Kohlenstoffgehaltes aus der karbidhaltigen Schlacke.

Die Schmelze wurde zu 6-t-Schmiedeblöcken im direkten Guß vergossen. Das rechnerische Gesamtausbringen betrug 96%. Der Stromverbrauch liegt mit 725 kWh/t Ausbringen etwas hoch.

3. Legierter Vergütungsstahl als Aufbauschmelze mit Sauerstofffrischen
aus vier basischen Lichtbogenöfen

Die Herstellung von Stählen für schwere Schmiedeblöcke, wie sie aus legierten Stählen, z. B. für Rotorwellen, bis zu Blockgewichten von 300 t benötigt werden, erfordert besondere Sorgfalt. Der Abguß wird heute vorwiegend im Vakuum vorgenommen, um den Wasserstoffgehalt im Block auf einen unschädlichen Wert zu erniedrigen. Als ein typisches Beispiel für die Erzeugung eines 170-t-Schmiedeblockes aus einem Ni—Cr—Mo-Stahl, der in vier basischen Lichtbogenöfen erschmolzen und unter Vakuum vergossen wird, kann die Arbeitsweise des Stahlwerkes Terni [13] dienen.

Tabelle 90. *Legierter Vergütungsstahl als Aufbauschmelze im basischen 30-t-Lichtbogenofen*

Analysenvorschrift:

% C	0,30 bis 0,35	Cr	1,00 bis 1,20	P max. 0,020
% Si	0,20 bis 0,35	Ni	2,30 bis 2,60	S max. 0,020
% Mn	0,30 bis 0,50	Mo	0,30 bis 0,50	

Einsatz: Nickelhältiger Altschrott (C 0,35, Mn 0,4) . . . . 15000 kg
unlegierter SM-Schrott (C 0,4, Mn 0,5) . . . . 13000 „
Cr—Ni-Baustahlspäne (C 0,3, Mn 0,5) . . . . 3000 „

Metallischer Einsatz . . 31000 kg

Zeit	Arbeitsgang	Zusätze in kg	Analyse in %						Temperatur °C	Verhalten der Proben	
			C	Mn	P	S	Cr	Ni		Stahl	Schlacke
0	Einsetzen										
	Schrott	31000	0,37[1]	0,45[1]							
	Kalkstein	600									
	Rösterz	300									
0,05	Anfahren mit 270 V										
1,50	Spannung auf 220 V zurück										
2,05	Eingeschmolzen 1. Probe		0,29	0,31	0,017	n.b.	n.b.	0,35		matt, treibt	dunkel, un- gleich- mäßig
2,10	Teil der Schlacke abgezogen, gebrannter Kalk	300									
	Erz	150									
2,25	Spannung auf 180 V zurück										
2,45	2. Probe, Bad kocht gut		0,17	0,22	0,013	0,033	0,12	—		warm rot- bruch- frei	flüssig
3,05	Abschlacken										
3,15	Aufkohlen mit Elektroden- kohle	30									
3,20	Feinungsschlacke aufgegeben (CaO:CaF$_2$ = 3:1) Spannung 220 V	1200									
3,30	Spannung auf 140 V zurück Koksgrieß auf- gestreut	40									flüssig, dunkel
3,50	3. Probe		0,25	0,23	n.b.	0,030	—	—		treibt	hell, nicht karb.

[1] Errechnete Durchschnittsanalyse.

Tabelle 90 (Fortsetzung)

Zeit	Arbeitsgang	Zusätze in kg	Analyse in %						Tempe-ratur °C	Verhalten der Proben	
			C	Mn	P	S	Cr	Ni		Stahl	Schlacke
3,55	Nickel legieren	660									
	Schlackenarbeit durch Zugabe										
	von Kalk	75									
	Koksgrieß	15									
	Spannung zurück auf 90 V										
4,25	4. Probe		0,25	n.b.	n.b.	0,022				treibt	leicht karb.
4,35	Legierungssätze										
	FeMn (40%)	120									
	FeCr (4% C, 67% Cr)	450									
	FeMo (80%)	150									
4,50	gebrannter Kalk nachgesetzt	75									
5,05	5. Probe (Steh-probe 55″)		0,32	n.b.	n.b.	0,013				un-ruhig	sämig, leicht karbid.
5,20	Desoxydation										
	FeSi (76%)	120									
5,25	Schlußprobe									ruhig	
	Aluminium	15									
5,30	Abstich								1490° un-korr.		

Stahlanalyse in %: C 0,33 Si 0,29 Mn 0,38 Cr 1,14 Ni 2,42 Mo 0,41
P 0,013 S 0,011

Abgegossen: 6-t-Schmiedeblöcke. *Gießtemperatur*: 1420 bis 1410 °C (unkorrigiert; Pyropto).

Für den 170-t-Block wurde der Stahl in zwei 35-t-Lichtbogenöfen, einem 40- und einem 80-t-Ofen gleichzeitig erschmolzen. Die Kenndaten der Öfen zeigt Tab. 91. Sie sind basisch zugestellt und die Ofenwände aus Teerdolomitblöcken aufgebaut. Trotz der nachgeschalteten Vakuumbehandlung wird bei der Erschmelzung darauf gesehen, daß der Stahl einen möglichst geringen Wasserstoff-

Tabelle 91. *Kenndaten der Lichtbogenöfen* (zu Abb. 332)

Fassungsvermögen in t		35	40	80
Kesseldurchmesser	mm	4850	4800	5760
Transformatorleistung	kVA	12000	12000	20000
Elektrodendurchmesser	mm	450	450	500

gehalt aufweist. Dazu dienen Vorsichtsmaßnahmen, wie Ausschalten von Anfahrschmelzen, solange die Zustellung noch Wasserstoff an die Schmelze abgeben kann, Verwendung von frisch gebranntem Kalk, der vom Brennofen in verschlossenen Behältern an den Ofen angeliefert wird, Sauerstofffrischen zur Entgasung des

Stahlbades und schließlich die Verwendung von vorgewärmten, trockenen Gieß-pfannen (mindestens 600 bis 700 °C Innentemperatur).

Der Einsatz besteht aus 30% Roheisen (aus dem Elektro-Niederschachtofen) und 70% ausgesuchtem Schrott mit möglichst geringen Gehalten an schädlichen Spurenelementen, wie Cu, Sn, As, Pb. Die Zusammensetzung wird im allgemeinen so gewählt, daß die Einlaufanalyse etwa folgende Werte aufweist: C etwa 0,70% über dem verlangten Endwert, Mn etwa 0,60%, Cr $\leq$ 0,50%. Nickel und Molybdän können als nichtverschlackende Elemente bereits in den notwendigen Gehalten im Einsatz vorhanden sein. Den typischen Schmelzverlauf gibt Abb. 332 wieder. Zur Schlackenbildung wird mit dem Einsatz 4% Kalk

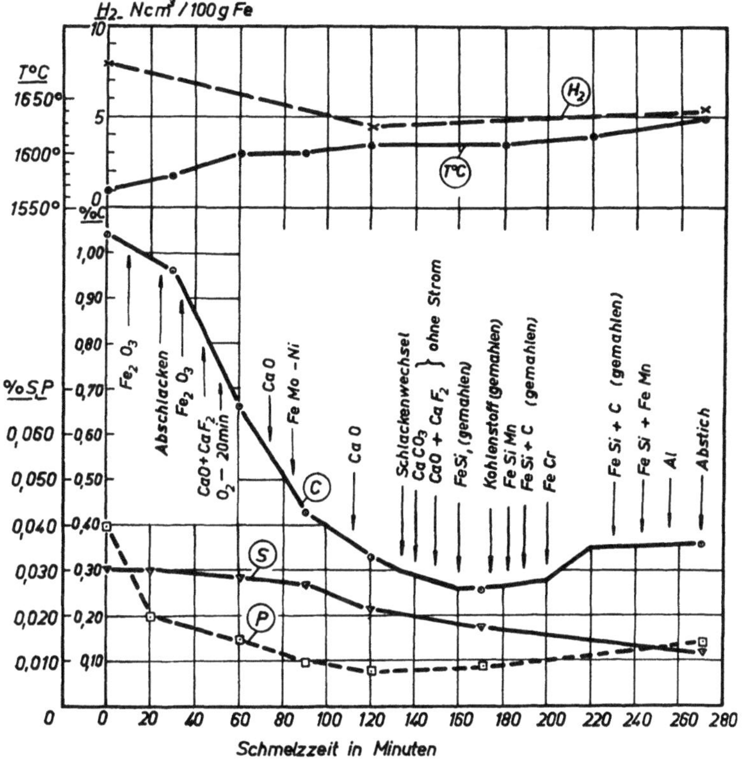

Abb. 332. Schmelzverlauf eines legierten Vergütungsstahles im basischen Lichtbogenofen (nach M. SIGNORA, R. CARDANO und L. TONI)

aufgegeben. Unmittelbar nach dem Einschmelzen wird zum Frischen Erz zugesetzt und ein Teil der Schlacke abgezogen. Nach etwa 40 Minuten wird die Schlacke fast vollständig durch eine neue Kalk-Flußspatschlacke ersetzt und durch Ein-blasen von Sauerstoff eine hohe Entkohlungsgeschwindigkeit angestrebt (etwa 0,6% C/h). Sie bewirkt eine deutliche Senkung des Wasserstoffgehaltes. Nach dem Sauerstoffblasen kann, wenn erforderlich, mit Nickel und Molybdän legiert werden. Die weiteren Einzelheiten der Feinungsperiode nach vollständigem Schlackenwechsel können dem Diagramm entnommen werden. Wesentlich ist dabei eine genaue Temperaturkontrolle und eine möglichst kurze Feinungszeit, damit der Wasserstoffgehalt nicht zu stark ansteigt. Unter günstigen Bedingungen können Werte von 5,5 Ncm³/100 g Stahl eingehalten werden.

Für den Abstich der vier Öfen zum Guß eines Blockes muß eine bestimmte, durch Einrichtungen und Kranzeiten bedingte Reihen- und Zeitfolge eingehalten werden. Im vorliegenden Fall wurden, wie Tab. 92 zeigt, die Schmelzen der beiden 35-t-Öfen in eine 65-t-Pfanne eingefüllt, die zuerst über eine Zwischenpfanne in die im Vakuumgefäß stehende Kokille entleert wurde. Als zweites

Tabelle 92. *Abstich-Reihenfolge, Abstichtemperatur und Kohlenstoffgehalt* (zu Abb. 332)

Nr. des Abstichs	Pfanne t	Ofen t	Beginn des Abstichs h	Abstich-gewicht t	Abstich-temperatur °C	Kohlenstoffgehalt der Schmelze % C
1	120	40	0,00	40	1660	0,30
2	65	35	0,06	30	1665	0,42
3	120	80	0,19	70	1650	0,26
4	65	35	0,20	30	1650	0,34

Reihenfolge des Gießens: zuerst 65-t-Pfanne, dann 120-t-Pfanne.

wurde die 120-t-Pfanne vergossen, die die Schmelzen des 40- und 80-t-Ofens enthielt. Bemerkenswert ist neben der genauen Abstimmung der Abstichzeiten in der angegebenen Reihenfolge die gleichmäßige Abstichtemperatur und die Abstimmung der Kohlenstoffgehalte der Einzelschmelzen, um die unvermeidbaren Blockseigerungen nach Möglichkeit auszugleichen.

4. Höherlegierte Aufbauschmelzen

Die Erschmelzung höherlegierter Aufbauschmelzen unterscheidet sich nur in einigen Einzelheiten von den vorhergehenden Schmelzbeispielen.

Die Erzeugung ferritischer Chromstähle und besonders die Herstellung von austenitischen Chrom-Nickel-Stählen mit niedrigem Kohlenstoffgehalt machen eine sehr weitgehende Entkohlung des Stahlbades notwendig. Der geringe Kohlenstoffgehalt wird heute durchwegs mittels Sauerstofffrischen eingestellt. Man erhält damit auch in kurzer Zeit ein genügend warmes Bad, um die Auflösung der großen Legierungsmengen zu erleichtern. Reine Aufbauschmelzen mit unlegiertem Einsatz werden jedoch nur selten gefahren, meist trachtet man, zumindest einen Teil des Chroms schon durch legierten Schrott einzubringen. Beispiele für derartige Umschmelzen sind im folgenden Abschnitt 3.533.2 gegeben.

Auch Stähle für Dynamo- und Transformatorenbleche müssen auf einen sehr niedrigen Kohlenstoff- und Mangangehalt gefrischt werden, was ebenfalls durch Sauerstofffrischen und mit eventuellem Schlackenwechsel zur Manganentfernung leicht möglich geworden ist. Die Feinungsperiode, die in erster Linie den Schwefel weitgehend entfernen soll, wird unter einer weißen Kalk-Flußspatschlacke ausgeführt. Als Reduktionsmittel dienen Ferrosilizium, Aluminium, Feralsit, Kalziumsilizium u. a. Besonderer Wert ist auf die Verwendung trockener Schlackenbildner und trockenen, gasfreien Ferrosiliziums zum Legieren zu legen. Der Restsauerstoffgehalt des Bades wird durch Desoxydation mit 1 bis 2 kg Al/t abgebunden, das beim Abstich in die Pfanne zugesetzt wird.

Einfacher arbeitet man jedoch nach dem Duplex-Verfahren. Das Vormetall, mit etwa 2 kg Al/t desoxydiert, wird auf das im Lichtbogenofen befindliche vorgewärmte Ferrosilizium unter sorgfältigem Zurückhalten der Schlacke eingefüllt und in üblicher Art unter einer weißen Feinungsschlacke fertiggemacht.

3.533.2 Umschmelzen

Das Umschmelzverfahren im basischen Lichtbogenofen wird nur in wenigen Fällen, z. B. bei der Herstellung hochgekohlter Werkzeugstähle, ohne Oxydationsperiode ausgeführt. Für legierte Stähle mittleren und niedrigen Kohlenstoffgehaltes hat diese Arbeitsweise wegen der mangelhaften Entgasung und schlechten Abscheidung der Suspensionen große qualitative Nachteile. Sie können heute durch das Sauerstofffrischen auch bei hohen Legierungsgehalten im Bad vermieden werden.

Bei reinen *Umschmelzen ohne Frischperiode*, wie z. B. für die Erschmelzung von hochgekohlten Chromstählen oder Werkzeugstählen (Schnelldrehstähle) werden nur so viel Sauerstoffträger im Einsatz verwendet, daß gerade das Silizium oxydiert wird. Man benutzt dazu vorteilhaft legierten Zunder und Hammerschlag. Die darin enthaltenen Oxyde der Legierungselemente können auf diese Weise wiedergewonnen werden. Die chemische Zusammensetzung des Einsatzes wird weitgehend der Endanalyse angepaßt. Bei der Verarbeitung von artgleichem Schrott ist in der Regel die Verdünnung mit niedriggekohltem Schrott notwendig. Dazu wird manchmal ein besonders erschmolzenes Weicheisen verwendet. Als günstig hat sich auch Eisenschwamm erwiesen, der eine Zugabe von Sauerstoffträgern im Einsatz überflüssig macht. Im allgemeinen beträgt der Anteil an legiertem Schrott im Einsatz 60 bis 90%, wobei der Kohlenstoffgehalt etwa 0,1 bis 0,2% unter dem verlangten Endwert gehalten wird. Die Voraussetzung dafür ist allerdings eine genaue Schrotterfassung und exakte Sortierung und Lagerung am Schrottplatz.

Der Phosphorgehalt im Einsatz von Umschmelzchargen muß natürlich schon dem verlangten Endwert entsprechen, da eine Entphosphorung nicht ausgeführt werden kann. Dagegen kann der Schwefelgehalt in den gleichen Grenzen wie bei den Aufbauschmelzen liegen, da mit gleichen Feinungsschlacken hoher Schwefelaufnahmefähigkeit gearbeitet wird.

Die Einschmelzschlacke wird beim Umschmelzen nur dann ganz oder teilweise abgezogen, wenn sie durch Beimengungen aus dem Schrott oder durch Teile der feuerfesten Zustellung verunreinigt ist oder wenn der Verschlackungsverlust an Legierungselementen unbedeutend ist. Keineswegs wird jedoch die Einschmelzschlacke im normalen Betrieb abgezogen, wenn höhere Gehalte an Legierungsoxyden von Chrom, Wolfram, Vanadin oder auch Mangan in die Schlacke übergegangen sind. In diesem Fall wird die Schlacke nach beendetem Einschmelzen reduziert. Ist die reduzierte Schlacke für die Feinungsarbeit ungeeignet, so kann sie jetzt ganz oder teilweise abgezogen und durch neue Schlackenbildner ersetzt werden. Man begnügt sich dann meist mit einer Schlackenmenge von etwa 2%. Die Schlackenarbeit in der Feinungsperiode unterscheidet sich nicht von der bei Aufbauschmelzen.

Die folgenden Schmelzbeispiele zeigen die Durchführung von Umschmelzen ohne Frischperiode.

**1. Legierter Werkzeugstahl als Umschmelze
mit teilweise legiertem Einsatz im basischen 15-t-Lichtbogenofen**

Die Kenndaten des Ofens sind: Anschlußwert 4000 kVA, maximale Sekundärspannung 190 Volt, Magnesitherd und Korbchargierung. Den Schmelzverlauf zeigt Tab. 93.

Von den 300 kg gebranntem Kalk, die für den Einsatz vorgesehen waren, wurden 100 kg auf den Herdboden gegeben. Der als Sauerstoffträger und Ver-

dünnungsschrott verwendete Eisenschwamm wurde im oberen Drittel des Einsetz-
korbes gelagert. Das Bad zeigte nach dem Einschmelzen ein leichtes Kochen
unter einer dünnflüssigen Schlacke. Der Kochvorgang wurde bis zum Eintreffen
des Analysenergebnisses der ersten Probe aufrechterhalten und sodann die Einschmelzschlacke abgezogen. Bei dem hohen Kohlenstoffgehalt waren nennens-

Tabelle 93. *Legierter Werkzeugstahl als Umschmelze mit teilweise legiertem Einsatz
im basischen 15-t-Lichtbogenofen*

Analysenvorschrift in %: C 1,10 bis 1,20, Si 0,15 bis 0,25, Mn max. 0,30, W 1,00 bis 1,20

Einsatz: W-legierter Werkzeugstahlschrott (Abfälle gleicher Analyse) . . . . . . 5000 kg
Werkzeugstahlschrott (C 0,80 bis 1,0, Mn 0,30, P 0,015) . . . . 5800 „
Späne gleicher Zusammensetzung . . . . 1000 „
Weicher SM-Flußstahlschrott (C 0,1%, Mn 0,4 bis 0,6%, P 0,018%) . . 4000 „

Metallischer Einsatz . . 15500 kg

Zeit	Arbeitsgang	Zusätze in kg	Analyse in %					Temperatur °C	Verhalten der Proben	
			C	Mn	P	S	W		Stahl	Schlacke
0,00	Einsetzen									
	Schrott	15800								
	gebrannter Kalk	200								
	Eisenschwamm	200								
0,05	Anfahren mit 190 V									
1,45	Spannung zurück auf 140 V									
2,00	Eingeschmolzen									
	1. Probe		0,75	0,28	0,014	n. b.	0,47		matt, leichtes Kochen	dunkelflüssig
2,35	Abschlacken									
	Aufkohlen mit Koksgrieß	70								
2,45	Aufgeben der Feinungsschlacke (CaO:CaF$_2$:SiO$_2$ = 15:3:2) Ofenspannung 160 V.	750							„	
3,05	Schlacke flüssig, Spannung auf 120 V Koksgrieß aufstreuen									
3,35	3. Probe		1,06	0,22	n. b.	0,017	n. b.		warm, unruhig	weiß, noch nicht karbidisch.
3,45	Legieren									
	FeW (78%) vorgewärmt	128								
	Schlackenarbeit									
	Koksgrieß	20								

Tabelle 93 (Fortsetzung)

Zeit	Arbeitsgang	Zusätze in kg	Analyse in %					Temperatur °C	Verhalten der Proben	
			C	Mn	P	S	W		Stahl	Schlacke
4,15	4. Probe (Stehprobe 50'')		1,09	n. b.	n. b.	n. b.	n. b.		heiß, unruhig	grau-, karbidisch
	FeSi (45%) Schlußprobe gut, ruhig Aluminium	50 3								
4,35 4,40	Abstich unter Zurückhalten der Schlacke. Aufkohlen mit Elektrodenmehl	5						1470° unkorr.		

Stahlanalyse in %:   C 1,12   Si 0,20   Mn 0,22   W 1,11   P 0,012   S 0,012

Abgegossen: kommunizierend in 350 mm Rundblöcken.
Gießtemperatur: 1390 bis 1380 °C (unkorrigiert).

werte Verschlackungsverluste des Wolframs nicht zu erwarten. Nach dem Aufkohlen auf dem blanken Bad wurde die Feinungsschlacke aufgegeben und mit Koksgrieß laufend leicht karbidisch gehalten. Nach der ersten Probe in der Feinungsperiode wurden 128 kg vorgewärmtes Ferrowolfram zugesetzt. Die Desoxydation im Ofen erfolgte mit Ferrosilizium und Aluminium. Der etwas zu niedrige Kohlenstoffgehalt nach dem Ergebnis der Schlußprobe wurde durch Zugabe von 5 kg Elektrodenkohle in der Pfanne ausgeglichen. Das Gesamtausbringen von 15500 kg entsprach 97% vom metallischen Einsatz. Der Stromverbrauch von 705 kWh/t guter Blöcke lag in den üblichen Grenzen.

Die erfahrungsgemäß geringen Wolframverluste in hochgekohlten Schmelzen mit kurzer Oxydation ermöglichen einen Schlackenwechsel. Er war im vorliegenden Beispiel aus metallurgischen Gründen erwünscht, um den Mangangehalt zu senken. Gleichzeitig konnte, wie die Endanalyse zeigt, auch eine geringe Entphosphorung erzielt werden.

2. Schnelldrehstahl als Umschmelze mit hochlegiertem Einsatz im basischen 10-t-Lichtbogenofen

Die Transformatorleistung dieses mit Magnesitherd zugestellten Ofens beträgt 3000 kVA bei einer maximalen Sekundärspannung von 160 V. Das Einsetzen erfolgt durch Muldenchargierung mit Chargiermaschine. Den Schmelzverlauf gibt Tab. 94 wieder.

Der Einsatz bestand zu zwei Drittel aus legiertem Werkzeugstahlschrott, der Rest aus weichem Flußeisenschrott und aus einem Teil des voraussichtlich benötigten Ferrowolframs. Es wurde im Einsatz so verteilt, daß es vor der direkten Einwirkung des Lichtbogens geschützt war. Zur Oxydation des Siliziums im Einsatz wurden 50 kg Hammerschlag eingesetzt, der vorwiegend aus der Verarbeitung legierter Werkzeugstähle stammte. Die Einschmelzprobe war unruhig und zeigte damit an, daß der Sauerstoffgehalt im Einsatz ausreichend war, um das Silizium zu verschlacken. Die Einschmelzschlacke war dick und durch den Oxydgehalt dunkel gefärbt. Sie wurde durch Zusatz von Flußspat und Sand

Tabelle 94. *Schnelldrehstahl als Umschmelze mit hochlegiertem Einsatz im basischen 10-t-Lichtbogenofen*

Analysenvorschrift in %:

C 0,70 bis 0,80		W 17,0 bis 18,0
Si max. 0,25		V 1,0 bis 1,20
Mn max. 0,35		Mo 0,50 bis 0,70
Cr 3,50 bis 4,50		Co 4,8 bis 5,2
	P und S je max. 0,020	

Einsatz:
Schnelldrehstahlschrott (gleicher Analyse) . . . . 4000 kg
Schnelldrehstahlschrott (Cr 4,0, W 18,0, V 1,10, Co 9,5) . . . . 700 ,,
Werkzeugstahlschrott (C 0,6, W 1,5, Cr 1,0) . . . . 2000 .,
Weicher Flußeisenschrott (C 0,10, Mn 0,35, P 0,017) . . . . 2600 ,,
Ferrowolfram . . . . 800 ,.

Metallischer Einsatz . . 10100 kg

Zeit	Arbeitsgang	Zusätze in kg	C	Mn	P	S	Cr	W	V	Mo	Co	Temperatur °C	Stahl	Schlacke
0,00	Einsetzen Schrott gebrannter Kalk legierter Hammerschlag	10100 200 50												
0,20	Anfahren, Spannung 160 V													
2,00	Spannung auf 140 V zurück													
2,35	Eingeschmolzen 1. Probe		0,62	0,26	0,013	n. b.		13,76			2,86		matt, spratzt	dick, dunkel
	Schlackenarbeit gebrannter Kalk Flußspat Sand	50 20 20												
2,50	Spannung auf 120 V zurück Aufstreuen von Koks	15												
3,30	2. Probe		0,62	0,28			2,06		0,47	0,24			warm	dick, leicht gefarbt, zerfällt
3,35	Reduktion der Schlacke mit FeSi Spannung auf 90 V zurück	10												

Tabelle 94 (Fortsetzung)

Zeit	Arbeitsgang	Zusätze in kg	Analyse in %									Temperatur °C	Verhalten der Proben	
			C	Mn	P	S	Cr	W	V	Mo	Co		Stahl	Schlacke
3,45	Schlackenarbeit gebrannter Kalk	25												
	Koksgrieß	15												
	Co-Metall	290												
4,00	Legieren: FeW (82%)	550												
	FeCr (2% C, 67% Cr)	400												
	FeV (80%)	100												
	FeMo (79%)	60												
4,20	Durchrühren, zu den Elektroden etwas Kalk	15												
4,50	Probe (Stehprobe 38″)		0,69										warm	sämig, leicht karb., zerfällt
4,55	Koksstreuen, Spannung 80 V	5												
5,05	Probe (Stehprobe 42″)		0,71										warm	wie oben
5,15	Desoxydation FeSi (45%)	30												
5,20	Schlußprobe Aluminium	2											Lunker gut	
5,25	Abstechen unter Zurückhalten der Schlacke												1490° unkorr.	

Stahlanalyse in %: C 0,71 Mn 0,27 Si 0,18 Cr 4,05 V 1,09
W 17,36 Mo 0,63 Co 4,89 P 0,016 S 0,010

Abgegossen: 500 kg Rundblöcke.
Gießtemperatur: 1430 bis 1420°C (unkorrigiert).

reaktionsfähig gemacht und mit Koksgrieß reduziert. Der Wolfram- und Kobaltgehalt wurde bereits in der Einschmelzprobe bestimmt, die übrigen Legierungselemente aus der zweiten Probe nach der Schlackenreduktion. Die Reduktion wurde durch Aufstreuen von gemahlenem Ferrosilizium (45%ig) beendet. Die Auflösung und gleichmäßige Verteilung der nunmehr zugesetzten Ferrolegierungen wurde durch mehrmaliges Durchrühren des Bades beschleunigt. Die Schlußprobe erstarrte fast ruhig in der Probekokille, so daß der Siliziumzusatz auf 0,08% beschränkt werden konnte. Kurz vor dem Abstechen wurden noch 2 kg Aluminium und 2 kg Ferrotitan in den Ofen zugesetzt. Abgestochen wurde unter Zurückhalten der Schlacke.

Das Gesamtausbringen von 11 200 kg entspricht rund 97% des metallischen Einsatzes. Der Stromverbrauch von 760 kWh/t Ausbringen und die Gesamtschmelzzeit von 5 Stunden 25 Minuten sind verhältnismäßig hoch. Durch Verwendung höherer Legierungsanteile im Einsatz hätte sich Legierungszeit einsparen lassen. Dies setzt aber voraus, daß der Einsatz analysenmäßig sehr genau bekannt sein muß.

Umschmelzen mit Frischperiode

Das Umschmelzen mit Frischperiode beschränkte sich ursprünglich auf Stähle relativ geringen Gehaltes an Legierungselementen, die einer höheren Verschlackung unterliegen. Die Erzeugung von höherlegierten Stählen extrem niedrigen Kohlenstoffgehaltes war jedoch mit den klassischen Arbeitsmethoden nicht möglich. Die Verwertung dieses Schrottes war dem Induktionstiegelofen vorbehalten. Erst mit der Einführung des Sauerstoffblasens im basischen Lichtbogenofen gelang es, Schmelzverfahren zu entwickeln, die eine wirtschaftliche Verwertung aller hochlegierten Schrottsorten unter weitgehender Wiedergewinnung der wertvollen Legierungsanteile gestatten. In den folgenden Schmelzbeispielen soll aus dieser Entwicklung zunächst die Verarbeitung chromlegierten Schrottes zu einem niedriggekohlten Chrombaustahl durch Erzfrischen gezeigt und in Anschluß daran die Schmelzmethode mit Sauerstofffrischen erläutert werden.

1. Chromeinsatzstahl aus legiertem Schrott mit Frischperiode im basischen Lichtbogenofen

Abb. 333 zeigt den kennzeichnenden Ablauf der metallurgischen Umsetzungen bei dieser Arbeitsweise [14]. Die Schmelze läuft mit 0,70% C und 1,11% Cr ein. Die Einschmelzschlacke ist durch ihren hohen Chromoxydgehalt dick und wird teilweise abgezogen. Durch laufende Erzzugaben wird für einen guten Kochvorgang gesorgt und die Stahlbadtemperatur durch hohe Energiezufuhr soweit wie möglich erhöht. Dadurch gelingt es, trotz abnehmenden Kohlenstoffgehaltes einen Teil des verschlackten Chroms in das Bad zu reduzieren. Am Ende der Frischperiode enthält das Bad wieder 0,80% Cr bei 0,17% C. Ebenso ist eine geringe Entphosphorung eingetreten. Es konnte also ein etwa 75%iges Chromausbringen, bezogen auf die Einschmelzanalyse, erreicht werden. Nach dem Abschlacken

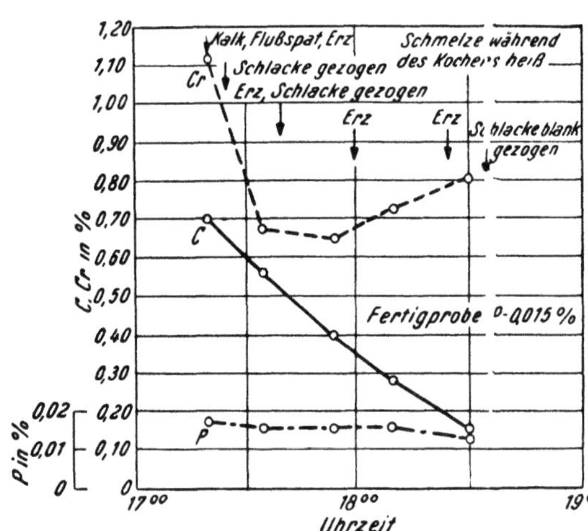

Abb. 333. Verlauf der Frischperiode einer Lichtbogenofenschmelze mit chromlegiertem Einsatz beim Arbeiten mit geringer Schlackenmenge und hoher Temperatur
(nach F. Badenheuer, W. Heischkeil und H. Müller)

wurde die Schmelze wie üblich unter einer weißen Feinungsschlacke fertiggemacht. Dieses Beispiel zeigt einerseits, daß es mit dem basischen Lichtbogen-

ofen möglich ist, auch im normalen Arbeitsverfahren oxydierend umzu-
schmelzen und andererseits auch, wie sehr dieses Verfahren auf Sonderfälle mit
niedrigem Legierungsgehalt beschränkt ist.

2. Austenitischer Chrom-Nickel-Stahl als Umschmelze
mit 100% legiertem Einsatz und Sauerstofffrischen in einem basischen
7-t-Lichtbogenofen

Der Einsatz für diese Umschmelze wurde, wie Tab. 95 zeigt, aus legiertem
Schrott und Nickeloxyd so zusammengesetzt, daß er neben 1,34% Mn rund
16% Cr und rund 10% Ni enthielt. Beim Einsetzen wurde außerdem eine geringe
Menge Elektrodenmehl mit eingesetzt, so daß die Schmelze mit einem Kohlenstoff-
gehalt von 0,71% einlief. Die sehr geringe Menge an Einschmelzschlacke wurde
durch 50 kg gebrannten Kalk ergänzt und in 30 Minuten 125 Nm³ Sauerstoff
eingeblasen. Damit wurde der Kohlenstoffgehalt auf 0,05% gesenkt, und die
Badtemperatur stieg auf etwa 1860°C an (korr. opt. Messung). Die chromreiche
Frischschlacke wurde mit 300 kg Siliko-Chrom reduziert und die Temperatur des
Bades durch Zugabe von 1000 kg Kühlschrott erniedrigt.

Nach dem Abziehen der reduzierten Schlacke wurde eine übliche Kalk-
Flußspat-Feinungsschlacke aufgegeben, die mit Aluminium-Granalien metall-
oxydfrei gehalten wurde. Nach dem Eintreffen der Analysenkontrollwerte wurde
das restliche Mangan, Chrom und Nickel zugesetzt. Ferrotitan wurde in der
Pfanne legiert. Das Metall- und Legierungsausbringen war, wie Tab. 95 angibt,
befriedigend. Das gleiche gilt auch für den Stromverbrauch von 615 kWh/t
flüssiges Ausbringen.

3. Warmarbeitsstahl als Umschmelze aus legiertem Schrott
mit Sauerstofffrischen im basischen 10-t-Lichtbogenofen

Das Sauerstofffrischen legierten Einsatzes kann auch für die Erzeugung legierter Werkzeugstähle mit Erfolg angewendet werden. Tab. 96 enthält die technischen

Tabelle 95. *Titanstabilisierter austenitischer Chrom-Nickelstahl als sauerstoffgefrischte
Umschmelze mit 100% legiertem Einsatz im basischen 7-t-Lichtbogenofen*

		C max. 0,08	Si 0,50 1,00	Mn 0,70 1,00	S max. 0,02	Cr 18,0 19,0	Ni 10,0 11,0	Ti mind. 5 x C
Analysenvorschrift:								
Fertiganalyse:		0,05	0,86	0,93	0,01	18,80	10,30	0,36
Einsatz:	kg	% Mn	% Cr	% Ni	kg Mn	kg Cr	kg Ni	
Cr—Mn-Stahl	200	18,0	5,0	—	36	10	—	
Cr—Ni-Stahl	2000	0,8	18,5	10,5	16	370	210	
Cr—Ni-Schrott I	800	1,0	8,5	8,0	8	68	64	
Cr—Ni-Schrott II	1000	0,8	17,0	10,0	8	170	100	
Cr—Ni-Schrott III	800	0,8	21,5	9,5	6	172	76	
Cr-Stahlschrott	862	0,4	16,0	1,7	4	138	15	
Nickeloxyd	150	—	—	75,0	—	—	113	
Summe	5812	(1,34	16,0	10,0)	78	928	578	
Cr—Ni-Kühlschrott	1000				9	185	105	
Summe Schrott und Ni-Oxyd					87	1113	683	

Tabelle 95 (Fortsetzung)

Zeit	Arbeitsgang	Zusatzmenge in kg	Zusammensetzung in %						Temperatur[1] °C
			C	Si	Mn	S	Cr	Ni	
15,30	Einsetzen								
	Schrott	5812			(1,34)		(16,0)	(10,0)	
	Elektrodenmehl	10							
15,50	Anfahren								
18,25	Eingeschmolzen:								
	1. Probe		0,71	0,29	0,97	0,017	14,70	9,98	1625
	gebrannter Kalk	30							
	Sauerstoffblasen:								
	125 Nm³								
18,45	2. Probe		0,05	0,02	0,45	0,014	12,42	10,70	ca. 1860[2]
	Schlackenreduktion								
	mit Siliko-Chrom	300							
	Kühlschrott								
	(18/8 CrNi)	1000							
19,10	Abschlacken								
	Neue Feinungs-								
	schlacke								
	gebrannter Kalk	150							
	Flußspat	20							
	Al-Granalien	20							
19,45	Legieren:								
	3. Probe:		0,05	1,12	0,60	0,013	16,60	9,81	1650
	Ferrochrom (0,05)	368							
	Nickelmetall	71							
	Manganmetall	18							
20,30	Schlußprobe		0,05	0,93	0,86	0,010	18,96	10,35	1585
20,35	Abstich								
	Pfannenzusätze								
	Ferrotitan (68%)	50							
	Aluminium	2							

[1] Tauchthermoelement-Messung. [2] Korrigierte optische Messung.

Stromverbrauch: 615 kWh/t Gesamtausbringen.
Ausbringen: 6720 kg gute Blöcke.

Stoffbilanz

Metallausbringen	93,0%
Ausbringen gute Blöcke	88%
Legierungsausbringen aus dem Schrott	Mn: 50,5% Cr: 88,5% Ni: 97 %
Titanausbringen aus Ferrotitan	77%

Tabelle 96. *Legierter Werkzeugstahl als Umschmelze mit Sauerstofffrischen im basischen 10-t-Lichtbogenofen*

	C	Si	Mn	P	S	Cr	Mo	V
Analysenvorschrift:	0,30	1,00	0,30	<	<	4,80	1,20	0,30
	0,35	1,20	0,50	0,025	0,015	5,20	1,50	0,40
Fertiganalyse:	0,33	1.12	0,38	0,022	0,011	4,98	1,22	0,35

Einsatz: legierter Schrott gleicher Analyse . . . . 4080 kg
legierter Werkzeugstahlschrott . . . . 1800 „
Kugellagerstahlabfälle . . . . 2250 „
Weicheisen . . . . 702 „
Ferromolybdän (73,7%) . . . . 58 „

Metallischer Einsatz . . 8890 kg

Zeit	Arbeitsgang	Zusätze in kg	Analyse in %								Temperatur °C[1]	Verhalten von Stahl u. Schlacke
			C	Si	Mn	P	S	Cr	Mo	V		
	Einsetzen											
0,00	Schrott	8832										
bis	Feinkoks	70										
0,20	Ferromolybdän	58										
	Eingeschmolzen											
1,50	1. Probe		0,51	0,27	0,39	0,019	0,013	2,90	1,07	0,20	1590	
	gebrannter Kalk	45										
	68 Nm³ Sauerstoff											
2,10	2. Probe		0,28	0,03	0,25		0,014	2,35		0,12	1750	
	20 Nm³ Sauerstoff											
2,30	3. Probe		0,15	0,03	0,24	0,018	0,015	2,19		0,09	1750	
	Kühlschrott	450										
2,45	gebrannter Kalk	40										
	Flußspat	10										
	CaSi	20										
3,00	gebrannter Kalk	50										
	Koks	20										
3,30	gebrannter Kalk	95										
	Koks	10										Schlacke weiß
	CaSi	13										
3,50	Abschlacken											
4,00	4. Probe		0,29	0,08	0,37	0,018	0,014	3,03	1,08	0,19	1620	
	gebrannter Kalk	50										
	Flußspat	10										

[1] Tauchthermoelement-Messung.

Tabelle 96 (Fortsetzung)

Zeit	Arbeitsgang	Zusätze in kg	Analyse in %								Temperatur °C [1]	Verhalten von Stahl u. Schlacke
			C	Si	Mn	P	S	Cr	Mo	V		
4,20	5. Probe		0,27	0,05	0,36		0,014	2,88		0,18	1610	
	Legieren:											
	FeCr (69%)	1400										
	MnSi (72%)	8										
	FeMo (73%)	25										
	FeV (81%)	20										Schlacke weiß
5,10	6. Probe		0,30								1570	
5,20	7. Probe		0,29	0,11	0,40		0,013	5,11	1,23	0,34	1580	
	Desoxydieren											
	FeSi (78%)	132										
	Al	3										
5,30	Abstich											
	Pfannenzusatz											
	Elektrodenmehl	4									1540 [2]	

[1] Tauchthermoelement-Messung.
[2] Temperatur in der Pfanne.

Daten und den Schmelzverlauf einer solchen Umschmelze. Der Einsatz bestand zu zwei Drittel aus Abfällen gleicher Analyse, der Rest aus chromlegiertem Schrott und einer geringen Menge Weicheisen. Gleichzeitig wurden 58 kg Ferromolybdän und 70 kg Koksmehl miteingesetzt.

Die Schmelze lief mit einem Kohlenstoffgehalt von 0,51% ein und wurde nach Zugabe von 45 kg gebranntem Kalk in zwei Arbeitsabschnitten mit 68 bzw. 20 Nm³ Sauerstoff auf 0,15% C gefrischt. Die Temperatur stieg dabei auf 1750 °C. Nach der Zugabe von 450 kg Kühlschrott (gleicher Analyse) wurde eine Reduktionsschlacke aufgegeben und die verschlackten Legierungselemente mit Koks und Kalzium-Silizium in das Bad reduziert. Der größte Teil der reduzierten Schlacke wurde abgezogen und durch 50 kg CaO und 10 kg CaF_2 ergänzt. Nach Eintreffen des Vorprobenergebnisses wurden die restlichen noch benötigten Legierungen (Chrom, Mangan, Molybdän und Vanadin) zugesetzt. Die Schmelze wurde im Ofen unter weißer Schlacke mit Ferrosilizium und Aluminium desoxydiert und abgestochen. 4 kg Elektrodenmehl wurden in der Pfanne zum Aufkohlen zugesetzt. Das Gesamtausbringen betrug 96% bei einem Stromverbrauch von 665 kWh/t guter Blöcke.

4. Andere Arbeitsverfahren bei Umschmelzen

Bei Umschmelzverfahren ohne oder mit nur geringer Oxydation werden fallweise auch andere Schlacken verwendet. So wird z. B. in manchen Werken zum Umschmelzen legierter Abfälle von Warmarbeitsstählen (Cr—W—V-Stähle) eine Quarz-Magnesitschlacke benutzt. Sie enthält einen gewissen Eisenoxydulgehalt und verhindert damit eine Kohlenstoffaufnahme des Bades. Eine Entschwefelung mit einer solchen Schlacke ist jedoch nicht möglich. Sie besitzt aber gegenüber den Kalkschlacken den Vorteil, daß sie eine Wasserstoffaufnahme in der Feinungsperiode weitgehend ausschaltet. Auch ähnlich zusammengesetzte Magnesit-

Schamotteschlacken werden aus dem gleichen Grund verwendet. Sie dienen z. B. zum Umschmelzen von Schnelldrehstahlschrott.

Es kann heute als erwiesen gelten, daß sich das Arbeitsverfahren der Umschmelzen gleichermaßen zur Erzeugung hochwertiger Edelstähle eignet wie das der Aufbauschmelzen. Voraussetzung ist allerdings, daß bei der Durchführung den grundlegenden metallurgischen Anforderungen Rechnung getragen wird und die Schmelze gasarm und einschlußfrei zum Abguß gelangt. Das Umschmelzverfahren besitzt den Vorteil einer kürzeren Schmelzdauer. Beim Sauerstofffrischen ist jedoch die bei hochlegiertem Einsatz und niedrigem Endkohlenstoffgehalt geringere Haltbarkeit der Herdzustellung in Rechnung zu stellen.

3.533.3 Schmelzen nur mit oxydierender Schlacke

Dieses Arbeitsverfahren entspricht, wie bereits erwähnt, dem Schmelzverfahren im basischen Siemens-Martin-Ofen oder dem Sauerstoffaufblas-Verfahren. Es wird außer bei unlegierten Massenbaustählen nur noch für niedriglegierte Baustähle verwendet. Bei dieser Arbeitsweise wird nur eine Frischperiode geführt und die Schmelze als Fangschmelze fertiggemacht. Der Legierungszusatz kann in den Ofen unmittelbar vor dem Abstechen oder in die Pfanne erfolgen. Die Desoxydation wird als Fällungsdesoxydation in der Pfanne ausgeführt. Zwei Schmelzbeispiele sollen diese Arbeitsweise erläutern.

1. Chromlegierter Vergütungsstahl für Schmiedestücke
nach dem Einschlackenverfahren im basischen 70-t-Lichtbogenofen [7]

Der Ofen ist mit Dolomitherd versehen. Die Transformatorleistung beträgt 20 000 kVA bei Sekundärspannungen zwischen 400 und 160 Volt. Korbchargierung. Den Schmelzverlauf zeigt Tab. 97.

Der Gesamtschrotteinsatz von 75 t wurde mit 3 Chargierkörben eingebracht. Vor dem ersten Korb wurden 150 kg Anthrazit auf den Herdboden gegeben, vor dem zweiten Korb 1500 kg Kalk und 400 kg Walzzunder eingesetzt. Die Schmelze lief mit 0,39% C ein und wurde sofort mit Sauerstoff auf 0,19% C gefrischt. Ein Teil der Frischschlacke wurde während des Blasens abfließen gelassen. Sodann wurde mit Silikomangan vordesoxydiert und mit 1250 kg hochgekohltem Ferro-

Tabelle 97. *Chromlegierter Baustahl für Schmiedestücke aus dem basischen 70-t-Lichtbogenofen; Einschlackenverfahren mit Sauerstoffblasen*

	C	Si	Mn	P	S	Cr
Analysenvorschrift:	0,35	0,20	0,70	max. 0,05	max. 0,05	0,85
	0,40	0,25	0,90			
Fertiganalyse:	0,37	0,23	0,86	0,020	0,026	0,98

Einsatz:	1. Korb	2. Korb	3. Korb	Summe
Sauberer Kaufschrott	8050 kg	9500 kg	12 000 kg	
Rohrschrott	14 350 kg	3400 kg	3000 kg	
Walzwerkabfälle	7100 kg	9100 kg		
Abfallblöcke	3350 kg			
Kokillenbruch	5150 kg			
Summe:	38 000 kg	22 000 kg	15 000 kg	75 000 kg

Tabelle 97 (Fortsetzung)

Zeit	Arbeitsgang		Zusätze in kg	Zusammensetzung in %				Tempe-ratur °C [1]
				C	Mn	P	S	
12.48	letzter Abstich							
13.25	Einsetzen, Beginn: Anthrazit		150					
		1. Korb	38000					
13.27	Anfahren							
14.40	Einsetzen	gebrannter Kalk	1500					
		Walzzunder	400					
		2. Korb	22000					
15.25	Einsetzen	3. Korb	15000					
16.10	Eingeschmolzen, 1. Probe			0,39	0,18	0,04	0,04	
16.17	1. Sauerstoffblasen, etwas							
16.21	Schlacke läuft ab							
16.31 16.35	2. Sauerstoffblasen							
16.40	2. Probe ·			0,19	0,13			1580
16.43	Legieren: Silikomangan		250					
16.47	Ferrochrom (4—6% C)		1250					
17.00	niedrigproz. Ferro-							1570
	silizium		75					
17.02	Ferromangan		675					
17.11	Temperaturmessung							1570
17.13	Abstich Pfannenzusatz							
	Aluminium		15					
	Ferrotitan		70					
	75% Ferrosilizium		275					
18.00	Ofen für die nächste Schmelze bereit							

[1] Tauchthermoelement-Messung.

Schmelzzeit von Abstich zu Abstich: 4 Stunden 25 Minuten.
Ausbringen an guten Blöcken: 70500 kg.
Stromverbrauch: 528 kWh/t guter Blöcke.

chrom legiert. Nach dem Zusatz des Ferromangans wurde abgestochen und in der Pfanne mit Ferrosilizium, Ferrotitan und Aluminium desoxydiert. Die Gesamtschmelzzeit von Abstich zu Abstich betrug 4 Stunden 25 Minuten, der Stromverbrauch 528 kWh/t guter Blöcke, das Blockausbringen 91% vom metallischen Einsatz.

2. Mangan-Molybdän-Vergütungsstahl aus dem basischen 40-t-Lichtbogenofen mit hohem Anteil an vorgefrischtem Roheisen [15]

Der Einsatz bestand, wie Tab. 98 zeigt, zu 45,5% aus vorgefrischtem, flüssigem Roheisen, welches nach dem „Brymbo"-Prozeß hergestellt wurde (vgl. Abschnitt 3.24). Der Schrottanteil wurde vorgewärmt und teilweise eingeschmolzen, worauf das Vormetall ohne Abschalten der Stromzufuhr eingefüllt wurde. Gleichzeitig wurde Kalk und Erz zugesetzt. Nach beendetem Aufschmelzen wurde

Tabelle 98. *Legierter Baustahl aus dem basischen 40-t-Lichtbogenofen mit 45% flüssigem vorgefrischtem Roheisen; Einschlackenverfahren mit Sauerstoff*

Zeit	Arbeitsgang	Zusätze in kg	Analyse in %					Tempe-ratur[1] °C
			C	Mn	P	S	Mo	
11.50	Abstich der vorhergehenden Schmelze							
	Schrott chargieren	26550						
12.20	Anfahren							
13.20	Einfüllen des vorgefrischten Roheisens	22000						
	Erz	1250						
	Kalk	2000						
14.20	Eingeschmolzen[2]		0,88	0,131	0,020	0,036	0,02	
	Zugabe von Kalziummolybdat und Ferromangan							
	Sauerstoffblasen (14 Nm³/min)	280 Nm³						
16.15	Probe[3]		0,335	0,23	0,010	0,031	0,24	1630
16.25	Ferromangan	550						
16.45	Abstich							

[1] Tauchthermoelement-Messung.
[2] Schlackenzusammensetzung: 47,7 CaO 12,0 SiO_2 14,0 Fe
[3] Schlackenzusammensetzung: 48,7 CaO 10,2 SiO_2 12,0 Fe

Analyse in %:	C	Mn	Si	P	S	Mo
Vorschrift:	0,33—0,38	1,4—1,6	max. 0,30	max. 0,040	max. 0,040	0,20—0,30
Endanalyse:	0,38	1,47	0,30	0,016	0,030	0,24

Verbrauchszahlen: Strom 400 kWh/t Blockstahl
Kalk 56 kg/t Blockstahl
Sauerstoff 7 Nm³/t Blockstahl

Gesamtzeit von Abstich zu Abstich: 4 Stunden 55 Minuten

sofort mit Kalziummolybdat legiert und etwas Ferromangan zugesetzt. Der Kohlenstoff wurde nun mit Sauerstoff bis auf den verlangten Endwert gefrischt, das Mangan legiert und die Schmelze abgestochen. Die Desoxydation erfolgte in der Pfanne.

Das Gesamtausbringen betrug 94,5% vom metallischen Einsatz bei einem Stromverbrauch von 400 kWh/t guter Blöcke; der Sauerstoffverbrauch betrug 7 Nm³/t Blöcke.

Diese Arbeitsweise ermöglicht gegenüber dem Arbeiten mit festem Einsatz eine erhebliche Verminderung des Stromverbrauches (je nach dem Anteil an Vormetall 230 bis 400 kWh/t), der Chargenzeit und des Elektrodenverbrauches (etwa 4 kg/t bei 50% Vormetall).

Schrifttum

zu Abschnitt 3.53

1. HARMS, F.: Beitrag zur Kenntnis des Lichtbogenofens unter besonderer Berücksichtigung des Großraumofens für die Stahlerzeugung. Stahl u. Eisen 83 (1963), S. 257/69.
2. SPEITH, K. G., und H. VOM ENDE: Die Sauerstoffgehalte flüssiger Thomas-, Siemens-Martin- und Elektrostähle. Stahl u. Eisen 74 (1954), S. 509/25.
3. PLÖCKINGER, E.: Die Abscheidungsbedingungen oxydischer Verunreinigungen des Stahles in der Gießpfanne. Stahl u. Eisen 76 (1956), S. 739/48.
4. PLESSING, R.: Sauerstofffrischen unlegierter und legierter Stähle im basischen Lichtbogen-ofen. Berg- u. hüttenm. Mh. 106 (1961), S. 341/49.
5. SPEITH, K. G., H. VOM ENDE und R. SPECHT: Die Wasserstoffgehalte flüssiger Elektro-, Siemens-Martin-, Thomas- und Sauerstoffaufblasstähle. Stahl u. Eisen 82 (1962), S. 808/22.
6. VILLNER, L., und A. NORRÖ: Die Ofenatmosphäre im Lichtbogenofen und ihr Einfluß auf den Stickstoff- und Wasserstoffgehalt von Stahl. Jernkont. Ann. 128 (1944), S. 105/34, vgl. Stahl u. Eisen 65 (1945), S. 20/22.
7. WALKER, W. S., und T. H. HARRIS: Some Operational Details of a Large Electric Melting Shop. J. Iron Steel Inst. 198 (1961), S. 5/12.
8. STÅLHED, J. L.: Sponge Iron in Electric Arc Furnaces. J. Metals 9 (1957), S. 246/49.
9. HOWARD, V. J.: Use of the Oxygen Gas Burner for Scrap Meltdown in the Small Arc Furnace. Elec. Furn. Steel Proc. AIME 18 (1960), S. 398/405.
10. HAUCKE, M., H. CLEES, H. J. KOPINECK und H. OTTMAR: Verwendung von Feinkalk im Elektrostahlwerk; Pneumatische Förderung als Zugabeverfahren. Stahl u. Eisen 83 (1963), S. 441/49.
11. SCHÖBERL, A., und E. HORST: Der Einfluß einer induktiven Badbewegung auf den Schmelzablauf im 30-t-Lichtbogenofen. Berg- u. hüttenm. Mh. 106 (1961), S. 299/306.
12. DURRER, R., und G. HEINTZE: Refining Liquid Pig Iron in Electric Arc Furnaces. J. Iron Steel Inst. 192 (1959), S. 13/25.
13. SIGNORA, M., R. CARDANO und L. TONI: Die Erzeugung von Schmiedeblöcken im Stahl-werk Terni. Offizielle Protokolle der ersten Italienischen Großschmiedetagung, Terni, 26.—29. September 1961, S. 515/28.
14. BADENHEUER, F., W. HEISCHKEIL und H. MÜLLER: Herstellung chromhaltiger Stähle im basischen Siemens-Martin-Ofen und Lichtbogenofen. Aus der Facharbeit auf dem Ge-biete des Eisenhüttenwesens in den Jahren 1939—1945 (Vertrauliche Berichte des VDEh), Verlag Stahleisen, Düsseldorf 1953, S. 211/217.
15. DAVIES, E.: The Pre-Refining of Blast-Furnace Iron and Development of the Brymbo Oxygen-Electric Steelmaking Process. J. Iron Steel Inst. 197 (1961), S. 271/82.

3.54 Ofen- und Schmelzführung beim sauren Lichtbogenofen-Prozeß

Grundsätzlich können bei der Arbeitsweise im sauren Lichtbogenofen die gleichen Arbeitsabschnitte unterschieden werden wie im basischen Ofen (vgl. Abschnitt 3.53). Da jedoch keine Entphosphorung und Entschwefelung erfolgen kann, entfällt auch in der Regel ein Schlackenwechsel, und die Einschmelz- oder Frisch-schlacke wird in eine saure „Feinungsschlacke" übergeführt. Die Ofen- und Schmelzführung ist somit im Durchschnitt einfacher als im basischen Ofen.

Die Wirtschaftlichkeit der Anwendung des sauren Verfahrens im Lichtbogen-ofen ist stark von den Einsatzverhältnissen abhängig. Steht genügend reiner Schrott zur Verfügung, so sind die Umwandlungs- und Schmelzkosten durch die kurze Schmelzzeit, den geringen Strom- und Elektrodenverbrauch, sowie durch die hohe Ofenhaltbarkeit geringer als im basischen Ofen beim Arbeiten mit nor-maler Frisch- und Feinungsperiode. Dieser Vorteil wird aber heute durch das Sauerstofffrischen im basischen Ofen praktisch wettgemacht. Das gleiche gilt auch für das Legierungsausbringen bei Umschmelzen.

An unbestreitbaren Vorteilen kann das saure Schmelzverfahren eine im allgemeinen bessere Blockoberfläche mit entsprechend geringerem Aufwand bei der Blockbearbeitung und eine geringere Flockenanfälligkeit des Stahles für sich in Anspruch nehmen. Ersteres bedingt auch die bevorzugte Anwendung des sauren Lichtbogenofens in der Stahlgießerei. Hier fällt der Nachteil oft weniger ins Gewicht, daß die Zähigkeitseigenschaften des sauren Stahles im allgemeinen nur an der unteren Grenze der Werte des basischen Stahles liegen.

Der Anwendungsbereich der sauren Lichtbogenofenverfahren erstreckt sich nahezu auf alle Stahlqualitäten, wenngleich in der Praxis Stähle mit niedrigem Kohlenstoffgehalt schon deshalb nicht im sauren Ofen erzeugt werden, weil hier eine weitgehende Entkohlung wesentlich schwieriger ist als im basischen. Mit Vorteil kann der saure Ofen für die Erschmelzung von Stählen mit höherem Siliziumgehalt herangezogen werden sowie für Werkzeugstähle, bei denen man ein kleines Überhitzungsintervall und eine stärkere Durchhärtung anstrebt. Wegen der geringen Flockenanfälligkeit wurde der saure Stahl bis zur Einführung der Vakuumbehandlung für die Herstellung von Schmiedestücken gern verwendet. Das saure Schmelzen wurde aber schon lange bei jenen Werkstoffen durch das basische Verfahren ersetzt, bei denen hohe Zähigkeitseigenschaften in der Querrichtung gefordert werden. Auf der anderen Seite darf jedoch nicht übersehen werden, daß die im sauren Stahl meist enthaltenen plastischen Silikateinschlüsse bei manchen Verwendungszwecken zu einer höheren Lebensdauer der daraus gefertigten Bauteile zu führen scheinen als spröde Oxyde, die in manchen basischen Stählen sonst gleicher Zusammensetzung vorhanden sind.

3.541 Metallurgische Grundlagen

Die metallurgischen Umsetzungen im sauren Lichtbogenofen beschränken sich wie bei allen anderen sauren Schmelzverfahren auf die Entkohlung des Stahlbades und auf die Umsetzungen der Legierungselemente mit der sauren, in der Regel kieselsäuregesättigten, oxydreichen Schlacke. Ein weiteres Kennzeichen des Prozesses ist die Siliziumreduktion aus der Zustellung und der Schlacke, die bei höherem Kohlenstoff- und/oder Legierungsgehalt zu einer Vollberuhigung des Stahles ohne Zusatz von Desoxydationsmitteln führen kann. Im übrigen gleichen die metallurgischen Umsetzungen jenen des sauren Siemens-Martin-Ofens, die bereits im Abschnitt 3.431 ausführlich behandelt wurden. Ergänzend wäre nur darauf hinzuweisen, daß die hohe Temperatur des elektrischen Lichtbogens eine besonders sorgfältige Temperaturführung notwendig macht, um eine zu starke Kieselsäurereduktion hintanzuhalten.

Die Einhaltung einer Kochperiode zur *Entgasung* des Stahles ist auch im sauren Lichtbogenofen von Bedeutung, wenngleich die Gefahr einer Gasaufnahme unter sauren Schlacken sehr gering ist (vgl. Abschnitt 1.141). Die Kochperiode erfüllt hier neben der Entfernung des Kohlenstoffüberschusses besonders den Zweck, den Stahl von gefährlichen Suspensionen zu befreien, die sich schädlich auf die technologischen Eigenschaften auswirken.

3.542 Ofenführung

Das Fassungsvermögen saurer Lichtbogenöfen beträgt selten mehr als 6 bis 8 t, so daß hier noch weitgehend von Hand oder mittels Chargiermaschinen beschickt wird. Zum Schutz des Herdes wird vor dem *Einsetzen* der zur Schlackenbildung notwendige Sand aufgegeben. Ein Miteinsetzen von Sauerstoffträgern ist im

Gegensatz zum basischen Ofen wegen ihres starken Angriffs auf die saure Zustellung nicht angebracht. Der Erzzusatz kann erst nach Bildung eines flüssigen Metallbades erfolgen.

Im sauren Ofen ist das Anfahren und *Einschmelzen* schwieriger als im basischen. Die saure Schlacke besitzt eine wesentlich niedrigere elektrische Leitfähigkeit als basische Schlacken, so daß der Lichtbogen stark gestreut wird und zum Abreißen neigt. Die empfindliche und rasch arbeitende Elektrodenregelung moderner Öfen läßt jedoch diese Schwierigkeiten überwinden, so daß damit vom Anfahren an mit der automatischen Regelung gefahren werden kann. Ähnlich wie im basischen Ofen, kann man auch hier das Anfahren durch Zugabe von etwas Koks oder Kalk in die Nähe der Elektroden erleichtern. Auch im Verlauf des Niederschmelzens läßt sich die Führung des Lichtbogens durch kleine Kalkzugaben verbessern, da dadurch die Leitfähigkeit der Schlacke und die Ionisation des Lichtbogens erhöht werden.

Nach dem Aufschmelzen des Einsatzes wird die chemische Zusammensetzung des Bades an Hand der Einlaufprobe kontrolliert und durch Erzzugabe die *Frischperiode* eingeleitet. Sie verläuft kaum anders wie im sauren Siemens-Martin-Ofen (vgl. Abschnitt 3.432). Die Reaktionsfähigkeit der sauren Schlacke wird durch die hohe Temperatur des Lichtbogens verbessert. Sie erreicht in ihrer Grenzkonzentration höhere Kieselsäuregehalte, unterliegt aber im übrigen den schon früher behandelten Beschränkungen in ihrer Zusammensetzung. Die Schlackenmenge wird im allgemeinen sehr gering gehalten und beträgt kaum mehr als 2% vom Einsatzgewicht.

Auch im sauren Ofen kann das Frischen mit gasförmigem Sauerstoff ausgeführt werden [1]. Die geringere Temperaturbelastbarkeit der sauren Zustellung und die aggressive Wirkung der Eisenoxyde erfordern jedoch ein sehr vorsichtiges Arbeiten.

Bei Umschmelzchargen verzichtet man auf eine eigentliche Oxydations- und Frischperiode. Man gleicht die chemische Zusammensetzung des Einsatzes weitgehend der angestrebten Endanalyse an. Der Kohlenstoffgehalt wird dabei nur einige Punkte unter dem Fertiganalysenwert gehalten. Die Einschmelzschlacke kann abgezogen oder direkt in eine Reduktionsschlacke übergeführt werden.

Die *Reduktionsperiode* wird im sauren Ofen nur selten durch einen Schlackenwechsel oder eine Vordesoxydation des Bades eingeleitet. Man läßt vielmehr das Bad mit abnehmender Intensität weiterfrischen, wobei die Aktivität des Eisenoxyduls in der Schlacke so weit absinkt, daß gegen Ende der Feinungsperiode — außer bei sehr weichen Schmelzen — eine Kieselsäurereduktion eintritt. Bei höherlegierten Umschmelzen kann die Reduktion der Legierungselemente durch Zugabe von Desoxydationsmitteln gegen Ende der Schmelzung beschleunigt werden. Als solche dienen Ferrosilizium und/oder Aluminium. Die Schlacke reichert sich dabei durch Kieselsäureaufnahme aus der Zustellung bis zur Sättigungskonzentration an. Der Gebrauch von Reduktionsmitteln kann, ebenso wie eine zu hohe Temperatur des Bades, zu einer starken Siliziumreduktion führen. Eine genaue Temperaturkontrolle ist damit auch für die Einhaltung bestimmter Siliziumwerte im Stahlbad wesentlich.

Ist eine Reduktion der sauren Oxydationsschlacke aus metallurgischen Gründen nicht erwünscht oder ist dies unwirtschaftlich, so wird abgeschlackt und eine neue Desoxydationsschlacke aufgegeben. Die Zusammensetzung derartiger Schlackengemische liegt nach A. E. GREENE [2] etwa bei 70% SiO_2 + 30% CaO. Der Kalkgehalt der Schlacke selbst liegt jedoch durch Anwesenheit anderer Metalloxyde (FeO und MnO) meist nur bei maximal 20%. Die Schlackenmenge beträgt 1 bis 2% vom Badgewicht.

Die sauren Desoxydationsschlacken reichern sich durch Herauslösen aus dem Stahlbad an Metalloxyden an und wirken schon dadurch desoxydierend. Die Endschlacke der Desoxydationsperiode ist dicht und glasig und je nach ihrem Gehalt an Metalloxyden gefärbt. Eine Entschwefelung tritt nicht ein, wenn man von dem geringen Aufnahmevermögen MnO- und CaO-reicherer Schlacken und von der Bildung geringer Mengen flüchtigen Siliziumsulfids absieht. Durch diese Reaktionen kann der Schwefelgehalt des Bades um einige tausendstel Prozent abnehmen.

Beim *Legieren* im sauren Lichtbogenofen ist zu berücksichtigen, daß alle Legierungselemente, die basische Oxyde bilden, einer erhöhten Verschlackung ausgesetzt sind. Dies gilt in erster Linie für das Mangan. Der Manganzusatz wird daher nur am Ende des Schmelzprozesses vorgenommen. Soll die Erzeugung höhermanganlegierter Stähle im sauren Ofen erfolgen, so wird das Ferromangan im vorgewärmten oder vorgeschmolzenen Zustand in die Pfanne gegeben. Für die anderen Elemente gelten sinngemäß die Richtlinien der Arbeitsweisen im basischen Ofen (vgl. Abschnitt 3.532.5).

Der Zusatz von *Desoxydationsmitteln* kann, soweit notwendig, in den Ofen oder in die Pfanne erfolgen. Silizium wird in den Ofen gegeben, während man für Aluminium, Titan u. a. den Pfannenzusatz vorzieht.

Die *Temperaturführung* im sauren Lichtbogenofen ist vor allem in der Reduktionsperiode stark von der Zusammensetzung des Bades und der Schlacke beeinflußt. Man wird mit Rücksicht auf die unter Umständen zu starke Siliziumreduktion bestrebt sein, die Badtemperatur nicht über das zum Abstich und Gießen notwendige Maß zu erhöhen. Im übrigen gelten die gleichen Überlegungen wie beim basischen Prozeß.

3.543 Schmelzverfahren

Auch beim Schmelzprozeß im sauren Lichtbogenofen unterscheidet man grundsätzlich zwischen Aufbauschmelzen und Umschmelzchargen. Erstere werden in der Regel mit flüssigem Einsatz gefahren und benutzen den sauren Ofen nur zur Durchführung der Reduktionsperiode und zum Legieren. Diese Arbeitsweise ist für die Praxis ohne wesentliche Bedeutung. Die Umschmelzchargen, meist mit legiertem Einsatz, werden ähnlich wie die Schmelzen im sauren Siemens-Martin-Ofen geführt. Vier Beispiele sollen weitere Einzelheiten der Schmelzführung erläutern.

1. Legierter Werkzeugstahl aus dem sauren 6-t-Lichtbogenofen

Der Ofen ist mit einem Transformator von 1700 kVA ausgerüstet, der eine maximale Sekundärspannung von 160 Volt abgibt. Der Schmelzverlauf ist in Tab. 99 zusammengestellt.

Der Einsatz bestand zu etwa zwei Dritteln aus legierten Stahlabfällen, die durch Weichschrott verdünnt wurden. Der notwendige Mangangehalt im Einsatz wurde durch die Mitverwendung höhermanganlegierten Schrottes eingestellt. Nach $1^1/_2$ Stunden, als ein Großteil des Einsatzes niedergeschmolzen war, wurden zur schnelleren Oxydation des Siliziums und zur Erleichterung der Entkohlungsreaktion 40 kg Schwedenerz (Magnetit) nachgesetzt. Kurz darauf wurde die Spannung auf 140 V zurückgenommen. Das Einschmelzen war nach 2 Stunden 5 Minuten beendet; die Schmelze zeigte ein leichtes Kochen unter einer dunklen, eisenoxydulreichen Schlacke. Zur Verstärkung der Frischwirkung wurde nach Entnahme der Einschmelzprobe nochmals Erz und etwas gebrannter Kalk nachgesetzt. Aus der Einschmelzprobe wurden auch die Legierungselemente bestimmt,

Tabelle 99. *Legierter Werkzeugstahl mit legiertem Einsatz aus dem sauren 6-t-Lichtbogenofen*

Analysenvorschrift:	C	Si	Mn	Cr	W	P	S
%	0,41	0,80	0,20	0,85	1,50	max.	max.
%	0,47	1,00	0,35	1,15	1,80	0,020	0,035

Einsatz:
Cr—W-Stahlabfälle (1% Cr, 1,5% W) . . . . 1500 kg
W-Stahlabfälle (0,6% C, 1% W) . . . . 2000 „
W-Stahlspäne (1% C, 1% W) . . . . 250 „
Weicheisenabfälle . . . . 1680 „
Mn-Stahlabfälle (0,3% C, 2% Mn) . . . . 500 „

Metallischer Einsatz . . 5930 kg

Zeit	Arbeitsgang	Zusätze in kg	Analyse in %				Verhalten der Proben	
			C	Mn	W	Cr	Stahl	Schlacke
0.00	Einsetzen, Beginn							
0.12	Einsetzen beendet	5930						
	Angefahren mit 160 V							
1.40	Schwedenerz	40						
2.15	Aufgeschmolzen							
	1. Probe		0,53	0,40	0,66	0,17	matt, treibt	dunkel
	Spannung zurück auf 120 V							
2.25	Schwedenerz	20						
	gebrannter Kalk	20						
2.45	2. Probe		0,48					dunkel-
2.50	gebrannter Kalk	20						braun
3.05	3. Probe		0,45	0,21			warm	braun
3.10	Legieren						unruhig	
	FeW (81%)	87						
	FeCr (67%, 2% C)	83						
3.20	4. Probe		0,44				fast	gelb-
3.30	Desoxydation						ruhig	braun
	FeMn (76%)	12						
	FeSi (50%)	90						
	Aluminium	1,5						
3.35	Abstich							
	Pfannenzusatz: Al	0,5						

Fertiganalyse in %: C 0,45 Si 0,98 Mn 0,31 Cr 1,09 W 1,76 P 0,014 S 0,031

Abgegossen: 14 Stück 250 kg ▱-Blöcke. *Gießtemperatur*: 1390 °C (unkorrigiert).

da bei Wolfram keine größeren Verschlackungsverluste im Verlauf des weiteren Schmelzprozesses zu erwarten sind und der Chromgehalt im Einsatz nur sehr geringe Werte aufweisen konnte. Nach der zweiten Probe wurde zur Erhöhung der Aktivität des Eisenoxyduls in der Schlacke nochmals 20 kg gebrannter Kalk nachgesetzt.

Durch den Verbrauch des Eisenoxyduls im Frischprozeß wurde die Farbe der Schlacke zunehmend heller. Ferrowolfram und Ferrochrom wurden in berechneten Mengen zugesetzt und nach dem Auflösen der Kohlenstoffgehalt an einer weiteren Probe nachgeprüft. Die Probe erstarrte fast ruhig in der Probekokille und zeigte damit an, daß sich die Siliziumreduktion bereits auswirkte. Nach dem Eintreffen des Kohlenstoffvorprobenergebnisses wurde die Schmelze mit Ferromangan legiert und nach der Desoxydation mit Ferrosilizium und Aluminium abgestochen. Weitere 0,5 kg Aluminium wurden in der Pfanne zugesetzt. Das Gesamtausbringen der Schmelze betrug 97,5% vom metallischen Einsatz, der Stromverbrauch 680 kWh/t Ausbringen.

2. Legierter Baustahl (Gesenkstahl) aus dem sauren 6-t-Lichtbogenofen

Diese Schmelze wurde im gleichen Ofen wie die vorhergehende hergestellt. Der Schmelzverlauf, wie ihn Tab. 100 wiedergibt, zeigt zu Beginn der Frischperiode nur eine geringe Kohlenstoffabnahme, die auf einen ungenügenden Erzzusatz zurückzuführen ist. Der Frischprozeß wurde durch weitere Erz- und Kalkzugaben belebt. Nickel, Chrom und Molybdän wurden sogleich nach dem Eintreffen der Vorprobenergebnisse zugesetzt. Nach dem Erreichen des gewünschten Endkohlenstoffgehaltes wurde die Schmelze desoxydiert und abgestochen. Das Verhalten der Stahlproben in der Probenkokille vor der Desoxydation ließ die bereits eingetretene Siliziumreduktion erkennen. Beim Gießen zeigte die Schmelze den charakteristischen glatten Fluß sauer erschmolzener Stähle. Der Stromverbrauch je Tonne Ausbringen betrug 635 kWh.

3. Kugellagerstahl mit legiertem Einsatz aus dem sauren 7,5-t-Lichtbogenofen [3]

Die Schmelze wurde in einem 7,5-t-Ofen mit einer Transformatorleistung von 2000 kVA hergestellt, der von Hand beschickt wurde. Wie Tab. 101 zeigt, bestand der Einsatz zur Gänze aus Kugellagerstahlabfällen, die unter Korrektur der chemischen Zusammensetzung umgeschmolzen wurden. Die Schmelze wurde offensichtlich etwas zu warm gefahren, woraus sich eine geringe Überschreitung des Siliziumgehaltes durch zu starke Siliziumreduktion ergab.

Tabelle 100. *Legierter Baustahl mit legiertem Einsatz aus dem sauren 6-t-Lichtbogenofen*

Analysenvorschrift:	C	Si	Mn	Cr	Ni	Mo	P	S
%	0,50	0,20	0,50	0,60	1,40	0,20	max.	max.
%	0,60	0,35	0,70	0,80	1,70	0,35	0,02	0,035

Einsatz: Schwedisches Roheisen	500 kg
legierte Stahlabfälle (gleicher Analyse)	900 „
legierte Stahlabfälle (C 0,3%, Ni 3%, Cr 1%, Mo 0,3%)	1600 „
Späne (gleicher Analyse)	600 „
legierte Späne (18% Cr, 9% Ni)	50 „
Mn-Stahlspäne (12% Mn)	100 „
unlegierte Stahlabfälle (0,8% C)	1000 „
Weicheisenabfälle	1190 „
	5940 kg
Schwedisches Erz	30 „

Tabelle 100 (Fortsetzung)

Zeit	Arbeitsgang	Zusätze in kg	Analyse in %					Verhalten der Proben	
			C	Mn	Cr	Ni	Mo	Stahl	Schlacke
0.00	Einsetzen: Beginn								
0.20	Einsetzen: Ende	5940							
	Angefahren mit 160 V								
1.45	Schwedischer Magnetit	30							
2.00	Spannung zurück auf 140 V								
2.15	Eingeschmolzen								
	1. Probe		0,74	0,35		1,28	0,09	matt	dunkel
	Spannung: 120 V								
	Erz	20							
2.25	2. Probe		0,72		0,51				dunkel
	Kalk	20							
2.40	3. Probe		0,66						dunkel
	Kalk	20							
2.50	Nickel legiert	24							
2.55	4. Probe		0,59	0,16				warm	braun
3.05	Chrom legiert (68% Cr, 2% C)	22							
	Fe-Molybdän (70,5%)	16							
3.15	5. Probe		0,55					fast ruhig	braun
3.25	Desoxydation								
	FeMn (76%)	11							
	MnSi (78% Mn, 15% Si)	33							
	Aluminium	1,5							
3.30	Abstich								
	Pfannenzusatz: Al	0,5							

Fertiganalyse in %:   C 0,56   Si 0,26   Mn 0,69   Cr 0,74   Ni 1,68   Mo 0,28   P 0,018   S 0,029
Abgegossen: 6 Stück 1000 kg Schmiedeblöcke. *Gießtemperatur:* 1380 °C (unkorrigiert).

<h3 align="center">4. Unlegierter Einsatzstahl</h3>

aus dem sauren 7,5-t-Lichtbogenofen mit Sauerstofffrischen [3]

Die Schmelze wurde im gleichen Ofen wie Beispiel 3 gefahren. Wie bereits erwähnt, ist das Erreichen niedriger Kohlenstoffgehalte im sauren Ofen durch Frischen mit Erz sehr schwierig. Die Anwendung von gasförmigem Sauerstoff bietet jedoch auch hier eine Möglichkeit, diese Schwierigkeiten zu überwinden.

Wie aus Tab. 102 ersichtlich, wurde unlegierter Schrott mit Quarzsand und Kalk zur Schlackenbildung eingeschmolzen. Der Einlaufkohlenstoffgehalt betrug 0,31%. Durch Einblasen von 62 Nm³ Sauerstoff konnte in 15 Minuten eine Kohlenstoffabnahme auf 0,08% erreicht werden. Unmittelbar nach der zweiten Probe wurde mit Mangan legiert, desoxydiert und abgestochen. 10 kg Ferromangan wurden noch in der Pfanne zugesetzt. Die von F. Dobrowsky [3] festgestellten Entphosphorungs- und Entschwefelungswerte sind selbst bei Berücksichtigung der starken Manganverschlackung und der relativ hohen CaO-Gehalte der Schlacke überraschend hoch.

Tabelle 101. *Kugellagerstahl mit legiertem Einsatz aus dem sauren 7,5-t-Lichtbogenofen* [3]

	C	Si	Mn	P	S	Cr
Analysenvorschrift:	0,98	0,25	0,30	max.	max.	1,45
	1,08	0,35	0,50	0,02	0,02	1,60
Fertiganalyse:	1,04	0,40	0,41	0,011	0,017	1,54

Zeit	Arbeitsgang		Zusätze in kg	Zusammensetzung in %			
				C	Mn	S	Cr
12.35 12.55	Bodenflicken						
12.55 13.15	Einsetzen, legierter Schrott		8100				
13.20	Anfahren	Quarzsand	150				
		Kalk	40				
15.20	Eingeschmolzen	1. Probe		0,99	0,29	0,025	1,50
16.10		Ferromangan	15				
		2. Probe		1,03	0,28	0,021	
16.25	Legieren	Ferrochrom	10				
16.30	Abstich						

Chargendauer: 4 Stunden 5 Minuten, reine Schmelzzeit 3 Stunden 10 Minuten.
Stromverbrauch: 650 kWh/t Rohstahl.

Tabelle 102. *Unlegierter Einsatzstahl aus dem sauren 7,5-t-Lichtbogenofen mit Sauerstofffrischen* [3]

	C	Si	Mn	P	S
Analysenvorschrift:	0,08	0,20	0,25	max.	max.
	0,12	0,30	0,40	0,03	0,03
Fertiganalyse:	0,12	0,22	0,33	0,014	0,028

Zeit	Arbeitsgang		Zusätze in kg	Zusammensetzung in %				
				C	Si	Mn	P	S
9.20 9.35	Bodenflicken							
9.35 10.00	Einsetzen, unlegierter Schrott		8100					
10.05	Anfahren	Quarzsand	150					
		Kalk	40					
12.25	Eingeschmolzen	1. Probe		0,31	0,11	0,35	0,024	0,044
12.40 12.55	Sauerstoffblasen	62 Nm³						
13.10		2. Probe		0,08	0,07			
13.15	Legieren	MnSi	35					
		FeMn	15					
		FeSi	20					
		Al	6					
13.20	Abstich							
	Pfannenzusatz: FeMn		10					

Chargendauer: 4 Stunden, reine Schmelzzeit 3 Stunden 15 Minuten.
Stromverbrauch: 620 kWh/t Rohstahl.

Schrifttum

zu Abschnitt 3.54

1. GARRISON, J. H.: Oxygen in Acid Electric Steel Production. J. Metals Trans. 3 (1951), S. 601/02.
2. GREENE, A. E.: Deoxidation of Electric Steel. Iron Age 137 (1936), S. 37/39.
3. DOBROWSKY, F.: Erfahrungen beim Betrieb eines sauer zugestellten 7,5-t-Elektrolichtbogenofens. Berg- u. hüttenm. Mh. 106 (1961), S. 327/35.

3.6 Induktionsofen-Betrieb

Der Induktionsofen stellt im Prinzip einen Transformator dar, dessen Sekundärwicklung durch den metallischen Einsatz bzw. durch das Stahlbad gebildet wird. Der die Primärspule durchfließende Wechselstrom induziert im Stahlbad einen Strom niedriger Spannung und hoher Stromstärke. Dieser Sekundärstrom setzt sich in Wärme um. Einzelheiten über die elektrotechnischen Grundlagen der Induktionsöfen und über konstruktive Fragen können dem einschlägigen Schrifttum entnommen werden [1].

Da die gesamte Wärmezufuhr im Induktionsofen über das Stahlbad erfolgt und erst von dort an die Schlacke übertragen wird, besteht ein starkes Temperaturgefälle zur Oberfläche, und die Schlacke bleibt in ihrer Gesamtheit kälter als der Stahl. Die metallurgischen Reaktionsmöglichkeiten werden dadurch stark eingeschränkt. Man trägt diesem Umstand durch zweckmäßige Auswahl des Einsatzes Rechnung und beschränkt die Schlackenreaktionen auf das unbedingt notwendige Ausmaß. Meist dient die Schlacke nur der Abdeckung des Bades, und die Induktionsöfen werden als reine Umschmelzöfen betrieben.

Der Induktionsofen hat mit dem Lichtbogenofen die gute und leichte Regelbarkeit der Wärmezufuhr gemeinsam. Ebenso ist der ungünstige Einfluß von Flammengasen ausgeschaltet. Die indirekte Wärmezufuhr macht den Induktionsofen zur Herstellung von Stählen mit niedrigstem Kohlenstoffgehalt besonders geeignet. Die Einführung des Sauerstofffrischens im Lichtbogenofen ließ jedoch die Bedeutung der Induktionsöfen für das Umschmelzen hochlegierter, niedriggekohlter Stahlabfälle stark zurücktreten.

Leistungsmäßig ist der Induktionsofen dem Lichtbogenofen bei guten Schrottverhältnissen und geringer metallurgischer Arbeit überlegen. Ein Induktionsofen läßt bei gleichem Fassungsraum nahezu die doppelte Leistung des basischen Lichtbogenofens erreichen, wenn letzterer nach dem Zweischlackenverfahren arbeitet. Allerdings wird dieser Vorteil durch die wesentlich höheren Anlagekosten des Induktionsofens nahezu ausgeglichen.

In technischer und konstruktiver Richtung wurde der Induktionsofen als eisengeschlossener Induktionsofen mit meist rinnenförmigem Herd und Niederfrequenzstrom und als kernloser Induktionstiegelofen für Mittel- und Netzfrequenzstrom entwickelt. Der eisengeschlossene Induktionsofen arbeitet durchwegs mit flüssigem Einsatz, während der kernlose Mittelfrequenzofen auch für festen Einsatz gut geeignet ist. Auch der Netzfrequenztiegelofen kann von einer bestimmten Mindestgröße an mit festem Einsatz betrieben werden.

Mittelfrequenztiegelöfen werden auch als Vakuumöfen (Abschnitt 3.71) oder als Drucköfen [2, 3] betrieben. Der seinerzeit von W. HESSENBRUCH und W. ROHN [4, 5] entwickelte Drehstrominduktionsofen mit schüsselförmigem Herd, auch Wirbelstromofen genannt, hat sich nicht behaupten können.

Schrifttum
zu Abschnitt 3.6

1. SOMMER, F., und E. PLÖCKINGER: Elektrostahlerzeugung, 2. Auflage. Verlag Stahleisen, Düsseldorf 1964.
2. SCHENCK, H., M. G. FROHBERG und H. HEINEMANN: Untersuchungen zur Stickstoffaufnahme in flüssigen Eisenlegierungen im Druckbereich bis zu vier Atmosphären. Arch. Eisenhüttenwes. 33 (1962), S. 593/600.
3. FREHSER, J., und CH. KUBISCH: Metallurgie und Eigenschaften unter hohem Druck erschmolzener, stickstoffhaltiger legierter Stähle. Berg- u. hüttenm. Mh. 108 (1963), S. 369/80.
4. HESSENBRUCH, W., und W. ROHN: Ein kernloser Induktionsofen für Drehstrom von Netzfrequenz. Stahl u. Eisen 54 (1934), S. 77/82.
5. NIEDENTHAL, A., und H. WENTRUP: Versuche mit dem Rohn-Niederfrequenzofen. Stahl u. Eisen 61 (1941), S. 557/66 und 588/92.

3.61 Der eisengeschlossene Induktionsofen

3.611 Bau und Zustellung

Die Bauweise der eisengeschlossenen Induktionsöfen ist dadurch gekennzeichnet, daß der Herd als Rinne um den Eisenkern des Transformators geführt wird, wie dies Abb. 334 am Beispiel eines KJELLIN-Ofens [1] zeigt. Der Ofen wird mit Netzfrequenz betrieben, so daß sich auch die Bezeichnung *Netzfrequenzrinnenofen* eingebürgert hat. Beim Zweirinnenofen ist die Schmelzrinne herdartig erweitert. Alle diese Ofentypen sowie die Konstruktionen von FRICK und RÖCHLING-RODENHAUSER waren nur in wenigen Stahlwerken in Gebrauch und wurden durchwegs mit flüssigem Einsatz betrieben. Sie haben heute ihre Bedeutung für die Edelstahlerzeugung verloren und sollen im folgenden nur kurz behandelt werden.

Die feuerfeste *Zustellung* der Schmelzrinne (vgl. *A* in Abb. 334) bestand für die Stahlerzeugung fast durchwegs aus Teermagnesitmasse. Außerdem sollen sich noch Magnesit-Ton im Verhältnis 3:1 und Teerdolomit bewährt haben. Die Haltbarkeit der Teermagnesitmassen hängt im wesentlichen von der Korngrößenverteilung des Magnesits und der Sorgfalt der Zustellung ab. Gute Ergebnisse wurden mit folgender Zustellungsart erzielt:

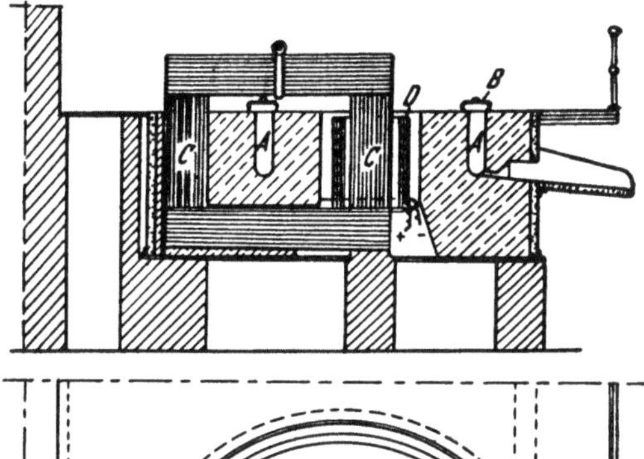

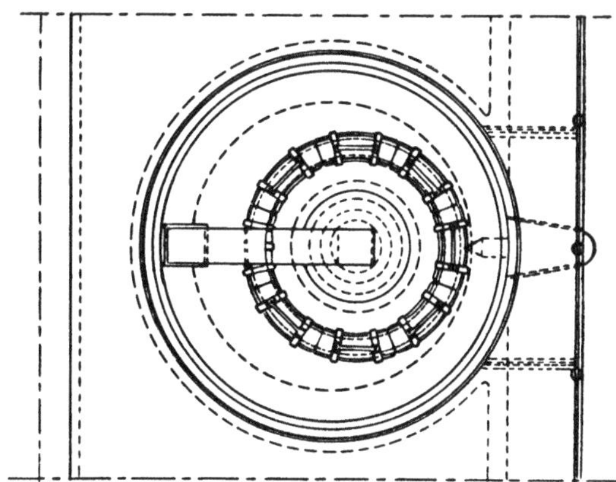

Abb. 334. Eisengeschlossener Induktionsofen (Netzfrequenzrinnenofen) nach KJELLIN (nach EICHHOFF)

Sintermagnesit aus etwa gleichen Teilen der Korngrößen etwa 50 mm, 20 bis 25 mm und 2 bis 3 mm wird unter Zusatz von 1% Thomasmehl vorgewärmt und mit 10 bis 12% wasserfreiem Teer zu einer plastischen Masse vermengt. Die Herdzustellung wird aus dieser Masse hinter einer Schablone mit Preßluftstampfern aufgestampft. Die Wölbung des Rinnenbodens wird durch nachträgliches Herausarbeiten hergestellt. Zum Festbrennen werden in die Rinne eiserne Ringsegmente eingesetzt, die einen in sich geschlossenen Sekundärstromkreis bilden. Das Ausheizen erfordert bis zum Erreichen von 1200°C etwa 36 bis 48 Stunden. Der Ring verbleibt im Ofen und wird mit der ersten Schmelze, der sogenannten Heizcharge, eingeschmolzen.

Die stark korrodierende Wirkung der Badbewegung und des Schlackenangriffs erfordern eine laufende genaue Kontrolle der Wandstärke, die mit Schablonen vorgenommen wird. Zum Ausbessern der Magnesitauskleidung dient Magnesitmehl, dem feingekörntes Aluminium beigemischt ist. Dieses schmilzt und oxydiert beim Eintragen der Mischung in den heißen Ofen und gibt eine gut haftende Glasur. Die Haltbarkeit derartiger Zustellungen beträgt bei flüssigem Einsatz mehrere hundert Schmelzen.

Zum Abdecken der Rinne dienen Schamotteformsteine. Ihre thermische Beanspruchung ist nur gering.

3.612 Ofen- und Schmelzführung

Eisengeschlossene Niederfrequenzöfen werden, wie bereits erwähnt, durchwegs mit flüssigem Einsatz beschickt und praktisch nur zum Feinen, Legieren und Desoxydieren der vorgefrischten Schmelze verwendet. Wegen der ungünstigen Temperaturverhältnisse in der Schlackenschicht verzichtet man auch auf eine nennenswerte Schlackenarbeit. Günstig ist jedoch die intensive Badbewegung, die einen raschen Konzentrations- und Temperaturausgleich im Metallbad bewirkt. Diese Badbewegung besteht in einer waagerechten Bewegung des Stahlbades um die Spule und in einer gleichzeitigen dazu senkrechten Bewegung um die Rinnenachse. Außerdem wirken elektrodynamische Kräfte auf das Bad, wodurch dieses an die Außenwand der Schmelzrinne gedrückt wird. Die daraus resultierende Schrägstellung der Badoberfläche, die beim KJELLIN-Ofen etwa 25° beträgt, kann durch eine zusätzliche Spule unterdrückt werden (FRICK-Ofen).

Die Schmelzführung im Netzfrequenzrinnenofen ist relativ einfach. Sie gleicht etwa dem Duplexverfahren im basischen Lichtbogenofen. Das flüssige Vormetall wurde in der Regel einem basischen Siemens-Martin-Ofen entnommen und, je nach der Anordnung der Schmelzöfen, dem Induktionsofen direkt über eine Rinne oder über eine Pfanne zugeführt. Die erstgenannte Arbeitsweise hat den Vorteil, daß die Endtemperatur im Vorschmelzofen wesentlich tiefer gehalten werden kann, so daß man im Siemens-Martin-Ofen mit einer sehr kurzen Frischperiode und entsprechend kurzer Vorschmelzzeit das Auslangen fand. Der Kohlenstoffgehalt im Vormetall wurde mit der Endanalyse abgestimmt. Es war jedoch auch üblich, für die Erzeugung von Werkzeugstählen von einem niedriggekohlten Einsatz auszugehen. Die Vordesoxydation, meist mit Ferrosilizium und Aluminium, wurde in der Abstichrinne ausgeführt. Bei der Erzeugung legierter Stähle war auch das Vorschmelzen von legierten Abfällen möglich.

Nach dem Einfüllen des Vormetalles wurde der Strom eingeschaltet und, wenn notwendig, am blanken Bad aufgekohlt. Als Feinungsschlacke fand meist eine geringe Menge Schamotte-Magnesitschlacke Verwendung, die im wesentlichen die Aufgabe hatte, das Bad vor der Berührung mit der Luft zu schützen. Eine Entschwefelung war daher nur in geringem Umfang möglich. Nachdem die Schlacke geschmolzen und die Temperatur ausreichend hoch war, wurden die Legierungen zugesetzt. Der Restsauerstoffgehalt der Schmelze am Ende des Schmelzprozesses wurde durch eine Fällungsdesoxydation im Ofen mit Ferrosilizium und Aluminium entfernt. Die starke Badbewegung förderte die Abscheidung der Desoxydationsprodukte.

Die Zusammensetzung des Stahlbades wurde, wie in anderen Schmelzöfen, durch Entnahme von Stahlproben überwacht. Die Temperaturkontrolle wurde meist durch die einfache Rutenprobe ausgeführt.

Der Abguß der Schmelze erfolgte entweder über eine vorgewärmte Gießpfanne oder auch direkt aus dem Ofen über eine Rinne und eine kleine, vorgewärmte Zwischenpfanne. Letzere Arbeitsweise hatte den Vorteil, daß mit einer extrem niedrigen Schmelz- und Gießtemperatur gearbeitet werden konnte. Daraus ergaben sich gewisse Vorteile in der Ausbildungsform des Primärgefüges bei Stählen, die stark zur Transkristallisation oder Seigerung neigen.

Als Beispiel für die geschilderte Arbeitsweise enthält Tab. 103 den Schmelzverlauf einer Werkzeugstahlschmelze in einem 5-t-Netzfrequenzrinnenofen.

Tabelle 103. *Werkzeugstahlschmelze aus dem basischen 5-t-Netzfrequenzrinnenofen*

Analysenvorschrift:	C	Mn	Si	P	S
% 1,05	0,20	0,10	max.	max.
% 1,12	0,30	0,20	0,020	0,025

Einsatz: Roheisen (4% Mn) . . . . 500 kg
unlegierte Stahlabfälle (0,5% Mn, 0,4% C) . . . . 4500 „
unlegierte Späne . . . . 600 „

Metallischer Einsatz . . 5600 kg

Ofen	Zeit	Arbeitsgang	Zusätze in kg	Analyse in %				Temperatur °C	Verhalten der Proben	
				C	Mn	P	S		Stahl	Schlacke
bas. SM-Ofen	0.00	Einsetzen: Beginn								
	0.20	Einsetzen: Ende								
		metallischer Einsatz	5600							
		Kalkstein	500							
		Schwedenerz	75							
	1.50	Aufgeschmolzen								
		1. Probe		0,14	0,23		0,024		matt, treibt	dunkel, blasig
		Schmelze kocht								
	1.55	Rösterz	40							
	2.10	2. Probe		0,09	0,16				schwacher Rotbruch	
	2.15	FeMn (50%)	10							
	2.20	3. Probe		0,08	0,20	0,011	0,022		rotbruchfrei	
	2.25	Abstich (unter Zurückhalten der Schlacke) Vordesoxydation in der Rinne								
		FeSi (45%)	10							
		Al	1							

Tabelle 103 (Fortsetzung)

Ofen	Zeit	Arbeitsgang	Zusätze in kg	Analyse in %				Temperatur °C	Verhalten der Proben	
				C	Mn	P	S		Stahl	Schlacke
bas. Niederfrequenzofen		flüssiger Einsatz:	5250							
	2.30	Strom eingeschaltet								
	2.45	Aufkohlen, Holzkohle	60							
		Schamottemagnesit-schlacke	20							
	3.15	Spannung zurück-genommen								
		Probe		1,02	0,20		0,022			
	3.40	Korrektur an Kohlen-stoff: Karburit	5							
		Mn-Legieren FeMn (78%)	4							
	3.50	Temperaturkontrolle, Rutenprobe (7,5mm ⌀)						4″		
		Stromzufuhr erhöht								
	4.00	Probe		1,08	0,25		0,021			
	4.05	Temperaturkontrolle Rutenprobe						3,5″		
	4.10	Desoxydation Alsimin Al/Si = 20/50	15							
	4.15	Schlußprobe Löffelprobe								
	4.20	Abguß (direkt über eine Stopfenpfanne als Zwischentrichter)								

Fertiganalyse in %:   C 1,08   Si 0,12   Mn 0,25   P 0,011   S 0,022

Abgegossen: 250 mm ▱-Walzblöcke.   *Gießtemperatur:* 1380°C (unkorrigiert).

Der Einsatz aus 90% Schrott und 10% Roheisen wurde in einem 5-t-Siemens-Martin-Ofen eingeschmolzen. Die Entkohlung war mit der zweiten Probe praktisch beendet. Die Rotbrüchigkeit wurde durch Zusatz von Ferromangan beseitigt. Die Schlußprobe war rotbruchfrei, so daß das Vormetall abgestochen werden konnte, wobei in der Rinne zum Netzfrequenzrinnenofen mit Ferrosilizium und Aluminium vordesoxydiert wurde. Schon während des Einfüllens wurde die Stromzufuhr eingeschaltet und das Bad mit Holzkohle aufgekohlt. Zum Abdecken des Bades wurden 20 kg Schamotte-Magnesit-Mischung aufgegeben. Eine nach 20 Minuten entnommene Analysenprobe ließ erkennen, daß eine Korrektur des Kohlenstoffgehaltes notwendig war, die durch Zugabe von Karburit ausgeführt wurde. Nach dem Zusatz von Ferromangan und einer Temperaturkorrektur (Sollwert der Rutenprobe: 3,5 Sekunden Abschmelzzeit) wurde im Ofen mit 15 kg Alsimin desoxydiert und abgestochen. Die Schmelze wurde direkt aus dem Ofen über eine kleine Stopfenpfanne als Zwischentrichter zu 250-mm-Quadrat-Walzblöcken vergossen.

Bei der Herstellung legierter Stähle wurde zusätzlich das Legieren im Rinnenofen vorgenommen.

Schrifttum
zu Abschnitt 3.61

1. EICHHOFF, F. R.: Über die Fortschritte in der Elektrostahlherstellung. Stahl u. Eisen 27 (1907), S. 41/58.

3.62 Der kernlose Mittelfrequenzofen

Die Ausführungsform der feuerfesten Zustellung der Induktionstiegelöfen ist durch die besonderen elektrischen Verhältnisse im Ofensystem bedingt. Sie verlangen einerseits eine möglichst geringe Wandstärke zum Erreichen eines hohen Wirkungsgrades, der durch die räumliche Entfernung des Primärstromkreises der Spule vom Metallbad als dem Sekundärstromkreis beeinträchtigt wird, und andererseits eine hohe mechanische Widerstandsfähigkeit gegenüber den zerstörenden Einflüssen der Badbewegung. Letztere ist im wesentlichen eine Funktion der Frequenz des verwendeten Wechselstromes und der Leistungsaufnahme. Sie nimmt mit steigender Frequenz ab. Weitere Einzelheiten über die elektrischen Verhältnisse der Induktionstiegelöfen bringen F. SOMMER und E. PLÖCKINGER [1].

Besondere Anforderungen werden auch an die Temperaturwechselbeständigkeit der feuerfesten Zustellung gestellt. Die relativ dünnwandige Zustellung kühlt zwischen den Schmelzen weitgehend ab und wird damit thermisch besonders stark beansprucht. Die höchste Widerstandsfähigkeit besitzt bis heute die saure Zustellung, während basische Tiegelzustellungen nur bis zu Ofengrößen von etwa 10 t Verwendung finden.

3.621 Bau und Zustellung des sauren Ofens

Der Schmelzraum des kernlosen Induktionsofens ist als dünnwandiger Tiegel ausgebildet, welcher von der Stromspule umgeben ist. Zwischen Spule und Herd liegt, wie Abb. 335 zeigt, eine dünne isolierende Zwischenschicht, die bei der sauren Zustellung aus Asbestpappe [2] oder Glasgewebe besteht. Das Einsetzen vorgefertigter Tiegel ist nur bei kleinen Laboratoriumsöfen üblich; in Industrieöfen wird die Zustellung immer hinter einer Schablone aufgestampft. Als Zustellungsmaterial für Stahlschmelzen sind nur Quarzitmassen geeignet, die als Sintermittel einen Zusatz von 0,5 bis 1,8% Borsäure erhalten [3] (je nach dem Gehalt an Verunreinigungen im Quarzit). Ihr SiO_2-Gehalt soll mindestens 98% betragen. Die Korngröße beträgt maximal 2 mm, wobei etwa ein Drittel Feinkorn und ein Drittel mit Korngrößen um 1 mm enthalten sein sollen.

Die Stampfmassen sind vor dem Verarbeiten sorgfältig zu trocknen, da die Borsäure mit Wasserdampf flüchtig ist. Sie werden also trocken zwischen die Schablone

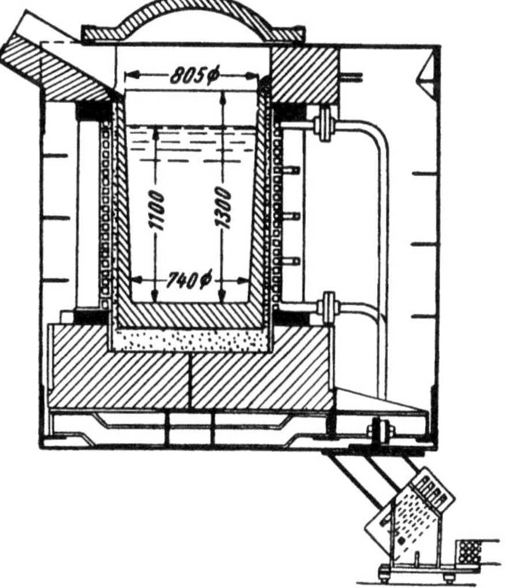

Abb. 335. Schnitt durch einen kernlosen Induktionsofen (nach F. PÖLZGUTER)

und die Spule eingestampft. Zuerst wird dabei der Tiegelboden gestampft und dann die leicht mit Öl angestrichene Blechschablone eingesetzt. Sie wird mit dem Einsatz der ersten Schmelze eingeschmolzen, wobei die Quarzitmasse sintert. Bei einem richtig gesinterten Tiegel kann man vier Zonen unterscheiden: die innere, mit Metalloxyden infiltrierte Zone, dahinter ein Bereich mit dichtgesintertem Scherben, dann eine gefrittete Zone, in der das Quarzitkorn durch ein Borsilikatglas verklebt ist, und außen eine dichtgestampfte Zone ohne Bindung. Die durch das Sintern bedingte Schwindung wird durch das Wachsen des Quarzits bei seiner Umwandlung zu Tridymit und Cristobalit ausgeglichen. Die Tiegelzustellung steht auf diese Weise unter Druckspannung, die das Reißen verhindert.

Ausbesserungsarbeiten an der Tiegelwand, wie sie besonders durch Auswaschungen am Schlackenstand notwendig werden, sind leicht ausführbar. Beim Einsetzen wird an die beschädigte Tiegelwand ein Blech angelegt und die gereinigte Vertiefung mit einem Quarzit-Borsäure-Gemisch gefüllt, welches beim Einschmelzen festsintert.

Die *Haltbarkeit* der sauren Tiegel hängt stark vom Schmelzprogramm ab. Bei mehrmaligem Nachfritten kann man für weiche, legierte Stähle mit einer Haltbarkeit von 40 bis 50 Schmelzen, bei mittelharten Stählen bis zu 100 und bei hochgekohlten Stählen mit niedriger Gießtemperatur mit bis zu 200 Schmelzen rechnen.

3.622 Bau und Zustellung des basischen Ofens

Die basische Zustellung der kernlosen Induktionsöfen scheiterte anfangs an der ungenügenden Temperaturwechselbeständigkeit des Magnesits. Durch Auswahl von Magnesitsorten mit bestimmtem Feingefüge und ausgewählter Korngrößenverteilung konnte die Haltbarkeit so weit gesteigert werden, daß die Herstellung brauchbarer Tiegel möglich wurde [4].

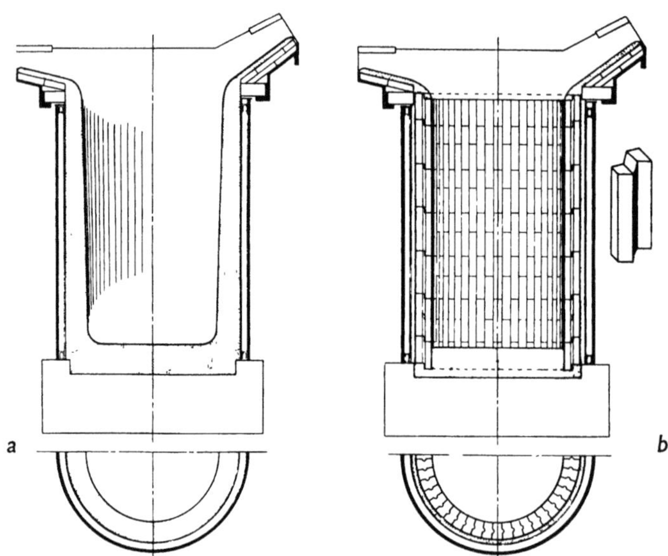

Abb. 336. Basische Zustellung eines 10-t-Induktionsofens: a) gestampft, b) gemauert
(nach R. BERGMANN und A. WEIDENER)

Systematische Entwicklungsarbeiten seit etwa 1950 führten zu guten basischen Zustellungsmassen, die in fertigen Mischungen von der Feuerfestindustrie für die verschiedenen Tiegelgrößen geliefert werden. Teilweise wird auch ein Unterschied in der Zusammensetzung der Zustellung des Tiegelbodens und der Tiegelwand gemacht. Die Zustellung des Tiegels mit basischer Stampfmasse erfolgt so, daß die Stampfmasse lagenweise zuerst entlüftet und dann durch Einstampfen verdichtet wird. Vielfach wird die Tiegelwand, wie dies Abb. 336a zeigt [5], in Bodennähe stärker ausgeführt. Die geeignete Tiegelform wird wie beim sauren Tiegel durch eine Blechschablone erreicht, die mit der ersten Schmelze eingeschmolzen wird. Die basischen Massen sind so aufgebaut, daß die Sinterung nur in einer verhältnismäßig dünnen Schicht erfolgt und dahinter bis zur Spule noch genügend lose Masse erhalten bleibt, um allenfalls durch Risse in der Sinterschicht eindringende Schmelze vor dem Durchbruch bis zur Spule aufzuhalten. Auch beim basischen Ofen liegt zwischen Tiegel und Spule eine dünne isolierende Zwischenschicht.

Für Induktionsöfen mit über 3 t Fassungsraum gewinnt auch die basische Zustellung in Magnesitsteinen Bedeutung. Abb. 336b zeigt eine der möglichen Ausführungsformen am Beispiel eines 10-t-Ofens [5]. Auch bei dieser Zustellungsart wird der Boden zweckmäßigerweise mit basischer Masse aufgestampft, wobei das Fertigstampfen erst nach dem Einbau der beiden ersten Steinlagen erfolgt, um eine gute Abdichtung zu erzielen. Die mit Feder und Nut ineinandergreifenden Steine werden mit einem dünnen basischen Mörtel verlegt, der meist aus Magnesitmehl und Wasserglas oder Bittersalzlösung hergestellt wird. Zwischen den Steinen mit einer Stärke von 75 bis 130 mm, je nach Ofengröße, und der Spule wird als Sicherheitsfutter gegen etwaige Stahldurchbrüche eine etwa 30 mm dicke Schicht trockener Tiegelstampfmasse vorgesehen. An der Spuleninnenseite liegt eine etwa 3 mm starke Asbestisolierung. Die Auswahl des basischen Steinmaterials hängt in erster Linie vom Schmelzprogramm ab, wobei für die Erschmelzung höherlegierter Chromstähle mit Erfolg gebrannte Chrommagnesitsteine verwendet werden.

Die *Haltbarkeit* basischer Tiegel beträgt für Öfen mit 1 bis 2 t Fassungsraum bis zu 200 Schmelzen. Größere Öfen mit 3 bis 10 t Schmelzgewicht lassen Haltbarkeiten von etwa 120 bis 180 Schmelzen erreichen, die jedoch stark vom Schmelzprogramm abhängen. Um Rißbildungen in der Wand gestampfter Tiegel zu vermeiden, soll der basische Ofen kontinuierlich betrieben werden. Bei Stillständen größerer Öfen muß der Tiegel mit Gasbrennern auf schwacher Rotglut gehalten werden, wobei die Spulenkühlung zu drosseln ist, um die Ansammlung von Kondenswasser zu vermeiden, die zu Überschlägen beim Wiederanfahren führen kann.

Die Beständigkeit gegen Schlackenangriff ist bei basischen Oxydationsschlacken gut. Kalkreiche Reduktionsschlacken greifen jedoch am Schlackenstand die Zustellung durch Herauslösen der Bindemittel an. Man beschränkt daher auch aus diesem Grunde die metallurgische Arbeit im basischen Ofen auf ein Minimum und betreibt ihn im wesentlichen als Umschmelzofen für hochlegierte Stähle.

3.623 Ofen- und Schmelzführung im sauren Ofen

Der Schmelzprozeß läßt sich in die gleichen Arbeitsabschnitte unterteilen wie im Lichtbogenofen. Es sind dies: das Einsetzen und Niederschmelzen, die Oxydationsperiode, die Reduktions- und Feinungsperiode, das Legieren, Desoxydieren und Abstechen. Je nach der Betriebsweise, kommen alle, meist aber nur ein Teil, dieser Abschnitte zur Durchführung.

Kennzeichnend für das Schmelzen im kernlosen Induktionsofen ist die Badbewegung mit ihrem günstigen Einfluß auf den raschen Konzentrations- und Temperaturausgleich. Sie ist in Abb. 337 schematisch dargestellt [6]. Die im wesentlichen linearen und wirbelfreien Strömungen bilden an der Badoberfläche eine Kuppe, wodurch die Schlacke zur Ofenwand getrieben wird und die Badoberfläche in der Mitte des Ofens bei geringen Schlackenmengen unbedeckt bleiben kann. Die gegen die Ofenwand abgedrängte Schlacke ist auch die Ursache für den bevorzugten Angriff in der Höhe des Schlackenstandes.

Diese Badbewegung ermöglicht eine schnelle Auflösung aller Legierungszusätze. Ein weiterer Vorteil des Induktionsofens gegenüber dem Lichtbogenofen liegt in der Möglichkeit einer wesentlich rascheren Temperatursteigerung. Nach dem Einschmelzen ist man in der Lage. dem Stahlbad jederzeit die maximale Leistung zuzuführen.

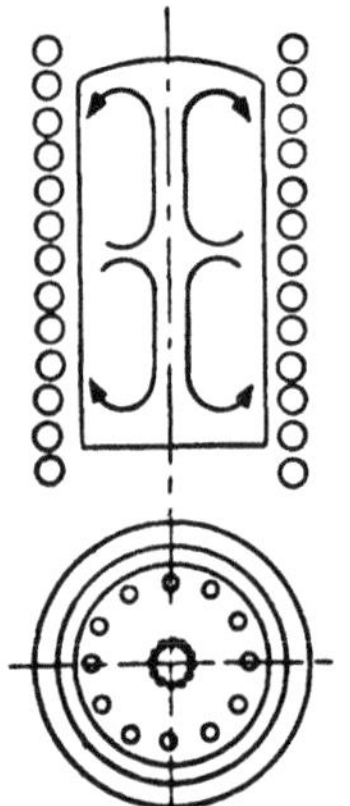

Abb. 337. Badbewegung im kernlosen Induktionstiegel-Ofen (nach W. Hessenbruch und W. Rohn)

Für die Überwachung des Schmelzverlaufes gelten die gleichen Richtlinien wie beim Lichtbogenofen. Die Entnahme von Durchschnittsproben und die exakte Temperaturmessung sind beim Induktionsofen dank der intensiven Badbewegung wesentlich einfacher als in allen anderen Ofensystemen.

Das Schmelzen im Induktionstiegelofen erfordert gewisse Vorsichtsmaßnahmen in der Ofenführung und bei der Schmelzarbeit. Vor dem Einschalten des Stromes ist eine Kontrolle der Ofenspule unbedingt notwendig, weil die geringste Undichtheit und die Ansammlung von Kondenswasser zu Überschlägen und Kurzschlüssen beim Einschalten des Stromes und damit zum Unbrauchbarwerden der Spule führen kann. Die geringe Stärke der Tiegelzustellung macht eine dauernde Kontrolle, insbesondere im Bereich der Ofenspule, notwendig. Auf diese Weise kann ein Schadhaftwerden der Zustellung vielfach noch rechtzeitig erkannt werden. Darüber hinaus macht das Arbeiten mit relativ hohen Spannungen entsprechende Vorsichtsmaßnahmen zum Schutz der Ofenmannschaft notwendig, damit diese z. B. bei einem Ofendurchbruch nicht in den Stromkreis gerät. Dazu zählt einerseits die Isolierung der Arbeitsbühne (Holzboden) und andererseits die Verwendung von Gezähen mit isolierten Handgriffen. Obwohl durch diese Maßnahmen eine ausreichende Sicherheit gegeben erscheint, arbeitet man meist so, daß man bei jeder Probenahme oder bei der Überprüfung des Herdbodens die Stromzufuhr abschaltet. Ebenso wird vor dem Kippen des Ofens und dem Abstich die Stromzufuhr unterbrochen.

3.623.1 Einsetzen

Das Beschicken der kernlosen Induktionsöfen erfolgt bei kleinen Ofeneinheiten von Hand aus, bei Öfen größeren Fassungsraumes auch mit Chargierkörben. Die Beschädigung des dünnwandigen Tiegels durch ein Hereinstürzen des Schrottes kann durch die Verwendung von Körben verhindert werden, die durch einen flachen Blechboden geschlossen sind, der mit dem Einsatz im Ofen verbleibt und eingeschmolzen wird. Besonders bei basisch zugestellten Öfen ist diese Vorsichtsmaßnahme am Platze. Selbstverständlich kann auch mit flüssigem Einsatz gearbeitet werden. Dieses Arbeitsverfahren is jedoch nur vereinzelt üblich.

Beim Arbeiten mit festem Einsatz ist ein guter Füllungsgrad des Ofens anzustreben. Bei locker gelagertem Schrott sinkt die Leistungsaufnahme des Ofens stark ab, so daß sich lange Einschmelzzeiten ergeben. Ist der Schrott zudem noch kleinstückig, so neigt er zur Brückenbildung. Durch geeignete Schrottauswahl und durch Mitverwendung gebrochener Späne läßt sich aber in allen Fällen eine ausreichend dichte Packung erzielen. Durch die Eigenart der induktiven Heizung ist es im Gegensatz zu anderen Öfen sogar möglich, schwere Abfälle, wie zum Beispiel Blöcke, die nahezu den gesamten Tiegelraum ausfüllen, ohne Verlängerung der Schmelzzeit einzuschmelzen. Bei den später noch zu behandelnden Netzfrequenztiegelöfen ist diese Arbeitsweise mit Anfahrblock sogar fallweise notwendig (vgl. Abschnitt 3.632).

Die Schlackenbildner werden zum Teil schon vor dem Einsetzen auf den Tiegelboden gegeben. Auf diese Weise kann sich sogleich nach der Verflüssigung der ersten Anteile des Einsatzes eine Schlacke bilden, die das Bad vor einer Oxydation schützt. Dies ist besonders in sauer zugestellten Öfen wichtig, wo die rechtzeitige Zugabe von Sand oder Glasabfällen den Angriff auf die saure Zustellung mildert. Die Bildung der Einschmelzschlacke geht sonst auf Kosten der Tiegelzustellung.

3.623.2 Einschmelzen

Nach beendetem Einsetzen wird mit dem Ofen angefahren und die Leistungsaufnahme durch Veränderung der Spannungsstufen bzw. durch Zu- und Abschalten von Kondensatoren so geregelt, daß der Leistungsfaktor bei annähernd cos $\varphi = 1$ gehalten wird. Beim Beschicken des Ofens von Hand kann das Einschalten bereits während des Einsetzens erfolgen, da im kalten Ofen keine Gefahr eines Durchbruches und Stromschlusses besteht.

Das Einhalten eines günstigen Leistungsfaktors während des Einschmelzens macht eine genaue Überwachung des Ofenganges und einen oftmaligen Schaltvorgang notwendig, soferne der Ofen über keinen cos-φ-Regler verfügt (vgl. auch das Schaltschema in Abb. 338).

Nach der Bildung eines Schmelzsumpfes wird die Auflösung des restlichen Schrottes durch die Badbewegung beschleunigt. Ein Hängenbleiben sperriger Schrottstücke ist nicht zu befürchten, da das Aufschmelzen von der Tiegelwand aus erfolgt. Nur im oberen Teil des Tiegels über der Spule kann es zur Brückenbildung kommen. Diese Brücken müssen rechtzeitig eingestoßen werden. Während des Einschmelzens können, wenn es notwendig ist, weitere Schlackenbildner nachgegeben werden. Dies gilt vor allem für Sauerstoffträger, wenn eine kurze Oxydationsperiode angestrebt wird. Sie dürfen im sauren Ofen jedoch erst nach Bildung eines Schmelzbades und auch dann nur in geringen Mengen zugegeben werden.

3.623.3 Oxydationsperiode

Eine ausgeprägte Oxydationsperiode wird im sauren Ofen fast nie ausgeführt. Die Zugabe von Sauerstoffträgern wird so bemessen, daß sie gerade zur Oxydation des Siliziums im Einsatz ausreicht und nur eine geringe Kohlenstoffabnahme eintritt. Beim Umschmelzen hochlegierten Einsatzes verzichtet man in der Regel auf jede Oxydation.

Nach beendetem Einschmelzen wird eine Probe zur Ermittlung der chemischen Zusammensetzung des Stahlbades genommen. Aus dieser Vorprobe können bei legiertem Einsatz bereits alle Legierungselemente bestimmt werden, weil nennenswerte Verschlackungsverluste bei den geringen Schlackenmengen nicht zu befürchten sind. Meist wird nach der Probenahme die Einschmelzschlacke abgezogen und durch neue Schlackenbildner ersetzt. Die zum Abdecken des Bades notwendige Schlackenmenge beträgt etwa 1% vom Schmelzgewicht. Bei hoher Energiezufuhr, die eine starke Badbewegung und Aufwölbung der Badoberfläche zur Folge hat, muß die Schlackenmenge erhöht werden, um das Bad vor der Oxydation durch den Luftsauerstoff zu schützen. Zähe Schlacken sind zum Abdecken des Bades am besten geeignet.

3.623.4 Reduktions- und Feinungsperiode

Die Reduktions- und Feinungsperiode kann auch im kernlosen Induktionsofen durch eine Vordesoxydation des Stahlbades eingeleitet werden. Sie ist jedoch nur dann notwendig, wenn während des Einschmelzens eine stärkere Oxydation stattgefunden hat oder wenn der Stahl nach einer Oxydationsperiode einen höheren Sauerstoffgehalt aufweist. Je nach der Endanalyse des Stahles werden dazu Mangansilizium oder Ferrosilizium sowie Aluminium verwendet. Die Diffusionsdesoxydation geht in gleicher Weise vor sich wie im sauren Lichtbogenofen. Auch die in der Feinungsperiode neu aufgegebene Schlacke, meist eine Glasschlacke, löst Eisenoxydul und andere Metalloxyde aus dem Stahlbad und kann durch Reduktionsmittel metalloxydarm gehalten werden.

An der Siliziumreduktion im sauren Induktionstiegelofen ist die Schlackenphase nur in geringem Maße beteiligt, da weder die Konzentrationsverhältnisse, noch die relativ niedrige Schlackentemperatur eine Siliziumreduktion begünstigen. Sie erfolgt vielmehr fast ausschließlich durch Reaktion mit der Tiegelwand. Im Hinblick auf diese an der großen Tiegeloberfläche rasch ablaufende Reaktion ist eine besonders sorgfältige Temperaturführung notwendig, um eine ungewollt starke Siliziumaufnahme des Bades zu vermeiden. Man geht daher häufig so vor, daß man die notwendige Abstichtemperatur erst am Ende des Schmelzprozesses durch eine kurzfristige hohe Leistungszufuhr einstellt und in der Feinungsperiode nur so viel Wärme zuführt, als zum Auflösen der Legierungen und zur Deckung der Temperaturverluste notwendig ist. Durch diese Maßnahme wird auch die Tiegelzustellung geschont, da sie nur kurze Zeit der hohen Stahlendtemperatur ausgesetzt ist.

Die alkalireichen Silikatschlacken, die wegen ihres niedrigen Schmelzpunktes weitgehend verwendet werden, bieten auch im sauren Ofen gewisse Entschwefelungsmöglichkeiten. In der Praxis wird von dieser Reaktionsmöglichkeit jedoch nur selten Gebrauch gemacht, da man zur Entfernung nennenswerter Schwefelmengen mit großen Schlackenmengen oder einem oftmaligen Schlackenwechsel arbeiten müßte. Eine Erhöhung des Alkaligehaltes ist nur bis zur Zusammensetzung des Singulosilikats möglich. Darüber hinaus wird der saure Tiegel zu stark angegriffen.

3.623.5 *Legieren und Desoxydieren*

Für den Zusatz der Legierungen und für die Schlußdesoxydation im sauren kernlosen Induktionsofen ergeben sich keine wesentlich anderen Gesichtspunkte als jene, die bei den anderen Schmelzverfahren bereits ausführlich behandelt wurden. Die Berücksichtigung des Wärmebedarfes zum Schmelzen und Auflösen der Legierungen ist im Gegensatz zum Lichtbogenofen nur von untergeordneter Bedeutung. Man hat daher die Möglichkeit, die Legierungen ohne Beeinträchtigung der Schmelzdauer erst gegen Ende der Reduktions- und Feinungsperiode in ein weitgehend sauerstoffarmes Bad zuzusetzen.

Die Legierungsverluste sind im Induktionsofen geringer als bei allen anderen Stahlherstellungsverfahren. Man kann daher bei Umschmelzen einen Teil oder gar die Gesamtmenge der benötigten Legierungen (mit Ausnahme des Mangans) auch mit dem Einsatz in den Ofen bringen. Der Induktionsofen dient dann nur zum Schmelzen einer bereits fertigen Stahllegierung. Die Gesamtschmelzdauer wird dadurch stark verkürzt. Auch das Umschmelzen hochsiliziumhaltigen Schrottes ist im sauren Ofen möglich, sofern man über eine einwandfreie Methode zur Siliziumschnellbestimmung verfügt.

Die *Schlußdesoxydation* der Schmelze wird fast durchwegs im Ofen vorgenommen. Nur bestimmte Sonderdesoxydationsmittel, wie Aluminium, Titan, Zirkon und Kalzium, werden beim Abstechen in der Pfanne zugesetzt. Größere Pfannenzusätze sind in Einzelfällen üblich, so z. B. der Zusatz von geschmolzenem Ferromangan bei der Erzeugung höher manganlegierter Stähle aus dem sauren

Ofen oder der Zusatz von geschmolzenem Aluminium bei der Herstellung von Nitrierstählen oder von aluminiumhaltigen Magnetlegierungen.

Weitere Einzelheiten der Schmelzführung im sauren Induktionsofen können den nachstehend behandelten Beispielen entnommen werden.

3.623.6 Die Schmelzführung im sauren Induktionstiegelofen

Bis zur Einführung des Sauerstoffblasens im Lichtbogenofen wurde der Induktionsofen in großem Umfang zum Umschmelzen von Schrott aus hochlegierten niedriggekohlten Chrom- und Chromnickelstählen verwendet. Ein solches Schmelzbeispiel zeigt Tab. 104.

Tabelle 104. *Austenitischer Chrom-Nickelstahl aus einem 1,5-t-sauren-Induktionstiegelofen (Umschmelze mit legiertem Einsatz)*

Analysenvorschrift:	C	Si	Mn	Cr	Ni	Mo	Nb+Ta
%	0,07	0,50	0,70	17,5	8,0	etwa	0,80
%	0,10	0,80	1,00	18,5	9,0	0,10	1,00

Einsatz: Blechabfälle gleicher Analyse . . . . 1000 kg
Cr—Mn-Stahlabfälle (0,1% C, 18% Cr, 12% Mn) . . . . 80 „
Nickeleisen (10% Ni) . . . . 250 „

Metallischer Einsatz . . 1330 kg

Zeit	Arbeitsgang	Zusätze in kg	Analyse in %		Verhalten der Proben	
			C	Mn	Stahl	Schlacke
0.00	Einsetzen, Beginn					
0.15	Einsetzen beendet					
	Bruchglas	30				
	Schrott	1330				
2.40	Eingeschmolzen					
	Probe		0,07	0,52	matt, ruhig	dunkel
	Einschmelzschlacke, abgezogen, Glasschlacke aufgegeben	30				
2.55	Legieren:					
	Kathodennickel	28				
	FeCr (0,08% C, 70,5% Cr)	130				
3.05	Glasschlacke nachgegeben	10				
3.15	Legieren					
	Mangan affiné (82%)	8				
	FeNbTa (46% Nb + 15% Ta)	12				
3.20	Abstich					

Fertiganalyse:	C	Si	Mn	Cr	Ni	Mo	Nb+Ta	P	S
%	0,08	0,76	0,83	18,33	8,98	0,07	0,98	0,016	0,019

Abgegossen: 1 Schmiedeblock im Gewicht von 1450 kg. *Gießtemperatur*: 1380°C (unkorrigiert; Pyropto).

Der Einsatz bestand zu 75% aus Abfällen gleicher Analyse, die restlichen 25% aus Chrom-Manganstahl-Abfällen und aus Nickeleisen mit niedrigem Kohlenstoffgehalt. Beim Einsetzen wurden 30 kg Glasabfälle auf den Tiegelboden zugegeben. Das Einschmelzen war nach 2 Stunden 25 Minuten beendet, die Einschmelzprobe matt und ruhig. Die Einschmelzschlacke war durch Metalloxyde dunkel gefärbt. Sie wurde durch eine neue Glasschlacke ersetzt. Sodann wurde das restliche Nickel und Chrom zugesetzt. Eine analytische Schnellbestimmung der Legierungselemente in der Einschmelzprobe bestätigte das aus dem genau bekannten Einsatz vorausberechnete Ergebnis. Beim Erreichen der Abstichtemperatur wurde mit Mangan legiert, das Ferroniobtantal zugesetzt und kurz darauf abgestochen. Die Schmelze wurde zu einem 1450-kg-Schmiedeblock vergossen. Das Gesamtausbringen betrug 1480 kg oder 98,2% vom metallischen Einsatz. Der Stromverbrauch betrug 818 kWh/t Ausbringen. Dieser relativ hohe Wert wurde durch die lange Einschmelzzeit verursacht, da der Schrott zum überwiegenden Teil aus Blechabfällen bestand, die einen geringen Füllfaktor des Ofens ergaben.

Auch die übliche Arbeitsweise bei der Herstellung höherlegierter, z. B. hitzebeständiger Chrom-Nickelstähle aus legiertem Schrott ist der vorgenannten ähnlich, wie das Schmelzbeispiel in einem sauren 6-t-Ofen in Tab. 105 zeigt. Der Einsatz aus hochlegierten Abfällen und Weicheisen wurde zusammen mit der vorausberechneten Menge Nickel und Ferrochrom unter Zugabe von Glasbruch eingeschmolzen. Die Einschmelzprobe erstarrte vollkommen ruhig in der Probekokille, da das Silizium im Einsatz nur zum Teil oxydiert wurde. Die braungefärbte Einschmelzschlacke wurde abgezogen und durch eine neue Glasschlacke ersetzt. Nach der Verflüssigung der Zweitschlacke hatte auch der Stahl die zum Fertigmachen notwendige Temperatur erreicht. Nach dem Zusatz des Mangans

Tabelle 105. *Hitzebeständiger Chrom-Nickelstahl aus einem sauren 6-t-Induktionsofen*
(Umschmelze mit hochlegiertem Einsatz)

Analysenvorschrift:	C	Si	Mn	Cr	Ni	P	S
% 0,12	1,80	1,00	23,00	19,00	max.	max.
% 0,15	2,30	1,40	25,00	20,00	0,025	0,025

Einsatz: Stahlabfälle gleicher Analyse . . . . 2000 kg
         legierter Fremdschrott (Cr 24,50%, Ni 2,50%) . . . . 500 „
         legierte Abfälle (18% Cr, 8% Ni) . . . . 300 „
         Weicheisen (max. 0,1% C) . . . . 1000 „

                                    Metallischer Einsatz . . . 3800 kg

Zeit	Arbeitsgang	Zusätze in kg	Analyse in %		Verhalten der Proben	
			C	Mn	Stahl	Schlacke
0.00	Einsetzen: Beginn					
0.15	Einsetzen: Ende					
	Bruchglas	60				
	Schrott	3800				
	Kathodennickel	960				
	FeCr (0,13% C, 71% Cr)	860				
3.00	Eingeschmolzen					
	Probe		0,14	0,61	matt, ruhig	dunkelbraun
	Schlackenwechsel					
	Bruchglas	60				
3.30	Desoxydieren					
	FeMn affiné (C 0,21%, Mn = 93%)	40				
	FeSi (75%)	50				
3.35	Abstich					
	Pfannenzusatz					
	Aluminium	0,50				

Fertiganalyse:	C	Si	Mn	Cr	Ni	P	S
% 0,15	2,17	1,14	23,20	19,99	0,02	0,022

Abgegossen: 16 Flachblöcke zu je 330 kg.   *Gießtemperatur*: 1390 °C (Pyropto).

und Ferrosiliziums wurde abgestochen, wobei 0,5 kg Aluminium in die Pfanne zugegeben wurde. Der Stromverbrauch betrug bei einem Gesamtausbringen von 97% des metallischen Einsatzes 685 kWh/t Fertigstahl.

Beide Schmelzbeispiele zeigen die relativ einfache Durchführung von Umschmelzchargen im sauren kernlosen Induktionsofen. Auch bei der Herstellung von Nickel-Chrom-Sonderlegierungen ergeben sich keine wesentlichen Abweichungen vom oben gezeigten Schmelzverlauf. Die notwendigen Legierungen, außer Mangan, werden nach Möglichkeit schon mit dem Einsatz eingeschmolzen. Hochnickellegierte Stähle werden, je nach der vorgeschriebenen Endanalyse, zunächst mit Mangan und Silizium oder auch Aluminium vordesoxydiert, während die Schlußdesoxydation mit Nickelmagnesium vorgenommen wird. Der Zusatz des Magnesiums erfolgt in Teilmengen, wobei das Ausmaß der Zerstörung des Nickeloxyds und Nickelsulfids in der Schmelze durch rasch ausführbare Schmiedeproben festgestellt werden kann.

Aluminiumhaltige Legierungen werden im sauren Ofen nur als Aufbauschmelzen erzeugt. Zur Wiederverwendung der Abfälle dient der basische Ofen (vgl. Tab. 108).

3.624 Ofen- und Schmelzführung im basischen Ofen

Das Schmelzen im basischen Induktionsofen unterscheidet sich, außer in der Schlackenführung, nicht von der Arbeitsweise im sauren Ofen. Zwar kann im basischen Ofen leichter eine Oxydationsperiode geführt werden, doch verzichtet man meist darauf und betreibt den basischen Ofen ebenfalls als Umschmelzofen für hochlegierten Schrott. Außer der Entkohlung, die auch mit gasförmigem Sauerstoff ausgeführt werden kann, ist grundsätzlich auch eine Entphosphorung und Entschwefelung möglich [7].

Die Schlacken im basischen Induktionsofen sind Kalk-Flußspat-Schlacken mit etwa 10 bis 20% CaF_2. Sie können, ähnlich wie im basischen Lichtbogenofen, durch Zugabe von Ferrosilizium oder Aluminium reduziert und in weiße metalloxydarme Feinungsschlacken verwandelt werden. In manchen Werken werden auch Magnesit-Schamotteschlacken verwendet sowie CaO-Al_2O_3-Schlacken niedrigen Schmelzpunktes, die basische MgO-Zustellungen nur wenig angreifen [8].

Auch im basischen Ofen werden die notwendigen Legierungen möglichst schon mit dem Einsatz eingeschmolzen. Hier ist auch das Umschmelzen höhermangan- und aluminiumlegierter Abfälle möglich.

3.624.1 Die Schmelzführung im basischen Induktionstiegelofen

Die übliche Arbeitsweise im basischen Ofen soll im folgenden an drei Schmelzbeispielen erläutert werden:

1. Hartmanganstahl aus einem basischen 0,5-t-Ofen (MgO-Tiegel)

Im Einsatz wurden, wie Tab. 106 zeigt, Abfälle eines 12%igen Manganstahles und unlegierter Verdünnungsschrott verwendet, so daß das Legieren mit hochgekohltem Ferromangan vorgenommen werden konnte. Die Hauptmenge der Legierungsträger wurde bereits vor dem Aufschmelzen dem Einsatz zugesetzt. Unmittelbar nach beendetem Einschmelzen wurde eine Vorprobe genommen und der Mangangehalt korrigiert. Zur Desoxydation wurden 1,5 kg 76%iges Ferrosilizium in den Ofen zugesetzt, und beim Abstich wurde mit 0,5 kg Elektrodenmehl in der Pfanne aufgekohlt. Die Abstichtemperatur betrug 1570°C. Das Manganausbringen betrug rund 97%, der Stromverbrauch 945 kWh/t Ausbringen. Bei diesem einfachen und raschen Umschmelzverfahren war keinerlei metallurgische Arbeit notwendig, so daß auch mit einem Zusatz von 2 kg gebranntem Kalk während des Aufschmelzens das Auslangen gefunden wurde.

Tabelle 106. *Hartmanganstahl als Umschmelze im basischen 0,5-t-Induktionsofen* (500 Hz)

		C	Si	Mn	P	S	Cr
Analysenvorschrift:	%	1,20	max.	12,5	max.	max.	1,20
	%	1,30	0,5	13,5	0,05	0,04	1,60
Fertiganalyse:	%	1,25	0,40	13,1	0,029	0,014	1,43

Einsatz: Manganstahl-Abfälle (12% Mn) . . . . 302 kg

unlegierter weicher Schrott (0,6% Mn) . . . . 150 ,,

Metallischer Einsatz . . 452 kg

Zeit	Arbeitsgang	Zusätze in kg	Analyse in %		Temperatur in °C[1]
			C	Mn	
0,00	Einsetzen Schrott	452			
	Ferromangan (7% C, 80% Mn)	35			
	Ferrochrom (2% C, 67% Cr)	9			
0.05	Anfahren				
	gebrannter Kalk	2			
0.55	Eingeschmolzen, 1. Probe		1,08	12,2	
1.00	2. Probe		1,10		
1.20	Legieren Ferromangan (7% C, 80% Mn)	5,5			
1.25	Temperaturmessung				1570
	Desoxydation Ferrosilizium (76%)	1,5			
1.30	Abstich				
	Pfannenzusatz: Elektrodenmehl	0,5			

[1] Tauchthermoelement-Messung.

Gesamtausbringen an flüssigem Stahl: 98,5%.

2. Austenitischer Chrom-Mangan-Stickstoff-Stahl aus einem basischen 1-t-Ofen (Tab. 107)

Der Einsatz wurde aus legiertem Schrott, einer Chrom-Mangan-Legierung und etwa 30% Weicheisen als Verdünnungsschrott zusammengestellt und so berechnet, daß im Ofen nur geringe Korrekturen notwendig waren. Der Chromzusatz im Ofen mußte nur für das Legieren mit Stickstoff ausreichen. Zugleich mit dem Einsatz wurden 20 kg Schlacke, bestehend aus 16 kg gebranntem Kalk und 4 kg Flußspat, zugegeben. Das Einschmelzen war nach zwei Stunden beendet und das Bad mit einer braunen Schlacke bedeckt. Die Einschmelzprobe war matt und erstarrte ruhig in der Kokille. Sie wurde für eine Kontrollanalyse verwendet. Die Einschmelzschlacke wurde abgezogen und durch neue Schlackenbildner ersetzt. Nach dem Warmfahren des Bades wurde mit stickstoffhaltigem Ferrochrom und dem restlichen Nickel legiert und nach 10 Minuten das Silizium in den Ofen zugesetzt. Beim Abstich wurde 0,10 kg Aluminium in die Pfanne gegeben. Das Ausbringen betrug 98,7% vom metallischen Einsatz, der Stromverbrauch 785 kWh/t flüssiges Ausbringen.

Tabelle 107. *Austenitischer Chrom-Mangan-Stickstoff-Stahl aus dem basischen 1-t-Induktionsofen*

Analysenvorschrift:	C	Si	Mn	Cr	Ni	N	P	S
%	0,08	0,80	18,0	12,0	0,60	0,10	max.	max.
%	0,14	1,20	19,0	13,5	0,80	0,25	0,025	0,025

Einsatz: Abfälle gleicher Analyse. . . . . 420 kg

Weicheisen . . . . 310 „

Chrom-Mangan-Legierung (24/50) . . . . 295 „

Metallischer Einsatz 1025 kg

Zeit	Arbeitsgang	Zusätze in kg	Analyse %C	Verhalten der Proben	
				Stahl	Schlacke
0.00	Einsetzen: Beginn				
0.10	Einsetzen: Ende				
	metallischer Einsatz	1025			
	Schlacke	20			
2.10	Eingeschmolzen				
	Probe		0,13	matt, ruhig	braun
2.15	Schlackenwechsel				
	Kalk	16			
	Flußspat	4			
2.30	Legieren				
	FeCr mit 6,2% N	9			
	Würfelnickel	5,0		warm	gelb
2.40	Desoxydation				
	FeSi (82%)	14			
2.45	Abstich				
	Pfannenzusatz				
	Aluminium	0,10			

Fertiganalyse:	C	Si	Mn	Cr	Ni	N	P	S
%	0,13	1,03	18,70	13,15	0,78	0,10	0,023	0,022

Abgegossen: 3 Brammenblöcke à 340 kg.   *Gießtemperatur*: 1380°C unkorrigiert (Pyropto).

3. Magnet-Gußlegierung aus dem basischen 200-kg-Induktionsofen (Tab. 108)

Diese Legierung für kleine gegossene Magnete wurde unter Verwendung von 50% Rücklaufschrott gleicher Analyse hergestellt. Die neben Weicheisen notwendigen Legierungen wurden bis auf das Aluminium in den Einsatz gegeben. Bedingt durch das hohe und gleichmäßige Legierungsausbringen, kann bei genau bekanntem Einsatz auf die Ausführung einer Kontrollanalyse verzichtet werden. Unmittelbar nach beendetem Einschmelzen wird das Aluminium zugesetzt und die Schmelze, sofern die Temperatur richtig liegt, abgestochen. Im vorliegenden Fall war mit Rücksicht auf die kleinen Gußstücke und die erwünschte grobe Primärkristallisation eine Überhitzung auf etwa 1800°C angestrebt worden. Der in der Endanalyse festgestellte Siliziumgehalt von 0,28% stammte zum Großteil aus der feuerfesten Zustellung des Tiegels (MgO-Zustellung mit Quarzsand-Bindemittel). Der Stromverbrauch betrug 1100 kWh/t Ausbringen.

Weitere Schmelzbeispiele und Einzelheiten der Schmelzführung sowohl im sauren als auch im basischen Ofen für die Herstellung von Stahlguß bringen F. RUBENSDÖRFFER und H. M. KÜHN [9], auf die in diesem Zusammenhang verwiesen sei.

Tabelle 108. *Magnet-Gußlegierung aus dem basischen 200-kg-Induktionsofen*

		C	Si	Mn	Ni	Cu	Co	Al
Analysenvorschrift:	%	<	<	<	13,0	2,50	23,0	8,00
	%	0,05	0,30	0,10	15,0	3,00	25,0	8,50
Fertiganalyse:	%	0,02	0,28	0,09	14,8	2,76	24,6	8,00

Einsatz: Abfälle gleicher Analyse . . . . 100 kg

       Weicheisen . . . . 49 „

       Nickel . . . . 15 „

       Kobalt . . . . 25 „

       Kupfer . . . . 2,5 „

                                            Metallischer Einsatz   191,5 kg

Zeit	Arbeitsgang	Zusätze in kg	Analyse	Temperatur in °C	Verhalten von Stahl und Schlacke
0.00	Einsetzen				
	Schrott und Legierungen	191,5			
0.05	Anfahren				
0.30	Eingeschmolzen		keine Vorprobe!		matt, ruhig
0.35	Legieren: Aluminium	9,0			
0.37	Abstich			etwa 1800	

Relatives Legierungsausbringen: Ni: 100%   Cu: 98%   Co: 98,5%   Al: 93%

Schrifttum
zu Abschnitt 3.62

1. SOMMER, F., und E. PLÖCKINGER: Elektrostahlerzeugung. 2. Auflage, Verlag Stahleisen, Düsseldorf 1964.
2. RASCH, R.: Über den Einfluß der Asbestisolierung in Induktionsöfen auf die Bildung der Sinterschicht und das Wärmegefälle in der Stampfmasse. Gießerei 50 (1963), S. 51/56.
3. HARKORT, D., und R. RASCH: Die experimentelle Bemessung des Sintermittels bei Stampfmassen für Induktionsöfen. Gießerei 48 (1961), S. 770/73.
4. Schrifttumsübersicht bei P. DICKENS: Die basische Zustellung von kernlosen Induktionsöfen. Stahl u. Eisen 58 (1938), S. 1436/38, und W. BOTTENBERG und P. BARDENHEUER: Zur Kenntnis des Hochfrequenzinduktionsofens. XI. Der Betrieb des basischen kernlosen Induktionsofens. Mitt. K.-Wilh.-Inst. Eisenforsch. 24 (1942), S. 7/22.
5. BERGMANN, R., und A. WEIDNER: Zustellung von Induktionsöfen mit gebrannten basischen Steinen. Radex-Rdsch. 1963, S. 377/80.
6. HESSENBRUCH, W., und W. ROHN: Ein kernloser Induktionsofen für Drehstrom mit Netzfrequenz. Stahl u. Eisen 54 (1934), S. 77/82.
7. ZOTOS, J., und D. A. COLLING: Optimum Desulphurization and Dephosphorization of Steels in Air Induction Furnaces. Elec. Furn. Steel Proc. AIME 18 (1960), S. 273/78.
8. MOORE, W. W., und N. H. KEYSER: Slag Composition for Air Induction Melting. Elec. Furn. Steel. Proc. AIME 18 (1960), S. 256/57.
9. RUBENSDÖRFFER, F., und H. M. KÜHN: Metallurgische Arbeitsweise beim Schmelzen von Stahl im Induktionsofen. Gießerei 50 (1963), S. 41/51.

3.63 Der Netzfrequenzofen

Der Netzfrequenz-Induktionstiegelschmelzofen wurde ursprünglich zum Schmelzen von Magnesium im Eisentiegel entwickelt [1]. In den Jahren 1949/50 wurden erfolgreiche Versuche mit keramischen Tiegelwerkstoffen ausgeführt [2, 3], so daß er in der Nichteisenmetallindustrie und in der Graugießerei eine vielfältige Anwendung gefunden hat. Die weitere Entwicklung dieses Ofens, der in seinem Aufbau und in seiner Arbeitsweise dem im Abschnitt 3.62 behandelten Mittelfrequenz-Tiegelofen gleicht, hat auch seine Eignung für die Stahlerzeugung bewiesen. Verschiedene Ofeneinheiten mit basischer oder saurer Zustellung und einem Fassungsvermögen bis zu 6 t sind in mehreren Stahlwerken in Betrieb.

3.631 Bau und Zustellung

Abb. 338 zeigt den Aufbau und den Schaltplan eines Netzfrequenzofens im Vergleich zu einer Mittelfrequenz-Tiegelofenanlage [4]. Während beim Mittelfrequenzofen eine ausreichende elektrische Koppelung durch die Erhöhung der Frequenz erreicht wird, erzielt man bei Netzfrequenzöfen den gleichen Effekt durch eine Erhöhung der magnetischen Feldstärke in der Ofenspule auf etwa 4000 bis 5000 A/cm. Die Ofenspule ist meist an Mehrphasenstrom angeschlossen, wobei die an sich einphasige Last des Ofens durch eine Symmetrierung gleichmäßig auf das Netz verteilt wird (vgl. Abb. 338).

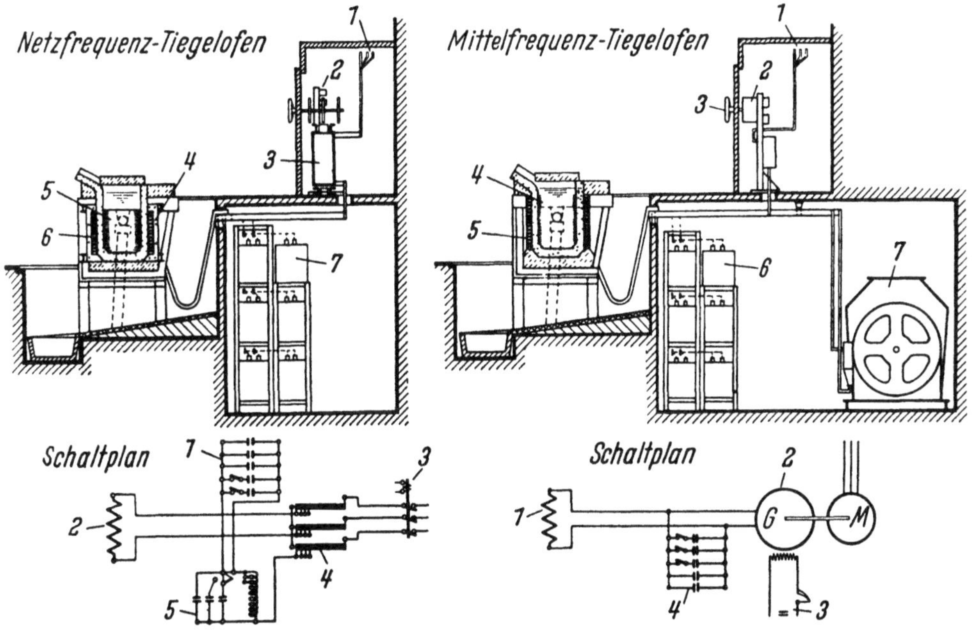

Abb. 338. Schematische Gegenüberstellung einer symmetrischen Netzfrequenz-Tiegelofenanlage und einer Mittelfrequenz-Tiegelofenanlage (nach O. JUNKER)

Die Anwendung niederfrequenten Stromes (50 bis 60 Hz) bedingt gewisse Mindestgrenzen für den Ofeninhalt und die Größe des Einsatzes beim Kaltaufschmelzen. Die kleinste noch wirtschaftliche Ofengröße für Stahl dürfte bei einem Tiegelinhalt von etwa 800 kg liegen.

Bei der Erschmelzung von unlegiertem Stahl wird der Ofen im allgemeinen *sauer* zugestellt. Als Tiegelwerkstoff dient, gleich wie beim Mittelfrequenzofen, eine Quarzitstampfmasse, der ein Sintermittel, z. B. 0,5 bis 2% Borsäure, zugesetzt wird. Auch die Zustellungstechnik ist etwa die gleiche (vgl. Abschnitt

3.621). Der Verbrauch an feuerfestem Material ist im wesentlichen von der Qualität des Schrottes (Verrostungsgrad) und dem Gießprogramm abhängig. Im allgemeinen kann bei einem gemischten Programm mit etwa 10 bis 15 kg Quarzit/t Stahl gerechnet werden. Bei der Erschmelzung höhergekohlter, legierter Werkzeugstähle sinkt der Verbrauch bis auf etwa 7 kg Quarzit/t Stahl. Ein günstiger Verbrauch an feuerfestem Material hängt dabei weniger von der Ofenkonstruktion als vielmehr von der Betriebsweise und der Sorgfalt der Tiegelpflege ab.

Legierte Stähle niedrigeren Kohlenstoffgehaltes werden fast ausnahmslos in *basisch* zugestellten Öfen erschmolzen. Als Tiegelzustellung haben sich Sintermagnesit-Spinell-Massen und Schmelzmagnesitmassen bewährt. Die Tiegelherstellung entspricht der beim Mittelfrequenzofen üblichen Arbeitsweise. Die Haltbarkeit der basischen Zustellung ist auch bei einheitlichem Programm stark von der Ofengröße abhängig, so daß sich die in Abb. 339 angegebenen Verbrauchszahlen für Öfen von 1 bis 6 t Fassungsraum ergeben. Die hier gezeigten Werte beziehen sich auf ein nur rost- und korrosionsbeständige Stähle des Typs 18/8 und 18/10/2 umfassendes Schmelzprogramm.

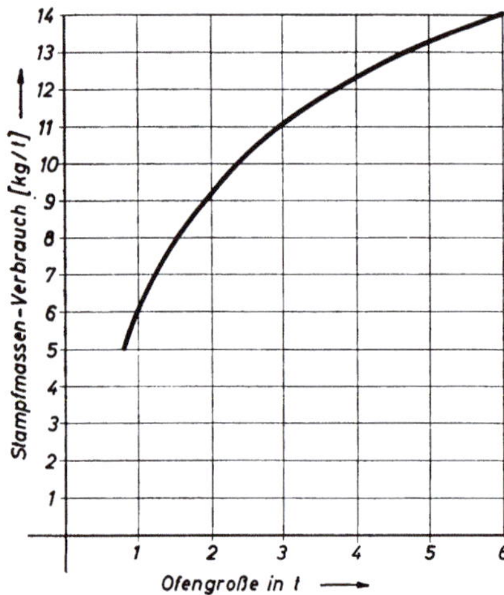

Abb. 339. Verbrauch an feuerfester Zustellung basischer Tiegel in Abhängigkeit von der Ofengröße (nach Mitteilung der O. Junker G.m.b.H., Lammersdorf)

3.632 Ofen- und Schmelzführung

Die besonderen elektrischen Verhältnisse im Vergleich zum Mittel- und Hochfrequenzofen bedingen auch eine geänderte Arbeitsweise beim Einsetzen, Anfahren und Niederschmelzen, wenn der Ofen mit festem Einsatz betrieben werden soll. Die Stückgröße des Einsatzes muß mindestens 250 mm betragen [5]. Beim Fehlen eines geeigneten Schrottes und in kleinen Öfen von 0,8 bis 3 t Inhalt hilft man sich durch Herstellen eines Anfahrblockes im Gewicht von etwa 20% des Tiegelinhaltes, der durch Abgießen in eine Kokille erhalten wird, deren Abmessungen etwa der Tiegelform entsprechen.

Sobald mit diesem Anfahrblock oder mit grobstückigem Schrott ein flüssiger Sumpf erschmolzen ist, kann Schrott beliebiger Größe nachgesetzt werden. Die relativ starke Badbewegung ist besonders beim Einschmelzen von leichtem Schrott, wie Spänen und Blechabfällen, vorteilhaft, da der leichte Schrott direkt in das flüssige Bad eingerührt wird. Die Oxydationsverluste werden damit auf ein Minimum beschränkt.

Metallurgische Arbeiten, wie Entphosphorung und Entschwefelung, werden auch bei basischer Zustellung kaum ausgeführt. Man betreibt den Netzfrequenzofen ähnlich wie den Mittelfrequenzofen im wesentlichen als Umschmelzaggregat und sorgt durch geeignete Schrottauswahl dafür, daß die Verunreinigungen im fertigen Stahl die vorgesehene Maximalgrenze nicht überschreiten. Nur bei der Erschmelzung unlegierter Stähle (z. B. in Gießereien) oder bei legierten Aufbauschmelzen wird eine Frischperiode zur Entkohlung und Reinigung des Bades von Suspensionen vorgesehen.

Abb. 340 gibt ein Beispiel für den Reaktionsablauf in der Frischperiode in einem *sauren* 1,5-t-Ofen mit unlegiertem Einsatz. Die Einschmelzschlacke bewirkt zusammen mit der Luftoxydation und der starken Badbewegung einen milden Kochvorgang, der durch Erzzugaben verstärkt werden kann [6]. Es hat sich als günstig erwiesen, das Stahlbad nach der Überhitzungs- und Kochperiode mit relativ kleiner Leistungszufuhr (30 bis 40% des Anschlußwertes) auf Gießtemperatur zu bringen. Während dieser Zeit können etwa ins Bad mitgerissene Schlackenteilchen und Einschlüsse abgeschieden werden. Bei richtig geführter Frischperiode zeichnet sich der flüssige Stahl durch einen außerordentlich hohen Reinheitsgrad aus [7]. Nach beendetem Frischen wird in der Regel die Schlacke abgezogen, mit Ferromangan und Ferrosilizium im Ofen desoxydiert und eine neue Glas-Sandschlacke aufgegeben. Nach dem Einstellen der gewünschten Gießtemperatur wird abgegossen.

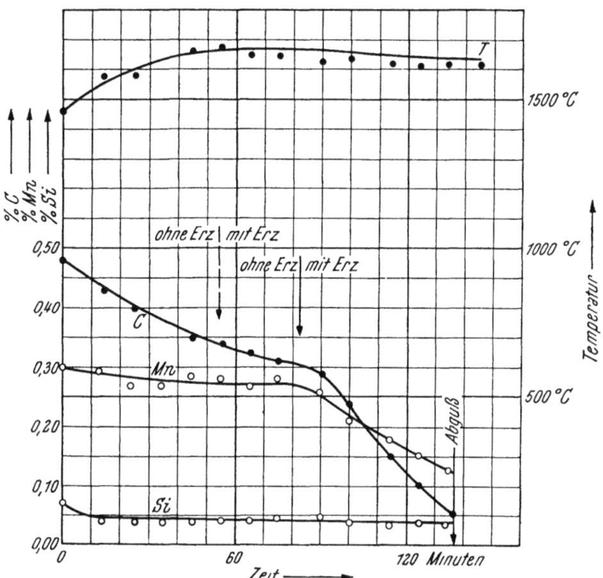

Abb. 340. Frischverlauf einer unlegierten Schmelze im sauren 1,5-t-Netzfrequenzofen (nach W. GÖDECKE)

Sonderdesoxydationsmittel, wie Aluminium, Kalzium-Aluminium u. a., werden in die Pfanne zugesetzt.

Der Stromverbrauch liegt bei dieser Arbeitsweise und diskontinuierlichem Betrieb in der Größenordnung von 650 bis 800 kWh/t und damit eher günstiger als bei anderen vergleichbaren elektrischen Schmelzöfen, wodurch der Einsatz des Netzfrequenzofens in der Stahlgießerei begünstigt wird [8].

Bei der Erschmelzung legierter Stähle, die vorzugsweise im *basischen* Ofen vorgenommen wird, sind verschiedene Arbeitsweisen möglich.

Ein Schmelzbeispiel für eine *Aufbauschmelze* bringt Tab. 109. In einem 1,5-t-Ofen wurde für die Erzeugung eines tiefgekohlten austenitischen Stahles mit maximal 0,03% C zunächst unlegierter Schrott eingeschmolzen und unter Erzzusatz auf 0,012% C gefrischt. Nach dem Abschlacken wird am blanken Bad vordesoxydiert, Nickel und Ferrochrom zugesetzt und unter einer Magnesit-Schamotteschlacke die richtige Gießtemperatur eingestellt. Nach dem Zusatz des Ferromangans und Ferrosiliziums ist die Schmelze zum Abstich fertig. Der Stromverbrauch betrug 780 kWh/t, die Schmelzleistung 322 kg/h.

Diese Arbeitsweise hat den Nachteil, daß die Koppelung während der Einschmelzperiode ungünstig ist, woraus sich ein höherer Stromverbrauch und eine niedrigere Stundenleistung ergibt.

Wenn daher genügend tiefgekohlter, unlegierter Schrott zur Verfügung steht, kann man dieses Schmelzverfahren so abändern, daß man nach jedem Abguß einen legierten Sumpf im Ofen beläßt und sofort unlegierten Schrott nachsetzt. Nach dem Einschmelzen werden die restlichen Legierungen zugesetzt und die

Schmelze unter einer Magnesit-Schamotteschlacke warmgefahren, desoxydiert
und abgestochen.

Ebenso wie im Mittelfrequenzofen ist es auch im Netzfrequenzofen möglich,
reine *Umschmelzchargen* mit legiertem Einsatz zu fahren, wobei entweder mit
kaltem Einsatz oder unter Verwendung eines Anfahrsumpfes gearbeitet werden
kann. Selbstverständlich kann auch *flüssiges Vormetall* aus einem anderen Ofen
benutzt werden, das im Netzfrequenzofen nur legiert und fertiggemacht wird.

Tabelle 109. *Austenitischer Chrom-Nickel-Stahl als Aufbauschmelze
im basischen 1,5-t-Netzfrequenzofen*

Analysenvorschrift:	C	Si	Mn	Cr	Ni
%	max.	0,20	1,20	17,50	9,5
%	0,03	0,50	1,70	19,00	10,5

Einsatz: unlegierter Stahlschrott . . . . 852 kg
Ferrochrom (0,02% C, 72% Cr) . . . . 380 „
Nickel . . . . 142 „
Ferromangan affiné (0,1% C, 80% Mn) . . . . 29 „
Ferrosilizium . . . . 7 „

Metallischer Einsatz   1410 kg

Zeit Std.	elektr. Leistung in kW	Arbeitsgang	Zusätze in kg	Analyse C in %
0.00	310—180	Einsetzen von unlegiertem Schrott	600 kg	
2.00	190	Nachsetzen „ „ „	252 kg	
2.40	420	Eingeschmolzen, Erzzusatz	8 kg	
3.00	320	Kohlenstoffanalyse		0,012
3.05		Abschlacken, Vordesoxydation		
3.10	380	Legieren: Nickel	142 kg	
		Ferrochrom	380 kg	
4.10	250	Magnesit-Schamotteschlacke	30 kg	
		Badtemperatur 1525°C		
4.30	200	Badtemperatur 1575°C		
4.32	100	Ferromangan	29 kg	
		Ferrosilizium	7 kg	
4.40		Abstich		

Fertiganalyse:	C	Si	Mn	P	S	Ni	Cr
%	0,019	0,40	1,53	0,017	0,008	10,26	18,63

Stromverbrauch: 780 kWh/t

Schmelzleistung: 322 kg/h.

Auf dem Gebiet des legierten Stahles und des legierten Stahlgusses bietet der
Netzfrequenzofen die gleichen metallurgischen Vorteile wie der Mittelfrequenz-
tiegelofen, nämlich geringen Abbrand an Legierungselementen, gute und rasche
Auflösung der Legierungszusätze und Vermeidung einer unerwünschten Aufkohlung. Er wird dementsprechend derzeit u. a. für die Erschmelzung von niedriggekohlten, rostbeständigen Stählen (im Umschmelzverfahren für die Verarbeitung
von Eigenschrott), von Werkzeugstählen aller Art und für Magnet- und Sonderlegierungen verwendet.

Schrifttum

zu Abschnitt 3.63

1. HENNICKE, G., und PH. SCHNEIDER: Ein rinnenloser Netzfrequenz-Induktionstiegelofen zum Schmelzen von Magnesiumlegierungen. Neue Gießerei (1949), S. 172.
2. LETHEN, R.: Der Induktions-Tiegelschmelzofen für Netzfrequenz. Gießerei 39 (1952), S. 145/52.
3. BROCKMEIER, K. H.: Ein rinnenloser Netzfrequenz-Induktionsofen zum Schmelzen von Aluminium. Aluminium 1952, S. 391/400.
4. JUNKER, O.: Die neuere Entwicklung des rinnenlosen Netzfrequenzofens in europäischen Gießereien. Gießerei 43 (1956), S. 236/40.
5. ROHN, H.: Arbeitsweise und Betriebszahlen eines 800-kg-Niederfrequenz-Induktionstiegel-Schmelzofens. Gießerei 41 (1954), S. 134/37.
6. GOEDECKE, W.: Die metallurgischen Möglichkeiten des Induktionsschmelzofens im Vergleich zu anderen Ofensystemen. Gießerei 41 (1954), S. 405/10.
7. STRAUBE, H., R. ZIEGLER und E. PLÖCKINGER: Ein 400-kg-Induktionstiegelofen für Netzfrequenz; Desoxydation und Reinheitsgrad des darin erschmolzenen Stahles. Gießerei 51 (1964), S. 369/77.
8. ROHN, H.: Das Schmelzen von unlegiertem Stahlguß im Niederfrequenz-Induktions-Tiegelschmelzofen. Gießerei 44 (1957), S. 662/65.

3.7 Der Vakuum-Schmelzbetrieb

Die Vakuumschmelzverfahren haben heute für die Erschmelzung einer so großen Anzahl von Stählen und Sonderlegierungen Bedeutung erlangt, daß sie bereits zu den üblichen technischen Verfahren der Edelstahlerzeugung gezählt werden müssen. Ganz allgemein gesehen, gibt das Vakuumschmelzen die Möglichkeit, Stähle und Legierungen mit hohem Reinheitsgrad herzustellen. Dies gilt nicht nur für den Gasgehalt (H, N, O), sondern auch für die Reinheit an nichtmetallischen Verunreinigungen, die die Verarbeitbarkeit und die technologischen Eigenschaften, vor allem schwer verformbarer Legierungen, beeinträchtigen. Die großtechnische Herstellung bestimmter Sonderlegierungen auf der Eisen-, Nickel- oder Kobaltbasis ist überhaupt erst mit Hilfe der Vakuumschmelzverfahren gelungen.

Die eigentlichen Vakuumschmelzverfahren werden im Stahlwerksbetrieb für Stähle, an die weniger hohe Anforderungen gestellt werden oder wo es nur auf die Entfernung des Wasserstoffes oder auch eines Teiles des Sauerstoffes vor der Desoxydation ankommt, durch die Verfahren der Vakuumbehandlung des offen erschmolzenen Stahles vor oder während des Gießens ergänzt. Diese Arbeitsverfahren werden im Kapitel „Gießen", Abschnitt 2.3, behandelt.

Für die Vakuumerschmelzung stehen heute im wesentlichen zwei Ofentypen in Verwendung, die sich in ihrer Arbeitsweise und dem metallurgischen Ergebnis grundsätzlich unterscheiden. Es sind dies der *Vakuum-Induktionsofen* und der *Vakuum-Lichtbogenofen* mit selbstverzehrender Abschmelzelektrode. Eine Übersicht über die bisherige Entwicklung der Vakuumschmelztechnik und der technischen Ausrüstung der verschiedenen Ofentypen geben die Veröffentlichungen von R. F. BUNSHAH [1], O. WINKLER [2] und J. A. BELK [3] auf die im Zusammenhang mit dem später genanten Schrifttum verwiesen sei, da sie auch die wesentliche Literatur anführen.

Daneben sind noch andere Vakuumöfen in Entwicklung, die zum Teil bereits in der Nichteisenmetallindustrie eingesetzt sind und die auch für die Erschmelzung von Sonderlegierungen Bedeutung erlangen können. Auch sie sollen am Schluß dieses Kapitels kurz behandelt werden.

Sowohl im Vakuum-Induktionsofen als auch im Vakuum-Lichtbogenofen besteht die Möglichkeit, statt unter Vakuum in einer Schutzgasatmosphäre niedrigen Druckes zu schmelzen. Von dieser Möglichkeit wird aber nur ausnahmsweise oder als Hilfsmaßnahme bei Legierungen mit Elementen hohen Dampfdruckes oder beim Gießen Gebrauch gemacht.

Schrifttum
zu Abschnitt 3.7

1. Herausg. R. F. Bunshah: Vacuum Metallurgy. Reinhold Publishing Corp., New York 1957.
2. Winkler, O.: The Theory and Practice of Vacuum Melting. Metallurg. Rev. 5 (1960), Nr. 17, S. 1/117.
3. Belk, I. A.: Vacuum Techniques in Metallurgy. Pergamon Press Ltd., Oxford, London, Paris und Frankfurt/M. 1963.

3.71 Der Vakuum-Induktionsofen

Die Entwicklung der Vakuum-Induktionsöfen fußt im wesentlichen auf den grundlegenden Arbeiten von W. Rohn [1], der, ausgehend von den damals gebräuchlichen eisengeschlossenen Niederfrequenz- und kernlosen Mittelfrequenzöfen, Vakuumöfen bis zu einem Fassungsvermögen von 4 t entwickelte. Während die Öfen nach Art des Kjellin-Ofens nicht mehr gebaut werden, hat sich das Prinzip des kernlosen Induktionsofens, das Abb. 341 zeigt [2], in ähnlicher Form für Vakuumöfen der Nichteisenmetallindustrie und in abgeänderter Form für Stahlschmelzöfen allgemein durchgesetzt.

3.711 Bau und Ausrüstung

Bei allen modernen Vakuum-Induktionsöfen für die Edelstahlerzeugung ist die Ofenspule mit dem Tiegel in einem Vakuumgefäß so angeordnet, daß durch Kippen des Tiegels abgegossen werden kann. Dies ermöglicht auch den Abguß mehrerer Blöcke oder Formgußstücke aus einer Schmelze und bringt eine Erleichterung der Schmelzarbeit, weil der Ofen im Betrieb, z. B. zum Auflösen von Brücken, angekippt werden kann.

Die Ausführungsformen verschiedener Ofenbauarten und ihre technische Ausrüstung, von denen einige in Tab. 110 mit ihren elektrischen Daten und Pumpensystemen angeführt sind [3], sollen an Hand von zwei schematischen Darstellungen erläutert werden.

Abb. 342 zeigt den Aufbau eines 1,2-t-Ofens der Bauart Balzers, wie er auch für kleinere Schmelzgewichte bis zu 50 kg gebaut wird. Die Vakuumkammer besteht aus einem feststehenden und einem beweglichen Kesselteil und ist im Gegensatz zu älteren Konstruktionen einwandig ausgeführt und nur mit aufgeschweißten Rohrschlangen gekühlt. Damit kann im Falle eines Tiegeldurchbruches der flüssige Stahl nach Durchschmelzen der Wandung nicht mit dem Kühlwasser in Berührung kommen. Überhitzungen an der Oberseite des Vakuumkessels durch Abstrahlung der

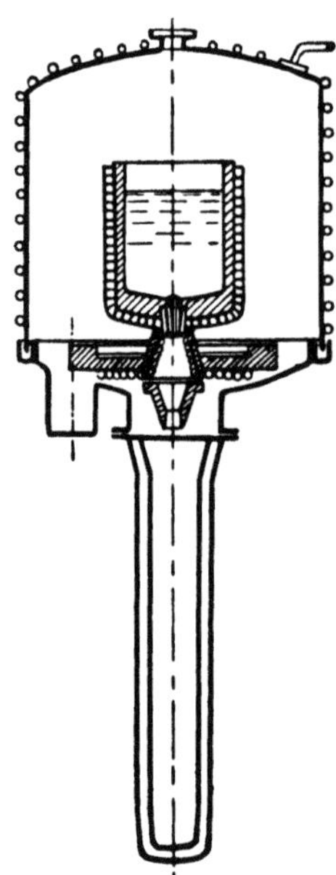

Abb. 341. Schematische Darstellung eines Vakuum-Induktions-Ofens mit Bodenabstich (nach W. Hessenbruch und K. Schichtel)

Tabelle 110. *Technische Daten einiger Vakuum-Induktionsofen-Anlagen* (nach O. WINKLER)

Herstellerfirma	Fassungs-vermögen des Tiegels in kg	Generator-leistung kVA	Frequenz Hz	Spannung an der Ofenspule V	Pumpensystem
ASEA, Type HVFA	500	335	1000	...	...
Anlage der Kelsey-Hayes Co.	2300	1100	900	800	12-16″-Boosterpumpen (zus. maximal $\sim$ 50000 l/sec Pumpgeschwindigkeit) mit Rootspumpen und Vorpumpen
Balzers VSG 200	250	max 250	1000 bis 2000	250	1 Diffusionspumpe ($\sim$ 10000 l/sec) mit 1 Rootspumpe ($\sim$ 1400 m³/h) und Vorpumpen ($\sim$ 300 m³/h)
Balzers VSG 1500	1500	max 800	600 bis 1000	600	2 Diffusionspumpen (zusammen $\sim$ 20000 l/sec) mit Rootspumpen ($\sim$ 2800 m³/h) und Vorpumpen (300 m³/h)
NRC, Type Nr. 2520	1100	350	960	800	1 Boosterpumpe (maximal $\sim$ 11000 l/sec) mit Rootspumpen (8500 und 1700 m³/h) und Vorpumpe (850 m³/h)
Stockes Standard	250	175	...	...	2-10″-Boosterpumpen (zusammen $\sim$ 3000 l/sec) oder 1-16″-Boosterpumpe (maximal $\sim$ 4000 l/sec) mit Vorpumpen

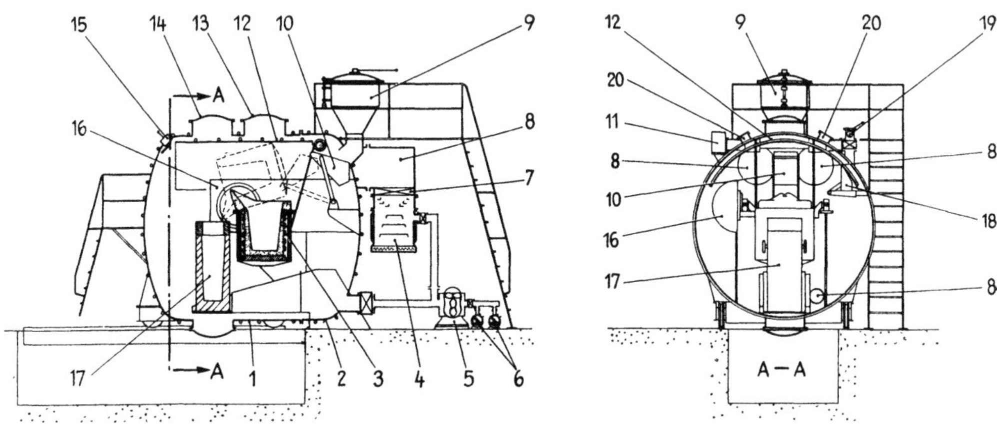

Abb. 342. Aufbau eines 1,2-t-Vakuum-Induktionsofens, Bauart Balzers (nach O. WINKLER)

1 Abfahrbarer Kesselteil, *2* feststehender Kesselteil, *3* Ofenspule, *4* Diffusionspumpen, *5* Rootspumpe, *6* Vorpumpen, *7* Hochvakuumventil, *8* Absaugleitungen, *9* Vorratskammer für die Materialzugabe, *10* Zugabeschaufel, *11* Antrieb für die Tiegelkippung mittels Seilzug, *12* Strahlungsschutzblech, *13* Anschlußstutzen für Blockschleuse, *14* Stutzen zur Einführung längerer Kokillen, *15* Schauglas, *16* Tiegelabstützung und Stromschieneneinführung, *17* Kokille, *18* Zugabeschaufel für Desoxydationsmittel, *19* Vorratsgefäß und Schleuse für Desoxydationsmittel, *20* Stutzen für einschleusbares Thermoelement oder Probeentnahmevorrichtung

Badoberfläche werden durch ein an der Kesselinnenseite angebrachtes, wassergekühltes Kupferblech vermieden.

Der feststehende Kesselteil trägt sowohl die Spule mit dem Tiegel als auch die Kokillenabstützung, die zum Aufstellen mehrerer Kokillen auch mit einem Drehteller ausgerüstet werden kann. Am feststehenden Kesselteil ist auch die Materialzugabevorrichtung befestigt, die ungefähr 50 bis 60% des Tiegelinhaltes zu fassen vermag und in einzelne Fächer unterteilt ist. Von dort aus können Schrott und Legierungselemente während des Schmelzens über einen Schaufelmechanismus in den Tiegel befördert werden. An zwei weiteren Stützen ist die Pumpenanlage angeschlossen. Nach dem Abzug des beweglichen Kesselteiles sind der Tiegel und die Kokille frei zugänglich; das Chargieren kann mit den üblichen Hilfseinrichtungen erfolgen.

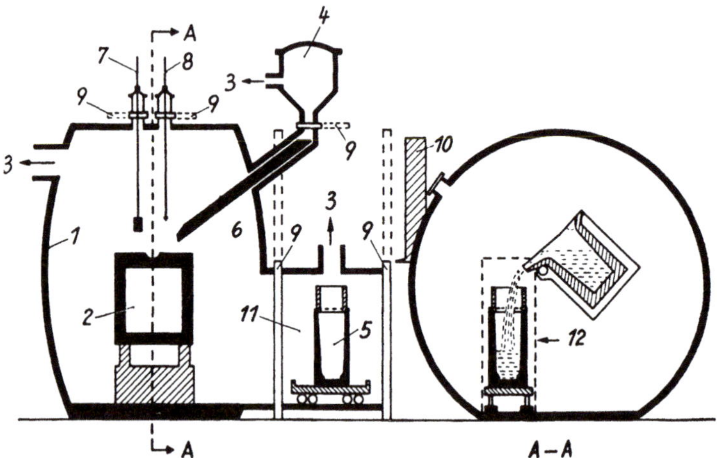

Abb. 343. Schnitt durch einen 1-t-Vakuum-Induktionsofen, Bauart NRC Equipment Corp. (nach O. WINKLER) *1* Vakuumgefäß, *2* Tiegel, *3* Vakuumleitung, *4* Chargiereinrichtung, *5* Kokille, *6* Chargierrinne, *7* Vorrichtung zur Probenahme, *8* Thermoelement, *9* Ventile, *10* Steuerungspult, *11* Kokillenschleuse, *12* Kokillenschleusenquerschnitt

Schmelzeinheiten ab etwa 500 kg Tiegelinhalt besitzen heute durchwegs verschiedene Zusatzeinrichtungen, die die Schmelzarbeit erleichtern und zum Teil auch ein nahezu kontinuierliches Arbeiten gestatten. Dazu gehören in erster Linie Einrichtungen zur Temperaturmessung mit Tauchthermoelementen, Vorrichtungen zur Entnahme von Stahlproben und zum Einstoßen von Brücken und nicht zuletzt Vakuumschleusen zum Einbringen des Einsatzes und der Legierungsstoffe und zum Auswechseln der Kokillen, ohne das Ofengefäß von den Vakuumpumpen abschalten zu müssen. Ein solches Ausführungsbeispiel zeigt Abb. 343 an einem 1-t-Ofen der NRC Equipment Corporation [3].

Der unbestreitbare Vorteil des praktisch kontinuierlichen Arbeitens wird durch den Nachteil einer höheren Störanfälligkeit der Anlage und eines höheren Bauaufwandes erkauft. Bei einer mittleren Chargenzeit von 3 Stunden, wie sie bei Großanlagen üblich ist, fällt auch die Zeitersparnis kaum ins Gewicht, zumal das Chargieren bei offener Anlage wesentlich einfacher ist und auch sperriger Einsatz Verwendung finden kann. Auch die Überwachung des Tiegelzustandes nach jeder Schmelze trägt wesentlich zur Erhöhung der Betriebssicherheit bei. Es hängt somit von der vorgesehenen Betriebsweise des Ofens ab, ob das Arbeiten mit oder ohne Schleusen zweckmäßiger ist.

Da mit zunehmendem Fassungsraum des Tiegels das Volumen des Vakuumgefäßes sehr stark zunimmt, hat es nicht an Versuchen gefehlt, den Bau großer, teurer Vakuumkammern zu vermeiden. So ist z. B. in einem von der ASEA, Västerås, gebauten 2,2-t-Ofen [3] das Ofengefäß in einem kleinen Vakuumbehälter untergebracht und mit diesem kippbar. Eine Abschirmung der Streufelder der Spule verhindert eine zu starke Erwärmung des eng anliegenden Vakuumgefäßes. Das Abgießen erfolgt über eine Rinne, die den Stahl zu den in einem eigenen Vakuumgefäß befindlichen Kokillen leitet. Trotzdem konnte eine Verbilligung der Anlagekosten nicht erreicht werden. Der Aufbau ist relativ kompliziert, und verschiedene Anlageteile sind der Reinigung und Instandhaltung weniger gut zugänglich als bei Anlagen mit nur einem Kessel. Man hat daher neuerdings auch für Großanlagen die erstgenannte Arbeitsweise beibehalten.

Die Vakuum-Induktionsöfen werden heute mit Frequenzen von etwa 2000 bis 180 Hz betrieben, wobei die Frequenz mit zunehmender Ofengröße und -leistung abnimmt. Um auch in Öfen mit relativ hoher Frequenz bei niedriger Leistungsaufnahme die für die Entgasung wichtige starke Badbewegung zu erhalten, kann dem Heizstrom höherer Frequenz nach einem Vorschlag der ASEA [4] ein niedrigfrequenter Strom, z. B. mit 30 Hz, der von einem zweiten Generator erzeugt wird, überlagert werden. Heizung und Badbewegung können unabhängig voneinander gesteuert werden.

Die Spannung an der Ofenspule, die mit Rücksicht auf den elektrischen Wirkungsgrad möglichst hoch sein soll, ist mit etwa 800 V begrenzt. Dieser Wert ist auch nur mit gut isolierten Spulen erreichbar, da sonst im Vakuum Glimmentladungen und Überschläge, begünstigt durch Metalldämpfe und Niederschläge flüchtiger Metalle an der Spule, eintreten können.

Das Pumpensystem für Arbeitsdrücke von 10^{-3} Torr und darunter besteht heute nahezu einheitlich aus einer Kombination von Öl-Diffusionspumpe, Rootspumpen und Rotationspumpen mit Öldichtung. Vakuumdichte Schieber gestatten es, die Pumpen vom Ofen abzuhalten, damit sie während des Öffnens des Ofens, z. B. zwischen zwei Schmelzen, betriebsbereit bleiben können. Vakuummeßgeräte und automatische Steuereinrichtungen ergänzen die technische Ausrüstung.

3.712 Tiegelzustellung

Die Wahl des Tiegelwerkstoffes hängt bei Vakuumöfen in erster Linie von seinem Verhalten gegenüber der Schmelze unter vermindertem Druck ab. Unter den zahlreichen feuerfesten Tiegelbaustoffen für offene Induktionsöfen sind im Vakuum für Schmelzen auf Eisen-, Nickel- und Kobaltbasis nur Magnesiumoxyd-Stampfmassen oder Mischungen aus MgO mit Al_2O_3 bzw. $MgO \cdot Al_2O_3$-Spinell brauchbar. Nur sie sind durch das flüssige Metall so schwer reduzierbar, daß die Sauerstoffaufnahme des Bades in erträglichen Grenzen bleibt. Natürlich müssen die Massen möglichst arm an Eisenoxyden sein, deren Gehalt mit etwa 0,5% begrenzt werden muß. Auch Kieselsäure als Bindemittel darf nur in geringen Mengen anwesend sein. Soll eine Aluminiumaufnahme verhindert werden, so muß der MgO-Anteil in der Tiegelzustellung über 90% betragen. Aus dem gleichen Grunde ist auch die sonst übliche Borsäure als Frittmittel für Vakuumöfen nicht verwendbar. Tab. 111 zeigt die Zusammensetzung einer Reihe gebräuchlicher Stampfmassen.

Wesentlich für die Haltbarkeit des Tiegels ist außer der chemischen Zusammensetzung der feuerfesten Oxyde auch die Korngrößenverteilung der einzelnen Komponenten. Die optimalen Korngrößen entsprechen etwa der FULLER-Parabel [5, 6].

Die Technik der Tiegelzustellung unterscheidet sich nur unwesentlich von der offener Öfen. Die Massen können, wie schon Tab. 111 zeigte, trocken oder feucht

Tabelle 111. *Zusammensetzung und Verarbeitung von verschiedenen basischen Tiegelmassen für Vakuum-Induktionsöfen* (nach O. WINKLER)

Hersteller	Brand	Chemische Zusammensetzung in %							Art des Stampfens
		MgO	Al_2O_3	Spinell	SiO_2	Fe_2O_3	CaO	Rest	
American Refractories & Crucible Corp., New Haven, Conn.	Lumag 741	65,8	25,2	...	5,8	1,0	1,3	0,8	trocken
Feldmühle A.-G., Lülsdorf (Westdeutschland)	Elektro-magnesia EMN 1 EMN 2	97,6 96,3	0,04 0,07	... ...	1,1 2,0	0,04 0,10	1,2 1,5	... ...	}naß oder }trocken
Lava Crucible Refractories Co., Pittsburgh	Normagal 32 A 32 E	60,0 72,0	37,0 27,0	... ...	2,5 1,4	Spuren Spuren	... ...	0,5 ...	} trocken
Norton Co. Worcester, Mass.	Magnorite cement RM 1170 TM 1173	65,8 91,0	25,2 5,0	... ...	5,8 1,1	... ...	... 1,8	3,1 1,1	} trocken
Pechiney Cie., Paris	Pisé ré-fractaire Hf „BS" Hf	1,5 49,0	... ...	97 48	1 ...	0,4 ...	Spuren ...	... 3,0	} trocken

eingestampft werden. Ist die Induktionsspule isoliert und stoßen die Windungen fugenlos aneinander, so wird die Innenseite der Spule als zusätzliche Sicherung gegen Durchbrüche mit einer mehrere Millimeter starken Schicht aus einer Mullit- oder Sillimanitmasse überzogen und die Stampfmasse nach sorgfältigem Trocknen des Überzuges eingestampft.

In Öfen mit nichtisolierten Spulen und entsprechenden Abständen zwischen den Spulenwindungen muß ein stärkerer mechanischer Schutz vorgesehen werden. Dazu dienen bei größeren Öfen z. B. Sillimanitplatten, wobei zwischen ihnen und der Spule noch eine dünne Schicht temperaturbeständiger Mineralwolle eingelegt wird. Sie dient zugleich zur Aufnahme der thermischen Ausdehnungsspannungen beim Aufheizen. Der in offenen Öfen als Zwischenschicht übliche Asbest ist unbrauchbar, weil er im Vakuum ständig Gas abgibt.

Als Kern, um den die feuerfeste Auskleidung Schicht um Schicht aufgestampft wird, dient, je nach der notwendigen Sintertemperatur, entweder eine Weicheisen-schablone (für Sintertemperaturen bis etwa 1600 °C) oder ein Graphitkern für höhere Temperaturen. Mit der Weicheisenschablone kann trocken oder feucht gestampft werden. Werden dagegen hochsinternde Massen feucht eingebracht, so empfiehlt es sich, sie um einen Holzkern zu stampfen, der vor dem Sintern gegen einen etwas kleineren Graphitkern ausgetauscht wird. Der Graphitkern besitzt im oberen Teil eine nach unten erweiterte Bohrung zum Ausziehen nach dem Sintern. Sie dient auch zur optischen Temperaturmessung.

Die Sintertemperatur und die Sinterzeit müssen so eingestellt werden, daß die Dicke der dichtgesinterten Zone etwa ein Drittel der Stärke der Tiegelwand beträgt. Bei der Verwendung einer Weicheisenschablone arbeitet man unter Vakuum, um eine Aufnahme von Eisenoxyden durch die Zustellung zu vermeiden. Die Schablone wird schließlich mit einer Spülcharge herausgeschmolzen. Im Gegensatz dazu wird das Sintern mit Graphitkernen zweckmäßigerweise an Luft ausgeführt. Man vermeidet damit die bei hohen Temperaturen unter Vakuum eintretende Reduktion des MgO und die daraus resultierenden Magnesium-Niederschläge im Inneren des Vakuumgefäßes, die in Berührung mit Luft zu gefährlichen Explosionen führen können. Die Oxydation des Graphitkernes wird durch Abdecken mit Graphitpulver verhindert. Ein in die Bohrung gestecktes Graphitrohr ermöglicht die optische Temperaturmessung im Kern.

Die innere Oberfläche des Tiegels muß möglichst glatt und dicht gesintert werden, wodurch eine Reaktion mit der Schmelze und die Infiltration auf ein Minimum begrenzt wird. Hinter dieser gesinterten Zone, deren Stärke etwa 30% der Tiegelwand beträgt, soll sich eine ungesinterte Schicht befinden, die die thermische Ausdehnung des Tiegels aufnehmen kann und die gleichzeitig eine Wärmeisolierung gegen die Ofenspule bildet und gegebenenfalls einen Durchbruch der Schmelze bis zur Spule verhindert.

Der obere Tiegelrand und der Ausguß werden entweder aus einem lufthärtenden Ofenzement geformt oder auch aus Formsteinen zusammengesetzt. Noch besser bewährt sich ein vorgeformter Ring mit Ausgußschnauze aus einer Schamotte-Graphit-Mischung. Er wird auf die gestampfte Wand aufgesetzt und mit dieser durch einen feuerfesten Zement verbunden. Um ein Lockerwerden im Betrieb zu verhindern, empfiehlt es sich, den Tiegel und den Ring mit Federn zusammenzuhalten. Die Verwendung einer Schamotte-Graphit-Mischung hat den Vorteil, daß sie sich im Streufeld der Spule erwärmt und das Gießen erleichtert, weil die Schmelze dabei weniger abkühlt.

Zum Ausbessern und Abdichten von Rissen in der Tiegelwand dienen feuerfeste Tonerde-Zemente oder entsprechende Massen auf MgO-Basis. Sie werden feucht mit einem Bindemittel, z. B. kolloidaler Kieselsäure, gemischt. Die Ausbesserungsarbeiten werden zweckmäßig außerhalb des Ofens ausgeführt, so daß man meist einen zweiten fertigen Tiegel in Reserve hat, um in der Zwischenzeit die Produktion aufrechtzuerhalten.

In Vakuumöfen ist das Verhältnis von Nutzraum zu Gesamtvolumen des Tiegels in der Regel kleiner als in offenen Öfen. Man gewinnt damit eine höhere Sicherheit gegen das Überkochen der Schmelze bei starker Gasentwicklung.

Die Haltbarkeit des Tiegels hängt, außer von der Temperaturwechselbeständigkeit der feuerfesten Zustellung, in hohem Maße vom Schmelzprogramm ab. Im allgemeinen kann man mit etwa den halben Werten gegenüber vergleichbaren Zustellungen in offenen Öfen rechnen. Als Anhaltswert kann für Öfen von 250 bis 1000 kg Fassungsraum und Zustellung auf $MgO-Al_2O_3$- oder $MgO-MgO \cdot Al_2O_3$-Spinell-Basis ($MgO:Al_2O_3 = 70:30$) eine Haltbarkeit von etwa 80 bis 35 Schmelzen genannt werden. Tiegel aus reinem MgO ergeben nur bei einwandfreier Beherrschung der Stampf- und Sintertechnik und Rücksichtnahme auf die geringere Temperaturwechselbeständigkeit eine Lebensdauer, die mit der von Al_2O_3-Stampfmassen vergleichbar ist. Die Ursache für die im allgemeinen geringere Lebensdauer dürfte in der höheren Temperaturbeanspruchung liegen, die sich aus der oft notwendigen starken Überhitzung und längeren Entgasungszeiten ergibt. Auch die Gefahr eines Ofendurchbruches erfordert ein frühzeitiges Auswechseln der Zustellung.

3.713 Ofen- und Schmelzführung

Für das Einsetzen gelten etwa die gleichen Richtlinien wie für offene Öfen, nur daß der Tiegel im Vakuumofen etwa bis zur Hälfte oder höchstens zu zwei Drittel gefüllt wird. Der Rest des Einsatzes wird während des Niederschmelzens langsam zugegeben, so daß eine Brückenbildung vermieden wird.

Die Auswahl der Einsatz- und Legierungsstoffe erfolgt zweckmäßigerweise nach ihrem Gasgehalt, um den an sich aufwendigen Schmelzprozeß nicht durch lange Entgasungszeiten zu verteuern. Neben den üblichen Ferrolegierungen und Reinmetallen sind daher auch solche besonders niedrigen Gasgehaltes im Handel.

Bei der Erzeugung von Aufbauschmelzen beginnt man mit dem Einschmelzen der Komponenten, die einen niedrigen Dampfdruck besitzen und keine besonders hohe Affinität zum Sauerstoff aufweisen, also z. B. mit Eisen, Nickel und Kobalt. Die reaktionsfähigeren Metalle (reactive metals) und die Elemente mit hohem Dampfdruck werden erst während des Schmelzens oder unmittelbar vor dem Abstich zugesetzt.

Die Entgasung der Einsatzstoffe beginnt bereits unterhalb des Schmelzpunktes, wobei vorzugsweise Wasserstoff abgegeben wird. Die Entfernung des Sauerstoffes über die Umsetzung mit dem Kohlenstoff unter Kohlenoxydentwicklung beginnt beim Übergang vom festen in den flüssigen Zustand. Zu diesem Zeitpunkt ist daher eine sehr genaue Überwachung des Schmelzvorganges notwendig, um ein Aufkochen des Tiegelinhaltes zu vermeiden.

Man beginnt daher mit dem Evakuieren schon während der Aufheizperiode. Sobald die Temperatur des Einsatzes den Schmelzpunkt erreicht, ist es ratsam, die Entgasung zu verlangsamen, indem man den Ofenraum vom Pumpenstand abschaltet, so daß sich aus den abgegebenen Gasen (H_2 und CO) eine Atmosphäre höheren Druckes im Ofenraum aufbaut. Gegebenenfalls kann man den Druck auch durch Einleiten von Argon stärker erhöhen. Diese Vorsichtsmaßnahmen sind notwendig, um durch ein Aufkochen des Tiegelinhaltes ein Verschweißen nichtgeschmolzener Einsatzanteile zu vermeiden. Es ist sehr schwierig, auf diese Art entstandene Brücken im oberen Tiegelteil z. B. mit Brückenbrechern zu beseitigen, ohne den Tiegel zu beschädigen.

Sobald der ganze Tiegelinhalt eingeschmolzen ist, wird das Vakuum vorsichtig erhöht und der Sauerstoffgehalt der Schmelze unter genauer Kontrolle der Kochreaktion abgebaut. Bei Verwendung reiner und gasarmer Einsatzstoffe hört die Gasentwicklung bald auf, und das Vakuum kann auf den gewünschten Wert eingestellt werden. Beim Erschmelzen von Hochtemperaturwerkstoffen auf Eisen- oder Nickelbasis wird jetzt mit dem Zusatz von Chrom begonnen. Das Kobalt wird meist schon im Einsatz zugegeben. Der Zusatz von artgleichem Schrott, der flüchtige oder sehr reaktionsfreudige Elemente enthält, soll nach Möglichkeit erst dann erfolgen, wenn die Basislegierung im Ofen fertig entgast ist. Elemente, wie Aluminium, Titan, Zirkon u. a., die mit Sauerstoff bzw. Stickstoff Verbindungen bilden, die auch im Vakuum schwer oder garnicht reduzierbar sind, sowie auch das stark flüchtige Mangan werden erst unmittelbar vor dem Abstich zugesetzt. Meist empfiehlt es sich auch, kurz vor dem Zusatz dieser Elemente den Druck im Ofen durch Einleiten von Argon auf einige Torr zu erhöhen. Auch durch Verwendung von Vorlegierungen zwischen den Metallen mit hohem Dampfdruck und einem Basiselement kann eine Verringerung der Verdampfungsverluste erreicht werden. Nach dem Auflösen dieser Legierungen soll möglichst sofort abgestochen werden.

Der eben geschilderte Schmelzverlauf kann für die Herstellung einer hochlegierten Stahlschmelze im 1000-kg-Vakuum-Induktionsofen der Abb. 344 entnommen werden [7]. Wegen des relativ hohen Gasgehaltes der Einsatzstoffe wurde in Teilmengen chargiert. Vor dem Zusatz des Chroms und der leicht flüchtigen Legierungselemente wurde der Druck im Ofenraum durch Einleiten von Argon erhöht und die Schmelze auch unter einem Argondruck von etwa 20 Torr abgegossen. Bei Abwesenheit flüchtiger Elemente kann auch unter Vakuum gegossen werden. Dabei ist jedoch zu beachten, daß unter Umständen im Block Mikroporen auftreten können, was besonders bei Stählen der Fall sein kann, deren Kohlenstoffgehalt oder Gehalt an anderen sauerstoffaffinen Elementen relativ niedrig ist.

Zur Überwachung des Schmelzganges sind die industriellen Vakuum-Induktionsöfen mit Vorrichtungen zur Probenahme und Temperaturmessung ausgerüstet. Man ist daher in der Lage, gleich wie an offenen Öfen, die Zusammensetzung der Schmelze durch Schnellanalysen zu überwachen. Für die Temperaturmessung eignen sich nur Tauchthermoelemente, da die Anzeigen optischer Pyrometer zu stark vom Strahlungsvermögen der Schmelze und bereits von geringen Metallniederschlägen am Fenster der Vakuumkammer beeinflußt werden. Eine sehr genaue Temperaturkontrolle ist unter anderem deshalb notwendig, weil die im Vakuum erschmolzenen reinen Legierungen zur Ausbildung einer grobkörnigen, oft schwer verformbaren

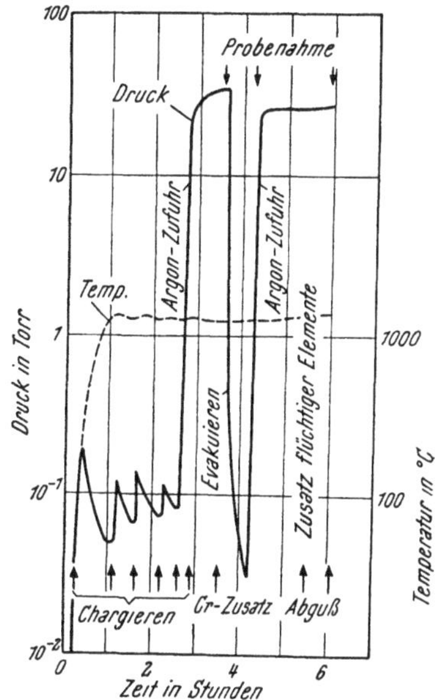

Abb. 344. Schmelzverlauf einer hochlegierten Stahlschmelze im 1000-kg-Vakuum-Induktionsofen (nach J. H. Moore)

Primärstruktur im Gußblock neigen, die nur durch eine geringstmögliche Schmelzüberhitzung vor dem Abguß vermieden werden kann. Als Thermoelementschutzrohre haben sich solche aus geschmolzenem Quarz bewährt, die gegebenenfalls noch einen Überzug aus Tonerde oder Zirkonoxyd erhalten.

An Stelle der ursprünglich verwendeten wassergekühlten Kupferkokillen benützt man heute für den Abguß von Stahllegierungen durchwegs normale Kokillen aus Grauguß oder Stahl. Die Verwendung von keramischen Überzügen zum Schutz der Kokilleninnenwand ist mit Rücksicht auf die Stahlreinheit abzulehnen. Die Kokillen müssen gut getrocknet, metallisch blank und gasfrei sein. Um ein Anschweißen der Kokillen an den Block zu verhindern, muß ein direktes Auftreffen des Metalls auf die Kokillenwand vermieden werden. Beim Abguß großer Blöcke benutzt man daher auch Eingußtrichter und bedeckt den Kokillenboden mit einer Scheibe der artgleichen Legierung.

Beim Abguß unter Vakuum geht die Abkühlung des Blockes langsamer vonstatten als beim offenen Guß. Die schlechtere Wärmeableitung macht sich vor allem bei Temperaturen unter 1000 °C bemerkbar, wo die Wärmeabgabe durch Strahlung gegenüber der durch Wärmeleitung nicht mehr überwiegt. Niedrige Gießgeschwindigkeit und Gießtemperatur sowie Beheizung des Blockkopfes sind vielfach notwendig, um das Auftreten von Sekundärlunkern und schwammigem Gefüge im Blockinneren zu vermeiden. Bessere Bedingungen erhält man beim Abguß in inerter Gasatmosphäre, z. B. unter Argon, wodurch auch bei nicht vollständig entgasten Schmelzen eine Gasblasenbildung im Block vermieden wird. Im übrigen verläuft der Erstarrungsvorgang in der Kokille wie beim offenen Guß, und bei Legierungen mit großem Erstarrungsintervall ist auch eine Blockseigerung in größeren Blöcken nicht zu vermeiden.

Der Vakuum-Induktionsofen ist für die Herstellung von Stählen hohen Reinheitsgrades vorzüglich geeignet. Das Schmelzen unter Vakuum oder Schutzgas verhindert die Bildung oxydischer Verunreinigungen und begrenzt den Abbrand sauerstoffaffiner Elemente auf ein Minimum. Die Entgasungsreaktionen sind jedoch durch die Reaktionen mit dem Tiegelwerkstoff begrenzt.

Schrifttum

zu Abschnitt 3.71

1. ROHN, W.: Technische Eigenschaften vakuumgeschmolzener Metalle. Z. Metallkde 21 (1929), S. 12/18.
2. HESSENBRUCH, W., und K. SCHICHTEL: Die Entwicklung der technischen Vakuum-Schmelzöfen. Z. Metallkde 36 (1944), S. 127/30.
3. WINKLER, O.: The Theory and Practice of Vacuum Melting. Metallurg. Rev. 5 (1960), Nr. 17, S. 1/117.
4. DARMARA, F. N., J. S. HUNTINGTON und E. S. MACHLIN: Vacuum-Induction Melting. J. Iron Steel Inst. 191 (1959), S. 266/75.
5. KÖTHEMANN, K. H., H. TREPPSCHUH und W. A. FISCHER: Tiegel aus Schmelzmagnesia für Vakuuminduktionsöfen. Arch. Eisenhüttenwes. 27 (1956), S. 563/66.
6. RYSCHKEWITSCH, E.: Oxydkeramik der Einstoffsysteme vom Standpunkt der physikalischen Chemie. Springer-Verlag, Berlin/Göttingen/Heidelberg 1948.
7. MOORE, J. H.: Transactions of 3rd National Symposium on Vacuum Technology. Pergamon Press, New York, London 1957.

3.72 Der Vakuum-Lichtbogenofen

Das Schmelzen im Vakuum-Lichtbogenofen mit Abschmelzelektrode (selbstverzehrende Elektrode) wurde technisch bereits 1905 von v. BOLTON [1] für das Schmelzen und Entgasen von Tantal angewandt und 40 Jahre später für die Erzeugung von Titan [2, 3], Zirkon und Molybdän [4] eingesetzt. Die Erfolge bei der Erschmelzung dieser Metalle und ihrer Legierungen führten zur Anwendung des Verfahrens zum Umschmelzen von Stahl [5]. Bereits 1962 wurden insgesamt mehr als 100 000 t Stahl in Vakuum-Lichtbogenöfen umgeschmolzen. Während man beim Vakuum-Induktionsofen durch die Tiegelzustellung und Tiegelhaltbarkeit bei festem Einsatz kaum über Schmelzgewichte von 5 t hinauskommt, betragen derzeit die größten Blockgewichte beim Vakuum-Lichtbogenofen 52 t, und es werden bereits Öfen mit Einsatzgewichten von nahezu 200 t und Blockdurchmessern von 2500 mm geplant und konstruiert.

3.721 Bau und Ausrüstung

Das Prinzip des Schmelzens im Vakuum-Lichtbogenofen besteht darin, daß eine als Kathode geschaltete Abschmelzelektrode aus der gewünschten Legierung im Gleichstromlichtbogen in eine wassergekühlte Kupferkokille bei einem Betriebsdruck von 10^{-3} bis 10^{-2} Torr niedergeschmolzen wird. Dadurch wird jede Reaktion der Schmelze mit einem Tiegelwerkstoff und mit der Atmosphäre ausgeschaltet. Das Prinzip dieses Schmelzverfahrens zeigt Abb. 345 [6].

Der Vakuum-Lichtbogenofen besteht im wesentlichen aus einer Ofenkammer (9), an deren unterem Ende eine wassergekühlte Kupferkokille angeflanscht ist (16). In die Ofenkammer wird eine wassergekühlte Elektrodenstange (6) vakuumdicht eingeführt, an der die Abschmelzelektrode (13) hängt. Die elektrische und mechanische Verbindung zwischen Elektrodenstange und

Abschmelzelektrode (genauer gesagt, dem an die Abschmelzelektrode im oder außerhalb des Vakuum-Lichtbogenofens angeschweißten Stummel (11)) besorgt ein Verbindungsteil, der sogenannte Spannkopf (10). Der Antrieb der Elektrodenstange erfolgt, je nach Konstruktion, über Kette, Seil oder eine Spindel (3) durch ein Differentialgetriebe (2), das sowohl langsame als auch schnelle Bewegungen nach unten und oben gestattet und wenig Trägheit besitzt, da beide Motoren nur ihre Drehzahl, nicht aber ihre Drehrichtung zu ändern brauchen. Schnelle Bewegungen der Elektrodenstange sind bei zuweilen auftretenden Instabilitäten des Lichtbogens (Gasausbrüche, parasitäre Lichtbögen) und außerdem beim Chargieren unbedingt notwendig.

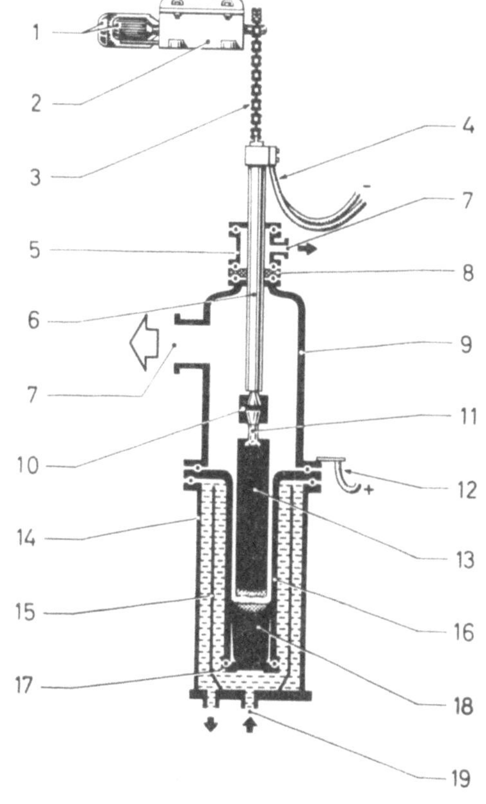

Abb. 345. Schematische Darstellung eines Vakuum-Lichtbogenofens mit Abschmelzelektrode (nach H. Gruber)

1 Getriebemotoren,
2 Differentialgetriebe,
3 Rollenkette,
4 negativer Stromanschluß,
5 Druckstufe und Führung der Elektrodenstange,
6 Elektrodenstange,
7 Pumpenanschluß,
8 Isolierung,
9 Ofenkammer,
10 Spannkopf zur Verbindung der Elektrodenstange mit der Abschmelzelektrode,
11 Elektrodenstummel (stub),
12 positiver Stromanschluß,
13 Abschmelzelektrode,
14 Kühltopf zur Kühlung des Kupfertiegels,
15 Wasserleitblech,
16 Kupfertiegel,
17 abnehmbarer Tiegelboden,
18 Schmelzblock,
19 Kühlwasseranschluß

Drei verschiedene technische Ausführungen von Öfen von 12 bis 52 t Blockgewicht zeigen die Abb. 346 bis 348. Sie unterscheiden sich im wesentlichen nur in der Chargiermethode der Abschmelzelektrode und der Dechargierung des Blockes.

Wesentlich für den Schmelzbetrieb ist die Konstruktion der wassergekühlten Kokille. Sie besteht aus einem nahtlosen oder geschweißten Kupferrohr von 15 bis 30 mm Wandstärke mit einem angeschweißten oder angelöteten Flansch aus Kupfer oder Stahl an ihrem oberen Ende. In diesen Flansch muß der Schmelzstrom möglichst symmetrisch eingeleitet werden. Eine unsymmetrische Stromverteilung, die z. B. auch bei nicht sorgfältig dicht geschweißten Kupfertiegeln auftreten kann, hat zur Folge, daß der Lichtbogen nach einer Seite abweicht und Inhomogenitäten in den Blöcken entstehen können. Der Kupferboden der Kokille wird bei Stahlöfen angeflanscht. Zur Schonung dieses Bodens beim Zünden des Lichtbogens legt man zweckmäßig eine Platte aus artgleichem Material ein. Zum Erzielen guter Blockoberflächen muß die Kokilleninnenfläche durch Beizen oder Sandstrahlen saubergehalten werden. Bei sorgfältiger Behandlung der Kokillen, insbesondere bei der Blockentnahme, werden Haltbarkeiten bis über 1000 Schmelzen ohne Reparatur erzielt. An Stelle runder Kokillen können solche mit polygonalem Querschnitt Anwendung finden, was für die Warmformgebung günstig sein kann. Allerdings müssen dann auch die Abschmelzelektroden polygonalen Querschnitt haben.

Während des Schmelzbetriebes muß für eine vollkommen symmetrische Kühlung gesorgt werden. Kühlwassermenge und -geschwindigkeit müssen eine Dampfblasenbildung an der Tiegelwand im Bereich des Lichtbogens mit Sicherheit ausschließen. Bei Produktionsanlagen werden größenordnungsmäßig 1000 l Kühlwasser pro Minute benötigt.

Zur Evakuierung von Vakuum-Lichtbogenöfen dienen Ölbooster-Pumpen mit Diffusionsstufe sowie Rootspumpen. Zweckmäßigerweise werden auch beide Pumpenarten parallel geschaltet. Auch Wasserdampfstrahlpumpen sind vereinzelt angewendet worden.

Zur Erleichterung der Beobachtung des Lichtbogens haben die modernen Öfen eine teleoptische Einrichtung, die das Lichtbogenbild auf eine Mattscheibe am Bedienungsstand überträgt. Dies erleichtert insbesondere das Anfahren und die Beendigung des Schmelzvorganges.

Die Möglichkeit einer Explosion nach dem Durchschmelzen der Kokille

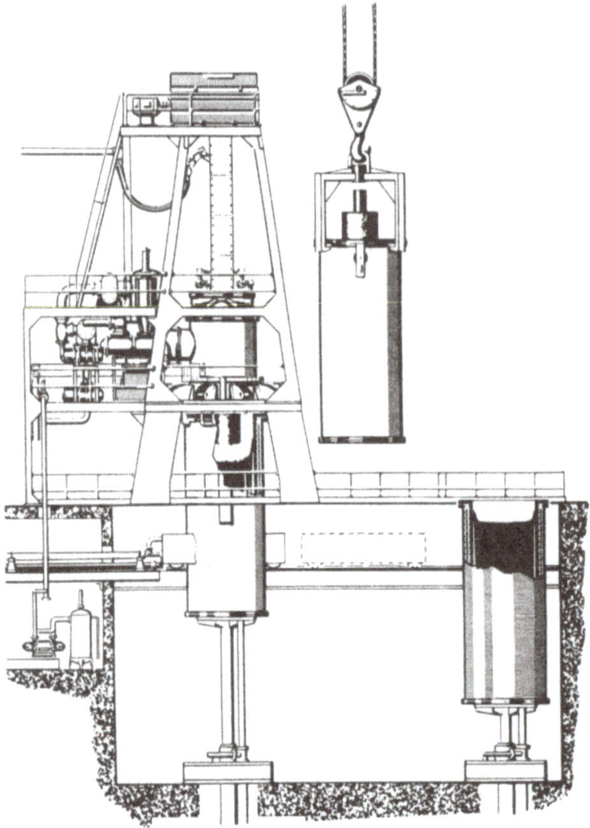

Abb. 346. Prinzipskizze der technischen Ausführung eines Vakuum-Lichtbogenofens zum Umschmelzen von Stahl (mit freundlicher Genehmigung von W. C. Heraeus G.m.b.H., Hanau). 52-t-Ofen, Chargieren der Abschmelzelektrode von unten durch Chargierwagen

mit anschließendem Wassereinbruch kann bei Stahlöfen und sachgemäßer Bedienung und Vorhandensein der heute üblichen Warn- und Abschalteinrichtungen so gut wie ausgeschlossen werden. Trotzdem empfiehlt es sich, die Kokille aus Sicherheitsgründen unter Flur anzuordnen. Schutzwände für den Schmelzer sind jedoch, im Gegensatz zum Schmelzen von Titan, nicht notwendig [5].

3.722 Elektrische und metallurgische Verhältnisse

Die Einstellung der richtigen Lichtbogenlänge, d. h. des Abstandes zwischen der Abschmelzelektrode und dem Schmelzbad, ist eines der heikelsten Probleme bei Vakuum-Lichtbogenöfen. Eine konstante und verhältnismäßig kleine Lichtbogenlänge ist die Voraussetzung für eine gute Blockoberfläche, gute Entgasung und homogene Blöcke. Sie soll, je nach dem Durchmesser der Abschmelzelektrode, in mittleren Stahlöfen etwa 15 bis 25 mm und in sehr großen Öfen etwa 40 mm betragen. Die genaue Einstellung dieser Lichtbogenlänge ist schwierig und aus der Lichtbogenspannung allein nicht möglich, da der Spannungsgradient eines Lichtbogens im Druckbereich unterhalb 10^{-1} Torr im Gegensatz zu höheren Drükken sehr gering ist [3, 7]. Es mußten daher komplizierte elektrische Systeme zur Lichtbogenregelung geschaffen werden. Auch die Feststellung des flüssigen Niveaus in der Kokille durch γ-Strahlen wurde versucht.

Wesentlich für das Erzielen optimaler metallurgischer Resultate ist auch die Stromstärke [8]. Dabei ist die Verwendung der technisch maximal möglichen Stromstärke und Leistung nicht möglich, weil das Schmelzbad in der Kokille so flach wie möglich gehalten werden soll. Die Wahl der richtigen Stromstärke ist bei Stählen schwieriger als z. B. beim Umschmelzen von Titan und kann im wesentlichen nur durch Versuche entschieden werden. Bei Kohlenstoffstählen z. B. beträgt der optimale Schmelzstrom bei einem Blockdurchmesser von 400 mm etwa 7000 A, bei 1000 mm etwa 24000 A und bei 1500 mm etwa 32000 A, wobei ein normaler Abstand zwischen Abschmelzelektrode und Tiegelwand (50 mm bei 400 mm und 75 mm bei 1500 mm Abschmelzelektrodendurchmesser) vorausgesetzt ist. Die optimale Stromstärke ist also keineswegs proportional dem Elektrodenquerschnitt und hängt außerdem von der Stahlqualität ab. Die mittlere Abschmelzgeschwindigkeit beträgt demnach 0,5 bis 0,7 kg Stahl/Kiloampere·min.

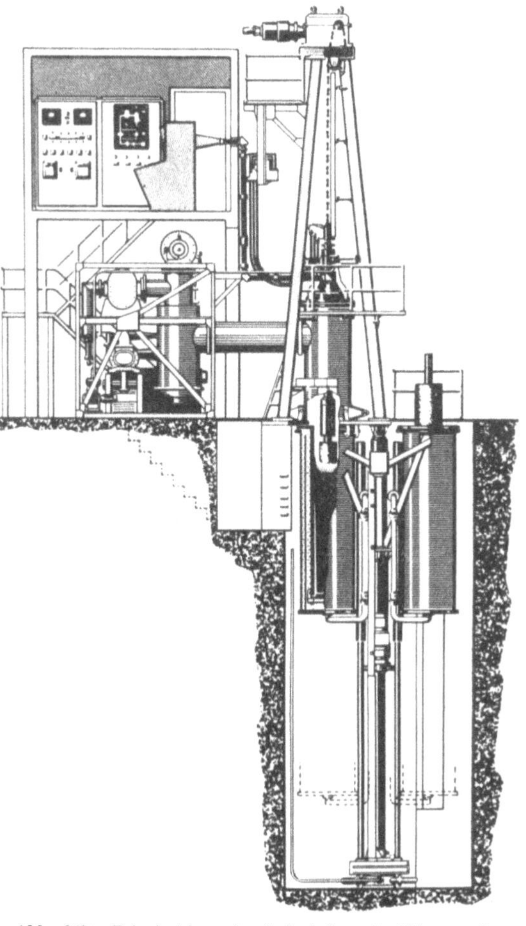

Abb. 347. Prinzipskizze der technischen Ausführung eines Vakuum-Lichtbogenofens zum Umschmelzen von Stahl (mit freundlicher Genehmigung von W. C. Heraeus G.m.b.H., Hanau). 12-t-Ofen mit Chargierung der Abschmelzelektrode von unten und gleichzeitiger Dechargierung des Blockes durch Drehhubhydraulik

Als Stromquellen werden wegen ihrer geringen Verluste und ihrer Robustheit heute vorzugsweise Siliziumgleichrichter verwendet. Selen- und Germaniumgleichrichter sind ebenfalls gut brauchbar. Man arbeitet mit Leerlaufspannungen von etwa 60 bis 80 V und Betriebsspannungen bei Vollast zwischen 30 und 36 V, wobei die Spannung des Lichtbogens selbst noch einige Volt niedriger liegt.

Die wesentlichen Einflußgrößen auf die Stabilität des Lichtbogens im Vakuum sind die Stromstärke und damit die Metalldampfentwicklung, der Druck und die Elektronenemission des zu schmelzenden Metalles. Die Elektronenemission nimmt im allgemeinen mit steigender Schmelztemperatur zu. Die Stromstärke ist in technischen Anlagen immer so groß, daß sofort bei Schmelzbeginn genügend Metalldampf erzeugt wird, um einen stabil brennenden Lichtbogen zu ermöglichen. Am Schluß der Schmelze jedoch, während der sogenannten „hot-topping"-Periode, bei der man versucht, das Schmelzbad langsam erstarren zu lassen, um einen Kopflunker zu vermeiden, kann es bei Stromstärken von 1000 A und darunter eintreten, daß der Lichtbogen instabil wird. Diese Schwierigkeiten können durch Argonzusatz ausgeschaltet werden.

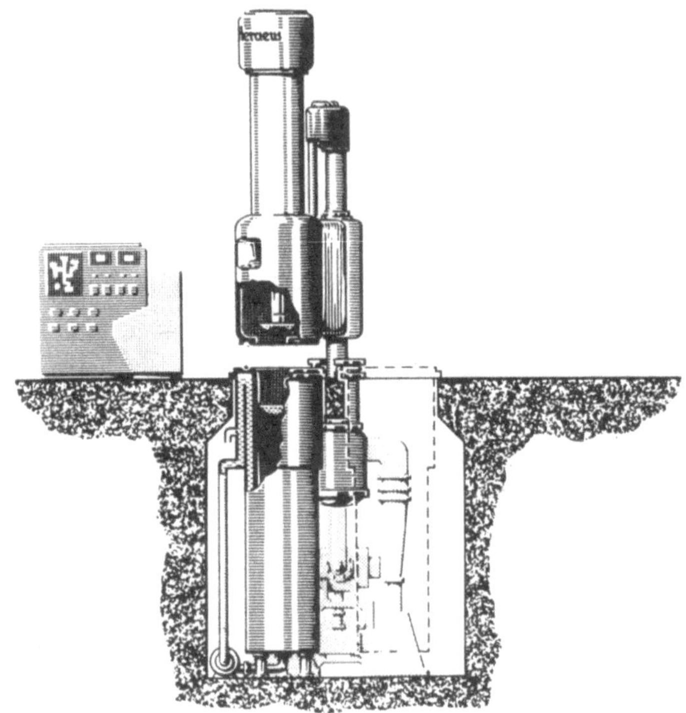

Abb. 348. Prinzipskizze der technischen Ausführung eines Vakuum-Lichtbogenofens zum Umschmelzen von Stahl (mit freundlicher Genehmigung von W. C. Heraeus G.m.b.H., Hanau). 25-t-Ofen mit zwei Schmelzpositionen und Chargierung der Abschmelzelektrode von oben. Dabei Abheben und Wegschwenken der Ofenkammer durch Dreh-hydraulik

Der Einfluß des Druckes auf die Stabilität des Lichtbogens wurde von E. W. Johnson und Mitarbeitern [7, 9] näher untersucht. Nach ihren Vorstellungen erhält man im Bereich von 760 bis herab zu 30 Torr in der Ofenkammer recht stabile Einzelbögen. Im Bereich von 30 Torr bis größenordnungsmäßig etwa 0,5 Torr (abhängig von der Geometrie der Abschmelzelektrode, der Tiefe des Schmelzbades sowie des Schmelzmaterials selbst) wandert dieser Lichtbogen sehr stark („positional instability"), insbesondere auch die Elektrode hinauf. Die elektrische Energie wird nicht mehr dem Schmelzbad und dem Ende der Abschmelz-elektrode zugeführt und in Wärme umgewandelt. Das Schmelzbad kann einfrieren und die Kokille durch einen vagabundierenden Lichtbogen durchgeschmolzen werden. Da in diesem Druckbereich gleichzeitig der Metalldampf zum Leuchten angeregt wird, spricht man fälschlicherweise davon, daß Glimmentladungen an solchen Instabilitäten des Lichtbogens schuld seien. Bei Drücken unterhalb 0,1 Torr treten dann viele kleine Lichtbögen auf, der Lichtbogen erscheint diffus und über einen großen Teil des Schmelzbades verteilt. Die Stabilität der einzelnen, zwischen Bad und Elektrode brennenden Bögen ist sehr gut. Der Materialtransport erfolgt in kleinen Tröpfchen. Die Entgasungsbedingungen sind günstig.

Die angegebenen Drücke beziehen sich auf die Ofenkammer und nur auf die permanenten, nicht kondensierbaren Gase. Der Druck der permanenten Gase im Lichtbogen selbst ist höher und selbstverständlich auch abhängig vom Gasgehalt der Elektrode, von den geometrischen Verhältnissen und vom Druck in der Ofenkammer. In Vakuum-Lichtbogenöfen für Stahl strebt man in der Ofenkammer Drücke von 10^{-3} bis 10^{-2} Torr an; man kann dann im Lichtbogenbereich bei nicht vakuumgeschmolzenen Elektroden mit Drücken von $5 \cdot 10^{-2}$ bis 1 Torr rechnen. Die bisher durchgeführten Messungen und Berechnungen über den Druck in der Lichtbogenzone weichen zum Teil voneinander ab [3, 9 bis 13].

Im Vakuum-Lichtbogenofen kann auch in bestimmten Gasatmosphären geschmolzen werden. So wird z. B. ein Stickstoffzusatz beim Umschmelzen bestimmter austenitischer Chrom-Nickelstähle oder auch bei Schnelldrehstählen angewendet.

3.723 Ofen- und Schmelzführung

Die zum Umschmelzen im Vakuum-Lichtbogenofen notwendigen Umschmelzelektroden werden bei Stählen meist in üblicher Art an Luft erschmolzen und abgegossen. Bei den Nickel- und Kobaltbasislegierungen, die relativ hohe Anteile an stark reaktiven Elementen, wie Titan und Aluminium, enthalten, hat es sich als zweckmäßig erwiesen, das Material für die Abschmelzelektroden im Vakuum-Induktionsofen zu erschmelzen. Auf jeden Fall beeinflußt die Qualität der Abschmelzelektrode die Güte des umgeschmolzenen Blockes, und zwar vor allem in den Eigenschaften, die durch das Umschmelzen im Vakuum-Lichtbogenofen nicht verändert werden können. Dies betrifft in erster Linie den Phosphor- und Schwefelgehalt. Die Verbesserung des Reinheitsgrades an oxydischen Verunreinigungen wird von der Art der Desoxydation der Ausgangslegierung beeinflußt.

Als *Elektroden* dienen gegossene, gewalzte oder geschmiedete Stäbe mit rundem, quadratischem oder vieleckigem Querschnitt. Die Oberfläche der Elektroden wird durch geeignete Verfahren, z. B. durch Kugelstrahlen, von der Gußhaut bzw. vom Zunder befreit. Eine spanabhebende Bearbeitung ist in den meisten Fällen nicht erforderlich. Kurze Stäbe werden bei Stahl und den Nickel- und Kobaltbasislegierungen meist durch Zusammenschweißen im Vakuum-Lichtbogenofen auf die erforderliche Elektrodenlänge zusammengefügt. Der Elektrodendurchmesser ist um die Spaltbreite kleiner als der Durchmesser der Kupferkokille. Sie beträgt bei kleinen Blockdurchmessern 20 bis 25 mm und erhöht sich bei großen bis auf 75 mm.

Für den einfachen Umschmelzvorgang muß die Ausgangslegierung bzw. die Abschmelzelektrode bereits die gewünschte chemische Zusammensetzung haben, wobei aber berücksichtigt sein muß, daß Legierungskomponenten mit hohem Dampfdruck, wie z. B. Mangan, unter Vakuum teilweise verdampfen.

Vor *Schmelzbeginn* wird der Ofen evakuiert, wobei auch alle Feuchtigkeitsreste entfernt werden müssen, die sich vor allem an den wassergekühlten Teilen angesammelt haben können. Auch Beschläge aus flüchtigen Metallen halten Gase und Wasserdampf zurück. Nach dem Evakuieren bis auf einen Druck $< 10^{-2}$ Torr wird zwischen der Abschmelzelektrode und einer artgleichen Metallplatte, die zum Schutz des Kokillenbodens dient, ein Gleichstromlichtbogen gezündet. Das Elektrodenmaterial schmilzt ab und bildet in der Kokille ein Metallbad. Die Kühlung der Kupferkokille bewirkt eine fortschreitende Erstarrung des von der

Elektrode abschmelzenden Materials, so daß sich schließlich ein von der Abschmelzgeschwindigkeit und der Umschmelzstromstärke abhängiger Gleichgewichtszustand mit bestimmter Badtiefe einstellt.

Die Wahl der *Umschmelzbedingungen* im Vakuum-Lichtbogenofen ist für die Qualität des umgeschmolzenen Blockes von entscheidender Bedeutung. Zur Ermittlung der optimalen Bedingungen wurden Untersuchungen durchgeführt, die den Einfluß des Umschmelzstromes bei verschiedenen Elektroden- und Kokillenabmessungen auf die Tiefe und das Volumen des Schmelzbades, auf die Abschmelzgeschwindigkeit und die Erstarrungsgeschwindigkeit im Block sowie auf die Verweilzeit eines Teilchens im flüssigen Zustand aufzeigten [8]. Die genauen Arbeitsbedingungen müssen jedoch für die verschiedenen Öfen und Stahlsorten experimentell festgelegt werden.

Die *Entgasung* des Werkstoffes findet im Lichtbogenbereich statt. Ihr Ausmaß ist weitgehend von der Abschmelzgeschwindigkeit abhängig. Die Elektrode selbst wird durch den Stromdurchgang und vor allem in ihrem untersten Teil durch den Lichtbogen und durch die Strahlung vom Metallbad aufgeheizt, so daß in diesem Bereich die Diffusionsgeschwindigkeit des Wasserstoffs groß genug wird, um eine Entgasung zu erreichen. Der wesentliche Teil der Entgasung erfolgt an der Stirnfläche der Elektrode und aus dem Schmelzbad, zu einem geringen Teil auch aus den abfallenden Tropfen. Da die Entgasungszeit und auch die Möglichkeit zur Entfernung der freigewordenen Gase im Vakuum-Lichtbogenofen begrenzt ist, ist es zweckmäßig, nur relativ gasarme Elektroden zu verwenden bzw. solche, die während des Umschmelzens keine zu großen Kohlenoxydmengen abgeben. Deshalb kommt auch der Art der Desoxydation ein großer Einfluß auf die Entgasung zu [14]. In Tab. 112 sind einige Werte für die bei verschiedenen Legierungen erreichte Verminderung des Gasgehaltes zusammengestellt [14 bis 17].

Tabelle 112. *Gasgehalte in ppm vor und nach dem Umschmelzen im Vakuum-Lichtbogenofen* [14 bis 17]

Werkstoff	Wasserstoff		Sauerstoff		Stickstoff	
	vor	nach	vor	nach	vor	nach
16 MnCr 5	2,3	1,6	30	15	100	100
34 Cr 4	1,9	1,3	50	15	140	110
X 30 CrNiMo 8	n. b.	n. b.	80	30	100	70
35 NiCrMo 14	2,8	1,6	50	20	150	80
100 Cr 6	n. b.	n. b.	40	10	150	80
100 Cr 6	3,4	1,1	35	10	150	110
85 Cr 7	3,6	1,7	40	20	140	120
X 22 CrMoWV 12/1	n. b.	n. b.	40	16	430	135
X 210 CrW 12	1,1	1,3	50	20	220	220
D Mo 5	3,6	1,2	50	20	260	230
X 30 WCrV 5/3	n. b.	n. b.	n. b.	10	n. b.	140
X 10 CrNi 18/9	1,8	0,2	19	1	240	50
X 10 CrNiTi 18/9	—	—	30	10	210	170
X 15 CrNiSi 24/9	—	—	30	15	45	40
X 8 NiCrAlTi 75/20	11,8	2,5	20	20	210	160
X 8 NiCrCoTi 55/20/20	9,1	2,7	20	20	170	120
A 286	7,0	2,0	12	5	200	50
M 252	16,0	1,7	15	6	160	40
Waspaloy	17,7	2,2	31	2	420	120

Die Verbesserung des *Reinheitsgrades* beim Umschmelzen kann grundsätzlich durch eine Reduktion der Oxyde mit dem Kohlenstoff unter CO-Entwicklung und durch ein Flotieren der nichtmetallischen Einschlüsse erreicht werden. Eine stärkere Kohlenoxydentwicklung während des Umschmelzens konnte nur bei Stählen beobachtet werden, die allein mit Silizium desoxydiert waren und daher überwiegend leicht reduzierbare Silikate enthielten. Mit Aluminium desoxydierte Stähle zeigen diese Gasentwicklung nicht, so daß hier die Sauerstoffabnahme nur durch eine Ausscheidung der Oxyde erfolgt. Die chemische Zusammensetzung dieser an die Badoberfläche aufgestiegenen Oxyde ist für drei Stähle in Tab. 113

Tabelle 113. *Chemische Zusamensetzung der an die Badoberfläche aufgestiegenen Oxydeinschlüsse in Prozent* [14]

Werkstoff	FeO %	SiO_2 %	MnO %	CaO %	MgO %	Al_2O_3 %	Cr_2O_3 %	P_2O_5 %	S %
85 Cr 7, Si-beruhigt	3,1	22,6	4,4	17,2	10,4	34,5	0,45	0,45	0,03
X 210 CrW 12, Al-beruhigt	11,2	7,1	2,3	15,0	2,5	52,8	5,3	0,30	0,05
X 15 CrNiSi 24/19, Al-beruhigt	8,5	14,5	5,9	8,0	1,7	49,7	10,6	1,28	0,03

wiedergegeben [14]. In allen drei Fällen bildet die Tonerde den Hauptbestandteil, obwohl der Stahl 85 Cr 7 nur mit Silizium und nicht wie die beiden anderen auch mit Aluminium desoxydiert worden war. Der Chromoxydgehalt steigt mit zunehmendem Chromgehalt des Stahles an. Bemerkenswert sind auch die Kalk- und Magnesiagehalte. Dieses Aufsteigen der im Stahl enthaltenen oxydischen Verunreinigungen führt zu einer starken Verbesserung des Oxydreinheitsgrades. Der kleine noch im Stahl verbleibende Anteil an Oxyden ist durch die Einwirkung des Lichtbogens so gleichmäßig und fein dispers verteilt, daß er bei der üblichen Auswertung im Mikroskop kaum mehr erfaßt wird. Die chemische Zusammensetzung der Oxydeinschlüsse vor und nach dem Umschmelzen zeigt deutliche Unterschiede, wie Tab. 114 am Beispiel des Stahles 30 CrNiMo 8 zeigt. Kennzeichnend ist die Veränderung des Verhältnisses $Al_2O_3:SiO_2$, das auf die leichtere Abscheidbarkeit der schlecht benetzbaren Tonerdeeinschlüsse zurückzuführen ist [18].

Tabelle 114. *Chemische Zusammensetzung der Schlackeneinschlüsse vor und nach dem Umschmelzen beim Stahl 30 CrNiMo 8 in Prozent* [14]

	SiO_2 %	MnO %	FeO %	Al_2O_3 %	CaO %	MgO %	TiO_2 %
vor	19	1	1	74	6,3	1,5	0,3
nach	79	1	1	21	1	1	0,4

Auch der Nitridreinheitsgrad z. B. in titanstabilisierten rostbeständigen Stählen läßt sich, wenn auch nicht im gleichen Ausmaß wie der Oxydreinheitsgrad, verbessern. Die Nitride und Karbonitride werden vorwiegend durch Flotation entfernt und sammeln sich in einer etwa 5 mm starken Zone im Blockkopf [19]. Dagegen ist, wie bereits erwähnt, eine Entschwefelung beim Umschmelzen in Übereinstimmung mit den Untersuchungsergebnissen von W. A. FISCHER [20] nicht möglich, wohl aber tritt eine Verbesserung der Sulfidverteilung ein.

In der chemischen Zusammensetzung tritt nur eine Änderung bei den im Vakuum flüchtigen Elementen ein. Beim Mangan liegen die Abdampfverluste für einen Mangangehalt von 0,4% zwischen 0,05 und 0,08% und für einen solchen von 1% Mn zwischen 0,15 und 0,20%. Der Verlust an Chrom ist im allgemeinen unbedeutend, ebenso die Änderung im Kohlenstoffgehalt. Von den unerwünschten Spurenelementen werden neben Schwefel auch Zinn, Blei, Arsen, Antimon und Zinn im Kondensat des Staubabscheiders gefunden, doch ist die abgedampfte Menge meist so gering, daß die Konzentrationsänderung im Stahl analytisch kaum erfaßt werden kann. Lediglich bei Zinngehalten von 0,01 bis 0,015% wird über eine Verminderung um 0,002 bis 0,003% berichtet [21].

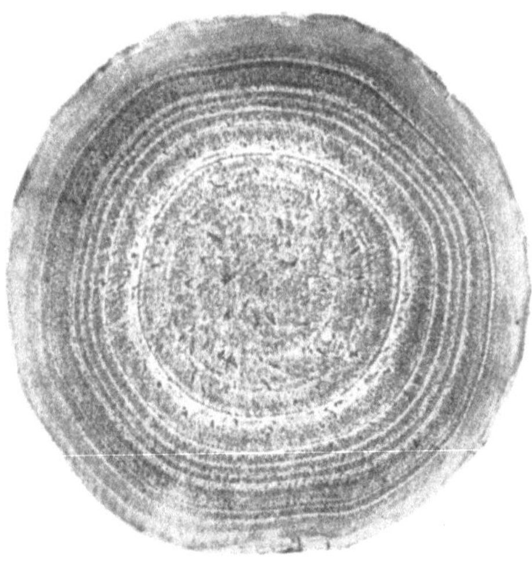

Abb. 349. Konzentrische Seigerungszonen und Blockporosität bei umgeschmolzenem Kugellagerstahl, verursacht durch induktive Badbewegung (nach F. SPERNER)

Die *Erstarrungsverhältnisse* im Block während des Umschmelzens weichen weitgehend von denen des normalen Blockgusses ab. Bei richtiger Schmelzführung lassen sich Blockseigerungen und Innenfehler weitgehend vermeiden. Die gleichmäßigere Primärstruktur vermindert auch die von Kristallseigerungen herrührende Gefügezeiligkeit [14, 19]. Andererseits aber neigt der Block beim Erstarren in der wassergekühlten Kupferkokille zur Ausbildung eines grobkristallinen Primärgefüges mit ausgeprägter Transkristallisation. Zur Gefügeverfeinerung wurde daher die induktive Badbewegung und die Beeinflussung des Gußgefüges durch Ultraschall vorgeschlagen [22]. Die induktive Badbewegung kann jedoch bei seigerungsempfindlichen Stählen ausgeprägte konzentrische Seigerungszonen ergeben, wie sie Abb. 349 zeigt. Außerdem ist ihr Einfluß auf das Primärgefüge offensichtlich gering. Die Möglichkeiten, durch Ultraschall ein günstigeres Gefüge zu erreichen, sind erfolgversprechend, wie Abb. 350 erkennen läßt [22]. Sie wurden bisher allerdings nur an relativ kleinen Blöcken erprobt.

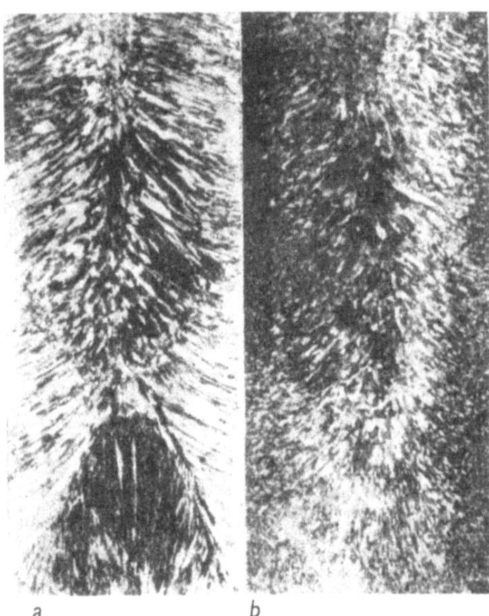

a　　　　　　b

Abb. 350. Primärgefüge eines Umschmelzblockes a) ohne und b) mit Ultraschallbehandlung (nach D. H. LANE, J. W. CUNNINGHAM und W. A. TILLER)

Die Bildung eines *Kopflunkers*, insbesondere bei Blöcken großen Durchmessers, läßt sich durch stetiges Absenken der Stromstärke gegen Schmelzende vermeiden bzw. stark reduzieren. Durch das Vermindern des Umschmelzstromes wird einerseits die Badtiefe verringert und andererseits noch genügend Material von der Elektrode abgeschmolzen, um die Volumenverminderung bei der Erstarrung auszugleichen. Nach vollständiger Erstarrung des

Blockes wird der Ofen geflutet, der Tiegel abgeflanscht und der Block aus-
gezogen.

Die Oberfläche des Umschmelzblockes muß, vor allem bei rißempfindlichen
Werkstoffen, vor der Weiterverarbeitung geputzt oder überdreht werden. Dies ist
besonders dann erforderlich, wenn die Blockoberfläche Schmelztröpfchen oder
Einschlüsse enthält, die beim Umschmelzen an die Kokillenwand gespült wurden.
Beim Umschmelzen von Werkstoffen mit hohen Gehalten an leicht verdampfenden
Elementen, die an der Kokillenwand kondensieren, kann auch eine Anreicherung
dieser Elemente in der Außenzone des Blockes stattfinden. Im allgemeinen ist die
Verformbarkeit der umgeschmolzenen Blöcke besser als die der Ausgangslegierung,
was auf das gleichmäßige und dichte Gefüge zurückzuführen ist. Dementsprechend
genügt auch meist ein geringerer Verformungsgrad als bei offen erschmolzenen
Blöcken.

Trotz der gegenüber dem Vakuum-Induktionsofen begrenzteren Reaktionsmöglichkeiten bietet der Vakuum-Lichtbogenofen als Produktionseinheit für die
Erschmelzung von Stählen und Sonderlegierungen eine Reihe von Vorteilen. Die
in der wassergekühlten Kupferkokille erzeugten Blöcke sind nahezu seigerungsfrei
und ohne größeren Kopflunker, was zu einem hohen Ausbringen führt. Über die
Eigenschaftsänderungen durch das Umschmelzen geben, außer den bereits genannten, noch zahlreiche Untersuchungsberichte Aufschluß, auf die hier verwiesen sei [23 bis 33]. Die Blockgröße ist nicht wie beim Induktionsofen durch die
Tiegelgröße beschränkt. Die Arbeitsweise ist einfacher und kann weitgehend
mechanisiert werden. Zusammen mit der höheren Schmelzleistung liegen deshalb
auch die Umschmelzkosten unter denen des Vakuum-Induktionsofens.

Schrifttum

zu Abschnitt 3.72

1. BOLTON, W. v.: Das Tantal, seine Darstellung und seine Eigenschaften. Z. Elektrochem. 11 (1905), S. 45/51.
2. PARKE, R. M., und J. L. HAM: The Melting of Molybdenum in the Vacuum Arc. Trans.
AIME 171 (1947), S. 416.
3. GRUBER, H.: German Developments in the Vacuum Arc Melting of Titanium and Zirconium. In: Arcs in Inert Atmospheres and Vacuum. Herausg. W. E. KUHN, John Wiley & Sons,
New York 1956, S. 118/48.
4. KROLL, W. J.: Trans. Electrochem. Soc. 78 (1940), S. 35.
5. DYRKACZ, W. W.: Verbesserung von hochwarmfesten Werkstoffen durch Erschmelzen
im Lichtbogen-Vakuumofen. Iron Age 176 (1955), Nr. 17, S. 75/77.
6. GRUBER, H.: Consumable Electrode Vacuum Arc Melting. Elect. Furn. Steel Proc.
AIME 15 (1957), S. 110/32.
7. JOHNSON, E. W., G. T. HAHN und R. ITOH: Characteristics of Consumable Electrode
D. C. In: Arcs in Argon, Helium and Vacuum. Arcs in Inert Atmospheres and Vacuum.
Herausg. W. E. KUHN, John Wiley & Sons, New York 1956, S. 19/40.
8. SPERNER, F., und G. PERSSON: Vorgänge beim Umschmelzen von Stahl im Vakuum-
Lichtbogenofen. Stahl u. Eisen 82 (1962), S. 1099/1105.
9. JOHNSON, E. W.: Arc Phenomena Basic and Applied. In: Vacuum Metallurgy. Herausg.
R. F. BUNSHAH, Reinhold Publishing Corp., New York 1957, S. 101/20.
10. GRUBER, H.: Survey of European Arc Melting. In: Vacuum Metallurgy. Herausg. R. F.
BUNSHAH, Reinhold Publishing Corp., New York 1957, S. 138/52.
11. NOESEN, S. J.: Consumable Electrode Melting of Reactive Metals. J. Metals 12 (1960),
S. 842/49.
12. JOHNSON, E. W.: A Prepared Discussion on „Consumable Electrode Melting of Reactive
Metals". J. Metals 12 (1960), S. 850/52.
13. SUITER, J. W.: Druckverteilung im Vakuum-Lichtbogenofen. J. Electrochem. Soc. 105
(1958), S. 44/46.

14. PETER, W., und H. SPITZER: Versuche zur Herstellung von legierten Stählen im Vakuum-Lichtbogenofen. Stahl u. Eisen 82 (1962), S. 1287/98.
15. SPERNER, F.: Vakuum-Technik 7 (1962), S. 191/200.
16. BRANDT, H. G., B. REICHMANN und F. SPERNER: Einfluß eines Umschmelzens im Vakuum-Lichtbogenofen auf die Eigenschaften hochfester Baustähle für die Flugzeugindustrie. Stahl u. Eisen 83 (1963), S. 30/36.
17. DYRKACZ, W. W., R. S. DE FRIES und R. K. PITLER: Vacuum Remelting of Superalloys and Steels by the Consumable Electrode Process. In: Arcs in Inert Atmospheres and Vacuum. Herausg. W. E. KUHN, John Wiley & Sons, New York 1956, S. 97/117.
18. PLÖCKINGER, E., und R. ROSEGGER: Desoxydation und technologische Eigenschaften beruhigter Thomasstähle. Stahl u. Eisen 77 (1957), S. 701/14 und 799/804.
19. SPERNER, F.: Schmelzen von Stahl im Vakuum-Lichtbogenofen. Berg- u. hüttenm. Mh. 106 (1961), S. 407/16.
20. FISCHER, W. A.: Die Metallurgie des Eisens im Hochvakuum. Arch. Eisenhüttenwes. 31 (1960), S. 1/9.
21. BARRACLOUGH, K. C.: Vacuum Remelting at Firth Brown. Iron and Steel 35 (1962), S. 484 bis 488.
22. LANE, D. H., J. W. CUNNINGHAM und W. A. TILLER: The Application of Ultrasonic Energy to Ingot. Trans. AIME 218 (1960), S. 985/90.
23. PETER, W., A. KLEIN und H. FINKLER: Arch. Eisenhüttenwes. demnächst.
24. BUNGARDT, K., O. MÜLDERS und G. LENNARTZ: Einfluß von Chrom, Molybdän, Wolfram und Vanadin auf die Eigenschaften von Stählen mit 0,3% C. Arch. Eisenhüttenwes. 32 (1961), S. 823/41.
25. CHILD, H. C., und G. T. HARRIS: Vacuum-Melting of Steels. J. Iron Steel Inst. 190 (1958), S. 414/31.
26. BRADD, A. A.: Material and Design Defects in Forged Steel Rolls. Iron Steel Eng. 38 (1961), Nr. 1, S. 85/98.
27. MOORE, J. H.: Promises and Problems Posed by Vacuum Melting. J. Metals 6 (1954), S. 1368/69.
28. HAYTEN, W. T.: Process and Quality Control for Management. Blast Furnace Steel Plant 45 (1957), S. 601/07 und 731/36.
29. MORRISON, T. W., W. O. WALP und R. R. REMORENKO: Dauerfestigkeit verschiedener Walzlagerstähle für höhere Temperaturen. Trans. ASLE 2 (1959), S. 129/46.
30. BUNGARDT, K., und H. VOLLMER: Beitrag zur Erschmelzung von Stählen und Legierungen im Induktions- und im Lichtbogen-Vakuumofen. Stahl u. Eisen 82 (1962), S. 401/19.
31. DYRKACZ, W. W.: Vac. Met. Lect., New York Univ. 26. Juni 1958.
32. PETER, W., und H. SPITZER: Einfluß des Vakuumschmelzens und einiger Spurenelemente auf das Verhalten einer hochwarmfesten Nickel-Legierung im Zeitstandsversuch. Arch. Eisenhüttenwes. 33 (1962), S. 761/70.
33. PITLER, R. K., E. E. REYNOLDS und W. W. DYRKACZ: Consumable Electrode Vacuum Remelting of High-Temperature Alloys. In: High Temperature Materials, J. Wiley & Sons, New York 1959, S. 378/87.

3.73 Vakuumschmelzöfen anderer Bauart

Außer den vorbeschriebenen Vakuum-Induktionsöfen und dem Vakuum-Lichtbogenofen mit selbstverzehrender Elektrode, die für die Edelstahlerzeugung bereits technische Bedeutung erlangt haben, sind noch andere Typen von Vakuumöfen in Entwicklung bzw. für Nichteisenmetallegierungen in Verwendung, die grundsätzlich auch für das Schmelzen von Stahl und Sonderlegierungen geeignet sind. Ihre Entwicklung ist von dem Bestreben geleitet, verschiedene Nachteile der heutigen Öfen zu vermeiden und den Anwendungsbereich des Vakuumschmelzens zu erweitern bzw. die metallurgische Wirksamkeit zu erhöhen. Zu diesen Sonderausführungen zählen der Vakuum-Lichtbogenofen mit Hilfselektrode und wassergekühltem Schmelzherd, der Elektronenstrahlschmelzofen und schließlich für Laboratoriumszwecke der Schwebeschmelzofen und die Einrichtungen für das Zonenschmelzen.

Den schematischen Aufbau eines *Vakuum-Lichtbogen-Ofens* mit *Schmelzherd* [1] zeigt Abb. 351 [2]. Der Einsatz wird in einem gekühlten Schmelztiegel, z. B. aus rostfreiem Stahl, der gegebenenfalls eine Innenauskleidung mit feuerfestem Material aufweisen kann, in einer neutralen Gasatmosphäre unter vermindertem Druck eingeschmolzen. Die permanenten Elektroden sind wassergekühlt und mit einer Wolframspitze bestückt. Beim Einschmelzen des Schrottes erstarrt das Metall an der Innenfläche des Tiegels und bildet so eine Schale, in der sich das flüssige Metall befindet. Daraufhin kann weiteres Material von einer selbstverzehrenden Elektrode abgeschmolzen werden. Zur besseren Entgasung kann auch eine induktive Wirbelung

vorgesehen sein. Nach beendetem Schmelzen, Entgasen und gegebenenfalls Legieren wird durch Kippen des Tiegels in eine Kokille abgegossen.

Der *Elektronenstrahlschmelzofen* bedient sich zur Erzeugung der Schmelzwärme einer Elektronen-Ringstrahlkathode oder einer sogenannten Elektronenkanone, wobei für den Aufbau der Schmelzanlage die verschiedensten Möglichkeiten gegeben sind, deren Einzelheiten zu behandeln hier zu weit führen würde [3 bis 5]. Wie beim Vakuum-Lichtbogenofen, kann entweder von einem vorgeformten Metallstab in eine wassergekühlte Kokille abgeschmolzen oder aber in

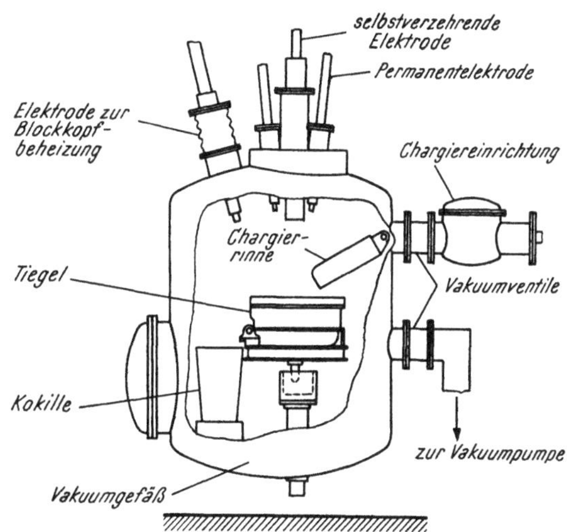

Abb. 351. Schematische Darstellung eines Vakuum-Lichtbogenofens mit Schmelzherd (nach N. BEECHER und J. L. HAM)

einem wassergekühlten Schmelzherd eingeschmolzen und in eine Kokille abgegossen werden. Abb. 352 zeigt den schematischen Aufbau eines Elektronenstrahl-Mehrkammerofens [6], wie er in ähnlicher Konstruktion als 200-kW-Ofen für das Schmelzen von Stahlblöcken bis etwa 450 kg Gewicht gebaut wurde [7]. Das Schmelzgut wird horizontal zugeführt und in eine wassergekühlte Kokille niedergeschmolzen. Das Schmelzvakuum liegt, je nach Gasabgabe des umzuschmelzenden Materials, zwischen 10^{-2} und 10^{-5} Torr. Der Strahlerzeugungsraum ist vom Schmelzraum vakuummäßig weitgehend entkoppelt, so daß der Druck im Schmelzraum bis auf 10^{-2} Torr ansteigen kann. Durch magnetische Ablenksysteme kann der Elektronenstrahl nach einem bestimmten Programm auf den Abschmelzstab und auf das Schmelzbad gelenkt werden. Die beim Auftreffen der Elektronen entstehende Röntgenstrahlung wird vom Vakuumkessel weitgehend abgeschirmt.

Als *Schwebeschmelzen* wird ein Verfahren bezeichnet, bei dem das Metall in einem Magnetfeld schwebend im Vakuum geschmolzen wird. Der Vorteil besteht in der Vermeidung jeder Berührung mit einem Tiegelwerkstoff [3]. Dieses Verfahren ist jedoch noch nicht über den Laboratoriumsmaßstab hinausgekommen.

Auch das *Zonenschmelzen* [8, 9] von Eisenlegierungen wird bisher nur für wissenschaftliche Untersuchungen angewendet, wobei besonders reine Legierungen hergestellt werden können.

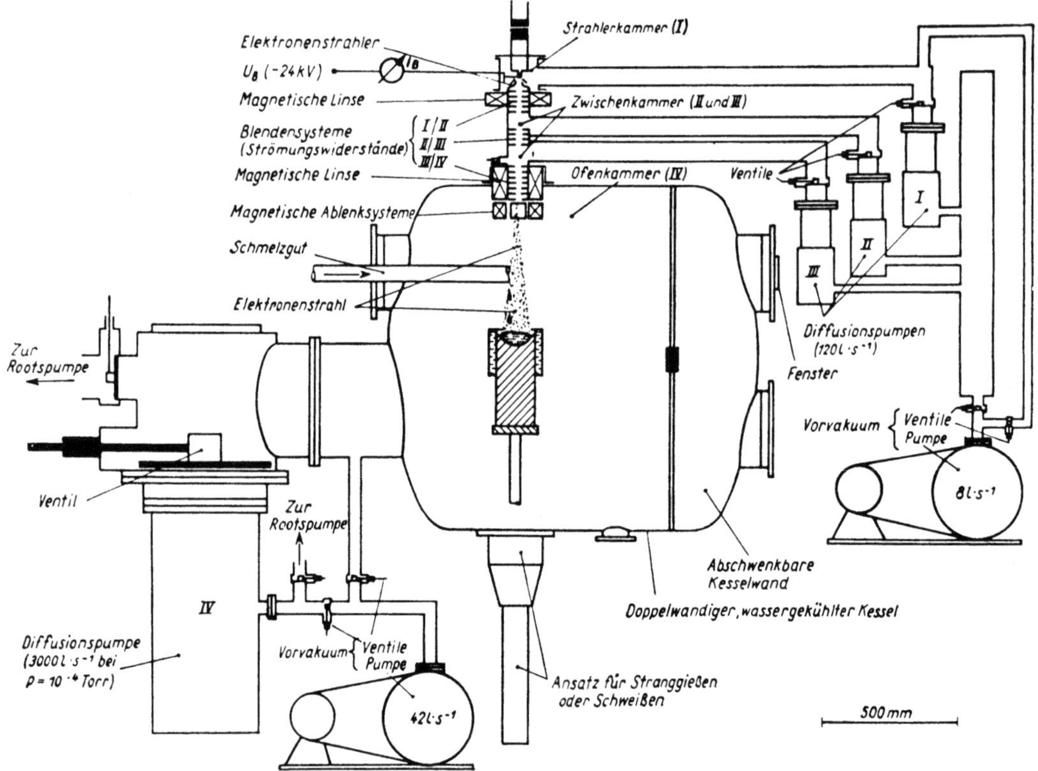

Abb. 352. Schematische Darstellung eines 60-kW-Elektronenstrahl-Mehrkammerofens
(nach M. v. ARDENNE und Mitarbeitern)

Schrifttum

zu Abschnitt 3.73

1. Vgl. Stahl u. Eisen 79 (1959), S. 1672.
2. BEECHER, N., und J. L. HAM: A Gas-cooled Vacuum Arc Skull Furnace. 1961 Trans. Eighth National Vacuum Symposium (American Vacuum Society), Vol. 2, S. 737/43, Pergamon Press, New York.
3. GRUBER, H.: Das Schmelzen von Metallen mit Elektronenstrahlen. Z. Metallkde 52 (1961), S. 291/309.
4. KRALL, F., G. OGIERMANN und H. E. SCHIMMELBUSCH: Schmelzen mit Elektronenstrahlen. Persönl. Mitt. an die Verfasser.
5. SMITH, H. R., CH. D'A. HUNT und CH. W. HANKS: The Megawall Class Electron Beam, Melting and Casting Furnace, 1961 Trans. Eighth National Vacuum Symposium (American Vacuum Society), Vol. 2, S. 708/13, Pergamon Press, New York.
6. ARDENNE, M. v., S. SCHILLER, W. KÜNTSCHER, H. THIEL und L. MEYER: Hochvakuumschmelzen von Stahl im 60-kW-Elektronenstrahl-Mehrkammerofen. Neue Hütte 6 (1961), S. 198/211.
7. ARDENNE, M. v., G. JÄGER und S. SCHILLER: Ein 200-kW-Elektronenstrahl-Mehrkammerofen. Neue Hütte 8 (1963), S. 2/5.
8. PFANN, W. G.: Principles of Zone-Melting. Trans. AIME 194 (1952), S. 747/53.
9. FISCHER, W. A., H. SPITZER und M. HISHINUMA: Das Zonenschmelzen von Eisen und die Ermittlung der Verteilungskoeffizienten für Kohlenstoff, Phosphor, Schwefel und Sauerstoff. Arch. Eisenhüttenwes. 31 (1961), S. 365/71.

3.8 Der Schmelzbetrieb im Graphitstabofen

Unter den widerstandsbeheizten Stahlschmelzöfen hat der Graphitstabofen wegen seiner einfachen Handhabung in den letzten Jahrzehnten für die Erzeugung von Edelstählen in den Stahlgießereien und in kleineren Edelstahlwerken eine gewisse praktische Bedeutung erlangt.

3.81 Bau und Zustellung

Der Graphitstabofen wurde am Beginn seiner Entwicklung für Schmelzgewichte bis 300 kg als Trommelofen gebaut [1, 2]. Heute hat sich die Herdofenform, die zustellungsmäßig wesentlich leichter zu beherrschen ist, für alle Fassungsvermögen von 30 bis 1500 kg durchgesetzt [3, 4]. Zur Wärmeerzeugung werden

Abb. 353. Schnitt durch einen Graphitstabofen (Bauart Junker)

Graphitstäbe benutzt, welche durch niedriggespannten Wechselstrom erhitzt werden und die Wärme durch Strahlung an den Einsatz bzw. das Stahlbad übertragen.

Der *Aufbau* des Ofens und der Zustellung ist in Abb. 353 wiedergegeben. Wie daraus ersichtlich ist, ist der Graphitstab in geringer Höhe über der Schmelze angeordnet. Der konische Teil des Stabes wird von einem festgelagerten, wassergekühlten Kontaktstück aufgenommen. Das andere Ende des Stabes ist kugelig ausgebildet und paßt in einen Graphitstopfen, der mit seinem konischen Ende in einem beweglichen Kontakt ruht. Eine einwandfreie elektrische Verbindung dieses Systems wird durch Federkraft, die auf den beweglichen Kontakt wirkt, hergestellt. Stab und Stopfen bestehen aus hochwertigem Elektrographit mit einem spezifischen Widerstand von 8 bis 12 Ohm. mm²/m. Bei der Auswahl des Elektrographits muß auch auf eine hohe Dichte geachtet werden, da die Erfahrung gezeigt hat, daß die Dichte einen wesentlichen Einfluß auf die Lebensdauer der Stäbe bzw. auf den spezifischen Graphitstabverbrauch ausübt. Je nach Abmessungen des Stabes und der erforderlichen Ofenleistung beträgt die Stromstärke bis zu 8500 A, entsprechend einer Stromdichte von 400 A/cm². Da während des Schmelzbetriebes ein Abbrand des Stahles selbst bei bester Abdichtung des Ofenraumes nicht zu vermeiden ist, muß mit einem Anstieg des Stabwiderstandes gerechnet werden. Zur Korrektur dieser Widerstandsänderung dient ein mehrstufiger Regeltransformator, der die Netzspannung auf eine Ofenspannung von 15 bis 75 Volt reduziert. Die niedrige Spannung hat den Vorteil, daß beim Berühren von spannungsführenden Ofenteilen keine Gefahr für das Ofenbedienungspersonal besteht.

Die feuerfeste *Zustellung* besteht aus zwei Schichten. Als Wärmeisolation dient eine Rollschar feuerfester Leichtsteine mit einem spezifischen Gewicht von etwa 1,2 kg/dm³. Für die Zustellung des Ofenraumes haben sich im Laufe der Jahre zwei Zustellungsarten eingeführt. Bei *kontinuierlichem* Ofenbetrieb haben sich Dolomitzustellungen als wirtschaftlich erwiesen. Der Herd wird hierbei mit feinkörnigem Dolomit („Crespi-Herd") gestampft, während die Ofenseitenwände und der Ofendeckel mit halbstabilisierten Dolomitformsteinen ausgemauert werden. Bei einem gemischten Edelstahlprogramm (Werkzeugstähle und rostfreie Stähle) wird im Mittel eine Zustellungshaltbarkeit von 140 bis 180 Schmelzen erzielt. Bei *diskontinuierlichem* Betrieb, wie er in vielen Edelstahlgießereien vorliegt, wird der Ofenherd bis über die Schlackenlinie mit einer kaltabbindenden Sintermagnesitmasse (z. B. „Densomag K" der Veitscher Magnesit-Werke A.-G.) gestampft. Für die Ofenseitenwand, oberhalb der Schlackenlinie, werden dann nahezu ausschließlich Korundstampfmassen verwendet. Versuche mit Sillimanit- und Magnesitmassen wurden verschiedentlich durchgeführt, jedoch konnten sich diese Massen wegen zu geringer Feuerfestigkeit bzw. Temperaturwechselbeständigkeit im Falle des Magnesits bisher nicht durchsetzen. Der Ofendeckel kann entweder mit Korundformsteinen oder aber in kombinierter Halbwölber-Stampfausführung zugestellt werden. Letztere Ausführung bringt nahezu dieselben Haltbarkeitszahlen wie die Ganz-Steinausführung, ist aber um etwa 30% billiger. Die im diskontinuierlichen Betrieb erreichten Haltbarkeitszahlen liegen bei kleinen Öfen (100 bis 300 kg Fassung) zwischen 240 und 300 Schmelzen; bei größeren Öfen (750 bis 1500 kg Fassung) bei 120 bis 160 Schmelzen. Dies entspricht etwa einem Verbrauch an feuerfesten Stoffen von 15,5 kg/t Magnesit und 9 kg/t Korundsteinen und Stampfmasse. Diese Zahlen beziehen sich auf reine Umschmelzchargen, Gießtemperaturen von 1600 bis 1670 °C und ein mehrmaliges Flicken des Magnesitherdes in der Schlackenlinie.

Schrifttum

zu Abschnitt 3.81

1. JUNKER, O.: Ein neuartiger Hochtemperatur-Schmelzofen mit Graphitstabheizung. Stahl u. Eisen 58 (1938), S. 698/99.
2. GELLER, W., und H. HÖNIG: Stahlerzeugung im Graphitstab-Schmelzofen nach dem Umschmelzverfahren. Stahl u. Eisen 62 (1942), S. 9/14.
3. OBERTHÜR, A.: Einige Betriebswerte von Graphitstab-Schmelzöfen. Elektrowärme 18 (1960), S. 250/58.
4. COSH, T. A.: Steelmaking in Small Furnaces. Iron and Steel 1959, S. 137/41.

3.82 Ofen- und Schmelzführung

Wie Arbeiten von W. GÖDECKE [1, 2], T. A. COSH und L. W. SANDERS [3] sowie T. A. COSH [4] zeigen, sind im Graphitstabofen auf basischem Herd an sich alle sonst üblichen metallurgischen Reaktionen durchführbar. Die hierbei erreichten Reaktionsgeschwindigkeiten entsprechen etwa denen des basischen Lichtbogenofens. So liegt die Frischgeschwindigkeit bei Verwendung von Erz bei etwa 0,3 bis

0,4% C/h, und beim Blasen mit Sauerstoff sind sogar Entkohlungsgeschwindigkeiten von 0,1% C/min erreichbar. Die Entschwefelung und die Reduktion der Metalloxyde läßt sich in relativ kurzer Zeit (20 bis 30 Min.) bis auf Extremwerte vorantreiben. Die hierbei zur Verwendung gelangenden Schlacken entsprechen in ihrer Zusammensetzung denen des Lichtbogenofens. Ein Beispiel für den Reaktionsablauf während der Frisch- und Feinungsperiode zeigt Abb. 354. Trotz der an sich günstigen metallurgischen Bedingungen im Graphitstabofen werden in der Praxis nur in Ausnahmefällen Frisch- oder Schlackenreaktionen durchgeführt. Der Grund liegt wohl in dem üblicherweise relativ kleinen Fassungsvermögen.

Demgemäß besteht die *Schmelzführung* im Graphitstabofen nur aus dem Einschmelzen, dem Legieren und dem Fertigmachen der Schmelze. Von der Gesamtschmelzzeit entfallen in der Regel 60 bis 80 Prozent auf das Niederschmelzen und 40 bis 20 Prozent auf das Fertigmachen, je nach der Menge an Legierungen und der gewünschten Abstichtemperatur. Die Überwachung des Schmelzverlaufes erfolgt durch Entnahme von Ofenproben zur chemischen Analyse und durch Temperaturmessung. Bei kleinen Einheiten wird man zweckmäßigerweise keine Schöpfproben entnehmen, sondern man behilft sich in der Weise, daß man einen dünnen Eisenstab kurz in das Bad eintaucht und den an ihm haftenbleibenden Stahl im Wasser abschreckt. Die auf diese Weise entnommenen geringen Stahlmengen genügen in den meisten Fällen zur Durchführung der notwendigen Kontrollanalysen. Die Temperaturkontrolle wird, ähnlich wie bei den Induktionsöfen, am einfachsten mit der Rutenprobe ausgeführt, doch ist auch hier zur exakten Messung das Tauchthermoelement vorzuziehen.

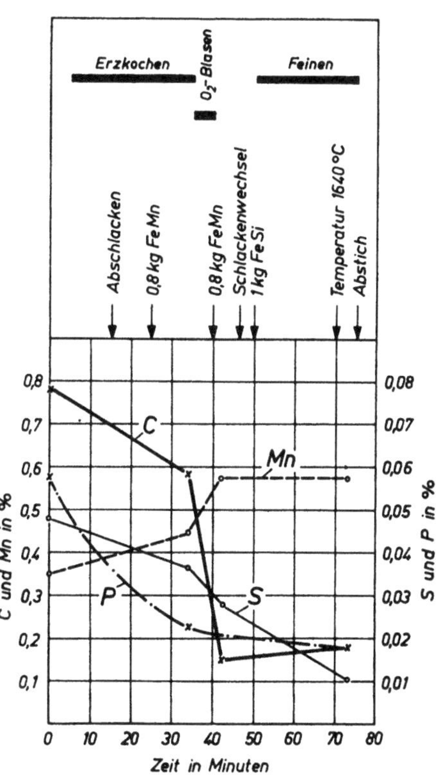

Abb. 354. Schmelzverlauf in einem Graphitstabofen während der Frischperiode und Reduktionsperiode

Der Einsatz besteht aus stückigem Schrott, welcher von Hand aus in den Ofen gebracht und so verteilt wird, daß eine Berührung oder Beschädigung des Heizstabes ausgeschlossen ist. Eine Berührung mit dem Heizstab würde einerseits zu einem Aufkohlen des Bades und andererseits zu einer raschen Zerstörung des Graphitstabes führen. Während des Einschmelzens bildet sich aus den mit dem Einsatz eingebrachten Oxyden und den verschlackten Stahlbegleitelementen sowie durch Angriff der Ofenzustellung eine geringe Menge einer oxydischen Einschmelzschlacke, welche meist nur dazu ausreicht, um das Bad in dünner Schicht abzudecken. Gegebenenfalls kann ein vollständiges Abdecken des flüssigen Stahles durch Zugabe einer geringen Menge von Kalk oder Magnesit erreicht werden. Nach dem Niederschmelzen wird eine Vorprobe entnommen, im Anschluß daran legiert und nach dem Erreichen der gewünschten Endtemperatur im Ofen desoxydiert und abgestochen. Wird legierter Schrott eingeschmolzen, so setzt man zweckmäßigerweise auch die berechnete Menge der restlichen Legierungsträger mit dem Einsatz ein. Die Einschmelzschlacke kann ähnlich wie im basischen Lichtbogenofen reduziert und gegebenenfalls nach dem Abziehen durch eine neue Kalkschlacke ersetzt werden. Die Schmelzen werden am Ende des Prozesses in gleicher Weise wie bei den Schmelzverfahren im Induktionsofen desoxydiert. Selbstverständlich ergeben sich auch für die Reihenfolge und die Wirksamkeit der Legierungen und Desoxydationsmittel keine neuen Gesichtspunkte im Vergleich zu den übrigen Stahlherstellungsverfahren.

Tabelle 115. *Aufbauschmelze in einem basischen 750 kg-Graphitstabofen*
(nach Cosh und Sanders)

Qualität: 15%iger Chromstahl mit 0,5% Mo.

Einsatz:		
Unlegierter Kreislaufschrott I	381 kg
Unlegierter Kreislaufschrott II	279 kg
Fremdschrott	102 kg
Summe Einsatz	762 kg

Zeit	Arbeitsgang	Zusätze in kg	Temperatur °C
0.00	Einsetzen beendet und Ofen eingeschaltet (Neuer Graphitstab und Kontaktstück)		
1.35	eingeschmolzen. Probe Nr. 1		1600
	Kalk	13,5	
	Flußspat	2,3	
	Koks	3,0	
2.05	Sauerstoffblasen, Probe Nr. 2		1730
2.15	Schlacke abgezogen, Zusätze auf das blanke Bad		
	Ferromangan, hochgekohlt	1,6	
	Ferrosilizium	2,3	
	Ferromolybdän	3,0	
2,25	Feinungsschlacke aufgegeben		
	Kalk	9,0	
	Flußspat	1,7	
	Koks	1,8	
2.35	75%iges Ferrosilizium	6,3	
	Ferromangan, tiefgekohlt	1,6	
2.40	Temperaturmessung und Probe Nr. 3		1660
2.45	Abkippen Aluminium	1,1	

Stromverbrauch: 790 kWh	Probe Nr.	C	Si	Mn	P	S	Cr	Mo
Graphitverbrauch: 1 Stab	1	0,69	0,16	0,28	0,027	0,034	—	—
1 Kontaktstück	2	0,02	0,06	0,03	0,009	0,036	—	—
	3	0,30	0,34	0,60	0,021	0,009	15,24	0,50

Tab. 115 gibt ein Schmelzbeispiel nach T. A. Cosh und L. W. Sanders [3]. Für die Herstellung eines 15%igen Chromstahles mit 0,5% Molybdän in einem basisch zugestellten 750-kg-Ofen wurde von unlegiertem Einsatz ausgegangen, mit Sauerstoff gefrischt und die Schmelze nach dem Abziehen der Frischschlacke legiert und unter einer weißen Kalk-Flußspatschlacke fertiggemacht.

Die *Schmelzleistung* sowie der Stromverbrauch sind in hohem Maße von der Betriebsweise des Ofens abhängig [5]. Als wesentliche Einflußfaktoren sind die zu erschmelzende Stahlsorte, Gießtemperatur, Gießzeit, Art und Zustand der Ofenzustellung und der Ofenausnutzungsgrad zu nennen. Bei der verhältnismäßig starken feuerfesten Auskleidung des Ofens wird das Wärmegleichgewicht meist erst nach 4 bis 5 Schmelzen erreicht, so daß sich der Graphitstabofen weniger gut für einen stark unterbrochenen Betrieb eignet als der Induktionsofen, dessen Wärmeverbrauch bei kaltem Tiegel nur etwa 10 bis 15% höher liegt als bei warmem Tiegel. Die Abb. 355 zeigt die Abhängigkeit des spezifischen Stromverbrauches eines 300-kg- und eines 750-kg-Ofens von der Zahl der aufeinanderfolgenden Schmelzen bei hochlegierten Chrom-Nickel-Stählen mit einem Kohlenstoffgehalt von maximal 0,1%, einer Gießtemperatur von 1600 bis 1670°C und einer Abstichzeit von 20 bis 30 Minuten.

Der Graphitstabverbrauch schwankt von Betrieb zu Betrieb in ziemlich weiten Grenzen. Er wird beeinflußt durch die Sorgfalt des Schmelzers, die Abdichtung des Ofens und Art des Ofenbetriebes sowie die Ofengröße. Als Anhaltswerte können für einen 300-kg-Ofen 4 bis 8 kg/t und für einen 750-kg-Ofen 3 bis 7 kg/t genannt werden.

Die Menge der benötigten Legierungselemente kann sehr genau errechnet und eine hohe Treffsicherheit der Analyse erreicht werden, weil die *Abbrandverluste* sehr gering sind und etwa denen des Induktionsofens gleichkommen. Die niedrigen Abbrandzahlen sind durch die relativ kurze Einschmelzzeit sowie durch die reduzierende Ofenatmosphäre bedingt, die sich durch den Abbrand der Graphitstäbe bildet. Eine aufkohlende Wirkung durch das Kohlenoxyd konnte selbst bei niedriggekohlten Stählen mit maximal 0,03% Kohlenstoff nicht beobachtet werden.

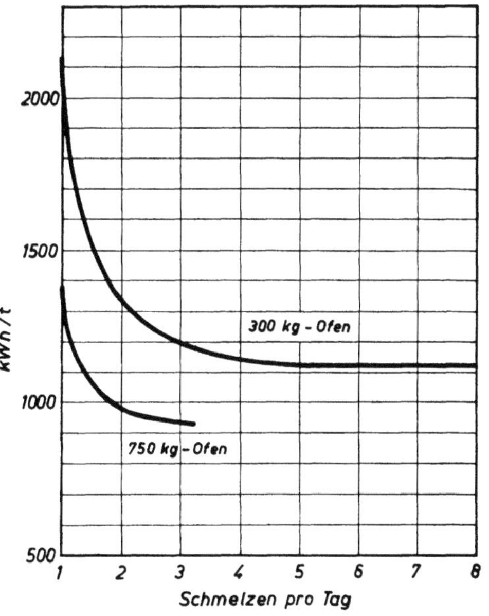

Abb. 355. Stromverbrauch des Graphitstabofens in Abhängigkeit von der Anzahl der Schmelzen pro Tag

Das *Anwendungsgebiet* des Graphitstabofens umfaßt auf dem Sektor der verformbaren Stähle vor allem Werkzeugstähle, Schnell- und Warmarbeitsstähle. Der Graphitstabofen ersetzt hier insbesondere in kleinen Edelstahlwerken mit Sonderprogrammen den Lichtbogenofen. Wenn hier die metallurgischen Möglichkeiten voll ausgenutzt werden, ist die erzielte Stahlqualität der des Lichtbogenofens durchaus gleichwertig. Das weitaus größte Anwendungsgebiet hat der Graphitstabofen jedoch in der Stahlformgießerei gefunden, wobei vor allem für hitzebeständige und rostsichere Stähle, Magnetstähle und Magnetlegierungen günstige Schmelzbedingungen gegeben sind. Die Möglichkeit, in dem Ofen auch kleinste Schmelzgewichte bis zu 20% des Nennfassungsvermögens sicher zu erschmelzen, macht diesen Ofen zu einer wertvollen Ergänzung der Schmelzofenkapazität einer Edelstahlformgießerei mit einem weiten Legierungsprogramm. Während das Hauptlieferungsprogramm in anderen wirtschaftlicher arbeitenden Großöfen erschmolzen wird, setzt man im Graphitstabofen die Vielzahl der üblicherweise in kleinen Mengen anfallenden Sonderlegierungen durch, ohne den übrigen Schmelzbetrieb zu stören.

Schrifttum

zu Abschnitt 3.82

1. GÖDECKE, W.: Die Metallurgie im Graphitstabofen. Gießerei 38 (1951), S. 169/74.
2. GÖDECKE, W.: Der Graphitstabofen und seine Metallurgie. III. Internationaler Elektro-Wärme-Kongreß, Paris 1953.
3. COSH, T. A., und L. W. SANDERS: The Graphite Rod Resistor Furnace. Journal British Steel Casting Ass. Nr. 38 (1957),
4. COSH, T. A.: Steelmaking in Small Furnaces. Iron and Steel 1959, S. 137/41.
5. OBERTHÜR, A.: Einige Betriebswerte von Graphitstab-Schmelzöfen. Elektrowärme 18 (1960), S. 250/58.

3.9 Sonderschmelzverfahren

Außer den in den vorhergehenden Abschnitten behandelten Schmelzverfahren, die jeweils eine durch die Ofenkonstruktion, Zustellung und Energiezufuhr gekennzeichnete Arbeitsweise darstellen, gibt es noch eine Reihe von Arbeitsmethoden, die im Zusammenhang mit diesen Schmelzeinrichtungen oder durch Kombination verschiedener Arbeitsverfahren ausgeführt werden. Zu diesen zählen in erster Linie die sogenannten Schlackenreaktionsverfahren und die Mehrofenverfahren. Sie sind in gewisser Beziehung als Ergänzung zu den Standardarbeitsweisen aufzufassen, indem sie entweder die metallurgischen Möglichkeiten der anderen Schmelzeinrichtungen erweitern, die Reaktionszeiten verkürzen helfen oder die verschiedenen metallurgischen Umsetzungen auf mehrere Schmelzaggregate in der Art verteilen, daß jede Einheit nur die in ihr optimal auszuführenden Arbeitsabschnitte übernimmt.

Schließlich sollen unter den Sonderschmelzverfahren noch Arbeitsmethoden Erwähnung finden, die erst in Entwicklung begriffen sind oder solche, die, wie das klassische Tiegelschmelzverfahren, nunmehr der Vergangenheit angehören. Für das Verständnis der metallurgischen Entwicklung der Edelstahlerzeugung ist aber dieser nunmehr historisch gewordene Abschnitt nicht ohne Bedeutung.

3.91 Die Schlackenreaktionsverfahren

Unter dem Begriff der Schlackenreaktionsverfahren werden metallurgische Arbeitsverfahren verstanden, bei denen flüssiger Stahl und Schlacke durch innige Mischung zur Reaktion gebracht werden mit dem Ziel, die üblicherweise in Herdöfen notwendigen Reaktionszeiten auf ein Minimum zu verkürzen. Die technische Durchführung kann auf verschiedene Art erfolgen:

1. durch Einfließenlassen des flüssigen Stahles in vorgeschmolzene Schlacken,
2. durch Einfließenlassen des flüssigen Stahles in feste, pulverförmige Schlacken oder Gemische von Schlackenbildnern,
3. durch Einblasen von feinkörnigen Schlacken oder Gemischen von Schlackenbildnern mit einem Trägergas in den flüssigen Stahl.

Je nach dem Endziel der Umsetzung zwischen Stahl und Schlacke unterscheidet man Schlackenreaktionsverfahren zur Entphosphorung, Entschwefelung, Desoxydation und zur Entfernung von Suspensionen aus dem Stahlbad. Dabei werden Entschwefelung und Desoxydation meist in einem Arbeitsgang und mit einer Schlacke ausgeführt, da hierfür die gleichen Voraussetzungen hinsichtlich der Schlackenzusammensetzung gelten.

Die heute angewendeten Verfahren dienen vor allem der Einsparung von Schmelzzeit und damit der Steigerung der Schmelzleistung in bestehenden Ofenanlagen und in zweiter Linie einer Gütesteigerung im Vergleich zum üblichen Ergebnis des primären Verfahrens.

Die Zusammensetzung der flüssigen oder festen Reaktionsschlacken wird den gewünschten Reaktionen angepaßt. So werden für die Entphosphorung eisenoxydulreiche basische Schlacken verwendet, während die Desoxydation und Entschwefelung mit eisenoxydularmen, kalkreichen Schlacken ausgeführt wird, die eine ähnliche Zusammensetzung wie Feinungsschlacken des basischen Lichtbogenofens aufweisen können. Eine Desoxydation ist naturgemäß auch mit sauren, eisenoxydularmen Schlacken möglich. Außer der geeigneten chemischen Zusammensetzung müssen die Schlacken auch eine ausreichende Dünnflüssigkeit bei der Temperatur des flüssigen Stahles aufweisen, um einerseits eine genügende Reaktionsfähigkeit zu gewährleisten und andererseits ihre Abscheidung nach der Durchwirbelung mit dem Stahl zu beschleunigen. Dabei wird die Entmischung durch eine hohe Zwischenphasenspannung zwischen Metall und Schlacke begünstigt. Wird zum Vorschmelzen der Schlacke ein Lichtbogenofen verwendet, so muß die Schlacke auch eine ausreichende elektrische Leitfähigkeit besitzen.

3.911 Das Arbeiten mit flüssigen Reaktionsschlacken

Das Vorschmelzen der Schlacke kann entweder in einem öl- oder gasgefeuerten Trommelofen oder in einem Lichtbogenofen erfolgen. Trommelöfen [1] mit Teerdolomit- oder Chrommagnesit-Zustellung haben sich wegen zu geringer Futterhaltbarkeit nicht bewährt. Man schmilzt die Schlacke heute in kleinen Einphasen-Lichtbogenöfen mit wassergekühlten Ofenwänden, in denen eine Schutzschicht von erstarrter Schlacke eine ausreichende Haltbarkeit der Zustellung gewährleistet [2]. Der Strom fließt zwischen einer beweglichen Elektrode und dem Herdfutter, das aus Kohlenstoffsteinen oder Kohlenstoffstampfmasse hergestellt sein kann. Öfen, in denen eisenhaltige Schlackenkomponenten unter Kokszusatz zu eisenoxydularmen Schlacken geschmolzen werden, besitzen einen zweiten tiefergelegenen Abstich für das entstehende Roheisen [3]. Bei solchen Schlackenschmelzöfen kann auf ein Gewölbe verzichtet werden. Den Schutz vor Wärmeverlusten übernehmen dann die um die Elektrode aufgegebenen Schlackenbildner. Die Temperatur der in die Reaktionspfanne abgestochenen Schlacke soll zwischen 1600 und 1700°C betragen und in der Regel 50° höher sein als die Stahltemperatur. Die Schlackenmengen betragen für alle Verfahren etwa 2 bis 5% vom Gewicht des flüssigen Stahles.

Die vorgeschmolzene Schlacke wird in eine Pfanne abgestochen und der zu behandelnde Stahl aus dem Ofen in kräftigem Strahl aus einer Höhe von etwa 3 bis 5 m so einfließen gelassen, daß eine innige Durchwirbelung erzielt wird. Dabei ist darauf zu achten, daß keine Ofenschlacke mitfließt, die das Reaktionsvermögen der Vorschmelzschlacke ungünstig beeinflussen würde. Ein vorhergehendes Abziehen der Schlacke aus dem Ofen und ein Absteifen der Schlackenreste ist meist erforderlich. Bei richtiger Temperatur und Viskosität entmischen sich Stahl und Schlacke rasch nach beendetem Abstich, und der Stahl kann wie üblich vergossen werden.

3.911.1 Die Entphosphorung

Die Entphosphorung nach dem PERRIN-Verfahren wurde einige Zeit mit gutem Erfolg zur Entphosphorung von Thomasstahl angewendet [1, 4, 5], welcher als flüssiges Vormetall für den basischen Lichtbogenofen Verwendung fand. Als

Reaktionsschlacke diente eine Mischung aus etwa 50 bis 60% Kalk (CaO), 20 bis 30% Erz und einem Flußmittel, wofür entweder rund 12% Flußspat oder 25% Bauxit verwendet wurden. Beide Mischungen besitzen eine relativ niedrige Schmelztemperatur (1300 bis 1400 °C) und eine genügende Dünnflüssigkeit. Bauxit als Flußmittel greift die Ofen- und Pfannenzustellung weniger an.

Bei der Entphosphorung von weitgehend entkohltem Thomas- oder Bessemerstahl genügt in der Regel eine Fallhöhe von 2,5 bis 0,6 m, wie sie sich beim Kippen eines Konverters von selbst ergibt. Werden höhergekohlte Stähle entphosphort, so muß das Einfüllen vorsichtig erfolgen, weil die gleichzeitig eintretende Kohlenstoffreaktion zu einem starken Aufschäumen des Gemisches in der Pfanne führt. Die Konverterschlacke muß selbstverständlich sorgfältig zurückgehalten werden.

Die erzielbare Phosphorabnahme beträgt etwa 60 bis 70% des Ausgangswertes, so daß Phosphorgehalte von 0,015 bis 0,020% erreicht werden können. In diesem Zusammenhang sei noch darauf hingewiesen, daß beim Durchwirbeln des Stahles mit der Schlacke auch eine geringe Entschwefelung von etwa 10 bis 15% und eine durchschnittliche Stickstoffabnahme von etwa 20% beobachtet werden kann.

Mit dem gleichen Verfahren kann auch eine Entphosphorung des Roheisens vorgenommen werden, wobei auch ein Teil des Siliziums oxydiert wird [2]. Auf dem gleichen Prinzip beruht auch die heute beim Sauerstoffaufblas-Verfahren übliche Wiederverwendung der Fertigschlacke im Tiegel, um die Entphosphorung von höher phosphorhaltigem Roheisen zu Blasbeginn zu beschleunigen (vgl. Abschnitt 3.31).

3.911.2 Die Desoxydation und Entschwefelung

Eine wesentlich größere Bedeutung haben die Schlackenreaktionsverfahren mit flüssiger Schlacke für die Desoxydation und besonders für die Entschwefelung des Stahles gewonnen.

Entsprechend den Vorschlägen von A. S. Točinskij [6] und R. Perrin [7] soll die Desoxydation des Stahles mit einer *sauren*, eisenoxydarmen Schlacke ausgeführt werden. Die Verminderung des FeO-Gehaltes im Stahl erfolgt dabei durch Herauslösen des Eisenoxyduls durch die Schlacke in Richtung des Verteilungsgleichgewichtes. Als Reaktionsschlacken wurden sowohl kieselsäurereiche Schlakken mit etwa 50 bis 60% SiO_2, 6 bis 8% Al_2O_3, 20 bis 25% CaO, 6 bis 8 % MgO, 1% Fe und 4% MnO als auch reine TiO_2-CaO-Schlacken (70:30) erprobt und angewendet. Die Desoxydationswirkung ist jedoch nicht ausreichend, um den Stahl ohne zusätzliche Desoxydationsmittel beruhigt zu vergießen, und bei der Verwendung kieselsäurereicher Schlacken besteht die Gefahr des Auftretens von schädlichen Kieselsäuresuspensionen. Das Arbeiten mit saurer Schlacke hat daher keine Verbreitung gefunden.

Demgegenüber hat sich die Verwendung *basischer*, eisenoxydularmer Reaktionsschlacken zur Desoxydation und Entschwefelung in einer Reihe von Stahlwerken durchgesetzt. Der praktische Erfolg beruht in erster Linie auf einer raschen und weitgehenden Entschwefelung des Stahles, die eine nicht unbedeutende Verkürzung der Schmelzzeit im Lichtbogenofen zuläßt. Auch die Schwefelgehalte von Siemens-Martin-Stählen können denen guter Elektrostähle angepaßt werden. Selbst bei der Entschwefelung von Konverterstählen werden gute Erfolge erzielt.

Die ursprünglich von R. Perrin [8, 3] angegebene Zusammensetzung dieser Reaktionsschlacken wurde mit fortschreitender Erfahrung dahingehend abgeändert, daß heute folgender chemischer Aufbau als günstig angesehen wird [2, 9]:

$$42\% \ Al_2O_3, \ 53\% \ CaO + MgO, \ < 5\% \ SiO_2 \ und \ < 1\% \ FeO.$$

Um die Wirksamkeit dieser Schlacke nicht durch Kieselsäureaufnahme zu beeinträchtigen, wird auch die Verwendung von Reaktionspfannen mit basischer Auskleidung vorgeschlagen. Die Schlacke wird im Lichtbogenofen, wie bereits vorher erwähnt, aus Bauxit und Kalk erschmolzen, wobei das Eisenoxyd durch Koks reduziert wird. Die Verwendung von Flußspat ist wegen des starken Angriffs auf die Zustellung nicht üblich. Der Gehalt an Kieselsäure ist für das Ausmaß der Entschwefelung maßgebend.

Die Durchführung der Reaktion erfolgt in gleicher Art wie bei der Entphosphorung, nur muß die Fallhöhe in der Regel 3 bis 5 m betragen. Die Schlackenmenge beträgt etwa 2 bis 5% vom Stahlgewicht. Die durchschnittliche Entschwefelung liegt bei etwa 60 bis 70% der Ausgangsmenge. In Tab. 116 sind einige Beispiele für die erreichten Entschwefelungsgrade bei Stählen aus dem basischen Lichtbogen- und Siemens-Martin-Ofen angeführt [5].

Tabelle 116. *Entschwefelung von Stählen aus dem basischen Lichtbogenofen und Siemens-Martin-Ofen mit Hilfe des Perrin-Verfahrens*

Zusammensetzung in %						Schwefelgehalt	
						vor der	nach der
C	Si	Mn	Ni	W	P	PERRIN-Reaktion	
Basische Elektrostähle							
0,28	0,27	0,48	4,2	1,36	0,016	0,037	0,005
0,09	0,39	0,53	0,22	0,010	0,014	0,036	0,006
1,00	0,15	0,40		1,55	0,010	0,016	0,005
Basische Siemens-Martin-Stähle							
0,62	0,15	0,41			0,025	0,020	0,008
0,38	0,26	0,52			0,029	0,030	0,008
0,125	0,26	0,89			0,044	0,050	0,012
0,83	0,31	0,52	0,46 Mo	2,46	0,017	0,033	0,008

Bei der Anwendung dieses PERRIN-Verfahrens kann die Schmelzzeit in 30-t-Lichtbogenöfen von etwa 6 Stunden auf rund 3 Stunden erniedrigt werden. Bei der in Ugine entwickelten Arbeitsweise [2] wird im Ofen nur das Einschmelzen, Entphosphoren und Entkohlen, eventuell unter Verwendung von gasförmigem Sauerstoff, ausgeführt sowie legiert und die gesamte Feinungsarbeit in die Reaktionspfanne verlegt.

Neben diesem eigentlichen Schlackenreaktionsverfahren hat sich in den meisten Edelstahlwerken eine etwas abgeänderte Arbeitsweise eingebürgert, um Stähle mit sehr niedrigem Schwefelgehalt herzustellen. Man verzichtet auf das Vorschmelzen einer Entschwefelungsschlacke und verwendet statt dessen die übliche basische Feinungsschlacke, die jedoch nur geringe Mengen an CaC_2 oder Kohlenstoff enthalten darf, um eine Aufkohlung zu vermeiden. Beim Abstechen der fertig gefeinten und desoxydierten Schmelze aus dem Lichtbogenofen läßt man zunächst den größten Teil dieser Feinungsschlacke in die Pfanne laufen und kippt sodann den flüssigen Stahl nach. Die innige Durchmischung von Feinungsschlacke und Stahl läßt Endschwefelgehalte von etwa 0,004 bis 0,006% erreichen.

Die Feinungs- bzw. Entschwefelungsschlacke aus dem basischen Lichtbogenofen kann auch für die Entschwefelung des Siemens-Martin-Stahles Anwendung finden. Tab. 117 zeigt am Schmelzbeispiel eines Manganbaustahles die wirkungsvolle Erniedrigung des Schwefelgehaltes beim Abstich, wenn der Stahl aus dem

Tabelle 117. *Manganbaustahl mit niedrigem Schwefelgehalt aus dem basischen Siemens-Martin-Ofen mit Anwendung des Schlackenreaktionsverfahrens*

	C	Si	Mn	P	S	Cr	H		Einsatz:		
Analysenvorschrift: %	0,24	0,10	1,50	< 0,025	< 0,015	< 0,10	—		Roheisen	. . . .	9 800 kg
%	0,29	0,17	1,70						Mn-Stahlabfälle	. . . . .	3 700 kg
									unlegierter Schrott	. . . .	13 600 kg
Fertiganalyse: %	0,28	0,15	1,60	0,010	0,013	0,09	5,3 Ncm³/100 g		Alteisen.	. . . .	9 900 kg
							(Gießstrahlprobe)		Pakete	. . . .	5 400 kg
									Metallischer Einsatz		42 400 kg

Zeit	Arbeitsgang	Zusätze in kg	Analyse in %						Temperatur °C [2]	Verhalten von Stahl und Schlacke	Energiezufuhr 10⁶ kcal/h	Luftüberschuß %
			C	Mn	P	S	Cr	[H][1]				
0.00	Einsetzen: Roheisen	9 800										
bis	Schrott	32 600										
1.50	gebrannter Kalk	1 400										
	Elektrodenmehl	400										
3.30	teilweiser Schlackenwechsel										8,0	15
3.40	Eingeschmolzen, 1. Probe		0,57	0,30	0,022	0,045		5,2	1560		6,0	15
3.45	gebrannter Kalk	400										
	Flußspat	50										
3.50	Erz	280										
4.05	2. Probe		0,36	0,25	0,018	0,035	0,08	4,4	1580	Schlacke gut flüssig, kocht gut		
4.10	Abschlacken											
4.15	gebrannter Kalk	150										
4.20	3. Probe		0,29	0,23	0,017	0,030		5,6	1605			
4.25	gebrannter Kalk	100										
	4. Probe		0,23	0,23	0,015	0,029		5,9	1615		5,0	15
4.30	5. Probe		0,21	0,24	0,014	0,027		5,8				
4.35	6. Probe		0,19	0,24		0,025		5,9	1630			
4.45	Abstich:											
	Pfannenzusätze:											
	FeMn (80%)	430										
	FeMnSi (71%)	350										
	Al	18										
	Vorgeschmolzene Entschwefelungsschlacke: (aus dem Lichtbogenofen)	1 200										

[1] in Ncm³/100 g Stahl. [2] Tauchthermoelement-Messung.

Ofen in etwa 3% flüssige Entschwefelungsschlacke aus dem Lichtbogenofen einfließen gelassen wird. Das Legieren mit Mangan sowie die Desoxydation kann dabei ebenfalls in der Gießpfanne vorgenommen werden.

3.911.3 Die Entfernung von Suspensionen

Beim Arbeiten mit basischen Entschwefelungsschlacken wurde zuerst von O. KRIFKA und F. RAPATZ [3] auch ein günstiger Einfluß auf den Gehalt an Suspensionen im fertigen Stahl festgestellt. Beim Durchmischen mit basischer, eisenoxydularmer Schlacke gelingt es, die im sauren Stahl oder die nach einer Fällungsdesoxydation mit Silizium im basischen Stahl enthaltenen Kieselsäuresuspensionen weitgehend abzuscheiden. Man hat somit ein Mittel an der Hand, dem sauer erschmolzenen Stahl die Güteeigenschaften eines basisch erzeugten Stahles zu verleihen. Tab. 118 gibt ein Beispiel der Verbesserung der technologischen Gütewerte eines Chrom-Baustahles aus dem sauren kernlosen Induktionsofen durch Behandlung mit einer basischen Reaktionsschlacke in der Gießpfanne.

Tabelle 118. *Verbesserung der technologischen Werte eines sauren Stahles aus dem 2,5-t-kernlosen Induktionsofen mit 0,45% C, 0,35% Si, 0,80% Mn und 1,70% Cr durch Vermischen mit basischer Desoxydationsschlacke* (nach O. KRIFKA und F. RAPATZ)

	Früher erreichter Durchschnittswert	Durch Schlackenreaktionsverfahren verbesserter Wert
Dehnung	14%	19%
Einschnürung	31%	40%
Querkerbschlagzähigkeit	5 mkg/cm²	7,3 mkg/cm²

In gleicher Weise konnten auch die Schwierigkeiten bei der Warmformgebung von korrosionsbeständigen Stählen und von Ventilkegelstählen aus dem sauren Induktionsofen nahezu vollkommen beseitigt werden [3]. Ähnliche günstige Wirkungen werden auch bei basisch erschmolzenem Siemens-Martin-Stahl beobachtet. Auch hier tritt durch die Entfernung schädlicher Suspensionen, zusammen mit der Erniedrigung des Schwefelgehaltes, eine Gütesteigerung ein, die sich u. a., wie Tab. 119 zeigt, in einer Erhöhung der Kerbschlagzähigkeit äußert.

Tabelle 119. *Kerbschlagzähigkeit eines Stahles mit 0,45% C, 0,35% Si, 0,80% Mn und 1,70% Cr verschiedener metallurgischer Behandlung* (nach O. KRIFKA und F. RAPATZ)

	Kerbschlagzähigkeit
1. Üblicher basischer Elektrostahl	
bei Festigkeiten von 112 kg/mm²	12 mkg/cm²
bei Festigkeiten von 103 kg/mm²	15 mkg/cm²
bei Festigkeiten von 100 kg/mm²	18 mkg/cm²
2. Üblicher guter Siemens-Martin-Stahl	
bei Festigkeiten von 102 kg/mm²	12 mkg/cm²
3. Siemens-Martin-Stahl nach dem Schlackenreaktionsverfahren	
bei Festigkeiten von 102 kg/mm²	14,6 mkg/cm²

3.912 Das Arbeiten mit festen Reaktionsschlacken

Die Schlackenreaktionsverfahren mit festen Schlackengemischen beruhen auf dem gleichen Prinzip wie die mit vorgeschmolzenen Schlacken. Die Schlackenkomponenten werden im fein zerkleinerten und gut gemischten Zustand verwendet, so daß sich bei der Berührung mit dem flüssigen Stahl sofort eine leichtflüssige, reaktionsfähige Schlacke bilden kann. Die chemische Zusammensetzung der Schlackenmischungen richtet sich danach, ob eine Entphosphorung, Entschwefelung oder Desoxydation erreicht werden soll. Die notwendigen Schlackenmengen betragen etwa 2 bis 5% vom Stahlgewicht.

Die technische Durchführung des Prozesses kann auf verschiedenen Wegen erfolgen: Man läßt den flüssigen Stahl beim Abstich auf das feste Schlackengemisch in der Pfanne fließen oder man gibt die Schlackenmischung so zu, daß sie vom flüssigen Stahl mitgerissen und in der Pfanne in den Stahl eingewirbelt wird. Beim *Duplexverfahren* kann die Schlackenmischung vor dem Einfüllen des Stahles auch auf den Herdboden aufgebracht werden. Eine weitere, heute in Entwicklung begriffene Ausführungsform ist das Einblasen des Schlackengemisches mit einem Trägergas in das Stahlbad, wobei zugleich mit dem Trägergas (z. B. Luft oder Sauerstoff) noch eine Frischreaktion ausgeführt werden kann.

3.912.1 Das Arbeiten ohne Trägergas

Nach dem zuerst von P. GIROD [10] angegebenen Verfahren läßt sich mit einer festen Schlackenmischung aus Kalk, Erz und Flußmitteln eine weitgehende *Entphosphorung* erzielen. Bei der Ausführung dieser Reaktion in der Pfanne ist die Zugabe von etwas Kohlenstoff zweckmäßig, weil dann durch die Kohlenoxydentwicklung eine bessere Durchmischung erreicht wird.

Wird diese Entphosphorungsreaktion beim Duplex-Verfahren z. B. zur Entphosphorung von Bessemer- oder Thomasvormetall herangezogen, so kann das Schlackengemisch auch vor dem Einfüllen des Metalles auf den Herd des Elektroofens aufgegeben oder während des Einfüllens in der Rinne zugesetzt werden. Diese Arbeitsweise setzt allerdings die Verwendung von höhergekohltem Vormetall bzw. die Zulässigkeit einer entsprechenden Aufkohlung voraus. Bei der Zugabe der Schlacke in den Ofen tritt während des Warmfahrens der Schmelze eine lebhafte Reaktion ein, die in etwa 20 bis 30 Minuten beendet ist. Wenn es notwendig erscheint, kann bei größeren Phosphorgehalten Kalk und Erz nachgesetzt werden. Hierauf wird das Bad sauber abgeschlackt und der Schmelzprozeß wie üblich zu Ende geführt. Naturgemäß kann an Stelle der Feinungsperiode eine Desoxydation und Entschwefelung nach dem Schlackenreaktionsverfahren ausgeführt werden. Eine Entphosphorung nach der geschilderten Arbeitsweise verläuft schneller und besser als durch Frischschlacken bei der üblichen Schmelzweise im Lichtbogenofen. Sie wird dabei durch die niedrige Temperatur, die sich aus der Abkühlung der Schmelze bei der Berührung mit dem kalten Schlackengemisch ergibt, im Sinne der bekannten Gleichgewichtseinstellung begünstigt. Die Gesamtentphosphorung, die sich in der angegebenen Zeit von 20 bis 30 Minuten erzielen läßt, beträgt bei Endgehalten von 0,015 bis 0,020% P etwa 70 bis 80% des Anfangsgehaltes im Vormetall.

Bei der laufenden Durchführung dieses Verfahrens muß jedoch ein eventuelles Anwachsen des Herdes berücksichtigt werden, welches ein zeitweises Ausschmelzen erforderlich macht. Man kann diese Schlackenansätze auch durch Einschalten von weichen Schmelzen in das Schmelzprogramm des Ofens beseitigen, die nach der üblichen Arbeitsweise der Aufbauschmelzen erzeugt werden, sofern das

Erzeugungsprogramm eine derartige Maßnahme zuläßt. Durch den schon erwähnten Zusatz des Schlackengemisches in der Rinne während des Einfüllens des Vormetalles kann die Ansatzbildung am Herdboden vermieden werden.

Ebenso wie die Entphosphorung ist auch eine *Entschwefelung* mit festen Schlackengemischen durchführbar. Die beim Durchwirbeln des Stahles in der Pfanne erzielten Ergebnisse stehen jedoch weit hinter denen mit flüssiger Reaktionsschlacke zurück. So konnten nur unter günstigsten Arbeitsbedingungen mit kalter, zerrieselter, karbidischer Feinungsschlacke aus dem basischen Lichtbogenofen Schwefelabnahmen bei Siemens-Martin-Stahl von etwa 40% des Ausgangswertes erzielt werden [11]. Wieweit mit festen Schlackengemischen beim Durchwirbeln eine Verminderung der Suspensionen erzielt werden kann, ist ungeklärt.

Der Vorteil der Anwendung fester Schlackengemische, der sich aus dem Wegfall eines Vorschmelz-Ofens ergibt, wird im allgemeinen durch die im Durchschnitt geringere Wirksamkeit wieder aufgehoben. Außerdem muß bei der Verwendung fester Gemische mit höherer Stahltemperatur gearbeitet werden, da der Wärmebedarf aus dem Energieinhalt des Stahlbades gedeckt werden muß, so daß auch im Gesamtenergieaufwand praktisch keine Ersparnisse auftreten.

3.912.2 Das Einblasen von Reaktionsschlacken mit Trägergas

Das Einblasen pulverförmiger Stoffe in das Stahlbad mit Hilfe eines Trägergases wird ebenfalls mit dem Ziel angewendet, die Reaktionen zwischen Stahl und Schlacke zu beschleunigen und Schmelzzeit zu sparen. Diese Arbeitsweise hat trotz vielfach guter metallurgischer Wirksamkeit den Nachteil, daß dabei starke Wärmeverluste auftreten können, die durch höhere Schmelztemperaturen und damit höheren Wärmeaufwand ausgeglichen werden müssen.

Für die Behandlung von Stahlschmelzen im Ofen oder in der Gießpfanne sind ähnliche Einrichtungen in Gebrauch [12], wie sie bereits bei der Entschwefelung von Roheisen mit Kalkstaub bzw. beim Sauerstoffaufblas-Verfahren mit Kalkstaub beschrieben wurden (vgl. Abschnitte 3.2 und 3.3). Die Pulver müssen eine bestimmte Korngröße (< 2 mm) besitzen und dürfen keinen zu hohen Staubanteil aufweisen. Bei Pulvermischungen darf im Vorratsgefäß keine Entmischung auftreten, die bei Stoffen stark unterschiedlichen spezifischen Gewichtes leicht eintreten kann. Als Trägergase können, je nach den beabsichtigten Reaktionen, Luft, Sauerstoff, Stickstoff oder Argon verwendet werden. Die beiden erstgenannten haben den Vorteil, daß der Wärmeverbrauch durch die zusätzliche Frischreaktion geringer ist. Ebenso wird mit zunehmender Förderdichte des Pulvers der Wärmeverbrauch geringer. Wesentlich erscheint auch die Düsenform, um das Pulver im Stahl wirksam zur Reaktion zu bringen [13].

Aus den bisherigen Untersuchungsergebnissen haben sich folgende Anwendungsgebiete als erfolgversprechend erwiesen:

Die *Entphosphorung* des Stahles im Ofen kann durch Einblasen eines Gemisches von Erz und Kalk, eventuell unter Zumischung von Flußmitteln, beschleunigt werden. Als Trägergas verwendet man Luft oder Sauerstoff, um gleichzeitig auch den Frischvorgang zu beschleunigen. Bei Anwendung von Sauerstoff kann auch mit Kalkpulver allein gearbeitet werden.

Zur *Entschwefelung* dient das Einblasen von Gemischen aus Kalk (CaO), gegebenenfalls unter Zugabe von Flußmitteln (CaF_2) und Reduktionsmitteln (FeSi, CaSi, Al- oder Mg-Pulver) mit einem neutralen Gas, vorzugsweise Stickstoff. Eine besonders wirksame Entschwefelung bis auf Endgehalte von etwa 0,005% S kann auf diese Weise in der Feinungsperiode im basischen Lichtbogenofen erreicht werden [14, 15]. Mit Mischungen aus gebranntem Kalk und Magnesiumpulver oder Kalzium-Silizium-Magnesium erreicht man Entschwefelungs-geschwindigkeiten von 0,002 bis 0,007% S/min. Wenn dabei eine Stickstoffauf-nahme ausgeschaltet werden soll, muß Argon als Trägergas verwendet werden. Bei der Herstellung von Massenstählen aus dem basischen Lichtbogenofen nach dem Einschlackenverfahren wird diese Entschwefelung auch beim Abstich in der Gießpfanne ausgeführt. Durch Miteinblasen ausreichender Mengen an Desoxy-dationsmitteln kann direkt ein beruhigter Stahl gewonnen werden.

In diesem Zusammenhang sei noch erwähnt, daß das Einblasen pulver-förmiger Stoffe auch zum Aufkohlen und Legieren Verwendung finden kann [16]. Durch Einblasen von Kohlepulver mit Stickstoff oder auch mit Preßluft können sehr hohe Aufkohlungsgeschwindigkeiten (bis etwa 0,4% C/min bei Kohlenstoff-gehalten unter 1,5%) erreicht werden. Ebenso gelingt das Einbringen von z. B. Titan in austenitische Chrom-Nickel-Stahlschmelzen durch Einblasen von Ferro-titanpulver mit Argon während des Abstechens, wobei neben einer guten Ver-teilung im flüssigen Stahl auch ein hohes Legierungsausbringen erzielt wird.

Die weitere Entwicklung wird zeigen, wieweit diese Einblaseverfahren im großtechnischen Maßstab zu einer Verkürzung der Schmelzzeit und damit zu einer Leistungssteigerung im Stahlwerk beitragen können.

<h2 style="text-align:center">Schrifttum</h2>
zu Abschnitt 3.91

1. STALLMANN, H.: Anwendung der Schlackenschmelzverfahren beim Duplex-Schmelzen. Aus der Facharbeit auf dem Gebiete des Eisenhüttenwesens in den Jahren 1939—1945 (Vertraul. Ber. des VDEh), Verlag Stahleisen, Düsseldorf 1953, S. 241/47.
2. STARRATT, F. W.: Ladle Slag-Refining of Electric Furnace Steel. J. Metals 9 (1957), S. 1517/20.
3. KRIFKA, O., und F. RAPATZ: Über das desoxydierende und entschwefelnde Schlacken-reaktionsverfahren. Wie unter 1., S. 387/92.
4. BADING, W.: Das Perrin-Verfahren. Stahl u. Eisen 71 (1951), S. 782/84.
5. PORTEVIN, A. M.: Rapid Refining by the Ugine-Perrin-Method. Metal Progr. 55 (1949), S. 475/83.
6. VOINOV, S. G., A. G. ŠALIMOV, L. F. KOSOJ und E. S. KALINNIKOV: Raffination des Stahles mit synthetischer Schlacke. Moskau, Metalurgizdat 1961, vgl. Stal in Deutsch 3 (1963), S. 886.
7. PERRIN, R.: Verfahren zum Feinen von Stählen. Rev. Métallurg. Mém. 30 (1933), S. 1/10 und 72/84; vgl. Stahl u. Eisen 53 (1933), S. 558/59.
8. Franz. Patent Nr. 861.157 v. 17. Nov. 1938.
9. VOINOV, S. G., und A. G. ŠALIMOV: Bearbeitung von Kugellagerstahl mit synthetischer Schlacke. Stal 10 (1960), S. 902/03.
10. GIROD, P.: Fortschritt bei der Schnellentphosphorung flüssigen Stahles mittels fester Schlacken. J. Four. électr. 48 (1939), S. 97/98, nach Chem. Zbl. 110 (1939), II, S. 1359.
11. SIEGEL, H.: Die Behandlung flüssigen Siemens-Martin-Stahles mit fester Elektroofen-schlacke und die metallurgischen Vorgänge während des Abstiches. Arch. Eisenhüttenwes. 23 (1952), S. 417/25.
12. MUMME, E.: Entwicklung von Geräten zur Injektion von Feststoffen in flüssigen Stahl. Neue Hütte 8 (1963), S. 41/42.
13. KUDRAJAVCEVA, Z. M.: Lanze zum Einblasen pulverförmiger Stoffe in das Metallbad. Stal 5 (1961), S. 464/67.
14. MARPLES, L., und J. PEARS: Desulphurization of Basic Electric Arc Furnace Steel by the Injection of Powdered Materials. J. Iron Steel Inst. 195 (1960), S. 195/201.
15. BROOKS, W. B., J. C. ROBERTSON und J. L. NICHOLS: Desulphurization of Steel by In-jection of Magnesium-Lime Mixtures. Elec. Furn. Steel Proc. AIME 18 (1960), S. 136/47.
16. PETERS, R., F. EBELING, H.-J. SCHULZ, G. HOLFERT und H. O. KÜMPEL: Vordesoxydation und Legieren von Stahl-Schmelzen mittels Injektionsverfahren. Neue Hütte 8 (1963), S. 43/47.

3.92 Die Mehrofenverfahren

Die Kombination verschiedener Stahlherstellungsverfahren oder die Unterteilung des Herstellungsprozesses in mehrere Abschnitte, die in verschiedenen Öfen oder Reaktionsgefäßen ausgeführt werden, ermöglichen es, jede metallurgische Reaktion in dem jeweils am besten geeigneten Schmelzaggregat auszuführen. Dabei werden grundsätzlich zwei verschiedene Arbeitsweisen unterschieden:

1. die Umfüllverfahren,
2. die Mischverfahren.

Beide können, ebenso wie die normalen Stahlherstellungsverfahren, mit den verschiedenen Schlackenreaktionsverfahren kombiniert werden. Von den zahlreichen Möglichkeiten, die sich daraus für die Praxis der Edelstahlerzeugung ergeben, sollen im folgenden nur die wichtigsten behandelt werden. Darüber hinaus können für jeden einzelnen Fall durch sinngemäße Anwendung aller metallurgischen Möglichkeiten noch weitere Arbeitsweisen zum Einsatz gelangen.

Beim Umfüllverfahren wird der Stahlherstellungsprozeß in zeitlich aufeinanderfolgende Arbeitsabschnitte zerlegt, die in verschiedenen Öfen durchgeführt werden. Am häufigsten findet man in der Praxis diese Arbeitsweise als Duplex-Verfahren zwischen dem Blasprozeß in der Thomas- oder Bessemerbirne und dem Siemens-Martin- oder Lichtbogenofen sowie zwischen dem Siemens-Martin- und Lichtbogenofen ausgebildet. Ebenso kann als Vorschmelzofen für den Lichtbogenofen der Sauerstofftiegel verwendet werden. Die Qualität des Endproduktes gleicht dann der Qualität des Produktes jenes Ofens und jenes Schmelzverfahrens, das die letzte Phase des Schmelzprozesses bildet, ohne jedoch unbedingt die Durchschnittsgüte des Endverfahrens erreichen zu müssen, wenngleich der daraus erzeugte Stahl seine Bezeichnung nach der Endphase des Schmelzprozesses erhält.

Das Hauptziel der Durchführung der Umfüllverfahren besteht darin, die Produktion einer durch ein bestimmtes Verfahren gekennzeichneten Stahlgüte, insbesondere einer höherwertigen Qualität, in einer gegebenen Anlage zu steigern. Die Tonnenleistung ist jedoch im Durchschnitt geringer als bei der Ausnützung jeder Ofeneinheit im normalen Schmelzverfahren. Die Wirtschaftlichkeit dieser Arbeitsweise kann in Frage gestellt sein, wenn die einzelnen Öfen nicht richtig aufeinander abgestimmt sind.

Die Mischverfahren sind dadurch gekennzeichnet, daß Schmelzen unterschiedlicher Zusammensetzung aus verschiedenen Öfen in eine gemeinsame Pfanne abgestochen werden. Sie dienen u. a. zur Erzeugung von Schmelzen höheren Legierungsgehaltes, wobei der legierte Anteil im Elektroofen und der unlegierte oder niedriglegierte Anteil im Siemens-Martin-Ofen zur Erzeugung kommt, sowie zur Herstellung von Qualitäten, bei denen niedrigere Gütewerte noch zulässig sind, als sie sonst bei alleiniger Erzeugung in der höherwertigen Ofeneinheit erreicht werden. Die Güteeigenschaften entsprechen etwa dem Mischungsverhältnis der beiden Stahlsorten. So wird z. B. beim Mischen von basischem Siemens-Martin-Stahl mit einer Umschmelzcharge eines basischen Lichtbogenofens ein Stahl erhalten, der qualitativ etwa an der unteren Grenze des Elektrostahles liegt, wenn das Mischungsverhältnis von Siemens-Martin- zu Elektrostahl nicht größer als 2:1 ist. Im extremen Fall des Zusetzens von vorgeschmolzenen Legierungselementen bei niedrig- und mittellegierten Stählen kann nicht mehr von einem Mischverfahren im obigen Sinne gesprochen werden. Die Arbeitsweise der Mischverfahren gibt bei guter zeitlicher Abstimmung der einzelnen Ofeneinheiten die gleiche Tonnenleistung der Gesamtanlage wie beim Arbeiten nach den normalen Stahlherstellungsverfahren.

3.921 Die Umfüllverfahren

3.921.1 Windfrischen als primäres Verfahren

Das Vorfrischen des Roheisens in der Thomas- oder Bessemerbirne und seine Weiterverarbeitung im basischen Siemens-Martin-Ofen wird häufig zur Erzeugung von Baustählen gehobener Gütewerte angewendet. Zur Edelstahlerzeugung wird es nur selten herangezogen. Das vorgefrischte Roheisen wird in einen Siemens-Martin-Ofen eingefüllt, in dem sich ein vorgewärmter Einsatz aus Schrott und Zuschlägen und gegebenenfalls auch Roheisen befindet. Der Kohlenstoffgehalt des Vormetalles wird je nach der Zusammensetzung des festen Einsatzes im Siemens-Martin-Ofen so bemessen, daß der Schmelzprozeß in der üblichen Weise in einer Frischperiode mit anschließendem Legieren und Desoxydieren zu Ende geführt werden kann.

Zur Erzeugung hochwertiger Stähle jeder gewünschten Zusammensetzung wird das Vormetall aus der Thomas- [1] oder Bessemerbirne [2] in Elektroöfen weiterverarbeitet. In erster Linie ist dazu der basische Lichtbogenofen geeignet. In den meisten Fällen ist eine Frischperiode nicht zu umgehen, um den Phosphorgehalt auf die für den Elektrostahl verlangten Werte zu senken. Sie kann entweder in üblicher Form im Lichtbogenofen oder nach einem Schlackenreaktionsverfahren ausgeführt werden. Für die Oxydationsperiode im Lichtbogenofen wird mit Erfolg die Arbeitsweise von GIROD herangezogen, wobei das Schlackengemisch entweder auf den Herd vor dem Einfüllen aufgegeben oder während des Einfüllens in die Rinne zugesetzt wird. Nach Beendigung der Reaktion wird abgeschlackt und die Schmelze unter einer Feinungsschlacke fertiggemacht. Als Beispiel einer derartigen Arbeitsweise kann der von H. STALLMANN [3] mitgeteilte Schmelzverlauf einer Duplexcharge aus dem basischen Lichtbogenofen mit Thomasvormetall dienen. Zu einem flüssigen Einsatz von 23 t Thomasvormetall wird eine feste Schlackenmischung von 300 kg Kalk, 300 kg Erz und 80 kg Flußspat auf den Herd des basischen Lichtbogenofens eingesetzt. Die Stückgröße des verwendeten Kalkes und des Erzes beträgt etwa Faustgröße, während der Flußspat in einer Körnung bis zur Nußgröße verwendet wird. Das phosphorhaltige, vorgeblasene Thomasmetall hat im Durchschnitt nachstehende Zusammensetzung:

C	Mn	P
0,08%	0,25%	0,06—0,08%.

Es wird durch eine Rinne in den Ofen eingefüllt, wobei während des Einlaufens ein Teil der Aufkohlungsmittel (Anthrazit-Nußkohle) zugesetzt wird. Die restliche Menge wird während des Warmfahrens im Ofen zugesetzt, wobei gleichzeitig der Mangangehalt durch Zugabe von Ferromangan auf 0,30 bis 0,40% erhöht wird. Während der etwa halbstündigen Kochperiode können bei höheren Phosphoreinsätzen noch weitere Mengen Kalk und Erz zugegeben werden. Nach beendeter Frischarbeit wird die Oxydationsschlacke sauber abgezogen und die Schmelze unter einer Feinungsschlacke wie üblich fertiggemacht.

Das Einschalten einer Entphosphorungsreaktion hat den weiteren Vorteil, daß auch der Stickstoffgehalt des Vormetalles weitgehend erniedrigt wird. So kann bei Stickstoffgehalten von 0,010 bis 0,015% im Thomasmetall eine Erniedrigung auf 0,005% [N] erreicht werden [4]. Ist der Phosphorgehalt des Vormetalles genügend niedrig, so kann im Lichtbogenofen sofort nach dem Einfüllen mit dem Aufgeben der Feinungsschlacke begonnen werden, sofern der Stickstoffgehalt für die zu erzeugende Qualität nicht von Nachteil ist. Bei legierten Stählen ist auch eine teilweise Mitverwendung von legierten Abfällen möglich.

3.921.2 Sauerstofffrischen als primäres Verfahren

Diese Arbeitsweise, die vornehmlich in Verbindung von LD-Tiegel und basischem Lichtbogenofen angewendet wird, unterscheidet sich von der vorher beschriebenen Arbeitsweise im wesentlichen dadurch, daß im LD-Verfahren bereits ein sehr reiner Stahl mit so tiefen Phosphor- und auch Schwefelgehalten gewonnen werden kann, daß im Lichtbogenofen nur mehr das Legieren und die Desoxydation ausgeführt werden müssen. Bei ausreichend niedrigen Schwefelgehalten im Vormetall kann die Feinungsperiode sehr kurz bemessen und eine hohe Schmelzleistung erzielt werden. Die kurze Chargendauer im LD-Tiegel läßt außerdem längere Wartezeiten am Lichtbogenofen sicher vermeiden.

Ein weiterer Vorteil ist für manche Verwendungszwecke der niedrige Stickstoffgehalt sowie die Möglichkeit, ein Vormetall niedrigsten Kohlenstoffgehaltes herzustellen, das z. B. für die Herstellung niedriggekohlter, nichtstabilisierter austenitischer Stähle verwendet werden kann. Allerdings läßt sich im Lichtbogenofen eine Wasserstoffaufnahme nicht vermeiden, so daß der Vorteil des extrem niedrigen Wasserstoffgehaltes im LD-Vormetall wieder verlorengeht.

Bei der Erzeugung von höher gekohlten Stählen können Fangchargen des LD-Tiegels als Vormetall verwendet werden. Auch die Mitverwendung legierten Schrotts an Stelle von Ferrolegierungen ist, ähnlich wie bei der Verarbeitung von Vormetall aus dem basischen Siemens-Martin-Ofen, möglich.

3.921.3 Herdfrischen als primäres Verfahren

Die Verwendung von flüssigem Vormetall aus dem basischen Siemens-Martin-Ofen bietet gegenüber dem Vormetall aus der Birne für die Edelstahlerzeugung eine Reihe von Vorteilen. Die Konzentrationen an Kohlenstoff und Mangan können im Siemens-Martin-Ofen leichter auf den gewünschten Wert eingestellt werden. Der Phosphorgehalt ist in der Regel so niedrig, daß eine zusätzliche Entphosphorung unterbleiben kann. Auch hinsichtlich des Gasgehaltes im Vormetall bestehen keinerlei Schwierigkeiten. Für die Erzeugung von legierten Stählen ist auch das Vorschmelzen von nickel- oder molybdänlegiertem Schrott möglich.

In Tab. 120 ist der Schmelzverlauf bei der Herstellung eines Gesenkstahles wiedergegeben, dessen flüssiger Einsatz einem basischen 30-t-Siemens-Martin-Ofen entnommen wurde. Das unlegierte niedriggekohlte Vormetall wurde in eine Stopfenpfanne unter Zusatz von 0,05% Si abgestochen und über eine Rinne in einen basischen 30-t-Lichtbogenofen eingefüllt. Während des Einfüllens wurde durch Zugabe von Koksgrieß auf 0,5% C aufgekohlt. Nach beendetem Einfüllen wurde mit dem Ofen angefahren und die Feinungsschlacke aufgegeben. Sie wurde als leicht karbidische Schlacke geführt. Nach dem Legieren und dem Erreichen der gewünschten Abstichtemperatur wurde die Schmelze mit Ferrosilizium und Aluminium desoxydiert. Nach einem Abhängenlassen von 10 Minuten wurde die Schmelze bei einer Temperatur von 1430°C (unkorrigiert) zu 7-t-Schmiedeblöcken vergossen. Die Gesamtschmelzzeit betrug 6 Stunden 55 Minuten, davon 1 Stunde 35 Minuten im Lichtbogenofen zur Durchführung der Feinungsperiode. Der Stromverbrauch mit 190 kWh/t Ausbringen lag in den üblichen Grenzen.

Auch bei diesem Verfahren ist selbstverständlich die Möglichkeit gegeben, legierte Abfälle bzw. Ferrolegierungen im Elektroofen vorzuwärmen oder vorzuschmelzen, um nach dem Einfüllen des Vormetalles die gewünschte Zusammensetzung der Schmelze zu erreichen. Diese Arbeitsweise lohnt sich besonders dann, wenn der legierte Schrott nicht für Umschmelzchargen Verwendung finden kann und wenn für die zu erzeugende Stahlqualität hochwertige Legierungen, wie Ferromangan affiné oder Ferrochrom mit niedrigem Kohlenstoffgehalt, zugesetzt

Tabelle 120. *Legierter Werkzeugstahl als Duplex-Schmelze; basischer 30-t-Siemens-Martin-Ofen und basischer 30-t-Lichtbogenofen*

Analysenvorschrift:	C	Si	Mn	Cr	Ni	Mo	P	S
%	0,50	0,20	0,50	0,70	0,50	0,25	max.	max.
%	0,60	0,35	0,70	0,85	0,70	0,40	0,020	0,025

Einsatz: Fester Einsatz im Siemens-Martin-Ofen: Roheisen (3,8% C, 2,9% Mn,
0,4% Si, 0,09% P, 0,05% S) . . . . 5000 kg
Walzwerksabfälle (0,5% C, 0,4% Mn) . . . . 8000 kg
Altschrott (etwa 0,1% C, 0,4% Mn) . . . . 16000 kg
Späne (gebrochen) . . . . 2000 kg

Metallischer Einsatz 31000 kg

Ofen	Zeit	Arbeitsgang	Zusätze in kg	Analyse in %				Verhalten der Proben	
				C	Mn	P	S	Stahl	Schlacke
Basischer SM-Ofen	0.00	Einsetzen							
	0.40	Einsetzen beendet	31000						
		gebrannter Kalk	1400						
	3.50	Eingeschmolzen							
		Probe		0,54	0,28	0,012	0,034	matt	dick
		Flußspat	30						
	5.00	Schlußprobe		0,11	0,25	n. b.	0,028	warm	
	5.10	Abstich							
		Pfannenzusatz:							
		FeSi (50%)	30						
Basischer Lichtbogenofen	5.20	Einfüllen in den Licht-							
		bogenofen							
	5.30	Einfüllen beendet	28500						
		In der Rinne auf-							
		gekohlt: Koks	140						
		Angefahren: 180 V							
		Feinungsschlacke							
		(CaO:CaF₂ = 3:1)	1200						
	6.00	Probe		0,51	0,25				
		Spannung auf 120 V							
		Koks aufgestreut	30						
	6.10	Legieren							
		Ni-Metall	170						
		FeCr (4% C,67% Cr)	350						
		FeMo (78% Mo)	115						
	6.30	Probe		0,52			0,016	warm	hellgrau, karbidisch
		Schlackenarbeit							
	6.40	Desoxydieren							
		FeMn (48% Mn)	400						
		FeSi (75% Si)	120						
	6.45	Schlußprobe							
	6.50	Aluminium	15						
	6.55	Abstich							

Fertiganalyse:	C	Si	Mn	Cr	Ni	Mo	P	S
%	0,52	0,26	0,64	0,78	0,56	0,30	0,014	0,014

Abgegossen: 7-t-Schmiedeblöcke.   *Gießtemperatur:* 1430°C (unkorrigiert).

werden müssen. Besonders höhermanganlegierter Schrott kann so zur Erzeugung niedriggekohlter Baustähle herangezogen werden, ohne daß nennenswerte Manganverluste eintreten. Diese Verfahren werden sowohl im Lichtbogenofen als auch im eisengeschlossenen Induktionsofen zur Durchführung gebracht.

Duplexverfahren mit vorgefrischtem Vormetall aus dem basischen Siemens-Martin-Ofen werden auch für die Stahlerzeugung im sauren Siemens-Martin-Ofen angewendet. Bei dieser Arbeitsweise wird im sauren Ofen nur die Reduktionsperiode durchgeführt. An Stelle des vollständigen Einsatzes von flüssigem Vormetall kann auch im sauren Siemens-Martin-Ofen ein gewisser Anteil an Schrott und Roheisen vorgewärmt und mit dem flüssigen Einsatz verdünnt werden.

In Sonderfällen kann bei allen Duplexverfahren auch die Anwendung eines Schlackenreaktionsverfahrens in Frage kommen. Auch sogenannte Triplexverfahren, z. B. als Verbundverfahren zwischen Birne, Siemens-Martin- und Elektroofen sind ausgeführt worden, ohne daß sie jedoch eine größere Bedeutung erlangt haben. Die zeitliche Abstimmung von mehr als zwei Ofeneinheiten ist schwer durchführbar und außerdem mit einem relativ hohen Arbeitsaufwand beim mehrmaligen Umfüllen des Stahles verbunden.

Um bei den Duplexverfahren ein wirtschaftliches Arbeiten zu gewährleisten, wird z. B. bei der Kombination zwischen dem Lichtbogenofen und dem Siemens-Martin-Ofen in der Regel so verfahren, daß in zwei Siemens-MartinÖfen vorgeschmolzen und in einem Lichtbogenofen gleichen Fassungsraumes die Feinungsperiode durchgeführt wird. Bei Anlagen, die speziell für das Arbeiten mit flüssigem Einsatz vorgesehen sind, ist auch das Zusammenarbeiten eines raschgehenden Siemens-Martin-Ofens mit einem Elektroofen durchaus möglich, besonders dann, wenn im Elektroofen noch eine kurze Oxydationsperiode ausgeführt wird.

Die Schwierigkeiten, die sich bei der genauen Abstimmung der Öfen und beim Umfüllen des Vormetalles ergeben, haben zu verschiedenen Versuchen geführt, den Duplex-Prozeß in einer Ofeneinheit auszuführen, ohne daß jedoch ein praktischer und wirtschaftlicher Erfolg bekannt geworden wäre. In diesem Zusammenhang sei daher nur auf den von E. v. WEIGL [5] vorgeschlagenen Duplex-Ofen hingewiesen, der eine Kombination von Siemens-Martin- und Lichtbogenofen darstellt, sowie auf einen Vorschlag von B. MATUSCHKA [6], in einem mit Induktionsheizung ausgestatteten Konverter zunächst einen Blasprozeß auszuführen und den Stahl sodann im gleichen Gefäß wie im Induktionsofen zu legieren und fertigzumachen.

3.922 Die Mischverfahren

Die Mischverfahren kommen in der Regel nur für die Erzeugung von legierten Stählen in Frage. Dabei dient in den meisten Fällen der basische Siemens-Martin-Ofen zum Erschmelzen des unlegierten Stahles und der Elektroofen, vorzugsweise der basische Lichtbogenofen, zum Erschmelzen des legierten Anteiles. Während für den Siemens-Martin-Ofen wiederum nach dem Schrott-Roheisen-Verfahren oder nach dem Roheisen-Erz-Verfahren gearbeitet werden kann, ist im Lichtbogenofen das Verfahren der Umschmelzchargen ohne Oxydation die zweckmäßigste Arbeitsweise. Werden niedriggekohlte legierte Stähle nach dem Mischverfahren erzeugt, so können an Stelle von niedriggekohlten Ferrolegierungen Legierungen mit höherem Kohlenstoffgehalt ebenso wie höhergekohlte legierte Abfälle herangezogen werden, weil die legierte Schmelze mit einem weitgehend entkohlten Siemens-Martin-Stahl auf den vorgesehenen Endkohlenstoffgehalt verdünnt werden kann. Die Umschmelzarbeit im Lichtbogenofen wird dadurch wesentlich erleichtert.

Die einzelnen Teile der Schmelze werden für sich im üblichen Arbeitsgang erschmolzen und in eine Pfanne abgestochen. Meist wird der legierte Anteil zuerst
in die Pfanne abgestochen. Diese Arbeitsweise hat beim Vorschmelzen des legierten
Anteiles im Lichtbogenofen den weiteren Vorteil, daß beim Einfüllen des SM-
Stahles durch die Feinungsschlacke des Lichtbogenofens eine Schlackenreaktion
erreicht wird, die zu einer Entschwefelung und Reinigung des Siemens-Martin-
Stahles führt. Die Qualität des Enderzeugnisses liegt daher im allgemeinen höher,
als sich nach dem Mischungsverhältnis zwischen Siemens-Martin- und Elektrostahl erwarten läßt. Die Desoxydation der Mischchargen wird im allgemeinen für
beide Schmelzteile getrennt durchgeführt. Sie erfolgt für den legierten Anteil im
Lichtbogenofen, während beim Siemens-Martin-Ofen der Zusatz in üblicher Weise
beim Abstechen erfolgen kann. Die Verhältnisse liegen hier ähnlich wie beim

Tabelle 121. *Legierter Einsatzstahl nach dem Mischverfahren aus dem basischen 30-t-Siemens-
Martin-Ofen und einem basischen 7-t-Lichtbogenofen*

Sollanalyse	C	Si	Mn
%	0,17	0,20	1,10
%	0,22	0,35	1,40

Einsatz Siemens-Martin-Ofen: Walzwerksabfälle . . . . 19 000 kg
Roheisen. 9 000 kg

Metallischer Einsatz 28 000 kg

Zeit	Arbeitsgang	Zusätze in kg	Analyse in %				Temperatur °C
			C	Mn	P	S	
0.00	Einsetzen: Beginn						
0.50	Einsetzen beendet						
	Schrott	19 000					
	Roheisen	9 000					
	CaO	1 200					
4.00	Eingeschmolzen, Probe		0,56	0,37	0,012	0,030	
	Schlackenkorrektur CaF$_2$	100					
4.30	Probe		0,36	0,33			
	Schlackenkorrektur CaO	150					
4.50	Probe		0,27	0,33			
	Schlackenkorrektur CaO	100					
5.20	Probe		0,18	0,28			
5.45	Probe		0,11				
6.00	Spiegeleisen	200					
6.10	Schlußprobe		0,07	0,24		0,027	
6.20	Abstich						1480° (Pyropto)
	Pfannenzusatz: FeSi (90%)	120					

Analyse des Siemens-Martin-Stahles:	C	Mn	P	S
%	0,06	0,24	0,013	0,026

Fertiganalyse der Mischschmelze:	C	Si	Mn	Cr	P	S
%	0,21	0,32	1,23	1,28	0,016	0,017

Abgegossen: 8 Walzblöcke von je 4100 kg.

Schlackenreaktionsverfahren, so daß bei einer guten Durchwirbelung auch ein Einwerfen der Desoxydationslegierungen in die Pfanne durchaus möglich ist. Als Beispiel für die Durchführung des Mischverfahrens kann der in Tab. 121 wiedergegebene Schmelzverlauf eines legierten Einsatzstahles dienen.

Der legierte Anteil der Schmelze wurde in einem basisch zugestellten 7-t-Lichtbogenofen als Umschmelzcharge aus legierten Abfällen erschmolzen. Nach dem Einschmelzen wurde die Schlacke mit Koks reduziert und auf eine leicht karbidische Schlacke hingearbeitet. Durch den höheren Siliziumgehalt des Einsatzes waren nur geringe Mengen an Legierungsmetallen verschlackt worden, so daß die Legierungselemente bereits aus der ersten Probe bestimmt werden konnten. Nach dem Einlangen des Analysenergebnisses wurde das Ferromangan und ein Teil des Ferrochroms zugesetzt. Das restliche Ferrochrom wurde nach einer wei-

Tabelle 121 (Fortsetzung)

Cr	P	S
1,00	max.	max.
1,30	0,025	0,030

Einsatz Lichtbogenofen: Abfälle gleicher Analyse . . . . 4500 kg

Austen. Mangan-Hartstahl (0,7% C, 18% Mn) . . . . . 1000 kg

Cr-Stahlabfälle (10% Cr) . . . . 1000 kg

Metallischer Einsatz 6500 kg

Zeit	Arbeitsgang	Zusätze in kg	C	Mn	P	S	Cr	Temperatur °C
0.30	Einsetzen: Beginn							
1.25	Einsetzen beendet	6500						
	CaO	120						
3.40	Eingeschmolzen, Probe		0,31	3,37	0,021	0,022	1,56	
	CaO	30						
	Koks	10						
4.30	Legieren: FeMn (46%)	340						
	FeCr (4,4% C, 67% Cr)	300						
	Koks auf die Schlacke	5						
5.00	Probe		0,65					
5.15	Legieren: FeCr (0,24% C, 67% Cr)	340						
5.30	Probe		0,66					
5.50	Desoxydieren: FeSi (45%)	50						
6.00	Schlußprobe							
6.05	Aluminium	1						
6.10	Abstich							1460° (Pyropto)

Analyse des Elektrostahles:	C	Mn	P	S	Cr
%	0,66	4,72	0,021	0,014	5,78

Gießtemperatur: 1415 bis 1405 °C (Pyropto-Messung).

teren Kohlenstoffanalyse in Form von niedriggekohltem Ferrochrom legiert.
Nach der Auflösung der Zusätze wurde die Schmelze mit Ferrosilizium desoxy-
diert und nach der Schlußprobe noch 1 kg Aluminium in den Ofen zugesetzt.
Die Abstichtemperatur betrug 1460°C (unkorrigierte Pyropto-Messung). Die
Gießpfanne war mit einem Graphitstopfen und mit verstärkten Stopfenrohren ver-
sehen.

Der unlegierte Anteil der Schmelze wurde in einem basischen 30-t Siemens-
Martin-Ofen nach dem Schrott-Roheisen-Prozeß hergestellt. Der Schmelzverlauf
weist keinerlei Besonderheiten gegenüber den früher gezeigten Beispielen auf.
Vor dem Abstechen wurde mit Spiegeleisen vordesoxydiert. Die Schmelze wurde
auf den vom Lichtbogenofen erschmolzenen legierten Anteil der Mischcharge abgestochen. Das notwendige Ferrosilizium wurde während des Abstechens mittels
einer Rutsche in den Gießstrahl zugesetzt. Die Abstichtemperatur betrug 1480°C
(unkorrigierte Pyropto-Messung). Die nachfließende Siemens-Martin-Schlacke
wurde vollständig von der Pfanne ferngehalten. Der Abguß der Mischschmelze
erfolgte ohne Abhängen in kommunizierendem Guß zu 4-t-Walzblöcken mit einer
Gießtemperatur von 1415 bis 1405°C (unkorrigierte Pyropto-Messung). Das Verhalten beim Gießen war einwandfrei; die Blöcke wurden warm an das Walzwerk
geliefert.

Durch das Mischungsverhältnis von 1:4 von Elektro- zu Siemens-Martin-Stahl
war trotz des niedrigen vorgeschriebenen Kohlenstoffgehaltes in der Endanalyse
die Möglichkeit gegeben, im Lichtbogenofen eine Umschmelzcharge unter Verwendung höhergekohlten Einsatzes und höhergekohlter Ferrolegierungen zu erschmelzen. Die erreichte Stahlgüte entsprach einem normalen Elektrostahl, was
zum Teil auch auf die Durchwirbelung des unlegierten Siemens-Martin-Stahles mit
der Karbidschlacke des Lichtbogenofens beim Abstechen zurückzuführen war.

In gleicher Weise können auch Mischverfahren zwischen der Thomas- oder
Bessemerbirne und dem Siemens-Martin- oder Elektroofen ausgeführt werden.
Für die Edelstahlerzeugung kommt von diesen Kombinationen nur das Mischverfahren zwischen der Birne und dem Lichtbogenofen in Frage, welches z. B.
für die Erzeugung von 12%igem Mangan-Hartstahl ausgeführt wird. Die Wirtschaftlichkeit aller Mischverfahren hängt wie die der Umfüllverfahren im wesentlichen von der guten Abstimmung der Schmelzzeiten der zusammenarbeitenden
Öfen ab. Sie ist bei den Mischverfahren in der Regel leichter zu erzielen als bei den
Umfüllverfahren.

Schrifttum
zu Abschnitt 3.92

1. RITTER, E.: Zusammengießen von Thomasstahl und Elektrostahl. Stahl u. Eisen 69
   (1949), S. 258/62.
2. SCHLÜSSELBERGER, G.: Duplexbetrieb, Konverter — basischer Lichtbogenofen. Stahl u.
   Eisen 64 (1944), S. 36.
3. STALLMANN, H.: Anwendung der Schlackenschmelzverfahren beim Duplex-Schmelzen.
   Aus der Facharbeit auf dem Gebiete des Eisenhüttenwesens in den Jahren 1939—1945
   (Vertraul. Ber. des VDEh), Verlag Stahleisen, Düsseldorf 1953, S. 241/47.
4. BONTHRON, NILS: Untersuchung über das Verhalten des Stickstoffs beim Elektrostahlverfahren. Jernkont. Ann. 121 (1937), S. 637/59, vgl. Stahl u. Eisen 58 (1938), S. 210.
5. WEIGL, E. v.: Duplexofen der Bauart Mávag-Weigl. Stahl u. Eisen 58 (1938), S. 595/603.
6. MATUSCHKA, B.: Persönliche Mitteilung, unveröffentlicht.

3.93 Elektroschlacken-Umschmelzverfahren

Ein auch außerhalb in der UdSSR in Entwicklung befindliches Verfahren zur
Verbesserung der Stahleigenschaften ist die Blockherstellung nach dem sogenannten
Elektroschlacken-Umschmelzen [1]. Das Prinzip dieses Verfahrens besteht, wie

Abb. 356 zeigt, im Umschmelzen einer durch Gießen, Walzen oder Schmieden erzeugten Elektrode gewünschter Endzusammensetzung unter einer geschmolzenen Schlackenschicht in eine wassergekühlte Kokille, wobei der erstarrte Block ähnlich wie beim Strangguß nach unten abgezogen werden kann. Zum Unterschied vom Vakuumlichtbogenofen mit selbstverzehrender Elektrode erfolgt das Abschmelzen der Elektrode nicht im Lichtbogen, sondern durch die Wärmeentwicklung beim Stromdurchgang durch die flüssige Schlacke. Es brennt also auch kein verdeckter Lichtbogen wie beim Unterpulverschweißen.

Um unkontrollierte Reaktionen zu vermeiden, sollen die Elektroden möglichst sauber, d. h. frei von Rost und Zunder, sein. Bei Elektrodendurchmessern von 80 bis 85 mm können Blöcke bis zu 250 mm Durchmesser erhalten werden, für größere Blöcke können an Stelle dicker Elektroden auch mehrere Elektroden in eine Kokille umgeschmolzen werden. Die Schlacken sind denjenigen ähnlich, die für die Unterpulverschweißung verwendet werden. Je nach den gewünschten Reaktionen sind ihre Hauptkomponenten CaF_2 oder SiO_2 [1]. Sie werden aus reinen Rohstoffen gemischt oder in Schlackenschmelzöfen mit Graphitauskleidung erschmolzen. Wesentlich ist ein niedriger Phosphorgehalt, da der Phosphor praktisch vollständig in den Stahl übergeht und einen im Blockfuß höheren Phosphorgehalt ergibt. Der Schwefelgehalt spielt eine untergeordnete Rolle, da ein Teil des Schwefels zusammen mit Silizium und Fluor während des Schmelzprozesses verdampft. Als Anfahr- oder Zündpulver dient eine Mischung mit etwa 30 bis 40% TiO_2 oder B_2O_3, die auch im festen Zustand eine genügende elektrische Leitfähigkeit aufweist.

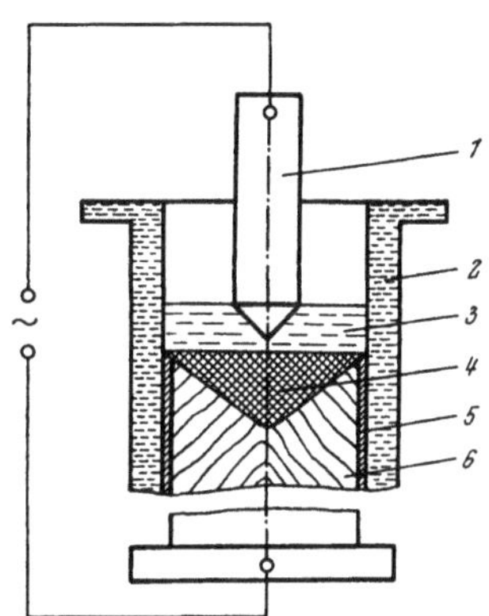

Abb. 356. Schematische Darstellung des Elektroschlacken-Umschmelzens (nach W. RICHLING)

1 Elektrode, 2 wassergekühlte Kokille, 3 flüssige Schlacke, 4 flüssiges Metall, 5 Schlackenhaut des schon erstarrten Blockes, 6 erstarrter Block

Zur Vorbereitung des Schmelzens wird auf der Kupferbodenplatte eine Stahlplatte befestigt, diese mit dem Anfahrpulver bedeckt und die Bodenplatte bis zum Anschlag an die Kokille hochgefahren. Sodann wird die Elektrode bis zur Berührung mit dem Flußmittel abgesenkt und der Zwischenraum zwischen der Elektrode und der Kokilleninnenwand mit der Arbeitsschlacke ausgefüllt. Nach dem Einschalten der Ofenspannung wird zunächst von Hand geregelt und, sobald die Schlacke geschmolzen ist, die Automatik eingeschaltet. Dabei muß auf ein gleichmäßiges Abschmelzen ohne Lichtbogenbildung geachtet werden, um eine glatte und saubere Blockoberfläche zu erzielen.

Der metallurgische Erfolg des Verfahrens wird außer von der chemischen Wirksamkeit der Schlacke auch von den elektrischen Verhältnissen stark beeinflußt. Eine geringe Schlackenbadhöhe führt zu starker Überhitzung und zu einem tiefen Metallbad. Ähnlich wie beim Vakuumlichtbogenofen wird die Kristallisation des Blockes von der Form des Metallbades beeinflußt. Die Oxydationsfähigkeit der Schlacke kann, außer durch Änderung ihrer Zusammensetzung, auch durch eine Schutzgasatmosphäre, z. B. Argon, vermindert werden. Diese verhindert gleichzeitig auch eine Wasserstoffaufnahme aus der Atmosphäre. Besondere Schlackenzusammensetzungen sind notwendig, um z. B. einen Abbrand an Aluminium oder Titan bei hochlegierten Stählen zu verhindern [2].

Der fertig umgeschmolzene Block ist, wie Abb. 357 zeigt, in eine Schlackenschicht eingehüllt und besitzt bei sorgfältiger Schmelzführung eine glatte, saubere Oberfläche [3], die keinerlei Bearbeitung vor der Warmformgebung bedarf.

Die bisher im Schrifttum [1 bis 4] bekanntgewordenen Ergebnisse zeigen, daß eine wesentliche Qualitätsverbesserung im umgeschmolzenen Werkstoff erreicht werden kann. Ein besonderes Merkmal stellt die Entschwefelung dar, wobei Endschwefelgehalte von etwa 0,003 bis 0,006% eingehalten werden können. Der Gesamtsauerstoffgehalt sinkt bei üblichen Stahlzusammensetzungen auf etwa 50% des Ausgangswertes durch Abscheidung der Oxyde. Durch gleichzeitig feine Verteilung der Resteinschlußmengen können Stähle hohen Reinheitsgrades gewonnen

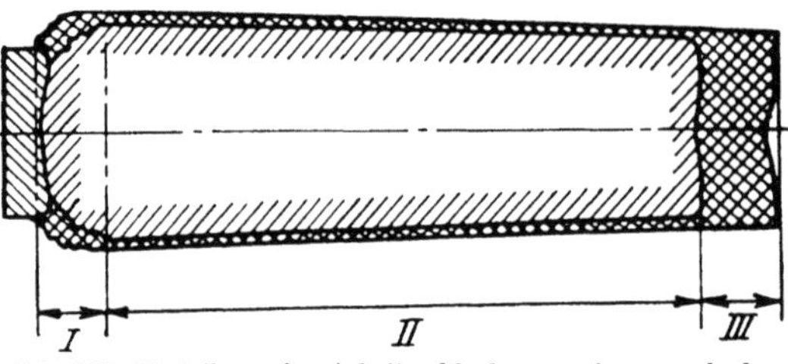

Abb. 357. Verteilung der Arbeitsschlacke an einem nach dem Elektroschlacken-Umschmelzverfahren erzeugten Block (nach JU. A. SCHULTE und Mitarbeitern) I. Zone: stufiger Teil, II. Zone: einwandfreier Blockteil, III. Zone: Schlackenbad („Kopf")

werden. Auch Stickstoffabnahmen von 40 bis 60% wurden beobachtet, wenn keine stickstoffbindenden Elemente anwesend waren. Unter Schutzgas kann auch der Wasserstoffgehalt um 10 bis 50%, je nach Anfangsgehalt, abnehmen.

Das Primärgefüge der Umschmelzblöcke ist homogener und dichter als das üblicher Gußblöcke und in Verbindung mit dem höheren Reinheitsgrad

auch leichter warmverformbar, was sich besonders bei hochlegierten Stählen günstig auswirkt. Die Festigkeitseigenschaften in Längs- und Querrichtung weisen nur geringe Unterschiede auf.

Ein Vorteil des Elektroschlacken-Umschmelzverfahrens liegt im einfachen Aufbau der Schmelzanlage, die mit Wechselstrom betrieben wird. Die größte bisher beschriebene Anlage [2] ist ein Dreiphasenofen mit einer Transformatorleistung von 2250 kVA zur gleichzeitigen Herstellung von 3 Blöcken mit einem Gewicht von je 700 kg (300 mm Durchmesser). Die Betriebsspannung beträgt 50 V bei einer Elektrodenstromstärke von 7 bis 8 kA. Die Ofenleistung wird mit 460 kg/h, der Stromverbrauch mit 1250 kWh/t und der Verbrauch an Schlacke mit 35 kg/t angegeben. Die Schmelzzeit für einen 700-kg-Block beträgt etwa 3 Stunden. Größere Produktionsanlagen sind in Planung.

Schrifttum
zu Abschnitt 3.93

1. RICHLING, W.: Das Elektro-Schlacken-Umschmelzen, ein neues Verfahren zur Herstellung von Stahlblöcken hoher Qualität. Neue Hütte 6 (1961), S. 565/72, mit umfassender Übersicht über das Schrifttum der UdSSR.
2. TREGUBENKO, A. F., W. G. SPERANSKIJ und S. A. LEJBENSON: Das Elektroschlacken-Umschmelzen von Stahl. Stal in Deutsch, 1961, S. 683/88.
3. SCHULTE, J. A., J. A. GAREWSKICH, S. A. LEJBENSON, W. D. MAKSIMENKO, A. F. TREGUBENKO, B. S. SPERANSKIJ, W. P. FRANZOW und W. F. SMOLJAKOW: Fehlerarten in den durch das Elektroschlacken-Umschmelzverfahren erzeugten Stahlblöcken. Stal in Deutsch 1 (1961), S. 778/82.
4. Anonymus: Erschmelzen von Stählen hoher Qualität nach dem Elektroschlackenumschmelzen (aus Versuchsergebnissen des Werkes Dneprospezstal). Neue Hütte 5 (1960), S. 433/34.

3.94 Sonderschmelzöfen anderer Bauart

Im Bestreben, den Reinheitsgrad der Eisenwerkstoffe und Stahllegierungen auch ohne die Anwendung der Vakuumschmelzverfahren entscheidend zu verbessern, wurden Sonderschmelzöfen entwickelt, die ein Schmelzen in inerter At-

mosphäre oder ein Umschmelzen unter einer Schlacke ähnlich dem Elektro-
schlacken-Umschmelzen gestatten. Beide Einrichtungen sind noch in Entwicklung, so daß ihre technische Bedeutung für die Edelstahlerzeugung noch nicht
abgeschätzt werden kann.

Zum Lichtbogen-Schmelzen in inerter Atmosphäre wurde ein *Plasma-Licht-
bogenofen* entwickelt [1]. Der Ofen gleicht, wie Abb. 358 zeigt, weitgehend einem
normalen Lichtbogenofen und benützt die gleichen feuerfesten Stoffe für die Zustellung. Der Ofenraum ist abgedichtet und mit reinem Argon gefüllt. Das Plasma
aus ionisiertem Argon wird in einem zwischen einer wassergekühlten Elektrode
mit Wolframspitze und dem Bad brennenden Gleichstrom-Lichtbogen erzeugt.
Die Elektrode ist als Kathode geschaltet. Der Ofen ist mit einer wassergekühlten
Bodenelektrode versehen. Zur Homogenisierung des Bades dient eine elektro-

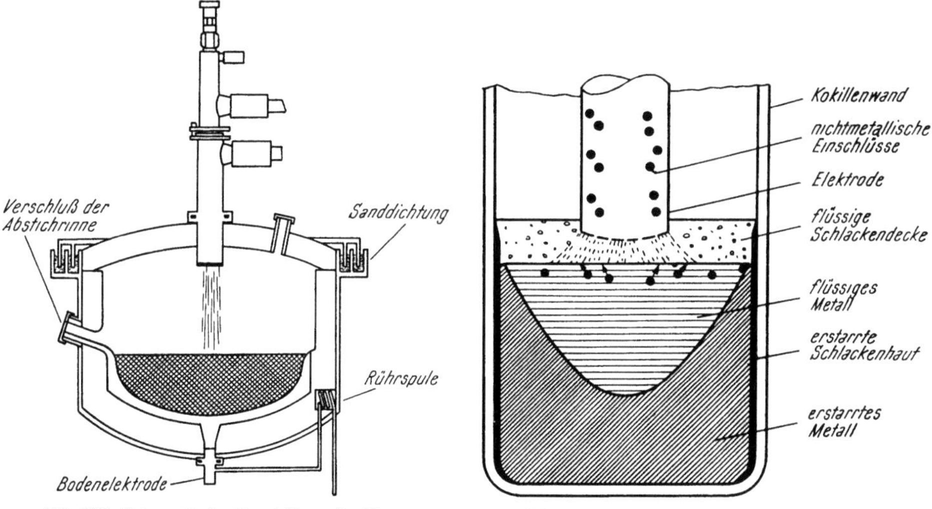

Abb. 358. Schematische Darstellung des Plasma-
Lichtbogenofens (nach R. J. McCullough)

Abb. 359. Prinzip des Hopkins-Prozesses zum
Umschmelzen von Stahl unter Schlacke.
(nach W. A. McKeen und Mitarbeitern)

induktive Rührspule. Die bisher in einem 1-t-Ofen hergestellten Sonderlegierungen
sollen sich durch ähnlich gute Eigenschaften auszeichnen wie bei der Erschmelzung im Vakuum. Durch die hohe Temperatur des Plasmas (etwa 30000 °C) wird
eine hohe Schmelzleistung erreicht.

Eine Weiterentwicklung des *Kellogprozesses* [2] stellt der sogenannte *Hopkins-
prozeß* [3] dar. An Stelle des erstgenannten wird beim *Hopkinsprozeß* eine kom-
pakte Elektrode verwendet, die unter einer leicht flüssigen Schlacke in eine
wassergekühlte Kokille umgeschmolzen wird. Der Lichtbogen brennt unter der
Schlacke. Bei geeigneter Schlackenzusammensetzung kann ein sehr stabiler
Lichtbogen erhalten werden. Bei sehr langsamem Schmelzen erhält man einen
flachen Schmelzsumpf und damit nur geringe Seigerungen im Block. Die Blockerstarrung ist der im Vakuum-Lichtbogenofen mit selbstverzehrender Elektrode
weitgehend ähnlich. Abb. 359 zeigt das Prinzip des Verfahrens.

Zum Umschmelzen werden Rundelektroden verwendet, die keiner besonderen
Oberflächenbearbeitung bedürfen. Zum Anfahren gibt man einige artgleiche
Späne auf den Kokillenboden, senkt die Elektrode bis zur Berührung ab, füllt
die vorberechnete Menge Schlackenbildner ein und zündet den Lichtbogen. Nach
ein bis zwei Minuten ist die Schlacke flüssig und das Umschmelzen beginnt. Die

Umschmelzschlacke besteht aus CaO mit Zusätzen an SiO_2, Al_2O_3 und CaF_2. Sie soll auf den umzuschmelzenden Werkstoff eine reinigende Wirkung ausüben, weshalb sie auf die Zusammensetzung des Umschmelzmetalles abgestimmt werden muß.

Bisher wurden nach diesem Verfahren Blöcke bis etwa 4 t Gewicht hergestellt. Sie weisen eine sehr gute Oberfläche auf, da sie ganz in Schlacke gehüllt sind und mit dem Kokillenwerkstoff nicht in Berührung kommen. Dadurch wird auch das Auftreten von Kaltschweißen vermieden. Die Eigenschaften von Sonderstählen, z. B. Werkzeugstählen, sollen ähnliche Verbesserungen aufweisen, wie sie beim Schmelzen im Vakuum-Lichtbogenofen [3] erzielt werden.

Schließlich sei noch auf die Möglichkeit hingewiesen, Stähle unter höherem Druck zu erschmelzen [4, 5]. Dieses bisher allerdings nur im Laboratoriumsmaßstab mit Schmelzgewichten bis 25 kg ausgeführte Verfahren [6] kann dazu dienen, größere Mengen an Stickstoff als Legierungselement zu verwenden. In Abhängigkeit von der Zusammensetzung des Stahles können bei Drücken bis zu 15 atü mehrere Prozent Stickstoff eingebracht werden [6]. Als Schmelzöfen wurden bisher Induktionstiegelöfen üblicher Bauart verwendet, die, ähnlich wie bei Vakuumschmelzeinrichtungen, in einem Druckbehälter eingebaut sind. Auch das Gießen muß unter Überdruck ausgeführt werden, um eine Gasblasenbildung bei der Erstarrung zu vermeiden.

Schrifttum

zu Abschnitt 3.94

1. McCullough, R. J.: Plasmarc Furnace, a New Concept in Melting Metals. J. Metals 14 (1962), S. 907/11.
2. Anonym: Electric Ingot Steel. Steel 35 (1954), Nr. 8, 106/08.
3. McKeen, W. A., L. G. Joseph und D. M. Spehar: Melting Alloys by the Hopkins Process. Metal Progr. 82 (1962), Nr. 3, S. 86/89.
4. Okamoto, M., R. Tanaka, T. Naito und R. Fujimoto: On the Manufacture of High-Chromium Steels in High-Pressure Nitrogen Atmosphere and Heat-Resisting Properties of 316 L Type Steels. Tetsu-to-Hagané Overseas 2 (1962), S. 25/37.
5. Schenck, H., M. G. Frohberg und H. Heinemann: Untersuchungen zur Stickstoffaufnahme in flüssigen Eisenlegierungen im Druckbereich bis zu vier Atmosphären. Arch. Eisenhüttenwes. 33 (1962), S. 593/600.
6. Frehser, J., und Ch. Kubisch: Metallurgie und Eigenschaften unter hohem Druck erschmolzener stickstoffhaltiger legierter Stähle. Berg- u. hüttenm. Mh. 108 (1963), S. 369/80.

3.95 Das Tiegelstahlverfahren

Das Tiegelverfahren ist das älteste Verfahren zur Flußstahlerzeugung. Der Tiegelstahl hatte zur Zeit seiner Hochblüte — bedingt durch den ausgewählten, reinen Einsatz — gegenüber den damals üblichen Schweißeisen- und Siemens-Martin-Erzeugnissen überragende Güteeigenschaften. Während um die Jahrhundertwende noch alle hochwertigen Edelstähle nach dem Tiegelschmelzverfahren erzeugt wurden, verlor der Tiegelofen in der Folgezeit immer mehr an Bedeutung, vor allem durch die zunehmende Beherrschung der metallurgischen Vorgänge bei den neu zur Einführung gelangten Elektrostahlöfen. Mitbestimmend war allerdings auch der zunehmende Mangel an Holzkohle und damit der Rückgang der Erzeugung der für den Tiegelofen notwendigen reinen Einsatzstoffe. Die Elektrostahlverfahren ermöglichen die Verwendung von grobstückigem Schrott und von

Einsatzstoffen geringerer Reinheit. Sie gestatten weiterhin eine wesentliche Verbilligung des Schmelzverfahrens überhaupt. Da sich der gute Ruf des Tiegelstahles aber bis heute erhalten hat, soll im folgenden ein kurzer Überblick über den metallurgischen Teil dieses Verfahrens gegeben werden, der im Hinblick auf die Entwicklung der Edelstahlerzeugung nicht ohne Interesse ist.

Das Tiegelstahlverfahren gleicht im Umfang seiner metallurgischen Reaktionen den bereits behandelten Umschmelzverfahren im sauren Lichtbogenofen und Induktionsofen. Maßgebend für die Reaktionsmöglichkeiten ist bei gegebenem Einsatz die Zusammensetzung des Tiegels, weil die Tiegelmasse neben der geringen Schlackenmenge maßgeblich an den Reaktionen beteiligt ist. Sie ist in ihrem Reaktionsbestreben als saure Zustellung anzusprechen. Außer Kieselsäure ist im Graphittiegel noch der Kohlenstoff als Reaktionskomponente zu berücksichtigen. Die Zusammensetzung des Einsatzes ist hinsichtlich des Phosphor- und Schwefelgehaltes genau so begrenzt wie bei den üblichen sauren Stahlherstellungsverfahren, weil keine Möglichkeit besteht, die beiden Elemente aus dem Stahlbad zu entfernen.

Der metallische Einsatz für das Tiegelstahlverfahren besteht aus bröckeligem Schrott von Tiegelstahlqualitäten, Zementstahl, Puddelstahl, besonders ausgewählten Abfällen der übrigen Stahlherstellungsverfahren, weichem Flußeisen und für legierte Stähle auch aus legierten Abfällen und Ferrolegierungen. Als Kohlenstoffträger dienen Roheisensorten aus dem Holzkohlenhochofen sowie Sonderroheisen hohen Reinheitsgrades, aber auch reine Aufkohlungsmittel, wie Retortenkohle und ähnliche. Als Sauerstoffträger für den Oxydationsvorgang werden bevorzugt Manganerze verwendet. Sie dienen gleichzeitig dem Ersatz des Mangans, welches durch die Einwirkung der sauren Tiegelschlacke einer starken Verschlackung unterliegt.

Die Einsatzstoffe werden für jeden Tiegel nach der berechneten Analyse eingewogen und von Hand aus in den Tiegel gepackt. Dabei wird das Roheisen bzw. die Kohlenstoffträger auf den Boden des Tiegels gegeben, um die Auflösung des Schrottes in der sich zuerst bildenden hochgekohlten Schmelze zu erleichtern. Die Tiegel werden mit Deckeln verschlossen, mit Tonmasse oder Lehm abgedichtet und nach einem vorsichtigen Vorwärmen auf dunkle Rotglut in eigenen Vorwärmeöfen in den Schmelzofen eingesetzt.

Der Arbeitsvorgang beim Tiegelschmelzverfahren zerfällt in folgende Abschnitte: Einschmelzen, Kochen (Frischperiode), Ausgaren (Siliziumreduktionsperiode) und Gießen. Die Besonderheit des Arbeitsverfahrens im Tiegel besteht darin, daß die Zusammensetzung des Einsatzes unter Berücksichtigung der Tiegelreaktionen dem Endprodukt angepaßt werden muß, da während des Schmelzverlaufes keine Möglichkeit mehr besteht, irgendwelche Zusätze in den Tiegel zu geben. Nur durch eine Veränderung der Temperatur kann in geringem Umfang in den Ablauf der Reaktionen regelnd eingegriffen werden.

Beim Niederschmelzen bildet sich aus den Zuschlägen eine Frischschlacke, welche beim Erreichen der notwendigen Temperatur einen Kochvorgang im Tiegel auslöst, der in seinem chemischen Reaktionsablauf den bekannten Gesetzmäßigkeiten folgt. Entsprechend dem Eisenoxydulgehalt der sauren Tiegelschlacke verlaufen die Reaktionen des Kohlenstoffes, Mangans, Siliziums und der Legierungselemente in Richtung ihrer Gleichgewichte, die durch Konzentration und Temperatur gegeben sind. Die Zusammensetzung der Tiegelschlacke strebt unter gleichzeitigem Angriff des Tiegels einer Grenzzusammensetzung zu, welche am Ende des Prozesses durch einen Gehalt von 45 bis 60% SiO_2 charakterisiert ist. Das Einsetzen des Kochvorganges ist deutlich hörbar und kann auch an den aus dem Tiegel austretenden Kohlenoxydflammen beobachtet werden.

Ist der Eisenoxydulgehalt der Schlacke unter ein bestimmtes Maß gesunken, so kommt es zu einer Siliziumreduktion und damit zu einer weitgehenden Beruhigung des Stahlbades. Diese Siliziumreduktion ist als sogenannte Tiegelstahlreaktion eines der charakteristischen Merkmale des Tiegelstahlverfahrens. Ihr Ausmaß wird vom Kohlenstoffgehalt des Bades und der Tiegelmasse maßgeblich beeinflußt. Die Silizimreduktion im Tiegel unterscheidet sich jedoch von der in den übrigen sauren Öfen dadurch, daß sie bei gleicher Temperatur und Zusammensetzung des Stahles zu niedrigeren Siliziumgehalten führt, weil die Konzentration der Kieselsäure in der Tiegelmasse geringer ist als in der Zustellung der sauren Herde. Dieser Umstand macht den Tiegelofen für die Herstellung hochgekohlter Werkzeugstähle mit niedrigen Siliziumgehalten gegenüber den Schmelzverfahren mit saurem Herd besonders geeignet.

Ebenso wie der Kohlenstoffgehalt des Bades den Reduktionsvorgang beeinflußt, so wirkt auch ein höherer Mangangehalt im Sinn einer Siliziumzunahme des Stahlbades. Die Herstellung von Stählen mit hohen Mangangehalten ist jedoch im Tiegel nicht möglich, weil der starke Angriff des Mangans unter Mangansilikatbildung zu einer raschen Zerstörung führt. Von den anderen Stahlbegleitelementen bleiben Phosphor und Schwefel vollständig im Stahl; sie können sogar durch die Tiegelmasse und durch Aufschwefelung aus den Heizgasen eine geringe Zunahme erfahren. Die Elemente mit niedrigerer Sauerstoffaffinität als das Eisen erleiden keinen Abbrand, während die Elemente mit

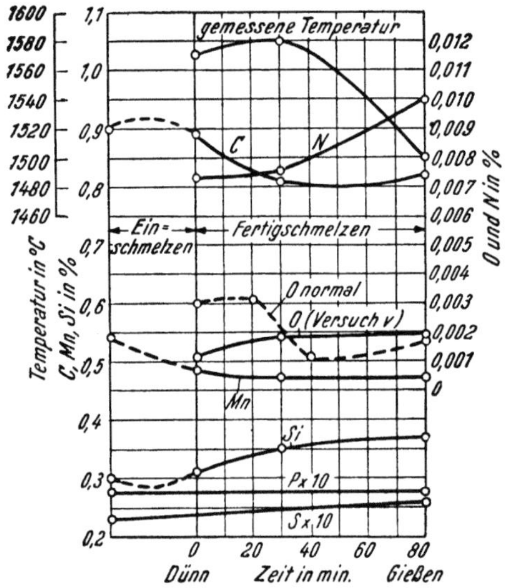

Abb. 360. Verlauf einer Tiegelstahlschmelze; eutektoidischer Kohlenstoffstahl (nach O. Meyer, W. Eilender und A. Walz)

höherer Sauerstoffaffinität, je nach der Größe des Eisenoxydul- und Kohlenstoffgehaltes, eine geringe Verschlackung erfahren. Bei Wolfram und Molybdän treten außerdem gewisse Verluste durch eine Verflüchtigung der Oxyde ein, welche sich zum Teil auf dem Tiegeldeckel niederschlagen.

Der Fortgang der Reaktionen im Tiegel und die Temperatur des Stahlbades werden durch Eintauchen von Eisenruten überwacht. Diese Eisenruten werden kurzzeitig durch das Deckelloch des Tiegels in das flüssige Metall eingetaucht. Die Beendigung der Reaktion und das Erreichen der Gießtemperatur zeigt sich in einem charakteristischen, unterbrochenen Haften der Schlacke an der Stahlrute. Die Schmelzdauer beträgt bei normalen Tiegelgrößen von 30 bis 50 kg 3 bis $4^1/_4$ Stunden, wovon auf das Ausgaren etwa 20 bis 30 Minuten entfallen. Zum Abgießen werden die Tiegel mittels Tiegelzangen aus dem Ofen gebracht und der Stahl in eine Gießpfanne ausgegossen. Geringe Zusätze an Aluminium können in die Pfanne gegeben werden.

Abb. 360 zeigt an einem Beispiel eines eutektoidischen Kohlenstoffstahles die Veränderung der chemischen Zusammensetzung des Stahlbades im Verlauf einer Tiegelstahlschmelze und den Temperaturverlauf [1]. Der Vollständigkeit halber seien noch einige Beispiele des Einsatzes für Tiegelstahlschmelzen und die erreichten Endanalysen angeführt. Für die Vorbereitung und Berechnung des

Einsatzes ist ein besonders genaues Arbeiten mit bekannten Einsatzstoffen notwendig, wobei auch die Erfahrungswerte des Abbrandes bzw. des Zubrandes in Rechnung gestellt werden müssen.

Die nachfolgend angeführten Einsätze verstehen sich für ein Schmelzgewicht von 30 kg je Tiegel:

1. Einsatz für einen Zieheisenstahl:

unlegierte Stahlabfälle mit 0,80% C	7,00 kg
„ „ „ 1,00% C	10,00 kg
Eisenerzer Roheisen	3,00 kg
Schwedisches Roheisen	10,00 kg
Lehm	0,25 kg
Brauneisenstein	0,10 kg
Summe	30,35 kg

Der mit dem genannten Einsatz erschmolzene Stahl hatte nachstehende Zusammensetzung:

C	Si	Mn	P	S
2,42%	0,27%	0,47%	0,03%	0,03%

2. Unlegierter Werkzeugstahl:

unlegierte Stahlabfälle mit 0,80% C	5,00 kg
Puddelstahlabfälle	6,00 kg
unlegierte Stahlabfälle mit 1,00% C	16,00 kg
schwedisches Roheisen	3,00 kg
Lehm	0,25 kg
Brauneisenstein	0,50 kg
Summe	30,75 kg

Die Endanalyse ergab:

C	Si	Mn	P	S
1,06%	0,24%	0,22%	0,027%	0,031%

3. Riffelstahl:

Wolframstahlabfälle mit 1,00% C und 1,00% W	10,00 kg
Werkzeugstahlabfälle mit 1,00% C	10,00 kg
Puddelstahlabfälle	5,00 kg
Ferrowolfram (80%)	0,80 kg
schwedisches Roheisen	4,50 kg
Lehm	0,25 kg
Summe	31,55 kg

Die Endanalyse zeigte gute Übereinstimmung mit den errechneten Werten und ergab nachstehende Gehalte:

C	Si	Mn	P	S	W
1,55%	0,27%	0,35%	0,022%	0,035%	5,44%

Beim Vergießen wie auch in ihren sonstigen Eigenschaften zeigen die Tiegelstähle eine weitgehende Analogie mit den sauer erschmolzenen Stählen der übrigen Stahlherstellungsverfahren.

Schrifttum

zu Abschnitt 3.95

1. MEYER, O., W. EILENDER und A. WALZ: Zur Metallurgie der Tiegelstahlerzeugung. Arch. Eisenhüttenw. 9 (1935/36), S. 475/81.

4. Legierungsverluste und Ausbringen

Die Wirtschaftlichkeit der Stahlherstellungsverfahren wird u. a. maßgebend von der Höhe des Ausbringens bzw. der Verluste an Eisen und Legierungselementen beeinflußt. Darüber hinaus ist die Kenntnis des Abbrandverlustes für die Treffsicherheit der Endzusammensetzung des Stahles von besonderer Wichtigkeit.

Das Ausbringen bei den Stahlherstellungsprozessen wird in der Regel auf den *gesamten* metallischen Einsatz einschließlich der zugesetzten Legierungselemente und gegebenenfalls des Metallinhaltes der Frischmittel (Erze, Sinter u. a.) bezogen und als *flüssiges Ausbringen* (= Menge des fertigen flüssigen Stahles in der Gießpfanne) oder als *festes Ausbringen* (= Menge guter Blöcke) angegeben. Beim Vergleich der beiden unterschiedlichen Ausbringzahlen ist zu beachten, daß nur das flüssige Ausbringen den metallurgischen Prozeß kennzeichnet, während das wirtschaftlich gesehen wichtigere Ausbringen an guten Blöcken auch das Ausbringen des Gießverfahrens beinhaltet und zum Teil wesentlich unter dem erstgenannten liegen kann.

4.1 Ursachen der Verluste an metallischen Einsatz- und Legierungsstoffen

Die Gesamtverluste an metallischen Einsatz- und Legierungsstoffen, die im Verlauf der Stahlherstellungsverfahren bis zum Rohblock bzw. bis zum rohen Gußstück auftreten, können, dem Ablauf des Prozesses folgend, in nachstehend genannte Gruppen eingeteilt werden:

1. Einschmelzverluste;
2. Verluste durch Umsetzungen mit den Schlacken und Herdbaustoffen;
3. Verstaubungs- und Verdampfungsverluste;
4. mechanische Verluste beim Abstechen und Gießen;
5. Verluste durch Restblöcke, Pfannenbären u. a.

Sie sind, je nach dem Schmelz- und Gießverfahren, auch bei gleichen Stahlsorten stark unterschiedlich, so daß sich keine allgemein gültigen Zahlenwerte angeben lassen. Wohl aber ergeben sich für bestimmte Schmelz- und Gießprozesse Ausbringungszahlen, die zur Kennzeichnung dieser Verfahren geeignet sind (vgl. Abschnitt 4.3).

Die *Einschmelzverluste* bestehen im wesentlichen aus Oxydationsverlusten durch Verschlackung des Eisens und leichter oxydierbarer Begleitelemente, sowie zu einem geringeren Anteil aus Verstaubungsverlusten und unter Umständen auch aus Verdampfungsverlusten. Die Verschlackungsverluste sind dann am größten, wenn die Einschmelzschlacke abgezogen und durch eine neue Frisch- oder Feinungsschlacke ersetzt wird, wie dies aus metallurgischen Gründen notwendig sein kann. Daraus wird klar, daß die Verwendung reiner Einsatzstoffe, besonders für die Edelstahlerzeugung, neben metallurgischen auch wirtschaftliche Vorteile bringen kann.

Die Verluste durch Umsetzungen mit den Schlacken und Herdbaustoffen bilden bei den meisten Stahlherstellungsverfahren die Hauptursache für die Verminderung des metallischen Ausbringens. Sie hängen bei gegebenen Gleichgewichtsverhältnissen vom Gewichtsverhältnis Metall zu Schlacke und natürlich auch davon ab, ob das Umsetzungsgleichgewicht tatsächlich erreicht wird oder nicht. Die durch Schlackenumsetzungen verursachten Verluste werden im nächsten Abschnitt bei der Berechnung der Abbrandzahlen noch näher behandelt.

Unabhängig von der Schlackenmenge und den metallurgischen Umsetzungen treten bei allen Schmelzprozessen, die in Gefäßen mit feuerfester Auskleidung ausgeführt werden, Verluste durch Metallaufnahme des Herdes ein. Für das Basismetall, in den meisten Fällen also für das Eisen, stellt sich nach wenigen Schmelzen mit dem Erreichen einer durch die Porosität der feuerfesten Auskleidung gegebenen Infiltrationstiefe eine Art Gleichgewichtszustand ein. Eine Zunahme der Eisenverluste ist also nur mehr in dem Maße zu erwarten, als der Verschleiß der Herdzustellung fortschreitet bzw. feuerfestes Material zum Flicken des Herdes eingebracht wird.

Bei der Einschmelzung legierter Stähle werden aber, je nach ihrer Konzentration in der Schmelze, unterschiedliche Legierungsmengen auch von dem in den Herdbaustoffen infiltrierten Eisen aufgenommen. Sie führen einerseits zu einem direkten Verlust in der legierten Schmelze und zum anderen zu einer Verunreinigung der nächstfolgenden Schmelze, wenn diese eine andere Konzentration an diesem Legierungselement aufweist.

Die Metallaufnahme der Zustellung hängt in starkem Maße von ihrem Porenvolumen ab. Bei basischen Siemens-Martin- und Lichtbogenöfen wurden Eindringtiefen von 5 bis 7 cm und mehr festgestellt. Nimmt man für die Geschwindigkeit der Diffusion von Legierungselementen im infiltrierten Eisen etwa 1 cm/h an, so genügen übliche Schmelzzeiten von 3 bis 5 Stunden, um die ganze obere Herdschicht mit den Legierungselementen der Schmelze zu sättigen.

Um das Ausmaß der Legierungsaufnahme des Herdes quantitativ zu erfassen, wurden Versuche mit dem radioaktiven Isotop W^{185} in verschiedenen Öfen ausgeführt [1]. Die Wolframbilanz zeigte, daß beim Schmelzen im basischen Siemens-Martin-Ofen (Einsatzgewicht 65 t) 6,3% des Wolframs vom Herd aufgenommen wurden. Für den basischen 40-t-Ofen wurde ein Wolframverlust von 4,4%, für den basischen Induktionsofen (100-kg-Ofen mit Magnesittiegel) von 4,42% und für den sauren Tiegel (Quarzit mit Wasserglas) ein solcher von 2,76% festgestellt.

Um die Verluste durch Infiltration gering zu halten, soll die Herdzustellung möglichst dicht sein. Ebenso wirkt die Erschmelzung von Stählen gleichen Legierungsgehaltes in unmittelbarer Schmelzfolge in einem Ofen den Legierungsverlusten entgegen.

Verstaubungsverluste in nennenswertem Ausmaß entstehen bei den Blasprozessen und im Siemens-Martin- sowie Lichtbogenofen, wenn feinkörnige Einsatzstoffe, z. B. Erzreduktionsprodukte (Rennluppen), eingesetzt oder feinkörnige Legierungsträger verwendet werden. Bei den Blasverfahren ist aber auch der Schlackenauswurf eine indirekte Verlustquelle für metallische Einsatzstoffe.

Der in Form von Staub aus dem Ofen entweichende Metallanteil (im wesentlichen Metalloxyde neben Schlackenkomponenten) enthält auch die aus der Schmelze und der Schlacke verdampfenden Metalle, die meist schon im Ofenraum in ihre Oxyde übergehen. Die Verdampfungsverluste sind bei den offenen Schmelzverfahren im basischen Lichtbogenofen und bei den Sauerstoffblasverfahren am größten.

Die mechanischen Verluste, worunter vor allem Spritzverluste beim Abstechen und Gießen zu verstehen sind, liegen im Durchschnitt aller Verfahren bei etwa 0,3 bis 0,5% des metallischen Einsatzes. Angaben über die Verluste in der Gießgrube bringt Abschnitt 4.4.

Schrifttum
zu Abschnitt 4.1

1. SAMORUJEW, M. W.: Metallaufnahme des Herdes von Stahlschmelzöfen. Stahl (1960), S. 223/25; vgl. Neue Hütte 6 (1961), S. 733/34.

4.2 Berechnung der Abbrandzahlen und des Ausbringens

Die Größe der Verluste durch metallurgische Umsetzungen kann aus den Gleichgewichtsbedingungen der Reaktionen allein nicht berechnet werden. Wie aus der Ableitung der Gleichgewichtsbeziehungen hervorgeht, vermitteln die Gleichgewichtskonstanten der chemischen Umsetzungen und der Verteilungsgleichgewichte nur die Beziehungen zwischen den Konzentrationen der am Umsatz beteiligten Stoffe, ohne über die im einzelnen Fall reagierenden Mengen irgend eine Aussage zu machen. Erst die Verbindung von Gleichgewichtskonzentration und Menge der reagierenden Stoffe, also der Gewichtsmengen der reagierenden Phasen, in denen sich die Umsetzungen abspielen, gibt die für den praktischen Betrieb notwendige Angabe des Ausbringens oder des Ausnützungswertes bzw. der Verluste. Dabei muß man sich weiter vor Augen halten, daß die Verluste — bezogen auf die Gesamtmenge — relativ gering sind und nur in seltenen Fällen Werte von 3 bis 5% überschreiten, daß sie aber, bezogen auf einzelne Komponenten, Werte von fast 100% erreichen können.

Die klare Kenntnis dieser Zusammenhänge ist deshalb so wichtig, weil der Fall eintreten kann, daß die Verschiebung der Gleichgewichtslage einer Reaktion zugunsten einer höheren Konzentration im Stahl nur mit Maßnahmen erkauft werden kann, die das tatsächliche mengenmäßige Ausbringen verschlechtern. So kann z. B. bei der Manganreaktion das Gleichgewichtsverhältnis von Mangan im Stahl zu Mangan in der Schlacke günstiger werden. Trotzdem kann aber das Manganausbringen aus einer gegebenen Gesamtmanganmenge sinken, weil die zur Verschiebung der Gleichgewichtslage ergriffenen Maßnahmen zu einer starken Vergrößerung der Schlackenmenge geführt haben.

Die Zusammenhänge zwischen den Gleichgewichtskonzentrationen der am Umsatz beteiligten Stoffe und den Gewichtsmengen der beteiligten Phasen sollen im folgenden für die metallurgischen Umsetzungen des Mangans abgeleitet werden. Für das Manganausbringen im Siemens-Martin-Prozeß wurde von E. KILLING [1] der Ausnützungswert Q als

$$Q = \frac{\text{kg Mn im Stahl}}{\text{kg Mn in der Schlacke}} \tag{358}$$

definiert. Wenn man für den in Frage kommenden Konzentrationsbereich die Gleichgewichtslage der Manganreaktion durch die Kennzahl

$$K'_{Mn} = \frac{[\% \,Mn] \cdot (\% \,FeO)}{(\% \,MnO)}$$

beschreibt, so kann der auf die Konzentration aufgebaute Ausnützungswert in der Form

$$\eta_{Mn} = \frac{[\% \,Mn]}{(\% \,MnO)} = \frac{K'_{Mn}}{(\% \,FeO)} \tag{359}$$

wiedergegeben werden. Dieser ist mit dem mengenmäßigen Ausnützungswert Q durch die Beziehung

$$Q = \eta_{Mn} \cdot \frac{m_M}{m_S} \cdot 1{,}29 \quad \text{bzw.} \quad \eta_{Mn} = \frac{Q}{1{,}29} \cdot \frac{m_S}{m_M}$$

verknüpft, wobei m_M und m_S die Gewichte von Stahl und Schlacke bedeuten. Im Fall der Gleichgewichtseinstellung läßt sich daraus der mengenmäßige Ausnützungswert zu

$$Q = \frac{K'_{Mn}}{(\% \, FeO)} \cdot \frac{m_M}{m_S} \cdot 1{,}29 \qquad (360)$$

berechnen, welcher die mengenmäßige Verteilung des Mangans zwischen Stahl und Schlacke angibt und damit ein Maß für das Ausbringen bzw. für den Manganverlust darstellt. Der gleiche Rechnungsweg läßt sich naturgemäß auch für alle anderen Legierungselemente durchführen.

Derartige wohldefinierte Beziehungen und gewichtsmäßig berechenbare Verteilungswerte gelten nur für den Fall der Gleichgewichtseinstellung, wie sie z. B. am Ende der Frischperiode oder auch in der Reduktions- und Feinungsperiode angenommen werden kann. Im allgemeinen sind diese „unvermeidbaren" Verluste um so geringer, je weiter die Konzentration zugunsten des Stoffes im Metallbad verschoben und je kleiner die Schlackenmenge ist. In welchem Maß die Schlackenmenge die mengenmäßige Verteilung der Legierungselemente zwischen Metallbad und Schlacke bei gegebenen Gleichgewichtsbedingungen beeinflußt, kann aus dem in Abb. 361 wiedergegebenen Diagramm für die Manganverteilung entnommen werden. Bei einem Manganeinsatz von 1,5% enthält das Stahlbad unter gegebenen Bedingungen bei einer Schlackenmenge von 5% des Stahlgewichtes 0,9% Mn, während bei einer Schlackenmenge von 10% nur mehr 0,65% Mn bei gleichem Gesamtmangangehalt im Stahlbad verbleiben. Weiter ist ersichtlich, daß der oben angenommene Mangangehalt von 0,9% im Stahlbad bei einer auf 10% erhöhten Schlackenmenge

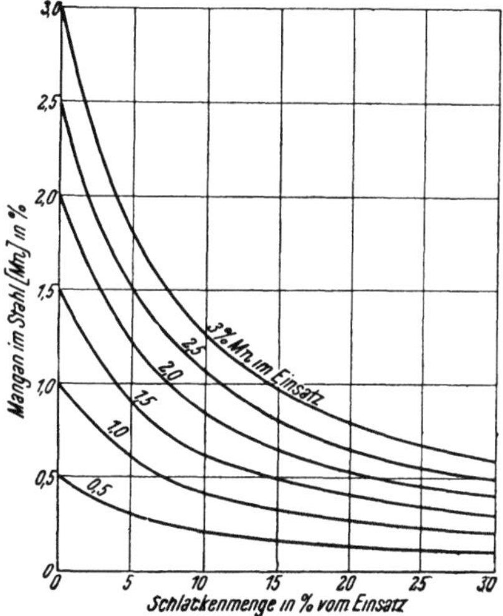

Abb. 361. Abhängigkeit der Manganverschlackung von der Schlackenmenge bei 1900°K = 1627°C für K_{Mn} = 0,556, (FeO) = 10% ohne Berücksichtigung anderwertiger Verluste

unter sonst gleichbleibenden Bedingungen nur dann erreicht werden kann, wenn der Manganeinsatz von 1,5% auf 2,15% erhöht wird.

Ist den Reaktionen keine Möglichkeit gegeben, den Gleichgewichtszustand zu erreichen, so wird der Abbrand Werte aufweisen, die stark von den oben berechneten abweichen. Sie können, je nach der Lage der Umsetzungen, größer oder kleiner sein. Ist der zeitliche Ablauf einer Reaktion bekannt, so ist es auch möglich, die Verteilung eines Stoffes zwischen Stahlbad und Schlacke für jeden Augenblick zu berechnen und damit auch den für einen bestimmten Zeitabschnitt zu erwartenden Verlust zu ermitteln. Derartige Berechnungen wurden z. B. von W. HESSENBRUCH [2] für die Abbrandverhältnisse im sauren und basischen Induktionsofen durchgeführt. Der Ablauf der Umsetzungen läßt sich als Exponentialfunktion in der allgemeinen Form

$$y = y_0 \cdot e^{-\frac{t}{\theta}} \qquad (361)$$

darstellen. Darin bedeuten y_0 den Ausgangswert, y den augenblicklichen Wert zur Zeit t und θ die sogenannte Zeitkonstante. Sie gibt an, in welcher Zeit der Wert y auf den e-ten Teil von y_0 gefallen ist. Die Zeitkonstante ist also der Maßstab für die von der Reaktion benötigte Zeit. Diese Ableitung hat jedoch nur theoretisches Interesse, da die Reaktionen meist vor dem Erreichen einer Endlage abgebrochen werden.

Die Verluste an metallischen Einsatzstoffen, die durch das metallurgische Arbeitsverfahren bedingt sind, können auf verschiedene Weise gekennzeichnet werden. Sie werden entweder als relative Abbrandverluste, als absoluter Abbrand oder als Gewichtsverlust in kg/t Einsatz angegeben.

Der *relative Abbrand* ergibt sich aus dem Unterschied zwischen der Einsatz- und der Fertiganalyse. Unter der Einsatzanalyse ist dabei die Durchschnittszusammensetzung des metallischen Einsatzes einschließlich aller im Verlaufe des Schmelzprozesses zugegebenen Metalle und Legierungen zu verstehen. Der Vorteil der Benützung dieses Wertes liegt darin, daß das gewichtsmäßige Ausbringen unberücksichtigt bleiben kann. Übersteigt der Gehalt eines Elementes in der Fertiganalyse seinen Gehalt im Einsatz, so ergibt sich der Fall eines relativen Zubrandes.

Als *absoluten Abbrand* bezeichnet man die gewichtsmäßigen Verluste, die bei der Umwandlung der Einsatzstoffe in Stahl gewünschter Zusammensetzung eintreten. Sie entsprechen dem Gewichtsunterschied vom Einsatzgewicht und dem Gewicht des flüssigen Pfanneninhaltes, wenn der Ofen trocken ausläuft. Sie können als absoluter Abbrand in Prozent oder als gewichtsmäßige Verluste in kg/t Einsatz angegeben werden. Die sonst im Betrieb ebenfalls übliche Bestimmung des Ausbringens, welche sich nur auf das Gewicht der guten Rohblöcke bezieht, kann naturgemäß nicht für die Errechnung des absoluten Abbrandes herangezogen werden, weil dieser Wert durch die Höhe der Gießgruben- und Pfannenverluste beeinflußt wird, die mit den Verlusten, die durch das metallurgische Arbeitsverfahren gegeben sind, nichts gemein haben.

Für die Errechnung des relativen Abbrandes (R), des absoluten Abbrandes (A) und des gewichtsmäßigen Ausbringens in kg/t Einsatz (G) ergeben sich nachstehende Beziehungen, wie sie von E. PAKULLA und K. RUDNIK [3] abgeleitet wurden:

$$R = \frac{E - F}{E} \cdot 100 \text{ in } \% \tag{362}$$

$$A = \frac{E - F \cdot \eta}{E} \cdot 100 \text{ in } \% \tag{363}$$

Darin bedeuten:

E = errechnete Einsatzanalyse in %

F = Fertiganalyse in %

η = Quotient aus Ausbringen (Gewicht des flüssigen Pfanneninhaltes) und Einsatzgewicht.

Der gewichtsmäßige Abbrand in kg/t Ausbringen (G) steht zum absoluten Abbrand in folgendem Verhältnis:

$$G = \frac{E \cdot A \cdot 10}{100} \text{ in kg/t Einsatz}$$

$$G = (E - F \cdot \eta) \cdot 10 \text{ in kg/t Einsatz} \tag{364}$$

Bei der Ermittlung des absoluten Abbrandes der verschiedenen Schmelzverfahren konnte ganz allgemein festgestellt werden, daß der Wert η, also das Verhältnis von Endschmelzgewicht zu Einsatzgewicht, einen Wert ergibt, der innerhalb der einzelnen Schmelzverfahren nur sehr geringen Schwankungen unterliegt. Lediglich für den basischen Siemens-Martin-Ofen hängt der Wert des Quotienten η naturgemäß sehr stark von der Höhe des Roheiseneinsatzes ab. Im Durchschnitt kann mit den in Tab. 122 zusammengestellten Werten gerechnet werden. Bei den Elektrostahlverfahren mit festem Einsatz sind die Schwankungen in der Regel noch geringer, und es ergibt sich für Aufbauschmelzen unlegierter Stähle im basischen Lichtbogenofen ein Wert, der bei $\eta = 0{,}95$ bis $0{,}97$ liegt. Im sauren kernlosen Induktionsofen ist das Verhältnis noch günstiger. Je nach der Höhe des Manganeinsatzes kann bei unlegierten Stählen mit einem Wert von $\eta = 0{,}98$ gerechnet werden.

Tabelle 122. *Werte für η beim basischen Siemens-Martin-Verfahren*

Schmelzverfahren	Roheisen %	Schrott %	η
Roheisen-Erz-Prozeß	80—90	20—10	1,01—1,03
Schrott-Roheisen-Prozeß	70	30 (guter Schrott)	0,98
	70	30 (schlechter Schrott)	0,98
	50	50 (guter Schrott)	0,94
	50	50 (schlechter Schrott)	0,92
	33	67 (guter Schrott)	bis 0,94
	33	67 (schlechter Schrott)	0,91—0,92
Schrott-Kohlungs-Prozeß	—	100	rund 0,87

Die auf irgendeine Art errechneten Werte des Ausbringens und der Legierungsverluste sind nur dann miteinander vergleichbar, wenn die äußeren Bedingungen der Schmelzverfahren weitgehend gleich sind. Dies ist z. B. bei Einhaltung gleicher Schlackenmengen bei allen Umschmelzverfahren ohne Schlackenwechsel möglich. Im allgemeinen ist aber die Zahl der Einflußgrößen in der Praxis so groß, daß ihre exakte Erfassung im einzelnen nicht möglich ist. Die in den folgenden Abschnitten genannten Zahlenwerte, die sich vielfach auf Einzeluntersuchungen stützen, können daher nur als allgemeiner Hinweis gewertet werden. In den meisten Fällen wird es daher notwendig sein, die zur Beurteilung eines Verfahrens und zur Wirtschaftlichkeitsberechnung notwendigen Unterlagen neu zu bestimmen, wenn sie exakten Berechnungen zugrunde gelegt werden sollen.

Schrifttum

zu Abschnitt 4.2

1. Killing, E.: Beiträge zur Frage der Manganausnützung im basischen Martin-Ofen. Stahl u. Eisen 40 (1920), S. 1545/47.
2. Hessenbruch, W.: Zur Kenntnis des Hochfrequenz-Induktionsofens IV. Mitt. K.-Wilh.-Inst. Eisenforsch. 13 (1931), S. 169/81; vgl. Stahl u. Eisen 51 (1931), S. 1200.
3. Pakulla, E., und K. Rudnik: Abbrandverhältnisse in basischen Lichtbogen-Elektrostahl-Öfen. Stahl u. Eisen 54 (1934), S. 621 (612 und 676).

4.3 Die Abbrandverhältnisse
bei den verschiedenen Stahlherstellungsverfahren

4.31 Abbrandverhältnisse beim Sauerstoffaufblas-Verfahren

Das Gesamtausbringen an flüssigem Stahl ist bei der Herstellung von unlegierten und schwachlegierten Stählen nach dem Sauerstoffaufblas-Verfahren im wesentlichen vom Verhältnis von Roheisen zu Schrott im Einsatz abhängig. Es ergeben sich nach den bisher veröffentlichten Unterlagen ähnliche Verhältnisse wie beim basischen Siemens-Martin-Prozeß. Beim LD-Verfahren zur Herstellung mittel- und höherlegierter Stähle wirkt sich die relativ hohe Schmelztemperatur günstig auf das Legierungsausbringen aus, besonders dann, wenn bei reinen Einsatzstoffen (P- und S-armes Roheisen) mit dementsprechend geringen Schlackenmengen bzw. Reduktionsschlacken gearbeitet werden kann.

Für die Herstellung unlegierter weicher Stähle nach dem *LD-Verfahren* gibt K. RÖSNER [1] die in Tab. 123 enthaltene Gegenüberstellung des Abbrandes und des Ausbringens mit dem Roheisen-Erz-Verfahren im basischen Siemens-Martin-

Tabelle 123. *Einsatzbilanz für 1 t Blockstahl beim LD- und Siemens-Martin-Verfahren* (*Roheisen-Erz-Prozeß*) (nach K. RÖSNER)

Aufwand	Sauerstoff-Konverter	Roheisen-Erz-Verfahren
	kg je t Stahl	
Roheisen	928	795
Schrott	220	220
Legierungs- und Desoxydationsmittel	2	5
Eisen aus Erz und Walzzunder	—	116
Metallischer Einsatz zusammen	1150	1136
Kalk und Zuschläge	(50)	(50)
Abbrand	125	111
Flüssiger Rohstahl	1025	1025
Gießhallenschrott	25	25
Blockausbringen	1000	1000
Blockausbringen in % vom Einsatz	(87)	(88)

Ofen an. Bei einem Schrottanteil von etwa 19% liegt das flüssige Ausbringen be 89,5%, bezogen auf den metallischen Einsatz, ein Wert, der durch höheren Schrotteinsatz auf über 90% ansteigen kann, wie die von J. M. GAINES [2] mitgeteilten Ergebnisse zeigen. Danach beträgt das Ausbringen bei einem Schrottsatz von etwa 30% (Roheisen mit 0,9 bis 1,7% Si, 0,4 bis 0,5% Mn und 0,125% P) 92,8%, bezogen auf den gesamten metallischen Einsatz. Eine eingehende Untersuchung des Stoffumsatzes in einem 3-t-Versuchstiegel für das Sauerstoffaufblas-Verfahren mit Schrottkühlung wurde von J. MAATSCH, E. PLÖCKINGER und M. WAHLSTER [3] ausgeführt. Beim Arbeitsverfahren mit Erzkühlung [4] wird eine nicht unbeträchtliche Eisenreduktion aus den zugesetzten Erzen (Pellets) erreicht.

Außer dem durch die Umsetzungen mit der Schlacke und die Verbrennung des Kohlenstoffs zu CO bedingten Verlust tritt beim Sauerstoffaufblas-Verfahren ein fühlbarer Metallverlust durch Verstaubung und Verdampfung ein. Diese Verluste durch den Rauch werden mit etwa 0,7%, bezogen auf die erzeugte Stahlmenge, angegeben [5]. Der LD-Staub besteht nach den Messungen von ST. VAJDA

[6] aus etwa 1,5% FeO, 90% Fe_2O_3, 4,4% Mn_2O_3, 1,25% SiO_2, 0,4% CaO, 0,2% Al_2O_3 und 0,3% P_2O_5. Bei geänderten Einsatzverhältnissen können gewisse Verschiebungen in der Zusammensetzung eintreten.

Beim *Kaldo-Verfahren* liegt das Ausbringen zwischen etwa 89,6% (vgl. Tab.124) [7] und etwa 93% [8], je nachdem, ob mit Erzkühlung oder Schrottkühlung gearbeitet wird. Die Metallverluste durch den roten Rauch, für dessen chemische Zusammensetzung Tab. 125 einige Beispiele bringt [9], werden mit etwa 0,5% angegeben [7].

Tabelle 124. *Stahlausbringen einiger Schmelzen nach dem Kaldo-Verfahren im Vergleich zum Thomas-Verfahren in kg/t Roheisen* (nach B. KALLING und F. JOHANNSSON) (Thomas-Roheisen im 30-t-Tiegel)

	Kaldo-Verfahren	Thomas-Verfahren
Einsatz:		
Roheisen	1000	1000
Schrott	—	100
Erz	82	11
Zusätze	10	11
	1092	1122
Ausbringen:		
Gute Stahlblöcke	978	964
Schrott	24	48
Fe in Schlacke und Rauch	25	45
Oxydation von Legierungen	65	65
	1092	1122
Blockausbringen in %	89,6	86,0

Tabelle 125. *Staubanalysen aus dem Kaldo-Rotor* (nach K. H. HOYLE)

Schmelze Nr.		Glühverlust in %	Zusammensetzung in %				
			FeO	Fe_2O_3	CaO	P_2O_5	SiO_2
8	Probe 1	1,17	11,7	81,1	1,8	0,78	1,2
8	Probe 3	1,49	8,9	79,2	3,2	0,87	0,6
9		1,12	11,2	78,9	1,8	1,05	0,4
10		1,87	12,7	73,6	3,0	1,10	0,4
11		2,07	14,7	75,2	2,0	1,17	0,4
12		1,67	10,4	81,4	1,8	0,96	0,4
13	Probe 1	3,21	10,1	83,0	1,6	1,17	0,6
13	Probe 2	5,44	14,4	74,6	2,6	0,96	0,6

Schrifttum

zu Abschnitt 4.31

1. RÖSNER, K.: Anlage, Betrieb und Wirtschaftlichkeit von Sauerstoff-Stahlwerken. Stahl u. Eisen 72 (1952), S. 997/1004.
2. GAINES, J. M.: Recent Developments in Oxygen Steelmaking in North America. J. Iron Steel Inst. 192 (1959), S. 55/60.
3. MAATSCH, J., E. PLÖCKINGER und M. WAHLSTER: Stoffbilanz und Wärmeumsatz beim LD-Verfahren. Techn. Mitt. Krupp 17 (1959), S. 310/17.

4. Grünberg, K., W. Schleicher und R. Kunz: Die Stahlherstellung nach dem LD-Verfahren mit Kühlung durch Erz. Stahl u. Eisen 80 (1960), S. 277/81.
5. Trenkler, H.: Ein Jahrzehnt LD-Verfahren. Schriftenreihe des Bundeskanzleramtes, Verstaatlichte Betriebe (IV), 2. Aufl., Wien 1960.
6. Vajda, St.: Symposium on Basic Oxygen Furnaces. Eng. Soc. Western Pennsylvania, Pittsburgh 15. 3. 1960.
7. Kalling, B., und F. Johannsson: Frischen mit Sauerstoff im Drehofen nach dem Kaldo-Verfahren. Stahl u. Eisen 77 (1957), S. 1308/15.
8. Berg, D. R., und T. O. Dormsjö: Discussion of Kaldo Paper. J. Metals 12 (1960), S. 564 bis 565.
9. Hoyle, K. H.: Discussion on Recent Application of Oxygen to Steel-Making. J. Iron Steel Inst. 194 (1960), S. 67/68.

4.32 Abbrandverhältnisse beim Siemens-Martin-Verfahren

Die Abbrandverhältnisse im *basischen* Siemens-Martin-Ofen sind in hohem Maße von den Einsatzverhältnissen und von der Schmelzführung abhängig. Für die Verluste in der Einschmelzperiode ist nicht nur die chemische Zusammensetzung des Einsatzes entscheidend, sondern auch die äußere Beschaffenheit des Schrottes, seine Lagerung im Ofen und die Flammenführung. Ein zunehmendes Verhältnis von Oberfläche zu Volumen des metallischen Einsatzes, wie es besonders bei leichtem Schrott und Spänen der Fall ist, erhöht den Abbrand. Ein schlechtgehender Ofen mit längerer Einschmelzzeit ergibt ebenfalls im Durch-

Tabelle 126. *Zusammensetzung von Staub aus dem basischen Siemens-Martin-Ofen*
(nach J. H. Chesters und W. Hugill)

	Staub aus den Zügen abgesaugt	Staub in den Zügen auf Platinfolien aufgefangen während des			Staub aus dem Ventil	Staub auf Kammersteinen
		Einsetzens	Einschmelzens	Frischens		
SiO_2	36,5	n. b.	7,06	10,14	n. b.	11,10
Al_2O_3	28,3	4,68	7,40	11,89	n. b.	7,58
FeO	n. b.	n. b.	n. b.	n. b.	n. b.	46,29
Fe_2O_3	28,3	n. b.	n. b.	n. b.	n. b.	n. b.
Fe_3O_4	n. b.	15,85	55,38	23,63	n. b.	n. b.
CaO	0,6	55,15	18,68	45,14	n. b.	11,60
MgO	2,6	10,94	5,30	5,19	n. b.	2,70
MnO	n. b.	0,30	2,18	1,76	n. b.	3,01
SnO_2	n. b.	n. b.	0,30	0,61	0,09	0,05
PbO_2	n. b.	0,16	0,23	0,14	19,79	0,01
ZnO	n. b.	n. b.	n. b.	n. b.	3,40	12,80
CuO	n. b.	n. b.	n. b.	n. b.	n. b.	n. b.
TiO_2	3,8	n. b.	n. b.	n. b.	n. b.	n. b.

schnitt höhere Verluste. Da aber eine Verkürzung der Einschmelzzeit nur mit einer stärker oxydierenden Flamme erreicht wird, muß ein Mittelweg eingehalten werden, bei dem die Verluste ein Minimum aufweisen. Die Oxydationsprodukte des Eisens und seiner Begleitelemente gehen zum größten Teil in die Schlacke über und können im weiteren Verlauf des Prozesses teilweise reduziert werden. Außerdem treten, je nach der Art des Schrottes, auch geringere Verluste durch Verstauben ein. Über die Zusammensetzung des Staubes in der Atmosphäre des *basischen* Siemens-Martin-Ofens liegen Untersuchungen von J. H. Chesters und W. Hugill [1] vor (vgl. Tab. 126). Die aus den Abgasen entnommenen Proben zeigten, daß die Ofenatmosphäre während des Einsetzens den meisten

Staub mit sich führt, welcher zu diesem Zeitpunkt hauptsächlich aus Kalk besteht. Während des Einschmelzens dagegen überwiegt das Eisenoxyd, zu dem noch relativ hohe Gehalte an Manganoxydul hinzutreten können. Im Verlauf des Frischprozesses nimmt der Gehalt an Schwermetalloxyden wieder zu Gunsten des Kalkes ab.

Über den Einfluß der Zusammensetzung des Einsatzes auf die Größe der Abbrandverluste wurde bei der Behandlung der Schmelzverfahren bereits hingewiesen. Außer dem Kohlenstoff unterliegen im Frischprozeß alle Elemente mit höherer Sauerstoffaffinität als das Eisen einer teilweisen Verschlackung. Beim Silizium muß mit einem praktisch 100%igen Abbrand gerechnet werden; die übrigen weisen, je nach den Oxydationsbedingungen, der Schlackenmenge und der Temperatur, Abbrandzahlen auf, die im wesentlichen vom Endsauerstoffgehalt des Stahlbades abhängen. Beispiele für die Möglichkeiten, das Ausbringen an Mangan und Chrom zu erhöhen, wurden bei den Schmelzbeispielen bereits gegeben. Während im normalen Frischvorgang Mangan und Chrom bis auf wenige Zehntelprozente in die Schlacke übergehen, läßt sich bei entsprechend gewählten Schmelzbedingungen, vor allem bei relativ niedrigen Chromeinsätzen, ein Ausbringen bis zu 85% erreichen. Die im Einsatz eingebrachten Legierungselemente mit niedrigerer Sauerstoffaffinität als das Eisen erleiden praktisch keine Verluste. Sie zeigen vielmehr einen relativen Zubrand, der durch den Abbrand des Eisens und eines Teiles seiner Begleitelemente verursacht wird.

Anders liegen die Verhältnisse für die am Ende der Oxydationsperiode zugesetzten Legierungselemente. Wenn die Schmelze sofort nach erfolgter Auflösung und homogener Verteilung der Legierungen abgestochen wird, so daß wesentliche Umsetzungen mit der eisenoxydulreichen

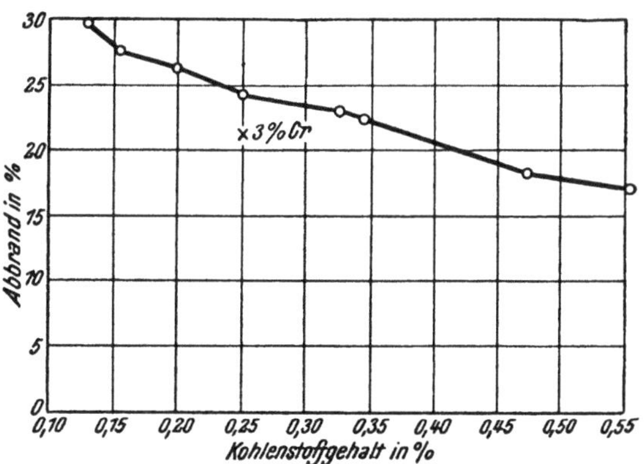

Abb. 362. Einfluß des Kohlenstoffgehaltes auf die Höhe des Chromabbrandes im basischen Siemens-Martin-Ofen (nach G. Rockrohr)

Schlacke nicht mehr auftreten können, ist der Abbrand praktisch nur vom Sauerstoffgehalt des Stahlbades im Augenblick des Zusatzes der Legierungen abhängig. Unter sonst gleichen Bedingungen (gleiche Temperatur, gleiche Frischgeschwindigkeit) kann man in der Praxis den Kohlenstoffgehalt der Schmelze als Indikator für den Sauerstoffgehalt des Stahlbades ansehen. Die im einzelnen zu erwartenden Abbrandverluste können also nach der Höhe des Kohlenstoffgehaltes im Augenblick des Zusatzes der Legierung abgeschätzt werden. So muß z. B. beim Zusatz des Mangans im Ofen bei Kohlenstoffgehalten von 0,5 bis 0,6 % mit einem Abbrand von etwa 20 %, bei Kohlenstoffgehalten von 0,10 bis 0,20 % mit einem solchen von 35 bis 30 % gerechnet werden. Etwas günstigere Abbrandziffern weist das Chrom auf. Nach den Untersuchungen von G. Rockrohr [2] ergeben sich die in Abb. 362 wiedergegebenen Verhältnisse. Für Schmelzen mit Chromgehalten von 0,5 bis 3,0% nehmen die Abbrandverluste von rund 30% bei 0,10 bis 0,15% C mit steigendem Kohlenstoffgehalt der Schmelze auf rund 17% bei 0,5 bis 0,55% C ab. Allerdings ist dabei zu beachten, daß die untersuchten Schmelzen bereits vor dem Ferrochromzusatz eine geringe Chrommenge aus dem Einsatz enthielten. Bei vollkommener Chromfreiheit des Stahlbades liegen die Abbrandzahlen des Chroms naturgemäß etwas über den hier angegebenen. Diese Werte stehen in guter Übereinstimmung mit den Beobachtungen in anderen Werken. Dort wird für Schmelzen mit Chromgehalten bis 1,5%, im Fall von Vergütungsstählen mit einem Abbrand von 15 bis 20% und bei Einsatzstählen mit einem solchen von 20 bis 25% gerechnet.

Alle angeführten Werte für den Abbrand des Mangans und des Chroms gelten für den Fall, daß die Schmelze nach dem Legierungszusatz nur bis zur Auflösung desselben im Ofen verbleibt und daher etwa 10 bis 12 Minuten nach dem Legieren abgestochen wird. Bei längerem Verweilen im Ofen treten naturgemäß weitere Verluste durch Verschlacken ein, die durch das aus der Schlacke nachgelieferte Eisenoxydul verursacht werden. Die oben angeführten Verschlackungsziffern des Mangans können dadurch z. B. auf 40 bis 50% ansteigen. Über die Zusammenhänge zwischen dem Ausbringen an Chrom in Abhängigkeit von der Zeit zwischen der Ferrochromzugabe und dem Abstich gibt Abb. 363 Aufschluß [3]. Sowohl bei Stählen mit niedrigem als auch mit hohem Kohlenstoffgehalt sinkt das Chromausbringen mit zunehmender Liegezeit im Ofen stark ab. Die Schlackenmenge betrug bei allen hier wiedergegebenen Werten etwa 12% vom Stahlgewicht. Daß dabei das Chromausbringen auch durch die Anwesenheit anderer Legierungselemente, z. B. durch hohe Mangangehalte, die das Chromausbringen verbessern, beeinflußt werden kann, ist aus der gegenseitigen Beeinflußbarkeit der metallurgischen Reaktion leicht abzuleiten. Naturgemäß führt auch eine Vordesoxydation des Stahlbades vor dem Legierungszusatz zu einer starken Abnahme der Verluste, wie auch aus dem in Abb. 363 eingetragenen Wert ersichtlich ist.

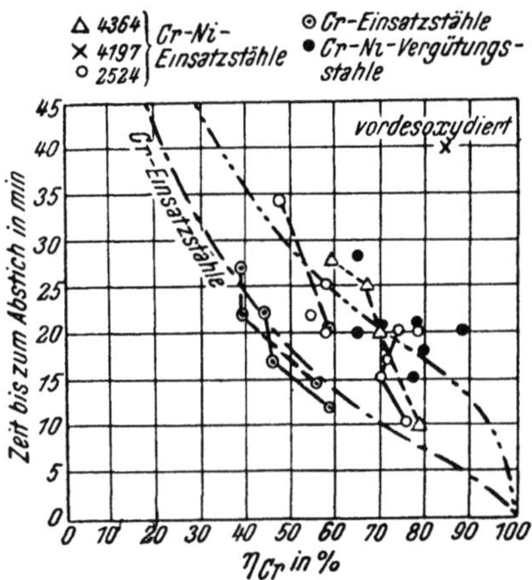

Abb. 363. Einfluß der Zeit zwischen der Ferrochromzugabe und dem Abstechen auf das Chromausbringen im basischen Siemens-Martin-Ofen (nach M. HAUCK)

Relativ geringe Verluste werden durch den Legierungszusatz in die Pfanne erreicht. Diese Maßnahme ergibt im Durchschnitt ein etwa um 5% besseres Ausbringen. Allerdings ist ein Pfannenzusatz nur bei relativ geringen Legierungsmengen durchführbar, sofern der Zusatz nicht in vorgeschmolzenem Zustand oder unter Verwendung von exothermen Legierungsgemischen erfolgt (vgl. Abschnitt 3.14). Eine Ausnahme bildet, wie bereits früher behandelt, das Silizium und das Aluminium, welche eine hohe Lösungswärme im Eisen besitzen. Bei großen Zusatzmengen, z. B. für siliziumlegierte Transformatorenstähle, muß allerdings durch Umfüllen oder andere Maßnahmen für eine homogene Verteilung gesorgt werden.

Legierungsverluste durch metallurgische Umsetzungen in der Gießpfanne und beim Gießen sind in größerem Ausmaß nur bei unberuhigten Stählen zu erwarten. Bei vollständig beruhigten Stählen tritt — sofern die Ofenschlacke von der Pfanne ferngehalten wird — nur eine unwesentliche Abnahme des Silizium- und Aluminiumgehaltes selbst bei längeren Gießzeiten ein (vgl. Abschnitt 1.18).

Bei der Anwendung des Sauerstoffblasens im basischen Siemens-Martin-Ofen treten weitere Verluste an Eisen und zum Teil an Legierungselementen durch Rauch- und Staubbildung ein. Der sogenannte „rote Rauch", der sich nur zum

Teil in den Ofenkammern niederschlägt, enthält ähnlich wie bei den Sauerstoff-aufblas-Verfahren etwa 60% Eisen [4]. Die dadurch verursachten Verluste liegen aber meist weit unter 0,5%.

Im *sauren* Siemens-Martin-Ofen sind die Abbrandverhältnisse zum Teil günstiger als im basischen Siemens-Martin-Ofen. In dieser Richtung wirkt schon die relativ geringe Schlackenmenge. Die Verluste an Legierungselementen mit niedrigerer Sauerstoffaffinität als das Eisen sind praktisch gleich Null. Diese Legierungselemente zeigen in allen Fällen einen relativen Zubrand. Von den übrigen im Einsatz eingebrachten Legierungselementen ergibt das Wolfram die geringsten Abbrandziffern. Die an sich geringe Neigung zur Verschlackung in den meist höhergekohlten Wolframstählen wird im sauren Ofen noch dadurch vermindert, daß das entstehende saure Wolframoxyd von der sauren Schlacke nur wenig aufgenommen wird. Die Verluste sind merklich niedriger als im basischen Siemens-Martin-Ofen und betragen etwa 3% der eingesetzten Wolframmenge. Dagegen zeigt das Chrom trotz der geringen Schlackenmenge durchschnittliche Abbrand-verluste von 10 bis 15%, gleichgültig ob es sich um niedrige oder hohe Chromgehalte handelt. Sie sind im wesentlichen auf die Bildung schwer reduzierbarer Chromsilikate zurückzuführen. Auch für das Vanadin sind die Bedingungen für die Verschlackung im sauren Ofen günstiger als im basischen. Das hohe Aufnahme-vermögen der Silikatschlacke für das Manganoxydul führt nicht nur zu einer weit-gehenden Verschlackung des mit dem Einsatz eingebrachten Mangans, sondern macht es auch im normalen Schmelzgang unmöglich, Stähle mit Mangangehalten über 1,5% durch Legieren im Ofen herzustellen.

Bei Schmelzen im sauren Siemens-Martin-Ofen mit hohen Endsiliziumgehalten, wie sie durch eine Siliziumreduktionsperiode erreicht werden, ergeben sich für die am Ende des Prozesses zugesetzten Legierungselemente, mit Ausnahme des Mangans, in der Regel wesentlich niedrigere Verschlackungsverluste als im basischen Ofen. Sie sind auf den durch die Siliziumreduktion stark erniedrigten Sauerstoffgehalt des Stahlbades zurückzuführen. Dementsprechend ist auch die Treffsicherheit der Analyse im sauren Siemens-Martin-Ofen größer als im basischen.

Schrifttum

zu Abschnitt 4.32

1. CHESTERS, J. H., und W. HUGILL: Bericht des Britischen Ausschusses für SM-Ofensteine. Vgl. Stahl u. Eisen 66/67 (1947), S. 296.
2. ROCKROHR, G.: Das Verhalten des Chroms im basischen Siemens-Martin-Ofen. Stahl u. Eisen 61 (1941), S. 203/10.
3. HAUCK, M.: Zur Verwendung des Chroms bei der Stahlerzeugung. Abbrandverhältnis des Chroms im basischen Siemens-Martin-Ofen. Stahl u. Eisen 61 (1941), S. 201/02.
4. KOPECKI, E. S.: Einsatz von flüssigem Kupolofeneisen im Siemens-Martin-Ofen. Iron Age 162 (1948), S. 76/81.

4.33 Abbrandverhältnisse im Lichtbogenofen

Die Abbrandverhältnisse im Lichtbogenofen zeigen gegenüber denen im Siemens-Martin-Ofen bedeutende Unterschiede. Außer den Verschlackungsverlusten, die, je nach dem angewendeten Schmelzverfahren, starken Schwankungen unterliegen, ist es vor allem die Einwirkung des elektrischen Lichtbogens, die zu einer ständigen Verdampfung des Eisens und seiner Legierungselemente führt. Obwohl kaum exakte Messungen der Verdampfungs- und Verstaubungsverluste vorliegen, dürfen sie doch bei der Betrachtung der Abbrandzahlen und Ausbringensziffern nicht vernachlässigt werden.

Bei der Beurteilung der Abbrandverhältnisse und des Ausbringens im Lichtbogenofen muß streng zwischen den verschiedenen Arbeitsverfahren unterschieden werden. Die einfachste Arbeitsweise, bei der der Stahl ohne Feinungsperiode unter einer „schwarzen" Schlacke ähnlich wie im Siemens-Martin-Ofen fertiggemacht

Tabelle 127. *Staubanalysen aus der Einschmelzperiode des basischen Lichtbogenofens*
(nach E. PAKULLA und K. RUDNIK)

Bezeichnung	CaO %	SiO$_2$ %	MgO %	Al$_2$O$_3$ %	Fe$_2$O$_3$' %	FeO %	MnO %	Cr$_2$O$_3$ %	WO$_3$ %
Schnelldrehstahl, 5-t-Ofen	2,35	8,54	4,52	1,20	45,31	12,04	4,77	2,57	4,17
A 25 25% W-Metall im Einsatz	nicht bestimmt				37,39	8,51	2,10	—	2,53
A 27 25% W-Metall im Einsatz	nicht bestimmt				25,16	12,54	4,68	0,50	11,09
A 24 Umschmelze von rund 25% Ni im Einsatz	nicht bestimmt				25,74	1,70	5,10	—	—
V 209 25% Ni im Einsatz	8,06	1,60	Sp.	1,68	1,02	51,36	5,96	—	—
V 210 25% Ni im Einsatz	5,20	3,52	2,90	0,76	37,02	14,40	4,64	0,14	—
V 198 35% Co / 5% Cr / 5% W / 1% Mo } im Einsatz	0,99	3,90	Sp.	0,36	5,76	33,32	3,26	6,12	—
V 214 Einsatz wie V 198	16,76	1,02	9,50	0,75	25,76	21,16	2,40	6,00	—
A 28 Komplexe Legierung, im Einsatz je 12,5% Fe, Mn, Cr, W, Ni, Co, V, Mo	14,77	6,70	37,76	0,60	14,56	1,35	10,43	1,71	2,95

Bezeichnung	NiO %	MoO$_3$ %	V$_2$O$_5$ %	SO$_3$ %	P$_2$O$_5$ %	C %	Co$_3$O$_4$ %	CuO %
Schnelldrehstahl, 5-t-Ofen	—	0,15	0,64	—	—	—	—	0,40
A 25 25% W-Metall im Einsatz	—	—	—	—	—	0,92	—	—
A 27 25% W-Metall im Einsatz	—	—	—	—	—	—	—	—
A 24 Umschmelze von rund 25% Ni im Einsatz	6,45	—	—	—	—	—	—	—
V 209 25% Ni im Einsatz	30,17	—	—	0,543	0,065	—	—	—
V 210 25% Ni im Einsatz	12,42	—	—	0,576	0,059	—	—	—
V 198 35% Co / 5% Cr / 5% W / 1% Mo } im Einsatz	—	Sp.	—	—	—	—	43,01	0,30
V 214 Einsatz wie V 198	—	0,78	—	—	—	0,42	22,50	0,30
A 28 Komplexe Legierung, im Einsatz je 12,5% Fe, Mn, Cr, W, Ni, Co, V, Mo	1,71	Sp.	2,56	—	—	5,70	1,15	—

wird, ergibt ähnliche Verhältnisse wie beim basischen bzw. sauren Siemens-Martin-Prozeß, wenn man von den zusätzlichen Verdampfungsverlusten absieht. Somit gelten größenordnungsmäßig auch die dort angegebenen Werte für den Legierungsverlust im Ofen bzw. in der Gießpfanne.

Bei den Schmelzverfahren mit Feinungsperiode muß zwischen Aufbau- und Umschmelzchargen unterschieden werden, wobei bei letzteren große Unterschiede bei der Anwendung des Sauerstoffblasverfahrens auftreten können. Die geringsten Verluste weisen naturgemäß reine Umschmelzchargen ohne Schlackenwechsel mit vollständiger Reduktion der Legierungselemente auf. Für den Zusatz der Legierungselemente in der Feinungsperiode gelten für alle diese Verfahren jedoch die gleichen Voraussetzungen, sofern die Schlackenzusammensetzung und die Schlackenmenge gleich sind und die Dauer der Feinungsperioden sich nicht wesentlich unterscheidet.

Allen Verfahren gemeinsam sind weiterhin die schon genannten Verdampfungsverluste. Durch die hohe Temperatur des elektrischen Lichtbogens entweichen nach Maßgabe ihres Dampfdruckes Metalle und Oxyde in die Gasphase, wobei die Metalldämpfe oxydiert werden und zusammen mit den Schlackenoxyden den Ofen als Staub verlassen.

Im *basischen* Lichtbogenofen tritt der größte Teil der Verluste in der Einschmelzperiode auf, wobei neben den Verschlackungsverlusten — die durch eine Schlackenreduktion teilweise oder ganz wieder rückgängig gemacht werden können — auch die Verstaubungs- und Verdampfungsverluste in hohem Maße beteiligt sind. Die Verluste in diesem Zeitabschnitt können bis über die Hälfte der Gesamtverluste ansteigen. Sie zeigen, ähnlich wie im Siemens-Martin-Ofen, eine Abhängigkeit von der Art und Beschaffenheit des Einsatzes und seiner Lagerung im Ofen.

Eine stichprobenweise Überprüfung der Konzentrationsverhältnisse des Ofenstaubes in der Einschmelzperiode haben E. PAKULLA und K. RUDNIK [1] bei ihren Untersuchungen über die Abbrandverhältnisse im basischen Lichtbogenofen durchgeführt. Die in Tab. 127 wiedergegebenen Analysen sind jedoch nur als Anhaltszahlen zu werten, da eine vollständige Erfassung der gesamten Staubmenge nicht möglich war. Sie lassen aber erkennen, daß praktisch alle Elemente einer Verstaubung und Verdampfung unterliegen. Der Gehalt an Schwermetalloxyden im Staub ist abhängig von der Konzentration der Legierungsmetalle im Einsatz und von der Entfernung des Legierungsmetalles vom Lichtbogen. Werden Legierungsträger bereits im Einsatz verwendet, so ist es zweckmäßig, diese durch unlegierten Schrott oder auch durch Kalkzugaben vor der direkten Einwirkung des Lichtbogens zu schützen. Besonders die Molybdänverluste sollen durch Kalkzusatz bedeutend vermindert werden [2].

Die Metallverluste durch Verdampfung gehen naturgemäß auch nach dem Einschmelzen weiter, solange die Schlacke Schwermetalloxyde enthält. Die Einschmelzschlacken haben auch bei Umschmelzchargen in der Regel die Eigenart einer Oxydationsschlacke. Sie enthalten, wie aus Tab. 128 hervorgeht, zum Teil sehr hohe Konzentrationen an Legierungsoxyden. Die Legierungselemente, die keiner Verschlackung unterliegen, sind dagegen nach dem Einschmelzen nur in sehr geringem Ausmaß einer Verdampfung ausgesetzt. Man ist daher auch mit Rücksicht auf die Legierungsverluste bestrebt, bei Umschmelzchargen ohne Frischperiode oder Schlackenwechsel die Einschmelzschlacke so frühzeitig wie möglich zu reduzieren.

In der Feinungsperiode tritt eine wesentliche Verschiebung in der Konzentration der Verdampfungsprodukte ein. Wie aus den in Tab. 129 wiedergegebenen Staubanalysen entnommen werden kann, treten trotz der niedrigen Konzentration an Schwermetalloxyden noch immer Verdampfungsverluste ein, die keineswegs vernachlässigt werden dürfen. Diese Verhältnisse weisen auch darauf hin, daß sich eine gute Vordesoxydation vor dem Zusatz der Legierungselemente in der Feinungsperiode günstig auf die Höhe der Abbrandverluste auswirkt, weil durch die Umsetzungen mit dem Restsauerstoff des Stahlbades nur mehr geringe Mengen an Legierungsoxyden in die Schlacke übergehen, welche bis zu ihrer Reduktion

Tabelle 128. *Chemische Zusammensetzung verschiedener Einschmelzschlacken im basischen Lichtbogenofen* (nach E. PAKULLA und K. RUDNIK)

Nr.	Einsatz	a) CaO %	b) MgO %	c) MnO %	d) FeO %	e) Al_2O_3 %	f) Fe_2O_3 %	g) Cr_2O_3 %	h) WO_3 %	i) MoO_3 %	k) V_2O_5 %	l) S %	m) P_2O_5 %	n) SiO_2 %
1	Unlegierter Schrott	57,44	8,13	4,53	12,61	1,42	7,02	—	—	—	—	—	—	6,00
2	Unlegierter Schrott	46,30	6,34	6,13	16,27	1,58	10,37	0,29	—	—	—	—	—	10,52
3	Unlegierter Schrott, Roheisen und Eisenschwamm	45,14	9,42	1,74	7,44	2,48	3,60	—	—	—	—	0,192	0,067	19,02
4	Unlegierter Schrott, Roheisen und Eisenschwamm	53,38	8,48	0,52	1,83	2,96	3,47	—	—	—	—	0,096	0,031	16,60
5	Schrott mit rund 1% *Cr*	54,16	9,13	0,62	1,09	2,00	0,74	0,38	—	—	—	0,015	0,071	20,60
6	Schrott mit rund 1% *Cr*	52,18	5.36	2,72	2,51	2,40	3,46	1,31	—	—	—	0,062	0,117	24,82
7	Rund 15% Cr im Einsatz	41,76	0,23	2,62	6,50	2,00	4,04	15,57	1,72	—	—	0,014	0,010	26,40
8	Rund 15% Cr im Einsatz	39,82	0,28	2,56	6,04	1,88	4,64	15.74	—	—	—	0,097	0,020	27,64
9	Rund 5,5% W im Einsatz	48,16	9,28	1,98	4,11	1,02	3,86	0,26	17,10	—	—	0,088	0,261	12,36
10	Rund 5,5% W im Einsatz	47,90	5,34	2,18	4,72	1,04	1,34	0,08	20,00	—	—	0,206	0,370	9,20
11	Rund 19% W, rund 3,5% Cr und 0,5% V im Einsatz und 200 kg Kalk	55,12	0,82	1,91	5,66	1,46	1,50	3,24	14,37	—	1,01	0,041	0,106	12,46
12	Rund 19% W, rund 3,5% Cr und 0,5% V im Einsatz und 200 kg Kalk	52,72	0,31	1,19	5,66	1,00	1,07	4,38	13,11	—	1,01	0,042	0,096	11,80
13	Rund 19% W, rund 3,5% Cr und 0,5% V im Einsatz, *ohne* Kalk	31,96	0,21	2,79	3,16	0,98	4,66	18,25	6,37	—	2,38	0,010	0,055	20,72
14	Rund 19% W, rund 3,5% Cr und 0,5% V im Einsatz, *ohne* Kalk	30,49	0,50	3,97	6,47	1,36	2,83	11,59	2,15	—	3,76	0,033	0,067	26,00
15	Rund 1,8% Ni und 0,4% Cr im Einsatz	46,94	0,32	4,99	19,26	1,55	9,78	4,34	—	—	—	—	—	11,84
16	Rund 13,5% Mn im Einsatz	50,64	3,62	12,11	4,72	0,48	3,29	0,11	—	—	—	0,016	0,055	15,68
17	Rund 13,5% Mn im Einsatz	51,40	4,20	10,05	0,71	0,53	1,57	0,11	—	—	—	0,116	0,021	18,60
18	Rund 1,8% W und rund 0,85% Cr im Einsatz	64,24	0,72	0,18	0,39	2,22	1,12	0,09	1,22	—	—	0,123	0,055	24,30
19	Rund 25% Ni im Einsatz	52,92	7,42	2,23	8,18	1,98	7,75	2,54	—	—	—	0,164	0,441	13,18
20	Rund 12% Ni und rund 15% Cr im Einsatz	58,98	0,16	1,31	2,64	2,68	4,41	6,56	—	—	—	0,003	0,020	13,08
21	Rund 20% W, rund 3,5% Cr, rund 10% Co, rund 0,5% V im Einsatz	50,04	9,17	1,75	2,16	2,24	0,90	3,34	1,61	—	1,80	0,192	0,018	20,40
22	Rund 16% Co, 8% Cr im Einsatz	44,54	0,80	1,83	5,16	2,00	5,81	11,28	—	—	—	0,054	0,046	22,32

der Verdampfung unterliegen. Die Gesamtverluste, die die Feinungsschlacke im basischen Lichtbogenofenprozeß durch Verdampfung erleidet, können bis zu 20 kg/t Schlacke betragen.

Besondere Abbrandverhältnisse liegen bei der Anwendung des Sauerstoffblasens im Lichtbogenofen vor. Während beim Sauerstofffrischen unlegierter oder nur schwachlegierter Stahlbäder nur relativ geringe Staubverluste in Rechnung zu stellen sind, die unter denen des LD-Verfahrens liegen (vgl. Abschnitt 4.31), ist

Tabelle 129. *Staubanalyse während des Feinens im basischen Lichtbogenofen* Zusammensetzung des Stahlbades s. Tab. 127 (nach E. Pakulla und K. Rudnik)

	CaO %	SiO_2 %	MgO %	Al_2O_3 %	MnO %	Fe_2O_3 %	FeO %	Cr_2O_3 %
V 214 II	32,48	0,40	14,41	0,94	3,26	15,59	1,35	6,07
A 28 II	14,38	1,52	33,22	0,38	33,99	6,74	0,68	3,82

	WO_3 %	CuO %	MoO_3 %	Co_3O_4 %	C %	F %	NiO %	V_2O_5 %
V 214 II	—	0,27	0,67	7,68	1,45	vorh.	—	—
A 28 II	0,19	—	0,48	0,70	0,58	—	1,09	2,56

die Höhe des Legierungsausbringens beim Sauerstofffrischen hochlegierter Stahlbäder von der Höhe des Legierungseinsatzes und der Arbeitsweise abhängig und für die Wirtschaftlichkeit des Verfahrens entscheidend. Das Legierungsausbringen, z. B. an Chrom, beim Umschmelzen hochlegierter Chrom- und Chromnickelstähle läßt sich ebenso wie das Manganausbringen beim Umschmelzen höher manganlegierter Stähle mit Sauerstofffrischen aus den gut bekannten Reaktionsgleichgewichten (vgl. Abschnitt 1.13) bis auf den Anteil der Verdampfungsverluste mit genügender Genauigkeit für die speziellen Arbeitsbedingungen errechnen. Die im folgenden genannten Zahlen haben nur für das jeweils untersuchte Verfahren Gültigkeit und zeigen, in wie weiten Grenzen das Legierungsausbringen schwanken kann. Dabei spielt neben der Konzentration der Legierungen im Einsatz der Endkohlenstoffgehalt des Bades nach

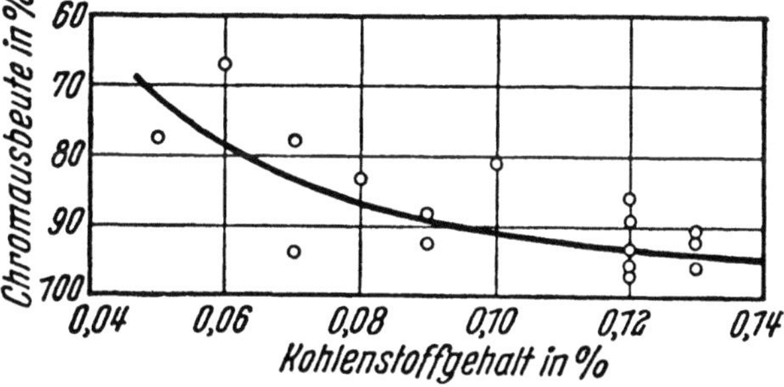

Abb. 364. Abhängigkeit des Chromausbringens vom Kohlenstoffgehalt nach beendetem Einblasen von Sauerstoff (nach R. Fischer)

dem Sauerstofffrischen und die dabei erreichte Badtemperatur eine entscheidende Rolle. Für ein hohes Legierungsausbringen ist außerdem eine möglichst geringe Schlackenmenge und eine weitgehende Reduktion nach dem Frischen erforderlich.

So fand R. Fischer [3] beim Sauerstofffrischen hochlegierter Chrom-Nickel-Stahlschmelzen (etwa 15% Cr und 25% Ni) die in Abb. 364 wiedergegebenen Zusammenhänge zwischen dem Chromausbringen und dem Endkohlenstoffgehalt nach dem Frischen. Die Streuung der Meßwerte ist sowohl auf unterschiedliche Schlackenmengen als vermutlich auch auf unterschiedliche Temperaturen zurückzuführen. Diese Werte decken sich im wesentlichen mit den Angaben von F. Illian [4] für die Verarbeitung von Abfällen mit etwa 18% Cr und 8% Ni.

Umfangreiche Untersuchungsergebnisse der Abbrandverhältnisse beim Sauerstofffrischen verschiedener hochlegierter Stähle im 7,5-t-Lichtbogenofen wurden von E. PACHALY [5] veröffentlicht. Sie beziehen sich durchwegs auf einen Einsatz von 100% hochlegiertem Schrott, dem bei hochchromlegierten Schmelzen noch Ferrochrom mit 1 bis 2% C zugegeben wurde, ohne daß Schlackenbildner aufgegeben wurden. Bei Schmelzen der Stoff-Nr. 4762 (0,10% C, 29% Cr) und Stoff-Nr. 4841 (0,15% C, 24% Cr, 21% Ni) wurden die in Tab. 130 angeführten Ausbringenszahlen erreicht. Die Abhängigkeit des Chromausbringens vom Kohlenstoffgehalt nach dem Frischen und vor der Schlackenreduktion ergab die in Tab. 131 wiedergegebenen Werte.

Versuche beim Sauerstofffrischen von austenitischen Chrom-Manganstählen (19% Mn, 10% Cr und 1,5% Ni) ergaben ein Chromausbringen von 96 bis 97% und ein Manganausbringen von 63 bis 66% [5]. Ein Teil der Manganverluste ist dabei auf eine starke Manganverdampfung zurückzuführen.

Tabelle 130. *Chromausbringen bei sauerstoffgefrischten Schmelzen mit mehr als 25% Cr im Einlauf* (nach E. PACHALY)

Stoff-Nr.	Cr-Einlauf %	Gefrischte C-Werte %	Gefrischte Cr-Werte %	Cr-Ausbringen %	Farbtemperatur nach dem Frischen °C
4762	29,20	0,04	22,67	78	n. b.
4762	30,40	0,07	25,22	83	1890
4762	28,25	0,07	24,65	88	1905
4841	25,04	0,11	22,69	91	1870

Tabelle 131. *Chromausbringen in Abhängigkeit vom Endkohlenstoffgehalt nach dem Sauerstofffrischen hochlegierter Chromstähle* (nach E. PACHALY)

Gefrischter C-Wert	Anzahl der Schmelzen	Chromausnutzung
0,03%	9	72%
0,04%	17	75%
0,05%	20	78%
0,06%	16	80%

Tabelle 132. *Relativer Abbrand von Chrom, Wolfram und Vanadin in sauerstoffgefrischten wolframlegierten Warmarbeitsstählen* (nach E. PACHALY)

Stoff-Nr.	C Einlauf %	C ge-frischt %	C redu-ziert %	Cr Einlauf %	Cr ge-frischt %	Cr redu-ziert %	W Einlauf %	W ge-frischt %	W redu-ziert %	V Einlauf %	V ge-frischt %	V redu-ziert %
2567	0,47	n. b.	0,19	2,32	n. b.	2,00	3,13	n. b.	3,29	0,26	n. b.	0,22
2567	0,33	0,04	0,04	3,03	1,28	2,58	3,01	2,70	3,01	0,31	0,05	0,21
2567	0,23	0,04	0,05	1,67	1,15	1,29	3,53	3,68	3,60	0,23	0,08	0,11
2567	0,37	n. b.	0,16	2,52	n. b.	2,40	3,61	n. b.	3,61	0,47	n. b.	0,41
2567	0,35	n. b.	0,08	2,62	n. b.	2,45	3,21	n. b.	3,25	0,41	n. b.	0,31
2567	0,31	n. b.	0,08	2,46	n. b.	2,35	3,72	n. b.	3,80	0,41	n. b.	0,31
2567	0,33	n. b.	0,08	2,68	n. b.	2,68	3,09	n. b.	3,09	0,31	n. b.	0,31
—	0,65	0,02	0,03	2,90	1,56	2,27	2,45	2,37	2,30	0,15	0,05	0,05
—	0,62	n. b.	0,08	1,71	n. b.	1,48	2,65	n. b.	2,73	0,28	n. b.	0,16
—	0,33	0,19	0,20	3,32	n. b.	3,62	0,87	0,89	0,85	n. b.	n. b.	0,21
—	0,71	0,06	0,05	0,61	0,59	0,80	0,57	0,53	0,55	0,07	0,05	0,05

Das Frischen wolframlegierter Warmarbeitsstähle mit Sauerstoff aus 100% artgleichem Schrott unter gleichen Bedingungen ergab die in Tab. 132 genannten Werte. Wie ersichtlich, ist bei Wolfram vielfach ein relativer Zubrand festzustellen und das Vanadin-Ausbringen relativ hoch. Die absoluten Verluste, die auf etwa 10% geschätzt werden, sind in diesen Zahlen jedoch nicht berücksichtigt.

Hinsichtlich des Verhaltens anderer Legierungselemente kommt E. PACHALY [5] zu der Feststellung, daß Aluminium, Titan, Tantal und Niob vollständig verschlackt werden, während Nickel, Molybdän, Kobalt und Kupfer nicht beeinflußt werden. Stickstoff in üblicher Konzentration (etwa 0,05% in Chromstählen) bleibt praktisch erhalten.

Durch geeignete Schmelzführung und sorgfältige Schlackenreduktion nach dem Sauerstofffrischen lassen sich bei Chromeinsätzen von 16 bis 23% und Endkohlenstoffgehalten von 0,03 bis 0,18% Ausbringenswerte für Chrom von durchwegs über 90% erzielen. Diese von R. PLESSING [6] veröffentlichten Werte zeigt Tab. 133. Sie bestätigt auch das bereits früher genannte niedrige Manganausbringen und die hohen Verluste an Niob. Wie wesentlich das Legierungsausbringen von der Reduktion der Frischschlacke abhängt, kann aus Tab. 134 ersehen werden. Zu geringe Zugaben an Reduktionsmitteln sind daher unwirtschaftlich, weil damit vorwiegend nur die Eisenoxyde der Schlacke reduziert werden.

Außer den Verschlackungs- und Verdampfungsverlusten treten auch im Lichtbogenofen Legierungsverluste durch Infiltration des Herdes ein, die immer dann zu berücksichtigen sind, wenn in einem Ofen Schmelzen stark wechselnder Zusammensetzung erschmolzen werden. Die vom Ofenherd aufgenommene Menge an Legierungselementen liegt bei etwa 4 bis 5%, was mit den neuesten Messungen an Wolfram [7] gut übereinstimmt (vgl. Abschnitt 4.1). Es ist daher die Regel, nach hochlegierten Schmelzen beim Übergang zu unlegiertem Stahl zunächst eine oder mehrere schwachlegierte Schmelzen anzusetzen, um den größten Teil der vom Herd aufgenommenen Legierungen wiederzugewinnen und den unlegierten Stahl nicht zu verunreinigen.

Wie bereits erwähnt, ist eine Ermittlung vergleichbarer Abbrand- und Ausbringenszahlen nur für reine Umschmelzchargen ohne Schlackenwechsel möglich.

Tabelle 132 (Fortsetzung)

Warmarbeitsstähle

Schlackenzusammensetzung nach dem Reduzieren							Relativausbringen		
CaO %	SiO_2 %	$\dfrac{CaO}{SiO_2}$	Σ Fe %	Cr_2O_3 %	WO_3 %	V_2O_5 %	Cr %	W %	V %
—	—	—	—	—	—	—	86	>100	85
23,62	21,20	1,1	3,42	2,99	—	1,85	85	100	68
35,70	11,24	3,2	7,33	4,90	1,58	2,94	77	>100	48
—	—	—	—	—	—	—	95	100	87
—	—	—	—	—	—	—	94	>100	76
—	—	—	—	—	—	—	96	>100	76
—	—	—	—	—	—	—	100	100	100
—	—	—	—	—	—	—	78	94	33
—	—	—	—	—	—	—	87	>100	57
—	—	—	—	—	—	—	>100	98	—
34,96	14,07	2,5	2,57	1,06	—	0,85	>100	97	—

Tabelle 133. *Durchschnittliches Ausbringen an Chrom, Mangan und Niob*
beim Sauerstofffrischen von CrNi- und MnCrNi-Stählen im basischen 7-t-Lichtbogenofen
(nach R. PLESSING)

Stahlmarke DIN-Norm	Mittlere Sollanalyse						Legierungs- gehalt im Einsatz			Sauer. stoff- verbrauch	C-Gehalt Ende Frischen	Si-Zugaben als Reduktions- mittel	Mn-Ausbringen aus Schrott	Cr-Ausbringen aus Schrott	Nb-Ausbringen aus Schrott
	C %	Si %	Mn %	Cr %	Ni %	Nb %	Mn %	Cr %	Nb %	Nm³/t	%	kg/t	%	%	%
X 5 CrNi18/9	max. 0,05	0,6	0,8	18,5	10,0			17,0		21—25	0,03—0,04	20,0		90,0	
X 10 CrNiNb 18/9	max. 0,06	1,0	1,1	19,0	8,5	1,1		17,0	0,4	20—24	0,04—0,05	20,0		91,3	30,0
X 12 CrNi18/8	max. 0,12	0,6	0,8	18,0	8,5			16,0		14—20	0,07—0,11	16,0		91,8	
X 12 CrNi18/8 mit 7% Mn	max. 0,12	0,9	7,0	19,0	8,5		7,0	17,0		26—34	0,07—0,11	17,0	53,0	97,0	
G X 25MnCr Ni 8/8/5	0,22	0,4	8,0	8,0	5,5		6,5	7,0		13—22	0,13—0,18	8,0	50,0	96,0	
X 15 CrNiSi 20/12	0,15	2,0	0,5	19,5	12,0			18,5		10—15	0,10—0,18	9,0		94,3	
X 15 CrNiSi 25/20	0,15	2,0	0,5	25,0	20,0			23,0		17—22	0,10—0,18	9,0		90,5	
X 20 CrNiSi 25/4	0,20	1,0	0,8	25,0	4,0			22,0		16—23	0,12—0,22	9,0		90,8	

Tabelle 134. *Reduktion von Schwermetalloxyden mittels Silikochrom 46/39% aus der*
Frischschlacke eines 18/8 CrNi-Stahles im 7-t-Lichtbogenofen (nach R. PLESSING)

Je Schmelze zugegebenes Si-Cr kg	Si aus Si-Cr, bezogen auf das flüssige Metall %	Si im Stahl nach Zugabe des Si-Cr %	Reduzierter Anteil des Gesamtgehaltes je Metall der Oxydschlacke		
			Fe %	Cr %	Nb %
83	0,63	0,17	70	21	3
168	1,28	0,19	79	45	12
250	1,90	0,52	88	74	50

Für die in der Feinungsperiode zugesetzten Anteile ergeben sich jedoch für alle Verfahren Zahlenwerte, die unter sonst gleichen Arbeitsbedingungen miteinander vergleichbar sind. Die im folgenden nach den Untersuchungsergebnissen von E. PAKULLA und K. RUDNIK [1] wiedergegebenen Durchschnittswerte für Legierungsverluste im basischen Lichtbogenofen beziehen sich nur auf Umschmelzchargen ohne Schlackenwechsel und auf Aufbauschmelzen mit Legierungszusatz in der Feinungsperiode. Sie enthalten die Summe aller Verluste, die im Ofen eintreten. Zur richtigen Bewertung der angeführten Zahlen muß jedoch darauf hingewiesen werden, daß sie für die besonderen örtlichen Verhältnisse der Verfasser ermittelt wurden und bei geänderten Arbeitsbedingungen entsprechende Korrekturen erfahren müssen. Sie stehen aber größenordnungsmäßig mit den allgemeinen Erfahrungen in Übereinstimmung.

Die Abbrandverhältnisse für die Elemente Nickel, Chrom und Wolfram im basischen Lichtbogenofen sind in den Abb. 365 bis 367 in Form des relativen Abbrandes, des absoluten Abbrandes und des Gewichtsverlustes in kg/t Einsatz wiedergegeben. Der relative Zubrand beim Nickel in Aufbauschmelzen mit niedrigem Nickelgehalt ist auf den höheren Abbrand an Eisen und anderen Legierungen zurückzuführen. Der Unterschied zwischen den Aufbau- und Umschmelzchargen zeigt außerdem deutlich, daß es bei der Herstellung nickellegierter Stähle vom Standpunkt der Abbrandverluste vorteilhaft ist, das Legierungsmetall möglichst spät zuzusetzen. Wenn dies jedoch

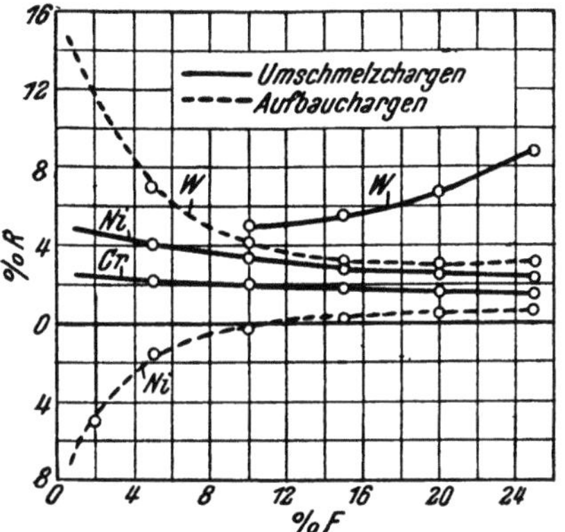

Abb. 365. Vergleichende Mittelwerte für den relativen Abbrand von Chrom, Nickel und Wolfram im basischen Lichtbogenofen
(E. Pakulla und K. Rudnik)

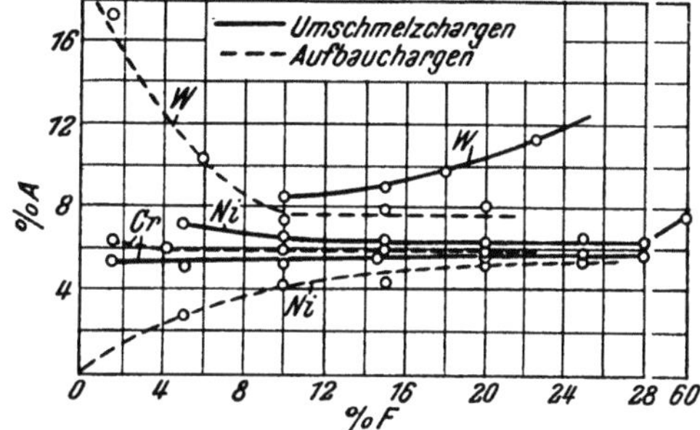

Abb. 366. Vergleichende Mittelwerte für den absoluten Abbrand von Chrom, Nickel und Wolfram im basischen Lichtbogenofen
(nach E. Pakulla und K. Rudnik)

nicht zweckmäßig ist, so muß zumindest dafür gesorgt werden, daß das mit dem Einsatz in den Ofen gegebene Nickel vor der direkten Einwirkung des Lichtbogens geschützt wird. Bei nickellegierten Schmelzen ist weiterhin auch die Gesamtschmelzzeit von Einfluß, weil auch in der Feinungsperiode Nickel verdampft, wie auch aus den in Tab. 129 angeführten Staubanalysen hervorgeht. Im allgemeinen liegen die Nickelverluste bei 5 bis 7% vom Endgehalt. Beim Chrom bestehen in der Höhe der Abbrandverluste bei Aufbauschmelzen mit Chromzusatz in der Feinungsperiode und Umschmelzchargen ohne Schlackenwechsel kaum Unterschiede. Sie betragen, wie auch aus Abb. 367 hervorgeht, etwa 5 bis 6% vom Endgehalt. Die relativ höchsten Verluste dieser drei Elemente zeigt das Wolfram. Dieses Ansteigen der Verluste gegenüber den vorgenannten Elementen ist im wesentlichen auf die höhere Verdampfung während

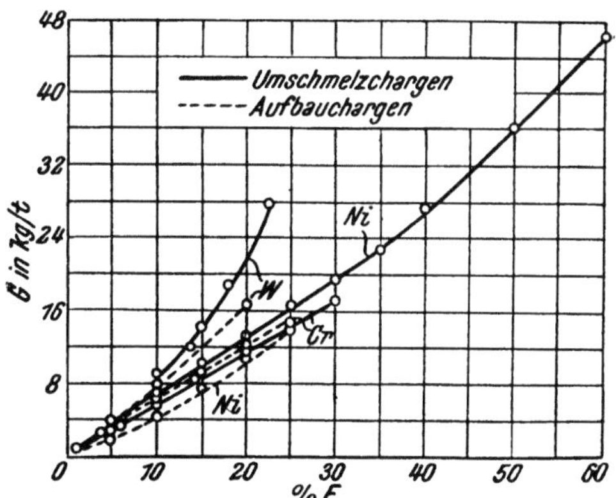

Abb. 367. Vergleichende Mittelwerte für den Gewichtsverlust von Chrom, Nickel und Wolfram im basischen Lichtbogenofen (nach E. Pakulla und K. Rudnik)

des Einschmelzens und im weiteren Schmelzprozeß zurückzuführen. Übermäßig hohe Verluste bei höherlegierten Wolframstählen lassen sich nur durch eine rasche Reduktion der Einschmelzschlacke bei Umschmelzchargen und durch eine gute Vordesoxydation bei Aufbauschmelzen vor dem Legierungszusatz vermeiden. Beim Wolfram tritt also der Fall ein, daß ein Legierungselement, welches hinsichtlich seiner metallurgischen Reaktionen nur einen niedrigen Abbrand erwarten läßt, durch den hohen Dampfdruck seines Oxyds zu hohen Verlusten führt. Besonders bei der Erschmelzung von Schnelldrehstählen fallen diese Verluste, die bei 18% W zwischen 16 und 20 kg/t liegen, stark ins Gewicht.

Das Verhalten des Kobalts gleicht in jeder Beziehung dem des Nickels. Dementsprechend liegen auch die Verluste in gleicher Höhe, die z. B. bei der Erschmelzung eines 35%igen Kobaltstahles etwa 23 kg Co/t betragen.

Auch beim Mangan sind, wie schon aus den Staub- und Schlackenanalysen hervorgeht, stärkere Verluste zu erwarten. Bei den üblichen Mangangehalten liegen sie im allgemeinen zwischen 5 und 7%. Für die Höhe der Verluste bei hochmanganlegierten Stählen sind in Tab. 135 einige Zahlenwerte von Hartmanganstählen wiedergegeben. Die relativen Zubrände bei den angeführten Aufbauschmelzen sind darauf zurückzuführen, daß der Mangangehalt des unlegierten Bades nicht berücksichtigt wurde. Beim Miteinsetzen von Ferromangan bei Umschmelzchargen können die Verluste dadurch geringer gehalten werden, daß das Ferromangan auf den Herdboden eingesetzt wird.

Tabelle 135. *Abbrandverhältnisse einiger Mangan-Hartstahl-Schmelzungen*
(nach E. Pakulla und K. Rudnik)

Nr.	E %	F %	$100\,\eta$	R %	A %	G kg/t	Bemerkungen
12797	16,40	16,98	88,90	− 3,61	7,80	12,75	Aufbau-charge
12722	13,18	13,25	93,58	− 0,53	5,90	7,80	
11295	17,45	16,98	90,91	+ 2,75	11,59	20,236	Um-schmelz-charge
13338	13,50	12,86	91,29	+ 4,60	12,909	17,401	
14536	13,46	12,83	93,26	+ 4,61	11,039	14,847	
14539	14,18	12,93	91,96	+ 8,89	16,215	23,012	

Beim Molybdän kann bei geringen Gehalten mit einem relativen Zubrand gerechnet werden. Infolge des geringen MoO_3-Dampfdruckes bei Anwesenheit von Kalk sind die absoluten Verluste gering. Sie liegen in allen Fällen unter denen des Wolframs.

Das Vanadin erleidet während des ganzen Schmelzverlaufes, besonders bei höheren Konzentrationen, merkbare Verluste durch Verdampfen. Sie werden vor allem dadurch verursacht, daß auch in basischen Feinungsschlacken der Vanadingehalt nur wenig unter 0,2% gesenkt werden kann.

Tabelle 136. *Mittelwerte für den Abbrand bei Schnelldrehstahl*
(nach E. Pakulla und K. Rudnik)

Legierungs-element	F %	R %	A %	G kg/t	η
W	18	6	9,76	18,7	0,96
Cr	4	0	4	1,6	
V	1	0	4	0,42	
Mo	0,5	− 4,2	0	0	

Von großer Bedeutung sind die Verluste an den beiden letztgenannten Elementen im Schnelldrehstahl. Wie aus Tab. 136 hervorgeht, beträgt der Gesamtgewichtsverlust an Legierungsmetallen etwa 21 kg/t Einsatz. Da der Gesamtverlust gemäß dem Ausbringen nur 40 kg/t beträgt, ergibt sich, daß durch die Anwesenheit der großen Menge an Legierungselementen der Verlust an Eisen nur 19 kg/t beträgt. Bei höheren Gehalten an Vanadin ergeben sich auch im Schnelldrehstahl höhere Verluste, die bei 2,5% V z. B. einen relativen Abbrand von rund 10% erreichen.

Tantal und Niob unterliegen bei Umschmelzchargen im basischen Lichtbogenofen einem stärkeren Verlust als Wolfram. Beim Legieren werden beide Elemente immer erst nach einer gründlichen Desoxydation des Stahlbades zugesetzt und die Schmelze sofort nach erfolgter Auflösung abgestochen. Selbst bei dieser Arbeitsweise liegen die Verluste an beiden Elementen noch bei 10 bis 20% der zugesetzten Menge. Die Abbrandverluste sind außerdem noch von der Zusammensetzung der verwendeten Ferrolegierung abhängig, da Tantal einer stärkeren Oxydation unterliegt als Niob.

Titan und Zirkon verschlacken nahezu zur Gänze in der Einschmelzperiode, wenn sie mit dem legierten Einsatz in den Ofen gelangen. Bei hohen Aluminiumgehalten der Ferrotitan- und Ferrozirkonlegierungen ist der Zusatz in den Ofen nach vorhergehender Desoxydation unmittelbar vor dem Abstich möglich. Die Verluste können jedoch bei dieser Arbeitsweise bis zu 50% der zugesetzten Legierungsmenge betragen. Üblicherweise werden daher Titan und Zirkon besonders bei niedrigen Legierungsgehalten in die Pfanne zugesetzt. Die Verluste können dadurch auf etwa 20% der zugesetzten Menge herabgemindert werden.

Die Abbrandverhältnisse im *sauren Lichtbogenofen* entsprechen annähernd denen des sauren Siemens-Martin-Ofens, abgesehen von den zusätzlichen Verlusten durch die Verdampfung im Lichtbogen. Sie sind für alle Legierungselemente, mit Ausnahme des Chroms und Mangans, niedriger als im basischen Lichtbogenofen. Die höheren Chromverluste durch die Bildung schwer reduzierbarer Chromsilikate fallen praktisch erst bei hochlegierten Chromstählen ins Gewicht, während der Zusatz des Mangans bereits bei der Erschmelzung von Stählen mit mehr als 2%Mn als Ofenzusatz wegen der hohen Verluste nicht mehr üblich ist.

Schrifttum
zu Abschnitt 4.33

1. PAKULLA, E., und K. RUDNIK: Abbrandverhältnisse in basischen Lichtbogen-Elektrostahl-Öfen. Stahl u. Eisen 54 (1934), S. 621 (612 und 676).
2. FEISER, J.: Molybdän-Trioxyd; Verhalten gegenüber Platin, Bestimmung des Siedepunktes, Berechnung an Dampfdrücken nach einer Gewichtsverlustmethode. Metall u. Erz 28 (1931), S. 297.
3. FISCHER, R.: Frischen von chromreichen Schmelzen im Lichtbogenofen mit reinem Sauerstoff. Stahl u. Eisen 70 (1950), S. 10/21.
4. ILLIAN, F.: Über die Anwendung von reinem Sauerstoff beim Frischen von nichtrostenden Chrom-Nickel-Stählen. Stahl u. Eisen 71 (1951), S. 18/19.
5. PACHALY, E.: Beitrag zur Kenntnis des Abbrandes der Legierungselemente beim Sauerstofffrischen im basischen Lichtbogenofen. Stahl u. Eisen 73 (1953), S. 461/69.
6. PLESSING, R.: Sauerstofffrischen unlegierter und legierter Stähle im basischen Lichtbogenofen. Berg- u. hüttenm. Mh. 106 (1961), S. 341/49.
7. MAATSCH, J., E. PLÖCKINGER und M. WAHLSTER: Stoffbilanz und Wärmeumsatz beim LD-Verfahren. Techn. Mitt. Krupp 17 (1959), S. 310/17.

4.34 Abbrandverhältnisse im Induktionsofen

Die Induktionsöfen weisen im Durchschnitt wesentlich niedrigere Abbrandverluste auf als die Lichtbogenöfen. Dies ist in erster Linie auf die meist nur geringen Schlackenmengen zurückzuführen und darauf, daß metallurgische Schlackenarbeiten nur selten ausgeführt werden. Ebenso entfallen auch die Verdampfungsverluste, sofern nicht unter Vakuum gearbeitet wird.

Über die Abbrandverhältnisse im *sauren kernlosen* Induktionsofen liegen, außer den grundlegenden Arbeiten von H. WEITZER, A. ZIEGLER und B. MATUSCHKA [1], kaum neue Untersuchungsergebnisse vor, so daß im folgenden die Angaben aus ihren Arbeiten als Anhaltswerte genannt werden sollen.

Das Eisen als Grundelement zeigt einen Abbrand, der in erster Linie vom Zustand des Schrottes abhängt. Bei sauberem, unverrostetem Schrott wirken höhere Kohlenstoff-, Mangan- und Siliziumgehalte der Eisenverschlackung entgegen. Der Eisenabbrand braucht günstigenfalls etwa 1,5% nicht zu übersteigen. Daraus ergibt sich für die Abbrandzahlen der übrigen Elemente, daß die Unterschiede zwischen dem relativen und absoluten Abbrand nur gering sind. Der geringe Unterschied zwischen Einsatzgewicht und flüssiger Rohstahlmenge wirkt sich naturgemäß auch günstig auf die Treffsicherheit der Analyse aus. Wie bereits früher erwähnt, sind die Oxydationsverluste beim Einschmelzen von Spänen besonders im Netzfrequenzofen durch die rasche Auflösung sehr gering.

Bei Umschmelzchargen ist der Kohlenstoffabbrand vom Mangan- und Siliziumgehalt abhängig und nimmt außerdem mit steigendem Kohlenstoffgehalt ab. Bei Mangangehalten von etwa 0,8% und mehr wird er praktisch gleich Null. Mangan in geringen Konzentrationen (1 bis 2%) wird von höheren Siliziumgehalten (etwa 1%) selbst bei nur 0,1% C so weit geschützt, daß der Abbrand nur etwa 5 bis 10% beträgt. Bei höheren Mangangehalten steigen die Verluste jedoch unverhältnismäßig stark an, so daß der saure

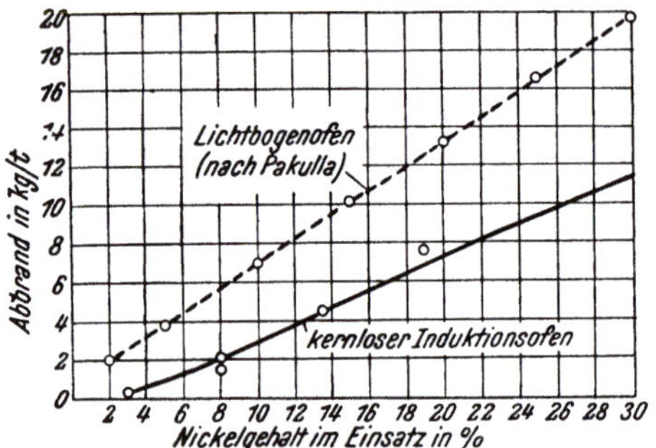

Abb. 368. Nickelverluste im sauren kernlosen Induktionsofen und im basischen Lichtbogenofen (nach B. MATUSCHKA)

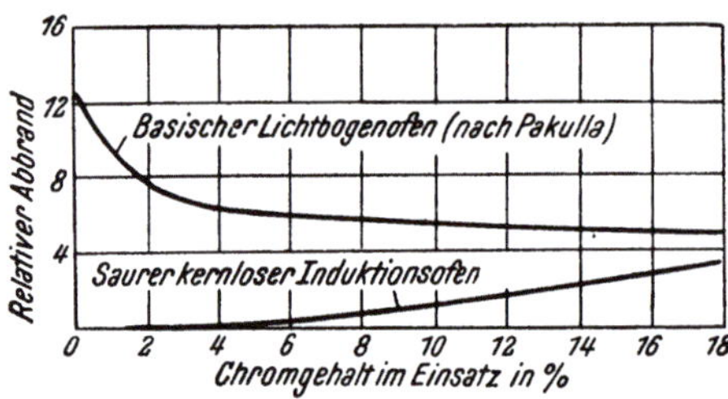

Abb. 369. Relativer Chromabbrand im sauren kernlosen Induktionsofen im Vergleich zum basischen Lichtbogenofen (nach H. WEITZER)

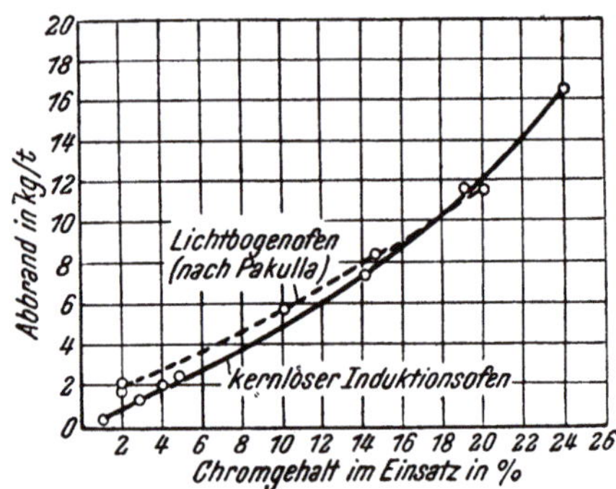

Abb. 370. Chromverluste im sauren kernlosen Induktionsofen und im basischen Lichtbogenofen (nach B. MATUSCHKA)

Induktionsofen zum Umschmelzen höher manganlegierter Stähle ungeeignet ist.

Die Verluste an schwer oxydierbaren Legierungselementen, wie Nickel und Kobalt, sind viel geringer als im Lichtbogenofen. Für das Nickel gibt B. MATUSCHKA [1] die in Abb. 368 angeführten Werte an.

Beim Chrom liegen die Abbrandverhältnisse bei Umschmelzchargen nur bei Chromgehalten unter 20% günstiger als in den anderen Ofeneinheiten. Wie aus den Abb. 369 und 370 entnommen werden kann, ist der Abbrand bei Chromgehalten bis zu 1% praktisch gleich Null. In manchen Fällen kann sogar ein relativer Zubrand beobachtet werden, wenn der Abbrand des Eisens, Mangans und

Kohlenstoffes den des Chroms übersteigt. Die in den Abb. 369 und 370 wiedergegebenen Werte gelten für mittlere Siliziumgehalte von etwa 0,5%. Mit steigendem Siliziumgehalt nimmt die Chromverschlackung ab, eine Erscheinung, die aus den Gleichgewichtsbedingungen der Chromreaktion unter sauren Schlacken abgeleitet werden kann. So beträgt der relative Chromabbrand in einem Stahl mit 17% Cr, 0,6% Mn und 0,5% Si etwa 3,5%, während er in einem Stahl sonst gleicher Zusammensetzung bei einem Gehalt von 1% Si auf etwa 1,5% zurückgeht. Auch in komplexen Stählen, z. B. in Schnellarbeitsstählen, ist der Chromabbrand im sauren kernlosen Induktionsofen praktisch Null. Bei höheren Verlusten an den übrigen Legierungselementen kann sogar ein relativer Zubrand beobachtet werden. Beim Zusatz des Ferrochroms am Ende des Schmelzprozesses werden in der Regel keine ins Gewicht fallenden Verschlackungsverluste bemerkt.

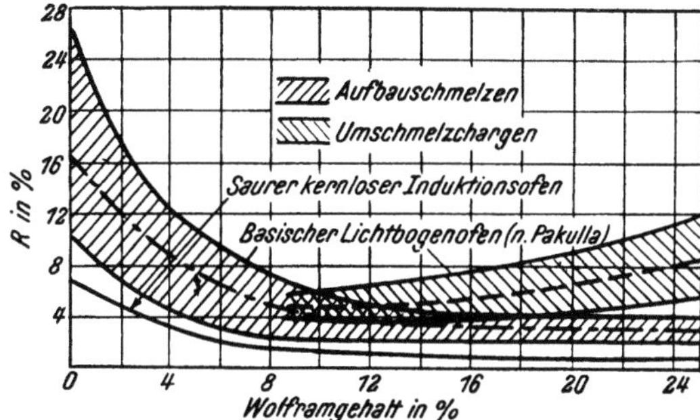

Abb. 371. Relativer Wolframabbrand im sauren kernlosen Induktionsofen im Vergleich zum basischen Lichtbogenofen (nach H. WEITZER)

Das Wolfram zeigt in niedriglegierten Werkzeugstählen einen durchschnittlichen relativen Abbrand von 3 bis 5%, welcher mit zunehmendem Gehalt des Einsatzes an Wolfram bis auf Werte unter 1% absinkt. Dementsprechend sind auch die Verluste in kg/t wesentlich niedriger als im basischen Lichtbogenofen (vgl. Abb. 371 und 372). Bei der Erzeugung von Schnelldrehstahl werden Abbrandziffern des Wolframs bis etwa 2,5% verzeichnet.

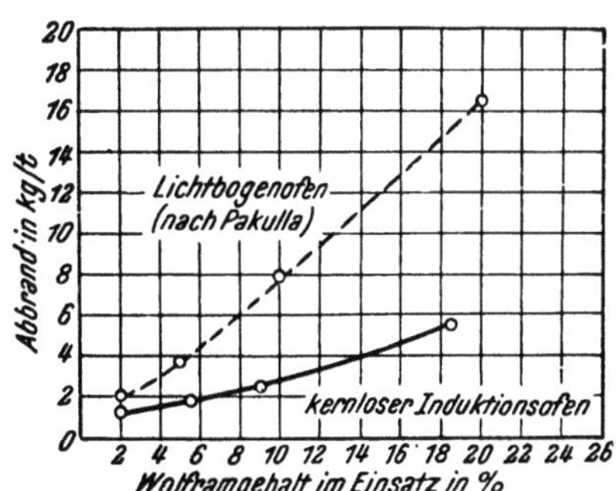

Abb. 372. Wolframverluste im sauren kernlosen Induktionsofen und im basischen Lichtbogenofen (nach B. MATUSCHKA)

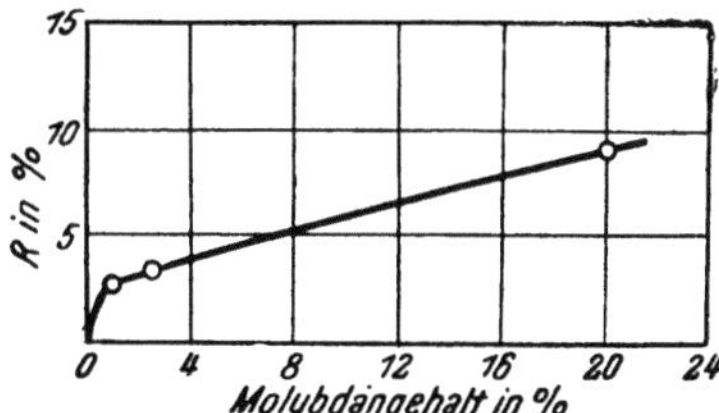

Abb. 373. Relativer Molybdänabbrand im sauren kernlosen Induktionsofen (nach H. WEITZER)

Das Molybdän zeigt bei niedrigen Gehalten im Einsatz bis zu etwa 0,3% im Mittel keine Verluste. Der fallweise zu beobachtende relative Zubrand ist auf die stärkere Verschlackung des Eisens zurückzuführen. Mit zunehmendem Molybdängehalt steigt der relative Abbrand an, wie aus Abb. 373 ersichtlich ist, um bei 20% Mo einen Wert von 9,1% zu erreichen. Bei Anwesenheit größerer Mengen anderer Legierungselemente, wie z. B. in Schnelldrehstählen, ergibt sich im Mittel ein relativer Zubrand von etwa 1%.

Beim Vanadin ist mit zunehmendem Gehalt im Einsatz bzw. mit steigenden Zusatzmengen im Verlauf des Schmelzprozesses ein Absinken der relativen Abbrandverluste zu beobachten. Die in Abb. 374 und 375 wiedergegebenen Werte unterliegen jedoch oft starken Schwankungen. Beim Zusatz des Vanadins am

Ende des Schmelzprozesses braucht ein Abbrandverlust in der Regel nicht berücksichtigt zu werden.

Der Abbrand des mit dem Einsatz zugeführten Siliziums zeigt eine gewisse Abhängigkeit vom Kohlenstoffgehalt. Er beträgt bei 0,16% C etwa 16%, um bei 0,3% C auf etwa 3% abzunehmen. Der Siliziumzubrand durch die Umsetzungen des Mangans und des Kohlenstoffes mit den Tiegelbaustoffen und der Schlacke im Verlauf des Schmelzprozesses richtet sich naturgemäß nach den Konzentrations- und Temperaturverhältnissen der Schmelze sowie nach der zur Verfügung stehenden Reaktionszeit.

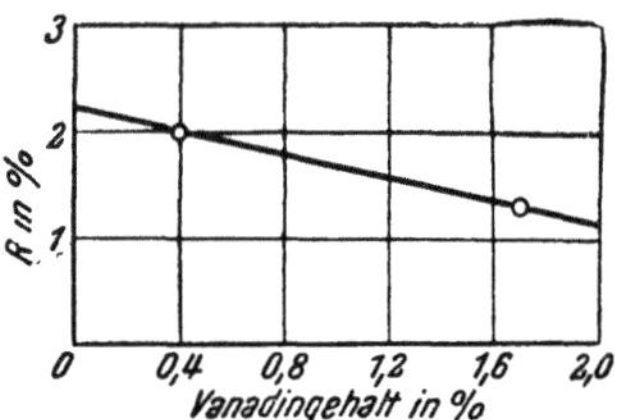

Abb. 374. Relativer Vanadinabbrand im sauren kernlosen Induktionsofen (nach H. WEITZER)

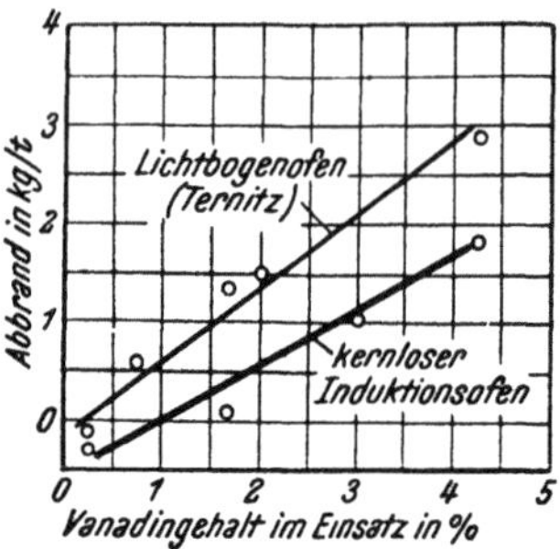

Abb. 375. Vanadinverluste im sauren kernlosen Induktionsofen und im basischen Lichtbogenofen (nach B. MATUSCHKA)

Tantal und Niob ergeben bei Umschmelzchargen von austenitischen Chromnickelstählen mit 18% Cr und 8% Ni einen relativen Abbrand von etwa 5%, während die Verluste bei Aufbauschmelzen gleicher Zusammensetzung unter Verwendung einer 60 bis 80%igen Ferrolegierung nur etwa 4% betragen.

Das Legieren mit Zirkon wird auch beim sauren kernlosen Induktionsofen zweckmäßig erst in der Pfanne vorgenommen, weil ein Ofenzusatz, z. B. von Zirkonsilizium in der Höhe von 0,5%, relative Verluste bis über 60% ergeben kann.

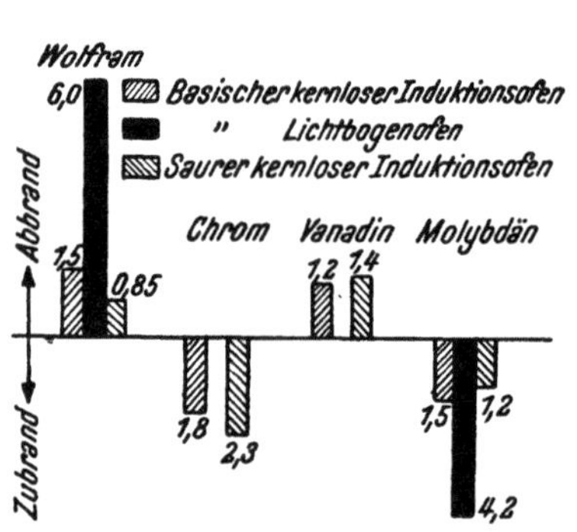

Abb. 376. Vergleich der Abbrandzahlen von Schnellarbeitsstählen (nach H. WEITZER)

Günstiger liegen die Abbrandverhältnisse beim Titan, für das bei einem Zusatz von 0,5% in Form eines Ferrotitans mit 38% Ti und 2,8% Al vor dem Abstechen ein relativer Abbrand von etwa 25% beobachtet werden kann.

Bei der Erschmelzung von thoriumlegierten Stählen im sauren kernlosen Induktionsofen wurde von H. CORNELIUS [2] bei Legierungszusätzen bis zu 1,5% Th, welche als Sinterkörper mit 99% Th vor dem Abstich in den Ofen gegeben wurden, Abbrandzahlen von 21 bis 15% ermittelt.

Für den *basischen kernlosen Induktionsofen* liegen aus den bisherigen Untersuchungen [1] folgende Abbrandzahlen vor: Der relative Manganabbrand ist auch bei der Erschmelzung hochprozentiger Manganstähle praktisch Null. Der relative Nickelabbrand beträgt auch bei 40%igen Nickelstählen nur 2,5%. Ähnliche günstige Abbrandwerte ergeben sich auch bei der Erschmelzung von Schnelldrehstählen, wie sie aus Abb. 376 im Vergleich zum basischen Lichtbogenofen und zum sauren kernlosen Induktionsofen entnommen werden können.

Beim Arbeiten mit flüssigem Einsatz entfallen alle Einschmelzverluste, und die Abbrandzahlen der zugesetzten Legierungen erreichen ein Minimum. Nur höhere

Manganzusätze in den sauren Ofen sind unzulässig, weil die sofort eintretende Umsetzung des Mangans mit der sauren Zustellung zu hohen Abbrandwerten und zu einer raschen Zerstörung des Tiegels führt.

Im *Vakuum*-Induktionsofen treten, wenn man von der Infiltration von Eisen und Legierungsmetallen in die basische Tiegelzustellung absieht, praktisch nur Verluste durch Verdampfen ein. Das Ausmaß dieser Verluste hängt im wesentlichen von der Höhe des Vakuums und der Schmelzzeit ab, so daß allgemein gültige Zahlen nicht genannt werden können. Beispiele für die Verdampfung unter bestimmten Arbeitsbedingungen wurden im Abschnitt 1.174 gebracht. Auch auf die Möglichkeit, die Verluste an solchen Elementen beim Legieren durch Erhöhung des Druckes zu vermindern, wurde bereits hingewiesen.

Im Ausbringen an guten Blöcken je Schmelze sind außer den metallurgischen Verlusten im Schmelzofen auch alle mechanischen Verluste beim Abstich und beim Gießen enthalten. Hinzu kommen noch die im einzelnen nicht vorausbestimmbaren Verluste durch Pfannenbären, Restblöcke usw.

Die *Spritzverluste* beim Abstechen und Gießen liegen im Durchscnitt aller Verfahren bei etwa 0,3 bis 0,5% der abgegossenen Rohstahlmenge.

Die *Gießverluste* entstehen durch Abfälle im Trichter, in der Gießwanne und in den Kanalsteinen (Gießknochen) und liegen, je nach dem Gießverfahren und der Blockgröße, im Durchschnitt [3] bei

    großen Blöcken und Brammen über 3 t . . . . 0,2 bis 0,4%
    Blöcken und Brammen von 1 bis 2 t . . . . 0,4 bis 0,5%
    kleinen Blöcken und Brammen unter 1 t . . . . . . 0,5 bis 2,8%
    kleinen Blöcken und Brammen unter 100 kg . . . 2,8 bis 4,0%.

Um die restlichen in der Gießgrube möglichen Stahlverluste gering zu halten, ist es notwendig, das Einsatzgewicht unter Berücksichtigung von Legierungszusätzen und Abbrand so genau wie möglich auf das abzugießende Gesamtblockgewicht abzustimmen. Ein größerer Anfall an unverwertbaren Restblöcken kann sich sehr ungünstig auf die Gesamtbilanz des Stahlwerkes auswirken.

In dem so ermittelten Ausbringen ist das Gesamtgewicht der erstarrten guten Blöcke enthalten, also bei beruhigtem Stahl einschließlich, des verlorenen Kopfes. Dies ist besonders zu berücksichtigen, wenn man ein Gießverfahren nach dem Ausbringen z. B. an guter Walzware beurteilen will. Hier wirken sich alle Maßnahmen zur Verkleinerung des Blockschopfes, wie exotherme Aufsätze, Blockkopfbeheizung usw., günstig aus. Das höchste Ausbringen wird bei beruhigtem Stahl mit dem Stranggießverfahren erzielt, da ein Verlust durch Lunkerbildung nur einmal am Ende jedes Stranges auftritt.

Schrifttum

zu Abschnitt 4.34

1. Weitzer, H.: Die Abbrandverhältnisse im kernlosen Induktionsofen, mit Erörterungsbeiträgen von A. Ziegler und B. Matuschka. Stahl u. Eisen 59 (1939), S. 1353/58.
2. Cornelius, H.: Eigenschaften von thoriumhaltigen Vergütungsstählen. Arch. Eisenhüttenwes. 17 (1943/44), S. 23/27.
3. Anhaltszahlen für die Wärmewirtschaft in Eisenhüttenwerken. 5. Auflage. Verlag Stahleisen, Düsseldorf 1957.

5. Die Wahl der Schmelzverfahren

Die Stahlherstellungsverfahren entwickelten sich in früherer Zeit ausnahmslos nach den im Lande vorhandenen Rohstoffen. Durch die unterschiedliche Zusammensetzung und physikalische Beschaffenheit der Erze, Reduktions- und Hilfsstoffe gewannen die einzelnen Stahlherstellungsverfahren wie die Verfahren der Frisch- und Puddelstahlerzeugung, das Tiegelstahlverfahren, sowie später das saure und basische Siemens-Martin-Stahlverfahren und die Blasprozesse, in verschiedener Richtung und Stärke an Bedeutung. Während für die Kommerzeisenerzeugung die Entwicklungstendenzen im wesentlichen nach den obigen Gesichtspunkten bis in die jüngste Zeit bestimmend geblieben sind, hat die Edelstahlerzeugung, insbesondere durch die Elektrometallurgie, eine Wandlung erfahren. Für die Erzeugung von Edelstählen haben sich bestimmte Herstellungsverfahren durchgesetzt, die von der Rohstoffbasis heute im wesentlichen unabhängig sind. Der Schrott bildet in der überwiegenden Zahl der Produktionsstätten heute den Hauptanteil des metallischen Einsatzes.

Die Festlegung eines bestimmten Arbeitsverfahrens zur Erzeugung einer gewünschten Stahlqualität ist keineswegs einfach. Die Anwendungsbereiche der verschiedenen Schmelzöfen können sich, besonders bei Ausnutzung aller metallurgischen Möglichkeiten, weitgehend überschneiden. Außerdem hat man es in der Hand, jedes Verfahren noch durch zusätzliche Behandlungen des flüssigen Stahles, wie z. B. durch Schlackenreaktionsverfahren oder Vakuumbehandlung, zu ergänzen. Es muß aber andererseits auch erwähnt werden, daß die Anwendung eines bestimmten Arbeitsverfahrens allein noch nicht die Gewähr für eine bestimmte Güte des Endproduktes ergibt, sie besagt nur, daß man es mit Hilfe des gewählten Verfahrens in der Hand hat, bestimmte Gütewerte zu erreichen, deren statistischer Mittelwert für das betreffende Verfahren kennzeichnend ist. Nicht zuletzt schwanken auch die Gütewerte der Erzeugnisse bei gleichen Herstellungsverfahren durch abweichende Arbeitsweisen und unterschiedliche Erfahrungen in den einzelnen Erzeugungsstätten. Dies gilt aber nicht nur für die Erschmelzung, sondern auch für das Gießverfahren, die Warmformgebung und die thermische Behandlung des Stahles.

Die kennzeichnenden Merkmale der Güteeigenschaften eines Stahles werden durch die Erschmelzung und durch die Vorgänge bei der Kristallisation bedingt. Qualitätsmindernde Eigenschaften, die ihre Ursache im Herstellungsverfahren haben, sind ,,Geburtsfehler'' des Stahles und können durch nachfolgende Behandlungen zwar zum Teil, niemals aber vollständig beseitigt werden. Damit wird neben der Bedeutung des Schmelzverfahrens auch die Notwendigkeit der Forschung auf diesem Gebiet besonders unterstrichen.

Wenn man sich die verschiedenen Einflußfaktoren vergegenwärtigt, die den Ablauf der einzelnen Stahlherstellungsverfahren mitbestimmen, dann kommt man zu dem Ergebnis, daß neben den Einsatz- und Legierungsstoffen auch die Art der metallurgischen Öfen und die Besonderheiten der sauren oder basischen Ofenführung bei der Beurteilung der mannigfachen Unterschiede in der erreichbaren Stahlgüte zu berücksichtigen sind. Die hier behandelten Schmelzverfahren zeigten die metallurgischen Reaktionsmöglichkeiten, ihre Rückwirkung auf die Zusammensetzung des fertigen Stahles und die Kombinationsmöglichkeiten, die sich aus der Anwendung mehrerer Verfahren in einem Herstellungsgang ergeben. Alle diese die einzelnen Verfahren kennzeichnenden chemischen und physikalischen Vorgänge und ihre praktischen Grenzen bestimmen die Qualität und die Güte des

Fertigmateriales. Aus den Erfahrungen der Praxis lassen sich unter Berücksichtigung der theoretischen Erkenntnisse allgemeine Richtlinien aufstellen, mit welchem Schmelzverfahren die geforderten Qualitätswerte jeweils erreichbar sind.

Für die Erzeugung von unlegierten und niedriglegierten *Baustählen* mit den üblichen Gütewerten kommen in erster Linie die Sauerstoffblas-Prozesse und der basische Siemens-Martin-Ofen in Frage. Bei besonders gelagerten Einsatz- und Stromverhältnissen wird man auch das Einschlackenverfahren im basischen Lichtbogenofen heranziehen. Die sauren Schmelzverfahren sind, sofern genügend reine Einsatzstoffe verfügbar sind, ebenfalls für ihre Erzeugung geeignet. Baustähle mit hohen Güteanforderungen, besonders auch hinsichtlich des Reinheitsgrades und guter Zähigkeit in Querrichtung, sind praktisch nur dem basischen Verfahren, besonders im Lichtbogenofen, vorbehalten. Sofern Schwefelgehalte unter 0,010% eingehalten werden müssen, kommt als Erzeugungseinheit nur der basische Lichtbogenofen in Frage.

Bei allen flockenempfindlichen Stählen wird man heute eine Vakuumbehandlung des Stahles vor dem Gießen oder einen Abguß im Vakuum vorsehen. Die Vakuumbehandlung vor der Desoxydation, gegebenenfalls auch vor dem Legieren, kann wesentlich zur Erhöhung des Reinheitsgrades an nichtmetallischen oxydischen Verunreinigungen beitragen [1].

Höher- und hochlegierte Baustähle sowie Baustähle höchster Festigkeit werden fast ausnahmslos im basischen Lichtbogenofen hergestellt. Bei diesen Stahlgruppen erreichen die Sauerstoffblas-Prozesse und das Siemens-Martin-Stahlverfahren die Grenze ihrer Anwendbarkeit. Selbstverständlich kann auch der basische Induktionsofen für ihre Herstellung verwendet werden. Für manche Verwendungszwecke sind die Anforderungen an die technologischen Gütewerte so hoch, daß ihre Erschmelzung im Vakuum-Lichtbogen- oder -Induktionsofen gerechtfertigt ist. Auch das Umschmelzen nach dem Elektroschlacken-Umschmelzverfahren dürfte für viele Fälle eine ausreichende Verbesserung ergeben.

Ähnliche Überlegungen wie für die Herstellung der Baustähle gelten auch für die *Werkzeugstähle*. Während die unlegierten Werkzeugstähle teilweise nach dem Sauerstoff- oder dem basischen bzw. sauren Siemens-Martin-Verfahren hergestellt werden, ist für die legierten Werkzeugstähle heute der basische Lichtbogenofen weitaus überwiegend. Bei guten Einsatzverhältnissen wird in einzelnen Ländern auch der saure Lichtbogenofen mit Erfolg angewendet, da hinsichtlich Härteverhalten und Lebensdauer der daraus hergestellten Teile vielfach günstige Werte beobachtet werden. Bei hohen Ansprüchen an die Qualität des Werkzeugstahles ist auch für ihn das Umschmelzen im Vakuumlichtbogenofen oder nach dem Elektroschlacke-Umschmelzverfahren der einzige Weg, um die Wünsche des Verbrauchers zu erfüllen.

Eine besondere Qualitätsgruppe bilden die Schnellarbeitsstähle, die zum überwiegenden Teil im basischen Lichtbogenofen oder Induktionsofen und fallweise auch in sauren Öfen erschmolzen werden. Hier kommt es nicht nur auf die Schmelzführung, sondern in entscheidendem Maße auf die Erstarrungsbedingungen an, die für das Primärgefüge und alle damit in Zusammenhang stehenden Eigenschaften maßgebend sind.

Die Herstellung *hochlegierter Bau-* und *Werkzeugstähle* erfolgt praktisch ausnahmslos in elektrischen Schmelzöfen. Durch die Einführung des Sauerstoffblasens hat der basische Lichtbogenofen auch für die Wiederverwertung des legierten Abfalles in Umschmelzen Bedeutung erlangt, die bei niedrigen Endkohlenstoffgehalten dem basischen Induktionsofen vorbehalten waren. Die Erschmelzung von austenitischen Chrom-Nickelstählen niedrigsten Kohlenstoffgehaltes ($<0,03\%$) ist dem basischen Lichtbogenofen vorbehalten. Auch hier ist das Schmelzen im Vakuum für höchste Anforderungen im Vordringen. Dies gilt besonders für alle *Sonderlegierungen* auf Chrom-, Nickel- oder Kobaltbasis, wobei für eine Reihe von Werkstoffen die großtechnische Herstellung überhaupt erst nach der Einführung der Vakuumschmelzverfahren möglich wurde.

Soll die Erzeugung einer bestimmten Stahlqualität im Elektroofen erfolgen, so ist noch zu entscheiden, ob der Stahl als Aufbauschmelze oder als Umschmelzcharge erzeugt werden soll. Sind nach dem zur Verfügung stehenden Einsatz beide Möglichkeiten gegeben, so wird man sich in der Regel für das wirtschaftlichere Umschmelzen entscheiden, wobei jedoch alle bereits angeführten Bedingungen einzuhalten sind, um zu dem gleichen qualitativen Endergebnis zu gelangen wie bei Aufbauschmelzen.

Die Einstufung eines Stahles in die verschiedenen Schmelz- und Arbeitsverfahren wird natürlich auch noch durch die Herstellkosten beeinflußt. Sie dürfen aber auf dem Gebiet der Edelstahlerzeugung für die Wahl des Schmelzverfahrens nur dann entscheidend sein, wenn das Erreichen der Gütewerte in allen Fällen mit genügender Sicherheit gewährleistet ist. Im Rahmen dieser Übersicht ist es jedoch nicht möglich, auch nur Anhaltszahlen über die Wirtschaftlichkeit der beschriebenen Verfahren zu geben, weil die Kosten von Einsatz, Energie und Arbeitskraft in den einzelnen Ländern und oft bei einzelnen Werken zu unterschiedlich sind. Außerdem sind auch die üblichen Rechnungswege so verschieden, daß man schwer zu vergleichbaren Werten kommt, auch wenn man eine Aufgliderung nach Ofenkosten, Gießkosten, Umwandlungskosten usw. vornehmen wollte. Es soll in diesem Zusammenhang nur darauf hingewiesen werden, daß, je nach den örtlichen Verhältnissen und der zu erzeugenden Qualität, der Lichtbogenofen dem Siemens-Martin-Ofen, der Sauerstofftiegel dem Lichtbogenofen und selbst dem Siemens-Martin-Ofen oder der Induktionsofen dem Lichtbogenofen überlegen sein kann. In Grenzfällen kann sogar das Umschmelzen im Vakuumlichtbogenofen allein durch die bessere Verarbeitbarkeit und das höhere Ausbringen die Umschmelzkosten weitgehend kompensieren.

Schrifttum

zu Abschnitt 5

1. PLÖCKINGER, E.: Sonderschmelzverfahren und Stahleigenschaften. Radex-Rdsch. 1962, S. 291/302.

Das Gießen

1. Der Erstarrungsvorgang

Die Erstarrung des Stahles ist ein Kristallisationsvorgang. Die aus dem flüssigen Stahl ausgeschiedenen Kristalle werden Primärkristalle, das entstehende Gefüge Primärgefüge genannt im Gegensatz zu den im festen Zustand möglichen sekundären Kristallisationsvorgängen und den daraus entstehenden Gefügen. Die Ausbildungsform des Primärgefüges ist auf die technologischen Eigenschaften des Stahles im Gußzustand, auf sein Verhalten bei der Weiterverarbeitung sowie zum Teil auch auf seine Eigenschaften im verarbeiteten Zustand von Einfluß.

Der feste kristallisierte Zustand der Metalle und ihrer Legierungen ist durch eine bestimmte räumliche Anordnung der Atome zueinander gekennzeichnet, welche als „Kristallgitter" bezeichnet wird. Der beim Übergang aus dem flüssigen in den festen Zustand entstehende Gittertyp ist von der Natur des kristallisierenden Stoffes abhängig. Am Erstarrungspunkt ist die flüssige und feste Phase im Gleichgewicht. Beide Phasen unterscheiden sich voneinander thermodynamisch nur durch ihren Energieinhalt; dabei ist die bei der Erstarrung freiwerdende Wärmemenge (Kristallisationswärme) gleich der Schmelzwärme, die dem Stoff beim Übergang aus dem festen in den flüssigen Zustand zugeführt werden muß. Ebenso unterscheiden sich beide Phasen am Erstarrungspunkt durch ihr Volumen, das bei fast allen Metallen im flüssigen Zustand größer ist als im festen[1].

Der Kristallisationsvorgang beginnt an Kristallisationszentren. Die Kristallisationszentren, auch Keime genannt, sind geordnete Gitterbereiche des kristallisierenden Stoffes, welche in der Schmelze vorhanden sind oder welche sich durch Zusammentreten von Atomen des kristallisierenden Stoffes beim Erreichen des Erstarrungspunktes bilden (arteigene Keime). Daneben können aber auch, wie dies bei technischen Schmelzen immer der Fall ist, fremde Kristallgitter, die sich oberhalb des Schmelzpunktes des betreffenden Metalles oder der Legierung in der Schmelze vorfinden, als Kristallisationszentren dienen (artfremde Keime). In technisch reinen Metallen und Legierungen ist die Zahl der Kristallisationskeime, besonders der artfremden Keime, immer so groß, daß es nicht zur Ausbildung eines einzigen Kristalles, sondern zur Bildung eines Kristallhaufwerkes kommt. Die einzelnen Kristalle behindern sich gegenseitig in ihrem Wachstum, so daß eine Ausbildung von regulären Kristalloberflächen nicht möglich ist; man spricht in diesem Fall von Kristalliten. Der bei der Kristallisation freiwerdende Energieüberschuß wird als Kristallisationswärme an das umliegende System abgegeben.

---

[1] Unter Volumenvergrößerung hingegen erstarren z. B. Silizium sowie Antimon und Wismut.

1.1 Die Kristallisation von Zwei- und Mehrstoffsystemen

Die Erstarrung eines reinen Metalles geht bei einer bestimmten Temperatur, dem Erstarrungspunkt, vor sich. Die einzelnen Kristallite sowie das gesamte Kristallgefüge sind einheitlicher Zusammensetzung. Ihr Aufbau erfolgt nur aus einer einzigen Atomart. Dagegen verläuft der Kristallisationsvorgang von Legierungen aus dem Gebiet der homogenen flüssigen Lösung in der überwiegenden Zahl der Fälle in einem bestimmten Temperaturbereich. Zwei- und Mehrstoffsysteme besitzen, außer an ausgezeichneten Punkten ihrer Zusammensetzung, den sogenannten eutektischen Punkten, und beim Auftreten von Verbindungen, keinen Erstarrungspunkt wie die reinen Stoffe, sondern ein Erstarrungsintervall. Die Größe des Erstarrungsintervalles ist bei Zweistoffsystemen durch den Abstand der Liquidus- und Soliduslinien gegeben, bei Mehrstoffsystemen durch den Abstand der entsprechenden Liquidus- und Solidusflächen. Diese Verhältnisse sollen an zwei einfachen Beispielen, an einem Zweistoff- und einem Dreistoffsystem mit vollkommener Mischkristallbildung im flüssigen und im festen Zustand, erläutert werden [1].

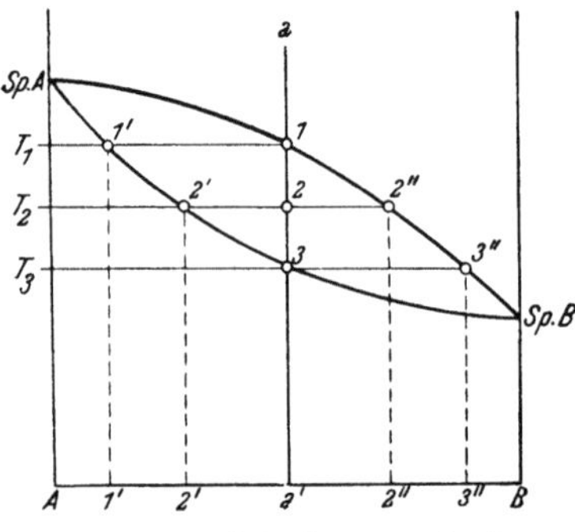

Abb. 377. Ablauf der Erstarrung in einem Zweistoffsystem

Wird ein flüssiges Zweistoffsystem abgekühlt (Linie $a-a'$ in Abb. 377), so beginnt am Punkt 1, also beim Schnitt mit der Liquiduslinie bei der Temperatur T_1 die Kristallisation mit der Ausscheidung von Mischkristallen der Zusammensetzung 1'. Mit dem Absinken der Temperatur auf T_2 verändern die ausgeschiedenen Mischkristalle ihre Zusammensetzung längs der Soliduslinie nach 2', während sich die Zusammensetzung der Schmelze nach 2'' längs der Liquiduslinie verändert hat. Erreicht die Temperatur die Soliduslinie bei 3, so erstarrt die restliche Schmelze, welche sich inzwischen auf eine Zusammensetzung 3'' angereichert hat. Bei vollkommenem Konzentrationsausgleich durch Diffusion im Mischkristall, welcher während der Erstarrung seine Durchschnittszusammensetzung nach der Soliduslinie von 1' nach 3 verändert hat, entsteht ein Kristall

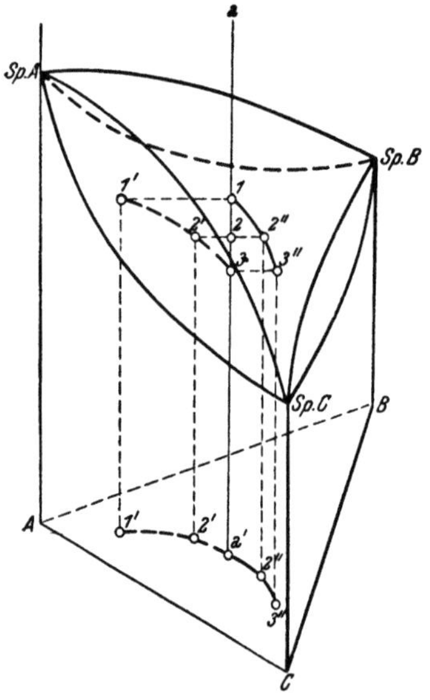

Abb. 378. Ablauf der Erstarrung in einem Dreistoffsystem

einheitlicher Zusammensetzung, welcher der Ausgangsschmelze 1 entspricht. Die jeweils vorhandenen Mengen an Restschmelze und an ausgeschiedenen Kristallen ergeben sich für jede Temperatur aus dem „Hebelgesetz“. So beträgt z. B. bei der Temperatur T_2 das Verhältnis von fester zu flüssiger Phase $\overline{2,2''}:\overline{2,2'}$. Bei der weiteren Temperatursenkung auf T_3 ist die Menge der Kristalle auf $\overline{3,3''}$ gestiegen, während die Menge der Restschmelze entsprechend der vollständigen Erstarrung auf Null gesunken ist.

Ähnlich verläuft der Kristallisationsvorgang in Mehrstoffsystemen (vgl. Abb. 378). Bei der Erstarrung eines flüssigen Dreistoffsystemes nach der Linie a—a' beginnt wiederum im Schnitt 1 mit der Liquidusfläche die Ausscheidung von Mischkristallen der Zusammensetzung $1'$. Beim weiteren Absinken der Temperatur auf 2 und 3 ändert sich die Zusammensetzung der Kristalle längs der Kurve $1', 2', 3$ auf der Solidusfläche und die der Schmelze nach der Kurve $1, 2'', 3''$ auf der Liquidusfläche. Die jeweiligen Konzentrationsverhältnisse können aus der Projektion auf die Grundebene entnommen werden. Die Mengenverhältnisse zwischen der Restschmelze und dem erstarrten Anteil lassen sich wie beim ersten Beispiel durch sinngemäße Anwendung des Hebelgesetzes ermitteln. Das Ergebnis des Erstarrungsvorganges muß also wiederum ein homogener Mischkristall der Zusammensetzung 3 sein, wenn der ausgeschiedene Kristall seine Zusammensetzung durch Diffusion nach der Kurve $1', 2', 3$ verändert hat.

Die Diffusionsgeschwindigkeit im ausgeschiedenen Mischkristall reicht jedoch bei den üblichen Abkühlungsbedingungen, besonders bei Legierungen mit großem Erstarrungsintervall, nicht aus, um seine Zusammensetzung über den ganzen Querschnitt nach dem durch die Soliduslinie (oder Solidusfläche) gegebenen Verlauf zu verändern. Es wird also kein homogener Mischkristall, sondern ein sogenannter Schichtkristall ausge-

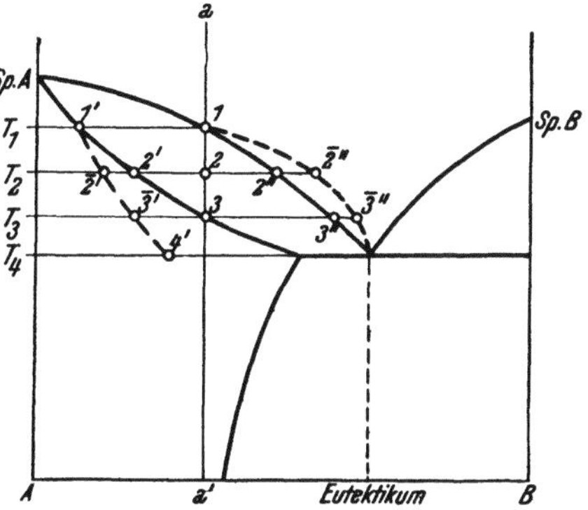

Abb. 379. Ablauf der Erstarrung im Ungleichgewicht. Weitgehende Entmischung durch ungenügenden Konzentrationsausgleich im Primärkristallit

schieden. Seine Zusammensetzung am Kristallisationskeim entspricht etwa dem Punkt $1'$ in den beiden vorgenannten Beispielen, während an der äußersten Zone eine an Stoff B bzw. B und C angereicherte Restschmelze erstarrt. Derartige Schichtkristalle, besonders in dendritischer Ausbildung, können an geätzten Querschnitten der Stahlblöcke gut beobachtet werden. Sie zeigen ein Skelett des A-reichen Mischkristalles, während die Zwischenräume durch die später erstarrende an B und C angereicherte Restschmelze ausgefüllt werden.

Abb. 379 zeigt an einem quasibinären Schnitt durch ein Mehrstoffsystem — welches in der Linie a—a' etwa der Zusammensetzung normaler Schnelldrehstähle nahekommt — den schematischen Verlauf der Erstarrung bei üblichen Abkühlungsgeschwindigkeiten mit weitgehender Entmischung. Der Erstarrungsvorgang beginnt bei der Temperatur T_1 mit der Ausscheidung von Mischkristallen der Zusammensetzung $1'$. Bei einer weiteren Abkühlung auf die Temperatur T_2 können die ausgeschiedenen Mischkristalle ihre Zusammensetzung durch den mangelnden Diffusionsausgleich nicht nach dem Punkt $2'$ der Soliduslinie verändern, sondern besitzen eine Durchschnittszusammensetzung, die etwa dem Punkt $2'$ entspricht. Die Restschmelze hat sich dementsprechend an Stoff B angereichert und kommt nunmehr der Zusammensetzung des Punktes $\overline{2''}$ gleich. Bei der Temperatur T_3, bei welcher die beendete Erstarrung bei vollkommenem Diffusionsausgleich eintreten würde, hat sich die Zusammensetzung der ausgeschiedenen Mischkristalle nach $\overline{3'}$ verändert, während sich die Schmelze an B bis $\overline{3''}$ angereichert hat. Die weitere Erstarrung erfolgt längs der gestrichelten Linie, bis bei der Temperatur T_4 die Mischkristalle die Zusammensetzung $4'$ besitzen, während die Zusammensetzung der Restschmelze die eutektische Konzentration C erreicht. Die Restschmelze erstarrt nunmehr zwischen den Mischkristallen als Eutektikum. Das große Erstarrungsintervall führt zusammen mit der geringen Diffusionsgeschwindigkeit der Komponenten in diesem Fall zu einer weitgehenden Konzentrationsänderung der Restschmelze, so daß es zur Ausscheidung eines Eutektikums kommt, obwohl es nach dem Zustandsschaubild im Gleichgewicht gar nicht existenzfähig ist. Auf diese bei der Erzeugung hochgekohlter hochlegierter Stähle wichtige Tatsache wird noch zurückgekommen.

Bei der Erstarrung von technischen Metallen und Legierungen ist in gewissem Maße immer mit einer teilweisen Entmischung und mit dem Auftreten von Schichtkristallen zu rechnen. Der Konzentrationsunterschied der Kristalle im Querschnitt wird als Kristallseigerung bezeichnet. Bezüglich der energetischen Vorgänge bei der Kristallisation von Metallen und Legierungen sei auf das einschlägige Schrifttum verwiesen [2, 3].

Schrifttum
zu Abschnitt 1.1

1. Mitsche, R., und M. Niessner: Angewandte Metallographie. J.A. Barth Verlag, Leipzig 1939.
2. Liquid Metals and Solidification. American Society for Metals, Cleveland, Ohio, 1958.
3. Winegard, W. C.: Fundamentals of the Solidification of Metals. Metallurg. Rev. 6 (1961), Nr. 21, S. 57/99.

1.2 Die Entstehung des Primärgefüges

Die grundsätzlichen Einflußgrößen, die die Ausbildungsform des Primärgefüges bedingen, wurden zuerst von G. Tammann durch Untersuchungen an nichtmetallischen Stoffen klargestellt. Danach ist bei der Kristallisation für die Gefügeausbildung die Keimzahl und die Kristallisationsgeschwindigkeit sowie die Abhängigkeit dieser beiden Werte von der Unterkühlung maßgebend; Abb. 380 zeigt den prinzipiellen Zusammenhang. Mit zunehmender Unterkühlung, die einer Entfernung vom Gleichgewicht zwischen der flüssigen und der festen Phase entspricht, nimmt das Bestreben zur Kristallisation zu, welches sich in einem Ansteigen der Keimbildungszahl und der Kristallisationsgeschwindigkeit äußert. Beide steigen bis zu einem Höchstwert an, um bei starker Unterkühlung wieder bis auf Null abzusinken. Das Ansteigen der Keimzahl mit steigender Unterkühlung ist verständlich, da mit zunehmender Entfernung vom Schmelzpunkt zunächst die Wahrscheinlichkeit zunimmt, daß sich infolge der geringeren Beweglichkeit der Atome in der regellosen Atomanordnung der Flüssigkeit Bereiche mit geregelter Atomanordnung, also Keime, bilden. Mit weiterfortschreitender Unterkühlung nimmt die Beweglichkeit der Atome ab, bis die innere Reibung so groß ist, daß das Zusammentreten von Atomen zu einem geordneten Gitterzustand erschwert und schließlich unmöglich wird. Die Keimzahl sinkt daher nach dem Erreichen eines Maximums wieder bis auf den Wert Null ab. Die Zunahme der gemessenen Kristallisationsgeschwindigkeit bei steigender Unterkühlung ist so zu verstehen, daß die wahre Kristallisationsgeschwindigkeit, die knapp unter dem Schmelzpunkt am größten ist, durch die freiwerdende Kristallisationswärme gehemmt wird. Wenn nur eine geringe Unterkühlung vorliegt, so erhöht die freiwerdende Kristallisationswärme die Temperatur bis zum Schmelzpunkt und die Kristallisationsgeschwindigkeit wird gleich Null. Erst nach der Abfuhr der freigewordenen Wärmemenge kann die Kristallisation weiter fortschreiten. Bei einer bestimmten Unterkühlung wird die freiwerdende Kristallisationswärme die Temperatur der Schmelze gerade bis knapp unter den Schmelzpunkt erhöhen, so daß

sich nunmehr die der jeweiligen Temperatur entsprechende wahre Kristallisationsgeschwindigkeit auswirken kann. Von dieser Unterkühlung an stimmt die gemessene Kristallisationsgeschwindigkeit mit der wahren Kristallisationsgeschwindigkeit überein [1, 2].

Diese Verhältnisse gelten für die Erstarrung keimfreier Schmelzen. In Schmelzen, die beim Erreichen der Erstarrungstemperatur bereits einen gewissen Gehalt
an arteigenen oder artfremden Keimen besitzen, addiert sich diese Keimwirkung
bei der Unterkühlung zu der nach dem TAMMANNschen Schaubild geforderten
Keimbildung im Unterkühlungsbereich. Die Kurve der Keimzahl ist daher bei
solchen Schmelzen zu entsprechend höheren Keimgehalten verschoben [3].

Bei Stoffen mit geringer Kristallisationsgeschwindigkeit kann bei genügend
rascher Abkühlung der Kristallisationsvorgang überhaupt unterbleiben, da
dieser für seinen Ablauf eine bestimmte Zeit benötigt. Derartige Schmelzen
nennt man „vollkommen unterkühlbar". Eine voll-
kommene Unterkühlung kann z. B. beim glasigen
Erstarren schnell abgekühlter metallurgischer
Schlacken erreicht werden. Bei Metallen ist dagegen
eine vollkommene Unterkühlbarkeit beim Übergang
vom flüssigen in den festen Zustand nicht zu erzielen.

Die Übertragung der Ergebnisse der TAM-
MANNschen Untersuchungen auf Metalle und Legierungen stößt insofern auf Schwierigkeiten, als
über die absoluten Werte der in Abb. 380 gezeigten Kurven nur wenige Unterlagen zur Verfügung
stehen. Bisher konnte nur qualitativ festgestellt
werden, daß auch bei den Metallen die Möglichkeit
einer Unterkühlung besteht, wobei mit zunehmen-

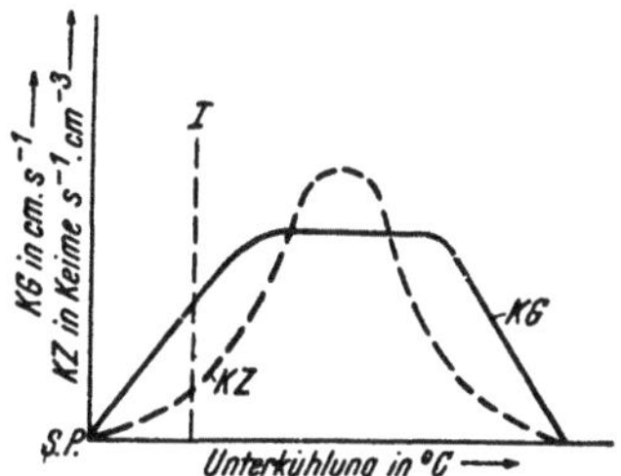

Abb. 380. Verlauf der gemessenen
Kristallisationsgeschwindigkeit (KG)
und der Keimzahl (KZ) in Abhängigkeit von der Unterkühlung
(nach G. TAMMANN)

der Unterkühlung sowohl die Keimzahl als auch die gemessene Kristallisationsgeschwindigkeit ansteigt [4]. Diese Tatsachen entsprechen dem linken Teil der
Abb. 380 bis etwa zur Linie I. Diese theoretischen Zusammenhänge wurden daher
wiederholt zur Erklärung der Erstarrungsvorgänge des Stahles verwendet, wobei
die Lage der einzelnen Kurven den beobachteten oder vermuteten Verhältnissen
nach Möglichkeit angepaßt wurde. Dabei wurde vorausgesetzt, daß die Kristallisation zur Gänze im Unterkühlungsbereich vor sich geht. Die Schwierigkeit, bei
den meisten Metallen überhaupt eine meßbare Unterkühlung zu erzielen, läßt
jedoch in vielen Fällen fraglich erscheinen, ob die von G. TAMMANN abgeleiteten
Gesetzmäßigkeiten ohne Einschränkung auf die in der Praxis der Stahlherstellung
vorliegenden Verhältnisse übertragen werden dürfen. In diesem Zusammenhang
ist weiter darauf hinzuweisen, daß eine meßbare Unterkühlung keineswegs die
Voraussetzung für das Eintreten des Kristallisationsvorganges sein muß, sondern
daß dieser auch am Erstarrungspunkt bzw. im Erstarrungsbereich selbst vor sich
gehen kann.

Um die Vorgänge bei der Erstarrung des Stahles beurteilen zu können, soll im
folgenden zunächst die Wirkung der maßgeblichen Faktoren, also der Unterkühlbarkeit, der Keime und der Kristallisationsgeschwindigkeit, aufgezeigt werden,
wie sie sich aus den bisherigen Erkenntnissen und Untersuchungen ergibt.

Schrifttum
zu Abschnitt 1.2

1. MITSCHE, R., und M. NIESSNER: Angewandte Metallographie. J. A. Barth Verlag, Leipzig
1939.

2. BARDENHEUER, P., und R. BLECKMANN: Zur Frage der Primärkristallisation des Stahles: Unterkühlbarkeit und Keimbildung im flüssigen Zustand. Mitt. K.-Wilh.-Inst. Eisenforsch. 21 (1939), S. 201/12.

3. ONITSCH, E. M.: Bericht auf der 2. Leobner Leichtmetalltagung, 24. 6. 1948.

4. LANGE, A.: Unterkühlung und Keimbildung bei homogenen Metallschmelzen. Z. Metallkde 23 (1931), S. 165/71.

1.21 Unterkühlbarkeit

An sich besitzt der Stahl die spezifische Eigenschaft, stark unterkühlbar zu sein [1]. Kohlenstoffarmer Stahl konnte bei ruhigem Bad im Tiegel eines Hochfrequenzofens bei einer Abkühlungsgeschwindigkeit von etwa 40 °C/min um etwa 250 °C unterkühlt werden. Auch bei 0,4 % C erreichte die Unterkühlung noch 205 °C, jedoch bewirkten bereits geringe Erschütterungen des Bades oder Rauheiten der Tiegelwand eine weitgehende Verminderung der Unterkühlung. Diese Verhältnisse dürfen jedoch nicht ohne

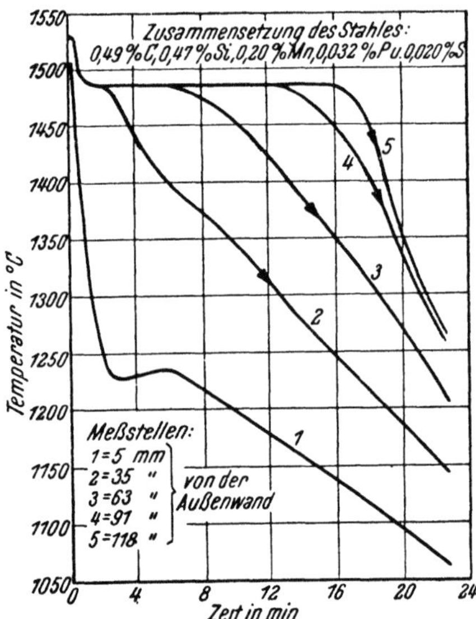

Abb. 381. Temperaturverlauf beim Erstarren eines Stahlblockes von 244 mm Seitenlänge (nach P. BARDENHEUER und R. BLECKMANN)

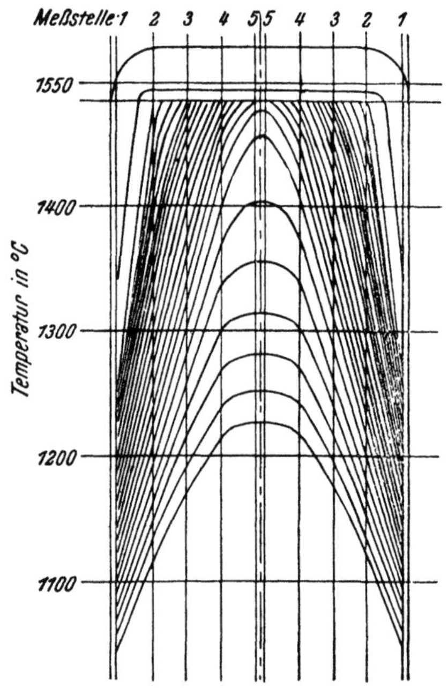

Abb. 382. Räumliche Abkühlung eines erstarrenden Vierkantblockes von 244 mm Seitenlänge. Die Linien sind Isochoren mit einem Zeitunterschied von einer Minute (nach P. BARDENHEUER und R. BLECKMANN)

weiteres auf den Erstarrungsvorgang in der Kokille übertragen werden. In der Kokille ist der flüssige Stahl vom Beginn des Erstarrungsvorganges an mit seiner festen Phase in Berührung. Eine Unterkühlung der flüssigen Phase, die mit den an der Kokillenwand ausgeschiedenen Kristallen in Berührung steht, wäre nur dann möglich, wenn die „maximale Kristallisationsgeschwindigkeit" kleiner ist als die Erstarrungsgeschwindigkeit, die sich auf Grund der Ableitung der Kristallisationswärme durch die bereits erstarrte Schicht ergeben würde. Ist dies nicht der Fall, so schreitet die Kristallisation bei der weiteren Wärmeabfuhr in das Innere der Schmelze fort, ohne daß eine nennenswerte Unterkühlung eintreten kann. Aus Messungen der Erstarrungsgeschwindigkeit von verschiedenen Gußblöcken, wie sie von B. MATUSCHKA [2] vorgenommen wurden, geht hervor, daß sie ihren Höchstwert mit etwa 2,2 cm/min nur am Beginn der Erstarrung erreicht. Die Erstarrungsgeschwindigkeit ist zumindest nach der ersten Minute kleiner als die bisher beobachteten „maximalen Kristallisationsgeschwindigkeiten". Aus diesem Beispiel kann also entnommen werden, daß eine Unterkühlung nur am Beginn der Erstarrung angenommen werden kann und für den Regelfall des praktischen Gießbetriebes eine Voraussetzung zur Unterkühlung der restlichen Schmelze nicht mehr gegeben ist, wenn sie mit ihrer festen Phase in Berührung steht. In Übereinstimmung damit stehen auch direkte Messungen des Temperaturverlaufes bei der Erstarrung in Gußblöcken [3]. Für einen Stahl mit 0,49% C, 0,47% Si und 0,20% Mn aus dem sauren Hochfrequenzofen, der nach den Untersuchungen von P. BARDENHEUER und R. BLECKMANN [1] etwa 200° unterkühlbar sein müßte, wurden bei der Erstarrung in der Kokille die in Abb. 381 und 382 dargestellten Temperaturkurven ermittelt. Bereits nach 2 Minuten ist im Inneren des flüssigen Kernes praktisch kein Temperaturgefälle mehr vorhanden. Die Schmelze hat ihre Erstarrungstemperatur erreicht, auf der sie so lange verbleibt, bis die Kristallisation im jeweiligen Blockquerschnitt eingetreten ist. Diese Messungen stehen auch in Übereinstimmung mit den Ergebnissen der Messungen an Nichteisenmetallen, die bei der Erstarrung in der Kokille den gleichen Verlauf der Temperaturkurven zeigen [4].

Schrifttum
zu Abschnitt 1.21

1. BARDENHEUER, P., und R. BLECKMANN: Zur Frage der Primärkristallisation des Stahles: Unterkühlbarkeit und Keimbildung im flüssigen Zustand. Mitt. K.-Wilh.-Inst. Eisenforsch. 21 (1939), S. 201/12.
2. MATUSCHKA, B.: Die Erstarrung und Kristallisation der Stahlblöcke sowie ihre Beeinflußbarkeit durch die Gießtemperatur und Unterkühlungsfähigkeit des Stahles. Arch. Eisenhüttenwes. 6 (1932/33), S. 1/12.
3. BLECKMANN, R.: Erörterungsbeitrag zu: Messungen über das Maß der Unterkühlung bei Kokillenguß. Stahl u. Eisen 61 (1941), S. 995.
4. SACHS, G.: Praktische Metallkunde. Springer-Verlag, Berlin 1939, S. 4ff.

1.22 Keimbildung

Die beim Kristallisationsvorgang wirksamen Keime werden je nach ihrer Zusammensetzung in arteigene und artfremde Keime unterteilt. Arteigene Keime bilden sich, wie bereits eingangs ausgeführt, beim Unterkühlen einer Schmelze durch Zusammentreten von Atomen zu geordneten Gitterbereichen. Sie können aber auch in der Schmelze bereits vor dem Erreichen des Erstarrungspunktes vorhanden sein. Artfremde Keime sind Kristallgitter von Suspensionen, welche ebenfalls als Ausgangspunkte für die Kristallbildung des Metalles oder der Legierung dienen können. Hinsichtlich der Beeinflußbarkeit und der Wirkung der beiden Keimarten im flüssigen Stahl führten die Untersuchungen von P. BARDENHEUER und R. BLECKMANN [1] zu folgendem Ergebnis: Die arteigenen Keime werden bereits durch eine geringe Überhitzung des Stahlbades von etwa 20° über die Liquiduslinie zerstört. Läßt man bei Abwesenheit von Fremdkeimen eine durch Überhitzung keimfrei gemachte Schmelze abkühlen, so beginnt die Bildung der für den Erstarrungsvorgang maßgebenden arteigenen Keime beim Unterschreiten des Erstarrungspunktes im Sinne des TAMMANNschen Schaubildes (vgl. Abb. 380). Arteigene Keime können bei den praktisch üblichen Gießtemperaturen (Überhitzung des flüssigen Stahles von mindestens 80° über die Liquiduslinie) im flüssigen Stahl nicht bestehen. Die vielfach beobachtete Wirkung einer Schmelzüberhitzung auf die Ausbildungsform des Primärgefüges muß also im wesentlichen auf eine Fremdkeimwirkung bzw. auf eine Veränderung des Oxyd- und Gasgehaltes der Schmelze zurückgeführt werden. Fremdkeime, deren Wirkung auch durch eine hohe Überhitzung der Schmelze nicht vollkommen aufgehoben wird, bilden vor allem Al, Be, B, Ca—Al, Ca—Si—Al, Ti, V und Zr. Die Keimwirkung dieser Stoffe dürfte im wesentlichen ihren hochschmelzenden Oxyden bzw. Nitriden zuzuschreiben sein. Um die wirksamen Verbindungen in genügender Menge und entsprechender Verteilungsform zu bilden, ist es nicht nur notwendig, diese Elemente dem Stahlbad zuzuführen, sondern es muß auch eine entsprechende Konzentration an Sauerstoff und Stickstoff im Stahlbad vorhanden sein. Im Gegensatz dazu wirken Mn, Si, Ca—Si, Cr, Co, Mo, Ni, Ta und Nb, P, S und W nur wie arteigene Keime, deren Wirksamkeit durch eine Schmelzüberhitzung aufgehoben werden kann. Dies gilt auch für die Karbide und die Verbindungen der genannten Elemente, soweit sie im flüssigen Stahl vorhanden sind. Eine gewisse Fremdkeimwirkung konnte durch Wasserstoff und Eisenoxydul erreicht werden. Zu ähnlichen Ergebnissen gelangen auch H. WENTRUP und H. SCHRADER [2], die eine bevorzugte Beeinflussung der Primärkristallisation unlegierter und legierter Stähle durch Ausscheidungen in der Schmelze vor oder mit Beginn der Eisenkristallisation feststellen konnten. Die stärkste Keimwirkung tritt je nach der als Keim wirkenden Verbindung in bestimmten Konzentrationsbereichen ein. Beim Aluminiumzusatz zu reinem Eisen entspricht dieser Bereich dem Gebiet der größten Tonerdeausscheidungen im Desoxydationsschaubild des Aluminiums vom beendeten Umsatz bei der Aluminiumzugabe bis zur beginnenden Eisenkristallisation. Dagegen schließen sie aus ihren Beobachtungen, daß glasig ausgeschiedene Kieselsäure, wie sie bei alleiniger Desoxydation mit Silizium entsteht, keine Keimwirkung auf die Primärkristallisation auszuüben scheint.

In diesem Zusammenhang muß darauf hingewiesen werden, daß die Keimwirkung nicht nur bei der Primärkristallisation des Stahles eine besondere Rolle spielt, sondern daß auch die sekundären Kristallisationsvorgänge und die Umwandlung im festen Zustand durch Keime wesentlich beeinflußt werden. Bei der Beurteilung der Keimwirkung im Stahl muß daher zwischen Keimen unterschieden werden, die den Ablauf des Erstarrungsvorganges beeinflussen und solchen, die im festen Zustand wirksam sind. Keime, die die Primärkristallisation beeinflussen, müssen nicht gleichzeitig auch eine Keimwirkung auf sekundäre Kristallisationsvorgänge ausüben.

Schrifttum
zu Abschnitt 1.22

1. BARDENHEUER, P., und R. BLECKMANN: Zur Frage der Primärkristallisation des Stahles: Unterkühlbarkeit und Keimbildung im flüssigen Zustand. Mitt. K.-Wilh.-Inst. Eisenforsch. 21 (1939), S. 201/12.
2. WENTRUP, H., und H. SCHRADER: Untersuchungen über die Primärkristallisation von unlegierten und legierten Stählen. Arch. Eisenhüttenwes. 20 (1949), S. 165/78.

1.23 Kristallisationsgeschwindigkeit

Die wahre Kristallisationsgeschwindigkeit ist eine Stoffkonstante, die unter vergleichbaren Bedingungen durch die chemische Zusammensetzung gegeben ist. Ihr Maximalwert liegt bei der Liquidustemperatur. Sie wird knapp unter der Temperatur der beginnenden Erstarrung durch die freiwerdende Kristallisationswärme gehemmt. Für die Geschwindigkeit des Erstarrungsvorganges ist daher die Größe der Wärmeabfuhr maßgebend.

Die Ableitung der Kristallisationswärme erfolgt fast zur Gänze durch die erstarrte Randschicht. Der Wärmefluß bei der Erstarrung ist richtungbestimmend für die Kristallausbildung. Alle Kristalle wachsen in entgegengesetzter Richtung des Wärmeflusses. Die Kristallisationsgeschwindigkeit ist nicht nur abhängig von den entstehenden Kristallgittern (Entstehung von α- oder γ-Mischkristallen), sondern kann in Abhängigkeit vom Wärmefluß auch in den einzelnen kristallographischen Richtungen verschieden sein.

1.24 Die Kristallisation im Gußblock

Ist unter gegebenen äußeren Bedingungen die Möglichkeit einer Unterkühlung des flüssigen Stahles gegeben, so geht der Kristallisationsvorgang im Sinne der TAMMANNschen Beziehungen zwischen Unterkühlung, Keimbildung und Kristallisationsgeschwindigkeit vor sich. Das entstehende Primärgefüge kann aus der Wechselwirkung dieser drei Größen abgeleitet werden.

Bei der Erstarrung des Stahles in Kokillen (und meist auch in anderen Gußformen) unter den Bedingungen des praktischen Gießbetriebes sind jedoch andere Voraussetzungen gegeben. Im Augenblick der Berührung des flüssigen Stahles mit der kalten Kokillenwand entsteht eine erstarrte Stahlschicht, von welcher aus die Kristallisation in das Innere der Schmelze fortschreitet. Der flüssige Stahl ist also vom Beginn des Erstarrungsvorganges an mit seiner festen Phase in Berührung. Eine nennenswerte Unterkühlung ist theoretisch nur im Bereich der zuerst erstarrten Randschicht möglich, während die Möglichkeit einer Unterkühlung im Inneren der Schmelze nicht gegeben ist. Im Inneren der Schmelze geht die Erstarrung in einem Temperaturbereich vor sich, der durch die Erstarrungstemperaturen der ausgeschiedenen Phasen gegeben ist. Die Temperatur des flüssigen Stahles wird während der Erstarrung nur in dem Maß sinken, als eine Schmelzpunkterniedrigung durch die Veränderung der Zusammensetzung der Restschmelze eintritt.

Als maßgebliche Einflußgröße für die Ausbildungsform des Primärgefüges im Gußblock verbleibt daher im wesentlichen nur die Keimzahl und die Kristallisationsgeschwindigkeit im Erstarrungsbereich. Beide sind im praktischen Betrieb großen Schwankungen unterworfen. Dabei kann angenommen werden, daß bei den üblichen Gießbedingungen die Keimwirkung im wesentlichen in einer Fremdkeimwirkung besteht, die vom metallurgischen Zustand der Schmelze abhängt und für jede Schmelze einen bestimmten Eigenwert besitzt. Die Geschwindigkeit des Kristallwachstums wird bei gegebener Zusammensetzung der Schmelze durch das jeweilige Wärmegefälle bestimmt. Das sich im Einzelfall einstellende Wärmegefälle ist im wesentlichen von der Wärmeleitfähigkeit des Stahles und des Kokillenwerkstoffes, von der Gießtemperatur, vom Verhältnis von Oberfläche zu Volumen des Blockes und schließlich von der Art des Gießens selbst abhängig.

Unter dem Einfluß eines bestimmten Wärmegefälles ist die Ausbildung langgestreckter Kristalliten, der sogenannten *Transkristalliten*, im Gußblock möglich. Die Ausbildung eines transkristallisierten Gefüges wird durch ein starkes Wärmegefälle in einer Richtung begünstigt, wobei die Kristallisationsgeschwindigkeit entgegengesetzt der Richtung des Wärmeflusses größer ist als in den anderen Richtungen. Die Ausbildung von Transkristalliten unterbleibt, wenn der Wärmefluß dem Wert Null zustrebt oder wenn keine bevorzugte Wärmeableitung in einer Richtung auftritt. Dementsprechend kommt es bei extrem langsamer Abkühlung des flüssigen Stahles zur Ausbildung eines globularen Gefüges, wie es z. B. im Inneren großer Schmiedeblöcke oder in Gußstücken beobachtet werden kann, die in Formen aus schlecht wärmeleitenden Stoffen vergossen wurden. Eine gerichtete Kristallausbildung bei Stählen unterbleibt, sobald die Abkühlungsgeschwindigkeit nicht höher als 1 °C/min ist [1]. In ähnlichem Sinn kann auch ein Vorwärmen der Kokille bzw. ein sehr heißes Gießen die Ausbildung der transkristallisierten Zone abschwächen, sobald durch diese Maßnahmen der Wärmefluß und die Abkühlungsgeschwindigkeit auf einen genügend niedrigen Wert gesenkt werden [1, 2].

Die Wärmeabfuhr durch die Kokille geht in zwei Abschnitten vor sich. Bei der Berührung mit dem flüssigen Stahl tritt eine Abschreckwirkung und eine Ableitung der Kristallisationswärme durch Konvektion ein. Kurze Zeit danach hebt sich die erstarrte Randschicht von der Kokille ab. Durch den entstehenden Luftspalt zwischen der Kokillenwand und der erstarrten Blockhaut erleidet die Wärmeabfuhr eine starke Verzögerung. Von diesem Augenblick an kommt der Kokille nur mehr die Bedeutung eines Wärmespeichers zu. Aus diesen beiden Vorgängen ist es auch erklärbar, daß die Kokillenmasse, also praktisch ihre Wandstärke, bis zu einer bestimmten Blockgröße für die Ausbildungsform des Primärgefüges von Bedeutung sein kann. Beim Stranggießen schließt sich an das Abheben von der Kokillenwand noch ein dritter Abschnitt bestimmter Wärmeabfuhr an. Nach dem Austritt aus der Kokille wird der nur in der äußeren Schale erstarrte Stahl in der Regel durch Sprühwasser gekühlt. Die Wärmeableitung ist dann eine Funktion der Kühlwassermenge je Strangoberfläche, deren Maximalwert durch die Wärmeleitfähigkeit des Stahles selbst und durch seine Rißempfindlichkeit gegeben ist (vgl. Abschnitt 2.123).

Je nach der Größe des Einflusses der vorgenannten Einzelkomponenten ergeben sich bei der Erstarrung des Stahles in den üblichen Kokillen folgende kennzeichnende Primärgefüge:

Die äußerste mit der Kokillenwand direkt in Berührung stehende Randschicht weist in jedem Fall ein sehr feinkörniges Gefüge auf, das in der Regel aus feinen Transkristalliten besteht, deren Größe nach innen zunimmt. An diese feinkörnige Außenzone schließt sich in Richtung Blockachse eine Transkristallitenzone an. Die Stärke dieser transkristallisierten Blockzone nimmt mit steigender Abkühlungsgeschwindigkeit zu und kann bei Blöcken geringeren Durchmessers bis

Abb. 383. Geätzter Längsschnitt durch einen Chrom-Nickel-Baustahlblock von 250 mm Seitenlänge (nach F. LEITNER)

in die Blockmitte reichen. Hört jedoch vor der Erstarrung über den ganzen Querschnitt der gerichtete Wärmefluß auf oder erreicht das Wärmegefälle einen sehr niedrigen Wert, so kommt es im Blockinneren zur Ausbildung eines globularen Gefüges. Abb. 383 zeigt diese Art der Primärkristallisation am Längsschnitt eines Chrom-Nickel-Stahlblockes von 250 mm Seitenlänge.

Große Blöcke mit langen Erstarrungszeiten zeigen immer die drei genannten Kristallzonen. Von einer bestimmten Blockgröße an (etwa 6 t) kann es unabhängig von den in die Schmelze hineinwachsenden Kristalliten auch im Inneren der Schmelze zur Kristallbildung kommen. Diese frei in der Schmelze entstehenden Kristalle besitzen keine bevorzugte Wachstumsrichtung. Sie sinken infolge ihres höheren spezifischen Gewichtes zu Boden und sammeln sich im unteren Blockteil an. Sie bilden somit eine der Hauptursachen für die starke Blockseigerung in großen Schmiedeblöcken (vgl. Abschnitt 1.25).

Die Beeinflußbarkeit der Ausbildungsform des Primärgefüges im Gußblock ist relativ gering. Eine die Kristallausbildung beeinflussende Änderung der Wärmeabfuhr kann praktisch nur bis zu Blockquerschnitten von etwa 200 mm Durchmesser oder Seitenlänge erreicht werden. Eine Übertragung der in solchen kleinen Querschnitten erzielten Erfolge auf große Blöcke war bisher nicht möglich. Wie sich in relativ kleinen Blöcken die unterschiedliche Wärmeableitung durch dick- bzw. dünnwandige Kokillen auswirkt, zeigen die Abb. 384 und 385 nach den Untersuchungsergebnissen von F. LEITNER [3]. Die verminderte Wärmeabfuhr in der dünnwandigen Kokille (25 mm statt 45 mm Wandstärke) führt zur Ausbildung einer Transkristallitenzone von nur geringer Stärke. Der Hauptteil der Schmelze erstarrt im Inneren mit globularem Gefüge. In ähnlicher Art kann auch eine unterschiedliche Gießtemperatur die Temperaturverhältnisse bei der Erstarrung und damit die Ausbildungsform des Primärgefüges beeinflussen. So gibt es z. B. für den austenitischen 12%igen Manganhartstahl eine wohldefinierte Temperaturgrenze, unter welcher ein feinkörniges Gußgefüge mit Sicherheit erreicht werden kann [4].

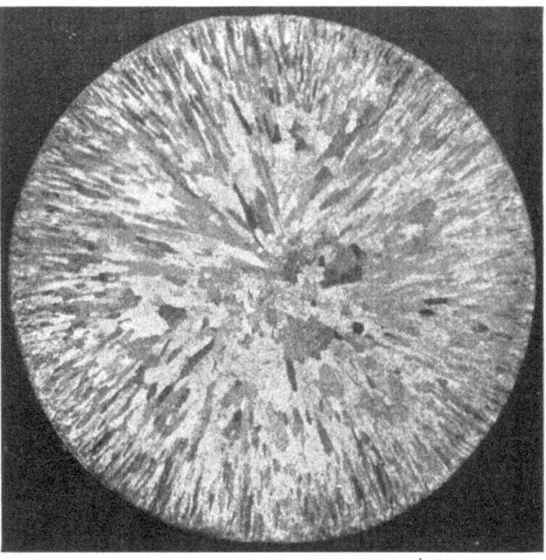

Abb. 384. Primärgefüge eines Chrom-Nickel-Stahlblockes von 1400 mm Durchmesser bei einer Kokillenwandstärke von 45 mm (nach F. LEITNER)

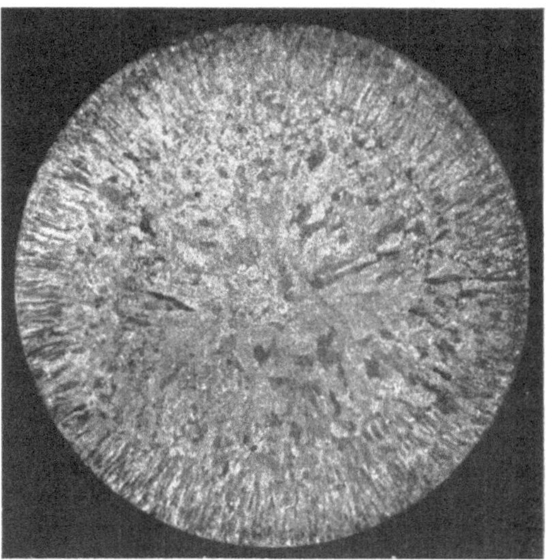

Abb. 385. Primärgefüge des gleichen Chrom-Nickel-Stahles wie Abb. 384 bei einer Kokillenwandstärke von 25 mm (nach F. LEITNER)

Bei gleichbleibenden Abkühlungsverhältnissen ist das Primärgefüge aber auch von der chemischen Zusammensetzung des Stahles abhängig. Im Austenitgebiet erstarrende Legierungen, vor allem die austenitischen Chrom-Nickel-Stähle zeigen eine sehr starke Neigung zur Transkristallisation. Genauso verhalten sich auch die hochlegierten Chromstähle der martensitisch-perlitischen Gruppe, die infolge ihres hohen Chrom- und Kohlenstoffgehaltes bei der Erstarrung ebenfalls direkt in das γ-Gebiet übergehen. Dagegen beobachtet man bei ferritischen und halbferritischen Chromstählen oft nur eine geringe Neigung zur Transkristallisation. Besonders die ferritischen 30%igen Chromstähle zeigen nach dem Erstarren meist ein feinkörnig globulares Gefüge.

Darüber hinaus scheint auch der Gasgehalt des Stahles die Kristallisation zu beeinflussen, ohne daß damit eine sichtbare Gasblasenbildung verbunden sein muß. Bei hohen Wasserstoffgehalten zeigen Chrom-Nickel-Stähle unter normalen Gießbedingungen ein auffallend grobes Primärgefüge und starke Transkristallisation. Werden dieselben Stähle im Vakuum erschmolzen, so zeigt sich nach den Untersuchungen von R. HOHAGE und R. SCHÄFER [5] keine Transkristallisation, sie erstarren mit feinem Primärgefüge. Auch die Ausbildung feinkörniger Gefügezonen in der transkristallisierten oder globularen Gefügeschicht, wie sie Abb. 386 zeigt, wird auf Störungen der Kristallisationsvorgänge durch Gasausscheidungen zurückgeführt. Eine Stütze erhält diese Hypothese in der Beobachtung, daß ähnliche Erscheinungen nach dem Zusatz von leicht verdampfenden Elementen, wie Blei oder Alkalien, beobachtet werden können.

In einem gewissen Umfang kann die Ausbildungsform des Primärgefüges auch durch die Blockform beeinflußt werden. Das Verhältnis von Durchmesser zu Höhe und die Konizität beeinflussen die Erstarrungsgeschwindigkeit in radialer und in vertikaler Richtung. Je kleiner das Verhältnis $h:d$ (Höhe zu Durchmesser)

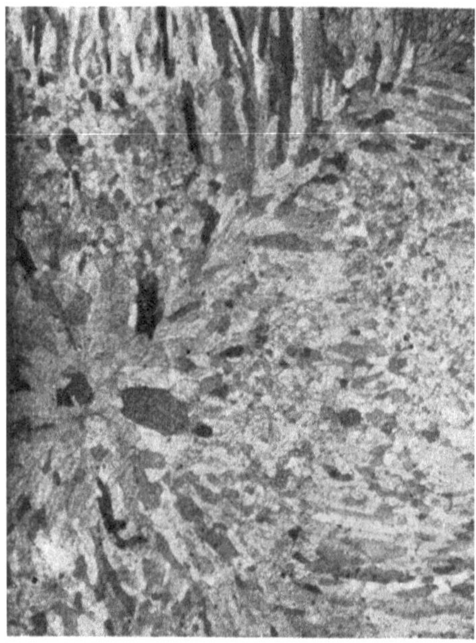

1 : 4

Abb. 386. Zonen feinkörniger Gefügeausbildung zwischen den Transkristalliten im Gußgefüge eines Chrom-Nickel-Baustahles (nach F. LEITNER)

und je größer die Konizität ist, um so höher ist die Erstarrungsgeschwindigkeit in vertikaler Richtung. Kurze, gedrungene Blöcke ergeben in der Regel eine Kernzone optimaler Porenfreiheit. Die Bevorzugung der vertikalen Erstarrung soll bei Stählen, die zu Karbidseigerungen neigen, ein homogeneres Gefüge über den größten Teil des Blockquerschnittes ergeben. In dieser Richtung ist die Anwendung des sogenannten LATROBE-Verfahrens [6] bekannt geworden, bei dem eine gerichtete Kristallisation durch Aufstellen der Kokille auf eine Kupferplatte und Blockkopfbeheizung erreicht werden soll. Es dient in erster Linie zum Abguß von Schnelldrehstählen. Über den Einfluß der Kühlung des Kokillenbodens mit Wasser liegen auch Untersuchungsergebnisse für den Erstarrungsablauf von Kohlenstoffstählen bis zu Blockgrößen von 3000 kg vor [7].

Schließlich müssen noch die Bemühungen erwähnt werden, eine grobe, ungünstige Kristallisation des Stahles durch *Impfen* oder durch eine *Bewegung* der Schmelze während des Erstarrens zu verhindern. Die Ansichten über die durch

Impfzusätze erreichbaren Erfolge sind geteilt und es wird noch weiterer Untersuchungen bedürfen, um Klarheit in die beobachteten Vorgänge zu bringen. Eine Bewegung der Stahlschmelze während des Erstarrens führt relativ leicht zu einer Gefügeverfeinerung. Die Anwendung von *Ultraschall* [8, 9] im technischen Ausmaß scheiterte jedoch bisher an den Schwierigkeiten der Ankoppelung. Dagegen konnten durch Bewegung des flüssigen Stahles mit elektromagnetischen Feldern [10] in eigens dafür konstruierten Kokillen gute Erfolge bis zu Blockgrößen von etwa 600 kg (etwa 350 mm Durchmesser) erzielt werden. Bei hochlegierten ferritischen und austenitischen Stählen und Sonderlegierungen kann die die Warmformgebung erschwerende Transkristallisation weitgehend beseitigt und eine nahezu homogene, globulare Erstarrung erreicht werden. Auch auf dem Gebiet des Strangusses sind erfolgreiche Entwicklungsarbeiten im Gange, um durch Anwendung eines elektromagnetischen Drehfeldes die Kristallisation des Stranges günstig zu beeinflussen [11].

Schrifttum

zu Abschnitt 1.24

1. WULFERT, E.: Die Verminderung von Fehlern in größeren Blöcken aus basischem Siemens-Martin-Stahl. Stahl u. Eisen 60 (1940), S. 833/39.
2. SCHEIL, E.: Über die Transkristallisation des Aluminiums. Z. Metallkde 21 (1929), S. 121/24.
3. LEITNER, F.: Einfluß der Kokillenwandstärke auf den Gußblock. Stahl u. Eisen 46 (1926), S. 629/31.
4. STRAUBE, H.: Unveröffentlichte Untersuchungen in der Schmelzmetallurgischen Abteilung der Forschungsanstalt der Edelstahlwerke Gebr. Böhler & Co., AG., Kapfenberg.
5. HOHAGE, R., und R. SCHÄFER: Ein Beitrag zur Frage der Erstarrung von Stahlblöcken. Arch. Eisenhüttenwes. 13 (1939), S. 123/25.
6. FIELD, J.: Verminderung der Karbidseigerung in Schnellarbeitsstählen. Iron Age 184 (1959), Nr. 27, S. 42/43; vgl. Neue Hütte 6 (1961), S. 610/11.
7. RAVIZZA, P., und V. GIACOMAZZI: Solidification des lingots en acier sous l'effet d'un fond refroidi par circulation d'eau. Rev. Métallurg. 58 (1961), S. 655/60.
8. SEEMANN, H. J., und H. STAATS: Grundsätzliches zur Anwendung einer Schwingungsbehandlung in der Metallurgie. Metall 9 (1955), S. 868/77.
9. GUREVIČ, J. B., W. I. LEONTJEV und I. I. TEUMIN: Einfluß von Überschallschwingungen auf Gefüge und Eigenschaften von Stahlblöcken. Stal 17 (1957), S. 406/11.
10. LANGENBERG, F. C., G. PESTEL und C. R. HONEYCUTT: Grain Refinement of Steel Ingots by Solidification in a Moving Electromagnetic Field. Trans. AIME 221 (1961), S. 993/1001.
11. TARMANN, B., und O. SCHAABER: Unveröffentlichte Untersuchungen im Edelstahlwerk Gebr. Böhler & Co., AG., Kapfenberg.

1.25 Kristall- und Blockseigerung

Die Bedeutung der Ausbildungsform des Primärgefüges für die Eigenschaften des Gußblockes und in weiterer Folge für die Eigenschaften des Fertigproduktes ist nicht nur auf die Eigenschaften der Primärkristallite an sich zurückzuführen, sondern auch auf eine Reihe anderer Einflußgrößen, die sich aus dem Ablauf der Kristallisationsvorgänge technischer Metalle und Legierungen ergeben. Es sind dies die Entmischungs- und Seigerungserscheinungen, die Ausscheidung bestimmter Gefügebestandteile, wie z. B. Karbidphasen, die Ausscheidung von nichtmetallischen Verunreinigungen und Gasen sowie die Begleiterscheinungen, die sich aus der Volumenverminderung bei der Erstarrung ergeben. Ihre Auswirkungen auf die Eigenschaften des Stahles sind in hohem Maße von der Größe der Primärkristallite und deren Ausbildungsform abhängig.

1.251 Die Kristallseigerung

Wie bereits im Abschnitt 1.1 ausgeführt, kommt es bei der Kristallisation von Mehrstoffsystemen unter technischen Bedingungen immer zu Entmischungserscheinungen in der Art, daß aus der Schmelze zunächst ein eisenreicher Mischkristall ausgeschieden wird, während sich die Begleitelemente in der Restschmelze anreichern. Ein vollständiger Konzentrationsausgleich ist in der zur Verfügung stehenden Zeit bis zur vollständigen Erstarrung nicht möglich. Alle Primärkristallite weisen also einen heterogenen Aufbau auf. Die Entmischung der Schmelze führt in weiterer Folge zur bekannten Blockseigerung, die nur teilweise durch die thermische Konvektionsströmung des Stahles in der Kokille ausgeglichen werden kann.

Das Ausmaß der Kristallseigerung hängt natürlich in erster Linie von der chemischen Zusammensetzung des Stahles und damit von seinem Erstarrungsverhalten ab. Es wird dagegen von der Blockgröße selbst nur relativ wenig beeinflußt. Mit zunehmender Blockgröße kann sogar ein gewisser Konzentrationsausgleich im Primärkristallit eintreten, wenn das Erstarrungsintervall genügend langsam durchschritten wird. Für die absolute Größe der Kristallseigerung liegt heute eine Reihe von Meßergebnissen vor, die mit Hilfe der elektronischen Mikrosonde gewonnen wurden. Sie lassen es verständlich erscheinen, daß es zu den noch zu besprechenden starken Blockseigerungen kommen kann und daß die mit der Kristallseigerung unmittelbar zusammenhängende Gefügezeiligkeit [1] bis zum Endprodukt erhalten bleibt.

So untersuchten C. Roques, P. Martin, Ch. Dubois und P. Bastien [2] zusammen mit J. Philibert und H. Bizouard [3] die Kristallseigerung in einem 100-t-Schmiedeblock aus einem Chrom-Nickel-Molybdänstahl mit 1900 mm Durchmesser, wobei sie die

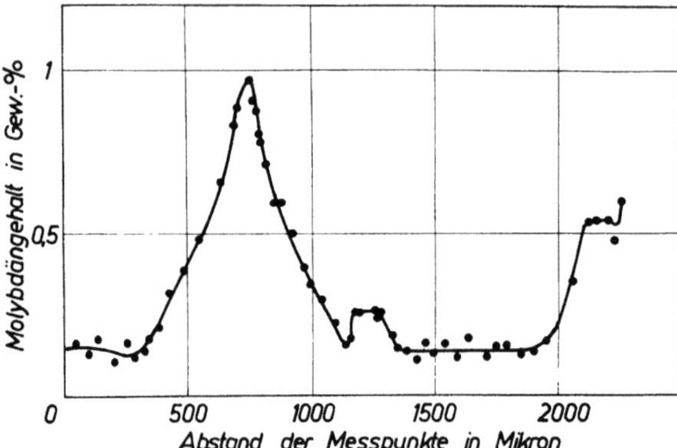

Abb. 387. Kristallseigerung des Molybdäns in einem 100-t-Block eines Cr—Ni—Mo-Baustahles (nach C. Roques und Mitarbeitern)

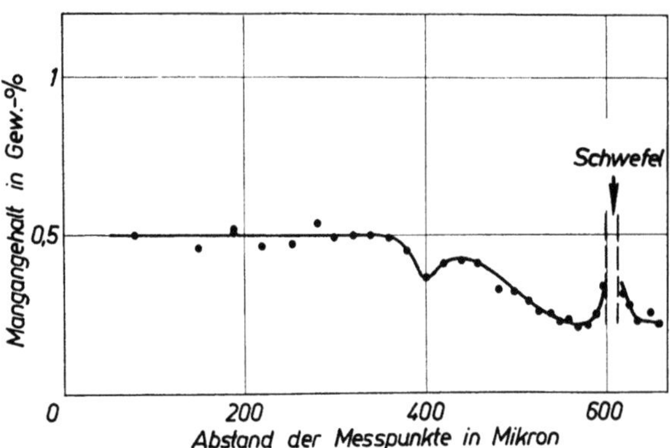

Abb. 388. Kristallseigerung des Mangans im Primär-Kristalliten und in der Nahe eines Mangansulfideinschlusses, sonst wie in Abb. 387 (nach C. Roques und Mitarbeitern)

in Tab. 137 angeführten Maximal- und Minimalkonzentrationen der Elemente P, Ni, Cr und Mo über den Querschnitt der Primärkristalliten fanden. Die Stellen der Maximalkonzentration für diese Elemente in den interdendritischen Bereichen liegen immer in unmittelbarer Nachbarschaft der Schwefelseigerungen, d. h. der dort ausgeschiedenen Sulfide. Den typischen Verlauf der dendritischen Seigerung des Molybdäns zeigt Abb. 387 für den in Tab. 137 genannten mittleren Gehalt von 0,36% Mo. Das Mangan zeigt dagegen ein etwas anderes Verhalten; vgl. Abb. 388. In der Nähe von Sulfideinschlüssen die im wesentlichen aus MnS bestehen (Fe-Gehalt < 2%), kann es zu lokalen negativen Seigerungen kommen, während der Mangangehalt im Inneren der Dendriten ziemlich konstant ist.

Daß die Kristallseigerung auch bei kleinen Erstarrungsquerschnitten praktisch den gleichen Wert erreicht, zeigen auch Untersuchungen von R. BLÖCH und W. POPPMEIER [4] an Rundsträngen von 150 mm Durchmesser aus Kugellagerstahl. Bei einem mittleren Chromgehalt von 1,66% liegen, wie Abb. 389 über

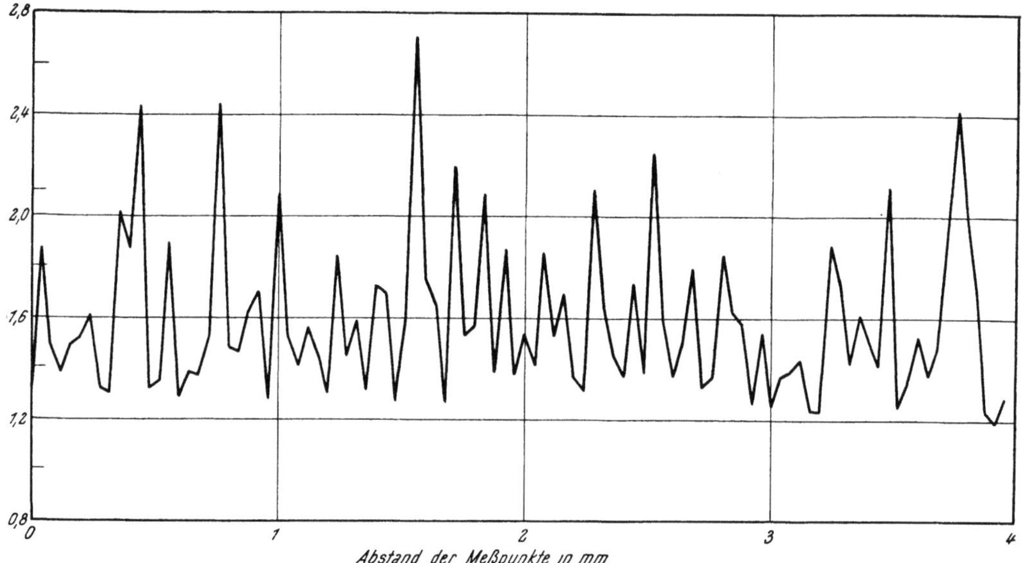

Abb. 389. Kristallseigerung des Chroms im Kugellagerstahl, Strangguß 150 mm Durchmesser
(nach R. BLÖCH und W. POPPMEIER)

einen Bereich von 4 mm zeigt, die Konzentrationen in den Dendritenachsen bei 1,3 bis 1,4% Cr, während im interdendritischen Seigerungsbereich Konzentrationsspitzen von 2,4% Cr und mehr erreicht werden. Die daraus berechnete Seigerzahl entspricht mit einem Wert von 60 bis 70 den obigen Werten für den großen Schmiedeblock (vgl. Tab. 137).

Tabelle 137. *Dendritische Kristallseigerung einiger Elemente*
(nach C. ROQUES und Mitarbeitern)

Element	P	Ni	Cr	Mo
Maximalwert, %	0,09	3,25	1,05	0,95
Minimalwert, %	etwa 0,01	2,40	0,55	0,13
Mittelwert, %	0,020	2,68	0,72	0,36
$\frac{\text{Max.} - \text{Min.}}{\text{Mittelw.}} \cdot 100$ (%)	400	32	69	229

Zu den stark seigernden Elementen zählen noch Kohlenstoff, Sauerstoff, Stickstoff und Wasserstoff, die jedoch bisher mit den zur Verfügung stehenden Mitteln (Mikrosonde) nicht in Mikrobereichen bestimmt werden können. Ihr Kristallseigerungsverhalten kann nur aus der Blockseigerung abgeschätzt werden und muß danach in der für Phosphor bestimmten Größenordnung liegen (vgl. Abb. 394).

Die durch den Kristallisationsvorgang bedingte Anreicherung von Phosphor, Schwefel und Sauerstoff, letzterer naturgemäß in Form oxydischer Einschlüsse in der Kornzwischensubstanz, ist die Ursache für manche Schwierigkeiten bei der Warmformgebung des Stahles. Erwähnt seien in diesem Zusammenhang der Heiß- und Rotbruch, aber auch das Auftreten von Korngrenzenrissen aller Art an diesen Schwächestellen des Primärgefüges. In gleicher Weise gehören dazu auch niedrigschmelzende Karbidphasen, Boride u. a., die sich erst aus der Restschmelze ausscheiden. Die Schädlichkeit aller dieser „Verunreinigungen" ist bei gleicher absoluter Menge von der Ausbildungsform des Primärgefüges abhängig. Je feiner das Gußgefüge, um so größer ist die Oberfläche der Kristalliten im Vergleich zum Volumen und um so geringer ist die Wirkung der den metallischen Zusammenhalt störenden Anteile. Eine gewisse Beeinflussung kann durch eine Diffusionsglühung erreicht werden, wodurch ein Zusammenballen gewisser Ausscheidungen, z. B. der Sulfide, eintritt und die Primärkristallite ineinanderwachsen und damit den metallischen Zusammenhang verbessern.

1.252 Die Blockseigerung

Durch die Kristallseigerung bedingte geringe Konzentrationsunterschiede zwischen Blockmitte und -rand bzw. Blockkopf und Blockfuß können auch an kleinen Blöcken, ja selbst an stranggegossenem Halbzeug festgestellt werden. Sie können praktisch nicht vermieden und durch Diffusionsglühung bei der Weiterverarbeitung auch nur teilweise ausgeglichen werden. Von entscheidender Bedeutung ist die Blockseigerung jedoch erst bei größeren Blöcken bzw. Gußquerschnitten, wobei ihr Ausmaß ebenfalls von der Stahlzusammensetzung und damit

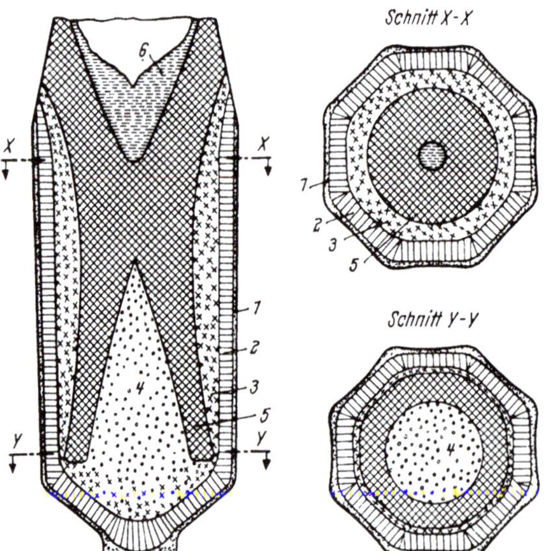

Abb. 390. Schematische Darstellung der Kristallisation und Seigerung in großen Stahlblöcken (nach S. AMMARELLER und P. GRUN)

1 schnell erstarrte Randzone mit feinen, kugeligen Kristalliten, *2* Stengelkristallite, *3* Kontaktdendriten, *4* grobe kugelige Kristallite (kohlenstoffärmeres Gebiet), *5* Seigerungsgebiet mit unregelmäßiger Erstarrung (Zone, in der Schattenlinien auftreten können), *6* seigerungsfreie, unregelmäßige Erstarrung

von der durch die Kristallseigerung hervorgerufenen Entmischung während der Erstarrung abhängt. Bei gleicher Stahlzusammensetzung nimmt ihr Ausmaß mit steigender Blockgröße zu. Bei Baustählen sind im allgemeinen erst Blockgrößen über etwa 6 t stärker blockseigerungsanfällig, während bei Werkzeugstählen, z. B. Schnelldrehstählen, die Blockseigerung schon im 1-t-Block für manche Verwendungszwecke ein unzulässiges Ausmaß erreichen kann.

Zahlreiche Untersuchungen der vergangenen Jahre haben die Vorgänge bei der Erstarrung großer Schmiedeblöcke und das Ausmaß der zu erwartenden Blockseigerung geklärt und allerdings auch erkennen lassen, daß eine willkürliche Beeinflussung dieser Vorgänge nur im bescheidensten Ausmaß möglich ist. Lediglich die Seigerung von Phosphor, Schwefel, Wasserstoff und von Sauerstoff in Form von Oxydeinschlüssen kann durch entsprechende Verminderung der Ausgangskonzentrationen im flüssigen Stahl stark herabgesetzt werden.

Nach S. AMMARELLER und P. GRÜN [5] kann man in jedem Schmiedeblock aus den üblichen Baustählen den in Abb. 390 wiedergegebenen schematischen Aufbau feststellen. Die Blockaußenzone besteht aus der in Berührung mit der Kokille rasch erstarrten Randzone (1) und der relativ dünnen Transkristallisationszone (2). Im Inneren des Blockes befindet sich ein Seigerungsgebiet (5) mit un-

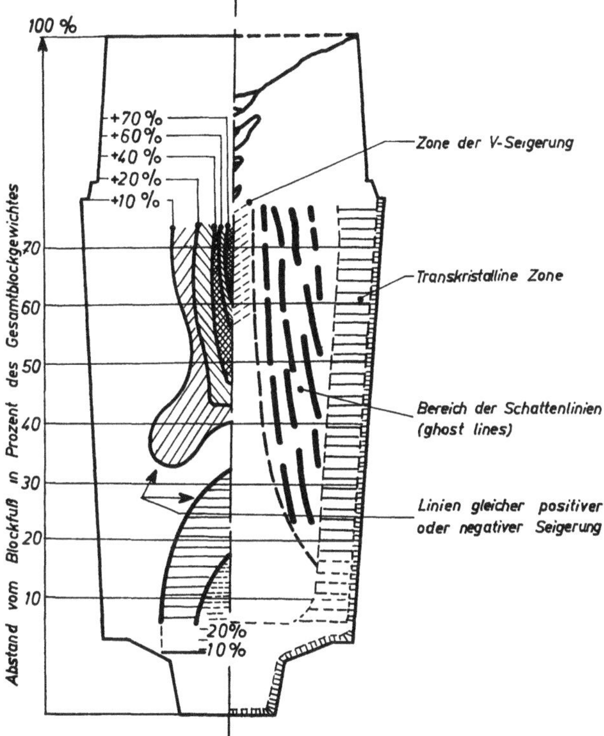

Abb. 391. Schematische Darstellung der Seigerungen in Stahlblöcken mit Gewichten über 6 t
(nach P. BASTIEN)

regelmäßiger Erstarrung, in dem die bekannten Schattenlinien (ghost lines) auftreten. Dieses ruht auf einem Kegel aus groben kugeligen Kristalliten, die in der Regel das kohlenstoffärmste Gebiet darstellen (4). Die restlichen Bereiche (3 und 6) zeigen eine relativ seigerungsarme Erstarrung. Diese schematische Darstellung deckt sich gut mit den Ergebnissen der Untersuchung von etwa 200 Schmiedeblöcken im Gewicht von 7 bis 150 Tonnen durch eine französische Forschergruppe [2, 6]. Sie geben für Schmiedeblöcke über 6 t Gewicht die in Abb. 391 dargestellten Seigerungsverhältnisse an. Die V-Seigerungen mit Sulfidanreicherungen befinden sich in der Blockmitte unter dem Haubenansatz. Der Bereich der A-Seigerungen (Schattenlinien) liegt in einem konzentrischen Bereich über einem relativ seigerungsfreien Gebiet des Blockfußes. Für diese Blockseigerungen liegen aus den genannten Untersuchungen auch quantitative Messungen über das Ausmaß der Seigerung vor.

Wie Abb. 392 erkennen läßt, ist die Kohlenstoffseigerung stark vom Blockquerschnitt (und damit von der Blockgröße) abhängig. Dabei tritt im unteren

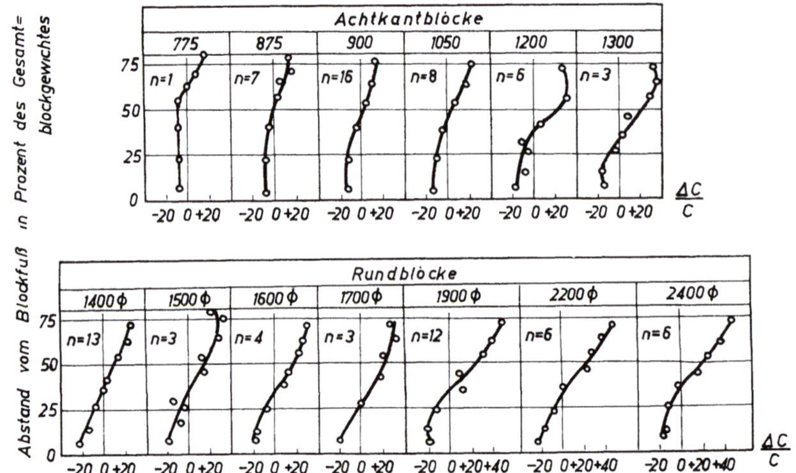

Abb. 392. Kohlenstoffseigerung in Richtung der Blockachse in Schmiedeblöcken unterschiedlicher Größe
(nach C. Roques und Mitarbeitern)

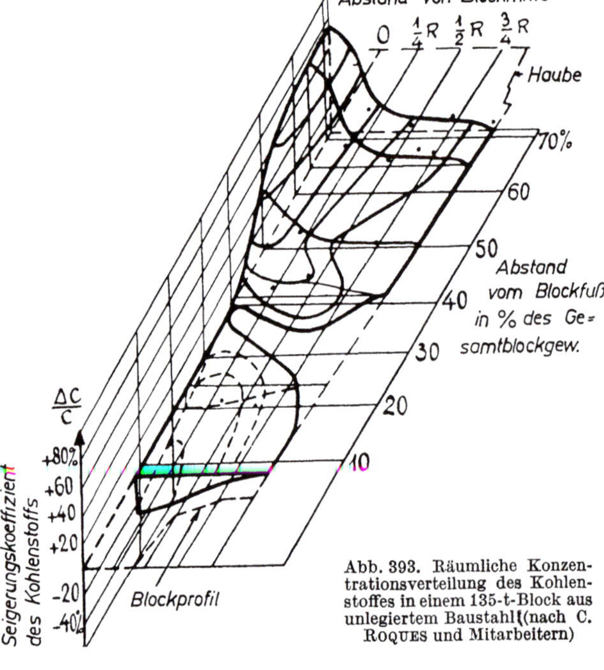

Abb. 393. Räumliche Konzentrationsverteilung des Kohlenstoffes in einem 135-t-Block aus unlegiertem Baustahl (nach C. Roques und Mitarbeitern)

Blockdrittel immer eine Kohlenstoffverarmung und im oberen Blockteil eine entsprechend starke Kohlenstoffanreicherung ein. Die Differenz ΔC kann bei einem mittleren Kohlenstoffgehalt der Schmelze von 0,3% bis zu 0,1% C und mehr betragen. Die räumliche Konzentrationsverteilung des Kohlenstoffs in einem 135-t-Block aus unlegiertem Baustahl zeigt Abb. 393 über dem Schnitt durch die Blockachse. Die maximale negative Seigerung $\dfrac{\Delta C}{C}$ beträgt im Blockfuß etwa 30%, die maximale positive Seigerung unter der Haube fast 80%.

Dadurch, daß das Ausmaß der Seigerung aller anderen Elemente dem Ausmaß der Kohlenstoffseigerung proportional ist, läßt sich ihr Verhalten in der in Abb. 394 gezeigten Art darstellen. Trägt man den Seigerungskoeffizienten $\dfrac{\Delta X}{X}$ der verschiedenen Elemente über dem des Kohlenstoffs $\dfrac{\Delta C}{C}$ auf, so erkennt man, daß die Legierungselemente Silizium, Mangan, Chrom, Nickel und Molybdän eine wesentlich geringere Blockseigerung ergeben als der Kohlenstoff. Dieser wird nahezu erreicht von Phosphor, Arsen, Zinn und Stickstoff und nur vom Schwefel übertroffen. Der sehr ungünstige Einfluß der letztgenannten Elemente kann, wie bereits erwähnt, durch ihre weitgehende Erniedrigung in der Schmelze zurückgedrängt werden. Dies gilt naturgemäß auch für die Blockseigerung des Wasserstoffs, der, wie Abb. 395 zeigt, sich im Blockinneren stark anreichern kann [7]. Mit der heute allgemein üblichen Vakuumbehandlung beim Guß schwerer Schmiedeblöcke ist die sich daraus ergebende Flockengefahr ausgeschaltet und auch im Blockinneren ein ausreichend niedriger Wasserstoffgehalt gewährleistet.

Die Kristallseigerung des Sauerstoffes führt zur bevorzugten Ausscheidung von Oxyden aus der Restschmelze. Diese werden jedoch nur zum Teil in den interdendritischen Bereichen festgehalten. Ein Teil der Oxydeinschlüsse vermag in der Restschmelze aufzusteigen und sich im Blockkopf abzuscheiden. Aus den obengenannten Untersuchungen an schweren Schmiedeblöcken ergibt sich für die Sauerstoff- und damit für die Einschlußverteilung das in Abb. 396 gezeigte Bild. Im Bereich des Blockkopfes sind die niedrigsten, im Blockfuß dagegen die höchsten Gehalte feststellbar. Für die in Zone (4) (vgl. Abb. 390) mit negativer Kohlenstoffseigerung und im Blockfuß selbst auftretende maximale Einschlußgehalte gibt es verschiedene Erklärungsmöglichkeiten. Zunächst können bei zu langsamem Angießen des Blockes und damit rascher Erstarrung des Blockfußes die sich bei der Erstarrung ausscheidenden (und beim Gießen an Luft auch die mit dem Luftsauerstoff entstandenen sekundären Desoxydationsprodukte) Oxyde nicht mehr aus dem Stahl ausscheiden. Zum anderen können auch die im Inneren des Blockes entstehenden und zu Boden sinkenden Kristallite Oxydteilchen mitreißen und dort festhalten. Am naheliegendsten ist jedoch die Ablagerung von Oxydteilchen an diesem „Schüttkegel" kohlenstoffarmer Kristalliten durch die thermische Konvektionsströmung, die sich nach beendetem Abguß in jedem Gußblock bis zur beendeten Erstarrung ausbildet und die dauernd eine mit Oxydeinschlüssen beladene Schmelze vorbeiführt. Sie begünstigt andererseits auch die Abscheidung im Blockkopf.

Diese Konvektionsströmungen im erstarrenden Block wurden von H. KOSMIDER, H. NEUHAUS, H.-J. KIRSCHNING und W. MÜNSTERMANN [8] mit Hilfe

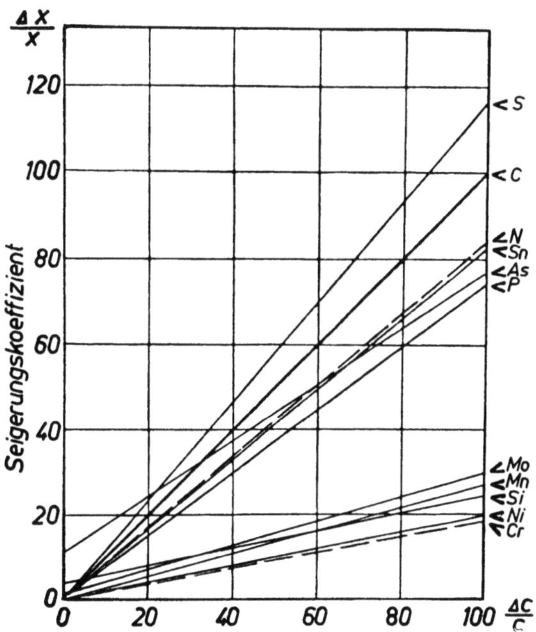

Abb. 394. Beziehungen zwischen den Seigerungskoeffizienten verschiedener Elemente und dem des Kohlenstoffes (nach C. ROQUES und Mitarbeitern)

von radioaktivem Schwefel eingehend untersucht. Dabei konnte die in Abb. 397 angegebene Entstehung abgeleitet werden. Der radioaktive Schwefel wurde während des Füllens der Kokille von unten zugesetzt (*a*), wobei die an Schwefel angereicherte Stahlschicht bis in den Blockkopf gedrückt wird (*b*). Nach Gießende

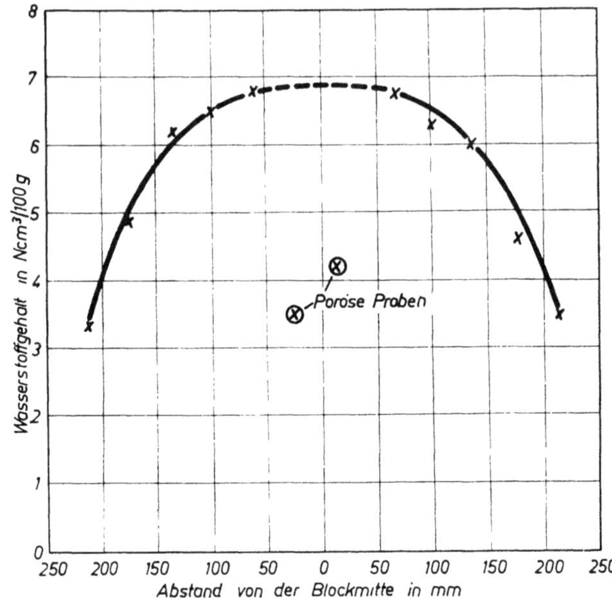

Abb. 395. Verteilung des Wasserstoffes über den Querschnitt eines Gußblockes von 450 mm Durchmesser (nach J. Hewitt)

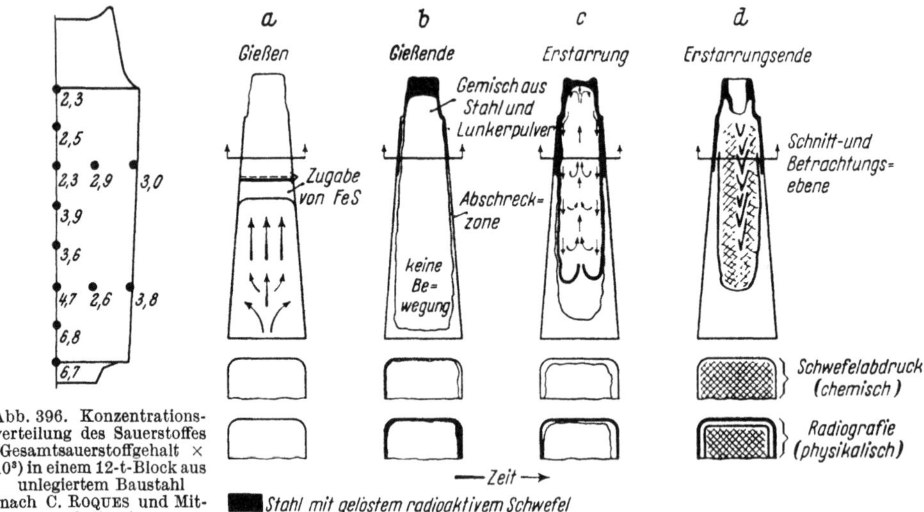

Abb. 396. Konzentrationsverteilung des Sauerstoffes (Gesamtsauerstoffgehalt × 10³) in einem 12-t-Block aus unlegiertem Baustahl (nach C. Roques und Mitarbeitern)

Abb. 397. Entstehung einer vertikalen Konvektionsströmung im erstarrenden Block eines beruhigten Stahles (nach H. Kosmider und Mitarbeitern)

bildet sich die in Bild *c* dargestellte Strömung aus. Die am Blockrand befindliche kältere Schmelze ist spezifisch schwerer und sinkt entlang der erstarrten Randschicht ab. Die spezifisch leichtere Schmelze in der Blockmitte wird hochgedrückt. Diese Art der Konvektionsströmung erklärt nicht nur die Anreicherung der

Einschlüsse im Blockfuß (bis etwa $1/3$ der Blockhöhe), sondern erleichtert sicher auch den Aufbau des kohlenstoffärmeren Innenkegels aus den in der Schmelze entstehenden Primärkristalliten.

Zum Schluß sei noch darauf hingewiesen, daß die Anreicherung einzelner Elemente, besonders aber von Kohlenstoff und Sauerstoff, durch die Kristall- und Blockseigerung auch in beruhigten Stählen die Ursache von chemischen Umsetzungen sein kann, die zu Blockfehlern führen. Wird dadurch das Löslichkeitsprodukt der Kohlenstoffreaktion örtlich überschritten, so kann es unter Überwindung des ferrostatischen Druckes zur CO-Entwicklung kommen. Diese Reaktion führt zum „Treiben" der Blöcke oder zur Ausbildung von Gasblasen. Die gleiche Reaktion kann auch die Ursache für Randblasen im Gußblock sein, wenn die Kohlenstoffkonzentration in der Randschicht durch Kohlenstoffaufnahme aus dem Kokillenwerkstoff oder Kokillenlack über das Gleichgewicht mit dem Restsauerstoffgehalt der Schmelze erhöht wird, oder wenn der Sauerstoffgehalt des Stahles durch Auflösung von Rost oder oxydierten Stahlspritzern über die Gleichgewichtskonzentration ansteigt.

Durch die Blockseigerung können aber auch die atomar gelösten Gase Stickstoff und Wasserstoff so stark angereichert werden, daß sie durch den Löslichkeitssprung am Erstarrungspunkt des Stahles in Freiheit gesetzt werden. Auch diese Gasausscheidung ergibt blasige Blöcke und kann sogar bis zum „Treiben" beruhigter Stähle führen (Wasserstoff- bzw. Stickstofftreiben).

Werden Gasblasenhohlräume, gleich welcher Entstehungsart, durch Nachfließen der Restschmelze teilweise oder ganz ausgefüllt, so kommt es im Gußblock zur sogenannten Gasblasenseigerung. Auch die Schattenlinien (ghost lines) dürften, wenigstens teilweise, auf eine Gasentwicklung unter Nachfließen von Restschmelze zwischen die Dendriten oder Globuliten am Rande der Erstarrungszone zurückzuführen sein.

Schrifttum
zu Abschnitt 1.25

1. PLÖCKINGER, E., und A. RANDAK: Untersuchungen über das Zeilengefüge in unlegierten und legierten Baustählen. Stahl u. Eisen 78 (1958), S. 1041/58.
2. ROQUES, C., P. MARTIN, CH. DUBOIS und P. BASTIEN: Étude de l'hétérogénéité des gros lingots de forge. Rev. Métallurg. 57 (1960), S. 1091/1103.
3. PHILIBERT, J., und H. BIZOUARD: Quelques nouvelles applications de la microsonde électronique de Castaing et leur importance pratique. Mém. Sci. Rev. Métallurg. 56 (1959), S. 187/200.
4. BLÖCH, R., und W. POPPMEIER: Unveröffentlichte Untersuchungen mit der Mikrosonde in der Forschungsanstalt der Gebr. Böhler & Co. AG., Edelstahlwerke, Kapfenberg.
5. AMMARELLER, S., und P. GRÜN: Stähle für größere Schmiedestücke. Stahl u. Eisen 72 (1952), S. 653/62.
6. BASTIEN, P.: Les facteurs métallurgiques de l'usinabilité des aciers. Rev. Métallurg. 58 (1961), S. 981/90.
7. HEWITT, J.: Diskussionsbeitrag zu „Hydrogen in Steel". J. Iron Steel Inst. 194 (1960), S. 89/91.
8. KOSMIDER, H., H. NEUHAUS, H.-J. KIRSCHNING und W. MÜNSTERMANN: Über die physikalischen und chemischen Vorgänge beim Gießen und Erstarren von Stahl. Stahl u. Eisen 77 (1957), S. 133/43.

1.26 Die Volumenänderung bei der Erstarrung

Die Volumenverminderung bei der Erstarrung des flüssigen Stahles setzt sich aus der Volumenabnahme bei der Abkühlung von Gieß- auf Erstarrungstemperatur und aus der Volumenkontraktion beim Übergang vom flüssigen in den festen

Zustand zusammen. Naturgemäß findet auch im erstarrten Block eine weitere Volumenabnahme bei der Abkühlung statt, die zu dem bereits erwähnten Abheben der erstarrten Randschicht von der Kokillenwand führt.

Die Volumenabnahme der Schmelze bis zur Erstarrungstemperatur hat gegenüber der Volumenverminderung bei der Erstarrung nur eine untergeordnete Bedeutung. Die Volumenkontraktion bei der Erstarrung ist von der Stahlzusammensetzung abhängig. Sie beträgt bei unlegiertem Stahl etwa 5,5% [1], während sie z. B. für Mangan nur 1,7% beträgt. Bei reinem Silizium tritt sogar eine Volumenzunahme bei der Erstarrung ein. Die weitere Kontraktion des erstarrten Stahles bei der Abkühlung auf Raumtemperatur beträgt dann noch etwa 6,6% bei unlegierten Stählen, entsprechend einer linearen Schwindung von 2,2%.

Wird die Oberfläche des Stahles in der Kokille während der Erstarrung des Blockes flüssig gehalten, so sinkt der Flüssigkeitsspiegel mit fortschreitender Erstarrung. Es bildet sich im Blockkopf eine trichterförmige Vertiefung, der sogenannte Lunker. Erstarrt dagegen die Oberfläche des flüssigen Stahles noch vor der vollständigen Kristallisation des Blockes, so bildet sich der Lunkerhohlraum unter der erstarrten Oberfläche aus. Er kann bei ungünstigen Verhältnissen tief in den Gußblock hineinreichen. Ebenso können sich bei verhindertem Nachfließen von flüssigem Stahl an einzelnen Stellen im Gußblock größere oder kleinere Hohlräume bilden, wie sie als Sekundärlunker, V-Lunker oder als sogenannte Mikrolunker im Gefüge verteilt auftreten (vgl. Abschnitt 1.212). Die Lunkerbildung wird, außer vom Gießvorgang, auch von der Blockform beeinflußt.

Schrifttum

zu Abschnitt 1.26

1. BENEDICKS, C., N. ERICSSON und G. ERICSON: Bestimmung des spezifischen Volumens von Eisen, Nickel und Eisenlegierungen im geschmolzenen Zustand. Arch. Eisenhüttenwes. 3 (1929/30), S. 473/86.

2. Die Praxis des Gießens

Zum Gießen wird die Schmelze aus dem Ofen oder Tiegel in eine Pfanne abgestochen oder bei großen Öfen auch auf zwei oder mehr Gießpfannen verteilt. Der direkte Abguß von Rohstahlblöcken ist nur selten bei kleinen Elektroöfen und dann vornehmlich beim Vakuumschmelzen üblich.

Beim Einfließen des Stahles in die Pfanne läßt man meist so viel Schlacke nachlaufen, daß die Oberfläche des flüssigen Stahles vollkommen abgedeckt und gegen Oxydation und direkte Wärmeabstrahlung geschützt ist. Genügt die vorhandene Schlackenmenge nicht oder erscheint es aus metallurgischen Gründen zweckmäßig, die Ofenschlacke von der Gießpfanne fernzuhalten, so wird nach beendetem Abstich ein künstliches Schlackengemisch aufgegeben. Eisenoxydulreiche basische Schlacken, die die feuerfeste Zustellung der Pfanne und die Umhüllung der Stopfenstange stark angreifen, werden durch Zugabe von gebranntem Kalk oder Dolomit abgesteift. Die beim Abstechen in der Pfanne möglichen Reaktionen wurden bereits im Abschnitt „Schmelzen" 1.18 eingehend behandelt.

Die dort aufgezeigten Temperaturverluste müssen bei der Bestimmung der jeweils notwendigen Abstichtemperatur des Stahles berücksichtigt werden. Dazu kommt gegebenenfalls noch der Wärmebedarf für die Legierungszusätze, sofern diese unmittelbar vor dem Abstich in den Ofen oder erst in die Pfanne gegeben werden (vgl. Abschnitt „Schmelzen", 3.422.5). Als Ausgangspunkt zur Ermittlung der *Gießtemperatur* dient die jeder Stahlzusammensetzung zugehörige Liquidustemperatur. Der Schmelzpunkt des reinen Eisens, der nach den derzeit gültigen Messungen bei 1536 $\pm$ 1 °C liegt, wird durch alle Zusatzelemente herabgesetzt, sofern der Zusatz an höherschmelzenden Elementen einen gewissen Prozentsatz nicht überschreitet. Die im Einzelfall eintretende Schmelz-

Tabelle 138. *Spezifische Schmelzpunkterniedrigung (Liquidustemperatur) des Eisens durch verschiedene Begleit- und Legierungselemente* (nach W. F. Roeser und T. Wensel)

Element	Erniedrigung des Schmelzpunktes in °C durch 1% (Gewicht)	Menge des untersuchten Elementes im Werkstoff in % (Gewicht)
Wasserstoff	1300° (berechnet)	0 bis ?
Stickstoff	90° (berechnet)	0 bis 0,03
Sauerstoff	80° (berechnet)	0 bis 0,03
Kohlenstoff	ändert sich wie folgt:	0 bis 3,8
	65° bei 0 %	
	70° bei 1 %	
	75° bei 2 %	
	80° bei 2,5%	
	85° bei 3 %	
	91° bei 3,5%	
	100° bei 4 %	
Phosphor	30°	0 bis 0,7
Schwefel	25°	0 bis 0,08
Arsen	14°	0 bis 0,5
Zinn	10°	0 bis 0,03
Silizium	8°	0 bis 3
Mangan	5°	0 bis 1,5
Kupfer	5°	0 bis 0,3
Nickel	4°	0 bis 9
Molybdän	2°	0 bis 0,3
Vanadin	2°	0 bis 1
Chrom	1,5°	0 bis 18
Aluminium	0°	0 bis 1
Wolfram	1°	18% W mit 0,66% C

punkterniedrigung setzt sich bei eisenreichen Schmelzen additiv aus der Einzelwirkung der Begleit- und Legierungselemente zusammen. Mit Hilfe der von W. F. Roeser und T. Wensel [1] ermittelten spezifischen Schmelzpunkterniedrigungen des Eisens je 1 Gewichtsprozent läßt sich die Liquidustemperatur der meisten Stähle mit ausreichender Genauigkeit errechnen. Diese Angaben sind in Tabelle 138 zusammengestellt. Eine Zusammenstellung von F. Beitter [2] in Tab. 139 gibt eine Übersicht über die Schmelzpunktbereiche wichtiger Stahlgruppen. Die jeweils günstigste Gießtemperatur wird, je nach dem Gießverfahren, etwa 20 bis 100°C über den hier angeführten Werten liegen (vgl. Abschnitt 2.115).

Für das Gießen mit Stopfenpfannen ist auch die Kenntnis der Entleerungszeit notwendig, um einerseits die Gießgeschwindigkeit durch Wahl des geeigneten Ausgußdurchmessers einstellen und die von der Gießzeit abhängigen Temperaturverluste richtig einschätzen zu können. Nach L. KUCHARCIK [3] läßt sich die Entleerungszeit einer Stopfenpfanne nach der Formel

$$t = \frac{2D^2 \cdot \sqrt{h}}{\mu \cdot d^2 \cdot \sqrt{2g}} \tag{365}$$

berechnen, worin D den mittleren Pfannendurchmesser, d den Durchmesser des Ausgusses, μ den Einschnürungskoeffizienten und h die Füllhöhe der Pfanne bedeuten. Durch die Einschnürung des ausfließenden Strahles ist die Ausflußleistung etwas geringer, als der TORRICELLIschen Ausflußformel $v_{th} = \sqrt{2gh}$ entspricht.

Tabelle 139. *Liquidustemperaturen handelsüblicher Stähle* (nach F. BEITTER)

Gruppe Nr.	Schmelz- bereich °C	Werkstoff
I	1535—1525	Armco-Eisen, Weicheisen mit höherem Reinheitsgrad (höchstens 0,04% C)
II	1525—1510	Nicht beruhigter Stahl (0,10% C), beruhigter Stahl (0,10% C, 0,25% Si), nicht beruhigter Stahl (höchstens 0,20% C), beruhigte unlegierte und leicht legierte Einsatzstähle.
III	1510—1490	Mittelharter unlegierter Stahl (0,40% C), leichtlegierte Vergütungsstähle, Nitrierstahl (1% Al, 1,4% Cr), rostsicherer Chromstahl (13% Cr, 0,30% C), hitzebeständiger Stahl (30% Cr, 5% Al).
IV	1490—1475	Höherlegierte Vergütungsstähle (1,5% Cr, 3,5% Ni), harter unlegierter Stahl (0,60% C).
V	1460—1445	Kugellagerstahl (1% C, 1,5% Cr), austenitischer rostsicherer Stahl (18% Cr, 8% Ni), Schnelldrehstahl (18% W, 4% Cr, 1% V), unlegierter Werkzeugstahl (1% C).

Das Vergießen des Stahles zu Blöcken, Halbzeug oder Formguß über die Gießpfanne kann entweder an Luft bei normalem Druck, unter Schutzgas oder auch im Vakuum erfolgen. Neben dem klassischen Standguß gewinnt das kontinuierliche Gießen im Strang zunehmende Bedeutung. Andere Gießverfahren dagegen, wie z. B. der Schleuderguß, haben nur für besondere Verwendungszwecke Eingang in die hüttenmännische Praxis gewonnen. Diese verschiedenen Gießverfahren sollen in den folgenden Abschnitten eingehend behandelt werden.

Schrifttum
zu Abschnitt 2

1. ROESER, W. F., und T. WENSEL: Die Erstarrungstemperatur von sehr reinem Eisen und einigen Stählen. J. Res. Nat. Bur. Stand. 26 (1941), Nr. 4, S. 273/87.
2. BEITTER, F.: Die Fehler im Gußblock und ihre Beziehungen zur Gießtemperatur und Gießgeschwindigkeit. Stahl u. Eisen 69 (1949), S. 585/600.
3. KUCHARCIK, L.: Berechnungen der Entleerungszeit einer Stopfenpfanne. Gießerei 49 (1962), S. 43.

2.1 Das offene Gießen des Stahles

Das offene Gießen des Stahles erfolgt entweder im Standguß in Kokillen zur Erzeugung von Gußblöcken für die Warmformgebung durch Walzen, Schmieden oder Pressen oder im Strangguß zur Herstellung gegossener Rund-, Quadrat- oder Flachabmessungen beliebiger Länge, die ebenfalls einer Weiterverarbeitung nach einem der genannten Verfahren unterzogen werden. Die Herstellung von Stahlformguß soll dagegen nicht im Rahmen dieses Buches behandelt werden.

2.11 Der Standguß

Alle Einrichtungen für den Abguß des fertigen Stahles zu Blöcken werden üblicherweise im Gießgrubenbetrieb des Stahlwerkes zusammengefaßt. Sie bestehen, außer aus den notwendigen Transporteinrichtungen (Kränen, Kokillen- und Blockwagen usw.), aus den Gießpfannen, den Untergußplatten, Trichtern und Hauben sowie aus dem notwendigen Kokillenpark, der dem Produktionsumfang und dem Sortenprogramm des Edelstahlwerkes sorgfältig angepaßt sein muß. Außerdem muß der Gießgrubenbetrieb noch über Abstell- und Abkühlmöglichkeiten für die Blöcke verfügen, die nicht in der Gußhitze an den weiterverarbeitenden Betrieb übergeben werden, wie dies für Edelstahlwerke immer bei einem nicht unerheblichen Teil der Produktion der Fall ist. Die aus Gründen der Stahlqualität notwendige sorgfältige und saubere Gießgrubenarbeit erfordert ausreichende Arbeitsflächen, die auch im Interesse der Arbeitssicherheit zweckmäßig sind.

Alle Einrichtungen im Gießbetrieb — mit Ausnahme der Kokillen —, die mit dem flüssigen Stahl in Berührung kommen, sind mit feuerfestem Material ausgekleidet. Diese Auskleidung umfaßt die Zustellung der Gießpfannen, der Trichter, Hauben, Gespannplatten und Eingußrohre sowie der Untergußplatten für den kommunizierenden Guß.

2.111 Die Gießpfannen

Die im Gießbetrieb heute allgemein übliche Gießpfanne ist die Stopfenpfanne mit Bodenausguß. Für den Abguß kleiner Öfen stehen vereinzelt auch Kugel- oder Kipppfannen in Verwendung. Rohr- oder Siphonpfannen werden in manchen Werken beim Stranggießen verwendet.

Der Pfannenkörper ist als starkwandiges Blechgefäß ausgeführt. Neben der zylindrisch-konischen Form sind auch ovale Pfannen in Verwendung. Die Ausführungsform mit zwei Ausgüssen ist z. B. zum Abguß schwerster Schmiedeblöcke üblich. Abb. 398 zeigt an einem Schnitt durch eine Stopfenpfanne den Aufbau der feuerfesten Auskleidung des Pfannenkörpers sowie die feuerfeste Umhüllung der Stopfenstange. Die Pfannenausmauerung ruht auf einem Dauerfutter aus Schamottesteinen mit hohem Porenvolumen, die gleichzeitig zur Wärmeisolation dienen.

Die Ausmauerung für den Abguß *basisch* erschmolzener Stähle besteht üblicherweise aus hochwertigen Schamotteformsteinen mit etwa 32 bis 34% Al_2O_3. Sie werden mit Schamottemörtel verlegt. Der Pfannenboden besteht aus einer Schar hochkantgestellter Normalsteine oder aus besonderen Formsteinen. Die Ausgußmuschel sitzt entweder in einer Aussparung der Bodensteine oder zweckmäßiger in einem eigenen Formstein. Sie muß nach jedem Abguß ausgewechselt werden. Die Verwendung eines Formsteines zur Aufnahme der Ausgußmuschel hat den Vorteil, daß beim Einsetzen derselben weniger feuerfeste Masse benötigt wird und die Gefahr eines Stahldurchbruches geringer ist.

Außer der hier beschriebenen Art des Einbaues der Ausgußmuschel, die vom Pfanneninneren in den Bodenstein eingesetzt wird, kann der Einbau auch von außen vorgenommen werden, wenn entsprechende Haltevorrichtungen am Pfannenboden vorgesehen sind. Abb. 399 zeigt eine solche Ausführungsform [1]. Der Ausgußstein, der von außen eingeschoben wird, sitzt in einem zweiteiligen Pfannenbodenstein und wird von der Düsensteinplatte festgehalten, die mittels Bolzen und Keilen am Pfannenbodenmantel befestigt ist. Das Abdichten erfolgt mit einer feingeschlämmten Ton-Graphit-Masse. Das Auswechseln des Ausgusses kann bei dieser Konstruktion in 12 bis 15 Minuten an der warmen Pfanne vorgenommen werden.

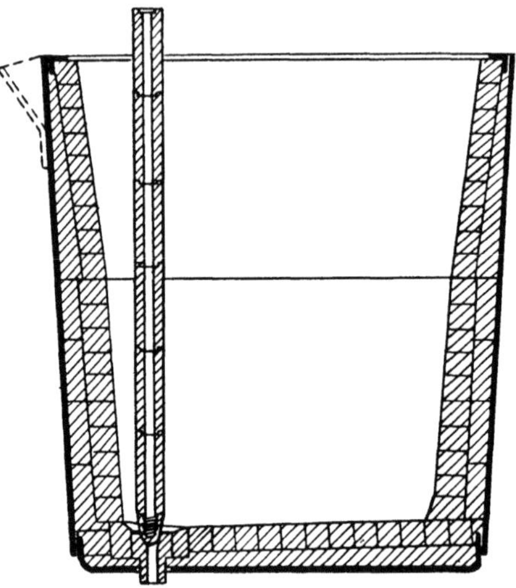

Abb. 398. Schnitt durch eine Stopfenpfanne

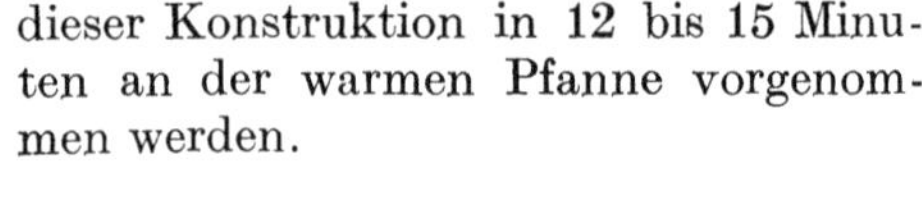
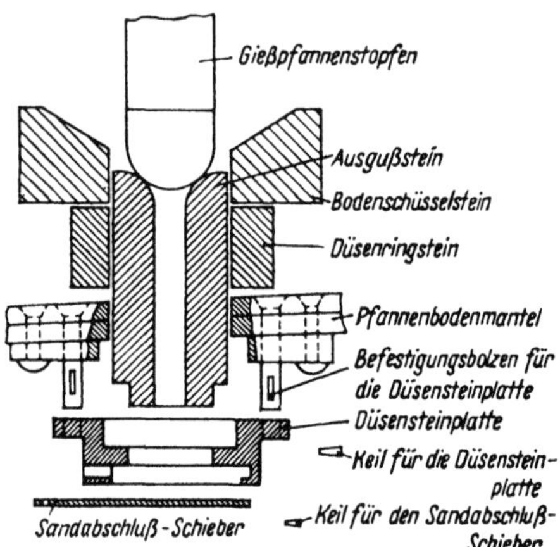

Abb. 399. Pfannenausguß-Anordnung zum Auswechseln des Ausgußsteines von außen (nach W. G. McDonough)

In neuerer Zeit finden auch ausgestampfte Pfannen für basischen Stahl zunehmende Verwendung. Spezialstampfmassen hoher Haltbarkeit gewährleisten ein wirtschaftlicheres Arbeiten als mit der bisher üblichen Steinzustellung. Für den Abguß hochmanganlegierter Stähle, z. B. von 12%igem Manganhartstahl, findet man auch Pfannen mit Magnesitauskleidung. Diese wird vom Mangan nur wenig angegriffen, so daß höhere Haltbarkeiten erzielt werden und die Einschlußgefahr vermindert wird. Die hohe Wärmeleitfähigkeit der Magnesitauskleidung macht eine besonders gute Wärmeisolierung erforderlich.

Für den Abguß von *sauer* erschmolzenem Stahl sind auch Gießpfannen in Verwendung, die mit kieselsäurereichen Steinen, z. B. tonerdearmen Schamottesteinen, ausgekleidet sind. Sie werden von der sauren Schlacke wesentlich weniger angegriffen als die eingangs genannten tonerdereichen Steine. Fallweise werden auch Pfannenauskleidungen benutzt, die durch Ausstampfen mit Klebsand hergestellt werden.

Die feuerfeste Umhüllung der *Stopfenstange* besteht aus Schamottesteinen etwa gleicher Qualität, wie sie für die Auskleidung der Pfanne Verwendung finden. Gute Schamotterohre müssen eine hohe Feuerfestigkeit aufweisen, eine gleichmäßige, nicht zu hohe thermische Ausdehnung besitzen und frei von Haarrissen sein [2]. Die Rohre werden nach dem Aufschrauben des Stopfenkopfes über die Stopfenstange geschoben, die Fugen mit Schamottemörtel abgedichtet und am oberen Ende durch Verkeilen gegen ein Aufsteigen im flüssigen Stahl gesichert. Beim Abguß von Stahlsorten mit starkem Angriff auf das feuerfeste Material,

z. B. manganlegierten Einsatzstählen u. a., oder bei sehr langen Gußzeiten empfiehlt es sich, an den Stellen stärksten Angriffs, also am Schlackenstand und am Stopfenkopf, Rohre mit größerer Wandstärke zu verwenden.

Die Stopfenköpfe und die Ausgußmuscheln bestehen in der Regel ebenfalls aus Schamotte, jedoch findet auch eine Reihe anderer feuerfester Stoffe Verwendung. Unter diesen haben sich Magnesit- und Graphit-Tonmischungen gut bewährt. Sie besitzen eine höhere Druck- und Feuerbeständigkeit und eine höhere Widerstandsfähigkeit gegen den chemischen und mechanischen Angriff des flüssigen Stahles. Auch bei Schamotte wird die Temperaturwechselbeständigkeit durch Graphitbeimischung wesentlich verbessert. Ähnliche Erfolge werden auch durch Tränken von Schamotte mit Teer erreicht (vgl. Abschnitt „Schmelzen" 3.112.72). Wesentlich für eine gute Haltbarkeit (Dichtheit) des Pfannenausgusses ist das genaue Einpassen von Stopfen und Ausguß, wobei sich die Verwendung von Werkstoffen unterschiedlicher Härte gut bewährt.

Das *Ausbessern* örtlich starker Angriffsstellen in der Gießpfanne erfolgt durch Ausschmieren mit Schamottemörtel oder durch teilweises Auswechseln der Steinauskleidung. Das Aufspritzen feuerfester Massen unter Druck (Torkretieren) ist bei unsachgemäßer Ausführung immer mit der Gefahr des Auftretens exogener Einschlüsse im Stahl verbunden. Die Umhüllung der Stopfenstange wird, ebenso wie der Stopfenkopf und der Pfannenausguß, nach jedem Abguß erneuert.

Vor dem Gebrauch werden die Pfannen auf etwa 500 bis 600°C *vorgewärmt*. Die sorgfältige Trocknung der Pfanne ist sowohl bei Neuzustellung als auch nach Ausbesserungsarbeiten notwendig, um alle Feuchtigkeitsreste zu entfernen, welche die Ursache einer Wasserstoffaufnahme des Stahles sein können. Das gleiche gilt auch für die Stopfenstange, die erst nach einer guten Trocknung in die Pfanne eingebaut wird. Größere Feuchtigkeitsreste in der Stopfenstange oder solche, die beim Einmauern der Ausgußmuscheln zurückbleiben, können die Ursache gefährlicher Explosionen beim Abstechen sein. Selbstverständlich verringert auch ein hohes Vorwärmen die Gefahr einer Zerstörung des feuerfesten Materials durch thermische Spannungen beim Füllen der Pfanne sowie die Temperaturverluste des flüssigen Stahles.

Die *Haltbarkeit* der Pfannenauskleidung ist abhängig von der Temperatur und Zusammensetzung des flüssigen Stahles, der Verweilzeit in der Gießpfanne und nicht zuletzt von der Stärke des Schlackenangriffs. Im allgemeinen kann man bei Pfannen mit Schamotteauskleidung bzw. bei gestampften Pfannen für den Abguß basisch erschmolzener Stähle mit einer Haltbarkeit zwischen 25 und 45 Schmelzen rechnen. Beim Guß sauer erschmolzener Stähle ist die Pfannenhaltbarkeit meist viel höher.

2.112 Untergußplatten, Eingußrohre und Zwischentrichter

Die Kokillen werden auf *Untergußplatten* aufgestellt, die fast durchwegs aus Gußeisen bestehen. Nur für Sonderzwecke stehen auch Kupferplatten in Gebrauch. Die Untergußplatten für den Guß von oben enthalten zum Teil Vertiefungen, um das Spritzen beim Abgießen zu vermindern, die fallweise mit Graphit oder Schamotteeinlagen versehen sind.

Beim Guß von unten, auch kommunizierender Guß genannt, stehen die Kokillen auf sogenannten *Gespannplatten*. Die Ausführungsform dieser Platten kann sehr mannigfaltig sein. Abb. 400 zeigt einige der möglichen Ausführungsformen [3]. In allen Fällen wird der flüssige Stahl den Kokillen durch ein gemeinsames Eingußrohr zugeführt und von dort über feuerfest ausgekleidete Kanäle verteilt.

Das *Eingußrohr* besteht meist aus Gußeisen und wird vielfach als zweiteiliger Gußkörper ausgeführt, der durch Ringe und Keile zusammengehalten wird. Die feuerfesten Rohre im Eingußtrichter bestehen aus Schamotte mit etwa 33% Al_2O_3 und werden entweder in Schamottemörtel eingebettet oder in trockenem feinem Sand gelagert. Sie münden in den Verteiler- oder Königsstein der Gespannplatte.

Die Schamotterohre in den Gespannplatten, *Kanalsteine* genannt, werden ebenfalls in Schamottemasse oder feinen Sand in die Vertiefungen der Gespannplatten verlegt. Bei den in Sand verlegten Rohren werden die Fugen- und Stoßstellen mit einem feuerfesten Mörtel vergossen und die Oberfläche sorgfältig geglättet. Zur Vermeidung von Durchbrüchen haben sich Rohre, die mit Feder und Nut zusammenstoßen, gut bewährt. Werden die Platten im warmen Zustand gemauert, so ist ein besonderes Vorwärmen vor dem Aufstellen der Kokillen nicht notwendig, weil die geringe Feuchtigkeitsmenge des Mörtels rasch verdampft. Die Eingußrohre müssen immer gut getrocknet werden. Kalte Untergußplatten werden vor ihrer Wiederverwendung vorgewärmt.

Die Eingußrohre sowie die Kanalsteine sind Verschleißteile, die nach jedem Abguß erneuert werden. Die feuerfesten Baustoffe müssen daher nur den Ansprüchen genügen, denen sie während des Abgießens einer Schmelze ausgesetzt sind. Mit Rücksicht auf die Stahlreinheit sind aber die Anforderungen an die chemische und mechanische Widerstandsfähigkeit gegen den Angriff des flüssigen Stahles recht hoch. Das gleiche gilt auch für die Temperatur-

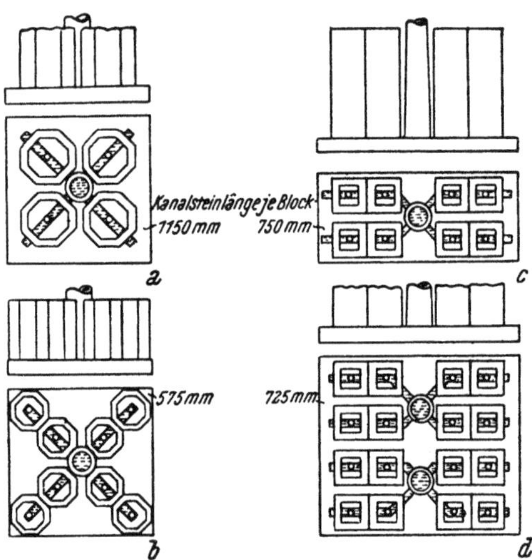

Abb. 400. Kreuzgespann- und Doppelgespannplatte
(nach A. Mund)

wechselbeständigkeit und Rißbildungen, um ein Ausbrechen des Stahles zu verhindern. Über die möglichen Umsetzungen mit dem flüssigen Stahl und den Zusammenhang zwischen Kanalsteinverschleiß und Stahlreinheit vergleiche Abschnitt „Schmelzen" 1.185.

In vielen Edelstahlwerken werden beim fallenden Guß zwischen Gießpfanne und Kokille *Zwischentrichter* oder *Gießwannen* verwendet. Sie haben den Zweck, den Flüssigkeitsdruck des Gießstrahles zu vermindern, um den ganzen Block mit einer bestimmten Gießgeschwindigkeit bei vollem, ruhigem Gießstrahl abgießen zu können. Gießtrichter oder Gießwannen sind entsprechend geformte Blechgefäße, die mit Schamotte ausgekleidet sind. Sie werden vor Gebrauch gut getrocknet und vorgewärmt. Die feuerfesten Massen und Steine müssen eine hohe Widerstandsfähigkeit gegen den Angriff des flüssigen Stahles aufweisen, weil es sonst leicht zu Verunreinigungen des Blockes kommen kann.

Für die Eingußmuscheln genügt in allen Fällen Schamotte. Durch Auswahl geeigneter Durchmesser kann die Gießgeschwindigkeit in weiten Grenzen geregelt werden. Die Gießwannen können auch zum gleichzeitigen Abguß mehrerer Blöcke oder zum Abguß von schweren Schmiedeblöcken aus mehreren Pfannen zugleich eingerichtet sein. Über die Zwischenwannen beim Strangguß s. Abschnitt 2.12.

2.113 Hauben

Die Edelstähle werden praktisch ausnahmslos nur in Kokillen mit Hauben vergossen. Die Verwendung von Kokillen mit eingebauter feuerfester Auskleidung im Kopfteil, sogenannter Massekopfkokillen, ist in Edelstahlwerken weniger üblich.

Die Haube dient zum Warmhalten des Blockkopfes, damit, entsprechend der Volumenverminderung bei der Erstarrung, flüssiger Stahl in das Blockinnere nachfließen kann. Die Hauben bestehen in der Regel aus einem Blech- oder Gußeisenkörper mit einer feuerfesten Auskleidung. Diese besteht aus Schamottesteinen, manchmal auch aus einem einzigen Formstein, oder sie wird aus Schamottemasse oder Klebsand über einen Kern eingestampft. Vor jedem Abguß werden die Hauben sorgfältig getrocknet und möglichst hoch auf einem sogenannten Haubenfeuer vorgewärmt. Zur Erhöhung der Widerstandsfähigkeit gegen den Angriff des flüssigen Stahles wird die feuerfeste Auskleidung

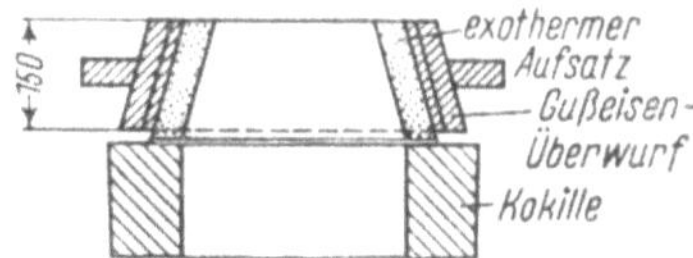

Abb. 401. Gepreßter exothermer Aufsatz mit Überwurf
(nach A. Theis und K. Nitschke)

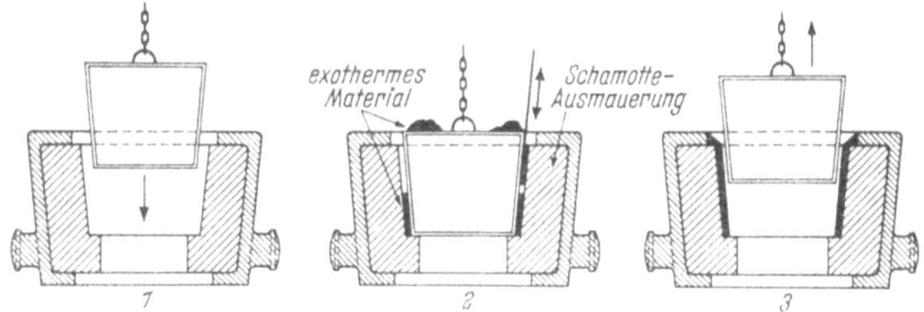

Abb. 402. Schema zur Herstellung exothermer Hauben (nach R. Genssler)

mit einem Graphitanstrich versehen. Bei sorgfältiger Behandlung und Ausschmieren mit feuerfestem Mörtel können die Hauben wiederholt verwendet werden. Daneben sind in einzelnen Werken auch Hauben für einmalige Verwendung gebräuchlich. Als Beispiel dafür seien die chemisch gebundenen Hauben genannt, die ohne Metallkörper direkt in oder auf der Kokille in einer abnehmbaren Schablone aus Quarzsand mit Wasserglas (etwa 4%) geformt und mit CO_2 gehärtet werden [4].

Neben den nur mit Isolierstoffen ausgekleideten Hauben und Blockeinsätzen haben

Abb. 403. Ansicht von drei 350-mm-Vierkant-Walzblöcken aus unlegiertem Siemens-Martin-Stahl mit   a) Schamotte-Aufsatz, b) Aufsatz aus verbrennlichen Platten, c) exothermer Haube
(nach A. Schöberl und R. Plessing)

sich in den vergangenen Jahren in zunehmendem Maße Haubeneinsätze aus exothermen Mischungen bzw. exotherme Platteneinsätze für Kokillen eingeführt [5 bis 11]. Mit ihrer Hilfe gelang es, ohne qualitativen Nachteil den normalerweise zwischen 12 und 20% betragenden Schopfanteil der Blöcke auf etwa die Hälfte zu vermindern, wenn gleichzeitig exotherme Abdeckmassen verwendet werden. Die Ausführungsform der exothermen Aufsätze ist sehr vielfältig. Für kleine Blöcke bis zu etwa 6 t Gewicht können, je nach der Stahlzusammensetzung und den qualitativen Anforderungen, die verschiedensten Einsätze, wie Feedex, Vallak, hot top, Kellog u. a., verwendet werden. Abb. 401 zeigt einen gepreßten exothermen Aufsatz mit Überwurf, wie er an Stelle der üblichen Haube auf die Kokille aufgesetzt werden kann. Abb. 402 zeigt in schematischer Darstellung das Ausstampfen von Hauben mit Schamotteeinsatz mit einer Schicht exothermen Materials, die nach jedem Abguß erneuert wird. Das Aussehen des Blockkopfes bei Anwendung unterschiedlicher Hauben zeigt Abb. 403.

2.114 Kokillen

Das Gießen des Stahles zu Rohblöcken erfolgt in Formen aus Gußeisen, seltener aus Stahlguß, die sogenannten Kokillen. Form und Größe der Kokille wird dem Verwendungszweck des Blockes und auch der zu vergießenden Stahlqualität angepaßt. Edelstahlwerke mit vielseitigem Erzeugungsprogramm benötigen daher einen relativ großen Kokillenpark, beginnend mit Kokillen für kleinste Blöcke von wenigen Kilogramm Gewicht bis zu den schwersten Schmiedeblöcken. Der mengenmäßig überwiegende Teil der Edelstahlproduktion wird jedoch zu Walzblöcken im Gewicht zwischen 500 und 6000 kg vergossen.

Der Kokillenform nach unterscheidet man Kokillen für Walzblöcke, die dem Abguß von Rund- oder Quadratblöcken dienen, Kokillen für Schmiedeblöcke, welche außer den genannten Blockformen vorzugsweise Polygonalblöcke für schwere Schmiedestücke ergeben, Brammenkokillen für den Abguß von Rohblöcken für Platten und Bleche sowie gelegentlich verwendete Sonderformen, wie z. B. Kleeblatt- und Flügelkokillen u. a. Für die Wahl des Blockformates und der Blockgröße ist außer dem Verwendungszweck auch das Verhalten des Stahles bei der Erstarrung maßgebend, wodurch z. B. bei hochgekohlten oder gewissen hochlegierten Stählen die Blockgröße nach oben begrenzt sein kann. Für eine große Reihe von Sonderstählen und selbst für Kugellagerstähle ist der Walzblock bis etwa 6 t Gewicht ohne qualitativen Nachteil in Verwendung. Für hochgekohlte höherlegierte Stähle ist dagegen das zweckmäßige Blockgewicht mit etwa 1,5 bis 2,5 t nach oben begrenzt. Eine Ausnahme bilden die hochlegierten korrosionsbeständigen Chrom- und Chrom-Nickel-Stähle, bei denen Brammenblöcke von weit über 10 t Gewicht für die Blech- und Breitbandherstellung zu den üblichen Blockformaten zählen.

Die *Rundkokille* weist eine Reihe von Vorteilen auf, die sie besonders zur Herstellung kleiner und mittlerer Blöcke geeignet erscheinen läßt und die so lange für ihre Wahl sprechen, wie der Rißgefahr im Gußblock noch begegnet werden kann. Die Vorteile der Rundblöcke liegen in einer meist guten Blockoberfläche, für den Fall einer Blockbearbeitung in der einfachen und schnellen Oberflächenbearbeitbarkeit auf Drehbänken und der gleichmäßigen Ausbildung des Primärgefüges. Dagegen besitzt der Rundblock eine ungünstige Form in bezug auf die Rißbildung. Die Spannungen im Rundblock können sich bei seiner Erstarrung bzw. Weiterabkühlung nach dem Gießen ungehindert an der schwächsten Stelle der Blockoberfläche auswirken. Diese Rißgefahr steigt mit zunehmendem Blockgewicht, so daß Rundblöcke mit mehr als 1 t Gewicht kaum verwendet werden.

Die *Vierkant-* oder *Quadratkokille* ermöglicht den Abguß von Blöcken, die weniger zur Rißbildung neigen. Die rasche Erstarrung und Verfestigung des Stahles an den vier Kanten bewirkt, daß sich die Spannungen nur im Bereich der Seitenflächen auswirken können, die im Verhältnis zur Oberfläche eines Rundblocks wesentlich kleiner sind. Kokillen mit quadratischem Querschnitt sind bevorzugt für Walzblöcke bis zu einem Gewicht von etwa 6,5 t, entsprechend einer Seitenlänge bis zu 700 mm, in Verwendung. Ein besonderes Augenmerk ist dem Kantenradius zu schenken. Er wird zur Vermeidung von Kantenrissen (Warmrissen) möglichst klein gewählt. Die Seitenflächen werden vielfach nicht vollkommen eben, sondern leicht bombiert ausgeführt.

Schmiedeblöcke mit einem Gewicht über 4 t werden praktisch nur in *Polygonalkokillen* abgegossen. Der Grund dafür liegt in der ausgeglichenen Primärstruktur. Der Vierkantblock weist gewisse Schwachstellen in der Blockdiagonale am Zusammenstoß der Primärkristalliten auf. Dies kann leicht zu Innenfehlern besonders bei großen Blockquerschnitten führen. Die üblichste Form für den Abguß von schweren Schmiedeblöcken bis zu einem Gewicht von etwa 300 t sind Achtkantkokillen mit leichtgewölbten, konkaven Innenflächen. Sie besitzen auch hinsichtlich der Abkühlungsbedingungen eine günstige Form. Achtkantblöcke neigen in viel geringerem Maße zur Rißbildung als alle anderen Blockformate.

Tabelle 140. *Zusammenstellung verschiedener Kokillenabmessungen für Rund- und Quadratblöcke*

Rundkokillen						Quadratkokillen					
	Durchmesser			Gewicht des Blockes			Seitenlänge			Gewicht des Blockes	
Höhe			Wandstärke			Höhe			Wandstärke		
	oben	unten		mit	ohne		oben	unten		mit	ohne
				verl. Kopf						verl. Kopf	
370	130	110	40	35	28	600	180	140	40	130	120
550	160	130	40	80	70	800	240	170	55	280	260
600	175	135	40	95	85	990	240	180	50	360	330
660	175	135	47,5	125	110	1070	245	180	55	470	420
600	200	145	45	125	110	710	310	270	50	480	435
700	190	145	55	150	135	1500	230	200	60	500	450
800	200	150	55	160	146	850	320	280	70	640	590
780	220	160	65	200	175	1100	350	280	70	780	730
620	260	235	52,5	260	230	1600	520	470	100	3240	3000
660	310	260	57,5	400	360	1600	600	500	100	4150	3800
1050	280	220	65	450	400						
710	340	270	55	490	450						
680	380	310	65	550	510						
1050	340	270	90	680	600						

Bei den *Brammenkokillen* findet man die verschiedensten Variationen der Verhältnisse von Stärke zu Breite zu Höhe, die sich im wesentlichen nach den Verarbeitungsmöglichkeiten des Blech- bzw. Breitbandwalzwerkes richten. Die Kristallisationsverhältnisse im Brammenblock sind relativ günstig, so daß von dieser Seite kaum Einschränkungen zu beachten sind.

An Stelle der Kokillen mit glatten Flächen gelangen in zunehmendem Maße Kokillen mit gewellter Innenfläche („corrugated"-Kokillen) sowohl für Quadrat- als auch für Polygonal- und Brammenblöcke zur Anwendung. Sie haben den Vorteil, daß die Gefahr des Auftretens von Längsrissen im Gußblock auf ein Minimum verringert wird. Damit ist die Möglichkeit gegeben, die Gießgeschwindigkeit wesentlich zu erhöhen, was insbesondere beim Guß von oben die Bewältigung großer Produktionsmengen auf kleinstem Gießraum nach dem Schnellgußverfahren gestattet.

In den Abb. 404 bis 408 sind Beispiele für Rund-, Quadrat-, Polygonal- und Brammenkokillen wiedergegeben, wie sie in der Praxis in Verwendung stehen. Sie sollen zusammen mit den Angaben in Tab. 140 bis 142 einen Überblick über die Vielfalt der Kokillen- und Blockformate geben, die auch nach den speziellen Erfahrungen der Werke gestaltet werden. Diese Verschiedenheiten und Abweichungen in den als besonders günstig erkannten Maßen beziehen sich in erster Linie auf das Verhältnis von Durchmesser zu Höhe und auf die Konizität der Kokille bzw. des Blockes.

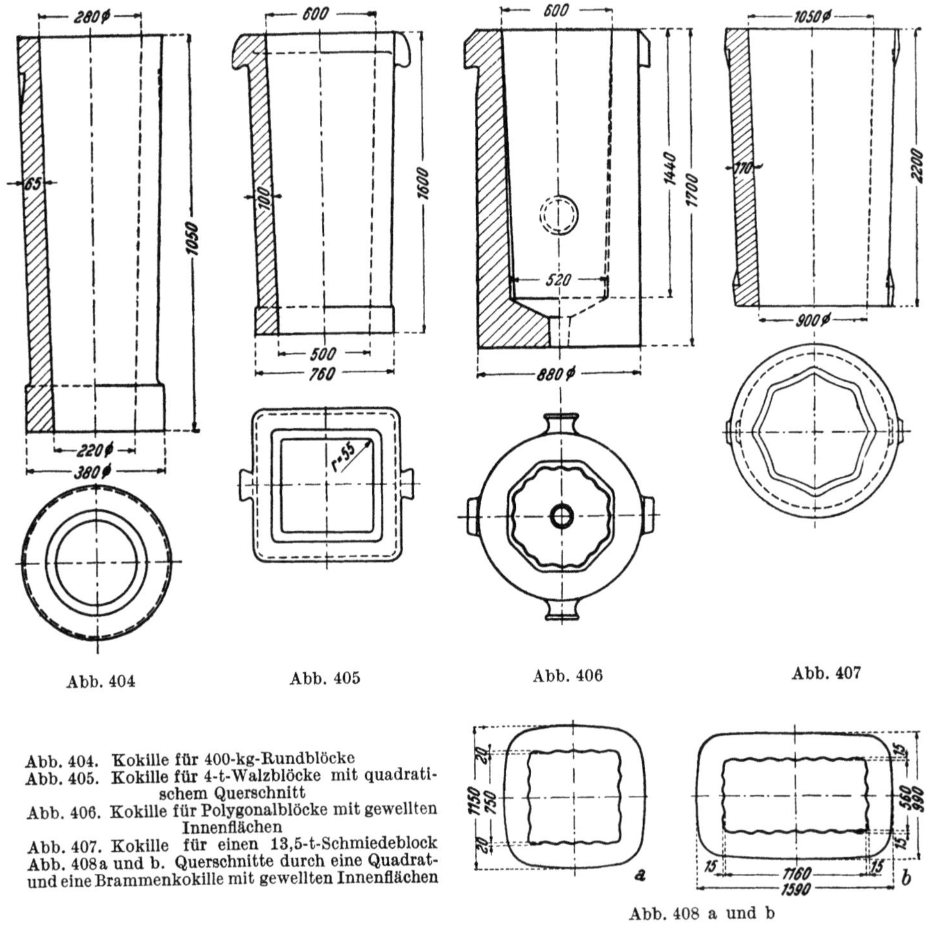

Abb. 404   Abb. 405   Abb. 406   Abb. 407

Abb. 404. Kokille für 400-kg-Rundblöcke
Abb. 405. Kokille für 4-t-Walzblöcke mit quadratischem Querschnitt
Abb. 406. Kokille für Polygonalblöcke mit gewellten Innenflächen
Abb. 407. Kokille für einen 13,5-t-Schmiedeblock
Abb. 408a und b. Querschnitte durch eine Quadrat- und eine Brammenkokille mit gewellten Innenflächen

Abb. 408 a und b

Das Verhältnis von Durchmesser zur Höhe schwankt in weiten Grenzen zwischen etwa 1:3 bis über 1:5. Im allgemeinen weisen gedrungene Blöcke eine günstigere Kristallisation auf. Schmale und lange Blöcke begünstigen das Auftreten der als Blockfehler bekannten Erscheinungen des Sekundär- und V-Lunkers sowie das Auftreten von Mikrolunkern und schwammigem Gefüge im Inneren des Blockes. Stähle mit starker Volumenverminderung bei der Erstarrung, z. B. Schnelldrehstähle, werden nur in Kokillen geringer Höhe vergossen. Aus der Gegenüberstellung der Kokillenmaße in Tab. 140 und 141 ist weiter zu ersehen, daß im allgemeinen das Verhältnis von Durchmesser zu Höhe mit steigendem

Blockgewicht kleiner wird und für schwere Schmiedeblöcke bis auf 1:2,5 absinken kann.

Die *Konizität* beträgt im Mittel 2 bis 5%, wobei auch hier größere Abweichungen nach den speziellen Erfahrungen oder Bedürfnissen der Werke festzustellen sind. Kokillen mit größerer Konizität ergeben bei verkehrt konischer Aufstellung (größerer Blockdurchmesser oben) günstigere Verhältnisse hinsichtlich der Lunker-

Tabelle 141. *Abmessungen von Achtkant-Polygonal-Kokillen für Schmiedeblöcke*

Höhe	Innerer Durchmesser		Wandstärke	Gewicht des Blockes mit verlorenem Kopf
	oben	unten		
800	390	330	75	750
1100	350	280	80	820
920	430	370	80	1 000
1100	410	330	80	1 050
1300	410	310	85	1 250
1000	450	400	90	1 250
1000	530	460	90	1 800
1450	500	400	90	2 250
1200	610	540	100	2 800
1400	700	620	135	4 800
1800	680	520	145	4 950
1650	800	700	150	6 850
1700	860	750	155	8 600
2200	1050	900	170	13 500
2500	1050	950		20 000
2300	1355	1225		30 000
2400	1600	1440		45 000
2900	2060	1840		90 000
3800	2400	2100		170 000

Tabelle 142. *Abmessungen von Brammenkokillen*

Höhe in mm	Abmessungen in mm		Wandstärke in mm	Blockgewicht mit verl. Kopf in kg
	oben	unten		
750	240 × 90	220 × 80	45	130
700	300 × 160	280 × 150	50	250
750	440 × 220	420 × 210	75	600
1500	780 × 230	740 × 210	115	1 750
1650	1000 × 320	950 × 300	130	3 500
1800	1150 × 360	1100 × 320	170	5 500
2000	1150 × 560	1100 × 520	200	10 500

ausbildung als solche geringerer Konizität. Die kennzeichnende Art der Lunkerbildung bei Verwendung von Kokillen verschiedener Konizität bei normal und verkehrt konischer Aufstellung kann aus Abb. 409 entnommen werden [12]. Auch bei dem üblichen Abguß beruhigter Stähle mit Hauben bleibt die hier gezeigte Tendenz bestehen.

Das Einziehen der Kokillen am Blockfuß (vgl. Abb. 406) hat sich bei kleineren Blockformaten nicht als vorteilhaft erwiesen. Die Kokillen werden an diesen Stellen leicht beschädigt und der Blockabfall ist höher als bei nicht eingezogenen Kokillen. Diese Ausbildungsform wird nur beim fallenden Guß großer Schmiedeblöcke mit Erfolg angewendet, weil dadurch das Spritzen zu Beginn des Gießens verringert wird und bessere Blockoberflächen erhalten werden. Dem gleichen Zweck dienen auch die mancherorts üblichen Untergußplatten mit eingezogenem Boden.

Die Aufstellung der Kokillen erfolgt für den Abguß der fast durchwegs vollberuhigten Edelstahlsorten in der Regel verkehrt konisch. Nur bei Brammen ist vielfach auch die normalkonische Aufstellung üblich. Für Blöcke, die keine Konizität aufweisen sollen, müssen längsgeteilte Kokillen verwendet werden; sie sind jedoch nur in Sonderfällen für kleinste Blockabmessungen in Gebrauch. Für den Verbundguß, auch Compoundguß genannt, finden meist Vierkant- oder Brammenkokillen Verwendung, die durch leicht entfernbare Einlagen abgeteilt werden. Kokillen für Schleuderguß sind Rundkokillen besonderer Ausführungsform, die genau bearbeitet und ausgewuchtet sein müssen.

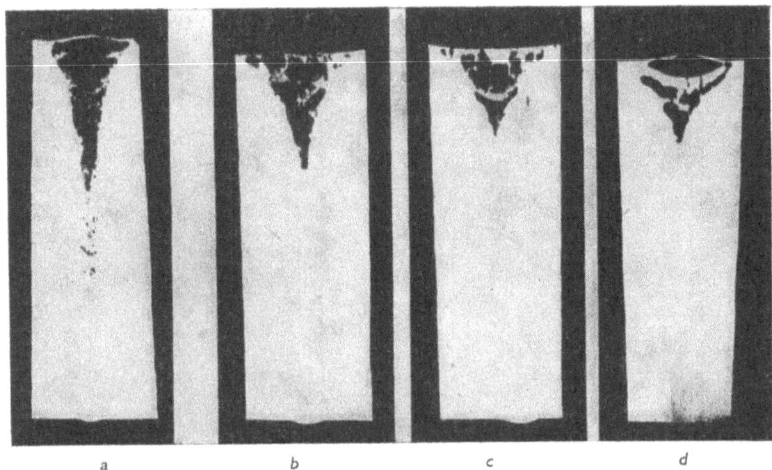

Abb. 409. Lunkerbildung in einem beruhigten Stahl mit 0,72% C, 0,68% Mn und 0,26% Si beim Gießen in normal konische und verkehrt konische Blockformen verschiedenen Konizitätsgrades (nach P. OBERHOFFER) a) Normal konisch (6,6%), b) verkehrt konisch (0,3%), c) verkehrt konisch (1,6%), d) verkehrt konisch (6.6%)

Der üblichste *Kokillenwerkstoff* ist Grauguß aus Hämatit mit niedrigem Phosphor- und Schwefelgehalt. Stahlgußkokillen konnten sich trotz höherer Haltbarkeit für Blockformate unter 6 t nicht durchsetzen. Kokillen aus sphärolitischem Gußeisen sollen ebenfalls hohe Haltbarkeitszahlen ergeben, doch liegen zur Zeit noch keine ausreichenden Beurteilungsgrundlagen vor. Die Haltbarkeit der Graugußkokillen im Edelstahlwerk ist sehr unterschiedlich; sie liegt im Mittel zwischen 50 und 120 Abgüssen. Die wesentlichsten Einflußgrößen auf die Kokillenhaltbarkeit sind die Kokillenform, der Kokillenwerkstoff und die Beanspruchung der Kokille im Stahlwerk.

Unter den Formeinflüssen auf die Kokillenhaltbarkeit kommt den Querschnittsübergängen zwischen der Kokillenwand und dem verstärkten Kopf- bzw. Fußteil sowie den Massenverhältnissen zwischen beiden Bedeutung zu. Mit abnehmendem Übergangsradius nimmt die Neigung zur Rißbildung stark zu. Das gleiche gilt auch für andere Verstärkungen, wie angegossene Rippen, Zapfen usw. In der Praxis lassen sich bei gegebenem Kokillenwerkstoff für die verschiedenen Kokillenformen Bestwerte der Haltbarkeit durch die Wahl eines bestimmten Verhältnisses von Kokillenwandstärke zu Blockgewicht erreichen.

Über die zweckmäßigste Zusammensetzung des Gußeisens für Kokillen sind die Ansichten noch immer geteilt. Dies mag zum Teil daran liegen, daß andere Einflußgrößen, besonders die Behandlung im Stahlwerk, meist überwiegen. Durch das Wachsen des Gußeisens als nicht umkehrbarer Vorgang entstehen in der Kokille Oberflächenrisse, die meist als Brandrisse bezeichnet werden. Bei sprödem Kokillenwerkstoff tritt durch die hohe thermische Beanspruchung beim Abguß meist ein Unbrauchbarwerden durch vorzeitiges Reißen ein. Kokillen mit perlitischem Gefüge ergeben bessere Blockoberflächen als graphitreiche. Ein graphitreiches Gefüge ist jedoch durch eine hohe Wachstumsbeständigkeit ausgezeichnet. Solche Gußeisensorten sind immer dann vorzuziehen, wenn der Block nach dem Abguß längere Zeit in der Kokille gehalten werden muß. Durch Auswertung zahlreicher Analysen von Kokillenwerkstoffen und durch eigene Untersuchungen kamen J. WILLEMS und O. OELSEN [13] zu dem Schluß, daß graues Gußeisen mit ferritischem Grundgefüge, Graphit und etwas Perlit, für den Kokillenguß am besten geeignet ist. Hohe Schwefelgehalte vermindern die Haltbarkeit ebenso wie Sättigungsgrade über 1. Versuche mit verschiedenen Gattierungen lassen ein Gußeisen aus etwa 60% Hämatit, 35% Kokillenbruch ohne Trichter und 5% Schrott zweckmäßig erscheinen.

Von besonders ausschlaggebender Bedeutung für die *Haltbarkeit* der Kokille ist aber ihre Behandlung im Stahlwerk. Dabei kommt der Stehzeit der Blöcke in der Kokille nach beendetem Abguß die größte Bedeutung zu, wie Abb. 410 erkennen läßt [13]. Vermindernd auf die Kokillenhaltbarkeit wirkt

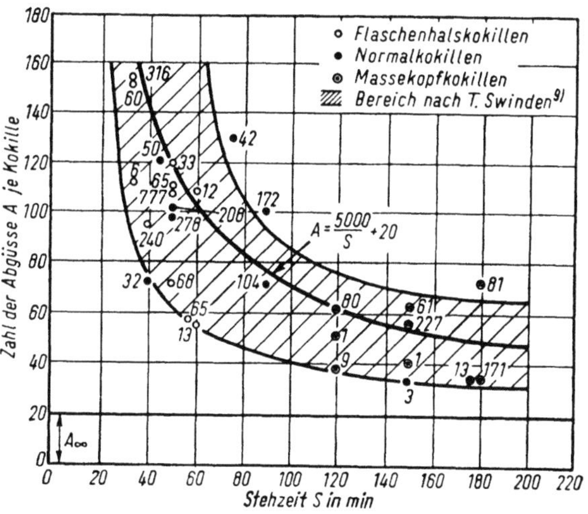

Abb. 410. Haltbarkeit von Stahlwerkskokillen bei verschiedenen Stehzeiten der Blöcke in der Kokille (nach J. WILLEMS und O. OELSEN)

auch eine zu rasche Gußfolge. Die Kokillen sollen nach dem Strippen des Blockes langsam an Luft erkalten, bevor sie wiederum zum Abguß verwendet werden. Eine rasche Abkühlung, wie sie z. B. durch Abspritzen mit Wasser bei zu kleinem Kokillenpark notwendig werden kann, setzt in den meisten Fällen die Haltbarkeit stark herab. Der Einfluß der Stahlzusammensetzung, der Gießtemperatur und der Gießgeschwindigkeit ist durch das Erzeugungsprogramm festgelegt und kann mit Rücksicht auf die Qualitätserfordernisse kaum den Bedürfnissen der Kokillenhaltbarkeit angepaßt werden. Beim Vergleich zwischen dem fallenden Gießen und dem Guß von unten wird bei ersterem vielfach eine bis zu 30% niedrigere Kokillenhaltbarkeit beobachtet. Dies ist in der Regel auf Beschädigungen der Kokille durch den einfallenden Gießstrahl zurückzuführen. Selbstverständlich ist auch eine sorgfältige Kokillenpflege und eine entsprechende Vorbereitung zum Guß — auf die noch zurückgekommen wird — ein Mittel, um die Kokillenhaltbarkeit zu erhöhen.

Soweit das Unbrauchbarwerden der Kokillen nicht durch mechanische Zerstörung, wie Reißen, Ausschlagen oder schwere Beschädigungen beim Blockausdrücken, erfolgt, kann die Lebensdauer vieler Kokillen durch Ausschleifen und

Ausschweißen verlängert werden. Durch eine rechtzeitige Oberflächenbearbeitung brandrissiger Kokillen wird auch die Oberfläche des Gußblockes verbessert, so daß dieses Nacharbeiten durchaus wirtschaftlich sein kann.

Die *Kokillenpflege* hat nicht nur auf die Haltbarkeit, sondern vor allem auf die Oberflächenbeschaffenheit der Gußblöcke wesentlichen Einfluß. Eine sorgfältige Kontrolle jeder Kokille vor ihrer Verwendung ist unerläßlich. Die Innenwand soll vollkommen glatt und fehlerlos sein. Verunreinigungen und Rostansätze werden durch Ausbürsten oder Ausschleifen entfernt. Die Stirnflächen neuer Kokillen werden in der Regel plangedreht, um ein gutes Aufsitzen auf der Untergußplatte und ein dichtes Aufliegen der Hauben zu gewährleisten.

Die Kokilleninnenflächen werden — ausgenommen beim Vakuumguß — mit einem Teer- oder Lackanstrich versehen. Dieser schützt nicht nur die Kokillenoberfläche, sondern verbessert vor allem die Blockoberfläche. Die Wirksamkeit des Kokillenanstriches hängt von den Eigenschaften des verwendeten Anstrichmittels ab [14]. Es muß vollkommen wasserfrei und bis etwa 100 °C hitzebeständig sein. Die besten Anstrichmittel sind jene, die während des Gießens nur langsam verbrennen und durch die entstehenden Gase eine neutrale oder reduzierende Atmosphäre in der Kokille bilden. Sie verhindern dadurch gleichzeitig das Anlegen von Oxydhäuten oder Verunreinigungen an der Kokillenoberfläche. Beim Guß von oben bleiben Stahlspritzer an der lackierten Kokillenoberfläche nicht haften.

Das Lackieren oder Teeren erfolgt durch Streichen oder Spritzen der mäßig warmen Kokillen (etwa 60°C), so daß nur ein dünner Überzug entsteht. Nach dem Aufstellen der Kokillen auf die Bodenplatten soll diese Behandlung nicht mehr vorgenommen werden, da sich leicht Lack oder Teer auf der Bodenplatte ansammelt, der zur Aufkohlung oder Gasblasenbildung am Blockfuß Anlaß gibt. Die gleiche Gefahr besteht bei zu dicken Kokillenanstrichen. Die Gefahr des Aufkohlens besteht vor allem beim Abguß niedriggekohlter austenitischer Stähle, so daß bei der Blechherstellung die ganze Oberfläche des Blockes oder des Halbzeugs entfernt werden muß. Hier haben sich kohlenstofffreie Anstrichmittel, z. B. auf Aluminiumbasis, bewährt. In diesem Zusammenhang sei auch darauf hingewiesen, daß sowohl die Aufkohlung als auch die Entstehung anderer Oberflächenfehler, wie Überwallungen, Mattschweißen usw., bei austenitischen Chrom-Nickelstählen durch Gießen in graphitisierte Kokillen unter einer geschmolzenen Schlacke behoben werden können [15].

Die so vorbereiteten Kokillen werden noch warm auf die Untergußplatte aufgestellt und dürfen bis zum Abguß nicht vollständig erkalten. Kalte Kokillen ziehen leicht Feuchtigkeit an, wodurch der Stahl Wasserstoff aufnehmen und es zur Gasblasenbildung im Block kommen kann. Zu warme Kokillen dagegen begünstigen das Anschweißen des Stahles.

2.115 Die Gießverfahren

Das Gießen des Stahles erfolgt für die Herstellung kleiner und mittlerer Walz- und Schmiedeblöcke, je nach den Erfahrungen und Einrichtungen der Werke, im fallenden oder steigenden Guß. Große Schmiedeblöcke werden dagegen fast ausnahmslos nur von oben im direkten fallenden Guß gegossen. Aus theoretischen Überlegungen ist dem fallenden Guß der Vorzug zu geben, weil bei ihm, den Erfordernissen des Erstarrungsvorganges entsprechend, dauernd warmer Stahl von oben einfließt. Die im Fußteil des Blockes beginnende Erstarrung wird dabei nicht gestört, und die Volumenverminderung bei der Erstarrung kann durch

Nachfließen von Stahl leicht ausgeglichen werden. Demgegenüber hat der Guß von unten den Vorzug einer meist reineren Blockoberfläche. Auch hat es sich gezeigt, daß beim offenen Gießen an Luft die Verunreinigung des Stahles durch Luftoxydation beim Gespannguß geringer ist als beim Oberguß. Dies dürfte im wesentlichen darauf zurückzuführen sein, daß sich die an Luft gebildeten Oxydhäute in den Kanalsteinen absetzen und nicht bis in den Gußblock gelangen.

Die bevorzugte Verwendung des einen oder anderen Gießverfahrens kann aber auch aus arbeitstechnischen Gründen erfolgen. Der fallende Guß großer Blöcke erfordert relativ kurze Gießzeiten und benötigt den geringsten Arbeits-, Material- und Platzaufwand in der Gießhalle. Dagegen wird man beim Abguß kleiner Blöcke meist den kommunizierenden Guß anwenden müssen, um die Gesamtgießdauer abzukürzen, ohne die Gießgeschwindigkeit des Einzelblockes über das zuträgliche Maß erhöhen zu müssen. So ist z. B. der Abguß einer 60-t-Schmelze zu 1000-kg-Blöcken nur als Gespannguß durchführbar.

Von den *Störungen* beim Gießen, die unabhängig vom Gießverfahren auftreten, soll auf das Zuwachsen des Ausgusses bei Stopfenpfannen hingewiesen werden. Es ist immer auf eine zu niedrige Stahltemperatur zurückzuführen und wird durch bestimmte Desoxydationsarten (z. B. hohe Aluminiumzugaben) begünstigt. Die erstarrten Krusten können mechanisch mit Eisenstangen entfernt oder besser mit Sauerstoff weggebrannt werden. Auch das Festkleben des Stopfens an der Ausgußmuschel wird durch kaltes Gießen begünstigt. Durch mechanisches Aufdrücken des festhaftenden Stopfens kann meist das weitere Gießen ermöglicht werden. Umgekehrt ist ein Undichtwerden des Stopfens, z. B. durch mechanische Beschädigung des Stopfens oder durch starke Erosion der Muschel, nicht mehr zu beheben und führt meist zu starken Stahlverlusten.

2.115.1 Der fallende Guß

Beim Guß von oben wird in der Regel jeder Block einzeln direkt aus der Gießpfanne oder über einen Zwischentrichter abgegossen. Es können aber auch mehrere Blöcke über eine Gießwanne mit mehreren Ausgußmuscheln oder große Schmiedeblöcke aus mehreren Pfannen über eine gemeinsame Gießwanne zum Abguß gelangen. Für den Abguß kleinerer Blöcke, z. B. Radreifenblöcke, werden auch Pfannen mit Doppelausguß verwendet [3]. Solche gestatten auch das Gießen schwerer Schmiedeblöcke, wenn der Block besonders rasch an- oder abgegossen werden soll (vgl. Abb. 411).

Die Kokillen für die fast durchwegs vollberuhigten Edelstahlsorten werden, wie

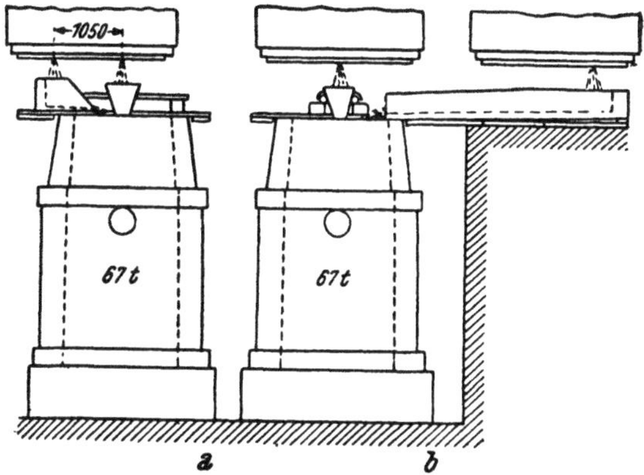

Abb. 411. Abguß schwerer Blöcke mit einer oder zwei Gießpfannen (nach A. Mund)

bereits erwähnt, üblicherweise verkehrt konisch, d. h. mit dem breiteren Ende nach oben, aufgestellt. Bodenplatte und Kokille sowie Kokille und Haube sollen möglichst dicht, am besten mit bearbeiteten Flächen zusammenstoßen, um ein Eindringen von Stahl in die Stoßfugen zu vermeiden. Zum Abdichten der Fugen zwischen Kokillenboden und Untergußplatte verwendet man am besten öl- und rostfreie gebrochene Späne. Sie werden vor dem Aufsetzen der Haube über einen Blechtrichter, der die Form des unteren Kokillenquerschnittes besitzt, am inneren Kokillenrand verteilt. Durch die Kühlwirkung der Späne wird ein Eindringen von flüssigem Stahl, das meist Blockrisse zur Folge hat, mit Sicherheit vermieden. Ein Abdichten mit feuerfesten Massen ist weniger zu empfehlen, da dies leicht zu einer Verunreinigung des Blockes führen kann. Zwischen Kokille und Haube haben sich zum Abdichten Einlagen aus Asbestschnur bewährt. Vielfach verzichtet man jedoch auf eine Abdichtung und arbeitet so, daß man den Gießvorgang beim Erreichen des Blockrandes kurz unterbricht, wodurch die Stahloberfläche am Rand der Kokille erstarrt und beim Weitergießen nicht in die Stoßfuge eindringen kann.

Die Regelung der Gießgeschwindigkeit beim Guß von oben erfolgt durch geeignete Auswahl der Ausgußmuscheln sowohl in der Stopfenpfanne als auch im Zwischentrichter. Beim Abguß großer Stahlmengen in viele Obergußblöcke mit entsprechend langer Gesamtgießzeit müssen in den Zwischentrichtern oder Gießwannen Ausgüsse steigenden Durchmessers verwendet werden, um auch bei sinkender Temperatur der Schmelze die optimalen Gießzeiten einhalten zu können. Der Abguß soll mit vollem, gleichmäßigem Gießstrahl erfolgen. Unregelmäßigkeiten und ein flatternder Gießstrahl führen leicht zu unsauberen Blockoberflächen und zu Blockfehlern. Die Gießgeschwindigkeit wird eventuell nach einem sehr raschen Angießen großer Schmiedeblöcke bis zum Erreichen der Haube konstant gehalten. Nach einem kurzen Absetzen beim Übergang zur Haube wird langsam weitergegossen, bis die Haube gefüllt ist. In manchen Werken ist es auch üblich, die Haube erst nach dem Abguß weiterer Blöcke vollzugießen, um das Nachfließen von warmem Stahl in den Block zu erleichtern.

Zu Gießbeginn ist beim Auftreffen des Gießstrahles am Boden ein Verspritzen nicht ganz zu vermeiden. Durch Einziehen des Kokillenbodens oder durch Verwendung vertiefter Untergußplatten kann dieser Erscheinung teilweise abgeholfen werden. Bei Verwendung guter Anstrichmittel bleiben die Stahlspritzer jedoch nicht an der Kokillenwand haften, so daß keine Verschlechterung der Blockoberfläche eintreten muß. Trotzdem ist die Oberfläche fallend gegossener Blöcke im Durchschnitt unsauberer als die steigend gegossener.

Die jeweils günstigste *Gießgeschwindigkeit* steht in engem Zusammenhang mit der Stahltemperatur, der chemischen Zusammensetzung des Stahles und seinem Flüssigkeitsgrad. Darüber hinaus ist auch noch die Blockgröße und Blockform von Einfluß. Über diese sich zum Teil in ihrer Auswirkung überschneidenden Einflußgrößen besteht in der Praxis keine einheitliche Auffassung. Man gießt entweder mit relativ hoher Stahltemperatur in der Gießpfanne (70 bis 120° C über Liquidus) und entsprechend geringer Steiggeschwindigkeit in der Kokille oder aber mit geringer Überhitzung (20 bis 60° C über Liquidus) und hoher Steiggeschwindigkeit. Im allgemeinen muß mit steigender Stahltemperatur (Überhitzung) die Gießzeit zunehmen. Die letztgenannte Arbeitsweise wird auch als „Schnellguß" bezeichnet. Sie bringt besonders beim Abguß großer Stahlmengen Vorteile im Arbeitsablauf in der Gießgrube. Der Schnellguß kann bei richtiger Abstimmung von Gießtemperatur und Gießgeschwindigkeit auch für das Gießen von Edelstählen Anwendung finden, ohne daß qualitative Nachteile zu befürchten sind. Die andere Arbeitsweise, das Gießen des Stahles mit geringer Gießgeschwindigkeit, war früher in den europäischen Stahlwerken vorherrschend. Sie hat den Vorteil einer guten Anpassungsfähigkeit an die verschiedensten Blockformen und -größen und wird auch aus arbeitstechnischen Gründen vorgezogen, wenn der

Stahl hohe Schmelztemperaturen verlangt, weil man dann auf längere Abhängezeiten verzichten kann. Einen Überblick über die unterschiedlichen Gießgeschwindigkeiten der beiden Arbeitsweisen bei der Herstellung schwerer Gußblöcke gibt
eine Auswertung von A. RISTOW [16] in Abb. 412.

Eine Beobachtung des Gießvorganges beim Oberguß ist nur bei großen Blöcken
möglich. Auf jeden Fall aber erschwert die ständige Bewegung des Stahles durch
den Gießstrahl die Beurteilung seines Ver-
haltens in der Kokille. Man gießt daher in
der Regel im sogenannten „Blindguß", wobei man bemüht ist, durch teilweises Abdecken der Haubenöffnung im Kokillen-
inneren eine durch die Verbrennung des
Kokillenanstriches entstehende neutrale
oder reduzierende Atmosphäre aufrechtzuerhalten. Diese kann wesentlich zu einer
guten Blockoberfläche beitragen.

Der fallende Guß ist heute in großen
Edelstahlwerken mit einheitlichem Erzeugungsprogramm die vorherrschende Gießart,
wo er vor allem für alle Baustähle und für
die rostbeständigen Chrom- und Chrom-
Nickel-Stähle als Wagenguß für Blockgewichte bis über 10 t in Verwendung steht.
Bei weitgehender Verwendung von Kokillen mit gewellten Innenflächen werden die
Blöcke mit sehr hohen Geschwindigkeiten
direkt aus der Stopfenpfanne vergossen.
Der Arbeitsablauf ist dann dem in Massen-
stahlwerken ähnlich. Die Gußblöcke werden
in einer eigenen Stripperhalle gezogen und

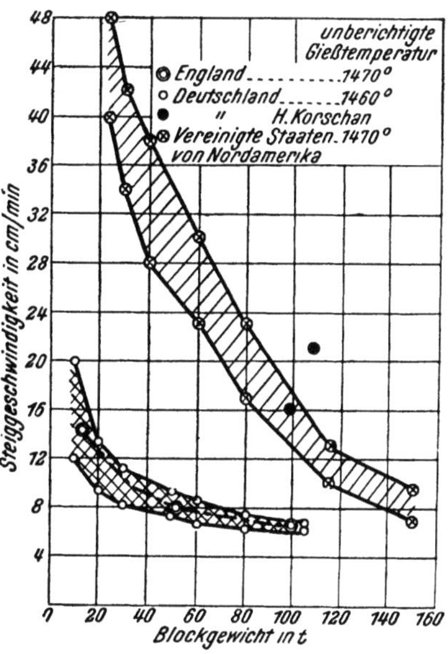

Abb. 412. Steiggeschwindigkeit bei mittelhar-
tem, unlegiertem Stahl in Abhängigkeit von der
Blockgröße (nach A. RISTOW)

warm an das Walzwerk geliefert. Eine Oberflächenbearbeitung erfolgt am Halbzeug, vorwiegend durch Flämmen. Die Kokillen werden nach dem Abkühlen ge-
teert und in die Gießhalle zurückgefahren.

2.115.2 Der steigende Guß

Der steigende, auch kommunizierender Guß genannt, dient zum gleichzeitigen
Abguß mehrerer Blöcke, wodurch bei großen Schmelzgewichten die Gießzeit
erheblich herabgesetzt werden kann. Er erfordert jedoch einen höheren Aufwand
in der Gießgrube als der Guß von oben. Die notwendige höhere Gießtemperatur
bedingt außerdem eine heißere Schmelzführung. Über die Temperaturverhältnisse
beim kommunizierenden Guß verkehrt konischer Blöcke liegen Untersuchungsergebnisse von K. KOSMIDER, H. NEUHAUS, H.-J. KIRSCHNING und W. MÜNSTER-
MANN [17] vor. Beim Abguß kleiner (1,5 t) Blöcke zeigt der in der Kokille aufsteigende Stahl kaum mehr eine Überhitzung. Der Wärmeentzug auf dem Wege
von der Pfanne bis in die Kokille ist, wie Abb. 413 zeigt, so groß, daß sich auch
eine um etwa 50° höhere Gießstrahlstemperatur nicht mehr auswirkt. Beim kommunizierenden Guß größerer Blöcke (3t) ist dagegen, wie Abb. 414 erkennen
läßt, zu Gießbeginn eine Abhängigkeit der Stahltemperatur in der Kokille von
der Überhitzung vorhanden, bis sich gegen Gießende auch hier etwa die Liquidus-
temperatur einstellt.

Der Vorteil des Gusses von unten liegt in der leichteren Regelbarkeit der Gießgeschwindigkeit und der guten Beobachtungs- und Überwachungsmöglichkeit des Gießvorganges, so daß in der Regel eine bessere Blockoberfläche erzielt wird als beim Oberguß. Die daraus resultierenden geringeren Kosten für die Block- und Knüppelbearbeitung zum Erzielen einwandfreier Oberflächen am Fertig-

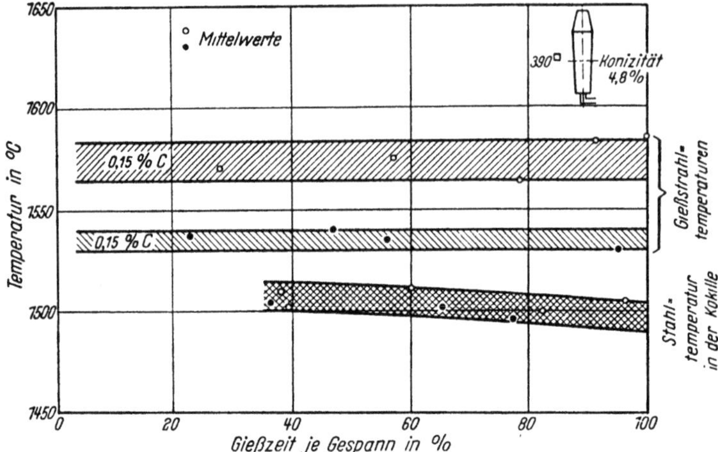

Abb. 413. Stahltemperaturen im Gießstrahl und in der umgekehrt konischen 1,5-t-Kokille bei Gespannguß
(nach H. KOSMIDER und Mitarbeitern)

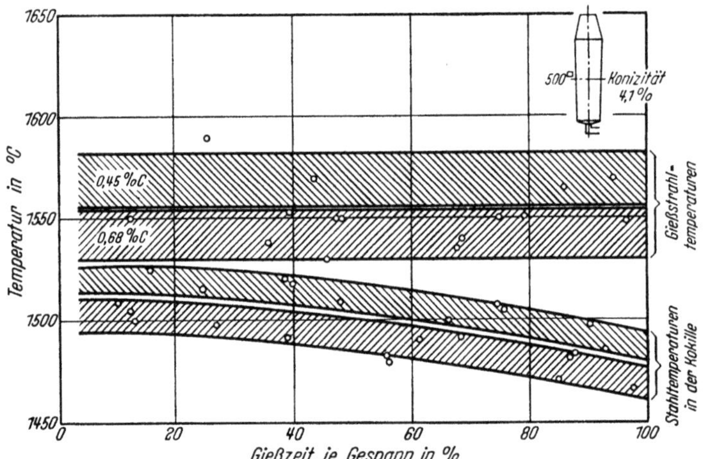

Abb. 414. Stahltemperaturen im Gießstrahl und in der umgekehrt konischen 3-t-Kokille bei Gespannguß
(nach H. KOSMIDER und Mitarbeitern)

material können bei der Edelstahlerzeugung den erhöhten Aufwand für das feuerfeste Material der Gießgrube und das geringere Ausbringen durch den Trichter- und Gießknochenabfall ausgleichen. Mitentscheidend für die Anwendung des Untergusses ist aber auch das Vorhandensein genügend großer Gießhallenflächen, um eine sorgfältige Vorbereitung der Gespanne zu gewährleisten.

Die Gießgrubenarbeit umfaßt das Ausmauern der Gespannplatten und Eingußrohre sowie das Aufstellen der Kokillen und Hauben. Die Vorbereitung der Kokillen erfolgt grundsätzlich gleich wie beim Guß von oben. Die Kokillen werden

für unberuhigte Stähle normal konisch, für beruhigte verkehrt konisch aufgestellt
(vgl. Abb. 415) [3]. Sie werden, sofern man nicht spezielle Ausgüsse in den Kanalsteinen verwendet, nicht genau zentrisch über das Ausflußloch des Kanalsteines
gesetzt, sondern etwas in Richtung des einfließenden Strahles verschoben, damit
ein Anschweißen des Blockes an die Kokillenwand vermieden wird. Im übrigen
gelten für die Aufstellung der Kokillen und Hauben die gleichen Arbeitsregeln
wie beim Oberguß.

Das Gießen erfolgt direkt aus der Stopfenpfanne in das Eingußrohr, wobei die
Ausflußmenge durch Veränderung des Ausflußquerschnittes mit der Stopfenstange geregelt wird. Zu Beginn des Gießens muß, besonders bei großen Gespannen,
rasch angegossen werden, um den an-
fänglich hohen Temperaturverlust des
Stahles im Eingußrohr und in den
Kanalsteinen auszugleichen und ein
„Einfrieren" zu verhindern. Erst wenn
der Stahl in allen Kokillen zu steigen
beginnt, geht man mit der Gießgeschwindigkeit auf das erforderliche Maß
zurück. Immerhin kann es vorkommen,
daß bei Gespannen mit einer großen
Anzahl von Blöcken der Stahl in eine
Kokille nicht einfließt. Die Ursache dafür liegt entweder in einer zu niedrigen Gießtemperatur oder in Verunreinigungen in den Kanalsteinen. In so
einem Fall ist es ratsam, die Einflußöffnung in der betreffenden Kokille mit
einer Eisenstange zu verschließen, da
ein Nachfließen des Stahles, welches
später bei erhöhtem ferrostatischem
Druck eintreten könnte, zu einem vor-

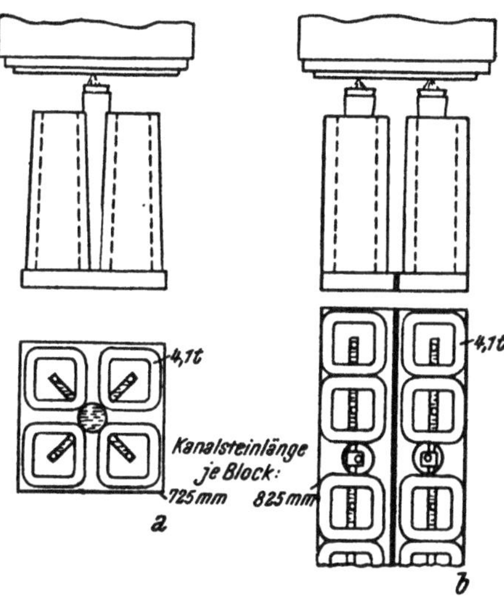

Abb. 415. Abguß von Vierkantblöcken mit Einstopfen-
und Zweistopfenpfanne (nach A. Mund)

übergehenden Absinken des Flüssigkeitsspiegels in den anderen Kokillen führen
würde, was zu schweren Blockfehlern Anlaß gibt.

Im Gegensatz zum fallenden Guß ist der Gießvorgang auch bei kleinen Blöcken
gut zu beobachten und zu überwachen. Bei richtiger Gießgeschwindigkeit steigt
der Stahl in allen Kokillen gleichmäßig und ruhig hoch. Der Gießschaum und die
durch Luftoxydation entstandenen Oxyde sammeln sich in der Mitte des Flüssigkeitsspiegels und können, wenn es notwendig erscheint, mittels Stahlruten entfernt bzw. am Festsetzen an der Kokillenwand gehindert werden. In gut geteerten
oder lackierten Kokillen ist das Festsetzen der Verunreinigungen weniger zu befürchten, weil die bei der Verbrennung des Anstrichmittels entstehenden Gase die
Oxydhäute von der Kokillenwand fernhalten. Bei zu hoher Gießgeschwindigkeit
treten in den Kokillen turbulente Strömungen auf. Die Folge davon ist meist
eine unsaubere Blockoberfläche, weil der Gießschaum und die Oxydhäute an die
Kokillenwand gespült werden.

Beim Auftreten starker Aufwallungen ist es eine häufige Erscheinung, daß der
Gießer den Gießstrahl zu plötzlich drosselt, wodurch es meist in einer Reihe von
Kokillen oder auch im ganzen Gespann zu Absetzungen in den Blöcken kommt,
die zu Blockfehlern, ähnlich den Mattschweißen, führen. Letztere entstehen fast
regelmäßig bei zu niedriger Gießtemperatur. Der flüssige Stahl kühlt auf seinem
Wege durch das Eingußrohr und die Kanalsteine so stark ab, daß sich auf der
Stahloberfläche in der Kokille erstarrte Stahlschichten bilden, die an der Kokillen-

wand hängenbleiben und vom nachfließenden Stahl überspült, aber nicht mehr aufgelöst werden. Diese Mattschweißstellen, die tief in den Block hineinreichen können, enthalten meist Oxydeinschlüsse und Gasblasen.

Sobald der flüssige Stahl beim Gießen die Hauben erreicht hat, wird die Gießgeschwindigkeit gedrosselt und die Haube langsam vollgegossen. In manchen Werken ist es auch üblich, beim kommunizierenden Guß die Hauben nur zu etwa einem Drittel vollzugießen und das Auffüllen der Hauben bei jedem einzelnen Block direkt aus der Gießpfanne vorzunehmen.

Zu den häufigsten Störungen beim Guß von unten zählt das Ausbrechen des Stahles aus dem Eingußrohr oder den Kanalsteinen. Dies kann bei sonst einwandfreiem Arbeiten z. B. durch ein Reißen der feuerfesten Rohre verursacht sein. Geringe austretende Stahlmengen können, besonders zu Beginn des Gießens, durch Anwerfen feuerfester Massen oder durch Andrücken einer kalten Eisenstange an die Fehlstelle zum Erstarren gebracht werden, so daß ein Abdichten der Ausbruchstelle erreicht wird. Der Gießstrahl darf dabei nur geringfügig gedrosselt werden; ein vollständiges Absetzen würde zu fehlerhaften Blöcken führen. Im weiteren Verlauf des Gießvorganges führt ein derariger Stahlausbruch meist zum Verlust der gesamten, bereits abgegossenen Stahlmenge.

2.115.3 Der Verbundguß

Unter Verbundguß oder Compoundguß versteht man das Zusammengießen von zwei verschiedenen Stahlsorten in einen Gußblock in der Art, daß nach dem Gießen der einen Stahlsorte die Trennwand in der Kokille entfernt und die zweite Stahlqualität so rasch nachgegossen wird, daß beide Werkstoffe in der Kokille miteinander verschweißen. Für bestimmte Zwecke kann auch durch Einlegen eines Formstahles mit metallisch blanker Oberfläche und durch Umgießen desselben ein Verbundstahl hergestellt werden.

Am häufigsten wird der Verbundguß für Gegenstände angewendet, die neben hoher Härte auch eine hohe Zähigkeit aufweisen müssen, wie Industriemesser, Mollbleche usw. Auch für die Herstellung von plattiertem Material ist dieses Verfahren geeignet. Bei der Erzeugung der Verbundblöcke wird in der Regel zuerst der hochwertige Stahl (mit dem niedrigeren Schmelzpunkt) abgegossen und durch rasches Nachgießen mit dem weichen Stahl verschweißt. Der Gießvorgang unterscheidet sich im übrigen nicht von dem normaler Blöcke, erfordert jedoch ein rasches und störungsfreies Arbeiten.

2.116 Die Behandlung der Gußblöcke bis zur Erstarrung

Die Edelstähle werden fast durchwegs in Kokillen mit Hauben abgegossen, damit sich der bei der Erstarrung bildende Lunkerhohlraum im sogenannten verlorenen Kopf und nicht im Gußblock ausbildet. Die Größe der Haube muß so bemessen sein, daß sie den Schwindungshohlraum zur Gänze aufnehmen kann, wozu etwa 10 bis 20% des Blockvolumens notwendig sind. Naturgemäß kann der verlorene Kopf nur dann seine Aufgabe erfüllen, wenn in ihm der Stahl so lange flüssig bleibt, bis die Erstarrung des Blockes beendet ist. Neben gut vorgewärmten Hauben und den schon früher behandelten exothermen Einsätzen (vgl. Abschnitt 2.113) verwendet man zum Abdecken des Stahles in der Haube exotherme Lunkermittel. Sie haben die Aufgabe, die Wärmeverluste durch Strahlung zu verhindern und sollen dem Stahl zusätzlich eine gewisse Wärmemenge zuführen. Bei der Wahl der Lunkermittel ist darauf zu achten, daß die chemische Zusammensetzung des Stahles, z. B. durch Aufkohlen, Aluminiumaufnahme oder Oxydation, nicht verändert wird.

Für Blockgrößen über etwa 6 t hat sich an Stelle der Lunkermittel und exothermen Hauben die Blockkopfbeheizung durch die damit mögliche Verminderung des verlorenen Kopfes als wirtschaftlicher erwiesen. Das bekannteste Verfahren ist das „*kellog-hot-top*"-Verfahren [18, 19] mit elektrischer Heizung. Es unterscheidet sich von den älteren Verfahren dadurch, daß mit Gleichstrom niedriger Spannung gearbeitet wird und daß der Lichtbogen unter einer verhältnismäßig großen Schlackenmenge verborgen ist. Die Schlackenabdeckung verteilt die Wärme über eine größere Fläche und schützt den flüssigen Stahl vor der Oxydation. Die Lichtbogenleistung beträgt für 15- bis 30t-Blöcke nur 20 bis 40 kW, die Behandlungszeit in Abhängigkeit von der Erstarrungszeit der Blöcke 7 bis 15 Stunden.

Abb. 416 zeigt den Aufbau einer Anlage für die elektrische Blockkopfbeheizung [18]. Nach beendetem Abguß wird der Elektrodenarm eingeschwenkt und die Selbststeuerung eingeschaltet. Danach wird ein schlackenbildendes Pulver auf-

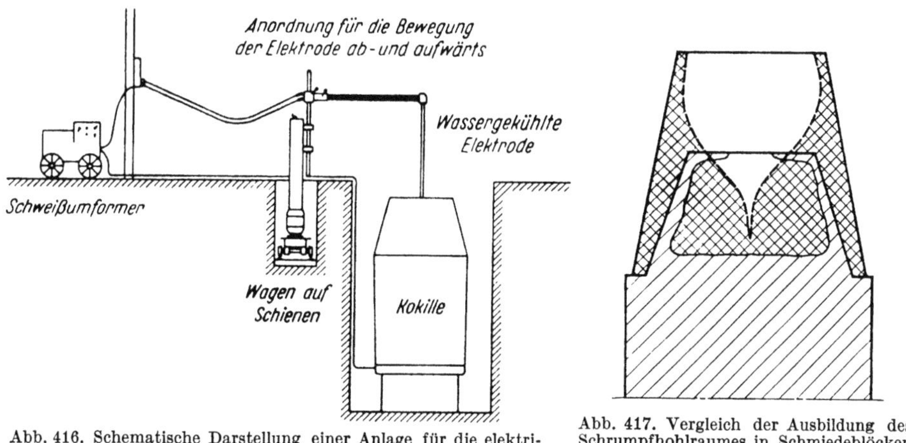

Abb. 416. Schematische Darstellung einer Anlage für die elektrische Blockkopfbeheizung von Schmiedeblöcken (nach E. JOHANSSON und E. HELIN)

Abb. 417. Vergleich der Ausbildung des Schrumpfhohlraumes in Schmiedeblöcken mit und ohne Blockkopfbeheizung (nach E. JOHANSSON und E. HELIN)

gegeben, das eine dünnflüssige Schlacke bildet. Sobald sich das Schlackenbad gebildet hat, folgt die Elektrode der sinkenden Stahloberfläche bis zur vollständigen Erstarrung des Blockes. Die unterschiedliche Ausbildung des Schrumpfhohlraumes in der Haube im Vergleich zu einem unbeheizten Block zeigt Abb. 417. Die Verbesserung des Stahlausbringens beträgt bis zu 14% für Blockgrößen bis 30 t. Der Energieverbrauch liegt bei 25 bis 55 kWh/t, der Verbrauch an Schlackenbildnern beträgt etwa 2 kg/t Blockgewicht.

Die elektrische Blockkopfbeheizung kann durch Verwendung von selbstverzehrenden Elektroden, z. B. aus Produktionsabfällen gleicher chemischer Zusammensetzung, besonders wirtschaftlich gestaltet werden. Man kann damit wie beim Elektroschlacken-Umschmelzen (vgl. Abschnitt „Schmelzen", 3.93) den Blockkopf aufbauen, wobei gleichzeitig eine gute Abscheidung von Verunreinigungen gegeben ist, die während der Erstarrung in den Blockkopf aufsteigen.

Das Ziehen oder Strippen der Blöcke soll erst nach vollkommener Erstarrung erfolgen. Die notwendigen Stehzeiten der Blöcke werden in den Werken meist empirisch ermittelt. Überschlagmäßig kann man die Stehzeit z. B. nach der von H. NELSON [20] angegebenen Formel errechnen:

$$t = \left(\frac{D}{2}\right)^2 \qquad (366)$$

wobei t die Stehzeit in Minuten und D den Durchmesser des Blockkopfes in Zoll bedeuten. Im übrigen ist die Erstarrungszeit bei gleichen Abkühlungsbedingungen auch eine Funktion der chemischen Zusammensetzung des Stahles und der Gießtemperatur.

Schrifttum

zu Abschnitt 2.11

1. McDonough, W. G.: Nozzle Replacement from Outside Is Safe and Efficient Method. J. Metals 6 (1954), S. 443/46; vgl. Stahl u. Eisen 74 (1954), S. 1021/22.
2. Möser, A.: Stopfen und Ausgüsse. Stahl u. Eisen 60 (1940), S. 912/13.
3. Mund, A.: Abgießen mit Doppel-Ausguß. Stahl u. Eisen 63 (1943), S. 509/13.
4. Grimme, D. E., und K. Matthews: Use of Chemically Bonded Hot Tops at Lukens. Proc. Open Hearth Steel Comm., Iron Steel Div., Met. Soc. Am. Inst. Min. Metallurg. Petrol. Engrs. 43 (1960), S. 162/70.
5. Marr, H. S., G. Fenton und W. H. Glaisher: Studies on Ingot Feeder Heads. J. Iron Steel Inst. 187 (1957), S. 81/92.
6. Aitken, A. I., W. C. Fletcher und G. Fenton: The Imatra Thermit Hottopping Process. J. Iron Steel Inst. 190 (1958), S. 349/59.
7. Theis, A., und K. Nitschke: Versuche mit einem neuen Seitenheizmittel zur Verringerung des verlorenen Blockkopfes. Stahl u. Eisen 78 (1958), S. 1380/83.
8. Šmrga, L., und I. Brodskij: Verwendung exothermer Massen und Einsätze zur Blockkopfbeheizung. Stal in Deutsch (1962), S. 23/28.
9. Schöberl, A., und R. Plessing: Erfahrungen mit Blockaufsätzen aus verbrennlichen Platten und Hauben mit exothermer Innenauskleidung. Stahl u. Eisen 81 (1961), S. 22/30.
10. Fellcht, K., K. Schneider und W. Stieg: Anwendung einer synthetischen Haube, bestehend aus einem exothermen Gemisch von Koks, K-Na-Nitrat und Sägemehl beim Vergießen von Blockstahl. Neue Hütte 7 (1962), S. 299/306.
11. Genssler, R.: Erörterungsbeitrag. Stahl u. Eisen 81 (1961), S. 28/29.
12. Oberhoffer, P.: Das technische Eisen. 3. Auflage, Springer, Berlin 1936, S. 314.
13. Willems, J., und O. Oelsen: Zur Haltbarkeit von Stahlwerkskokillen. Gießerei 48 (1961), S. 425/30.
14. Kowarsch, G.: Erfahrungen mit Kokillenlacken. Stahl u. Eisen 73 (1953), S. 1654/57.
15. Osipov, V. P., V. A. Efimov, P. A. Matevosjan, V. I. Danilin, M. P. Lapšova, V. M. Selivanov und I. V. Lisov: Das Vergießen hochlegierter Stähle. Stal in Deutsch (1961), S. 878/81.
16. Ristow, A.: Haltbarkeit von Kokillen. Stahl u. Eisen 57 (1937), S. 1008/09.
17. Kosmider, H., H. Neuhaus, H.-J. Kirschning und W. Münstermann: Über die physikalischen und chemischen Vorgänge beim Gießen und Erstarren von Stahl. Stahl und Eisen 77 (1957), S. 133/43.
18. Johansson, E., und E. Helin: Elektrische Blockkopfbeheizung von Schmiedeblöcken. Stahl u. Eisen 75 (1955), S. 1755/65.
19. Martin, W., und E. Thon: Die Einwirkung der elektrischen Blockkopfbeheizung auf das Blockinnere schwerer Schmiedeblöcke. Stahl u. Eisen 75 (1955), S. 1765/74.
20. Nelson, L. H.: Einflußgrößen bei der Seigerung und Erstarrung von Stahlblöcken. Amer. Inst. Min. Metallurg. Engr. Publ. Nr. 802, S. 7, Met. Technol. 4 (1937), Nr. 3.

2.12 Der Strangguß

In dem Bestreben, auch den Stahl in einem kontinuierlichen, möglichst weitgehend mechanisierten Verfahren zu gießen, wurde in den letzten Jahren der Stahlstrangguß zur vollen Betriebsreife entwickelt. Ohne im einzelnen auf die Entwicklung des Verfahrens [1 bis 3] einzugehen, sei vorausgeschickt, daß sich für Stahl bisher nur Senkrecht-Gießanlagen bewährt haben.

Die nach verschiedenen Systemen gebauten Betriebsanlagen unterscheiden sich voneinander im wesentlichen nur in der technischen Ausführung einzelner Bauelemente und in der Anpassung an die jeweiligen Betriebsbedingungen. Es ist klar, daß eine kontinuierlich arbeitende Stranggußanlage keine Universaleinrichtung im Stahlwerksbetrieb darstellt, sondern daß sie auf die Ofenkapazität, die gewünschten Strangquerschnitte und auf die zu vergießenden Stahlsorten abgestimmt sein muß. Bei der Bewältigung eines umfangreichen Gießprogrammes wird man daher auch aus wirtschaftlichen Gründen zwei oder mehr Stranggußanlagen verwenden, um die sonst unvermeidbaren langen Rüstzeiten oder die Überdimensionierung einzelner Bauelemente auszuschalten.

2.121 Bau und Einrichtungen

Abb. 418 zeigt den Aufbau einer Mehrfach-Stranggußanlage in schematischer Darstellung. Der flüssige Stahl wird aus einer Gießpfanne (1) über einen Verteiler (2) in beiderseits offene, wassergekühlte Kokillen (3) gegossen. Der in der Kokille bereits teilweise erstarrte Strang durchläuft eine Nachkühlstrecke (4) und ge-

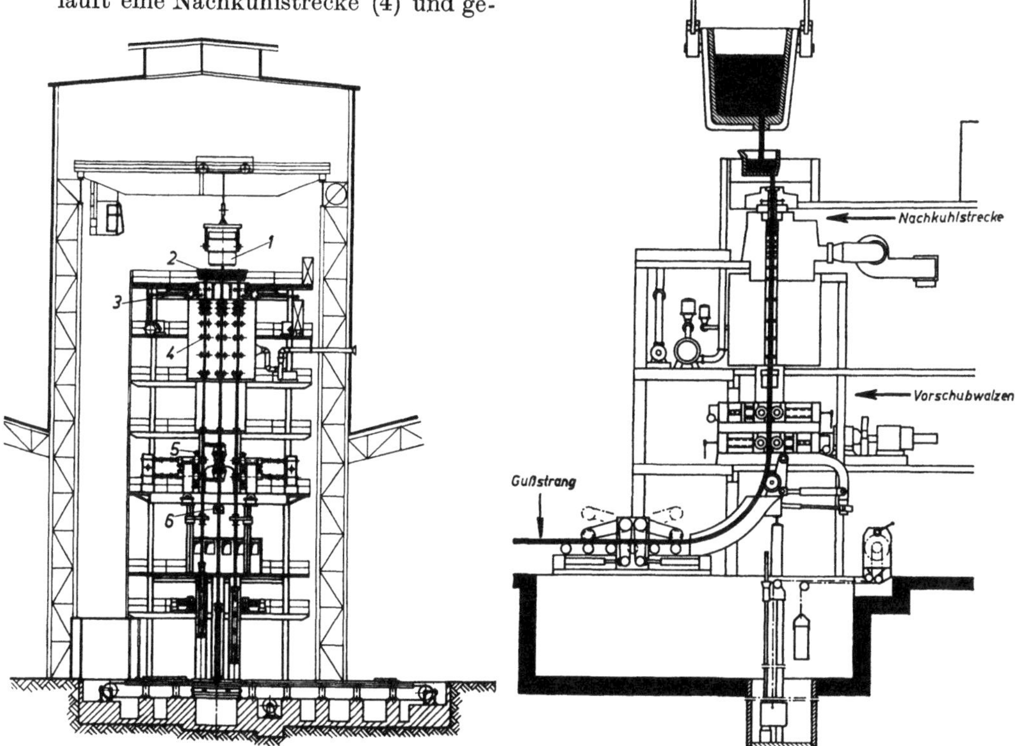

Abb. 418. Aufbau einer Mehrfach-Stranggußanlage (Bauart SSG-ÖSIG)

Abb. 419. Stranggußanlage für breite Brammen (Bauart Concast/Schloemann für die Dillinger Hüttenwerke)

langt nach vollständiger Erstarrung in die Vorschubwalzen (5), die den Strang kontinuierlich aus der Kokille ausziehen. Unter den Vorschubwalzen befindet sich entweder eine Schneidvorrichtung (6), die den Strang auf die gewünschten Teillängen unterteilt oder eine Biegevorrichtung, die ihn in die Horizontale umlenkt.

Die letztgenannte Ausführungsform, die natürlich auch für Rund- und Quadratstränge angewendet wird, zeigt Abb. 419 bei einer Anlage für den Abguß breiter Brammen [4]. Das Unterteilen erfolgt hier am horizontal auslaufenden Strang. Die Biegeeinrichtung ist dann zweckmäßig, wenn große Stranglängen, z. B. für kontinuierliche Walzwerke, erforderlich sind, die eine zu große Bauhöhe der Gesamtanlage erfordern würden. Die neueste Entwicklung ist dadurch gekennzeichnet, daß der Gießstrang aus einer kreissegmentförmigen oder geraden Kokille unmittelbar in eine Kurvenbahn (z. B. Kreisbogen) geführt wird. Der Strang wird in einem Treib- und Richtapparat gerade gebogen und verläßt die Stranggießmaschine in horizontaler Richtung. Derartige Bogengießanlagen besitzen die niedrigsten Bauhöhen.

Nach den heutigen Betriebserfahrungen ist für die zweckmäßige Gestaltung der einzelnen Bauelemente und Hilfseinrichtungen folgendes zu beachten:

Als *Gießpfanne* für mittlere und hohe Schmelzgewichte dient überwiegend die übliche Stopfenpfanne, an die weder hinsichtlich der Auskleidung noch der Behandlung andere Anforderungen gestellt werden als im normalen Gießbetrieb bei Blockguß. Auch die Pfannenhaltbarkeit entspricht den gewohnten Werten. Nur für den Abguß kleiner Öfen und für lange Gießzeiten, z. B. beim Gießen

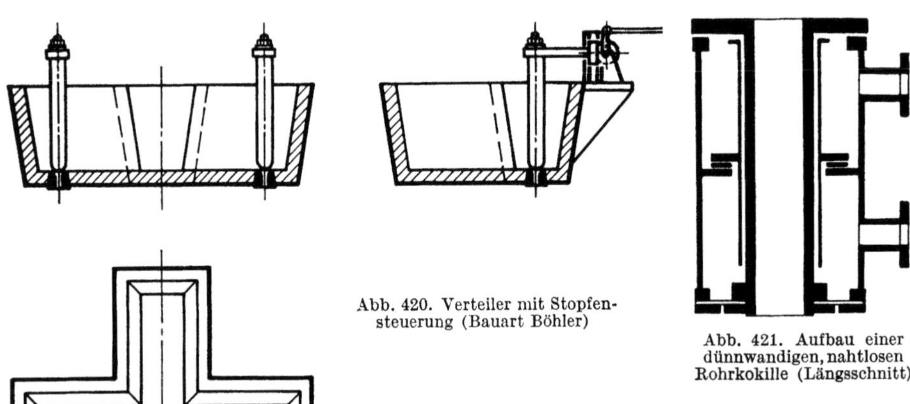

Abb. 420. Verteiler mit Stopfensteuerung (Bauart Böhler)

Abb. 421. Aufbau einer dünnwandigen, nahtlosen Rohrkokille (Längsschnitt)

kleiner Strangquerschnitte, sind noch Kipppfannen, Rohr- oder Siphonpfannen in Verwendung. Sie erfordern dann auch eine relativ hohe Vorwärmung und werden vielfach mit einem feuerfest ausgemauerten Deckel verschlossen, um die Wärmeverluste gering zu halten. Auch eine Beheizung des Innenraumes zwischen Deckel und Pfannenfüllung, z. B. mit einem Öl- oder Gasbrenner, wurde ausgeführt, doch sind diese den Betrieb komplizierenden Hilfseinrichtungen bei zweckmäßiger Dimensionierung der Anlage und guter Abstimmung von Gießprogramm und Ofengröße nicht notwendig.

Der *Verteiler* soll leicht auswechselbar sein und besteht aus einem Blechmantel, der, ebenso wie die Pfanne, mit hochwertigen Schamottesteinen ausgemauert ist und meist eine Verschleißschicht aus Schamotte aufgestampft erhält. Auch die Verwendung von Schamottehalbrohren ist üblich. An die Ausgüsse im Verteiler werden etwa die gleichen Anforderungen gestellt wie an die Ausgüsse in Gießpfannen. Man verwendet Schamotteausgüsse mit hohem Tonerdegehalt, Schamotte-Graphit- oder Magnesitausgüsse (z. B. für hochmanganlegierte Stähle). Für sehr lange Gießzeiten und hohe Gießtemperaturen sind Ausgüsse aus Zirkonoxyd oder Zirkonsilikat notwendig, um den extremen Beanspruchungen standzuhalten. Diese Sonderwerkstoffe haben sich auch beim Gießen mit Gießspiegelautomatik bewährt, wo die Durchflußbedingungen möglichst unverändert bleiben müssen.

An Stelle der ursprünglich üblichen einfachen offenen Ausgüsse bürgert sich die Stopfensteuerung [5] im Verteiler immer mehr ein, da sie eine wesentlich bessere

Regelung der Gießgeschwindigkeit in den einzelnen Strängen und damit eine erhöhte Betriebssicherheit der Anlage gewährleistet (Abb. 420). An das Stopfenmaterial müssen sehr hohe Anforderungen hinsichtlich Verschleißfestigkeit und Temperaturwechselbeständigkeit gestellt werden. Es werden die gleichen feuerfesten Stoffe verwendet wie für offene Ausgüsse, jedoch kein Magnesit.

Der Verteiler muß vor dem Gießen gut getrocknet und auf eine Innentemperatur von 1000 bis 1200°C vorgewärmt werden, um Angußschwierigkeiten zu vermeiden. Das Vorwärmen geschieht mit Gas- oder Ölbrennern.

Die Haltbarkeit der Verteilerzustellung liegt bei sorgfältiger Arbeit zwischen 5 und 20 Schmelzen und hängt stark vom Gießprogramm ab. Ausgüsse und Stopfen sind Verschleißmaterial und werden nach jedem Abguß erneuert.

Das Kernstück jeder Stranggußanlage ist die wassergekühlte *Kokille*, die den Erstarrungsvorgang und die Oberflächenbeschaffenheit des Stranges maßgeblich beeinflußt. Als Werkstoff werden meist Kupfer und Kupferlegierungen höherer Festigkeit, aber auch andere Metalle mit ähnlichen Eigenschaften verwendet, die zum Schutz vor einer Kupferaufnahme des Stranges mit Überzügen aus Chrom, Molybdän oder Wolfram versehen sein können. Man unterscheidet Rohr-, Block- und Plattenkokillen. Erstere werden für kleine und mittlere Strangquerschnitte bevorzugt, während für große Querschnitte und

Abb. 422. Plattenkokille für 1000 mm breite Brammen (Bauart Böhler)

besonders für breite Brammen die Plattenkokille die zweckmäßigste und wirtschaftlichste Bauart darstellt. Abb. 421 zeigt einen Schnitt durch eine dünnwandige nahtlose Rohrkokille für Quadrat- und Rundstränge [5], Abb. 422 eine Plattenkokille Bauart Böhler für 1000 mm breite Stranggußbrammen [6]. Die Kühlung der Kokillen erfolgt durch Wasser mit hoher Durchflußgeschwindigkeit, wobei sich bei Brammenkokillen die Einzelanspeisung der Flächen als zweckmäßig erwiesen hat.

Die heute für Edelstahl üblichen Strangquerschnitte liegen zwischen etwa 90 und 200 mm rund, 70 und 300 mm quadrat und bei Brammenquerschnitten von 50 bis 200 mm Dicke und 170 bis über 1000 mm Breite. Für hochlegierte Edelstähle, besonders Werkzeugstähle, sind auch kleine Ovalquerschnitte in Verwendung (etwa 60 × 80 mm) [7]. Eine Sonderentwicklung stellt die von S. JUNGHANS vorgeschlagene Verbundkokille [8] dar. Auf einem ähnlichen Prinzip beruht die von der BISRA entwickelte Weybridge-Kokille [9].

Die Kokillenlänge beträgt nahezu unabhängig vom Querschnitt im Mittel 700 mm. Bei kürzeren Kokillen besteht erhöhte Ausbruchgefahr, während bei längeren Kokillen, wie sie z. B. in der UdSSR üblich sind, eine größere Gefahr des Verklemmens des Stranges in der Kokille besteht, ohne daß durch die größere Länge die Erstarrung beschleunigt wird.

Zur Erleichterung des Ablösens der erstarrenden Strangschale von der Kokillenwand wird heute allgemein die Kokille während des Gießens rhythmisch auf- und abbewegt. Dabei soll die mittlere Geschwindigkeit der Abwärtsbewegung gleich oder größer sein als die Absenkgeschwindigkeit des Stranges. Aus dem gleichen Grund muß auch ein Benetzen der Kokilleninnenwand durch den flüssigen Stahl verhindert werden. Dies wird durch eine Kokillenschmierung mit Öl erreicht. Das Öl wird durch eine am oberen Kokillenrand angebrachte Schmiervorrichtung automatisch in gleichmäßiger Menge zugeführt. Durch teilweises Verbrennen über dem Badspiegel entsteht eine Schutzgasschicht in der Kokille, die einer Luftoxydation des Stahles entgegenwirkt und die Bildung von Oxydhäuten behindert.

Die Kokillenhaltbarkeit ist im wesentlichen von der Behandlung der Kokillen im Betrieb abhängig. Die bei guten Kokillen erreichbaren Gußzahlen liegen zwischen 500 und 1000 Abgüssen. Der in Gießspiegelhöhe auftretende Verzug macht es jedoch notwendig, die Kokille nach jeweils 50 bis 150 Abgüssen zu richten, da sonst durch Engerwerden der Kokille Oberflächenfehler am Strang auftreten.

In der an die Kokille unmittelbar anschließenden *Nachkühlstrecke* wird der Strang direkt durch fein verteiltes Wasser gekühlt, das aus einem System von Zerstäuberdüsen austritt. Diese Direktkühlung ist eine für den qualitativen Gießerfolg wesentliche Einrichtung. Das Zerstäubersystem wird meist in mehreren Zonen angespeist, die einzeln regelbar sind, um die Kühlung dem Strangquerschnitt und der Stahlsorte anpassen zu können.

In der Nachkühlstrecke befinden sich für kleine Strangquerschnitte *Führungswalzen*, die ein Verbiegen und Ausknicken des Stranges verhindern. Beim Gießen großer Querschnitte und besonders bei breiten Brammen sind diese Führungswalzen als kräftige *Stützwalzen* ausgebildet, die den ferrostatischen Druck des noch flüssigen Stranginneren aufnehmen müssen, da sonst ein Ausbauchen der erstarrten Strangschale eintreten würde.

Nach dem Austritt aus der Nachkühlstrecke wird der Strang von stufenlos regelbaren *Vorschubwalzen* erfaßt, die die Aufgabe haben, den Strang aus der Kokille zu ziehen und mit der richtigen Absenkgeschwindigkeit zu transportieren. Die Entfernung zwischen Kokille und Vorschubwalzen muß so gewählt sein, daß der Strang beim Eintritt in diese vollständig erstarrt ist. Durch den regelbaren Anpreßdruck läßt sich das Auftreten von Quetschrissen im Stranginneren vermeiden, die auf Abb. 423 zwischen der Randzone und der transkristallinen Zone zu erkennen sind. Bei Strängen mit hohem Metergewicht sorgen Mehrwalzensysteme für eine gute und exakte Führung.

Beim unmittelbaren Unterteilen des senkrechten Stranges sind in der Regel Autogenschneidbrenner in Verwendung, die synchron mit der Stranggeschwindigkeit abgesenkt werden. Die Strangabschnitte werden in die Horizontale umgelegt und mittels Transporteinrichtungen aus der Anlage herausbefördert.

2.122 Gießtechnik

Die Vorbereitung der Stranggußanlage zum *Abguß* besteht im Einfahren des Anfahrbolzens, der die Kokille am Boden abschließt und den Strang nach unten abzieht, und im Vorwärmen der Eingußrinne bzw. des Verteilers bei Mehrstranganlagen. Im Kopf des Anfahrbolzens ist, wie Abb. 424 zeigt, ein pilzförmiger Bolzen eingesetzt, um den der flüssige Stahl rasch erstarrt und eine genügend feste Verbindung mit dem Gußstrang herstellt. Das Abdichten des Anfahrbolzens zur Kokille erfolgt durch Einlegen einer Pappe- oder Asbestplatte, die mit einer Schicht von feinen Stahlspänen oder Nagelschrott bedeckt wird. Beim Angießen wird die Kokille bis etwa 100 mm unter die Oberkante gefüllt und sodann das Absenkgetriebe eingeschaltet. Beim weiteren Gießen und Absenken des Stranges muß der Gießspiegel möglichst in konstanter Höhe gehalten werden. Die Regelung kann von Hand aus oder durch eine Steuerautomatik erfolgen. Für die automatische Gießspiegelregelung werden sowohl Temperaturfühler an der Kokillenwand als auch γ-Strahlen verwendet [10].

Die notwendige Gießtemperatur liegt, ähnlich wie beim Blockguß, etwa 60 bis 100°C über der Liquidustemperatur des Stahles und richtet sich selbstverständlich auch nach der Stahlmenge in der Gießpfanne und der erforderlichen Gießdauer. Letztere ist im wesentlichen vom Strangquerschnitt und der Anzahl der Stränge abhängig. Die Temperaturverluste in der Gießpfanne sind etwa gleich wie beim Blockguß und können durch Abdecken der Pfanne mit einem mit Isoliersteinen ausgekleideten Deckel vermindert werden. Bei kleinen Pfannen und langen Gießzeiten wird, wie bereits erwähnt, fallweise auch eine zusätzliche Beheizung, z. B. mit Öl- oder Gasbrennern, angewendet. Beim Abguß größerer Stahlmengen in Vielstranganlagen mit Gießzeiten bis etwa 45 Minuten ist eine stärkere Überhitzung des Stahles oder eine Zusatzbeheizung jedoch nicht erforderlich.

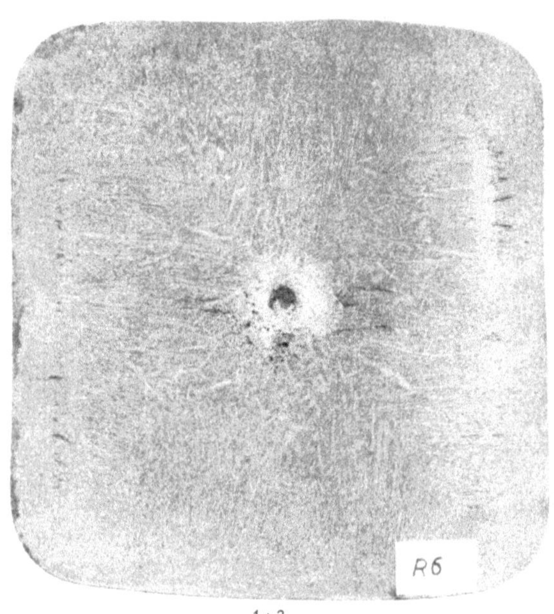

Abb. 423. Quetschrisse in einem Quadratstrang eines Baustahles (nach B. Tarmann). Heißätzung mit HCl

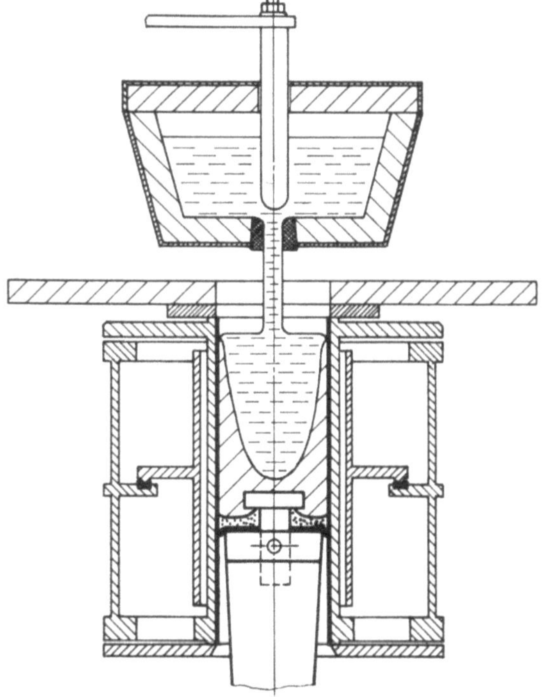

Abb. 424. Schematische Darstellung des Angießens in einer Stranggußkokille (nach B. Tarmann)

2.123 Erstarrungsvorgang und Gefügeausbildung

Die *Erstarrung* des Stahles beim Strangguß geht so vor sich, daß sich bei der Berührung des flüssigen Stahles mit der wassergekühlten Kokillenwand eine erstarrte Schale bildet, die sich bald von der Kokille abhebt. Der dadurch erschwerte Wärmeübergang und die relativ niedrige Wärmeleitfähigkeit des erstarrten Stahles bewirkt, daß das Stranginnere auch nach dem Austritt des Stranges aus der Kokille noch flüssig ist. Die erstarrte Schale muß daher dem ferrostatischen Druck standhalten können, bis in der Nachkühlstrecke die vollkommene Erstarrung erreicht ist. Abb. 425 zeigt den Erstarrungsvorgang über eine Länge von 8,6 m in einem Strangquerschnitt 150 × 200 mm. Bemerkenswert ist das gleichmäßige Wandstärkenwachstum. Die Sumpftiefe, d. h. die Länge des im Stranginneren flüssigen Bereiches, hängt vom Gießquerschnitt, von der Absenkgeschwindigkeit und der Intensität der Kühlung in der Nachkühlstrecke ab. Letztere

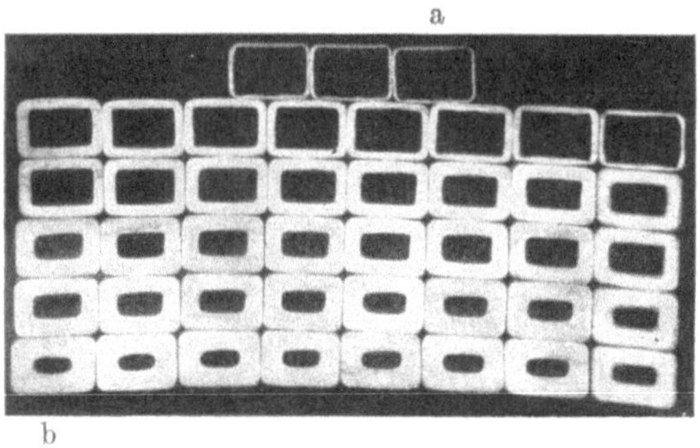

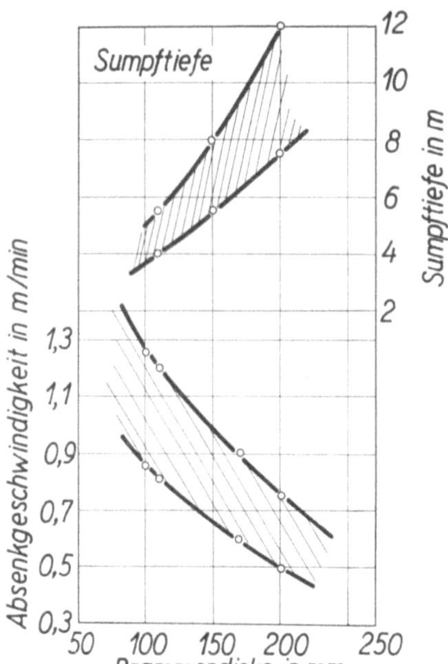

Abb. 425. Querschnitte durch einen zum Auslaufen gebrachten Strang mit 9 m Sumpftiefe
(nach B. TARMANN und E. PLOCKINGER)
a Erstarrungsbeginn in der Kokille,
b Ende der Nachkühlstrecke

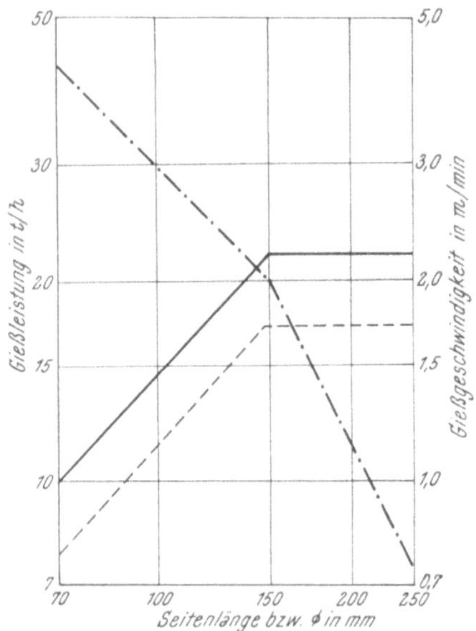

Abb. 426. Absenkgeschwindigkeiten und Sumpftiefen beim Stranggießen von Brammen (nach B. TARMANN)

Abb. 427. Gießleistung und Gießgeschwindigkeit für Rund- und Quadratstränge unterschiedlicher Abmessung (nach B. TARMANN)

kann bei härtbaren Stählen nicht beliebig gesteigert werden, da sonst durch Umwandlungsspannungen eine Rißbildung nicht zu vermeiden ist. Die üblichen Absenkgeschwindigkeiten in Abhängigkeit von der Dicke des Stranges und die daraus resultierende Sumpftiefe für Brammenquerschnitte zeigt Abb. 426. Kleine Quadrat- und Rundquerschnitte können, wie Abb. 427 zeigt, noch mit wesentlich höheren Absenkgeschwindigkeiten gegossen werden. Dagegen muß beim Stranggießen unberuhigter Stähle die Kühlung dem Entgasungsvorgang angepaßt werden, woraus sich in der Regel wesentlich niedrigere Absenkgeschwindigkeiten und dementsprechend niedrigere Gießleistungen je Strang ergeben. Sie liegen bei etwa 60% der Gießleistung von beruhigtem Stahl gleichen Strangquerschnittes [6].

Die Gefügeausbildung im Strang entspricht etwa einem Blockgefüge gleichen Querschnittes, nur daß die rasche Abkühlung meist eine stärkere Transkristallisation zur Folge hat. Dementsprechend weist auch ein Flach- oder Ovalquerschnitt oft ein günstigeres Primärgefüge auf als ein Rund- oder Quadratquerschnitt (Abb. 428). Die Gefügeausbildung in der Strangmitte ist stark abhängig von der Gießgeschwindigkeit. Bei zu hoher Absenkgeschwindigkeit besteht die Gefahr

Abb. 428. Primärgefüge einer Stranggußbramme aus einem nichtstabilisierten austenitischen Chrom-Nickelstahl, 1000 × 165 mm (nach E. PLÖCKINGER und B. TARMANN)

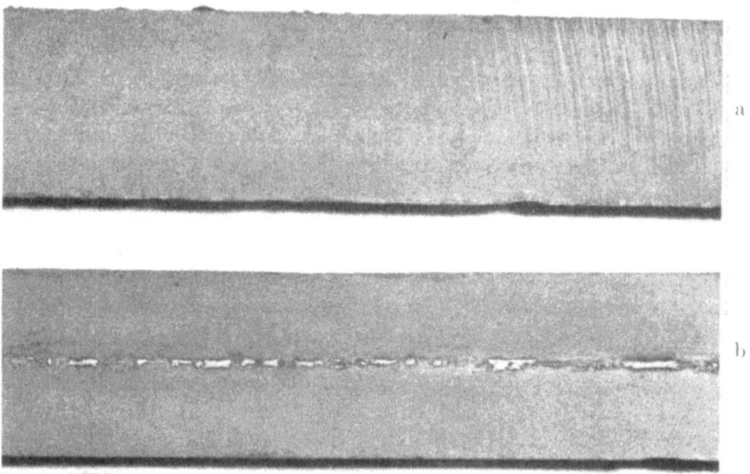

Abb. 429. Längsschnitt durch einen Gußstrang eines legierten Baustahles a) ohne, b) mit Fadenlunker (nach B. TARMANN) 1:4

des Auftretens von Fadenlunkern, weil dann der flüssige Stahl in dem tiefen Sumpf nicht mehr nachfließen kann. Diese Fehlererscheinung zeigt Abb. 429. Im Gegensatz dazu wird mit hoher Absenkgeschwindigkeit eine bessere Oberflächengüte erreicht, so daß man für jede Stahlqualität das Optimum zwischen beiden Forderungen einstellen muß. Einen wesentlichen Vorteil des Stranggusses gegenüber dem Blockguß bildet die Homogenität des Werkstoffes und die hohe Gleichmäßigkeit der chemischen Zusammensetzung über die ganze Stranglänge sowie das höhere Ausbringen. Es liegt, bezogen auf die flüssige Anwaage, je nach Schmelzengewicht und Schneidlänge, bei 94 bis 97%.

Beim Stranggießen ist besonders darauf zu achten, daß sich keine Schlackenreste oder Oxydhäute auf der Oberfläche des Gießspiegels ansammeln. Sie müssen gegebenenfalls mit Stahlruten entfernt werden. Gelangen Schlackenteilchen an die

Kokillenwand, so wird die gleichmäßige Erstarrung der Schale durch ihre schlechte Wärmeleitfähigkeit gestört und ein Verziehen, Reißen oder gar Ausbrechen des Stahles ist die Folge. An weiteren Fehlererscheinungen seien noch Karbidseigerungen erwähnt, die in übereutektoiden Stählen bei ungünstigen Kristallisationsbedingungen auftreten können, und die schon genannten Quetschrisse bei zu hohem Anpreßdruck der Transportwalzen.

2.124 Anwendung, Weiterverarbeitung, Leistung

Praktische Anwendung findet das Stahlstranggießen heute für unlegierte und niedriglegierte Baustähle und für viele höher- und hochlegierte Sonderstähle. Sehr günstige Gießbedingungen sind für austenitische Chrom-Nickelstähle gegeben, da sie umwandlungsfrei und daher gegen starke Kühlung in der Nachkühlstrecke unempfindlich sind.

Bei der Weiterverarbeitung ist zu beachten, daß der Stranggußknüppel oder die Strangbramme Gußgefüge besitzt und daher genau wie ein Gußblock einer mindestens 5- bis 6fachen Warmverformung bedarf, um ein homogenes und dichtes Gefüge im Endprodukt zu erhalten. Das Stranggußvormaterial ist daher besonders für die Herstellung von dünnem Stabstahl, Draht, Blechen und Breitband sowie von Gesenkschmiedestücken geeignet [11 bis 15]. Rundstränge dienen als Ausgangsmaterial für die Herstellung stranggepreßter Profile, nahtloser Rohre und von Elektroden für Vakuum-Lichtbogenöfen.

Die Strangoberfläche wird bei Edelstahl vor der Warmformgebung durch Putzen und Schleifen von örtlichen Fehlstellen befreit. Für die Herstellung von Blech und Breitband in Tiefziehgüte oder aus austenitischen Stählen wird die Brammenoberfläche in der Regel durch Flämmen bzw. Hobeln, Fräsen oder Schleifen vollständig abgezogen, um die erforderliche Oberflächengüte sicherzustellen [6].

Die Leistungsfähigkeit des Stahlstranggusses wurde durch die Entwicklung von Mehrstranganlagen wesentlich gefördert. So können z. B. mit 8-Strang-Anlagen Schmelzengewichte bis zu 80 t in Quadratsträngen von 110 bis 140 mm Seitenlänge abgegossen werden [14]. Anlagen für den Abguß von 150-t-Öfen sind in Planung.

Bei dreischichtig arbeitenden Stranggußanlagen mit einer Monatserzeugung von etwa 6000 t kann mit folgenden Verbrauchszahlen gerechnet werden:

Lohnaufwand	etwa 1 Stunde/t
Stromverbrauch	12 bis 15 kWh/t
Gas oder Öl (Vorwärmen des Verteilers)	etwa 3000 kcal/t
Schneidgas	0,5 Nm³/t
Sauerstoff	5,0 Nm³/t
Kokillenschmieröl	0,3 l/t
Kühlwasser	2 m³/min
feuerfestes Material	3 bis 4 kg/t

Die Kosten für die Anlage-Instandhaltung liegen im Rahmen äquivalenter Hütteneinrichtungen. Bei der Ermittlung der Kokillenkosten kann mit einer Standzeit bis zu 1000 Güssen gerechnet werden.

Schrifttum
zu Abschnitt 2.12

1. SCHWARZMAIER, W.: Stranggießen. Schriftenreihe Technik von Heute, Berliner Union, Stuttgart 1957.
2. HERRMANN, E.: Handbuch des Stranggießens. Aluminium-Verlag G. m. b. H., Düsseldorf 1958.

3. TARMANN, B.: Der Stahlstrangguß. Schriftenreihe des Bundeskanzleramtes, Verstaatlichte Unternehmungen (IV), Heft 7, Wien 1962, mit zusammenfassender Schrifttumsübersicht.

4. Anonym: Continuous Steel Casting Shows Remarkable Progress. Iron Age Metalworking Internat., Feb. 1962, S. 8; vgl. auch: W. GERLING und K.-H. BAUER: Betriebserfahrungen beim Strangguß von Brammen aus kohlenstoffarmen Stählen. Stahl u. Eisen 82 (1962), S. 1349/56.

5. TARMANN, B., und O. KLEINHAGAUER: Betriebserfahrungen mit dünnwandigen nahtlosen Stranggußkokillen. Stahl u. Eisen 81 (1961), S. 111/19.

6. PLÖCKINGER, E., und B. TARMANN: Breitband aus Stranggußbrammen. Berg- u. hüttenm. Mh. 107 (1962), S. 134/44.

7. CABANE, M.: Le laminage des billettes d'acier spéciaux obtenues par coulée continue. Rev. Métallurg. 58 (1961), S. 661/65.

8. HERRMANN, E.: Handbuch des Stranggießens. Aluminium-Verlag G. m. b. H., Düsseldorf 1958, S. 277.

9. FENTON, G., und J. PEARSON: Continuous Casting on the B. I. S. R. A. Experimental Plant. J. Iron Steel Inst. 189 (1958), S. 160/67.

10. BUNGEROTH, A., und E. SCHEUFELE: Über neue betriebs- und verfahrenstechnische Lösungen beim Stranggießen von Stahl; die automatische Gießstrahlregulierung. Berg- u. hüttenm. Mh. 107 (1962), S. 76/87.

11. HOFMAIER, J.: Stranggußerzeugnisse für Walzwerk und Schmiede. Stahl u. Eisen 77 (1957), S. 69/78.

12. LEITNER, F., und F. SCHMIDT: Betriebserfahrungen bei der Herstellung und Verarbeitung von Strangguß kleiner Querschnitte. Stahl u. Eisen 78 (1958), S. 1028/32.

13. DESFOSSEZ, P.: Ausblicke auf die Herstellung von Brammen im Stranggußverfahren für Breitband- und Grobblechwalzwerke. Stahl u. Eisen, demnächst.

14. Berichte der internationalen Stranggußtagung in Leoben, 6. und 7. November 1961. Berg- u. hüttenm. Mh. 107 (1962), S. 73/182.

15. BERGH, K. G.: Stranggießen von Stahl. Jernkont. Ann. 8 (1963), S. 641/752.

2.13 Der Schleuderguß

Ein Gießverfahren, das für eine Reihe von Erzeugnissen Bedeutung erlangt hat, ist das Schleudergießverfahren. Es dient vor allem der Erzeugung von zylindrischen Gußkörpern, wie Motorenbüchsen, Hohlblöcken für Rohre und Geschützrohre u. a. Im Schleudergußverfahren können nahezu alle Edelstähle einschließlich der hochlegierten korrosionsbeständigen Chrom-Nickel-Stähle, der Sonderlegierungen und der hochlegierten Werkzeugstähle vergossen werden. Auch die Herstellung von Compoundguß wurde mit Erfolg ausgeführt [1].

Tabelle 143. *Betriebsmäßig angewendete Schleuderbedingungen* (SIMONEIT und RÄDEKER)

Schleuderachse	Blockaußendurchmesser mm	Drehzahl U/min	Umfangsgeschwindigkeit am Blockaußendurchmesser m/s
Liegend	200	300—1200	3,14—12,5
	400	300—1200	6,3 —25,0
	500	600—1200	15,7 —31,4
	1100	180— 330	10,5 —19,0
Stehend	400	600—1500	12,5 —31,5
	750	350— 470	13,7 —18,4
	1300	300	20,0
	1800	300	28,0

Der Abguß beim Schleudergußverfahren erfolgt durch Einfließenlassen genau bemessener Stahlmengen in rotierende Kokillen, wobei der flüssige Stahl durch die Zentrifugalkraft an der Kokilleninnenfläche verteilt wird. Die Schleudergußmaschinen sind, je nach der Art der herzustellenden Gußkörper, mit horizontal oder vertikal rotierenden Kokillen ausgerüstet. Für beide Fälle läßt sich die jeweils erforderliche Mindestdrehzahl bzw. Winkelgeschwindigkeit rechnerisch ermitteln. Eine Übersicht über die betriebsmäßig angewendeten Schleuderbedingungen gibt Tab. 143 [2]. Beim stehenden Schleuderguß beeinflußt naturgemäß die Länge des Blockes die Form der Innenfläche. Je geringer die Konizität des Hohlblockes sein soll, um so größer muß unter sonst gleichen Verhältnissen die Umfangsgeschwindigkeit sein.

Beim liegenden Schleudern wird die innere Kokillenoberfläche bei Stahlkokillen mit hoher Wärmeleitfähigkeit zunächst bei relativ niedriger Tourenzahl mit einer Schutzschicht aus feinem Sand überzogen, welcher durch ein Rohr oder durch eine Rinne eingebracht wird. Auch ein Auskleiden mit Dauerformstampfmasse oder ein Ausspritzen mit Torkretmassen wird ausgeführt. Diese Maßnahme ist notwendig, um eine zu plötzliche Abschreckung des Stahles zu vermeiden. Durch Anwendung einer Wasserkühlung wird trotz der Isolierschicht eine genügend rasche Wärmeableitung erzielt und die empfindliche Stahlkokille vor dem Verziehen geschützt. Bei der Verwendung von Gußeisenkokillen ohne Schutzschicht hat sich ein Vorwärmen als zweckmäßig erwiesen. Durch diese Maßnahme soll der Rißgefahr, z. B. beim Abgießen von Hohlblöcken für nahtlose Rohre, wirksam begegnet werden [3].

Das Angießen muß sehr rasch erfolgen, damit sich der flüssige Stahl sofort gleichmäßig über die ganze Oberfläche verteilen kann und keine vorzeitig erstarrten Schichten auftreten. Dabei darf der Gießstrahl nicht senkrecht auf die schnell umlaufende Kokillenwand auftreffen, da er sonst zersprüht und zu unsauberen Blockoberflächen führt. Man gibt daher dem einfließenden Stahl durch eine zweckmäßig geformte Gießrinne oder durch ein entsprechendes Mundstück eine Beschleunigung in der Drehrichtung.

Beim *senkrechten* Schleuderguß muß die Kokille zur Vermeidung von Außenrissen ebenfalls mit wärmedämmenden Schichten überzogen werden. Nach den Angaben von W. LÜCKERATH [4] hat sich für die Herstellung von Schleudergußblöcken bis zu einem Gewicht von 45 t ein Zweischichtenfutter bewährt, das aus einer porösen Außenschicht von 10 mm Stärke (trockene Schamotte von 5 bis 6 mm Körnung) und einer dichten Innenschicht von 15 mm Stärke besteht, bewährt. Die Innenschicht aus einer feuchten Mischung von 80% feiner Schamotte, 6% Ton, 13% Silbersand und 1% Dextrin wird bei einer Umdrehungszahl von etwa 300 U/min eingeschleudert. Nach dem Trocknen, Glätten und Schlichten wird das Futter bei Rotglut eingebrannt. Der Kokillenboden wird mit 90 mm dicken Radialsteinen ausgemauert.

Das Eingießen des Stahles erfolgt bei ganz langsamer Drehung der Kokille, wobei zur Vermeidung von Spritzern durch ein feuerfest ausgekleidetes Gießrohr gegossen wird. Sobald sich die gesamte Stahlmenge in der Kokille befindet, wird die Tourenzahl auf den berechneten Wert erhöht und bis zur beendeten Erstarrung beibehalten.

Die Schleuderdauer hängt sowohl beim horizontalen als auch beim vertikalen Schleudern von der abzuführenden Wärmemenge ab und kann bei großen Blöcken mehrere Stunden betragen (für 45-t-Blöcke etwa 8 Stunden). Nach beendeter Erstarrung wird die Kokille stillgesetzt und der Gußkörper gezogen. Vielfach ist es zweckmäßig, ihn in einem Glühofen einer Homogenisierungsbehandlung zu unterziehen.

Der *Kristallisationsvorgang* beginnt an der Kokillenwand bzw. dem feuerfesten Futter der Kokille mit der Bildung von Primärkristalliten, die in die Schmelze hineinwachsen. Die Restschmelze erstarrt an der inneren Oberfläche des Hohlkörpers. Man erhält eine sehr dichte Gußstruktur. Bei schweren Blöcken mit größerer Wandstärke sind jedoch stärkere Seigerungen besonders von Kohlenstoff nicht zu vermeiden, der sich zusammen mit Phosphor und Schwefel in der zuletzt erstarrenden Innenzone anreichert. Diese Schicht muß vor der Verarbeitung durch Ausdrehen entfernt werden. Auch die nichtmetallischen Einschlüsse sammeln sich in der Innenzone an. Allerdings muß, z. B. durch Verschließen der Kokille nach beendetem Eingießen des Stahles, dafür gesorgt werden, daß die Luftoxydation des flüssigen Stahles gering bleibt und die Abkühlung von innen solange wie möglich verzögert wird. An der Innenfläche des flüssigen Stahles erstarrende Stahlschichten werden infolge ihres höheren spezifischen Gewichtes durch die Zentrifugalkraft in den flüssigen Block hineingezogen und können dabei bereits aufgestiegene Einschlüsse mitreißen und im Inneren festhalten. Bei sachgemäßem Arbeiten erhält man jedoch Gußstrukturen, die denen normal gegossener Blöcke überlegen sind, besonders, wenn eine homogenisierende Glühung im Anschluß an das Gießen ausgeführt wird.

Die bei der Erstarrung eintretende Schwindung des Blockes im Durchmesser und in der Länge muß beim liegenden Schleudern großer Hohlblöcke durch eine entsprechende Konstruktion der Schleudereinrichtung (konische Kokille oder Einrichtung zur axialen Pressung des Blockes) berücksichtigt werden, damit der Hohlblock auch während des Erstarrens zentriert bleibt und eine unsymmetrische Massenverteilung, die zu einem unruhigen Gang der Maschine führt, vermieden wird.

Die Anforderungen, die an die Schmelzen für Schleuderguß gestellt werden, sind die gleichen wie für den normalen Kokillenguß. Ein gutes Ergebnis wird im Schleudergußverfahren ebenfalls nur mit Schmelzen erhalten, die so erzeugt sind, daß sie auch bei normalem Guß eine einwandfreie Primärstruktur ergeben und nur unbedeutende Gehalte an Verunreinigungen aufweisen.

Die Vorteile des Schleudergußverfahrens bestehen in einer Materialersparnis durch den Wegfall der Lunkerbildung und durch die geringe Bearbeitungszugabe sowie durch die Einsparung der gesamten Warmformgebung bis zum Erreichen der im Schleuderguß erzielten Form. Dazu kommt für eine Reihe von Verwendungszwecken die bessere Eignung der Gußstruktur, die sich z. B. bei Zylinderbüchsen in ihren besseren Laufeigenschaften zeigt.

Schrifttum

zu Abschnitt 2.13

1. Anthony, J.: Zweckmäßige Auskleidung von Schleudergußformen. Iron Age 162 (1948), Nr. 23, S. 94/98.
2. Simoneit, K., und W. Rädeker: Stahlhohlguß als Vormaterial. Stahl u. Eisen 68 (1948), S. 419/26.
3. Posdyschew, I., K. Zwetnenko und B. Furss: Die Herstellung von Hohlblöcken für nahtlose Rohre durch Schleuderguß. Stal 8 (1938), Nr. 1, S. 44/52, vgl. Stahl u. Eisen 58 (1938), S. 1063/65.
4. Lückerath, W.: Schleudern von Stahlblöcken größter Abmessungen. Stahl und Eisen 70 (1950), S. 209/18.

2.14 Sondergießverfahren

Außer den bisher behandelten Gießverfahren werden noch andere Arbeitsmethoden beim offenen Gießen des Stahles angewendet, um verschiedene, sonst schwer vermeidbare Unzulänglichkeiten auszuschalten. Dies betrifft einerseits die Vermeidung von Oberflächenfehlern, besonders bei großen Schmiedeblöcken, und andererseits die Verbesserung der Primärstruktur und des Reinheitsgrades.

Zur Verbesserung der Blockoberfläche hat sich das Gießen in einer Schlackenhülle bewährt, das in zwei verschiedenen Arten ausgeführt wird. Das eine Verfahren [1] benützt eine in einem elektrischen Lichtbogenofen vorgeschmolzene Schlacke mit sehr engem Schmelzintervall im Bereich von 1200 °C und niedriger Viskosität, die vor dem Abguß in die Kokille gefüllt wird (etwa 25 kg/t Stahl). Unmittelbar danach wird der Stahl wie üblich über einen Zwischentrichter oder direkt aus der Stopfenpfanne abgegossen. Die geschmolzene Schlacke bildet eine dünne Haut zwischen der Kokillenwand und dem Stahlblock, wobei alle Unebenheiten und Risse ausgefüllt werden, so daß eine glatte Blockoberfläche entsteht. Gleichzeitig wird der flüssige Stahl vor der Oxydation geschützt, und ausgeschiedene Oxyde werden von der flüssigen Schlacke gelöst. Das andere Verfahren [2] arbeitet mit festen, feinkörnigen Schlackenmischungen, die vor dem Gießen auf den Kokillenboden gegeben werden und beim Eingießen des flüssigen Stahles schmelzen.

Nach den bisher vorliegenden eingehenderen Untersuchungen des Erstarrungsvorganges beim Gießen mit Schlackenhülle muß sowohl die Schlackenzusammensetzung als auch die Viskosität auf die abzugießende Stahlsorte abgestimmt werden. Je nach der Größe der Oberflächenspannung bzw. der Zwischenphasenspannung

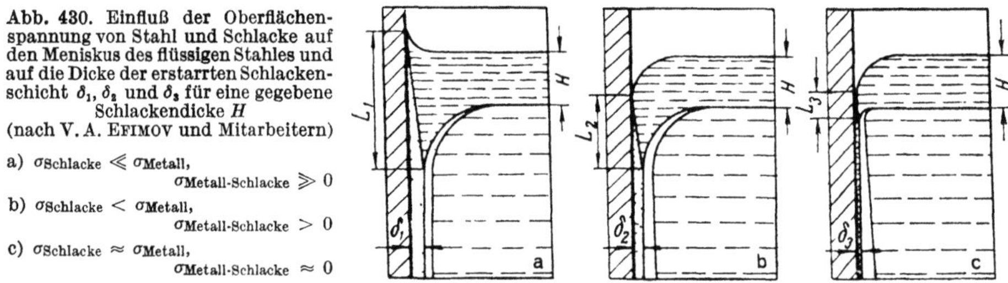

Abb. 430. Einfluß der Oberflächenspannung von Stahl und Schlacke auf den Meniskus des flüssigen Stahles und auf die Dicke der erstarrten Schlackenschicht δ_1, δ_2 und δ_3 für eine gegebene Schlackendicke H (nach V. A. EFIMOV und Mitarbeitern)

a) $\sigma_{\text{Schlacke}} \ll \sigma_{\text{Metall}}$, $\sigma_{\text{Metall-Schlacke}} \gg 0$

b) $\sigma_{\text{Schlacke}} < \sigma_{\text{Metall}}$, $\sigma_{\text{Metall-Schlacke}} > 0$

c) $\sigma_{\text{Schlacke}} \approx \sigma_{\text{Metall}}$, $\sigma_{\text{Metall-Schlacke}} \approx 0$

Metall—Schlacke ergeben sich die in Abb. 430 dargestellten Verhältnisse [2]. Die geschmolzene Schlacke bedeckt die Oberfläche des flüssigen Stahles und füllt vor allem den Zwischenraum zwischen Kokillenwand und Meniskus des Stahles aus, wobei sich an der Kokillenwand eine erstarrte Schlackenschicht (δ_1 bis δ_3) bildet. Für eine optimale Blockoberfläche muß die Schlacke so zusammengesetzt sein, daß bei genügender Stärke der erstarrten Schlackenschicht ein ausreichend großer Meniskus des flüssigen Stahles erhalten bleibt (Abb. 430a und 430b). Schlacken mit geringer Zwischenphasenspannung zum flüssigen Stahl sollen nicht verwendet werden, da sie den Meniskus stark verkleinern und damit die Gefahr einer Vermischung mit dem Stahl in der Blockoberfläche besteht (Abb. 430c).

Von den anderen Vorschlägen der Abwandlung des offenen Gusses sei in diesem Zusammenhang das DURVILLEsche Drehgießverfahren [3] genannt, bei dem der Stahl mit geringster Überhitzung direkt aus dem Ofen in die Kokille gekippt wird. Der geringe Wärmeinhalt des flüssigen Stahles wirkt im Zusammenhang mit der raschen Wärmeableitung durch die Kokille im Sinne einer feinkörnigen, globularen Primärkristallisation, wodurch es möglich sein soll, auch bei Stählen, die stark zur Transkristallisation neigen, die Stengelkristallbildung weitgehend zu unterdrücken. Eine Anwendung auf dem Edelstahlgebiet ist jedoch bisher nicht bekannt geworden.

Eine neue Entwicklung stellt die Anwendung des Druckgusses für die Erzeugung von Halbzeug in Quadrat- und Flachabmessungen dar [4,5], das ähnliche Eigenschaften wie das Stranggußmaterial aufweist. Auch hier soll ein hohes Ausbringen, gute Oberflächenbeschaffenheit und günstige Verteilung der nichtmetallischen Verunreinigungen erreicht werden. Das Prinzip dieses Verfahrens besteht darin, daß der Stahl zunächst in eine stopfenlose Pfanne abgestochen wird. Die gefüllte Gießpfanne wird in einen versenkten, luftdicht verschließbaren Behälter eingesetzt, durch dessen Deckel ein keramisches Steigrohr in den flüssigen Stahl eintaucht. Sodann wird die Graphitkokille darüber gefahren und dicht auf das Steigrohr aufgesetzt. Nunmehr wird der flüssige Stahl durch Einleiten von Preßluft in den Behälter durch das Steigrohr von unten in die Kokille gepreßt. Nach dem Füllen wird die Einflußöffnung der Kokille mit einem Stopfen verschlossen und dieselbe nach dem Lösen der Verbindung zum Steigrohr weggefahren. Nach dem Aufsetzen einer neuen Kokille kann der nächste Block gegossen werden.

Die Gießleistung einer solchen Druckgußanlage für die Herstellung von Brammen wird mit etwa 300 t/h angegeben. Das Ausbringen liegt bei 95%, bezogen auf den flüssigen Stahl.

Schrifttum

zu Abschnitt 2.14

1. EVANS jr., J. D.: Fluid Mold Casting of Forging Ingots. Elec. Furn. Steel Proc. AIME 18 (1960), S. 371/74.
2. EFIMOV, V. A., V. I. LEGENCHUK, G. V. SIVTSOV, I. M. KONOVALOV, G. D. BYKOW und A. G. TATJANSIKOV: Drop Pouring Steel under Slags. Stal in English 1962, S. 927/30.
3. NORTHCOTT, L.: Anwendung des Durvilleschen Drehgießverfahrens auf das Gießen von Stahl. J. Iron Steel Inst. 139 (1939), S. 297/314; vgl. Stahl u. Eisen 59 (1939), S. 949 bis 950.
4. HURSEN, H. H.: Pressure Casting of Steel. Metal Progr. 83 (1963), Nr. 4, S. 67/71.
5. DOWNS, J. J., C. G. MICKELSON und H. W. McQUAID: Properties of Pressure Poured Steels. Metal Progr. 83 (1963), Nr. 4, S. 72/76.

2.2 Das Gießen unter Schutzgas

Beim Gießen an Luft sind Umsetzungen des flüssigen Stahles mit den Bestandteilen der Atmosphäre, vorzugsweise mit dem Sauerstoff und dem Wasserdampf, in geringem Ausmaß auch mit dem Stickstoff, nicht zu vermeiden. Diese unerwünschten Reaktionen, die bereits im Abschnitt „Schmelzen" 1.18 näher behandelt wurden, wirken sich besonders beim Gießen vakuumbehandelter Stähle aus, wodurch der Erfolg der Vakuumbehandlung teilweise wieder aufgehoben wird. Schon frühzeitig wurde daher versucht, durch Anwendung geeigneter Schutzgasatmosphäre beim Abstechen und Gießen diesen Reaktionen entgegenzuwirken bzw. sie überhaupt auszuschalten. Als Schutzgase wurden Koksofengas, Stickstoff und Argon vorgeschlagen. Die heute erfolgreich angewendeten Schutzgas-Gießverfahren bedienen sich der beiden letztgenannten Gase, die in ausreichend reinem Zustand, d. h. praktisch frei von Sauerstoff und Wasserstoff bzw. Wasserdampf, technisch verfügbar sind.

Die ersten erfolgreichen Versuche von A. HULTGREN [1] des Gießens von Elektrostahl in einer reinen Stickstoffatmosphäre mit Hilfe der „CASPERSON-Pfanne" konnten sich nicht durchsetzen. Auch über das im Eisenwerk Witkowitz [2] zum Abgießen schwerer Schmiedeblöcke unter Koksofengas angewendete Verfahren sind keine weiteren Ergebnisse bekanntgeworden.

Technisch einfache Vorrichtungen zum Abgießen von Stählen unter Stickstoff als Schutzgas verwenden P. HOLTZHAUSSEN und H. FIEDLER [3]. Um den Luftzutritt zum Gießstrahl und zur Stahloberfläche in der Kokille zu vermeiden, benutzen sie die in Abb. 431 dargestellte Anordnung. Der Stickstoff wird durch ein der Haubenform angepaßtes, kreisförmiges Rohr zugeführt, das auf dem Umfang oben und unten gleichmäßig verteilte Löcher besitzt, die das Schutzgas in der durch die Pfeile angedeuteten Richtung verteilen und damit den Gießstrahl einhüllen. Vor dem Abguß wird die Kokille durch ein bis auf den Kokillenboden reichendes Rohr mit Stickstoff gefüllt. Auf das hier eingezeichnete Zwischenpfännchen kann verzichtet werden.

Mit Hilfe dieser Vorrichtung wurde das einwandfreie Gießen von Schmiedeblöcken im Gewicht von 2,0 bis 6,2 t ohne Oberflächenfehler aus hitzebeständigen, mit Chrom, Silizium und Aluminium legierten Stählen ermöglicht. Die beim Oberguß unvermeidbaren Spritzer werden nicht oxydiert und haften nicht an der Kokillenwand. Eine Oxydhautbildung und das Auftreten von Blockschaum wird ausgeschaltet, sobald die Gießgeschwindigkeit einen bestimmten Wert nicht unterschreitet. Abbildung 432 zeigt die optimalen Gießbedingungen für rost- und säurebeständige Chromstähle unter Stickstoff als Schutzgas in Abhängigkeit vom mittleren Blockdurchmesser von Polygonal - Schmiedeblöcken. Eine Erhöhung des Stickstoffgehaltes gegenüber an Luft vergossenen Blöcken wurde nicht beobachtet.

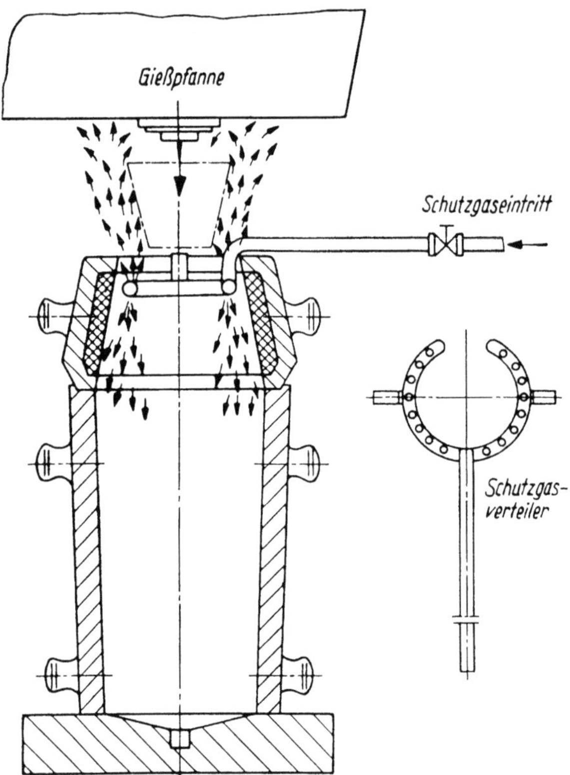

Abb. 431. Anordnung zum Oberguß unter Schutzgas
(nach P. Holtzhaussen und H. Fiedler)

Das von den genannten Verfassern [3] angegebene Verfahren ist auch für den Guß von unten anwendbar, wobei das ringförmige Schutzgaszuführungsrohr auf den Eingußtrichter aufgesetzt wird. Die Kokillen werden vor dem Abguß mit Stickstoff gefüllt und abgedeckt. Diese Arbeitsweise wird beim kommunizierenden Guß von Sicromal-8-Blöcken mit Erfolg angewendet.

Der Stickstoffverbrauch wird im Mittel mit 0,4 m³/t Blockstahl angegeben und übersteigt selbst bei kleinen Blöcken nicht 0,6 m³/t. Davon entfallen etwa 0,1 m³/t auf das Ausspülen der Kokillen.

Die günstigen Auswirkungen des Schutzgasgießens unter Stickstoff konnten auch durch die Versuche von J. Berve und H. Gravenhorst [4] bestätigt werden, die sich zur Herstellung von 17- bis 50-t-Blöcken der in Abb. 433 gezeigten Einrichtung bedienten. Auf die Abdeckplatte a wird ein Zwischenkasten gesetzt, der mit einer Feder c in die Sandtasse d ragt. In der Abdeckplatte sind ein Quarz-Schauglas und Stutzen zur Gaszu- und -abführung angebracht. Die Kokille wird vor dem Abguß mit Stickstoff gefüllt, der durch ein Rohr zum Kokillenboden geleitet wird. Während des Gießens kann durch Einleiten von Stickstoff eine klare Sicht zur Beobachtung des Gießvorganges erreicht werden. Der flüssige Stahl gelangt aus der Gießpfanne über einen mit Stickstoff bespülten Zwischentrichter e in den Zwischenkasten b und ist durch die Abdeckmasse vor jeder Luftberührung geschützt. Die Stickstoffaufnahme des Stahles aus dem Schutzgas ist äußerst gering (etwa 0,0015%). Dagegen konnte eine Abnahme des Wasserstoffgehaltes und durch Ausscheidung von Desoxydationsprodukten auch eine Abnahme des Gesamtsauerstoffgehaltes festgestellt werden.

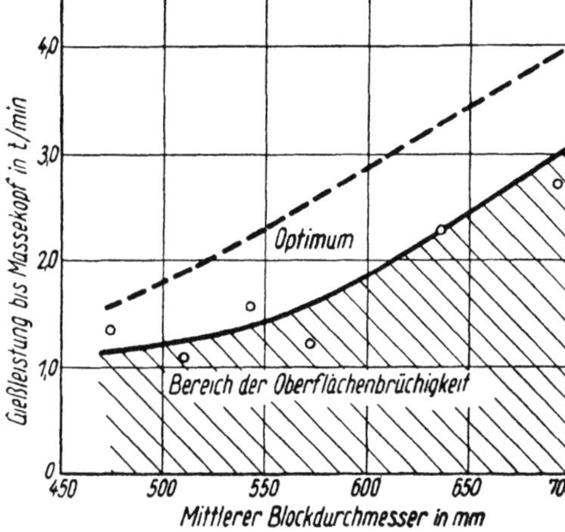

Abb. 432. Optimale Gießbedingungen für Polygonalblöcke aus rost- und säurebeständigen Chrom-Stählen unter Stickstoff als Schutzgas (nach P. HOLTZHAUSSEN und H. FIEDLER). Abstichtemperatur 1630 bis 1650 °C, Gießtemperatur (Anfang) 1580 bis 1590 °C

Die Verwendung von Argon als Schutzgas in ähnlicher Art wie Stickstoff ist in den USA sowohl für offen erschmolzene [5] als auch für vakuumbehandelte Schmelzen [6] erprobt worden. Man bedient sich dabei der in Abb. 434 gezeigten Vorrichtung. Um den Pfannenausguß ist ein Zylinder aus Stahlblech ange-

schraubt, dessen Durchmesser etwas kleiner als die Haubenöffnung ist. Das Argon wird durch eine Ringdüse zugeführt. Vor dem Gießen wird die Luft in der Kokille durch vorsichtiges Einleiten des schweren Argons verdrängt und sodann die Kokille mit einer Aluminiumfolie (etwa 0,075 mm) verschlossen. Durch Abdichten der Stoßfugen zwischen

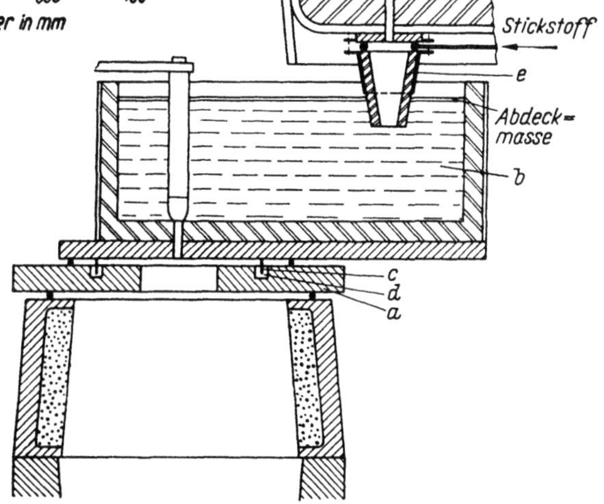

Abb. 433. Schematische Darstellung einer Schutzgas-Gießvorrichtung (nach J. BERVE und H. GRAVENHORST)

Kokille und Bodenplatte bzw. Haube, z. B. mit einer Asbestschnur, wird das Eindringen von Luft verhindert. Die Aluminiumfolie kann z. B. durch einen Eisenring festgehalten werden. Für das Füllen der Kokille mit Schutzgas wird etwa die 1,5- bis 1,75fache Menge des Kokillenvolumens an Argon benötigt, um den Restsauerstoffgehalt auf weniger als 0,25 Vol.-% zu senken.

Beim Gießen wird die Pfanne über die Kokille gefahren und so weit abgesenkt, daß sich die Öffnung des Schutzzylinders etwa 1 bis 1,5 cm über der Aluminiumfolie befindet, die die Kokille verschließt. Sodann wird die Argonzufuhr eingeschaltet (etwa 30 Nm³/h) und der Stopfen geöffnet. Der aus der Pfanne fließende Stahl schmilzt in die Folie eine Öffnung, die etwa dem Durchmesser des Schutzgaszylinders entspricht. Die Ausdehnung der Argonatmosphäre in der Kokille und die entweichenden Gase drücken die Folie hoch, so daß das Eindringen von Luft wirksam ausgeschaltet wird. Sobald der flüssige Stahl die Haube erreicht, schmilzt die Aluminiumfolie zur Gänze ab und das Fertiggießen kann beobachtet werden.

Der weitgehende Schutz des flüssigen Stahles vor einer Luftoxydation beim Gießen hat bei diesem Verfahren zu einer so starken Verbesserung der Oberflächenqualität der Blöcke und zu einem höheren Reinheitsgrad des Stahles geführt, daß die wirtschaftliche Anwendung für die Herstellung höherlegierter Stähle (Fliegwerkstoffe) und für Sonderlegierungen (z. B. Nickelbasis-Legierungen) gegeben ist [5]. Der Gesamtverbrauch an Argon wird mit 0,3 bis 0,6 Nm³/t Blockstahl angegeben.

Die Anwendung dieses Argon-Schutzgas-Gießverfahrens für den Abguß von vakuumbehandeltem Stahl zeigt Abb. 435 in schematischer Darstellung. Diese Arbeitsweise ist von den Stahlwerken A. Finkl & Sons, Chicago [6], für die Herstellung von großen Schmiedeblöcken entwickelt worden. Der Argonverbrauch

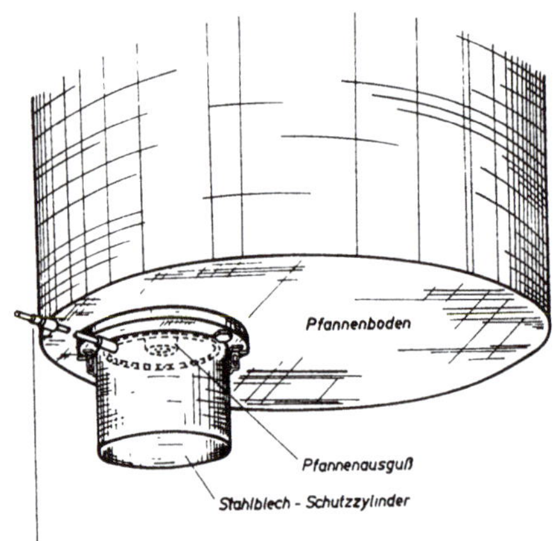

Abb. 434. Vorrichtung zum Schutz des Gießstrahles mit Argon (nach M. F. HOFFMANN und Mitarbeitern)

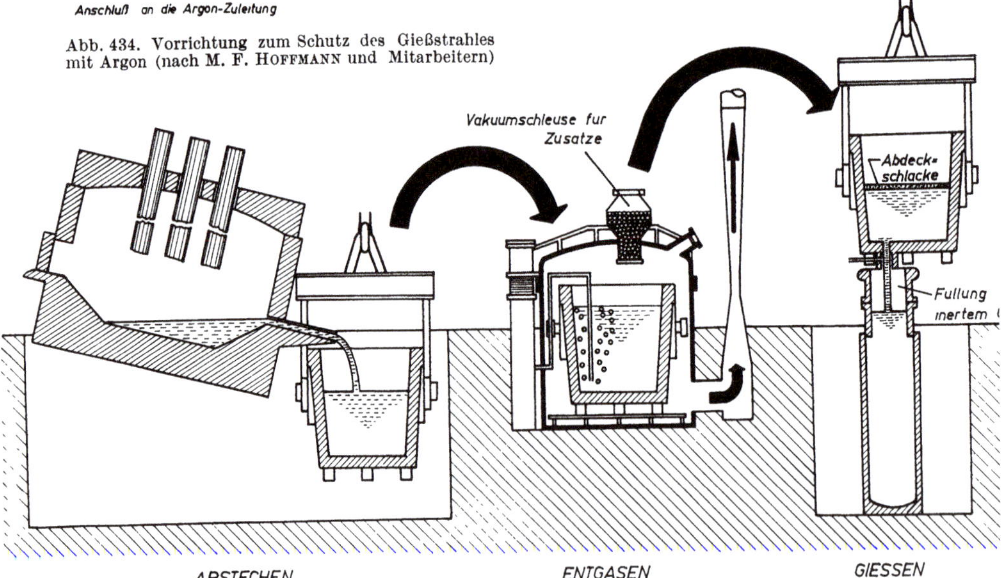

Abb. 435. Schematische Darstellung der Erzeugung von Schmiedeblöcken durch Vakuumbehandlung des Stahles in der Gießpfanne und Gießen unter Argon als Schutzgas (nach W. WILSON, „Finkl-Prozeß")

wird bei niedrigen Gießgeschwindigkeiten mit 0,5 bis 0,6 Nm³/t Blockstahl angegeben. Das Gießen unter Argon läßt nach den vorliegenden Ergebnissen die Verbesserungen der Stahleigenschaften durch die Vakuumbehandlung voll zur Auswirkung kommen. Außerdem wird die durch Sauerstoffaufnahme verursachte Brüchigkeit der Blockoberfläche weitgehend vermieden.

Schließlich sei noch ein Verfahren erwähnt, bei dem durch Zugabe von Magnesium oder Mg-Legierungen der Luftsauerstoff in der Kokille abgebunden wird, so daß der Abguß in nichtoxydierender Atmosphäre erfolgt [7, 8]. Man gibt beim steigenden Guß etwa 70 bis 75 g Mg/t Stahl auf den Boden der unlackierten Kokille in Form von Spänen und verschließt die Kokille mit einem Stahldeckel unter Abdichten mit einer Asbestschnur. Auf diese Weise soll die Oberflächenqualität chrom- und chrom-nickellegierter Stähle und solcher mit höheren Gehalten an Aluminium und Titan verbessert werden. Bis zum Zünden der Späne wird langsam und sodann mit maximaler Gießgeschwindigkeit gegossen. Die Blockoberfläche zeigt nur geringe Fehlstellen am Blockfuß.

Schrifttum
zu Abschnitt 2.2

1. HULTGREN, A.: Auftreten von Silikateinschlüssen im basischen Lichtbogenofenstahl mit höherem Kohlenstoffgehalt. Jernkont. Ann. 129 (1945), S. 633/71, vgl. Proc. Electr. Furn. Steel Conf., Electr. Furn. Steel Comm., Iron Steel Div., AIME 4 (1948), S. 50/77.
2. BOHUŠ, O.: Die Erzeugung schwerer Schmiedeblöcke. Hutn. Listy 10 (1955), S. 456/61; vgl. Stahl u. Eisen 76 (1956), S. 350.
3. HOLTZHAUSSEN, P., und H. FIEDLER: Vergießen von Stahl unter Stickstoff als Schutzgas. Neue Hütte 2 (1957), S. 685/91.
4. BERVE, J., und H. GRAVENHORST: Die Sauerstoff- und Stickstoffbewegung beim Vergießen von Stahl an Luft, unter Schutzgas und im Vakuum. Stahl u. Eisen 82 (1962), S. 1036 bis 1044.
5. HOFFMANN, M. F., P. G. BAILEY und R. L. W. HOLMES: Argon Casting for Improving Steel Quality. J. Metals 13 (1961), S. 345/49.
6. WILSON, W.: Argon Teeming of Degassed Steel. J. Metals 13 (1961), S. 350/52.
7. IVANOV, K. N.: Das Vergießen von Stahl in nichtoxydierender Atmosphäre. Stal in Deutsch 2 (1962), S. 735.
8. FRANKOV, V. P., G. P. MALIKOV, Z. M. RATNER und E. I. MOŠKEVIČ: Das Vergießen nichtrostender Stähle unter Anwendung von Spänen einer Magnesiumlegierung. Stal in Deutsch 2 (1962), S. 853/55.

2.3 Die Vakuum-Gießverfahren

Neben den Vakuumschmelzverfahren, die gleichzeitig auch ein Gießen und Erstarren des Stahles unter Vakuum oder Schutzgas ermöglichen, hat seit einigen Jahren die Vakuumbehandlung des offen erschmolzenen Stahles große technische Bedeutung erlangt [1 bis 3]. Im Gegensatz zum Vakuumschmelzen sind für diese Vakuumbehandlung nur relativ einfache Zusatzeinrichtungen im Stahlwerk notwendig und es besteht praktisch keine Begrenzung der Chargengröße, so daß Schmelzen aus allen üblichen metallurgischen Öfen behandelt werden können. Der Zweck dieser Vakuumbehandlung besteht in einer Entgasung des flüssigen Stahles und, sofern der Abguß selbst im Vakuum erfolgt, auch in der Vermeidung einer Luftoxydation beim Gießen. Wird neben der Entfernung des Wasserstoffes (und eines Teiles des Stickstoffes) auch eine Erniedrigung des Sauerstoffgehaltes erreicht, so erhält man unter bestimmten Voraussetzungen auch Stähle sehr niedrigen Gehaltes an oxydischen Verunreinigungen.

Die zahlreichen heute angewendeten Vakuumbehandlungsverfahren können in zwei Gruppen zusammengefaßt werden:

1. das Gießen des offen erschmolzenen Stahles im Vakuum, wobei die Entgasung während des Gießens erfolgt, und

2. die Vakuumbehandlung des Stahles in der Gießpfanne mit nachfolgendem Abguß an Luft oder unter Schutzgas bzw. Vakuum.

Eine Übersicht über die verschiedenen Ausführungsformen dieser Verfahren gibt Abb. 436. Sie sollen im folgenden in ihrer Wirkungsweise näher behandelt werden.

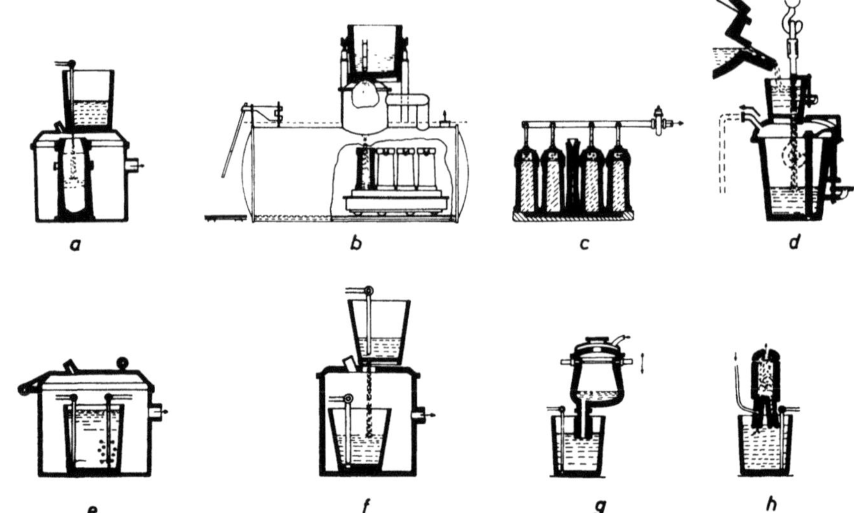

Abb. 436. Schematische Darstellung der wichtigsten Vakuum-Entgasungsverfahren des offen erschmolzenen Stahles

a) Gießstrahlentgasung, Einzelblockguß, b) Gießstrahlentgasung, Wagenguß, c) Blockentgasung nach dem Gießen, d) Abstichentgasung, e) Pfannenstandentgasung, f) Pfannendurchlaufentgasung, g) Entgasung nach dem Heber- verfahren, h) Umlaufentgasung

Schrifttum

zu Abschnitt 2.3

1. MUND, A.: Über die Möglichkeiten der Vakuumbehandlung von flüssigem Stahl. Stahl und Eisen 82 (1962), S. 1485/99.
2. KÜNTSCHER, W.: 10 Jahre großtechnische Vakuumentgasung von Stahl. Neue Hütte 5 (1960), S. 383/98.
3. EDSTRÖM, J. O.: Die Vakuumbehandlung von flüssigem Stahl. Jernkont. Ann. 146 (1962), S. 550/648.

2.31 Der Vakuum-Blockguß

Beim Vakuum-Blockguß befindet sich, wie Abb. 436a zeigt, die Kokille in einem Vakuumbehälter, und der flüssige Stahl wird auf seinem Wege vom Einguß bis in die Kokille dem verminderten Druck ausgesetzt. Dieses Verfahren wird daher auch als „*Gießstrahlentgasung*" bezeichnet. Es wurde sowohl in Deutschland [1] als auch in den USA [2] in erster Linie für das Gießen großer Schmiedeblöcke bis etwa 300 t Gewicht entwickelt. Das Vakuum von etwa 0,5 bis 5 Torr wird entweder durch Drehkolbenpumpen oder mittels Dampfstrahl-Vakuumpumpen erzeugt. Abb. 437 zeigt den Aufbau einer Vakuum-Gießanlage für 250-t-Blöcke [3]. Die beiden Vakuumbehälter sind unter Flur angeordnet. Das Vakuum wird von einem vierstufigen Dampfstrahlejektor erzeugt, mit dem ein Druck von 0,5 bis 1 Torr aufrechterhalten werden kann. Das Gießen im Vakuum erfordert eine sorgfältige Vorbereitung der Kokille, die oxydfrei und vorgewärmt in den Vakuumtank eingesetzt wird. Auch die Hauben müssen sorgfältig getrocknet und vorgewärmt werden, um alle Feuchtigkeit zu entfernen. Nach dem sorg-

fältigen Absaugen von Staub und Resten feuerfesten Materials wird der Vakuumtank geschlossen und die Zwischenpfanne aufgesetzt. Nach dem Evakuieren wird
zunächst die Zwischenpfanne so weit mit flüssigem Stahl aus der Gießpfanne
gefüllt, daß ein kontinuierlicher Abguß sichergestellt ist. Erst dann wird der

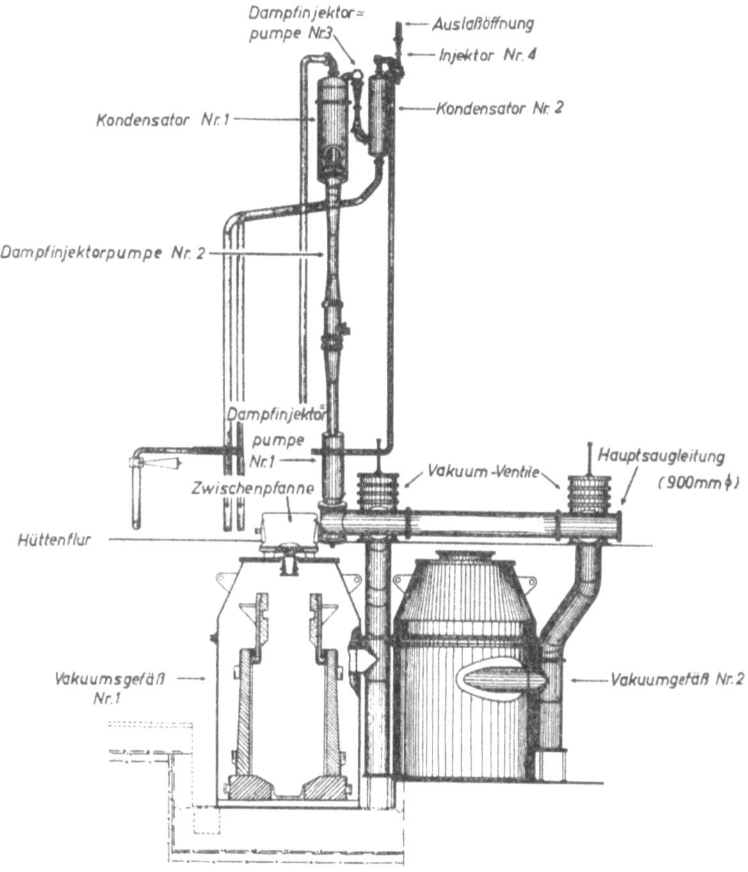

Abb. 437. Aufbau einer Vakuum-Gießanlage für 250-t-Schmiedeblöcke (nach J. H. STOLL)

Stopfen der Zwischenpfanne geöffnet, und der Stahl fließt nach dem
Aufschmelzen des Aluminium-
bleches, das bis dahin den Vakuumtank gegen die Zwischenpfanne abschließt, in die Kokille. Abb. 438
zeigt ein typisches Druckdiagramm
vom Abguß eines 250-t-Blockes [3].

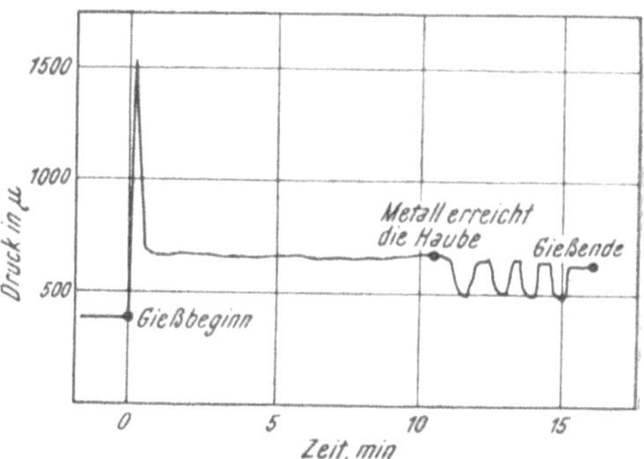

Abb. 438. Druckdiagramm vom Abguß eines 250-t-
Blockes mit der in Abb. 437 gezeigten Anlage
(nach J. H. STOLL)

Nach dem Erreichen der Haube wird das Gießen mehrfach unterbrochen, was
am Druckverlauf deutlich erkennbar ist. Nach beendetem Abguß werden die
Vakuumpumpen abgeschaltet, und der Tank wird aus Sicherheitsgründen mit

einem inerten Gas gefüllt. Sodann wird die Zwischenpfanne entfernt, eine Gasprobe aus dem Blockkopf genommen und schließlich auch die obere Haube des Vakuumbehälters entfernt, um eine Beschädigung durch Wärmestrahlung vom Block zu verhindern. Der Block selbst bleibt bis zur beendeten Erstarrung im Vakuumtank stehen.

Der metallurgische Erfolg des Gießens im Vakuum besteht im wesentlichen in einer Entgasung der Schmelze. In erster Linie wird der Wasserstoffgehalt auf unschädliche Werte gesenkt, während der Stickstoffgehalt kaum erniedrigt wird. Die bei verschiedenen Drücken erreichten Wasserstoffgehalte im Vergleich zum Löslichkeitsgleichgewicht zeigt Abb. 439 [1]. Der Ausgangswasserstoffgehalt dieser Schmelzen liegt zwischen 3 und 8 Ncm³/100 g Stahl. Mit dem Erreichen von Werten unter 3 Ncm³/100 g ist die Flockengefahr praktisch beseitigt. Das Ausmaß der Verminderung des Sauerstoffgehaltes hängt stark von der Stahlzusammensetzung und der Desoxydation ab. Bei vollberuhigten Schmelzen, die gleichzeitig höhere Aluminiumzusätze erhalten haben, wird praktisch nur die Luftoxydation des Gießstrahles vermieden und eine zusätzliche Abscheidung von Desoxydationsprodukten während der Entgasung auf mechanischem Wege erreicht. Die Erniedrigung des Gesamtsauerstoffgehaltes ist relativ gering. Beim Abguß von Stählen, die nur schwach oder nicht mit Aluminium

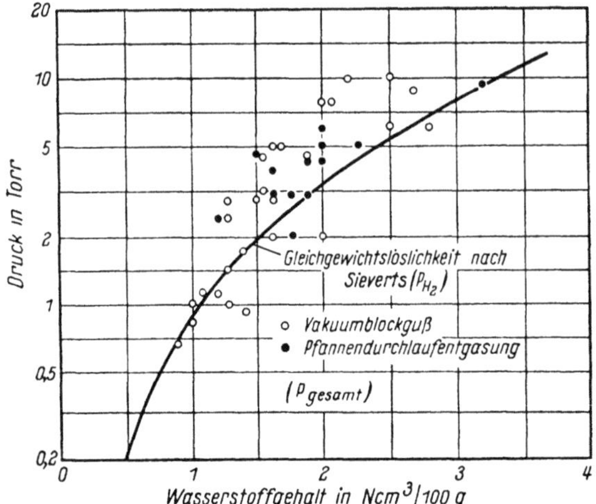

Abb. 439. Wasserstoffgehalte nach der Vakuumbehandlung bei verschiedenem Druck (nach A. TIX und Mitarbeitern)

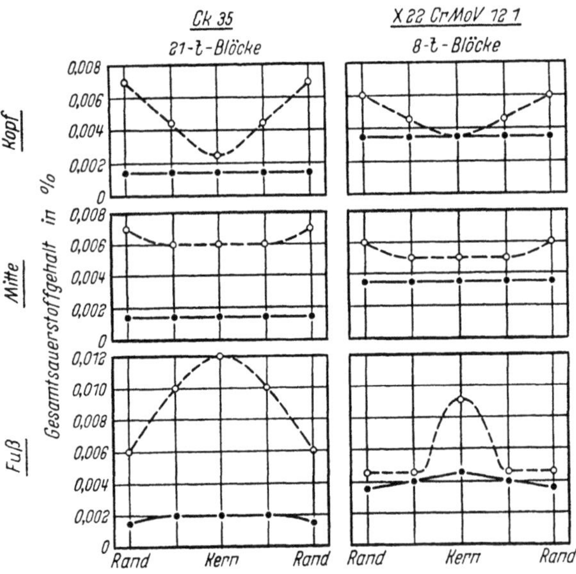

Abb. 440. Sauerstoffgehalte von an Luft und unter Vakuum vergossenen Blöcken aus unlegiertem und hochlegiertem Stahl (nach A. TIX und Mitarbeitern)

desoxydiert sind, kann auch eine Sauerstoffentfernung durch Kohlenoxydabgabe beobachtet werden. Abb. 440 zeigt die auf diese Weise erreichbaren Werte an einem Kohlenstoffbaustahl mit 0,35% C im Vergleich zu den Sauerstoffgehalten in einem offen vergossenen Block gleicher Zusammensetzung. Bemerkenswert ist auch die gleichmäßigere Verteilung des Sauerstoffes im Block. Auch bei hochlegierten Stählen kann, wie Abb. 440 am Beispiel eines 12%igen Chromstahles zeigt, eine Erniedrigung und gleichmäßigere Verteilung des Gesamtsauerstoffgehaltes im Block erreicht werden.

Die Kristallisation des Stahles in der Kokille wird durch das Gießen im Vakuum kaum beeinflußt. Dementsprechend können die in großen Schmiedeblöcken gelegentlich beobachteten Fehlstellen und Ansammlungen von Oxydeinschlüssen, besonders im Bereich des Blockfußes, nicht mit Sicherheit vermieden werden.

Der Vakuum-Blockguß hat den Vorteil der relativ einfachen Durchführbarkeit und benötigt keine höheren Stahltemperaturen als der offene Guß. Es besteht allerdings auch keine Möglichkeit, die Zusammensetzung des Stahles nach der Vakuumbehandlung zu ändern. Für die Erzeugung schwerer Schmiedeblöcke gehört das Vakuum-Gießverfahren heute zur allgemein üblichen Arbeitsweise.

Der Vakuum-Blockguß ist grundsätzlich auch zum Gießen mehrerer Blöcke aus einer Schmelze geeignet, doch werden dann die Aufwendungen relativ groß. Abb. 436b zeigt eine solche Anordnung, die den Wagenguß unter Vakuum ermöglicht [4]. Auch für den Einzelguß mehrerer Blöcke aus einer Schmelze wurden Einrichtungen entwickelt, bei denen die Kokille selbst als Vakuumgefäß dient. Die Pumpenanlage ist neben dem Gießstand fahrbar angeordnet und wird vor dem Abguß mit dem „Vakuumhut" des jeweiligen Blockes verbunden [5]. Ebenso ist es möglich, auch *unberuhigten* Stahl im Vakuum abzugießen [6]. In diesem Zusammenhang soll auch die Blockentgasung erwähnt werden (vgl. Abb. 436c), bei welcher der flüssige Stahl offen abgegossener Blöcke während der unberuhigten Erstarrung einer Unterdruckbehandlung ausgesetzt wird [7].

Schrifttum

zu Abschnitt 2.31

1. TIX, A., G. BANDEL, W. COUPETTE und A. SICKBERT: Erfahrungen bei der Entgasung von Stahl nach dem Vakuumgießstrahlverfahren. Stahl u. Eisen 79 (1959), S. 472/77.
2. BIGGE, H. C., und E. A. REID: Vacuum Pouring for Large Forging Production. Iron Steel Eng. 36 (1959), Nr. 4, S. 128/41.
3. STOLL, J. H.: Vacuum Pouring of Ingots for Heavy Forgings. J. Iron Steel Inst. 191 (1959), S. 67/80.
4. HOFF, H., H. J. KOPINECK und G. OPFER: Gießstrahlentgasung von unberuhigtem weichem Stahl. Stahl u. Eisen 79 (1959), S. 408/10.
5. NEHRENBERG, A. E.: Molds Act as Vacuum Chambers. Iron Age 26, July 1962, S. 72/73, und Staff-Report: New Electric Melt Shop Features, Materials Handling-Vacuum Casting. J. Metals 15 (1963), S. 368/71.
6. HENKE, G., und W. HESS: Vakuumentgasung von kohlenstoffarmem, unberuhigtem Stahl beim Gießen oder beim Erstarren in der Blockform. Stahl u. Eisen 79 (1959), S. 405/07.
7. KOPINECK, H. J., E. SCHULTE und A. SICKBERT: Ergebnisse der Vakuumbehandlung unlegierter Stähle mit niedrigem Kohlenstoffgehalt. Stahl u. Eisen 82 (1962), S. 846/60.

2.32 Die Pfannenentgasung

Für die Vakuumbehandlung des Stahles in der Gießpfanne sind derzeit drei Verfahrensgruppen in Anwendung:

1. die Abstichentgasung (Abb. 436d);

2. die Vakuumbehandlung des gesamten Pfanneninhaltes in einem Vakuumbehälter (Abb. 436e, 436f);

3. die Teilentgasung nach dem Heber- oder Umlaufverfahren (Abb. 436g, 436h).

Alle Pfannenentgasungsverfahren ermöglichen auch die Vakuumbehandlung des Stahles vor der Desoxydation und gegebenenfalls auch vor dem Zusatz geringerer Legierungsmengen. Dieser Vorteil einer weitgehenden Erniedrigung des Sauerstoffgehaltes durch Reduktion mit Kohlenstoff unter Vakuum wird bei fast allen Arbeitsweisen durch relativ hohe Temperaturverluste erkauft, so daß der Stahl mit höherer Temperatur abgestochen werden muß als für den offenen Guß.

2.321 Die Abstichentgasung

Die relativ geringsten Temperatur- und Zeitverluste sind bei der Abstichentgasung zu erwarten [1]. Wie Abb. 436d zeigt, wird der Stahl direkt aus dem Ofen über ein Zwischenpfännchen in die Vakuumpfanne abgestochen und dabei entgast. Die dazu verwendete Stopfenpfanne ist mit einem vakuumdicht schließenden Deckel versehen und während des Abstiches an die Vakuum-Saugleitung angeschlossen. Der Abguß erfolgt anschließend an Luft, unter Schutzgas oder im Vakuum nach dem vorbeschriebenen Verfahren (Abschnitt 2.31).

Wenn die Pfanne über die Zuleitungsmöglichkeit eines neutralen Spülgases verfügt, so kann bei diesem Verfahren auch nach der Entgasung in der Pfanne legiert und desoxydiert werden. Das Spülgas ist in diesem Falle zum homogenen Verteilen der Zusätze im flüssigen Stahl notwendig.

2.322 Die Pfannenentgasung

Die normale Pfannenentgasung kann entweder als Pfannenstandentgasung oder als Pfannendurchlaufentgasung ausgeführt werden (vgl. Abb. 436e und 436f). Die Standentgasung ist nur voll wirksam, wenn der Stahl unberuhigt oder nur schwach desoxydiert ist und wenn durch die Kochbewegung unter Vakuum immer neue Stahlschichten an die wirksame Badoberfläche gelangen. Bei vollberuhigten und auch bei höherlegier-

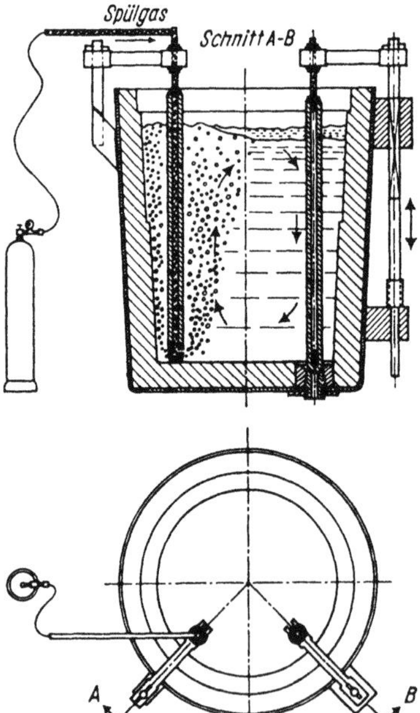

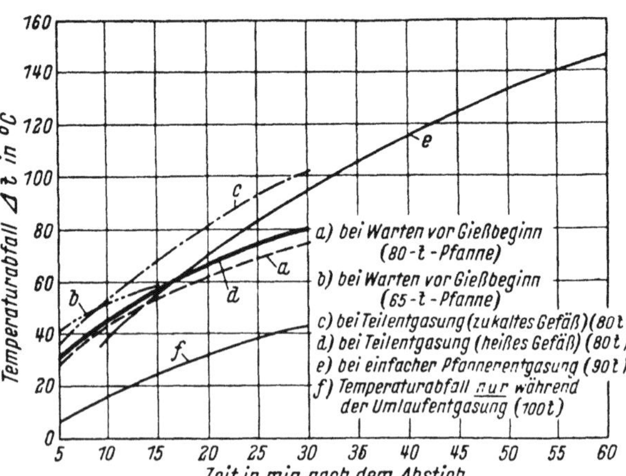

Abb. 441. Anordnung eines Spülstopfens in einer Gießpfanne (nach K. G. SPEITH und O. STEINHAUER)

Abb. 442. Temperaturabfall des Stahles in der Gießpfanne bei verschiedener Behandlung (nach A. MUND)

ten Schmelzen kann die Entgasung durch eine Spülgasbehandlung wirksam unterstützt werden. Besondere Bedeutung kommt dem Einleiten von Spülgas auch dann zu, wenn im Vakuum oder nach der Behandlung Zusätze zur Schmelze vorgenommen werden sollen. Durch kurzes Spülen wird eine gleichmäßige Verteilung gesichert.

Von den verschiedenen Möglichkeiten der Einleitung des Spülgases in die Pfanne [2 bis 4] zeigt Abb. 441 den Einsatz eines Spülstopfens [2]. Eine durchbohrte Stopfenstange mit einem Anschluß für das Spülgas wird mit handelsüblichen Stopfenstangenrohren und Stopfen bestückt. Das Gas tritt durch die Poren der Stopfenwand aus. Die Spülbehandlung kann beliebig oft und lange unterbrochen werden, ohne daß sich die Poren des Stopfens zusetzen. Als Spülgas kann bei unlegierten Schmelzen Stickstoff verwendet werden, bei Schmelzen mit stickstoffbindenden Elementen benützt man zweckmäßiger Argon oder Helium. Als Gasverbrauch werden etwa 300 bis 500 Nl für eine 35-t-Schmelze genannt [1]. Die Temperaturverluste bei der Pfannenstandentgasung hängen stark vom Schmelzgewicht und der Behandlungszeit ab. Abb. 442 zeigt in der Gegenüberstellung von A. MUND [1] in Kurve e) die Temperaturverluste für eine 90-t-Schmelze in Abhängigkeit von der Zeit nach dem Abstich. Die Kurven a) und b) geben die Werte für die Abkühlung beim Abhängenlassen eines 65-t- und einer 80-t-Pfanne zum Vergleich an.

Die Pfannendurchlaufentgasung (vgl. Abb. 436f) benötigt zu ihrer Durchführung zwei Gießpfannen und gegebenenfalls noch ein Zwischenpfännchen. Die eigentliche Gießpfanne wird in das Vakuumgefäß gesetzt und der Stahl wie beim Vakuum-Blockguß aus der Abstichpfanne einfließen gelassen. Es tritt also eine Gießstrahlentgasung ein, nur ist im allgemeinen der Entgasungsgrad wegen der gegenüber dem Vakuum-Blockguß höheren Durchlaufgeschwindigkeit geringer. Durchlaufgeschwindigkeiten bis zu 10 t/min sind notwendig, um die Temperaturverluste in erträglichen Grenzen zu halten. Sie sollen z. B. für das Umfüllen unter Vakuum bei 40-t-Schmelzen in 8 Minuten etwa 30 °C betragen. Trotzdem ist eine ausreichende Wasserstoffabnahme von 6 bis 8 Ncm³/100 g bis auf Mittelwerte von 2 Ncm³/100 g Stahl erreichbar.

2.323 Die Pfannen-Teilmengenentgasung

Die Teilmengenentgasung kann entweder nach dem Heberprinzip durch periodische Entnahme von Teilmengen des Stahles in ein Vakuumgefäß oder durch Umlauf über einen gesonderten Vakuumbehälter erfolgen (vgl. Abb. 436g und 436h).

Abb. 443 zeigt eine technische Ausführungsform des *Vakuumheber*-Verfahrens [5, 6]. Bei dieser Anordnung wird die Pfanne mit dem zu behandelnden Stahl unter ein Entgasungsgefäß gefahren, das mit einem Saugstutzen in die Schmelze taucht. Durch den Unterdruck im Entga-

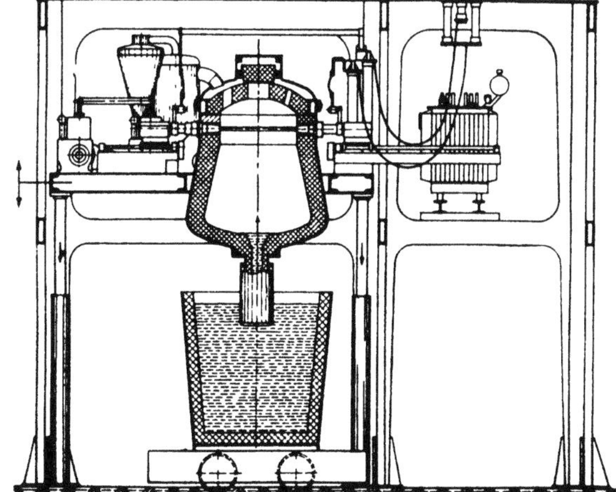

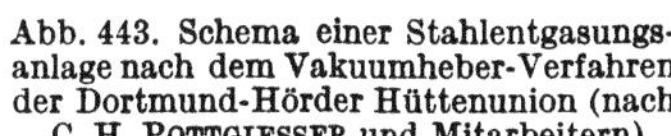

Abb. 443. Schema einer Stahlentgasungsanlage nach dem Vakuumheber-Verfahren der Dortmund-Hörder Hüttenunion (nach C. H. POTTGIESSER und Mitarbeitern)

sungsgefäß wird der Stahl bis zu einer bestimmten Höhe angesaugt und das Gefäß durch periodisches Heben und Senken gefüllt bzw. entleert. Beim Heberverfahren wird in 25 bis 30 Hub- und Senkbewegungen so viel Stahl angesaugt, daß der Pfanneninhalt etwa 3- bis 4mal durch das Entgasungsgefäß gepumpt wird. Die Ansaugmenge beträgt daher etwa 10% des Pfanneninhaltes. Die Entgasungswirkung ist gut. Gleichzeitig ist eine gute Durchmischung des Pfanneninhaltes gegeben, so daß nach beendeter Entgasung Legierungen und Desoxydationsmittel zugesetzt und homogen gelöst werden können, wozu nur das Einschalten einiger zusätzlicher Hübe notwendig ist. Von diesem Vorteil kann bei der Erzeugung einschlußarmer Stähle Gebrauch gemacht werden, indem die

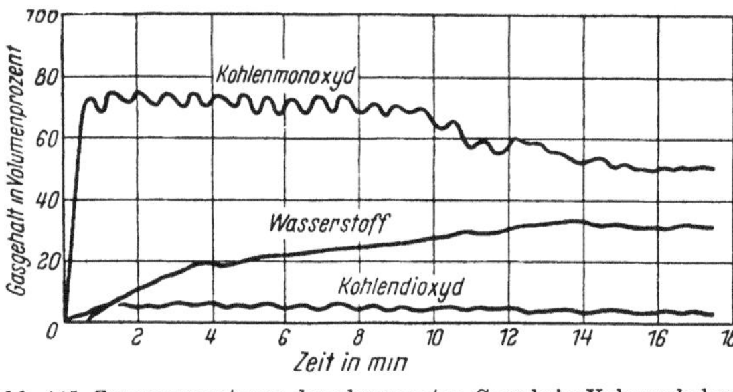

Abb. 444. Druckverlauf im Entgasungsgefäß beim Vakuumheber-Verfahren (nach K. BROTZMANN und Mitarbeitern)

Abb. 445. Zusammensetzung der abgesaugten Gase beim Vakuumheber-Verfahren (nach K. BROTZMANN und Mitarbeitern)

Schmelze zunächst so weit entgast wird, daß sich beim Zusatz der Legierungs- und Desoxydationsmittel keine größeren Oxydmengen mehr bilden können.

Eine gute meßtechnische Überwachung gestattet, den Entgasungsverlauf zu beobachten und mit der geringstmöglichen Menge an Schlußzusätzen das Auslangen zu finden [7]. Abb. 444 zeigt den Ablauf der Entgasung an einer Druckkurve vom Beginn der Vakuumbehandlung bis zur Schlußdesoxydation mit Aluminium. Bei der Behandlung unberuhigter Schmelzen besteht, wie Abb. 445 erkennen läßt, die abgesaugte Gasmenge zum überwiegenden Teil aus Kohlenmonoxyd und enthält mit abnehmender Kohlenstoffreaktion steigende Anteile an Wasserstoff [7].

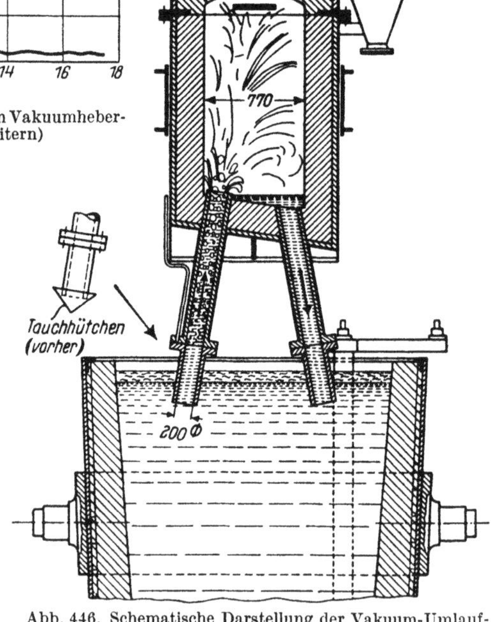

Abb. 446. Schematische Darstellung der Vakuum-Umlaufentgasungsanlage der Ruhrstahl A.-G. Hattingen (nach H. THIELMANN und H. MAAS)

Die Temperaturverluste (vgl. Abb. 442) werden durch eine hohe Vorwärmung des Entgasungsgefäßes, z. B. mit einer elektrischen Beheizung (Abb. 443), ausgeglichen. Während der Vakuumbehandlung kann die Beheizung abgeschaltet sein.

Bei der *Umlaufentgasung* [8] wird, wie Abb. 446 zeigt, der flüssige Stahl aus der Gießpfanne durch die Heberwirkung eines Fördergases im Kreislauf durch ein relativ kleines Entgasungsgefäß geführt und dort einem Druck von etwa 1 Torr ausgesetzt. An Fördergas werden etwa 10 bis 30 l/t benötigt. Die Förderleistung liegt bei etwa 8 bis 12 t/min, so daß sich relativ kurze Entgasungszeiten ergeben. Im allgemeinen genügt ein zweimaliges Umwälzen des Pfanneninhaltes. Abb. 447 zeigt den zeitlichen Ablauf einer Entgasung nach dem Umlaufverfahren [8]. Die Verringerung des Wasserstoffgehaltes beträgt etwa 50% bei den üblichen Behandlungszeiten.

Wie bei den anderen Entgasungsverfahren können auch beim Umlaufverfahren Legierungs- und Desoxydationsmittel gegen Ende der Vakuumbehandlung zugegeben und die gleichen metallurgischen Erfolge erzielt werden. Sie können auch hier direkt in die Pfanne zugesetzt werden, wo sie sich rasch homogen verteilen.

Entscheidend für die Anwendbarkeit dieses Verfahrens sind, wie auch bei den vorhergehenden, die noch tragbaren Temperaturverluste. So sind beispielsweise bei 30-t-Schmelzen während der reinen Behandlungszeit Verluste von 40 bis 50 °C und bei 100-t-Schmelzen solche von 20 bis 30 °C beobachtet worden. In letzterem Falle betrug die Behandlungsdauer etwa 23 Minuten (vgl. auch Abb. 442).

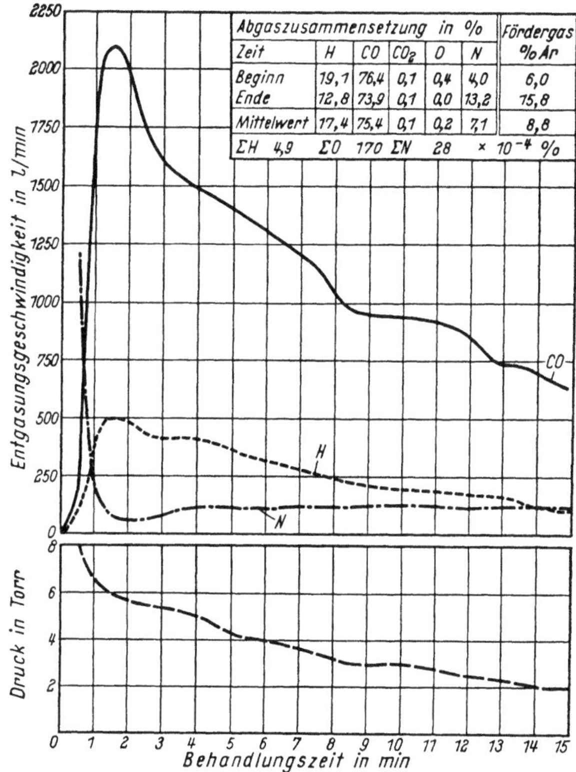

Abgaszusammensetzung in %						Fördergas
Zeit	H	CO	CO_2	O	N	% Ar
Beginn	19,1	76,4	0,1	0,4	4,0	6,0
Ende	12,8	73,9	0,1	0,0	13,2	15,8
Mittelwert	17,4	75,4	0,1	0,2	7,1	8,8

ΣH 4,9 ΣO 170 ΣN 28 $\times 10^{-4}$ %

Abb. 447. Zeitlicher Ablauf einer Umlaufentgasung
(nach H. THIELMANN und H. MAAS)

Schrifttum
zu Abschnitt 2.32

1. MUND, A.: Über die Möglichkeiten der Vakuumbehandlung von flüssigem Stahl. Stahl und Eisen 82 (1962), S. 1485/99.
2. SPEITH, K. G., und O. STEINHAUER: Verfahren zur Spülgasbehandlung von Roheisen und Stahl in der Pfanne. Stahl u. Eisen 83 (1963), S. 75/80.
3. DUFLOT, J., J. VERGE und E. SPIRE: A New Approach to Ladle Degassing; Bottom Bubbling. J. Metals 13 (1961), S. 417/18.
4. FINKL, C. W.: Experiences with Ladle Degassing. Proc. Electr. Furn. Steel Conf., Electr. Furn. Steel Comm., Iron Steel Div., Amer. Inst. Min. Metallurg. Petrol. Eng. 16 (1958), S. 93/102.
5. POTTGIESSER, C. H., H. J. DÄRMANN und A. DREVERMANN: Betriebserfahrungen bei der Vakuumbehandlung von Siemens-Martin-Stählen. Stahl u. Eisen 79 (1959), S. 463/68.

6. HARDERS, F., H. KNÜPPEL und K. BROTZMANN: Verfahrensgrundlagen der großtechnischen Entgasung von Walz- und Schmiedestählen nach dem Vakuumheber-Verfahren. Stahl und Eisen 79 (1959), S. 267/72.
7. BROTZMANN, K., K. RÜTTIGER, K. FÖRSTER und R. HENTRICH: Meßtechnische Überwachung der Entgasung von Stahlschmelzen im Vakuum. Stahl u. Eisen 79 (1959), S. 410/14.
8. THIELMANN, H., und H. MAAS: Stahlentgasung nach dem Umlaufentgasungsverfahren. Stahl u. Eisen 79 (1959), S. 276/82.

2.4 Die Behandlung der Gußblöcke

Die Rohstahlblöcke werden entweder warm an das Walzwerk oder an die Schmiede zur Weiterverarbeitung geliefert, warm in den Glühofen gebracht oder kaltgestellt. Die Menge und die Qualität der warm zu liefernden Blöcke hängt in erster Linie von den fabrikatorischen Einrichtungen des Warmverarbeitungsbetriebes und vom Erzeugungsprogramm ab.

Die Möglichkeit des Warmlieferns ist grundsätzlich bei allen Stahlqualitäten gegeben. In großen Werken mit einheitlichem Erzeugungsprogramm ist das Weiterverarbeiten der Rohstahlblöcke aus der Gußwärme meist der Fall, weil auf diese Weise das Material viel schneller in den Produktionsfluß kommt und die Kosten des Wiederanwärmens gespart werden. Das Warmliefern der Blöcke findet besonders auch dann Anwendung, wenn es sich um große Blockformate handelt, deren Abkühlung und Wiedererwärmung zur Warmformgebung wegen der Gefahr von Spannungsrissen langsam und vorsichtig vorgenommen werden muß, oder wenn es sich um Blöcke handelt, die einer Warmformgebung zum Zwecke einer nachträglichen spanabhebenden Bearbeitung der Blockoberfläche unterzogen werden. Das Warmliefern scheidet jedoch für Qualitäten aus, bei welchen für einen bestimmten Verwendungszweck eine Vorerprobung nicht zu vermeiden ist und das Halbzeug nur ein beschränktes Verwendungsgebiet besitzt. Kleinere Edelstahlwerke verarbeiten — schon durch die Einrichtungen bedingt — in den meisten Fällen kalte Blöcke. Die Umwandlungskosten sind in diesem Fall allerdings höher. Die Werke erhalten sich aber die völlige Freiheit in der Art der Weiterverarbeitung und Dimensionierung nach den Ergebnissen der Vorerprobung.

Die Möglichkeit des Warmlieferns besteht grundsätzlich auch bei Stranggußmaterial, doch wird man bei Edelstahl mit Rücksicht auf die meist hohen Anforderungen an die Oberflächengüte des Fertigmaterials ein Kaltstellen vorziehen.

Im allgemeinen wird man die Entscheidung, ob das Blockmaterial warm an den Verarbeitungsbetrieb geliefert oder zum Putzen kaltgestellt werden soll, davon abhängig machen, ob die Warmverarbeitung zunächst auf ein Halbzeug oder aber einhitzig auf ein Fertigmaterial erfolgen soll. Im ersten Falle ist eine Warmlieferung meist unbedenklich, weil immer die Möglichkeit besteht, die Halbzeugoberfläche einer Kontrolle und Bearbeitung vor der Endformgebung zu unterziehen. Die einhitzige Walzung vom Block wird dagegen in den meisten Fällen ein Kaltstellen und Oberflächenputzen des Rohblockes notwendig machen, es sei denn, daß das fertige Walz- oder Schmiedematerial ohnedies noch eine Oberflächenbearbeitung, z. B. durch Schälen, Rundschleifen u. ä., erfährt.

Für die einhitzige Fertigwalzung vom Block kann eine Warmlieferung auch dann in Frage kommen, wenn die Möglichkeit einer Oberflächenbearbeitung des warmen Blockes, z. B. durch Hobeln oder Flämmen, besteht, die eine einwandfreie Oberflächenbeschaffenheit des Endproduktes gewährleistet. Das gleiche gilt auch für Walzwerke, die hinter der Blockstraße über Einrichtungen zum Flämmen der Vorblöcke verfügen, die, in einem Durchgang allseitig bearbeitet, in der gleichen Hitze auf die Endabmessung weitergewalzt werden.

Beim Vergleich der Warmverarbeitbarkeit, besonders höherlegierter Stähle, hat sich vielfach gezeigt, daß die bei der Abkühlung des Blockes vor sich gehende Gefügeumwandlung einen günstigen Einfluß ausübt. Wenn man das Kaltstellen trotzdem vermeiden will, kann man den gleichen Erfolg erzielen, indem man die Rohblöcke in einem Ausgleichsofen isotherm umwandelt und von dort aus in den Walz- oder Schmiedeofen einsetzt.

Das Warmliefern der Blöcke an das Walzwerk oder an das Hammerwerk setzt eine möglichst einwandfreie Blockoberfläche voraus, wobei auf die schwierige Fehlererkennbarkeit im warmen Zustand Rücksicht genommen werden muß. Der Beobachtung des Gießverlaufes kommt daher für die Beurteilung derartiger Blöcke eine besondere Bedeutung zu.

Die Anlieferung der warmen Blöcke muß selbstverständlich so rasch erfolgen, daß bei empfindlichen Qualitäten keine Rißbildung durch thermische oder Umwandlungsspannungen eintritt. Dies geschieht bei langen Lieferwegen entweder durch den Transport in der Kokille oder auf Blockwagen, die mit einer wärmeisolierten Haube abgedeckt sind. Je wärmer der Block in den weiterverarbeitenden Betrieb gelangt, um so größer ist der Wärmegewinn beim Anwärmen auf Warmformgebungstemperatur und um so geringer ist die Gefahr einer Rißbildung.

Werden die Blöcke kaltgestellt, so sind für die Behandlung nach dem Gießen verschiedene Maßnahmen notwendig, die sich nach der Stahlsorte und nach der Form und Größe der Blöcke richten.

2.41 Thermische Behandlung

Stähle ohne Umwandlungen im festen Zustand sind bei normaler Abkühlung an Luft in der Regel unempfindlich gegen Rißbildungen, ausgenommen die hochlegierten ferritischen Chromstähle und die Chrom-Aluminium-Stähle. Sie können also nach beendeter Erstarrung gestrippt und an ruhiger Luft abgestellt werden. Zu dieser Gruppe zählen vor allem die stabilen austenitischen Stähle.

Stähle mit Umwandlungen im festen Zustand erfordern, je nach der Temperaturlage derselben bzw. je nach den entstehenden Umwandlungsgefügen, eine verschiedene Behandlung bei der Abkühlung aus der Gußwärme. Unlegierte Stähle niedrigen und mittleren Kohlenstoffgehaltes können nach dem Strippen praktisch immer an ruhiger Luft erkalten, weil die Umwandlungen ohne wesentliche Unterkühlung vor sich gehen und zu verhältnismäßig zähen Gefügen führen.

Legierte Stähle mit niedriger Umwandlungstemperatur bzw. niedriger kritischer Abkühlungsgeschwindigkeit neigen beim Erkalten an Luft zum Reißen. Sie müssen einer langsamen, geregelten Abkühlung unterzogen werden. Dabei ist die Bildung harter Gefügebestandteile bzw. eines Härtegefüges bei zu rascher Abkühlung aber nicht nur im Hinblick auf die Rißgefahr, sondern auch mit Rücksicht auf die Oberflächenbearbeitbarkeit des Blockes unerwünscht. Außerdem erfordern derartige Blöcke eine besonders sorgfältige Behandlung beim späteren Anwärmen auf Warmformgebungstemperatur.

Bei Stählen mit grobem Primärgefüge und geringer Wärmeleitfähigkeit, die zu größeren Blöcken vergossen werden, ist auch bei Zusammensetzungen, die kein Härtegefüge erwarten lassen, eine langsame Abkühlung erforderlich. Diese Maßnahme ist z. B. bei Stählen für Transformatorenbleche zur Vermeidung von Rißbildungen unbedingt zu empfehlen. In diesem Zusammenhang sei auch darauf hingewiesen, daß alle Arten von Ausscheidungen an den Primärkorngrenzen das Auftreten von Spannungsspitzen und damit die Rißbildung fördern.

Die langsame Abkühlung der Gußblöcke kann erreicht werden durch Erkaltenlassen in der Kokille, durch Abstellen der Blöcke mit oder ohne Kokille in abdeckbaren Ausgleichsgruben, durch Einsetzen in Glühtöpfe oder aber durch Einlegen in einen vorgeheizten Glühofen. Durch diese Behandlung läßt sich das Auftreten von Spannungsrissen bei der Abkühlung sicher vermeiden.

Beim Abkühlen der Blöcke in der Kokille oder in Ausgleichsgruben ohne Zusatzbeheizung wird die Härte bei bestimmten legierten Stählen nicht immer so weit erniedrigt, daß sie eine gute Oberflächenbearbeitbarkeit zuläßt. In solchen Fällen ist eine zusätzliche Wärmebehandlung, ein Weichglühen der Blöcke, erforderlich.

Das Abkühlen in der Kokille zur Vermeidung der Rißbildung und zum Erreichen eines gut bearbeitbaren Blockes setzt ein bestimmtes Verhältnis von Kokillengewicht zu Blockgewicht voraus. Man erzielt in vielen Fällen einen guten Effekt, wenn das Wärmegleichgewicht oberhalb der Umwandlungstemperatur erreicht wird und der Umwandlungsbereich durch die vergrößerte Gesamtmasse mit genügend geringer Geschwindigkeit durchschritten wird. Eine weitere Verringerung der Abkühlungsgeschwindigkeit wird durch das schon erwähnte Einstellen der Blöcke samt Kokille in eine abdeckbare Ausgleichsgrube erreicht. In solchen Fällen ist es zweckmäßig, bereits den Abguß in der Ausgleichsgrube vorzunehmen, um eine zusätzliche Kranarbeit durch das Umsetzen der Blöcke zu vermeiden. Größere Blockformate besitzen meist einen genügenden Wärmeinhalt, um eine geringe Abkühlungsgeschwindigkeit im Umwandlungsbereich einhalten zu können, wenn sie ohne Kokille in Glühgruben oder Glühtöpfen abgestellt werden. Sehr empfindliche Qualitäten bzw. solche, deren Abkühlungsgeschwindigkeit besonders niedrig sein muß (etwa 10 bis 15 °C/Stunde), um zu einem bearbeitbaren Gefüge zu kommen, werden möglichst warm in einen vorgeheizten Glühofen eingesetzt und nach dem Temperaturausgleich langsam abgekühlt. Die Endtemperatur der langsamen Abkühlung ist in allen Fällen durch die Höhe der Umwandlungstemperatur gegeben, die eine Funktion der chemischen Zusammensetzung des Stahles ist. Je langsamer die Abkühlung erfolgt, um so geringer ist die Unterkühlung und um so näher kann die Endtemperatur an der Umwandlungstemperatur des Stahles liegen.

Eine langsame Abkühlung zur Vermeidung der Rißbildung ist besonders bei folgenden Qualitätsgruppen einzuhalten: höherlegierten Mangan-, Chrom-Mangan-, Chrom-Mangan-Molybdän- und Chrom-Nickelstählen, Chrom-Wolfram-Molybdän-(Vanadin)-Vergütungsstählen, hochgekohlten mittel- und hochlegierten Werkzeugstählen, sowie halbferritischen und martensitischen Chromstählen. Gleichlaufend mit der Notwendigkeit einer langsamen Abkühlung ist es gewöhnlich notwendig, eine gesonderte Glühbehandlung zum Erreichen einer guten Bearbeitbarkeit der Blockoberfläche durchzuführen.

2.42 Oberflächenbehandlung

Die Oberflächenbearbeitung der Gußblöcke kann sowohl in warmem als auch in kaltem Zustand erfolgen. Die Bearbeitung *warmer* Blöcke ist besonders in Edelstahlwerken mit großen, einheitlichen Produktionsmengen üblich und mit den heute zur Verfügung stehenden Einrichtungen wirtschaftlicher als das Oberflächenbearbeiten der kalten Blöcke. So lassen sich z. B. 3-t-Quadratblöcke aus Chrom-Nickel-Molybdän-Baustählen auf Heißschälmaschinen in etwa 6 Minuten allseitig bearbeiten [1]. Der Block wird dabei im Tiefofen auf etwa 1200 °C vorgewärmt.

Außer der Bearbeitung auf Warmhobel- und Warmfräsmaschinen gewinnt das Warmflämmen auch rostbeständiger austenitischer Stähle immer mehr an

Bedeutung. Die Blöcke werden dabei, z. B. senkrecht hängend, unter Zusatz von Eisenpulver geflämmt [2].

Statt am Rohblock wird diese Flämmbehandlung vielfach erst nach dem Vorblocken hinter dem Blockwalzwerk im kontinuierlichen Durchgang mit eigens hierfür konstruierten Einrichtungen ausgeführt [3].

Die Bearbeitung der Blockoberfläche im *kalten* Zustand kann durch Drehen, Hobeln, Schleifen oder Ausmeißeln der Fehlstellen erfolgen [4]. Eine Oberflächenbearbeitung durch Drehen wird vorzugsweise an Rundblöcken und Vierkantblöcken vorgenommen. Brammenblöcke und Vierkantblöcke können auch durch Hobeln bearbeitet werden. Für Brammen und für Stranggußmaterial sind automatische Brammen- und Knüppelschleifmaschinen in Verwendung, die eine gleichmäßige Oberflächenabnahme ermöglichen, was besonders bei austenitischen Stählen notwendig ist, um die aufgekohlte Oberflächenschicht des Gußgefüges restlos zu entfernen.

In allen Fällen muß bei Qualitäten mittleren und höheren Legierungsgehaltes die Festigkeit durch eine entsprechende Abkühlung nach dem Gießen oder durch eine Glühung so weit erniedrigt werden, daß eine wirtschaftliche Bearbeitung gesichert ist. Das Ausmeißeln von Fehlstellen ist nur bei örtlichen Fehlern geringen Ausmaßes üblich oder zur Entfernung von Blockfehlern, welche an einzelnen Stellen nach einer anderen Oberflächenbearbeitung zurückgeblieben sind. Das Putzen der Blöcke durch Schleifen wird nur bei harten Qualitäten und leichten Oberflächenfehlern ausgeführt.

Bei der Bearbeitung durch Meißeln, Hobeln oder Drehen kann es bei weichem Material vorkommen, daß kleine, noch verbleibende Fehlstellen verschmiert und damit unkenntlich werden. Man muß sich daher schon bei der Beurteilung des Rohblockes darüber im klaren sein, wieweit und mit welcher Spanabnahme die Entfernung der Fehler durchzuführen ist. Zur Kontrolle kann man bei Rissen durch Anmeißeln der Fehlstelle in Richtung derselben prüfen, ob der Riß noch weiter in das Innere des Blockes hineinreicht, da sich der abgehobene Span gegebenenfalls aufspaltet. Auch bei der Bearbeitung von mattschweißigen Blöcken kommt es vor, daß die Fehlstellen nach dem Hobeln oder Drehen nicht mehr erkannt werden. Bei derartigen Blöcken empfiehlt es sich, unbedingt eine größere Spanabnahme vorzusehen als bei der üblichen Oberflächenbearbeitung.

Außer dieser fallweise durchzuführenden teilweisen Oberflächenbearbeitung wird bei allen Blöcken, die für Fertigfabrikate bestimmt sind, deren Oberflächengüte höchsten Anforderungen gerecht werden muß, eine vollkommene Bearbeitung der Blockoberfläche durchgeführt. Sie ist u. a. bei Stählen für hochbeanspruchte Achsen, Kurbelwellen, Kolben usw. notwendig. Wird die Schmelze für derartige Qualitäten in Polygonalblöcken vergossen, so werden diese häufig einer Vorverformung zum Runden des Blockes unterzogen, um anschließend durch Drehen bearbeitet zu werden. Eine besondere Beachtung muß der Oberflächengüte des Blockes bei der Herstellung von Rohren durch Walzen und Pressen geschenkt werden.

Eine Oberflächenbearbeitung des Blockes durch Flämmen im erkalteten Zustand kann nur bei Qualitäten mit maximal 0,4% C oder bei niedriggekohlten niedriglegierten Stählen ausgeführt werden.

Bei jeder Art der Oberflächenbearbeitung muß darauf geachtet werden, daß diese nicht selbst die Ursache von Fehlern bei der Weiterverarbeitung wird. So können scharfe Querschnittsübergänge die Ursache von Überlappungen und Rissen sein. Beim Schleifen besteht die Gefahr, daß durch eine starke örtliche Erwärmung thermische Spannungen entstehen, oder daß in Blöcken mit teilweisem Härtegefüge Umwandlungsspannungen ausgelöst werden, die feine Risse entstehen lassen, welche bei der Weiterverarbeitung oder schon beim Anwärmen des Blockes zum Aufreißen führen.

Die Wirtschaftlichkeit der Oberflächenbearbeitung der Gußblöcke wird in hohem Maße von der Höhe des Putzabfalles beeinflußt. Dabei ist noch zu beachten, daß nur die in Spanform anfallenden Bearbeitungsabfälle vollständig als Schrott für den Stahlwerksbetrieb in Rechnung gestellt werden können, während Flämm- und Schleifabfall nur in beschränktem Umfang der Wiederverwertung der darin enthaltenen Metalle zugeführt werden kann.

Die zerspante Metallmenge beträgt bei teilweiser Bearbeitung der Blockoberfläche durch Hobeln, Fräsen oder Drehen etwa 3 bis 1%, bei völliger Bearbeitung der Blockoberfläche in Abhängigkeit von der Blockgröße etwa 6 bis 3% und kann bei titanstabilisierten austenitischen Stählen für rostfreie Bleche bis zu 10% betragen. Auch beim Auftreten von Blockfehlern, die erst nach dem Entfernen der äußeren Oberflächenschicht sichtbar werden, kann die Spanmenge wesentlich ansteigen. Der Abfall beim Schleifen und Meißeln, welches in der Regel nur zur Entfernung örtlicher Fehlstellen vorgenommen wird, liegt im Durchschnitt bei 1 bis 2% vom Blockgewicht. Die Verluste beim Flämmen des Blockes liegen etwa zwischen den beiden vorgenannten Werten für das Drehen bzw. Meißeln und Schleifen. In diesem Zusammenhang soll nochmals darauf hingewiesen werden, daß eine sorgfältige Erfassung und analysengerechte Trennung des Spanabfalles bei der Blockbearbeitung für die Schrott- und Legierungswirtschaft des Edelstahlwerkes von großer Wichtigkeit ist.

Schrifttum
zu Abschnitt 2.42

1. Heiß-Schälmaschine bearbeitet Blöcke in 6 Minuten. Iron Age Metalworking Internat. März 1962, S. 28/29.
2. DBP. No. 1 004 897.
3. RITTER, E., und H. DIDIER: Blockflämmen mit Sauerstoff. Schweißen u. Schneiden 4 (1952), S. 364/70 und 394/96; vgl. Stahl u. Eisen 73 (1953), S. 503/05.
4. HÜBER, H.: Neuzeitliche Maschinen für die Bearbeitung von Rohblöcken und Halbzeug. Stahl u. Eisen 74 (1954), S. 1185/95.

Das Prüfen

1. Erprobung und Freigabe der Schmelze zur Weiterverarbeitung

Die Prüfung und die Erprobung des Stahles nimmt im Produktionsablauf eines Edelstahlwerkes einen nicht minder wichtigen Platz ein als die einwandfreie Herstellung im Stahlwerk. Erst durch die Prüfung der Güteeigenschaften wird man in die Lage versetzt, den Stahl zu beurteilen, um ihn, seinen Eigenschaften gemäß, dem richtigen Verwendungszweck zuzuteilen. Die gesamte Stahlprüfung darf jedoch niemals als ein in sich abgeschlossenes Gebiet betrachtet werden. So wie der Stahlwerker die Prüfergebnisse der Schmelze und ihr Verhalten bei der Weiterverarbeitung kennen muß, um daraus die Nutzanwendung für die Stahlerzeugung zu ziehen, so gibt auch das Ergebnis der Prüfung den weiterverarbeitenden Betrieben die notwendigen Unterlagen für die richtige Verarbeitung.

Die Güteprüfung der Schmelze setzt sich zusammen aus der Prüfung auf die Fehlerfreiheit des Gußblockes bzw. des daraus hergestellten Walz- oder Schmiedematerials und der Eignungsprüfung für den Verwendungszweck. Die Aufgabe der Eignungsprüfung ist es, alle für den vorgesehenen Verwendungszweck des Stahles kennzeichnenden Eigenschaften festzustellen. Dementsprechend ist die Güteprüfung der Schmelze mannigfacher Art. Sie beginnt mit der Kontrolle des Blockes hinsichtlich seiner Lunkerausbildung und seines Oberflächenaussehens und stellt das Ausmaß und die Art der notwendigen Bearbeitung des Blockes fest. Aus der mitgegossenen Probe wird die chemische Zusammensetzung der Schmelze ermittelt, welche ein ungefähres Bild über die allgemein zu erwartenden Eigenschaften des Stahles gibt. Bei einer Reihe von Stahlqualitäten ist es notwendig, vor der Verarbeitung der Schmelze eine Überprüfung der Verformbarkeit des Stahles im warmen Zustand vorzunehmen bzw. an dem Material eines vorgewalzten oder vorgeschmiedeten Blockes eine Reihe von technologischen Gütewerten festzustellen, welche über das Ergebnis der Schmelzanalyse hinaus notwendig sind, um die endgültige Zuteilung der Schmelze für den vorgesehenen Verwendungszweck vornehmen zu können. Schließlich wird auch das verarbeitete Produkt auf seine Fehlerfreiheit, auf seinen Gefügezustand und auf seine technologischen Eigenschaften überprüft.

So vielgestaltig wie die Erprobung und die Prüfung selbst ist auch das Ergebnis, welches die Güte des Stahles kennzeichnet. Die grundsätzliche Voraussetzung für einen „guten Stahl" ist eine Fehlerfreiheit. Die jeweilige Güte selbst ist gekennzeichnet durch jene spezifischen Eigenschaften, die für den vorgesehenen Verwendungszweck die besten Werte ergeben. Man kann also unter der Bezeichnung „guter Stahl" Stähle mannigfaltigster Eigenschaften verstehen und spricht von einem guten Stahl dann, wenn er bestimmte verlangte Gütewerte aufweist. Diese sind dabei keineswegs immer als Absolutwerte aufzufassen. Eigenschaften, die für einen bestimmten Verwendungszweck angestrebt werden, können einen Stahl der gleichen Qualitätsgruppe oder sogar einen Stahl praktisch gleicher Zusammensetzung für einen anderen Verwendungszweck wenig oder gar nicht geeignet erscheinen lassen.

Für eine Reihe von Eigenschaften ist der Gütebegriff eindeutig gekennzeichnet, so z. B. für die Festigkeitseigenschaften von Baustählen, für die Säurebeständigkeit korrosionsfester Stähle, für die Abnützungsbeständigkeit verschleißfester Stähle, für die Schnitthaltigkeit von Schneidestählen oder für die magnetischen Eigenschaften der verschiedenen Magnetstähle. Allerdings dürfen auch diese Werte nur auf eine bestimmte Qualitätsgruppe oder auf Stähle gleicher Zusammensetzung bezogen werden, wenn man von einem guten oder schlechten Stahl sprechen will. Bei der Beurteilung der magnetischen Eigenschaften kann daher ein Stahl auch dann als guter Magnetstahl bezeichnet werden, wenn sein Gütewert, z. B. das $(B \cdot H)_{max}$, gegenüber anders zusammengesetzten Stählen nur einen Bruchteil des Wertes der letzteren beträgt. Er ist dann als gut zu bezeichnen, wenn er in seinen Werten den für seine Zusammensetzung charakteristischen Durchschnittswert erreicht oder überschreitet. So kann ein Kobalt-Magnetstahl gegenüber einem Chrom-Magnetstahl als schlecht bezeichnet werden, wenngleich die magnetischen Werte des ersteren in ihrem Absolutbetrag wesentlich höher liegen als die des Chrom-Stahles, aber unter den Soll-Werten, die der Kobalt-Magnet-Stahl seiner Zusammensetzung entsprechend aufweisen soll. Selbstverständlich sind auch bei diesen eindeutigen Gütewerten eine Reihe anderer Eigenschaften mitentscheidend, von denen unter Umständen die Verwendbarkeit abhängen kann. So muß z. B. ein Stahl für Steinbohrer neben einer hohen Schnitthältigkeit auch eine hohe Dauerfestigkeit aufweisen, die ursächlich sowohl mit seiner Zähigkeit als auch mit seiner Kerbempfindlichkeit zusammenhängt. Erst die Erprobung und die Angabe dieser Größen ermöglich eine Beurteilung dieser Qualitätsgruppe.

Es gibt aber auch Grenzen der Verwendbarkeit, an denen ein Stahl für eine bestimmte Verwendung noch als gut, für eine andere aber bereits als nicht geeignet bezeichnet werden muß. So können säurebeständige austenitische Chrom-Nickel-Stähle für einen Verwendungszweck, bei dem es nur auf den Korrosionswiderstand ankommt, gut geeignet sein, während ihre Verwendung für polierte Gegenstände durch Einschlüsse verhindert werden kann, die für den ersten Verwendungszweck noch unbedenklich sind.

Die Prüfung des Stahles zur Freigabe umfaßt im üblichen Betriebsablauf alle oder einen Teil der folgenden Prüfvorgänge:

1. Prüfung der chemischen Zusammensetzung der Schmelze,

2. Prüfung und Beurteilung des Rohblockes,

3. Prüfung der Warmverformbarkeit,

4. Prüfung des warmverformten Materiales auf Fehlerfreiheit und Gefügeausbildung,

5. Ermittlung der mechanischen Gütewerte,

6. Eignungsprüfung für besondere Verwendungszwecke.

Während die chemische Prüfung der Schmelze, die Prüfung und Beurteilung des Rohblockes sowie die Prüfung des verformten Materiales auf seine Fehlerfreiheit durchwegs für alle Stahlqualitäten nach den gleichen allgemeinen Richtlinien erfolgt, wobei nur die Bewertung sich nach dem vorgesehenen Verwendungszweck richtet, werden die übrigen obengenannten Prüfarten nur dann herangezogen, wenn es die vorgesehene Verwendung des Stahles notwendig macht. Das

Ausmaß der Erprobung sowie die Wahl der entsprechenden Prüfarten richtet sich nach den verlangten Gütewerten. Je nach der Höhe der Anforderungen im Einzelfalle ist weiter zu entscheiden, ob die Gütewerte bei jeder Schmelze festgestellt werden müssen, oder ob es die Gleichmäßigkeit der Erzeugung zuläßt, ihre Einhaltung nur durch eine stichprobenweise Überprüfung zu überwachen.

1.1 Prüfung der chemischen Zusammensetzung

Bei der Freigabe der Schmelze nach ihrer chemischen Zusammensetzung ist in erster Linie festzustellen, ob eine Stahlqualität innerhalb der für sie vorgesehenen Grenzen der Zusammensetzung liegt. Die Grenzen der vorgeschriebenen chemischen Zusammensetzung geben den Rahmen an, innerhalb dessen die gewünschten oder geforderten Eigenschaften mit größtmöglicher Sicherheit erreicht werden können. Allerdings darf daraus nicht geschlossen werden, daß allein durch das Einhalten der vorgesehenen chemischen Werte die angestrebten Stahleigenschaften auch unter allen Umständen erreicht werden. Die übliche chemische Analyse erfaßt niemals alle im Stahl enthaltenen Elemente, so daß die Stahleigenschaften bei sonst gleicher Zusammensetzung stärkeren Schwankungen unterliegen können. Erwähnt seien in diesem Zusammenhang vor allem gelöste Gase, welche im fertigen Stahl eine der Ursachen für die als Alterung und Anlaßsprödigkeit bekannten Erscheinungen bilden. Andererseits sind aber die technologischen Werte des Stahles nicht nur vom Mengenverhältnis der einzelnen Komponenten abhängig, sondern in mehr oder minder starkem Maße von der Verteilungsform, also von der Kristallstruktur und vom Feingefüge, über dessen Beschaffenheit die normale chemische Analyse keinen Aufschluß gibt. Ebensowenig erhält man aus der Durchschnittsanalyse Aufschlüsse über Stahlfehler, wie Gasblasen, nichtmetallische Einschlüsse, Seigerungen, Flocken usw., obwohl ihr Auftreten weitgehend von der Stahlzusammensetzung abhängig sein kann. Diese Einschränkungen der Aussagen der auf analytischem Wege ermittelten Zusammensetzung des Stahles sollen keineswegs den Wert der chemischen Prüfung mindern. Sie sollen aber darauf hinweisen, daß es auf dem Gebiet der Edelstähle nur in wenigen Fällen möglich ist, aus ihr allein eine genügende Beurteilungsgrundlage für die Güteeigenschaften einer Schmelze zu gewinnen.

Bei der Beurteilung der Analysenergebnisse für die Freigabe der Schmelze durch Vergleich mit der vorgeschriebenen Sollanalyse kommt man immer wieder in die Lage, Über- oder Unterschreitungen einzelner Werte beurteilen zu müssen. Wieweit diese im Einzelfall unbedenklich sind, kann naturgemäß nicht vorausgesagt werden. Als allgemeiner Maßstab für die Beurteilung kann nur die Überlegung dienen, daß nicht die Analyse als solche, sondern nur die tatsächlich erreichbaren technologischen Gütewerte für die Verwendbarkeit des Stahles maßgebend sind. In der Regel wird bereits die Sollanalyse so vorgesehen, daß geringe Abweichungen tolerierbar bleiben. Weil aber andererseits die Analysengrenzen nicht enger sein dürfen als die Treffsicherheit des gewählten Arbeitsverfahrens, kann es vorkommen, daß bei der Freigabe auch bei Einhaltung der Analysengrenzen eine weitere Unterteilung und eine besondere Zuweisung der Schmelze für einen bestimmten Verwendungszweck nach den tatsächlich erreichten Analysenwerten vorgenommen werden muß. Derartige enge Analysentoleranzen sind z. B. für Sensenstähle üblich, so daß man oft mehrere Qualitäten schmelztechnisch zu einer Gruppe zusammenfaßt und die Qualitätszuteilung nach der Fertiganalyse vornimmt. Aber auch bei Baustählen, die einer serienmäßigen Wärmebehandlung zugeführt werden, kann es notwendig sein, bei der Freigabe eine Unterteilung nach dem tatsächlichen Analysenergebnis vorzunehmen, wenn bei einzelnen

Qualitäten geringfügige Abweichungen, die noch innerhalb der Streugrenzen des metallurgischen Arbeitsverfahrens liegen, die absolute Gleichmäßigkeit des Endproduktes in Frage stellen können. Aus diesem Grunde werden von der weiterverarbeitenden Industrie in zunehmendem Maße hohe Schmelzengewichte gefordert. In diesem Zusammenhang sei auch darauf hingewiesen, daß dem Übergang zu großen Blockgewichten mit den unvermeidbaren Seigerungen gewisse Grenzen gesetzt sind und dem kontinuierlichen Stranggießverfahren im Hinblick auf die Gleichmäßigkeit der chemischen Zusammensetzung des Endproduktes zunehmende Bedeutung zukommt.

1.11 Probenahme

Zur Ermittlung der chemischen Zusammensetzung der Schmelze wird in der Regel beim Gießen ein kleines Probeblöckchen mitgegossen. Der Abguß erfolgt entweder unmittelbar aus der Pfanne oder über einen Probelöffel. Bei sachgemäßer Durchführung erhält man auf beiden Wegen einwandfreie Resultate, vorausgesetzt, daß Löffel und Kokille sauber und trocken sind und eine übermäßige Sauerstoffaufnahme vermieden wird. Die Größe des Probeblockes richtet sich nach den betrieblichen Gepflogenheiten und beträgt meistens 2 bis 10 kg. Nach den vom Chemikerausschuß des VDEh ausgearbeiteten Richtlinien [1] ist bei Schmelzgewichten bis zu 60 t wegen der geringen Unterschiede in der chemischen Zusammensetzung, besonders bei beruhigten Stählen, meist nur eine Probe notwendig, die etwa in der Hälfte des Vergießens genommen wird. Bei Schmelzgewichten über 60 t und auch bei Stählen mit mehr als 1% Si oder Al empfiehlt sich die Entnahme von zwei Analysenproben, von denen eine zu Beginn und eine am Ende des Gießens gezogen wird. Wird von einer Schmelze nur ein Block oder nur ein Gespann gegossen, so entnimmt man die Stahlmenge für den Probeblock vor dem Vollgießen der Haube. Ist die Entnahme einer eigenen Analysenprobe aus irgendeinem Grunde unterlassen worden, so muß das Probenmaterial für die chemische Analyse durch Entnahme von Spänen aus dem Block gewonnen werden. Dabei ist jedoch zu beachten, daß durch die Entmischungserscheinungen, besonders an großen Blöcken, sowie durch die Einwirkung des Kokillenlackes bei oberflächlich entnommenen Spänen stärkere Abweichungen von der wirklichen Durchschnittszusammensetzung auftreten können. In manchen Fällen ist es dann zweckmäßig, beim Fehlen der kleinen Probe einen Block vorauszuwalzen oder zu schmieden und das Analysenmaterial dem Halbzeug zu entnehmen.

Die bei der Erstarrung des Stahles unvermeidbaren Entmischungserscheinungen sind auch zu beachten, wenn zur Analysenkontrolle oder für die Abnahme Probematerial dem Endprodukt entnommen werden muß. Bezüglich der Einzelheiten der sachgemäßen Probeentnahme sei auf die einschlägige Literatur verwiesen [2].

Schrifttum
zu Abschnitt 1.11

1. Richtlinien für die Ermittlung der Schmelzanalyse von Stahl und Stahlguß. Vgl. Stahl und Eisen 62 (1942), S. 946.
2. Handbuch für das Eisenhüttenlaboratorium. Verlag Stahleisen, Düsseldorf 1941, Bd. 2.

1.12 Analysenverfahren und Bewertung der Ergebnisse

Zur Durchführung der chemischen Analyse für die Freigabe der Schmelzen steht im allgemeinen mehr Zeit zur Verfügung als zur Ausführung von Ofenanalysen, so daß an Stelle der Schnellverfahren oft die üblichen Analysenmethoden angewendet werden. Wieweit die für Schnellbestimmungen entwickelten Geräte (Quantometer, Röntgenfluoreszenzgeräte) auch für die Ermittlung der Fertiganalysen eingesetzt werden, ist meist eine Frage ihrer zeitlichen Beaufschlagung durch das Stahlwerk. Nur bei Schmelzen, deren Blöcke noch in der Gußwärme an das Walzwerk oder Hammerwerk zur Weiterverarbeitung geliefert werden, muß das Analysenergebnis, zumindest aller kennzeichnenden Elemente, bis zum Beginn der Warmformgebung vorliegen, um gegebenenfalls die Abmessung des Halbzeuges oder Fertigfabrikates abändern oder auch die Schmelze für einen anderen Verwendungszweck zuteilen zu können, wenn die chemische Zusammensetzung der Vorschrift nicht entspricht.

Auf die Einzelheiten der chemischen Arbeitsmethoden soll hier nicht näher eingegangen werden. Sie entsprechen zum Teil den schon früher (Abschnitt „Schmelzen", 2.3) kurz erwähnten Verfahren. Näheres kann der einschlägigen Literatur entnommen werden [1].

Die Analysengenauigkeit fast aller heute angewendeten Bestimmungsverfahren genügt vollauf den Ansprüchen und überschreitet kaum Abweichungen von $\pm\,2\%$ des jeweiligen Wertes. Die Fehler der analytischen Arbeitsverfahren sind daher bei sachgemäßem Arbeiten im Laboratorium meist kleiner als die Abweichungen, die sich durch Unterschiede in der chemischen Zusammensetzung des Stahles über den Querschnitt des Blockes oder des Halbzeuges, sowie auch innerhalb des Gefüges durch Seigerungen ergeben. Diese Tatsache verdient auch aus dem Grunde Beachtung, weil unerwartete Abweichungen im Analysenergebnis in vielen Fällen auf den Einfluß der Probenahme und weniger auf das Versagen der analytischen Bestimmungsmethoden zurückzuführen sind. In Zweifelsfällen, oder wenn es sich um die Kontrolle von Grenzwerten handelt, ist es zweckmäßig, für die Kontrollanalyse neues Probenmaterial beizustellen.

Außer zur Ermittlung der Durchschnittszusammensetzung der Schmelze können analytische Untersuchungsverfahren auch in einem gewissen Umfang zur Ermittlung der Verteilungsform der am Aufbau des Gesamtsystems beteiligten Stoffe herangezogen werden. In erster Linie zählen dazu elektrolytische Isolierverfahren, die eine Isolierung einzelner Gefügebestandteile (Karbide, Nitride) und chemisch beständiger Oxyde ermöglichen [2 bis 4]. Die Isolate selbst können durch die hierfür entwickelten Methoden der Mikroanalyse chemisch untersucht und ihr kristallchemischer Aufbau durch Röntgenfeinstrukturanalysen oder durch Feinbereichsbeugung im Elektronenmikroskop festgestellt werden.

Eines der wertvollsten Hilfsmittel zur Untersuchung des Gefügeaufbaues ist die von R. Castaing entwickelte Mikrosonde [5, 6]. Sie gestattet die qualitative und quantitative Untersuchung von Bereichen bis zu einer kleinsten Größe von etwa 1 μ^2 an Schliffproben für alle Elemente mit einer Ordnungszahl größer als 10. Auf diesem Wege können Aussagen über das Ausmaß von Kristallseigerungen und über die Zusammensetzung von Karbid-, Nitrid- und Oxydphasen sowie von Mischkristallen gewonnen werden.

Diese letztgenannten Untersuchungsmethoden gehören weniger zu den im Betrieb oder zur Freigabe der Schmelze üblichen Arbeitsverfahren. Sie werden im wesentlichen für Forschungszwecke herangezogen. Zur Unterstützung und Ergänzung anderer Prüfverfahren, besonders aber zur Ermittlung von Fehlerursachen, leisten sie wertvolle Dienste.

Schrifttum
zu Abschnitt 1.12

1. Handbuch für das Eisenhüttenlaboratorium. Verlag Stahleisen, Düsseldorf 1941, Bd. 2.
2. Klinger, P., und W. Koch: Beiträge zur metallkundlichen Analyse. Verlag Stahleisen, Düsseldorf 1949.

3. LukaŠevič-Duvanova, J. T.: Schlackeneinschlüsse in Eisen und Stahl. VEB Verlag Technik, Berlin 1955.
4. Die Isolierung von Gefügebestandteilen in metallischen Werkstoffen, Kolloquium an der Mont. Hochschule Leoben, 1957. Radex-Rdsch. 1957, H. 5/6, S. 679/856.
5. Castaing, R.: Application des Sondes électroniques à une Méthode d'Analyse ponctuelle chimique et cristallographique, O.N.E.R.A. Publication No. 55 (1952).
6. Marton, L.: Advances in Electronics and Electron Physics. National Bureau of Standards, Washington, D. C., Vol. XIII, 1960, S. 317/86.

1.2 Prüfung und Beurteilung des Rohblockes

Die Blockkontrolle hat sowohl in qualitativer als auch in wirtschaftlicher Hinsicht besondere Bedeutung. Der fehlerfreie Block ist die erste Voraussetzung für die Erzeugung eines fehlerfreien Halb- und Fertigfabrikates. Dabei darf die Kontrolle weder zu streng noch zu tolerant sein. Eine zu strenge Beurteilung des Rohblockes sichert zwar ein einwandfreies Endprodukt, der Kostenaufwand und der Materialverlust ist jedoch in der Regel so groß, daß die Wirtschaftlichkeit der Erzeugung in Frage gestellt sein kann. Ist die Kontrolle jedoch zu tolerant, so entstehen bei der Verarbeitung des Halbzeuges außerordentlich hohe Kosten, die ebenfalls aus Gründen der Wirtschaftlichkeit nicht vertretbar sind. Die Blockkontrolle ist also immer in genauer Abstimmung nach Qualität und Verwendungszweck durchzuführen und erfordert eine weitgehende praktische Erfahrung seitens der Kontrollorgane.

Die Oberflächenkontrolle des Gußblockes erfolgt entweder am kalten Block, oder am warmen Block, wenn er noch im gußwarmen Zustand dem Walzwerk oder Hammerwerk zur Weiterverarbeitung übergeben wird. Kleinere Edelstahlwerke ziehen in den meisten Fällen das Kaltstellen der Blöcke vor, um eine genaue Kontrolle des Blockaussehens durchführen zu können. Sie erhalten sich damit die völlige Freiheit in der Art der Weiterverarbeitung und Dimensionierung nach den jeweiligen Ergebnissen der Vorprüfung. Allgemein üblich ist das Kaltstellen der Blöcke aber auch für Qualitäten, die vor ihrer Freigabe einer Vorerprobung der technologischen Eigenschaften bedürfen.

Die Blöcke werden nach normaler Abkühlung im Stahlwerk oder nach dem Abkühlen in Ausgleichsgruben bzw. nach einer Blockglühung der Kontrolle zugeführt. Ist eine Glühung der Blöcke vorgesehen, so wird man naturgemäß Blöcke, die auf Grund ihres Verhaltens beim Gießen schwerere Fehler erwarten lassen, die möglicherweise ihre Weiterverarbeitung in Frage stellen können, vor einer Glühbehandlung einer entsprechenden Durchsicht unterziehen, um gegebenenfalls die Kosten der Glühung zu ersparen.

Die Gußblöcke werden auf ihre Oberflächenfehler und auf ihre Lunkerbildung untersucht und in Abhängigkeit vom Verwendungszweck für die Bearbeitung der Oberfläche gekennzeichnet. Diese Bearbeitung kann in verschiedener Weise durchgeführt werden. Sie richtet sich einerseits nach dem Blockaussehen und nach den Fehlerarten und andererseits nach dem herzustellenden Halbzeug bzw. Fertigerzeugnis; bei Qualitäten, die auf Fertigerzeugnisse verarbeitet werden, schließlich auch danach, ob die Verarbeitung in einem Produktionsablauf auf das versandfertige Produkt erfolgt oder ob ein Zwischenputzen des Halbzeuges vor der Fertigwalzung oder Fertigschmiedung eingeschaltet werden kann oder nicht. Die Beurteilung des Blockes sowie die Auswahl der Art und des voraussichtlichen Ausmaßes der Bearbeitung erfordert ein gewisses Maß an Erfahrung, da nur ein kleiner Teil der Blockfehler am äußeren Aussehen des Blockes sofort erkennbar ist. Jede Beurteilung soll daher immer nur im Zusammenhang mit den Beobachtungen des Schmelz- und Gießverlaufes vorgenommen werden.

Bereits bei der Behandlung des Gießens wurde im Zusammenhang mit der Erschmelzung des Stahles auf eine Reihe von Umständen hingewiesen, welche die Ursache von Blockfehlern werden können, die sowohl als Innenfehler als auch als Außenfehler in Erscheinung treten. Danach kann die Ursache der Blockfehler bereits in der Schmelzführung liegen, wobei unter anderem eine ungenügende Desoxydation, ein zu hoher Gehalt an Gasen oder eine zu hohe oder zu niedrige Schmelz- und Abstichtemperatur Voraussetzungen schaffen können, die auch bei einwandfreier Durchführung des Gießens selbst zu schlechten oder unbrauchbaren Blöcken führen. Nicht minder wichtig für ein einwandfreies Produkt erscheint die sorgfältige Vorbereitung der Gießpfannen und der Gießgruben, um einer Veränderung der chemischen Zusammensetzung und einer Verunreinigung des Stahles vorzubeugen. Schließlich bestehen auch bei einwandfreier Schmelzführung und guter Vorbereitung der Gießgruben noch Fehlermöglichkeiten im Verlauf des Gießvorganges, die z. B. in einem zu langsamen oder zu raschen Vergießen gelegen sein können. Meist sind jedoch, wie die Erfahrung zeigt, am Auftreten eines Fehlers mehrere Ursachen in mehr oder minder ausgeprägtem Maße beteiligt, so daß es oft schwer ist zu entscheiden, welche für den Fehler verantwortlich ist. Andererseits darf aber nicht übersehen werden, daß ein richtig erschmolzener Stahl einer großen Reihe von ungünstigen Einflüssen widerstehen kann, ohne Fehlererscheinungen nennenswerten Ausmaßes zu zeigen, während ein Stahl, der hinsichtlich seiner Erschmelzung am Grenzwert der zulässigen Güte steht, beim Vorliegen einer einzigen ungünstigen Einflußgröße bereits fehlerhafte Blöcke ergeben kann.

1.21 Blockfehler

Unter den zahlreichen, immer wieder auftretenden Blockfehlern kann man zwei wesentliche Gruppen unterscheiden:

1. Oberflächenfehler, wie z. B. Risse, offene Blasen, Kaltschweißstellen.

2. Innenfehler, wie z. B. Sekundärlunker, Seigerungen, nichtmetallische Einschlüsse u. a.

Diese Fehlererscheinungen sind nicht auf ein bestimmtes Gießverfahren beschränkt; sie treten also nicht nur beim üblichen Blockguß, sondern in ähnlichen Erscheinungsformen auch beim Strangguß und beim Schleuderguß auf. Nicht behandelt werden allerdings in diesem Zusammenhang die Fehler im Stahlguß, auch wenn deren Ursache zum Teil in der Erschmelzung des Stahles liegen kann. In der Regel sind jedoch für diese die jeweilige Gieß- und Formtechnik verantwortlich.

1.211 Oberflächenfehler

Eine wichtige Fehlergruppe bilden die *Blockrisse*. Man unterscheidet im allgemeinen Risse, die während der Erstarrung auftreten, sogenannte Warmrisse oder Schrumpfrisse, und solche, die erst im Verlaufe der Abkühlung auf Raumtemperatur entstehen und meist als Spannungsrisse bezeichnet werden. Die Ausbildung von Warmrissen kann auf folgende Ursachen zurückgeführt werden. Bei der Erstarrung des flüssigen Stahles in der Kokille entsteht in Berührung mit der Kokillenwand eine erstarrte Randschicht, welche sich mit zunehmender Abkühlung von der Kokillenwand abhebt. Überschreitet der ferrostatische Druck des flüssigen Stahles im Blockinneren die an sich sehr niedrige Warmfestigkeit der erstarrten Randschicht, so bilden sich meist Längsrisse aus, die so weit in das Innere fortschreiten, wie der Flüssigkeitsdruck während des Gießens zunimmt.

In der überwiegenden Zahl der Fälle treten jedoch die Warmrisse durch Schrumpfung bei der Erstarrung des Gußblockes auf, wenn die Schrumpfspannung die Festigkeit des Gußgefüges, besonders bei Anwesenheit größerer Mengen nichtmetallischer Verunreinigungen, überschreitet. Derartige längsverlaufende Blockrisse werden durch rasches und heißes Gießen begünstigt. Warmrisse quer zur Blockachse sind meist auf ein Hängenbleiben des Blockes zurückzuführen, wodurch sich bei der Abkühlung Zugspannungen ausbilden können. Dies ist besonders dann der Fall, wenn bei schlecht aufgestellten Kokillen der flüssige Stahl in die

1 : 8

Abb. 448. Warmrisse, die durch Hängenbleiben des Blockes am Kopf- und Fußende entstanden sind

1 : 9

Abb. 449. Spannungsriß in einem Rundblock

Stoßfuge zwischen der Bodenplatte und der Kokille und in die Stoßfuge zwischen Kokille und Haube gelangt, so daß der Block beim Erstarren an diesen Stellen festgehalten wird und der Werkstoff der Volumenverminderung im festen Zustand nicht mehr folgen kann (Abb. 448). Im gleichen Sinne wirken auch Beschädigungen der Kokillenwand durch Anfressen und Anschweißen, wobei die Rißbildung bevorzugt an diesen Fehlstellen auftritt. Ein Anschweißen tritt besonders leicht ein, wenn der Gießstrahl die Kokillenwand trifft, wie dies auch beim kommunizierenden Guß bei ungeeigneter Stellung der Kokille zum Steigloch des Kanalsteines der Fall ist.

Die Spannungsrisse entstehen im Verlaufe der weiteren Abkühlung des Blockes und treten besonders bei legierten und lufthärtenden Stählen auf (Abb. 449). Ihre Ursache liegt meist in einer zu raschen Abkühlung des Blockes, wobei durch die ungleichmäßigen Volumenänderungen im Blockkern und in der Randzone thermische Spannungen entstehen, die durch zusätzliche Kräfte zur Rißbildung führen können. Diese zusätzlichen Spannungen können Umwandlungsspannungen durch Gefügeumwandlungen sein sowie zusätzliche mechanische Beanspruchungen durch Stoß, Schlag oder Erschütterungen. Auch ein schroffer Temperaturwechsel, z. B. beim raschen Erwärmen im Vorofen, kann zur Rißbildung führen. Jede Art von Rißbildung wird durch Schwächestellen im Primärgefüge gefördert. Diese sind vor allem Ausscheidungen an den Korngrenzen, welche den metallischen Zusammenhalt der Primärkristalle stören und in bekannter Art durch die Ausbildungsform des Gefüges beeinflußt werden.

Warmrisse an Blöcken, besonders Kantenlängsrisse, können in der Regel durch Ausmeißeln oder Überdrehen des Blockes entfernt werden. Spannungsrisse dagegen reichen meist so tief in den Block hinein, daß sich ein Herausarbeiten oder ein Überdrehen des Blockes bis zu einer restlosen Entfernung nicht mehr lohnt. Allerdings besteht bei einzelnen Qualitäten und für Verwendungszwecke, für welche nicht der ganze Block, sondern nur einzelne Blockteile, z. B. längsgespaltene Blöcke, herangezogen werden, die Möglichkeit, auch Teile von Blöcken, die Spannungsrisse aufweisen, noch einer guten Verwendung zuzuführen.

Blasen und *poröse Stellen* im Gußblock sind zum überwiegenden Teil auf eine Gasausscheidung während des Erstarrungsvorganges zurückzuführen. Sie haben nur in seltenen Fällen ihre Ursache in einer ungenügenden

1 : 10

Abb. 450. Durch Wasserstoffausscheidung am Ende der Erstarrung in den Lunkerhohlraum gedruckter Stahl (4-t-Block aus Chrom-Nickel-Baustahl)

Desoxydation des Stahles. Meist sind sie durch einen zu hohen Gasgehalt der Schmelze, vorwiegend einen zu hohen Wasserstoffgehalt, begründet, der bei den Kontrollproben oft nicht erkennbar ist, oder auch auf Reaktionen, die durch eine Veränderung der chemischen Zusammensetzung der Schmelze nach dem Abstich hervorgerufen werden. Bei ungenügender Desoxydation oder bei zu hohem Gasgehalt kann man in der Regel auch eine mangelhafte Ausbildung des Lunkerhohlraumes feststellen. Erfolgt dabei die Gasausscheidung erst nach einer teilweisen Erstarrung des Blockes, so erkennt man im Lunkerhohlraum den aus dem Blockinneren herausgedrängten Stahl (vgl. Abb. 450). Derartige Blöcke lassen mit Sicherheit, zumindest im oberen Blockteil, ein blasiges Gefüge erwarten. In einem solchen Fall erscheint es zweckmäßig, den Blockkopf abzutrennen, um Aufschluß über das Ausmaß der Blasenbildung zu erhalten. Setzt die Gasentwicklung jedoch frühzeitig ein, so kommt es bei der Erstarrung zum sogenannten „Treiben" des Blockes, d. h. der flüssige Stahl lunkert in der Haube nicht ein und kann sogar von den sich entwickelnden Gasen über den Haubenrand hinausgedrängt werden. Derartige Blöcke lassen ein durchwegs blasiges Gefüge erwarten und werden in der Regel ohne weitere Bearbeitung oder Prüfung von der Weiterverarbeitung ausgeschieden.

Je nach dem Einsetzen der Gasausscheidung bei der Erstarrung können die Blasen am Rande, in der Mitte oder bei Quadratblöcken in der Diagonale am Zusammenstoß der Transkristalliten auftreten. Eine Gasausscheidung infolge zu hohen Wasserstoffgehaltes tritt besonders oft bei niedriggekohlten mittellegierten Chrom-, Chrom-Nickel- und Siliziumstählen ein. In diesem Zusammenhang, sei auch darauf hingewiesen, daß ein hoher Wasserstoffgehalt die Ursache der Flockenbildung, besonders in Stählen der oben genannten Zusammensetzung, ist. ohne daß es dabei zu einer Gasblasenbildung im Gußblock oder zu der Erscheinung des Wasserstofftreibens bei der Erstarrung kommen muß.

Eine Blasen- und Porenbildung, die auf Veränderungen der chemischen Zusammensetzung des Stahles beim Gießen zurückzuführen ist, zeigt in der Regel ein vollkommen anderes Erscheinungsbild. Sie entsteht meist dadurch, daß der Stahl in Berührung mit feuchten Kokillen oder mit oxydierten Stahlspritzern Sauerstoff und Wasserstoff aufnimmt oder dadurch, daß der Kokillenlack Kohlenstoff und Wasserstoff an den Stahl abgibt, wodurch Umsetzungen zwischen Kohlenstoff und Sauerstoff unter Kohlenoxydbildung auch in vollkommen beruhigten Stählen eintreten können bzw. die Sättigungskonzentration an Wasserstoff bei der Erstarrung überschritten werden kann. Dementsprechend sind die Bereiche, in denen

1 : 5

Abb. 451. Offene Blasen und Proben an der Blockoberfläche

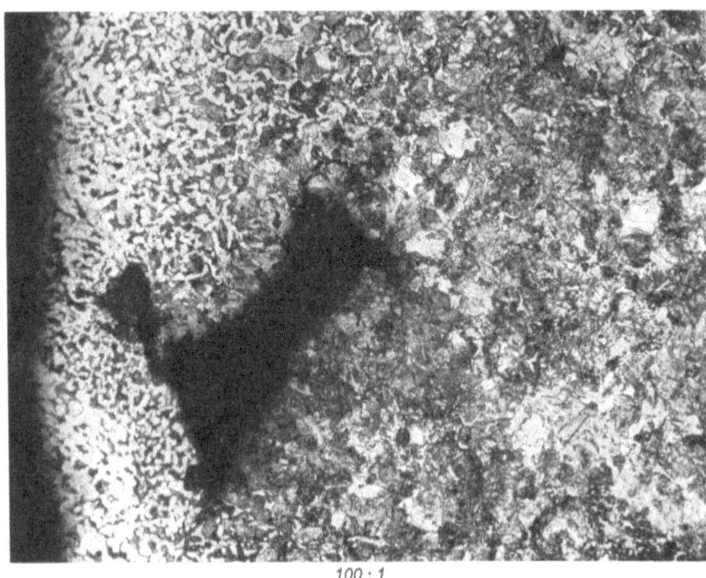

100 : 1

Abb. 452. Blockpore unter der Oberfläche eines Walzknüppels (70 mm ⌀, unlegierter Baustahl)

diese Fehlstellen auftreten, meist auf einzelne Stellen des Blockes beschränkt. Die Blasen und Poren liegen oft frei sichtbar an der Blockoberfläche (vgl.

Abb. 451) oder knapp unter der äußeren Gußhaut und werden bei der späteren Bearbeitung der Blockoberfläche freigelegt. Auf letztere Möglichkeit sei besonders hingewiesen, um zu zeigen, daß auch eine vollkommen glatte und reine Blockoberfläche nicht die Gewähr für einen fehlerfreien Block bildet. Man wird daher bei Schmelzen, deren Verhalten beim Gießen einen derartigen Fehler vermuten läßt, zumindest einen Block probeweise bearbeiten. Sofern derartige oberflächlich auftretende Poren, deren Tiefe man durch Prüfung mit einem feinen Draht leicht feststellen kann, keinen größeren Bereich einnehmen, können sie bei sonst guter Blockoberfläche durch ein teilweises Bearbeiten derselben entfernt werden. Dies gilt besonders für Poren im Blockfuß, welche bei Verwendung unsauberer Späne zum Abdichten der unteren Stoßfuge oder durch Ansammlung von Kokillenlack auftreten. Sie sind meist örtlich begrenzt und haben keinen höheren Abfall zur Folge. Auf jeden Fall ist jedoch zu beachten, daß bei porösen Blöcken auch durch eine Blockbearbeitung niemals eine volle Gewähr für eine restlose Entfernung der Poren gegeben ist. Abb. 452 zeigt das Aussehen einer solchen knapp unter der bearbeiteten Blockoberfläche verbliebenen Pore nach dem Auswalzen des Blockes auf Halbzeug.

Abb. 453. Blockoberfläche mit Kaltschweißstellen

Außer Blasen, Poren und Rissen begegnet man oft noch einer Reihe von Oberflächenfehlern verschiedenster Art. Die unangenehmsten Fehler sind die sogenannten „Matt- oder Kaltschweißstellen" der Blöcke. Sie treten besonders beim kommunizierenden Guß auf, wenn der Stahl mit zu niedriger Temperatur oder zu geringer Geschwindigkeit vergossen wird. Sie werden meist dadurch verursacht, daß sich beim Gießen auf der Oberfläche des flüssigen Stahles Erstarrungskrusten bilden, welche an der Kokillenwand hängenbleiben und im weiteren Verlaufe des Gießens vom flüssigen Stahl überspült werden (Abb. 453). Wenn die erstarrte Stahlschicht nicht wieder aufgelöst wird, tritt durch die zurückbleibende Oxydhaut eine Werkstofftrennung ein, die meist von Blasen und Poren begleitet ist, die durch Reaktionen der Oxyde mit dem Kohlenstoff des Stahles entstehen. Durch Umsetzungen mit anderen Legierungselementen, besonders mit den Desoxydationslegierungen, ist außerdem die Möglichkeit einer Ausscheidung von nichtmetallischen Verunreinigungen gegeben. Die Verwendung eines geeigneten Kokillenlackes und die sorgfältige Beobachtung beim Gießen sowie das Fernhalten von erstarrten Schichten und Oxydhäuten von der Kokillenwand wirken dieser Erscheinung entgegen. In ähnlicher Weise gibt auch ein Absetzen beim Gießen Fehlstellen gleicher Art.

Derartige Mattschweißstellen können tief in den Block hineinreichen und führen zu mehr oder minder starken Anbrüchen des Blockes beim Walzen und Schmieden. Eine Entfernung durch Meißeln oder Drehen ist nur bei geringfügigen Fehlern dieser Art möglich, wobei jedoch immer noch damit zu rechnen ist, daß örtliche Fehlstellen im Fertigmaterial auftreten, die durch eine nachträgliche Putzarbeit entfernt werden müssen.

Andere häufig auftretende Oberflächenfehler sind Spritzer, Schalen, narbige Oberfläche, Unebenheiten, nichtmetallische Verunreinigungen und andere. Sie können bei Edelstählen auch in leichteren Fällen kaum als „Schönheitsfehler" angesehen werden, da sie wegen der größeren Empfindlichkeit der meisten legierten Stähle bei der Warmformgebung die Ursache von Fehlern am Walzgut und an den Schmiedestücken sein können. Ihre Entfernung durch Abschmelzen beim Aufheizen auf Warmformgebungstemperatur ist bei höherlegierten Stählen nicht möglich. Spritzer an der Blockoberfläche werden meist bei fallend gegossenen Blöcken beobachtet. Ihr Auftreten kann durch gutes Lackieren der Kokillen und durch Gießen mit ruhigem, geschlossenem Gießstrahl wirksam verhindert werden. Auch auf die Möglichkeit, das Spritzen am Beginn des Gießvorganges durch Anwendung konkaver Untergußplatten zu mildern, wurde bereits hingewiesen. Ebenso ist die Schalenbildung eine Erscheinung, die bevorzugt beim fallenden Guß beobachtet werden kann, wenn durch die Berührung des Gießstrahles mit der Kokillenwand eine erstarrte Randschicht entsteht, die im Verlauf des weiteren Gießens vom flüssigen Stahl nicht mehr aufgelöst wird. Häufig kann man unter solchen Schalen Poren oder nichtmetallische Einschlüsse feststellen, wie sie bei der Mattschweißigkeit auftreten. Narbige Oberflächen und Unebenheiten der Blockoberfläche müssen

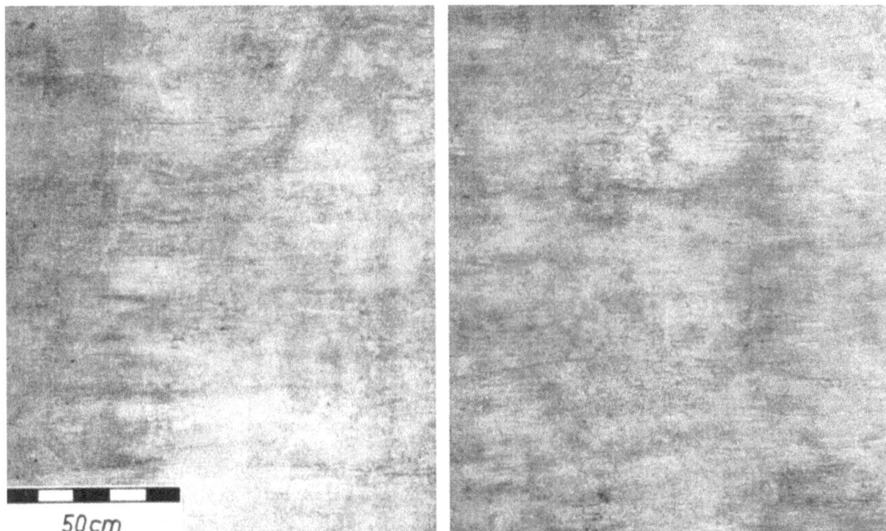

Abb. 454. Oberflächenaussehen von sandgestrahlter Stranggußbramme 1100 × 165 mm austenitischer Cr—Ni-Stähle, links: unstabilisiert, rechts: Ti-stabilisiert (nach E. Plöckinger und B. Tarmann)

in der Regel auf eine schlechte Kokillenoberfläche zurückgeführt werden. Sie können, wenn sie in stärkerem Ausmaße auftreten, zur Ausbildung von Warmrissen beitragen. Narbige Oberflächen, auch „Landkartenmuster" genannt, entstehen aber auch durch Schaukelbewegung der flüssigen Stahloberfläche, wie sie beim Guß von oben oder auch beim kommunizierenden Guß mit zu hoher Gießgeschwindigkeit auftreten. Nichtmetallische Verunreinigungen in der Blockoberfläche stammen entweder aus dem feuerfesten Material der Pfanne des Eingußrohres oder der Kanalsteine, welche in die Kokille mitgerissen und an die Kokillenwand geschwemmt werden, oder sie entstehen durch Umsetzungen des Luftsauerstoffes mit den Desoxydationslegierungen unter Bildung fester Reaktionsprodukte. Besonders bei höher mit Aluminium versetzten Stählen kann es zum Ausflocken von Tonerde kommen, welche eine rauhe und schuppige Oberfläche verursacht.

Alle diese nur an der Blockoberfläche sitzenden Fehlstellen können bei der üblichen Blockbearbeitung durch Schleifen, Meißeln, Hobeln oder Drehen entfernt werden. Die nach der Oberflächenbearbeitung an einzelnen Stellen zurückbleibenden kleinen Fehlstellen werden durch ein Nachputzen der bearbeiteten Blöcke beseitigt.

Alle genannten Oberflächenfehler können auch beim Strangguß auftreten. Auf die Ursachen und die notwendigen Gegenmaßnahmen wurde bereits im Abschnitt „Gießen", 2.122, hingewiesen. Durch die Eigenart des Gießverfahrens bedingt, weist der stranggegossene „Knüppel" oder die Bramme immer eine leicht wellige Oberfläche auf, wie dies Abb. 454 zeigt [1]. Diese Oberflächenunebenheiten bilden jedoch keine Gefahr für die Oberfläche des daraus hergestellten Halbzeuges, da sie durch Abzundern beim Aufheizen auf Warmformgebungstemperatur weitgehend eingeebnet werden. Bei Stranggußbrammen aus austenitischen Stählen, bei denen keine stärkere Abzunderung eintritt, muß bei hohen Ansprüchen an die Oberfläche des Fertigproduktes (z. B. kaltgewalzte und polierfähige Bleche) ohnedies eine Oberflächenbearbeitung der Gußbramme oder des Warmbandes vorgenommen werden.

1.212 Innenfehler

Von den Oberflächenporen zu unterscheiden sind poröse und schwammige Stellen im Inneren des Gußblockes, welche auf die Bildung von Schwindungshohlräumen zurückzuführen sind. Sie entstehen bei ungünstiger Wahl des Block-

formates, wodurch das Nachfließen von Stahl aus der Haube in den Block erschwert oder unmöglich gemacht wird. Ihr Auftreten kann bei einer Kontrolle des Rohblockes in der Regel nicht festgestellt werden. Sie treten erst bei der Prüfung des Halbzeuges oder der Fertigfabrikate in Erscheinung, falls sie im Verlauf der Warmformgebung nicht verschweißt werden. Nur wenn die Ausbildung von Sekundärlunkern ein größeres Ausmaß annimmt, kann man auf ihr Vorhandensein aus einer schlechten Ausbildung des Lunkerhohlraumes schließen. Diese inneren Schwindungshohlräume sind oft die Ursache von Fehlern bei der Weiterverarbeitung, da sie die Ausgangsstellen für Zerreißungen

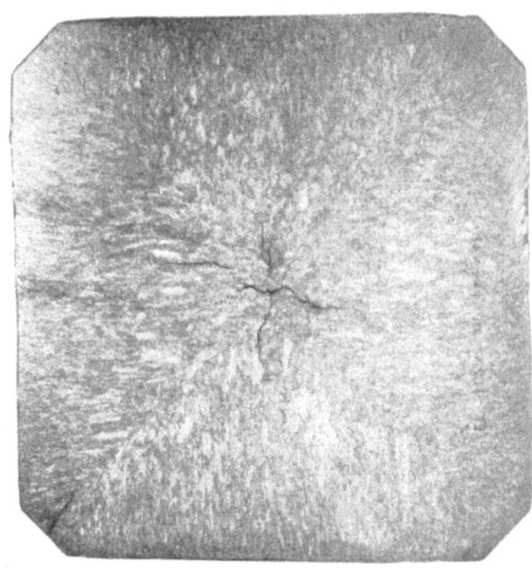

Abb. 455. Schwindungsrisse im Gußgefüge eines niedriggekohlten Chrom-Molybdän-Stahles

und Zerschmiedungen sein können, welche schon bei Beanspruchungen auftreten, denen das Material mit einwandfreiem Gußgefüge ohne weiteres standhält.

Durch die Schwindungsvorgänge bei der Erstarrung können auch Risse zwischen den Primärkristalliten auftreten, die bei der Warmformgebung nur schlecht oder ungenügend verschweißen. Sie werden bevorzugt an hochlegierten, niedriggekohlten Stählen beobachtet, treten aber auch in größeren Blöcken beruhigter, niedriggekohlter unlegierter Stähle mit niedrigem Mangangehalt auf.

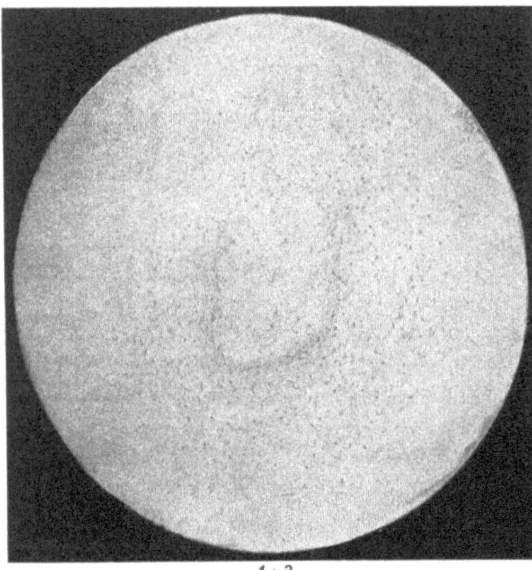

Abb. 456. Sogenannte „Geisterstreifen" (Ghostlines) im geätzten Querschnitt eines Chrom-Molybdan-Stahles (geschmiedeter Stab von 300 mm Durchmesser aus einem 4-t-Block)

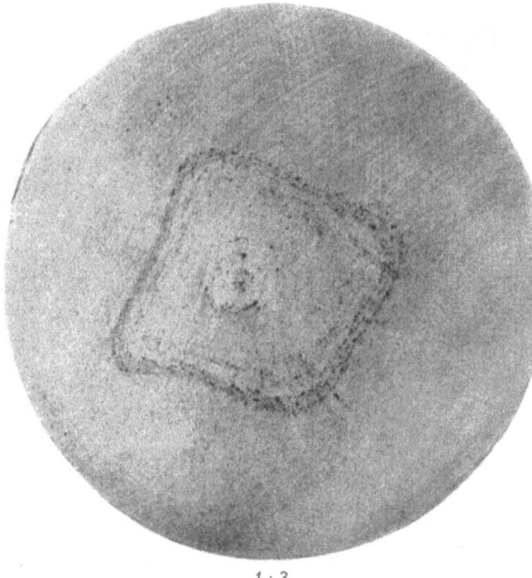

Abb. 457. Seigerkranz im geätzten Querschnitt eines geschmiedeten Stabes, von 200 mm Durchmesser aus einem 4-t-Block aus Chrom-Molybdän-Baustahl

Das typische Erscheinungsbild dieser spinnennetzartigen Risse im Bereich des Blockkopfes zeigt Abb. 455. Ihr Auftreten wird offenbar durch hohe Gießtemperatur und Kaltstellen der Blöcke begünstigt.

Zu den Blockinnenfehlern muß auch noch eine Reihe von Erscheinungen gezählt werden, die meist erst im Verlaufe der Weiterverarbeitung aufscheinen. Zu ihnen zählen in erster Linie die *Seigerungen* und *Entmischungserscheinungen* bei der Erstarrung. Sie treten bevorzugt bei Stählen höheren Kohlenstoff- und Legierungsgehaltes auf und nehmen mit steigendem Blockgewicht zu. Bereits die unvermeidbare Kristallseigerung kann durch die übliche Wärmebehandlung bei der Warmformgebung und selbst durch eine Diffusionsglühung nicht mehr ganz beseitigt werden. Sie ist die Ursache der als Gefügezeiligkeit bekannten Erscheinung [2].

In großen Schmiedeblöcken gelingt es durch keine bisher bekannte Maßnahme, die Blockseigerung gänzlich zu unterdrücken. Die Konzentrationsänderungen in der Restschmelze während der Blockerstarrung führen zu der in Abb. 390 gezeigten Konzentrationsverteilung [3—5]. Diese Blockseigerung ergibt im verformten Werkstoff die bekannten Fehlererscheinungen, wie sie die Abb. 456 und 457 zeigen. An Ätzscheiben, besonders aus dem Bereich des Blockkopfes sind die sogenannten „Geisterstreifen" (Ghostlines) im Querschnitt als dunkle Ätzpunkte erkennbar (Abb. 456), während stärker geseigerte Bereiche als sogenannter Seigerkranz in Erscheinung treten (Abb. 457). Darüber hinaus ist das untere Blockdrittel, etwa in der Höhe des unteren Erstarrungskegels, durch eine Anhäufung nichtmetallischer Verunreinigungen gekennzeichnet, die eine häufige Ursache von Ausfällen großer Schmiedestücke bilden. Diese Entmischungserscheinungen können auch durch den Guß schwerer Blöcke im Vakuum nicht beseitigt werden.

Die Anreicherung der Restschmelze an Kohlenstoff und Legierungselementen im Verlaufe der Erstarrung des Blockes kann zur bevorzugten Ausscheidung von Karbiden und in höhergekohlten Stählen (Schnellarbeitsstählen) auch zum Auftreten eines Eutektikums führen, das nach der Durchschnittszusammensetzung der Schmelze nicht erwartet werden kann. Diese Karbidansammlungen im Primärgefüge (vgl. Abb. 458) werden bei der Warmformgebung zwar zertrümmert, bleiben aber zum Teil in zeilenförmiger Anordnung als „Karbidzeilen" in der Grundmasse des Stahles erhalten (Abb. 459).

Die Entmischung der Schmelze beim Erstarren bewirkt auch eine bevorzugte Ausscheidung bzw. Anreicherung der nichtmetalli-

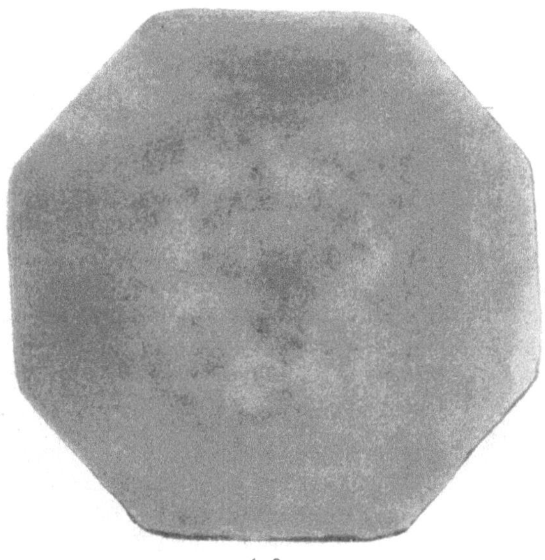

Abb. 458. Starke Karbidseigerungen in einem Achtkant-Knüppel aus einem 2,5-t-Schnelldrehstahlblock (18/4/1)

Abb. 459. Längsschnitt durch einen Schmiedeknüppel 300 mm Achtkant mit starken Karbidzeilen und Ungänzen (2,5-t-Schnelldrehstahlblock 18/4/1)

schen Einschlüsse an verschiedenen Stellen des Blockes, wobei die Art der Ausscheidung und die Verteilungsform maßgeblich von der Ausbildung des Primärgefüges beeinflußt werden. Starke Anreicherungen an Oxyden, sogenannte „Sandstellen", sind jedoch ausgesprochene Blockfehler, die teils mit der Schmelzführung, teils mit dem Gießvorgang (exogene, aus der feuerfesten Zustellung stammende Einschlüsse) im Zusammenhang stehen.

Ungleichmäßigkeiten in der chemischen Zusammensetzung in einzelnen Blöcken oder Gespannen einer Schmelze können durch Pfannenzusätze entstehen, die nicht vollständig aufgelöst wurden. Dagegen führen Umsetzungen in der Pfanne zwischen Stahl und Schlacke oder zwischen Stahl und Pfannenauskleidung bei beruhigten Stählen infolge ihres geringen Ausmaßes nur selten zu Stahlfehlern, es sei denn, daß durch den Angriff der feuerfesten Auskleidung größere Mengen an nichtmetallischen Verunreinigungen in den Gußblock gelangen. Eine weitere Ursache von Ungleichmäßigkeiten im Gußblock kann in der Verwendung von ungeeigneten Lunker-Thermit-Mischungen liegen. In diesem Zusammenhang wurde bereits in einem früheren Abschnitt darauf hingewiesen, daß vor allem bei der Verwendung von Holzkohle eine Aufkohlung des Stahles in der Haube nicht zu vermeiden ist, wodurch beim Nachfließen in den Block mit dem Auftreten der als Hartkernbildung bekannten Erscheinung gerechnet werden muß. Daneben können aber auch Silizium oder Aluminium vom flüssigen Stahl aufgenommen werden, welche neben einer Veränderung der chemischen Zusammensetzung auch zur Ausscheidung von Reaktionsprodukten und damit zu einer Verunreinigung des Stahles führen.

Blockfehler im weiteren Sinne sind auch Erscheinungen, die zwar im Block selbst nicht als Fehler auftreten, wohl aber bei der Weiterverarbeitung die Ursache von Fehlern im Halbzeug und Fertigmaterial werden können. Zu ihnen gehört vor allem eine grobe Primärstruktur. Beim Vorhandensein größerer Mengen an nichtmetallischen Verunreinigungen treten die schon vorhin erwähnten Fehler bevorzugt auf. In Quadratblöcken mit starker Transkristallisation ist die Stoßstelle der Transkristalliten in der Blockdiagonale eine der schwächsten Stellen im Blockquerschnitt, die bei unvorsichtiger Warmformgebung zum Aufreißen des Materiales Anlaß geben kann. Besonders gefährdet sind stark transkristallisierte Blöcke aus unreinen Schmelzen dann, wenn die dünne feinkörnige Randzone durch Abdrehen des Blockes entfernt wird und die transkristallisierte Zone an die Blockoberfläche gelangt. Beim Auftreten gröberer Primärstruktur muß auch der weiterverarbeitende Betrieb in Zusammenarbeit mit dem Stahlwerk bestrebt sein, seinerseits die günstigsten Bedingungen für die Warmformgebung einzuhalten. Zu diesen zählen vor allem ausreichende Anwärmzeiten, richtige Wahl der Walz- oder Schmiede-Anfangstemperaturen, sowie eine vorsichtige Verformung in den ersten Stichen und Drücken zur Verdichtung der Gußstruktur. Es ist in solchen Fällen nicht vertretbar, wenn der warmverarbeitende Betrieb bedenkenlos die üblichen Verformungsdrücke zur Anwendung bringt.

Die genannten Innenfehler können, wenn auch in geringerem Ausmaß, beim Strangguß auftreten. Bedingt durch den meist kleineren Querschnitt sind jedoch Karbidanreicherungen oder Anreicherungen nichtmetallischer Einschlüsse in schädlichem Ausmaß nur bei hochgekohlten, höherlegierten Stählen anzutreffen. Durch unsachgemäße Kühlung kann es allerdings leicht zum Auftreten von Innenrissen kommen, die ebenso wie die bereits erwähnten Quetschrisse (Abschnitt „Gießen", 2.122) nur nach hohen Verformungsgraden vollständig verschweißt werden können.

Schrifttum

zu Abschnitt 1.21

1. Plöckinger, E., und B. Tarmann: Breitband aus Stranggußbrammen. Berg- u. hüttenm. Mh. 107 (1962), S. 134/44; Stahl u. Eisen 82 (1962), S. 1647/54.

2. Plöckinger, E., und A. Randak: Untersuchungen über das Zeilengefüge in unlegierten und legierten Baustählen. Stahl u. Eisen 78 (1958), S. 1041/58.
3. Ammareller, S.: Erörterungsbeitrag zu 2. Stahl u. Eisen 78 (1958), S. 1055/56.
4. Ammareller, S., und P. Grün: Stähle für größere Schmiedestücke. Stahl u. Eisen 72 (1952), S. 653/62.
5. Skuin, K., K. L. Kiesel, W. Pabst, O. Liebscher und K. Rockstroh: Untersuchung der Gußstruktur eines stark konischen 49-t-Schmiedeblockes. Neue Hütte 7 (1962), S. 408/11.

1.3 Warmverformbarkeit

Die Warmverformbarkeit des Gußblockes ist in erster Linie von der chemischen Zusammensetzung des Stahles und in zweiter Linie von der Ausbildung des Primärgefüges abhängig. Die chemische Zusammensetzung begrenzt die Warmverformbarkeit der Kohlenstoffstähle im allgemeinen mit etwa 2% C, also mit dem ersten Auftreten des Eutektikums im Gußgefüge. Diese Grenzzusammensetzung für die Warmverformbarkeit kann jedoch durch Anwesenheit größerer Mengen an Legierungselementen zu niedrigeren oder höheren Kohlenstoffgehalten verschoben werden. So sind z. B. Stähle mit 2,2% C und 13% Cr ohne weiteres schmiedbar.

Bei sorgfältiger Erschmelzung und einwandfreiem Guß ist es sogar noch möglich, ledeburitische Kohlenstoffstähle durch Schmieden zu verformen. Legierte ledeburitische Stähle mit niedrigerem Kohlenstoffgehalt, wie der 13%ige Chromstahl mit 1,6% C und die meisten Schnelldrehstähle, können auch durch Walzen noch einwandfrei verarbeitet werden. Dabei darf jedoch nicht übersehen werden, daß die Möglichkeiten einer wirtschaftlichen Warmverformung durch Walzen auch von den Einrichtungen des Walzwerkes selbst beeinflußt werden. Dabei ermöglichen anstellbare und regulierbare Walzwerke eine weitgehende Anpassung an die Warmverformbarkeit des Stahles.

Bei Qualitäten, die schwer warmverformbar sind, oder bei Stählen, die einen engen Temperaturbereich der Warmformgebung aufweisen, ist es oft zweckmäßiger, an Stelle einer mehrhitzigen Walzung den Block zu schmieden. Nach einer Vorverformung durch Schmieden zur teilweisen Zertrümmerung und Homogenisierung der Gußstruktur kann der Stahl als Vorblock dem Walzwerk zur Weiterverarbeitung übergeben werden. Auf diese Weise ist eine weitere Formgebung durch Walzen bei einem großen Teil der schwerverformbaren Qualitäten möglich.

Der überragende Einfluß der chemischen Zusammensetzung auf die Warmverformbarkeit des Stahles kann dahingehend zusammengefaßt werden, daß alle Legierungselemente, die zum Auftreten von spröden oder harten Gefügebestandteilen führen, sowie solche, die die Warmfestigkeit des Stahles erhöhen und die Rekristallisationsgeschwindigkeit erniedrigen, auch die Verformbarkeit verschlechtern. Außer den bereits oben genannten Stählen zählen daher die warmfesten hochlegierten Stähle und die hochwarmfesten Sonderlegierungen (Nimonic) zu den am schwersten verformbaren. Zu dem Legierungseinfluß auf die Warmverformbarkeit muß auch die bekannte Tatsache gerechnet werden, daß zweiphasige, δ-ferrithaltige austenitische Gefüge zur Bildung von Warmrissen in den Ferritzeilen neigen. Dies trifft vor allem für molybdänhaltige Austenite zu. Soweit wie möglich soll daher der Legierungsgehalt so abgestimmt werden, daß bei Warmformgebungstemperatur möglichst wenig δ-Ferrit vorhanden ist [1].

Auf den großen Einfluß des Primärgefüges auf die Warmverformbarkeit des Gußblockes wurde bereits bei der Behandlung des Erstarrungsvorganges hingewiesen. In erster Linie sind es die nichtmetallischen Verunreinigungen, welche den metallischen Zusammenhang der Primärkristallite stören und damit die Warmverformbarkeit verschlechtern. Die Größe ihres Einflusses ist nicht nur von ihrer Menge, sondern auch von ihrer Verteilungsform abhängig. Letztere ist bedingt durch die Art der Ausbildung des Primärgefüges. Steigende Korngröße führt zu einer Anreicherung der nichtmetallischen Einschlüsse an den Korngrenzen, so daß Stähle mit gleichen Einschlußmengen bei gröberer Gefügeausbildung schwerer verformbar sind, als solche mit feinem Primärgefüge. Die Schwerverformbarkeit ist aber nicht allein auf die ungünstige Verteilung der Verunreinigungen bei gröberer Primärstruktur zurückzuführen, sondern auch auf die Bildung von Kapillarspalten zwischen den Primärkristalliten, die durch die Schwindung des Einzelkristalles bei gröberer Struktur bevorzugt auftreten. Da im allgemeinen die Korngröße mit steigendem Blockgewicht zunimmt, nehmen auch die Schwierigkeiten bei der Warmformgebung mit steigendem Blockquerschnitt zu.

Soweit die Warmverformbarkeit durch das Primärgefüge beeinflußt wird, kann eine gewisse Abhängigkeit vom Gießverfahren festgestellt werden. So zeichnet sich das Stranggußmaterial trotz teilweise starker Transkristallisation durch eine sehr gute Warmverformbarkeit aus. Hochwarmfeste Sonderlegierungen erhalten ein günstigeres Primärgefüge durch Umschmelzen im Vakuumlichtbogenofen mit selbstverzehrender Elektrode, wobei aber auch der höhere Reinheitsgrad mitwirken kann. Im Extremfall muß die erste Warmformgebung durch Strangpressen erfolgen, worauf meist eine Weiterverarbeitung durch Schmieden oder Walzen möglich wird.

Tabelle 144. *Einfluß der Wärmebehandlung auf die Festigkeit und das Bruchaussehen, quer zur Transkristallisation, von Proben aus einem Gußblock von 250 mm Seitenlänge eines Chrom-Nickel-Baustahles mit 0,10% C, 1,0% Cr, 4,0% Ni (nach F. LEITNER)*

Nr.	Glühbehandlung	Bruchgrenze kg/mm²	Dehnung %	Einschnürung %	Anmerkung
1	roh	51,6	1,4	2,6	fein
2	roh	49,7	1,4	1,1	grob
3	$^1/_2$ st. 810°C	67,3	4,3	3,9	fein
4	$^1/_2$ st. 810°C	77,1	4,3	6,7	grob
5	$^1/_2$ st. 1000°C	82,5	16,8	27,5	fein
6	$^1/_2$ st. 1000°C	78,0	14,2	25,0	grob
7	$^1/_2$ st. 1050°C	82,2	16,6	31,8	fein
8	$^1/_2$ st. 1100°C	83,3	15,7	31,8	fein
9	16 st. 1100°C	79,3	16,6	37,5	fein

Die aufgezeigten Einflüsse auf die Warmverformbarkeit sind nicht nur für Stähle, die nach ihrer chemischen Zusammensetzung an der Grenze der Verformbarkeit liegen, von Bedeutung, sondern auch für solche, die normalerweise keinerlei Schwierigkeiten beim Walzen oder Schmieden erwarten lassen. So können Baustähle niedrigen oder mittleren Legierungsgehaltes, wie sie z. B. für schwere Schmiedestücke erzeugt werden, durch grobe Primärstruktur im Zusammenhang mit Ablagerungen an den Korngrenzen völlig unverarbeitbar sein. Die Fehlerursachen für diese Erscheinung sind meist schon durch eine schlechte Schmelzführung, besonders hinsichtlich der Desoxydation des Stahles, gegeben. Bei sauer erschmolzenen Stählen macht sich die durch Kieselsäuresuspensionen hervorgerufene Verschlechterung der Warmverformbarkeit unangenehm bemerkbar. Die Gefahr des Auftretens von Rotbruch bzw. Heißbruch ist bei der Warmverformung von Edelstahl kaum gegeben.

In diesem Zusammenhang sei noch darauf hingewiesen, daß eine „schlechte Warmverformbarkeit" beim Schmieden ihre Ursache auch in einem ungeeigneten

Schmiedevorgang haben kann. Alle Beanspruchungen des Gußgefüges, die zum Auftreten von Zugspannungen im Inneren führen, können auch bei einwandfreien Blöcken zum Aufreißen und damit zum Auftreten von Innenfehlern im verformten Material führen.

Ein wichtiges Hilfsmittel, die Warmverformbarkeit von Gußstrukturen zu verbessern, ist die homogenisierende Glühung des Gußblockes. Durch längeres Halten auf Walz- oder Schmiedeanfangstemperatur, fallweise vorübergehend auch auf höheren Temperaturen, werden nicht nur Konzentrationsunterschiede durch Diffusion teilweise ausgeglichen, sondern auch Lockerstellen im Gefüge ausgeheilt. Welchen bedeutenden Einfluß eine homogenisierende Glühung auf die Eigenschaften der Gußstruktur ausübt, ist aus Tab. 144 ersichtlich [2]. Zerreißproben quer zur Richtung der Transkristalliten aus einem Gußblock eines Chrom-Nickel-Baustahles wurden einer unterschiedlichen Wärmebehandlung unterzogen. Der Einfluß der Diffusionsglühung ist an den Dehnungs- und Einschnürungswerten gut zu erkennen.

Eine homogenisierende Glühung wird mit Erfolg auch vor der Warmverformung von Schnelldrehstählen ausgeführt, wobei hier noch ein günstiger Einfluß auf die Karbidausbildung beobachtet werden kann.

Bei manchen Stahlsorten kann auch beobachtet werden, daß die Warmverformbarkeit unterschiedlich ist, je nachdem, ob der Gußblock in der Gußhitze an den Warmverarbeitungsbetrieb angeliefert wird oder ob er kaltgestellt oder gar einem Weichglühen unterworfen wurde. Im allgemeinen wirkt sich eine Umkristallisation durch eine Gefügeumwandlung, wie sie bei der Abkühlung des Blockes eintritt, günstig auf das spätere Verformungsverhalten aus. Besteht jedoch die Gefahr des Auftretens von Innenrissen beim Kaltstellen, so wird man auf diesen günstigen Einfluß verzichten müssen.

Schrifttum

zu Abschnitt 1.3

1. Bungardt, K.: Über die Warmverformung nichtrostender und säurebeständiger sowie hitzebeständiger Stähle. Metallwirtschaft 20 (1941), S. 77/81.
2. Leitner, F.: Primärkristallite in Chrom-Nickel-Stählen, ihre Beeinflußbarkeit und ihre Bedeutung für Fehlstellen. Stahl u. Eisen 46 (1926), S. 525/34.

1.31 Prüfverfahren

Die Prüfung der Warmverformbarkeit einer Schmelze, für die eine Reihe verschiedener technologischer Prüfverfahren zur Verfügung steht, wird nur dann vorgenommen, wenn der Stahl auf Grund seiner chemischen Zusammensetzung an der Grenze der Verformbarkeit liegt oder wenn die Beanspruchungen bei der erforderlichen Warmformgebung überdurchschnittlich hohe Anforderungen an den Werkstoff stellen.

Ein bei der Erzeugung schwer verformbarer austenitischer Stähle im Stahlwerk angewendetes Prüfverfahren ist die *Warmstauchprobe.* So verwendeten C. B. Post, D. G. Schoffstall und H. O. Beaver [1] die in Abb. 460 wiedergegebene konische Probe, die in eine Graphitform abgegossen wird. Die erstarrte Probe wird auf die jeweilige Versuchstemperatur erhitzt, mit einem leichten Schlag eines 1,5-t-Hammers zum vollen Aufsitzen gebracht und sodann mit einem vollen Schlag zu einer flachen Scheibe gestaucht. Das Aussehen des Probenrandes gibt Aufschluß über die Warmverformbarkeit bzw. die Neigung zum Auftreten von Warmrissen und Kantenbrüchigkeit. Die Aussagegenauigkeit soll bei austenitischen Stählen gut, bei ferritischen Stählen jedoch nur dann brauchbar sein, wenn die Blöcke keine Transkristallisation aufweisen.

Die bisher zuverlässigsten Aussagen über das Verformungsverhalten in Abhängigkeit von der Temperatur gibt die *Warmtorsionsprüfung* [2]. Sie wurde vor allem zur Beurteilung von Stählen für das Schrägwalzen entwickelt, gestattet es jedoch auch, für andere Verformungsarten die günstigsten Temperaturbereiche zu bestimmen.

Der Versuch wird an zylindrischen Proben mit oder ohne eingedrehte Meßlänge ausgeführt. Der Probestab ist zwischen einem ortsfesten und einem rotierenden Backenfutter eingespannt, wodurch er bei konstanter Verdrehgeschwindigkeit Zug- und Torsionsspannungen ausgesetzt ist. Die Belastbarkeit der Probe in diesem dreidimensionalen Spannungszustand bis zum Bruch nach einer bestimmten Anzahl von Umdrehungen bei konstanter Verdrehgeschwindigkeit (meist 100 bis 200 U/min) gibt ein Maß für die Plastizität bei der gewählten Prüftemperatur. Die Plastizität, ausgedrückt durch die Anzahl der Verdrehungen bis zum Bruch, steigt bei unlegierten weichen Kohlenstoffstählen im allgemeinen mit der Temperatur an. Höhergekohlte legierte und austenitische Stähle zeigen meist ein ausgeprägtes Plastizitätsmaximum, wobei die beste Ver-

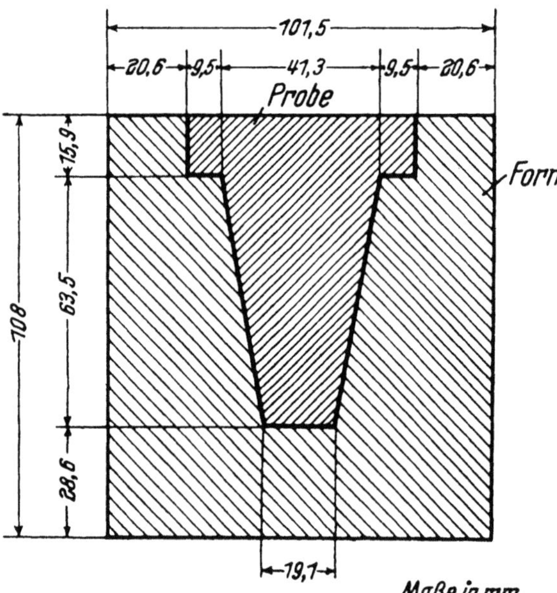

Abb. 460. Graphitform für die konische Stauchprobe und Abmessung der Stauchprobe (nach C. B. POST und Mitarbeitern)

arbeitungstemperatur etwas unter dem Maximum zu liegen scheint [3]. Stähle, die bei Warmformgebungstemperatur zweiphasig sind, zeigen vielfach ein ausgeprägtes Plastizitätsminimum, das mit den praktischen Erfahrungen gut überein-

Tabelle 145. *Chemische Zusammensetzung der untersuchten Stähle in %*

Stahl Nr.	C %	Si %	Mn %	P %	S %	Cr %	Ni %	Mo %	W %	Co %	V %	Cu %	Bemerkung
1	0,05	0,09	0,26	0,012	0,018								Unber. Elektrostahl
2	0,10	0,04	0,32	0,053	0,026								Thomasstahl
3	0,35	0,30	0,50	0,035	0,035								Elektrostahl
4	0,70	0,26	0,44	0,012	0,016								Elektrostahl
5	1,00	0,17	0,31	0,012	0,015	0,05							Elektrostahl
6	1,23	0,19	0,35	0,015	0,010	0,07							Elektrostahl
7	1,00	0,34	0,34	0,022	0,020	1,65							Elektrostahl
8	0,56	0,23	0,42	0,012	0,010	0,98	3,10	0,36					Elektrostahl
9	0,047	0,28	0,81	0,033	0,019	18,10	8,50						Elektrostahl
10	0,70	0,29	0,31	0,024	0,008	4,23	0,04	0,43	18,2	0,44	1,32	0,045	Elektrostahl
11	0,75	0,15	0,25	0,032	0,008	4,46	0,19	0,97	19,2	10,20	1,76		Elektrostahl
12	1,21	0,43	0,25	0,023	0,010	4,11	0,22	5,20	6,70	10,00	3,34		Elektrostahl

stimmt [4]. Abb. 461 zeigt das Plastizitätsverhalten einer Reihe von unlegierten und legierten Stählen (vgl. Tab. 145), während in Abb. 462 der kennzeichnende Zusammenhang zwischen der Torsionszahl n und dem Ferritanteil α in einem titanstabilisierten rostbeständigen Stahl dargestellt ist.

Um die Bedingungen des Schrägwalzens im Verformungsversuch möglichst genau nachzuahmen, entwickelte O. Pejčoch [5] konische Proben, die im Lochgerüst eines kleinen Schrägwalzwerkes ohne Lochdorn verwalzt werden. Durch Ultraschallprüfung ist jene kritische Druckstufe rasch zu ermitteln, bei welcher bei vorgegebener Temperatur das Loch zu entstehen beginnt.

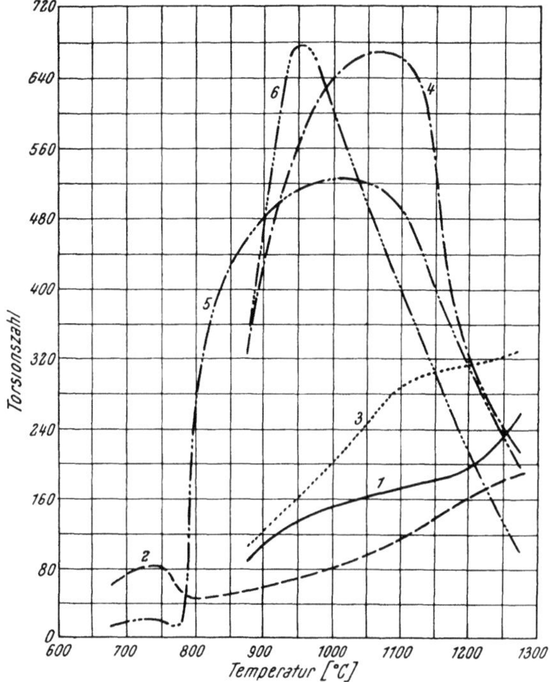

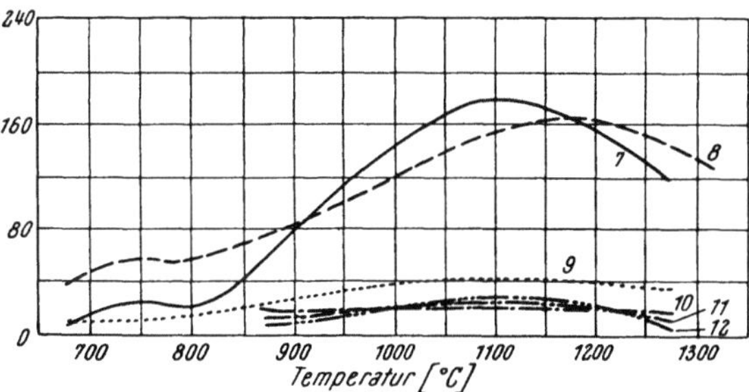

Abb. 461. Abhängigkeit der Torsionszahl ($n = 100$ U/min) von der Temperatur für die in Tab. 145 angeführten Stähle (nach G. Wallquist und J. C. Carlén)

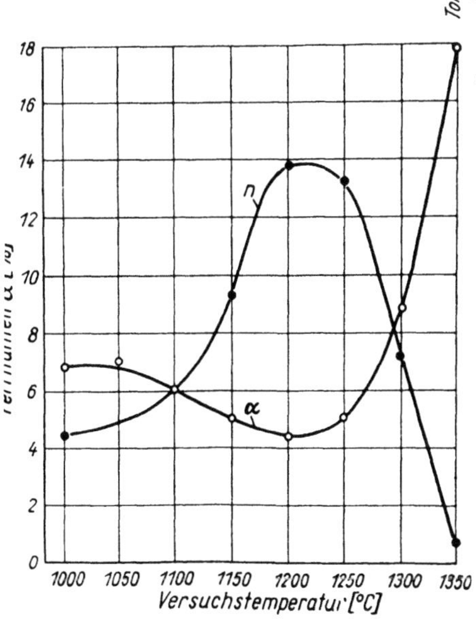

Abb. 462. Abhängigkeit der Plastizität und des Anteiles von α-Phase von der Temperatur bei einem mit Titan stabilisierten rostbeständigen Chrom-Nickel-Stahl (nach N. S. Alferowa)

Schrifttum
zu Abschnitt 1.31

1. Post, C. B., D. G. Schoffstall und H. O. Beaver: Hot-Workability of Stainless Steel Improved by Adding Cerium and Lanthanum. J. Metals 3 (1951), S. 973/75, 976 A/77 B; Steel 129 (1951), Nr. 24, S. 88/91; vgl. Stahl u. Eisen 72 (1952), S. 576.
2. Dauvergne, J., M. Pelabon und J. Ivernel: L'essai de torsion à chaud appliqué à la fabrication des tubes sans soudure. Rev. Métallurg. 51 (1954), S. 254/64.
3. Wallquist, G., und J. Ch. Carlén: Warmverdrehungsversuch als Wertmesser für die Schmiedbarkeit des Stahls. Jernkont. Ann. 143 (1959), S. 1/28.
4. Alferova, N. S.: Zusammenhang zwischen Verformbarkeit und Gefüge des Stahles. Stal (1960), Heft 2, S. 144/48; vgl. Neue Hütte 5 (1960), S. 563/66.
5. Pejčoch, O.: Beitrag zur Frage der Lochbarkeit von Stahl beim Schrägwalzen. Hutn. Listy 16 (1961), S. 466/70.

1.4 Prüfung des warmverformten Werkstoffes

Die bei der Warmformgebung des Stahles am Halbzeug und am Fertigprodukt auftretenden Fehler haben ihre Ursache zum Teil in fehlerhaften Gußblöcken, sie können aber auch durch eine falsche Behandlung bei der Warmformgebung selbst entstehen oder ihre Ursache in unrichtigen thermischen Behandlungen vor, während oder nach der Formgebung haben. Sie äußern sich als Oberflächenfehler und als Innenfehler, wobei beide Fehlerarten auch in ursächlichem Zusammenhang stehen können. Erstere können zum überwiegenden Teil durch die übliche Oberflächenkontrolle festgestellt werden, während die Prüfung auf Innenfehler nur in begrenztem Ausmaß zerstörungsfrei (Ultraschall) durchgeführt werden kann. Meist werden zur Kontrolle auf Innenfehler Proben entnommen, die zugleich auch für die Überprüfung des Gefügezustandes Verwendung finden können. Gegebenenfalls wird eine thermische Behandlung dieser Probeabschnitte vorgenommen, um entweder bessere Voraussetzungen für die Fehlererkennbarkeit zu schaffen oder um die nach einer später vorgesehenen Wärmebehandlung des Stahles zu erwartenden technologischen Werte zu überprüfen.

1.41 Oberflächenfehler

Die häufigsten Oberflächenfehler am warmverformten Werkstoff sind Risse jeder Art, Schuppen an der Oberfläche und nichtmetallische Einschlüsse. Der ursächliche Zusammenhang mit der Oberflächenbeschaffenheit der Gußblöcke ist in der Regel leicht erkennbar. Stärkere Abblätterungen können auf Randblasen oder nichtmetallische Einschlüsse zurückgeführt werden. Längsrisse größeren Ausmaßes stammen entweder von Rissen im Gußblock oder entstehen aus Gasblasen, welche in der Verformungsrichtung gestreckt, aber nicht verschweißt wurden. Querrisse hängen meist mit einer fehlerhaften Primärstruktur zusammen. Querzerreißungen treten auch bei mattschweißigen Blöcken auf und bei solchen, die abgesetzt gegossen wurden.

Von diesen Oberflächenfehlern streng zu unterscheiden sind solche, die auf eine falsche Behandlung bei der Blockvorwärmung, beim Warmformgebungsvorgang selbst und bei der Abkühlung des verformten Materiales auftreten. Bereits beim Aufheizen auf Schmiede- oder Walztemperatur können bei zu raschem oder ungleichmäßigem Erwärmen des kalten Blockes thermische Spannungen oder Umwandlungsspannungen ausgelöst werden, die bis zum völligen Zerreißen des Blockes im Ofen führen. Von besonderer Wichtigkeit erscheint in diesem Zusammenhang eine gleichmäßige, langsame Temperaturzunahme des Blockes nach dem Einlegen in den Ofen zur gründlichen und gleichmäßigen Durchwärmung. Die gleiche Sorgfalt muß auch der richtigen Walz- und Schmiedeanfangstemperatur zugewendet werden. Besonders bei höhergekohlten und höherlegierten Stählen liegt diese relativ niedrig. Beim Überschreiten der zulässigen Temperaturgrenze tritt leicht ein Aufreißen der Oberfläche beim Walzen und Schmieden ein. Vor allem an den stärker beanspruchten Stellen, wie an den Knüppelkanten, können derartige Erscheinungen oft beobachtet werden. Ähnliche Kantenrisse entstehen aber auch dann, wenn die Temperatur unter die untere Grenze der Formänderungsfähigkeit absinkt (Abb. 463). Anbrüche an den Kanten werden auch bei einer stärkeren Schwefelaufnahme der Blockoberfläche beobachtet, die durch einen hohen Schwefelgehalt der Heizgase im Vorwärmofen verursacht werden kann. Ähnlich wirkt sich auch eine Rotbrüchigkeit, z. B. durch Kupferanreicherungen an der Oberfläche, die rasch in die Korngrenzen eindringen können, aus. Die Entscheidung, welche Ursache dem beobachteten Fehler im Einzelfall zugrunde liegt, muß gegebenenfalls durch eine mikroskopische oder chemische Prüfung gefällt werden.

Ein weiterer Oberflächenfehler, der durch die Forderungen der weiterverarbeitenden Industrie zunehmend an Bedeutung gewinnt, ist die *Oberflächenentkohlung*. Sie kann, außer durch Arbeiten im Schutzgas oder Vakuum, praktisch niemals vollständig vermieden werden. Das Ausmaß der Oberflächenentkohlung hängt, außer vom Kohlenstoff- und Legierungsgehalt des Stahles, maßgeblich von der Temperatur, der Zusammensetzung der Gasatmosphäre, der Glühzeit und der Oberflächenbeschaffenheit (blank oder verzundert) ab (Abb. 464 und 465). Bei unlegierten oder niedriglegierten Stählen kann die Entkohlung auch dadurch bekämpft werden, daß man beim Erwärmen auf Warmformgebungstemperatur mit stark oxydierender Flamme arbeitet, wodurch die Verzunderung rascher abläuft als die Entkohlung. Bei Schnelldrehstählen z. B. ist diese Maßnahme wirkungslos, da hier die Entkohlung immer rascher vor sich geht als die Abzunderung der Oberfläche.

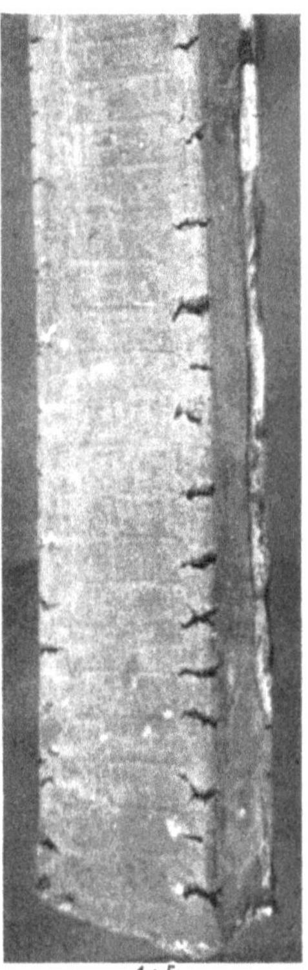

1 : 5

Abb. 463. Kantenrisse an einem Knüppel eines 13%igen Chromstahles

Auch beim Walzen und Schmieden selbst können Oberflächenfehler entstehen [1], von denen in erster Linie die Überwalzungen zu nennen sind. Sie entstehen durch Einwalzen einer Naht, die durch zu starkes Füllen im vorhergehenden Kaliber entstanden ist. Sie erscheinen bei der Prüfung der Oberfläche zunächst als Risse, können jedoch im Schliffbild an dem gestörten Faserverlauf leicht als Walzfehler festgestellt werden (vgl. Abb. 466). Aber auch offene und zugewalzte Oberflächenrisse können ihre Ursache in mechanischen Verletzungen des Walzgutes durch Führungsbacken und Abstreifmeißel haben. Derartige Fehler sind an der Kontinuität ihres Auftretens leicht von den früher genannten zu unterscheiden. Außerdem können bei empfindlichen Qualitäten oder bei nicht ganz einwandfreiem Gefüge auch an den freibreitenden Zonen, besonders beim Vorblocken und beim Walzen von Vormaterial für die Blecherzeugung, Rißbildungen auftreten. Oberflächenfehler und Unebenheiten der Knüppeloberfläche können außerdem noch durch eingepreßten Zunder entstehen. Bei Stahlqualitäten, die eine festhaftende Zunderschicht ausbilden, wie z. B. höherlegierte Chrom- und Siliziumstähle, müssen daher entsprechende Entzunderungsmaßnahmen vorgesehen werden.

Schließlich sei noch auf Fehler hingewiesen, die durch ein unsachgemäßes Abkühlen des Walzgutes entstehen. Legierte Stähle mit lufthärtenden Eigenschaften neigen bei zu raschem Abkühlen nach der Warmformgebung zur Ausbildung von Spannungsrissen. Vor allem dünne Querschnitte können nur durch Einlegen der Walzstäbe oder der Schmiedestücke in Ausgleichsgruben, die fallweise mit trockenem Sand, Sterchamol oder Kokslösche abgedeckt werden oder besser noch durch eine Entspannungsglühung in beheizten Ausgleichsgruben, vor derartigen Schäden geschützt werden. Bei stärkeren Abmessungen genügt in manchen Fällen auch ein Stapeln der gewalzten Stäbe, um die Abkühlungsgeschwindigkeit genügend zu erniedrigen.

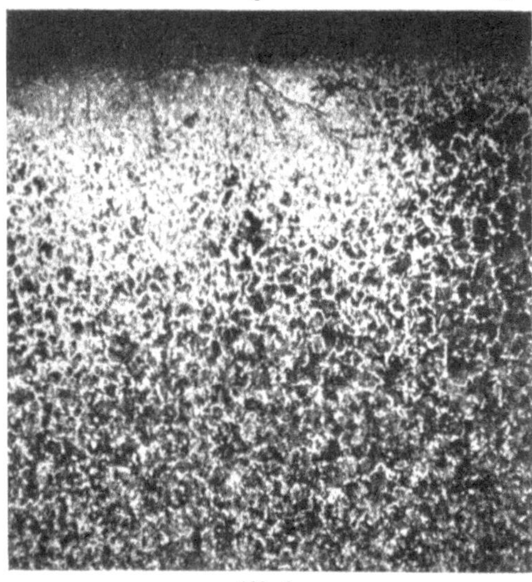

100 : 1

Abb. 464. Oberflächenentkohlung an einem Knüppel aus Kugellagerstahl, ausgehend von Oberflächenfehlern

Alle gröberen Oberflächenfehler am Walz- und Schmiedegut können schon bei der Durchsicht des warmverformten Materiales erkannt werden. Zur Aufdeckung kleinerer Fehlstellen sowie zur genauen Beurteilung ist aber in den meisten Fällen ein Entzundern durch mechanische Reinigung oder durch Beizen notwendig. Allerdings darf dabei nicht übersehen werden, daß durch den Beizvorgang selbst Fehler auftreten können. Wenn diese auch in manchen Fällen mit Fehlstellen im Gefüge des Beizgutes zusammenhängen, so können sie doch ein völlig falsches Bild vom Werkstoffzustand vortäuschen.

Diese verschiedenartigen Fehler mußten eingehender behandelt werden, um den Unterschied zwischen Fehlern, die auf einen fehlerhaften Block zurückzuführen

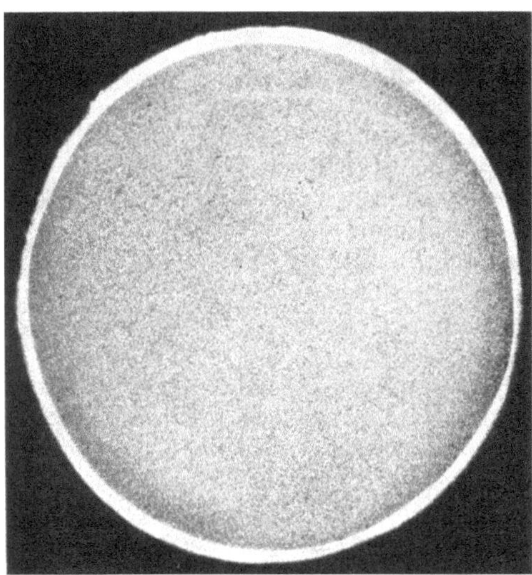

Abb. 465. Oberflächenentkohlung an einem Schnelldrehstahl, Stabstahl 35 mm Durchmesser

sind und solchen, deren Ursache in einer fehlerhaften Behandlung bei der Verarbeitung liegt, aufzuzeigen, damit man bei der Freigabe einer Schmelze nicht zu falschen Schlüssen kommt.

Eine eingehendere Oberflächenprüfung des verformten Materiales kann mit der *Stauchprobe* erreicht werden. Sie wird an Knüppelabschnitten ausgeführt, welche kalt oder warm in Richtung der Knüppelachse gestaucht werden. Beim Stauchvorgang treten an der Oberfläche starke Zugspannungen auf, die an Fehlstellen der Oberflächenschicht zum Aufreißen führen. Dabei werden auch Fehlstellen angezeigt, die knapp unter der Oberfläche liegen und bei bloßer Betrachtung der-

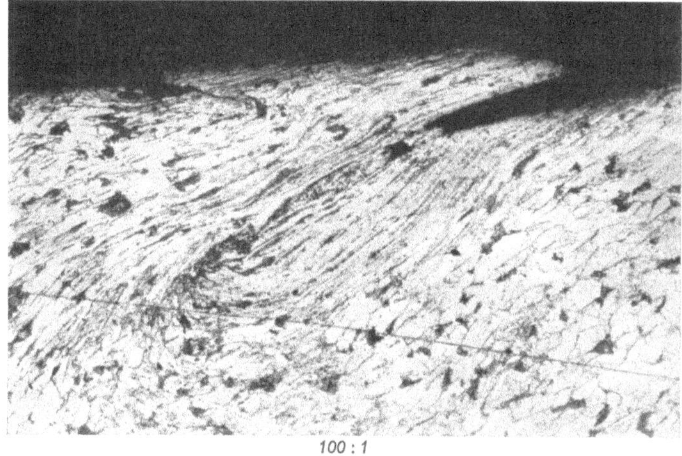

Abb. 466. Walzüberlegung

selben nicht festgestellt werden können. Abb. 467 zeigt das Aussehen einer Reihe von Warmstauchproben eines unlegierten Baustahles [2].

Zur Oberflächenprüfung von Stählen, die für Wellen, Achsen, Rohre usw. Verwendung finden, welche eine absolut fehlerfreie Oberflächenbeschaffenheit aufweisen müssen, ist das *Verfahren der magnetischen Oberflächenprüfung* entwickelt worden [3]. Es ermöglicht sowohl die Prüfung von Probeabschnitten als auch die Durchsicht von Stabstahl und Rohren über ihre gesamte Länge. Das zu prüfende Werkstück wird in geeigneter Weise magnetisiert und gewöhnlich mit einer Suspension von Eisenpulver in Öl überspült. Fehlstellen, die sich an der Oberfläche oder knapp unter derselben befinden, verursachen eine Störung des Magnetfeldes und zeigen sich in einer Anhäufung oder in einer unregelmäßigen Anordnung des magnetisch festgehaltenen Eisenpulvers. Man erhält auf diese Weise ein vergrößertes Bild der Fehlstelle auf der Oberfläche. Je nach der erforderlichen Genauigkeit kann die Untersuchung an der rohen oder an der entzunderten Oberfläche ausge-

Abb. 467. Warmstauchproben an Stahl 38.13 verschiedenen Durchmessers (nach E. DAMEROW)

führt werden. Eine eingehende Prüfung setzt allerdings eine durch Drehen oder Schleifen bearbeitete Oberfläche voraus. Die magnetische Oberflächenprüfung zeigt durch ihre hohe Empfindlichkeit auch kleinste Fehlstellen an. Wieweit diese noch als zulässig angesehen werden können, ist im Einzelfall, je nach dem vorgesehenen Verwendungszweck des Stahles, zu entscheiden.

Auch die unter den Oberflächenfehlern angeführte Oberflächenentkohlung kann ohne mikroskopische Prüfung am Halbzeug bzw. an geeigneten Probeabschnitten festgestellt werden. Werden derartige Probeabschnitte gehärtet, so behalten sie bei stärkerer Entkohlung einen weichen Rand, der durch eine Härteprüfung oder auch durch eine Prüfung mit der Feile unschwer erkannt werden kann. Bei Werkstoffen, die einer spanabhebenden Oberflächenbearbeitung unterzogen werden, ist eine geringe entkohlte Schicht in den meisten Fällen ohne Belang, solange ihre Stärke geringer ist als die Bearbeitungszugabe. Anders liegt der Fall bei Stählen, die nur mehr durch eine Kaltverformung weiterverarbeitet werden. In den meisten Fällen wird dann eine genaue Prüfung unter dem Mikroskop nicht zu umgehen sein.

Die Oberflächenfehler können nicht immer streng gesondert von den anderen Fehlererscheinungen betrachtet werden, da sie unter Umständen tief in das Material hineinreichen und ihre Ursache auch in Innenfehlern haben können. Diese Zusammenhänge ermöglichen es auch, aus dem Ergebnis der Oberflächenprüfung in manchen Fällen Rückschlüsse auf das Vorhandensein von Innenfehlern zu ziehen.

Schrifttum

zu Abschnitt 1.41

1. GRÜNER, P., und TH. BRÜGGEMANN: Fehlerquellen beim Walzen. Stahl u. Eisen 71 (1951), S. 20/28 und 71/77.
2. DAMEROW, E., und A. HERR: Hilfsbuch für die praktische Werkstoffabnahme in der Metallindustrie. Springer-Verlag, Berlin/Göttingen/Heidelberg 1955.
3. SCHRADER, H.: Erfahrungen in der Anwendung des Magnetpulververfahrens zur Rißprüfung. Stahl u. Eisen 60 (1940), S. 655/660.

1.42 Innenfehler und Reinheitsgrad

Innenfehler, die bei einwandfreier Warmformgebung im Halbzeug oder Fertigmaterial auftreten und daher auf Fehler im Gußblock zurückgeführt werden müssen, sind Ungänzen und Hohlräume, die von tiefen Lunkern oder von Sekundärlunkern herrühren, nicht verschweißte Blasen oder In-

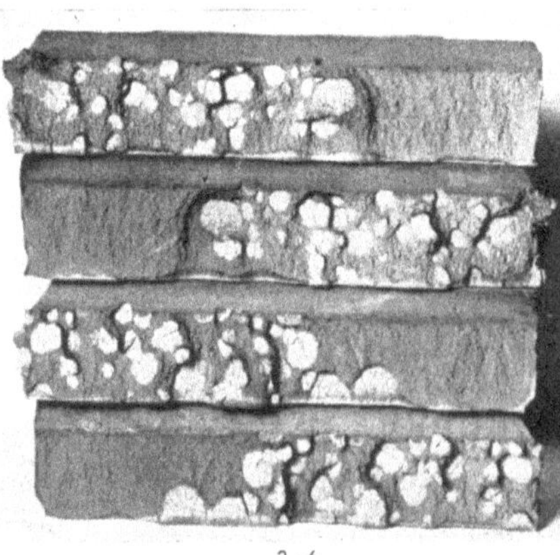

3 : 4

Abb. 468. Flocken in einem Chrom-Nickel-Baustahl

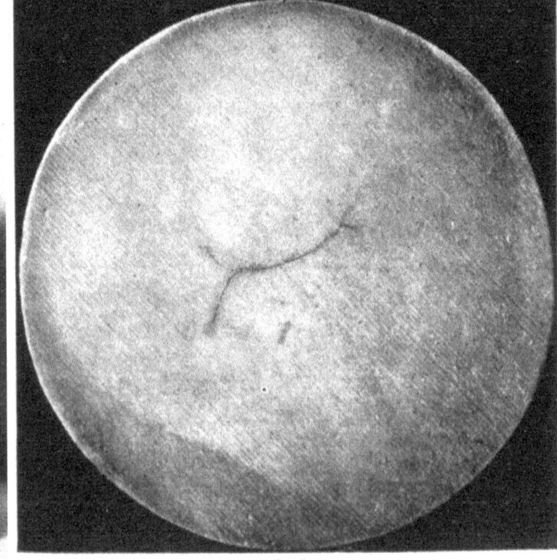

1 : 1

Abb. 469. Zerschmiedung

nenrisse des Gußgefüges, ferner alle Arten von Seigerungen, Anreicherungen nichtmetallischer Einschlüsse, Hartkernbildung und nicht zuletzt auch die Flocken. Das Ausmaß und die Ausbildungsform dieser Fehler hängt, außer von ihrer Lage und Größe im Gußblock, auch vom Verformungsgrad und der Verformungsart ab. Die Flockenbildung (Abb. 468), welche nur beim Überschreiten eines kritischen Wasserstoffgehaltes im Stahl (etwa 3 Ncm³/100 g) eintreten kann, ist maßgeblich auch vom Gefügezustand und der thermischen Behandlung des Stahles vor, während und nach der Warmformgebung abhängig. Stähle, die an sich zur Flockenbildung neigen, müssen nicht unbedingt ein fehlerhaftes Endprodukt ergeben. Lange Glühzeiten, die ein Herausdiffundieren von Wasserstoff ermöglichen, und besonders eine sehr langsame, geregelte Abkühlung nach der Warmformgebung sind bekannte Gegenmaßnahmen. Durch die Einführung neuer Arbeitsverfahren zur Verminderung des Wasserstoffgehaltes im Stahl (Vakuumschmelzen und -gießen) konnte diese Fehlerart auch bei schweren Schmiedestücken praktisch beseitigt werden.

Werkstofftrennungen im Inneren, die in Form von Rissen oder Hohlräumen im verformten Material auftreten, können durch Fehler bei der Warmformgebung selbst verursacht sein. Diesen Fehler beobachtet man besonders bei höherlegierten Stählen mit hohem Verformungswiderstand, wenn im Inneren Zugspannungen auftreten. Dies ist besonders beim Schmieden mit zu leichten Hämmern oder auf ungeeigneten Sätteln der Fall (Abb. 469). Bei Walzmaterial kann die Ursache in einer zu hohen Verformungsgeschwindigkeit liegen. Im allgemeinen sind die Spannungsverhältnisse beim Walzen günstiger, so daß Knüppel mit Innenfehlern (Flocken, Rissen) eher durch Walzen als durch Schmieden zu einem gesunden Endprodukt verformt werden können. Dabei darf aber nicht übersehen werden, daß diese Innenzerreißungen, welche in der Regel den Primärkorngrenzen folgen, durch ein ungünstiges, z. B. transkristallisiertes, Gefüge und durch Ausscheidungen an den Primärkorngrenzen erleichtert werden.

Das Vorhandensein von Innenfehlern im verformten Werkstoff kann, wenn diese eine gewisse Mindestgröße besitzen, durch Ultraschallprüfung zerstörungsfrei festgestellt werden. Die Prüfmethode ist sowohl bei Stabstahl und Blechen, bevorzugt aber bei Schmiedestücken in Gebrauch. Die Deutung der Störechos erfordert jedoch ein großes Maß an Erfahrung, um Fehldeutungen zu vermeiden und Werkstücke mit nur unbedenklichen Fehlstellen von der Weiterverarbeitung auszuschließen [1, 2].

Größere Fehlstellen können bei Stabstahl häufig schon beim Abschneiden des Blockschopfes oder beim Unterteilen des Materials an den Schnittflächen erkannt werden. Zur genauen Prüfung einer Schmelze für höchste Anforderungen müssen regelmäßig entsprechende Probeabschnitte entnommen und untersucht werden. Wird zur Vorprüfung einer Schmelze ein Block vorausgewalzt oder -geschmiedet, so entnimmt man das Probematerial zweckmäßigerweise dem oberen Blockdrittel, wo die genannten Fehler erfahrungsgemäß am ausgeprägtesten auftreten. Ist das Material des Vorblockes einwandfrei, so kann eine genaue Überprüfung aller Blöcke der Schmelze vielfach unterbleiben. Die Überprüfung des Walz- und Schmiedematerials aus allen Blöcken ist nur bei Qualitäten üblich, an welche besonders hohe Anforderungen, z. B. hinsichtlich des Reinheitsgrades, gestellt werden oder bei Werkzeugstählen, die für den vorgesehenen Verwendungszweck absolut frei von Karbidseigerungen sein müssen. In welchem Ausmaß die Prüfung jeweils durchgeführt werden muß, hängt in starkem Maße von den Erfahrungen in der Stahlerzeugung der einzelnen Werke ab. Je gleichmäßiger und sorgfältiger das Schmelzen und Gießen durchgeführt wird, um so größer ist die Gleichmäßigkeit der Erzeugnisse und um so geringer die Gefahr, daß bei nur stichprobenweiser Überprüfung ein fehlerhaftes Halb- oder Fertigfabrikat zur Auslieferung gelangt. Mit dieser Prüfung auf die Fehlerfreiheit des warmverformten Materiales ist zugleich auch eine Beurteilung des Gefügezustandes verbunden.

Zur Prüfung auf Innenfehler und zur Beurteilung des Gefüges dient eine große Reihe von Prüfarten und Untersuchungsmethoden. Neben der Prüfung des Bruchaussehens von Probeabschnitten verschiedener Vorbehandlung werden Stufendrehproben und Stufenhobelproben ausgeführt, während die Gefügeausbildung sowohl durch makroskopische als auch durch mikroskopische Prüfung überwacht wird. Die mikroskopische Prüfung dient dabei auch zur Feststellung von kleinsten Fehlstellen sowie zur Beurteilung von Fehlerursachen aller Art.

Abb. 470a und b. Längsbruchproben eines Chrom-Nickel-Baustahles

Die Prüfung des Bruchaussehens ist die älteste aller Stahlprüfmethoden. Sie dient seit jeher dazu, die Fehlerfreiheit und die Gefügeausbildung eines Stahles festzustellen. Sie kann zu diesem Zweck sowohl im naturharten, als auch im geglühten, vergüteten oder gehärteten Zustand ausgeführt werden.

Bei der Prüfung einer Schmelze zur Freigabe wird die Bruchprobe im ausgedehnten Maß als *Längsbruchprobe* oder in vereinfachter Form als *Scheibenbruchprobe* ausgeführt. Die Probeabschnitte vom warmverformten Material werden entweder im naturharten Zustand oder im gehärteten Zustand gebrochen. Vielfach wird das Härten der Proben vorgenommen, weil die Fehlererkennbarkeit im gehärteten Zustand wesentlich besser ist als im naturharten. Das Härten der Probeabschnitte ist aber auch bei weichen Stählen notwendig, um

Abb. 471. Faserbruch bei einem Kohlenstoff-Werkzeugstahl

überhaupt eine Bruchfläche zu erhalten, die eine Beurteilung ermöglicht. Das Aussehen der Bruchfläche gibt Aufschluß über das Vorhandensein von Lunkerhohlräumen und Blasen, Hartkernbildungen, Flocken, Seigerungen und gröberen nichtmetallischen Ausscheidungen. Die Abb. 470a und 470b zeigen zwei Längsbruchproben von Knüppelabschnitten mit 100 mm Seitenlänge eines Chrom-Nickel-Stahles im naturharten Zustand. Die Bruchfläche wird nach dem Einsägen an beiden Längsseiten durch Aufspalten mit einem Keil hergestellt. Während im linken Bild eine einwandfreie und homogene Struktur erkennbar ist, zeigt das rechte Bild Inhomogenitäten, die durch eine Verformung bei zu niedriger Temperatur verursacht wurden.

Bei der Beurteilung der Werkzeugstähle ist die Längsbruchprobe besonders wichtig zur Feststellung des Faser- oder Schieferbruches (vgl. Abb. 471). Diese Erscheinung ist im wesentlichen auf eine Streckung der Primärkristallite und aller Ausscheidungen an den Primärkorngrenzen in der Verformungsrichtung zurückzuführen, wodurch die technologischen Werte in der Querrichtung verschlechtert werden. Stark faseriges Material führt meist schon beim Härten der Längsbruchprobe zum Aufreißen derselben. Liegt die Ausbildung eines faserigen Gefüges nach dem Aussehen der Bruchflächen gerade an der Grenze des zulässigen Maßes, so kann man sich ein genaues Bild von der Verwendbarkeit des Materiales dadurch verschaffen, daß man eine weitere Probe nochmals härtet, wobei man zur Erhöhung der Empfindlichkeit mit der Härtetemperatur an die jeweils zulässige obere Grenze geht. Auch ein mehrmaliges Härten unter diesen verschärften Bedingungen wird gelegentlich durchgeführt.

Bei der Erschmelzung verschiedener Werkzeugstähle mit stärkerer Neigung zur Faserbildung muß auf die Dimensionsabhängigkeit dieser Erscheinung Rücksicht genommen werden. Sie tritt bei einem bestimmten Verformungsgrad am stärksten auf, so daß man durch eine geeignete Wahl des Blockformates für die gewünschte Endabmessung schon im Stahlwerk die günstigsten Voraussetzungen schaffen kann. Bei der Warmformgebung durch Walzen betragen z. B. für Blockquerschnitte von 250 mm Seitenlänge die kritischen Abmessungen etwa 60 bis

80 mm rund oder quadrat. Größere und besonders auch kleinere Querschnitte sind weniger empfindlich. Bei dem angeführten Blockquerschnitt kann man damit rechnen, daß die Erscheinungen des Faser- oder Schieferbruches bei Endabmessungen unter 35 mm Durchmesser praktisch nicht mehr auftreten. Man ist daher auch in der Lage, stärkere Abmessungen, welche bei der Erprobung wegen dieses Fehlers für den vorgesehenen Verwendungszweck nicht zugeteilt werden

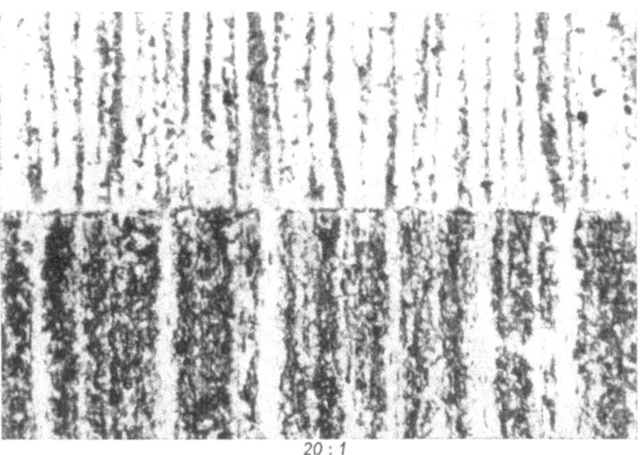

20 : 1

Abb. 472. Zeilengefüge in einem Walzknüppel aus Stahl 16CrMo4 (nach E. PLÖCKINGER und A. RANDAK) Obere Bildhälfte: mit alkoholischer Salpetersäure; untere Bildhälfte: mit OBERHOFFER-Reagenz geätzt

den können, durch Weiterverformung auf kleinere Abmessungen für andere Bedarfsfälle heranzuziehen.

Eine ähnliche Dimensionsabhängigkeit ist auch bei Baustählen hinsichtlich ihrer technologischen Festigkeitswerte festzustellen. Die durch die Verformung im Werkstück entstehende Textur ergibt eine Verschlechterung aller Werte in der Querrichtung gegenüber denen in der Längsrichtung. Sie kann jedoch nicht, wie der Faserbruch bei Werkzeugstählen, durch eine sehr weitgehende Verformung zum Verschwinden gebracht werden. Die Bestwerte quer zur Verformungsrichtung ergeben sich bei etwa 2,5- bis 5facher Verformung, solange die Primärkristalliten nur unwesentlich in der Längsrichtung eingeformt sind. Bei allen Baustählen, die hohe technologische Werte in der Querrichtung aufweisen müssen, ist daher in noch ausgedehnterem Maß als bei Werkzeugstählen auf eine entsprechende Auswahl des Blockformates Rücksicht zu nehmen.

Die in neueren Arbeiten [3] aufgezeigten Zusammenhänge zwischen Kristallseigerung, Diffusionsausgleich und Gefügezeiligkeit lassen die Wege erkennen, auf denen der ungünstige Einfluß der Textur im Sekundärgefüge bei Baustählen unterdrückt werden kann. Abb. 472 zeigt in der oberen Hälfte ein ferritisch-perlitisches Gefüge eines Baustahles, wie es bei Sekundärätzung in Erscheinung tritt, während die untere Schliffhälfte, die primär geätzt wurde, noch eine deutliche Kristallseigerung erkennen läßt. Die Primärkristalliten sind in Verformungsrichtung gestreckt.

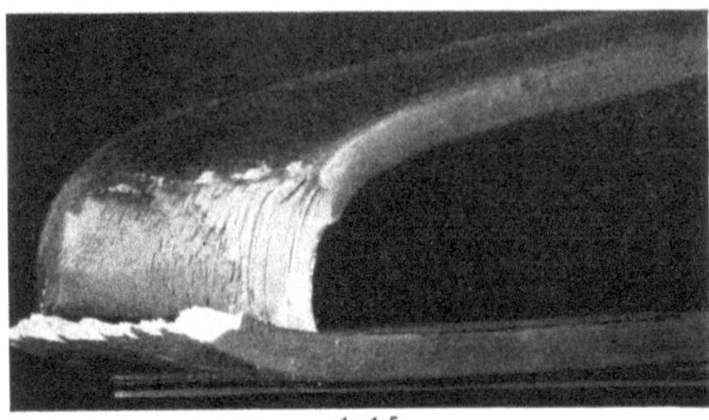

1 : 1,5

Abb. 473. Bruchaussehen eines Mangan-Federstahles

Bei Baustählen und bei Werkzeugstählen können die durch eine Textur im verformten Material entstehenden un

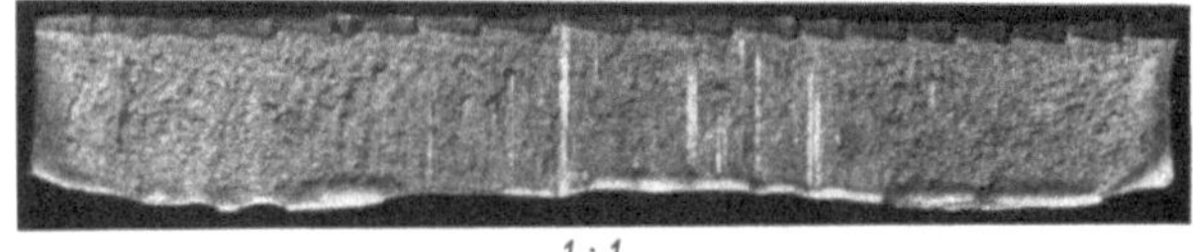

1 : 1

Abb. 474. Blaubruchprobe mit deutlich sichtbaren Schlackenzeilen

gleichmäßigen Eigenschaften durch eine Verformung in mehreren Richtungen, z. B. durch allseitiges Schmieden oder durch Querschmieden, wesentlich gemildert werden.

Anders liegen die Verhältnisse jedoch bei einer Reihe von Federstählen. Stähle für Blattfedern sollen eine ausgeprägte Fasertextur aufweisen, die besonders bei Manganfederstählen zur Ausbildung eines sehnigen Bruchgefüges führt (Abb. 473). Die Prüfung wird an flachen, vergüteten Probestäben vorgenommen, welche bis zum Bruch gebogen werden. Durch geeignete Erschmelzung und Desoxydation sollen diese Stähle größere Mengen an Schlackeneinschlüssen, besonders an plastischen Oxyden und Sulfiden, enthalten, die bei der Warmformgebung

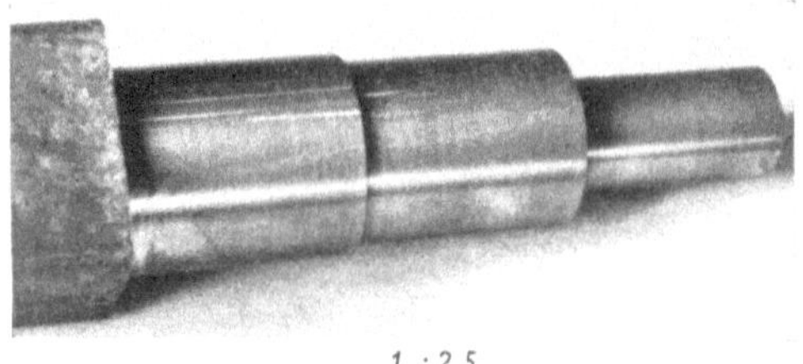

1 : 2,5

Abb. 475. Stufendrehprobe mit starken Schlackeneinschlüssen

gestreckt werden. Eine zu hohe Walzentemperatur läßt jedoch das faserige Gefüge, auch bei Anwesenheit von geeigneten Schlackeneinschlüssen, nur in beschränktem Umfange auftreten.

Zur Prüfung des gewalzten oder geschmiedeten Materiales auf gröbere nichtmetallische Einschlüsse dient auch die *Blaubruchprobe* (vgl. Abb. 474). Geeignete Abschnitte des zu prüfenden Materiales werden durch Hobeln, Fräsen oder Ansägen eingekerbt, auf Blauwärme (etwa 250°C) gebracht und in warmem Zustand gebrochen. Bei dieser Temperatur der geringsten Zähigkeit lassen sich auch bei niedriggekohlten Stählen einwandfreie Bruchflächen erzielen. Die metallischen

Bruchflächen zeigen blaue Anlauffarben, so daß sich nichtmetallische Einschlüsse, besonders heller gefärbte Tonerdeeinschlüsse und Silikate, gut erkennen lassen. Naturgemäß werden auch Innenhohlräume sowie stärkere Seigerungen und Faserbildung angezeigt.

Eine andere Möglichkeit der Prüfung des Werkstoffes auf Innenfehler, vor allem wiederum auf nichtmetallische Einschlüsse und Seigerungen, ist durch die *Stufendrehprobe* und durch die *Stufenhobelprobe* gegeben. Die Probeabschnitte werden — wie dies Abb. 475 zeigt — stufenförmig abgedreht bzw. abgehobelt. Diese Prüfart ermöglicht die Beurteilung des Werkstoffes in verschiedenen Tiefen. Die Fehlererkennbarkeit hängt von der Oberflächengüte der bearbeiteten Flächen ab und kann naturgemäß durch Schleifen noch über das übliche Maß gesteigert werden. Beide Probenarten lassen feine Risse und Einschlüsse bis zu Abmessungen unter 1 mm sowie auch feine metallische Seigerungen, sogenannte „Blankadern", erkennen. Das Prüfergebnis kann zahlenmäßig nach der Häufigkeit, Lage und Ausbildungsform der Fehler angegeben werden. Dabei ist, je nach dem Verwendungszweck, von Bedeutung, ob die Fehlstellen sich im wesentlichen im Inneren oder in den Oberflächenschichten befinden. Die Stufendrehprobe und die Stufenhobelprobe werden besonders für die Beurteilung von hochbeanspruchten Baustählen, die weitgehend frei von nichtmetallischen Einschlüssen sein müssen, angewendet.

Schrifttum
zu Abschnitt 1.42

1. SCHINN, R.: Werkstoff- und Werkstückprüfung in der Abnahme. Stahl u. Eisen 77 (1957), S. 1674/86.
2. KRAINER, E.: Erfahrungen über die Auswertung und Deutung des Ultraschalles bei der Prüfung von Schmiedestücken. Materials Res. Stand. (1962), Bd. 1, A. 1, S. 47/54.
3. PLÖCKINGER, E., und A. RANDAK: Untersuchungen über das Zeilengefüge in unlegierten und legierten Baustählen. Stahl u. Eisen 78 (1958), S. 1041/58.

1.43 Makroskopische Gefügeprüfung

Die makroskopische Gefügeprüfung wird in wesentlichem zur Überprüfung der Gefügehomogenität und zur Nachprüfung der durch eine Wärmebehandlung erzielten Gefügeausbildung vorgenommen.

Zur Feststellung der Homogenität des Gefüges in warmverformtem Material und insbesondere zur Prüfung auf Mikroporen und Kapillarspalten dient die *Tiefätzprobe*. Von dem zu prüfenden Werkstoff werden, meist senkrecht zur Verformungsrichtung, Scheiben abgeschnitten, auf einer Seite durch Schleifen bearbeitet und geätzt. Als Ätzmittel für unlegierte und legierte Baustähle dient im allgemeinen warme Salzsäure. Austenitische Stähle werden kalt mit Spezialätzmitteln (z. B. Ammonpersulfat oder Kupfer-Ammon-Chlorid) geätzt. Ungleichmäßigkeiten im Gefüge sowie nichtmetallische Verunreinigungen zeigen sich durch einen unterschiedlichen Ätzangriff, während poröse Stellen besonders nach mehrstündigem Lagern der geätzten Probe dadurch deutlich in Erscheinung treten, daß die in die Poren eingedrungene Salzsäure einen verstärkten Angriff in der nächsten Umgebung der Poren verursacht. Die Tiefätzprobe wird zur Prüfung verschiedener hochbeanspruchter Baustähle herangezogen. Vor einer Überbewertung der Ergebnisse, besonders unter scharfen Ätzbedingungen, muß jedoch gewarnt werden.

Außer der Tiefätzprobe ist eine Reihe weiterer makroskopischer Ätzproben in Gebrauch. Die Fehlererkennbarkeit bzw. die Unterscheidungsmöglichkeit einzelner Gefügearten beruht entweder auf dem unterschiedlichen Lösungsvermögen verschieden zusammengesetzter Gefügebestandteile, auf der verschiedenen Lösungsgeschwindigkeit der einzelnen Kristallite, je nach ihrer kristallographischen Orientierung, oder auf chemischen Reaktionen, die zur Abscheidung von Reaktionsprodukten auf der Schnittfläche bzw. zur Entwicklung von Gasen aus einzelnen Gefügebestandteilen oder nichtmetallischen Einschlüssen führen. Zur Sichtbarmachung der Primärstruktur und des Dendritengefüges verwendet man das Ätzmittel nach OBERHOFFER, wobei die Gefügeungleichmäßigkeiten durch die verschiedene Helligkeit der geätzten Oberfläche erkannt werden können. Phosphorseigerungen lassen sich mit dem HEYNschen Ätzmittel auf Grund des verschiedenen Lösungspotentials der phosphorreichen und phosphorarmen Bestandteile sichtbar machen. Als Hilfsmittel zur Feststellung von Schwefelanreicherungen und zur Ermittlung der Verteilung sulfidischer Einschlüsse ist das Schwefelabdruckverfahren nach BAUMANN in Gebrauch. Es wird in der Weise ausgeführt, daß man auf eine durch Schleifen bearbeitete Probefläche ein in Schwefelsäure getauchtes silberchloridhältiges Gelatinepapier (Photopapier) auflegt. Durch die Einwirkung der Schwefelsäure wird aus den Sulfiden Schwefelwasserstoff entwickelt, welcher mit den in der Gelatineschicht enthaltenen Silbersalzen ein dunkelgefärbtes Silbersulfid bildet. Man erhält dadurch ein genaues Abbild der Verteilungsform der sulfidischen Einschlüsse und kann aus der Intensität der Färbung auch Rückschlüsse auf ihre Menge ziehen. Auf dem Prinzip der Abdruckverfahren sind auch für andere Einschlüsse sowie zur Ermittlung von Seigerungen und Ungleichmäßigkeiten in der chemischen Zusammensetzung ähnliche Verfahren entwickelt worden [1].

Makroskopische Ätzproben werden weiters noch zur Beurteilung von Werkzeugstählen herangezogen, die frei von gröberen Karbidanreicherungen und Karbidzeilen sein müssen. Zu diesem Zweck wird eine Probe aus dem zu untersuchenden

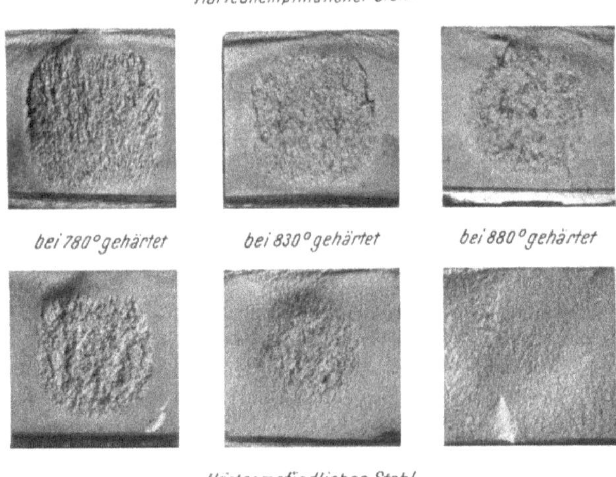

Abb. 476. Härtebrüche eines härteunempfindlichen und eines härteempfindlichen Stahles (nach F. RAPATZ)

Längsschnitt geschliffen bzw. poliert und geätzt. Die durch die üblichen Ätzmittel (verdünnte Salpetersäure) schwer angreifbaren Karbide heben sich deutlich von der geätzten Grundmasse ab [2].

Zur makroskopischen Beurteilung des Verhaltens und der Gefügeausbildung von Stählen bei der Warmbehandlung dienen Bruchproben, die als sogenannte *Härteintervallproben* ausgeführt werden. Sie werden zur Feststellung der Überhitzungsempfindlichkeit und des Härtebereiches sowie der Einhärtetiefe, herangezogen. Quadratische Probestäbe von etwa 20 bis 25 mm Seitenlänge werden auf hundert Millimeter lange Probestücke unterteilt, welche in der Mitte eingekerbt werden. Die einzelnen Probestücke werden bei verschiedenen Temperaturen (meist von 20 zu 20 °C steigend) gehärtet und an der eingekerbten Stelle gebrochen. Abb. 476 zeigt zwei Reihen von Härtebruchproben eines Werkzeugstahles, welcher einmal einen engen Härtebereich zeigt und einmal bis zu einer Temperatur von 880 °C überhitzungsunempfindlich ist [3]. Die mit steigender Temperatur zunehmende Einhärtetiefe und die beginnende Grobkornbildung als Zeichen der Überhitzung sind deutlich erkennbar. Die Härteintervallproben sind für die Beurteilung der Werkzeugstähle von besonderer Wichtigkeit und werden in der Regel bei jeder Schmelze aus dem Material des Probeblockes ausgeführt. Sie bilden zusammen mit der Schmelzanalyse die Grundlage für die Chargenfreigabe der Werkzeugstähle.

Fallweise wird die Härtebruchprobe aber auch zur Beurteilung der Baustähle herangezogen. Sie dient zur Ermittlung der Durchvergütbarkeit und wird entweder an Probestäben der oben genannten Abmessungen oder an Probeabschnitten ausgeführt, welche den Abmessungen des Fertigmateriales entsprechen. Bei Baustählen und bei Werkzeugstählen, welche bei hoher Festigkeit der Randschicht einen zähen Kern aufweisen müssen, wird bei der Härteprobe auch die Art des Übergangsgefüges zwischen der gehärteten Randzone und dem Kernwerkstoff beurteilt. Zur Erleichterung der Beurteilung können die einzelnen Gefügebestandteile durch Ätzung der Bruchfläche, z. B. mit Pikrinsäure, deutlicher gemacht werden.

Es sei noch erwähnt, daß vor allem die Härteintervallproben dem Stahlwerker wichtige Hinweise für eine zweckentsprechende Schmelzführung und Desoxydation des Stahles geben. Ihr Verhalten bei sonst gleicher Analyse ist ein Indikator für den Keimgehalt des Stahles, welcher in bekannter Art durch die Schmelzführung und durch die Verwendung von Sonderdesoxydationsmitteln beeinflußt werden kann.

Schrifttum

zu Abschnitt 1.43

1. MITSCHE, R., und M. NIESSNER: Angewandte Metallographie. Verlag J. A. Barth, Leipzig 1939.
2. Stahleisen-Prüfblatt 1615 (April 1959): Mikroskopische Prüfung von Schnellarbeitsstählen auf Karbidzeilen mit Bildreihen.
3. RAPATZ, F.: Die Edelstähle. 5. Auflage, Springer-Verlag, Berlin/Göttingen/Heidelberg 1962, S. 56.

1.44 Mikroskopische Gefügeprüfung

Die mikroskopische Untersuchung des Stahles stellt nach der makroskopischen und der chemischen Prüfung eines der wichtigsten und heute unentbehrlichen Hilfsmittel zur Beurteilung des Stahles dar. Sie wird nicht nur zur Freigabe, sondern in großem Umfange zur laufenden Überwachung der Erzeugung herangezogen, da sie aus dem Gefügeaufbau nach den verschiedensten thermischen Behandlungen, aus der Art und Verteilungsform von Karbiden, Einschlüssen und Seigerungen wertvolle Rückschlüsse auf die Qualität und Eignung der Erzeugnisse gestattet.

Das Arbeitsgebiet der Metallographie umfaßt die Prüfung von Stahlproben in poliertem bzw. geätztem Zustand. Die Gefüge können sowohl in normaler Beleuchtung als auch in polarisiertem Licht, welches besonders bei der Beurteilung der nichtmetallischen Einschlüsse wertvolle Dienste leistet, untersucht werden [1]. Dazu kommt heute noch die Möglichkeit, auch Härteprüfungen einzelner Gefügebestandteile mit Hilfe der Mikrohärteprüfung unter dem Mikroskop vornehmen zu können. Neben den üblichen Lichtmikroskopen beginnt auch das Elektronenmikroskop — bisher allerdings erst als Hilfsmittel der Forschung — neue Wege zur Prüfung und Beurteilung des Stahles zu eröffnen.

Das gleiche gilt auch für das Hochtemperaturmikroskop, das zur direkten Beobachtung von Umwandlungsvorgängen und zur Schmelzpunktbestimmung von Gefügebestandteilen (Eutektikum in hochgekohlten Stählen, Boridphasen u. a.) verwendet werden kann [2]. In Kombination mit der bereits früher erwähnten Mikrosonde können die mikroskopisch festgestellten Gefügebestandteile einschließlich der nichtmetallischen Einschlüsse an Ort und Stelle einer quantitativen Analyse unterzogen werden [3].

Den wichtigsten Raum der mikroskopischen Prüfung nimmt die Gefügeprüfung ein. Die Feststellung der Gefügearten, der Gefügebestandteile, der Gefügestörungen durch Kalt- und Warmverformung, die Feststellung der Korngröße und der Wirkung von Einschlüssen und Seigerungen muß als Aufgabegebiet der Metallographie betrachtet werden, auf dessen Einzelheiten in diesem Rahmen jedoch nicht näher eingegangen werden kann. Im folgenden sollen daher nur einige Prüfarten, die für die Freigabe einer Schmelze von besonderem Interesse sind, näher behandelt werden.

Für die Freigabe der Schmelze kommt die mikroskopische Prüfung im wesentlichen als zusätzliche Prüfmethode in Betracht. Sie wird dann herangezogen, wenn die üblichen Methoden eine ausreichende Beurteilung des Werkstoffes nicht zulassen oder wenn es sich darum handelt, die Ursache von Fehlern festzustellen, die bei der Stahlprüfung in Erscheinung treten. Das Probenmaterial für die mikroskopische Untersuchung wird in der Regel an den gleichen Stellen entnommen wie für die bisher besprochenen Untersuchungen, d. h. bei der Untersuchung des Probeblockes aus dem oberen Blockdrittel und bei der laufenden Überwachung der Produktion aus den dem Kopf- oder Fußteil des Blockes entsprechenden Stellen des Halb- oder Fertigfabrikates. Dadurch, daß bei der mikroskopischen Prüfung immer nur relativ kleine Bereiche des Werkstoffes erfaßt werden, kommt der richtigen Probenahme eine besondere Bedeutung zu, um zu einwandfreien Ergebnissen zu gelangen.

Den größten Anwendungsbereich bei der Freigabe der Schmelzen hat die mikroskopische Prüfung naturgemäß bei der Beurteilung des Reinheitsgrades. Hier ist es in erster Linie die Gruppe der Kugellagerstähle, für welche eine Beurteilung nach den makroskopischen Prüfmethoden nicht ausreicht, um die Verwendbarkeit eindeutig festzustellen. Die Reinheitsgradprüfung unter dem Mikroskop wird als sogenannte *Schlackenzählprobe* ausgeführt [4]. Aus Probeabschnitten des gewalzten Stahles werden Schliffproben hergestellt, welche nach Möglichkeit den gesamten Querschnitt in Form eines Längsschliffes erfassen. Die Menge und Verteilungsform der oxydischen und sulfidischen Einschlüsse wird im ungeätzten Zustand bei hundertfacher Vergrößerung an Hand von Vergleichstabellen bewertet. Das Ergebnis wird als zahlenmäßiger Gütewert errechnet und angegeben.

Aber auch für hochbeanspruchte Baustähle kann in Einzelfällen eine mikroskopische Überprüfung des Reinheitsgrades notwendig sein. Selbstverständlich wird in diesem Fall ein anderer Maßstab bei der Beurteilung angelegt als bei der Prüfung der Kugellagerstähle. In ähnlicher Weise wie für die nichtmetallischen Einschlüsse lassen sich auch Gütewerte für die Karbidverteilung in hochgekohlten und ledeburitischen Stählen ermitteln [5].

Die Abhängigkeit der Einschlußgröße und der Verteilungsform vom Ausmaß und von der Art der Verformung des Werkstoffes macht es verständlich, daß durch die mikroskopische Prüfung des Reinheitsgrades und der Karbidverteilung nur dann Folgerungen für den Schmelz- und Gießbetrieb abgeleitet werden dürfen, wenn die Prüfung unter vergleichbaren Bedingungen (gleicher Verformungsgrad und gleiche Probenahmen) erfolgt. Naturgemäß muß auch auf die Verschiedenheit der nichtmetallischen Einschlüsse bei basisch und sauer erschmolzenen Stählen Rücksicht genommen werden.

Die Gefügebeurteilung des Stahles als selbständige Prüfmethode für die Freigabe einer Schmelze hat nur für die Bestimmung der Korngröße Bedeutung. Die Korngröße, die sich nach einer bestimmten Wärmebehandlung des Stahles einstellt, ist ein Indikator für den Keimzustand der Schmelze und ermöglicht Rückschlüsse auf das Verhalten des Werkstoffes beim Härten und Vergüten und auf die dadurch erreichbaren Güteeigenschaften. Die Korngröße wird an geätzten Schliffen an Hand von Vergleichstabellen oder durch Ausmessen ermittelt. Die Korngröße wird dann überprüft, wenn der Stahl bestimmte Gütewerte aufweisen soll, die ursächlich mit der Größe der Kristallite zusammenhängen, wie z. B. eine hohe Dauerstandfestigkeit oder niedrige Wattverluste bei Dynamo- und Transformatorenstählen, welche ein grobkörniges Material zur Voraussetzung haben, oder bei stabilen ferritischen und austenitischen Stählen, bei denen ein grobkörniges Gefüge durch eine Wärmebehandlung nicht mehr beseitigt werden kann.

Bei den Einsatzstählen wird die mikroskopische Prüfung im Zusammenhang mit einer *Zementationsprobe* zur Beurteilung herangezogen. Bei der von McQUAID und EHN [6] entwickelten Prüfung der Einsatzstähle wird nicht nur die Tiefe der Einhärteschicht einer zementierten Stahlprobe bestimmt, sondern auch durch eine mikroskopische Prüfung die resultierende Korngröße in der gehärteten Randschicht und die Ausbildung des Zementitnetzwerkes überprüft. Ein grobmaschiges Gefüge, welches bei einem keimarmen Stahl durch starkes Kornwachstum während der Zementation verursacht wird, setzt die kritische Abkühlungsgeschwindigkeit herab und ergibt eine höhere Einhärtetiefe als die Einsatzstähle mit feinem Korn. Je nach dem beabsichtigten Verwendungszweck wird man die eine oder andere Art der Gefügeausbildung bei Einsatzstählen bevorzugen.

Auch bei Stählen, die einer kritischen Verformung unterworfen werden, die die Ursache einer starken Rekristallisation werden kann, wird vielfach eine derartige Gefügeprüfung durchgeführt. Stähle, die auch bei kritischen Verformungen feinkörnig bleiben müssen, sind z. B. für Bleche, die durch Tiefziehen verarbeitet werden, unerläßlich.

Nicht unerwähnt soll in diesem Zusammenhang bleiben, daß die mikroskopische Prüfung auch zur Beurteilung der bereits früher behandelten Randentkohlung bei Werkzeugstählen herangezogen wird. Das gleiche gilt auch für die Prüfung auf Mikroporen und Kapillarspalten sowie für die noch später zu behandelnde Prüfung der Anfälligkeit auf interkristalline Korrosion.

Schrifttum
zu Abschnitt 1.44

1. SCHAFMEISTER, P., und G. MOLL: Die Verwendbarkeit polarisierten Lichtes bei den Gefügeuntersuchungen von Eisen und Stahl. Arch. Eisenhüttenwes. 10 (1936/37), S. 155/60.
2. MITSCHE, R., und F. JEGLITSCH: Über die Anwendung der Hochtemperaturmikroskopie in der Wärmebehandlung. Härtereitechn. Mitt. 15 (1960), S. 201/18.
3. MARTON, L.: Advances in Electronics and Electron Physics. National Bureau of Standards Washington, D. C., Vol. XIII, 1960, S. 317/86.
4. Stahl-Eisen-Prüfblatt 1570-61, 1. Ausgabe, Dez. 1961: Mikroskopische Prüfung von Stählen auf nichtmetallische Einschlüsse mit Bildreihen.
5. Stahl-Eisen-Prüfblatt 1615 (April 1959): Mikroskopische Prüfung von Schnellarbeitsstählen auf Karbidzeilen mit Bildreihen.

6. McQUAID, H. W., und E. W. EHN: Effect of Quality of Steel on Case-carburizing Results. Trans. AIME 67 (1922), S. 341/91; vgl. HOUDREMONT, E., und H. MÜLLER: Normaler und anormaler Stahl. Stahl u. Eisen 50 (1930), S. 1321/27.

1.45 Ermittlung der mechanischen Gütewerte

Die Ermittlung der mechanischen Gütewerte wird zur Beurteilung der Werkstoffe bei mechanischen Beanspruchungen aller Art, denen die Stähle bei ihrer Verwendung ausgesetzt sind, durchgeführt. Die Prüfmethoden sind im wesentlichen darauf abgestellt, physikalische Konstanten der Werkstoffe zu ermitteln, die als Werkstoffkennwerte zahlenmäßig angegeben werden können. Sie werden allgemein als Festigkeitseigenschaften bezeichnet. Ihre Bedeutung ist jedoch für eine Reihe von Edelstählen für besondere Verwendungszwecke nur beschränkt, da die Ergebnisse der Festigkeitsprüfung in solchen Fällen allein noch keinen absoluten Schluß auf die Eignung des Materiales zulassen.

Je nach den bei der Verwendung des Werkstoffes zu erwartenden Beanspruchungen sind für die Freigabe einer Schmelze die Festigkeitseigenschaften bei statischer oder dynamischer Beanspruchung maßgebend. Ihre Ermittlung erfolgt in der Regel an geeigneten Proben. Der maßgebliche Einfluß des Gefügezustandes auf die mechanischen Festigkeitswerte macht es verständlich, daß bei ihrer Beurteilung sowohl der Verformungsgrad als auch die thermische Behandlung zu berücksichtigen sind. Des weiteren ist auch die Form des Werkstückes, welches einer mechanischen Beanspruchung ausgesetzt wird, von Einfluß, so daß die an Proben erhaltenen Ergebnisse nicht ohne weiteres verwendbar sind. Bei Werkstoffen für bestimmte Konstruktionsteile kann es daher notwendig sein, die mechanischen Gütewerte am Fertigprodukt selbst festzustellen.

Die Festigkeitseigenschaften bei statischer Beanspruchung werden durch den *Zugversuch* ermittelt. Seine Ausführung erfolgt in der Regel an genormten Proben, die von der Probenform weitgehend unabhängige Vergleichswerte liefern. Ist die Anfertigung derartiger Probekörper, z. B. bei dünnen Blechen oder Drähten, nicht möglich, so werden die Werte an Blechstreifen bzw. Drähten direkt gemessen. Die im Zerreißversuch erhaltenen Werte der Elastizitäts- und Proportionalitätsgrenze, der Streckgrenze, Bruchfestigkeit, Dehnung und Einschnürung lassen auch eine Reihe anderer charakteristischer Eigenschaften größenordnungsmäßig vorausbestimmen.

Das Ergebnis der Festigkeitsprüfung wird vor allem für die Bau- und Konstruktionsstähle in nahezu allen Fällen als Beurteilungsgrundlage herangezogen.

Die Probenahme erfolgt an den Stellen, die für die Beurteilung des Werkstückes maßgebend sind, so z. B. bei starken Abmessungen vergüteter Baustähle aus der Rand- oder Mittelzone in axialer oder tangentialer Richtung, bzw. quer zur Verformungsrichtung. Dabei wirkt sich die schon früher behandelte Textur des Werkstoffes, die bei der Warmformgebung in Abhängigkeit vom Primärgefüge entsteht, besonders auf alle Festigkeitseigenschaften in der Querrichtung ungünstig aus.

Für Konstruktionsteile, die bei erhöhten Temperaturen statisch beansprucht werden, wird der Zerreißversuch in dem in Frage kommenden Temperaturgebiet ausgeführt. Die im sogenannten *Warmzugversuch* ermittelten Werte der Warmfestigkeit liefern jedoch für unlegierte Stähle nur bis etwa 300 °C, für legierte Stähle, je nach ihrer Zusammensetzung, bis etwa 400 °C brauchbare Werte, da bei höheren Temperaturen der Einfluß der Belastungsgeschwindigkeit bzw. der Belastungsdauer zu groß wird. Bei hohen Temperaturen tritt auch unter gleichbleibender Belastung ein lange dauerndes Fließen des Werkstoffes ein, welches unter einer bestimmten Grenzbelastung noch zum Stillstand kommen kann, ohne zum Bruch zu führen. Diese Grenzbelastung wird als *Dauerstandfestigkeit* definiert. Sie läßt sich im Kurzversuch bei niedriglegierten Stählen bis etwa 550 °C und bei hochlegierten Stählen bis etwa 650 °C ermitteln. Bei noch höheren Temperaturen genügt jedoch der Kurzversuch nicht mehr zu einer sicheren Beurteilung der Werkstoffe. Oberhalb 650 °C müssen alle zur Zeit bekannten Werkstoffe einem Langzeitversuch unterworfen werden, bei welchem z. B. die nach 10000- oder 100000stündiger Belastung eingetretene Dehnung (eine maximale Dehnung von 0,2 oder 1,0%) als Maß für die zulässige Beanspruchung gewählt wird. Derartige Langzeitversuche können naturgemäß für die Freigabe von Schmelzen nicht ausgeführt werden. Für die Praxis genügt in der laufenden Erzeugung meist eine stichprobenweise Überprüfung, da die Werte der Dauerstandfestigkeit einer bestimmten Stahlqualität bei gleicher Zusammensetzung, Erschmelzungsart, Warmformgebung und Warmbehandlung nur relativ geringen Schwankungen unterliegen. Die Werte der Dauerstandfestigkeit ergeben die Unterlagen zur Bewertung von Kesselbaustoffen, von Stählen für Reaktionsgefäße der chemischen Großindustrie, für Werkstoffe des Motorenbaues u. a.

Wenn es im wesentlichen nur auf die Ermittlung der Festigkeit des Stahles ankommt, so genügt in vielen Fällen, und vor allem zur laufenden Überwachung im Betrieb, die einfacher durchzuführende *Härteprüfung*. Der gesetzmäßige Zusammenhang zwischen der Härte und der im Zugversuch bestimmten Bruchfestigkeit, gestattet eine einfache Umrechnung der nach den verschiedenen Verfahren ermittelten Härtezahlen. Die Härteprüfung wird entweder unter langsam aufgebrachter statischer Belastung oder unter dynamischer Krafteinwirkung vorgenommen. Zur ersten Gruppe der Prüfverfahren zählt u. a. die Härteprüfung nach BRINELL, sowie die ROCKWELL- und VICKERS-Härteprüfung, zu den dynamischen Prüfverfahren die Härteprüfung mit dem *Poldihammer* und die *Skleroskop*-Härteprüfung. Die BRINELL-Prüfung, bei welcher der Eindruckdurchmesser einer gehärteten Stahlkugel gemessen wird, ist nur für große Probestücke geeignet und gibt bei hohen Festigkeiten naturgemäß ungenaue Werte. Für den Bereich hoher Festigkeiten, vor allem zur Härtebestimmung an Werkzeugstählen, ist die ROCKWELL-Härteprüfung besser geeignet, welche die Eindringtiefe eines Diamantkegels als Härtezahl bestimmt. Allerdings ist auch ihr Anwendungsbereich mit einer kleinsten Probestärke von etwa 1 mm begrenzt, so daß sie z. B. für die Härteprüfung an nitrierten Oberflächenschichten nicht mehr herangezogen werden kann. Universell verwendbar ist dagegen die Härteprüfung nach VICKERS, bei welcher die Härtezahl aus der Diagonale des Eindruckes einer Diamantpyramide berechnet wird, deren Belastung in weiten Grenzen dem Prüfstück angepaßt werden kann.

Alle diese Härteprüfverfahren erfordern entweder die Entnahme von Probeabschnitten oder die Möglichkeit, das Werkstück an die Prüfmaschine heranbringen zu können. Diese Nachteile werden durch die dynamischen Härteprüfer vermieden, welche die Vornahme einer Härteprüfung am Werkstück selbst ermöglichen. Mit dem Poldihammer wird der Kugeleindruck am zu prüfenden Werkstoff und gleichzeitig an einem Vergleichsstahl ausgeführt und aus dem Verhältnis der beiden die Härtezahl ermittelt. Für Werkstücke hoher Festigkeit gibt die Rückprall-Härteprüfung, z. B. mit dem Skleroskop nach SHORE, schnell zu ermittelnde Vergleichswerte.

Die Härteprüfung findet im Verlauf der gesamten Stahlprüfung Anwendung, angefangen von der Härteprüfung des Gußblockes zur Feststellung der Bearbeitbarkeit, der Ermittlung der Härte und Festigkeit des Halbzeuges nach der Warmformgebung bis zur laufenden Überprüfung und Kontrolle der Wärmebehandlung oder der Festigkeitswerte nach einer Kaltverformung. Die Ermittlung der Härtezahlen nach BRINELL wird vorzugsweise bei Baustählen vorgenommen, wo sie auch zur Überprüfung der Gleichmäßigkeit der Härteannahme und der Durchvergütung herangezogen werden. Die Härteannahme und der Härteverlauf bei Werkzeugstählen wird in der Regel als Rockwell-Härte oder Vickers-Härte angegeben. Für oberflächlich gehärtete Werkstoffe dient die Skleroskophärte als Maßzahl für die verlangten Festigkeitswerte.

Die Zähigkeitseigenschaften der Stähle können in einem gewissen Umfang bereits aus den Ergebnissen des Zerreißversuches ermittelt werden. Die Werte für die Dehnung und Einschnürung ergeben ein relatives Maß für die Zähigkeit. In der Regel werden sie jedoch durch die Prüfung der *Kerbschlagzähigkeit* ergänzt, welche die Beurteilung des Werkstoffverhaltens bei schlagartiger Beanspruchung gestattet. Die Kerbschlagzähigkeit gibt als Zähigkeitsmaß die verbrauchte spezifische Schlagarbeit beim Durchschlagen einer gekerbten Probe an. Auch hier sind, wie beim Zerreißversuch, verschieden genormte Probeformen in Gebrauch. Bei der Bewertung der Prüfergebnisse ist jedoch zu beachten, daß durch den Einfluß des mehrachsigen Spannungszustandes nur bei gleichen Probenabmessungen vergleichbare Werte erhalten werden. Obwohl die Kerbschlagzähigkeit keine physikalische Werkstoffkonstante darstellt, ist sie ein wertvolles Maß für einen Gefügezustand des Stahles, welcher weder durch die chemische Analyse noch durch die mikroskopische Gefügeprüfung eindeutig erfaßt werden kann und der sich in der sogenannten Alterung und Versprödung äußert. Die Ursache dieser Erscheinung, die im wesentlichen bei unlegierten Stählen in einer submikroskopischen Ausscheidung von Sauerstoff- und Stickstoffverbindungen zu suchen ist, kann naturgemäß nur durch eine entsprechende Erschmelzung bzw. Legierung beeinflußt oder beseitigt werden. Die Prüfung der Kerbschlagzähigkeit hat auch für Stähle Bedeutung, die zu Konstruktionsteilen verarbeitet werden, welche bei tiefen Temperaturen eine hohe Zähigkeit aufweisen müssen. Durch eine geeignete Schmelzführung oder Legierung kann eine Abnahme der Zähigkeit zu tiefen Temperaturen verschoben werden.

Ebenso wie die Festigkeitseigenschaften sind auch die Zähigkeitseigenschaften vom Gefügezustand und von der Textur des Werkstoffes abhängig. Sie sind in der Regel quer zur Verformungsrichtung wesentlich geringer als in Richtung der Verformung. Dementsprechend müssen auch bei allen Stählen, die hohe Zähigkeitswerte in der Querrichtung aufweisen sollen, die Bedingungen beim Gießen und bei der Warmformgebung eingehalten werden, die zu hohen Festigkeitswerten in der Querrichtung führen.

Die Festigkeitseigenschaften bei *dynamischer Belastung* lassen sich nur in beschränktem Ausmaß aus den Ergebnissen der statischen Festigkeitsprüfung vorhersagen. Vor allem die Bau- und Konstruktionsstähle, aber auch Werkzeugstähle, die für Konstruktionsteile vorgesehen sind, welche schwingenden Belastungen unterliegen, erfordern daher eine gesonderte Überprüfung ihrer Festigkeitseigenschaften unter Prüfbedingungen, die den tatsächlichen Beanspruchungen möglichst nahekommen. Die dynamische Prüfung wird in der Regel zur Ermittlung der Zug-Druck-Wechselfestigkeit, der Biege-Wechselfestigkeit, der Torsions-Wechselfestigkeit und der Dauerschlagfestigkeit ausgeführt. Je nachdem, ob die Belastung dabei von Null bis auf einen Maximalwert ansteigt oder um einen Mittelwert pendelt, spricht man von der Ursprungsfestigkeit oder von einer reinen *Wechselfestigkeit.*

Die starke Abhängigkeit der dynamischen Festigkeitswerte von der Oberflächenbeschaffenheit des Werkstückes unterstreicht die Wichtigkeit der Oberflächenprüfung von Stählen, die wechselnden Beanspruchungen ausgesetzt sind. Außer den mechanisch verursachten Kerben, vor allem quer zur Beanspruchungsrichtung, die von der Oberflächenbearbeitung herrühren, wirken alle Materialfehler, besonders solche an der Oberfläche, als Kerben, die die Dauerfestigkeit stark vermindern. In der gleichen Richtung wirkt auch ein Angriff durch Korrosion. Unter dauernder Korrosionseinwirkung tritt eine so weitgehende Verschärfung des Kerbeinflusses ein, daß von einer Dauerfestigkeit derartig beanspruchter Konstruktionsteile überhaupt nicht mehr gesprochen werden kann. Im extremen Fall entscheidet nur mehr die Korrosionsfestigkeit über die Verwendbarkeit der vorgesehenen Stahlqualität.

Für Konstruktionsteile, die nur für eine bestimmte Betriebsdauer vorgesehen sind, also auch nur eine bestimmte Lastwechselzahl aushalten müssen, wird die *Zeitfestigkeit* für den in Frage kommenden Belastungsfall bestimmt. Die Zeitfestigkeit gibt jene Anzahl von Lastwechseln an, die bei gegebener Beanspruchung ohne Bruch vom Werkstoff aufgenommen werden können. Ihre Kenntnis ermöglicht es, Teile, die einem starken Verschleiß unterliegen, z. B. im Motorenbau, entsprechend leichter zu bauen, wobei vorausgesetzt wird, daß diese Teile nach der vorgesehenen Laufzeit ausgetauscht werden.

Die bereits erwähnte Abhängigkeit aller Festigkeitseigenschaften von der Spannungsverteilung im beanspruchten Werkstück hat auch dazu geführt, Konstruktionsteile und ganze Konstruktionen zur Ermittlung ihrer technologischen Werte bei ruhender und wechselnder Beanspruchung zu prüfen. Die so ermittelten Werte werden *Gestaltfestigkeit* genannt. Ohne auf die Einzelheiten dieser Prüfverfahren näher einzugehen, soll dieser Hinweis dazu dienen, die Bedeutung der statischen und dynamischen Festigkeitswerte der Stähle, wie sie an Probestäben ermittelt werden, nicht zu überschätzen. Auf eine Anzahl derartiger Prüfverfahren wird im nächsten Abschnitt noch zurückgekommen.

Neben allen diesen Prüfverfahren wird auch noch eine große Reihe weiterer technologischer Proben zur Bestimmung der Festigkeits- und Zähigkeitseigenschaften der Stähle herangezogen, die den praktischen Beanspruchungen weitgehend nachgebildet sind. Sie geben dem Verbraucher Verhältnis- und Maßzahlen, die nur in seltenen Fällen einen klaren Zusammenhang mit den oben behandelten physikalischen Festigkeitswerten erkennen lassen. Sie ermöglichen jedoch in manchen Fällen eine bessere Kennzeichnung des Werkstoffverhaltens, weil sie eine Reihe weiterer Einflußgrößen in den Versuch einbeziehen, die für sich allein schwer erfaßbar sind.

Zu den gebräuchlichsten Proben dieser Art zählen die Biege- und Faltproben. Sie werden vorzugsweise an Blechen, Rund- und Flachstählen sowie an Drähten ausgeführt. Aber auch Rohre und verschiedene Profilstähle werden auf diese Weise überprüft. Die Durchführung der Probe erfolgt nach Vorschriften, die zum Teil nach dem jeweiligen Verwendungszweck mit dem Verbraucher festgelegt werden, wobei man bestrebt ist, das Prüfergebnis durch möglichst eindeutige Meßwerte zahlenmäßig auszudrücken. So wird z. B. bei der Biegeprobe der Winkel gemessen, bis zu welchem sich der Probekörper ohne Rißbildung über einen Dorn bestimmten Durchmessers biegen läßt. Bei der Hin- und Herbiegeprobe, wie sie besonders zur Prüfung von Drähten und dünnen Blechen ausgeführt wird, wird als Maßzahl die Anzahl der Biegungen bis zum Bruch angegeben. Die Ergebnisse dieser technologischen Proben werden stark von den äußeren Umständen, unter denen sich die Versuchsdurchführung vollzieht, beeinflußt. Hinsichtlich der weiteren Einzelheiten sei auf die Literatur verwiesen [1].

Schrifttum
zu Abschnitt 1.45

1. DAMEROW, E., und A. HERR: Hilfsbuch für die praktische Werkstoffabnahme in der Metallindustrie. Springer-Verlag, Berlin/Göttingen/Heidelberg 1955.

1.46 Eignungsprüfung für besondere Verwendungszwecke

Die Reihe der Prüfverfahren zur Freigabe einer Schmelze wird sowohl durch die Ermittlung weiterer Werkstoffkonstanten als auch durch eine Vielzahl von empirischen Proben ergänzt. Sie werden vielfach den besonderen Bedürfnissen des jeweiligen Verwendungszweckes angepaßt und daher oft nicht an Probestücken, sondern an fertigen Werkstücken ermittelt, welche aus dem Material des Probeblockes angefertigt werden, wie z. B. bei der Prüfung von Magnetstählen, bei der Meißel-Erprobung, bei der Erprobung von Drehwerkzeugen u. a. Aber auch fertige Konstruktionsteile, Geräte und Behälter werden zur Eignungsprüfung herangezogen, wenn eine ausreichende Beurteilung auf einem anderen Wege nicht möglich ist. Besonders bei der vielseitigen Verwendung der Edelstähle kann man sich erst durch eine Eignungsprüfung für den besonderen Verwendungszweck ein Bild über die Verwendbarkeit der in Frage kommenden Stahlqualitäten verschaffen.

Zu den Werkstoffkonstanten, die als physikalische Größen zur Bewertung bestimmter Sonderstähle dienen und welche dem Verbraucher die notwendigen Rechenunterlagen geben, zählen die magnetischen, elektrischen und thermischen Eigenschaften.

Die *Prüfung der magnetischen Eigenschaften* richtet sich danach, ob es sich um Stähle für Dauermagnete handelt oder um Stähle möglichst hoher Gleichstrommagnetisierbarkeit, sowie schließlich um Stähle, die geringe Verluste bei der Wechselstrommagnetisierung oder eine hohe Anfangspermeabilität besitzen sollen.

Die Gütewerte eines *Dauermagnetstahles* werden in erster Linie durch die Form der Hysteresisschleife bestimmt. Das Produkt aus Remanenz und Koerzitivkraft, $(B \cdot H)_{max}$, ergibt das Leistungsprodukt des Magneten. Seine Größe ist abhängig von der Zusammensetzung und der thermischen Behandlung. Für die praktische Verwendung ist jedoch nicht nur der absolute Wert dieser Leistungsziffer maßgebend, sondern auch das Verhältnis von Remanenz zu Koerzitivkraft bei gegebenen $(B \cdot H)_{max}$. So werden z. B. Stähle mit hoher Koerzitivkraft, wie die Kobalt-Magnetstähle, für kurze weitpolige Magnete den Chrom- oder Wolfram-Magnetstählen vorgezogen. Zusätzlich wird von Dauermagneten verlangt, daß sie nach einmaliger Magnetisierung den Magnetismus unverändert beibehalten und gegenüber äußeren Einflüssen, wie Erhitzung, Erschütterungen und magnetischen Streufeldern unempfindlich sind. Die Größe dieser in gewissem Umfang unvermeidlichen Verluste wird durch entsprechende, der Praxis möglichst nahekommende Prüfverfahren bestimmt, so z. B. durch Erwärmen in kochendem Wasser oder geheizten Kammern auf 80 bis 120°C, eventuell mit anschließendem Abkühlen in Eiswasser oder teilweisem Entmagnetisieren durch Einwirkung eines Gleichstrom- oder Wechselstromgegenfeldes. Auch durch rasch umlaufende massive Kupferscheiben zwischen den Polen eines Magneten kann der Einfluß entmagnetisierender Wirbelströme ermittelt werden. Diese zur Prüfung für die Gütewerte der Magnetstähle benützten Verfahren werden andererseits auch dazu verwendet, ein künstliches „Altern" der fertigen Magnete durchzuführen, um sie gegen ähnliche Einflüsse bei der praktischen Verwendung unempfindlich zu machen. Selbstverständlich werden zur Kontrolle der zum Teil sehr komplizierten thermischen Behandlung auch mikroskopische Prüfverfahren herangezogen, z. B. zur Ermittlung der günstigsten Karbidverteilung bei Wolfram- und Kobalt-Magnetstählen oder der Ausscheidungshärtung bei Nickel-Aluminium-Magnetlegierungen. Das Auftreten von stabilen Karbiden führt bei diesen Stählen zu einer starken Verschlechterung der magnetischen Eigenschaften. Die günstigste Karbidverteilung muß durch eine zweckentsprechende Wahl des Schmelz- und Gießverfahrens, des Blockformates sowie der Warmformgebung erreicht werden.

Bei Stählen für *Gleichstrommagnetisierung* wird eine möglichst hohe Induktion verlangt, wobei der Magnetismus nach dem Ausschalten des Stromes wieder vollständig verschwinden soll. Die Prüfung der magnetischen Sättigung, die ähnlich der magnetischen Prüfung vorgenommen wird, zeigt, daß sie mit abnehmendem Gehalt an Eisenbegleitelementen ansteigt, um bei reinem Eisen einen Höchstwert zu erreichen. Dieser wird nur von einer Eisen-Kobalt-Legierung mit etwa 35% Co überschritten, wie sie etwa für Polspitzen starker Elektromagnete Verwendung findet. Die Herstellung derartiger Stähle erfordert daher eine besonders sorgfältige Schmelzführung.

Die Messung der Wattverluste bei Wechselstrommagnetisierung wird zur Prüfung von Dynamo- und Transformatorenblechen herangezogen. Das Erreichen niedriger Verlustziffern setzt eine hohe metallurgische Reinheit und ein grobkörniges Gefüge des Werkstoffes voraus. Die darauf ausgerichtete Erschmelzung und thermische Behandlung im Zusammenhang mit der Warm- und Kaltverformung ist also neben der Prüfung der magnetischen und elektrischen Eigenschaften bei der Fertigung genauestens zu überwachen. Die für Dynamo- und Transformatorenbleche üblichen Legierungen mit 2 bis 4% Si und niedrigem Kohlenstoffgehalt werden vielfach durch Aluminium- oder auch Titanzusatz möglichst frei von gelösten Oxyden und Nitriden gehalten, um der Gefahr einer Alterung zu begegnen. Zur Prüfung einer Schmelze ist es naturgemäß notwendig, einen Probeblock zu Blechen der vorgesehenen Stärke und Abmessung zu verarbeiten. Bei der Großerzeugung wird selbstverständlich von der Vorerprobung eines Blockes Abstand genommen und die Wertstufung durch entsprechende Sortierung des Fertigmaterials vorgenommen.

Die genaue Prüfung und Überwachung der Erschmelzung, Warmformgebung und Wärmebehandlung ist auch bei Stählen mit hoher Anfangspermeabilität von entscheidender Bedeutung für das Erreichen hoher Gütewerte.

Die magnetische Prüfung hat weiterhin auch noch für die Herstellung unmagnetischer Werkstoffe Bedeutung, wie sie z. B. für Rotorkappen Verwendung finden, um das tatsächliche Erreichen des unmagnetischen Zustandes (Permeabilität $< 1,1$) vor allem nach einer Wärmebehandlung festzustellen. Die magnetische Prüfung leistet auch wertvolle Dienste als Hilfsmittel zur Gefügeuntersuchung, indem sie z. B. gestattet, die Mengen an Ferrit oder Martensit in instabilen austenitischen Stählen quantitativ zu bestimmen.

Die *Messung* des *elektrischen Widerstandes* wird bei Stählen für Drähte und Bänder für elektrische Meßgeräte oder elektrische Öfen durchgeführt. Bei Heizleiterlegierungen muß außer dem elektrischen Widerstand auch noch die Zunderbeständigkeit und Warmfestigkeit ermittelt werden. Die in der Regel in Anwendung stehende Prüfung ist die Lebensdauerprüfung nach den entsprechenden Normvorschriften. Für manche Zwecke muß überdies ein bestimmter Wert der Wärmeausdehnung eingehalten werden, der z. B. bei Heizleiterlegierungen mit 80% Ni und 20% Cr besonders niedrig ist. Von entscheidender Bedeutung für die Verwendbarkeit einer Heizleiterlegierung kann auch die Warm- und Kaltverformbarkeit sein, die bei hochhitzebeständigen Chrom-Aluminium-Stählen geringer ist als bei den Chrom-Nickel-Legierungen. Desgleichen muß eine hohe Reinheit an nichtmetallischen Verunreinigungen gefordert werden, die bei hohen Temperaturen einen bevorzugten Korrosionsangriff verursachen können. Die hohen Anforderungen, die an die Heizleiterlegierungen gestellt werden, machen es verständlich, daß ihre Erschmelzung besonders sorgfältig erfolgen muß, wobei man u. a. auch die Schlackenreaktionsverfahren, z. B. im Anschluß an das Schmelzen im kernlosen Induktionsofen, mit Erfolg heranzieht. In diesem Zusammenhang soll noch darauf hingewiesen werden, daß auch gewisse Sonderdesoxydationsmittel, wie z. B. Kalzium, Cer, Thorium u. a., einen günstigen Einfluß auf die Qualität derartiger Legierungen ausüben.

Die *Wärmeausdehnung* des Stahles zählt, je nach seinem Verwendungszweck, zu den erwünschten oder unerwünschten Eigenschaften. Für eine große Reihe von Verwendungszwecken ist es daher notwendig, ihre Größe zu bestimmen. Die Prüfung wird durch dilatometrische Messungen ausgeführt. Diese zeigen, daß die Längen- und Volumenänderungen — mit Ausnahme bei Stählen mit stabilen Gefügen — aus zwei Komponenten bestehen: aus der Volumenänderung des Eisens bzw. der Mischkristalle und aus der Volumenänderung bei Gitterumwandlungen. Die Abhängigkeit der letzteren von der Temperatur und der Zeit führt zu Überlagerungen, die im Einzelfall nicht exakt vorausbestimmbar sind und daher eine Überprüfung verlangen, wenn bestimmte Werte gefordert sind und eingehalten werden müssen. Dabei darf jedoch nicht übersehen werden, daß auch die Erschmelzungsart, die Warmformgebung und die thermische Behandlung (Korngröße) bei Stählen gleicher chemischer Zusammensetzung stärkere Abweichungen im Ausdehnungsverhalten verursachen können. Zu den Stahlqualitäten, die bestimmte Werte der Längen- und Volumenänderung aufweisen müssen, zählen vor allem die Nickelstähle, welche unter dem Namen „Invar-Stähle" bekannt sind. Ihr Anwendungsgebiet umfaßt z. B. Legierungen, die den gleichen Ausdehnungskoeffizienten wie Glas besitzen, oder Stähle für Bleche und Stäbe, die zu dem bekannten Bimetall verarbeitet werden.

Für die Gruppe der Werkzeugstähle ist die Volumenänderung beim Härten von Interesse; Stähle für Gewindebohrer, Gewindekaliber, Schnitte und Lehren, aber auch für eine Reihe anderer Werkzeuge dürfen sich beim Härten nur wenig oder nur in vorherzusagender Weise ändern, wie gehärtete Hohlzylinder, Gesenke, Spritzgußwerkzeuge u. a. Die Volumenzunahme bei der Härtung erfolgt entweder in allen Richtungen oder in Abhängigkeit von der Form des Werkstückes in einer bevorzugten Richtung. Sie ist auch bei gleicher chemischer Zusammensetzung vom Gefügezustand des Werkzeuges abhängig, welcher seinerseits wieder von der Primärstruktur, der Warmformgebung und der vorausgegangenen thermischen Behandlung beeinflußt wird. Eine Überprüfung der Volumenänderung beim Härten wird z. B. bei den Wolfram-Mangan-Chrom-Stählen (etwa 1% Mn, 1% Cr und 1 bis 2% W) und bei den hochgekohlten Chromstählen (1,5 bis 2,2% C und 10 bis 14% Cr) vorgenommen, die nur bei sachgemäßer Herstellung volumenbeständig sind. Die Prüfung selbst wird mit zylindrischen Härteproben von etwa 20 mm Durchmesser und 100 mm Höhe durchgeführt. Gegebenenfalls wird das Härten öfter vorgenommen, um den Einfluß einer mehrmaligen Härtung auf das Verhalten des Werkstückes voraussagen zu können. Das Ausdehnungsverhalten unregelmäßig geformter Werkstücke läßt sich auch an Proben, welche die Form eines geschlitzten Ringes aufweisen, ermitteln.

Eine weitere Eignungsprüfung ist die Prüfung der *Korrosionsbeständigkeit*. Die große Zahl der Einflußgrößen, welche das Verhalten der verschiedenen Stähle bei der Einwirkung korrodierender Einflüsse bestimmen, macht es notwendig, die Prüfbedingungen dem jeweiligen besonderen Verwendungszweck möglichst genau anzupassen. Soweit es sich um die Widerstandsfähigkeit gegenüber Säuren und Laugen, also gegen stark korrodierende Stoffe handelt, kann die Prüfung laboratoriumsmäßig an einer entsprechenden Zahl von Kleinproben ausgeführt werden. Aus dem Prüfergebnis kann die in der Zeiteinheit von einem Quadratmeter Oberfläche abgelöste Metallmenge errechnet werden, welche in Abhängigkeit von der Konzentration und der Temperatur des korrodierenden Mittels ein Maß für die

Korrosionsbeständigkeit gibt. Diese Prüfmethode wird fallweise z. B. für säure-beständige Chrom- und Chrom-Nickel-Stähle herangezogen. Die Chargenfreigabe erfolgt aber in der Regel auf Grund der Analysenwerte.

Sogenannte rostträge Stähle, die nur eine bedingte Widerstandsfähigkeit gegenüber der korrodierenden Wirkung von Atmosphärilien, korrodierenden Wässern oder Seewasser besitzen, können im laboratoriumsmäßigen Kurzversuch nur schwer oder überhaupt nicht zuverlässig beurteilt werden. Ihre Prüfung ist nur im Langzeitversuch unter den jeweils in Frage kommenden Bedingungen möglich und wird daher stichprobenweise zur Überwachung der Erzeugung ausgeführt. Die großzahlmäßig ausgewerteten Ergebnisse werden als Richtlinien für die Zusammensetzung, Erschmelzung und Wärmebehandlung derartiger Stähle herangezogen. Vor allem hat sich gezeigt, daß sich auch Stähle gleicher chemischer Zusammensetzung, je nach den Herstellungsbedingungen, stark unterschiedlich verhalten können.

Die starke Abhängigkeit der Korrosionsbeständigkeit vom Gefügezustand und der Oberflächenbeschaffenheit erfordert entsprechende zusätzliche Prüfungen, um das Verhalten einer Stahlqualität eindeutig zu charakterisieren. So sind alle Stähle mit Umwandlungen im gehärteten Zustand wesentlich beständiger als im natur-harten, geglühten oder angelassenen Zustand. Ein typisches Beispiel dafür sind die härtbaren rostfreien Chromstähle mit 0,3 bis 0,5% C und 13 bis 15% Cr, welche nur im gehärteten und polierten Zustand eine vollkommene Rostbestän-digkeit besitzen. Die in den anderen Gefügezuständen teilweise ausgeschiedenen Karbide bewirken sowohl durch den Chromentzug aus der Grundmasse als auch durch das verschiedene Lösungspotential eine Lokalelementbildung, die den Korrosionsangriff verstärkt. Zur vollständigen Beurteilung wird bei Stählen, die für schneidende Werkzeuge Verwendung finden, naturgemäß auch die Prüfung der Schneidfähigkeit notwendig sein.

Auch bei anderen Stahlqualitäten kommt dem Gefügezustand eine ausschlag-gebende Bedeutung für die Korrosionsfestigkeit zu. Ausscheidungen an den Korngrenzen, wie sie z. B. bei austenitischen Stählen bevorzugt auftreten, wirken stark korrosionserhöhend. Die entsprechenden Gegenmaßnahmen bei der Er-schmelzung, Warmformgebung und thermischen Behandlung richten sich im einzelnen danach, ob es sich dabei um die Ausscheidung von Ferrit, von Karbiden oder um eine Martensitbildung, wie z. B. in den manganlegierten austenitischen Stählen handelt.

Derartige Ausscheidungen an den Korngrenzen, besonders von Mischkarbiden, sind die Ursache der als *interkristalline Korrosion* bekannten Zerfallserscheinung an säurebeständigen austenitischen Chrom-Nickel-Stählen. Sie kann bekannter-maßen durch stabile Bindung des Kohlenstoffes, z. B. an Titan, Tantal und Niob, verhindert werden. Die Höhe der jeweils notwendigen Zusätze ist abhängig vom Kohlenstoffgehalt. Zusätze erübrigen sich naturgemäß, wenn es gelingt, bei der Erschmelzung einen maximalen Kohlenstoffgehalt von einigen hundertstel Pro-zent einzuhalten, wie dies vor allem im Vakuumofen oder bei der Anwendung des Sauerstoffblasens im Lichtbogenofen der Fall ist. Die Überprüfung des Erfolges derartiger Maßnahmen ist besonders wichtig, wenn die Stähle für geschweißte Bauteile Verwendung finden sollen, die nach dem Schweißen keiner Wärme-behandlung mehr unterzogen werden. Die Prüfung wird in diesem Fall so aus-geführt, daß man eine geschweißte Probe einseitig erwärmt, um den Karbiden Gelegenheit zu geben, sich an den Korngrenzen auszuscheiden. Im Anschluß an die Wärmebehandlung wird die Probe einem entsprechenden Ätzangriff unter-worfen, der bei nichtbeständigen Stählen zu einer weitgehenden Zerstörung des metallischen Zusammenhaltes zwischen den einzelnen Kristalliten führt. Zur Freigabe einer Schmelze wird diese Probe durchgeführt, wenn die Analysenwerte außerhalb der vorgeschriebenen Zusammensetzung liegen.

Noch mehr als die Korrosionsbeständigkeit ist die Beurteilung der *Zunderbeständigkeit* von der praktischen Erprobung abhängig. Die als Laboratoriumsprüfung durchgeführten Zunderversuche mit gewöhnlicher Luft oder mit Gasgemischen bestimmter Zusammensetzung ergeben nur grobe Vergleichswerte. Im praktischen Betrieb wird die Zunderbeständigkeit durch die wechselnden Konzentrationen in der Zusammensetzung der angreifenden Gase sowie durch die wechselnden Temperaturen oft unkontrollierbar beeinflußt. Wie bei der Korrosionsbeständigkeit wird auch bei der Zunderbeständigkeit die Auswertung der praktischen Betriebsergebnisse als Richtlinie für die Erschmelzung, Warmformgebung und Wärmebehandlung herangezogen. Dazu sei noch erwähnt, daß zunderbeständige Stähle meist auch eine hohe Warmfestigkeit und eine möglichst geringe Versprödung im Dauerbetrieb aufweisen sollen. Die Chargenfreigabe bei diesen Stählen erfolgt in der Regel nur nach der Analyse.

Korrosionsprüfungen werden, außer bei den schon genannten Stahlgruppen, auch noch bei Stählen ausgeführt, die gegenüber geschmolzenen Metallen oder geschmolzenen Salzen widerstandsfähig sein müssen. Nicht eindeutig vorherzusagende Verhältnisse erfordern auch die Prüfung der Widerstandsfähigkeit von Stählen, die als Werkzeuge in der Kunstharzverarbeitung verwendet werden. Hier entscheidet im wesentlichen nur der praktische Versuch über die Verwendbarkeit. Dagegen ist zur Prüfung der Korrosionsbeständigkeit gegenüber Explosionsgasen, z. B. für Gewehrlaufstähle, eine Kurzprobe in Anwendung. Sie besteht darin, daß eine polierte Stahlprobe der Einwirkung von heißen Pulvergasen ausgesetzt wird. Aus dem Grad der nach bestimmter Zeit eintretenden Trübung der polierten Oberfläche kann auf die Widerstandsfähigkeit geschlossen werden.

Den Übergang von der rein chemischen Korrosion zur mechanischen Abnutzung von Bau- und Konstruktionsteilen sowie von Werkzeugen, bilden die durch *Kavitation* und *Tropfenschlag* (Erosion) eintretenden Zerstörungen, wie sie z. B. an Turbinenschaufeln beobachtet werden können. Dabei wird der chemische Angriff durch mechanische Kräfte unterstützt. Eine einwandfreie Beurteilung der Werkstoffe ist nur im Dauerversuch unter Nachahmung der jeweiligen praktischen Verhältnisse möglich. Das gleiche gilt auch für Werkstoffe, die in Dampfturbinen oder Gasturbinen der Einwirkung strömender heißer Gase ausgesetzt sind.

Ein weites und ausgedehntes Prüfgebiet für viele Edelstahlqualitäten ist die Ermittlung der *Abnutzungsbeständigkeit*, die allerdings vor allem für die Qualitätswahl und nur in Ausnahmefällen für die Schmelzenfreigabe herangezogen wird. Sie umfaßt das ganze Gebiet der Verschleißfestigkeit bis zur Prüfung der Schneidhaltigkeit von Messerwaren und Bearbeitungswerkzeugen. Die große Bedeutung des Verschleißwiderstandes bei der Verwendung von Stahl läßt es begreiflich erscheinen, daß man bestrebt war, eine „Verschleißzahl" zu ermitteln, die das Verhalten der Werkstoffe charakterisieren soll und die durch entsprechende Versuchseinrichtungen und Prüfmaschinen feststellbar ist. Die Abnutzungsvorgänge sind jedoch so mannigfacher Art, daß allgemeine Werte niemals angegeben werden können und die Prüfergebnisse nur für genau dieselben Beanspruchungsarten gelten, die von der Prüfmaschine gegenüber dem Werkstoff zur Anwendung gebracht werden. So wird z. B. die Abnutzung des Werkstoffes bei rollender oder gleitender Reibung mit und ohne Schmiermittel untersucht oder die Abnutzung bei schlagartiger Beanspruchung oder bei der Einwirkung von Schleifmitteln ermittelt. Selbstverständlich spielt bei dieser Prüfung die zusätzliche Gefüge- und Festigkeitsprüfung eine ausschlaggebende Rolle, um die Zusammenhänge zwischen der Erschmelzung, Verarbeitung und thermischen Behandlung aufzuzeigen und die günstigsten Voraussetzungen für die Erzeugung verschleißfester Stähle festzulegen.

Die Bestimmung der Verschleißfestigkeit wird z. B. für die Prüfung des 12%igen Manganhartstahles herangezogen, aber auch für andere Bau- und Konstruktionsstähle, die z. B. für die Fertigung von Zahnrädern, Kugellagern und ähnlichen bestimmt sind. Aber auch Stähle für Lehren, Schnitte und Ziehwerkzeuge müssen einen hohen Verschleißwiderstand aufweisen. Bei diesen wird z. B. als Maßzahl für den Verschleißwiderstand das Abnützungsvolumen unter bestimmten Beanspruchungen verwendet. Die Eignung eines Werkstoffes für die Verwendung zu Sandstrahldüsen kann dagegen nur im Betriebsversuch ermittelt werden.

Ein weiteres wichtiges Gebiet der Abnützungsprüfung ist die Ermittlung der *Schnitthaltigkeit von Messerwaren und Bearbeitungswerkzeugen.* Bei der Beanspruchung von Messern für den täglichen Gebrauch, wie Tischmesser, Taschenmesser, Rasiermesser und Klingen, handelt es sich um ein Eindringen eines Keiles in einen weicheren Werkstoff, zu dem unter Umständen noch eine sägende Wirkung hinzukommt. Die Kleinheit der gedrückten Flächen erfordert eine hohe Festigkeit, also ein gehärtetes Material, welches zur Erhöhung der Abnutzungsbeständigkeit eine gewisse Menge an Karbiden enthalten soll. Darüber hinaus muß aber auch eine gewisse Zähigkeit erhalten bleiben, damit die unvermeidbaren Biegebeanspruchungen nicht zum Ausbrechen der Schneide führen. Bei der Erzeugung derartiger Stahlqualitäten wird man also alle Bedingungen einhalten, die eine günstige Karbidverteilung ergeben. Den zur Ermittlung der Schneidfähigkeit konstruierten Prüfeinrichtungen haften die bereits bei der Verschleißprüfung erwähnten Mängel an. Maßgebend ist auch hier nur die Erprobung im praktischen Betrieb, deren Auswertung Richtlinien für die Erzeugung gibt. Bei der Bewertung der Ergebnisse darf aber nicht übersehen werden, daß die Schneidfähigkeit nicht nur vom Werkstoff und von seiner Verarbeitung, sondern auch von der Form der Schneide, also vom Schleifen und Schärfen der Klinge abhängt.

Bei Meißeln und Werkzeugen für mechanische Hämmer, die einer schlagenden Beanspruchung ausgesetzt sind, genügt die Ermittlung der Schneidhaltigkeit allein nicht zur eindeutigen Bewertung des Werkstoffes. Die Dauerbeanspruchung durch Schlag erfordert neben einer ausreichenden Zähigkeit auch eine gewisse Kerbunempfindlichkeit, um das Auftreten von Dauerbrüchen auszuschalten.

Zum Teil anders geartet sind die Beanspruchungen, denen die Werkzeuge zur spanabhebenden Bearbeitung unterliegen. Die Haltbarkeit wird in diesem Fall, außer von der Schneidhaltigkeit, auch von der thermischen Widerstandsfähigkeit, also von der Anlaßbeständigkeit und von der Widerstandsfähigkeit gegen stoßartige Beanspruchungen mitbestimmt, die besonders bei schweren Schnittbedingungen vorliegen. Im Gegensatz zu den oben besprochenen Haltbarkeitsprüfungen ergeben die Auswertungen der *Standzeitversuche* von Drehstählen Gütewerte, die das Verhalten im praktischen Betrieb eindeutig charakterisieren. Im Standzeitversuch wird die Zeit bis zur Zerstörung der Schneide unter wechselnden Bedingungen von Schnittgeschwindigkeit, Spantiefe, Vorschub und zerspantem Werkstoff gemessen. Die so erhaltenen Ergebnisse lassen sich in Diagrammen und Schaubildern wiedergeben, die für den Betrieb die Bedingungen aufzeigen, die es gestatten, eine bestimmte Haltbarkeit des Werkzeuges vorauszusagen oder die maximale Belastung der Drehmesser bei vorgeschriebener Haltbarkeit anzugeben. Die Nachprüfung dieser für jede Schneidstahlqualität ermittelten Werte wird bei der Überwachung der Erzeugung regelmäßig vorgenommen.

Ebenso wie die Standzeit bei Drehmessern wird auch die Standzeit von Bohrern und Fräsern durch praktische Bohr- und Fräsversuche unter wechselnden Arbeitsbedingungen ermittelt. So können z. B. für Bohrer die auf diesem Wege erstellten

Bohrtiefe- und Schnittgeschwindigkeitskurven als Vergleichsgrößen für die Leistungsfähigkeit verschiedener Stahlqualitäten dienen. Bei allen Standzeitversuchen ist, außer den schon besprochenen Einflußgrößen, auch noch die Werkzeugform und die Herrichtung der Schneide von ausschlaggebender Bedeutung, was beim Übertragen der Versuchsergebnisse in die Praxis nicht übersehen werden darf.

Bei der Freigabe von Schmelzen für Drehmesser, Bohrer oder Fräser kann auf eine Reihe weiterer Prüfverfahren nicht verzichtet werden, wenn die jeweils höchste Leistungsfähigkeit erreicht werden soll. So muß eine Beurteilung des Gefügeaufbaues ebenso durchgeführt werden wie eine laufende Kontrolle der thermischen Behandlung, welche die Leistungsfähigkeit der Werkzeuge stark beeinflussen können. Es sei dabei nur auf die bereits besprochene Prüfung der Karbidverteilung hingewiesen, die z. B. die Aufteilung eines Blockes für die Verwendung zu Bohrern oder großen Fräsern in der Form notwendig machen kann, daß nur bestimmte Blockteile wegen ihrer günstigen Karbidverteilung für die Erzeugung höchstwertiger Werkzeuge herangezogen werden. Eine günstige Karbidverteilung im Gußblock kann durch die schon früher besprochenen Maßnahmen beim Gießen selbst wirksam beeinflußt werden. Auch Maßnahmen schmelztechnischer Art, wie z. B. die Verwendung von bestimmten Ferrolegierungen, wirken sich günstig auf die Schneidhaltigkeit von Schnelldrehstählen aus.

So wie die Haltbarkeit der Werkzeuge für die spanabhebende Bearbeitung von Bedeutung ist, kommt auch der Zerspanbarkeit des zu bearbeitenden Werkstoffes eine nicht minder große Bedeutung zu. Ähnlich wie bei der Verschleißfestigkeit ist auch der Begriff der Zerspanbarkeit und der Bearbeitbarkeit kein eindeutiger. Je nach den vorliegenden Bedingungen kann ein und derselbe Werkstoff gut oder schlecht bearbeitbar sein, je nachdem, ob man als Maßzahl die in der Zeiteinheit zerspante Werkstoffmenge oder zusätzlich auch die erreichbare Oberflächengüte des bearbeiteten Werkstückes als Beurteilungsgrundlage heranzieht. Die Zerspanbarkeit wird in einem praktischen Versuch durch Drehen, Bohren oder Fräsen ermittelt, dessen Ausführung in gleicher Art wie der Standzeitversuch erfolgt. Auf die Zerspanbarkeit ist nicht nur die Festigkeit des Werkstoffes, sondern auch seine Gefügeausbildung und die Kaltverfestigungsfähigkeit von Einfluß. Ein typisches Beispiel ist die schwere Zerspanbarkeit austenitischer Stähle. Durch besonders gute Zerspanbarkeit zeichnen sich dagegen die Automatenstähle aus, die bei gleicher Zugfestigkeit weitaus besser bearbeitbar sind als alle übrigen Stahlqualitäten. Sie enthalten größere Mengen nichtmetallischer Einschlüsse oder Nitride, welche die Bildung zusammenhängender Späne bei der Bearbeitung verhindern, so daß die Verformungsarbeit, die im wesentlichen aus der Kaltverfestigungsarbeit vor der Schneide besteht, verringert wird. Auf die notwendigen Maßnahmen bei der Erschmelzung von Automatenstählen, besonders solchen höheren Schwefelgehaltes, wurde in den früheren Abschnitten bereits hingewiesen.

Die Bearbeitbarkeit eines Werkstoffes, gemessen am Oberflächenaussehen, ergibt mit steigender Festigkeit bzw. steigender Schnittgeschwindigkeit bessere Werte. Dabei darf aber nicht vergessen werden, daß auch die Gefügeausbildung für das Oberflächenaussehen mitverantwortlich ist. So werden z. B. Stähle, die ungelöste Karbide enthalten, immer eine rauhere Oberfläche aufweisen, als sie bei anderen Stählen gleicher Festigkeit unter vergleichbaren Bearbeitungsbedingungen erhalten wird. Nicht minder störend wirken sich auch nichtmetallische Einschlüsse aus, die unter Umständen die Herstellung hochglanzpolierter Oberflächen verhindern können. Da der Gehalt an nichtmetallischen Verunreinigungen von der Schmelzführung abhängt, müssen bei der Erzeugung derartiger Stahlqualitäten alle Bedingungen eingehalten werden, die ein Auftreten von Suspensionen verhindern oder deren rechtzeitige Abscheidung begünstigen.

Auch das Verhalten des Stahles bei der spanlosen Formgebung wird für manche Verwendungszwecke überprüft. Dies gilt vor allem für die *Tiefziehfähigkeit*. Die größte Verbreitung hat die Prüfung mit dem ERICHSEN-Apparat, welcher ein am Rande festgehaltenes Rundblech in der Mitte bis zu einer gewissen Tiefe kugelförmig auswölbt. Die Tiefe der ohne Rißbildung erreichten Auswölbung dient als Vergleichsmaß für die Tiefziehfähigkeit. Diese Probe wird zur Beurteilung aller Arten von Tiefziehqualitäten, einschließlich der korrosionsbeständigen ferritischen und austenitischen Stähle, herangezogen. Allerdings ist auch bei diesen Werkstoffen für eine Reihe von Verwendungszwecken noch eine zusätzliche Beurteilung notwendig, da Gegenstände, die durch eine starke Kaltverformung hergestellt werden, einerseits eine glatte Oberfläche aufweisen und andererseits keine Versprödung erleiden sollen. Beiden Forderungen muß schon durch entsprechende Maßnahmen bei der Erschmelzung sowie bei der Warmformgebung und thermischen Behandlung Rechnung getragen werden. Durch Verwendung von Sonderdesoxydationsmitteln, vor allem Aluminium, wird die Neigung zur Alterung und Versprödung unterdrückt sowie der Keimgehalt des Stahles erhöht, der sich in einem feinkörnigen Gefüge äußert, welches auch nach starken Kaltverformungen eine glatte Oberfläche ergibt. Diese Maßnahme ist auch dann notwendig, wenn bei der Kaltbearbeitung zwischen den einzelnen Verformungsstufen eine Wärmebehandlung eingeschaltet wird, um eine grobkörnige Rekristallisation nach einer kritischen Verformung auszuschalten.

Bei Rohren wird eine ähnliche Prüfung der Verformbarkeit durch die *Aufweit-* und *Bördelprobe* ausgeführt. Sie dient jedoch nicht nur zur Feststellung der Verformungsfähigkeit des Werkstoffes, sondern auch zur Ermittlung von Fehlstellen, welche bei starken Zugbeanspruchungen zum Aufreißen führen. Selbstverständlich kann die Probe auch nach einer unrichtigen Glühbehandlung oder bei Werkstoffen, die zur Alterung und Versprödung neigen oder die grobkörnig rekristallisiert sind, zum Versagen führen.

Zu den rein empirischen Prüfmethoden, die zur Freigabe einer Schmelze für besondere Verwendungs-

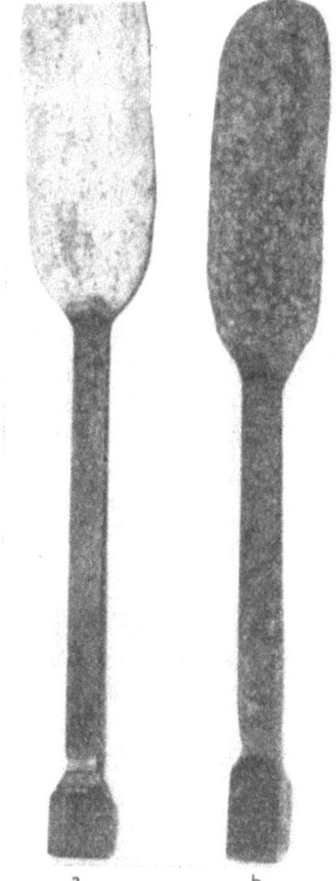

Abb. 477. Zunderabschüttproben von Sensenstahl
a) Zunder gut abgeschüttet,
b) Zunder schlecht abgeschüttet

zwecke neben der Überprüfung der chemischen Zusammensetzung immer wieder herangezogen werden, gehören auch die Abschütt- und Anlaßprobe, die Zinkenprobe und die Sprengprobe. Die *Abschütt- und Anlaßprobe* dient zur Beurteilung von Stählen für die Sensen- und Sichelerzeugung (Abb. 477). Ein auf ein dünnes Blatt ausgeschmiedeter Probestab wird gehärtet und an einem Ende angelassen. Die einwandfreie Probe ist daran kenntlich, daß sie vollkommen zunderfrei ist und reine Anlaßfarben aufweist. Diese beiden für die Sensen- und Sichelerzeugung erwünschten Eigenschaften können aus der Zusammensetzung des Stahles allein nicht mit Sicherheit vorausgesagt werden, wenn auch das Abschütten (das Abspringen des Zunders beim Härten) u. a. vom Siliziumgehalt und vom Legierungsgehalt abhängt. Besonders Legierungsgehalte an Chrom und

Nickel in der Größenordnung von 0,2% können sich unangenehm bemerkbar machen. Diese Tatsache unterstreicht die Bedeutung der Schrottauswahl bei der Erzeugung derartiger Qualitäten. Im übrigen kann beobachtet werden, daß die sauer erschmolzenen Stähle im allgemeinen reinere Anlaßfarben erzielen lassen als basische Stähle.

Ebenfalls für die Beurteilung von Stählen für landwirtschaftliche Geräte, die relativ hohen Beanspruchungen ausgesetzt werden, wie z. B. Dunggabeln, dient die *Zinkenprobe.* Der Probestab wird auf einen konisch in eine Spitze auslaufenden Stab ausgeschmiedet, welcher sich im kalten Zustand um einen Dorn gleichen Durchmessers biegen lassen muß, ohne Anrisse zu zeigen oder zu Bruch zu gehen. Diese Probe stellt also eine für den besonderen Zweck abgewandelte Biegeprobe dar.

Die Widerstandsfähigkeit gegenüber explosionsartigen Beanspruchungen auch bei tiefen Temperaturen, wie sie z. B. bei Waffenstählen auftreten, wird mit Hilfe der *Sprengprobe* ermittelt. Durch Explosion einer bestimmten Pulvermenge in einem geschlossenen Hohlkörper aus dem zu untersuchenden Material wird seine Widerstandsfähigkeit gegen die im wesentlichen quer zur Verformungsrichtung gerichteten Beanspruchungen gemessen. Es ist einleuchtend, daß nur Stähle hohen Reinheitsgrades, einwandfreier Primärstruktur und zweckmäßiger Warmformgebung diesen Anforderungen genügen können. Die schmelztechnischen Maßnahmen zum Erzielen einwandfreier Ergebnisse sind die gleichen wie bei allen Baustählen, die hohe technologische Gütewerte quer zur Verformungsrichtung aufweisen müssen. Besonders sei in diesem Zusammenhang auf den früher behandelten „spielenden Guß" hingewiesen.

Weiterhin kann nur durch praktische Versuche die Eignung eines Werkstoffes zum Schweißen festgestellt werden. Die Ausführungsform der Schweißprüfung und die Bewertung ihrer Ergebnisse richtet sich danach, ob der Werkstoff preß- oder hammerschweißbar bzw. widerstandsschweißbar sein soll, oder ob er für eine Autogen- oder Lichtbogenschweißung mit oder ohne Zusatzwerkstoff vorgesehen ist.

Zur Prüfung der *Preß- und Hammerschweißbarkeit* werden zwei Probestäbe unter dem Hammer zusammengeschweißt und die Festigkeit der Schweißverbindung durch eine Biege- und Verwindeprobe überprüft. Beim Schweißen höhergekohlter Stähle (über 0,3% C) oder bei legierten Stählen sind für das Ergebnis der Probe auch die Eigenschaften des verwendeten Schweißmittels ausschlaggebend. Bei sachgemäßer Ausführung der Schweißverbindung soll ein einwandfreier Werkstoff bei niedrigem Phosphor- und vor allem niedrigem Schwefelgehalt bis zu Chrom-, Wolfram- und Siliziumgehalten von etwa 3% noch gut hammerschweißbar sein. Höhere Nickel- und Mangangehalte behindern die Schweißbarkeit weniger als die erstgenannten Elemente. Dies gilt auch für die elektrische Widerstandsschweißung.

Die *Schmelzschweißbarkeit* bei der Autogen- oder Lichtbogenschweißung ist praktisch für alle Stahlqualitäten gegeben. Je nach der Zusammensetzung und dem Verwendungszweck werden Auftragsschweißungen oder Verbindungsschweißungen durchgeführt. Die Schweißproben haben den Zweck, das Verhalten des Werkstoffes und seine technologischen Gütewerte nach erfolgter Schweißung festzustellen. Bei Baustählen wird am häufigsten dazu die Aufschweiß-Biegeprobe ausgeführt, sowie Biege- und Faltversuche an Proben, die nach einer V- oder X-Naht zusammengeschweißt wurden. Der beim Biegen der Probe ohne Anriß erreichte Biegewinkel dient als Maß für den verlangten Gütewert. Darüber hinaus können, je nach den besonderen Beanspruchungen, denen die geschweißten Bauteile ausgesetzt werden, noch zahlreiche andere ergänzende Prüfungen notwendig sein. So werden geschweißte Proben verschiedenen Prüfungen bei statischer und

dynamischer Beanspruchung unterworfen. Aber auch eine eingehende Gefügeprüfung wird ausgeführt. Sie dient nicht nur der Feststellung der Gefügeausbildung, Korngröße, Einbrandtiefe u. a. nach dem Schweißen, sondern auch zur
Kontrolle von thermischen Behandlungen, die das Ziel haben, die Zähigkeit der
Schweißverbindung zu erhöhen. Dies ist besonders dann notwendig, wenn durch
die beim Schweißen eintretende Erwärmung des Grundwerkstoffes eine Versprödung durch Alterungs- und Ausscheidungsvorgänge oder durch Martensitbildung bei hochgekohlten oder legierten Werkstoffen zu befürchten ist. Auf die
bei austenitischen Stählen ungeeigneter Zusammensetzung auftretende interkristalline Korrosion wurde bereits früher hingewiesen. Auch hinsichtlich der
Schweißbarkeit kann das Verhalten der Werkstoffe durch ihre Erschmelzung
beeinflußt werden, wobei sich wiederum ein feinkörniges Gefüge und eine weitgehende Desoxydation und Denitrierung günstig auswirken.

In gleicher Art, wie die Prüfung der Schmelzschweißbarkeit eines Werkstoffes
mit einem bestimmten Schweißstab vorgenommen wird, wird auch der Werkstoff
für Schweißstäbe zur Autogen- oder Lichtbogenschweißung auf seine Eignung
mit einem Grundwerkstoff überprüft. Daneben spielt auch die mikroskopische
Prüfung der Werkstoffe für Schweißdrähte eine gewisse Rolle, da bei der Autogen-
schweißung ein hoher Reinheitsgrad gefordert wird, während z. B. bei Werkstoffen
für Lichtbogenschweißung sich ein gewisser Gehalt an nichtmetallischen Einschlüssen eher günstig auf die ruhige Führung des Lichtbogens auswirkt. Unterstützt wird diese ionisationsfördernde Wirkung bei Schweißdrähten durch Zugabe
von nichtmetallischen Bestandteilen in den Seelenelektroden und durch Ummanteln. Die Ermittlung der günstigsten Zusammensetzung solcher Mantelmassen
gehört daher auch mit zur Prüfung und Entwicklung von geeigneten Schweiß-
elektroden. Auch der Einfluß legierungstechnischer Maßnahmen, z. B. das Legieren mit Tantal und Niob zur stabilen Bildung des Kohlenstoffes in austenitischen
Schweißdrähten zur Verhinderung der interkristallinen Korrosion, darf dabei
nicht übersehen werden.

Im Zusammenhang mit der Schweißprüfung soll auch auf die Prüfung des
Stahles mit γ-Strahlen hingewiesen werden, die mittels Röntgendurchstrahlung,
Mesothorpräparaten oder radioaktiven Isotopen anderer Elemente ausgeführt
werden kann. Ihr Hauptverwendungsgebiet in der Stahlprüfung liegt in der
Überwachung der laufenden Erzeugung und Fertigung, wo sie als zerstörungsfreie
Prüfmethode die Untersuchung jedes einzelnen Konstruktionsteiles oder Werk-
stückes auf Innenfehler ermöglicht. Aber auch als wertvolles Hilfsmittel bei der
Erprobung des Stahles für besondere Verwendungszwecke wird sie in steigendem
Maß herangezogen. Sie kann in diesem Rahmen z. B. dazu verwendet werden,
die Güte einer Schweißverbindung festzustellen, da sie sowohl Blasen und Poren
als auch größere nichtmetallische Schlackeneinschlüsse deutlich aufzeigt.

Außer den im Zusammenhang mit den bisher besprochenen Erprobungsarten
stehenden Anwendungsgebieten der Edelstähle gibt es noch weitere, bei denen
die Eignung eines Werkstoffes nur durch die Prüfung des fertigen Werkstückes
einwandfrei festgestellt werden kann. Dies gilt für alle Beanspruchungen, die
maßgeblich von der jeweiligen Form des Konstruktionsteiles oder des Werkstückes
abhängen und deren Verhalten aus anderen technologischen Werten nicht abgeleitet werden kann. Derartige Untersuchungen werden z. B. an Blatt- und
Torsionsfedern ausgeführt. Aber auch die endgültige Beurteilung der Werkstoffe
für Ventilkegel erfolgt erst nach einer Prüfung durch Einbau in ein entsprechendes
Motorenaggregat. Ebenfalls nur durch den praktischen Versuch prüfbar ist das
Verhalten von Panzerplatten und die Güte panzerbrechender Geschosse. Wie bei
einer Reihe anderer Prüfverfahren, dient in diesem Fall eine Art der Versuchs-

durchführung zwei verschiedenen Zwecken, nämlich einmal bei gegebenem Geschoßmaterial der Erprobung des Panzers und zum anderen der Erprobung des Geschosses durch Beschuß von Platten bestimmter Güteeigenschaften unter den verschiedenen Bedingungen von Geschoßgeschwindigkeit und Auftreffwinkel. Zu den durch die praktische Bewährung feststellbaren Güteeigenschaften zählt weiterhin die Eignung der Stähle für Prägematrizen, Schnitte, Stanzen, Lochdorne, Kaltwalzstempel, Walzenstopfen für Rohrwalzen, Kalt- und Warmwalzen, Schienen, Kreuzungsstücke, Steinbohrer, Schrämpicken, Feilenhauermeißel, Seile usw.

So wichtig die Prüfung zur Ermittlung der jeweiligen Gütewerte ist, um die Freigabe der Schmelzen durchführen zu können, so erhält man aus ihnen doch nur das augenblickliche Bild der Güteeigenschaften der Erzeugnisse, ohne daraus zunächst noch genaue Rückschlüsse auf die richtige Erschmelzung, das Gießen und die Weiterverarbeitung ziehen zu können. Dies ist vielmehr durch eine entsprechende Auswertung der laufend erhaltenen Einzelergebnisse möglich. Die durch großzahlenmäßige Auswertung erhaltenen statistischen Mittelwerte ergeben den für das jeweilige Herstellungsverfahren charakteristischen Gütewert. Die *Großzahlforschung* bietet weiterhin die Möglichkeit, die Beziehungen zwischen den verschiedenen Einflußgrößen zu ermitteln, ohne daß ihre Ursache im einzelnen klargestellt sein muß. Diese Auswertungen bilden wertvolle Unterlagen, um den Produktionsablauf von der Auswahl der Rohstoffe bis zum Fertigprodukt so zu lenken, daß die geforderten Eigenschaften und Gütewerte mit größtmöglicher Sicherheit erreicht werden und ein wirtschaftliches Arbeiten gewährleistet ist.

Die Reihe dieser Prüfarten, die zur einwandfreien Beurteilung der Werkstoffe bzw. zur Auswahl des geeigneten Materials im Einzelfall notwendig sind, ließe sich noch wesentlich erweitern. Zur Freigabe einer Schmelze wird man jedoch nur selten die Möglichkeit haben, diese Prüfungen vor der Zuteilung der Schmelze stets auszuführen. Man begnügt sich dann meist mit der laufenden Überwachung der Erzeugung und erhält aus der Auswertung der Prüfergebnisse die Hinweise für die geeignete Zusammensetzung, Erschmelzung, Warmformgebung und thermische Behandlung.

Über die Einzelheiten der Durchführung der verschiedenen Prüfmethoden sei auf die einschlägige Literatur verwiesen [1].

Schrifttum

zu Abschnitt 1.46

1. SIEBEL, E.: Handbuch der Werkstoffprüfung, Bd. 3. Springer-Verlag, Berlin/Göttingen/ Heidelberg 1957.

Namenverzeichnis

Die in Normalschrift gesetzten Seitenzahlen beziehen sich auf die Erwähnung im Text, die *kursiv* gesetzten auf die den einzelnen Abschnitten angefügten Schrifttumsverzeichnisse

Bowers, J. E. 225, *248*
Bozel 410
Bradd, A. A. 665, *666*
Brandt, H. G. 662, *666*
Brewer, L. 12, 13, 15, *76, 77, 78*
Brigge, H. C. 788, *791*
Briggs, C. W. 288, *290*
Brockmeier, K. H. 642, *647*
Brodskij, I. 755, *770*
Bromley, L. A. 15, *77*
Brooks, W. B. 681, *682*
Brotzmann, R. 793, 794, *796*
Brower, T. E. 435, *438*
Brüggemann, E. O. 161, 163, *244*
Brüggemann, Th. 823, *826*
Buchhausen, Ch. 442, *444*
Bungardt, K. 312, 316, 320, 321, *323*, 665, *666*, 817, *819*
Bungeroth, A. 775, *779*
Bunshah, R. F. 647, *648*
Burgess 350
Burton, H. H. 258, *267*
Burylev, B. P. 157, *244*
Busch, T. 253, 261, *266*
Bykow, G. D. 782, *783*

Cabane, M. 773, *779*
Cahill, J. A. 82, 83, *121*
Campell, C. S. 13, *77*
Campell, I. E. 13, *77*
Cardano, R. 600, *618*
Carlén, J. Ch. 820, *822*
Carney, D. J. 260, *267*
Carnot 19
Carter, P. T. 168, *244*
Caskey, G. R. jr. 173, *245*
Castaing, R. 805, *806*
Catterall, J. A. 15, 25, *78*
Cavalier, G. 84, 85, 86, *121*
Chadwick, C. G. 408, *429*
Chaillou, A. 241, *250*
Chen, H. M. 142, 144, 214, *243*
Cheng, L. L. 229, *249*
Chesters, J. H. 363, *384*, 706, *709*
Child, H. C. 425, *429*, 665, *666*
Chipman, J. 29, 33, 36, 37, 40, 44, 46, 55, 63, 71, 75, 76, *78, 79*, 129, 132, 133, 134, 135, 136, 138, 139, 140, 141, 142, 144, 146, 147, 148, 149, 157, 158, 159, 160, 161, 164, 169, 173, 174, 175, 185, 186, 189, 192, 197, 201, 209,

214, 216, 218, 222, 226, 228, 230, 231, 332, 233, 234, 236, 237, *242, 243, 244, 245, 246, 247, 248, 249*, 256, 258, 260, 264, *266, 267*, 275, 277, 282, 283, 284, 286, 288, *289, 290*, 315, *323*
Christensen, N. 257, *266*, 423, *429*
Chuiko, N. M. 265, *268*
Clair, H. W. St. *323*
Clausius 20
Clees, H. 387, *392*, 587, *618*
Cless, F. 405, 412, 417, 419, *429*
Cless-Bernert, T. 330, *357*
Clusius, K. 25, *78*
Coheur, P. 455, *478*
Cohnen, G. 380, *384*, 397, *399*, 440, *441*, 456, 457, *478*
Coleman, E. E. 420
Colling, D. A. 639, *642*
Cordier, J. A. 228, *249*
Corea, T. 386
Cornelius, H. 722, *723*
Cosh, T. A. 669, *670*, 670, *674*
Coughlin, J. P. 9, 10, 11, 12, 13, *76*
Coupette, W. 313, *323*, 788, 790, *791*
Cox, E. M. 232, *249*
Crafts, W. 220, 229, *248*, 282, 283, 284, 285, 287, *289, 290*, 326, 329, *329*
Crespi 492, 555
Čučmarev, S. K. 256, *266*
Cunningham, J. W. 664, *666*
Cuscoleca, O. 455, 472, 474, *479*

Dalilow, P. M. 329, *330*
Damara, F. N. 651, *656*
Damerow, E. 825, *826*, 839, *839*
Dancy, T. E. 324, *329*
Daniels, F. 75, 76, *79*
Danielsson, C. 199, *247*, 447, 448, *450*
Danilin, V. I. 762, *770*
Dannöhl, W. 230, *249*
Darken, L. S. 7, 9, 12, 75, 76, *76, 77*, 127, 140, *242*
Därmann, H. J. 793, *795*
Das, N. K. 114, *124*, 345, *358*
Dastur, M. N. 55, *79*, 139, 140, 142, 144, 222, *243*
Daub, H. 472, 475, 476, *479*
Dauvergne, J. 820, *822*

Davies, E. 451, 452, *453*, 616' *618*
Davis, L. S. 158, *244*
Decker, A. 455, *478*
Decker, F. R. 228, *248*
Defay, R. 76, *79, 80*
De Kazinczy, F. 253, *266*
Dench, W. A. 15, *78*
Dennis, P. B. 400, *428*
Dennis, W. E. 147, 149, 212, 220, *243, 244, 248*
D'Entremont, J. C. 142, 144, 233, *243*, 284, *289*
Derge, G. 112, 116, *123, 124*, 234, *249*, 285, 286, 287, 288, *290*
Desch, C. H. 82, *121*
Desfossez, P. 778, *779*
De Sy, A. 439, *440*
Dever, J. L. 10, *76*
De Vries, R. C. 114, *123*
De Vries, R. P. 400, *428*
Dick, W. 163, *244*, 483, 484, *485*
Dicke, K. 282, *289*
Dickens, P. 632, *642*
Didier, H. 799, *800*
Dobrowsky, F. 565, *566*, 623, 624, 625, *626*
Dodd, R. A. 253, 261, *266*
Domalski, H. H. 319, *323*
Dombrowski, P. 257, *266*
Dormsjö, T. O. 705, *706*
Douglas, P. E. 12, *76*
Douglas, T. B. 10, *76*
Downs, J. J. 782, *783*
Dragge, O. 199, *247*, 447, 448, *450*
Drevermann, A. 793, *795*
Drewes, E. 233, *249*
Dubois, Ch. 740, 743, *747*
Duflot, J. 793, *795*
Duhem 32, 133
Dukelow, D. A. 464, *478*
Dunn, E. J. jr. 413, *429*
Durrer, R. 400, 406, *428*, 597, *618*
Durville 782
Dutilloy, D. 185, *246*
Dyrkacz, W. W. 656, 658, 662, 663, 664, 665, *665, 666*
Dyson, B. F. 89, *124*
Džemilev, N. K. 116, *124*

Ebeling, F. 682, *682*
Edneral, F. P. 259, *267*
Edström, J. O. 787, *788*
Edwards, J. W. 13, *77*

Sachverzeichnis